누구나 합격할 수 있는 방법,
동일출판사와 함께 하는 것.

54년간 전기만을 연구해 온 최고의 집필진이 만든책!
동일출판사와 함께 합격의 기쁨을 누리시길 기원합니다.

수험서의 기준을 만듭니다.
합격을 위한 지름길을 안내합니다.
전·현직 전기인들이 가장 선호하는 수험서로 인정받았으며,
최다 누적 판매와 최다 합격자 배출의 기록을 자랑하고 있습니다.
동일출판사의 핵심은 다년간 축적된 노하우에 있습니다.
수험 과목의 핵심 개념을 명확하고 효과적으로 전달하며,
풍부한 예제와 실전 모의고사로 실력을 향상시킬 수 있는
최상의 환경을 제공합니다.
동일출판사와 함께라면 수험 고난의 시련을 극복하고
합격의 문을 두드릴 수 있습니다.
지금 동일출판사를 통해 성공적인 미래를 준비하세요.

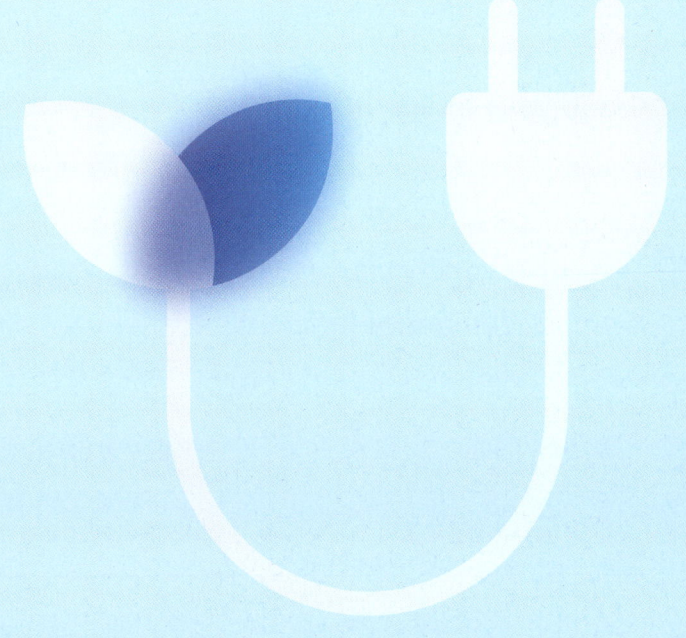

d 동일출판사

무료강의　　　　　　　　　　　　　　　　　　　　　　　　　www.dongilbook.com

무료 강의 제공

회원가입만으로 무료 강의 동영상을 제한 없이 이용할 수 있습니다.

도서 구입만으로 무료강의까지! 합격하는 날까지 평생무료!
동일출판사 홈페이지 또는  에서도 시청 가능합니다.

무료제공 동영상 강의목록

전기기사(산업기사) 이론	필기	전기자기 / 회로이론 / 전기기기 / 전력공학 제어공학 / 전기응용 공사재료 / 전기설비기술기준
	실기	전기설비설계 / 전기설비작업 전기설비의 운영관리 및 유지보수 시험점검 전기설비유지보수 및 점검 / 테이블스팩 / 감리
전기기사(산업기사) 기출문제 풀이		필기 기출문제 2007년 ~ 2025년
		실기 기출문제 2014년 ~ 2025년
전기기능사 이론		전기이론 / 전기기기 / 전기설비
전기기능사 기출문제 풀이		필기 기출문제 2015년 ~ 2025년 (전기이론 / 전기기기)

www.dongilbook.com

학습센터

학습센터운영

홈페이지를 통한 학습센터를 운영하여
학습에 부족함이 없도록 지원합니다.

FREE

학습센터 무료동영상강의 핵심요약 질문게시판 정오게시판 자료실

질문게시판 더보기

일반 질문을 남겨주세요 :)   2025-03-18 동일출판사

질문하기

자료실 더보기

국가화재안전기준 - 소방시설의 내진설계 기준 (시행 2021.2.19) - 변경...
전기기사 시리즈 1. 전기자기 유사문제 풀이
전기기사 시리즈 2. 회로이론 유사문제 풀이 (1장~9장)
전기기사 시리즈 2. 회로이론 유사문제 풀이 (10장~17장)
전기기사 시리즈 3. 전기기기 유사문제 풀이
전기기사 시리즈 4. 전력공학 유사문제 풀이
전기기사 시리즈 5. 제어공학 유사문제 풀이
전기기사 시리즈 6. 전기응용 공사재료 유사문제 풀이

정오게시판 더보기

2025 전기응용공사재료 (전기기사시리즈 6 월기 기본서) [2025.05.15]
FINAL 적중 소방설비기사 전기분야 필기 600제 (Non-stop High-Pas...
2024 국가화재안전기준(NFSC) 및 소방관련법령 (소방설비(산업)기사...
신전기설비 [2024.08.30]
최신 송배전공학 [2023.08.23]
2025 가스기능장 실기 (완벽대비 동영상 실기시험 대비) [2024.11.15]

핵심요약 더보기

기초전기수학 [복소수] 복소수의 극형식

전기자기학
[전계의 특수 해법(전기영상법)] 평면 도체와 선전하

기초전기수학 [삼각함수] 특수각의 삼각비

하루에 한문제

유전율 $\epsilon_0 \epsilon_s$의 유전체 내에 있는 전하 Q에서
나오는 전기력선 수는?
① Q개 ② $\dfrac{Q}{\epsilon_0 \epsilon_s}$개 ③ $\dfrac{Q}{\epsilon_0}$개 ④ $\dfrac{Q}{\epsilon_s}$개

동영상강의 / 핵심요점정리 / 질문게시판 / 정오 및 자료실
회원가입만으로 무료로 이용가능합니다.

전기기사 필기

전기기사 필기 기본서 **전기기사시리즈**

전기자기 / 회로이론 / 전기기기 / 전력공학 / 제어공학 / 전기응용 공사재료 / 전기설비기술기준

`이론` `기출문제`

51년간 과년도 및 복원문제를 완석분석하여 CBT시험에 완벽대비
어떠한 문제유형에도 대응이 가능하도록 핵심 유사문제 수록
10년간 과년도 및 복원문제 풀이 동영상 제공

기출문제 + 동영상강의
20년간 전기기사 필기
20년간 전기산업기사 필기

`기출문제`

20년간 기출문제 수록
19년간 과년도 및 복원문제 풀이 동영상 제공
가장 많은 문제를 수록하여
CBT시험에 대응할 수 있도록 구성

답이보인다 30일 단기완성
전기기사 · 산업기사 필기
전기공사기사 · 산업기사 필기

`이론` `기출문제`

51년간 과년도 및 복원문제를 완전분석, 이론과 함께 수록
5년간 과년도 및 복원문제 수록
전기기사 · 전기산업기사 풀이 동영상 제공

과년도 문제 중심의
완벽대비 전기기사 필기
완벽대비 전기산업기사 필기

`이론` `기출문제`

28년간 과년도 및 복원문제를 엄선, 이론과 함께 수록
10년간 과년도 및 복원문제 수록, 풀이 동영상 제공

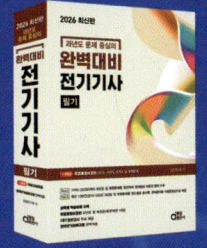 

과년도 문제 중심의
완벽대비 전기공사기사 필기
완벽대비 전기공사산업기사 필기

`이론` `기출문제`

28년간 과년도 및 복원문제를 엄선, 이론과 함께 수록
10년간 과년도 및 복원문제 수록

최근 7년 과년도 문제
핵심 전기기사 필기
핵심 전기산업기사 필기

`이론` `기출문제`

과목별 핵심요점 및 문제
최근 7년 과년도 및 복원문제
과년도 및 복원문제 무료 동영상 제공

전기기사 실기

기출문제 + 동영상강의
30년간 전기기사 실기
`기출문제`

30년간 기출문제 수록
9년간 과년도 및 복원문제 풀이 동영상 제공

기출문제 + 동영상강의
30년간 전기산업기사 실기
`기출문제`

30년간 기출문제 수록
9년간 과년도 및 복원문제 풀이 동영상 제공

답이보인다 30일 단기완성
전기기사 · 산업기사 실기
`이론` `기출문제`

38년간 출제된 과년도 및 복원문제를 완전분석하여 이론과 함께 수록
15년간 과년도 및 복원문제를 연도별로 수록
9년간 과년도 및 복원문제 풀이 동영상 제공

답이보인다 30일 단기완성
전기공사기사 · 산업기사 실기
`이론` `기출문제`

38년간 출제된 과년도 및 복원문제를 완전분석하여 이론과 함께 수록
15년간 과년도 및 복원문제를 연도별로 수록

전기기능사 필기

CBT 완벽대비 전기기능사 필기
`이론` `기출문제`

시험에 반복적으로 나오는내용을 과목별로 정리
출제되었던 과년도 및 복원문제를 완전분석하여 내용별로 수록
과년도 및 복원문제 풀이 동영상 제공[전기이론, 전기기기]

무료동영상의 전기기능사 필기
`이론` `기출문제`

본문내용 전체를 무료 동영상 강의로 완벽 제공
(핵심요점정리 + 핵심예제 +출제예상문제)
8년간 과년도 및 복원문제 수록
과년도 및 복원문제 풀이 동영상 제공[전기이론, 전기기기]

새로운 출제기준에 따른 전기기능사 필기
`이론` `기출문제`

상세한 이론, 기능사 필기의 바이블
10년간 과년도 및 복원문제 수록
출제기준에 따른 과목별 내용과 출제예상문제 수록
과년도 및 복원문제 풀이 동영상 제공[전기이론, 전기기기]

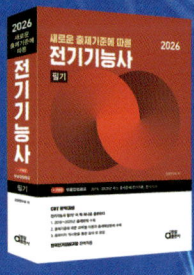

합격을 위한 지름길

동일출판사의 베스트셀러 수험서

기능장

    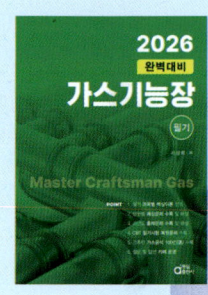

신재생

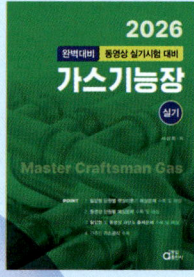   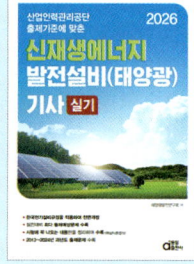 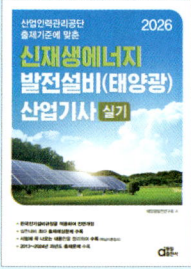

에너지관리

소방

2026 최신판

과년도 문제 중심의
완벽대비 전기기사
필기

제 1 장 전기자기

1. 출제기준 – 벡터 ··· 12
2. 출제기준 – 진공중의 정전계 ······································· 19
3. 출제기준 – 진공중의 도체계 ······································· 34
4. 출제기준 – 유전체 ·· 44
5. 출제기준 – 전계의 특수 해법 ····································· 59
6. 출제기준 – 전류 ··· 62
7. 출제기준 – 자계 ··· 68
8. 출제기준 – 자성체와 자기회로 ··································· 80
9. 출제기준 – 전자유도 및 인덕턴스 ······························· 91
10. 출제기준 – 전자계 ·· 99

제 2 장 전력공학

1. 출제기준 – 발·변전일반 ·· 108
2. 출제기준 – 송·배전 선로의 전기적 특성 ···················· 124
3. 출제기준 – 송·배전 방식과 그 설비 및 운용 ·············· 144
4. 출제기준 – 계통 보호방식 및 설비 ···························· 162
5. 출제기준 – 개폐기의 종류와 특성 ······························ 175
6. 출제기준 – 배전 선로의 전기적 특성 ························· 181
7. 출제기준 – 배전 선로의 운용과 보호 ························· 187

제 3 장 전기기기

1. 출제기준 – 직류기 ·· 198
2. 출제기준 – 동기기 ·· 222
3. 출제기준 – 변압기 ·· 243
4. 출제기준 – 유도기 ·· 271
5. 출제기준 – 교류 정류자기 ·· 290
6. 출제기준 – 정류기 ·· 295

제 4 장 회로이론

1. 출제기준 − 직류회로 …………………………………………………………… 306
2. 출제기준 − 정현파 교류 ………………………………………………………… 313
3. 출제기준 − 기본 교류회로 ……………………………………………………… 320
4. 출제기준 − 교류전력 …………………………………………………………… 327
5. 출제기준 − 결합회로 …………………………………………………………… 333
6. 출제기준 − 회로망 ……………………………………………………………… 340
7. 출제기준 − 다상 교류 …………………………………………………………… 350
8. 출제기준 − 대칭 좌표법 ………………………………………………………… 362
9. 출제기준 − 왜형파 교류 ………………………………………………………… 368
10. 출제기준 − 4단자망과 2단자망 ………………………………………………… 377
11. 출제기준 − 분포정수회로 ……………………………………………………… 391
12. 출제기준 − 과도현상 …………………………………………………………… 399
13. 출제기준 − 자동제어계의 요소 및 구성 ……………………………………… 411
14. 출제기준 − 라플라스변환 ……………………………………………………… 419
15. 출제기준 − 전달함수 …………………………………………………………… 426
16. 출제기준 − 블록선도와 신호흐름선도 ………………………………………… 434
17. 출제기준 − 자동 제어계의 과도응답 ………………………………………… 448
18. 출제기준 − 정상오차와 주파수 응답 ………………………………………… 458
19. 출제기준 − 제어계의 안정도 …………………………………………………… 468
20. 출제기준 − 근궤적법 …………………………………………………………… 478
21. 출제기준 − 샘플치제어(상태방정식) ………………………………………… 483
22. 출제기준 − 시퀀스 제어 ………………………………………………………… 493

제 5 장 전기설비기술기준

1. 전기설비기술기준 ………………………………………………………………… 504
2. 출제기준 − 기술기준의 총칙 …………………………………………………… 507
3. 출제기준 − 저압전기설비 ……………………………………………………… 527
4. 출제기준 − 고압, 특고압 전기설비 …………………………………………… 571
5. 출제기준 − 전기철도설비 ……………………………………………………… 639
6. 출제기준 − 분산형 전원설비 …………………………………………………… 644

차 례

최근 10년 | 전기기사필기 2016~2025 과년도문제 및 CBT 복원문제

동일출판사 홈페이지에서 무료 동영상강의를 보실 수 있습니다.

2016년 과년도문제
- 2016년 1회 전기기사필기 ········ 656
- 2016년 2회 전기기사필기 ········ 676
- 2016년 3회 전기기사필기 ········ 696

2017년 과년도문제
- 2017년 1회 전기기사필기 ········ 716
- 2017년 2회 전기기사필기 ········ 736
- 2017년 3회 전기기사필기 ········ 757

2018년 과년도문제
- 2018년 1회 전기기사필기 ········ 777
- 2018년 2회 전기기사필기 ········ 798
- 2018년 3회 전기기사필기 ········ 817

2019년 과년도문제
- 2019년 1회 전기기사필기 ········ 837
- 2019년 2회 전기기사필기 ········ 857
- 2019년 3회 전기기사필기 ········ 877

2020년 과년도문제
- 2020년 1,2회 전기기사필기 ········ 897
- 2020년 3회 전기기사필기 ········ 918
- 2020년 4회 전기기사필기 ········ 940

2021년 과년도문제

2021년 1회   전기기사필기 ………………………………………… 960
2021년 2회   전기기사필기 ………………………………………… 981
2021년 3회   전기기사필기 ………………………………………… 1002

2022년 과년도문제 및 CBT 복원문제

2022년 1회   전기기사필기 ………………………………………… 1023
2022년 2회   전기기사필기 ………………………………………… 1046
2022년 3회   전기기사필기(CBT 복원문제) ……………………… 1069

2023년 CBT 복원문제

2023년 1회   전기기사필기(CBT 복원문제) ……………………… 1089
2023년 2회   전기기사필기(CBT 복원문제) ……………………… 1111
2023년 3회   전기기사필기(CBT 복원문제) ……………………… 1132

2024년 CBT 복원문제

2024년 1회   전기기사필기(CBT 복원문제) ……………………… 1153
2024년 2회   전기기사필기(CBT 복원문제) ……………………… 1173
2024년 3회   전기기사필기(CBT 복원문제) ……………………… 1192

2025년 CBT 복원문제

2025년 1회   전기기사필기(CBT 복원문제) ……………………… 1212
2025년 2회   전기기사필기(CBT 복원문제) ……………………… 1233
2025년 3회   전기기사필기(CBT 복원문제) ……………………… 1254

출제기준

시험과목	출제 문제수	주요항목	세부항목	
전기자기학	20	1. 진공 중 정전계	1. 정전기 및 전자유도	2. 전계
			3. 전기력선	4. 전하
			5. 전위	6. 가우스의 정리
			7. 전기쌍극자	
		2. 진공 중 도체계	1. 도체계의 전하 및 전위분포	
			2. 전위계수, 용량계수 및 유도계수	
			3. 도체계의 정전에너지	
			4. 정전용량	
			5. 도체간에 작용하는 정전력	
			6. 정전차폐	
		3. 유전체	1. 분극도와 전계	2. 전속밀도
			3. 유전체내의 전계	4. 경계조건
			5. 정전용량	6. 전계의 에너지
			7. 유전체 사이의 힘	8. 유전체의 특수현상
		4. 전계의 특수해법 및 전류	1. 전기영상법	2. 정전계의 2차원 문제
			3. 전류에 관련된 제현상	4. 저항률 및 도전율
		5. 자계	1. 자석 및 자기유도	2. 자계 및 자위
			3. 자기쌍극자	4. 자계와 전류 사이의 힘
			5. 분포전류에 의한 자계	
		6. 자성체와 자기회로	1. 자화의 세기	2. 자속밀도 및 자속
			3. 투자율과 자화율	4. 경계면의 조건
			5. 감자력과 자기차폐	6. 자계의 에너지
			7. 강자성체의 자화	8. 자기회로
			9. 영구자석	
		7. 전자유도 및 인덕턴스	1. 전자유도현상	2. 자기 및 상호유도작용
			3. 자계에너지와 전자유도	4. 도체의 운동에 의한 기전력
			5. 전류에 작용하는 힘	6. 전자유도에 의한 전계
			7. 도체내의 전류 분포	8. 전류에 의한 자계에너지
			9. 인덕턴스	
		8. 전자계	1. 변위전류	2. 맥스웰의 방정식
			3. 전자파 및 평면파	4. 경계조건
			5. 전자계에서의 전압	6. 전자와 하전입자의 운동
			7. 방전현상	
전력공학	20	1. 발변전일반	1. 수력발전	2. 화력발전
			3. 원자력발전	4. 신재생에너지발전
			5. 변전방식 및 변전설비	6. 소내전원설비 및 보호계전방식
		2. 송배전선로의 전기적 특성	1. 선로정수	2. 전력원선도
			3. 코로나현상	4. 단거리 송전선로의 특성

시험과목	출제 문제수	주 요 항 목	세 부 항 목	
			5. 중거리 송전선로의 특성	6. 장거리 송전선로의 특성
			7. 분포정전용량의 영향	
			8. 가공전선로 및 지중전선로	
		3. 송배전방식과 그 설비 및 운용	1. 송전방식	2. 배전방식
			3. 중성점접지방식	4. 전력계통의 구성 및 운용
			5. 고장계산과 대책	
		4. 계통보호방식 및 설비	1. 이상전압과 그 방호	2. 전력계통의 운용과 보호
			3. 전력계통의 안정도	4. 차단보호방식
		5. 옥내배선	1. 저압 옥내배선	2. 고압 옥내배선
			3. 수전설비	4. 동력설비
		6. 배전반 및 제어기기의 종류와 특성	1. 배전반의 종류와 배전반운용	
			2. 전력제어와 그 특성	3. 보호계전기 및 보호계전방식
			4. 조상설비	5. 전압조정
			6. 원격조작 및 원격제어	
		7. 개폐기류의 종류와 특성	1. 개폐기	2. 차단기
			3. 퓨즈	4. 기타 개폐장치
전기기기	20	1. 직류기	1. 직류발전기의 구조 및 원리	
			2. 전기자 권선법	3. 정류
			4. 직류발전기의 종류와 그 특성 및 운전	
			5. 직류발전기의 병렬운전	
			6. 직류전동기의 구조 및 원리	
			7. 직류전동기의 종류와 특성	
			8. 직류전동기의 기동, 제동 및 속도제어	
			9. 직류기의 손실, 효율, 온도상승 및 정격	
			10. 직류기의 시험	
		2. 동기기	1. 동기발전기의 구조 및 원리	
			2. 전기자 권선법	3. 동기발전기의 특성
			4. 단락현상	5. 여자장치와 전압조정
			6. 동기발전기의 병렬운전	7. 동기전동기 특성 및 용도
			8. 동기조상기	
			9. 동기기의 손실, 효율, 온도상승 및 정격	
			10. 특수 동기기	
		3. 전력변환기	1. 정류용 반도체 소자	2. 각 정류회로의 특성
			3. 제어정류기	
		4. 변압기	1. 변압기의 구조 및 원리	2. 변압기의 등가회로
			3. 전압강하 및 전압변동률	4. 변압기의 3상 결선
			5. 상수의 변환	6. 변압기의 병렬운전
			7. 변압기의 종류 및 그 특성	

INFORMATION
출제기준

시험과목	출제 문제수	주 요 항 목	세 부 항 목
			8. 변압기의 손실, 효율, 온도상승 및 정격
			9. 변압기의 시험 및 보수　　10. 계기용변압기
			11. 특수변압기
		5. 유도전동기	1. 유도전동기의 구조 및 원리
			2. 유도전동기의 등가회로 및 특성
			3. 유도전동기의 기동 및 제동
			4. 유도전동기제어　　5. 특수 농형유도전동기
			6. 특수유도기　　7. 단상유도전동기
			8. 유도전동기의 시험　　9. 원선도
		6. 교류정류자기	1. 교류정류자기의 종류, 구조 및 원리
			2. 단상직권 정류자 전동기　3. 단상반발 전동기
			4. 단상분권 전동기　　5. 3상 직권 정류자 전동기
			6. 3상 분권 정류자 전동기　7. 정류자형 주파수 변환기
		7. 제어용기기 및 보호기기	1. 제어기기의 종류　　2. 제어기기의 구조 및 원리
			3. 제어기기의 특성 및 시험　4. 보호기기의 종류
			5. 보호기기의 구조 및 원리　6. 보호기기의 특성 및 시험
			7. 제어장치 및 보호장치
회로이론 및 제어공학	20	(회 로 이 론)	
		1. 전기회로의 기초	1. 전기회로의 기본 개념　2. 전압과 전류의 기준방향
			3. 전원 등
		2. 직류회로	1. 전류 및 옴의 법칙
			2. 도체의 고유저항 및 온도에 의한 저항
			3. 저항의 접속　　4. 키르히호프의 법칙
			5. 전지의 접속 및 주열과 전력
			6. 배율기와 분류기　　7. 회로망 해석
		3. 교류회로	1. 정현파 교류　　2. 교류 회로의 페이저 해석
			3. 교류 전력　　4. 유도결합회로
		4. 비정현파교류	1. 비정현파의 푸리에 급수에 의한 전개
			2. 푸리에 급수의 계수　3. 비정현파의 대칭
			4. 비정현파의 실효값　5. 비정현파의 임피던스 등
		5. 다상교류	1. 대칭 n상교류 및 평형3상 회로
			2. 선간전압과 상전압
			3. 평형부하의 경우 성형전류와 환상전류와의 관계
			4. $2\pi/n$씩 위상차를 가진 대칭 n상 기전력의 기호표시법
			5. 3상 Y결선 부하인 경우
			6. 3상 △결선의 각부 전압, 전류
			7. 다상교류의 전력
			8. 3상교류의 복소수에 의한 표시

시험과목	출제 문제수	주 요 항 목	세 부 항 목
			9. △-Y의 결선 변환
			10. 평형 3상회로의 전력 등
		6. 대칭 좌표법	1. 대칭좌표법　　　　2. 불평형률
			3. 3상 교류기기의 기본식　　4. 대칭분에 의한 전력표시 등
		7. 4단자 및 2단자	1. 4단자 파라미터　　2. 4단자 회로망의 각종 접속
			3. 대표적인 4단자망의 정수
			4. 반복파라미터 및 영상파라미터
			5. 역회로 및 정저항회로　　6. 리액턴스 2단자망 등
		8. 분포정수회로	1. 기본식과 특성임피던스　　2. 무한장 선로
			3. 무손실 선로와 무왜형 선로
			4. 일반의 유한장 선로　　5. 반사계수
			6. 무손실 유한장 회로와 공진 등
		9. 라플라스 변환	1. 라플라스 변환의 정의　　2. 간단한 함수의 변환
			3. 기본정리　　　　　　　　4. 라플라스 변환 등
		10. 회로의 전달함수	1. 전달함수의 정의　　　　　2. 기본적 요소의 전달함수 등
		11. 과도현상	1. R-L 직렬의 직류회로　　2. R-C 직렬의 직류회로
			3. R-L 병렬의 직류회로　　4. R-L-C 직렬의 직류회로
			5. R-L-C 직렬의 교류회로　6. 시정수와 상승시간
			7. 미분적분회로 등
		(제 어 공 학)	
		1. 자동제어계의 요소 및 구성	1. 제어계의 종류
			2. 제어계의 구성과 자동제어의 용어
			3. 자동제어계의 분류 등
		2. 블록선도와 신호흐름선도	1. 블록선도의 개요　　　　　2. 궤환제어계의 표준형
			3. 블록선도의 변환　　　　　4. 아날로그 계산기 등
		3. 상태공간해석	1. 상태변수의 의의　　　　　2. 상태변수와 상태방정식
			3. 선형시스템의 과도응답 등
		4. 정상오차와 주파수응답	1. 자동제어계의 정상오차　　2. 과도응답과 주파수응답
			3. 주파수응답의 궤적표현　　4. 2차계에서의 MP와 WP 등
		5. 안정도 판별법	1. Routh-Hurwitz 안정도 판별법
			2. Nyquist 안정도 판별법
			3. Nyquist 선도로 부터의 이득과 위상여유
			4. 특성방정식의 근 등
		6. 근궤적과 자동제어의 보상	1. 근 궤 적　　　　　　　　2. 근궤적의 성질
			3. 종속보상법　　　　　　　4. 지상보상의 영향
			5. 조절기의 제어동작 등
		7. 샘플값 제어	1. Sampling 방법　　　　　 2. Z변환법
			3. 펄스전달함수

INFORMATION
출제기준

시험과목	출제 문제수	주 요 항 목	세 부 항 목
			4. Sample값 제어계의 Z변환법에 의한 해석 5. Sample값 제어계의 안정도 등
		8. 시퀀스 제어	1. 시퀀스제어의 특징　　2. 제어요소의 동작과 표현 3. 불대수의 기본정리　　4. 논리회로 5. 무접점회로　　　　　　6. 유접점회로 등
전기설비 기술기준	20	\- 전기설비기술기준 및 전기설비기술기준의 판단기준(전기설비)포함 - 1. 총칙	1. 기술기준 총칙 및 KEC 총칙에 관한 사항 2. 일반사항 3. 전선　　　　　　　　4. 전로의 절연 5. 접지시스템　　　　　6. 피뢰시스템
		2. 저압전기설비	1. 통칙　　　　　　　　2. 안전을 위한 보호 3. 전선로　　　　　　　4. 배선 및 조명설비 5. 특수설비
		3. 고압, 특고압 전기설비	1. 통칙　　　　　　　　2. 안전을 위한 보호 3. 접지설비　　　　　　4. 전선로 5. 기계, 기구 시설 및 옥내배선 6. 발전소, 변전소, 개폐소 등의 전기설비 7. 전력보안통신설비
		4. 전기철도설비	1. 통칙　　　　　　　　2. 전기철도의 전기방식 3. 전기철도의 변전방식　4. 전기철도의 전차선로 5. 전기철도의 전기철도차량 설비 6. 전기철도의 설비를 위한 보호 7. 전기철도의 안전을 위한 보호
		5. 분산형 전원설비	1. 통칙　　　　　　　　2. 전기저장장치 3. 태양광발전설비　　　4. 풍력발전설비 5. 연료전지설비

전기자기 제 1 장

1. 출제기준 – 벡터   12
2. 출제기준 – 진공중의 정전계   19
3. 출제기준 – 진공중의 도체계   34
4. 출제기준 – 유전체   44
5. 출제기준 – 전계의 특수 해법   59
6. 출제기준 – 전류   62
7. 출제기준 – 자계   68
8. 출제기준 – 자성체와 자기회로   80
9. 출제기준 – 전자유도 및 인덕턴스   91
10. 출제기준 – 전자계   99

01 출제기준 – 벡터

1) 전자기학에서 쓰이는 특별한 명칭을 가진 SI 유도단위

물리량(또는 차원)	SI 단위			
	명칭	기호	다른 단위로 표시	기본단위로 표시
frequency	헤르츠	Hz		s^{-1}
force	뉴턴	N		$m \cdot kg/s^2$
energy	줄	J	$N \cdot m$	$m^2 \cdot kg/s^2$
electric power	와트	W	J/s	$m^2 \cdot kg/s^3$
electric charge	쿨롬	C		$A \cdot s$
electric potential	볼트	V	W/A	$m^2 \cdot kg/s^3 \cdot A$
capacitance	패럿	F	C/V	$A^2 \cdot s^4/m^2 \cdot kg$
resistance	옴	Ω	V/A	$m^2 \cdot kg/s^3 \cdot A^2$
conductivity	지멘스	S	A/V	$m^2 \cdot kg/s^2 \cdot s^3$
magnetic flux	웨버	Wb	$V \cdot s$	$m^2 \cdot kg/s^2 \cdot A$
magnetic flux density	테슬라	T	Wb/m^2	$kg/s^2 \cdot A$
inductance	헨리	H	Wb/A	$m^2 \cdot kg/s^2 \cdot A^2$

2) 벡터의 그래픽과 심벌(graphic and symbol)

① 벡터의 그림 : 화살축에 vector를 나타내는 문자를 사용하여 나타냄

(시작점 : initial point) $\xrightarrow{A}$ (종착점 : final point)

② symbol : $\vec{A}$, $\overline{A}$, $A(\vec{A} = |\vec{A}|\hat{A} = A\hat{A})$, $\hat{A}$: unit vector

1 벡터의 내적과 외적

1) 벡터의 성분

$$A = A_x i + A_y j + A_z k \text{ 또는, } A = (A_x, A_y, A_z)\text{로 표시한다.}$$

좌표계에서 x, y, z는 각 축의 양의 방향으로 크기가 1인 단위벡터 i, j, k를 기본벡터라 한다. 이들은 서로 각도가 90°의 관계를 이루고 있어 벡터계산에 중요하게 사용되는 벡터량이다.

2) 벡터의 합과 차 : $A \pm B = (A_x \pm B_x)i + (A_y \pm B_y)j + (A_z \pm B_z)k$

3) 벡터의 스칼라곱 : $kA = i\,kA_x + j\,kA_y + k\,kA_z$

4) 벡터의 스칼라적

$$A \cdot B = (A\ B) = AB\cos\theta = A_xB_x + A_yB_y + A_zB_z$$
$$A \cdot B = B \cdot A$$
$$\theta = \cos^{-1}\frac{A_xB_x + A_yB_y + A_zB_z}{AB}$$

5) 벡터의 외적

$$A \times B = [A\ B] = \begin{vmatrix} i & j & k \\ A_x & A_y & A_z \\ B_x & B_y & B_z \end{vmatrix}$$
$$= (A_yB_z - A_zB_y)i + (A_zB_x - A_xB_z)j + (A_xB_y - A_yB_x)k$$

6) 벡터의 3중적

$$(A \times B) \cdot C = (A\ B\ C) = \begin{vmatrix} A_x & A_y & A_z \\ B_x & B_y & B_z \\ C_x & C_y & C_z \end{vmatrix} = A \cdot (B \times C)$$

2 구배, 발산, 회전

1) 스칼라 ϕ의 구배

$$\text{grad}\phi = \nabla\phi = \left(\frac{\partial}{\partial x}i + \frac{\partial}{\partial y}j + \frac{\partial}{\partial z}k\right)\phi = \frac{\partial\phi}{\partial x}i + \frac{\partial\phi}{\partial y}j + \frac{\partial\phi}{\partial z}k$$

▽는 해밀턴의 연산자라 하며, nabla[나블라]라 읽는다.

2) 발산

$$\text{div}\ A = \nabla \cdot A = \left(\frac{\partial}{\partial x}i + \frac{\partial}{\partial y}j + \frac{\partial}{\partial z}k\right) \cdot (A_xi + A_yj + A_zk)$$
$$= \frac{\partial A_x}{\partial x} + \frac{\partial A_y}{\partial y} + \frac{\partial A_z}{\partial z}$$

div는 divergence[다이버전스]라 읽는다.

3) 회전

$$\text{rot}\ A = \nabla \times A = \begin{vmatrix} i & j & k \\ \frac{\partial}{\partial x} & \frac{\partial}{\partial y} & \frac{\partial}{\partial z} \\ A_x & A_y & A_z \end{vmatrix}$$
$$= \left(\frac{\partial A_z}{\partial y} - \frac{\partial A_y}{\partial z}\right)i + \left(\frac{\partial A_x}{\partial z} - \frac{\partial A_z}{\partial x}\right)j + \left(\frac{\partial A_y}{\partial x} - \frac{\partial A_x}{\partial y}\right)k$$

rot : rotation[로테이션]이라 읽는다.   ▽V : gradient[그라디언트] V
▽ $\cdot A$: divergence[다이버전스] A ▽$\times A$: rotation[로테이션] A (or curl, circulation)

3 가우스의 정리와 스토크스 정리

1) 가우스 정리 : $\int_s A \cdot n \, dS = \int_v \text{div} A \, dV$

2) 스토크스 정리 : $\oint_c A \cdot dl = \int_s (\text{rot} A) \cdot dS$

> (1) 기울기(gradient)
> $\begin{cases} \text{미분연산자 } \nabla \\ \text{스칼라 함수 } V(x, y, z) \end{cases}$ 의 곱 : $\nabla V = \text{grad } V$ (결과 : 벡터량)
>
> (2) 발산(divergence)
> $\begin{cases} \text{미분연산자 } \nabla \\ \text{벡터 함수 } E(x, y, z) \end{cases}$ 의 곱 : $\nabla \cdot E = \text{div } E$ (결과 : 스칼라량)
>
> (3) 회전(rotation, curl)
> $\begin{cases} \text{미분연산자 } \nabla \\ \text{벡터 함수 } H(x, y, z) \end{cases}$ 의 곱 : $\nabla \times H = \text{rot } H = \text{curl } H$ (결과 : 벡터량)

필수유형 및 과년도문제

필수 01 ★☆ 벡터의 내적과 외적

$A = i - j + 3k$, $B = i + ak$ 일 때 벡터 A가 수직이 되기 위한 a의 값은?
단, i, j, k는 x, y, z 방향의 기본 벡터이다.

① -2 ② $-\dfrac{1}{3}$ ③ 0 ④ $\dfrac{1}{2}$

 유형분석 내적과 외적의 계산 문제가 출제된다.

풀 이) $A \perp B$가 되기 위한 조건은 $A \cdot B = 0$이다.
$A \cdot B = 1 \times 1 + (-1) \times 0 + 3 \times a = 0 \rightarrow 1 + 3a = 0$
$\therefore a = -\dfrac{1}{3}$

답 ②

Key point

(1) 벡터의 스칼라적
$$A \cdot B = (A\ B) = AB\cos\theta = A_xB_x + A_yB_y + A_zB_z$$
$$A \cdot B = B \cdot A$$
$$\theta = \cos^{-1}\dfrac{A_xB_x + A_yB_y + A_zB_z}{AB}$$

(2) 벡터의 외적
$$A \times B = [AB] = \begin{vmatrix} i & j & k \\ A_x & A_y & A_z \\ B_x & B_y & B_z \end{vmatrix} = (A_yB_z - A_zB_y)i + (A_zB_x - A_xB_z)j + (A_xB_y - A_yB_x)k$$

문제 01 ★ $E = ya_x + za_y$를 원통(원주) 좌표계로 변환하면? (단, a_x, a_y : 단위 벡터임)

① $E = \cos\phi(r\sin\phi + z)a_r + (-r\sin\phi + z\cos\phi)a_z$
② $E = \cos\phi(r\sin\phi + z)a_r + (r\sin^2\phi + z\cos\phi)a_z$
③ $E = \sin\phi(r\cos\phi + z)a_r + (-r\sin^2\phi + z\cos\phi)a_\phi$
④ $E = \sin\phi(r\cos\phi + z)a_r + (-r\cos^2\phi + z\cos\phi)a_\phi$

풀이 › 원통좌표로 표시한 벡터의 일반식은
$$A = A_r(r, \phi, z)a_r + A_\phi(r, \phi, z)a_\phi + A_z(r, \phi, z)a_z$$
이며, 직각좌표를 원통좌표로 변환 시 각 성분은 다음과 같다.
$$A_r = \cos\phi A_x + \sin\phi A_y$$
$$A_\phi = -\sin\phi A_x + \cos\phi A_y,\ A_z = A_z$$
또한 $x = r\cos\phi,\ y = r\sin\phi$ 이다. 따라서
$$E = (\cos\phi y + \sin\phi z)a_r + (-\sin\phi y + \cos\phi z)a_\phi$$
$$= (\cos\phi r\sin\phi + \sin\phi z)a_r + (-\sin\phi r\sin\phi + \cos\phi z)a_\phi$$
$$= \sin\phi(r\cos\phi + z)a_r + (-r\sin^2\phi + z\cos\phi)a_\phi$$

답 ③

문제 02 ★☆
$A = -i\,7 - j,\ B = -i\,3 - j\,4$의 두 벡터가 이루는 각은 몇 도인가?

① 30 ② 45 ③ 60 ④ 90

풀이 ›
$$\cos\theta = \frac{A \cdot B}{|A||B|} = \frac{A_x B_x + A_y B_y}{\sqrt{A^2}\sqrt{B^2}}$$
$$= \frac{(-7)\times(-3) + (-1)\times(-4)}{\sqrt{(-7)^2 + (-1)^2}\sqrt{(-3)^2 + (-4)^2}} = \frac{21 + 4}{\sqrt{50}\times 5}$$
$$= \frac{25}{25\sqrt{2}} = \frac{1}{\sqrt{2}}$$
$$\therefore\ \theta = \cos^{-1}\frac{1}{\sqrt{2}} = 45$$

답 ②

필수 02 ★☆
구배, 발산, 회전

모든 장소에서 $\nabla \cdot \vec{D} = 0$, $\nabla \times \dfrac{\vec{D}}{\epsilon} = 0$와 같은 관계가 성립하면 $\vec{D}$는 어떤 성질을 가져야 하는가?

① x의 함수 ② y의 함수
③ z의 함수 ④ 상수

유형분석 › 구배, 발산, 회전에 관한 계산 문제가 출제된다.

풀 이 ›
$\nabla \cdot D = \dfrac{\partial D_x}{\partial x} + \dfrac{\partial D_y}{\partial y} + \dfrac{\partial D_z}{\partial z} = 0$ 이 항상 성립하기 위해서는
$D_x,\ D_y,\ D_z$은 각각 x, y, z 함수가 아니어야 한다.
$\nabla \times \dfrac{D}{\epsilon} = \dfrac{1}{\epsilon}\nabla \times D = \dfrac{1}{\epsilon}\left[\left(\dfrac{\partial D_z}{\partial y} - \dfrac{\partial D_y}{\partial z}\right)i + \left(\dfrac{\partial D_x}{\partial z} - \dfrac{\partial D_z}{\partial x}\right)j + \left(\dfrac{\partial D_y}{\partial x} - \dfrac{\partial D_x}{\partial y}\right)k\right] = 0$ 을 성립하기 위해서는
각항이 모두 0 이 되어야 하므로 $D_x,\ D_y,\ D_z$는 각각 yz, zx, xy의 함수가 아닐 것.
$\therefore\ D$는 x, y, z 함수가 아니므로 상수이어야 한다.

답 ④

Key point

(1) 스칼라 ϕ의 구배

$$\text{grad } \phi = \nabla \phi = \left(\frac{\partial}{\partial x}i + \frac{\partial}{\partial y}j + \frac{\partial}{\partial z}k\right)\phi = \frac{\partial \phi}{\partial x}i + \frac{\partial \phi}{\partial y}j + \frac{\partial \phi}{\partial z}k$$

(2) 발산

$$\text{div } A = \nabla \cdot A = \left(\frac{\partial}{\partial x}i + \frac{\partial}{\partial y}j + \frac{\partial}{\partial z}k\right) \cdot (A_x i + A_y j + A_z k) = \frac{\partial A_x}{\partial x} + \frac{\partial A_y}{\partial y} + \frac{\partial A_z}{\partial z}$$

문제 03 ★☆ $f = xyz$, $\boldsymbol{A} = x\boldsymbol{i} + y\boldsymbol{j} + z\boldsymbol{k}$일 때 점 (1, 1, 1)에서의 $\text{div}(f\boldsymbol{A})$는?

① 3   ② 4   ③ 5   ④ 6

풀이 $\text{div}(f\boldsymbol{A}) = \nabla \cdot (f\boldsymbol{A}) = \nabla \cdot (fA_x \boldsymbol{i} + fA_y \boldsymbol{j} + fA_z \boldsymbol{k}) = \boldsymbol{A} \text{ grad} f + f \text{div} \boldsymbol{A}$ 이므로

$\boldsymbol{A} \cdot \text{grad} f = (x\boldsymbol{i} + y\boldsymbol{j} + z\boldsymbol{k}) \cdot \left\{\boldsymbol{i}\frac{\partial(xyz)}{\partial x} + \boldsymbol{j}\frac{\partial(xyz)}{\partial y} + \boldsymbol{k}\frac{\partial(xyz)}{\partial z}\right\}$

$= xyz + xyz + xyz = 3xyz$

$[\boldsymbol{A} \cdot \text{grad} f]_{x=1, y=1, z=1} = 3$

$f \text{div} \boldsymbol{A} = xyz \nabla \cdot \boldsymbol{A} = xyz\left(\boldsymbol{i}\frac{\partial}{\partial x} + \boldsymbol{j}\frac{\partial}{\partial y} + \boldsymbol{k}\frac{\partial}{\partial z}\right) \cdot (x\boldsymbol{i} + y\boldsymbol{j} + z\boldsymbol{k})$

$= xyz\left(\frac{\partial x}{\partial x} + \frac{\partial y}{\partial y} + \frac{\partial z}{\partial z}\right) = 3xyz$

$[f \text{div} \boldsymbol{A}]_{x=1, y=1, z=1} = 3$

$\therefore [\text{div}(f\boldsymbol{A})]_{x=1, y=1, z=1} = 3 + 3 = 6$

답 ④

문제 04 ★ $\nabla^2\left(\dfrac{1}{r}\right)$의 값은 얼마인가? 단, $r = \sqrt{x^2 + y^2 + z^2}$ 이다.

① 0   ② 1   ③ -1   ④ 3

풀이

$\nabla^2\left(\dfrac{1}{r}\right) = \dfrac{\partial^2\left(\dfrac{1}{r}\right)}{\partial x^2} + \dfrac{\partial^2\left(\dfrac{1}{r}\right)}{\partial y^2} + \dfrac{\partial^2\left(\dfrac{1}{r}\right)}{\partial z^2}$

$\dfrac{\partial^2\left(\dfrac{1}{r}\right)}{\partial x^2} = -(x^2+y^2+z^2)^{-\frac{3}{2}} + 3x^2(x^2+y^2+z^2)^{-\frac{5}{2}}$

$\dfrac{\partial^2\left(\dfrac{1}{r}\right)}{\partial y^2} = -(x^2+y^2+z^2)^{-\frac{3}{2}} + 3y^2(x^2+y^2+z^2)^{-\frac{5}{2}}$

$\dfrac{\partial^2\left(\dfrac{1}{r}\right)}{\partial z^2} = -(x^2+y^2+z^2)^{-\frac{3}{2}} + 3z^2(x^2+y^2+z^2)^{-\frac{5}{2}}$

$\therefore \nabla^2\left(\dfrac{1}{r}\right) = -3(x^2+y^2+z^2)^{-\frac{3}{2}} + 3(x^2+y^2+z^2)^{-\frac{3}{2}} = 0$

답 ①

필수 03 ★★★ 가우스의 정리와 스토크스 정리

$\int_s E \cdot dS = \int_v \nabla \cdot E \, dV$은 다음 중 어느 것에 해당되는가?

① 발산의 정리 ② 가우스의 정리
③ 스토크스의 정리 ④ 암페어의 법칙

유형분석 가우스법칙은 계산보다는 식의 의미에 관한 문제가 출제된다.

풀이 가우스의 발산 정리는 면적 적분과 체적 적분과의 변환식이다. 　**답** ①

Key point

(1) 가우스 정리 $\int_s A \cdot n \, dS = \int_v \text{div} A \, dV$

(2) 스토크스 정리 $\oint_c A \cdot dl = \int_s (\text{rot} A) \cdot dS$

문제 05 ★☆ 다음 중 Stokes 정리를 표시하는 일반식은 어느 것인가?

① $\oint_c E \cdot dl = \int_s \text{rot} E \cdot n \, dS$

② $\oint_c E \cdot dl = \int_v \text{div} E \cdot n \, dV$

③ $\oint_v \text{rot} E \cdot n \, dV = \oint_s \text{div} E \cdot dS$

④ $\oint_s E \cdot dS = \oint_v \text{div} E \cdot dV$

풀이 Stokes의 정리는 선적분과 면적 적분의 관계식으로 "어떤 벡터의 폐곡선에 따른 선적분은 그 벡터의 회전을 폐곡선이 만드는 면적에 대하여 면적 적분한 것과 같다."로 표현된다.
이를 수식으로 표시하면 다음 식과 같다.
$\oint_c E \cdot dl = \int_s \text{rot} E \cdot n \, dS$ 　**답** ①

문제 06 ★★☆ 스토크스(Stokes) 정리를 표시하는 식은?

① $\int_s A \cdot dS = \int_v \text{div} A \cdot dV$　② $\int_c A \cdot dl = \int_v \text{div} A \, dV$

③ $\int_c A \cdot dl = \int_s (\text{rot} A) n \, dS$　④ $\int_s A \cdot dS = \int_s \text{rot} A \cdot n \, dS$

답 ③

02 출제기준 - 진공중의 정전계

1 정전기 및 전자유도

1) 패러데이의 유도법칙 : $e = -N\dfrac{d\phi}{dt}[\text{V}]$

   e : 기전력, N : 도체수, $d\phi$: 자속의 변화량, dt : 시간의 변화량

2) 전자유도 법칙의 미분형과 적분형

   - 적분형 : $e_i = \oint \boldsymbol{E} \cdot d\ell = -\dfrac{d}{dt}\int_s \boldsymbol{B} \cdot d\boldsymbol{S} = -\dfrac{d\phi}{dt}$

     $\oint$: 폐곡선을 1주 하면서 적분하는 것으로 주회적분이라고 한다. $\int_s$: 면적분

   - 미분형 : $\text{rot}\,\boldsymbol{E} = -\dfrac{\partial \boldsymbol{B}}{\partial t}$

3) 도체 운동에 의한 기전력 (플레밍의 오른손 법칙) : $e = vBl\sin\theta[\text{V}]$

   e : 기전력, v : 속도, B : 자속밀도, l : 도체의 길이

4) 표피효과의 깊이 : $\delta = \sqrt{\dfrac{2}{\omega\sigma\mu}} = \sqrt{\dfrac{1}{\pi f\sigma\mu}}$

   전류밀도는 도체 중심부에서 작아지고 표면으로 갈수록 커지는 현상이 나타나는데 이것을 **표피효과**라 한다.
   δ : 표피효과의 깊이, ω : 각속도, σ : 도전율, μ : 투자율

2 전계

1) 쿨롱의 법칙

   $$F = k\dfrac{Q_1 Q_2}{r^2} = \dfrac{Q_1 Q_2}{4\pi\epsilon_0 r^2} = 9\times 10^9 \dfrac{Q_1 Q_2}{r^2}[\text{N}]$$

   $$\epsilon_0 = \dfrac{10^7}{4\pi c^2} = \dfrac{1}{\mu_0 c^2} = \dfrac{1}{120\pi c} = 8.855\times 10^{-12}[\text{F/m}]$$

   F : 쿨롱의 힘[N], Q : 전하량[C], r : 양 전하간의 거리[m], ϵ_0 : 진공중의 유전률

2) 전계

전기량의 존재에 의하여 전기적인 작용이 미치는 공간
전계 중에 단위 점전하를 놓았을 때 이에 작용하는 힘을 전계의 세기라 한다.

$$E = \frac{Q}{4\pi\epsilon_0 r^2} = 9 \times 10^9 \frac{Q}{r^2} [\text{V/m}]$$

> E : 전계의 세기[V/m], Q : 전하량[C], r : 양 전하간의 거리[m], ϵ_0 : 진공중의 유전률

3 전기력선

1) 전기력선방정식

$$\frac{dx}{E_x} = \frac{dy}{E_y} = \frac{dz}{E_z}$$ 이므로 $\frac{dx}{E_x} = \frac{dy}{E_y}$ 에서 $dx\,E_y = dy\,E_x$ 가 된다.

4 전하

1) 전하

중공도체는 전기적으로 중성이므로 도체 내의 총전하의 합은 0이어야 한다.
정전 유도 현상에 의해 중심점의 ⊕점전하에 의해 중공도체 내면에는 ⊖전하가 유도되고 외면에는 ⊕전하가 유기된다.

2) 전계의 주회 적분과 에너지와의 관계

$$\oint_c Q\boldsymbol{E} \cdot dl = Q\oint_c \boldsymbol{E} \cdot dl = 0$$

> $\oint$ 의 기호는 폐곡선을 일주하여 적분하는 것으로, 이 적분을 주회적분이라고 한다.

5 전위

무한 원점을 영전위로 하고 무한 원점에서 단위 점전하를 어떤 임의의 점 P까지 이동시키는 데 필요한 일을 임의의 점 P의 전위 V_P로 나타낸다.

$$V_P = -\int_\infty^P \boldsymbol{E} \cdot d\boldsymbol{r} = \int_P^\infty \boldsymbol{E} \cdot d\boldsymbol{r} = \frac{Q}{4\pi\epsilon_0 r}[\text{V}]$$

> **전위**(potential)는 무한원점에서 전계 내 임의의 한 점 A까지 단위전하 +1[C]을 이동시키는 데 필요한 일로 정의하며, 한 점 A에서 단위전하가 갖는 전기적인 위치에너지를 의미한다.

1) A, B 2점 사이의 전위차 : $V_{AB} = V_A - V_B = -\int_B^A \boldsymbol{E} \cdot d\boldsymbol{r} [\text{V}]$

> 전위차(potential difference)는 전계 내의 임의의 한 점 B에서 다른 한 점 A까지 단위전하 +1[C]을 이동시키는 데 필요한 일로 정의하며, 두 점 A, B 사이의 단위전하가 갖는 전기적인 위치에너지의 차, 즉 전위 VA와 VB의 차를 의미한다.

2) A, B 2점 사이에 $Q[\text{C}]$의 전하를 운반할 때 전계가 하는 일 : $W = Q(V_A - V_B)[\text{J}]$

3) 폐회로를 일주할 때 전계가 하는 일 : $\oint_c \boldsymbol{E} \cdot d\boldsymbol{l} = 0 = \int_s \text{rot} \boldsymbol{E} \cdot d\boldsymbol{S}$

4) $Q[\text{C}]$의 점전하에서 $r[\text{m}]$의 거리에 있는 P점의 전위 : $V_P = \dfrac{Q}{4\pi\epsilon_0 r}[\text{V}]$

5) 선전하 분포에 의한 전위 : $V_L = \dfrac{1}{4\pi\epsilon_0 r}\int_l \dfrac{\lambda dl}{r}[\text{V}]$

6) 면전하 분포에 의한 전위 : $V_S = \dfrac{1}{4\pi\epsilon_0}\int_S \dfrac{\sigma dS}{r}[\text{V}]$

7) 체적 전하 분포에 의한 전위 : $V_V = \dfrac{1}{4\pi\epsilon_0}\int_V \dfrac{\rho dV}{r}[\text{V}]$

6 가우스의 정리

폐곡면을 통하는 전속과 폐곡면 내부의 전하와의 상관 관계를 나타내는 법칙을 말한다.

$$\int_S \boldsymbol{E} \cdot d\boldsymbol{S} = \dfrac{Q}{\epsilon_0} = \dfrac{1}{\epsilon_0}\int_V \rho dV = \int_V \dfrac{\rho}{\epsilon_0}dV = \int_V \text{div}\,\boldsymbol{E}\,dV$$

$$\text{div}\,\boldsymbol{E} = \nabla \cdot \boldsymbol{E} = \dfrac{\partial E_x}{\partial x} + \dfrac{\partial E_y}{\partial y} + \dfrac{\partial E_z}{\partial z} = \dfrac{\rho}{\epsilon_0}$$

> 진공 중의 폐곡면에서 나오는 전 전기력선 수는 폐곡면 내에 있는 전 전하량의 $(1/\epsilon_0)$배와 같다는 것을 의미한다.

7 전기 쌍극자

정·부의 점전하 $+Q$, $-Q$가 미소거리 r만큼 떨어져 있을 때 이 한 쌍의 전하를 **전기쌍극자**(electric dipole)라 한다.

전위 : $V = \dfrac{M\cos\theta}{4\pi\epsilon_0 r^2}$ [V]

전계 : $E = \dfrac{M\sqrt{1+3\cos^2\theta}}{4\pi\epsilon_0 r^3}$ [V/m]

> r : 전기쌍극자의 중심에서 임의의 점까지의 거리, θ : 거리벡터와 전기쌍극자 모멘트와 이루는 각
> M : 전기쌍극자 모멘트

8 프아송, 라플라스 방정식

1) 프아송 방정식

$$\mathrm{div}\,\boldsymbol{E} = \mathrm{div}(-\mathrm{grad}\,V) = \dfrac{\rho}{\epsilon_0} \text{에서}$$

$$\mathrm{div}\,\mathrm{grad}\,V = \nabla\cdot\nabla V = \nabla^2 V = -\dfrac{\rho}{\epsilon_0}$$

2) 라플라스 방정식 (전하밀도 $\rho = 0$인 경우)

$$\nabla^2 V = 0$$

> 전하밀도가 공간적으로 분포하고 있을 때 그 내부의 임의의 점에서 전위를 결정하는 식으로 **프아송 방정식** (Poisson's equation)이라 한다.
> $\rho\,[\mathrm{C/m^3}]$: 체적전하밀도, $\mathrm{div}\,\boldsymbol{D}$: 전속 $\boldsymbol{D}$의 발산(divergence), $\mathrm{div}\,\boldsymbol{E}$: 전계 $\boldsymbol{E}$의 발산(divergence)

02 필수유형 및 과년도문제

필수 01 ★★ 정전기 및 전자유도

권수 1회의 코일에 5[Wb]의 자속이 쇄교하고 있을 때 10^{-1}[s] 사이에 이 자속이 0으로 변하였다면 이때 코일에 유도되는 기전력[V]은?

① 500　　② 100　　③ 50　　④ 10

유형분석 전자유도법칙의 의미와 계산 문제가 출제된다.

풀이 $e = -N\dfrac{d\phi}{dt} = -1 \times \dfrac{(-5)}{10^{-1}} = 50[\text{V}]$

답 ③

Key point

(1) 패러데이의 유도법칙 $e = -N\dfrac{d\phi}{dt}[\text{V}]$

(2) 전자유도 법칙의 적분형 $e_i = \oint \boldsymbol{E} \cdot d\ell = -\dfrac{d}{dt}\int_s \boldsymbol{B} \cdot d\boldsymbol{S} = -\dfrac{d\phi}{dt}$

문제 01 ★

100회 감은 코일과 쇄교하는 자속이 $\dfrac{1}{10}$ 초 동안에 0.5[Wb]에서 0.3[Wb]로 감소했다. 이때 유기되는 기전력은 몇 [V]인가?

① 20　　② 200　　③ 80　　④ 800

풀이 $e = -N\dfrac{d\phi}{dt} = -100 \times \dfrac{(-0.2)}{\dfrac{1}{10}} = 200[\text{V}]$

답 ②

필수 02 ★★ 전계

+10[nC]의 점전하로부터 100[mm] 떨어진 거리에 +100[pC]의 점전하가 놓인 경우 이 전하에 작용하는 힘의 크기는 몇 [nN]인가?

① 100　　② 200　　③ 300　　④ 900

▶▶▶ 완벽대비 전기기사필기

1장 전기자기

유형분석 쿨롱의 법칙, 전계의 세기 계산 등이 출제된다.

풀이 $F = \dfrac{Q_1 Q_2}{4\pi\epsilon_0 r^2} = 9 \times 10^9 \times \dfrac{10 \times 10^{-9} \times 100 \times 10^{-12}}{(100 \times 10^{-3})^2} = 900 \times 10^{-9} [N] = 900 [nN]$ **답** ④

Key point

(1) 쿨롱의 법칙 $F = k\dfrac{Q_1 Q_2}{r^2} = \dfrac{Q_1 Q_2}{4\pi\epsilon_0 r^2} = 9 \times 10^9 \dfrac{Q_1 Q_2}{r^2} [N]$

(2) 전계 $E = \dfrac{Q}{4\pi\epsilon_0 r^2} = 9 \times 10^9 \dfrac{Q}{r^2} [V/m]$

문제 02 ★★★ 전하량의 크기가 서로 같은 두 전하가 진공 중에서 서로 1[m] 떨어져 있다. 이 사이에 작용하는 힘이 1[dyne]일 때, 한 개의 전하 크기[C]는?

① 1.11×10^4 ② 2.22×10^{-5} ③ 3.33×10^{-8} ④ 3.33×10^{-4}

풀이 $1[N] = 1[kg \cdot m/s^2] = 10^3 \times 10^2 [g \cdot cm/s^2] = 10^5 [dyne]$
∴ $1[dyne] = 10^{-5}[N]$
따라서 $F = 9 \times 10^9 \times \dfrac{Q_1 Q_2}{r^2}$ 식에서 $10^{-5} = 9 \times 10^9 \times \dfrac{Q^2}{1^2}$, $Q^2 = \dfrac{10^{-5}}{9 \times 10^9}$
∴ $Q = 3.33 \times 10^{-8}[C]$ **답** ③

문제 03 ★★ 점전하 Q_1, Q_2 사이에 작용하는 쿨롱의 힘이 F일 때 이 부근에 점전하 Q_3를 놓을 경우 Q_1과 Q_2 사이의 쿨롱의 힘을 F'라고 하면?

① $F > F'$ ② $F < F'$
③ $F = F'$ ④ Q_3의 크기에 따라 다르다.

풀이 Q_1과 Q_2 사이에 작용하는 쿨롱의 힘은 $F = \dfrac{1}{4\pi\epsilon} \cdot \dfrac{Q_1 \cdot Q_2}{r^2} [N]$으로
두 전하 사이의 거리와 전하량 및 주위의 유전율에 관계되므로 Q_3의 영향은 받지 않는다.   **답** ③

문제 04 ★☆ 진공 중에서 원점의 점전하 $0.3[\mu C]$에 의한 점 $(1, -2, 2)[m]$의 x성분 전계는 몇 [V/m] 인가?

① 300   ② -200 ③ 200   ④ 100

풀이 $r = a_x - 2a_y + 2a_z$, $r = \sqrt{1^2 + (-2)^2 + 2^2} = 3$
∴ $r_0 = \dfrac{1}{3}(a_x - 2a_y + 2a_z)$

$$E = 9 \times 10^9 \frac{Q}{r^2} r_0 = 9 \times 10^9 \times \frac{0.3 \times 10^{-6}}{3^2} \times \left(\frac{a_x - 2a_y + 2a_z}{3}\right) = 100a_x - 200a_y + 200a_z$$

$$\therefore E_x = 100[\text{V/m}]$$

답 ④

필수 03 ★★ 전기력선

$\sum_{i=1}^{n} Q_i \cos\theta_i = C$(일정)이란 전기력선 방정식이 성립할 수 있는 조건 중 틀린 것은?

① 점전하 Q_i가 일직선상에 있어야 한다.
② 점전하 Q_i가 시간적으로 불변이어야 한다.
③ 상수 C는 주위 매질에 관계없이 일정하다.
④ 점전하의 주위 공간은 유전율이 같아야 한다.

유형분석 전기력선의 성질에 관한 문제가 출제된다.

풀 이 균일한 공간의 정전계에서 점전하가 직선상으로 분포할 때의 전력선 방정식으로 주위 공간의 유전율이 다르면 굴절 등이 나타난다.

답 ③

Key point

전기력선 방정식 $\dfrac{dx}{E_x} = \dfrac{dy}{E_y} = \dfrac{dz}{E_z}$

문제 05 ★★★★ 도체에 정(+)의 전하를 주었을 때 다음 중 옳지 않은 것은?

① 도체 표면에서 수직으로 전기력선이 발산한다.
② 도체 내에 있는 공동면에도 전하가 분포한다.
③ 도체 외측 측면에만 전하가 분포한다.
④ 도체 표면의 곡률 반지름이 작은 곳에 전하가 많이 모인다.

풀이 도체 내에 있는 공동면에는 전하가 분포하지 않는다.

답 ②

문제 06 ★ 전위 경도 V와 전계 E의 관계식은?

① $E = \text{grad}\, V$
② $E = \text{div}\, V$
③ $E = -\text{grad}\, V$
④ $E = -\text{div}\, V$

풀이 전계 $E = -\text{grad}\, V = -\nabla V$

답 ③

문제 07 ★

점전하에 의한 전위함수가 $V = x^2 + y^2$[V]로 주어진 전계가 있을 때 이 전계의 전력선 방정식과 점 (2, 1)[m]에서의 전위경도로 옳은 것은? 단, A는 상수

① $xy = A$, $\sqrt{5} \angle 26°$
② $y = Ax$, $2\sqrt{5} \angle 26°$
③ $y = Ax^2$, $\sqrt{5} \angle 206°$
④ $\dfrac{1}{x} + \dfrac{1}{y} = A$, $2\sqrt{5} \angle 206°$

풀이 전위함수로 전계를 구하면 $E = -\left(\dfrac{\partial V}{\partial x}i + \dfrac{\partial V}{\partial y}j + \dfrac{\partial V}{\partial z}k\right) = -2xi - 2yj$ [V/m]가 되므로

$\dfrac{dx}{2x} = \dfrac{dy}{2y}$의 전기력선 방정식을 풀면 $y = Ax$가 된다.

또 전위경도는 전계의 세기와 크기가 같고 방향만 반대이므로

$g = 2xi + 2yj|_{(2,1)} = 4i + 2j = 2\sqrt{5} \angle 26°$

답 ②

문제 08 ★★★

$V = x^2 + y^2$[V]인 전위 분포를 가진 전계의 전기력선 방정식은 어느 것인가?

① $xy = A$
② $\dfrac{1}{x} + \dfrac{1}{y} = A$
③ $y = Ax^2$
④ $y = Ax$

풀이 $E = -\operatorname{grad} V = -\left(i\dfrac{\partial}{\partial x} + j\dfrac{\partial}{\partial y} + k\dfrac{\partial}{\partial z}\right)(x^2 + y^2)$

$= -i2x - j2y = -2(ix + jy) = iE_x + jE_y$

전기력선의 방정식 $\dfrac{dx}{E_x} = \dfrac{dy}{E_y}$, $\dfrac{dx}{-2x} = \dfrac{dy}{-2y}$

$\therefore \ln x + \ln k_1 = \ln y + \ln k_2$

$k_1 x = k_2 y$ $\therefore y = \dfrac{k_1}{k_2}x = Ax$

답 ④

필수 04 ★☆ 전하

전계 내에서 폐회로를 따라 전하를 일주시킬 때 하는 일은 몇 [J]인가?

① ∞
② 0
③ 부정
④ 산출 불능

유형분석 전계의 주회 적분과 에너지와의 관계에 대해 기억한다.

풀이 전계의 주회 적분과 에너지와의 관계에서 $\oint_c QE \cdot dl = Q\oint_c E \cdot dl = 0$

즉, 폐회로를 따라 단위 정전하를 일주시킬 때 전계가 하는 일은 항상 0을 의미한다(에너지 보존적).

답 ②

Key point

전계의 주회 적분과 에너지와의 관계 $\oint_c QE \cdot dl = Q\oint_c E \cdot dl = 0$

문제 09 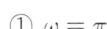 그림에서 무한 평면 S 위에 한 점 P가 있다.
S가 P점에 대해서 이루는 입체각 ω는?

① $\omega = \pi$ ② $\omega = 2\pi$
③ $\omega = 3\pi$ ④ $\omega = 4\pi$

답 ②

필수 05 ★★★ 전위

공기 중 원점의 점전하에서 0.5[m], 2[m] 거리의 전위가 각각 30[V], 15[V]일 때, 1[m] 거리인 점의 전위[V]는?

① 25   ② 22.5   ③ 20   ④ 17.5

유형분석 전위를 구하는 문제와 전위에 관한 식을 묻는 문제가 출제된다.

풀이
$\begin{cases} 15 = \dfrac{1}{4\pi\epsilon_0 \times 2} + A & \cdots\cdots ① \\ 30 = \dfrac{1}{4\pi\epsilon_0 \times 0.5} + A & \cdots\cdots ② \\ V_c = \dfrac{1}{4\pi\epsilon_0 \times 1} + A & \cdots\cdots ③ \end{cases}$

```
1[C]     V_A=30[V]   V_c        V_B=15[V]
 0         0.5        1            2
```

①식에서 $\dfrac{1}{4\pi\epsilon_0} = (15-A) \times 2$ 이므로 ②식은 $30 = (15-A) \times 2 \times 2 + A$ ∴ $A = 10$

따라서 ∴ $\dfrac{1}{4\pi\epsilon_0} = (15-10) \times 2 = 10$ ∴ $V_c = \dfrac{1}{4\pi\epsilon_0} + A = 10 + 10 = 20[V]$

답 ③

Key point

$$V_P = -\int_\infty^P \boldsymbol{E} \cdot d\boldsymbol{r} = \int_P^\infty \boldsymbol{E} \cdot d\boldsymbol{r} = \dfrac{Q}{4\pi\epsilon_0 r}[V]$$

문제 10 ★★ 무한장 선전하와 무한 평면 전하에서 r[m] 떨어진 점의 전위는 각각 얼마인가?
단, ρ_L은 선전하 밀도, ρ_s는 평면 전하 밀도이다.

① 무한 직선 : $\dfrac{\rho_L}{2\pi\epsilon_0}$[V], 무한 평면 도체 : $\dfrac{\rho_s}{\epsilon}$[V]

② 무한 직선 : $\dfrac{\rho_L}{4\pi\epsilon_0}$[V], 무한 평면 도체 : $\dfrac{\rho_s}{2\pi\epsilon_0}$[V]

③ 무한 직선 : $\dfrac{\rho_L}{\epsilon}$[V], 무한 평면 도체 : ∞[V]

④ 무한 직선 : ∞[V], 무한 평면 도체 : ∞[V]

풀이 전하로부터 거리가 멀어짐에 따라 E는 감소하나 무한 선전하, 평면전하로 인한 임의점의 전위는 ∞이다.

답 ④

문제 11 ★ 면전하 밀도가 ρ_s[C/m²]인 평면으로부터 r[m] 떨어진 점에서의 전위 U는 몇 V인가?

① $U = \dfrac{1}{2\pi\epsilon} \displaystyle\iint \dfrac{\rho_s}{r} ds$

② $U = \dfrac{1}{2\pi\epsilon r^2} \displaystyle\iint \rho_s\, ds$

③ $U = \dfrac{1}{4\pi\epsilon r^2} \displaystyle\iint \rho_s\, ds$

④ $U = \dfrac{1}{4\pi\epsilon} \displaystyle\iint \dfrac{\rho_s}{r} ds$

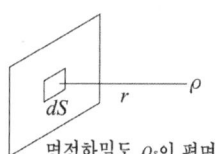

면전하밀도 ρ_s인 평면

답 ④

문제 12 ★ 체적 전하밀도 ρ[C/m³]로 V[m³]의 체적에 걸쳐서 분포되어 있는 전하분포에 의한 전위를 구하는 식은?

① $\dfrac{1}{4\pi\epsilon_0} \displaystyle\iiint_v \dfrac{\rho}{r^2} dv\,[\text{V}]$

② $\dfrac{1}{4\pi\epsilon_0} \displaystyle\iiint_v \dfrac{\rho}{r} dv\,[\text{V}]$

③ $\dfrac{1}{2\pi\epsilon_0} \displaystyle\iiint_v \dfrac{\rho}{r^2} dv\,[\text{V}]$

④ $\dfrac{1}{2\pi\epsilon_0} \displaystyle\iiint_v \dfrac{\rho}{r} dv\,[\text{V}]$

답 ②

문제 13 ★ 반경 a이고, Q의 전하를 갖는 절연된 도체구가 있다. 구의 중심에서의 거리 r에 따라 변하는 전위 V와 전계의 세기 E_r를 그림으로 표시하면? 단, 그림에서 E_r 및 V축 눈금의 크기는 각각 다르다고 봄

①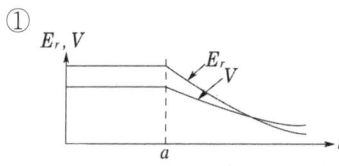

②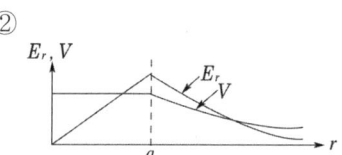

③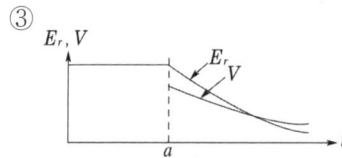

④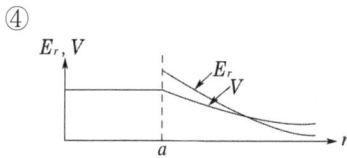

풀이 전하가 골고루 분포되어 있다는 조건이 있지 않은 경우에는 도체표면에만 전하가 분포하는 것으로 보며, 이때 구도체 내부$(0 \sim a)$의 전계는 $E_i = 0$이며, 구도체는 등전위이다.
구외부$(a \sim \infty)$는 $E = \dfrac{Q}{4\pi\epsilon_0 r^2}$, $V = \dfrac{Q}{4\pi\epsilon_0 r}$로 거리의 함수가 된다.

답 ④

문제 14
공기 중에 고립하고 있는 지름 40[cm]인 구도체의 전위를 몇 [V] 이상으로 하면, 구 표면의 공기 절연이 파괴되는가? 단, 공기의 절연 내력은 30[kV/cm]라 한다.

① 300[kV] 이상 ② 450[kV] 이상
③ 600[kV] 이상 ④ 1200[kV] 이상

풀이
$V = \dfrac{Q}{4\pi\epsilon_0 r}$[V], $G = E = \dfrac{Q}{4\pi\epsilon_0 r^2}$[V/m]
단, G는 구의 표면에 있어서의 전위 경도이다.
$V \geq Gr = 3\times 10^6$[V/m]$\times \dfrac{40}{2}\times 10^{-2}$[m]$= 0.6\times 10^6$[V]$= 600$[kV]
즉, 600[kV] 이상으로 하면 구 표면의 절연이 파괴된다. **답 ③**

필수 06 ★☆ 가우스의 정리

가우스(Gauss)의 정리를 이용하여 구하는 것은?
① 자계의 세기 ② 전하간의 힘
③ 전계의 세기 ④ 전위

유형분석 가우스 정리의 공식 문제가 출제된다.

풀이
$\int_s E \cdot dS = \dfrac{Q}{\epsilon_0} \quad \therefore E = \dfrac{Q}{4\pi\epsilon_0 r^2}$[V/m] **답 ③**

Key point

$$\int_S \boldsymbol{E}\cdot d\boldsymbol{S} = \dfrac{Q}{\epsilon_0} = \dfrac{1}{\epsilon_0}\int_V \rho\, dV = \int_V \dfrac{\rho}{\epsilon_0} dV = \int_V \mathrm{div}\,\boldsymbol{E}\, dV$$

$$\mathrm{div}\,\boldsymbol{E} = \nabla\cdot\boldsymbol{E} = \dfrac{\partial E_x}{\partial x} + \dfrac{\partial E_y}{\partial y} + \dfrac{\partial E_z}{\partial z} = \dfrac{\rho}{\epsilon_0}$$

문제 15
폐곡면을 통하는 전속과 폐곡면 내부의 전하와의 상관 관계를 나타내는 법칙은?
① 가우스 법칙 ② 쿨롱 법칙
③ 푸아송 법칙 ④ 라플라스 법칙

풀이 어떤 폐곡면을 통과하는 전속은 그 면 내에 존재하는 전 전하량과 같다.
가우스 법칙(적분형) $Q = \oint_S \boldsymbol{D}_s \cdot d\boldsymbol{S}$ **답 ①**

문제 16
유전율 $\epsilon_0 \epsilon_s$의 유전체 내에 있는 전하 Q에서 나오는 전기력선 수는?

① Q개   ② $\dfrac{Q}{\epsilon_0 \epsilon_s}$개   ③ $\dfrac{Q}{\epsilon_0}$개   ④ $\dfrac{Q}{\epsilon_s}$개

풀이 전기력선 수와 전기력선 밀도는 매질과 전하에 모두 관계되므로 전계에 관한 가우스 정리에서 $\int_s \boldsymbol{E} \cdot d\boldsymbol{S} = \dfrac{Q}{\epsilon} = \dfrac{Q}{\epsilon_0 \epsilon_s}$이므로 전기력선 수는 $\dfrac{Q}{\epsilon_0 \epsilon_s}$개다.   **답** ②

문제 17
다음 중 옳지 않은 것은?

① $V_\rho = \int_\rho^\infty \boldsymbol{E} \cdot dl$ ② $\boldsymbol{E} = -\operatorname{grad} V$

③ $\operatorname{grad} V = + i\dfrac{\partial V}{\partial x} + j\dfrac{\partial V}{\partial y} + k\dfrac{\partial V}{\partial z}$ ④ $\int_1 \boldsymbol{E} \cdot d\boldsymbol{S} = Q$

풀이 $\int \boldsymbol{E} \cdot ds = \dfrac{Q}{\epsilon_0}$[개]   **답** ④

문제 18
다음 식 중에서 틀린 것은?

① 유전체에 대한 Gauss정리의 미분형 : $\operatorname{div} \boldsymbol{D} = -\rho$

② Poisson의 방정식 : $\nabla^2 V = -\dfrac{\rho}{\epsilon_0}$

③ Laplace의 방정식 : $\nabla^2 V = 0$

④ 발산정리 : $\iint_s \boldsymbol{A} \cdot n dS = \iiint_v \operatorname{div} \boldsymbol{A} \cdot dV$

풀이 유전체에 대한 가우스 정리는 $\oint \boldsymbol{D} \cdot n dS = Q$에서 $\int \operatorname{div} D \cdot dv = \int \rho \cdot dv$ 이므로 양변을 미분하여 표시하면 $\operatorname{div} \boldsymbol{D} = \nabla \cdot \boldsymbol{D} = \rho$이다.   **답** ①

필수 07 전기 쌍극자

쌍극자의 중심을 좌표 원점으로 하여 쌍극자 모멘트 방향을 x축, 이의 직각 방향을 y축으로 할 때 원점에서 같은 거리 r만큼 떨어진 점의 y 방향의 전계의 세기가 가장 큰 점은 x축과 몇 도의 각을 이루는가?

① 0°   ② 30°   ③ 45°   ④ 60°

유형분석 쌍극자 전위와 전계에 관한 문제가 출제된다.

풀 이 $E = \dfrac{M}{4\pi\epsilon_0 r^3}\sqrt{1+3\cos^2\theta}$ [V/m] 이므로

전계는 $\theta = 0°$일 때 최대이고, $\theta = 90°$일 때 최소가 된다. **답** ①

Key point

전위 : $V = \dfrac{M\cos\theta}{4\pi\epsilon_0 r^2}$ [V], 전계 : $E = \dfrac{M\sqrt{1+3\cos^2\theta}}{4\pi\epsilon_0 r^3}$ [V/m]

문제 19 ★★☆ 전기 쌍극자에 의한 전계의 세기는 쌍극자로부터의 거리 r에 대해서 어떠한가?

① r에 반비례한다.　　② r^2에 반비례한다.
③ r^3에 반비례한다.　　④ r^4에 반비례한다.

풀이 전기 쌍극자에 의한 전위 $V = \dfrac{M\cos\theta}{4\pi\epsilon_0 r^2}$ [V]

전기 쌍극자에 의한 전계 $E = \dfrac{M\sqrt{1+3\cos^2\theta}}{4\pi\epsilon_0 r^3}$ [V/m] $\propto \dfrac{1}{r^3}$ **답** ③

문제 20 ★★★ 쌍극자 모멘트가 M [C·m]인 전기 쌍극자에 의한 임의의 점 P의 전계의 크기는 전기 쌍극자의 중심에서 축방향과 점 P를 잇는 선분 사이의 각 θ가 어느 때 최대가 되는가?

① 0　　② $\pi/2$　　③ $\pi/3$　　④ $\pi/4$

풀이 $E = \dfrac{M}{4\pi\epsilon_0 r^3}(\sqrt{1+3\cos^2\theta})$ 에서

점 P의 전계는 $\theta = 0°$일 때 최대이고 $\theta = 90°$일 때 최소가 된다. **답** ①

문제 21 ★ 전기 쌍극자가 만드는 전계는? 단, M은 쌍극자 능률이다.

① $E_r = \dfrac{M}{2\pi\epsilon_0 r^3}\sin\theta$, $E_\theta = \dfrac{M}{4\pi\epsilon_0 r^3}\cos\theta$

② $E_r = \dfrac{M}{4\pi\epsilon_0 r^3}\sin\theta$, $E_\theta = \dfrac{M}{4\pi\epsilon_0 r^3}\cos\theta$

③ $E_r = \dfrac{M}{2\pi\epsilon_0 r^3}\cos\theta$, $E_\theta = \dfrac{M}{4\pi\epsilon_0 r^3}\sin\theta$

④ $E_r = \dfrac{M}{4\pi\epsilon_0}\omega$, $E_\theta = \dfrac{M}{4\pi\epsilon_0}(1-\omega)$

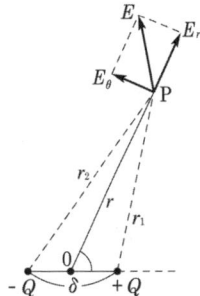

풀이 $E = E_r a_r + E_\theta a_\theta = \dfrac{M}{4\pi\epsilon_0 r^3}(2\cos\theta a_r + \sin\theta a_\theta)$ **답** ③

필수 08 ★★ 프아송, 라플라스 방정식

진공(유전율 ϵ_0)의 전하 분포 공간 내에서 전위가 $V=(x^2+y^2)$[V]로 표시될 때, 전하 밀도는 몇 [C/m³]인가?

① $-4\epsilon_0$ ② $-\dfrac{4}{\epsilon_0}$ ③ $-2\epsilon_0$ ④ $-\dfrac{2}{\epsilon_0}$

유형분석 프와송의 방정식과 라플라스 방정식의 계산 문제와 공식에 관한 문제가 출제된다.

풀이
$\nabla^2 V=-\dfrac{\rho}{\epsilon_0}$ (Poisson 방정식)

$\nabla^2 V=\dfrac{\partial^2(x^2+y^2)}{\partial x^2}+\dfrac{\partial^2(x^2+y^2)}{\partial y^2}+\dfrac{\partial^2(x^2+y^2)}{\partial z^2}=2+2+0=-\dfrac{\rho}{\epsilon_0}$

∴ $\rho=-4\epsilon_0$[C/m³]   **답** ①

Key point

div $\boldsymbol{E}=\nabla\cdot\boldsymbol{E}=-\nabla^2 V=\dfrac{\rho}{\epsilon_0}$ 이므로 $\nabla^2 V=0$

문제 22 ★ Poisson의 방정식은?

① div$\boldsymbol{E}=-\dfrac{\rho}{\epsilon_0}$ ② $\nabla^2 V=-\dfrac{\rho}{\epsilon_0}$

③ $\boldsymbol{E}=\mathrm{grad}\,V$ ④ div $\boldsymbol{E}=\epsilon_0$

답 ②

문제 23 ★★ 진공 내에서 전위 함수 $V=x^2+y^2$와 같이 주어질 때 점 (2, 2, 0)[m]에서 체적전하밀도 ρ[C/m³]를 구하면?

① $-4\epsilon_0$ ② $-2\epsilon_0$
③ $4\epsilon_0$ ④ $2\epsilon_0$

풀이 전위와 전하 밀도의 관계를 나타낸 푸아송의 방정식 $\nabla^2 V=-\dfrac{\rho}{\epsilon_0}$ 에서

$\rho=-\epsilon_0(\nabla^2 V)=-\epsilon_0\left(\dfrac{\partial^2 V}{\partial x^2}+\dfrac{\partial^2 V}{\partial y^2}+\dfrac{\partial^2 V}{\partial z^2}\right)=-4\epsilon_0$[C/m³]   **답** ①

문제 24 ★ 정전계에 관한 법칙 중 틀린 것은?

① $\operatorname{grad} V = i\dfrac{\partial V}{\partial x} + j\dfrac{\partial V}{\partial y} + k\dfrac{\partial V}{\partial z}$

② $\operatorname{div} \boldsymbol{E} = \dfrac{\rho}{\epsilon_0}$

③ $\displaystyle\iint_s \boldsymbol{A} \cdot n\,dS = \iiint_V \operatorname{div} \boldsymbol{A} \cdot dV$

④ $\nabla^2 V = \dfrac{\rho}{\epsilon_0}$

풀이
① 전위의 기울기
② 가우스 정리의 미분형
③ 발산정리
④ 푸아송의 방정식으로 전부 정전계에서 이용되는 법칙이지만
$\operatorname{div} \boldsymbol{E} = \nabla \cdot \boldsymbol{E} = \nabla \cdot (-\nabla V) = -\nabla^2 V = \dfrac{\rho}{\epsilon_0}$ 에서 $\nabla^2 V = -\dfrac{\rho}{\epsilon_0}$ 로 표현된다.

답 ④

03 출제기준 – 진공중의 도체계

1 도체계의 전하 및 전위분포

내압이 같은 경우 콘덴서 직렬 연결시 각 콘덴서 양단간에 걸리는 전압은 용량에 반비례하므로 용량이 제일 작은 콘덴서가 제일 먼저 파괴된다.

2 전위 계수, 용량 계수 및 유도 계수

1) 전위 계수

$$V_i = \sum_{j=1}^{n} P_{ij} Q_j \quad (i = 1, 2, 3, \cdots, n)$$

$P_{ij} = P_{ji}$ (대칭성), $P_{ij} \geqq 0$, $P_{ii} > 0$, $P_{ii} \geqq P_{ij}$ $(i \neq j)$

P_{ij}는 전위계수(coefficient of potential)라 하고, 도체 j에만 단위 전하를 주었을 때 도체 i의 전위를 의미한다.

2) 용량 계수, 전위 계수

$$Q_j = \sum_{i=1}^{n} q_{ji} V_i \quad (i = 1, 2, 3, \cdots, n)$$

$$q_{ji} = \frac{\Delta_{ij}}{\Delta}$$ (단, $\Delta = |P_{ij}|$, Δ_{ij}는 Δ에서 i항, j열의 여인수)

$q_{ij} = q_{ji}$ (대칭성), $q_{ji} > 0$, $q_{ij} \leqq 0$ $(i \neq j)$

q_{ij}는 도체 j에만 단위 전위를 주고 다른 도체에는 전위를 0(접지)으로 하였을 때 도체 i의 전하를 의미한다.

3 도체계의 정전 에너지

콘덴서에 전하를 축적시키는 데 필요한 에너지를 정전에너지라 한다.

1) 한 개의 도체가 가진 에너지 $W = \frac{1}{2} QV = \frac{1}{2} CV^2 = \frac{Q^2}{2C}$ [J]

W[J] : 도체에 전하를 0에서 Q까지 주기 위한 일, Q[C] : 전하량, C[F] : 정전용량, V[V] : 전압

2) n개의 도체가 가진 에너지 $W = \dfrac{1}{2}\sum_{k=1}^{n} Q_k V_k [\text{J}]$

여러 개의 도체가 있는 경우에 각각의 도체의 전하가 Q_1, Q_2, Q_3일 때 전위를 각각 V_1, V_2, V_3라고 하면 도체계가 가지는 정전에너지 $W[\text{J}]$는 $W = \dfrac{1}{2}Q_1V_1 + \dfrac{1}{2}Q_2V_2 + \dfrac{1}{2}Q_3V_3$

3) 공간 전하계의 에너지 $W = \dfrac{1}{2}\epsilon_0 E^2 = \dfrac{1}{2}ED = \dfrac{D^2}{2\epsilon_0}[\text{J/m}^3]$

W : 정전에너지 밀도라고 한다. 이것은 콘덴서뿐만 아니라 일반적으로 전계 내에서 성립하는 식이다.
ϵ_0 : 진공 중의 유전율, D : 전속밀도, E : 전계의 세기

4 정전 용량

1) 정전용량

① 고립 도체구 $C = 4\pi\epsilon_0\epsilon_s a [\text{F}]$

반경 a[m]의 도체구에 우선 전하 Q[C]과 무한원점에 $-Q$[C]가 있다. 그 사이의 전위차는 도체 표면에서의 전위 $V = \dfrac{Q}{4\pi\epsilon_0 a}$ [V]인 경우의 정전용량이다. → $C = \dfrac{Q}{V} = 4\pi\epsilon_0 a$

② 동심구 콘덴서(외구 접지)

$C = 4\pi\epsilon_0\epsilon_s \dfrac{ab}{b-a} [\text{F}]$

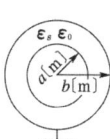

③ 동심구 콘덴서(내구 접지)

$C = 4\pi\epsilon_0\left(\dfrac{\epsilon_s ab}{b-a} + b\right) = 4\pi\epsilon_0\epsilon_s \dfrac{ab}{b-a} + 4\pi\epsilon_0 b [\text{F}]$

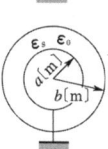

두 개의 도체구 중 내부 구에 Q[C], 외부 구에 $-Q$[C]가 있다. 내·외 도체구 사이에 중심 O에서 거리가 r인 임의의 한 점 P에서의 전계 $E = \dfrac{Q}{4\pi\epsilon_0 r^2}$ [V/m]인 경우의 정전용량이다.

④ 동축 원통 콘덴서 $C = \dfrac{2\pi\epsilon_0\epsilon_s l}{\ln\dfrac{b}{a}} [\text{F}]$

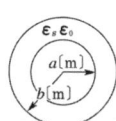

l[m] 길이의 동축 원통은 축대칭이므로 내부 원통에 λ[C/m], 외부 원통에 $-\lambda$[C/m]의 선전하밀도가 있다. 중심 O에서 거리 r인 두 도체 사이의 임의의 점 P에서의 전계 $E = \dfrac{\lambda}{2\pi\epsilon_0 r}$ [V/m]인 경우 정전용량 이다.

⑤ 평행 평판 콘덴서 $C = \dfrac{\epsilon_0 \epsilon_s S}{d}$ [F]

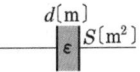

평행평판 도체에서 극판 간의 거리 r[m]라 할 때, 두 평판 도체에 면전하밀도 $\pm\sigma$[C/m²]가 있다. 전속밀도 $D = \sigma$이므로 전계의 세기 $E = \dfrac{D}{\epsilon_0} = \dfrac{\sigma}{\epsilon_0}$인 경우 정전용량이다.

⑥ 두 개의 평행 도선 $C = \dfrac{\pi \epsilon_0 \epsilon_s}{\ln \dfrac{d}{a}}$ [F/m]

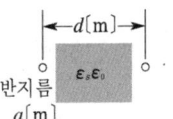

무한 길이의 반경 a[m]인 원통도체 두 개가 간격 d로 평행하게 떨어져 있을 때 정전용량이다.

2) 정전용량의 접속

① 직렬 접속 $\dfrac{1}{C} = \dfrac{1}{C_1} + \dfrac{1}{C_2} + \cdots + \dfrac{1}{C_n}$ [F]

② 병렬 접속 $C = C_1 + C_2 + \cdots + C_n$ [F]

5 콘덴서 양극에 작용하는 힘

$F_Q = -\dfrac{\partial W}{\partial x} = \dfrac{Q^2}{2C^2} \dfrac{\partial C}{\partial x}$ [N] (전하가 일정한 경우)

$F_V = -\dfrac{\partial W}{\partial x} = \dfrac{V^2}{2} \dfrac{\partial C}{\partial x}$ [N] (전하가 일정하지 않은 경우)

S[m²] : 면적, d[m] : 간격, Q[C] : 전하량

6 정전차폐

임의의 도체를 접지된 도체로 완전 포위하면 외부에서 유도되는 전하를 차단할 수 있다. 이것을 정전차폐(electrostatic shielding)라고 한다.

03 필수유형 및 과년도문제

필수 01 ★★ 도체계의 전하 및 전위분포

정전용량이 4[μF], 5[μF], 6[μF]이고, 각각의 내압이 순서대로 500[V], 450[V], 350[V]인 콘덴서 3개를 직렬로 연결하고 전압을 서서히 증가시키면 콘덴서의 상태는 어떻게 되겠는가? (단, 유전체의 재질이나 두께는 같다.)

① 동시에 모두 파괴 된다.　　　　　② 4[μF]가 가장 먼저 파괴된다.
③ 5[μF]가 가장 먼저 파괴된다.　　④ 6[μF]가 가장 먼저 파괴된다.

유형분석 용량이 가장 적은 콘덴서가 먼저 파괴된다.

풀 이 각 콘덴서에 가해지는 전압 V_1, V_2, V_3는

$$V_1 : V_2 : V_3 = \frac{1}{4} : \frac{1}{5} : \frac{1}{6} = 15 : 12 : 10$$

$$V_1 = \frac{15}{37}V, \quad V_2 = \frac{12}{37}V, \quad V_3 = \frac{10}{37}V \text{가 된다.}$$

각 콘덴서에 걸리는 전압은 용량에 반비례하므로 용량이 제일 적은 4[μF]에 가장 높은 전압이 인가되므로

$$V_1 = \frac{15}{37}V = 500 \quad \therefore V = \frac{37 \times 500}{15} = 1233.33[V]$$

$$V_1 = \frac{15}{37} \times 1233.33 = 500[V]$$

$$V_2 = \frac{12}{37} \times 1233.33 = 400[V]$$

$$V_3 = \frac{10}{37} \times 1233.33 = 333.33[V]$$

∴ 4[μF] 콘덴서가 제일 먼저 파괴된다.　　　　**답** ②

Key point

내압이 같은 경우 콘덴서 직렬 연결 시 각 콘덴서 양단간에 걸리는 전압은 용량에 반비례하므로 용량이 제일 작은 콘덴서가 제일 먼저 파괴된다.

문제 01 ★★ 내압이 1[kV]이고, 용량이 0.01[μF], 0.02[μF], 0.04[μF]인 3개의 콘덴서를 직렬로 연결하였을 때 전체 내압은 몇 [V]가 되는가?

① 1,750　　② 1,950　　③ 3,500　　④ 7,000

풀이 최초로 파괴되는 콘덴서를 기준하여 전압을 인가하면 된다.
0.01[μF]이 최초로 파괴되므로 0.01[μF]에서 기준한다.

$$V_1 : V_2 : V_3 = \frac{1}{0.01} : \frac{1}{0.02} : \frac{1}{0.04} = 4 : 2 : 1$$

$$V_1 = \frac{4}{7}V \rightarrow V = \frac{7}{4} \times 1,000 = 1,750[V]$$

답 ①

02 전위 계수, 용량 계수 및 유도 계수

전위 계수에 있어서 $P_{11} = P_{21}$의 관계가 의미하는 것은?

① 도체 1과 2는 멀리 있다.
② 도체 2가 1 속에 있다.
③ 도체 2가 도체 3 속에 있다.
④ 도체 1과 2는 가까이 있다.

유형분석 전위 계수에 관한 계산 문제와 용량 계수의 관한 계산 문제가 출제된다.
(주로 산업기사에서는 의미에 관한 문제가 출제된다.)

풀이 $P_{11} = P_{21}$: 도체 2가 도체 1 속에 포함되어 있는 경우

답 ②

Key point

반지름 a[m]인 도체구 Ⅱ를 안 반지름 b[m], 바깥 반지름 c[m]인 동심 도체구 Ⅰ로 포위하는 경우 도체 Ⅰ에만 $+Q$[C]의 전하를 주었다면 $V_1 = P_{11}Q$, $V_2 = P_{21}Q$의 관계식이 성립한다.

문제 02 2개의 도체를 $+Q$[C]과 $-Q$[C]으로 대전했을 때 이 두 도체간의 정전 용량을 전위 계수로 표시하면 어떻게 되는가?

① $\dfrac{P_{11}P_{22} - P_{12}^2}{P_{11} + 2P_{12} + P_{22}}$
② $\dfrac{P_{11}P_{22} + P_{12}^2}{P_{11} + 2P_{12} + P_{22}}$
③ $\dfrac{1}{P_{11} + 2P_{12} + P_{22}}$
④ $\dfrac{1}{P_{11} - 2P_{12} + P_{22}}$

풀이
$\left. \begin{array}{l} V_1 = P_{11}Q_1 + P_{12}Q_2 \\ V_2 = P_{21}Q_1 + P_{22}Q_2 \end{array} \right\}$ 에서 $V_1 - V_2 = (P_{11} - 2P_{12} + P_{22})Q$

$\therefore C = \dfrac{Q}{V_1 - V_2} = \dfrac{1}{P_{11} - 2P_{12} + P_{22}}$[F]

답 ④

문제 03 진공 중에서 떨어져 있는 두 도체 A, B가 있다. A에만 1[C]의 전하를 줄 때 도체 A, B의 전위가 각각 3, 2[V]였다. 지금 A, B에 각각 2, 1[C]의 전하를 주면 도체 A의 전위[V]는?

① 6
② 7
③ 8
④ 9

풀이 $V_A = P_{AA}Q_A + P_{AB}Q_B$, $V_B = P_{BA}Q_A + P_{BB}Q_B$
$Q_A = 1[C]$, $Q_B = 0$일 때 $P_{AA} = V_A = 3$, $P_{BA} = 2[V/C]$가 되어
$\therefore V_A = P_{AA}Q_A + P_{AB}Q_B = 3Q_A + 2Q_B = 3 \times 2 + 2 \times 1 = 8[V]$

답 ③

문제 04 ★

정전 용량이 각각 C_1, C_2 그 사이의 상호 유도 계수가 M인 절연된 두 도체가 있다. 두 도체를 가는 선으로 연결할 경우 그 정전 용량은?

① $C_1 + C_2 - M$
② $C_1 + C_2 + M$
③ $C_1 + C_2 + 2M$
④ $2C_1 + 2C_2 + M$

풀이 $\begin{cases} Q_1 = q_{11}V_1 + q_{12}V_2 \\ Q_2 = q_{21}V_1 + q_{22}V_2 \end{cases}$ 에서 $\begin{cases} q_{11} = c_1,\ q_{22} = c_2 \\ q_{12} = q_{21} = M \end{cases}$

연결하면 등전위가 되어
$V_1 = V_2 = V$
$\begin{cases} Q_1 = (q_{11} + q_{12})V = (C_1 + M)V \\ Q_2 = (q_{21} + q_{22})V = (M + C_2)V \end{cases}$

$\therefore C = \dfrac{Q_1 + Q_2}{V} = C_1 + C_2 + 2M$

답 ③

필수 03 ★★ 도체계의 정전 에너지

면적 $S[m^2]$, 간격 $d[m]$인 평행판 콘덴서에 전하 $Q[C]$을 충전하였을 때 정전 용량 $C[F]$와 정전 에너지 $W[J]$는?

① $C = \dfrac{\epsilon_0}{d^2}$, $W = \dfrac{dQ^2}{2\epsilon_0 S}$
② $C = \dfrac{2\epsilon_0 S}{d}$, $W = \dfrac{Q^2}{4\epsilon_0 S}$
③ $C = \dfrac{\epsilon_0 S}{d}$, $W = \dfrac{dQ^2}{2\epsilon_0 S}$
④ $C = \dfrac{2\epsilon_0}{d^2}$, $W = \dfrac{Q^2}{\epsilon_0 S}$

유형분석 콘덴서의 정전용량에 의한 에너지 계산문제와 공식에 관한 문제가 출제된다.

풀이 평행판 콘덴서의 정전 용량 $C = \dfrac{\epsilon_0 S}{d}$

$\therefore$ 정전 에너지 $W = \dfrac{Q^2}{2C} = \dfrac{Q^2 d}{2\epsilon_0 S}$

답 ③

Key point

(1) 한 개의 도체가 가진 에너지 $W = \dfrac{1}{2}QV = \dfrac{1}{2}CV^2 = \dfrac{Q^2}{2C}[J]$

(2) 공간 전하계의 에너지 $W = \dfrac{1}{2}\epsilon_0 E^2 = \dfrac{1}{2}ED = \dfrac{D^2}{2\epsilon_0}[J/m^3]$

문제 05 ★★★☆ 정전 용량 1[μF], 2[μF]의 콘덴서에 각각 2×10^{-4}[C] 및 3×10^{-4}[C]의 전하를 주고 극성을 같게 하여 병렬로 접속할 때 콘덴서에 축적된 에너지[J]는 얼마인가?

① 약 0.025 ② 약 0.303 ③ 약 0.042 ④ 약 0.525

풀이
$Q = Q_1 + Q_2 = 5 \times 10^{-4}$[C]
$C = C_1 + C_2 = (1+2) \times 10^{-6} = 3 \times 10^{-6}$[F]
$\therefore W = \dfrac{Q^2}{2C} = \dfrac{(5 \times 10^{-4})^2}{2 \times 3 \times 10^{-6}} = 0.042$[J]

답 ③

문제 06 ★ 도체의 전계 에너지는 도체 전위에 대하여 어떤 상태로 증가하는가?

① 직선 ② 쌍곡선 ③ 포물선 ④ 원형곡선

풀이 $W = \dfrac{1}{2}CV^2$[J]이므로 $W \propto V^2$(포물선)

답 ③

문제 07 ★☆ W_1, W_2의 에너지를 갖는 두 콘덴서를 병렬로 연결한 경우 총 에너지 W는?
단, $W_1 \neq W_2$이다.

① $W_1 + W_2 = W$
② $W_1 + W_2 \geq W$
③ $W_1 + W_2 \leq W$
④ $W_1 - W_2 = W$

풀이 전위가 다르게 충전된 콘덴서를 병렬로 접속 시 전위차가 같아지도록 높은 전위 콘덴서의 전하가 낮은 전위 콘덴서 쪽으로 이동하며 이에 따른 전하의 이동(전류)으로 도선에서 전력 소모가 발생

답 ②

문제 08 ★☆ 정전 용량이 30[μF]와 50[μF]인 두 개의 콘덴서를 직렬로 연결하여 충전시키는데 400[J]의 일이 필요했다면 50[μF]에 저축되는 에너지는 몇 [J]인가?

① 150 ② 180 ③ 210 ④ 240

풀이
$C = \dfrac{C_1 C_2}{C_1 + C_2} = 18.75$[$\mu$F]

$W = \dfrac{1}{2}CV^2$ 에서 $V = 6.53$[kV]

50[μF]에 가해지는 전압

$V_2' = \dfrac{C_1}{C_1 + C_2}V = \dfrac{30}{30+50} \times 6.53$[kV] $= 2.45$[kV]

$W = \dfrac{1}{2} \times 50 \times 10^{-6} \times 2.45^2 \times 10^6 = 150$[J]

답 ①

필수 04 ★★ 정전 용량

반지름 $a > b$(단위 : m)인 동심구 도체의 정전 용량은 몇 [C]인가?

① $\dfrac{2\pi\epsilon_0 ab}{a-b}$ ② $\dfrac{4\pi\epsilon_0 ab}{a-b}$ ③ $\dfrac{8\pi\epsilon_0 ab}{a-b}$ ④ $\dfrac{16\pi\epsilon_0 ab}{a-b}$

유형분석 자주 출제되는 부분이므로 계산식과 계산방법을 기억해야 한다.

풀 이 동심구 도체의 정전 용량

$$C = \dfrac{4\pi\epsilon_0}{\dfrac{1}{a} - \dfrac{1}{b}} \, (a<b) \, , \quad C = \dfrac{4\pi\epsilon_0}{\dfrac{1}{b} - \dfrac{1}{a}} \, (a>b) = \dfrac{4\pi\epsilon_0 ab}{a-b}$$

답 ②

Key point

① 고립 도체구 $C = 4\pi\epsilon_0\epsilon_s a \, [F]$

② 동심구 콘덴서(외구 접지) $C = 4\pi\epsilon_0\epsilon_s \dfrac{ab}{b-a} \, [F]$

③ 동심구 콘덴서(내구 접지) $C = 4\pi\epsilon_0 \left(\dfrac{\epsilon_s ab}{b-a} + b \right) = 4\pi\epsilon_0\epsilon_s \dfrac{ab}{b-a} + 4\pi\epsilon_0 b \, [F]$

④ 동축 원통 콘덴서 $C = \dfrac{2\pi\epsilon_0\epsilon_s l}{\ln \dfrac{b}{a}} \, [F]$

⑤ 평행 평판 콘덴서 $C = \dfrac{\epsilon_0\epsilon_s S}{d} \, [F]$

⑥ 두 개의 평행 도선 $C = \dfrac{\pi\epsilon_0\epsilon_s}{\ln \dfrac{d}{a}} \, [F/m]$

문제 09 ★★★★★ 모든 전기 장치에 접지시키는 근본적인 이유는?

① 지구의 용량이 커서 전위가 거의 일정하기 때문이다.
② 편의상 지면을 영전위로 보기 때문이다.
③ 영상 전하를 이용하기 때문이다.
④ 지구는 전류를 잘 통하기 때문이다.

풀이 지구는 정전 용량이 크므로 많은 전하가 축적되어도 지구의 전위는 일정하다. 모든 전기 장치를 접지시키고 대지를 실용상 등전위로 한다.

답 ①

문제 10. 그림과 같은 동심 도체구의 정전 용량은 몇 [C]인가?

① $4\pi\epsilon_0(b-a)$

② $\dfrac{4\pi\epsilon_0 ab}{b-a}$

③ $\dfrac{ab}{4\pi\epsilon_0(b-a)}$

④ $4\pi\epsilon_0\left(\dfrac{1}{a}-\dfrac{1}{b}\right)$

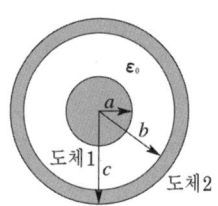

풀이 내구에 $+Q$[C], 외구에 $-Q$[C]을 준 경우 내외 도체 사이의 전위차는

$V_{ab}=\dfrac{Q}{4\pi\epsilon_0}\left(\dfrac{1}{a}-\dfrac{1}{b}\right)$[V] 이므로 $C=\dfrac{Q}{V_{ab}}=\dfrac{4\pi\epsilon_0}{\dfrac{1}{a}-\dfrac{1}{b}}=\dfrac{4\pi\epsilon_0 ab}{b-a}$ [F]

답 ②

문제 11. 동심 구형 콘덴서의 내외 반지름을 각각 2배로 하면 정전 용량은 몇 배가 되는가?

① 1배　　② 2배　　③ 3배　　④ 4배

풀이 $C=\dfrac{4\pi\epsilon_0 ab}{b-a}$ [F]

내외구의 반지름을 2배로 늘린 경우의 정전 용량을 C'라 하면

∴ $C'=\dfrac{4\pi\epsilon_0(2a)(2b)}{(2b-2a)}=\dfrac{4\pi\epsilon_0 ab}{b-a}\times 2=2C$

답 ②

문제 12. 공기 중에 1변 40[cm]의 정방형 전극을 가진 평행판 콘덴서가 있다. 극판의 간격을 4[mm]로 할 때 극판간에 100[V]의 전위차를 주면 축적되는 전하[C]는?

① 3.54×10^{-9}　　② 3.54×10^{-8}　　③ 6.56×10^{-9}　　④ 6.56×10^{-8}

풀이 $C=\dfrac{\epsilon_0 S}{d}=\dfrac{8.855\times 10^{-12}\times (4\times 10^{-1})^2}{4\times 10^{-3}}=35.42\times 10^{-11}$ [F]

$Q=CV=35.42\times 10^{-11}\times 100=3.542\times 10^{-8}$ [C]

답 ②

문제 13. 공기 중에 반지름 r[m]의 매우 긴 평행 왕복도체가 d[m]의 간격으로 놓여 있을 때 단위 길이당의 정전 용량은 몇 [F/m]인가? 단, $r\ll d$

① $\dfrac{\pi\epsilon_0}{\ln\dfrac{d}{r}}$　　② $\dfrac{2\pi\epsilon_0}{\ln\dfrac{d}{r}}$　　③ $2\pi\epsilon_0\ln\dfrac{d}{r}$　　④ $\dfrac{\pi\epsilon_0}{\ln\dfrac{r}{d}}$

풀이 평행 도체에 $\pm\lambda$[C/m]의 전하를 준 경우 두 도체 사이의 전위차는 $V=\dfrac{\lambda}{\pi\epsilon_0}\ln\dfrac{d-r}{r}$[V]이므로

단위길이당 정전 용량은 $C_0 = \dfrac{\lambda}{V} = \dfrac{\pi\epsilon_0}{\ln\dfrac{d-r}{r}}$ [F/m]가 된다.

$d \gg r$인 경우 $C_0 = \dfrac{\pi\epsilon_0}{\ln\dfrac{d}{r}}$ [F/m]

답 ①

05 ★★ 콘덴서 양극에 작용하는 힘

면적 $S[\mathrm{m}^2]$, 간격 $d[\mathrm{m}]$인 평행판 콘덴서에 $Q[\mathrm{C}]$의 전하를 충전시킬 때 흡인력[N]은?

① $\dfrac{Q^2}{2\epsilon_0 S}$ ② $\dfrac{Q^2 d}{2\epsilon_0 S}$ ③ $\dfrac{Q^2}{4\epsilon_0 S}$ ④ $\dfrac{Q^2 d}{4\epsilon_0 S}$

유형분석 계산문제보다는 공식에 관한 문제가 출제된다.

풀이 정전 에너지 $W = \dfrac{Q^2}{2C} = \dfrac{Q^2}{2\left(\dfrac{\epsilon_0 S}{d}\right)} = \dfrac{Q^2 d}{2\epsilon_0 S}$ [J]

정전력 $F = -\dfrac{\partial W}{\partial d} = -\dfrac{Q^2}{2\epsilon_0 S}$ [N]

답 ①

Key point

$F_Q = -\dfrac{\partial W}{\partial x} = \dfrac{Q^2}{2C^2}\dfrac{\partial C}{\partial x}$ [N] (전하가 일정한 경우)

$F_V = -\dfrac{\partial W}{\partial x} = \dfrac{V^2}{2}\dfrac{\partial C}{\partial x}$ [N] (전하가 일정하지 않은 경우)

 **14** ★☆ 반지름 $a[\mathrm{m}]$의 비누 방울에 전하 $Q[\mathrm{C}]$을 가했을 때 전위가 $V[\mathrm{V}]$로 되었다. 이 비누방울에 작용하는 전기력은 몇 [N]이 되겠는가?

① $4\pi\epsilon_0 V^2$ ② $4\pi\epsilon_0 V$ ③ $2\pi\epsilon_0 V$ ④ $2\pi\epsilon_0 V^2$

풀이 구도체의 전위는 $V = \dfrac{Q}{4\pi\epsilon_0 a}$ [V]이므로

$W = \dfrac{1}{2}QV = \dfrac{Q^2}{8\pi\epsilon_0 a}$ [J]

$\therefore F = -\dfrac{\partial W}{\partial a} = \dfrac{Q^2}{8\pi\epsilon_0 a^2} = \dfrac{(4\pi\epsilon_0 a V)^2}{8\pi\epsilon_0 a^2} = 2\pi\epsilon_0 V^2$ [N] ($Q = CV = 4\pi\epsilon_0 a V$)

답 ④

04 출제기준 – 유전체

1 분극도와 전계

유전체에 전계를 가하면 유전체 내부에서는 분극 현상이 일어나는 데 이를 양적으로 취급하기 위하여 유전체 내 임의의 한 점에서 전계의 방향에 대하여 수직인 단위 면적에 나타나는 분극전하량(분극전하밀도)을 그 점에 대한 **분극도** 또는 **분극의 세기**로 정의한다.

$$P = D - \epsilon_0 E = \epsilon_0 \epsilon_s E - \epsilon_0 E = \epsilon_0 (\epsilon_s - 1) E [\text{C/m}^2]$$

P : 분극의 세기, E : 유전체 내부의 전계, D : 전속밀도

2 전속 밀도

$$D = \epsilon_0 E + P = \epsilon_0 E + \chi_e E = \epsilon E = \epsilon_0 \epsilon_s E [\text{C/m}^2]$$
$$P = \epsilon_0 (\epsilon_s - 1) E [\text{C/m}^2]$$

P : 분극의 세기, χ : 분극률, E : 유전체 내부의 전계, D : 전속밀도

3 유전체 중의 쿨롱의 법칙

균일한 유전체 중에 거리 $r[\text{m}]$인 점전하 Q_1, $Q_2[\text{C}]$ 사이에 작용하는 힘은

$$F = \frac{Q_1 Q_2}{4\pi\epsilon_0 \epsilon_s r^2} [\text{N}]$$

점전하 $Q[\text{C}]$에서 거리 $r[\text{m}]$인 점에 생기는 전위는

$$V = \frac{Q}{4\pi\epsilon_0 \epsilon_s r} = 9 \times 10^9 \times \frac{Q}{\epsilon_s r} [\text{N}]$$

4 경계 조건

1) 경계면에 진전하가 없을 때

① 전계 E의 접선 성분은 경계면의 양측에서 같다.
$$E_{1T} = E_{2T} \ (E_1 \sin\theta_1 = E_2 \sin\theta_2)$$

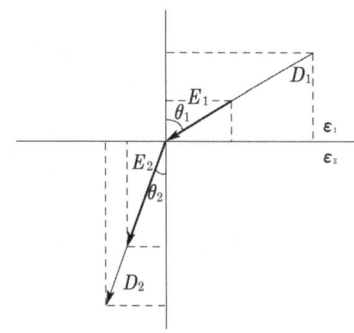

② 전속 밀도 D의 법선 성분은 경계면의 양측에서 같다.
$$D_{1N} = D_{2N} \ (D_1 \cos\theta_1 = D_2 \cos\theta_2)$$

경계 조건을 전위 V로 표시하면,
$$V_{1T} = V_{2T}$$
$$\epsilon_1 \left(\frac{\partial V}{\partial n}\right)_1 = \epsilon_2 \left(\frac{\partial V}{\partial n}\right)_2$$
$$\frac{\tan\theta_1}{\tan\theta_2} = \frac{\epsilon_1}{\epsilon_2}$$

2) 경계면에 면전하 밀도 σ인 진전하가 있을 때

① 전계 E의 접선 성분은 경계면 양측에서 같다.
$$E_{1T} = E_{2T} \ (E_1 \sin\theta_1 = E_2 \sin\theta_2)$$

② 전속 밀도 D의 법선 성분은 σ만큼 변환한다.
$$D_{1N} - D_{2N} = \sigma \ (D_1 \cos\theta_1 - D_2 \cos\theta_2 = \sigma)$$

경계 조건을 V로 표시하면
$$V_{1T} = V_{2T}$$
$$\epsilon_1 \left(\frac{\partial V}{\partial n}\right)_1 - \epsilon_2 \left(\frac{\partial V}{\partial n}\right)_2 = -\sigma$$

매질 2가 도체일 때에는 $D_2 = 0$이므로
$$D = \sigma, \ E = \frac{\sigma}{\epsilon}$$

5 유전체를 가진 콘덴서의 용량

$C = \epsilon_s C_0 [\text{F}]$

	평행판 콘덴서(Ⅰ)	평행판 콘덴서(Ⅱ)
그 림	(그림)	(그림)
$\epsilon_1\epsilon_0$ 부분의 용량	$C_1 = \dfrac{\epsilon_1\epsilon_0 S}{d_1}$	$C_1 = \dfrac{\epsilon_1\epsilon_0 S_1}{d}$
$\epsilon_2\epsilon_0$ 부분의 용량	$C_2 = \dfrac{\epsilon_2\epsilon_0 S}{d_2}$	$C_2 = \dfrac{\epsilon_2\epsilon_0 S_2}{d}$
전 용 량	$C_t = \dfrac{\epsilon_1\epsilon_2\epsilon_0 S}{\epsilon_1 d_2 + \epsilon_2 d_1}$	$C_t = \dfrac{\epsilon_0(\epsilon_1 S_1 + \epsilon_2 S_2)}{d}$
비 고	유전체 직렬 $\dfrac{1}{C_t} = \dfrac{1}{C_1} + \dfrac{1}{C_2}$	유전체 병렬 $C_t = C_1 + C_2$

6 전계의 에너지

1) 전계에너지 $W = \dfrac{1}{2}QV = \dfrac{1}{2}CV^2 = \dfrac{Q^2}{2C} [\text{J}]$

2) 유전체 중의 정전 에너지 밀도 $w = \dfrac{1}{2}E \cdot D = \dfrac{\epsilon E^2}{2} = \dfrac{D^2}{2\epsilon} [\text{J/m}^3]$

$W[\text{J}]$: 도체에 전하를 0에서 Q까지 주기 위한 일, $Q[\text{C}]$: 전하량, $C[\text{F}]$: 정전용량, $V[\text{V}]$: 전압
$E[\text{V/m}]$: 전계의 세기, $D[\text{C/m}^2]$: 전속밀도

7 유전체 사이의 힘

1) 유전체 중의 도체 표면에 작용하는 힘

$$f = \dfrac{1}{2}\epsilon E^2 = \dfrac{1}{2}DE = \dfrac{1}{2}\sigma E^2 = \dfrac{\sigma^2}{2\epsilon} [\text{N/m}^2]$$

면전하밀도 $\sigma[\text{C/m}^2]$인 도체 표면에서 전속밀도 $D = \sigma$, 전계의 세기 $E = \sigma/\epsilon_0$ 이므로 $f = \dfrac{1}{2}\sigma E^2 = \dfrac{\sigma^2}{2\epsilon}$ 가 된다. 이것을 **정전응력**이라 한다.

2) 유전체에 작용하는 힘

① 전계가 경계면에 수직일 때 $f_n = \dfrac{1}{2}\left(\dfrac{1}{\epsilon_2} - \dfrac{1}{\epsilon_1}\right)D^2 [\text{N/m}^2]$

② 전계가 경계면에 평행일 때 $f_n = \dfrac{1}{2}(\epsilon_1 - \epsilon_2)E^2 [\text{N/m}^2]$

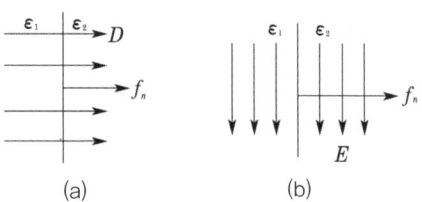

8 유전체의 특수 현상

1) 접촉 전기

도체와 도체, 유전체와 유전체 또는 유전체와 도체를 서로 접촉시키면 한편의 전자가 다른 편으로 이동하여 각각 정(+), 부(-)로 대전하는 현상이 일어난다. 이때 나타나는 전기를 접촉 전기(contact electricity)라고 한다.

도체와 도체 사이에 접촉 전기가 일어나면 두 도체 사이에 전위차가 생긴다. 이 전위차를 접촉 전위차라 하며, 이 현상을 Volta 효과(Volta effect)라고 한다.

2) 파이로 전기

어떤 종류의 결정을 가열하면 한 면에 정(+)의 전기가, 다른 면에 부(-)의 전기가 나타나 분극을 일으킨다. 반대로 냉각시키면 역의 분극이 일어난다. 이 전기를 파이로 전기(pyro-electricity)라 하며 이 현상은 전기석, 수정, 로셀염에서 일어난다.

3) 압전기

파이로 전기가 일어나는 수정에 기계적인 응력을 가하면 전기가 나타난다. 이 현상을 압전기 현상(piezo-electric phenomena)이라고 한다. 역으로 결정에 전기를 가하면 기계적 왜형이 일어난다. 전자를 압전기의 직접 효과, 후자를 압전기의 역효과라고 한다.

수정, 전기석, 로셀염 등의 압전기가 수정 발진자, 초음파 발진자 등으로서 일정 주파수의 발진 회로, 수중 측심, 금속 탐상 등에 이용되고 있다.

04 필수유형 및 과년도문제

◀◀◀ 완벽대비 전기기사필기

필수 01 ★★ 분극도와 전계

균일한 전계 E_0[V/m]인 진공 중에 비유전율 ϵ_s인 유전체구를 놓은 경우의 유전체 중의 분극의 세기 P[C/m²]는?

① $\dfrac{3\epsilon_0(\epsilon_s-1)}{\epsilon_s-2}E_0$ ② $\dfrac{3\epsilon_0(\epsilon_s+1)}{\epsilon_s+2}E_0$ ③ $\dfrac{\epsilon_0(\epsilon_s-1)}{\epsilon_s+2}E_0$ ④ $\dfrac{3\epsilon_0(\epsilon_s-1)}{2+\epsilon_s}E_0$

유형분석 분극의 세기 기본식의 계산 문제와 공식문제가 출제된다.

풀 이 $P = \chi E = \epsilon_0(\epsilon_s-1)E$

유전체구 내의 전계의 세기 : $E = \dfrac{3\epsilon_0}{2\epsilon_0+\epsilon}E_0$

$\therefore P = \epsilon_0(\epsilon_s-1) \cdot \dfrac{3\epsilon_0}{2\epsilon_0+\epsilon}E_0 = \dfrac{3\epsilon_0(\epsilon_s-1)}{2+\epsilon_s}E_0$

답 ④

Key point

$P = D - \epsilon_0 E = \epsilon_0\epsilon_s E - \epsilon_0 E = \epsilon_0(\epsilon_s-1)E$ [C/m²]

문제 01 ★★ 평등 전계 내에 수직으로 비유전율 $\epsilon_s = 2$인 유전체 판을 놓았을 경우 판 내의 전속 밀도가 $D = 4 \times 10^{-6}$[C/m²]이었다. 유전체 내의 분극의 세기 P[C/m²]는?

① 1×10^{-6} ② 2×10^{-6} ③ 4×10^{-6} ④ 8×10^{-6}

풀이 $P = \epsilon_0(\epsilon_s-1)E = D\left(1-\dfrac{1}{\epsilon_s}\right) = 4 \times 10^{-6}\left(1-\dfrac{1}{2}\right) = 2 \times 10^{-6}$ [C/m²]

답 ②

문제 02 ★ 간격에 비해서 충분히 넓은 평행판 콘덴서의 판 사이에 비유전율 ϵ_s인 유전체를 채우고 외부에서 판에 수직 방향으로 전계 E_0를 가할 때 분극 전하에 의한 전계의 세기는 몇 [V/m]인가?

① $\dfrac{\epsilon_s+1}{\epsilon_s}E_0$ ② $\dfrac{\epsilon_s-1}{\epsilon_s}E_0$ ③ $\dfrac{\epsilon_s}{\epsilon_s-1}E_0$ ④ $\dfrac{\epsilon_s}{\epsilon_s+1}E_0$

[풀이] 분극 전하를 σ 라고 하면 $P=\sigma=D\left(1-\dfrac{1}{\epsilon_s}\right)=\dfrac{\epsilon_s-1}{\epsilon_s}\epsilon_0 E_0$

$$\therefore E=\dfrac{\sigma}{\epsilon_0}=\dfrac{\epsilon_s-1}{\epsilon_s}E_0$$

답 ②

문제 03 ★ 전기 분극이란?

① 도체 내의 원자핵의 변위이다.　　② 유전체 내의 원자의 흐름이다.
③ 유전체 내의 속박전하의 변위이다.　④ 도체 내의 자유전하의 흐름이다.

답 ③

필수 02 ★★★★ 전속 밀도

절연유($\epsilon_r=2.5$) 중의 점전하 16[μC]을 중심으로 하는 구면상에서 $r=5$[m], $0\leq\theta\leq\dfrac{\pi}{2}, 0\leq\phi\leq\dfrac{\pi}{2}$ 인 표면을 지나는 전속선은 몇 [lines]인가?

① 0.8×10^{-6}　　② 1.6×10^{-6}　　③ 2×10^{-6}　　④ 4×10^{-6}

[유형분석] 전속밀도와 분극의 세기에 관한 계산문제가 출제된다.

[풀이] 전속은 매질에 관계없이 그 수가 불변이므로 전속선 수는

전속선 수 $=\int_s \boldsymbol{D}\cdot d\boldsymbol{S}=Q=16\times10^{-6}$[개]

주어진 영역은 구 표면의 $\dfrac{1}{8}$에 해당되므로

$N=\dfrac{1}{8}\times Q=\dfrac{1}{8}\times16\times10^{-6}=2\times10^{-6}$[개]

답 ③

Key point

$$\boldsymbol{D}=\epsilon_0\boldsymbol{E}+\boldsymbol{P}=\epsilon_0\boldsymbol{E}+\chi_e\boldsymbol{E}=\epsilon\boldsymbol{E}=\epsilon_0\epsilon_s\boldsymbol{E}[C/m^2]$$

문제 04 ★★ 반지름 a[m]인 도체구에 전하 Q[C]를 주었을 때 구 중심에서 r[m] 떨어진 구 밖 ($r>a$)의 전속 밀도 D[C/m²]는 얼마인가?

① $\dfrac{Q}{2\pi\epsilon r}$　　② $\dfrac{Q}{4\pi r^2}$　　③ $\dfrac{Q}{4\pi\epsilon a^2}$　　④ $\dfrac{Q}{4\pi r}$

[풀이] $\int_s \boldsymbol{E}\cdot d\boldsymbol{S}=\int_s E_n dS=E_n\int_s dS=E_n 4\pi r^2=\dfrac{Q}{\epsilon}$　$\therefore \epsilon E_n=D_n=\dfrac{Q}{4\pi r^2}=$D[C/m²]

답 ②

문제 05 ★ 10[cm³]의 체적에 3[μC/cm³]의 체적 전하 분포가 있을 때 이 체적 전체에서 발산하는 전속은?

① $3 \times 10^5 [C]$ ② $3 \times 10^6 [C]$ ③ $3 \times 10^{-5} [C]$ ④ $3 \times 10^{-6} [C]$

풀이 $N = 3 \times 10^{-6} \times 10 = 3 \times 10^{-5} [C]$ 답 ③

문제 06 ★ 전속 밀도 $D = 2xyz^3 a_x + x^2z^2 a_y + 3x^2yz^2 a_z$ 일 때 점 P(2, 2, 2)에 있는 정20면체의 $10^{-12} [m^3]$인 미소 체적소 내의 전하량은?

① $32 \times 10^{-12} [C]$ ② $64 \times 10^{-12} [C]$
③ $128 \times 10^{-12} [C]$ ④ $256 \times 10^{-12} [C]$

풀이 $\rho = \nabla \cdot D = \frac{\partial D_x}{\partial x} + \frac{\partial D_y}{\partial y} + \frac{\partial D_z}{\partial z} [C/m^3] = 2yz^3 + 6x^2yz = 2 \times 2 \times 2^3 + 6 \times 2^2 \times 2 \times 2 = 128 [C/m^3]$
$Q = 128 \times 10^{-12} [C]$ 답 ③

필수 03 ★★★★★
유전체 중의 쿨롱의 법칙

공기 중 두 점전하 사이에 작용하는 힘이 5[N]이었다. 두 전하 사이에 유전체를 넣었더니 힘이 2[N]으로 되었다면 유전체의 비유전율은 얼마인가?

① 15   ② 10   ③ 5   ④ 2.5

유형분석 계산문제와 공식문제가 출제된다.

풀이 공기 중 두 점전하 사이에 작용하는 힘 $F_1 = \frac{Q_1 Q_2}{4\pi\epsilon_0 r^2} [N]$

유전체를 두 전하 사이에 넣었을 때 힘 $F_2 = \frac{Q_1 Q_2}{4\pi\epsilon_0 \epsilon_s r^2} [N]$

$\frac{F_1}{F_2} = \frac{\frac{Q_1 Q_2}{4\pi\epsilon_0 r^2}}{\frac{Q_1 Q_2}{4\pi\epsilon_0 \epsilon_s r^2}} = \epsilon_s$

즉, 유전체를 넣으면 힘은 진공일 때의 $1/\epsilon_s$ 배가 된다.

$\therefore \epsilon_s = \frac{F_1}{F_2} = \frac{5}{2} = 2.5$ 답 ④

Key point

쿨롱의 법칙 $F = \frac{Q_1 Q_2}{4\pi\epsilon_0 \epsilon_s r^2} [N]$

Engineer Electricity ▶▶▶
04. 유전체

04 ★★ 경계 조건

유전율이 각각 다른 두 유전체가 서로 경계를 이루며 접해 있다. 다음 중 옳지 않은 것은? 단, 이 경계면에는 진전하 분포가 없다고 한다.

① 경계면에서 전계의 접선 성분은 연속이다.
② 경계면에서 전속 밀도의 법선 성분은 연속이다.
③ 경계면에서 전계와 전속 밀도는 굴절한다.
④ 경계면에서 전계와 전속 밀도는 불변이다.

유형분석 경계조건의 식과 내용에 관한 문제가 출제된다.

풀 이 일반적으로 경계면에서 전계, 전속밀도는 불연속이다(다르다 = 변화한다).
그러나, 전속 밀도는 법선성분이, 전계세기는 접선 성분이 연속이다(같다).
전계와 전속밀도 방향은 서로 같고, 굴절한다. $\left(\dfrac{\tan\theta_1}{\tan\theta_2} = \dfrac{\epsilon_1}{\epsilon_2}\right)$

답 ④

Key point

$$\dfrac{\tan\theta_1}{\tan\theta_2} = \dfrac{\epsilon_1}{\epsilon_2}$$

문제 07 ★★★ 공기 중의 전계 $E_1 = 10$[kV/cm]이 30°의 입사각으로 기름의 경계에 닿을 때, 굴절각 θ_2와 기름 중의 전계 E_2[V/m]는? 단, 기름의 비유전율은 3이라 한다.

① $60°, \dfrac{10^6}{\sqrt{3}}$ ② $60°, \dfrac{10^3}{\sqrt{3}}$

③ $45°, \dfrac{10^6}{\sqrt{3}}$ ④ $45°, \dfrac{10^3}{\sqrt{3}}$

풀이 $\dfrac{\tan\theta_1}{\tan\theta_2} = \dfrac{\epsilon_1}{\epsilon_2} = \dfrac{1}{3}$, $3\tan\theta_1 = \tan\theta_2$

$\therefore \theta_2 = \tan^{-1}(3\tan 30°) = \tan^{-1}\left(\dfrac{3}{\sqrt{3}}\right) = 60°$

$E_2 = \dfrac{\sin\theta_1}{\sin\theta_2}E_1 = \dfrac{\sin 30°}{\sin 60°} \times E_1 = \dfrac{\frac{1}{2}}{\frac{\sqrt{3}}{2}} \times 10 \times \dfrac{10^3}{10^{-2}} = \dfrac{1}{\sqrt{3}} \times 10^6 = \dfrac{10^6}{\sqrt{3}}$ [V/m]

답 ①

문제 08 ★ 유전체 A, B의 접합면에 전하가 없을 때 각 유전체 중의 전계의 방향이 그림과 같고 $E_A = 100$[V/m]이면, E_B[V/m]는?

① $100\sqrt{3}$
② $\dfrac{100}{\sqrt{3}}$
③ 100×3
④ $\dfrac{100}{3}$

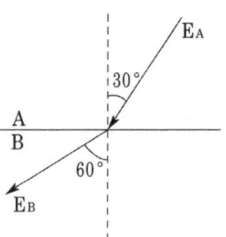

풀이 $E_A \sin\theta_A = E_B \sin\theta_B$

$E_B = \dfrac{\sin\theta_A}{\sin\theta_B} E_A = \dfrac{\sin 30°}{\sin 60°} \times 100 = \dfrac{1/2}{\sqrt{3}/2} \times 100 = \dfrac{100}{\sqrt{3}}$ [V/m]

답 ②

문제 09 ★ 비유전율 3의 유전체 A와 비유전율을 알 수 없는 유전체 B가 그림과 같이 경계를 이루고 있으며 경계면에서 전자파의 굴절이 일어날 때 유전체 B의 비유전율은 얼마인가?

① 1.5
② 2.3
③ 4.2
④ 5.2

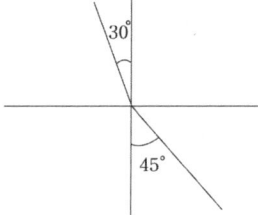

풀이 $\dfrac{\epsilon_1}{\epsilon_2} = \dfrac{\epsilon_0 \epsilon_{1s}}{\epsilon_0 \epsilon_{2s}} = \dfrac{\epsilon_{1s}}{\epsilon_{2s}} = \dfrac{\tan\theta_1}{\tan\theta_2} = \dfrac{\tan 30°}{\tan 45°} = \dfrac{1}{\sqrt{3}}$ 에서

$\therefore \epsilon_{2s} = \sqrt{3}\epsilon_{1s} = \sqrt{3} \times 3 = 5.2$

답 ④

문제 10 ★☆ 서로 다른 두 유전체 사이의 경계면에 전하 분포가 없다면 경계면 양쪽에서의 전계 및 전속 밀도는?

① 전계의 법선 성분 및 전속 밀도의 접선 성분은 서로 같다.
② 전계의 접선 성분 및 전속 밀도의 법선 성분은 서로 같다.
③ 전계 및 전속 밀도의 법선 성분은 서로 같다.
④ 전계 및 전속 밀도의 접선 성분은 서로 같다.

풀이 유전율이 다른 경계면에 전계(전속)가 입사되면
경계면 양쪽에서 전계의 경계면에 접선 성분은 서로 같고($E_{1t} = E_{2t}$),
전속 밀도는 경계면의 법선 성분이 서로 같게($D_{1n} = D_{2n}$) 굴절이 된다.

답 ②

문제 11 ★★ 그림과 같은 유전속 분포에서 ϵ_1과 ϵ_2 사이의 관계는?

① $\epsilon_1 > \epsilon_2$
② $\epsilon_2 > \epsilon_1$
③ $\epsilon_1 = \epsilon_2$
④ $\epsilon_2 \leqq \epsilon_1$

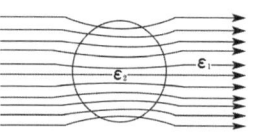

풀이 전속선은 유전율이 큰 쪽으로 모이므로 $\epsilon_2 > \epsilon_1$이다.

답 ②

필수 05 ★★ 유전체를 가진 콘덴서의 용량

정전 용량이 1[μF]인 공기 콘덴서가 있다. 이 콘덴서 극판 간의 반인 두께를 갖고 비유전율 $\epsilon_s = 2$인 유전체를 콘덴서의 한 전극면에 접촉하여 넣었을 때 전체의 정전 용량[μF]은 얼마인가?

① $\dfrac{1}{2}$ ② 2
③ $\dfrac{4}{3}$ ④ 4

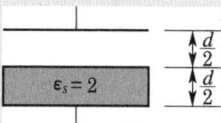

유형분석 계산문제가 출제된다. 출제 빈도가 높다.

풀이 $C = \dfrac{2C_0}{1+\dfrac{1}{\epsilon_s}} = \dfrac{2 \times 1 \times 10^{-6}}{1+\dfrac{1}{2}} = \dfrac{4}{3} \times 10^{-6}$[F] $= \dfrac{4}{3}$[μF]

답 ③

Key point

	평행판 콘덴서(Ⅰ)	평행판 콘덴서(Ⅱ)
그 림		
정전 용량	$C_t = \dfrac{\epsilon_1 \epsilon_2 \epsilon_0 S}{\epsilon_1 d_2 + \epsilon_2 d_1}$	$C_t = \dfrac{\epsilon_0(\epsilon_1 S_1 + \epsilon_2 S_2)}{d}$
비 고	유전체 직렬 $\dfrac{1}{C_t} = \dfrac{1}{C_1} + \dfrac{1}{C_2}$	유전체 병렬 $C_t = C_1 + C_2$

문제 12 ★★

그림과 같이 평행판 콘덴서의 극판 사이에 유전율이 각각 ϵ_1, ϵ_2인 두 유전체를 반반씩 채우고 극판 사이에 일정한 전압을 걸어 준다. 이때 매질 (I), (II) 내의 전계의 세기 E_1, E_2 사이에는 다음 어느 관계가 성립하는가?

① $E_2 = 4E_1$
② $E_2 = 2E_1$
③ $E_2 = E_1/4$
④ $E_2 = E_1$

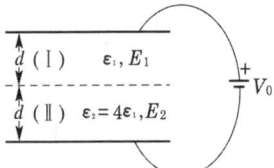

풀이 $D_1 = D_2$, $D = \epsilon E$ 에서 $E \propto \dfrac{1}{\epsilon}$ → $\dfrac{E_1}{E_2} = \dfrac{\epsilon_2}{\epsilon_1} = 4$

∴ $E_2 = \dfrac{1}{4} E_1$

답 ③

문제 13 ★★

정전 용량이 C_0[F]인 평행판 공기 콘덴서가 있다. 이 극판에 평행으로 판 간격 d[m]의 1/2 두께 되는 유리판을 삽입하면 이때의 정전 용량[F]은? 단, 유리판의 유전율은 ϵ[F/m]이라 한다.

① $\dfrac{C_0}{1+\dfrac{1}{\epsilon}}$
② $\dfrac{2C_0}{1+\dfrac{1}{\epsilon}}$
③ $\dfrac{C}{1+\dfrac{\epsilon}{\epsilon_0}}$
④ $\dfrac{2C_0}{1+\dfrac{\epsilon_0}{\epsilon}}$

풀이 공기 부분의 정전 용량을 C_1이라 하면 $C_1 = \dfrac{\epsilon_0 S}{d/2}$[F] $= \dfrac{2S\epsilon_0}{d}$[F]이고,

유리판 부분의 정전 용량을 C_2라 하면 $C_2 = \dfrac{\epsilon S}{d/2} = \dfrac{2S\epsilon}{d}$[F]이다.

그러므로 극판 간 공극의 두께 1/2 상당의 유리판을 넣는 경우 정전 용량 C는

$$C = \dfrac{1}{\dfrac{1}{C_1}+\dfrac{1}{C_2}} = \dfrac{1}{\dfrac{d}{2S}\left(\dfrac{1}{\epsilon_0}+\dfrac{1}{\epsilon}\right)} = \dfrac{1}{\dfrac{d}{2\epsilon_0 S}\left(1+\dfrac{\epsilon_0}{\epsilon}\right)} = \dfrac{2C_0}{1+\dfrac{\epsilon_0}{\epsilon}} = \dfrac{2C_0}{1+\dfrac{1}{\epsilon_s}}$$[F]

답 ④

문제 14 ★

종이 콘덴서는 그림과 같이 금속박과 종이를 겹쳐서 이것을 감아서 원통형으로 만든 것이다. 기름감은 절연물을 첨부시킨 종이의 비유전율은 2.5이고, 폭이 30[mm], 두께가 0.02[mm]이다. 이때 0.1[μF]의 정전 용량을 얻으려면, 종이의 길이를 얼마로 취해야 할 것인가?

① 12.08[m]
② 6.04[m]
③ 3.02[m]
④ 1.51[m]

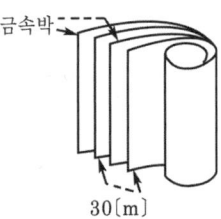

풀이 $C = \dfrac{\epsilon A}{d}$ 에서 면적 $A =$ 폭×길이이므로 폭을 P라 하면

길이 $l = \dfrac{d}{P\epsilon} C = \dfrac{0.02 \times 10^{-3} \times 0.1 \times 10^{-6}}{30 \times 10^{-3} \times 8.854 \times 10^{-12} \times 2.5} \fallingdotseq 3.012$[m]

답 ③

문제 15

면적 $S[\text{m}^2]$, 극간 거리 $d[\text{m}]$인 평행판 콘덴서에 비유전율 ϵ_s의 유전체를 채운 경우의 정전 용량은? 단, 진공의 유전율은 ϵ이다.

① $\dfrac{\epsilon_s S}{4\pi\epsilon_0 d}$ ② $\dfrac{4\pi\epsilon_0 \epsilon_s}{Sd}$ ③ $\dfrac{\epsilon_s S}{\epsilon_0 d}$ ④ $\dfrac{\epsilon_0 \epsilon_s S}{d}$

풀이 정전 용량 C는
$$C = \frac{Q}{V} = \frac{Q}{Ed} = \frac{\sigma S}{\frac{\sigma d}{\epsilon_0 \epsilon_s}} = \sigma S \times \frac{\epsilon_0 \epsilon_s}{\sigma d} = \frac{\epsilon_0 \epsilon_s S}{d}[\text{F}]$$

답 ④

필수 06 전계의 에너지

평판 콘덴서에 어떤 유전체를 넣었을 때 전속 밀도가 $2.4 \times 10^{-7}[\text{C/m}^2]$이고 단위 체적 중의 에너지가 $5.3 \times 10^{-3}[\text{J/m}^3]$이었다. 이 유전체의 유전율은 몇 $[\text{F/m}]$인가?

① 2.17×10^{-11} ② 5.43×10^{-11} ③ 2.17×10^{-12} ④ 5.43×10^{-12}

유형분석 기본적인 에너지의 관련식과 단위 체적당 에너지의 식에 의한 계산 문제가 출제된다.

풀이 $W_e = \dfrac{D^2}{2\epsilon}[\text{J/m}^3]$에서 $\epsilon = \dfrac{D^2}{2 \cdot W_e} = \dfrac{(2.4 \times 10^{-7})^2}{2 \times 5.3 \times 10^{-3}} = 5.43 \times 10^{-12}[\text{F/m}]$

답 ④

Key point

(1) 전계에너지 $W = \dfrac{1}{2}QV = \dfrac{1}{2}CV^2 = \dfrac{Q^2}{2C}[\text{J}]$

(2) 유전체 중의 정전 에너지 밀도 $w = \dfrac{1}{2}\boldsymbol{E} \cdot \boldsymbol{D} = \dfrac{\epsilon E^2}{2} = \dfrac{D^2}{2\epsilon}[\text{J/m}^3]$

문제 16

정전 에너지와 전속 밀도, 비유전율 ϵ_r과의 관계에 대한 설명 중 틀린 것은?

① 동일 전속에서는 ϵ_r이 클수록 축적되는 정전 에너지는 작아진다.
② 축적되는 정전 에너지가 일정할 때 ϵ_r이 클수록 전속 밀도가 커진다.
③ 굴절각이 큰 유전체의 ϵ_r이 크다.
④ 전속은 매질 내에 축적되는 에너지가 최대가 되도록 분포된다.

풀이 정전계는 에너지가 최소인 상태로 분포된다(Thomson의 정리). 즉, 전속은 매질 내에 축적되는 에너지가 최소가 되도록 분포한다.

답 ④

문제 17 ★☆
유전체(유전율= 9) 내의 전계의 세기가 100[V/m]일 때 유전체 내에 저장되는 에너지 밀도[J/m³]는?

① 5.55×10^4 ② 4.5×10^4 ③ 9×10^9 ④ 4.05×10^5

풀이 유전체 내에 저장되는 에너지 밀도 $w = \dfrac{ED}{2} = \dfrac{1}{2}\epsilon E^2 = \dfrac{1}{2}\dfrac{D^2}{\epsilon}$ [J/m³] 에서

$\therefore w = \dfrac{1}{2}\epsilon E^2 = \dfrac{1}{2} \times 9 \times (100)^2 = 4.5 \times 10^4$ [J/m³]

답 ②

문제 18 ★★
공간 전하 밀도 ρ[C/m³]를 가진 점의 전압이 V[V], 전계의 세기가 E[V/m]일 때 공간 전체의 전하가 가진 에너지는 몇 [J]인가?

① $\dfrac{1}{2}\displaystyle\int_v E^2 dv$ ② $\dfrac{1}{2}\displaystyle\int_v \rho \text{ div } \boldsymbol{D} \, dv$

③ $\dfrac{1}{2}\displaystyle\int_v V \text{ div } \boldsymbol{D} \, dv$ ④ $\dfrac{1}{2}\displaystyle\int_v V(- \text{grad } V) dv$

풀이 공간 중의 미소 체적 dv[m³] 중의 전하는 ρdv[C]이고, 이곳의 전위를 V[V]라 하면
이 체적 중의 전하가 가지는 에너지는 $dW = \dfrac{1}{2} V \rho dv$[J]

전체 전하가 가지는 에너지는 $\therefore W = \displaystyle\int_v dW = \dfrac{1}{2}\int V \rho dv = \dfrac{1}{2}\int_v V \div \boldsymbol{D} \, dv$[J]

답 ③

필수 07 ★ 유전체 사이의 힘

간격 d[m], 면적 S[m²]의 평행판 커패시터 사이에 유전율 ϵ를 갖는 절연체를 넣고 전극간에 V[V]의 전압을 가할 때, 양 전극판을 떼어내는데 필요한 힘의 크기는 몇 [N]인가?

① $\dfrac{1}{2\epsilon}\dfrac{V^2}{d^2}S$ ② $\dfrac{1}{2\epsilon}\dfrac{dV^2}{S}$ ③ $\dfrac{1}{2}\epsilon\dfrac{V}{d}S$ ④ $\dfrac{1}{2}\epsilon\dfrac{V^2}{d^2}S$

유형분석 공식의 연산에 관한 문제와 단순 공식 문제가 출제된다.

풀이 $F = f \cdot S = \dfrac{1}{2}\epsilon E^2 \cdot S = \dfrac{1}{2}\epsilon \left(\dfrac{V}{d}\right)^2 \cdot S$[N]

답 ④

Key point
유전체에 작용하는 힘

① 전계가 경계면에 수직일 때 $f_n = \dfrac{1}{2}\left(\dfrac{1}{\epsilon_2} - \dfrac{1}{\epsilon_1}\right)D^2$ [N/m²]

② 전계가 경계면에 평행일 때 $f_n = \dfrac{1}{2}(\epsilon_1 - \epsilon_2)E^2$ [N/m²]

문제 19

$\epsilon_1 > \epsilon_2$의 두 유전체의 경계면에 전계가 수직으로 입사할 때 경계면에 작용하는 힘은?

① $f = \dfrac{1}{2}\left(\dfrac{1}{\epsilon_2} - \dfrac{1}{\epsilon_1}\right)D^2$의 힘이 ϵ_1에서 ϵ_2로 작용한다.

② $f = \dfrac{1}{2}\left(\dfrac{1}{\epsilon_1} - \dfrac{1}{\epsilon_2}\right)E^2$의 힘이 ϵ_2에서 ϵ_1으로 작용한다.

③ $f = \dfrac{1}{2}\left(\dfrac{1}{\epsilon_1} - \dfrac{1}{\epsilon_2}\right)D^2$의 힘이 ϵ_1에서 ϵ_2로 작용한다.

④ $f = \dfrac{1}{2}\left(\dfrac{1}{\epsilon_2} - \dfrac{1}{\epsilon_1}\right)E^2$의 힘이 ϵ_1에서 ϵ_2로 작용한다.

풀이 그림과 같이 유전율 ϵ_1, ϵ_2인 두 유전체가 경계면을 이루고 있을 때, 경계면 O에 수직으로 전계가 가해져 힘 F_n을 받아 면 O가 Δx만큼 변위하여 O'가 되었다면 빗금 친 부분은 ϵ_2에서 ϵ_1으로, 즉 에너지 밀도가 w_2에서 w_1으로 변화하여 에너지 총 변화량은
$$\Delta W = (w_1 - w_2)\Delta x \cdot S [\text{J}] \quad (S : 경계면의 면적)$$
따라서 가상 변위의 정리에 의해 힘을 구하면
$$F_n = -\dfrac{\Delta W}{\Delta x} = -(w_1 - w_2)S = (w_2 - w_1) \cdot S [\text{N}]$$
단위 면적당 작용하는 힘은
$$f_n = w_2 - w_1 = \dfrac{1}{2}E_2 D_2 - \dfrac{1}{2}E_1 D_1 [\text{N/m}^2] 인데$$
경계면에서 수직으로 입사되므로 $D_1 = D_2$로
$$f_n = \dfrac{1}{2}(E_2 - E_1)D = \dfrac{1}{2}\left(\dfrac{1}{\epsilon_2} - \dfrac{1}{\epsilon_1}\right)D^2 [\text{N/m}^2] 이다.$$
또한 $f_n > 0$가 되려면 $\epsilon_1 > \epsilon_2$이어야 한다. 즉 유전율이 큰 유전체가 작은 유전체 쪽으로 끌려 들어가는 힘(인장 응력)을 받는다. 이 힘을 맥스웰(Maxwell)의 응력이라 한다. **답** ①

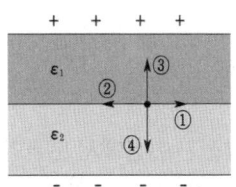

문제 20

평행판 사이에 유전율이 ϵ_1, ϵ_2 되는($\epsilon_2 < \epsilon_1$) 유전체를 경계면이 판에 평행하게 그림과 같이 채우고 그림의 극성으로 극판 사이에 전압을 걸었을 때 두 유전체 사이에 작용하는 힘은?

① ㉠의 방향
② ㉡의 방향
③ ㉢의 방향
④ ㉣의 방향

풀이
(a) 전계가 경계면에 수직이면 전계 방향으로 $f = \dfrac{1}{2}\left(\dfrac{1}{\epsilon_2} - \dfrac{1}{\epsilon_1}\right)D^2 [\text{N/m}^2]$의 인장 응력을 받는다.

(b) 전계가 경계면에 평행하면 전계와 수직 방향으로 $f = \dfrac{1}{2}(\epsilon_1 - \epsilon_2)E^2 [\text{N/m}^2]$의 압축 응력을 받는다.

(a), (b) 모두 유전율이 큰 쪽에서 작은 쪽으로 끌려 들어가는 맥스웰 응력이 작용한다. **답** ④

문제 21 ★

극판 면적이 50[cm²], 간격이 5[cm]인 평행판 콘덴서의 극판 간에 유전율 3인 유전체를 넣은 후 극판 간에 50[V]의 전위차를 가하면 전극판을 떼어내는 데 필요한 힘은 몇 [N]인가?

① −600 ② −750 ③ −6000 ④ −7500

풀이

$$F = f_e \times S = \frac{1}{2}\epsilon_0 \cdot \epsilon_s \cdot E^2 \cdot S = \frac{1}{2}\epsilon_0 \cdot \epsilon_s \cdot \left(\frac{V}{d}\right)^2 \cdot S$$

$$= \frac{1}{2} \times 3 \times \left(\frac{50}{5 \times 10^{-2}}\right)^2 \times 50 \times 10^{-4} = 7500[N] (흡인력)$$

답 ④

필수 08 ★★★ 유전체의 특수 현상

전기석과 같은 결정체를 냉각시키거나 가열시키면 전기 분극이 일어난다. 이와 같은 것을 무엇이라 하는가?

① 압전기 현상(Piezoelectric phenomena)
② Pyro 전기(Pyro electricity)
③ 톰슨 효과(Thomson effect)
④ 강유전성(ferroelectric effect)

유형분석 효과와 현상에 관한 문제는 자주 출제된다.

풀이
압전 현상 : 압력을 가하면 전기 분극이 발생
파이로 전기 : 열을 가하면 전기 분극이 발생
톰슨 효과 : 동일 종류 금속 접속면에서의 열전 현상

답 ②

Key point

파이로 전기
어떤 종류의 결정을 가열하면 한 면에 정(+)의 전기가, 다른 면에 부(−)의 전기가 나타나 분극을 일으킨다. 반대로 냉각시키면 역의 분극이 일어난다. 이 전기를 파이로 전기(pyro-electricity)라 하며 이 현상은 전기석, 수정, 로셀염에서 일어난다.

문제 22 ★

압전기 현상에서 분극이 응력에 수직한 방향으로 발생하는 현상을 무슨 효과라 하는가?

① 종효과 ② 횡효과 ③ 역효과 ④ 간접 효과

풀이 결정에 나타나는 압전 현상은 방향성을 가지고 있는데 응력과 분극이 동일방향으로 발생할 때는 종효과, 수직인 경우를 횡효과라고 한다.

답 ②

05 출제기준 – 전계의 특수 해법

1 전기 영상법

1) 평면 도체와 점 전하

그림과 같이 도체 평면 XX'에서 거리 a인 점 P에 점 전하 Q가 있는 경우 도체면에 관해서 대칭인 점 P'에 영상 전하 $-Q$를 둔다.

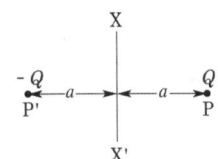

2) 접지 도체구와 점 전하

그림과 같이 반지름 a의 접지 도체구의 중심으로부터 $f(>a)$인 점에 점 전하 Q가 있는 경우 구의 중심과 전하 Q를 잇는 선상에서 중심으로부터 a^2/f인 점에 영상 전하 $-aQ/f$를 둔다.

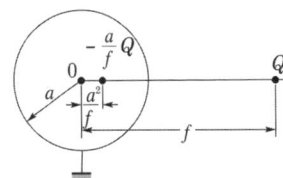

3) 절연 도체구와 점 전하

2)에서의 영상 전하를 같은 위치에 두고 이와 등량 다른 부호의 전하를 중심에 둔다. 도체구가 전하 q를 갖는 경우에는 상기 이외에 중심에 q를 둔다.

4) 평등 전계 내의 도체구

유전율 ϵ인 매질 내에 있는 크기 E_0의 평등 전계 내에 반지름 a의 도체구를 두었을 경우에는 구의 중심에 모멘트, $M = 4\pi\epsilon a^3 E_0$의 쌍극자를 둔다.

5) 유전체와 점 전하

그림과 같이 유전율 ϵ_1, ϵ_2인 유전체가 평면에서 접하고 ϵ_1 내에 점전하 Q가 있는 경우

① ϵ_1 내 : 점 전하 Q와 대칭인 위치에 있는 Q'를 고려하여 전 공간의 유전율을 ϵ_1으로 한다.

② ϵ_2 내 : Q의 위치에 있는 Q'를 고려하여 전 공간의 유전율을 ϵ_2로 한다. 단, $Q_1{'}$, $Q_2{'}$는 다음 식으로 나타낸다.

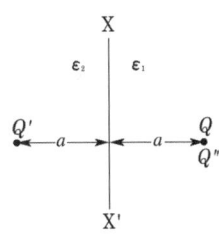

$$Q_1{'} = \frac{\epsilon_1 - \epsilon_2}{\epsilon_1 + \epsilon_2}Q, \quad Q_2{'} = \frac{2\epsilon_2}{\epsilon_1 + \epsilon_2}Q$$

◀◀◀ 완벽대비 전기기사필기

05 필수유형 및 과년도문제

필수 01 ★★★☆ 전기 영상법

무한 평면 도체로부터 거리 a[m]인 곳에 점전하 Q[C]이 있을 때 이 무한 평면 도체 표면에 유도되는 면밀도가 최대인 점의 전하 밀도는 몇 [C/m²]인가?

① $-\dfrac{Q}{2\pi a^2}$ ② $-\dfrac{Q^2}{4\pi a}$ ③ $-\dfrac{Q}{\pi a^2}$ ④ 0

유형분석 공식 연산 문제가 출제된다.

풀 이 무한 평면 도체상의 기준 원점으로부터 x[m]인 곳의 유기 전하 밀도[C/m²]는
$$\sigma = -D = -\epsilon_0 E = -\dfrac{Qa}{2\pi(a^2+x^2)^{3/2}}[\text{C/m}^2]$$
이다. 그러므로
$$\therefore \sigma_{\max} = [\sigma]_{x=0} = -\dfrac{Q}{2\pi a^2}[\text{C/m}^2]$$
또한 $\sigma_{\min} = [\sigma]_{x=\infty} = 0$
정전 유도 전하 밀도를 나타내면 그림과 같다.

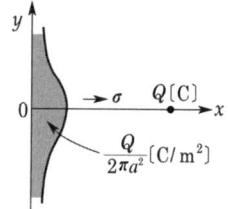

답 ①

Key point

접지 도체구와 점 전하
그림과 같이 반지름 a의 접지 도체구의 중심으로부터 $f(>a)$인 점에 점 전하 Q가 있는 경우 구의 중심과 전하 Q를 잇는 선상에서 중심으로부터 a^2/f인 점에 영상 전하 $-aQ/f$를 둔다.

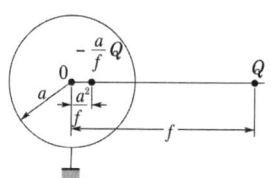

문제 01 ★★★☆

대지면에 높이 h[m]로 평행 가설된 매우 긴 선전하(선전하 밀도 λ[C/m])가 지면으로부터 받는 힘[N/m]은?

① h에 비례한다.   ② h에 반비례한다.
③ h^2에 비례한다.   ④ h^2에 반비례한다.

풀이 지상의 높이 h[m]와 같은 길이에 선전하 밀도 $-\lambda$[C/m]인 영상 전하를 고려하여 선전하 간의 작용력을 구하면
$$f = -\lambda E = -\lambda \cdot \dfrac{\lambda}{2\pi\epsilon_0(2h)} = \dfrac{-\lambda^2}{4\pi\epsilon_0 h} \propto \dfrac{1}{h}$$

답 ②

문제 02 ★★
평면 도체 표면에서 d[m]의 거리에 점전하 Q[C]이 있을 때 이 전하를 무한원까지 운반하는 데 요하는 일[J]을 구하면?

① $\dfrac{Q^2}{4\pi\epsilon_0 d}$ ② $\dfrac{Q^2}{8\pi\epsilon_0 d}$ ③ $\dfrac{Q^2}{16\pi\epsilon_0 d}$ ④ $\dfrac{Q^2}{32\pi\epsilon_0 d}$

풀이 작용력은 $F = \dfrac{-Q^2}{4\pi\epsilon_0 (2d)^2} = \dfrac{-Q^2}{16\pi\epsilon_0 d^2}$ [N] (흡인력)

요하는 일은
$$W = \int_d^\infty F dr = \dfrac{Q^2}{16\pi\epsilon_0} \int_d^\infty \dfrac{1}{d^2} dr = \dfrac{Q^2}{16\pi\epsilon_0} \left[-\dfrac{1}{d}\right]_d^\infty$$
$$= \dfrac{Q^2}{16\pi\epsilon_0 d} [\text{J}]$$

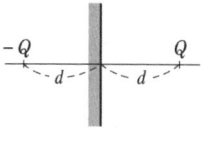

답 ③

문제 03 ★★★
반지름 a[m]인 접지 도체구 중심으로부터 d[m] ($>a$)인 곳에 점전하 Q[C]이 있으면 구도체에 유기되는 전하량[C]은?

① $-\dfrac{a}{d}Q$ ② $\dfrac{a}{d}Q$ ③ $-\dfrac{d}{a}Q$ ④ $\dfrac{d}{a}Q$

풀이 점 P'의 영상 전하는 도체에 유기되는 전하를 대표할 수 있으므로 그 값은 $Q' = -\dfrac{a}{d}Q$[C]이고(실제로 유기된 구도체상의 전하 밀도는 불균일) 중심으로부터의 거리 $\overline{OP'} = \dfrac{a^2}{d}$[m]이다.

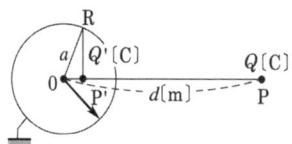

답 ①

문제 04 ★
반지름 a인 접지 구형 도체와 점전하가 유전율 ϵ인 공간에서 각각 원점과 $(d, 0, 0)$인 점에 있다. 구형 도체를 제외한 공간의 전계를 구할 수 있도록 구형 도체를 영상 전하로 대치할 때의 영상 점전하의 위치는? 단, $d > a$이다.

① $\left(-\dfrac{a^2}{d}, 0, 0\right)$ ② $\left(+\dfrac{a^2}{d}, 0, 0\right)$
③ $\left(0, +\dfrac{a^2}{d}, 0\right)$ ④ $\left(+\dfrac{d^2}{4a}, 0, 0\right)$

풀이 영상 전하의 위치는 구의 중심으로부터 점전하쪽 방향으로 $\dfrac{a^2}{d}$만큼 떨어진 곳이다.

답 ②

06 출제기준 – 전류

1 전류에 관한 제현상

1) 볼타(Volta)의 법칙
일정 온도에서 다수의 도체를 직렬로 접속시켰을 때 양단의 도체의 전위차는 인접한 각 도체간의 전위차의 대수합과 같고 양단의 도체를 직접 접촉시켰을 때의 전위차와 같다.

2) 제벡 효과(Seebeck effect)
다른 두 종류의 금속선으로 된 폐회로의 두 접합점의 온도를 달리하였을 때, 열기전력이 발생하는 효과를 제베크 효과라 한다. 이때 흐르는 전류를 열전류, 연결한 금속 루프를 열전대라 한다.

3) 펠티에 효과(Peltier effect)
두 종류의 금속선으로 폐회로를 만들어 전류를 흘리면 금속선의 접속점에서 열이 흡수(온도 강하)되거나 발생(온도 상승)하는 현상

$$H = 0.24P \int_0^t I dt [\text{cal}]$$

4) 톰슨 효과(Thomson effect)
같은 도선에 온도차가 있을 때 전류를 흘리면 열이 흡수, 발산되는 현상

2 콘덕턴스 및 도전율

1) 전기 저항

$$R = \rho \frac{l}{S} [\Omega]$$

$t_0[℃]$와 $t[℃]$일 때의 저항률을 ρ_0, $\rho[\Omega \cdot m]$라 하면,

$$\rho_t = \rho_0 \{1 + \alpha(t - t_0)\}$$
$$R_t = R_0 \{1 + \alpha(t - t_0)\}$$

2) 연속 도체 내의 옴의 법칙

$$J = nev = ne\mu E = KE\,[\text{A/m}^2]$$
$$J = KE = -K\,\text{grad}\,V\,[\text{A/m}^2]$$

> $J\,[\text{A/m}^2]$: 전류밀도
> n : 전자의 개수, e : 전자의 전하로 $1.602 \times 10^{-19}[\text{C}]$, E : 전계의 세기

3) 전기 저항과 정전 용량

$$RC = \rho\epsilon \;,\; \frac{C}{G} = \frac{\epsilon}{k}$$

> R : 전기저항, G : 콘덕턴스, C : 정전용량, ρ : 저항률, k : 도전율, ϵ : 유전율

4) 전력

$$P = \frac{dW}{dt} = \frac{dQ}{dt}V\,[\text{W}],\; \frac{dQ}{dt} = I\,[\text{A}]$$

5) 줄의 법칙

$$P = VI = I^2R = \frac{V^2}{R}\,[\text{W}]$$

$$H = 0.24Pt = 0.24VIt = 0.24I^2Rt = 0.24\frac{V^2}{R}t\,[\text{cal}]$$

> P : 도체 두 점 사이에 전위차 $V[\text{V}]$를 가하고 시간 $t[\text{sec}]$ 동안에 전하 $Q[\text{C}]$을 이동시켜 전류 $I[\text{A}]$를 흘릴 때, 그 도체 내에서 소비되는 단위 시간당의 일을 **전력**(electric power)이라고 한다.
> H : 전력 $P[\text{W}]$의 일정 전력이 $t[\text{s}]$ 동안 공급되었을 때의 소비되는 일을 열량으로 환산한 것. 이러한 열량은 줄열이 되어 전력 손실을 일으키게 되며, 위의 관계를 **줄의 법칙**(Joule's law)이라고 한다.

필수유형 및 과년도문제

필수 01 ★★ 전류에 관한 제현상

전류가 흐르고 있는 도체에 자계를 가하면 도체 측면에는 정부의 전하가 나타나 두 면간에 전위차가 발생하는 현상은?

① 핀치 효과   ② 톰슨 효과   ③ 홀 효과   ④ 제벡 효과

유형분석 현상 효과에 관한 문제는 자주 출제된다.

풀 이 전류가 흐르고 있는 도체에 자계를 가하면 플레밍의 왼손 법칙에 의하여 도체 내부의 전하가 횡방향으로 힘을 모아 도체 측면에 (+), (−)의 전하가 나타나는 현상을 홀 효과라 한다.   답 ③

Key point

(1) 제벡 효과(Seebeck effect) : 다른 두 종류의 금속선으로 된 폐회로의 두 접합점의 온도를 달리하였을 때, 열기전력이 발생하는 효과를 제베크 효과라 한다. 이때 흐르는 전류를 열전류, 연결한 금속 루프를 열전대라 한다.
(2) 펠티에 효과(Peltier effect) : 두 종류의 금속선으로 폐회로를 만들어 전류를 흘리면 금속선의 접속점에서 열이 흡수(온도 강하)되거나 발생(온도 상승)하는 현상.

문제 01 ★★★
두 종류의 금속으로 된 회로에 전류를 통하면 각 접속점에서 열의 흡수 또는 발생이 일어나는 현상은?

① 톰슨 효과   ② 제벡 효과   ③ 볼타 효과   ④ 펠티에 효과

풀이
• 펠티에 효과(Peltier effect) :
두 종류의 금속선으로 폐회로를 만들어 전류를 흘리면 금속선의 접속점에서 열이 흡수(온도 강하)되거나 발생(온도 상승)하는 현상

$$H = 0.24P \int_0^t I dt [\text{cal}]$$

단, H : 발열량[cal], P : 펠티에 계수, I : 전류[A]   답 ④

문제 02 ★
DC전압을 가하면 전류는 도선 중심쪽으로 흐르려고 한다. 이러한 현상을 무슨 효과라 하는가?

① Skin 효과   ② Pinch 효과   ③ 압전기 효과   ④ Peltier 효과

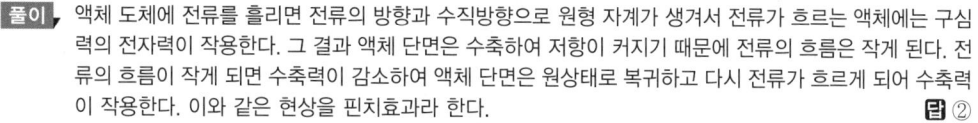

풀이) 액체 도체에 전류를 흘리면 전류의 방향과 수직방향으로 원형 자계가 생겨서 전류가 흐르는 액체에는 구심력의 전자력이 작용한다. 그 결과 액체 단면은 수축하여 저항이 커지기 때문에 전류의 흐름은 작게 된다. 전류의 흐름이 작게 되면 수축력이 감소하여 액체 단면은 원상태로 복귀하고 다시 전류가 흐르게 되어 수축력이 작용한다. 이와 같은 현상을 핀치효과라 한다.   **답 ②**

문제 03 ★ 다음 중 특성이 다른 것이 하나 있다. 그것은?

① 톰슨 효과(Thomson effect)   ② 스트레치 효과(Stretch effect)
③ 핀치 효과(Pinch effect)   ④ 홀 효과(Hall effect)

답 ①

02 ★★★ 콘덕턴스 및 도전율

다음은 도체의 전기 저항에 대한 설명이다. 틀린 것은?
① 고유 저항은 백금보다 구리가 크다.
② 단면적에 반비례하고 길이에 비례한다.
③ 도체 반지름의 제곱에 반비례한다.
④ 같은 길이, 단면적에서도 온도가 상승하면 저항이 증가한다.

유형분석) 온도 변화에 대한 저항의 변화를 계산하는 문제가 출제된다.

풀 이) 20[℃]에서의 고유 저항은
구리 : $1.69 \times 10^{-8}[\Omega \cdot m]$, 백금 : $10.5 \times 10^{-8}[\Omega \cdot m]$ **답 ①**

Key point

(1) 전기 저항
$t_0[℃]$와 $t[℃]$일 때의 저항률을 ρ_0, $\rho[\Omega \cdot m]$라 하면
$\rho_t = \rho_0\{1+\alpha(t+t_0)\}$, $R_t = R_0\{1+\alpha(t-t_0)\}[\Omega]$

(2) 전기 저항과 정전 용량 $RC = \rho\epsilon$, $\dfrac{C}{G} = \dfrac{\epsilon}{k}$

문제 04 ★★ MKS 단위계로 고유 저항의 단위는?

① $[\Omega \cdot m]$ ② $[\Omega \cdot mm^2/m]$
③ $[\mu\Omega \cdot cm]$ ④ $[\Omega \cdot cm]$

풀이) $R = \rho\dfrac{l}{S}$에서 $\therefore \rho = \dfrac{RS}{l}\left[\dfrac{\Omega \cdot m^2}{m}\right] = \dfrac{S}{l}R[\Omega \cdot m]$ **답 ①**

문제 05 ★

저항 100[Ω]인 구리선에 900[Ω]의 망간선을 직렬로 연결하면 전체 저항의 온도 계수는 동선의 온도 계수의 약 몇 배 정도가 되는가? 단, 망간선의 저항 온도 계수는 0이다.

① 0.1　　② 0.6　　③ 0.9　　④ 1.8

풀이 합성 저항 온도 계수 $\alpha_t = \dfrac{\alpha_1 R_1 + \alpha_2 R_2}{R_1 + R_2} = \dfrac{100\alpha_1 + 900 \times 0}{100 + 900} = 0.1\alpha_1$

답 ①

문제 06 ★

구리의 저항률은 20[℃]에서 1.69×10^{-8}[Ω·m]이고 온도 계수는 0.0039이다. 단면적이 2[mm²]인 구리선 200[m]의 50[℃]에서의 저항값은 몇 [Ω]인가?

① 1.69×10^{-3}　　② 1.89×10^{-3}　　③ 1.69　　④ 1.89

풀이
$R_{20} = \rho \dfrac{l}{s} = 1.69 \times 10^{-8} \dfrac{200}{2 \times 10^{-6}} = 1.69[\Omega]$

$R_{50} = R_{20}[1 + \alpha(t_2 - t_1)] = 1.69[1 + 0.0039(50 - 20)] = 1.888[\Omega]$

답 ④

문제 07 ★

액체 유전체를 포함한 콘덴서 용량이 C[F]인 것에 V[V] 전압을 가했을 경우에 흐르는 누설 전류는 몇 [A]인가? 단, 유전체의 비유전율은 ϵ_s이며 고유 저항은 ρ[Ω]이라 한다.

① $\dfrac{CV}{\rho\epsilon}$　　② $\dfrac{CV^2}{\rho\epsilon}$　　③ $\dfrac{\rho\epsilon_s V}{C}$　　④ $\dfrac{\rho\epsilon_s}{C}$

풀이 $RC = \rho\epsilon$ 에서 $R = \dfrac{\rho\epsilon}{C}$, $I = \dfrac{V}{R} = \dfrac{V}{\dfrac{\rho\epsilon}{C}} = \dfrac{CV}{\rho\epsilon}$

답 ①

문제 08 ★★★★★

액체 유전체를 넣은 콘덴서의 용량이 20[μF]이다. 여기에 500[kV]의 전압을 가하면 누설 전류[A]는? 단, 비유전율 $\epsilon_s = 2.2$, 고유저항 $\rho = 10^{11}$[Ω·m]이다.

① 4.2　　② 5.13　　③ 54.5　　④ 61

풀이 $RC = \rho\epsilon$[s], $R = \dfrac{\rho\epsilon}{C}$[Ω]

$\therefore I = \dfrac{V}{R} = \dfrac{CV}{\rho\epsilon} = \dfrac{CV}{\rho\epsilon_0\epsilon_s} = \dfrac{20 \times 10^{-6} \times 500 \times 10^3}{10^{11} \times 8.855 \times 10^{-12} \times 2.2} = 5.13[A]$

답 ②

문제 09 ★★★★★

공간 도체 중의 정상 전류 밀도가 i, 전하 밀도가 ρ일 때, 키르히호프의 전류 법칙을 나타내는 것은?

① $i = \dfrac{\partial \rho}{\partial t}$　　② $\text{div } i = 0$　　③ $i = 0$　　④ $\text{div } i = -\dfrac{\partial \rho}{\partial t}$

풀이 키르히호프의 전류 법칙은 $\sum I = 0 = \int_s i \cdot dS = \int_v \text{div}\, i\, dv$가 되어 div $i = 0$이다.

즉 단위 체적당의 전류의 발산은 없다.(전류의 연속성)

답 ②

문제 10 ★

2[Ω]과 4[Ω]의 병렬 회로 양단에 40[V]를 가했을 때 2[Ω]에서 발생하는 열은 4[Ω]에서의 열의 몇 배인가?

① 2　　　② 4　　　③ 6　　　④ 8

풀이 열 : $H = 0.24 \dfrac{V^2}{R}$ [cal/sec], $H \propto \dfrac{1}{R}$

$\dfrac{H_2}{H_4} = \dfrac{\frac{1}{2}}{\frac{1}{4}} = 2$ ∴ $H_2 = 2H_4$

답 ①

문제 11 ★★★★☆

다음 중 옴의 법칙은 어느 것인가? 단, k는 도전율, ρ는 고유 저항, E는 전계의 세기이다.

① $i = kE$　　② $i = \dfrac{E}{k}$　　③ $i = \rho E$　　④ $i = -kE$

풀이 $I = \dfrac{-dV}{R} = idS$

$i = -\dfrac{dV}{RdS} = -\dfrac{1}{\rho}\dfrac{dV}{dl} = \dfrac{E}{\rho} = kE$

i와 E는 같은 방향이므로 $i = kE$이다.

답 ①

07 출제기준 – 자계

1 자석 및 자기유도

1) 쿨롱의 법칙

$$F = k\frac{m_1 m_2}{r^2} = \frac{1}{4\pi\mu_0}\frac{m_1 m_2}{r^2} = 6.33 \times 10^4 \times \frac{m_1 m_2}{r^2}[\text{N}]$$

$$\mu_0 = \frac{1}{4\pi \times 6.33 \times 10^4} = 4\pi \times 10^{-7} = 12.56 \times 10^{-7} = \frac{1}{\epsilon_0 c^2}[\text{H/m}]$$

> F : 양 자하 사이에 작용하는 힘[N], m_1 : 자하[Wb], μ_0 : 진공중의 투자율, r : 양 자하간의 거리[m], c : 빛의 속도, 3×10^8[m/sec]

2) 자속과 자속밀도 $B = \mu H = \mu_0 \mu_s H [\text{Wb/m}^2]$

> B : 자속밀도, H : 자계의 세기, μ_s : 비 투자율, μ_0 : 진공중의 투자율

3) 자석의 자기 모멘트 $M = ml[\text{Wb} \cdot \text{m}]$

4) 자계 중의 자석에 작용하는 토크

$T = M \times H [\text{N} \cdot \text{m}]$

$T_\theta = MH\sin\theta [\text{N} \cdot \text{m}]$

> 평등자계 H 내에 길이 l, 자극의 세기 $\pm m$인 자석이 자계와 θ의 각을 이루고 있을 때, 자석이 받는 회전력이다.
> T : 토크, M : 자기 모멘트, H : 자계의 세기

5) 판 자석에 의한 자위

$U_m = \pm \dfrac{\tau\omega}{4\pi\mu_0}[\text{AT}]$

$\tau = \sigma_m \delta[\text{Wb/m}]$

2 자계 및 자위

1) 자계의 세기

$$H = \frac{m}{4\pi\mu_0 r^2} = 6.33 \times 10^4 \times \frac{m}{r^2} \, [\text{AT/m}]$$

H : 자계의 세기[AT/m], m_1 : 자하[Wb], μ_0 : 진공중의 투자율, r : 거리[m]

쿨롱력과 자계 사이에는 $\boldsymbol{F} = m\boldsymbol{H}[\text{N}]$

$F = \dfrac{m^2}{4\pi\mu_0 r^2} [\text{N}]$ (진공 중)

$F = \dfrac{m^2}{4\pi\mu r^2} [\text{N}]$ (진공 이외의 매질 중)

2) 자위

1[Wb]의 정자극을 무한 원점에서 점 P까지 가져오는 데 필요한 일을 점 P의 자위라고 한다.

$$U_m = -\int_{\infty}^{P} \boldsymbol{H} \cdot d\boldsymbol{r} \, [\text{AT}]$$

점자극 m에서 r 거리인 점의 자위는 $U_m = \dfrac{m}{4\pi\mu r} [\text{AT}]$

3 자기 쌍극자

$$U_m = \frac{M\cos\theta}{4\pi\mu_0 r^2} [\text{AT}]$$

$$H = \sqrt{H_r^2 + H_0^2} = \frac{M}{4\pi\mu_0 r^3}\sqrt{1 + 3\cos^2\theta} \, [\text{AT/m}]$$

$$H_r = -\frac{\partial U_m}{\partial r} = \frac{M\cos\theta}{2\pi\mu_0 r^3} [\text{AT/m}]$$

$$H_\theta = -\frac{1}{r}\frac{\partial U_m}{\partial \theta} = \frac{M\sin\theta}{4\pi\mu_0 r^3} [\text{AT/m}]$$

M은 자기모멘트($=ml$)이고, θ는 거리 r과 쌍극자 모멘트 M이 이루는 각이다.

4 자계와 전류 사이의 힘

1) 직선 전류에 작용하는 힘 : $F = BIl\sin\theta = \mu_0 HIl\sin\theta [\text{N}]$

> 자계 내에서 전류가 흐르는 도체가 받는 힘을 **전자력**(electromagnetic force)이라 하며, 전기 에너지를 기계적 에너지로 변환하는 전동기(motor) 등의 전기기기에 널리 응용되고 있다.
> $B[\text{Wb/m}^2]$: 외부 자계, $I[\text{A}]$: 전류, $F[\text{N}]$: 힘

2) 평행 전류간의 작용력 : $F = \dfrac{\mu_0 I_1 I_2}{2\pi r} = \dfrac{2I_1 I_2}{r} \times 10^{-7} [\text{N/m}]$

> F : 거리 $r[\text{m}]$ 떨어진 두 개의 평행도체 A, B에 전류가 I_1, I_2에 흐르고 있을 때, 전류 도체에 작용하는 힘

3) 자계 내의 전류가 자계에서 받는 힘 : $d\boldsymbol{F} = Id\boldsymbol{l} \times \boldsymbol{B}[\text{N}]$, $\boldsymbol{F} = \boldsymbol{I} \times \boldsymbol{B}[\text{N/m}]$

4) 전하 입자에 작용하는 로렌츠의 힘 : $\boldsymbol{F} = e(\boldsymbol{v} \times \boldsymbol{B})[\text{N}]$

> 전하 q가 자속밀도 B인 평등자계 내를 이것과 θ의 방향으로 속도 v를 가지고 이동할 때, 이 전하에는 전자력 F가 작용한다.

5 분포전류에 의한 자계

1) 유한장 직선 전류

$$H = \dfrac{I}{4\pi a}(\sin\phi_1 + \sin\phi_2)$$
$$= \dfrac{I}{4\pi a}(\cos\theta_1 + \cos\theta_2)[\text{AT/m}]$$

> H : 유한장 직선 도체 AB에 전류 I가 흐를 때, a의 거리가 떨어진 점 P에서의 자계

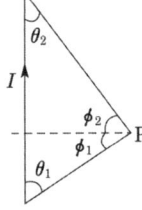

2) 무한장 직선 전류

$$H_i = \dfrac{I_r}{2\pi a^2}(r \leq a)[\text{AT/m}]$$

$$H_e = \dfrac{I}{2\pi r}(r > a)[\text{AT/m}]$$

> H_e : 무한장의 직선 도체에 전류 $I[\text{A}]$가 흐를 때, 거리 $r[\text{m}]$ 떨어진 점에서의 자계의 세기

3) 원형 전류

$$H_x = \frac{I}{2a}\sin^3\phi = \frac{a^2 I}{2(a^2+x^2)^{3/2}}[\text{AT/m}]$$

중심에서는 $H_0 = \dfrac{I}{2a}[\text{AT/m}]$

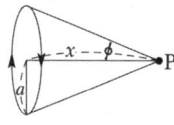

H_x : 원형전류 중심 축상의 자계의 세기, H_0 : 원형전류 중심의 자계의 세기

4) 무한장 솔레노이드

$$H_i = nI[\text{AT/m}], \quad H_e = 0$$

원통 모양으로 도선를 감은 코일을 **솔레노이드**(solenoid)라고 한다.
n : 단위길이당 코일의 감은 수, H_i : 무한장 솔레노이드 내부자계의 세기
H_e : 무한장 솔레노이드 외부자계의 세기

5) 유한장 솔레노이드

$$H = \frac{nI}{2}(\cos\theta_2 - \cos\theta_1)[\text{AT/m}]$$

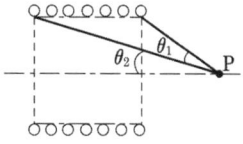

6) 환상 솔레노이드

$$H = \frac{NI}{2\pi r}[\text{AT/m}]$$

도넛 모양의 틀에 감은 코일을 **환상 솔레노이드, 무단 솔레노이드** 또는 **토로이드 코일**(toroid coil)이라고 한다.
H : 투자율 μ인 자성체에 치밀하게 코일을 N회 감고 전류 $I[\text{A}]$를 흘리는 경우자계의 세기

7) 비오-사바르의 법칙

$$dH = \frac{Idl\sin\theta}{4\pi r^2}[\text{AT/m}]$$

dH : 임의의 형상의 도선에 전류 $I[\text{A}]$가 흐를 때, 도선상의 미소길이 dl 부분에 흐르는 전류에 의하여 거리 r 만큼 떨어진 점 P에서의 자계의 세기

8) 암페어의 법칙

$$\oint_c \boldsymbol{H}\cdot dl = \oint_c H\cos\theta\, dl = \sum I$$

$$\oint_c \boldsymbol{H}\cdot dl = \oint_c H\cos\theta\, dl = NI$$

$\text{rot}\boldsymbol{H} = \boldsymbol{J}[\text{A/m}^2]$ (미분형)

9) 자계의 벡터 포텐셜

$$\boldsymbol{B} = \text{rot}\boldsymbol{A}[\text{Wb/m}^2]$$

07 필수유형 및 과년도문제

필수 01 ★★ 자석 및 자기유도

공기 중에서 가상 접지극 m_1[Wb]과 m_2[Wb]를 r[m] 떼어놓았을 때 두 자극간의 작용력이 F[N]이었다면 이때의 거리 r[m]은?

① $\sqrt{\dfrac{m_1 m_2}{F}}$

② $\dfrac{6.33 \times 10^4 \times m_1 m_2}{F}$

③ $\sqrt{\dfrac{6.33 \times 10^4 \times m_1 m_2}{F}}$

④ $\sqrt{\dfrac{9 \times 10^9 \times m_1 m_2}{F}}$

유형분석 쿨롱의 법칙에 관한 문제로 기본적인 문제이며, 자주 출제되는 유형이다.

풀 이
$$F = \dfrac{1}{4\pi\mu_0} \cdot \dfrac{m_1 m_2}{r^2} = 6.33 \times 10^4 \times \dfrac{m_1 m_2}{r^2} \text{[N]}$$

$$r^2 = \dfrac{6.33 \times 10^4 \times m_1 m_2}{F}$$

$$\therefore r = \sqrt{\dfrac{6.33 \times 10^4 \times m_1 m_2}{F}}$$

답 ③

Key point

쿨롱의 법칙
$$F = k\dfrac{m_1 m_2}{r^2} = \dfrac{1}{4\pi\mu_0}\dfrac{m_1 m_2}{r^2} = 6.33 \times 10^4 \times \dfrac{m_1 m_2}{r^2} \text{[N]}$$

$$\mu_0 = \dfrac{1}{4\pi \times 6.33 \times 10^4} = 4\pi \times 10^{-7} = 12.56 \times 10^{-7} = \dfrac{1}{\epsilon_0 c^2} \text{[H/m]}$$

문제 01 ★ 그림과 같이 진공에서 6×10^{-3}[Wb]의 자극을 가진 길이 10[cm] 되는 막대자석의 정자극(正磁極)으로부터 5[cm] 떨어진 P점의 자계의 세기는?

① 13.3×10^4[AT/m]
② 17.3×10^4[AT/m]
③ 23.3×10^3[AT/m]
④ 28.1×10^5[AT/m]

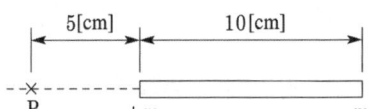

풀이 $H_P = H_{AP} - H_{BP}$

$= 6.33 \times 10^4 \times \left[\dfrac{6 \times 10^{-3}}{(5 \times 10^{-2})^2} - \dfrac{6 \times 10^{-3}}{(15 \times 10^{-2})^2} \right]$

$= 13.3 \times 10^4 \,[\text{AT/m}]$

답 ①

문제 02 ★ 반지름 1[m]의 원형 코일에 1[A]의 전류가 흐를 때 중심점의 자계의 세기[AT/m]는?

① $\dfrac{1}{4}$ ② $\dfrac{1}{2}$ ③ 1 ④ 2

풀이 원형 코일 중심의 자계의 세기 $H_0 = \dfrac{I}{2a} = \dfrac{1}{2 \times 1} = \dfrac{1}{2}\,[\text{AT/m}]$

답 ②

문제 03 ★★ 반지름 R인 원에 내접하는 정n각형의 회로에 전류 I가 흐를 때 원 중심점에서의 자속밀도는 얼마인가?

① $\dfrac{n\mu_0 I}{2\pi R}\tan\dfrac{\pi}{n}\,[\text{Wb/m}^2]$ ② $\dfrac{\mu_0 I}{\pi R}\cos\dfrac{\pi}{n}\,[\text{Wb/m}^2]$

③ $\dfrac{I}{2\pi\mu_0 R}\tan\dfrac{2\pi}{n}\,[\text{Wb/m}^2]$ ④ $\dfrac{2\pi R}{\tan\dfrac{\pi}{n}}\,[\text{Wb/m}^2]$

풀이 $H_{AB} = \dfrac{I}{4\pi R\cos\dfrac{\pi}{n}}\left(2\sin\dfrac{\pi}{n}\right) = \dfrac{I}{2\pi R}\tan\dfrac{\pi}{n}$

정n변형 회로의 중심 자계의 세기는 $H_0 = nH_{AB} = \dfrac{nI\tan\dfrac{\pi}{n}}{2\pi R}\,[\text{AT/m}]$

$\therefore B = \mu_0 H_0 = \dfrac{n\mu_0 I}{2\pi R}\tan\dfrac{\pi}{n}\,[\text{Wb/m}^2]$

답 ①

문제 04 ★ 반경 R인 원에 내접하는 정 6각형의 회로에 전류 $I[A]$가 흐를 때 원 중심점에서의 자속밀도는 몇 [Wb/m²]인가?

① $\dfrac{\mu_0 I}{\pi R}\cos\dfrac{\pi}{6}$ ② $\dfrac{3\mu_0 I}{\pi R}\tan\dfrac{\pi}{6}$

③ $\dfrac{I}{2\pi\mu_0 R}\tan\dfrac{\pi}{6}$ ④ $2\pi R\tan\dfrac{\pi}{6}$

풀이 정 n각형 중심의 자계

$H_n = \dfrac{nI}{2\pi R}\tan\dfrac{\pi}{n}$

$B = \mu_0 H = \mu_0\dfrac{6I}{2\pi R}\tan\dfrac{\pi}{6} = \dfrac{3\mu_0 I}{\pi R}\tan\dfrac{\pi}{6}\,[\text{Wb/m}^2]$

답 ②

문제 05 ★★★

1×10^{-6}[Wb·m]의 자기 모멘트를 가진 봉(棒) 자석을 자계의 수평 성분이 10[AT/m]인 곳에서 자기 자오면으로부터 90° 회전하는 데 필요한 일은 몇 [J]인가?

① 3×10^{-5} ② 2.5×10^{-5} ③ 10^{-5} ④ 10^{-8}

풀이 $W = \int_0^\theta T d\theta = MH(1 - \cos\theta) = 1 \times 10^{-6} \times 10 \times (1 - \cos 90°) = 10^{-5}$[J] **답** ③

 필수 02 ★ 자계 및 자위

반지름 a인 원형 코일의 중심축상 r[m]의 거리에 있는 점 P의 자위는 몇 [A]인가? 단, 점 P에 대한 원의 입체각을 ω, 전류를 I[A]라 한다.

① $\dfrac{\omega}{4\pi I}$ ② $4\pi\omega I$ ③ $\dfrac{I}{4\pi\omega}$ ④ $\dfrac{\omega I}{4\pi}$

유형분석 자위, 자계의 세기에 관한 문제가 출제된다.

풀이 $u = \dfrac{M\cos\theta}{4\pi r^2} = \dfrac{IS\cos\theta}{4\pi r^2} = \dfrac{I}{4\pi} \cdot \dfrac{s\cos\theta}{r^2} = I \cdot \dfrac{\omega}{4\pi}$ **답** ④

Key point

자계의 세기 $H = \dfrac{m}{4\pi\mu_0 r^2} = 6.33 \times 10^4 \times \dfrac{m}{r^2}$[AT/m]

 필수 03 ★★ 자기 쌍극자

자기 쌍극자에 의한 자위 U[A]에 해당되는 것은? 단, 자기 쌍극자의 자기 모멘트는 M[Wb·m], 쌍극자의 중심으로부터의 거리는 r[m], 쌍극자의 정방향과의 각도는 θ라 한다.

① $6.33 \times 10^4 \times \dfrac{M\sin\theta}{r^3}$ ② $6.33 \times 10^4 \times \dfrac{M\sin\theta}{r^2}$

③ $6.33 \times 10^4 \times \dfrac{M\cos\theta}{r^3}$ ④ $6.33 \times 10^4 \times \dfrac{M\cos\theta}{r^2}$

유형분석 자위에 관한 문제가 출제된다.

풀이 자기 쌍극자에 의한 자위 $U_m = \dfrac{M\cos\theta}{4\pi\mu_0 r^2} = 6.33 \times 10^4 \times \dfrac{M\cos\theta}{r^2}$[A] **답** ④

Key point

$$U_m = \frac{M\cos\theta}{4\pi\mu_0 r^2} \text{[AT]}$$

$$H = \sqrt{H_r^2 + H_\theta^2} = \frac{M}{4\pi\mu_0 r^3}\sqrt{1+3\cos^2\theta} \text{ [AT/m]}$$

필수 04 ★★★★★ 자계와 전류 사이의 힘

비투자율 μ_s, 자속 밀도 B인 자계 중에 있는 m[Wb]의 자극이 받는 힘은?

① $\dfrac{Bm}{\mu_0\mu_s}$ ② $\dfrac{Bm}{\mu_0}$ ③ $\dfrac{\mu_s\mu_0}{Bm}$ ④ $\dfrac{Bm}{\mu_s}$

유형분석 공식문제와 식의 의미에 관한 문제가 출제된다.

풀이 자계 중의 자극이 받는 힘은 $F = mH$[N], $H = \dfrac{B}{\mu_0\mu_s}$[A/m]에서

$\therefore F = \dfrac{Bm}{\mu_0\mu_s}$[N]

답 ①

Key point

(1) 직선 전류에 작용하는 힘 $F = BIl\sin\theta = \mu_0 HIl\sin\theta$[N]

(2) 평행 전류간의 작용력 $F = \dfrac{\mu_0 I_1 I_2}{2\pi r} = \dfrac{2I_1 I_2}{r} \times 10^{-7}$[N/m]

문제 06 ★☆

v[m/s]의 속도를 가진 전자가 B[Wb/m²]의 평등 자계에 직각으로 들어가면 원운동을 한다. 이때 원운동의 주기[s]를 구하면? 단, 원의 반지름은 r, 전자의 전하를 e[C], 질량을 m[kg]이라 한다.

① $\dfrac{mv}{eB}$ ② $\dfrac{eB}{m}$ ③ $\dfrac{2\pi m}{eB}$ ④ $\dfrac{eBr}{2\pi m}$

풀이 자계 내의 운동 전하에 작용하는 힘은 $\boldsymbol{F} = q\boldsymbol{v} \times \boldsymbol{B}$, $\boldsymbol{B} = \mu_0 \boldsymbol{H}$이며, 전자의 전하량을 e라 하면
$\boldsymbol{F} = e(\boldsymbol{v} \times \mu_0 \boldsymbol{H})$(벡터), $\boldsymbol{F} = \mu_0 ev\boldsymbol{H}$(크기)
전자의 질량을 m, 궤도의 반지름을 r이라고 하면 F와 원심력과는 평형하므로

$F = \mu_0 evH = \dfrac{mv^2}{r}$, $r = \dfrac{mv}{e\mu_0 H} = \dfrac{mv}{eB}$[m]

주기 T는 $\therefore T = \dfrac{2\pi r}{v} = \dfrac{2\pi m}{eB}$[s]

답 ③

문제 07 평등 자계 내에 수직으로 돌입한 전자의 궤적은?

① 원운동을 하는데, 원의 반지름은 자계의 세기에 비례한다.
② 구면 위에서 회전하고 반지름은 자계의 세기에 비례한다.
③ 원운동을 하고 반지름은 전자의 처음 속도에 비례한다.
④ 원운동을 하고, 반지름은 자계의 세기에 비례한다.

풀이 플레밍의 왼손 법칙에 의하여 전자가 받는 힘은 운동 방향에 수직하므로 전자는 원운동을 한다. v[m/s]의 속도를 가진 전자가 B[Wb/m²]인 평등 자계에 직각으로 돌입할 때 전자가 받는 힘은 $\pmb{F} = e(\pmb{v} \times \pmb{B})$, 크기는 $F = evB$,

이때의 구심력 $F_0 = \dfrac{mv^2}{r}$이고 $F_0 = F$이므로 $evB = \dfrac{mv^2}{r}$

$\therefore r = \dfrac{mv}{eB}$[m] $\propto v$

답 ③

필수 05 ★★★☆ 분포전류에 의한 자계

반지름 a[m]인 원형 코일에 전류 I[A]가 흘렀을 때 코일 중심의 자계의 세기[AT/m]는?

① $\dfrac{I}{2a}$ ② $\dfrac{I}{4a}$ ③ $\dfrac{I}{2\pi a}$ ④ $\dfrac{I}{4\pi a}$

유형분석 자계의 세기에 관한 문제는 출제빈도가 높은 유형이다.

풀이 $H_0 = \oint dH = \int_0^{2\pi a} \dfrac{Idl \sin\theta}{4\pi a^2} = \int_0^{2\pi a} \dfrac{Idl}{4\pi a^2} = \dfrac{I}{4\pi a^2} \int_0^{2\pi a} dl = \dfrac{I}{2a}$[AT/m]

또는 $H_x = \dfrac{I}{2} \cdot \dfrac{a^2}{(a^2 + x^2)^{3/2}}$ 에서 원형 코일 중심의 자계의 세기 H_0는 $x = 0$이므로

$\therefore H_0 = \dfrac{I}{2a}$[AT/m]

답 ①

🎯 Key point

(1) 유한장 직선 전류 : $H = \dfrac{I}{4\pi a}(\sin\phi_1 + \sin\phi_2) = \dfrac{I}{4\pi a}(\cos\theta_1 + \cos\theta_2)$[AT/m]

(2) 원형 전류 : 중심에서는 $H_0 = \dfrac{I}{2a}$[AT/m]

(3) 무한장 솔레노이드 : $H_i = nI$[AT/m], $H_e = 0$

(4) 환상 솔레노이드 : $H = \dfrac{NI}{2\pi r}$[AT/m]

(5) 암페어의 법칙 : rot $\pmb{H} = \pmb{J}$[A/m²] (미분형)

(6) 자계의 벡터 포텐셜 : $\pmb{B}$ = rot $\pmb{A}$[Wb/m²]

문제 08 ★★★

길이 l[m]의 도체로 원형 코일을 만들어 일정 전류를 흘릴 때 M회 감았을 때의 중심 자계는 N회 감았을 때의 중심 자계의 몇 배인가?

① $\dfrac{M}{N}$ ② $\dfrac{M^2}{N^2}$ ③ $\dfrac{N}{M}$ ④ $\dfrac{N^2}{M^2}$

풀이 권수가 같지 않아도 전체 길이가 같으므로 $l = 2\pi r_1 N = 2\pi r_2 M$에서 $r_1 = \dfrac{l}{2\pi N}$, $r_2 = \dfrac{l}{2\pi M}$

$$\therefore \dfrac{H_2}{H_1} = \dfrac{\dfrac{MI}{2r_2}}{\dfrac{NI}{2r_1}} = \dfrac{r_1}{r_2} \times \dfrac{M}{N} = \dfrac{\dfrac{l}{2\pi N}}{\dfrac{l}{2\pi M}} \times \dfrac{M}{N} = \dfrac{M^2}{N^2}$$

답 ②

문제 09 ★★

그림과 같이 반지름 a[m]의 원형 전류가 흐르고 있을 때 원형 전류의 중심 O에서 중심축상 x[m]인 점 P의 자계[AT/m]를 나타낸 식은?

① $\dfrac{a^2 I}{2(a^2 + x^2)}$

② $\dfrac{a^2 I}{2(a^2 + x^2)^{\frac{3}{2}}}$

③ $\dfrac{I}{2}\left(1 - \dfrac{x}{\sqrt{a^2 + x^2}}\right)$

④ $\dfrac{xI}{2\sqrt{a^2 + x^2}}$

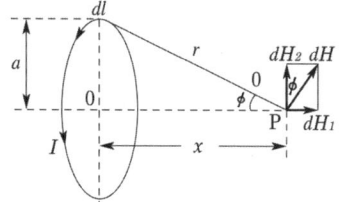

풀이 원주상 미소 부분 dl에 의한 자계는 $\theta = \dfrac{\pi}{2}$인 경우이므로 비오-사바르 법칙에서 값에 따라 방향이 바뀌어 dH_2의 총합은 0이다. 따라서 $H = \int dH_1 = \int_0^{2\pi a} dH \sin\phi = \dfrac{a^2 I}{2(a^2 + x^2)^{\frac{3}{2}}}$[AT/m]이다.

원형 코일 중심에서는 $x = 0$이 되어 $H = \dfrac{I}{2a}$[AT/m]가 되며 권수가 N인 경우 $H = \dfrac{NI}{2a}$[AT/m]이다.

답 ②

문제 10 ★★

각각 반지름이 a[m]인 두 개의 원형 코일이 그림과 같이 서로 $2a$[m] 떨어져 있고 전류 I[A]가 표시된 방향으로 흐를 때 중심선상의 P점의 자계의 세기는 몇 [AT/m]인가?

① $\dfrac{I}{2a}(\sin^3\phi_1 + \sin^3\phi_2)$

② $\dfrac{I}{2a}(\sin^2\phi_1 + \sin^2\phi_2)$

③ $\dfrac{I}{2a}(\cos^3\phi_1 + \cos^3\phi_2)$

④ $\dfrac{I}{2a}(\cos^2\phi_1 + \cos^2\phi_2)$

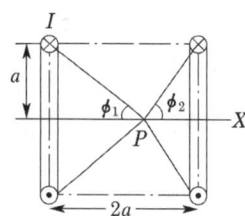

풀이 원환 전류에 의한 자계 $H_1 = \dfrac{a^2 I}{2(a^2+x_1^2)^{\frac{3}{2}}} = \dfrac{a^3 I}{2a(a^2+x_1^2)^{\frac{3}{2}}} = \dfrac{I}{2a}\sin^3\phi_1$ [AT/m]

같은 방법으로 $H_2 = \dfrac{I}{2a}\sin^3\phi_2$ [AT/m]

∴ $H_p = H_1 + H_2 = \dfrac{I}{2a}(\sin^3\phi_1 + \sin^3\phi_2)$ [AT/m]

답 ①

문제 11 ★★

그림과 같이 l_1[m]에서 l_2[m]까지 전류 i[A]가 흐르고 있는 직선 도체에서 수직 거리 a[m] 떨어진 점 P의 자계[AT/m]를 구하면?

① $\dfrac{i}{4\pi a}(\sin\theta_1 + \sin\theta_2)$

② $\dfrac{i}{4\pi a}(\cos\theta_1 + \cos\theta_2)$

③ $\dfrac{i}{2\pi a}(\sin\theta_1 + \sin\theta_2)$

④ $\dfrac{i}{2\pi a}(\cos\theta_1 + \cos\theta_2)$

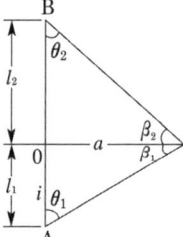

풀이 $H = \dfrac{I}{4\pi a}(\sin\beta_1 + \sin\beta_2) = \dfrac{I}{4\pi a}(\cos\theta_1 + \cos\theta_2)$

답 ②

문제 12 ★

그림과 같이 평행한 무한장 직선 도선에 I, $4I$인 전류가 흐른다. 두 선 사이의 점 P의 자계 세기가 0이다. a/b는?

① $\dfrac{a}{b} = 4$

② $\dfrac{a}{b} = 2$

③ $\dfrac{a}{b} = \dfrac{1}{2}$

④ $\dfrac{a}{b} = \dfrac{1}{4}$

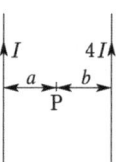

풀이 I와 $4I$ 도선에 의한 자계의 방향은 서로 반대이므로 크기가 같으면 $H=0$가 된다.

I 도선에 의한 자계 $H_I = \dfrac{I}{2\pi a}$ [A/m]

$4I$ 도선에 의한 자계 $H_{4I} = \dfrac{4I}{2\pi b}$ [A/m]

$H_I = H_{4I}$ 이므로 $\dfrac{I}{2\pi a} = \dfrac{4I}{2\pi b}$

∴ $\dfrac{a}{b} = \dfrac{1}{4}$

답 ④

문제 13 그림과 같은 동축 원통의 왕복 전류 회로가 있다. 도체 단면에 고르게 퍼진 일정 크기의 전류가 내부 도체로 흘러 들어가고 외부 도체로 흘러나올 때, 전류에 의하여 생기는 자계에 대하여 다음 중 옳지 않은 것은?

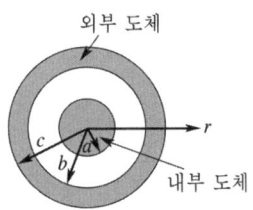

① 내부 도체 내($r<a$)에 생기는 자계의 크기는 중심으로부터의 거리에 비례한다.
② 두 도체 사이(내부 공간)($a<r<b$)에 생기는 자계의 크기는 중심으로부터의 거리에 반비례한다.
③ 외부 도체 내($b<r<c$)에 생기는 자계의 크기는 중심으로부터의 거리에 관계없이 일정하다.
④ 외부 공간($r>c$)의 자계는 영(0)이다.

풀이 ① 내부 도체에 있어서 $r<a$인 점의 자계를 H_1이라 하면 반지름 r 내를 흐르는 전류, 즉 쇄교하는 전류 I_r은
$I_r = \dfrac{\pi r^2}{\pi a^2} I = \dfrac{r^2}{a^2} I$ 이므로 주회적분의 법칙에서 $H_1 2\pi r = I_r$
$\therefore H_1 = \dfrac{I_r}{2\pi r} = \dfrac{1}{2\pi r} \dfrac{r^2}{a^2} I = \dfrac{rI}{2\pi a^2}$ [A/m]

② $a<r<b$일 때의 자계 H_2는
$H_2 2\pi r = I$
$\therefore H_2 = \dfrac{I}{2\pi r}$ [A/m]

③ $b<r<c$인 점의 자계 H_3는
$H_3 2\pi r = I - \dfrac{\pi r^2 - \pi b^2}{\pi c^2 - \pi b^2} I = \left(1 - \dfrac{r^2 - b^2}{c^2 - b^2}\right) I$
$H_3 = \dfrac{I}{2\pi r}\left(1 - \dfrac{r^2 - b^2}{c^2 - b^2}\right)$ [A/m]

④ 외부 도체 외의 공간 $c<r$인 점의 자계 H_4는
$H_4 2\pi r = I - I = 0$ $\therefore H_4 = 0$

답 ③

08 출제기준 - 자성체와 자기회로

1 자화의 세기

$$J = \frac{dM}{dv} = \mu_0(\mu_s - 1)H[\text{Wb/m}^2]$$

$J[\text{Wb/m}^2]$: 자화의 세기, χ : 자화율, $\chi = \mu - \mu_0 = \mu_0(\mu_s - 1) = \mu_0 \chi_s$
μ_s : 비투자율, χ_s : 비자화율, H : 자계의 세기

2 자속 밀도 및 자속

1) 자속밀도와 자속 : $B = \mu H + J[\text{Wb/m}^2]$

   $B[\text{Wb/m}^2]$: 자속밀도, $J[\text{Wb/m}^2]$: 자화의 세기

2) 공극부의 자속과 자속 밀도

$$\phi_0 = \frac{NI}{\frac{\delta}{\mu_0 S_0} + \frac{l}{\mu S}}[\text{Wb}]$$

$$B_0 = \frac{\phi_0}{S_0} = \frac{NI}{\frac{\delta}{\mu_0} + \frac{lS_0}{\mu S}}[\text{Wb/m}^2]$$

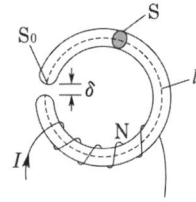

3 투자율과 자화율

$$J = \chi_m H[\text{Wb/m}^2]$$
$$B = \mu_0 H + J = \mu_0 H + \chi_m H = (\mu_0 + \chi_m)H = \mu_0 \mu_s H[\text{Wb/m}^2]$$
$$\mu = \mu_0 + \chi_m, \ \mu_s = \frac{\mu}{\mu_0} = 1 + \frac{\chi_m}{\mu_0}$$
$$B = \mu H$$

$J[\text{Wb/m}^2]$: 자화의 세기, χ : 자화율, $\chi = \mu - \mu_0 = \mu_0(\mu_s - 1) = \mu_0 \chi_s$
μ_s : 비투자율, χ_s : 비자화율, H : 자계의 세기, B : 자속밀도

4 경계면의 조건

$$H_1\sin\theta_1 = H_2\sin\theta_2$$
$$B_1\cos\theta_1 = B_2\cos\theta_2$$
$$\frac{\tan\theta_1}{\tan\theta_2} = \frac{\mu_1}{\mu_2}$$

투자율 μ_1, μ_2인 두 매질이 접한 경계면에서 정전계의 기본식으로
$B_1\cos\theta_1 = B_2\cos\theta_2$: 자속밀도는 경계면에서 법선성분이 같다.
$H_1\sin\theta_1 = H_2\sin\theta_2$: 자계의 세기는 경계면에서 접선성분이 같다.
$\frac{\tan\theta_1}{\tan\theta_2} = \frac{\mu_1}{\mu_2}$: 자성체의 굴절의 법칙

5 자계의 에너지

$$w_m = \int_0^B \boldsymbol{H} \cdot d\boldsymbol{B} = \int_0^H \mu \boldsymbol{H} \cdot d\boldsymbol{H} = \frac{1}{2}\mu H^2 = \frac{1}{2}\boldsymbol{B} \cdot \boldsymbol{H}\,[\text{J/m}^3]$$

w_m : 자계의 경우에도 자속밀도 B, 자계의 세기 H의 영역의 에너지

6 강자성체의 자화(전자석의 흡인력)

$$F = \frac{B^2 S}{2\mu_0} = \frac{(\phi/S)^2 S}{2\mu_0} = \frac{\phi^2}{2\mu_0 S}\,[\text{N}]$$

μ_o : 진공중의 투자율, $B[\text{Wb/m}^2]$: 자석밀도, $S[\text{m}^2]$: 면적, $\phi[\text{Wb}]$: 자속

7 자기 회로

1) 기자력과 자기 저항

$$H = \frac{NI}{l}\,[\text{AT/m}]\,,\quad B = \frac{\mu NI}{l}\,[\text{Wb/m}^2]$$
$$\phi = BS = \frac{\mu SNI}{l} = \frac{NI}{\frac{l}{\mu S}} = \frac{NI}{R_m}\,[\text{Wb}]$$

자기 회로의 옴 법칙 :
$V_m = NI[\text{AT}]$인 경우 $\phi = \frac{V_m}{R_m}[\text{Wb}]$ 이다.
자기저항의 역수를 **퍼미언스**(permeance)라고 한다. 즉, 퍼미언스는 전기저항의 역수인 콘덕턴스에 대응된다.

2) 자기 저항의 합성

직렬 합성 : $R = \sum_{i=1}^{n} R_{mi}$, 병렬 합성 : $\frac{1}{R} = \sum_{i=1}^{n} \frac{1}{R_{mi}}$

3) 자기 회로의 키르히호프의 법칙

$$\sum_{i=1}^{n} \phi_i = 0\,,\quad \sum_{i=1}^{n} V_{mi} = \sum_{j=1}^{n} R_{mj}\phi_j$$

08 필수유형 및 과년도문제

필수 01 ★★★★★ 자화의 세기

강자성체의 자속 밀도 B의 크기와 자화의 세기 J의 크기 사이에는 어떤 관계가 있는가?
① J는 B와 같다.
② J는 B보다 약간 작다.
③ J는 B보다 대단히 크다.
④ J는 B보다 약간 크다.

유형분석 공식문제가 출제되면 출제빈도가 높은 유형의 문제이다.

풀이 강자성체는 $\mu_s \gg 1$이므로 $J = \dfrac{\mu_s - 1}{\mu_s} B$에서

$\dfrac{\mu_s - 1}{\mu_s}$은 1보다 약간 작으므로 J도 B보다 약간 작다.

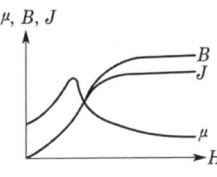

(강자성체 자화곡선)   **답** ②

Key point

$$J = \frac{dM}{dv} = \mu_0(\mu_s - 1)H \, [\text{Wb/m}^2]$$

문제 01 ★★★ 길이 10[cm], 단면의 반지름 $a = 1$[cm]인 원통형 자성체가 길이의 방향으로 균일하게 자화되어 있을 때 자화의 세기가 $J = 0.5$[Wb/m²]이라면 이 자성체의 자기 모멘트[Wb·m]는?

① 1.57×10^{-4} ② 1.57×10^{-5} ③ 15.7×10^{-4} ④ 15.7×10^{-5}

풀이 $M = ml = \pi a^2 J \cdot l = 3.14 \times (0.01)^2 \times 0.5 \times 0.1 = 1.57 \times 10^{-5}$[Wb·m]   **답** ②

문제 02 ★ 균등 자계 H 중에 놓인 투자율 μ인 자성체의 자화의 세기는? 단, 자성체의 감자율은 N이다.

① $J = \dfrac{\mu_0(\mu - \mu_0)}{\mu_0 + N(\mu - \mu_0)} H_0$

② $J = \dfrac{\mu(\mu_0 - \mu)}{\mu + N(\mu_0 - \mu)} H_0$

③ $J = \dfrac{\mu_0(\mu - \mu_0)}{\mu + N(\mu - \mu_0)} H_0$

④ $J = \dfrac{\mu(\mu - \mu_0)}{\mu_0 + N(\mu_0 - \mu)} H_0$

풀이 $J = \dfrac{\chi_m}{1+\dfrac{\chi_m N}{\mu_0}}H_0 = \dfrac{\mu_0(\mu_s-1)}{1+\dfrac{\mu_0(\mu_s-1)N}{\mu_0}}H_0 = \dfrac{\mu_0^2(\mu_2-1)}{\mu_0+\mu_0(\mu_s-1)N}H_0 = \dfrac{\mu_0(\mu-\mu_0)}{\mu_0+(\mu-\mu_0)N}H_0$ **답** ①

문제 03 ★ 길이 20[cm], 단면적의 반지름 10[cm]인 원통이 길이 방향으로 균일하게 자화되어 자화의 세기가 200[Wb/m²]인 경우 원통 양단에서의 전자극의 세기는 몇 [Wb]인가?

① π ② 2π ③ 3π ④ 4π

풀이 $J = \dfrac{m}{S} = \dfrac{m}{\pi r^2}$ [Wb/m²]에서
$m = J \cdot \pi r^2 = 200 \times \pi \times (10 \times 10^{-2})^2 = 2\pi$ [Wb]   **답** ②

02 ★★☆ 자속 밀도 및 자속

무한히 긴 직선 도체에 전류 I[A]를 흘릴 때 이 전류로부터 d[m] 되는 점의 자속 밀도는 몇 [Wb/m²]인가?

① $\dfrac{\mu_0 I}{4\pi d}$ ② $\dfrac{I}{2\pi \mu_0 d}$ ③ $\dfrac{1}{2\pi d}$ ④ $\dfrac{\mu_0 I}{2\pi d}$

유형분석 자속과 자속밀도의 공식 문제가 출제된다.

풀이 무한장 직선 전류로부터 d[m] 떨어진 점의 자계는 $H = \dfrac{I}{2\pi d}$ [A/m]이고, $B = \mu H$이므로
$B = \mu H = \dfrac{\mu_0 I}{2\pi d}$ [Wb/m²]   **답** ④

Key point

자속밀도와 자속 $B = \mu H + J$ [Wb/m²]

문제 04 ★ 공극(air gap)이 δ[m]인 강자성체로 된 환상 영구 자석에서 성립하는 식은? 단, l[m]은 영구 자석의 길이이며 $l \gg \delta$이고, 자속 밀도와 자계의 세기를 각각 B[Wb/m²], H[AT/m]라 한다.

① $\dfrac{B}{H} = \dfrac{-\delta \mu_0}{l}$ ② $\dfrac{B}{H} = \dfrac{-l\mu_0}{\delta}$ ③ $\dfrac{B}{H} = \dfrac{\delta \mu_0}{l}$ ④ $\dfrac{B}{H} = \dfrac{l\mu_0}{\delta}$

풀이 영구자석의 외부 기자력은 $F = 0$이다.
$\therefore F = 0 = \dfrac{B}{\mu_0}\delta + Hl$ $\therefore \dfrac{B}{H} = -\dfrac{\mu_0 l}{\delta}$ **답** ②

필수 03 ★★ 투자율과 자화율

다음의 관계식 중 성립할 수 없는 것은? 단, μ는 투자율, χ는 자화율, μ_0는 진공의 투자율, J는 자화의 세기이다.

① $\mu = \mu_0 + \chi$ ② $B = \mu H$ ③ $\mu_s = 1 + \dfrac{\chi}{\mu_0}$ ④ $J = \chi B$

유형분석 기사와 산업기사 자주 출제되는 유형의 문제이며, 공식의 변화를 기억한다.

풀이
$J = \chi H \,[\text{Wb/m}^2]$
$B = \mu_0 H + J = \mu_0 H + \chi H = (\mu_0 + \chi)H = \mu_0 \mu_s H \,[\text{Wb/m}^2]$
$\mu = \mu_0 + \chi \,[\text{H/m}], \ \mu_s = \mu/\mu_0 = 1 + \chi$
$B = \mu H \,[\text{Wb/m}^2], \ \mu_s = \dfrac{\mu}{\mu_0} = \dfrac{\mu_0 + \chi}{\mu_0} = 1 + \dfrac{\chi}{\mu_0}$

답 ④

Key point
$J = \chi H \,[\text{Wb/m}^2]$
$B = \mu_0 H + J = \mu_0 H + \chi H = (\mu_0 + \chi)H = \mu_0 \mu_s H \,[\text{Wb/m}^2]$

문제 05 ★ 자계의 세기가 800[AT/m]이고, 자속 밀도가 0.2[Wb/m²]인 재질의 투자율은 몇 [H/m]인가?

① 2.5×10^{-3} ② 4×10^{-3} ③ 2.5×10^{-4} ④ 4×10^{-4}

풀이 $B = \mu H$에서 $\mu = \dfrac{B}{H} = \dfrac{0.2}{800} = 2.5 \times 10^{-4} \,[\text{H/m}]$

답 ③

필수 04 ★★☆ 경계면의 조건

투자율이 다른 두 자성체가 평면으로 접하고 있는 경계면에서 전류 밀도가 0일 때 성립하는 경계 조건은?

① $\mu_2 \tan\theta_1 = \mu_1 \tan\theta_2$ ② $\mu_1 \cos\theta_1 = \mu_2 \cos\theta_2$
③ $B_1 \sin\theta_1 = B_2 \cos\theta_2$ ④ $\mu_1 \tan\theta_1 = \mu_2 \tan\theta_2$

유형분석 전계의 경계 조건과 더불어 자계의 경계조건도 출제빈도가 높은 유형의 문제이다.

풀이 경계면에서 자력선의 굴절은 $\dfrac{\tan\theta_1}{\tan\theta_2} = \dfrac{\mu_1}{\mu_2}$ ∴ $\mu_2 \tan\theta_1 = \mu_1 \tan\theta_2$

답 ①

Key point

경계면에서 자력선의 굴절 $\dfrac{\tan\theta_1}{\tan\theta_2} = \dfrac{\mu_1}{\mu_2}$

문제 06 ★ 두 자성체 경계면에서 정자계가 만족하는 것은?
① 양측 경계면상의 두 점간의 자위차가 같다.
② 자속은 투자율이 작은 자성체에 모인다.
③ 자계의 법선성분이 같다.
④ 자속밀도의 접선성분이 같다.

답 ①

문제 07 ★ 자성체 경계면에 전류가 없을 때의 경계 조건으로 틀린 것은?
① 자계 H 의 접선 성분 $H_{1T} = H_{2T}$
② 자속 밀도 B 의 법선 성분 $B_{1N} = B_{2N}$
③ 전속 밀도 D 의 법선 성분 $D_{1N} = D_{2N} = \dfrac{\mu_2}{\mu_1}$
④ 경계면에서의 자력선의 굴절 $\dfrac{\tan\theta_1}{\tan\theta_2} = \dfrac{\mu_1}{\mu_2}$

풀이 자계 세기의 접선 성분의 연속성 : $H_1\sin\theta_1 = H_2\sin\theta_2 \Rightarrow H_{1t} = H_{2t}$
자속 밀도의 법선 성분의 연속성 : $B_1\cos\theta_1 = B_2\cos\theta_2 \Rightarrow B_{1n} = B_{2n}$
굴절각 : $\dfrac{\tan\theta_1}{\tan\theta_2} = \dfrac{\mu_1}{\mu_2}$
전속 밀도의 법선 성분의 연속성 : $D_1\cos\theta_1 = D_2\cos\theta_2 \Rightarrow D_{1n} = D_{2n}$

답 ③

필수 05 ★★★ 자계의 에너지

자계의 세기 H[AT/m], 자속 밀도 B[Wb/m^2], 투자율 μ[H/m]인 곳의 자계의 에너지 밀도 [J/m^3]는?

① BH ② $\dfrac{1}{2\mu}H^2$ ③ $\dfrac{1}{2}\mu H$ ④ $\dfrac{1}{2}BH$

 유형분석 공식 문제가 출제빈도가 높으며, 계산 문제도 출제된다.

풀 이 자성체 단위 체적당 저장되는 에너지,

즉 에너지 밀도는 $w = \dfrac{BH}{2} = \dfrac{B^2}{2\mu} = \dfrac{1}{2}\mu H^2$ [J/m³]이다.

답 ④

Key point

자성체의 단위 체적당 에너지 $w = \dfrac{BH}{2} = \dfrac{B^2}{2\mu} = \dfrac{1}{2}\mu H^2$ [J/m³]

문제 08 ★★ 비투자율이 2000인 철심의 자속 밀도가 5[Wb/m²]일 때 이 철심에 축적되는 에너지 밀도는 몇 [J/m³]인가?

① 2540 ② 3074 ③ 3954 ④ 4976

풀이 자성체 단위 체적당 저축되는 에너지 밀도[J/m³]는

$$w = \dfrac{B^2}{2\mu} = \dfrac{B^2}{2\mu_0 \mu_s} = \dfrac{5^2}{2 \times 4\pi \times 10^{-7} \times 2000} \fallingdotseq 4976 [\text{J/m}^3]$$

답 ④

문제 09 ★★ 그림과 같은 모양의 자화곡선을 나타내는 자성체 막대를 충분히 강한 평등자계 중에서 매분 3000회 회전시킬 때 자성체는 단위 체적당 약 몇 [kcal/sec]의 열이 발생하는가? 단, $B_r = 2$[Wb/m²], $H_L = 500$[AT/m], $B = \mu H$에서 $\mu \neq$ 일정.

① 11.7
② 47.8
③ 70.2
④ 200

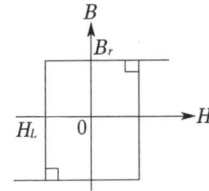

풀이 1회전 시의 전력

$W_n = 4B_r H_L = 4 \times 500 \times 2 \times \dfrac{3000}{60} \times 10^{-3} = 200$ [kW/m³] (kcal= 4.186)

$H = \dfrac{200}{4.186} = 47.8$ [kcal/sec]

답 ②

문제 10 ★ 그림과 같은 히스테리시스 루프를 가진 철심이 강한 평등자계에 의해 매초 60[Hz]로 자화할 경우 히스테리스 손실은 몇 [W]인가? (단, 철심의 체적은 20[cm³], $B_r = 5$ [Wb/m²], $H_c = 2$[AT/m])

① 1.2×10^{-2}
② 2.4×10^{-2}
③ 3.6×10^{-2}
④ 4.8×10^{-2}

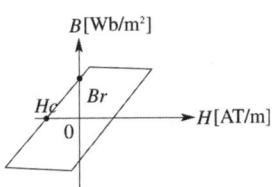

풀이 $W = 4fvH_cB_r = 4 \times 60 \times 20 \times 10^{-6} \times 2 \times 5 = 4.8 \times 10^{-2}$
[J/sec] = [W]

답 ④

필수 06 ★★★★ 강자성체의 자화(전자석의 흡인력)

감자력은?
① 자계에 반비례한다.　　　　　　② 자극의 세기에 반비례한다.
③ 자화의 세기에 비례한다.　　　　④ 자속에 반비례한다.

유형분석　자화의 세기에 관한 문제가 출제 빈도가 높다.

풀이　$H' = \dfrac{N}{\mu_0}J \propto J$

답 ③

Key point

자화의 세기 $J = \chi_m H$

문제 11 ★

비자화율 $\dfrac{\chi_m}{\mu_0}$ 이 49이며 자속 밀도가 0.05[Wb/m²]인 자성체에서 자계의 세기는 몇 [AT/m]인가?

① $10^4\pi$　　② $5 \times 10^4\pi$　　③ $\dfrac{6 \times 10^4}{2\pi}$　　④ $\dfrac{10^4}{4\pi}$

풀이　자화의 세기 $J = \chi_m H$로 자계의 세기에 비례하며 이때 비례상수 χ_m을 자화율이라 하고, 이 자화율을 진공의 투자율 μ_0로 나눈 값 $\chi_s = \dfrac{\chi_m}{\mu_0}$을 비자화율이라 한다.

자속 밀도는 $B = \mu_0 H + J = \mu_0 H + \chi_m H = (\mu_0 + \chi_m)H$
$= (\mu_0 + \mu_0\chi_s)H = (1 + \chi_s)\mu_0 H$ 이므로

$H = \dfrac{B}{(1+\chi_s)\mu_0} = \dfrac{0.05}{50 \times 4\pi \times 10^{-7}} = \dfrac{10^4}{4\pi}$

답 ④

문제 12 ★★

그림과 같이 Gap의 단면적 S[m²]의 전자석에 자속 밀도 B[Wb/m²]의 자속이 발생될 때 철편을 흡입하는 힘은 몇 [N]인가?

① $\dfrac{B^2S}{2\mu_0}$　　② $\dfrac{B^2S}{\mu_0}$

③ $\dfrac{B^2S^2}{\mu_0}$　　④ $\dfrac{2B^2S^2}{\mu_0}$

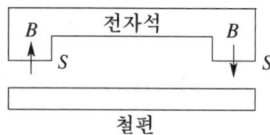

풀이 작용면에서의 힘의 크기 $F[N]$은 $F = f \cdot S = \dfrac{B^2}{2\mu_0} 2S$ (작용면이 2개이므로 $2S$)

$\therefore F = \dfrac{B^2 S}{\mu_0}[N]$

답 ②

필수 07 ★★★ 자기 회로

그림과 같은 자기 회로에서 R_1, R_2, R_3는 각 회로의 자기 저항 ϕ_1, ϕ_2, ϕ_3는 각각 R_1, R_2, R_3에 투과되는 자속이라 하면 ϕ_3의 값은? 단, $R_1 \to \overline{\text{acdb}}$, $R_2 \to \overline{\text{aefb}}$, $R_3 \to \overline{\text{ab}}$이다.

① $\dfrac{N_2 I_2 - N_1 I_1}{R_1 + R_2 + R_3}$

② $\dfrac{(N_2 I_2 - N_1 I_1) R_3}{R_1 R_2 R_3}$

③ $\dfrac{(N_2 I_2 - N_1 I_1) R_1 R_2 R_3}{R_3}$

④ $\dfrac{R_1 N_2 I_2 - R_2 N_1 I_1}{R_1 R_2 + R_1 R_3 + R_2 R_3}$

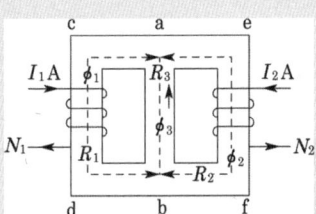

유형분석 자기 옴의 법칙에 관한문제와 자기 합성저항의 계산 문제가 출제된다.

풀이 자기회로를 전기회로로 등가변환하면 그림과 같다.
밀만 정리 이용

$V_{ab} = \dfrac{\sum \dfrac{E}{R}}{\sum \dfrac{1}{R}} = \dfrac{-\dfrac{N_1 I_1}{R_1} + \dfrac{0}{R_3} + \dfrac{N_2 I_2}{R_2}}{\dfrac{1}{R_1} + \dfrac{1}{R_2} + \dfrac{1}{R_3}}$

$= \dfrac{-R_2 R_3 N_1 I_1 + R_1 R_3 N_2 I_2}{R_2 R_3 + R_1 R_3 + R_1 R_2}$

$\therefore \phi_3 = \dfrac{V_{ba}}{R_3} = \dfrac{-R_2 N_1 I_1 + R_1 N_2 I_2}{R_2 R_3 + R_1 R_3 + R_1 R_2}$

답 ④

Key point

기자력과 자기 저항

$H = \dfrac{NI}{l}[\text{AT/m}]$, $B = \dfrac{\mu NI}{l}[\text{Wb/m}^2]$, $\phi = BS = \dfrac{\mu SNI}{l} = \dfrac{NI}{\dfrac{l}{\mu S}} = \dfrac{NI}{R_m}[\text{Wb}]$

문제 13 길이 1[m]의 철심($\mu_r = 1000$) 자기 회로에 1[mm]의 공극이 생겼다면 전체의 자기 저항은 약 몇 배로 증가되는가? 단, 각부의 단면적은 일정하다.

① 1.5
② 2
③ 2.5
④ 3

풀이 $\dfrac{R_m}{R_\mu} = 1 + \dfrac{l_0}{l}\mu_r = 1 + \dfrac{1000 \times 1 \times 10^{-3}}{1} = 2$

답 ②

문제 14 공극(air gap)을 가진 환상 솔레노이드에서 총 권수 N[회], 철심의 투자율 μ[H/m], 단면적 S[m²], 길이 l[m]이고 공극의 길이 δ일 때 공극부에 자속 밀도 B[Wb/m²]를 얻기 위해서는 몇 [A]의 전류를 흘려야 하는가?

① $\dfrac{N}{B}\left(\dfrac{l}{\mu} + \dfrac{\delta}{\mu_0}\right)$
② $\dfrac{N}{B}\left(\dfrac{l}{\mu_0} + \dfrac{\delta}{\mu}\right)$
③ $\dfrac{B}{N}\left(\dfrac{l}{\mu} + \dfrac{\delta}{\mu_0}\right)$
④ $\dfrac{B}{N}\left(\dfrac{l}{\mu_0} + \dfrac{\delta}{\mu}\right)$

풀이 $\phi = \dfrac{NI}{\dfrac{\delta}{\mu_0 S} + \dfrac{l}{\mu S}} = BS$

$\therefore I = \dfrac{BS}{N}\left(\dfrac{\delta}{\mu_0 S} + \dfrac{l}{\mu S}\right) = \dfrac{B}{N}\left(\dfrac{\delta}{\mu_0} + \dfrac{l}{\mu}\right)$

답 ③

문제 15 그림과 같은 지름 0.01[m]의 원형 단면적을 가진 평균 반지름 0.1[m]의 환상 솔레노이드의 권수는 500회, 이 코일에 흐르는 전류는 2[A]라고 할 때 전체 자속은 몇 [Wb]인가?(단, 환상 철심의 비투자율은 1,000으로 하고 누설 자속은 없는 것으로 한다.)

① 1.56×10^{-4}
② 5.0×10^{-3}
③ 2.74×10^2
④ 1

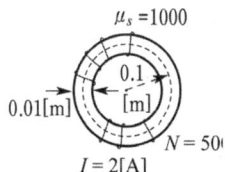

풀이 $\phi = \dfrac{F}{R} = \dfrac{NI}{R} = \dfrac{\mu_0 \mu_s S N I}{l} = \dfrac{\mu_0 \mu_s \cdot \pi a^2 N I}{2\pi r}$

$= \dfrac{4\pi \times 10^{-7} \times 1000 \times \pi \times \left(\dfrac{0.01}{2}\right)^2 \times 500 \times 2}{2\pi \times 0.1} = 1.57 \times 10^{-4}$[Wb]

답 ①

문제 16
그림과 같이 구형의 자성체가 병렬로 접속된 경우 전체의 자기저항 R_T는 몇 [AT/Wb]가 되겠는가? (단, 가로방향 즉, 200[mm] 방향임)

① $R_T = 2.7 \times 10^4$
② $R_T = 5.3 \times 10^4$
③ $R_T = 1.1 \times 10^{-6}$
④ $R_T = 1.9 \times 10^{-6}$

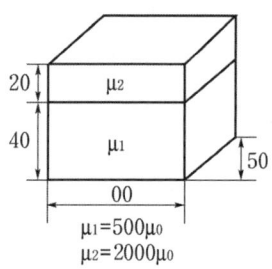

풀이

$$R_{m1} = \frac{l}{\mu S} = \frac{l}{\mu_0 \mu_s S} = \frac{200 \times 10^{-3}}{4\pi \times 10^{-7} \times 500 \times 40 \times 10^{-3} \times 50 \times 10^{-3}} \fallingdotseq 160 \times 10^3$$

$$R_{m2} = \frac{l}{\mu S} = \frac{l}{\mu_0 \mu_s S} = \frac{200 \times 10^{-3}}{4\pi \times 10^{-7} \times 2000 \times 20 \times 10^{-3} \times 50 \times 10^{-3}} \fallingdotseq 80 \times 10^3$$

$\frac{1}{R} = \sum_{i=1}^{n} \frac{1}{R_{mi}}$ 이므로 $R = \dfrac{1}{\dfrac{1}{160 \times 10^3} + \dfrac{1}{80 \times 10^3}} = 5.33 \times 10^4$ [AT/Wb]

답 ②

문제 17
전기 회로에서 도전도[℧/m]에 대응하는 것은 자기 회로에서 무엇인가?

① 자속
② 기자력
③ 투자율
④ 자기 저항

풀이 자기 회로와 전기 회로의 대응

자기 회로	전기 회로
자속 ϕ[Wb]	전류 I[A]
자계 H[A/m]	전계 E[V/m]
기자력 F[AT]	기전력 U[V]
자속 밀도 B[Wb/m²]	전류 밀도 i[A/m²]
투자율 μ[H/m]	도전율 k[℧/m]
자기 저항 R_m[AT/Wb]	전기 저항 R[Ω]

답 ③

09 출제기준 – 전자유도 및 인덕턴스

1 전자유도현상

1) 전자유도현상

$$e_i = -\frac{d\phi}{dt}[\text{V}]$$

2) 전자 유도 법칙의 적분형과 미분형

① 적분형 : $e_i = \oint \boldsymbol{E} \cdot dl = -\frac{d}{dt}\int_s \boldsymbol{B} \cdot d\boldsymbol{S} = -\frac{d\phi}{dt}$

② 미분형 : $\text{rot } \boldsymbol{E} = -\frac{\partial \boldsymbol{B}}{\partial t}$

2 전자 유도와 상호 유도

$$e = -L\frac{di}{dt}[\text{V}], \quad M = K\sqrt{L_1 L_2}[\text{H}]$$

단, K : 결합 계수

3 자계 에너지와 전자유도 – 회로가 가진 에너지

$$W_m = \frac{1}{2}LI^2[\text{J}]$$

$$W_m = \frac{1}{2}L_1 I_1^2 + \frac{1}{2}L_2 I_2^2 \pm MI_1 I_2[\text{J}] \text{ (회로가 2개일 때)}$$

> 자기 인덕턴스 및 상호 인덕턴스를 갖는 회로에 전류를 증가시키면 전자유도에 의해 역기전력이 발생한다. 다시 전류를 증가시키려면 이 역기전력에 대하여 외부에서 일을 공급하지 않으면 안된다. 이 일은 전원에서 전력의 형태로 공급되고 인덕턴스에 흐르는 전류에 의하여 만들어진 자계 에너지로 축적된다. 이와 같은 에너지를 **전자 에너지**(electromagnetic energy) 혹은 **자계 에너지**(magnetic energy)라고 한다.

4 도체의 운동에 의한 기전력

$$e = vBl\sin\theta [\text{V}]$$

5 전류에 작용하는 힘 – 회로에 작용하는 힘

$$F = \frac{\partial W_m}{\partial x}[\text{N}]$$

6 표피 효과의 깊이

도체 내부에서 교류전류가 흐르면 그 전류에 의한 자계가 시간적으로 변화하여 유도 기전력을 발생시키고 이것이 도체 내에서 전류의 흐름을 방해하게 된다. 즉, 도체 단면에 있어서 중심부에 가까울수록 전류와 쇄교하는 자속이 크게 되어 유입 전류와 반대 방향의 유도 기전력이 크게 나타나므로 전류는 감소하게 된다. 이와 같이 전류밀도는 도체 중심부에서 작아지고 표면으로 갈수록 커지는 현상이 나타나는데 이것을 **표피 효과**(skin effect)라 한다.

$$\delta = \sqrt{\frac{2}{\omega\sigma\mu}}[\text{m}]$$

단, 도전율 $\sigma = \frac{1}{2\times 10^{-8}}[\mho/\text{m}]$, 투자율 $\mu = 4\pi\times 10^{-7}[\text{H/m}]$

표피 효과의 깊이는 $\delta = \sqrt{\frac{2}{\omega\sigma\mu}} = \sqrt{\frac{1}{\pi f \sigma\mu}}$ 이므로 f, σ 및 μ가 클수록 δ가 작게 되어 표피 효과가 심해짐을 알 수 있다.

> δ : 도체의 도전율 σ, 투자율 μ 및 전원 주파수 f라 할 때 표면 전류밀도의 $\frac{1}{e}$ 배가 되는 표피에서부터의 깊이로 **표피두께**(skin depth) 또는 **침투깊이**라고 한다.

7 전류에 의한 자계에너지

$$W = \frac{1}{2}LI^2$$

8 인덕턴스

자기 인덕턴스 : $L = \dfrac{\phi}{I}[\text{H}]$

상호 인덕턴스 : $M_{ij} = \dfrac{\phi_{ij}}{I_i}[\text{H}]$

1) 결합계수

$$k = \dfrac{M}{\sqrt{L_1 L_2}}(-1 < k < 1)$$

2) 인덕턴스의 직렬 접속

$$L_{\pm} = L_1 + L_2 \pm 2M[\text{H}]$$

자계가 동일 방향이면 +, 반대 방향이면 −를 취한다.

3) 인덕턴스의 계산예

① 동축 케이블 $L_0 = \dfrac{\mu_0}{4\pi}\left\{2\mu_s \ln\dfrac{b}{a} + \dfrac{\mu_0}{2}\right\}[\text{H/m}]$

② 무한장 원통형 솔레노이드 $L_0 = \mu_s \mu_0 S n_0^2 [\text{H/m}]$, $n_0 = \dfrac{N}{l}$

③ 유한장 원통형 솔레노이드 $L = k\dfrac{\mu_s \mu_0 \pi a^2 N^2}{l}[\text{H}]$ $(a > l)$

④ 환상 솔레노이드 $L = \dfrac{\mu_s \mu_0 S}{l} N^2 [\text{H}]$

⑤ 환상 솔레노이드(공극이 있는 경우) $L = \dfrac{\mu_s \mu_0 S N^2}{l + \mu \delta}[\text{H}]$ $(l \gg \delta)$

⑥ 평행 왕복 선로 $L = \dfrac{\mu_0}{4\pi}\left(4\ln\dfrac{d}{a} + \mu\right)[\text{H}](d \gg a)$

09 필수유형 및 과년도문제

필수 01 ★ 전자유도현상

전자 유도에 의하여 회로에 발생되는 기전력은 자속 쇄교수의 시간에 대한 감소 비율에 비례한다는 ㉠법칙에 따르고, 특히 유도된 기전력의 방향은 ㉡법칙에 따른다. ㉠, ㉡에 알맞은 것은?

① ㉠ 패러데이 ㉡ 플레밍의 왼손
② ㉠ 패러데이 ㉡ 렌쯔
③ ㉠ 렌쯔 ㉡ 패러데이
④ ㉠ 플레밍의 왼손 ㉡ 패러데이

유형분석 법칙은 기본이 된다. 출제 빈도가 높으므로 법칙에 관한 문제 정리해야 한다.

풀 이 패러데이 법칙 : 자속이 시간적으로 변화하면 기전력이 발생한다는 성질을 설명
렌쯔의 법칙 : 기전력의 방향은 자속의 증감을 방해하는 방향임을 설명 답 ②

Key point

① 적분형 : $e_i = \oint \boldsymbol{E} \cdot dl = -\dfrac{d}{dt}\int_s \boldsymbol{B} \cdot d\boldsymbol{S} = -\dfrac{d\phi}{dt}$

② 미분형 : $\mathrm{rot}\,\boldsymbol{E} = -\dfrac{\partial \boldsymbol{B}}{\partial t}$

문제 01 ★★★☆ 전자 유도 법칙과 관계없는 것은?

① 노이만(Neumann)의 법칙
② 렌츠(Lentz)의 법칙
③ 비오사바르(Biot Savart)의 법칙
④ 가우스(Gauss)의 법칙

풀이 전자유도 현상에서 유기기전력 $e = -\dfrac{d\phi}{dt}$[V]
패러데이 법칙, 노이만의 법칙, 렌쯔의 법칙은 전자 유도 법칙에서 기전력 방향을 표시하고 있다. 답 ④

문제 02 ★★★

N회의 권선에 최대값 1[V], 주파수 f[Hz]인 기전력을 유기시키기 위한 쇄교 자속의 최대값[Wb]은?

① $\dfrac{f}{2\pi N}$　　② $\dfrac{2N}{\pi f}$　　③ $\dfrac{1}{2\pi f N}$　　④ $\dfrac{N}{2\pi f}$

풀이 $E_m = \omega N \phi_m = 2\pi f N \phi_m [\text{V}]$

$\therefore \phi_m = \dfrac{E_m}{2\pi f N} = \dfrac{1}{2\pi f N}[\text{Wb}]$

답 ③

문제 03 ★★ 저항 24[Ω]의 코일을 지나는 자속이 $0.3\cos 800t$ [Wb]일 때 코일에 흐르는 전류의 최대값은?

① 10[A]　　② 20[A]　　③ 30[A]　　④ 40[A]

풀이 $E_m = \dfrac{d\phi}{dt} = 0.3 \times 800 = 240[\text{V}]$

$I_m = \dfrac{E_m}{R} = \dfrac{240}{24} = 10[\text{A}]$

답 ①

문제 04 ★★★★★ [ohm · sec]와 같은 단위는?

① [farad]　　② [farad/m]　　③ [henry]　　④ [henry/m]

풀이 유기 기전력은 $e = -N\dfrac{d\phi}{dt} = -N\dfrac{d\phi}{di} \cdot \dfrac{di}{dt} = -L\dfrac{di}{dt}$ 이므로

$[\text{volt}] = [\text{henry}] \cdot \left[\dfrac{\text{ampere}}{\text{sec}}\right]$, $\left[\dfrac{\text{volt}}{\text{ampere}} \cdot \text{sec}\right] = [\text{henry}]$, $[\Omega \cdot \text{sec}] = [\text{henry}]$

답 ③

필수 02 전자 유도와 상호 유도

패러데이의 법칙에서 회로와 쇄교하는 전자속수를 ϕ[Wb], 회로의 권회수를 N이라 할 때 유도 기전력 V는 얼마인가?

① $2\pi u N \phi$　　② $4\pi u N \phi$　　③ $-N\dfrac{d\phi}{dt}$　　④ $-\dfrac{1}{N}\dfrac{d\phi}{dt}$

유형분석 전자유도법칙의 기본적은 공식과 미분을 이용한 문제 등이 출제된다.

풀이 유도 기전력 $V = -\dfrac{d\phi}{dt}$ 즉, 쇄교 자속 ϕ[Wb]가 시간적으로 변화하는 비율과 같다.

$V = -\dfrac{d\phi}{dt}$, 권수 N의 경우 $V = -N\dfrac{d\phi}{dt}$

답 ③

Key point

$e = -L\dfrac{di}{dt}$ [V], $M = K\sqrt{L_1 L_2}$ [H] (단, K : 결합 계수)

문제 05 ★★★

자속 ϕ[Wb]가 주파수 f[Hz]로 정현파 모양의 변화를 할 때, 즉 $\phi = \phi_m \sin 2\pi ft$[Wb] 일 때, 이 자속과 쇄교하는 회로에 발생하는 기전력은 몇 [V]인가? 단, N은 코일의 권회수이다.

① $-\pi f N \phi_m \cos 2\pi ft$ ② $-2\pi f N \phi_m \cos 2\pi ft$
③ $-\pi f N \phi_m \sin 2\pi ft$ ④ $-2\pi f N \phi_m \sin 2\pi ft$

풀이 $e = -N\dfrac{d\phi}{dt} = -N\dfrac{d}{dt}(\phi_m \sin 2\pi ft) = -2\pi f N \phi_m \cos 2\pi ft$ [V]   **답** ②

필수 03 ★★ 자계에너지와 전자유도 – 회로가 가진 에너지

그림에서 $l = 100$[cm], $S = 10$[cm²], $\mu_s = 100$, $N = 1000$회인 회로에 전류 $I = 10$[A]를 흘렸을 때 축적되는 에너지[J]는?

① $2\pi \times 10^{-1}$ ② $2\pi \times 10^{-2}$
③ $2\pi \times 10^{-3}$ ④ 2π

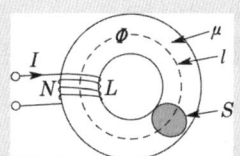

유형분석 자기 에너지의 계산 문제가 출제된다.

풀이 $L = \dfrac{N\phi}{I} = \dfrac{N^2}{R_m} = \dfrac{\mu S N^2}{l} = \dfrac{4\pi \times 10^{-7} \times 100 \times 10 \times 10^{-4} \times (1000)^2}{100 \times 10^{-2}} = 4\pi \times 10^{-2}$ [H]

$\therefore W = \dfrac{1}{2}LI^2 = \dfrac{1}{2} \times 4\pi \times 10^{-2} \times 10^2 = 2\pi$ [J]   **답** ④

Key point

$W_m = \dfrac{1}{2}LI^2$ [J] , $L = \dfrac{N\phi}{I} = \dfrac{N^2}{R_m} = \dfrac{\mu S N^2}{l}$

$W_m = \dfrac{1}{2}L_1 I_1^2 + \dfrac{1}{2}L_2 I_2^2 \pm M I_1 I_2$ [J] (회로가 2개일 때)

문제 06 ★★★★☆

그림에서 $S = 5$[cm²], $l = 50$[cm], $\mu_s = 1000$, $N = 100$이라 하고 1[A]의 전류를 흘렸을 때 자계에 저축되는 에너지[J]를 구하면?

① 3.14×10^{-3} ② 6.28×10^{-3}
③ 9.42×10^{-3} ④ 13.56×10^{-3}

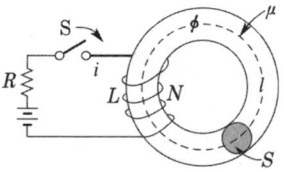

풀이
$$L = \frac{N\phi}{I} = \frac{N^2}{R_m} = \frac{\mu SN^2}{l} = \frac{4\pi \times 10^{-7} \times 1000 \times 5 \times 10^{-4} \times 100^2}{0.5} = 4\pi \times 10^{-3} [\text{H}]$$
$$\therefore W = \frac{1}{2}LI^2 = \frac{1}{2} \times 4\pi \times 10^{-3} \times 1^2 = 6.28 \times 10^{-3} [\text{J}]$$

답 ②

필수 04 ★★ 도체의 운동에 의한 기전력

자계 중에 이것과 직각으로 놓인 도체에 I[A]의 전류를 흘릴 때 f[N]의 힘이 작용하였다. 이 도체를 v[m/s]의 속도로 자계와 직각으로 운동시킬 때의 기전력 e[V]는?

① $\dfrac{fv}{I_2}$ ② $\dfrac{fv}{I}$ ③ $\dfrac{fv^2}{I}$ ④ $\dfrac{fv}{2I}$

유형분석 계산문제의 출제빈도가 높다.

풀이 도체가 받는 힘 $f = IBl$[N]에서 $Bl = \dfrac{f}{I}$ ∴ 유기 전압 $e = vBl = \dfrac{vf}{I}$[V]

답 ②

Key point
도체가 받는 힘 $f = IBl$[N]

문제 07 ★★ 철도 궤도간 거리가 1.5[m]이며 궤도는 서로 절연되어 있다. 열차가 매시 60[km]의 속도로 달리면서 자축이 지구 자계의 수직 분력 $B = 0.15 \times 10^{-4}$[Wb/m²]을 절단할 때 두 궤도 사이에 발생하는 기전력은 몇 [V]인가?

① 1.75×10^{-4} ② 2.75×10^{-4} ③ 3.75×10^{-4} ④ 4.75×10^{-4}

풀이
$v = \dfrac{60 \times 10^3}{3600} = 16.7$[m/s], $\theta = 90°$이므로
$e = vBl\sin\theta = 16.7 \times 0.15 \times 10^{-4} \times 1.5 \times \sin 90° = 3.75 \times 10^{-4}$[V]

답 ③

문제 08 ★ 그림과 같은 균일한 자계 B[Wb/m²] 내에서 길이 l[m]인 도선 AB가 속도 v[m/sec]로 움직일 때 ABCD 내에 유도되는 기전력 e[V]는?

① 시계방향으로 Blv이다.
② 반시계방향으로 Blv이다.
③ 시계방향으로 Blv^2이다.
④ 반시계방향으로 Blv^2이다.

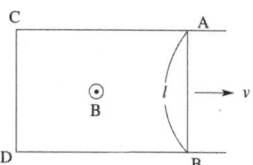

풀이 플레밍의 오른손 법칙에 의해 시계 방향이다.

답 ①

필수 05 ★★★ 표피 효과의 깊이

도전율 σ, 투자율 μ인 도체에 교류 전류가 흐를 때 표피 효과에 의한 침투 깊이 δ는 σ와 μ, 그리고 주파수 f에 어떤 관계가 있는가?

① 주파수 f와 무관하다.
② σ가 클수록 작다.
③ σ와 μ에 비례한다.
④ μ가 클수록 크다.

유형분석 표피 효과의 깊이에 관한 식을 이해하면 쉽게 해결된다.

풀이 표피 효과의 깊이 $\delta = \sqrt{\dfrac{2}{\omega\sigma\mu}} = \sqrt{\dfrac{1}{\pi f \sigma \mu}}$ 이므로
f(주파수), σ(도전율), μ(투자율)가 클수록 δ가 작게 되어 표피 효과가 심해진다. **답** ②

Key point
표피 효과의 깊이 $\delta = \sqrt{\dfrac{2}{\omega\sigma\mu}} = \sqrt{\dfrac{1}{\pi f \sigma \mu}}$

문제 09 ★ 도전율 σ, 투자율 μ인 도체에 교류 전류가 흐를 때의 표피 효과의 관계로 옳은 것은?

① 주파수가 높을수록 작아진다.
② μ_0가 클수록 작아진다.
③ σ가 클수록 커진다.
④ μ_s가 클수록 작아진다.

풀이 표피 효과의 깊이 $\delta = \sqrt{\dfrac{2}{\omega\sigma\mu}} = \sqrt{\dfrac{1}{\pi f \sigma \mu}}$ 이므로
f(주파수), σ(도전율), μ(투자율)가 클수록 δ가 작게 되어 표피 효과가 심해진다. **답** ③

문제 10 ★ 와전류의 방향은?

① 일정치 않다.
② 자력선 방향과 동일
③ 자계와 평행되는 면을 관통
④ 자속에 수직되는 면을 회전

풀이 와전류는 도체 내에 국부적으로 흐르는 맴돌이 전류로 $\mathrm{rot}\, i = -K\dfrac{\partial \boldsymbol{B}}{\partial t}$로 자속의 변화를 방해하기 위한 역자속을 만드는 전류이다. 따라서 이 전류는 자속의 수직되는 면을 회전한다. **답** ④

10 출제기준 – 전자계

1 변위 전류

$$i_d = \frac{I}{S} = \epsilon_0 \frac{\partial E}{\partial t} = \frac{\partial D}{\partial t} \, [\text{A/m}^2]$$

i_d 를 **변위전류밀도**(displacement current density)라고 하며 가상적인 전류이다. 즉, **변위전류 및 변위전류밀도**는 시간적으로 변화하는 전속밀도에 의한 전류이다.

2 맥스웰의 전자 방정식

맥스웰 전자방정식		의 미
미 분 형	적 분 형	
$\text{rot}\boldsymbol{E} = -\dfrac{\partial \boldsymbol{B}}{\partial t}$	$\oint_c \boldsymbol{E} \cdot d\boldsymbol{l} = -\int_S \dfrac{\partial \boldsymbol{B}}{\partial t} \cdot d\boldsymbol{S}$	패러데이 법칙
$\text{rot}\boldsymbol{H} = \boldsymbol{i}_c + \dfrac{\partial \boldsymbol{D}}{\partial t}$	$\oint_c \boldsymbol{H} \cdot d\boldsymbol{l} = I + \int_S \dfrac{\partial \boldsymbol{D}}{\partial t} \cdot d\boldsymbol{S}$	암페어 주회적분 법칙
$\text{div}\boldsymbol{D} = \rho$	$\oint_S \boldsymbol{D} \cdot d\boldsymbol{S} = \int_v \rho \, dv = Q$	가우스 법칙
$\text{div}\boldsymbol{B} = 0$	$\oint_S \boldsymbol{B} \cdot d\boldsymbol{S} = 0$	가우스 법칙

3 전자파와 평면파

1) 파동(고유) 임피던스

$$Z_0 = \frac{E_0}{H} = \sqrt{\frac{\mu}{\epsilon}} = 120\pi \sqrt{\frac{\mu_s}{\epsilon_s}} = 377 \sqrt{\frac{\mu_s}{\epsilon_s}} \, [\Omega]$$

$\eta = \dfrac{E}{H} = \sqrt{\dfrac{\mu}{\epsilon}} \, [\Omega]$ 의 차원은 $E=[\text{V/m}]$, $H=[\text{A/m}]$이므로 저항과 같은 차원의 $[\Omega]$인 것을 알 수 있다. 이것을 매질의 **고유 임피던스** η라고 하며 **특성 임피던스**라고도 하지만 선로의 특성 임피던스와 구분하기 위하여 일반적으로 고유 임피던스라고 부른다.

2) 전자파의 에너지

$$W = \frac{1}{2}(\epsilon E^2 + \mu H^2)[\text{J/m}^3]$$

3) 포인팅 벡터

$$P = Wc = (W_E + W_m)c = \left(\frac{1}{2}\epsilon E^2 + \frac{1}{2}\mu H^2\right)\frac{1}{\sqrt{\epsilon\mu}}$$

$$= \frac{1}{2}(EH + EH) = EH[\text{W/m}^2]$$

$$\boldsymbol{P} = \boldsymbol{E} \times \boldsymbol{H} = \boldsymbol{EH}[\text{W/m}^2]$$

> 진행 방향과 동일한 방향으로 단위면적을 통과하고 있는 것을 알 수 있다. 이와 같은 에너지의 흐름(전력의 흐름)은 평편파인 전계 $\boldsymbol{E}$와 자계 $\boldsymbol{H}$의 수직 관계로 진행하기 때문에 벡터적으로 표현할 수 있다. 여기서 $\boldsymbol{P}$를 **포인팅 벡터**(Poynting vector)라 하고, 전자계 내의 한 점을 통과하는 에너지 흐름의 단위면적당 전력 또는 전력밀도를 표시하는 벡터를 의미한다.

4) 특성 임피던스

① 동축 케이블의 특성 임피던스

$$Z = \sqrt{\frac{\mu}{\epsilon}} \cdot \frac{1}{2\pi}\ln\frac{b}{a} = 138\sqrt{\frac{\mu_s}{\epsilon_s}}\log\frac{b}{a}[\Omega]$$

② 왕복 2선식 특성 임피던스

$$Z = 276\sqrt{\frac{\mu_s}{\epsilon_s}}\log\frac{D}{a}[\Omega]$$

10 필수유형 및 과년도문제

필수 01 ★★ 변위 전류

변위 전류와 가장 관계가 깊은 것은?
① 반도체   ② 유전체   ③ 자성체   ④ 도체

유형분석 공식과 공식의 의미에 관한 문제가 출제된다.

풀이
$$i_D = \frac{I_D}{S} = \epsilon \frac{\partial E}{\partial t}$$

여기서, i_D : 변위전류밀도[A/m²], I_D : 변위전류[A], ϵ : 유전율[F/m], E : 전계의 세기[V/m]
D : 전속밀도[C/m²]

답 ②

Key point

$$i_d = \frac{I}{S} = \epsilon_0 \frac{\partial E}{\partial t} = \frac{\partial D}{\partial t} \,[\text{A/m}^2]$$

문제 01 ★★★★

간격 d[m]인 2개의 평행판 전극 사이에 유전율 ϵ의 유전체가 있다. 전극 사이에 전압 $v = V_m \cos\omega t$[V]를 가했을 때 변위 전류 밀도[A/m²]는?

① $\dfrac{\epsilon}{d} V_m \cos\omega t$ ② $-\dfrac{\epsilon}{d} \omega V_m \sin\omega t$

③ $\dfrac{\epsilon}{d} \omega V_m \cos\omega t$ ④ $\dfrac{\epsilon}{d} V_m \sin\omega t$

풀이 변위 전류 밀도
$$i_d = \frac{\partial D}{\partial t} = \frac{\partial(\epsilon E)}{\partial t} = \frac{\partial}{\partial t}\epsilon\left(\frac{v}{d}\right) = \frac{\epsilon}{d} V_m \frac{\partial}{\partial t}\cos\omega t = -\frac{\omega\epsilon}{d} V_m \sin\omega t \,[\text{A/m}^2]$$

답 ②

문제 02 ★★★

자유 공간에 있어서 변위 전류가 만드는 것은?
① 전계   ② 전속   ③ 자계   ④ 자속

풀이 변위 전류 밀도 $i_d = \dfrac{\partial D}{\partial t}$ 이고 $\text{rot } H = J + \dfrac{\partial D}{\partial t}$

답 ③

문제 03 ★★
변위 전류 밀도를 나타내는 식은? 단, D는 전속 밀도, B는 자속 밀도, Φ는 자속, $N\Phi$는 자속쇄교수이다.

① $\dfrac{\partial(N\Phi)}{\partial t}$ ② $\dfrac{\partial \Phi}{\partial t}$ ③ $\dfrac{\partial B}{\partial t}$ ④ $\dfrac{\partial D}{\partial t}$

[풀이] 변위 전류는 전속 밀도의 시간적 변화에 의해서 발생한다. 즉, $i_d = \dfrac{\partial D}{\partial t}$

답 ④

문제 04 ★★
도전율 σ, 유전율 ϵ인 매질에 교류 전압을 가할 때 전도 전류와 변위 전류의 크기가 같아지는 주파수는?

① $f = \dfrac{\sigma}{2\pi\epsilon}$ ② $f = \dfrac{\epsilon}{2\pi\sigma}$ ③ $f = \dfrac{2\pi\epsilon}{\sigma}$ ④ $f = \dfrac{2\pi\sigma}{\epsilon}$

[풀이] 유전체의 도전율 σ, 유전율이 ϵ일 때 전압 $e = V_m \sin\omega t$를 가한 부분의 면적을 S, 길이를 l이라 하면 이 부분의 저항은 $R = \dfrac{l}{\sigma S}$이므로

$i_C = \dfrac{e}{R} = \dfrac{V_m \sin\omega t}{R} = \dfrac{\sigma S V_m \sin\omega t}{l}$ [A]

전계 $E = \dfrac{e}{l}$이고 $D = \epsilon E = \dfrac{\epsilon e}{l} = \dfrac{\epsilon V_m \sin\omega t}{l}$로 주어지므로 변위 전류는

$i_D = S \dfrac{\partial D}{\partial t} = S \dfrac{\partial}{\partial t}\left(\dfrac{\epsilon V_m \sin\omega t}{l}\right) = \dfrac{\omega \epsilon S V_m}{l} \cos\omega t = \dfrac{\omega \epsilon S V_m}{l} \sin\left(\omega t + \dfrac{\pi}{2}\right)$ [A]로 된다.

i_D, i_C의 벡터도는 그림과 같고 $\tan\delta$를 유전체 손실각이라 한다.

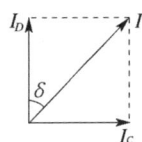

$|i_D| = |i_C|$일 때의 주파수를 f_c라 하면 $\dfrac{\sigma S V_m}{l} = \dfrac{2\pi f_c \epsilon S V_m}{l}$

$\therefore f_c = \dfrac{\sigma}{2\pi\epsilon}$ [Hz]

답 ①

필수 02 ★★ 맥스웰의 전자 방정식

맥스웰의 전자방정식 중 패러데이 법칙에 유도된 식은? (단, D : 전속밀도, ρv : 공간 전하밀도, B : 자속밀도, E : 전계의 세기, J : 전류밀도, H : 자계의 세기)

① $\operatorname{div} D = \rho$ ② $\operatorname{div} B = 0$
③ $\nabla \times H = J + \dfrac{\partial D}{\partial t}$ ④ $\nabla \times E = -\dfrac{\partial B}{\partial t}$

[유형분석] 출제빈도가 높다. 공식문제 출제되므로 식을 암기한다.

[풀 이] 패러데이 법칙에서 유도된 맥스웰의 전자방정식
$\operatorname{rot} E = -\dfrac{\partial B}{\partial t}$

답 ④

Key point

rot $H = J + \dfrac{\partial D}{\partial t}$, rot $E = -\dfrac{\partial B}{\partial t}$, div $D = \rho$, div $B = 0$

문제 05 ★★ Maxwell의 전자기파 방정식이 아닌 것은?

① $\oint_c H \cdot dl = nI$
② $\oint_c E \cdot dl = -\int_s \dfrac{\partial B}{\partial t} ds$
③ $\oint_s D \cdot ds = \int_v \rho dv$
④ $\oint_s B \cdot ds = 0$

풀이

미분형	적분형
$\nabla \times E = -\dfrac{\partial B}{\partial t}$	$\oint_c E \cdot dl = -\int_s \dfrac{\partial B}{\partial t} ds$
$\nabla \times H = i_c + \dfrac{\partial D}{\partial t}$ $\oint_c E \cdot dl = \int_s \left(-\dfrac{\partial B}{\partial t}\right) ds$	$\oint_c H \cdot dl = I + \int_s \dfrac{\partial D}{\partial t} ds$
$\nabla \cdot B = 0$	$\oint_s B \cdot ds = 0$
$\nabla \cdot D = \rho$	$\oint_s D \cdot ds = \int_v \rho dv = Q$

답 ①

문제 06 ★★ 매질이 완전 절연체인 경우의 전자(電磁) 파동방정식을 표시하는 것은?

① $\nabla^2 E = \epsilon\mu \dfrac{\partial E}{\partial t}$, $\nabla^2 H = \epsilon\mu \dfrac{\partial H}{\partial t}$

② $\nabla^2 E = -\epsilon\mu \dfrac{\partial^2 E}{\partial t^2}$, $\nabla^2 H = -\epsilon\mu \dfrac{\partial^2 H}{\partial t^2}$

③ $\nabla^2 E = \epsilon\mu \dfrac{\partial^2 E}{\partial t^2}$, $\nabla^2 H = \epsilon\mu \dfrac{\partial^2 H}{\partial t^2}$

④ $\nabla^2 E = -\epsilon\mu \dfrac{\partial E}{\partial t}$, $\nabla^2 H = \epsilon\mu \dfrac{\partial H}{\partial t^2}$

답 ③

문제 07 ★★ 도전성(導電性)이 없고 유전율과 투자율이 일정하며, 전하 분포가 없는 균질 완전 절연체 내에서 전계 및 자계가 만족하는 미분 방정식의 형태는? 단, $\alpha = \sqrt{\epsilon\mu}$, $v = \dfrac{1}{\sqrt{\epsilon\mu}}$

① $\nabla^2 E = D$
② $\nabla^2 E = \dfrac{1}{\alpha^2} \cdot \dfrac{\partial E}{\partial t}$
③ $\nabla^2 E = \dfrac{1}{v^2} \cdot \dfrac{\partial^2 E}{\partial t^2}$
④ $\nabla^2 E = \dfrac{1}{\alpha^2} \cdot \dfrac{\partial E}{\partial t} + \dfrac{1}{v^2} \cdot \dfrac{\partial^2 E}{\partial t^2}$

[풀이] $\nabla \times E = -\dfrac{\partial B}{\partial t} = -\mu_0 \dfrac{\partial H}{\partial t}$ ··· ①

$\nabla \times H = \dfrac{\partial D}{\partial t} = \epsilon_0 \dfrac{\partial E}{\partial t}$ ··· ②

②식에 curl을 취하면 $\nabla \times \nabla \times H = \nabla \times \left(\epsilon_0 \dfrac{\partial E}{\partial t} \right)$ 에서

좌변 : $\nabla \times \nabla \times H = \mathrm{grad}(\mathrm{div}\, H) - \nabla^2 H = -\nabla^2 H$
  (∵ div H는 항상 0이므로)

우변 : $\nabla \times \left(\epsilon_0 \dfrac{\partial E}{\partial t} \right) = \epsilon_0 \dfrac{\partial}{\partial t}(\nabla \times E) = \epsilon_0 \dfrac{\partial}{\partial t}\left(-\mu_0 \dfrac{\partial H}{\partial t} \right) = -\epsilon_0 \mu_0 \dfrac{\partial^2 H}{\partial t^2}$

좌변 = 우변이므로 $\nabla^2 H = \epsilon_0 \mu_0 \dfrac{\partial^2 H}{\partial t^2}$ 이고 $v = \dfrac{1}{\sqrt{\epsilon_0 \mu_0}}$

관계를 적용하면 $\nabla^2 H = \dfrac{1}{v^2} \dfrac{\partial^2 H}{\partial t^2}$

답 ③

문제 08 ★ 전자장에 관한 다음의 기본식 중 옳지 않은 것은?

① 가우스 정리의 미분형 : $\mathrm{div}\, \boldsymbol{D} = \rho$
② 옴의 법칙의 미분형 : $i = \sigma \boldsymbol{E}$
③ 패러데이의 법칙의 미분형 : $\mathrm{rot}\, \boldsymbol{E} = -\dfrac{\partial \boldsymbol{B}}{\partial t}$
④ 암페어 주회적분 법칙의 미분형 : $\mathrm{rot}\, \boldsymbol{H} = \dfrac{\partial \boldsymbol{D}}{\partial t} + \rho$

[풀이] 암페어 주회적분은 $\oint H \cdot dl = I$, 미분형은 $\nabla \times H = J$이다.

답 ④

필수 03 ★ 전자파와 평면파

TEM(횡전자파)은?
① 진행 방향의 $\boldsymbol{E}$, $\boldsymbol{H}$ 성분이 모두 존재한다.
② 진행 방향의 $\boldsymbol{E}$, $\boldsymbol{H}$ 성분이 모두 존재하지 않는다.
③ 진행 방향의 $\boldsymbol{E}$ 성분만 존재하고, $\boldsymbol{H}$ 성분은 존재하지 않는다.
④ 진행 방향의 $\boldsymbol{H}$ 성분만 존재하고, $\boldsymbol{E}$ 성분은 존재하지 않는다.

 유형분석 공식과 내용에 관한 문제가 출제된다.

[풀 이] TEM(transverse electromagnetic : 횡전자파)는 전파 E와 자파 H가 모두 전파 방향에 수직으로 전송방향 성분은 존재하지 않는다.

답 ②

Key point

(1) 파동(고유) 임피던스 $Z_0 = \dfrac{E_0}{H} = \sqrt{\dfrac{\mu}{\epsilon}} = 120\pi\sqrt{\dfrac{\mu_s}{\epsilon_s}} = 377\sqrt{\dfrac{\mu_s}{\epsilon_s}}\,[\Omega]$

(2) 전자파의 에너지 $W = \dfrac{1}{2}(\epsilon E^2 + \mu H^2)\,[\text{J/m}^3]$

(3) 포인팅 벡터 $\boldsymbol{P} = \boldsymbol{E} \times \boldsymbol{H} = EH\,[\text{W/m}^2]$

(4) 동축 케이블의 특성 임피던스 $Z = \sqrt{\dfrac{\mu}{\epsilon}} \cdot \dfrac{1}{2\pi}\ln\dfrac{b}{a} = 138\sqrt{\dfrac{\mu_s}{\epsilon_s}}\log\dfrac{b}{a}\,[\Omega]$

문제 09 ★★★★ 도체 내의 전자파의 속도 v, 감쇠 정수 α, 위상 정수 β, 각속도 ω일 때 전자파의 속도 v는?

① $\dfrac{\beta}{\alpha}$ ② $\dfrac{\omega}{\beta}$ ③ $\dfrac{\alpha}{\omega}$ ④ $\dfrac{\omega}{\alpha}$

풀이 $v = f\lambda = f \cdot \dfrac{2\pi}{\beta} = \dfrac{\omega}{\beta}$

답 ②

문제 10 ★★★ 100[kW]의 전력을 전자파의 형태로 사방에 균일하게 방사하는 전원이 있다. 전원에서 10[km] 거리인 곳에서의 전계의 세기[V/m]는?

① 2.73×10^{-2} ② 1.73×10^{-1} ③ 6.53×10^{-4} ④ 2×10^{-4}

풀이 $P = \dfrac{100 \times 10^3}{4 \times 3.14 \times (10 \times 10^3)^2} = 0.0796 \times 10^{-3}\,[\text{W/m}^2]$

$H_e = \sqrt{\dfrac{\epsilon_0}{\mu_0}}\, E_e = \sqrt{\dfrac{8.855 \times 10^{-12}}{4\pi \times 10^{-7}}}\, E_e = 2.654 \times 10^{-3} E_e\,[\text{A/m}]$

$P = H_e E_e$ 이므로 $2.654 \times 10^{-3} E_e^2 = 0.0796 \times 10^{-3}$

$E_e^2 = 0.03$

$\therefore E_e = \sqrt{0.03} = 1.732 \times 10^{-1}\,[\text{V/m}]$

답 ②

문제 11 ★ 10[kW]의 전력으로 송신하는 전파 안테나에서 10[km] 떨어진 점의 전계의 세기는 몇 [V/m]인가?

① 1.73×10^{-3} ② 1.73×10^{-2} ③ 5.5×10^{-3} ④ 5.5×10^{-2}

풀이 $P = \dfrac{10 \times 10^3}{4\pi \times (10 \times 10^3)^2} = 7.96 \times 10^{-6}\,[\text{W/m}^2]$

$H = \sqrt{\dfrac{\epsilon_0}{\mu_0}}\, E = 2.65 \times 10^{-3} \cdot E\,[\text{AT/m}]$

여기서, $P = EH \rightarrow 7.96 \times 10^{-6} = 2.65 \times 10^{-3} E^2$

$\therefore E = \sqrt{\dfrac{7.96 \times 10^{-6}}{2.65 \times 10^{-3}}} = \sqrt{3 \times 10^{-3}} = 5.5 \times 10^{-2} [\text{V/m}]$

답 ④

문제 12 ★★★ 파장 λ, 주기 T, 진폭 최대값 A_m인 진행파를 나타낸 식은? 단, z는 진행 방향의 거리를 나타내며, 시간 및 거리의 원점에서 진폭은 0이다.

① $A_m \sin 2\pi \left(t - \dfrac{Tz}{\lambda} \right)$
② $A_m \sin 2\pi \left(\dfrac{\lambda t}{T} - z \right)$
③ $A_m \sin 2\pi (\lambda t - Tz)$
④ $A_m \sin 2\pi \left(\dfrac{t}{T} - \dfrac{z}{\lambda} \right)$

풀이

$\omega = 2\pi f,\ f = \dfrac{1}{T},\ \lambda = \dfrac{v}{f}$

$A_m \sin \omega \left(t - \dfrac{z}{v} \right) = A_m \sin 2\pi f \left(t - \dfrac{z}{v} \right) = A_m \sin 2\pi \left(ft - \dfrac{fz}{v} \right) = A_m \sin 2\pi \left(\dfrac{t}{T} - \dfrac{z}{\lambda} \right)$

답 ④

전력공학 제2장

1. 출제기준 – 발·변전일반　　　　　　　　　　　　108
2. 출제기준 – 송·배전 선로의 전기적 특성　　　　124
3. 출제기준 – 송·배전 방식과 그 설비 및 운용　　144
4. 출제기준 – 계통 보호방식 및 설비　　　　　　　162
5. 출제기준 – 개폐기의 종류와 특성　　　　　　　175
6. 출제기준 – 배전 선로의 전기적 특성　　　　　　181
7. 출제기준 – 배전 선로의 운용과 보호　　　　　　187

01 출제기준 – 발·변전일반

1 수력발전

(1) 개요

1) 정수압

$$P = \frac{W}{A} = \frac{wAH}{A} = wH[\text{kg/m}^2] = 1000H[\text{kg/m}^2] = \frac{1}{10}H[\text{kg/cm}^2]$$

> H : 높이[m], A : 단면적[m²], w : 단위 부피의 물의 무게[kg/cm³], P : 압력의 세기[kg/m²]

2) 수두 : 단위 무게[kg]당의 물이 갖는 에너지

- 위치 수두 : H[m]
- 압력 수두 : $H = P/w$[m] $= P/1000$[m]
- 속도 수두 : $H = v^2/2g$[m]

> H : 어느 기준면에 대한 높이[m], P : 압력의 세기(수압)[kg/m²], w : 물의 단위 부피의 무게[kg/m³]
> v : 유속[m/s], g : 중력의 가속도($≒ 9.8$[m/s²])

3) 연속의 정리

$$A_1 v_1 = A_2 v_2 = Q \text{ (일정)}$$

> A_1, A_2 : a, b점의 단면적[m²], v_1, v_2 : a, b점의 유속[m/s]

4) 베르누이의 정리

- 손실을 무시할 때 : $H + \dfrac{P}{w} + \dfrac{v^2}{2g} = k$ (일정)

- 손실 수두(h_{12})를 고려할 때 : $H_1 + \dfrac{P_1}{w} + \dfrac{v_1^2}{2g} = H_2 + \dfrac{P_2}{w} + \dfrac{v_2^2}{2g} + h_{12}$

5) 물의 이론 분출 속도 : $v = \sqrt{2gH}$[m/s]

6) 이론 수력과 발전소 출력

- 이론 수력 : 물의 에너지가 전부 이용되었다고 가정하였을 때 이론상 발생할 수 있는 수력
  $$P = 9.8QH[\text{kW}]$$

> Q : 사용 수량[m³/s] H : 유효 낙차[m]

- 수차 출력 : $P_t = 9.8QH\eta_t [\text{kW}]$
- 발전기 출력(발전소 출력) : $P_g = 9.8QH\eta_t \eta_g [\text{kW}]$
- 발생 전력량 : $W = P_g \times t = 9.8QH\eta_t \eta_g t [\text{kWh}]$

η_t : 수차 효율, η_g : 발전기 효율, $\eta = \eta_t \eta_g$: 종합 효율, t : 시간[h]

(2) 유량과 낙차

1) 강수량과 유량

- 유출 계수 $= \dfrac{\text{하천 유량}}{\text{강우량}} = 60[\%]$

2) 유량의 종별

- 최대 홍수량 및 홍수위 : 과거의 기록 또는 사람의 기억 등에 의해 판정한 최대 유량 및 수위
- 홍수량 및 홍수위 : 3~5년에 한 번씩 발생하는 출수의 유량 및 수위
- 고수량 및 고수위 : 매년 한두 번 발생하는 출수의 유량 및 수위
- 풍수량 및 풍수위 : 1년을 통하여 95일은 이보다 내려가지 않는 유량 및 수위(3개월 유량 및 수위)
- 평수량 및 평수위 : 1년을 통하여 185일은 이보다 내려가지 않는 유량 및 수위(6개월 유량 및 수위)
- 저수량 및 저수위 : 1년을 통하여 275일은 이보다 내려가지 않는 유량 및 수위(9개월 유량 및 수위)
- 갈수량 및 갈수위 : 1년을 통하여 355일은 이보다 내려가지 않는 유량 및 수위
- 최저 갈수량 및 최저 갈수위 : 과거의 기록, 사람의 기억 등에 의해 판정한 최저 유량 및 수위

3) 각종 유량 도표

- 유량도 : 횡축에 1년 365일을 역일순으로, 종축에는 매일 매일의 유량, 수위, 기후를 취하여 이들의 점을 연결한 곡선
- 유황 곡선 : 유량도를 기초로 하여 횡축에 일수 365일을, 종축에 유량을 취하여 유량이 큰 것으로부터 순차적으로 배열하여 이들 점을 연결한 곡선
- 적산 유량 곡선 : 유량도를 토대로 하여(풍수기가 시작되는 점을 기준으로 하여) 횡축에 1년 365일을 역일순으로, 종축에는 유량의 누계를 잡아서 만든 곡선
- 수위 유량 곡선 : 횡축에 유량을, 종축에는 수위를 취하여 수위와 유량과의 관계를 표시한 곡선

4) 유량의 측정

- 하천의 유량 측정법 : 언측법, 부자측법, 유속계법, 공식측법, 수위 관측법

- 발전소의 사용 수량 측정법 : 피토관법, 벨마우스법, 깁슨법, 염수 속도법, 수압 시간법, 염수 농도법, 초음파법

5) 발전소 출력의 분류
- 상시 출력 : 1년을 통해 355일 이상 발생할 수 있는 출력
- 상시 첨두 출력 : 1년을 통해 355일 이상 매일 일정 시간에 한해 발생할 수 있는 출력
- 최대 출력 : 발전소에서 낼 수 있는 최대 출력
- 특수 출력 : 풍수 시 매일의 시간적 조정을 하지 않고 발생할 수 있는 출력으로 상시 출력을 초과하는 출력
- 보급 출력 : 갈수 기간을 통해 항상 발생할 수 있는 출력으로 상시 출력을 초과하는 출력
- 예비 출력 : 고장, 사고의 경우 부족한 전력을 보충하는 목적으로 시설된 설비에 의해 발생되는 출력

6) 낙차의 종류
- 총낙차 : 취수구 수면 수위와 방수구 수면 수위와의 고저차
- 정낙차 : 발전소의 전수차가 정지하고 있을 때 수조 수위와 방수로 시점의 수면 수위와의 고저차
- 유효 낙차 : 수차의 운전에 이용되는 낙차(= 총낙차 − 손실 낙차)
- 겉보기 낙차 : 수차가 운전하고 있을 때 수조 수면과 방수로 시발점의 수면 수위와의 고저차
- 손실 낙차 : 총낙차의 5 ~ 10[%]

(3) 도수 설비

1) 제수문
- 가동 댐 : 홍수의 유하, 퇴적한 토사의 제거를 위해 익류형 댐의 꼭대기에 설치된다.
- 제수문 : 취수량의 조절을 위하여 취수구에 설치된다.

2) 댐의 부속 설비
- 여수로 : 가동 문비를 설치하여 문을 닫아 물을 저장하고, 평상시에는 상류로부터 물이 유하했을 때에는 지체없이 열어 상류 지역에서의 수위 상승으로 인한 피해를 주지 않도록 한다.
- 토사로
- 어도
- 유목로, 주벌로

3) 취수구
물을 수로에 도입하는 수구로, 제수문으로 취수량을 조절하고 제진 격자 또는 스크린으

로 유목이나 유수 중의 부유물의 유입을 방지한다.

4) 수로

취수구에서 취수한 물을 상수조 또는 조압 수조까지 도수하는 공작물

5) 수로의 유속 및 구배

- 수로의 유속 : $1.5 \sim 2.5[\text{m/s}]$
- 수로의 구배 $\begin{cases} \text{소용량 수로} : \dfrac{1}{600} \text{ 정도} \\ \text{대용량 수로} : \dfrac{1}{2000} \sim \dfrac{1}{3000} \text{ 정도} \end{cases}$
- 일반적으로 $\dfrac{1}{1000} \sim \dfrac{1}{1500}$ 정도

6) 조압 수조

수로가 압력 터널에 연결된 수조로 부하 변동에 대해 수격압을 흡수, 수차 사용 수량 변동에 따른 서지 작용을 흡수하는 기능을 가지고 있다.

또한 조압 수조의 종류에는

① 단동 조압 수조
② 차동 조압 수조
③ 수실 조압 수조
④ 제수공 조압 수조가 있다.

(4) 수차

1) 종류

- 펠턴 수차 : 압력 수두를 속도 수두로 변환시켜 러너의 버킷에 물을 분사하는 수차, 일반적으로 350[m] 이상의 고낙차에 적용되고 경부하시의 효율이 좋다.
- 프란시스 수차 : 에너지의 대부분을 압력 수두로서 러너에 작용하는 수차로 경부하시 및 낙차가 변하면 효율이 크게 저하한다. 중낙차용으로 $30 \sim 400[\text{m}]$에 적용된다.
- 프로펠러 수차 : 프란시스 수차의 러너의 외륜을 없앤 수차로 낙차, 부하 변화에 대해 효율의 변화가 크다. 저낙차용으로 45[m] 이하에 사용된다.
- 카플란 수차 : 프로펠러 수차의 러너의 각도를 변화시킬 수 있는 구조의 수차로 낙차, 부하 변화에 의한 효율의 저하는 적으나 구조가 복잡하다.

2) 수차의 특유 속도

$$N_s = N \frac{\sqrt{P}}{H^{5/4}} [\text{rpm}]$$

N : 정격 회전수, H : 유효 낙차, P : 낙차 $H[\text{m}]$에서의 최대 출력

- 펠톤 수차 : $12 \leq N_s \leq 21$
  경부하에서도 효율이 좋다. 전부하까지 효율의 변화가 작다.
- 프란시스 수차 : $N_s \leq \dfrac{13000}{H+20} + 50 \,(= 45 \sim 350[\text{rpm}])$
  - 저속도형 : $65 \sim 250[\text{rpm}]$
  - 중속도형 : $150 \sim 250[\text{rpm}]$
  - 고속도형 : $250 \sim 350[\text{rpm}]$
- 카플란 수차 : $N_s \leq \dfrac{20000}{H+20} \,(= 350 \sim 800[\text{rpm}])$
  부분 변화에 의한 효율 변화가 심하다.

3) 낙차 변화에 의한 특성 변화

- 회전수 : $\dfrac{N_2}{N_1} = \left(\dfrac{H_2}{H_1}\right)^{1/2}$
- 유 량 : $\dfrac{Q_2}{Q_1} = \left(\dfrac{H_2}{H_1}\right)^{1/2}$
- 출 력 : $\dfrac{P_2}{P_1} = \left(\dfrac{H_2}{H_1}\right)^{3/2}$

단, $N_1[\text{rpm}]$, $Q_1[\text{m}^3/\text{s}]$, $P_1[\text{kW}]$: 낙차 $H_1[\text{m}]$일 때의 회전수, 유량, 출력
$N_2[\text{rpm}]$, $Q_2[\text{m}^3/\text{s}]$, $P_2[\text{kW}]$: 낙차 $H_2[\text{m}]$일 때의 회전수, 유량, 출력

4) 흡출관
반동 수차의 출구에서부터 방수로 수면까지 연결하는 관으로 러너 방수면과의 사이의 낙차를 유효하게 이용하는 것이 목적이다. 흡출고의 최대 한도는 7.5[m] 정도이다. 이 이상이 되면 캐비테이션을 일으킨다.

5) 조속기
수차의 속도를 일정하게 유지하면서 출력을 가감하기 위하여 수차의 입력, 즉 유량을 조절하는 장치. 주요 부분은 속도 변화의 검출부, 복원 기구, 배압 밸브, 서보 모터, 압유 장치 등이다.

6) 제압 장치
부하 급변에 따른 수압관의 수압 상승을 억제하기 위해 조속기와 연동한다. 펠톤 수차의 경우는 디플렉터(deflector)로서 분사수가 수차에 유입하는 것을 방지하고 서서히 니들 밸브를 폐쇄한다.

2 화력발전

(1) 열역학

1) 열량의 단위

$$\begin{cases} 1[\text{kcal}] = \dfrac{1}{860}[\text{kWh}] \\ 1[\text{kcal}] = 3.968\,[\text{B.T.U}] \\ 1[\text{B.T.U}] = 0.252\,[\text{kcal}] \end{cases}$$

[BTU] : 영국 열용량의 단위, [kWh] : 전력량의 단위, [kcal] : 열량의 단위

2) 증기의 성질

- 엔탈피(enthalpy) : 증기 또는 물이 보유하는 전열량
  $i = U + Apv\,[\text{kcal/kg}]$

  i : 엔탈피[kcal/kg], U : 내부 에너지[kcal/kg], A : 일의 열당량[kcal/kg·m], P : 압력[kg/m²], v : 비체적[m³/kg]

- 건조 포화 증기의 엔탈피 $i'' = i' + r\,[\text{kcal/kg}]$
- 습포화 증기의 엔탈피 $i''' = i' + xr\,[\text{kcal/kg}]$
- 과열 증기의 엔탈피 $i = i' + r + C_p t_s\,[\text{kcal/kg}]$

  i' : 0[℃]에서 비등점까지의 액체열[kcal/kg], x : 증기의 건조도
  C_p : 평균 정압 비열[kcal/kg·deg], r : 증발열[kcal/kg], t_s : 과열도[deg]

- 엔트로피(entropy) : 기준 상태(온도 $T_0[\text{K}]$)에서 어떤 상태(온도 $T[\text{K}]$)에 이르는 사이에, 물체에 일어난 열량의 변화를 그 때의 절대 온도로 나눈 것

  $$s = \int_{T_0}^{T} \frac{dQ}{T}[\text{kcal/kg}\cdot\text{K}]$$

  s : 엔트로피[kcal/kg·K], dQ : 증가 열량[kcal/kg]

3) 열 사이클

- 카르노 사이클(Carnot cycle) : 두 개의 등온 변화와 두 개의 단열 변화로 이루어진다.

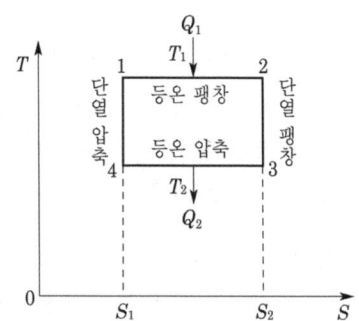

공급된 열량의 면적 : $Q_1 = T_1(s_2 - s_1)$ = 면적 1, 2, 2', 1'
방출된 열량의 면적 : $Q_2 = T_2(s_2 - s_1)$ = 면적 4, 3, 2', 1'
일을 한 면적 $AL = Q_1 - Q_2$ = 면적 1, 2, 3, 4

사이클 효율 $\eta = \dfrac{\text{공급 열량} - \text{방출 열량}}{\text{공급 열량}} = \dfrac{\text{면적 1, 2, 3, 4}}{\text{면적 1, 2, 2', 1'}}$

$= \dfrac{(T_1 - T_2)(s_2 - s_1)}{T_1(s_2 - s_1)} = 1 - \dfrac{T_2}{T_1}$

- 랭킨 사이클(Rankine cycle) : 증기를 작동 유체로 사용하는 가장 간단한 이론 사이클. 급수 → 승압 → 가열 → 증발 → 과열 → 단열 팽창 → 복수 → 급수의 루프 사이클

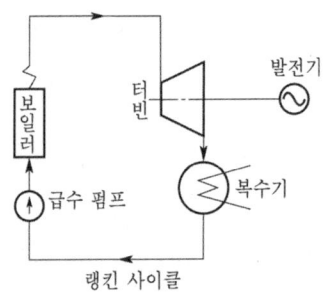

랭킨 사이클

- 재생 사이클 : 랭킨 사이클의 단열 팽창 중도에서 증기의 일부를 추기하여 보일러 급수를 가열하여 복수 열손실을 회수하는 사이클
- 재열 사이클 : 랭킨 사이클의 단열 팽창 중도에서 다시 과열시켜 과열 증기로 하여, 이것을 다시 단열 팽창시켜 열효율의 향상과 증기 습도 증가에 의한 장해를 적게 하는 사이클
- 재생 재열 사이클 : 재생 사이클과 재열 사이클을 겸용하여 전 사이클의 효율을 향상시킨 사이클

(2) 보일러 설비

1) 종류

- 자연 순환 보일러 : 보일러수가 가열되면 부분적으로 비중차가 생기고 그 비중차에 의하여 순환력을 일으키는 보일러
- 강제 순환 보일러 : 보일러수의 순환 계통의 도중에 순환 펌프를 두고 강제적으로 물을 순환시키는 보일러
- 관류 보일러 : 각 관의 일단에서 급수를 펌프로 압입시켜 회로에서 배치된 관 내를 흐르는 동안 열을 흡수하여 순차로 과열 증발되어 관의 하단에서 과열 증기로서 터빈에 보내는 보일러

2) 연소 장치

- 급탄기 연소 장치 : 소용량 보일러에서 석탄을 연소시키는 데 사용되며, 이동 화상 급

탄기, 살포식 급탄기, 하방 급탄기 등이 있다.
- 미분탄 연소 장치 : 석탄을 미분탄기로 분쇄하여 미분으로 하여 버너로 연소실에 불을 넣어 연소시키는 방식
- 중유 연소 장치 : 중유를 분무 상태로 하고 공기와 잘 섞이도록 하여 연소시키는 방식

3) 과열기

보일러의 연도 또는 화로벽에 설치하여 보일러에서 발생하는 포화 증기를 과열 증기로 만들어 증기 터빈에 공급하는 장치

4) 재열기

과열기의 바로 다음에 있는 것이 많으며, 터빈에서 팽창하여 포화 온도에 가깝게 된 증기를 빼내어 다시 보일러에서 과열 온도 가깝게까지 온도를 올리기 위한 장치

5) 절탄기

연도 내에 설치되어, 이를 통과하는 보일러 급수를 보일러로부터 나오는 연도 폐기 가스로 가열하는 장치

6) 공기 예열기

연도에서 배출되기 전의 연소 가스가 갖는 열량을 회수하여 연소용 공기의 온도를 높여, 연료의 착화 및 연소·효율을 높이기 위한 장치

7) 집진기

전기식과 기계식이 있으며, 미분탄 연소 방식에는 코트렐 집진 장치와 사이클론이 가장 많이 쓰인다.

(3) 급수와 급수장치

1) 보일러수 중의 불순물에 의한 장해
- 스케일(scale) 부착
- 관벽 부식
- 캐리 오버(carry over)
- 알칼리 취화

2) 급수 처리
- 기계적 처리법 : 침전, 여과, 응집
- 화학적 처리법 : 석회 및 소다법, 이온 교환 수지법

3) 증화기(evaporator)

주로 증기를 열원으로 하여 급수를 가열·증발시켜, 증류수로 만들어 보일러에 보내는 장치. 열원으로서는 보통 생증기, 터빈의 추기, 터빈의 배기 등이 사용된다.

4) 공기 분리기

추기 또는 다른 폐기에 의하여 급수를 가열시키는 일종의 가열기인 동시에, 급수를 포화 온도 이상으로 가열하여 급수 중의 함유 가수를 분리 배출시키는 장치

(4) 특수화력발전

1) 내연력 발전

보통 디젤 기관이 널리 사용된다. 설비가 간단하고 기동 및 전부하까지의 시간이 짧고 신뢰성이 있고 수명이 길다. 예비용 전원, 비상용에 이용된다.

2) 가스 터빈

연소 가스 또는 공기를 가열·압축시켜 직접 터빈에서 팽창 작동시키는 열기관이다. 증기 터빈에 비하여,
① 장치가 소형 경량으로 건설 및 유지비가 적다.
② 냉각 수량이 적고 기동 정지 시간이 짧은 등의 이점이 있다.

3) MHD 발전

유체 도체에 있어서의 전자 유도 작용을 이용한 발전 방식으로, 기계적 가동 부분이 없고 또한 내압의 문제도 큰 것이 없으므로, 발전기 1기당의 출력을 크게 할 수 있다.

3 원자력 발전

(1) 원자력 발전의 특징

① $_{92}U^{235}$ 1[g]에서 1[MW/Day]라는 석탄 3[t] 이상에 해당하는 에너지가 얻어지므로 소비 연료의 중량이 적어져서 연료의 수송, 저장 장소의 문제가 없다.
② 원자로가 폭주하면 발전소는 물론 주위에 심한 위해를 미치게 될 염려가 있으므로 이것에 대한 충분한 고려가 필요하다.
③ 원자력 발전소에서는 연료를 소비하는 동시에 새로운 연료가 생산되는데, 노 내의 $_{92}U^{238}$은 중성자를 흡수하여 $_{94}Pu^{239}$로, $_{90}Th^{232}$는 $_{92}U^{233}$으로 된다.
④ 원자로는 물론 사용한 연료도 강한 방사성을 띠고 있으므로 차폐, 밀봉, 원격 조작 등에 의하여 방사성 장해를 막을 필요가 있다.
⑤ 원자력 발전에서는 전기, 기계 외에 물리, 화학, 야금 기술 등의 종합적인 기술이 필요하며 화력 발전보다 고도한 것이 요구된다.
⑥ 원자력 발전소의 발전 원가는 상당히 높으나 장래에는 기술 및 기타의 개선에 의하여 신규 화력과 거의 같게 될 것이다.

(2) 원자로의 종류

1) 고속 중성자로

고속 중성자에 의해 지속 반응을 일으키는 원자로이다. 핵분열 반응을 일으키는 중성자의 대부분이 0.1[MeV] 이상의 에너지를 갖고 있다. 이 종류의 원자로는 운전 제어가 곤란하여 폭주할 경우의 위험도가 크고 고농축의 핵연료를 필요로 하기 때문에 연료비가 대단히 높은 결점이 있다. 단, 비분열성의 $_{92}U^{233}$이나 $_{90}Th^{232}$는 중성자를 흡수하면 핵분열성의 $_{94}Pu^{230}$ 및 $_{92}U^{233}$로 되므로 핵 연료가 증식되는 이점이 있다.

2) 열 중성자로

핵분열에 의해 생긴 평균 2[MeV]의 에너지의 중성자를 0.025[eV] 정도의 열 중성자까지 저하시켜 이에 의해 핵반응을 지속하는 원자로를 말하며 열 중성자는 핵 분열성 물질의 양이 적어도 되는 이점이 있다. 현재 실용의 원자로는 대부분 열 중성자로이다.

3) 중속 중성자로

1[keV] 이하의 중성자에 의해 핵 반응을 행하는 방식의 노이다. 열 중성자로에 비교하여 감속재의 양이 적고 연료의 양이 많다. 그 이외에 고속 중성자로보다 제어가 용이하고 열 중성자로보다 용적이 적어지는 특징이 있다.

(3) 원자로의 구성

1) 노심 · 핵연료 · 감속재

핵 분열이 진행되고 있는 부분을 노심이라 하며, 이 속에 임계량 이상의 핵연료와 고속 중성자를 열 중성자까지 감속시켜 주는 감속재가 배치되어 있다. 현재 가장 널리 사용되는 핵연료는 $_{92}U^{235}$를 0.714[%] 포함하고 있는 천연 우라늄 및 농축 우라늄이며 $_{94}Pu^{239}$를 사용하는 증식로도 있다. 농축 우라늄은 보통 $_{92}U^{235}$의 비율이 수[%]의 것이 사용되지만 농축도를 증가시키면 중성자 발생률이 커져서 노의 용적을 감소시킬 수 있다. 감속재로서는 중성자 흡수가 적고 탄성 산란에 의해 감속되는 정도가 큰 것이 좋으며, 중수, 경수, 산화 베릴륨, 흑연 등이 사용된다.

2) 냉각재

원자로에서 발생한 열 에너지를 외부로 꺼내기 위한 매개체를 냉각재라 부른다. 냉각재는 노심을 통함으로써 열 에너지를 빼내는 동시에 노 내의 온도를 적당한 값으로 유지시키도록 보통 탄산가스, 헬륨 등의 기체나 경수 및 중수 등과 같은 물 또는 나트륨과 같은 액체 금속 유체를 사용한다.

3) 제어봉

원자로 내에서 핵분열의 연쇄 반응을 제어하고 증배율을 변화시키기 위해서 제어봉을 노심에 삽입하고 이것을 넣었다 뺐다 할 수 있도록 한다. 붕소(B), Cd, Hf와 같이 중성자 흡수 단면적이 큰 재료로써 만들어진다.

4) 반사체

중성자를 반사시켜 외부에 누설되지 않도록 노심의 주위에 반사체를 설치한다. 반사체로서는 베릴륨 혹은 흑연과 같이 중성자를 잘 산란시키는 재료가 좋으며 일반적으로 요구되는 성질은 감속재와 같다.

5) 차폐재

원자로 내의 방사선이 외부로 빠져 나가는 것을 방지하는 것이 차폐재인데, 차폐에는 열 차폐와 생체 차폐의 두 가지가 있다. 전자는 철판과 같이 열전도가 좋은 것이 사용되며 후자는 노의 제일 외부에 설치하여 종업원을 γ 선 또는 중성자 등의 방사선 등으로부터 보호하는 것으로서 특수 광물을 혼입한 콘크리트가 가장 널리 사용되고 있다.

(4) 원자력 발전소의 형식

현재 사용 중인 원자력 발전소는 대부분 열 중성자로이며 $_{92}U^{235}$, $_{94}Pu^{239}$ 등의 핵 분열성 물질에 열 중성자를 충돌시켜 핵분열 반응을 일으키게 한다. 이때 방출하는 에너지에 의해 증기를 발생하게 하여 이것으로 증기 터빈을 구동하여 전력을 얻는 형식이다.

그림 (a), (b), (c)는 일반적으로 사용되고 있는 발전소의 구성이며 (a)는 가압수형, (b), (c)는 비등수형이라고 불리어진다.

그림 (d)의 고속 증식로는 감속재가 없고, $_{92}U^{235}$ 또는 $_{94}Pu^{239}$ 등의 핵분열 물질의 분열은 주로 고속 중성자에 의해 일어난다.

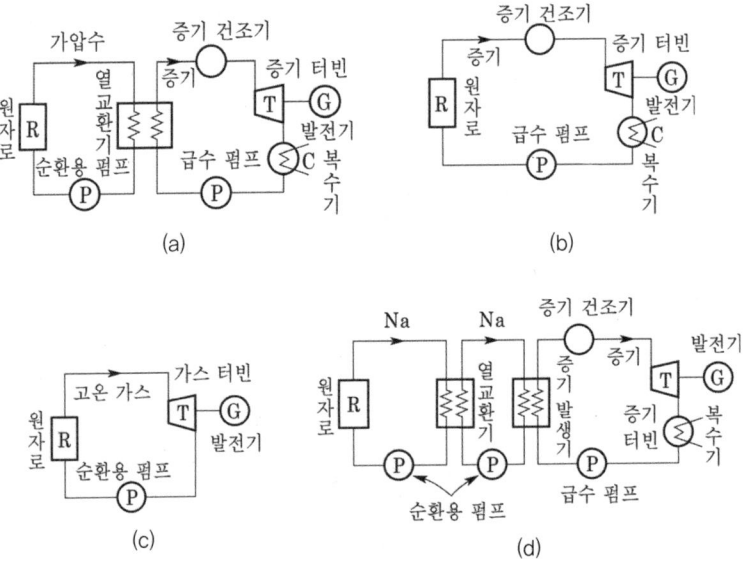

필수유형 및 과년도문제

◀◀◀ 완벽대비 전기기사필기

필수 01 ★★★★ 수력발전

유효 낙차 100[m], 최대 사용 수량 20[m³/s], 설비 이용률 70[%]의 수력 발전소의 연간 발전 전력량[kWh]은 대략 얼마인가? 단, 수차 발전기의 종합 효율은 85[%]이다.

① 25×10^6 ② 50×10^6 ③ 100×10^6 ④ 200×10^6

유형분석 수력발전에서는 발전소출력, 연속의 정리, 베르누이정리, 수차의 특유속도, 불순물의 작용 등이 출제된다.

풀 이 연간 발생 전력량 = $9.8QH\eta U \times 365 \times 24$ [kWh]
$\eta = 0.85$ 이므로 $9.8 \times 20 \times 100 \times 0.85 \times 0.7 \times 365 \times 24 ≒ 100 \times 10^6$ [kWh]   **답** ③

Key point

- 수차 출력 : $P_t = 9.8QH\eta_t$ [kW]
- 발전기 출력(발전소 출력) : $P_g = 9.8QH\eta_t\eta_g$ [kW]
- 발생 전력량 : $W = P_g \times t = 9.8QH\eta_t\eta_g t$ [kWh]

문제 01 ★★★
수압관 안의 1점에서 흐르는 물의 압력을 측정한 결과 7[kg/cm²]이고, 유속을 측정한 결과 49[m/sec]이었다. 그 점에서의 압력 수두는 몇 [m]인가?

① 30   ② 50   ③ 70   ④ 90

풀이 7[kg/cm²] = 70000[kg/m²]
$H = \dfrac{P}{w} = \dfrac{P}{1000} = \dfrac{70000}{1000} = 70$ [m]   **답** ③

문제 02 ★★★
수력 발전소를 건설할 때 낙차를 취하는 방법으로 적합하지 않은 것은?

① 댐식   ② 수로식   ③ 역조정지식   ④ 유역 변경식

풀이 낙차를 얻는 방법에 의한 분류
① 수로식 발전소 ② 댐식 발전소 ③ 댐 수로식 발전소 ④ 유역 변경식 발전소   **답** ③

문제 03 ★★★★

전력 계통의 경부하시 또는 다른 발전소의 발전 전력에 여유가 있을 때, 이 잉여 전력을 이용해서 전동기로 펌프를 돌려 물을 상부의 저수지에 저장하였다가 필요에 따라 이 물을 이용해서 발전하는 발전소는?

① 조력 발전소　　　　　　　　② 양수식 발전소
③ 유역 변경식 발전소　　　　　④ 수로식 발전소

풀이 양수식 발전소는 자연 유입량의 부족분만을 하부 저수지로부터 양수하는 혼합식과 자연 유입량 없이 양수된 수량만으로 발전하는 순양수식의 2가지가 있다.　　　**답** ②

문제 04 ★★★★☆

유역 면적 365[km²]의 발전 지점에서 연 강수량이 2400[mm]일 때 강수량의 1/3이 이용된다면 연평균 수량[m³/s]은?

① 5.26　　② 7.26　　③ 9.26　　④ 11.26

풀이 1년 동안의 평균 유량은

$$평균\ 유량 = \frac{365 \times 1000^2 \times \frac{2400}{1000} \times 1}{365 \times 24 \times 3600} = 27.78[m^3/s]$$

강수량의 $\frac{1}{3}$이 이용되므로

$$\therefore 연평균\ 유량 = 27.78 \times \frac{1}{3} = 9.26[m^3/s]$$　　**답** ③

문제 05 ★★★★★

취수구에 제수문을 설치하는 목적은?

① 낙차를 높인다.　　　　　② 홍수위를 낮춘다.
③ 유량을 조정한다.　　　　④ 모래를 배제한다.

풀이 취수량을 조절하고 물의 유입을 단절하기 위함이다.　　**답** ③

---

 02 ★★★ 화력발전

발열량 10,000[kcal/kg]의 벙커 C유를 1시간에 75[ton] 사용해서 300[MW]를 발전하는 기력 발전소의 열효율은?

① 32.6[%]　　② 34.4[%]　　③ 35.2[%]　　④ 36.0[%]

유형분석 열사이클, 불순물의 영향, 화력발전소 열효율 등이 출제된다.

풀이 발전 전력량 E[kWh], 연료 소비량 W[kg], 연료의 발열량 C[kcal/kg]이라면

열효율 $\eta = \dfrac{860W}{mH} \times 100 = \dfrac{860 \times 300 \times 10^3}{75 \times 10^3 \times 10{,}000} \times 100 = 34.4[\%]$　　**답** ②

Key point

화력 발전소 열효율 $\eta = \dfrac{860W}{mH} \times 100[\%]$

문제 06 ★★★★ 증기압, 증기온도 및 진공도가 일정하다면 추기할 때는 추기치 않을 때보다 단위 발전량당 증기 소비량과 연료 소비량은 어떻게 변하는가?

① 증기 소비량, 연료 소비량 모두 감소한다.
② 증기 소비량은 증가하고, 연료 소비량은 감소한다.
③ 증기 소비량은 감소하고, 연료 소비량은 증가한다.
④ 증기 소비량, 연료 소비량 모두 증가한다.

풀이 추기 급수 가열을 하면 회수되는 열량이 크므로 연료 소비량은 감소하고, 증기 소비량이 증가하여 발전 효율이 향상된다. **답 ②**

문제 07 ★★ 터빈에서 배기되는 증기를 용기 내로 도입하여 물로 냉각하면 증기는 응결하고 용기 내는 진공이 되며, 증기를 저압까지 팽창시킬 수 있다. 이렇게 하면 전체의 열낙차를 증가시키고, 증기 터빈의 열효율을 높일 수 있는데 이러한 목적으로 사용되는 설비는?

① 조속기   ② 복수기   ③ 과열기   ④ 재열기

풀이 복수기를 설명한 것이다. **답 ②**

문제 08 ★★☆ 발전소 원동기로서 가스 터빈의 특징을 증기 터빈과 내연기관에 비교하였을 때 옳은 것은?

① 기동시간이 짧고 조작이 간단하여 첨두부하 발전에 적당하다.
② 평균효율이 증기 터빈에 비하여 대단히 낮다.
③ 냉각수가 비교적 많이 들고 설비가 복잡하여 보수가 어렵다.
④ 소음이 비교적 작고 무부하일 때 연료의 소비량이 적게 된다.

풀이 가스 터빈의 장점
① 소형 경량으로 건설비가 싸고 유지비가 적다.
② 기동시간이 짧고 부하의 급변에도 잘 견딘다.
③ 냉각수를 다량으로 필요치 않다. **답 ①**

문제 09 ★ 기력 발전소의 열사이클 중 가장 기본적인 것으로 두 등압 변화와 두 단열 변화로 되는 열 사이클은?

① 랭킨 사이클   ② 재생 사이클
③ 재열 사이클   ④ 재생 재열 사이클

풀이 ▸ 랭킨 사이클은 증기를 작동 유체로 사용하는 가장 간단한 이론 사이클이다.
등압가열(보일러) → 단열팽창(터빈) → 등압냉각(복수기) → 단열압축(급수펌프)의 루프사이클
답 ①

 문제 10 ★★☆ 기력 발전소에서 포밍의 원인은?
① 과열기의 손상
② 냉각수의 부족
③ 급수의 불순물
④ 기압의 과대

풀이 ▸ 급수 중에 칼슘, 마그네슘, 나트륨의 염류 등이 포화되어 있으면 포밍 또는 프라이밍의 원인이 된다.
답 ③

필수 03 ★ 원자력발전

비등수형 동력용 원자로에 대한 설명으로 틀린 것은?
① 노심 안에서 경수가 끓으면서 증기를 발생할 수 있게 설계된 것이다.
② 내부의 압력은 가압수형 원자로(PWR)보다 높다.
③ 발생된 증기로 직접 터빈을 회전시키는 방식을 직접 사이클이라 한다.
④ 직접 사이클의 노에서는 증기 속에 방사선 물질이 섞이게 되므로 터빈 안에까지 방사능으로 오염될 우려가 있다.

유형분석 ▸ 원자료의 종류, 냉각수의 종류, 핵연료 등이 출제된다.

풀 이 ▸ 비등수형 원자로의 특징
① 증기 발생기가 필요 없다.
② 증기가 직접 터빈에 들어가기 때문에 누출을 철저히 방지해야 한다.
③ 소내용 동력은 적어도 된다.
④ 노 내의 물의 압력이 높지 않다.
⑤ 노심 및 압력 용기가 커진다.
답 ②

Key point
비등수형 원자로(BWR)는 PWR와 마찬가지로 저농축 우라늄의 연료를 사용하고 감속재 및 냉각재로서는 물을 사용하는 것으로서 노 내에서 물을 비등시켜 증기로서 뽑아내도록 하고 있다.

 문제 11 ★★★ 원자력 발전소에서 비등수형 원자로에 대한 설명으로 틀린 것은?
① 연료로 농축 우라늄을 사용한다.
② 감속재로 헬륨 액체 금속을 사용한다.
③ 냉각재로 경수를 사용한다.
④ 물을 노 내에서 직접 비등시킨다.

풀이 비등수형 원자로(BWR)는 PWR와 마찬가지로 저농축 우라늄의 연료를 사용하고 감속재 및 냉각재로서는 물을 사용하는 것으로서 노 내에서 물을 비등시켜 증기로서 뽑아내도록 하고 있다. **답** ②

문제 12 다음의 원자로 중에서 고속 증식로는?
① 중수 감속로
② 나트륨 냉각로
③ 흑연 감속 고온 가스 냉각로
④ 용융염로

풀이 냉각재의 나트륨은 열전달이 우수하고 열용량이 커서 중성장의 회수도 적다. 또는 그 비등점도 높아서 냉각재의 고온 저압 운전이 가능하다. **답** ②

문제 13 증식비가 1보다 큰 원자로는?
① 경수로
② 고속 증식로
③ 중수로
④ 흑연로

풀이 고속 증식로의 증식비는 1.1~1.4 정도로 추정된다. **답** ②

문제 14 다음에서 가압수형 원자력 발전소에 사용하는 연료, 감속재 및 냉각재로 적당한 것은?
① 연료 : 천연 우라늄, 감속재 : 흑연감속, 냉각재 : 이산화탄소 냉각
② 연료 : 농축 우라늄, 감속재 : 중수감속, 냉각재 : 경수냉각
③ 연료 : 저농축 우라늄, 감속재 : 경수감속, 냉각재 : 경수냉각
④ 연료 : 저농축 우라늄, 감속재 : 흑연감속, 냉각재 : 경수냉각

풀이 ① 연료 : 농축 우라늄 ② 감속재 : 경수 ③ 냉각재 : 경수 **답** ③

문제 15 감속재의 온도 계수란?
① 감속재의 시간에 대한 온도 상승률
② 반응에 아무런 영향을 주지 않는 계수
③ 감속재의 온도 1[℃] 변화에 대한 반응도의 변화
④ 열중성자로에의 양(+)의 값을 갖는 계수

풀이 온도 변화가 반응도에 미치는 영향을 일반적으로 온도 계수라고 한다. 이 온도 1[℃] 변화에 따라 반응도의 변화를 나타내며 이것을 α라 하여 $\alpha = \dfrac{d\rho}{dT}$로 표시한다. **답** ③

02 출제기준 – 송·배전 선로의 전기적 특성

1 선로정수

1) 인덕턴스

- 단도체 인덕턴스 : $L = 0.4605 \log_{10} \dfrac{D}{r} + 0.05 \, [\text{mH/km}]$

- 복도체 인덕턴스 : $L_n = 0.4605 \log_{10} \dfrac{D}{\sqrt[n]{r s^{n-1}}} + \dfrac{0.05}{n} \, [\text{mH/km}]$

$$L_2 = 0.4605 \log_{10} \dfrac{D}{\sqrt{rs}} + 0.025 \, [\text{mH/km}]$$

> r : 전선의 반지름, D : 선간 거리, s : 소도체 간격, n : 복도체 수,
> 등가선간거리 = $\sqrt[\text{총거리수}]{\text{각 거리간의 곱}}$, 수평 배열 $D = \sqrt[3]{2}\, d$, 4각 배열 $D = \sqrt[6]{2}\, d$

2) 정전 용량

- 단도체 정전 용량 : $C = \dfrac{0.02413}{\log_{10} \dfrac{D}{r}} \, [\mu\text{F/km}]$

> r : 전선의 반지름, D : 선간 거리, s : 소도체 간격, n : 복도체 수,
> 등가선간거리 = $\sqrt[\text{총거리수}]{\text{각 거리간의 곱}}$, 수평 배열 $D = \sqrt[3]{2}\, d$, 4각 배열 $D = \sqrt[6]{2}\, d$

- 복도체 정전 용량 : $C_n = \dfrac{0.02413}{\log_{10} \dfrac{D}{\sqrt[n]{r s^{n-1}}}} \, [\mu\text{F/km}]$

- 3상 1회선인 경우 대지 정전 용량 : $C_s = \dfrac{0.02413}{\log_{10} \dfrac{8h^3}{rD^2}} \, [\mu\text{F/km}]$

- 전선 지표상의 평균 높이 : $h = h' - \dfrac{2}{3} d \, [\text{m}]$ h' : 지지점의 높이[m], d : 이도(dip)[m]

- 부분 정전 용량
  ㉠ 단상 1회선인 경우 $C_w = C_s + 2C_m$
  ㉡ 3상 1회선인 경우 $C_w = C_s + 3C_m$
  ㉢ 3상 2회선인 경우 $C_w = C_s + 3(C_m + C'_m)$

> C_w : 작용 정전 용량, C_s : 대지 정전 용량, C_m : 선간 정전 용량, C'_m : 다른 회선간의 선간 정전 용량

3) 충전 용량

- 전선의 충전 전류 : $I_c = 2\pi f C \times \dfrac{V}{\sqrt{3}}$ [A]
- 전선로의 충전 용량 : $P_c = 2\pi f C V^2 \times 10^{-3}$ [kVA]

C : 전선 1선당 정전 용량[F]
V : 선간 전압[V]
f : 주파수[Hz]

2 전력원선도

1) 전력 방정식

- $W_S = P_S + jQ_S = \dfrac{D}{B}E_S^2 - \dfrac{1}{B}E_S E_R \epsilon^{j\theta}$
- $W_R = P_R + jQ_R = \dfrac{1}{B}E_S E_R \epsilon^{-j\theta} - \dfrac{A}{B}E_R^2$

A, B, C, D : 4단자 정수
W_S : 송전단 피상전력, P_S : 송전단 유효전력
Q_S : 송전단 무효전력, W_R : 수전단 피상전력
P_R : 수전단 유효전력, Q_R : 송전단 무효전력

2) 전력 원선도

- $(P_S - m'E_S^2)^2 + (Q_S - n'E_S^2)^2 = \rho^2$ (송전단 원선도)
- $(P_R + mE_R^2)^2 + (Q_R + nE_R^2)^2 = \rho^2$ (수전단 원선도)

3) 원선도의 반지름

$\rho = \dfrac{V_S V_R}{B}$

V_s : 송전단 전압, V_R : 수전단 전압, B : 4단자정수

4) 원선도에서 구할 수 없는 것 : 과도 안정 극한전력, 코로나 손실

3 코로나 현상 및 유도장해

(1) 코로나 현상

1) 임계 전압

$$E_0 = 24.3 m_0 m_1 \delta d \log_{10} \dfrac{2D}{d} \text{ [kV]}$$

d : 전선의 지름[cm], D : 선간 거리[cm], E_0 : 코로나 임계 전압[kV]

m_0 : 전선의 표면 계수 $\begin{cases} \text{매끈한 단선} : 1 \\ \text{거친 단선} : 0.98{\sim}0.93 \\ \text{7본 연선} : 0.87{\sim}0.83 \\ \text{19}{\sim}\text{61본 연선} : 0.85{\sim}0.80 \\ \text{중공 동선} : 0.9{\sim}0.94 \end{cases}$

m_1 : 기후에 관한 계수 : 맑은 날씨이면 1.0, 비오는 날은 0.8

δ : 상대 공기 밀도 : 기압을 b[mmHg], 기온을 t[℃]라고 하면, $\delta = \dfrac{b}{760} \times \dfrac{273+20}{273+t} = \dfrac{0.386b}{273+t}$

2) 코로나 손실

Peek씨의 식 $P_c = \dfrac{241}{\delta}(f+25)\sqrt{\dfrac{\gamma}{D}}(E-E_0)^2 \times 10^{-5}$ [kW/km/1선]

> E : 전선의 대지 전압[kV], E_0 : 코로나 임계 전압[kV], f : 주파수[Hz], r : 전선의 반지름[cm],
> D : 선간 거리[cm], δ : 상대 공기 밀도

3) 코로나의 영향

- 전력 손실 : Peek 씨의 식으로 계산할 수 있는 전력 손실을 발생한다.
- 코로나 잡음 : 코로나 방전에 의하여, 코로나 펄스가 발생하고 코로나 잡음으로써 전파 장해를 일으킨다.
- 고주파 전압, 전류의 발생 : 전압 파형이 코로나 방전에 의해서 잘려짐으로써, 푸리에 급수로 전개하면 고조파를 포함하게 된다. 제3고조파는 유도 장해의 원인이 되고, 비접지 계통에서는 파형을 일그러지게 한다.
- 소호 리액터에 대한 영향 : 코로나가 발생하면, 전선의 겉보기 굵기가 증가하므로 대지 정전 용량이 증대하고, 계통은 부족 보상이 된다. 또, 코로나 손실의 유효분 전류나 제3고조파 전류는 잔류 전류가 되어 소호 작용를 방해한다.
- 전력선 반송 장치에의 영향 : 보안, 업무용 전화, 보호 계전 방식, 원격 측정 제어 등에 전력선 반송파를 사용하는데, 코로나에 의한 고조파가 여기에 영향을 미친다.
- 전선의 부식 : 오존 및 산화 질소가 발생하여, 수분과 합해서 초산(HNO_3)이 되면, 전선이나 바인드선을 부식한다.
- 진행파의 파고값 감쇠 : 진행파(surge)는 전압이 높기 때문에, 항상 코로나를 발생시키면서 진행한다. 이러한 서지의 감쇠 효과는 대부분 코로나 방전에 의한 것이다.

4) 코로나의 방지책

- 전선의 지름을 크게 한다.
- 복도체를 사용한다.
- 가선 금구를 개량한다.
- 가선 시에 전선 표면의 금구를 손상하지 않게 한다.

4 단거리 송전 선로의 전기적 특성

1) 송전단 전압

- 단상 송전단 전압 : $E_s = \sqrt{(E_R\cos\theta_R + IR)^2 + (E_R\sin\theta_R + IX)^2}$ (전류 기준)
- 단상 송전단 전압

$$E_s = \sqrt{(E_R + IR\cos\theta_R + IX\sin\theta_R)^2 + (IX\cos\theta_R - IR\sin\theta_R)^2}$$
$$\fallingdotseq E_R + I(R\cos\theta_R + X\sin\theta_R) \quad \text{(전압 기준)}$$

- 3상 송전단 전압 : $V_S \fallingdotseq V_R + \sqrt{3}\,I(R\cos\theta_R + X\sin\theta_R)$
- 전압 강하 : $v = V_S - V_R = \sqrt{3}\,I(R\cos\theta_R + X\sin\theta_R)$
- 전압 변동률 : $\delta = \dfrac{V_R' - V_R}{V_R} \times 100[\%]$
- 전압 강하율 : $\epsilon = \dfrac{V_S - V_R}{V_R} \times 100 = \dfrac{\sqrt{3}\,I(R\cos\theta_R + X\sin\theta_R)}{V_R} \times 100[\%]$
- 수전단 전력 : $P_R = 3E_R I\cos\theta_R = \sqrt{3}\,V_R I\cos\theta_R[\mathrm{W}]$
- 선로 손실 : $P_l = 3I^2 R[\mathrm{W}]$
- 송전단 전력 : $P_S = \sqrt{3}\,V_S I_S \cos\theta_S = P_R + 3I^2 R[\mathrm{W}]$
- 전력손실율 : $K = \dfrac{P_l}{P} \times 100 = \dfrac{PR}{V^2 \cos^2\theta} \times 100[\%]$

> V_S : 송전단 전압, V_R : 수전단 전압, V_R' : 무부하시 수전단 전압, E_R : 수전단 상전압, R : 1선의 저항
> $\cos\theta$: 역률, $\sin\theta$: 무효율, P_l : 전력손실, P : 전력, $I = I_S = I_R$: 전류 = 송전단 전류 = 수전단 전류
> ① 전압 제곱의 비례 : 전력 ② 전압 제곱의 반비례 : 면적, 전력손실, 전압강하율,
> ③ 전압의 반비례 : 전압강하

5 중거리 송전 선로의 전기적 특성

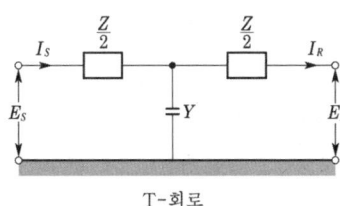
T-회로

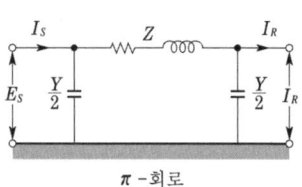
π-회로

① T 회로 : $E_s = \left(1 + \dfrac{ZY}{2}\right)E_R + Z\left(1 + \dfrac{ZY}{4}\right)I_R$

$I_s = YE_R + \left(1 + \dfrac{ZY}{2}\right)I_R$

② π 회로 : $E_s = \left(1 + \dfrac{ZY}{2}\right)E_R + ZI_R$

$I_s = Y\left(1 + \dfrac{ZY}{4}\right)E_R + \left(1 + \dfrac{ZY}{2}\right)I_R$

Z : 임피던스, Y : 어드미턴스

6 장거리 송전 선로의 전기적 특성

1) 장거리 송전선로

① 송전 선로 4단자 정수 관계

$$E_s = AE_R + BI_R, \quad I_s = CE_R + DI_R, \quad AD - BC = 1$$

A, B, C, D : 4단자 정수

② γ : 전파 정수 $= \sqrt{ZY} = \sqrt{(r+j\omega L)(g+j\omega C)}$ [rad/km]

③ Z_0 : 특성 임피던스 $= \sqrt{\dfrac{Z}{Y}} = \sqrt{\dfrac{(r+j\omega L)}{(g+j\omega C)}}$ [Ω]

r : 저항, ω : 각속도, L : 작용 인덕턴스, C : 작용 정전용량

2) 송전용량

① Still의 식(경제적인 송전 전압)

$$V_s = 5.5\sqrt{0.6l + \dfrac{P}{100}}\;[\text{kV}]$$

l : 송전 거리[km], P : 송전 용량[kW]

② 고유 부하법

$$P = \dfrac{V_R^2}{Z} \times 10^3 \fallingdotseq 2.5\,V_R^2\;[\text{MW/회선}]$$

V_R : 수전단 선간 전압[kV], Z : 특성 임피던스(대략 400[Ω])

③ 송전 용량 계수법

$$P_R = k\dfrac{V_R^2}{l}\;[\text{kW}]$$

V_R : 수전단 선간 전압[kV], l : 송전 거리[km], k : 송전 용량 계수 $\begin{cases}60[\text{kV}] \to 600 \\ 100[\text{kV}] \to 800 \\ 140[\text{kV}] \to 1200\end{cases}$

④ 송전 전력

$$P = \dfrac{V_S V_R}{X}\sin\delta\;[\text{MW}]$$

V_S, V_R : 송수전단 전압[kV], δ : 송수전단 전압의 위상차, X : 선로의 리액턴스[Ω]

7 분포정전용량의 영향

1) 페란티 현상
페란티 현상이란 무부하 장거리송전서로의 정전용량이 큰 경우 충전전류에 의해 수전단 전압이 송전단 전압보다 높아지는 현상을 말한다.

2) 연가
연가는 선로정수를 평형시키고 통신선의 유도장해를 방지하기 위하여 선로를 3배수 등분하여 실시한다.
- 직렬공진 방지
- 유도장해 감소
- 선로정수 평형

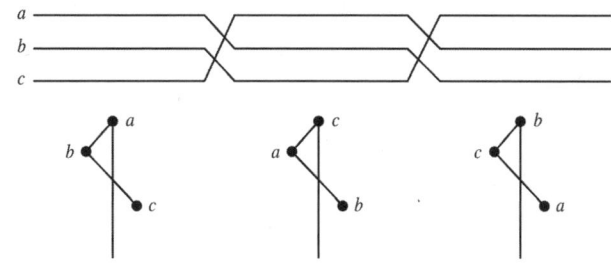

3) 복도체 방식
3상 송전선의 한 가닥의 전선을 2가닥 이상으로 한 것을 다도체라 하고, 2가닥으로 한 것을 보통 복도체라 하며, 주목적은 코로나의 방지를 위한 것이다.
- 복도체에서 단락시는 모든 소도체에는 동일 방향으로 전류가 흐르므로 흡인력이 생긴다.
- 복도체를 사용함으로써 전선의 등가 반지름이 증가하므로 인덕턴스는 감소하고 정전용량은 증가하여 송전용량이 증가하고 안정도를 증대시킨다.

8 가공 전선로와 지중 전선로

지중선 계통은 가공선 계통에 비해서 선간 거리가 수십 배 작으므로 인덕턴스는 작고 정전 용량은 크다.

02 필수유형 및 과년도문제

필수 01 ★★★★★ 선로정수

반지름이 r[m]인 3상 송전선 A, B, C 가 그림과 같이 수평으로 D[m] 간격으로 배치되고 3선이 완전 연가된 경우 각 인덕턴스는 몇 [mH/km]인가?

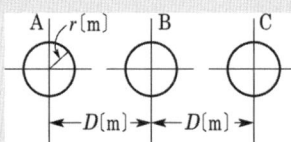

① $L = 0.05 + 0.4605 \log_{10} \dfrac{D}{r}$

② $L = 0.05 + 0.4605 \log_{10} \dfrac{\sqrt{2}\,D}{r}$

③ $L = 0.05 + 0.4605 \log_{10} \dfrac{\sqrt{3}\,D}{r}$

④ $L = 0.05 + 0.4605 \log_{10} \dfrac{\sqrt[3]{2}\,D}{r}$

유형분석 선로정수, 등가선간거리, 충전전류 등이 출제된다.

풀 이 $L = 0.05 + 0.4605 \log \dfrac{D}{r}$

$D = \sqrt[3]{D \cdot D \cdot 2D} = \sqrt[3]{2} \cdot D$

답 ④

Key point

(1) 인덕턴스

- 단도체 인덕턴스 : $L = 0.4605 \log_{10} \dfrac{D}{r} + 0.05$ [mH/km]

(2) 정전 용량

- 단도체 정전 용량 : $C = \dfrac{0.02413}{\log_{10} \dfrac{D}{r}}$ [μF/km]

- 부분 정전 용량 ㉠ 단상 1회선인 경우 $C_w = C_s + 2C_m$

　　　　　　　　㉡ 3상 1회선인 경우 $C_w = C_s + 3C_m$

　　　　　　　　㉢ 3상 2회선인 경우 $C_w = C_s + 3(C_m + C_m{'})$

문제 01 ★★★★★

3상 3선식 1회선의 가공 송전선로에서 D를 선간거리, r을 전선의 반지름이라고 하면 1선당 정전용량 C는?

① $\log_{10}\dfrac{D}{r}$에 비례한다.   ② $\log_{10}\dfrac{D}{r}$에 반비례한다.

③ $\dfrac{D}{r}$에 비례한다.   ④ $\dfrac{r}{D}$에 비례한다.

풀이 $C_w = \dfrac{0.02413}{\log_{10}\dfrac{D}{r}}[\mu F/km]$이므로 정전 용량은 $\log_{10}\dfrac{D}{r}$에 반비례한다.   **답** ②

문제 02 ★★★★

3상 3선식 송전선로에 있어서 각선의 대지 정전용량이 0.5096[μF]이고, 선간 정전용량이 0.1295[μF]일 때 1선의 작용 정전용량은 몇 [μF]인가?

① 0.6391   ② 0.7686   ③ 0.8981   ④ 1.5288

풀이 $C_n = C_s + 3C_m = 0.5096 + 3 \times 0.1295 = 0.8981[\mu F]$ **답** ③

문제 03 ★★

3상 3선식 가공 송전선로의 선간 거리가 각각 D_1, D_2, D_3 일 때 등가 선간거리는?

① $\sqrt{D_1 D_2 + D_2 D_3 + D_3 D_1}$ ② $\sqrt[3]{D_1 \cdot D_2 \cdot D_3}$
③ $\sqrt{D_1^2 + D_2^2 + D_3^2}$ ④ $\sqrt[3]{D_1^3 + D_2^3 + D_3^3}$

풀이 $D_e = \sqrt[3]{D_1 \cdot D_2 \cdot D_3}$ **답** ②

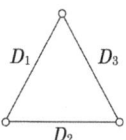

문제 04 ★★

복도체 선로가 있다. 소도체의 지름 8[mm], 소도체 사이의 간격 40[cm]일 때, 등가 반지름[cm]은?

① 2.8   ② 3.6   ③ 4.0   ④ 5.7

풀이 등가 반지름 $r_e = \sqrt{rs} = \sqrt{0.4 \times 40} = 4.0[cm]$ **답** ③

문제 05 ★★★★★

정전 용량 0.01[μF/km], 길이 173.2[km], 선간 전압 60000[V], 주파수 60[Hz]인 송전선로의 충전전류는 몇 [A]인가?

① 6.3   ② 1.25   ③ 22.6   ④ 37.2

풀이 $I_c = 2\pi f C l E = 2\pi \times 60 \times 0.01 \times 10^{-6} \times 173.2 \times \dfrac{60000}{\sqrt{3}} = 22.6[A]$ 　　　　**답** ③

필수 02 ★★★★★ 전력원선도

전력 원선도에서 알 수 없는 것은?
① 전력　　　② 손실　　　③ 역률　　　④ 코로나 손실

유형분석 원선도 반지름, 원선도에서 구할 수 없는 것 등이 출제된다.

풀이 원선도에서 알 수 있는 사항
① 정태 안정 극한 전력(최대 전력)　② 송수전단 전압간의 상차각　③ 조상 용량
④ 수전단 역률　⑤ 선로 손실과 송전 효율　　　　　　　　　　　　　　　**답** ④

Key point

원선도의 반지름 : $\rho = \dfrac{V_S V_R}{B}$

원선도에서 구할 수 없는 것 : 과도 안정 극한전력, 코로나 손실

문제 06 ★ 정전압 송전 방식에서 전력 원선도를 그리려면 무엇이 주어져야 하는가?
① 송수전단 전압, 선로의 일반회로정수
② 송수전단 전류, 선로의 일반회로정수
③ 조상기 용량, 수전단 전압
④ 송전단 전압, 수전단 전류

풀이 전력 원선도 작성 시 필요한 것
① 송전단 전압 : E_S
② 수전단 전압 : E_r
③ 회로정수 : A, B, C, D　　　　　　　　　　　　　　　　　　　　　　　**답** ①

문제 07 ★★☆ 전력 원선도의 가로축과 세로축은 각각 다음 중 어느 것을 나타내는가?
① 전압과 전류　　　　　　　② 전압과 전력
③ 전류와 전력　　　　　　　④ 유효 전력과 무효 전력

풀이 가로축 : 유효 전력, 세로축 : 무효 전력　　　　　　　　　　　　　　**답** ④

02. 송·배전 선로의 전기적 특성

문제 08 송수전단의 전압을 E_s, E_r 이라고 하고 4단자 정수를 A, B, C, D라 할 때 전력 원선도를 그릴 때의 반지름은?

① $E_r E_S / A$ ② $E_r E_S / B$ ③ $E_r E_S / C$ ④ $E_r E_S / D$

풀이 반지름 $\rho = \dfrac{E_S E_r}{B}$

답 ②

03 코로나 현상 및 유도장해

송전선로에서 코로나 임계 전압이 높아지는 경우는 다음 중 어느 것인가?
① 온도가 높아지는 경우
② 상대 공기밀도가 작을 경우
③ 전선의 직경이 큰 경우
④ 기압이 낮은 경우

유형분석 코로나의 영향과 대책, 정전 유도 장해와 전자 유도 장해 부분이 출제된다.

풀이 코로나 임계 전압 $E_0 = 24.3 m_0 m_1 \delta d \log_{10} \dfrac{D}{r}$ [kV]

여기서, δ : 상대 공기 밀도 $\left(\delta = \dfrac{0.386b}{273+t}\right)$, t : 온도[℃], b : 기압,
d : 전선의 직경[cm], D : 선간 거리[cm], r : 전선의 반경[cm]

따라서 전선의 직경이 큰 경우 또는 기압이 높아지거나 온도가 낮아지면 임계전압이 높아진다.

답 ③

Key point

코로나의 방지책
- 전선의 지름을 크게 한다.
- 복도체를 사용한다.
- 가선 금구를 개량한다.
- 가선시에 전선 표면의 금구를 손상하지 않게 한다.

문제 09 3상 3선식 송전선로에서 코로나의 임계전압 E_0[kV]의 계산식은? 단, $d = 2r =$ 전선의 지름[cm], $D =$ 전선(3선)의 평균 선간거리[cm]이며, 전선표면계수, 날씨계수, 상대공기 밀도 등의 영향계수는 곱하지 않는 것으로 한다.

① $E_0 = 24.3 d \log_{10} \dfrac{D}{r}$

② $E_0 = 24.3 d \log_{10} \dfrac{r}{D}$

③ $E_0 = \dfrac{24.3}{d \log_{10} \dfrac{D}{r}}$

④ $E_0 = \dfrac{24.3}{d \log_{10} \dfrac{r}{D}}$

풀이 $E_0 = 24.3 m_0 m_1 \delta d \log_{10} \dfrac{2D}{d}$

여기서 m_0 : 전선의 표면계수, m_1 : 기후계수, δ : 상대 공기밀도, d : 전선의 지름, D : 선간거리

$\therefore E_0 = 24.3 d \log \dfrac{2D}{2r} = 24.3 d \log \dfrac{D}{r}$

답 ①

문제 10 ★★☆
송전선에 코로나가 발생하면 전선이 부식된다. 무엇에 의하여 부식되는가?

① 산소 ② 질소 ③ 수소 ④ 오존

풀이 오존과 산화질소는 코로나 방전 시에 발생하며 습기와 혼합하면 질산이 되므로 전선이나 부속물을 부식시킨다.

답 ④

문제 11 ★
송전선의 코로나손과 가장 관계가 깊은 것은?

① 상대 공기 밀도 ② 송전선의 정전 용량
③ 송전 거리 ④ 송전선의 전압 변동률

풀이 Peek의 식 $P_c = \dfrac{241}{\delta}(f+25)\sqrt{\dfrac{d}{2D}}(E-E_0)^2 \times 10^{-5}$ [kW/km/선]

δ : 상대 공기 밀도

답 ①

문제 12 ★
코로나 현상에 대한 설명 중 옳지 않은 것은?

① 코로나 현상은 전력의 손실을 일으킨다.
② 코로나 손실은 전원 주파수의 2/3 제곱에 비례한다.
③ 코로나 방전에 의하여 전파 장해가 일어난다.
④ 전선을 부식한다.

풀이 Peek의 식
$P_c = \dfrac{241}{\delta}(f+25)\sqrt{\dfrac{d}{2D}}(E-E_0)^2 \times 10^{-5}$ [kW/km/선]

δ : 상대 공기 밀도

답 ②

필수 04 ★★★ 단거리 송전선로의 전기적 특성

부하 전력 및 역률이 같을 때 전압을 n배 승압하면 전압 강하율과 전력 손실은 어떻게 되는가?

	전압 강하율	전력 손실		전압 강하율	전력 손실
①	$\dfrac{1}{n}$	$\dfrac{1}{n^2}$	②	$\dfrac{1}{n^2}$	$\dfrac{1}{n}$
③	$\dfrac{1}{n}$	$\dfrac{1}{n}$	④	$\dfrac{1}{n^2}$	$\dfrac{1}{n^2}$

유형분석 n배 승압했을 경우 전압강하, 전압 강하율, 전력, 전력손실, 역률의 변화에 관한 문제가 출제된다.

풀 이 ① 전압 강하 $e = \dfrac{P}{V}(R+X\tan\theta)$, 전압 강하율 $\epsilon = \dfrac{e}{V} = \dfrac{P}{V^2}(R+X\tan\theta)$

n배 승압하였을 때 전압 강하율 $\epsilon' = \dfrac{P}{(nV)^2}(R+X\tan\theta)$

$\therefore \dfrac{\epsilon'}{\epsilon} = \dfrac{\dfrac{P}{n^2V^2}(R+X\tan\theta)}{\dfrac{P}{V^2}(R+X\tan\theta)} = \dfrac{1}{n^2}$

② 전력 손실 $P_l = 3I^2R = \dfrac{P^2R}{V^2\cos^2\theta}$

n배 승압하였을 때의 전력 손실 $P_l' = \dfrac{P^2R}{n^2V^2\cos^2\theta}$

$\therefore \dfrac{P_l'}{P_l} = \dfrac{\dfrac{P^2R}{n^2V^2\cos^2\theta}}{\dfrac{P^2R}{V^2\cos^2\theta}} = \dfrac{1}{n^2}$ 배

답 ④

Key point

- 3상 송전단 전압 $V_S \fallingdotseq V_R + \sqrt{3}\,I(R\cos\theta_R + X\sin\theta_R)$
- 전압 강하 $v = V_S - V_R = \sqrt{3}\,I(R\cos\theta_R + X\sin\theta_R)$
- 전압 변동률 $\delta = \dfrac{V_R' - V_R}{V_R} \times 100[\%]$
- 전압 강하율 $\epsilon = \dfrac{V_S - V_R}{V_R} \times 100 = \dfrac{\sqrt{3}\,I(R\cos\theta_R + X\sin\theta_R)}{V_R} \times 100[\%]$
- 수전단 전력 $P_R = 3E_RI\cos\theta_R = \sqrt{3}\,V_RI\cos\theta_R[\text{W}]$

문제 13 ★★★ 늦은 역률의 부하를 갖는 단거리 송전선로의 전압강하의 근사식은? 단, P는 3상 부하 전력[kW], E는 선간전압[kV], R은 선로저항[Ω], X는 리액턴스[Ω], θ는 부하의 늦은 역률각이다.

① $\dfrac{\sqrt{3}\,P}{E}(R + X \cdot \tan\theta)$ ② $\dfrac{P}{\sqrt{3}\,E}(R + X \cdot \tan\theta)$

③ $\dfrac{P}{E}(R + X \cdot \tan\theta)$ ④ $\dfrac{P}{\sqrt{3}\,E}(R \cdot \cos\theta + X \cdot \sin\theta)$

풀이 $P = \sqrt{3}\,EI\cos\theta$ 에서 $I = \dfrac{P}{\sqrt{3}\,E\cos\theta}$

3상 전압 강하 $v = V_s - V_r = \sqrt{3}\,I(R\cos\theta + X\sin\theta) = \sqrt{3}\,\dfrac{P}{\sqrt{3}\,E\cos\theta}(R\cos\theta + X\sin\theta)$

$= \dfrac{P}{E}\left(R + X\dfrac{\sin\theta}{\cos\theta}\right) = \dfrac{P}{E}(R + X\tan\theta)$

답 ③

문제 14 ★★★★ 단일부하 배전선에서 부하 역률 $\cos\theta$, 부하 전류 I, 선로 저항 r, 리액턴스를 x라 하면 배전선에서 최대 전압강하가 생기는 조건은?

① $\cos\theta \fallingdotseq \dfrac{r}{x}$ ② $\sin\theta \fallingdotseq \dfrac{x}{r}$ ③ $\tan\theta \fallingdotseq \dfrac{x}{r}$ ④ $\tan\theta \fallingdotseq \dfrac{r}{x}$

풀이 선로손실 $\Delta E = I(r\cos\theta + x\sin\theta)$, $\dfrac{\Delta E}{\partial \theta} = I(-r\sin\theta + x\cos\theta) = 0$

$x\cos\theta = r\sin\theta$ $\therefore \tan\theta = \dfrac{x}{r}$

답 ③

문제 15 ★★ 그림과 같은 회로에서 송전단의 전압 및 역률 E_1, $\cos\phi_1$, 수전단의 전압 및 역률 E_2, $\cos\phi_2$일 때 전류 I는?

① $(E_1\cos\phi_1 + E_2\sin\phi_2)/r$
② $(E_1\cos\phi_1 - E_2\cos\phi_2)/r$
③ $(E_1\sin\phi_1 + E_2\cos\phi_2)/\sqrt{r^2+x^2}$
④ $(E_1\cos\phi_1 - E_2\cos\phi_2)/\sqrt{r^2+x^2}$

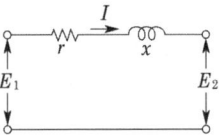

풀이 그림과 같은 회로에서의 손실 전력 P_l은 $P_l = I^2 r = P_1 - P_2 = E_1 I\cos\phi_1 - E_2 I\cos\phi_2$
정리하면 $I^2 r = I(E_1\cos\phi_1 - E_2\cos\phi_2)$ $\therefore I = (E_1\cos\phi_1 - E_2\cos\phi_2)/r$

답 ②

문제 16 ★★★★★ 3상 3선식 송전선에서 한 선의 저항이 10[Ω], 리액턴스가 20[Ω]이고, 수전단의 선간 전압은 60[kV], 부하 역률이 0.8인 경우, 전압 강하율을 10[%]라 하면 이 송전 선로는 몇 [kW]까지 수전할 수 있는가?

① 18,000   ② 14,400   ③ 12,000   ④ 10,000

풀이 $\epsilon = \dfrac{p}{V^2}(R + X\tan\theta)$에서 10[%]이므로 $0.1 = \dfrac{p}{60000^2}\left(10 + 20 \times \dfrac{0.6}{0.8}\right)$

$\therefore p = \dfrac{0.1 \times 60000^2}{\left(10 + 20 \times \dfrac{0.6}{0.8}\right)} \times 10^{-3} = 14400$[kW]

답 ②

문제 17 ★★☆ 송전 전압을 높일 때 발생하는 경제적 문제 중 옳지 않은 것은?

① 송전 전력과 전선의 단면적이 일정하면 선로의 전력 손실이 감소한다.
② 절연 애자의 개수가 증가한다.
③ 변전소에 시설할 기기의 값이 고가로 된다.
④ 보수 유지에 필요한 비용이 적어진다.

풀이 보수 유지에 필요한 비용이 많아진다.

답 ④

05 ★★ 중거리 송전선로의 전기적 특성

송전 선로의 수전단을 개방할 경우, 송전단 전류 I_S는 어떤 식으로 표시되는가?
단, 송전단 전압을 V_S, 선로의 임피던스를 Z, 선로의 어드미턴스를 Y라 한다.

① $I_S = \sqrt{\dfrac{Y}{Z}} \tanh \sqrt{ZY}\, V_S$　　　② $I_S = \sqrt{\dfrac{Z}{Y}} \tanh \sqrt{ZY}\, V_S$

③ $I_S = \sqrt{\dfrac{Y}{Z}} \coth \sqrt{ZY}\, V_S$　　　④ $I_S = \sqrt{\dfrac{Z}{Y}} \coth \sqrt{ZY}\, V_S$

유형분석 4단자 정수와 관련된 문제가 출제된다. 송전전압, 전류 등을 계산하는 문제는 출제되지 않는다.

풀이 $V_S = V_R \cosh rl + \sqrt{3}\, Z_0 I_R \sinh rl$, $I_S = \dfrac{1}{Z_0} V_R \sinh rl + \sqrt{3}\, I_R \cosh rl$

에서 수전단을 개방할 경우 $I_R = 0$이므로

$$V_S = V_R \cosh rl,\quad V_R = \dfrac{V_S}{\cosh rl}$$

$$\therefore I_S = \dfrac{1}{Z_0} V_R \sinh rl = \dfrac{1}{Z_0} \dfrac{V_S}{\cosh rl} \sinh rl = \dfrac{V_S}{Z_0} \tanh rl$$

$Z_0 = \sqrt{\dfrac{Z}{Y}}$, $r = \sqrt{ZY}$ 를 대입하면 $I_S = \sqrt{\dfrac{Y}{Z}} \tanh \sqrt{ZY}\, V_S$

답 ①

Key point

① T 회로 : $E_s = \left(1 + \dfrac{ZY}{2}\right) E_R + Z\left(1 + \dfrac{ZY}{4}\right) I_R$, $I_s = Y E_R + \left(1 + \dfrac{ZY}{2}\right) I_R$

② π 회로 : $E_s = \left(1 + \dfrac{ZY}{2}\right) E_R + Z I_R$, $I_s = Y\left(1 + \dfrac{ZY}{4}\right) E_R + \left(1 + \dfrac{ZY}{2}\right) I_R$

문제 18 ★★ 그림 중 4단자 정수 A, B, C, D는? 여기서 E_S, I_S는 송전단 전압, 전류 E_R, I_R은 수전단 전압, 전류이고 Y는 병렬 어드미턴스이다.

① 1, 0, Y, 1
② 1, Y, 0, 1
③ 1, Y, 1, 0
④ 1, 0, 0, 1

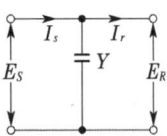

풀이 $E_S = E_R$, $I_S = Y E_R + I_R$
$\therefore A = 1,\ B = 0,\ C = Y,\ D = 1$

답 ①

문제 19 일반 회로 정수가 같은 평행 2회선에서 A, B, C, D는 1회선인 경우의 몇 배로 되는가?

① $A:2$, $B:2$, $C:\dfrac{1}{2}$, $D:1$ ② $A:1$, $B:2$, $C:\dfrac{1}{2}$, $D:1$

③ $A:1$, $B:\dfrac{1}{2}$, $C:2$, $D:1$ ④ $A:1$, $B:\dfrac{1}{2}$, $C:2$, $D:2$

풀이 병렬인 경우 전압비와 전류비는 일정하다. 그러나 임피던스는 $\dfrac{1}{2}$배가 되며 어드미턴스는 2배가 된다.

따라서 B는 $\dfrac{1}{2}$배, C는 2배가 된다.   **답** ③

문제 20 그림과 같이 4단자 정수가 A_1, B_1, C_1, D_1인 송전선로의 양단에 Z_S, Z_r 의 임피던스를 갖는 변압기가 연결된 경우의 합성 4단자 정수 중 A의 값은?

① $A = C_1$
② $A = B_1 + A_1 Z_r$
③ $A = A_1 + C_1 Z_s$
④ $A = D_1 + C_1 Z_r$

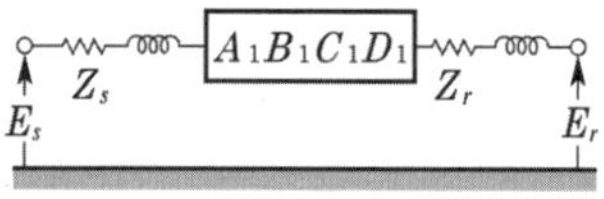

풀이
$$\begin{bmatrix} A & B \\ C & D \end{bmatrix} = \begin{bmatrix} 1 & Z_s \\ 0 & 1 \end{bmatrix}\begin{bmatrix} A_1 & B_1 \\ C_1 & D_1 \end{bmatrix}\begin{bmatrix} 1 & Z_r \\ 0 & 1 \end{bmatrix} = \begin{bmatrix} A_1 + C_1 Z_s & B_1 + D_1 Z_s \\ C_1 & D_1 \end{bmatrix}\begin{bmatrix} 1 & Z_r \\ 0 & 1 \end{bmatrix}$$
$$= \begin{bmatrix} A_1 + C_1 Z_s & (A_1 + C_1 Z_s)Z_r + (B_1 + D_1 Z_s) \\ C_1 & C_1 Z_r + D_1 \end{bmatrix}$$

답 ③

문제 21 그림과 같이 회로 정수 A, B, C, D인 송전 선로에 변압기 임피던스 Z_r 를 수전단에 접속했을 때 변압기 임피던스 Z_r 을 포함한 새로운 회로 정수 D_0는? 단, 그림에서 E_S, I_S는 송전단 전압, 전류이고 E_R, I_R은 수전단의 전압, 전류이다.

① $B + AZ_r$
② $B + CZ_r$
③ $D + AZ_r$
④ $D + CZ_r$

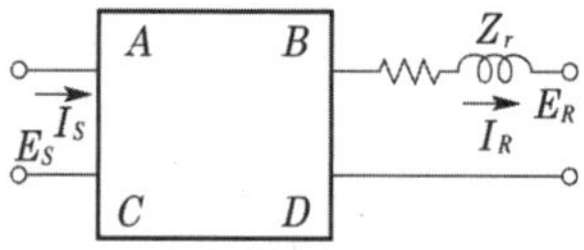

풀이
$$\begin{bmatrix} A_0 & B_0 \\ C_0 & D_0 \end{bmatrix} = \begin{bmatrix} A & B \\ C & D \end{bmatrix}\begin{bmatrix} 1 & Z_r \\ 0 & 1 \end{bmatrix} = \begin{bmatrix} A & AZ_r + B \\ C & CZ_r + D \end{bmatrix}$$
$\therefore D_0 = D + CZ_r$

답 ④

문제 22 ★★★☆

송전선로의 일반 회로 정수가 $A = 1.0$, $B = j190$, $D = 1.0$이라면 C의 값은 얼마인가?

① 0 ② $-j0.00526$ ③ $j0.00526$ ④ $j190$

풀이 $AD - BC = 1$에서 $C = \dfrac{AD-1}{B} = \dfrac{1 \times 1 - 1}{j190} = 0$

답 ①

필수 06 장거리 송전선로의 전기적 특성 ★★★★★

무손실 전기회로에서 $C = 0.009[\mu F/km]$, $L = 1[mH/km]$일 때 특성 임피던스는 몇 $[\Omega]$인가?

① $\dfrac{10}{3}$ ② $\dfrac{100}{3}$ ③ $\dfrac{1000}{3}$ ④ $\dfrac{10,000}{3}$

유형분석 특성 임피던스와 전파정수에 관한 문제가 자주 출제된다.

풀이 $Z_0 = \sqrt{\dfrac{L}{C}} = \sqrt{\dfrac{1 \times 10^{-3}}{0.009 \times 10^{-6}}} = \sqrt{\dfrac{10^6}{9}} = \dfrac{1000}{3}[\Omega]$

답 ③

Key point

(1) 장거리 송전선로
  ① 송전 선로 4단자 정수 관계
  $$E_s = AE_R + BI_R,\ I_s = CE_R + DI_R,\ AD - BC = 1$$
  ② γ : 전파 정수 $= \sqrt{ZY} = \sqrt{(r+j\omega L)(g+j\omega C)}$ [rad/km]
  ③ Z_0 : 특성 임피던스 $= \sqrt{\dfrac{Z}{Y}} = \sqrt{\dfrac{(r+j\omega L)}{(g+j\omega C)}}$ [Ω]

(2) 송전용량
  ① Still의 식(경제적인 송전 전압) $V_s = 5.5\sqrt{0.6l + \dfrac{P}{100}}$
  ② 송전 전력 $P = \dfrac{V_S V_R}{X} \sin\delta$[MW]

문제 23 ★★★★★

송전선로의 특성 임피던스와 전파정수는 무슨 시험에 의해서 구할 수 있는가?

① 무부하시험과 단락시험 ② 부하시험과 단락시험
③ 부하시험과 충전시험 ④ 충전시험과 단락시험

풀이
- 특성 임피던스 $Z_0 = \sqrt{\dfrac{Z}{Y}}$, 전파 정수 $\gamma = \sqrt{YZ}$
- 무부하 시험에서 Y를 구하고, 단락 시험에서는 Z를 구하여 특성 임피던스와 전파 정수를 구할 수 있다.

답 ①

문제 24 ★★★ 송전선로의 특성 임피던스를 $Z_0[\Omega]$, 전파정수를 α라 할 때, 이 선로의 직렬 임피던스는 어떻게 표현되는가?

① $Z_0 \cdot \alpha$ ② Z_0/α ③ α/Z_0 ④ $1/Z_0\alpha$

풀이 특성 임피던스 $Z_0 = \sqrt{\dfrac{Z}{Y}}$, 전파 정수 $\alpha = \sqrt{Z \cdot Y}$

$Z_0 \cdot \alpha = \sqrt{\dfrac{Z}{Y} \cdot ZY} = Z$

답 ①

문제 25 ★★★ 각 전력계통을 연락선으로 상호 연결하면 여러 가지 장점이 있다. 옳지 않은 것은?

① 각 전력계통의 신뢰도가 증가한다.
② 경제급전이 용이하다.
③ 배후전력(back power)이 크기 때문에 고장이 적으며 그 영향의 범위가 작아진다.
④ 주파수의 변화가 작아진다.

풀이 전력계통의 연계방식의 장단점
[장점] ① 전력의 융통으로 설비용량이 절감된다.
② 건설비 및 운전 경비를 절감하므로 경제 급전이 용이하다.
③ 계통 전체로서의 신뢰도가 증가한다.
④ 부하 변동의 영향이 작아져서 안정된 주파수 유지가 가능하다.
[단점] ① 연계설비를 신설해야 한다.
② 사고 시 타 계통에의 파급 확대될 우려가 있다.
③ 병렬회로 수가 많아지므로 단락전류가 증대하고 통신선의 전자유도 장해도 커진다.

답 ③

문제 26 ★★☆ 선로의 특성 임피던스는?

① 선로의 길이가 길어질수록 값이 커진다.
② 선로의 길이가 길어질수록 값이 작아진다.
③ 선로의 길이보다는 부하전력에 따라 값이 변한다.
④ 선로의 길이에 관계없이 일정하다.

풀이 $Z_0 = \sqrt{\dfrac{L}{C}}$: 길이에 무관하다.

답 ④

문제 27 ★★★★

장거리 송전선에서 단위 길이당 임피던스 $\dot{Z} = r + j\omega L [\Omega/\text{km}]$, 어드미턴스 $\dot{Y} = g + j\omega C [\mho/\text{km}]$라 할 때 저항과 누설 컨덕턴스를 무시하는 경우 특성 임피던스의 값은?

① $\sqrt{\dfrac{L}{C}}$ ② $\sqrt{\dfrac{C}{L}}$ ③ $\dfrac{L}{C}$ ④ $\dfrac{C}{L}$

풀이 특성 임피던스 $Z_0 = \sqrt{\dfrac{Z}{Y}} = \sqrt{\dfrac{0+j\omega L}{0+j\omega C}} ≒ \sqrt{\dfrac{L}{C}}$

답 ①

문제 28 ★★★★★

송전단 전압 161[kV], 수전단 전압 154[kV], 상차각 40°, 리액턴스 45[Ω]일 때 선로 손실을 무시하면 전송 전력은 약 몇 [MW]인가?

① 323 ② 443 ③ 354 ④ 623

풀이 $P = \dfrac{V_s V_r}{X} \sin\delta = \dfrac{161 \times 154}{45} \sin 40 = 354 [\text{MW}]$

답 ③

필수 07 ★★★★★ 분포 정전용량의 영향

송전 선로의 페란티 효과를 방지하는데 효과적인 것은?
① 분로 리액터 사용
② 복도체 사용
③ 병렬 콘덴서 사용
④ 직렬 콘덴서 사용

유형분석 연가, 복도체, 페란티 현상 등이 출제된다.

풀 이 페란티 현상이란 선로의 정전 용량으로 인하여 무부하시나 경부하시에 진상 전류가 흘러 수전단 전압이 송전단 전압보다 높아지는 현상을 말하며 이의 대책으로는 분로 리액터나 동기 조상기의 지상 용량으로 방지할 수 있다.

답 ①

Key point

① 페란티 현상 : 페란티 현상이란 무부하 장거리송전서로의 정전용량이 큰 경우 충전전류에 의해 수전단 전압이 송전단 전압보다 높아지는 현상을 말한다.
② 연가 : 연가는 선로정수를 평형시키고 통신선의 유도장해를 방지하기 위하여 선로를 3배수 등분하여 실시한다.
 • 직렬공진 방지
 • 유도장해 감소

문제 29 ★★★☆

송배전 선로의 도중에 직렬로 삽입하여 선로의 유도성 리액턴스를 보상함으로써 선로정수 그 자체를 변화시켜서 선로의 전압 강하를 감소시키는 직렬 콘덴서 방식의 특성에 대한 설명으로 옳은 것은?

① 최대 송전 전력이 감소하고 정태 안정도가 감소된다.
② 부하의 변동에 따른 수전단의 전압 변동률은 증대된다.
③ 장거리 선로의 유도 리액턴스를 보상하고 전압 강하를 감소시킨다.
④ 송수 양단의 전달 임피던스가 증가하고 안정 극한 전력이 감소한다.

풀이 직렬 콘덴서의 장·단점
[장점] ① 유도 리액턴스를 보상하고 전압 강하를 감소시킨다.
② 수전단의 전압 변동률을 경감시킨다.
③ 최대 송전 전력이 증대하고 정태 안정도가 증대한다.
④ 부하 역률이 나쁠수록 효과가 크다.
⑤ 용량이 작으므로 설비비가 저렴하다.
[단점] ① 단락 고장 시 콘덴서 양단에 고전압이 걸린다.
② 무부하 변압기에 직렬 콘덴서를 투입하는 경우 선로 전류가 증대한다.
③ 고압 배전선에 설치하는 경우 자기 여자 현상이 일어날 경우가 있다.
④ 과보상이 되면 동기기에 난조가 생기거나 탈조하는 수가 있다. **답** ③

문제 30 ★★★★★

연가를 하는 주된 목적은?

① 미관상 필요   ② 선로정수의 평형
③ 유도뢰의 방지   ④ 직격뢰의 방지

풀이 연가는 선로정수를 평형시키고 통신선의 유도장해를 방지하기 위하여 선로를 3배수 등분하여 실시한다.
• 연가의 목적 : 직렬공진 방지, 유도장해 감소, 선로정수 평형 **답** ②

문제 31 ★★★★★

연가의 효과가 아닌 것은?

① 작용 정전 용량의 감소   ② 통신선의 유도 장해 감소
③ 각 상의 임피던스 평형   ④ 직렬 공진의 방지

풀이 연가의 효과
① 선로정수평형 ② 임피던스평형 ③ 소호리액터 접지 시 직렬공진방지 ④ 유도장해 감소 **답** ①

문제 32 ★★★★★

345[kV]용에서 사용하는 복도체는 같은 단면적의 단도체에 비하여 어떠한가?

① 인덕턴스는 증가하고, 정전용량은 감소한다.
② 인덕턴스는 감소하고, 정전용량은 증가한다.
③ 인덕턴스, 정전용량이 감소한다.
④ 인덕턴스, 정전용량이 증가한다.

풀이 단도체 $L = 0.05 + 0.4605\log_{10}\dfrac{D}{r}$, $C = \dfrac{0.02413}{\log_{10}\dfrac{D}{r}}$

복도체 $L = \dfrac{0.05}{n} + 0.4605\log_{10}\dfrac{D}{\sqrt[n]{rs^{n-1}}}$, $C = \dfrac{0.02413}{\log_{10}\dfrac{D}{\sqrt[n]{rs^{n-1}}}}$

위 식에서 보는 것 같이 복도체는 단도체에 비해서 등가 반지름이 증가하므로 인덕턴스는 감소, 정전 용량은 증가한다.   답 ②

문제 33 ★★
복도체에서 2본의 전선이 서로 충돌하는 것을 방지하기 위하여 2본의 전선 사이에 적당한 간격을 두어 설치하는 것은?

① 아모로드 ② 댐퍼
③ 아킹혼 ④ 스페이서

풀이 스페이서는 하나의 상에 복수도체를 다발로 하여 사용하는 다도체의 경우 전선 상호의 접근, 충돌을 방지하기 위해 사용된다.

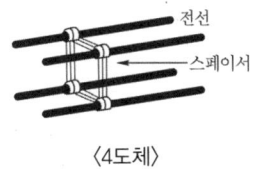
〈4도체〉

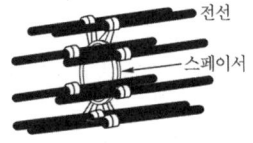
〈8도체〉

답 ④

필수 08 ★★★★★ 가공 전선로와 지중 전선로

가공선 계통은 지중선 계통보다 인덕턴스와 정전 용량이 어떠한가?

① 인덕턴스, 정전 용량이 모두 작다.
② 인덕턴스, 정전 용량이 모두 크다.
③ 인덕턴스는 크고, 정전 용량은 작다.
④ 인덕턴스는 작고, 정전 용량은 크다.

유형분석 인덕턴스와 정전용량의 변화되는 내용이 출제된다.

풀 이 가공선 계통은 지중선 계통에 비해서 선간 거리가 수십 배 크므로 인덕턴스는 크고 정전 용량은 적다.

답 ③

Key point
지중선 계통은 가공선 계통에 비해서 선간 거리가 수십 배 작으므로 인덕턴스는 작고 정전 용량은 크다.

03 출제기준 – 송·배전 방식과 그 설비 및 운용

1 송전 방식

1) 1선당 공급 전력 비교

전기방식	공급전력	1선당 공급전력	비교
단상2선식	$VI\cos\theta$	$\dfrac{VI\cos\theta}{2}$	100 [%]
단상3선식	$2VI\cos\theta$	$\dfrac{2VI\cos\theta}{3}$	133 [%]
3상 3선식	$\sqrt{3}\,VI\cos\theta$	$\dfrac{\sqrt{3}\,VI\cos\theta}{3}$	115 [%]
3상 4선식	$3VI\cos\theta$	$\dfrac{3VI\cos\theta}{4}$	150 [%]

2) 전류비, 저항비, 중량비 비교

전기방식	소요 전선량 비교		절약량
단상 2선식	중성선 굵기	기준 – 100 [%]	
단상 3선식	같다.	3/8	62.50 [%]
	1/2	2.5/8	–
3상 3선식	–	3/4	25.00 [%]
3상 4선식	같다.	4/12	66.70 [%]
	1/2	3.5/12	–

2 배전 방식

1) 배전선로의 구성

① 급전선(feeder) : 배전 변전소 또는 발전소로부터 배전 간선에 이르기까지의 도중에 부하가 접속되어 있지 않은 선로

② 간선(main line) : 급전선에 접속된 수용 지역에서의 배전 선로 가운데에서 부하의 분포 상태에 따라서 배전하거나 또는 분기선을 내어서 배전하는 주간 부분

③ 분기선(branch line) : 간선으로부터 분기한 배전 선로의 가지 모양으로 된 부분

2) 배전선의 형태

① 수지식(나뭇가지식 : tree system)

② 환상식(loop system) : 루프 배선의 이점은 선로의 도중에 고장 발생시, 고장 개소의 분리 조작이 용이하여 그 부분을 빨리 분리시킬 수 있고 전류의 통로에 융통성이 있으므로 전력 손실과 전압 강하가 적다.

③ 망상식(network system)
- 배전 신뢰도 높다.
- 기기 이용률 향상된다.
- 전압 변동이 적다.
- 적응성 양호하다.
- 전력 손실이 감소한다.
- 변전소 수를 줄일 수 있다.

④ Banking 방식 : 캐스케이딩 현상이란 Banking 배전방식으로 운전 중 건전한 변압기 일부가 고장이 발생하면 부하가 다른 건전한 변압기에 걸려서 고장이 확대되는 현상을 말한다.

3 중성점 접지방식

1) 접지목적

① 1선 지락 시 전위상승 억제, 계통의 기계 기구의 절연 보호
② 지락 사고 시 보호계전기 동작 확실
③ 안정도 증진
④ 피뢰기 효과 증진
⑤ 단절연, 저감절연
⑥ 유도장해의 방지

2) 중성점 접지방식 비교

방식	다중 고장 발생 확률	보호계전기 동작	지락 전류	고장중 운전	전위 상승	과도 안정도	유도 장해	특징
직접접지 (22.9, 154, 345[kV])	최소	확실	최대	×	1.3	최소	최대	중성점영전위, 단절연가능
저항접지	보통	↑	↑	×	$\sqrt{3}$	↓	↑	
비접지 (3.3, 6.6[kV])	최대	×	↑	가능	$\sqrt{3}$	↓	↑	저전압 단거리에 적용
소호리액터접지 (66[kV])	보통	불확실	최소	가능	$\sqrt{3}$ 이상	최대	최소	병렬공진, 고장전류최소

3) 소호리액터 접지방식(병렬공진 이용)

소호 리액터의 크기 : $L = \dfrac{1}{3\omega^2 C_s} = \dfrac{1}{3(2\pi f)^2 C_s}$

ω : 각속도, C_s : 정전용량, f : 주파수

4) 중성점 잔류전압

$$E_n = \dfrac{\sqrt{C_a(C_a - C_b) + C_b(C_b - C_c) + C_c(C_c - C_a)}}{C_a + C_b + C_c} \times \dfrac{V}{\sqrt{3}}$$

4 전력계통의 구성 및 운용

1) 전선의 구비 조건
① 도전율이 높을 것   ② 기계적 강도가 클 것   ③ 내구성이 있을 것
④ 중량이 가벼울 것   ⑤ 가요성이 클 것   ⑥ 가격이 저렴할 것

2) 켈빈의 법칙
전선 단위 길이당의 연간 전력 손실량의 가격과 전선 단위 길이당의 건설비의 이자와 상각비가 같게 될 때 전선의 굵기가 가장 경제적인 전선이라는 법칙

3) 전선의 도약방지
오프셋(offset)을 한다.

4) 애자의 연효율 또는 연능률 (백분율 또는 소수로도 표시한다.)

$\eta_n = \dfrac{V_n}{n V_1}$ n : 애자의 개수, V_n : 1련의 섬락전압, V_1 : 1개의 섬락전압

5) 이도 $D = \dfrac{W S^2}{8T}$ [m]

D : 이도, W : 전선의 하중, S : 경간, T : 장력   ※ 장력은 인장하중을 안전율로 나눈 값이다.

6) 전선의 실제 길이 $L = S + \dfrac{8D^2}{3S}$ [m]

D : 이도, W : 전선의 하중, S : 경간, T : 장력
※ 장력은 인장하중을 안전율로 나눈 값이다.

7) 전주가 수직인 지선

- $T_0 = \dfrac{T}{\cos\theta} = \dfrac{T\sqrt{H^2+a^2}}{a} = \eta \times \dfrac{T_0'}{K}$

- $n = \dfrac{KT}{T_0' \cos\theta} = \dfrac{KT}{T_0'} \dfrac{\sqrt{H^2+a^2}}{a}$

T_0 : 지선이 받는 장력, T : 전선이 받는 장력, K : 안전률

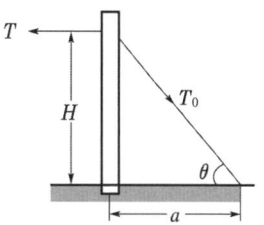

5 고장 계산과 대책

1) 옴법 (ohm method)

단락 전류 $I_S = \dfrac{E}{Z} = \dfrac{E}{Z_g + Z_t + Z_l}$ [A]

k : 송전 용량 계수, I_S : 단락 전류[A], Z_g : 발전기의 임피던스[Ω], Z_t : 변압기의 임피던스[Ω]
Z_l : 선로의 임피던스[Ω], E : 상전압[V]

2) 백분율법 (percentage method)

① 퍼센트 임피던스 $\%Z = \dfrac{ZI}{E} \times 100[\%] = \dfrac{PZ}{10E^2}[\%] = \dfrac{PZ}{10V^2}[\%]$

② 옴 임피던스 $Z = \dfrac{\%Z \cdot 10V^2}{P}[\Omega]$

$\%Z$: 퍼센트 임피던스, V : 전압[kV], P : 용량[kVA]

③ 단락 전류(차단 전류) $I_S = \dfrac{E}{Z} = \dfrac{E}{\dfrac{\%ZE}{100I}} = \dfrac{100}{\%Z}I_n$

④ 단락 용량(차단 용량)

- $P_S = \dfrac{100}{\%Z} P_n$

- $\%Z' = \%Z \times \dfrac{[\text{kVA}]'}{[\text{kVA}]}[\%]$

I_n : 정격 전류[A], P_S : 단락(차단) 용량, P_n : 정격 용량
$\%Z$: [kVA]에 대한 % 임피던스, $\%Z'$: [kVA]'에 대한 % 임피던스

3) 단위법 (per unit method)

$Z[\text{p} \cdot \text{u}] = \dfrac{ZI}{E}$ 임피던스로 표시하는 방법으로 백분율법에서 100[%]를 없앤 것이다.

① 대칭분 전압
- 각상 전압 $V_a = V_0 + V_1 + V_2$

  $V_b = V_0 + a^2 V_1 + a V_2$

  $V_c = V_0 + a V_1 + a^2 V_2$

> $a = -\dfrac{1}{2} + j\dfrac{\sqrt{3}}{2} = -0.5 + j0.866 = e^{j\frac{2\pi}{3}}$, $a^2 = -\dfrac{1}{2} - j\dfrac{\sqrt{3}}{2} = -0.5 - j0.866 = e^{j\frac{4\pi}{3}}$
> $a^3 = 1$, $a^2 + a + 1 = 0$
> V_0, I_0 : 영상 전압, 전류, V_1, I_1 : 정상 전압, 전류, V_2, I_2 : 역상 전압, 전류

- 대칭분 전압 $V_0 = \dfrac{1}{3}(V_a + V_b + V_c)$

  $V_1 = \dfrac{1}{3}(V_a + a V_b + a^2 V_c)$

  $V_2 = \dfrac{1}{3}(V_a + a^2 V_b + a V_c)$

② 대칭분 전류
- 각상 전류 $I_a = I_0 + I_1 + I_2$

  $I_b = I_0 + a^2 I_1 + a I_2$

  $I_c = I_0 + a I_1 + a^2 I_2$

> $a = -\dfrac{1}{2} + j\dfrac{\sqrt{3}}{2} = -0.5 + j0.866 = e^{j\frac{2\pi}{3}}$, $a^2 = -\dfrac{1}{2} - j\dfrac{\sqrt{3}}{2} = -0.5 - j0.866 = e^{j\frac{4\pi}{3}}$
> $a^3 = 1$, $a^2 + a + 1 = 0$
> V_0, I_0 : 영상 전압, 전류, V_1, I_1 : 정상 전압, 전류, V_2, I_2 : 역상 전압, 전류

- 대칭분 전류 $I_0 = \dfrac{1}{3}(I_a + I_b + I_c)$

  $I_1 = \dfrac{1}{3}(I_a + a I_b + a^2 I_c)$

  $I_2 = \dfrac{1}{3}(I_a + a^2 I_b + a I_c)$

③ 발전기의 기본식 $V_0 = -I_0 Z_0$

  $V_1 = E_1 - I_1 Z_1 = E_a - I_1 Z_1$

  $V_2 = -I_2 Z_2$

03 필수유형 및 과년도문제

필수 01 ★★★★ 송전 방식

동일한 조건하에서 3상 4선식 배전 선로의 총 소요 전선량은 3상 3선식의 것에 비해 몇 배 정도로 되는가? 단, 중성선의 굵기는 전력선의 굵기와 같다고 한다.

① $\frac{1}{3}$ ② $\frac{3}{4}$ ③ $\frac{3}{8}$ ④ $\frac{4}{9}$

유형분석 전선 중량비 비교 및 1선당 공급전력 비교, 손실비 등이 출제된다.

풀이

소요 전선량 전력 손실비	단상 2선식	단상 3선식	3상 3선식	3상 4선식
	24	9	18	8

표에 의해 $\frac{3상4선식}{3상3선식} = \frac{8}{18} = \frac{4}{9}$

답 ④

Key point

(1) 1선당 공급 전력 비교

전기방식	공급 전력	1선당 공급전력	비교
단상 2선식	$VI\cos\theta$	$\frac{VI\cos\theta}{2}$	100[%]
단상 3선식	$2VI\cos\theta$	$\frac{2VI\cos\theta}{3}$	133[%]
3상 3선식	$\sqrt{3}VI\cos\theta$	$\frac{\sqrt{3}VI\cos\theta}{3}$	115[%]
3상 4선식	$3VI\cos\theta$	$\frac{3VI\cos\theta}{4}$	150[%]

(2) 전류비, 저항비, 중량비 비교

전기방식	소요전선량 비교		절약량
단상 2선식	중성선 굵기	기준 - 100[%]	
단상 3선식	같다.	3/8	62.50[%]
	1/2	2.5/8	-
3상 3선식	-	3/4	25.00[%]
3상 4선식	같다.	4/12	66.70[%]
	1/2	3.5/12	-

문제 01 ★★★ 동일 전력을 동일 선간 전압, 동일 역률로 동일 거리에 보낼 때 사용하는 전선의 총 중량이 같으면 3상 3선식인 때와 단상 2선식일 때의 전력 손실비는?

① 1　　② $\dfrac{3}{4}$　　③ $\dfrac{2}{3}$　　④ $\dfrac{1}{\sqrt{3}}$

풀이
$VI_1 = \sqrt{3}\,VI_s$, $\dfrac{I_1}{I_s} = \sqrt{3}$

중량 $2\sigma A_1 l = 3\sigma A_3 l$, $\dfrac{A_1}{A_3} = \dfrac{3}{2}\dfrac{R_3}{R_1}$

$\dfrac{3상3선식}{단상2선식} = \dfrac{3I_3^2 R_3}{2I_1^2 R_1} = \dfrac{3}{2} \times \left(\dfrac{1}{\sqrt{3}}\right)^2 \times \dfrac{3}{2} = \dfrac{3}{4}$

답 ②

문제 02 ★★ 그림과 같이 송전단 전류를 I, 전장 L에 대한 전압 강하를 e, 등가 저항을 S라 할 때 분산 부하율은?

① $\dfrac{eS}{LI}$　　② $\dfrac{e}{SIL}$

③ $eSIL$　　④ $\dfrac{SI}{eL}$

풀이 분산 부하율 $= \dfrac{e}{SIL} \times 100[\%]$

답 ②

문제 03 ★☆ 배전 선로의 전기 방식 중 전선의 중량(전선 비용)이 가장 적게 소요되는 전기 방식은? 단, 배전 전압, 거리, 전력 및 선로 손실 등은 같다고 한다.

① 단상 2선식　② 단상 3선식　③ 3상 3선식　④ 3상 4선식

풀이

	단상 2선식	단상 3선식	3상 3선식	3상 4선식
소요 전선량 전력 손실비	24	9	18	8

답 ④

---

02 배전방식 ★★★★

단상 3선식에서 사용되는 밸런서의 특성이 아닌 것은?
① 여자 임피던스가 적다.　　② 누설 임피던스가 적다.
③ 권수비가 1 : 1이다.　　④ 단권 변압기이다.

03. 송·배전 방식과 그 설비 및 운용

유형분석 배전방식별 특징, 뱅킹방식, 단상3선식의 특징 등이 출제된다.

풀이 밸런서의 특징
① 여자 임피던스가 크다.
② 누설 임피던스가 적다.
③ 권수비 1 : 1인 단권 변압기이다.

답 ①

Key point

① 망상식(network system)
- 배전 신뢰도 높다.
- 전압 변동이 적다.
- 전력 손실이 감소한다.
- 기기 이용률 향상된다.
- 적응성 양호하다.
- 변전소 수를 줄일 수 있다.

② Banking 방식 : 캐스케이딩 현상이란 Banking 배전방식으로 운전 중 건전한 변압기 일부가 고장이 발생하면 부하가 다른 건전한 변압기에 걸려서 고장이 확대되는 현상을 말한다.

문제 04 ★★★★ 다음 중 옳지 않은 것은?

① 저압 뱅킹 방식은 전압 동요를 경감할 수 있다.
② 밸런서는 단상 2선식에 필요하다.
③ 수용률이란 최대 수용 전력을 설비 용량으로 나눈 값을 퍼센트로 나타낸다.
④ 배전 선로의 부하율이 F일 때 손실 계수는 F와 F^2의 중간값이다.

풀이 밸런서는 단상 3선식에 필요하다.

답 ②

문제 05 ★★★★★ 단상 2선식(110[V]) 저압 배전 선로를 단상 3선식(110/220[V])으로 변경하고 부하 용량 및 공급 전압을 변경시키지 않고 부하를 평형시켰을 때의 전선로의 전압 강하율은 변경 전에 비해서 몇 배가 되는가?

① $\frac{1}{4}$ 배   ② $\frac{1}{3}$ 배   ③ $\frac{1}{2}$ 배   ④ 변하지 않는다.

풀이
$$\epsilon = \frac{V_s - V_r}{V_r} = \frac{2IR}{V_r}$$

전압이 2배가 되면 전류는 $\frac{1}{2}$ 이 되므로

$$\epsilon' = \frac{2\frac{1}{2}IR}{2V_r} = \frac{IR}{2V_r}, \quad \frac{\epsilon'}{\epsilon} = \frac{\frac{IR}{2V_r}}{\frac{2IR}{V_r}} = \frac{1}{4}$$

답 ①

문제 06 ★★★★☆ 저압 단상 3선식 배전 방식의 단점은?

① 절연이 곤란하다.
② 전압의 불평형이 생기기 쉽다.
③ 설비 이용률이 나쁘다.
④ 2종의 전압을 얻을 수 있다.

풀이 중성선 단선에 의한 전압 불평형이 생기기 쉽다(경부하측 전위 상승). **답** ②

문제 07 ★★★★ 단상 3선식에 대한 설명 중 옳지 않은 것은?

① 불평형 부하 시 중성선 단선 사고가 나면 전압 상승이 일어난다.
② 불평형 부하 시 중성선에 전류가 흐르므로 중성선에 퓨즈를 삽입한다.
③ 선간 전압 및 선로 전류가 같을 때 1선당 공급 전력은 단상 2선식의 133[%]이다.
④ 전력 손실이 동일할 경우 전선 총중량은 단상 2선식의 37.5[%]이다.

풀이 단상 3선식 전기 방식에서는 중성선이 단선 사고가 나면 전압 상승이 일어나므로 어떠한 경우라도 중성선에는 퓨즈를 삽입해서는 안 된다. **답** ②

문제 08 ★★★ 다음 그림이 나타내는 배전 방식은 다음 중 어느 것인가?

① 정전압 병렬식
② 정전류 직렬식
③ 정전압 직렬식
④ 정전류 병렬식

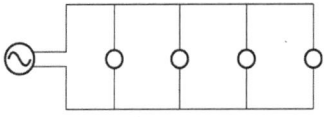

풀이 정전압 병렬식 **답** ①

문제 09 ★★★ 저압 네트워크 배전 방식에 사용되는 네트워크 프로텍터(network protector)의 구성 요소가 아닌 것은?

① 저압용 차단기
② 퓨즈
③ 전력 방향 계전기
④ 계기용 변압기

풀이 네트워크 프로텍터의 3요소
① 저압용 차단기 ② 방향성 계전기 ③ Fuse **답** ④

문제 10 ★ 그림과 같이 2차 변전소에 따로 따로 전력을 공급하는 지중 전선로 방식은?

① 평행식
② 다단식
③ 방사식
④ 환상식

풀이 문제의 그림은 가지식(방사식)을 나타낸 것이다. **답** ③

문제 11 ★★★★ 배전선의 전력 손실 경감 대책이 아닌 것은?

① Feeder 수를 늘린다. ② 역률을 개선한다.
③ 배전 전압을 높인다. ④ Network 방식을 채택한다.

풀이 배전선로의 전력손실 $P_l = 3I^2r = \dfrac{\rho w^2 L}{AV^2\cos^2\theta}$

ρ : 고유저항, w : 부하전력, L : 배전거리, A : 전선의 단면적, V : 수전전압, $\cos\theta$: 부하역률 **답** ①

필수 03 ★★★★★ 중성점 접지방식

송전선로에 있어서 1선 지락의 경우 지락전류가 가장 작은 중성점 접지방식은?

① 비접지 ② 직접 접지
③ 저항 접지 ④ 소호 리액터 접지

유형분석 접지방식의 목적과 각 접지방식의 비교에 관한문제(지락전류의 크기, 이상전압의 크기 등)이 출제된다.

풀이 직접 접지 > 고저항 접지 > 비접지 > 소호 리액터 접지 순이다. **답** ④

Key point

중성점 접지방식 비교

방식	다중 고장 발생 확률	보호계전기 동작	지락 전류	고장중 운전	전위 상승	과도 안정도	유도 장해	특징
직접접지 (22.9, 154, 345[kV])	최소	확실	최대	×	1.3	최소	최대	중성점영전위, 단절연가능
저항접지	보통	↑	↑	×	$\sqrt{3}$	↓	↑	
비접지 (3.3, 6.6[kV])	최대	×	↑	가능	$\sqrt{3}$	↓	↑	저전압 단거리에 적용
소호리액터접지 (66[kV])	보통	불확실	최소	가능	$\sqrt{3}$ 이상	최대	최소	병렬공진, 고장전류최소

문제 12 ★★★☆ 송전선의 중성점을 접지하는 이유가 되지 못하는 것은?

① 코로나 방지 ② 지락전류의 감소
③ 이상 전압의 방지 ④ 지락 사고선의 선택차단

풀이 높은 전압이 걸려있는 도체에 발생하는 것으로 공기의 부분적 파괴 및 그에 따르는 발광 및 발음현상을 코로나 현상이라 한다. **답** ①

문제 13 배전선로에 3상 3선식 비접지 방식을 채용할 경우 장점에 해당되지 않는 것은?

① 1선 지락 고장 시 고장전류가 작다.
② 1선 지락 고장 시 인접 통신선의 유도장해가 작다.
③ 고저압 혼촉고장 시 저압선의 전위상승이 작다.
④ 1선 지락 고장 시 건전상의 대지 전위상승이 작다.

풀이 ▸ 비접지방식은 중성점을 접지하지 않는 방식이며, 이 방식은 고전압 장거리 송전선로에는 부적당하며 33[kV] 이하의 선로에 사용한다.   답 ④

문제 14 비접지 방식을 직접 접지 방식과 비교한 것 중 옳지 않은 것은?

① 전자 유도 장해가 경감된다.
② 지락 전류가 작다.
③ 보호 계전기의 동작이 확실하다.
④ △결선을 하여 영상 전류를 흘릴 수 있다.

풀이 ▸ 비접지의 특징(직접 접지와 비교)
① 지락 전류가 비교적 적다(유도 장해 감소).
② 보호 계전기 동작이 불확실하다.
③ △결선 가능 ④ V-V결선 가능 ⑤ 저전압 단거리에 적합   답 ③

문제 15 직접 접지 방식이 초고압 송전선에 채용되는 이유 중 가장 적당한 것은?

① 지락고장 시 병행 통신선에 유기되는 유도전압이 작기 때문에
② 지락시의 지락전류가 적으므로
③ 계통의 절연을 낮게 할 수 있으므로
④ 송전선의 안정도가 높으므로

풀이 ▸ 유효 접지 방식이 초고압 송전계통에 채용되는 이유는 1선 지락시 전위 상승이 낮기 때문이다. (계통의 절연비 절감 = 경제적).   답 ③

문제 16 소호 리액터를 송전 계통에 쓰면 리액터의 인덕턴스와 선로의 정전 용량이 다음의 어느 상태가 되어 지락 전류를 소멸시키는가?

① 병렬 공진   ② 직렬 공진
③ 고임피던스   ④ 저임피던스

풀이 ▸ 지락점을 중심으로 소호 리액터의 리액턴스와 건전상의 대지 정전 용량과 병렬 공진으로 한다.   답 ①

문제 17 ★★
1상의 대지 정전 용량 0.5[μF], 주파수 60[Hz]인 3상 송전선이 있다. 이 선로에 소호 리액터를 설치하려 한다. 소호 리액터의 공진 리액턴스[Ω]값은?

① 약 565 ② 약 1370 ③ 약 1770 ④ 약 3570

풀이 $\omega L = \dfrac{1}{3\omega C_s} = \dfrac{1}{3 \times 2\pi \times 60 \times 0.5 \times 10^{-6}} = 1768[\Omega]$ **답** ③

문제 18 ★★★★
어떤 선로의 양단에 같은 용량의 소호 리액터를 설치한 3상 1회선 송전선로에서 전원측으로부터 선로 길이의 1/4지점에 1선 지락 고장이 일어났다면 영상전류의 분포는 대략 어떠한가?

①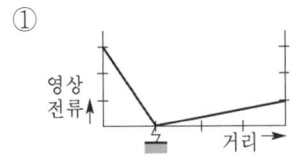
②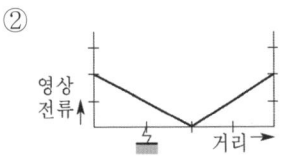
③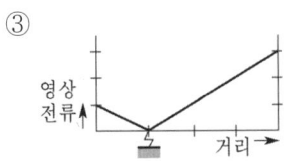
④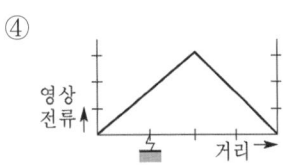

풀이 고장점의 위치에 관계없이 같은 용량의 소호 리액터를 설치한 경우 선로의 2등분 점에서 공진이 발생한다. **답** ②

문제 19 ★★★★
접지봉을 사용하여 희망하는 접지 저항값까지 줄일 수 없을 때 사용하는 선은?

① 차폐선 ② 가공지선 ③ 크로스본드선 ④ 매설지선

풀이 매설지선 : 철탑의 탑각 접지 저항을 낮추어 역섬락을 방지하기 위한 것으로서 지하 30~60[cm] 정도의 깊이에 30~50[m] 정도의 아연도금 철선을 매설하는 선을 매설지선이라고 한다. **답** ④

필수 04 ★★★☆ 전력계통의 구성 및 운용

온도가 $t[℃]$ 상승했을 때의 딥(dip)은 몇 [m]인가? 단, 온도 변화 전의 딥을 $D_1[m]$, 경간을 $s[m]$, 전선의 온도 계수를 α라 한다.

① $\sqrt{D_1 + \dfrac{3}{8}\alpha \cdot t \cdot s}$

② $\sqrt{D_1^2 - \dfrac{3}{8}\alpha^2 \cdot t \cdot s}$

③ $\sqrt{D_1^2 + \dfrac{3}{8}\alpha \cdot t \cdot s^2}$

④ $\sqrt{D_1^2 + \dfrac{3}{8}\alpha \cdot t^2 \cdot s}$

유형분석 전선, 애자, 전선의 이도와 길이에 관한 문제가 출제된다.

풀이 L_1 : 온도 상승 전 길이, L_2 : 온도 상승 후 길이라 하면
$L_2 = L_1 + \alpha t L_1$, $L_2 ≒ L_1 + \alpha t s$
$s + \dfrac{8D_2^2}{3S} = s + \dfrac{8D_1^2}{3s} + \alpha t s$ ∴ $D_2 = \sqrt{D_1^2 + \dfrac{3}{8}\alpha t s^2}$

답 ③

Key point

① 켈빈의 법칙 : 가장 경제적인 전선의 굵기 선정
② 전선의 도약방지 : 오프셋(offset)
③ 애자의 연효율 또는 연능률(백분율 또는 소수로도 표시한다) $\eta_n = \dfrac{V_n}{nV_1}$
④ 이도 $D = \dfrac{WS^2}{8T}$ [m]
⑤ 전선의 실제 길이 $L = S + \dfrac{8D^2}{3S}$ [m]

문제 20 ★★★★
전선의 고유 진동의 주파수[Hz]는, 전선 진동의 루프의 길이를 l[m], 전선 장력을 T[kg], 전선의 중량을 W[kg/m], 중력 가속도를 g[m/s²]라 할 때 옳은 식은?

① $\dfrac{1}{2l}\sqrt{\dfrac{Tg}{W}}$
② $\dfrac{1}{2T}\sqrt{\dfrac{gl}{W}}$
③ $\dfrac{1}{2g}\sqrt{\dfrac{Tl}{W}}$
④ $\dfrac{1}{2W}\sqrt{\dfrac{Tg}{l}}$

풀이 고유 진동 주파수 = $\dfrac{1}{2l}\sqrt{\dfrac{Tg}{W}}$ [Hz]

답 ①

문제 21 ★★★★★
강심 알루미늄 연선의 알루미늄부와 강심부의 단면적을 각각 A_a, A_s[mm²], 탄성 계수를 각각 E_a, E_s[kg/mm²]라고 하고 단면적 비를 $A_a/A_s = m$라 하면 강심 알루미늄선의 탄성 계수 E[kg/mm²]는?

① $E = \dfrac{mE_a + E_s}{m+1}$
② $E = \dfrac{E_a + mE_s}{m+1}$
③ $E = \dfrac{(m+1)E_a + E_s}{m}$
④ $E = \dfrac{E_a + (m+1)E_s}{m}$

풀이 $E = \dfrac{A_a E_a + A_s E_s}{A_a + A_s} = \dfrac{(A_a/A_s)E_a + E_s}{(A_a/A_s)+1} = \dfrac{mE_a + E_s}{m+1}$

답 ①

문제 22 ★★★★★

경간 200[m]인 가공 전선로가 있다. 사용 전선의 길이는 경간보다 몇 [m] 더 길게 하면 되는가? 단, 사용 전선의 1[m]당 무게는 2.0[kg], 인장 하중은 4000[kg]이고 전선의 안전율을 2로 하고 풍압하중은 무시한다.

① $\dfrac{1}{2}$ ② $\sqrt{2}$ ③ $\dfrac{1}{3}$ ④ $\sqrt{3}$

풀이

$$D = \frac{WS^2}{8T} = \frac{2 \times 200^2}{8 \times \frac{4000}{2}} = 5[m]$$

$L = S + \dfrac{8D^2}{3S}$ 에서 $L - S = \dfrac{8D^2}{3S} = \dfrac{8 \times 5^2}{3 \times 200} = \dfrac{1}{3}[m]$

단, L : 전선의 실제 길이[m], S : 경간[m], D : 이도[m]

답 ③

문제 23 ★★★

그림과 같이 높이가 같은 전선주가 같은 거리에 가설되어 있다. 지금 지지물 B에서 전선이 지지점에서 떨어졌다고 하면, 전선의 이도 D_2는 전선이 떨어지기 전 D_1의 몇 배가 되겠는가?

① $\sqrt{2}$
② 2
③ 3
④ $\sqrt{3}$

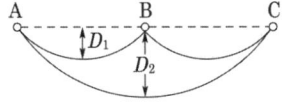

풀이 전선의 실제 길이는 떨어지기 전과 떨어진 후가 같으므로

$2L_1 = L_2$

$2\left(S + \dfrac{8D_1^2}{3S}\right) = 2S + \dfrac{8D_2^2}{3 \times 2S}$

$\dfrac{8D_2^2}{3 \times 2S} = 2\left(S + \dfrac{8D_1^2}{3S}\right) - 2S = \dfrac{2 \times 8D_1^2}{3S}$

$\therefore D_2 = \sqrt{4D_1^2} = 2D_1$

답 ②

문제 24 ★

송전선로에 사용되는 애자의 특성이 나빠지는 원인으로 볼 수 없는 것은?

① 애자 각 부분의 열팽창의 상이
② 전선 상호간의 유도 장애
③ 누설 전류에 의한 편열
④ 시멘트의 화학 팽창 및 동결 팽창

풀이 애자의 특징이 나빠지는 원인
① 애자 각 부분의 열팽창 상이
② 누설 전류에 의한 편열
③ 시멘트의 화학 팽창 및 동결 팽창

답 ②

문제 25 ★★★ 가공 송전선에 사용하는 애자련 중 전압 부담이 최대인 것은?

① 전선에 가장 가까운 것
② 중앙에 있는 것
③ 철탑에 가장 가까운 것
④ 철탑에서 $\frac{1}{3}$ 지점의 것

풀이 전압 분담 최대 : 전선쪽 애자
전압 분담 최소 : 철탑에서 1/3 지점 애자

답 ①

필수 05 ★★ 고장계산과 대책

기준 용량 P[kVA], V[kV]일 때 %임피던스값이 Z_P인 것을 기준용량 P_1[kVA], V_1[kV]로 기준값을 변환하면 새로운 기준값에 대한 %임피던스값 Z_{P1}은?

① $Z_P \times \dfrac{P_1}{P} \times \left(\dfrac{V}{V_1}\right)^2$
② $Z_P \times \dfrac{P_1}{P} \times \dfrac{V}{V_1}$
③ $Z_P \times \dfrac{P_1}{P} \times \left(\dfrac{V_1}{V}\right)^2$
④ $Z_P \times \dfrac{P_1}{P} \times \dfrac{V_1}{V}$

유형분석 퍼센트법, 대칭좌표법에 의한 문제 출제. 단락용량, 단락전류, 차단기 용량 계산문제 출제.

풀 이 $Z_P = \dfrac{ZP}{10\,V^2}$, $Z_{P_1} = \dfrac{ZP_1}{10\,V_1^2}$

$\therefore \dfrac{Z_{P_1}}{Z_P} = \dfrac{\dfrac{ZP_1}{10\,V_1^2}}{\dfrac{ZP}{10\,V^2}} = \dfrac{V^2 \cdot P_1}{V_1^2 \cdot P}$, $\therefore Z_{P_1} = \left(\dfrac{V}{V_1}\right)^2 \cdot \dfrac{P_1}{P} \cdot Z_P$

답 ①

Key point

① 퍼센트 임피던스 $\%Z = \dfrac{ZI}{E} \times 100[\%] = \dfrac{PZ}{10E^2}[\%] = \dfrac{PZ}{10\,V^2}[\%]$

② 옴 임피던스 $Z = \dfrac{\%Z \cdot 10\,V^2}{P}[\Omega]$

③ 단락 전류(차단 전류) $I_S = \dfrac{E}{Z} = \dfrac{E}{\dfrac{\%ZE}{100I_n}} = \dfrac{100}{\%Z}I_n$

④ 단락 용량(차단 용량) $P_S = \dfrac{100}{\%Z}P_n$

문제 26 ★★ 어드미턴스 $Y[\mu\mho]$를 $V[kV]$, $P[kVA]$에 대한 PU법으로 나타내면?

① $\dfrac{YV^2}{P} \times 10^{-3}$ ② $\dfrac{YP}{V^2} \times 10^{-2}$ ③ $\dfrac{V^2}{YP} \times 10^{-1}$ ④ $\dfrac{P^2}{YV} \times 10$

풀이 $Y_{pu} = \dfrac{YV}{I} \times \dfrac{V}{V} = \dfrac{YV^2}{IV} = \dfrac{YV^2}{P} \times 10^{-3}$ **답** ①

문제 27 ★★★ 3상 회로에서 Y전압을 E, 정격 전류를 I_n, % 임피던스를 Z_P라 할 때 3상 단락 전류는?

① E/Z_P ② EI_n/Z_P ③ $100I_n/Z_P$ ④ $100EI_n/Z_P$

풀이 $I_s = \dfrac{100}{\%Z} I_n = \dfrac{100}{Z_p} \cdot I_n$ **답** ③

문제 28 ★★ 선로의 3상 단락 전류는 대개 다음과 같은 식으로 구한다.

$$I_s = \dfrac{100}{\%Z_r + \%Z_L} \cdot I_N$$

여기서 I_N은 무엇인가?

① 그 선로의 평균전류 ② 그 선로의 최대전류
③ 전원변압기의 선로측 정격전류(단락측) ④ 전원변압기의 전원측 정격전류

풀이 $I_N = \dfrac{P_n}{\sqrt{3} V_n}$ (I_N : 선로측 정격전류) **답** ③

문제 29 ★★★ 그림에 표시하는 무부하 송전선의 S점에 있어서 3상 단락이 일어났을 때의 단락 전류 [A]는?

단, G_1 : 15[MVA], 11[kV], $\%Z = 30[\%]$
 G_2 : 15[MVA], 11[kV], $\%Z = 30[\%]$
 T : 30[MVA], 11[kV]/154[kV], $\%Z = 8[\%]$
 송전선 TS 사이 50[km], $Z = 0.5[\Omega/km]$

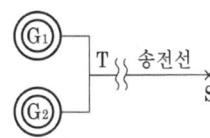

① 12.7 ② 151.3 ③ 273 ④ 383.3

풀이 정격 전류 $I_n = \dfrac{P}{\sqrt{3} V} = \dfrac{30,000 \times 10^3}{\sqrt{3} \times 154,000}$[A]

송전선의 단락점까지 %Z는

$\%Z = \dfrac{ZP}{10V^2} = \dfrac{0.5 \times 50 \times 30,000}{10 \times 154^2} = 3.16[\%]$

발전기에서 단락점까지의 총 %Z는 (30[MVA] 기준)

$$\%Z = \frac{60 \times 60}{60+60} + 8 + 3.16 = 41.16[\%]$$

$$\therefore \text{단락 전류 } I_s = \frac{100}{\%Z}I_n = \frac{100}{41.16} \times \frac{30,000 \times 10^3}{\sqrt{3} \times 154,000} = 273[A]$$

답 ③

문제 30 ★★

다음 그림과 같은 전력 계통의 154[kV] 송전선로에서 고장지락저항 Z_{gf}를 통해서 1선 지락고장이 발생되었을 때 고장점에서 본 영상 임피던스[%]는? 단, 그림에 표시한 임피던스는 모두 동일용량(즉, 100[MVA] 기준으로 환산한 [%] 임피던스임)

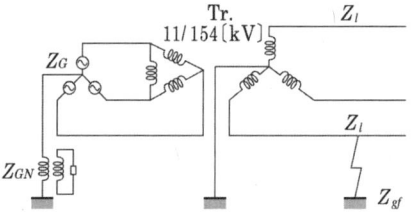

① $Z_0 = Z_l + Z_t + Z_{gf} + Z_G + Z_G + Z_{GN}$ ② $Z_0 = Z_l + Z_t + Z_G$
③ $Z_0 = Z_l + Z_t + Z_{gf}$ ④ $Z_0 = Z_l + Z_t + 3 \cdot Z_{gf}$

풀이 $V = 3I_0 \cdot Z_{gf} = I_0 \cdot 3Z_{gf}, \quad Z_0 = Z_l + Z_t + 3Z_{gf}$

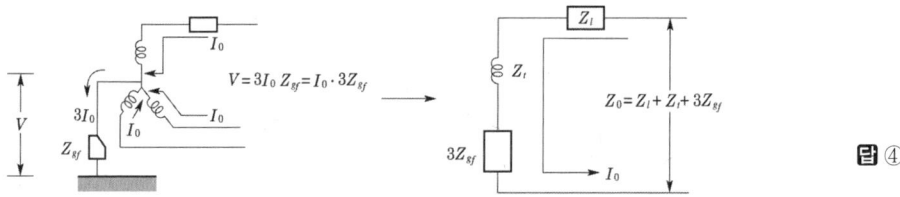

답 ④

문제 31 ★★★

A, B 및 C상 전류를 각각 I_a, I_b, I_c라 할 때 $I_x = \frac{1}{3}(I_a + a^2 I_b + a I_c)$, $a = -\frac{1}{2} + j\frac{\sqrt{3}}{2}$으로 표시되는 I_x는 어떤 전류인가?

① 정상 전류   ② 역상 전류
③ 영상 전류   ④ 역상 전류와 영상 전류의 합계

풀이 대칭 좌표법의 대칭 전류를 보면

정상 전류 $I_1 = \frac{1}{3}(I_a + aI_b + a^2 I_c)$

역상 전류 $I_2 = \frac{1}{3}(I_a + a^2 I_b + aI_c)$

영상 전류 $I_0 = \frac{1}{3}(I_a + I_b + I_c)$

답 ②

문제 32

3상 회로에 사용되는 변압기(3상 변압기 또는 단상 변압기 3대)의 정상, 역상, 영상 임피던스를 각각 Z_1, Z_2, Z_0라 할 때 대략 다음과 같은 관계가 성립한다. 옳은 것은?

① $Z_1 = Z_2 < Z_0$
② $Z_1 < Z_2 < Z_0$
③ $Z_1 > Z_2 > Z_0$
④ $Z_1 = Z_2 = Z_0$

풀이
- 변압기 : $Z_1 = Z_2 = Z_0$
- 송전선로 : $Z_1 = Z_2 < Z_0$

답 ④

문제 33

그림과 같은 회로의 영상, 정상 및 역상 임피던스 Z_0, Z_1, Z_2는?

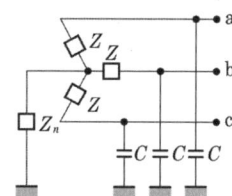

① $Z_0 = \dfrac{Z + 3Z_n}{1 + j\omega C(Z + 3Z_n)}$, $Z_1 = Z_2 = \dfrac{Z}{1 + j\omega CZ}$

② $Z_0 = \dfrac{3Z_n}{1 + j\omega C(3Z + Z_n)}$, $Z_1 = Z_2 = \dfrac{3Z_n}{1 + j\omega CZ}$

③ $Z_0 = \dfrac{Z + Z_n}{1 + j\omega C(Z + Z_n)}$, $Z_1 = Z_2 = \dfrac{Z}{1 + j3\omega CZ_n}$

④ $Z_0 = \dfrac{3Z}{1 + j\omega C(Z + Z_n)}$, $Z_1 = Z_2 = \dfrac{3Z_n}{1 + j3\omega CZ}$

풀이 영상 회로를 등가로 그려 보면

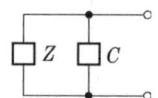

$Z_0 = \dfrac{1}{j\omega C + \dfrac{1}{Z + 3Z_n}} = \dfrac{Z + 3Z_n}{1 + j\omega C(Z + 3Z_n)} [\Omega]$

정상 회로를 등가로 그려보면

변압기의 정상 임피던스와 역상 임피던스는 회전기가 아니므로 같다.

$Z_1 = Z_2 = \dfrac{1}{j\omega C + \dfrac{1}{Z}} = \dfrac{Z}{1 + j\omega CZ} [\Omega]$

답 ①

04 출제기준 – 계통 보호방식 및 설비

1 이상 전압과 방호

1) 진행파

① 반사 계수 $\dfrac{Z_2 - Z_1}{Z_2 + Z_1}$

② 투과 계수 $\dfrac{2Z_2}{Z_2 + Z_1}$

2) 피뢰기

① 피뢰기의 구성
  - 직렬 갭(series gap) : 속류 차단
  - 특성 요소 : 탄화 규소를 주성분으로 한 소성물의 저항판을 다수 합친 구조이며 직렬 갭과 자기 애관에 밀봉시킨다.

② 피뢰기의 역할 : 이상 전압이 내습하면 방전시키고 속류(기류)를 차단한다.

③ 피뢰기의 정격 전압 : 속류 차단이 되는 교류의 최고 전압

④ 피뢰기의 제한 전압 : 충격파 전류가 흐르고 있을 때의 피뢰기의 단자 전압

⑤ 피뢰기의 구비 조건
  - 충격 방전 개시 전압이 낮을 것
  - 상용 주파 방전 개시 전압은 높을 것
  - 방전 내량이 크면서 제한 전압은 낮을 것
  - 속류 차단 능력이 충분할 것

3) 가공지선

차폐각이 적을수록 보호 효율은 크지만 건설비는 많아진다. 기설의 송전선은 45°정도의 것이 많으며 보호 효율은 97[%]이고 약 3[%] 가량이 전선에 직격된다.

2 유도장해

(1) 유도장해

1) 정전 유도 전압

- 단상 : $E_0 = \dfrac{C_m}{C_m + C_0} E_1$

  C_m : 전력선과 통신선간의 정전 용량, C_0 : 통신선의 대지 정전 용량, E_1 : 전선의 전위

- 3상 유도 전압

$$E_0 = \dfrac{\sqrt{C_a(C_a - C_b) + C_b(C_b - C_c) + C_c(C_c - C_a)}}{C_a + C_b + C_c + C_0} \times \dfrac{V}{\sqrt{3}}$$

2) 전자 유도 전압

$$E_m = -j\omega Ml(I_a + I_b + I_c) = -j\omega Ml \times 3I_0$$

I_a, I_b, I_c : 각 상의 불평형 전류, M : 전력선과 통신선과의 상호 인덕턴스
l : 전력선과 통신선의 병행 길이[km], $3I_0$: 3×영상 전류 = 지락 전류 = 기유도 전류[A]

(2) 유도장해 방지대책

1) 전력선측 대책
- 전력선과 통신선과의 상호 거리를 크게 하여 상호 인덕턴스를 줄인다.
- 연가를 충분히 한다(선로 정수를 평형시켜 중성점 잔류 전압을 적게 한다).
- 케이블을 사용한다.
- 고주파의 발생을 방지한다.
- 통신선과의 교차를 직각으로 한다.
- 소호 리액터의 사용(지락 전류를 적게 하여 전자 유도를 적게 한다).
- 고장 회선의 고속도 차단
- 차폐선의 시설(가공선도 차폐선과 같은 효과가 있으며, 본선과 동일 도체를 사용하면 차폐 효과가 크다).

2) 통신선의 대책
- 복선식 통신선의 채용
- 통신선의 교차(전력선의 연가 상당)
- 나선을 케이블화한다.
- 통신선과 통신 기기의 절연 향상

- 통신 전류의 레벨을 높이고 반송식의 이용
- 성능이 우수한 피뢰기의 사용
- 변류기의 사용, 절연 변압기의 채용

3 전력계통의 안정도

1) 안정도에 관한 공식

① 송전 전력 : $P = \dfrac{V_s V_r}{X} \sin \delta$

② 최대 송전 전력 : $P_m = \dfrac{V_s V_r}{X}$

③ 바그너의 식 : $\tan \delta = \dfrac{M_G + M_m}{M_G - M_m} \tan \beta$

2) 안정도향상대책

① 직렬 리액턴스(X)를 작게 한다.
- 발전기나 변압기의 리액턴스를 작게 한다.
- 선로의 병행 회선수를 늘리거나 복도체 또는 다도체 방식을 사용한다.
- 직렬 콘덴서를 삽입하여 선로의 리액턴스를 보상한다.

② 전압 변동을 작게 한다.
- 속응 여자 방식의 채용
- 계통 연계를 한다.

③ 중간 조상 방식을 채용한다.

④ 고장 전류를 줄이고 고장 구간을 신속하게 차단한다.
- 적당한 중성점 접지 방식을 채용하여 지락 전류를 줄인다.
- 고속도 계전기, 고속도 차단기를 채용한다.
- 고속도 재폐로 방식을 채용한다.

⑤ 고장 시 발전기 입·출력의 불평형을 작게 한다.
- 조속기의 동작을 빠르게 한다.
- 고장 발생과 동시에 발전기 회로의 저항을 직렬 또는 병렬로 삽입하여 발전기 입·출력의 불평형을 작게 한다.

4 차단보호방식

1) 보호계전기

① 보호 계전기의 구비 조건
- 고장 상태를 식별하여 정도를 파악할 수 있을 것
- 고장 개소를 정확히 선택할 수 있을 것
- 동작이 예민하고 오동작이 없을 것
- 적절한 후비 보호 능력이 있을 것
- 경제적일 것

② 보호 계전기의 동작 시간에 의한 분류
- 순한시 계전기 : 고장즉시 동작
- 정한시 계전기 : 고장후 일정시간이 경과하면 동작
- 반한시 계전기 : 고장전류의 크기에 반비례하여 동작
- 반한시 정한시 계전기 : 반한시와 정한시 특성을 겸함.

2) 보호계전방식

① 표시선 계전 방식
- 방향 비교 방식(directional comparison relaying)
- 전압 반향 방식(opposite voltage system)
- 전류 순환 방식(circulating current system)

② 반송 보호 계전 방식
- 방향 비교 반송 방식
- 위상 비교 반송 방식
- 반송 트립 방식

04 필수유형 및 과년도문제

필수 01 ★★ 이상전압과 방호

피뢰기의 구비조건이 아닌 것은?

① 상용주파 방전개시 전압이 낮을 것
② 충격방전 개시전압이 낮을 것
③ 속류 차단능력이 클 것
④ 제한전압이 낮을 것

유형분석 피뢰기의 정격전압, 제한전압, 구성, 구비조건 등이 출제된다.

풀 이 피뢰기는 상용 중파 방전 개시 전압이 높아야 하며, 속류의 차단능력이 크고 제한 전압이 낮아야 한다.

답 ①

Key point

① 피뢰기의 구성
  - 직렬 갭(series gap) : 속류 차단
  - 특성 요소 : 탄화 규소를 주성분으로 한 소성물의 저항판을 다수 합친 구조이며 직렬 갭과 자기 애관에 밀봉시킨다.
② 피뢰기의 역할 : 이상 전압이 내습하면 방전시키고 속류(기류)를 차단한다.
③ 피뢰기의 정격 전압 : 속류 차단이 되는 교류의 최고 전압
④ 피뢰기의 제한 전압 : 충격파 전류가 흐르고 있을 때의 피뢰기의 단자 전압
⑤ 피뢰기의 구비 조건
  - 충격 방전 개시 전압이 낮을 것
  - 상용 주파 방전 개시 전압은 높을 것
  - 방전 내량이 크면서 제한 전압은 낮을 것
  - 속류 차단 능력이 충분할 것

문제 01 ★★☆ 전력용 피뢰기에서 직렬 갭(Gap)의 주된 사용 목적은?

① 방전 내량을 크게 하고 장시간 사용하여도 열화를 적게 하기 위함
② 충격 방전 개시 전압을 높게 하기 위함
③ 상시는 누설 전류를 방지하고 충격파 방전 종료 후에는 속류를 즉시 차단하기 위함
④ 충격파가 침입할 때 대지에 흐르는 방전 전류를 크게 하여 제한 전압을 낮게 하기 위함

풀이 직렬 갭의 역할
① 속류 차단 ② 이상 전압을 대지로 방전   **답** ③

문제 02 ★★★★★ 송변전 계통에 사용되는 피뢰기의 정격 전압은 선로의 공칭 전압의 보통 몇 배로 선정하는가?

① 직접 접지계 : 0.8~1.0 배, 저항 또는 소호 리액터 접지 : 0.7~0.9배
② 직접 접지계 : 1.0~1.3배, 저항 또는 소호 리액터 접지 : 1.4~1.6배
③ 직접 접지계 : 0.8~1.0배, 저항 또는 소호 리액터 접지 : 1.4~1.6배
④ 직접 접지계 : 1.0~1.3배, 저항 또는 소호 리액터 접지 : 0.7~0.9배

풀이 절연 협조에 관한 최근의 경향은 유효 접지계(직접 접지계)에서는 공칭 전압의 0.915~0.965배, 비유효 접지계(저항 또는 소호 리액터 접지)에서는 공칭 전압의 1.27배의 것을 정격 전압으로 선정하여 사용하고 있다(JEC 참조).   **답** ③

문제 03 ★★ 피뢰기의 충격 방전 개시 전압은 무엇으로 표시하는가?

① 직류 전압의 크기   ② 충격파의 평균값
③ 충격파의 최대값   ④ 충격파의 실효값

풀이 충격 전압이 가해져 방전 전류가 흐르기 시작할 때 도달할 수 있는 최고 전압값을 충격 방전 개시 전압이라고 하며 충격파의 최대치로 나타낸다.   **답** ③

문제 04 ★★ 이상 전압에 대한 방호 장치가 아닌 것은?

① 병렬 콘덴서   ② 가공지선
③ 피뢰기   ④ 서지 흡수기

풀이
① 병렬 콘덴서 : 역률개선
② 가공지선 : 직격뢰 차폐
③ 피뢰기 : 이상 전압에 대한 기계, 기구 보호
④ 서지 흡수기 : 변압기, 발전기 등을 서지로부터 보호   **답** ①

문제 05 ★★★
다음 중 효과적으로 개폐 서지 이상 전압 발생을 억제할 목적으로 사용되는 것은?
① 개폐 저항기
② 피뢰기
③ 콘덴서
④ 리액터

풀이 개폐 서지(SOV)를 억제하기 위해 개폐 저항기를 사용한다.   답 ①

문제 06 ★★★★
기기의 충격 전압 시험을 할 때 채용하는 우리나라의 표준 충격 전압파의 파두장 및 파미장을 표시한 것은?
① $1.5 \times 40[\mu\text{sec}]$
② $2 \times 40[\mu\text{sec}]$
③ $1.2 \times 50[\mu\text{sec}]$
④ $2.3 \times 50[\mu\text{sec}]$

풀이 표준 충격 전압파의 파두장 및 파미장은 $1 \times 40[\mu\text{sec}]$ 또는 $1.2 \times 50[\mu\text{sec}]$이다.   답 ③

문제 07 ★★★
파동 임피던스 $Z_1 = 500[\Omega]$, $Z_2 = 300[\Omega]$인 두 무손실 선로 사이에 그림과 같이 저항 R을 접속하였다. 제 1선로에서 구형파가 진행하여 왔을 때 무반사로 하기 위한 R의 값은 몇 $[\Omega]$인가?
① 100
② 200
③ 300
④ 500

풀이 무반사는 반사 계수가 영(0)일 때이며, 반사 계수 $r = \dfrac{(R+Z_2) - Z_1}{Z_1 + (R+Z_2)} = 0$ 이 되어야 하므로
$(R+Z_2) - Z_1 = 0$
$\therefore R = Z_1 - Z_2 = 500 - 300 = 200[\Omega]$ 답 ②

필수 02 ★★★★★ 유도장해

전력선 a의 충전 전압을 E, 통신선 b의 대지 정전 용량을 C_b, ab 사이의 상호 정전 용량을 C_{ab}라고 하면 통신선 b의 정전 유도 전압 E_s는?

① $\dfrac{C_{ab} + C_b}{C_b}E$
② $\dfrac{C_{ab} + C_a}{C_{ab}}E$
③ $\dfrac{C_b}{C_{ab} + C_b}E$
④ $\dfrac{C_{ab}}{C_{ab} + C_b}E$

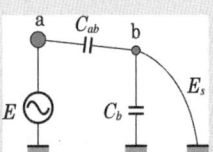

유형분석 정전유도장해와 전자유도장해, 대책 등이 출제된다.

풀이 $E_s = \dfrac{C_{ab}}{C_{ab}+C_b}E$

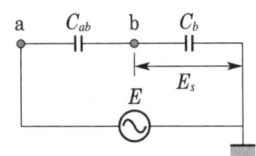

답 ④

Key point

전력선측 대책 유도장해 방지대책
- 전력선과 통신선과의 상호 거리를 크게 하여 상호 인덕턴스를 줄인다.
- 연가를 충분히 한다(선로 정수를 평형시켜 중성점 잔류 전압을 적게 한다).
- 케이블을 사용한다.
- 고주파의 발생을 방지한다.
- 통신선과의 교차를 직각으로 한다.
- 소호 리액터의 사용(지락 전류를 적게 하여 전자 유도를 적게 한다).
- 고장 회선의 고속도 차단
- 차폐선의 시설

문제 08 ★★★ 3상 송전 선로와 통신선이 병행되어 있는 경우에 통신 유도 장해로서 통신선에 유도되는 정전 유도 전압은?

① 통신선의 길이에 비례한다.
② 통신선의 길이의 자승에 비례한다.
③ 통신선의 길이에 반비례한다.
④ 통신선의 길이에 관계없다.

풀이 전자 유도 전압($E_m = 2\pi fMl \cdot 3I_0$)은 통신선의 길이에 비례하나

정전 유도 전압 $E = \dfrac{\sqrt{C_a(C_a-C_b)+C_b(C_b-C_c)+C_c(C_c-C_a)}}{C_a+C_b+C_c+C_0} \times \dfrac{V}{\sqrt{3}}$ [V]

은 주파수 및 통신선 병행 길이와는 관계가 없다.

답 ④

문제 09 ★★★ 그림에서 B 및 C상의 대지정전용량을 $C[\mu F]$, A상의 정전용량을 0, 선간전압을 $V[V]$라 할 때 중성점과 대지 사이의 잔류전압 E_n은 몇 [V]인가? 단, 선로의 직렬 임피던스는 무시한다.

① $\dfrac{V}{2}$　　② $\dfrac{V}{\sqrt{3}}$

③ $\dfrac{V}{2\sqrt{3}}$　　④ $2V$

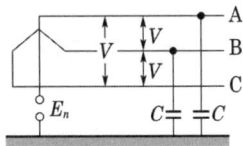

풀이 중성점 잔류 전압 $E_n = \dfrac{\sqrt{C_a(C_a-C_b)+C_b(C_b-C_c)+C_c(C_c-C_a)}}{C_a+C_b+C_c} \times \dfrac{V}{\sqrt{3}}$

$\begin{cases} C_a = 0 \\ C_b = C_c = C \end{cases}$ 를 대입하면 $E_n = \dfrac{C}{2C} \times \dfrac{V}{\sqrt{3}} = \dfrac{V}{2\sqrt{3}}$

답 ③

문제 10 ★★★★★
전력선에 의한 통신 선로의 전자 유도 장해의 발생 요인은 주로 어느 것인가?
① 영상 전류가 흘러서
② 전력선의 전압이 통신 선로보다 높기 때문에
③ 전력선의 연가가 충분하여
④ 전력선과 통신 선로 사이의 차폐 효과가 충분할 때

풀이 전자 유도 전압 : $E_m = j\omega Ml\, I_0$

답 ①

문제 11 ★
유도 장해를 방지하기 위한 전력선측의 대책으로 옳지 않은 것은?
① 소호 리액터를 채용한다.
② 차폐선을 설치한다.
③ 중성점 전압을 가능한 한 높게 한다.
④ 중성점 접지에 고저항을 넣어서 지락전류를 줄인다.

풀이 전력선측 대책
① 전력선과 통신선과의 상호 거리를 크게 하여 상호 인덕턴스를 줄인다.
② 연가를 충분히 한다(선로 정수를 평형시켜 중성점 잔류 전압을 적게 한다).
③ 케이블을 사용한다.
④ 고주파의 발생을 방지한다.
⑤ 통신선과의 교차를 직각으로 한다.
⑥ 소호 리액터의 사용(지락 전류를 적게 하여 전자 유도를 적게 한다).
⑦ 고장 회선의 고속도 차단
⑧ 차폐선의 시설(가공선도 차폐선과 같은 효과가 있으며, 본선과 동일 도체를 사용하면 차폐 효과가 크다).

답 ③

문제 12 ★★★★★
유도 장해의 방지책으로 차폐선을 이용하면 유도전압을 몇 [%] 정도 줄일 수 있는가?
① 30~50
② 60~70
③ 80~90
④ 90~100

풀이 차폐선에 의한 유도전압의 감쇄율은 30~50[%] 정도이다.

답 ①

필수 03 ★★★★★ 전력계통의 안정도

다음 중 송전 계통의 안정도를 증진시키는 방법이 아닌 것은?
① 전압 변동을 적게 한다.
② 직렬 리액턴스를 크게 한다.
③ 제동 저항기를 설치한다.
④ 중간 조상기 방식을 채용한다.

유형분석 발전기와 선로의 안정도 향상대책에 관한 문제가 출제된다. 전기기기 중 동기기의 안정도 향상대책과 같다.

풀이 직렬 리액턴스를 감소시키는 방법으로는
① 발전기나 변압기의 리액턴스를 작게 한다.
② 선로의 병행 회선수를 늘리거나 복도체(혹은 다도체) 방식을 사용한다.
③ 직렬 콘덴서를 삽입하여 선로의 리액턴스를 보상한다.

답 ②

Key point

안정도향상대책
① 직렬 리액턴스(X)를 작게 한다.
② 전압 변동을 작게 한다.
③ 중간 조상 방식을 채용한다.
④ 고장 전류를 줄이고 고장 구간을 신속하게 차단한다.
⑤ 고장시 발전기 입·출력의 불평형을 작게 한다.

문제 13 ★★ **차단기의 고속도 재폐로의 목적은?**
① 고장의 신속한 제거
② 안정도 향상
③ 기기의 보호
④ 고장전류 억제

풀이 고속도 재폐로(recloser) 차단기는 고장전류를 신속하게 차단 및 투입함으로써 안정도를 증진시킨다.

답 ②

문제 14 ★☆ **과도 안정 극한 전력이란?**
① 부하가 서서히 감소할 때의 극한 전력
② 부하가 서서히 증가할 때의 극한 전력
③ 부하가 갑자기 사고가 났을 때의 극한 전력
④ 부하가 변하지 않을 때의 극한 전력

풀이 갑자기 사고가 났을 때의 최고전력을 과도 안정 극한 전력이라 한다.

답 ③

문제 15 ★★★★☆ 송전 선로의 안정도 향상 대책과 관계가 없는 것은?

① 속응 여자 방식 채용 ② 재폐로 방식의 채용
③ 역률의 신속한 조정 ④ 리액턴스 조정

풀이 안정도 향상 대책
(1) 직렬 리액턴스(X)를 작게 한다.
  ① 발전기나 변압기의 리액턴스를 작게 한다.
  ② 선로의 병행 회선수를 늘리거나 복도체 또는 다도체 방식을 사용한다.
  ③ 직렬 콘덴서를 삽입하여 선로의 리액턴스를 보상한다.
(2) 전압 변동을 작게 한다.
  ① 속응 여자 방식의 채용
  ② 계통 연계를 한다.
(3) 중간 조상 방식을 채용한다.
(4) 고장 전류를 줄이고 고장 구간을 신속하게 차단한다.
  ① 적당한 중성점 접지 방식을 채용하여 지락 전류를 줄인다.
  ② 고속도 계전기, 고속도 차단기를 채용한다.
  ③ 고속도 재폐로 방식을 채용한다.
(5) 고장시 발전기 입·출력의 불평형을 작게 한다.
  ① 조속기의 동작을 빠르게 한다.
  ② 고장 발생과 동시에 발전기 회로의 저항을 직렬 또는 병렬로 삽입하여 발전기 입·출력의 불평형을 작게 한다.

답 ③

필수 04 ★★★★★ 차단보호방식

영상 변류기를 사용하는 계전기는?
① 과전류 계전기 ② 과전압 계전기
③ 접지 계전기   ④ 차동 계전기

유형분석 계전기의 종류와 특성, 계전기용 변류기, 약호와 명칭, 비율차동계전기 등이 출제된다.

풀이 영상 변류기는 배전 선로나 지중 케이블 등에 사용되며 고감도 지락 계전기가 접속된다. 선로 중에 흐르는 정상 및 역상 전류는 철심 내에 자속을 만들지 않고 영상 전류만에 의하여 자속을 만드므로 접지 계전기나 지락 계전기 등에 쓰인다.

답 ③

Key point

- 순한시 계전기 : 고장 즉시 동작
- 정한시 계전기 : 고장 후 일정시간이 경과하면 동작
- 반한시 계전기 : 고장전류의 크기에 반비례하여 동작
- 반한시 정한시 계전기 : 반한시와 정한시 특성을 겸함.

문제 16 변류기 개방시 2차측을 단락하는 이유는?

① 2차측 절연 보호 ② 2차측 과전류 보호
③ 측정 오차 방지 ④ 1차측 과전류 방지

풀이 CT의 2차 회로를 개방하면 1차 전류가 모두 여자 전류가 되어 2차 권선에 매우 높은 전압이 유기되어 절연이 파괴되어 소손될 염려가 있으므로 CT의 2차 측을 개방하면 안 된다. **답** ①

문제 17 변전소에서 비접지 선로의 접지 보호용으로 사용되는 계전기에 영상 전류를 공급하는 계전기는?

① C.T ② G.P.T ③ Z.C.T ④ P.T

풀이 GPT는 영상 전압을 공급하며 영상 전류는 ZCT가 공급한다. **답** ③

문제 18 66[kV] 비접지 송전 계통에서 영상 전압을 얻기 위하여 변압기가 66,000/110[V]인 PT 3개를 그림과 같이 접속하였다. 66[kV] 선로 측에서 1선 지락 고장 시 PT 2차 측 개방단에 나타나는 전압[V]은?

① 약 110
② 약 190
③ 약 220
④ 약 330

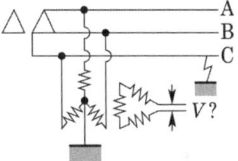

풀이 1선 지락 시 GPT 2차 측에 나타나는 전압은 정상 상태에서 GPT 2차 측에 나타나는 전압($110/\sqrt{3}$)의 3배 전압이 나타난다.

$V_2 = $ GPT 1차측 전압 $\times \dfrac{1}{\text{변압비}} \times 3 = \dfrac{66000}{\sqrt{3}} \times \dfrac{110}{66000} \times 3 = \dfrac{110}{\sqrt{3}} \times 3 = 110\sqrt{3} = 190.5[V]$ **답** ②

문제 19 동작 전류의 크기에 관계없이 일정한 시간에 동작하는 한시 특성을 갖는 계전기는?

① 순한시 계전기 ② 정한시 계전기
③ 반한시 계전기 ④ 반한시성 정한시 계전기

풀이 정한시 계전기는 최소 동작값 이상의 구동 전기량이 주어지면, 일정 시한으로 동작한다. **답** ②

문제 20 전압이 정정치 이하로 되었을 때 동작하는 것으로서 단락 고장 검출 등에 사용되는 계전기는?

① 부족 전압 계전기 ② 비율 차동 계전기
③ 재폐로 계전기 ④ 선택 계전기

풀이 ① 전압이 정정값 이하 시 동작 : 부족 전압 계전기
② 전압이 정정값 초과 시 동작 : 과전압 계전기

답 ①

문제 21 ★★
6.6[kV] 고압 배전 선로(비접지 선로)에서 지락 보호를 위하여 특별히 필요하지 않은 것은?

① DG ② CT
③ ZCT ④ GPT

풀이 지락 보호 계전기에는 지락 과전류 계전기(OCGR), 방향 지락 계전기(DG), 선택 지락 계전기(SG) 등이 있다.

답 ②

문제 22 ★★★★★
변압기의 내부 고장 보호용으로 사용되는 계전기는?

① 거리 계전기 ② 과전압 계전기
③ 방향 계전기 ④ 비율 차동 계전기

풀이
- 비율 차동 계전기 : 변압기 내부 고장 보호용
- 과전압 계전기 : 전압이 상승했을 때 동작

답 ④

문제 23 ★★★★☆
전력선 반송 보호 계전 방식이 아닌 것은?

① 방향 비교 방식 ② 고속도 거리 계전기와 조합하는 방식
③ 영상 전류 비교 방식 ④ 위상 비교 방식

풀이 전력선 반송 보호 방식 : 방향 비교 방식, 고속도 거리+기타 방식, 위상 비교 방식

답 ③

문제 24 ★★
전력선 반송 보호 계전 방식에서 고장의 선택 방법이 아닌 것은?

① 방향 비교 방식 ② 순환 전류 방식
③ 위상 비교 방식 ④ 고속도 거리 계전기와 조합하는 방식

풀이 전력선 반송 보호 방식에는 전력 방향 비교 방식, 고속도 거리 계전기와 조합하는 방식, 전자형 계전기를 쓴 위상 비교 방식 및 반송파를 지령 신호로 하는 방법이 있다.

답 ②

05 출제기준 – 개폐기의 종류와 특성

1 개폐기

① 단로기는 부하 전류 개폐 및 이상 전류 차단 능력이 없다.
② 구분 개폐기(section switch)이며 종류로는 유입 개폐기(OS), 기중 개폐기(AS), 진공 개폐기(VS) 등이 있다.

2 차단기

1) 차단기의 용량과 동작 책무

① 정격 차단 용량 = $\sqrt{3}$ × 정격 전압 × 정격 차단 전류
② 차단기의 동작 책무

일반용 : $\begin{cases} O - 3분 - CO - 3분 - O \\ CO - 15초 - CO \end{cases}$

고속도 재투입용 : O − 0.3초 − CO − 3분(또는 15초, 1분) − CO

> O : 차단동작, CO : 투입 후 차단동작

2) 차단기의 용량

$$P_s = \sqrt{3}\, VI_s [\text{MVA}]$$

> 차단기의 용량 = $\sqrt{3}$ × 정격전압 × 정격차단전류 = $\sqrt{3}$ × 공칭전압 × 단락전류[MVA]

3) 정격차단시간

차단기의 가동 전극이 고정 전극으로부터 이동을 개시하여 개극할 때까지의 개극 시간과 접점이 충분히 떨어져 아크가 완전히 소호할 때까지의 아크 시간의 합으로 3~8[c/s]이다.

3 퓨즈

전력용 퓨즈는 단락 보호용으로 사용된다.
① 차단 용량이 크다.
② 보수가 간단하다.
③ 가격이 저렴하다.

4 기타 개폐장치

1) GIS의 특징
① 충전부가 대기에 노출되지 않아 기기의 안정성, 신뢰성이 우수하다.
② 감전 사고 위험이 적다.
③ 밀폐형이므로 배기 소음이 없다.

05 필수유형 및 과년도문제

필수 01 ★★★★★
개폐기

고장 전류와 같은 대전류를 차단할 수 있는 것은?
① 단로기(DS)
② 선로 개폐기(LS)
③ 유입 개폐기(OS)
④ 차단기(CB)

유형분석 단로기의 부하전류 차단능력에 관한 문제가 출제된다.

풀 이 차단기(CB : circuit breaker)는 정상적인 부하전류의 개폐는 물론 고장 발생으로 흐르게 되는 과도한 고장전류도 개폐할 수 있어야 한다. **답** ④

단로기는 부하 전류 개폐 및 이상 전류 차단 능력이 없다.

문제 01 ★
선로 개폐기(LS)에 대한 설명으로 틀린 것은?
① 책임 분계점에 전선로를 구분하기 위하여 설치한다.
② 3상 선로개폐기는 3개가 동시에 조작되게 되어 있다.
③ 부하상태에서도 개방이 가능하다.
④ 최근에는 기중부하개폐기나 LBS로 대체되어 사용하고 있다.

풀이 보안상의 책임 분기점에는 보수 점검 시 전로를 구분하기 위하여 선로개폐기를 시설(단로기와 비슷한 용도). 선로개폐기의 조작은 조작봉에 의해 조작되며 조작봉은 반드시 시건장치를 하여 안전사고를 방지하여야 한다. **답** ③

문제 02 ★★★★
단로기에 대한 설명으로 적합하지 않은 것은?
① 소호장치가 있어서 아크를 소멸시킨다.
② 무부하 및 여자 전류의 개폐에 사용된다.
③ 배전용 단로기는 보통 디스커넥팅바로 개폐한다.
④ 회로의 분리 또는 계통의 접속 변경시에 사용한다.

풀이 단로기(DS : Disconnecting Switch)는 switch로서 아크 소호 장치가 없어 부하 전류의 차단이 곤란하다. **답** ①

필수 02 ★★★★ 차단기

수전용 변전설비에서 1차측에 설치하는 차단기의 용량은 어느 것에 의하여 정하는가?
① 수전 계약용량
② 수하 설비의 용량
③ 공급측 전원의 크기
④ 수전전력과 역률과 부하율

유형분석 차단기의 종류, 용량, 동작책무, 절연협조 등이 출제된다.

풀이 차단기 차단 용량은 그 점에 있어서의 단락 용량에 의해 결정된다.
즉, 단락용량 $P_s = \dfrac{100}{\%Z}P_n$ 에서 알 수 있듯이 차단기 차단 용량은 전원 측으로부터 단락점까지의 % 임피던스(%Z)와 공급 측 전기 설비 용량 P_n 에 의해 결정된다. **답** ③

Key point

(1) 차단기의 용량과 동작 책무
  ① 정격 차단 용량 = $\sqrt{3}$ × 정격 전압 × 정격 차단 전류
  ② 차단기의 동작 책무
    일반용 : $\begin{cases} O-3분-CO-3분-O \\ CO-15초-CO \end{cases}$
    고속도 재투입용 : $O-0.3초-CO-3분(또는\ 15초,\ 1분)-CO$
(2) 차단기의 용량 $P_s = \sqrt{3}\,VI_s$ [MVA]

문제 03 ★★★★★ **3상용 차단기의 정격 차단 용량이라 함은?**
① 정격 전압 × 정격 차단 전류
② $\sqrt{3}$ × 정격 전압 × 정격 전류
③ 3 × 정격 전압 × 정격 차단 전류
④ $\sqrt{3}$ × 정격 전압 × 정격 차단 전류

풀이 $P_s = \sqrt{3}\,VI_s$ [MVA]
V : 정격 전압, I_s : 정격 차단 전류 **답** ④

문제 04 ★★★★★ **차단기의 정격 차단 시간은?**
① 고장 발생부터 소호까지의 시간
② 트립 코일 여자부터 소호까지의 시간
③ 가동접촉자 시동부터 소호까지의 시간
④ 가동접촉자 개극부터 소호까지의 시간

풀이 차단기의 차단 시간 : 차단기의 가동 전극이 고정 전극으로부터 이동을 개시하여 개극할 때까지의 개극 시간과 접점이 충분히 떨어져 아크가 완전히 소호할 때까지의 아크 시간의 합으로 3~8[c/s]이다. **답** ②

문제 05 ★★★ 수(數) 10기압의 압축 공기를 소호실 내의 아크에 급부(扱附)하여 아크 흔적을 급속히 치환하며 차단 정격 전압이 가장 높은 차단기는 다음 중 어느 것인가?

① MBB   ② ABB   ③ VCB   ④ ACB

풀이 공기 차단기(Air)   **답** ②

문제 06 ★★★★★ 그림은 유입 차단기의 구조도이다. A의 명칭은?

① 절연 liner
② 승강간
③ 가동 접촉자
④ 고정 접촉자

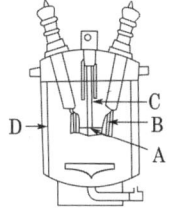

풀이 A : 가동 접촉자   B : 고정 접촉자   C : 승강간   D : 절연 liner   **답** ③

문제 07 ★★★★★ 차단기의 차단 책무가 가벼운 것은?

① 중성점 저항 접지 계통의 지락 전류 차단
② 중성점 직접 접지 계통의 지락 전류 차단
③ 중성점을 소호 리액터로 접지한 장거리 송전 선로의 충전 전류 차단
④ 송전 선로의 단락 사고시의 차단

풀이 고장 전류가 가장 작은 것은 소호 리액터 접지 시 충전 전류이다.   **답** ③

문제 08 ★★★★★ 한류 리액터를 사용하는 가장 큰 목적은?

① 충전 전류의 제한   ② 접지 전류의 제한
③ 누설 전류의 제한   ④ 단락 전류의 제한

풀이 단락 사고 시의 단락 전류를 제한하기 위해 한류 리액터를 설치한다.   **답** ④

필수 03 ★★★★★ 퓨즈

전력용 퓨즈는 주로 어떤 전류의 차단을 목적으로 사용하는가?

① 충전 전류   ② 과부하 전류   ③ 단락 전류   ④ 과도 전류

유형분석 퓨즈의 특성 등이 출제된다.

풀 이 전력용 퓨즈는 단락 보호용으로 사용된다.   **답** ③

> **Key point**
>
> 전력용 퓨즈는 단락 보호용으로 사용된다.
> ① 차단 용량이 크다.
> ② 보수가 간단하다.
> ③ 가격이 저렴하다.

문제 09 ★★★★ 전력 퓨즈(fuse)에 대한 설명 중 옳지 않은 것은?

① 차단 용량이 크다.　　　② 보수가 간단하다.
③ 정전 용량이 크다.　　　④ 가격이 저렴하다.

풀이 전력 퓨즈 ① 차단 용량이 크다. ② 보수가 간단하다. ③ 가격이 저렴하다. 　답 ③

필수 04 ★★★★★ 기타 개폐장치

가스 절연 개폐 장치(GIS)의 특징이 아닌 것은?
① 감전 사고 위험 감소　　② 밀폐형이므로 배기 및 소음이 없음
③ 신뢰도가 높음　　　　　④ 변성기와 변류기는 따로 설치

풀이 GIS의 특징
① 충전부가 대기에 노출되지 않아 기기의 안정성, 신뢰성이 우수하다.
② 감전사고 위험이 적다.
③ 밀폐형이므로 배기 소음이 없다.
④ 소형화 가능하다.
⑤ 보수, 점검이 용이하다. 　답 ④

> **Key point**
>
> GIS의 특징
> ① 충전부가 대기에 노출되지 않아 기기의 안정성, 신뢰성이 우수하다.
> ② 감전 사고 위험이 적다.
> ③ 밀폐형이므로 배기 소음이 없다.

06 출제기준 – 배전 선로의 전기적 특성

1 전압강하

$$V_s - V_r = \sqrt{3}\,I(R\cos\theta + X\sin\theta)$$

V_s : 송전단 전압, V_r : 수전단 전압, I : 부하전류, R : 1선의 저항, X : 1선의 리액턴스

2 부하의 특성

① 수용률 $= \dfrac{\text{최대 수용 전력[kW]}}{\text{수용 설비 용량[kW]}} \times 100[\%]$

② 부등률 $= \dfrac{\text{최대 수용 전력의 합[kW]}}{\text{합성 최대 수용 전력[kW]}}$

③ 부하율 $= \dfrac{\text{평균 수용 전력[kW]}}{\text{최대 수용 전력[kW]}} \times 100[\%] = \dfrac{\text{총 전력량} \div \text{총 시간}}{\text{최대 부하}} \times 100[\%]$

④ 설비이용률 $= \dfrac{\text{평균 발전 또는 수전 전력}}{\text{발전소 또는 변전소의 설비 용량}} \times 100[\%]$

3 전력 손실

① 손실 계수 $H = \dfrac{1}{I_m^2 T} \displaystyle\int_0^T I^2 dt$

T : 일정 기간, I_m : 일정 기간 중 최대 전류

② 손실 계수와 부하율과의 관계 $1 \geq F \geq H \geq F^2 \geq 0$

H : 손실계수, F : 부하율

③ F와 H와의 근사적 관계 $H = \alpha F + (1-\alpha)F^2$
단, α : 정수, 보통 $0.2 \sim 0.5$

06 필수유형 및 과년도문제

필수 01 ★★ 전압강하

그림에서와 같이, 부하가 균일한 밀도로 도중에서 분기되어 선로전류가 송전단에 이를수록 직선적으로 증가할 경우 선로의 전압 강하는 이 송전단 전류와 같은 전류의 부하가 선로의 말단에만 집중되어 있을 경우의 전압 강하의 대략 몇 배인가? 단, 부하역률은 모두 같다고 한다.

① $\dfrac{1}{3}$ ② $\dfrac{1}{2}$

③ 1 ④ $\dfrac{1}{4}$

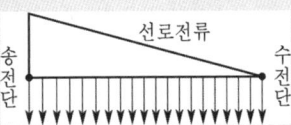

유형분석 집중부하와 분산부하 간의 전압강하 비교, 전압강하 및 송전단 전압의 계산 등이 출제된다.

풀이 말단 부하 시 전압 강하 $e = IR$

분포 부하 시 전압 강하 $e' = \int_0^1 iRdx = \int_0^1 I(1-x)Rdx = IR\int_0^1 (1-x)dx = IR\left[x - \dfrac{x^2}{2}\right]_0^1 = \dfrac{IR}{2}$

$\dfrac{\text{분포 부하 전압 강하}}{\text{집중 부하 전압 강하}} = \dfrac{\frac{IR}{2}}{IR} = \dfrac{1}{2}$

답 ②

Key point

$$V_s - V_r = \sqrt{3}\,I(R\cos\theta + X\sin\theta)$$

부하종류	전압 강하	전력 손실
말단 집중 부하	IR	I^2R
균등 분포 부하	$\dfrac{1}{2}IR$	$\dfrac{1}{3}I^2R$

문제 01 ★★★★★

그림과 같은 수전단 전압 3.3[kV], 역률 0.85(뒤짐)인 부하 300[kW]에 공급하는 선로가 있다. 이때 송전단 전압[V]은?

① 2930
② 3230
③ 3530
④ 3830

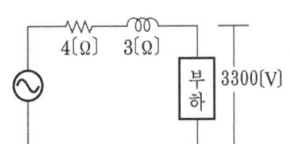

풀이 $V_s = V_r + I(R\cos\theta + X\sin\theta)$
$= 3300 + \dfrac{300 \times 10^3}{3300 \times 0.85}(4 \times 0.85 + 3 \times \sqrt{1-0.85^2}) = 3830[V]$

답 ④

문제 02 ★★★★
20개의 가로등이 500[m] 거리에 균등하게 배치되어 있다. 한 등의 소요 전류 4[A], 전선의 단면적 38[mm²], 도전율 56[℧]라면 한쪽 끝에서 110[V]로 급전할 때 최종 전등에 가해지는 전압[V]은?

① 91 ② 96 ③ 101 ④ 106

풀이 말단에 집중 부하로 생각하여 전압 강하를 구하면
$e = 2IR = I \times \rho \dfrac{2l}{A} = 2 \times 4 \times 20 \times \dfrac{1}{56} \times \dfrac{500}{38} = 37.6[V]$
분포 부하는 말단 집중 부하보다 1/2만의 전압 강하가 되므로
최종 전등 전압 $= 110 - \dfrac{37.6}{2} = 91.2[V]$

답 ①

문제 03 ★
그림과 같은 단상 2선식 배전선의 급전점 A에서 부하쪽으로 흐르는 전류는 몇 [A]인가? 단, 저항값은 왕복선의 값이다.

① 28
② 32
③ 37
④ 41

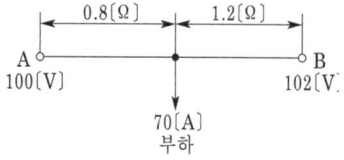

풀이 부하 공급점의 전압을 V_c라고 하면 공급점에서의 전압은 같으므로
$\dfrac{(100-V_c)}{0.8} + \dfrac{(102-V_c)}{1.2} = 70[A]$
그러므로 $V_c = 67.2[V]$
$I_A = \dfrac{(V_A - V_c)}{0.8} = \dfrac{(100-67.2)}{0.8} = 41[A]$

답 ④

문제 04 ★★
그림과 같이 A, B 양 지점에 각각 I_1, I_2 집중 부하가 있고 양단의 전압 강하를 모두 균등하게 할 때 전선이 가장 경제적으로 되는 급전점 P는 A점으로부터 몇 [km]인가?

① 2.55
② 3.75
③ 5.45
④ 6.25

풀이 양단의 전압 강하가 동일하므로
$100 \times x = 60(10-x)$ ∴ $x = \dfrac{600}{160} = 3.75[km]$

답 ②

필수 02 ★★ 부하의 특성

정격 10[kVA]의 주상 변압기가 있다. 이것의 2차측 열부하 곡선이 다음 그림과 같을 때 1일의 부하율은 몇 [%]인가?

① 52.3
② 54.3
③ 56.3
④ 58.3

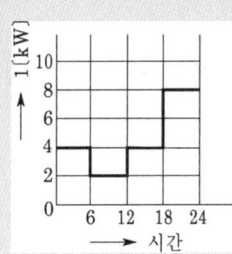

유형분석 부하율, 부등률, 수용률 계산과 공식, 변전시설의 용량을 구하는 문제 등이 출제된다.

풀이

$$부하율 = \frac{평균\ 전력}{최대\ 전력} = \frac{\frac{4\times6+2\times6+4\times6+8\times6}{24}}{8} \times 100 = 56.25[\%]$$

답 ③

Key point

① 수용률 = $\dfrac{최대\ 수용\ 전력[kW]}{수용\ 설비\ 용량[kW]} \times 100[\%]$

② 부등률 = $\dfrac{최대\ 수용\ 전력의\ 합[kW]}{합성\ 최대\ 수용\ 전력[kW]}$

③ 부하율 = $\dfrac{평균\ 수용\ 전력[kW]}{최대\ 수용\ 전력[kW]} \times 100[\%] = \dfrac{총\ 전력량 \div 총\ 시간}{최대\ 부하} \times 100[\%]$

④ 설비이용률 = $\dfrac{평균\ 발전\ 또는\ 수전\ 전력}{발전소\ 또는\ 변전소의\ 설비\ 용량} \times 100[\%]$

문제 05 ★★★

수용설비 개개의 최대 수용 전력의 합[kW]을 합성 최대 수용 전력[kW]으로 나눈 값을 무엇이라 하는가?

① 부하율
② 수용률
③ 부등률
④ 역률

풀이 부등률은 수용가 상호간, 또는 변전설비 상호간 동시에 최대 수용 전력이 발생하지 않을 정도를 말한다.

답 ③

문제 06 수용률이란?

① 수용률 = $\dfrac{평균\ 전력[kW]}{최대\ 수용\ 전력[kW]} \times 100$

② 수용률 = $\dfrac{개개의\ 최대\ 수용\ 전력의\ 합[kW]}{합성\ 최대\ 수용\ 전력[kW]} \times 100$

③ 수용률 = $\dfrac{최대\ 수용\ 전력[kW]}{수용\ 설비\ 용량[kW]} \times 100$

④ 수용률 = $\dfrac{설비\ 전력[kW]}{합성\ 최대\ 수용\ 전력[kW]} \times 100$

[풀이] 수용률 = $\dfrac{최대수용전력}{총수요설비용량} \times 100 < 100[\%]$

배전 변압기의 용량계산의 척도가 된다. **답 ③**

문제 07 연간 전력량 E[kWh], 연간 최대 전력 W[kW]인 연 부하율은 몇 [%]인가?

① $\dfrac{E}{W} \times 100$ ② $\dfrac{W}{E} \times 100$

③ $\dfrac{8760W}{E} \times 100$ ④ $\dfrac{E}{8760W} \times 100$

[풀이] 연 부하율 = $\dfrac{연간\ 전력량/(365 \times 24)}{연간최대전력} \times 100 = \dfrac{E}{8760W} \times 100[\%]$ **답 ④**

문제 08 고압 배전선 간선에 역률 100[%]의 수용가가 두 군으로 나누어 각 군에 변압기 1대씩 설치되어 있다. 각 군의 수용가 총 설비 용량은 각각 30[kW], 20[kW]라 한다. 각 수용가의 수용률 0.5, 수용가 상호간의 부등률 1.2, 변압기 상호간의 부등률은 1.3이라 한다. 고압 간선의 최대 부하[kW]는?

① 12 ② 16 ③ 25 ④ 50

[풀이] A군 최대 전력 = 설비 용량 × 수용률
= 30 × 0.5 = 15[kW]

합성 최대 전력 = $\dfrac{최대\ 전력}{수용가부등률} = \dfrac{15}{1.2}$

B군 최대 전력 = 20 × 0.5 = 10[kW]

합성 최대 전력 = $\dfrac{10}{1.2}$

총 합성 최대 전력 = $\dfrac{최대\ 전력의\ 합}{변압기\ 상호\ 부등률}$

$= \dfrac{\dfrac{15}{1.2} + \dfrac{10}{1.2}}{1.3} = 16[kW]$

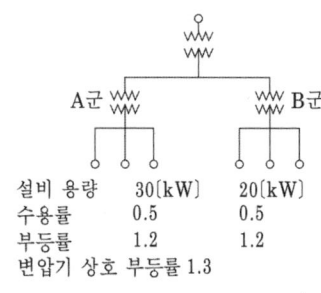

설비 용량	30[kW]	20[kW]
수용률	0.5	0.5
부등률	1.2	1.2
변압기 상호 부등률 1.3		

답 ②

문제 09

154/6.6[kV], 5000[kVA]의 3상 변압기 1대를 시설한 변전소가 있다. 이 변전소의 6.6[kV] 각 배전선에 접속한 부하 설비 및 수용률이 표와 같고 각 배전선간의 부등률은 1.17로 하였을 때 변전소에 걸리는 최대 전력은 약 몇 [kW]인가?

배전선	부하 설비[kW]	수용률[%]
a	4716	24
b	1635	74
c	3600	48
d	4095	32

① 4186 ② 4356 ③ 4598 ④ 4728

풀이

수전 설비 최대 전력 = $\dfrac{\text{설비 용량} \times \text{수용률}}{\text{부등률}}$

$= \dfrac{4716 \times 0.24 + 1635 \times 0.74 + 3600 \times 0.48 + 4095 \times 0.32}{1.17}$

$= 4598[\text{kVA}]$

답 ③

필수 03 ★★★★ 전력 손실

배전선의 손실 계수 H와 부하율 F와의 관계는?

① $0 \leq F^2 \leq H \leq F \leq 1$
② $0 \leq H^2 \leq F \leq H \leq 1$
③ $0 \leq H \leq F^2 \leq F \leq 1$
④ $0 \leq F \leq H^2 \leq H \leq 1$

유형분석 전력손실과 부하율에 관한 문제가 출제된다.

풀이 $H = \alpha F + (1-\alpha)F^2$에서 $\alpha = 0.1 \sim 0.4$

답 ①

Key point

① 손실 계수와 부하율과의 관계 $1 \geq F \geq H \geq F^2 \geq 0$
② F와 H와의 근사적 관계 $H = \alpha F + (1-\alpha)F^2$, 단, α : 정수, 보통 0.2~0.5

07 출제기준 − 배전 선로의 운용과 보호

1 전압 조정

1) 단상 승압기

단상 변압기를 그림과 같이 접속하여 승압기로써 사용할 경우

① 2차 전압 $V_2 = V_1 + \dfrac{e_2}{e_1}V_1 = V_1\left(1 + \dfrac{e_2}{e_1}\right)$

② 부하 용량 $W = \dfrac{V_2 I_2}{1000} = \omega \dfrac{V_2}{e_2}$

③ 승압기 용량 $\omega = \dfrac{We_2}{V_2}$

전압비 : $V_1 / V_2 = n_1 / (n_1 + n_2)$

전류비 : $I_1 / I_2 = (n_1 + n_2) / n_1$

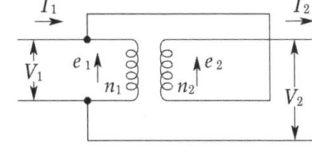

n_1 : 1차 권수, n_2 : 2차 권수, V_1 : 입력전압, V_2 : 출력전압, W : 부하용량, ω : 승압기용량

2) 단권 변압기의 특징

① 중량이 가볍다.
② 전압 변동률이 작다.
③ 동손의 감소에 따른 효율이 높다.
④ 변압비가 1에 가까우면 용량이 커진다.
⑤ 1차 측의 이상 전압이 2차 측에 미친다.
⑥ 누설 임피던스가 작으므로 단락 전류가 증가한다.

2 역률 개선

1) 역률 개선의 효과

① 선로, 변압기 등의 저항손이 역률의 제곱에 반비례하여 감소한다.
② 변압기, 개폐기 등의 소요 용량은 역률에 반비례하여 감소한다.
③ 선로의 송전 용량 전류에 의하여 제한될 때는 역률에 비례하여 송전 용량이 증대한다.
④ 전압 강하는 $1 + \dfrac{X}{R}\tan\phi$에 비례하여 감소한다.

2) 콘덴서 용량의 크기

$$Q_c = P(\tan\theta_1 - \tan\theta_2)$$

Q_c : 콘덴서용량[kVA], P : 유효전력[kW], θ_1 : 개선전 역률각, θ_2 : 개선후 역률각

3 변압기 중성점 접지

① $R = \dfrac{150}{I}[\Omega]$ 이하

② 자동차단설비가 1초 이내 동작 : $R = \dfrac{600}{I}[\Omega]$ 이하 I : 1선지락전류

③ 자동차단설비가 1초를 넘어 2초 이내 동작 : $R = \dfrac{300}{I}[\Omega]$ 이하

4 조상설비

	진상	지상	시충전	조정
콘덴서	○	×	×	단계적
리액터	×	○	×	단계적
동기 조상기	○	○	○	연속적

① 콘덴서 : 앞선 전류를 취하여 전압강하를 보상한다.
② 리액터 : 늦은 전류를 취하여 이상전압의 상승을 억제한다.
③ 동기조상기 : 무부하 운전중인 동기전동기를 과여자 운전하면 콘덴서로 작용하며, 부족여자 운전하면 리액터로 작용한다.

5 배전 변압기

1) V 결선 변압기

① 용량 : $P_v = \sqrt{3}\,P_1[\text{kVA}]$ ② 이용률 : 86.6[%]   ③ 출력비 : 57.7[%]

2) 배전변압기의 보호

① 1차 측 : COS(프라이머리 컷아웃 스위치)   ② 2차 측 : 캐치 홀더

필수유형 및 과년도문제

필수 01 ★★★★☆ 전압조정

단상 교류 회로로써 3300/220[V]의 변압기를 그림과 같이 접속하여 60[kW], 역률 0.85의 부하에 공급하는 전압을 상승시킬 경우, 몇 [kVA]의 변압기를 택하면 좋은가? 단, AB점 사이의 전압은 3000[V]로 한다.

① 3
② 4
③ 5
④ 6

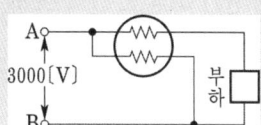

유형분석 승압기, 유도전압조정기 등의 내용이 출제된다.

풀 이 변압기 용량(자기 용량, 승압기 용량)

$w = I_2 e_2$

$E_2 = E_1\left(1 + \dfrac{1}{n}\right) = 3000\left(1 + \dfrac{220}{3300}\right) = 3200[\text{V}]$

$I_2 = \dfrac{60 \times 10^3}{3200 \times 0.85}$

$\therefore w = I_2 e_2 = \dfrac{60 \times 10^3}{3200 \times 0.85} \times 220 \times 10^{-3} = 4.85[\text{kVA}] \fallingdotseq 5[\text{kVA}]$

승압분 전압 e_2는 변압기 용량을 결정할 때는 계산상 전압을 사용하지 않고 최대 전압이 될 수 있는 220을 사용한다.

답 ③

Key point

단권 변압기(승압기)

① 2차 전압 $V_2 = V_1 + \dfrac{e_2}{e_1}V_1 = V_1\left(1 + \dfrac{e_2}{e_1}\right)$

② 부하 용량 $W = \dfrac{V_2 I_2}{1000} = w\dfrac{V_2}{e_2}$

③ 승압기 용량 $w = \dfrac{We_2}{V_2}$

문제 01 ★

승압기에 의하여 전압 V_e에서 V_h로 승압할 때 2차 정격전압 e, 자기용량 W인 단상 승압기가 공급할 수 있는 부하 전력은?

① $\dfrac{V_e}{e} \times W$ ② $\dfrac{V_h}{e} \times W$ ③ $\dfrac{V_e}{V_h - V_e} \times W$ ④ $\dfrac{V_h - V_e}{V_e} \times W$

풀이 부하 전력 = $\dfrac{V_h}{V_h - V_e} W = \dfrac{V_h}{e} W$

답 ②

문제 02 ★★★★

전력계통의 전압을 조정하는 가장 보편적인 방법은?

① 발전기의 유효 전력 조정
② 부하의 유효 전력 조정
③ 계통의 주파수 조정
④ 계통의 무효 전력 조정

풀이
- 무효 전력 조정 → 전압
- 유효 전력 조정 → 주파수

답 ④

필수 02 ★★★★ 역률개선

1대의 주상 변압기에 역률(늦음) $\cos\theta_1$, 유효 전력 P_1[kW]의 부하와 역률(늦음) $\cos\theta_2$, 유효 전력 P_2[kW]의 부하가 병렬로 접속되어 있을 경우 주상 변압기에 걸리는 피상 전력은 몇 [kVA]인가?

① $\dfrac{P_1}{\cos\theta_1} + \dfrac{P_2}{\cos\theta_2}$

② $\sqrt{\left(\dfrac{P_1}{\cos\theta_1}\right)^2 + \left(\dfrac{P_2}{\cos\theta_2}\right)^2}$

③ $\sqrt{(P_1 + P_2)^2 + (P_1\tan\theta_1 + P_2\tan\theta_2)^2}$

④ $\sqrt{\left(\dfrac{P_1}{\sin\theta_1}\right)^2 + \left(\dfrac{P_2}{\sin\theta_2}\right)^2}$

유형분석 역률 개선용 콘덴서 용량의 크기, 역률 개선의 효과, 역률 개선과 손실 등이 출제된다.

풀이

$Q_1 = \dfrac{P_1}{\cos\theta_1}\sin\theta_1 = P_1\tan\theta_1$

$Q_2 = \dfrac{P_2}{\cos\theta_2}\sin\theta_2 = P_2\tan\theta_2$

합성 피상 전력

$K = \sqrt{(P_1 + P_2)^2 + (P_1\tan\theta_1 + P_2\tan\theta_2)^2}$

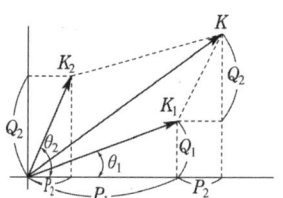

답 ③

Key point

콘덴서 용량의 크기 $Q_c = P(\tan\theta_1 - \tan\theta_2)$

문제 03
3상의 같은 전원에 접속하는 경우, △결선의 콘덴서를 Y결선으로 바꾸어 이으면 진상용량은 몇 배가 되는가?

① 3 ② $\sqrt{3}$ ③ $\dfrac{1}{\sqrt{3}}$ ④ $\dfrac{1}{3}$

풀이
$Q_\triangle = 3 \times 2\pi f C V^2$
$Q_Y = 3 \times 2\pi f C \left(\dfrac{V}{\sqrt{3}}\right)^2 = 2\pi f C V^2$
$\therefore Q_Y = \dfrac{1}{3} Q_\triangle$

답 ④

문제 04
3000[kW], 역률 80[%](뒤짐)의 부하에 전력을 공급하고 있는 변전소에 콘덴서를 설치하여 변전소에 있어서의 역률을 90[%]로 향상시키는 데 필요한 콘덴서 용량[kVar]은?

① 600 ② 700 ③ 800 ④ 900

풀이
$Q = W(\tan\theta_1 - \tan\theta_2)$[kVA]에서
유효 전력 $W = 3000$[kW]이므로
콘덴서 용량 $Q_c = 3000\left(\dfrac{\sqrt{1-0.8^2}}{0.8} - \dfrac{\sqrt{1-0.9^2}}{0.9}\right) = 800$[kVA]

답 ③

문제 05
3상 배전 선로의 말단에 지상역률 80[%] 160[kW]인 평형 3상 부하가 있다. 부하점에 부하와 병렬로 전력용 콘덴서를 접속하여 선로손실을 최소로 하려면 전력용 콘덴서 용량은 몇 [kVA]가 필요한가? 단, 여기서 부하단 전압은 변하지 않는 것으로 한다.

① 96 ② 120 ③ 128 ④ 200

풀이 선로 손실을 최소로 하기 위해서는 역률을 1.0으로 개선해야 하므로 문제에서는 전 무효 전력만큼의 콘덴서 용량이 필요하다.
콘덴서 용량 $Q_c = P\tan\theta = 160 \times \dfrac{0.6}{0.8} = 120$[kVA]

답 ②

문제 06
피상 전력 P[kVA], 역률 $\cos\theta$인 부하를 역률 100[%]로 개선하기 위한 전력용 콘덴서의 용량은 몇 [kVA]인가?

① $P\sqrt{1-\cos^2\theta}$ ② $P\tan\theta$
③ $P\cos\theta$ ④ $P\dfrac{\sqrt{1-\cos^2\theta}}{\cos\theta}$

풀이 역률을 100[%]로 하기 위한 콘덴서의 용량은 무효 전력의 크기와 같으므로
$Q_c = P\sin\theta = P\sqrt{1-\cos^2\theta}$

답 ①

문제 07 ★★★★★
부하 역률 $\cos\theta$인 배전 선로의 저항 손실은 같은 크기의 부하 전력에서 역률 1일 때의 저항손실과의 비는?

① $\sin\theta$ ② $\cos\theta$
③ $1/\sin^2\theta$ ④ $1/\cos^2\theta$

풀이 $P_l \propto \dfrac{1}{\cos^2\theta}$ 에서 역률 1일 때 비교

$\dfrac{P_l \cos\theta}{P_{l1.0}} = \dfrac{1}{\dfrac{\cos^2\theta}{1}} = \dfrac{1}{\cos^2\theta}$

답 ④

필수 03 ★★☆ 변압기 중성점 접지

옥내 배선에 사용하는 전선의 굵기를 결정하는데 고려하지 않아도 되는 것은?
① 기계적 강도   ② 전압 강하   ③ 허용 전류   ④ 절연 저항

유형분석 옥내 배선에서의 접지의 유무 등이 출제된다.

풀 이 전선의 굵기를 결정하는 요인은 ① 허용 전류 ② 기계적 강도 ③ 전압 강하이며, 허용 전류가 가장 중요한 요소가 된다.

답 ④

Key point

(1) $R = \dfrac{150}{I}[\Omega]$ 이하

(2) 자동차단설비가 1초 이내 동작 : $R = \dfrac{600}{I}[\Omega]$ 이하

(3) 자동차단설비가 1초를 넘어 2초 이내 동작 : $R = \dfrac{300}{I}[\Omega]$ 이하

문제 08 ★★★
변전소 구내에서 보폭 전압을 저감하기 위한 방법으로서 잘못된 것은?
① 접지선을 얇게 매설한다.
② mesh식 접지 방법을 채용하고 mesh 간격을 좁게 한다.
③ 자갈 또는 콘크리트를 타설한다.
④ 철구, 가대 등의 보조 접지를 한다.

풀이 접지선을 깊게 매설해야 보폭 전압이 감소한다.

답 ①

필수 04 ★★★ 조상설비

전력용 조상설비 중 무효전력 흡수를 진상과 지상 양용으로 할 수 있는 것은?
① 동기조상기
② 분로 리액터
③ 직렬 리액터
④ 전력용 콘덴서

유형분석 콘덴서와 리액터, 동기 조상기의 비교 등이 출제된다.

풀 이 동기조상기는 무부하 운전 중인 동기전동기를 과여자 또는 부족여자로 운전하여 역률을 제어할 수 있는 기기를 말한다. 답 ①

Key point

	진상	지상	시충전	조정
콘덴서	○	×	×	단계적
리액터	×	○	×	단계적
동기 조상기	○	○	○	연속적

문제 09 ★☆ 수전단 전압이 송전단 전압보다 높아지는 현상을 무슨 효과라 하는가?
① 페란티 효과
② 표피 효과
③ 근접 효과
④ 도플러 효과

풀이
- 페란티 효과 : 송전선로에 충전전류가 흐르면 수전단 전압이 송전단 전압보다 높아지는 현상
- 표피 효과 : 교류전류의 경우에는 도체 중심보다 도체 표면에 전류가 많이 흐르는 현상
- 근접 효과 : 같은 방향의 전류는 바깥쪽으로 다른 방향의 전류는 안쪽으로 모이는 현상   답 ①

문제 10 ★★★☆ 전력계통의 전압조정 설비의 특징에 대한 설명 중 틀린 것은?
① 병렬 콘덴서는 진상능력만을 가지며 병렬 리액터는 진상능력이 없다.
② 동기조상기는 무효전력의 공급과 흡수가 모두 가능하여 진상 및 지상용량을 갖는다.
③ 동기조상기는 조정의 단계가 불연속적이나 직렬 콘덴서 및 병렬 리액터는 그것이 연속적이다.
④ 병렬 리액터는 장거리 초고압 송전선 또는 지중선 계통의 충전용량 보상용으로 주요 발변전소에 설치된다.

풀이 동기 조상기는 조정이 연속적이고 직렬 콘덴서나 병렬 리액터는 불연속이다. 답 ③

문제 11 동기 조상기와 전력용 콘덴서를 비교할 때 전력용 콘덴서의 이점으로 옳은 것은?

① 진상과 지상의 전류 공용이다.
② 단락고장이 일어나도 고장전류가 흐르지 않는다.
③ 송신선의 시송전에 이용 가능하다.
④ 전압조정이 연속적이다.

풀이

구 분	전력용 콘덴서	동기 조상기
종류	정지기	무부하 운전하는 동기 전동기(회전기)
전압조정	계단적	연속적
발생전력 (발생전력)	진상전류 (진상전력)	• 중부하시 과여자 운전하여 진상(앞선)전류 • 경부하시 부족여자 운전하여 지상(뒤진)전류 (진상 또는 지상 전력)
전력손실	작다	크다.
가격	저가	고가
시충전 (시송전)	불가능	가능
계통안정도	단락고장 시 고장전류 발생하지 않음	단락고장 시 고장전류 발생

답 ②

문제 12 전력용 콘덴서를 변전소에 설치할 때 직렬 리액터를 설치하려고 한다. 직렬 리액터의 용량을 결정하는 식은? 단, f_0는 전원의 기본 주파수, C는 역률개선용 콘덴서의 용량, L은 직렬 리액터의 용량이다.

① $2\pi f_0 L = \dfrac{1}{2\pi f_0 C}$
② $2\pi (3f_0) L = \dfrac{1}{2\pi (3f_0) C}$
③ $2\pi (5f_0) L = \dfrac{1}{2\pi (5f_0) C}$
④ $2\pi (7f_0) L = \dfrac{1}{2\pi (7f_0) C}$

풀이 직렬 리액터는 제5고조파 제거를 목적으로 사용된다.

답 ③

문제 13 직렬 축전기를 선로에 삽입할 때의 이점이 아닌 것은?

① 선로의 인덕턴스를 보상한다.
② 수전단의 전압 변동률을 줄인다.
③ 정태 안정도를 증가한다.
④ 역률을 개선한다.

풀이 직렬 축전기는 선로의 유도 리액턴스(부하의 리액턴스에 비해서 작은 값)만 상쇄시키는 것이므로 선로의 전압 강하를 줄일 수는 있지만 계통의 역률을 개선시킬 정도는 못된다. 선로의 유도 리액턴스를 상쇄시키므로 선로의 정태 안정도를 증가시킨다.

답 ④

문제 14 전력계통의 전압 조정과 무관한 것은?
① 발전기의 조속기   ② 발전기의 전압 조정 장치
③ 전력용 콘덴서   ④ 전력용 분로 리액터

풀이 조속기는 회전체의 원심력을 이용하여 증기의 유입량을 조절하여 터빈의 회전속도를 일정하게 해주는 장치이다. 답 ①

05 ★★★★★ 배전 변압기

500[kVA]의 단상 변압기 상용 3대(결선 △-△), 예비 1대를 갖는 변전소가 있다. 지금 부하의 증가에 응하기 위하여 예비 변압기까지 동원해서 사용한다면 얼마만한 최대 부하[kVA]에 까지 응할 수 있게 되겠는가?
① 약 2000   ② 약 1730
③ 약 1500   ④ 약 830

유형분석 V결선 시 용량, 변압기 보호기기, 단권 변압기의 특징 등이 출제된다.

풀이 단상 변압기 상용 3대와 예비 1대가 있다면 V결선으로 두 뱅크 운전할 수 있다.
∴ $P = 2 \times \sqrt{3} P_1 = 2 \times \sqrt{3} \times 500 = 1730[kVA]$ 답 ②

Key point

V결선 시 용량 : $P_V = \sqrt{3} P_1 [kVA]$
여기서, $P_1[kVA]$ 은 변압기 1대의 용량

문제 15 공통중성선 다중접지 3상 4선식 배전선로에서 고압 측(1차 측) 중성선과 저압 측(2차 측) 중성선을 전기적으로 연결하는 목적은?
① 저압 측의 단락 사고를 검출하기 위함
② 저압 측의 접지 사고를 검출하기 위함
③ 주상 변압기의 중성선측 부싱(bushing)을 생략하기 위함
④ 고저압 혼촉 시 수용가에 침입하는 상승전압을 억제하기 위함

풀이 중성선끼리 연결되지 않으면 고저압 혼촉 시 고압 측의 큰 전압이 저압 측을 통해서 수용가에 침입 답 ④

문제 16 ★★
그림과 같이 6600[V] 비접지 3상 3선식 배전 선로에 설치된 주상 변압기의 1차와 2차 간에 고저압 혼촉 고장이 발생하였을 경우 ×표한 부분의 대지 전위는 몇 [V]인가? 단, 접지 저항은 15[Ω], 접지 저항에 흐르는 지락 전류는 4[A]라 한다.

① 60
② $\dfrac{6600}{\sqrt{3}}$
③ 6600
④ $60\sqrt{3}$

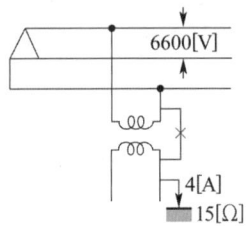

풀이 $V_g = I_g R = 4 \times 15 = 60[V]$

답 ①

문제 17 ★★★
최근 초고압 송전 계통에 단권 변압기가 사용되고 있는데, 그 특성이 아닌 것은?
① 중량이 가볍다.
② 전압 변동률이 작다.
③ 효율이 높다.
④ 단락 전류가 작다.

풀이 단권 변압기의 특징은
① 중량이 가볍다.
② 전압 변동률이 작다.
③ 동손의 감소에 따른 효율이 높다.
④ 변압비가 1에 가까우면 용량이 커진다.
⑤ 1차 측의 이상 전압이 2차 측에 미친다.
⑥ 누설 임피던스가 작으므로 단락 전류가 증가한다.
⑦ 단권 변압기의 2차 측 권선은 공통 권선이므로 절연강도를 낮출 수 없다.

답 ④

문제 18 ★★★
배전용 변전소의 주변압기는?
① 단권 변압기
② 삼권 변압기
③ 체강 변압기
④ 체승 변압기

풀이 체승 변압기 : 승압용 (송전)
체강 변압기 : 강압용 (배전)

답 ③

전기기기 제3장

1. 출제기준 – 직류기　　　　　　　　　　198
2. 출제기준 – 동기기　　　　　　　　　　222
3. 출제기준 – 변압기　　　　　　　　　　243
4. 출제기준 – 유도기　　　　　　　　　　271
5. 출제기준 – 교류 정류자기　　　　　　290
6. 출제기준 – 정류기　　　　　　　　　　295

01 출제기준 – **직류기**

1 직류발전기의 구조 및 원리

1) 전기자 (armature)
전기자 철심은 철손을 적게 하기 위하여 두께 0.35~0.5[mm]의 규소 강판(저규소 강판 : 규소 함유율 1~1.4[%] 정도)을 성층하여 사용한다.

2) 계자 (field magnet)
계자 권선, 계자 철심, 자극편, 계철 등으로 구성되며 계철, 계자, 철심, 공극, 전기자 철심을 직류기의 자기 회로(magnetic circuit)라고 한다.
자극편은 두께 0.8 또는 1.6[mm]의 연강판을 성층하여 사용한다.
보극은 주자극의 중간에 있는 작은 자극으로서 정류를 개선하기 위한 것으로 그 기자력은 보통 전기자 권선의 기자력의 1.3~1.4배 정도로 한다. 공극은 자극편과 전기자 사이의 간격으로서 소형기에서는 3[mm], 대형기에서는 6~8[mm] 정도로 한다.

3) 정류자 (commutator)
쐐기 모양의 경동으로 된 정류자편의 상호간을 0.8[mm] 정도의 마이카편(편간 마이카)으로 절연해서 원통형으로 조립한 것이다.

2 전기자 권선법

현재 직류기에 사용되는 전기자 권선법은 고상, 폐회로, 2층권이다.

구 분	중권(병렬권)	파권(직렬권)	비 고
병렬회로 수 a	$a=p$ ($a=mp$)	$a=2$ ($a=2m$)	m : 다중도
브러시 수 b	$b=p$	$b=2$	
용도	저전압, 대전류	고전압, 소전류	
균압 접속	4극 이상 필요	불필요 (다중 파권의 경우 필요)	

3 정류와 전기자 반작용

1) 정류 곡선 (commutating curve)

직선 정류, 정현파 정류, 부족 정류, 과정류 등이 있으며 불꽃 없는 정류는 직선 또는 정현파 곡선이다.

- 저항 정류 : 접촉 저항이 큰 브러시를 사용하여 정류 코일의 단락 전류를 억제해서 양호한 정류를 얻는 방법
- 전압 정류 : 보극을 설치하여 정류 코일 내에 유기되는 리액턴스 전압과 반대 방향으로 정류 전압을 유기시켜 양호한 정류를 얻는 방법

  – 리액턴스 전압 $e_r = -L\dfrac{di}{dt}$

  – 평균 리액턴스 전압 $(e_r)_{\mathrm{mean}} = -L\dfrac{2I_c}{T_c} = L\dfrac{I_a}{T_c}$

  L : 인덕턴스[H], T_c : 정류주기[sec], I_a : 전기자 전류[A]

2) 양호한 정류를 얻는 조건

- 평균 리액턴스 전압을 작게 한다.
- 정류주기를 길게 한다.
- 자기인덕턴스를 작게 한다.(단절권 채용)
- 전압정류를 채용한다.(보극 설치)
- 저항정류를 채용한다.(탄소브러시 설치)

3) 전기자 반작용

전기자 전류에 의한 기전력의 영향으로 주자극의 자속 분포가 변화한다. 이와 같은 전기자 전류의 작용을 전기자 반작용이라고 한다.

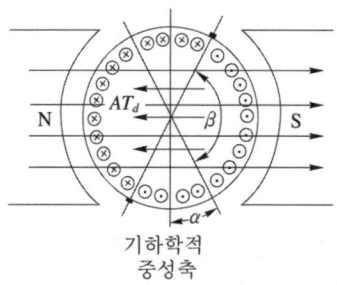

기하학적 중성축

① 전기자 기자력 : 그림과 같이 브러시를 기계적 중성축에서 α[rad]만큼 이동했을 경우

- 감자 기자력 $AT_d = \dfrac{2\alpha}{\pi} \cdot \dfrac{Z}{2P} \cdot \dfrac{1}{2} \cdot \dfrac{I_a}{2a}$ [AT/극]

- 교차 기자력 $AT_c = \dfrac{\beta}{\pi} \cdot \dfrac{Z}{2P} \cdot \dfrac{1}{2} \cdot \dfrac{I_a}{2a}$ [AT/극]

  여기서, $\beta = \pi - 2a$

  P : 극수, a : 병렬회로수, I_a : 전기자 전류[A], Z : 총도체수

② 전기자 반작용에 따르는 현상
- 전기적 중성축이 이동한다.(발전기는 회전방향, 전동기는 회전 반대방향)
- 주자속이 감소한다.
- 정류자편 사이의 전압이 고르지 못하게 되어 국부적으로 전압이 높아진다. (flashover 현상)
- 보상 권선(compensating winding) : 자극편에 슬롯을 만들어 여기에 전기자 권선과 같은 권선을 하고 전기자 전류와 반대 방향으로 전류를 통하여 전기자의 기자력을 없애도록 한 것이다. 단, 보상 권선을 사용할 경우에는 브러시를 기하학적 중성축에 놓는다.

4 직류 발전기의 종류와 특성, 운전

1) 유기 기전력

$$E = \dfrac{pZ}{a}\Phi n = \dfrac{pZ}{a}\Phi\dfrac{N}{60} = K_1 \Phi N [\text{V}]$$

Z : 전기자 도체수, Φ : 자속수[Wb], n : 회전 속도[rps], N : 회전 속도[rpm]
K : 비례 상수 $\left(\because K_1 = \dfrac{pZ}{60a}\right)$, a : 브러시간·병렬 회로수, p : 극 수

2) 특성

단자 전압 $V = E - I_a R_a$ [V]

E : 유기 기전력[V], I_a : 전기자 전류[A], R_a : 전기자 저항[Ω]

① 타여자 발전기
- 회전방향을 반대로 하면 극성이 반대가 된다.
- 잔류자기가 없어도 발전이 가능하다.

② 분권 발전기(자여자)
- 회전방향을 반대로 하면 잔류자기가 소멸되어 발전하지 않는다.
- 운전중 계자회로를 갑자기 열면 고전압이 발생한다.

③ 직권 발전기(자여자)
- 회전방향을 반대로 하면 잔류자기가 소멸되어 발전하지 않는다.
- 무부하시 자기여자로 전압확립이 불가능하다.

3) 전압 변동률

$$\epsilon = \frac{V_0 - V_n}{V_n} \times 100 [\%]$$

V_n : 정격 전압[V], V_0 : 무부하 전압[V]

5 직류 발전기의 병렬운전

1) 병렬 운전의 목적
- 1대의 발전기로 용량이 부족할 때
- 부하 변동의 폭이 클 때에는 경부하에 대해 효율 좋게 운전하기 위하여, 즉 전부하시 두 대로 병렬 운전하고, 경부하시는 한 대만을 운전한다.
- 예비기 또는 점검, 보수측면에서 유리하다.

2) 병렬 운전 조건
- 정격 전압 및 극성이 같을 것
- 외부 특성 곡선이 어느 정도 수하 특성일 것
- 용량이 다를 경우 [%] 부하 전류로 나타낸 외부 특성 곡선이 거의 일치할 것

3) 부하의 분담
유기 전압 E와 전기자 회로의 저항 R_a에 의해서 결정된다.
- 저항이 같으면 유기 전압이 큰 측이 부하를 많이 분담하며,
- 유기 전압이 같으면 부하는 전기자 회로 저항에 반비례해서 분배된다.

$$E_1 - R_{a1}(I_1 + I_{f1}) = E_2 - R_{a2}(I_2 + I_{f2}) = V$$

E_1, E_2 : 각 기의 유도 기전력[V], R_{a1}, R_{a2} : 각 기의 전기자 저항[Ω]
I_1, I_2 : 각 기의 부하 분담 전류[A], I_{f1}, I_{f2} : 각 기의 계자 전류[A], V : 단자 전압[V]

6 직류 전동기의 종류와 특성

1) 직류 전동기 이론

① 역기전력 $E = V - R_a I_a = \dfrac{pZ}{a}\Phi n = \dfrac{pZ}{a}\Phi \dfrac{N}{60} = K_1 \Phi N [\text{V}]$

> Z : 전기자 도체수, Φ : 자속수[Wb], n : 회전 속도[rps], N : 회전 속도[rpm]
> K : 비례 상수 $\left(\because K_1 = \dfrac{pZ}{60a}\right)$, a : 브러시간·병렬 회로수, p : 극 수

② 회전 속도 $N = \dfrac{E}{K_1 \Phi} = \dfrac{V - R_a I_a}{K_1 \Phi} [\text{rpm}]$

> E : 역기전력[V], K_1 : 비례 상수, I_a : 전기자 전류[A], R_a : 전기자 저항[Ω]

③ 토크 $\tau = \dfrac{pZ}{2\pi a}\Phi I_a = \dfrac{E I_a}{2\pi n} = K_2 \Phi I_a [\text{N}\cdot\text{m}]\left(\because K_2 = \dfrac{pZ}{2\pi a}\right)$

> Z : 전기자 도체수, Φ : 자속수[Wb], n : 회전 속도[rps], N : 회전 속도[rpm]
> K : 비례 상수 $\left(\because K_1 = \dfrac{pZ}{60a}\right)$, a : 브러시간·병렬 회로수, p : 극 수

$\tau = \dfrac{E I_a}{\omega} = \dfrac{P_m}{\omega} [\text{N}\cdot\text{m}]$, $\tau = 0.975 \dfrac{P_m}{N} [\text{kg}\cdot\text{m}]$

> $1[\text{kg}\cdot\text{m}] = 9.8[\text{N}\cdot\text{m}]$, P_m : 전동기의 출력, $\omega = 2\pi n = 2\pi \dfrac{N}{60}$: 각속도

7 직류 전동기의 기동, 제동 및 속도제어

1) 속도 제어법

구분	특성	분권 및 타여자	직권
계자 제어법	효율 양호, 정류 악화 정출력 가변 속도	속도 제어 범위는 최저 최고비가 1 : 2~1 : 4(보상 권선이 있을 때) 정도	무부하에 있어서 Φ가 대단히 작으면 속도가 아주 높아지므로 주의가 필요
직렬 저항법	효율 나쁨 정토크 가변 속도	정속도 특성을 잃는다.	직렬 저항법과 전압 제어법을 병용하여 전차 등에 널리 사용되고 있다.
전압 제어법	위의 두 가지에 비하여 고가이나 광범위한 속도 제어가 가능하다.	타여 전동기에 적용된다. 워드 레오나드 방식, 일그너 방식, 승압기 방식 등이 있다.	

기본식 $n = \dfrac{V - R_a I_a - v_b - e_a}{K_1 \Phi}$ [rpm] $\left(\because K_1 = \dfrac{pZ}{60a} \right)$

v_b : 브러시의 접촉 저항에 의한 전압 강하[V], e_a : 전기자 반작용 전압 강하[V]

2) 속도 변동률

$\epsilon = \dfrac{N_0 - N_n}{N_n} \times 100 [\%]$

N_0 : 무부하 속도, N_n : 정격 속도

3) 제동법

- 발전제동 : 전동기를 전원에서 분리하면 발전기로 동작하며, 이때 발전된 전력을 열로 소비하는 제동
- 회생제동 : 전동기를 전원에서 분리하면 발전기로 동작하며, 이때 발전된 전력을 제동용 전원으로 사용하는 제동
- 역전제동 : 전동기를 역전시켜 제동하는 방식으로 플러깅제동이라고 함.

8 직류기의 손실, 효율, 온도상승 및 정격

1) 손실

철손 P_i	히스테리시스손	$P_h = \alpha \dfrac{f}{100} B^2$ [W/kg]	B[Wb/m²], f[Hz], α 정수
	와전류손	$P_e = \beta \left(\dfrac{f}{100} B \right)^2$ [W/kg]	β 정수
동손 P_c	전기자 동손	$P_{ca} = R_a I_a^2$ [W]	R_a, R_f의 저항값은 다음 기준 온도에 있어서의 값으로 한다. A, E, B종 절연 115[℃], F, H종 절연 155[℃]
	계자동손	$P_{ef} = R_f I_f^2$ [W]	
	브러시 전기손	$P_b = 2 v_b I_a$ [W]	V_b는 브러시 1개당 다음 값으로 한다. (1) 탄소 및 흑연 브러시(접속끈 부착) 1[V] (2) 탄소 및 흑연 브러시(접속끈 없음) 1.5[V] (3) 금속 흑연 브러시(접속끈 부착) 0.3[V]
기계손 P_m	마찰손	브러시	
		베어링	
	풍손		

표유 부하손 P_s	표유 부하손은 전류의 제곱으로 변화하는 것으로 하고 그 값은 최대의 정격 전류에 있어서 다음과 같이 정한다. • 보상 권선이 없는 직류기 : 기준 출력의 1[%] • 보상 권선이 있는 직류기 : 기준 출력의 0.5[%]
전손실	$P_i + P_c + P_m + P_s$

2) 효율

실측 효율 $\eta = \dfrac{출력}{입력} \times 100[\%]$

규약 효율 $\eta = \dfrac{출력}{출력 + 손실} \times 100[\%]$ (발전기)

$\eta = \dfrac{입력 - 손실}{입력} \times 100[\%]$ (전동기)

3) 정격

① 연속 정격　　② 단시간 정격
③ 반복 정격　　④ 공칭 정격 (전기철도용 전원기기에 사용)

4) 절연물의 허용온도

절연의 종류	Y	A	E	B	F	H	C
허용 최고 온도[℃]	90	105	120	130	155	180	180 초과

9 직류기의 시험법

1) 토크 측정

- 소형 : 와전류 제동기, 프로니 브레이크
- 대형 : 전기동력계 $T =$ 동력계 눈금×암의 길이 [kg·m]

◀◀◀ 완벽대비 전기기사필기

필수유형 및 과년도문제

필수 01 ★☆ 직류발전기의 구조 및 원리

전기 기계의 철심을 성층하는 데 가장 적절한 이유는?
① 기계손을 적게 하기 위하여
② 와류손을 적게 하기 위하여
③ 히스테리시스손을 적게 하기 위하여
④ 표유 부하손을 적게 하기 위하여

유형분석 구조 및 원리에서는 규소강판의 성층 이유를 묻는 문제가 출제된다.

풀 이 전기 기계의 전기자 철심은 규소 강판으로 성층하여 만드는데, 규소를 넣는 것은 자기 저항을 크게 하여 와류손과 히스테리시스손을 감소하게 하지만 투자율이 낮아지고, 기계적 강도가 감소 되어 부서지기 쉬우며, 가공이 곤란하게 된다. 성층 하는 이유는 와류손을 적게 하기 위한 것이다. **답** ②

Key point

전기자 철심은 철손을 적게 하기 위하여 두께 0.35~0.5[mm]의 규소 강판(저규소 강판 : 규소 함유율 1~1.4[%] 정도)을 성층하여 사용한다.
① 규소 : 히스테리시스손 감소
② 성층 : 와류손 감소

문제 01 ★ **브러시를 중성축에서 이동시키는 것은?**
① 로커　　② 피그테일　　③ 홀더　　④ 라이저

풀이 브러시의 중성축 이동 : 로커 **답** ①

문제 02 ★☆ **직류 발전기의 저주파 및 고주파 맥동을 감소시키기 위한 것이 아닌 것은?**
① 공극의 길이를 균일하게 한다.
② 자극 간격을 균등히 한다.
③ 자기 저항을 전기자 주변에 대하여 균등히 한다.
④ 홈을 1홈절 이상의 사구(斜溝)로 하고 정류자 편수를 감소시킨다.

풀이 정류자 편수가 많을수록 출력의 파형은 더욱 직류에 근사하여진다. **답** ④

필수 02 ★★★★★ 전기자 권선법

직류기의 다중 중권 권선법에서 전기자 병렬 회로수 a와 극수 p 사이에는 어떤 관계가 있는가? 단, 다중도는 m이다.

① $a = 2$ ② $a = 2m$ ③ $a = p$ ④ $a = mp$

유형분석 중권과 파권의 특성에 관한 문제 출제

풀 이 직류기의 다중 중권 권선법에서 전기자 병렬 회로수 a와 극수 p 사이에는 $a = mp$의 관계가 있다.
$a = p$는 단중 중권의 경우이다.   **답** ④

Key point

비교 항목	단중 중권	단중 파권
전기자의 병렬 회로수	극수와 같다.	항상 2이다.
브러시 수	극수와 같다.	2개로 되나, 극수만큼의 브러시를 둘 수도 있다.
전기자 도체의 굵기, 권수, 극수가 모두 같을 때	저전압, 대전류를 얻을 수 있다.	전류는 작지만 고전압을 얻을 수 있다.
균압 접속	4극 이상이면 균압 접속을 하여야 한다.	균압 접속은 필요 없다.

문제 03 ★★★★★ 직류 분권 발전기의 전기자 권선을 단중 중권으로 감으면?

① 병렬 회로수는 항상 2이다.
② 높은 전압, 작은 전류에 적당하다.
③ 균압선이 필요 없다.
④ 브러시 수는 극수와 같아야 한다.

풀이 전기자 권선을 중권과 파권에 대하여 비교하면

비교 항목	단중 중권	단중 파권
전기자의 병렬 회로수	극수와 같다.	항상 2이다.
브러시 수	극수와 같다.	2개로 되나, 극수만큼의 브러시를 둘 수도 있다.
전기자 도체의 굵기, 권수, 극수가 모두 같을 때	저전압, 대전류를 얻을 수 있다.	전류는 작지만 고전압을 얻을 수 있다.
균압 접속	4극 이상이면 균압 접속을 하여야 한다.	균압 접속은 필요 없다.

답 ④

문제 04 ★ 직류기의 권선법에 관한 설명으로 틀린 것은?

① 단중 파권으로 하면 단중 중권의 $P/2$배의 유기전압이 발생한다.
② 중권으로 하면 균압환이 필요없다.
③ 단중 중권의 병렬 회로수는 극수와 같다.
④ 중권이나 파권의 권선법에는 모두 진권(進卷) 및 여권(戾卷)을 할 수 있다.

풀이 중권 권선법에서는 반드시 균압환이 필요하다. 　　**답** ②

문제 05 ★★★★★ 자극수 4, 슬롯수 40, 슬롯 내부 코일 변수 4인 단중 중권 직류기의 정류자 편수는?

① 10　　　② 20　　　③ 40　　　④ 80

풀이 정류자 편수 $K = \dfrac{u}{2} N_s$ 식에서 $u = 4$(슬롯 내부의 코일 변수), $N_s = 40$(슬롯 수)이므로

$$\therefore K = \dfrac{u}{2} N_s = \dfrac{4}{2} \times 40 = 80$$

답 ④

필수 03 ★★★★☆ 정류와 전기자 반작용

직류기에서 양호한 정류를 얻는 조건이 아닌 것은?
① 정류 주기를 크게 한다.
② 전기자 코일의 인덕턴스를 작게 한다.
③ 평균 리액턴스 전압을 브러시 접촉면 전압 강하보다 크게 한다.
④ 브러시의 접촉 저항을 크게 한다.

 정류에서는 양호한 정류를 얻는 조건에 관한문제, 전기자 반작용에서는 영향과 방지대책 등이 출제된다.

풀 이
① 정류 주기를 크게 하면 전류의 변화율, 즉 $\dfrac{di}{dt}$ 가 작아져서 불꽃 발생의 원인이 작아진다.
② L 이 작아져도 역시 불꽃 발생의 근본 원인인 역기전력이 작아진다.
③ 리액턴스 전압은 $e_r = -L \dfrac{di}{dt}$ 로서 이것이 정류를 해치는 가장 큰 원인이 되는 것이다.
④ 브러시의 접촉 저항이 크면 저항 정류가 이루어져서 양호한 정류가 이루어진다. 　　**답** ③

Key point

(1) 양호한 정류를 얻는 조건
- 평균 리액턴스 전압을 작게 한다.
- 자기인덕턴스를 작게 한다.(단절권 채용)
- 저항정류를 채용한다.(탄소브러시 설치)
- 정류주기를 길게 한다.
- 전압정류를 채용한다.(보극 설치)

(2) 전기자 반작용
    전기자 전류에 의한 기전력의 영향으로 주자극의 자속 분포가 변화한다. 이와 같은 전기자 전류의 작용을 전기자 반작용이라고 한다.
(3) 전기자 반작용의 영향
    - 전기자 중성축의 이동(발전기 : 회전 방향, 전동기 : 회전자 반대 방향)
    - 주자속 감소
    - 정류자편 사이의 고르지 못한 국부적 전압 상승(flashover 현상)
(4) 방지책 : 보극과 보상권선(가장 유효한 방법)

문제 06 ★★ 전기자 반작용이 직류 발전기에 영향을 주는 것을 설명한 것이다. 틀린 설명은?

① 전기자 중성축을 이동시킨다.
② 자속을 감소시켜 부하시 전압 강하의 원인이 된다.
③ 정류자 편간 전압이 불균일하게 되어 섬락의 원인이 된다.
④ 전류의 파형은 찌그러지나 출력에는 변화가 없다.

풀이 자속의 감소로 인하여 출력이 저하된다. **답** ④

문제 07 ★★★☆ 직류 발전기의 전기자 반작용을 설명함에 있어서 그 영향을 없애는 데 가장 유효한 것은?

① 균압환   ② 탄소 브러시
③ 보상 권선   ④ 보극

풀이 전기자 반작용의 방지대책
보극과 보상권선을 설치한다.
 - 보극 → 중성측 부근의 전기자 반작용 상쇄
 - 보상권선 → 대부분의 전기자 반작용 상쇄 : 가장 유효한 방법 **답** ③

문제 08 ★★★★★ 직류기에서 전기자 반작용에 의한 극의 짝수당의 감자 기자력[AT/pole pair]은 어떻게 표시되는가? 단, α는 브러시 이동각, Z는 전기자 도체수, I_a는 전기자 전류, A는 전기자 병렬 회로수이다.

① $\dfrac{\alpha}{180} \cdot Z \cdot \dfrac{I_a}{A}$ ② $\dfrac{90-\alpha}{180} \cdot Z \cdot \dfrac{I_a}{A}$

③ $\dfrac{180}{\alpha} \cdot Z \cdot \dfrac{I_a}{A}$ ④ $\dfrac{180}{90-\alpha} \cdot Z \cdot \dfrac{I_a}{A}$

풀이 짝수당의 감자 기자력 $AT_d = \dfrac{\alpha}{180} \cdot Z \cdot \dfrac{I_a}{A}$ **답** ①

문제 09 보극이 없는 직류 발전기는 부하의 증가에 따라서 브러시의 위치는?

① 그대로 둔다. ② 회전 방향과 반대로 이동
③ 회전 방향으로 이동 ④ 극의 중간에 놓는다.

풀이 브러시는 항상 기전력 0인 도체에 접속되어 있는 정류자편에 접촉하도록 하여야 한다. 보극이 없는 발전기는 부하가 걸리면 중성축의 위치가 전기자 반작용 때문에 회전 방향으로 이동하므로 그 위치에 브러시를 옮겨 놓아야 한다. **답** ③

문제 10 직류기에서 정류 코일의 자기 인덕턴스를 L이라 할 때 정류 코일의 전류가 정류 기간 T_c 사이에 I_c에서 $-I_c$로 변한다면 정류 코일의 리액턴스 전압(평균값)은?

① $L\dfrac{2I_c}{T_c}$ ② $L\dfrac{I_c}{T_c}$ ③ $L\dfrac{2T_c}{I_c}$ ④ $L\dfrac{T_c}{I_c}$

풀이 전류의 변화는 $I_c - (-I_c) = 2I_c$이므로
$$\therefore e_L = L\dfrac{di}{dt} = L\dfrac{2I_c}{T_c}[\text{V}]$$
답 ①

문제 11 불꽃 없는 정류를 하기 위해 평균 리액턴스 전압(A)과 브러시 접촉면 전압 강하(B) 사이에 필요한 조건은?

① $A > B$ ② $A < B$ ③ $A = B$ ④ A, B에 관계없다.

답 ②

문제 12 6극 직류발전기의 정류자 편수가 132, 단자 전압이 220[V], 직렬 도체수가 132개이고 중권이다. 정류자 편간 전압[V]은?

① 10   ② 20   ③ 30   ④ 40

풀이 e_{sa} : 정류자 편간 전압, E : 유기 기전력, K : 정류자 편수, p : 극수라 하면
$$e_{sa} = \dfrac{pE}{K} = \dfrac{220 \times 6}{132} = 10[\text{V}]$$
답 ①

필수 04 직류 발전기의 종류와 특성, 운전

매극 유효 자속 0.035[Wb], 전기자 총도체수 152인 4극 중권 발전기를 매분 1200회의 속도로 회전할 때의 기전력[V]을 구하면?

① 약 106   ② 약 86   ③ 약 66   ④ 약 53

유형분석 계산하는 문제는 기본적인 식을 이용하는 문제가 출제되며, 일반적으로 발전기의 특징을 묻는 필답형 문제가 출제된다.

풀 이 중권이므로 $a = p = 4$
$$E = \frac{pZ}{a}\Phi n = \frac{pZ}{a}\Phi \frac{N}{60} = \frac{4 \times 152}{4} \times 0.035 \times \frac{1200}{60} ≒ 106.4[V]$$

답 ①

Key point

① 유기 기전력 : $E = \frac{pZ}{a}\Phi n = \frac{pZ}{a}\Phi\frac{N}{60} = K_1\Phi N[V]$

② 단자 전압 : $V = E - I_a R_a [V]$

③ 전압 변동률 : $\epsilon = \frac{V_0 - V_n}{V_n} \times 100[\%]$

④ 타여자 발전기
  - 회전방향을 반대로 하면 극성이 반대가 된다.
  - 잔류자기가 없어도 발전이 가능하다.

⑤ 분권 발전기(자여자)
  - 회전방향을 반대로 하면 잔류자기가 소멸되어 발전하지 않는다.
  - 운전중 계자회로를 갑자기 열면 고전압이 발생한다.

⑥ 직권 발전기(자여자)
  - 회전방향을 반대로 하면 잔류자기가 소멸되어 발전하지 않는다.
  - 무부하시 자기여자로 전압확립이 불가능하다.

문제 13 ★ 60[kW], 4극 직류 발전기가 중권으로 권선되고 48개의 전기자 홈을 가지고 있다. 그리고 각 홈에는 6개의 코일변(도체)이 들어 있다. 한 자극의 자속이 0.08[Wb]이고, 전기자 회전수가 1,040[rpm]일 때 유기전압 $E[V]$은?

① 110   ② 150   ③ 288   ④ 400

풀이
$$E = \frac{p}{a}Z\phi\frac{N}{60} = \frac{p}{a} \times (홈수 \times 홈내 도체수) \times \phi \times \frac{N}{60}$$
$$= \frac{4}{4} \times 48 \times 6 \times 0.08 \times \frac{1040}{60} = 399.36$$

답 ④

문제 14 ★★ 계자 권선이 전기자에 병렬로 연결된 직류기는?

① 분권기   ② 직권기   ③ 복권기   ④ 타여자

풀이 분권기(발전기)는 계자 권선이 전기자 권선에 병렬로 연결

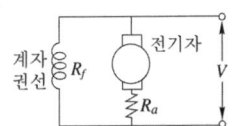

답 ①

문제 15 계자 철심에 잔류 자기가 없어도 발전되는 직류기는?

① 직권기   ② 타여자기
③ 분권기   ④ 복권기

풀이 타여자 발전기는 외부에서 계자 권선 F에 직류 전원을 공급하므로 잔류 자기가 없어도 된다.

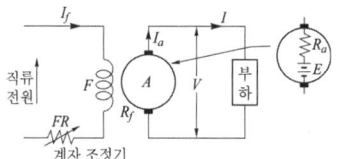

답 ②

문제 16 3상 유도 전동기로 직류 분권 발전기를 구동하여 직류를 얻어 사용했었다. 유도기의 1차측 3선중 2선을 바꾸어 결선을 하고 운전하였다면 직류 분권 발전기의 전압은?

① 전압이 0이 된다.   ② 과전압이 유도된다.
③ +, − 극성이 바뀐다.   ④ +, − 극성이 변함없다

풀이 유도 전동기의 1차측 3선중 2선을 바꾸어 결선할 경우 유도 전동기는 역회전하게 된다. 이 경우 자여자 발전기인 직류 분권 발전기는 잔류 자기가 소멸되어 발전하지 못하게 된다.

답 ①

문제 17 용접용으로 사용되는 직류 발전기의 특성 중에서 가장 중요한 것은?

① 과부하에 견딜 것
② 경부하일 때 효력이 좋을 것
③ 전압 변동률이 작을 것
④ 전류에 대한 전압 특성이 수하특성일 것

풀이 전기 기계 중 아크 부하의 전원으로 쓰이는 기계는 반드시 정전류 특성을 가져야 한다. 따라서 그것은 전류가 증가하면 전압이 저하하는 수하 특성을 가져야 한다.

답 ④

문제 18 100[kW], 230[V] 자여자식 분권 발전기에서 전기자 회로 저항이 0.05[Ω]이고 계자 회로저항이 57.5[Ω]이다. 이 발전기가 정격 전압 전부하에서 운전할 때 유기 전압을 계산하면?

① 232[V]   ② 242[V]
③ 252[V]   ④ 262[V]

풀이 $I = \dfrac{100 \times 10^3}{230} = 434.7[A]$, $I_f = \dfrac{230}{57.5} = 4[A]$

$E = V + I_a R_a = 230 + (434.7 + 4) \times 0.05 = 251.93[V]$

답 ③

문제 19 ★★★★★

1000[kW], 500[V]의 분권 발전기가 있다. 회전수 246[rpm]이며 슬롯수 192, 슬롯 내부 도체수 6, 자극수 12일 때 전부하시의 자속수[Wb]는 얼마인가? 단, 전기자 저항은 0.006[Ω]이고, 단중 중권이다.

① 1.85 ② 0.11 ③ 0.0185 ④ 0.001

풀이 전 부하 전류는

$$I = \frac{1000 \times 10^3}{500} = 2000[A]$$

$$E = V + I_a R_a = 500 + (2000 \times 0.006) = 512[V]$$

전도체수 Z는

$$Z = (\text{슬롯수}) \times (1\text{슬롯의 도체수}) = 192 \times 6 = 1152$$

단중 중권이므로 $a = p$이다.

$$E = \frac{pZ}{a}\Phi n = \frac{pZ}{a}\Phi \frac{N}{60}[V]$$

$$512 = 1152 \times \Phi \times \frac{246}{60}$$

$$\therefore \Phi = 0.11[Wb]$$

답 ②

문제 20 ★★★★

직류 분권 발전기의 무부하 포화 곡선이 $V = \frac{940 I_f}{33 + I_f}$ 이고, I_f는 계자 전류[A], V는 무부하 전압[V]으로 주어질 때 계자 회로의 저항이 20[Ω]이면 몇 [V]의 전압이 유기되는가?

① 140 ② 160 ③ 280 ④ 300

풀이

$$V = \frac{940 I_f}{33 + I_f}$$

계자 권선의 저항이 20[Ω]이므로 계자 저항선은

$$V = I_f R_f = 20 I_f \quad \therefore I_f = \frac{V}{20}$$

이 식을 위 식에 대입하면

$$V = \frac{940 \frac{V}{20}}{33 + \frac{V}{20}}, \quad 33V + \frac{V^2}{20} = 940 \times \frac{V}{20}, \quad 33 + \frac{V}{20} = 47$$

$$\therefore V = 280[V]$$

답 ③

문제 21 ★★

무부하 전압 250[V], 정격 전압 210[V]인 발전기의 전압 변동률[%]은?

① 16 ② 17 ③ 19 ④ 22

풀이 전압 변동률 $\epsilon = \frac{V_0 - V_n}{V_n} \times 100$

$$\therefore \epsilon = \frac{250 - 210}{210} \times 100 = 19.05[\%]$$

답 ③

필수 05 ★★★★ 직류 발전기의 병렬운전

직류 분권 발전기를 병렬 운전을 하기 위해서는 발전기 용량 P와 정격 전압 V는?

① P는 임의, V는 같아야 한다.
② P와 V가 임의
③ P는 같고 V는 임의
④ P와 V가 모두 같아야 한다.

유형분석 병렬운전의 조건이 가장 많이 출제되며, 부하분담 부분이 다음으로 출제된다.

풀 이 직류 발전기의 병렬 운전 조건은 다음과 같다.
① 전압의 크기와 극성이 같을 것
② 외부 특성 곡선이 어느 정도 수하 특성일 것(단, 직권 특성과 과복권 특성은 균압선을 설치할 것)
③ 각 발전기의 부하 전류를 그 정격 전류의 백분율로 표시한 외부 특성 곡선이 거의 같을 것
그러므로 직류 분권 발전기를 병렬 운전하려면 정격 전압 V는 같아야 하지만 용량 P는 달라도 된다.

답 ①

Key point

① 병렬 운전 조건
  - 정격 전압 및 극성이 같을 것
  - 외부 특성 곡선이 어느 정도 수하 특성일 것
  - 용량이 다를 경우 [%] 부하 전류로 나타낸 외부 특성 곡선이 거의 일치할 것
② 부하의 분담 : 유기 전압 E와 전기자 회로의 저항 R_a에 의해서 결정된다.
  - 저항이 같으면 유기 전압이 큰 측이 부하를 많이 분담하며,
  - 유기 전압이 같으면 부하는 전기자 회로 저항에 반비례해서 분배된다.

문제 22 ★★★★★ 종축에 단자 전압, 횡축에 정격 전류의 [%]로 눈금을 적은 외부 특성 곡선이 겹쳐지는 두 대의 분권 발전기가 있다. 각각의 정격이 100[kW]와 200[kW]이고, 부하 전류가 150[A]일 때 각 발전기의 분담 전류[A]는?

① $I_1 = 77$, $I_2 = 75$
② $I_1 = 50$, $I_2 = 100$
③ $I_1 = 100$, $I_2 = 50$
④ $I_1 = 70$, $I_2 = 80$

풀이 두 발전기는 외부 특성 곡선이 같으므로 용량에 비례하는 부하를 분담한다.
100[kW] 발전기 전류를 I_1, 200[kW] 발전기 전류를 I_2라 하면
$100 : 200 = I_1 : (150 - I_1)$

$\therefore I_1 = 150 \times \dfrac{1}{3} = 50$[A]

$\therefore I_2 = 150 - 50 = 100$[A]

답 ②

문제 23 ★★

2개의 직류 분권 발전기가 있다. 각각의 정격은 A기가 200[V] 200[kW], B기가 200[V] 300[kW]로서 전압 변동률은 모두 5[%]이다. 지금 이 발전기를 무부하에서 210[V]로 여자하여 병렬 운전시켜 1500[A]인 부하를 걸면 단자 전압[V]은 얼마인가? 단, 외부 특성은 직선이라고 한다.

① 222   ② 218   ③ 210   ④ 204

풀이 두 변압기는 용량에 비례하는 부하를 분담하므로 부하 전류를 각각 I_A, $I_B = (1500 - I_A)$라 하면
$200 : 300 = I_A : (1500 - I_A)$
∴ $I_A = 600[A]$, $I_B = 900[A]$

A기의 정격 전류 $= \dfrac{200 \times 10^3}{200} = 1000[A]$

외부 특성 곡선이 직선이므로 전압 강하는 전류에 비례한다.
그러므로 A기의 전압 강하 $\triangle V$는
$\triangle V = 200 \times 0.05 \times \dfrac{600}{1000} = 6[V]$

전압 변동률 $\epsilon = \dfrac{V_0 - V_n}{V_n} \times 100[\%]$
∴ $V_0 = \epsilon V_n + V_n = 0.05 \times 200 + 200 = 210[V]$

따라서 단자 전압 V_t는
∴ $V_t = V_0 - \triangle V = 210 - 6 = 204[V]$

답 ④

문제 24 ★★★

직류 복권 발전기의 병렬 운전에 있어 균압선을 붙이는 목적은 무엇인가?

① 운전을 안정하게 한다.   ② 손실을 경감한다.
③ 전압의 이상 상승을 방지한다.   ④ 고조파의 발생을 방지한다.

풀이 복권 발전기는 균압선 없이는 안정된 병렬운전을 할 수 없다(∵ 직권 계자 권선이 있으므로)

답 ①

---

06 ★★★ 직류 전동기의 종류와 특성

직류 가동 복권 발전기를 전동기로 사용하자면?

① 가동 복권 전동기로 사용 가능   ② 차동 복권 전동기로 사용 가능
③ 속도가 급상승해서 사용 불능   ④ 직권 코일의 분리가 필요

유형분석 간단한 계산식과 전동기 종류별 특성을 묻는 문제가 출제된다.

풀이 가동 복권 발전기 ⇌ 차동 복권 전동기, 차동 복권 발전기 ⇌ 가동 복권 전동기, 발전기로서 다른 발전기와 병렬 운전 중에 원동기의 고장으로 토크가 가해지지 못하면, 분권 계자 코일에는 운전시와 같은 방향의 전류가 계속 흐르나 전기자에는 기전력이 모선 전압 이하로 떨어지면 곧 운전시와 반대 방향으로 전류가 흐르므로, 지금까지와 동일 방향으로 원동기를 부하로 하여 회전을 계속한다. 이 때, 직권 계자 코일에 흐르는 전류의 방향은 당연히 반대 방향으로 되므로 분권 권선과 기자력의 방향이 반대가 되어 차동 복권 전동기가 된다.

답 ②

> **Key point**
>
> ① 역기전력 : $E = V - R_a I_a = \dfrac{pZ}{a}\Phi n = \dfrac{pZ}{a}\Phi\dfrac{N}{60} = K_1\Phi N [V]$
>
> ② 회전 속도 : $N = \dfrac{E}{K_1\Phi} = \dfrac{V - R_a I_a}{K_1\Phi}$ [rpm]
>
> ③ 토크 : $\tau = \dfrac{pZ}{2\pi a}\Phi I_a = \dfrac{EI_a}{2\pi n} = K_2\Phi I_a [N\cdot m]\;\left(\because K_2 = \dfrac{pZ}{2\pi a}\right)$

문제 25 ★☆
다음 그림은 속도 특성 곡선 및 토크(torque) 특성 곡선을 나타낸다. 어느 전동기인가?

① 직류 분권 전동기
② 직류 직권 전동기
③ 직류 복권 전동기
④ 유도 전동기

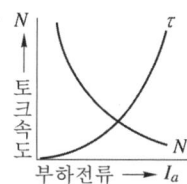

풀이 직권전동기에서 자기 포화가 없을때는 $\phi \propto I_a$가 되어 다음 식이 성립한다.
$n \propto \dfrac{V}{\phi} \propto \dfrac{V}{I_a}$, $T \propto \phi I_a \propto I_a^2$
즉, 회전속도 n은 전기자전류 I_a(부하전류)에 반비례하고 토크 T는 I_a^2에 비례하게 된다.

답 ②

문제 26 ★
정격 속도에 비하여 기동 회전력이 가장 큰 전동기는?

① 타여자기
② 직권기
③ 분권기
④ 복권기

답 ②

문제 27 ★★★☆
직류 분권 전동기에서 단자 전압이 일정할 때, 부하 토크가 $\dfrac{1}{2}$이 되면 부하 전류는 몇 배가 되는가?

① 2배
② $\dfrac{1}{2}$배
③ 4배
④ $\dfrac{1}{4}$배

풀이 토크 $\tau = K\Phi I_a$에서 단자 전압이 일정하므로 Φ는 일정, 따라서 I가 $\dfrac{1}{2}$이 된다.

답 ②

문제 28 다음 설명이 잘못된 것은?

① 전동차용 전동기는 저속에서 토크가 큰 직권 전동기를 쓴다.
② 승용 엘리베이터는 워드-레오나드 방식이 사용된다.
③ 기중기용으로 사용되는 전동기는 직류 분권 전동기이다.
④ 압연기는 정속도 가감 속도 가역 운전이 필요하다.

풀이 기중기용 전동기는 직류 직권 전동기가 쓰인다.   답 ③

문제 29 직류 직권 전동기에서 토크 T와 회전수 N과의 관계는?

① $T \propto N$ ② $T \propto N^2$ ③ $T \propto \dfrac{1}{N}$ ④ $T \propto \dfrac{1}{N^2}$

풀이 역기전력 E_c를 일정하다고 하고 자기 포화를 무시하면 속도 N은

$$N \propto \dfrac{E_c}{\Phi} \propto \dfrac{1}{I_a} (\because \Phi = KI_a), \quad T \propto \phi I_a$$

또한 ϕ는 I_a에 비례하므로 $T \propto I_a^2 \propto \left(\dfrac{1}{N}\right)^2$ 답 ④

문제 30 직류 직권 발전기가 있다. 정격 출력 10[kW], 정격 전압 100[V], 정격 회전수 1500[rpm]이라 한다. 지금 정격 상태로 운전하고 있을 때의 회전수를 1200[rpm]으로 내리고 먼저와 같은 부하 전류를 흘렸을 경우에 단자 전압은 얼마인가? 단, 전기자 회로의 저항은 0.05[Ω]이라 하고 전기자 반작용은 무시한다.

① 105[V] ② 84[V] ③ 80[V] ④ 79[V]

풀이 $I = P/V = 10000/100 = 100[A]$
$E = V + R_a I_a = 100 + 0.05 \times 100 = 105[V]$
속도 변화 후의 기전력을 E'라 하면,
$E' = K\phi n = K\phi(1200/60), \quad E = K\phi(1500/60)$
$\therefore E' = E \times (1200/1500) = \dfrac{4}{5}E = \dfrac{4}{5} \times 105 = 84[V]$
단자 전압 $V = E' - IR_a = 84 - (100 \times 0.05) = 79[V]$ 답 ④

문제 31 120[V] 전기자 전류 100[A], 전기자 저항 0.2[Ω]인 분권 전동기의 발생 동력[kW]은?

① 10 ② 9 ③ 8 ④ 7

풀이 $P = E_c I, \quad E_c = V - R_a I_a = 120 - 0.2 \times 100 = 100[V]$
$\therefore P = 100 \times 100 = 10[kW]$ 답 ①

문제 32 ★★☆

직류 분권 전동기의 전체 도체수는 100, 단중 중권이며 자극수는 4, 자속수는 극당 0.628[Wb]이다. 부하를 걸어 전기자에 5[A]가 흐르고 있을 때의 토크[N·m]는?

① 약 12.5 ② 약 25 ③ 약 50 ④ 약 100

풀이 중권이므로 내부 회로수 $a = p = 4$이다.

$$\therefore \tau = \frac{pZ\phi I_a}{2\pi a} = \frac{4 \times 100 \times 0.628 \times 5}{2 \times 3.14 \times 4} = 50[\text{N} \cdot \text{m}]$$

답 ③

문제 33 ★★★★★

출력 3[kW], 1500[rpm]인 전동기의 토크[kg·m]는?

① 1.5 ② 2 ③ 3 ④ 15

풀이 $\tau = 0.975 \dfrac{P}{N}[\text{kg} \cdot \text{m}]$

$$\therefore \tau = 0.975 \times \frac{3 \times 10^3}{1500} = 1.95 \fallingdotseq 2[\text{kg} \cdot \text{m}]$$

답 ②

필수 07 ★★★★★ 직류 전동기의 기동, 제동 및 속도제어

전기자 저항 0.3[Ω], 직권 계자 권선의 저항 0.7[Ω]의 직권 전동기에 110[V]를 가하였더니 부하 전류가 10[A]이었다. 이때 전동기의 속도[rpm]는? 단, 기계 정수는 2이다.

① 1200 ② 1500 ③ 1800 ④ 3600

유형분석 전압제어와 계자제어의 특징, 제동법의 특징 등이 출제되며, 간혹 속도 계산하는 문제가 출제되기도 한다.

풀이 직류 직권 전동기의 속도 $N = K\dfrac{V - I_a(R_a + R_s)}{I_a}$ 이므로

$V = 110[\text{V}], I_a = 10[\text{A}], R_a = 0.3[\Omega], R_s = 0.7[\Omega], K = 2$를 대입하면

$$\therefore N = 2 \times \frac{110 - 10(0.3 + 0.7)}{10} = 20[\text{rps}] = 1200[\text{rpm}]$$

답 ①

Key point

① 기본식 : $n = \dfrac{V - R_a I_a - v_b - e_a}{K_1 \Phi}[\text{rpm}] \left(\because K_1 = \dfrac{pZ}{60a} \right)$

② 속도 변동률 : $\epsilon = \dfrac{N_0 - N_n}{N_n} \times 100[\%]$

③ 광범위 속도제어 : 전압제어(워드레어너드 방식, 일그너 방식)

④ 일그너 방식 : 부하 급변하는 곳에 적합하다.

⑤ 정출력 제어방식 : 계자제어법

문제 34 ★★
정격 속도 1732[rpm]의 직류 직권 전동기의 부하 토크가 3/4으로 되었을 때의 속도 [rpm]는 대략 얼마로 되는가? 단, 자기 포화는 무시한다.

① 1155[rpm] ② 1500[rpm] ③ 1750[rpm] ④ 2000[rpm]

풀이 $\tau \propto I_a^2 \propto \dfrac{1}{N^2}$ 이므로 $N = \sqrt{\dfrac{4}{3} \times (1732)^2} = 1999.9[\text{rpm}]$ **답** ④

문제 35 ★★★★★
직류 전동기의 속도 제어 방법 중 광범위한 속도 제어가 가능하며 운전 효율이 좋은 방법은?

① 계자 제어 ② 직렬 저항 제어
③ 병렬 저항 제어 ④ 전압 제어

풀이 전압 제어법은 전동기의 공급 전압 V를 조정하는 방법으로 제어 범위가 넓고 손실도 거의 없으며, 제어법으로는 이상적이지만, 설비비가 많이 드는 것이 결점이다.   **답** ④

문제 36 ★★★★★
직류 전동기의 속도 제어법에서 정출력 제어에 속하는 것은?

① 전압 제어법 ② 계자 제어법
③ 워드 레오나드 제어법 ④ 전기자 저항 제어법

풀이 속도 제어 $n = K' \dfrac{E_C}{\phi} = K' \dfrac{V - I_a R_a}{\phi}$ [rps]

전압 제어(V)	효율이 좋다.	• 정토크 제어 • 광범위 속도 제어 • 일그너 방식(부하가 급변하는 곳)
계자 제어(ϕ)	효율이 좋다.	• 정출력 제어 • 세밀하고 안정된 속도 제어 • 속도 조정 범위가 좁다.
저항 제어(R_a)	효율이 나쁘다.	• 속도 조정 범위가 좁다.

답 ②

필수 08 ★★★★★
직류기의 손실, 효율, 온도상승 및 정격

일정 전압으로 운전하고 있는 직류 발전기의 손실이 $\alpha + \beta I^2$으로 표시될 때 효율이 최대가 되는 전류는? 단, α, β는 정수이다.

① $\dfrac{\alpha}{\beta}$ ② $\dfrac{\beta}{\alpha}$ ③ $\sqrt{\dfrac{\alpha}{\beta}}$ ④ $\sqrt{\dfrac{\beta}{\alpha}}$

유형분석 효율의 계산문제, 절연물의 허용온도, 최대효율조건 등이 출제된다.

풀이 손실 $\alpha + \beta I^2$ 중에서 α는 부하 전류에 관계없는 고정손이고, βI^2는 전류의 제곱에 비례하는 가변손이다.
최대 효율 조건은 '고정손 = 가변손'이므로,
즉 $\alpha = \beta I^2$이 되는 부하 전류 $I = \sqrt{\dfrac{\alpha}{\beta}}$ 에서 최대 효율이 된다. **답** ③

Key point

① 효율

실측 효율 $\eta = \dfrac{출력}{입력} \times 100[\%]$

규약 효율 $\eta = \dfrac{출력}{출력 + 손실} \times 100[\%]$ (발전기), $\eta = \dfrac{입력 - 손실}{입력} \times 100[\%]$ (전동기)

② 절연물의 허용온도

절연의 종류	Y	A	E	B	F	H	C
허용 최고 온도[℃]	90	105	120	130	155	180	180 초과

③ 최대효율조건 : 무부하손 = 부하손

문제 37 ★☆☆ 직류 전동기의 규약 효율은 어떤 식으로 표시된 식에 의하여 구하여진 값인가?

① $\eta = \dfrac{출력}{입력} \times 100[\%]$
② $\eta = \dfrac{출력}{출력 + 손실} \times 100[\%]$
③ $\eta = \dfrac{입력 - 손실}{입력} \times 100[\%]$
④ $\eta = \dfrac{입력}{출력 + 손실} \times 100[\%]$

풀이 규약 효율 η는
$\eta = \dfrac{입력 - 손실}{입력} \times 100[\%]$ (전동기), $\eta = \dfrac{출력}{출력 + 손실} \times 100[\%]$ (발전기) **답** ③

문제 38 ★★★☆ 정격 출력 시(부하손/고정손)는 2이고, 효율 0.8인 어느 발전기의 1/2 정격 출력 시의 효율은?

① 0.7   ② 0.75   ③ 0.8   ④ 0.83

풀이 부하손을 P_c, 고정손을 P_i, 출력을 P라 하면 정격 출력 시에는 $P_c = 2P_i$로 되므로 $\dfrac{P_c}{P_i} = 2$에서 $P_c = 2P_i$이고 $\eta = 0.8$일 때

$$\dfrac{P}{P + P_i + P_c} = \dfrac{P}{P + P_i + 2P_i} = \dfrac{P}{P + 3P_i}$$

$$\eta_{\frac{1}{2}} = \dfrac{\dfrac{1}{2}P}{\dfrac{1}{2}P + P_i + \left(\dfrac{1}{2}\right)^2 P_c} = \dfrac{P}{P + 3P_i} = 0.8$$

답 ③

문제 39
효율 80[%], 출력 10[kW]인 직류 발전기의 고정 손실이 1300[W]라 한다. 이때 이 발전기의 가변 손실은?

① 1000[W] ② 1200[W] ③ 1500[W] ④ 2500[W]

풀이
$\eta = \dfrac{출력}{출력+손실}$

손실 = $\dfrac{출력}{\eta} - 출력 = \dfrac{10000}{0.8} - 10000 = 2500[W]$

∴ 가변 손실 = 2500 - 1300 = 1200[W]

답 ②

문제 40
직류기의 철손에 관한 설명으로 옳지 않은 것은?

① 철손에는 풍손과 와전류손 및 저항손이 있다.
② 전기자 철심에는 철손을 작게 하기 위하여 규소강판을 사용한다.
③ 철에 규소를 넣게 되면 히스테리시스손이 감소한다.
④ 철에 규소를 넣게 되면 전기 저항이 증가하고 와전류손이 감소한다.

풀이 철손은 무부하손으로 히스테리시스손과 와전류손이 있다. 저항손은 부하손에 해당된다.

답 ①

문제 41
E종 절연물의 최고 허용 온도[℃]는?

① 105 ② 130 ③ 90 ④ 120

풀이 전기 기기의 규격에서는 절연물을 그 내열성에 따라서 다음 표와 같이 7종으로 나누어 허용 최고 온도를 정해 놓았다.

절연의 종류	Y	A	E	B	F	H	C
허용 최고 온도[℃]	90	105	120	130	155	180	180 초과

답 ④

필수 09 직류기의 시험법

대형 직류 전동기의 토크를 측정하는 데 가장 적당한 방법은?

① 와전류 제동기 ② 프로니 브레이크법
③ 전기 동력계 ④ 반환 부하법

 토크측정방법, 반환부하법의 종류 등이 출제된다.

풀이 와전류 제동기와 프로니 브레이크법은 소형의 전동기 토크를 측정하는 데 적합하고, 반환 부하법은 온도 시험을 하는 방법이다.

답 ③

Key point

- 소형 : 와전류 제동기, 프로니 브레이크
- 대형 : 전기동력계 $T=$ 동력계 눈금×암의 길이 [kg·m]

문제 42 ★★★ 직류기의 특성 시험법 중 반환 부하법이 아닌 것은?

① Blondel 법   ② Kapp 법   ③ Hopkinson 법   ④ Meyer 법

풀이 반환 부하법
① 블론델법 : 발전기와 전동기의 무부하손을 보조 전동기에 의하여 보급하고, 동손을 승압기에 의하여 공급하는 방법
② 홉킨슨법 : 전손실이 기계적으로 공급되는 방법
③ 카프법 : 전손실을 전기적으로 공급하는 방법   **답** ④

문제 43 ★★ 직류기의 권선 저항을 운전 전에 측정하니 0.125[Ω]이고, 운전 후에 측정하니 0.146[Ω]이었다. 권선의 온도 상승은 몇 [℃]인가? 단, 도체의 권선의 온도 계수는 0.0041이다.

① 39   ② 30   ③ 41   ④ 47

풀이 $R = R_0(1 + \alpha_0 t)$

$R_0 = \dfrac{R}{1+\alpha_0 t} = \dfrac{0.146}{1+0.0041 \times t} = 0.125$

$0.0041t = \dfrac{0.146}{0.125} - 1 = 0.168$

$t = \dfrac{0.168}{0.0041} = 40.97[℃]$ **답** ③

02 출제기준 – 동기기

1 동기 발전기의 구조 및 원리

① 동기 속도 : $n_s = \dfrac{2f}{p}$[rps], $N_s = \dfrac{120f}{p}$[rpm]

② 유기 기전력 : $E = 4.44K_w f w \Phi$[V], $K_w = K_d \times K_p$

③ 주파수 : $f = \dfrac{pN_s}{120}$[Hz]

> n_s : 동기 속도[rps], N_s : 동기 속도[rpm], p : 극수, K_w : 권선 계수, w : 1상의 전권수
> Φ : 1극당의 자속수[Wb]

④ 동기 발전기를 회전 계자형으로 사용하는 이유
- 전기자 권선은 전압이 높고 결선이 복잡하며, 대용량으로 되면 전류도 커지고, 3상 권선의 경우에는 4개의 도선을 인출하여야 한다.
- 계자 회로는 직류의 저압 회로이므로 소요 동력도 작으며, 인출 도선이 2개만 있어도 되기 때문이다.
- 계자극은 기계적으로 튼튼하게 만드는 데 용이하기 때문이다.
- 고장시의 과도 안정도를 높이기 위하여 회전자의 관성을 크게 하기 쉽기 때문이기도 하다.

2 전기자 권선법

1) 분포권

집중권은 매극, 매상의 코일을 1슬롯에 집중하여 감는 권선 방법을 말하며, 분포권은 매극, 매상의 코일을 2개 이상의 슬롯에 분산하여 감는 권선 방법

① 분포권 계수

$$K_d = \dfrac{\sin\dfrac{\pi}{2m}}{q\sin\dfrac{\pi}{2mq}} \text{ (기본파)}, \quad K_{dn} = \dfrac{\sin\dfrac{n\pi}{2m}}{q\sin\dfrac{n\pi}{2mq}} (n\text{차 고조파})$$

> n : 고조파 차수, q : 매극 매상당의 홈수, K_d : 분포권 계수, m : 상수

② 분포권의 장점
- 기전력의 고조파가 감소하여 파형이 좋아진다.
- 권선의 누설 리액턴스가 감소한다.
- 전기자 권선에 의한 열을 고르게 분포시켜 과열을 방지한다.

2) 단절권
권선 피치가 자극 피치와 같은 권선법, 즉 코일변이 전기각 180°의 슬롯에 감긴 것을 전절권이라 하고, 자극 피치보다 적게 감긴 것을 단절권이라고 한다.

① 단절권 계수

$$K_p = \sin\frac{\beta\pi}{2} \text{(기본파)}, \ K_{pn} = \sin\frac{n\beta\pi}{2} \text{(n차 고조파)}$$

> n : 고조파 차수, K_p : 단절권 계수, m : 상수, β : 권선피치/자극피치

② 단절권의 장점
- 고조파를 제거하여 기전력의 파형을 좋게 한다.
- 코일 끝 부분의 길이가 단축되어 기계 전체의 길이가 축소된다.
- 구리의 양이 적게 든다.

3) 권선 계수

$$K_w = K_d \cdot K_p$$

3 동기 발전기의 특성

1) 전기자 반작용
- I_a가 E와 동상인 경우 → 교차 자화 작용(횡축 반작용) → 역률 1
- I_a가 E보다 $\pi/2$ 뒤지는 경우 → 감자 작용(직축 반작용) → 뒤진 역률 0
- I_a가 E보다 $\pi/2$ 앞서는 경우 → 증자 작용(자화 작용) → 앞선 역률 0

> I_a : 전기자 전류, E : 유기 기전력

2) 동기 임피던스

$$Z_s = r_a + jx_s = r_a + j(x_a + x_l)[\Omega]$$

> r_a : 전기자 저항[Ω], x_s : 동기 리액턴스[Ω], x_a : 전기자 반작용 리액턴스[Ω], x_l : 전기자 누설 리액턴스[Ω]

일반적으로 동기기에서는 전기자 저항 r_a는 동기 리액턴스 x_s에 비하여 무시할 정도이므로 실용상 $Z_s ≒ x_s$라고 해도 좋다.

3) 단락비와 동기 임피던스

- 단락비 $K_s = \dfrac{I_f'}{I_f''}$

  I_f' : 무부하에서 정격 전압을 유기하는데 요하는 여자 전류
  I_f'' : 3상 영구 단락 전류를 통하는 데 요하는 여자 전류

- 동기 임피던스 $Z_s = \dfrac{E_n}{I_s} = \dfrac{V_n}{\sqrt{3}\,I_s}\,[\Omega]$

- % 동기 임피던스 $Z_s' = \dfrac{Z_s I_n}{E_n} \times 100\,[\%]$

- $Z_s' = \dfrac{Z_s I_n}{E_n} \times 100 = \dfrac{Z_s I_n}{V_n/\sqrt{3}} \times 100 = \dfrac{I_f''}{I_f'} \times 100 = \dfrac{1}{K_s} \times 100\,[\%]$

  E_n : 정격 상전압[V], I_s : 3상 단락 전류[A], I_n : 정격 전류[A], V_n : 정격 단자 전압[V]
  Z_s : 동기임피던스, K_s : 단락비

4) 전압 변동률

$$\epsilon = \dfrac{V_0 - V_n}{V_n} \times 100\,[\%]$$

V_0 : 무부하 단자 전압[V], V_n : 정격 단자 전압[V].

5) 단락비와 충전 용량

$$단락비 > \dfrac{Q'}{Q}\left(\dfrac{V}{V'}\right)^2 (1+\sigma)$$

Q' : 소요 충전 전압 V'에서의 선로의 충전 용량[kVA], Q : 발전기의 정격 출력[kVA]
V : 발전기의 정격 전압[V], σ : 발전기의 정격 전압에서의 포화율

4 단락현상

평형 3상 전압을 유기하고 있는 발전기의 단자를 갑자기 단락하면 단락 초기에 전기자 반작용이 순간적으로 나타나지 않기 때문에 막대한 과도 전류가 흐르고, 수초 후에는 영구 단락 전류값에 이르게 된다.

동기기에서 저항은 누설 리액턴스에 비하여 작으며 전기자 반작용은 단락 전류가 흐른 뒤에 작용하므로 돌발 단락 전류를 제한하는 것은 누설 리액턴스 이다. 역상 리액턴스는 역상 전류에 대응하는 것으로 3상 평형 단락이 되면 역상 전류가 흐르지 않는다.

$$I_s = \frac{E}{Z_s} \fallingdotseq \frac{E}{X_s}$$

Z_s : 동기임피던스, X_s : 동기리액턴스 (실용상 동기임피던스와 같다.)

5 동기 발전기의 병렬운전

1) 병렬 운전의 조건
- 기전력의 크기가 같을 것
- 기전력의 위상이 같을 것
- 기전력의 주파수가 같을 것
- 기전력의 파형이 같을 것
- 상회전 방향이 같을 것

2) 병렬 운전의 조건 붕괴시 현상
- 기전력의 크기가 같지 않은 경우

$$I_c = \frac{E_1 - E_2}{2Z_s} = \frac{E_r}{2Z_s} [A]$$

$$\theta = \tan^{-1}\frac{2x_s}{2r_a} = \tan^{-1}\frac{x_s}{r_a} \fallingdotseq \frac{\pi}{2} (x_s \gg r_a \text{이므로})\text{인 무효 순환 전류가 흐른다.}$$

- 기전력의 위상이 다른 경우

  위상이 앞선 G_1은 위상이 뒤진 G_2에 전력 $P = \frac{E^2}{2Z_s}\cos\frac{\delta}{2}$[W]를 공급하여, 자동적으로 E_1과 E_2를 동위상으로 유지하는 동기화 전류가 흐른다.

- 기전력의 주파수가 다른 경우
  동기화 전류가 교대로 주기적으로 흐른다. 즉 난조의 원인이 된다.

- 기전력의 파형이 같지 않은 경우
  각 순시의 기전력의 크기가 다르기 때문에 고조파 무효 순환 전류가 흐른다.

3) 병렬 운전 시 원동기에 필요한 조건
- 균일한 각속도를 가질 것
- 적당한 속도 조정률을 가질 것
- 조속기가 적당한 불감도를 가질 것

4) 속도 조정률

$$s = \frac{N_0 - N}{N} \times 100[\%]$$

N_0 : 조속기를 조정하지 않고 무부하로 했을 때의 회전수
N : 정격 회전수

5) 난조

① 난조 발생의 원인
- 원동기의 조속기 감도가 지나치게 예민한 경우
- 원동기의 토크에 고조파 토크가 포함된 경우
- 전기자 회로의 저항이 상당히 큰 경우
- 부하가 맥동할 때

② 제동 권선 : 난조를 방지하자면 자극 표면에 슬롯을 파서 여기에 저항이 작은 단락 권선을 이용한 제동 권선을 설치한다.

6 동기 전동기의 특성 및 용도

1) 종류
- 철극형(보통 동기 전동기)
- 원통형(고속도 동기 전동기, 유도 동기 전동기)
- 고정자 회전 기동형(초동기 전동기)

2) 특성

동기 전동기에 부하를 걸면 회전자는 무부하의 위치보다 부하각 δ만큼 뒤져서 운전을 계속한다.

3) 전기자 반작용
- I_a가 V와 동상인 경우 → 교차 자화 작용
- I_a가 V보다 $\pi/2$ 뒤지는 경우 → 자화 작용
- I_a가 V보다 $\pi/2$ 앞서는 경우 → 감자 작용

4) 위상 특성 곡선 (V곡선)

일정 출력에서 유기 기전력 E(또는 계자 전류 I_f)를 변화시킬 때 E(또는 I_f)와 전기자 전류 I_a의 관계를 나타내는 곡선

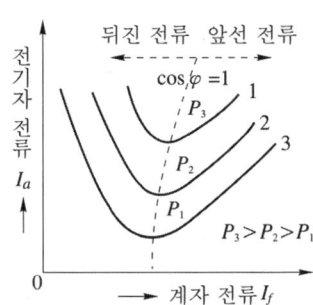

중요: V 곡선은 계자 전류가 변하면 전기자 전류와 역률이 변한다.

동기 전동기는 그림에서 알 수 있는 바와 같이 계자 전류를 가감하여 전기자 전류의 크기와 위상을 조정할 수 있다. 부하가 클수록 V곡선은 위로 이동한다.

5) 입력

$$P_1' = VI\cos\phi = \frac{V^2}{Z_s^2}\cos\alpha - \frac{VE_0}{Z_s}\cos(\alpha+\delta)[W]$$

6) 출력

$$P_2 = E_0 I\cos\phi = \frac{VE_0}{Z_s}\cos(\alpha-\delta) - \frac{E_0^2}{Z_s}\cos\alpha \fallingdotseq \frac{VE_0}{Z_s}\sin\delta[W]$$

$$\left(\alpha = \tan^{-1}\frac{x_s}{r_a}\text{로 } x_s \gg r_a\text{이므로 } \alpha \fallingdotseq \frac{\pi}{2}\right)$$

7) 토크

- 기동 토크 : 동기 전동기의 기동 토크는 영(0)이므로 기동할 때에는 제동 권선을 기동 권선으로 이용하여 기동 토크를 얻는다.
- 인입 토크 : 전동기 자체와 이것과 연결된 부하의 관성에 맞서 동기로 들어갈 수 있는 최대 부하 토크
- 탈출 토크 : 전동기가 정격 주파수, 정격 전압 및 규정의 여자 상태에서 동기 운전할 수 있는 최대 토크로서 공급 전압과 여자의 크기에 따라 다르다.

8) 동기 전동기의 기동법

- 자기동법
- 기동 전동기법

9) 동기 전동기의 특징

① 장점
- 속도가 일정 불변이다.
- 항상 역률 1로 운전할 수 있다.
- 필요시 앞선 전류를 통할 수 있다.
- 유도 전동기에 비하여 효율이 좋다.

② 단점
- 보통 구조의 것은 기동 토크가 적고 속도 조정을 할 수 없다.
- 난조를 일으킬 염려가 있다.
- 여자용의 직류 전원을 필요로 하여 설비비가 많이 든다.

③ 용도
- 저속도 대용량 : 시멘트 공장의 분쇄기, 각종 압축기, 송풍기, 제지용 쇄목기, 동기 조상기
- 소용량 : 전기 시계, 오실로그래프, 전송 사진

7 동기 조상기

전력 계통의 전압 조정과 역률 개선을 하기 위하여 송전 계통에 무부하로 접속하는 동기 전동기를 동기 조상기라고 한다.

- 과여자 운전 : 콘덴서로 작용하여 전압강하를 보상한다.
- 부족여자 운전 : 리액터로 작용하여 이상전압의 상승을 억제한다.

8 동기기의 손실, 효율, 온도상승 및 정격

1) 손실

① 고정손
② 직접 부하손
③ 여자손
④ 표유 부하손
⑤ 기타의 손실 : 전동 장치의 손실, 여자기의 풍손 및 베어링손, 계자 조정기 저항의 손실, 부속 냉각 장치의 손실, 플라이휠의 손실

2) 효율

- $\eta_G = \dfrac{출력}{출력+손실} = \dfrac{\sqrt{3}\,VI\cos\phi}{\sqrt{3}\,VI\cos\phi + P_l} \times 100\,[\%]$ (발전기)

- $\eta_m = \dfrac{입력-손실}{입력} = \dfrac{\sqrt{3}\,VI\cos\phi - P_l}{\sqrt{3}\,VI\cos\phi} \times 100\,[\%]$ (전동기)

V : 단자전압, I : 부하전류, $\cos\phi$: 역률, P_l : 손실

9 특수 동기기

① 단상 동기 발전기
② 단상 정현파 발전기
③ 고조파 발전기
④ 고정자 회전형 동기 전동기
⑤ 유도 동기 전동기
⑥ 동기 주파수 변환기
⑦ 반발 전동기

필수유형 및 과년도문제

필수 01 ★★★★★ 동기 발전기의 구조 및 원리

극수 6, 회전수 1200[rpm]의 교류 발전기와 병행 운전하는 극수 8의 교류 발전기의 회전수는 몇 [rpm]이라야 되는가?

① 800   ② 900   ③ 1050   ④ 1100

유형분석 유도기전력, 단자전압, 주파수, 전기자 주변속도 등의 계산 문제가 출제된다.

풀이 $N_s = \dfrac{120f}{p}$ 에서 주파수를 구하면 $1200 = \dfrac{120f}{6}$

$\therefore f = \dfrac{1200 \times 6}{120} = 60[Hz]$ $\therefore N = \dfrac{120 \times 60}{8} = 900[rpm]$

답 ②

Key point

① 동기속도 : $n_s = \dfrac{2f}{p}$[rps], $N_s = \dfrac{120f}{p}$[rpm]

② 유기기전력 : $E = 4.44K_w fw\Phi$[V], $K_w = K_d \times K_p$

③ 주파수 : $f = \dfrac{pN_s}{120}$[Hz]

문제 01 ★ 3상 교류 발전기에서 권선 계수 k_w, 주파수 f, 1극당의 자속수 Φ[Wb], 직렬로 접속된 1상의 코일 권수 w를 △결선으로 하였을 때의 선간 전압은?

① $\sqrt{3}\,k_w \cdot f \cdot w \cdot \Phi$
② $4.44 k_w \cdot f \cdot w \cdot \Phi$
③ $\sqrt{3} \cdot 4.44 k_w \cdot f \cdot w \cdot \Phi$
④ $4.44 k_w \cdot f \cdot w \cdot \Phi/\sqrt{3}$

풀이 자속 밀도의 분포가 정현파인 경우 그 평균값은 $B_a = (2/\pi)B_m$ 이므로 매극의 자속은
$\Phi = B_a \tau l = (2/\pi)B_m \tau l$
$\therefore E_m = \pi f \Phi$[V] ($\tau$는 극간격이다.)
실효값 $E' = \dfrac{E_m}{\sqrt{2}} = \dfrac{\pi}{\sqrt{2}} f\Phi = 2.22 f\Phi$[V],
한 개의 코일에는 두 코일변이 있으므로 $E = 4.44 fw\Phi$, 권선 계수를 $k_w = k_d \cdot k_s$라면 △결선에서는 선간 전압 = 상전압이므로
$\therefore E = 4.44 k_w \cdot f \cdot w \cdot \Phi$[V]

답 ②

문제 02 ★★★★☆ 6극 60[Hz] Y결선 3상 동기 발전기의 극당 자속이 0.16[Wb], 회전수 1200[rpm], 1상의 권수 186, 권선 계수 0.96이면 단자 전압은?

① 13183[V]   ② 12254[V]   ③ 26366[V]   ④ 27456[V]

풀이 코일의 유기 기전력 E는
$E = 4.44 f \omega k_w \Phi = 4.44 \times 60 \times 186 \times 0.96 \times 0.16 = 7610.94 [V]$
단자 전압(선간 전압) $= \sqrt{3} E = \sqrt{3} \times 7610.94 = 13183 [V]$

답 ①

문제 03 ★★★★ 60[Hz] 12극 회전자 외경 2[m]의 동기 발전기에 있어서 자극면의 주변 속도[m/s]는?

① 30   ② 40   ③ 50   ④ 60

풀이 $N_s = \dfrac{120 f}{p} = \dfrac{120 \times 60}{12} = 600 [rpm]$

$\therefore v = \pi D \cdot \dfrac{N_s}{60} = \pi \times 2 \times \dfrac{600}{60} = 62.8 [m/s]$

답 ④

문제 04 ★★★★★ 3상 66000[kVA], 22900[V] 터빈 발전기의 정격 전류[A]는?

① 2882   ② 962   ③ 1664   ④ 431

풀이 $I = \dfrac{P}{\sqrt{3} V} = \dfrac{66000 \times 10^3}{\sqrt{3} \times 22900} \fallingdotseq 1664 [A]$

답 ③

문제 05 ★ 전기 기기에서 초전도 도체(super conductor)는 주로 어느 부분에 이용되는가?

① 전기자 권선   ② 계자 권선   ③ 접지선   ④ 변압기의 저압 권선

풀이 계자 권선에 초전도 도체를 사용하면 전기기기의 자속 밀도를 크게 할 수 있다.

답 ②

필수 02 ★★★★★ 전기자 권선법

동기 발전기의 권선을 분포권으로 하면?
① 파형이 좋아진다.
② 권선의 리액턴스가 커진다.
③ 집중권에 비하여 합성 유도 기전력이 높아진다.
④ 난조를 방지한다.

유형분석 단절권의 특징, 분포권의 특징, 단절권 계수, 분포권 계수 등이 출제된다.

풀이 분포권을 사용하는 이유는
① 분포권은 집중권에 비하여 합성 유기 기전력이 감소한다.
② 기전력의 고조파가 감소여 파형이 좋아진다.
③ 권선의 누설 리액턴스가 감소한다.
④ 전기자 권선에 의한 열을 고르게 분포시켜 과열을 방지한다. **답** ①

Key point

① 분포권 계수

$$K_d = \frac{\sin\frac{\pi}{2m}}{q\sin\frac{\pi}{2mq}} \text{ (기본파)}, \quad K_{dn} = \frac{\sin\frac{n\pi}{2m}}{q\sin\frac{n\pi}{2mq}} \text{ (n차 고조파)}$$

② 분포권의 장점
- 기전력의 고조파가 감소하여 파형이 좋아진다.
- 권선의 누설 리액턴스가 감소한다.
- 전기자 권선에 의한 열을 고르게 분포시켜 과열을 방지한다.

③ 단절권 계수

$$K_p = \sin\frac{\beta\pi}{2} \text{ (기본파)}, \quad K_{pn} = \sin\frac{n\beta\pi}{2} \text{ (n차 고조파)}$$

④ 단절권의 장점
- 고조파를 제거하여 기전력의 파형을 좋게한다.
- 코일 끝 부분의 길이가 단축되어 기계 전체의 길이가 축소된다.
- 구리의 양이 적게든다.

문제 06 ★★★ 교류기에서 집중권이란 매극, 매상의 홈(slot) 수가 몇 개인 것을 말하는가?

① $\frac{1}{2}$개   ② 1개   ③ 2개   ④ 5개

풀이 매극, 매상의 슬롯수가 1개가 되는 권선을 집중권(concentrated winding), 2개 이상인 것을 분포권(distributed winding)이라고 한다. **답** ②

문제 07 ★★★★★ 3상 동기 발전기의 매극, 매상의 슬롯수를 3이라 할 때 분포권 계수를 구하면?

① $6\sin\frac{\pi}{18}$ ② $3\sin\frac{\pi}{9}$ ③ $\frac{1}{6\sin\frac{\pi}{18}}$ ④ $\frac{1}{3\sin\frac{\pi}{18}}$

풀이 분포권 계수 K_d는 $K_d = \frac{\sin\frac{n\pi}{2m}}{q\sin\frac{n\pi}{2mq}}$ 에서 $n=1$, 상수 $m=3$,

매극, 매상의 슬롯수 $q=3$이므로

$$\therefore K_d = \frac{\sin\frac{\pi}{6}}{3\sin\frac{\pi}{2\times 3\times 3}} = \frac{\frac{1}{2}}{3\sin\frac{\pi}{18}} = \frac{1}{6\sin\frac{\pi}{18}}$$

답 ③

문제 08 ★★★★★
3상 동기 발전기의 각 상의 유기 기전력 중에서 제5고조파를 제거하려면 코일 간격/극 간격을 어떻게 하면 되는가?

① 0.8　　② 0.5　　③ 0.7　　④ 0.6

풀이 제n고조파에 대한 단절 계수(코일 간격/극 간격)는 $K_{pn} = \sin n\beta\pi/2$가 된다.

따라서 제5고조파에 대해서는 $K_{p5} = \sin\frac{5\beta\pi}{2}$

$K_{p5} = 0$이 되므로 $\beta = 0, 0.4, 0.8, 1.2, \cdots$가 구해지나 이 중에서 1보다 작고 가장 가까운 $\beta = 0.8$이 제일 적당하다.

답 ①

문제 09 ★★★★★
3상 동기 발전기에서 권선 피치와 자극 피치의 비 $\frac{13}{15}$의 단절권으로 하였을 때의 단절권 계수는 얼마인가?

① $\sin\frac{13}{15}\pi$　　② $\sin\frac{15}{26}\pi$　　③ $\sin\frac{13}{30}\pi$　　④ $\sin\frac{15}{13}\pi$

풀이 단절권 계수 $K_s = \sin\frac{\beta\pi}{2} = \sin\left(\frac{13}{15}\times\frac{\pi}{2}\right) = \sin\frac{13}{30}\pi$

답 ③

문제 10 ★
교류 발전기의 고조파 발생을 방지하는 데 적합하지 않은 것은?

① 전기자 권선의 결선을 성형으로 한다.
② 전기자 권선을 단절권으로 감는다.
③ 전기자 반작용을 크게 한다.
④ 전기자 슬롯을 스큐 슬롯으로 한다.

풀이 고조파 발생을 방지하기 위하여는 전기자 반작용을 작게 하여야 한다.

답 ③

문제 11 ★★★
상수 m, 매극, 매상당 슬롯수 q인 동기 발전기에서 n차 고조파분에 대한 분포 계수는?

① $\left(\sin\frac{\pi}{2m}\right)\Big/\left(q\sin\frac{n\pi}{2mq}\right)$　　② $\left(q\sin\frac{n\pi}{mq}\right)\Big/\left(\sin\frac{n\pi}{m}\right)$

③ $\left(\sin\frac{n\pi}{m}\right)\Big/\left(q\sin\frac{n\pi}{mq}\right)$　　④ $\left(\sin\frac{n\pi}{2m}\right)\Big/\left(q\sin\frac{n\pi}{2mq}\right)$

답 ④

필수 03 ★★★☆ 동기발전기의 특성

동기 발전기에서 전기자 전류를 I, 유기 기전력과 전기자 전류와의 위상각을 θ라 하면 횡축 반작용을 하는 성분은?

① $I\cot\theta$ ② $I\tan\theta$ ③ $I\sin\theta$ ④ $I\cos\theta$

유형분석 전기자 반작용, 동기임피던스와 %동기임피던스, 포화특성, 단락비가 큰기계의 특성 등이 출제된다.

풀이 $I\cos\theta$는 기전력과 같은 위상의 전류 성분으로서 횡축 반작용을 하며 무효분 $I\sin\theta$는 $\pi/2[\text{rad}]$만큼 뒤지거나 앞서기 때문에 직축 반작용을 한다.   답 ④

Key point

단락비와 동기 임피던스

- 단락비 $K_s = \dfrac{I_f'}{I_f''}$
- 동기 임피던스 $Z_s = \dfrac{E_n}{I_s} = \dfrac{V_n}{\sqrt{3}\,I_s}[\Omega]$
- % 동기 임피던스 $Z_s' = \dfrac{Z_s I_n}{E_n} \times 100[\%]$
- $Z_s' = \dfrac{Z_s I_n}{E_n} \times 100 = \dfrac{Z_s I_n}{V_n/\sqrt{3}} \times 100 = \dfrac{I_f''}{I_f'} \times 100 = \dfrac{1}{K_s} \times 100[\%]$

문제 12 ★★★★☆

정격 용량 10,000[kVA], 정격 전압 6000[V], 극수 24, 주파수 60[Hz], 단락비 1.2 되는 3상 동기 발전기 1상의 동기 임피던스[Ω]는?

① 3.0   ② 3.6   ③ 4.0   ④ 5.2

풀이
$Z_s' = \dfrac{1}{K_s} = \dfrac{1}{1.2}$, $I_n = \dfrac{10{,}000 \times 10^3}{\sqrt{3} \times 6000}[\text{A}]$

$\therefore Z_s = \dfrac{Z_s' E_n}{I_n} = \dfrac{\dfrac{1}{1.2} \times \dfrac{6000}{\sqrt{3}}}{\dfrac{10{,}000 \times 10^3}{\sqrt{3} \times 6000}} = 3[\Omega]$ 답 ①

문제 13 ★★★★★

동기 발전기의 단락비를 계산하는 데 필요한 시험의 종류는?

① 동기화 시험, 3상 단락 시험   ② 부하 포화 시험, 동기화 시험
③ 무부하 포화 시험, 3상 단락 시험   ④ 전기자 반작용 시험, 3상 단락 시험

풀이 단락비 $K_s = \dfrac{\text{무부하에서 정격 전압을 유기하는 데 필요한 계자 전류}}{\text{정격 전류와 같은 3상 단락 전류를 흘리는 데 필요한 계자 전류}}$ 답 ③

문제 14 ★★ 동기기에 있어서 동기 임피던스와 단락비와의 관계는?

① 동기 임피던스$[\Omega] = \dfrac{1}{(단락비)^2}$ ② 단락비 $= \dfrac{동기\ 임피던스[\Omega]}{동기\ 각속도}$

③ 단락비 $= \dfrac{1}{동기\ 임피던스[\text{p} \cdot \text{u}]}$ ④ 동기 임피던스$[\text{p} \cdot \text{u}]$ = 단락비

풀이 %동기 임피던스 Z_s는 전부하 시 임피던스 전압 강하 $I_n Z_s$와 정격 상전압 E_n의 비로 나타내므로

$$Z_s = \dfrac{I_n Z_s}{E_n} \times 100 = \dfrac{I_n}{E_n} \cdot \dfrac{E_n}{I_s} \times 100 = \dfrac{I_n}{I_s} \times 100 = \dfrac{1}{K_s} \times 100$$

$$\therefore\ K_s = \dfrac{1}{Z_s} \times 100[\%] = \dfrac{1}{Z_s[\text{pu}]}$$

답 ③

문제 15 ★★★★★ 정격 전압 6000[V], 용량 5000[kVA]의 Y결선 3상 동기 발전기가 있다. 여자 전류 200[A]에서의 무부하 단자 전압 6000[V], 단락 전류 600[A]일 때, 이 발전기의 단락비는?

① 0.25   ② 1   ③ 1.25   ④ 1.5

풀이 정격 전류 $I_n = \dfrac{P}{\sqrt{3}\,V} = \dfrac{5000 \times 10^3}{\sqrt{3} \times 6000} = 481.23[\text{A}]$

정격 전류(481.23[A])와 같은 단락 전류를 통하는 데 요하는 여자 전류 I_f''는

$$I_f'' = 200 \times \dfrac{481.23}{600} = 160.41[\text{A}]$$

$$\therefore\ 단락비\ K_s = \dfrac{I_f'}{I_f''} = \dfrac{200}{160.41} = 1.25$$

답 ③

문제 16 ★★★★★ 동기 발전기의 단락비는 기계의 특성을 단적으로 잘 나타내는 수치로서, 동일 정격에 대하여 단락비가 큰 기계는 다음과 같은 특성을 가진다. 옳지 않은 것은?

① 과부하 내량이 크고, 안정도가 좋다.
② 동기 임피던스가 작아져 전압 변동률이 좋으며, 송전선 충전 용량이 크다.
③ 기계의 형태, 중량이 커지며, 철손, 기계 철손이 증가하고 가격도 비싸다.
④ 극수가 적은 고속기가 된다.

풀이 단락비 $K_s = \dfrac{1}{동기\ 임피던스[\text{pu}]}$이며 단락비가 큰 기계의 특징으로는

① 동기 임피던스가 작으며, 전압 강하와 전압 변동률이 작다.
② 전기자 반작용이 작다.
③ 안정도가 향상되며, 출력이 증가한다.
④ 과부하 내량의 증대, 선로의 충전 용량의 증가
⑤ 철이 많이 사용되어 철기계라 불린다.
⑥ 철손이 증가하여 효율이 떨어진다.
⑦ 공극이 크며 기계의 형태, 중량이 커진다.
⑧ 고가이다.

답 ④

문제 17 ★★★★★ 전압 변동률이 작은 동기 발전기는?

① 동기 리액턴스가 크다. ② 전기자 반작용이 크다.
③ 단락비가 크다. ④ 값이 싸진다.

풀이 전압 변동률은 작을수록 좋으며, 변동률이 작은 발전기는 동기 리액턴스가 작다.
즉, 전기자 반작용이 작고 단락비가 큰 기계가 되어 값이 비싸다. **답** ③

문제 18 ★★★ 무부하 포화 곡선과 공극선을 써서 산출할 수 있는 것은?

① 동기 임피던스 ② 단락비
③ 전기자 반작용 ④ 포화율

풀이 동기 발전기의 포화 정도를 나타내는 데는 포화율(saturation factor)이 사용된다. 동기기의 무부하 포화 곡선상에 정격 전압 V_n의 1.2배가 되는 점 c를 잡고 점 c에서 횡축에 평행선을 그어 종축과 만나는 점을 b라고 한다. 다음에 원점 O에서 무부하 포화 곡선 OM에 접선(공극선)을 긋고, 선 bc와 만나는 점을 c'라고 하면 포화율 σ는 $\sigma = \dfrac{cc'}{bc'}$

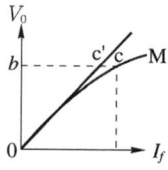

답 ④

필수 04 ★★★★★ 단락현상

발전기의 단자 부근에서 단락이 일어났다고 하면 단락 전류는?

① 계속 증가한다. ② 처음은 큰 전류이나 점차로 감소한다.
③ 일정한 큰 전류가 흐른다. ④ 발전기가 즉시 정지한다.

유형분석 단락현상 및 단락전류의 산출 등이 출제된다.

풀이 평형 3상 전압을 유기하고 있는 발전기의 단자를 갑자기 단락하면 단락 초기에 전기자 반작용이 순간적으로 나타나지 않기 때문에 막대한 과도 전류가 흐르고, 수초 후에는 영구 단락 전류값에 이르게 된다. **답** ②

Key point

동기기에서 저항은 누설 리액턴스에 비하여 작으며 전기자 반작용은 단락 전류가 흐른 뒤에 작용하므로 돌발 단락 전류를 제한하는 것은 누설 리액턴스이다. 역상 리액턴스는 역상 전류에 대응하는 것으로 3상 평형 단락이 되면 역상 전류가 흐르지 않는다.

- $I_s = \dfrac{E}{Z_s} ≒ \dfrac{E}{X_s}$

문제 19 ★★★★★ 동기 발전기의 돌발 단락 전류를 주로 제한하는 것은?

① 동기 리액턴스 ② 누설 리액턴스
③ 권선 저항   ④ 역상 리액턴스

풀이) 동기기에서 저항은 누설 리액턴스에 비하여 작으며 전기자 반작용은 단락 전류가 흐른 뒤에 작용하므로 돌발 단락 전류를 제한하는 것은 누설 리액턴스이다. 역상 리액턴스는 역상 전류에 대응하는 것으로 3상 평형 단락이 되면 역상 전류는 흐르지 않는다.
동기 리액턴스 = 누설 리액턴스 + 반작용 리액턴스 답 ②

문제 20 ★★★★ 그림과 같은 동기 발전기의 동기 리액턴스는 3[Ω]이고 무부하시의 선간 전압이 220[V]이다. 그림과 같이 3상 단락되었을 때 단락 전류[A]는?

① 24
② 42.3
③ 73.3
④ 127

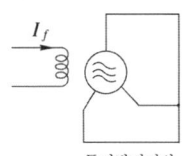

동기발전기의 3상 단락

풀이) $I_s = \dfrac{E_0}{Z_s} = \dfrac{V/\sqrt{3}}{x_s} = \dfrac{220/\sqrt{3}}{3} = 42.34[A]$ 답 ②

문제 21 ★★★★★ 3상 동기 발전기가 있다. 이 발전기의 여자 전류 5[A]에 대한 1상의 유기 기전력이 600[V]이고 그 3상 단락 전류는 30[A]이다. 이 발전기의 동기 임피던스[Ω]는 얼마인가?

① 2   ② 3   ③ 20   ④ 30

풀이) $Z_s = \dfrac{E_n}{I_s} = \dfrac{600}{30} = 20[\Omega]$ 답 ③

문제 22 ★★★★★ 발전기 권선의 층간 단락 보호에 가장 적합한 계전기는?

① 과부하 계전기   ② 온도 계전기
③ 접지 계전기   ④ 차동 계전기

풀이)
- 과부하 계전기 : 선로의 과부하 및 단락 검출용
- 온도 계전기 : 절연유 및 권선의 온도 상승 검출용
- 접지 계전기 : 선로의 접지 검출용
- 차동 계전기 : 발전기 및 변압기의 층간 단락 등 내부 고장 검출용에 사용된다. 답 ④

필수 05 ★★★★★ 동기 발전기의 병렬운전

3상 동기 발전기를 병렬 운전시키는 경우 고려하지 않아도 되는 조건은?
① 발생 전압이 같을 것 ② 전압 파형이 같을 것
③ 회전수가 같을 것 ④ 상회전이 같을 것

유형분석 병렬운전 조건과 조건 붕괴시 현상, 난조에 관한 문제가 출제된다.

풀 이 동기 발전기의 병렬 운전 조건은 다음과 같다.
① 기전력의 크기가 같을 것 ② 기전력의 위상이 같을 것 ③ 기전력의 주파수가 같을 것
④ 기전력의 파형이 같을 것 ⑤ 상회전 방향이 같을 것

답 ③

Key point

(1) 병렬 운전의 조건
- 기전력의 크기가 같을 것
- 기전력의 위상이 같을 것
- 기전력의 주파수가 같을 것
- 기전력의 파형이 같을 것
- 상회전 방향이 같을 것

(2) 병렬 운전의 조건 붕괴시 현상
- 기전력의 크기가 같지 않은 경우 : $I_c = \dfrac{E_1 - E_2}{2Z_s} = \dfrac{E_r}{2Z_s}$ [A]인 무효 순환 전류가 흐른다.
- 기전력의 위상이 다른 경우 : 위상이 앞선 G_1은 위상이 뒤진 G_2에 전력 $P = \dfrac{E^2}{2Z_s}\cos\dfrac{\delta}{2}$ [W]를 공급하여, 자동적으로 E_1과 E_2를 동위상으로 유지하는 동기화 전류가 흐른다.
- 기전력의 파형이 같지 않은 경우 : 각 순시의 기전력의 크기가 다르기 때문에 고조파 무효 순환 전류가 흐른다.
- 기전력의 주파수가 다른 경우 : 동기화 전류가 교대로 주기적으로 흐른다. 즉 난조의 원인이 된다.

(3) 난조방지 : 제동권선 및 플라이휠 효과선정

문제 23 ★★★★★ **동기 발전기의 병렬 운전 중 위상차가 생기면?**
① 무효 횡류가 흐른다. ② 무효 전력이 생긴다.
③ 유효 횡류가 흐른다. ④ 출력이 요동하고 권선이 가열된다.

풀이 병렬 운전 조건이 다른 경우

병렬운전 조건	다른 경우 흐르는 전류
기전력의 크기가 같을 것	무효 순환 전류
기전력의 위상이 같을 것	동기화 전류
기전력의 주파수가 같을 것	동기화 전류
기전력의 파형이 같을 것	고주파 무효 순환 전류

답 ③

문제 24 ★★

3상 동기 발전기 2대를 무부하로 병렬 운전하고 있을 때 두 발전기의 유기 기전력 사이에 60°의 위상차가 생겼다면 두 발전기 사이에 주고 받은 전력은 몇 [kW]인가? 단, 두 발전기의 기전력은 2000[V], 동기 임피던스는 5[Ω]이다. 그리고 여기의 모든 값은 1상에 대한 값이다.

① 200[kW]   ② $\sqrt{3} \times 200$[kW]
③ 300[kW]   ④ $\sqrt{3} \times 300$[kW]

풀이 $P = \dfrac{E^2}{2x_s}\sin\delta$[W]에서 $P = \dfrac{2000^2}{2 \times 5} \times \dfrac{\sqrt{3}}{2} \times 10^{-3} = 200\sqrt{3}$[kW]   **답** ②

문제 25 ★★★★

병렬 운전을 하고 있는 두 대의 3상 동기 발전기 사이에 무효 순환 전류가 흐르는 경우는?

① 여자 전류의 변화   ② 원동기의 출력 변화
③ 부하의 증가   ④ 부하의 감소

풀이 병렬 운전 조건이 다른 경우

병렬운전 조건	다른 경우 흐르는 전류
기전력의 크기가 같을 것	무효 순환 전류
기전력의 위상이 같을 것	동기화 전류
기전력의 주파수가 같을 것	동기화 전류
기전력의 파형이 같을 것	고주파 무효 순환 전류

답 ①

필수 06 ★★★★★ 동기 전동기의 특성 및 용도

동기전동기의 여자전류를 증가하면 어떤 현상이 생기나?

① 전기자 전류의 위상이 앞선다.
② 난조가 생긴다.
③ 토크가 증가한다.
④ 앞선 무효 전류가 흐르고 유도 기전력은 높아진다.

유형분석 동기전동기의 특징에 관한 문제 출제

풀이 동기전동기의 V곡선

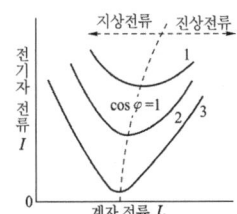

답 ①

> **Key point**
>
> 동기 전동기의 특징
> ① 장점
>   - 속도가 일정 불변이다.
>   - 항상 역률 1로 운전할 수 있다.
>   - 필요시 앞선 전류를 통할 수 있다.
>   - 유도 전동기에 비하여 효율이 좋다.
> ② 단점
>   - 보통 구조의 것은 기동 토크가 적고 속도 조정을 할 수 없다.
>   - 난조를 일으킬 염려가 있다.
>   - 여자용의 직류 전원을 필요로 하여 설비비가 많이 든다.
> ③ 용도
>   - 저속도 대용량 : 시멘트 공장의 분쇄기, 각종 압축기, 송풍기, 제지용 쇄목기, 동기 조상기
>   - 소용량 : 전기 시계, 오실로그래프, 전송 사진

문제 26 ★★☆ 동기 전동기의 V 곡선(위상 특성 곡선)에서 부하가 가장 큰 경우는?

① a
② b
③ c
④ d

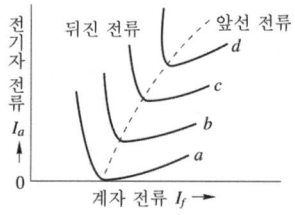

풀이 동기 전동기는 계자 전류를 가감하여 전기자 전류의 크기와 위상을 조정할 수 있다. 부하가 클수록 V 곡선은 위로 이동한다. a는 무부하 곡선이다. **답** ④

문제 27 ★☆ 6600[V], 200[A]의 3상 동기 전동기(Y결선)가 있다. 그 저항이 0.02[pu], 동기 리액턴스 1.00[pu]이다. 역률을 100[%]로 했을 때의 부하각이 30°라면 부하 전류[A]는 얼마이며 또 유기 기전력[V]은?

① 약 43, 약 5750
② 약 86, 약 6850
③ 약 114, 약 7530
④ 약 244, 약 8450

풀이 그림과 같은 벡터도에서

$$\tan 30° = \frac{1}{\sqrt{3}} = \frac{i}{1-0.02i}$$

$$\therefore i = \frac{1-0.02i}{\sqrt{3}} = \frac{1}{1.752} = 0.57[pu]$$

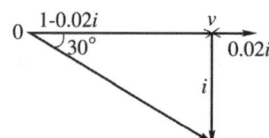

그러므로 실제의 부하 전류 I는
$$\therefore I = 0.57 \times 200 = 114[A]$$

유도 기전력 e_0는
$$e_0 = \sqrt{(1-0.02i)^2 + i^2} = \sqrt{(1-0.02\times0.57)^2 + 0.57^2} = 1.141[pu]$$

실제의 유도 기전력 E_0는
$$E_0 = 1.141 \times 6600 = 7530.6[V]$$

답 ③

문제 28 ★★★ 동기 전동기의 용도가 아닌 것은?

① 크레인　② 분쇄기　③ 압축기　④ 송풍기

풀이 주로 비교적 저속, 대용량인 것은 시멘트 공장의 분쇄기나 각종 압연기와 송풍기, 제지용 쇄목기, 소형기의 것은 전기 시계, 오실로그래프, 전송 사진에 사용된다. 크레인의 운전용 전동기로는 3상 권선형 유도 전동기가 사용된다.　**답** ①

문제 29 ★☆ 동기 전동기는 유도 전동기에 비하여 어떤 장점이 있는가?

① 기동 특성이 양호하다　② 전 부하 효율이 양호하다
③ 속도를 자유롭게 제어할 수 있다　④ 구조가 간단하다

풀이 동기 전동기의 장점은 위상 특성 곡선에서 알 수 있는 바와 같이 여자 전류를 가감함으로써 전기자 전류의 크기와 위상을 조정할 수 있으므로 유도 전동기에 비하여 효율이 양호하다.　**답** ②

필수 07 ★★☆ 동기 조상기

동기 조상기를 부족 여자로 사용하면?
① 리액터로 작용　② 저항손의 보상
③ 일반 부하의 뒤진 전류의 보상　④ 콘덴서로 작용

유형분석 동기조상기의 원리에 관한 문제가 출제된다.

풀이 동기 조상기의 여자를 과여자로 운전하면 선로에 앞선 전류가 흘러 일종의 콘덴서로 작용해서 보통 부하의 뒤진 전류를 보상하여 송전 선로의 역률을 양호하게 하고, 전압 강하를 보상한다. 또, 부족 여자로 운전하면 뒤진 전류가 흘러서 일종의 리액터로 작용하여 무부하의 장거리 송전 선로에 흐르는 충전 전류에 의하여 발전기의 자기 여자 작용으로 일어나는 단자 전압의 이상 상승을 방지할 수 있다.　**답** ①

Key point

전력 계통의 전압 조정과 역률 개선을 하기 위하여 송전 계통에 무부하로 접속하는 동기 전동기를 동기 조상기라고 한다.
- 과여자 운전 : 콘덴서로 작용하여 전압강하를 보상한다.
- 부족여자 운전 : 리액터로 작용하여 이상전압의 상승을 억제한다.

문제 30 ★ 동기 조상기의 회전수는 무엇에 의하여 결정되는가?

① 효율　② 역률
③ 토크 속도　④ $N_s = \dfrac{120f}{P}$의 속도

풀이 동기 조상기는 동기 전동기와 같은 것이므로 전원 주파수와 극수에 의해서 정해지는 동기 속도, 즉 $N_s = \frac{120f}{p}$[rpm]의 속도로 회전하는 기계이다.

답 ④

필수 08 ★★★★ 동기기의 손실, 효율, 온도상승 및 정격

3상 교류 발전기의 손실은 단자 전압 및 역률이 일정하면 $P = P_0 + \alpha I + \beta I^2$으로 된다. 부하 전류 I가 어떤 값일 때 발전기 효율이 최대가 되는가? 단, P_0는 무부하손이며, α, β는 계수이다.

① $I = \sqrt{\frac{P_0}{\beta}}$ ② $I = \frac{\alpha}{\beta}$ ③ $I = \frac{P_0}{2\alpha}$ ④ $I = \frac{P_0}{2\beta}$

유형분석 손실, 효율에 관한 문제가 출제된다.

풀이 αI는 부하 전류에 의한 누설 자속 때문에 생기는 와류손, 즉 표유 부하손으로 직접 측정할 수 없는 손실이다. 일반적으로 전기 기계에서는 무부하손 P_0와 βI^2이 같을 때, 즉 $\beta I^2 = P_0$일 때 최대 효율이 된다.

$\therefore I = \sqrt{\frac{P_0}{\beta}}$

답 ①

Key point

- $\eta_G = \frac{출력}{출력 + 손실} = \frac{\sqrt{3}\,VI\cos\phi}{\sqrt{3}\,VI\cos\phi + P_l} \times 100[\%]$ (발전기)

- $\eta_m = \frac{입력 - 손실}{입력} = \frac{\sqrt{3}\,VI\cos\phi - P_l}{\sqrt{3}\,VI\cos\phi} \times 100[\%]$ (전동기)

문제 31 ★★★★
450[kVA], 역률 0.85, 효율 0.9되는 동기 발전기 운전용 원동기의 입력[kW]은? 단, 원동기의 효율은 0.85이다.

① 450 ② 500 ③ 550 ④ 600

풀이 발전기의 입력은 $P_G = \frac{450 \times 0.85}{0.9} = 425$[kW]

이것은 원동기의 출력이므로 원동기의 효율을 0.85로 하면 원동기의 입력은

$\therefore P = \frac{P_G}{0.85} = \frac{425}{0.85} = 500$[kW]

답 ②

03 출제기준 - 변압기

1 변압기의 구조 및 원리

1) 변압기의 재료
변압기 철심(core)에는 두께 0.3~0.6[mm]의 규소 강판(규소 함유량 4~4.5[%] 정도)를 사용한다.

2) 변압기유의 구비조건
- 절연 내력이 클 것
- 절연 재료 및 금속에 화학 작용을 일으키지 않을 것
- 인화점이 높고, 응고점이 낮을 것
- 점도가 낮고(유동성이 풍부), 비열이 커서 냉각 효과가 클 것
- 고온에서도 석출물이 생기거나 산화하지 않을 것

3) 변압기유의 열화 방지
콘서베이터의 설치

4) 1차 및 2차 유기 기전력
- $E_1 = 4.44 f w_1 \Phi_m [V]$
- $E_2 = 4.44 f w_2 \Phi_m [V]$

f : 주파수, Φ_m : 최대자속, w : 권수, E : 유기 기전력

5) 권수비 (전압비)

$\dfrac{E_1}{E_2} = \dfrac{w_1}{w_2} = a$ a : 권수비 = 전압비

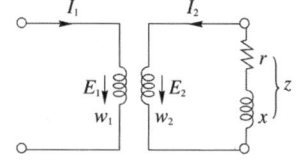

6) 1차 및 2차 전류
- 2차 전류 $I_2 = \dfrac{E_2}{Z} = \dfrac{E_2}{r+jx} [A]$
- 1차 부하 전류 $I_1' = -\dfrac{w_2}{w_1} I_2 = -\dfrac{1}{a} I_2 [A]$
- 1차 전류 $I_1 = I_0 + I_1' = I_0 - \dfrac{w_2}{w_1} I_2 = -\dfrac{w_2}{w_1} I_2 [A]$ $(I_0 \ll I_1')$

7) 전류비 $\dfrac{I_1}{I_2} = \dfrac{w_2}{w_1} = \dfrac{1}{a}$

8) 여자 전류

- $I_0 = I_u + I_w$ [A]
- $I_w = \dfrac{P_i}{V_1}$ [A]

I_0 : 여자 전류, I_u : 자화 전류, I_w : 철손 전류, P_i : 철손

9) 여자 어드미턴스

- $Y_0 = \sqrt{g_0^2 + b_0^2} = \dfrac{I_0}{V_1}$ [℧]
- $g_o = \dfrac{I_w}{V_1} = \dfrac{P_i}{(V_1)^2}$ [℧]
- $b_0 = \sqrt{Y_0^2 - g_0^2} = \sqrt{\left(\dfrac{I_0}{V_1}\right)^2 - \left(\dfrac{P_i}{V_1^2}\right)^2}$ [℧]

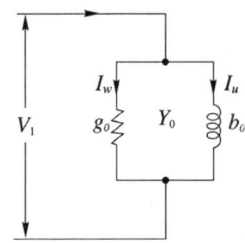

Y_0 : 여자 어드미턴스, g_0 : 여자 콘덕턴스, b_0 : 여자 서셉턴스, I_0 : 여자전류, V_1 : 1차 전압, I_w : 철손전류, P_i : 철손

2 변압기의 등가회로

1) 2차측에서 1차측으로 환산

- $V_2' = aV_2$, $E_2' = aE_2$
- $I_2' = I_2/a$
- $Z_2' = a^2 Z_2 = a^2(r_2 + jx_2)$
- $Z' = a^2 Z = a^2(r + jx)$

a : 권수비, V_2 : 2차 전압, V_2' : 1차로 환산한 2차 전압, I_2 : 2차 전류
I_2' : 1차로 환산한 2차 전류, Z_2 : 2차 임피던스, Z_2' : 1차로 환산한 2차 임피던스

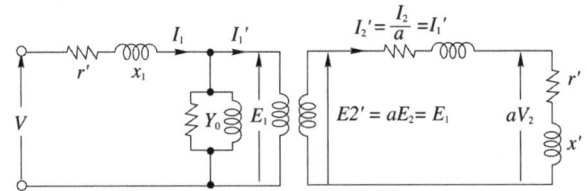

2) 1차측에서 2차측으로 환산

- $V_1' = V_1/a,\ E_1' = E_1/a$
- $I_1' = aI_1,\ I_0' = aI_0$
- $Z_1' = Z_1/a^2 = r_1 + jx_1/a^2$
- $Y_0' = a^2 Y_0 = a^2(g_0 - jb_0)$

a : 권수비, V_1 : 1차 전압, V_1' : 2차로 환산한 1차 전압, I_1 : 1차 전류, I_1' : 2차로 환산한 1차 전류
I_0 : 여자 전류, I_0' : 2차로 환산한 여자전류, Z_1 : 1차 임피던스, Z_1' : 2차로 환산한 2차 임피던스
Y_0 : 여자 어드미턴스, Y_0' : 2차로 환산한 여자 어드미턴스

3 %전압강하와 전압변동률

1) 단락 전류

- $I_{1s} = \dfrac{V_1}{Z_1 + Z_2'}\ [\text{A}]$
- $I_{2s} = aI_{1s}\ [\text{A}]$

I_{1s} : 1차 단락 전류, I_{2s} : 2차 단락 전류, $Z_1 = r_1 + jx_1$, $Z_2' = a^2 Z_2 = a^2(r_2 + jx_2) = r_2' + jx_2'$

2) 백분율 전압 강하

단락 전류 I_{1s}를 1차 정격 전류와 같게 조정했을 때의 1차 전압을 임피던스 전압, 이때의 입력 $P_s[\text{W}]$를 임피던스 와트라고 한다.

- $V_s = Z_{21}I_{1n} = \sqrt{(r_{21})^2 + (x_{21})^2}\, I_{1n}[\text{V}]$
- $P_s = (r_{21})I_{1n}^2 = (r_1 + a^2 r_2)I_{1n}^2\ [\text{W}]$

$r_{21} = r_1 + a^2 r_2,\ x_{21} = x_1 + a^2 x_2$

- % 저항 강하 : $p = \dfrac{r_{21}I_{1n}}{V_{1n}} \times 100 = \dfrac{r_{21}I_{1n}^2}{V_{1n}I_{1n}} \times 100 = \dfrac{P_s}{V_{1n}I_{1n}} \times 100[\%]$

- % 리액턴스 강하 : $q = \dfrac{x_{21}I_{1n}}{V_{1n}} \times 100[\%]$

- % 임피던스 강하 : $z = \dfrac{z_{21}I_{1n}}{V_{1n}} \times 100 = \dfrac{V_s}{V_{1n}} \times 100 = \sqrt{p^2 + q^2}\ [\%]$

- $\dfrac{I_{1s}}{I_{1n}} = \dfrac{V_{1n}}{I_{1n}\sqrt{(r_{21})^2+(x_{21})^2}} = \dfrac{100}{z}$

> I_{1n} : 1차 정격 전류, V_{1n} : 1차 정격 전압

3) 전압 변동률

- $\epsilon = \dfrac{V_{20}-V_{2n}}{V_{2n}} \times 100\,[\%]$

> V_{20} : 무부하 2차 단자 전압, V_{2n} : 정격 2차 단자 전압

- $\epsilon = p\cos\phi + q\sin\phi + \dfrac{1}{200}(q\cos\phi - p\sin\phi)^2\,[\%]$
  $\fallingdotseq p\cos\phi + q\sin\phi$ (ϕ : 부하 Z의 위상각)

> p : %저항강하, q : %리액턴스강하, $\cos\phi$: 역률, $\sin\phi$: 무효율, ϵ : 전압 변동률

역률이 100[%]일 때 $\cos\phi = 1$, $\sin\phi = 0$이므로

- $\epsilon \fallingdotseq p = \dfrac{I_{2n}r}{V_{2n}}\times 100 = \dfrac{I_{2n}^{2}r}{V_{2n}I_{2n}}\times 100 = \dfrac{\text{전부하 동손}}{\text{정격 용량}}\times 100\,[\%]$

4 변압기의 결선

1) 변압기의 극성

1차, 2차 단자 간에 나타나는 유기 기전력의 상대적 방향을 나타내는 말이다. 우리나라는 감극성이 표준이다.

2) 3상 결선

① 상전압비, 상전류비
  - $V_{p1}/V_{p2} = E_1/E_2 = a$
  - $I_{p1}/I_{p2} = 1/a$

② 선전압비, 선전류비
  - △결선 : $V_l = V_p$, $I_l = \sqrt{3}\,I_p \angle -30°$
  - Y결선 : $V_l = \sqrt{3}\,V_p \angle 30°$, $I_l = I_p$

③ 3상 출력 $\sqrt{3}\,V_l I_l = 3V_p I_p =$ 단상 출력 $\times 3$

> V_{p1}, V_{p2} : 1차, 2차 상전압, I_{p1}, I_{p2} : 1차, 2차 상전류, V_l, I_l : 선간 전압, 선전류
> V_p, I_p : 상전압, 상전류

3) V결선

- Y결선 : $V_{l2} = \sqrt{3}\,V_2$, $I_{l2} = I_2$, 용량 $P_3 = \sqrt{3}\,V_{l2}I_{l2} = 3V_2I_2$ [VA]
- △결선 : $V_{l2} = V_2$, $I_{l2} = \sqrt{3}\,I_2$, 용량 $P_3 = \sqrt{3}\,V_{l2}I_{l2}$ [VA]
- V결선 : $V_{l2} = V_2$, $I_{l2} = I_2$, 용량 $P_V = \sqrt{3}\,V_{l2}I_l = \sqrt{3}\,V_2I_2$ [VA]

V_{l2} : 선간 전압, I_{l2} : 선로 전류, V_2 : 정격 전압, I_2 : 정격 전류

- 출력의 비 $\dfrac{P_V}{P_3} = \dfrac{\sqrt{3}\,V_2I_2}{3V_2I_2} = \dfrac{1}{\sqrt{3}} \fallingdotseq 0.577 = 57.7$ [%]
- 이용률 $= \dfrac{\sqrt{3}\,V_2I_2}{2V_2I_2} = \dfrac{\sqrt{3}}{2} = 0.866 = 86.6$ [%]

5 변압기 상수의 변환

1) 3상-2상 간의 상수 변환

- 스코트 결선(T결선)
- 메이어 결선
- 우드 브리지 결선

3상 − 6상간의 상수 변환 : 환상 결선, 2중 3각 결선, 2중 성형 결선, 대각 결선, 포크 결선

2) 스코트 결선의 이용률

이용률 $= \dfrac{\sqrt{3}\,VI}{2VI} = 0.866$

6 변압기 병렬운전

1) 병렬 운전의 조건

- 각 변압기의 극성이 같을 것
- 각 변압기의 권수비가 같고, 1차와 2차의 정격 전압이 같을 것
- 각 변압기의 % 임피던스 강하가 같을 것
- 3상식에서는 위의 조건 외에 각 변압기의 상회전 방향 및 위상 변위가 같을 것

2) 부하 분담

병렬 운전시의 전류를 I_a, I_b라고 하면,

$$\dfrac{I_a}{I_b} = \dfrac{Z_b}{Z_a} = \dfrac{z_bV_n}{I_B} \times \dfrac{I_A}{z_aV_n} = \dfrac{P_Az_b}{P_Bz_a}$$

P_A : a 변압기의 정격 용량, P_B : b 변압기의 정격 용량

$P_A = mP_B$ 라고 하면,

$$\frac{I_a}{I_b} = m\frac{z_b}{z_a} \text{ 또는, } \frac{V_n I_a}{V_n I_b} = \frac{P_a}{P_b} = m\frac{z_a}{z_b}$$

P_a : a 변압기의 부하 용량, P_b : b 변압기의 부하 용량

3) 3상 변압기의 병렬 운전

병렬 운전 가능	병렬 운전 불가능
△-△와 △-△	
Y-△와 Y-△	△-△와 △-Y
Y-Y와 Y-Y	△-△와 Y-△
△-Y와 △-Y	△-Y와 Y-Y
△-△와 Y-Y	Y-△와 Y-Y
△-Y와 Y-△	

7 변압기의 주파수 특성

- 주파수가 증가하면 리액턴스가 증가하므로($x = \omega L = 2\pi f L \propto f$) 전압 변동률은 증가한다.
- $\epsilon = p\cos\phi + q\sin\phi$ 이므로 $\cos\phi$에 따라 ϵ은 변한다.
- △-Y결선에서는 △결선이 있어 제3고조파에 여자 전류의 통로가 있으므로 전압파형은 일그러지지 않고 제3고조파에 의한 장해가 적다.
- $\eta = V_2 I_2 \cos\phi / (V_2 I_2 \cos\phi + P_i + P_c)$ 이므로 $\cos\phi$에 따라 η가 다르다.

8 변압기의 손실, 효율, 온도상승 및 정격

1) 철손

- 히스테리시스손 : $P_h = \delta_h f B_m^{1.6}$ [W/kg]
- 와전류손 : $P_e = \delta_e (t f k_f B_m)^2$ [W/kg]

δ_h : 히스테리시스 정수, δ_e : 재료에 의한 정수, f : 주파수[Hz]
B_m : 자속 밀도의 최댓값[Wb/m²], t : 철판의 두께[m], k_f : 파형률

2) 변압기의 효율

① 규약 효율 $\eta = \dfrac{출력}{출력 + 손실} \times 100 = \dfrac{입력 - 손실}{입력} \times 100 [\%]$

$= \dfrac{V_2 I_2 \cos\theta_2}{V_2 I_2 \cos\theta_2 + P_i + I_2^2 r} \times 100 [\%]$

② 최대 효율 : 철손과 동손이 같을 때 최대 효율이 된다.

$\eta_m = \dfrac{최대\ 효율시의\ 출력}{최대\ 효율시의\ 출력 + 2 \times 무부하손} \times 100 [\%]$

③ 전일 효율 : 1일 중의 출력 전력량과 입력 전력량의 비를 말한다.

$\eta_d = \dfrac{\sum h V_2 I_2 \cos\theta_2}{\sum h V_2 I_2 \cos\theta_2 + 24 P_i + \sum h P_i} \times 100 [\%]$

전부하 시간이 짧을수록 철손을 적게 하지 않으면 안된다.

④ $\dfrac{1}{m}$ 부하시 효율

$\dfrac{1}{m}$ 부하 효율 $= \dfrac{\dfrac{1}{m} V_2 I_2 \cos\theta}{\dfrac{1}{m} V_2 I_2 \cos\theta + P_i + \left(\dfrac{1}{m}\right)^2 P_c}$

⑤ $\dfrac{1}{m}$ 부하시

- 최대효율 조건 : $P_i = \left(\dfrac{1}{m}\right)^2 P_c$

- 최대효율이 나타나는 부하 : $m = \sqrt{\dfrac{P_i}{P_c}}$

P_i : 철손, P_c : 동손, m : 부하율(최대효율이 나타나는 부하)

9 변압기의 시험 및 보수

1) 시험 종류

- 권수비 시험
- 극성 시험
- 권선 저항 측정 시험
- 무부하 시험 : 철손 및 여자전류 측정
- 단락 시험 : 동손 및 단락전류 측정
- 온도 상승 시험 : 반환부하법 사용

- 절연 내력 시험 : 가압시험, 유도시험, 충격전압시험
- 상회전 시험(3상에 한함)

2) 보호계전기
- 내부고장 보호계전기 : 브흐홀쯔 계전기, 비율차동 계전기

10 계기용 변압기

일반적으로 계기용 변압기의 1차 전압이 정격 전압일 때 2차 전압은 110[V], 변류기는 1차측에 정격 전류가 흐를 때 2차 전류가 5[A]이다.

1) 변류기
전류측정, 변류기는 2차측을 개방하면 안된다. 2차측을 개방하면 1차측의 부하 전류가 전부 여자 전류로 사용되어 2차측에 고전압이 유기되어 절연이 파괴될 우려가 있다. 또, 철심 중의 자속이 급격히 증가하여 철손이 증가하므로 열이 발생하여 소손될 우려가 있다.
- 공칭 전류비 : $K_{nc} = I_1/I_2$

2) 계기용 변압기 : 전압측정
- 공칭 전압비 : $K_{np} = V_1/V_2$

11 특수 변압기

1) 3권선 변압기
한 변압기의 철심에 3개의 권선이 있는 변압기를 3권선 변압기라고 한다. 1차, 2차 및 3차 기전력을 E_1, E_2, E_3, 1차, 2차 및 3차 권선수를 w_1, w_2, w_3라고 하면,

- $E_2 = \dfrac{w_2}{w_1}E_1$, $E_3 = \dfrac{w_3}{w_1}E_1$
- $I_1 = \dfrac{w_2}{w_1}I_2 + \dfrac{w_3}{w_1}I_3$

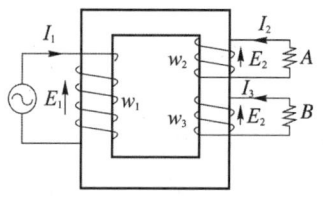

2) 단권 변압기

① 전압비 $\dfrac{V_1}{V_2} = \dfrac{E_1 + E_2}{E_2} = \dfrac{n_1}{n_2} = a$

② 전류비 $\dfrac{I_1}{I_2} = \dfrac{n_2}{n_1} = \dfrac{1}{a}$

③ 자기 용량과 부하 용량

$$\dfrac{\text{자기 용량}}{\text{부하 용량}} = \dfrac{\text{직렬 권선 부분의 전류} \times \text{승압(강압) 전압}}{\text{출력}} = 1 - \dfrac{V_l}{V_h} = 1 - \dfrac{1}{a}$$

V_h : 고압측 전압, V_l : 저압측 전압

단권 변압기와 보통 변압기의 비교 : 1차와 2차와의 전압비가 1에 가까울수록 단권 변압기를 쓰는 것이 경제적이다.

④ 단권 변압기의 3상 결선

결선 방식	Y결선	△결선	V결선
$\dfrac{\text{자기 용량}}{\text{부하 용량}}$	$1 - \dfrac{V_l}{V_h}$	$\dfrac{V_h^2 - V_l^2}{\sqrt{3}\, V_h V_l}$	$\dfrac{2}{\sqrt{3}}\left(1 - \dfrac{V_l}{V_h}\right)$

V_h : 고압측 전압, V_l : 저압측 전압

필수유형 및 과년도문제

필수 01 ★★★☆ 변압기의 구조 및 원리

변압기의 누설 리액턴스는? 여기서, N은 권수이다.

① N에 비례한다. ② N^2에 비례한다.
③ N에 무관하다. ④ N에 반비례한다.

유형분석 변압기유의 구비조건과 열화방지, 유도기전력의 계산, 권수비의 계산 등이 출제된다.

풀이 $L\dfrac{di}{dt} = N\dfrac{d\Phi}{dt}$ $\therefore L = \dfrac{N\Phi}{I}$

자속 $\Phi = \dfrac{\mu A N I}{l}$ 따라서 $\therefore L = \dfrac{N \cdot \dfrac{\mu A N I}{l}}{I} = \dfrac{\mu A N^2}{l} \propto N^2$

답 ②

Key point

(1) 변압기유의 구비조건
  - 절연 내력이 클 것
  - 절연 재료 및 금속에 화학 작용을 일으키지 않을 것
  - 인화점이 높고, 응고점이 낮을 것
  - 점도가 낮고(유동성이 풍부), 비열이 커서 냉각 효과가 클 것
  - 고온에서도 석출물이 생기거나 산화하지 않을 것
(2) 변압기유의 열화 방지 – 콘서베이터의 설치
(3) 1차 및 2차 유기 기전력
  - $E_1 = 4.44 f w_1 \Phi_m [\text{V}]$
  - $E_2 = 4.44 f w_2 \Phi_m [\text{V}]$
(4) 권수비(전압비) $\dfrac{E_1}{E_2} = \dfrac{w_1}{w_2} = a$

문제 01 ★ 변압기의 철심으로 갖추어야 할 성질로 맞지 않는 것은?

① 투자율이 클 것 ② 전기 저항이 작을 것
③ 히스테리시스 계수가 작을 것 ④ 성층 철심으로 할 것

풀이 자기 저항이 작아야 한다.

답 ②

문제 02 주상 변압기의 고압측에는 몇 개의 탭을 내놓았다. 그 이유는?

① 예비 단자용
② 수전점의 전압을 조정하기 위하여
③ 변압기의 여자 전류를 조정하기 위하여
④ 부하 전류를 조정하기 위하여

풀이 전원 전압의 변동이나 부하에 의해 변압기 2차 측에 전압변동이 생긴다. 전압변동을 보상하려면 변압기의 권수비(변압비)를 바꾸어야 하는데, 이를 위해 2차 측에 몇 개의 탭을 설치한다. **답** ②

문제 03 변압기유로 쓰이는 절연유에 요구되는 특성이 아닌 것은?

① 응고점이 낮을 것
② 절연 내력이 클 것
③ 인화점이 높을 것
④ 점도가 클 것

풀이 변압기 절연유의 구비조건
① 절연저항 및 절연내력이 클 것
② 비열 및 열전도율이 크며 점도가 용도에 따라 적당히 낮을 것
③ 인화점은 130[℃] 이상 높고 응고점은 −30[℃] 이하로 낮을 것
④ 열팽창 계수가 작고 증발로 인한 감소량이 적을 것
⑤ 화학적으로 안정하여 열화 변질되지 않으며 기기를 침식시키지 말 것   **답** ④

문제 04 일반 변압기의 여자에 필요한 피상 전력은?

① $\dfrac{\pi}{\mu} f B_m^2 \times$ 철심 체적
② $\dfrac{\pi}{f} \mu B_m^2 \times$ 철심 체적
③ $\dfrac{f}{\mu} \mu B_m^2 \times$ 철심 체적
④ $\dfrac{\pi}{f \cdot \mu} B_m^2 \times$ 철심 체적

풀이 자기 회로의 평균 길이를 l, 단면적을 A, 투자율을 μ라 하면
$\Phi_m = \sqrt{2}\, w_1 I_0 \mu A / l$, $V_l = \sqrt{2}\, \pi f w_1 \Phi_m$
$\therefore V_1 I_0 = \dfrac{f}{\mu} \pi B_m^2 V_c$ **답** ①

문제 05 1차 전압 3300[V], 권수비 30인 단상 변압기가 전등 부하에 20[A]를 공급할 때의 입력 [kW]은?

① 6.6
② 5.6
③ 3.4
④ 2.2

풀이 $I_1 = \dfrac{I_2}{a} = \dfrac{20}{30} = \dfrac{2}{3}$[A]
전등 부하에서 역률 $\cos\theta = 1$이므로 입력 P_1은
$P_1 = V_1 I_1 \cos\theta = 3300 \times \dfrac{2}{3} \times 1 = 2200$[W] $= 2.2$[kW]   **답** ④

문제 06 ★
전력용 변압기에서 1차에 정현파 전압을 인가하였을 때, 2차에 정현파 전압이 유기되기 위하여서는 1차에 흘러들어가는 여자 전류는 기본파 전류 외에 주로 몇 고조파 전류가 포함되는가?

① 제2고조파　　② 제3고조파
③ 제4고조파　　④ 제5고조파

답 ②

문제 07 ★★★★★
1차 전압이 2200[V], 무부하 전류가 0.088[A], 철손이 110[W]인 단상 변압기의 자화 전류[A]는?

① 0.05　　② 0.038
③ 0.072　　④ 0.088

풀이
철손 전류 $I_w = \dfrac{P_i}{V_1} = \dfrac{110}{2200} = \dfrac{1}{20} = 0.05[A]$

따라서 자화 전류 I_u는 $I_u = \sqrt{I_0^2 - I_w^2}$ 식에서

∴ $I_u = \sqrt{0.088^2 - 0.05^2} = 0.072[A]$

답 ③

문제 08 ★★★★
그림과 같은 변압기 회로에서 부하 R_2에 공급되는 전력이 최대로 되는 변압기의 권수비 a는?

① 5
② $\sqrt{5}$
③ 10
④ $\sqrt{10}$

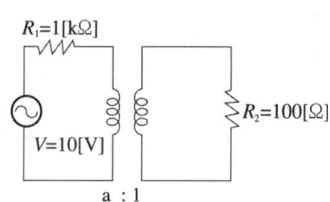

풀이 $R_1 = a^2 R_2$

∴ $a = \sqrt{\dfrac{R_1}{R_2}} = \sqrt{\dfrac{1000}{100}} = \sqrt{10}$

답 ④

문제 09 ★★★☆
단상 주상 변압기의 2차측(105[V] 단자)에 1[Ω]의 저항을 접속하고 1차측에 1[A]의 전류가 흘렀을 때 1차 단자 전압이 900[V]였다. 1차측 탭 전압[V]과 2차 전류[A]는 얼마인가? 단, 변압기는 이상 변압기, V_T는 1차 탭 전압, I_2는 2차 전류이다.

① $V_T = 3150$, $I_2 = 30$　　② $V_T = 900$, $I_2 = 30$
③ $V_T = 900$, $I_2 = 1$　　④ $V_T = 3150$, $I_2 = 1$

풀이

$R_1 = a^2 R_2 = a^2 \times 1 = a^2 [\Omega], \quad I_1 = \dfrac{V_1}{R_1} = \dfrac{V_1}{a^2} = \dfrac{900}{a^2} = 1[A], \quad a^2 = 900$

$\therefore a = 30$

$\therefore V_T = aV_2 = 30 \times 105 = 3150[V]$

$\therefore I_2 = aI_1 = 30 \times 1 = 30[A]$

답 ①

필수 02 ★★★ 변압기의 등가회로

변압기에서 등가 회로를 이용하여 단락 전류를 구하는 식은?

① $I_{1s} = V_1/(Z_1 + a^2 Z_2)$
② $I_{1s} = V_1/(Z_1 \times a^2 Z_2)$
③ $I_{1s} = V_1/(Z_1^2 + a^2 Z_2)$
④ $I_{1s} = V_1/(Z_1^2 - a^2 Z_2)$

유형분석 2차를 1차로 환산하여 단락전류, 임피던스 등을 계산하는 문제가 출제된다.

풀이 $I_s' = \dfrac{V_1}{Z_A + Z_2'} = \dfrac{V_1}{Z_1 + a^2 Z_2}$

답 ①

Key point

2차측에서 1차측으로 환산
- $V_2' = aV_2$, $E_2' = aE_2$
- $Z_2' = a^2 Z_2 = a^2(r_2 + jx_2)$
- $I_2' = I_2/a$
- $Z' = a^2 Z = a^2(r + jx)$

문제 10 ★

200[kVA], 6350/660[V]의 단상 변압기의 권선 저항과 리액턴스는 다음과 같다. 무부하 때 역률 0.263에서 0.96[A]의 전류가 흐른다. 그림의 등가 회로에서 자화 병렬 회로의 정수 R_m, X_m은 대략 얼마인가? 단, $R_1 = 1.56[\Omega]$, $R_2 = 0.016[\Omega]$, $X_1 = 4.76[\Omega]$, $X_2 = 0.048[\Omega]$이다.

① $R_m = 20.6[k\Omega]$, $X_m = 4.85[k\Omega]$
② $R_m = 22.2[k\Omega]$, $X_m = 5.85[k\Omega]$
③ $R_m = 25.2[k\Omega]$, $X_m = 6.85[k\Omega]$
④ $R_m = 28.2[k\Omega]$, $X_m = 7.85[k\Omega]$

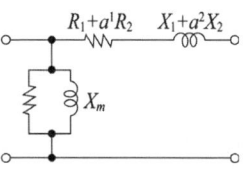

풀이

$R_m = \dfrac{V_1}{I_w} = \dfrac{V_1}{I_0 \cos\theta} = \dfrac{6350}{0.96 \times 0.263} = 25150[\Omega] \fallingdotseq 25.2[k\Omega]$

$X_m = \dfrac{V_1}{I_u} = \dfrac{V_1}{I_0 \sin\theta} = \dfrac{6350}{0.96 \times \sqrt{1 - 0.263^2}} = 6850[\Omega] = 6.85[k\Omega]$

답 ③

문제 11 ★★

변압비 3000/100[V]인 단상 변압기 2대의 고압측을 그림과 같이 직렬로 3300[V] 전원에 연결하고, 저압측에서 각각 5[Ω], 7[Ω]의 저항을 접속하였을 때, 고압측의 단자 전압 E_1은 대략 몇 [V]인가?

① 471[V]
② 660[V]
③ 1375[V]
④ 1925[V]

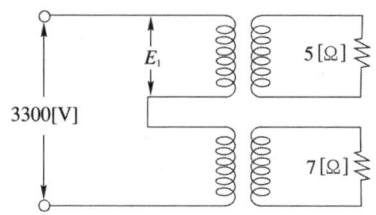

풀이
$$E_1 = \frac{Z_1}{Z_1+Z_2} \cdot E = \frac{5}{5+7} \times 3300 = 1375[V]$$
$$E_2 = \frac{Z_2}{Z_1+Z_2} \cdot E = \frac{7}{5+7} \times 3300 = 1925[V]$$

답 ③

필수 03 ★★★★★
%전압강하와 전압변동률

5[kVA], 3000/200[V]의 변압기의 단락 시험에서 임피던스 전압 = 120[V], 동손 = 150[W]라 하면 % 저항 강하는 몇 [%]인가?

① 2 ② 3 ③ 4 ④ 5

유형분석 %임피던스의 계산, 전압변동률의 계산, 임피던스 전압과 임피던스 와트 문제가 출제된다.

풀이
$$p = \frac{I_{1n}r}{V_{1n}} \times 100 = \frac{I_{1n}^2 r}{V_{1n}I_{1n}} \times 100 = \frac{P_c}{kVA} \times 100 = \frac{150}{5000} \times 100 = 3[\%]$$

답 ②

Key point

(1) %전압강하

- % 저항 강하 : $p = \dfrac{r_{21}I_{1n}}{V_{1n}} \times 100 = \dfrac{r_{21}I_{1n}^2}{V_{1n}I_{1n}} \times 100 = \dfrac{P_s}{V_{1n}I_{1n}} \times 100[\%]$

- % 리액턴스 강하 : $q = \dfrac{x_{21}I_{1n}}{V_{1n}} \times 100[\%]$

- % 임피던스 강하 : $z = \dfrac{z_{21}I_{1n}}{V_{1n}} \times 100 = \dfrac{V_s}{V_{1n}} \times 100 = \sqrt{p^2+q^2}\,[\%]$

(2) 전압 변동률

- $\epsilon = \dfrac{V_{20}-V_{2n}}{V_{2n}} \times 100[\%]$

- $\epsilon = p\cos\phi + q\sin\phi + \dfrac{1}{200}(q\cos\phi - p\sin\phi)^2[\%]$

  $\fallingdotseq p\cos\phi + q\sin\phi$ (ϕ : 부하 Z의 위상각)

문제 12 ★★★★★ 변압기의 임피던스 전압이란?

① 정격 전류가 흐를 때의 변압기 내의 전압 강하
② 여자 전류가 흐를 때의 2차측 단자 전압
③ 정격 전류가 흐를 때의 2차측 단자 전압
④ 2차 단락 전류가 흐를 때의 변압기 내의 전압 강하

풀이 변압기의 임피던스 전압이란, 변압기의 임피던스와 정격 전류와의 곱을 말한다. **답** ①

문제 13 ★★★☆ 임피던스 전압을 걸 때의 입력은?

① 정격 용량　　　　　　　　② 철손
③ 임피던스 와트　　　　　　④ 전부하시의 전손실

풀이 단락 시험에서 정격 전류를 흘릴 때의 전압이 임피던스 전압이며 이때의 입력이 임피던스 와트로서 부하손을 나타낸다. **답** ③

문제 14 ★★★★★ 어떤 단상 변압기의 2차 무부하 전압이 240[V]이고 정격 부하시의 2차 단자 전압이 230[V]이다. 전압 변동률[%]은?

① 2.35　　　　　　　　　　② 3.35
③ 4.35　　　　　　　　　　④ 5.35

풀이 2차 무부하 전압 V_{20}가 240[V], 정격 부하 시의 2차 단자 전압 V_{2n}가 230[V]일 때, 전압 변동률 ϵ은
$$\therefore \epsilon = \frac{V_{20} - V_{2n}}{V_{2n}} \times 100 = \frac{240-230}{230} \times 100 = \frac{10}{230} \times 100 = 4.35[\%]$$
답 ③

문제 15 ★★★ 역률 100[%]인 때의 전압 변동률 ϵ은 어떻게 표시되는가?

① % 저항 강하　　　　　　② % 리액턴스 강하
③ % 서셉턴스 강하　　　　④ % 임피던스 전압

풀이 $\epsilon = p\cos\theta + q\sin\theta$에서 역률 100[%]일 경우 $\cos\theta = 1$, $\sin\theta = 0$이므로 $\epsilon = p$
즉, 전압 변동률 = %저항 강하이다. **답** ①

문제 16 ★★★★☆ 5[kVA], 2000/200[V]의 단상 변압기가 있다. 2차에 환산한 등가 저항과 등가 리액턴스는 각각 0.14[Ω], 0.16[Ω]이다. 이 변압기에 역률 0.8(뒤짐)의 정격 부하를 걸었을 때의 전압 변동률[%]은?

① 약 0.026　　　　　　　② 약 0.26
③ 약 2.60　　　　　　　　④ 약 26.00

풀이
$I_{1n} = \dfrac{P}{V_1} = \dfrac{5000}{2000} = 2.5[A]$, $I_{2n} = \dfrac{P}{V_2} = \dfrac{5000}{200} = 25[A]$

% 저항 강하
$$p = \dfrac{I_{2n} r_2}{V_{2n}} \times 100 = \dfrac{25 \times 0.14}{200} \times 100 = 1.75[\%]$$

% 리액턴스 강하
$$q = \dfrac{I_{2n} x_2}{V_{2n}} \times 100 = \dfrac{25 \times 0.16}{200} \times 100 = 2[\%]$$

$\epsilon = p\cos\theta + q\sin\theta = 1.75 \times 0.8 + 2 \times 0.6 = 2.6[\%]$

답 ③

문제 17 ★★★
변압기 리액턴스 강하가 저항 강하의 3배이고 정격 전류에서 전압 변동률이 0이 되는 앞선 역률의 크기[%]는?

① 88 ② 90 ③ 92 ④ 95

풀이 전압 변동률 $\epsilon = p\cos\theta + q\sin\theta = 0$ 식에서
$$\dfrac{p}{q} = \tan\theta = \dfrac{1}{3}$$
따라서 역률 $\cos\theta$는
$$\therefore \cos\theta = \dfrac{1}{\sqrt{1+\tan^2\theta}} = \dfrac{1}{\sqrt{1+\left(\dfrac{1}{3}\right)^2}} = \dfrac{3}{\sqrt{10}} = 0.95 = 95[\%]$$

답 ④

---

04 ★ 변압기의 결선

"절연이 용이하나 제3고조파의 영향으로 통신 장애를 일으키므로 3권선 변압기를 설치할 수 있다."라는 설명은 변압기의 3상 결선법의 어느 것을 말하는가?

① △-△ ② Y-△ 또는 △-Y ③ Y-Y ④ Y결선

유형분석 V결선시의 용량과 과부하율, 출력비, 이용률 등이 출제된다.

풀이 Y-Y결선은 제3고조파 여자 전류에 의한 제3고조파가 기전력에 포함되며 중성점 접지시 유도 장애를 일으키므로 Y-Y-△의 3권선 변압기로 하여 송전용으로 사용된다.

답 ③

Key point

- V결선 용량 : $P_V = \sqrt{3}\, V_{l2} I_l = \sqrt{3}\, V_2 I_2 [VA]$
- 출력의 비 $= \dfrac{P_V}{P_3} = \dfrac{\sqrt{3}\, V_2 I_2}{3 V_2 I_2} = \dfrac{1}{\sqrt{3}} ≒ 0.577 = 57.7[\%]$
- 이용률 $= \dfrac{\sqrt{3}\, V_2 I_2}{2 V_2 I_2} = \dfrac{\sqrt{3}}{2} = 0.866 = 86.6[\%]$

문제 18

정격이 같은 50[kVA]의 주상 변압기 3대를 △-△로 결선하여 역률 100[%], 전압 200[V]의 평형 3상 부하에 114[kW]의 전력을 공급하고 있다. 지금 이 중에 변압기의 중성점과 한 단자와의 사이에 변압기의 정격 전류의 범위 내에서 100[V]의 전등 부하를 걸려고 한다. 전등 부하는 몇 [kW]까지 걸 수 있겠는가?

① 6   ② 7.2   ③ 7.8   ④ 8.8

풀이

3상 부하에 의한 전류 $I = \dfrac{114 \times 10^3}{3} \times \dfrac{1}{200} = 190[A]$

변압기의 정격 전류는 $\dfrac{50 \times 10^3}{200} = 250[A]$

즉, 250-190=60[A]의 여유가 있다.
전등 부하의 전류 I'는 변압기군 내부를 그림과 같이 내부 임피던스에 반비례해서 분류하므로

$I' = I_l \times \dfrac{5}{6} = 60[A]$

∴ $I_l = 60 \times \dfrac{6}{5} = 72[A]$

∴ $P = 100 \times 72 = 7200[W] = 7.2[kW]$까지 전등 부하를 걸 수 있다.

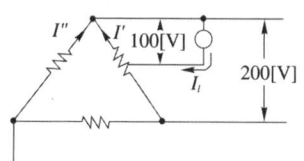

답 ②

문제 19

△결선 변압기의 한 대가 고장으로 제거되어 V결선으로 공급할 때 공급할 수 있는 전력은 고장 전 전력에 대하여 몇 [%]인가?

① 86.6   ② 75.0   ③ 66.7   ④ 57.7

풀이 1대의 단상 변압기 용량을 K라 하면 그 출력비는

$\dfrac{\text{V결선의 출력}}{\triangle \text{결선의 출력}} = \dfrac{\sqrt{3}K}{3K} = \dfrac{\sqrt{3}}{3} = 0.577 = 57.7[\%]$

답 ④

문제 20

용량 100[kVA]인 동일 정격의 단상 변압기 4대로 낼 수 있는 3상 최대 출력용량[kVA]은?

① $200\sqrt{3}$ ② $200\sqrt{2}$ ③ $300\sqrt{2}$ ④ 400

풀이 2대로 V결선으로 했을 경우의 출력 $\sqrt{3}P$, 4대일 때는 $2\sqrt{3}P$이므로
$2\sqrt{3}P = 2\sqrt{3} \times 100 = 200\sqrt{3}[kVA]$

답 ①

필수 05 변압기 상수의 변환

T-결선에 의하여 3300[V]의 3상으로부터 200[V], 40[kVA]의 전력을 얻는 경우 T좌 변압기의 권수비는?

① 약 16.5   ② 약 14.3   ③ 약 11.7   ④ 약 10.2

유형분석 2상으로의 변환 문제가 출제된다.

풀 이 주좌 변압기의 권수비를 a_M, T좌 변압기의 권수비를 a_T라 하면

$$a_T = a_M \times \frac{\sqrt{3}}{2} = \frac{3300}{200} \times \frac{\sqrt{3}}{2} = 16.5 \times 0.866 = 14.29$$

답 ②

Key point

3상–2상 간의 상수 변환
- 스코트 결선(T결선)   • 메이어 결선   • 우드 브리지 결선

문제 21 ★★★★
3상 전원에서 6상 전압을 얻을 수 없는 변압기의 결선 방법은?
① 스코트 결선   ② 2중 3각 결선
③ 2중 성형 결선   ④ 포크 결선

풀이 ① 3상–2상간의 상수 변환
  • 스코트 결선(T결선) • 메이어 결선 • 우드 브리지 결선
② 3상–6상간의 상수 변환
  • 환상 결선 • 2중 3각 결선 • 2중 성형 결선 • 대각 결선 • 포크 결선

답 ①

문제 22 ★★★★★
3상 전원을 이용하여 2상 전압을 얻고자 할 때 사용할 결선 방법은?
① Scott 결선   ② Fork 결선
③ 환상 결선   ④ 2중 3각 결선

풀이 ① 3상–2상간의 상수 변환
  • 스코트 결선(T결선) • 메이어 결선 • 우드 브리지 결선
② 3상–6상간의 상수 변환
  • 환상 결선 • 2중 3각 결선 • 2중 성형 결선 • 대각 결선 • 포크 결선

답 ①

필수 06 ★★★★★ 변압기 병렬운전

변압기 병렬 운전에서 필요하지 않은 것은?
① 극성이 같을 것   ② 전압이 같을 것
③ 출력이 같을 것   ④ 임피던스 전압이 같을 것

유형분석 병렬운전 조건 및 부하분담, 3상 병렬운전 불가능 결선의 종류 등이 출제된다.

풀이 병렬 운전의 조건
　① 각 변압기의 극성이 같을 것
　② 각 변압기의 권수비가 같고, 1차와 2차의 정격 전압이 같을 것
　③ 각 변압기의 % 임피던스 강하가 같을 것
　④ 3상식에서는 위의 조건 외에 각 변압기의 상회전 방향 및 위상 변위가 같을 것 　**답** ③

(1) 병렬 운전의 조건
　• 각 변압기의 극성이 같을 것
　• 각 변압기의 권수비가 같고, 1차와 2차의 정격 전압이 같을 것
　• 각 변압기의 % 임피던스 강하가 같을 것
　• 3상식에서는 위의 조건 외에 각 변압기의 상회전 방향 및 위상 변위가 같을 것

(2) 부하 분담

　병렬 운전시의 전류를 I_a, I_b라고 하면 $\dfrac{I_a}{I_b} = \dfrac{Z_b}{Z_a} = \dfrac{z_b V_n}{I_B} \times \dfrac{I_A}{z_a V_n} = \dfrac{P_A z_b}{P_B z_a}$

(3) 3상 변압기의 병렬 운전

병렬 운전 가능	병렬 운전 불가능
△-△와 △-△	
Y-△와 Y-△	△-△와 △-Y
Y-Y와 Y-Y	△-△와 Y-△
△-Y와 △-Y	△-Y와 Y-Y
△-△와 Y-Y	Y-△와 Y-Y
△-Y와 Y-△	

문제 23 ★☆
2차로 환산한 임피던스가 각각 $0.03 + j0.02\,[\Omega]$, $0.02 + j0.03\,[\Omega]$인 단상 변압기 2대를 병렬로 운전시킬 때 분담 전류는?

　① 크기는 같으나 위상이 다르다.　② 크기와 위상이 같다.
　③ 크기는 다르나 위상이 같다.　④ 크기와 위상이 다르다.

풀이 임피던스는 같으나 유효분과 무효분이 다르기 때문이다.　**답** ①

문제 24 ★☆
2대의 정격이 같은 1000[kVA]의 단상 변압기의 임피던스 전압이 8[%]와 9[%]이다. 이것을 병렬로 하면 몇 [kVA]의 부하를 걸 수 있는가?

　① 2100　② 2200　③ 1889　④ 2125

풀이 $\dfrac{P_a[\text{kVA}]}{Z_b} = \dfrac{P_b[\text{kVA}]}{Z_a} = \dfrac{P_a + P_b}{Z_a + Z_b}$ 이므로 $\dfrac{P_a}{9} = \dfrac{P_b}{8} = \dfrac{P}{17}$

임피던스가 작은 변압기 즉 P_a가 큰 부하를 분담하나 자기 용량까지만 분담할 수 있다.

따라서 전체 부하는 $P = 1000 \times \dfrac{17}{9} = 1889\,[\text{kVA}]$　**답** ③

문제 25 ★★ 특성이 다음과 같은 2대의 변압기 A, B를 병렬 운전하여 22[kVA], 역률 1인 부하를 걸었을 때 변압기 A, B의 전류분담 I_A, I_B는 얼마인가?

변압기 A : 3000/100[V], 7.5[kVA], $25+j26[\Omega]$ (1차 등가치)
변압기 B : 3000/100[V], 15[kVA], $10+j19[\Omega]$ (1차 등가치)

① $I_A = 139.2[A]$, $I_B = 139.2[A]$
② $I_A = 139.2[A]$, $I_B = 82.7[A]$
③ $I_A = 82.7[A]$, $I_B = 139.2[A]$
④ $I_A = 87.2[A]$, $I_B = 87.2[A]$

풀이 전부하 전류 $I_2 = \dfrac{22 \times 10^3}{100} = 220[A]$

$I_A = \dfrac{Z_b}{Z_a + Z_b} I_2$, $I_B = \dfrac{Z_a}{Z_a + Z_b} I_2$

$I_A = \dfrac{10+j19}{35+j45} \times 220 = \sqrt{\dfrac{10^2+19^2}{35^2+45^2}} \times 220 = 82.7[A]$

$I_B = \dfrac{25+j26}{35+j45} \times 220 = \sqrt{\dfrac{25^2+26^2}{35^2+45^2}} \times 220 = 139.2[A]$

답 ③

문제 26 ★★★★★ 변압기의 병렬 운전이 불가능한 것은?

① △-△와 △-△
② △-△와 Y-Y
③ △-△와 △-Y
④ △-Y와 △-Y

풀이 3상 변압기의 병렬 운전의 결선 조합

병렬 운전 가능	병렬 운전 불가능
△-△와 △-△	
Y-Y와 Y-Y	△-△와 △-Y
Y-△와 Y-△	△-△와 Y-△
△-Y와 △-Y	△-Y와 Y-Y
△-△와 Y-Y	Y-△와 Y-Y
△-Y와 Y-△	

* 이유 : 3개의 △, 3개의 Y는 2차간에 정격 전압이 다르며 30°의 변위가 생겨 순환 전류가 흐른다. **답** ③

---

07 변압기의 주파수 특성 ★

변압기를 설명하는 다음 말 중 틀린 것은?
① 사용 주파수가 증가하면 전압 변동률은 감소한다.
② 전압 변동률은 부하의 역률에 따라 변한다.
③ △-Y결선에서는 고주파 전류가 흘러서 통신선에 대한 유도 장해는 없다.
④ 효율은 부하의 역률에 따라 다르다.

유형분석 주파수를 수% 증가했을 경우 자속밀도, 최대자속, 전압강하, 철손, 온도상승 등의 변화를 물어본다.

풀이 ① 주파수가 증가하면 리액턴스가 증가하므로($x=\omega L=2\pi fL \propto f$) 전압 변동률은 증가한다.
② $\epsilon = p\cos\phi + q\sin\phi$이므로 $\cos\phi$에 따라 ϵ은 변한다.
③ △-Y결선에서는 △결선이 있어 제3고조파에 여자 전류의 통로가 있으므로 전압 파형은 일그러지지 않고 제3고조파에 의한 장해가 적다.
④ $\eta = V_2 I_2 \cos\phi / (V_2 I_2 \cos\phi + P_i + P_c)$이므로 $\cos\phi$에 따라 η가 다르다. **답 ①**

Key point
50[Hz]용 변압기를 60[Hz]에 사용하면 여자 전류와 철손은 $\dfrac{5}{6}$ 감소, 리액턴스 강하 $\dfrac{6}{5}$ 증가한다.

문제 27 ★★★★☆ 일정 전압 및 일정 파형에서 주파수가 상승하면 변압기 철손은 어떻게 변하는가?
① 증가한다. ② 불변이다.
③ 감소한다. ④ 어떤 기간 동안 증가한다.

풀이 정격 전압이 일정하므로 와전류손은 일정, 히스테리시스손은 감소하므로 결국 철손은 감소한다. **답 ③**

문제 28 ★★★★★ 3300[V], 60[Hz]용 변압기의 와류손이 720[W]이다. 이 변압기를 2750[V], 50[Hz]의 주파수에 사용할 때 와류손[W]은?
① 250 ② 350 ③ 425 ④ 500

풀이 와류손은 주파수와는 무관하고 전압의 제곱에 비례하므로
$$\therefore P_e' = P_e \times \left(\dfrac{V'}{V}\right)^2 = 720 \times \left(\dfrac{2750}{3300}\right)^2 = 500[W]$$
답 ④

필수 08 ★ 변압기의 손실, 효율, 온도상승 및 정격

변압기에서 발생하는 손실 중 1차측 전원에 접속되어 있으면 부하의 유무에 관계없이 발생하는 손실은?
① 동손 ② 표유부하손 ③ 철손 ④ 부하손

유형분석 손실의 종류, 최대 효율조건, 최대 효율이 나타나는 부하, 효율 계산 등이 출제된다.

풀이
무부하손 { (a) 철손 { 히스테리시스손 / 와류손 }
(b) 여자 전류에 의한 권선의 저항손
(c) 절연물 중의 유전체손

(b), (c)는 (a)에 비하여 매우 적으므로 무부하손은 철손이라고 보는 것이 보통이다. **답 ③**

> **Key point**
>
> ① 최대 효율 : 철손과 동손이 같을 때 최대 효율이 된다.
> $$\eta_m = \frac{\text{최대 효율시의 출력}}{\text{최대 효율시의 출력} + 2 \times \text{무부하손}} \times 100[\%]$$
>
> ② $\frac{1}{m}$ 부하 효율 $= \dfrac{\frac{1}{m} V_2 I_2 \cos\theta}{\frac{1}{m} V_2 I_2 \cos\theta + P_i + \left(\frac{1}{m}\right)^2 P_c}$
>
> ③ $\frac{1}{m}$ 부하시
> - 최대 효율 조건 : $P_i = \left(\dfrac{1}{m}\right)^2 P_c$
> - 최대 효율이 나타나는 부하 : $m = \sqrt{\dfrac{P_i}{P_c}}$

문제 29 ★ 다음 손실 중 변압기의 온도 상승에 관계가 가장 적은 요소는?

① 철손 ② 동손
③ 유전체손 ④ 와류손

풀이 유전체손은 절연물 중에서 발생하는 손실로 그 값이 매우 적어 일반적으로 무시된다.   **답** ③

문제 30 ★★ 변압기의 동손은 부하의 몇 제곱에 비례하는가?

① 4 ② 2
③ 1 ④ 0.5

풀이 $P_c = I^2 R[\text{W}] \propto I^2$ **답** ②

문제 31 ★★★★★ 변압기의 철손이 P_i[kW], 전부하 동손이 P_c[kW]일 때 정격 출력의 $\dfrac{1}{m}$ 의 부하를 걸었을 때 전손실[kW]은 얼마인가?

① $(P_i + P_c)\left(\dfrac{1}{m}\right)^2$ ② $P_i \left(\dfrac{1}{m}\right)^2 + P_c$

③ $P_i + P_c \left(\dfrac{1}{m}\right)^2$ ④ $P_i + P_c \left(\dfrac{1}{m}\right)$

풀이 철손은 부하에 관계없이 일정하고 동손은 $I_2^2 r$ 로서 부하 전류의 제곱에 비례하므로 $\dfrac{1}{m}$ 로 부하가 감소하면 P_c는 $\left(\dfrac{1}{m}\right)^2$ 으로 감소한다.

따라서 $\dfrac{1}{m}$ 부하 효율 $= \dfrac{\dfrac{1}{m}V_2 I_2 \cos\theta}{\dfrac{1}{m}V_2 I_2 \cos\theta + P_i + \left(\dfrac{1}{m}\right)^2 P_c}$ 이므로 전손실은 $P_i + \left(\dfrac{1}{m}\right)^2 P_c$

답 ③

문제 32 ★★

변압기 운전에 있어 효율이 최고가 되는 부하는 전부하의 70[%]였다고 하면 전부하에 있어 이 변압기의 철손과 동손의 비율은?

① 1 : 1
② 1 : 2
③ 1 : 3
④ 1 : 5

풀이

$(0.7)^2 P_c = P_i$

$\therefore \dfrac{P_i}{P_c} = \dfrac{(0.7)^2}{1} = \dfrac{0.49}{1} \fallingdotseq \dfrac{1}{2}$

답 ②

문제 33 ★☆

역률 1일 때, 출력 2[kW] 및 8[kW]에서의 효율이 96[%]가 되는 단상 주상 변압기가 있다. 출력 8[kW], 역률 1에 있어서의 철손 P_i[W]와 동손 P_c[W]를 구하여라.

① $P_i = 27.3,\ P_c = 277$
② $P_i = 66.3,\ P_c = 277$
③ $P_i = 27.3,\ P_c = 267$
④ $P_i = 66.3,\ P_c = 267$

풀이

철손을 P_i, 출력 8[kW]와 2[kW]일 때의 동손을 P_c, P_c'라고 하면 $P_c' = \left(\dfrac{1}{4}\right)^2 P_c$이므로

$\eta = \dfrac{2000}{2000 + P_i + \left(\dfrac{1}{4}\right)^2 P_c} = \dfrac{8000}{8000 + P_i + P_c} = 0.96$

따라서 $P_i + \dfrac{1}{16} P_c = 83.3$, $P_i + P_c = 333.3$

위의 두 식을 풀면

$\therefore P_i = 66.3[\text{W}],\ P_c = 267[\text{W}]$

답 ④

문제 34 ★

변압기에 관한 다음 말 중 틀린 것은 어느 것인가?

① 변류기(CT)는 사용 중 2차 회로를 개방하여서는 안 된다.
② 배전용 변압기는 철손이 큰 것을 사용하여 전일 효율이 높아지도록 한다.
③ 변압기의 효율은 철손과 동손이 같을 때에 최고이다.
④ 피크파 변압기는 자기포화를 이용한 것이다.

풀이

전일효율 $\eta = \dfrac{\Sigma hP}{\Sigma hP + 24P_i + \Sigma hP_c} \times 100$ 이므로

철손이 큰 변압기는 철손이 작은 변압기보다 전일 효율이 낮다.

답 ②

09 변압기의 시험 및 보수

210/105[V]의 변압기를 그림과 같이 결선하고 고압측에 200[V]의 전압을 가하면 전압계의 지시는 몇 [V]인가?

① 100
② 200
③ 300
④ 400

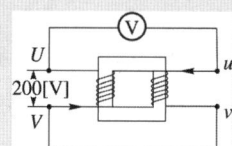

유형분석 보호계전기에 관한 문제가 많이 출제된다.

풀이 권수비 $a = \dfrac{210}{105} = 2$, $E_1 = 200[V]$일 때,

$$E_2 = \dfrac{E_1}{a} = \dfrac{200}{2} = 100[V]$$

그러므로 전압계의 지시 V는
 V의 지시 $= E_1 - E_2 = 200 - 100 = 100[V]$ (감극성)
 V의 지시 $= E_1 + E_2 = 200 + 100 = 300[V]$ (가극성)
KS C에서는 감극성이 표준이므로 ①번이 정답이다.

답 ①

Key point

보호계전기
• 내부고장 보호계전기 : 브흐홀쯔 계전기, 비율차동 계전기

 문제 35 ★★★★★ 부흐홀쯔 계전기로 보호되는 기기는?

① 변압기   ② 발전기
③ 동기 전동기   ④ 회전 변류기

풀이 부흐홀쯔 계전기는 변압기의 내부 고장으로 발생하는 기름의 분해 가스 증기 또는 유류를 이용하여 부저를 움직여 계전기의 접점을 닫는 것이므로 변압기의 주탱크와 콘서베이터와의 연결관 도중에 설치한다.

답 ①

문제 36 ★★★★★ 변압기의 내부 고장 보호에 쓰이는 계전기로서 가장 적당한 것은?

① 과전류 계전기   ② 차동 계전기
③ 접지 계전기   ④ 역상 계전기

풀이 변압기 내부에서 단락 사고가 생기면, 변압기 1차와 2차의 전류값이 달라진다. 따라서 차동 계전기에 이들 값의 차이에 해당하는 전류가 흘러 계전기가 동작하는 것이다.

답 ②

문제 37 보호 계전기 구성 요소의 기본 원리에 속하지 않는 것은?
① 전자 흡인
② 전자 유도
③ 정지형 스위칭 회로
④ 광전관

풀이 광전 효과를 이용하여 빛의 변화를 전류의 변화로 바꾸는 것을 광전관이라 한다. **답** ④

문제 38 변압기의 등가 회로 작성에 필요 없는 시험은?
① 단락 시험
② 반환 부하법
③ 무부하 시험
④ 저항 측정 시험

풀이 등가 회로 작성에는 권선의 저항을 알아야 하고, 철손을 측정하는 무부하 시험, 동손을 측정하는 단락 시험이 필요하다. 반환부하법은 변압기 온도 상승 시험의 한 종류이다. **답** ②

문제 39 공장에서 행하는 방법으로 변압기를 탱크 속에 넣어 밀폐하고 탱크 속에 있는 파이프를 통하여 고온의 증기를 보내어 가열하는 건조 방법은?
① 진공법
② 열풍법
③ 단락법
④ 반환 부하법

풀이 진공법은 변압기를 탱크에 넣어서 밀폐하고, 이 속에 증기(steam)를 공급하여 가열하는 한편 진공 펌프(vaccum pump)로 탱크 안의 공기를 빼고 절연물 안의 습기를 증발 건조시킨다. 탱크 안의 온도는 80~90 [℃] 정도로 한다. 이 방법은 주로 공장에서 사용하는 방법이며, 건조가 빠르고 결과가 좋다. **답** ①

10 계기용 변압기

전류 변성기 사용 중에 2차를 개방해서는 안 되는 이유는 다음과 같다. 틀린 것은?
① 철손의 급격한 증가로 소손의 우려가 있다.
② 포화 자속으로 인한 첨두 기전압이 발생하여 절연 파괴의 우려가 있다.
③ 계기와 계전기의 정상적 작용을 일시 정지시키기 때문이다.
④ 일단 크게 작용한 히스테리시스 루프의 영향으로 계기의 오차 발생

유형분석 변류기에 관한 문제가 출제된다.

풀이 2차를 개방하면 1차 선전류가 모두 여자 전류로 되므로 많은 자속이 생겨 고전압이 유기되며, 자속 밀도 증가로 철손이 증가하여 과열되며 절연 파괴가 되기 때문이다. **답** ③

Key point

① 변류기 : 전류측정, 변류기는 2차측을 개방하면 안된다. 2차측을 개방하면 1차측의 부하 전류가 전부 여자 전류로 사용되어 2차측에 고전압이 유기되어 절연이 파괴될 우려가 있다. 또, 철심 중의 자속이 급격히 증가하여 철손이 증가하므로 열이 발생하여 소손될 우려가 있다.
- 공칭 전류비 : $K_{nc} = I_1/I_2$

② 계기용 변압기 : 전압측정
- 공칭 전압비 : $K_{np} = V_1/V_2$

문제 40 ★★★ 평형 3상 전류를 측정하려고 변류비 60/5[A]의 변류기 두 대를 그림과 같이 접속했더니 전류계에 2.5[A]가 흘렀다. 1차 전류는 몇 [A]인가?

① 약 12.0
② 약 17.3
③ 약 30.0
④ 약 51.9

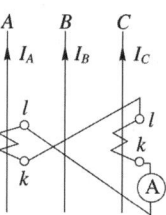

풀이
$I_1 = \dfrac{1}{a} I_2$, $a = \dfrac{I_2}{I_1} = \dfrac{5}{60} = \dfrac{1}{12}$

∴ $I_1 = 12 \times 2.5 = 30[A]$

답 ③

문제 41 ★★★ 평형 3상 3선식 선로에 2개의 PT와 3개의 전압계 V_1, V_2, V_3를 그림과 같이 접속하고, 선간 전압을 측정하고 있을 때 퓨즈 F_B가 절단되었다고 하면 각 전압계의 지시는 몇 [V]가 되는가? 단, 3상 선간 전압은 3000[V]이다.

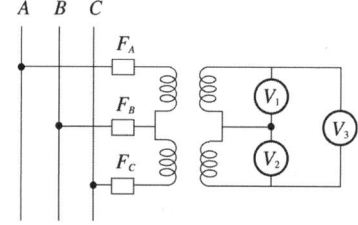

① $V_1 = V_2 = 3000[V]$, $V_3 = 6000[V]$
② $V_1 = V_2 = V_3 = 3000[V]$
③ $V_1 = V_2 = 1500[V]$, $V_3 = 3000[V]$
④ $V_1 = V_2 = V_3 = 1500[V]$

풀이 퓨즈 F_B가 절단되면 오른쪽 그림과 같이 되므로 양 변성기의 1차가 직렬이 되어 AC 간의 단상 전압을 받으므로 1개의 PT에 가해지는 전압은 전의 1/2로 된다.
$V_1 = V_2 = 1500[V]$, $V_3 = 3000[V]$

답 ③

문제 42 변류기 개방시 2차측을 단락하는 이유는?

① 2차측 절연 보호 ② 2차측 과전류 보호
③ 측정 오차 방지 ④ 1차측 과전류 방지

풀이 CT의 2차 회로를 개방하면 1차 전류가 모두 여자 전류가 되어 2차 권선에 매우 높은 전압이 유기되어 절연이 파괴되어 소손될 염려가 있으므로 CT의 2차 측을 개방하면 안 된다.   **답** ①

필수 11 ★ 특수 변압기

단권 변압기(Auto transformer)에 대한 말이다. 옳지 않은 것은?
① 1차 권선과 2차 권선의 일부가 공통으로 되어 있다.
② 동일 출력에 대하여 사용 재료 및 손실이 적고 효율이 높다.
③ 3상에는 사용할 수 없는 단점이 있다.
④ 단권 변압기는 권선비가 1에 가까울수록 보통 변압기에 비하여 유리하다.

유형분석 단권변압기의 자기용량과 부하용량, 유도전압조정기에 관한 문제가 출제된다.

풀이 단권 변압기는 단상 및 3상에서 사용이 가능하다.   **답** ③

Key point

① 자기 용량과 부하 용량
 • 단권 변압기와 보통 변압기의 비교 : 1차와 2차와의 전압비가 1에 가까울수록 단권 변압기를 쓰는 것이 경제적이다.
 • $\dfrac{\text{자기 용량}}{\text{부하 용량}} = \dfrac{\text{직렬 권선 부분의 전류} \times \text{승압(강압) 전압}}{\text{출력}} = 1 - \dfrac{V_l}{V_h} = 1 - \dfrac{1}{a}$

② 단권 변압기의 3상 결선

결선 방식	Y결선	△결선	V결선
$\dfrac{\text{자기 용량}}{\text{부하 용량}}$	$1 - \dfrac{V_l}{V_h}$	$\dfrac{V_h^2 - V_l^2}{\sqrt{3}\, V_h V_l}$	$\dfrac{2}{\sqrt{3}}\left(1 - \dfrac{V_l}{V_h}\right)$

문제 43 다음 그림은 단권 변압기이다.
W_2 권선에 흐르는 전류의 크기는?

① 20[A]   ② 15[A]
③ 10[A]   ④ 5[A]

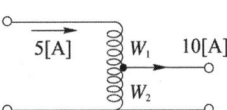

풀이 $I_{W_2} = 10 - 5 = 5[A]$ **답** ④

문제 44

그림과 같이 1차 전압 V_1, 2차 전압 V_2인 단권 변압기를 V결선했을 때 변압기의 등가 용량과 부하 용량과의 비를 나타내는 식은? 단, 손실은 무시한다.

① $\dfrac{2}{\sqrt{3}} \cdot \dfrac{V_1 - V_2}{V_1}$

② $\dfrac{\sqrt{3}}{2} \cdot \dfrac{V_1 - V_2}{V_1}$

③ $\dfrac{1}{2} \cdot \dfrac{V_1 - V_2}{V_1}$

④ $\dfrac{2(V_1 - V_2)}{V_1}$

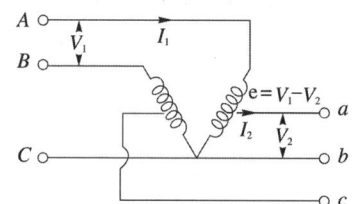

풀이 단권 변압기의 3상 결선

결선 방식	Y결선	△결선	V결선
$\dfrac{\text{자기 용량}}{\text{부하 용량}}$	$1 - \dfrac{V_l}{V_h}$	$\dfrac{V_h^2 - V_l^2}{\sqrt{3}\, V_h V_l}$	$\dfrac{2}{\sqrt{3}}\left(1 - \dfrac{V_l}{V_h}\right)$

답 ①

문제 45

평형 3상 회로의 전류를 측정하기 위해서 변류비 200 : 5의 변류기를 그림과 같이 접속하였더니 전류계의 지시가 1.5[A]이었다. 1차 전류는 몇 [A]인가?

① 60
② $60\sqrt{3}$
③ 30
④ $30\sqrt{3}$

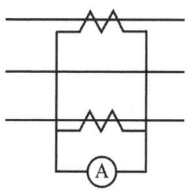

풀이 1차 전류 $I_1 = CT\text{비} \times I_2 = \dfrac{200}{5} \times 1.5 = 60\,[\text{A}]$

답 ①

문제 46

누설 변압기의 특성은 어떤 것인가?

① 수하 특성
② 정전압 특성
③ 저 저항 특성
④ 저 임피던스 특성

풀이 누설 변압기는 전류가 증가하면 전압이 저하하는 수하 특성을 갖고 있다.

답 ①

04 출제기준 – 유도기

1 유도전동기의 구조 및 원리

① 동기 속도 : $N_s = \dfrac{120f}{p}[\text{rpm}]$

② 슬립 : $s = \dfrac{N_s - N}{N_s}$

> f : 주파수, p : 극수, N : 회전 속도[rpm], $N = (1-s)N_s$[rpm]

③ 유기 기전력 : $E = 4.44 f w K_{w1} \Phi [\text{V}]$

④ v차 고조파에 대한 권선 계수 : $K_{wv} = K_{dv} \times K_{sv}$

⑤ 분포 계수 : $K_{dv} = \sin(vq\alpha/12)/q\sin(v\alpha/2)$

⑥ 단절 계수 : $K_{sv} = \sin(v\beta \times 90°)$

> w : 1상 권수, Φ : 자속, q : 1극 1상 슬롯수, α : 슬롯간 상차각, β : 코일 피치, v : 고조파 차수

⑦ 1차, 2차 권수비 : $\dfrac{w_1 K_{w1}}{w_2 K_{w2}} = \dfrac{E_1}{E_2} = a$

⑧ 2차 유기 기전력 및 2차 주파수
- $E_{2s} = sE_2[\text{V}]$
- $f_{2s} = sf_1[\text{Hz}]$

⑨ 2차 전류와 2차 역률
- $I_2 = \dfrac{E_{2s}}{Z_{2s}} = \dfrac{sE_2}{\sqrt{r_2^2 + (sx_2)^2}} = \dfrac{E_2}{\sqrt{\left(\dfrac{r_2}{s}\right)^2 + x_2^2}}[\text{A}]$

- $\cos\theta_2 = \dfrac{r_2}{\sqrt{r_2^2 + (sx_2)^2}}$, $\theta = \tan^{-1}\dfrac{sx_2}{r_2}$

> r_2 : 2차 권선 1상의 저항
> x_2 : 전동기가 정지하고 있을 때의 2차 1상의 리액턴스
> x_{2s} : 전동기가 슬립 s로 회전할 때의 2차 권선 1상의 리액턴스
> Z_{2s} : 전동기가 슬립 s로 회전할 때의 2차 1상의 임피던스
> $x_2 = 2\pi f L$, $Z_2 = r_2 + jx_2 \, (f_1 = f_2)$
> $x_{2s} = 2\pi s f_1 L_2 = sx_2$
> $Z_{2s} = r_2 + jsx_2$

2 유도전동기의 등가회로 및 특성

1) 등가 회로

- 기계적 출력을 대표하는 부하 저항 : $r = r_2'\left(\dfrac{1-s}{s}\right)$

- 2차 전압의 1차 환산 : $E_1 = \dfrac{k_1 w_1}{k_2 w_2} E_2 = aE_2, \ E_2' = E_1 = aE_2 [V]$

- 2차 전류의 1차 환산 : $I_1' = \dfrac{m_2 k_2 w_2}{m_1 k_1 w_1} I_2 = \dfrac{1}{\alpha\beta} I_2, \ I_2' = I_1' = \dfrac{1}{\alpha\beta} I_2 [A]$

  m_1, m_2 : 1차와 2차 권선의 상수, β : 상수비$=m_1/m_2$, α : 권수비, $I_1 = I_1' + I_0$

- 2차 임피던스의 1차 환산 : $Z_2' = \dfrac{E_2'}{I_2'} = \dfrac{aE_2}{\dfrac{I_2}{\alpha\beta}} = a^2\beta Z_2 [\Omega]$

- 유도 전동기의 간이 등가 회로

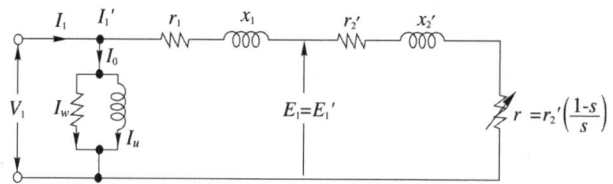

2) 전력의 변환

- 2차 입력 : $P_2 = m_2 E_2 I_2 \cos\theta_2 [W]$

- 2차 저항손 : $P_{c2} = sP_2 = \dfrac{(N_s - N)}{N_s} P_2 [W]$

- 기계적 출력 : $P = P_2 - P_{c2} = P_2 - sP_2 = (1-s)P_2 = \dfrac{N}{N_s} P_2 [W]$

  P : 출력, P_2 : 2차 입력, P_{c2} : 2차 동손, s : 슬립, N : 회전자 속도, N_s : 동기속도, 고정자 속도

  ∴ (2차 입력) : (2차 저항손) : (기계적 출력)
  $= P_2 : P_{c2} : P = P_2 : sP_2 : (1-s)P_2 = 1 : s : (1-s)$

3) 효율 및 손실

- 손실 : 고정손, 직접 부하손, 표유 부하손
- 효율 : $\eta = \dfrac{출력}{입력} \times 100 = \dfrac{입력 - 손실}{입력} \times 100 [\%] = \dfrac{P}{\sqrt{3}\,V_1 I_1 \cos\theta_1} \times 100 [\%]$

- 2차 효율

$$\eta_2 = \frac{2차\ 출력}{2차\ 입력} \times 100 = \frac{P}{P_2} \times 100 = \frac{P_2(1-s)}{P_2} \times 100 [\%]$$

$$= \frac{N}{N_s} \times 100 = (1-s) \times 100 [\%]$$

P : 출력, P_2 : 2차 입력, P_{c2} : 2차 동손, s : 슬립, N : 회전자 속도, N_s : 동기속도, 고정자 속도

3 유도전동기의 기동 및 제동

1) 기동

① 기동 전류 $I_{1s} = \dfrac{V_1}{\sqrt{(r_1 + r_2')^2 + (x_1 + x_2')^2}}$ [A]

② 기동 토크 $T_{st} = \dfrac{P}{2\pi f} \cdot \dfrac{m_1 V_1^2 r_2'}{(r_1 + r_2')^2 + (x_1 + x_2')^2}$ [N·m]

③ 농형 유도 전동기의 기동법
- 전전압 기동법
- Y-△ 기동법
- 변연장 △결선법
- 기동 보상기법
- 콘도르파법

④ 권선형 유도 전동기의 기동법
- 기동 저항기법
- 게르게스법

2) 제동

① 회생 제동 ② 발전 제동 ③ 역상 제동 ④ 단상 제동

4 유도전동기의 속도제어 (속도, 토크 및 출력)

1) 농형 유도 전동기 속도제어법
- 주파수 변환법
- 극수 변환법
- 전원 전압 제어법

2) 권선형 유도 전동기 속도제어법
- 2차 저항법
- 2차 여자법

3) 2차 여자법

2차 주파수 sf와 같은 주파수 전압을 발생시켜 슬립링을 통하여 회전자 권선에 공급하

여 s를 변화시키는 방법이다. 즉, 2차 회전자에 슬립주파수 전압을 공급하여 속도제어 하는 방법을 말한다.

4) 종속 접속법

직렬 종속법 : $N = \dfrac{120f}{p_1 + p_2}$ [rpm]

차동 종속법 : $N = \dfrac{120f}{p_1 - p_2}$ [rpm]

병렬 종속법 : $N = \dfrac{2 \times 120f}{p_1 + p_2}$ [rpm]

> $p_1 : M_1$의 극수, $p_2 : M_2$의 극수

5) 토크와 동기와트

① 토크 $\tau = K_0 \dfrac{sE_2^2 r_2}{r_2^2 + (sx_2)^2} = K_0 \dfrac{sE_2^2 r_2}{Z_{2s}^2}$ [N·m]

> s : 슬립, E_2 : 2차 전압, r_2 : 2차 저항, x_2 : 2차 리액턴스, K_0 : 비례상수

② 동기 와트

$$\tau = \dfrac{P}{\omega} = \dfrac{P}{2\pi n} = \dfrac{(1-s)P_2}{2\pi(1-s)n_s} = \dfrac{P_2}{2\pi n_s} = \dfrac{P_2}{\omega_s} [\text{N·m}]$$

$$= \dfrac{60}{2\pi} \cdot \dfrac{P_2}{N_s} [\text{N·m}] = \dfrac{1}{9.8} \cdot \dfrac{60}{2\pi} \cdot \dfrac{P_2}{N_s} [\text{kg·m}]$$

$$= 0.975 \dfrac{P_2}{N_s} [\text{kg·m}] = 0.975 \dfrac{P}{N} [\text{kg·m}]$$

> P : 출력, P_2 : 2차 입력, P_{c2} : 2차 동손, s : 슬립, N : 회전자 속도, N_s : 동기속도, 고정자 속도

5 특수 농형 유도 전동기

① 2중 농형 유도 전동기 : 2중 농형으로 되어 있는 농형 권선 중 바깥쪽 도체에는 황동 또는 구리, 니켈 합금과 같은 특수 합금, 즉 저항이 높은 도체가 사용되고, 안쪽의 도체에는 저항이 낮은 전기 동이 사용된다.
② 디프 슬롯 농형 유도 전동기
③ 셀신 전동기

6 특수 유도기

① 유도 발전기 : 유도 발전기의 특징은 다음과 같다.
- 농형 회전자를 사용할 수 있으므로 구조가 간단하고 가격이 싸다.
- 동기화할 필요가 없다.
- 선로에 단락이 생기면 여자가 없어지므로 동기 발전기에 비해 단락 전류가 적고, 접속 시간이 짧다.
- 동기 발전기에 직류 여자기가 필요한 것과 같이 유도 발전기는 여자기로서, 동기 발전기가 필요하다.

② 타여자 유도 발전기(비동기 발전기)

③ 3상 유도 전압 조정기 : 3상 유도 전압 조정기의 2차측을 구속하고 1차측에 전압을 공급하면, 2차 권선에 기전력이 유기되는데, 2차 권선의 각상 단자를 각각 1차측의 각상 단자에 적당하게 접속하면 3상 전압을 조정할 수 있다.
- 정격출력 : $P = \sqrt{3}\,E_2 I_2 \times 10^{-3}\,[\text{kVA}]$
- 전압조정 : $\sqrt{3}\,(E_1 \pm E_2)$

④ 유도 주파수 변환기
- 정비 주파수 변환기(유도 동기 주파수 변환기)
- 가변비 주파수 변환기(동기 비동기 주파수, 유도 비동기 주파수 변화)
- 가감 주파수 변환기(동기 비동기 주파수 변환기, 유도 비동기 주파수 변환기)

7 단상 유도 전동기

① 종류
- 분상 기동형(저항 분상, 리액터 분상, 콘덴서 분상)
- 반발 기동형
- 반발 유도형
- 셰이딩 코일형
- 모노사이클릭 기동형

② 분상 기동형 : 단상 전동기에 보조 권선(기동 권선)을 설치하여 단상 전원에 주권선(운동권선)과 보조 권선에 위상이 다른 전류를 흘려서 불평형 2상 전동기로서 기동하는 방법이다.

③ 반발 기동형 : 기동시에 반발 전동기로서 기동하고 기동 후 원심력 개폐기로 정류자를 자동적으로 단락하여 농형 회전자로 하는 방법이다.

④ 반발 유도형 : 농형 권선과 반발형 전동기 권선을 가져서 운전중 그대로 사용한다. 반발 기동형과 비교하면 기동 토크는 반발 유도형이 작지만, 최대 토크는 크고 부하에 의한 속도의 변화는 반발 기동형보다 크다.

⑤ 셰이딩 코일형 : 돌극형 자극의 고정자와 농형 회전자로 구성된 전동기로 자극에 슬롯을 만들어서 단락된 셰이딩 코일을 끼워 넣은 것이다. 구조가 간단하나 기동 토크가 매우 작고 효율과 역률이 떨어지며, 회전 방향을 바꿀 수 없는 큰 결점이 있다.

⑥ 모노사이클릭 기동형 : 3상 농형 전동기의 3상 권선에 저항과 리액턴스를 적당하게 접속하고 단상 전원에 접속하여 불평형 3상 교류를 각 권선에 흘려서 기동하는 방법이다.

8 유도 전동기의 시험

① 저항 측정　② 2차 전압 측정　③ 무부하 시험
④ 구속 시험　⑤ 저주파 구속 시험　⑥ 특성 산정
⑦ 무부 시험　⑧ 온도 시험　⑨ 절연 내력 시험
⑩ 슬립 측정(직류 밀리볼트계법, 수화기법, 스트로보스코프법)

9 유도 전동기의 원선도

유도 전동기의 1차 부하 전류의 벡터의 자취가 항상 반 원주 위에 있는 것을 이용하여, 간이 등가 회로의 해석에 이용한 것을 헤일랜드 원선도라 한다.

- 원선도에서 구할 수 없는 것 : 기계적 출력과 기계적 손실
- 원선도 구하는데 필요한 시험 : 저항측정, 무부하 시험, 구속 시험

04 필수유형 및 과년도문제

필수 01 ★★★★★ 유도전동기의 구조 및 원리

회전자가 슬립 s로 회전하고 있을 때 고정자, 회전자의 실효 권수비를 α라 하면, 고정자 기전력 E_1과 회전자 기전력 E_2와의 비는?

① $\dfrac{\alpha}{s}$ ② $s\alpha$ ③ $(1-s)\alpha$ ④ $\dfrac{\alpha}{1-s}$

유형분석 유기 기전력, 권수비, 슬립계산 등이 출제된다.

풀이 정지시 : $\dfrac{E_1}{E_2}=\alpha$ ∴ $E_2=\dfrac{E_1}{\alpha}$

운전시 : $E_{2s}=sE_2=\dfrac{sE_1}{\alpha}$ ∴ $\dfrac{E_1}{E_{2s}}=\dfrac{E_1}{sE_1/\alpha}=\dfrac{\alpha}{s}$

답 ①

Key point

① 동기 속도 : $N_s=\dfrac{120f}{p}$ [rpm] ② 슬립 : $s=\dfrac{N_s-N}{N_s}$

③ 유기 기전력 : $E=4.44fwK_{w1}\Phi$ [V] ④ 1차, 2차 권수비 : $\dfrac{w_1K_{w1}}{w_2K_{w2}}=\dfrac{E_1}{E_2}=a$

⑤ 2차 전류와 2차 역률

- $I_2=\dfrac{E_{2s}}{Z_{2s}}=\dfrac{sE_2}{\sqrt{r_2^2+(sx_2)^2}}=\dfrac{E_2}{\sqrt{\left(\dfrac{r_2}{s}\right)^2+x_2^2}}$ [A]

- $\cos\theta_2=\dfrac{r_2}{\sqrt{r_2^2+(sx_2)^2}}$, $\theta=\tan^{-1}\dfrac{sx_2}{r_2}$

문제 01 ★★★★

그림에서 고정자가 매초 50 회전하고, 회전자가 45 회전하고 있을 때 회전자의 도체에 유기되는 기전력의 주파수[Hz]는?

① $f=45$
② $f=95$
③ $f=5$
④ $f=50$

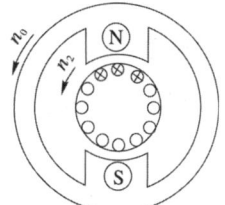

$n_0=50$ [rps]
$n_2=45$ [rps]

풀이
$$s = \frac{n_0 - n_2}{n_0} = \frac{50-45}{50} = 0.1$$
$$\therefore f_2 = sf_1 = 0.1 \times 50 = 5[\text{Hz}]$$

답 ③

문제 02 ★★★ 3상 유도 전동기의 회전 방향은 이 전동기에서 발생되는 회전 자계의 회전 방향과 어떤 관계가 있는가?

① 아무 관계도 없다.
② 회전 자계의 회전 방향으로 회전한다.
③ 회전 자계의 반대 방향으로 회전한다.
④ 부하 조건에 따라 정해진다.

풀이 자계의 발생이 없으면 회전력은 생기지 않으므로 UVW의 대칭 3상 권선에 3상 교류 전압을 공급하며 회전 자계가 발생하고, 회전자는 회전 자계 방향으로 회전한다.

답 ②

문제 03 ★★★★ 50[Hz], 슬립 0.2인 경우의 회전자 속도가 600[rpm]일 때에 3상 유도 전동기의 극수는?

① 16 ② 12 ③ 8 ④ 4

풀이 $N = (1-s)N_s$ 에서 $N_s = \frac{N}{1-s} = \frac{600}{1-0.2} = 750[\text{rpm}]$

$$\therefore p = \frac{120f}{N_s} = \frac{120 \times 50}{750} = 8[\text{극}]$$

답 ③

문제 04 ★★★ 6극 60[Hz], 200[V], 7.5[kW]의 3상 유도 전동기가 960[rpm]으로 회전하고 있을 때 회전자 전류의 주파수[Hz]는?

① 8 ② 10 ③ 12 ④ 14

풀이
$$N_s = \frac{120f}{P} = \frac{120 \times 60}{6} = 1200[\text{rpm}]$$
$$s = \frac{N_s - N}{N_s} = \frac{1200 - 960}{1200} = 0.2$$
$$\therefore f_2 = sf_1 = 0.2 \times 60 = 12[\text{Hz}]$$

답 ③

04. 유도기

필수 02 ★★ 유도전동기의 등가회로 및 특성

3상 유도 전동기의 회전자 입력 P_2, 슬립 s이면 2차 동손은?

① $(1-s)P_2$　　② P_2/s　　③ $(1-s)P_2/s$　　④ sP_2

유형분석 전력의 변환에 관한 문제가 출제된다.

풀이 $P_2 = I_2^2 \cdot \dfrac{r_2}{s} = \dfrac{P_c}{s}$　∴ $s = \dfrac{P_c}{P_2}$ 또는 $P_c = sP_2$

답 ④

Key point

전력의 변환

- 2차 입력 : $P_2 = m_2 E_2 I_2 \cos\theta_2 [\text{W}]$
- 2차 저항손 : $P_{c2} = sP_2 = \dfrac{(N_s - N)}{N_s} P_2 [\text{W}]$
- 기계적 출력 : $P = P_2 - P_{c2} = P_2 - sP_2 = (1-s)P_2 = \dfrac{N}{N_s} P_2 [\text{W}]$
- ∴ (2차 입력) : (2차 저항손) : (기계적 출력) $= P_2 : P_{c2} : P = P_2 : sP_2 : (1-s)P_2$
  $= 1 : s : (1-s)$

문제 05 ★

15[kW], 60[Hz], 4극의 3상 유도 전동기가 있다. 전부하가 걸렸을 때의 슬립이 4[%]라면, 이 때의 2차(회전자) 측 동손 및 2차 입력은?

① 0.4[kW], 136[kW]　　② 0.62[kW], 15.6[kW]
③ 0.06[kW], 156[kW]　　④ 0.8[kW], 13.6[kW]

풀이 $P_0 = (1-s)P_2$에서 $P_2 = \dfrac{P}{1-s} = \dfrac{15}{1-0.04} = 15.625 [\text{kW}]$

$P_{c2} = sP_2 = 0.04 \times 15.625 = 0.625 [\text{kW}]$

답 ②

문제 06 ★★★★★

3000[V], 60[Hz], 8극, 100[kW]의 3상 유도 전동기가 있다. 전부하에서 2차 동손이 3.0[kW], 기계손이 2.0[kW]라고 한다. 전부하 회전수[rpm]를 구하면?

① 674　　② 774　　③ 874　　④ 974

풀이 $P_2 = P + P_m + P_{c2} = 100 + 2.0 + 3.0 = 105 [\text{kW}]$

$s = \dfrac{P_{c2}}{P_2} = \dfrac{3.0}{105} = \dfrac{1}{35}$

∴ $N = (1-s)N_s = \left(1 - \dfrac{1}{35}\right) \times \dfrac{120 \times 60}{8} = 874 [\text{rpm}]$

답 ③

문제 07 ★★☆
동기 각속도 ω_0, 회전자 각속도 ω인 유도 전동기의 2차 효율은?

① $\dfrac{\omega_0 - \omega}{\omega}$ ② $\dfrac{\omega_0 - \omega}{\omega_0}$ ③ $\dfrac{\omega_0}{\omega}$ ④ $\dfrac{\omega}{\omega_0}$

풀이 $\eta_2 = \dfrac{P}{P_2} = \dfrac{(1-s)P_2}{P_2} = \dfrac{n}{n_0} = \dfrac{\omega}{\omega_0}$

답 ④

문제 08 ★
3상 유도기에서 출력의 변환식이 맞는 것은?

① $P_0 = P_2 - P_{2c} = P_2 - sP_2 = \dfrac{N}{N_s} P_2 = (1-s)P_2$

② $P_0 = P_2 + P_{2c} = P_2 + sP_2 = \dfrac{N_s}{N} P_2 = (1+s)P_2$

③ $P_0 = P_2 + P_{2c} = \dfrac{N}{N_s} P_2 = (1-s)P_2$

④ $(1-s)P_2 = \dfrac{N}{N_s} P_2 = P_0 - P_{2c} = P_0 - sP_2$

풀이 $P_{2c} = sP_2$
$P_0 = P_2 - P_{2c} = P_2 - sP_2 = P_2(1-s) = P_2\left[1 - \left(\dfrac{N_s - N}{N_s}\right)\right] = P_2 \cdot \dfrac{N}{N_s}$

답 ①

필수 03 ★★★☆
유도전동기의 기동 및 제동

농형 유도 전동기의 기동에 있어 다음 중 옳지 않은 방법은?
① Y-△ 기동   ② 2차 저항에 의한 기동
③ 전 전압 기동   ④ 단권 변압기에 의한 기동

유형분석 농형 유도전동기와 권선형 유도전동기의 기동법, 속도제어법 등이 출제된다.

풀이 2차 저항에 의한 기동법은 권선형 유도 전동기의 기동법이다.

답 ②

Key point

① 농형 유도 전동기의 기동법
  • 전전압 기동법   • Y-△ 기동법   • 변연장 △결선법   • 기동 보상기법   • 콘도르파법
② 권선형 유도 전동기의 기동법
  • 기동 저항기법   • 게르게스법

문제 09. 유도 전동기의 기동 계급은?

① 16종   ② 19종   ③ 23종   ④ 26종

풀이 알파벳 26자 중 I, O, Q, W, X, Y, Z의 7자를 제외한 19종

답 ②

필수 04. 유도전동기의 속도제어(속도, 토크 및 출력)

60[Hz]인 3상 8극 및 2극의 유도 전동기를 차동 종속으로 접속하여 운전할 때의 무부하 속도[rpm]는?

① 3600   ② 1200   ③ 900   ④ 720

유형분석 속도제어법의 종류, 2차여자법, 종속법, 동기와트 계산 등이 출제된다.

풀이
직렬 종속 $N = \dfrac{2f}{p_1 + p_2}$ [rps] $= \dfrac{120f}{p_1 + p_2}$ [rpm]

차동 종속 $N = \dfrac{120f}{p_1 - p_2} = \dfrac{120 \times 60}{8 - 2} = 1200$ [rpm]

답 ②

Key point

(1) 2차 여자법

 2차 주파수 sf와 같은 주파수 전압을 발생시켜 슬립링을 통하여 회전자 권선에 공급하여 s를 변화시키는 방법이다. 즉, 2차 회전자에 슬립주파수 전압을 공급하여 속도제어하는 방법을 말한다.

(2) 종속 접속법

- 직렬 종속법 : $N = \dfrac{120f}{p_1 + p_2}$ [rpm]
- 차동 종속법 : $N = \dfrac{120f}{p_1 - p_2}$ [rpm]
- 병렬 종속법 : $N = \dfrac{2 \times 120f}{p_1 + p_2}$ [rpm]

(3) 토크와 동기와트

① 토크 $\tau = K_0 \dfrac{sE_2^2 r_2}{r_2^2 + (sx_2)^2} = K_0 \dfrac{sE_2^2 r_2}{Z_{2s}^2}$ [N·m]

② 동기 와트 $\tau = 0.975 \dfrac{P_2}{N_s}$ [kg·m] $= 0.975 \dfrac{P}{N}$ [kg·m]

문제 10. 소형 선풍기용 전동기의 속도 조정은?

① 전압 조정   ② 극수 변환
③ 주파수 조정   ④ 2차 저항 가감

답 ①

문제 11 ★★ 다음 중 농형 유도 전동기에 주로 사용되는 속도 제어법은?

① 저항 제어법　　　　　　　　② 2차 여자법
③ 종속 접속법(concatenation)　　④ 극수 변환법

풀이 농형 유도 전동기의 속도 제어법
① 주파수를 바꾸는 방법　② 극수를 바꾸는 방법　③ 전원전압을 바꾸는 방법이 있다.
답 ④

문제 12 ★★★★★ 인견 공업에 쓰여지는 포트 모터(pot motor)의 속도 제어는?

① 주파수 변화에 의한 제어　　② 극수 변환에 의한 제어
③ 1차 회전에 의한 제어　　　　④ 저항에 의한 제어

풀이 주파수 변환기 또는 전용 발전기를 구동하는 전동기의 속도를 조정하여 포트 모터의 전원 주파수를 변환한다.
답 ①

문제 13 ★ 다음 ( )에 알맞은 말을 보기에서 골라 순서대로 쓰시오.

"인견용 포트 모터 운전의 (㉠)에는 유도 주파수 변환기가 사용된다. 이 경우 50[Hz]로부터 160[Hz]를 얻으려면 8극으로 하고 회전자를 회전 자계와 (㉡)로 (㉢)[rpm]으로 회전하면 된다."

| 보기 | a) 1320 | b) 3200 | c) 전원 | d) 시점 | e) 직교 | f) 반대 |

① d e b　　　② c e a　　　③ d f b　　　④ c f a
답 ④

문제 14 ★★★★★ 3상 유도 전동기의 전압이 10[%] 낮아졌을 때 기동 토크는 약 몇 [%] 감소하는가?

① 5　　② 10　　③ 20　　④ 30

풀이 기동 토크는 전압의 2승에 비례하므로 토크는 $(1-0.1)^2 = 0.81$로 저하한다.
따라서 $1-0.81 ≒ 0.2$, 즉 20[%] 감소한다.
답 ③

문제 15 ★★★☆ 극수 p인 3상 유도 전동기가 주파수 f[Hz], 슬립 s, 토크 T[N·m]로 회전하고 있을 때 기계적 출력[W]은?

① $T \cdot \dfrac{4\pi f}{p}(1-s)$　　　　② $T \cdot \dfrac{4pf}{\pi}(1-s)$

③ $T \cdot \dfrac{4\pi f}{p}s$　　　　　　④ $T \cdot \dfrac{\pi f}{2p}(1-s)$

풀이
$P = T\omega$
$n = \dfrac{2f}{p}(1-s)$ [rps] (여기서, p는 극수)
$\omega = 2\pi n = \dfrac{4\pi f}{p}(1-s)$ [rad/s]
$\therefore P = T\omega = T \cdot \dfrac{4\pi f}{p}(1-s)$ [W]

답 ①

문제 16 ★★★★★
20[HP], 4극 60[Hz]인 3상 유도 전동기가 있다. 전부하 슬립이 4[%]이다. 전부하시의 토크[kg·m]는? 단, 1[HP]은 746[W]이다.

① 8.41 ② 9.41 ③ 10.41 ④ 11.41

풀이
$N_s = \dfrac{120f}{p} = \dfrac{120 \times 60}{4} = 1800$ [rpm]
$N = (1-s)N_s = (1-0.04) \times 1800 = 1728$ [rpm]
$P = 20 \times 746 = 14920$ [W]
$\therefore T = 0.975 \times \dfrac{P}{N} = 0.975 \times \dfrac{14920}{1728} = 8.41$ [kg·m]

답 ①

문제 17 ★★★
전동기 축의 벨트 축 지름이 28[cm], 1140[rpm]에서 20[kW]를 전달하고 있다. 벨트에 작용하는 힘[kg]은?

① 약 234 ② 약 212 ③ 약 168 ④ 약 122

풀이 전동기의 발생 토크 T는
$T = 0.975 \times \dfrac{P}{N} = 0.975 \times \dfrac{20 \times 10^3}{1140} = 17.11$ [kg·m]
벨트에 작용하는 힘은
$\therefore F = \dfrac{T}{r} = \dfrac{17.11}{0.14} = 122.2$ [kg]

답 ④

문제 18 ★★★★
권선형 유도 전동기에서 2차 저항을 변화시켜 속도를 제어하는 경우 최대 토크는?
① 최대 토크가 생기는 점의 슬립에 비례한다.
② 최대 토크가 생기는 점의 슬립에 반비례한다.
③ 2차 저항에만 비례한다.
④ 항상 일정하다.

풀이 3상 유도 전동기의 최대 토크의 크기는 항상 일정하고 다만 최대 토크가 발생하는 슬립점이 2차 회로의 저항에 비례해서 이동할 뿐이다.

답 ④

05 ★★★★★
특수 농형 유도전동기

권선형 유도 전동기와 직류 분권 전동기와의 유사한 점 두 가지는?
① 정류자가 있다. 저항으로 속도 조정이 된다.
② 속도 변동률이 작다. 저항으로 속도 조정이 된다.
③ 속도 변동률이 작다. 토크가 전류에 비례한다.
④ 속도가 가변, 기동 토크가 기동 전류에 비례한다.

 유형분석 2중 농형, 서보 전동기에 관한 문제가 출제된다.

풀 이 속도 변동이 작으며, 저항으로 속도조정이 가능하다. **답** ②

Key point

2중 농형 유도 전동기 : 2중 농형으로 되어 있는 농형 권선 중 바깥쪽 도체에는 황동 또는 구리, 니켈 합금과 같은 특수 합금, 즉 저항이 높은 도체가 사용되고, 안쪽의 도체에는 저항이 낮은 전기 동이 사용된다.

문제 19 ★★★ 3상 서보 모터에 평형 2상 전압을 가하여 동작시킬 때의 속도-토크 특성 곡선에서 최대 토크가 발생하는 슬립 s는?
① $0.05 < s < 0.2$
② $0.2 < s < 0.8$
③ $0.8 < s < 1$
④ $1 < s < 2$

답 ②

06 ★★
특수 유도기

3상 유도 전압 조정기의 동작 원리는?
① 회전 자계에 의한 유도 작용을 이용하여 2차 전압의 위상 전압의 조정에 따라 변화한다.
② 교번 자계의 전자 유도 작용을 이용한다.
③ 충전된 두 물체 사이에 작용하는 힘
④ 두 전류 사이에 작용하는 힘

유형분석 3상 유도 전압 조정기에 관한 문제가 출제된다.

풀 이 3상 유도 전압 조정기의 2차측을 구속하고 1차측에 전압을 공급하면, 2차 권선에 기전력이 유기되는데, 2차 권선의 각상 단자를 각각 1차측의 각상 단자에 적당하게 접속하면 3상 전압을 조정할 수 있다. **답** ①

Key point

3상 유도 전압 조정기

3상 유도 전압 조정기의 2차측을 구속하고 1차측에 전압을 공급하면, 2차 권선에 기전력이 유기되는데, 2차 권선의 각상 단자를 각각 1차측의 각상 단자에 적당하게 접속하면 3상 전압을 조정할 수 있다.
- 정격출력 : $P = \sqrt{3}\, E_2 I_2 \times 10^{-3}$ [kVA]
- 전압조정 : $\sqrt{3}\,(E_1 \pm E_2)$

문제 20 ★★ 비동기 발전기의 이점이 아닌 것은?

① 동기 속도 이외의 임의의 속도로 운전할 수 있다.
② 동기 탈조의 현상이 없어 안정하다.
③ 선로 전압으로 여자되기 때문에 선로 단락의 경우에는 여자가 없어지므로 단락 전류는 감소한다.
④ 기동 운전이 동기기에 비해서 복잡하다.

풀이 비동기 발전기의 장점은 ①, ②, ③ 이외에 기동, 운전이 동기기에 비하여 비교적 간단하다. 단점으로는 여자 회로의 리액턴스가 주파수 변환의 영향을 받아서 여자의 크기에 변동을 발생하고 불안정하다는 점이다.

답 ④

문제 21 ★☆ 분로 권선 및 직렬 권선 1상에 유도되는 기전력을 각각 E_1, E_2[V]라 할 때 회전자를 0°에서 180°까지 돌릴 때 3상 유도 전압 조정기 출력측 선간 전압의 조정 범위는?

① $(E_1 \pm E_2)/\sqrt{3}$
② $\sqrt{3}\,(E_1 \pm E_2)$
③ $\sqrt{3}\,(E_1 - E_2)$
④ $\sqrt{3}\,(E_1 + E_2)$

풀이 출력 회로의 선간 전압을 $\sqrt{3}\,(E_1 \pm E_2)$의 범위에 걸쳐 연속적으로 조정할 수가 있다.

답 ②

문제 22 ★★★★★ 선로 용량 6600[kVA]의 회로에 사용하는 6600±660[V]의 3상 유도 전압 조정기의 정격 용량[kVA]은 얼마인가?

① 300 ② 600 ③ 900 ④ 1200

풀이 정격 용량을 P라 하면 $P = \sqrt{3}\, E_2 I_2 \times 10^{-3}$ [kVA]이므로

$$\therefore P = \sqrt{3} \times 660 \times \frac{6600 \times 10^3}{\sqrt{3}\,(6600 + 660)} \times 10^{-3}$$

$$= 6600 \times \frac{660}{6600 + 660} = 6600 \times \frac{660}{7260} = 600 \text{[kVA]}$$

답 ②

문제 23 ★★★★★

단상 유도 전압 조정기의 1차 전압 100[V], 2차 100 ± 30[V], 2차 전류는 50[A]이다. 이 조정 정격은 몇 [kVA]인가?

① 1.5 ② 3.5 ③ 15 ④ 50

풀이 단상 유도 전압 조정기의 용량은

$$P = 부하용량 \times \frac{승압 전압}{고압측 전압} = 130 \times 50 \times \frac{30}{130} \times 10^{-3} = 1.5 [kVA]$$

답 ①

문제 24 ★

다음 술어 중 유도 전압 조정기와 관련이 없는 것은? 단, 유도 전압 조정기는 단상, 3상 모두를 말한다.

① 위상의 연속 변화
② 분로 권선
③ 유도 전압은 $V_s = V_{sm}\sin\theta$
④ 직렬 권선

풀이 유도 전압은 $V_s = V_{sm}\cos\theta$

답 ③

필수 07 ★★ 단상 유도전동기

단상 유도 전동기의 특성은 다음과 같다. 틀린 것은?

① 무부하에서 완전히 동기 속도로 되지 않고 조금 슬립이 있다.
② 동기 속도에서는 토크가 부(−)로 된다.
③ 슬립이 1일 때 토크가 영, 즉 기동 토크가 없다.
④ 2차 저항을 바꾸어도 최대 토크에는 변화가 없다.

유형분석 단상 유도전동기의 종류, 토크의 크기의 순서, 특징 등이 출제된다.

풀이 최대 토크 $T_m = K_0 \dfrac{E_2^{\,2}}{2x_2}$ [N·m]

① 3상 유도 전동기 : 2차 저항의 크기를 변화시키면 최대 토크의 크기는 변하지 않으나 최대 토크를 발생하는 슬립점이 2차 회로의 저항에 비례하여 이동한다.
② 단상 유도 전동기 : 2차 저항의 크기를 변화시키면 최대 토크를 발생하는 슬립점 뿐만 아니라 최대 토크의 크기까지 변화한다.

답 ④

Key point

토크 크기의 순서
반발 기동형 − 콘덴서 기동형 − 분상 기동형 − 셰이딩 코일형

문제 25 단상 유도 전동기의 기동 방법 중 가장 기동 토크가 작은 것은 어느 것인가?

① 반발 기동형
② 반발 유도형
③ 콘덴서 분상형
④ 분상 기동형

풀이 기동 토크는 ① - ② - ③ - ④의 순이다. **답** ④

문제 26 저항 분상 기동형 단상 유도 전동기의 기동 권선의 저항 R 및 리액턴스 X 의 주권선에 대한 대소 관계는?

① R : 대, X : 대
② R : 대, X : 소
③ R : 소, X : 대
④ R : 소, X : 소

풀이 기동 권선에 흐르는 전류의 위상을 주권선에 흐르는 전류의 위상보다 앞서게 하기 위하여 저항은 크고 리액턴스는 작게 하여야 한다. **답** ②

08 유도전동기의 시험

유도 전동기의 슬립(slip)을 측정하려고 한다. 다음 중 슬립의 측정법은 어느 것인가?

① 직류 밀리볼트계법
② 동력계법
③ 보조 발전기법
④ 프로니 브레이크법

유형분석 슬립 측정방법, 토크 측정방법 등이 출제된다.

풀이 슬립 측정 방법 : ① DC 밀리볼트계법 ② 수화기법 ③ 스트로보스코프법 **답** ①

Key point

슬립 측정 방법 : ① DC 밀리볼트계법 ② 수화기법 ③ 스트로보스코프법

문제 27 교류 타코메터(AC tachometer)의 제어 권선전압 $e(t)$와 회전각 θ의 관계는?

① $\theta \propto e(t)$
② $\dfrac{d\theta}{dt} \propto e(t)$
③ $\theta \cdot e(t) = $ 일정
④ $\dfrac{d\theta}{dt} \cdot e1(t) = $ 일정

풀이 제어 권선전압은 회전각 속도에 비례한다.
∴ $e(t) \propto \dfrac{d\theta}{dt}$ **답** ②

문제 28 ★★

6극 30[kW], 380[V], 60[Hz]의 정격을 가진 어떤 3상 유도 전동기의 구속 시험 결과 선간 전압 50[V] 선전류 60[A], 3상 입력 2.5[kW]이고 또, 단자간의 직류 저항은 0.18[Ω]이었다. 이 전동기를 정격 전압으로 기동하는 경우 기동 토크[kg·m]는?

① 약 72   ② 약 117   ③ 약 702   ④ 약 1149

풀이 동기 각속도를 ω_s[rad/s], 기동 시의 2차 입력을 P_2[W]라 하면 기동 토크 T_s는
$T_s = P_2/9.8\omega_s$, $\omega_0 = 2\pi \times 60/3 = 40\pi$
전력은 전압의 제곱에 비례하고, 2차 입력 P_2는 $P_2 = P_1 - 3I_1^2 r_1$이므로
$P_2 = (V_1/V_s)^2 \cdot (P_s - 3I_s^2 r_1)$
$= (380/50)^2 \cdot (2.5 \times 10^3 - 3 \times 60^2 \times 0.18/2)$
$= 88,257.3$[W]
$\therefore T_s = \dfrac{P_2}{9.8 \times 2\pi \times \dfrac{N_s}{60}} = 0.975 \dfrac{P_2}{N_s} = 0.975 \times \dfrac{88,257.3}{1200}$
$= 71.71$[kg·m] $\fallingdotseq 72$[kg·m]   **답 ①**

필수 09 ★★★★★ 유도전동기의 원선도

3상 유도 전동기의 원선도를 그리는 데 옳지 않은 시험은?
① 저항 측정   ② 무부하 시험   ③ 구속 시험   ④ 슬립 측정

유형분석 원선도 반지름, 원선도에서 구할 수 없는 것, 원선도 작성에 필요한 시험 등이 출제된다.

풀 이 원선도 작성에 필요한 시험은 변압기 특성 시험과 같으며,
① 저항 측정 ② 무부하 시험 ③ 구속 시험이 있다.   **답 ④**

Key point
- 원선도에서 구할 수 없는 것 : 기계적 출력과 기계적 손실
- 원선도 구하는 데 필요한 시험 : 저항측정, 무부하 시험, 구속 시험

문제 29 ★★★

유도 전동기 원선도에서 원의 지름은? 단, E를 1차 전압, r는 1차로 환산한 저항, x를 1차로 환산한 누설 리액턴스라 한다.

① rE에 비례   ② rxE에 비례
③ $\dfrac{E}{r}$에 비례   ④ $\dfrac{E}{x}$에 비례

풀이 유도 전동기는 일정값의 리액턴스와 부하에 의하여 변하는 저항(r_2'/s)의 직렬 회로라고 생각되므로 부하에 의하여 변화하는 전류 벡터의 궤적, 즉 원선도의 지름은 전압에 비례하고 리액턴스에 반비례한다.   **답 ④**

문제 30 ★★★ 다음은 3상 유도 전동기 원선도이다. 역률[%]은 얼마인가?

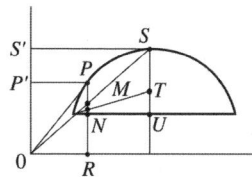

① $\dfrac{OS'}{OS}\times 100$ ② $\dfrac{SS'}{OS}\times 100$ ③ $\dfrac{OP'}{OP}\times 100$ ④ $\dfrac{OS'}{OP}\times 100$

풀이 역률 $\cos\theta_2 = \dfrac{OP'}{OP}\times 100$ 답 ③

05 출제기준 - 교류 정류자기

1 단상 정류자기

1) 상수에 의한 분류
① 단상식 : 직권 전동기, 보상 직권 전동기, 반발 전동기, 보상 반발 전동기, 분권 전동기, 반발 유도 전동기
② 3상식 : 직권 전동기, 분권 전동기, 보상 유도 전동기

2) 특성에 의한 분류
① 정류자형 저주파 발전기
② 정류자형 주파수 변환기
③ 자동 진상기

2 단상 직권 정류자 전동기

종류 : 직권 전동기, 보상 직권 전동기, 반발 전동기, 보상 반발 전동기, 분권 전동기, 반발 유도 전동기

① 계자극의 자속이 정현적으로 교번하므로 철손을 줄이기 위하여 전기자뿐만 아니라 계자 부분까지 성층 철심으로 한다.
② 전기자 및 계자 권선의 리액턴스 강하 때문에 역률에 따라서 출력이 매우 저하한다. 그러므로 계자 권선의 권수를 작게 하여 인덕턴스를 작게 한다.
③ 전기자 권선수를 크게 하면 전기자 반작용이 커지기 때문에 정류가 곤란해지고 전기자 리액턴스 강하가 커져서 역률에 따라 출력이 저하한다. 대책으로 보상 권선을 설치한다.
④ 전기자 코일과 정류자편 사이의 접속에 고저항의 도선을 사용하여 단락 전류를 제한한다.

3 단상 반발전동기 및 단상 분권전동기

① 에트킨손 전동기, 톰슨 전동기, 데리 전동기
② 교류 분권 정류자 전동기는 토크의 변화에 대한 속도의 변화가 매우 작아 분권특성의 정속도 전동기인 동시에 교류 가변속도 전동기로 널리 사용된다.

4 3상 직권 정류자 전동기

1) 중간 변압기를 사용하는 주요한 이유
① 전원 전압의 크기에 관계없이 정류에 알맞게 회전자 전압을 선택할 수 있다.
② 중간 변압기의 권수비를 바꾸어 전동기의 특성을 조정할 수 있다.
③ 직권 특성이기 때문에 경부하에서는 속도가 매우 상승하나 중간 변압기를 사용, 그 철심을 포화하도록 하면 그 속도 상승을 제한할 수 있다.

5 3상 분권 정류자 전동기

시라게 전동기는 브러시 이동으로 간단하게 속도 제어가 된다.

필수유형 및 과년도문제

필수 01 ★★★
단상 정류자기

다음은 단상 정류자 전동기에서 보상 권선과 저항 도선의 작용을 설명한 것이다. 옳지 않은 것은?

① 저항 도선은 변압기 기전력에 의한 단락 전류를 작게 한다.
② 변압기 기전력을 크게 한다.
③ 역률을 좋게 한다.
④ 전기자 반작용을 제거해 준다.

유형분석 보상권선의 용도 등이 출제된다.

풀이 저항 도선은 변압기 기전력에 의한 단락 전류를 작게 하여 정류를 좋게 하며 또한 보상 권선은 전기자 반작용을 상쇄하여 역률을 좋게 하고 변압기 기전력을 작게 해서 정류 작용을 개선한다. **답** ②

Key point

저항 도선은 변압기 기전력에 의한 단락 전류를 작게 하여 정류를 좋게 하며 또한 보상 권선은 전기자 반작용을 상쇄하여 역률을 좋게 하고 변압기 기전력을 작게 해서 정류 작용을 개선한다.

문제 01 ★★★★
단상 정류자 전동기에 보상 권선을 사용하는 가장 큰 이유는?

① 정류 개선 ② 기동 토크 조절
③ 속도 제어 ④ 역률 개선

풀이 단상 직권 전동기의 보상 권선은 직류 직권 전동기와 달리 전기자 반작용으로 생기는 필요 없는 자속을 상쇄하도록 하여, 무효 전력의 증대에 따르는 역률의 저하를 방지한다. **답** ④

필수 02 ★★★☆
단상 직권 정류자 전동기

단상 직권 정류자 전동기의 회전 속도를 높이는 이유는?

① 리액턴스 강하를 크게 한다. ② 전기자에 유도되는 역기전력을 적게 한다.
③ 역률을 개선한다. ④ 토크를 증가시킨다.

Engineer Electricity ▶▶▶
05. 교류 정류자기

유형분석 회전속도를 높이는 이유 등이 출제된다.

풀 이 단상 직권 정류자 전동기는 회전 속도에 비례하는 기전력이 전류와 동상으로 유기되어 속도가 증가할수록 역률이 개선되므로 회전속도를 증가시킨다. 답 ③

Key point

회전속도를 높이는 이유 : 속도가 증가할수록 역률이 개선된다.

문제 02 ★★★ 다음은 직권 정류자 전동기의 브러시에 의하여 단락되는 코일 내의 변압기 전압(e_t)과 리액턴스 전압(e_r)의 크기가 부하 전류의 변화에 따라 어떻게 변화하는가를 설명한 것이다. 옳은 것은?

① e_t는 I가 증가하면 감소한다.
② e_t는 I가 증가하면 증가한다.
③ e_r는 I가 증가하면 감소한다.
④ e_r는 I가 증가하면 증가한다.

풀이 변압기 전압 e_t는 자속 Φ, 즉 부하 전류 I의 증가와 함께 증가하지만 리액턴스 전압 e_r는 부하 전류 I에 관계없이 일정하다. 답 ②

필수 03 ★ 단상 반발전동기 및 단상 분권전동기

단상 정류자 전동기의 일종인 단상 반발 전동기에 해당되는 것은?
① 시라게 전동기
② 아트킨손형 전동기
③ 단상 직권 정류자 전동기
④ 반발 유도 전동기

유형분석 단상 정류자 전동기의 종류 등이 출제된다.

풀 이 단상 반발 전동기에는 아트킨손형 전동기, 톰슨 전동기, 데리 전동기가 있다. 답 ②

Key point

단상 반발 전동기의 종류 : 아트킨손형 전동기, 톰슨 전동기, 데리 전동기

필수 04 ★
3상 직권 정류자 전동기

3상 직권 정류자 전동기의 효율, 역률이 가장 좋은 속도 영역은?
① 저속, 저속
② 동기 속도, 저속
③ 저속, 동기 속도 이상
④ 동기 속도, 동기 속도 이상

 유형분석 효율, 역률이 좋은 순서, 중간 변압기의 사용 이유 등이 출제된다.

 풀 이 동기속도 이상에서 효율과 역률이 좋다. 답 ④

Key point
중간 변압기를 사용하는 주요한 이유
① 전원 전압의 크기에 관계없이 정류에 알맞게 회전자 전압을 선택할 수 있다.
② 중간 변압기의 권수비를 바꾸어 전동기의 특성을 조정할 수 있다.
③ 직권 특성이기 때문에 경부하에서는 속도가 매우 상승하나 중간 변압기를 사용, 그 철심을 포화하도록 하면 그 속도 상승을 제한할 수 있다.

필수 05 ★★★★
3상 분권 정류자 전동기

교류 분권 정류자 전동기는 다음 중 어느 때에 가장 적당한 특성을 가지고 있는가?
① 속도의 연속 가감과 정속도 운전을 아울러 요하는 경우
② 속도를 여러 단으로 변화시킬 수 있고 각 단에서 정속도 운전을 요하는 경우
③ 부하 토크에 관계없이 완전 일정 속도를 요하는 경우
④ 무부하와 전부하의 속도 변화가 적고 거의 일정 속도를 요하는 경우

 유형분석 시라게 전동기 등이 출제된다.

 풀 이 교류 분권 정류자 전동기는 토크의 변화에 대한 속도의 변화가 매우 작아 분권 특성의 정속도 전동기인 동시에 교류 가변 속도 전동기로서 널리 사용된다. 답 ①

Key point
시라게 전동기는 브러시 이동으로 간단하게 속도 제어가 된다.

06 출제기준 – 정류기

1 정류용 반도체 소자

1) 실리콘 정류기의 특성
① 역내전압이 크다.
② 전류 밀도가 크다.(게르마늄의 2~3배, 셀렌의 500~1000배)
③ 온도에 의한 영향이 작다.(최고 허용 온도 140~200[℃])
④ 효율은 가장 좋다.(99[%])
⑤ 대용량 정류기에 적합하다.

2) 종류
① SCR : 1방향성 3단자
② SSS : 2방향성 2단자
③ SCS : 1방향성 4단자
④ TRIAC : 2방향성 3단자

2 각 정류회로 및 특성

(1) 무유도 부하인 경우

1) 반파 정류

- $E_d = \dfrac{1}{2\pi}\displaystyle\int_{a}^{\pi} \sqrt{2}\,E\sin\theta \cdot d\theta = \dfrac{1+\cos\alpha}{\sqrt{2}\,\pi}E[\text{V}]$

- $I_d = \dfrac{E_d}{R} = \dfrac{1+\cos\alpha}{\sqrt{2}\,\pi} \cdot \dfrac{E}{R}[\text{A}]$

E_d : 직류 전압의 평균값, I_d : 직류 전류의 평균값, $\cos\alpha$: 격자율, $1+\cos\alpha$: 제어율

$\alpha = 0$일 때,

- $E_d = \dfrac{\sqrt{2}}{\pi} \cdot E = 0.45E[\text{V}]$

- $I_d = 0.45\dfrac{E}{R}[\text{A}]$

2) 전파 정류의 경우

- $E_d = \dfrac{\sqrt{2}\,(1+\cos\alpha)}{\pi} \cdot E\,[\text{V}]$
- $I_d = \dfrac{\sqrt{2}\,(1+\cos\alpha)}{\pi} \cdot \dfrac{E}{R}\,[\text{A}]$

$\alpha = 0$일 때,

- $E_d = \dfrac{2\sqrt{2}}{\pi}E = 0.90E$
- $I_d = 0.90\dfrac{E}{R}$

(2) 유도 부하인 경우

1) 반파 정류

- $E_d = \dfrac{1}{2\pi}\displaystyle\int_{\alpha}^{\alpha+\theta_1}\sqrt{2}\,E\sin\theta\cdot d\theta = \dfrac{\sqrt{2}\,E}{2\pi}\{\cos\alpha - \cos(\alpha+\theta_1)\}\,[\text{V}]$
- $I_d = \dfrac{E_d}{R} = \dfrac{\sqrt{2}}{2\pi}\cdot\dfrac{E}{R}\{\cos\alpha - \cos(\alpha+\theta_1)\}\,[\text{A}]$

2) 전파 정류(유도 부하인 경우)

- 부하 전류가 단속하는 경우

$E_d = \dfrac{\sqrt{2}\,E}{\pi}\{\cos\alpha - \cos(\alpha+\theta_1)\}\,[\text{V}]$

$I_d = \dfrac{\sqrt{2}}{\pi}\cdot\dfrac{E}{R}\{\cos\alpha - \cos(\alpha+\theta_1)\}\,[\text{A}]$

- 부하 전류가 연속하는 경우

$E_d = \dfrac{1}{\pi}\displaystyle\int_{\alpha}^{\pi+\alpha}\sqrt{2}\,E\sin\theta\cdot d\theta = \dfrac{2\sqrt{2}}{\pi}E\cdot\cos\alpha\,[\text{V}]$

$I_d = \dfrac{E_d}{R} = \dfrac{2\sqrt{2}}{\pi}\cdot\dfrac{E}{R}\cdot\cos\alpha\,[\text{A}]$

3 제어 정류기(컨버터) 및 회전 변류기, 수은 정류기

1) 회전 변류기

① 전압비 : $\dfrac{E_l}{E_d} = \dfrac{1}{\sqrt{2}}\sin\dfrac{\pi}{m}$ E_l : 슬립 링 사이의 전압[V], E_d : 직류 전압[V]

② 전류비 : $\dfrac{I_l}{I_d} = \dfrac{2\sqrt{2}}{m\cos\theta}$ I_l : 교류측 선전류[A], I_d : 직류측 전류[A]

③ 회전 변류기의 기동
- 교류측 기동법
- 기동 전동기에 의한 기동법
- 직류측 기동법

④ 회전 변류기의 전압 조정법
- 직렬 리액턴스에 의한 방법
- 유도 전압 조정기를 사용하는 방법
- 부하시 전압 조정 변압기를 사용하는 방법
- 동기 승압기에 의한 방법

2) 수은 정류기

① 아크 전압 강하
- 음극 강하 : 약 10[V] 정도
- 양극 강하 : 약 4~7[V] 정도
- 양광주 강하 : 약 0.05~0.3[V/cm]×아크 길이

이상의 3가지 강하를 합한 아크 전압은 16~30[V] 정도이다.

② 역호의 발생 원인
- 내부 잔존 가스 압력의 상승
- 화성 불충분
- 양극의 수은 방울의 부착
- 양극 표면의 불순물의 부착
- 양극 재료의 불량
- 전류, 전압의 과대
- 증기 밀도의 과대

③ 역호의 방지 방법
- 정류기를 과부하로 되지 않도록 할 것.
- 냉각 장치에 주의하여 과열, 과냉을 피할 것.
- 진공도를 충분히 높게 할 것.
- 양극 재료의 선택에 주의할 것.
- 양극에 직접 수은 증기가 접촉되지 않도록 양극부의 유리를 구부린다.
- 철제 수은 정류자에서는 그리드를 설치하고 이것을 부전위하여 역호를 저지시킨다.

필수유형 및 과년도문제

필수 01 ★★★ 정류용 반도체 소자

다음 사이리스터 중 3단자 사이리스터가 아닌 것은?
① SCR ② GTO ③ TRIAC ④ SCS

유형분석 정류회로소자의 종류와 특성 등이 출제된다.

풀 이 각 종 반도체 소자의 비교
① 방향성
  - 양방향성(쌍방향성) 소자 : DIAC, TRIAC, SSS
  - 역저지(단방향성) 소자 : SCR, LASCR, GTO
② 극(단자) 수
  - 2극(단자) 소자 : DIAC, SSS, Diode
  - 3극(단자) 소자 : SCR, LASCR, GTO, TRIAC
  - 4극(단자) 소자 : SCS

답 ④

Key point
- SCR : 1방향성 3단자   • SSS : 2방향성 2단자   • SCS : 1방향성 4단자   • TRIAC : 2방향성 3단자

문제 01 ★ 전압을 일정하게 유지하기 위해서 이용되는 다이오드는?
① 정류용 다이오드 ② 바랙터 다이오드
③ 바리스터 다이오드 ④ 제너 다이오드

풀이 제너다이오드란 제너전압을 이용한 정전압 다이오드로 정전압 안정화 전원 등에 사용된다. **답 ④**

문제 02 ★★★★ 다음과 같은 반도체 정류기 중에서 역방향 내전압이 가장 큰 것은?
① 실리콘 정류기 ② 게르마늄 정류기
③ 셀렌 정류기 ④ 아산화동 정류기

풀이 실리콘 정류기의 역내 전압은 500~1000[V] 정도이다. **답 ①**

문제 03 SCR의 특성에 대한 설명으로 잘못된 것은?

① 브레이크 오버(break over) 전압은 게이트 바이어스 전압이 역으로 증가함에 따라서 감소된다.
② 부성 저항의 영역을 갖는다.
③ 양극과 음극간에 바이어스 전압을 가하면 pn 다이오드의 역방향 특성과 비슷하다.
④ 브레이크 오버 전압 이하의 전압에서도 역포화 전류와 비슷한 낮은 전류가 흐른다.

풀이 SCR은 순방향 게이트 전류의 크기가 증가하면 순방향 브레이크오버 전압이 감소되어 도통하게 된다.

답 ①

문제 04 2방향성 3단자 사이리스터는 어느 것인가?

① SCR   ② SSS   ③ SCS   ④ TRIAC

풀이 각종 반도체 소자의 비교
① 방향성
  - 양방향성(쌍방향성) 소자 : DIAC, TRIAC, SSS
  - 역저지(단방향성) 소자 : SCR, LASCR, GTO
② 극(단자) 수
  - 2극(단자) 소자 : DIAC, SSS, Diode
  - 3극(단자) 소자 : SCR, LASCR, GTO, TRIAC
  - 4극(단자) 소자 : SCS

답 ④

문제 05 다음은 다이리스터의 래칭(latching) 전류에 관한 설명이다. 옳은 것은?

① 게이트를 개방한 상태에서 사이리스터 도통 상태를 유지하기 위한 최소 전류
② 게이트 전압을 인가한 후에 급히 제거한 상태에서 도통 상태가 유지되는 최소의 순전류
③ 사이리스터의 게이트를 개방한 상태에서 전압이 상승하면 급히 증가하게 되는 순전류
④ 사이리스터가 턴온하기 시작하는 전류

풀이 게이트 개방 상태에서 SCR이 도통되고 있을 때 그 상태를 유지하기 위한 최소의 순전류를 유지 전류(holding current)라고 하고, 턴온되려고 할 때는 이 이상의 순전류가 필요하고, 확실히 턴온시키기 위해서 필요한 최소의 순전류를 래칭 전류라 한다.

답 ④

문제 06 다이오드를 사용한 정류 회로에서 여러 개를 직렬로 연결하여 사용할 경우 얻는 효과는?

① 다이오드를 과전류로부터 보호   ② 다이오드를 과전압으로부터 보호
③ 부하 출력의 맥동률 감소   ④ 전력 공급의 증대

풀이 다이오드 직렬 연결 : 과전압 방지
다이오드 병렬 연결 : 과전류 방지

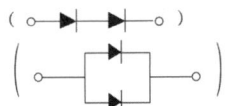

답 ②

필수 02 ★★ 각 정류회로의 특성

단상 200[V]의 교류 전압을 점호각 60°로 반파 정류를 하여 저항 부하에 공급할 때의 직류 전압[V]은?

① 97.5 ② 86.4 ③ 75.5 ④ 67.5

유형분석 정류전압의 계산, 맥동률의 계산, PIV의 계산 등이 출제된다.

풀이 무유도 부하일 때

$$E_d = \frac{1}{2\pi}\int_\alpha^\pi \sqrt{2}\,E\sin\theta \cdot d\theta = \frac{1+\cos\alpha}{\sqrt{2}\,\pi}E\,[\text{V}]$$

$$E_d = \frac{1+\cos 60°}{\sqrt{2}\,\pi}\times 200 = 67.5\,[\text{V}]$$

답 ④

Key point

① 반파 정류
- $E_d = \dfrac{\sqrt{2}}{\pi}\cdot E = 0.45E\,[\text{V}]$ • $I_d = 0.45\dfrac{E}{R}\,[\text{A}]$

② 전파 정류의 경우
- $E_d = \dfrac{2\sqrt{2}}{\pi}E = 0.90E$ • $I_d = 0.90\dfrac{E}{R}$

문제 07 ★★☆

그림은 일반적인 반파 정류 회로이다. 변압기 2차 전압의 실효값을 $E\,[\text{V}]$라 할 때 직류 전류 평균값은? 단, 정류기의 전압 강하는 무시한다.

① $\dfrac{E}{R}$ ② $\dfrac{1}{2}\dfrac{E}{R}$

③ $\dfrac{2\sqrt{2}\,E}{\pi R}$ ④ $\dfrac{\sqrt{2}\,E}{\pi R}$

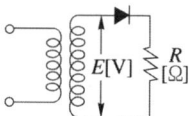

풀이 무부하 직류 전압 E_{d0}는

$$E_{d0} = \frac{1}{2\pi}\int_0^\pi \sqrt{2}\,E\sin\theta \cdot d\theta = \frac{\sqrt{2}\,E}{\pi}$$

정류기 내의 전압 강하 e를 무시하면 직류 전압 평균값 E_d는

$E_d \fallingdotseq E_{d0}$

따라서 직류 전류 평균값 I_d는

$$\therefore\ I_d = \frac{E_d}{R} = \frac{E_{d0}}{R} = \frac{\frac{\sqrt{2}}{\pi}E}{R} = \frac{\sqrt{2}\,E}{\pi R}\,[\text{A}]$$

여기서, E : 변압기 2차 상전압(실효값), R : 부하 저항

답 ④

문제 08 ★★★★
그림의 단상 반파 정류 회로에서 R에 흐르는 직류 전류[A]는?
단, $V = 100[V]$, $R = 10\sqrt{2}[\Omega]$이다.

① 2.28
② 3.2
③ 4.5
④ 7.07

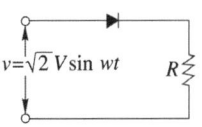

풀이
$E_d' = \dfrac{\sqrt{2}}{\pi}E = 0.45E[V]$

$\therefore I_d = \dfrac{E_d}{R} = \dfrac{0.45E}{R} = \dfrac{0.45 \times 100}{10\sqrt{2}} = 3.18 ≒ 3.2[A]$

답 ②

문제 09 ★★★
단상 브리지 전파 정류 회로의 저항 부하의 전압이 100[V]이면 전원 전압[V]은?

① 111　　② 141　　③ 100　　④ 90

풀이
$E_d = \dfrac{2\sqrt{2}}{\pi}E = 0.90E$에서 $E = \dfrac{E_d}{0.9} = \dfrac{100}{0.9} = 111[V]$

답 ①

문제 10 ★★★★★
그림에서 밀리암페어계의 지시를 구하면? 단, 밀리암페어계는 가동 코일형이라 하고 정류기의 저항은 무시한다.

① 2.5[mA]
② 1.8[mA]
③ 1.2[mA]
④ 0.8[mA]

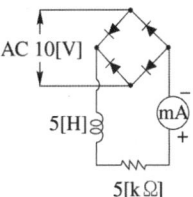

풀이 전류계는 가동 코일형이므로 직류 평균값을 가리킨다. 이와 같은 단상 전파 정류 회로의 직류 평균값 I_d는 다음 식과 같고 리액턴스에는 무관하다.

$I_d = \dfrac{E_d}{R}[A]$, $E_d = \dfrac{2\sqrt{2}}{\pi}E = 0.9E = 0.9 \times 10 = 9[V]$

$\therefore I_d = \dfrac{E_d}{R} = \dfrac{9}{5000} = 1.8 \times 10^{-3}[A] = 1.8[mA]$

답 ②

문제 11 ★★★★★
그림과 같은 단상 전파 제어 회로에서 부하의 역률각 ϕ가 60°의 유도 부하일 때 제어각 α를 0°에서 180°까지 제어하는 경우에 전압 제어가 불가능한 범위는?

① $\alpha \leq 30°$
② $\alpha \leq 60°$
③ $\alpha \leq 90°$
④ $\alpha \leq 120°$

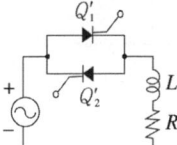

풀이 제어범위 ① 가 능 $\phi < \alpha \leq \pi$
　　　　　 ② 불가능 $\alpha \leq \phi$

역률각 $\phi = \tan^{-1}\dfrac{x}{R}$

답 ②

문제 12 ★★★★★ 피크 역전압 5000[V]에 견딜 수 있는 정류 회로 소자를 이용하여 얻어지는 무부하 직류 전압(평균값)은 3상 브리지 정류일 때 약 몇 [V]인가?

① 2388　　　② 3183　　　③ 4775　　　④ 1591

풀이 $PIV = \sqrt{2}\,E = 5000[V]$

3상 전파 정류의 평균값 $= \dfrac{3\sqrt{2}}{\pi}E = 1.35E = 1.35 \times \dfrac{5000}{\sqrt{2}} \fallingdotseq 4773[V]$

답 ③

문제 13 ★★★★ 사이리스터(thyristor) 단상 전파 정류 파형에서의 저항 부하 시 맥동률[%]은?

① 17　　　② 48　　　③ 52　　　④ 83

풀이 사이리스터 단상 전파 정류 회로에서 순저항시의 맥동률은

$v = \dfrac{\sqrt{(I_{rms})^2 - (I_{av})^2}}{I_{av}} \times 100$

$= \sqrt{\left(\dfrac{I_{rms}}{I_{av}}\right)^2 - 1} \times 100 = \sqrt{\left[\dfrac{\dfrac{I_m}{\sqrt{2}}}{\dfrac{2I_m}{\pi}}\right]^2 - 1} \times 100$

$= \sqrt{\left(\dfrac{\pi}{2\sqrt{2}}\right)^2 - 1} \times 100 = \sqrt{\dfrac{\pi^2}{8} - 1} \times 100$

$= 0.48 \times 100 = 48[\%]$

※ 순저항 시 맥동률
　① 단상 전파 : 48[%],　② 3상 반파 : 17[%]

답 ②

---

03 ★★★ 제어 정류기(컨버터) 및 회전 변류기, 수은 정류기

회전 변류기의 직류측 전압을 조정하려는 방법이 아닌 것은?

① 동기 승압기에 의한 방법직렬　　② 유도 전압 조정기를 사용하는 방법
③ 리액턴스에 의한 방법　　　　　④ 여자 전류를 조정하는 방법

유형분석 회전변류기의 전압조정, 전압비, 전류비, 수은정류기의 특징, 역호 등에 관한문제가 출제된다.

풀 이 회전 변류기는 교류측과 직류측의 전압비가 일정하므로 직류측 여자 전류를 가감하여 직류 전압을 조정할 수 없다. 따라서 직류 전압을 조정하기 위해서는 슬립링에 가해지는 교류 전압을 조정하여야 한다. 이 방법은 다음과 같다.
① 직렬 리액턴스에 의한 방법
② 유도 전압 조정기를 사용하는 방법
③ 부하시 전압 조정 변압기를 사용하는 방법
④ 동기 승압기를 사용하는 방법

답 ④

Key point

(1) 회전 변류기

① 전압비 : $\dfrac{E_l}{E_d} = \dfrac{1}{\sqrt{2}} \sin \dfrac{\pi}{m}$ ② 전류비 : $\dfrac{I_l}{I_d} = \dfrac{2\sqrt{2}}{m \cos\theta}$

③ 회전 변류기의 전압 조정법
- 직렬 리액턴스에 의한 방법
- 유도 전압 조정기를 사용하는 방법
- 부하시 전압 조정 변압기를 사용하는 방법
- 동기 승압기에 의한 방법

(2) 수은 정류기 역호의 방지 방법
- 정류기를 과부하로 되지 않도록 할 것.
- 냉각 장치에 주의하여 과열, 과냉을 피할 것.
- 진공도를 충분히 높게 할 것.
- 양극 재료의 선택에 주의할 것.
- 양극에 직접 수은 증기가 접촉되지 않도록 양극부의 유리를 구부린다.
- 철제 수은 정류자에서는 그리드를 설치하고 이것을 부전위하여 역호를 저지시킨다.

문제 14 ★★★ 수은 정류기의 역호 발생의 큰 원인은?

① 내부 저항의 저하   ② 전원 주파수의 저하
③ 전원 전압의 상승   ④ 과부하 전류

풀이 역호의 발생 원인은 다음과 같다.
① 내부 잔존 가스 압력의 상승   ② 화성 불충분
③ 양극의 수은 물방울 부착   ④ 양극 표면의 불순물 부착
⑤ 양극 재료의 불량   ⑥ 전류, 전압의 과대
⑦ 증기 밀도의 과대

답 ④

문제 15 ★ 직류 5[V], 10000[A]의 전원을 얻으려 한다. 다음 정류 방식 중 가장 적합한 방식은?

① 수은 정류기   ② 실리콘 정류기
③ 단극 발전기   ④ 셀렌 정류기

답 ①

문제 16
600[V] 철조 수은 정류기를 A, 1500[V] 철조 수은 정류기를 B, 600[V] 회전 변류기를 C, 1500[V] 회전 변류기를 D라 할 때 종합효율이 좋은 것부터 나열하면?

① C-A-B-D
② B-D-A-C
③ A-B-D-C
④ D-C-B-A

풀이 각 기의 100[%] 부하에 대한 효율은
- 600[V] 철조 수은 정류기 : 94.5[%], 1,500[V] 철조 수은 정류기 : 97[%]
- 600[V] 회전 변류기 : 93.5[%], 1,500[V] 회전 변류기 : 95[%]

답 ②

문제 17
오른쪽 그림과 같은 회로에서 Q_1에 역바이어스가 걸리는 시간을 나타낸 식은?

① $0.693 C_0/R$ [sec]
② $0.693 R/C_0$ [sec]
③ RC_0 [sec]
④ $0.693 RC_0$ [sec]

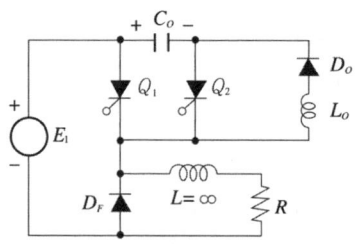

풀이 역바이어스 시간은 $e_{c0} = E_1\left(1 - 2e^{-\frac{1}{RC_0}t}\right) = 0$ 에서
이 식을 만족하는 $t = t_c$는
∴ $t_c = C_0 R \log_e 2 = 0.693 RC_0$ [sec]

답 ④

문제 18
인버터(inverter)의 설명에서 틀린 것은 어느 것인가?

① 타여식 인버터는 전류 보조 회로가 필요치 않다.
② 주파수나 전압의 크기는 병렬의 교류 전원에 의해서 정해진다.
③ 자여식은 병렬 전원을 갖지 않으며 전류 에너지를 정전 콘덴서나 보조 직류 전원 등으로 공급한다.
④ 자여식 인버터는 주파수 및 출력 전압을 자유로이 조정할 수 없어 자유도가 적다.

답 ④

회로이론 제4장

1. 출제기준 - 직류회로   306
2. 출제기준 - 정현파 교류   313
3. 출제기준 - 기본 교류회로   320
4. 출제기준 - 교류전력   327
5. 출제기준 - 결합회로   333
6. 출제기준 - 회로망   340
7. 출제기준 - 다상 교류   350
8. 출제기준 - 대칭 좌표법   362
9. 출제기준 - 왜형파 교류   368
10. 출제기준 - 4단자망과 2단자망   377
11. 출제기준 - 분포정수회로   391
12. 출제기준 - 과도현상   399
13. 출제기준 - 자동제어계의 요소 및 구성   411
14. 출제기준 - 라플라스변환   419
15. 출제기준 - 전달함수   426
16. 출제기준 - 블록선도와 신호흐름선도   434
17. 출제기준 - 자동 제어계의 과도응답   448
18. 출제기준 - 정상오차와 주파수 응답   458
19. 출제기준 - 제어계의 안정도   468
20. 출제기준 - 근궤적법   478
21. 출제기준 - 샘플치제어(상태방정식)   483
22. 출제기준 - 시퀀스 제어   493

01 출제기준 – 직류회로

1 전류 및 옴의 법칙

1) 전류

$$I = \frac{Q}{t} [\text{A}]$$

1[A]란 1[s] 동안에 1[C]의 전하가 이동할 때의 전류를 말한다.
I : 전류[A:암페어], Q : 전하량[C:쿨롱], t : 시간[sec:세크]

2) 옴의 법칙 (Ohm's law)

$$I = \frac{E}{R} [\text{A}], \quad R = \frac{E}{I} [\Omega], \quad E = IR [\text{V}]$$

전기의 가장 기본적인 법칙으로 "전압과 전류는 비례하며, 비례상수는 저항에 해당된다."는 것을 의미한다.
여기서 I : 전류[A], E : 기전력 또는 전압[V:볼트], R : 저항[Ω:옴]

2 저항의 접속

1) 직렬 접속

$$R_0 = R_1 + R_2 + R_3 + \cdots + R_n = \sum_{k=1}^{n} R_k [\Omega]$$

위 그림과 같이 일직선으로 연결된 것을 직렬연결이라 하며, 이 경우 이것을 하나의 등가저항으로 나타낸 것을 합성저항이라 한다. 합성저항의 값은 직렬로 연결된 저항을 모두 더한값과 같다. 여기서, R_0 : 합성저항

2) 병렬 접속

$$R_0 = \frac{1}{\frac{1}{R_1} + \frac{1}{R_2} + \frac{1}{R_3} + \cdots + \frac{1}{R_n}} = \frac{1}{\sum_{k=1}^{n} \frac{1}{R_k}} [\Omega]$$

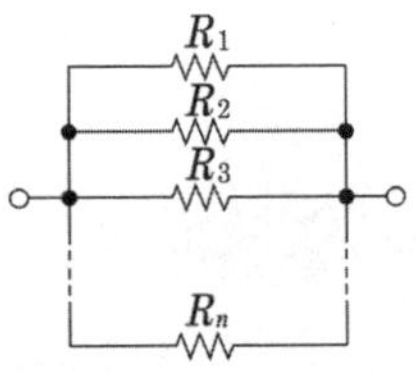

위 그림과 같이 연결된 것을 병렬연결이라 하며, 이 경우 이것을 하나의 등가저항으로 나타낸 것을 합성저항이라 한다. 합성저항의 값은 각각의 저항값을 역수를 취하여 더한 다음 다시 역수를 취한 값과 같다.

3) 직·병렬 접속

직·병렬 접속의 경우는 가장 작은 단위부터 순차적으로 계산하여 합성저항을 구한다. 이것을 구한다음 옴의 법칙에 의해 전류를 구할 수 있다.

3 키르히호프의 법칙

1) 전류법칙

회로망 중에서 임의의 한 점에서 유입하는 전류의 총합은 유출하는 전류의 총합과 같다.

> 이해 : 수도관에 흐르는 수돗물은 어느 곳에서든 들어온만큼 나간다.

2) 전압법칙

회로망 중에서 임의의 한 폐회로에서 기전력(전압상승)의 총합은 전압강하의 총합과 같다.

> 전압강하는 $R \times I$를 말한다. 즉, 저항값과 저항에 흐르는 전류값의 곱과 같다. 기전력은 V를 말한다.
> 즉, $V = RI$의 관계가 성립한다. 따라서, $V = R_1 I + R_2 I$ 식으로 표현된다.

4 전지의 접속 및 줄열과 전력

1) 전력

"정의 : 단위 시간에 변환 또는 전송되는 전기적인 에너지의 양"이며 다음과 같은 관계가 있다.

$$P = \frac{W}{t} = \frac{QE}{t} = EI = I^2 R = \frac{E^2}{R} \text{[J/s], [W]}$$

> 직류 회로에서는 전력은 "전압×전류"로 나타낸다. 즉, $P = EI$ 또는 $P = VI$
> 단, P : 전력[J/sec : 줄퍼세컨], [W : 와트], W : 전력량[W·sec : 와트세컨]

2) 줄열

$$H = 0.24 I^2 Rt \text{ [cal]}$$

> 줄의 법칙은 $CmT = 0.24Pt\eta$ [cal]로 전열기의 용량을 산출한다.
> 1[kWh] = 860[Kcal]의 관계. 전기응용 전열편 참조
> 단, H :열량 [cal:칼로리]

5 브리지 평형

아래의 그림을 휘트스톤 브리지(wheatstone bridge)라 하며 저항측정에 사용된다. 점 C와 D의 전위가 같아 검류계 G에 전류가 흐르지 않는 상태를 평형상태라 한다.

$R_1 I_1 = R_2 I_2$ 및 $R_3 I_1 = R_4 I_2$

따라서, $R_1 R_4 = R_2 R_3$가 되는데 이를 브리지의 평형조건이라 한다.

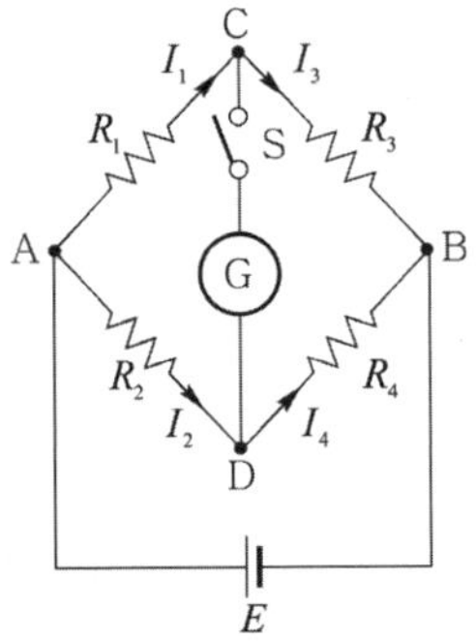

평형 조건은 그림에서 S를 on, off 하여도 G에 전류가 흐르지 않는 조건을 말한다.
평형 조건은 서로 대각선에 위치한 저항(임피던스)값의 곱이 같은 조건을 말한다.

◀◀◀ 완벽대비 전기기사필기

필수유형 및 과년도문제

필수 01 ★★☆ 전류 및 옴의 법칙

$i = 3000(2t+3t^2)$[A]의 전류가 어떤 도선을 2[s] 동안 흘렀다. 통과한 전 전기량은 몇 [Ah]인가?

① 1.33   ② 10   ③ 13.3   ④ 36

유형분석 정적분을 이용하여 전기량을 기하는 문제가 출제된다. 보통 계산기의 정적분을 이용하여 풀기도 한다.

풀 이 $Q = \int_0^t i\,dt = \int_0^2 3000(2t+3t^2)\,dt = [3000(t^2+t^3)]_0^2 = 36000[\text{A}\cdot\text{sec}] = 10[\text{Ah}]$ **답** ②

Key point

t^n 을 적분하면 $\dfrac{1}{n+1}t^{n+1}$ 가 된다.

만약 적분의 계산이 어렵다고 생각되면 정적분이 되는 계산기를 이용해도 된다.

문제 01 ★★★

그림과 같은 회로에서 S를 열었을 때 전류계의 지시는 10[A]였다. S를 닫을 때 전류계의 지시는 몇 [A]인가?

① 8
② 10
③ 12
④ 15

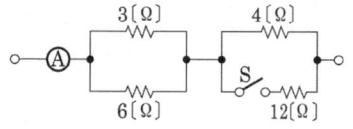

풀이 S를 열었을 때 전전압을 구해 보면 $E = IR = 10\left(\dfrac{3\times6}{3+6}+4\right) = 60[\text{V}]$

따라서 S를 닫으면 전전류 I'는 $I' = \dfrac{E}{R'} = \dfrac{60}{\dfrac{3\times6}{3+6}+\dfrac{4\times12}{4+12}} = \dfrac{60}{2+3} = 12[\text{A}]$ **답** ③

문제 02 ★★

일정 전압의 직류 전원에 저항을 접속하고 전류를 흘릴 때 이 전류값을 20[%] 증가시키기 위해서는 저항값을 몇 배로 하여야 하는가?

① 1.25배   ② 1.20배   ③ 0.83배   ④ 0.80배

풀이

$I_1 = \dfrac{E}{R_1}$ …… ①

$I_2 = \dfrac{E}{R_2} = 1.2 I_1$ …… ②

식 ①, ②에서 $E = I_1 R_1 = 1.2 I_2 R_2$

$\therefore R_2 = \dfrac{I_1 R_1}{1.2 I_1} \fallingdotseq 0.83 R_1$

답 ③

필수 02 ★ 저항의 접속

기전력 3[V], 내부 저항 0.2[Ω]인 전지 6개를 직렬로 접속하여 단락시켰을 때의 전류[A]는?

① 30 ② 25 ③ 15 ④ 10

 유형분석   합성저항을 구하는 문제는 저항의 회로를 주어지고 구하는 문제와 역수인 합성 컨덕턴스를 구하는 문제, 전지의 연결에 의한 합성저항을 구하여 옴의 법칙에 의해 전류를 산출하는 문제 등이 출제된다.

풀 이   직렬연결이므로 흐르는 전류는 $I = \dfrac{nE}{nr} = \dfrac{6 \times 3}{6 \times 0.2} = 15[A]$, 여기서 n은 전지의 갯수

답 ③

Key point

전지의 직렬연결은 저항의 직렬연결, 전지의 병렬연결은 저항의 병렬연결과 같이 합성저항을 구한다. 같은 기전력의 전지를 N개 직렬연결 할 경우 기전력의 크기는 N배 되며, 병렬연결 할 경우는 일정하게 된다.

문제 03 ★

그림과 같은 회로에서 전압계의 지시가 10[V]였다면 AB 사이의 전압은 몇 [V]인가? (단, 전압계에 흐르는 전류는 무시한다.)

① 35 ② 50 ③ 60 ④ 85

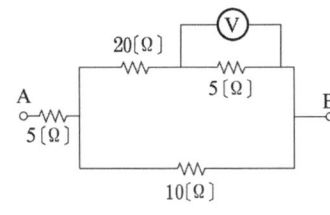

 풀이

$I_1 = \dfrac{10}{5}[A]$, $V_{BC} = 2 \times (20+5) = 50[V]$

$I_2 = \dfrac{V_{CB}}{10} = \dfrac{50}{10} = 5[A]$

전체전류 $I = I_1 + I_2 = 2 + 5 = 7[A]$

$V_{AB} = V_{AC} + V_{CB} = 35 + 50 = 85[V]$

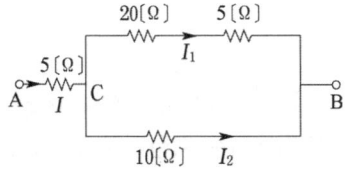

답 ④

문제 04

$R = 1[\Omega]$의 저항을 그림과 같이 무한히 연결할 때, a, b 간의 합성 저항은?

① 0 ② 1
③ ∞ ④ $1 + \sqrt{3}$

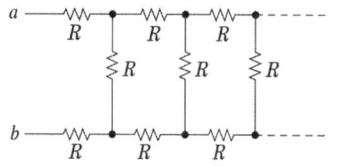

풀이 그림의 등가 회로에서 $R_{ab} = 2r + \dfrac{r \cdot R_{cd}}{r + R_{cd}}$ 이며

$R_{ab} = R_{cd}$ 이므로

$r R_{ab} + R_{ab}^2 = 2r^2 + 2r \cdot R_{ab} + r \cdot R_{ab}$

여기서 $r = 1[\Omega]$를 대입하면 $R_{ab} = 1 + \sqrt{3}$

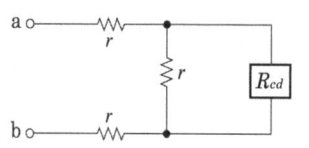

답 ④

필수 03 ★☆ 키르히호프의 법칙

그림과 같은 회로에서 I는 몇 [A]인가? 단, 저항의 단위는 $[\Omega]$이다.

① 1 ② $\dfrac{1}{2}$
③ $\dfrac{1}{4}$ ④ $\dfrac{1}{8}$

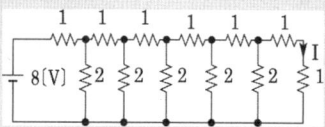

유형분석 키르히호프의 법칙은 전류법칙의 문제와 전압법칙의 문제로 구분되어 질 수 있다. 위 문제는 전류법칙의 문제로 상단의 각 분기점에서 유입전류의 합과 유출전류의 합이 같다는 것을 이용해야 한다.

풀이 $R_0 = 2[\Omega]$, $I = \dfrac{8}{2} = 4[A]$

여기서, 전전류 4[A]는 각 지로에 저항에 반비례하여 분배된다. 따라서 $I = \dfrac{1}{8}[A]$

답 ④

Key point
각 지로의 합성저항이 같기 때문에 전류의 분류는 동일하게 되어진다.

필수 04 ★ 전지의 접속 및 줄열과 전력

다음 회로에서 120[V], 30[V] 전압원의 전력은?

① 240[W], 60[W]
② 240[W], −60[W]
③ −240[W], 60[W]
④ −240[W], −60[W]

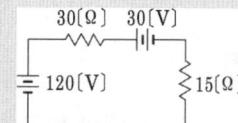

유형분석 전력을 구하는 문제는 교류회로에서 많이 출제된다. 직류 회로의 전력은 교류회로의 역률이 1인 경우의 전력과 같다. 위 문제는 전압과 저항에 의해 전력을 산출한다.

풀이 이 회로에 소비되는 전전력은 $P = \dfrac{V^2}{R} = \dfrac{(120-30)^2}{30+15} = 180[W]$

따라서, 전전력이 180[W]가 되려면 240 – 60 = 180[W]이므로 ②가 정답이 된다. **답** ②

Key point

먼저 합성저항을 구하고, 다음 두 기전력의 합을 구한다.
두 기전력의 양극이 마주 보고 있으므로 전압은 120−30[V]가 된다.

문제 05 ★ 10[℃] 물 1[kg]을 열효율 70[%], 600[W]의 온수기를 10분간 사용하면 수온은 몇 [℃]가 되는가? 단, 외부 온도는 무시한다.

① 70.5 ② 62.5 ③ 57.5 ④ 40.5

풀이 $0.24 \, pt\eta = cm(\theta_2 - \theta_1)$

∴ $0.24 \times 600 \times 10 \times 60 \times 0.7 = 1 \times 1000(\theta_2 - 10)$

그러므로 $\theta_2 = \dfrac{0.24 \times 600 \times 10 \times 60 \times 0.7}{1 \times 1000} + 10 = 70.5[℃]$가 된다. **답** ①

필수 05 ★ 브리지 평형

그림과 같은 회로에 흐르는 전류 I는 몇 [A]인가?

① 1.0
② 1.2
③ 1.5
④ 1.8

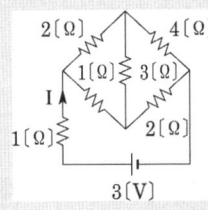

유형분석 브리지 평형을 이용하는 문제와 데브낭의 정리를 이용하는 문제 등이 출제된다.
위 문제는 브리지 평형상태를 이용하여 합성저항을 구한다.

풀이 브리지가 평형이므로 3[Ω]의 저항은 필요 없다.

따라서 합성 저항 $R_0 = 1 + \dfrac{3 \times 6}{3+6} = 3[\Omega]$ ∴ $I = \dfrac{V}{R_0} = \dfrac{3}{3} = 1[A]$ **답** ①

Key point

대각선에 위치한 저항의 곱이 서로 같다.
즉, $1 \times 4 = 2 \times 2$이므로 평형이며, 3[Ω]에는 전류가 흐르지 않는다.

출제기준 – 정현파 교류

1 주기와 주파수

① 각주파수 또는 각속도 : $\omega = \dfrac{2\pi}{T} = 2\pi f\,[\mathrm{rad/s}]$

② 주기 및 주파수 : $T = \dfrac{1}{f} = \dfrac{2\pi}{\omega}\,[\mathrm{s}]$, $f = \dfrac{1}{T} = \dfrac{\omega}{2\pi}\,[\mathrm{Hz}]$

T : 주기[sec]
f : 주파수[Hz : 헤르쯔]
ω : 각속도[rad/sec : 라디안퍼세크]

2 평균치와 실효치

① 정현파의 평균값 : $I_{av} = \dfrac{2}{T}\displaystyle\int_0^{\frac{T}{2}} i\,dt = \dfrac{1}{\pi}\displaystyle\int_0^{\pi} i\,d(\omega t) = \dfrac{2}{\pi} I_m = 0.637 I_m\,[\mathrm{A}]$

② 정현파의 실효값 : $I = \sqrt{\dfrac{1}{T}\displaystyle\int_0^{T} i^2\,dt} = \sqrt{\dfrac{1}{2\pi}\displaystyle\int_0^{2\pi} i^2\,d(\omega t)} = \dfrac{I_m}{\sqrt{2}} = 0.707 I_m\,[\mathrm{A}]$

I_m : 최대전류, I_{av} : 평균전류, I : 실효전류, i : 순시전류, T : 주기

3 파형률과 파고율

① 정현파의 파고율 : 파고율 $= \dfrac{\text{최대값}}{\text{실효값}} = \sqrt{2} = 1.414$

② 정현파의 파형률 : 파형률 $= \dfrac{\text{실효값}}{\text{평균값}} = \dfrac{\pi}{2\sqrt{2}} = 1.111$

4 정현파 교류의 합과 차

$v_1 = \sqrt{2}\,V_1\sin(\omega t + \theta_1)$, $v_2 = \sqrt{2}\,V_2\sin(\omega t + \theta_2)$ 일 때

$v = v_1 \pm v_2 = \sqrt{2}\,V\sin(\omega t + \theta)$ 단, $V = \sqrt{V_1^2 + V_2^2 \pm 2V_1 V_2\cos(\theta_1 - \theta_2)}$

$\theta = \tan^{-1}\dfrac{V_1\sin\theta_1 \pm V_2\sin\theta_2}{V_1\cos\theta_1 \pm V_2\cos\theta_2}$

벡터의 합은 계산기를 이용하는 것이 편리하다. 즉, 순시값을 회전벡터로 표시하고 벡터의 합을 구한 다음, 다시 정현파로 표시하면 된다. (05항 참조)

5 회전벡터와 정지벡터

1) 복소수에 의한 벡터 표시

① 직각 좌표형 : $A = a + jb$ $\left(A = \sqrt{a^2 + b^2},\ \theta = \tan^{-1}\dfrac{b}{a}\right)$

② 삼각 함수형 : $A = A\cos\theta + jA\sin\theta = A(\cos\theta + j\sin\theta)$

③ 극좌표형 : $A = A\underline{/\theta}$

④ 지수 함수형 : $A = Ae^{j\theta}$

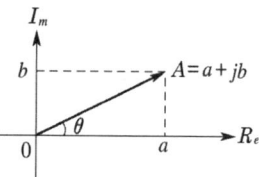

2) 복소수의 계산

수학적인 부분이므로 이해가 필요하다. 계산기를 활용해도 된다.

$A_1 = a_1 + jb_1 = A_1\angle\theta_1$, $A_2 = a_2 + jb_2 = A_2\angle\theta_2$ 일 때

① $A_1 \pm A_2 = (a_1 \pm a_2) + j(b_1 \pm b_2)$

② $A_1 \cdot A_2 = A_1 \cdot A_2\ \underline{/\theta_1 + \theta_2}$

③ $\dfrac{A_1}{A_2} = \dfrac{A_1}{A_2}\ \underline{/\theta_1 - \theta_2}$

3) 전압 및 전류의 복소수 표시

$v = \sqrt{2}\ V\sin\omega t[\text{V}]$, $i = \sqrt{2}\ I\sin(\omega t - \theta)[\text{A}]$라 하면,

$V = V(\cos 0 + j\sin 0) = V\angle 0\ [\text{V}]$

$I = I(\cos\theta - j\sin\theta) = I_e - jI_r = Ie^{-j\theta} = I\underline{/-\theta}\ [\text{A}]$

v, i : 순시값, V, I : 순시값의 복소수 표현값, V, I : 실효값

4) 임피던스 및 어드미턴스의 복소수 표시

$Z = \dfrac{V}{I} = \dfrac{V\underline{/0}}{I\underline{/-\theta}} = \dfrac{V}{I}\underline{/\theta} = Z\underline{/\theta} = R + jX[\Omega]$

$Y = \dfrac{1}{Z} = \dfrac{1}{R + jX} = \dfrac{R}{R^2 + X^2} - j\dfrac{X}{R^2 + X^2} = G - jB = Y\underline{/-\theta}\ [\mho]$

Z : 임피던스벡터, Y : 어드미턴스벡터, R : 저항, X : 리액턴스, θ : 역률각

필수유형 및 과년도문제

필수 01 ★★☆ 주기와 주파수

$v = 141 \sin\left(377t - \dfrac{\pi}{6}\right)$ 인 파형의 주파수[Hz]는?

① 377 ② 100 ③ 60 ④ 50

유형분석 주로 산업기사에서 출제된다.

풀이 전압 $v = V_m \sin(\omega t \pm \theta)$에서 $\omega t = 377t$ 이므로 $\omega = 2\pi f = 377$

$\therefore f = \dfrac{377}{2\pi} = 60[\text{Hz}]$

답 ③

Key point

주기 및 주파수 : $T = \dfrac{1}{f} = \dfrac{2\pi}{\omega}$[s], $f = \dfrac{1}{T} = \dfrac{\omega}{2\pi}$[Hz]

필수 02 ★★★★★ 평균치와 실효치

그림과 같은 $v = 100\sin\omega t$ 인 정현파 교류 전압의 반파 정류파에 있어서 사선 부분의 평균값[V]은?

① 27.17
② 37
③ 45
④ 51.7

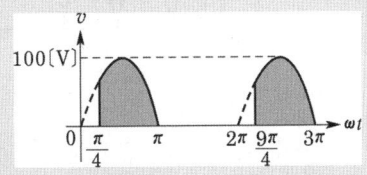

유형분석 정현파 및 비정현파의 실효값과 평균값을 구하는 문제가 출제된다. 계산기를 이용하여 계산하는 것도 바람직하다. 또한, Key point의 파형별 실효값을 암기하여 적용하는 것도 바람직하다.

풀이 $V_{av} = \dfrac{1}{2\pi}\displaystyle\int_{\frac{\pi}{4}}^{\pi} v\,d(\omega t) = \dfrac{1}{2\pi}\displaystyle\int_{\frac{\pi}{4}}^{\pi} 100\sin\omega t\, d(\omega t)$

$= \dfrac{100}{2\pi}[-\cos\omega t]_{\frac{\pi}{4}}^{\pi} = \dfrac{100}{2\pi}\left(1 + \dfrac{1}{\sqrt{2}}\right) = 27.17[\text{V}]$

답 ①

Key point

정현파의 평균값 : $I_{av} = \dfrac{2}{T}\int_0^{\frac{T}{2}} i\, dt = \dfrac{1}{\pi}\int_0^{\pi} i\, d(\omega t) = \dfrac{2}{\pi} I_m = 0.637 I_m [A]$

정현파의 실효값 : $I = \sqrt{\dfrac{1}{T}\int_0^T i^2 dt} = \sqrt{\dfrac{1}{2\pi}\int_0^{2\pi} i^2 d(\omega t)} = \dfrac{I_m}{\sqrt{2}} = 0.707 I_m [A]$

파형	정현파	정현반파	삼각파	구형반파	구형파
실효값	$\dfrac{V_m}{\sqrt{2}}$	$\dfrac{V_m}{2}$	$\dfrac{V_m}{\sqrt{3}}$	$\dfrac{V_m}{\sqrt{2}}$	V_m

---

문제 01 ★ 다음 중 반파 실효값의 2배의 실효값을 갖는 파는?

① 맥동파 ② 삼각파
③ 제형파 ④ 구형파

풀이

파형	정현파	정현반파	삼각파	구형반파	구형파
실효값	$\dfrac{V_m}{\sqrt{2}}$	$\dfrac{V_m}{2}$	$\dfrac{V_m}{\sqrt{3}}$	$\dfrac{V_m}{\sqrt{2}}$	V_m

답 ④

문제 02 ★★ 무유도 저항 부하에 그림 (a)와 같이 정현파 교류를 정류한 맥류가 흐를 때 그림 (b)와 같이 접속된 가동 코일형 전압계 및 전류계의 지시값 V_a, I_a에 의하여 부하의 전력을 구하면?

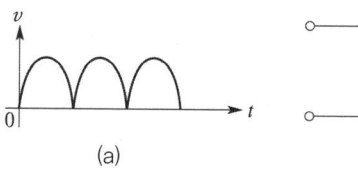
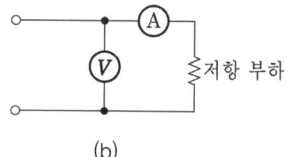

(a) (b)

① $\dfrac{\pi^2}{8} V_a I_a$ ② $V_a I_a$ ③ $\dfrac{\pi^2}{4} V_a I_a$ ④ $\dfrac{\pi^2}{2} V_a I_a$

풀이 가동 코일형 계기는 평균값을 지시하고 전파 정류파에서 $I = \dfrac{I_m}{\sqrt{2}}$, $I_a = \dfrac{2}{\pi} I_m$의 관계가 있으므로

$P = VI = \dfrac{1}{\sqrt{2}} \cdot \dfrac{\pi}{2} \cdot V_a \cdot \dfrac{1}{\sqrt{2}} \cdot \dfrac{\pi}{2} \cdot I_a = \dfrac{\pi^2}{8} V_a I_a$

답 ①

문제 03 그림과 같은 파형을 가진 맥류 전류의 평균값이 10[A]라면 전류의 실효값[A]은?

① 10
② 14
③ 20
④ 28

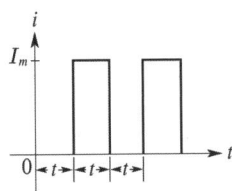

풀이 평균값 $I_{av} = \frac{1}{T}\int_0^T i\,dt = \frac{1}{2t}\int_0^{2t} i\,dt$

그런데 $t=0 \sim t$ 사이의 전류는 0 이므로 $I_{av} = \frac{1}{2t}\int_t^{2t} I_m\,dt = \frac{I_m}{2t}[t]_t^{2t} = \frac{I_m}{2} = 10[A]$

$\therefore I_m = 2I_{av} = 2 \times 10 = 20[A]$

따라서 실효값은 $I = \sqrt{\frac{1}{T}\int_0^T i^2\,dt} = \sqrt{\frac{1}{2t}\int_t^{2t}(20)^2\,dt} = \sqrt{200} = 14.14[A]$

답 ②

필수 03 ★★★★☆ 파형률과 파고율

그림과 같은 파형의 파고율은 얼마인가?

① 2.828
② 1.732
③ 1.414
④ 1

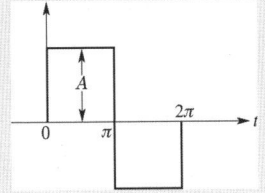

유형분석 파형률과 파고율을 계산하는 문제가 출제된다. 키포인트의 내용을 암기하고 적용한다.

풀이 구형파(단형파, 방형파)는 파형률과 파고율이 모두 1.0이다.

답 ④

Key point

	구형파	3각파	정현파	정류파(전파)	정류파(반파)
파형률	1.0	1.15	1.11	1.11	1.57
파고율	1.0	1.732	1.414	1.414	2.0

문제 04 ★☆ 그림과 같은 파형의 파고율은 얼마인가?

① $1/\sqrt{3}$
② $2/\sqrt{3}$
③ $\sqrt{3}$
④ $\sqrt{6}$

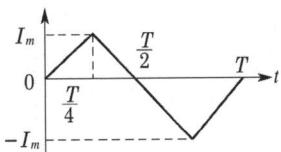

풀이 삼각파의 파고율은 $\sqrt{3}$으로 1.732이다.

답 ③

04 정현파 교류의 합과 차 ★★★★★

전류의 크기가 $i_1 = 30\sqrt{2}\sin\omega t$[A], $i_2 = 40\sqrt{2}\sin\left(\omega t + \dfrac{\pi}{2}\right)$일 때 $i_1 + i_2$의 실효값은 몇 [A]인가?

① 50 ② $50\sqrt{2}$ ③ 70 ④ $70\sqrt{2}$

유형분석 정현파의 합성이 출제된다. 정현파를 벡터로 나타내고 벡터의 연산을 하는 것이다. 벡터의 "가 감 승 제" 는 계산기를 이용하는 것이 매우 편하다.

풀 이
$I_1 = 30\angle 0°$
$I_2 = 40\angle 90° = 40(\cos 90° + j\sin 90°) = j40$
$\therefore\ I_1 + I_2 = 30 + j40$
$|I_1 + I_2| = \sqrt{30^2 + 40^2} = 50$[A]

답 ①

Key point

$$V = \sqrt{V_1^2 + V_2^2 \pm 2V_1V_2\cos(\theta_1 - \theta_2)},\quad \theta = \tan^{-1}\dfrac{V_1\sin\theta_1 \pm V_2\sin\theta_2}{V_1\cos\theta_1 \pm V_2\cos\theta_2}$$

문제 05 ★ 전류 i가 $i = I_1\sin(\omega t + 90°) + I_2\sin\omega t$로 표시될 때 i의 최댓값은 얼마인가?

① $\sqrt{I_1^2 + I_2^2}$
② $I_1^2 + I_2^2$
③ $\dfrac{\sqrt{I_1^2 + I_2^2}}{2}$
④ $\dfrac{I_1^2 + I_2^2}{2}$

풀이 최댓값이 각각 I_1, I_2이므로 $\therefore\ I_m = \sqrt{I_1^2 + I_2^2}$

답 ①

---

05 회전벡터와 정지벡터 ★

정현파 전압 및 전류를 복소수로 표시하는 페이저 기호 방법 중 잘못된 것은?

① 정현파 전압 또는 전류를 복소수 평면에 있어서의 페이저로서 표시한다.
② 정현파 전압 또는 전류의 순시값을 구할 때에는 복소수의 허수부를 취급하지 않는다.
③ 그 회전 페이저를 정지 페이저로서 취급한다.
④ 최댓값 대신에 실효값을 쓰기도 한다.

유형분석 정현파 교류를 복소수로 표현하는 방법이 출제된다.

풀 이 정현파 전압 또는 전류의 순시값을 구할 때는 복소수의 허수부를 취급해야만 한다. 답 ②

Key point

전압 및 전류의 복소수 표시
$v = \sqrt{2}\,V\sin\omega t\,[\text{V}]$, $i = \sqrt{2}\,I\sin(\omega t - \theta)\,[\text{A}]$라 하면
$\boldsymbol{V} = V(\cos 0 + j\sin 0) = V\angle 0\,[\text{V}]$
$\boldsymbol{I} = I(\cos\theta - j\sin\theta) = I_e - jI_r = Ie^{-j\theta} = I\angle -\theta\,[\text{A}]$

문제 06 ★★

$v = 100\sqrt{2}\sin\left(\omega t + \dfrac{\pi}{3}\right)$를 복소수로 표시하면?

① $50\sqrt{3} + j50\sqrt{3}$ ② $50 + j50\sqrt{3}$
③ $50 + j50$ ④ $50\sqrt{3} + j50$

풀이 $v = 100\sqrt{2}\sin\left(\omega t + \dfrac{\pi}{3}\right)$를 실효값 정지 벡터로 표시하면

$\boldsymbol{V} = 100\angle\dfrac{\pi}{3} = 100(\cos 60° + j\sin 60°) = 50 + j50\sqrt{3}$ 답 ②

문제 07 ★☆

$\boldsymbol{V} = v_1 + jv_2$와 $\boldsymbol{I} = I$와의 위상차를 $\dfrac{\pi}{3}$[rad]만큼 I를 앞서게 하는 조건은?

① $v_2 = \sqrt{3}\,v_1$ ② $v_2 = -\sqrt{3}\,v_1$
③ $v_2 = \dfrac{1}{\sqrt{3}}\,v_1$ ④ $v_2 = -\dfrac{1}{\sqrt{3}}\,v_1$

풀이 전류를 기준으로 하여 전압이 $\dfrac{\pi}{3}$[rad]만큼 뒤진 벡터도는 그림과 같다.

그림에서 $\theta = \dfrac{\pi}{3}$이므로 $v_2 = -\sqrt{3}\,v_1$이 된다.

즉, $\boldsymbol{V} = v_1 - j\sqrt{3}\,v_1$이 되면 전류가 전압보다 $\dfrac{\pi}{3}$[rad] 만큼 위상이 앞서게 된다.

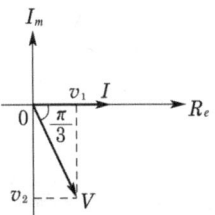

답 ②

03 출제기준 – 기본 교류회로

1. R-L-C 직·병렬 회로

인가 전압이 $v = V_m \sin \omega t$ 인 경우

회로 종류	전류	위상차	전압과 전류 관계	역률	비고
R만의 회로	$i = I_m \sin \omega t$	$\theta = 0$	$I = \dfrac{V}{R}$	$\cos\theta = 1$ $\sin\theta = 0$	
L만의 회로	$i = I_m \sin\left(\omega t - \dfrac{\pi}{2}\right)$	$\theta = \dfrac{\pi}{2}$	$I = \dfrac{V}{\omega L} = \dfrac{V}{X_L}$	$\cos\theta = 0$ $\sin\theta = 1$	
C만의 회로	$i = I_m \sin\left(\omega t + \dfrac{\pi}{2}\right)$	$\theta = \dfrac{\pi}{2}$	$I = \omega CV = \dfrac{V}{X_C}$	$\cos\theta = 0$ $\sin\theta = 1$	
$R\text{-}L$ 직렬	$i = I_m \sin(\omega t - \theta)$	$\theta = \tan^{-1}\dfrac{\omega L}{R}$	$I = \dfrac{V}{\sqrt{R^2 + X_L^2}} = \dfrac{V}{Z}$	$\cos\theta = \dfrac{R}{\sqrt{R^2 + X_L^2}}$ $\sin\theta = \dfrac{X_L}{\sqrt{R^2 + X_L^2}}$	
$R\text{-}C$ 직렬	$i = I_m \sin(\omega t + \theta)$	$\theta = \tan^{-1}\dfrac{1}{\omega CR}$	$I = \dfrac{V}{\sqrt{R^2 + X_C^2}} = \dfrac{V}{Z}$	$\cos\theta = \dfrac{R}{\sqrt{R^2 + X_C^2}}$ $\sin\theta = \dfrac{X_C}{\sqrt{R^2 + X_C^2}}$	
$R\text{-}L\text{-}C$ 직렬	$i = I_m \sin(\omega t - \theta)$ ($X_L > X_C$인 경우)	$\theta = \tan^{-1}\dfrac{X_L - X_C}{R}$	$I = \dfrac{V}{\sqrt{R^2 + (X_L - X_C)^2}}$ $= \dfrac{V}{Z}$	$\cos\theta = \dfrac{R}{Z}$ $\sin\theta = \dfrac{X_L - X_C}{Z}$	$X_L > X_C$: 유도성 $X_L < X_C$: 용량성 $X_L = X_C$: 직렬 공진
$R\text{-}L$ 병렬	$i = I_m \sin(\omega t - \theta)$	$\theta = \tan^{-1}\dfrac{R}{\omega L}$	$I = \sqrt{\left(\dfrac{1}{R}\right)^2 + \left(\dfrac{1}{X_L}\right)^2} \cdot V$ $= YV$	$\cos\theta = \dfrac{X_L}{\sqrt{R^2 + X_L^2}}$ $\sin\theta = \dfrac{R}{\sqrt{R^2 + X_L^2}}$	
$R\text{-}C$ 병렬	$i = I_m \sin(\omega t + \theta)$	$\theta = \tan^{-1}\omega CR$	$I = \sqrt{\left(\dfrac{1}{R}\right)^2 + \left(\dfrac{1}{X_C}\right)^2} \cdot V$ $= YV$	$\cos\theta = \dfrac{X_C}{\sqrt{R^2 + X_C^2}}$ $\sin\theta = \dfrac{R}{\sqrt{R^2 + X_C^2}}$	
$R\text{-}L\text{-}C$ 병렬	$i = I_m \sin(\omega t + \theta)$ ($X_L > X_C$인 경우)	$\theta = \tan^{-1} R\left(\dfrac{1}{X_C} - \dfrac{1}{X_L}\right)$	$I = \sqrt{\left(\dfrac{1}{R}\right)^2 + \left(\dfrac{1}{X_C} - \dfrac{1}{X_L}\right)^2}$ $\cdot V = YV$	$\cos\theta = \dfrac{G}{Y}$ $\sin\theta = \dfrac{B}{Y}$	$X_L > X_C$: 용량성 $X_L < X_C$: 유도성 $X_L = X_C$: 병렬 공진

기본적인 개념이므로 이해를 해야 한다. 옴의 법칙 $[\Omega] = \dfrac{[V]}{[A]}$ 의 원리를 이해한다.

I : 실효전류, I_m : 최대전류, V : 실효전압, V_m : 최대전압, Z : 임피던스[Ω], Y : 어드미턴스[℧], R : 저항[Ω],
X : 리액턴스[Ω], θ : 역률각, 임피던스각, ω : 각속도[rad/sec]
유도성 : 전류가 전압보다 늦게 진행하는 회로를 말한다.(지상)
용량성 : 전류가 전압보다 빠르게 진행하는 회로를 말한다.(진상)

2 공진

공진이라 함은 합성 임피던스 또는 합성어드미턴스이 값이 실수분만 있으며 허수분이 0이 되는 것을 말한다. 즉, 전압과 전류가 동상인 상태를 공진이라 한다. 이때가 역률이 1이 되는 때이다.

1) 이상적인 직·병렬 공진
선택도와 공진주파수, 공진시 전류의 크기 등을 기억한다.

공진의 종류 / 구 분	직렬공진	병렬공진
회로의 Z, Y	$Z = R + j\left(\omega L - \dfrac{1}{\omega C}\right)$	$Y = \dfrac{1}{R} + j\left(\omega C - \dfrac{1}{\omega L}\right)$
공진 조건	$\omega_r L = \dfrac{1}{\omega_r C}$	$\omega_r C = \dfrac{1}{\omega_r L}$
공진 각주파수	$\omega_r = \dfrac{1}{\sqrt{LC}}$	$\omega_r = \dfrac{1}{\sqrt{LC}}$
공진 주파수	$f_r = \dfrac{1}{2\pi\sqrt{LC}}$	$f_r = \dfrac{1}{2\pi\sqrt{LC}}$
공진시 Z_r, Y_r	$Z_r = R$ (최소)	$Y_r = \dfrac{1}{R}$ (최소)
공진 전류	$I_r = \dfrac{E}{Z_r} = \dfrac{E}{R}$ (최대)	$I_r = Y_r E = \dfrac{E}{R}$ (최소)
선 택 도	$Q = \dfrac{\omega_r}{\omega_2 - \omega_1} = \dfrac{\omega_r L}{R} = \dfrac{1}{\omega_r CR} = \dfrac{1}{R}\sqrt{\dfrac{L}{C}}$	$Q = \dfrac{\omega_r}{\omega_2 - \omega_1} = \dfrac{R}{\omega_r L} = \omega_r CR = R\sqrt{\dfrac{C}{L}}$

2) 일반적인 병렬 공진
공진 어드미턴스와 공진 각속도 등을 기억한다.

$$Y = \dfrac{1}{R + j\omega L} + j\omega C = \dfrac{R}{R^2 + \omega^2 L^2} + j\left(\omega C - \dfrac{\omega L}{R^2 + \omega^2 L^2}\right)$$

① 공진 조건 : $\omega_r C = \dfrac{\omega_r L}{R^2 + \omega_r^2 L^2}$

② 공진 어드미턴스 : $Y_r = \dfrac{R}{R^2 + \omega_r^2 L} = \dfrac{CR}{L}$ [℧]

③ 공진 임피던스 : $Z_r = \dfrac{1}{Y_r} = \dfrac{L}{CR}$ [Ω]

④ 공진 각주파수 및 공진 주파수

$$\omega_r = \sqrt{\dfrac{1}{LC} - \dfrac{R^2}{L^2}} \text{ [rad/s]}, \quad f_r = \dfrac{1}{2\pi}\sqrt{\dfrac{1}{LC} - \dfrac{R^2}{L^2}} \text{ [Hz]}$$

⑤ 공진 전류 : $I_r = Y_r E = \dfrac{CR}{L}E$ [A]

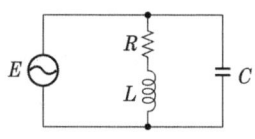

03 필수유형 및 과년도문제

필수 01 ★ R-L-C 직·병렬 회로

회로에서 i_c 값을 구하면?

① $4\pi \times 10^{-3} \cos 2\pi t$ [A]
② $4\pi \times 10^{-4} \sin 2\pi t$ [A]
③ $4\pi \times 10^{-3} \sin 2\pi t$ [A]
④ $4\pi \times 10^{-4} \cos 2\pi t$ [A]

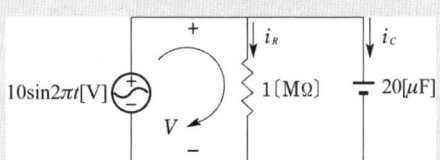

유형분석 리액턴스, 임피던스, 역률, 전류, 전압, 에너지 등의 계산 문제가 출제된다. 기본 이므로 매우 중요하다.

풀이 $i_C = C\dfrac{de(t)}{dt} = 20 \times 10^{-6} \times \dfrac{d}{dt} 10 \sin 2\pi t = 4\pi \times 10^{-4} \cos 2\pi t$ [A] 　　답 ④

Key point

R-L-C 직렬	$i = I_m \sin(\omega t - \theta)$ ($X_L > X_C$인 경우)	$\theta = \tan^{-1} \dfrac{X_L - X_C}{R}$	$I = \dfrac{V}{\sqrt{R^2 + (X_L - X_C)^2}}$ $= \dfrac{V}{Z}$	$X_L > X_C$: 유도성 $X_L < X_C$: 용량성 $X_L = X_C$: 직렬 공진

문제 01 ★★ 4[H] 인덕터에 $V = 8 \angle -50°$ [V]의 전압을 가하였을 때 흐르는 전류의 순시값[A]은? 단, ω는 100[rad/s]이다.

① $\sin(100t - 140°)$
② $0.02\sqrt{2} \sin(100t - 140°)$
③ $\cos(100t - 140°)$
④ $0.02\sqrt{2} \cos(100t - 140°)$

풀이 $I = \dfrac{V}{\omega L} = \dfrac{8\angle -50°}{100 \times 4} = 0.02 \angle -50°$

또, 전류는 전압보다 90° 위상이 뒤지므로
$I = 0.02 \angle -50° - 90° = 0.02 \angle -140°$ 　　답 ②

문제 02 1[H]의 인덕턴스에 그림과 같은 전류를 흘릴 경우 유기되는 기전력의 파형은?

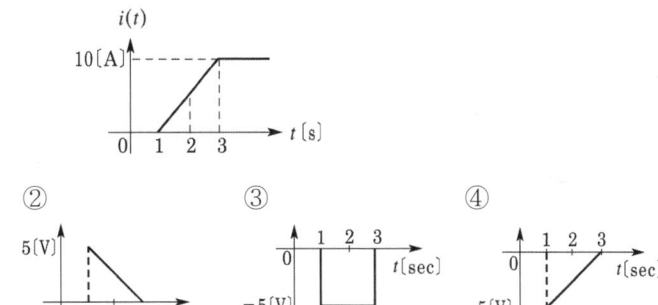

풀이 $V_L = -L\dfrac{di}{dt} = -1\dfrac{10}{2} = -5[V]$ 답 ③

문제 03 콘덴서와 코일에서 실제적으로 급격히 변화할 수 없는 것이 있다. 그것은 다음 중 어느 것인가?

① 코일에서 전압, 콘덴서에서 전류
② 코일에서 전류, 콘덴서에서 전압
③ 코일, 콘덴서 모두 전압
④ 코일, 콘덴서 모두 전류

풀이 $v_L = L\dfrac{di}{dt}$ 에서 i 가 급격히($t=0$인 순간) 변화하면 v_L 이 ∞ 가 되는 모순이 생기고,

$i_c = C\dfrac{dv}{dt}$ 에서 v 가 급격히 변화하면 i_c 가 ∞ 가 되는 모순이 생긴다.   답 ②

문제 04 3[μF]인 커패시턴스를 50[Ω]의 용량 리액턴스로 사용하면 주파수는 몇 [Hz]인가?

① 2.06×10^3
② 1.06×10^3
③ 3.06×10^3
④ 4.06×10^3

풀이 $X_C = \dfrac{1}{2\pi f C}$ 에서 $f = \dfrac{1}{2\pi C \cdot X_C}$ 이므로

$f = \dfrac{1}{2\pi \times 3 \times 10^{-6} \times 50} \fallingdotseq 1.06 \times 10^3 [Hz]$ 답 ②

문제 05 인덕턴스 $L = 20$[mH]인 코일에 실효값 $V = 50$[V], 주파수 $f = 60$[Hz]인 정현파 전압을 인가했을 때 코일에 축적되는 평균 자기 에너지 W_L[J]은?

① 6.3
② 0.63
③ 4.4
④ 0.44

풀이 $W_L = \dfrac{LI^2}{2} = \dfrac{L}{2}\left(\dfrac{V}{2\pi fL}\right)^2 = \dfrac{V^2}{8\pi^2 f^2 L} = \dfrac{50^2}{8\pi^2 \times 60^2 \times 20 \times 10^{-3}} = 0.44[\text{J}]$ **답** ④

문제 06 ☆

어떤 부하에 $V = 80 + j60[\text{V}]$의 전압을 가하여 $I = 4 + j2[\text{A}]$의 전류가 흘렀을 경우, 이 부하의 역률과 무효율은?

① 0.8, 0.6
② 0.894, 0.448
③ 0.916, 0.401
④ 0.984, 0.179

풀이 $P_a = \overline{V}I = (80 - j60)(4 + j2) = 440 - j80 = 447.21\angle -10.3[\text{VA}]$이므로
역률은 $\cos 10.3 = 0.984$, 무효율은 $\sin 10.3 = 0.179$가 된다.   **답** ④

필수 02 ★ 공진

$R = 10[\text{k}\Omega]$, $L = 10[\text{mH}]$, $C = 1[\mu\text{F}]$의 직렬 회로에 $|E| = 100[\text{V}]$인 전압을 가하면 그 주파수를 변화시켰을 때 최대 전류[mA]는?

① $\dfrac{1}{100}$
② $\dfrac{1}{10}$
③ 100
④ 10

유형분석 선택도 계산문제가 출제된다.

풀이 최대 전류는 $\omega L = \dfrac{1}{\omega C}$일 때이며 이때의 임피던스 $Z = R$이 된다.

즉, $I = \dfrac{E}{R} = \dfrac{100}{10 \times 10^3} = 0.01[\text{A}] = 10[\text{mA}]$ **답** ④

Key point

공진의 종류 구 분	직 렬 공 진	병 렬 공 진
회로의 Z, Y	$Z = R + j\left(\omega L - \dfrac{1}{\omega C}\right)$	$Y = \dfrac{1}{R} + j\left(\omega C - \dfrac{1}{\omega L}\right)$
공진 조건	$\omega_r L = \dfrac{1}{\omega_r C}$	$\omega_r C = \dfrac{1}{\omega_r L}$
공진 주파수	$f_r = \dfrac{1}{2\pi\sqrt{LC}}$	$f_r = \dfrac{1}{2\pi\sqrt{LC}}$
공진 전류	$I_r = \dfrac{E}{Z_r} = \dfrac{E}{R}$ (최대)	$I_r = Y_r E = \dfrac{E}{R}$ (최소)
선 택 도	$Q = \dfrac{\omega_r}{\omega_2 - \omega_1} = \dfrac{\omega_r L}{R} = \dfrac{1}{\omega_r CR} = \dfrac{1}{R}\sqrt{\dfrac{L}{C}}$	$Q = \dfrac{\omega_r}{\omega_2 - \omega_1} = \dfrac{R}{\omega_r L} = \omega_r CR = R\sqrt{\dfrac{C}{L}}$

문제 07

1[kHz]인 정현파 교류회로에서 5[mH]인 유도성 리액턴스와 크기가 같은 용량성 리액턴스를 갖는 C의 크기는 몇 [μF]인가?

① 2.07 ② 3.07 ③ 4.07 ④ 5.07

풀이 $\omega^2 = \dfrac{1}{LC}$, $C = \dfrac{1}{\omega^2 L} = \dfrac{1}{(2\times\pi\times 1000)^2 \times 5\times 10^{-3}} = 5.07\times 10^{-6} = 5.07[\mu F]$

답 ④

문제 08

$R = 5[\Omega]$, $L = 20[mH]$ 및 가변 용량 C로 구성된 R-L-C 직렬 회로에 주파수 1000[Hz]인 교류를 가한 다음, C를 가변하여 직렬 공진시켰다. $C_r[\mu F]$의 값과 선택도 Q는?

① $C_r = 2.277[\mu F]$, $Q = 2.512$
② $C_r = 1.268[\mu F]$, $Q = 2.512$
③ $C_r = 2.277[\mu F]$, $Q = 25.12$
④ $C_r = 1.268[\mu F]$, $Q = 25.12$

풀이 $C_r = \dfrac{1}{\omega_r^2 L} = \dfrac{1}{(2\pi\times 1000)^2 \times 20\times 10^{-3}} \fallingdotseq 1.268[\mu F]$

$Q = \dfrac{1}{R}\sqrt{\dfrac{L}{C}} = \dfrac{1}{5}\sqrt{\dfrac{20\times 10^{-3}}{1.268\times 10^{-6}}} \fallingdotseq 25.12$

답 ④

문제 09

그림과 같은 회로의 공진 주파수 f [Hz]는?

① $\dfrac{1}{2\pi\sqrt{LC}}$

② $\dfrac{1}{2\pi\sqrt{LC}}\sqrt{1 - \dfrac{R^2 L}{C}}$

③ $\dfrac{1}{2\pi}\sqrt{\dfrac{C}{L}}$

④ $\dfrac{1}{2\pi\sqrt{LC}}\sqrt{1 - \dfrac{R^2 C}{L}}$

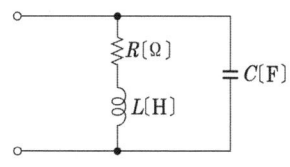

풀이 공진 조건은 $\omega_0 C - \dfrac{\omega_0 L}{R^2 + \omega_0^2 L^2}$ 이므로

$C = \dfrac{L}{R^2 + \omega_0^2 L^2}$, $L = CR^2 + \omega_0^2 L^2 C$

$\omega_0^2 = \dfrac{L - CR^2}{L^2 C} = \dfrac{1}{LC} - \dfrac{R^2}{L^2}$

$\therefore \omega_0 = \sqrt{\dfrac{1}{LC} - \dfrac{R^2}{L^2}}$

답 ④

문제 10 그림과 같은 R-L 회로에 교류 전압을 가할 때 주파수의 영향을 받지 않기 위해서 콘덴서 C를 병렬로 R에 연결하였다. 이때 C의 값은? 단, $\omega^2 C^2 R^2 \ll 1$이다.

① $C = \dfrac{L}{R}$

② $C = \dfrac{R^2}{L}$

③ $C = \dfrac{L}{R^2}$

④ $C = R^2 L$

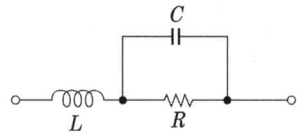

풀이 합성 임피던스의 허수부가 0가 되면 주파수의 영향을 받지 않는다.

$$Z = j\omega L + \dfrac{R \cdot \dfrac{1}{j\omega C}}{R + \dfrac{1}{j\omega C}} = j\omega L + \dfrac{R}{1+j\omega CR} = \dfrac{R}{1+\omega^2 C^2 R^2} + j\omega\left(L - \dfrac{CR^2}{1+\omega^2 C^2 R^2}\right)$$

여기서, $\omega^2 C^2 R^2 \ll 1$ 이므로 $L = CR^2$

$\therefore C = \dfrac{L}{R^2}$

답 ③

04 출제기준 – 교류전력

1 단상 교류 전력

1) 단상 교류 전력

① 순시 전력 : $p = vi$

> v, i : 순시값, p 순시전력

② 유효 전력(평균 전력, 소비 전력) : $P = VI\cos\theta = I^2 R[\mathrm{W}]$

> P : 평균전력, V, I : 실효값, $\cos\theta$: 역률, R : 저항

③ 무효 전력 : $P_r = VI\sin\theta = I^2 X[\mathrm{Var}]$

> P_r : 무효전력, V, I : 실효값, $\sin\theta$: 무효율, X : 리액턴스

④ 피상 전력 : $P_a = VI = \sqrt{P^2 + P_r^{\,2}} = I^2 Z[\mathrm{VA}]$

> P_a : 피상전력, V, I : 실효값, Z : 임피던스

⑤ 역 률 : $\cos\theta = \dfrac{P}{P_a} = \dfrac{P}{VI} = \dfrac{R}{Z}$

⑥ 무효율 : $\sin\theta = \dfrac{P_r}{P_a} = \dfrac{P_r}{VI} = \dfrac{X}{Z}$

2 복소 전력

$\boldsymbol{V} = V_1 + jV_2[\mathrm{V}]$, $\boldsymbol{I} = I_1 + jI_2[\mathrm{A}]$ 라면

$\boldsymbol{P_a} = \overline{\boldsymbol{V}}\boldsymbol{I} = (V_1 - jV_2)(I_1 + jI_2)$
$= (V_1 I_1 + V_2 I_2) - j(V_2 I_1 - V_1 I_2) = P - jP_r[\mathrm{VA}]$

> P_a : 복소전력, $\overline{V}$: 전압의 공액복소수, I : 전류의 복소수
> ※ 공액복소수 : 실수는 같고 허수의 부호가 반대인 복소수

① 유효 전력 : $P = V_1 I_1 + V_2 I_2[\mathrm{W}]$

② 무효 전력 : $P_r = V_2 I_1 - V_1 I_2[\mathrm{Var}]$

③ 피상 전력 : $P_a = \sqrt{P^2 + P_r^{\,2}}\;[\mathrm{VA}]$

3 최대 전력 전달

그림에서 최대 전력 전달 조건 및 최대 공급 전력은

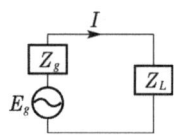

① $Z_g = R_g$, $Z_L = R_L$인 경우

$$R_L = R_g, \ P_{\max} = \frac{E_g^2}{4R_g}$$

> R_L : 부하저항, R_g : 내부저항, Z_L : 부하임피던스, $P_{\max}$: 최대 공급 전력
> ※ 최대전력공급조건 : 내부 임피던스[Ω] = 외부 임피던스[Ω]

② $Z_g = R_g + jX_g$, $Z_L = R_L$인 경우

$$R_L = |Z_g| = \sqrt{R_g^2 + X_g^2}, \ P_{\max} = \frac{E_g^2}{2(R_g + \sqrt{R_g^2 + X_g^2})}$$

③ $Z_g = R_g + jX_g$, $Z_L = R_L + jX_L$인 경우

$$Z_L = \overline{Z_g}, \ P_{\max} = \frac{E_g^2}{4R_g}$$

필수유형 및 과년도문제

필수 01 ★ 단상 교류 전력

저항 $R = 12[\Omega]$, 인덕턴스 $L = 13.3[\text{mH}]$인 $R-L$ 직렬 회로에 실효값 $|E| = 130[\text{V}]$, 주파수 $f = 60[\text{Hz}]$인 전압을 가했을 때 이 회로의 무효 전력은?

① 500[kVar] ② 0.5[kVar] ③ 5[kVar] ④ 50[kVar]

 유효전력, 무효전력, 피상전력, 역률 계산 등이 출제된다.

풀 이 $P_r = I^2 X = \left(\dfrac{E}{\sqrt{R^2+(\omega L)^2}}\right)^2 \cdot X = \dfrac{E^2 X}{R^2+(\omega L)^2} = \dfrac{130^2(2\times3.14\times60\times13.3\times10^{-3})}{12^2+(2\times3.14\times60\times13.3\times10^{-3})^2} = 500[\text{Var}]$

∴ 0.5[kVar]   **답** ②

Key point

① 순시 전력 : $p = vi$
② 유효 전력(평균 전력, 소비 전력) : $P = VI\cos\theta = I^2 R[\text{W}]$
③ 무효 전력 : $P_r = VI\sin\theta = I^2 X[\text{Var}]$
④ 피상 전력 : $P_a = VI = \sqrt{P^2 + P_r^2} = I^2 Z[\text{VA}]$

 문제 01 ★★ 어느 회로에 전압과 전류의 실효값이 각각 50[V], 10[A]이고 역률이 0.8이다. 소비 전력[W]은?

① 400 ② 500 ③ 300 ④ 600

풀이 $P = VI\cos\theta = 50\times10\times0.8 = 400[\text{W}]$ **답** ①

문제 02 ★★★ 저항 $R = 3[\Omega]$과 유도 리액턴스 $X_L = 4[\Omega]$이 직렬로 연결된 회로에 $v = 100\sqrt{2}\sin\omega t[\text{V}]$인 전압을 가하였다. 이 회로에서 소비되는 전력[kW]은?

① 1.2 ② 2.2 ③ 3.5 ④ 4.2

풀이 $P = \dfrac{V^2 R}{R^2+X^2} = \dfrac{100^2\times3}{3^2+4^2} = 1200[\text{W}] = 1.2[\text{kW}]$ **답** ①

문제 03 ★★
어떤 회로에 전압을 115[V]를 인가하였더니 유효 전력이 230[W], 무효 전력이 345[Var]를 지시한다면 회로에 흐르는 전류[A]의 값은 어느 것인가?

① 약 2.5   ② 약 5.6   ③ 약 3.6   ④ 약 4.5

풀이 $P_a = \sqrt{P^2 + P_r^2} = \sqrt{230^2 + 345^2} = 414.6$

$I = \dfrac{P_a}{V} = \dfrac{414.6}{115} \fallingdotseq 3.6[A]$

답 ③

문제 04 ★★★
역률 0.8, 소비 전력 800[W]인 단상 부하에서 30분간의 무효 전력량[Var·h]은?

① 200   ② 300   ③ 400   ④ 800

풀이 $P = VI\cos\theta$ 에서 $VI = \dfrac{P}{\cos\theta} = \dfrac{800}{0.8} = 1000[VA]$

$P_r = VI\sin\theta = 1000 \times 0.6 = 600[Var]$

∴ 무효 전력량 $= P_r \times t = 600 \times \dfrac{1}{2} = 300[Var \cdot h]$

답 ②

문제 05 ★★★★★
정격 600[W] 전열기에 정격 전압의 80[%]를 인가하면 전력은 몇 [W]로 되는가?

① 614   ② 545   ③ 486   ④ 384

풀이 $P = \dfrac{V^2}{R} = 600[W]$

$P' = \dfrac{(0.8V)^2}{R} = 0.64 \times \dfrac{V^2}{R} = 0.64 \times 600 = 384[W]$

답 ④

필수 02 ★★★ 복소 전력

그림과 같은 회로에서 $I_1 = 2e^{-j\frac{\pi}{3}}[A]$, $I_2 = 5e^{j\frac{\pi}{3}}[A]$, $I_3 = 1[A]$이다.
이 단상 회로에서의 평균 전력[W] 및 무효 전력[Var]은?

① 10, -9.75
② 20, 19.5
③ 20, -19.5
④ 45, 26

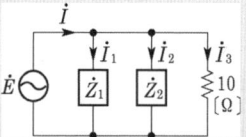

유형분석 복소전력의 계산 문제가 출제된다.
복소전력은 전압이나 전류 중 하나를 공액복소수를 취하여 계산하여야 함을 기억한다.

풀 이

$$I = I_1 + I_2 + I_3 = 2e^{-j\frac{\pi}{3}} + 5e^{j\frac{\pi}{3}} + 1$$
$$= 2\left(\cos\frac{\pi}{3} - j\sin\frac{\pi}{3}\right) + 5\left(\cos\frac{\pi}{3} + j\sin\frac{\pi}{3}\right) + 1 = 4.5 + j2.6[A]$$
$$E = I_3 R = 1 \times 10 = 10[V]$$
$$\therefore P_a = \overline{E}I = 10(4.5 + j2.6) = 45 + j26[VA]$$

답 ④

Key point

$$P_a = \overline{V}I = (V_1 - jV_2)(I_1 + jI_2)$$
$$= (V_1 I_1 + V_2 I_2) - j(V_2 I_1 - V_1 I_2) = P - jP_r[VA]$$

문제 06 ★ 어떤 회로에 $V = 100 + j20$[V]인 전압을 가했을 때, $I = 4 + j3$[A]인 전류가 흘렀다. 이 회로의 임피던스 $Z[\Omega]$ 및 소비 전력 P[W]는?

① $Z = 19.5 - j9.9$, $P = 450$
② $Z = 18.4 - j8.8$, $P = 460$
③ $Z = 17.3 - j8.7$, $P = 470$
④ $Z = 17.3 + j8.7$, $P = 470$

풀이
$$Z = \frac{V}{I} = \frac{100 + j20}{4 + j3} = \frac{(100 + j20)(4 - j3)}{4^2 + 3^2} = 18.4 - j8.8[\Omega]$$
$$P_a = \overline{V}I = (100 - j20)(4 + j3) = 460 + j220[VA]$$
$$\therefore P = 460[W]$$

답 ②

---

03 ★★★★
최대 전력 전달

그림과 같이 전압 E와 저항 R로 되는 회로 단자 A, B간에 적당한 저항 R_L을 접속하여 R_L에서 소비되는 전력을 최대로 하게 했다. 이때 R_L에서 소비되는 전력 P는 얼마인가?

① $\dfrac{E^2}{4R}$ ② $\dfrac{E^2}{2R}$

③ $\dfrac{E^2}{3R_L}$ ④ $\dfrac{E}{R_L}$

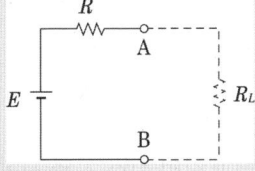

유형분석 최대전력전달조건과 최대전력의 공식에 관한 문제가 출제된다.

풀 이 ① 최대 전력 전송 조건 : $R_L = R$
② $P_m = I^2 R_L = \left(\dfrac{E}{R+R}\right)^2 R = \dfrac{E^2}{4R}$[W]

답 ①

Key point

$Z_g = R_g$, $Z_L = R_L$인 경우 $R_L = R_g$, $P_{\max} = \dfrac{E_g^2}{4R_g}$

문제 07 ★★★★

내부 임피던스 $Z_g = 0.3 + j2[\Omega]$인 발전기에 임피던스 $Z_l = 1.7 + j3[\Omega]$인 선로를 연결하여 부하에 전력을 공급한다. 부하 임피던스 $Z_0[\Omega]$이 어떤 값을 취할 때 부하에 최대 전력이 전송되는가?

① $2 - j5$ ② $2 + j5$ ③ 2 ④ $\sqrt{2^2 + 5^2}$

[풀이] 발전기 내부 임피던스와 선로 임피던스의 합을 전원 임피던스로 생각하면 전원 임피던스 Z_s는
$Z_s = Z_g + Z_l = 0.3 + j2 + 1.7 + j3 = 2 + j5[\Omega]$
최대 전력 전달 조건에서의 $Z_0 = \overline{Z_s}$이므로
$Z_0 = 2 - j5[\Omega]$

답 ①

문제 08 ★★☆

부하 저항 R_L이 전원의 내부 저항 R_0의 3배가 되면 부하 저항 R_L에서 소비되는 전력 P_L은 최대 전송 전력 P_m의 몇 배인가?

① 0.89 ② 0.75 ③ 0.5 ④ 0.3

[풀이]
$P_L = I^2 R_L = \left(\dfrac{V_g}{R_0 + R_L}\right)^2 \cdot R_L = \left(\dfrac{V_g}{R_0 + 3R_0}\right)^2 \times 3R_0 = \dfrac{3}{16} \cdot \dfrac{V_g^2}{R_0}$

$P_{\max} = \dfrac{V_g^2}{4R_0}$

$\therefore \dfrac{P_L}{P_{\max}} = \dfrac{\dfrac{3}{16} \cdot \dfrac{V_g^2}{R_0}}{\dfrac{1}{4} \cdot \dfrac{V_g^2}{R_0}} = \dfrac{12}{16} = 0.75[\text{배}]$

답 ②

문제 09 ★★☆

그림과 같이 전압 E와 저항 R로 된 회로의 단자 A, B 간에 적당한 저항 R_L을 접속하여 R_L에서 소비되는 전력을 최대로 되게 하고자 한다. R_L을 어떻게 하면 되는가?

① R ② $\dfrac{3}{2}R$
③ $\dfrac{1}{2}R$ ④ $2R$

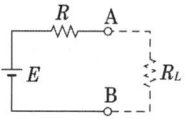

[풀이] 최대 전력 전송 조건은 임피던스 정합, 즉 $R = R_L$이 되어야 한다.

답 ①

05 출제기준 – 결합회로

1 결합계수

1) 상호 인덕턴스의 크기

그림과 같이 1차측의 전류 i_1에 의하여 2차측에 유기되는 상호 유도 전압 e_{12}는

$$e_{12} = \pm M \frac{di_1}{dt}$$

M : 상호인덕턴스, di_1 : 전류의 변화량, dt : 시간의 변화량

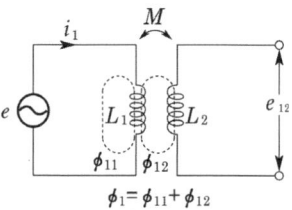

여기서 M을 상호 인덕턴스라 한다.

2) 상호 인덕턴스의 극성

상호 유도 전압의 극성은 두 코일에서 생기는 자속이 합쳐지는 방향이면 +, 반대방향이면 -가 된다.

3) 결합계수

두 코일의 자기 인덕턴스가 L_1, L_2이고 상호 인덕턴스가 M인 경우 결합 계수 k는

$$k = \frac{M}{\sqrt{L_1 L_2}} \quad (0 \leq k \leq 1)$$

L_1, L_2 : 자기인덕턴스, M : 상호인덕턴스

2 인덕턴스의 접속

1) 직렬 접속

그림과 같은 직렬 접속인 경우 합성 인덕턴스 L_0는

$$L_0 = L_1 + L_2 \pm 2M$$

M의 부호는 화동결합이면 +, 차동결합이면 -이다.

(a) 화동결합   (b) 차동결합

2) 병렬 접속

그림과 같은 병렬 접속인 경우 합성 인덕턴스 L_0는,

$$L_0 = \frac{L_1 L_2 - M^2}{L_1 + L_2 \pm 2M}$$

L_1, L_2 : 자기인덕턴스 , M : 상호인덕턴스

분모의 M의 부호는 화동 결합이면 $-$, 차동 결합이면 $+$이다.

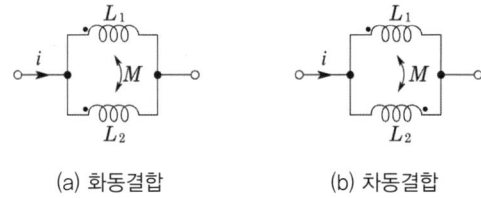

(a) 화동결합　　　(b) 차동결합

3 브리지 회로

평형 조건은

$$Z_1 I_1 = Z_3 I_2,\ Z_2 I_1 = Z_4 I_2$$

$$\therefore \frac{I_1}{I_2} = \frac{Z_3}{Z_1} = \frac{Z_4}{Z_2}$$

따라서 $Z_1 Z_4 = Z_2 Z_3$　　Z_1, Z_2, Z_3, Z_4 : 임피던스

◀◀◀ 완벽대비 전기기사필기

필수유형 및 과년도문제

필수 01 ★ 결합계수

20[mH]의 두 자기 인덕턴스가 있다. 결합 계수를 0.1부터 0.9까지 변화시킬 수 있다면 이것을 접속시켜 얻을 수 있는 합성 인덕턴스의 최댓값과 최솟값의 비는?

① 9 : 1 ② 19 : 1 ③ 13 : 1 ④ 16 : 1

유형분석 결합계수에 관련된 문제가 출제된다.

풀이
$L_0 = L_1 + L_2 + 2\alpha\sqrt{L_1 L_2}$

최대 : $L_0' = 20 + 20 + 2 \times 0.9\sqrt{20 \times 20} = 76$
최소 : $L_0 = 20 + 20 - 2 \times 0.9\sqrt{20 \times 20} = 4$
∴ 최대와 최소의 비는 76 : 4 = 19 : 1

답 ②

Key point

두 코일의 자기 인덕턴스가 L_1, L_2이고 상호 인덕턴스가 M인 경우 결합 계수 k는
$$k = \frac{M}{\sqrt{L_1 L_2}} \ (0 \leq k \leq 1)$$

문제 01 ★★★★★
코일이 2개 있다. 한 코일의 전류가 매초 150[A]일 때 다른 코일에는 75[V]의 기전력이 유기된다. 이때 두 코일의 상호 인덕턴스는?

① 1[H] ② $\frac{1}{2}$[H] ③ $\frac{1}{4}$[H] ④ 0.75[H]

풀이
$V_L = M\dfrac{di(t)}{dt}$

$M = \dfrac{V_L}{\dfrac{di(t)}{dt}} = \dfrac{75}{150} = \dfrac{1}{2}$[H]

답 ②

문제 02 ★★★

그림과 같은 회로에서 $i_1 = I_m \sin \omega t$ 일 때 개방된 2차 단자에 나타나는 유기 기전력 e_2는 몇 [V]인가?

① $\omega M I_m \sin \omega t$
② $\omega M I_m \cos \omega t$
③ $\omega M I_m \sin(\omega t - 90°)$
④ $\omega M I_m \sin(\omega t + 90°)$

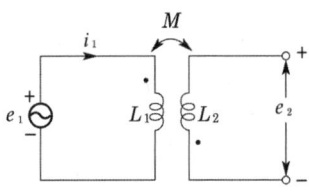

풀이 e_1은 i_1 보다 90° 앞서고 e_2 는 e_1 과 역위상이므로
$e_1 = \omega M I_m \sin(\omega t - 90°)$[V] 또는
$e_2 = -M\dfrac{di_1}{dt} = -\omega M I_m \cos \omega t = \omega M I_m \sin(\omega t - 90°)$[V]

답 ③

문제 03 ★★★

인덕턴스 L_1, L_2가 각각 3[mH], 6[mH]인 두 코일간의 상호 인덕턴스 M이 4[mH]라고 하면 결합 계수 k는?

① 약 0.94   ② 약 0.44
③ 약 0.89   ④ 약 1.12

풀이 $k = \dfrac{M}{\sqrt{L_1 L_2}} = \dfrac{4}{\sqrt{3 \times 6}} \fallingdotseq 0.94$

답 ①

필수 02 ★★★ 인덕턴스의 접속

그림의 회로에서 합성 인덕턴스는?

① $\dfrac{L_1 L_2 + M^2}{L_1 + L_2 - 2M}$ ② $\dfrac{L_1 L_2 - M^2}{L_1 + L_2 - 2M}$
③ $\dfrac{L_1 L_2 + M^2}{L_1 + L_2 + 2M}$ ④ $\dfrac{L_1 L_2 - M^2}{L_1 + L_2 + 2M}$

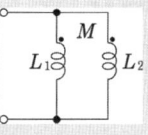

유형분석 직렬 및 병렬회로의 인덕턴스 계산 문제가 출제된다.

풀이 병렬 접속형의 등가 회로를 그려 보면 그림과 같다.
그러므로 합성 인덕턴스 L_0는
$L_0 = M + \dfrac{(L_1 - M)(L_2 - M)}{(L_1 - M) + (L_2 - M)} = \dfrac{L_1 L_2 - M^2}{L_1 + L_2 - 2M}$

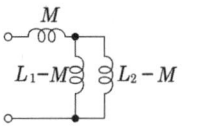

답 ②

Key point

(1) 직렬 접속 : $L_0 = L_1 + L_2 \pm 2M$

  M의 부호는 화동 결합이면 +, 차동 결합이면 -이다.

(2) 병렬 접속 : $L_0 = \dfrac{L_1 L_2 - M^2}{L_1 + L_2 \pm 2M}$

  분모의 M의 부호는 화동 결합이면 -, 차동 결합이면 +이다.

문제 04 ★★ 코일 (1)의 권수 $N_1 = 50$회, 코일 (2)의 권수 $N_2 = 500$회이다. 코일 (1)에 1[A]의 전류를 흘렸을 때 코일 (1)과 쇄교하는 전 자속 $\phi_1 = \phi_{11} + \phi_{12} = 6 \times 10^{-4}$[Wb]이고 코일 (2)와 쇄교하는 자속 $\phi_{12} = 5.5 \times 10^{-4}$[Wb]이다. 코일 (2)에 1[A]를 흘렸을 때 코일 (2)와 쇄교하는 자속 $\phi_2 = \phi_{21} + \phi_{22} = 6 \times 10^{-3}$[Wb]이고, 코일 (1)과 쇄교하는 자속 ϕ_{21}은 5.5×10^{-3}[Wb]라고 할 때 결합 계수 k의 값은?

① 약 0.917   ② 약 1   ③ 약 0.817   ④ 약 0.717

풀이 $k = \sqrt{k_{12} k_{21}} = \sqrt{\dfrac{\phi_{12}}{\phi_1} \cdot \dfrac{\phi_{21}}{\phi_2}} = \sqrt{\dfrac{5.5 \times 10^{-4}}{6 \times 10^{-4}} \cdot \dfrac{5.5 \times 10^{-3}}{6 \times 10^{-3}}} \fallingdotseq 0.917$

답 ①

문제 05 ★★ 그림과 같이 직렬로 유도 결합된 회로에서 단자 a, b로 본 등가 임피던스 Z_{ab}를 나타낸 식은 어느 것인가?

① $R_1 + R_2 + R_3 + j\omega(L_1 + L_2 - 2M)$
② $R_1 + R_2 + j\omega(L_1 + L_2 + 2M)$
③ $R_1 + R_2 + R_3 + j\omega(L_1 + L_2 + L_3 + 2M)$
④ $R_1 + R_2 + R_3 + j\omega(L_1 + L_2 + L_3 - 2M)$

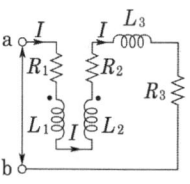

풀이 $L_0 = L_1 + L_2 \pm 2M$에서 L_1과 L_2에 흐르는 전류가 다른 방향으로 유입하므로 M의 부호는 -이다.

답 ④

문제 06 ★★★ 그림과 같이 1개의 콘덴서와 2개의 코일이 직렬로 접속된 회로에 300[Hz]의 주파수가 공진한다고 한다. 콘덴서의 정전 용량 및 코일의 자기 인덕턴스를 각각 $C = 25[\mu F]$, $L_1 = 4.3$[mH], $L_2 = 4.6$[mH]라고 하면 코일간의 상호 인덕턴스 M[mH]은 얼마인가? 단, 코일은 같은 방향으로 감겨져 있고, 동일축 상에 놓여져 있는 것으로 한다.

① 2.36
② 1.18
③ 1.91
④ 1.0

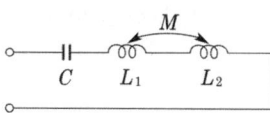

풀이 화동 결합이므로 두 코일의 인덕턴스 $L = L_1 + L_2 + 2M$ ······ ①

또, L과 C 사이에 300[Hz]로 공진이 되므로 $L = \dfrac{1}{\omega^2 C}$ ······ ②

식 ①, ②에서 $L_1 + L_2 + 2M = \dfrac{1}{\omega^2 C}$

$M = \dfrac{1}{2}\left(\dfrac{1}{\omega^2 C} - L_1 - L_2\right) = \dfrac{1}{2}\left\{\dfrac{1}{(2\pi \times 300)^2 \times 25 \times 10^{-6}} - 4.3 \times 10^{-3} - 4.6 \times 10^{-3}\right\} = 1.18\text{[mH]}$ **답 ②**

필수 03 ★ 브리지 회로

그림과 같은 회로에서 A, B 사이에 흐르는 전류는 몇 [A]인가? 단, 단위는 [Ω]이다.

① 4
② 3
③ 2
④ 1

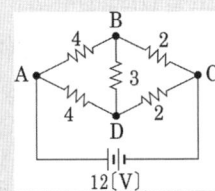

유형분석 브리지 평형조건을 이용하여 계산하는 문제가 출제된다.

풀이 브리지가 평형이므로

$I = \dfrac{12}{4+2} = 2\text{[A]}$

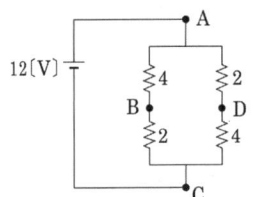

답 ③

Key point

평형 조건은 $Z_1 Z_4 = Z_2 Z_3$

문제 07 ★★★ 그림과 같은 회로에서 절점 a와 절점 b의 전압이 같을 조건은?

① $R_1 R_2 = R_3 R_4$
② $R_1 + R_3 = R_2 R_4$
③ $R_1 R_3 = R_2 R_4$
④ $R_1 R_2 = R_3 + R_4$

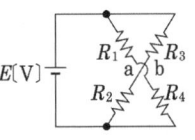

풀이 문제의 회로는 그림과 같으므로 절점 a와 절점 b의 전압이 같기 위한 조건은 브리지가 평형 상태에 있으면 된다. 즉

$R_1 R_2 = R_3 R_4$

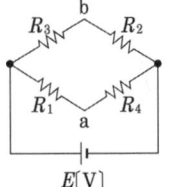

답 ①

문제 08 그림과 같은 브리지의 평형 조건은?

① $\dfrac{1}{C_1 C_2} = R_1 R_2$

② $C_1 C_2 = R_1 R_2$

③ $C_1 R_2 = C_2 R_1$

④ $C_1 R_1 = C_2 R_2$

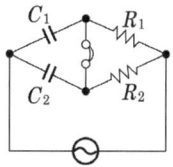

풀이

$R_2 \dfrac{1}{j\omega C_1} = R_1 \dfrac{1}{j\omega C_2}$

$\therefore \dfrac{R_2}{C_1} = \dfrac{R_1}{C_2} \quad \therefore R_1 C_1 = R_2 C_2$

답 ④

06 출제기준 – 회로망

1 키르히호프의 법칙 (Kirchhoff's Law)

1) 제1법칙 (전류 법칙 : K·C·L)

$$\sum_{k=1}^{n} I_k = 0$$

회로망 중에서 임의의 한 점에서 들어오는 전류의 합은 나가는 전류의 합과 같다.

2) 제2법칙 (전압 법칙 : K·V·L)

$$\sum_{k=1}^{n} V_k = \sum_{k=1}^{n} I_k Z_k$$

회로망 중에서 임의의 한 폐회로에서 기전력의 합은 전압강하의 합과 같다.

2 중첩의 원리

회로망 내에 다수의 기전력이 동시에 존재할 때 회로 전류는 각 기전력이 각각 단독으로 그 위치에 존재할 때 흐르는 전류의 합이다.

1) 전압원

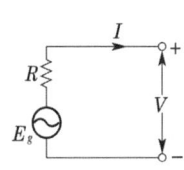 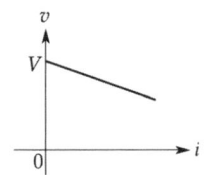 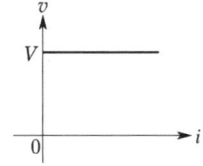

(a) 전압원 회로 (b) 실제 전압원의 특성 (c) 이상 전압원의 특성

① 실제 전압원 : 그림 (a), (b)와 같이 내부 저항을 포함하는 전압원
② 이상 전압원 : 그림 (c)와 같은 특성으로 내부 전압이 0인 전압원

2) 전류원

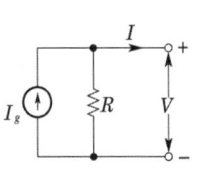 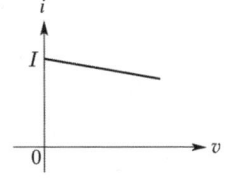 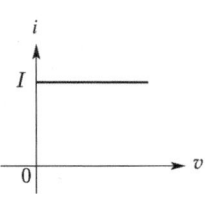

(a) 전류원 회로 (b) 실제 전류원의 특성 (c) 이상 전류원의 특성

① 실제 전류원 : 그림 (a), (b)와 같이 내부 저항을 포함하는 전류원
② 이상 전류원 : 그림 (c)와 같은 특성으로 내부 저항이 ∞인 전류원

3) 등가 회로

그림 (a)와 (b)는 서로 등가이다.

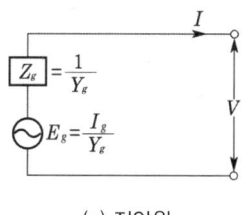

(a) 전압원   (b) 전류원

3 테브낭의 정리 (Thevenin's theorem)

$$I = \frac{V}{Z_g + Z_L}$$

V : 단자 a, b 양단에 나타나는 전압
Z_g : 단자 a, b에서 본 합성 임피던스
Z_L : 부하 임피던스

4 밀만의 정리 (Millman's theorem)

밀만의 정리는 중성점 전압을 구하는데 사용된다. 전력공학의 중성점 전위 산출 공식도 밀만의 정리로 증명된다.

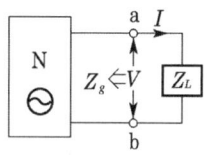

$$V_{ab} = \frac{\sum_{k=1}^{n} I_k}{\sum_{k=1}^{n} Y_k} = \frac{\sum_{k=1}^{n} \frac{V_k}{Z_k}}{\sum_{k=1}^{n} \frac{1}{Z_k}} = \frac{\frac{V_1}{Z_1} + \frac{V_2}{Z_2} + \cdots + \frac{V_n}{Z_n}}{\frac{1}{Z_1} + \frac{1}{Z_2} + \cdots + \frac{1}{Z_n}}$$

5 가역 정리

1) 상반 정리 : reciprocal theorem

임의의 회로망에서 j지로에 기전력 E_j만 존재할 때 k지로에 I_k 전류가 흐르고, k지로에 기전력 E_k만 존재할 때 j지로에 I_j 전류가 흐른다면 $E_j I_j = E_k I_k$가 성립한다.

필수유형 및 과년도문제

필수 01 ★★ 키르히호프의 법칙(Kirchhoff's Law)

다음에서 전류 i_5는?

① 37[A] ② 47[A]
③ 57[A] ④ 67[A]

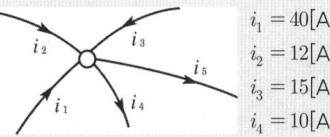

$i_1 = 40[A]$
$i_2 = 12[A]$
$i_3 = 15[A]$
$i_4 = 10[A]$

유형분석 기사에서는 출제빈도가 낮은 편이다.

풀 이 키르히호프의 1법칙 $i_1 + i_2 + i_3 - i_4 - i_5 = 0$

∴ $i_5 = i_1 + i_2 + i_3 - i_4 = 40 + 12 + 15 - 10 = 57[A]$

답 ③

Key point

- 전류법칙 : 회로망 중에서 임의의 한 점에서 들어오는 전류의 합은 나가는 전류의 합과 같다.
- 전압법칙 : 회로망 중에서 임의의 한 폐회로에서 기전력의 합은 전압강하의 합과 같다.

필수 02 ★★★★★ 중첩의 원리

그림과 같은 회로에서 전류 I[A]를 구하면?

① 2   ② -2
③ -4 ④ 4

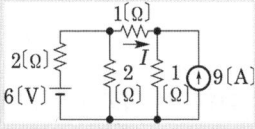

유형분석 중첩의 원리를 이용하여 계산하는 문제가 출제된다.

풀 이 그림 (a), (b)에서 전류원 개방 시 $I' = \dfrac{6}{2 + \dfrac{(1+1) \times 2}{(1+1) + 2}} \cdot \dfrac{2}{(1+1)+2} = 1[A]$

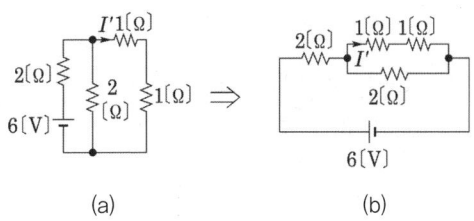

(a)　　　　　(b)

그림 (c), (d)에서 전압원 단락 시 $I'' = 9 \times \dfrac{1}{\left(1 + \dfrac{2 \times 2}{2+2}\right) + 1} = 3[\text{A}]$

전 전류 I는 I'과 I''의 방향이 반대이므로 $I = I' - I'' = 1 - 3 = -2[\text{A}]$

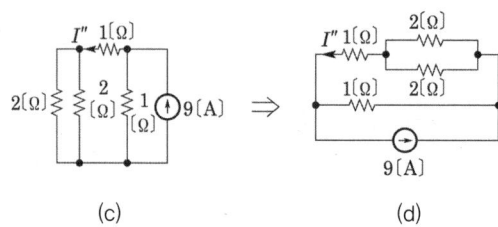

(c) (d)

답 ②

Key point

회로망 내에 다수의 기전력이 동시에 존재할 때 회로 전류는 각 기전력이 각각 하나씩만 있다고 가정하여 전류를 구한 다음, 위치에 존재할 때 흐르는 전류의 합이다. 이때 제거되는 전압원은 단락하며, 제거되는 전류원은 개방한다.

문제 01 ★★☆ 선형 회로에 가장 관계가 있는 것은?

① 키르히호프의 법칙
② 중첩의 원리
③ $V = RI^2$
④ 패러데이의 전자 유도 법칙

풀이 중첩의 원리는 선형 회로인 경우에만 적용한다.

답 ②

문제 02 ★★★★★ 그림에서 저항 20[Ω]에 흐르는 전류는 몇 [A]인가?

① 0.4
② 1
③ 3
④ 3.4

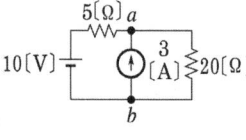

풀이 중첩의 원리에 의하여

10[V]에 의한 전류 : $I_1 = \dfrac{10}{5+20} = 0.4[\text{A}]$

3[A]에 의한 전류 : $I_2 = \dfrac{5}{5+20} \times 3 = 0.6[\text{A}]$

$\therefore I = I_1 + I_2 = 0.4 + 0.6 = 1.0[\text{A}]$

답 ②

문제 03 ★★ 회로에서 I_x의 값은 몇 [A]인가?

① 1
② 2
③ -1
④ 3

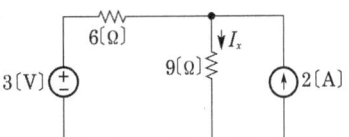

풀이 3[V]의 전압원에 의해서 9[Ω]에 흐르는 전류를 I'라 하면

$$I' = \frac{3}{6+9} = \frac{3}{15} = 0.2[A]$$

2[A]의 전류원에 의해 9[Ω]에 흐르는 전류를 I''라 하면

$$I'' = \frac{6}{6+9} \times 2 = \frac{12}{15} = 0.8[A]$$

$$I_x = I' + I'' = 0.2 + 0.8 = 1[A]$$

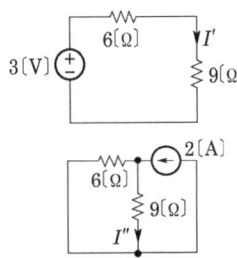

답 ①

문제 04 ★☆ 그림과 같은 회로에서 7[Ω] 저항 양단의 전압[V]은?

① 4
② -4
③ 7
④ -7

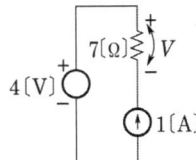

풀이 전압원은 단락하고 전류원은 개방하여 중첩의 원리를 적용하면 전압원이 존재할 때 전류는 흐르지 않는다. 그러므로 전류원 존재 시에만 전류가 흐르게 되므로 7[Ω]에 걸리는 전압은 7[V]이다.
그런데 전류원의 방향과 V의 방향이 반대이므로 $V = -7[V]$가 된다.

답 ④

문제 05 ★★★ 그림과 같은 회로에서 전압 v[V]는?

① 약 0.93
② 약 0.6
③ 약 1.47
④ 약 1.5

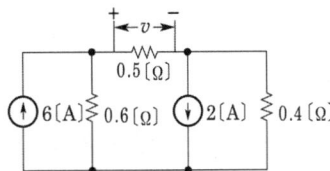

풀이 $6 \times \dfrac{0.6}{0.6+0.9} = 2.4[A]$, $2 \times \dfrac{0.4}{1.1+0.4} = 0.53[A]$

$(2.4 + 0.53) \times 0.5 ≒ 1.47[V]$

답 ③

필수 03 ★★★ 테브낭의 정리(Thevenin's theorem)

그림의 (a), (b)가 등가가 되기 위한 I_g[A], R[Ω]의 값은?

① 0.5, 10
② 0.5, $\frac{1}{10}$
③ 5, 10
④ 10, 10

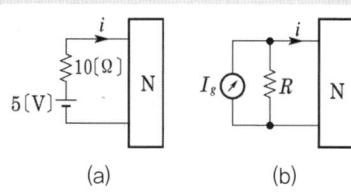

유형분석 자주 나오는 문제 중 하나이다. 노튼 정리와 더불어 기억한다.

풀이 전압원을 전류원으로 고치면 $I_g = \dfrac{E}{R} = \dfrac{5}{10} = 0.5$[A] 답 ①

Key point

$$I = \frac{V}{Z_g + Z_L}$$

문제 06 ★★ 그림 (a)를 그림 (b)와 같은 등가 전류원으로 변환할 때 I 와 R은?

① $I = 6$, $R = 2$
② $I = 3$, $R = 5$
③ $I = 4$, $R = 0.5$
④ $I = 3$, $R = 2$

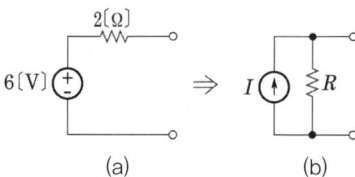

풀이 $I = \dfrac{V}{R} = \dfrac{6}{2} = 3$[A], $R = R' = 2$[Ω] 답 ④

문제 07 ★★★ 그림과 같은 회로망을 테브낭의 등가 회로로 변환할 때 a, b단자에서 본 등가 전압원의 값은 얼마인가?

① 6.96[V]
② 7.25[V]
③ 12.32[V]
④ 13.92[V]

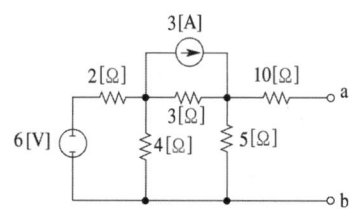

풀이 a, b단자의 전압 V_{ab}는 5[Ω] 양단의 전압이므로 그림과 같이 두 절점의 전압이 v_1, v_2라면 $V_{ab}=v_2$가 된다. 그림에서 절점 방정식을 세우면

$$\begin{bmatrix} \frac{1}{2}+\frac{1}{3}+\frac{1}{4} & -\frac{1}{3} \\ -\frac{1}{3} & \frac{1}{3}+\frac{1}{5} \end{bmatrix} \begin{bmatrix} v_1 \\ v_2 \end{bmatrix} = \begin{bmatrix} 3-3 \\ 3 \end{bmatrix}$$

$$v_2 = V_{ab} = \frac{\begin{vmatrix} \frac{13}{12} & 0 \\ -\frac{1}{3} & 3 \end{vmatrix}}{\begin{vmatrix} \frac{13}{12} & -\frac{1}{3} \\ -\frac{1}{3} & \frac{8}{15} \end{vmatrix}} = \frac{\frac{13}{4}}{\frac{7}{15}} = 6.96[V]$$

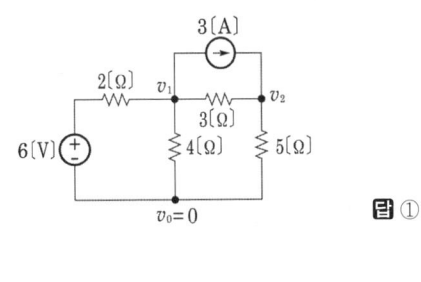

답 ①

문제 08 ★★

회로망의 개방 전압 E, 합성 임피던스 Z_0, 부하 저항 Z이라면 여기에 흐르는 전류 I는?

① $\dfrac{V}{Z_0}$ ② $\dfrac{V}{Z}$ ③ $\dfrac{V}{Z_0+Z}$ ④ $\dfrac{V}{Z_0-Z}$

풀이 테브낭의 정리

$I = \dfrac{V}{Z_0+Z}$

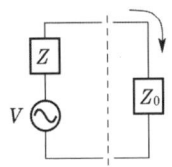

답 ③

문제 09 ★★★★★

테브낭 정리를 써서 그림 (a)의 회로를 그림 (b)와 같은 등가 회로로 만들고자 한다. $E[V]$와 $R[Ω]$을 구하면?

① 3, 2
② 5, 2
③ 5, 5
④ 3, 1.2

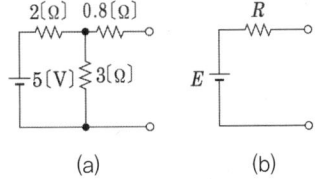

풀이 $E = 5 \times \dfrac{3}{3+2} = 3[V]$

$R = 0.8 + \dfrac{2 \times 3}{2+3} = 2[Ω]$

답 ①

문제 10 ★

전류가 전압에 비례한다는 것을 가장 잘 나타낸 것은?

① 키르히호프의 법칙 ② 테브낭의 정리
③ 밀만의 정리 ④ 중첩의 원리

풀이 전압과 전류의 비례 : 테브낭의 정리
선형 회로 : 중첩의 원리

답 ②

필수 04 ★☆ 밀만의 정리 (Millman's theorem)

그림과 같은 회로에서 a, b 사이의 전위차[V]는?

① 2
② 4
③ 6
④ 8

유형분석 자주 출제되는 문제로, 밀만의 정리 공식과 계산 문제가 출제된다.

풀 이 밀만의 정리에서 $V_{ab} = \dfrac{\dfrac{5}{30} + \dfrac{10}{10} + \dfrac{5}{30}}{\dfrac{1}{30} + \dfrac{1}{10} + \dfrac{1}{30}} = 8[V]$

답 ④

Key point

$$V_{ab} = \dfrac{\sum_{k=1}^{n} I_k}{\sum_{k=1}^{n} Y_k} = \dfrac{\sum_{k=1}^{n} \dfrac{V_k}{Z_k}}{\sum_{k=1}^{n} \dfrac{1}{Z_k}} = \dfrac{\dfrac{V_1}{Z_1} + \dfrac{V_2}{Z_2} + \cdots + \dfrac{V_n}{Z_n}}{\dfrac{1}{Z_1} + \dfrac{1}{Z_2} + \cdots + \dfrac{1}{Z_n}}$$

문제 11 ★★★★★ 다음 회로의 단자 a, b에 나타나는 전압[V]은 얼마인가?

① 9
② 10
③ 12
④ 3

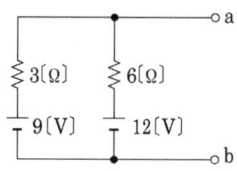

풀이 밀만의 정리를 사용하여

$$E_{ab} = \dfrac{E_1 Y_1 + E_2 Y_2}{Y_1 + Y_2} = \dfrac{\dfrac{9}{3} + \dfrac{12}{6}}{\dfrac{1}{3} + \dfrac{1}{6}} = 10[V]$$

답 ②

필수 05 ★★★☆ 가역 정리

그림과 같은 선형 회로망에서 단자 a, b간에 100[V]의 전압을 가할 때 c, d에 흐르는 전류가 5[A]이었다. 반대로 같은 회로에서 c, d간에 50[V]를 가하면 a, b에 흐르는 전류[A]는?

① 2.5
② 10
③ 25
④ 50

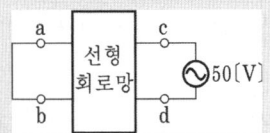

유형분석 기본문제를 기억한다.

풀이 가역 정리에 의하여 $E_1 I_1 = E_2 I_2$ 이므로 $I_1 = \dfrac{E_2}{E_1} I_2 = \dfrac{50}{100} \times 5 = 2.5$[A] 답 ①

Key point

임의의 회로망에서 j지로에 기전력 E_j 만 존재할 때 k지로에 I_k 전류가 흐르고, k지로에 기전력 E_k 만 존재할 때 j지로에 I_j 전류가 흐른다면 $E_j I_j = E_k I_k$ 가 성립한다.

문제 12 ★★★ 그림과 같은 회로에서 $E_1 = 1$[V], $E_2 = 0$[V]일 때의 I_2와 $E_1 = 0$[V], $E_2 = 1$[V]일 때의 I_1을 비교하였을 때 옳은 것은?

① $I_1 > I_2$
② $I_1 < I_2$
③ $I_1 = I_2$
④ $I_1 < I_3 < I_2$

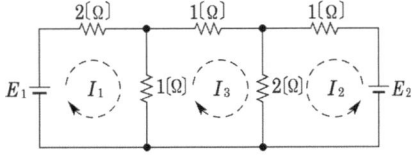

풀이 가역 정리에 의하여 두 경우의 전류는 같다. 답 ③

07 출제기준 – 다상 교류

1 성형전압과 환상전압의 관계

1) 대칭 3상 교류의 상전압과 선간전압

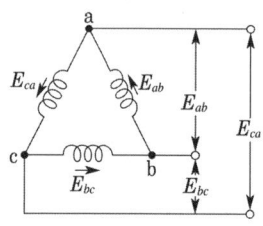

(a) △결선

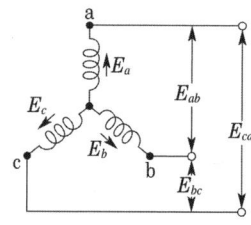

(b) Y결선

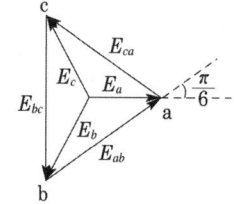

(c) 상전압과 선간 전압의 관계

① △결선인 경우(그림 (a))
  상전압 = 선간 전압

② Y결선인 경우(그림 (b), (c))

> Y 결선 : 선간 전압은 상전압의 $\sqrt{3}$ 배 크며 위상은 30° 앞선다.

$$E_{ab} = E_a - E_b = E_a(1-a^2) = \sqrt{3}\,E_a \angle \frac{\pi}{6}$$

$$E_{bc} = E_b - E_c = E_b(1-a^2) = \sqrt{3}\,E_b \angle \frac{\pi}{6}$$

$$E_{ca} = E_c - E_a = E_c(1-a^2) = \sqrt{3}\,E_c \angle \frac{\pi}{6}$$

2) 대칭 3상 교류의 상전류와 선전류

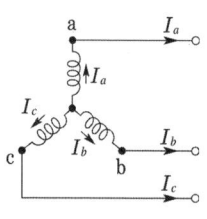

(a) Y결선

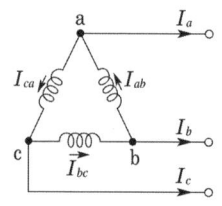

(b) △결선

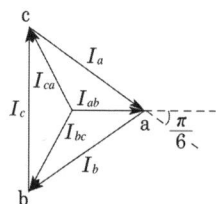

(c) 상전류와 선전류의 관계

① △결선인 경우(그림 (b), (c))

> △ 결선 : 선전류가 상전류보다 $\sqrt{3}$배 크며 위상은 30° 뒤진다.

$$I_a = I_{ab} - I_{ca} = I_{ab}(1-a) = \sqrt{3}\, I_{ab} \angle -\frac{\pi}{6}$$

$$I_b = I_{bc} - I_{ab} = I_{bc}(1-a) = \sqrt{3}\, I_{bc} \angle -\frac{\pi}{6}$$

$$I_c = I_{ca} - I_{bc} = I_{ca}(1-a) = \sqrt{3}\, I_{ca} \angle -\frac{\pi}{6}$$

② Y결선인 경우(그림 (a))
상전류 = 선전류

2 360/n 씩 위상차를 가진 대칭 n상 기전력의 기호 표기법

1) Y 결선

전압 : $V_l = 2\sin\dfrac{\pi}{n} V_p$, 전류 : $I_l = I_p$

위상 : $\theta = \dfrac{\pi}{2} - \dfrac{\pi}{n}$ 만큼 선간전압이 앞선다.

2) △결선

전압 : $V_l = V_p$, 전류 : $I_l = 2\sin\dfrac{\pi}{n} I_p$

위상 : $\theta = \dfrac{\pi}{2} - \dfrac{\pi}{n}$ 만큼 선전류가 뒤진다.

> V_l : 선간전압, V_p : 상전압, θ : 위상차, n : 상수, I_l : 선전류, I_p : 상전류

3 3상 Y결선 부하의 경우

$I_l = I_p$, $V_l = \sqrt{3}\, V_p \angle +30°$

4 3상 △결선 부하의 경우

$V_l = V_p$, $I_l = \sqrt{3}\, I_p \angle -30°$

5 다상 교류의 전력

1) n 상 회로의 유효 전력

$$P = nV_p I_p \cos\theta = \frac{n}{2\sin\frac{\pi}{n}} V_l I_l \cos\theta \, [\text{W}]$$

2) 3상 회로

① 유효 전력 : $P = 3V_p I_p \cos\theta = \sqrt{3}\, V_l I_l \cos\theta = 3I_p^2 R\,[\text{W}]$

② 무효 전력 : $P_r = 3V_p I_p \sin\theta = \sqrt{3}\, V_l I_l \sin\theta = 3I_p^2 X\,[\text{Var}]$

③ 피상 전력 : $P_a = 3V_p I_p = \sqrt{3}\, V_l I_l = \sqrt{P^2 + P_r^2} = 3I_p^2 Z\,[\text{VA}]$

3) 2전력계법에 의한 전력의 측정

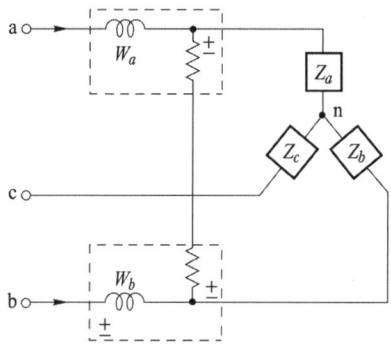 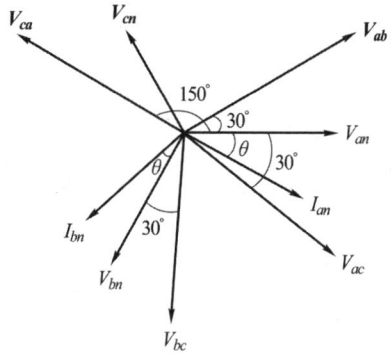

① 유효전력 $P = W_a + W_b$
② 무효전력 $P_r = \sqrt{3}\,(W_a - W_b)$
③ 역률 $\cos\theta = \dfrac{P}{P_a}$

$$= \frac{W_a + W_b}{2\sqrt{W_a^2 + W_b^2 - W_a W_b}}$$

2전력계법에서 역률은 다음과 같다.
- 양 전력계의 지시가 같으면 1
- 양 전력계의 지시가 어느 한쪽이 2배이면 0.866
- 양 전력계의 지시가 어느 한쪽이 3배이면 0.756
- 양 전력계중 어느 한쪽이 0 이면 0.5

W_a : a 상 전력계의 지시값
W_b : b 상 전력계의 지시값
P : 유효전력, P_a : 피상전력, P_r : 무효전력

6 3상 교류의 복소수에 의한 표시

$e_a = \sqrt{2}\,E\sin\omega t$, $e_b = \sqrt{2}\,E\sin\left(\omega t - \dfrac{2\pi}{3}\right)$, $e_c = \sqrt{2}\,E\sin\left(\omega t - \dfrac{4\pi}{3}\right)$

기호법으로 표시하면,

$$E_a = E = E\angle 0$$

$$E_b = Ee^{-j\frac{2\pi}{3}} = E\angle -\frac{2\pi}{3}$$

$$E_c = Ee^{-j\frac{4\pi}{3}} = E\angle -\frac{4\pi}{3}$$

7 성형, 환상결선 사이의 환산

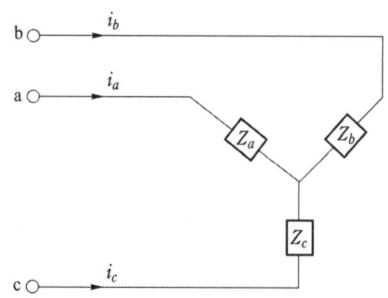
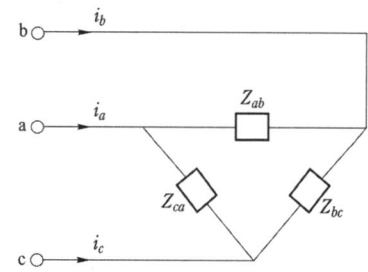

1) △결선을 Y결선으로 변환   같은 크기의 임피던스를 △결선에서 Y 결선으로 등가하면 $\frac{1}{3}$ 배로 된다.

$$Z_a = \frac{Z_{ca}Z_{ab}}{Z_{ab}+Z_{bc}+Z_{ca}}, \quad Z_b = \frac{Z_{ab}Z_{bc}}{Z_{ab}+Z_{bc}+Z_{ca}}, \quad Z_c = \frac{Z_{bc}Z_{ca}}{Z_{ab}+Z_{bc}+Z_{ca}}$$

2) Y 결선을 △ 결선으로 변환

$$Z_{ab} = \frac{Z_a Z_b + Z_b Z_c + Z_c Z_a}{Z_c}, \quad Z_{bc} = \frac{Z_a Z_b + Z_b Z_c + Z_c Z_a}{Z_a}$$

$$Z_{ca} = \frac{Z_a Z_b + Z_b Z_c + Z_c Z_a}{Z_b}$$

8 평형 3상 회로의 전력

① 유효전력 $P = 3\dfrac{V_P^2 R}{R^2 + X^2}$ ② 무효전력 $P_r = 3\dfrac{V_P^2 X}{R^2 + X^2}$

③ 피상전력 $P_a = 3\dfrac{V_P^2 \sqrt{R^2 + X^2}}{R^2 + X^2}$

3상 전력은 단상 전력의 3배이다. 여기서 V_P : 상전압이 되어야 함을 반드시 기억한다.

07 필수유형 및 과년도문제

필수 01 ★★★★★
성형전압과 환상전압의 관계

대칭 3상 Y결선 부하에서 각 상의 임피던스가 $Z = 16 + j12[\Omega]$이고 부하 전류가 10[A]일 때, 이 부하의 선간 전압[V]은?

① 235.4 ② 346.4 ③ 456.7 ④ 524.4

유형분석 선간전압과 상전압의 $\sqrt{3}$ 배에 관한 문제가 출제된다.

풀이 Y결선 선간 전압 = $\sqrt{3}$×상전압
상전압 = 부하 전류×1상 임피던스 = $10 \times \sqrt{16^2 + 12^2} = 200[V]$
∴ $V_l = \sqrt{3}\, V_p = 200\sqrt{3}\,[V] = 346.4[V]$

답 ②

Key point

(1) Y 결선 $I_l = I_p$, $V_l = \sqrt{3}\, V_p \angle +30°$
(2) △ 결선 $V_l = V_p$, $I_l = \sqrt{3}\, I_p \angle -30°$

문제 01 ☆
Y결선의 전원에서 각 상전압이 100[V]일 때 선간 전압[V]은?

① 143 ② 151 ③ 173 ④ 193

풀이 $V_l = \sqrt{3}\, V_p = \sqrt{3} \times 100 = 173[V]$

답 ③

필수 02 ★★★★☆
360/n 씩 위상차를 가진 대칭 n상 기전력의 기호 표기법

12상 Y결선 상전압이 100[V]일 때 단자 전압[V]은?

① 75.88 ② 25.88 ③ 100 ④ 51.76

유형분석 대칭 n상의 선간전압과 상전압의 관계, 위상차의 문제가 출제된다.

풀이 $V_l = 2V_p \sin\dfrac{\pi}{n} = 2 \times 100 \times \sin\dfrac{\pi}{12} = 51.76[V]$

답 ④

07. 다상 교류

Key point

(1) Y 결선
- 전압 : $V_l = 2\sin\dfrac{\pi}{n} V_p$, 전류 : $I_l = I_p$
- 위상 : $\theta = \dfrac{\pi}{2} - \dfrac{\pi}{n}$ 만큼 선간전압이 앞선다.

(2) △결선
- 전압 : $V_l = V_p$, 전류 : $I_l = 2\sin\dfrac{\pi}{n} I_p$
- 위상 : $\theta = \dfrac{\pi}{2} - \dfrac{\pi}{n}$ 만큼 선전류가 뒤진다.

문제 02 ★★★☆ 대칭 6상 기전력의 선간 전압과 상기전력의 위상차는?

① 75° ② 30° ③ 60° ④ 120°

풀이 대칭 n상인 경우 기전력의 위상차는
$\theta = \dfrac{\pi}{2}\left(1 - \dfrac{2}{n}\right) = \dfrac{180}{2}\left(1 - \dfrac{2}{6}\right) = 90 \times \dfrac{2}{3} = 60°$

답 ③

문제 03 ★★ 공간적으로 서로 $2\pi/n$[rad]의 각도를 두고 배치한 n개의 코일에 대칭 n상 교류를 흘리면 그 중심에 생기는 회전 자계의 모양은?

① 원형 회전 자계 ② 타원 회전 자계
③ 원통 회전 자계 ④ 원추형 회전 자계

풀이 3상 대칭 : 원형, 3상 비대칭 : 타원형

답 ①

필수 03 ★☆ 3상 Y결선 부하의 경우

$Z = 8 + j6[\Omega]$인 평형 Y부하에 선간 전압 200[V]인 대칭 3상 전압을 가할 때 선전류 [A]는?

① 11.5 ② 10.5 ③ 7.5 ④ 5.5

유형분석 선전류를 구하는 문제가 출제된다.

풀이
$I_l = I_p = \dfrac{V_p}{Z} = \dfrac{\frac{200}{\sqrt{3}}}{8 + j6} = 11.5[A]$

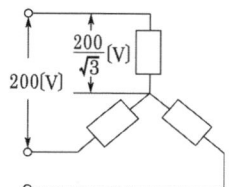

답 ①

$$I_l = I_p, \quad V_l = \sqrt{3}\, V_p \angle +30°$$

문제 04 ★ $R+jX[\Omega]$인 3개의 임피던스를 전압 $|E|$[V]의 대칭 3상 교류 선간에 접속하는 데 있어서 Y결선을 할 때의 선간 전류[A]는?

① $\dfrac{|E|}{\sqrt{2(R^2+X^2)}}$ ② $\dfrac{\sqrt{2}\,|E|}{\sqrt{R^2+X^2}}$

③ $\dfrac{\sqrt{3}\,|E|}{\sqrt{R^2+X^2}}$ ④ $\dfrac{|E|}{\sqrt{3(R^2+X^2)}}$

풀이 $I_0 = I_p = \dfrac{E_p}{Z} = \dfrac{|E|/\sqrt{3}}{\sqrt{R^2+X^2}} = \dfrac{|E|}{\sqrt{3(R^2+X^2)}}$ **답** ④

★ 3상 △결선 부하의 경우

세 개의 저항 R을 △결선하여 3상 평형 전원에 연결하였더니 전전류가 그림에서처럼 100[A] 흘렀다. ac 단자간의 저항선 한 상이 단선되었다면 각 선전류 I_a, I_b, I_c는?

① $I_a = 100$[A], $I_b = 100$[A], $I_c = 57.7$[A]
② $I_a = 57.7$[A], $I_b = 57.7$[A], $I_c = 100$[A]
③ $I_a = 57.7$[A], $I_b = 100$[A], $I_c = 57.7$[A]
④ $I_a = 100$[A], $I_b = 57.7$[A], $I_c = 57.7$[A]

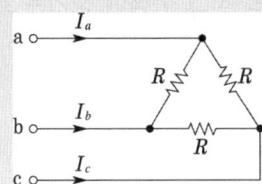

유형분석 선전류와 상전류를 구하는 문제가 출제된다.

풀이 ac 선이 단선이 되면

따라서, $I_a = 57.7$[A]
$I_b = 100$[A]
$I_c = 57.7$[A]

답 ③

△ 결선 $V_l = V_p$, $I_l = \sqrt{3}\, I_p \angle -30°$

07. 다상 교류

문제 05 ★★★★☆
전원과 부하가 다같이 △결선된 3상 평형 회로가 있다. 전원 전압이 200[V], 부하 임피던스가 $6+j8[\Omega]$인 경우 선전류[A]는?

① 20 ② $\dfrac{20}{\sqrt{3}}$ ③ $20\sqrt{3}$ ④ $10\sqrt{3}$

풀이 전원과 부하가 다같이 △결선이므로 상전류 $I_p = \dfrac{V}{Z} = \dfrac{200}{\sqrt{6^2+8^2}} = 20[A]$

∴ $I_l = \sqrt{3}\,I_p = 20\sqrt{3}$ [A]

답 ③

필수 05 ★★★☆ 다상 교류의 전력

△결선된 부하를 Y결선으로 바꾸면 소비 전력은 어떻게 되겠는가? 단, 선간 전압은 일정하다.

① 3배 ② 9배 ③ $\dfrac{1}{9}$배 ④ $\dfrac{1}{3}$배

유형분석 유효전력, 무효전력, 피상전력, 전력에 의한 전류 등을 구하는 문제가 출제된다.

풀이 $P_\triangle = 3I^2 R = 3\left(\dfrac{V}{R}\right)^2 R = 3 \cdot \dfrac{V^2}{R}$

다음 Y결선시 상전압은 선간 전압의 $\dfrac{1}{\sqrt{3}}$이므로 $P_Y = 3 \cdot \dfrac{\left(\dfrac{V}{\sqrt{3}}\right)^2}{R} = \dfrac{V^2}{R}$

∴ $P_Y = \dfrac{1}{3} P_\triangle$

답 ④

Key point

① 유효 전력 : $P = 3V_p I_p \cos\theta = \sqrt{3}\,V_l I_l \cos\theta = 3I_p^2 R[W]$
② 무효 전력 : $P_r = 3V_p I_p \sin\theta = \sqrt{3}\,V_l I_l \sin\theta = 3I_p^2 X[Var]$
③ 피상 전력 : $P_a = 3V_p I_p = \sqrt{3}\,V_l I_l = \sqrt{P^2 + P_r^2} = 3I_p^2 Z[VA]$

문제 06 ★★★★☆
부하 단자 전압이 220[V]인 15[kW]의 3상 대칭 부하에 3상 전력을 공급하는 선로 임피던스가 $3+j2[\Omega]$일 때, 부하가 뒤진 역률 60[%]이면 선전류[A]는?

① 약 $26.2 - j19.7$ ② 약 $39.36 - j52.48$
③ 약 $39.39 - j29.54$ ④ 약 $19.7 - j26.4$

풀이 $P = \sqrt{3}\,V_l I_l \cos\theta$

$I_l = \dfrac{P}{\sqrt{3}\,V_l \cos\theta} = \dfrac{15000}{\sqrt{3}\times 220 \times 0.6} = 65.6$

$I_l = 65.6(\cos\theta - j\sin\theta) = 65.6(0.6 - j0.8) = 39.36 - j52.48\,[\text{A}]$

답 ②

문제 07 ★★

그림과 같은 회로에 대칭인 상전압 200[V]를 가했을 때 이 회로에서 소비되는 전력 [kW]은? 단, $R_1 = 30\,[\Omega]$, $R_2 = 10\,[\Omega]$이라 한다.

① 15
② 24
③ 32
④ 44

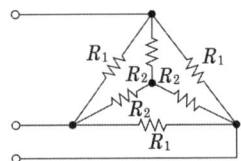

풀이 △결선된 저항 R_1를 Y결선으로 변환시키면 $R_{1Y} = \dfrac{30}{3} = 10\,[\Omega]$이므로 부하의 등가 회로는 그림 (b)와 같다.

전원의 상전압이 200[V]이므로 $P = 3V_p I_p = 3 \times 200 \times \dfrac{200}{5} = 24000\,[\text{W}] = 24\,[\text{kW}]$

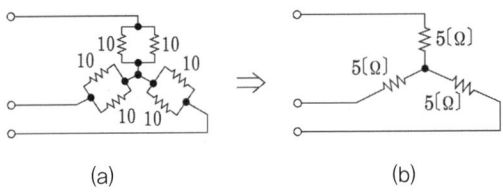

(a) ⇒ (b)

답 ②

필수 06 ☆ 3상 교류의 복소수에 의한 표시

대칭 3상 교류에서 순시값의 벡터 합은?

① 0 ② 40 ③ 0.577 ④ 86.6

유형분석 거의 출제되지 않는다.

풀이 a상을 기준으로 하면
$e_a + e_b + e_c = e_a + a^2 e_a + a e_a = e_a(1 + a^2 + a) = 0$
$(\because 1 + a^2 + a = 0)$

답 ①

Key point

- $E_a = E = E\angle 0$
- $E_b = E e^{-j\frac{2\pi}{3}} = E\angle -\dfrac{2\pi}{3}$
- $E_c = E e^{-j\frac{4\pi}{3}} = E\angle -\dfrac{4\pi}{3}$

07 ★★★★★
성형, 환상결선 사이의 환산

그림과 같은 회로의 단자 a, b, c에 대칭 3상 전압을 가하여 각 선전류를 같게 하려면 R의 값을 얼마[Ω]로 하면 되는가?

① 2
② 8
③ 16
④ 24

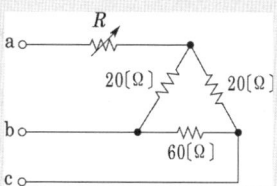

유형분석 등가 변환을 이용한 응용 문제가 출제된다.

풀 이 △저항을 Y저항으로 변환하면
위에서 각 선전류가 같기 위해서는 각 선전항이 같아야 하므로 $R+4=12$라야 한다.
$R=12-4=8[\Omega]$

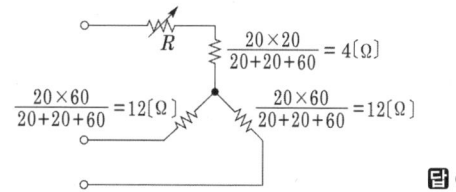

답 ②

Key point

(1) △결선을 Y 결선으로 변환

$$Z_a = \frac{Z_{ca} Z_{ab}}{Z_{ab}+Z_{bc}+Z_{ca}}, \quad Z_b = \frac{Z_{ab} Z_{bc}}{Z_{ab}+Z_{bc}+Z_{ca}}, \quad Z_c = \frac{Z_{bc} Z_{ca}}{Z_{ab}+Z_{bc}+Z_{ca}}$$

(2) Y 결선을 △ 결선으로 변환

$$Z_{ab} = \frac{Z_a Z_b + Z_b Z_c + Z_c Z_a}{Z_c}, \quad Z_{bc} = \frac{Z_a Z_b + Z_b Z_c + Z_c Z_a}{Z_a}, \quad Z_{ca} = \frac{Z_a Z_b + Z_b Z_c + Z_c Z_a}{Z_b}$$

문제 **08** ★★★
$R[\Omega]$인 3개의 저항을 같은 전원에 △결선으로 접속시킬 때와 Y결선으로 접속시킬 때 선전류의 크기 비 $\left(\dfrac{I_\triangle}{I_Y}\right)$는?

① $\dfrac{1}{3}$ ② $\sqrt{6}$ ③ $\sqrt{3}$ ④ 3

풀이
$\dfrac{I_\triangle}{I_Y} = \dfrac{\dfrac{\sqrt{3}\,V}{R}}{\dfrac{V}{\sqrt{3}\,R}} = 3$

답 ④

문제 09 ★☆

저항 $R[\Omega]$ 3개를 Y로 접속한 회로에 200[V]의 3상 교류전압을 인가시 선전류가 10[A]라면 이 3개의 저항을 △로 접속하고 동일 전원을 인가시 선전류는 몇 [A]인가?

① 10 ② $10\sqrt{3}$ ③ 30 ④ $30\sqrt{3}$

풀이

Y결선 상전류 $I_Y = \dfrac{200}{\sqrt{3}R}$, Y결선 선전류 $I_{Yl} = \dfrac{200}{\sqrt{3}R}$

△결선 상전류 $I_\Delta = \dfrac{200}{R}$, △결선 선전류

$I_{\Delta l} = \sqrt{3}I_\Delta = \dfrac{200\sqrt{3}}{R}$ ∴ $\dfrac{I_{\Delta l}}{I_{Yl}} = \dfrac{\frac{200\sqrt{3}}{R}}{\frac{200}{\sqrt{3}R}} = 3$

∴ $I_{\Delta l} = 3 I_{Yl} = 3 \times 10 = 30[A]$

답 ③

문제 10 ★★☆

대칭 3상 전압을 그림과 같은 평형 부하에 가할 때의 부하의 역률은 얼마인가?

단, $R = 9[\Omega]$, $\dfrac{1}{\omega C} = 4[\Omega]$이다.

① 1
② 0.96
③ 0.8
④ 0.6

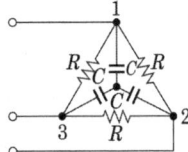

풀이 문제의 회로를 등가 변환하면 그림과 같으며 그림에서 1상의 어드미턴스 Y는

$Y = \dfrac{1}{3} + j\dfrac{1}{4}[\mho]$

∴ $\cos\theta = \dfrac{X_C}{\sqrt{R^2 + X_C^2}} = \dfrac{4}{\sqrt{3^2 + 4^2}} = 0.8$

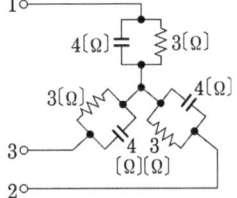

답 ③

필수 08 ★★★★☆ 평형 3상 회로의 전력

한 상의 임피던스가 $3 + j4[\Omega]$인 평형 △ 부하에 대칭인 선간 전압 200[V]를 가할 때 3상 전력은 몇 [kW]인가?

① 9.6 ② 12.5 ③ 14.4 ④ 20.5

유형분석 단상의 전력에 3배 됨을 기억하면 쉽게 해결할 수 있다.

풀이 상전류 $I_p = \dfrac{V_p}{Z_p} = \dfrac{200}{\sqrt{3^2 + 4^2}} = 40[A]$

∴ $P = 3 I_p^2 \cdot R = 3 \times 40^2 \times 3 = 14400[W] = 14.4[kW]$

답 ③

Key point

① 유효전력 $P = 3\dfrac{V_P^2 R}{R^2 + X^2}$

② 무효전력 $P_r = 3\dfrac{V_P^2 X}{R^2 + X^2}$

③ 피상전력 $P_a = 3\dfrac{V_P^2 \sqrt{R^2 + X^2}}{R^2 + X^2}$

문제 11 ★★★★★ 한 상의 임피던스가 $Z = 20 + j10[\Omega]$인 Y결선 부하에 대칭 3상 선간 전압 200[V]를 가할 때 유효 전력[W]은?

① 1600　② 1700　③ 1800　④ 1900

풀이
$$P = \dfrac{3V_p^2 R}{R^2 + X^2} = \dfrac{3\left(\dfrac{200}{\sqrt{3}}\right)^2 \times 20}{20^2 + 10^2} = 1600[W]$$

답 ①

문제 12 ★★★ 3상 평형 부하에 선간 전압 200[V]의 평형 3상 정현파 전압을 인가했을 때 선전류는 8.6[A]가 흐르고 무효 전력이 1788[Var]이었다. 역률은 얼마인가?

① 0.6　② 0.7　③ 0.8　④ 0.9

풀이 피상 전력을 P_a, 무효 전력을 P_r이라 하면
$P_a = \sqrt{3}\,VI = \sqrt{3} \times 200 \times 8.6 = 2980[VA]$
$P_r = P_a \sin\theta$에서 $\sin\theta = \dfrac{P_r}{P_a} = \dfrac{1788}{2980} = 0.6$
$\therefore \cos\theta = \sqrt{1 - \sin^2\theta} = \sqrt{1 - 0.6^2} = 0.8$

답 ③

문제 13 ★ △결선된 대칭 3상 부하가 있다. 역률이 0.8(지상)이고, 소비 전력이 1800[W]이다. 선로의 저항 0.5[Ω]에서 발생하는 선로 손실이 50[W]이면 부하단자 전압[V]은?

① 627　② 876　③ 302　④ 225

풀이 $P_l = 3I^2 R$, $I^2 = \dfrac{P_l}{3R} = \dfrac{50}{3 \times 0.5} = \dfrac{100}{3}$, $I = \dfrac{10}{\sqrt{3}}$
$P = \sqrt{3}\,VI\cos\theta$
$V = \dfrac{P}{\sqrt{3}\,I\cos\theta} = \dfrac{1800}{\sqrt{3} \times \dfrac{10}{\sqrt{3}} \times 0.8} = 225[V]$

답 ④

08 출제기준 - 대칭 좌표법

1 대칭좌표법

비대칭 전압이 V_a, V_b, V_c일 때 대칭분을 V_0, V_1, V_2라 하면,

$$\begin{bmatrix} V_0 \\ V_1 \\ V_2 \end{bmatrix} = \frac{1}{3} \begin{bmatrix} 1 & 1 & 1 \\ 1 & a & a^2 \\ 1 & a^2 & a \end{bmatrix} \begin{bmatrix} V_a \\ V_b \\ V_c \end{bmatrix}, \quad \begin{bmatrix} V_a \\ V_b \\ V_c \end{bmatrix} = \begin{bmatrix} 1 & 1 & 1 \\ 1 & a^2 & a \\ 1 & a & a^2 \end{bmatrix} \begin{bmatrix} V_0 \\ V_1 \\ V_2 \end{bmatrix}$$

2 불평형률

$$\text{불평형률} = \frac{\text{역상분}}{\text{정상분}}$$

3 교류 발전기 기본식

$$V_0 = -Z_0 I_0$$
$$V_1 = E_a - Z_1 I_1$$
$$V_2 = -Z_2 I_2$$

단, E_a : a상의 유기 기전력
Z_0 : 영상 임피던스
Z_1 : 정상 임피던스
Z_2 : 역상 임피던스
회전기에서 Z_1과 Z_2는 일반적으로 같지 않다.

4 대칭분에 의한 전력 표시

$$P_a = P + jP_r = \overline{V_a} I_a + \overline{V_b} I_b + \overline{V_c} I_c$$

$$= \begin{bmatrix} \overline{V_a} & \overline{V_b} & \overline{V_c} \end{bmatrix} \begin{bmatrix} I_a \\ I_b \\ I_c \end{bmatrix} = \begin{bmatrix} \overline{V_a} & \overline{V_b} & \overline{V_c} \end{bmatrix} \begin{bmatrix} 1 & 1 & 1 \\ 1 & a^2 & a \\ 1 & a & a^2 \end{bmatrix} \begin{bmatrix} I_0 \\ I_1 \\ I_2 \end{bmatrix}$$

$$= 3 \begin{bmatrix} \overline{V_0} I_0 + \overline{V_1} I_1 + \overline{V_2} I_2 \end{bmatrix}$$

즉, 서로 같은 성분 사이의 전력을 구하여 합하면 된다.

◀◀◀ 완벽대비 전기기사필기

필수유형 및 과년도문제

필수 01 ★★★
대칭좌표법

3상 3선식에서는 회로의 평형, 불평형 또는 부하의 △, Y에 불구하고, 세 선전류의 합은 0 이므로 선전류의 ( )은 0 이다. 다음에서 ( ) 안에 들어갈 말은?

① 영상분　　　　　② 정상분
③ 역상분　　　　　④ 상전압

유형분석 영상분에 관한 문제와 기본적인 공식이 출제된다.

풀 이 중성점 비접지식에서는 평형, 불평형 △, Y에 불구하고

$I_0 = \frac{1}{3}(I_a + I_b + I_c)$에서 $I_a + I_b + I_c = 0$이므로 I_0 (영상분) = 0 이다.　　　🅐 ①

Key point

$$\begin{bmatrix} V_0 \\ V_1 \\ V_2 \end{bmatrix} = \frac{1}{3} \begin{bmatrix} 1 & 1 & 1 \\ 1 & a & a^2 \\ 1 & a^2 & a \end{bmatrix} \begin{bmatrix} V_a \\ V_b \\ V_c \end{bmatrix}, \quad \begin{bmatrix} V_a \\ V_b \\ V_c \end{bmatrix} = \begin{bmatrix} 1 & 1 & 1 \\ 1 & a^2 & a \\ 1 & a & a^2 \end{bmatrix} \begin{bmatrix} V_0 \\ V_1 \\ V_2 \end{bmatrix}$$

 문제 01 ★★★★★

대칭 3상 전압 V_a, $V_b = a^2 V_a$, $V_c = a V_a$일 때 a상을 기준으로 한 각 대칭분 V_0, V_1, V_2은?

① $0, V_a, 0$

② $a^2 V_a, a V_a, V_a$

③ $\frac{1}{3}(V_a + V_b + V_c), \frac{1}{3}(V_a + a^2 V_b + a V_c), \frac{1}{3}(V_a + a V_b + a^2 V_c)$

④ $\frac{1}{3}(V_a + V_b + V_c), \frac{1}{3}(V_a + a V_b + a^2 V_c), \frac{1}{3}(V_a + a^2 V_b + a V_c)$

풀이 $\begin{bmatrix} V_0 \\ V_1 \\ V_2 \end{bmatrix} = \frac{1}{3}\begin{bmatrix} 1 & 1 & 1 \\ 1 & a & a^2 \\ 1 & a^2 & a \end{bmatrix}\begin{bmatrix} V_a \\ V_b \\ V_c \end{bmatrix} = \frac{1}{3}\begin{bmatrix} 1 & 1 & 1 \\ 1 & a & a^2 \\ 1 & a^2 & a \end{bmatrix}\begin{bmatrix} V_a \\ a^2 V_a \\ a V_a \end{bmatrix} = \begin{bmatrix} 0 \\ V_a \\ 0 \end{bmatrix}$　　🅐 ①

문제 02 ★★★★★

V_a, V_b, V_c가 3상 전압일 때 역상 전압은? 단, $a = e^{j\frac{2}{3}\pi}$ 이다.

① $\frac{1}{3}(V_a + aV_b + a^2V_c)$
② $\frac{1}{3}(V_a + a^2V_b + aV_c)$
③ $\frac{1}{3}(V_a + V_b + V_c)$
④ $\frac{1}{3}(V_a + a^2V_b + V_c)$

풀이

$V_0 = \frac{1}{3}(V_a + V_b + V_c)$ 영상 전압

$V_1 = \frac{1}{3}(V_a + aV_b + a^2V_c)$ 정상 전압

$V_2 = \frac{1}{3}(V_a + a^2V_b + aV_c)$ 역상 전압

답 ②

문제 03 ★★★★★

불평형 3상 전류 $I_a = 15 + j2$[A], $I_b = -20 - j14$[A], $I_c = -3 + j10$[A]일 때의 영상 전류 I_0 는?

① $2.67 + j0.36$
② $-2.67 - j0.67$
③ $15.7 - j3.25$
④ $1.91 + j6.24$

풀이

$I_0 = \frac{1}{3}(I_a + I_b + I_c) = \frac{1}{3}(15 + j2 - 20 - j14 - 3 + j10)$

$= \frac{1}{3}(-8 - j2) = -2.67 - j0.67$

답 ②

문제 04 ★★★★☆

각상(各相)의 전류 I_a, I_b, I_c 가 다음 식으로 표시될 때 영상 대칭분 전류[A]를 나타낸 것은 어느 것인가?

($I_a = 60\sin\omega t$, $I_b = 60\sin(\omega t - 90°)$, $I_c = 60\sin(\omega t + 90°)$[A]이다.)

① $10\sin\omega t$[A]
② $20\sin\omega t$[A]
③ $30\sin\omega t$[A]
④ $60\sin\omega t$[A]

풀이 정현파를 phasor로 표시하면

$I_a = 60\angle 0 = 60$

$I_b = 60\angle -90 = -j60$

$I_c = 60\angle 90 = j60$

따라서 영상전류는

$I_o = \frac{1}{3}(I_a + I_b + I_c) = \frac{1}{3}(60 - i60 + i60) = 20$

$\therefore I_o = 20\sin\omega t$ 가 된다.

답 ②

02 ★★★★★ 불평형률

3상 불평형 전압에서 영상 전압이 140[V]이고 정상 전압이 600[V], 역상 전압이 280[V]라면 전압의 불평형률은?

① 2.144　　② 0.566　　③ 0.466　　④ 0.233

유형분석 불평형률 계산 문제는 영상분, 정상분, 역상분이 주어지지 않으면 매우 복잡하다.

풀 이 불평형률 = $\dfrac{\text{역상 전압}}{\text{정상 전압}} = \dfrac{280}{600} = 0.466$　　**답** ③

Key point

불평형률 = $\dfrac{\text{역상분}}{\text{정상분}}$

 **05** ★★★★★

3상 교류의 선간 전압을 측정하였더니 120[V], 100[V], 100[V]이었다. 선간 전압의 불평형률을 구하면?

① 약 13[%]　　② 약 15[%]
③ 약 17[%]　　④ 약 19[%]

풀이 $E_a = 120$, $E_b = -60 - j80$, $E_c = -60 + j80$

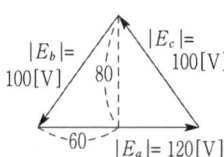

$$E_1 = \dfrac{1}{3}(E_a + aE_b + a^2 E_c)$$
$$= \dfrac{1}{3}\left\{120 + \left(-\dfrac{1}{2} + j\dfrac{\sqrt{3}}{2}\right)(-60 - j80) + \left(-\dfrac{1}{2} - j\dfrac{\sqrt{3}}{2}\right)(-60 + j80)\right\}$$
$$= \dfrac{1}{3}(120 + 60 + 80\sqrt{3}) = 106.2$$
$$E_2 = \dfrac{1}{3}(E_a + a^2 E_b + aE_c)$$
$$= \dfrac{1}{3}\left\{120 + \left(-\dfrac{1}{2} - j\dfrac{\sqrt{3}}{2}\right)(-60 - j80) + \left(-\dfrac{1}{2} + j\dfrac{\sqrt{3}}{2}\right)(-60 + j80)\right\}$$
$$= \dfrac{1}{3}(120 + 60 - 80\sqrt{3}) = 13.8$$

∴ 불평형률 = $\dfrac{|E_2|}{|E_1|} \times 100 = \dfrac{13.8}{106.2} \times 100 = 13[\%]$　　**답** ①

문제 06 3상 불평형 전압에서 불평형률이란?

① $\dfrac{역상\ 전압}{영상\ 전압} \times 100$ ② $\dfrac{정상\ 전압}{역상\ 전압} \times 100$

③ $\dfrac{역상\ 전압}{정상\ 전압} \times 100$ ④ $\dfrac{영상\ 전압}{정상\ 전압} \times 100$

풀이 불평형률 $= \dfrac{역상분}{정상분} \times 100[\%]$

답 ③

필수 03 교류 발전기 기본식

그림과 같이 중성점을 접지한 3상 교류 발전기의 a상이 지락되었을 때의 조건으로 맞는 것은?

① $I_0 = I_1 = I_2$
② $V_0 = V_1 = V_2$
③ $I_1 = -I_2,\ I_0 = 0$
④ $V_1 = -V_2,\ V_0 = 0$

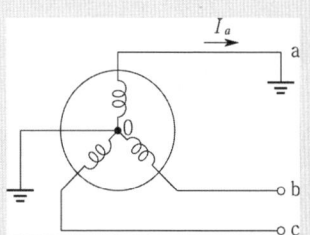

유형분석 공식 문제가 출제된다.

풀이 그림에서 $I_b = I_c = 0$, $E_a = ZI_a$가 되는데, 이를 대칭으로 나타내면
$I_0 + a^2 I_1 + a I_2 = I_0 + a I_1 + a^2 I_2 = 0$
$\therefore I_0 = I_1 = I_2 = \dfrac{1}{3}(I_a + I_b + I_c) = \dfrac{1}{3} I_a \ (\because I_b = I_c = 0)$

답 ①

Key point

$V_0 = -Z_0 I_0,\ \ V_1 = E_a - Z_1 I_1,\ \ V_2 = -Z_2 I_2$

문제 07 단자 전압의 각 대칭분 $V_0,\ V_1,\ V_2$가 0이 아니고 같게 되는 고장의 종류는?

① 1선 지락   ② 선간 단락
③ 2선 지락   ④ 3선 단락

풀이
V_0, V_1, V_2 존재 → 1선 지락 고장
$V_0 = 0, V_1, V_2$ 존재 → 선간 단락 고장
$V_0 = V_1 = V_2 \neq 0$ → 2선 지락

답 ③

04 ** 대칭분에 의한 전력 표시

불평형 3상 회로의 성형 전압 대칭분 전압이 V_0, V_1, V_2 대칭분 전류가 I_0, I_1, I_2라면 전력은 어떻게 되는가?

① $P+jP_r = V_0 I_0 + V_1 I_1 + V_2 I_2$
② $P+jP_r = \sqrt{3}(V_0 I_0 + V_1 I_1 + V_2 I_2)$
③ $P+jP_r = 3(\overline{V_0} I_0 + \overline{V_1} I_1 + \overline{V_2} I_2)$
④ $P+jP_r = \dfrac{1}{3}(V_0 I_0 + V_1 I_1 + V_2 I_2)$

 유형분석 공식 문제가 출제된다.

풀 이 3상 전력은 1상의 전력에 3배가 되어야 한다.   답 ③

Key point

$$P_a = P+jP_r = \overline{V_a}I_a + \overline{V_b}I_b + \overline{V_c}I_c = 3\left(\overline{V_0}I_0 + \overline{V_1}I_1 + \overline{V_2}I_2\right)$$

09 출제기준 - 왜형파 교류

1 비정현파의 푸리에 급수에 의한 전개

$$f(t) = a_0 + a_1 \cos \omega t + a_2 \cos 2\omega t + \cdots + a_n \cos n\omega t$$
$$+ b_1 \sin \omega t + b_2 \sin 2\omega t + \cdots + b_n \sin n\omega t$$
$$= a_0 + \sum_{n=1}^{\infty} a_n \cos n\omega t + \sum_{n=1}^{\infty} b_n \sin n\omega t$$

2 푸리에 급수에 의한 계수

$$a_0 = \frac{1}{2\pi} \int_0^{2\pi} f(\omega t) d(\omega t) = \frac{1}{T} \int_0^T f(t) dt$$
$$a_n = \frac{1}{\pi} \int_0^{2\pi} f(\omega t) \cos n\omega t \, d(\omega t) = \frac{2}{T} \int_0^T f(t) \cos n\omega t \, dt$$
$$b_n = \frac{1}{\pi} \int_0^{2\pi} f(\omega t) \sin n\omega t \, d(\omega t) = \frac{2}{T} \int_0^T f(t) \sin n\omega t \, dt$$

3 비정현파의 대칭

1) 여현 대칭 (우함수파)

$$f(t) = a_0 + \sum_{n=1}^{\infty} a_n \cos n\omega t$$
$$a_n = \frac{4}{T} \int_0^{\frac{T}{2}} f(t) \cos n\omega t \, dt \quad (n = 1, 2, 3, \cdots)$$

2) 정현 대칭 (기함수파)

$$f(t) = \sum_{n=1}^{\infty} b_n \sin n\omega t$$
$$b_n = \frac{4}{T} \int_0^{\frac{T}{2}} f(t) \sin n\omega t \, dt \quad (n = 1, 2, 3, \cdots)$$

3) 반파 대칭

$$f(t) = \sum_{n=1}^{\infty} a_n \cos n\omega t + \sum_{n=1}^{\infty} b_n \sin n\omega t$$

$$a_n = \frac{4}{T} \int_0^{\frac{T}{2}} f(t) \cos n\omega t \, dt$$

$$b_n = \frac{4}{T} \int_0^{\frac{T}{2}} f(t) \sin n\omega t \, dt \ (n = 1, \ 3, \ 5, \cdots)$$

4) 반파 및 여현 대칭

$$f(t) = \sum_{n=1}^{\infty} a_n \cos n\omega t$$

$$a_n = \frac{8}{T} \int_0^{\frac{T}{4}} f(t) \cos n\omega t \, dt \ (n = 1, \ 3, \ 5, \cdots)$$

5) 반파 및 정현 대칭

$$f(t) = \sum_{n=1}^{\infty} b_n \sin n\omega t$$

$$b_n = \frac{8}{T} \int_0^{\frac{T}{4}} f(t) \sin n\omega t \, dt \ (n = 1, \ 3, \ 5, \cdots)$$

	대칭조건	결 과
기함수파(정현대칭)	$f(t) = -f(-t)$	sin항만 존재한다.
우함수파(여현대칭)	$f(t) = f(-t)$	cos항 존재 직류분 존재
대칭파(반파대칭)	$f(t) = -f(t + \frac{T}{2})$	고조파 차수가 홀수차 항만 존재한다.

4 비정현파의 실효값

$i = I_0 + \sum_{n=1}^{\infty} I_{mn} \sin(n\omega t + \theta_n)$ 으로부터,

$$I = \sqrt{I_0^2 + \left(\frac{I_{m1}}{\sqrt{2}}\right)^2 + \left(\frac{I_{m2}}{\sqrt{2}}\right)^2 + \cdots + \left(\frac{I_{mn}}{\sqrt{2}}\right)^2} = \sqrt{I_0^2 + I_1^2 + I_2^2 + \cdots + I_n^2}$$

실효값 : 각 파의 실효값의 제곱의 합의 제곱근

5 비정현파의 전력과 왜형률

1) 왜형률

$$D = \frac{\text{전 고조파의 실효값}}{\text{기본파의 실효값}} = \frac{\sqrt{I_2^2 + I_3^2 + \cdots + I_n^2}}{I_1}$$

2) 전력

① 유효 전력 : $P = V_0 I_0 + \sum_{n=1}^{\infty} V_n I_n \cos\theta_n [\text{W}]$

$P = V_0 I_0 = V_1 I_1 \cos\theta_1 = V_2 I_2 \cos\theta_2 \cdots$ 주파수가 같은 성분끼리 전력은 구하여 합한다.

② 무효 전력 : $P_r = \sum_{n=1}^{\infty} V_n I_n \sin\theta_n [\text{Var}]$

$P = V_1 I_1 \sin\theta_1 = V_2 I_2 \sin\theta_2 \cdots$ 주파수가 같은 성분끼리 전력은 구하여 합한다.

③ 피상 전력 : $P_a = VI [\text{VA}]$

전압의 실효값과 전류의 실효값을 각각 구하여 곱한다.

④ 등가 역률 : $\cos\theta = \dfrac{P}{P_a} = \dfrac{P}{VI}$

주어진 전압과 전류를 이용하여 피상전력과 유효전력을 구한다음 위 식으로 역률을 구한다.

6 비정현파의 임피던스

1) 유도성 n 고조파 임피던스

$$I_n = \frac{V_n}{Z} = \frac{V_n}{\sqrt{R^2 + (n\omega L)^2}}$$

2) 용량성 n 고조파 임피던스

$$I_n = \frac{V_n}{Z} = \frac{V_n}{\sqrt{R^2 + (\dfrac{1}{n\omega C})^2}}$$

주파수가 증가하면, 유도리액턴스는 주파수 배수로 증가하며, 용량 리액턴스는 주파수 배수로 감소한다.
여기서, n : 고조파 차수

09 필수유형 및 과년도문제

필수 01 ★★★★★ 비정현파의 푸리에 급수에 의한 전개

주기적인 구형파의 신호는 그 주파수 성분이 어떻게 되는가?

① 무수히 많은 주파수의 성분을 가진다.　② 주파수 성분을 갖지 않는다.
③ 직류분만으로 구성된다.　　　　　　　④ 교류 합성을 갖지 않는다.

유형분석 비정현파에 대한 구성, 기본적인 푸리에 급수에 의한 전개 등의 문제가 출제된다.

풀 이 주기적인 비정현파는 일반적으로 푸리에 급수에 의해 표시되므로 무수히 많은 주파수의 합성이다. **답** ①

Key point

주기적인 비정현파는 일반적으로 푸리에 급수에 의해 표시되므로 무수히 많은 주파수의 합성이다.
비정현파 = 직류분 + 기본파 + 고조파

문제 01 ★★★ **비정현파 교류를 나타내는 식은?**

① 기본파+고조파+직류분　　② 기본파+직류분-고조파
③ 직류분+고조파-기본파　　④ 교류분+기본파+고조파

풀이 비정현파 = 직류분 + 기본파 + 고조파　　**답** ①

필수 02 ★★★★ 푸리에 급수에 의한 계수

그림과 같은 반파 정류파를 푸리에 급수로 전개할 때 직류분은?

① V_m
② $\dfrac{V_m}{2}$
③ $\dfrac{\pi}{2}$
④ $\dfrac{V_m}{\pi}$

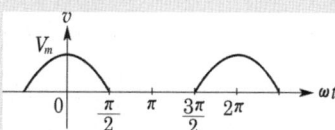

유형분석 적분에 관한 문제이므로 어렵다. 따라서 직류분 정도가 출제된다.

풀 이 정현파(전파 정류파)의 평균값(직류분)은 , 반파 정류파의 평균값은 $\dfrac{V_m}{\pi}$ 이다. **답** ④

Key point
직류분을 구하는 부분의 문제는 평균값을 계산하면 된다.

문제 02 ★★★★★
ωt 가 0에서 π 까지 $i = 10[A]$, π 에서 2π까지는 $i = 0[A]$인 파형을 푸리에 급수로 전개하면 a_0는?

① 14.14
② 10
③ 7.05
④ 5

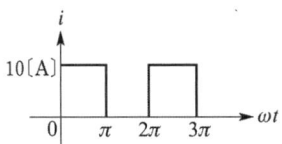

풀이 $a_0 = \dfrac{1}{2\pi}\displaystyle\int_0^\pi i\,d(\omega t) = \dfrac{1}{2\pi}\displaystyle\int_0^\pi 10\,d(\omega t) = \dfrac{10}{2\pi}\cdot\pi = 5[A]$ **답** ④

필수 03 ★★★
비정현파의 대칭

다음에서 $f_e(t)$는 우함수, $f_o(t)$는 기함수를 나타낸다. 주기 함수 $f(t) = f_e(t) + f_o(t)$에 대한 다음의 서술 중 바르지 못한 것은?

① $f_e(t) = f_e(-t)$
② $f_o(t) = -f_o(-t)$
③ $f_e(t) = \dfrac{1}{2}[f(t) - f(-t)]$
④ $f_o(t) = \dfrac{1}{2}[f(t) - f(-t)]$

유형분석 정현대칭, 여현대칭, 반대대칭의 결과를 기억하여 답하여야 한다.

풀 이 $f_e(t) = f_e(-t)$, $f_o(t) = -f_o(-t)$는 옳고 $f(t) = f_e(t) + f_o(t)$이므로

$\dfrac{1}{2}[f(t) + f(-t)] = \dfrac{1}{2}[f_e(t) + f_o(t) + f_e(-t) + f_o(-t)]$

$\qquad\qquad\qquad = \dfrac{1}{2}[f_e(t) + f_o(t) + f_e(t) - f_o(t)] = f_e(t)$

$\dfrac{1}{2}[f(t) - f(-t)] = \dfrac{1}{2}[f_e(t) + f_o(t) - f_e(-t) - f_o(-t)]$

$\qquad\qquad\qquad = \dfrac{1}{2}[f_e(t) + f_o(t) - f_e(t) + f_o(t)] = f_o(t)$ 가 된다. **답** ③

Key point

	대칭조건	결 과
기함수파(정현대칭)	$f(t) = -f(-t)$	sin항만 존재한다.
우함수파(여현대칭)	$f(t) = f(-t)$	cos항 존재, 직류분 존재
대칭파(반파대칭)	$f(t) = -f(t + \frac{T}{2})$	고조파 차수가 홀수차 항만 존재한다.

문제 03 반파 대칭의 왜형파에 포함되는 고조파는 어느 파에 속하는가?

① 제2고조파　　　　　② 제4고조파
③ 제5고조파　　　　　④ 제6고조파

풀이 반파 대칭의 경우 기수(홀수)파만 포함한다.　　　답 ③

문제 04 그림과 같은 파형을 실수 푸리에 급수로 전개할 때에는?

① sin항은 없다.
② cos항은 없다.
③ sin항, cos항 모두 있다.
④ sin항, cos항을 쓰면 유한수의 항으로 전개된다.

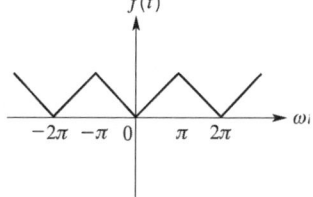

풀이 ωt 축을 위로 이동시키면 그림과 같이 반파, 여현 대칭파가 된다.
그러므로 직류분(+) + cos 항으로 전개할 수 있다.

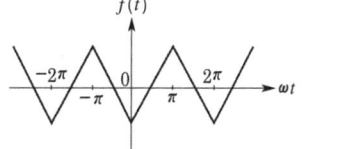

답 ①

문제 05 그림과 같은 파형을 푸리에 급수로 전개할 때 다음 계수 중 어느 것만 남게 되는가?

$$y(t) = \sum_{n=1}^{\infty} a_n \sin n\omega t + b_0 + \sum_{n=1}^{\infty} b_n \cos n\omega t$$

① $a_1, a_3, a_5, \cdots$
② $b_0, b_1, b_2, \cdots$
③ $a_2, a_4, a_6, \cdots$
④ $a_1, a_2, a_3, \cdots$

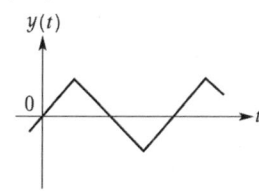

풀이 정현 반파 대칭이므로 sin의 기수(홀수)차 항만 존재한다.　　　답 ①

필수 04 ★★★★★ 비정현파의 실효값

비정현파의 전압 $v = \sqrt{2} \cdot 100\sin\omega t + \sqrt{2} \cdot 50\sin 2\omega t + \sqrt{2} \cdot 30\sin 3\omega t$ [V]일 때 실효 전압[V]은?

① $100 + 50 + 30 = 180$
② $\sqrt{100 + 50 + 30} = 13.4$
③ $\sqrt{100^2 + 50^2 + 30^2} = 115.8$
④ $\dfrac{\sqrt{100^2 + 50^2 + 30^2}}{3} = 38.6$

유형분석 실효값의 계산 문제가 출제된다. 일반적으로 n차 고조파의 실효값 문제가 많이 출제된다.

풀이 $V = \sqrt{100^2 + 50^2 + 30^2} = 115.8$

답 ③

Key point

각 파의 실효값의 제곱의 합의 제곱근

$$I = \sqrt{I_0^2 + \left(\dfrac{I_{m1}}{\sqrt{2}}\right)^2 + \left(\dfrac{I_{m2}}{\sqrt{2}}\right)^2 + \cdots + \left(\dfrac{I_{mn}}{\sqrt{2}}\right)^2} = \sqrt{I_0^2 + I_1^2 + I_2^2 + \cdots + I_n^2}$$

문제 06 ★ 전류가 1[H]의 인덕터를 흐르고 있을 때 인덕터에 축적되는 에너지[J]는 얼마인가? 단, $i = 5 + 10\sqrt{2}\sin 100t + 5\sqrt{2}\sin 200t$ [A]이다.

① 150 ② 100 ③ 75 ④ 50

풀이 $I = \sqrt{5^2 + 10^2 + 5^2} = \sqrt{150}$ [A]

∴ $W_L = \dfrac{LI^2}{2} = \dfrac{150}{2} = 75$ [J]

답 ③

문제 07 ★ 그림과 같은 회로에서 $E_d = 14$[V], $E_m = 48\sqrt{2}$[V], $R = 20[\Omega]$인 전류의 실효값[A]은?

① 약 2.5
② 약 2.2
③ 약 2.0
④ 약 1.5

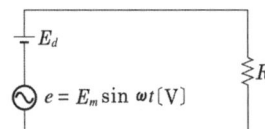

풀이 $v = 14 + 48\sqrt{2}\sin\omega t$ [V]이므로

$I = \dfrac{V}{R} = \dfrac{\sqrt{14^2 + 48^2}}{20} = 2.5$ [A]

답 ①

필수 05 ★★★★★ 비정현파의 전력과 왜형률

다음 왜형파 전류의 왜형률을 구하면 얼마인가?

$$i = 30\sin\omega t + 10\cos 3\omega t + 5\sin 5\omega t \,[\text{A}]$$

① 약 0.46 ② 약 0.26 ③ 약 0.53 ④ 약 0.37

유형분석 왜형률, 전력계산, 역률계산 등이 출제된다.

풀이 왜형률 $= \dfrac{\sqrt{I_3^2 + I_5^2}}{I_1} = \dfrac{\sqrt{(10/\sqrt{2})^2 + (5/\sqrt{2})^2}}{30/\sqrt{2}} = 0.373$ **답** ④

Key point

(1) 왜형률 $D = \dfrac{\text{전 고조파의 실효값}}{\text{기본파의 실효값}} = \dfrac{\sqrt{I_2^2 + I_3^2 + \cdots + I_n^2}}{I_1}$

(2) 전력(주파수가 다르면 전력은 존재하지 않는다.)

① 유효 전력 : $P = V_0 I_0 + \sum\limits_{n=1}^{\infty} V_n I_n \cos\theta_n \,[\text{W}]$

② 무효 전력 : $P_r = \sum\limits_{n=1}^{\infty} V_n I_n \sin\theta_n \,[\text{Var}]$ ③ 피상 전력 : $P_a = VI\,[\text{VA}]$

문제 08 ★★★★★ 기본파의 40[%]인 제3 고조파와 20[%]인 제5 고조파를 포함하는 전압파의 왜형률은?

① $\dfrac{1}{\sqrt{5}}$ ② $\dfrac{1}{\sqrt{2}}$ ③ $\dfrac{2}{\sqrt{5}}$ ④ $\dfrac{1}{\sqrt{3}}$

풀이 왜형률 $= \dfrac{\sqrt{V_3^2 + V_5^2}}{V_1} = \sqrt{\left(\dfrac{V_3}{V_1}\right)^2 + \left(\dfrac{V_5}{V_1}\right)^2} = \sqrt{0.4^2 + 0.2^2} = \sqrt{\left(\dfrac{4}{10}\right)^2 + \left(\dfrac{2}{10}\right)^2} = \sqrt{\dfrac{20}{100}} = \dfrac{1}{\sqrt{5}}$ **답** ①

문제 09 다음의 전류와 전압의 짝(pair)들 중에서 유효 전력(평균 전력) P가 가장 작은 것은?

① $\begin{cases} v = 100\sin\omega t \\ i = 5\cos(\omega t + 30°) \end{cases}$ ② $\begin{cases} V = 50\sqrt{3} - j50 \\ I = 10 + j100 \end{cases}$

③ $\begin{cases} v = 200\sin(377t + 45°) \\ i = 4\sin(250t - 15°) \end{cases}$ ④ $\begin{cases} v = 200\sin(120\pi t + 60°) \\ i = 0.5\sin\left(120\pi t + \dfrac{\pi}{6}\right) \end{cases}$

풀이 주파수가 다른 전압과 전류의 평균 전력은 0이다. **답** ③

문제 10

$R = 8[\Omega]$, $\omega L = 6[\Omega]$의 직렬 회로에 비정현파 전압 $V = 200\sqrt{2}\sin\omega t + 100\sqrt{2}\sin 3\omega t$ [V]를 가했을 때, 이 회로에서 소비되는 전력은 대략 얼마인가?

① 3350[W]   ② 3406[W]   ③ 3250[W]   ④ 3750[W]

풀이
$$I_1 = \frac{V_1}{Z_1} = \frac{V_1}{\sqrt{R^2+(\omega L)^2}} = \frac{200}{\sqrt{8^2+6^2}} = 20[A]$$
$$I_3 = \frac{V_3}{Z_3} = \frac{V_3}{\sqrt{R^2+(3\omega L)^2}} = \frac{100}{\sqrt{8^2+18^2}} = 5.08[A]$$
$$\therefore P = I_1^2 R + I_3^2 R = 20^2 \times 8 + 5.08^2 \times 8 \fallingdotseq 3406.45[W]$$

답 ②

문제 11

어떤 교류 회로에 $v = 100\sin\omega t + 20\sin\left(3\omega t + \frac{\pi}{3}\right)$[V]인 전압을 가했을 때 이것에 의해 회로에 흐르는 전류가 $i = 40\sin\left(\omega t - \frac{\pi}{6}\right) + 5\sin\left(3\omega t + \frac{\pi}{12}\right)$[A]라 한다. 이 회로에서 소비되는 전력은 약 몇 [kW]인가?

① 1.27   ② 1.77   ③ 1.97   ④ 2.27

풀이
$$P = \frac{100 \times 40}{2}\cos 30° + \frac{20 \times 5}{2}\cos 45° = 1767.4[W]$$

답 ②

---

06 비정현파의 임피던스

일반적으로 대칭 3상 회로의 전압, 전류에 포함되는 전압, 전류의 고조파는 n을 임의의 정수로 하여 $(3n+1)$일 때의 상회전은 어떻게 되는가?

① 정지 상태
② 각 상 동위상
③ 상회전은 기본파와 반대
④ 상회전은 기본파와 동일

 유형분석 고조파의 상회전 문제가 출제된다.

풀 이 일반적으로 교류 발전기에 포함되는 고조파는 기수 고조파만이므로 n은 짝수이며 $(3n+1)$고조파는 상회전이 기본파와 같은 방향이 된다.

답 ④

Key point

임피던스는 주파수와 관계된다.

즉, n차 고조파의 경우 인덕턴스는 n배, 정전용량은 $\frac{1}{n}$배가 된다.

10 출제기준 - 4단자망과 2단자망

1 4단자 파라미터

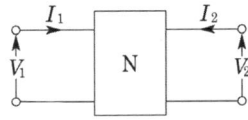

1) 임피던스 파라미터

$$\begin{bmatrix} V_1 \\ V_2 \end{bmatrix} = \begin{bmatrix} Z_{11} & Z_{12} \\ Z_{21} & Z_{22} \end{bmatrix} \begin{bmatrix} I_1 \\ I_2 \end{bmatrix} \qquad \triangle_Z = Z_{11}Z_{22} - Z_{12}Z_{21}$$

$$Z_{11} = \left. \frac{V_1}{I_1} \right|_{I_2=0} = \frac{Y_{22}}{\triangle_Y} = \frac{A}{C}$$

T형회로에서 전류 I_1 만이 흐르고 있을 경우 임피던스 합을 말한다.

$$Z_{12} = \left. \frac{V_1}{I_2} \right|_{I_1=0} = \frac{-Y_{12}}{\triangle_Y} = -\frac{\triangle_F}{C}$$

$$Z_{21} = \left. \frac{V_2}{I_1} \right|_{I_2=0} = \frac{-Y_{21}}{\triangle_Y} = -\frac{1}{C}$$

T형회로에서 전류 I_1과 I_2가 동시에 흐르고 있을 경우 임피던스 합을 말한다.

$$Z_{22} = \left. \frac{V_2}{I_2} \right|_{I_1=0} = \frac{Y_{11}}{\triangle_Y} = \frac{D}{C}$$

T형회로에서 전류 I_2 만이 흐르고 있을 경우 임피던스 합을 말한다.

2) 어드미턴스 파라미터

$$\begin{bmatrix} I_1 \\ I_2 \end{bmatrix} = \begin{bmatrix} Y_{11} & Y_{12} \\ Y_{21} & Y_{22} \end{bmatrix} \begin{bmatrix} V_1 \\ V_2 \end{bmatrix} \qquad \triangle_Y = Y_{11}Y_{22} - Y_{12}Y_{21}$$

$$Y_{11} = \left. \frac{I_1}{V_1} \right|_{V_2=0} = \frac{Z_{22}}{\triangle_Z} = \frac{D}{B}$$

π형회로에서 전류 V_1 점에 걸려 있는 어드미턴스 합을 말한다.

$$Y_{12} = \left. \frac{I_1}{V_2} \right|_{V_1=0} = \frac{-Z_{12}}{\triangle_Z} = -\frac{\triangle_F}{B}$$

$$Y_{21} = \left. \frac{I_2}{V_1} \right|_{V_2=0} = \frac{-Z_{21}}{\triangle_Z} = -\frac{1}{B}$$

π형회로에서 전류 V_1 점과 V_2점에 동시에 걸려 있는 어드미턴스 합을 말한다.

$$Y_{22} = \left.\frac{I_2}{V_2}\right|_{V_1=0} = \frac{Z_{11}}{\triangle_Z} = \frac{A}{B}$$

π형 회로에서 전류 V_2 점에 걸려 있는 어드미턴스 합을 말한다.

3) H 파라미터

$$\begin{bmatrix} V_1 \\ I_2 \end{bmatrix} = \begin{bmatrix} H_{11} & H_{12} \\ H_{21} & H_{22} \end{bmatrix} \begin{bmatrix} I_1 \\ V_2 \end{bmatrix}$$

$$H_{11} = \left.\frac{V_1}{I_1}\right|_{V_2=0} = \frac{1}{Y_{11}} = \frac{\triangle_Z}{Z_{22}}, \quad H_{12} = \left.\frac{V_1}{V_2}\right|_{I_1=0} = -\frac{Y_{12}}{Y_{11}} = \frac{Z_{12}}{Z_{22}}$$

$$H_{21} = \left.\frac{I_2}{I_1}\right|_{V_2=0} = \frac{Y_{21}}{Y_{11}} = -\frac{Z_{21}}{Z_{22}}, \quad H_{22} = \left.\frac{I_2}{V_2}\right|_{I_1=0} = \frac{\triangle_Y}{Y_{11}} = \frac{1}{Z_{22}}$$

4) G 파라미터

$$\begin{bmatrix} I_1 \\ V_2 \end{bmatrix} = \begin{bmatrix} G_{11} & G_{12} \\ G_{21} & G_{22} \end{bmatrix} \begin{bmatrix} V_1 \\ I_2 \end{bmatrix}$$

$$G_{11} = \left.\frac{I_1}{V_1}\right|_{I_2=0} = \frac{1}{Z_{11}} = \frac{\triangle_Y}{Y_{22}}, \quad G_{12} = \left.\frac{I_1}{I_2}\right|_{V_1=0} = -\frac{Z_{12}}{Z_{11}} = \frac{Y_{12}}{Y_{22}}$$

$$G_{21} = \left.\frac{V_2}{I_1}\right|_{I_2=0} = \frac{Z_{21}}{Z_{11}} = -\frac{Y_{21}}{Y_{22}}, \quad G_{22} = \left.\frac{V_2}{I_2}\right|_{V_1=0} = \frac{\triangle_Z}{Z_{11}} = \frac{1}{Y_{22}}$$

5) F 파라미터 (4단자 정수 : ABCD 파라미터)

$$\begin{bmatrix} V_1 \\ I_1 \end{bmatrix} = \begin{bmatrix} A & B \\ C & D \end{bmatrix} \begin{bmatrix} V_2 \\ I_2 \end{bmatrix} \qquad \triangle_F = AD - BC$$

$$A = \left.\frac{V_1}{V_2}\right|_{I_2=0} = -\frac{Y_{22}}{Y_{21}} = \frac{Z_{11}}{Z_{21}} \qquad \text{전압비 차원의 정수}$$

$$B = \left.\frac{V_1}{I_2}\right|_{V_2=0} = -\frac{1}{Y_{21}} = \frac{\triangle_Z}{Z_{21}} \qquad \text{임피던스 차원의 정수}$$

$$C = \left.\frac{I_1}{V_2}\right|_{I_2=0} = -\frac{\triangle_Y}{Y_{21}} = \frac{1}{Z_{21}} \qquad \text{어드미턴스 차원의 정수}$$

$$D = \left.\frac{I_1}{I_2}\right|_{V_2=0} = -\frac{Y_{11}}{Y_{21}} = \frac{Z_{22}}{Z_{21}} \qquad \text{전류비 차원의 정수}$$

2 4단자 회로망의 각종 접속

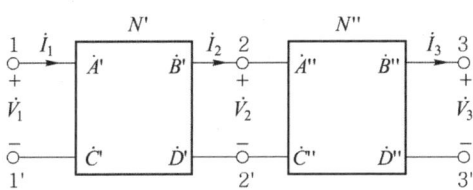

$$\begin{bmatrix} V_1 \\ I_1 \end{bmatrix} = \begin{bmatrix} A' & B' \\ C' & D' \end{bmatrix} \begin{bmatrix} A'' & B'' \\ C'' & D'' \end{bmatrix} \begin{bmatrix} V_3 \\ I_3 \end{bmatrix}$$

$$\begin{bmatrix} V_1 \\ I_1 \end{bmatrix} = \begin{bmatrix} A'A''+B'C'' & A'B''+B'D'' \\ C'A''+D'C'' & C'B''+D'D'' \end{bmatrix} \begin{bmatrix} V_3 \\ I_3 \end{bmatrix}$$

4단자 정수의 종속결합은 각각의 4단자 정수를 행렬로 표현한 다음 행렬의 곱셈으로 구한다.

3 대표적인 4단자 정수

이 표는 암기하는 것이 좋다. 공식이라고 생각한다. ★

회로의 종류 \ 4단자 정수	A	B	C	D
—[Z]—	1	Z	0	1
[Z] (병렬)	1	0	$\dfrac{1}{Z}$	1
Z_1 직렬, Z_2 병렬	$1+\dfrac{Z_1}{Z_2}$	Z_1	$\dfrac{1}{Z_2}$	1
Z_2 병렬, Z_1 직렬	1	Z_1	$\dfrac{1}{Z_2}$	$1+\dfrac{Z_1}{Z_2}$
Z_1, Z_3 직렬 / Z_2 병렬	$1+\dfrac{Z_1}{Z_2}$	$\dfrac{Z_1 Z_2 + Z_2 Z_3 + Z_3 Z_1}{Z_2}$	$\dfrac{1}{Z_2}$	$1+\dfrac{Z_3}{Z_2}$
Z_1, Z_3 병렬 / Z_2 직렬	$1+\dfrac{Z_2}{Z_3}$	Z_2	$\dfrac{Z_1 + Z_2 + Z_3}{Z_1 Z_3}$	$1+\dfrac{Z_2}{Z_1}$

4 영상 파라미터

1) 영상 임피던스와 4단자 정수와의 관계

$$Z_{01}Z_{02} = \frac{B}{C}, \quad \frac{Z_{01}}{Z_{02}} = \frac{A}{D}, \quad Z_{01} = \sqrt{\frac{AB}{CD}}, \quad Z_{02} = \sqrt{\frac{BD}{AC}}$$

> Z_{01} : 1차 영상 임피던스, Z_{02} : 2차 영상 임피던스, A, B, C, D : 4단자 정수
> 4단자 정수는 좌우 대칭인 경우 $A = D$의 관계가 성립하며 이때 $Z_{01} = Z_{02}$의 관계가 성립한다.

2) 전달 정수와 4단자 정수와의 관계

$$e^{\theta} = \sqrt{AD} + \sqrt{BC}$$

$$\theta = \log_e(\sqrt{AD} + \sqrt{BC}) = \cosh^{-1}\sqrt{AD} = \sinh^{-1}\sqrt{BC} = \tanh^{-1}\sqrt{\frac{BC}{AD}}$$

> θ : 전달정수, A, B, C, D : 4단자 정수

3) 4단자 정수와 영상 파라미터와의 관계

$$A = \sqrt{\frac{Z_{01}}{Z_{02}}}\cosh\theta, \qquad B = \sqrt{Z_{01}Z_{02}}\sinh\theta$$

$$C = \frac{1}{\sqrt{Z_{01}Z_{02}}}\sinh\theta, \qquad D = \sqrt{\frac{Z_{02}}{Z_{01}}}\cosh\theta$$

> θ : 전달정수, Z_{01} : 1차 영상 임피던스, Z_{02} : 2차 영상 임피던스, A, B, C, D : 4단자 정수

5 정저항 회로와 역회로

1) 정저항 회로

$$Z_1Z_2 = R^2$$

$$\therefore Z_1 = j\omega L, \ Z_2 = \frac{1}{j\omega C} \text{이면 } Z_1Z_2 = \frac{L}{C} = R^2$$

> 2단자 임피던스의 허수부가 주파수에 관계없이 항상 0이 되고 실수부로 일정하게 되는 회로.
> 여기서, R : 주파수와 무관한 정수(저항)

2) 역회로

구동점 임피던스가 Z_1, Z_2인 2개의 2단자 회로망에서 $Z_1Z_2 = R^2$ 또는 $\frac{Z_1}{Y_2} = R^2$ (단, R은 정의 실수)의 관계가 있을 때 Z_1, Z_2는 R에 관하여 역회로라 한다.

전 압	전 류	개 방	단 락
직 렬	병 렬	마 디	폐 로
저 항	컨덕턴스	나 무	보 목
리액턴스	서셉턴스	마디전압	폐로전류
임피던스	어드미턴스	커트세트	폐 로
인덕턴스	커패시턴스	테브낭 정리	노튼 정리

6 리액턴스 2단자망

$$Z_R = R, \quad Z_L = j\omega L = sL, \quad Z_C = \frac{1}{j\omega C} = \frac{1}{sC}$$

$$Z(s) = \frac{a_0 + a_1 s + a_2 s^2 + \cdots + a_{2n} s^{2n}}{b_1 s + b_2 s^2 + b_3 s^3 + \cdots b_{2n-1} s^{2n-1}}$$

① 영점 : $Z(s) = 0$이 되는 s의 근

> 영점은 회로의 단락상태를 의미한다. 즉, 회로가 단락된 상태의 임피던스 값이 영점이 된다.

② 극점 : $Z(s) = \infty$가 되는 s의 근

> 극점은 회로의 개방상태를 의미한다. 즉, 회로가 개방된 상태의 임피던스 값이 극점이 된다.

필수유형 및 과년도문제

◀◀◀ 완벽대비 전기기사필기

필수 01 ★ 4단자 파라미터

그림과 같은 Z-파라미터로 표시되는 4단자망의 1-1′ 단자간에 4[A], 2-2′ 단자간에 1[A]의 정전류원을 연결하였을 때의 1-1′ 단자간의 전압 V_1과 2-2′ 단자간의 전압 V_2가 바르게 구하여진 것은? 단, Z-파라미터는 [Ω] 단위이다.

① 18[V], 12[V]
② 36[V], −24[V]
③ 36[V], 24[V]
④ 24[V], 36[V]

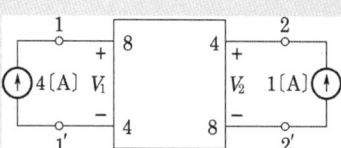

유형분석 임피던스 정수, 어드미턴스 정수, 4단자 정수에 관한 정의 문제가 출제된다.

풀 이
$$\begin{bmatrix} V_1 \\ V_2 \end{bmatrix} = \begin{bmatrix} Z_{11} & Z_{12} \\ Z_{21} & Z_{22} \end{bmatrix} \begin{bmatrix} I_1 \\ I_2 \end{bmatrix} = \begin{bmatrix} 8 & 4 \\ 4 & 8 \end{bmatrix} \begin{bmatrix} 4 \\ 1 \end{bmatrix} = \begin{bmatrix} 36 \\ 24 \end{bmatrix}$$

답 ③

Key point

F 파라미터(4단자 정수 : ABCD 파라미터)

$$\begin{bmatrix} V_1 \\ I_1 \end{bmatrix} = \begin{bmatrix} A & B \\ C & D \end{bmatrix} \begin{bmatrix} V_2 \\ I_2 \end{bmatrix}$$

$\triangle_F = AD - BC$, $\triangle_Z = Z_{11}Z_{22} - Z_{12}Z_{21}$, $\triangle_Y = Y_{11}Y_{22} - Y_{12}Y_{21}$

$A = \dfrac{V_1}{V_2}\bigg|_{I_2=0} = -\dfrac{Y_{22}}{Y_{21}} = \dfrac{Z_{11}}{Z_{21}}$, $B = \dfrac{V_1}{I_2}\bigg|_{V_2=0} = -\dfrac{1}{Y_{21}} = \dfrac{\triangle_Z}{Z_{21}}$

$C = \dfrac{I_1}{V_2}\bigg|_{I_2=0} = -\dfrac{\triangle_Y}{Y_{21}} = \dfrac{1}{Z_{21}}$, $D = \dfrac{I_1}{I_2}\bigg|_{V_2=0} = -\dfrac{Y_{11}}{Y_{21}} = \dfrac{Z_{22}}{Z_{21}}$

문제 01 ★ 4단자 정수 A, B, C, D로 출력측을 개방시켰을 때 입력측에서 본 구동점 임피던스 $Z_{11}\left(=\dfrac{V_1}{I_1}\bigg|_{I_2=0}\right)$을 표시한 것 중 옳은 것은?

① $\dfrac{A}{C}$ ② $\dfrac{B}{D}$ ③ $\dfrac{A}{B}$ ④ $\dfrac{B}{C}$

풀이 $A = \dfrac{Z_{11}}{Z_{21}}$, $B = \dfrac{|Z|}{Z_{21}}$, $C = \dfrac{1}{Z_{21}}$, $D = \dfrac{Z_{22}}{Z_{21}}$ 이므로 $\begin{bmatrix} Z_{11} & Z_{12} \\ Z_{21} & Z_{22} \end{bmatrix} = \dfrac{1}{C}\begin{bmatrix} A & AD-BC \\ 1 & D \end{bmatrix}$ 이다.   **답** ①

문제 02 ★
어떤 2단자 쌍회로망의 Y-파라미터가 그림과 같다. aa' 단자간에 $V_1 = 36[V]$, bb' 단자간에 $V_2 = 24[V]$의 정전압원을 연결하였을 때 I_1, I_2의 값은 각각 몇 [A]인가? 단, Y-파라미터는 [℧] 단위임

① $I_1 = 4$, $I_2 = 5$
② $I_1 = 5$, $I_2 = 4$
③ $I_1 = 1$, $I_2 = 4$
④ $I_1 = 4$, $I_2 = 1$

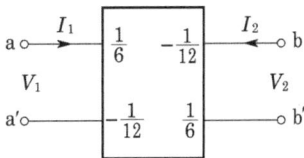

풀이 $\begin{bmatrix} I_1 \\ I_2 \end{bmatrix} = \begin{bmatrix} Y_{11} & Y_{12} \\ Y_{21} & Y_{22} \end{bmatrix}\begin{bmatrix} V_1 \\ V_2 \end{bmatrix} = \begin{bmatrix} \dfrac{1}{6} & -\dfrac{1}{12} \\ -\dfrac{1}{12} & \dfrac{1}{6} \end{bmatrix}\begin{bmatrix} 36 \\ 24 \end{bmatrix} = \begin{bmatrix} 4 \\ 1 \end{bmatrix}$ **답** ④

문제 03 ★
4단자망의 파라미터 정수에 관한 서술 중 잘못된 것은?
① A, B, C, D 파라미터 중 A 및 D는 차원(dimension)이 없다.
② h 파라미터 중 h_{12} 및 h_{21}은 차원이 없다.
③ A, B, C, D 파라미터 중 B는 어드미턴스, C는 임피던스 차원을 갖는다.
④ h 파라미터 중 h_{11}은 임피던스, h_{22}는 어드미턴스의 차원을 갖는다.

풀이 4단자 정수에서 A=전압비, B=임피던스 차원, C=어드미턴스 차원, D=전류비의 의미를 갖는다.   **답** ③

문제 04 ★★★★★
4단자 정수 A, B, C, D 중에서 어드미턴스의 차원을 가진 정수는 어느 것인가?
① A ② B ③ C ④ D

풀이 A, B, C, D로 표시되는 4단자 기초 방정식은 $\begin{bmatrix} V_1 \\ I_1 \end{bmatrix} = \begin{bmatrix} A & B \\ C & D \end{bmatrix}\begin{bmatrix} V_2 \\ I_2 \end{bmatrix}$이며, 각 파라미터의 물리적 의미는

$A = \dfrac{V_1}{V_2}\bigg|_{I_2=0}$: 출력을 개방했을 때 전압 이득

$B = \dfrac{V_1}{I_2}\bigg|_{V_2=0}$: 출력을 단락했을 때 전달 임피던스

$C = \dfrac{I_1}{V_2}\bigg|_{I_2=0}$: 출력을 개방했을 때 전달 어드미턴스

$D = \dfrac{I_1}{I_2}\bigg|_{V_2=0}$: 출력을 단락했을 때 전류 이득   **답** ③

필수 02 ★☆ 4단자 회로망의 각종 접속

그림과 같은 종속 접속으로 된 4단자 회로망의 합성 4단자망의 4단자 정수의 표시 중 틀린 것은 어느 것인가?

① $A = 1 + 4Z$ ② $B = Z$
③ $C = 4$ ④ $D = 1 + Z$

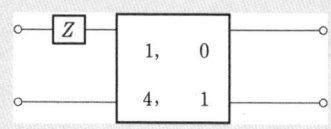

유형분석 두 개의 4단자 망이 종속 되었을 때 합성을 구하는 문제가 출제된다. 전력공학과 비교하여 보면 좋다.

풀이 $\begin{bmatrix} A & B \\ C & D \end{bmatrix} = \begin{bmatrix} 1 & Z \\ 0 & 1 \end{bmatrix}\begin{bmatrix} 1 & 0 \\ 4 & 1 \end{bmatrix} = \begin{bmatrix} 1+4Z & Z \\ 4 & 1 \end{bmatrix}$ ∴ $D = 1$ 답 ④

Key point

$$\begin{bmatrix} V_1 \\ I_1 \end{bmatrix} = \begin{bmatrix} A' & B' \\ C' & D' \end{bmatrix}\begin{bmatrix} A'' & B'' \\ C'' & D'' \end{bmatrix}\begin{bmatrix} V_3 \\ I_3 \end{bmatrix}$$

$$\begin{bmatrix} V_1 \\ I_1 \end{bmatrix} = \begin{bmatrix} A'A''+B'C'' & A'B''+B'D'' \\ C'A''+D'C'' & C'B''+D'D'' \end{bmatrix}\begin{bmatrix} V_3 \\ I_3 \end{bmatrix}$$

문제 05 ★★

4단자 정수 A_1, B_1, C_1, D_1 및 A_2, B_2, C_2, D_2를 갖는 2개의 4단자망을 그림과 같이 종속 접속(cascade connection) 하였을 경우 합성 회로의 4단자 정수 중 A와 B만 열거하였다. 옳은 것은?

① $A = A_1 + A_2$, $B = B_1 + B_2$
② $A = A_1 A_2$, $B = B_1 B_2$
③ $A = A_1 A_2 + B_2 C_1$, $B = B_1 B_2 + A_2 D_1$
④ $A = A_1 A_2 + B_1 C_2$, $B = A_1 B_2 + B_1 D_2$

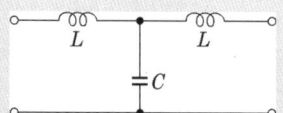

풀이 $\begin{bmatrix} A_1 & B_1 \\ C_1 & D_1 \end{bmatrix}\begin{bmatrix} A_2 & B_2 \\ C_2 & D_2 \end{bmatrix} = \begin{bmatrix} A_1 A_2 + B_1 C_2 & A_1 B_2 + B_1 D_2 \\ C_1 A_2 + D_1 C_2 & C_1 B_2 + D_1 D_2 \end{bmatrix}$ 답 ④

필수 03 ★★★ 대표적인 4단자 정수

그림과 같은 4단자 회로의 4단자 정수 중 D의 값은?

① $1 - \omega^2 LC$ ② $j\omega L(2 - \omega^2 LC)$
③ $j\omega C$ ④ $j\omega L$

유형분석 회로를 보고 4단자 정수를 구하는 문제가 출제된다.

풀 이
$$\begin{bmatrix} 1 & j\omega L \\ 0 & 1 \end{bmatrix} \begin{bmatrix} 1 & 0 \\ j\omega C & 1 \end{bmatrix} \begin{bmatrix} 1 & j\omega L \\ 0 & 1 \end{bmatrix} = \begin{bmatrix} 1-\omega^2 LC & j\omega L(2-\omega^2 LC) \\ j\omega C & 1-\omega^2 LC \end{bmatrix}$$

답 ①

Key point

회로의 종류 \ 4단자 정수	A	B	C	D
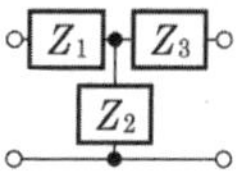 Z_1—Z_3 / Z_2	$1+\dfrac{Z_1}{Z_2}$	$\dfrac{Z_1 Z_2+Z_2 Z_3+Z_3 Z_1}{Z_2}$	$\dfrac{1}{Z_2}$	$1+\dfrac{Z_3}{Z_2}$
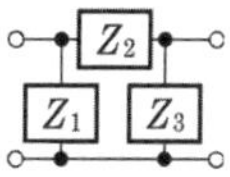 Z_2 / Z_1—Z_3	$1+\dfrac{Z_2}{Z_3}$	Z_2	$\dfrac{Z_1+Z_2+Z_3}{Z_1 Z_3}$	$1+\dfrac{Z_2}{Z_1}$

문제 06 ★★★★ 그림과 같은 L형 회로에서 4단자 정수는 어떻게 되는가?

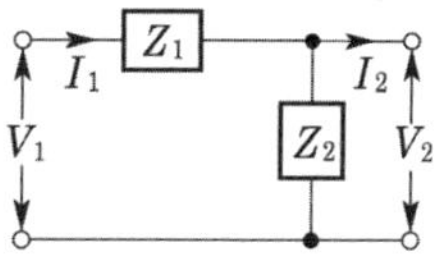

① $A=Z_1,\ B=1+\dfrac{Z_1}{Z_2},\ C=\dfrac{1}{Z_2},\ D=1$

② $A=1,\ B=\dfrac{1}{Z_2},\ C=1+\dfrac{1}{Z_2},\ D=Z_1$

③ $A=1+\dfrac{Z_1}{Z_2},\ B=Z_1,\ C=\dfrac{1}{Z_2},\ D=1$

④ $A=\dfrac{1}{Z_2},\ B=1,\ C=Z_1,\ D=1+\dfrac{Z_1}{Z_2}$

풀이
$A=\left(\dfrac{E_1}{E_2}\right)_{I_2=0}=\dfrac{I_1(Z_1+Z_2)}{I_1 Z_2}=1+\dfrac{Z_1}{Z_2},\quad B=\left(\dfrac{E_1}{I_2}\right)_{E_2=0}=\dfrac{I_1 Z_1}{I_1}=Z_1$

$C=\left(\dfrac{I_1}{E_2}\right)_{I_2=0}=\dfrac{I_1}{I_1 Z_2}=\dfrac{1}{Z_2},\quad D=\left(\dfrac{I_1}{I_2}\right)_{E_2=0}=\dfrac{I_1}{I_1}=1$

답 ③

문제 07 ★★★★★ 그림에서 4단자 회로 정수 $A,\ B,\ C,\ D$ 중 출력 단자 3, 4가 개방되었을 때의 $\dfrac{V_1}{V_2}$인 A의 값은?

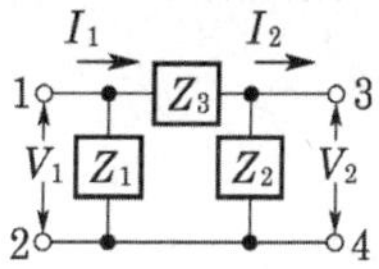

① $1+\dfrac{Z_2}{Z_1}$

② $\dfrac{Z_1+Z_2+Z_3}{Z_1 Z_3}$

③ $1+\dfrac{Z_2}{Z_3}$

④ $1+\dfrac{Z_3}{Z_2}$

풀이 $A = \left.\dfrac{V_1}{V_2}\right|_{I_2=0} = \dfrac{V_1}{\dfrac{Z_2}{Z_2+Z_3}\cdot V_1} = \dfrac{Z_2+Z_3}{Z_2} = 1 + \dfrac{Z_3}{Z_2}$ **답** ④

문제 08 ★★★ 그림과 같은 H형 회로의 4단자 정수 중 A의 값은 얼마인가?

① Z_5
② $\dfrac{Z_5}{Z_2+Z_4+Z_5}$
③ $\dfrac{1}{Z_5}$
④ $\dfrac{Z_1+Z_3+Z_5}{Z_5}$

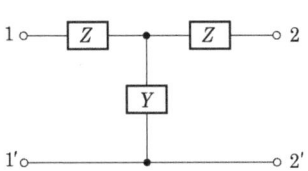

풀이 Z_1과 Z_3, Z_2와 Z_4는 직렬이므로

$\begin{bmatrix} A & B \\ C & D \end{bmatrix} = \begin{bmatrix} 1 & Z_1+Z_3 \\ 0 & 1 \end{bmatrix} \begin{bmatrix} 1 & 0 \\ \dfrac{1}{Z_5} & 1 \end{bmatrix} \begin{bmatrix} 1 & Z_2+Z_4 \\ 0 & 1 \end{bmatrix} = \begin{bmatrix} \dfrac{Z_1+Z_3+Z_5}{Z_5} & Z_1+Z_3+\dfrac{(Z_2+Z_4)(Z_1+Z_3+Z_5)}{Z_5} \\ \dfrac{1}{Z_5} & \dfrac{Z_2+Z_4+Z_5}{Z_5} \end{bmatrix}$

답 ④

문제 09 ★ 그림의 대칭 T회로의 일반 4단자 정수가 다음과 같았다.
$A = D = 1.2$, $B = 44[\Omega]$, $C = 0.01[\mho]$, 임피던스 $Z[\Omega]$의 값을 구하면?

① 1.2
② 12
③ 20
④ 44

풀이 그림과 같은 T형 4단자망의 4단자 정수 중 C의 값은 병렬 어드미턴스 값이므로
병렬 임피던스는 $Z_p = \dfrac{1}{C} = 100[\Omega]$이 되고 $A = D = 1 + \dfrac{Z}{Z_p}$이므로
$Z = Z_p(A-1) = 100(1.2-1) = 20[\Omega]$ **답** ③

필수 04 ★★★★★ 영상 파라미터

L형 4단자 회로에서 4단자 정수가 $A = \dfrac{15}{4}$, $D = 1$이고 영상 임피던스 $Z_{02} = \dfrac{12}{5}[\Omega]$일 때 영상 임피던스 $Z_{01}[\Omega]$의 값은 얼마인가?

① 12   ② 9   ③ 8   ④ 6

유형분석 영상 임피던스의 계산, 전달 정수의 계산 등이 출제된다.

풀이

$Z_{01} \cdot Z_{02} = \dfrac{B}{C}$, $\dfrac{Z_{01}}{Z_{02}} = \dfrac{A}{D}$ 에서 $Z_{01} = \dfrac{A}{D} Z_{02} = \dfrac{\frac{15}{4}}{1} \times \dfrac{12}{5} = \dfrac{180}{20} = 9[\Omega]$

답 ②

Key point

(1) 영상 임피던스와 4단자 정수와의 관계

$$Z_{01} = \sqrt{\dfrac{AB}{CD}},\ Z_{02} = \sqrt{\dfrac{BD}{AC}}$$

(2) 전달 정수와 4단자 정수와의 관계

$$\theta = \log_e(\sqrt{AD}+\sqrt{BC}) = \cosh^{-1}\sqrt{AD} = \sinh^{-1}\sqrt{BC} = \tanh^{-1}\sqrt{\dfrac{BC}{AD}}$$

문제 10 ★ 대칭 4단자 회로에서 특성 임피던스는?

① $\sqrt{\dfrac{AB}{CD}}$ ② $\sqrt{\dfrac{DB}{CA}}$ ③ $\sqrt{\dfrac{B}{C}}$ ④ $\sqrt{\dfrac{A}{D}}$

풀이 $Z_{01} = \sqrt{\dfrac{AB}{CD}}$ 에서 대칭 T형에는 $A = D$ 이므로 $Z_{01} = \sqrt{\dfrac{B}{C}}$

답 ③

문제 11 ★★★★☆ 회로의 영상 임피던스 Z_{01}과 Z_{02}는 각각 몇 [Ω]인가?

① 6, 5   ② 4, 5
③ 6, 3.33   ④ 4, 3.33

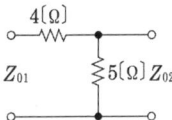

풀이 $A = 1 + \dfrac{4}{5} = \dfrac{9}{5}$, $B = 4$, $C = \dfrac{1}{5}$, $D = 1$

$Z_{01} = \sqrt{\dfrac{\frac{9}{5} \times 4}{\frac{1}{5} \times 1}} = 6$, $Z_{02} = \sqrt{\dfrac{4 \times 1}{\frac{9}{5} \times \frac{1}{5}}} = 3.33$

답 ③

필수 05 ★★★ 정저항 회로와 역회로

다음 회로의 임피던스가 R이 되기 위한 조건은?

① $Z_1 Z_2 = R$ ② $\dfrac{Z_2}{Z_1} = R$
③ $Z_1 Z_2 = R^2$ ④ $\dfrac{Z_1}{Z_2} = R^2$

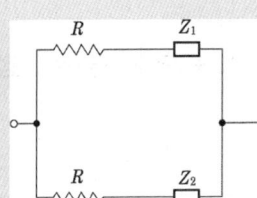

유형분석 정저항 회로의 조건과 정저항 회로가 되기 위한 R의 값 등이 출제된다.

풀이 그림에서 $Z_0 = \dfrac{(R+Z_1)(R+Z_2)}{R+Z_1+R+Z_2}$

$$Z_0 = \dfrac{R\left(1+\dfrac{Z_1}{R}\right)(R+Z_2)}{2R+Z_1+Z_2}$$

위 식에서 $\left(1+\dfrac{Z_1}{R}\right)(R+Z_2) = 2R+Z_1+Z_2$ 이면

$Z_0 = R$이므로 정저항 조건을 만족

$R+Z_1+Z_2+\dfrac{Z_1 \cdot Z_2}{R} = 2R+Z_1+Z_2$

$R^2 = Z_1 \cdot Z_2$에서 $\begin{cases} Z_1 = j\omega L \\ Z_2 = \dfrac{1}{j\omega C} \end{cases}$ 이므로 $R = \sqrt{\dfrac{L}{C}}$

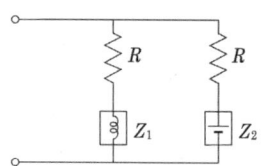

답 ③

Key point

- 정저항 회로
  2단자 임피던스의 허수부가 주파수에 관계없이 항상 0이 되고 실수부로 일정하게 되는 회로
- 정저항 조건 : $\boldsymbol{Z_1 Z_2 = R^2}$

  $\therefore \boldsymbol{Z_1} = j\omega L,\ \boldsymbol{Z_2} = \dfrac{1}{j\omega C}$ 이면 $\boldsymbol{Z_1 Z_2} = \dfrac{L}{C} = R^2$

문제 12 ★★★★ 그림과 같은 회로가 정저항 회로가 되기 위한 R의 값은 얼마인가?

① $200[\Omega]$
② $2[\Omega]$
③ $2 \times 10^{-2}[\Omega]$
④ $2 \times 10^{-4}[\Omega]$

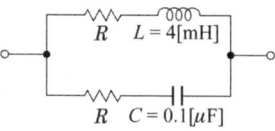

풀이 $R^2 = \dfrac{L}{C},\ R = \sqrt{\dfrac{L}{C}}$

$\therefore R = \sqrt{\dfrac{4 \times 10^{-3}}{0.1 \times 10^{-6}}} = 200[\Omega]$

답 ①

문제 13 ★★ 그림과 같은 회로가 정저항 회로가 되기 위하여는 ωL의 값은 대략 얼마인가?

① 약 $1.6[\Omega]$
② 약 $1.2[\Omega]$
③ 약 $0.8[\Omega]$
④ 약 $0.38[\Omega]$

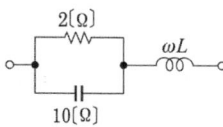

풀이 $\dot{Z} = j\omega L + \dfrac{2 \times (-j10)}{2 - j10}$ 이므로 $\dot{Z}$의 허수부가 0이면 정저항 회로 조건이 성립된다.

그러므로 $\dot{Z} = j\omega L + \dfrac{(-j20)(2+j10)}{104}$

허수부 $j\left(\omega L - \dfrac{40}{104}\right) = 0 \qquad \therefore \omega L = 0.38$

답 ④

필수 06 ★★★★★ 리액턴스 2단자망

리액턴스 함수가 $Z(\lambda) = \dfrac{4\lambda}{\lambda^2 + 9}$ 로 표시되는 리액턴스 2단자망은 다음 중 어느 것인가?

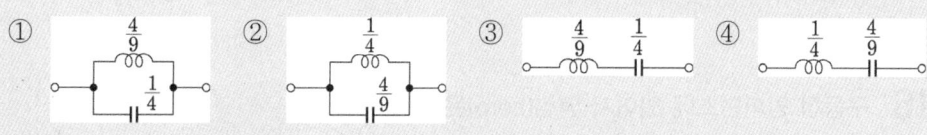

유형분석 구동점 임피던스를 보고 회로망을 찾는 문제와 영점과 극점에 관한 문제가 출제된다.

풀이 $Z(\lambda) = \dfrac{4\lambda}{\lambda^2 + 9} = \dfrac{1}{(\lambda^2 + 9)/4\lambda} = \dfrac{1}{\dfrac{\lambda}{4} + \dfrac{9}{4\lambda}} = \dfrac{1}{\dfrac{\lambda}{4} + \dfrac{1}{\dfrac{4}{9}\lambda}}$

$\therefore$ C와 L 병렬회로이다.

답 ①

Key point

영점 : $Z(s) = 0$이 되는 s의 근 : 회로의 단락상태

극점 : $Z(s) = \infty$가 되는 s의 근 : 회로의 개방상태

문제 14 ★★

리액턴스 함수 $Z(\lambda) = \dfrac{6\lambda^2 + 1}{\lambda(\lambda^2 + 1)}$ 로 표시되는 리액턴스 2단자 회로망은?

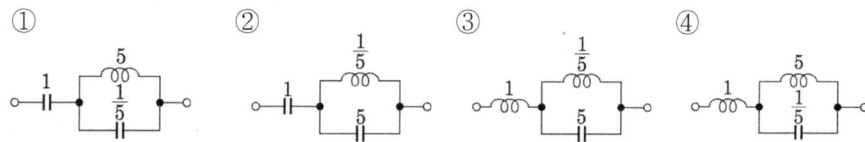

풀이 $Z(\lambda)$를 부분 분수로 전개하여 정리하면

$Z(\lambda) = \dfrac{6\lambda^2 + 1}{\lambda(\lambda^2 + 1)} = \dfrac{1}{\lambda} + \dfrac{5\lambda}{\lambda^2 + 1} = \dfrac{1}{\lambda} + \dfrac{1}{\dfrac{1}{5}\lambda + \dfrac{1}{5\lambda}}$

답 ①

문제 15 ★★☆

임피던스 함수가 $Z(s) = \dfrac{4s+2}{s}$ 로 표시되는 2단자 회로망은 다음 중 어느 것인가?
단, $s = j\omega$ 이다.

① ─/\/\/─||─   4   2
② ─/\/\/─||─   4   1/2 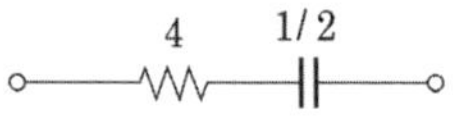
③ 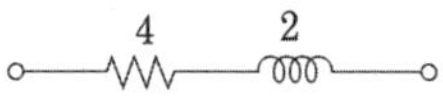 ─/\/\/─◠◠◠─   4   2
④ ─/\/\/─◠◠◠─   4   1/2

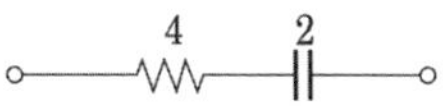

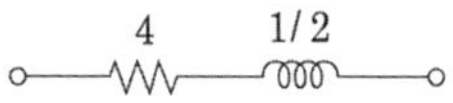

풀이 $Z(s) = \dfrac{4s+2}{s} = 4 + \dfrac{2}{s} = 4 + \dfrac{1}{\dfrac{1}{2}s}$

답 ②

문제 16 ★★

구동점 임피던스에 있어서 영점(zero)은?
① 전류가 흐르지 않는 경우이다. ② 회로를 개방한 것과 같다.
③ 회로를 단락한 것과 같다. ④ 전압이 가장 큰 상태이다.

풀이 $Z(s) = 0$이 되는 s의 값을 영점(zero)이라 하며 회로의 단락상태를 나타내고
$Z(s) = \infty$가 되는 s의 값을 극점(pole)이라 하며 회로가 개방상태임을 의미한다.

답 ③

문제 17 ★★

2단자 임피던스 함수 $Z(s)$가 $Z(s) = \dfrac{(s+1)(s+2)}{(s+3)(s+4)}$ 일 때 영점(zero)과 극점을 옳게 표시한 것은?

① 영점 : -1, -2 , 극점 : -3, -4
② 영점 : 1, 2 , 극점 : 3, 4
③ 영점 : 없다 , 극점 : -1, -2, -3, -4
④ 영점 : -1, -2, -3, -4 , 극점 : 없다.

풀이 극점은 $Z(s) = \infty$
$(s+3)(s+4) = 0$ ∴ $s = -3, -4$
영점은 $Z(s) = 0$
$(s+1)(s+2) = 0$ ∴ $s = -1, -2$

답 ①

11 출제기준 – 분포정수회로

1 기본식과 특성 임피던스

특성임피던스 : $Z_0 = \sqrt{\dfrac{Z}{Y}} = \sqrt{\dfrac{R+j\omega L}{G+j\omega C}}\,[\Omega]$

전파정수 : $\gamma = \sqrt{ZY} = \alpha + j\beta$

단, α : 감쇠 정수, β : 위상 정수, γ : 전파정수, Z_0 : 특성임피던스

2 무손실 선로와 무왜형 선로

1) 무손실 선로

① 무손실 선로의 조건 : $R=0,\ G=0$

② 특성 임피던스 : $Z_0 = \sqrt{\dfrac{L}{C}}$

③ 전파 정수 : $\gamma = j\omega\sqrt{LC}\ (\alpha = 0)$

④ 파장 : $\lambda = \dfrac{2\pi}{\beta} = \dfrac{2\pi}{\omega\sqrt{LC}} = \dfrac{1}{f\sqrt{LC}}$

⑤ 전파 속도 : $v = f\lambda = \dfrac{2\pi f}{\beta} = \dfrac{\omega}{\beta} = \dfrac{1}{\sqrt{LC}}$

2) 무왜형 선로

① 무왜형 선로의 조건 : $\dfrac{R}{L} = \dfrac{G}{C},\ RC = LG$

② 특성 임피던스 : $Z_0 = \sqrt{\dfrac{L}{C}}$

③ 전파 정수 : $\gamma = \alpha + j\beta = \sqrt{RG} + j\omega\sqrt{LC}$

④ 전파 속도 : $v = \dfrac{\omega}{\beta} = \dfrac{1}{\sqrt{LC}}$

3 일반 유한장 선로

$$A = \sqrt{\frac{Z_{01}}{Z_{02}}}\cosh\theta, \qquad B = \sqrt{Z_{01}Z_{02}}\sinh\theta$$

$$C = \frac{1}{\sqrt{Z_{01}Z_{02}}}\sinh\theta, \qquad D = \sqrt{\frac{Z_{02}}{Z_{01}}}\cosh\theta$$

4 반사계수

① 전압 반사 계수 : $\rho_v = \dfrac{반사파}{입사파} = \dfrac{V_2}{V_1} = \dfrac{Z_R - Z_0}{Z_R + Z_0}$

② 전류 반사 계수 : $\rho_i = \dfrac{I_2}{I_1} = \dfrac{Z_0 - Z_R}{Z_R + Z_0} = -\rho_v$

5 무손실 유한장 회로와 공진

정재파비 : $S = \dfrac{1+|\rho|}{1-|\rho|}$

11 필수유형 및 과년도문제

필수 01 ★★★★★ 기본식과 특성 임피던스

단위 길이당 인덕턴스 L[H] 커패시턴스 C[μF]의 가공전선의 특성 임피던스[Ω]는?

① $\sqrt{\dfrac{C}{L}}\times 10^2$ ② $\sqrt{\dfrac{C}{L}}\times 10^3$ ③ $\sqrt{\dfrac{L}{C}}\times 10^3$ ④ $\sqrt{\dfrac{1}{LC}}\times 10^2$

유형분석 기사에서는 특성임피던스의 계산 문제가 매회 출제된다.

풀이 $Z_0 = \sqrt{\dfrac{Z}{Y}} = \sqrt{\dfrac{j\omega L}{j\omega C \times 10^{-6}}} = \sqrt{\dfrac{L}{C}}\times 10^3 [\Omega]$

답 ③

Key point

특성임피던스 : $Z_0 = \sqrt{\dfrac{Z}{Y}} = \sqrt{\dfrac{R+j\omega L}{G+j\omega C}}\,[\Omega]$

전파정수 : $\gamma = \sqrt{ZY} = \alpha + j\beta$

문제 01 ★

선로 정수가 $R=0.09$[Ω/km], $L=0.66$[mH/km], $C=0.0044$[μF/km], $G=0$일 때 주파수 $f=100$[Hz]에 있어서 특성 임피던스 Z_0[Ω]을 구하면?

① $392\angle 6°$ ② $392\angle 13°$ ③ $392\angle -6°$ ④ $392\angle -13°$

풀이 $Z_0 = \sqrt{\dfrac{Z}{Y}} = \sqrt{\dfrac{R+j\omega L}{G+j\omega C}} = \sqrt{\dfrac{0.09+j2\pi\times 100\times 0.66\times 10^{-3}}{j2\pi\times 100\times 0.0044\times 10^{-6}}}$

$= \sqrt{150000-j32554.42} = (153492\angle -12.24°)^{\frac{1}{2}}$

따라서 Z_0는 $392\angle -6.12°$[Ω], $392\angle -186.12°$[Ω]의 2개이다.

답 ③

문제 02 ★★★☆

단위 길이당 임피던스 및 어드미턴스가 각각 Z 및 Y인 전송 선로의 전파 정수 γ는?

① $\sqrt{\dfrac{Z}{Y}}$ ② $\sqrt{\dfrac{Y}{Z}}$ ③ $\sqrt{YZ}$ ④ YZ

풀이 $Z=R+j\omega L$[Ω/m], $Y=G+j\omega C$[℧/m]일 때 선로의 전파 정수 γ는

$\gamma = \sqrt{ZY} = \sqrt{(R+j\omega L)(G+j\omega C)}$

답 ③

문제 03 ★★
선로의 저항 R과 컨덕턴스 G가 동시에 0이 되었을 때 전파 정수 γ와 관계 있는 것은?

① $\gamma = j\omega\beta\sqrt{LC}$
② $L = j\omega L\sqrt{\dfrac{C}{\gamma}}$
③ $C = \dfrac{\gamma^2}{(j\omega)^2 L}$
④ $\beta = j\omega\gamma\sqrt{LC}$

풀이 $\gamma = j\omega\sqrt{LC}$에서 양변을 제곱하면 $\gamma^2 = (j\omega)^2 LC$
∴ $C = \dfrac{\gamma^2}{(j\omega)^2 L}$[F]가 된다.

답 ③

필수 02 ★★★★★
무손실 선로와 무왜형 선로

전송 선로에서 무손실일 때 $L = 96$[mH], $C = 0.6$[μF]이면 특성 임피던스[Ω]는?

① 500 ② 400 ③ 300 ④ 200

유형분석 무손실 조건과 무왜조건, 전파속도의 계산 등이 출제된다.

풀이 $Z_0 = \sqrt{\dfrac{L}{C}} = \sqrt{\dfrac{96 \times 10^{-3}}{0.6 \times 10^{-6}}} = 400[\Omega]$

답 ②

Key point

(1) 무손실 선로
  ① 무손실 선로의 조건 : $R = 0$, $G = 0$
  ② 전파 정수 : $\gamma = j\omega\sqrt{LC}$ ($\alpha = 0$)
  ③ 전파 속도 : $v = f\lambda = \dfrac{2\pi f}{\beta} = \dfrac{\omega}{\beta} = \dfrac{1}{\sqrt{LC}}$

(2) 무왜형 선로
  ① 무왜형 선로의 조건 : $\dfrac{R}{L} = \dfrac{G}{C}$, $RC = LG$
  ② 전파 정수 : $\gamma = \alpha + j\beta = \sqrt{RG} + j\omega\sqrt{LC}$

문제 04 ★★★★★
무손실 선로가 되기 위한 조건 중 옳지 않은 것은?

① $Z_0 = \sqrt{\dfrac{L}{C}}$
② $\gamma = \sqrt{ZY}$
③ $\alpha = \omega\sqrt{LC}$
④ $v = \dfrac{1}{\sqrt{LC}}$

11. 분포정수회로

풀이 $\dot{\gamma}(\text{전파정수}) = \alpha + j\beta \begin{pmatrix} \alpha : 감쇄 \\ \beta : 위상정수 \end{pmatrix} = \sqrt{Z \cdot Y} = \sqrt{(R+j\omega L)(G+j\omega C)} = j\omega\sqrt{LC}$

그러므로 $\begin{bmatrix} \alpha = 0 \\ \beta = \omega\sqrt{LC} \end{bmatrix}$

답 ③

문제 05 ★★★★★ 무손실 선로의 분포 정수 회로에서 감쇠 정수 α와 위상 정수 β의 값은?

① $\alpha = \sqrt{RG},\ \beta = \omega\sqrt{LC}$ ② $\alpha = 0,\ \beta = \omega\sqrt{LC}$

③ $\alpha = \sqrt{RG},\ \beta = 0$ ④ $\alpha = 0,\ \beta = \dfrac{1}{\sqrt{LC}}$

풀이 무손실 선로 조건은 $R = G = 0$이므로
$\gamma(\text{전파정수}) = \alpha + j\beta \begin{pmatrix} \alpha : 감쇄 \\ \beta : 위상정수 \end{pmatrix} = \sqrt{Z \cdot Y} = \sqrt{(R+j\omega L)(G+j\omega C)} = j\omega\sqrt{LC}$

그러므로 $\begin{bmatrix} \alpha = 0 \\ \beta = \omega\sqrt{LC} \end{bmatrix}$

답 ②

문제 06 ★★★★★ 수전단 개방의 무손실 선로에 있어서 입력 임피던스의 절대값을 특성 임피던스와 같게 하려면 선로의 길이를 파장의 몇 배로 하면 되는가?

① $\dfrac{1}{2}\lambda$ ② $\dfrac{1}{4}\lambda$ ③ $\dfrac{1}{6}\lambda$ ④ $\dfrac{1}{8}\lambda$

풀이 수전단 개방 시 입력 임피던스 $Z_{s0} = Z_0 \coth\gamma l$

여기서 무손실 선로이므로 $R = G = 0$, $Z_0 = \sqrt{\dfrac{L}{C}}$, $\gamma = j\beta = j\dfrac{2\pi}{\lambda}$

$\therefore Z_{s0} = \sqrt{\dfrac{L}{C}}\coth j\beta l = -j\sqrt{\dfrac{L}{C}}\cot\beta l = \sqrt{\dfrac{L}{C}}\cot\beta l = Z_0 = \sqrt{\dfrac{L}{C}}$

$\therefore \cot\beta l = 1,\ \beta l = \dfrac{\pi}{4}$

$\therefore l = \dfrac{\pi}{4\beta} = \dfrac{\pi}{4 \times \dfrac{2\pi}{\lambda}} = \dfrac{\lambda}{8}$

답 ④

문제 07 ★★★★ 무한장 무손실 전송 선로상의 어떤 점에서 전압이 100[V]였다. 이 선로의 인덕턴스가 7.5[μH/m]이고, 커패시턴스가 0.003[μF/m]일 때 이 점에서 전류는 몇 [A]인가?

① 2 ② 4 ③ 6 ④ 8

풀이 무한장 선로의 경우 송전단에서 x만큼 떨어진 점의 전압 V와 전류 I는

$V = V_s e^{-\gamma x},\ I = I_s e^{-\gamma x} = \dfrac{V_s}{Z_0} e^{-\gamma x}$ 이므로 $\dfrac{V}{I} = \dfrac{V_s}{\dfrac{V_s}{Z_0}} = Z_0$

또, 무손실 선로이므로 $Z_0 = \sqrt{\dfrac{L}{C}}$

$\therefore I = \dfrac{V}{Z_0} = \sqrt{\dfrac{C}{L}} \cdot V = \sqrt{\dfrac{0.003}{7.5}} \times 100 = 2$[A]

답 ①

문제 08 ★★★★★ 다음 분포 정수 전송 회로에 대한 서술에서 옳지 않은 것은?

① $\dfrac{R}{L} = \dfrac{G}{C}$ 인 회로를 무왜 회로라 한다.

② $R = G = 0$ 인 회로를 무손실 회로라 한다.

③ 무손실 회로, 무왜 회로의 감쇠 정수는 $\sqrt{RG}$ 이다.

④ 무손실 회로, 무왜 회로에서의 위상 속도는 $\dfrac{1}{\sqrt{CL}}$ 이다.

풀이 무손실 회로 감쇠 정수 $\alpha = 0$, 무왜회로 감쇠 정수 $\alpha = \sqrt{RG}$

답 ③

필수 03 ★ 일반 유한장 선로

분포 정수 회로에서 4단자 정수 중 B 값은?

① $\cosh \gamma l$ ② $\dfrac{1}{Z_0} \sinh \gamma l$ ③ $Z_0 \sinh \gamma l$ ④ $\sinh \gamma l$

유형분석 4단자 정수와 관련된 문제가 출제된다.

풀이 분포 정수 회로의 4단자 정수는 $A = D = \cosh \gamma l$, $B = Z_0 \sinh \gamma l$, $C = \dfrac{1}{Z_0} \sinh \gamma l$

답 ③

Key point

$$A = \sqrt{\dfrac{Z_{01}}{Z_{02}}} \cosh \theta, \quad B = \sqrt{Z_{01} Z_{02}} \sinh \theta, \quad C = \dfrac{1}{\sqrt{Z_{01} Z_{02}}} \sinh \theta, \quad D = \sqrt{\dfrac{Z_{02}}{Z_{01}}} \cosh \theta$$

문제 09 ★★★ 특성 임피던스 50[Ω], 감쇠 정수 0, 위상 정수 $\dfrac{\pi}{3}$[rad/m], 선로의 길이 2[m]인 분포 정수 회로의 4단자 정수 A를 구하면?

① $1 - j\dfrac{1}{2}$ ② $\dfrac{\sqrt{3}}{2}$ ③ $-\dfrac{1}{2}$ ④ $-\dfrac{\sqrt{3}}{2}$

풀이 $Z_0 = 50$, $\gamma l = (\alpha + j\beta) l = j \dfrac{2\pi}{3}$

$\therefore A = \cosh \gamma l = \cosh j \dfrac{2\pi}{3} = \cos \dfrac{2\pi}{3} = -\dfrac{1}{2}$

답 ③

문제 10 ★★ 분포 정수 회로에서 위치각(position angle)에 관한 정확한 표현은?

① 일반적으로 위치각은 실수로 주어진다.
② 위치각은 선로의 전파 정수에는 관계없다.
③ 위치각은 복소수로 주어진다.
④ 위치각은 집중 회로에서도 그 개념이 적용될 수 있다.

풀이 특성 임피던스 Z_0인 선로에 임피던스 Z인 부하를 접속할 때 위치각 δ는 $\delta = \tanh^{-1}\dfrac{Z}{Z_0}$

수전단의 위치각을 δ_R이라 하면 x점의 위치각 $\delta_x = \delta_R + \gamma_x$로 표시되고 δ_x를 알면 임의의 점에서 전압, 전류, 임피던스를 간단히 구할 수 있다. 위치각은 일반적으로 복소수로 표시된다. **답** ③

문제 11 ★★★★★ 분포 정수 회로에서 위상 정수가 β라 할 때 파장 λ는?

① $2\pi\beta$ ② $\dfrac{2\pi}{\beta}$ ③ $4\pi\beta$ ④ $\dfrac{4\pi}{\beta}$

풀이 위상 정수 β와 파장 λ 사이의 관계는 $\lambda\beta = 2\pi$ 이므로 $\lambda = \dfrac{2\pi}{\beta}$ **답** ②

04 반사계수

어떤 무손실 전송 선로의 인덕턴스가 1[μH/m]이고 커패시턴스가 400[pF/m]일 때 250[Ω]인 부하를 수전단에 연결하면 이곳에서의 반사 계수는?

① $\dfrac{2}{3}$ ② $\dfrac{1}{3}$ ③ $\dfrac{1}{2}$ ④ 1

유형분석 전력의 반사파 전압의 크기를 구하는 문제가 출제된다.

풀이
$Z_0 = \sqrt{\dfrac{L}{C}} = \sqrt{\dfrac{10^{-6}}{400 \times 10^{-12}}} = 50[\Omega]$

$\therefore \rho = \dfrac{Z_R - Z_0}{Z_R + Z_0} = \dfrac{250 - 50}{250 + 50} = \dfrac{2}{3}$ **답** ①

Key point

반사계수 $\rho_v = \dfrac{\text{반사파}}{\text{입사파}} = \dfrac{V_2}{V_1} = \dfrac{Z_R - Z_0}{Z_R + Z_0}$

문제 12 전송 선로의 특성 임피던스가 50[Ω]이고 부하 저항이 150[Ω]이면 부하에서의 반사계수는?

① 0　　　　② 0.5　　　　③ 0.7　　　　④ 1

풀이 $\rho = \dfrac{Z_L - Z_0}{Z_L + Z_0} = \dfrac{150-50}{150+50} = 0.5$　　　　**답** ②

 **05** ★ 무손실 유한장 회로와 공진

전송선로의 특성 임피던스가 100[Ω]이고 부하 저항이 400[Ω]일 때 전압 정재파비 S는?
① 0.25　　② 0.6　　③ 1.67　　④ 4

유형분석 반사계수를 구하고 정재파비를 구하는 문제가 출제된다.

풀이 $\rho = \dfrac{Z_R - Z_0}{Z_R + Z_0} = \dfrac{400-100}{400+100} = \dfrac{3}{5}$, $S = \dfrac{1+|\rho|}{1-|\rho|} = \dfrac{1+\dfrac{3}{5}}{1-\dfrac{3}{5}} = 4$　　**답** ④

Key point

정재파비 : $S = \dfrac{1+|\rho|}{1-|\rho|}$

12 출제기준 - 과도현상

1 R-L 직렬의 직류회로

1) 직류 전압을 인가하는 경우

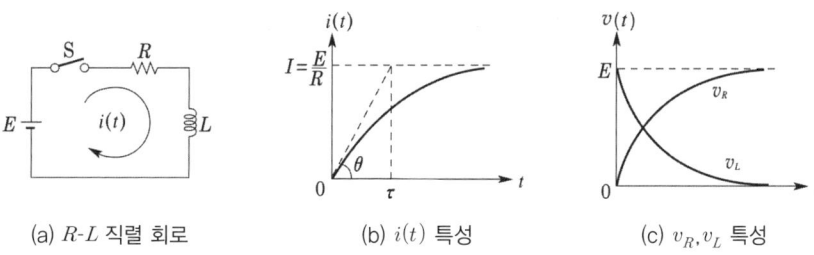

(a) R-L 직렬 회로   (b) $i(t)$ 특성   (c) v_R, v_L 특성

① 평형 방정식 : $L\dfrac{di}{dt} + Ri = E$

② 전류 : $i = \dfrac{E}{R}\left(1 - e^{-\frac{R}{L}t}\right)$ [A] (초기 조건은 $t=0$; $i=0$)

③ 시정수 : $\tau = \dfrac{L}{R}$ [s]

④ R, L 양단의 전압

$$v_R = Ri = E\left(1 - e^{-\frac{R}{L}t}\right) [\text{V}], \quad v_L = L\dfrac{di}{dt} = Ee^{-\frac{R}{L}t} [\text{V}]$$

> $i = \dfrac{E}{R}\left(1 - e^{-\frac{R}{L}t}\right)$: 과도상태에 흐르는 전류로 $\dfrac{E}{R}$은 정상분에 해당한다.
> 또, $1 - e$는 과도전류가 지수적으로 증가하는 것을 의미한다.
> 여기서, $-\dfrac{R}{L}$은 특성근이며, $\dfrac{L}{R}$는 시정수 이다. 시정수가 크면 과도현상이 오래 지속된다.

2) 직류 전압을 제거하는 경우

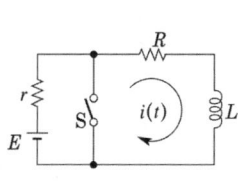 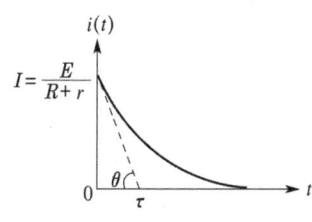

(a) R-L 직렬 회로   (b) $i(t)$ 특성

① 평형 방정식 : $L\dfrac{di}{dt}+Ri=0$

② 전류 : $i=\dfrac{E}{R+r}e^{-\frac{R}{L}t}$ [A] (초기 조건은 $i(0)=\dfrac{E}{R+r}$)

③ 시정수 : $\tau=\dfrac{L}{R}$ [s]

2 R-C 직렬의 직류회로

1) 직류 전압을 인가하는 경우

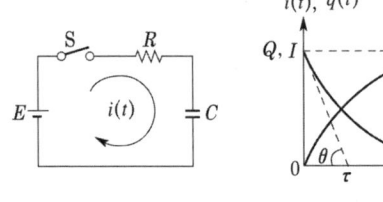
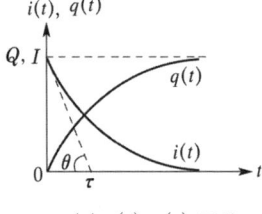
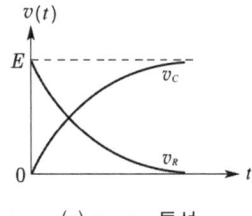

(a) R-C 직렬 회로   (b) $q(t)$, $i(t)$ 특성   (c) v_R, v_C 특성

① 평형 방정식 $Ri+\dfrac{1}{C}\displaystyle\int i\,dt=E,\quad R\dfrac{dq}{dt}+\dfrac{q}{C}=E$

② 전하 및 전류

$$q=CE\left(1-e^{-\frac{1}{RC}t}\right)[C], \quad i=\dfrac{dq}{dt}=\dfrac{E}{R}e^{-\frac{1}{RC}t}[A]$$

(초기 조건은 $t=0$, $q=0$, $i=0$)

③ 시정수 : $\tau=RC$ [s]

④ R, C 양단의 전압

$$v_R=Ri=Ee^{-\frac{1}{RC}t}[V], \quad V_c=\dfrac{q}{C}=E\left(1-e^{-\frac{1}{RC}t}\right)[V]$$

> $i=\dfrac{E}{R}e^{-\frac{1}{RC}t}$: 과도상태 흐르는 전류로 $\dfrac{E}{R}$ 는 정상분에 해당된다.
> 또, e는 과도전류가 지수적으로 감소하는 것을 의미한다. 여기서 $-\dfrac{1}{RC}$ 는 특성근이며, RC는 시정수이다.

2) 직류 전압을 제거하고 방전하는 경우

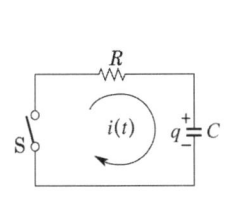

(a) R-C 직렬 회로

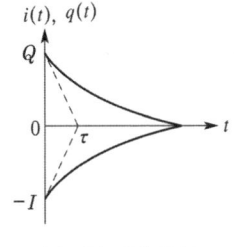

(b) $q(t), i(t)$ 특성

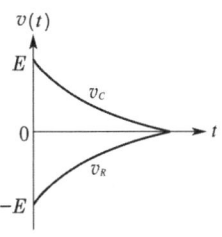

(c) v_R, v_C 특성

① 평형 방정식

$$Ri + \frac{1}{C}\int i\,dt = 0, \quad R\frac{dq}{dt} + \frac{q}{C} = 0$$

② 전하 및 전류

$$q = CEe^{-\frac{1}{RC}t}[\text{C}], \quad i = \frac{dq}{dt} = -\frac{E}{R}e^{-\frac{1}{RC}t}[\text{A}]$$

(초기 조건은 $q(0) = Q = CE$)

③ 시정수 : $\tau = RC[\text{s}]$

④ R, C 양단의 전압

$$V_R = Ri = -Ee^{-\frac{1}{RC}t}[\text{V}], \quad v_C = \frac{q}{C} = Ee^{-\frac{1}{RC}t}[\text{V}]$$

3 R–L 병렬의 직류회로

$$i(t) = I_0 e^{-\frac{R}{L}t}[\text{A}]$$

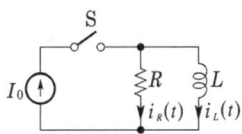

4 R–L–C 직렬의 직류회로

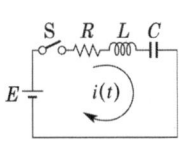

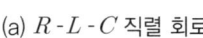

(a) R-L-C 직렬 회로

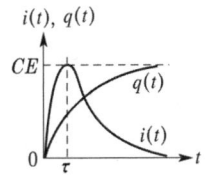

(b) 비진동적 특성

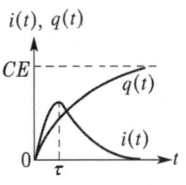

(c) 임계적 특성

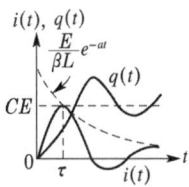

(d) 진동적 특성

① 평형 방정식 $L\dfrac{di}{dt} + Ri + \dfrac{1}{C}\int i\,dt = E$

$$L\dfrac{d^2q}{dt^2} + R\dfrac{dq}{dt} + \dfrac{q}{C} = E$$

② 초기 조건 : $t = 0,\ q = 0,\ i = 0$

③ 비진동인 경우 : $R^2 > 4\dfrac{L}{C}$

④ 임계적인 경우 : $R^2 = 4\dfrac{L}{C}$

⑤ 진동인 경우 : $R^2 < 4\dfrac{L}{C}$

실수분이 허수분과 비교해서 크면 비진동이며, 작으면 진동이 된다. 같으면 임계진동이다.

5 시정수와 상승시간

시정수가 크면 과도현상이 오래 지속된다.

6 미분 및 적분회로, 기타

1) 교류회로의 과도현상(과도현상이 생기지 않는 조건)

$\theta = \tan^{-1}\dfrac{X}{r}$

2) 과도현상이 생기지 않는 회로 : 정저항 회로

과도현상이 발생되지 않기 위한 조건 중 정저항 조건을 만족하면 되므로 $R^2 = \dfrac{L}{C}$ 이다.

12

필수유형 및 과년도문제

필수 01 ★★★★
R-L 직렬의 직류회로

그림에서 스위치 S를 닫을 때의 전류 $i(t)$[A]는 얼마인가?

① $\dfrac{E}{R}e^{-\frac{R}{L}t}$ ② $\dfrac{E}{R}\left(1-e^{-\frac{R}{L}t}\right)$

③ $\dfrac{E}{R}e^{-\frac{L}{R}t}$ ④ $\dfrac{E}{R}\left(1-e^{-\frac{L}{R}t}\right)$

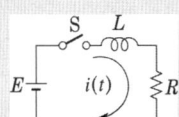

유형분석 전류 및 시정수 구하는 문제가 출제된다.

풀이 스위치를 닫았을 때의 평형 방정식은 $L\dfrac{di(t)}{dt}+Ri(t)=E$

변수 분리법에 의하여 $\displaystyle\int \dfrac{di(t)}{E-Ri}=\int \dfrac{dt}{L}+K_1$, $E-Ri(t)=K_2'e^{-\frac{R}{L}t}$

$t=0$에서 $i(t)=0$이라 하면 $E-Ri(t)=Ee^{-\frac{R}{L}t}$

∴ $i(t)=\dfrac{E}{R}\left(1-e^{-\frac{R}{L}t}\right)$[A]

답 ②

Key point

① 전류 : $i=\dfrac{E}{R}\left(1-e^{-\frac{R}{L}t}\right)$[A] (초기 조건은 $t=0$; $i=0$)

② 시정수 : $\tau=\dfrac{L}{R}$[s]

문제 01 ★★★★★

그림과 같은 회로에서 스위치 S를 $t=0$에서 닫았을 때 $(V_L)_{t=0}=60$[V], $\left(\dfrac{di}{dt}\right)_{t=0}=30$[A/s]이다. L의 값은 몇 [H]인가?

① 0.5
② 1.0
③ 1.25
④ 2.0

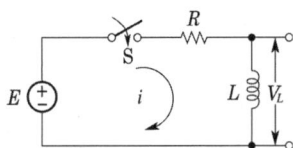

풀이 $V_L=L\cdot\dfrac{di}{dt}$[V]에서 $60=L\cdot 30$ ∴ $L=2$[H]

답 ④

문제 02 ★★☆

그림의 회로에서 릴레이의 동작 전류는 10[mA], 코일의 저항은 1200[Ω], 인덕턴스 L [H]이다. S가 닫히고 0.015[s] 이내로 이 릴레이가 작동하려면 L[H]은 다음 중 어떤 값이어야 하는가?

① 26
② 30
③ 50
④ 68

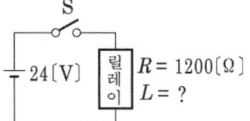

[풀이] R-L 직렬 회로이고 릴레이가 작동하면 회로가 구성되어 전류가 흐르므로 $i(t) = \dfrac{E}{R}\left(1 - e^{-\frac{R}{L}t}\right)$에서

$0.01 = \dfrac{24}{1200}\left(1 - e^{-\frac{1200}{L} \times 0.015}\right)$, $10 = 20\left(1 - e^{-\frac{18}{L}}\right)$, $10 = 20 e^{-\frac{18}{L}}$

양변에 $\log_{10}$을 취하여 L에 관해 정리하면

$\log_{10} 10 = \log_{10} 20 - \dfrac{18}{L}\log_{10} e$, $1 = 1.301 - \dfrac{18 \times 0.43}{L}$

$\therefore L = \dfrac{18 \times 0.43}{0.301} \doteqdot 26$[H]

(이 문제에서 시간을 물어보는 경우도 있다 : $t = 0.014$)

답 ①

문제 03 ★★

R-L 직렬 회로에서 $L = 5$[mH], $R = 10$[Ω]일 때 회로의 시정수[s]는?

① 500
② 5×10^{-4}
③ $\dfrac{1}{5} \times 10^2$
④ $\dfrac{1}{5}$

[풀이] $\tau = \dfrac{L}{R} = \dfrac{5 \times 10^{-3}}{10} = 5 \times 10^{-4}$[s]

답 ②

문제 04 ★

다음 회로에서 $t = 0$인 기준 시간에 K를 닫았다고 한다. $t > 0$에서 이 회로에 흐르는 전류는 $i(t) = (1 - e^{-t})$[A]로 변화하며 어떤 시간에 이 회로 전류가 0.63[A]임을 알았다. 이때 전류의 시간 변화율은?

① 약 0.587
② 약 0.63
③ 약 0.37
④ 약 1

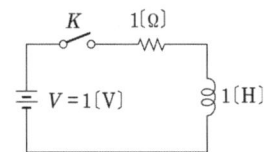

[풀이] $\dfrac{di(t)}{dt} = e^{-t}$ 이므로 $t = t_1$일 때

$i(t_1) = 1 - e^{-t_1} = 0.63$

$\dfrac{di(t_1)}{dt} = e^{-t_1} = 1 - 0.63 = 0.37$

답 ③

필수 02 ★★★★★ R-C 직렬의 직류회로

다음 회로에서 정전 용량 C는 초기 전하가 없었다. 지금 $t=0$에서 스위치 K를 닫았을 때 $t=0^+$에서의 i값은?

① 0.1[A]
② 0.2[A]
③ 0.4[A]
④ 1[A]

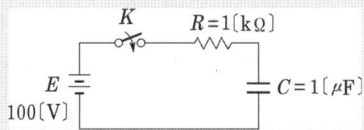

유형분석 전류 및 시정수 구하는 문제가 출제된다.

풀이 $i(+) = \dfrac{E}{R}\epsilon^{-\frac{1}{RC}t}$ 에서 $t=0$이면 $i(+) = \dfrac{E}{R} = \dfrac{100}{1\times 10^3} = 0.1[A]$ 답 ①

Key point

① 전하 및 전류
$q = CE\left(1-e^{-\frac{1}{RC}t}\right)[C]$, $i = \dfrac{dq}{dt} = \dfrac{E}{R}e^{-\frac{1}{RC}t}[A]$ (초기 조건은 $t=0$, $q=0$, $i=0$)

② 시정수 : $\tau = RC[s]$

문제 05 ★★ 그림과 같은 회로에서 스위치 S를 $t=0$에서 닫을 때 $t=0$에서의 전류 $i(0)$[A]는? (단, $Vc(0)$는 C의 초기전압이며 20[V]이다.)

① 0
② 4
③ 5
④ 10

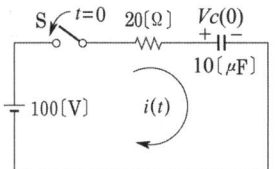

풀이 $t=0$ 이므로 $i(t) = \dfrac{100-20}{20} = 4[A]$ 답 ②

문제 06 ★★ $R=1[M\Omega]$, $C=1[\mu F]$의 직렬 회로에 직류 100[V]를 가했다. 시정수 T, 전류의 초기값 I를 구하면?

① 5[sec], 10^{-4}[A]   ② 4[sec], 10^{-3}[A]
③ 1[sec], 10^{-4}[A]   ④ 2[sec], 10^{-3}[A]

풀이 $\tau = RC = 10^6 \times 10^{-6} = 1[\text{sec}]$

$I = \dfrac{E}{R}\bigg|_{t=0} = \dfrac{100}{1\times 10^6} = 10^{-4}[\text{A}]$

답 ③

문제 07 ★★ 다음 회로는 스위치 S가 열린 상태에서 정상 상태에 있었다. $t=0$에서 스위치를 갑자기 닫았을 때 $V(0^+)[\text{V}]$ 및 $i(0^+)[\text{mA}]$는?

① 50, -12.5
② 50, 0
③ 50, 12.5
④ 0, 12.5

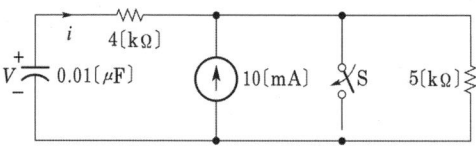

풀이 그림 (a)에서 4[kΩ] 지로에는 전류가 흐르지 않으면 4[kΩ] 지로와 5[kΩ] 지로는 병렬이므로 콘덴서에 충전되는 전압은 5[kΩ] 저항 양단의 전압과 같다.

∴ $i(0^-) = 0$

$V(0^-) = RI = 5\times 10^3 \times 10\times 10^{-3} = 50[\text{V}]$

다음 그림 (b)에서

$V(0^+) = 50[\text{V}]$

$i(0^+) = \dfrac{V}{R} = \dfrac{50}{4\times 10^3} = 12.5[\text{mA}]$

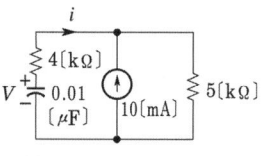

(a) 스위치를 닫기 전

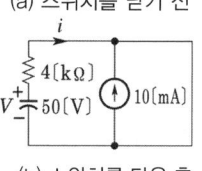

(b) 스위치를 닫은 후

답 ③

필수 03 ★★★★★ R-L 병렬의 직류회로

그림의 회로에서 스위치를 닫을 때, 즉 $t=0_+$일 때 $\dfrac{di_2}{dt}$의 값은 얼마인가?

① 1
② 10
③ 100
④ 126

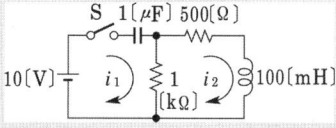

유형분석 전류를 구하는 문제가 출제된다.

풀이 저항 1[kΩ]을 R_1, 500[Ω]을 R_2라 하면 회로 방정식은

$\dfrac{1}{C}\int i_1 dt + R_1(i_1 - i_2) = E$ ······ ①

$R_2 i_2 + L\dfrac{di_2}{dt} + R_1(i_2 - i_1) = 0$ ······ ②

다음, 그림과 같이 S를 닫을 때 C는 단락, L은 개방 상태이므로, $t=0$에서

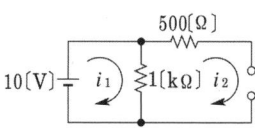

$i_2(0_+) = 0$, $i_1(0_+) = \dfrac{10}{1000} = 10[mA]$

식 ②에서
$$\dfrac{di_2(0_+)}{dt} = \dfrac{R_1}{L}\{i_1(0_+) - i_2(0_+)\} - \dfrac{R_2}{L}i_2(0_+) = \dfrac{R_1}{L}i_1(0_+)$$
$$= \dfrac{1000}{0.1} \times 0.01 = 100[A/s]$$

답 ③

Key point

$i(t) = I_0 e^{-\frac{R}{L}t}$ [A]

문제 08 ★★★☆ 정상 상태일 때 $t=0$에서 스위치 S를 열 때 흐르는 전류는?

① $\dfrac{E}{R}e^{-\frac{R+r}{L}t}$

② $\dfrac{E}{r}e^{-\frac{R+r}{L}t}$

③ $\dfrac{E}{r}e^{-\frac{L}{R+r}t}$

④ $\dfrac{E}{R}e^{-\frac{L}{R+r}t}$

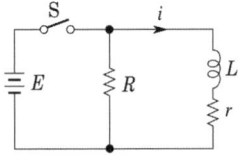

풀이 전원 제거 시 $i(t) = Ie^{-\frac{R}{L}t}$ 에서 $i(t) = \dfrac{E}{r}e^{-\frac{R+r}{L}t}$ [A]

답 ②

필수 04 ★★★★★ R-L-C 직렬의 직류회로

$R\text{-}L\text{-}C$ 직렬 회로에서 진동 조건은 어느 것인가?

① $R < 2\sqrt{\dfrac{C}{L}}$

② $R < 2\sqrt{\dfrac{L}{C}}$

③ $R < 2\sqrt{LC}$

④ $R < \dfrac{1}{2\sqrt{LC}}$

유형분석 진동과 비진동여부를 묻는 문제가 출제된다.

풀이 진동적 조건 $\left(\dfrac{R}{2L}\right)^2 - \dfrac{1}{LC} < 0$ 에서 $R < 2\sqrt{\dfrac{L}{C}}$

답 ②

Key point

① 비진동인 경우 : $R^2 > 4\dfrac{L}{C}$

② 임계적인 경우 : $R^2 = 4\dfrac{L}{C}$

③ 진동인 경우 : $R^2 < 4\dfrac{L}{C}$

문제 09 ★★★ 다음 회로에서 $E = 10[V]$, $R = 10[\Omega]$, $L = 1[H]$, $C = 10[\mu F]$ 그리고 $V_C(0) = 0$일 때 스위치 S를 닫는 직후 전류의 변화율 $\dfrac{di(0^+)}{dt}$의 값[A/s]은?

① 0
② 5
③ 10
④ 1

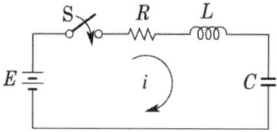

풀이 진동 여부 판별식으로부터 위와 같은 회로는 진동인 경우이므로

$i = \dfrac{E}{\beta L}e^{-\alpha t}\sin\beta t$

$\therefore \left.\dfrac{di}{dt}\right|_{t=0} = \dfrac{E}{\beta L}[-\alpha e^{-\alpha t}\sin\beta t + \beta e^{-\alpha t}\cos\beta t]_{t=0}$

$= \dfrac{E}{\beta L} \cdot \beta = \dfrac{E}{L} = \dfrac{10}{1} = 10[A/s]$

답 ③

문제 10 ★★★ 저항 $R = 6[k\Omega]$, 인덕턴스 $L = 90[mH]$, 커패시턴스 $C = 0.01[\mu F]$인 직렬 회로에 $t = 0$에서 직류 전압 $E = 100[V]$를 가했다. 흐르는 전류가 최대인 시간 T를 구하면?

① 30[s]
② 15[s]
③ 30[μs]
④ 15[μs]

풀이 $R^2 = \dfrac{4L}{C}$이므로 임계 진동 전류가 흐르게 되며 이 경우 전류는 $i(t) = \dfrac{E}{L}t \cdot e^{-\frac{R}{2L}t}$이다.

따라서 전류가 최대로 되는 시간은

$\dfrac{di(t)}{dt} = \dfrac{E}{L} \cdot e^{-\frac{R}{2L}t} - \dfrac{R}{2L} \cdot \dfrac{E}{L}te^{-\frac{R}{2L}t} = 0$

$1 = \dfrac{R}{2L}t$

$\therefore t = \dfrac{2L}{R} = \dfrac{2 \times 90 \times 10^{-3}}{6000} = 30[\mu s]$

답 ③

05 시정수와 상승시간 ★★★★★

전기 회로에서 일어나는 과도현상은 그 회로의 시정수와 관계가 있다. 이 사이의 관계를 옳게 표현한 것은?

① 회로의 시정수가 클수록 과도현상은 오랫동안 지속된다.
② 시정수는 과도현상의 지속 시간에는 상관되지 않는다.
③ 시정수의 역이 클수록 과도현상은 천천히 사라진다.
④ 시정수가 클수록 과도현상은 빨리 사라진다.

유형분석 시정수의 과도현상의 관계를 묻는 문제가 출제된다.

풀이 시정수가 클수록 과도현상은 오래 지속된다. 답 ①

Key point
시정수가 크면 과도현상이 오래 지속된다.

문제 11 ★★★★★

코일의 권수 $N=1000$, 저항 $R=20[\Omega]$이다. 전류 $I=10[A]$를 흘릴 때 자속 $\phi=3\times10^{-2}[Wb]$이다. 이 회로의 시정수[s]는?

① 0.15 ② 3
③ 0.4   ④ 4

풀이 코일의 인덕턴스 $L=\dfrac{N\phi}{I}=\dfrac{1000\times3\times10^{-2}}{10}=3[H]$

$\therefore \tau=\dfrac{L}{R}=\dfrac{3}{20}=0.15[s]$ 답 ①

---

06 미분 및 적분회로, 기타 ★★★★

$R=30[\Omega]$, $L=79.6[mH]$의 RL 직렬 회로에 60[Hz], 교류를 가할 때 과도 현상이 일어나지 않으려면 전압은 어느 위상에서 가해야 하는가?

① 30° ② 45° ③ 60° ④ 75°

유형분석 과도현상이 생기지 않는 조건에 관한 문제가 출제된다.

풀 이 R-L 직렬 회로에 $e = E_m \sin(\omega t + \theta)$의 교류 전압을 인가하는 경우 회로에 흐르는 전류는,

$i = \dfrac{E_m}{Z}\left\{\sin(\omega t + \theta - \phi) - e^{-\frac{R}{L}t}\sin(\theta - \phi)\right\}$가 된다.

이때, 과도 전류가 생기지 않으려면, $\sin(\theta - \phi)$가 0이어야 한다. 즉, $\theta = \phi$이므로,

$\phi = \tan^{-1}\dfrac{\omega L}{R} = \tan^{-1}\dfrac{2\times\pi\times 79.6\times 10^{-3}\times 60}{30} = \tan^{-1} 1$

$\phi = 45°$

답 ②

Key point

교류회로의 과도현상(과도현상이 생기지 않는 조건) $\theta = \tan^{-1}\dfrac{X}{r}$

문제 12 ★★★★★ 그림과 같은 회로에서 스위치 S를 닫았을 때 과도분을 포함하지 않기 위한 R의 값[Ω]은?

① 100
② 200
③ 300
④ 400

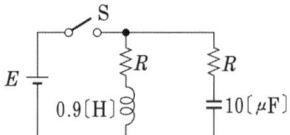

풀이 과도현상이 발생되지 않기 위한 조건 중 정저항 조건을 만족하면 되므로 $R^2 = \dfrac{L}{C}$이다.

$R = \sqrt{\dfrac{L}{C}} = \sqrt{\dfrac{0.9}{10\times 10^{-6}}} = 300[\Omega]$

답 ③

출제기준 – 자동제어계의 요소 및 구성

1 제어계의 종류

1) 개루프 제어계
가장 간단한 장치로서 제어 동작이 출력과 관계없이 신호의 통로가 열려 있는 제어 계통을 개루프 제어계라 한다.

2) 폐루프 제어계
출력의 일부를 입력 방향으로 피드백시켜 목표값과 비교되도록 폐루프를 형성하는 제어계로서 피드백 제어계라고도 한다.

3) 피드백 제어계
피드백 제어계의 가장 중요한 특징은 다음과 같다.
① 정확성의 증가
② 계의 특성 변화에 대한 입력 대 출력비의 감도 감소
③ 비선형성과 왜형에 대한 효과의 감소
④ 감대폭의 증가
⑤ 발진을 일으키고 불안정한 상태로 되어가는 경향성

2 자동제어계의 용어

기본적인 용어는 기억하여야 한다.

① **목표값**(command desired value)
  궤환 제어계에 속하지 않는 신호이며, 외부에서 제어량이 그 값에 맞도록 제어계에 주어지는 신호로서 희망값, 설정값이라고도 한다.

② **기준 입력**(reference input)
  제어계를 동작시키는 기준으로서 직접 폐회로에 가해지는 신호로 목표값에 대하여 일정한 관계를 가진다.

③ **주궤환 신호**(primary feedback signal)
  제어량을 목표값과 비교하여 동작 신호를 얻기 위해 궤환되는 신호이다.

④ 동작 신호(actuating signal)
기준 입력과 주궤환량과의 차로서, 제어계의 동작을 일으키는 원인이 되는 신호이다.

⑤ 기준 입력 요소(reference input element)
목표값에 비례하는 기준 입력 신호를 발생하는 요소로서 설정부라고도 한다.

⑥ 제어 요소(control element)
동작 신호를 조작량으로 변환하는 요소이며, 조절부와 조작부로 되어 있다.

⑦ 조절부(controlling means)
기준 입력과 검출부 출력과의 합이 되는 신호를 받아서 제어계가 정해진 작용을 하는 데 필요한 신호를 만들어 조작부에 보내는 부분으로 제어 장치의 중심을 이룬다.

⑧ 조작부(final control element)
조절부로부터 받은 신호를 조작량으로 바꾸어 제어 대상에 보내 주는 부분이다.

⑨ 제어 대상(controlled system)
제어량을 발생시키는 장치로서 제어계에서 직접 제어를 받는 장치이다.

⑩ 조작량(manipulated variable)
제어 요소가 제어 대상에 주는 양이다.

⑪ 외란(disturbance)
제어량에 바람직하지 않은 영향을 주는 외적 입력이다.

⑫ 제어량(controlled variable)
제어 대상의 양, 즉 측정되어 제어되는 것을 말하며 출력량이라고도 한다.

⑬ 궤환 요소(feedback element)
제어량에서 주궤환을 생성하는 요소이며, 검출부(detecting means)라고도 한다.

⑭ 제어 편차(controlled deviation)
목표값에서 제어량을 뺀 값으로 이 신호가 그대로 동작 신호가 되기도 한다.

⑮ 비교부(comparator)
목표값과 제어에서 인출 신호를 서로 비교해서 제어 동작을 일으키는 데 필요한 정보를 가진 신호를 만들어 낸다.

3 자동제어계의 분류

제어량에 의한 분류 구분 및 제어 목적에 의한 분류구분이 가능해야 한다.

1) 제어량의 성질에 의한 분류

① 프로세스 제어
제어량이 온도, 유량, 압력, 액위, 농도, 밀도(예로 온도, 압력 제어 장치 등)

② 서보 기구
물체의 위치, 방위, 자세(비행기 및 선박의 방향 제어계, 미사일 발사대의 자동 위치 제어계, 추적용 레이다, 자동 평형 기록계 등)

③ 자동 조종
전압, 전류, 주파수, 회전 속도, 힘 등 전기적, 기계적 양을 주로 제어하는 것(정전압 장치, 발전기의 조속기 제어 등)

2) 제어 목적에 의한 분류

① 정치 제어
제어량을 어떤 일정한 목표값으로 유지하는 것을 목적으로 하는 제어법

② 프로그램 제어
미리 정해진 프로그램에 따라 제어량을 변화시키는 것을 목적으로 하는 제어법

③ 추종 제어
미지의 임의 시간적 변화를 하는 목표값에 제어량을 추종시키는 것을 목적으로 하는 제어법

④ 비율 제어
목표값이 다른 것과 일정 비율 관계를 가지고 변화하는 경우의 추종 제어

3) 조절부의 동작에 의한 분류

① 비례 제어(P 동작)
편차(조절부의 출력) $z(t)$에서부터 조작량 $y(t)$까지의 피드백 경로 전달 특성이 비례적 특성만을 가진 계이다. 이 계의 조절부 동작을 식으로 표시하면,

$$y(t) = K_p z(t)$$

이것은 구조가 간단하나 잔류 편차(off set)가 생기는 결점이 있다.

여기서 K_p를 비례 감도라 하고 그의 역수, 즉 $1/K_p$을 비례대라 하며 비례 동작의 정도를 나타낸다.

② 비례 적분 제어(PI 동작)
조절부의 동작을 식으로 표시하면,

$$y(t) = K_p \left[z(t) + \frac{1}{T_I} \int z(t)dt \right]$$

이 동작을 하는 제어계는 계단 변화에 대하여 잔류 편차가 없는 것이 장점이다.

여기서, T_I를 적분 시간, $1/T_I$을 리셋율(reset rate)이라 한다.

③ 비례 적분 미분 제어(PID 동작)
이 동작은 PI 동작에 미분 동작(D 동작)을 하나 더 가한 것으로, 조절부의 동작을 식으로 표시하면,

$$y(t) = K_p \left[z(t) + \frac{1}{T_I} \int z(t)dt + T_D \frac{d}{dt} z(t) \right]$$

미분 동작에 의해 응답의 오버슈트를 감소시키고, 정정 시간을 적게 하는 효과가 있으며, 적분 동작에 의해 잔류 편차를 없애는 작용도 있으므로 연속 선형 제어로서는 가장 고급의 제어 동작이다.

여기서, T_D는 미분 시간이며 미분 동작의 정도를 나타낸다.

④ 온·오프 제어(2위치 제어)
이 동작은 불연속 동작의 대표적인 것으로 제어량이 목표값에서 어떤 양만큼 벗어나면 미리 정해진 일정한 조작량이 대상에 가해지는 단속적 제어 동작이며, 그 예는 가정용 냉장고의 온도 조절 등이 있다.

13 필수유형 및 과년도문제

필수 01 ★★☆ 제어계의 종류

궤환제어계에서 반드시 필요한 것은?
① 구동장치
② 정확성을 높이는 장치
③ 안정성을 증가시키는 장치
④ 입력과 출력을 비교하는 장치

유형분석 피드백 제어의 특징을 기억한다.

풀 이 오차를 자동적으로 정정하게 하는 자동제어 방식을 피드백 제어라고 하며, 이 제어 회로가 폐회로로 형성되어 있으므로 이것을 폐회로 제어라고도 한다. 피드백 제어계에는 입력과 출력을 비교하는 장치가 필수적이다. **답** ④

Key point

피드백 제어계의 가장 중요한 특징은 다음과 같다.
① 정확성의 증가
② 계의 특성 변화에 대한 입력 대 출력비의 감도 감소
③ 비선형성과 왜형에 대한 효과의 감소
④ 감대폭의 증가
⑤ 발진을 일으키고 불안정한 상태로 되어가는 경향성

문제 01 ★★★★

피드백 제어계에서 제어 요소에 대한 설명 중 옳은 것은?
① 목표치에 비례하는 신호를 발생하는 요소이다.
② 조작부와 검출부로 구성되어 있다.
③ 조절부와 검출부로 구성되어 있다.
④ 동작신호를 조작량으로 변환시키는 요소이다.

풀이 제어 요소는 동작 신호를 조작량으로 변환하는 요소이고 조절부와 조작부로 이루어진다.

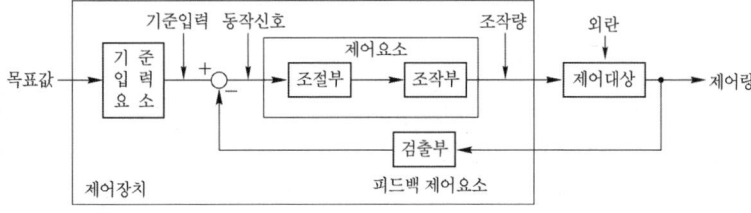

〈폐루프 제어계의 구성도〉

답 ④

문제 02 다음 중 개루프 시스템의 주된 장점이 아닌 것은?

① 원하는 출력을 얻기 위해 보정해 줄 필요가 없다.
② 구성하기 쉽다.
③ 구성단가가 낮다.
④ 보수 및 유지가 간단하다.

풀이 개루프 시스템은 원하는 출력을 얻기 위하여 보정해 주어야 하나, 피드백 제어는 입력과 출력을 비교하여 자동으로 원하는 출력을 얻을 수 있다.   답 ①

필수 02 ★★★★ 자동제어계의 용어

다음 용어 설명 중 옳지 않은 것은?
① 목표값을 제어할 수 있는 신호로 변환하는 장치를 기준 입력 장치
② 목표값을 제어할 수 있는 신호로 변환하는 장치를 조작부
③ 제어량을 설정값과 비교하여 오차를 계산하는 장치를 오차 검출기
④ 제어량을 측정하는 장치를 검출단

유형분석 기본적인 용어를 묻는 문제가 출제된다.

풀 이 제어 명령을 증폭시켜 직접 제어 대상을 제어시키는 부분을 조작부라 한다.   답 ②

Key point

① 기준 입력(reference input)
제어계를 동작시키는 기준으로서 직접 폐회로에 가해지는 신호로 목표값에 대하여 일정한 관계를 가진다.
② 동작 신호(actuating signal)
기준 입력과 주궤환량과의 차로서, 제어계의 동작을 일으키는 원인이 되는 신호이다.
③ 기준 입력 요소(reference input element)
목표값에 비례하는 기준 입력 신호를 발생하는 요소로서 설정부라고도 한다.
④ 제어 대상(controlled system)
제어량을 발생시키는 장치로서 제어계에서 직접 제어를 받는 장치이다.
⑤ 조작량(manipulated variable)
제어 요소가 제어 대상에 주는 양이다.
⑥ 제어량(controlled variable)
제어 대상의 양, 즉 측정되어 제어되는 것을 말하며 출력량이라고도 한다.
⑦ 궤환 요소(feedback element)
제어량에서 주궤환을 생성하는 요소이며, 검출부(detecting means)라고도 한다.

문제 03 ★★★

전기로의 온도를 900[℃]로 일정하게 유지시키기 위하여, 열전 온도계의 지시값을 보면서 전압 조정기로 전기로에 대한 인가 전압을 조절하는 장치가 있다. 이 경우 열전 온도계는 어느 용어에 해당되는가?

① 검출부 ② 조작량
③ 조작부 ④ 제어량

풀이 제어량의 값이 소정의 상태 여부에 따라 신호를 발생하는 부분을 검출부라 한다.   **답** ①

문제 04 ★

제어계를 동작시키는 기준으로서 직접 제어계에 가해지는 신호는?

① 피드백 신호 ② 동작 신호
③ 기준 입력 신호 ④ 제어 편차 신호

풀이

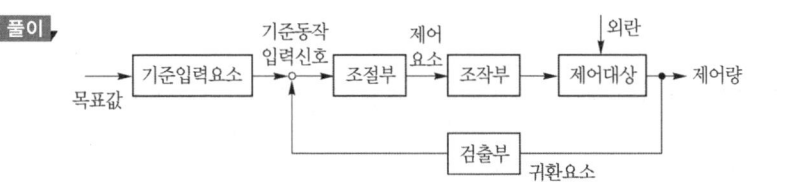

답 ③

문제 05 ★★

제어 장치가 제어 대상에 가하는 제어 신호로 제어 장치의 출력인 동시에 제어 대상의 입력인 신호는?

① 목표값 ② 조작량
③ 제어량 ④ 동작 신호

풀이 개회로 제어계의 기본 블록선도

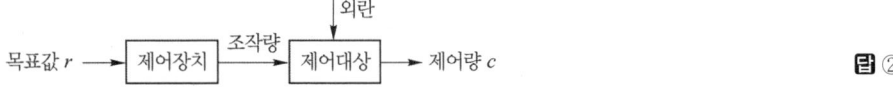

답 ②

필수 03 ★★ 자동제어계의 분류

자동 제어의 추치 제어 3종이 아닌 것은?

① 프로세스 제어   ② 추종 제어   ③ 비율 제어   ④ 프로그램 제어

유형분석 프로세서제어, 서보기구, 자동조정을 구분하는 문제가 출제된다.

풀이 추치 제어는 출력의 변동을 조정하는 동시에 목표값에 정확히 추종하도록 설계한 제어계로서 추종 제어, 프로그램 제어, 비율 제어가 이에 속한다.   **답** ①

Key point

① **프로세스 제어** : 제어량이 온도, 유량, 압력, 액위, 농도, 밀도(예로 온도, 압력 제어 장치 등)
② **서보 기구** : 물체의 위치, 방위, 자세(비행기 및 선박의 방향 제어계, 미사일 발사대의 자동 위치 제어계, 추적용 레이다, 자동 평형 기록계 등)
③ **자동 조종** : 전압, 전류, 주파수, 회전 속도, 힘 등 전기적, 기계적 양을 주로 제어하는 것(정전압 장치, 발전기의 조속기 제어 등)

문제 06 제어량의 종류에 의한 자동 제어의 분류가 아닌 것은?

① 프로세스 제어 ② 서보 기구 ③ 자동 조정 ④ 추종 제어

풀이 추종 제어란 임의로 변화하는 목표값을 추종하는 제어를 뜻하며, 추치 제어라 한다. **답** ④

문제 07 연료의 유량과 공기의 유량과의 사이의 비율을 연소에 적합한 것으로 유지하고자 하는 제어는?

① 비율 제어 ② 추종 제어 ③ 프로그램 제어 ④ 시퀀스 제어

풀이 비율 제어는 목표값이 다른 양과 비율 관계를 가지고 변화하는 경우의 제어로서 보일러의 자동 연소 제어 등이 이에 속한다. **답** ①

문제 08 다음의 제어량에서 추종 제어에 속하지 않는 것은?

① 유량 ② 위치 ③ 방위 ④ 자세

풀이 항공기를 레이더로 추적하는 제어와 같이 임의로 변화하는 목표값을 추적하는 제어를 추종 제어 혹은 추치 제어라 한다.
• 유량 : 프로세스 제어 **답** ①

문제 09 다음 중 불연속 제어계는?

① 비례 제어 ② 미분 제어 ③ 적분 제어 ④ on-off 제어

풀이 ① 연속 데이터 제어 : P, PI, PID 제어
② 불연속 제어 : on-off, 간헐 제어
③ 샘플 값 제어 : 제어 신호가 단속적으로 측정한 샘플 값일 때의 제어계 **답** ④

문제 10 동작중 속응도와 정상 편차에서 최적 제어가 되는 것은?

① PI 동작 ② P 동작 ③ PD 동작 ④ PID 동작

풀이 PID 제어는 뒤진-앞선 회로의 특성과 같으며 정상 편차 응답 속응성 모두가 최적이다. **답** ④

14 출제기준 - 라플라스변환

1 간단한 라플라스 변환

1) 라플라스 변환의 정의

시간 함수 $f(t)$의 라플라스 변환은 $\mathcal{L}[f(t)] = F(s) = \int_0^\infty f(t)e^{-st}dt$

s는 그 실수부가 양(+)인 복소수이다. $s = \sigma + j\omega$
$\mathcal{L}$: 라플라스변환, $F(s)$: 라플라스 변환함수, $f(t)$: 라플라스 변환하기전의 함수

2) 간단한 함수의 라플라스 변환

$\mathcal{L}[f(t)] = F(s) = \int_0^\infty f(t)e^{-st}dt$ 에서 $f(t)$대신에 $\delta(t)$를 넣으면 라플라스 변환함수는 1이 된다.

$f(t)$		$F(s)$
$\delta(t)$	임펄스함수	1
$u(t)$, 1	단위 계단함수	$\dfrac{1}{s}$
t	단위 램프함수	$\dfrac{1}{s^2}$
t^n	n차 램프함수	$\dfrac{n!}{s^{n+1}}$
$\sin\omega t$	정현파 함수	$\dfrac{\omega}{s^2+\omega^2}$
$\cos\omega t$	여현파 함수	$\dfrac{s}{s^2+\omega^2}$
e^{-at}	지수감쇠함수	$\dfrac{1}{s+a}$

2 기본 정리

순위	분류	공식
1	선형성의 정리	$\mathcal{L}[af(t) \pm bg(t)] = a\mathcal{L}[f(t)] \pm b\mathcal{L}[g(t)]$
2	실미분 정리	$\mathcal{L}\left[\dfrac{df(t)}{dt}\right] = sF(s) - f(0_+)$ $\mathcal{L}\left[\dfrac{d^n f(t)}{dt^n}\right] = s^n F(s) - \sum_{k=1}^n s^{n-k}f^{k-1}(0_+)$
3	실적분 정리	$\mathcal{L}\left[\int f(t)dt\right] = \dfrac{1}{s}F(s) + \dfrac{1}{s}f^{-1}(0_+)$
4	상사 정리	$\mathcal{L}[f(at)] = \dfrac{1}{a}F\left(\dfrac{s}{a}\right)$, $\mathcal{L}\left[f\left(\dfrac{t}{a}\right)\right] = aF(as)$

순위	분류	공식
5	시간 추이 정리	$\mathcal{L}[f(t-a)] = e^{-as}F(s)$
6	복소 추이 정리	$\mathcal{L}[e^{\pm at}f(t)] = F(s \mp a)$
7	복소 미분 정리	$\mathcal{L}[tf(t)] = -1\dfrac{d}{ds}F(s)$, $\mathcal{L}[t^n f(t)] = (-1)^n \dfrac{d^n}{ds^n}F(s)$
8	복소 적분 정리	$\mathcal{L}\left[\dfrac{f(t)}{t}\right] = \int_0^\infty F(s)ds$
9	초기값 정리	$f(0_+) = \lim\limits_{t \to 0} f(t) = \lim\limits_{s \to \infty} sF(s)$
10	최종값 정리	$f(\infty) = \lim\limits_{t \to \infty} f(t) = \lim\limits_{s \to 0} sF(s)$
11	상승 정리	$\mathcal{L}\left[\int_0^t f_1(t-\tau)f_2(\tau)d\tau\right] = F_1(s)F_2(s)$
12	복소 상승 정리	$\mathcal{L}[f_1(t) \cdot f_2(t)] = \dfrac{1}{2\pi j}\int_{r-j\infty}^{r+j\infty} F_1(s-\lambda)F_2(\lambda)d\lambda$

3 라플라스 변환표

	함 수 명	$f(t)$	$F(s)$
1	단위 임펄스 함수	$\delta(t)$	1
2	단위 계단 함수	$u(t) = 1$	$\dfrac{1}{s}$
3	단위 램프 함수	t	$\dfrac{1}{s^2}$
4	포물선 함수	t^2	$\dfrac{2}{s^3}$
5	n차 램프 함수	t^n	$\dfrac{n!}{s^{n+1}}$
6	지수 감쇠 함수	e^{-at}	$\dfrac{1}{s+a}$
7	지수 감쇠 램프 함수	te^{-at}	$\dfrac{1}{(s+a)^2}$
8	지수 감쇠 포물선 함수	$t^2 e^{-at}$	$\dfrac{2}{(s+a)^3}$
9	지수 감쇠 n차 램프 함수	$t^n e^{-at}$	$\dfrac{n!}{(s+a)^{n+1}}$
10	정현파 함수	$\sin\omega t$	$\dfrac{\omega}{s^2+\omega^2}$
11	여현파 함수	$\cos\omega t$	$\dfrac{s}{s^2+\omega^2}$
12	지수 감쇠 정현파 함수	$e^{-at}\sin\omega t$	$\dfrac{\omega}{(s+a)^2+\omega^2}$
13	지수 감쇠 여현파 함수	$e^{-at}\cos\omega t$	$\dfrac{s+a}{(s+a)^2+\omega^2}$
14	쌍곡 정현파 함수	$\sinh at$	$\dfrac{a}{s^2-a^2}$
15	쌍곡 여현파 함수	$\cosh at$	$\dfrac{s}{s^2-a^2}$

14 필수유형 및 과년도문제

필수 01 ★★★★★ 간단한 라플라스 변환

함수 $f(t)$의 라플라스 변환은 어떤 식으로 정의되는가?

① $\int_{-\infty}^{\infty} f(t)e^{-st}dt$
② $\int_{0}^{\infty} f(-t)e^{st}dt$
③ $\int_{0}^{\infty} f(t)e^{-st}dt$
④ $\int_{0}^{\infty} f(t)e^{st}dt$

유형분석 라플라스 변환 문제는 매회 출제된다. 변환표를 암기하여 문제에 적용한다.

풀이 시간 $t \geq 0$의 조건에서 시간함수 $f(t)$에 관한 다음과 같은 적분을 함수 $f(t)$의 라플라스 변환이라 한다.
$£[f(t)] = F(s) = \int_{0}^{\infty} f(t)e^{-st}dt$ 여기서, $s = \sigma + j\omega$를 뜻하는 복소량이다. **답** ③

Key point

$f(t)$	$F(s)$
t	$\dfrac{1}{s^2}$
t^n	$\dfrac{n!}{s^{n+1}}$
$\sin\omega t$	$\dfrac{\omega}{s^2+\omega^2}$
$\cos\omega t$	$\dfrac{s}{s^2+\omega^2}$
e^{-at}	$\dfrac{1}{s+a}$

문제 01 ★ 단위 계단 함수 $u(t)$의 라플라스 변환은?

① e^{-st} ② $\dfrac{1}{s}e^{-st}$ ③ $\dfrac{1}{e^{-st}}$ ④ $\dfrac{1}{s}$

풀이 $£[u(t)] = \int_{0}^{\infty} e^{-st}dt = \left[\dfrac{e^{-st}}{-s}\right]_{0}^{\infty} = \dfrac{1}{s}$ **답** ④

문제 02 ★★★ 자동 제어계에서 중량 함수(weight function)라고 불리지는 것은?

① 인디셜   ② 임펄스   ③ 전달 함수   ④ 램프 함수

풀이
① 인디셜 응답 : 단위 계단 응답
② 임펄스 응답 : 하중 함수
③ 전달 함수 : 임펄스 응답의 라플라스 변환

답 ②

문제 03 ★★ 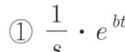의 라플라스 변환은?

① $\dfrac{s}{s^2-\omega^2}$ ② $\dfrac{s}{s^2+\omega^2}$ ③ $\dfrac{\omega}{s^2-\omega^2}$ ④ $\dfrac{\omega}{s^2+\omega^2}$

풀이 $f(t) = \cos\omega t$에 대한 라플라스 변환은

$\mathcal{L}[f(t)] = \mathcal{L}[\cos\omega t] = \int_0^\infty \cos\omega t \, e^{-st} dt$ 이고 $\cos\omega t$ 의 지수형을 적용하면 간단히 된다.

$\cos\omega t = \dfrac{e^{j\omega t} + e^{-j\omega t}}{2}$ 이므로

$\mathcal{L}[\cos\omega t] = \int_0^\infty \cos\omega t \, e^{-st} dt = \dfrac{1}{2}\int_0^\infty (e^{j\omega t} + e^{-j\omega t}) e^{-st} dt$

$= \dfrac{1}{2}\int_0^\infty (e^{-(s-j\omega)t} + e^{-(s+j\omega)t}) dt = \dfrac{1}{2}\left(\dfrac{1}{s-j\omega} + \dfrac{1}{s+j\omega}\right) = \dfrac{s}{s^2+\omega^2}$

따라서 $\mathcal{L}[\cos\omega t] = \dfrac{s}{s^2+\omega^2}$ 를 기억하는 것이 바람직하다.

답 ②

문제 04 ★★☆ 다음과 같은 펄스의 라플라스 변환은 어느 것인가?

① $\dfrac{1}{s} \cdot e^{bt}$ ② $\dfrac{1}{s} \cdot e^{-bt}$

③ $\dfrac{1}{s}(1-e^{-bs})$ ④ $\dfrac{1}{s}(1+e^{bs})$

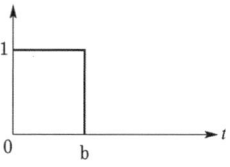

풀이 $f(t) = u(t) - u(t-b)$

$\mathcal{L}[f(t)] = \mathcal{L}[u(t)] - \mathcal{L}[u(t-b)] = \dfrac{1}{s} - \dfrac{1}{s}e^{-bs} = \dfrac{1}{s}(1-e^{-bs})$

답 ③

문제 05 ★☆ $f(t) = u(t-a) - u(t-b)$ 식으로 표시되는 4각파의 라플라스는?

① $\dfrac{1}{s}(e^{-as} - e^{-bs})$ ② $\dfrac{1}{s}(e^{as} + e^{bs})$

③ $\dfrac{1}{s^2}(e^{-as} - e^{-bs})$ ④ $\dfrac{1}{s^2}(e^{as} + e^{bs})$

풀이 $\mathcal{L}[f(t)] = \dfrac{e^{-as}}{s} - \dfrac{e^{-bs}}{s} = \dfrac{1}{s}(e^{-as} - e^{-bs})$

답 ①

필수 02 ★★ 기본 정리

어떤 제어계의 출력 $C(s)$가 다음과 같이 주어질 때 출력의 시간 함수 $C(t)$의 정상값은?

$$C(s) = \frac{2}{s(s^2+s+3)}$$

① 2   ② 3   ③ $\frac{3}{2}$ ④ $\frac{2}{3}$

유형분석 초기값 정리와 최정값 정리에 관한 문제가 매회 출제된다.

풀이 최종값 정리에 의해서 $\lim_{t \to \infty} C(t) = \lim_{s \to 0} sC(s) = \lim_{s \to 0} \frac{2}{s^2+s+3} = \frac{2}{3}$ **답** ④

Key point

초기값 정리	$f(0_+) = \lim\limits_{t \to 0} f(t) = \lim\limits_{s \to \infty} sF(s)$
최종값 정리	$f(\infty) = \lim\limits_{t \to \infty} f(t) = \lim\limits_{s \to 0} sF(s)$

문제 06 ★★ 다음과 같은 $I(s)$의 초기값 $I(0_+)$가 바르게 구해진 것은?

$$I(s) = \frac{2(s+1)}{s^2+2s+5}$$

① $\frac{2}{5}$ ② $\frac{1}{5}$ ③ 2   ④ -2

풀이 초기값 정리 $\lim\limits_{t \to 0} i(t) = \lim\limits_{s \to \infty} s \cdot I(s) = \lim\limits_{s \to \infty} s \cdot \frac{2(s+1)}{s^2+2s+5} = \lim\limits_{s \to \infty} \frac{2+\frac{2}{s}}{1+\frac{2}{s}+\frac{5}{s^2}} = 2$ **답** ③

문제 07 ★★☆ 다음과 같은 전류의 초기값 $I(0_+)$를 구하면?

$$I(s) = \frac{12}{2s(s+6)}$$

① 6   ② 2   ③ 1   ④ 0

풀이 $\lim\limits_{s \to \infty} sI(s) = \lim\limits_{s \to \infty} s \frac{12}{2s(s+6)} = \lim\limits_{s \to \infty} \frac{12}{2(s+6)} = 0$ **답** ④

필수 03 ★★★★★ 라플라스 변환표

$e^{-2t}\cos 3t$ 의 라플라스 변환은?

① $\dfrac{s+2}{(s+2)^2+3^2}$ ② $\dfrac{s-2}{(s-2)^2+3^2}$

③ $\dfrac{s}{(s+2)^2+3^2}$ ④ $\dfrac{s}{(s-2)^2+3^2}$

유형분석 Key point의 라플라스 변환표를 기억하여 문제를 해결한다.

풀 이 $\mathcal{L}[e^{-at}f(t)] = F(s+a)$, $\mathcal{L}[e^{-at}\cos\omega t] = \dfrac{s+a}{(s+a)^2+\omega^2}$ 이므로

$\mathcal{L}[e^{-2t}\cos 3t] = \dfrac{s+2}{(s+2)^2+3^2}$ **답** ①

Key point

	함 수 명	$f(t)$	$F(s)$
1	지수 감쇠 n차 램프 함수	$t^n e^{-at}$	$\dfrac{n!}{(s+a)^{n+1}}$
2	정현파 함수	$\sin\omega t$	$\dfrac{\omega}{s^2+\omega^2}$
3	여현파 함수	$\cos\omega t$	$\dfrac{s}{s^2+\omega^2}$
4	지수 감쇠 정현파 함수	$e^{-at}\sin\omega t$	$\dfrac{\omega}{(s+a)^2+\omega^2}$
5	지수 감쇠 여현파 함수	$e^{-at}\cos\omega t$	$\dfrac{s+a}{(s+a)^2+\omega^2}$
6	쌍곡 정현파 함수	$\sinh at$	$\dfrac{a}{s^2-a^2}$
7	쌍곡 여현파 함수	$\cosh at$	$\dfrac{s}{s^2-a^2}$

문제 08 ★★ $f(t) = \sin(\omega t + \theta)$의 라플라스 변환은?

① $\dfrac{\omega\sin\theta}{s^2+\omega^2}$ ② $\dfrac{\omega\cos\theta}{s^2+\omega^2}$

③ $\dfrac{\cos\theta+\sin\theta}{s^2+\omega^2}$ ④ $\dfrac{\omega\cos\theta+s\sin\theta}{s^2+\omega^2}$

풀이 $f(t) = \sin(\omega t + \theta) = \sin\omega t \cdot \cos\theta + \cos\omega t \cdot \sin\theta$ 이므로

$$\mathcal{L}[\sin(\omega t + \theta)] = \cos\theta \, \mathcal{L}[\sin\omega t] + \sin\theta \, \mathcal{L}[\cos\omega t] = \cos\theta \cdot \frac{\omega}{s^2 + \omega^2} + \sin\theta \cdot \frac{s}{s^2 + \omega^2}$$

$$= \frac{\omega\cos\theta + s\sin\theta}{s^2 + \omega^2}$$

답 ④

문제 09 ★★★

$\mathcal{L}^{-1}\left[\dfrac{s}{(s+1)^2}\right]$ 는?

① $e^{-t} - te^{-t}$
② $e^{-t} + 2te^{-t}$
③ $e^{t} - te^{-t}$
④ $e^{-t} + te^{-t}$

풀이 $\dfrac{s}{(s+1)^2} = \dfrac{A}{s+1} + \dfrac{B}{(s+1)^2}$ (여기서, $A=1$, $B=-1$)

$$= \frac{1}{s+1} - \frac{1}{(s+1)^2} = e^{-t} - te^{-t}$$

답 ①

문제 10 ★

라플라스 변환함수 $F(s) = \dfrac{s+2}{s^2 + 4s + 13}$ 에 대한 역변환 함수 $f(t)$는?

① $e^{-2t}\cos3t$
② $e^{-3t}\sin2t$
③ $e^{3t}\cos2t$
④ $e^{2t}\sin3t$

풀이 $F(s) = \dfrac{s+2}{s^2 + 4s + 13} = \dfrac{s+2}{s^2 + 4s + 4 + 9} = \dfrac{s+2}{(s+2)^2 + 3^2}$ 이므로

$f(t) = e^{-2t}\cos3t$ 가 된다.

답 ①

문제 11 ★★★☆

$f(t) = 1 - e^{-at}$ 의 라플라스 변환은? 단, a는 상수이다.

① $u(s) - e^{-as}$
② $\dfrac{2s+a}{s(s+a)}$
③ $\dfrac{a}{s(s+a)}$
④ $\dfrac{a}{s(s-a)}$

풀이 $\mathcal{L}[f(t)] = \mathcal{L}[1 - e^{-at}] = \dfrac{1}{s} - \dfrac{1}{s+a} = \dfrac{a}{s(s+a)}$

답 ③

15 출제기준 – 전달함수

1 정의 및 기본적인 요소의 전달함수

1) 정의

입력 신호 $x(t)$, 출력 신호 $y(t)$일 때 전달 함수 $G(s)$는

$$G(s) = \frac{\mathcal{L}\left[y(t)\right]}{\mathcal{L}\left[x(t)\right]} = \frac{Y(s)}{X(s)}$$

또한, 입력과 출력이 정현파이면

$$G(j\omega) = \frac{Y(j\omega)}{X(j\omega)}$$

이며, 이것을 주파수 전달 함수라 한다.

> 전달함수는 일반적으로 출력측 임피던스를 입력측 임피던스로 나눈값과 같게 된다.
> ① 입력선호와 출력신호의 관계를 수식적으로 표현한 것을 전달함수라고 한다.
> ② 전달함수는 모든 초기값을 0 으로 했을 때(입력이 가해지기전) 출력신호의 라플라스 변환과 입력신호의 라플라스 변환의 비이다.

2) 기본적인 요소의 전달 함수

요소의 전달 함수를 $G(s)$로 표시하면,

$$G(s) = \frac{C(s)}{R(s)} = \frac{B_m s^m + \cdots + B_1 s + B_0}{A_n s^n + \cdots + A_1 s + A_0}$$

이다. 그러므로 초기 조건을 0이라 가정하면 출력의 라플라스 변환은,

$$C(s) = G(s)R(s)$$

이다. 따라서 시간 영역에서의 출력 신호 $c(t)$는 위 식의 역라플라스 변환을 하면,

$$c(t) = \mathcal{L}^{-1}\left[G(s)R(s)\right]$$

와 같이 구해진다. 이 때의 출력 응답을 규준 응답이라고 한다.

지금 입력 신호로서 단위 임펄스 함수 $\delta(t)$를 생각하면 $\mathcal{L}\left[\delta(t)\right] = 1$이므로, 이 때 출력 신호의 라플라스 변환 $C(s)$는,

$$C(s) = G(s)$$

이다. 위 식으로부터 전달 함수는 단위 임펄스 함수를 입력으로 했을 때 출력 응답의 라플라스 변환이라고 할 수 있다. 이 출력 응답을,

$$c(t) = \mathcal{L}^{-1}\left[G(s)\right] = g(t)$$

와 같이 표시하고 임펄스 응답이라고 한다.

그리고 입력 신호로서 단위 단계 함수 $u(t)$를 생각하면 $\mathcal{L}[u(t)] = \dfrac{1}{s}$이므로 $C(s) = G(s)/s$가 되며, 이때 출력 응답은,

$$c(t) = \mathcal{L}^{-1}\left[\dfrac{1}{s}G(s)\right] = a(t)$$

가 된다. 이것을 인디셜 응답 또는 단위 단계 응답이라 한다.

입력 신호가 $x(t)$, 출력 신호가 $y(t)$일 때 각 요소의 전달 함수는 아래의 표와 같다.

순위	요소의 종류	입력과 출력의 관계	전달 함수	비고
1	비례 요소	$y(t) = Kx(t)$	$G(s) = \dfrac{Y(s)}{X(s)} = K$	K : 비례 감도 또는 이득 정수
2	적분 요소	$y(t) = K\int x(t)dt$	$G(s) = \dfrac{Y(s)}{X(s)} = \dfrac{K}{s}$	
3	미분 요소	$y(t) = K\dfrac{d}{dt}x(t)$	$G(s) = \dfrac{Y(s)}{X(s)} = Ks$	
4	1차 지연 요소	$b_1\dfrac{d}{dt}y(t) + b_0 y(t) = a_0 x(t)$	$G(s) = \dfrac{Y(s)}{X(s)} = \dfrac{a_0}{b_1 s + b_0}$ $= \dfrac{\dfrac{a_0}{b_0}}{\dfrac{b_1}{b_0}s + 1} = \dfrac{K}{Ts+1}$	$K = \dfrac{a_0}{b_0}$ $T = \dfrac{b_1}{b_0}$ ($T = \tau$: 시정수)
5	2차 지연 요소	$b_2\dfrac{d^2}{dt^2}y(t) + b_1\dfrac{d}{dt}y(t) + b_0 y(t) = a_0 x(t)$	$G(s) = \dfrac{Y(s)}{X(s)}$ $= \dfrac{K\omega_n^2}{s^2 + 2\zeta\omega_n s + \omega_n^2}$ $= \dfrac{K}{1 + 2\zeta Ts + T^2 s^2}$	$K = \dfrac{a_0}{b_0}$, $T^2 = \dfrac{b_2}{b_0}$ $2\zeta T = \dfrac{b_1}{b_0}$, $\omega_n = \dfrac{1}{T}$ ζ : 감쇠 계수 ω_n : 고유 각주파수

전달함수 종류 ① 전압비 전달함수(R,C 회로망의 전달함수)
② 어드미턴스 전달함수(R,L,C 회로망의 전달함수)
③ 미분 방정식의 전달함수

3) 진상 보상기

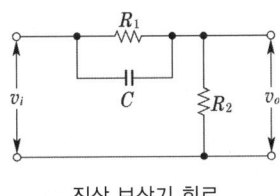

진상 보상기 회로

그림에 표시한 진상 보상기의 전달 함수를 구하여 보자.
이 회로의 방정식은,

$$C\frac{d}{dt}\{v_i(t) - v_0(t)\} + \frac{1}{R}\{v_i(t) - v_0(t)\} = \frac{1}{R_2}v_0(t)$$

이다. 초기값을 0으로 하고 라플라스 변환하면,

$$Cs[V_i(s) - V_0(s)] + \frac{1}{R_1}[V_i(s) - V_0(s)] = \frac{1}{R_2}V_0(s)$$

전달 함수 $G_{lead}(s)$는,

$$G_{lead}(s) = \frac{V_0(s)}{V_i(s)} = \frac{Cs + \frac{1}{R_1}}{Cs + \frac{1}{R_1} + \frac{1}{R_2}} = \frac{s+a}{s+b}$$

단, $a = \frac{1}{R_1 C}$, $b = \frac{1}{R_1 C} + \frac{1}{R_2 C}$

이 회로는 $b > a$이므로 진상 보상기로 동작한다.

4) 지상 보상기

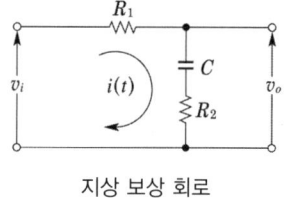

지상 보상 회로

그림에 표시한 지상 보상기의 전달 함수를 구하여 보자. 회로 방정식은,

$$R_1 i(t) + \frac{1}{C}\int i(t)dt + R_2 i(t) = v_i(t)$$

$$\frac{1}{C}\int i(t)dt + R_2 i(t) = v_0(t)$$

이다. 초기값을 0으로 하고 라플라스 변환하면,

$$\left(R_1 + R_2 + \frac{1}{Cs}\right)I(s) = V_i(s)$$

$$\left(R_2 + \frac{1}{Cs}\right)I(s) = V_0(s)$$

전달 함수 $G_{lag}(s)$는,

$$G_{lag}(s) = \frac{V_0(s)}{V_i(s)} = \frac{R_2 + \frac{1}{Cs}}{R_1 + R_2 + \frac{1}{Cs}} = \frac{a(s+b)}{b(s+a)}$$

$$a = \frac{1}{(R_1+R_2)C}, \ b = \frac{1}{R_2 C}$$

이 회로는 $b > a$이므로 지상 보상기로 동작한다.

5) 지상 – 진상 보상기

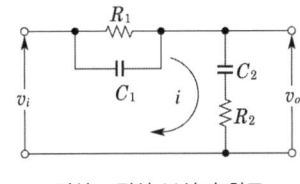

지상 – 진상 보상기 회로

그림에 표시한 지상–진상 보상기의 전달 함수를 구하면,

$$\frac{1}{R_1}\{v_i(t) - v_0(t)\} + C_1 \frac{d}{dt}\{v_i(t) - v_0(t)\} = i(t)$$

전류 $i(t)$와 단자 전압 $v_0(t)$간에는 다음과 같은 관계가 있다.

$$\frac{1}{C_2}\int i(t) dt + R_2 i(t) = v_0(t)$$

위의 두 식을 라플라스 변환한 다음 전류 $I(s)$를 소거하면,

$$\left(\frac{1}{R_1} + C_1 s\right)[V_i(s) - V_0(s)] = \frac{V_0(s)}{\frac{1}{C_2 s} + R_2}$$

따라서 이 보상기의 전달 함수 $G_{LL}(s)$는 다음과 같다.

$$G_{LL}(s) = \frac{V_0(s)}{V_i(s)}$$

$$= \frac{\left(s + \frac{1}{R_1 C_1}\right)\left(s + \frac{1}{R_2 C_2}\right)}{s^2 + \left(\frac{1}{R_2 C_2} + \frac{1}{R_2 C_1} + \frac{1}{R_1 C_1}\right)s + \frac{1}{R_1 C_1 R_2 C_2}}$$

$$= \frac{(s+a_1)(s+b_2)}{(s+b_1)(s+a_2)}$$

단, $a_1 = \frac{1}{R_1 C_1}$, $b_1 a_2 = a_1 b_2$, $b_1 + a_2 = a_1 + b_2 + \frac{1}{R_2 C_1}$, $b_2 = \frac{1}{R_2 C_2}$

이 보상기는 2개의 0점과 극점을 가진다. 지상–진상 보상기로 동작하기 위한 조건은 $b_1 > a_1, \ b_2 > a_2$이다.

15 필수유형 및 과년도문제

필수 01 ★★ 정의 및 기본적인 요소의 전달함수

그림에서 전달 함수 $G(s)$는?

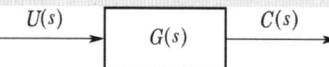

① $\dfrac{U(s)}{C(s)}$ ② $\dfrac{C(s)}{U(s)}$ ③ $U(s) \cdot C(s)$ ④ $\dfrac{C^2(s)}{U(s)}$

유형분석 전달함수에 관한 문제가 매회 출제된다.

풀이 전달 함수는 모든 초기값을 0으로 하였을 때 출력 신호의 라플라스 변환과 입력 신호의 라플라스 변환의 비이다.

$$G(s) = \frac{C(s)}{U(s)}$$

답 ②

Key point

전달함수 : 출력측 임피던스를 입력측 임피던스로 나눈값이다. 즉, 4단자 정수중 A정수의 역과 같다.

문제 01 ★★☆ 그림과 같은 회로의 전달 함수는 어느 것인가?

① $C_1 + C_2$ ② $\dfrac{C_2}{C_1}$

③ $\dfrac{C_1}{C_1 + C_2}$ ④ $\dfrac{C_2}{C_1 + C_2}$

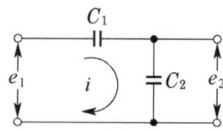

풀이
$$\begin{cases} e_1(t) = \dfrac{1}{C_1} \int i(t)dt + \dfrac{1}{C_2} \int i(t)dt \\ e_2(t) = \dfrac{1}{C_2} \int i(t)dt \end{cases} \cdot \begin{cases} E_1(s) = \left(\dfrac{1}{C_1 s} + \dfrac{1}{C_2 s}\right) I(s) = \dfrac{C_1 + C_2}{C_1 C_2 s} \cdot I(s) \\ E_2(s) = \dfrac{I(s)}{C_2 s} \end{cases}$$

$$\therefore G(s) = \frac{E_2(s)}{E_1(s)} = \frac{\dfrac{1}{C_2 s} \cdot I(s)}{\dfrac{C_1 + C_2}{C_1 C_2 s} \cdot I(s)} = \frac{C_1}{C_1 + C_2}$$

답 ③

문제 02 ★★★

그림과 같은 $R-C$ 병렬 회로의 전달 함수 $\dfrac{E_o(s)}{I(s)}$는?

① $\dfrac{R}{RCs+1}$ ② $\dfrac{C}{RCs+1}$

③ $\dfrac{RC}{RCs+1}$ ④ $\dfrac{RCs}{RCs+1}$

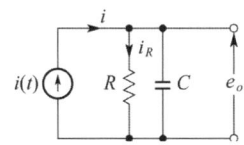

풀이

$\begin{cases} e_o(t) = \dfrac{1}{C}\int \{i(t) - i_R(t)\}dt \\ i_R(t) = \dfrac{1}{R}e_o(t) \end{cases}$

초기값을 0으로 하고 라플라스 변환하면

$\begin{cases} E_o(s) = \dfrac{1}{Cs}\{I(s) - I_R(s)\} \\ I_R(s) = \dfrac{1}{R}E_o(s) \end{cases}$

$E_o(s) = \dfrac{1}{Cs}I(s) - \dfrac{1}{RCs}E_o(s)$, $E_o(s)\left(1+\dfrac{1}{RCs}\right) = \dfrac{1}{Cs}I(s)$

$\therefore G(s) = \dfrac{E_o(s)}{I(s)} = \dfrac{\dfrac{1}{Cs}}{1+\dfrac{1}{RCs}} = \dfrac{R}{RCs+1}$

답 ①

문제 03 ★★★☆

그림과 같은 회로에서 e_i를 입력, e_o를 출력으로 할 경우 전달 함수는?

① $\dfrac{s}{LCs^2+RCs+1}$

② $\dfrac{1}{LCs^2+RCs+1}$

③ $\dfrac{Ls}{LCs^2+RCs+1}$

④ $\dfrac{Cs}{LCs^2+RCs+1}$

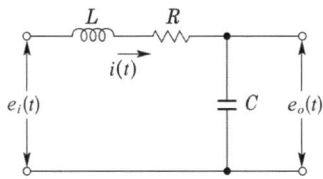

풀이

$\begin{cases} e_i(t) = L\dfrac{d}{dt}i(t) + Ri(t) + \dfrac{1}{C}\int i(t)dt \\ e_o(t) = \dfrac{1}{C}\int i(t)dt \end{cases}$

초기값을 0으로 하고 라플라스 변환하면,

$\begin{cases} E_i(s) = LsI(s) + RI(s) + \dfrac{1}{Cs}I(s) = \left(Ls + R + \dfrac{1}{Cs}\right)I(s) \\ E_o(s) = \dfrac{1}{Cs}I(s) \end{cases}$

$\therefore G(s) = \dfrac{E_o(s)}{E_i(s)} = \dfrac{\dfrac{1}{Cs}}{R+Ls+\dfrac{1}{Cs}} = \dfrac{1}{LCs^2+RCs+1}$

답 ②

문제 04 ★★★★★

그림과 같은 회로망은 어떤 보상기로 사용할 수 있는가? (단, $1 \ll R_1 C$인 경우로 한다.)

① 진상보상기
② 지상보상기
③ 지·진상보상기
④ 진·지상보상기

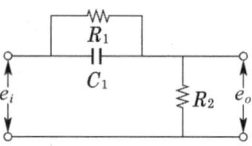

풀이

$$G(s) = \frac{\frac{1}{R_1} + Cs}{\frac{1}{R_1} + \frac{1}{R_2} + Cs} = \frac{R_2 + R_1 R_2 Cs}{R_1 + R_2 + R_1 R_2 Cs} = \frac{R_2}{R_1 + R_2} \cdot \frac{1 + R_1 Cs}{1 + \frac{R_1 R_2}{R_1 + R_2} Cs}$$

$\alpha = \frac{R_2}{R_1 + R_2}$, $\alpha < 1$, $T = R_1 C$ 라 놓으면 $\therefore G(s) = \frac{\alpha(1 + Ts)}{1 + \alpha Ts}$

여기서 $\alpha Ts \ll 1$ 이라고 하면 전달 함수는 근사적으로 $G(s) \fallingdotseq \alpha(1 + Ts)$로 되어 미분 요소(진상 회로)가 된다.

답 ①

문제 05 ★★☆

어떤 계를 표시하는 미분 방정식이 $\dfrac{d^2 y(t)}{dt^2} + 3\dfrac{dy(t)}{dt} + 2y(t) = \dfrac{dx(t)}{dt} + x(t)$ 라고 한다. $x(t)$는 입력, $y(t)$는 출력이라고 한다면 이 계의 전달 함수는 어떻게 표시되는가?

① $G(s) = \dfrac{s^2 + 3s + 2}{s + 1}$
② $G(s) = \dfrac{2s + 1}{s^2 + s + 1}$
③ $G(s) = \dfrac{s + 1}{s^2 + 3s + 2}$
④ $G(s) = \dfrac{s^2 + s + 1}{2s + 1}$

풀이 모든 초기값을 0으로 보고 정리하면 $(s^2 + 3s + 2)Y(s) = (s + 1)X(s)$

$\therefore \dfrac{Y(s)}{X(s)} = \dfrac{s + 1}{s^2 + 3s + 2}$

답 ③

문제 06 ★☆

단위 계단 함수를 어떤 제어 요소에 입력으로 넣었을 때 그 전달 함수가 그림과 같은 블록 선도로 표시될 수 있다면 이것은?

$$R(s) \longrightarrow \boxed{\dfrac{\omega_n^2}{s^2 + 2\zeta\omega_n s + \omega_n^2}} \longrightarrow C(s)$$

① 1차 지연 요소
② 2차 지연 요소
③ 미분 요소
④ 적분 요소

풀이 비례요소 : K, 미분요소 : Ts, 적분요소 : $\dfrac{1}{Ts}$

1차 지연요소 : $\dfrac{K}{Ts + 1}$, 2차 지연요소 : $\dfrac{\frac{1}{K}}{T^2 s^2 + 2\delta Ts + 1}$

답 ②

문제 07 ★☆ 어떤 제어계의 임펄스 응답이 $\sin 2t$ 일 때 계의 전달 함수는?

① $\dfrac{s}{s+2}$ ② $\dfrac{s}{s^2+2}$

③ $\dfrac{2}{s^2+2}$ ④ $\dfrac{2}{s^2+4}$

풀이 계의 임펄스 응답이 $\sin 2t$ 일 때 전달 함수는 $\dfrac{2}{s^2+2^2}=\dfrac{2}{s^2+4}$

(전달 함수는 임펄스 응답의 라플라스 변환을 말한다.) **답** ④

16 출제기준 − 블록선도와 신호흐름선도

1 블록선도의 개요

입력 신호를 받아서 적당히 변환된 출력 신호를 만드는 신호 전달 요소를 네모진 상자 속에 표시하며 입력과 출력 사이의 관계를 표시하는 전달 함수를 블록선도라 한다.

2 궤환형 제어계의 표준형

1) 피드백 접속의 등가 변환

$$E(s) = R(s) \mp B(s), \quad C(s) = G(s)E(s), \quad B(s) = H(s)C(s)$$

$$\therefore C(s) = \{R(s) \mp H(s)C(s)\}G(s), \quad C(s) = \frac{G(s)}{1 \pm G(s)H(s)}R(s)$$

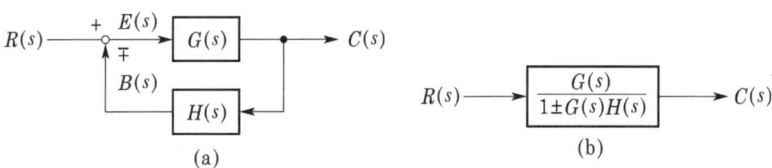

피드백 접속의 등가 변환

3 블록 선도의 등가 변환

No.	변환사항	변 환 전	등 가 변 환
1	요소의 순서 교환	$a \rightarrow \boxed{K_1 G_1} \rightarrow \boxed{K_2 G_2} \rightarrow b$	$a \rightarrow \boxed{K_2 G_2} \rightarrow \boxed{K_1 G_1} \rightarrow b$
2	합산점의 순서 교환	$a \xrightarrow{+} \bigcirc \xrightarrow{a\pm b} \bigcirc \xrightarrow{a\pm b\pm c}$ $\pm\uparrow b \quad \pm\uparrow c$	$a \xrightarrow{+} \bigcirc \xrightarrow{a\pm c} \bigcirc \xrightarrow{a\pm c\pm b}$ $\pm\uparrow c \quad \pm\uparrow b$
3	합산점의 정돈	$a \xrightarrow{+} \bigcirc \xrightarrow{a\pm(b\pm c)}$ $\pm\uparrow b\pm c$ $b \rightarrow \pm\uparrow$ $\pm\uparrow c$	$a \xrightarrow{+} \bigcirc \xrightarrow{a\pm b} \bigcirc \xrightarrow{a\pm(b\pm c)}$ $\pm\uparrow b \quad \pm\uparrow c$

No.	변환사항	변 환 전	등 가 변 환
4	인출점의 순서 교환	$a \to G_1 \to^b G_2 \to c$, $b \leftarrow \to b$	$a \to G_1 \to^b G_2 \to c$, $b \leftarrow \to b$
5	합산점을 요소 앞에 이동	$a \to G \to^b \pm \to d$, $d = b \pm c$, $\uparrow c$	$a \to \pm \to^{a \pm c'} G \to d$, $c' \leftarrow 1/G \leftarrow c$
6	합산점을 요소 뒤에 이동	$a \to \pm \to G \to c$, $\uparrow b$	$a \to G \to \pm \to c$, $b \to G \to$
7	인출점을 요소 앞에 이동	$a \to G \to b$, $b \leftarrow$	$a \to G \to b$, $\to G \to b$
8	인출점을 요소 뒤에 이동	$a \to G \to b$, $\to a$	$a \to G \to b$, $a \leftarrow 1/G \leftarrow$
9	인출점을 합산점 앞에 이동	$a \to \pm \to$, $\to c$, $\uparrow b$, $\to c$	$a \to \pm \to c$, $c = a \pm b$, $\uparrow b$
10	인출점을 합산점 뒤에 이동	$a \to \to a \pm b$, $a \leftarrow$, $\uparrow b \pm$	$a \to \pm \to^{a \pm b} c$, $\uparrow b$, $\to \mp \to a$, $\uparrow b$
11	종속 결합 요소는 일괄	$a \to K_1 G_1 \to K_2 G_2 \to b$	$a \to K_1 K_2 G_1 G_2 \to b$
12	병렬 요소를 직렬 요소로 변환	$a \to G_1 \to^b \pm \to d$, $d = b \pm c$, $G_2 \to c$	$a \to G_2 \to 1/G_2 \to G_1 \to^b \pm \to d$, $\uparrow c$
13	직렬 요소를 병렬 요소로 변환	$a \to G_1 \to^b \pm \to c$, $\uparrow a$	$a \to 1/G_2 \to G_2 \to G_1 \to \pm$, $G_2 \to a$
14	병렬 결합을 1개 요소로 변환	$a \to G_1 \to^b \pm \to d$, $d = b \pm c$, $G_2 \to c$	$a \to G_1 \pm G_2 \to d$
15	단위 피드백 결합으로 변환	$a \to \pm \to^c G \to d$, $b \leftarrow H \leftarrow$	$a \to 1/H \to \pm \to G \to H \to d$, $\leftarrow$

No.	변환사항	변 환 전	등 가 변 환
16	피드백 요소로 변환		
17	피드백 요소 1개 요소로 변환		
18	단일 요소를 피드백 요소로 변환		
19	단일 요소를 피드백 요소로 변환		

4 신호 흐름 선도

1) 기본 연산의 신호 흐름 선도

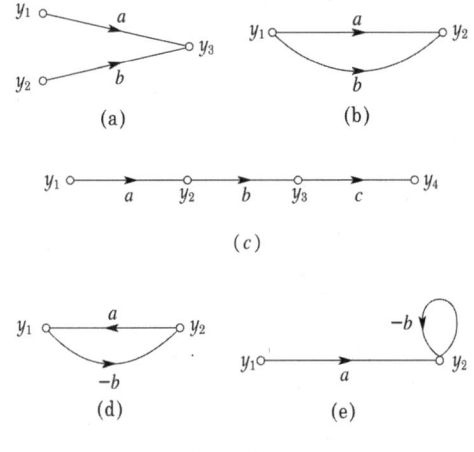

신호 흐름 선도

① 덧셈 : 그림 (a)의 신호 흐름 선도의 선형 방정식은 $y_3 = ay_1 + by_2$

그림 (b)의 신호 흐름 선도의 선형 방정식은 $y_2 = (a+b)y_1$

② 곱셈 : 그림 (c)의 신호 흐름 선도의 선형 방정식은 $y_4 = abcy_1$

③ 피드백 루프 : 그림 (d)의 신호 흐름 선도의 선형 방정식은 $y_2 = \dfrac{a}{1+ab}y_1$

그림 (e)의 신호 흐름 선도의 선형 방정식은 $y_2 = \dfrac{a}{1+b}y_1$

2) 신호 흐름 선도의 등가 변환

블록 선도와 신호 흐름 선도의 대응 관계

번호	항 목	블록 선도	신호 흐름 선도
1	신호	$a \longrightarrow$	$\overset{a}{\circ}$
2	전달요소 $b = G \cdot a$	$a \rightarrow \boxed{G} \rightarrow b$	$a \circ \xrightarrow{G} \circ b$
3	가합점 $c = a \pm b$	$a \rightarrow \oplus \rightarrow c$, $\pm b$	$a \circ \xrightarrow{1} \circ c$, $b \circ \xrightarrow{\pm 1}$
4	인출점 $a = b = c$	$a \rightarrow \bullet \rightarrow b$, $\rightarrow c$	$a \circ \xrightarrow{1} \circ b$, $\xrightarrow{1} \circ c$
5	종속접속 $c = G_1 \cdot G_2 \cdot a$	$a \rightarrow \boxed{G_1} \xrightarrow{b} \boxed{G_2} \rightarrow c$	$a \circ \xrightarrow{G_1} \overset{b}{\circ} \xrightarrow{G_2} \circ c$
6	병렬접속 $d = (G_1 \pm G_2)a$	$a \rightarrow \boxed{G_1} \rightarrow \oplus \rightarrow d$, $\boxed{G_2}$	$a \circ \xrightarrow{1} \overset{b}{\circ} \xrightarrow{G_1} \overset{c}{\circ} \xrightarrow{1} \circ d$, $\pm G_2$
7	피드백 접속 $d = \dfrac{G}{1 \pm GH} \cdot a$	$a \rightarrow \oplus \xrightarrow{b} \boxed{G} \rightarrow d$, $\boxed{H}$	$a \circ \xrightarrow{1} \overset{b}{\circ} \xrightarrow{G} \overset{c}{\circ} \xrightarrow{1} \circ d$, $\pm H$

3) 신호 흐름 선도의 일반 이득 공식

출력과 입력과의 비, 즉 계통의 이득 또는 전달 함수 G는 다음의 메이슨(Mason)의 정리에 의하여 구할 수 있다.

$$G = \frac{\sum_k G_k \Delta_k}{\Delta}$$

여기서, $\Delta = 1 - \sum_n L_{n1} + \sum_n L_{n2} - \sum_n L_{n3} + \cdots + (-1)^n \sum L_{nn}$

L_{n1} : 개개의 폐루프 이득의 합
L_{n2} : 2개의 서로 접하지 않은 루프의 가능한 모든 조합의 루프 이득의 곱의 합
L_{n3} : 3개의 서로 접하지 않은 루프의 가능한 모든 조합의 루프 이득의 곱의 합
L_{nn} : n개의 서로 접하지 않은 루프의 가능한 모든 조합의 루프 이득의 곱의 합
G_k : K번째의 앞 방향 경로의 이득
Δ_k : K번째의 앞 방향 경로와 접하지 않은 부분에 대한 △의 값

5 연산 증폭기

$$X_3 = -a_1 X_1 - a_2 X_2$$

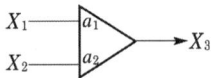

1) 연산 증폭기의 특징

① 입력 임피던스가 크다.
② 출력 임피던스는 적다.
③ 증폭도가 매우 크다.
④ 정부(+, −) 2개의 전원을 필요로 한다.

16 필수유형 및 과년도문제

필수 01 ★ 블록선도의 개요

그림과 같은 피드백 제어계의 폐루프 전달 함수는?

① $\dfrac{R(s)C(s)}{1+G(s)}$ ② $\dfrac{G(s)}{1+R(s)}$ ③ $\dfrac{C(s)}{1+R(s)}$ ④ $\dfrac{G(s)}{1+G(s)}$

유형분석 블록선도의 기본개념을 묻는 문제가 출제되나 빈도는 낮다.

풀 이 $(R-C)G=C$, $RG-CG=C$, $RG=C(1+G)$
  $\therefore \dfrac{C}{R}=\dfrac{G}{1+G}$

답 ④

Key point
입력 신호를 받아서 적당히 변환된 출력 신호를 만드는 신호 전달 요소를 네모진 상자 속에 표시하며 입력과 출력 사이의 관계를 표시하는 전달 함수를 블록선도라 한다.

필수 02 ★★★☆ 궤환형 제어계의 표준형

다음과 같은 블록 선도의 등가 합성 전달 함수는?

① $\dfrac{1}{1\pm GH}$ ② $\dfrac{G}{1\pm GH}$
③ $\dfrac{G}{1\pm H}$ ④ $\dfrac{1}{1\pm H}$

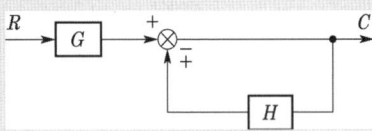

유형분석 기본적인 내용으로 반드시 기억한다. 자주 출제된다.

풀 이 $C=RG\pm CH$, $C(1\pm H)=RG$
  $\therefore \dfrac{C}{R}=\dfrac{G}{1\pm H}$

답 ③

Key point

$$C(s) = \frac{G(s)}{1 \pm G(s)H(s)} R(s)$$

문제 01 ★★★★★ 그림과 같은 피드백 회로의 종합 전달 함수는?

① $\dfrac{1}{G_1} + \dfrac{1}{G_2}$ ② $\dfrac{G_1}{1 - G_1 G_2}$

③ $\dfrac{G_1}{1 + G_1 G_2}$ ④ $\dfrac{G_1 G_2}{1 + G_1 G_2}$

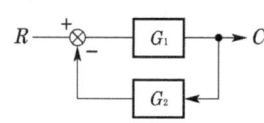

풀이 $(R - CG_2)G_1 = C$

$RG_1 = C + CG_1 G_2 = C(1 + G_1 G_2)$

$\therefore \dfrac{C}{R} = \dfrac{G_1}{1 + G_1 G_2}$

별해 전향경로 이득 : G_1, 루프이득 : $-G_1 G_2$

$G(s) = \dfrac{\sum \text{전향 경로 이득}}{1 - \sum \text{루프이득}} = \dfrac{G_1}{1 + G_1 G_2}$

답 ③

문제 02 ★★ 그림의 블록 선도에서 C/R를 구하면?

① $\dfrac{G_1 + G_2}{1 + G_1 G_2 + G_3 G_4}$

② $\dfrac{G_1 G_2}{1 + G_1 G_2 G_3 G_4}$

③ $\dfrac{G_3 G_4}{1 + G_1 G_2 G_3 G_4}$

④ $\dfrac{G_1 G_2}{1 + G_1 G_2 + G_3 G_4}$

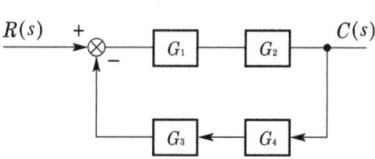

풀이 $C = (R - CG_3 G_4)G_1 G_2$

$C(1 + G_1 G_2 G_3 G_4) = RG_1 G_2$

$\therefore \dfrac{C}{R} = \dfrac{G_1 G_2}{1 + G_1 G_2 G_3 G_4}$

별해 전향경로 이득 : $G_1 G_2$, 루프 이득 : $-G_1 G_2 G_3 G_4$

$G(s) = \dfrac{\sum \text{전향 경로 이득}}{1 - \sum \text{루프이득}} = \dfrac{G_1 G_2}{1 + G_1 G_2 G_3 G_4}$

답 ②

문제 03
$r(t) = 2$, $G_1 = 100$, $H_1 = 0.01$일 때 $c(t)$를 구하면?

① 2
② 5
③ 9
④ 10

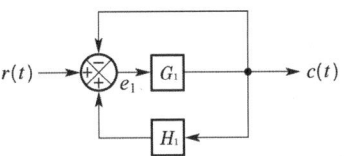

풀이
$C = (R + CH_1 - C)G_1 = RG_1 + CG_1H_1 - CG_1$
$C(1 + G_1 - G_1H_1) = RG_1$
$\therefore C = \dfrac{RG_1}{1 + G_1 - G_1H_1} = \dfrac{2 \times 100}{1 + 100 - (100 \times 0.01)} = 2$

별해 전향경로 이득 : G_1, 루프이득 : $-G_1, G_1H_1$

$G(s) = \dfrac{C(s)}{R(s)} = \dfrac{\sum \text{전향 경로 이득}}{1 - \sum \text{루프이득}} = \dfrac{G_1}{1 + G_1 - G_1H_1}$

$\therefore C(s) = \dfrac{R(s)G_1}{1 + G_1 - G_1H_1} = \dfrac{2 \times 100}{1 + 100 - (100 \times 0.01)} = 2$

답 ①

문제 04
그림의 전체 전달 함수는?

① 0.22
② 0.33
③ 1.22
④ 3.1

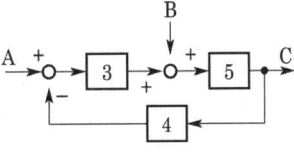

풀이
$\dfrac{C}{A} = \dfrac{3 \times 5}{1 + (3 \times 4 \times 5)} = \dfrac{15}{61}$, $\dfrac{C}{B} = \dfrac{5}{1 + (3 \times 4 \times 5)} = \dfrac{5}{61}$

$G(s) = \dfrac{C}{A} + \dfrac{C}{B} = \dfrac{15}{61} + \dfrac{5}{61} = \dfrac{20}{61} = 0.33$ (공식 $G(s) = \dfrac{\text{전향경로}}{1 - \text{폐로}}$)

답 ②

문제 05
그림의 블록 선도에서 전달 함수로 표시한 것은?

① $\dfrac{12}{5}$ ② $\dfrac{16}{5}$
③ $\dfrac{20}{5}$ ④ $\dfrac{28}{5}$

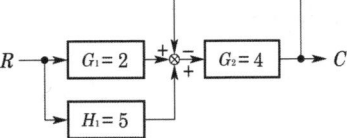

풀이
$(RG_1 + RH_1 - C)G_2 = C$
$RG_1G_2 + RH_1G_2 - CG_2 = C$
$R(G_1G_2 + H_1G_2) = C(1 + G_2)$

$G(s) = \dfrac{C}{R} = \dfrac{G_1G_2 + H_1G_2}{1 + G_2} = \dfrac{G_2(G_1 + H_1)}{1 + G_2}$ 이므로

$G_1 = 2$, $G_2 = 4$, $H_1 = 5$를 대입하면 $\therefore G(s) = \dfrac{4(2+5)}{1+4} = \dfrac{28}{5}$

별해 전향경로 이득 : $(G_1+H_1)G_2$, 루프이득 : $-G_2$

$$G(s) = \frac{\sum \text{전향 경로 이득}}{1-\sum \text{루프이득}} = \frac{(G_1+H_1)G_2}{1+G_2} = \frac{(2+5)\cdot 4}{1+4} = \frac{28}{5}$$

답 ④

필수 03 ★ 블록 선도의 등가 변환

다음 블록 선도를 옳게 등가변환한 것은?

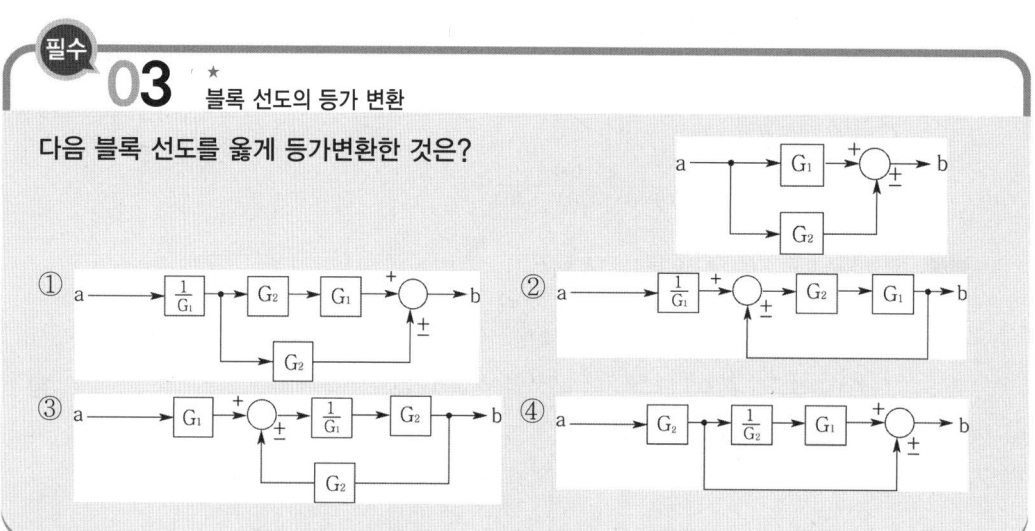

유형분석 등가변환에 관한 문제는 유제와 같은 문제가 출제된다.

풀이

따라서 가 된다.

답 ④

Key point

종속 결합 요소는 일괄	$a \rightarrow [K_1G_1] \rightarrow [K_2G_2] \rightarrow b$	$a \rightarrow [K_1K_2G_1G_2] \rightarrow b$
병렬 결합을 1개 요소로 변환	G_1, G_2 병렬, $d=b\pm c$	$a \rightarrow [G_1 \pm G_2] \rightarrow d$
단위 피드백 결합으로 변환	G, H 피드백	$a \rightarrow [1/H] \rightarrow [G] \rightarrow [H] \rightarrow d$

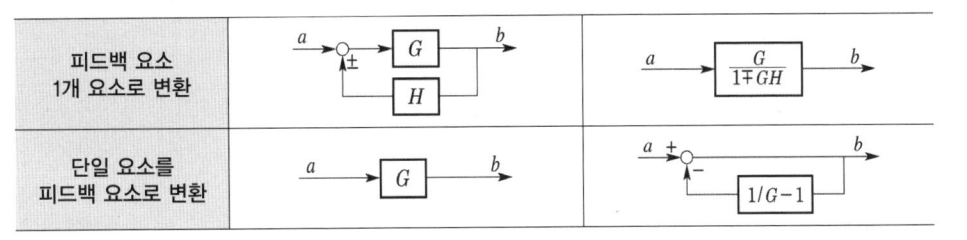

문제 06 그림의 두 블록 선도가 등가인 경우 A 요소의 전달 함수는?

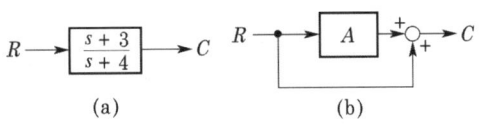

① $\dfrac{-1}{s+4}$ ② $\dfrac{-2}{s+4}$ ③ $\dfrac{-3}{s+4}$ ④ $\dfrac{-4}{s+4}$

풀이 $\dfrac{s+3}{s+4} = A+1$ ∴ $A = \dfrac{s+3}{s+4} - 1 = \dfrac{-1}{s+4}$

답 ①

문제 07 다음 블록 선도의 변환에서 ( )에 맞는 것은?

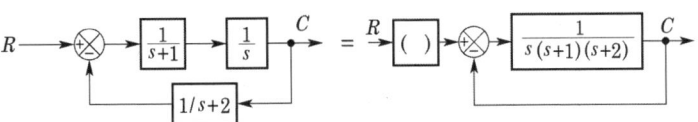

① $s+2$ ② $s+1$ ③ s ④ $s(s+1)(s+2)$

풀이 $\left(R - \dfrac{1}{s+2}C\right)\dfrac{1}{s+1} \cdot \dfrac{1}{s} = C$ $R - \dfrac{1}{s+2}C = (s+1)sC$

$R = \left[s(s+1) + \dfrac{1}{s+2}\right]C = \dfrac{s(s+1)(s+2)+1}{s+2}C$

∴ $(s+2)$

답 ①

04 신호 흐름 선도

그림의 신호 흐름 선도를 단순화하면?

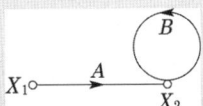

① $X_1 \xrightarrow{AB} X_2$ ② $X_1 \xrightarrow{1/A-B} X_2$

③ $X_1 \xrightarrow{A/1-B} X_2$ ④ $X_1 \xrightarrow{1-B} X_2$

유형분석 제어공학에서 라플라스변환, 전달함수, 신호흐름선도, 안정도판별, 상태방정식 등은 매회 출제된다.

풀 이 $G_1 = A$, $\Delta_1 = 1$, $L_{11} = B$, $\Delta = 1 - L_{11} = 1 - B$

$$\therefore G = \frac{G_1 \Delta_1}{\Delta} = \frac{A}{1-B}$$

답 ③

Key point

$$G = \frac{\sum_k G_k \Delta_k}{\Delta}$$

여기서, $\Delta = 1 - \sum_n L_{n1} + \sum_n L_{n2} - \sum_n L_{n3} + \cdots + (-1)^n \sum_n L_{nn}$

L_{n1} : 개개의 폐루프 이득의 합
L_{n2} : 2개의 서로 접하지 않은 루프의 가능한 모든 조합의 루프 이득의 곱의 합
L_{n3} : 3개의 서로 접하지 않은 루프의 가능한 모든 조합의 루프 이득의 곱의 합
L_{nn} : n개의 서로 접하지 않은 루프의 가능한 모든 조합의 루프 이득의 곱의 합
G_k : K번째의 앞 방향 경로의 이득
Δ_k : K번째의 앞 방향 경로와 접하지 않은 부분에 대한 △의 값

문제 08 ★☆

그림과 같은 신호 흐름 선도에서 $\dfrac{C}{R}$의 값은?

① $-\dfrac{1}{41}$ ② $-\dfrac{3}{41}$

③ $-\dfrac{5}{41}$ ④ $-\dfrac{6}{41}$

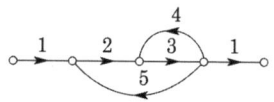

풀이 $G_1 = 1 \cdot 2 \cdot 3 \cdot 1 = 6$, $\Delta_1 = 1$, $L_{11} = 3 \cdot 4 = 12$, $L_{21} = 2 \cdot 3 \cdot 5 = 30$,
$\Delta = 1 - (L_{11} + L_{21}) = 1 - (12 + 30) = -41$

$$\therefore \frac{C}{R} = \frac{G_1 \Delta_1}{\Delta} = \frac{6 \times 1}{-41} = -\frac{6}{41}$$

답 ④

문제 09 ★★

다음 신호 흐름 선도에서 전달 함수 C/R를 구하면 얼마인가?

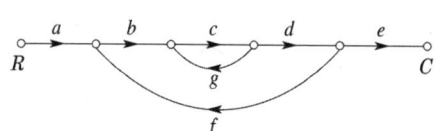

① $\dfrac{abcdg}{1-abcde}$ ② $\dfrac{abcde}{1-cg-bcdf}$ ③ $\dfrac{abcde}{1-cg-cgf}$ ④ $\dfrac{abcde}{1+cg+cgf}$

풀이 $G_1 = abcde$, $\Delta_1 = 1$, $L_{11} = cg$, $L_{21} = bcdf$
$\Delta = 1 - (L_{11} + L_{21}) = 1 - cg - bcdf$
$\therefore G = \dfrac{C}{R} = \dfrac{G_1 \Delta_1}{\Delta} = \dfrac{abcde}{1 - cg - bcdf}$

답 ②

문제 10 ★☆ 그림과 같은 신호 흐름 선도에서 C/R를 구하면?

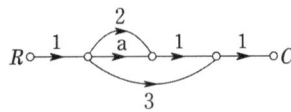

① $a + 2$ ② $a + 3$ ③ $a + 5$ ④ $a + 6$

풀이 $G_1 = a$, $\Delta_1 = 1$, $G_2 = 2$, $\Delta_2 = 1$, $G_3 = 3$, $\Delta_3 = 1$, $\Delta = 1$
$\therefore G = \dfrac{C}{R} = \dfrac{G_1 \Delta_1 + G_2 \Delta_2 + G_3 \Delta_3}{\Delta} = a + 2 + 3 = a + 5$

답 ③

문제 11 ★★☆ 그림과 같은 신호 흐름 선도에서 $\dfrac{C}{R}$의 값은?

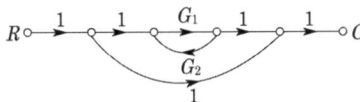

① $\dfrac{1 + G_1 - G_1 G_2}{1 - G_1 G_2}$ ② $\dfrac{1 + G_1}{1 - G_1 G_2}$ ③ $\dfrac{1 + G_1 G_2}{1 + G_1 + G_1 G_2}$ ④ $\dfrac{1 - G_1 G_2}{1 + G_1 - G_1 G_2}$

풀이 $G_1' = G_1$, $\Delta_1 = 1$, $G_2' = 1$, $\Delta_2 = 1 - G_1 G_2$, $\Delta = 1 - G_1 G_2$
$\therefore \dfrac{C}{R} = \dfrac{G_1' \Delta_1 + G_2' \Delta_2}{\Delta} = \dfrac{G_1 + (1 - G_1 G_2)}{1 - G_1 G_2} = \dfrac{1 + G_1 - G_1 G_2}{1 - G_1 G_2}$

답 ①

문제 12 ★★ 신호-흐름 선도의 전달 함수는?

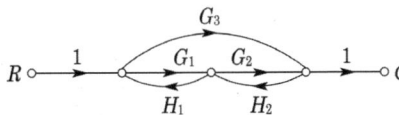

① $\dfrac{G_1 G_2 + G_3}{1 - (G_1 H_1 + G_2 H_2) - G_3 H_1 H_2}$ ② $\dfrac{G_1 G_2 + G_3}{1 - (G_1 H_1 - G_2 H_2)}$

③ $\dfrac{G_1 G_2 - G_3}{1 - (G_1 H_1 - G_2 H_2)}$ ④ $\dfrac{G_1 G_2 - G_3}{1 - (G_1 H_1 + G_2 H_2)}$

풀이 $G_1' = G_1G_2$, $\Delta_1 = 1$, $G_2' = G_3$, $\Delta_2 = 1$
$L_{11} = G_1H_1$, $L_{21} = G_2H_2$, $L_{31} = G_3H_1H_2$, $\Delta = 1-(L_{11}+L_{21}+L_{31})$
$\therefore \dfrac{C}{R} = \dfrac{G_1'\Delta_1 + G_2'\Delta_2}{\Delta} = \dfrac{G_1G_2 + G_3}{1-(G_1H_1+G_2H_2)-G_3H_1H_2}$

답 ①

필수 05 ★★ 연산 증폭기

그림과 같이 연산 증폭기를 사용한 연산 회로의 출력항은 어느 것인가?

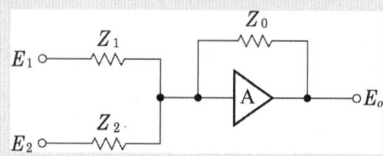

① $E_o = Z_0\left(\dfrac{E_1}{Z_1}+\dfrac{E_2}{Z_2}\right)$ ② $E_o = -Z_0\left(\dfrac{E_1}{Z_1}+\dfrac{E_2}{Z_2}\right)$

③ $E_o = Z_0\left(\dfrac{E_1}{Z_2}+\dfrac{E_2}{Z_1}\right)$ ④ $E_o = -Z_0\left(\dfrac{E_1}{Z_2}+\dfrac{E_2}{Z_1}\right)$

유형분석 기본적인 연산증폭기 출력에 관한 문제가 출제된다.

풀 이 $E_o = -\dfrac{Z_o}{Z_1}E_1 - \dfrac{Z_o}{Z_2}E_2 = -Z_o\left(\dfrac{E_1}{Z_1}+\dfrac{E_2}{Z_2}\right)$

답 ②

Key point

$X_3 = -a_1X_1 - a_2X_2$

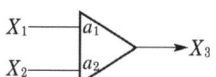

문제 13 ★★☆ 그림과 같은 연산 증폭기에서 출력 전압 V_o을 나타낸 것은? 단, V_1, V_2, V_3는 입력 신호이고, A는 연산 증폭기의 이득이다.

① $V_o = \dfrac{R_0}{3R}(V_1+V_2+V_3)$

② $V_o = \dfrac{R}{R_0}(V_1+V_2+V_3)$

③ $V_o = \dfrac{R_0}{R}(V_1+V_2+V_3)$

④ $V_o = -\dfrac{R_0}{R}(V_1+V_2+V_3)$

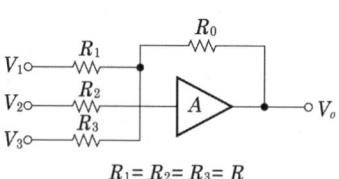

$R_1 = R_2 = R_3 = R$

풀이
$$V_o = -\frac{R_o}{R_1}V_1 - \frac{R_o}{R_2}V_2 - \frac{R_o}{R_3}V_3 = -\frac{R_o}{R}V_1 - \frac{R_o}{R}V_2 - \frac{R_o}{R}V_3$$
$$= -\frac{R_o}{R}(V_1 + V_2 + V_3)$$

답 ④

문제 14 ★ 다음 연산 기구의 출력으로 바르게 표현된 것은? (단, OP 증폭기는 이상적인 것으로 생각한다.)

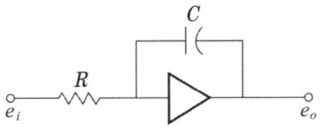

① $e_o = -\dfrac{1}{RC}\displaystyle\int e_i dt$
② $e_o = -\dfrac{1}{RC}\dfrac{de_i}{dt}$
③ $e_o = -RC\displaystyle\int e_i dt$
④ $e_o = -\dfrac{C}{R}\displaystyle\int e_i dt$

풀이 적분기 : $e_o = -\dfrac{1}{RC}\displaystyle\int e_i dt$

답 ①

17 출제기준 – **자동 제어계의 과도응답**

1 자동 제어계의 시간응답 특성

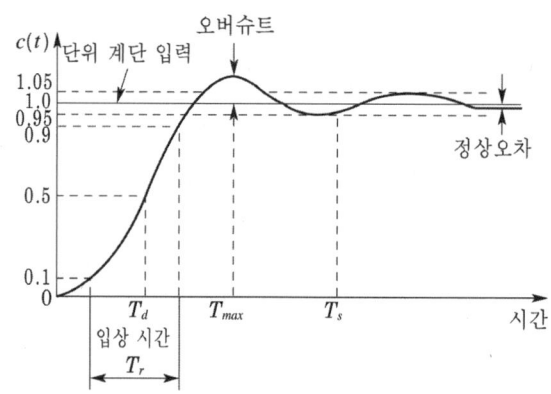

단위 계단 입력에 대한 시간 응답

① 오버슈트 : 과도 기간 중 응답이 목표값을 넘어가는 양

$$\text{백분율 오버슈트} = \frac{\text{최대 오버슈트}}{\text{최종 목표값}} \times 100$$

② 지연 시간 : 지연 시간 T_d는 응답이 최초로 목표값의 50[%]가 되는 데 요하는 시간

③ 감쇠비 : 감쇠비는 과도 응답의 소멸되는 속도를 나타내는 양으로써 최대 오버슈트와 다음 주기에 오는 오버슈트와의 비

$$\text{감쇠비} = \frac{\text{제2오버슈트}}{\text{최대 오버슈트}}$$

④ 상승 시간 : 일반적으로 응답이 목표값의 10[%]로부터 90[%]까지 도달하는 데 요하는 시간이다.

⑤ 응답 시간 : 응답 시간 T_s는 응답이 요구하는 오차 이내로 정착되는데 요하는 시간

2 자동 제어계의 과도응답

1) 특성 방정식

그림의 폐회로 전달 함수는,

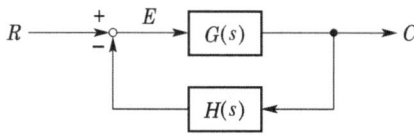

$$\frac{C(s)}{R(s)} = \frac{G(s)}{1+G(s)H(s)}$$

여기서, 분모를 0으로 놓은 식, $1+G(s)H(s)=0$을 선형 자동 제어계의 특성 방정식이라고 한다.

2) 특성 방정식의 근의 위치와 응답

자동 제어계가 안정하려면 특성 방정식의 근이 s 평면의 우반 평면에 존재하여서는 안 된다.

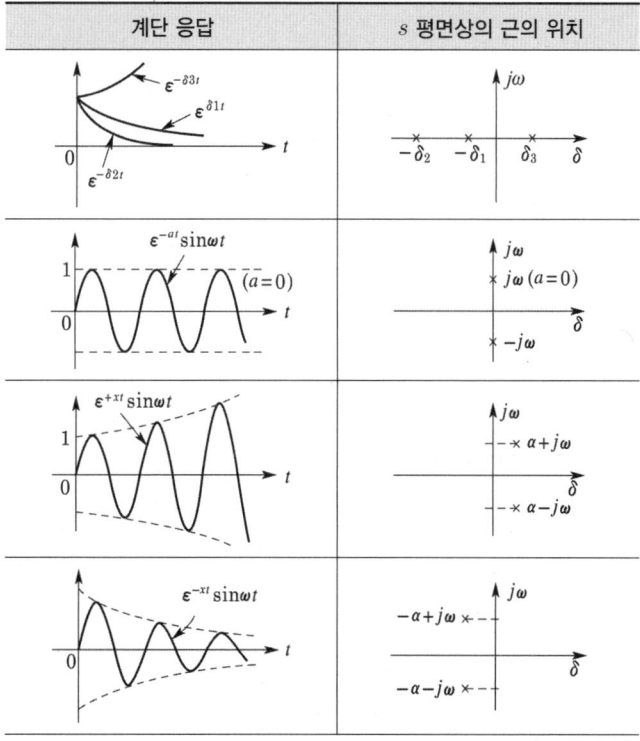

s 평면에서의 근의 위치와 응답

그러므로 자동 제어계의 과도 응답 현상은 허수축에 가장 가까이 있는 근이 지배한다는 것을 알 수 있다. 이 근을 대표근이라 한다. 자동 제어계의 대표근은 대부분이 공액 복소수근이다.

3 1차 제어계의 과도응답

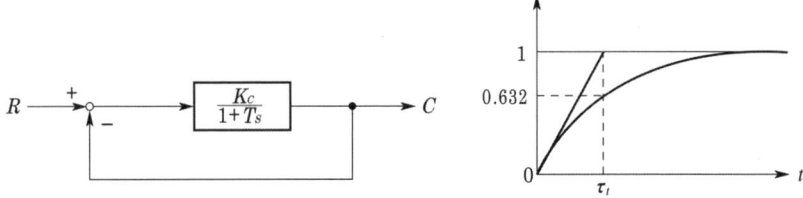

그림에 표시한 자동제어계의 폐회로 전달 함수는,

$$\frac{C(s)}{R(s)} = \frac{K_c}{Ts + K_c + 1}$$

위 식을 변형하면,

$$\frac{C(s)}{R(s)} = \frac{K}{\tau s + 1}$$

여기서, $K = K_c/(K_c+1)$, $\tau = T/(K_c+1)$

1차계의 단위 단계 입력에 대한 응답은,

$$c(t) = K\left(1 - e^{-\frac{1}{\tau}t}\right)$$

4 2차 제어계의 과도응답

$$\frac{C(s)}{R(s)} = \frac{\omega_n^2}{s^2 + 2\delta\omega_n s + \omega_n^2}$$

위 식의 특성 방정식은, $s^2 + 2\delta\omega_n s + \omega_n^2 = 0$

$$s_1, s_2 = -\delta\omega_n \pm j\omega_n\sqrt{1-\delta^2} = -\sigma \pm j\omega$$

1) $\delta < 1$인 경우 : 부족 제동

$$s_1, s_2 = -\delta\omega_n \pm j\omega_n\sqrt{1-\delta^2}$$

공액 복소수근을 가지므로 감쇠 진동을 한다.

2) $\delta = 1$인 경우 : 임계 제동

$$s_1, s_2 = -\omega_n$$

중근(실근)을 가지므로 진동에서 비진동으로 옮겨가는 임계 상태이다.

3) $\delta > 1$인 경우 : 과제동

$$s_1, s_2 = -\delta\omega_n \pm \omega_n\sqrt{\delta^2-1}$$

서로 다른 2개의 실근을 가지므로 비진동이다.

4) $\delta = 0$인 경우 : 무제동

$$s_1, s_2 = \pm j\omega_n$$

2차 자동 제어계의 단위 계단 입력을 인가하는 경우 출력 응답은 다음과 같이 된다.

$$C(s) = \frac{\omega_n^2}{(s^2 + 2\delta\omega_n s + \omega_n^2)} \cdot R(s) = \frac{\omega_n^2}{s(s^2 + 2\delta\omega_n s + \omega_n^2)}$$

$$c(t) = \mathcal{L}^{-1}[C(s)] = \mathcal{L}^{-1}\left\{\frac{\omega_n^2}{s(s^2 + 2\delta\omega_n s + \omega_n^2)}\right\}$$

위 식을 역변환하면,

$$c(t) = 1 - \frac{e^{-\delta\omega_n t}}{\sqrt{1-\delta^2}}\sin\left\{\omega_n\sqrt{1-\delta^2}\,t + \tan^{-1}\frac{\sqrt{1-\delta^2}}{\delta}\right\}$$

필수유형 및 과년도문제

필수 01 ★☆ 자동 제어계의 시간응답 특성

다음 과도 응답에 관한 설명 중 틀린 것은?
① 오버슈트는 응답 중에 생기는 입력과 출력 사이의 최대 편차를 말한다.
② 시간 늦음(time delay)이란 응답이 최초로 희망값의 10[%] 진행되는 데 요하는 시간을 말한다.
③ 감쇠비 = $\dfrac{\text{제2의 오버슈트}}{\text{최대 오버슈트}}$
④ 입상 시간(rise time)이란 응답이 희망값의 10[%]에서 90[%]까지 도달하는 데 요하는 시간을 말한다.

유형분석 본문 1항의 용어에 관한 문제가 출제된다.

풀이 시간 늦음(지연 시간)은 응답이 최초로 희망값(정상값)의 50[%]가 되는 데 요하는 시간이다. **답** ②

Key point

① 오버슈트 : 과도 기간 중 응답이 목표값을 넘어가는 양
   백분율 오버슈트 = $\dfrac{\text{최대 오버슈트}}{\text{최종 목표값}} \times 100[\%]$
② 지연 시간 : 지연 시간 T_d는 응답이 최초로 목표값의 50[%]가 되는 데 요하는 시간
③ 상승 시간 : 일반적으로 응답이 목표값의 10[%]로부터 90[%]까지 도달하는 데 요하는 시간이다.

문제 01 ★★★ 과도 응답의 소멸되는 정도를 나타내는 감쇠비(decay ratio)는?

① 최대 오버슈트/제 2 오버슈트
② 제 3 오버슈트/제 2 오버슈트
③ 제 2 오버슈트/최대 오버슈트
④ 제 2 오버슈트/제 3 오버슈트

풀이 과도 응답의 소멸되는 속도를 나타낸 양
감쇠비 = $\dfrac{\text{제2오버슈트}}{\text{최대 오버슈트}}$ **답** ③

문제 02 ☆ 응답이 최종값의 10[%]에서 90[%]까지 되는데 요하는 시간은?

① 상승 시간(rise time)
② 지연 시간(delay time)
③ 응답 시간(response time)
④ 정정 시간(settling time)

풀이 입상 시간(상승 시간)이란 응답이 희망값의 10~90[%]까지 도달하는 데 요하는 시간을 말한다.

답 ①

필수 02 ★ 자동 제어계의 과도응답

그림과 같이 s 평면상에 A, B, C, D 4개의 근이 있을 때 이 중에서 가장 빨리 정상 상태에 도달하는 것은?

① A
② B
③ C
④ D

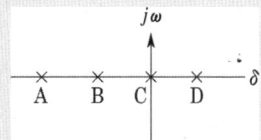

유형분석 과도응답에서 근의 위치에 관한문제와 응답 등이 출제된다.

풀 이 근은 특성근을 의미하며 정상 상태에 빨리 도달하려면 시정수 값이 작아야 한다.

시정수 $=-\dfrac{1}{\text{특성근}}$ 이므로 특성근의 값이 $\ominus$값으로서 큰 값을 가져야 한다.

특성근 값이 ⊕값이면 정상 상태가 될 수 없다. (점점 증폭된다.) 특성근 값이 0이면 무감쇠 진동된다.

답 ①

Key point

계단 응답	s 평면상의 근의 위치
$\varepsilon^{+xt}\sin\omega t$ 증폭 진동 파형	$\times\ \alpha+j\omega$ / $\times\ \alpha-j\omega$ (우반평면)
$\varepsilon^{-xt}\sin\omega t$ 감쇠 진동 파형	$-\alpha+j\omega\ \times$ / $-\alpha-j\omega\ \times$ (좌반평면)

문제 03 ★★★
시간 영역에서 자동 제어계를 해석할 때 기본 시험 입력에 보통 사용되지 않는 입력은?

① 정속도 입력 ② 정현파 입력
③ 단위 계단 입력 ④ 정가속도 입력

풀이 시험 기준 입력 종류 : ① 계단 입력 ② 등속 입력 ③ 등가속 입력 **답** ②

문제 04 ★★★
임펄스 응답이 다음과 같이 주어지는 계의 전달 함수는?

$$c(t) = 1 - 1.8e^{-4t} + 0.8e^{-9t}$$

① $\dfrac{36s}{(s+4)(s+9)}$ ② $\dfrac{36}{(s+4)(s+9)}$

③ $\dfrac{36}{s(s+4)(s+9)}$ ④ $\dfrac{(s+4)}{s(s+4)(s+9)}$

풀이 $R(s) = \mathcal{L}[r(t)] = \mathcal{L}[\delta(t)] = 1$
$C(s) = \mathcal{L}[c(t)] = \mathcal{L}[1 - 1.8e^{-4t} + 0.8e^{-9t}] = \dfrac{1}{s} - \dfrac{1.8}{s+4} + \dfrac{0.8}{s+9} = \dfrac{36}{s(s+4)(s+9)}$
$G(s) = \dfrac{C(s)}{R(s)} = \dfrac{36}{s(s+4)(s+9)}$ **답** ③

문제 05 ★★
회로망 함수의 라플라스 변환이 $I/s+a$로 주어지는 경우 이의 시간영역에서 동작을 도시한 것 중 옳은 것은? 단, a는 정(正)의 상수이다.

① 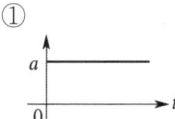 ② 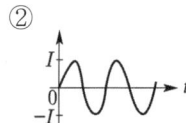 ③ 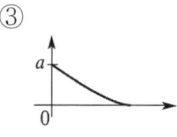 ④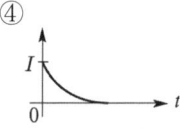

풀이 $f(t) = \mathcal{L}^{-1}\left[\dfrac{1}{s+a}\right] = e^{-at}$, 따라서 $\mathcal{L}^{-1}\left[\dfrac{I}{s+a}\right] = Ie^{-at}$ **답** ④

문제 06 ★★
s 평면(복소 평면)에서의 극점 배치가 다음과 같을 경우 이 시스템의 시간 영역에서의 동작은?

① 감쇠 진동을 한다.
② 점점 진동이 커진다.
③ 같은 진폭으로 계속 진동한다.
④ 진동하지 않는다.

$j\omega$
$\times (2, j3)$
$0 \qquad \delta$
$\times (2, -j3)$

풀이 근이 우반면에 존재하면 진동은 점점 커진다.
또 근이 좌반면에 존재하면 진동은 점점 작아진다. **답** ②

03 ★ 1차 제어계의 과도응답

다음과 같은 회로에서 $t=0_+$ 에서 스위치 K를 닫았다. $i_1(0_+)$, $i_2(0_+)$는 얼마인가?

① $i_1(0_+)=0$, $i_2(0_+)=V/R_2$
② $i_1(0_+)=V/R_1$, $i_2(0_+)=0$
③ $i_1(0_+)=0$, $i_2(0_+)=0$
④ $i_1(0_+)=V/R_1$, $i_2(0_+)=V/R_2$

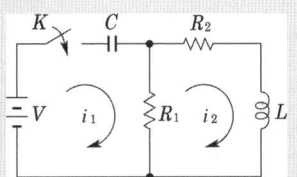

유형분석 회로이론의 과도응답과 연관하여 풀어본다.

풀이 $V_c(0_-)=0$이고
$V_c(0_+)=0$이므로 또한 $i_2(0_-)=0$이고
$i_2(0_+)=0$이므로 등가회로는 아래와 같다.
$\therefore i_1(0_+)=\dfrac{V}{R_1}, i_2(0_+)=0$

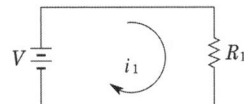

답 ②

Key point

1차계의 단위 단계 입력에 대한 응답은 $c(t)=K\left(1-e^{-\frac{1}{\tau}t}\right)$

문제 07 ★★ 다음과 같은 계통 방정식의 정상값은? 단, $\omega(0)=0$이다.

$$\frac{d\omega}{dt}+5\omega=20$$

① 0　　　② 1　　　③ 2　　　④ 4

풀이 $\dfrac{d\omega}{dt}+5\omega=20$을 라플라스 변환하면

$s\omega(s)-\omega(0)+5\omega(s)=\dfrac{20}{s}$

$\omega(s)(s+5)=\dfrac{20}{s}$, $\omega(s)=\dfrac{20}{s(s+5)}$

$\therefore \lim_{t\to\infty}\omega(t)=\lim_{s\to 0}s\omega(s)=\lim_{s\to 0}s\cdot\dfrac{20}{s(s+5)}=4$

답 ④

문제 08 ★ 비례 동작의 비례대가 50[%]일 때 제어 계수는?

① 0.25　　　② 0.33　　　③ 0.50　　　④ 0.63

풀이 제어 계수를 η, 비례대를 PB 라 하면
$$\eta = \frac{PB}{100+PB} = \frac{50}{100+50} = 0.33$$

답 ②

필수 04 ★ 2차 제어계의 과도응답

2차 제어계에서 공진 주파수 ω_m와 고유 주파수 ω_n, 감쇠비 α 사이의 관계가 바른 것은?

① $\omega_m = \omega_n \sqrt{1-\alpha^2}$ ② $\omega_m = \omega_n \sqrt{1+\alpha^2}$
③ $\omega_m = \omega_n \sqrt{1-2\alpha^2}$ ④ $\omega_m = \omega_n \sqrt{1+2\alpha^2}$

 감쇠비에 따른 진동 여부에 관한 문제가 출제된다.

풀이 $\frac{C(s)}{R(s)} = \frac{\omega_n^2}{s^2+2\delta\omega_n s+\omega_n^2}$ 에서 $4u^3-4u+8u\delta^2 = 0$ 이므로 $u_p = \sqrt{1-2\delta^2} = \frac{\omega_p}{\omega_n}$

따라서 공진 주파수는 위 식에서 $\omega_p = \omega_n \sqrt{1-2\delta^2}$

답 ③

Key point

특성 방정식은, $s^2 + 2\delta\omega_n s + \omega_n^2 = 0$

① $\delta < 1$ 이면 $s_1, s_2 = -\delta\omega_n \pm j\omega_n\sqrt{1-\delta^2}$: 공액 복소근을 가지므로 감쇠 진동을 한다.
② $\delta = 1$ 이면 $s_1, s_2 = -\omega_n$: 같은 실근을 가지므로 임계 상태이다.
③ $\delta > 1$ 이면 $s_1, s_2 = -\delta\omega_n \pm \omega_n\sqrt{\delta^2-1}$: 서로 다른 두 개의 부의 실근을 가지므로 비진동이다.
④ $\delta = 0$ 이면 $s_1, s_2 = \pm j\omega_n$: 순공액 허근을 가지므로 무한 진동을 한다.

 ★★ 전달 함수 $G(s) = \dfrac{1}{1+6j\omega+9(j\omega)^2}$ 의 고유 각주파수는?

① 9 ② 3 ③ 1 ④ 0.33

풀이 $G(s) = \dfrac{\omega_n^2}{s^2+2\delta\omega_n s+\omega_n^2} = \dfrac{\frac{1}{9}}{s^2+\frac{6}{9}s+\frac{1}{9}}$

$\omega_n^2 = \dfrac{1}{9}$ ∴ $\omega_n = \dfrac{1}{3} = 0.33$

답 ④

문제 10 ★ 2차 제어계에 대한 설명 중 잘못된 것은?

① 제동 계수의 값이 작을수록 제동이 적게 걸려 있다.
② 제동 계수의 값이 1일 때 가장 알맞게 제동되어 있다.
③ 제동 계수의 값이 클수록 제동은 많이 걸려 있다.
④ 제동 계수의 값이 1일 때 임계 제동되었다고 한다.

풀이
$\delta < 1$인 경우 : 부족 제동(감쇠 진동)
$\delta > 1$인 경우 : 과제동(비진동)
$\delta = 1$인 경우 : 임계 제동(임계 상태)
$\delta = 0$인 경우 : 무제동(무한 진동 또는 완전 진동)

답 ②

문제 11 ★ 전달 함수 $G(j\omega) = \dfrac{1}{1 + j\omega + (j\omega)^2}$ 인 요소의 인디셜 응답은?

① 뒤짐
② 임계 진동
③ 진동
④ 비진동

풀이
$G(s) = \dfrac{1}{s^2 + s + 1}$

2차 방정식 $G(s) = \dfrac{\omega_n^2}{s^2 + 2\delta\omega_n s + \omega_n^2}$ 과 비교하면

$2\delta\omega_n = 1$, $\omega_n = 1$이므로 $\delta = \dfrac{1}{2\omega_n} = \dfrac{1}{2}$, $\delta < 1$이면 부족제동, 진동이 된다.

답 ③

문제 12 ★ 2차 제어계에서 최대 오버슈트가 발생하는 시간 t_p와 고유 주파수 ω_n, 감쇠 계수 δ 사이의 관계식은?

① $t_p = \dfrac{2\pi}{\omega_n \sqrt{1 - \delta^2}}$
② $t_p = \dfrac{2\pi}{\omega_n \sqrt{1 + \delta^2}}$
③ $t_p = \dfrac{\pi}{\omega_n \sqrt{1 - \delta^2}}$
④ $t_p = \dfrac{\pi}{\omega_n \sqrt{1 + \delta^2}}$

풀이 최대 오버슈트 발생 시간은 $\omega_n \sqrt{1 - \delta^2} t = n\pi$ 에서
$n = 1$에서 발생하므로 $t_p = \dfrac{\pi}{\omega_n \sqrt{1 - \delta^2}}$ 이 된다.

답 ③

18 출제기준 - 정상오차와 주파수 응답

1 자동제어계의 정상편차

1) 자동제어계의 정상 편차

$$e_{ss} = \lim_{s \to 0} e(t) = \lim_{s \to 0} sE(s) = \lim_{s \to 0} \frac{sR(s)}{1+G(s)}$$

2) 기준 시험 입력에 대한 정상 편차

- 단위 계단 입력 $r(t) = u(t)$, $R(s) = \dfrac{1}{s}$
- 단위 램프 입력 $r(t) = tu(t)$, $R(s) = \dfrac{1}{s^2}$
- 단위 포물선 입력 $r(t) = \dfrac{1}{2}t^2 u(t)$, $R(s) = \dfrac{1}{s^3}$

① 정상 위치 편차

$$e_{ssp} = \lim_{s \to 0} \frac{s}{1+G(s)} \cdot \frac{R}{s} = \lim_{s \to 0} \frac{R}{1+G(s)} = \frac{R}{1+\lim_{s \to 0} G(s)} = \frac{R}{1+K_p}$$

② 정상 속도 편차

$$e_{ssv} = \lim_{s \to 0} \frac{s}{1+G(s)} \cdot \frac{R}{s^2} = \lim_{s \to 0} \frac{R}{s+sG(s)} = \frac{R}{\lim_{s \to 0} sG(s)} = \frac{R}{K_v}$$

③ 정상 가속도 편차

$$e_{ssa} = \lim_{s \to 0} \frac{s}{1+G(s)} \cdot \frac{R}{s^3} = \lim_{s \to 0} \frac{R}{s^2+s^2 G(s)} = \frac{R}{\lim_{s \to 0} s^2 G(s)} = \frac{R}{K_a}$$

3) 감도

$$S_K^T = \frac{dT/T}{dK/K} = \frac{K}{T} \cdot \frac{dT}{dK}$$

2 주파수 응답

1) M_0

    영 주파수에서의 이득이다. 최종값 정리에 의하면 단위 계단 입력에 대한 정상 응답은 폐회로 전달 함수에서 $s = 0$으로 놓아 얻을 수 있으므로 M_0는 정상값이다. 그리고 $1 - M_0$는 정상 오차이다.

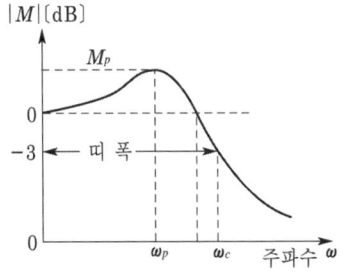

자동 제어계의 배율 곡선

2) 대역폭

    대역폭은 크기가 $0.707 M_0$ 또는 $(20\log M_0 - 3)$[dB]에서의 주파수로 정의한다. 대역폭이 넓으면 넓을수록 응답 속도가 빠르다.

3) 공진 정점 M_p

    M의 최댓값으로 정의하며 계의 안정도의 척도가 된다. M_p가 크면 과도 응답 시 오버슈트가 커진다. 제어계에서 최적한 M_p의 값은 대략 $1.1 \sim 1.5$이다.

4) 공진 주파수 ω_p

    공진 정점이 일어나는 주파수이며, 일반적으로 ω_p의 값이 높으면 주기는 작다.

5) 분리도

    분리도는 신호와 잡음(외란)을 분리하는 제어계의 특성을 가리킨다.

3 보드 선도

1) 상수 (비례 요소)

    $20\log K$[dB] = 일정

    $\text{Arg}[K] = 0°$

2) 원점에서의 극 또는 영점 $(j\omega)^{\pm n}$ [적분 $(j\omega)^{-n}$ 또는 미분 $(j\omega)^{+n}$ 요소]

    $(j\omega)^{\pm n}$의 크기를 [dB]로 나타내면 $20\log|(j\omega)^{\pm n}| = \pm 20 n \log \omega$ [dB]

    위 식은 직선으로 표시되며 기울기는 $\pm 20n$[dB/decade] 혹은 $\pm 6n$[dB/octave]이다.

    $(j\omega)^{\pm n}$의 위상각은 $\text{Arg}(j\omega)^{\pm n} = \pm 90n$[°]

3) 1차의 단극 또는 영점 $(1+j\omega T)^{\pm 1}$

[비례 미분 요소 $(1+j\omega T)$ 또는 1차 지연 요소 $(1+j\omega T)^{-1}$]

① 1차의 단순 0점 $(1+j\omega T)$ 또는 비례, 미분 요소

$$G(j\omega) = 1 + j\omega T$$

$G(j\omega)$의 크기를 데시벨로 표시하면,

$$20\log|G(j\omega)| = 20\log\sqrt{1+\omega^2 T^2}$$

또 위상각은,

$$\text{Arg}G(j\omega) = \tan^{-1}\omega T$$

$\omega T \ll 1$인 경우에는,

$$20\log|G(j\omega)| = 20\log\sqrt{1+\omega^2 T^2} = 20\log 1 = 0[dB]$$
$$\text{Arg}G(j\omega) = \tan^{-1}\omega T \to 0$$

$\omega T \gg 1$인 경우에는,

$$20\log|G(j\omega)| = 20\log\sqrt{\omega^2 T^2} = 20\log\omega T = 20\log\omega + 20\log T$$
$$\text{Arg}G(j\omega) = \tan^{-1}\omega T \to 90°$$

은 기울기를 20[dB/decade] 또는 6[dB/octave]로 하는 직선을 나타낸다.

② 1차의 단순 극점 또는 1차 지연 요소

$$G(j\omega) = \frac{1}{1+j\omega T}$$

단순 극점의 보드 선도는 단순 영점 $(1+j\omega T)$의 크기와 위상각을 표시하는 식에 부의 부호를 붙이면 직접 얻어진다는 것은 명백하다.

4) 2차의 극 또는 영점 (2차 지연 요소)

$$G(s) = \frac{\omega_n^2}{s^2 + 2\delta\omega_n s + \omega_n^2} = \frac{1}{\frac{s^2}{\omega_n^2} + \frac{2\delta}{\omega_n}s + 1}$$

$$G(j\omega) = \frac{1}{\left[1-\left(\frac{\omega}{\omega_n}\right)^2\right] + j\omega\frac{2\delta}{\omega_n}}$$

$G(j\omega)$의 크기는

$$20\log|G(j\omega)| = -20\log\sqrt{\left[1-\left(\frac{\omega}{\omega_n}\right)^2\right]^2 + \left(\frac{2\delta\omega}{\omega_n}\right)^2}\,[dB]$$

$G(j\omega)$의 위상각은

$$\text{Arg}G(j\omega) = -\tan^{-1}\frac{\dfrac{2\delta\omega}{\omega_n}}{1-\left(\dfrac{\omega}{\omega_n}\right)^2}$$

$\dfrac{\omega}{\omega_n} \ll 1$인 주파수 영역에서 $G(j\omega)$의 크기는

$$20\log|G(j\omega)| = -20\log 1 = 0[\text{dB}]$$

그러므로 2차 인수의 저주파수 점근선도 기울기 0을 갖는 직선이다.

$\dfrac{\omega}{\omega_1} \gg 1$인 주파수 영역에서는 $G(j\omega)$의 크기는

$$20\log|G(j\omega)| = -20\log\sqrt{\left[1-\left(\dfrac{\omega}{\omega_n}\right)^2\right]^2 + \left(2\delta\dfrac{\omega}{\omega_n}\right)^2}$$

$$\cong -20\log\sqrt{\left(\dfrac{\omega}{\omega_n}\right)^4} = -40\log\left(\dfrac{\omega}{\omega_n}\right)[\text{dB}]$$

위 식은 반대수(半對數) 좌표계에서 기울기 $-40[\text{dB/decade}]$를 갖는 직선 방정식을 표시한다.

5) 전달 늦음 $G(s) = e^{-TS}$의 보드 선도

$$G(j\omega) = e^{-j\omega T}$$

$G(j\omega)$의 크기는

$$20\log|G(j\omega)| = 20\log|e^{-j\omega T}| = 0[\text{dB}]$$

위상각은

$$\text{Arg}\,G(j\omega) = \text{Arg}\,e^{-j\omega T} = \text{Arg}(\cos\omega T - j\sin\omega T)$$
$$= \tan^{-1}(-\tan\omega T) = -\omega T[\text{rad}]$$

18 필수유형 및 과년도문제

필수 01 ★☆
자동제어계의 정상편차

제어 시스템의 정상상태 오차에서 포물선 함수 입력에 의한 정상상태 오차를 $K_s = \lim_{s \to 0} s^2 G(s) H(s)$로 표현된다. 이때 K_s를 무엇이라고 부르는가?

① 위치오차상수 ② 속도오차상수 ③ 가속도오차상수 ④ 평면오차상수

유형분석 위치, 속도, 가속도 편차에 관한 문제가 출제된다.

풀 이 위치 편차 상수 $K_p = \lim_{s \to 0} G(s)$

속도 편차 상수 $K_v = \lim_{s \to 0} s G(s)$

가속 편차 상수 $K_a = \lim_{s \to 0} s^2 G(s)$

답 ③

Key point

① 정상 위치 편차 $e_{ssp} = \lim_{s \to 0} \dfrac{sR(s)}{1+G(s)} = \lim_{s \to 0} \dfrac{R}{1+G(s)} = \dfrac{R}{1+\lim_{s \to 0} G(s)} = \dfrac{R}{1+K_p}$

② 정상 속도 편차 $e_{ssv} = \lim_{s \to 0} \dfrac{s}{1+G(s)} \cdot \dfrac{R}{s^2} = \lim_{s \to 0} \dfrac{R}{s+sG(s)} = \dfrac{R}{\lim_{s \to 0} sG(s)} = \dfrac{R}{K_v}$

③ 정상 가속도 편차 $e_{ssa} = \lim_{s \to 0} \dfrac{s}{1+G(s)} \cdot \dfrac{R}{s^3} = \lim_{s \to 0} \dfrac{R}{s^2+s^2G(s)} = \dfrac{R}{\lim_{s \to 0} s^2 G(s)} = \dfrac{R}{K_a}$

문제 01 ★★★☆
개루프 전달 함수 $G(s)$가 다음과 같이 주어지는 단위 피드백계에서 단위 속도 입력에 대한 정상 편차는?

$$G(s) = \dfrac{10}{s(s+1)(s+2)}$$

① $\dfrac{1}{2}$ ② $\dfrac{1}{3}$ ③ $\dfrac{1}{4}$ ④ $\dfrac{1}{5}$

풀이 $e_{ssv} = \dfrac{1}{\lim_{s \to 0} s G(s)} = \dfrac{1}{\lim_{s \to 0} s \cdot \dfrac{10}{s(s+1)(s+2)}} = \dfrac{1}{\dfrac{10}{2}} = \dfrac{1}{5}$

답 ④

문제 02 그림과 같은 제어계에서 단위 계단 외란 D가 인가되었을 때의 정상 편차는?

① 50
② 51
③ 1/50
④ 1/51

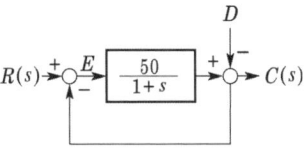

풀이 $R(s) = 0$, $D(s) = \dfrac{1}{s}$ 일 때

$$E(s) = -\left\{-D(s) + \dfrac{50}{1+s}E(s)\right\}$$

$$E(s)\left(1 + \dfrac{50}{1+s}\right) = D(s)$$

$$E(s) = \dfrac{1}{1 + \dfrac{50}{1+s}} \cdot D(s) = \dfrac{1+s}{s+51} \cdot \dfrac{1}{s}$$

$$e_{ss} = \lim_{s \to 0} sE(s) = \lim_{s \to 0} s \cdot \dfrac{1+s}{s+51} \cdot \dfrac{1}{s} = \lim_{s \to 0} \dfrac{1+s}{s+51} = \dfrac{1}{51}$$

답 ④

문제 03 다음 그림의 보안 계통에서 입력 변환기 K_1에 대한 계통의 전달 함수 T의 감도는 얼마인가?

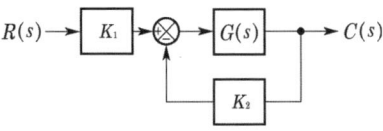

① -1 ② 0   ③ 0.5   ④ 1

풀이 $T = \dfrac{GK_1}{1 + GK_2}$

$$\therefore C_{K_1}^{T} = \dfrac{K_1}{T} \cdot \dfrac{dT}{dK_1} = \dfrac{K_1}{\dfrac{GK_1}{1+GK_2}} \cdot \dfrac{d}{dK_1}\left(\dfrac{GK_1}{1+GK_2}\right) = \dfrac{1+GK_2}{G} \cdot \dfrac{G(1+GK_2)}{(1+GK_2)^2} = 1$$

답 ④

문제 04 그림의 블록 선도에서 $H = 0.1$이면 오차 $E[\mathrm{V}]$는?

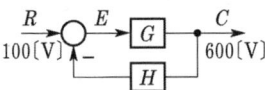

① -6 ② 6   ③ -40 ④ 40

풀이 $E = R - CH = 100 - 600 \times 0.1 = 40[\mathrm{V}]$

답 ④

문제 05 ★ 어떤 제어계에서 단위 계단 입력에 대한 정상 편차가 유한값이면 이 계는 무슨 형인가?

① 0형   ② 1형   ③ 2형   ④ 3형

풀이 0형 : $\dfrac{1}{1+K_p}$ (위치 편차)

1형 : $\dfrac{1}{K_v}$ (속도 편차)

2형 : $\dfrac{1}{K_a}$ (가속도 편차)

답 ①

필수 02 ★☆ 주파수 응답

폐 loop(루프) 전달 함수 $G(s) = \dfrac{\omega_n^2}{s^2 + 2\delta\omega_n s + \omega_n^2}$ 인 2차계에 대해서 공진값 M_p는?

① $M_p = \omega_n\sqrt{1-2\delta^2}$

② $M_p = \dfrac{1}{2\delta\sqrt{1-\delta^2}}$

③ $M_p = \omega_n\sqrt{1-\delta^2}$

④ $M_p = \dfrac{1}{\sqrt{1-2\delta^2}}$

유형분석 공진정점에 관한 서술문제가 출제된다.

풀이 $M_p = \dfrac{1}{\{[1-(1-2\delta^2)]^2 + 4\delta^2(1-2\delta^2)\}^{\frac{1}{2}}} = \dfrac{1}{2\delta\sqrt{1-\delta^2}}$

답 ②

Key point

① 공진 정점 M_p

M의 최댓값으로 정의하며 계의 안정도의 척도가 된다. M_p가 크면 과도 응답 시 오버슈트가 커진다. 제어계에서 최적한 M_p의 값은 대략 1.1~1.5이다.

② 공진 주파수 ω_p

공진 정점이 일어나는 주파수이며, 일반적으로 ω_p의 값이 높으면 주기는 작다.

문제 06 ★★★ 2차 제어계에 있어서 공진 정점 M_p가 너무 크면 제어계의 안정도는 어떻게 되는가?

① 불안정하게 된다.   ② 안정하게 된다.
③ 불변이다.   ④ 조건부 안정이 된다.

풀이 M_p가 크면 과도 응답 시 오버슈트가 커진다. 제어계에서 최적한 M_p값은 1.1~1.5이다.

답 ①

문제 07 ★ 일반적으로 선형 제어계의 주파수 특성은?

① 저주파 여파기 특성
② 중간 주파 여파기 특성
③ 대역 주파 여파기 특성
④ 고주파 여파기 특성

풀이 선형 제어계 : 저주파 필터(여파기 특성)

답 ①

문제 08 ★★ 분리도가 예리(sharp)해질수록 나타나는 현상은?

① 정상오차가 감소한다.
② 응답속도가 빨라진다.
③ M_p의 값이 감소한다.
④ 제어계가 불안정하여진다.

풀이 분리도가 예리하면 큰 공진정점을 동반하므로 불안정하기 쉽다.

답 ④

필수 03 ★ 보드 선도

$G(S) = 1 + 10S$의 보드 선도의 이득곡선은?

①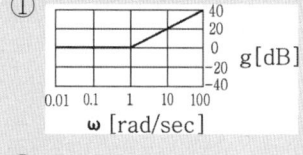
②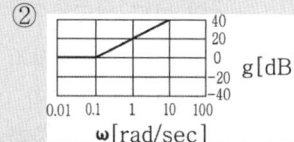
③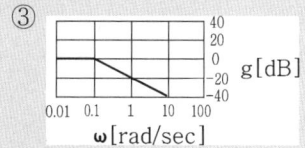
④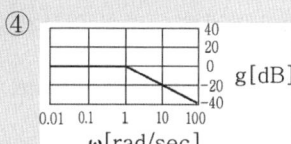

유형분석 보드선도와 나이퀴스트 선도는 매회 출제된다.

풀이
$g[dB] = 20\log|10S+1| = 20\log\sqrt{10S^2+1}$
$S < 0.1 \quad g = 20\log\sqrt{1^2+1^2} = 3$
$0.1 < S < 1 \quad g = 20\log\sqrt{10^2+1^2} = 20$
$1 < S < 10 \quad g = 20\log\sqrt{100^2+1^2} = 40$

답 ②

Key point
보드 선도에서 안정 여부는 위상 선도가 −180°축과 교차하는 경우 위상 여유가 0보다 크면 안정하며 0보다 작으면 불안정하다.

문제 09 다음 안정도 판별법 중 $G(s)H(s)$의 극점과 영점이 우반 평면에 있을 경우 판정 불가능한 방법은?

① Routh-Hurwitz 판별법 ② Bode 선도
③ Nyquist 판별법 ④ 근궤적법

풀이 보드 선도는 극점과 영점이 우반 평면에 존재하는 경우 판정이 불가능하다. **답** ②

문제 10 보드 선도의 안정 판정의 설명 중 옳은 것은?

① 위상 곡선이 -180°점에서 이득값이 양이다.
② 이득(0[dB]) 축과 위상(-180°) 축을 일치시킬 때 위상 곡선이 위에 있다.
③ 이득 곡선의 0[dB] 점에서 위상차가 180°보다 크다.
④ 이득 여유는 음의 값, 위상 여유는 양의 값이다.

풀이 보드 선도에서 안정 여부는 위상 선도가 -180°축과 교차하는 경우 위상 여유가 0보다 크면 안정하며 0보다 작으면 불안정하다. **답** ②

문제 11 $G(j\omega) = K(j\omega)^2$의 보드 선도는?

① -40[dB]의 경사를 가지며 위상각 -180°
② 40[dB]의 경사를 가지며 위상각 180°
③ -20[dB]의 경사를 가지며 위상각 -90°
④ 20[dB]의 경사를 가지며 위상각 90°

풀이 $g = 20\log|G(j\omega)| = 20\log|K(j\omega)^2| = 20\log K\omega^2 = 20\log K + 40\log \omega$
$\omega = 0.1$일 때 $g = 20\log K - 40\text{[dB]}$
$\omega = 1$일 때 $g = 20\log K$
$\omega = 10$일 때 $g = 20\log K + 40\text{[dB]}$
그러므로 40[dB/dec]의 경사를 가지며
$\theta = \angle G(j\omega) = \angle K(j\omega)^2 = 180°$ **답** ②

문제 12 $G(s) = K/S$인 적분 요소의 보드 선도에서 이득 곡선의 1[decade]당 기울기는?

① 10[dB] ② 20[dB] ③ -10[dB] ④ -20[dB]

풀이 $g = 20\log|G(j\omega)| = 20\log\left|\dfrac{K}{j\omega}\right| = 20\log\dfrac{K}{\omega} = 20\log K - 20\log \omega$
$\omega = 0.1$ 일 때 $g = 20\log K + 20\text{[dB]}$
$\omega = 1$ 일 때 $g = 20\log K\text{[dB]}$
$\omega = 10$ 일 때 $g = 20\log K - 20\text{[dB]}$
그러므로 -20[dB]의 경사를 가지며, 위상각은 $\theta = G(j\omega) = \angle \dfrac{K}{j\omega} = -90°$ **답** ④

문제 13 ★★ 그림과 같은 보드 선도를 갖는 계의 전달 함수는?

① $G(s) = \dfrac{10}{(s+1)(10s+1)}$

② $G(s) = \dfrac{5}{(s+1)(10s+1)}$

③ $G(s) = \dfrac{10}{(s+1)(s+1)}$

④ $G(s) = \dfrac{20}{(s+1)(5s+1)}$

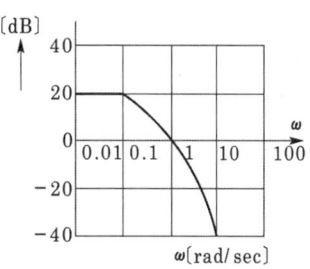

[풀이] $G(s) = \dfrac{10}{(s+1)(10s+1)}$ 의 보드선도 이득 곡선은

$$g[\text{dB}] = 20\log\left|\dfrac{10}{(j\omega+1)(j10\omega+1)}\right| = 20\log\dfrac{10}{\sqrt{\omega^2+1}\sqrt{(10\omega)^2+1}}$$
$$= 20\log 10 - 20\log\sqrt{\omega^2+1} - 20\log\sqrt{(10\omega)^2+1}$$

$\omega < 0.1$일 때
 $g = 20 - 20\log 1 - 20\log 1 = 20[\text{dB}]$

$0.1 < \omega < 1$일 때
 $g = 20 - 20\log 1 - 20\log 10\omega = 20 - 20\log 10 - 20\log\omega = -20\log\omega$이므로 $-20[\text{dB/dec}]$

$\omega > 1$일 때
 $g = 20 - 20\log\omega - 20\log 10\omega = 20 - 20\log\omega - 20\log 10 - 20\log\omega = -40\log\omega$이므로 $-40[\text{dB/dec}]$ **답** ①

문제 14 ★☆ 그림과 같은 보드 위상 선도를 가지는 회로망은 어떤 보상기로 사용될 수 있는가?

① 진상 보상기
② 지상 보상기
③ 지·진상 보상기
④ 진·지상 보상기

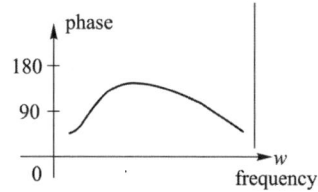

답 ①

19 출제기준 - 제어계의 안정도

1 루드의 안정도 판별법

$$F(s) = 1 + G(s)H(s) = a_0 s^n + a_1 s^{n-1} + a_2 s^{n-2} + \cdots + a_{n-1} s + a_n = 0$$

위 식의 근이 모두 s 평면의 좌반부에 있어야 할 조건은, 즉 특성근이 부($-$)의 실수부를 갖는 조건은 다음과 같다.

① 특성 방정식의 모든 계수의 부호가 같아야 한다.
② 계수 중 어느 하나라도 0이 되어서는 안 된다.
③ 루드 수열의 제1열의 원소 부호가 같아야 한다.

2 훌비쯔의 안정도 판별법

이 방법은 특성 방정식의 계수로서 만들어지는 행렬식에 의하여 판별한다.
앞의 식에서 특성 방정식의 모든 근이 좌반 평면에 존재할 필요하고도 충분한 조건은 방정식의 훌비쯔 행렬식 $D_k(k=1, 2, \cdots, n)$가 모든 k에 대하여 정의값을 가져야 한다.
위 식의 훌비쯔 행렬식은,

$$D_1 = a_1, \quad D_2 = \begin{vmatrix} a_1 & a_3 \\ a_0 & a_2 \end{vmatrix}, \quad D_3 = \begin{vmatrix} a_1 & a_3 & a_5 \\ a_0 & a_2 & a_4 \\ 0 & a_1 & a_3 \end{vmatrix}$$

$$D_n = \begin{vmatrix} a_1 & a_3 & a_5 & \cdots & a_{2n-1} \\ a_0 & a_2 & a_4 & \cdots & a_{2n-2} \\ 0 & a_1 & a_3 & \cdots & a_{2n-3} \\ 0 & a_0 & a_2 & \cdots & a_{2n-4} \\ 0 & 0 & a_1 & \cdots & a_{2n-5} \\ \vdots & & & & \\ 0 & 0 & 0 & \cdots & a_n \end{vmatrix}$$

행렬식에서 n보다 크거나 0보다 작은 인덱스는 0으로 대치한다.
안정계가 될 이 판별법이 필요 조건은 루드의 방법과 동일하며 충분 조건은, $a_0 > 0$, $D_1 > 0$, $D_2 > 0$, $\cdots$, $D_n > 0$ 이다.

3 나이퀴스트의 안정도 판별법

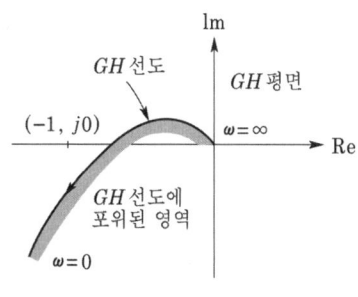

나이퀴스트 선도

자동 제어계(또는 폐회로계)가 안정하려면 $G(s)H(s)$의 나이퀴스트 선도가 s평면의 우반 평면에 존재하는 $G(s)H(s)$의 극의 수만큼 $(-1, j0)$점을 시계 방향[$(-1, j0)$ 점을 우로 보고]으로 일주하여야 한다.

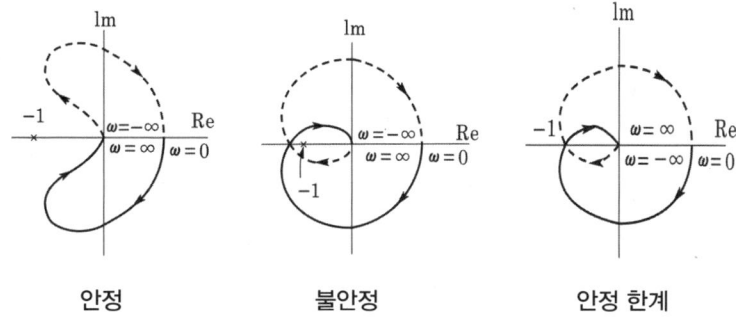

안정   불안정   안정 한계

z : s평면의 우반 평면상에 존재하는 $1+G(s)H(s)$인 영점의 개수
p : s평면의 우반 평면상에 존재하는 $1+G(s)H(s)[G(s)H(s)]$인 극의 개수
N : GH 평면상의 $(-1, j0)$점을 $G(s)H(s)$ 선도가 일주하는 회전수

라고 하면 $N = z - p$의 관계가 성립하므로 N을 나이퀴스트 선도에서, p를 GH의 식에서 찾아서 z를 계산한다.

4 나이퀴스트 선도로부터의 상대적 안정성 – 이득 여유와 위상 여유

1) 이득 여유

$$\text{이득 여유 (GM)} = 20\log \frac{1}{|GH_C|} \text{[dB]}$$

2) 위상 여유

위상 여유는 $G(s)H(s)$에 영향을 주는 계의 파라미터의 변화가 폐회로계의 안정성에 주는 영향을 지시해 주는 항으로서 $G(s)H(s)$의 나이퀴스트 선도상의 단위 크기를 갖는 점을 임계점 $(-1, j0)$과 겹치게 할 때 회전해야 할 각도로 정의한다. 안정계에 요구되는 여유는 다음과 같다.

이득 여유(GM) = $4 \sim 12$[dB]

이상 여유(PM) = $30 \sim 60°$

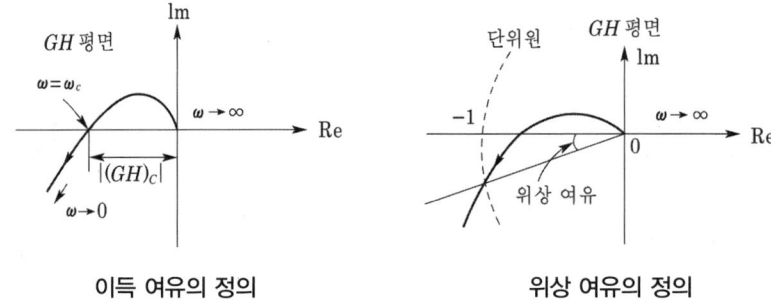

이득 여유의 정의   위상 여유의 정의

19 필수유형 및 과년도문제

필수 01 ★★★ 루드의 안정도 판별법

루드-훌비쯔 표를 작성할 때 제1열 요소의 부호 변환은 무엇을 의미하는가?
① s평면의 좌반면에 존재하는 근의 수
② s평면의 우반면에 존재하는 근의 수
③ s평면의 허수축에 존재하는 근의 수
④ s평면의 원점에 존재하는 근의 수

유형분석 매회 출제되는 문제로서 유제 02와 같은 문제는 꼭 풀어야 한다.

풀 이 s 평면 우반면에 존재하는 근의 수를 말하며 제어계가 불안정함을 의미한다.
부호변화 횟수만큼 근의 수가 존재한다.   답 ②

Key point

s평면의 좌반부에 있어야 할 조건은, 즉 안정하기 위한 조건은 다음과 같아야 한다.
① 특성 방정식의 모든 계수의 부호가 같아야 한다.
② 계수 중 어느 하나라도 0이 되어서는 안 된다.
③ 루드 수열의 제1열의 원소 부호가 같아야 한다.

문제 01 ★★★★ 특성 방정식의 근이 모두 복소 s평면의 좌반부에 있으면 이 계의 안정 여부는?
① 조건부 안정   ② 불안정
③ 임계 안정   ④ 안정

풀이 s평면의 좌반부 : 안정
s평면의 축상 : 임계안정
s평면의 우반부 : 불안정   답 ④

문제 02 ★☆ 특성 방정식 $s^3 + s^2 + s = 0$일 때 이 계통은?
① 안정하다.   ② 불안정하다.
③ 조건부 안정이다. ④ 임계 상태이다.

풀이 루드의 표

$$\begin{array}{c|cc} s^3 & 1 & 1 \\ s^2 & 1 & 0 \\ s^1 & 1 & \\ s^0 & 0 & \end{array}$$

제1열의 부호가 변하지 않았으나 0이 있으므로 임계 상태이다.

답 ④

문제 03 ★☆ 다음 특성 방정식 중 안정될 필요 조건을 갖춘 것은?

① $s^4 + 3s^2 + 10s + 10 = 0$
② $s^3 + s^2 - 5s + 10 = 0$
③ $s^3 + 2s^2 + 4s - 1 = 0$
④ $s^3 + 9s^2 + 20s + 12 = 0$

풀이 계의 안정 조건은 모든 차수의 항이 존재하고 각 계수의 부호가 같아야 한다.

답 ④

문제 04 ★★★☆ 특성방정식 $s^2 + Ks + 2K - 1 = 0$인 계가 안정될 K의 범위는?

① $K > 0$
② $K > \dfrac{1}{2}$
③ $K < \dfrac{1}{2}$
④ $0 < K < \dfrac{1}{2}$

풀이 루드의 수열은

$$\begin{array}{c|cc} s^2 & 1 & 2K-1 \\ s^1 & K & \\ s^0 & 2K-1 & \end{array}$$

제 1열의 부호 변화가 없어야 계가 안정하므로 $2K-1 > 0$, $K > 0$

$\therefore K > \dfrac{1}{2}$

답 ②

문제 05 ★ $G(s)H(s) = \dfrac{K(1+sT_2)}{s^2(1+sT_1)}$ 를 갖는 제어계의 안정 조건은? (단, $K, T_1, T_2 > 0$)

① $T_2 = 0$
② $T_1 > T_2$
③ $T_1 = T_2$
④ $T_1 < T_2$

풀이 $1 + G(s)H(s) = 1 + \dfrac{K + sT_2K}{s^2 + T_1s^3} = \dfrac{T_1s^3 + s^2 + KT_2s + K}{T_1s^3 + s^2}$

$\therefore T_1s^3 + s^2 + KT_2s + K = 0$

$$\begin{array}{c|ccc} s^3 & T_1 & KT_2 & 0 \\ s^2 & 1 & K & 0 \\ s^1 & \dfrac{KT_2 - KT_1}{1} & & \\ s^0 & K & & \end{array}$$

1열이 0보다 커야 하므로 $K(T_2 - T_1) > 0$

$\therefore T_2 > T_1$

답 ④

필수 02 ★ 훌비쯔의 안정도 판별법

특성 방정식이 $s^4 + 2s^3 + 5s^2 + 4s + 2 = 0$로 주어졌을 때 이것을 훌비쯔(Hurwitz)의 안정 조건으로 판별하면 이 계는?

① 안정 ② 불안정 ③ 조건부 안정 ④ 임계 상태

유형분석 훌비쯔 안정도 판별법 등에 관한 문제가 출제된다.

풀이 특성 방정식 $F(s) = a_0 s^4 + a_1 s^3 + a_2 s^2 + a_3 s^1 + a_4 = 0$에서 $a_0 = 1$, $a_1 = 2$, $a_2 = 5$, $a_3 = 4$, $a_4 = 2$이므로

$D_1 = a_1 = 2$

$D_2 = \begin{vmatrix} a_1 & a_3 \\ a_0 & a_2 \end{vmatrix} = \begin{vmatrix} 2 & 4 \\ 1 & 5 \end{vmatrix} = 6$

$D_3 = \begin{vmatrix} a_1 & a_3 & a_5 \\ a_0 & a_2 & a_4 \\ 0 & a_1 & a_3 \end{vmatrix} = \begin{vmatrix} 2 & 4 & 0 \\ 1 & 5 & 2 \\ 0 & 2 & 4 \end{vmatrix} = 16$

∴ D_1, D_2, $D_3 > 0$이므로 안정하다.

답 ①

Key point

필요 조건은 루드의 방법과 동일하며 충분 조건은,
$a_0 > 0$, $D_1 > 0$, $D_2 > 0$, $\cdots$, $D_n > 0$

문제 06 ★★★★★ 특성 방정식이 $s^3 + 2s^2 + Ks + 5 = 0$으로 주어지는 제어계가 안정하기 위한 K의 값은?

① $K > 0$ ② $K > \dfrac{5}{2}$ ③ $K < 0$ ④ $K < \dfrac{5}{2}$

풀이 루드의 표는

s^3	1	K
s^2	2	5
s^1	$\dfrac{2K-5}{2}$	0
s^0	5	

제1열의 부호 변화가 없으려면
$2K - 5 > 0$ ∴ $K > \dfrac{5}{2}$

별해 훌비쯔의 행렬식에서 $a_0 = 1$, $a_1 = 2$, $a_2 = K$, $a_3 = 5$이므로

$D_1 = a_1 = 2$, $D_2 = \begin{vmatrix} a_1 & a_3 \\ a_0 & a_2 \end{vmatrix} = \begin{vmatrix} 2 & 5 \\ 1 & K \end{vmatrix} = 2K - 5$

제어계가 안정하기 위해서는 행렬식 D_1, D_2가 D_1, $D_2 > 0$이어야 하므로
$2K - 5 > 0$ ∴ $K > \dfrac{5}{2}$

답 ②

문제 07 ★ 특성 방정식 $P(s)$가 다음과 같이 주어지는 계가 있다. 이 계가 안정되기 위해서는 K와 T 사이에는 어떤 관계가 있는가? 단, K와 T는 정의 실수이다.

$$P(s) = 2s^3 + 3s^2 + (1+5KT)s + 5K = 0$$

① $K > T$
② $15KT > 10K$
③ $3 + 15KT > 10K$
④ $3 - 15KT > 10K$

풀이 특성 방정식 $P(s) = 2s^3 + 3s^2 + (1+5KT)s + 5K = 0$에서 필요조건은 $(1+5KT) > 0$, $5K > 0$

충분조건은 훌비쯔 행렬식 > 0, $D_1 = \begin{vmatrix} 3 & 5K \\ 2 & (1+5KT) \end{vmatrix} = 3(1+5KT) - 10K > 0$

∴ $3 + 15KT > 10K$

답 ③

필수 03 ★★★☆ 나이퀴스트의 안정도 판별법

단위 피드백 제어계의 개루프 전달 함수의 벡터 궤적이다. 이 중 안정한 궤적은?

① 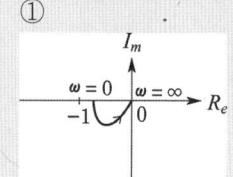 ② 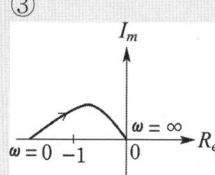 ③ 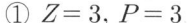 ④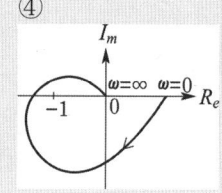

유형분석 나이퀴스트 선도를 보고 안정도를 판별하는 문제가 출제된다.

풀이 나이퀴스트 선도에서 제어계가 안정하기 위한 조건은 ω가 증가하는 방향으로 보아 좌측에 $(-1, j0)$ 점이 있으면 일정하다.

답 ②

Key point

나이퀴스트 선도에서 제어계가 안정하기 위한 조건은 ω가 증가하는 방향으로 $(-1, j0)$ 점을 포위하지 않고 회전하여야 안정하다.

문제 08 ☆ 다음은 s평면에 극점(×)과 영점(○)을 도시한 것이다. 나이퀴스트 안정도 판별법으로 안정도를 알아내기 위하여 Z, P의 값을 알아야 한다. 이를 바르게 나타낸 것은?

① $Z = 3$, $P = 3$
② $Z = 1$, $P = 2$
③ $Z = 2$, $P = 1$
④ $Z = 1$, $P = 3$

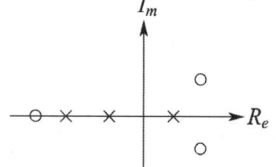

풀이 s평면의 우반 평면상에 존재하는 영점과 극점의 수를 나타낸다.

답 ③

문제 09

$G(j\omega) = \dfrac{K}{j\omega(j\omega+1)}$ 의 나이퀴스트 선도를 도시한 것은? 단, $K>0$ 이다.

① 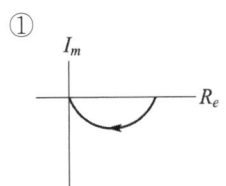 ② 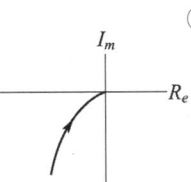 ③ 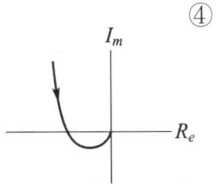 ④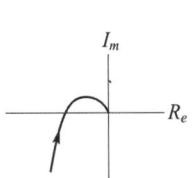

풀이

$\lim\limits_{\omega\to 0}|G(j\omega)| = \lim\limits_{\omega\to 0}\left|\dfrac{K}{j\omega(j\omega+1)}\right| = \lim\limits_{\omega\to 0}\left|\dfrac{K}{j\omega}\right| = \infty$

$\lim\limits_{\omega\to 0}\angle G(j\omega) = \lim\limits_{\omega\to 0}\angle \dfrac{K}{j\omega(j\omega+1)} = \lim\limits_{\omega\to 0}\angle \dfrac{K}{j\omega} = -90°$

$\lim\limits_{\omega\to \infty}|G(j\omega)| = \lim\limits_{\omega\to \infty}\left|\dfrac{K}{j\omega(j\omega+1)}\right| = \lim\limits_{\omega\to \infty}\left|\dfrac{K}{(j\omega)^2}\right| = 0$

$\lim\limits_{\omega\to \infty}\angle G(j\omega) = \lim\limits_{\omega\to \infty}\angle \dfrac{K}{j\omega(j\omega+1)} = \lim\limits_{\omega\to \infty}\angle \dfrac{K}{(j\omega)^2} = -180°$

답 ②

문제 10

Nyquist 판정법의 설명으로 틀린 것은?

① Nyquist 선도는 제어계의 오차 응답에 관한 정보를 준다.
② 계의 안정을 개선하는 방법에 대한 정보를 제시해 준다.
③ 안정성을 판정하는 동시에 안정도를 제시해 준다.
④ Routh-Hurwitz 판정법과 같이 계의 안정 여부를 직접 판정해 준다.

풀이 계의 주파수 응답에 관한 정보를 준다.

답 ①

필수 04 나이퀴스트 선도로부터의 상대적 안정성-이득 여유와 위상 여유

$G(s)H(s) = \dfrac{2}{(s+1)(s+2)}$ 의 이득 여유는?

① 3[dB] ② 7[dB] ③ 0[dB] ④ 1[dB]

유형분석 이득 여유와 위상 여유를 구하는 문제가 출제된다.

풀이 $G(s)H(s) = \dfrac{2}{(s+1)(s+2)} = \dfrac{2}{s^2+3s+2}$

위식에서 허수부를 0으로 놓으면 $s=0$, $\omega=0$[rad/sec]가 되므로

이득 여유 $GM = 20\log\left|\dfrac{1}{G(s)H(s)}\right|_{\omega\to 0} = 20\log 1 = 0$[dB]

답 ③

Key point

이득 여유 (GM) = $20\log\dfrac{1}{|GH_C|}$ [dB]

문제 11 계의 특성상 감쇠 계수가 크면 위상 여유가 크고 감쇠성이 강하여 (A)는 좋으나 (B)는 나쁘다. A, B를 올바르게 묶은 것은?

① 이득 여유, 안정도
② 오프셋, 안정도
③ 응답성, 이득 여유
④ 안정도, 응답성

풀이 감쇠계수(δ)가 크다는 것은 회로의 R값이 크다는 것을 의미하며 이 경우 안정도는 향상되나 응답성은 저하(상승 시간 또는 지연 시간은 길어진다)한다. **답** ④

문제 12 다음의 이득 위상 선도 중 여유(margin)가 제일 큰 것은?

① A
② B
③ C
④ D

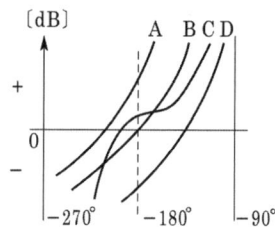

풀이 보드 선도와 크기 대 위상 선도에서 이득 여유와 위상 여유가 서로 어떻게 대응되는지를 그림에 보였다.

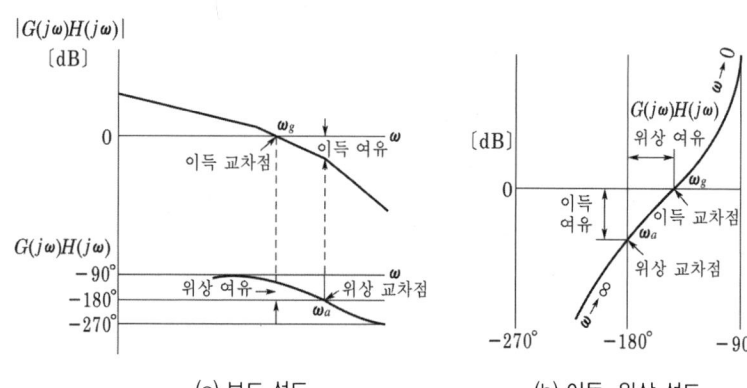

(a) 보드 선도 (b) 이득-위상 선도

보드 선도의 크기와 위상 선도   **답** ④

문제 13

$GH(j\omega) = \dfrac{10}{(j\omega+1)(j\omega+T)}$ 에서 이득 여유를 20[dB]보다 크게 하기 위한 T의 범위는?

① $T > 0$
② $T > 10$
③ $T < 0$
④ $T > 100$

풀이

$$GH(j\omega) = \dfrac{10}{(j\omega+1)(j\omega+T)} = \dfrac{10}{T-\omega^2 + j\omega(1+T)}$$

위 식의 허수부를 0으로 놓으면 $\omega = 0$[rad/s]가 되므로

$$GH(j\omega)|_{\omega \to 0} = \dfrac{10}{T}$$

따라서 이득 여유 GM은

$$GM = 20\log_{10}\left|\dfrac{1}{GH(j\omega)}\right|_{\omega \to 0} = 20\log_{10}\dfrac{T}{10} > 20$$

$\dfrac{T}{10} > 10$ ∴ $T > 100$

답 ④

문제 14

보드 선도에서 이득 곡선이 0[dB]인 점을 지날 때의 주파수에서 양의 위상 여유가 생기고 위상 곡선이 −180°를 지날 때 양의 이득 여유가 생긴다면 이 폐루프 시스템의 안정도는 어떻게 되겠는가?

① 항상 안정
② 항상 불안정
③ 안정성 여부를 판가름 할 수 없다
④ 조건부 안정

풀이 위상여유와 이득여유가 모두 양(+)이면 시스템은 안정하다.

답 ①

20 출제기준 – 근궤적법

1 근궤적의 작도법

1) 근궤적의 출발점($K=0$)
근궤적은 $G(s)H(s)$의 극으로부터 출발한다.

2) 근궤적의 종착점($K=\infty$)
근궤적은 $G(s)H(s)$의 0점에서 끝난다.

3) 근궤적의 개수
N : 근궤적의 개수
z : $G(s)H(s)$의 유근 0점(finite zero)의 개수
p : $G(s)H(s)$의 유근 극점(finite pole)의 개수
라고 하면,

$z>p$이면 $N=z$, $z<p$이면 $N=p$

근궤적은 $G(s)H(s)$의 극에서 출발하여 0점에서 끝나므로 근궤적의 개수는 z와 p 중 큰 것과 일치한다. 또한 근궤적의 개수는 특성 방정식의 차수와 같다.

4) 근궤적의 대칭성
특성 방정식의 근이 실근 또는 공액 복소근을 가지므로 근궤적은 실축에 대하여 대칭이다.

5) 근궤적의 점근선
큰 s에 대하여 근궤적은 점근선을 가진다. 이 때 점근선의 각도는,

$$\alpha_K = \frac{(2K+1)\pi}{p-z}$$ 여기서, $K=0, 1, 2, \cdots, (p-z-1)$

6) 점근선의 교차점
① 점근선은 실수축 상에서만 교차하고 그 수는 $n=p-z$이다.
② 실수축 상에서의 점근선의 교차점은 다음과 같이 주어진다.

$$\delta = \frac{\sum G(s)H(s)\text{의 극} - \sum G(s)H(s)\text{의 영점}}{p-z}$$

7) 실축상의 근궤적

$G(s)H(s)$의 실근과 실영점으로 실축이 분할될 때 어느 구간에서 오른쪽으로 실축상의 극과 영점을 헤아려 갈 때 만일 총수가 홀수이면 그 구간에 근궤적이 존재하고, 짝수이면 존재하지 않는다.

8) 출발점의 각도와 종착점의 각도

복소수 극에서 근궤적이 출발 또는 끝날 때의 각도(발생각) ϕ는,

$$\phi = [\pm 180° \times (홀수)] - (개루프\ 전달\ 함수의\ 나머지\ 극\ 및\ 영점에서부터\ 해당되는\ 극까지의\ 벡터각의\ 총합)$$

9) 근궤적과 허수축간의 교차점

근궤적이 K의 변화에 따라 허수축을 지나 s 평면의 우반 평면으로 들어가는 순간은 계의 안정성이 파괴되는 임계점에 해당한다. 이 점에 대응하는 K의 값과 ω는 루드-홀비쯔의 판별법으로부터 구할 수 있다.

10) 실축상에서는 분지점

주어진 계의 특성 방정식을 다음 식과 같이 쓸 수 있다.

$$K = f(s)$$

여기서, $f(s)$는 K를 포함하지 않는 s의 함수이다.

근궤적상의 분지점(실수와 복소수)은 K를 s에 관하여 미분하고, 이것을 0으로 놓아 얻는 방정식의 근이다. 즉, 분지점은,

$$\frac{dK}{ds} = 0 \quad 또한, \ R_e s = \sigma \ 인\ 경우에는 \quad \frac{dK(\sigma)}{d\sigma} = 0$$

11) 근궤적상의 임의점에서의 K의 계산

지금까지는 주어진 계의 특성 방정식의 근의 궤적을 K가 $0 \sim \infty$까지의 변화에 대하여 그리는 방법을 설명하였으나 경우에 따라서는 궤적상의 한 점 s_1에 대응하는 K의 값을 계산할 필요가 있다. s_1에서의 K의 값은 다음 식으로부터 구할 수 있다.

$$K = \frac{1}{|G(s_1)H(s_1)|}$$

20 필수유형 및 과년도문제

필수 01 ★ 근궤적의 작도법

$G(s)H(s) = \dfrac{k(s-2)(s-3)}{s^2(s+1)(s+2)(s+4)}$ 에서 점근선의 교차점은 얼마인가?

① 2 ② 5 ③ $-\dfrac{2}{3}$ ④ -4

유형분석 근궤적의 개수, 점근선, 점근선의 교차점 등을 구하는 문제가 출제된다.

풀이 $\sigma = \dfrac{\Sigma G(s)H(s)\text{의 극} - \Sigma G(s)H(s)\text{의 영점}}{p-z}$

여기서, p : 극점의 개수, z : 영점의 개수

$\sigma = \dfrac{(-1-2-4)-(2+3)}{5-2} = \dfrac{-12}{3} = -4$

답 ④

Key point

(1) 근궤적의 개수

N : 근궤적의 개수
z : $G(s)H(s)$의 유근 0점(finite zero)의 개수
p : $G(s)H(s)$의 유근 극점(finite pole)의 개수

라고 하면,
$z > p$ 이면 $N = z$
$z < p$ 이면 $N = p$

(2) 근궤적의 점근선

큰 s 에 대하여 근궤적은 점근선을 가진다. 이 때 점근선의 각도는,

$\alpha_K = \dfrac{(2K+1)\pi}{p-z}$

여기서, $K = 0, 1, 2, \cdots, (p-z-1)$

(3) 점근선의 교차점

① 점근선은 실수축 상에서만 교차하고 그 수는 $n = p - z$이다.
② 실수축 상에서의 점근선의 교차점은 다음과 같이 주어진다.

$\delta = \dfrac{\sum G(s)H(s)\text{의 극} - \sum G(s)H(s)\text{의 영점}}{p-z}$

문제 01 ★
근궤적의 성질 중 옳지 않는 것은?
① 근궤적은 실수축에 관해 대칭이다.
② 근궤적은 개루프 전달 함수의 극으로부터 출발한다.
③ 근궤적은 가지수는 특성 정식의 차수와 같다.
④ 점근선은 실수축과 허수축상에서 교차한다.

풀이 점근선은 실수축에서만 교차한다. **답** ④

문제 02 ★★★
$G(s)H(s) = \dfrac{k}{s^2(s+1)^2}$ 에서 근궤적의 수는?

① 4 ② 2 ③ 1 ④ 0

풀이 근궤적의 수(N)는 근의 수(p)와 영점의 수(z)에서 $z=0$, $p=4$이므로 $z<p$ 이고 $N=p$ 이다.
따라서 $N=4$ **답** ①

문제 03 ★★★
개루프 전달함수 $G(s)H(s) = \dfrac{k(s-5)}{s(s-1)^2(s+2)^2}$ 일 때 주어지는 계에서 점근선의 교차점은?

① $-\dfrac{3}{2}$ ② $-\dfrac{7}{4}$ ③ $\dfrac{5}{3}$ ④ $-\dfrac{1}{5}$

풀이 $\sigma = \dfrac{\sum 극점 - \sum 영점}{p-z} = \dfrac{(0+1+1-2-2)-5}{5-1} = \dfrac{-7}{4}$ **답** ②

문제 04 ★
$G(s)H(s) = \dfrac{K}{s(s+4)(s+5)}$ 에서 근궤적이 $j\omega$축과 교차하는 점은?

① $\omega = 4.48$ ② $\omega = -4.48$
③ $\omega = 4.48, \ -4.48$ ④ $\omega = 2.28$

풀이 특성 방정식은 $s(s+4)(s+5)+K = s^3+9s^2+20s+K=0$
위 식의 루드 배열은

s^3	1	20
s^2	9	K(보조 방정식의 계수)
s^1	$\dfrac{180-K}{9}$	0
s^0	K	0

K의 임계값은 s^1의 제1열 요소를 0으로 놓아 얻을 수 있다.
$\dfrac{180-K}{9}=0$ ∴ $K=180$

허수축($j\omega$)을 끊은 점에서의 주파수 ω는 보조 방정식
$9s^2 + K = 0$에 $K = 180$을 대입하면 $9s^2 + 180 = 0$
∴ $s = \pm j\sqrt{20} = \pm j4.48$이므로
∴ $\omega = \pm 4.48$[rad/s]   답 ③

문제 05 ★ 개루프 전달 함수가 다음과 같을 때 이 계의 이탈점(break away)은?

$$G(s)H(s) = \frac{K(s+4)}{s(s+2)}$$

① $s = -1.172$
② $s = -6.828$
③ $s = -1.172, -6.828$
④ $s = 0, -2$

풀이 이 계의 특성 방정식은 $G(s)H(s) = \frac{K(s+4)}{s(s+2)}$ 이므로

$$1 + G(s)H(s) = \frac{s(s+2) + K(s+4)}{s(s+2)} = 0$$

또는
$$s(s+2) + K(s+4) = 0 \cdots\cdots ①$$

①을 고쳐쓰면
$$K = -\frac{s(s+2)}{s+4} \cdots\cdots ②$$

②를 s에 관하여 미분하면
$$\frac{dK}{ds} = \frac{-(2s+2)(s+4) + s(s+2)}{(s+4)^2} = 0 \cdots\cdots ③$$

③을 간단히 하면
$$s^2 + 8s + 8 = 0 \cdots\cdots ④$$

④를 풀면 $s_1 = -1.172$, $s_2 = -6.828$, 따라서 분지점은 $a = -1.172$, $b = -6.828$이다.   답 ③

21 출제기준 - **샘플치제어**(상태방정식)

1 선형 시스템의 과도 응답(천이 행렬)

1) 상태변수와 상태방정식

제어 시스템의 n차 미분 방정식이 다음과 같을 때

$$\frac{d^n}{dt^n}y(t) + a_n\frac{d^{n-1}}{dt^{n-1}}y(t) + \cdots + a_2\frac{d}{dt}y(t) + a_1 y(t) = u(t)$$

상태 변수는 대상으로 하는 시스템의 특성을 완전히 표시하는 양, 즉 어느 순간에서나 시스템의 상태를 결정하는 n개의 변수 $x_1(t)$, $x_2(t)$, $\cdots$, $x_n(t)$의 집합을 말하며, 상태변수는 미분 방정식의 초기값에 해당하는 것으로서 n계 시스템의 t_0에서의 상태는 $x_1(t_0)$, $x_2(t_0)$, $\cdots$, $x_n(t_0)$로 표시되는데, 이것은 $t \geq t_0$에 있어서 시스템에 대한 입력뿐만 아니라 시스템의 특성을 결정하는 데 충분한 초기값의 집합을 말한다.

제어 시스템은 이들 변수를 사용하여 그림과 같이 표현할 수 있다. 그림에서 입력단은 입력 변수의 집합을, 그리고 출력단은 출력 변수의 집합을 나타낸다.

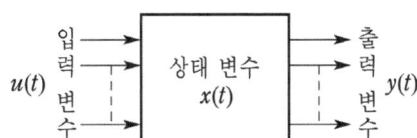

또 상태 변수의 집합은 시스템의 내부에 포함되고, 각 단자에는 직접 나타나지 않는 것이 보통이다. 이들 변수의 집합을 벡터로 표현하면 취급이 매우 편리하다. 즉, 입력 변수의 집합, 출력 변수의 집합 및 상태 변수의 집합을 각각의 변수의 수 l, m, n을 차수로 하는 다음과 같은 열벡터로 표시한다.

- 입력 벡터

$$u = \begin{bmatrix} u_1 \\ u_2 \\ \vdots \\ u_l \end{bmatrix} \quad \cdots\cdots ①$$

- 출력 벡터

$$y = \begin{bmatrix} y_1 \\ y_2 \\ \vdots \\ y_m \end{bmatrix} \quad \cdots\cdots ②$$

- 상태 벡터

$$x = \begin{bmatrix} x_1 \\ x_2 \\ \vdots \\ x_n \end{bmatrix} \quad \cdots\cdots ③$$

이들의 변수는 일반으로 시간과 더불어 변화하므로 u, y, x 는 시간 t 의 함수이다. 상태 방정식 및 출력 방정식은 다음과 같이 표시된다.

$$\dot{x}(t) = Ax(t) + Bu(t) \quad \cdots\cdots ④$$
$$y(t) = Cx(t) \quad \cdots\cdots ⑤$$

지금 $x(t)$, $u(t)$, $y(t)$를 각각 n 차, l 차, m차의 벡터라 하면, A를 $(n \times n)$ 시스템 행렬, B를 $(n \times l)$ 제어 행렬, C를 $(m \times n)$ 출력 행렬이라 한다.

2) 선형 시스템의 과도응답(천이행렬)

선형 시스템에서의 주요 문제의 하나는 상태방정식의 해를 구하는 것이다. 이것을 구하기 위하여 다음의 상태방정식을 생각하여 본다.

$$\frac{d}{dt}x(t) = Ax(t) + Bu(t) \quad \cdots\cdots ①$$

위의 식을 라플라스 변환하면,

$$sX(s) - x(0^+) = AX(s) + BU(s)$$

그러면,

$$X(s) = [sI-A]^{-1}x(0^+) + [sI-A]^{-1}BU(s)$$

역라플라스 변환을 취하면 식 ①의 해는 다음과 같다.

$$x(t) = \Phi(t)x(0^+) + \int_0^t \Phi(t-\tau)Bu(\tau)d\tau \quad \cdots\cdots ②$$

단, $\Phi(t) = \mathcal{L}^{-1}\{[sI-A]^{-1}\} \quad \cdots\cdots ③$

여기서, I 는 단위행렬로 주 대각원소는 1이고 나머지 원소가 모두 0인 정사각행렬이다.

$$I = \begin{bmatrix} 1 & 0 \\ 0 & 1 \end{bmatrix} \text{ 또는 } I = \begin{bmatrix} 1 & 0 & 0 \\ 0 & 1 & 0 \\ 0 & 0 & 1 \end{bmatrix}$$

과 같은 행렬이다.

식 ②를 상태 천이 방정식이라 하고 식 ③의 $\Phi(t)$를 천이 행렬이라 한다.

$\Phi(t) = \mathcal{L}^{-1}[(s\boldsymbol{I}-\boldsymbol{A})^{-1}]$의 상태 천이 행렬은 다음과 같은 성질을 가진다.
① $\Phi(0) = \boldsymbol{I}$ ($\boldsymbol{I}$: 단위 행렬)
② $\Phi^{-1}(t) = \Phi(-t) = e^{-At}$
③ $\Phi(t_2-t_1)\Phi(t_1-t_0) = \Phi(t_2-t_0)$ (모든 값에 대하여)
④ $[\Phi(t)]^K = \Phi(Kt)$ 여기서 $K =$ 정수이다.

2 z 변환

1) z 변환의 정의

라플라스 변환은 연속시스템인 선형 상미분방정식을 해석하는데 이용하지만 불연속 시스템을 나타내는 차분 방정식이나 이산시스템인 경우에는 z 변환을 이용한다.

2) z 변환의 초기치 정리와 최종치 정리

항 목	초기값 정리	최종값 정리
Z 변환	$e(0) = \lim_{z \to \infty} E(z)$	$e(\infty) = \lim_{z \to 1}\left(1 - \frac{1}{z}\right)E(z)$
라플라스 변환	$e(0) = \lim_{s \to \infty} sE(s)$	$e(\infty) = \lim_{s \to 0} sE(z)$

3) 간단한 함수들의 z 변환

$f(t)$	$F(s)$	$F(z)$
$\delta(t)$	1	1
$u(t)$	$\dfrac{1}{s}$	$\dfrac{z}{z-1}$
t	$\dfrac{1}{s^2}$	$\dfrac{Tz}{(z-1)^2}$
e^{-at}	$\dfrac{1}{s+a}$	$\dfrac{z}{z-e^{-at}}$

4) z변환의 전달함수

$$z \text{변환 전달 함수} = \frac{G(z)}{1+G(z)}$$

5) z 평면

샘플러의 주기를 T라 할 때 s 평면상의 모든 점은 식 $z = e^{sT}$에 의하여 z평면상에 사상된다. 이때 z변환법을 사용한 샘플값 제어계가 안정하려면 $1 + GH(z) = 0$의 근의 위치는 s평면의 좌반면에 있으며, z 평면의 원점을 중심으로 한 단위원 내부에 사상되어야 한다.

① s평면의 허수축은 z평면의 원점을 중심으로 한 단위원에 사상된다.
② s평면의 우반면은 z면의 원점을 중심으로 한 단위원 외부에 사상된다.
③ s평면의 좌반면은 z평면의 원점을 중심으로 한 단위원 내부에 사상된다.

21 필수유형 및 과년도문제

필수 01 ★★★ 선형 시스템의 과도 응답(천이 행렬)

천이 행렬(transition matrix)에 관한 서술 중 옳지 않은 것은? 단, $\dot{x} = Ax + Bu$ 이다.

① $\Phi(t) = e^{At}$
② $\Phi(t) = \mathcal{L}^{-1}[sI - A]$
③ 천이 행렬은 기본 행렬(fundamental matrix)이라고도 한다.
④ $\Phi(s) = [sI - A]^{-1}$

유형분석 상태방정식, 천이행렬 등이 출제된다. 이 부분은 매회 출제된다.

풀 이 $\Phi(t) = \mathcal{L}^{-1}[(sI - A)^{-1}]$이며 상태 천이 행렬은 다음과 같은 성질을 가진다.
1. $\Phi(0) = I$ (I : 단위 행렬)
2. $\Phi^{-1}(t) = \Phi(-t) = e^{-At}$
3. $\Phi(t_2 - t_1)\Phi(t_1 - t_0) = \Phi(t_2 - t_0)$ (모든 값에 대하여)
4. $[\Phi(t)]^K = \Phi(Kt)$ 여기서 K = 정수이다.

답 ②

Key point

$\dot{x} = Ax + Bu$의 특성 방정식은 $|sI - A| = 0$이며 천이 행렬은 $\mathcal{L}^{-1}|sI - A|^{-1}$이다

문제 01 ★★ $A = \begin{bmatrix} 0 & 1 \\ -5 & -2 \end{bmatrix}$, $B = \begin{bmatrix} 0 \\ 1 \end{bmatrix}$ 인 상태방정식 $\dfrac{dx}{dt} = Ax + Br$ 에서 상태천이행렬 $\Phi(t)$는?

① $\begin{bmatrix} e^{-t}\left(\cos 2t + \dfrac{1}{2}\sin 2t\right), & \dfrac{1}{2}e^{-t}\sin 2t \\ -\dfrac{5}{2}e^{-t}\sin 2t, & e^{-t}\left(\cos 2t - \dfrac{1}{2}\sin 2t\right) \end{bmatrix}$

② $\begin{bmatrix} e^{-t}\left(\cos 2t - \dfrac{1}{2}\sin 2t\right), & \dfrac{1}{2}e^{-t}\sin 2t \\ -\dfrac{5}{2}e^{-t}\sin 2t, & e^{-t}\left(\cos 2t + \dfrac{1}{2}\sin 2t\right) \end{bmatrix}$

③ $\begin{bmatrix} e^{-t}\left(\cos 2t + \dfrac{1}{2}\sin 2t\right), & -\dfrac{5}{2}e^{-t}\sin 2t \\ \dfrac{1}{2}e^{-t}\sin 2t, & e^{-t}\left(\cos 2t - \dfrac{1}{2}\sin 2t\right) \end{bmatrix}$

④ $\begin{bmatrix} e^{-t}\left(\cos 2t - \dfrac{1}{2}\sin 2t\right), & -\dfrac{5}{2}e^{-t}\sin 2t \\ \dfrac{1}{2}e^{-t}\sin 2t, & e^{-t}\left(\cos 2t + \dfrac{1}{2}\sin 2t\right) \end{bmatrix}$

풀이 $\Phi(t) = \mathcal{L}^{-1}[sI - A]^{-1}$이므로

$$[sI - A] = \begin{bmatrix} s & 0 \\ 0 & s \end{bmatrix} - \begin{bmatrix} 0 & 1 \\ -5 & -2 \end{bmatrix} = \begin{bmatrix} s & -1 \\ 5 & s+2 \end{bmatrix}$$

$$[sI - A]^{-1} = \frac{1}{\begin{vmatrix} s & -1 \\ 5 & s+2 \end{vmatrix}} \begin{bmatrix} s+2 & 1 \\ -5 & s \end{bmatrix} = \begin{bmatrix} \dfrac{1}{2}\dfrac{2(s+2)}{(s+1)^2+2^2} & \dfrac{1}{2}\dfrac{2}{(s+1)^2+2^2} \\ \dfrac{1}{2}\dfrac{-10}{(s+1)^2+2^2} & \dfrac{1}{2}\dfrac{2s}{(s+1)^2+2^2} \end{bmatrix}$$

$$\mathcal{L}^{-1}[sI - A]^{-1} = \begin{bmatrix} e^{-t}\left(\cos 2t + \dfrac{1}{2}\sin 2t\right) & \dfrac{1}{2}e^{-t}\sin 2t \\ -\dfrac{5}{2}e^{-t}\sin 2t & e^{-t}\left(\cos 2t - \dfrac{1}{2}\sin 2t\right) \end{bmatrix}$$

답 ①

문제 02 ★★★★ 다음 상태 방정식으로 표시되는 제어계의 천이 행렬 $\Phi(t)$는?

$$\dot{X} = \begin{bmatrix} 0 & 1 \\ 0 & 0 \end{bmatrix} X + \begin{bmatrix} 0 \\ 1 \end{bmatrix} u$$

① $\begin{bmatrix} 0 & t \\ 1 & 1 \end{bmatrix}$ ② $\begin{bmatrix} 1 & 1 \\ 0 & t \end{bmatrix}$ ③ $\begin{bmatrix} 1 & t \\ 0 & 1 \end{bmatrix}$ ④ $\begin{bmatrix} 0 & t \\ 1 & 0 \end{bmatrix}$

풀이 $[sI - A] = \begin{bmatrix} s & 0 \\ 0 & s \end{bmatrix} - \begin{bmatrix} 0 & 1 \\ 0 & 0 \end{bmatrix} = \begin{bmatrix} s & -1 \\ 0 & s \end{bmatrix}$

$[sI - A]^{-1} = \dfrac{1}{\begin{vmatrix} s & -1 \\ 0 & s \end{vmatrix}} \begin{bmatrix} s & 1 \\ 0 & s \end{bmatrix} = \begin{bmatrix} \dfrac{1}{s} & \dfrac{1}{s^2} \\ 0 & \dfrac{1}{s} \end{bmatrix}$

$\Phi(t) = \mathcal{L}^{-1}\{[sI - A]^{-1}\} = \mathcal{L}^{-1}\begin{bmatrix} \dfrac{1}{s} & \dfrac{1}{s^2} \\ 0 & \dfrac{1}{s} \end{bmatrix} = \begin{bmatrix} 1 & t \\ 0 & 1 \end{bmatrix}$

답 ③

문제 03 ★★ 상태 변위 행렬식(state transition matrix) $\Phi(t) = e^{At}$에서 $t = 0$일 때의 값은?

① e ② I ③ e^{-1} ④ 0

풀이 $\Phi(0) = I$(I, 단위 행렬)

답 ②

문제 04 ★★★★ 상태 방정식 $x(t) = Ax(t) + Br(t)$인 제어계의 특성 방정식은?

① $|sI - B| = I$ ② $|sI - A| = I$
③ $|sI - B| = 0$ ④ $|sI - A| = 0$

풀이 n차 선형 시불변 시스템의 상태 방정식은 $\dfrac{d}{dt}x(t) = Ax(t) + Br(t)$

이때 제어계의 특성 방정식 $|sI - A| = 0$

답 ④

문제 05
다음의 상태방정식으로 표시되는 제어계가 있다. 이 방정식의 값은 어떻게 되는가? (단, $x(0)$는 초기상태 벡터이다.)

$$\dot{x}(t) = \boldsymbol{A}\boldsymbol{x}(t)$$

① $e^{-At}\boldsymbol{x}(0)$
② $e^{At}\boldsymbol{x}(0)$
③ $\boldsymbol{A}e^{-At}\boldsymbol{x}(0)$
④ $\boldsymbol{A}e^{At}\boldsymbol{x}(0)$

[풀이] $x(t) = Ax + Bu$를 라플라스 변환하면
$sX(s) - x(0^+) = AX(s) + Bu(s)$
$X(s)(s-A) = x(0)$ 과도 상태 무시
$\therefore X(s) = \dfrac{1}{s-A}x(0)$를 역라플라스 변환하면 $x(t) = e^{At}x(0)$

답 ②

문제 06
상태 방정식 $\dot{x} = \boldsymbol{A}\boldsymbol{x}(t) + \boldsymbol{B}\boldsymbol{u}(t)$에서 $A = \begin{bmatrix} 0 & 1 \\ -2 & -3 \end{bmatrix}$일 때 특성 방정식의 근은?

① $-2, -3$
② $-1, -2$
③ $-1, -3$
④ $1, -3$

[풀이] $|sI - A|$의 행렬식은 $|sI - A| = \begin{vmatrix} s & -1 \\ 2 & s+3 \end{vmatrix} = s(s+3) + 2 = s^2 + 3s + 2$

$s^2 + 3s + 2 = (s+1)(s+2) = 0$
$\therefore s = -1, -2$

답 ②

문제 07
다음 계통의 상태 방정식을 유도하면?

$$\dddot{x} + 5\ddot{x} + 10\dot{x} + 5x = 2u$$

단, 상태 변수를 $x_1 = x$, $x_2 = \dot{x}$, $x_3 = \ddot{x}$로 놓았다.

① $\begin{bmatrix} \dot{x}_1 \\ \dot{x}_2 \\ \dot{x}_3 \end{bmatrix} = \begin{bmatrix} 0 & 1 & 0 \\ 0 & 0 & 1 \\ -5 & -10 & -5 \end{bmatrix} \begin{bmatrix} x_1 \\ x_2 \\ x_3 \end{bmatrix} + \begin{bmatrix} 0 \\ 0 \\ 2 \end{bmatrix} u$

② $\begin{bmatrix} \dot{x}_1 \\ \dot{x}_2 \\ \dot{x}_3 \end{bmatrix} = \begin{bmatrix} 0 & 1 & 0 \\ 0 & 0 & 1 \\ -5 & -10 & -5 \end{bmatrix} \begin{bmatrix} x_1 \\ x_2 \\ x_3 \end{bmatrix} + \begin{bmatrix} 2 \\ 0 \\ 0 \end{bmatrix} u$

③ $\begin{bmatrix} \dot{x}_1 \\ \dot{x}_2 \\ \dot{x}_3 \end{bmatrix} = \begin{bmatrix} -5 & 0 & 0 \\ -10 & 1 & 0 \\ -5 & 0 & 1 \end{bmatrix} \begin{bmatrix} x_1 \\ x_2 \\ x_3 \end{bmatrix} + \begin{bmatrix} 2 \\ 0 \\ 0 \end{bmatrix} u$

④ $\begin{bmatrix} \dot{x}_1 \\ \dot{x}_2 \\ \dot{x}_3 \end{bmatrix} = \begin{bmatrix} -5 & 0 & 1 \\ -10 & 1 & 0 \\ -5 & 0 & 0 \end{bmatrix} \begin{bmatrix} x_1 \\ x_2 \\ x_3 \end{bmatrix} + \begin{bmatrix} 0 \\ 2 \\ 0 \end{bmatrix} u$

[풀이] $\dddot{x} + 5\ddot{x} + 10\dot{x} + 5x = 2u$

$\begin{bmatrix} \dot{x}_1 \\ \dot{x}_2 \\ \dot{x}_3 \end{bmatrix} = \begin{bmatrix} 0 & 1 & 0 \\ 0 & 0 & 1 \\ -5 & -10 & -5 \end{bmatrix} \begin{bmatrix} x_1 \\ x_2 \\ x_3 \end{bmatrix} + \begin{bmatrix} 0 \\ 0 \\ 2 \end{bmatrix} u$

$(-)$ 부호를 붙인다.

[별해] 상태 변수 $x_1(t)$, $x_2(t)$, $x_3(t)$를 다음과 같이 정의한다.

$$x_1 = x, \quad x_2 = \dot{x}_1 = \dot{x}, \quad x_3 = \dot{x}_2 = \ddot{x}$$

이들 상태 변수를 원 식에 대입하면

$$\dot{x}_3 + 5x_3 + 10x_2 + 5x_1 = 2u$$

정리하면

$$\dot{x}_1 = x_2, \quad \dot{x}_2 = x_3, \quad \dot{x}_3 = -5x_1 - 10x_2 - 5x_3 + 2u$$

그러므로

$$\therefore \begin{bmatrix} \dot{x}_1 \\ \dot{x}_2 \\ \dot{x}_3 \end{bmatrix} = \begin{bmatrix} 0 & 1 & 0 \\ 0 & 0 & 1 \\ -5 & -10 & -5 \end{bmatrix} \begin{bmatrix} x_1 \\ x_2 \\ x_3 \end{bmatrix} + \begin{bmatrix} 0 \\ 0 \\ 2 \end{bmatrix} u$$

답 ①

필수 02 ★★★ z 변환

T를 샘플 주기라고 할 때 z변환은 라플라스 변환 함수의 s 대신 다음의 어느 것을 대입하여야 하는가?

① $\dfrac{1}{T} \ln \dfrac{1}{z}$ ② $\dfrac{1}{T} \ln z$ ③ $T \ln z$ ④ $T \ln \dfrac{1}{z}$

유형분석 매회 출제된다.

풀이 라플라스 변환 함수의 s 대신 $\dfrac{1}{T} \ln z$를 대입한다.

답 ②

Key point

$f(t)$	$F(s)$	$F(z)$
t	$\dfrac{1}{s^2}$	$\dfrac{Tz}{(z-1)^2}$
e^{-at}	$\dfrac{1}{s+a}$	$\dfrac{z}{z-e^{-at}}$

문제 08 ★★★★★ 다음은 단위 계단 함수 $u(t)$의 라플라스 또는 z변환쌍을 나타낸다. 이 중에서 옳은 것은?

① $\mathcal{L}[u(t)] = 1$
② $z[u(t)] = 1/z$
③ $\mathcal{L}[u(t)] = 1/s^2$
④ $z[u(t)] = z/z-1$

풀이

$f(t)$	$F(s)$	$F(z)$
$\delta(t)$	1	1
$u(t)$	$\dfrac{1}{s}$	$\dfrac{z}{z-1}$
t	$\dfrac{1}{s^2}$	$\dfrac{Tz}{(z-1)^2}$
e^{-at}	$\dfrac{1}{s+a}$	$\dfrac{z}{z-e^{-at}}$

답 ④

문제 09 ★★★ 신호 $x(t)$가 다음과 같을 때의 z변환 함수는 어느 것인가? 단, 신호 $x(t)$는

$$x(t) = 0 \qquad t < 0$$
$$x(t) = e^{-at} \qquad t \geq 0$$

이며 이상(理想) 샘플러의 샘플 주기는 $T[\text{s}]$이다.

① $(1-e^{-aT})z/(z-1)(z-e^{-aT})$
② $z/z-1$
③ $z/z-e^{-aT}$
④ $Tz/(z-1)^2$

풀이

$f(t)$	$F(s)$	$F(z)$
$\delta(t)$	1	1
$u(t)$	$\dfrac{1}{s}$	$\dfrac{z}{z-1}$
t	$\dfrac{1}{s^2}$	$\dfrac{Tz}{(z-1)^2}$
e^{-at}	$\dfrac{1}{s+a}$	$\dfrac{z}{z-e^{-at}}$

답 ③

문제 10 ★★ 계통의 특성 방정식 $1+G(s)H(s)=0$의 음의 실근은 z평면 어느 부분으로 사상(mapping)되는가?

① z평면의 좌반평면
② z평면의 우반평면
③ z평면의 원점을 중심으로 한 단위원 외부
④ z평면의 원점을 중심으로 한 단위원 내부

풀이 ① s평면의 허수축은 z평면의 원점을 중심으로 한 단위원에 사상
② s평면의 우반면은 z평면의 원점을 중심으로 한 단위원 외부에 사상
③ s평면의 좌반면은 z평면의 원점을 중심으로 한 단위원 내부에 사상
따라서 음의 실근은 s평면 좌반면에 존재하므로 ③항에 해당된다.

답 ④

문제 11 ★ z 변환법을 사용한 샘플치 제어계의 안정을 옳게 설명한 것은?

① 폐루프 전달 함수의 모든 극이 z 평면상의 원점에 중심을 둔 단위 원 안쪽에 위치하여야 한다.
② 특성 방정식의 모든 특성근의 절대값이 1보다 커야 한다.
③ 폐루프 전달 함수의 모든 극이 z 평면상의 원점에 중심을 둔 단위 원 외부에 위치하고 특성근의 절대값이 1보다 커야 한다.
④ 폐루프 전달 함수의 모든 극이 z 평면상의 원점에 중심을 둔 단위 원 외부에 위치하고 특성근의 절대값이 1보다 적어야 한다.

풀이 특성 방정식의 근이 모두 s평면의 좌반부에 있으면 이 계는 안정하다 할 수 있으며, s평면의 좌반부는 z평면의 원점을 중심으로 한 단위원 내부에 사상된다. **답 ①**

문제 12 ★★★★ 다음 그림의 전달함수 $\dfrac{Y(z)}{R(z)}$ 는 다음 중 어느 것인가?

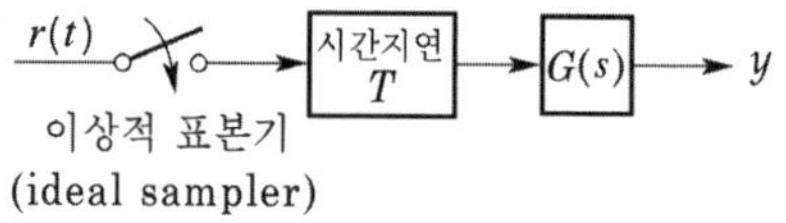

① $G(z)Tz^{-1}$
② $G(z)Tz$
③ $G(z)z^{-1}$
④ $G(z)z$

풀이 $\dfrac{Y(z)}{R(z)} = G(z)z^{-1}$ **답 ③**

22 출제기준 – 시퀀스 제어

1 시퀀스 제어의 특징

시퀀스란 「현상이 일어나는 순서」를 말하며, 또한 시퀀스 제어란 「미리 정해 놓은 순서 또는 일정한 논리에 의하여 정해진 순서에 따라 제어의 각 단계를 순서적으로 진행하는 제어」로 되어 있다. 시퀀스 제어의 간단한 예로서는 전기 세탁기, 자동 판매기, 엘리베이터, 교통 신호기, 또한 트랜스퍼 머신, 무인 발전소 등에 활용되고 있다.

시퀀스 제어의 특징은 다음과 같다.

① 입력 신호에서 출력 신호까지 정해진 순서에 따라 일방적으로 제어 명령이 전해진다.
② 어떠한 조건을 만족하여도 제어 신호가 전달되어진다.
③ 제어 결과에 따라 조작이 자동적으로 이행한다.

2 드 모르간의 정리

1) 논리 대수

논리 대수에서 취급하는 변수로는 2진법의 "0"과 "1"만으로 된다. 논리 회로의 해석, 설계 및 응용 등에 이용되고 있다.

논리 대수 정리 및 스위치 회로 표시

정리	스위치 회로
T1 : 교환의 법칙 (a) $A+B=B+A$ (b) $A \cdot B = B \cdot A$	
T2 : 결합의 법칙 (a) $(A+B)+C=A+(B+C)$ (b) $(A \cdot B) \cdot C = A \cdot (B \cdot C)$	

정리	스위치 회로
T3 : 분배의 법칙 (a) $A \cdot (B+C) = A \cdot B + A \cdot C$ (b) $A + (B \cdot C) = (A+B) \cdot (A+C)$	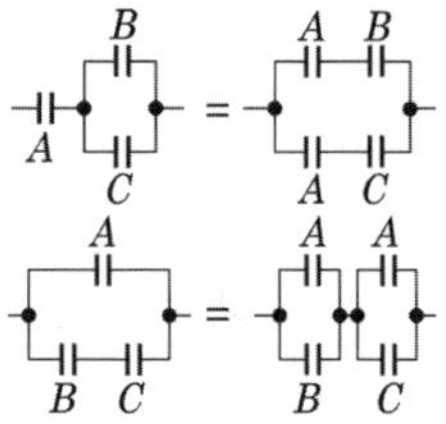
T4 : 동일의 법칙 (a) $A + A = A$ (b) $A \cdot A = A$	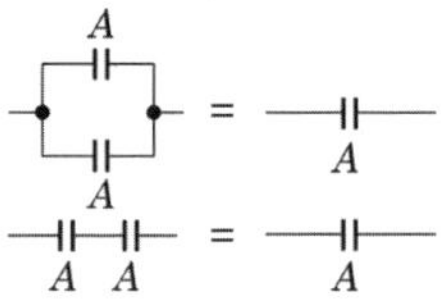
T5 : 부정의 법칙 (a) $\overline{(A)} = \overline{A}$ (b) $\overline{(\overline{A})} = A$	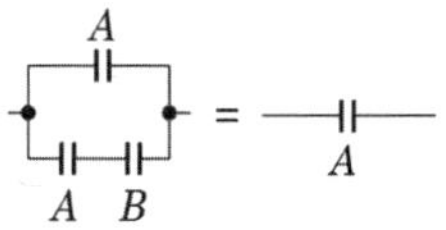
T6 : 흡수의 법칙 (a) $A + A \cdot B = A$ (b) $A \cdot (A+B) = A$	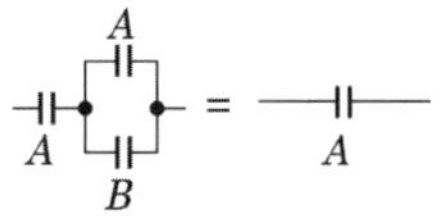
T7 : 공리 (a) $0 + A = A$ (b) $1 \cdot A = A$ (c) $1 + A = 1$ (d) $0 \cdot A = 0$	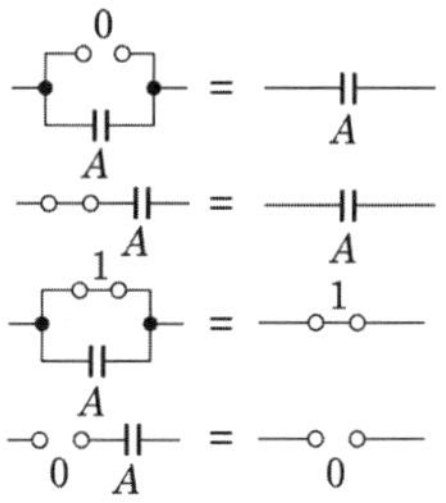

2) 드 모르간의 정리

① 쌍대(duality)의 원리 : 논리 대수의 식에서 0과 1, +와 ·를 동시에 교환한 식은 반드시 성립한다는 것이다.

즉, $0 + A = A$에 위의 쌍대의 원리를 적용시키면 $1 \cdot A = A$식으로 된다.

또한, $A + A = A$에 쌍대의 원리를 적용시키면 $A \cdot A = A$식이 된다.

② 일반화된 드 모르간의 정리

$$\overline{(X_1 + X_2 + X_3 \cdots X_n)} = \overline{X_1} \cdot \overline{X_2} \cdot \overline{X_3} \cdots \overline{X_n}$$

$$\overline{(X_1 \cdot X_2 \cdot X_3 \cdots X_n)} = \overline{X_1} + \overline{X_2} + \overline{X_3} + \cdots + \overline{X_n}$$

(NOT)를 조합시켜서 상호 교환이 가능하도록 하는 중요한 정리로서 논리적 결합의 구성상 필수적인 성질의 것이다.

③ 논리 함수의 부정

$$\overline{f(X_1, X_2, \cdots, X_n, +, \cdot)} = f(\overline{X_1}, \overline{X_2}, \cdots, \overline{X_n}, \cdot, +)$$

3 논리 시퀀스 회로(무접점 회로 및 유접점 회로)

1) 논리적 회로(AND gate)
2개의 입력 A와 B가 모두 "1"일 때만 출력이 "1"이 되는 회로로서 AND 회로의 논리식은 $X = A \cdot B$로 표시한다.

2) 논리합 회로(OR gate)
입력 A 또는 B의 어느 한쪽이든가, 양자가 "1"일 때 출력이 "1"이 되는 회로로서 OR 회로의 논리식은 $X = A + B$로 표시한다.

3) 논리 부정 회로(NOT gate)
입력이 "0"일 때 출력은 "1", 입력이 "1"일 때 출력은 "0"이 되는 회로로 입력 신호에 대해서 부정(NOT)의 출력이 나오는 것이다. NOT 회로의 논리식은 $X = \overline{A}$로 표시한다.

4) NAND 회로(NAND gate)
AND 회로에 NOT 회로를 접속한 AND-NOT 회로로서 논리식은 $X = \overline{A \cdot B}$가 된다.

5) NOR 회로(NOR gate)
OR 회로에 NOT 회로를 접속한 OR-NOT 회로로서 논리식은 $X = \overline{A + B}$가 된다.

6) 배타적 논리합 회로(exclusive-OR gate)
입력 A, B가 서로 같지 않을 때만 출력이 "1"이 되는 회로인데, A, B가 모두 "1"이어서는 안 된다는 의미가 있다. 논리식은 $X = \overline{A} \cdot B + A \cdot \overline{B} = A \oplus B$로 표시된다.

회로	유접점	무접점	논리회로	진리표
AND 회로	(회로도)	(회로도)	$X = A \cdot B$	A B X / 0 0 0 / 0 1 0 / 1 0 0 / 1 1 1
OR 회로	(회로도)	(회로도)	$X = A + B$	A B X / 0 0 0 / 0 1 1 / 1 0 1 / 1 1 1
NOT 회로	(회로도)	(회로도)	$X = \overline{A}$	A X / 0 1 / 1 0

회로	유접점	무접점	논리회로	진리표
NAND 회로			$X=\overline{A \cdot B}$	A B X / 0 0 1 / 0 1 1 / 1 0 1 / 1 1 0
NOR 회로			$X=\overline{A+B}$	A B X / 0 0 1 / 0 1 0 / 1 0 0 / 1 1 0
exclusive-OR 회로			$X=\overline{A} \cdot B + A \cdot \overline{B}$ $= A \oplus B$	A B X / 0 0 0 / 0 1 1 / 1 0 1 / 1 1 0

4 제어기기

1) 조작기기

조작 기기는 직접 제어 대상에 작용하는 장치이고, 응답이 빠르며 조작력이 큰 것이 요구된다.

조작 기기의 종류

전기식	기계식
전자 밸브, 전동 밸브, 2상 서보 전동기, 직류 서보 전동기, 펄스 전동기	클러치, 다이어프램 밸브, 밸브 포지셔너, 유압식 조작기 (안내 밸브, 조작 실린더, 조작 피스톤, 분사관)

조작 기기의 특징

	전기식	공기식	유압식
적응성	대단히 넓고, 특성의 변경이 쉽다.	PID 동작을 만들기 쉽다.	관성이 적고, 대출력을 얻기가 쉽다.
속응성	늦음	장거리에서는 어렵다.	빠르다.
전송	장거리의 전송이 가능하고, 늦음이 적음	장거리가 되면, 늦음이 크게 됨	늦음은 적으나, 배관에 장거리는 어렵다.
부피, 무게에 대한 출력	감속 장치가 필요하고, 출력은 작음	출력은 크지 않음	저속이고, 큰 출력을 얻을 수 있음
안전성	방폭형이 필요함	안전함	인화성이 있음

2) 검출기기

온도, 압력, 유량 등의 물리량을 증폭 및 전송이 용이한 양으로 변환하는 검출 기기를 변환기라 한다.

검출기의 종류

제어	검출기	비고
자동 조정용	전압 검출기	전자관 및 트랜지스터 증폭기, 자기 증폭기
	속도 검출기	회전계 발전기, 주파수 검출법, 스피더
서보 기구용	전위차계	권선형 저항을 이용하여 변위, 변각을 측정
	차동 변압기	변위를 자기 저항의 불균형으로 변환
	싱크로	변각을 검출
	마이크로신	변각을 검출
공정 제어용	압력계	① 기계식 압력계(벨로스, 다이어프램, 부르동관) ② 전기식 압력계(전기 저항 압력계, 피라니 진공계, 전리 진공계)
	유량계	① 조리개 유량계 ② 넓이식 유량계 ③ 전자 유량계
	액면계	① 차압식 액면계(노즐, 오리피스, 벤튜리관) ② 플로트식 액면계
	온도계	① 저항 온도계(백금, 니켈, 구리, 서미스터) ② 열전 온도계(백금-백금 로듐, 크로멜-알루멜, 철-콘스탄탄) ③ 압력형 온도계(부르동관) ④ 바이메탈 온도계 ⑤ 방사 온도계 ⑥ 광 온도계
	가스 성분계	① 열전도식 가스 성분계 ② 연소식 가스 성분계 ③ 자기 산소계 ④ 적외선 가스 성분계
	습도계	① 전기식 건습구 습도계 ② 광전관식 노점 습도계
	액체 성분계	① pH계 ② 액체 농도계

변환 요소의 종류

변 환 량	변 환 요 소
압 력 → 변 위	벨로우즈, 다이어프램, 스프링
변 위 → 압 력	노즐 플래퍼, 유압 분사관, 스프링
변 위 → 임피던스	가변 저항기, 용량형 변환기, 가변 저항 스프링
변 위 → 전 압	포텐셔미터, 차동 변압기, 전위차계
전 압 → 변 위	전자석, 전자 코일
광 → 임피던스 광 → 전 압	광전관, 광전도 셀, 광전 트랜지스터, 광전지, 광전 다이오드
방사선 → 임피던스	GM관, 전리함
온 도 → 임피던스	측온 저항(열선, 서미스터, 백금, 니켈)
온 도 → 전 압	열전대(백금-백금 로듐, 철-콘스탄탄, 구리-콘스탄탄, 크로멜-알루멜)

22 필수유형 및 과년도문제

◀◀◀ 완벽대비 전기기사필기

필수 01 ★★★★ 시퀀스 제어의 특징

시퀀스(sequence) 제어에서 다음 중 옳지 않은 것은?
① 조합논리회로(組合論理回路)도 사용된다.
② 기계적 계전기도 사용된다.
③ 전체 계통에 연결된 스위치가 일시에 동작할 수도 있다.
④ 시간 지연 요소도 사용된다.

유형분석 시퀀스 제어의 특징이 출제된다.

풀 이 시퀀스 제어란 미리 정해 놓은 순서에 따라 각 단계가 순차적으로 진행되는 제어로서 연결 스위치가 일시에 동작할 수는 없다.   답 ③

Key point
시퀀스 제어란 미리 정해 놓은 순서에 따라 각 단계가 순차적으로 진행되는 제어를 말한다.

문제 01 ★★ 시퀀스 제어에 있어서 기억과 판단 기구 및 검출기를 가진 제어 방식은?
① 시한 제어   ② 순서 프로그램 제어
③ 조건 제어   ④ 피드백 제어

풀이 피드백 제어 : 비교 검출부가 있어 기억과 판단 기능을 갖는다.   답 ④

필수 02 ☆ 드 모르간의 정리

논리식 $A+AB$를 간단히 계산한 결과는?
① A ② $\overline{A}+B$ ③ $A+\overline{B}$ ④ $A+B$

유형분석 불대수, 드 모르간의 정리, 시퀀스 회로의 간략화 등이 출제된다.

풀 이 $A+AB = A(1+B) = A$ 답 ①

Key point

(a) $0+A=A$ (b) $1 \cdot A = A$ (c) $1+A=1$ (d) $0 \cdot A = 0$

문제 02 ★★☆ 다음 논리식 중 옳지 않은 것은?

① $A+A=A$ ② $A \cdot A = A$ ③ $A + \overline{A} = 1$ ④ $A \cdot \overline{A} = 1$

풀이 ① $A \cdot \overline{A} = 0$ ② $A + \overline{A} = 1$ ③ $A + 1 = 1$ ④ $A \cdot 1 = A$
       ⑤ $A \cdot 0 = 0$ ⑥ $A + 0 = A$ ⑦ $A \cdot A = A$ ⑧ $A + A = A$ **답** ④

문제 03 ★★ 다음의 불 대수 계산에서 옳지 않은 것은?

① $\overline{A \cdot B} = \overline{A} + \overline{B}$ ② $\overline{A + B} = \overline{A} \cdot \overline{B}$
③ $A + A = A$ ④ $A + A\overline{B} = 1$

풀이 $A + A\overline{B} = A(1+\overline{B}) = A$ **답** ④

문제 04 ★ $\overline{A} + \overline{B} \cdot \overline{C}$ 와 동일한 것은?

① $\overline{A+BC}$ ② $\overline{A(B+C)}$ ③ $\overline{A \cdot B} + C$ ④ $\overline{A \cdot B} + C$

풀이 $\overline{A} + \overline{B} \cdot \overline{C} = \overline{A} + \overline{(B+C)} = \overline{A(B+C)}$ **답** ②

문제 05 ★ 다음 식 중 드 모르간의 정리를 나타낸 식은?

① $A+B = B+A$ ② $A \cdot (B \cdot C) = (A \cdot B) \cdot C$
③ $\overline{A \cdot B} = \overline{A} \cdot \overline{B}$ ④ $\overline{A \cdot B} = \overline{A} + \overline{B}$

풀이 드 모르간의 법칙 $\overline{A \cdot B} = \overline{A} + \overline{B}$
       $\overline{A+B} = \overline{A} \cdot \overline{B}$ **답** ④

문제 06 ★ 논리식 $\overline{A} + \overline{B} \cdot \overline{C}$ 를 간단히 계산한 결과는?

① $\overline{A+BC}$ ② $\overline{A(B+C)}$
③ $\overline{A \cdot B} + \overline{C}$ ④ $\overline{A \cdot B} + C$

풀이 드모르간 정리에서 $\overline{A} + \overline{B} \cdot \overline{C} = \overline{A} + \overline{B+C} = \overline{A(B+C)}$ **답** ②

필수 03 ★★★ 논리 시퀀스 회로(무접점 회로 및 유접점 회로)

다음 논리 회로의 출력 X_0는?

① $A \cdot B + \overline{C}$
② $(A+B)\overline{C}$
③ $A + B + \overline{C}$
④ $A \cdot B \cdot \overline{C}$

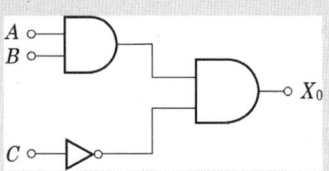

유형분석 간단한 무접점 회로 및 유접점 회로가 출제된다.

풀이

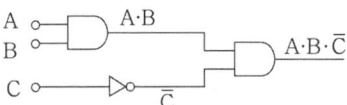

답 ④

Key point

회로	유접점	무접점	논리회로
AND 회로	(스위치 A, B 직렬, R-a, R, L)	(다이오드 D₁, D₂, 저항 R, 전원 V, 입력 A, B)	$A, B \to X$, $X = A \cdot B$
OR 회로	(스위치 A, B 병렬, R-a, R, L)	(다이오드, 저항 R, 전원 V, 입력 A, B, 출력 X)	$A, B \to X$, $X = A + B$
NOT 회로	(스위치 A, R-b, R, L)	(트랜지스터 Tr, R_L, R_b, $+V_{cc}$, 입력 A, 출력 X)	$A \to X$, $X = \overline{A}$

문제 07 ★★★☆ 다음 논리회로의 출력은?

① $Y = A\overline{B} + \overline{A}B$
② $Y = \overline{A}\,\overline{B} + \overline{A}B$
③ $Y = A\overline{B} + \overline{A}\,\overline{B}$
④ $Y = \overline{A} + \overline{B}$

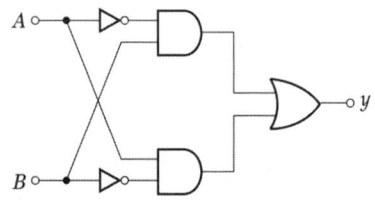

풀이 Exclusive OR 회로(베타적 논리합 회로)
($A \oplus B = A\overline{B} + \overline{A}B$의 논리회로)

답 ①

문제 08 ★☆ 다음 그림 중에서 NOR 회로는?

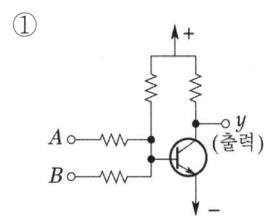

풀이
① npn형 RTL NAND 회로
② npn형 DTL NAND 회로
③ pnp형 DTL NOR 회로
④ pnp형 RTL NAND 회로

답 ③

문제 09 ★★★ 다음 카르노(Karnaugh)도를 간략히 하면?

① $Y = \overline{C}\overline{D} + BC$
② $Y = B\overline{D}$
③ $Y = A + \overline{A}B$
④ $Y = A + B\overline{C}D$

	$\overline{C}\overline{D}$	$\overline{C}D$	CD	$C\overline{D}$
$\overline{A}\,\overline{B}$	0	0	0	0
$\overline{A}B$	1	0	0	1
AB	1	0	0	1
$A\overline{B}$	0	0	0	0

풀이

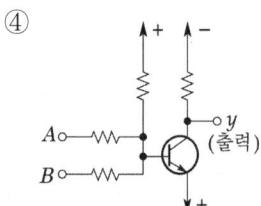

4개로 묶으면 공통적인 것은 $B\overline{D}$가 된다.

답 ②

문제 10 다음 회로는 무엇을 나타낸 것인가?

① AND
② OR
③ Exclusive OR
④ NAND

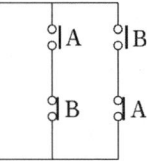

풀이 $Y = A\bar{B} + \bar{A}B = A \oplus B$ 이므로 Exclusive OR 회로이다.

답 ③

문제 11 그림과 같은 계전기 접점 회로의 논리식은?

① $A + B + C$
② $(A + B) \cdot C$
③ $A \cdot B + C$
④ $A \cdot B \cdot C$

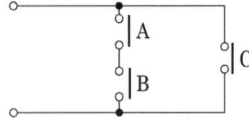

풀이 AB(직렬)와 C(병렬). 즉, $AB + C$ 이다.

답 ③

전기설비기술기준 제5장

1. 전기설비기술기준   504
2. 출제기준 – 기술기준의 총칙   507
3. 출제기준 – 저압전기설비   527
4. 출제기준 – 고압, 특고압 전기설비   571
5. 출제기준 – 전기철도설비   639
6. 출제기준 – 분산형 전원설비   644

※ 한국전기설비규정 용어 변경(2023.10.12.)

개정 전	개정 후	개정 전	개정 후
경간	지지물 간 거리	인류(引留)할 것	잡아당길 것
교량	다리	자중	자체중량
굴곡 반지름	굽은 부분 반지름	재폐로	재연결
근가(根架)	전주 버팀대	전선의 식별	전선의 식별
동선	구리선	상(문자) / 색상	상(문자) / 색상
말구(末口)	위쪽 끝	L2 / 흑색	L2 / 검은색
메시	그물망	N / 청색	N / 파란색
방폭형	폭발방지형	조상기	무효 전력 보상 장치
분진	먼지	조상설비	무효 전력 보상 설비
섬락	불꽃 방전	조속기	속도조절기
연접 인입선	이웃 연결 인입선	지선	지지선
염해	염분피해	지주	지지기둥
외경	바깥지름	첨가(添架)	전선 첨가
유희용 전차	놀이용 전차	커넥터	접속기
이격거리	간격	커버	덮개
이도(弛度)	처짐 정도	폭연성 분진	폭연성 먼지

※ 어려운 전문용어를 순화 및 표준화하기 위하여 변경하였으나, 과도기가 예상되는 바 1년 간 출제되는 문제를 검토하여 개정판에 반영하도록 하겠습니다.

01 전기설비기술기준

1 전기설비기술기준

1) 용어의 정의 ★ 중요 : 접근상태 등의 기본적인 용어

1. "개폐소"란 개폐소 안에 시설한 개폐기 및 기타 장치에 의하여 전로를 개폐하는 곳으로서 발전소·변전소 및 수용장소 이외의 곳을 말한다.
2. "급전소"란 전력계통의 운용에 관한 지시 및 급전조작을 하는 곳을 말한다.
3. "연접 인입선"이란 한 수용장소의 인입선에서 분기하여 지지물을 거치지 아니하고 다른 수용 장소의 인입구에 이르는 부분의 전선을 말한다. 여기에서 "인입선"이란 가공인입선[가공전선로의 지지물로부터 다른 지지물을 거치지 아니하고 수용장소의 붙임점에 이르는 가공전선(가공전선로의 전선을 말한다. 이하 같다)을 말한다] 및 수용장소의 조영물(토지에 정착한 시설물 중 지붕 및 기둥 또는 벽이 있는 시설물을 말한다. 이하 같다)의 옆면 등에 시설하는 전선으로서 그 수용장소의 인입구에 이르는 부분의 전선을 말한다.
4. "약전류전선"이란 약전류 전기의 전송에 사용하는 전기 도체, 절연물로 피복한 전기 도체 또는 절연물로 피복한 전기 도체를 다시 보호 피복한 전기 도체를 말한다.
5. "지지물"이란 목주·철주·철근 콘크리트주 및 철탑과 이와 유사한 시설물로서 전선·약전류전선 또는 광섬유케이블을 지지하는 것을 주된 목적으로 하는 것을 말한다.
6. "조상설비"란 무효전력을 조정하는 전기기계기구를 말한다.
7. "전력보안 통신설비"란 전력의 수급에 필요한 급전·운전·보수 등의 업무에 사용되는 전화 및 원격지에 있는 설비의 감시·제어·계측·계통보호를 위해 전기적·광학적으로 신호를 송·수신하는 제 장치·전송로 설비 및 전원 설비 등을 말한다.
8. 극저주파 전자계(Extremely Low Frequency Electric and Magnetic Fields : ELF EMF)라 함은 0[Hz]를 제외한 300[Hz] 이하의 전계와 자계를 말한다.

2) 유도장해 방지

1. 교류 특고압 가공전선로에서 발생하는 극저주파 전자계는 지표상 1[m]에서 전계가 3.5[kV/m] 이하, 자계가 83.3[μT] 이하가 되도록 시설하고, 직류 특고압 가공전선로에서 발생하는 직류전계는 지표면에서 25[kV/m] 이하, 직류자계는 지표상 1[m]에서 400,000[μT] 이하가 되도록 시설하는 등 상시 정전유도 및 전자유도 작용에 의하여 사람에게 위험을 줄 우려가 없도록 시설하여야 한다. 다만, 논밭, 산림 그 밖에 사람의 왕래가 적은 곳에서 사람에 위험을 줄 우려가 없도록 시설하는 경우에는 그러하지 아니하다.

2. 특고압의 가공전선로는 전자유도작용이 약전류전선로(전력보안 통신설비는 제외한다)를 통하여 사람에 위험을 줄 우려가 없도록 시설하여야 한다.
3. 전력보안 통신설비는 가공전선로로부터의 정전유도작용 또는 전자유도작용에 의하여 사람에 위험을 줄 우려가 없도록 시설하여야 한다.

3) 절연유

1. 사용전압이 100[kV] 이상의 중성점 직접접지식 전로에 접속하는 변압기를 설치하는 곳에는 절연유의 구외 유출 및 지하 침투를 방지하기 위한 설비를 갖추어야 한다.
2. 폴리염화비페닐을 함유한 절연유를 사용한 전기기계기구는 전로에 시설하여서는 아니 된다.
3. 모든 부하가 선간에 접속된 전기설비에서는 중성선의 설치가 필요하지 않을 수 있다.

4) 전선로의 전선 및 절연성능

저압전선로 중 절연 부분의 전선과 대지 사이 및 전선의 심선 상호 간의 절연저항은 사용전압에 대한 누설전류가 최대 공급전류의 1/2,000을 넘지 않도록 하여야한다.

5) 저압전로의 절연성능

전기사용 장소의 사용전압이 저압인 전로의 전선 상호간 및 전로와 대지 사이의 절연저항은 개폐기 또는 과전류차단기로 구분할 수 있는 전로마다 다음 표에서 정한 값 이상이어야 한다. 다만, 전선 상호간의 절연저항은 기계기구를 쉽게 분리가 곤란한 분기회로의 경우 기기 접속 전에 측정할 수 있다. 또한, 측정 시 영향을 주거나 손상을 받을 수 있는 SPD 또는 기타 기기 등은 측정 전에 분리시켜야 하고, 부득이하게 분리가 어려운 경우에는 시험전압을 250[V] DC로 낮추어 측정할 수 있지만 절연저항 값은 1[MΩ] 이상이어야 한다.

전로의 사용전압[V]	DC 시험전압[V]	절연저항[MΩ]
SELV 및 PELV	250	0.5
FELV, 500[V] 이하	500	1.0
500[V] 초과	1,000	1.0

[주] 특별저압(extra low voltage : 2차 전압이 AC 50[V], DC 120[V] 이하)으로 SELV(비접지회로 구성) 및 PELV(접지회로 구성)은 1차와 2차가 전기적으로 절연된 회로, FELV는 1차와 2차가 전기적으로 절연되지 않은 회로

필수유형 및 과년도문제

필수 01 ★★★☆
전기설비기술기준

저압의 전선로 중 절연 부분의 전선과 대지간의 절연 저항은 사용 전압에 대한 누설 전류가 최대 공급 전류의 몇 분의 1을 넘지 않도록 유지하는가?

① $\dfrac{1}{1000}$ ② $\dfrac{1}{2000}$ ③ $\dfrac{1}{3000}$ ④ $\dfrac{1}{4000}$

유형분석 이 문제는 누설전류가 최대 공급 전류의 1/2000을 넘지 않는 것을 질문한다. 이 유형의 문제는 실제 전류를 계산하여 1/2000을 곱하는 문제가 출제되기도 한다.

풀 이 전압의 전선로 중 대지간의 절연 저항은 사용 전압에 대한 누설 전류가 최대 공급 전류의 1/2000을 넘지 않도록 유지하여야 한다(기술기준 27조).   **답** ②

Key point

- "연접 인입선"이란 한 수용장소의 인입선에서 분기하여 지지물을 거치지 아니하고 다른 수용 장소의 인입구에 이르는 부분의 전선을 말한다.
- 허용 누설 전류(I_g)는 최대 공급 전류의 1/2000을 넘지 않도록 유지하여야 한다.

문제 01 ★★
전기설비기술기준상 전력계통의 운용에 관한 지시 및 급전조작을 하는 곳으로 정의되는 것은?

① 상황실   ② 급전소   ③ 발전소   ④ 지령실

풀이 기술기준 제3조 (정의)   **답** ②

문제 02 ★★★★★
한 수용 장소의 인입선에서 분기하여 지지물을 거치지 않고 다른 수용 장소의 인입구에 이르는 부분을 무엇이라 하는가?

① 가공 인입선   ② 연접 인입선
③ 옥상 배선   ④ 옥측 배선

풀이 기술기준 제3조 (정의)   **답** ②

02 출제기준 − 기술기준의 총칙

1 기술기준 총칙 및 KEC 총칙에 관한 사항

1) 통칙

분류	전압의 범위
저압	• 직류 : 1.5[kV] 이하 • 교류 : 1[kV] 이하
고압	• 직류 : 1.5[kV]를 초과하고, 7[kV] 이하 • 교류 : 1[kV]를 초과하고, 7[kV] 이하
특고압	7[kV]를 초과

2) 용어 정의

★ 중요 : 접근상태 등의 기본적인 용어

1. "가공인입선"이란 가공전선로의 지지물로부터 다른 지지물을 거치지 아니하고 수용장소의 붙임점에 이르는 가공전선을 말한다.

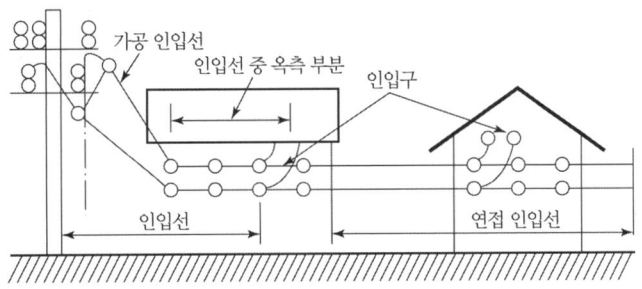

2. "가섭선(架涉線)"이란 지지물에 가설되는 모든 선류를 말한다.
3. "계통접지(System Earthing)"란 전력계통에서 돌발적으로 발생하는 이상현상에 대비하여 대지와 계통을 연결하는 것으로, 중성점을 대지에 접속하는 것을 말한다.
4. "관등회로"란 방전등용 안정기 또는 방전등용 변압기로부터 방전관까지의 전로를 말한다.
5. 급전선 : 전기철도차량에 사용할 전기를 변전소로부터 전차선에 공급하는 전선을 말한다.
6. "글로벌접지시스템(global earthing system)"이란 근접한 국부(local)접지시스템들의 상호접속에 의해 위험한 접촉전압이 발생하지 않도록 보장하는 등가접지시스템을 말한다.

7. "단독운전"이란 전력계통의 일부가 전력계통의 전원과 전기적으로 분리된 상태에서 분산형전원에 의해서만 운전되는 상태를 말한다.
8. "리플프리(Ripple-free)직류"란 교류를 직류로 변환할 때 리플성분의 실효값이 10[%] 이하로 포함된 직류를 말한다.
9. "보호도체(PE, Protective Conductor)"란 감전에 대한 보호 등 안전을 위해 제공되는 도체를 말한다.
10. "보호접지(Protective Earthing)"란 고장 시 감전에 대한 보호를 목적으로 기기의 한 점 또는 여러 점을 접지하는 것을 말한다.
11. "분산형전원"이란 중앙급전 전원과 구분되는 것으로서 전력소비지역 부근에 분산하여 배치 가능한 전원을 말한다. 상용전원의 정전시에만 사용하는 비상용 예비전원은 제외하며, 신·재생에너지 발전설비, 전기저장장치 등을 포함한다.
12. "스트레스전압(Stress Voltage)"이란 지락고장 중에 접지부분 또는 기기나 장치의 외함과 기기나 장치의 다른 부분 사이에 나타나는 전압을 말한다.
13. "외부피뢰시스템(External Lightning Protection System)"이란 수뢰부시스템, 인하도선시스템, 접지극시스템으로 구성된 피뢰시스템의 일종을 말한다.
14. "제1차 접근 상태"란 가공 전선이 다른 시설물과 접근하는 경우에 가공 전선이 다른 시설물의 위쪽 또는 옆쪽에서 수평거리로 가공 전선로의 지지물의 지표상의 높이에 상당하는 거리 안에 시설됨으로써 가공 전선로의 전선의 절단, 지지물의 도괴 등의 경우에 그 전선이 다른 시설물에 접촉할 우려가 있는 상태를 말한다.
15. "제2차 접근상태"란 가공 전선이 다른 시설물과 접근하는 경우에 그 가공 전선이 다른 시설물의 위쪽 또는 옆쪽에서 수평 거리로 3[m] 미만인 곳에 시설되는 상태를 말한다.

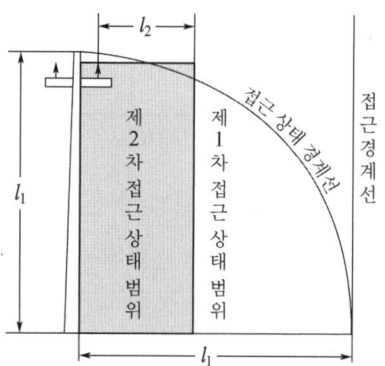

16. "접지도체"란 계통, 설비 또는 기기의 한 점과 접지극 사이의 도전성 경로 또는 그 경로의 일부가 되는 도체를 말한다.
17. "접촉범위(Arm's Reach)"란 사람이 통상적으로 서있거나 움직일 수 있는 바닥면 상의 어떤 점에서라도 보조장치의 도움 없이 손을 뻗어서 접촉이 가능한 접근구역을 말한다.

18. "지중 관로"란 지중 전선로·지중 약전류 전선로·지중 광섬유 케이블 선로·지중에 시설하는 수관 및 가스관과 이와 유사한 것 및 이들에 부속하는 지중함 등을 말한다.
19. "충전부(Live Part)"란 통상적인 운전 상태에서 전압이 걸리도록 되어 있는 도체 또는 도전부를 말한다. 중성선을 포함하나 PEN 도체, PEM 도체 및 PEL 도체는 포함하지 않는다.
20. "특별저압(ELV, Extra Low Voltage)"이란 인체에 위험을 초래하지 않을 정도의 저압을 말한다. 여기서 SELV(Safety Extra Low Voltage)는 비접지회로에 해당되며, PELV(Protective Extra Low Voltage)는 접지회로에 해당된다.
21. "PEN 도체(protective earthing conductor and neutral conductor)"란 교류회로에서 중성선 겸용 보호도체를 말한다.
22. "PEM 도체(protective earthing conductor and a mid-point conductor)"란 직류회로에서 중간선 겸용 보호도체를 말한다.
23. "PEL 도체(protective earthing conductor and a line conductor)"란 직류회로에서 선도체 겸용 보호도체를 말한다.

2 전선

1) 전선의 식별

상(문자)	색상
L1	갈색
L2	흑색
L3	회색
N	청색
보호도체	녹색-노란색

2) 전선의 종류(고압 및 특고압 케이블)

1. 사용전압이 특고압인 전로(전기기계기구 안의 전로를 제외한다)에 전선으로 사용하는 케이블
   가. 절연체가 에틸렌 프로필렌고무혼합물 또는 가교폴리에틸렌 혼합물인 케이블로서 선심 위에 금속제의 전기적 차폐층을 설치한 것
   나. 파이프형 압력 케이블·연피케이블·알루미늄케이블
   다. 그 밖의 금속피복을 한 케이블
2. 사용전압이 고압 및 특고압인 전로(전기기계기구 안의 전로를 제외한다)의 전선으로 절연체가 폴리프로필렌 혼합물인 케이블을 사용하는 경우 다음에 적합하여야 한다.
   가. 도체의 상시 최고 허용온도는 90[℃] 이상일 것.

나. 절연체의 인장 강도는 12.5[N/mm²] 이상일 것.
다. 절연체의 신장률은 350[%] 이상일 것.
라. 절연체의 수분 흡습은 1[mg/cm²] 이하일 것. 단, 정격전압 30[kV] 초과 특고압 케이블은 제외한다.

3) 전선의 접속

전선을 접속하는 경우에는 전선의 전기저항을 증가시키지 아니하도록 접속하여야 하며, 또한 다음에 따라야 한다.

1. 절연전선 상호·절연전선과 코드, 캡타이어 케이블과 접속하는 경우에는 전선의 세기를 20[%] 이상 감소시키지 아니할 것.
2. 두 개 이상의 전선을 병렬로 사용하는 경우에는 다음에 의하여 시설할 것.
   가. 병렬로 사용하는 각 전선의 굵기는 동선 50[mm²] 이상 또는 알루미늄 70[mm²] 이상으로 하고, 전선은 같은 도체, 같은 재료, 같은 길이 및 같은 굵기의 것을 사용할 것.
   나. 병렬로 사용하는 전선에는 각각에 퓨즈를 설치하지 말 것.

3 전로의 절연

1) 전로의 절연 원칙

전로는 다음 이외에는 대지로부터 절연하여야 한다.
1. 저압전로에 접지공사를 하는 경우의 접지점
2. 전로의 중성점에 접지공사를 하는 경우의 접지점
3. 계기용변성기의 2차측 전로에 접지공사를 하는 경우의 접지점
4. 다중 접지를 하는 경우의 접지점
5. 변압기의 2차측 전로에 접지공사를 하는 경우의 접지점
6. 직류계통에 접지공사를 하는 경우의 접지점

2) 전로의 절연저항 및 절연내력   ★중요 : 절연내력시험의 배율과 최저전압

1. 사용전압이 저압인 전로에서 정전이 어려운 경우 등 절연저항 측정이 곤란한 경우에는 누설전류를 1[mA] 이하로 유지하여야 한다.
2. 고압 및 특고압의 전로는 표에서 정한 시험전압을 전로와 대지 사이(다심케이블은 심선 상호 간 및 심선과 대지 사이)에 연속하여 10분간 가하여 절연내력을 시험하였을 때에 이에 견디어야 한다. 다만, 전선에 케이블을 사용하는 교류 전로로서 표에서 정한 시험전압의 2배의 직류전압을 전로와 대지 사이에 연속하여 10분간 가하여 절연내력을 시험하였을 때에 이에 견디는 것에 대하여는 그러하지 아니하다.

전로의 종류	접지방식	시험전압 (최대사용 전압의 배수)	최저 시험전압
1. 7[kV] 이하인 전로		1.5배	
2. 7[kV] 초과 25[kV] 이하	다중접지	0.92배	
3. 7[kV] 초과 60[kV] 이하(2란의 것을 제외한다.)		1.25배	10.5[kV]
4. 60[kV] 초과(전위 변성기를 사용하여 접지하는 것을 포함한다)	비 접 지	1.25배	
5. 60[kV] 초과(전위 변성기를 사용하여 접지하는 것 및 6란과 7란의 것을 제외한다)	접 지 식	1.1배	75[kV]
6. 60[kV] 초과(7란의 것을 제외한다)	직접접지	0.72배	
7. 170[kV] 초과(발전소 또는 변전소 혹은 이에 준하는 장소에 시설하는 것)	직접접지	0.64배	
8. 최대사용전압이 60[kV]를 초과하는 정류기에 접속되고 있는 전로	교류측 및 직류 고전압측에 접속되고 있는 전로는 교류측의 최대사용전압의 1.1배의 직류전압 직류측 중성선 또는 귀선이 되는 전로(직류 저압측 전로)의 시험전압값 $E = V \times \dfrac{1}{\sqrt{2}} \times 0.5 \times 1.2$ E : 교류 시험 전압[V] V : 역변환기의 전류 실패 시 중성선 또는 귀선이 되는 전로에 나타나는 교류성 이상전압의 파고 값[V]. 다만, 전선에 케이블을 사용하는 경우 시험전압은 E의 2배의 직류전압으로 한다.		

3) 회전기 및 정류기의 절연내력

회전기 및 정류기는 표에서 정한 시험방법으로 절연내력을 시험하였을 때에 이에 견디어야 한다. 다만, 회전변류기 이외의 교류의 회전기로 표에서 정한 시험전압의 1.6배의 직류전압으로 절연내력을 시험하였을 때 이에 견디는 것을 시설하는 경우에는 그러하지 아니하다.

종 류		시험 전압 (최대사용 전압의 배수)	최저 시험 전압	시험 방법
회전기	발전기·전동기·조상기·기타회전기(회전변류기를 제외한다) 최대사용전압 7[kV] 이하	1.5배	500[V]	권선과 대지 사이에 연속하여 10분간 가한다.
회전기	발전기·전동기·조상기·기타회전기(회전변류기를 제외한다) 최대사용전압 7[kV] 초과	1.25배	10.5[kV]	권선과 대지 사이에 연속하여 10분간 가한다.
회전기	회전변류기	직류측의 최대사용전압의 1배의 교류전압	500[V]	
정류기	최대사용전압이 60[kV] 이하	직류측의 최대사용전압의 1배의 교류전압	500[V]	충전부분과 외함 간에 연속하여 10분간 가한다.
정류기	최대사용전압 60[kV] 초과	1.1배		교류측 및 직류고전압측단자와 대지 사이에 연속하여 10분간 가한다.

4) 변압기 전로의 절연내력

변압기의 전로는 표에서 정하는 시험전압을 권선과 다른 권선, 철심 및 외함 간에 시험전압을 연속하여 10분간 가하여 절연내력을 시험하였을 때에 이에 견디는 것이어야 한다.

권선의 종류 (최대사용전압)	접지방식	시험 전압 (최대사용전압의 배수)	최저 시험 전압
1. 7[kV] 이하		1.5배	500[V]
	다중접지	0.92배	500[V]
2. 7[kV] 초과 25[kV] 이하	다중접지	0.92배	
3. 7[kV] 초과 60[kV] 이하 (2란의 것을 제외한다)		1.25배	10.5[kV]
4. 60[kV] 초과(전위 변성기를 사용하여 접지하는 것을 포함한다. 8란의 것을 제외한다)	비접지	1.25	
5. 60[kV] 초과(전위 변성기를 사용하여 접지하는 것, 6란 및 8란의 것을 제외한다)	접지식	1.1배	75[kV]
6. 60[kV] 초과(8란의 것을 제외한다) 다만, 170[kV]를 초과하는 권선에는 그 중성점에 피뢰기를 시설하는 것에 한한다.	직접접지	0.72배	
7. 170[kV] 초과(8란의 것을 제외한다)	직접접지	0.64배	
8. 60[kV]를 초과하는 정류기에 접속하는 권선	정류기의 교류측의 최대 사용전압의 1.1배의 교류전압 또는 정류기의 직류측의 최대 사용전압의 1.1배의 직류전압		

5) 기구 등의 전로의 절연내력

개폐기·차단기·전력용 커패시터·유도전압조정기·계기용변성기 기타의 기구의 전로 및 발전소·변전소·개폐소 또는 이에 준하는 곳에 시설하는 기계기구의 접속선 및 모선은 표에서 정하는 시험전압을 충전 부분과 대지 사이(다심케이블은 심선 상호 간 및 심선과 대지 사이)에 연속하여 10분간 가하여 절연내력을 시험하였을 때에 이에 견디어야 한다.

종 류	접지방식	시험 전압 (최대사용 전압의 배수)	최저 시험 전압
1. 7[kV] 이하		1.5배	500[V]
2. 7[kV] 초과 25[kV] 이하	다중접지	0.92배	
3. 7[kV] 초과 60[kV] 이하(2란의 것 제외)		1.25배	10.5[kV]
4. 60[kV] 초과	비접지	1.25배	
5. 60[kV] 초과(7란의 것 제외)	접지식	1.1배	75[kV]
6. 170[kV] 초과(7란의 것 제외)	직접접지	0.72배	
7. 170[kV] 초과(발전소 또는 변전소 혹은 이에 준하는 장소에 시설하는 것.)	직접접지	0.64배	

4 접지시스템

1. 접지시스템은 계통접지, 보호접지, 피뢰시스템 접지 등으로 구분한다.
2. 접지시스템의 시설 종류에는 단독접지, 공통접지, 통합접지가 있다.

(1) 접지시스템 구성요소

1. 접지시스템은 접지극, 접지도체, 보호도체 및 기타 설비로 구성한다.
2. 접지극은 접지도체를 사용하여 주 접지단자에 연결하여야 한다.

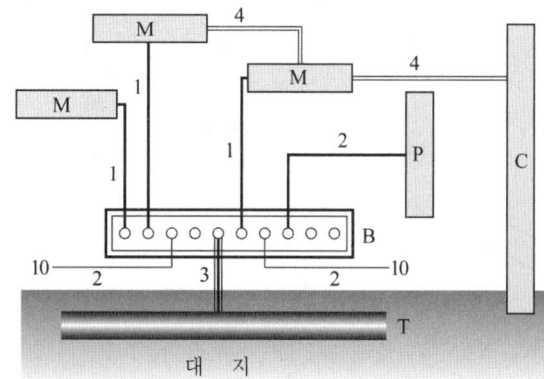

1 : 보호도체(PE)
2 : 보호 등전위 본딩용 도체
3 : 접지도체
4 : 보조 보호 등전위 본딩용 도체
10 : 기타 기기(정보통신, 피뢰시스템)
B : 주 접지단자
M : 전기기구의 노출 도전부
C : 철골, 금속덕트 등 계통외 도전부
P : 수도관, 가스관 등 계통외 도전부
T : 접지극

(2) 접지극의 시설 및 접지저항

1. 접지극의 매설은 다음에 의한다.
   가. 접지극은 지표면으로부터 지하 0.75[m] 이상으로 하되 동결 깊이를 감안하여 매설 깊이를 정해야 한다.
   나. 접지도체를 철주 기타의 금속체를 따라서 시설하는 경우에는 접지극을 철주의 밑면으로부터 0.3[m] 이상의 깊이에 매설하는 경우 이외에는 접지극을 지중에서 그 금속체로부터 1[m] 이상 떼어 매설하여야 한다.

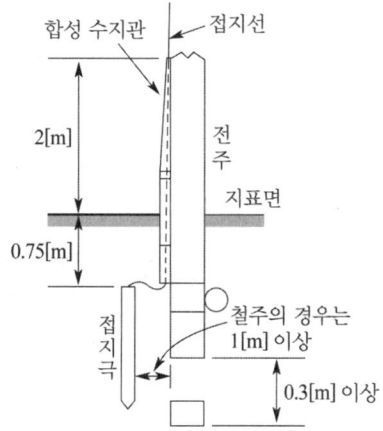

2. 수도관 등을 접지극으로 사용하는 경우는 다음에 의한다.
   가. 지중에 매설되어 있고 대지와의 전기저항 값이 3[Ω] 이하의 값을 유지하고 있는 금속제 수도관로가 다음에 따르는 경우 접지극으로 사용이 가능하다.
   (1) 접지도체와 금속제 수도관로의 접속은 안지름 75[mm] 이상인 부분 또는 여기에서 분기한 안지름 75[mm] 미만인 분기점으로부터 5[m] 이내의 부분에서 하여야 한다. 다만, 금속제 수도관로와 대지 사이의 전기저항 값이 2[Ω] 이하인 경우에는 분기점으로부터의 거리는 5[m]을 넘을 수 있다.
   (2) 접지도체와 금속제 수도관로의 접속부를 수도계량기로부터 수도 수용가 측에 설치하는 경우에는 수도계량기를 사이에 두고 양측 수도관로를 등전위본딩 하여야 한다.

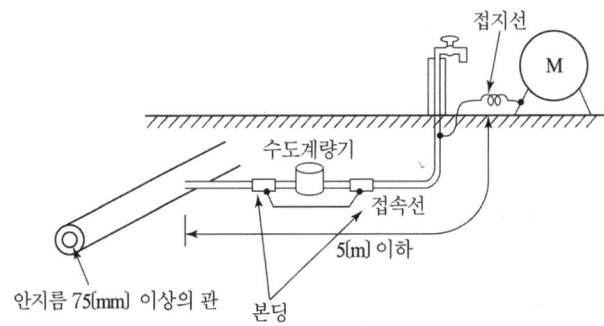

   나. 건축물·구조물의 철골 기타의 금속제는 이를 비접지식 고압전로에 시설하는 기계기구의 철대 또는 금속제 외함의 접지공사 또는 비접지식 고압전로와 저압전로를 결합하는 변압기의 저압전로의 접지공사의 접지극으로 사용할 수 있다. 다만, 대지와의 사이에 전기저항 값이 2[Ω] 이하인 값을 유지하는 경우에 한한다.

(3) 접지도체·보호도체

1) 접지도체

1. 접지도체의 선정
   가. 접지도체의 최소 단면적은 다음과 같다.
      (1) 구리는 6[mm^2] 이상
      (2) 철제는 50[mm^2] 이상
   나. 접지도체에 피뢰시스템이 접속되는 경우, 접지도체의 단면적
      (1) 구리는 16[mm^2] 이상
      (2) 철제는 50[mm^2] 이상
2. 접지도체는 지하 0.75[m]부터 지표 상 2[m]까지 부분은 합성수지관(두께 2[mm] 미만의 합성수지제 전선관 및 가연성 콤바인덕트관은 제외한다) 또는 이와 동등 이상의 절연효과와 강도를 가지는 몰드로 덮어야 한다.

3. 접지도체

　가. 절연전선(옥외용 비닐절연전선은 제외) 또는 케이블(통신용 케이블은 제외)을 사용하여야 한다.

2) 보호도체

1. 보호도체의 최소 단면적은 다음에 의한다.

　가. 보호도체의 최소 단면적은 표에 따라 선정해야 한다. 다만, "나"에 따라 계산한 값 이상이어야 한다.

선도체의 단면적 S ([mm^2], 구리)	보호도체의 최소 단면적([mm^2], 구리)	
	보호도체의 재질	
	선도체와 같은 경우	선도체와 다른 경우
$S \leq 16$	S	$(k_1/k_2) \times S$
$16 < S \leq 35$	16^a	$(k_1/k_2) \times 16$
$S > 35$	$S^a/2$	$(k_1/k_2) \times (S/2)$

여기서, $-\ k_1$: 선도체에 대한 k값
　　　　$-\ k_2$: 보호도체에 대한 k값
　　　　$-\ a$: PEN 도체의 최소단면적은 중성선과 동일하게 적용한다

　나. 보호도체의 단면적은 다음의 계산 값 이상이어야 한다.
　　(단, 차단시간이 5초 이하인 경우에만 다음 계산식을 적용한다.)

$$S = \frac{\sqrt{I^2 t}}{k}$$

여기서, S : 단면적[mm^2]
　　　　I : 보호장치를 통해 흐를 수 있는 예상 고장전류 실효값[A]
　　　　t : 자동차단을 위한 보호장치의 동작시간[s]
　　　　k : 보호도체, 절연, 기타 부위의 재질 및 초기온도와 최종온도에 따라 정해지는 계수

　다. 보호도체가 케이블의 일부가 아니거나 선도체와 동일 외함에 설치되지 않으면 단면적은 다음의 굵기 이상으로 하여야 한다.
　　(1) 기계적 손상에 대해 보호가 되는 경우 : 구리 2.5[mm^2], 알루미늄 16[mm^2] 이상
　　(2) 기계적 손상에 대해 보호가 되지 않는 경우 : 구리 4[mm^2], 알루미늄 16[mm^2] 이상

2. 보호도체에는 어떠한 개폐장치를 연결해서는 안 된다.

(4) 전기수용가 접지

1) 저압수용가 인입구 접지

1. 수용장소 인입구 부근에서 다음의 것을 접지극으로 사용하여 변압기 중성점 접지를 한 저압전선로의 중성선 또는 접지측 전선에 추가로 접지공사를 할 수 있다.
   가. 지중에 매설되어 있고 대지와의 전기저항 값이 3[Ω] 이하의 값을 유지하고 있는 금속제 수도관로
   나. 대지 사이의 전기저항 값이 3[Ω] 이하인 값을 유지하는 건물의 철골
2. 제1에 따른 접지도체는 공칭단면적 6[mm²] 이상의 연동선

2) 변압기 중성점 접지

변압기의 중성점접지 저항 값은 다음에 의한다.

1. 일반적으로 변압기의 고압·특고압측 전로 1선 지락전류로 150을 나눈 값과 같은 저항 값 이하

$$R = \frac{150}{\text{변압기의 고압측 또는 특고압측의 1선 지락전류}}[\Omega]$$

2. 변압기의 고압·특고압측 전로 또는 사용전압이 35[kV] 이하의 특고압전로가 저압측 전로와 혼촉하고 저압전로의 대지전압이 150[V]를 초과하는 경우는 저항 값은 다음에 의한다.
   가. 1초 초과 2초 이내에 고압·특고압 전로를 자동으로 차단하는 장치를 설치할 때는 300을 나눈 값 이하

$$R = \frac{300}{\text{변압기의 고압측 또는 특고압측의 1선 지락전류}}[\Omega]$$

   나. 1초 이내에 고압·특고압 전로를 자동으로 차단하는 장치를 설치할 때는 600을 나눈 값 이하

$$R = \frac{600}{\text{변압기의 고압측 또는 특고압측의 1선 지락전류}}[\Omega]$$

3) 기계기구의 철대 및 외함의 접지

1. 전로에 시설하는 기계기구의 철대 및 금속제 외함(외함이 없는 변압기 또는 계기용 변성기는 철심)에는 접지공사를 하여야 한다.
2. 다음의 어느 하나에 해당하는 경우에는 접지를 생략할 수 있다.
   가. 사용전압이 직류 300[V] 또는 교류 대지전압이 150[V] 이하인 기계기구를 건조한 곳에 시설하는 경우
   나. 저압용의 기계기구를 건조한 목재의 마루 기타 이와 유사한 절연성 물건 위에서 취급하도록 시설하는 경우
   다. 저압용이나 고압용의 기계기구를 사람이 쉽게 접촉할 우려가 없도록 목주 기타

　　　　이와 유사한 것의 위에 시설하는 경우
　　라. 철대 또는 외함의 주위에 적당한 절연대를 설치하는 경우
　　마. 외함이 없는 계기용변성기가 고무·합성수지 기타의 절연물로 피복한 것일 경우
　　바. 2중 절연구조로 되어 있는 기계기구를 시설하는 경우
　　사. 저압용 기계기구에 전기를 공급하는 전로의 전원측에 절연변압기(2차 전압이 300[V] 이하이며, 정격용량이 3[kVA] 이하인 것에 한한다)를 시설하고 또한 그 절연변압기의 부하측 전로를 접지하지 않은 경우
　　아. 물기 있는 장소 이외의 장소에 시설하는 저압용의 개별 기계기구에 전기를 공급하는 전로에 인체감전보호용 누전차단기(정격감도전류가 30[mA] 이하, 동작시간이 0.03초 이하의 전류동작형에 한한다)를 시설하는 경우
　　자. 외함을 충전하여 사용하는 기계기구에 사람이 접촉할 우려가 없도록 시설하거나 절연대를 시설하는 경우

(5) 전기수용가 접지

1) 등전위본딩의 적용

건축물·구조물에서 접지도체, 주 접지단자와 다음의 도전성부분은 등전위본딩 하여야 한다. 다만, 이들 부분이 다른 보호도체로 주 접지단자에 연결된 경우는 그러하지 아니하다.
1. 수도관·가스관 등 외부에서 내부로 인입되는 금속배관
2. 건축물·구조물의 철근, 철골 등 금속보강재
3. 일상생활에서 접촉이 가능한 금속제 난방배관 및 공조설비 등 계통외 도전부

2) 등전위본딩 도체

주접지단자에 접속하기 위한 등전위본딩 도체는 설비 내에 있는 가장 큰 보호접지도체 단면적의 1/2 이상의 단면적을 가져야 하고 다음의 단면적 이상이어야 한다.
1. 구리도체 6[mm^2]
2. 알루미늄 도체 16[mm^2]
3. 강철 도체 50[mm^2]

5 피뢰시스템

1. 수뢰부시스템의 선정은 돌침, 수평도체, 메시도체의 요소 중에 한 가지 또는 이를 조합한 형식으로 시설하여야 한다.
2. 수뢰부시스템의 배치는 다음에 의한다.
　　가. 보호각법, 회전구체법, 메시법 중 하나 또는 조합된 방법으로 배치하여야 한다.
　　나. 건축물·구조물의 뾰족한 부분, 모서리 등에 우선하여 배치한다.

필수유형 및 과년도문제

필수 01 ★★ 기술기준 총칙 및 KEC 총칙에 관한 사항

다음 중 "제2차 접근 상태"를 바르게 설명한 것은 어느 것인가?

① 가공 전선이 전선의 절단 또는 지지물의 도괴 등이 되는 경우에 당해 전선이 다른 시설물에 접속될 우려가 있는 상태를 말한다.
② 가공 전선이 다른 시설물과 접근하는 경우에 당해 가공 전선이 다른 시설물의 위쪽 또는 옆쪽에서 수평 거리로 3미터 미만인 곳에 시설되는 상태를 말한다.
③ 가공 전선이 다른 시설물과 접근하는 경우에 가공 전선이 다른 시설물의 위쪽 또는 옆쪽에서 수평 거리로 3미터 이상에 시설되는 것을 말한다.
④ 가공 선로 중 제1차 접근 시설로 접근할 수 없는 시설로서 제2차 보호 조치나 안전 시설을 하여야 접근할 수 있는 상태의 시설을 말한다.

유형분석 용어 중 제2차 접근상태를 알고 있느냐를 확인하는 문제이다. 3[m]만 암기하지 말고 용어를 이해하는 것이 바람직하다.

풀 이 (KEC 112) **답** ②

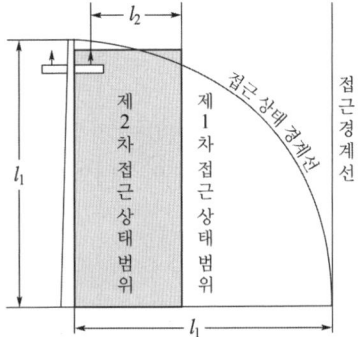

Key point

제2차 접근 상태란 가공 전선이 다른 시설물과 위쪽 또는 옆쪽에서 수평 거리로 3[m] 미만인 곳에 시설되는 상태를 말한다.

문제 01 ★★ 전압의 구분에 대한 설명으로 옳지 않은 것은?

① 전압은 저압, 고압, 특고압의 3종으로 구분한다.
② 저압은 직류는 600[V] 이하, 교류는 750[V] 이하이다.
③ 고압은 저압을 넘고 7[kV] 이하이다.
④ 특고압은 7[kV]를 넘는 것이다.

풀이 111 통칙
이 규정에서 적용하는 전압의 구분은 다음과 같다.

분 류	전압의 범위
저 압	• 직류 : 1.5[kV] 이하 • 교류 : 1[kV] 이하
고 압	• 직류 : 1.5[kV]를 초과하고, 7[kV] 이하 • 교류 : 1[kV]를 초과하고, 7[kV] 이하
특고압	7[kV]를 초과

답 ②

문제 02 ★★★★★ 관등 회로라고 하는 것은?

① 분기점으로부터 안정기까지의 전로
② 스위치로부터 방전등까지의 전로
③ 스위치로부터 안정기까지의 전로
④ 방전등용 안정기로부터 방전관까지의 전로

풀이 112 용어 정의
관등 회로란 방전등용 안정기 또는 방전등용 변압기로부터 방전관까지의 전로를 말한다.

답 ④

문제 03 ★★ 제2차 접근상태를 바르게 설명한 것은?

① 가공전선이 전선의 절단 또는 지지물의 도괴 등이 되는 경우에 당해 전선이 다른 시설물에 접속될 우려가 있는 상태
② 가공전선이 다른 시설물과 접근하는 경우에 당해 가공전선이 다른 시설물의 위쪽 또는 옆쪽에서 수평거리로 3[m] 미만인 곳에 시설되는 상태
③ 가공전선이 다른 시설물과 접근하는 경우에 가공전선을 다른 시설물과 수평되게 시설되는 상태
④ 가공선로에 접지공사를 하고 보호망으로 보호하여 인축의 감전 상태를 방지하도록 조치하는 상태

풀이 112 용어 정의
"제2차 접근상태"란 가공 전선이 다른 시설물과 접근하는 경우에 그 가공 전선이 다른 시설물의 위쪽 또는 옆쪽에서 수평 거리로 3[m] 미만인 곳에 시설되는 상태를 말한다.

답 ②

필수 02 ★ 전선

전선의 접속법을 열거한 것 중 잘못 설명한 것은?

① 전선의 세기를 30[%] 이상 감소시키지 않는다.
② 접속 부분은 절연 전선의 절연물과 동등 이상의 절연 효력이 있도록 충분히 피복한다.
③ 접속 부분은 접속관, 기타의 기구를 사용한다.
④ 알루미늄 도체의 전선과 동도체의 전선을 접속할 때에는 전기적 부식이 생기지 않도록 한다.

유형분석 전선접속에 관한 문제는 대부분 20[%] 감소, 80[%] 유지를 질문한다. 이 수치를 기억하는 것이 바람직하다.

풀이 전선의 세기를 20[%] 이상 감소시키지 말아야 한다. (KEC 123). **답** ①

Key point

① 전선의 전기 저항을 증가시키지 않을 것
② 인장 하중(전선의 세기)을 20[%] 이상 감소시키지 않을 것

문제 04 ★★ 전선을 접속한 경우 전선의 세기를 최소 몇 [%] 이상 감소시키지 않아야 하는가?

① 10 ② 15 ③ 20 ④ 25

풀이 123 전선의 접속
전선의 세기를 20[%] 이상 감소시키지 말아야 한다. **답** ③

문제 05 ★ 전로의 절연 원칙에 따라 반드시 절연하여야 하는 것은?

① 전로의 중성점에 접지 공사를 하는 경우의 접지점
② 계기용 변성기의 2차측 전로의 접지점
③ 저압 가공 전선로의 접지측 전선
④ 22.9[kVA] 중성선의 다중 접지의 접지점

풀이 131 전로의 절연 원칙
전로는 다음 이외에는 대지로부터 절연하여야 한다.
1. 저압전로에 접지공사를 하는 경우의 접지점
2. **전로의 중성점에 접지공사를 하는 경우의 접지점**
3. **계기용변성기의 2차측 전로에 접지공사를 하는 경우의 접지점**
4. **다중 접지를 하는 경우의 접지점**
5. 변압기의 2차측 전로에 접지공사를 하는 경우의 접지점
6. 직류계통에 접지공사를 하는 경우의 접지점

답 ③

필수 03 ★★★★★ 전로의 절연

3상 4선식 22.9[kV] 중성점 다중 접지식 가공 전선로의 전로와 대지사이의 절연 내력 시험 전압[V]은?

① 28,625　　② 22,900　　③ 21,068　　④ 16,488

유형분석 전로의 종류 및 변압기 전로의 접지방식에 따른 최대사용 전압의 배수와 시험전압을 물어본다.

풀 이 (KEC 132) 전로의 절연저항 및 절연내력

전로의 종류	접지방식	시험전압 (최대사용 전압의 배수)	최저 시험전압
1. 7[kV] 이하인 전로		1.5배	
2. 7[kV] 초과 25[kV] 이하	다중접지	0.92배	

∴ 시험 전압 = 22,900 × 0.92 = 21,068[V]

답 ③

Key point

전로의 절연저항 및 절연내력

전로의 종류	접지방식	시험전압 (최대사용 전압의 배수)	최저 시험전압
1. 7[kV] 이하인 전로		1.5배	
2. 7[kV] 초과 25[kV] 이하	다중접지	0.92배	
3. 7[kV] 초과 60[kV] 이하(2란의 것 제외)		1.25배	10.5[kV]
4. 60[kV] 초과	비접지	1.25배	
5. 60[kV] 초과(6란, 7란의 것 제외)	접지식	1.1배	75[kV]
6. 60[kV] 초과(7란의 것 제외)	직접접지	0.72배	
7. 170[kV] 초과(발전소 또는 변전소 혹은 이에 준하는 장소에 시설하는 것.)	직접접지	0.64배	

문제 06 ★★★★☆

고압 및 특고압의 전로에 절연 내력 시험을 하는 경우 시험 전압을 연속 얼마 동안 가하는가?

① 10 초　　② 1 분　　③ 5 분　　④ 10 분

풀이 132 전로의 절연저항 및 절연내력

고압 및 특고압의 전로는 표에서 정한 시험전압을 전로와 대지 사이(다심 케이블은 심선 상호 간 및 심선과 대지 사이)에 **연속하여 10분간 가하여** 절연내력을 시험하였을 때에 이에 견디어야 한다.

답 ④

문제 07 ★★
최대 사용 전압이 69[kV]인 중성점 비접지식 전로의 절연 내력 시험 전압은 몇 [kV]인가?

① 63.48 ② 75.9 ③ 86.25 ④ 103.5

풀이 132 전로의 절연저항 및 절연내력

전로의 종류	접지방식	시험전압 (최대사용 전압의 배수)	최저 시험전압
1. 7[kV] 이하인 전로		1.5배	
2. 7[kV] 초과 25[kV] 이하	다중접지	0.92배	
3. 7[kV] 초과 60[kV] 이하(2란의 것 제외)		1.25배	10.5[kV]
4. 60[kV] 초과	비접지	1.25배	
5. 60[kV] 초과(6란, 7란의 것 제외)	접지식	1.1배	75[kV]
6. 60[kV] 초과(7란의 것 제외)	직접접지	0.72배	
7. 170[kV] 초과(발전소 또는 변전소 혹은 이에 준하는 장소에 시설하는 것)	직접접지	0.64배	

60[kV]를 초과하는 중성점 비접지식이므로
∴ 시험 전압 = 69 × 1.25 = 86.25[kV]

답 ③

문제 08 ★★★☆
발전기, 전동기 등 회전기의 절연 내력은 규정된 시험 전압을 권선과 대지사이에 계속하여 몇 분간 가하여 견디어야 하는가?

① 5 분 ② 10 분 ③ 15 분 ④ 20 분

풀이 133 회전기 및 정류기의 절연내력

종류		시험전압	시험 방법
회전기	발전기·전동기·조상기·기타회전기	7[kV] 이하	1.5배(최저 500[V])	권선과 대지 사이에 연속하여 10분간
		7[kV] 초과	1.25배(최저 10,500[V])	
	회전 변류기		직류 측의 최대 사용전압의 1배의 교류전압(최저 500[V])	

답 ②

문제 09 ★★★☆
최대 사용 전압이 6600[V]인 3상 유도 전동기의 권선과 대지 사이의 절연 내력 시험 전압은 몇 [V]인가?

① 7260 ② 7920 ③ 8250 ④ 9900

풀이 133 회전기 및 정류기의 절연내력

종류		시험전압	시험 방법
회전기	발전기·전동기·조상기·기타회전기	7[kV] 이하	1.5배(최저 500[V])	권선과 대지 사이에 연속하여 10분간
		7[kV] 초과	1.25배(최저 10,500[V])	
	회전 변류기		직류 측의 최대 사용전압의 1배의 교류전압(최저 500[V])	

7[kV] 이하이므로 절연 내력 시험은 최대 사용 전압에 1.5배를 곱한다.
∴ 시험전압 = 6600 × 1.5 = 9900[V]

답 ④

문제 10 ★★★☆
220[V]용 전동기의 절연내력 시험 시 시험전압은 몇 [V]인가?

① 300   ② 330   ③ 450   ④ 500

풀이 133 회전기 및 정류기의 절연내력
최대 사용전압이 7[kV] 이하인 경우, 시험전압은 사용전압의 1.5배이고 최저 시험전압은 500[V]로 한다.
∴ 시험전압 = 220 × 1.5 = 330[V]이므로 500[V]로 하여야 한다.   **답** ④

문제 11 ★★★
중성점 접지식 전선로에 접속한 66[kV] 변압기의 절연내력 시험전압[kV]은?

① 72.6   ② 75.0   ③ 82.5   ④ 99.0

풀이 135 변압기 전로의 절연내력

권선의 종류 (최대 사용전압)	접지방식	시험전압 (최대 사용전압의 배수)	최저 시험전압
1. 7[kV] 이하		1.5배	500[V]
	다중접지	0.92배	500[V]
2. 7[kV] 초과 25[kV] 이하	다중접지	0.92배	
3. 7[kV] 초과 60[kV] 이하(2란의 것 제외)		1.25배	10.5[kV]
4. 60[kV] 초과	비접지	1.25배	
5. **60[kV] 초과**(6란의 것 제외)	**접지식**	**1.1배**	**75[kV]**
6. 60[kV] 초과	직접접지	0.72배	
7. 170[kV] 초과	직접접지	0.64배	

최대 사용전압이 60[kV] 초과하고 Y결선 중성점 접지식인 경우이므로, 시험전압은 최대 사용전압의 1.1배이고 최저 시험전압은 75[kV]이다.
∴ 시험전압 = 66 × 1.1 = 72.6[kV]이므로 75[kV]로 하여야 한다.   **답** ②

문제 12 ★★★★★
중성점 직접 접지식으로서 최대 사용전압이 161000[V]인 변압기 권선의 절연내력 시험전압은 몇 [V]인가?

① 103040   ② 115920   ③ 148120   ④ 177100

풀이 135 변압기 전로의 절연내력

권선의 종류 (최대 사용전압)	접지방식	시험전압 (최대 사용전압의 배수)	최저 시험전압
1. 7[kV] 이하		1.5배	500[V]
	다중접지	0.92배	500[V]
2. 7[kV] 초과 25[kV] 이하	다중접지	0.92배	
3. 7[kV] 초과 60[kV] 이하(2란의 것 제외)		1.25배	10.5[kV]
4. 60[kV] 초과	비접지	1.25배	
5. 60[kV] 초과(6란의 것 제외)	접지식	1.1배	75 [kV]
6. **60[kV] 초과**	**직접접지**	**0.72배**	
7. 170[kV] 초과	직접접지	0.64배	

최대 사용전압이 60[kV]를 초과하는 직접 접지식이므로
최대 사용전압 = 161000 × 0.72 = 115920[V]   **답** ②

문제 13 ★☆
중성점 직접 접지식 전로에 접속하는 것으로 성형 결선으로 된 변압기의 최대 사용전압이 345000[V]라 하면 이 변압기의 내압 시험전압은 얼마가 되는가?

① 220800[V]　　② 248400[V]　　③ 379500[V]　　④ 431250[V]

풀이 135 변압기 전로의 절연내력
최대 사용전압이 170[kV]를 초과하는 직접 접지식이므로
∴ 시험전압 = 345000 × 0.64 = 220800[V]

답 ①

04 접지시스템 ★☆

변압기 중성점 접지 공사의 접지 저항값을 $\dfrac{150}{I}[\Omega]$으로 정하고 있는데, 이때 I에 해당하는 것은?

① 변압기의 고압측 또는 특고압측 전로의 1선 지락 전류의 암페어 수
② 변압기의 고압측 또는 특고압측 전로의 단락 사고 시의 고장 전류의 암페어 수
③ 변압기의 1차측과 2차측의 혼촉에 의한 단락 전류의 암페어 수
④ 변압기의 1차와 2차에 해당되는 전류의 합

유형분석 자동 차단하는 장치의 동작 시간을 주의하여 변압기 중성점 접지저항의 최댓값을 구한다.

풀이 (KEC 142.5) 변압기 중성점 접지
변압기의 중성점접지 저항 값은 다음에 의한다.
1. **변압기의 고압·특고압측 전로 1선 지락전류**로 150을 나눈 값과 같은 저항 값 이하
2. 사용전압이 35[kV] 이하의 특고압 전로가 저압측 전로와 혼촉하고 저압전로의 대지전압이 150[V]를 초과하는 경우의 저항값은 다음에 의한다.
  가. 1초 초과 2초 이내에 고압·특고압 전로를 자동으로 차단하는 장치를 설치할 때는 300을 나눈 값 이하
  나. 1초 이내에 고압·특고압 전로를 자동으로 차단하는 장치를 설치할 때는 600을 나눈 값 이하

답 ①

Key point

① 변압기 중성점 접지
- $\dfrac{150}{I}[\Omega]$ 이하
- 자동 차단 설비가 1초 이내 동작하면 $\dfrac{600}{I}[\Omega]$
- 자동 차단 설비가 1초를 넘어 2초 이내 동작하면 $\dfrac{300}{I}[\Omega]$

② 접지극으로 사용가능
- 금속제 수도관로 : 3[Ω] 이하
- 건축물·구조물의 철골 기타의 금속제 : 2[Ω] 이하

문제 14 ★☆
접지공사의 접지극을 시설할 때 동결 깊이를 감안하여 지하 몇 [cm] 이상의 깊이로 매설하여야 하는가?

① 30 ② 50 ③ 75 ④ 100

풀이 142.2 접지극의 시설 및 접지저항
접지극의 매설은 다음에 의한다.
가. **접지극은 지표면으로부터 지하 0.75[m] 이상**으로 하되 동결 깊이를 감안하여 매설 깊이를 정해야 한다.
나. 접지도체를 철주 기타의 금속체를 따라서 시설하는 경우에는 접지극을 철주의 밑면으로부터 0.3[m] 이상의 깊이에 매설하는 경우 이외에는 접지극을 지중에서 그 금속체로부터 1[m] 이상 떼어 매설하여야 한다.

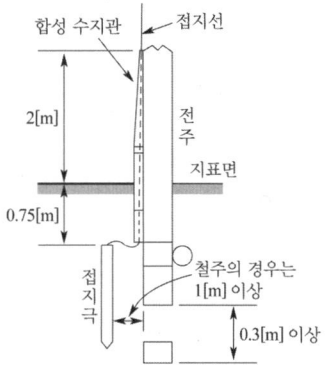

답 ③

문제 15 ★☆
수용 장소의 인입구에 있어서 저압 전로의 중성선에 시설하는 접지선의 굵기는 몇 [mm²] 이상의 연동선 이어야 하는가?

① 1.0 ② 2.5 ③ 6.0 ④ 10

풀이 142.4.1 저압수용가 인입구 접지
수용장소 인입구 부근에서 다음의 것을 접지극으로 사용하여 변압기 중성점 접지를 한 저압전선로의 중성선 또는 접지측 전선에 추가로 접지공사를 할 수 있다.
가. 지중에 매설되어 있고 대지와의 전기저항 값이 3[Ω] 이하의 값을 유지하고 있는 금속제 수도관로
나. 대지 사이의 전기저항 값이 3[Ω] 이하인 값을 유지하는 건물의 철골
다. 접지도체는 공칭단면적 6[mm²] 이상의 연동선

답 ③

문제 16 ★★★
수용 장소의 인입구 부근에 금속제 수도 관로가 있는 경우 또는 대지 사이의 전기 저항값이 몇 [Ω] 이하인 값을 유지하는 건물의 철골이 있는 경우에는 이것을 접지극으로 사용하여 저압 전선로의 접지측 전선에 추가 접지할 수 있는가?

① 1[Ω] ② 2[Ω] ③ 3[Ω] ④ 4[Ω]

풀이 142.4.1 저압수용가 인입구 접지
수용장소 인입구 부근에서 다음의 것을 접지극으로 사용하여 변압기 중성점 접지를 한 저압전선로의 중성선 또는 접지측 전선에 **추가로 접지공사를 할 수 있다.**
가. 지중에 매설되어 있고 대지와의 전기저항 값이 3[Ω] 이하의 값을 유지하고 있는 금속제 수도관로
나. 대지 사이의 전기저항 값이 3[Ω] 이하인 값을 유지하는 건물의 철골
다. 접지도체는 공칭단면적 6[mm²] 이상의 연동선

답 ③

문제 17 ★☆
고압 전로의 1선 지락 전류가 20[A]의 경우에 이에 결합된 변압기 중성점 접지 저항값은 최대 몇 [Ω]이 되는가? 단, 이 전로는 고·저압 혼촉시 저압 전로의 대지 전압이 150[V]를 넘는 경우에 1초를 넘고 2초 내에 자동 차단하는 장치가 되어 있다.

① 7.5 ② 10 ③ 15 ④ 30

풀이 142.5 변압기 중성점 접지
변압기의 중성점접지 저항 값은 다음에 의한다.
가. 변압기의 고압·특고압측 전로 1선 지락전류로 150을 나눈 값과 같은 저항 값 이하

$$R = \frac{150}{\text{변압기의 고압측 또는 특고압측의 1선 지락전류}}[\Omega]$$

나. 사용전압 35[kV] 이하의 특고압전로가 저압측 전로와 혼촉하고 저압전로의 대지전압이 150[V]를 초과하는 경우는 저항 값은 다음에 의한다.
① 1초 초과 2초 이내에 고압·특고압 전로를 자동으로 차단하는 장치를 설치할 때는 300을 나눈 값 이하

$$R = \frac{300}{\text{변압기의 고압측 또는 특고압측의 1선 지락전류}}[\Omega]$$

② 1초 이내에 고압·특고압 전로를 자동으로 차단하는 장치를 설치할 때는 600을 나눈 값 이하

$$R = \frac{600}{\text{변압기의 고압측 또는 특고압측의 1선 지락전류}}[\Omega]$$

2초 이내 동작하는 자동 차단장치가 없는 경우이므로

접지 저항값 $= \frac{150}{1\text{선 지락 전류}} = \frac{150}{60} = 2.5[\Omega]$

$\therefore R = \frac{300}{1\text{선 지락 전류}} = \frac{300}{20} = 15[\Omega]$

답 ③

문제 18 ★★★
저압용 기계 기구에서 전기를 공급하는 전로에 누전 차단기를 시설하면 외함의 접지를 생략할 수 있다. 이 경우의 누전 차단기의 정격이 기술 기준에 적합한 것은?

① 정격 감도 전류 15[mA] 이하, 동작 시간 0.1초 이하의 전류 동작형
② 정격 감도 전류 15[mA] 이하, 동작 시간 0.2초 이하의 전압 동작형
③ 정격 감도 전류 30[mA] 이하, 동작 시간 0.1초 이하의 전류 동작형
④ 정격 감도 전류 30[mA] 이하, 동작 시간 0.03초 이하의 전류 동작형

풀이 142.7 기계기구의 철대 및 외함의 접지
전로에 시설하는 기계기구의 철대 및 금속제 외함에는 접지공사를 하여야 하나 다음의 어느 하나에 해당하는 경우에는 접지를 생략 할 수 있다.
가. 사용전압이 직류 300[V] 또는 교류 대지전압이 150[V] 이하인 **기계기구를 건조한 곳에 시설하는 경우**
나. 철대 또는 외함의 주위에 적당한 절연대를 설치하는 경우
다. 외함이 없는 계기용변성기가 고무·합성수지 기타의 절연물로 피복한 것일 경우
라. 2중 절연구조로 되어 있는 기계기구를 시설하는 경우
마. 저압용 기계기구에 전기를 공급하는 전로의 전원측에 절연변압기(2차 전압이 300[V] 이하이며, 정격용량이 3[kVA] 이하인 것에 한한다)를 시설하고 또한 그 절연변압기의 부하측 전로를 접지하지 않은 경우
바. 물기 있는 장소 이외의 장소에 시설하는 저압용의 개별 기계기구에 전기를 공급하는 전로에 인체감전보호용 누전차단기(정격감도전류가 30[mA] 이하, 동작시간이 0.03[초] 이하의 전류동작형에 한한다)를 시설하는 경우

답 ④

03 출제기준 - 저압전기설비

1 통칙

(1) 배전방식

1) 교류회로

1. 3상 4선식의 중성선 또는 PEN 도체는 충전도체는 아니지만 운전전류를 흘리는 도체이다.
2. 3상 4선식에서 파생되는 단상 2선식 배전방식의 경우 두 도체 모두가 선도체이거나 하나의 선도체와 중성선 또는 하나의 선도체와 PEN 도체이다.
3. 모든 부하가 선간에 접속된 전기설비에서는 중성선의 설치가 필요하지 않을 수 있다.

2) 직류회로

PEL과 PEM 도체는 충전도체는 아니지만 운전전류를 흘리는 도체이다. 2선식 배전방식이나 3선식 배전방식을 적용한다.

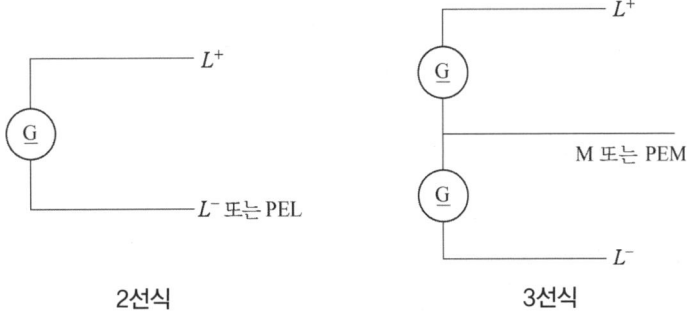

2선식　　　　　　　　　3선식

(2) 계통접지의 방식

1) 계통접지 구성

1. 저압전로의 보호도체 및 중성선의 접속 방식에 따라 접지계통은 다음과 같이 분류한다.
   가. TN 계통　　나. TT 계통　　다. IT 계통
2. 계통접지에서 사용되는 문자의 정의는 다음과 같다.
   가. 제1문자 - 전원계통과 대지의 관계
   　　T : 한 점을 대지에 직접 접속

I : 모든 충전부를 대지와 절연시키거나 높은 임피던스를 통하여 한 점을 대지에 직접 접속

나. 제2문자 – 전기설비의 노출도전부와 대지의 관계

T : 노출도전부를 대지로 직접 접속. 전원계통의 접지와는 무관

N : 노출도전부를 전원계통의 접지점(교류 계통에서는 통상적으로 중성점, 중성점이 없을 경우는 선도체)에 직접 접속

다. 그 다음 문자(문자가 있을 경우) – 중성선과 보호도체의 배치

S : 중성선 또는 접지된 선도체 외에 별도의 도체에 의해 제공되는 보호 기능

C : 중성선과 보호 기능을 한 개의 도체로 겸용(PEN 도체)

3. 각 계통에서 나타내는 그림의 기호는 다음과 같다.

표. 기호 설명

기호	설명
	중성선(N), 중간도체(M)
	보호도체(PE)
	중성선과 보호도체겸용(PEN)

2) TN 계통

전원측의 한 점을 직접접지하고 설비의 노출도전부를 보호도체로 접속시키는 방식으로 중성선 및 보호도체(PE 도체)의 배치 및 접속방식에 따라 다음과 같이 분류한다.

1. TN-S 계통은 계통 전체에 대해 별도의 중성선 또는 PE 도체를 사용한다. 배전계통에서 PE 도체를 추가로 접지할 수 있다.

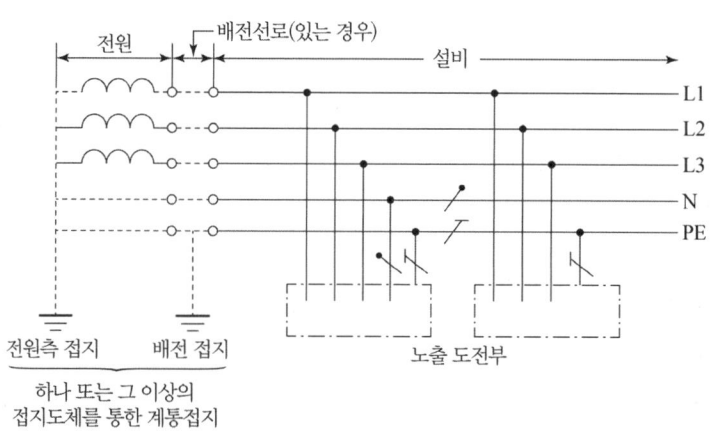

계통 내에서 별도의 중성선과 보호도체가 있는 TN-S 계통

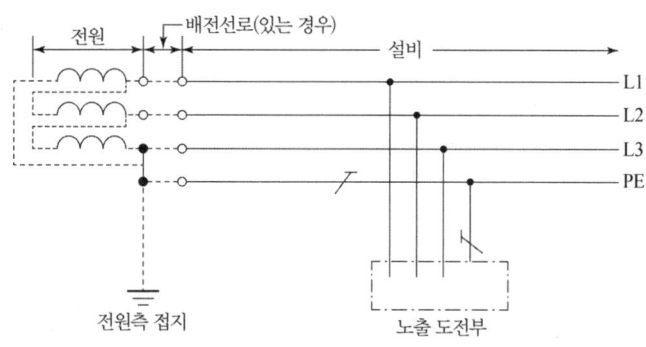

계통 내에서 별도의 접지된 선도체와 보호도체가 있는 TN-S 계통

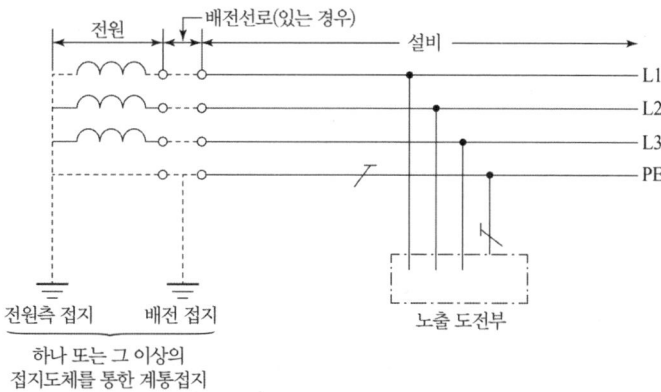

계통 내에서 접지된 보호도체는 있으나 중성선의 배선이 없는 TN-S 계통

2. TN-C 계통은 그 계통 전체에 대해 중성선과 보호도체의 기능을 동일도체로 겸용한 PEN 도체를 사용한다. 배전계통에서 PEN 도체를 추가로 접지할 수 있다.

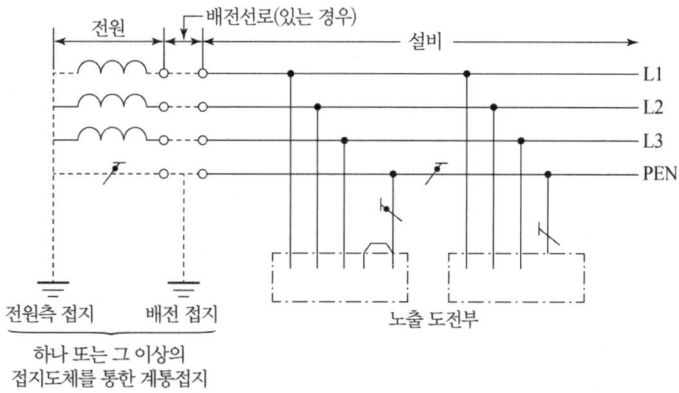

TN-C 계통

3. TN-C-S 계통은 계통의 일부분에서 PEN 도체를 사용하거나, 중성선과 별도의 PE 도체를 사용하는 방식이 있다. 배전계통에서 PEN 도체와 PE 도체를 추가로 접지할 수 있다.

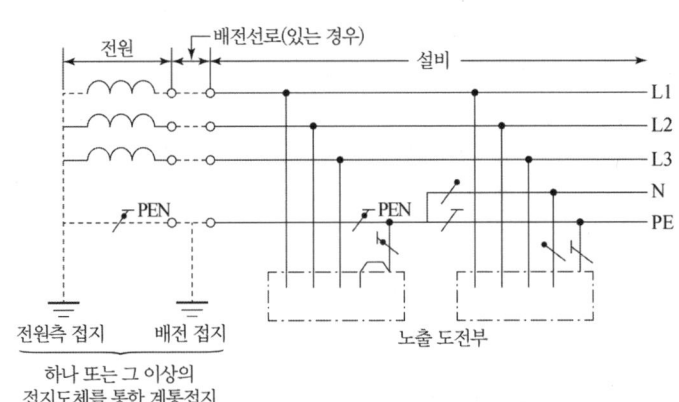

설비의 어느 곳에서 PEN이 PE와 N으로 분리된 3상 4선식 TN-C-S 계통

3) TT 계통

전원의 한 점을 직접 접지하고 설비의 노출도전부는 전원의 접지전극과 전기적으로 독립적인 접지극에 접속시킨다. 배전계통에서 PE 도체를 추가로 접지할 수 있다.

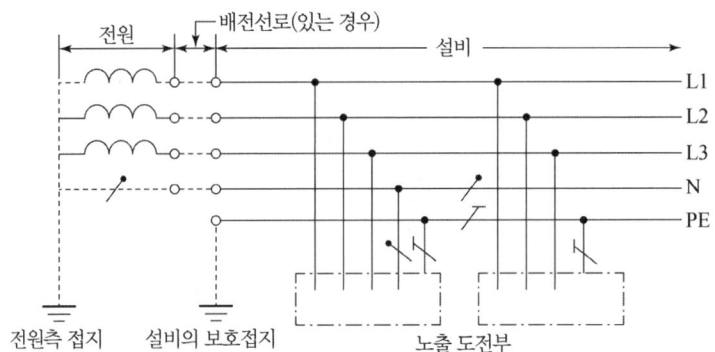

설비 전체에서 별도의 중성선과 보호도체가 있는 TT 계통

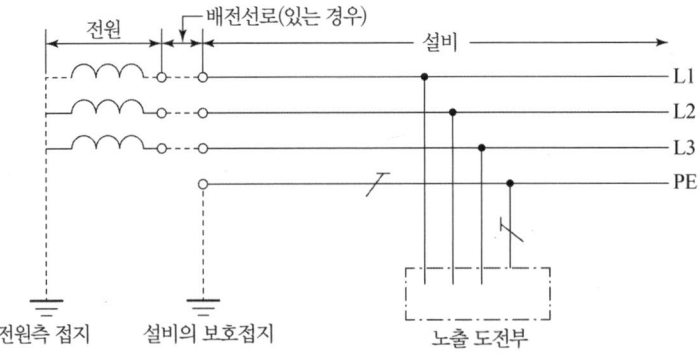

설비 전체에서 접지된 보호도체가 있으나 배전용 중성선이 없는 TT 계통

4) IT 계통

1. 충전부 전체를 대지로부터 절연시키거나, 한 점을 임피던스를 통해 대지에 접속시킨다. 전기설비의 노출도전부를 단독 또는 일괄적으로 계통의 PE 도체에 접속시킨다. 배전계통에서 추가접지가 가능하다.
2. 계통은 충분히 높은 임피던스를 통하여 접지할 수 있다. 이 접속은 중성점, 인위적 중성점, 선도체 등에서 할 수 있다. 중성선은 배선할 수도 있고, 배선하지 않을 수도 있다.

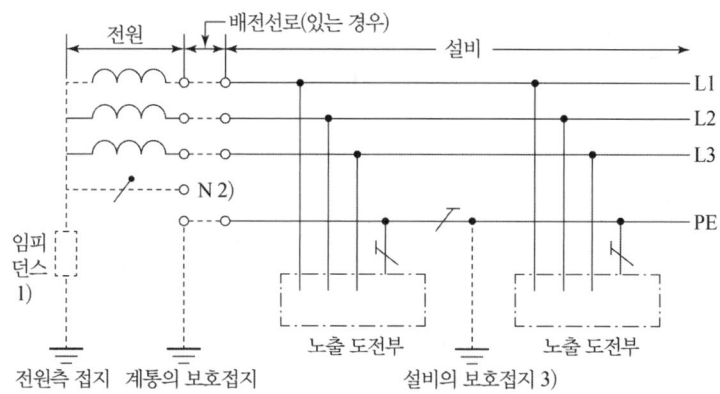

계통 내의 모든 노출도전부가 보호도체에 의해 접속되어 일괄 접지된 IT 계통

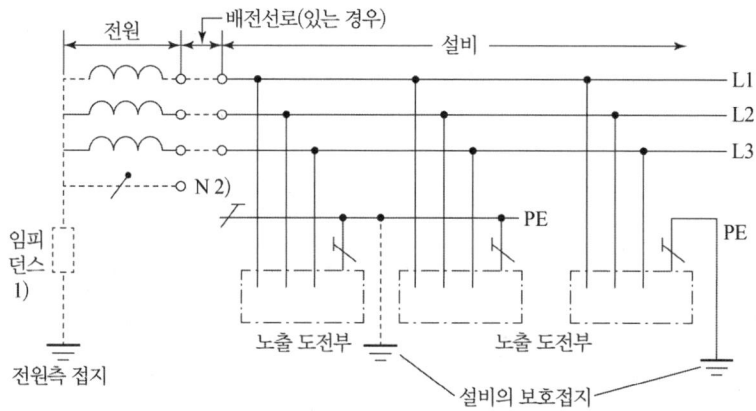

노출도전부가 조합으로 또는 개별로 접지된 IT 계통

2 안전을 위한 보호

(1) 감전에 대한 보호

1) 보호대책 일반 요구사항

안전을 위한 보호에서 별도의 언급이 없는 한 다음의 전압 규정에 따른다.
1. 교류전압은 실효값으로 한다.
2. 직류전압은 리플프리로 한다.

2) 전원의 자동차단에 의한 보호대책

1. 고장보호의 요구사항
   다음에 따른 교류계통에서는 누전차단기에 의한 추가적 보호를 하여야 한다.
   가. 일반인이 사용하는 정격전류 20[A] 이하 콘센트
   나. 옥외에서 사용되는 정격전류 32[A] 이하 이동용 전기기기

2. 누전차단기의 시설
   가. 전원의 자동차단에 의한 저압전로의 보호대책으로 누전차단기를 시설해야할 대상은 다음과 같다.

   ⑴ 금속제 외함을 가지는 사용전압이 50[V]를 초과하는 저압의 기계 기구로서 사람이 쉽게 접촉할 우려가 있는 곳에 시설하는 것에 전기를 공급하는 전로. 다만, 다음의 어느 하나에 해당하는 경우에는 적용하지 않는다.
   - 기계기구를 발전소·변전소·개폐소 또는 이에 준하는 곳에 시설하는 경우
   - 기계기구를 건조한 곳에 시설하는 경우
   - 대지전압이 150[V] 이하인 기계기구를 물기가 있는 곳 이외의 곳에 시설하는 경우
   - 이중 절연구조의 기계기구를 시설하는 경우
   - 그 전로의 전원측에 절연변압기(2차 전압이 300[V] 이하인 경우에 한한다)를 시설하고 또한 그 절연 변압기의 부하측의 전로에 접지하지 아니하는 경우
   - 기계기구가 고무·합성수지 기타 절연물로 피복된 경우
   - 기계기구가 유도전동기의 2차측 전로에 접속되는 것일 경우

   ⑵ 다음의 전로에는 자동복구 기능을 갖는 누전차단기를 시설할 수 있다.
   - 독립된 무인 통신중계소·기지국
   - 관련법령에 의해 일반인의 출입을 금지 또는 제한하는 곳
   - 옥외의 장소에 무인으로 운전하는 통신중계기 또는 단위기기 전용회로. 단, 일반인이 특정한 목적을 위해 지체하는(머물러 있는) 장소로서 버스정류장, 횡단보도 등에는 시설할 수 없다.

   나. 일반인이 접촉할 우려가 있는 장소(세대 내 분전반 및 이와 유사한 장소)에는 주택용 누전차단기를 시설하여야 하고, 주택용 누전차단기를 정방향(세로)으로 부

착할 경우에는 차단기의 위쪽이 켜짐(on)으로, 차단기의 아래쪽은 꺼짐(off)으로 시설하여야 한다.

3. TN 계통
   가. 전원 공급계통의 중성점이나 중간점은 접지하여야 한다. 중성점이나 중간점을 접지할 수 없는 경우에는 선도체 중 하나를 접지하여야 한다. 설비의 노출도전부는 보호도체로 전원공급계통의 접지점에 접속하여야 한다.
   나. 고정설비에서 보호도체와 중성선을 겸하여(PEN 도체) 사용될 수 있다. 이러한 경우에는 PEN 도체에는 어떠한 개폐장치나 단로장치가 삽입되지 않아야 한다.
   다. TN 계통에서 과전류보호장치 및 누전차단기는 고장보호에 사용할 수 있다. 누전차단기를 사용하는 경우 과전류보호 겸용의 것을 사용해야 한다.
   라. TN-C 계통에는 누전차단기를 사용해서는 아니 된다. TN-C-S 계통에 누전차단기를 설치하는 경우에는 누전차단기의 부하측에는 PEN 도체를 사용할 수 없다. 이러한 경우 PE도체는 누전차단기의 전원측에서 PEN 도체에 접속하여야 한다.

4. TT 계통
   가. 전원계통의 중성점이나 중간점은 접지하여야 한다. 중성점이나 중간점을 이용할 수 없는 경우, 선도체 중 하나를 접지하여야 한다.
   나. TT 계통은 누전차단기를 사용하여 고장보호를 하여야 한다.
      다만, 고장 루프임피던스가 충분히 낮을 때는 과전류보호장치에 의하여 고장보호를 할 수 있다.

5. IT 계통
   IT 계통은 다음과 같은 감시장치와 보호장치를 사용할 수 있으며, 1차 고장이 지속되는 동안 작동되어야 한다. 절연감시장치는 음향 및 시각신호를 갖추어야 한다.
   가. 절연감시장치
   나. 누설전류감시장치
   다. 절연고장점검출장치
   라. 과전류보호장치
   마. 누전차단기

3) SELV와 PELV를 적용한 특별저압에 의한 보호

1. 보호대책 일반 요구사항
   가. 특별저압에 의한 보호는 다음의 특별저압 계통에 의한 보호대책이다.
      (1) SELV(Safety Extra-Low Voltage) : 비접지회로 보호수단
      (2) PELV(Protective Extra-Low Voltage) : 접지회로 보호수단
   나. 보호대책의 요구사항
      (1) 특별저압 계통의 전압한계는 교류 50[V] 이하, 직류 120[V] 이하이어야 한다.

(2) 특별저압 회로를 제외한 모든 회로로부터 특별저압 계통을 보호 분리하고, 특별저압 계통과 다른 특별저압 계통 간에는 기본절연을 하여야 한다.
(3) SELV 계통과 대지간의 기본절연을 하여야 한다.

(2) 과전류에 대한 보호

1) 회로의 특성에 따른 요구사항

1. 선도체의 보호
   가. 과전류의 검출은 모든 선도체에 대하여 과전류 검출기를 설치하여 과전류가 발생할 때 전원을 안전하게 차단해야 한다. 다만, 과전류가 검출된 도체 이외의 다른 선도체는 차단하지 않아도 된다.
   나. 3상 전동기 등과 같이 단상 차단이 위험을 일으킬 수 있는 경우 적절한 보호 조치를 해야 한다.

2. 중성선의 보호
   가. TT 계통 또는 TN 계통
      (1) 중성선의 단면적이 선도체의 단면적과 동등 이상의 크기이고, 그 중성선의 전류가 선도체의 전류보다 크지 않을 것으로 예상될 경우 : 중성선에는 과전류 검출기 또는 차단장치를 설치하지 않아도 된다.
      (2) 중성선의 단면적이 선도체의 단면적보다 작은 경우
         • 과전류 검출기를 설치할 필요가 있다.
         • 검출된 과전류가 설계전류를 초과하면 선도체를 차단해야 하지만, 중성선을 차단할 필요까지는 없다.
   나. IT 계통
      (1) 중성선을 배선하는 경우 중성선에 과전류검출기를 설치해야 한다.
      (2) 과전류가 검출되면 중성선을 포함한 해당 회로의 모든 충전도체를 차단해야 한다.

2) 보호장치의 특성

과전류차단기로 저압전로에 사용하는 범용의 퓨즈는 표에 적합한 것이어야 한다.

표. 퓨즈(gG)의 용단특성

정격전류의 구분	시 간	정격전류의 배수	
		불용단전류	용단전류
4[A] 이하	60분	1.5배	2.1배
4[A] 초과 16[A] 미만	60분	1.5배	1.9배
16[A] 이상 63[A] 이하	60분	1.25배	1.6배
63[A] 초과 160[A] 이하	120분	1.25배	1.6배
160[A] 초과 400[A] 이하	180분	1.25배	1.6배
400[A] 초과	240분	1.25배	1.6배

3) 과부하전류에 대한 보호

1. 도체와 과부하 보호장치 사이의 협조
   과부하에 대해 케이블(전선)을 보호하는 장치의 동작특성은 다음의 조건을 충족해야 한다.

   $$I_B \leq I_n \leq I_Z$$
   $$I_2 \leq 1.45 \times I_Z$$

   I_B : 회로의 설계전류(선도체를 흐르는 설계전류 또는 함유율이 높은 영상분 고조파, 특히 제3고조파가 지속적으로 흐르는 경우 중성선에 흐르는 전류이다.)
   I_Z : 케이블의 허용전류
   I_n : 보호장치의 정격전류(사용현장에 적합하게 조정된 전류의 설정 값)
   I_2 : 보호장치가 규약시간 이내에 유효하게 동작하는 것을 보장하는 전류

   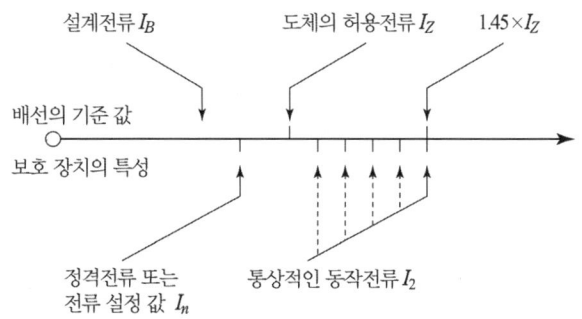

   과부하 보호 설계 조건도

2. 과부하 보호장치의 설치 위치
   가. 설치위치
      과부하 보호장치는 분기점에 설치해야 한다.
   나. 설치위치의 예외
      과부하 보호장치는 분기점(O)에 설치해야 하나, 분기점(O)점과 분기회로의 과부하 보호장치(P_2) 설치점 사이의 배선 부분에 다른 분기회로나 콘센트 회로가 접속되어 있지 않고, 다음 중 하나를 충족하는 경우에는 변경이 있는 배선에 설치할 수 있다.
      (1) 분기회로에 대한 단락보호가 이루어지고 있는 경우
         P_2는 분기회로의 분기점(O)으로부터 부하 측으로 거리에 구애 받지 않고 이동하여 설치할 수 있다.

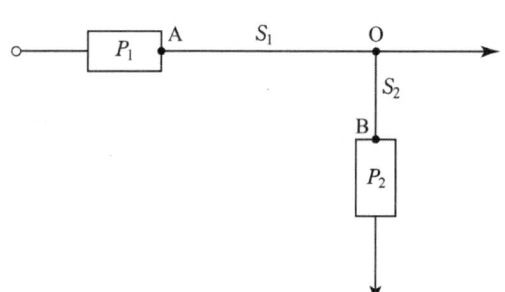

(2) 단락의 위험과 화재 및 인체에 대한 위험성이 최소화 되도록 시설된 경우 분기회로의 보호장치(P_2)는 분기회로의 분기점(O)으로부터 3[m]까지 이동하여 설치할 수 있다.

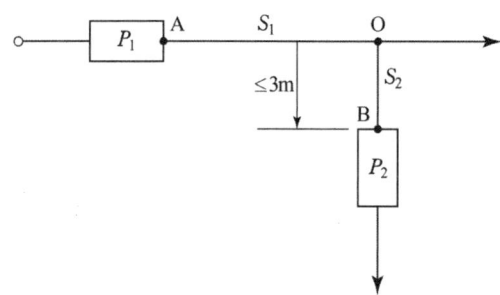

4) 단락전류에 대한 보호

1. 단락보호장치의 설치위치

   가. 설치위치

   단락전류 보호장치는 분기점(O)에 설치해야 한다.

   나. 설치위치의 예외

   (1) 분기회로의 단락보호장치 설치점(B)과 분기점(O) 사이에 다른 분기회로 또는 콘센트의 접속이 없고 단락, 화재 및 인체에 대한 위험이 최소화될 경우, 분기회로의 단락 보호장치 P_2는 분기점(O)으로부터 3[m]까지 이동하여 설치할 수 있다.

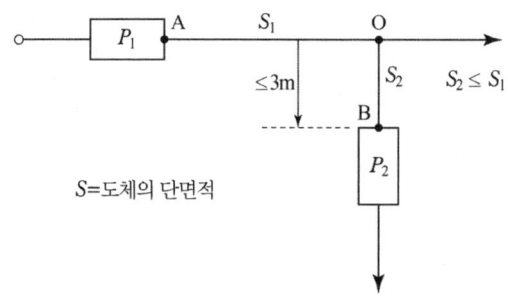

(2) 분기회로의 시작점(O)과 이 분기회로의 단락보호장치(P_2) 사이에 있는 도체가 전원측에 설치되는 보호장치(P_1)에 의해 단락보호가 되는 경우에, P_2의 설치위치는 분기점(O)로부터 거리제한이 없이 설치할 수 있다.

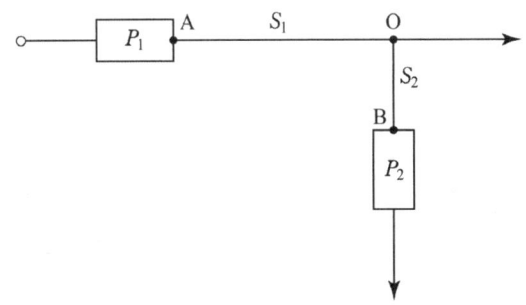

5) 저압전로 중의 개폐기 및 과전류차단장치의 시설

1. 저압전로 중의 전동기 보호용 과전류보호장치의 시설

   옥내에 시설하는 전동기에는 전동기가 손상될 우려가 있는 과전류가 생겼을 때에 자동적으로 이를 저지하거나 이를 경보하는 장치를 하여야 한다.

   다만, 다음의 어느 하나에 해당하는 경우에는 그러하지 아니하다.

   가. 전동기를 운전 중 상시 취급자가 감시할 수 있는 위치에 시설하는 경우

   나. 전동기의 구조나 부하의 성질로 보아 전동기가 손상될 수 있는 과전류가 생길 우려가 없는 경우

   다. 단상전동기로써 그 전원측 전로에 시설하는 과전류 차단기의 정격전류가 16[A](배선차단기는 20[A]) 이하인 경우

   라. 정격 출력이 0.2[kW] 이하인 것

3 전선로

(1) 구내·옥측·옥상·옥내전선로의 시설

1) 구내인입선

1. 저압 인입선의 시설

   가. 전선은 절연전선 또는 케이블일 것.

   나. 전선이 절연전선인 경우

   (1) 경간이 15[m] 초과 : 인장강도 2.30[kN] 이상의 것 또는 지름 2.6[mm] 이상의 인입용 비닐절연전선일 것.

   (2) 경간이 15[m] 이하 : 인장강도 1.25[kN] 이상의 것 또는 지름 2[mm] 이상의 인입용 비닐절연전선일 것.

다. 전선이 옥외용 비닐 절연 전선인 경우에는 사람이 접촉할 우려가 없도록 시설할 것.
라. 전선이 케이블인 경우에 길이가 1[m] 이하인 경우에는 조가 하지 않아도 된다.
마. 전선의 높이는 다음에 의할 것.
⑴ 도로(차도와 보도의 구별이 있는 도로인 경우에는 차도)를 횡단하는 경우 : 노면상 5[m](기술상 부득이한 경우에 교통에 지장이 없을 때에는 3[m]) 이상
⑵ 철도 또는 궤도를 횡단하는 경우 : 레일면상 6.5[m] 이상
⑶ 횡단보도교의 위에 시설하는 경우 : 노면상 3[m] 이상
⑷ ⑴에서 ⑶까지 이외의 경우 : 지표상 4[m] 이상
(기술상 부득이한 경우에 교통에 지장이 없을 때에는 2.5[m] 이상)

2. 연접 인입선의 시설
가. 저압 연접인입선의 전선은 절연전선 또는 케이블일 것.
나. 전선이 절연전선인 경우
⑴ 경간이 15[m] 초과 : 인장강도 2.30[kN] 이상의 것 또는 지름 2.6[mm] 이상의 인입용 비닐절연전선일 것.
⑵ 경간이 15[m] 이하 : 인장강도 1.25[kN] 이상의 것 또는 지름 2[mm] 이상의 인입용 비닐절연전선일 것.
다. 인입선에서 분기하는 점으로부터 100[m]를 초과하는 지역에 미치지 아니할 것.
라. 폭 5[m]를 초과하는 도로를 횡단하지 아니할 것.
마. 옥내를 통과하지 아니할 것.

2) 옥측전선로

1. 저압 옥측전선로는 다음에 따라 시설하여야 한다.
가. 저압 옥측전선로는 다음의 공사방법에 의할 것.
⑴ 애자공사(전개된 장소에 한한다.)
⑵ 합성수지관공사
⑶ 금속관공사(목조 이외의 조영물에 시설하는 경우에 한한다.)
⑷ 버스덕트공사[목조 이외의 조영물(점검할 수 없는 은폐된 장소는 제외한다)에 시설하는 경우에 한한다.]
⑸ 케이블공사(연피 케이블·알루미늄피 케이블 또는 무기물 절연 케이블을 사용하는 경우에는 목조 이외의 조영물에 시설하는 경우에 한한다.)
2. 애자공사에 의한 저압 옥측전선로의 전선과 식물 사이의 이격거리는 0.2[m] 이상이어야 한다. 다만, 저압 옥측전선로의 전선이 고압 절연전선 또는 특고압 절연전선인 경우에 그 전선을 식물에 접촉하지 않도록 시설하는 경우에는 적용하지 아니한다.

3) 옥상전선로

1. 저압 옥상전선로는 전개된 장소에 다음에 따르고 또한 위험의 우려가 없도록 시설하

여야 한다.
  가. 전선은 인장강도 2.30[kN] 이상의 것 또는 지름 2.6[mm] 이상의 경동선을 사용할 것.
  나. 전선은 절연전선(OW전선을 포함한다.) 또는 이와 동등 이상의 절연효력이 있는 것을 사용할 것.
  다. 전선은 절연성·난연성 및 내수성이 있는 애자를 사용하여 지지하고 또한 그 지지점 간의 거리는 15[m] 이하일 것.
  라. 전선과 그 저압 옥상 전선로를 시설하는 조영재와의 이격거리는 2[m](전선이 고압절연전선, 특고압 절연전선 또는 케이블인 경우에는 1[m]) 이상일 것.
2. 저압 옥상전선로의 전선은 상시 부는 바람 등에 의하여 식물에 접촉하지 아니하도록 시설하여야 한다.

(2) 저압 가공전선로

1) 저압 가공전선의 굵기 및 종류

1. 저압 가공전선은 나전선(중성선 또는 다중접지된 접지측 전선으로 사용하는 전선에 한한다), 절연전선, 다심형 전선 또는 케이블을 사용하여야 한다.
2. 전선의 굵기

전 압	조 건	전선의 굵기 및 인장강도
400[V] 이하	절연전선	인장강도 2.3[kN] 이상의 것 또는 지름 2.6[mm] 이상의 경동선
	케이블 이외	인장강도 3.43[kN] 이상의 것 또는 지름 3.2[mm] 이상의 경동선
400[V] 초과인 저압 (케이블 이외)	시가지에 시설	인장강도 8.01[kN] 이상의 것 또는 지름 5[mm] 이상의 경동선
	시가지 외에 시설	인장강도 5.26[kN] 이상의 것 또는 지름 4[mm] 이상의 경동선

3. 사용전압이 400[V] 초과인 저압 가공전선에는 인입용 비닐절연전선을 사용하여서는 안 된다.

2) 저압 보안공사

저압 보안공사는 다음에 따라야 한다.
1. 전선은 케이블인 경우 이외에는
  가. 저압 : 인장강도 8.01[kN] 이상의 것 또는 지름 5[mm] 이상의 경동선
  나. 사용전압이 400[V] 이하 : 인장강도 5.26[kN] 이상의 것 또는 지름 4[mm] 이상의 경동선이어야 한다.
2. 목주는 다음에 의할 것.
  가. 풍압하중에 대한 안전율은 1.5 이상일 것.
  나. 말구의 지름 0.12[m] 이상일 것.
3. 경간은 표에서 정한 값 이하일 것.

지지물의 종류	경 간
목주 · A종 철주 또는 A종 철근 콘크리트주	100[m]
B종 철주 또는 B종 철근 콘크리트주	150[m]
철탑	400[m]

3) 농사용 저압 가공전선로의 시설

1. 저압 가공전선은 인장강도 1.38[kN] 이상의 것 또는 지름 2[mm] 이상의 경동선일 것.
2. 저압 가공전선의 지표상의 높이는 3.5[m] 이상일 것. 다만, 저압 가공전선을 사람이 쉽게 출입하지 못하는 곳에 시설하는 경우에는 3[m]까지로 감할 수 있다.
3. 전선로의 지지점 간 거리는 30[m] 이하일 것.

4) 구내에 시설하는 저압 가공전선로

전선로의 경간은 30[m] 이하일 것

5) 저압 직류 가공전선로

사용전압 1.5[kV] 이하인 직류 가공전선로는 다음과 같이 시설하여야 한다.

1. 전로의 전선 상호간 및 전로와 대지 사이의 절연저항은 표에서 정한 값 이상이어야 한다.

전로의 사용전압[V]	DC 시험전압[V]	절연저항[MΩ]
SELV 및 PELV	250	0.5
FELV, 500[V] 이하	500	1.0
500[V] 초과	1,000	1.0

2. 기기 외함은 충전부에 일반인이 쉽게 접촉하지 못하도록 공구 또는 열쇠에 의해서만 개방할 수 있도록 설치하고, 옥외에 시설하는 기기 외함은 충분한 방수 보호등급(IPX4 이상)을 갖는 것이어야 한다.
3. 교류 전로와 동일한 지지물에 시설되는 경우 직류 전로를 구분하기 위한 표시를 하고, 모든 전로의 종단 및 접속점에서 극성을 식별하기 위한 표시(양극 - 적색, 음극-백색, 중점선/중성선 -청색)를 하여야 한다.

4 배선 및 조명설비 등

(1) 저압 옥내배선의 사용전선 및 중성선의 굵기

1) 저압 옥내배선의 사용전선 및 중성선의 굵기

1. 저압 옥내배선의 사용전선
   가. 저압 옥내배선의 전선 : 단면적 2.5[mm^2] 이상의 연동선
   나. 옥내배선의 사용 전압이 400[V] 이하인 경우는 다음에 의하여 시설할 수 있다.

(1) 전광표시 장치 또는 제어 회로
- 단면적 1.5[mm^2] 이상의 연동선
- 단면적 0.75[mm^2] 이상인 다심케이블 또는 다심 캡타이어 케이블을 사용하고 또한 과전류가 생겼을 때에 자동적으로 전로에서 차단하는 장치를 시설

(2) 진열장 또는 이와 유사한 것의 내부 배선 : 단면적 0.75[mm^2] 이상인 코드 또는 캡타이어케이블

(3) 엘리베이터·덤웨이터 등의 승강로 안의 저압 옥내배선 : 리프트 케이블

2. 중성선의 단면적

가. 다음의 경우는 중성선의 단면적은 최소한 선도체의 단면적 이상이어야 한다.
  (1) 2선식 단상회로
  (2) 선도체의 단면적이 구리선 16[mm^2], 알루미늄선 25[mm^2] 이하인 다상 회로
  (3) 제3고조파 및 제3고조파의 홀수배수의 고조파 전류가 흐를 가능성이 높고 전류 종합고조파왜형률이 15~33[%]인 3상회로

나. 제3고조파 및 제3고조파 홀수배수의 전류 종합고조파왜형률이 33[%]를 초과하는 경우 아래와 같이 중성선의 단면적을 증가시켜야 한다.
  (1) 다심케이블의 경우 선도체의 단면적은 중성선의 단면적과 같아야 하며, 이 단면적은 선도체의 $1.45 \times I_B$(회로 설계전류)를 흘릴 수 있는 중성선을 선정한다.
  (2) 단심케이블은 선도체의 단면적이 중성선 단면적보다 작을 수도 있다. 계산은 다음과 같다.
    - 선 : I_B(회로 설계전류)
    - 중성선 : 선도체의 $1.45 I_B$와 동등 이상의 전류

2) 나전선의 사용 제한

옥내에 시설하는 저압전선에는 나전선을 사용하여서는 아니 된다. 다만, 다음 중 어느 하나에 해당하는 경우에는 그러하지 아니하다.

1. 애자공사에 의하여 전개된 곳에 다음의 전선을 시설하는 경우
   가. 전기로용 전선
   나. 전선의 피복 절연물이 부식하는 장소에 시설하는 전선
   다. 취급자 이외의 자가 출입할 수 없도록 설비한 장소에 시설하는 전선
2. 버스덕트공사에 의하여 시설하는 경우
3. 라이팅덕트공사에 의하여 시설하는 경우
4. 접촉 전선을 시설하는 경우

3) 옥내전로의 대지 전압의 제한

1. 백열전등 또는 방전등에 전기를 공급하는 옥내의 전로의 대지전압은 300[V] 이하여야 한다.
2. 주택의 옥내전로(전기기계기구내의 전로를 제외한다)의 대지전압은 300[V] 이하이

어야 하며 다음 각 호에 따라 시설하여야 한다. 다만, 대지전압 150[V] 이하의 전로인 경우에는 다음에 따르지 않을 수 있다.

가. 사용전압은 400[V] 이하여야 한다.
나. 주택의 전로 인입구에는 감전보호용 누전차단기를 시설하여야 한다.
다. 백열전등의 전구소켓은 키나 그 밖의 점멸기구가 없는 것이어야 한다.
라. 정격 소비 전력 3[kW] 이상의 전기기계기구에 전기를 공급하기 위한 전로에는 전용의 개폐기 및 과전류 차단기를 시설하고 그 전로의 옥내배선과 직접 접속하거나 적정 용량의 전용콘센트를 시설하여야 한다.
마. 주택의 옥내를 통과하여 그 주택 이외의 장소에 전기를 공급하기 위한 옥내배선은 사람이 접촉할 우려가 없는 은폐된 장소에 합성수지관 공사, 금속관 공사 또는 케이블 공사에 의하여 시설하여야 한다.

(2) 배선설비 ★ 중요 : 배선설비의 공사별 숫자(예 : 전선의 굵기, 이격거리 등)를 암기

1) 합성수지관공사

1. 시설조건
   가. 전선은 절연전선(옥외용 비닐 절연전선을 제외한다)일 것.
   나. 전선은 연선일 것. 다만, 다음의 것은 적용하지 않는다.
      (1) 짧고 가는 합성수지관에 넣은 것.
      (2) 단면적 10[mm^2](알루미늄선은 단면적 16[mm^2]) 이하의 것.

2. 합성수지관 및 부속품의 시설
   가. 관 상호 간 및 박스와는 관을 삽입하는 깊이를 관의 바깥지름의 1.2배(접착제를 사용하는 경우에는 0.8배) 이상으로 하고 또한 꽂음 접속에 의하여 견고하게 접속할 것.
   나. 관의 지지점 간의 거리는 1.5[m] 이하로 할 것.
   다. 콤바인 덕트관은 직접 콘크리트에 매입(埋入)하여 시설하거나 옥내 전개된 장소에 시설하는 경우 이외에는 불연성 마감재 내부, 전용의 불연성 관 또는 덕트에 넣어 시설할 것
   라. 이중천장(반자속 포함)내에는 합성수지관공사를 시설할 수 없다.

2) 금속관공사

1. 시설조건
   가. 전선은 절연전선(옥외용 비닐절연전선을 제외한다)일 것.
   나. 전선은 연선일 것. 다만, 다음의 것은 적용하지 않는다.
      (1) 짧고 가는 금속관에 넣은 것.
      (2) 단면적 10[mm^2](알루미늄선은 단면적 16[mm^2]) 이하의 것.

2. 금속관 및 부속품의 선정
   가. 전선관과의 접속부분의 나사는 5턱 이상 완전히 나사결합이 될 수 있는 길이일 것.
   나. 관의 두께는 다음에 의할 것.
      (1) 콘크리트에 매설하는 것 : 1.2[mm] 이상
      (2) 콘크리트 매설 이외의 것 : 1[mm] 이상
         다만, 이음매가 없는 길이 4[m] 이하인 것을 건조하고 전개된 곳에 시설하는 경우에는 0.5[mm]까지로 감할 수 있다.

3. 금속관 및 부속품의 시설
   가. 금속관공사로부터 애자공사로 옮기는 경우에는 그 부분의 관의 끝부분에는 절연 부싱 또는 이와 유사한 것을 사용하여야 한다.
   나. 관에는 접지공사를 할 것. 다만, 사용전압이 400[V] 이하로서 다음 중 하나에 해당하는 경우에는 그러하지 아니하다.
      (1) 관의 길이가 4[m] 이하인 것을 건조한 장소에 시설하는 경우
      (2) 옥내배선의 사용전압이 직류 300[V] 또는 교류 대지 전압 150[V] 이하로서 그 전선을 넣는 관의 길이가 8[m] 이하인 것을 사람이 쉽게 접촉할 우려가 없도록 시설하는 경우 또는 건조한 장소에 시설하는 경우

3) 금속제 가요전선관공사
1. 전선은 절연전선(옥외용 비닐 절연전선을 제외한다)일 것.
2. 전선은 연선일 것. 다만, 단면적 10[mm^2](알루미늄선은 단면적 16[mm^2]) 이하인 것은 그러하지 아니하다.
3. 가요전선관 안에는 전선에 접속점이 없도록 할 것.
4. 가요전선관은 2종 금속제 가요전선관일 것. 다만, 전개된 장소 또는 점검할 수 있는 은폐된 장소 또는 점검 불가능한 은폐장소에 기계적 충격을 받을 우려가 없는 조건일 경우에는 1종 가요전선관(습기가 많은 장소 또는 물기가 있는 장소에는 비닐 피복 1종 가요전선관에 한한다)을 사용할 수 있다.
5. 가요전선관공사는 규정에 준하여 접지공사를 할 것.

4) 합성수지몰드공사
1. 전선은 절연전선(옥외용 비닐 절연전선을 제외한다)일 것.
2. 합성수지몰드 안에는 전선에 접속점이 없도록 할 것.
   다만, 합성수지몰드 안의 전선을 합성 수지제의 조인트 박스를 사용하여 접속할 경우에는 그러하지 아니하다.
3. 합성수지몰드는 홈의 폭 및 깊이가 35[mm] 이하, 두께는 2[mm] 이상의 것일 것. 다만, 사람이 쉽게 접촉할 우려가 없도록 시설하는 경우에는 폭이 50[mm] 이하, 두께 1[mm] 이상의 것을 사용할 수 있다.

5) 금속몰드공사
1. 전선은 절연전선(옥외용 비닐절연 전선을 제외한다)일 것.

2. 금속몰드 안에는 전선에 접속점이 없도록 할 것. 다만, 금속제 조인트 박스를 사용할 경우에는 접속할 수 있다.
3. 금속몰드의 사용전압이 400[V] 이하로 옥내의 건조한 장소로 전개된 장소 또는 점검할 수 있는 은폐장소에 한하여 시설할 수 있다.

6) 금속덕트공사

1. 시설조건
   가. 전선은 절연전선(옥외용 비닐절연전선을 제외한다)일 것.
   나. 금속덕트에 넣은 전선의 단면적(절연피복의 단면적을 포함한다)의 합계
      (1) 일반적인 경우 : 덕트 내부 단면적의 20[%] 이하
      (2) 전광표시장치 기타 이와 유사한 장치 또는 제어회로 만의 배선만을 넣는 경우 : 50[%] 이하
   다. 금속덕트 안에는 전선에 접속점이 없도록 할 것. 다만, 전선을 분기하는 경우에는 그 접속점을 쉽게 점검할 수 있는 때에는 그러하지 아니하다.

2. 금속덕트의 시설
   덕트를 조영재에 붙이는 경우에는 덕트의 지지점 간의 거리를 3[m](취급자 이외의 자가 출입할 수 없도록 설비한 곳에서 수직으로 붙이는 경우에는 6[m]) 이하로 하고 끝부분은 막을 것.

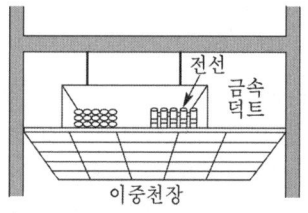

7) 셀룰러덕트공사

1. 전선은 절연전선(옥외용 비닐 절연전선을 제외한다)일 것.
2. 전선은 연선일 것. 다만, 단면적 10[mm^2](알루미늄선은 단면적 16[mm^2]) 이하의 것은 그러하지 아니하다.
3. 덕트 안에는 전선에 접속점을 만들지 아니할 것. 다만, 전선을 분기하는 경우 그 접속점을 쉽게 점검할 수 있을 때에는 그러하지 아니하다.

8) 케이블트레이공사

케이블트레이배선은 케이블을 지지하기 위하여 사용하는 금속재 또는 불연성 재료로 제작된 유닛 또는 유닛의 집합체 및 그에 부속하는 부속재 등으로 구성된 견고한 구조물을 말하며 사다리형, 펀칭형, 메시형, 바닥밀폐형 기타 이와 유사한 구조물을 포함하여 적용한다.

9) 케이블공사

1. 전선은 케이블 및 캡타이어케이블일 것.
2. 전선을 조영재의 아랫면 또는 옆면에 따라 붙이는 경우 전선의 지지점 간의 거리
   가. 케이블 : 2[m](사람이 접촉할 우려가 없는 곳에서 수직으로 붙이는 경우에는 6[m]) 이하
   나. 캡타이어 케이블 : 1[m] 이하

10) 애자공사

1. 전선은 절연전선(옥외용 비닐 절연전선 및 인입용 비닐 절연전선을 제외한다)일 것.
2. 이격거리

전 압		전선과 조영재와의 이격 거리		전선 상호 간격	전선 지지점간의 거리	
					조영재의 윗면 또는 옆면에 따라 시설	조영재에 따라 시설하지 않는 경우
저압	400[V] 이하	2.5[cm] 이상		6[cm] 이상	2[m] 이하	–
	400[V] 초과	건조한 장소	2.5[cm] 이상			6[m] 이하
		기타의 장소	4.5[cm] 이상			

11) 버스덕트공사

1. 덕트를 조영재에 붙이는 경우에는 덕트의 지지점 간의 거리를 3[m](수직으로 붙이는 경우에는 6[m]) 이하로 할 것.
2. 덕트(환기형의 것을 제외한다)의 끝부분은 막을 것.
3. 덕트(환기형의 것을 제외한다)의 내부에 먼지가 침입하지 아니하도록 할 것.
4. 덕트는 접지공사를 할 것.
5. 습기가 많은 장소 또는 물기가 있는 장소에 시설하는 경우에는 옥외용 버스덕트를 사용하고 버스덕트 내부에 물이 침입하여 고이지 아니하도록 할 것.

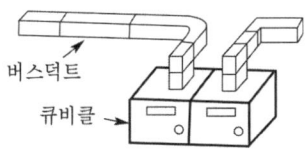

12) 라이팅덕트공사

1. 덕트는 조영재에 견고하게 붙일 것.
2. 덕트의 지지점 간의 거리는 2[m] 이하로 할 것.
3. 덕트의 끝부분은 막을 것.
4. 덕트의 개구부(開口部)는 아래로 향하여 시설할 것. 다만, 사람이 쉽게 접촉할 우려가 없는 장소에서 덕트의 내부에 먼지가 들어가지 아니하도록 시설하는 경우에 한하

여 옆으로 향하여 시설할 수 있다.
5. 덕트는 조영재를 관통하여 시설하지 아니할 것.
6. 덕트를 사람이 용이하게 접촉할 우려가 있는 장소에 시설하는 경우에는 전로에 지락이 생겼을 때에 자동적으로 전로를 차단하는 장치를 시설할 것.

13) 옥내에 시설하는 저압 접촉전선 배선

1. 이동기중기·자동청소기 그 밖에 이동하며 사용하는 저압의 전기기계기구에 전기를 공급하기 위하여 사용하는 접촉전선을 옥내에 시설하는 경우에는 전개된 장소 또는 점검할 수 있는 은폐된 장소에 애자 공사 또는 버스덕트 공사 또는 절연 트롤리 공사에 의하여야 한다.
2. 저압 접촉전선을 애자 공사에 의하여 옥내의 전개된 장소에 시설하는 경우에는 기계기구에 시설하는 경우 이외에는 다음에 따라야 한다.
   가. 전선의 바닥에서의 높이는 3.5[m] 이상으로 하고 또한 사람이 접촉할 우려가 없도록 시설할 것.
   나. 전선은 인장강도 11.2[kN] 이상의 것 또는 지름 6[mm]의 경동선으로 단면적이 28[mm^2] 이상인 것일 것. 다만, 사용전압이 400[V] 이하인 경우에는 인장강도 3.44[kN] 이상의 것 또는 지름 3.2[mm] 이상의 경동선으로 단면적이 8[mm^2] 이상인 것을 사용할 수 있다.
   다. 전선의 지지점간의 거리는 6[m] 이하일 것.
   라. 전선 상호 간의 간격은 전선을 수평으로 배열하는 경우에는 0.14[m] 이상, 기타의 경우에는 0.2[m] 이상일 것.
   마. 애자는 절연성, 난연성 및 내수성이 있는 것일 것.

(3) 조명설비

1) 코드 및 이동전선

1. 조명용 전원코드 또는 이동전선은 단면적 0.75[mm^2] 이상의 코드 또는 캡타이어케이블을 용도에 따라서 선정하여야 한다.
2. 옥내에서 조명용 전원코드 또는 이동전선을 습기가 많은 장소에 시설할 경우에는 고무코드(사용전압이 400[V] 이하인 경우에 한함) 또는 0.6/1[kV] EP 고무 절연 클로로프렌캡타이어케이블로서 단면적이 0.75[mm^2] 이상인 것이어야 한다.

2) 콘센트의 시설

인체감전보호용 누전차단기(정격감도전류 15[mA] 이하, 동작시간 0.03[초] 이하의 전류동작형의 것에 한한다) 또는 절연변압기(정격용량 3[kVA] 이하인 것에 한한다)로 보호된 전로에 접속하거나, 인체감전보호용 누전차단기가 부착된 콘센트를 시설하여야 한다.

3) 점멸기의 시설

점멸기는 다음에 의하여 설치하여야 한다.
1. 점멸기는 전로의 비접지측에 시설하고 분기개폐기에 배선용차단기를 사용하는 경우는 이것을 점멸기로 대용할 수 있다
2. 욕실 내는 점멸기를 시설하지 말 것.
3. 가정용전등은 매 등기구마다 점멸이 가능하도록 할 것.
4. 다음의 경우에는 센서등(타임스위치 포함)을 시설하여야 한다.
    가. 관광숙박업 또는 숙박업(여인숙업을 제외한다)에 이용되는 객실의 입구등은 1분 이내에 소등되는 것.
    나. 일반주택 및 아파트 각 호실의 현관등은 3분 이내에 소등되는 것.

4) 진열장 또는 이와 유사한 것의 내부 배선

1. 건조한 장소에 시설하고 또한 내부를 건조한 상태로 사용하는 진열장 내부에 사용전압이 400[V] 이하의 배선을 외부에서 잘 보이는 장소에 한하여 코드 또는 캡타이어케이블로 직접 조영재에 밀착하여 배선할 수 있다.
2. 배선은 단면적 $0.75[mm^2]$ 이상의 코드 또는 캡타이어케이블일 것.

5) 옥외등

1. 사용전압
    옥외등에 전기를 공급하는 전로의 사용전압은 대지전압을 300[V] 이하로 하여야 한다.
2. 옥외등의 인하선
    옥외등 또는 그의 점멸기에 이르는 인하선은 사람의 접촉과 전선피복의 손상을 방지하기 위하여 다음 배선방법으로 시설하여야 한다.
    가. 애자공사(지표상 2[m] 이상의 높이에서 노출된 장소에 시설할 경우에 한한다)
    나. 금속관공사
    다. 합성수지관공사
    라. 케이블공사(알루미늄피 등 금속제 외피가 있는 것은 목조 이외의 조영물에 시설하는 경우에 한한다.)

6) 1[kV] 이하 방전등

1. 적용범위
    방전등에 전기를 공급하는 전로의 대지전압은 300[V] 이하로 하여야 한다.
2. 방전등용 변압기
    가. 관등회로의 사용전압이 400[V] 초과인 경우는 방전등용 변압기를 사용할 것.
    나. 방전등용 변압기는 절연변압기를 사용할 것.
3. 관등회로의 배선
    가. 관등회로의 사용전압이 400[V] 이하인 배선은 전선에 조명용 전원코드 또는 공칭단면적 $2.5[mm^2]$ 이상의 연동선과 이와 동등 이상의 세기 및 굵기의 절연전

선(옥외용 비닐절연전선 및 인입용 비닐절연전선은 제외한다), 캡타이어 케이블 또는 케이블을 사용하여 시설하여야 한다.

나. 관등회로의 사용전압이 400[V] 초과이고, 1[kV] 이하인 배선은 그 시설장소에 따라 합성수지관공사・금속관공사・가요전선관공사나 케이블공사 또는 표 중 어느 한 방법에 의하여야 한다.

표. 관등회로의 배선방식

시설장소의 구분		배선방법
전개된 장소	건조한 장소	애자공사・합성수지몰드공사 또는 금속몰드공사
	기타의 장소	애자공사
점검할 수 있는 은폐된 장소	건조한 장소	금속몰드공사

4. 접지

접지공사는 다음에 해당될 경우는 생략할 수 있다.

가. 관등회로의 사용전압이 대지전압 150[V] 이하의 것을 건조한 장소에서 시공할 경우

나. 관등회로의 사용전압이 400[V] 이하 또는 변압기의 정격 2차 단락전류 혹은 회로의 동작전류가 50[mA] 이하의 것으로 안정기를 외함에 넣고, 이것을 조명기구와 전기적으로 접속되지 않도록 시설할 경우

7) 네온방전등

네온방전등에 공급하는 전로의 대지전압은 300[V] 이하로 하여야 한다.

8) 관등회로의 배선

관등회로의 배선은 애자공사로 다음에 따라서 시설하여야 한다.

1. 전선은 네온관용전선을 사용할 것.
2. 배선은 외상을 받을 우려가 없고 사람이 접촉될 우려가 없는 노출장소에 시설할 것.
3. 전선은 자기 또는 유리제 등의 애자로 견고하게 지지하여 조영재의 아랫면 또는 옆면에 부착하고 또한 다음과 같이 시설할 것.

    가. 전선 상호간의 이격거리는 60[mm] 이상일 것.

    나. 전선지지점간의 거리는 1[m] 이하로 할 것.

9) 수중조명등

1. 사용전압

    수영장 기타 이와 유사한 장소에 사용하는 수중조명등에 전기를 공급하기 위해서는 절연변압기를 사용하고, 그 사용전압은 다음에 의하여야 한다.

    가. 절연변압기의 1차측 전로의 사용전압은 400[V] 이하일 것.

    나. 절연변압기의 2차측 전로의 사용전압은 150[V] 이하일 것.

2. 전원장치

   수중조명등에 전기를 공급하기 위한 절연변압기의 2차 측 전로는 접지하지 말 것.

3. 2차측 배선 및 이동전선

   수중조명등의 절연변압기의 2차측 배선 및 이동전선은 다음에 의하여 시설하여야 한다.

   가. 절연변압기의 2차측 배선은 금속관공사에 의하여 시설할 것.

   나. 수중조명등에 전기를 공급하기 위하여 사용하는 이동전선은 접속점이 없는 단면적 $2.5[mm^2]$ 이상의 $0.6/1[kV]$ EP 고무절연 클로프렌 캡타이어 케이블일 것.

4. 접지

   수중조명등의 절연변압기는 그 2차측 전로의 사용전압이 30[V] 이하인 경우는 1차권선과 2차권선 사이에 금속제의 혼촉방지판을 설치하고, 규정에 준하여 접지공사를 하여야 한다.

5. 누전차단기

   수중조명등의 절연변압기의 2차측 전로의 사용전압이 30[V]를 초과하는 경우에는 그 전로에 지락이 생겼을 때에 자동적으로 전로를 차단하는 정격감도전류 30[mA] 이하의 누전차단기를 시설하여야 한다.

10) 교통신호등

1. 교통신호등 제어장치의 2차측 배선의 최대사용전압은 300[V] 이하이어야 한다.

2. 2차측 배선

   교통신호등의 2차측 배선(인하선을 제외한다)은 다음에 의하여 시설하여야 한다.

   가. 전선은 케이블인 경우 이외에는 공칭단면적 $2.5[mm^2]$ 연동선과 동등 이상의 세기 및 굵기의 $450/750[V]$ 일반용 단심 비닐절연전선 또는 $450/750[V]$ 내열성에틸렌아세테이트 고무절연전선일 것.

   나. 제어장치의 2차측 배선 중 전선(케이블은 제외한다)을 조가용선으로 조가하여 시설하는 경우 조가용선은 인장강도 3.7[kN]의 금속선 또는 지름 4[mm] 이상의 아연도철선을 2가닥 이상 꼰 금속선을 사용할 것.

3. 교통신호등의 인하선

   교통신호등의 전구에 접속하는 인하선은 다음에 의하여 시설하여야 한다.

   가. 전선의 지표상의 높이는 2.5[m] 이상일 것.

   나. 전선을 애자공사에 의하여 시설하는 경우에는 전선을 적당한 간격마다 묶을 것.

4. 누전차단기

   교통신호등 회로의 사용전압이 150[V]를 넘는 경우는 전로에 지락이 생겼을 경우 자동적으로 전로를 차단하는 누전차단기를 시설할 것.

5 특수설비

(1) 특수 시설

1) 전기울타리

1. 사용 전압
   전기울타리용 전원장치에 전원을 공급하는 전로의 사용전압은 250[V] 이하이어야 한다.
2. 전기 울타리의 시설
   가. 전기울타리는 사람이 쉽게 출입하지 아니하는 곳에 시설할 것.
   나. 전선은 인장강도 1.38[kN] 이상의 것 또는 지름 2[mm] 이상의 경동선일 것.
   다. 전선과 이를 지지하는 기둥 사이의 이격거리는 25[mm] 이상일 것.
   라. 전선과 다른 시설물(가공 전선을 제외한다) 또는 수목과의 이격거리는 0.3 [m] 이상일 것.

2) 전기온상

1. 발열선은 그 온도가 80[℃]를 넘지 않도록 시설할 것.
2. 발열선을 공중에 시설하는 전기온상 등은 발열선을 애자로 지지하고 또한 다음에 의하여 시설할 것.
   가. 발열선 상호 간의 간격은 0.03[m](함 내에 시설하는 경우는 0.02[m]) 이상일 것.
   나. 발열선과 조영재 사이의 이격거리는 0.025[m] 이상으로 할 것.
   다. 발열선의 지지점 간의 거리는 1[m] 이하일 것. 다만, 발열선 상호 간의 간격이 0.06[m] 이상인 경우에는 2[m] 이하로 할 수 있다.
   라. 애자는 절연성·난연성 및 내수성이 있는 것일 것.

3) 전격 살충기

전격 살충기는 다음에 의하여 시설하여야 한다.
1. 전격 살충기의 전격격자는 지표 또는 바닥에서 3.5[m] 이상의 높은 곳에 시설할 것. 다만, 2차측 개방 전압이 7[kV] 이하의 절연변압기를 사용하고 또한 보호격자의 내부에 사람의 손이 들어갔을 경우 또는 보호격자에 사람이 접촉될 경우 절연변압기의 1차측 전로를 자동적으로 차단하는 보호장치를 시설한 것은 지표 또는 바닥에서 1.8[m]까지 감할 수 있다.
2. 전격살충기의 전격격자와 다른 시설물(가공전선은 제외한다) 또는 식물과의 이격거리는 0.3[m] 이상일 것.

4) 유희용 전차

1. 유희용 전차에 전기를 공급하기 위하여 사용하는 변압기의 1차 전압은 400[V] 이하

이어야 한다.
2. 유희용 전차에 전기를 공급하는 전원장치는 다음에 의하여 시설하여야 한다.
   가. 전원장치의 2차측 단자의 최대사용전압은 직류의 경우 60[V] 이하, 교류의 경우 40[V] 이하일 것.
   나. 전원장치의 변압기는 절연변압기일 것.
3. 전차 내 전로의 시설
   가. 변압기는 절연변압기를 사용하고 2차 전압은 150[V] 이하로 할 것.
   나. 전차의 금속제 구조부는 레일과 전기적으로 완전하게 접촉되게 할 것.
4. 전로의 절연
   가. 유희용 전차에 전기를 공급하는 접촉전선과 대지 사이의 절연저항은 사용전압에 대한 누설전류가 레일의 연장 1[km]마다 100[mA]를 넘지 않도록 유지하여야 한다.
   나. 유희용 전차안의 전로와 대지 사이의 절연저항은 사용전압에 대한 누설전류가 규정 전류의 5,000분의 1을 넘지 않도록 유지하여야 한다.

5) 아크 용접기

1. 용접변압기는 절연변압기일 것.
2. 용접변압기의 1차측 전로의 대지전압은 300[V] 이하일 것.
3. 용접변압기의 1차측 전로에는 용접 변압기에 가까운 곳에 쉽게 개폐할 수 있는 개폐기를 시설할 것.
4. 용접변압기의 2차측 전로 중 용접변압기로부터 용접전극에 이르는 부분 및 용접변압기로부터 피용접재에 이르는 전선은 용접용 케이블 또는 캡타이어 케이블(용접변압기로부터 용접전극에 이르는 전로는 0.6/1[kV] EP 고무 절연 클로로프렌 캡타이어 케이블에 한한다)일 것.
5. 용접기 외함 및 피용접재 또는 이와 전기적으로 접속되는 받침대·정반 등의 금속체는 규정에 준하여 접지공사를 하여야 한다.

6) 도로 등의 전열장치

1. 도로, 주차장 또는 조영물의 조영재에 고정시켜 시설하는 경우
   가. 발열선에 전기를 공급하는 전로의 대지전압은 300[V] 이하일 것.
   나. 발열선은 무기물 절연 케이블 등 규정된 발열선으로서 노출 사용하지 아니하는 것은 B종 발열선을 사용한다.
   다. 발열선은 그 온도가 80[℃]를 넘지 아니하도록 시설할 것. 다만, 도로 또는 옥외 주차장에 금속피복을 한 발열선을 시설할 경우에는 발열선의 온도를 120[℃] 이하로 할 수 있다.

7) 소세력 회로

전자 개폐기의 조작회로 또는 초인벨·경보벨 등에 접속하는 전로로서 최대 사용전압

이 60[V] 이하인 것
1. 사용전압
   소세력 회로에 전기를 공급하기 위한 절연변압기의 사용전압은 대지전압 300[V] 이하로 하여야 한다.
2. 소세력 회로의 배선
   소세력 회로의 전선을 조영재에 붙여 시설하는 경우
   가. 전선은 케이블(통신용 케이블을 포함한다)인 경우 이외에는 공칭단면적 1[mm^2] 이상의 연동선 또는 이와 동등 이상의 세기 및 굵기의 것일 것.
   나. 전선은 코드·캡타이어 케이블 또는 케이블일 것.

8) 전기부식방지 시설

1. 전기부식방지 회로(전기부식방지용 전원장치로부터 양극 및 피방식체까지의 전로를 말한다. 이하 같다)의 사용전압은 직류 60[V] 이하일 것.
2. 양극은 지중에 매설하거나 수중에서 쉽게 접촉할 우려가 없는 곳에 시설할 것.
3. 지중에 매설하는 양극의 매설깊이는 0.75[m] 이상일 것.

(2) 특수 장소

1) 분진 위험장소

1. 폭연성 분진 위험장소
   폭연성 분진 또는 화약류의 분말이 전기설비가 발화원이 되어 폭발할 우려가 있는 곳에 시설하는 저압 옥내 전기설비(사용전압이 400[V] 초과인 방전등을 제외한다.)는 다음에 따르고 또한 위험의 우려가 없도록 시설하여야 한다.
   가. 저압 옥내배선, 저압 관등회로 배선, 소세력 회로의 전선은 금속관공사 또는 케이블공사(캡타이어 케이블을 사용하는 것을 제외한다)에 의할 것.
   나. 금속관공사에 의하는 때에는 다음에 의하여 시설할 것.
      ⑴ 금속관은 박강 전선관 또는 이와 동등 이상의 강도를 가지는 것일 것.
      ⑵ 관 상호 간 및 관과 박스 기타의 부속품·풀박스 또는 전기기계기구와는 5턱 이상 나사 조임으로 접속 할 것
   다. 케이블공사에 의하는 때에는 전선은 개장된 케이블 또는 무기물 절연 케이블을 사용하는 경우 이외에는 관 기타의 방호 장치에 넣어 사용할 것.
   라. 이동 전선은 "0.6/1[kV] EP 고무절연 클로로프렌 캡타이어 케이블을 사용하고 또한 손상을 받을 우려가 없도록 시설할 것.

2. 가연성 분진 위험장소
   가연성 분진에 전기설비가 발화원이 되어 폭발할 우려가 있는 곳에 시설하는 저압 옥내 전기설비는 다음에 따르고 또한 위험의 우려가 없도록 시설하여야 한다.
   가. 저압 옥내배선 등은 합성수지관공사(두께 2[mm] 미만의 합성수지 전선관 및 난연성이 없는 콤바인 덕트관을 사용하는 것을 제외한다)·금속관공사 또는 케이

블공사에 의할 것.
나. 합성수지관공사에 의하는 때에는 관과 전기기계기구는 관 상호간 및 박스와는 관을 삽입하는 깊이를 관의 바깥지름의 1.2배(접착제를 사용하는 경우에는 0.8배) 이상으로 하고 또한 꽂음 접속에 의하여 견고하게 접속할 것.
다. 금속관공사에 의하는 때에는 관 상호 간 및 관과 박스 기타 부속품·풀 박스 또는 전기기계기구와는 5턱 이상 나사 조임으로 접속할 것.
라. 이동 전선은 접속점이 없는 0.6/1[kV] EP 고무절연 클로로프렌 캡타이어 케이블 또는 0.6/1[kV] 비닐절연 비닐 캡타이어 케이블을 사용하고 또한 손상을 받을 우려가 없도록 시설할 것.

2) 위험물 등이 존재하는 장소

1. 셀룰로이드·성냥·석유류 기타 타기 쉬운 위험한 물질(이하 "위험물"이라 한다)을 제조하거나 저장하는 곳에 시설하는 저압 이동전선은 접속점이 없는 0.6/1[kV] EP 고무 절연 클로로프렌 캡타이어 케이블 또는 0.6/1[kV] 비닐 절연 비닐캡타이어 케이블을 사용하여야 한다.
2. 위험한 물질을 제조하거나 저장하는 곳에 시설하는 저압 옥내 전기설비는 금속관공사, 케이블공사 및 합성수지관공사의 규정에 따르고 또한 위험의 우려가 없도록 시설하여야 한다.

3) 화약류 저장소 등의 위험장소

화약류 저장소에서 전기설비의 시설
1. 화약류 저장소 안에는 전기설비를 시설해서는 안 된다. 다만, 조명기구에 전기를 공급하기 위한 전기설비(개폐기 및 과전류 차단기를 제외한다)는 다음에 따라 시설하는 경우에는 그러하지 아니하다.
   가. 전로에 대지전압은 300[V] 이하일 것.
   나. 전기기계기구는 전폐형의 것일 것.
   다. 케이블을 전기기계기구에 인입할 때에는 인입구에서 케이블이 손상될 우려가 없도록 시설할 것.
   라. 금속관공사 또는 케이블공사(캡타이어 케이블을 사용하는 것을 제외한다)에 의할 것.
2. 화약류 저장소 안의 전기설비에 전기를 공급하는 전로에는 화약류 저장소 이외의 곳에 전용 개폐기 및 과전류 차단기를 각 극(과전류 차단기는 다선식 전로의 중성극을 제외한다)에 취급자 이외의 자가 쉽게 조작할 수 없도록 시설하고 또한 전로에 지락이 생겼을 때에 자동적으로 전로를 차단하거나 경보하는 장치를 시설하여야 한다.

4) 전시회, 쇼 및 공연장의 전기설비

1. 사용전압
   무대·무대마루 밑·오케스트라 박스·영사실 기타 사람이나 무대 도구가 접촉할 우려가 있는 곳에 시설하는 저압 옥내배선, 전구선 또는 이동전선은 사용전압이 400[V] 이하이어야 한다.
2. 배선설비
   가. 배선용 케이블은 구리 도체로 최소 단면적이 1.5[mm^2]이며, 정격전압 450/750[V] 이하 염화비닐 절연 케이블 또는 정격전압 450/750[V] 이하 고무 절연케이블에 적합하여야 한다.
   나. 무대마루 밑에 시설하는 전구선은 300/300[V] 편조 고무코드 또는 0.6/1[kV] EP 고무 절연 클로로프렌 캡타이어 케이블이어야 한다.

5) 터널, 갱도 기타 이와 유사한 장소
1. 사람이 상시 통행하는 터널 안의 배선의 시설
   가. 전압 : 저압
   나. 전선 : 공칭단면적 2.5[mm^2]의 연동선과 동등 이상의 세기 및 굵기의 절연전선 (옥외용 비닐 절연전선 및 인입용 비닐 절연전선을 제외한다)
   다. 배선 : 애자공사
   라. 높이 : 노면상 2.5[m] 이상의 높이
   마. 전로에는 터널의 입구에 가까운 곳에 전용 개폐기를 시설할 것.
2. 터널 등의 전구선 또는 이동전선 등의 시설
   가. 터널 등에 시설하는 사용전압이 400[V] 이하인 저압의 전구선 또는 이동전선은 다음과 같이 시설하여야 한다.
      (1) 전구선은 단면적 0.75[mm^2] 이상의 300/300[V] 편조 고무코드 또는 0.6/1[kV] EP 고무 절연 클로로프렌 캡타이어 케이블일 것.
      (2) 이동전선은 300/300[V] 편조 고무코드, 비닐 코드 또는 캡타이어 케이블일 것.
   나. 터널 등에 시설하는 사용전압이 400[V] 초과인 저압의 이동전선은 0.6/1[kV] EP 고무 절연 클로로프렌 캡타이어 케이블로서 단면적이 0.75[mm^2] 이상인 것일 것.
   다. 특고압의 이동전선은 터널 등에 시설해서는 안 된다.

6) 의료장소
1. 의료장소별 접지 계통
   의료장소별로 다음과 같이 계통접지를 적용한다.
   가. 그룹 0 : TT 계통 또는 TN 계통
   나. 그룹 1 : TT 계통 또는 TN 계통. 다만, 전원자동차단에 의한 보호가 의료행위에 중대한 지장을 초래할 우려가 있는 의료용 전기기기를 사용하는 회로에는 의료 IT 계통을 적용할 수 있다.
   다. 그룹 2 : 의료 IT 계통. 다만, 이동식 X-레이 장치, 정격출력이 5[kVA] 이상인 대형 기기용 회로, 생명유지 장치가 아닌 일반 의료용 전기기기에 전력을 공급하는 회로 등에는 TT 계통 또는 TN 계통을 적용할 수 있다.
　　라. 의료장소에 TN 계통을 적용할 때에는 주배전반 이후의 부하 계통에서는 TN-C 계통으로 시설하지 말 것.

2. 의료장소의 안전을 위한 보호 설비
　　가. 그룹 1과 그룹 2의 의료장소에 무영등 등을 위한 특별저압(SELV 또는 PELV)회로를 시설하는 경우에는 사용전압은 교류 실효값 25[V] 또는 리플프리(ripple-free) 직류 60[V] 이하로 할 것.
　　나. 의료장소의 전로에는 정격 감도전류 30[mA] 이하, 동작시간 0.03초 이내의 누전차단기를 설치할 것. 다만, 다음의 경우는 그러하지 아니하다.
　　　　(1) 의료 IT 계통의 전로
　　　　(2) TT 계통 또는 TN 계통에서 전원자동차단에 의한 보호가 의료행위에 중대한 지장을 초래할 우려가 있는 회로에 누전경보기를 시설하는 경우
　　　　(3) 의료장소의 바닥으로부터 2.5[m]를 초과하는 높이에 설치된 조명기구의 전원회로
　　　　(4) 건조한 장소에 설치하는 의료용 전기기기의 전원회로

3. 의료장소내의 비상전원
　　상용전원 공급이 중단될 경우 의료행위에 중대한 지장을 초래할 우려가 있는 전기설비 및 의료용 전기기기에는 다음에 따라 비상전원을 공급하여야 한다.
　　가. 절환시간 0.5초 이내에 비상전원을 공급하는 장치 또는 기기
　　　　(1) 0.5초 이내에 전력공급이 필요한 생명유지장치
　　　　(2) 그룹 1 또는 그룹 2의 의료장소의 수술등, 내시경, 수술실 테이블, 기타 필수 조명
　　나. 절환시간 15초 이내에 비상전원을 공급하는 장치 또는 기기
　　　　(1) 15초 이내에 전력공급이 필요한 생명유지장치
　　　　(2) 그룹 2의 의료장소에 최소 50[%]의 조명, 그룹 1의 의료장소에 최소 1개의 조명
　　다. 절환시간 15초를 초과하여 비상전원을 공급하는 장치 또는 기기
　　　　(1) 병원기능을 유지하기 위한 기본 작업에 필요한 조명
　　　　(2) 그 밖의 병원 기능을 유지하기 위하여 중요한 기기 또는 설비

7) 엘리베이터·덤웨이터 등의 승강로 안의 저압 옥내배선 등의 시설

엘리베이터·덤웨이터 등의 승강로 내에 시설하는 사용전압이 400[V] 이하인 저압 옥내배선, 저압의 이동전선 및 이에 직접 접속하는 리프트 케이블은 비닐 리프트 케이블 또는 고무 리프트 케이블을 사용하여야 한다.

필수유형 및 과년도문제

문제 01 ★

KS C IEC 60364에서 충전부 전체를 대지로부터 절연시키거나 한 점에 임피던스를 삽입하여 대지에 접속시키고, 전기기기의 노출 도전성 부분 단독 또는 일괄적으로 접지하거나 또는 계통접지로 접속하는 접지계통을 무엇이라 하는가?

① TT 계통　　　　　　　　　② IT 계통
③ TN-C 계통　　　　　　　　④ TN-S 계통

풀이 203.1 계통접지 구성
가. TN계통
　① TN-S 계통은 계통 전체에 대해 별도의 중성선 또는 PE 도체를 사용한다.
　② TN-C 계통은 그 계통 전체에 대해 중성선과 보호도체의 기능을 동일도체로 겸용한 PEN 도체를 사용한다.
　③ TN-C-S계통은 계통의 일부분에서 PEN 도체를 사용하거나, 중성선과 별도의 PE 도체를 사용하는 방식이 있다.
나. TT 계통
　전원의 한 점을 직접 접지하고 설비의 노출 도전부는 전원의 접지전극과 전기적으로 독립적인 접지극에 접속시킨다.
다. IT 계통
　충전부 전체를 대지로부터 절연, 한 점을 임피던스를 통해 대지에 접속시킨다. 전기설비의 노출 도전부를 단독 또는 일괄적으로 계통의 PE 도체에 접속시킨다. 배전계통에서 추가접지가 가능하다.　**답** ②

문제 02 ★☆

과전류 차단기로서 저압 전로에 사용하는 100[A] 퓨즈는 수평으로 붙여서 시험할 때 1.6배의 전류를 통하는 경우는 몇 분 안에 용단되어야 하는가?

① 30분　　　② 60분　　　③ 120분　　　④ 120분

풀이 212.3.4 보호장치의 특성
1. 과전류 보호장치는 KS C 또는 KS C IEC 관련 표준(배선차단기, 누전차단기, 퓨즈 등의 표준)의 동작 특성에 적합하여야 한다.
2. 과전류차단기로 저압전로에 사용하는 범용의 퓨즈는 표에 적합한 것이어야 한다.

표. 퓨즈(gG)의 용단특성

정격전류의 구분	시간	정격전류의 배수	
		불용단전류	용단전류
4[A] 이하	60분	1.5배	2.1배
4[A] 초과 16[A] 미만	60분	1.5배	1.9배
16[A] 이상 63[A] 이하	60분	1.25배	1.6배
63[A] 초과 160[A] 이하	**120분**	1.25배	1.6배
160[A] 초과 400[A] 이하	180분	1.25배	1.6배
400[A] 초과	240분	1.25배	1.6배

답 ③

문제 03 저압 옥내간선에서 분기하여 전기사용기계기구에 이르는 저압 옥내전로에서 저압 옥내간선과의 분기점에서 전선의 길이가 몇 [m] 이하인 곳에 과전류 차단기를 설치하여야 하는가? 단, 단락의 위험과 화재 및 인체에 대한 위험성이 최소화 되도록 시설된 경우

① 3 ② 4
③ 5 ④ 6

풀이 212.4.2 과부하 보호장치의 설치 위치
과부하 보호장치는 분기점(O)에 설치해야 하나, 분기점(O)점과 분기회로의 과부하 보호장치(P_2) 설치점 사이의 배선 부분에 다른 분기회로나 콘센트 회로가 접속되어 있지 않고, 다음 중 하나를 충족하는 경우에는 변경이 있는 배선에 설치할 수 있다.
① 분기회로에 대한 단락보호가 이루어지고 있는 경우 : 분기회로의 보호장치 P_2는 분기회로의 분기점(O)으로부터 부하 측으로 거리에 구애 받지 않고 이동하여 설치할 수 있다.
② 단락의 위험과 화재 및 인체에 대한 위험성이 최소화 되도록 시설된 경우 : 분기회로의 보호장치 (P_2)는 분기회로의 분기점(O)으로부터 3[m]까지 이동하여 설치할 수 있다. **답** ①

문제 04 저압 가공 인입선의 전선으로 사용해서는 아니되는 것은?

① 나전선 ② 절연 전선
③ 옥외용 비닐절연전선 ④ 케이블

풀이 221.1.1 저압 인입선의 시설
전선은 절연전선 또는 케이블일 것. **답** ①

문제 05 저압 가공 인입선의 시설에 대한 설명으로 틀린 것은?

① 전선은 절연 전선 또는 케이블일 것
② 전선은 지름 1.6[mm]의 경동선 또는 이와 동등 이상의 세기 및 굵기일 것
③ 전선의 높이는 철도 및 궤도를 횡단하는 경우에는 레일면 상 6.5[m] 이상일 것
④ 전선의 높이는 횡단 보도교의 위에 시설하는 경우에는 노면 상 3[m] 이상일 것

풀이 221.1.1 저압 인입선의 시설
저압 가공인입선은 다음에 따라 시설하여야 한다.
1. 전선은 절연전선 또는 케이블일 것.
2. 전선이 절연전선인 경우
   가. 경간이 15[m] 초과 : 인장강도 2.30[kN] 이상의 것 또는 **지름 2.6[mm] 이상**의 인입용 비닐절연전선일 것.
   나. 경간이 15[m] 이하 : 인장강도 1.25[kN] 이상의 것 또는 **지름 2[mm] 이상**의 인입용 비닐절연전선일 것.
3. 전선의 높이
   가. 도로(차도와 보도의 구별이 있는 도로인 경우에는 차도)를 횡단하는 경우 : 노면상 5[m] (기술상 부득이한 경우에 교통에 지장이 없을 때에는 3[m]) 이상
   나. 철도 또는 궤도를 횡단하는 경우 : 레일면상 6.5[m] 이상
   다. 횡단보도교 위에 시설하는 경우 : 노면상 3[m] 이상 **답** ②

문제 06 다음 저압 연접 인입선의 시설 규정 중 틀린 것은?

① 경간이 20[m]인 곳에 직경 2.0[mm] DV 전선을 사용하였다.
② 인입선에서 분기하는 점으로부터 100[m]를 넘지 않았다.
③ 폭 4.5[m]의 도로를 횡단하였다.
④ 옥내를 통과하지 않도록 했다.

풀이 221.1.2 연접 인입선의 시설
저압 연접인입선은 다음에 따라 시설하여야 한다.
1. 인입선에서 분기하는 점으로부터 100[m]를 초과하는 지역에 미치지 아니할 것.
2. **폭 5[m]를 초과하는 도로를 횡단하지 아니할 것.**
3. 옥내를 통과하지 아니할 것.

답 ①

필수 01 전선로

저압 옥상 전선로에 시설하는 전선은 지름 몇 [mm]의 경동선 또는 이와 동등 이상의 세기 및 굵기의 것이어야 하는가?

① 1.6 ② 2.0 ③ 2.6 ④ 3.2

유형분석 전선의 굵기 및 이격거리가 출제된다.

풀이 저압 : 지름 2.6[mm]의 경동선 이상의 절연 전선을 사용하고 지지점간의 거리는 15[m] 이하로 시설한다.
(KEC 221.3)

답 ③

Key point

① **저압** : 지름 2.6[mm]의 경동선 이상의 절연 전선을 사용하고 지지점간의 거리는 15[m] 이하로 시설한다.
② **고압** : 전개된 장소에 케이블을 사용하고 전선과 조영재와의 이격 거리를 1.2[m] 이상으로 하여야 한다.
③ 특고압 옥상전선로는 시설하여서는 아니 된다.

문제 07 저압 옥상 전선로에 시설하는 전선은 지름 몇 [mm]의 경동선 또는 이와 동등 이상의 세기 및 굵기의 것이어야 하는가?

① 1.6 ② 2.0 ③ 2.6 ④ 3.2

풀이 221.3 옥상전선로
전선은 인장강도 2.30[kN] 이상의 것 또는 **지름 2.6[mm] 이상의 경동선**을 사용할 것.

답 ③

문제 08

★★★☆

시가지 내에 가설되는 200[V] 가공 전선을 절연 전선으로 사용할 경우 그 최소 굵기는 지름 몇 [mm]인가?

① 2   ② 2.6   ③ 3.2   ④ 4

풀이 222.5 저압 가공전선의 굵기 및 종류

가. 저압 가공전선은 나전선(중성선 또는 다중접지된 접지측 전선으로 사용하는 전선에 한한다), 절연전선, 다심형 전선 또는 케이블을 사용하여야 한다.

나. 전선의 굵기

전 압	조 건	전선의 굵기 및 인장강도
400[V] 이하	절연전선	인장강도 2.3[kN] 이상의 것 또는 **지름 2.6[mm] 이상의 경동선**
	케이블 이외	인장강도 3.43[kN] 이상의 것 또는 지름 3.2[mm] 이상의 경동선
400[V] 초과인 저압(케이블 이외)	시가지에 시설	인장강도 8.01[kN] 이상의 것 또는 지름 5[mm] 이상의 경동선
	시가지 외에 시설	인장강도 5.26[kN] 이상의 것 또는 지름 4[mm] 이상의 경동선

답 ②

문제 09

★☆

시가지에서 400[V] 이하의 저압 가공 전선로의 나경동선의 경우 최소 굵기[mm]는?

① 1.6   ② 2.8   ③ 2.6   ④ 3.2

풀이 222.5 저압 가공전선의 굵기 및 종류

가. 저압 가공전선은 나전선(중성선 또는 다중접지된 접지측 전선으로 사용하는 전선에 한한다), 절연전선, 다심형 전선 또는 케이블을 사용하여야 한다.

나. 전선의 굵기

전 압	조 건	전선의 굵기 및 인장강도
400[V] 이하	절연전선	인장강도 2.3[kN] 이상의 것 또는 지름 2.6[mm] 이상의 경동선
	케이블 이외	인장강도 3.43[kN] 이상의 것 또는 **지름 3.2[mm] 이상의 경동선**
400[V] 초과인 저압(케이블 이외)	시가지에 시설	인장강도 8.01[kN] 이상의 것 또는 지름 5[mm] 이상의 경동선
	시가지 외에 시설	인장강도 5.26[kN] 이상의 것 또는 지름 4[mm] 이상의 경동선

답 ④

문제 10

★★

저압 보안 공사시에 사용되는 전선으로 경동선을 사용할 경우 그 지름은 몇 [mm]의 것을 사용하여야 하는가?(단, 400[V] 이하임)

① 4   ② 3.5   ③ 2.6   ④ 1.2

풀이 222.10 저압 보안공사

저압 보안공사시 전선은 케이블인 경우 이외에는 인장강도 8.01[kN] 이상의 것 또는 **지름 5[mm]**(사용전압이 **400[V] 이하**인 경우에는 인장강도 5.26[kN] 이상의 것 또는 **지름 4[mm] 이상의 경동선**) 이상의 경동선이어야 한다.

답 ①

문제 11

☆

저압 보안 공사에 사용되는 목주의 굵기는 말구의 지름이 몇 [cm] 이상이어야 하는가?

① 8   ② 10   ③ 12   ④ 14

풀이 ▶ 222.10 저압 보안공사
저압 보안공사에서 목주는 풍압하중에 대한 안전율은 1.5 이상이며, 굵기는 말구(末口)의 지름 0.12[m] 이상이어야 한다.　　**답** ③

★★★★☆

문제 12 저압 가공 전선과 식물과의 이격 거리는 저압 가공 전선에 있어서는 몇 [cm] 이상이어야 하는가?

① 20
② 30
③ 60
④ 상시 불고 있는 바람에 접촉하지 않도록

풀이 ▶ 222.19 저압 가공전선과 식물의 이격거리
저압 가공전선은 상시 부는 바람 등에 의하여 식물에 접촉하지 않도록 시설하여야 한다.　　**답** ④

★

문제 13 진열장안의 배선은 외부에서 보기 쉬운 곳에 한하여 코드 또는 캡타이어 케이블을 조영재에 접촉하여 시설할 수 있다. 전선의 단면적은 몇 [mm²] 이상인 것으로 시설하여야 하는가?

① 0.75　　② 1.0　　③ 1.25　　④ 1.5

풀이 ▶ 231.3 저압 옥내배선의 사용전선
가. 저압 옥내배선의 전선 : 단면적 2.5[mm²] 이상의 연동선
나. 옥내배선의 사용 전압이 400[V] 이하인 경우는 다음에 의하여 시설할 수 있다.
　① 전광표시 장치 또는 제어 회로
　　• 단면적 1.5[mm²] 이상의 연동선
　　• 단면적 0.75[mm²] 이상인 다심케이블 또는 다심 캡타이어 케이블을 사용하고 또한 과전류가 생겼을 때에 자동적으로 전로에서 차단하는 장치를 시설
　② **진열장 또는 이와 유사한 것의 내부 배선 : 단면적 0.75[mm²] 이상인 코드 또는 캡타이어 케이블**
　　답 ①

★★

문제 14 옥내의 저압 전선으로 나전선의 사용이 기본적으로 허용되지 않는 경우는?

① 전기로용 전선
② 이동 기중기용 접촉 전선
③ 제분 공장의 전선
④ 전선 피복 절연물이 부식하는 장소에 시설하는 전선

풀이 ▶ 231.4 나전선의 사용 제한
옥내에 시설하는 저압전선에는 나전선을 사용하여서는 아니 된다. 다만, 다음 중 어느 하나에 해당하는 경우에는 그러하지 아니하다.
가. 애자공사에 의하여 전개된 곳에 다음의 전선을 시설하는 경우
　① **전기로용 전선**

② 전선의 **피복 절연물이 부식하는 장소**에 시설하는 전선
나. 버스덕트공사에 의하여 시설하는 경우
다. 라이팅덕트공사에 의하여 시설하는 경우
라. **접촉 전선**을 시설하는 경우   답 ③

문제 15 ★★★★ 다음 배전 공사 중 전선이 반드시 절연선이 아니더라도 상관없는 것은 어느 것인가?

① 합성수지관 공사 ② 금속관공사
③ 버스덕트공사   ④ 플로어덕트 공사

풀이 231.4 나전선의 사용 제한
옥내에 시설하는 저압전선에는 나전선을 사용하여서는 아니 된다. 다만, 다음 중 어느 하나에 해당하는 경우에는 그러하지 아니하다.
가. 애자공사에 의하여 전개된 곳에 다음의 전선을 시설하는 경우
   ① **전기로용 전선**
   ② 전선의 **피복 절연물이 부식하는 장소**에 시설하는 전선
나. 버스덕트공사에 의하여 시설하는 경우
다. 라이팅덕트공사에 의하여 시설하는 경우
라. **접촉 전선**을 시설하는 경우   답 ③

문제 16 ★★★★ 옥내에 시설하는 저압 전선으로 나전선을 절대로 사용할 수 없는 것은?

① 금속덕트공사에 의하여 시설하는 경우
② 버스덕트공사에 의하여 시설하는 경우
③ 애자공사에 의하여 전개된 곳에 전기로용 전선을 시설하는 경우
④ 유희용 전차에 전기를 공급하기 위하여 접촉 전선을 사용하는 경우

풀이 231.4 나전선의 사용 제한
옥내에 시설하는 저압전선에는 나전선을 사용하여서는 아니 된다. 다만, 다음 중 어느 하나에 해당하는 경우에는 그러하지 아니하다.
가. 애자공사에 의하여 전개된 곳에 다음의 전선을 시설하는 경우
   ① **전기로용 전선**
   ② 전선의 **피복 절연물이 부식하는 장소**에 시설하는 전선
나. 버스덕트공사에 의하여 시설하는 경우
다. 라이팅덕트공사에 의하여 시설하는 경우
라. **접촉 전선**을 시설하는 경우   답 ①

문제 17 ★★★★★ 백열전등 또는 방전등에 전기를 공급하는 옥내 전로의 대지 전압은 몇 [V] 이하이어야 하는가? 단, 백열전등 또는 방전등에 부속하는 전선을 사람이 접촉할 우려가 없도록 시설하였다.

① 100   ② 150   ③ 200   ④ 300

풀이 231.6 옥내전로의 대지 전압의 제한
백열전등 또는 방전등에 전기를 공급하는 옥내의 전로의 **대지전압은 300[V] 이하**여야 한다.   답 ④

필수 02 ★★★★ 배선 및 조명설비 등

사용 전압 220[V]의 애자공사에서 전선의 지지점간의 거리는 최대 몇 [m]인가? 단, 전개된 장소로서 전선을 조영재의 윗면에 따라 붙일 경우이다.

① 1.5   ② 2   ③ 3.5   ④ 4

유형분석 애자공사는 이격거리를 꼭 암기해야 한다.

풀 이 전선의 지지점 간의 거리는 전선을 조영재의 윗면 또는 옆면에 따라 붙일 경우에는 2[m] 이하일 것.
(KEC 232.56)

답 ②

Key point

232.56 애자공사

전 압		전선과 조영재와의 이격거리		전선 상호 간격	전선 지지점 간의 거리	
					조영재의 윗면 또는 옆면에 따라 시설	조영재에 따라 시설하지 않는 경우
저압	400[V] 이하	2.5[cm] 이상		6[cm] 이상	2[m] 이하	–
	400[V] 초과	건조한 장소	2.5[cm] 이상			6[m] 이하
		기타의 장소	4.5[cm] 이상			

문제 18 ★ 합성 수지관 공사 시에 관의 지지점간의 거리는 몇 [m] 이하로 하여야 하는가?

① 1.0   ② 1.5   ③ 2.0   ④ 2.5

풀이 232.11 합성수지관 공사
관의 지지점 간의 거리는 1.5[m] 이하로 하고, 또한 그 지지점은 관의 끝·관과 박스의 접속점 및 관 상호 간의 접속점 등에 가까운 곳에 시설할 것.

답 ②

문제 19 ★★★★★ 저압 옥내 배선을 합성 수지관 공사에 의하여 실시하는 경우 사용할 수 있는 단선(동선)의 단면적은 최대 몇 [mm²]인가?

① 2.5   ② 6.0   ③ 10   ④ 16

풀이 232.11 합성수지관공사
가. 전선은 절연전선(옥외용 비닐 절연전선을 제외한다)일 것.
나. 전선은 연선일 것. 다만, 다음의 것은 적용하지 않는다.
① 짧고 가는 합성수지관에 넣은 것.
② 단면적 10[mm²](알루미늄선은 단면적 16[mm²]) 이하의 것.

답 ③

문제 20 ★★★★★
금속관 공사에 의한 저압 옥내 배선시 콘크리트에 매입하는 경우 관의 최소 두께[mm]는?

① 0.8　　　　　　　② 1.0
③ 1.2　　　　　　　④ 1.4

풀이 232.12 금속관공사
관의 두께는 다음에 의할 것.
① **콘크리트에 매입하는 것은 1.2[mm] 이상**
② 콘크리트 매입 이외의 것은 1[mm] 이상

답 ③

문제 21 ★★
금속관공사에 의한 저압 옥내 배선에 사용할 수 없는 것은?

① 인입용 비닐절연전선
② 옥외용 비닐절연전선
③ 450/750[V] 일반용 단심 비닐절연전선
④ 절연 전선

풀이 232.12 금속관공사
가. 전선은 절연전선(**옥외용 비닐절연전선을 제외한다**)일 것.
나. 전선은 연선일 것. 다만, 다음의 것은 적용하지 않는다.
　① 짧고 가는 금속관에 넣은 것.
　② 단면적 10[mm^2](알루미늄선은 단면적 16[mm^2]) 이하의 것.

답 ②

문제 22 ★☆
저압 옥내 배선을 금속관 공사에 의하여 시설하는 경우에 대한 설명 중 옳은 것은?

① 전선에 옥외용 비닐절연전선을 사용하였다.
② 전선은 굵기에 관계없이 연선을 사용하여야 한다.
③ 콘크리트에 매설하는 금속관의 두께는 1.2[mm] 이상이어야 한다.
④ 옥내 배선의 사용 전압이 교류 600[V] 이하인 경우 관에는 접지공사를 하여야 한다.

풀이 232.12 금속관공사
가. 전선은 절연전선(옥외용 비닐절연전선을 제외한다)일 것.
나. 전선은 연선일 것. 다만, 다음의 것은 적용하지 않는다.
　① 짧고 가는 금속관에 넣은 것.
　② 단면적 10[mm^2](알루미늄선은 단면적 16[mm^2]) 이하의 것.
다. 관의 두께는 다음에 의할 것.
　① **콘크리트에 매입하는 것은 1.2[mm] 이상**
　② 콘크리트 매입 이외의 것은 1[mm] 이상
라. 방폭형 부속품의 경우 전선관과의 접속부분의 나사는 5턱 이상 완전히 나사결합이 될 수 있는 길이일 것.
마. 관에는 접지공사를 할 것.

답 ③

문제 23 저압 옥내 배선을 위한 금속관을 콘크리트에 매입 할 때 적합한 관의 두께[mm]와 전선의 종류는?

① 1.0[mm] 이상, 옥외용 비닐 절연 전선
② 1.2[mm] 이상, 450/750[V] 일반용 단심 비닐절연전선
③ 1.0[mm] 이상, 450/750[V] 일반용 단심 비닐절연전선
④ 1.2[mm] 이상, 옥외용 비닐 절연 전선

풀이 232.12 금속관공사
가. 전선은 **절연전선**(옥외용 비닐절연전선을 제외한다)일 것.
나. 전선은 연선일 것. 다만, 다음의 것은 적용하지 않는다.
  ① 짧고 가는 금속관에 넣은 것.
  ② 단면적 10[mm^2](알루미늄선은 단면적 16[mm^2]) 이하의 것.
다. 관의 두께는 다음에 의할 것.
  ① **콘크리트에 매입하는 것은 1.2[mm] 이상**
  ② 콘크리트 매입 이외의 것은 1[mm] 이상
라. 방폭형 부속품의 경우 전선관과의 접속부분의 나사는 5턱 이상 완전히 나사결합이 될 수 있는 길이일 것.
마. 관에는 접지공사를 할 것. **답** ②

문제 24 금속제 가요전선관공사에 의한 저압 옥내 배선을 다음과 같이 시행하였다. 옳은 것은?

① 옥외용 비닐절연전선을 사용하였다.
② 단면적 25[mm^2]의 단선을 사용하였다.
③ 2종 금속제 가요전선관을 사용하였다.
④ 가요전선관에 접지공사를 하였다.

풀이 232.13 금속제 가요전선관공사
가. 전선은 절연전선(옥외용 비닐 절연전선을 제외한다)일 것.
나. 전선은 연선일 것. 다만, 단면적 10[mm^2](알루미늄선은 단면적 16[mm^2]) 이하인 것은 그러하지 아니하다.
다. 가요전선관 안에는 전선에 접속점이 없도록 할 것.
라. **가요전선관은 2종 금속제 가요전선관일 것.** **답** ③

문제 25 플로어덕트공사에 의한 저압 옥내 배선에서 절연 전선으로 연선을 사용하지 않아도 되는 것은 전선의 굵기가 몇 [mm^2] 이하의 경우인가?

① 2.5 ② 4.0
③ 6.0 ④ 10

풀이 232.32 플로어덕트 공사
가. 전선은 절연전선(옥외용 비닐 절연전선을 제외한다)일 것.
나. 전선은 연선일 것. 다만, 단면적 10[mm^2](알루미늄선은 단면적 16[mm^2]) 이하인 것은 그러하지 아니하다. **답** ④

문제 26
옥내에 시설하는 애자공사 시 사용 전압이 400[V]를 넘는 경우 전선과 조영재와의 이격 거리는? 단, 전개된 장소로서 건조한 장소임

① 2.5[cm] 이상   ② 5[cm] 이상
③ 7.5[cm] 이상   ④ 10[cm] 이상

풀이 232.56 애자공사
가. 전선의 종류 : 절연 전선. 단, 옥외용 비닐 절연 전선(OW) 및 인입용 비닐 절연 전선(DV)은 제외한다.
나. 이격 거리

전압		전선과 조영재와의 이격거리	전선 상호 간격	전선 지지점 간의 거리	
				조영재의 윗면 또는 옆면에 따라 시설	조영재에 따라 시설하지 않는 경우
저압	400[V] 이하	2.5[cm] 이상	6[cm] 이상	2[m] 이하	–
	400[V] 초과	건조한 장소 2.5[cm] 이상			6[m] 이하
		기타의 장소 4.5[cm] 이상			

답 ①

문제 27
사용 전압 440[V]인 이동 기중기용 접촉 전선을 옥내에 시설하는 경우 그 전선의 단면적은 몇 [mm²] 이상이어야 하는가?

① 22   ② 28
③ 32   ④ 38

풀이 232.81 옥내에 시설하는 저압 접촉전선 배선
전선은 인장강도 11.2[kN] 이상의 것 또는 지름 6[mm]의 경동선으로 단면적이 28[mm²] 이상인 것일 것. 다만, 사용전압이 400[V] 이하인 경우에는 인장강도 3.44[kN] 이상의 것 또는 지름 3.2[mm] 이상의 경동선으로 단면적이 8[mm²] 이상인 것을 사용할 수 있다.

답 ②

문제 28
방전등용 변압기의 2차 단락전류나 사용전압 400[V] 이하인 관등회로의 동작전류가 몇 [mA] 이하인 방전등을 시설하는 경우 방전등용 안정기의 외함 및 방전등용 전등기구의 금속제 부분에 옥내 방전등 공사의 접지공사를 하지 않아도 되는가? 단, 방전등용 안정기를 외함에 넣고 또한 그 외함과 방전등용 안정기를 넣을 방전등용 전등기구를 전기적으로 접속하지 않도록 시설한다고 한다.

① 25[mA]   ② 50[mA]
③ 75[mA]   ④ 100[mA]

풀이 234.11.9 접지
1. 방전등용 안정기의 외함 및 전등기구의 금속제부분에는 규정에 준하여 접지공사를 하여야 한다.
2. 상기의 **접지공사는 다음에 해당될 경우는 생략**할 수 있다.
   가. 관등회로의 사용전압이 대지전압 150[V] 이하의 것을 건조한 장소에서 시공할 경우
   나. **관등회로의 사용전압이 400[V] 이하 또는 변압기의 정격 2차 단락전류 혹은 회로의 동작전류가 50[mA] 이하의 것**으로 안정기를 외함에 넣고, 이것을 조명기구와 전기적으로 접속되지 않도록 시설할 경우

답 ②

문제 29 옥내의 네온 방전등 공사 방법으로 옳은 것은?

① 방전등용 변압기는 절연 변압기일 것
② 관등회로의 배선은 점검할 수 없는 은폐장소에 시설할 것
③ 관등회로의 배선은 애자공사에 의할 것
④ 전선의 지지점간의 거리는 2[m] 이하일 것

풀이 234.12 네온 방전등
1. 네온변압기는 사람이 쉽게 접촉될 우려가 없는 장소에 위험하지 않도록 시설하여야 한다.
2. 네온방전등에 공급하는 전로의 대지전압은 300[V] 이하로 하여야 하며, **관등회로의 배선은 애자공사로** 다음에 따라서 시설하여야 한다.
   가. 전선은 네온관용전선을 사용할 것.
   나. 배선은 외상을 받을 우려가 없고 사람이 접촉될 우려가 없는 노출장소에 시설할 것.
   다. 전선은 자기 또는 유리제 등의 애자로 견고하게 지지하여 조영재의 아랫면 또는 옆면에 부착하고 전선 상호간의 이격거리는 60[mm] 이상일 것.
   라. 전선 지지점 간의 거리는 1[m] 이하로 할 것.
   마. 애자는 절연성·난연성 및 내수성이 있는 것일 것. **답** ③

문제 30 호텔 또는 여관 각 객실의 입구에 조명용 백열전등을 설치할 경우 몇 분 이내에 소등되는 타임 스위치를 시설하여야 하는가?

① 1분   ② 2분
③ 3분   ④ 5분

풀이 234.6 점멸기의 시설
다음의 경우에는 센서등(타임스위치 포함)을 시설하여야 한다.
가. **관광숙박업** 또는 **숙박업**(여인숙업을 제외한다)에 이용되는 **객실의 입구등은 1분** 이내에 소등되는 것.
나. 일반주택 및 아파트 각 호실의 현관등은 3분 이내에 소등되는 것. **답** ①

문제 31 풀용 수중 조명등의 사용 전압이 몇 [V]를 넘으면 누전 차단기를 시설하여야 하는가?

① 30[V]   ② 60[V]
③ 150[V]   ④ 300[V]

풀이 234.14 수중조명등
가. 수영장 기타 이와 유사한 장소에 사용하는 수중조명등에 전기를 공급하기 위해서는 절연변압기를 사용하여야 한다.
나. 절연변압기의 2차측 전로의 **사용전압이 30[V]를 초과하는 경우, 그 전로에 지락이 생겼을 때에 자동적으로 전로를 차단하는 정격감도전류 30[mA] 이하의 누전차단기를 시설하여야 한다. **답** ①

필수 03 ★★★★☆ 특수설비

목장에서 가축의 탈출을 방지하기 위하여 전기 울타리에 사용한 전선의 최소 지름[mm]은?

① 1.2　　② 1.6　　③ 2.0　　④ 2.6

유형분석 시험문제가 어렵게 출제될 경우 이 부분에서 출제되는 문제가 많아진다.

풀 이 전기 울타리 시설에서 전선은 지름 2[mm] 이상의 경동선으로 할 것(KEC 241.1)　　**답** ③

Key point

종 류	사용 전압	전선 굵기
전기울타리	1차측 250[V] 이하	2[mm] 이상의 경동선
유희용 전차	• 1차측 400[V] 이하 • 2차측 직류 60[V], 교류 40[V] 이하의 절연 변압기	
교통신호등	사용 전압 300[V] 이하	2.5 [mm^2] 이상의 연동선

문제 32 ★★★★☆ 전기 온상용 발열선의 최고 사용 전압은 섭씨 몇 도를 넘지 않도록 시설하여야 하는가?

① 50　　② 60　　③ 80　　④ 100

풀이 241.5 전기온상 등
가. 전기온상에 전기를 공급하는 전로의 대지전압은 300[V] 이하일 것.
나. **발열선은 그 온도가 80[℃]를 넘지 않도록 시설** 할 것.
다. 발열선과 조영재 사이의 이격거리는 0.025[m] 이상으로 할 것.
라. 발열선의 지지점 간의 거리는 1[m] 이하일 것. 다만, 발열선 상호 간의 간격이 0.06[m] 이상인 경우에는 2[m] 이하로 할 수 있다.　　**답** ③

문제 33 ★★★★☆ 전기 온돌 등의 전열 장치를 시설할 때 발열선을 도로, 주차장 또는 조영물의 조영재에 고정시켜 시설하는 경우, 발열선에 전기를 공급하는 전로의 대지 전압은 몇 [V] 이하이어야 하는가?

① 150　　② 300　　③ 380　　④ 440

풀이 241.12 도로 등의 전열장치
가. 발열선에 전기를 공급하는 **전로의 대지전압은 300[V] 이하일 것.**
나. 발열선은 그 온도가 80[℃]를 넘지 아니하도록 시설할 것. 다만, 도로 또는 옥외주차장에 금속피복을 한 발열선을 시설할 경우에는 발열선의 온도를 120[℃] 이하로 할 수 있다.
다. 발열선은 다른 전기설비·약전류전선 등 또는 수관·가스관이나 이와 유사한 것에 전기적·자기적 또는 열적인 장해를 주지 아니하도록 시설할 것.　　**답** ②

문제 34
★★★★☆
전기 욕기를 시설하였다. 욕탕 안의 전극과 절연 변압기와의 사이의 2차 전압이 몇 [V] 이하인 전원 변압기를 사용하여야 하는가?

① 10　　② 25　　③ 30　　④ 60

풀이 241.2 전기욕기

전기욕기에 전기를 공급하기 위한 전기욕기용 전원장치(내장되는 전원 변압기의 2차측 전로의 사용전압이 10[V] 이하의 것에 한한다)는 안전기준에 적합하여야 한다.　　**답** ①

문제 35
★
최대 사용 전압 30[V]를 넘고 60[V] 이하인 소세력 회로에 사용하는 절연 변압기의 2차 단락 전류값이 제한을 받지 않을 경우는 2차측에 시설하는 과전류 차단기의 용량이 몇 [A] 이하일 경우인가?

① 0.5　　② 1.5　　③ 3　　④ 5

풀이 241.14.2 전원장치

절연변압기의 2차 단락전류는 소세력 회로의 최대사용전압에 따라 표에서 정한 값 이하의 것일 것. 다만 그 변압기의 2차측 전로에 표에서 정한 값 이하의 과전류 차단기를 시설하는 경우에는 그러하지 아니하다.

소세력 회로의 최대 사용전압의 구분	2차 단락전류	과전류 차단기의 정격전류
15[V] 이하	8[A]	5[A]
15[V] 초과 30[V] 이하	5[A]	3[A]
30[V] 초과 60[V] 이하	3[A]	1.5[A]

답 ②

문제 36
★★☆
전기 방식 시설을 할 때 전기 방식 회로의 사용 전압은 직류 몇 [V] 이하이어야 하는가?

① 40　　② 60　　③ 80　　④ 100

풀이 241.16 전기부식방지 시설

가. 전기부식방지 회로의 **사용전압은 직류 60[V]** 이하일 것.
나. 수중에 시설하는 양극과 그 주위 1[m] 이내의 거리에 있는 임의 점과의 사이의 전위차는 10[V]를 넘지 아니할 것.
다. 지표 또는 수중에서 1[m] 간격의 임의의 2점간의 전위차가 5[V]를 넘지 아니할 것.　　**답** ②

문제 37
★★
지중 또는 수중에 시설되는 금속체(피방식체)의 부식을 방지하기 위하여 지중 또는 수중에 시설하는 전기 부식 방식 회로의 사용 전압은 다음의 어느 것 이하로 제한하고 있는가?

① DC 60[V]　　② DC 120[V]
③ AC 60[V]　　④ AC 100[V]

풀이 241.16 전기부식방지 시설

가. 전기부식방지 회로의 **사용전압은 직류(DC) 60[V]** 이하일 것.

나. 수중에 시설하는 양극과 그 주위 1[m] 이내의 거리에 있는 임의 점과의 사이의 전위차는 10[V]를 넘지 아니할 것.
다. 지표 또는 수중에서 1[m] 간격의 임의의 2점간의 전위차가 5[V]를 넘지 아니할 것.   답 ①

04 특수설비 ★★★☆

석유류를 저장하는 장소의 전등 배선에서 사용할 수 없는 방법은?
① 애자 사용 공사
② 케이블 공사
③ 금속관 공사
④ 경질 비닐관 공사

 유형분석) 시험문제가 어렵게 출제될 경우 이 부분에서 출제되는 문제가 많아진다.

풀 이) 셀룰로이드 · 성냥 · 석유, 기타 위험물이 있는 곳의 배선은 금속관공사, 케이블공사, 합성수지관공사에 의하여야 한다(KEC 242.4).   답 ①

Key point

종 류	금속관공사	케이블공사	합성수지관공사	애자공사
폭연성 분진	• 박강 전선관 이상 • 5턱 이상 나사조임	• 개장된 케이블 • 무기물 절연 케이블 • 이동용 전선(0.6/1[kV] EP 고무절연 클로로프렌 캡타이어 케이블)		
가연성 분진	• 폭연성 분진에 준함	• 폭연성 분진에 준함	• 2[mm] 이상 • 관을 삽입하는 깊이 : 관의 바깥지름의 1.2배(접착제 사용시 0.8배)이상	
화약류 저장소	• 전로의 대지 전압 300[V] 이하일 것 • 전기 기계 기구는 전폐형일 것 • 전용의 과전류 개폐기 및 과전류 차단기는 화약류 저장소 이외의 곳에 시설하고 누전 차단기 · 누전 경보기를 시설하여야 한다.			
전시회, 쇼 및 공연장	• 무대, 무대마루 밑, 오케스트라 박스, 영사실 등 접촉의 우려가 있는 곳 : 400[V] 이하 • 무대 밑 전구선 : 300/300 [V] 편조 고무코드 또는 0.6/1 [kV] EP 고무절연 클로로프렌 캡타이어 케이블 • 이동용 전선 : 0.6/1 [kV] EP 고무절연 클로로프렌 캡타이어 케이블 또는 0.6/1[kV] 비닐절연 비닐 캡타이어 케이블			
진열장	• 400[V] 이하 • 0.75[mm²] 이상의 코드 또는 캡타이어 케이블			

문제 38 ★★ 폭연성 분진 또는 화약류의 분말이 존재하는 곳의 저압 옥내 배선은 어느 공사에 의하는가?

① 애자공사 또는 금속제 가요전선관공사
② 캡타이어 케이블공사
③ 합성수지관공사
④ 금속관공사

풀이 242.2.1 폭연성 분진 위험장소
폭연성 분진(마그네슘·알루미늄·티탄·지르코늄) 또는 화약류의 분말이 전기설비가 발화원이 되어 폭발할 우려가 있는 곳에 시설하는 저압 옥내배선, 저압 관등회로 배선, 소세력 회로의 전선은 **금속관공사** 또는 **케이블공사(캡타이어 케이블을 사용하는 것을 제외한다)**에 의할 것. **답 ④**

문제 39 ★★★☆ 석유류를 저장하는 장소의 전등 배선에서 사용할 수 없는 방법은?

① 애자공사
② 케이블공사
③ 금속관공사
④ 경질비닐관공사

풀이 242.4 위험물 등이 존재하는 장소
셀룰로이드·성냥·**석유류** 기타 타기 쉬운 위험한 물질을 제조하거나 저장하는 곳에 시설하는 저압 옥내 전기설비는 다음에 따르고 또한 위험의 우려가 없도록 시설하여야 한다.
가. 이동전선은 접속점이 없는 0.6/1[kV] EP 고무 절연 클로로프렌 캡타이어 케이블 또는 0.6/1[kV] 비닐 절연 비닐캡타이어 케이블을 사용할 것.
나. 저압 옥내배선 등은 **합성수지관공사**(두께 2[mm] 미만의 합성수지 전선관 및 난연성이 없는 콤바인 덕트관을 사용하는 것을 제외한다)·**금속관공사** 또는 **케이블공사**에 의할 것. **답 ①**

문제 40 ★ 의료장소의 안전을 위한 의료용 절연변압기에 대한 다음 설명 중 옳은 것은?

① 2차측 정격전압은 교류 300[V] 이하이다.
② 2차측 정격전압은 직류 250[V] 이하이다.
③ 정격출력은 5[kVA] 이하이다.
④ 정격출력은 10[kVA] 이하이다.

풀이 242.10.3 의료장소의 안전을 위한 보호 설비
가. 이중 또는 강화절연을 한 비단락보증 절연변압기를 설치하고 그 2차측 전로는 접지하지 말 것.
나. 비단락보증 절연변압기
　① 2차측 정격전압은 교류 250[V] 이하
　② **공급방식 및 정격출력은 단상 2선식, 10[kVA] 이하** **답 ④**

04 출제기준 – 고압, 특고압 전기설비

1 접지설비

(1) 혼촉에 의한 위험방지시설

1) 고압 또는 특고압과 저압의 혼촉에 의한 위험방지 시설

1. 고압전로 또는 특고압전로와 저압전로를 결합하는 변압기의 저압측의 중성점에는 142.5의 규정에 의하여 계산한 값이 10[Ω]을 넘을 때에는 접지저항치가 10[Ω] 이하가 되도록 할 것.
2. 제1의 접지공사는 변압기의 시설장소마다 시행하여야 한다. 다만, 토지의 상황에 의하여 변압기의 시설장소에서 변압기 중성점 접지저항의 규정에 의한 접지저항 값을 얻기 어려운 경우, 인장강도 5.26[kN] 이상 또는 지름 4[mm] 이상의 가공 접지도체를 저압가공전선에 관한 규정에 준하여 시설할 때에는 변압기의 시설장소로부터 200[m]까지 떼어놓을 수 있다.

2) 특고압과 고압의 혼촉 등에 의한 위험방지 시설

변압기에 의하여 특고압전로에 결합되는 고압전로에는 사용전압의 3배 이하인 전압이 가하여진 경우에 방전하는 장치를 그 변압기의 단자에 가까운 1극에 설치하여야 한다. 다만, 다음의 경우 그러하지 아니하다.
1. 사용전압의 3배 이하인 전압이 가하여진 경우에 방전하는 피뢰기를 고압전로의 모선의 각 상에 시설 한 경우
2. 특고압권선과 고압권선 간에 혼촉방지판을 시설하여 접지저항 값이 10[Ω] 이하 또는 변압기 중성점 접지의 규정에 따른 접지공사를 한 경우에는 그러하지 아니하다.

3) 전로의 중성점의 접지

1. 전로의 보호 장치의 확실한 동작의 확보, 이상 전압의 억제 및 대지전압의 저하를 위하여 특히 필요한 경우에 전로의 중성점에 접지공사를 할 경우 접지도체는 공칭단면적 16[mm^2] 이상의 연동선으로서 고장시 흐르는 전류가 안전하게 통할 수 있는 것을 사용하고 또한 손상을 받을 우려가 없도록 시설할 것.
2. 저압전로에 시설하는 보호 장치의 확실한 동작을 확보하기 위하여 특히 필요한 경우에 전로의 중성점에 접지공사를 할 경우 접지도체는 공칭단면적 6[mm^2] 이상의 연동선으로서 고장시 흐르는 전류가 안전하게 통할 수 있는 것을 사용하여야 한다.

2 전선로

(1) 전선로 일반 및 구내 · 옥측 · 옥상전선로

1) 가공전선로 지지물의 철탑오름 및 전주오름 방지

가공전선로의 지지물에 취급자가 오르고 내리는데 사용하는 발판 볼트 등을 지표상 1.8[m] 미만에 시설하여서는 아니 된다.

2) 풍압하중의 종별과 적용

1. 가공 전선로에 사용하는 지지물의 강도 계산에 적용하는 풍압 하중은 다음의 3종으로 한다.

   가. 갑종 풍압하중 : 표에서 정한 구성재의 수직 투영면적 1[m²]에 대한 풍압을 기초로 하여 계산한 것.

중요 : 풍압하중

표. 구성재의 수직 투영면적 1[m²]에 대한 풍압

풍압을 받는 구분				구성재의 수직 투영면적 1[m²]에 대한 풍압
목 주				588[Pa]
지지물	철주	원형의 것		588[Pa]
		삼각형 또는 마름모형의 것		1,412[Pa]
		강관에 의하여 구성되는 4각형의 것		1,117[Pa]
		기타의 것		복재가 전·후면에 겹치는 경우에는 1627[Pa], 기타의 경우에는 1784[Pa]
	철근 콘크리트주	원형의 것		588[Pa]
		기타의 것		882[Pa]
	철탑	단주 (완철류는 제외함)	원형의 것	588[Pa]
			기타의 것	1,117[Pa]
		강관으로 구성되는 것 (단주는 제외함)		1,255[Pa]
		기타의 것		2,157[Pa]
전선 기타 가섭선	다도체(구성하는 전선이 2가닥마다 수평으로 배열되고 또한 그 전선 상호 간의 거리가 전선의 바깥지름의 20배 이하인 것에 한한다)를 구성하는 전선			666[Pa]
	기타의 것			745[Pa]
애자장치(특고압 전선용의 것에 한한다)				1,039[Pa]
목주·철주(원형의 것에 한한다) 및 철근 콘크리트주의 완금류 (특고압 전선로용의 것에 한한다)				단일재로서 사용하는 경우에는 1,196[Pa], 기타의 경우에는 1,627[Pa]

   나. 을종 풍압하중

   전선 기타의 가섭선 주위에 두께 6[mm], 비중 0.9의 빙설이 부착된 상태에서 수직 투영면적 372[Pa](다도체를 구성하는 전선은 333[Pa]), 그 이외의 것은 갑종풍압하중의 2분의 1을 기초로 하여 계산한 것.

다. 병종 풍압하중

갑종풍압하중의 2분의 1을 기초로 하여 계산한 것.

2. 제1의 풍압하중의 적용은 다음에 따른다.

지 역		고온계절	저온계절
빙설이 많은 지방 이외의 지방		갑종	병종
빙설이 많은 지방	일반지역	갑종	을종
	해안지방, 기타 저온 계절에 최대 풍압이 생기는 지역	갑종	갑종과 을종 중 큰 값 선정
인가가 많이 연접되어 있는 장소		병종	병종

3) 가공전선로 지지물의 기초의 안전율 ★ 중요 : 지지물의 근입 깊이

가공전선로의 지지물에 하중이 가하여지는 경우에 그 하중을 받는 지지물의 기초의 안전율은 2(단, 이상 시 상정하중이 가하여지는 철탑의 기초에 대하여는 1.33) 이상이어야 한다. 다만, 땅에 묻히는 깊이를 다음의 표에서 정한 값 이상의 깊이로 시설하는 경우에는 그러하지 아니하다.

설계하중 전장	6.8[kN] 이하	6.8[kN] 초과 ~ 9.8[kN] 이하	9.81[kN] 초과 ~ 14.72[kN] 이하
15[m] 이하	전장×1/6[m] 이상	전장×1/6+0.3[m] 이상	전장×1/6+0.5[m] 이상
15[m] 초과~16[m] 이하	2.5[m] 이상	2.8[m] 이상	-
16[m] 초과~20[m] 이하	2.8[m] 이상	-	-
15[m] 초과~18[m] 이하	-	-	3[m] 이상
18[m] 초과	-	-	3.2[m] 이상

4) 지선의 시설

1. 가공전선로의 지지물로 사용하는 철탑은 지선을 사용하여 그 강도를 분담시켜서는 안 된다.
2. 가공전선로의 지지물에 시설하는 지선은 다음에 따라야 한다.

    가. 지선의 안전율은 2.5 이상일 것. 이 경우에 허용 인장하중의 최저는 4.31[kN]으로 한다.

    나. 지선에 연선을 사용할 경우에는 다음에 의할 것.

    (1) 소선 3가닥 이상의 연선일 것.

    (2) 소선의 지름이 2.6[mm] 이상의 금속선을 사용한 것일 것. 다만, 소선의 지름이 2[mm] 이상인 아연도강연선으로서 소선의 인장강도가 $0.68[kN/mm^2]$ 이상인 것을 사용하는 경우에는 적용하지 않는다.

    다. 지중부분 및 지표상 0.3[m]까지의 부분에는 내식성이 있는 것 또는 아연도금을 한 철봉을 사용하고 쉽게 부식되지 않는 근가에 견고하게 붙일 것. 다만, 목주에 시설하는 지선에 대해서는 적용하지 않는다.

    라. 지선근가는 지선의 인장하중에 충분히 견디도록 시설할 것.

3. 도로를 횡단하여 시설하는 지선의 높이는 지표상 5[m] 이상으로 하여야 한다. 다만, 기술상 부득이한 경우로서 교통에 지장을 초래할 우려가 없는 경우에는 지표상 4.5[m] 이상, 보도의 경우에는 2.5[m] 이상으로 할 수 있다.

5) 구내인입선 ★ 중요 : 인입선 규정

1. 고압 가공인입선의 시설
   가. 고압 가공인입선의 전선
   (1) 인장강도 8.01[kN] 이상의 고압 절연전선, 특고압 절연전선
   (2) 지름 5[mm] 이상의 경동선의 고압 절연전선, 특고압 절연전선, 인하용 절연전선을 애자공사에 의하여 시설하거나 케이블을 가공케이블의 시설 기준에 따라 시설하여야 한다.
   나. 고압 가공인입선의 높이는 지표상 5[m]로 하여야 한다.
   그러나 그 고압 가공인입선이 케이블 이외의 것인 때에는 그 전선의 아래쪽에 위험 표시를 하면 고압 가공인입선의 높이는 지표상 3.5[m]까지로 감할 수 있다.
   다. 고압 연접인입선은 시설하여서는 아니 된다.

2. 특고압 가공인입선의 시설
   가. 변전소 또는 개폐소에 준하는 곳 이외의 곳에 인입하는 특고압 가공 인입선은 사용전압이 100[kV] 이하이어야 한다.
   나. 사용전압이 35[kV] 이하이고 또한 전선에 케이블을 사용하는 경우에 특고압 가공 인입선의 높이는 그 특고압 가공 인입선이 도로·횡단보도교·철도 및 궤도를 횡단하는 이외의 경우에 한하여 지표상 4[m]까지로 감할 수 있다.
   다. 특고압 연접 인입선은 시설하여서는 아니 된다.

6) 고압 옥측전선로

1. 전선은 케이블일 것.
2. 케이블은 견고한 관 또는 트라프에 넣거나 사람이 접촉할 우려가 없도록 시설할 것.
3. 케이블을 조영재의 옆면 또는 아랫면에 따라 붙일 경우에는 케이블의 지지점 간의 거리를 2[m] (수직으로 붙일 경우에는 6[m]) 이하로 하고 또한 피복을 손상하지 아니하도록 붙일 것.

7) 고압 옥상전선로

1. 고압 옥상전선로는 케이블을 사용하고, 조영재 사이의 이격거리를 1.2[m] 이상으로 시설 하여야 한다.
2. 고압 옥상 전선로의 전선이 다른 시설물과 접근하거나 교차하는 경우에는 고압 옥상 전선로의 전선과 이들 사이의 이격거리는 0.6[m] 이상이어야 한다.
3. 고압 옥상전선로의 전선은 상시 부는 바람 등에 의하여 식물에 접촉하지 아니하도록 시설하여야 한다.

(1) 가공전선로

1) 가공약전류전선로의 유도장해 방지

저압 가공전선로 또는 고압 가공전선로와 기설 가공약전류전선로가 병행하는 경우에는 유도작용에 의하여 통신상의 장해가 생기지 않도록 전선과 기설 약전류전선간의 이격거리는 2[m] 이상이어야 한다.

2) 가공케이블의 시설

저압 가공전선 또는 고압 가공전선에 케이블을 사용하는 경우에는 다음에 따라 시설하여야 한다.
1. 케이블은 조가용선에 행거로 시설할 것. 이 경우에는 사용전압이 고압인 때에는 행거의 간격은 0.5[m] 이하로 하는 것이 좋다.
2. 조가용선은 인장강도 5.93[kN] 이상의 것 또는 단면적 22[mm^2] 이상인 아연도강연선일 것.
3. 조가용선 및 케이블의 피복에 사용하는 금속체에는 접지공사를 할 것.
4. 조가용선을 케이블에 접촉시켜 금속 테이프를 감는 경우에는 20[cm] 이하의 간격으로 나선상으로 한다.

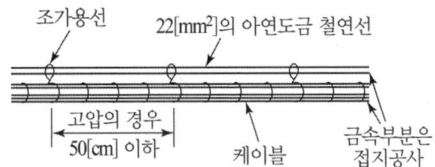

3) 고압 가공전선의 굵기 및 종류

중요 : 전선의 안전율

고압 가공전선은 인장강도 8.01[kN] 이상의 고압 절연전선, 특고압 절연전선 또는 지름 5[mm] 이상의 경동선의 고압 절연전선, 특고압 절연전선을 사용하여야 한다.

4) 고압 가공전선의 안전율, 저압 가공전선의 안전율

가공전선이 케이블 이외인 경우 안전율이 다음 이상이 되는 이도로 시설하여야 한다.
1. 경동선 또는 내열 동합금선 : 2.2 이상
2. 그 밖의 전선 : 2.5

5) 고압 가공전선의 높이, 저압 가공전선의 높이

설치장소		가공전선의 높이
도로횡단 (번잡하지 않은 도로 제외)		지표상 6[m] 이상
철도 또는 궤도 횡단		레일면상 6.5[m] 이상
횡단보도교 위	저압	노면상 3.5[m] 이상(단, 절연전선의 경우 3[m] 이상)
	고압	노면상 3.5[m] 이상
일반장소		지표상 5[m] 이상. 단, 저압의 경우 절연전선 또는 케이블을 사용하여 교통에 지장이 없도록 하여 옥외조명용에 공급하는 경우 4[m]까지 감할 수 있다.
다리의 하부 기타 이와 유사한 장소		저압의 전기철도용 급전선은 지표상 3.5[m]까지로 감할 수 있다.

6) 고압 가공전선로의 가공지선

고압 가공전선로에 사용하는 가공지선은 인장강도 5.26[kN] 이상의 것 또는 지름 4[mm] 이상의 나경동선을 사용한다.

7) 고압 가공전선 등의 병행설치

중요 : 저고압의 병행 및 공용설치

★ 저고압 가공 전선을 동일 지지물에 시설하는 경우에는 별개의 완금류에 고압측 전선을 위로 하여 이격거리 50[cm](고압 가공전선이 케이블인 경우 30[cm]) 이상으로 시설한다.

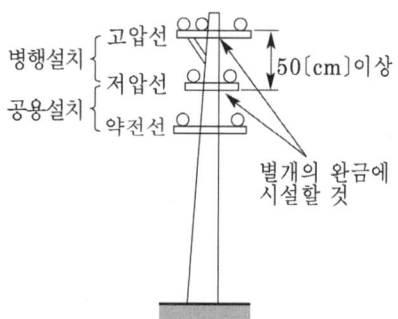

8) 고압 가공전선로 경간의 제한

1. 고압 가공전선로의 경간은 표에서 정한 값 이하이어야 한다.

지지물의 종류	표준경간	22[mm²] 이상의 경동선 사용
목주·A종 철주 또는 A종 철근 콘크리트주	150[m]	300[m]
B종 철주 또는 B종 철근 콘크리트주	250[m]	500[m]
철탑	600[m]	600[m]

2. 고압 가공전선로의 경간이 100[m]를 초과하는 경우에는 그 부분의 전선로는 다음에 따라 시설하여야 한다.

가. 고압 가공전선은 인장강도 8.01[kN] 이상의 것 또는 지름 5[mm] 이상의 경동선의 것.
나. 목주의 풍압하중에 대한 안전율은 1.5 이상일 것.

9) 고압 보안공사

고압 보안공사는 다음에 따라야 한다.
1. 전선은 케이블인 경우 이외에는 인장강도 8.01[kN] 이상의 것 또는 지름 5[mm] 이상의 경동선일 것.
2. 목주의 풍압하중에 대한 안전율은 1.5 이상일 것.
3. 경간은 표에서 정한 값 이하일 것.

중요 :
보안공사의 종류와 보안공사별 경간

표. 고압 보안공사 경간 제한

지지물의 종류	인장강도 8.01[kN] 이상 또는 지름 5[mm] 이상의 경동선	인장강도 14.51[kN] 이상 또는 단면적 38[mm^2] 이상의 경동연선
목주·A종 철주 또는 A종 철근 콘크리트주	100[m] 이하	100[m] 이하
B종 철주 또는 B종 철근 콘크리트주	150[m] 이하	250[m] 이하
철탑	400[m] 이하	600[m] 이하

10) 저고압 가공전선과 건조물의 접근

사용 전압 부분 공작물의 종류			저압[m]	고압[m]
건조물	상부 조영재 위쪽	일반적인 경우	2	2
		전선이 고압절연전선	1	2
		전선이 케이블인 경우	1	1
	기타 조영재 또는 상부조영재의 옆쪽 또는 아래쪽	일반적인 경우	1.2	1.2
		전선이 고압절연전선	0.4	1.2
		전선이 케이블인 경우	0.4	0.4
		사람이 쉽게 접근 할 수 없도록 시설한 경우	0.8	0.8

11) 저고압 가공전선과 가공약전류전선 등의 접근 또는 교차

저압 가공전선 또는 고압 가공전선이 가공약전류전선 또는 가공 광섬유 케이블과 접근상태로 시설되는 경우에는 다음에 따라야 한다.
1. 고압 가공전선은 고압 보안공사에 의할 것.
2. 저·고압 가공전선과 가공약전류 전선과의 이격거리는 표에서 정한 값 이상일 것.

가공 약전류 전선	저압 가공전선		고압 가공전선	
	저압 절연전선	고압 절연전선 또는 케이블	절연전선	케이블
일반	0.6[m]	0.3[m]	0.8[m]	0.4[m]
절연전선 또는 통신용 케이블인 경우	0.3[m]	0.15[m]		

3. 가공전선과 약전류전선로 등의 지지물 사이의 이격거리는 저압은 0.3[m] 이상, 고압은 0.6[m] (전선이 케이블인 경우에는 0.3[m]) 이상일 것.

12) 저고압 가공전선과 안테나의 접근 또는 교차

1. 고압 가공전선로는 고압 보안공사에 의할 것.
2. 가공전선과 안테나 사이의 이격거리

	가공전선로 전선	저압	고압
안테나	일반적인 경우	0.6[m]	0.8[m]
	고압·특고압 절연전선	0.3[m]	0.8[m]
	케이블	0.3[m]	0.4[m]

13) 저고압 가공전선과 가공약전류전선 등의 공용설치.

1. 전선로의 지지물로서 사용하는 목주의 풍압하중에 대한 안전율은 1.5 이상일 것.
2. 가공전선을 가공약전류전선 등의 위로하고 별개의 완금류에 시설할 것.
3. 가공전선과 가공약전류전선 등 사이의 이격거리
   가. 저압(다중 접지된 중성선을 제외한다)은 0.75[m] 이상
   나. 고압은 1.5[m] 이상일 것. 다만, 가공약전류전선 등이 절연전선 또는 통신용 케이블인 경우에 이격거리를 저압 가공전선이 고압 절연전선, 특고압 절연전선 또는 케이블인 경우에는 0.3[m], 고압 가공전선이 케이블인 때에는 0.5[m]까지로 감할 수 있다.

(3) 특고압 가공전선로

1) 시가지 등에서 특고압 가공전선로의 시설

특고압 가공전선로는 전선이 케이블인 경우 또는 사용전압이 170[kV] 이하인 전선로를 다음에 의하여 시설하는 경우에는 시가지 그 밖에 인가가 밀집한 지역에 시설할 수 있다.
1. 특고압 가공전선을 지지하는 애자장치는 다음 중 어느 하나에 의할 것.
   가. 50[%] 충격섬락전압 값이 그 전선의 근접한 다른 부분을 지지하는 애자장치 값의 110[%](사용전압이 130[kV]를 초과하는 경우는 105[%]) 이상인 것.
   나. 아킹혼을 붙인 현수애자·장간애자 또는 라인포스트애자를 사용하는 것.
   다. 2련 이상의 현수애자 또는 장간애자를 사용하는 것.
   라. 2개 이상의 핀애자 또는 라인포스트애자를 사용하는 것.
2. 특고압 가공전선로의 경간은 표에서 정한 값 이하일 것.

지지물의 종류	경 간
A종 철주 또는 A종 철근 콘크리트주	75[m]
B종 철주 또는 B종 철근 콘크리트주	150[m]
철탑	400[m](단주인 경우에는 300[m]) 다만, 전선이 수평으로 2이상 있는 경우에 전선 상호 간의 간격이 4[m] 미만인 때에는 250[m]

3. 지지물에는 철주·철근 콘크리트주 또는 철탑을 사용할 것.
4. 전선은 단면적이 표에서 정한 값 이상일 것.

사용전압의 구분	전선의 단면적
100[kV] 미만	인장강도 21.67[kN] 이상의 연선 또는 단면적 55[mm^2] 이상의 경동연선
100[kV] 이상	인장강도 58.84[kN] 이상의 연선 또는 단면적 150[mm^2] 이상의 경동연선

5. 전선의 지표상의 높이는 표에서 정한 값 이상일 것.

사용전압의 구분	지표상의 높이
35[kV] 이하	10[m] (전선이 특고압 절연전선인 경우에는 8[m])
35[kV] 초과	10[m]에 35[kV]를 초과하는 10[kV] 또는 그 단수마다 0.12[m]를 더한 값

6. 사용전압이 100[kV]를 초과하는 특고압 가공전선에 지락 또는 단락이 생겼을 때에는 1초 이내에 자동적으로 이를 전로로부터 차단하는 장치를 시설할 것.

2) 유도장해의 방지

특고압 가공 전선로는 기설 가공 전화선로에 대하여 상시정전유도작용에 의한 통신상의 장해가 없도록 시설하여야 한다.
1. 사용전압이 60[kV] 이하인 경우에는 전화선로의 길이 12[km]마다 유도전류가 2[μA]를 넘지 아니하도록 할 것.
2. 사용전압이 60[kV]를 초과하는 경우에는 전화선로의 길이 40[km]마다 유도전류가 3[μA]을 넘지 아니하도록 할 것.

3) 특고압 가공전선과 지지물 등의 이격거리

특고압 가공전선(케이블은 제외한다)과 그 지지물·완금류·지주 또는 지선 사이의 이격거리는 표에서 정한 값 이상이어야 한다. 다만, 기술상 부득이한 경우에 위험의 우려가 없도록 시설한 때에는 표에서 정한 값의 0.8배까지 감할 수 있다.

사 용 전 압	이격거리[m]	사 용 전 압	이격거리[m]
15[kV] 미만	0.15	70[kV] 이상 80[kV] 미만	0.45
15[kV] 이상 25[kV] 미만	0.2	80[kV] 이상 130[kV] 미만	0.65
25[kV] 이상 35[kV] 미만	0.25	130[kV] 이상 160[kV] 미만	0.9
35[kV] 이상 50[kV] 미만	0.3	160[kV] 이상 200[kV] 미만	1.1
50[kV] 이상 60[kV] 미만	0.35	200[kV] 이상 230[kV] 미만	1.3
60[kV] 이상 70[kV] 미만	0.4	230[kV] 이상	1.6

4) 특고압 가공전선의 높이

★ 중요 : 특고압 가공 전선의 높이

특고압 가공전선의 지표상(철도 또는 궤도를 횡단하는 경우에는 레일면상, 횡단보도교를 횡단하는 경우에는 그 노면상)의 높이는 표에서 정한 값 이상이어야 한다.

전압의 범위	일반장소	도로횡단	철도 또는 궤도횡단	횡단보도교
35[kV] 이하	5[m]	6[m]	6.5[m]	4[m] (특고압절연전선 또는 케이블 사용)
35[kV] 초과 160[kV] 이하	6[m]	6[m]	6.5[m]	5[m] (케이블 사용)
	산지 등에서 사람이 쉽게 들어갈 수 없는 장소 ; 5[m] 이상			
160[kV] 초과	일반장소		가공전선의 높이 = 6 + 단수 × 0.12[m]	
	철도 또는 궤도횡단		가공전선의 높이 = 6.5 + 단수 × 0.12[m]	
	산지		가공전선의 높이 = 5 + 단수 × 0.12[m]	

※ 단수 = $\frac{(전압[kV] - 160)}{10}$ ··· 단수 계산에서 소수점 이하는 절상

5) 특고압 가공전선로의 철주·철근 콘크리트주 또는 철탑의 종류

특고압 가공전선로의 지지물로 사용하는 B종 철근·B종 콘크리트주 또는 철탑의 종류는 다음과 같다.

1. 직선형

   전선로의 직선부분(3도 이하인 수평각도를 이루는 곳을 포함한다. 이하 같다)에 사용하는 것. 다만, 내장형 및 보강형에 속하는 것을 제외한다.

2. 각도형

   전선로 중 3도를 초과하는 수평각도를 이루는 곳에 사용하는 것.

3. 인류형

   전가섭선을 인류하는 곳에 사용하는 것.

4. 내장형

   전선로의 지지물 양쪽의 경간의 차가 큰 곳에 사용하는 것.

5. 보강형

   전선로의 직선부분에 그 보강을 위하여 사용하는 것.

6) 특고압 가공전선로의 내장형 등의 지지물 시설

1. 특고압 가공전선로 중 지지물로서 B종 철주 또는 B종 철근 콘크리트주를 연속하여 10기 이상 사용하는 부분에는 10기 이하마다 장력에 견디는 형태의 철주 또는 철근 콘크리트주 1기를 시설하거나 5기 이하마다 보강형의 철주 또는 철근 콘크리트주 1기를 시설하여야 한다.
2. 특고압 가공전선로 중 지지물로서 직선형의 철탑을 연속하여 10기 이상 사용하는 부분에는 10기 이하마다 장력에 견디는 애자장치가 되어 있는 철탑 또는 이와 동등 이상의 강도를 가지는 철탑 1기를 시설하여야 한다.

7) 특고압 가공전선과 저고압 가공전선 등의 병행설치

★ 중요 : 특고압의 병행 및 공용설치

1. 사용전압이 35[kV] 이하인 특고압 가공전선과 병행설치

   가. 특고압 가공전선은 저압 또는 고압 가공전선의 위에 시설하고 별개의 완금류에

시설할 것.
나. 특고압 가공전선은 연선일 것.
다. 저압 또는 고압 가공전선은 인장강도 8.31[kN] 이상의 것 또는 케이블인 경우 이외에는 다음에 해당하는 것.
　⑴ 가공전선로의 경간이 50[m] 이하인 경우에는 인장강도 5.26[kN] 이상의 것 또는 지름 4[mm] 이상의 경동선
　⑵ 가공전선로의 경간이 50[m]를 초과하는 경우에는 인장강도 8.01[kN] 이상의 것 또는 지름 5[mm] 이상의 경동선

2. 사용전압이 35[kV]을 초과하고 100[kV] 미만인 특고압 가공전선과 병행설치
가. 특고압 가공전선로는 제2종 특고압 보안공사에 의할 것.
나. 특고압 가공전선은 케이블인 경우를 제외하고는 인장강도 21.67[kN] 이상의 연선 또는 단면적이 50[mm²] 이상인 경동연선일 것.
다. 특고압 가공전선로의 지지물은 철주·철근 콘크리트주 또는 철탑일 것.

3. 특고압 가공전선(100[kV] 미만)과 저·고압 가공전선을 동일 지지물에 설치 시 이격거리

전 압	표 준	특고압에 케이블 사용 및 저·고압에 절연전선 또는 케이블 사용
35[kV] 이하	1.2[m] 이상	0.5[m] 이상
35[kV] 초과 100[kV] 미만	2[m] 이상	1[m] 이상

4. 사용전압이 100[kV] 이상인 특고압 가공전선과 저압 또는 고압 가공전선은 동일 지지물에 시설하여서는 아니 된다. (단, 아래의 5.의 경우에는 예외로 한다.)

5. 특고압 가공전선과 특고압 가공전선로의 지지물에 시설하는 저압의 전기기계기구에 접속하는 저압 가공전선을 동일 지지물에 시설하는 경우 이격거리

전 압	표 준	특고압에 케이블 사용 및 저·고압에 절연전선 또는 케이블 사용
35[kV] 이하	1.2[m] 이상	0.5[m] 이상
35[kV] 초과 60[kV] 이하	2[m] 이상	1[m] 이상
60[kV] 초과	이격거리 = 2+단수×0.12	• 이격거리 = 1 + 단수 × 0.12 • 단수 = $\frac{(전압[kV]-60)}{10}$ 단수 계산에서 소수점 이하는 절상

8) 특고압 가공전선과 가공약전류전선 등의 공용설치

1. 사용전압이 35[kV] 이하인 특고압 가공전선과 공용설치
가. 특고압 가공전선로는 제2종 특고압 보안공사에 의할 것.
나. 특고압 가공전선은 가공약전류전선 등의 위로하고 별개의 완금류에 시설할 것.
다. 특고압 가공전선은 케이블인 경우 이외에는 인장강도 21.67[kN] 이상의 연선 또는 단면적이 50[mm²] 이상인 경동연선일 것.

라. 특고압 가공전선과 가공약전류전선 등 사이의 이격거리는 2[m] 이상으로 할 것. 다만, 특고압 가공전선이 케이블인 경우에는 0.5[m]까지로 감할 수 있다.

마. 특고압 가공전선로의 접지도체 및 접지극과 가공약전류전선로 등의 접지도체 및 접지극은 각각 별개로 시설할 것.

2. 사용전압이 35[kV]를 초과하는 특고압 가공전선과 가공약전류전선 등은 동일 지지물에 시설하여서는 아니 된다.

9) 특고압 가공전선로의 경간 제한

특고압 가공전선로의 경간은 표에서 정한 값 이하이어야 한다.

지지물의 종류	표준 경간 22[mm²] 이상의 경동연선	인장강도 21.67[kN] 이상 또는 단면적 50[mm²] 이상의 경동연선
목주 · A종 철주 또는 A종 철근 콘크리트주	150[m] 이하	300[m] 이하
B종 철주 또는 B종 철근 콘크리트주	250[m] 이하	500[m] 이하
철탑	600[m] 이하 (단주인 경우 400[m])	600[m] 이하

10) 특고압 보안공사

1. 제1종 특고압 보안공사는 다음에 따라야 한다.

   가. 전선은 케이블인 경우 이외에는 단면적이 표에서 정한 값 이상일 것.

사용전압	전 선
100[kV] 미만	인장강도 21.67[kN] 이상의 연선 또는 단면적 55[mm²] 이상의 경동연선
100[kV] 이상 300[kV] 미만	인장강도 58.84[kN] 이상의 연선 또는 단면적 150[mm²] 이상의 경동연선
300[kV] 이상	인장강도 77.47[kN] 이상의 연선 또는 단면적 200[mm²] 이상의 경동연선

   나. 전선로의 지지물에는 B종 철주·B종 철근 콘크리트주 또는 철탑을 사용할 것. (목주나 A종은 사용 불가)

   다. 경간은 표에서 정한 값 이하일 것.

지지물의 종류	표준 경간	제1종 특고압 보안공사	인장강도 58.84[kN] 이상 또는 150[mm²] 이상인 경동연선
B종 철주 또는 B종 철근 콘크리트주	250[m]	150[m]	250[m]
철탑	600[m] (단주인 경우에는 400[m])	400[m] (단주인 경우 300[m])	600[m] (단주인 경우에는 400[m])

   라. 특고압 가공전선에 지락 또는 단락이 생겼을 경우에 3초(사용전압이 100[kV] 이상인 경우에는 2초) 이내에 자동적으로 이것을 전로로부터 차단하는 장치를 시설할 것.

2. 제2종 특고압 보안공사는 다음에 따라야 한다.

   가. 특고압 가공전선은 연선일 것.

나. 지지물로 사용하는 목주의 풍압하중에 대한 안전율은 2 이상일 것.

다. 경간은 표에서 정한 값 이하일 것.

지지물의 종류	표준 경간	제2종 특고압 보안공사	인장강도 38.05[kN] 이상 또는 95[mm^2] 이상인 경동연선
목주·A종 철주 또는 A종 철근 콘크리트주	150[m]	100[m]	100[m]
B종 철주 또는 B종 철근 콘크리트주	250[m]	200[m]	250[m]
철탑	600[m] 이하 (단주인 경우 400[m])	400[m] (단주인 경우에는 300[m])	600[m] 이하

3. 제3종 특고압 보안공사는 다음에 따라야 한다.

가. 특고압 가공전선은 연선일 것.

나. 경간은 표에서 정한 값 이하일 것.

지지물의 종류	제3종 특고압 보안공사	전선의 굵기에 따른 경간	
목주·A종 철주 또는 A종 철근 콘크리트주	100[m]	인장강도 14.51[kN] 이상 또는 38[mm^2] 이상인 경동연선	150[m]
B종 철주 또는 B종 철근 콘크리트주	200[m]	인장강도 21.67[kN] 이상 또는 55[mm^2] 이상인 경동연선	250[m]
철 탑	400[m] (단주인 경우에는 300[m])		600[m] 이하 (단주인 경우에는 400[m])

11) 특고압 가공전선과 건조물의 접근

1. 특고압 가공전선이 건조물과 제1차 접근상태로 시설되는 경우에는 다음에 따라야 한다.

가. 특고압 가공전선로는 제3종 특고압 보안공사에 의할 것.

나. 사용전압이 35[kV] 이하인 특고압 가공전선과 건조물의 조영재 이격거리는 표에서 정한 값 이상일 것.

건조물과 조영재의 구분	전선종류	접근형태	이격거리
상부 조영재	특고압 절연전선	위쪽	2.5[m]
		옆쪽 또는 아래쪽	1.5[m] (전선에 사람이 쉽게 접촉할 우려가 없도록 시설한 경우는 1[m])
	케이블	위쪽	1.2[m]
		옆쪽 또는 아래쪽	0.5[m]
	기타 전선		3[m]
기타 조영재	특고압 절연전선		1.5[m] (전선에 사람이 쉽게 접촉할 우려가 없도록 시설한 경우는 1[m])
	케이블		0.5[m]
	기타 전선		3[m]

다. 사용전압이 35[kV]를 초과하는 경우
- 이격거리 = 35[kV] 이하인 경우 이격거리 + 단수 × 0.15[m]
- 단수 = $\dfrac{(사용전압[kV]-35)}{10}$ ⋯ 단수계산에서 소수점 이하는 절상

2. 사용전압이 35[kV] 이하인 특고압 가공전선이 건조물과 제2차 접근상태로 시설되는 경우에는 특고압 가공전선로는 제2종 특고압 보안공사에 의할 것.
3. 사용전압이 35[kV] 초과 400[kV] 미만인 특고압 가공전선이 건조물과 제2차 접근상태에 있는 경우 특고압 가공전선로는 제1종 특고압 보안공사에 의할 것.
4. 사용전압이 400[kV] 이상의 특고압 가공전선이 건조물과 제2차 접근상태로 있는 경우에는 전선높이가 최저상태일 때 가공전선과 건조물 상부와의 수직거리가 28[m] 이상일 것.

12) 특고압 가공전선과 도로 등의 접근 또는 교차

1. 특고압 가공전선이 도로 · 횡단보도교 · 철도 또는 궤도와 제1차 접근 상태로 시설되는 경우에는 다음에 따라야 한다.
   가. 특고압 가공전선로는 제3종 특고압 보안공사에 의할 것.
   나. 특고압 가공전선과 도로 등 사이의 이격거리는 표에서 정한 값 이상일 것. 다만, 특고압 절연전선을 사용하는 사용전압이 35[kV] 이하의 특고압 가공전선과 도로 등 사이의 수평 이격거리가 1.2[m] 이상인 경우에는 그러하지 아니하다.

사용전압의 구분	이격거리
35[kV] 이하	3[m]
35[kV] 초과	• 이격거리 = 3 + 단수 × 0.15[m] • 단수 = $\dfrac{(전압[kV]-35)}{10}$ ⋯ 단수 계산에서 소수점 이하는 절상

2. 특고압 가공전선이 도로 등과 제2차 접근상태로 시설되는 경우 특고압 가공전선로는 제2종 특고압 보안공사에 의할 것.
3. 특고압 가공전선이 도로 등과 교차하는 경우에 특고압 가공전선이 도로 등의 위에 시설되는 때에는 특고압 가공전선로는 제2종 특고압 보안공사에 의할 것. 다만, 특고압 가공전선과 도로 등 사이에 다음에 의하여 보호망을 시설하는 경우에는 제2종 특고압 보안공사에 의하지 아니할 수 있다.
   가. 보호망을 구성하는 금속선은 그 외주(外周) 및 특고압 가공전선의 직하에 시설하는 금속선에는 인장강도 8.01[kN] 이상의 것 또는 지름 5[mm] 이상의 경동선을 사용하고 그 밖의 부분에 시설하는 금속선에는 인장강도 5.26[kN] 이상의 것 또는 지름 4[mm] 이상의 경동선을 사용할 것.
   나. 보호망을 구성하는 금속선 상호의 간격은 가로, 세로 각 1.5[m] 이하일 것.

13) 특고압 가공전선과 삭도의 접근 또는 교차

1. 특고압 가공전선이 삭도와 제1차 접근상태로 시설되는 경우, 제3종 특고압 보안공사에 의할 것.

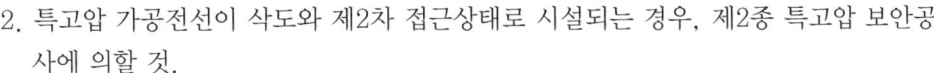

2. 특고압 가공전선이 삭도와 제2차 접근상태로 시설되는 경우, 제2종 특고압 보안공사에 의할 것.

14) 특고압 가공전선과 저고압 가공전선 등의 접근 또는 교차

1. 특고압 가공전선이 가공약전류전선 등 저압 또는 고압의 가공전선이나 저압 또는 고압의 전차선과 제1차 접근상태로 시설되는 경우
   가. 특고압 가공전선로는 제3종 특고압 보안공사에 의할 것.
   나. 특고압 가공전선과 저고압 가공 전선 등 또는 이들의 지지물이나 지주 사이의 이격거리는 표에서 정한 값 이상일 것.

사용전압의 구분	이격거리
60[kV] 이하	2[m]
60[kV] 초과	• 이격거리 = 2 + 단수 × 0.12[m] • 단수 = $\dfrac{(전압[kV]-60)}{10}$ … 단수 계산에서 소수점 이하는 절상

2. 특고압 가공전선이 저고압 가공전선 등과 제2차 접근상태로 시설되는 경우 특고압 가공전선로는 제2종 특고압 보안공사에 의할 것.
3. 보호망은 규정에 준하여 접지공사를 한 금속제의 망상장치로 하고 또한 다음에 따라 시설하여야 한다.
   가. 보호망을 구성하는 금속선은 그 외주 및 특고압 가공전선의 바로 아래에 시설하는 금속선에 인장강도 8.01[kN] 이상의 것 또는 지름 5[mm] 이상의 경동선을 사용하고 기타 부분에 시설하는 금속선에 인장강도 3.64[kN] 이상 또는 지름 4[mm] 이상의 아연도철선을 사용할 것.
   나. 보호망을 구성하는 금속선 상호 간의 간격은 가로세로 각 1.5[m] 이하일 것.
   다. 보호망과 저고압 가공전선 등과의 수직 이격거리는 60[cm] 이상일 것.

15) 특고압 가공전선 상호 간의 접근 또는 교차

특고압 가공전선이 다른 특고압 가공전선과 접근상태로 시설되거나 교차하여 시설되는 경우에는 다음에 따라야 한다.
1. 위쪽 또는 옆쪽에 시설되는 특고압 가공전선로는 제3종 특고압 보안공사에 의할 것.
2. 특고압 가공전선과 다른 특고압 가공전선 사이의 이격거리

사용전압의 구분	이격거리
35[kV] 이하	• 특고압 가공전선에 케이블을 사용하고 다른 특고압 가공전선에 특고압 절연전선 또는 케이블을 사용하는 경우 : 0.5[m] • 각각의 특고압 가공전선에 특고압 절연전선을 사용하는 경우 : 1[m]
60[kV] 이하	2[m]
60[kV] 초과	• 이격거리 = 2 + 단수 × 0.12[m] • 단수 = $\dfrac{(전압[kV]-60)}{10}$ … 단수 계산에서 소수점 이하는 절상

16) 특고압 가공전선과 다른 시설물의 접근 또는 교차

특고압 절연전선 또는 케이블을 사용하는 사용전압이 35[kV] 이하의 특고압 가공전선과 다른 시설물 사이의 이격거리

다른 시설물의 구분	접근형태	이격거리
조영물의 상부조영재	위쪽	2[m] (전선이 케이블인 경우는 1.2[m])
	옆쪽 또는 아래쪽	1[m] (전선이 케이블인 경우는 0.5[m])
조영물의 상부조영재 이외의 부분 또는 조영물 이외의 시설물		1[m] (전선이 케이블인 경우는 0.5[m])

17) 특고압 가공전선과 식물의 이격거리

1. 특고압 가공전선과 식물 사이의 이격거리

사용전압의 구분	이격거리
60[kV] 이하	2[m]
60[kV] 초과	• 이격거리 = 2 + 단수 × 0.12[m] • 단수 = $\dfrac{(전압[kV]-60)}{10}$ … 단수 계산에서 소수점 이하는 절상

2. 사용전압이 35[kV] 이하인 특고압 가공전선과 식물과의 이격거리
   가. 고압 절연전선을 사용하는 경우 이격거리는 0.5[m] 이상
   나. 특고압 절연전선 또는 케이블을 사용하는 특고압 가공전선의 경우는 식물과 접촉하지 않도록 시설

18) 25[kV] 이하인 특고압 가공전선로의 시설

1. 사용전압이 15[kV] 이하인 특고압 가공전선로의 중성선의 다중접지 및 중성선의 시설은 다음에 의할 것.
   가. 접지도체는 공칭단면적 6[mm^2] 이상의 연동선
   나. 접지한 곳 상호 간의 거리는 전선로에 따라 300[m] 이하일 것.
2. 사용전압이 15[kV]를 초과하고 25[kV] 이하인 특고압 가공전선로(중성선 다중접지식의 것으로서 전로에 지락이 생겼을 때에 2초 이내에 자동적으로 이를 전로로부터 차단하는 장치가 되어 있는 것에 한한다)를 다음에 따라 시설하여야 한다.
   가. 특고압 가공전선이 건조물·도로·횡단보도교·철도·궤도·삭도·가공약전류전선 등·안테나·저압이나 고압의 가공전선 또는 저압이나 고압의 전차선과 접근 또는 교차상태로 시설되는 경우의 경간은 표에서 정한 값 이하일 것.

지지물의 종류	경간
목주·A종 철주 또는 A종 철근 콘크리트주	100[m]
B종 철주 또는 B종 철근 콘크리트주	150[m]
철탑	400[m]

나. 특고압 가공전선이 교류 전차선의 위에 교차하여 시설되는 경우 특고압 가공전선로의 경간은 표에서 정한 값 이하일 것.

지지물의 종류	경 간
목주 · A종 철주 · A종 철근 콘크리트주	60[m]
B종 철주 · B종 철근 콘크리트주	120[m]

다. 특고압 가공전선로가 상호 간 접근 또는 교차하는 경우에는 다음에 의할 것.
  (1) 특고압 가공전선이 다른 특고압 가공전선과 접근 또는 교차하는 경우의 이격거리는 표에서 정한 값 이상일 것.

사용전선의 종류	이격거리
어느 한쪽 또는 양쪽이 나전선인 경우	1.5[m]
양쪽이 특고압 절연전선인 경우	1.0[m]
한쪽이 케이블이고 다른 한쪽이 케이블이거나 특고압 절연전선인 경우	0.5[m]

  (2) 특고압 가공전선과 다른 특고압 가공전선로의 지지물 사이의 이격거리는 1[m] (사용전선이 케이블인 경우에는 0.6[m]) 이상일 것.

라. 특고압 가공전선과 식물 사이의 이격거리는 1.5[m] 이상일 것. 다만, 특고압 가공전선이 특고압 절연전선이거나 케이블인 경우로서 특고압 가공전선을 식물에 접촉하지 아니하도록 시설하는 경우에는 그러하지 아니하다.

마. 특고압 가공전선로의 중성선의 다중 접지는 다음에 의할 것.
  (1) 접지도체는 공칭단면적 6[mm^2] 이상의 연동선
  (2) 접지공사는 각각 접지한 곳 상호 간의 거리는 전선로에 따라 150[m] 이하일 것.
  (3) 각 접지도체를 중성선으로부터 분리하였을 경우의 각 접지점의 대지 전기저항 값과 1[km]마다 중성선과 대지 사이의 합성전기저항 값은 표에서 정한 값 이하일 것.

사용전압	각 접지점의 대지 전기저항 치	1[km] 마다의 합성 전기저항 치
15[kV] 이하	300[Ω]	30[Ω]
15[kV] 초과 25[kV] 이하	300[Ω]	15[Ω]

(4) 지중전선로

1) 지중전선로의 시설

1. 지중 전선로는 전선에 케이블을 사용하고 또한 관로식·암거식(暗渠式) 또는 직접 매설식에 의하여 시설하여야 한다.

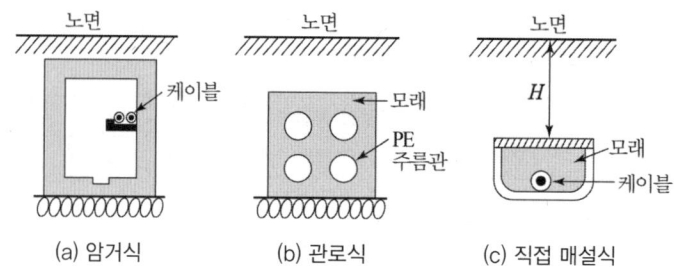

(a) 암거식   (b) 관로식   (c) 직접 매설식

2. 지중 전선로를 관로식 또는 암거식에 의하여 시설하는 경우에는 다음에 따라야 한다.
   가. 관로식에 의하여 시설하는 경우에는 매설 깊이를 1.0[m] 이상으로 하되, 매설 깊이가 충분하지 못한 장소에는 견고하고 차량 기타 중량물의 압력에 견디는 것을 사용할 것. 다만 중량물의 압력을 받을 우려가 없는 곳은 0.6[m] 이상으로 한다.
   나. 암거식에 의하여 시설하는 경우에는 견고하고 차량 기타 중량물의 압력에 견디는 것을 사용할 것.
3. 지중 전선로를 직접 매설식에 의하여 시설하는 경우에는 매설 깊이를 차량 기타 중량물의 압력을 받을 우려가 있는 장소에는 1.0[m] 이상, 기타 장소에는 0.6 [m] 이상으로 하고 또한 지중 전선을 견고한 트라프 기타 방호물에 넣어 시설하여야 한다.

2) 지중함의 시설

1. 지중함은 견고하고 차량 기타 중량물의 압력에 견디는 구조일 것.
2. 지중함은 그 안의 고인 물을 제거할 수 있는 구조로 되어 있을 것.
3. 폭발성 또는 연소성의 가스가 침입할 우려가 있는 것에 시설하는 지중함으로서 그 크기가 1[m^3] 이상인 것에는 통풍장치 기타 가스를 방산시키기 위한 적당한 장치를 시설할 것.
4. 지중함의 뚜껑은 시설자이외의 자가 쉽게 열 수 없도록 시설할 것.

3) 지중전선과 지중약전류전선 등 또는 관과의 접근 또는 교차

지중전선이 다음 조건의 이격거리 이하로 설치되는 경우에는 상호간에 내화성의 격벽을 설치하여야 한다.

조 건	전 압	이격거리
지중 약전류 전선과 접근 또는 교차하는 경우	저압 또는 고압	0.3[m]
	특고압	0.6[m]
가연성, 유독성의 유체를 내포하는 관과 접근 또는 교차	특고압	1[m]
	25[kV] 이하, 다중접지방식	0.5[m]
기타의 관과 접근 또는 교차	특고압	0.3[m]

(5) 특수장소의 전선로

1) 터널 안 전선로의 시설

1. 철도·궤도 또는 자동차도 전용터널 안의 전선로

전 압	전선의 굵기	시공방법	애자사용 공사 시 높이
저 압	인장강도 2.30[kN] 이상 또는 2.6[mm] 이상의 경동선의 절연전선	• 합성수지관 공사 • 금속관공사 • 금속제가요전선관 공사 • 케이블공사 • 애자공사	노면상, 레일면상 2.5[m] 이상
고 압	인장강도 5.26[kN] 이상 또는 4[mm] 이상의 경동선	• 케이블공사 • 애자공사	노면상, 레일면상 3[m] 이상
특고압		• 케이블공사	

2. 사람이 상시 통행하는 터널 안의 전선로 사용전압은 저압 또는 고압에 한하며, 다음에 따라 시설하여야 한다.

전 압	전선의 굵기	시공방법	애자사용 공사 시 높이
저 압	인장강도 2.30[kN] 이상 또는 2.6[mm] 이상의 경동선의 절연전선	• 합성수지관 공사 • 금속관공사 • 금속제가요전선관 공사 • 케이블공사 • 애자공사	노면상 2.5[m] 이상
고 압		• 케이블공사	

2) 수상전선로의 시설

1. 수상전선로를 시설하는 경우에는 그 사용전압은 저압 또는 고압인 것에 한 한다.
   가. 전선
      (1) 저압 : 클로로프렌 캡타이어 케이블
      (2) 고압 : 캡타이어 케이블
   나. 수상전선로의 전선과 가공전선로 접속점의 높이
      (1) 접속점이 육상에 있는 경우 : 지표상 5[m] 이상.
         다만, 저압인 경우에 도로상 이외의 곳에 있을 때에는 지표상 4[m]
      (2) 접속점이 수면상에 있는 경우 : 저압 4[m] 이상, 고압 5[m] 이상
2. 수상전선로의 사용전압이 고압인 경우에는 전로에 지락이 생겼을 때에 자동적으로 전로를 차단하기 위한 장치를 시설하여야 한다.

3 기계, 기구 시설 및 옥내배선

(1) 기계·기구 시설 및 옥내배선

1) 특고압 배전용 변압기의 시설

1. 변압기의 1차 전압은 35[kV] 이하, 2차 전압은 저압 또는 고압일 것.
2. 변압기의 특고압측에 개폐기 및 과전류차단기를 시설할 것.
3. 변압기의 2차 전압이 고압인 경우에는 고압측에 개폐기를 시설하고 또한 쉽게 개폐할 수 있도록 할 것.

2) 특고압을 직접 저압으로 변성하는 변압기의 시설

특고압을 직접 저압으로 변성하는 변압기는 다음의 것 이외에는 시설하여서는 아니 된다.

1. 전기로 등 전류가 큰 전기를 소비하기 위한 변압기
2. 발전소·변전소·개폐소 또는 이에 준하는 곳의 소내용 변압기
3. 25[kV] 이하인 특고압 가공전선로(중성선 다중접지식의 것으로서 전로에 지락이 생겼을 때에 2초 이내에 자동적으로 이를 전로로부터 차단하는 장치가 되어 있는 것에 한한다.)에 접속하는 변압기
4. 사용전압이 35[kV] 이하인 변압기로서 그 특고압측 권선과 저압측 권선이 혼촉한 경우에 자동적으로 변압기를 전로로부터 차단하기 위한 장치를 설치한 것.
5. 사용전압이 100[kV] 이하인 변압기로서 그 특고압측 권선과 저압측 권선사이에 접지저항 값이 10[Ω] 이하인 금속제의 혼촉방지판이 있는 것.
6. 교류식 전기철도용 신호회로에 전기를 공급하기 위한 변압기

3) 특고압용 기계기구의 시설

1. 기계기구의 주위에 규정에 준하여 울타리·담 등을 시설하는 경우
   - 울타리·담 등의 높이 : 2[m] 이상
   - 지표면과 울타리·담 등의 하단 사이의 간격 : 0.15[m] 이하
2. 기계기구를 지표상 5[m] 이상의 높이에 시설하고 충전부분의 지표상의 높이를 표에서 정한 값 이상으로 하고 또한 사람이 접촉할 우려가 없도록 시설하는 경우

사용전압의 구분	울타리·담 등의 높이와 울타리·담 등으로부터 충전 부분까지의 거리의 합계
35[kV] 이하	5[m]
35[kV] 초과 160[kV] 이하	6[m]
160[kV] 초과	• 거리의 합계 = 6 + 단수 × 0.12[m] • 단수 = $\dfrac{\text{사용전압[kV]}-160}{10}$ 단수 계산에서 소수점 이하는 절상

4) 아크를 발생하는 기구의 시설

고압용 또는 특고압용의 개폐기·차단기·피뢰기 기타 이와 유사한 기구로서 동작 시에 아크가 생기는 것은 목재의 벽 또는 천장 기타의 가연성 물체로부터 고압용의 것은 1[m] 이상, 특고압용은 2[m](사용전압 35[kV] 이하의 특고압용의 기구 등으로서 화재가 발생할 우려가 없도록 제한하는 경우에는 1[m]) 이상 이격하여야 한다.

5) 고압용 기계기구의 시설

고압용 기계기구는 다음의 어느 하나에 해당하는 경우와 발전소·변전소·개폐소 또는 이에 준하는 곳에 시설하는 경우 이외에는 시설하여서는 아니 된다.
1. 기계기구의 주위에 규정에 준하여 울타리·담 등을 시설하는 경우
   가. 울타리·담 등의 높이 : 2[m] 이상
   나. 지표면과 울타리·담 등의 하단사이의 간격 : 15[cm] 이하
2. 기계기구를 지표상 4.5[m](시가지 외에는 4[m]) 이상의 높이에 시설하고 또한 사람이 쉽게 접촉할 우려가 없도록 시설하는 경우
3. 옥내에 설치한 기계기구를 취급자 이외의 사람이 출입할 수 없도록 설치한 곳에 시설하는 경우
4. 기계기구를 콘크리트제의 함 또는 규정에 따른 접지공사를 한 금속제 함에 넣고 또한 충전부분이 노출하지 아니하도록 시설하는 경우

6) 개폐기의 시설

1. 전로 중에 개폐기를 시설하는 경우에는 그곳의 각 극에 설치하여야 한다.
2. 고압용 또는 특고압용의 개폐기는 그 작동에 따라 그 개폐상태를 표시하는 장치가 되어 있는 것이어야 한다.
3. 고압용 또는 특고압용의 개폐기로서 중력 등에 의하여 자연히 작동할 우려가 있는 것은 자물쇠장치 기타 이를 방지하는 장치를 시설하여야 한다.
4. 고압용 또는 특고압용의 개폐기로서 부하전류를 차단하기 위한 것이 아닌 개폐기는 부하전류가 통하고 있을 경우에는 개로할 수 없도록 시설하여야 한다. 다만, 다음의 경우에는 예외로 한다.
   가. 개폐기를 조작하는 곳의 보기 쉬운 위치에 부하전류의 유무를 표시한 장치
   나. 전화기 기타의 지령 장치를 시설
   다. 터블렛 등을 사용함으로서 부하전류가 통하고 있을 때에 개로조작을 방지하기 위한 조치를 하는 경우

7) 고압 및 특고압 전로 중의 과전류차단기의 시설

1. 과전류차단기로 시설하는 퓨즈 중 고압전로에 사용하는 포장 퓨즈는 정격전류의 1.3배의 전류에 견디고 또한 2배의 전류로 120분 안에 용단되는 것 또는 규정에 적합한 고압전류제한퓨즈이어야 한다.

2. 과전류차단기로 시설하는 퓨즈 중 고압전로에 사용하는 비포장 퓨즈는 정격전류의 1.25배의 전류에 견디고 또한 2배의 전류로 2분 안에 용단되는 것이어야 한다.

8) 과전류차단기의 시설 제한

접지공사의 접지도체, 다선식 전로의 중성선 및 전로의 일부에 접지공사를 한 저압 가공전선로의 접지측 전선에는 과전류차단기를 시설하여서는 안 된다.

9) 피뢰기의 시설   ★ 중요 : 피뢰기의 시설장소

1. 고압 및 특고압의 전로 중 다음에 열거하는 곳 또는 이에 근접한 곳에는 피뢰기를 시설하여야 한다.
    가. 발전소·변전소 또는 이에 준하는 장소의 가공전선 인입구 및 인출구
    나. 특고압 가공전선로에 접속하는 배전용 변압기의 고압측 및 특고압측
    다. 고압 및 특고압 가공전선로로부터 공급을 받는 수용장소의 인입구
    라. 가공전선로와 지중전선로가 접속되는 곳

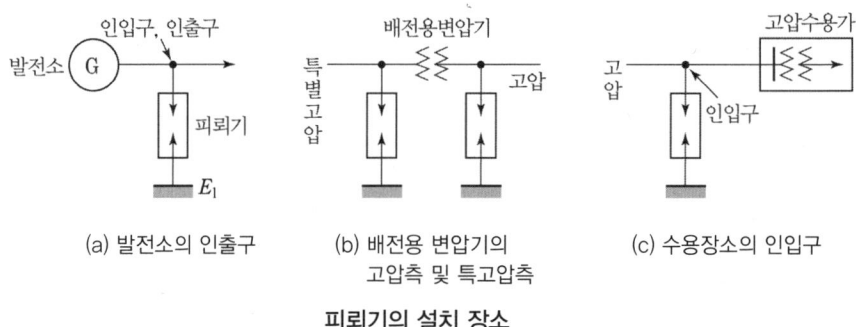

(a) 발전소의 인출구   (b) 배전용 변압기의 고압측 및 특고압측   (c) 수용장소의 인입구

피뢰기의 설치 장소

10) 피뢰기의 접지

고압 및 특고압의 전로에 시설하는 피뢰기 접지저항 값은 10[Ω] 이하로 하여야 한다. 다만, 고압가공전선로에 시설하는 피뢰기의 접지도체가 그 접지공사 전용의 것인 경우에 그 접지공사의 접지저항 값이 30[Ω] 이하인 때에는 그 피뢰기의 접지저항 값이 10[Ω] 이하가 아니어도 된다.

11) 압축공기계통

발전소·변전소·개폐소 또는 이에 준하는 곳에서 개폐기 또는 차단기에 사용하는 압축공기장치는 다음에 따라 시설하여야 한다.
1. 공기압축기는 최고 사용압력의 1.5배의 수압(수압을 연속하여 10분간 가하여 시험을 하기 어려울 때에는 최고 사용압력의 1.25배의 기압)을 연속하여 10분간 가하여 시험을 하였을 때에 이에 견디고 또한 새지 아니할 것.
2. 주 공기탱크의 압력이 저하한 경우에 자동적으로 압력을 회복하는 장치를 시설할 것.
3. 주 공기탱크 또는 이에 근접한 곳에는 사용압력의 1.5배 이상 3배 이하의 최고 눈금

이 있는 압력계를 시설할 것.
4. 사용 압력에서 공기의 보급이 없는 상태로 개폐기 또는 차단기의 투입 및 차단을 연속하여 1회 이상 할 수 있는 용량을 가지는 것일 것.

(2) 고압·특고압 옥내 설비의 시설

1) 고압 옥내배선 등의 시설

1. 고압 옥내배선은 다음에 따라 시설하여야 한다.
   가. 고압 옥내배선은 다음 중 하나에 의하여 시설할 것.
   (1) 애자공사(건조한 장소로서 전개된 장소에 한한다)
   (2) 케이블공사
   (3) 케이블트레이공사
   나. 애자공사
   (1) 전선은 공칭단면적 6[mm^2] 이상의 연동선 또는 고압 절연전선이나 특고압 절연전선 또는 규정하는 인하용 고압 절연전선일 것.
   (2) 애자공사에 의한 고압 옥내배선은 다음에 의하고, 또한 사람이 접촉할 우려가 없도록 시설할 것.

전 압	전선과 조영재와의 이격 거리	전선 상호 간격	전선 지지점간의 거리	
			조영재의 면을 따라 붙이는 경우	조영재에 따라 시설 하지 않는 경우
고 압	0.05[m] 이상	0.08[m] 이상	2[m] 이하	6[m] 이하

   (3) 고압 옥내배선은 저압 옥내배선과 쉽게 식별되도록 시설할 것.
2. 고압 옥내배선이 다른 고압 옥내배선·저압 옥내전선·관등회로의 배선·약전류 전선 등 또는 수관·가스관이나 이와 유사한 것과 접근하거나 교차하는 경우 이격거리
   가. 다른 고압 옥내배선·저압 옥내전선·관등회로의 배선·약전류 전선 : 15[cm]
   나. 수관·가스관이나 이와 유사한 것과 접근하거나 교차하는 경우 : 15[cm]
   다. 애자사용 공사에 의하여 시설하는 저압 옥내전선이 나전선인 경우 : 30[cm]
   라. 가스계량기 및 가스관의 이음부와 전력량계 및 개폐기 : 60[cm]

2) 옥내 고압용 이동전선의 시설

1. 전선은 고압용의 캡타이어케이블일 것.
2. 이동전선에 전기를 공급하는 전로에는 전용 개폐기 및 과전류 차단기를 각극(과전류 차단기는 다선식 전로의 중성극을 제외한다)에 시설하고, 또한 전로에 지락이 생겼을 때에 자동적으로 전로를 차단하는 장치를 시설할 것.

3) 특고압 옥내 전기설비의 시설

1. 특고압 옥내배선은 다음에 따르고 또한 위험의 우려가 없도록 시설하여야 한다.
   가. 사용전압은 100[kV] 이하일 것. 다만, 케이블트레이공사에 의하여 시설하는 경

우에는 35[kV] 이하일 것.
    나. 전선은 케이블일 것.
  2. 특고압 옥내배선의 이격거리
    가. 특고압 옥내배선과 저압 옥내전선·관등회로의 배선 또는 고압 옥내전선 사이 : 0.6[m] 이상
    나. 특고압 옥내배선과 약전류 전선 등 또는 수관·가스관이나 이와 유사한 것과 접촉하지 아니하도록 시설할 것.

4 발전소, 변전소, 개폐소 등의 전기설비

(1) 발전소 등의 울타리·담 등의 시설

★ 중요 : 발전소·변전소 등의 울타리, 담 등의 높이와 울타리, 담 등으로부터 충전 부분까지의 거리

울타리·담 등은 다음에 따라 시설하여야 한다.
1. 울타리·담 등의 높이는 2[m] 이상으로 하고 지표면과 울타리·담 등의 하단 사이의 간격은 0.15[m] 이하로 할 것.
2. 울타리·담 등과 고압 및 특고압의 충전 부분이 접근하는 경우에는 울타리·담 등의 높이와 울타리·담 등으로부터 충전부분까지 거리의 합계는 표에서 정한 값 이상으로 할 것.

사용전압의 구분	울타리·담 등의 높이와 울타리·담 등으로부터 충전 부분까지의 거리의 합계
35[kV] 이하	5[m]
35[kV] 초과 160[kV] 이하	6[m]
160[kV] 초과	• 거리 = 6 + 단수 × 0.12[m] • 단수 = $\dfrac{\text{사용전압[kV]}-160}{10}$ ... 단수 계산에서 소수점 이하는 절상

(2) 발전기 등의 보호장치

발전기에는 다음의 경우에 자동적으로 이를 전로로부터 차단하는 장치를 시설하여야 한다.
1. 발전기에 과전류나 과전압이 생긴 경우
2. 용량이 500[kVA] 이상의 발전기를 구동하는 수차의 압유 장치의 유압이 현저히 저하한 경우
3. 용량이 100[kVA] 이상의 발전기를 구동하는 풍차의 압유장치의 유압이 현저히 저하한 경우

4. 용량이 2,000[kVA] 이상인 수차 발전기의 스러스트 베어링의 온도가 현저히 상승한 경우
5. 용량이 10,000[kVA] 이상인 발전기의 내부에 고장이 생긴 경우
6. 정격출력이 10,000[kW]를 초과하는 증기터빈은 그 스러스트 베어링이 현저하게 마모되거나 그의 온도가 현저히 상승한 경우

(3) 특고압용 변압기의 보호장치

뱅크 용량의 구분	동작조건	장치의 종류
5,000[kVA] 이상 10,000[kVA] 미만	변압기 내부 고장	자동차단장치 또는 경보장치
10,000[kVA] 이상	변압기 내부 고장	자동차단장치
타냉식 변압기(변압기의 권선 및 철심을 직접 냉각시키기 위하여 봉입한 냉매를 강제 순환시키는 냉각 방식을 말한다.)	냉각 장치에 고장이 생긴 경우 또는 변압기의 온도가 현저히 상승한 경우	경보장치

(4) 조상설비의 보호장치 ★중요

설비종별	뱅크용량의 구분	자동적으로 전로로부터 차단하는 장치
전력용 커패시터 및 분로리액터	500[kVA] 초과 15,000[kVA] 미만	• 내부에 고장이 생긴 경우 • 과전류가 생긴 경우
	15,000[kVA] 이상	• 내부에 고장이 생긴 경우 • 과전류가 생긴 경우 • 과전압이 생긴 경우
조상기	15,000[kVA] 이상	• 내부에 고장이 생긴 경우

(5) 계측장치 ★중요

1. 발전소
   가. 발전기·연료전지 또는 태양전지 모듈(복수의 태양전지 모듈을 설치하는 경우에는 그 집합체)의 전압 및 전류 또는 전력
   나. 발전기의 베어링(수중 메탈을 제외한다) 및 고정자의 온도
   다. 정격출력이 10,000[kW]를 초과하는 증기터빈에 접속하는 발전기의 진동의 진폭
   라. 주요 변압기의 전압 및 전류 또는 전력
   마. 특고압용 변압기의 온도
2. 변전소 또는 이에 준하는 곳
   가. 주요 변압기의 전압 및 전류 또는 전력
   나. 특고압용 변압기의 온도
3. 동기조상기를 시설하는 경우
   가. 동기조상기의 전압 및 전류 또는 전력
   나. 동기조상기의 베어링 및 고정자의 온도

(6) 수소냉각식 발전기 등의 시설

1. 발전기 내부 또는 조상기 내부의 수소의 순도가 85[%] 이하로 저하한 경우에 이를 경보하는 장치를 시설할 것.
2. 발전기 내부 또는 조상기 내부의 수소의 압력을 계측하는 장치 및 그 압력이 현저히 변동한 경우에 이를 경보하는 장치를 시설할 것.

5 전력보안통신설비

(1) 전력보안통신설비의 시설

1) 전력보안통신설비의 시설 요구사항

1. 발전소, 변전소 및 변환소에서 전력보안통신설비의 시설 장소
   - 가. 원격감시제어가 되지 아니하는 발전소·변전소·개폐소, 전선로 및 이를 운용하는 급전소 및 급전분소 간
   - 나. 2개 이상의 급전소(분소) 상호 간과 이들을 통합 운용하는 급전소(분소) 간
   - 다. 수력설비의 안전상 필요한 양수소 및 강수량 관측소와 수력발전소 간
   - 라. 동일 수계에 속하고 안전상 긴급 연락의 필요가 있는 수력발전소 상호 간
   - 마. 동일 전력계통에 속하고 또한 안전상 긴급연락의 필요가 있는 발전소·변전소및 개폐소 상호 간

2) 전력보안통신선의 시설 높이와 이격거리

★ 중요 : 가공통신 인입선의 높이

1. 가공 통신선과 지지물에 시설하는 통신선의 높이

구 분		가공 통신선	지지물에 시설하는 통신선	
			고·저압[m]	특고압[m]
도로(차도)	일반적인 경우	5.0[m] 이상	6[m] 이상	6[m] 이상
	교통에 지장을 안 주는 경우	4.5[m] 이상	5[m] 이상	
철도 또는 궤도 횡단 시(레일면 상)		6.5[m] 이상	6.5[m] 이상	6.5[m] 이상
횡단보도교 위 (노면 상)	일반적인 경우	3.0[m] 이상	3.5[m] 이상	5[m] 이상
	절연전선 사용		3[m] 이상	
	광섬유 케이블 사용			4[m] 이상
기 타	일반적인 경우	3.5[m] 이상	4[m] 이상 (절연전선 사용)	5[m] 이상
	광섬유 케이블 사용		3.5[m] 이상	

2. 가공전선과 첨가 통신선과의 이격거리

가공전선		통신선		
		일반	절연전선	광섬유케이블
중성선	25[kV] 이하, 다중 접지 중성선	0.6[m] 이상		
저압가공전선	일 반	0.6[m] 이상		
	절연전선 또는 케이블		0.3[m] 이상	
	인입선			0.15[m] 이상
고압가공전선	일 반	0.6[m] 이상		
	케이블		0.3[m] 이상	
특고압가공전선	일 반	1.2[m] 이상		
	케이블		0.3[m] 이상	
	25[kV] 이하, 다중 접지방식	0.75[m] 이상		

3) 조가선 시설기준

조가선은 단면적 38[mm^2] 이상의 아연도강연선을 사용할 것.

4) 특고압 가공전선로 첨가설치 통신선의 시가지 인입 제한

1. 시가지에 시설하는 통신선은 특고압 가공전선로의 지지물에 시설하여서는 아니 된다. 다만, 통신선이 절연전선과 동등 이상의 절연효력이 있고 인장강도 5.26 [kN] 이상의 것. 또는 단면적 16[mm^2](지름 4[mm]) 이상의 절연전선 또는 광섬유 케이블인 경우에는 그러하지 아니하다.
2. 저압 가공전선로의 지지물에 시설하는 통신선 또는 이것에 직접 접속하는 통신선인 경우에는 다음의 저압용 보안장치일 것.

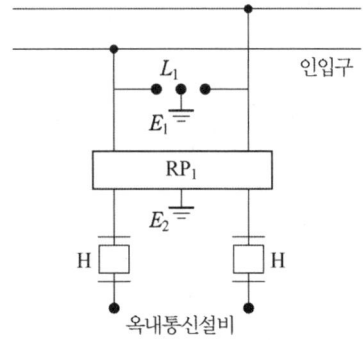

- H : 250[mA] 이하에서 동작하는 열 코일
- RP_1 : 교류 300[V] 이하에서 동작하고, 최소 감도 전류가 3[A] 이하로서 최소 감도전류 때의 응동시간이 1사이클 이하이고 또한 전류 용량이 50[A], 20초 이상인 자복성이 있는 릴레이 보안기
- L_1 : 교류 1[kV] 이하에서 동작하는 피뢰기
- E_1 및 E_2 : 접지

5) 25[kV] 이하인 특고압 가공전선로 첨가 통신선의 시설에 관한 특례

특고압 가공전선로의 지지물에 시설하는 통신선은 광섬유 케이블일 것. 다만, 표준에 적합한 특고압용 제2종 보안장치 또는 이에 준하는 보안장치를 시설할 때에는 그러하지 아니하다.

6) 전력선 반송 통신용 결합장치의 보안장치

전력선 반송통신용 결합 커패시터에 접속하는 회로에는 그림의 보안장치 또는 이에 준하는 보안장치를 시설하여야 한다.

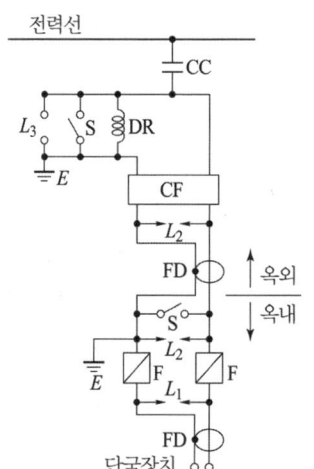

- FD : 동축케이블
- F : 정격전류 10[A] 이하의 포장 퓨즈
- DR : 전류 용량 2[A] 이상의 배류 선륜
- L_1 : 교류 300[V] 이하에서 동작하는 피뢰기
- L_2 : 동작 전압이 교류 1.3[kV]를 초과하고 1.6[kV] 이하로 조정된 방전갭
- L_3 : 동작 전압이 교류 2[kV]를 초과하고 3[kV] 이하로 조정된 구상 방전갭
- S : 접지용 개폐기
- CF : 결합 필타
- CC : 결합 커패시터(결합 안테나를 포함한다.)
- E : 접지

전력선 반송 통신용 결합장치의 보안장치

(2) 무선용 안테나

1) 무선용 안테나 등을 지지하는 철탑 등의 시설

전력보안통신설비인 무선통신용 안테나 또는 반사판을 지지하는 목주·철주·철근 콘크리트주 또는 철탑은 다음에 따라 시설하여야 한다. 다만, 무선용 안테나 등이 전선로의 주위상태를 감시할 목적으로 시설되는 것일 경우에는 그러하지 아니하다.
1. 목주는 풍압하중에 대한 안전율은 1.5 이상이어야 한다.
2. 철주·철근 콘크리트주 또는 철탑의 기초 안전율은 1.5 이상이어야 한다.

필수유형 및 과년도문제

문제 01 ★
특고압과 저압의 혼촉에 의한 위험 방지 시설로 가공공동지선을 설치하여 4개소에 공통의 접지공사를 하였다. 각 접지선을 가공공동지선으로부터 분리한다면 각 접지선과 대지 사이의 전기저항은 몇 [Ω] 이하이어야 하는가?

① 37.5 ② 75 ③ 120 ④ 300

풀이 322.1 고압 또는 특고압과 저압의 혼촉에 의한 위험방지 시설
가공공동지선을 설치하여 2 이상의 시설 장소에 규정에 의하여 다음과 같이 접지공사를 할 수 있다.
가. 가공공동지선은 인장강도 5.26[kN] 이상 또는 지름 4[mm] 이상의 경동선을 사용하여 저압가공전선에 관한 규정에 준하여 시설할 것.
나. 접지공사는 각 변압기를 중심으로 하는 지름 400[m] 이내의 지역으로서 그 변압기에 접속되는 전로 바로 아래의 부분에서 각 변압기의 양쪽에 있도록 할 것.
다. 가공공동지선과 대지 사이의 합성 전기저항 값은 1[km]를 지름으로 하는 지역 안마다 규정에 의해 접지 저항 값을 가지는 것으로 하고 또한 **각 접지도체를 가공공동지선으로부터 분리하였을 경우의 각 접지 도체와 대지 사이의 전기저항 값은 300[Ω] 이하로 할 것.** 답 ④

문제 02 ★★
변압기에 의하여 특고압 전로에 결합되는 고압 전로에는 사용 전압의 3배 이하인 전압이 가하여진 어떤 장치를 그 변압기 단자의 가까운 1극에 설치하여야 하는가?

① 스위치 장치 ② 계전 보호 장치
③ 누설 전류 검지 장치 ④ 방전하는 장치

풀이 322.3 특고압과 고압의 혼촉 등에 의한 위험방지 시설
변압기에 의하여 특고압전로에 결합되는 고압전로에는 **사용전압의 3배 이하인 전압이 가하여진 경우에 방전하는 장치**를 그 변압기의 단자에 가까운 1극에 설치하여야 한다. 답 ④

문제 03 ★★
고압전로와 비접지식의 저압전로를 결합하는 변압기로서 그 고압권선과 저압권선 사이에 금속제의 혼촉방지판이 있고 또한 그 혼촉 방지판에 접지공사를 한 것에 접속하는 저압전선을 옥외에 시설할 때 잘못된 것은?

① 저압 가공전선로의 전선은 케이블을 사용하였다.
② 저압 전선은 1구내에만 시설하였다.
③ 저압 옥상전선로의 전선으로는 절연전선을 사용하였다.
④ 저압 가공전선과 고압 가공전선은 별개의 지지물에 시설하였다.

풀이 322.2 혼촉방지판이 있는 변압기에 접속하는 저압 옥외전선의 시설 등
고압전로 또는 특고압전로와 비접지식의 저압전로를 결합하는 변압기로서 그 고압권선 또는 특고압권선과 저압권선 간에 금속제의 혼촉방지판이 있고 또한 그 혼촉방지판에 규정에 의하여 접지공사를 한 것에 접속하는 저압전선을 옥외에 시설할 때에는 다음에 따라 시설하여야 한다.
가. 저압전선은 1구내에만 시설할 것.
나. 저압 가공전선로 또는 저압 옥상전선로의 **전선은 케이블**일 것.

다. 저압 가공전선과 고압 또는 특고압의 가공전선을 동일 지지물에 시설하지 아니할 것. 다만, 고압 가공전선로 또는 특고압 가공전선로의 전선이 케이블인 경우에는 그러하지 아니하다. 　답 ③

문제 04 ★★★★★ 전로의 중성점을 접지하는 목적에 해당되지 않는 것은 어느 것인가?

① 보호 장치의 확실한 동작의 확보
② 부하 전류의 일부를 대지로 흐르게 함으로써 전선을 절약
③ 이상 전압의 억제
④ 대지 전압의 저하

풀이 322.5 전로의 중성점의 접지
① 보호 장치의 확실한 동작의 확보
② 이상 전압의 억제
③ 대지전압의 저하를 위하여 전로의 중성점에 접지공사를 한다. 　답 ②

문제 05 ★★★★★ 6600[V]의 가공 배전 선로와 식물과의 최소 이격 거리[m]는?

① 0.3
② 0.6
③ 1.0
④ 상시 불고 있는 바람 등에 의하여 식물에 접촉하지 않도록 시설

풀이 322.19 고압 가공전선과 식물의 이격거리
고압 가공전선은 상시 부는 바람 등에 의하여 식물에 접촉하지 않도록 시설하여야 한다. 　답 ④

필수 01 ★★★★★ 전선로

가공 전선로의 지지물에 취급자가 오르고 내리는 데 사용하는 발판 못 등은 일반적으로 지표상 몇 [m] 미만에 시설하여서는 아니 되는가?
① 1.2　　② 1.5　　③ 1.8　　④ 2.0

 1.8[m]를 암기한다.

풀이 발판못 등은 1.8[m] 미만에 시설하여서는 안 된다. 다만 다음의 경우에는 그러하지 아니하다.
• 발판못을 내부에 넣을 수 있는 구조
• 지지물에 승탑 및 승주 방지 장치를 시설한 경우
• 취급자 이외의 자가 출입할 수 없도록 울타리 담 등을 시설한 경우
• 산간 등에 있으며 사람이 쉽게 접근할 우려가 없는 곳
(KEC 331.4) 　답 ③

Key point
발판못 등은 1.8[m] 미만에 시설하여서는 안 된다.

문제 06 ★★★★★
가공 전선로의 지지물에 취급자가 오르고 내리는 데 사용하는 발판 못 등은 일반적으로 지표 상 몇 [m] 미만에 시설하여서는 아니 되는가?

① 1.2 ② 1.5 ③ 1.8 ④ 2.0

풀이 331.4 가공전선로 지지물의 철탑 오름 및 전주 오름 방지
가공전선로의 지지물에 취급자가 오르고 내리는데 사용하는 **발판 볼트** 등을 지표상 1.8[m] 미만에 시설하여서는 아니 된다. **답** ③

필수 02 ★★★☆
풍압하중의 종별과 그 적용

원형 철근 콘크리트주의 갑종 풍압 하중[Pa]은 수직 투영 면적 1[m²]당 얼마인가?

① 588 ② 745 ③ 1117 ④ 1412

유형분석 자주 출제되는 문제로 본문의 풍압하중 표를 암기하는 것이 좋으나, 출제되는 문제를 암기하는 것이 바람직하다.

풀이 원형 지지물인 경우에 갑종 풍압 하중은 1[m²]당 588[Pa]이다.
(KEC 331.6) **답** ①

Key point

풍압을 받는 구분			풍압
지지물	목주		588[Pa]
	철주	원형의 것	588[Pa]
		삼각형 또는 마름모형의 것	1,412[Pa]
		강관에 의하여 구성되는 4각형의 것	1,117[Pa]
	철근콘크리트주	원형의 것	588[Pa]
		기타의 것	882[Pa]
	철탑	단주(완철류는 제외함) 원형의 것	588[Pa]
		단주(완철류는 제외함) 기타의 것	1,117[Pa]
		강관에 의하여 구성되는 것 (단주는 제외함)	1,255[Pa]
전선 기타의 가섭선	다도체를 구성하는 전선		666[Pa]
	기타의 것		745[Pa]
특고압 전선용의 애자 장치			1,039[Pa]
목주·철주(원형의 것에 한한다) 및 철근 콘크리트주의 완금속 (특고압 전선로용의 것에 한한다)			단일재로서 사용하는 경우에는 1,196[Pa], 기타의 경우에는 1,627[Pa]

문제 07
가공 전선로에 사용하는 지지물의 강도 계산에 적용하는 풍압 하중 중 병종 풍압 하중은 갑종 풍압 하중에 대한 얼마를 기초로 하여 계산한 것인가?

① $\dfrac{1}{2}$ ② $\dfrac{1}{3}$ ③ $\dfrac{2}{3}$ ④ $\dfrac{1}{4}$

풀이 331.6 풍압하중의 종별과 적용
가. 갑종 풍압하중 : 구성재의 수직 투영면적 1[m²]에 대한 풍압을 기초로 하여 계산한 것.
나. 을종 풍압하중 : 전선 기타의 가섭선 주위에 두께 6[mm], 비중 0.9의 빙설이 부착된 상태에서 수직 투영면적 372[Pa](다도체를 구성하는 전선은 333[Pa]), 그 이외의 것은 갑종풍압하중의 2분의 1을 기초로 하여 계산한 것.
다. **병종 풍압하중 : 갑종풍압하중의 2분의 1(50[%])을 기초로 하여 계산한 것.**

답 ①

문제 08
빙설이 많은 지방의 저온 계절에는 어떤 종류의 풍압 하중을 적용하는가?
① 갑종 풍압 하중
② 을종 풍압 하중
③ 병종 풍압 하중
④ 갑종 풍압 하중과 을종 풍압 하중 중 큰 것

풀이 331.6 풍압하중의 종별과 적용

지 역		고온계절	저온계절
빙설이 많은 지방 이외의 지방		갑종	병종
빙설이 많은 지방	일반지역	갑종	을종
	해안지방, 기타 저온 계절에 최대 풍압이 생기는 지역	갑종	갑종과 을종 중 큰 값 선정
인가가 많이 연접되어 있는 장소		병종	병종

답 ②

문제 09
빙설이 적고 인가가 밀집한 도시에 시설하는 고압 가공 전선로 설계에 사용하는 풍압 하중은?
① 갑종 풍압 하중
② 을종 풍압 하중
③ 병종 풍압 하중
④ 갑종 풍압 하중과 을종 풍압 하중을 각 설비에 따라 혼용

풀이 331.6 풍압하중의 종별과 적용
인가가 많이 연접되어 있는 장소에서는 일반적으로 풍속이 감소되므로 설계상 **병종 풍압 하중**이 적용된다.

답 ③

문제 10
다도체 가공 전선의 을종 풍압 하중은 수직 투영 면적 1[m²]당 얼마로 규정되어 있는가? 단, 전선, 기타의 가섭선 주위에 두께 6[mm], 비중 0.9의 빙설이 부착한 상태이다.

① 333[Pa] ② 372[Pa] ③ 519[Pa] ④ 745[Pa]

04. 고압, 특고압 전기설비

풀이 331.6 풍압하중의 종별과 적용
을종 풍압하중
전선 기타의 가섭선(架涉線) 주위에 두께 6[mm], 비중 0.9의 빙설이 부착된 상태에서 수직 투영면적 372[Pa](다도체를 구성하는 전선은 333[Pa]), 그 이외의 것은 제1호 풍압의 2분의 1을 기초로 하여 계산한 것

답 ①

필수 03 ★★★★☆ 지지물 기초의 안전률

길이 15[m]의 철근 콘크리트주의 설계 하중이 9.8[kN]이라 한다. 이 지지물을 지반이 탄탄한 곳에 기초 안전율의 고려가 없이 시설하자면 땅에 묻히는 깊이를 얼마로 하면 되는가?
① 2.5[m] 이상
② 2.6[m] 이상
③ 2.7[m] 이상
④ 2.8[m] 이상

유형분석 지지물의 근입깊이 계산문제는 공사기사 실기에 출제된다. 또한 지지물의 기초 안전율은 매우 기본적이고 중요한 부분이다. Key point를 암기할 것.

풀 이 가공 전선로 지지물의 기초의 안전율(KEC 331.7)
가공전선로의 지지물에 하중이 가하여지는 경우에 그 하중을 받는 지지물의 기초의 안전율은 2 이상(단, 이상시 상정하중에 대한 철탑의 기초에 대하여는 1.33)이어야 한다. 다만, 땅에 묻히는 깊이를 다음의 표에서 정한 값 이상의 깊이로 시설하는 경우에는 그러하지 아니하다.

설계 하중 전장	6.8[kN] 이하	6.8[kN] 초과 ~ 9.8[kN] 이하	9.8[kN] 초과 ~ 14.72[kN] 이하
15[m] 이하	전장 × 1/6[m] 이상	전장 × 1/6 + 0.3[m] 이상	전장 × 1/6 + 0.5[m] 이상
15[m] 초과	2.5[m] 이상	2.8[m] 이상	–
16[m] 초과~20[m] 이하	2.8[m] 이상	–	–
15[m] 초과~18[m] 이하	–	–	3[m] 이상
18[m] 초과	–	–	3.2[m] 이상

∴ 깊이 $= 15 \times \dfrac{1}{6} + 0.3 = 2.8$[m]

답 ④

Key point

가공 전선로 지지물의 기초 안전율 2(이상시 상정 하중에 대한 철탑의 경우는 1.33) 이상으로 하여야 한다. 다만, 목주, A종 철주, 철근 콘크리트주를 다음과 같이 시설하는 경우는 예외로 한다.
① 길이 15[m] 이하인 것은 1/6 이상을 땅에 묻는 경우
② 길이 15[m]를 넘는 것은 2.5[m] 이상 땅에 묻는 경우
③ 논이나 그 밖의 지반이 연약한 곳에서는 특히 견고한 근가를 시설할 것

문제 11 ★★★ 이상시 상정 하중에 대한 철탑의 기초에 대한 안전율은?
① 1.33   ② 1.5   ③ 2   ④ 2.5

풀이 ▶ 331.7 가공전선로 지지물의 기초의 안전율
가공전선로의 지지물에 하중이 가하여지는 경우에 그 하중을 받는 지지물의 기초의 안전율은 2(이상 시 상정하중에 대한 철탑의 기초에 대하여는 1.33) 이상이어야 한다. 답 ①

필수 04 ★★★☆ 지지물 및 지선

가공 전선로의 지지물에 시설하는 지선은 소선이 최소 몇 가닥 이상의 연선이어야 하는가?

① 3 ② 5 ③ 7 ④ 9

 지선의 가닥수와 안전율, 인장하중을 묻는 문제는 자주 출제된다.

풀 이 ▶ 지선의 시설 기준(KEC 331.11)
- 소선 3가닥 이상의 연선
- 지선의 안전율이 2.5 이상일 것

답 ①

Key point

① 지선의 안전율은 2.5 이상일 것. 이 경우에 허용 인장하중의 최저는 4.31[kN]으로 한다.
② 지선에 연선을 사용할 경우에는 다음에 의할 것
   - 소선(素線) 3가닥 이상의 연선일 것
   - 소선의 지름이 2.6[mm] 이상의 금속선을 사용한 것일 것. 다만, 소선의 지름이 2[mm] 이상인 아연도강연선(亞鉛鍍鋼然線)으로서 소선의 인장강도가 0.68[kN/mm²] 이상인 것을 사용하는 경우에는 그러하지 아니하다.
③ 지중부분 및 지표상 30[cm]까지의 부분에는 내식성이 있는 것 또는 아연도금을 한 철봉을 사용하고 쉽게 부식되지 아니하는 근가에 견고하게 붙일 것. 다만, 목주에 시설하는 지선에 대해서는 그러하지 아니하다.

문제 12 ★★ 지선으로 보강하여서는 안 되는 지지물은?

① 목주 ② 철자 마스트
③ 철근 콘크리트주 ④ 철탑

풀이 ▶ 331.11 지선의 시설
가. 가공전선로의 지지물로 사용하는 **철탑은 지선을 사용하여 그 강도를 분담시켜서는 안 된다.**
나. 지선의 안전율은 2.5 이상일 것. 이 경우에 허용 인장하중의 최저는 4.31[kN]으로 한다.
다. 지선에 연선을 사용할 경우에는 다음에 의할 것
   ① 소선 3가닥 이상의 연선일 것.
   ② 소선의 지름이 2.6[mm] 이상의 금속선을 사용한 것일 것.

답 ④

04. 고압, 특고압 전기설비

문제 13 가공 전선로의 지지물에 시설하는 지선의 안전율은 2.5 이상이어야 한다. 이 경우에 허용 인장 하중의 최저는 몇 [kN]으로 하여야 하는가?

① 1.11　　② 1.25　　③ 2.83　　④ 4.31

풀이 331.11 지선의 시설
가. 가공전선로의 지지물로 사용하는 철탑은 지선을 사용하여 그 강도를 분담시켜서는 안 된다.
나. 지선의 **안전율은 2.5 이상**일 것. 이 경우에 허용 인장하중의 최저는 4.31[kN]으로 한다.
다. 지선에 연선을 사용할 경우에는 다음에 의할 것.
　① 소선 3가닥 이상의 연선일 것.
　② 소선의 지름이 2.6[mm] 이상의 금속선을 사용한 것일 것.　　**답** ④

문제 14 지선의 전선로에서 지지물에 시설하는 지선의 안전율 최솟값은?

① 1.5　　② 2.2　　③ 2.5　　④ 2.7

풀이 331.11 지선의 시설
가. 가공전선로의 지지물로 사용하는 철탑은 지선을 사용하여 그 강도를 분담시켜서는 안 된다.
나. 지선의 **안전율은 2.5 이상**일 것. 이 경우에 허용 인장하중의 최저는 4.31[kN]으로 한다.
다. 지선에 연선을 사용할 경우에는 다음에 의할 것.
　① 소선 3가닥 이상의 연선일 것.
　② 소선의 지름이 2.6[mm] 이상의 금속선을 사용한 것일 것.　　**답** ③

문제 15 가공 전선로의 지지물에 시설하는 지선은 소선이 최소 몇 가닥 이상의 연선이어야 하는가?

① 3　　② 5　　③ 7　　④ 9

풀이 331.11 지선의 시설
가. 가공전선로의 지지물로 사용하는 철탑은 지선을 사용하여 그 강도를 분담시켜서는 안 된다.
나. 지선의 안전율은 2.5 이상일 것. 이 경우에 허용 인장하중의 최저는 4.31[kN]으로 한다.
다. 지선에 연선을 사용할 경우에는 다음에 의할 것.
　① **소선 3가닥 이상의 연선**일 것.
　② 소선의 지름이 2.6[mm] 이상의 금속선을 사용한 것일 것.　　**답** ①

문제 16 고압 가공 인입선의 전선으로는 지름 몇 [mm]의 경동선을 사용하는가?

① 1.6　　② 2.6　　③ 3.5　　④ 5.0

풀이 331.12.1 고압 가공인입선의 시설
가. 인장강도 8.01[kN] 이상의 고압 절연전선, 특고압 절연전선
나. **지름 5[mm] 이상의 경동선**의 고압 절연전선, 특고압 절연전선　　**답** ④

문제 17
★★★★
고압 가공 인입선은 그 아래에 위험 표시를 하였을 경우에는 전선의 지표상 높이[m]를 얼마까지 낮출 수 있는가?

① 5.5 ② 4.5 ③ 3.5 ④ 2.5

풀이 331.12.1 고압 가공인입선의 시설
고압 가공인입선의 높이는 **지표상 5[m]**로 하여야 한다.
그러나 그 고압 가공인입선이 케이블 이외의 것인 때에는 그 전선의 아래쪽에 **위험 표시**를 하면 고압 가공인입선의 높이는 지표상 3.5[m]까지로 감할 수 있다.

답 ③

문제 18
★★★☆
고압 인입선 등의 시설 기준에 맞지 않는 것은?

① 고압 가공 인입선 아래에 위험 표시를 하고 지표상 3.5[m] 높이에 설치하였다.
② 전선은 5.0[mm] 경동선과 동등한 세기의 고압 절연 전선을 사용하였다.
③ 애자 사용 공사로 시설하였다.
④ 15[m] 떨어진 다른 수용가에 고압 연접 인입선을 시설하였다.

풀이 331.12.1 고압 가공인입선의 시설
고압 연접인입선은 시설하여서는 아니 된다.

답 ④

문제 19
★★★★★
고압 가공 전선이 경동선 또는 내열 동합금선인 경우 안전율의 최솟값은?

① 2.2 ② 2.5 ③ 2.8 ④ 4.0

풀이 332.4 고압 가공전선의 안전율 / 222.6 저압 가공전선의 안전율
가공전선이 케이블 이외인 경우 안전율이 다음 이상이 되는 이도로 시설하여야 한다.
가. **경동선 또는 내열 동합금선 : 2.2 이상**
나. 그 밖의 전선 : 2.5

답 ①

문제 20
★☆
고압 가공 전선에 경알루미늄선을 사용하는 경우 안전율의 최솟값은 얼마인가?

① 2.0 ② 2.2 ③ 2.5 ④ 4.0

풀이 332.4 고압 가공전선의 안전율
222.6 저압 가공전선의 안전율
가공전선이 케이블 이외인 경우 안전율이 다음 이상이 되는 이도로 시설하여야 한다.
가. 경동선 또는 내열 동합금선 : 2.2 이상
나. **그 밖의 전선 : 2.5**

답 ③

05 저압 및 고압의 가공전선로

고저압 가공 전선이 도로를 횡단할 때의 지표상의 높이의 최저값은 얼마인가?

① 4[m]   ② 5[m]   ③ 6[m]   ④ 7[m]

유형분석 저압, 고압 및 특고압에서 높이는 자주 출제된다.

풀이 저고압 가공 전선의 도로 횡단 시 높이는 6[m] 이상이어야 한다.
(KEC 332.5, 222.7)

답 ③

Key point

① 저·고압 가공 전선의 최소 높이
  ㉠ 도로를 횡단하는 경우 : 지표상 6[m]
  ㉡ 철도를 횡단하는 경우 : 궤조면상 6.5[m]
  ㉢ 횡단 보도교 위에 시설하는 경우
   • 저압 : 3.5[m](절연 전선, 케이블 사용 경우 3[m])
   • 고압 : 4[m](고압 절연 전선, 케이블 사용 경우 3.5[m])
  ㉣ 일반 장소 : 지표상 5[m](저압으로 교통에 지장이 없는 경우 4[m])

문제 21 시가지에서 저압가공전선로를 도로에 따라 시설할 경우 지표상의 최저 높이는 몇 [m] 이상이어야 하는가?

① 4.5   ② 5.0   ③ 5.5   ④ 6.0

풀이 332.5 고압 가공전선의 높이 / 222.7 저압 가공전선의 높이

설치장소		가공전선의 높이
도로횡단 (번잡하지 않은 도로 제외)		지표상 6[m] 이상
철도 또는 궤도횡단		레일면상 6.5[m] 이상
횡단보도교 위	저압	노면상 3.5[m] 이상. 단, 절연전선의 경우 3[m] 이상
	고압	노면상 3.5[m] 이상
일반 장소		**지표상 5[m] 이상**. 단, 저압의 경우 절연전선 또는 케이블을 사용하여 교통에 지장이 없도록 하여 옥외조명용에 공급하는 경우 4[m]까지 감할 수 있다.
다리의 하부 기타 이와 유사한 장소		저압의 전기철도용 급전선은 지표상 3.5[m]까지로 감할 수 있다.

답 ②

문제 22 저압 가공 전선이 철도를 횡단할 때 레일면 상의 최저 높이[m]는?

① 5   ② 5.5   ③ 6   ④ 6.5

풀이 332.5 고압 가공전선의 높이 / 222.7 저압 가공전선의 높이

설치장소	가공전선의 높이
철도 또는 궤도횡단	레일면상 6.5[m] 이상

답 ④

문제 23
★★★★★
고압 가공 전선로에 사용하는 가공 지선에 나경동선을 사용할 경우 지름 몇 [mm] 이상의 것을 사용하여야 하는가?

① 2.0　　② 2.5　　③ 3.0　　④ 4.0

풀이 332.6 고압 가공전선로의 가공지선
고압 가공전선로에 사용하는 **가공지선**은 인장강도 5.26[kN] 이상의 것 또는 **지름 4[mm] 이상의 나경동선**을 사용한다.

답 ④

문제 24
★★★★☆
저압가공전선과 고압가공전선을 동일 지지물에 시설하는 경우 저압가공전선과 고압가공전선과의 이격거리는 몇 [m] 이상이어야 하는가?

① 0.4　　② 0.5　　③ 0.6　　④ 0.7

풀이 332.8 고압 가공전선 등의 병행설치
저압 가공전선(다중접지된 중성선은 제외한다)과 고압 가공 전선을 동일 지지물에 시설하는 경우에는 다음에 따라야 한다.
가. 저압 가공전선을 고압 가공전선의 아래로 하고 별개의 완금류에 시설할 것.
나. 저압 가공전선과 고압 가공전선 사이의 **이격거리는 0.5[m] 이상**일 것.

답 ②

문제 25
★☆
목주를 사용한 고압 가공 전선로의 최대 경간은?

① 50[m]　　② 100[m]　　③ 150[m]　　④ 200[m]

풀이 332.9 고압 가공전선로 경간의 제한

지지물의 종류	경간
목주·A종 철주 또는 A종 철근 콘크리트주	150[m]
B종 철주 또는 B종 철근 콘크리트주	250[m]
철탑	600[m]

답 ③

문제 26
★★☆
고압 가공 전선과 건조물의 상부 조영재와의 옆쪽 이격 거리는 일반적인 경우 최소 몇 [m] 이상이어야 하는가?

① 1.5　　② 1.2　　③ 0.9　　④ 0.6

풀이 332.11 고압 가공전선과 건조물의 접근 / 222.11 저압 가공전선과 건조물의 접근
저압 가공전선 또는 고압 가공전선이 건조물과 접근 상태로 시설되는 경우에는 다음에 따라야 한다.

가. 고압 가공전선로는 고압 보안공사에 의할 것.
나. 저·고압 가공전선과 건조물의 조영재 사이의 이격거리는 표에서 정한 값 이상일 것.

사용전압 부분 공작물의 종류			저압[m]	고압[m]
건조물	상부 조영재 위쪽	일반적인 경우	2	2
		전선이 고압절연전선	1	2
		전선이 케이블인 경우	1	1
	기타 조영재 또는 상부조영재의 옆쪽 또는 아래쪽	일반적인 경우	1.2	1.2
		전선이 고압절연전선	0.4	1.2
		전선이 케이블인 경우	0.4	0.4
		사람이 쉽게 접근할 수 없도록 시설한 경우	0.8	0.8

답 ②

문제 27 ★★★ 고압 절연 전선을 사용한 고압 가공 전선이 가공 약전류 전선과 접근하는 경우의 고압 가공 전선과 가공 약전류 전선과의 이격 거리[m]의 최솟값은?

① 0.6　　　② 0.8　　　③ 1　　　④ 1.2

풀이 332.13 고압 가공전선과 가공약전류전선 등의 접근 또는 교차
222.13 저압 가공전선과 가공약전류전선 등의 접근 또는 교차
저압 가공전선 또는 고압 가공전선이 가공약전류전선 또는 가공 광섬유 케이블과 접근상태로 시설되는 경우에는 다음에 따라야 한다.
가. 고압 가공전선은 고압 보안공사에 의할 것.
나. 저·고압 가공전선과 가공약전류전선과의 이격거리는 표에서 정한 값 이상일 것.

가공전선 약전류전선	저압가공전선		고압가공전선	
	저압 절연전선	고압 절연전선 또는 케이블	절연전선	케이블
일반	0.6[m]	0.3[m]	0.8[m]	0.4[m]
절연전선 또는 통신용 케이블인 경우	0.3[m]	0.15[m]		

답 ②

문제 28 ★★★★ 고압 절연 전선을 사용한 6600[V] 배전선이 안테나와 접근 상태로 시설되는 경우, 그 이격 거리[m]는?

① 0.6 이상　　② 0.8 이상　　③ 1 이상　　④ 1.2 이상

풀이 332.14 고압 가공전선과 안테나의 접근 또는 교차
저압 가공전선 또는 고압 가공전선이 안테나와 접근상태로 시설되는 경우에는 다음에 따라야 한다.
가. 고압 가공전선로는 고압 보안공사에 의할 것.
나. 가공전선과 안테나 사이의 이격거리

사용전압 부분 공작물의 종류		저압	고압
안테나	일반적인 경우	0.6[m]	0.8[m]
	고압·특고압 절연전선	0.3[m]	0.8[m]
	케이블	0.3[m]	0.4[m]

답 ②

문제 29
가섭선에 의하여 시설되는 안테나가 있다. 이 안테나 주위에 고압 가공 케이블이 지나가고 있다면 수평 이격 거리는 몇 [m] 이상으로 하여야 하는가?

① 0.4 　　② 0.6 　　③ 0.8 　　④ 1.0

풀이 332.14 고압 가공전선과 안테나의 접근 또는 교차
저압 가공전선 또는 고압 가공전선이 안테나와 접근상태로 시설되는 경우에는 다음에 따라야 한다.
가. 고압 가공전선로는 고압 보안공사에 의할 것.
나. 가공전선과 안테나 사이의 이격거리

사용전압 부분 공작물의 종류		저압	고압
안테나	일반적인 경우	0.6[m]	0.8[m]
	고압·특고압 절연전선	0.3[m]	0.8[m]
	케이블	0.3[m]	0.4[m]

답 ①

문제 30
22.9[kV]의 전선로를 시가지에 시설하는 경우 그 전선의 지표상의 최소 높이[m]는? (단, 전선으로는 나경동선을 사용한다고 한다.)

① 5 　　② 6 　　③ 8 　　④ 10

풀이 333.1 시가지 등에서 특고압 가공전선로의 시설

사용전압의 구분	지표상의 높이
35[kV] 이하	10[m] (전선이 특고압 절연전선인 경우에는 8[m])
35[kV] 초과	10[m]에 35[kV]를 초과하는 10[kV] 또는 그 단수마다 12[cm]를 더한 값

답 ④

문제 31
154[kV] 가공 전선을 시가지에 시설할 경우의 경동연선의 최소 단면적[mm²]은?

① 22 　　② 38 　　③ 55 　　④ 150

풀이 333.1 시가지 등에서 특고압 가공전선로의 시설
사용전압이 170[kV] 이하인 전선로에서의 전선의 굵기

사용전압의 구분	전선의 단면적
100[kV] 미만	인장강도 21.67[kN] 이상의 연선 또는 단면적 55[mm²] 이상의 경동연선
100[kV] 이상	인장강도 58.84[kN] 이상의 연선 또는 단면적 150[mm²] 이상의 경동연선

답 ④

문제 32
특고압 가공 전선로를 가공 케이블로 시설하는 경우 잘못된 것은?

① 조가용선에 행거의 간격은 1[m]로 시설하였다.
② 조가용선을 케이블의 외장에 견고하게 붙여 시설하였다.
③ 조가용선은 단면적 22[mm²]의 아연도 강연선을 사용하였다
④ 조가용선에 접촉시켜 금속 테이프를 간격 20[cm] 이하의 간격을 유지시켜 나선형으로 감아 붙였다.

풀이 333.3 특고압 가공케이블의 시설
특고압 가공전선로는 그 전선에 케이블을 사용하는 경우에는 다음에 따라 시설하여야 한다.
1. 케이블은 다음의 어느 하나에 의하여 시설할 것.
    가. 조가용선에 행거에 의하여 시설할 것. 이 경우에 **행거의 간격은 0.5[m] 이하**로 하여 시설하여야 한다.
    나. 조가용선에 접촉시키고 그 위에 쉽게 부식되지 아니하는 금속 테이프 등을 0.2[m] 이하의 간격을 유지시켜 나선형으로 감아 붙일 것.
2. 조가용선은 인장강도 13.93[kN] 이상의 연선 또는 단면적 22[mm^2] 이상의 아연도강연선일 것.
3. 조가용선 및 케이블의 피복에 사용하는 금속체에는 규정에 준하여 접지공사를 할 것.   **답** ①

문제 33 ★★☆
66[kV] 가공 전선로의 전선과 그 지지물과의 최소 이격 거리는 몇 [cm]인가?
① 20   ② 30   ③ 40   ④ 65

풀이 333.5 특고압 가공전선과 지지물 등의 이격거리
특고압 가공전선과 그 지지물·완금류·지주 또는 지선 사이의 이격거리는 표에서 정한 값 이상이어야 한다. 다만, 기술상 부득이한 경우에 위험의 우려가 없도록 시설한 때에는 표에서 정한 값의 0.8배까지 감할 수 있다.

사용전압	이격거리[cm]
15[kV] 미만	15
15[kV] 이상 25[kV] 미만	20
25[kV] 이상 35[kV] 미만	25
60[kV] 이상 70[kV] 미만	40
130[kV] 이상 160[kV] 미만	90

답 ③

문제 34 ★☆
특고압 가공 전선로에 사용하는 가공 지선에는 지름 몇 [mm]의 나경동선 또는 이와 동등 이상의 세기 및 굵기의 나선을 사용하여야 하는가?
① 2.6   ② 3.5   ③ 4   ④ 5

풀이 333.8 특고압 가공전선로의 가공지선
특고압 가공전선로에 사용하는 가공지선은 다음과 같다.
1. 인장강도 8.01[kN] 이상의 나선
2. **지름 5[mm] 이상의 나경동선**
3. 단면적 22[mm^2] 이상의 나경동연선
4. 아연도강연선 22[mm^2]
5. OPGW 전선   **답** ④

문제 35 ★★★
154[kV] 가공 송전선을 산 중에 건설하는 경우 지표상의 최소 높이[m]는?
① 5   ② 6   ③ 7   ④ 8

[풀이] 333.7 특고압 가공전선의 높이

전압의 범위	일반 장소	도로 횡단	철도 또는 궤도횡단	횡단보도교
35[kV] 이하	5[m]	6[m]	6.5[m]	4[m](특고압 절연전선 또는 케이블 사용)
35[kV] 초과 160[kV] 이하	6[m]	6[m]	6.5[m]	5[m](케이블 사용)
	산지 등에서 사람이 쉽게 들어갈 수 없는 장소 : 5[m] 이상			
160[kV] 초과	일반장소		가공전선의 높이 = 6 + 단수 × 0.12[m]	
	철도 또는 궤도횡단		가공전선의 높이 = 6.5 + 단수 × 0.12[m]	
	산지		가공전선의 높이 = 5 + 단수 × 0.12[m]	

※ 단수 = $\frac{(전압[kV]-160)}{10}$ … 단수 계산에서 소수점 이하는 절상

답 ①

문제 36 ★★★

345[kV] 특고압 송전선을 사람이 용이하게 들어가지 않는 산지에 시설할 때 전선의 최소 높이는 지표상 얼마인가?

① 7.28[m] ② 7.85[m] ③ 8.28[m] ④ 9.28[m]

[풀이] 333.7 특고압 가공전선의 높이

전압의 범위	일반 장소	도로 횡단	철도 또는 궤도횡단	횡단보도교
35[kV] 이하	5[m]	6[m]	6.5[m]	4[m](특고압 절연전선 또는 케이블 사용)
35[kV] 초과 160[kV] 이하	6[m]	6[m]	6.5[m]	5[m](케이블 사용)
	산지 등에서 사람이 쉽게 들어갈 수 없는 장소 : 5[m] 이상			
160[kV] 초과	일반장소		가공전선의 높이 = 6 + 단수 × 0.12[m]	
	철도 또는 궤도횡단		가공전선의 높이 = 6.5 + 단수 × 0.12[m]	
	산지		**가공전선의 높이 = 5 + 단수 × 0.12[m]**	

※ 단수 = $\frac{(전압[kV]-160)}{10}$ … 단수 계산에서 소수점 이하는 절상

- 단수 = $\frac{345-160}{10} = 18.4 \rightarrow 19$단
- 지표상 높이 = $5 + 19 \times 0.12 = 7.28$[m]

답 ①

06 ★★★★★ 특고압 가공 전선로

시가지에 시설하는 특고압 가공 전선로용 지지물로 사용해서는 안 되는 것은?

① 철주 ② 철탑 ③ 목주 ④ 철근 콘크리트주

[유형분석] 특고압 전선로에는 다양한 문제가 출제된다. 이격거리, 높이, 경간 등이 많이 출제된다.

[풀이] 시가지에 시설하는 특고압 가공 전선로용 지지물은 철주, 철근 콘크리트주, 또는 철탑을 사용하고 목주를 사용할 수 없다. (KEC 333.1)

답 ③

> **Key point**
>
> 특고압 가공 전선로의 지지물로 사용하는 B종 철주, 철근 콘크리트주, 철탑의 종류는 다음과 같다.
> ① 직선형 : 전선로의 직선 부분(3° 이하의 수평 각도를 이루는 곳 포함)에 사용되는 것
> ② 각도형 : 전선로 중 수평 각도 3°를 넘는 곳에 사용되는 것
> ③ 인류형 : 전 가섭선을 인류하는 곳에 사용하는 것
> ④ 내장형 : 전선로 지지물 양측의 경간차가 큰 곳에 사용하는 것
> ⑤ 보강형 : 전선로 직선 부분을 보강하기 위하여 사용하는 것

문제 37 ★★★★

특고압 가공 전선로의 B종 철주 중 각도형은 전선로 중 몇 [°]를 넘는 수평 각도를 이루는 곳에 사용되는가?

① 1° ② 2° ③ 3° ④ 5°

풀이 333.11 특고압 가공전선로의 철주·철근 콘크리트주 또는 철탑의 종류
특고압 가공전선로의 지지물로 사용하는 B종 철주·B종 콘크리트주 또는 철탑의 종류는 다음과 같다.
1. 직선형 : 전선로의 직선 부분(3° 이하의 수평 각도 이루는 곳 포함)에 사용되는 것
2. **각도형 : 전선로 중 수평 각도 3°를 넘는 곳에 사용**되는 것
3. 인류형 : 전 가섭선을 인류하는 곳에 사용하는 것
4. 내장형 : 전선로 지지물 양측의 경간차가 큰 곳에 사용하는 것
5. 보강형 : 전선로 직선 부분을 보강하기 위하여 사용하는 것   **답 ③**

문제 38 ★★★★★

특고압 가공 전선로에 사용하는 철탑의 종류 중에서 전선로 지지물의 양측 경간의 차가 큰 곳에 사용하는 철탑은?

① 각도형 철탑 ② 인류형 철탑
③ 보강형 철탑 ④ 내장형 철탑

풀이 333.11 특고압 가공전선로의 철주·철근 콘크리트주 또는 철탑의 종류
특고압 가공전선로의 지지물로 사용하는 B종 철근·B종 콘크리트주 또는 철탑의 종류는 다음과 같다.
1. 직선형 : 전선로의 직선 부분(3° 이하의 수평 각도 이루는 곳 포함)에 사용되는 것
2. 각도형 : 전선로 중 수평 각도 3°를 넘는 곳에 사용되는 것
3. 인류형 : 전 가섭선을 인류하는 곳에 사용하는 것
4. **내장형 : 전선로 지지물 양측의 경간차가 큰 곳에 사용**하는 것
5. 보강형 : 전선로 직선 부분을 보강하기 위하여 사용하는 것   **답 ④**

문제 39 ★★★☆

특고압 가공 전선로 중 지지물로서 직선형 철탑을 연속하여 10기 이상 사용하는 부분에서 내장 애자 장치를 갖는 철탑은 몇 기 이하마다 시설해야 하는가?

① 20 ② 15 ③ 10 ④ 5

풀이 333.16 특고압 가공전로의 내장형 등의 지지물 시설
특고압 가공전로 중 지지물로서 직선형의 철탑을 연속하여 10기 이상 사용하는 부분에는 10기 이하마다 장력에 견디는 애자장치가 되어 있는 철탑 또는 이와 동등 이상의 강도를 가지는 철탑 1기를 시설하여야 한다.

답 ③

문제 40 ★★★★★
35[kV]의 특고압가공전선과 가공약전류전선을 동일 지지물에 시설하는 경우, 다음 보안 공사의 종류 중 해당되는 것은?

① 특고압 가공 선로는 제2종 특고압 보안 공사에 의하여 시설한다.
② 특고압 가공 선로는 보안 공사에 의하여 시설한다.
③ 특고압 가공 선로는 제1종 특고압 보안 공사에 의하여 시설한다.
④ 특고압 가공 선로는 제3종 특고압 보안 공사에 의하여 시설한다.

풀이 333.19 특고압 가공전선과 가공약전류전선 등의 공용설치
사용전압이 35[kV] 이하인 특고압 가공전선과 가공약전류전선 등을 동일 지지물에 시설하는 경우에는 다음에 따라야 한다.
가. 특고압 가공전선로는 **제2종 특고압 보안공사**에 의할 것.
나. 특고압 가공전선은 가공약전류전선 등의 위로하고 별개의 완금류에 시설할 것.
다. 특고압 가공전선은 케이블인 경우 이외에는 인장강도 21.67 [kN] 이상의 연선 또는 단면적이 50[mm^2] 이상인 경동연선일 것.
라. 특고압 가공전선과 가공약전류전선 등 사이의 이격거리는 2[m] 이상으로 할 것. 다만, 특고압 가공전선이 케이블인 경우에는 0.5[m]까지로 감할 수 있다.

답 ①

문제 41 ★☆
B종 철주를 사용하는 특고압 가공 전선로의 표준 경간의 최댓값은 몇 [m] 이하이어야 하는가? (단, 시가지 외에 시설되는 일반 공사의 경우임)

① 250　　② 300　　③ 350　　④ 400

풀이 333.21 고압 가공전선로의 경간 제한
고압 가공전선로의 경간은 표에서 정한 값 이하이어야 한다.

지지물의 종류	경간
목주·A종 철주 또는 A종 철근 콘크리트주	150[m]
B종 철주 또는 B종 철근 콘크리트주	250[m]
철 탑	600[m] (단주인 경우에는 400[m])

답 ①

문제 42 ★★★★
보안 공사 중에서 목주, A종 철주 및 A종 철근 콘크리트주를 사용할 수 없는 것은?

① 고압 보안 공사　　② 제1종 특고압 보안 공사
③ 제2종 특고압 보안 공사　　④ 제3종 특고압 보안 공사

풀이 333.22 특고압 보안공사
제1종 특고압 보안공사 시 전선로의 지지물에는 B종 철주·B종 철근 콘크리트주 또는 철탑을 사용할 것.
(목주나 A종은 사용 불가)

답 ②

문제 43
★★★☆

제1종 특고압 보안 공사에 의하여 시설한 154[kV] 가공 송전 선로는 전선에 지락 또는 단락이 생긴 경우에 몇 초 안에 자동적으로 이를 전로로부터 차단하는 장치를 시설하는가?

① 0.5   ② 1.0   ③ 2.0   ④ 3.0

풀이 333.22 특고압 보안공사
제1종 특고압 보안공사에서 특고압 가공전선에 지락 또는 단락이 생겼을 경우에 3초(사용전압이 100[kV] 이상인 경우에는 2초) 이내에 자동적으로 이것을 전로로부터 차단하는 장치를 시설할 것. **답 ③**

문제 44
★★

제2종 특고압 보안공사의 기술기준으로 옳지 않은 것은?

① 특고압 가공전선은 연선일 것
② 지지물로 사용하는 목주의 풍압하중에 대한 안전율은 2 이상일 것
③ 지지물이 목주일 경우 그 경간은 150[m] 이하일 것
④ 지지물이 A종 철주라면 그 경간은 100[m] 이하일 것

풀이 333.22 특고압 보안공사
제2종 특고압 보안공사는 다음에 따라야 한다.
가. 특고압 가공전선은 연선일 것.
나. 지지물로 사용하는 목주의 풍압하중에 대한 안전율은 2 이상일 것.
다. 경간은 표에서 정한 값 이하일 것

지지물의 종류	경 간
목주·A종 철주 또는 A종 철근 콘크리트주	100[m]
B종 철주 또는 B종 철근 콘크리트주	200[m]
철탑	400[m](단주인 경우에는 300[m])

답 ③

문제 45
★☆

154[kV] 가공전선로를 제1종 특고압 보안공사에 의하여 시설하는 경우 사용 전선은 인장강도 58.84[kN] 이상의 연선 또는 단면적 몇 [mm²]의 경동연선이어야 하는가?

① 38   ② 55   ③ 100   ④ 150

풀이 333.22 특고압 보안공사
제1종 특고압 보안공사 시 전선의 단면적

사용전압	전 선
100[kV] 미만	인장강도 21.67[kN] 이상의 연선 또는 단면적 55[mm²] 이상의 경동연선
100[kV] 이상 300[kV] 미만	인장강도 58.84[kN] 이상의 연선 또는 **단면적 150[mm²] 이상의 경동연선**
300[kV] 이상	인장강도 77.47[kN] 이상의 연선 또는 단면적 200[mm²] 이상의 경동연선

답 ④

문제 46
사용전압이 35[kV] 이하인 특고압가공전선이 건조물과 제2차 접근상태로 시설되는 경우에 특고압가공전선로는 제 몇 종 특고압 보안공사를 하여야 하는가?

① 제1종 특고압 보안공사 ② 제2종 특고압 보안공사
③ 제3종 특고압 보안공사 ④ 제4종 특고압 보안공사

풀이 333.23 특고압 가공전선과 건조물의 접근
1. 제1차 접근 상태 : 제3종 특고압 보안 공사
2. 제2차 접근 상태
   가. 35[kV] 이하 : 제2종 특고압 보안 공사
   나. 35[kV] 초과 400[kV] 미만 : 제1종 특고압 보안 공사

답 ②

문제 47
345[kV] 가공 전선이 건조물과 제1차 접근 상태로 시설되는 경우 양자간의 최소 이격 거리는 얼마이어야 하는가?

① 6.75[m] ② 7.65[m] ③ 7.80[m] ④ 9.48[m]

풀이 333.23 특고압 가공전선과 건조물의 접근
특고압 가공전선이 건조물과 제1차 접근상태로 시설되는 경우에는 다음에 따라야 한다.
가. 특고압 가공전선로는 제3종 특고압 보안공사에 의할 것.
나. 사용전압이 35[kV]를 초과하는 특고압 가공 전선과 건조물의 이격 거리는 3[m]에 35[kV]를 넘는 10[kV] 또는 그 단수마다 15[cm]를 가한 값 이상일 것.

- 단수 $= \dfrac{345-35}{10} = 31$ 단
- 이격거리 $= 3 + 31 \times 0.15 = 7.65$[m]

답 ②

문제 48
사용 전압 154[kV]의 가공 송전선과 식물과의 최소 이격 거리는 몇 [m]인가?

① 3.0[m] ② 3.12[m] ③ 3.2[m] ④ 3.4[m]

풀이 333.30 특고압 가공전선과 식물의 이격거리

사용전압의 구분	이격거리
60[kV] 이하	2[m]
60[kV] 초과	• 이격거리 = 2 + 단수×0.12[m] • 단수 $= \dfrac{\text{사용전압[kV]} - 60}{10}$ … 단수 계산에서 소수점 이하는 절상

- 단수 $= \dfrac{154-60}{10} = 9.4 \to 10$ 단
- 이격거리 $= 2 + 10 \times 0.12 = 3.2$[m]

답 ③

문제 49
중성선 다중 접지식의 것으로서 전로에 지기가 생긴 경우에 2초 안에 자동적으로 차단하는 장치를 가지는 22.9[kV] 가공 전선로에서 1[km]당 중성선과 대지사이의 합성 전기 저항값은 몇 [Ω] 이하이어야 하는가?

① 10 ② 15 ③ 20 ④ 30

04. 고압, 특고압 전기설비

풀이 333.32 25[kV] 이하인 특고압 가공전선로의 시설
각 접지도체를 중성선으로부터 분리하였을 경우의 각 접지점의 대지 전기저항값과 1[km] 마다의 중성선과 대지 사이의 합성전기저항 값은 표에서 정한 값 이하일 것.

사용전압	각 접지점의 대지 전기저항치	1[km]마다의 합성 전기저항치
15[kV] 이하	300[Ω]	30[Ω]
15[kV] 초과 25[kV] 이하	300[Ω]	15[Ω]

답 ②

문제 50 ★ 22.9[kV] 3상 4선식 중성점 다중 접지 방식의 가공 전선에 특고압 절연 전선을 사용한 경우 안테나와의 최소 이격 거리는 몇 [m]인가?

① 0.75   ② 1   ③ 1.5   ④ 2

풀이 333.32 25[kV] 이하인 특고압 가공전선로의 시설
사용전압이 15[kV]를 초과하고 25[kV] 이하인 특고압 가공전선로(중성선 다중접지식의 것으로서 전로에 지락이 생겼을 때에 2초 이내에 자동적으로 이를 전로로부터 차단하는 장치가 되어 있는 것에 한한다)가 저고압 가공전선 등과 접근상태로 시설되는 경우에 이의 이격거리는 표에서 정한 값 이상일 것.

구 분	가공전선의 종류	이격(수평이격) 거리[m]
가공약전류 전선 등·저압 또는 고압의 가공전선·저압 또는 고압의 전차선·안테나	나전선	2
	특고압 절연전선	1.5
	케이블	0.5

답 ③

문제 51 ★★ 3상 4선식 중성선 다중 접지한 22.9[kV] 특고압 가공전선과 식물과의 최소 이격 거리는 얼마인가?

① 1.2[m]   ② 1.5[m]   ③ 2[m]   ④ 2.5[m]

풀이 333.32 25[kV] 이하인 특고압 가공전선로의 시설
특고압 가공전선과 식물 사이의 이격거리는 1.5[m] 이상일 것

답 ②

필수 07 ★★★★ 지중 전선로

지중 전선로에 사용되는 전선은?

① 절연 전선   ② 동복강선   ③ 케이블   ④ 나경동선

유형분석 지중전선로의 종류. 직접 매설식의 경우 깊이, 사용되는 전선, 압력시험의 압력, 지중함 크기, 접지공사 등이 출제된다.

풀이 지중 전선로는 전선에 케이블을 사용하고 직접 매설식, 관로식, 암거식에 의하여 시설하여야 한다.
(KEC 334.1)

답 ③

> **Key point**
>
> ① 지중 전선로는 전선에 케이블을 사용하고 직접 매설식, 관로식, 암거식에 의하여 시설하여야 한다.
> ② 지중 전선로를 직접 매설식에 의하여 시설하는 경우에 차량, 기타 중량물의 압력을 받을 우려가 있는 장소에서 1.0[m] 이상, 기타의 장소는 60[cm] 이상의 깊이에 콘크리트제의 견고한 관 또는 트라프에 넣어 시설하여야 한다.
> ③ 지중 전선로의 지중함은 견고하고 차량, 기타 중량물의 압력에 견디고 물이 쉽게 침입하지 않는 구조로 폭발성 또는 연소성의 가스가 침입할 우려가 있는 곳에 시설 하는 것으로 그 크기가 1[m³] 이상인 것에는 통풍 장치, 기타 가스를 발산시키기 위한 장치를 시설하여야 한다.
> ④ 압축 가스를 사용하여 케이블에 압력을 가하는 가압 장치의 압력관, 압력 탱크 및 압축기는 각각의 최고 사용 압력 1.5배의 유압 또는 수압(유압 또는 수압으로 시험하기 곤란한 경우는 최고 사용 압력 1.25배의 기압)을 계속 10분간 가하여 시험을 할 때 이에 견디고 또한 누설되지 않아야 한다.

문제 52 ★

지중 전선로의 전선으로 사용되는 것은?

① 600[V] 불소 수지 절연 전선
② 다심형 전선
③ 인하용 절연 전선
④ 케이블

풀이 334.1 지중전선로의 시설
가. 지중 전선로는 전선에 케이블을 사용하고 또한 관로식·암거식 또는 직접 매설식에 의하여 시설하여야 한다.
나. 지중 전선로를 직접 매설식에 의하여 시설하는 경우에는 매설 깊이는
  ① 차량 기타 중량물의 압력을 받을 우려가 있는 장소 : 1.0[m] 이상
  ② 기타 장소 : 0.6[m] 이상   **답 ④**

문제 53 ★★★★★

지중 전선로 중에 직접 매설식에 의하여 시설할 경우에는 토관의 깊이를 차량 및 기타 중량물의 압력을 받을 우려가 없는 장소에서는 몇 [m] 이상으로 하여야 하는가?

① 0.6   ② 1.0   ③ 1.2   ④ 1.5

풀이 334.1 지중전선로의 시설
가. 지중 전선로는 전선에 케이블을 사용하고 또한 관로식·암거식 또는 직접 매설식에 의하여 시설하여야 한다.
나. 지중 전선로를 직접 매설식에 의하여 시설하는 경우에는 매설 깊이는
  ① 차량 기타 중량물의 압력을 받을 우려가 있는 장소 : 1.0[m] 이상
  ② 기타 장소 : 0.6[m] 이상   **답 ①**

문제 54 ★★☆

고압 지중 케이블로서 직접 매설식에 의하여 시설하는 경우 견고한 트라프 기타 방호물에 넣지 않고 부설할 수 있는 케이블은?

① 매설 외장 케이블
② 콤바인 덕트 케이블
③ 클로로프렌 외장 케이블
④ 고무 외장 케이블

풀이 334.1 지중전선로의 시설
지중 전선로를 직접 매설식에 의하여 시설하는 경우에 지중 전선을 견고한 트라프 기타 방호물에 넣어 시설하여야 한다. 단, 다음의 어느 하나에 해당하는 경우에는 지중전선을 견고한 트라프 기타 방호물에 넣지 아니하여도 된다.
① 저압 또는 고압의 지중전선을 차량 기타 중량물의 압력을 받을 우려가 없는 경우에 그 위를 견고한 판 또는 몰드로 덮어 시설하는 경우
② 저압 또는 고압의 지중전선에 콤바인덕트 케이블 또는 개장한 케이블을 사용하여 시설하는 경우

답 ②

문제 55 ★★★★
30[kV]의 지중 전선로를 직접 매설식에 의해 중량물이 통과하는 도로 밑에 시설하는 경우 지표로부터의 최소 깊이[m]는?

① 1.5   ② 1.2   ③ 1.0   ④ 0.6

풀이 334.1 지중전선로의 시설
1. 지중 전선로는 전선에 케이블을 사용하고 또한 관로식·암거식 또는 직접 매설식에 의하여 시설하여야 한다.
2. 지중 전선로를 직접 매설식에 의하여 시설하는 경우에는 매설 깊이는
 가. 차량 기타 중량물의 압력을 받을 우려가 있는 장소 : 1.0[m] 이상
 나. 기타 장소 : 0.6[m] 이상

답 ③

문제 56 ★★★
특고압 지중 전선이 유독성의 유체를 내포하는 관과 접근하거나 교차하는 경우에 상호 간에 견고한 내화성 격벽을 설치하지 않으면 안 되는 최소 이격 거리는?

① 30[cm]   ② 60[cm]   ③ 80[cm]   ④ 100[cm]

풀이 334.6 지중전선과 지중약전류전선 등 또는 관과의 접근 또는 교차
지중전선이 다음 조건의 이격거리 이하로 설치되는 경우에는 상호간에 내화성의 격벽을 설치하여야 한다.

조 건	전 압	이격거리
지중 약전류 전선과 접근 또는 교차하는 경우	저압 또는 고압	0.3[m]
	특고압	0.6[m]
가연성, 유독성의 유체를 내포하는 관과 접근 또는 교차	특고압	1[m]
	25[kV] 이하, 다중접지방식	0.5[m]
기타의 관과 접근 또는 교차	특고압	0.3[m]

답 ④

문제 57 ★★☆
지중전선과 지중 약전류 전선이 접근 또는 교차되는 경우에 고·저압에서의 이격 거리[m]는?

① 0.3   ② 0.4   ③ 0.5   ④ 0.6

풀이 334.6 지중전선과 지중약전류전선 등 또는 관과의 접근 또는 교차
지중전선이 다음 조건의 이격거리 이하로 설치되는 경우에는 상호 간에 내화성의 격벽을 설치하여야 한다.

조 건	전 압	이격거리
지중 약전류 전선과 접근 또는 교차하는 경우	저압 또는 고압	0.3[m]
	특고압	0.6[m]
가연성, 유독성의 유체를 내포하는 관과 접근 또는 교차	특고압	1[m]
	25[kV] 이하, 다중접지방식	0.5[m]
기타의 관과 접근 또는 교차	특고압	0.3[m]

답 ①

08 터널 안 전선로

터널 안 전선로의 시설 방법으로 옳지 않은 것은?

① 저압 전선은 직경 2.0[mm]의 경동선이나 동등 이상의 세기 및 굵기의 절연 전선을 사용하였다.
② 고압 전선은 케이블 공사로 하였다.
③ 저압 전선을 애자 사용 공사에 의하여 시설하고 이를 궤조면 상 또는 노면 상 2.5[m] 이상으로 하였다.
④ 저압 전선을 가요 전선관 공사에 의해 시설하였다.

 유형분석 터널 안 전선로의 시설방법을 기억한다.

풀 이 철도·궤도 또는 자동차도 전용터널 안의 전선로(KEC 335.1)

전압	전선의 굵기	시공방법	애자공사 시 높이
저압	인장강도 2.30[kN] 이상 또는 2.6[mm] 이상의 경동선의 절연전선	• 합성수지관공사 • 금속관공사 • 금속제가요전선관 공사 • 케이블공사 • 애자공사	노면상, 레일면상 2.5[m] 이상
고압	인장강도 5.26[kN] 이상 또는 4[mm] 이상의 경동선	• 케이블공사 • 애자공사	노면상, 레일면상 3[m] 이상
특고압		• 케이블공사	

답 ①

Key point

① 저압 전선은 인장강도 2.30[kN] 이상의 절연전선 또는 지름 2.6[mm] 이상의 경동선의 절연전선을 애자공사에 의하여 궤조면상 또는 노면상 2.5[m] 이상의 높이에 시설하거나 합성수지관공사, 금속관공사, 금속제 가요전선관공사 또는 케이블공사에 의하여 시설한다.
② 고압 전선은 케이블공사로 하거나 인장강도 5.26[kN] 이상의 것 또는 지름 4[mm] 이상의 경동선의 고압 절연전선 또는 특고압 절연전선을 애자공사에 의하여 노면상 3[m] 이상의 높이에 실시한다.

문제 58 ★★
사람이 상시 통행하는 터널 안의 교류 220[V]의 배선을 애자공사에 의하여 시설할 경우 전선은 노면상 몇 [m] 이상 높이로 시설하여야 하는가?

① 2.0[m]   ② 2.5[m]   ③ 3.0[m]   ④ 3.5[m]

풀이 335.1 터널 안 전선로의 시설
사람이 상시 통행하는 터널 안의 전선로 사용전압은 저압 또는 고압에 한하며, 다음에 따라 시설하여야 한다.

전압	전선의 굵기	시공방법	애자공사 시 높이
저압	인장강도 2.30[kN] 이상 또는 2.6[mm] 이상의 경동선의 절연전선	• 합성수지관공사 • 금속관공사 • 금속제가요전선관 공사 • 케이블공사 • 애자공사	노면상, 레일면상 2.5[m] 이상
고압	인장강도 5.26[kN] 이상 또는 4[mm] 이상의 경동선	• 케이블공사 • 애자공사	노면상, 레일면상 3[m] 이상

답 ②

문제 59 ★★
다음 중 수상 전선로를 시설하는 경우에 대한 설명으로 알맞은 것은?

① 사용 전압이 고압인 경우에는 제3종 캡타이어 케이블을 사용한다.
② 가공 전선로의 전선과 접속하는 경우, 접속점이 육상에 있는 경우에는 지표상 4[m] 이상의 높이로 지지물에 견고하게 붙인다.
③ 가공 전선로의 전선과 접속하는 경우, 접속점이 수면상에 있는 경우, 사용 전압이 고압인 경우에는 수면상 5[m] 이상의 높이로 지지물에 견고하게 붙인다.
④ 고압 수상 전선로에 지락이 생길 때를 대비하여 전로를 수동으로 차단하는 장치를 시설한다.

풀이 335.3 수상전선로의 시설
수상전선로를 시설하는 경우에는 그 사용전압은 저압 또는 고압인 것에 한한다.
가. 전선
  ① 저압 : 클로로프렌 캡타이어 케이블
  ② 고압 : 캡타이어 케이블
나. 수상전선로의 전선과 가공전선로 접속점의 높이
  ① 접속점이 육상에 있는 경우 : 지표상 5[m] 이상.
    다만, 저압인 경우에 도로상 이외의 곳에 있을 때에는 지표상 4[m]
  ② **접속점이 수면상에 있는 경우** : 저압 4[m] 이상, 고압 5[m] 이상
다. 수상전선로의 사용전압이 고압인 경우에는 전로에 지락이 생겼을 때에 자동적으로 전로를 차단하기 위한 장치를 시설하여야 한다.

답 ③

09 ★★★★★
기계, 기구 시설 및 옥내배선

23[kV] 변압기의 충전부와 울타리 높이를 가산한 충전부까지 거리의 최소값은 몇 [m]인가? 단, 위험하다는 내용의 표시를 할 경우임.

① 4   ② 5   ③ 6   ④ 7

유형분석 높이, 거리등을 확인하는 문제가 자주 출제된다.

풀이 ① 35[kV] 이하 : 5[m]
② 160[kV]가 넘는 것 : 6[m]에 16만 [V]를 넘는 1만 [V] 또는 그 단수마다 12[cm]를 가산한 값
(KEC 341.4)

답 ②

Key point

- 사용 전압 35[kV] 이하 : 5[m] 이상
- 사용 전압이 35[kV]를 넘고 160[kV] 이하 : 6[m] 이상
- 사용 전압이 160[kV]를 넘는 것 : 6[m]에 160[kV]를 넘는 1만[V] 마다 12[cm]를 가산한 값 이상으로 한다.

문제 60 ★★★★★
특고압 전선로에 접속하는 배전용 변압기의 1차 전압은 몇 [kV] 이하이어야 하는가?

① 35　② 30　③ 25　④ 20

풀이 341.2 특고압 배전용 변압기의 시설
특고압 전선로에 접속하는 배전용 변압기를 시설하는 경우에는 특고압 전선에 특고압 절연전선 또는 케이블을 사용하고 또한 다음에 따라야 한다.
가. 변압기의 1차 전압은 35[kV] 이하, 2차 전압은 저압 또는 고압일 것.
나. 변압기의 특고압측에 개폐기 및 과전류차단기를 시설할 것.
다. 변압기의 2차 전압이 고압인 경우에는 고압측에 개폐기를 시설하고 또한 쉽게 개폐할 수 있도록 할 것.

답 ①

문제 61 ★★★★
345[kV] 변전소의 충전 부분에서 5.98[m] 거리에 울타리를 설치하고자 한다. 울타리의 최소 높이는 얼마인가?

① 2.1[m]　② 2.3[m]　③ 2.5[m]　④ 2.7[m]

풀이 341.4 특고압용 기계기구의 시설
특고압용 기계기구 충전 부분의 지표상 높이

사용전압의 구분	울타리·담 등의 높이와 울타리·담 등으로부터 충전 부분까지의 거리의 합계
35[kV] 이하	5[m]
35[kV] 초과 160[kV] 이하	6[m]
160[kV] 초과	• 거리의 합계 = 6 + 단수 × 0.12[m] • 단수 = $\dfrac{사용전압[kV] - 160}{10}$ … 단수 계산에서 소수점 이하는 절상

- 단수 = $\dfrac{345-160}{10} = 18.5$ → 19단
- 거리 = 6 + (19×0.12) = 8.28[m]
- 울타리에서 충전 부분까지 거리는 5.98[m]이므로
따라서 울타리 최소 높이 = 8.28 - 5.98 = 2.3[m]

답 ②

문제 62 다음에서 고압용 기계 기구를 시설하여서는 안 되는 경우는?

① 발전소, 변전소, 개폐소 또는 이에 준하는 곳에 시설하는 경우
② 시가지 외로서 지표상 3[m]인 경우
③ 공장 등의 구내에서 기계 기구의 주위에 사람이 쉽게 접촉할 우려가 없도록 적당한 울타리를 설치하는 경우
④ 옥내에 설치한 기계 기구를 취급자 이외의 사람이 출입할 수 없도록 설치한 곳에 시설하는 경우

풀이 341.8 고압용 기계기구의 시설
고압용 기계기구는 다음의 어느 하나에 해당하는 경우와 발전소·변전소·개폐소 또는 이에 준하는 곳에 시설하는 경우 이외에는 시설하여서는 아니 된다.
가. 기계기구의 주위에 규정에 준하여 울타리·담 등을 시설하는 경우
나. **기계기구를 지표상 4.5[m](시가지 외에는 4[m]) 이상의 높이에 시설**하고 또한 사람이 쉽게 접촉할 우려가 없도록 시설하는 경우
다. 옥내에 설치한 기계기구를 취급자 이외의 사람이 출입할 수 없도록 설치한 곳에 시설하는 경우
라. 기계기구를 콘크리트제의 함 또는 규정에 따른 접지공사를 한 금속제 함에 넣고 또한 충전부분이 노출하지 아니하도록 시설하는 경우

답 ②

문제 63 과전류차단기로 시설하는 퓨즈 중 고압전로에 사용하는 포장 퓨즈는 정격전류의 몇 배에 견디어야 하는가? (단, 퓨즈 이외의 과전류차단기와 조합하여 하나의 과전류차단기로 사용하는 것을 제외한다.)

① 1.1 ② 1.25 ③ 1.3 ④ 2

풀이 341.10 고압 및 특고압 전로 중의 과전류차단기의 시설
가. 과전류차단기로 시설하는 퓨즈 중 고압전로에 사용하는 **포장 퓨즈는 정격전류의 1.3배의 전류에 견디고 또한 2배의 전류로 120분 안에 용단**되는 것이어야 한다.
나. 과전류차단기로 시설하는 퓨즈 중 고압전로에 사용하는 비포장 퓨즈는 정격전류의 1.25배의 전류에 견디고 또한 2배의 전류로 2분 안에 용단되는 것이어야 한다.

답 ③

문제 64 과전류 차단기로 시설하는 퓨즈 중 고압 전로에 사용하는 비포장 퓨즈는 정격 전류의 몇 배의 전류에 견디고 또한 2배의 전류로 2분 안에 용단되는 것이어야 하는가?

① 1.1 ② 1.25 ③ 1.5 ④ 1.75

풀이 341.10 고압 및 특고압 전로 중의 과전류차단기의 시설
가. 과전류차단기로 시설하는 퓨즈 중 고압전로에 사용하는 포장 퓨즈는 정격전류의 1.3배의 전류에 견디고 또한 2배의 전류로 120분 안에 용단되는 것이어야 한다.
나. 과전류차단기로 시설하는 퓨즈 중 고압전로에 사용하는 **비포장 퓨즈는 정격전류의 1.25배의 전류에 견디고 또한 2배의 전류로 2분 안에 용단**되는 것이어야 한다.

답 ②

문제 65 ★★★
전로 중에서 기계기구 및 전선을 보호하기 위한 과전류 차단기의 시설 제한 사항이 아닌 것은?

① 다선식 전로의 중성선
② 저압 옥내배선의 접지측 전선
③ 전로의 일부에 접지공사를 한 저압가공 전선로의 접지측 전선
④ 접지공사의 접지도체

풀이 341.11 과전류차단기의 시설 제한
접지공사의 접지도체, 다선식 전로의 중성선 및 전로의 일부에 접지공사를 한 저압 가공전선로의 접지측 전선에는 과전류차단기를 시설하여서는 안 된다.
다만, 다음의 경우에는 예외로 한다.
가. 다선식 전로의 중성선에 시설한 과전류차단기가 동작한 경우에 각 극이 동시에 차단될 때
나. 저항기・리액터 등을 사용하여 접지공사를 한 때에 과전류차단기의 동작에 의하여 그 접지도체가 비접지 상태로 되지 아니할 때   **답** ②

문제 66 ★☆☆
그림 1, 2, 3, 4의 ×는 과전류 차단기를 시설한 것이다. 이 중에서 전기 설비 기준 기준에 저촉되는 곳은?

① 1
② 2
③ 3
④ 4

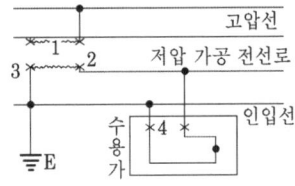

풀이 341.11 과전류차단기의 시설 제한
접지공사의 접지도체, 다선식 전로의 중성선 및 전로의 일부에 접지공사를 한 저압 가공전선로의 접지측 전선에는 과전류차단기를 시설하여서는 안 된다.   **답** ③

문제 67 ★★☆
피뢰기를 설치하지 않아도 되는 곳은?

① 발・변전소의 가공 전선 인입구 및 인출구
② 가공 전선로의 말구 부분
③ 가공 전선로에 접속한 1차측 전압이 35[kV] 이하인 배전용 변압기의 고압측 및 특고압측
④ 특고압 가공 전선로로부터 공급을 받는 수용 장소의 인입구

풀이 341.13 피뢰기의 시설
고압 및 특고압의 전로 중 다음에 열거하는 곳 또는 이에 근접한 곳에는 피뢰기를 시설하여야 한다.
가. **발전소・변전소** 또는 이에 준하는 장소의 **가공전선 인입구 및 인출구**
나. 특고압 가공전선로에 접속하는 배전용 변압기의 **고압측 및 특고압측**
다. 고압 및 특고압 가공전선로로부터 공급을 받는 **수용장소의 인입구**
라. **가공전선로와 지중전선로가 접속되는 곳**   **답** ②

문제 68. 가공 전선로와 지중 전선로가 접속되는 곳에 시설하여야 하는 것은?

① 조상기 ② 분로 리액터
③ 피뢰기 ④ 정류기

 341.13 피뢰기의 시설
고압 및 특고압의 전로 중 다음에 열거하는 곳 또는 이에 근접한 곳에는 **피뢰기를 시설**하여야 한다.
가. 발전소·변전소 또는 이에 준하는 장소의 가공전선 인입구 및 인출구
나. 특고압 가공전선로에 접속하는 배전용 변압기의 고압측 및 특고압측
다. 고압 및 특고압 가공전선로로부터 공급을 받는 수용장소의 인입구
라. 가공전선로와 지중전선로가 접속되는 곳

답 ③

필수 10. 압축 공기 장치 등의 시설

발전소의 개폐기 또는 차단기에 사용하는 압축 공기 장치의 주공기 탱크에는 어떠한 최대 눈금이 있는 압력계를 시설해야 하는가?

① 사용 압력의 1배 이상 1.5배 이하
② 사용 압력의 1.25배 이상 2배 이하
③ 사용 압력의 1.5배 이상 3배 이하
④ 사용 압력의 2배 이상 3배 이하

유형분석 기압과 수압의 배수를 기억해야 한다.

풀이 주공기 탱크의 사용 압력의 1.5배 이상, 3배 이하의 최고 눈금이 있는 압력계를 설치할 것
(KEC 341.15)

답 ③

Key point
압축 공기 장치는 최고 사용 압력 1.5배의 수압 또는 1.25배의 기압을 계속 10분간 가하여 견디고 공기 탱크는 개폐기 및 차단기의 투입 및 차단을 1회 이상 할 수 있는 용량을 가져야 한다.

문제 69. 발전소의 개폐기 또는 차단기에 사용하는 압축 공기 장치의 주공기 탱크에는 어떠한 최대 눈금이 있는 압력계를 시설해야 하는가?

① 사용 압력의 1배 이상 1.5배 이하
② 사용 압력의 1.25배 이상 2배 이하
③ 사용 압력의 1.5배 이상 3배 이하
④ 사용 압력의 2배 이상 3배 이하

 341.15 압축공기계통
발전소·변전소·개폐소 또는 이에 준하는 곳에서 개폐기 또는 차단기에 사용하는 압축공기장치는 다음에 따라 시설하여야 한다.

가. 공기압축기는 최고 사용압력의 1.5배의 수압(수압을 연속하여 10분간 가하여 시험을 하기 어려울 때에는 최고 사용압력의 1.25배의 기압)을 연속하여 10분간 가하여 시험을 하였을 때에 이에 견디고 또한 새지 아니할 것.
나. 주 공기탱크 또는 이에 근접한 곳에는 사용압력의 1.5배 이상 3배 이하의 최고 눈금이 있는 압력계를 시설할 것.
다. 사용 압력에서 공기의 보급이 없는 상태로 개폐기 또는 차단기의 투입 및 차단을 연속하여 1회 이상 할 수 있는 용량을 가지는 것일 것. 　　　답 ③

문제 70
건조한 전개 장소에 시설할 수 있는 사용 전압이 3300[V]인 옥내 배선 공사는?
① 금속관공사　　② 플로어덕트공사
③ 케이블공사　　④ 합성수지관공사

풀이 342.1 고압 옥내배선 등의 시설
가. 고압 옥내배선은 다음에 따라 시설하여야 한다.
① 애자공사(건조한 장소로서 전개된 장소에 한한다.)
② 케이블공사
③ 케이블트레이공사
나. 전선은 공칭단면적 6[mm²] 이상의 연동선 　　　답 ③

문제 71
6600[V] 고압 옥내 배선에 사용하는 고압 절연 전선의 최소 굵기[mm²]는?
① 2.5　　② 4.0　　③ 6.0　　④ 10

풀이 342.1 고압 옥내배선 등의 시설
가. 고압 옥내배선은 다음에 따라 시설하여야 한다.
① 애자공사(건조한 장소로서 전개된 장소에 한한다.)
② 케이블공사
③ 케이블트레이공사
나. 전선은 공칭단면적 6[mm²] 이상의 연동선 　　　답 ③

문제 72
절연 전선을 사용하는 고압 옥내배선을 애자공사에 의하여 조영재 면에 따라 시설하는 경우에 전선 지지점간의 거리는 몇 [m] 이하이어야 하는가?
① 5　　② 4　　③ 3　　④ 2

풀이 342.1 고압 옥내배선 등의 시설
이격거리

전압	전선과 조영재와의 이격거리	전선 상호 간격	전선 지지점 간의 거리	
			조영재의 윗면 또는 옆면에 따라 시설	조영재에 따라 시설하지 않는 경우
고압	5[cm] 이상	8[cm] 이상	2[m] 이하	6[m] 이하

답 ④

04. 고압, 특고압 전기설비

문제 73 특고압 옥내배선과 저압 옥내전선, 관등회로의 배선 또는 고압 옥내전선 사이의 이격거리는 몇 [cm] 이상이어야 하는가?

① 15 ② 30 ③ 45 ④ 60

풀이 342.4 특고압 옥내 전기설비의 시설
특고압 옥내배선은 다음에 따르고 또한 위험의 우려가 없도록 시설하여야 한다.
가. 사용전압은 100[kV] 이하일 것. 다만, 케이블트레이배선에 의하여 시설하는 경우에는 35[kV] 이하일 것.
나. 전선은 케이블일 것.
다. 특고압 옥내배선과 저압 옥내전선·관등회로의 배선 또는 고압 옥내전선 사이 : 0.6[m] 이상

답 ④

11 발전소 등의 울타리·담 ★★★

35[kV] 발전소 등의 충전부와 울타리 높이를 가산한 충전부까지 거리의 최소값은 몇 [m]인가?

① 4 ② 5 ③ 6 ④ 7

유형분석 변전소의 경우 자주 출제되므로 변전소와 더불어 기억한다.

풀 이 35[kV] 이하 : 5[m] (KEC 351.1)

답 ②

Key point

- 35[kV] 이하 : 5[m]
- 35[kV] 초과 160[kV] 이하 : 6[m]
- 160[kV] 초과 : 6[m]에 1만[V] 또는 단수마다 0.12[m]를 가산한 값

12 발전기의 보호장치 ★★★★

발전기를 자동적으로 전로로부터 차단하는 장치를 반드시 시설하여야 하는 경우가 아닌 것은?

① 발전기에 과전류가 생긴 경우
② 용량 2000[kVA]인 수차 발전기의 스러스트 베어링의 온도가 현저히 상승하는 경우
③ 용량 5000[kVA]인 발전기의 내부에 고장이 생긴 경우
④ 용량 500[kVA]인 발전기를 구동하는 수차의 압유 장치의 유압이 현저히 저하한 경우

유형분석 발전기의 보호장치의 경우 각 고장의 경우 용량에 관한 문제가 많이 출제된다.

풀이 발전기 내부 고장 시 전로로부터 자동 차단 장치를 반드시 시설하는 용량은 10,000[kVA]이다.
(KEC 351.3)

답 ③

Key point

발전기에는 다음과 같은 경우에 자동적으로 이를 전로로부터 차단하는 장치를 시설하여야 한다.
① 발전기에 과전류가 생긴 경우
② 용량이 500[kVA] 이상인 발전기를 구동하는 수차 압유 장치의 유압이 현저히 저하한 경우
③ 용량이 10,000[kVA] 이상인 발전기의 내부에 고장이 생긴 경우
④ 용량이 2000[kVA] 이상인 수차 발전기의 스러스트 베어링의 온도가 현저히 상승한 경우
⑤ 정격 출력이 10,000[kW]를 넘는 증기 터빈에 있어서 그의 스러스트 베어링이 현저하게 마모되거나 그의 온도가 현저히 상승한 경우

문제 74 ★★☆ 수전 전압 150[kV]인 수전 변전소의 주변압기에 울타리를 하고자 한다. 울타리의 높이와 울타리로부터 충전부까지의 거리의 합계는 몇 [m]이면 되겠는가?

① 4[m] ② 5[m] ③ 6[m] ④ 7[m]

풀이 351.1 발전소 등의 울타리·담 등의 시설
고압 또는 특고압의 기계기구·모선 등을 옥외에 시설하는 발전소·변전소·개폐소 또는 이에 준하는 곳에서 울타리·담 등은 다음에 따라 시설하여야 한다.
가. 울타리·담 등의 높이는 2[m] 이상으로 하고 지표면과 울타리·담 등의 하단 사이의 간격은 0.15[m] 이하로 할 것.
나. 울타리·담 등과 고압 및 특고압의 충전 부분이 접근하는 경우에는 울타리·담 등의 높이와 울타리·담 등으로부터 충전부분까지 거리의 합계는 표에서 정한 값 이상으로 할 것.

사용전압의 구분	울타리·담 등의 높이와 울타리·담 등으로부터 충전 부분까지의 거리의 합계
35[kV] 이하	5[m]
35[kV] 초과 160[kV] 이하	6[m]
160[kV] 초과	• 거리의 합계 = 6 + 단수 × 0.12[m] • 단수 = $\dfrac{\text{사용전압[kV]} - 160}{10}$ … 단수 계산에서 소수점 이하는 절상

답 ③

문제 75 ★★★ "고압 또는 특고압의 기계 기구, 모선 등을 옥외에 시설하는 발전소, 변전소, 개폐소 또는 이에 준하는 곳에 시설하는 울타리, 담 등의 높이는 (㉠)[m] 이상으로 하고, 지표면과 울타리, 담 등의 하단 사이의 간격은 (㉡)[m] 이하로 하여야 한다"에서 ㉠, ㉡에 알맞은 것은?

① ㉠ 3 ㉡ 0.15 ② ㉠ 2 ㉡ 0.15
③ ㉠ 3 ㉡ 0.25 ④ ㉠ 2 ㉡ 0.25

풀이 351.1 발전소 등의 울타리·담 등의 시설
고압 또는 특고압의 기계기구·모선 등을 옥외에 시설하는 발전소·변전소·개폐소 또는 이에 준하는 곳에서 울타리·담 등의 높이는 2[m] 이상으로 하고 지표면과 울타리·담 등의 하단 사이의 간격은 0.15[m] 이하로 할 것.　　답 ②

문제 76 ☆
발전기의 용량에 관계없이 자동적으로 이를 전로로부터 차단하는 장치를 시설하여야 하는 경우는?

① 베어링 과열　　② 과전류 인입
③ 유압의 과팽창　　④ 발전기 내부 고장

풀이 351.3 발전기 등의 보호장치
발전기에는 다음의 경우에 자동적으로 이를 전로로부터 차단하는 장치를 시설하여야 한다.
가. **발전기에 과전류나 과전압이 생긴 경우**
나. 용량이 500[kVA] 이상의 발전기를 구동하는 수차의 압유 장치의 유압이 현저히 저하한 경우
다. 용량이 100[kVA] 이상의 발전기를 구동하는 풍차의 압유장치의 유압이 현저히 저하한 경우
라. 용량이 2,000[kVA] 이상인 수차 발전기의 스러스트 베어링의 온도가 현저히 상승한 경우
마. 용량이 10,000[kVA] 이상인 발전기의 내부에 고장이 생긴 경우
바. 정격출력이 10,000[kW]를 초과하는 증기터빈은 그 스러스트 베어링이 현저하게 마모되거나 그의 온도가 현저히 상승한 경우　　답 ②

문제 77 ★★★☆
발전기 내부에 고장이 생긴 경우 발전기를 자동적으로 차단하는 장치가 꼭 필요한 발전기 용량의 최솟값[kVA]은?

① 500　　② 1000　　③ 5000　　④ 10,000

풀이 351.3 발전기 등의 보호장치
발전기에는 다음의 경우에 자동적으로 이를 전로로부터 차단하는 장치를 시설하여야 한다.
가. 발전기에 과전류나 과전압이 생긴 경우
나. 용량이 500[kVA] 이상의 발전기를 구동하는 수차의 압유 장치의 유압이 현저히 저하한 경우
다. 용량이 100[kVA] 이상의 발전기를 구동하는 풍차의 압유장치의 유압이 현저히 저하한 경우
라. 용량이 2,000[kVA] 이상인 수차 발전기의 스러스트 베어링의 온도가 현저히 상승한 경우
마. **용량이 10,000[kVA] 이상인 발전기의 내부에 고장이 생긴 경우**
바. 정격출력이 10,000[kW]를 초과하는 증기터빈은 그 스러스트 베어링이 현저하게 마모되거나 그의 온도가 현저히 상승한 경우　　답 ④

13 ★★★☆ 특고압용 변압기의 보호장치

특고압용 변압기로서 내부 고장이 발생할 경우 경보만 하여도 좋은 것은 어느 범위의 용량인가?

① 500[kVA] 이상 1,000[kVA] 미만　　② 1,000[kVA] 이상 5000[kVA] 미만
③ 5000[kVA] 이상 10,000[kVA] 미만　　④ 10,000[kVA] 이상 15,000[kVA] 미만

유형분석 경보장치와 차단장치를 구분하여 암기해야 한다.

풀 이 변압기 고장시(KEC 351.4)
- 냉각 장치(타냉식) 및 용량 5000[kVA] 이상이고, 10000[kVA] 미만이 변압기 내부 고장시는 경보 장치 시설
- 용량 10000[kVA] 이상 변압기 내부 고장시는 자동 차단 장치 시설 **답** ③

Key point

뱅크 용량의 구분	동작조건	장치의 종류
5,000[kVA] 이상 10,000[kVA] 미만	변압기 내부고장	자동차단장치 또는 경보장치
10,000[kVA] 이상	변압기 내부고장	자동차단장치
타냉식 변압기(변압기의 권선 및 철심을 직접 냉각시키기 위하여 봉입한 냉매를 강제 순환시키는 냉각방식을 말한다.)	냉각장치에 고장이 생긴 경우 또는 변압기의 온도가 현저히 상승한 경우	경보장치

문제 78 ★★★☆

특고압용 타냉식 변압기의 냉각장치에 고장이 생긴 경우를 대비하여 어떤 보호장치를 하여야 하는가?

① 경보장치　　　　② 속도조정장치
③ 온도시험장치　　④ 냉매흐름장치

풀이 351.4 특고압용 변압기의 보호장치
특고압용의 변압기에는 그 내부에 고장이 생겼을 경우에 보호하는 장치를 표와 같이 시설하여야 한다.

뱅크 용량의 구분	동작조건	장치의 종류
5,000[kVA] 이상 10,000[kVA] 미만	변압기 내부고장	자동차단장치 또는 경보장치
10,000[kVA] 이상	변압기 내부고장	자동차단장치
타냉식 변압기(변압기의 권선 및 철심을 직접 냉각시키기 위하여 봉입한 냉매를 강제 순환시키는 냉각방식을 말한다.)	냉각장치에 고장이 생긴 경우 또는 변압기의 온도가 현저히 상승한 경우	경보장치

답 ①

문제 79 ★★★★★

송유 풍냉식 특고압용 변압기의 송풍기가 고장이 생길 경우에는 어느 보호 장치가 필요한가?

① 경보 장치　　　② 자동 차단 장치
③ 전압 계전기　　④ 속도 조정 장치

풀이 351.4 특고압용 변압기의 보호장치
특고압용의 변압기에는 그 내부에 고장이 생겼을 경우에 보호하는 장치를 표와 같이 시설하여야 한다.

뱅크 용량의 구분	동작조건	장치의 종류
5,000[kVA] 이상 10,000[kVA] 미만	변압기 내부고장	자동차단장치 또는 경보장치
10,000[kVA] 이상	변압기 내부고장	자동차단장치
타냉식 변압기(변압기의 권선 및 철심을 직접 냉각시키기 위하여 봉입한 냉매를 강제 순환시키는 냉각방식을 말한다.)	냉각장치에 고장이 생긴 경우 또는 변압기의 온도가 현저히 상승한 경우	경보장치

답 ①

문제 80

특고압용 변압기의 냉각 방식 중 냉각 장치에 고장이 생긴 경우 또는 변압기의 온도가 현저히 상승한 경우에 이를 경보하는 장치를 반드시 하지 않아도 되는 것은?

① 유입 자냉식   ② 수냉식   ③ 송유 타냉식   ④ 송유 풍냉식

풀이 351.4 특고압용 변압기의 보호장치
특고압용의 변압기에는 그 내부에 고장이 생겼을 경우에 보호하는 장치를 표와 같이 시설하여야 한다.

뱅크 용량의 구분	동작조건	장치의 종류
5,000[kVA] 이상 10,000[kVA] 미만	변압기 내부고장	자동차단장치 또는 경보장치
10,000[kVA] 이상	변압기 내부고장	자동차단장치
타냉식 변압기(변압기의 권선 및 철심을 직접 냉각시키기 위하여 봉입한 냉매를 강제 순환시키는 냉각방식을 말한다.)	냉각장치에 고장이 생긴 경우 또는 변압기의 온도가 현저히 상승한 경우	경보장치

※ 유입 자냉식 변압기는 타냉식 변압기가 아니므로 반드시 경보장치를 설치할 필요 없다.

답 ①

필수 14 조상기의 보호장치 ★★★★★

전력용 콘덴서의 내부에 고장이 생긴 경우 및 과전류 또는 과전압이 생긴 경우에 자동적으로 전로로부터 차단하는 장치가 필요한 뱅크 용량은 몇 [kVA] 이상인 것인가?

① 8000   ② 10000   ③ 12000   ④ 15000

 유형분석 조상설비중 콘덴서 부분에 관한 문제가 많이 출제된다.

풀이 조상 설비에는 그 내부에 고장이 생긴 경우에 보호하는 장치를 표와 같이 시설하여야 한다. (KEC 351.5)

설비 종별	뱅크 용량의 구분	자동적으로 전로로부터 차단하는 장치
전력용 커패시터 및 분로리액터	500[kVA] 초과 15,000[kVA] 미만	• 내부에 고장이 생긴 경우 • 과전류가 생긴 경우
	15,000[kVA] 이상	• 내부에 고장이 생긴 경우 • 과전류가 생긴 경우 • 과전압이 생긴 경우
조상기	15,000[kVA] 이상	• 내부에 고장이 생긴 경우

답 ④

Key point
용량이 1만5천[kVA] 이상의 조상기에는 내부 고장이 생긴 경우에 이를 전로로부터 자동 차단한다.

문제 81 ★★★★ 전력용 콘덴서의 용량 15000[kVA] 이상은 자동적으로 전로로부터 자동 차단하는 장치가 필요하다. 다음 중 옳지 않은 것은?
① 내부에 고장이 생긴 경우에 동작하는 장치
② 절연유의 압력이 변화할 때 동작하는 장치
③ 과전류가 생긴 경우에 동작하는 장치
④ 과전압이 생긴 경우에 동작하는 장치

풀이 351.5 조상설비의 보호장치
조상 설비에는 그 내부에 고장이 생긴 경우에 보호하는 장치를 표와 같이 시설하여야 한다.

설비 종별	뱅크 용량의 구분	자동적으로 전로로부터 차단하는 장치
전력용 커패시터 및 분로리액터	500[kVA] 초과 15,000[kVA] 미만	• 내부에 고장이 생긴 경우 • 과전류가 생긴 경우
	15,000[kVA] 이상	• 내부에 고장이 생긴 경우 • 과전류가 생긴 경우 • 과전압이 생긴 경우
조상기	15,000[kVA] 이상	• 내부에 고장이 생긴 경우

답 ②

문제 82 ★ 조상기의 내부에 고장이 발생할 경우에 자동적으로 이를 전로로부터 차단하는 장치를 필요로 하는 조상기의 용량은 최소 몇 [kVA]인가?
① 15000　　② 10000
③ 7000　　④ 5000

풀이 351.5 조상설비의 보호장치
조상설비에는 그 내부에 고장이 생긴 경우에 보호하는 장치를 표와 같이 시설하여야 한다.

설비 종별	뱅크 용량의 구분	자동적으로 전로로부터 차단하는 장치
전력용 커패시터 및 분로리액터	500[kVA] 초과 15,000[kVA] 미만	• 내부에 고장이 생긴 경우 • 과전류가 생긴 경우
	15,000[kVA] 이상	• 내부에 고장이 생긴 경우 • 과전류가 생긴 경우 • 과전압이 생긴 경우
조상기	15,000[kVA] 이상	• 내부에 고장이 생긴 경우

답 ①

15 발·변전소의 계측장치

발전소에서 계측 장치를 시설하지 않아도 되는 것은?
① 발전기의 전압 및 전류 또는 전력
② 발전기의 베어링 및 고정자의 온도
③ 주요 변압기의 전압 및 전류 또는 전력
④ 특고압용 변압기의 임피던스

유형분석 계측장치가 아닌 것을 고르는 문제가 대부분이다. 따라서 온도와 전압, 전류, 전력 등을 기억하면 된다.

풀이 발전소 또는 이에 준하는 장소에는 다음 각 호에 해당하는 계측 장치를 시설하여야 한다 (KEC 351.6).
① 발전기의 전압 및 전류 또는 전력
② 발전기의 베어링 및 고정자의 온도
③ 주요 변압기의 전압 및 전류 또는 전력
④ 특고압용 변압기의 온도

답 ④

Key point
전압과 전류, 온도를 측정한다. 여기서, 전압과 전류는 전력과 같다.

문제 83 전력 계통의 용량과 비슷한 동기 조상기를 시설하는 경우에 반드시 시설되어야 할 검정 장치나 계측 장치가 아닌 것은?
① 동기 검정 장치
② 동기 조상기의 역률
③ 동기 조상기의 전압 및 전류 또는 전력
④ 동기 조상기의 베어링 및 고정자의 온도

풀이 351.6 계측장치
동기조상기를 시설하는 경우에는 다음의 사항을 계측하는 장치 및 동기검정장치를 시설하여야 한다. 다만, 동기조상기의 용량이 전력계통의 용량과 비교하여 현저히 적은 경우에는 동기검정장치를 시설하지 아니할 수 있다.
가. 동기조상기의 **전압 및 전류 또는 전력**
나. 동기조상기의 **베어링 및 고정자의 온도**

답 ②

---

16 수소 냉각 방식의 특징

수소 냉각식 발전기 안의 수소 순도가 어느 경우에 경보하여야 하는가?
① 65[%] 이하
② 65[%] 이상
③ 85[%] 이하
④ 85[%] 이상

유형분석) 수소의 순도는 85[%] 이하로 저하되지 않도록 해야한다. 이 수소 냉각 방식은 문제는 전기기기의 동기기편에서도 출제된다.

풀 이) 발전기 또는 조상기 안의 수소의 순도가 85[%] 이하로 저하한 경우에는 이를 경보하는 장치를 시설해야 한다. (KEC 351.10) 답 ③

Key point
① 발전기, 조상기 안의 수소 순도가 85% 이하로 저하한 경우 경보장치를 시설할 것
② 발전기, 조상기 안의 수소의 압력을 계측하는 장치 및 그 압력이 현저히 변동할 경우에 이를 경보하는 장치를 시설할 것

필수 17 ★★★ 가공통신 인입선

고압 가공전선로의 지지물에 시설하는 통신선 또는 이에 직접 접속하는 가공통신선을 횡단 보도교 위에 시설할 때 그 높이는 노면상 몇 [m] 이상으로 시설하여도 되는가? 단, 통신선은 절연 전선과 동등이상의 절연효력이 있는 것임

① 3 ② 3.5 ③ 4 ④ 4.5

유형분석) 가공통신 인입선 및 가공 통신선의 높이에 관한 문제가 자주 출제된다.

풀 이) 가공 전선로의 지지물에 시설하는 가공 통신선의 높이(KEC 362.2)
• 도로 횡단 : 6[m]
• 궤도 횡단 : 6.5[m]
• 횡단 보도교 : 5[m] (단, 저압 또는 고압의 가공 전선로의 지지물에 통신선이 절연전선과 동등 이상의 절연효력이 있는 것인 경우에는 3[m]) 답 ①

Key point
가공전선로의 지지물에 시설하는 통신선 또는 이에 직접 접속하는 가공 통신선의 높이

시설 장소		가공전선로의 지지물에 시설	
		고·저압[m]	특고압[m]
도로횡단	일반적인 경우	6[m] 이상	6[m] 이상
	교통에 지장을 안 주는 경우	5[m] 이상	
철도 횡단(레일면상)		6.5[m] 이상	6.5[m] 이상
횡단 보도교 위	노면상	3.5[m] 이상	5[m] 이상
	절연전선 사용	3[m] 이상	
	광섬유 케이블 사용		4[m] 이상
기타의 장소	일반적인 경우 (절연전선 사용)	4[m] 이상	5[m] 이상
	광섬유 케이블 사용	3.5[m] 이상	

문제 84 교통에 지장을 줄 우려가 없는 경우 가공 통신선의 지표상 최저 높이[m]는 얼마인가?

① 4.0 ② 4.5 ③ 5.0 ④ 5.5

풀이 362.2 전력보안통신선의 시설 높이와 이격거리
전력 보안 가공통신선(이하 "가공통신선"이라 한다)의 높이는 다음을 따른다.

구 분		지상고	비고
도로 (차도)	일반적인 경우	5.0[m] 이상	
	교통에 지장을 안 주는 경우	4.5[m] 이상	
철도 또는 궤도 횡단 시		6.5[m] 이상	레일면상
횡단보도교 위		3.0[m] 이상	그 노면상
기타		3.5[m] 이상	

답 ②

문제 85 고압 가공전선로의 지지물에 시설하는 통신선 또는 이에 직접 접속하는 가공통신선을 횡단보도교 위에 시설할 때 그 높이는 노면상 몇 [m] 이상으로 시설하여도 되는가? 단, 통신선은 절연전선과 동등 이상의 절연효력이 있는 것임.

① 3 ② 3.5 ③ 4 ④ 4.5

풀이 362.2 전력보안통신선의 시설 높이와 이격거리
가공전선로의 지지물에 시설하는 통신선 또는 이에 직접 접속하는 가공 통신선의 높이는 다음에 따라야 한다.

시설 장소		가공전선로의 지지물에 시설	
		고·저압[m]	특고압[m]
도로횡단	일반적인 경우	6[m] 이상	6[m] 이상
	교통에 지장을 안 주는 경우	5[m] 이상	
철도 횡단(레일면상)		6.5[m] 이상	6.5[m] 이상
횡단보도교 위	노면상	3.5[m] 이상	5[m] 이상
	절연전선 사용	3[m] 이상	
	광섬유 케이블 사용		4[m] 이상
기타의 장소	일반적인 경우(절연전선 사용)	4[m] 이상	5[m] 이상
	광섬유 케이블 사용	3.5[m] 이상	

답 ①

문제 86 특고압 가공 전선로의 지지물에 시설하는 통신선 또는 이에 직접 접속하는 가공 통신선의 높이는 철도 또는 궤도를 횡단하는 경우에는 레일면 상 몇 [m] 이상으로 하여야 하는가?

① 5 ② 5.5 ③ 6 ④ 6.5

풀이 362.2 전력보안통신선의 시설 높이와 이격거리
가공전선로의 지지물에 시설하는 통신선 또는 이에 직접 접속하는 가공 통신선의 높이는 다음에 따라야 한다.

시설 장소		가공전선로의 지지물에 시설	
		고·저압[m]	특고압[m]
도로횡단	일반적인 경우	6[m] 이상	6[m] 이상
	교통에 지장을 안 주는 경우	5[m] 이상	
철도 횡단(레일면상)		6.5[m] 이상	6.5[m] 이상

답 ④

문제 87 ★☆ 특고압용 제2종 보안 장치 또는 이에 준하는 보안 장치등이 되어 있지 않은 25,000[V] 이하인 특고압 가공 전선로의 지지물에 시설하는 통신선 또는 이에 직접 접속하는 통신선으로 사용할 수 있는 것은?

① 캡타이어 케이블
② 단면적 6[mm²] 이상의 절연 전선
③ 광섬유 케이블
④ CV-CN 케이블

풀이 362.6 25[kV] 이하인 특고압 가공전선로 첨가 통신선의 시설에 관한 특례
특고압 가공전선로의 지지물에 시설하는 **통신선은 광섬유 케이블일 것.** 다만, 표준에 적합한 특고압용 제2종 보안장치 또는 이에 준하는 보안장치를 시설할 때에는 그러하지 아니하다.

답 ③

문제 88 ★★ 그림은 전력선 반송 통신용 결합 장치의 보안 장치이다. 여기에서 CC는 어떤 콘덴서인가?

① 전력용 콘덴서
② 정류용 콘덴서
③ 결합용 콘덴서
④ 축전용 콘덴서

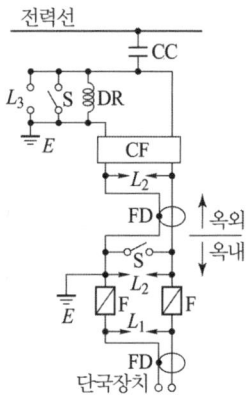

풀이 362.11 전력선 반송 통신용 결합장치의 보안장치
전력선 반송통신용 결합 커패시터에 접속하는 회로에는 그림의 보안장치 또는 이에 준하는 보안장치를 시설하여야 한다.

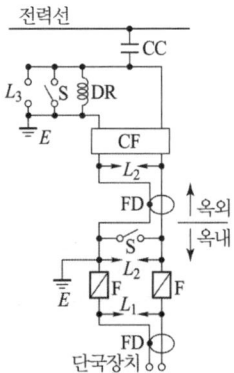

전력선 반송 통신용 결합 장치의 보안장치
- FD : 동축 케이블
- F : 정격 전류 10[A] 이하의 포장 퓨즈
- DR : 전류 용량 2[A] 이상의 배류 선륜
- L_1 : 교류 300[V] 이하에서 동작하는 피뢰기
- L_2 : 동작 전압이 교류 1,300[V]를 넘고 1,600[V] 이하로 조정된 방전갭
- L_3 : 동작 전압이 교류 2[kV]를 넘고 3[kV] 이하로 구상 방전갭
- S : 접지용 개폐기
- CF : 결합 필터
- CC : 결합 콘덴서(결합 안테나를 포함한다)
- E : 접지

답 ③

18 전력보안통신설비

특고압 가공 전선로의 지지물에 시설하는 통신선 또는 이에 직접 접속하는 통신선이 도로, 횡단 보도교, 철도, 궤도, 삭도 또는 교류 전차선 등과 교차하는 경우에 통신선과 삭도 또는 다른 가공 약전류 전선 등 사이의 이격 거리는 몇 [cm] 이상으로 하여야 하는가? (단, 통신선은 광섬유 케이블이라고 한다.)

① 30 ② 40 ③ 50 ④ 60

유형분석 이격거리 문제 출제된다.

풀 이 통신선과 삭도 또는 다른 가공 약전류 전선 등 사이의 이격 거리는 80[cm] (통신선이 케이블 또는 광섬유 케이블일 때는 40[cm]) 이상일 것. (KEC 362.2)

답 ②

Key point

가공전선		통신선		
		일반	절연전선	광섬유 케이블
중성선	25[kV] 이하, 다중접지중성선	0.6[m] 이상		
저압 가공전선	일반	0.6[m] 이상		
	절연전선 또는 케이블		0.3[m] 이상	
	인입선			0.15[m] 이상
고압 가공전선	일반	0.6[m] 이상		
	케이블		0.3[m] 이상	
특고압 가공전선	일반	1.2[m] 이상		
	케이블		0.3[m] 이상	
	25[kV] 이하, 다중 접지방식	0.75[m] 이상		

문제 89

★☆

22.9[kV] 가공 전선로의 다중 접지한 중성선과 보안 통신선과의 최소 이격 거리는 몇 [cm] 이상이어야 하는가? 단, 특고압 가공 전선로는 중성선 다중 접지식의 것으로서 전로에 지기가 생긴 경우에 2초 안에 자동적으로 이를 전로로부터 차단하는 장치를 가지는 것임

① 60   ② 80   ③ 100   ④ 120

풀이 362.2 전력보안통신선의 시설 높이와 이격거리
1. 통신선은 가공전선의 아래에 시설할 것.
2. 이격거리

가공전선		통신선		
		일반	절연전선	광섬유 케이블
중성선	25[kV] 이하, 다중접지중성선	0.6[m] 이상		
저압 가공전선	일반	0.6[m] 이상		
	절연전선 또는 케이블		0.3[m] 이상	
	인입선			0.15[m] 이상
고압 가공전선	일반	0.6[m] 이상		
	케이블		0.3[m] 이상	
특고압 가공전선	일반	1.2[m] 이상		
	케이블		0.3[m] 이상	
	25[kV] 이하, 다중 접지방식	0.75[m] 이상		

답 ①

문제 90

★☆

특고압 가공 전선로의 지지물에 시설하는 통신선 또는 이에 직접 접속하는 통신선이 도로, 횡단 보도교, 철도, 궤도, 삭도 또는 교류 전차선 등과 교차하는 경우에 통신선과 삭도 또는 다른 가공 약전류 전선 등 사이의 이격 거리는 몇 [cm] 이상으로 하여야 하는가? (단, 통신선은 광섬유 케이블이라고 한다.)

① 30   ② 40   ③ 50   ④ 60

풀이 362.2 전력보안통신선의 시설 높이와 이격거리
특고압 가공전선로의 지지물에 시설하는 통신선 또는 이에 직접 접속하는 통신선이 도로·횡단보도교·철도의 레일·삭도·가공전선·다른 가공약전류 전선 등 또는 교류 전차선 등과 교차하는 경우에는 다음에 따라 시설하여야 한다.
1. 통신선이 도로·횡단보도교·철도의 레일 또는 삭도와 교차하는 경우에는 통신선은 연선의 경우 단면적 16[mm^2](단선의 경우 지름 4[mm])의 절연전선과 동등 이상의 절연 효력이 있는 것, 인장강도 8.01[kN] 이상의 것 또는 연선의 경우 단면적 25 [mm^2](단선의 경우 지름 5[mm])의 경동선일 것.
2. 통신선과 삭도 또는 다른 가공약전류 전선 등 사이의 이격거리는 0.8[m](**통신선이 케이블 또는 광섬유 케이블일 때는 0.4[m]**) 이상으로 할 것.

답 ②

출제기준 - 전기철도설비

1) 전기철도의 용어 정의
1. 전기철도설비 : 전기철도설비는 전철 변전설비, 급전설비, 부하설비(전기철도차량 설비 등)로 구성된다.
2. 궤도 : 레일·침목 및 도상과 이들의 부속품으로 구성된 시설을 말한다.
3. 차량 : 전동기가 있거나 또는 없는 모든 철도의 차량(객차, 화차 등)을 말한다.
4. 열차 : 동력차에 객차, 화차 등을 연결하고 본선을 운전할 목적으로 조성된 차량을 말한다.
5. 레일 : 철도에 있어서 차륜을 직접 지지하고 안내해서 차량을 안전하게 주행시키는 설비를 말한다.
6. 전차선 : 전기철도차량의 집전장치와 접촉하여 전력을 공급하기 위한 전선을 말한다.
7. 전차선로 : 전기철도차량에 전력을 공급하기 위하여 선로를 따라 설치한 시설물로서 전차선, 급전선, 귀선과 그 지지물 및 설비를 총괄한 것을 말한다.
8. 장기 과전압 : 지속시간이 20[ms] 이상인 과전압을 말한다.

2) 전력수급조건
1. 수전선로의 전력수급조건은 부하의 크기 및 특성, 지리적 조건, 환경적 조건, 전력조류, 전압강하, 수전 안정도, 회로의 공진 및 운용의 합리성, 장래의 수송수요, 전기사업자 협의 등을 고려하여 표의 공칭전압(수전전압)으로 선정하여야 한다.

표. 공칭전압(수전전압)

공칭전압(수전전압)[kV]	교류 3상 22.9, 154, 345

2. 수전선로의 계통구성에는 3상 단락전류, 3상 단락용량, 전압강하, 전압불평형 및 전압왜형률, 플리커 등을 고려하여 시설하여야 한다.

3) 변전소의 용량
변전소의 용량은 급전구간별 정상적인 열차부하 조건에서 1시간 최대출력 또는 순시최대출력을 기준으로 결정하고, 연장급전 등 부하의 증가를 고려하여야 한다.

4) 전차선 등과 식물사이의 이격거리
교류 전차선 등 충전부와 식물사이의 이격거리는 5[m] 이상이어야 한다. 다만, 5[m] 이상 확보하기 곤란한 경우에는 현장여건을 고려하여 방호벽 등 안전조치를 하여야 한다.

5) 전기철도차량 전기설비의 전기위험방지를 위한 보호대책

1. 감전을 일으킬 수 있는 충전부는 직접접촉에 대한 보호가 있어야 한다.
2. 간접 접촉에 대한 보호대책은 노출된 도전부는 고장 조건하에서 부근 충전부와의 유도 및 접촉에 의한 감전이 일어나지 않아야 한다. 그 목적은 위험도가 노출된 도전부가 같은 전위가 되도록 보장하는데 있다. 이는 보호용 본딩으로만 달성될 수 있으며 또는 자동급전 차단 등 적절한 방법을 통하여 달성할 수 있다.
3. 주행레일과 분리되어 있거나 또는 공동으로 되어있는 보호용 도체를 채택한 시스템에서 운행되는 모든 전기철도차량은 차체와 고정 설비의 보호용 도체 사이에는 최소 2개 이상의 보호용 본딩 연결로가 있어야 하며, 한쪽 경로에 고장이 발생하더라도 감전 위험이 없어야 한다.
4. 차체와 주행 레일과 같은 고정설비의 보호용 도체 간의 임피던스는 이들 사이에 위험 전압이 발생하지 않을 만큼 낮은 수준인 표에 따른다. 이 값은 적용전압이 50[V]를 초과하지 않는 곳에서 50[A]의 일정 전류로 측정하여야 한다.

차량 종류	최대 임피던스[Ω]
기관차, 객차	0.05
화차	0.15

6) 피뢰기 설치장소

1. 다음의 장소에 피뢰기를 설치하여야 한다.
   가. 변전소 인입측 및 급전선 인출측
   나. 가공전선과 직접 접속하는 지중케이블에서 낙뢰에 의해 절연파괴의 우려가 있는 케이블 단말
2. 피뢰기는 가능한 한 보호하는 기기와 가깝게 시설하되 누설전류 측정이 용이하도록 지지대와 절연하여 설치한다.

7) 레일 전위의 위험에 대한 보호

1. 레일 전위는 고장 조건에서의 접촉전압 또는 정상 운전조건에서의 접촉전압으로 구분하여야 한다.
2. 교류 전기철도 급전시스템에서의 레일 전위의 최대 허용 접촉전압은 표의 값 이하이어야 한다. 단, 작업장 및 이와 유사한 장소에서는 최대 허용 접촉전압을 25[V](실효값)를 초과하지 않아야 한다.

교류 전기철도 급전시스템의 최대 허용 접촉전압

시간 조건	최대 허용 접촉전압(실효값)
순시조건(t≤0.5초)	670[V]
일시적 조건(0.5초<t≤300초)	65[V]
영구적 조건(t>300초)	60[V]

3. 직류 전기철도 급전시스템에서의 레일 전위의 최대 허용 접촉전압은 표의 값 이하여야 한다. 단, 작업장 및 이와 유사한 장소에서 최대 허용 접촉전압은 60[V]를 초과하지 않아야 한다.

직류 전기철도 급전시스템의 최대 허용 접촉전압

시간 조건	최대 허용 접촉전압
순시조건(t≤0.5초)	535[V]
일시적 조건(0.5초<t≤300초)	150[V]
영구적 조건(t>300초)	120[V]

8) 전기부식방지

1. 주행레일을 귀선으로 이용하는 경우에는 누설전류에 의하여 케이블, 금속제 지중관로 및 선로 구조물 등에 영향을 미치는 것을 방지하기 위한 적절한 시설을 하여야 한다.
2. 전기철도 측의 전기부식방지를 위해서는 다음 방법을 고려하여야 한다.
    - 가. 변전소 간 간격 축소
    - 나. 레일본드의 양호한 시공
    - 다. 장대레일채택
    - 라. 절연도상 및 레일과 침목 사이에 절연층의 설치
    - 마. 기타
3. 매설금속체 측의 누설전류에 의한 전식의 피해가 예상되는 곳은 다음 방법을 고려하여야 한다.
    - 가. 배류장치 설치
    - 나. 절연코팅
    - 다. 매설금속체 접속부 절연
    - 라. 저준위 금속체를 접속
    - 마. 궤도와의 이격거리 증대
    - 바. 금속판 등의 도체로 차폐

9) 누설전류 간섭에 대한 방지

1. 직류 전기철도 시스템의 누설전류를 최소화하기 위해 귀선전류를 금속귀선로 내부로만 흐르도록 하여야 한다.
2. 심각한 누설전류의 영향이 예상되는 지역에서는 정상 운전 시 단위길이당 컨덕턴스 값은 표의 값 이하로 유지될 수 있도록 하여야 한다.

단위길이당 컨덕턴스

견인시스템	옥외(S/km)	터널(S/km)
철도선로(레일)	0.5	0.5
개방 구성에서의 대량수송 시스템	0.5	0.1
폐쇄 구성에서의 대량수송 시스템	2.5	–

3. 귀선시스템의 종 방향 전기저항을 낮추기 위해서는 레일 사이에 저저항 레일본드를 접합 또는 접속하여 전체 종 방향 저항이 5[%] 이상 증가하지 않도록 하여야 한다.
4. 귀선시스템의 어떠한 부분도 대지와 절연되지 않은 설비, 부속물 또는 구조물과 접속되어서는 안 된다.
5. 직류 전기철도 시스템이 매설 배관 또는 케이블과 인접할 경우 누설전류를 피하기 위해 최대한 이격시켜야 하며, 주행레일과 최소 1[m] 이상의 거리를 유지하여야 한다.

필수유형 및 과년도문제

문제 01 다음 중 전차선 가선방식의 표준이 아닌 것은?

① 강체방식 ② 제3 레일 방식
③ 지중방식 ④ 가공방식

풀이 431.1 전차선 가선방식
전차선의 가선방식은 열차의 속도 및 노반의 형태, 부하전류 특성에 따라 적합한 방식을 채택하여야 하며, **가공방식, 강체방식, 제3 레일 방식을 표준으로 한다.**   답 ③

문제 02 교류 전차선 등 충전부와 식물 사이에 방호벽 등 안전조치를 하여야 하는 이격거리는 몇 [m] 미만인가?

① 2 ② 3
③ 4 ④ 5

풀이 431.1 전차선 가선방식
교류 전차선 등 충전부와 식물사이의 이격거리는 5[m] 이상이어야 한다. 다만, 5[m] 이상 확보하기 곤란한 경우에는 현장여건을 고려하여 **방호벽 등 안전조치를 하여야 한다.**   답 ④

06 출제기준 – 분산형 전원설비

1 통칙

(1) 분산형 전원 계통 연계설비의 시설

1) 전기 공급방식 등
분산형전원설비의 전기 공급방식, 측정 장치 등은 다음과 같은 기준에 따른다.
1. 분산형 전원설비의 전기 공급방식은 전력계통과 연계되는 전기 공급방식과 동일할 것
2. 분산형 전원설비 사업자의 한 사업장의 설비 용량 합계가 250[kVA] 이상일 경우에는 송·배전계통과 연계지점의 연결 상태를 감시 또는 유효전력, 무효전력 및 전압을 측정할 수 있는 장치를 시설할 것

2) 계통 연계용 보호장치의 시설
1. 계통 연계하는 분산형 전원설비를 설치하는 경우 다음에 해당하는 이상 또는 고장 발생 시 자동적으로 분산형 전원설비를 전력계통으로부터 분리하기 위한 장치 시설 및 해당 계통과의 보호협조를 실시하여야 한다.
    가. 분산형전원설비의 이상 또는 고장
    나. 연계한 전력계통의 이상 또는 고장
    다. 단독운전 상태
2. 단순 병렬운전 분산형전원설비의 경우에는 역전력 계전기를 설치한다. 단, 신·재생에너지를 이용하여 동일 전기사용장소에서 전기를 생산하는 합계 용량이 50[kW] 이하의 소규모 분산형전원(단, 해당 구내계통 내의 전기사용 부하의 수전계약전력이 분산형전원 용량을 초과하는 경우에 한한다)으로서 단독운전 방지기능을 가진 것을 단순 병렬로 연계하는 경우에는 역전력계전기 설치를 생략할 수 있다.

2 전기저장장치

(1) 일반사항
이차전지를 이용한 전기저장장치는 이차전지, 전력변환장치, 제어, 통신 및 보호설비 등으로 구성되며, 다음에 따라 시설하여야 한다.

1) 시설장소의 요구사항
   1. 전기저장장치의 이차전지, 제어반, 배전반의 시설은 기기 등을 조작 또는 보수·점검할 수 있는 충분한 공간을 확보하고 조명설비를 설치하여야 한다.
   2. 전기저장장치를 시설하는 장소는 폭발성 가스의 축적을 방지하기 위한 환기시설을 갖추고 제조사가 권장하는 온도·습도·수분·분진 등 적정 운영환경을 상시 유지하여야 한다.

2) 설비의 안전 요구사항
   1. 전기저장장치의 고장이나 외부 환경요인으로 인하여 비상상황 발생 또는 출력에 문제가 있을 경우 안전하게 작동하기 위한 **비상정지 스위치** 등을 시설하여야 한다.
   2. 동일 구획 내에 직병렬로 연결된 전기저장장치는 **식별이 용이하도록 그룹별로 명판을 부착**하고, 이차전지, 전력변환장치 및 감시·보호장치 간의 오결선이 되지 않도록 시설하여야 한다.

3) 옥내전로의 대지전압 제한
   주택의 전기저장장치의 축전지에 접속하는 부하 측 옥내배선을 다음에 따라 시설하는 경우에 주택의 옥내전로의 대지전압은 직류 600[V]까지 적용할 수 있다.
   1. 전로에 지락이 생겼을 때 자동적으로 전로를 차단하는 장치를 시설할 것
   2. 사람이 접촉할 우려가 없는 은폐된 장소에 합성수지관공사, 금속관공사 및 케이블공사에 의하여 시설하거나, 사람이 접촉할 우려가 없도록 케이블공사에 의하여 시설하고 전선에 적당한 방호장치를 시설할 것

(2) 전기저장장치의 시설

1) 전기배선
   전선은 공칭단면적 2.5[mm^2] 이상의 연동선 또는 이와 동등 이상의 세기 및 굵기의 것일 것.

2) 이차전지의 시설
   1. 다음과 같이 이차전지에 대한 정보를 기록하고 관리하여야 한다.
      가. 교체이력 (사유, 교체일 등)
      나. 제조이력 (생산지, 생산시기, 용량, 제조번호 등)
   2. 이차전지의 출력 배선은 **극성별로 확인할 수 있도록 표시**하여야 한다.

3) 제어 및 보호장치의 시설
   1. 전기저장장치가 비상용 예비전원 용도를 겸하는 경우에는 다음에 따라 시설하여야 한다.
      가. 상용전원이 정전되었을 때 비상용 부하에 전기를 안정적으로 공급할 수 있는 시

설을 갖출 것
　　나. 관련 법령에서 정하는 전원유지시간 동안 비상용 부하에 전기를 공급할 수 있는 충전용량을 상시 보존하도록 시설할 것
2. 전기저장장치의 접속점에는 쉽게 개폐할 수 있는 곳에 개방상태를 육안으로 확인할 수 있는 **전용의 개폐기를 시설하여야** 한다.
3. 전기저장장치는 정격 운전 범위를 초과하는 다음의 경우가 발생했을 때 자동으로 전로를 차단하는 보호장치를 시설하여야 한다.
　　가. **과전압, 저전압, 과전류가** 발생한 경우
　　나. 제어장치에 이상이 발생한 경우
　　다. 이차전지 **모듈의 내부 온도가 상승할** 경우
4. 직류 전로에 과전류차단기를 설치하는 경우 직류 단락전류를 차단하는 능력을 가지는 것이어야 하고 "직류용" 표시를 하여야 한다.
5. 전기저장장치의 직류 전로에는 지락이 생겼을 때에 자동적으로 전로를 차단하는 장치를 시설하여야 한다. **IT 계통의 경우, 절연저항을 감시할 수 있는 장치를 설치**하여 제조사가 정하는 절연저항 기준치 이하일 경우 관리자에게 경보하고 자동으로 전로를 차단하는 장치를 시설하여야 한다.
6. 전력변환장치의 동작상태, 전지관리시스템과의 통신상태, 전력, 전류, 전압 등을 표시할 수 있는 **전력관리시스템을** 시설하여야 한다.

4) 계측장치

전기저장장치를 시설하는 곳에는 다음의 사항을 계측하는 장치를 시설하여야 한다.
1. 이차전지 출력 단자의 전압, 전류, 전력 및 충방전 상태
2. 주요변압기의 전압, 전류 및 전력

(3) 리튬계 · 나트륨계 이차전지의 시설

1) 적용범위

20[kWh]를 초과하는 리튬계 · 나트륨계의 이차전지를 사용한 전기저장장치에 적용한다.

2) 이차전지 용량 및 운영

1. 전기저장장치 이차전지 용량은 수명보증기간 동안 정격방전용량(전기저장장치 설치 시 소유자가 요구하는 이차전지의 용량)이 확보되도록 하여야 한다.
2. 전기저장장치 이차전지는 안전이 확보되도록 **정격방전용량 이하로 운영**하여야 한다.

3) 열폭주 및 폭발 방지

1. 이차전지실 내부에는 제조사가 제시한 기준 이상의 가연성가스 농도 및 내부압력이

발생하는 경우 파열 또는 폭발을 방지하기 위한 **급속배기장치를 시설하여야 한다.**
2. 이차전지 모듈 또는 랙에 화재확산을 방지할 수 있는 구조이거나 소화장치를 시설하여야 한다.

4) 제어, 감시 및 보호장치 등

1. 낙뢰 및 서지 등 과도과전압으로부터 주요 설비를 보호하기 위해 **직류 전로에 직류 서지보호장치(SPD)를 설치하여야 한다.**
2. 제조사가 정하는 정격 이상의 과충전, 과방전, 과전압, 과전류, 지락전류 및 온도 상승, 냉각장치 고장, 통신불량, 가연성·인화성가스 발생 등 **긴급상황이 발생한 경우**에는 관리자에게 경보할 수 있는 시설을 하여야 하며 다음의 요건을 만족하여야 한다.
   가. 긴급상황이 발생하였을 때 전기저장장치를 자동 및 수동으로 정지시킬 수 있는 비상정지장치를 설치하여야 하며, 자동 비상정지는 5초 이내로 동작하여야 한다.
   나. 수동 조작을 위한 비상정지장치는 신속한 접근 및 조작이 가능한 장소에 설치하여야 한다.
3. 이차전지를 시설하는 장소의 내부 및 외부에는 가능한 한 사각지대가 없도록 감시하기 위한 **CCTV를 시설하여야 한다.**
4. 전기저장장치의 상시 운영정보 및 CCTV 영상정보, 제2의 긴급상황 관련 계측정보에서 기록되는 시간을 실시간으로 동기화하고, 이차전지실 외부의 안전한 장소에 전송되어 **최소 1개월 이상 보관하여야 한다.** 다만, CCTV 영상정보는 7일간 보관하여야 한다.

5) 전용건물에 시설하는 경우

전기저장장치를 일반인이 출입하는 건물에서 분리된 별도의 장소에 시설하는 경우에는 다음에 따라 시설하여야 한다.
1. 전기저장장치 시설장소의 바닥, 천장(지붕), 벽면 재료는 불연재료이어야 한다. 단, 단열재는 준불연재료 또는 이와 동등 이상의 것을 사용할 수 있다.
2. 전기저장장치 시설장소는 지표면을 기준으로 높이 22[m] 이내로 하고 해당 장소의 출구가 있는 바닥면을 기준으로 깊이 9[m] 이내로 하여야 한다.
3. 이차전지는 전력변환장치 등의 다른 전기설비와 분리된 격실(이차전지실)에 설치하고 다음에 따라야 한다.
   가. 이차전지는 벽면으로부터 1[m] 이상 이격하여 설치하여야 한다. 다만, 옥외의 전용 컨테이너 및 인클로저는 제조사가 정하는 적정 거리를 이격한 경우에는 예외로 할 수 있으며, 컨테이너 및 인클로저의 면적은 42[m^2] 이하여야 한다.
   나. 이차전지, 전력변환장치, 배전반 등은 침수의 우려가 없도록 하며, 지표면에서부터 최소 0.3[m] 이상 높이에 설치하여야 하며, 염전 또는 간척지 등에 시설하는 경우 지표면에서 최소 0.6[m] 이상 높이에 설치하여야 한다.

4. 이차전지실은 이차전지 용량의 5[MWh] 이하 단위로 「건축물의 피난·방화구조 등의 기준에 관한 규칙」에 따른 내화구조의 격벽을 설치하여야 한다.

6) 전용건물 이외의 장소에 시설하는 경우

전기저장장치를 일반인이 출입하는 건물의 부속공간에 시설(옥상에는 설치할 수 없다)하는 경우에는 다음에 따라 시설하여야 한다.

1. 전기저장장치 시설장소는 「건축물의 피난·방화구조 등의 기준에 관한 규칙」에 따른 내화구조이어야 한다.
2. 이차전지모듈의 직렬 연결체(이차전지랙)의 용량은 50[kWh] 이하로 하고 건물 내 시설 가능한 이차전지의 총 용량은 600[kWh] 이하이어야 한다.
3. 이차전지랙과 랙 사이는 1[m] 이상 이격하고, 랙과 벽면 사이는 전면부의 경우 1[m] 이상, 측면과 후면부의 경우 0.8[m] 이상 이격하여야 한다.
4. 이차전지실은 건물 내 다른 시설(수전설비, 가연물질 등)로부터 1.5[m] 이상 이격하고 각 실의 출입구나 피난계단 등 이와 유사한 장소로부터 3[m] 이상 이격하여야 한다.

(4) 납계·니켈계·바나듐계 이차전지의 시설

70[kWh]를 초과하는 납계·니켈계·바나듐계 이차전지를 적용한 전기저장장치의 경우 CCTV를 시설하고 영상정보를 안전한 장소에 최소 7일간 보관하여야 한다.

(5) 흐름전지의 시설

1) 적용범위

20[kWh]를 초과하는 흐름전지를 사용한 전기저장장치에 적용한다.

2) 설비의 안전 요구사항

1. 흐름전지 시스템의 회로는 다른 부위의 도전부와 절연되어야 하며, 최소 **절연저항**은 공칭전압의 100[Ω/V] 이상이어야 한다.
2. 전해질과 접촉하는 부품은 내부식성 및 내구성을 갖추어야 한다.
3. CCTV를 시설하고 영상정보를 안전한 장소에 최소 **7일간** 보관하여야 한다.

3) 전해질 유출방지 및 중화장치

전해질은 유출이 없도록 밀봉하고 유해가스로 인한 사고를 방지하기 위해 다음과 같은 장치를 시설하여야 한다.

1. 전해질 용기와 전기저장장치를 갖춘 장소에는 전해질 유출 제어장치를 시설하여야 한다.
2. 전해질 유출을 감지하고 수집하는 장치를 시설하여야 한다.
3. pH 5.0~9.0 사이의 전해질 유출물을 중화할 수 있는 중화장치를 시설하여야 한다.

3 태양광발전설비

(1) 전기배선

1. 모듈 및 기타 기구에 전선을 접속하는 경우는 나사로 조이고, 기타 이와 동등 이상의 효력이 있는 방법으로 기계적·전기적으로 안전하게 접속하고, 접속점에 장력이 가해지지 않도록 할 것
2. 모듈의 출력배선은 극성별로 확인할 수 있도록 표시할 것
3. 전선은 공칭단면적 2.5[mm^2] 이상의 연동선 또는 이와 동등 이상의 세기 및 굵기의 것일 것.
4. 배선설비 공사는 옥내에 시설할 경우에는 합성수지관공사, 금속관공사, 금속제가요전선관공사, 케이블공사의 규정에 준하여 시설할 것.

(2) 태양광설비의 시설기준

1) 태양전지 모듈의 시설

태양광설비에 시설하는 태양전지 모듈(이하 "모듈"이라 한다)의 각 직렬군은 동일한 단락전류를 가진 모듈로 구성하여야 하며 1대의 인버터(멀티스트링 인버터의 경우 1대의 MPPT 제어기)에 연결된 모듈 직렬군이 2병렬 이상일 경우에는 각 직렬군의 출력전압 및 출력전류가 동일하게 형성되도록 배열할 것

2) 전력변환장치의 시설

인버터, 절연변압기 및 계통 연계 보호장치 등 전력변환장치의 시설은 다음에 따라 시설하여야 한다.
1. 인버터는 실내·실외용을 구분할 것
2. 각 직렬군의 태양전지 개방전압은 인버터 입력전압 범위 이내일 것
3. 옥외에 시설하는 경우 방수등급은 IPX4 이상일 것

(3) 제어 및 보호장치 등

1) 어레이 출력 개폐기

태양전지 모듈에 접속하는 부하측의 태양전지 어레이에서 전력변환장치에 이르는 전로에는 그 접속점에 근접하여 개폐기 기타 이와 유사한 기구(부하전류를 개폐할 수 있는 것에 한한다)를 시설할 것

2) 과전류 및 지락 보호장치

모듈을 병렬로 접속하는 전로에는 그 주된 전로에 단락전류가 발생할 경우에 전로를 보호하는 과전류차단기 또는 기타 기구를 시설할 것

3) 태양광설비의 계측장치

태양광설비에는 전압, 전류 및 전력을 계측하는 장치를 시설하여야 한다. 또는 변전소 혹은 이에 준하는 장소에 전기저장장치를 시설하는 경우 전로가 차단되었을 때에 경보하는 장치를 시설하여야 한다.

4 풍력발전설비

(1) 간선의 시설기준

풍력발전기에서 출력배선에 쓰이는 전선은 CV선 또는 TFR-CV선을 사용하거나 동등 이상의 성능을 가진 제품을 사용하여야 한다.

(2) 제어 및 보호장치 등

1) 제어 및 보호장치 시설의 일반 요구사항

제어 및 보호장치는 다음과 같이 시설하여야 한다.
1. 제어장치는 다음과 같은 기능 등을 보유하여야 한다.
   - 가. 풍속에 따른 출력 조절
   - 나. 출력제한
   - 다. 회전속도제어
   - 라. 계통과의 연계
   - 마. 기동 및 정지
   - 바. 계통 정전 또는 부하의 손실에 의한 정지
   - 사. 요잉에 의한 케이블 꼬임 제한
2. 보호장치는 다음의 조건에서 풍력발전기를 보호하여야 한다.
   - 가. 과풍속
   - 나. 발전기의 과출력 또는 고장
   - 다. 이상진동
   - 라. 계통 정전 또는 사고
   - 마. 케이블의 꼬임 한계

2) 주전원 개폐장치

풍력터빈은 작업자의 안전을 위하여 유지, 보수 및 점검 시 전원 차단을 위해 풍력터빈 타워의 기저부에 개폐장치를 시설하여야 한다.

3) 접지설비

접지설비는 풍력발전설비 타워기초를 이용한 통합접지공사를 하여야 하며, 설비 사이의 전위차가 없도록 등전위본딩을 하여야 한다.

4) 피뢰설비

1. 피뢰설비는 별도의 언급이 없다면 피뢰레벨(Lightning Protection Level : LPL)은 Ⅰ등급을 적용하여야 한다.

2. 풍향·풍속계가 보호범위에 들도록 나셀 상부에 피뢰침을 시설하고 피뢰도선은 나셀프레임에 접속하여야 한다.
3. 전력기기·제어기기 등의 피뢰설비는 다음에 따라 시설하여야 한다.
  가. 전력기기는 금속시스케이블, 내뢰변압기 및 서지보호장치(SPD)를 적용할 것
  나. 제어기기는 광케이블 및 포토커플러를 적용할 것

5) 계측장치의 시설

풍력터빈에는 설비의 손상을 방지하기 위하여 운전 상태를 계측하는 다음의 계측장치를 시설하여야 한다.
1. 회전속도계
2. 나셀(nacelle) 내의 진동을 감시하기 위한 진동계
3. 풍속계
4. 압력계
5. 온도계

5 연료전지설비

(1) 연료전지설비의 보호장치

연료전지는 다음의 경우에 자동적으로 이를 전로에서 차단하고 연료전지에 연료가스 공급을 자동적으로 차단하며 연료전지 내의 연료가스를 자동적으로 배기하는 장치를 시설하여야 한다.
1. 연료전지에 과전류가 생긴 경우
2. 발전요소의 발전전압에 이상이 생겼을 경우 또는 연료가스 출구에서의 산소농도 또는 공기 출구에서의 연료가스 농도가 현저히 상승한 경우
3. 연료전지의 온도가 현저하게 상승한 경우

(2) 연료전지설비의 계측장치

연료전지설비에는 전압과 전류 또는 전압과 전력을 계측하는 장치를 시설하여야 한다.

(3) 연료전지설비의 비상정지장치

"운전 중에 일어나는 이상"이란 다음에 열거하는 경우를 말한다.
1. 연료 계통 설비 내의 연료가스의 압력 또는 온도가 현저하게 상승하는 경우
2. 증기계통 설비내의 증기의 압력 또는 온도가 현저하게 상승하는 경우
3. 실내에 설치되는 것에서는 연료가스가 누설하는 경우

(4) 접지설비

연료전지에 대하여 전로의 보호장치의 확실한 동작의 확보 또는 대지전압의 저하를 위하여 특히 필요할 경우에 연료전지의 전로 또는 이것에 접속하는 직류전로에 접지공사를 할 때에는 다음에 따라 시설하여야 한다.

1. 접지도체는 공칭단면적 16[mm^2] 이상의 연동선 또는 이와 동등 이상의 세기 및 굵기의 쉽게 부식하지 아니하는 금속선(저압 전로의 중성점에 시설하는 것은 공칭단면적 6[mm^2] 이상의 연동선 또는 이와 동등 이상의 세기 및 굵기의 쉽게 부식하지 않는 금속선)으로서 고장 시 흐르는 전류가 안전하게 통할 수 있는 것을 사용하고 또한 손상을 받을 우려가 없도록 시설할 것.
2. 접지도체·저항기·리액터 등은 취급자 이외의 자가 출입하지 아니하도록 설비한 곳에 시설하는 경우 이외에는 사람이 접촉할 우려가 없도록 시설할 것.

필수유형 및 과년도문제

문제 01 ★★ 태양전지 모듈 등의 시설에 관한 사항으로 틀린 것은?

① 옥내에 시설하는 경우에는 합성수지관공사, 금속관공사, 애자사용공사로 시설한다.
② 태양전지 모듈에 접속하는 부하측 전로에는 그 접속점에 근접하여 개폐기를 시설한다.
③ 태양전지 모듈을 병렬로 접속하는 전로에는 그 전로에 단락이 생긴 경우에 전로를 보호하는 과전류차단기를 시설한다.
④ 전선은 공칭단면적 2.5[mm²] 이상의 연동선 또는 이와 동등 이상의 세기 및 굵기를 사용한다.

풀이 522 태양광설비의 시설
가. 전선은 공칭단면적 2.5[mm²] 이상의 연동선 또는 이와 동등 이상의 세기 및 굵기의 것일 것.
나. 배선설비 공사는 옥내에 시설할 경우에는 **합성수지관공사, 금속관공사, 금속제 가요전선관공사, 케이블공사의 규정**에 준하여 시설할 것.
다. 모듈을 병렬로 접속하는 전로에는 그 주된 전로에 단락전류가 발생할 경우에 전로를 보호하는 과전류차단기 또는 기타 기구를 시설할 것
라. 태양전지 모듈에 접속하는 부하측의 태양전지 어레이에서 전력변환장치에 이르는 전로에는 그 접속점에 근접하여 개폐기 기타 이와 유사한 기구(부하전류를 개폐할 수 있는 것에 한한다)를 시설할 것 **답** ①

MEMO

10년
2016~2025

전기기사필기
과년도문제 및
CBT 복원문제

동일출판사 홈페이지에서
무료 동영상강의를 보실 수 있습니다.

2016년 1회 전기기사필기

동일출판사 홈페이지에서 무료 동영상강의를 보실 수 있습니다.

1과목 - 전기자기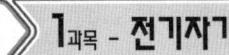

01 송전선의 전류가 0.01초 사이에 10[kA] 변화될 때 이 송전선에 나란한 통신선에 유도되는 유도전압은 몇 [V]인가? (단, 송전선과 통신선 간의 상호유도계수는 0.3[mH]이다.)

① 30　② 3×10^2
③ 3×10^3　④ 3×10^4

풀이 유도전압
$$e = L\frac{di(t)}{dt} = 0.3 \times 10^{-3} \times \frac{10 \times 10^3}{0.01}$$
$$= 3 \times 10^2 [V]$$
답 ②

02 전류가 흐르고 있는 도체와 직각 방향으로 자계를 가하게 되면 도체 측면에 정·부의 전하가 생기는 것을 무슨 효과라 하는가?

① 톰슨(Thomson) 효과
② 펠티에(Peltier) 효과
③ 제벡(Seebeck) 효과
④ 홀(Hall) 효과

풀이 홀 효과(Hall effect) : 도체나 반도체의 물질에 전류를 흘리고 이것과 직각 방향으로 자계를 가하면 I와 B가 이루는 면에 직각 방향으로 기전력이 발생되는 현상

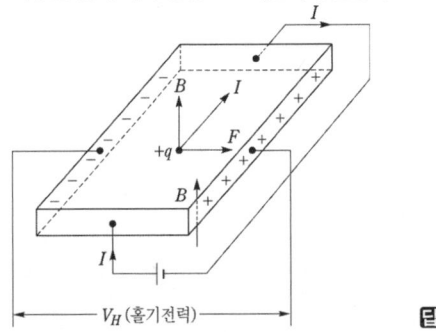

답 ④

03 극판 간격 d[m], 면적 S[m²], 유전율 ϵ[F/m]이고, 정전 용량이 C[F]인 평행판 콘덴서에 $v = V_m \sin\omega t$[V]의 전압을 가할 때의 변위전류[A]는?

① $\omega CV_m \cos\omega t$　② $CV_m \sin\omega t$
③ $-CV_m \sin\omega t$　④ $-\omega CV_m \cos\omega t$

풀이 변위전류밀도
$$i_d = \frac{\partial D}{\partial t} = \epsilon \frac{\partial E}{\partial t} = \epsilon \frac{\partial}{\partial t}\left(\frac{v}{d}\right)$$
$$= \frac{\epsilon}{d}\frac{\partial}{\partial t}V_m\sin\omega t = \frac{\epsilon}{d}\omega V_m\cos\omega t [A/m^2]$$
∴ 변위전류 $I_d = i_d S = \frac{\epsilon S}{d}\omega V_m\cos\omega t$
$$= \omega CV_m\cos\omega t [A]$$
답 ①

04 인덕턴스가 20[mH]인 코일에 흐르는 전류가 0.2초 동안에 2[A] 변화했다면 자기유도현상에 의해 코일에 유기되는 기전력은 몇 [V]인가?

① 0.1　② 0.2　③ 0.3　④ 0.4

풀이 유도기전력
$$e = L\frac{di}{dt} = 20 \times 10^{-3} \times \frac{2}{0.2} = 0.2[V]$$
답 ②

05 한 변의 길이가 l[m]인 정삼각형 회로에 전류 I[A]가 흐르고 있을 때 삼각형 중심에서의 자계의 세기[AT/m]는?

① $\frac{\sqrt{2}I}{3\pi l}$　② $\frac{9I}{\pi l}$
③ $\frac{2\sqrt{2}I}{3\pi l}$　④ $\frac{9I}{2\pi l}$

풀이 그림에서 한 변의 전류에 의한 자계는
$$H_1 = \frac{I}{4\pi b}(\sin\phi_1 + \sin\phi_2)$$
$$= \frac{I}{4\pi b}\sin\phi \times 2$$
$$= \frac{I}{2\pi b} \times \frac{\sqrt{3}}{2}$$

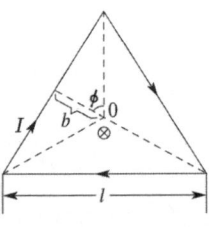

따라서 삼각형 중심의 자계는

$$H = 3H_1 = \frac{3\sqrt{3}}{4} \frac{I}{\pi b}$$

$$= \frac{3\sqrt{3}}{4} \times \frac{l}{\pi\left(\frac{l}{2\sqrt{3}}\right)} = \frac{9I}{2\pi l} \text{[AT/m]}$$

$$\left(\because \tan 30° = \frac{b}{l/2}, \; b = \frac{l}{2}\tan 30° = \frac{l}{2\sqrt{3}}\right)$$

답 ④

06 벡터 $A = 5e^{-r}\cos\phi\, a_r - 5\cos\phi\, a_z$ 가 원통좌표계로 주어졌다. 점 $(2, \frac{3\pi}{2}, 0)$에서의 $\nabla \times A$를 구하였다. a_z 방향의 계수는?

① 2.5 ② -2.5
③ 0.34 ④ -0.34

풀이 $A = 5e^{-r}\cos\phi\, a_r - 5\cos\phi\, a_z$

$$\nabla \times A = \frac{1}{r}\begin{vmatrix} a_r & a_\phi r & a_z \\ \frac{\partial}{\partial r} & \frac{\partial}{\partial \phi} & \frac{\partial}{\partial z} \\ A_r & rA_\phi & A_z \end{vmatrix}$$

$$= \frac{1}{r}\begin{vmatrix} a_r & a_\phi r & a_z \\ \frac{\partial}{\partial r} & \frac{\partial}{\partial \phi} & \frac{\partial}{\partial z} \\ 5e^{-r}\cos\phi & 0 & -5\cos\phi \end{vmatrix}$$

$$= \frac{1}{r}\left\{\left(\frac{\partial}{\partial \phi}(-5\cos\phi) - 0\right)a_r\right.$$
$$+ \left(\frac{\partial}{\partial z}(5e^{-r}\cos\phi) - \frac{\partial}{\partial r}(-5\cos\phi)\right)ra_\phi$$
$$\left. + \left(0 - \frac{\partial}{\partial \phi}(5e^{-r}\cos\phi)\right)a_z\right\}$$

$$= \frac{1}{r}(5\sin\phi\, a_r + 5e^{-r}\sin\phi\, a_z)$$

∴ a_z의 계수:

$$\frac{1}{r}5e^{-r}\sin\phi = \frac{1}{2}5e^{-2}\sin\frac{3}{2}\pi \approx -0.34$$

답 ④

07 변위전류밀도와 관계없는 것은?

① 전계의 세기 ② 유전율
③ 자계의 세기 ④ 전속밀도

풀이 변위전류밀도 $i_d = \frac{\partial D}{\partial t} = \epsilon \frac{\partial E}{\partial t}$ [A/m^2]

여기서, D : 전속밀도 [C/m^2]
　　　　E : 전계의 세기 [V/m^2]
　　　　ϵ : 유전율 [F/m]

답 ③

08 대지면 높이 h[m]로 평행하게 가설된 매우 긴 선전하(선전하밀도 λ[C/m])가 지면으로부터 받는 힘[N/m]은?

① h에 비례한다. ② h에 반비례한다.
③ h^2에 비례한다. ④ h^2에 반비례한다.

풀이 지상의 높이 h[m]와 같은 거리에 선전하밀도 $-\lambda$[C/m]인 영상전하를 고려하여 선전하 간의 작용력을 구하면

$$f = -\lambda E = -\lambda \cdot \frac{\lambda}{2\pi\epsilon_0(2h)} = \frac{-\lambda^2}{4\pi\epsilon_0 h} \propto \frac{1}{h}$$

답 ②

09 비투자율 800, 원형 단면적이 10[cm^2], 평균자로의 길이 30[cm]인 환상철심에 600회의 권선을 감은 코일이 있다. 여기에 1[A]의 전류가 흐를 때 코일 내에 생기는 자속은 약 몇 [Wb]인가?

① 1×10^{-3} ② 1×10^{-4}
③ 2×10^{-3} ④ 2×10^{-4}

풀이 환상 솔레노이드의 내부 자속

$$\phi = BS = \mu H \cdot S = \mu \cdot \frac{NI}{2\pi r} \cdot S = \frac{\mu_o \mu_s NIS}{\ell} \text{[Wb]}$$

∴ $\phi = \frac{\mu_0 \mu_s NIS}{\ell}$

$$= \frac{4\pi \times 10^{-7} \times 800 \times 600 \times 1 \times 10 \times 10^{-4}}{30 \times 10^{-2}}$$

$$= 2 \times 10^{-3} \text{[Wb]}$$

답 ③

10 내부저항이 r[Ω]인 전지 M개를 병렬로 연결했을 때, 전지로부터 최대 전력을 공급받기 위한 부하저항[Ω]은?

① $\frac{r}{M}$ ② Mr
③ r ④ $M^2 r$

풀이
- 최대 전력 전송 조건 : 임피던스 정합
  (내부 임피던스 = 외부 임피던스)
- 동일 저항 r[Ω]을 M개 병렬연결하면 $\frac{r}{M}$이므로 최대전력을 공급받기 위한 부하저항 $R_L = \frac{r}{M}$이 된다.

답 ①

11 서로 멀리 떨어져 있는 두 도체를 각각 V_1[V], V_2[V] ($V_1 > V_2$)의 전위로 충전한 후 가느다란 도선으로 연결하였을 때 그 도선에 흐르는 전하 Q[C]는? (단, C_1, C_2는 두 도체의 정전용량이다.)

① $\dfrac{C_1C_2(V_1-V_2)}{C_1+C_2}$ ② $\dfrac{2C_1C_2(V_1-V_2)}{C_1+C_2}$

③ $\dfrac{C_1C_2(V_1-V_2)}{2(C_1+C_2)}$ ④ $\dfrac{2(C_1V_1-C_2V_2)}{C_1C_2}$

풀이 두 도체의 처음 전하를 각각 Q_1, Q_2[C], 가느다란 도체로 연결한 후의 전하를 Q_1', Q_2'[C]라 하면
$C_1V_1 + C_2V_2 = Q_1 + Q_2 = Q_1' + Q_2'$
$= C_1V + C_2V$ [C]
공통 전위 $V = \dfrac{C_1V_1 + C_2V_2}{C_1+C_2}$ [V]
그러므로 도체를 흐르는 전하량 Q[C]는
$\therefore Q = Q_1 - Q_1' = C_1V_1 - C_1V = C_2V - C_2V_2$
$= \dfrac{C_1C_2(V_1-V_2)}{C_1+C_2}$ [C] 달 ①

12 자속밀도가 10[Wb/m²]인 자계 내에 길이 4[cm]의 도체를 자계와 직각으로 놓고 이 도체를 0.4초 동안 1[m]씩 균일하게 이동하였을 때 발생하는 기전력은 몇 [V]인가?

① 1 ② 2 ③ 3 ④ 4

풀이 $v = \dfrac{ds}{dt} = \dfrac{1}{0.4} = 2.5$ [m/sec]
$\therefore e = Blv\sin\theta = 10 \times 4 \times 10^{-2} \times 2.5 \times \sin 90°$
$= 1$ [V] 달 ①

13 반지름이 3[m]인 구에 공간전하밀도가 1[C/m³]가 분포되어 있을 경우 구의 중심으로부터 1[m]인 곳의 전계는 몇 [V]인가?

① $\dfrac{1}{2\epsilon_o}$ ② $\dfrac{1}{3\epsilon_o}$ ③ $\dfrac{1}{4\epsilon_o}$ ④ $\dfrac{1}{5\epsilon_o}$

풀이 $Q = \rho V_{체적} = \rho\dfrac{4}{3}\pi a^3$ 이므로 전계
$E_i = \dfrac{rQ}{4\pi\epsilon_0 a^3} = \dfrac{r}{4\pi\epsilon_0 a^3} \times \rho\dfrac{4}{3}\pi a^3 = \dfrac{\rho r}{3\epsilon_0}$

$\therefore E_i = \dfrac{\rho r}{3\epsilon_0} = \dfrac{1 \times 1}{3\epsilon_0} = \dfrac{1}{3\epsilon_0}$ [V] 달 ②

14 전선을 균일하게 2배의 길이로 당겨 늘였을 때 전선의 체적이 불변이라면 저항은 몇 배가 되는가?

① 2 ② 4 ③ 6 ④ 8

풀이 저항 $R = \rho\dfrac{l}{S} = \rho\dfrac{l \times l}{S \times l} = \rho\dfrac{l^2}{V}$ [Ω]
여기서, $\rho = \dfrac{1}{\sigma}$: 저항률 또는 고유저항[Ω·m]
l : 도체의 길이[m]
S : 도체의 단면적[m²]
V : 도체의 체적[m³]
$\therefore R \propto l^2 = 2^2 = 4$배 달 ②

15 한 변의 길이가 3[m]인 정삼각형 회로에 2[A]의 전류가 흐를 때 정삼각형 중심에서의 자계의 크기는 몇 [AT/m]인가?

① $\dfrac{1}{\pi}$ ② $\dfrac{2}{\pi}$ ③ $\dfrac{3}{\pi}$ ④ $\dfrac{4}{\pi}$

풀이

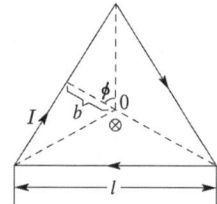

그림에서 한 변의 전류에 의한 자계는
$H_1 = \dfrac{I}{4\pi b}(\sin\phi_1 + \sin\phi_2)$
$= \dfrac{I}{4\pi b}\sin\phi \times 2 = \dfrac{I}{2\pi b} \times \dfrac{\sqrt{3}}{2}$
삼각형 중심의 자계는
$H = 3H_1 = \dfrac{3\sqrt{3}}{4}\dfrac{I}{\pi b}$
$= \dfrac{3\sqrt{3}}{4} \times \dfrac{I}{\pi\left(\dfrac{l}{2\sqrt{3}}\right)} = \dfrac{9I}{2\pi l}$ [AT/m]
$\left(\because \tan 30° = \dfrac{b}{l/2}, \ b = \dfrac{l}{2}\tan 30° = \dfrac{l}{2\sqrt{3}}\right)$
따라서 정삼각형 중심의 자계
$H = \dfrac{9I}{2\pi l} = \dfrac{9 \times 2}{2\pi \times 3} = \dfrac{3}{\pi}$ [AT/m] 달 ③

16 무한히 넓은 평면 자성체의 앞 a[m] 거리의 경계면에 평행하게 무한히 긴 직선 전류 I[A]가 흐를 때, 단위 길이당 작용력은 몇 [N/m]인가?

① $\dfrac{\mu_o}{4\pi a}\left(\dfrac{\mu+\mu_o}{\mu-\mu_o}\right)I^2$ ② $\dfrac{\mu_o}{2\pi a}\left(\dfrac{\mu+\mu_o}{\mu-\mu_o}\right)I^2$

③ $\dfrac{\mu_o}{4\pi a}\left(\dfrac{\mu-\mu_o}{\mu+\mu_o}\right)I^2$ ④ $\dfrac{\mu_o}{2\pi a}\left(\dfrac{\mu-\mu_o}{\mu+\mu_o}\right)I^2$

풀이 공간 내에서 자계는 전류 I와 대칭인 위치에 영상전류 I'를 발생시킨다.

$I' = \dfrac{\mu-\mu_0}{\mu+\mu_0}I$

따라서 거리 $2a$만큼 떨어진 두 전류 I, I'에 작용하는 F는

$F = \dfrac{\mu_0 II'}{2\pi d} = \dfrac{\mu_0}{2\pi \times 2a} I \times \dfrac{\mu-\mu_0}{\mu+\mu_0}I$

$= \dfrac{\mu_0}{4\pi a}\left(\dfrac{\mu-\mu_0}{\mu+\mu_0}\right)I^2$ (흡인력)   **답** ③

17 반지름 a[m]인 구대칭 전하에 의한 구내외의 전계의 세기에 해당되는 것은?

① 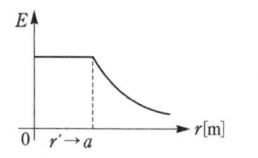   ②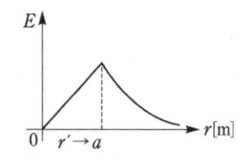

③ 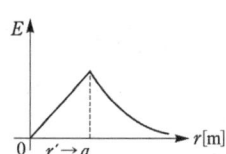   ④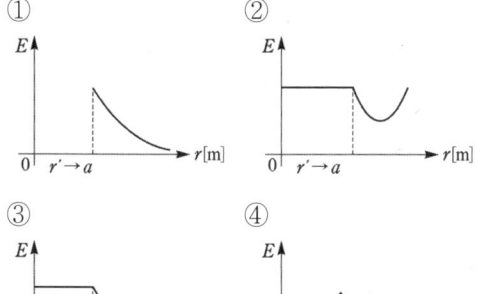

풀이 구체의 전하 분포

1) 내부에 전하가 균일 분포하는 경우
   (중심에서부터 외부로 방사상으로 발산)

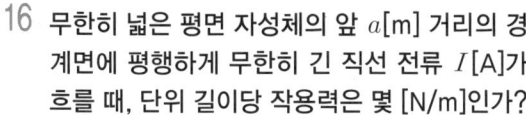

① 구체 외부($r > a$)
   $E = \dfrac{Q}{4\pi\epsilon_0 r^2} \propto \dfrac{1}{r^2}$ [V/m] (r^2에 반비례)

② 구체 표면($r = a$)
   $E_a = \dfrac{Q}{4\pi\epsilon_0 a^2}$ [V/m] (일정)

③ 구체 내부($r < a$)
   $E_i = \dfrac{rQ}{4\pi\epsilon_0 a^3} \propto r$ [V/m] (r에 비례)

2) 표면에 전하가 존재하는 경우
   (도체 표면에서 외부로 방사상으로 발산)

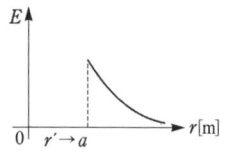

① 구체 외부($r > a$)
   $E = \dfrac{Q}{4\pi\epsilon_0 r^2} \propto \dfrac{1}{r^2}$ [V/m] (r^2에 반비례)

② 구체 표면($r = a$)
   $E_a = \dfrac{Q}{4\pi\epsilon_0 a^2}$ [V/m] (일정)

③ 구체 내부($r < a$)
   $E_i = 0$

※ 문제에서 조건이 주어지지 않았으므로 답은 ①, ④ 두 개이다.   **답** ①, ④

18 그림과 같이 공기 중에서 무한평면도체의 표면으로부터 2[m]인 곳에 점전하 4[C]이 있다. 전하가 받는 힘은 몇 [N]인가?

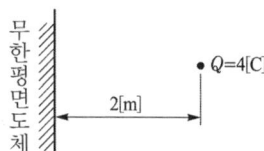

① 3×10^9 ② 9×10^9
③ 1.2×10^{10} ④ 3.6×10^{10}

풀이

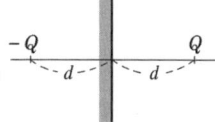

점전하 Q[C]과 무한 평면도체 간의 작용력 F[N]는

$F = \dfrac{Q^2}{4\pi\epsilon_0 (2d)^2} = \dfrac{Q^2}{16\pi\epsilon_0 d^2}$ [N] (흡인력)

$\therefore F = \dfrac{Q^2}{4\pi\epsilon(2a)^2} = 9 \times 10^9 \times \dfrac{4^2}{(2\times 2)^2}$

$= 9 \times 10^9$ [N]   **답** ②

19 판 간격이 d인 평행판 공기콘덴서 중에 두께 t이고, 비유전율이 ϵ_s인 유전체를 삽입하였을 경우에 공기의 절연파괴를 발생하지 않고 가할 수 있는 판 간의 전위차는? (단, 유전체가 없을 때 가할 수 있는 전압을 V라 하고 공기의 절연내력은 E_o라 한다.)

① $V\left(1 - \dfrac{t}{\epsilon_s d}\right)$
② $\dfrac{Vt}{d}\left(1 - \dfrac{1}{\epsilon_s}\right)$
③ $V\left(1 + \dfrac{t}{\epsilon_s d}\right)$
④ $V\left(1 - \dfrac{t}{d}\left(1 - \dfrac{1}{\epsilon_s}\right)\right)$

풀이

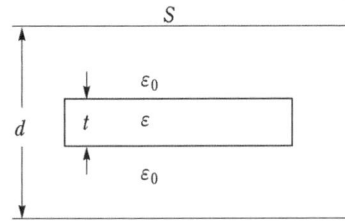

유전체 삽입 전 정전용량 $C = \dfrac{\epsilon_0}{d}S$

유전체 삽입 후 정전용량 C'

• 유전체가 없는 부분 $C_1 = \dfrac{\epsilon_0}{d-t}S$

• 유전체 삽입 부분 $C_2 = \dfrac{\epsilon}{t}S$

C'는 C_1과 C_2의 직렬 등가이므로

$$C' = \dfrac{1}{\dfrac{1}{C_1} + \dfrac{1}{C_2}} = \dfrac{1}{\dfrac{1}{\dfrac{\epsilon_0}{d-t}S} + \dfrac{1}{\dfrac{\epsilon}{t}S}} = \dfrac{\epsilon_0 \epsilon S}{\epsilon(d-t) + \epsilon_0 t}$$

전하량 $Q = CV$는 유전체 삽입 전·후가 일정하므로 $CV = C'V'$

$V' = \dfrac{C}{C'}V = \dfrac{\epsilon(d-t) + \epsilon_0 t}{\epsilon d}V = \left(1 - \dfrac{t}{d} + \dfrac{t}{\epsilon_s d}\right)V$

$(\because \dfrac{C}{C'} = \dfrac{\epsilon(d-t) + \epsilon_0 t}{\epsilon_0 \epsilon S} \times \dfrac{\epsilon_0 S}{d} = \dfrac{\epsilon(d-t) + \epsilon_0 t}{\epsilon d})$

$\therefore V' = V\left[1 - \dfrac{t}{d}\left(1 - \dfrac{1}{\epsilon_s}\right)\right]$ 답 ④

20 전기쌍극자에 관한 설명으로 틀린 것은?
① 전계의 세기는 거리의 세제곱에 반비례한다.
② 전계의 세기는 주위 매질에 따라 달라진다.
③ 전계의 세기는 쌍극자모멘트에 비례한다.
④ 쌍극자의 전위는 거리에 반비례한다.

풀이
• 전기쌍극자에 의한 전위 $V = \dfrac{M\cos\theta}{4\pi\epsilon_0 r^2}[\text{V}] \propto \dfrac{1}{r^2}$

• 전기쌍극자에 의한 전계 $E = \dfrac{M\sqrt{1+3\cos^2\theta}}{4\pi\epsilon_0 r^3}[\text{V/m}] \propto \dfrac{1}{r^3}$ 답 ④

2과목 - 전력공학

21 150[kVA] 단상변압기 3대를 △-△ 결선으로 사용하다가 1대의 고장으로 V-V 결선하여 사용하면 약 몇 [kVA] 부하까지 걸 수 있겠는가?
① 200 ② 220
③ 240 ④ 260

풀이 V결선 시 3상출력 = $\sqrt{3} \times P_1$
여기서, P_1 : 단상변압기 1대의 출력
$\therefore P_V = \sqrt{3} \times 150 ≒ 260[\text{kVA}]$ 답 ④

22 송전계통의 안정도를 향상시키는 방법이 아닌 것은?
① 전압변동을 적게 한다.
② 제동저항기를 설치한다.
③ 직렬 리액턴스를 크게 한다.
④ 중간조상기방식을 채용한다.

풀이 안정도 향상 대책
1) **직렬 리액턴스(X)를 작게 한다.**
2) 전압변동을 작게 한다.
3) 중간 조상 방식을 채용한다.
4) 고장전류를 줄이고 고장구간을 신속하게 차단한다.
5) 고장 시 발전기 입·출력의 불평형을 작게 한다.
(제동 저항기 설치) 답 ③

23 연간 전력량이 $E[\text{kWh}]$이고, 연간 최대전력이 $W[\text{kW}]$인 연부하율은 몇 [%]인가?

① $\dfrac{E}{W} \times 100$
② $\dfrac{\sqrt{3}\,W}{E} \times 100$
③ $\dfrac{8760\,W}{E} \times 100$
④ $\dfrac{E}{8760\,W} \times 100$

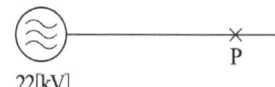

> **풀이** 연 부하율 = $\dfrac{\text{연간 전력량}/(365\times24)}{\text{연간 최대 전력}}\times100$
>
> $=\dfrac{E}{8760W}\times100[\%]$　　**답** ④

24 차단기의 정격차단시간은?

① 고장 발생부터 소호까지의 시간
② 가동접촉자의 시동부터 소호까지의 시간
③ 트립코일 여자부터 소호까지의 시간
④ 가동접촉자의 개구부터 소호까지의 시간

> **풀이** 차단기의 차단 시간 : 트립 코일 여자부터 차단기의 가동 전극이 고정 전극으로부터 이동을 개시하여 개극할 때까지의 개극 시간과 접점이 충분히 떨어져 아크가 완전히 소호할 때까지의 아크 시간의 합으로 3~8[Hz]이다.　　**답** ③

25 3상 결선 변압기의 단상 운전에 의한 소손 방지 목적으로 설치하는 계전기는?

① 단락 계전기　② 결상 계전기
③ 지락 계전기　④ 과전압 계전기

> **답** ②

26 인터록(interlock)의 기능에 대한 설명으로 맞은 것은?

① 조작자의 의중에 따라 개폐되어야 한다.
② 차단기가 열려 있어야 단로기를 닫을 수 있다.
③ 차단기가 닫혀 있어야 단로기를 닫을 수 있다.
④ 차단기와 단로기를 별도로 닫고, 열 수 있어야 한다.

> **풀이** 단로기는 부하전류를 개폐할 수 없다. 따라서 단로기는 차단기가 열려 있어야 열고 닫을 수 있다. 즉, 인터록 장치를 두어 부하 통전 시 단로기를 열 수 없도록 하여야 한다.　　**답** ②

27 그림과 같은 22[kV] 3상 3선식 전선로의 P점에 단락이 발생하였다면 3상 단락전류는 약 몇 [A]인가? (단, %리액턴스는 8[%]이며 저항분은 무시한다.)

① 6561
② 8560
③ 11364
④ 12684

> **풀이** 단락전류
>
> $I_s=\dfrac{100}{\%Z}I_n=\dfrac{100}{\%Z}\cdot\dfrac{P_n}{\sqrt{3}\,V_n}$
>
> $=\dfrac{100}{8}\times\dfrac{20000}{\sqrt{3}\times22}\fallingdotseq 6561[A]$　　**답** ①

28 전력계통에서 내부 이상전압의 크기가 가장 큰 경우는?

① 유도성 소전류 차단 시
② 수차발전기의 부하 차단 시
③ 무부하 선로 충전전류 차단 시
④ 송전선로의 부하 차단기 투입 시

> **풀이** 내부 이상전압은 계통 조작 시 또는 고장 시 발생하며, 내부 이상전압이 가장 큰 경우는 무부하 송전선로의 충전전류를 차단할 경우이다.　　**답** ③

29 화력발전소에서 재열기의 목적은?

① 급수 예열　② 석탄 건조
③ 공기 예열　④ 증기 가열

> **풀이** • 재열기(reheater) : 포화 온도의 증기를 과열 온도의 증기로 가열
> • 절탄기 : 보일러 급수를 연도 폐기 가스로 가열
> • 공기 예열기 : 연소용 공기를 예열　　**답** ④

30 송전선로의 각 상전압이 평형되어 있을 때 3상 1회선 송전선의 작용정전용량[μF/km]을 옳게 나타낸 것은? (단, r은 도체의 반지름[m], D는 도체의 등가선간거리[m]이다.)

① $\dfrac{0.02413}{\log_{10}\dfrac{D}{r}}$　② $\dfrac{0.2413}{\log_{10}\dfrac{D}{r}}$

③ $\dfrac{0.02413}{\log_{10}\dfrac{D^2}{r}}$　④ $\dfrac{0.2413}{\log_{10}\dfrac{D^2}{r}}$

[풀이] $C = \dfrac{0.02413}{\log_{10}\dfrac{D}{r}}$

여기서, r : 반지름, D : 등가거리   답 ①

31 플리커 경감을 위한 전력 공급측의 방안이 아닌 것은?
① 공급전압을 낮춘다.
② 전용 변압기로 공급한다.
③ 단독 공급 계통을 구성한다.
④ 단락 용량이 큰 계통에서 공급한다.

[풀이] 플리커 경감 대책
1) 전력 공급측에서 실시
 ① 전용 계통으로 공급
 ② 단락 용량이 큰 계통에서 공급
 ③ 전용 변압기로 공급
 ④ 공급전압을 승압
2) 수용가 측에서의 대책
 ① 전원 계통에 리액터 분을 보상
 ② 전압강하를 보상
 ③ 부하의 무효전력 변동분을 흡수
 ④ 플리커 부하전류의 변동분을 억제   답 ①

32 송전선로에서 송전전력, 거리, 전력손실율과 전선의 밀도가 일정하다고 할 때, 전선 단면적 A [mm^2]는 전압 V[V]와 어떤 관계에 있는가?
① V에 비례한다.
② V^2에 비례한다.
③ $\dfrac{1}{V}$에 비례한다.
④ $\dfrac{1}{V^2}$에 비례한다.

[풀이]
- 전력손실 $P_l = 3I^2 R = \dfrac{P^2 \rho l}{V^2 \cos^2\theta A}$ 이므로

  전력손실률 $h = \dfrac{P_l}{P} = \dfrac{P\rho l}{V^2 \cos^2\theta A}$ 이다.

- 송전전력(P), 송전거리(l), 전선의 비중(ρ), 전력손실률(h)이 일정하다고 하면

  $\therefore A = \dfrac{P\rho l}{hV^2\cos^2\theta} \propto \dfrac{1}{V^2}$ 답 ④

33 동기조상기에 관한 설명으로 틀린 것은?
① 동기전동기의 V특성을 이용하는 설비이다.
② 동기전동기를 부족여자로 하여 컨덕터로 사용한다.
③ 동기전동기를 과여자로 하여 콘덴서로 사용한다.
④ 송전계통의 전압을 일정하게 유지하기 위한 설비이다.

[풀이] ① 조상설비 : 송전선을 일정한 전압으로 운전하기 위해 필요한 무효전력을 공급하는 장치로, 종류로는 동기조상기, 전력용 콘덴서, 분로 리액터가 있다.
② 동기조상기
 • 동기전동기의 V특성을 이용하는 설비
 • **과여자** 운전하면 콘덴서로 작용
 • **부족여자** 운전하면 **리액터**로 작용   답 ②

34 비등수형 원자로의 특색에 대한 설명이 틀린 것은?
① 열교환기가 필요하다.
② 기포에 의한 자기 제어성이 있다.
③ 방사능 때문에 증기는 완전히 기수분리를 해야 한다.
④ 순환펌프로서는 급수펌프뿐이므로 펌프동력이 작다.

[풀이] 비등수형 원자로의 특징
① 증기 발생기가 필요 없고, **열교환기도 필요 없다.**
② 증기가 직접 터빈에 들어가기 때문에 누출을 철저히 방지해야 한다.
③ 소내용 동력은 적어도 된다.
④ 노 내의 물의 압력이 높지 않다.
⑤ 노심 및 압력 용기가 커진다.   답 ①

35 피뢰기의 제한전압이란?
① 충격파의 방전개시전압
② 상용주파수의 방전개시전압
③ 전류가 흐르고 있을 때의 단자전압
④ 피뢰기 동작 중 단자전압의 파고값

[풀이] 제한 전압 : **피뢰기 동작 중에 계속해서 걸리고 있는 단자전압의 파고값**   답 ④

36 그림과 같은 단거리 배전선로의 송전단전압 6600[V], 역률은 0.9이고, 수전단전압 6100[V], 역률 0.8일 때 회로에 흐르는 전류 I[A]는? (단, E_s 및 E_r은 송·수전단 대지전압이며, $r = 20[\Omega]$, $x = 10[\Omega]$이다.)

① 20
② 35
③ 53
④ 65

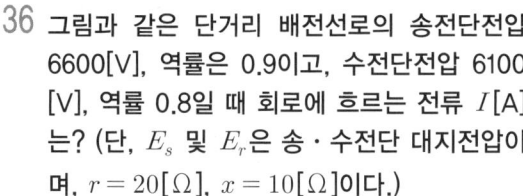

풀이 그림과 같은 회로에서의 손실전력
$P_l = I^2 r = P_s - P_r = E_s I\cos\theta_s - E_r I\cos\theta_r$
정리하면 $I^2 r = I(E_s \cos\theta_s - E_r \cos\theta_r)$이다.
따라서 전류
$I = \dfrac{E_s \cos\theta_s - E_r \cos\theta_r}{r}$
$= \dfrac{6600 \times 0.9 - 6100 \times 0.8}{20} = 53$[A]   **답** ③

37 단락 용량 5000[MVA]인 모선의 전압이 154[kV]라면 등가 모선 임피던스는 약 몇 [Ω]인가?

① 2.54 ② 4.74 ③ 6.34 ④ 8.24

풀이 단락 용량 $P_s = \dfrac{V^2}{Z}$
따라서 등가 모선 임피던스
$Z = \dfrac{V^2}{P_s} = \dfrac{(154 \times 10^3)^2}{5000 \times 10^6} = 4.74[\Omega]$ **답** ②

38 그림과 같은 전력계통의 154[kV] 송전선로에서 고장 지락 임피던스 Z_{gf}를 통해서 1선 지락 고장이 발생되었을 때 고장점에서 본 영상 임피던스[%]는? (단, 그림에 표시한 임피던스는 모두 동일용량, 100[MVA] 기준으로 환산한 % 임피던스임)

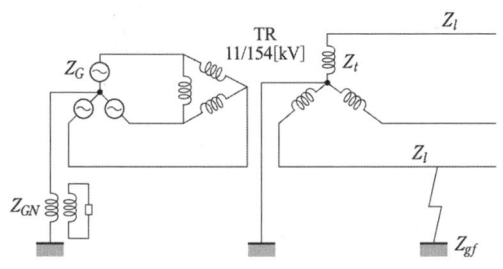

① $Z_0 = Z_l + Z_t + Z_G$
② $Z_0 = Z_l + Z_t + Z_{gf}$
③ $Z_0 = Z_l + Z_t + 3Z_{gf}$
④ $Z_0 = Z_l + Z_t + Z_{gf} + Z_G + Z_{GN}$

풀이 $V = 3I_0 \cdot Z_{gf} = I_0 \cdot 3Z_{gf}$
$Z_0 = Z_l + Z_t + 3Z_{gf}$

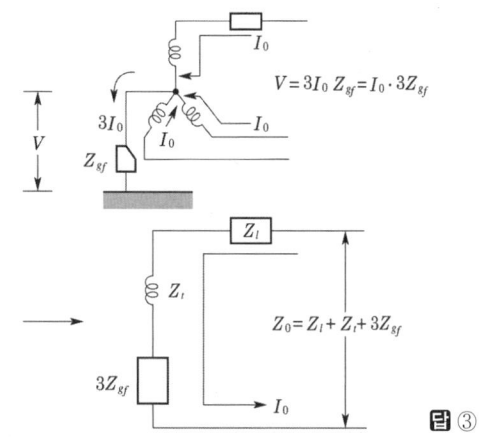

답 ③

39 피뢰기가 그 역할을 잘하기 위하여 구비되어야 할 조건으로 틀린 것은?

① 속류를 차단할 것
② 내구력이 높을 것
③ 충격방전 개시전압이 낮을 것
④ 제한전압은 피뢰기의 정격전압과 같게 할 것

풀이 피뢰기 구비조건
① 충격 방전 개시 전압이 낮을 것
② 상용 주파 방전 개시 전압은 높을 것
③ 방전 내량이 크면서 제한 전압은 낮을 것
④ 속류 차단 능력이 충분할 것   **답** ④

40 저압 배전선로에 대한 설명으로 틀린 것은?

① 저압 뱅킹 방식은 전압변동을 경감할 수 있다.
② 밸런서(balancer)는 단상 2선식에 필요하다.
③ 배전선로의 부하율이 F일 때 손실계수는 F와 F^2의 중간 값이다.
④ 수용률이란 최대수용전력을 설비용량으로 나눈 값을 퍼센트로 나타낸 것이다.

풀이 단상 3선식에서 부하가 불평형이 생기면 양 외선 간의 전압이 불평형이 되므로 이를 방지하기 위해 저압 밸런서를 설치한다. **답** ②

3과목 - 전기기기

41 정전압 계통에 접속된 동기발전기의 여자를 약하게 하면?
① 출력이 감소한다.
② 전압이 강하한다.
③ 앞선 무효전류가 증가한다.
④ 뒤진 무효전류가 증가한다.

풀이 A, B 동기발전기를 병렬운전 중 A기의 여자를 약하게 하면 A기의 유기기전력이 저하하고 A기에는 진상 무효전류가 흐르게 되어 역률이 개선되고, B기에는 지상무효전류가 흘러 역률이 저하한다. **답** ③

42 다이오드를 사용한 정류회로에서 과대한 부하전류에 의해 다이오드가 파손될 우려가 있을 때의 조치로서 적당한 것은?
① 다이오드를 병렬로 추가한다.
② 다이오드를 직렬로 추가한다.
③ 다이오드 양단에 적당한 값의 저항을 추가한다.
④ 다이오드 양단에 적당한 값의 콘덴서를 추가한다.

풀이
• 다이오드 직렬 연결 : 과전압 방지
• 다이오드 병렬 연결 : 과전류 방지
답 ①

43 직류발전기의 외부 특성곡선에서 나타내는 관계로 옳은 것은?
① 계자전류와 단자전압
② 계자전류와 부하전류
③ 부하전류와 단자전압
④ 부하전류와 유기기전력

풀이

구 분	횡축	종축	조 건
무부하 포화 곡선	I_f	$V(=E)$	n=일정, $I=0$
외부 특성 곡선	I (부하전류)	V (단자전압)	n=일정, R_f=일정
내부 특성 곡선	I	E	n=일정, R_f=일정
부하 특성 곡선	I_f	V	n=일정, I=일정
계자 조정 곡선	I	I_f	n=일정, V=일정

답 ③

44 직류기의 전기자 반작용에 의한 영향이 아닌 것은?
① 자속이 감소하므로 유기기전력이 감소한다.
② 발전기의 경우 회전 방향으로 기하학적 중성축이 형성된다.
③ 전동기의 경우 회전 방향과 반대 방향으로 기하학적 중성축이 형성된다.
④ 브러시에 의해 단락된 코일에는 기전력이 발생하므로 브러시 사이의 유기기전력이 증가한다.

풀이 전기자 반작용의 영향
① 전기적 중성축 이동
  • 발전기 : 회전 방향으로 이동
  • 전동기 : 회전 방향과 반대 방향으로 이동
② 주자속 감소
③ 정류자 편간의 불꽃 섬락 발생
④ 출력의 저하 **답** ④

45 어떤 정류기의 부하 전압이 2000[V]이고 맥동률이 3[%]이면 교류분의 진폭[V]은?
① 20   ② 30
③ 50   ④ 60

풀이 맥동률 $= \dfrac{\triangle E}{E_d} \times 100[\%]$
∴ $\triangle E = 0.03 \times 2000 = 60[V]$ **답** ④

46 3상 3300[V], 100[kVA]의 동기발전기의 정격 전류는 약 몇 [A]인가?

① 17.5 ② 25
③ 30.3 ④ 33.3

풀이 정격전류
$$I = \frac{P}{\sqrt{3}\,V} = \frac{100 \times 10^3}{\sqrt{3} \times 3300} \fallingdotseq 17.5[A]$$
답 ①

47 4극 3상 유도전동기가 있다. 전원전압 200[V]로 전부하를 걸었을 때 전류는 21.5[A]이다. 이 전동기의 출력은 몇 [W]인가? (단, 전부하역률 86[%], 효율 85[%]이다.)

① 5029 ② 5444
③ 5820 ④ 6103

풀이 출력 $P = \sqrt{3}\,VI\cos\theta \cdot \eta$
$= \sqrt{3} \times 200 \times 21.5 \times 0.86 \times 0.85$
$= 5444.2[W]$
답 ②

48 변압비 3000/100[V]인 단상변압기 2대의 고압 측을 그림과 같이 직렬로 3300[V] 전원에 연결하고, 저압 측에서 각각 5[Ω], 7[Ω]의 저항을 접속하였을 때, 고압 측의 단자전압 E_1은 약 몇 [V]인가?

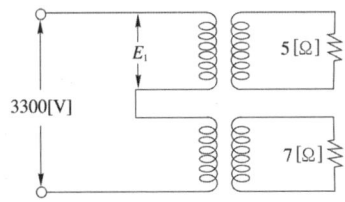

① 471 ② 660
③ 1375 ④ 1925

풀이
$E_1 = \dfrac{Z_1}{Z_1 + Z_2} \cdot E = \dfrac{5}{5+7} \times 3300 = 1375[V]$
$E_2 = \dfrac{Z_2}{Z_1 + Z_2} \cdot E = \dfrac{7}{5+7} \times 3300 = 1925[V]$
답 ③

49 교류기에서 유기기전력의 특정 고조파분을 제거하고 또 권선을 절약하기 위하여 자주 사용되는 권선법은?

① 전절권 ② 분포권
③ 집중권 ④ 단절권

풀이 ① 기전력의 파형을 좋게 하고, 권선량을 절약하기 위해서는 단절권으로 하여야 한다.
② 단절권의 장점
 • 동량 절약
 • 자기 인덕턴스 감소
 • 특정 고조파를 제거하여 파형 개선
답 ④

50 4극 60[Hz]의 유도전동기가 슬립 5[%]로 전부하 운전하고 있을 때 2차 권선의 손실이 94.25[W]라고 하면 토크는 약 몇 [N·m]인가?

① 1.02 ② 2.04
③ 10.0 ④ 20.0

풀이
$N_s = \dfrac{120f}{p} = \dfrac{120 \times 60}{4} = 1800[rpm]$
$P_2 = \dfrac{P_{c2}}{s} = \dfrac{94.25}{0.05} = 1885[W]$
$\therefore \tau = 0.975 \dfrac{P_2}{N_s} \times 9.8 = 0.975 \times \dfrac{1885}{1800} \times 9.8$
$= 10[N \cdot m]$
답 ③

51 12극의 3상 동기발전기가 있다. 기계각 15°에 대응하는 전기각은?

① 30 ② 45
③ 60 ④ 90

풀이 전기각 $\alpha_e[rad]$ = 기하학적 각도 $\alpha[rad] \times \dfrac{p}{2}$
$= 15° \times \dfrac{12}{2} = 90°$
답 ④

52 단상변압기에 정현파 유기기전력을 유기하기 위한 여자전류의 파형은?

① 정현파 ② 삼각파
③ 왜형파 ④ 구형파

풀이 변압기 철심에는 자기 포화 현상과 히스테리시스 현상으로 인하여 자속을 만드는 **여자전류는 정현파로 될 수 없으며 고조파를 포함하는 왜형파**가 된다. 답 ③

53 회전형전동기와 선형전동기(Linear Motor)를 비교한 설명 중 틀린 것은?

① 선형의 경우 회전형에 비해 공극의 크기가 작다.
② 선형의 경우 직접적으로 직선운동을 얻을 수 있다.
③ 선형의 경우 회전형에 비해 부하관성의 영향이 크다.
④ 선형의 경우 전원의 상 순서를 바꾸어 이동 방향을 변경한다.

풀이 리니어 모터
회전기의 회전자 접속 방향에 발생하는 전자력을 직선적인 기계 에너지로 변환시키는 장치
(1) 장점
  ① 모터 자체의 구조가 간단하여 신뢰성이 높고 보수가 용이하다.
  ② 기어, 벨트 등 동력 변환 기구가 필요 없고 **직접 직선 운동이 얻어진다.**
  ③ 마찰을 거치지 않고 추진력이 얻어진다.
  ④ 원심력에 의한 가속제한이 없고 고속을 쉽게 얻을 수 있다.
(2) 단점
  ① 회전형에 비하여 역률, 효율이 낮다.
  ② 저속도를 얻기 어렵다.
  ③ **부하관성의 영향이 크다.** 답 ①

54 변압기의 전일 효율이 최대가 되는 조건은?

① 하루 중의 무부하손의 합 = 하루 중의 부하손의 합
② 하루 중의 무부하손의 합 < 하루 중의 부하손의 합
③ 하루 중의 무부하손의 합 > 하루 중의 부하손의 합
④ 하루 중의 무부하손의 합 = 2 × 하루 중의 부하손의 합

풀이 전일 효율이 최대가 되려면
$$24P_i = \sum hP_c$$
즉, 하루 중의 무부하손의 합과 하루 중의 부하손의 합이 같아야 한다. 답 ①

55 유도전동기를 정격상태로 사용 중, 전압이 10[%] 상승하면 다음과 같은 특성의 변화가 있다. 틀린 것은? (단, 부하는 일정 토크라고 가정한다.)

① 슬립이 작아진다.
② 효율이 떨어진다.
③ 속도가 감소한다.
④ 히스테리시스손과 와류손이 증가한다.

풀이 ① $\dfrac{s'}{s} = \left(\dfrac{V_1}{V'}\right)^2$: 슬립은 전압의 제곱에 반비례하므로 전압이 상승하면 슬립은 작아진다.
② $\eta_2 = 1 - s$: 슬립이 작아지면 **효율은 증가한다.**
③ $\dfrac{N}{N'} = \left(\dfrac{V_1}{V'}\right)^2$: 속도는 전압의 제곱에 비례하므로 전압이 상승하면 **속도도 상승한다.**
④ 와류손은 주파수와는 무관하고 전압의 제곱에 비례하므로 와류손이 증가한다. 답 ②, ③

56 대칭 3상 권선에 평형 3상 교류가 흐르는 경우 회전자계의 설명으로 틀린 것은?

① 발생 회전자계 방향 변경 가능
② 발생 회전자계는 전류와 같은 주기
③ 발생 회전자계 속도는 동기속도보다 늦음
④ 발생 회전자계 세기는 각 코일 최대 자계의 1.5배

풀이 회전자계는 동기속도로 회전하므로 매분의 회전수를 N_S라 하고 극수를 P, 주파수를 f라 하면 $N_S = \dfrac{120f}{P}$ [rpm]가 된다. 답 ③

57 철손 1.6[kW] 전부하동손 2.4[kW]인 변압기에는 약 몇 [%] 부하에서 효율이 최대로 되는가?

① 82
② 95
③ 97
④ 100

풀이 변압기 효율은 $m^2 P_c = P_i$ 일 때 최대이므로

$$\therefore m = \sqrt{\frac{P_i}{P_c}} = \sqrt{\frac{1.6}{2.4}} ≒ 0.82$$

즉, 약 82[%] 부하에서 최대 효율이 된다. **답** ①

58 동기발전기의 제동권선의 주요 작용은?

① 제동작용
② 난조방지작용
③ 시동권선작용
④ 자려작용(自勵作用)

풀이 제동권선의 역할
① 난조 방지
② 기동 토크 발생
③ 불평형부하 시의 전류, 전압 파형 개선
④ 송전선의 불평형 단락 시의 이상전압 방지 **답** ②

59 직류기 권선법에 대한 설명 중 틀린 것은?

① 단중 파권은 균압환이 필요하다.
② 단중 중권의 병렬회로 수는 극수와 같다.
③ 저전류·고전압 출력은 파권이 유리하다.
④ 단중 파권의 유기전압은 단중 중권의 $\frac{P}{2}$ 이다.

풀이 직류기의 전기자 권선

항 목	권선	중 권	파 권
내부 병렬회로 수 a		$a = p$	$a = 2$
브러시 수 b		$b = p$	$b = 2$
용 도		저전압, 대전류	고전압, 소전류
균압환		4극 이상	-

답 ①

60 스테핑 모터의 일반적인 특징으로 틀린 것은?

① 기동·정지 특성은 나쁘다.
② 회전각은 입력 펄스 수에 비례한다.
③ 회전속도는 입력 펄스 주파수에 비례한다.
④ 고속 응답이 좋고, 고출력의 운전이 가능하다.

풀이 스테핑 모터는
① 디지털 신호에 비례하여 일정 각도만큼 회전하는 모터이다.
② 총 회전각은 입력 펄스의 수로 정해진다.
③ 회전속도는 입력 펄스의 주파수(펄스 속도)에 비례한다.
④ 가속, 감속이 용이하며 정·역전 및 변속이 쉽다.
⑤ 스테핑 모터는 자동화설비 등에서 전기적 신호를 위치 신호로 변환시키는 데 사용된다. **답** ①

4과목 - 회로이론 및 제어공학

61 제어오차가 검출될 때 오차가 변화하는 속도에 비례하여 조작량을 조절하는 동작으로 오차가 커지는 것을 사전에 방지하는 제어 동작은?

① 미분동작제어
② 비례동작제어
③ 적분동작제어
④ 온-오프(ON-OFF) 제어

풀이 미분 동작 제어(D 동작)
제어계 오차가 검출될 때 오차가 변화하는 속도에 비례하여 조작량을 가·감산하도록 하는 동작으로 **오차가 커지는 것을 미리 방지**하는 데 있다. **답** ①

62 다음과 같은 상태방정식으로 표현되는 제어계에 대한 설명으로 틀린 것은?

$$\dot{x} = \begin{bmatrix} 0 & 1 \\ -2 & -3 \end{bmatrix} x + \begin{bmatrix} 1 & 1 \\ 0 & -2 \end{bmatrix} u$$

① 2차 제어계이다.
② x는 (2×1)의 벡터이다.
③ 특성방정식은 $(s+1)(s+2) = 0$이다.
④ 제어계는 부족 제동(under damped)된 상태에 있다.

풀이 특성방정식은 $s^2 + 3s + 2 = 0$이므로
$s^2 + 2\delta\omega_n s + \omega_n^2 = 0$와 비교하면
$2\delta\omega_n = 3$, $\omega_n^2 = 2 \rightarrow \omega_n = \sqrt{2}$, $2\sqrt{2}\delta = 3$
$\therefore \delta = \frac{3}{2\sqrt{2}} > 1$: 과제동 **답** ④

63 벡터 궤적이 그림과 같이 표시되는 요소는?

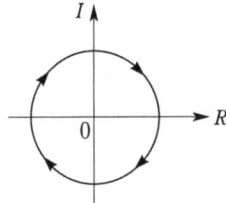

① 비례요소　② 1차 지연 요소
③ 2차 지연요소　④ 부동작 시간요소

풀이 부동작 시간요소 $G(s)=e^{-Ls}$ 는
$$G(j\omega)=e^{-j\omega L}=\cos\omega L-j\sin\omega L$$
$$|G(j\omega)|=\sqrt{(\cos\omega L)^2+(\sin\omega L)^2}=1$$
$$\angle G(j\omega)=\tan^{-1}\left(\frac{\sin\omega L}{\cos\omega L}\right)=-\omega L$$

즉, 크기는 1이며, ω의 증가에 따라 원주상을 시계 방향으로 회전하는 벡터 궤적 $G(j\omega)$이다.　답 ④

64 그림과 같은 이산치계의 z변환 전달함수 $\dfrac{C(z)}{R(z)}$를 구하면?

(단, $Z\left[\dfrac{1}{s+a}\right]=\dfrac{z}{z-e^{-aT}}$ 임)

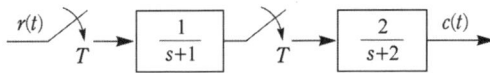

① $\dfrac{2z}{z-e^{-T}}-\dfrac{2z}{z-e^{-2T}}$

② $\dfrac{2z^2}{(z-e^{-T})(z-e^{-2T})}$

③ $\dfrac{2z}{z-e^{-2T}}-\dfrac{2z}{z-e^{-T}}$

④ $\dfrac{2z}{(z-e^{-T})(z-e^{-2T})}$

풀이 $C(z)=G_1(z)\,G_2(z)\,R(z)$

$\therefore G(z)=\dfrac{C(z)}{R(z)}=G_1(z)\,G_2(z)$

$=z\left[\dfrac{1}{s+1}\right]z\left[\dfrac{2}{s+2}\right]$

$=\dfrac{2z^2}{(z-e^{-T})(z-e^{-2T})}$　답 ②

65 다음의 논리 회로를 간단히 하면?

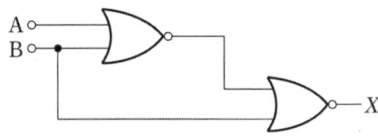

① $X=AB$　② $X=A\overline{B}$
③ $X=\overline{A}B$　④ $X=\overline{AB}$

풀이 $\overline{\overline{(A+B)}+B}=\overline{\overline{(\overline{A}\cdot\overline{B})}+B}=\overline{(A+B)\cdot(\overline{B}+B)}$
$=\overline{(A+B)}=\overline{A}\cdot\overline{B}$　답 ②

66 그림과 같은 신호흐름선도에서 $C(s)/R(s)$의 값은?

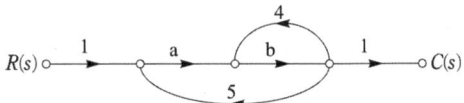

① $\dfrac{ab}{1-4b-5ab}$　② $\dfrac{ab}{1+4b-5ab}$
③ $\dfrac{ab}{1-4b+5ab}$　④ $\dfrac{ab}{1+4b+5ab}$

풀이 $G_1=1\cdot a\cdot b\cdot 1=ab$, $\Delta_1=1$,
$L_{11}=b\cdot 4=4b$, $L_{21}=a\cdot b\cdot 5=5ab$
$\Delta=1-(L_{11}+L_{21})=1-(4b+5ab)=1-4b-5ab$
$\therefore \dfrac{C}{R}=\dfrac{G_1\Delta_1}{\Delta}=\dfrac{ab}{1-4b-5ab}$　답 ①

67 단위계단 입력에 대한 응답특성이
$c(t)=1-e^{-\frac{1}{T}t}$ 로 나타나는 제어계는?

① 비례제어계
② 적분제어계
③ 1차 지연제어계
④ 2차 지연제어계

풀이 $R(s)=\mathcal{L}[r(t)]=\mathcal{L}[u(t)]=\dfrac{1}{s}$

$C(s)=\mathcal{L}[c(t)]=\mathcal{L}\left[1-e^{-\frac{1}{T}t}\right]=\dfrac{1}{s}-\dfrac{1}{s+\dfrac{1}{T}}$

$$\therefore G(s) = \frac{C(s)}{R(s)} = \frac{\frac{1}{s} - \frac{1}{s + \frac{1}{T}}}{\frac{1}{s}}$$

$$= 1 - \frac{s}{s + \frac{1}{T}} = \frac{1}{Ts + 1}$$

즉, 1차 지연제어계이다.   답 ③

68 $G(s)H(s) = \frac{K(s+1)}{s^2(s+2)(s+3)}$ 에서 근궤적의 수는?

① 1　　② 2
③ 3　　④ 4

풀이 근궤적의 수(N)는
① z(영점의 수) $> p$(극의 수)이면 $N = z$
② $z < p$, $N = p$
문제에서 $z = 1$, $p = 4$이므로
근궤적의 수 $N = p$, 즉 $N = 4$ 이다.   답 ④

69 주파수응답에 의한 위치제어계의 설계에서 계통의 안정도 척도와 관계가 적은 것은?

① 공진치　　② 위상여유
③ 이득여유　　④ 고유주파수

풀이 주파수응답에서 안정도의 척도는
① 공진치, ② 위상 여유, ③ 이득 여유가 된다.
즉, 고유 주파수($\omega_n = 1/\sqrt{LC}$)는 안정도와 무관하다.   답 ④

70 나이퀴스트(Nyquist) 선도에서의 임계점 (−1, $j0$)에 대응하는 보드 선도에서의 이득과 위상은?

① 1[dB], 0°　　② 0[dB], −90°
③ 0[dB], 90°　　④ 0[dB], −180°

풀이
• 이득 $= 20\log|G| = 20\log 1 = 0$[dB]
• 위상 $= -180°$ 또는 180°   답 ④

71 평형 3상 △결선 회로에서 선간전압(E_l)과 상전압(E_p)의 관계로 옳은 것은?

① $E_l = \sqrt{3}\, E_p$　　② $E_l = 3E_p$
③ $E_l = E_p$　　④ $E_l = \frac{1}{\sqrt{3}} E_p$

풀이 ① △결선에서
• 선간전압 $E_l = E_p$ (상전압)
• 선전류 $I_l = \sqrt{3}\, I_p$ (상전류)
② Y결선에서
• 선간전압 $E_l = \sqrt{3}\, E_p$ (상전압)
• 선전류 $I_l = I_p$ (상전류)   답 ③

72 정격전압에서 1[kW]의 전력을 소비하는 저항에 정격의 80[%] 전압을 가할 때의 전력[W]은?

① 320　　② 540
③ 640　　④ 860

풀이 $P = \frac{V^2}{R}$[W]이고, 저항이 동일하다면 $P \propto V^2$이므로

$$\therefore P' = \frac{(0.8V)^2}{R} = 0.64 \frac{V^2}{R} = 0.64 \times 1000 = 640[W]$$

답 ③

73 그림에서 $t = 0$에서 스위치 S를 닫았다. 콘덴서에 충전된 초기전압 $V_C(0)$가 1[V]이었다면 전류 $i(t)$를 변환한 값 $I(s)$는?

①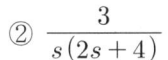

②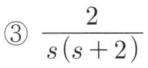

③ $\dfrac{2}{s(s+2)}$

④ $\dfrac{1}{s+2}$

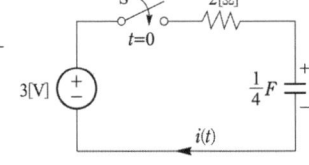

풀이
$$i(t) = \frac{E}{R} e^{-\frac{1}{RC}t} = \frac{3-1}{2} e^{-\frac{1}{2 \times \frac{1}{4}}t} = e^{-2t}$$

$$\therefore I(s) = \mathcal{L}[e^{-2t}] = \frac{1}{s+2}$$

답 ④

74 그림과 같은 회로에서 i_x는 몇 [A]인가?

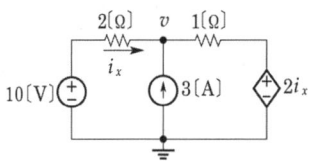

① 3.2 ② 2.6 ③ 2.0 ④ 1.4

풀이 중첩의 원리에 의하여 전류원을 개방한 (a)회로에서 $i_x{'}$는

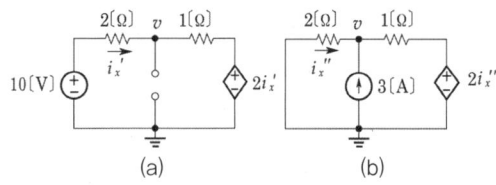

$$i_x{'} = \frac{10 - 2i_x{'}}{2+1}, \quad \therefore i_x{'} = 2[A]$$

다음 10[V]의 전압원을 단락시킨 (b)회로에서 $K-I$ 법칙을 적용하면

$$i_x{''} + 3 = \frac{v - 2i_x{''}}{1} \quad \cdots\cdots\cdots ①$$

$$i_x{''} = -\frac{v}{2} \quad \cdots\cdots\cdots ②$$

식 ①, ②에서
$i_x{''} = -0.6[A]$
$\therefore i_x = i_x{'} + i_x{''} = 2 - 0.6 = 1.4[A]$ **답 ④**

75 그림과 같이 전압 V와 저항 R로 구성되는 회로 단자 A-B 간에 적당한 저항 R_L을 접속하여 R_L에서 소비되는 전력을 최대로 하게 했다. 이 때 R_L에서 소비되는 전력 P는?

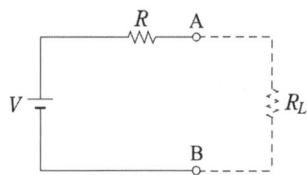

① $\dfrac{V^2}{4R}$ ② $\dfrac{V^2}{2R}$

③ R ④ $2R$

풀이 최대 전력 전송 조건 : $R_L = R$

$$\therefore P_m = I^2 R_L = \left(\frac{V}{R+R}\right)^2 R = \frac{V^2}{4R}[W]$$ **답 ①**

76 다음의 T형 4단자망 회로에서 $ABCD$ 파라미터 사이의 성질 중 성립되는 대칭 조건은?

① $A = D$
② $A = C$
③ $B = C$
④ $B = A$

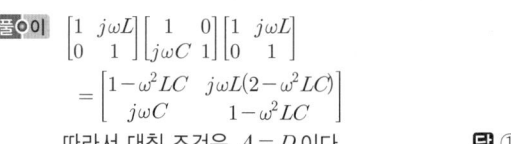

풀이
$$\begin{bmatrix} 1 & j\omega L \\ 0 & 1 \end{bmatrix} \begin{bmatrix} 1 & 0 \\ j\omega C & 1 \end{bmatrix} \begin{bmatrix} 1 & j\omega L \\ 0 & 1 \end{bmatrix}$$
$$= \begin{bmatrix} 1 - \omega^2 LC & j\omega L(2 - \omega^2 LC) \\ j\omega C & 1 - \omega^2 LC \end{bmatrix}$$

따라서 대칭 조건은 $A = D$ 이다. **답 ①**

77 그림의 RLC 직병렬회로를 등가 병렬회로로 바꿀 경우, 저항과 리액턴스는 각각 몇 [Ω]인가?

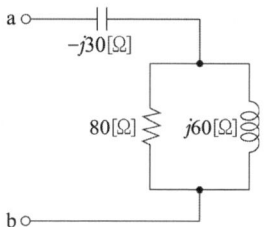

① 46.23, j87.67 ② 46.23, j107.15
③ 31.25, j87.67 ④ 31.25, j107.15

풀이

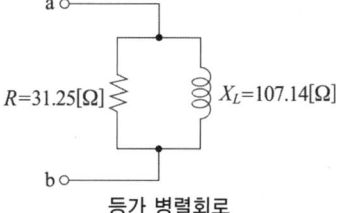

등가 병렬회로

$$Z = -j30 + \frac{80 \times j60}{80 + j60} = 28.8 + j8.4 [\Omega]$$

$$Y = \frac{1}{Z} = \frac{1}{28.8 + j8.4} = \frac{4}{125} - j\frac{7}{750}[\mho]$$

허수부가 (-) 이므로 $R-L$ 병렬회로이다.
따라서 저항
$$R = \frac{1}{G} = \frac{1}{\frac{4}{125}} = \frac{125}{4} = 31.25[\Omega]$$

리액턴스
$$X_L = j\frac{1}{B_L} = j\frac{1}{\frac{7}{750}} = j\frac{750}{7}$$
$$= j107.14[\Omega]$$ **답 ④**

78 분포정수회로에서 선로의 특성 임피던스를 Z_0, 전파정수를 γ 라 할 때 무한장 선로에 있어서 송전단에서 본 직렬임피던스는?

① $\dfrac{Z_0}{\gamma}$ ② $\sqrt{\gamma Z_0}$
③ γZ_0 ④ $\dfrac{\gamma}{Z_0}$

풀이 특성 임피던스 $Z_0 = \sqrt{\dfrac{Z}{Y}}$,
전파정수 $\gamma = \sqrt{ZY}$ 이므로
선로의 직렬 임피던스
$Z = \sqrt{ZY}\sqrt{\dfrac{Z}{Y}} = \gamma Z_0$ 이다. **답** ③

79 $F(s) = \dfrac{5s+3}{s(s+1)}$ 일 때 $f(t)$의 정상값은?

① 5 ② 3
③ 1 ④ 0

풀이 최종값 정리에 의하여
$\lim\limits_{t\to\infty} f(t) = \lim\limits_{s\to 0} sF(s)$
$= \lim\limits_{s\to 0} s \cdot \dfrac{5s+3}{s(s+1)} = \dfrac{3}{1} = 3$ **답** ②

80 선간전압이 200[V], 선전류가 $10\sqrt{3}$ [A], 부하역률이 80[%]인 평형 3상 회로의 무효전력[Var]은?

① 3600 ② 3000
③ 2400 ④ 1800

풀이 무효율 $\sin\theta = \sqrt{1-\cos^2\theta} = \sqrt{1-0.8^2} = 0.6$
따라서 무효전력
$P_r = \sqrt{3}\,VI\sin\theta$
$= \sqrt{3}\times 200\times 10\sqrt{3}\times 0.6$
$= 3600$[Var] **답** ①

5과목 - 전기설비기술기준

81 동일 지지물에 고압 가공전선과 저압 가공전선을 병행 설치할 경우 일반적으로 양 전선 간의 이격거리는 몇 [cm] 이상인가?

① 50 ② 60
③ 70 ④ 80

풀이 332.8 고압 가공전선 등의 병행설치
저압 가공전선(다중접지된 중성선은 제외한다. 이하 같다.)과 고압 가공전선을 동일 지지물에 시설하는 경우에는 다음에 따라야 한다.
가. 저압 가공전선을 고압 가공전선의 아래로 하고 별개의 완금류에 시설할 것.
나. 저압 가공전선과 고압 가공전선 사이의 **이격거리는 0.5[m] 이상**일 것. 단, 고압 가공 전선이 케이블인 경우는 30[cm] 이상 이격 **답** ①

82 전압의 종별에서 교류 600[V]는 무엇으로 분류하는가?

① 저압 ② 고압
③ 특고압 ④ 초고압

풀이 111 통칙
전압의 구분은 다음과 같다.

분 류	전압의 범위
저압	• 직류 : 1.5[kV] 이하 • 교류 : 1[kV] 이하
고압	• 직류 : 1.5[kV]를 초과하고, 7[kV] 이하 • 교류 : 1[kV]를 초과하고, 7[kV] 이하
특고압	7[kV]를 초과

답 ①

83 저압 옥상전선로의 시설에 대한 설명으로 틀린 것은?

① 전선은 절연 전선을 사용한다.
② 전선은 지름 2.6[mm] 이상의 경동선을 사용한다.
③ 전선과 옥상전선로를 시설하는 조영재와의 이격거리를 0.5[m]로 한다.
④ 전선은 상시 부는 바람 등에 의하여 식물에 접촉하지 않도록 시설한다.

풀이 221.3 옥상전선로
저압 옥상전선로는 전개된 장소에 다음에 따르고 또한 위험의 우려가 없도록 시설하여야 한다.
가. 전선은 인장강도 2.30[kN] 이상의 것 또는 지름 2.6[mm] 이상의 경동선을 사용할 것.
나. 전선은 절연전선(OW전선을 포함한다.) 또는 이와 동등 이상의 절연효력이 있는 것을 사용할 것.
다. 전선은 조영재에 견고하게 붙인 지지주 또는 지지대에 절연성·난연성 및 내수성이 있는 애자를 사용하여 지지하고 또한 그 지지점 간의 거리는 15[m] 이하일 것.
라. 전선과 그 저압 옥상 전선로를 시설하는 조영재와의 이격거리는 2[m](전선이 고압절연전선, 특고압 절연전선 또는 케이블인 경우에는 1[m]) 이상일 것.
마. 저압 옥상전선로의 전선은 상시 부는 바람 등에 의하여 식물에 접촉하지 아니하도록 시설하여야 한다.
답 ③

84 저압 및 고압 가공전선의 높이에 대한 기준으로 틀린 것은?

① 철도를 횡단하는 경우는 레일면상 6.5[m] 이상이다.
② 횡단 보도교 위에 시설하는 경우는 저압의 경우는 그 노면 상에서 3[m] 이상이다.
③ 횡단 보도교 위에 시설하는 경우는 고압의 경우는 그 노면 상에서 3.5[m] 이상이다.
④ 다리의 하부 기타 이와 유사한 장소에 시설하는 저압의 전기철도용 급전선은 지표상 3.5[m]까지로 감할 수 있다.

풀이 332.5 고압 가공전선의 높이
222.7 저압 가공전선의 높이
저·고압 가공전선의 높이는 다음에 따라야 한다.

설치장소		가공전선의 높이
도로횡단(번잡하지 않은 도로 제외)		지표상 6[m] 이상
철도 또는 궤도횡단		레일면상 6.5[m] 이상
횡단 보도교 위	저압	노면상 3.5[m] 이상. 단, 절연전선의 경우 3[m] 이상
	고압	노면상 3.5[m] 이상
일반장소		지표상 5[m] 이상. 단, 저압의 경우 절연전선 또는 케이블을 사용하여 교통에 지장이 없도록 옥외조명용에 공급하는 경우 4[m]까지 감할 수 있다.
다리의 하부 기타 이와 유사한 장소		저압의 전기철도용 급전선은 지표상 3.5[m]까지로 감할 수 있다.

답 ②

85 35[kV] 기계 기구, 모선 등을 옥외에 시설하는 변전소의 구내에 취급자 이외의 사람이 들어가지 않도록 울타리를 시설하는 경우에 울타리의 높이와 울타리로부터 충전 부분까지의 거리의 합계는 몇 [m]인가?

① 5 ② 6
③ 7 ④ 8

풀이 351.1 발전소 등의 울타리·담 등의 시설
가. 울타리·담 등의 높이는 2[m] 이상으로 하고 지표면과 울타리·담 등의 하단사이의 간격은 0.15[m] 이하로 할 것.
나. 울타리·담 등의 높이와 울타리·담 등으로부터 충전부분까지 거리의 합계는 표에서 정한 값 이상으로 할 것.

사용전압의 구분	울타리·담 등의 높이와 울타리·담 등으로부터 충전 부분까지의 거리의 합계
35[kV] 이하	5[m]
35[kV] 초과 160[kV] 이하	6[m]
160[kV] 초과	• 거리의 합계 = 6 + 단수 × 0.12[m] • 단수 = $\frac{사용전압[kV]-160}{10}$ 단수 계산에서 소수점 이하는 절상

답 ①

86 최대사용전압이 22900[V]인 3상4선식 중성선 다중접지식 전로와 대지 사이의 절연내력 시험전압은 몇 [V]인가?

① 21068 ② 25229
③ 28752 ④ 32510

풀이 132 전로의 절연저항 및 절연내력

전로의 종류	접지방식	시험전압 (최대사용 전압의 배수)	최저 시험전압
1. 7[kV] 이하인 전로		1.5배	
2. 7[kV] 초과 25[kV] 이하	다중접지	0.92배	
3. 7[kV] 초과 60[kV] 이하 (2란의 것 제외)		1.25배	10.5[kV]
4. 60[kV] 초과	비접지	1.25배	
5. 60[kV] 초과 (6란, 7란의 것 제외)	접지식	1.1배	75[kV]
6. 60[kV] 초과(7란의 것 제외)	직접접지	0.72배	
7. 170[kV] 초과(발전소 또는 변전소 혹은 이에 준하는 장소에 시설하는 것.)	직접접지	0.64배	

※ 전로에 케이블을 사용하는 경우에는 직류로 시험할 수 있으며, 시험전압은 교류의 경우의 2배가 된다.
∴ 시험전압 = 22900 × 0.92 = 21068[V]   답 ①

87 터널 등에 시설하는 사용전압이 220[V]인 저압의 전구선으로 편조 고무코드를 사용하는 경우 단면적은 몇 [mm²] 이상인가?

① 0.5 ② 0.75
③ 1.0 ④ 1.25

풀이 242.7.4 터널 등의 전구선 또는 이동전선 등의 시설
터널 등에 시설하는 사용전압이 400[V] 이하인 저압의 전구선 또는 이동전선은 다음과 같이 시설하여야 한다.
가. 전구선은 **단면적 0.75[mm²]** 이상의 300/300[V] **편조 고무코드** 또는 0.6/1[kV] EP 고무 절연 클로로프렌 캡타이어 케이블일 것.
나. 이동전선은 300/300[V] 편조 고무코드, 비닐 코드 또는 캡타이어 케이블일 것.   답 ②

88 고압 가공전선과 건조물의 상부 조영재와의 옆쪽 이격거리는 몇 [m] 이상인가? (단, 전선에 사람이 쉽게 접촉할 우려가 있고 케이블이 아닌 경우이다.)

① 1.0 ② 1.2
③ 1.5 ④ 2.0

풀이 332.11 고압 가공전선과 건조물의 접근
222.11 저압 가공전선과 건조물의 접근
저압 가공전선 또는 고압 가공전선이 건조물과 접근 상태로 시설되는 경우에는 다음에 따라야 한다.
가. 고압 가공전선로는 고압 보안공사에 의할 것.
나. 저·고압 가공전선과 건조물의 조영재 사이의 이격거리는 표에서 정한 값 이상일 것.

사용전압 부분 공작물의 종류			저압[m]	고압[m]
건조물	상부 조영재 위쪽	일반적인 경우	2	2
		전선이 고압절연전선	1	2
		전선이 케이블인 경우	1	1
	기타 조영재 또는 상부조영재의 옆쪽 또는 아래쪽	일반적인 경우	1.2	1.2
		전선이 고압절연전선	0.4	1.2
		전선이 케이블인 경우	0.4	0.4
		사람이 쉽게 접근할 수 없도록 시설한 경우	0.8	0.8

답 ②

89 특고압용 제2종 보안 장치 또는 이에 준하는 보안 장치 등이 되어 있지 않은 25[kV] 이하인 특고압 가공 전선로의 지지물에 시설하는 통신선 또는 이에 직접 접속하는 통신선으로 사용할 수 있는 것은?

① 광섬유 케이블
② CN/CV 케이블
③ 캡타이어 케이블
④ 지름 2.6[mm] 이상의 절연 전선

풀이 362.6 25[kV] 이하인 특고압 가공전선로 첨가 통신선의 시설에 관한 특례
특고압 가공전선로의 지지물에 시설하는 **통신선은 광섬유 케이블**일 것. 다만, 표준에 적합한 특고압용 제2종 보안장치 또는 이에 준하는 보안장치를 시설할 때에는 그러하지 아니하다.   답 ①

90 765[kV] 가공전선 시설 시 2차 접근 상태에서 건조물을 시설하는 경우 건조물 상부와 가공전선 사이의 수직거리는 몇 [m] 이상인가? (단, 전선의 높이가 최저상태로 사람이 올라갈 우려가 있는 개소를 말한다.)

① 15 ② 20 ③ 25 ④ 28

풀이 333.23 특고압 가공전선과 건조물의 접근
사용전압이 400[kV] 이상의 특고압 가공전선이 **건조물과 제2차 접근상태**로 있는 경우에는 다음에 따라 시설하여야 한다.
가. 전선높이가 최저상태일 때 **가공전선과 건조물 상부와의 수직 거리가 28[m] 이상**일 것.
나. 독립된 주거생활을 할 수 있는 단독주택, 공동주택 및 학교, 병원 등 불특정 다수가 이용하는 다중 이용 시설의 건조물이 아닐 것.
다. 폭연성 분진, 가연성 가스, 인화성물질, 석유류, 화학류 등 위험 물질을 다루는 건조물에 해당되지 아니할 것.
라. 건조물 최상부에서 전계(3.5[kV/m]) 및 자계(83.3[μT])를 초과하지 아니할 것.   답 ④

91 폭발성 또는 연소성의 가스가 침입할 우려가 있는 것에 시설하는 지중전선로의 지중함은 그 크기가 최소 몇 [m³] 이상인 경우에는 통풍장치 기타 가스를 방산시키기 위한 적당한 장치를 시설하여야 하는가?

① 1 ② 3 ③ 5 ④ 10

풀이 334.2 지중함의 시설
폭발성 또는 연소성의 가스가 침입할 우려가 있는 것에 시설하는 지중함으로서 그 **크기가 1[m³] 이상**인 것에는 통풍장치 기타 가스를 방산시키기 위한 적당한 장치를 시설할 것. 답 ①

92 의료 장소에서 인접하는 의료장소와의 바닥면적 합계가 몇 [m²] 이하인 경우 등전위본딩 바를 공용으로 할 수 있는가?

① 30 ② 50
③ 80 ④ 100

풀이 242.10.4 의료장소 내의 접지 설비
의료장소마다 그 내부 또는 근처에 등전위본딩 바를 설치할 것. 다만, **인접하는 의료장소와의 바닥 면적 합계가 50[m²] 이하**인 경우에는 등전위본딩 바를 공용할 수 있다. 답 ②

93 배선공사 중 전선이 반드시 절연전선이 아니라도 상관없는 공사방법은?

① 금속관공사 ② 합성수지관공사
③ 버스덕트공사 ④ 플로어덕트공사

풀이 231.4 나전선의 사용 제한
옥내에 시설하는 저압전선에는 나전선을 사용하여서는 아니 된다. 다만, 다음중 어느 하나에 해당하는 경우에는 그러하지 아니하다.
가. 애자공사에 의하여 전개된 곳에 다음의 전선을 시설하는 경우
 ① 전기로용 전선
 ② 전선의 피복 절연물이 부식하는 장소에 시설하는 전선
나. **버스덕트공사**에 의하여 시설하는 경우
다. **라이팅덕트공사**에 의하여 시설하는 경우
라. **접촉 전선**을 시설하는 경우 답 ③

94 가공 전선로의 지지물에 시설하는 지선의 안전율은 일반적인 경우 얼마 이상이어야 하는가?

① 2.0 ② 2.2
③ 2.5 ④ 2.7

풀이 331.11 지선의 시설
가. 지선의 **안전율은 2.5 이상**일 것. 이 경우에 허용 인장하중의 최저는 4.31[kN]으로 한다.
나. 지선에 연선을 사용할 경우에는 다음에 의할 것.
 ① 소선 3가닥 이상의 연선일 것.
 ② 소선의 지름이 2.6[mm] 이상의 금속선을 사용한 것일 것. 답 ③

95 저압 가공전선로의 지지물에 시설하는 통신선 또는 이에 직접 접속하는 가공통신이 도로를 횡단하는 경우, 일반적으로 지표상 몇 [m] 이상의 높이로 시설하여야 하는가?

① 6.0 ② 4.0
③ 5.0 ④ 3.0

풀이 362.2 전력보안통신선의 시설 높이와 이격거리
가공전선로의 지지물에 시설하는 통신선 또는 이에 직접 접속하는 가공 통신선의 높이는 다음에 따라야 한다.

시설 장소		가공전선로의 지지물에 시설	
		고·저압[m]	특고압[m]
도로횡단	일반적인 경우	6[m] 이상	6[m] 이상
	교통에 지장을 안 주는 경우	5[m] 이상	
철도 횡단(레일면상)		6.5[m] 이상	6.5[m] 이상
횡단보도교 위	노면상	3.5[m] 이상	5[m] 이상
	절연전선 사용	3[m] 이상	
	광섬유 케이블 사용		4[m] 이상
기타의 장소	일반적인 경우 (절연전선 사용)	4[m] 이상	5[m] 이상
	광섬유 케이블 사용	3.5[m] 이상	

답 ①

96 고·저압 혼촉에 의한 위험을 방지하려고 시행하는 접지공사에 대한 기준으로 틀린 것은?

① 접지공사는 변압기의 시설장소마다 시행하여야 한다.
② 토지의 상황에 의하여 접지저항 값을 얻기 어려운 경우, 가공 접지선을 사용하여 접지극을 100[m]까지 떼어 놓을 수 있다.
③ 가공 공동지선을 설치하여 접지공사를 하는 경우, 각 변압기를 중심으로 지름 400[m] 이내의 지역에 접지를 하여야 한다.
④ 저압 전로의 사용전압이 300[V] 이하인 경우, 그 접지공사를 중성점에 하기 어려우면 저압측의 1단자에 시행할 수 있다.

풀이 322.1 고압 또는 특고압과 저압의 혼촉에 의한 위험방지 시설

가. 고압전로 또는 특고압전로와 저압전로를 결합하는 변압기의 저압측의 중성점에는 접지공사를 하여야 한다. 다만, 저압전로의 사용전압이 300[V] 이하인 경우에 그 접지공사를 변압기의 중성점에 하기 어려울 때에는 저압측의 1단자에 시행할 수 있다.

나. 접지공사는 변압기의 시설장소마다 시행하여야 한다. 다만, 토지의 상황에 의하여 변압기의 시설장소에서 **규정에 의한 접지 저항 값을 얻기 어려운 경우**, 인장강도 5.26[kN] 이상 또는 **지름 4[mm] 이상의 가공 접지도체를** 변압기의 **시설장소로부터 200[m]** 까지 떼어놓을 수 있다.

다. 접지공사를 하는 경우에 토지의 상황에 의하여 규정에 의하기 어려울 때에는 가공공동지선을 설치하여 2 이상의 시설장소에 다음과 같이 접지공사를 할 수 있다.

① 접지공사는 각 변압기를 중심으로 하는 지름 400[m] 이내의 지역으로서 그 변압기에 접속되는 전선로 바로 아래의 부분에서 각 변압기의 양쪽에 있도록 할 것.

② 가공공동지선과 대지 사이의 합성 전기저항 값은 1[km]를 지름으로 하는 지역 안마다 규정에 의해 접지저항 값을 가지는 것으로 하고 또한 각 접지도체를 가공공동지선으로부터 분리하였을 경우의 각 접지도체와 대지 사이의 전기저항 값은 300[Ω] 이하로 할 것. **답** ②

※ 단수 = $\frac{\text{전압[kV]}-160}{10}$ ... 단수 계산에서 소수점 이하는 절상

답 ④

> 출제기준 변경 및 개정된 관계 법규에 따라 삭제된 문제가 있어 20문항이 안됩니다.

97 사용전압이 22.9[kV]인 특고압 가공전선이 도로를 횡단하는 경우, 지표상 높이는 최소 몇 [m] 이상인가?

① 4.5   ② 5
③ 5.5   ④ 6

풀이 333.7 특고압 가공전선의 높이

전압의 범위	일반 장소	도로 횡단	철도 또는 궤도횡단	횡단보도교
35[kV] 이하	5[m]	6[m]	6.5[m]	4[m](특고압 절연전선 또는 케이블 사용)
35[kV] 초과 160[kV] 이하	6[m]	6[m]	6.5[m]	5[m](케이블 사용) 산지 등에서 사람이 쉽게 들어갈 수 없는 장소 : 5[m] 이상
160[kV] 초과	일반장소	가공전선의 높이 = 6 + 단수 × 0.12[m]		
	철도 또는 궤도횡단	가공전선의 높이 = 6.5 + 단수 × 0.12[m]		
	산지	가공전선의 높이 = 5 + 단수 × 0.12[m]		

완벽대비 2016년 2회 전기기사필기

동일출판사 홈페이지에서 무료 동영상강의를 보실 수 있습니다.

1과목 - 전기자기

01 자기 모멘트 9.8×10^{-5}[Wb·m]의 막대자석을 지구 자계의 수평 성분 10.5[AT/m]인 곳에서 지자기 자오면으로부터 90° 회전시키는데 필요한 일은 약 몇 [J]인가?

① 1.03×10^{-3} ② 1.03×10^{-5}
③ 9.03×10^{-3} ④ 9.03×10^{-5}

풀이 지구 자계가 자석에 작용하는 회전력은
$T = MH\sin\theta$ 이므로
각 θ만큼 회전시키는 데 필요한 일은
$$W = \int_0^\theta T \cdot d\theta = MH\int_0^\theta \sin\theta \cdot d\theta = MH(1-\cos\theta)$$
$$= 9.8 \times 10^{-5} \times 12.5 \times (1-0) \fallingdotseq 1.23 \times 10^{-3}[J]$$
답 ①

02 두 종류의 유전율(ϵ_1, ϵ_2)을 가진 유전체 경계면에 진전하가 존재하지 않을 때 성립하는 경계조건을 옳게 나타낸 것은? (단, θ_1, θ_2는 각각 유전체 경계면의 법선벡터와 E_1, E_2가 이루는 각이다.)

① $E_1\sin\theta_1 = E_2\sin\theta_2$,
 $D_1\sin\theta_1 = D_2\sin\theta_2$, $\dfrac{\tan\theta_1}{\tan\theta_2} = \dfrac{\epsilon_2}{\epsilon_1}$

② $E_1\cos\theta_1 = E_2\cos\theta_2$,
 $D_1\sin\theta_1 = D_2\sin\theta_2$, $\dfrac{\tan\theta_1}{\tan\theta_2} = \dfrac{\epsilon_2}{\epsilon_1}$

③ $E_1\sin\theta_1 = E_2\sin\theta_2$,
 $D_1\cos\theta_1 = D_2\cos\theta_2$, $\dfrac{\tan\theta_1}{\tan\theta_2} = \dfrac{\epsilon_1}{\epsilon_2}$

④ $E_1\cos\theta_1 = E_2\cos\theta_2$,
 $D_1\cos\theta_1 = D_2\cos\theta_2$, $\dfrac{\tan\theta_1}{\tan\theta_2} = \dfrac{\epsilon_1}{\epsilon_2}$

풀이 경계 조건
- 전속밀도의 법선성분(수직 성분)이 같다.
 ($D_1\cos\theta_1 = D_2\cos\theta_2$)
- 전계는 접선성분(평행성분)이 같다.
 ($E_1\sin\theta_1 = E_2\sin\theta_2$)
- 두 경계면에서의 전위는 서로 같다. ($V_1 = V_2$)
- $\epsilon_1 > \epsilon_2$이면, $\theta_1 > \theta_2$이다.
- $\dfrac{\tan\theta_1}{\tan\theta_2} = \dfrac{\epsilon_1}{\epsilon_2}$
- 전속선은 유전율이 큰 유전체 쪽으로 모이려는 성질이 있다.
답 ③

03 무한히 넓은 두 장의 평면판 도체를 간격 d[m]로 평행하게 배치하고 각각의 평면판에 면전하밀도 $\pm\sigma$[C/m²]로 분포되어 있는 경우 전기력선은 면에 수직으로 나와 평행하게 발산한다. 이 평면판 내부의 전계의 세기는 몇 [V/m]인가?

① $\dfrac{\sigma}{\epsilon_0}$ ② $\dfrac{\sigma}{2\epsilon_0}$
③ $\dfrac{\sigma}{2\pi\epsilon_0}$ ④ $\dfrac{\sigma}{4\pi\epsilon_0}$

풀이 (1) 두 장의 무한 평판 도체

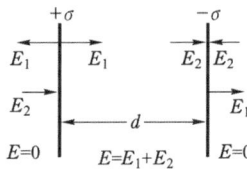

여기서, $E_1 = \dfrac{\sigma}{2\epsilon_0}$: $+\sigma$에 의한 전계,
$E_2 = \dfrac{\sigma}{2\epsilon_0}$: $-\sigma$에 의한 전계

(2) 각각의 평면판에 면전하밀도가 $\pm\sigma$[C/m²]인 경우에는 $+\sigma, -\sigma$의 두 평행 도체판을 각각 나누어 단독으로 존재하는 것으로 고려할 수 있다. 이 경우 평판에서의 전계 분포는 평판 외측에서 서로 반대 방향이므로 상쇄되어 0이 되고, 평판 내측에서는 같은 방향이 된다.
따라서 전계 E는
- 평판 외측 : $E = 0$
- 평판 내측 : $E = E_1 + E_2 = \dfrac{\sigma}{2\epsilon_0} + \dfrac{\sigma}{2\epsilon_0}$
$$= \dfrac{\sigma}{\epsilon_0} [V/m]$$
답 ①

04 단면적 $S[\text{m}^2]$, 단위 길이당 권수가 $n_0[\text{회/m}]$인 무한히 긴 솔레노이드의 자기 인덕턴스 [H/m]를 구하면?

① $\mu S n_0$ ② $\mu S n_0^2$
③ $\mu S^2 n_0$ ④ $\mu S^2 n_0^2$

풀이 $L = \dfrac{n_0 \phi}{I} = \dfrac{n_0 \mu H S}{\dfrac{H}{n_0}} = \mu S n_0^2 [\text{H/m}]$ **답** ②

05 평행판 콘덴서에 어떤 유전체를 넣었을 때 전속밀도가 $4.8 \times 10^{-7}[\text{C/m}^2]$이고 단위체적 당 정전에너지가 $5.3 \times 10^{-3}[\text{J/m}^3]$이었다. 이 유전체의 유전율은 몇 [F/m]인가?

① 1.15×10^{-11} ② 2.17×10^{-11}
③ 3.19×10^{-11} ④ 4.21×10^{-11}

풀이 $W_e = \dfrac{D^2}{2\epsilon}[\text{J/m}^3]$에서

$\epsilon = \dfrac{D^2}{2 \cdot W_e} = \dfrac{(4.8 \times 10^{-7})^2}{2 \times 5.3 \times 10^{-3}}$
$= 2.17 \times 10^{-11}[\text{F/m}]$ **답** ②

06 자유공간 중에 $x = 2$, $z = 4$인 무한장 직선상에 $\rho_L[\text{C/m}]$인 균일한 선전하가 있다. 점 $(0, 0, 4)$의 전계 $E[\text{V/m}]$는?

① $E = \dfrac{-\rho_L}{4\pi\epsilon_0} a_x$ ② $E = \dfrac{\rho_L}{4\pi\epsilon_0} a_x$
③ $E = \dfrac{-\rho_L}{2\pi\epsilon_0} a_x$ ④ $E = \dfrac{\rho_L}{2\pi\epsilon_0} a_x$

풀이

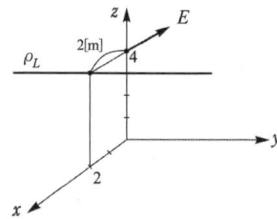

무한장 직선장 ρ_L의 전계의 세기

크기 : $E = \dfrac{\rho_L}{2\pi\epsilon_0 r} = \dfrac{\rho_L}{2\pi\epsilon_0 \times 2} = \dfrac{\rho_L}{4\pi\epsilon_0}[\text{V/m}]$

방향 : $-a_x$

$\therefore E = -E a_x = -\dfrac{\rho_L}{4\pi\epsilon_0} a_x$ **답** ①

07 전자파의 특성에 대한 설명으로 틀린 것은?
① 전자파의 속도는 주파수와 무관하다.
② 전파 E_x를 고유 임피던스로 나누면 자파 H_y가 된다.
③ 전파 E_x와 자파 H_y의 진동 방향은 진행방향에 수평인 종파이다.
④ 매질이 도전성을 갖지 않으면 전파 E_s와 자파 H_y는 동위상이 된다.

풀이
① 전자파 속도 $v = \dfrac{1}{\sqrt{\epsilon\mu}}$ 이므로 전자파 속도는 매질의 유전율과 투자율에 관계한다.
② 특성 임피던스 $\eta = \dfrac{E_s}{H_g}$ ∴ $H_g = \dfrac{E_s}{\eta}$
③ E_s와 H_g의 진동 방향은 진행 방향에 수직인 횡파이다.
④ E_s와 H_g는 동위상 **답** ③

08 전위 $V = 3xy + z + 4$일 때 전계 E는?
① $i\,3x + j\,3y + k$ ② $-i\,3y + j\,3x + k$
③ $i\,3x - j\,3y - k$ ④ $-i\,3y - j\,3x - k$

풀이 $E = -\text{grad}\,V = -\nabla V$
$= -\left(\dfrac{\partial V}{\partial x}i + \dfrac{\partial V}{\partial y}j + \dfrac{\partial V}{\partial z}k\right)$
$= -(3yi + 3xj + k) = -3yi - 3xj - k$ **답** ④

09 쌍극자모멘트가 $M[\text{C} \cdot \text{m}]$인 전기쌍극자에서 점 P의 전계는 $\theta = \dfrac{\pi}{2}$에서 어떻게 되는가? (단, θ는 전기쌍극자의 중심에서 축 방향과 점 P를 잇는 선분의 사이 각이다.)

① 0 ② 최소 ③ 최대 ④ $-\infty$

풀이 전기쌍극자에 의한 전계
$E = \dfrac{M\sqrt{1 + 3\cos^2\theta}}{4\pi\epsilon_0 r^3}[\text{V/m}]$에서
점 P의 전계는 $\theta = 0°$일 때 최대이고
$\theta = 90°$일 때 최소가 된다. **답** ②

10 감자력이 0 인 것은?

① 구 자성체   ② 환상철심
③ 타원 자성체   ④ 굵고 짧은 막대 자성체

풀이 환상철심은 감자율이 없으므로 감자력이 0이다.

답 ②

11 그림과 같이 반지름 10[cm]인 반원과 그 양단으로부터 직선으로 된 도선에 10[A]의 전류가 흐를 때, 중심 O 에서의 자계의 세기와 방향은?

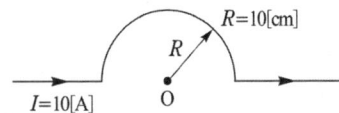

① 2.5[AT/m], 방향 ⊙
② 25[AT/m], 방향 ⊙
③ 2.5[AT/m], 방향 ⊗
④ 25[AT/m], 방향 ⊗

풀이 반원 부분에 의하여 생기는 자계는
$$H = \int_0^\pi dH = \frac{IR}{4\pi a^2}\int_0^\pi d\theta = \frac{IR}{4\pi R^2}[\theta]_0^\pi$$
$$= \frac{I}{4R}[AT/m]$$ 이므로

따라서 자계의 세기 $H = \frac{10}{4 \times 0.1} = 25[AT/m]$이며, 방향은 앙페르의 오른 나사 법칙에 의해 ⊗가 된다.

답 ④

12 W_1과 W_2의 에너지를 갖는 두 콘덴서를 병렬 연결한 경우의 총 에너지 W와의 관계로 옳은 것은? (단, $W_1 \neq W_2$이다.)

① $W_1 + W_2 = W$ ② $W_1 + W_2 > W$
③ $W_1 - W_2 = W$ ④ $W_1 + W_2 < W$

풀이 전위가 다르게 충전된 콘덴서를 병렬로 접속 시 전위차가 같아지도록 높은 전위 콘덴서의 전하가 낮은 전위 콘덴서 쪽으로 이동하며 이에 따른 전하의 이동(전류)으로 도선에서 전력 소모가 발생하므로 총 에너지는 각각의 에너지의 합보다 작다.
따라서 $W_1 + W_2 > W$

답 ②

13 한 변이 L[m]되는 정사각형의 도선회로에 전류 I[A]가 흐르고 있을 때 회로 중심에서의 자속밀도는 몇 [Wb/m^2]인가?

① $\frac{2\sqrt{2}}{\pi}\mu_0\frac{L}{I}$ ② $\frac{\sqrt{2}}{\pi}\mu_0\frac{I}{L}$
③ $\frac{2\sqrt{2}}{\pi}\mu_0\frac{I}{L}$ ④ $\frac{4\sqrt{2}}{\pi}\mu_0\frac{L}{I}$

풀이

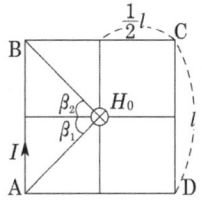

한 변 AB에 대한 중심점의 자계는
$H_{AB} = \frac{I}{4\pi a}(\sin\beta_1 + \sin\beta_2)$이므로
$a = \frac{L}{2}$, $\sin\beta_1 = \sin\beta_2 = \sin 45° = \frac{1}{\sqrt{2}}$을 대입하면
$$H_{AB} = \frac{I}{4\pi\left(\frac{L}{2}\right)} \times 2 \times \frac{1}{\sqrt{2}} = \frac{I}{\sqrt{2}\pi L}[AT/m]$$
$\therefore H_0 = H_{AB} + H_{BC} + H_{CD} + H_{DA}$
$= 4H_{AB} = 4 \times \frac{I}{\sqrt{2}\pi L} = \frac{2\sqrt{2}}{\pi}\frac{I}{L}[AT/m]$

따라서 자속밀도 $B = \mu_0 H = \mu_0 \times \frac{2\sqrt{2}}{\pi}\frac{I}{L}$
$= \frac{2\sqrt{2}}{\pi}\mu_0\frac{I}{L}[Wb/m^2]$

답 ③

14 그림과 같은 원통상 도선 한 가닥이 유전율 ϵ[F/m]인 매질 내에 지상 h[m] 높이로 지면과 나란히 가선되어 있을 때 대지와 도선 간의 단위 길이당 정전용량[F/m]은?

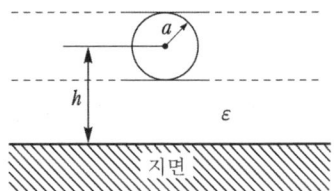

① $\frac{2\pi\epsilon}{\sinh^{-1}\frac{h}{a}}$ ② $\frac{\pi\epsilon}{\sinh^{-1}\frac{h}{a}}$
③ $\frac{2\pi\epsilon}{\cosh^{-1}\frac{h}{a}}$ ④ $\frac{\pi\epsilon}{\cosh^{-1}\frac{h}{a}}$

풀이

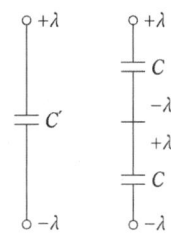

$$C' = \frac{\pi\epsilon}{\ln\frac{2h}{a}}$$

도선과 지면 사이의 정전용량 C일 때, C'은 두 개의 C가 직렬접속인 등가회로이므로 $C' = \frac{C}{2}$이다.

$$\therefore C = 2C' = \frac{2\pi\epsilon}{\ln\frac{2h}{a}} = \frac{2\pi\epsilon}{\cosh^{-1}\frac{h}{a}} [F/m]$$

($\because \ln\frac{2h}{a} \fallingdotseq \cosh^{-1}\frac{h}{a}$) **답** ③

15 환상철심에 권선수 20인 A코일과 권선수 80인 B코일이 감겨 있을 때, A코일의 자기 인덕턴스가 5[mH]라면 두 코일의 상호 인덕턴스는 몇 [mH]인가? (단, 누설자속은 없는 것으로 본다.)

① 20　　② 1.25
③ 0.8　　④ 0.05

풀이 자기 저항을 R_m이라 할 때

자기 인덕턴스는 $L_1 = \frac{N_1^2}{R_m}$, $L_2 = \frac{N_2^2}{R_m}$

상호 인덕턴스는 $M = \frac{N_1 \cdot N_2}{R_m}$로 나타내므로

$L_1 = \frac{N_1^2}{R_m}$에서 $R_m = \frac{N_1^2}{L_1}$을 구하여

상호 인덕턴스에 대입하면 $\frac{N_1}{N_2} = \frac{L_1}{M}$이 된다.

$$\therefore M = \frac{L_1 N_2}{N_1} = \frac{5 \times 80}{20} = 20[mH]$$ **답** ①

16 자기회로에서 키르히호프의 법칙에 대한 설명으로 옳은 것은?

① 임의의 결합점으로 유입하는 자속의 대수합은 0이다.
② 임의의 폐자로에서 자속과 기자력의 대수합은 0이다.
③ 임의의 폐자로에서 자기저항과 기자력의 대수합은 0이다.
④ 임의의 폐자로에서 각 부의 자기저항과 자속의 대수합은 0이다.

풀이 자기회로의 키르히호프의 법칙
① 자기회로의 결합점에 있어서는 이 **결합점에 유입하는 자속의 대수합은 0**이다.
② 임의의 폐자로에 있어서 각 부의 자기저항과 자속과의 곱의 합은 폐자로에 있는 기자력의 대수합과 같다. **답** ①

17 다음 식 중에서 틀린 것은?

① 가우스의 정리 : $\text{div}\boldsymbol{D} = \rho$
② 포아송의 방정식 : $\nabla^2 V = \frac{\rho}{\epsilon}$
③ 라플라스의 방정식 : $\nabla^2 V = 0$
④ 발산의 정리 : $\oint_s \boldsymbol{A} \cdot ds = \int_v \text{div}\boldsymbol{A}\, dv$

풀이 포아송 방정식 : 전위와 공간 전하밀도의 관계
$$\nabla^2 V = -\frac{\rho}{\epsilon}$$ **답** ②

18 표피효과에 대한 설명으로 옳은 것은?

① 주파수가 높을수록 침투깊이가 얇아진다.
② 투자율이 크면 표피효과가 적게 나타난다.
③ 표피효과에 따른 표피저항은 단면적에 비례한다.
④ 도전율이 큰 도체에는 표피효과가 적게 나타난다.

풀이 전류의 주파수가 증가할수록 도체 내부의 전류밀도가 지수 함수적으로 감소되는 현상을 표피효과라 한다.

$$\delta = \sqrt{\frac{2}{\omega\sigma\mu}} = \sqrt{\frac{1}{\pi f \sigma \mu}} [m]$$

여기서, $\sigma = \frac{1}{2 \times 10^{-8}}[\mho/m]$: 도전율
$\mu = 4\pi \times 10^{-7}[H/m]$: 투자율
δ : 표피두께(skin depth) 또는 침투깊이

f(**주파수**), σ(**도전율**), μ(**투자율**)가 **클수록** δ(표피두께 또는 **침투깊이**)가 **작게 되어** 표피효과가 심해진다. 주파수가 커지면 전류는 표면으로 흐르게 되므로 전기

가 흐르는 단면적이 좁아지게 되어 전기저항이 증가하고, 내부 인덕턴스와 상호 인덕턴스도 감소하게 된다.

답 ①

19 패러데이 관에 대한 설명으로 틀린 것은?
① 관내의 전속수는 일정하다.
② 관의 밀도는 전속밀도와 같다.
③ 진전하가 없는 점에서 불연속이다.
④ 관 양단에 양(+), 음(-)의 단위전하가 있다.

풀이 Faraday관은 +1[C]의 진전하에서 나와서 -1[C]의 진전하로 들어가는 한 개의 관으로 Faraday관수(전속수)는 관속에 진전하가 없으면 일정하다. 즉, 연속적이다.

답 ③

20 압전효과를 이용하지 않은 것은?
① 수정발진기   ② 마이크로폰
③ 초음파 발생기   ④ 자속계

풀이 수정, 전기석, 로셀염 등의 압전기가 **수정 발진자**, **마이크로폰**, **초음파 발진자**, crystal pick-up(일정 주파수의 발진 회로, 수중 탐색, 금속 탐상) 등 여러 방면에 이용되고 있다.

답 ④

2과목 - 전력공학

21 송전계통에서 자동 재폐로방식의 장점이 아닌 것은?
① 신뢰도 향상
② 공급 지장 시간의 단축
③ 보호계전방식의 단순화
④ 고장상의 고속도 차단, 고속도 재투입

풀이 재폐로방식의 장점
① 1회선 구간에서는 **신뢰도**를 향상시켜 2회선에 맞먹는 능력을 보유 할 수 있다.
② 정전 시 **공급 지장 시간**을 단축시켜 안정된 전력공급을 기할 수 있다.

③ 송전용량을 2회선 용량 한도까지 증대시켜서 사용 가능하다.
④ 고장 상을 고속도 차단 후 고속도 재투입함으로써 계통의 과도 안정도가 향상된다.

답 ③

22 3상3선식 송전선로의 선간거리가 각각 50[cm], 60[cm], 70[cm]인 경우 기하학적 평균 선간거리는 약 몇 [cm]인가?
① 50.4   ② 59.4
③ 62.8   ④ 64.8

풀이 평균 선간거리
$$D = \sqrt[3]{D_1 \times D_2 \times D_3} = \sqrt[3]{50 \times 60 \times 70}$$
$$= 59.4[cm]$$

답 ②

23 수력발전소에서 흡출관을 사용하는 목적은?
① 압력을 줄인다.
② 유효낙차를 늘린다.
③ 속도변동률을 작게 한다.
④ 물의 유선을 일정하게 한다.

풀이 흡출관은 반동 수차의 출구에서부터 방수로 수면까지 연결하는 관으로 낙차를 유효하게 이용(낙차를 늘리기 위해)하기 위해 사용한다.

답 ②

24 초고압용 차단기에 개폐 저항기를 사용하는 주된 이유는?
① 차단속도 증진   ② 차단전류 감소
③ 이상전압 억제   ④ 부하설비 증대

풀이 차단기의 개폐시에 재점호로 인하여 **개폐 서지 이상전압**이 발생된다. 이것을 낮추고 절연내력을 높일 수 있게 하기 위해 차단기 접촉자 간에 병렬 임피던스로서 **개폐 저항기를 삽입**한다.

답 ③

25 송전단전압이 66[kV]이고, 수전단전압이 62[kV]로 송전 중이던 선로에서 부하가 급격히 감소하여 수전단전압이 63.5[kV]가 되었다. 전압강하율은 약 몇 [%]인가?
① 2.28   ② 3.94
③ 6.06   ④ 6.45

풀이 전압강하율
$$\epsilon = \frac{V_s - V_r}{V_r} \times 100 = \frac{66 - 63.5}{63.5} \times 100 = 3.94[\%]$$
답 ②

26 이상전압에 대한 방호장치가 아닌 것은?
① 피뢰기 ② 가공지선
③ 방전코일 ④ 서지 흡수기

풀이 ① 피뢰기 : 이상전압에 대한 기계, 기구 보호
② 가공지선 : 직격뢰 차폐
③ 방전 코일 : 콘덴서에 축적된 잔류 전하를 방전하여 감전사고 방지
④ 서지 흡수기 : 변압기, 발전기 등을 서지로부터 보호
답 ③

27 154[kV] 송전선로의 전압을 345[kV]로 승압하고 같은 손실률로 송전한다고 가정하면 송전전력은 승압 전의 약 몇 배 정도인가?
① 2 ② 3
③ 4 ④ 5

풀이 전력손실 $P_l = 3I^2R = \frac{P^2 \rho l}{V^2 \cos^2\theta A}$,

전력손실률 $h = \frac{P_l}{P} = \frac{P\rho l}{V^2 \cos^2\theta A}$ 이므로

송전전력 $P = \frac{hV^2\cos^2\theta}{R}$ 이다.

따라서 송전전력은 전압의 제곱에 비례하므로
$$P = KV^2 = K\left(\frac{345}{154}\right)^2 = 5K$$
답 ④

28 초고압 송전선로에 단도체 대신 복도체를 사용할 경우 틀린 것은?
① 전선의 작용 인덕턴스를 감소시킨다.
② 선로의 작용정전용량을 증가시킨다.
③ 전선 표면의 전위경도를 저감시킨다.
④ 전선의 코로나 임계전압을 저감시킨다.

풀이 복도체 방식의 장점
① 전선의 인덕턴스가 감소하고 정전용량이 증가되어 선로의 송전용량이 증가하고 계통의 안정도를 증진시킨다.

② 전선 표면의 전위 경도가 저감되므로 코로나 임계전압을 높일 수 있고 코로나손, 코로나 잡음 등의 장해가 저감된다.
답 ④

29 그림과 같이 정수가 서로 같은 평행 2회선 송전선로의 4단자 정수 중 B에 해당되는 것은?
① $4B_1$
② $2B_1$
③ $\frac{1}{2}B_1$
④ $\frac{1}{4}B_1$

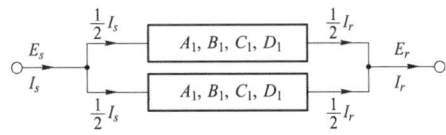

풀이 1회선 송전선로에 대해서

$$E_s = A_1 E_r + B_1 \cdot \frac{1}{2} I_r$$
$$\frac{1}{2}I_s = C_1 E_r + D_1 \cdot \frac{1}{2} I_r$$
→ $I_s = 2C_1 E_r + D_1 \cdot I_r$ 로 된다.
2회선 송전선로의 경우
$E_s = AE_r + BI_r$, $I_s = CE_r + DI_r$ 이므로
$A = A_1$, $B = \frac{1}{2}B_1$, $C = 2C_1$, $D = D_1$ 이 된다.
답 ③

30 송전계통에서 1선 지락 시 유도장해가 가장 적은 중성점접지방식은?
① 비접지방식
② 저항접지방식
③ 직접 접지방식
④ 소호 리액터접지방식

풀이 송전선에 1선 지락사고가 발생해서 영상전류(I_0)가 흐르면 전자 유도전압이 상승하여 전자 유도 장해가 발생한다.
(전자 유도전압 $E_m = -j\omega Ml \times 3I_0[V]$)
따라서 1선 지락의 경우 지락전류가 가장 작은 소호 리액터 접지방식의 유도장해가 가장 적다.
답 ④

31 송전전압 154[kV], 2회선 선로가 있다. 선로길이가 240[km]이고 선로의 작용 정전용량이 0.02[μF/km]라고 한다. 이것을 자기여자를 일으키지 않고 충전하기 위해서는 최소한 몇 [MVA] 이상의 발전기를 이용하여야 하는가? (단, 주파수는 60[Hz]이다.)

① 78　　② 86
③ 89　　④ 95

풀이 ① 선로의 충전 용량을 구하기 위해서 먼저 1선을 흐르는 충전전류 I_c를 계산하면

$$I_c = 2\pi f C l \frac{V}{\sqrt{3}}$$
$$= 2\pi \times 60 \times 0.02 \times 10^{-6} \times 240 \times \frac{154000}{\sqrt{3}}$$
$$= 160.89[A]$$

② 2회선 선로의 충전 용량은
$$Q = 2 \times \sqrt{3} V I_c$$
$$= 2 \times \sqrt{3} \times 154000 \times 160.89 \times 10^{-5}$$
$$≒ 86[MVA]$$

③ 자기여자를 일으키지 않고 충전하기 위해서는 발전기 용량이 선로의 충전 용량보다 커야하므로 최소 약 86[MVA] 이상의 발전기를 이용하여야 한다.

답 ②

32 방향성을 갖지 않는 계전기는?

① 전력 계전기　　② 과전류계전기
③ 비율차동계전기　　④ 선택지락 계전기

풀이 방향성을 가지고 있지 않는 계전기
① 과전류 계전기　② 과전압 계전기
③ 부족 전압 계전기　④ 차동 계전기
⑤ 거리계전기　⑥ 지락 계전기

답 ②

33 22.9[kV-Y] 3상 4선식 중성선 다중접지계통의 특성에 대한 내용으로 틀린 것은?

① 1선 지락사고 시 1상 단락전류에 해당하는 큰 전류가 흐른다.
② 전원의 중성점과 주상변압기의 1차 및 2차를 공통의 중성선으로 연결하여 접지한다.
③ 각 상에 접속된 부하가 불평형일 때도 불완전 1선 지락고장의 검출감도가 상당히 예민하다.

④ 고저압 혼촉사고 시에는 중성선에 막대한 전위상승을 일으켜 수용가에 위험을 줄 우려가 있다.

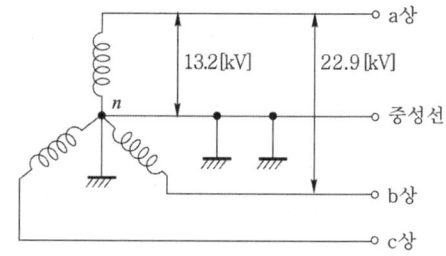

3상 4선식 중성선 다중접지방식
① 모든 지락사고는 중성선과의 단락사고로 되기 때문에 퓨즈 또는 과전류 계전기로 보호할 수 있다.
② 합성 접지저항이 매우 낮기 때문에 건전상의 전위상승과 고저압 혼촉 사고 시 저압선의 전위상승이 낮다.
③ 고장전류가 각 접지개소에 분류되기 때문에 **고감도의 지락보호는 곤란하다.**

답 ③

34 선로 전압강하 보상기(LDC)에 대한 설명으로 옳은 것은?

① 승압기로 저하된 전압을 보상하는 것
② 분로 리액터로 전압 상승을 억제하는 것
③ 선로의 전압강하를 고려하여 모선 전압을 조정하는 것
④ 직렬 콘덴서로 선로의 리액턴스를 보상하는 것

풀이

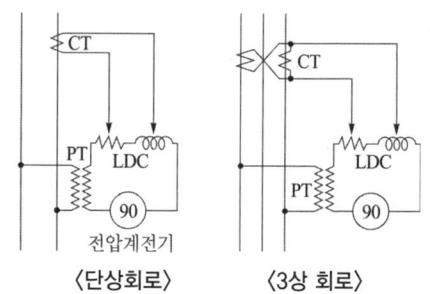

LDC(line drop compensator)는 부하전류에 의한 배전선의 **전압강하를 보상**하는 것인데 LRT(부하 시 탭 절환 변압기)의 제어회로에 이것을 부가해서 배전전압을 중부하시에는 높게, 경부하시에는 낮게 자동적으로 조정하여 일정한 전압이 되도록 한다.

답 ③

35 각 전력계통을 연계선으로 상호연결하면 여러 가지 장점이 있다. 틀린 것은?

① 경제급전이 용이하다.
② 주파수의 변화가 작아진다.
③ 각 전력계통의 신뢰도가 증가한다.
④ 배후전력(back power)이 크기 때문에 고장이 적으며 그 영향의 범위가 작아진다.

풀이 전력계통의 연계방식의 장·단점
[장점]
① 전력의 융통으로 설비용량이 절감된다.
② 건설비 및 운전 경비를 절감하므로 경제 급전이 용이하다.
③ 계통 전체로서의 신뢰도가 증가한다.
④ 부하 변동의 영향이 작아져서 안정된 주파수 유지가 가능하다.
[단점]
① 연계설비를 신설해야 한다.
② 사고시 타계통에의 파급 확대될 우려가 있다.
③ 단락전류가 증대하고 통신선의 전자유도 장해도 커진다. **답** ④

36 송전선로의 현수애자련 연면 섬락과 가장 관계가 먼 것은?

① 댐퍼
② 철탑 접지저항
③ 현수애자련의 개수
④ 현수애자련의 소손

풀이 ① 고체 유전체의 표면을 따라 발생하는 코로나를 연면 코로나라고 한다. 이는 주로 애자의 소손 및 오염 등에 의해 발생하므로 가선금구를 개량하고 철탑 접지저항을 낮추어 방지하도록 해야 한다.
② 댐퍼는 전선의 진동에너지를 흡수함으로서 **진동발생 방지** 및 **진동으로 인한 전선의 단선을 방지**하기 위한 설비이다. **답** ①

37 유효낙차 100[m], 최대사용수량 20[m³/s]인 발전소의 최대 출력은 약 몇 [kW]인가? (단, 수차 및 발전기의 합성효율은 85[%]라 한다.)

① 14160
② 16660
③ 24990
④ 33320

풀이 발전 출력
$P = 9.8 QH\eta_t \eta_g$
$= 9.8 \times 20 \times 100 \times 0.85 = 16660 [kW]$ **답** ②

38 각 수용가의 수용 설비용량이 50[kW], 100[kW], 80[kW], 60[kW], 150[kW]이며 각각의 수용률이 0.6, 0.6, 0.5, 0.5, 0.4 일 때 부하의 부등률이 1.3 이라면 변압기용량은 약 몇 [kVA]가 필요한가? (단, 평균 부하역률은 80[%]라고 한다.)

① 142
② 165
③ 183
④ 212

풀이 변압기용량 = $\dfrac{설비용량 \times 수용률}{부등률 \times 역률}$
$= \dfrac{(50+100)\times 0.6 + (80+60)\times 0.5 + 150 \times 0.4}{1.3 \times 0.8}$
≒ 212[kVA] **답** ④

39 그림과 같은 주상변압기 2차측 접지공사의 목적은?

① 1차측 과전류 억제
② 2차측 과전류 억제
③ 1차측 전압상승 억제
④ 2차측 전압상승 억제

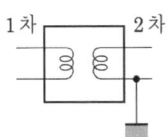

풀이 주상 변압기는 1차측과 2차측의 혼촉에 의한 **2차측 전압의 상승**을 막기 위해서 2차측에 접지를 하여, 고전압에 의한 사고를 막아준다. **답** ④

40 3상 3선식 송전선로에서 연가의 효과가 아닌 것은?

① 작용 정전용량의 감소
② 각 상의 임피던스 평형
③ 통신선의 유도장해 감소
④ 직렬공진의 방지

풀이 연가의 효과
① 선로정수 평형
② 임피던스 평형
③ 소호 리액터 접지 시 **직렬공진 방지**
④ 유도장해 감소 **답** ①

3과목 - 전기기기

41 계자권선이 전기자에 병렬로만 연결된 직류기는?

① 분권기   ② 직권기
③ 복권기   ④ 타여자기

풀이 분권기(발전기)는 계자권선이 전기자 권선에 병렬로 연결

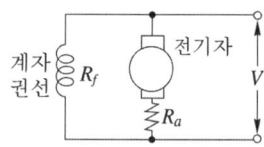

답 ①

42 정격출력 10000[kVA], 정격전압 6600[V], 정격 역률 0.6인 3상 동기발전기가 있다. 동기 리액턴스 0.6[p.u]인 경우의 전압변동률[%]은?

① 21   ② 31
③ 40   ④ 52

풀이

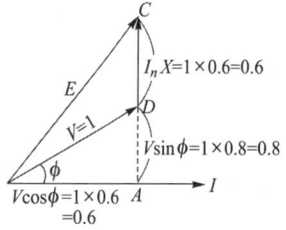

$E = \sqrt{0.6^2 + (0.8+0.6)^2} = 1.523$

$\epsilon = \dfrac{E-V}{V} \times 100 = \dfrac{1.523-1}{1} \times 100$

$= 52.3[\%]$

답 ④

43 직류분권발전기에 대한 설명으로 옳은 것은?

① 단자전압이 강하하면 계자전류가 증가한다.
② 부하에 의한 전압의 변동이 타여자발전기에 비하여 크다.
③ 타여자발전기의 경우보다 외부특성 곡선이 상향(上向)으로 된다.
④ 분권권선의 접속방법에 관계없이 자기여자로 전압을 올릴 수가 있다.

풀이

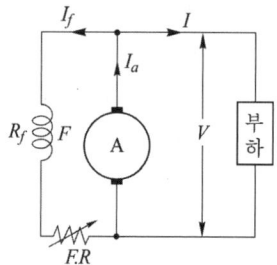

직류분권발전기
① $V = I_f R_f$[V]이므로 단자전압이 강하하면 계자전류는 감소한다.
② 타여자발전기는 외부의 독립된 전원에 의해 여자전류가 공급되므로 전압이 거의 일정하다.
  ∴ **분권발전기의 전압변동 > 타여자발전기의 전압변동**
③ 분권발전기의 부하에 의한 전압변동이 타여자발전기에 비해 크므로 타여자발전기의 경우보다 외부특성 곡선이 하향으로 된다.
④ 분권권선의 결선을 반대로 하면 여자전류에 의해 잔류자기가 소멸되므로 발전이 불가능하다.

답 ②

44 3상 유도전압조정기의 동작원리 중 가장 적당한 것은?

① 두 전류 사이에 작용하는 힘이다.
② 교번자계의 전자유도작용을 이용한다.
③ 충전된 두 물체 사이에 작용하는 힘이다.
④ 회전자계에 의한 유도작용을 이용하여 2차 전압의 위상전압조정에 따라 변화한다.

풀이 3상 유도전압조정기의 원리
분로권선의 전압을 E_1, **회전 자속**에 의하여 직렬권선의 1상에 유도되는 기전력을 E_2(조정 전압)라고 하면, 회전자와 고정자의 관계위치 변화에 따라 E_1에 대한 E_2의 **위상**이 **변화**하므로 출력 측 회로의 선간전압을 $\sqrt{3}(E_1 \pm E_2)$의 범위에서 조정할 수 있다.

답 ④

45 정격용량 100[kVA]인 단상변압기 3대를 △-△결선하여 300[kVA]의 3상 출력을 얻고 있다. 한 상에 고장이 발생하여 결선을 V결선으로 하는 경우 a) 뱅크용량[kVA], b) 각 변압기의 출력[kVA]은?

① a) 253, b) 126.5
② a) 200, b) 100
③ a) 173, b) 86.6
④ a) 152, b) 75.6

풀이 a) 뱅크용량
$P_V = \sqrt{3} P_1 = \sqrt{3} \times 100 = 173.2 [kVA]$
b) 각 변압기 출력
$P = \dfrac{P_V}{2} = \dfrac{173.2}{2} = 86.6 [kVA]$ 답 ③

46 직류기의 전기자 반작용 결과가 아닌 것은?

① 주자속이 감소한다.
② 전기적 중성축이 이동한다.
③ 주자속에 영향을 미치지 않는다.
④ 정류자편 사이의 전압이 불균일하게 된다.

풀이 ① **전기자 반작용** : 전기자 전류에 의하여 발생한 자속이 계자에 의해 발생 되는 **주자속에 영향을 주는 현상**
② 전기자 반작용의 영향
  • 전기적 중성축 이동
    − 발전기 : 회전방향으로 이동
    − 전동기 : 회전방향과 반대 방향으로 이동
  • 주자속 감소
  • 정류자 편간의 불꽃 섬락 발생 답 ③

47 자극수 p, 파권, 전기자 도체수가 z인 직류발전기를 N[rpm]의 회전속도로 무부하 운전할 때 기전력이 E[V]이다. 1극 당 주자속[Wb]은?

① $\dfrac{120E}{pzN}$ ② $\dfrac{120z}{pEN}$
③ $\dfrac{120zN}{pE}$ ④ $\dfrac{120pz}{EN}$

풀이 직류발전기의 유기기전력
$E = \dfrac{p}{a} z \phi \dfrac{N}{60}$[V] 이고, 파권에서 $a = 2$이므로
따라서 1극당 자속
$\phi = \dfrac{Ea}{pz\dfrac{N}{60}} = \dfrac{2E}{pz\dfrac{N}{60}} = \dfrac{120E}{pzN}$[Wb] 이다. 답 ①

48 동기발전기의 단락비를 계산하는 데 필요한 시험은?

① 부하 시험과 돌발 단락시험
② 단상 단락 시험과 3상 단락시험
③ 무부하 포화 시험과 3상 단락시험
④ 정상, 역상, 영상 리액턴스의 측정시험

풀이 • 무부하 시험 : 철손, 기계손
• 단락시험 : 동기임피던스, 동기리액턴스
• 단락비 : 무부하(포화)시험, 단락시험 답 ③

49 SCR에 관한 설명으로 틀린 것은?

① 3단자 소자이다.
② 스위칭 소자이다.
③ 직류전압만을 제어한다.
④ 적은 게이트 신호로 대전력을 제어한다.

풀이 SCR은 게이트에 (+)의 트리거 펄스가 인가되면 통전 상태로 되어 **정류 작용**이 개시되고, 일단 통전이 시작되면 게이트 전류를 차단해도 주전류(애노드 전류)는 차단되지 않는다. 이때에 이를 차단하려면 애노드 전압을 (0) 또는 (−)로 해야 한다. 그러므로 DC 회로에서는 일단 흐르기 시작한 전류를 차단시키는 방법이 부과되지 않으면 안되지만 **AC** 회로에서는 애노드 전압이 반 주기마다 (0) 또는 (−)가 되므로 문제가 되지 않는다. 답 ③

50 3상 유도전동기의 기동법 중 Y-△기동법으로 기동 시 1차 권선의 각 상에 가해지는 전압은 기동 시 및 운전 시 각각 정격전압의 몇 배가 가해지는가?

① 1, $\dfrac{1}{\sqrt{3}}$ ② $\dfrac{1}{\sqrt{3}}$, 1
③ $\sqrt{3}$, $\dfrac{1}{\sqrt{3}}$ ④ $\dfrac{1}{\sqrt{3}}$, $\sqrt{3}$

풀이 Y-△ 기동방법
기동시 고정자권선을 Y로 접속하여 기동함으로써 기동 전류를 감소시키고 운전속도에 가까워지면 권선을 △로 변경하여 운전하는 방식
① 결선도

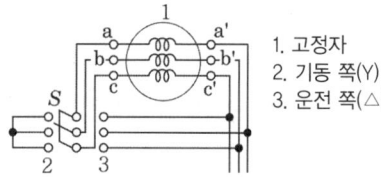

1. 고정자
2. 기동 쪽(Y)
3. 운전 쪽(△)

② 5~15[kW] 정도의 농형 유도전동기 기동에 적용
③ Y로 기동시 전기자 권선에 가하여 지는 전압은 **정격전압의** $1/\sqrt{3}$ 이므로 △ 기동시에 비해 **기동전류와 기동 토크는 1/3로 감소**한다.

- 기동 시 : Y결선, 1차 권선에 가해지는 전압 $\dfrac{V}{\sqrt{3}}$
- 운전 시 : △결선, 1차 권선에 가해지는 전압 V

답 ②

51 유도전동기의 최대 토크를 발생하는 슬립을 S_t, 최대 출력을 발생하는 슬립을 S_p라 하면 대소 관계는?

① $S_p = S_t$ ② $S_p > S_t$
③ $S_p < S_t$ ④ 일정치 않다.

풀이
- 최대 토크를 발생하는 슬립
$$s_t = \dfrac{r_2'}{\sqrt{r_1^2 + (x_1+x_2')^2}} \fallingdotseq \dfrac{r_2'}{x_2}$$
- 최대 출력을 발생하는 슬립
$$s_p = \dfrac{r_2'}{r_2' + \sqrt{(r_1+r_2')^2 + (x_1+x_2')^2}}$$
$$\fallingdotseq \dfrac{r_2'}{r_2' + z}$$
$$\therefore s_p < s_t$$

답 ③

52 단권변압기 2대를 V결선하여 선로 전압 3000[V]를 3300[V]로 승압하여 300[kVA]의 부하에 전력을 공급하려고 한다. 단권변압기 1대의 자기용량은 약 몇 [kVA]인가?

① 9.09   ② 15.72
③ 21.72 ④ 31.50

풀이 V결선

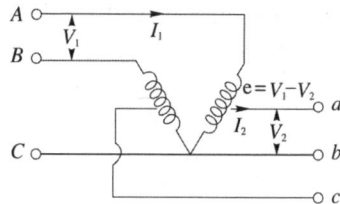

$$\text{자기용량} = \dfrac{2}{\sqrt{3}}\left(1 - \dfrac{V_1}{V_2}\right) \times \text{부하용량}$$
$$= \dfrac{2}{\sqrt{3}}\left(1 - \dfrac{3000}{3300}\right) \times 300$$
$$= 31.49 [kVA]$$
따라서 단권변압기 1대의 자기용량
$$= \dfrac{31.49}{2} = 15.75 [kVA]$$

답 ②

53 단상 전파정류에서 공급전압이 E일 때 무부하 직류전압의 평균값은? (단, 브리지 다이오드를 사용한 전파정류회로이다.)

① $0.90E$ ② $0.45E$
③ $0.75E$ ④ $1.17E$

풀이
- 단상 전파정류회로 :
$$E_{d0} = \dfrac{2}{\pi}E_m = \dfrac{2}{\pi} \cdot \sqrt{2}E = 0.9E$$
- 단상 반파정류회로 :
$$E_{d0} = \dfrac{E_m}{\pi} = \dfrac{\sqrt{2}}{\pi} \cdot E = 0.45E$$

답 ①

54 3상 권선형 유도전동기의 토크 속도곡선이 비례추이 한다는 것은 그 곡선이 무엇에 비례해서 이동하는 것을 말하는가?

① 슬립
② 회전수
③ 2차 저항
④ 공급전압의 크기

풀이 비례추이
2차 저항의 크기를 변화 시키면 최대 토크의 크기는 변하지 않으나 최대 토크를 발생하는 슬립점이 2차 회로의 저항에 비례하여 이동한다.

답 ③

55
평형 3상 회로의 전류를 측정하기 위해서 변류비 200 : 5의 변류기를 그림과 같이 접속하였더니 전류계의 지시가 1.5[A]이었다. 1차 전류는 몇 [A]인가?

① 60
② $60\sqrt{3}$
③ 30
④ $30\sqrt{3}$

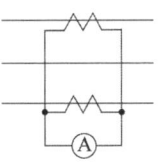

풀이 1차 전류
$$I_1 = 변류비 \times I_2 = \frac{200}{5} \times 1.5 = 60[A]$$

답 ①

56
동기조상기의 구조상 특이점이 아닌 것은?

① 고정자는 수차발전기와 같다.
② 계자 코일이나 자극이 대단히 크다.
③ 안전 운전용 제동권선이 설치된다.
④ 전동기 축은 동력을 전달하는 관계로 비교적 굵다.

풀이 동기조상기는 동기전동기를 무부하로 회전시켜 직류 계자전류 I_f의 크기를 조정하여 무효전력을 지상 또는 진상으로 제어하는 기기이다.
- 과여자 : 콘덴서(C)로 작용하므로 위상이 앞선 전류가 흐른다.
- 부족여자 : 인덕턴스(L)로 작용하므로 위상이 뒤진 전류가 흐른다.

답 ④

57
정격 200[V], 10[kW] 직류분권발전기의 전압변동률은 몇 [%]인가? (단, 전기자 및 분권계자 저항은 각각 0.1[Ω], 100[Ω]이다.)

① 2.6 ② 3.0 ③ 3.6 ④ 4.5

풀이

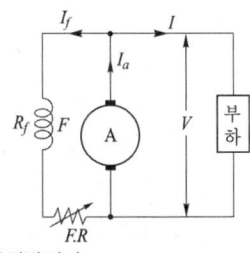

직류분권발전기

- 계자전류 $I_f = \dfrac{V}{R_f} = \dfrac{200}{100} = 2[A]$
- 부하전류 $I = \dfrac{P}{V} = \dfrac{10000}{200} = 50[A]$
- 전기자 전류 $I_a = I + I_f = 50 + 2 = 52[A]$
- 무부하 전압
$$V_0 = V + I_a R_a = 200 + 52 \times 0.1 = 205.2[V]$$

따라서 전압변동률
$$\epsilon = \frac{V_0 - V_n}{V_n} \times 100 = \frac{205.2 - 200}{200} \times 100 = 2.6[\%]$$

답 ①

58
VVVF(Variable Voltage Variable Frequency)는 어떤 전동기의 속도제어에 사용 되는가?

① 동기전동기
② 유도전동기
③ 직류 복권전동기
④ 직류 타여자 전동기

풀이 유도전동기 속도제어법에는 극수변환, 전원주파수를 변화하는 방법(VVVF에 의한 속도제어), 2차 여자법, 1차 전압제어, 2차 저항제어법 등이 있다.

답 ②

59
3300/200[V], 10[kVA]인 단상변압기의 2차를 단락하여 1차측에 300[V]를 가하니 2차에 120[A]의 전류가 흘렀다. 이 변압기의 임피던스 전압 및 %임피던스 강하는 약 얼마인가?

① 125[V], 3.8[%] ② 125[V], 3.5[%]
③ 200[V], 4.0[%] ④ 200[V], 4.2[%]

풀이
- 1차 정격전류
$$I_{1n} = \frac{P}{V_1} = \frac{10 \times 10^3}{3300} = 3.03[A]$$
- 1차 단락전류
$$I_{1s} = \frac{1}{a} I_{2s} = \frac{200}{3300} \times 120 = 7.27[A]$$
- 2차를 1차로 환산한 등가 누설 임피던스
$$Z_{21} = \frac{V_s'}{I_{1s}} = \frac{300}{7.27} = 41.26[\Omega]$$

따라서 임피던스 전압
$$V_s = I_{1n} Z_{21} = 3.03 \times 41.26 ≒ 125[V]$$

%임피던스 강하
$$\%Z = \frac{V_s}{V_{1n}} \times 100 = \frac{125}{3300} \times 100$$
$$≒ 3.8[\%]$$

답 ①

60 그림은 단상 직권 정류자 전동기의 개념도이다. C를 무엇이라고 하는가?

① 제어권선
② 보상권선
③ 보극권선
④ 단층권선

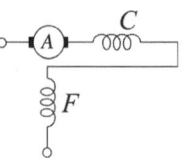

풀이 A : 전기자
C : 보상권선
F : 계자권선

답 ②

4과목 - 회로이론 및 제어공학

61 Nyquist 판정법의 설명으로 틀린 것은?

① 안정성을 판정하는 동시에 안정도를 제시해 준다.
② 계의 안정도를 개선하는 방법에 대한 정보를 제시해 준다.
③ Nyquist 선도는 제어계의 오차 응답에 관한 정보를 준다.
④ Routh-Hurwitz 판정법과 같이 계의 안정여부를 직접 판정해 준다.

풀이 Nyquist 안정도 판별법
- 절대 안정도에 관하여 루드-훌비쯔 판별법과 같은 정보를 제공한다.
- 시스템의 안정도를 개선할 수 있는 방법을 제시한다.
- 시스템의 주파수 영역 응답에 대한 정보를 제공한다.

답 ③

62 그림의 신호흐름선도에서 $\dfrac{y_2}{y_1}$ 은?

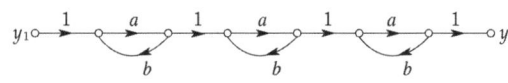

① $\dfrac{a^3}{1-3ab}$
② $\dfrac{a^3}{(1-ab)^3}$
③ $\dfrac{a^3}{(1-3ab+ab)}$
④ $\dfrac{a^3}{(1-3ab+2ab)}$

풀이 신호흐름선도는 3개 부분으로 나누어 계산할 수 있다.

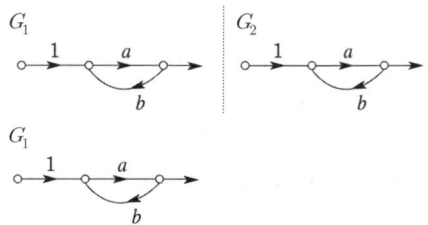

각 부분의 전달함수는 $\dfrac{a}{1-ab}$ 이고,

각 부분의 종속(직렬) 접속 관계이므로

전체 전달함수 $G(s) = G_1 \times G_2 \times G_3 = G_1^3$

$$= \left(\dfrac{a}{1-ab}\right)^3 = \dfrac{a^3}{(1-ab)^3}$$

별해

$$G(s) = \dfrac{\sum 전향 경로 이득}{1-\sum 루프이득_1 + \sum 루프이득_2 - \sum 루프이득_3}$$

$$= \dfrac{a^3}{1-3(ab)+3(ab)^2-(ab)^3} = \dfrac{a^3}{(1-ab)^3}$$

답 ②

63 폐루프 시스템의 특징으로 틀린 것은?

① 정확성이 증가한다.
② 감쇠폭이 증가한다.
③ 발진을 일으키고 불안정한 상태로 되어갈 가능성이 있다.
④ 계의 특성변화에 대한 입력 대 출력비의 감도가 증가한다.

풀이 피드백(폐루프) 제어계의 특징
① 정확성의 증가
② 계의 특성 변화에 대한 입력 대 출력비의 감도 감소
③ 비선형과 왜형에 대한 효과의 감소
④ 감대폭의 증가
⑤ 발진을 일으키고 불안정한 상태로 되어 가는 경향성
⑥ 구조가 복잡하고 설치비가 고가

답 ④

64 다음과 같은 상태방정식의 고유값 λ_1과 λ_2는?

$$\begin{bmatrix} \dot{x}_1 \\ \dot{x}_2 \end{bmatrix} = \begin{bmatrix} 1 & -2 \\ -3 & 2 \end{bmatrix} \begin{bmatrix} x_1 \\ x_2 \end{bmatrix} + \begin{bmatrix} 2 & -3 \\ -4 & 3 \end{bmatrix} \begin{bmatrix} r_1 \\ r_2 \end{bmatrix}$$

① 4, -1
② -4, 1
③ 6, -1
④ -6, 1

풀이
$$|\lambda I - A| = \begin{bmatrix} \lambda & 0 \\ 0 & \lambda \end{bmatrix} - \begin{bmatrix} 1 & -2 \\ -3 & 2 \end{bmatrix}$$
$$= \begin{bmatrix} \lambda-1 & 2 \\ 3 & \lambda-2 \end{bmatrix} = (\lambda-1)(\lambda-2)-6$$
$$= \lambda^2 - 3\lambda - 4 = (\lambda-4)(\lambda+1) = 0$$
$$\therefore \lambda = 4, -1$$
답 ①

65 2차 제어계 $G(s)H(s)$의 나이퀴스트 선도의 특징이 아닌 것은?

① 이득여유는 ∞ 이다.
② 교차량 $|GH| = 0$ 이다.
③ 모두 불안정한 제어계이다.
④ 부의 실축과 교차하지 않는다.

풀이 2차 시스템에서 $G(s)H(s)$의 나이퀴스트 선도
① 음의 실수축과 교차하지 않으므로 교차량 $|GH_C|$는 0 이다.
② 이득 여유 $GM = 20\log\dfrac{1}{|GH_C|} = 20\log\dfrac{1}{0} = \infty[\text{dB}]$ 이다.
③ 모든 이득 $K(<\infty)$에 대해서 2차 시스템은 안정하다.
답 ③

66 단위계단 함수 $u(t)$를 z 변환하면?

① 1   ② $\dfrac{1}{z}$ ③ 0   ④ $\dfrac{z}{z-1}$

풀이

$f(t)$	$F(s)$	$F(z)$
$\delta(t)$	1	1
$u(t)$	$\dfrac{1}{s}$	$\dfrac{z}{z-1}$
t	$\dfrac{1}{s^2}$	$\dfrac{Tz}{(z-1)^2}$
e^{-at}	$\dfrac{1}{s+a}$	$\dfrac{z}{z-e^{-at}}$

답 ④

67 그림과 같은 블록선도로 표시되는 제어계는 무슨 형인가?

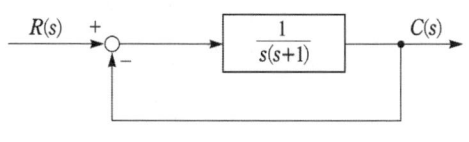

① 0   ② 1   ③ 2   ④ 3

풀이 $G(s)H(s) = \dfrac{1}{s(s+1)}$ 에서
분모의 차수가 1이므로 1형 제어계이다.
답 ②

68 제어기에서 미분제어의 특성으로 가장 적합한 것은?

① 대역폭이 감소한다.
② 제동을 감소시킨다.
③ 작동오차의 변화율에 반응하여 동작한다.
④ 정상 상태의 오차를 줄이는 효과를 갖는다.

풀이 미분 동작 제어(D 동작)
제어계 오차가 검출될 때 오차가 변화하는 속도에 비례하여 조작량을 가·감산하도록 하는 동작으로 오차가 커지는 것을 미리 방지하는 데 있다.
답 ③

69 다음의 설명 중 틀린 것은?

① 최소 위상 함수는 양의 위상 여유이면 안정하다.
② 이득 교차 주파수는 진폭비가 1이 되는 주파수이다.
③ 최소 위상 함수는 위상 여유가 0 이면 임계 안정하다.
④ 최소 위상 함수의 상대안정도는 위상각의 증가와 함께 작아진다.

풀이 최소 위상 함수의 상대안정도는 위상각의 증가와 함께 커진다.
답 ④

70 다음 논리회로의 출력 X는?

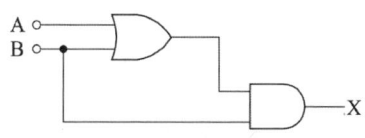

① A   ② B
③ A+B   ⑤ A·B

풀이 $X = (A+B) \cdot B = A \cdot B + B \cdot B$
$= A \cdot B + B = B(A+1) = B$
답 ②

71 $v = 100\sqrt{2}\sin\left(\omega t + \dfrac{\pi}{3}\right)$[V]를 복소수로 나타내면?

① $25 + j25\sqrt{3}$
② $50 + j25\sqrt{3}$
③ $25 + j50\sqrt{3}$
④ $50 + j50\sqrt{3}$

풀이 $v = 100\sqrt{2}\sin\left(\omega t + \dfrac{\pi}{3}\right)$를 실효값 정지 벡터로 표시하면
$$V = 100\angle\dfrac{\pi}{3} = 100(\cos 60° + j\sin 60°)$$
$$= 50 + j50\sqrt{3}\,[\text{V}]$$
답 ④

72 인덕턴스 0.5[H], 저항 2[Ω]의 직렬회로에 30[V]의 직류전압을 급히 가했을 때 스위치를 닫은 후 0.1초 후의 전류의 순시값 i[A]와 회로의 시정수 τ[s]는?

① $i = 4.95$, $\tau = 0.25$
② $i = 12.75$, $\tau = 0.35$
③ $i = 5.95$, $\tau = 0.45$
④ $i = 13.95$, $\tau = 0.25$

풀이 RL 직렬회로
① 순시값
$$i(t) = \dfrac{E}{R}\left(1 - e^{-\frac{R}{L}t}\right) = \dfrac{30}{2}\left(1 - e^{-\frac{2}{0.5}\times 0.1}\right)$$
$$\fallingdotseq 4.95\,[\text{A}]$$
② 시정수 $\tau = \dfrac{L}{R} = \dfrac{0.5}{2} = 0.25\,[\text{s}]$
답 ①

73 다음 회로의 4단자 정수는?

① $A = 1 + 2\omega^2 LC$, $B = j2\omega C$, $C = j\omega L$, $D = 0$
② $A = 1 - 2\omega^2 LC$, $B = j\omega L$, $C = j2\omega C$, $D = 1$
③ $A = 2\omega^2 LC$, $B = j\omega L$, $C = j2\omega C$, $D = 1$
④ $A = 2\omega^2 LC$, $B = j2\omega C$, $C = j\omega L$, $D = 0$

풀이
$$\begin{bmatrix} A & B \\ C & D \end{bmatrix} = \begin{bmatrix} 1 & Z_1 \\ 0 & 1 \end{bmatrix}\begin{bmatrix} 1 & 0 \\ \frac{1}{Z_2} & 1 \end{bmatrix}$$
$$= \begin{bmatrix} 1 & j\omega L \\ 0 & 1 \end{bmatrix}\begin{bmatrix} 1 & 0 \\ j2\omega C & 1 \end{bmatrix}$$
$$= \begin{bmatrix} 1 - 2\omega^2 LC & j\omega L \\ j2\omega C & 1 \end{bmatrix}$$
답 ②

74 전압의 순시값이 다음과 같을 때 실효값은 약 몇 [V]인가?
$$v = 3 + 10\sqrt{2}\sin\omega t + 5\sqrt{2}\sin(3\omega t - 30°)\,[\text{V}]$$

① 11.6
② 13.2
③ 16.4
④ 20.1

풀이 비정현파의 실효값
$$V = \sqrt{V_0^2 + V_1^2 + V_3^3} = \sqrt{3^2 + 10^2 + 5^2}$$
$$\fallingdotseq 11.6\,[\text{V}]$$
답 ①

75 한 상의 임피던스가 $6 + j8$[Ω]인 △부하에 대칭 선간전압 200[V]를 인가할 때 3상 전력[W]은?

① 2400
② 4160
③ 7200
④ 10800

풀이 △결선 시 선간전압(V_l)과 상전압(V_p)은 같으므로
상전류 $I_p = \dfrac{V_p}{Z_p} = \dfrac{200}{\sqrt{6^2 + 8^2}} = 20\,[\text{A}]$
∴ $P = 3I_p^2 R = 3\times 20^2 \times 6 = 7200\,[\text{W}]$
답 ③

76 그림과 같이 $R = 1$[Ω]인 저항을 무한히 연결할 때, a–b에서의 합성저항은?

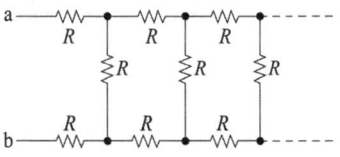

① $1 + \sqrt{3}$
② $\sqrt{3}$
③ $1 + \sqrt{2}$
④ ∞

[풀이]

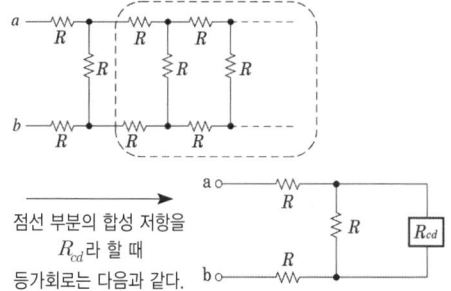

점선 부분의 합성 저항을 R_{cd}라 할 때 등가회로는 다음과 같다.

그림의 등가회로에서
$R_{ab} = 2R + \dfrac{R \cdot R_{cd}}{R + R_{cd}}$ 이며, $R_{ab} \fallingdotseq R_{cd}$ 이므로
$R \cdot R_{ab} + R_{ab}^2 = 2R^2 + 2R \cdot R_{ab} + R \cdot R_{ab}$
여기서 $R = 1[\Omega]$를 대입하면,
$R_{ab}^2 - 2R_{ab} - 2 = 0$
$R_{ab} = \dfrac{-b \pm \sqrt{b^2 - 4ac}}{2a} = \dfrac{2 \pm \sqrt{4 + 4 \times 2}}{2}$
$= 1 \pm \sqrt{3}$
저항값은 음(-)의 값이 될 수 없으므로
$\therefore R_{ab} = 1 + \sqrt{3}$ **답 ①**

77 3상 불평형 전압에서 역상전압이 35[V]이고, 정상전압이 100[V], 영상전압이 10[V]라 할 때, 전압의 불평형률은?

① 0.10
② 0.25
③ 0.35
④ 0.45

[풀이] 불평형률 $= \dfrac{\text{역상 전압}}{\text{정상 전압}} = \dfrac{35}{100} = 0.35$ **답 ③**

78 분포정수회로에서 선로의 단위길이 당 저항을 100[Ω], 인덕턴스를 200[mH], 누설 컨덕턴스를 0.5[℧]라 할 때 일그러짐이 없는 조건을 만족하기 위한 정전용량은 몇 [μF]인가?

① 0.001
② 0.1
③ 10
④ 1000

[풀이] 무왜선로(일그러짐이 없는 선로)의 조건은
$RC = LG$ 이다.
$\therefore C = \dfrac{LG}{R} = \dfrac{200 \times 10^{-3} \times 0.5}{100}$
$= 1 \times 10^{-3}[F] = 1000[\mu F]$ **답 ④**

79 $f(t) = u(t-a) - u(t-b)$의 라플라스 변환 $F(s)$는?

① $\dfrac{1}{s^2}(e^{-as} - e^{-bs})$

② $\dfrac{1}{s}(e^{-as} - e^{-bs})$

③ $\dfrac{1}{s^2}(e^{as} + e^{bs})$

④ $\dfrac{1}{s}(e^{as} + e^{bs})$

[풀이] $\mathcal{L}[f(t)] = \mathcal{L}[u(t-a) - u(t-b)]$
$= \dfrac{e^{-as}}{s} - \dfrac{e^{-bs}}{s} = \dfrac{1}{s}(e^{-as} - e^{-bs})$ **답 ②**

80 4단자 정수 A, B, C, D 중에서 어드미턴스 차원을 가진 정수는?

① A
② B
③ C
④ D

[풀이] A, B, C, D로 표시되는
4단자 기초 방정식은 $\begin{bmatrix} V_1 \\ I_1 \end{bmatrix} = \begin{bmatrix} A & B \\ C & D \end{bmatrix} \begin{bmatrix} V_2 \\ I_2 \end{bmatrix}$ 이며,
각 파라미터의 물리적 의미는

- 출력을 개방했을 때 전압 이득
  $A = \dfrac{V_1}{V_2}\bigg|_{I_2 = 0}$

- 출력을 단락했을 때 전달 임피던스
  $B = \dfrac{V_1}{I_2}\bigg|_{V_2 = 0}$

- 출력을 개방했을 때 전달 어드미턴스
  $C = \dfrac{I_1}{V_2}\bigg|_{I_2 = 0}$

- 출력을 단락했을 때 전류 이득
  $D = \dfrac{I_1}{I_2}\bigg|_{V_2 = 0}$ **답 ③**

5과목 - 전기설비기술기준

81 발전소·변전소 또는 이에 준하는 곳의 특고압 전로에 대한 접속상태를 모의모선의 사용 또는 기타의 방법으로 표시 하여야 하는데, 그 표시의 의무가 없는 것은?

① 전선로의 회선수가 3회선 이하로서 복모선
② 전선로의 회선수가 2회선 이하로서 복모선
③ 전선로의 회선수가 3회선 이하로서 단일모선
④ 전선로의 회선수가 2회선 이하로서 단일모선

풀이 351.2 특고압전로의 상 및 접속 상태의 표시
발·변전소, 개폐소 등에 있어서는 보수의 편의를 도모하고 오조작, 오접속을 방지하기 위하여 특고압 전로에는 다음의 시설이 필요하다.
가. 보기 쉬운 곳에 상별표시를 한다.
나. 접속 상태를 모의 모선 등으로 표시한다. 다만, 단모선으로 회선수가 2 이하의 간단한 것은 예외로 한다. **답** ④

82 가공 약전류전선을 사용 전압이 22.9[kV]인 특고압 가공전선과 동일 지지물에 공가하고자 할 때 가공 전선으로 경동연선을 사용한다면 단면적이 몇 [mm²] 이상인가?

① 22 ② 38
③ 45 ④ 50

풀이 333.19 특고압 가공전선과 가공약전류전선 등의 공용 설치
사용전압이 35[kV] 이하인 특고압 가공전선과 가공약전류전선 등 을 동일 지지물에 시설하는 경우에는 다음에 따라야 한다.
가. 특고압 가공전선로는 제2종 특고압 보안공사에 의할 것.
나. 특고압 가공전선은 가공약전류전선 등의 위로하고 별개의 완금류에 시설할 것.
다. **특고압 가공전선은 케이블인 경우 이외에는 인장강도 21.67[kN] 이상의 연선 또는 단면적 50[mm²] 이상인 경동연선일 것.**
라. 특고압 가공전선과 가공약전류전선 등 사이의 이격거리는 2[m] 이상으로 할 것. 다만, 특고압 가공전선이 케이블인 경우에는 0.5[m]까지로 감할 수 있다. **답** ④

83 ACSR 전선을 사용전압 직류 1500[V]의 가공 급전선으로 사용할 경우 안전율은 얼마 이상이 되는 이도로 시설하여야 하는가?

① 2.0 ② 2.1
③ 2.2 ④ 2.5

풀이 332.4 고압 가공전선의 안전율, 222.6 저압 가공전선의 안전율
가공전선이 케이블 이외인 경우 안전율이 다음 이상이 되는 이도로 시설하여야 한다.
가. 경동선 또는 내열 동합금선 : 2.2 이상
나. 그 밖의 전선 : 2.5 **답** ④

84 154[kV] 가공전선과 가공 약전류 전선이 교차하는 경우에 시설하는 보호망을 구성하는 금속선 중 가공 전선의 바로 아래에 시설되는 것 이외의 다른 부분에 시설되는 금속선은 지름 몇 [mm] 이상의 아연도 철선이어야 하는가?

① 2.6 ② 3.2
③ 4.0 ④ 5.0

풀이 333.26 특고압 가공전선과 저고압 가공전선 등의 접근 또는 교차
보호망은 규정에 준하여 접지공사를 한 금속제의 망상 장치로 하고 또한 다음에 따라 시설하여야 한다.
가. 보호망을 구성하는 금속선은 그 외주 및 특고압 가공전선의 바로 아래에 시설하는 금속선에 인장강도 8.01[kN] 이상의 것 또는 지름 5[mm] 이상의 경동선을 사용하고 **기타 부분에 시설하는 금속선에 인장강도 3.64[kN] 이상 또는 지름 4[mm] 이상의 아연도철선을 사용할 것.**
나. 보호망을 구성하는 금속선 상호 간의 간격은 가로 세로 각 1.5[m] 이하일 것.
다. 보호망과 저고압 가공전선 등과의 수직 이격거리는 60[cm] 이상일 것. **답** ③

85 사용전압이 161[kV]인 가공전선로를 시가지내에 시설할 때 전선의 지표상의 높이는 몇 [m] 이상이어야 하는가?

① 8.65 ② 9.56
③ 10.47 ④ 11.56

풀이 333.1 시가지 등에서 특고압 가공전선로의 시설

사용전압의 구분	지표상의 높이
35[kV] 이하	10[m] (전선이 특고압 절연전선인 경우에는 8[m])
35[kV] 초과	10[m]에 35[kV]를 초과하는 10[kV] 또는 그 단수마다 12[cm]를 더한 값

- 단수 = $\frac{161-35}{10}$ = 12.6 → 13단
- 지표상의 높이 = $10 + 13 \times 0.12 = 11.56$[m]   답 ④

86 특고압 가공 전선이 삭도와 제2차 접근 상태로 시설할 경우에 특고압 가공 전선로의 보안 공사는?

① 고압 보안 공사
② 제1종 특고압 보안 공사
③ 제2종 특고압 보안 공사
④ 제3종 특고압 보안 공사

풀이 333.25 특고압 가공전선과 삭도의 접근 또는 교차
가. 특고압 가공전선이 삭도와 제1차 접근상태 : 특고압 가공전선로는 제3종 특고압 보안공사에 의할 것.
나. 특고압 가공전선이 삭도와 제2차 접근상태 : 특고압 가공전선로는 제2종 특고압 보안공사에 의할 것.
답 ③

87 갑종 풍압하중을 계산 할 때 강관에 의하여 구성된 철탑에서 구성재의 수직 투영면적 1[m²]에 대한 풍압하중은 몇 [Pa]를 기초로 하여 계산한 것인가? (단, 단주는 제외한다.)

① 588   ② 1117
③ 1255   ④ 2157

풀이 331.6 풍압하중의 종별과 적용

풍압을 받는 구분			풍압[Pa]
철탑	단주 (완철류는 제외함)	원형의 것	588[Pa]
		기타의 것	1,117[Pa]
	강관에 의하여 구성 (단주는 제외함)		1,255[Pa]
	기타의 것		2,157[Pa]

답 ③

88 설계하중이 6.8[kN]인 철근 콘크리트주의 길이가 17[m]라 한다. 이 지지물을 지반이 연약한 곳 이외의 곳에서 안전율을 고려하지 않고 시설하려고 하면 땅에 묻히는 깊이는 몇 [m] 이상으로 하여야 하는가?

① 2.0[m]   ② 2.3[m]
③ 2.5[m]   ④ 2.8[m]

풀이 331.7 가공전선로 지지물의 기초의 안전율
가공전선로의 지지물에 하중이 가하여지는 경우에 그 하중을 받는 지지물의 기초의 안전율은 2(이상 시 상정하중에 대한 철탑의 기초에 대하여는 1.33) 이상이어야 한다. 다만, 다음에 따라 시설하는 경우에는 적용하지 않는다.

설계 하중 전장	6.8[kN] 이하	6.8[kN] 초과 ~9.8[kN] 이하	9.8[kN] 초과 ~14.72[kN] 이하
15[m] 이하	전장 × 1/6[m] 이상	전장 × 1/6 + 0.3[m] 이상	전장 × 1/6 + 0.5[m] 이상
15[m] 초과	2.5[m] 이상	2.5[m] + 0.3[m] 이상	–
16[m] 초과 ~20[m] 이하	2.8[m] 이상	–	–
15[m] 초과 ~18[m] 이하	–	–	3[m] 이상
18[m] 초과	–	–	3.2[m] 이상

답 ④

89 특고압 가공전선로에서 발생하는 극저주파 전자계는 자계의 경우 지표상 1[m]에서 측정 시 몇 [μT] 이하인가?

① 28.0   ② 46.5
③ 70.0   ④ 83.3

풀이 유도장해 방지(기술기준 제17조)
특고압 가공전선로에서 발생하는 극저주파 전자계는 지표상 1[m]에서 전계가 3.5[kV/m] 이하, **자계가 83.3[μT] 이하**가 되도록 시설하는 등 상시 정전유도 및 전자유도 작용에 의하여 사람에게 위험을 줄 우려가 없도록 시설하여야 한다.
답 ④

90 전로를 대지로부터 반드시 절연하여야 하는 것은?

① 시험용 변압기
② 저압 가공전선로의 접지측 전선
③ 전로의 중성점에 접지공사를 하는 경우의 접지점
④ 계기용변성기의 2차측 전로에 접지공사를 하는 경우의 접지점

풀이 131 전로의 절연 원칙
전로는 다음 이외에는 대지로부터 절연하여야 한다.
가. 저압전로에 접지공사를 하는 경우의 접지점
나. 전로의 중성점에 접지공사를 하는 경우의 접지점
다. 계기용변성기의 2차측 전로에 접지공사를 하는 경우의 접지점
라. 다중 접지를 하는 경우의 접지점
마. 변압기의 2차측 전로에 접지공사를 하는 경우의 접지점
바. 직류계통에 접지공사를 하는 경우의 접지점
사. 다음과 같이 절연할 수 없는 부분
① **시험용 변압기**, 전력선 반송용 결합 리액터, 전기울타리용 전원장치, 엑스선발생장치, 전기부식방지용 양극, 단선식 전기 철도의 귀선 등 전로의 일부를 대지로부터 절연하지 아니하고 전기를 사용하는 것이 부득이한 것.
② 전기욕기·전기로·전기보일러·전해조 등 대지로부터 절연하는 것이 기술상 곤란한 것.
답 ②

91 가공전선과 첨가 통신선과의 시공방법으로 틀린 것은?

① 통신선은 가공전선의 아래에 시설할 것
② 통신선과 고압 가공전선 사이의 이격거리는 60[cm] 이상일 것
③ 통신선과 특고압 가공전선로의 다중접지한 중성선 사이의 이격거리는 1.2[m] 이상일 것
④ 통신선은 특고압 가공전선로의 지지물에 시설하는 기계기구에 부속되는 전선과 접촉 할 우려가 없도록 지지물 또는 완금류에 견고하게 시설할 것

풀이 362.2 전력보안통신선의 시설 높이와 이격거리
가. 통신선은 가공전선의 아래에 시설할 것.
나. 이격거리

가공전선		통신선		
		일반	절연전선	광섬유케이블
중성선	25[kV] 이하, 다중접지중성선	0.6[m] 이상		
저압 가공전선	일반	0.6[m] 이상		
	절연전선 또는 케이블		0.3[m] 이상	
	인입선			0.15[m] 이상
고압 가공전선	일반	0.6[m] 이상		
	케이블		0.3[m] 이상	
특고압 가공전선	일반	1.2[m] 이상		
	케이블		0.3[m] 이상	
	25[kV] 이하, 다중 접지방식	0.75[m] 이상		

답 ③

92 일반 주택 및 아파트 각 호실의 현관등은 몇 분 이내에 소등 되도록 타임스위치를 시설하여야 하는가?

① 3   ② 4
③ 5   ④ 6

풀이 234.6 점멸기의 시설
다음의 경우에는 센서등(타임스위치 포함)을 시설하여야 한다.
가. 관광숙박업 또는 숙박업(여인숙업을 제외한다)에 이용되는 객실의 입구등은 1분 이내에 소등되는 것.
나. **일반주택 및 아파트 각 호실의 현관등은 3분 이내에 소등되는 것.**
답 ①

93 전기 울타리의 시설에 사용되는 전선은 지름 몇 [mm] 이상의 경동선인가?

① 2.0   ② 2.6
③ 3.2   ④ 4.0

풀이 241.1 전기울타리
가. 전기울타리용 전원장치에 전원을 공급하는 전로의 사용전압은 250[V] 이하이어야 한다.
나. 전기울타리는 사람이 쉽게 출입하지 아니하는 곳에 시설할 것.
다. 전선은 인장강도 1.38[kN] 이상의 것 또는 **지름 2[mm] 이상의 경동선**일 것.
라. 전선과 이를 지지하는 기둥 사이의 이격거리는 25[mm] 이상일 것.
마. 전선과 다른 시설물(가공 전선을 제외한다) 또는 수목과 이격거리는 0.3[m] 이상일 것.
답 ①

94. 애자공사에 의한 저압 옥내배선 시 전선 상호간의 간격은 몇 [cm] 이상인가?

① 2 　　② 4
③ 6 　　④ 8

풀이 232.56 애자공사
가. 전선의 종류 : 절연 전선. 단, 옥외용 비닐 절연 전선(OW) 및 인입용 비닐 절연 전선(DV)은 제외한다.
나. 이격 거리

전 압		전선과 조영재와의 이격 거리	전선 상호 간격	전선 지지점 간의 거리	
				조영재의 윗면 또는 옆면에 따라 시설	조영재에 따라 시설하지 않는 경우
저압	400[V] 이하	2.5[cm] 이상	6[cm] 이상	2[m] 이하	—
	400[V] 초과	건조한 장소 2.5[cm] 이상			6[m] 이하
		기타의 장소 4.5[cm] 이상			

답 ③

95. 철도 또는 궤도를 횡단하는 저고압가공전선의 높이는 레일면상 몇 [m] 이상인가?

① 5.5 　　② 6.5
③ 7.5 　　④ 8.5

풀이 332.5 고압 가공전선의 높이
222.7 저압 가공전선의 높이
저·고압 가공전선의 높이는 다음에 따라야 한다.

설치장소		가공전선의 높이
도로횡단(번잡하지 않은 도로 제외)		지표상 6[m] 이상
철도 또는 궤도횡단		레일면상 6.5[m] 이상
횡단 보도교 위	저압	노면상 3.5[m] 이상. 단, 절연전선의 경우 3[m] 이상
	고압	노면상 3.5[m] 이상
일반장소		지표상 5[m] 이상. 단, 저압의 경우 절연전선 또는 케이블을 사용하여 교통에 지장이 없도록 하여 옥외조명용에 공급하는 경우 4[m]까지 감할 수 있다.
다리의 하부 기타 이와 유사한 장소		저압의 전기철도용 급전선은 지표상 3.5[m]까지 감할 수 있다.

답 ②

96. 지중전선로는 기설 지중 약전류 전선로에 대하여 다음의 어느 것에 의하여 통신상의 장해를 주지 아니하도록 기설 약전류 전선로로부터 충분히 이격시키는가?

① 충전전류 또는 표피작용
② 누설전류 또는 유도작용
③ 충전전류 또는 유도작용
④ 누설전류 또는 표피작용

풀이 334.5 지중약전류전선의 유도장해 방지
지중전선로는 기설 지중약전류전선로에 대하여 누설전류 또는 유도작용에 의하여 통신상의 장해를 주지 않도록 기설 약전류전선로로부터 충분히 이격시키거나 기타 적당한 방법으로 시설하여야 하다.　**답** ②

97. 발전소의 계측요소가 아닌 것은?

① 발전기의 고정자 온도
② 저압용 변압기의 온도
③ 발전기의 전압 및 전류
④ 주요 변압기의 전류 및 전압

풀이 351.6 계측장치
발전소에서는 다음의 사항을 계측하는 장치를 시설하여야 한다.
가. 발전기의 전압 및 전류 또는 전력
나. 발전기의 베어링 및 고정자의 온도
다. 주요 변압기의 전압 및 전류 또는 전력
라. 특고압용 변압기의 온도　**답** ②

출제기준 변경 및 개정된 관계 법규에 따라 삭제된 문제가 있어 20문항이 안됩니다.

완벽대비 2016년 3회 전기기사필기

동일출판사 홈페이지에서 무료 동영상강의를 보실 수 있습니다.

1과목 - 전기자기

01 반지름이 a[m]이고 단위길이에 대한 권수가 n인 무한장 솔레노이드의 단위길이 당 자기 인덕턴스는 몇 [H/m]인가?

① $\mu\pi a^2 n^2$ ② $\mu\pi an$
③ $\dfrac{an}{2\mu\pi}$ ④ $4\mu\pi a^2 n^2$

풀이

$L = \dfrac{N\phi}{I} = \dfrac{N}{I} \cdot \dfrac{NI}{R_m} = \dfrac{N^2}{R_m} = \dfrac{N^2}{\dfrac{l}{\mu s}}$

$= \dfrac{\mu s N^2}{l} = \dfrac{\mu s (nl)^2}{l} = \mu s n^2 l$ [H]

∴ 단위 길이당 $L_0 = \mu s n^2 = \mu \pi a^2 n^2$ [H/m]   **답** ①

02 선전하밀도 ρ[C/m]를 갖는 코일이 반원형의 형태를 취할 때, 반원의 중심에서 전계의 세기를 구하면 몇 [V/m]인가? (단, 반지름은 r[m]이다.)

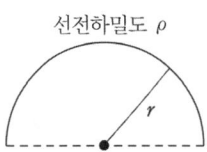
선전하밀도 ρ

① $\dfrac{\rho}{8\epsilon_0 r^2}$ ② $\dfrac{\rho}{4\pi\epsilon_0 r}$
③ $\dfrac{\rho}{4\pi\epsilon_0 r^2}$ ④ $\dfrac{\rho}{2\pi\epsilon_0 r}$

풀이
• 선전하에 의한 전계 : $E = \dfrac{\rho}{2\pi\epsilon_0 r}$ [V/m]
• 점전하에 의한 전계 : $E = \dfrac{Q}{4\pi\epsilon_0 r^2}$ [V/m]   **답** ④

03 도전율 σ, 투자율 μ인 도체에 교류전류가 흐를 때 표피효과의 영향에 대한 설명으로 옳은 것은?

① σ가 클수록 작아진다.
② μ가 클수록 작아진다.
③ μ_s가 클수록 작아진다.
④ 주파수가 높을수록 커진다.

풀이 표피효과 깊이 $\delta = \sqrt{\dfrac{2}{\omega\sigma\mu}} = \sqrt{\dfrac{1}{\pi f \sigma \mu}}$ [m]
f(주파수), σ(도전율), μ(투자율)가 클수록 δ가 작게 되어 **표피효과가 심해진다**.   **답** ④

04 비투자율 μ_s는 역자성체에서 다음 중 어느 값을 갖는가?

① $\mu_s = 0$ ② $\mu_s < 1$
③ $\mu_s > 1$ ④ $\mu_s = 1$

풀이 강자성체 : $\mu_s \gg 1$
상자성체 : $\mu_s > 1$
역자성체 : $\mu_s < 1$ **답** ②

05 자계와 전류계의 대응으로 틀린 것은?

① 자속 ↔ 전류
② 기자력 ↔ 기전력
③ 투자율 ↔ 유전율
④ 자계의 세기 ↔ 전계의 세기

풀이 자기회로와 전기회로의 대응

자기회로	전기회로
자속 ϕ[Wb]	전류 I[A]
자계 H[A/m]	전계 E[V/m]
기자력 F[AT]	기전력 U[V]
자속밀도 B[Wb/m²]	전류밀도 i[A/m²]
투자율 μ[H/m]	도전율 k[℧/m]
자기 저항 R_m[AT/Wb]	전기저항 R[Ω]

답 ③

06 다음의 관계식 중 성립할 수 없는 것은?
(단, μ는 투자율, μ_0는 진공의 투자율, χ는 자화율, J는 자화의 세기이다.)

① $\mu = \mu_0 + \chi$ ② $J = \chi B$
③ $\mu_s = 1 + \dfrac{\chi}{\mu_0}$ ④ $B = \mu H$

풀이
① $\mu = \mu_0 + \chi$ [H/m]
② $J = \chi H$ [Wb/m²]
③ $\mu_s = \dfrac{\mu}{\mu_0} = \dfrac{\mu_0 + \chi}{\mu_0} = 1 + \dfrac{\chi}{\mu_0}$
④ $B = \mu_0 H + J = \mu_0 H + \chi H = (\mu_0 + \chi) H$
$= \mu_0 \mu_s H$ [Wb/m²] **답** ②

07 베이클라이트 중의 전속밀도가 D [C/m²]일 때의 분극의 세기는 몇 [C/m²]인가? (단, 베이클라이트의 비유전율은 ϵ_r이다.)

① $D(\epsilon_r - 1)$ ② $D\left(1 + \dfrac{1}{\epsilon_r}\right)$
③ $D\left(1 - \dfrac{1}{\epsilon_r}\right)$ ④ $D(\epsilon_r + 1)$

풀이 분극의 세기
$P = D - \epsilon_0 E = D - \epsilon_0 \times \dfrac{D}{\epsilon_0 \epsilon_r}$
$= D\left(1 - \dfrac{1}{\epsilon_r}\right)$ [C/m²] **답** ③

08 철심부의 평균길이가 l_2, 공극의 길이가 l_1, 단면적이 S인 자기회로이다. 자속밀도를 B [Wb/m²]로 하기 위한 기자력[AT]은?

① $\dfrac{\mu_0}{B}\left(l_1 + \dfrac{\mu_s}{l_2}\right)$
② $\dfrac{B}{\mu_0}\left(l_2 + \dfrac{l_1}{\mu_s}\right)$
③ $\dfrac{\mu_0}{B}\left(l_2 + \dfrac{\mu_s}{l_1}\right)$
④ $\dfrac{B}{\mu_0}\left(l_1 + \dfrac{l_2}{\mu_s}\right)$

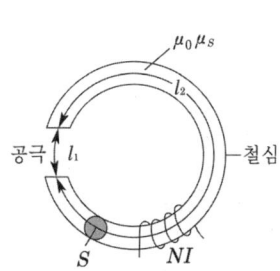

풀이 철심부의 자기저항을 R_1, 공극의 자기저항을 R_2라 하면 R_1, R_2는 직렬이므로
합성 자기저항
$R = R_1 + R_2 = \dfrac{l_1}{\mu_0 S} + \dfrac{l_2}{\mu S}$ [AT/Wb]
따라서 기자력
$F = NI = R\phi = RBS = \left(\dfrac{l_1}{\mu_0 S} + \dfrac{l_2}{\mu S}\right) BS$
$= \dfrac{B}{\mu_0}\left(l_1 + \dfrac{l_2}{\mu_s}\right)$ [AT] **답** ④

09 자성체의 자화의 세기 $J = 8000$ [Wb/m²], 자화율 $\chi = 0.02$ [H/m]일 때 자속밀도는 약 몇 [T]인가?

① 7000 ② 7500
③ 8000 ④ 8500

풀이 $B = \mu_0 H + J \; (J = \chi H \rightarrow H = \dfrac{J}{\chi})$
$\therefore B = \dfrac{\mu_0}{\chi} J + J = J\left(\dfrac{\mu_0}{\chi} + 1\right)$
$= 8000 \times \left(\dfrac{4\pi \times 10^{-7}}{0.02} + 1\right)$
$≒ 8000$ [Wb/m²] $= 8000$ [T]
$(\because 1$ [Wb/m²] $= 1$ [T]$)$ **답** ③

10 진공 중의 자계 10[AT/m]인 점에 5×10^{-3} [Wb]의 자극을 놓으면 그 자극에 작용하는 힘 [N]은?

① 5×10^{-2} ② 5×10^{-3}
③ 2.5×10^{-2} ④ 2.5×10^{-3}

풀이 $F = mH = 5 \times 10^{-3} \times 10 = 5 \times 10^{-2}$ [N] **답** ①

11 전계와 자계와의 관계에서 고유 임피던스는?

① $\sqrt{\epsilon \mu}$ ② $\sqrt{\dfrac{\mu}{\epsilon}}$
③ $\sqrt{\dfrac{\epsilon}{\mu}}$ ④ $\dfrac{1}{\sqrt{\epsilon \mu}}$

풀이 고유 임피던스

$$Z_0 = \frac{E}{H} = \sqrt{\frac{\mu}{\epsilon}} = \sqrt{\frac{\mu_0}{\epsilon_0}} \cdot \sqrt{\frac{\mu_s}{\epsilon_s}}$$

$$= \sqrt{\frac{4\pi \times 10^{-7}}{8.855 \times 10^{-12}}} \cdot \sqrt{\frac{\mu_s}{\epsilon_s}}$$

$$= 377 \sqrt{\frac{\mu_s}{\epsilon_s}} \, [\Omega]$$

답 ②

12 자성체 $3 \times 4 \times 20 [cm^3]$가 자속밀도 $B = 130[mT]$로 자화되었을 때 자기모멘트가 $48[A \cdot m^2]$이었다면 자화의 세기(M)은 몇 $[A/m]$인가?

① 10^4 ② 10^5
③ 2×10^4 ④ 2×10^5

풀이 자화의 세기 M의 정의 : 단위체적 당 자기모멘트

$$M = \frac{\text{자기모멘트}}{V_\text{체적}} = \frac{48}{3 \times 4 \times 20 \times 10^{-6}}$$

$$= 2 \times 10^5 [A/m]$$

답 ④

13 그림과 같은 평행판 콘덴서에 극판의 면적이 $S[m^2]$, 진전하밀도를 $\sigma[C/m^2]$, 유전율이 각각 $\epsilon_1 = 4, \epsilon_2 = 2$인 유전체를 채우고 a, b 양단에 $V[V]$의 전압을 인가할 때 ϵ_1, ϵ_2인 유전체 내부의 전계의 세기 E_1, E_2와의 관계식은?

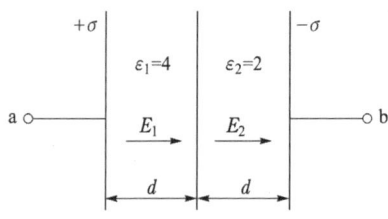

① $E_1 = 2E_2$ ② $E_1 = 4E_2$
③ $2E_1 = E_2$ ④ $E_1 = E_2$

풀이 경계조건 $D_1 \cos\theta_1 = D_2 \cos\theta_2$에서
경계면에 수직($\theta_1 = \theta_2 = 0°$)이므로
$D_1 = D_2 \rightarrow \epsilon_1 E_1 = \epsilon_2 E_2$
$E_1 = \frac{\epsilon_2}{\epsilon_1} E_2 = \frac{2}{4} \times E_2 = \frac{1}{2} E_2$
∴ $2E_1 = E_2$

답 ③

14 쌍극자 모멘트가 $M[C \cdot m]$인 전기쌍극자에 의한 임의의 점 P에서의 전계의 크기는 전기쌍극자의 중심에서 축방향과 점 P를 잇는 선분 사이의 각이 얼마일 때 최대가 되는가?

① 0 ② $\frac{\pi}{2}$ ③ $\frac{\pi}{3}$ ④ $\frac{\pi}{4}$

풀이 $E = \frac{M}{4\pi\epsilon_0 r^3}(\sqrt{1 + 3\cos^2\theta})$에서

점 P의 전계는 $\theta = 0°$일 때 최대이고
$\theta = 90°$일 때 최소가 된다.

답 ①

15 원점에 $+1[C]$, 점$(2, 0)$에 $-2[C]$의 점전하가 있을 때 전계의 세기가 0인 점은?

① $(-3 - 2\sqrt{3}, 0)$
② $(-3 + 2\sqrt{3}, 0)$
③ $(-2 - 2\sqrt{2}, 0)$
④ $(-2 + 2\sqrt{2}, 0)$

풀이

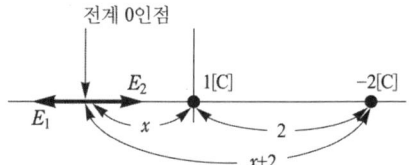

두 전하의 부호가 다른 경우에 전하량의 절대값이 작은 쪽의 외측에 전계의 세기가 0인 점이 존재한다.
$E_1 = E_2$이므로

$$\frac{1}{4\pi\epsilon_0 x^2} = \frac{2}{4\pi\epsilon_0 (x+2)^2} \rightarrow \frac{1}{x^2} = \frac{2}{(x+2)^2}$$

$\rightarrow 2x^2 = (x+2)^2 \rightarrow \sqrt{2} x = x + 2$
$\rightarrow (\sqrt{2} - 1) x = 2$
$\rightarrow x = \frac{2}{\sqrt{2} - 1} = 2 + 2\sqrt{2}$

∴ 좌표 $(-2 - 2\sqrt{2}, 0)$

답 ③

16 유전율이 ϵ_1, ϵ_2인 유전체 경계면에 수직으로 전계가 작용할 때 단위면적 당에 작용하는 수직력은?

① $2\left(\frac{1}{\epsilon_2} - \frac{1}{\epsilon_1}\right) E^2$ ② $2\left(\frac{1}{\epsilon_2} - \frac{1}{\epsilon_1}\right) D^2$
③ $\frac{1}{2}\left(\frac{1}{\epsilon_2} - \frac{1}{\epsilon_1}\right) E^2$ ④ $\frac{1}{2}\left(\frac{1}{\epsilon_2} - \frac{1}{\epsilon_1}\right) D^2$

풀이

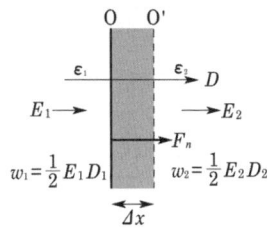

단위면적 당 작용하는 힘은

$f_n = w_2 - w_1 = \frac{1}{2}E_2D_2 - \frac{1}{2}E_1D_1 [N/m^2]$ 인데

경계면에서 수직으로 입사되므로 $D_1 = D_2$ 로

$\therefore f_n = \frac{1}{2}(E_2 - E_1)D$

$= \frac{1}{2}\left(\frac{1}{\epsilon_2} - \frac{1}{\epsilon_1}\right)D^2 [N/m^2]$

답 ④

---

17 진공 중에서 $+q[C]$과 $-q[C]$의 점전하가 미소거리 $a[m]$만큼 떨어져 있을 때 이 쌍극자가 P점에 만드는 전계[V/m]와 전위[V]의 크기는?

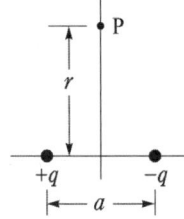

① $E = \frac{qa}{4\pi\epsilon_0 r^2}$, $V = 0$

② $E = \frac{qa}{4\pi\epsilon_0 r^3}$, $V = 0$

③ $E = \frac{qa}{4\pi\epsilon_0 r^2}$, $V = \frac{qa}{4\pi\epsilon_0 r}$

④ $E = \frac{qa}{4\pi\epsilon_0 r^3}$, $V = \frac{qa}{4\pi\epsilon_0 r^2}$

풀이
- 전기쌍극자 모멘트 $M = qa [C \cdot m]$
- P점에서의 전계의 세기

$E = \frac{M}{4\pi\epsilon_0 r^3}\sqrt{1 + 3\cos\theta^2}$ 에서

$\theta = 90°$ 이므로 $\cos 90° = 0$

$\therefore$ 전계 $E = \frac{M}{4\pi\epsilon_0 r^3} = \frac{qa}{4\pi\epsilon_0 r^3}$ [V/m]

- P점에서의 전위 $V = \frac{M}{4\pi\epsilon_0 r^2}\cos\theta$ 에서

$\theta = 90°$ 이므로 $\cos 90° = 0$

$\therefore$ 전위 $V = 0[V]$ 이 된다. **답** ②

---

18 반지름 2[mm], 간격 1[m]의 평행왕복 도선이 있다. 도체 간에 전압 6[kV]를 가했을 때 단위 길이당 작용하는 힘은 몇 [N/m]인가?

① 8.06×10^{-5} ② 8.06×10^{-6}

③ 6.87×10^{-5} ④ 6.87×10^{-6}

풀이

$C = \frac{\pi\epsilon_0}{\ln\frac{d}{r}}$ [F/m]

$W = \frac{1}{2}CV^2 = \frac{1}{2}\frac{\pi\epsilon_0}{\ln\frac{d}{r}}V^2$

$= \frac{1}{2}\pi\epsilon_0 V^2 \left(\ln\frac{d}{r}\right)^{-1}$ [J/m]

$f = \frac{\partial W}{\partial d} = \frac{\partial}{\partial d}\left[\frac{1}{2}\pi\epsilon_0 V^2 \left(\ln\frac{d}{r}\right)^{-1}\right]$

$= \frac{1}{2}\pi\epsilon_0 V^2 \frac{\partial}{\partial d}\left(\ln\frac{d}{r}\right)^{-1}$

$= \frac{1}{2}\pi\epsilon_0 V^2 (-1)\left(\ln\frac{d}{r}\right)^{-2}\frac{1/r}{d/r}$

$= -\frac{\pi\epsilon_0 V^2}{2d\left(\ln\frac{d}{r}\right)^2}$ [J/m]

$\therefore f = \frac{\pi\epsilon_0 V^2}{2d\left(\ln\frac{d}{r}\right)^2}$

$= \frac{\pi \times 8.855 \times 10^{-12} \times 6000^2}{2 \times 1 \times \left(\log_e \frac{1}{0.002}\right)^2}$

$= 1.30 \times 10^{-5}$ [N/m]

별해

$f = \frac{\lambda^2}{2\pi\epsilon_0 d}$ 에 $\lambda = CV = \left(\frac{\pi\epsilon_0}{\ln\frac{d}{r}}\right)V$ 를 대입하면,

$f = \frac{\lambda^2}{2\pi\epsilon_0 d} = \frac{1}{2\pi\epsilon_0 d}\left(\frac{\pi\epsilon_0}{\ln\frac{d}{r}}\right)^2 V^2 = \frac{\pi\epsilon_0 V^2}{2d\left(\ln\frac{d}{r}\right)^2}$

$\therefore f = \frac{\pi\epsilon_0 V^2}{2d\left(\ln\frac{d}{r}\right)^2} = \frac{\pi \times 8.855 \times 10^{-12} \times 6000^2}{2 \times 1 \times \left(\log_e \frac{1}{0.002}\right)^2}$

$= 1.30 \times 10^{-5}$ [N/m] **답** 답 없음

19 반지름 a[m]인 원형코일에 전류 I[A]가 흘렀을 때 코일 중심에서의 자계의 세기 [AT/m]는?

① $\dfrac{I}{4\pi a}$ ② $\dfrac{I}{2\pi a}$
③ $\dfrac{I}{4a}$ ④ $\dfrac{I}{2a}$

풀이 원형 코일 중심의 자계의 세기
$H = \dfrac{NI}{2a}$ [AT/m]에서 $N = 1$이므로
$\therefore H = \dfrac{I}{2a}$ [AT/m]   **답** ④

20 손실 유전체에서 전자파에 관한 전파정수 γ로서 옳은 것은?

① $j\omega\sqrt{\mu\epsilon}\sqrt{j\dfrac{\sigma}{\omega\epsilon}}$
② $j\omega\sqrt{\mu\epsilon}\sqrt{1-j\dfrac{\sigma}{2\omega\epsilon}}$
③ $j\omega\sqrt{\mu\epsilon}\sqrt{1-j\dfrac{\sigma}{\omega\epsilon}}$
④ $j\omega\sqrt{\mu\epsilon}\sqrt{1-j\dfrac{\omega\epsilon}{\sigma}}$

풀이 $r^2 = j\omega\mu(\sigma + j\omega\epsilon) \rightarrow r = \pm\sqrt{j\omega\mu(\sigma + j\omega\epsilon)}$
$\therefore r = \sqrt{j\omega\mu(\sigma + j\omega\epsilon)} = j\omega\sqrt{\epsilon\mu}\sqrt{1-j\dfrac{\sigma}{\omega\epsilon}}$ **답** ③

2과목 - 전력공학

21 송전거리, 전력, 손실률 및 역률이 일정하다면 전선의 굵기는?

① 전류에 비례한다.
② 전류에 반비례한다.
③ 전압의 제곱에 비례한다.
④ 전압의 제곱에 반비례한다.

풀이 전압과의 관계(승압의 목적)

관계	관계식	항목
전압의 자승에 비례	$\propto V^2$	송전전력(P)
전압에 반비례	$\propto \dfrac{1}{V}$	전압강하(e)
전압의 자승에 반비례	$\propto \dfrac{1}{V^2}$	• 전선의 단면적(A) • 전선의 총중량(W) • 전력손실(P_l) • 전압강하율(ϵ)

답 ④

22 중성점 직접 접지방식에 대한 설명으로 틀린 것은?

① 계통의 과도 안정도가 나쁘다.
② 변압기의 단절연(段絶緣)이 가능하다.
③ 1선 지락 시 건전상의 전압은 거의 상승하지 않는다.
④ 1선 지락전류가 적어 차단기의 차단능력이 감소된다.

풀이 직접 접지방식의 장·단점
[장점]
① 1선 지락 시에 건전상의 대지전압이 거의 상승하지 않는다.
② 피뢰기의 효과를 증진시킬 수 있다.
③ 단절연이 가능하다.
④ 계전기의 동작이 확실해진다.
[단점]
① 송전 계통의 과도 안정도가 나빠진다.
② 통신선에 유도 장해가 크다.
③ **지락 시 흐르는 대전류에 의해 기기에 손상을 준다.**
④ 대용량 차단기가 필요하다.   **답** ④

23 보호계전기의 보호방식 중 표시선 계전방식이 아닌 것은?

① 방향 비교 방식 ② 위상 비교 방식
③ 전압 반향 방식 ④ 전류 순환 방식

풀이 표시선 계전방식의 종류
[동작 원리별 분류]
• **방향 비교 방식** • **전압 반향 방식**
• **전류 순환 방식** • 전송 Trip 방식
[통신 수단에 의한 분류]
• Wire Pilot
• Carrier Pilot (30~300[kc])
• Micro Wave Pilot (900~6000[Mc])   **답** ②

24 단상변압기 3대를 △결선으로 운전하던 중 1대의 고장으로 V결선 한 경우 V결선과 △결선의 출력비는 약 몇 [%]인가?

① 52.2 ② 57.7
③ 66.7 ④ 86.6

풀이 1대의 단상변압기용량을 P_1이라 하면 그 출력비는

출력비 $= \dfrac{\text{V결선의 출력}}{\triangle\text{결선의 출력}} = \dfrac{\sqrt{3}\,P_1}{3P_1} = \dfrac{\sqrt{3}}{3}$
$= 0.577 = 57.7[\%]$ 답 ②

25 전력선에 영상전류가 흐를 때 통신선로에 발생되는 유도장해는?

① 고조파유도장해
② 전력유도장해
③ 전자유도장해
④ 정전유도장해

풀이 ① 전자 유도 : 영상전류에 의해 발생 (사고 시)
전자 유도전압 $E_m = -j\omega Ml \times 3I_0[V]$
② 정전 유도 : 영상전압에 의해 발생 (정상 시) 답 ③

26 변압기의 결선 중에서 1차에 제3고조파가 있을 때 2차에 제3고조파 전압이 외부로 나타나는 결선은?

① Y–Y ② Y–△
③ △–Y ④ △–△

풀이 △결선이 포함된 변압기에서는 제3고조파가 순환전류가 되어 소멸되나, Y결선만 있는 변압기에서는 제3고조파가 나타난다. 답 ①

27 3상 3선식의 전선 소요량에 대한 3상 4선식의 전선 소요량의 비는 얼마인가? (단, 배전거리, 배전전력 및 전력손실은 같고, 4선식의 중성선의 굵기는 외선의 굵기와 같으며, 외선과 중성선간의 전압은 3선식의 선간전압과 같다.)

① $\dfrac{4}{9}$ ② $\dfrac{2}{3}$ ③ $\dfrac{3}{4}$ ④ $\dfrac{1}{3}$

풀이

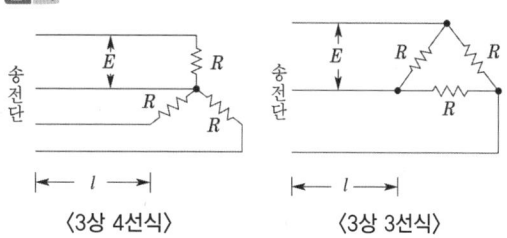

〈3상 4선식〉 〈3상 3선식〉

① 송전 전력은 동일하므로
$\sqrt{3}\,VI_3\cos\theta = 3VI_4\cos\theta$
$\therefore I_4 = \dfrac{1}{\sqrt{3}}I_3$

② 전력손실이 동일하므로
$3I_3^2\rho\dfrac{l}{A_3} = 3I_4^2\rho\dfrac{l}{A_4}$
(중성선에는 전류가 흐르지 않으므로 전력손실이 발생하지 않는다.)
$3I_3^2\rho\dfrac{l}{A_3} = 3\left(\dfrac{1}{\sqrt{3}}I_3\right)^2\rho\dfrac{l}{A_4}$ $\therefore A_4 = \dfrac{1}{3}A_3$

③ 전선 중량
$\dfrac{W_3}{W_4} = \dfrac{3\times A_3 \times \sigma \times l}{4\times A_4 \times \sigma \times l} = \dfrac{3\times A_3}{4\times \dfrac{1}{3}A_3} = \dfrac{9}{4}$

$\therefore W_4 = \dfrac{4}{9}W_3$

별해

공급 방식	단상 2선식	단상 3선식	3상 3선식	3상 4선식
소요전선량 전력손실비	24	9	18	8

표에 의해 $\dfrac{3상\ 4선식}{3상\ 3선식} = \dfrac{8}{18} = \dfrac{4}{9}$ 답 ①

28 그림과 같이 부하가 균일한 밀도로 도중에서 분기되어 선로전류가 송전단에 이를수록 직선적으로 증가할 경우 선로의 전압강하는 이 송전단 전류와 같은 전류의 부하가 선로의 말단에만 집중되어 있을 경우의 전압강하보다 어떻게 되는가? (단, 부하역률은 모두 같다고 한다.)

① $\dfrac{1}{3}$
② $\dfrac{1}{2}$
③ 1
④ 2

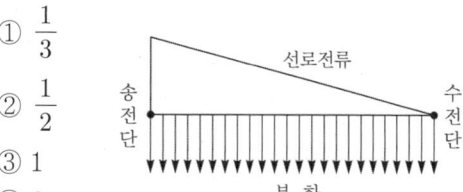

풀이 집중 부하와 분산 부하

구 분	전력손실	전압강하
말단에 집중 부하	I^2rL	IrL
평등 분포 부하	$\frac{1}{3}I^2rL$	$\frac{1}{2}IrL$

여기서, I : 전선의 전류
  r : 전선 단위길이 당 저항
  L : 전선의 길이

답 ②

29 수전단의 전력원 방정식이
$P_r^2+(Q_r+400)^2=250000$으로 표현되는 전력계통에서 가능한 최대로 공급할 수 있는 부하전력(P_r)과 이때 전압을 일정하게 유지 하는데 필요한 무효전력(Q_r)은 각각 얼마인가?

① $P_r=500$, $Q_r=-400$
② $P_r=400$, $Q_r=500$
③ $P_r=300$, $Q_r=100$
④ $P_r=200$, $Q_r=-300$

풀이 ① 최대로 부하전력을 공급하려면 무효전력이 0이어야 한다.
  $P_r^2+0=500^2$, $\therefore P_r=500$
② 전압을 일정하게 유지하기 위해서는 피상전력의 크기가 일정해야 한다.
  $P_r^2+(Q_r+400)^2=250000$에서
  부하전력 $P_r=500$이므로
  피상전력의 크기가 일정하기 위해서는
  $Q_r+400=0$이어야 한다.
  $\therefore Q_r=-400$

답 ①

30 컴퓨터에 의한 전력조류 계산에서 슬랙(slack)모선의 지정값은?
(단, 슬랙모선을 기준모선으로 한다.)

① 유효전력과 무효전력
② 모선 전압의 크기와 유효전력
③ 모선 전압의 크기와 무효전력
④ 모선 전압의 크기와 모선 전압의 위상각

풀이 슬랙 모선에서의 기지량과 미지량

기지량(입력 데이터)	미지량(출력 데이터)
모선 전압의 크기 모선 전압의 위상각	유효 전력 무효전력 계통의 전 송전 손실

답 ④

31 동일 모선에 2개 이상의 급전선(Feeder)을 가진 비접지 배전계통에서 지락사고에 대한 보호계전기는?

① OCR   ② OVR
③ SGR   ④ DFR

풀이
• OCR(과전류 계전기) :
  일정값 이상의 전류가 흘렀을 때 동작하며 일명 과부하 계전기라 불려진다.
• OVR(과전압 계전기) :
  일정값 이상의 전압이 걸렸을 때 동작한다.
• SGR(선택 지락 계전기) :
  병행 2회선 송전선로에서 한쪽의 1회선에 지락사고가 일어났을 경우 이것을 검출하여 고장 회선만을 선택 차단할 수 있게끔 선택 단락 계전기의 동작전류를 특별히 작게 한 것으로 **비접지 계통의 지락사고 검출**에 사용된다.
• DFR(차동계전기) :
  보호 구간에 유입하는 전류와 유출하는 전류의 벡터 차를 검출해서 동작한다.

답 ③

32 한류 리액터의 사용목적은?

① 누설전류의 제한
② 단락전류의 제한
③ 접지전류의 제한
④ 이상전압 발생의 방지

풀이 리액터의 역할
• **한류 리액터** : **단락전류를 제한**
• 직렬 리액터 : 제5고조파 제거
• 분로 리액터 : 페란티 현상 방지
• 소호 리액터 : 지락 아크 소멸

답 ②

33 차단기의 차단능력이 가장 가벼운 것은?

① 중성점 직접 접지계통의 지락전류 차단
② 중성점 저항접지계통의 지락전류 차단
③ 송전선로의 단락사고시의 단락사고 차단
④ 중성점을 소호 리액터로 접지한 장거리 송전선로의 지락전류 차단

풀이 소호 리액터 접지방식은 1선 지락고장이 발생하더라도 지락전류는 최소로 되므로 차단기의 차단능력이 가장 가볍다. **답** ④

34 통신선과 평행인 주파수 60[Hz]의 3상 1회선 송전선이 있다. 1선 지락 때문에 영상전류가 100[A] 흐르고 있다면 통신선에 유도되는 전자유도전압은 약 몇 [V]인가? (단, 영상전류는 전 전선에 걸쳐서 같으며, 송전선과 통신선과의 상호 인덕턴스는 0.06[mH/km], 그 평행 길이는 40[km]이다.)

① 156.6 ② 162.8
③ 230.2 ④ 271.4

풀이 $E_m = -j\omega Ml3I_0$
$= -j2\pi \times 60 \times 0.06 \times 10^{-3} \times 40 \times 3 \times 100$
$= 271.43[V]$

※ 유도전압은 그 크기를 뜻하므로 (-) 의미가 없다. **답** ④

35 중거리 송전선로의 특성은 무슨 회로로 다루어야 하는가?

① RL 집중정수회로
② RLC 집중정수회로
③ 분포정수회로
④ 특성 임피던스회로

풀이

구분	거리	선로 정수	회로
단거리	수[km]	R, L만 고려	집중 정수회로로 취급
중거리	수십[km]	R, L, C만 고려	T회로, π회로로 취급 (집중 정수회로)
장거리	수백[km]	R, L, C, G만 고려	분포정수(특성 임피던스, 전파정수) 회로로 취급

답 ②

36 전력용 콘덴서의 사용전압을 2배로 증가시키고자 한다. 이 때 정전용량을 변화시켜 동일 용량[kVar]으로 유지하려면 승압전의 정전용량보다 어떻게 변화하면 되는가?

① 4배로 증가   ② 2배로 증가
③ $\frac{1}{2}$로 감소   ④ $\frac{1}{4}$로 감소

풀이 $Q = \omega CV^2$에서 $C = \frac{Q}{\omega V^2} \propto \frac{1}{V^2}$

승압 전의 정전용량을 C, 승압 전 전압을 V,
승압 후의 정전용량을 C', 승압 후의 전압을 V'라고 하면

$\frac{C'}{C} = \frac{V^2}{V'^2} = \frac{V^2}{(2V)^2} = \frac{1}{4}$ ∴ $C' = \frac{1}{4}C$ **답** ④

37 발전기의 단락비가 작은 경우의 현상으로 옳은 것은?

① 단락전류가 커진다.
② 안정도가 높아진다.
③ 전압변동률이 커진다.
④ 선로를 충전할 수 있는 용량이 증가한다.

풀이 단락비가 작은 기계(동기계)
• 동기 임피던스가 크다. ($K_s \propto \frac{1}{Z_s}$)
• 단락전류가 작다. ($I_s = \frac{E}{Z_s}$)
• **전압변동률이 크다.**
• 전기자 반작용이 크다.
• 공극이 작고, 계자 기자력이 전기자 기자력에 비해 작다.
• 안정도가 낮다.
• 선로를 충전할 수 있는 용량이 감소한다. **답** ③

38 송전선로에서 1선 지락 시에 건전상의 전압상승이 가장 적은 접지방식은?

① 비접지방식   ② 직접 접지방식
③ 저항접지방식   ④ 소호 리액터접지방식

풀이 직접 접지방식의 장·단점
[장점]
① 1선 지락 시에 건전상의 대지전압이 거의 상승하지 않는다.
② 피뢰기의 효과를 증진시킬 수 있다.
③ 단절연이 가능하다.

④ 계전기의 동작이 확실해진다.
[단점]
① 송전 계통의 과도 안정도가 나빠진다.
② 통신선에 유도 장해가 크다.
③ 지락 시 흐르는 대전류에 의해 기기에 손상을 준다.
④ 대용량 차단기가 필요하다. 답 ②

39 배전선로의 손실을 경감하기 위한 대책으로 적절하지 않은 것은?

① 누전차단기 설치
② 배전전압의 승압
③ 전력용 콘덴서 설치
④ 전류밀도의 감소와 평형

풀이
- 배전선로의 전력손실
$$P_l = 3I^2 r = \frac{\rho W^2 L}{A V^2 \cos^2\theta}$$
ρ : 고유저항 W : 부하전력
L : 배전 거리 A : 전선의 단면적
V : 수전 전압 $\cos\theta$: 부하역률
- 누전차단기는 인체의 **감전**을 **방지**하기 위한 대책이다. 답 ①

40 댐의 부속설비가 아닌 것은?

① 수로   ② 수조
③ 취수구   ④ 흡출관

풀이 흡출관은 반동 수차의 출구에서부터 방수로 수면까지 연결하는 관으로 낙차를 유효하게 이용(**낙차를 늘리기 위해**)하기 위해 **사용**한다. 답 ④

3과목 - 전기기기

41 정격출력이 7.5[kW]의 3상 유도전동기가 전부하 운전에서 2차 저항손이 300[W]이다. 슬립은 약 몇 [%]인가?

① 3.85   ② 4.61
③ 7.51   ④ 9.42

풀이 $P_2 = P + P_{c2} = 7500 + 300 = 7800[W]$
$s = \dfrac{P_{c2}}{P_2} \times 100 = \dfrac{300}{7800} \times 100 ≒ 3.85[\%]$ 답 ①

42 직류분권발전기를 병렬운전을 하기 위해서는 발전기 용량 P와 정격전압 V는?

① P와 V 모두 달라도 된다.
② P는 같고, V는 달라도 된다.
③ P와 V가 모두 같아야 한다.
④ P는 달라도 V는 같아야 한다.

풀이 직류발전기의 병렬운전 조건은 다음과 같다.
① 전압의 크기와 극성이 같을 것
② 외부 특성 곡선이 어느 정도 수하 특성일 것(단, 직권 특성과 과복권 특성은 균압선을 설치할 것)
③ 각 발전기의 부하전류를 그 정격전류의 백분율로 표시한 외부 특성 곡선이 거의 같을 것. 그러므로 직류분권발전기를 병렬운전하려면 **정격전압 V는 같아야 하지만 용량 P는 달라도 된다**. 답 ④

43 권선형 유도전동기 기동 시 2차측에 저항을 넣는 이유는?

① 회전수 감소
② 기동전류 증대
③ 기동 토크 감소
④ 기동전류 감소와 기동 토크 증대

풀이 권선형 유도전동기의 기동법 : 2차 저항법
- 기동 시 2차 회로에 저항을 크게 하면 비례추이에 의해서 **큰 기동 토크를 얻을 수 있고 기동전류도 억제할 수 있다**.
- 속도 상승에 따라 외부저항을 점차로 감소시키면 저항손의 증대를 막고, 운전 시 양호한 특성을 갖게 할 수 있다.
- 기동 시 2차 권선 자체의 저항을 크게 하면 운전상태에서의 특성이 나쁘게 되므로 슬립링을 통하여 외부에 기동저항기를 접속한다. 답 ④

44 변압기에서 철손을 구할 수 있는 시험은?

① 유도시험   ② 단락시험
③ 부하시험   ④ 무부하 시험

풀이 변압기의 시험

시험의 종류	측정 항목
개방회로 (무부하) 시험	무부하전류, 히스테리시스손, 와류손, 여자 어드미턴스, **철손**
단락 시험	동손, 임피던스 와트, 임피던스 전압

답 ④

45 권선형 유도전동기의 2차권선의 전압 sE_2와 같은 위상의 전압 E_c를 공급하고 있다. E_c를 점점 크게 하면 유도전동기의 회전방향과 속도는 어떻게 변하는가?

① 속도는 회전자계와 같은 방향으로 동기속도까지만 상승한다.
② 속도는 회전자계와 반대 방향으로 동기속도까지만 상승한다.
③ 속도는 회전자계와 같은 방향으로 동기속도 이상으로 회전할 수 있다.
④ 속도는 회전자계와 반대 방향으로 동기속도 이상으로 회전할 수 있다.

풀이 (1) 3상 교류전압을 공급하여 회전자계가 발생하면, **회전자는 회전자계보다 느리게 회전자계와 같은 방향으로 회전**한다.
(2) 2차 여자법
① 유도전동기의 회전자 권선에 2차 기전력(sE_2)과 동일 주파수의 전압(E_c)을 슬립링을 통해 공급하여 그 크기를 조절함으로써 속도를 제어 하는 방법으로 권선형 전동기에 한하여 이용된다.
② $I_2 = \dfrac{sE_2 \pm E_c}{r_2}$에서 정토크 부하의 경우 I_2는 일정하므로 슬립 주파수의 전압 E_c의 크기에 따라 s가 변하게 되고 속도가 변하게 된다.
• E_c를 sE_2와 같은 방향으로 가하면 합성 2차 전압은 $sE_2 + E_c$가 되므로 E_c만으로 부하 토크에 상당하는 2차 전류를 올릴 수 있다면 $sE_2 = 0$이 되어 전동기는 부하를 건 상태에서 동기속도로 회전된다.
• 계속 E_c를 증가시키면 sE_2가 일정하게 되기 위해서 sE_2는 (-)의 값이 되어야 하므로 s는 (-)가 되고 동기속도보다 높은 속도가 된다.
답 ③

46 주파수 60[Hz], 슬립 0.2인 경우 회전자 속도가 720[rpm]일 때 유도전동기의 극수는?

① 4 ② 6
③ 8 ④ 12

풀이 $N = (1-s)\dfrac{120f}{p}$이므로
∴ $p = (1-s)\dfrac{120f}{N_s} = (1-0.2) \times \dfrac{120 \times 60}{720} = 8$[극]
답 ③

47 단락비가 큰 동기기에 대한 설명으로 옳은 것은?

① 안정도가 높다.
② 기계가 소형이다.
③ 전압변동률이 크다.
④ 전기자 반작용이 크다.

풀이 단락비가 큰 기계(철기계)의 특징
① 동기 임피던스가 적다.
  ($K_s = \dfrac{1}{Z_s}$에서 동기 임피던스가 적어진다).
② 반작용 리액턴스 x_a가 적다.
  ($Z_s = r_a + j(x_a + x_l)$에서 Z_s가 적다는 것은 반작용 리액턴스 x_a가 적다는 것을 의미한다.)
③ 계자 기자력이 크다.(전기자 기자력에 비해 상대적으로 계자 기자력이 크므로 전기자 반작용에 의한 영향이 적게 되고, 전압변동률이 양호해진다.)
④ 기계의 중량이 크다(계자 기자력이 크다는 것은 계자 권회수가 많고 계자철심 즉, 회전자의 직경이 크게 되므로 기계의 중량이 큰 철기계를 의미한다.)
⑤ 과부하 내량이 증대되고, **안정도가 높은** 반면 기계의 가격이 상승한다.
답 ①

48 유도전동기의 1차 전압 변화에 의한 속도제어 시 SCR을 사용하여 변화시키는 것은?

① 토크 ② 전류
③ 주파수 ④ 위상각

풀이 유도전동기의 1차측에 사이리스터를 접속하고 전압이 1[Hz] 동안 주기마다 위상각이 변하는 것에 의해 **전압을 바꾸는 방법**으로 2차 저항에서의 손실이 커서 효율이 나쁘다.
답 ④

49 비철극형 3상 동기발전기의 동기 리액턴스 $X_s = 10[\Omega]$, 유도기전력 $E = 6000$[V], 단자전압 $V = 5000$[V], 부하각 $\delta = 30°$일 때 출력은 몇 [kW]인가? (단, 전기자 권선저항은 무시한다.)

① 1500 ② 3500
③ 4500 ④ 5500

풀이 비철극형 3상 발전기의 출력
$$P = \frac{3EV}{x_s}\sin\delta$$
$$= \frac{3 \times 6000 \times 5000}{10} \times \sin 30° \times 10^{-3}$$
$$= 4500 [kW]$$
답 ③

50 3상 유도전동기 원선도에서 역률[%]을 표시하는 것은?

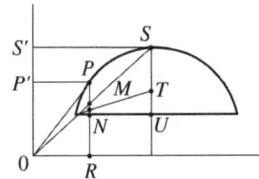

① $\frac{\overline{OS'}}{\overline{OS}} \times 100$ ② $\frac{\overline{SS'}}{\overline{OS}} \times 100$
③ $\frac{\overline{OP'}}{\overline{OP}} \times 100$ ④ $\frac{\overline{OS}}{\overline{OP}} \times 100$

풀이 역률 $\cos\theta = \frac{\overline{OP'}}{\overline{OP}} \times 100$
답 ③

51 상수 m, 매극 매상당 슬롯수 q인 동기발전기에서 n차 고조파분에 대한 분포계수는?

① $(\frac{q\sin n\pi}{mq})/(\sin\frac{n\pi}{m})$
② $(\sin\frac{n\pi}{m})/(q\sin\frac{n\pi}{mq})$
③ $(\sin\frac{\pi}{2m})/(q\sin\frac{n\pi}{2mq})$
④ $(\sin\frac{n\pi}{2m})/(q\sin\frac{n\pi}{2mq})$

풀이 분포권 계수 K_d
(여기서, q : 매극 매상당 슬롯수, m : 상수)
$$K_d = \frac{\sin\frac{\pi}{2m}}{q\sin\frac{\pi}{2mq}} \text{ (기본파)}$$
$$K_{dn} = \frac{\sin\frac{n\pi}{2m}}{q\sin\frac{n\pi}{2mq}} \text{ (n차 고조파)}$$
답 ④

52 유도전동기 1극의 자속 및 2차 도체에 흐르는 전류와 토크와의 관계는?
① 토크는 1극의 자속과 2차 유효전류의 곱에 비례한다.
② 토크는 1극의 자속과 2차 유효전류의 제곱에 비례한다.
③ 토크는 1극의 자속과 2차 유효전류의 곱에 반비례한다.
④ 토크는 1극의 자속과 2차 유효전류의 제곱에 반비례한다.

풀이 토크 $\tau = k\phi I_2 \cos\theta_2 [N \cdot m]$ 이므로
토크는 1극의 자속 ϕ와
2차 유효전류 $I_2\cos\theta_2$의 곱에 비례한다.
답 ①

53 동기전동기의 기동법 중 자기동법(self-starting method)에서 계자권선을 저항을 통해서 단락시키는 이유는?
① 기동이 쉽다.
② 기동 권선으로 이용한다.
③ 고전압의 유도를 방지한다.
④ 전기자 반작용을 방지한다.

풀이 자기동법은 제동권선을 기동권선으로 하여 기동 토크를 얻는 방법으로 보통 기동 시에는 계자권선 중에 고전압이 유도되어 절연을 파괴하므로 방전 저항을 접속하여 단락 상태로 기동한다.
답 ③

54 슬롯수 36의 고정자 철심이 있다. 여기에 3상 4극의 2층권으로 권선할 때 매극 매상의 슬롯수와 코일 수는?
① 3과 18   ② 9와 36
③ 3과 36   ④ 8과 18

풀이
• 매극매상슬롯수 $= \frac{\text{총슬롯수}}{\text{상수} \times \text{극수}} = \frac{36}{3 \times 4} = 3$
• 코일수 $= \frac{\text{총슬롯수} \times \text{층수}}{2} = \frac{36 \times 2}{2} = 36$
답 ③

55 3단자 사이리스터가 아닌 것은?
① SCR   ② GTO
③ SCS   ④ TRIAC

풀이 각 종 반도체 소자의 비교
① 방향성
- 양방향성(쌍방향성) 소자 : DIAC, TRIAC, SSS
- 역저지(단방향성) 소자 : SCR, LASCR, GTO, SCS

② 극(단자) 수
- 2극(단자) 소자 : DIAC, SSS, Diode
- 3극(단자) 소자 : SCR, LASCR, GTO, TRIAC
- 4극(단자) 소자 : SCS

답 ③

56 단상변압기를 병렬운전할 경우 부하전류의 분담은?
① 용량에 비례하고 누설 임피던스에 비례
② 용량에 비례하고 누설 임피던스에 반비례
③ 용량에 반비례하고 누설 리액턴스에 비례
④ 용량에 반비례하고 누설 리액턴스의 제곱에 비례

풀이 변압기 병렬운전시 부하 분담은 누설임피던스에 역비례하며, 변압기의 용량에 비례한다.

$$\frac{I_a}{I_b} = \frac{P_A}{P_B} \cdot \frac{\%Z_b}{\%Z_a}$$

여기서, I_a, I_b : 각 변압기의 분담 전류
P_A, P_B : A, B 변압기의 용량
$\%Z_a$, $\%Z_b$: A, B 변압기의 %임피던스

답 ②

57 6극 직류발전기의 정류자 편수가 132, 유기기전력이 210[V], 직렬도체수가 132개이고 중권이다. 정류자 편간 전압은 약 몇 [V]인가?
① 4   ② 9.5
③ 12   ④ 16

풀이 $e_{sa} = \frac{pE}{K} = \frac{6 \times 210}{132} = 9.55$[V]

여기서, e_{sa} : 정류자 편간 전압
E : 유기기전력
K : 정류자 편수
p : 극수

답 ②

58 직류발전기의 전기자 반작용의 영향이 아닌 것은?
① 주자속이 증가한다.
② 전기적 중성축이 이동한다.
③ 정류작용에 악영향을 준다.
④ 정류자편 사이의 전압이 불균일하게 된다.

풀이 ① 전기자 반작용 : 전기자 전류에 의하여 발생한 자속이 계자에 의해 발생 되는 주자속에 영향을 주는 현상
② 전기자 반작용의 영향
- 전기적 중성축 이동
  - 발전기 : 회전방향으로 이동
  - 전동기 : 회전방향과 반대 방향으로 이동
- 주자속 감소
- 정류자 편간의 불꽃 섬락 발생

답 ①

59 3000[V]의 단상 배전선 전압을 3300[V]로 승압하는 단권 변압기의 자기용량은 약 몇[kVA]인가? (단, 여기서 부하용량은 100[kVA]이다.)
① 2.1   ② 5.3
③ 7.4   ④ 9.1

풀이 $\frac{부하용량}{자기용량} = \frac{V_h}{V_h - V_l}$ 이므로

$\therefore$ 자기용량 $= \frac{V_h - V_l}{V_h} \times$ 부하용량

$= \frac{3300 - 3000}{3300} \times 100$

$= 9.09$[kVA]

답 ④

60 변압기 운전에 있어 효율이 최대가 되는 부하는 전부하의 75[%]였다고 하면 전부하에서의 철손과 동손의 비는?
① 4 : 3   ② 9 : 16
③ 10 : 15 ④ 18 : 30

풀이 변압기 최고 효율 조건 $m^2 P_c = P_i$ 에서
$(0.75)^2 P_c = P_i$

$\therefore \frac{P_i}{P_c} = \frac{(0.75)^2}{1} = \left(\frac{75}{100}\right)^2 = \left(\frac{3}{4}\right)^2 = \frac{9}{16}$

답 ②

4과목 - 회로이론 및 제어공학

61 단위 피드백 제어계의 개루프 전달함수가 $G(s) = \dfrac{1}{(s+1)(s+2)}$ 일 때 단위계단 입력에 대한 정상편차는?

① $\dfrac{1}{3}$ ② $\dfrac{2}{3}$ ③ 1   ④ $\dfrac{4}{3}$

풀이 $e_{ss} = \lim_{s \to 0} \dfrac{s}{1+G(s)} R(s)$ 에서

$R(s) = \dfrac{1}{s}$ 이므로

$e_{ss} = \lim_{s \to 0} \dfrac{s}{1+G(s)} \cdot \dfrac{1}{s} = \dfrac{1}{1+\lim_{s \to 0} G(s)}$

$= \dfrac{1}{1+\lim_{s \to 0} \dfrac{1}{(s+1)(s+2)}} = \dfrac{1}{1+\dfrac{1}{2}} = \dfrac{2}{3}$ **답** ②

62 $G(s)H(s) = \dfrac{K(s+1)}{s^2(s+2)(s+3)}$ 에서 점근선의 교차점을 구하면?

① $-\dfrac{5}{6}$ ② $-\dfrac{1}{5}$ ③ $-\dfrac{4}{3}$ ④ $-\dfrac{1}{3}$

풀이 교차점

$\sigma = \dfrac{\Sigma G(s)H(s)\text{의 극} - \Sigma G(s)H(s)\text{의 영점}}{p-z}$

(여기서, p : 극점의 개수, z : 영점의 개수)
$p = 4$개(0, 0, -2, -3), $z = 1$개(-1)이므로

$\therefore \sigma = \dfrac{(-2-3)-(-1)}{4-1} = -\dfrac{4}{3}$ **답** ③

63 그림의 블록선도에서 K에 대한 폐루프 전달함수 $T = \dfrac{C(s)}{R(s)}$의 감도 S_K^T는?

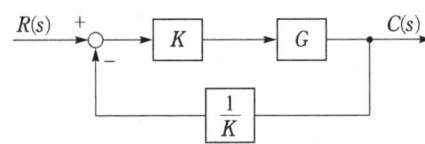

① -1 ② -0.5 ③ 0.5   ④ 1

풀이 전달함수

$T = \dfrac{C(s)}{R(s)} = \dfrac{KG}{1+\dfrac{1}{K} \cdot KG} = \dfrac{KG}{1+G}$

K에 대한 감도

$\therefore S_K^T = \dfrac{K}{T} \cdot \dfrac{dT}{dK} = \dfrac{K}{\dfrac{KG}{1+G}} \cdot \dfrac{d}{dK}\left(\dfrac{KG}{1+G}\right)$

$= \dfrac{1+G}{G} \cdot \dfrac{G(1+G)-KG \cdot 0}{(1+G)^2} = 1$ **답** ④

64 다음의 전달함수 중에서 극점이 $-1 \pm j2$, 영점이 -2인 것은?

① $\dfrac{s+2}{(s+1)^2+4}$ ② $\dfrac{s-2}{(s+1)^2+4}$

③ $\dfrac{s+2}{(s-1)^2+4}$ ④ $\dfrac{s-2}{(s-1)^2+4}$

풀이 극점은 분모가 0, 영점은 분자가 0이어야 한다.
- 극점 : $s = -1 \pm j2$에서 분모는
  $[s-(-1+j2)][s-(-1-j2)]$
  $= s^2+2s+5 = s^2+2s+5 = (s+1)^2+4$
- 영점 : $s = -2$에서 분자는 $s+2$

따라서 $G(s) = \dfrac{s+2}{(s+1)^2+4}$ 이다. **답** ①

65 비례요소를 나타내는 전달함수는?

① $G(s) = K$ ② $G(s) = Ks$

③ $G(s) = \dfrac{K}{s}$ ④ $G(s) = \dfrac{K}{Ts+1}$

풀이
- 비례 요소 : K · 미분요소 : Ks
- 적분 요소 : $\dfrac{K}{s}$ · 1차 지연요소 : $\dfrac{K}{Ts+1}$ **답** ①

66 다음의 논리 회로를 간단히 하면?

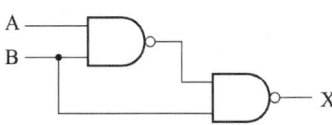

① $\overline{A}+B$ ② $A+\overline{B}$
③ $\overline{A}+\overline{B}$ ④ $A+B$

풀이 $X = \overline{\overline{(A \cdot B)} \cdot B} = \overline{\overline{A \cdot B}} + \overline{B} = A \cdot B + \overline{B}$
분배법칙에 의해
$A \cdot B + \overline{B} = (A + \overline{B}) \cdot (B + \overline{B}) = A + \overline{B}$
$(\because B + \overline{B} = 1)$ **답** ②

67 근궤적에 대한 설명 중 옳은 것은?

① 점근선은 허수축에서만 교차한다.
② 근궤적이 허수축을 끊는 K의 값은 일정하다.
③ 근궤적은 절대 안정도 및 상대 안정도와 관계가 없다.
④ 근궤적의 개수는 극점의 수와 영점의 수 중에서 큰 것과 일치한다.

풀이 근궤적의 작도법
① 근궤적은 $K = 0$일 때 극에서 출발하고 $K = \infty$일 때 영점에 도착한다.
② 근궤적의 개수는 유한 영점의 개수(z)와 유한 극점의 개수(p) 중에서 큰 수와 같으며,
또한 특성방정식의 차수와 같다.
③ 특성방정식의 근이 실근 또는 공액 복소근을 가지므로 근궤적은 실수축에 대하여 대칭이다.
④ 점근선은 실수축 상에서만 교차하고 그 수 $n = p - z$이다.
⑤ 실수축에서 이득 K가 최대가 되게 하는 점이 이탈점이 될 수 있다. **답** ④

68 $F(s) = s^3 + 4s^2 + 2s + K = 0$에서 시스템이 안정하기 위한 K의 범위는?

① $0 < K < 8$
② $-8 < K < 0$
③ $1 < K < 8$
④ $-1 < K < 8$

풀이 특성방정식은 $F(s) = s^3 + 4s^2 + 2s + K = 0$이므로 루드의 표는

s^3	1	2
s^2	4	K
s^1	$\dfrac{8-K}{4}$	0
s^0	K	

제1열의 부호 변화가 없어야 안정하므로
$8 - K > 0$, $8 > K$, $K > 0$
$\therefore 0 < K < 8$ **답** ①

69 전달함수 $G(s) = \dfrac{C(s)}{R(s)} = \dfrac{1}{(s+a)^2}$인 제어계의 임펄스 응답 $c(t)$는?

① e^{-at}
② $1 - e^{-at}$
③ te^{-at}
④ $\dfrac{1}{2}t^2$

풀이 임펄스 응답은 단위 임펄스 함수를 입력으로 했을 때의 응답이다.
• 임펄스 입력 $R(s) = \mathcal{L}[r(t)] = \mathcal{L}[\delta(t)] = 1$
• 임펄스 응답
$c(t) = \mathcal{L}^{-1}[G(s)R(s)] = \mathcal{L}^{-1}[G(s) \cdot 1]$
$= \mathcal{L}^{-1}[G(s)]$
$= \mathcal{L}^{-1}\left[\dfrac{1}{(s+a)^2}\right] = te^{-at}$ **답** ③

70 $\mathcal{L}^{-1}\left[\dfrac{s}{(s+1)^2}\right]$는?

① $e^t - te^{-t}$
② $e^{-t} - te^{-t}$
③ $e^{-t} + te^{-t}$
④ $e^{-t} + 2te^{-t}$

풀이 $F(s) = \dfrac{s}{(s+1)^2} = \dfrac{A}{(s+1)^2} + \dfrac{B}{s+1}$

$A = \lim_{s \to -1}(s+1)^2 F(s) = [s]_{s=-1} = -1$

$B = \lim_{s \to -1} \dfrac{d}{ds}s = [1]_{s=-1} = 1$

$F(s) = \dfrac{-1}{(s+1)^2} + \dfrac{1}{s+1} = \dfrac{1}{s+1} - \dfrac{1}{(s+1)^2}$

$\therefore f(t) = \mathcal{L}^{-1}[F(s)] = e^{-t} - te^{-t}$

별해 $f(t) = \mathcal{L}^{-1}\left[\dfrac{s}{(s+1)^2}\right]$
$= \mathcal{L}^{-1}\left[\dfrac{s+1}{(s+1)^2} + \dfrac{-1}{(s+1)^2}\right]$
$= \mathcal{L}^{-1}\left[\dfrac{1}{s+1} - \dfrac{1}{(s+1)^2}\right] = e^{-t} - te^{-t}$ **답** ②

71 전하보존의 법칙(conservation of charge)과 가장 관계가 있는 것은?

① 키르히호프의 전류법칙
② 키르히호프의 전압법칙
③ 옴의 법칙
④ 렌츠의 법칙

풀이
- **전하보존의 법칙** : 전하는 새로이 생성되거나 소멸하지 않고 항상 처음의 전하량을 유지한다.
- **키르히호프의 전류법칙** : 전기회로의 한 접속점에서 유입하는 전류는 유출하는 전류와 같으므로 회로에 흐르는 전하량은 항상 일정하다.   답 ①

72 그림과 같은 직류전압의 라플라스 변환을 구하면?

① $\dfrac{E}{s-1}$
② $\dfrac{E}{s+1}$
③ $\dfrac{E}{s}$
④ $\dfrac{E}{s^2}$

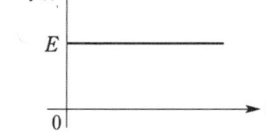

풀이 $\mathcal{L}[Eu(t)] = \dfrac{E}{s}$

(문제의 그림은 단위 계단 함수이므로 $\dfrac{E}{s}$가 된다.)   답 ③

73 그림의 사다리꼴 회로에서 부하전압 V_L의 크기는 몇 [V]인가?

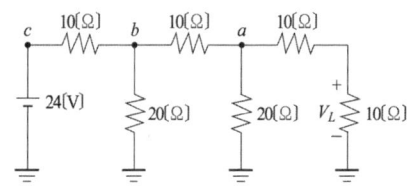

① 3   ② 3.25
③ 4   ④ 4.15

풀이 전압분배 법칙을 적용하면,
처음 a점 우측의 합성저항은 20[Ω]이며, 이 저항이 아래측의 20[Ω]과 병렬로 되어 a점의 합성저항은 10[Ω]이 된다. b점에서도 동일하게 되어 10[Ω]이 된다.
즉 24[V]는 1/2씩 b점을 중심으로 나누어 걸리게 된다.
따라서 b점의 전위는 12[V], 마찬가지로 a점의 전위는 6[V], V_L의 전위는 3[V]가 된다.   답 ①

74 $i = 3t^2 + 2t$[A]의 전류가 도선을 30초간 흘렀을 때 통과한 전체 전기량[Ah]은?

① 4.25   ② 6.75
③ 7.75   ④ 8.25

풀이 $Q = \displaystyle\int_0^t i\,dt = \int_0^{30}(3t^2+2t)dt$
$= [t^3+t^2]_0^{30} = 27900[A\cdot\sec]$
$= \dfrac{27900}{3600}[Ah] = 7.75[Ah]$ 답 ③

75 인덕턴스 $L = 20$[mH]인 코일에 실효값 $E = 50$[V], 주파수 $f = 60$[Hz]인 정현파 전압을 인가했을 때 코일에 축적되는 평균 자기에너지는 약 몇 [J]인가?

① 6.3   ② 4.4
③ 0.63   ④ 0.44

풀이 $W_L = \dfrac{LI^2}{2} = \dfrac{L}{2}\left(\dfrac{V}{2\pi fL}\right)^2 = \dfrac{V^2}{8\pi^2 f^2 L}$
$= \dfrac{50^2}{8\pi^2 \times 60^2 \times 20 \times 10^{-3}} = 0.44[J]$ 답 ④

76 전압비 10^6을 데시벨(dB)로 나타내면?

① 2   ② 60
③ 100   ④ 120

풀이 이득 $= 20\log_{10}10^6 = 120$[dB]   답 ④

77 전송선로의 특성 임피던스가 100[Ω]이고, 부하저항이 400[Ω]일 때 전압 정재파비 S는 얼마인가?

① 0.25   ② 0.6
③ 1.67   ④ 4.0

풀이 반사계수
$\rho = \dfrac{Z_R - Z_0}{Z_R + Z_0} = \dfrac{400-100}{400+100} = \dfrac{3}{5} = 0.6$
따라서 전압 정재파비
$S = \dfrac{1+|\rho|}{1-|\rho|} = \dfrac{1+0.6}{1-0.6} = 4$ 답 ④

78 구동점 임피던스 함수에 있어서 극점(pole)은?

① 개방 회로 상태를 의미한다.
② 단락 회로 상태를 의미한다.
③ 아무 상태도 아니다.
④ 전류가 많이 흐르는 상태를 의미한다.

풀이
- 영점 : $Z(s) = 0$가 되는 s의 값으로 회로의 단락상태를 의미한다.
- 극점 : $Z(s) = \infty$가 되는 s의 값으로 회로의 개방상태를 의미한다. **답 ①**

79 상전압이 120[V]인 평형 3상 Y결선의 전원에 Y결선 부하를 도선으로 연결하였다. 도선의 임피던스는 $1+j[\Omega]$이고 부하의 임피던스는 $20+j10[\Omega]$이다. 이때 부하에 걸리는 전압은 약 몇 [V]인가?

① $67.18\angle -25.4°$
② $101.62\angle 0°$
③ $113.14\angle -1.1°$
④ $118.42\angle -30°$

풀이

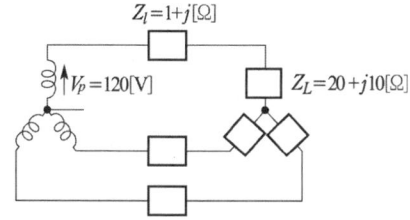

- 도선의 임피던스 $Z_l = 1+j[\Omega]$
- 부하임피던스
$Z_L = 20+j10 = \sqrt{20^2+10^2}\angle \tan^{-1}\frac{10}{20}$
$= 22.36\angle 26.565°$
- 합성임피던스
$Z = Z_l + Z_L = 1+j+20+j10 = 21+j11$
$= \sqrt{21^2+11^2}\angle \tan^{-1}\frac{11}{21}$
$= 23.71\angle 27.646°$
- 부하전압
$V_L = I_p Z_L = \frac{V_p}{Z}\cdot Z_L$
$= \frac{120\angle 0°}{23.71\angle 27.646°}\times 22.36\angle 26.565°$
$= 113.17\angle -1.08°$ **답 ③**

80 그림과 같은 파형의 파고율은 얼마인가?

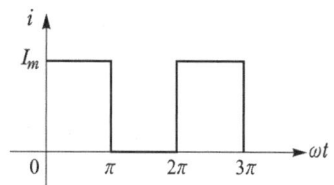

① 0.707
② 1.414
③ 1.732
④ 2.000

풀이 구형 반파에서
- 실효값 $I = \frac{I_m}{\sqrt{2}}$
- 평균값 $I_{av} = \frac{I_m}{2}$
- 파고율 $= \frac{\text{최대값}}{\text{실효값}} = \frac{I_m}{\frac{I_m}{\sqrt{2}}} = \sqrt{2} = 1.414$ **답 ②**

5과목 - 전기설비기술기준

81 태양전지 발전소에 시설하는 태양전지 모듈, 전선 및 개폐기의 시설에 대한 설명으로 틀린 것은?

① 전선은 공칭단면적 $2.5[\text{mm}^2]$ 이상의 연동선을 사용할 것
② 태양전지 모듈에 접속하는 부하측 전로에는 개폐기를 시설할 것
③ 태양전지 모듈을 병렬로 접속하는 전로에 과전류차단기를 시설할 것
④ 옥측에 시설하는 경우 금속관공사, 합성수지관공사, 애자공사로 배선할 것

풀이 520 태양광발전설비
가. 태양전지 모듈에 접속하는 부하측의 태양전지 어레이에서 전력변환장치에 이르는 전로에는 그 **접속점에 근접하여 개폐기** 기타 이와 유사한 기구(부하전류를 개폐할 수 있는 것에 한한다)를 시설할 것
나. 모듈을 **병렬**로 접속하는 전로에는 그 주된 전로에 **단락전류가 발생할 경우에 전로를 보호하는 과전류차단기** 또는 기타 기구를 시설할 것
다. 전선은 공칭단면적 $2.5[\text{mm}^2]$ 이상의 연동선 또는 이와 동등 이상의 세기 및 굵기의 것일 것

라. 배선설비 공사는 옥내에 시설할 경우에는 합성수지관공사, 금속관공사, 금속제가요전선관공사, 케이블공사 의 규정에 준하여 시설할 것. 답 ④

82 금속제가요전선관공사에 대한 설명 중 틀린 것은?

① 가요전선관 안에서는 전선의 접속점이 없어야 한다.
② 1종 금속제 가요전선관을 사용 하여야 한다.
③ 가요전선관 내에 수용되는 전선은 연선이어야 하며 단면적 10[mm²] 이하는 단선을 사용하여도 무방하다.
④ 가요전선관 내에 수용되는 전선은 옥외용 비닐 절연전선을 제외하고는 절연전선이어야 한다.

풀이 232.13 금속제가요전선관공사
가. 전선은 절연전선(옥외용 비닐 절연전선을 제외한다)일 것.
나. 전선은 연선일 것. 다만, 단면적 10[mm²](알루미늄선은 단면적 16[mm²]) 이하인 것은 그러하지 아니하다.
다. 가요전선관 안에는 전선에 접속점이 없도록 할 것.
라. **가요전선관은 2종 금속제 가요전선관일 것** 답 ②

83 가공 전선로의 지지물에 시설하는 지선의 시방세목을 설명 한 것 중 옳은 것은?

① 안전율은 1.2 이상일 것
② 허용 인장하중의 최저는 5.26[kN]으로 할 것
③ 소선은 지름 1.6[mm] 이상인 금속선을 사용할 것
④ 지선에 연선을 사용할 경우 소선 3가닥 이상의 연선일 것

풀이 331.11 지선의 시설
가. 가공전선로의 지지물로 사용하는 철탑은 지선을 사용하여 그 강도를 분담시켜서는 안 된다.
나. 지선의 **안전율은 2.5 이상**일 것. 이 경우에 **허용 인장하중의 최저는 4.31[kN]**으로 한다.
다. 지선에 연선을 사용할 경우에는 다음에 의할 것.
  ① **소선 3가닥 이상의 연선**일 것.
  ② 소선의 **지름이 2.6[mm] 이상의 금속선**을 사용한 것일 것. 답 ④

84 특고압 가공전선이 도로·횡단보도교·철도 또는 궤도와 제1차 접근상태로 시설되는 경우 특고압 가공전선로에는 제 몇 종 보안공사에 의하여야 하는가?

① 제1종 특고압 보안공사
② 제2종 특고압 보안공사
③ 제3종 특고압 보안공사
④ 제4종 특고압 보안공사

풀이 333.24 특고압 가공전선과 도로 등의 접근 또는 교차
가. 특고압 가공전선이 도로·횡단보도교·철도 또는 궤도와 제1차 접근 상태로 시설 : 특고압 가공전선로는 제3종 특고압 보안
나. 특고압 가공전선이 도로 등과 제2차 접근상태로 시설 : 특고압 가공전선로는 제2종 특고압 보안공사에 의할 것. 답 ③

85 가공 전선로에 사용하는 지지물의 강도 계산에 적용하는 갑종 풍압 하중을 계산할 때 구성재의 수직 투영 면적 1[m²]에 대한 풍압 값[Pa]의 기준으로 틀린 것은?

① 목주 : 588[Pa]
② 원형 철주 : 588[Pa]
③ 원형 철근 콘크리트주 : 1038[Pa]
④ 강관으로 구성된 철탑(단주는 제외) : 1255[Pa]

풀이 331.6 풍압하중의 종별과 적용

풍압을 받는 구분			풍압[Pa]
목주			588
지지물	철주	원형의 것	588
		삼각형 또는 마름모형의 것	1,412
		강관에 의하여 구성되는 4각형의 것	1,117
		기타의 것으로 복재가 전후면에 겹치는 경우	1,627
		기타의 것으로 겹치지 않은 경우	1,784
	철근 콘크리트주	원형의 것	588
		기타의 것	882
	철탑	단주 (완철류는 제외함) 원형의 것	588
		단주 (완철류는 제외함) 기타의 것	1,117
		강관으로 구성되는 것(단주는 제외함)	1,255
		기타의 것	2,157

답 ③

86 시가지내에 시설하는 154[kV] 가공 전선로에 지락 또는 단락이 생겼을 때 몇 초 안에 자동적으로 이를 전로로부터 차단하는 장치를 시설하여야 하는가?

① 1
② 3
③ 5
④ 10

풀이 333.1 시가지 등에서 특고압 가공전선로의 시설
사용전압이 100[kV]를 초과하는 특고압 가공전선에 지락 또는 단락이 생겼을 때에는 1초 이내에 자동적으로 이를 전로로부터 차단하는 장치를 시설할 것. **답** ①

87 발전소, 변전소, 개폐소의 시설부지조성을 위해 산지를 전용할 경우에 전용하고자 하는 산지의 평균 경사도는 몇 도 이하이어야 하는가?

① 10
② 15
③ 20
④ 25

풀이 발전소 등의 부지 시설조건
(전기설비기술기준 제21조의 2)
부지조성을 위해 산지를 전용할 경우에는 전용하고자 하는 **산지의 평균 경사도가 25도 이하**여야 하며, 산지 전용면적 중 산지전용으로 발생되는 절·성토 경사면의 면적이 100분의 50을 초과해서는 아니 된다. **답** ④

88 통신선과 저압 가공전선 또는 특고압 가공전선로의 다중 접지를 한 중성선 사이의 이격거리는 몇 [cm] 이상인가?

① 15
② 30
③ 60
④ 90

풀이 362.2 전력보안통신선의 시설 높이와 이격거리
가. 통신선은 가공전선의 아래에 시설할 것.
나. 이격거리

가공전선		통신선		
		일반	절연전선	광섬유 케이블
중성선	25[kV] 이하, 다중접지중성선	0.6[m] 이상		
저압 가공전선	일반	0.6[m] 이상		
	절연전선 또는 케이블		0.3[m] 이상	
	인입선			0.15[m] 이상

가공전선		통신선		
		일반	절연전선	광섬유 케이블
고압 가공전선	일반	0.6[m] 이상		
	케이블		0.3[m] 이상	
특고압 가공전선	일반	1.2[m] 이상		
	케이블		0.3[m] 이상	
	25[kV] 이하, 다중 접지방식	0.75[m] 이상		

답 ③

89 사용전압 22.9[kV]인 가공전선과 지지물과의 이격거리는 일반적으로 몇 [cm] 이상이어야 하는가?

① 5
② 10
③ 15
④ 20

풀이 333.5 특고압 가공전선과 지지물 등의 이격거리
특고압 가공전선과 그 지지물·완금류·지주 또는 지선 사이의 이격거리는 표에서 정한 값 이상이어야 한다. 다만, 기술상 부득이한 경우에 위험의 우려가 없도록 시설한 때에는 표에서 정한 값의 0.8배까지 감할 수 있다.

사용전압	이격거리[cm]
15[kV] 미만	15
15[kV] 이상 25[kV] 미만	20
25[kV] 이상 35[kV] 미만	25
60[kV] 이상 70[kV] 미만	40
130[kV] 이상 160[kV] 미만	90

답 ④

90 철탑의 강도계산에 사용하는 이상 시 상정하중이 가하여지는 경우의 그 이상 시 상정 하중에 대한 철탑의 기초에 대한 안전율은 얼마 이상이어야 하는가?

① 1.2
② 1.33
③ 1.5
④ 2

풀이 331.7 가공전선로 지지물의 기초의 안전율
가공전선로의 지지물에 하중이 가하여지는 경우에 그 하중을 받는 지지물의 기초의 안전율은 2(**이상 시 상정 하중에 대한 철탑의 기초에 대하여는 1.33**) 이상이어야 한다. **답** ②

91 전동기의 절연내력시험은 권선과 대지 간에 계속하여 시험전압을 가할 경우, 최소 몇 분간은 견디어야 하는가?

① 5   ② 10
③ 20   ④ 30

풀이 133 회전기 및 정류기의 절연내력

종류		시험전압	시험 방법
회전기	발전기·전동기·조상기·기타회전기	7[kV] 이하	1.5배 (최저 500[V])	권선과 대지 사이에 연속하여 10분간
		7[kV] 초과	1.25배 (최저 10.5[kV])	
	회전 변류기		직류측의 최대 사용전압의 1배의 교류전압(최저 500[V])	

답 ②

92 고압 가공전선이 안테나와 접근상태로 시설되는 경우에 가공전선과 안테나 사이의 수평 이격 거리는 최소 몇 [cm] 이상이어야 하는가? (단, 가공 전선으로는 케이블을 사용하지 않는다고 한다.)

① 60   ② 80
③ 100   ④ 120

풀이 332.14 고압 가공전선과 안테나의 접근 또는 교차
저압 가공전선 또는 고압 가공전선이 안테나와 접근상태로 시설되는 경우에는 다음에 따라야 한다.
가. 고압 가공전선로는 고압 보안공사에 의할 것.
나. 가공전선과 안테나 사이의 이격거리

사용전압 부분 공작물의 종류		저압	고압
안테나	일반적인 경우	0.6[m]	0.8[m]
	고압·특고압 절연전선	0.3[m]	0.8[m]
	케이블	0.3[m]	0.4[m]

답 ②

93 수소냉각식 발전기 또는 이에 부속하는 수소냉각장치에 관한 시설 기준으로 틀린 것은?

① 발전기 안의 수소의 온도를 계측하는 장치를 시설할 것
② 조상기안의 수소의 압력 계측 장치 및 압력 변동에 대한 경보장치를 시설 할 것
③ 발전기 안의 수소의 순도가 70[%] 이하로 저하할 경우에 경보하는 장치를 시설할 것
④ 발전기는 기밀구조의 것이고 또한 수소가 대기압에서 폭발하는 경우에 생기는 압력에 견디는 강도를 가지는 것일 것

풀이 351.10 수소냉각식 발전기 등의 시설
수소냉각식의 발전기·조상기 또는 이에 부속하는 수소 냉각 장치는 다음 각 호에 따라 시설하여야 한다.
가. 발전기 또는 조상기는 기밀구조의 것이고 또한 수소가 대기압에서 폭발하는 경우에 생기는 압력에 견디는 강도를 가지는 것일 것.
나. 발전기축의 밀봉부에는 질소 가스를 봉입할 수 있는 장치 또는 발전기 축의 밀봉부로부터 누설된 수소 가스를 안전하게 외부에 방출할 수 있는 장치를 시설할 것.
다. 발전기 내부 또는 조상기 내부의 **수소의 순도가 85[%] 이하로 저하한 경우에 이를 경보하는 장치**를 시설할 것.
라. 발전기 내부 또는 조상기 내부의 수소의 압력을 계측하는 장치 및 그 압력이 현저히 변동한 경우에 이를 경보하는 장치를 시설할 것.
마. 발전기 내부 또는 조상기 내부의 수소의 온도를 계측하는 장치를 시설할 것.
바. 발전기 내부 또는 조상기 내부로 수소를 안전하게 도입할 수 있는 장치 및 발전기안 또는 조상기안의 수소를 안전하게 외부로 방출할 수 있는 장치를 시설할 것.

답 ③

94 주택의 옥내를 통과하여 그 주택 이외의 장소에 전기를 공급하기 위한 옥내배선을 공사하는 방법이다. 사람이 접촉 할 우려가 없는 은폐된 장소에서 시행하는 공사 종류가 아닌 것은? (단, 주택의 옥내전로의 대지전압은 300[V]이다.)

① 금속관공사
② 케이블공사
③ 금속덕트공사
④ 합성수지관공사

풀이 231.6 옥내전로의 대지 전압의 제한
주택의 옥내를 통과하여 그 주택 이외의 장소에 전기를 공급하기 위한 옥내배선은 사람이 접촉할 우려가 없는 은폐된 장소에 **합성수지관 공사, 금속관 공사 또는 케이블 공사**에 의하여 시설하여야 한다.

답 ③

95 전기울타리의 시설에 관한 규정 중 틀린 것은?

① 전선과 수목 사이의 이격거리는 50[cm]이상이어야 한다.
② 전기울타리는 사람이 쉽게 출입하지 아니하는 곳에 시설하여야 한다.
③ 전선은 인장강도 1.38[kN]이상의 것 또는 지름 2[mm] 이상의 경동선이어야 한다.
④ 전기울타리용 전원 장치에 전기를 공급하는 전로의 사용전압은 250[V]이하이어야 한다.

풀이 241.1 전기울타리
가. 전기울타리용 전원장치에 전원을 공급하는 전로의 사용전압은 250[V] 이하이어야 한다.
나. 전기울타리는 사람이 쉽게 출입하지 아니하는 곳에 시설할 것.
다. 전선은 인장강도 1.38[kN] 이상의 것 또는 지름 2[mm] 이상의 경동선일 것.
라. 전선과 이를 지지하는 기둥 사이의 이격거리는 25[mm] 이상일 것.
마. **전선과 다른 시설물(가공 전선을 제외한다) 또는 수목과의 이격거리는 0.3[m] 이상일 것.** 답 ①

96 주택 등 저압 수용 장소에서 고정 전기설비에 TN-C-S 접지방식으로 접지공사 시 중성선 겸용 보호도체(PEN)를 알루미늄으로 사용 할 경우 단면적은 몇 [mm²] 이상이어야 하는가?

① 2.5   ② 6   ③ 10   ④ 16

풀이 142.4.2 주택 등 저압수용장소 접지
저압수용장소에서 계통접지가 TN-C-S 방식인 경우 **중성선 겸용 보호도체(PEN)**는 고정 전기설비에만 사용할 수 있고, 그 도체의 단면적이 **구리는 10[mm²] 이상, 알루미늄은 16[mm²] 이상**이어야 하며, 그 계통의 최고전압에 대하여 절연되어야 한다. 답 ④

97 전기방식시설의 전기방식 회로의 전선 중 지중에 시설하는 것으로 틀린 것은?

① 전선은 공칭단면적 4.0[mm²]의 연동선 또는 이와 동등 이상의 세기 및 굵기의 것일 것
② 양극에 부속하는 전선은 공칭단면적 2.5[mm²] 이상의 연동선 또는 이와 동등 이상의 세기 및 굵기의 것을 사용 할 수 있을 것
③ 전선을 직접 매설식에 의하여 시설하는 경우 차량 기타의 중량물의 압력을 받을 우려가 없는 것에 매설 깊이를 1.2[m] 이상으로 할 것
④ 입상 부분의 전선 중 깊이 60[cm] 미만인 부분은 사람이 접촉 할 우려가 없고 또한 손상을 받을 우려가 없도록 적당한 방호장치를 할 것

풀이 241.16 전기부식방지 시설
전기부식방지 회로의 전선중 지중에 시설하는 부분은 다음에 의하여 시설할 것.
가. 전선은 공칭단면적 4.0[mm²]의 연동선일 것. 다만, 양극에 부속하는 전선은 공칭단면적 2.5[mm²] 이상의 연동선을 사용할 수 있다.
나. 전선은 450/750[V] 일반용 단심 비닐절연전선·클로로프렌 외장 케이블·비닐외장 케이블 또는 폴리에틸렌 외장 케이블일 것.
다. 전선을 직접 매설식에 의하여 시설하는 경우에는 **매설깊이를 차량 기타의 중량물의 압력을 받을 우려가 있는 곳에서는 1.0[m] 이상, 기타의 곳에서는 0.3[m] 이상**
라. 입상부분의 전선 중 깊이 0.6[m] 미만인 부분은 사람이 접촉할 우려가 없고 또한 손상을 받을 우려가 없도록 적당한 방호장치를 할 것. 답 ③

98 유도장해의 방지를 위한 규정으로 사용전압 60[kV] 이하인 가공 전선로의 유도전류는 전화선로의 길이 12[km] 마다 몇 [μA]를 넘지 않도록 하여야 하는가?

① 1[μA]   ② 2[μA]
③ 3[μA]   ④ 4[μA]

풀이 333.2 유도장해의 방지
가. 사용전압이 60[kV] 이하인 경우에는 전화선로의 길이 12[km]마다 유도전류가 2[μA]를 넘지 아니하도록 할 것.
나. 사용전압이 60[kV]를 초과하는 경우에는 전화선로의 길이 40[km]마다 유도전류가 3[μA]을 넘지 아니하도록 할 것.
다. 특고압 가공전선로는 기설 통신선로에 대하여 상시 정전 유도작용에 의하여 통신상의 장해를 주지 아니하도록 시설하여야 한다. 답 ②

출제기준 변경 및 개정된 관계 법규에 따라 삭제된 문제가 있어 20문항이 안됩니다.

완벽대비 2017년 1회 전기기사필기

동일출판사 홈페이지에서 무료 동영상강의를 보실 수 있습니다.

1과목 - 전기자기

01 평행평판 공기콘덴서의 양 극판에 $+\sigma[\text{C/m}^2]$, $-\sigma[\text{C/m}^2]$의 전하가 분포되어 있다. 이 두 전극 사이에 유전율 $\epsilon[\text{F/m}]$인 유전체를 삽입한 경우의 전계[V/m]는? (단, 유전체의 분극전하밀도를 $+\sigma'[\text{C/m}^2]$, $-\sigma'[\text{C/m}^2]$이라 한다.)

① $\dfrac{\sigma}{\epsilon_o}$ ② $\dfrac{\sigma+\sigma'}{\epsilon_o}$

③ $\dfrac{\sigma}{\epsilon_o}-\dfrac{\sigma'}{\epsilon}$ ④ $\dfrac{\sigma-\sigma'}{\epsilon_o}$

풀이 콘덴서 도체극판의 진전하밀도 σ는 전속밀도 D, 유전체의 분극전하밀도 σ'는 분극의 세기(분극도) P로 정의한다. ($D=\sigma$, $P=\sigma'$)
따라서 D, P 및 E의 관계식 $D=\epsilon_o E+P$에서
전계의 세기 $E=\dfrac{D-P}{\epsilon_o}=\dfrac{\sigma-\sigma'}{\epsilon_o}$ 가 된다. **답** ④

02 자계와 직각으로 놓인 도체에 $I[\text{A}]$의 전류를 흘릴 때 $f[\text{N}]$의 힘이 작용하였다. 이 도체를 $v[\text{m/s}]$의 속도로 자계와 직각으로 운동시킬 때의 기전력 $e[\text{V}]$는?

① $\dfrac{fv}{I^2}$ ② $\dfrac{fv}{I}$ ③ $\dfrac{fv^2}{I}$ ④ $\dfrac{fv}{2I}$

풀이 도체가 받는 힘 $f=IBl\sin\theta[\text{N}]$
도체와 자계가 직각이면
$\sin\theta=\sin 90°=1$이므로 $Bl=\dfrac{f}{I}$ 이다.
∴ 유기전압 $e=vBl=\dfrac{vf}{I}[\text{V}]$ **답** ②

03 폐회로에 유도되는 유도기전력에 관한 설명으로 옳은 것은?

① 유도기전력은 권선수의 제곱에 비례한다.
② 렌츠의 법칙은 유도기전력의 크기를 결정하는 법칙이다.
③ 자계가 일정한 공간 내에서 폐회로가 운동하여도 유도기전력이 유도된다.
④ 전계가 일정한 공간 내에서 폐회로가 운동하여도 유도기전력이 유도된다.

풀이 유도 기전력 $e=-n\dfrac{d\phi}{dt}$
① 패러데이 법칙 : 유도기전력의 크기 결정
  (권선수 n 및 $\dfrac{d\phi}{dt}$에 비례)
② 렌츠의 법칙 : 유도기전력의 방향 결정
  ("−" 부호 : 자속변화를 방해하는 방향)
③ 유도기전력의 유도는 쇄교자속의 변화율이므로 자계 변화, 도체회로운동 또는 **자계 변화 및 폐회로 운동**이 된다. **답** ③

04 그림과 같이 반지름 a인 무한장 평행도체 A, B가 간격 d로 놓여 있고, 단위길이 당 각각 $+\lambda$, $-\lambda$의 전하가 균일하게 분포되어 있다 A, B 도체 간의 전위차[V]는? (단, $d \gg a$이다.)

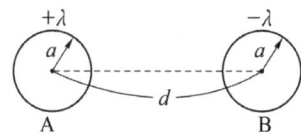

① $\dfrac{\lambda}{\pi\epsilon_o}\ln\dfrac{d-a}{a}$ ② $\dfrac{\lambda}{2\pi\epsilon_o}\ln\dfrac{d}{a}$

③ $\dfrac{\lambda}{\pi\epsilon_o}\ln\dfrac{a}{d}$ ④ $\dfrac{\lambda}{2\pi\epsilon_o}\ln\dfrac{a}{d}$

풀이

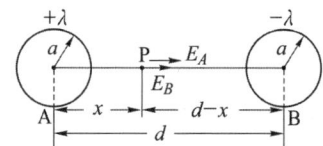

P점의 전계의 세기
$E=E_A+E_B=\dfrac{\lambda}{2\pi\epsilon_0 x}+\dfrac{\lambda}{2\pi\epsilon_0(d-x)}$
$=\dfrac{\lambda}{2\pi\epsilon_0}\left(\dfrac{1}{x}+\dfrac{1}{d-x}\right)$

두 도체 간의 전위차 V_{AB}

$$V_{AB} = -\int_{d-a}^{a} E\,dx = \int_{a}^{d-a} E\,dx$$
$$= \frac{\lambda}{2\pi\epsilon_0}\left(\int_{a}^{d-a}\frac{1}{x}dx + \int_{a}^{d-a}\frac{1}{d-x}dx\right)$$
$$= \frac{\lambda}{2\pi\epsilon_0}\left([\ln x]_a^{d-a} + [-\ln(d-x)]_a^{d-a}\right)$$
$$= \frac{\lambda}{\pi\epsilon_0}\ln\frac{d-a}{a}$$

답 ①

05 반지름 a, b인 두 개의 구 형상 도체 전극이 도전율 k인 매질 속에 중심거리 r만큼 떨어져 있다. 양 전극 간의 저항은?
(단, $r \gg a, b$이다)

① $4\pi k\left(\dfrac{1}{a}+\dfrac{1}{b}\right)$ ② $4\pi k\left(\dfrac{1}{a}-\dfrac{1}{b}\right)$

③ $\dfrac{1}{4\pi k}\left(\dfrac{1}{a}+\dfrac{1}{b}\right)$ ④ $\dfrac{1}{4\pi k}\left(\dfrac{1}{a}-\dfrac{1}{b}\right)$

풀이 ① 구도체 a, b 사이의 정전용량

$$C = \frac{Q}{V_a - V_b} = \frac{4\pi\epsilon}{\dfrac{1}{a}+\dfrac{1}{b}}\,[\text{F}]$$

② $RC = \rho \dfrac{l}{S} \times \dfrac{\epsilon S}{d} = \rho\epsilon$ ($\because l = d$ 이다.)

$\therefore R = \dfrac{\rho\epsilon}{C} = \dfrac{\rho\epsilon}{\dfrac{4\pi\epsilon}{\left(\dfrac{1}{a}+\dfrac{1}{b}\right)}}$

$= \dfrac{\rho}{4\pi}\left(\dfrac{1}{a}+\dfrac{1}{b}\right) = \dfrac{1}{4\pi k}\left(\dfrac{1}{a}+\dfrac{1}{b}\right)[\Omega]$

여기서, $\rho = \dfrac{1}{k}[\Omega \cdot \text{m}]$

ρ=고유저항, k=도전율

답 ③

06 매질 1(ϵ_1)은 나일론(비유전율 $\epsilon_s = 4$)이고, 매질 2(ϵ_2)는 진공일 때 전속밀도 D가 경계면에서 각각 θ_1, θ_2의 각을 이룰 때 $\theta_2 = 30°$라면 θ_1의 값은?

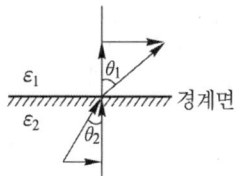

① $\tan^{-1}\dfrac{4}{\sqrt{3}}$ ② $\tan^{-1}\dfrac{\sqrt{3}}{4}$

③ $\tan^{-1}\dfrac{\sqrt{3}}{2}$ ④ $\tan^{-1}\dfrac{2}{\sqrt{3}}$

풀이 ① 매질의 경계면에서 전계는 수평 성분이 같고 ($E_1\sin\theta_1 = E_2\sin\theta_2$), 전속밀도는 수직 성분이 서로 같으므로 ($D_1\cos\theta_1 = D_2\cos\theta_2$)

$$\frac{E_1\sin\theta_1}{D_1\cos\theta_1} = \frac{E_2\sin\theta_2}{D_2\cos\theta_2}$$

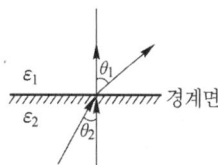

② $\dfrac{E\sin\theta}{D\cos\theta} = \dfrac{E\sin\theta}{\epsilon E\cos\theta} = \dfrac{1}{\epsilon} \cdot \dfrac{\sin\theta}{\cos\theta} = \dfrac{1}{\epsilon}\tan\theta$이므로

$\dfrac{E_1\sin\theta_1}{D_1\cos\theta_1} = \dfrac{E_2\sin\theta_2}{D_2\cos\theta_2} \rightarrow \dfrac{1}{\epsilon_1}\tan\theta_1 = \dfrac{1}{\epsilon_2}\tan\theta_2$

$\rightarrow \dfrac{\tan\theta_1}{\tan\theta_2} = \dfrac{\epsilon_1}{\epsilon_2}$

③ $\epsilon_1 = 4$(나일론), $\epsilon_2 = 1$(진공), $\theta_2 = 30°$이므로

$\dfrac{\tan\theta_1}{\tan\theta_2} = \dfrac{\epsilon_1}{\epsilon_2} \rightarrow \dfrac{\tan\theta_1}{\tan 30°} = \dfrac{\tan\theta_1}{\dfrac{1}{\sqrt{3}}} = \dfrac{4}{1}$

$\rightarrow \tan\theta_1 = \dfrac{4}{\sqrt{3}}$

따라서 $\theta_1 = \tan^{-1}\dfrac{4}{\sqrt{3}}$

답 ①

07 두 개의 콘덴서를 직렬접속하고 직류전압을 인가 시 설명으로 옳지 않은 것은?

① 정전용량이 작은 콘덴서에 전압이 많이 걸린다.
② 합성 정전용량은 각 콘덴서의 정전용량의 합과 같다.
③ 합성 정전용량은 각 콘덴서의 정전용량보다 작아진다.
④ 각 콘덴서의 두 전극에 정전유도에 의하여 정·부의 동일한 전하가 나타나고 전하량은 일정하다.

[풀이]

항목	직렬접속	병렬접속
결선	C_1 C_2	C_1 C_2
합성 정전 용량	$\cdot\ C_0 = \dfrac{C_1 C_2}{C_1 + C_2}$ · 저항의 병렬결선과 동일 방법 · 접속되는 콘덴서가 증가 할수록 합성 정전용량은 감소	$\cdot\ C_0 = C_1 + C_2$ · 저항의 직렬결선과 동일 방법 · 접속되는 콘덴서가 증가 할수록 합성 정전용량은 증가

답 ②

08 자기회로에 관한 설명으로 옳은 것은?

① 자기회로의 자기저항은 자기회로의 단면적에 비례한다.
② 자기회로의 기자력은 자기저항과 자속의 곱과 같다.
③ 자기저항 R_{m1}과 R_{m2}을 직렬연결 시 합성 자기 저항은 $\dfrac{1}{R_m} = \dfrac{1}{R_{m1}} + \dfrac{1}{R_{m2}}$ 이다.
④ 자기회로의 자기저항은 자기회로의 길이에 반비례한다.

[풀이]
① 자기저항 $R_m = \dfrac{l}{\mu S}$ 이므로 자기회로의 길이 l에 비례하고, 단면적 S에 반비례 한다.
② 자기저항 $R_m = \dfrac{F}{\phi} = \dfrac{NI}{\phi}$ [AT/Wb]이므로 기자력 $F = R\phi$ [AT]이다.
③ 자기저항 R_{m1}과 R_{m2}을 직렬연결 시 합성 자기저항은 $R_m = R_{m1} + R_{m2}$ 이다.

답 ②

09 일반적인 전자계에서 성립되는 기본방정식이 아닌 것은? (단, i는 전류밀도, ρ는 공간전하밀도이다.)

① $\nabla \times H = i + \dfrac{\partial D}{\partial t}$
② $\nabla \times E = -\dfrac{\partial B}{\partial t}$
③ $\nabla \cdot D = \rho$
④ $\nabla \cdot B = \mu H$

[풀이] 전자계에서 성립하는 기본 방정식

맥스웰 전자방정식		의 미
미 분 형	적 분 형	
rot $E = \nabla \times E$ $= -\dfrac{\partial B}{\partial t}$	$\oint_c E \cdot dl = -\int_S \dfrac{\partial B}{\partial t} \cdot dS$	패러데이 법칙
rot $H = i_c + \dfrac{\partial D}{\partial t}$	$\oint_c H \cdot dl = I + \int_S \dfrac{\partial D}{\partial t} \cdot dS$	암페어 주회적분 법칙
div $D = \rho$	$\oint_S D \cdot dS = \int_v \rho dv = Q$	가우스 법칙
div $B = 0$	$\oint_S B \cdot dS = 0$	가우스 법칙

답 ④

10 길이가 1[cm], 지름이 5[mm]인 동선에 1[A]의 전류를 흘렸을 때 전자가 동선을 흐르는 데 걸리는 평균 시간은 약 몇 초인가? (단, 동선의 전자밀도는 1×10^{28}[개/m³]이다.)

① 3
② 31
③ 314
④ 3147

[풀이] 전류밀도 $J = \dfrac{I}{S} = nqv$ [A/m²]이므로

전류 $I = JS = nqvS = nq \times \dfrac{l}{t} \times \dfrac{\pi d^2}{4}$ [A]

여기서, S : 단면적[m²], v : 속도[m/s]
q : 한 개 입자의 전하량 [C]
d : 동선의 지름[m], l : 동선의 길이[m]

$\therefore\ t = nq \dfrac{l}{I} \times \dfrac{\pi d^2}{4}$
$= 1 \times 10^{28} \times 1.602 \times 10^{-19}$
$\times \dfrac{1 \times 10^{-2}}{1} \times \dfrac{\pi \times (5 \times 10^{-3})^2}{4}$
$\fallingdotseq 314$[s]

답 ③

11 전계 E[V/m], 자계 H[AT/m]의 전자계가 평면파를 이루고, 자유공간으로 단위 시간에 전파될 때 단위면적 당 전력밀도[W/m²]의 크기는?

① EH^2
② EH
③ $\dfrac{1}{2}EH^2$
④ $\dfrac{1}{2}EH$

풀이 에너지밀도가 $w[\text{J/m}^3]$, 전파속도가 $v[\text{m/s}]$일 때 전력밀도 P는
$$P = wv = \epsilon E^2 \cdot \frac{1}{\sqrt{\epsilon\mu}} = \mu H^2 \cdot \frac{1}{\sqrt{\epsilon\mu}}$$
$$= EH[\text{W/m}^2]$$
답 ②

12 0.2[μF]인 평행판 공기 콘덴서가 있다. 전극 간에 그 간격의 절반 두께의 유리판을 넣었다면 콘덴서의 용량은 약 몇 [μF]인가? (단, 유리의 비유전율은 10이다.)

① 0.26 ② 0.36
③ 0.46 ④ 0.56

풀이 공기 부분의 정전용량을 C_1이라 하면
$$C_1 = \frac{\epsilon_0 S}{d/2}[\text{F}] = \frac{2S\epsilon_0}{d}[\text{F}]이고,$$
유리판 부분의 정전용량을 C_2라 하면
$$C_2 = \frac{\epsilon S}{d/2} = \frac{2S\epsilon}{d}[\text{F}]이다.$$
그러므로 극판간 공극의 두께 1/2 상당의 유리판을 넣는 경우 정전용량 C는
$$C = \frac{1}{\frac{1}{C_1}+\frac{1}{C_2}} = \frac{1}{\frac{d}{2S}\left(\frac{1}{\epsilon_0}+\frac{1}{\epsilon}\right)}$$
$$= \frac{1}{\frac{d}{2\epsilon_0 S}\left(1+\frac{\epsilon_0}{\epsilon}\right)} = \frac{2C_0}{1+\frac{\epsilon_0}{\epsilon}} = \frac{2C_0}{1+\frac{1}{\epsilon_s}}[\text{F}]$$
$$\therefore C = \frac{2C_0}{1+\frac{1}{\epsilon_s}} = \frac{2\times 0.2}{1+\frac{1}{10}} = 0.36\,[\mu\text{F}]$$
답 ②

13 옴의 법칙을 미분형태로 표시하면? (단, i는 전류밀도이고, ρ는 저항률, E는 전계이다.)

① $i = \frac{1}{\rho}E$ ② $i = \rho E$
③ $i = \text{div}\,E$ ④ $i = \nabla \times E$

풀이 전류 $I = \frac{V}{R} = \frac{SV}{\rho l}\left(\because R = \rho\frac{l}{S}\right)$
$$= \frac{SE}{\rho}\left(\because E = \frac{V}{l}\right)$$
여기서, 전류 I를 전류밀도 i로 표현하면
$i = \frac{I}{S}$이므로

$$\therefore i = \frac{I}{S} = \frac{\frac{SE}{\rho}}{S} = \frac{E}{\rho} = \frac{1}{\rho}E$$

별해 정전계와 전류계의 유사성

정전계	전류계
전속밀도 D	전류밀도 i
유전율 ϵ	도전율 σ
전계의 세기 E	전계의 세기 E
$D = \epsilon E$	$i = \sigma E$

$$\therefore i = \sigma E = \frac{1}{\rho}E$$
(저항률과 도전율 : 역수 관계)
답 ①

14 한 변의 길이가 $\sqrt{2}$[m]인 정사각형의 4개 꼭짓점에 $+10^{-9}$[C]의 점전하가 각각 있을 때 이 사각형의 중심에서의 전위[V]는?

① 0 ② 18
③ 36 ④ 72

풀이 4개 전하에 의한 전위는 1개 전하에 의한 전위의 4배이므로

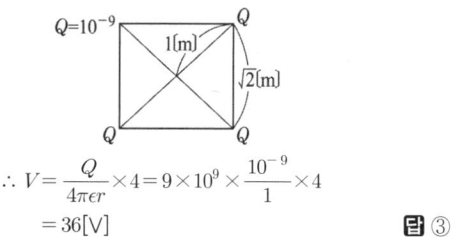

$$\therefore V = \frac{Q}{4\pi\epsilon r}\times 4 = 9\times 10^9 \times \frac{10^{-9}}{1}\times 4$$
$$= 36[\text{V}]$$
답 ③

15 기계적인 변형력을 가할 때, 결정체의 표면에 전위차가 발생되는 현상은?

① 볼타 효과 ② 전계 효과
③ 압전 효과 ④ 파이로 효과

풀이 ① 어떤 특수한 결정을 가진 물질은 기계적 응력을 주면 그 물질 속에 **전기분극**이 일어나는데 이러한 현상을 압전현상 이라고 한다.
② 결정에 나타나는 압전 현상은 방향성을 가지고 있는데 응력과 분극이 동일방향으로 발생할 때는 종효과, 수직인 경우를 횡효과라고 한다.
답 ③

16 면적이 $S[m^2]$인 금속판 2매를 간격이 $d[m]$되게 공기 중에 나란하게 놓았을 때 두 도체 사이의 정전용량[F]은?

① $\frac{S}{d}\epsilon_o$ ② $\frac{d}{S}\epsilon_o$

③ $\frac{d}{S^2}\epsilon_o$ ④ $\frac{S^2}{d}\epsilon_o$

풀이 전계의 세기 $E = \frac{\sigma}{\epsilon_o}[V/m]$

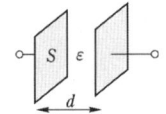

전위차 $V = Ed = \frac{\sigma}{\epsilon_o}d[m]$

이므로 매질이 공기인
단위면적 당 정전용량 C는

$C = \frac{\sigma}{V} = \frac{\sigma}{E \cdot d} = \frac{\sigma}{\frac{\sigma}{\epsilon_o} \cdot d} = \frac{\epsilon_o}{d}[F/m^2]$

따라서 두 도체 사이의 정전용량 C_0은

$C = C_0 S = \frac{S}{d}\epsilon_o[F]$ **답** ①

17 면전하밀도가 $\rho_s[C/m^2]$인 무한히 넓은 도체판에서 $R[m]$만큼 떨어져 있는 점의 전계의 세기 [V/m]는?

① $\frac{\rho_s}{\epsilon_o}$ ② $\frac{\rho_s}{2\epsilon_o}$

③ $\frac{\rho_s}{2R}$ ④ $\frac{\rho_s}{4\pi R^2}$

풀이 전속밀도 $D = \frac{\rho_s}{2}$ 와 $D = \epsilon_o E$에 의하여

전계의 세기 $E = \frac{D}{\epsilon_o} = \frac{\rho_s}{2\epsilon_o}[V/m]$ **답** ②

18 300회 감은 코일에 3[A]의 전류가 흐를 때의 기자력[AT]은?

① 10   ② 90
③ 100   ④ 900

풀이 기자력 $F = NI = 300 \times 3 = 900[AT]$ **답** ④

19 구리로 만든 지름 20[cm]의 반구에 물을 채우고 그 중에 지름 10[cm]의 구를 띄운다. 이 때에 두 개의 구가 동심구라면 두 구 사이의 저항은 약 몇 [Ω]인가? (단, 물의 도전율은 10^{-3}[℧/m]라 하고, 물이 충만되어 있다고 한다.)

① 1590   ② 2590
③ 2800   ④ 3180

풀이 동심구의 정전용량에서 반구이므로

$C = \frac{4\pi\epsilon}{\frac{1}{a} - \frac{1}{b}} \times \frac{1}{2} = \frac{2\pi\epsilon}{\frac{1}{a} - \frac{1}{b}}[F]$

$RC = \epsilon\rho = \frac{\epsilon}{\sigma}$ 에서

$\therefore R = \frac{\epsilon}{\sigma C} = \frac{1}{2\pi\sigma}(\frac{1}{a} - \frac{1}{b})$

$= \frac{1}{2\pi \times 10^{-3}} \times (\frac{1}{0.05} - \frac{1}{0.1})$

$\fallingdotseq 1590[\Omega]$ **답** ①

20 자기회로에서 철심의 투자율을 μ라 하고 회로의 길이를 l이라 할 때 그 회로의 일부에 미소 공극 l_g를 만들면 회로의 자기저항은 처음의 몇 배인가? (단, $l_g \ll l$, 즉 $l - l_g \fallingdotseq l$이다.)

① $1 + \frac{\mu l_g}{\mu_0 l}$ ② $1 + \frac{\mu l}{\mu_0 l_g}$

③ $1 + \frac{\mu_0 l_g}{\mu l}$ ④ $1 + \frac{\mu_0 l}{\mu l_g}$

풀이 투자율 μ인 자기 저항 $R_\mu = \frac{l}{\mu A}$

여기서, A는 철심의 단면적, 미소 공극은 l_g이므로 철심의 길이를 $l - l_g \fallingdotseq l$이라 하면
이때의 자기 저항 R_m은

$R_m = R_1 + R_2 = \frac{l_g}{\mu_0 A} + \frac{l}{\mu A}$ 이므로

$\therefore \frac{R_m}{R_\mu} = 1 + \frac{\mu l_g}{\mu_0 l} = 1 + \frac{l_g}{l}\mu_s$ **답** ①

2과목 - 전력공학

21 초고압 송전계통에 단권변압기가 사용되는데 그 이유로 볼 수 없는 것은?

① 효율이 높다.
② 단락전류가 작다.
③ 전압변동률이 작다.
④ 자로가 단축되어 재료를 절약할 수 있다.

풀이 단권 변압기의 특징은
① 중량이 가볍다.
② 전압변동률이 작다.
③ 동손의 감소에 따른 효율이 높다.
④ 변압비가 1에 가까우면 용량이 커진다.
⑤ 1차측의 이상전압이 2차측에 미친다.
⑥ 누설 임피던스가 작으므로 단락전류가 증가한다.

답 ②

22 어떤 화력발전소의 증가조건이 고온원 540[℃], 저온원 30[℃]일 때 이 온도 간에서 움직이는 카르노 사이클의 이론 열효율[%]은?

① 85.2   ② 80.5
③ 75.3   ④ 62.7

풀이 카르노 사이클의 이론 열효율
$\eta = 1 - \dfrac{\text{방출열량}}{\text{공급열량}} = 1 - \dfrac{\text{저온원}}{\text{고온원}}$
• 고온원 $T_1 = 273 + 540 = 813[K]$
• 저온원 $T_2 = 273 + 30 = 303[K]$
$\therefore \eta = \left(1 - \dfrac{T_2}{T_1}\right) \times 100 = \left(1 - \dfrac{303}{813}\right) \times 100$
$= 62.7[\%]$

답 ④

23 피뢰기의 구비조건이 아닌 것은?

① 상용주파 방전개시 전압이 낮을 것
② 충격방전 개시전압이 낮을 것
③ 속류 차단능력이 클 것
④ 제한전압이 낮을 것

풀이 피뢰기는 상용 주파 방전 개시 전압이 높아야 하며, 속류의 차단능력이 크고 제한 전압이 낮아야 한다.

답 ①

24 그림과 같은 회로의 영상, 정상, 역상 임피던스 Z_0, Z_1, Z_2는?

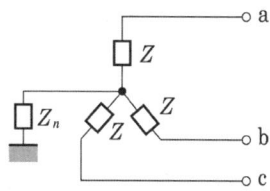

① $Z_0 = Z + 3Z_n$, $Z_1 = Z_2 = Z$
② $Z_0 = 3Z_n$, $Z_1 = Z$, $Z_2 = 3Z$
③ $Z_0 = 3Z + Z_n$, $Z_1 = 3Z$, $Z_2 = Z$
④ $Z_0 = Z + Z_n$, $Z_1 = Z_2 = Z + 3Z_n$

풀이 영상 임피던스(Z_0)는 $Z_0 = Z + 3Z_n$

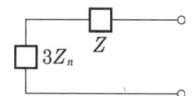

정상 임피던스와 역상 임피던스는 변압기와 선로가 정지상태이므로 같다.

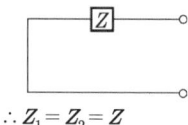

$\therefore Z_1 = Z_2 = Z$

답 ①

25 비접지식 송전선로에 있어서 1선 지락고장이 생겼을 경우 지락점에 흐르는 전류는?

① 직류 전류
② 고장상의 영상전압과 동상의 전류
③ 고장상의 영상전압보다 90도 빠른 전류
④ 고장상의 영상전압보다 90도 늦은 전류

풀이 비접지식 송전선로에 있어서 1선 지락고장이 생겼을 경우, 대지 정전용량에 의해 고장상의 영상전압보다 90° 앞선(빠른) 전류가 흐른다.

답 ③

26 가공전선로에 사용하는 전선의 굵기를 결정할 때 고려할 사항이 아닌 것은?

① 절연저항   ② 전압강하
③ 허용전류   ④ 기계적 강도

풀이 전선의 굵기를 결정하는 요인
① 허용전류 ② 기계적 강도 ③ 전압강하 이며, 허용전류가 가장 중요한 요소가 된다.

답 ①

27 조상설비가 아닌 것은?

① 정지형무효전력 보상장치
② 자동고장구분개폐기
③ 전력용 콘덴서
④ 분로 리액터

풀이 ① 조상설비 : 송전선을 일정한 전압으로 운전하기 위해 필요한 무효전력을 공급하는 장치를 조상설비라 하며 그 종류로는 동기조상기, **전력용 콘덴서, 분로리액터, 정지형 무효전력 보상장치**가 있다.
② 자동고장구분개폐기(ASS : Auto Section Switch) : 무전압 시 개방이 가능하고, 과부하 시 자동으로 개폐할 수 있는 고장 구분 개폐기로써 돌입 전류 억제 기능을 가지고 있다. **답** ②

28 코로나현상에 대한 설명이 아닌 것은?

① 전선을 부식시킨다.
② 코로나 현상은 전력의 손실을 일으킨다.
③ 코로나 방전에 의하여 전파 장해가 일어난다.
④ 코로나 손실은 전원 주파수의 2/3 제곱에 비례한다.

풀이 Peek의 식

$$P_c = \frac{241}{\delta}(f+25)\sqrt{\frac{d}{2D}}(E-E_0)^2 \times 10^{-5}[kW/km/선]$$

답 ④

29 다음 (㉮), (㉯), (㉰)에 들어갈 내용으로 옳은 것은?

> 원자력이란 일반적으로 무거운 원자핵이 핵분열하여 가벼운 핵으로 바뀌면서 발생하는 핵분열 에너지를 이용하는 것이고, (㉮) 발전은 가벼운 원자핵을(과) (㉯)하여 무거운 핵으로 바꾸면서 (㉰) 전후의 질량결손에 해당하는 방출 에너지를 이용하는 방식이다.

① ㉮ 원자핵융합 ㉯ 융합 ㉰ 결합
② ㉮ 핵결합 ㉯ 반응 ㉰ 융합
③ ㉮ 핵융합 ㉯ 융합 ㉰ 핵반응
④ ㉮ 핵반응 ㉯ 반응 ㉰ 결합

풀이 • 핵분열 : 질량수가 큰 원자핵은 핵분열을 일으켜서 이 결합 에너지의 일부를 방출
• 핵융합 : 질량수가 작은 원자핵은 2개의 원자핵이 1개의 원자핵으로 융합할 때 에너지를 방출 **답** ③

30 경간 200[m], 장력 1000[kg], 하중 2[kg/m]인 가공전선의 이도(dip)는 몇 [m]인가?

① 10　② 11
③ 12　④ 13

풀이 이도 $D = \frac{WS^2}{8T} = \frac{2 \times 200^2}{8 \times 1000} = 10[m]$ **답** ①

31 영상변류기를 사용하는 계전기는?

① 과전류계전기
② 과전압계전기
③ 부족전압계전기
④ 선택지락계전기

풀이 **영상변류기**는 배전선로나 지중 케이블 등에 사용되며 고감도 지락 계전기가 접속된다. 선로 중에 흐르는 정상 및 역상 전류는 철심 내에 자속을 만들지 않고 영상 전류만에 의하여 자속을 만듦으로 **접지계전기**나 **지락 계전기** 등에 쓰인다. **답** ④

32 전력계통의 안정도 향상 방법이 아닌 것은?

① 선로 및 기기의 리액턴스를 낮게 한다.
② 고속도 재폐로 차단기를 채용한다.
③ 중성점 직접 접지방식을 채용한다.
④ 고속도 AVR을 채용한다.

풀이 안정도 향상 대책
① 계통의 직렬 리액턴스 감소(다회선 방식 채택, 복도체 방식 채택, 기기의 리액턴스 감소)
② 전압변동률을 적게 한다.(속응여자방식 채용, 계통의 연계, 중간 조상 방식)
③ 계통에 주는 충격을 적게 한다.(**적당한 중성점접지방식**, 고속차단방식, 재폐로방식)
④ 고장 중의 발전기 돌입 출력의 불평형을 적게 한다.

중성점 직접 접지방식은 지락전류가 매우 크기 때문에 과도 안정도가 나빠진다. **답** ③

33 증식비가 1보다 큰 원자로는?
① 경수로   ② 흑연로
③ 중수로   ④ 고속 증식로

풀이 고속 증식로의 증식비는 1.1~1.4 정도로 추정된다.
답 ④

34 송전용량이 증가함에 따라 송전선의 단락 및 지락전류도 증가하여 계통에 여러 가지 장해요인이 되고 있다. 이들의 경감대책으로 적합하지 않은 것은?
① 계통의 전압을 높인다.
② 고장 시 모선 분리 방식을 채용한다.
③ 발전기와 변압기의 임피던스를 작게 한다.
④ 송전선 또는 모선 간에 한류 리액터를 삽입한다.

풀이 ① 고 임피던스 기기의 채용(발전기, 변압기 등)
② 한류 리액터의 채용(직렬리액터 방식, 분로 리액터 방식)
③ 계통 분할방식(상시 분할방식, 사고시 분할방식)
④ 계통전압의 격상
단락전류 $I_s = \dfrac{E}{Z}$[A]이므로 임피던스가 작아지면 단락전류는 더 증가하게 된다.
답 ③

35 송배전선로에서 선택지락계전기(SGR)의 용도는?
① 다회선에서 접지 고장 회선의 선택
② 단일 회선에서 접지 전류의 대소 선택
③ 단일 회선에서 접지 전류의 방향 선택
④ 단일 회선에서 접지 사고의 지속 시간 선택

풀이 선택 접지(지락) 계전기는 비접지 계통의 지락사고 검출에 사용되는 것으로, 병행 2회선 또는 다회선 송전선로에서 한쪽의 1회선에 지락 또는 접지 고장이 발생하였을 때 이것을 검출하여 고장 회선만을 선택하여 차단할 수 있는 계전기이다.
답 ①

36 그림과 같은 회로의 일반 회로정수가 아닌 것은?

① $\dot{B} = Z+1$ ② $\dot{A} = 1$
③ $\dot{C} = 0$ ④ $\dot{D} = 1$

풀이 $E_s = E_r + I_r Z$, $I_s = I_r$ 이므로
∴ $A=1$, $B=Z$, $C=0$, $D=1$
답 ①

37 송전선로의 중성점을 접지하는 목적이 아닌 것은?
① 송전 용량의 증가
② 과도 안정도의 증진
③ 이상전압 발생의 억제
④ 보호계전기의 신속, 확실한 동작

풀이 송전선로의 중성점 접지의 목적
① 이상전압 발생 방지
② 1선 지락 시 건전상 전압 상승 억제 및 기기나 선로의 절연 절감
③ 보호계전기 동작 확실
④ 소호 리액터 계통에서의 1선 지락 시 아크 소멸

송전 용량을 증가시키려면 선로의 직렬 리액턴스 성분을 감소시켜야 한다.
답 ①

38 부하전류가 흐르는 전로는 개폐할 수 없으나 기기의 점검이나 수리를 위하여 회로를 분리하거나, 계통의 접속을 바꾸는 데 사용하는 것은?
① 차단기   ② 단로기
③ 전력용 퓨즈   ④ 부하 개폐기

풀이 단로기(DS)는 변전소의 전력기기를 시험하기 위하여 회로를 분리하거나, 계통의 접속을 바꾸거나 하는 경우에 사용되며, 여기에는 소호장치가 없어 고장전류나 부하전류의 개폐에는 사용할 수 없다.
답 ②

39 보호계전기와 그 사용목적이 잘못 된 것은?
① 비율차동계전기 : 발전기 내부 단락 검출용
② 전압평형계전기 : 발전기 출력 측 PT 퓨즈 단선에 의한 오작동 방지
③ 역상과전류계전기 : 발전기 부하불평형 회전자 과열소손
④ 과전압계전기 : 과부하 단락사고

풀이 과전압 계전기는 전압이 정정값을 초과할 때 동작하는 계전기로, 과부하 보호 및 단락보호에 사용되지 않는다. **답** ④

40 송전선로의 정상임피던스를 Z_1, 역상임피던스를 Z_2, 영상임피던스 Z_0라 할 때 옳은 것은?

① $Z_1 = Z_2 = Z_0$ ② $Z_1 = Z_2 < Z_0$
③ $Z_1 > Z_2 = Z_0$ ④ $Z_1 < Z_2 < Z_0$

풀이 ① 송전선로는 정상임피던스와 역상임피던스가 같고, 영상임피던스는 정상분의 약 4배 정도이므로 $Z_1 = Z_2 < Z_0$이다.
② 변압기 : $Z_1 = Z_2 = Z_0$ **답** ②

3과목 - 전기기기

41 그림과 같은 회로에서 전원전압의 실효치 200[V], 점호각 30°일 때 출력전압은 약 몇 [V]인가? (단, 정상상태이다.)

① 157.8
② 168.0
③ 177.8
④ 187.8

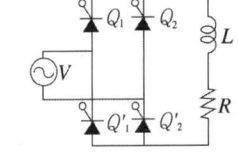

풀이 $E_{d\alpha} = \dfrac{2\sqrt{2}\,E}{\pi}\left(\dfrac{1+\cos\alpha}{2}\right)$
$= \dfrac{2\sqrt{2}\times 200}{\pi}\times\left(\dfrac{1+\cos 30°}{2}\right)$
$= 168.0[V]$ **답** ②

42 분권발전기의 회전방향을 반대로 하면 일어나는 현상은?

① 전압이 유기된다.
② 발전기가 소손된다.
③ 잔류자기가 소멸된다.
④ 높은 전압이 발생한다.

풀이 역회전에 의하여 잔류 자기에 의한 기전력의 극성이 반대로 된다. 따라서 분권 회로의 여자전류가 반대로 흘러서 **잔류 자기를 소멸시키기** 때문에 발전불능이 된다. **답** ③

43 극수가 24일 때, 전기각 180°에 해당되는 기계각은?

① 7.5° ② 15°
③ 22.5° ④ 30°

풀이 기하학적 각도
$\alpha[rad] = $ 전기각 $\alpha_e[rad] \times \dfrac{2}{p}$
$= 180° \times \dfrac{2}{24} = 15°$ **답** ②

44 단락비가 큰 동기기의 특징으로 옳은 것은?

① 안정도가 떨어진다.
② 전압변동률이 크다.
③ 선로 충전용량이 크다.
④ 단자 단락 시 단락전류가 적게 흐른다.

풀이 철기계(단락비가 큰 기계)의 특징
① 동기 임피던스가 적다.
② 반작용 리액턴스 x_a가 적다.
③ 계자 기자력이 크다.
④ 기계의 중량이 크다.
⑤ 과부하 내량이 증대되고, 송전선의 충전 용량이 큰 여유가 있는 기계이나 반면에 기계의 가격이 상승한다.
즉, 단락비가 큰 동기기는 부피가 커지며 값이 비싸고, 철손, 기계손 등의 고정손이 커서 효율은 나빠지나, 전압변동률이 작고 안정도 및 **선로 충전 용량이 커지는** 이점이 있다. **답** ③

45 단상 직권 정류자 전동기에서 보상권선과 저항도선의 작용을 설명한 것 중 틀린 것은?

① 보상권선은 역률을 좋게 한다.
② 보상권선은 변압기의 기전력을 크게 한다.
③ 보상권선은 전기자 반작용을 제거해 준다.
④ 저항도선은 변압기 기전력에 의한 단락전류를 작게 한다.

풀이 저항 도선은 변압기 기전력에 의한 단락전류를 작게 하여 정류를 좋게 하며 또한 **보상 권선**은 전기자 반작용을 상쇄하여 역률을 좋게 하고 **변압기 기전력을 작게** 해서 정류 작용을 개선한다.   **답** ②

46 5[kVA], 3000/200[V]의 변압기의 단락시험에서 임피던스 전압 120[V], 동손 150[W]라 하면 %저항강하는 약 몇 [%]인가?
① 2 ② 3
③ 4 ④ 5

풀이 %저항강하
$$p = \frac{I_{1n}r}{V_{1n}} \times 100 = \frac{I_{1n}^2 r}{V_{1n}I_{1n}} \times 100$$
$$= \frac{P_c}{VA} \times 100 = \frac{150}{5000} \times 100 = 3[\%]$$ **답** ②

47 변압기의 규약 효율 산출에 필요한 기본요건이 아닌 것은?
① 파형은 정현파를 기준으로 한다.
② 별도의 지정이 없는 경우 역률은 100[%] 기준이다.
③ 부하손은 40[℃]를 기준으로 보정한 값을 사용한다.
④ 손실은 각 권선에 대한 부하손의 합과 무부하손의 합이다.

풀이 변압기의 **규약 효율 산출** : 별도의 지정이 없는 경우 역률은 100[%], 온도는 75[℃]를 기준   **답** ③

48 직류기에 보극을 설치하는 목적은?
① 정류 개선   ② 토크의 증가
③ 회전수 일정 ④ 기동 토크의 증가

풀이 주자극 사이의 중성점에 소자극을 설치한 것을 보극 또는 정류극이라 하며, 전기자 전류에 의해 필요한 **정류전압**을 얻어 리액턴스 전압을 상쇄시키므로 정류가 잘 되고 중성점의 이동을 막을 수 있다.   **답** ①

49 슬립 s_t에서 최대 토크를 발생하는 3상 유도전동기에 2차측 한 상의 저항을 r_2라 하면 최대 토크로 기동하기 위한 2차측 한 상에 외부로부터 가해 주어야 할 저항[Ω]은?
① $\frac{1-s_t}{s_t}r_2$ ② $\frac{1+s_t}{s_t}r_2$
③ $\frac{r_2}{1-s_t}$ ④ $\frac{r_2}{s_t}$

풀이 기동시의 슬립과 2차 저항을 s_s, r_{2s}, 저항을 접속하지 않았을 때의 것을 s_t, r_2라 하면
$$\frac{r_2}{s_t} = \frac{r_{2s}}{s_s}$$
기동 시 $s_s = 1$에서 전부하 토크를 발생시키는 데 필요한 외부 저항 R은
$$\frac{r_2}{s_t} = \frac{r_2 + R}{1}$$
$$\therefore R = \frac{r_2}{s_t} - r_2 = \frac{1-s_t}{s_t}r_2$$ **답** ①

50 어떤 단상변압기의 2차 무부하 전압이 240[V]이고, 정격부하시의 2차 단자전압이 230[V]이다. 전압변동률은 약 몇 [%]인가?
① 4.35 ② 5.15
③ 6.65 ④ 7.35

풀이 2차 무부하 전압을 V_{20}, 정격부하시의 2차 단자전압을 V_{2n}라 하면 전압변동률 ϵ은
$$\therefore \epsilon = \frac{V_{20}-V_{2n}}{V_{2n}} \times 100$$
$$= \frac{240-230}{230} \times 100 = \frac{10}{230} \times 100$$
$$= 4.35[\%]$$ **답** ①

51 4극, 3상 동기기가 48개의 슬롯을 가진다. 전기자 권선 분포 계수 K_d를 구하면 약 얼마인가?
① 0.923 ② 0.945
③ 0.957 ④ 0.969

풀이 매극 매상당 슬롯 수

$$q = \frac{총\ 슬롯\ 수}{상극 \times 극수} = \frac{48}{3 \times 4} = 4$$

$$\therefore K_d = \frac{\sin\frac{\pi}{2m}}{q\sin\frac{\pi}{2mq}} = \frac{\sin\frac{\pi}{2 \times 3}}{4 \times \sin\frac{\pi}{2 \times 3 \times 4}}$$

$$= 0.957$$

답 ③

52 유도전동기의 안정 운전의 조건은? (단, T_m : 전동기 토크, T_L : 부하 토크, n : 회전수)

① $\dfrac{dT_m}{dn} < \dfrac{dT_L}{dn}$ ② $\dfrac{dT_m}{dn} = \dfrac{dT_L^2}{dn}$

③ $\dfrac{dT_m}{dn} > \dfrac{dT_L}{dn}$ ④ $\dfrac{dT_m}{dn} \neq \dfrac{dT_L^2}{dn}$

풀이

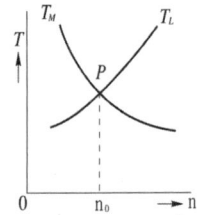

전동기에 부하를 걸고 안정하게 운전하기 위해서 그림과 같이 n이 증가할 때에는 부하 토크 T_L이 전동기 발생 토크 T_M보다 커지고, n이 감소할 때에는 이와 반대로 되지 않으면 안된다. 즉, 교점 P가 안정 운전점이 된다.

두 곡선이 만나는 교점 P에서

$\dfrac{dT_M}{dn} < \dfrac{dT_L}{dn}$ (안정 운전)

$\dfrac{dT_M}{dn} > \dfrac{dT_L}{dn}$ (불안정 운전)

의 관계가 성립한다. **답** ①

53 사이리스터에서 게이트 전류가 증가하면?

① 순방향 저지전압이 증가한다.
② 순방향 저지전압이 감소한다.
③ 역방향 저지전압이 증가한다.
④ 역방향 저지전압이 감소한다.

풀이 SCR은 순방향 게이트 전류의 크기가 증가하면 순방향 브레이크오버 전압이 감소되어 도통하게 된다.

① 순방향 저지상태 : 순방향 전압이 SCR에 인가되어도 SCR은 다이오드처럼 바로 도통하는 것이 아니고 SCR을 점호하기 전까지는 계속 불통상태에 머물러 있으며 이러한 상태를 순방향 저지 상태라 한다.
② SCR에 순방향 전압이 인가되어 있을 때 게이트 단자에 전류를 흘리면 SCR은 도통된다. 그러나 역전압이 걸려 있는 상태에서는 게이트 단자에 전류를 흘려도 SCR은 도통되지 않는다.
③ SCR은 일단 도통된 후 게이트 전류를 차단 시켜도 계속 도통상태를 유지한다.
④ SCR의 소호 : 소자에 역전압이 걸려 흐르던 전류가 멈추면 소호된다. 그리고 일단 소호가 되고나면 다시 순방향 전압이 가해져도 게이트를 통해 점호하기 전까지는 다시 도통하지 않는다. **답** ②

54 일반적인 농형 유도전동기에 비하여 2중 농형 유도전동기의 특징으로 옳은 것은?

① 손실이 적다.
② 슬립이 크다.
③ 최대 토크가 크다.
④ 기동 토크가 크다.

풀이 2중 농형 유도전동기는 저항이 크고 리액턴스가 작은 기동용 농형 권선(외측도체)과 저항이 작고 리액턴스가 큰 운전용 농형 권선(내측도체)을 가진 것으로 **보통 농형에 비하여 기동전류가 작고 기동 토크가 크다.**

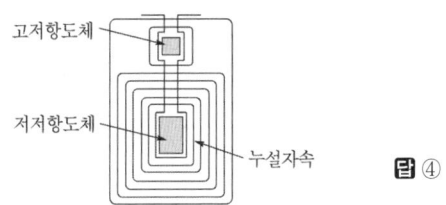

답 ④

55 60[Hz]인 3상 8극 및 2극의 유도전동기를 차동종속으로 접속하여 운전할 때의 무부하속도 [rpm]는?

① 720 ② 900
③ 1000 ④ 1200

풀이 차동 종속

$$N = \frac{120f}{p_1 - p_2} = \frac{120 \times 60}{8 - 2} = 1200[\text{rpm}]$$

답 ④

56 원통형 회전자를 가진 동기발전기는 부하각 δ 가 몇 도일 때 최대 출력을 낼 수 있는가?

① 0° ② 30°
③ 60° ④ 90°

풀이
- 돌극형은 부하각 $\delta = 60°$ 부근에서 최대 출력이 되고, 정격 운전 시는 20° 부근이다.
- 비돌극기(원통형 회전자)는 $\delta = 90°$에서 최대가 된다. 답 ④

57 직류발전기의 병렬운전에 있어서 균압선을 붙이는 발전기는?

① 타여자발전기
② 직권발전기와 분권발전기
③ 직권발전기와 복권발전기
④ 분권발전기와 복권발전기

풀이 균압선의 목적은 병렬운전을 안정하게 하기 위하여 설치하는 것으로 일반적으로 **직권 및 복권 발전기**에서는 직권 계자 코일에 흐르는 전류에 의하여 병렬운전이 불안정하게 되므로 **균압선을 설치**하여 직권 계자 코일에 흐르는 전류를 분류하게 한다. 답 ③

58 변압기의 절연내력시험 방법이 아닌 것은?

① 가압시험 ② 유도시험
③ 무부하 시험 ④ 충격전압시험

풀이
① 절연내력 시험은 정격 주파수의 고전압에 대한 절연의 안정 여부를 확인하는 시험으로, 변압기 절연내력 시험에는 가압시험, 충격전압시험, 유도 시험 등이 있다.
② 권선 저항 측정, 무부하 시험, 단락 시험 등은 변압기 등가회로 작성에 필요한 시험이다. 답 ③

59 직류발전기의 유기기전력이 230[V], 극수가 4, 정류자 편수가 162인 정류자 편간 평균 전압은 약 몇 [V]인가? (단, 권선법은 중권이다.)

① 5.68 ② 6.28
③ 9.42 ④ 10.2

풀이 $e_{sa} = \dfrac{pE}{K} = \dfrac{4 \times 230}{162} = 5.68[V]$

여기서, e_{sa} : 정류자 편간 전압
E : 유기기전력
K : 정류자 편수
p : 극수 답 ①

60 동기발전기의 단자 부근에서 단락이 일어났다고 하면 단락전류는 어떻게 되는가?

① 전류가 계속 증가한다.
② 큰 전류가 증가와 감소를 반복한다.
③ 처음에는 큰 전류이나 점차 감소한다.
④ 일정한 큰 전류가 지속적으로 흐른다.

풀이 평형 3상 전압을 유기하고 있는 발전기의 단자를 갑자기 단락하면 단락 초기에 전기자 반작용이 순간적으로 나타나지 않기 때문에 **막대한 과도전류가 흐르고, 수 초 후에는** 전기자 반작용 리액턴스에 의해 단락전류는 점차 감소되어 **영구 단락전류값에 이르게 된다**. 답 ③

4과목 - 회로이론 및 제어공학

61 다음과 같은 시스템에 단위계단입력 신호가 가해졌을 때 지연시간에 가장 가까운 값[sec]은?

$$\dfrac{C(s)}{R(s)} = \dfrac{1}{s+1}$$

① 0.5 ② 0.7
③ 0.9 ④ 1.2

풀이 ① 단위계단입력 신호가 가해졌으므로
$C(s) = \dfrac{1}{s+1}R(s) = \dfrac{1}{s+1} \cdot \dfrac{1}{s}$
$c(t) = \mathcal{L}^{-1}\left[\dfrac{1}{s(s+1)}\right] = \mathcal{L}^{-1}\left[\dfrac{1}{s} - \dfrac{1}{s+1}\right]$
$= 1 - e^{-t}$

② 출력의 최종값 $\lim\limits_{t \to \infty} c(t) = 1 - e^{-t} = 1$

지연시간 T_d는 최종값의 50 [%]에 도달하는 데 소요되는 시간이므로

$$1-e^{-t} = 0.5 \to 0.5 = e^{-T_d} \to \frac{1}{e^{T_d}} = 0.5$$
$$\to e^{T_d} = 2$$
$$\therefore T_d = \log_e 2 = 0.693 ≒ 0.7 \text{ [sec]} \quad \text{답 ②}$$

62 그림에서 ①에 알맞은 신호 이름은?

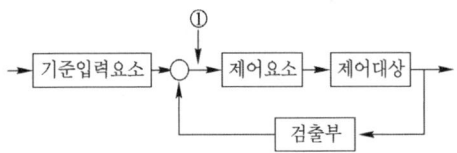

① 조작량 ② 제어량
③ 기준입력 ④ 동작신호

풀이 폐루프 제어계의 구성도

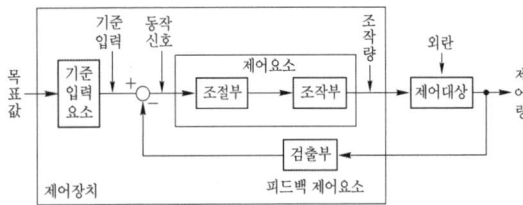

답 ④

63 드모르간의 정리를 나타낸 식은?

① $\overline{A+B} = A \cdot B$
② $\overline{A+B} = \overline{A} + \overline{B}$
③ $\overline{A \cdot B} = \overline{A} \cdot \overline{B}$
④ $\overline{A+B} = \overline{A} \cdot \overline{B}$

풀이 드모르간의 정리 : $\overline{A+B} = \overline{A} \cdot \overline{B}$
$\overline{A \cdot B} = \overline{A} + \overline{B}$ 답 ④

64 다음 단위 궤환 제어계의 미분방정식은?

$U(s) \to \boxed{\frac{2}{s(s+1)}} \to C(s)$

① $\dfrac{d^2c(t)}{dt^2} + \dfrac{dc(t)}{dt} + c(t) = 2u(t)$

② $\dfrac{d^2c(t)}{dt^2} + \dfrac{dc(t)}{dt} + 2c(t) = u(t)$

③ $\dfrac{d^2c(t)}{dt^2} + \dfrac{dc(t)}{dt} + 2c(t) = 5u(t)$

④ $\dfrac{d^2c(t)}{dt^2} + \dfrac{dc(t)}{dt} + 2c(t) = 2u(t)$

풀이
$$G(s) = \frac{C(s)}{U(s)} = \frac{\dfrac{2}{s(s+1)}}{1+\dfrac{2}{s(s+1)}}$$
$$= \frac{2}{s(s+1)+2} = \frac{2}{s^2+s+2}$$
$(s^2+s+2)C(s) = 2U(s)$
$s^2C(s) + sC(s) + 2C(s) = 2U(s)$
$\therefore \dfrac{d^2c(t)}{dt^2} + \dfrac{dc(t)}{dt} + 2c(t) = 2u(t)$ 답 ④

65 특성방정식이 다음과 같다. 이를 z변환하여 z평면에 도시할 때 단위원 밖에 놓일 근은 몇 개인가?

$$(s+1)(s+2)(s-3) = 0$$

① 0 ② 1
③ 2 ④ 3

풀이 s평면의 우반면은 z평면의 원점을 중심으로 한 단위원 외부에 사상된다.
$(s+1)(s+2)(s-3) = 0$에서
$s = -1, -2, 3$ 이므로
단위원 밖에 놓일 근은 1개($s=3$)이다. 답 ②

66 다음 진리표의 논리소자는?

입력		출력
A	B	C
0	0	1
0	1	0
1	0	0
1	1	0

① OR ② NOR
③ NOT ④ NAND

회로	유접점 회로	무접점 회로
NOR 회로		
회로	논리 회로	진리표
NOR 회로	$X = \overline{A+B}$	A B X 0 0 1 0 1 0 1 0 0 1 1 0

답 ②

67 근궤적이 s평면의 $j\omega$축과 교차할 때 폐루프의 제어계는?

① 안정하다.
② 알 수 없다.
③ 불안정하다.
④ 임계상태이다.

풀이
- 근궤적이 허수축($j\omega$)과 교차할 때는 특성근의 실수부 크기가 0일 때와 같다.
- 특성근의 실수부가 0이면 임계 안정(임계 상태)이다.

답 ④

68 특성방정식 $s^3 + 2s^2 + (k+3)s + 10 = 0$에서 Routh 안정도 판별법으로 판별시 안정하기 위한 k의 범위는?

① $k > 2$
② $k < 2$
③ $k > 1$
④ $k < 1$

풀이 루드의 표는

s^3	1	$k+3$
s^2	2	10
s^1	$\dfrac{2(k+3) - 10}{2}$	0
s^0	10	

안정하기 위해서는 제1열의 부호 변화가 없어야 하므로 $2(k+3) - 10 > 0$ 이어야 한다.
따라서 $k > 2$ 이다.

답 ①

69 그림과 같은 신호흐름선도에서 전달함수 $\dfrac{Y(s)}{X(s)}$는 무엇인가?

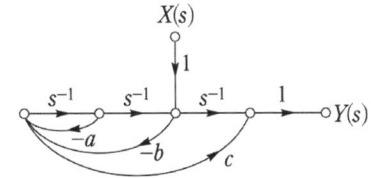

① $\dfrac{s+a}{s^2 + as - b^2}$
② $\dfrac{-bcs^2 + s}{s^2 + as + b}$
③ $\dfrac{-bcs^2 + s + a}{s^2 + as}$
④ $\dfrac{-bcs^2 + s + a}{s^2 + as + b}$

풀이 ① 개로(전향 경로) : $-bc$, s^{-1}

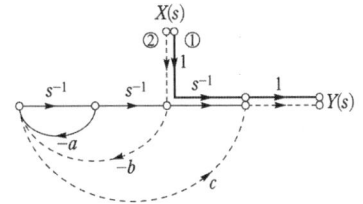

② 폐로 : $-as^{-1}$, $-bs^{-2}$

개로 중 비접촉 개로(s^{-1})와 폐로 중 독립 폐로 ($-as^{-1}$)가 존재하므로

$$\therefore G(s) = \dfrac{Y(s)}{X(s)}$$
$$= \dfrac{\sum 개로 - (비접촉 개로 \times 독립 폐로)}{1 - \sum 폐로}$$
$$= \dfrac{-bc + s^{-1} - (s^{-1} \times -as^{-1})}{1 - (-as^{-1} - bs^{-2})}$$
$$= \dfrac{-bcs^2 + s + a}{s^2 + as + b}$$

답 ④

70 $G(s)H(s) = \dfrac{2}{(s+1)(s+2)}$의 이득여유[dB]는?

① 20
② -20
③ 0
④ ∞

풀이
$$G(j\omega_c)H(j\omega_c) = \frac{2}{(s+1)(s+2)}\bigg|_{s \to j\omega_c}$$
$$= \frac{2}{(j\omega_c+1)(j\omega_c+2)}$$
$$= \frac{2}{-\omega_c^2+2+j3\omega_c}$$

위 식에서 허수부를 0으로 놓으면
$3\omega_c = 0 \to \omega_c = 0$

$$G(j\omega_c)H(j\omega_c)\big|_{\omega_c=0} = \frac{2}{-\omega_c^2+2+j3\omega_c}\bigg|_{\omega_c=0}$$
$$= \frac{2}{2} = 1$$

따라서 이득여유
$GM = 20\log\frac{1}{|G(s)H(s)|} = 20\log 1 = 0[dB]$ 답 ③

71 $R_1 = R_2 = 100[\Omega]$이며 $L_1 = 5[H]$인 회로에서 시정수는 몇 [sec]인가?

① 0.001
② 0.01
③ 0.1
④ 1

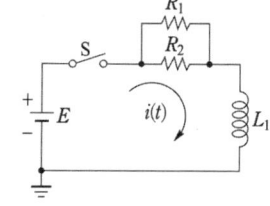

풀이 합성저항 $R = \frac{R_1 R_2}{R_1 + R_2} = \frac{100 \times 100}{100 + 100} = 50[\Omega]$

따라서 RL 직렬회로의 시정수
$\tau = \frac{L}{R} = \frac{5}{50} = 0.1[sec]$ 답 ③

72 최댓값이 10[V]인 정현파 전압이 있다. $t=0$에서의 순시값이 5[V]이고 이 순간에 전압이 증가하고 있다. 주파수가 60[Hz]일 때, $t=2$ [ms]에서의 전압의 순시값[V]은?

① $10\sin 30°$
② $10\sin 43.2°$
③ $10\sin 73.2°$
④ $10\sin 103.2°$

풀이

$t=0$에서의 순시값 $v=5[V]$이므로
$v = V_m\sin(\omega t + \theta) = 10\sin(\omega \times 0 + \theta)$
$= 10\sin\theta = 5[V]$
$\sin\theta = \frac{5}{10} = \frac{1}{2} \to \theta = \sin^{-1}\frac{1}{2} = 30°$

따라서 $t = 2[ms] = 2 \times 10^{-3}[s]$에서의 순시값 v는
$v = V_m\sin(\omega t + \theta) = 10\sin(\omega t + 30°)$
$= 10\sin(2\pi \times 60 \times 2 \times 10^{-3} + 30°)$
$= 10\sin 73.2°$ 답 ③

73 비접지 3상 Y회로에서 전류 $I_a = 15 + j2[A]$, $I_b = -20 - j14[A]$일 경우 $I_c[A]$는?

① $5 + j12$
② $-5 + j12$
③ $5 - j12$
④ $-5 - j12$

풀이 비접지 3상 Y회로에서 $I_a + I_b + I_c = 0$이므로
$\therefore I_c = -(I_a + I_b) = -(15 + j2 - 20 - j14)$
$= 5 + j12[A]$ 답 ①

74 그림과 같은 회로의 구동점 임피던스 Z_{ab}는?

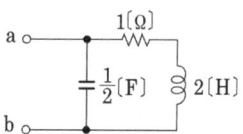

① $\dfrac{2(2s+1)}{2s^2+s+2}$
② $\dfrac{2s+1}{2s^2+s+2}$
③ $\dfrac{2(2s-1)}{2s^2+s+2}$
④ $\dfrac{2s^2+s+2}{2(2s+1)}$

풀이 2단자망 한 쌍의 단자에서 본 임피던스를 구동점 임피던스라고 하며, 보통 $j\omega$ 또는 s로 치환하여 나타낸다.

$$\therefore Z(s) = \frac{(R+Ls) \cdot \frac{1}{Cs}}{(R+Ls) + \frac{1}{Cs}} = \frac{(1+2s) \times \frac{2}{s}}{(1+2s) + \frac{2}{s}}$$
$$= \frac{2(2s+1)}{2s^2+s+2}$$ 답 ①

75 콘덴서 $C[F]$에 단위 임펄스의 전류원을 접속하여 동작시키면 콘덴서의 전압 $V_c(t)$는? (단, $u(t)$는 단위계단 함수이다.)

① $V_c(t) = C$
② $V_c(t) = Cu(t)$
③ $V_c(t) = \dfrac{1}{C}$
④ $V_c(t) = \dfrac{1}{C}u(t)$

풀이 단위 임펄스 함수 $\delta(t)$의 전류원을 접속하면 콘덴서의 전압은
$$V_c(s) = \mathcal{L}\left[\dfrac{1}{C}\delta(t)\right] = \dfrac{1}{sC}$$
$$\therefore V_c(t) = \mathcal{L}^{-1}[V_c(s)] = \mathcal{L}^{-1}\left[\dfrac{1}{sC}\right] = \dfrac{1}{C}u(t)$$
여기서, 라플라스 변환은 $t \geq 0$ 에서 정의되므로 시간 영역 $t \geq 0$을 의미하는 $u(t)$를 반드시 붙여야 한다. 답 ④

76 그림과 같은 구형파의 라플라스 변환은?

① $\dfrac{2}{s}(1-e^{4s})$
② $\dfrac{2}{s}(1-e^{-4s})$
③ $\dfrac{4}{s}(1-e^{4s})$
④ $\dfrac{4}{s}(1-e^{-4s})$

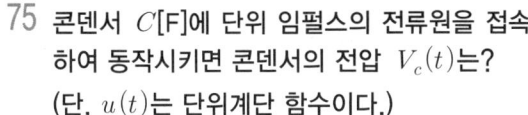

풀이 $f(t) = 2u(t) - 2u(t-4)$
$$\therefore F(s) = \mathcal{L}[f(t)] = \mathcal{L}[2u(t) - 2u(t-4)]$$
$$= 2\left(\dfrac{1}{s} - \dfrac{1}{s}e^{-4s}\right) = \dfrac{2}{s}(1-e^{-4s})$$ 답 ②

77 그림과 같은 회로의 컨덕턴스 G_2에 흐르는 전류 i는 몇 [A]인가?

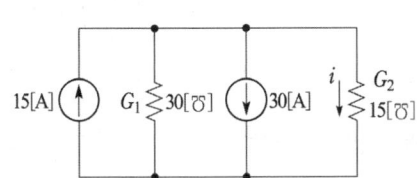

① -5 ② 5 ③ -10 ④ 10

풀이

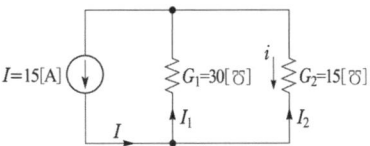

① 전류원 두 개가 방향이 반대이므로 그림과 같은 회로가 된다.
$$I_2 = \dfrac{G_2}{G_1 + G_2}I = \dfrac{15}{30+15} \times 15 = 5 \,[A]$$
② i의 전류와 I_2의 전류방향이 반대이므로
$$\therefore i = -5 \,[A]$$ 답 ①

78 분포정수 전송회로에 대한 설명이 아닌 것은?

① $\dfrac{R}{L} = \dfrac{G}{C}$인 회로를 무왜형 회로라 한다.
② $R = G = 0$인 회로를 무손실 회로라 한다.
③ 무손실 회로와 무왜형 회로의 감쇠정수는 $\sqrt{RG}$이다.
④ 무손실 회로와 무왜형 회로에서의 위상속도는 $\dfrac{1}{\sqrt{LC}}$이다.

풀이
• 무손실 회로 감쇠정수 $\alpha = 0$
• 무왜형 선로 감쇠정수 $\alpha = \sqrt{RG}$ 답 ③

79 그림과 같은 파형의 파고율은?

① 1
② 2
③ $\sqrt{2}$
④ $\sqrt{3}$

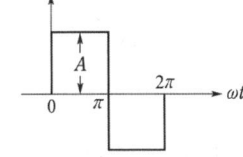

풀이 구형파는 파형률과 파고율이 모두 1.0 이다. 답 ①

80 다음 회로에서 절점 a와 절점 b의 전압이 같은 조건은?

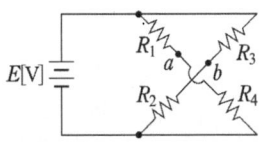

① $R_1R_3 = R_2R_4$ ② $R_1R_2 = R_3R_4$
③ $R_1 + R_3 = R_2 + R_4$ ④ $R_1 + R_2 = R_3 + R_4$

풀이 문제의 회로는 그림과 같으므로 절점 a와 절점 b의 전압이 같기 위한 조건은 브리지가 평형 상태에 있으면 된다.
즉 $R_1 R_2 = R_3 R_4$

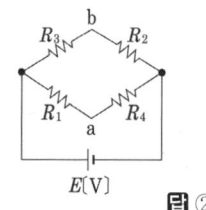

답 ②

5과목 - 전기설비기술기준

81 가섭선에 의하여 시설하는 안테나가 있다. 이 안테나 주위에 경동연선을 사용한 고압가공전선이 지나가고 있다면 수평 이격거리는 몇 [cm] 이상이어야 하는가?

① 40   ② 60   ③ 80   ④ 100

풀이 332.14 고압 가공전선과 안테나의 접근 또는 교차
저압 가공전선 또는 고압 가공전선이 안테나와 접근상태로 시설되는 경우에는 다음에 따라야 한다.
가. 고압 가공전선로는 고압 보안공사에 의할 것.
나. 가공전선과 안테나 사이의 이격거리

사용전압 부분 공작물의 종류		저압	고압
안테나	일반적인 경우	0.6[m]	0.8[m]
	고압·특고압 절연전선	0.3[m]	0.8[m]
	케이블	0.3[m]	0.4[m]

답 ③

82 옥내의 저압전선으로 나전선 사용이 허용되지 않는 경우는?

① 금속관공사에 의하여 시설하는 경우
② 버스 덕트 공사에 의하여 시설하는 경우
③ 라이팅 덕트 공사에 의하여 시설하는 경우
④ 애자공사에 의하여 전개된 곳에 전기로용 전선을 시설하는 경우

풀이 231.4 나전선의 사용 제한
옥내에 시설하는 저압전선에는 나전선을 사용하여서는 아니 된다. 다만, 다음중 어느 하나에 해당하는 경우에는 그러하지 아니하다.
가. 애자공사에 의하여 전개된 곳에 다음의 전선을 시설하는 경우

① 전기로용 전선
② 전선의 피복 절연물이 부식하는 장소에 시설하는 전선
나. 버스덕트공사에 의하여 시설하는 경우
다. 라이팅덕트공사에 의하여 시설하는 경우
라. 접촉 전선을 시설하는 경우

답 ①

83 지중에 매설되어 있는 금속제 수도관로를 각종 접지공사의 접지극으로 사용하려면 대지와의 전기저항 값이 몇 [Ω] 이하의 값을 유지하여야 하는가?

① 1   ② 2   ③ 3   ④ 5

풀이 142.2 접지극의 시설 및 접지저항
가. 지중에 매설되어 있고 대지와의 전기저항 값이 3[Ω] 이하의 값을 유지하고 있는 금속제 수도관로가 규정에 따르는 경우 접지극으로 사용이 가능하다.
나. 대지와의 사이에 전기저항 값이 2[Ω] 이하인 값을 유지하는 건축물·구조물의 철골 기타의 금속제는 접지공사의 접지극으로 사용할 수 있다.

답 ③

84 가공전선로의 지지물에 시설하는 지선으로 연선을 사용할 경우에는 소선이 최소 몇 가닥 이상이어야 하는가?

① 3   ② 4   ③ 5   ④ 6

풀이 331.11 지선의 시설
가. 지선의 안전율은 2.5 이상일 것. 이 경우에 허용 인장하중의 최저는 4.31[kN]으로 한다.
나. 지선에 연선을 사용할 경우에는 다음에 의할 것.
① 소선 3가닥 이상의 연선일 것.
② 소선의 지름이 2.6[mm] 이상의 금속선을 사용한 것일 것.

답 ①

85 가공전선로의 지지물에 취급자가 오르고 내리는데 사용하는 발판 볼트 등은 지표상 몇 [m] 미만에 시설하여서는 아니 되는가?

① 1.2   ② 1.5
③ 1.8   ④ 2.0

풀이 331.4 가공전선로 지지물의 철탑오름 및 전주오름 방지
가공전선로의 지지물에 취급자가 오르고 내리는데 사용하는 발판 볼트 등을 지표상 1.8[m] 미만에 시설하여서는 아니 된다.

답 ③

86 과전류차단기로 저압전로에 사용하는 80[A] 퓨즈를 수평으로 붙이고, 정격전류의 1.6배 전류를 통한 경우에 몇 분 안에 용단되어야 하는가? (단, IEC 표준을 도입한 과전류차단기로 저압전로에 사용하는 퓨즈는 제외한다.)

① 30분 ② 60분
③ 120분 ④ 180분

풀이 212.3 보호장치의 종류 및 특성
1. 과전류 보호장치는 KS C 또는 KS C IEC 관련 표준 (배선차단기, 누전차단기, 퓨즈 등의 표준)의 동작특성에 적합하여야 한다.
2. 과전류차단기로 저압전로에 사용하는 범용의 퓨즈는 표에 적합한 것이어야 한다.

정격전류의 구분	시간	정격전류의 배수	
		불용단전류	용단전류
4[A] 이하	60분	1.5배	2.1배
4[A] 초과 16[A] 미만	60분	1.5배	1.9배
16[A] 이상 63[A] 이하	60분	1.25배	1.6배
63[A] 초과 160[A] 이하	120분	1.25배	1.6배
160[A] 초과 400[A] 이하	180분	1.25배	1.6배
400[A] 초과	240분	1.25배	1.6배

답 ③

87 철도 · 궤도 또는 자동차도의 전용터널 안의 전선로의 시설방법으로 틀린 것은?

① 고압전선은 케이블 공사로 하였다.
② 저압전선을 가요전선관공사에 의하여 시설하였다.
③ 저압전선으로 지름 2.0[mm]의 경동선을 사용하였다.
④ 저압전선을 애자공사에 의하여 시설하고 이를 레일면상 또는 노면상 2.5[m] 이상의 높이로 유지하였다.

풀이 335.1 터널 안 전선로의 시설
철도 · 궤도 또는 자동차 전용터널 안의 전선로

전압	전선의 굵기	시공방법	애자공사 시 높이
저압	인장강도 2.30[kN] 이상 또는 2.6[mm] 이상의 경동선의 절연전선	• 합성수지관공사 • 금속관공사 • 금속제가요전선관 공사 • 케이블공사 • 애자공사	노면상, 레일면상 2.5[m] 이상
고압	인장강도 5.26[kN] 이상 또는 4[mm] 이상의 경동선	• 케이블공사 • 애자공사	노면상, 레일면상 3[m] 이상
특고압		• 케이블공사	

답 ③

88 수소냉각식 발전기 등의 시설기준으로 틀린 것은?

① 발전기 안의 수소의 온도를 계측하는 장치를 시설할 것
② 수소를 통하는 관은 수소가 대기압에서 폭발하는 경우에 생기는 압력에 견디는 강도를 가질 것
③ 발전기 안의 수소의 순도가 95[%] 이하로 저하한 경우에 이를 경보하는 장치를 시설할 것
④ 발전기 안의 수소의 압력을 계측하는 장치 및 그 압력이 현저히 변동한 경우에 이를 경보하는 장치를 시설할 것

풀이 351.10 수소냉각식 발전기 등의 시설
발전기 내부 또는 조상기 내부의 수소의 순도가 85[%] 이하로 저하한 경우에 이를 경보하는 장치를 시설할 것. **답** ③

89 조상기의 내부에 고장이 생긴 경우 자동적으로 전로로부터 차단하는 장치는 조상기의 뱅크용량이 몇 [kVA] 이상이어야 시설하는가?

① 5000 ② 10000
③ 15000 ④ 20000

풀이 351.5 조상설비의 보호장치
조상 설비에는 그 내부에 고장이 생긴 경우에 보호하는 장치를 표와 같이 시설하여야 한다.

설비 종별	뱅크 용량의 구분	자동적으로 전로로부터 차단하는 장치
전력용 커패시터 및 분로리액터	500[kVA] 초과 15,000[kVA] 미만	• 내부에 고장이 생긴 경우 • 과전류가 생긴 경우
	15,000[kVA] 이상	• 내부에 고장이 생긴 경우 • 과전류가 생긴 경우 • 과전압이 생긴 경우
조상기	15,000[kVA] 이상	• 내부에 고장이 생긴 경우

답 ③

90 발열선을 도로, 주차장 또는 조영물의 조영재에 고정시켜 시설하는 경우 발열선에 전기를 공급하는 전로의 대지전압은 몇 [V] 이하이어야 하는가?

① 100
② 150
③ 200
④ 300

풀이 241.12 도로 등의 전열장치
　가. 발열선에 전기를 공급하는 전로의 대지전압은 300 [V] 이하일 것.
　나. 발열선은 그 온도가 80[℃]를 넘지 아니하도록 시설할 것. 다만, 도로 또는 옥외주차장에 금속피복을 한 발열선을 시설할 경우에는 발열선의 온도를 120[℃]이하로 할 수 있다.
　다. 발열선은 다른 전기설비·약전류전선 등 또는 수관·가스관이나 이와 유사한 것에 전기적·자기적 또는 열적인 장해를 주지 아니하도록 시설할 것.

답 ④

91 사람이 접촉할 우려가 있는 경우 고압가공전선과 상부 조영재의 옆쪽에서의 이격거리는 몇 [m] 이상이어야 하는가? (단, 전선은 경동연선이라고 한다.)

① 0.6
② 0.8
③ 1.0
④ 1.2

풀이 332.11 고압 가공전선과 건조물의 접근
222.11 저압 가공전선과 건조물의 접근
저압 가공전선 또는 고압 가공전선이 건조물과 접근 상태로 시설되는 경우에는 다음에 따라야 한다.
　가. 고압 가공전선로는 고압 보안공사에 의할 것.
　나. 저·고압 가공전선과 건조물의 조영재 사이의 이격거리는 표에서 정한 값 이상일 것.

사용전압 부분 공작물의 종류			저압[m]	고압[m]
건조물	상부 조영재 위쪽	일반적인 경우	2	2
		전선이 고압절연전선	1	2
		전선이 케이블인 경우	1	1
	기타 조영재 또는 상부조영재의 옆쪽 또는 아래쪽	일반적인 경우	1.2	1.2
		전선이 고압절연전선	0.4	1.2
		전선이 케이블인 경우	0.4	0.4
		사람이 쉽게 접근할 수 없도록 시설한 경우	0.8	0.8

답 ④

92 특고압가공전선로에서 사용전압이 60[kV]를 넘는 경우, 전화선로의 길이 몇 [km]마다 유도전류가 3[μA]를 넘지 않도록 하여야 하는가?

① 12
② 40
③ 80
④ 100

풀이 333.2 유도장해의 방지
　가. 사용전압이 60[kV] 이하인 경우에는 전화선로의 길이 12[km] 마다 유도전류가 2[μA]를 넘지 아니하도록 할 것.
　나. 사용전압이 60[kV]를 초과하는 경우에는 전화선로의 길이 40[km] 마다 유도전류가 3[μA]을 넘지 아니하도록 할 것.
　다. 특고압 가공전선로는 기설 통신선로에 대하여 상시 정전 유도작용에 의하여 통신상의 장해를 주지 아니하도록 시설하여야 한다.

답 ②

93 직선형의 철탑을 사용한 특고압 가공전선로가 연속하여 10기 이상 사용하는 부분에는 몇 기 이하마다 내장 애자장치가 되어 있는 철탑 1기를 시설하여야 하는가?

① 5
② 10
③ 15
④ 20

풀이 333.16 특고압 가공전선로의 내장형 등의 지지물 시설
특고압 가공전선로 중 지지물로서 직선형의 철탑을 연속하여 10기 이상 사용하는 부분에는 10기 이하마다 장력에 견디는 애자장치가 되어 있는 철탑 또는 이와 동등 이상의 강도를 가지는 철탑 1기를 시설하여야 한다.

답 ②

94 옥외용 비닐절연전선을 사용한 저압가공전선이 횡단보도교 위에 시설되는 경우에 그 전선의 노면상 높이는 몇 [m] 이상으로 하여야 하는가?

① 2.5
② 3.0
③ 3.5
④ 4.0

풀이 332.5 고압 가공전선의 높이,
222.7 저압 가공전선의 높이
저·고압 가공전선의 높이는 다음에 따라야 한다.

설치장소	가공전선의 높이
도로횡단(번잡하지 않은 도로 제외)	지표상 6[m] 이상
철도 또는 궤도횡단	레일면상 6.5[m] 이상
횡단보도교 위 — 저압	노면상 3.5[m] 이상. 단, 절연전선의 경우 3[m] 이상
횡단보도교 위 — 고압	노면상 3.5[m] 이상
일반장소	지표상 5[m] 이상. 단, 저압의 경우 절연전선 또는 케이블을 사용하여 교통에 지장이 없도록 하여 옥외조명용에 공급하는 경우 4[m]까지 감할 수 있다.
다리의 하부 기타 이와 유사한 장소	저압의 전기철도용 급전선은 지표상 3.5[m]까지로 감할 수 있다.

답 ②

95 애자공사를 습기가 많은 장소에 시설하는 경우 전선과 조영재 사이의 이격거리는 몇 [cm] 이상이어야 하는가? (단, 사용전압은 440[V]인 경우이다.)

① 2.0　　② 2.5
③ 4.5　　④ 6.0

풀이　232.56 애자공사
가. 전선의 종류 : 절연 전선. 단, 옥외용 비닐 절연 전선(OW) 및 인입용 비닐 절연 전선(DV)은 제외한다.
나. 이격 거리

전 압		전선과 조영재와의 이격 거리	전선 상호 간격	전선 지지점 간의 거리	
				조영재의 윗면 또는 옆면에 따라 시설	조영재에 따라 시설하지 않는 경우
저압	400[V] 이하	2.5[cm] 이상	6[cm] 이상	2[m] 이하	–
	400[V] 초과	건조한 장소 2.5[cm] 이상			6[m] 이하
		기타의 장소 4.5[cm] 이상			

답 ③

96 터널 등에 시설하는 사용전압이 220[V]인 전구선이 0.6/1[kV] EP 고무 절연 클로로프렌 캡타이어 케이블일 경우 단면적은 최소 몇 [mm^2] 이상이어야 하는가?

① 0.5　　② 0.75
③ 1.25　　④ 1.4

풀이　242.7.4 터널 등의 전구선 또는 이동전선 등의 시설
터널 등에 시설하는 사용전압이 400[V] 이하인 저압의 전구선 또는 이동전선은 다음과 같이 시설하여야 한다.
가. 전구선은 단면적 0.75[mm^2] 이상의 300/300[V] 편조 고무코드 또는 0.6/1[kV] EP 고무 절연 클로로프렌 캡타이어 케이블일 것.
나. 이동전선은 300/300[V] 편조 고무코드, 비닐 코드 또는 캡타이어 케이블일 것.

답 ②

출제기준 변경 및 개정된 관계 법규에 따라
삭제된 문제가 있어 20문항이 안됩니다.

2017년 2회 전기기사필기

동일출판사 홈페이지에서 무료 동영상강의를 보실 수 있습니다.

1과목 - 전기자기

01 원통좌표계에서 전류밀도 $j = Kr^2 a_z [\text{A/m}^2]$ 일 때 암페어의 법칙을 사용한 자계의 세기 H [AT/m]는? (단, K는 상수이다.)

① $H = \dfrac{K}{4} r^4 a_\phi$ ② $H = \dfrac{K}{4} r^3 a_\phi$

③ $H = \dfrac{K}{4} r^4 a_z$ ④ $H = \dfrac{K}{4} r^3 a_z$

풀이

$$\text{rot } H = \left(\dfrac{1}{r} \dfrac{\partial H_z}{\partial \phi} - \dfrac{\partial H_\phi}{\partial z} \right) a_r + \left(\dfrac{\partial H_r}{\partial z} - \dfrac{\partial H_z}{\partial r} \right) a_\phi + \left(\dfrac{1}{r} \dfrac{\partial (r H_\phi)}{\partial r} - \dfrac{1}{r} \dfrac{\partial H_r}{\partial \phi} \right) a_z$$

$= Kr^2 a_z$

$\dfrac{1}{r} \dfrac{\partial (r H_\phi)}{\partial r} - \dfrac{1}{r} \dfrac{\partial H_r}{\partial \phi} = Kr^2$

$\therefore H = \dfrac{K}{4} r^3 a_\phi$ **답** ②

02 최대 정전용량 $C_0 [\text{F}]$인 그림과 같은 콘덴서의 정전용량이 각도에 비례하여 변화한다고 한다. 이 콘덴서를 전압 $V[\text{V}]$로 충전했을 때 회전자에 작용하는 토크는?

① $\dfrac{C_0 V^2}{2} [\text{N} \cdot \text{m}]$

② $\dfrac{C_0^2 V}{2\pi} [\text{N} \cdot \text{m}]$

③ $\dfrac{C_0 V^2}{2\pi} [\text{N} \cdot \text{m}]$

④ $\dfrac{C_0 V^2}{\pi} [\text{N} \cdot \text{m}]$

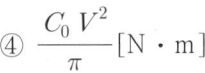

풀이 회전 각도 θ일 때 용량을 C_θ, 그때의 에너지를 W_θ라 하면

$C_\theta = C_0 \dfrac{\theta}{\pi}$, $W_\theta = \dfrac{1}{2} CV^2 = \dfrac{C_0 V^2}{2\pi} \theta$

따라서 회전력 T는

$T = \dfrac{\partial W_\theta}{\partial \theta} = \dfrac{\partial}{\partial \theta} \left(\dfrac{C_0 V^2}{2\pi} \theta \right) = \dfrac{C_0 V^2}{2\pi}$

θ의 증가 방향으로 인가 전압의 제곱에 비례하는 회전력이 작용한다.   **답** ③

03 내부도체 반지름이 10[mm], 외부도체의 내반지름이 20[mm]인 동축 케이블에서 내부도체 표면에 전류 I가 흐르고, 얇은 외부도체에 반대 방향인 전류가 흐를 때 단위 길이당 외부 인덕턴스는 약 몇 [H/m]인가?

① 0.28×10^{-7} ② 1.39×10^{-7}

③ 2.03×10^{-7} ④ 2.78×10^{-7}

풀이 동축 케이블의 단위 길이당 외부 인덕턴스

$L_e = \dfrac{\phi}{I} = \dfrac{\mu_0}{2\pi} \ln \dfrac{b}{a} = \dfrac{4\pi \times 10^{-7}}{2\pi} \ln \dfrac{20}{10}$

$= 1.39 \times 10^{-7} [\text{H/m}]$ **답** ②

04 무한 평면에 일정한 전류가 표면에 한 방향으로 흐르고 있다. 평면으로부터 r만큼 떨어진 점과 $2r$만큼 떨어진 점과의 자계의 비는 얼마인가?

① 1 ② $\sqrt{2}$ ③ 2 ④ 4

풀이 무한평판에 전류 $J[\text{A/m}]$가 전면으로 흐르면 자계는 상부에서 왼쪽 방향, 하부는 오른쪽 방향으로 나타난다. 이 무한평판 상부의 폐곡선 ABCD에 자계를 고려하여 내부의 전류가 0인 암페어 주회적분 법칙을 적용하면 다음과 같다.

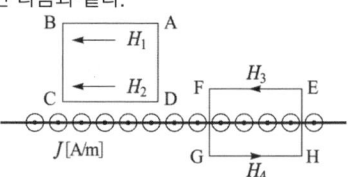

적분로 AB, CD의 자계를 H_1, H_2 이라고 할 때 적분로 AB는 H_1과 같은 방향, CD는 H_2와 반대 방향이므로 선적분은 각각 $H_1 l$, $-H_2 l$ 이고, BC와 DA의 선적분은 자계와 적분로가 수직이므로 0이 된다.

$$\oint_c \boldsymbol{H} \cdot d\boldsymbol{l} = \int_{AB} \boldsymbol{H}_1 \cdot d\boldsymbol{l} + \int_{BC} \boldsymbol{H} \cdot d\boldsymbol{l}$$
$$+ \int_{CD} \boldsymbol{H}_2 \cdot d\boldsymbol{l} + \int_{DA} \boldsymbol{H} \cdot d\boldsymbol{l} = 0$$
$$\oint_c \boldsymbol{H} \cdot d\boldsymbol{l} = H_1 \cdot l - H_2 \cdot l = 0 \rightarrow H_1 = H_2$$

따라서 $H_1 = H_2$ 이므로 무한 평판 전류 도체에서 자계의 세기는 수직 거리에 관계없이 일정하다.

참고 폐곡선 EFGH 내부에 전류 I가 흐를 때 암페어 주회적분을 적용하면 H_3, H_4는 적분로와 방향이 같으므로 (+)가 된다. 또 자계의 대칭성(방향은 반대이지만 크기는 동일)에 의해 $H_3 = H_4$이므로 다음과 같이 정리된다.
$$\oint \boldsymbol{H} \cdot d\boldsymbol{l} = \int_{EF} \boldsymbol{H}_3 \cdot d\boldsymbol{l} + \int_{FG} \boldsymbol{H} \cdot d\boldsymbol{l}$$
$$+ \int_{GH} \boldsymbol{H}_4 \cdot d\boldsymbol{l} + \int_{HE} \boldsymbol{H} \cdot d\boldsymbol{l} = I$$
$$\oint \boldsymbol{H} \cdot d\boldsymbol{l} = H_3 \cdot l + H_4 \cdot l = I$$
$$\rightarrow 2H_3 = I/l = J \rightarrow H_3 = \frac{J}{2}$$

따라서 무한 평판 전류 $J[A/m]$에 의한 자계는 모두 일정한 관계를 나타내고, 자계의 세기는 다음과 같다.
$$H_1 = H_2 = H_3 = H_4 = \frac{J}{2} \; [A/m] \qquad \text{답 ①}$$

05 어떤 공간의 비유전율은 2이고, 전위 $V(x, y) = \frac{1}{x} + 2xy^2$이라고 할 때 점 $\left(\frac{1}{2}, 2\right)$에서의 전하밀도 ρ는 약 몇 $[pC/m^3]$인가?

① -20
② -40
③ -160
④ -320

풀이 Poisson의 방정식 $\nabla^2 V = -\frac{\rho}{\epsilon}$

$$\nabla^2 V = \frac{\partial^2 V}{\partial x^2} + \frac{\partial^2 V}{\partial y^2}$$
$$= \frac{\partial^2}{\partial x^2}\left(\frac{1}{x} + 2xy^2\right) + \frac{\partial^2}{\partial y^2}\left(\frac{1}{x} + 2xy^2\right)$$
$$= \frac{2}{x^3} + 4x = 16 + 2 = 18$$
$$\therefore \rho = -\epsilon(\nabla^2 V) = -\epsilon(18)$$
$$= -18\epsilon = -18\epsilon_0 \epsilon_s$$
$$= -18 \times 8.854 \times 10^{-12} \times 2$$
$$\fallingdotseq -320 \times 10^{-12} [C/m^3]$$
$$= -320 [pC/m^3] \qquad \text{답 ④}$$

06 그림과 같은 히스테리시스 루프를 가진 철심이 강한 평등자계에 의해 매 초 60[Hz]로 자화할 경우 히스테리시스 손실은 몇 [W]인가? (단, 철심의 체적은 $20[cm^3]$, $B_r = 5[Wb/m^2]$, $H_c = 2[AT/m]$이다.)

① 1.2×10^{-2}
② 2.4×10^{-2}
③ 3.6×10^{-2}
④ 4.8×10^{-2}

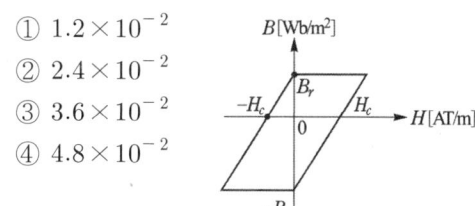

풀이 주파수 $f[Hz]$, 체적 $v[m^3]$일 때 히스테리시스 손실 P_h는
$$\therefore P_h = 4fvH_cB_r$$
$$= 4 \times 60 \times 20 \times 10^{-6} \times 2 \times 5$$
$$= 4.8 \times 10^{-2}[W] \qquad \text{답 ④}$$

07 그림과 같이 직각 코일이 $B = 0.05\frac{a_x + a_y}{\sqrt{2}}$ [T]인 자계에 위치하고 있다. 코일에 5[A] 전류가 흐를 때 z축에서의 토크는 약 몇 $[N \cdot m]$인가?

① $2.66 \times 10^{-4} a_x$
② $5.66 \times 10^{-4} a_x$
③ $2.66 \times 10^{-4} a_z$
④ $5.66 \times 10^{-4} a_z$

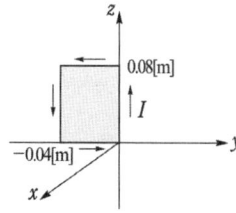

풀이
- 전류 $I[A]$, 면적 $S[m^2]$일 때 폐로 전류의 자기 모멘트 M은
$$M = ISa_n$$
$$= 5 \times (0.04 \times 0.08)a_x$$
$$= 1.6 \times 10^{-2} a_x$$
- 자속밀도 $B = \frac{0.05}{\sqrt{2}}(a_x + a_y)$이므로 폐로(루프) 전류의 토크(회전력) T는
$$T = M \times B$$
$$= 1.6 \times 10^{-2} a_x \times \frac{0.05}{\sqrt{2}}(a_x + a_y)$$
$$= 1.6 \times 10^{-2} \times \frac{0.05}{\sqrt{2}} a_z$$
$$= 5.66 \times 10^{-4} a_z [N \cdot m] \qquad \text{답 ④}$$

08 그림과 같이 무한평면 도체 앞 a[m] 거리에 점전하 Q[C]가 있다. 점 0에서 x[m]인 P점의 전하밀도 σ[C/m²]는?

① $\dfrac{Q}{4\pi} \cdot \dfrac{a}{(a^2+x^2)^{\frac{3}{2}}}$

② $\dfrac{Q}{2\pi} \cdot \dfrac{a}{(a^2+x^2)^{\frac{3}{2}}}$

③ $\dfrac{Q}{4\pi} \cdot \dfrac{a}{(a^2+x^2)^{\frac{2}{3}}}$

④ $\dfrac{Q}{2\pi} \cdot \dfrac{a}{(a^2+x^2)^{\frac{2}{3}}}$

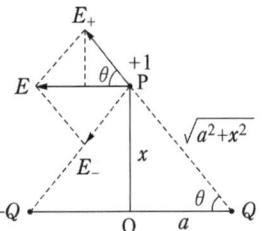

무한평판과 점전하이므로 전기 영상법을 적용하면 영상 전하 $-Q$, 점 P에서 전계의 세기 E는

$E_+ = E_- = \dfrac{Q}{4\pi\epsilon_0 (\sqrt{a^2+x^2})^2}$

$= \dfrac{Q}{4\pi\epsilon_0 (a^2+x^2)}$

$E = 2E_+ \cos\theta$

$= 2 \cdot \dfrac{Q}{4\pi\epsilon_0 (a^2+x^2)} \cdot \dfrac{a}{\sqrt{a^2+x^2}}$

$= \dfrac{Q}{2\pi\epsilon_0} \cdot \dfrac{a}{(a^2+x^2)^{\frac{3}{2}}}$

면전하밀도와 전계의 세기의 관계식
$\sigma = D = \epsilon_0 E$ 이므로

$\therefore \sigma = D = \epsilon_0 E$

$= \dfrac{Q}{2\pi} \cdot \dfrac{a}{(a^2+x^2)^{\frac{3}{2}}}$ [C/m²] 답 ②

09 막대자석 위쪽에 동축도체 원판을 놓고 회로의 한 끝은 원판의 주변에 접촉시켜 회전하도록 해놓은 그림과 같은 패러데이 원판 실험을 할 때 검류계에 전류가 흐르지 않는 경우는?

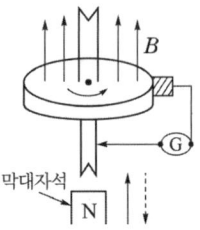

① 자석만을 일정한 방향으로 회전시킬 때
② 원판만을 일정한 방향으로 회전시킬 때
③ 자석을 축 방향으로 전진시킨 후 후퇴시킬 때
④ 원판과 자석을 동시에 같은 방향, 같은 속도로 회전시킬 때

기전력 $\left(e = -\dfrac{d\phi}{dt}\right)$은 자속이 시간적으로 변화가 일어날 때 발생하기 때문에 자속이 자석 또는 원판의 회전에 의해 증감 또는 끊기게 되면 변화가 발생하여 기전력이 발생하고 전류가 흐르게 된다. 그러므로 원판과 자석을 동시에 **같은 방향, 같은 속도로** 회전시키면 자속의 변화가 발생하지 않으므로 **전류가 흐르지 않는다.** 답 ④

10 유전율 $\epsilon = 8.855 \times 10^{-12}$[F/m]인 진공 중을 전자파가 전파할 때 진공 중의 투자율[H/m]은?

① 7.58×10^{-5} ② 7.58×10^{-7}
③ 12.56×10^{-5} ④ 12.56×10^{-7}

진공 중의 전자파의 속도

$c = \dfrac{1}{\sqrt{\epsilon_0 \mu_0}} = 3 \times 10^8$ [m/s] 이므로

$\therefore \mu_0 = \dfrac{1}{\epsilon_0 c^2} = \dfrac{1}{8.855 \times 10^{-12} \times (3\times 10^8)^2}$

$= 12.56 \times 10^{-7}$ [H/m] 답 ④

11 점전하에 의한 전계의 세기[V/m]를 나타내는 식은? (단, r은 거리, Q는 전하량, λ는 선전하밀도, σ는 표면전하밀도이다.)

① $\dfrac{1}{4\pi\epsilon_o} \dfrac{Q}{r^2}$ ② $\dfrac{1}{4\pi\epsilon_o} \dfrac{\sigma}{r^2}$

③ $\dfrac{1}{2\pi\epsilon_o} \dfrac{Q}{r^2}$ ④ $\dfrac{1}{2\pi\epsilon_o} \dfrac{\sigma}{r^2}$

풀이 전계 내의 임의의 한 점에 단위전하 $+1[C]$을 놓았을 때, 이에 작용하는 힘 F는
$$F = E = \frac{1}{4\pi\epsilon_0}\frac{Q \times 1}{r^2} = \frac{1}{4\pi\epsilon_0}\frac{Q}{r^2}\ [V/m]$$
여기서, E : 전계의 세기 [V/m]
Q : 전하량 [C]
r : 양 전하간의 거리 [m]
ϵ_0 : 진공중의 유전율   **답** ①

12 유전율 ϵ, 투자율 μ인 매질에서의 전파속도 v는?

① $\dfrac{1}{\sqrt{\epsilon\mu}}$ ② $\sqrt{\epsilon\mu}$

③ $\sqrt{\dfrac{\epsilon}{\mu}}$ ④ $\sqrt{\dfrac{\mu}{\epsilon}}$

풀이 전파속도
$$v_0 = \frac{1}{\sqrt{\epsilon\mu}} = \frac{1}{\sqrt{\epsilon_0\mu_0}}\cdot\frac{1}{\sqrt{\epsilon_s\mu_s}}$$
$$= \frac{3\times 10^8}{\sqrt{\epsilon_s\mu_s}}\ [m/s]$$ **답** ①

13 전계 E[V/m], 전속밀도 D[C/m²], 유전율 $\epsilon = \epsilon_o\epsilon_s$[F/m], 분극의 세기 P[C/m²] 사이의 관계는?

① $P = D + \epsilon_0 E$
② $P = D - \epsilon_0 E$
③ $P = \dfrac{D+E}{\epsilon_0}$
④ $P = \dfrac{D-E}{\epsilon_0}$

풀이 전계 $E = \dfrac{\sigma - \sigma_p}{\epsilon_0} = \dfrac{D-P}{\epsilon_0}$[V/m]이므로
전속밀도 $D = \epsilon_0 E + P$[C/m²]이다.
따라서 분극의 세기
$P = D - \epsilon_0 E = \epsilon_0\epsilon_s E - \epsilon_0 E$
$= \epsilon_0(\epsilon_s - 1)E$[C/m²]   **답** ②

14 서로 결합하고 있는 두 코일 C_1과 C_2의 자기 인덕턴스가 각각 L_{c1}, L_{c2}라고 한다. 이들을 직렬로 연결하여 합성 인덕턴스 값을 얻은 후 두 코일간 상호 인덕턴스의 크기($|M|$)를 얻고자 한다. 직렬로 연결할 때, 두 코일 간 자속이 서로 가해져서 보강되는 방향의 합성 인덕턴스의 값이 L_1, 서로 상쇄되는 방향의 합성 인덕턴스의 값이 L_2 일 때, 다음 중 알맞은 식은?

① $L_1 < L_2$, $|M| = \dfrac{L_2 + L_1}{4}$
② $L_1 > L_2$, $|M| = \dfrac{L_1 + L_2}{4}$
③ $L_1 < L_2$, $|M| = \dfrac{L_2 - L_1}{4}$
④ $L_1 > L_2$, $|M| = \dfrac{L_1 - L_2}{4}$

풀이 자속이 같은 방향인 경우의 합성 인덕턴스
$L_1 = L_{c1} + L_{c2} + 2M$ ‥‥‥ ①
자속이 반대 방향인 경우의 합성 인덕턴스
$L_2 = L_{c1} + L_{c2} - 2M$ ‥‥‥ ②
따라서 $L_1 > L_2$ 이고 ① - ②를 하면
$L_1 - L_2 = 4M$이므로
$\therefore M = \dfrac{L_1 - L_2}{4}$ **답** ④

15 정전용량이 C_o[F]인 평행판 공기콘덴서가 있다. 이것의 극판에 평행으로 판간격 d[m]의 $\dfrac{1}{2}$ 두께인 유리판을 삽입하였을 때의 정전용량[F]은? (단, 유리판의 유전율은 ϵ[F/m]이라 한다.)

① $\dfrac{2C_0}{1+\dfrac{1}{\epsilon}}$ ② $\dfrac{C_0}{1+\dfrac{1}{\epsilon}}$

③ $\dfrac{2C_0}{1+\dfrac{\epsilon_0}{\epsilon}}$ ④ $\dfrac{C_0}{1+\dfrac{\epsilon}{\epsilon_0}}$

풀이 공기 부분의 정전용량을 C_1이라 하면
$$C_1 = \frac{\epsilon_0 S}{d/2}\text{[F]} = \frac{2S\epsilon_0}{d}\text{[F]}$$
유리판 부분의 정전용량을 C_2라 하면
$$C_2 = \frac{\epsilon S}{d/2} = \frac{2S\epsilon}{d}\text{[F]}$$

이다. 따라서 극판 간 공극의 두께 1/2 상당의 유리판을 넣는 경우의 합성 정전용량 C는

$$C = \frac{1}{\frac{1}{C_1}+\frac{1}{C_2}} = \frac{1}{\frac{d}{2S}\left(\frac{1}{\epsilon_0}+\frac{1}{\epsilon}\right)}$$
$$= \frac{1}{\frac{d}{2\epsilon_0 S}\left(1+\frac{\epsilon_0}{\epsilon}\right)} = \frac{2C_0}{1+\frac{\epsilon_0}{\epsilon}} = \frac{2C_0}{1+\frac{1}{\epsilon_s}} \text{[F]}$$

답 ③

16 벡터 포텐셜
$$A = 3x^2y a_x + 2x a_y - z^3 a_z \text{[Wb/m]}$$
일 때의 자계의 세기 H[A/m]는?
(단, μ는 투자율이라 한다.)

① $\frac{1}{\mu}(2-3x^2)a_y$

② $\frac{1}{\mu}(3-2x^2)a_y$

③ $\frac{1}{\mu}(2-3x^2)a_z$

④ $\frac{1}{\mu}(3-2x^2)a_z$

풀이 자속밀도와 벡터 포텐셜의 관계
$$B = \text{rot } A = \nabla \times A$$
$$B = \nabla \times A$$
$$= \left(\frac{\partial}{\partial x}a_x + \frac{\partial}{\partial y}a_y + \frac{\partial}{\partial z}a_z\right)$$
$$\times (3x^2y a_x + 2x a_y - z^3 a_z)$$
$$= \begin{vmatrix} a_x & a_y & a_z \\ \frac{\partial}{\partial x} & \frac{\partial}{\partial y} & \frac{\partial}{\partial z} \\ 3x^2y & 2x & -z^3 \end{vmatrix} = (2-3x^2)a_z \text{[Wb/m}^2\text{]}$$

$B = \mu H$ 에서 $H = \frac{B}{\mu}$ 이므로

$$\therefore H = \frac{B}{\mu} = \frac{1}{\mu}(2-3x^2)a_z \text{[A/m]}$$

답 ③

17 자기회로에서 자기저항의 관계로 옳은 것은?
① 자기회로의 길이에 비례
② 자기회로의 단면적에 비례
③ 자성체의 비투자율에 비례
④ 자성체의 비투자율의 제곱에 비례

풀이 자기저항 $R_m = \frac{l}{\mu S}$ [AT/Wb]이므로 **자기회로의 길이** (l)**에 비례**한다.

답 ①

18 그림과 같은 길이가 1[m]인 동축 원통 사이의 정전용량[F/m]은?

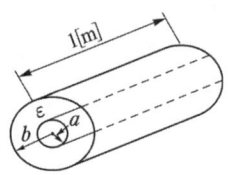

① $C = \dfrac{2\pi}{\epsilon \ln \dfrac{b}{a}}$

② $C = \dfrac{\epsilon}{2\pi \ln \dfrac{b}{a}}$

③ $C = \dfrac{2\pi\epsilon}{\ln \dfrac{b}{a}}$

④ $C = \dfrac{2\pi\epsilon}{\ln \dfrac{a}{b}}$

풀이 동심원통 사이의 정전용량
$$C = \frac{2\pi\epsilon L}{\ln \frac{b}{a}} = \frac{2\pi\epsilon \times 1}{\ln \frac{b}{a}} = \frac{2\pi\epsilon}{\ln \frac{b}{a}} \text{[F/m]}$$

답 ③

19 철심이 든 환상 솔레노이드의 권수는 500회, 평균 반지름은 10[cm], 철심의 단면적은 10[cm²], 비투자율 4000 이다. 이 환상 솔레노이드에 2[A]의 전류를 흘릴 때 철심 내의 자속 [Wb]은?

① 4×10^{-3} ② 4×10^{-4}
③ 8×10^{-3} ④ 8×10^{-4}

풀이
$$\phi = BS = \mu HS = \mu_0 \mu_s \frac{NI}{2\pi r}S$$
$$= 4\pi \times 10^{-7} \times 4000$$
$$\times \frac{500 \times 2}{2\pi \times 10 \times 10^{-2}} \times 10 \times 10^{-4}$$
$$= 8 \times 10^{-3} \text{[Wb]}$$

답 ③

20 그림과 같은 정방형관 단면의 격자점 ⑥의 전위를 반복법으로 구하면 약 몇 [V]인가?

① 6.3
② 9.4
③ 18.8
④ 53.2

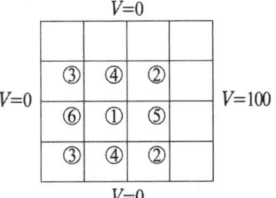

풀이 라플라스 방정식의 차분근사해법(반복법)

$$V_0 = \frac{1}{4}(V_1 + V_2 + V_3 + V_4)$$

한 점의 전위는 극히 인접한 4개의 등거리 점의 전위의 평균값과 같다.

①의 전위 $V_1 = \frac{100+0+0+0}{4} = 25[V]$

③의 전위 $V_3 = \frac{25+0+0+0}{4} = 6.2[V]$

따라서 ⑥의 전위

$$V_6 = \frac{V_1 + V_3 + V_3 + 0}{4}$$
$$= \frac{25+6.2+6.2+0}{4}$$
$$= 9.4[V]$$

답 ②

2과목 - 전력공학

21 어떤 공장의 소모전력이 100[kW]이며, 이 부하의 역률이 0.6일 때, 역률을 0.9로 개선하기 위한 전력용 콘덴서의 용량은 약 몇 [kVA]인가?

① 75 ② 80 ③ 85 ④ 90

풀이
$$Q_c = P\left(\frac{\sqrt{1-\cos_1^2\theta}}{\cos_1\theta} - \frac{\sqrt{1-\cos_2^2\theta}}{\cos_2\theta}\right)$$
$$= 100 \times \left(\frac{\sqrt{1-0.6^2}}{0.6} - \frac{\sqrt{1-0.9^2}}{0.9}\right)$$
$$\fallingdotseq 85[kVA]$$

답 ③

22 동기조상기(A)와 전력용 콘덴서(B)를 비교한 것으로 옳은 것은?

① 시충전 : (A) 불가능, (B) 가능
② 전력손실 : (A) 작다, (B) 크다
③ 무효전력 조정 : (A) 계단적, (B) 연속적
④ 무효전력 : (A) 진상·지상용, (B) 진상용

풀이

	진상	지상	시충전	전력손실	조정
콘덴서	○	×	×	적음	단계적
리액터	×	○	×	적음	단계적
동기조상기	○	○	○	많음	연속적

답 ④

23 수력발전소에서 사용되는 수차 중 15[m] 이하의 저낙차에 적합하여 조력발전용으로 알맞은 수차는?

① 카플란 수차 ② 펠톤 수차
③ 프란시스 수차 ④ 튜블러 수차

풀이 원통 수차(tubular type turbine)는 특히 저낙차용으로서 용도가 넓고 조력 발전소에도 쓰이며 또한 가역식으로서 양수식 발전소의 펌프 수차에도 사용되고 있다.

답 ④

24 어떤 화력발전소에서 과열기 출구의 증기압이 169[kg/cm²]이다. 이것은 약 몇 [atm]인가?

① 127.1 ② 163.6
③ 1650 ④ 12850

풀이 1[atm] = 760[mmHg] = 1.033[kg/cm²] 이므로

따라서 $169 \times \frac{1}{1.033} = 163.6$ [atm]

답 ②

25 가공 송전선로를 가선할 때에는 하중조건과 온도조건을 고려하여 적당한 이도(dip)를 주도록 하여야 한다. 이도에 대한 설명으로 옳은 것은?

① 이도의 대소는 지지물의 높이를 좌우한다.
② 전선을 가선할 때 전선을 팽팽하게 하는 것을 이도가 크다고 한다.
③ 이도가 작으면 전선이 좌우로 크게 흔들려서 다른 상의 전선에 접촉하여 위험하게 된다.
④ 이도가 작으면 이에 비례하여 전선의 장력이 증가되며, 너무 작으면 전선 상호 간이 꼬이게 된다.

풀이 이도(dip)란 전선의 지지점을 연결하는 수평선으로부터 최대 수직 길이를 말한다.

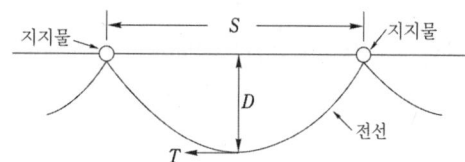

$$D = \frac{WS^2}{8T}$$

여기서, D : 이도 [m]
W : 단위길이 당 전선의 중량 [kg/m]
S : 경간 [m], T : 전선의 수평장력 [kg]

① 이도의 대소는 지지물의 높이를 좌우한다.
② 이도가 너무 크면 전선은 그만큼 좌우로 진동해서 다른 상의 전선에 접촉하거나 수목에 접촉해서 위험을 준다.
③ 이도가 너무 작으면 이에 전선의 장력이 증가하며 심할 경우에는 전선이 단선된다.

답 ①

26 승압기에 의하여 전압 V_e에서 V_h로 승압할 때, 2차 정격전압 e, 자기용량 W인 단상 승압기가 공급할 수 있는 부하용량은?

① $\dfrac{V_h}{e} \times W$ ② $\dfrac{V_e}{e} \times W$

③ $\dfrac{V_e}{V_h - V_e} \times W$ ④ $\dfrac{V_h - V_e}{V_e} \times W$

풀이 단상 승압기
• 자기용량 $W = eI$ [VA]
• 부하 용량 $= \dfrac{V_h}{V_h - V_e} W = \dfrac{V_h}{e} W$ [VA]

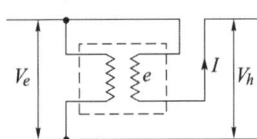

답 ①

27 일반적으로 부하의 역률을 저하시키는 원인은?

① 전등의 과부하
② 선로의 충전전류
③ 유도전동기의 경부하 운전
④ 동기전동기의 중부하 운전

풀이 유도전동기를 경부하 운전하게 되면 실제 사용되는 유효전력의 크기가 작아지기 때문에 **역률**이 저하된다.

답 ③

28 가공지선의 설치 목적이 아닌 것은?

① 전압강하의 방지
② 직격뢰에 대한 차폐
③ 유도뢰에 대한 정전차폐
④ 통신선에 대한 전자유도 장해 경감

풀이 가공지선의 역할
① 직격뢰의 차폐
② 유도뢰에 대한 정전 차폐
③ 통신선에 대한 전자유도 장해 경감

답 ①

29 송전단전압을 V_s, 수전단전압을 V_r, 선로의 리액턴스를 X라 할 때 정상 시의 최대 송전전력의 개략적인 값은?

① $\dfrac{V_s - V_r}{X}$ ② $\dfrac{V_s^2 - V_r^2}{X}$

③ $\dfrac{V_s(V_s - V_r)}{X}$ ④ $\dfrac{V_s V_r}{X}$

풀이 송전 전력 $P = \dfrac{V_s V_r}{X} \sin\delta$ 이므로
$\sin\delta = 1$ 일 때, 최대 송전전력이 된다.
$\therefore P = \dfrac{V_s V_r}{X}$

답 ④

30 피뢰기가 방전을 개시할 때의 단자전압의 순시값을 방전 개시전압이라 한다. 방전 중의 단자전압의 파고값을 무엇이라 하는가?

① 속류
② 제한전압
③ 기준충격 절연강도
④ 상용주파 허용단자전압

풀이 ① 속류 : 방전 전류에 이어서 전원으로부터 공급되는 상용 주파수의 전류가 직렬갭을 통하여 대지로 흐르는 전류
② 피뢰기 제한전압 : 충격파 전류가 흐르고 있을 때의 피뢰기의 단자전압
③ 기준충격 절연강도 : 송배전 계통에서 절연 협조의 기준이 되는 절연강도
④ 상용주파 허용단자전압(정격전압) : 속류의 차단이 되는 최고의 교류전압. 즉, 피뢰기의 양단자 사이에 인가할 수 있는 상용주파수 최대전압의 실효값

답 ②

31 배전선로에 관한 설명으로 틀린 것은?
① 밸런서는 단상 2선식에 필요하다.
② 저압뱅킹방식은 전압 변동을 경감할 수 있다.
③ 배전선로의 부하율이 F일 때 손실계수는 F와 F^2의 사이의 값이다.
④ 수용률이란 최대 수용전력을 설비용량으로 나눈 값을 퍼센트로 나타낸다.

풀이 단상 3선식에서 부하가 불평형이 생기면 양 외선간의 전압이 불평형이 되므로 이를 **방지**하기 위해 **저압 밸런서를 설치**한다. **답** ①

32 수차 발전기에 제동권선을 설치하는 주된 목적은?
① 정지시간 단축
② 회전력의 증가
③ 과부하 내량의 증대
④ 발전기 안정도의 증진

풀이 발전기의 안정도 향상 대책
① 정태 극한 전력을 크게 한다(정상 리액턴스 작게).
② 난조 방지(플라이 휠 효과 선정, **제동권선 설치**)
③ 단락비를 크게 한다. **답** ④

33 송전계통의 한 부분이 그림과 같이 3상 변압기로 1차측은 △로, 2차측은 Y로 중성점이 접지되어 있을 경우, 1차측에 흐르는 영상전류는?

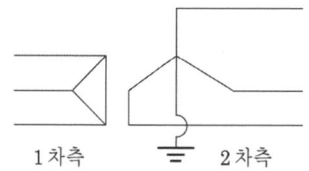

① 1차측 선로에서 ∞이다.
② 1차측 선로에서 반드시 0이다.
③ 1차측 변압기 내부에서는 반드시 0이다.
④ 1차측 변압기 내부와 1차측 선로에서 반드시 0이다.

풀이 그림과 같이 영상전류는 중성점을 통하여 대지로 흐르며 1차 변압기의 △권선 내에서는 순환 전류가 흐르나 각 상이 동상이면 △권선 외부로 유출하지 못한다.

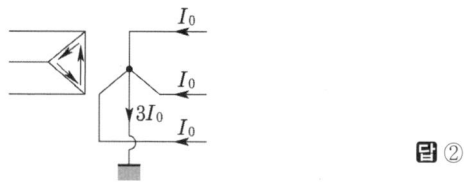

답 ②

34 3상 3선식 가공송전선로에서 한 선의 저항은 15[Ω], 리액턴스는 20[Ω]이고, 수전단 선간전압은 30[kV], 부하역률은 0.8(뒤짐)이다. 전압강하율을 10[%]라 하면, 이 송전선로는 몇 [kW]까지 수전할 수 있는가?
① 2500
② 3000
③ 3500
④ 4000

풀이 전압강하율
$$\epsilon = \frac{P}{V^2}(R+X\tan\theta) = 0.1$$
$$0.1 = \frac{P}{30000^2} \times \left(15 + 20 \times \frac{0.6}{0.8}\right)$$
$$(\because \tan\theta = \frac{\sin\theta}{\cos\theta} = \frac{0.6}{0.8})$$
$$\therefore P = \frac{0.1 \times 30000^2}{\left(15 + 20 \times \frac{0.6}{0.8}\right)} \times 10^{-3}$$
$$= 3000[kW]$$
답 ②

35 교류송전방식과 비교하여 직류송전방식의 설명이 아닌 것은?
① 전압변동률이 양호하고 무효전력에 기인하는 전력손실이 생기지 않는다.
② 안정도의 한계가 없으므로 송전용량을 높일 수 있다.
③ 전력변환기에서 고조파가 발생한다.
④ 고전압, 대전류의 차단이 용이하다.

풀이 직류 송전 방식의 장·단점
[장점]
① 선로의 리액턴스가 없으므로 안정도가 높다.
② 유전체손 및 충전 용량이 없고 절연내력이 강하다.

③ 비동기 연계가 가능하다.
④ 단락전류가 적고 임의 크기의 교류 계통을 연계시킬 수 있다.
⑤ 코로나손 및 전력손실이 적다.
⑥ 표피효과나 근접 효과가 없으므로 실효 저항의 증대가 없다.
[단점]
① 직교 변환 장치가 필요하다.
② 전압의 승압 및 강압이 불리하다.
③ 고조파나 고주파 억제 대책이 필요하다.
④ **직류 차단기가 개발되어 있지 않다.** 답 ④

36 송전선로에서 사용하는 변압기 결선에 △결선이 포함되어 있는 이유는?

① 직류분의 제거
② 제3고조파의 제거
③ 제5고조파의 제거
④ 제7고조파의 제거

풀이 변압기의 △결선 이유는 △결선 시 제3고조파를 제거할 수 있기 때문이다. 답 ②

37 전압 66000[V], 주파수 60[Hz], 길이 15[km], 심선 1선당 작용 정전용량이 0.3587[μF/km]인 한 선당 지중전선로의 3상 무부하 충전전류는 약 몇 [A]인가? (단, 정전용량 이외의 선로정수는 무시한다.)

① 62.5 ② 68.2
③ 73.6 ④ 77.3

풀이 충전전류

$I_c = 2\pi f C l \dfrac{V}{\sqrt{3}}$

$= 2\pi \times 60 \times (0.3587 \times 10^{-6}) \times 15 \times \left(\dfrac{66000}{\sqrt{3}}\right)$

$≒ 77.3[A]$ 답 ④

38 전력계통에서 사용되고 있는 GCB(Gas Circuit Breaker)용 가스는?

① N_2 가스 ② SF_6 가스
③ 알곤 가스 ④ 네온 가스

풀이 SF_6는 안정도가 높고 무색, 무취, 무독, 불활성 기체이며 절연내력은 공기의 약 3배이고 10기압 정도로 압축하면 공기의 10배 정도 절연내력을 가지므로 **실용화된 가스로서는 가장 널리 쓰인다.** 답 ②

39 차단기와 아크 소호원리가 바르지 않은 것은?

① OCB : 절연유에 분해 가스 흡부력 이용
② VCB : 공기 중 냉각에 의한 아크 소호
③ ABB : 압축공기를 아크에 불어 넣어서 차단
④ MBB : 전자력을 이용하여 아크를 소호실 내로 유도하여 냉각

풀이 ① OCB(유입 차단기) : 절연유에 분해 가스 흡부력 이용
② VCB(진공 차단기) : **고진공 중에서 전자의 고속도 확산에 의해 차단**
③ ABB(공기차단기) : 압축공기를 아크에 불어 넣어서 차단
④ MBB(자기 차단기) : 전자력을 이용하여 아크를 소호실내로 유도하여 냉각
공기 중 냉각에 의해 아크를 소호하는 것은 ACB(기중차단기)이다. 답 ②

40 네트워크 배전방식의 설명으로 옳지 않은 것은?

① 전압변동이 적다.
② 배전 신뢰도가 높다.
③ 전력손실이 감소한다.
④ 인축의 접촉사고가 적어진다.

풀이 네트워크 배전방식
[장점]
① 정전이 적으며 배전 신뢰도가 높다.
② 기기 이용률 향상된다.
③ 전압변동이 적다.
④ 적응성 양호하다.
⑤ 전력손실이 감소한다.
⑥ 변전소 수를 줄일 수 있다.
[단점]
① 건설비가 비싸다.
② 특별한 보호장치(네트워크 프로텍터 등)를 필요로 한다.
③ 인축의 접촉 사고가 증가한다. 답 ④

3과목 - 전기기기

41 3상 변압기를 병렬운전하는 경우 불가능한 조합은?

① △-Y와 Y-△
② △-△와 Y-Y
③ △-Y와 △-Y
④ △-Y와 △-△

풀이 3상 변압기의 병렬운전의 결선 조합

병렬운전 가능	병렬운전 불가능
△-△와 △-△	△-△와 △-Y
Y-Y와 Y-Y	△-△와 Y-△
Y-△와 Y-△	△-Y와 Y-Y
△-Y와 △-Y	Y-△와 Y-Y
△-△와 Y-Y	
△-Y와 Y-△	

※ 이유 : 3개의 △, 3개의 Y는 2차 간에 정격전압이 다르며 30°의 변위가 생겨 순환 전류가 흐른다. **답** ④

42 3상 직권 정류자 전동기에 중간(직렬)변압기가 쓰이고 있는 이유가 아닌 것은?

① 정류자 전압의 조정
② 회전자 상수의 감소
③ 실효 권수비 선정 조정
④ 경부하 때 속도의 이상 상승 방지

풀이 중간 변압기를 사용하는 이유는 다음과 같다.
① 전원전압의 크기에 관계없이 회전자 전압을 정류 작용에 맞는 값으로 선정할 수 있다.
② 중간 변압기의 권수비를 바꾸어서 전동기의 특성을 조정할 수 있다.
③ 철심을 포화시켜 속도의 상승을 억제할 수 있다. **답** ②

43 정류회로에 사용되는 환류다이오드(free wheeling diode)에 대한 설명으로 틀린 것은?

① 순저항 부하의 경우 불필요하게 된다.
② 유도성 부하의 경우 불필요하게 된다.
③ 환류다이오드 동작 시 부하출력 전압은 0[V]가 된다.
④ 유도성 부하의 경우 부하전류의 평활화에 유용하다.

풀이 환류 다이오드는 부하와 병렬로 접속되어 다이오드가 off 될 때 유도성 부하전류의 통로를 만드는 다이오드로 부하전류를 평활화하고 다이오드의 역바이어스 전압을 부하에 관계없이 일정하게 유지시킨다. **답** ②

44 직류분권전동기를 무부하로 운전 중 계자회로에 단선이 생긴 경우 발생하는 현상으로 옳은 것은?

① 역전한다.
② 즉시 정지한다.
③ 과속도로 되어 위험하다.
④ 무부하이므로 서서히 정지한다.

풀이 $n = k\dfrac{V - I_a R_a}{\phi}$ 에서 계자 회로가 단선되면 자속 ϕ가 0이 되므로 과속도로 되어 위험하다. **답** ③

45 변압기에 있어서 부하와는 관계없이 자속만을 발생시키는 전류는?

① 1차 전류
② 자화 전류
③ 여자전류
④ 철손 전류

풀이 여자전류 $\dot{I}_0 = \dot{I}_\phi + \dot{I}_i$
- $\dot{I}_\phi$ (자화 전류) : 자속을 유지하는 전류
- $\dot{I}_i$ (철손 전류) : 철손을 공급하는 전류 **답** ②

46 직류전동기의 규약효율을 나타낸 식으로 옳은 것은?

① $\dfrac{출력}{입력} \times 100[\%]$
② $\dfrac{입력}{입력 + 손실} \times 100[\%]$
③ $\dfrac{출력}{출력 + 손실} \times 100[\%]$
④ $\dfrac{입력 - 손실}{입력} \times 100[\%]$

풀이 규약 효율
① 전동기 $\eta = \dfrac{입력-손실}{입력} \times 100[\%]$
② 발전기 $\eta = \dfrac{출력}{출력+손실} \times 100[\%]$ **답** ④

47 직류전동기에서 정속도(constant speed)전동기라고 볼 수 있는 전동기는?
① 직권전동기   ② 타여자전동기
③ 화동복권전동기   ④ 차동복권전동기

풀이 타여자 전동기나 분권전동기와 같이 속도변동률이 적은 전동기를 **정속도 전동기**라 하며, 이러한 정속도 특성을 분권 특성이라고도 한다.   **답** ②

48 단상 유도전동기의 기동방법 중 기동 토크가 가장 큰 것은?
① 반발 기동형   ② 분상 기동형
③ 세이딩 코일형   ④ 콘덴서 분상 기동형

풀이 기동 토크는 **반발 기동형** > 콘덴서 분상 기동형 > 분상 기동형 > 세이딩 코일형의 순이다.   **답** ①

49 부흐홀츠 계전기에 대한 설명으로 틀린 것은?
① 오동작의 가능성이 많다.
② 전기적 신호로 동작한다.
③ 변압기의 보호에 사용된다.
④ 변압기의 주탱크와 콘서베이터를 연결하는 관중에 설치한다.

풀이 부흐홀쯔 계전기는 변압기의 내부고장으로 발생하는 기름의 분해 가스 증기 또는 유류를 이용하여 **부저를 움직여** 계전기의 접점을 닫는 것이므로 변압기의 주 탱크와 콘서베이터와의 연결관 도중에 설치한다.   **답** ②

50 직류기에서 정류코일의 자기 인덕턴스를 L이라 할 때 정류코일의 전류가 정류주기 T_c 사이에 I_c에서 $-I_c$로 변한다면 정류코일의 리액턴스 전압[V]의 평균값은?

① $L\dfrac{T_c}{2I_c}$ ② $L\dfrac{I_c}{2T_c}$
③ $L\dfrac{2I_c}{T_c}$ ④ $L\dfrac{I_c}{T_c}$

풀이 정류주기 사이에서의 전류의 변화는
$I_c - (-I_c) = 2I_c$ 이므로
$\therefore e_L = L\dfrac{di}{dt} = L\dfrac{2I_c}{T_c}[V]$ **답** ③

51 일반적인 전동기에 비하여 리니어 전동기(linear motor)의 장점이 아닌 것은?
① 구조가 간단하여 신뢰성이 높다.
② 마찰을 거치지 않고 추진력이 얻어진다.
③ 원심력에 의한 가속제한이 없고 고속을 쉽게 얻을 수 있다.
④ 기어, 벨트 등 동력 변환기구가 필요 없고 직접 원운동이 얻어진다.

풀이 리니어 모터
회전기의 회전자 접속 방향에 발생하는 전자력을 직선적인 기계 에너지로 변환시키는 장치
(1) 장점
   ① 모터 자체의 구조가 간단하여 신뢰성이 높고 보수가 용이하다.
   ② 기어, 벨트 등 **동력 변환 기구가 필요 없고 직접 직선 운동이 얻어진다.**
   ③ 마찰을 거치지 않고 추진력이 얻어진다.
   ④ 원심력에 의한 가속제한이 없고 고속을 쉽게 얻을 수 있다.
(2) 단점
   ① 회전형에 비하여 역률, 효율이 낮다.
   ② 저속도를 얻기 어렵다.
   ③ 부하관성의 영향이 크다.   **답** ④

52 주파수가 정격보다 3[%] 감소하고 동시에 전압이 정격보다 3[%] 상승된 전원에서 운전되는 변압기가 있다. 철손이 fB_m^2 에 비례한다면 이 변압기 철손은 정격상태에 비하여 어떻게 달라지는가? (단, f : 주파수, B_m : 자속밀도 최대치이다.)
① 약 8.7[%] 증가   ② 약 8.7[%] 감소
③ 약 9.4[%] 증가   ④ 약 9.4[%] 감소

[풀이] 철손 $P_i = kfB_m^2 = kf\left(k'\dfrac{V}{f}\right)^2$

감소한 주파수 $f' = 0.97f$,
상승된 전압 $V' = 1.03V$이므로
이때의 철손을 P_i'라고 하면

$P_i' = \dfrac{V'^2}{f'} = \dfrac{1.03^2 V^2}{0.97f} = \dfrac{1.0609}{0.97}P_i = 1.094P_i$

즉, 철손은 9.4[%] $(1.094 - 1 = 0.094)$ 증가한다.

답 ③

53 교류정류자기에서 갭의 자속분포가 정현파로 $\phi_m = 0.14$ [Wb], $p = 2$, $a = 1$, $Z = 200$, $N = 1200$ [rpm]인 경우 브러시 축이 자극 축과 30°라면 속도 기전력의 실효값 E_s는 약 몇 [V]인가?

① 160　　② 400
③ 560　　④ 800

[풀이] $E_s = \dfrac{1}{\sqrt{2}} \cdot \dfrac{p}{a} Z \dfrac{N}{60} \phi_m \sin\theta$

$= \dfrac{1}{\sqrt{2}} \times \dfrac{2}{1} \times 200 \times \dfrac{1200}{60} \times 0.14 \times \sin 30°$

$= 396$ [V]

답 ②

54 직류를 다른 전압의 직류로 변환하는 전력변환 기기는?

① 초퍼　　② 인버터
③ 사이클로 컨버터　　④ 브리지형 인버터

[풀이] 초퍼는 DC를 DC로 변환하는 것으로 일정 입력 전원전압으로부터 초퍼된(짧게 자른) 부하전압을 만들며 전원으로부터 부하를 연결 혹은 단절하는 다이리스터 온/오프 스위치이다.

답 ①

55 와전류 손실을 패러데이 법칙으로 설명한 과정 중 틀린 것은?

① 와전류가 철심으로 흘러 발열
② 유기전압 발생으로 철심에 와전류가 흐름
③ 시변 자속으로 강자성체 철심에 유기전압 발생
④ 와전류 에너지 손실량은 전류 경로 크기에 반비례

[풀이] 도체에 코일을 감고 교류전류 i를 흐르게 하면 도체 단면을 통과하는 자속이 변하게 되어 전자유도에 의한 맴돌이 형태의 유도전류가 흐르게 되는데 이 맴돌이 전류를 와전류라고 하며, 와전류에 의한 전력손실을 와전류 손실이라고 한다.

와류손 $P_e = \delta_e (tfk_fB_m)^2$ [W/kg]

여기서, δ_e : 재료에 의한 정수, f : 주파수[Hz],
　　　　B_m : 자속밀도의 최댓값 [Wb/m^2]
　　　　t : 철판의 두께[m], k_f : 파형률

답 ④

56 역률 0.85의 부하 350[kW]에 50[kW]를 소비하는 동기전동기를 병렬로 접속하여 합성 부하의 역률을 0.95로 개선하려면 전동기의 진상 무효전력은 약 몇 [kVar]인가?

① 68　　② 72
③ 80　　④ 85

[풀이]
• 역률개선 전 유효전력
　$P = 350 + 50 = 400$[kW]
• 역률개선 전 무효전력
　$P_r = \dfrac{350}{0.85} \times \sqrt{1 - 0.85^2} = 216.91$[kVar]
• 개선 후 역률
　$\cos\theta = \dfrac{P}{\sqrt{P^2 + (P_r - Q)^2}}$
　　　$= \dfrac{400}{\sqrt{400^2 + (216.91 - Q)^2}} = 0.95$

따라서 진상 무효전력

$Q = 216.91 - \sqrt{\left(\dfrac{400}{0.95}\right)^2 - 400^2}$

$\fallingdotseq 85$[kVar]

답 ④

57 변압기의 무부하 시험, 단락시험에서 구할 수 없는 것은?

① 철손　　② 동손
③ 절연내력　　④ 전압변동률

[풀이] 변압기의 시험
① 개방 회로 시험(무부하 시험)으로 측정할 수 있는 항목
　• 무부하전류　• 히스테리시스손
　• 와류손　• 여자 어드미턴스　• **철손**
② 단락 시험으로 측정할 수 있는 항목
　• 임피던스 와트(**전부하 동손**)
　• 임피던스 전압(**전압강하**)

답 ③

58 3상 동기발전기의 단락곡선이 직선으로 되는 이유는?

① 전기자 반작용으로
② 무부하 상태이므로
③ 자기포화가 있으므로
④ 누설 리액턴스가 크므로

풀이 단락전류는 전기자저항을 무시하면 동기리액턴스에 의해 그 크기가 결정된다. 즉, 동기리액턴스에 의해 흐르는 전류는 90° 늦은 전류가 크게 흐르게 되며, 이 전류에 의한 전기자 반작용이 감자 작용이 되므로 3상 단락곡선은 직선이 된다. **답** ①

59 정격출력 5000[kVA], 정격전압 3.3[kV], 동기임피던스가 매상 1.8[Ω]인 3상 동기발전기의 단락비는 약 얼마인가?

① 1.1 ② 1.2
③ 1.3 ④ 1.4

풀이 단락전류
$$I_s = \frac{E}{Z_s} = \frac{V/\sqrt{3}}{Z_s} = \frac{3300}{\sqrt{3}\times 1.8} = 1058.48[A]$$
정격전류
$$I_n = \frac{P}{\sqrt{3}\,V} = \frac{5000\times 10^3}{\sqrt{3}\times 3300} = 874.77[A]$$
∴ 단락비 $K_s = \frac{I_s}{I_n} = \frac{1058.48}{874.77} = 1.2$ **답** ②

60 동기기의 회전자에 의한 분류가 아닌 것은?

① 원통형
② 유도자형
③ 회전계자형
④ 회전전기자형

풀이 동기기 회전자에 의한 분류
① 회전 계자형 : 전기자를 고정자로 하고 계자극을 회전자로 한 것
② 회전 전기자형 : 계자극을 고정자로 한 것으로 특수 용도 및 극히 소용량에 적용
③ 유도자형 : 계자극과 전기자를 함께 고정시키고 그 중앙에 유도자라고 하는 권선이 없는 회전자를 갖춘 것으로 수백~수만 [Hz] 정도의 고주파 발전기로 사용된다. **답** ①

4과목 - 회로이론 및 제어공학

61 전달함수 $G(s)H(s) = \dfrac{K(s+1)}{s(s+1)(s+2)}$ 일 때 근궤적의 수는?

① 1 ② 2
③ 3 ④ 4

풀이 근궤적의 수(N)는
① Z(영점의 수) > P(극의 수)이면 $N = Z$
② Z(영점의 수) < P(극의 수) 이면 $N = P$
문제에서 $Z(=1) < P(=3)$ 이므로
근궤적의 수 $N = P$, 즉 $N = 3$이다. **답** ③

62 기준 입력과 주궤환량과의 차로서, 제어계의 동작을 일으키는 원인이 되는 신호는?

① 조작 신호
② 동작 신호
③ 주궤환 신호
④ 기준 입력 신호

풀이 ① 조작신호(량) : 제어요소에서 제어 대상에 인가되는 신호(량)이다.
② **동작신호** : 기준입력과 주궤환신호와의 편차인 신호로서 제어 동작을 일으키는 원인이 되는 신호이다.
③ 주궤환 신호 : 동작신호를 얻기 위하여 기준입력과 비교되는 신호로서 제어량의 함수 관계가 된다.
④ 기준입력신호 : 제어계를 동작시키는 기준으로서 목표값에 비례하는 신호입력이다.

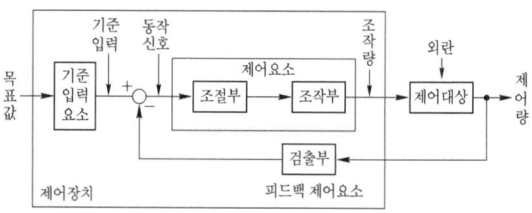

〈폐루프 제어계의 구성도〉

답 ②

63 폐루프 전달함수 $C(s)/R(s)$가 다음과 같은 2차 제어계에 대한 설명 중 틀린 것은?

$$\frac{C(s)}{R(s)} = \frac{\omega_n^2}{s^2 + 2\delta\omega_n s + \omega_n^2}$$

① 최대 오버슈트는 $e^{-\pi\delta/\sqrt{1-\delta^2}}$이다.
② 이 폐루프계의 특성방정식은 $s^2 + 2\delta\omega_n s + \omega_n^2 = 0$ 이다.
③ 이 계는 $\delta = 0.1$일 때 부족 제동된 상태에 있게 된다.
④ δ값을 작게 할수록 제동은 많이 걸리게 되니 비교 안정도는 향상된다.

풀이 2차계의 과도응답
① $\delta < 1$인 경우 : 부족 제동(감쇠 진동)
② $\delta = 1$인 경우 : 임계 제동(임계 상태)
③ $\delta > 1$인 경우 : 과제동(비진동)
④ $\delta = 0$인 경우 : 무제동(무한 진동 또는 완전 진동)
따라서 **제동계수(δ)의 값을 크게 할수록 제동이 많이 걸리게 된다.** **답** ④

64 3차인 이산치 시스템의 특성방정식의 근이 −0.3, −0.2, +0.5로 주어져 있다. 이 시스템의 안정도는?

① 이 시스템은 안정한 시스템이다.
② 이 시스템은 불안정한 시스템이다.
③ 이 시스템은 임계 안정한 시스템이다.
④ 위 정보로서는 이 시스템의 안정도를 알 수 없다.

풀이 근의 위치(−0.3, −0.2, +0.5)가 원점을 중심으로 한 단위원 내부에 있으므로 안정한 시스템이다. **답** ①

65 다음의 특성방정식을 Routh-Hurwitz 방법으로 안정도를 판별하고자 한다. 이때 안정도를 판별하기 위하여 가장 잘 해석한 것은 어느 것인가?

$$q(s) = s^5 + 2s^4 + 2s^3 + 4s^2 + 11s + 10$$

① s 평면의 우반면에 근은 없으나 불안정하다.
② s 평면의 우반면에 근이 1개 존재하여 불안정하다.
③ s 평면의 우반면에 근이 2개 존재하여 불안정하다.
④ s 평면의 우반면에 근이 3개 존재하여 불안정하다.

풀이

s^5	1	2	11
s^4	2	4	10
s^3	$\frac{2\times 2 - 1\times 4}{2}=0 \to \epsilon$	$\frac{2\times 11 - 1\times 10}{2}=6$	
s^2	$\frac{4\epsilon - 2\times 6}{2}$	10	
s^1	$\frac{24\epsilon - 72 - 10\epsilon^2}{4\epsilon - 12}$		
s^0	10		

ϵ을 양(+)의 쪽에서 0으로 접근시키면, s^2 첫 번째 행의 부호는 (−), s^1 첫 번째 행의 부호는 (+)가 된다. 따라서 제1열의 부호가 2번 변하므로 우반면에 근이 2개가 존재하여 불안정하다. **답** ③

66 다음 블록선도의 전체전달함수가 1이 되기 위한 조건은?

① $G = \dfrac{1}{1 - H_1 - H_2}$
② $G = \dfrac{1}{1 + H_1 + H_2}$
③ $G = \dfrac{-1}{1 - H_1 - H_2}$
④ $G = \dfrac{-1}{1 + H_1 + H_2}$

풀이 ① 전향경로 이득 : G, 루프 이득 : $-H_1 G$, $-H_2 G$

$$\frac{C}{R} = \frac{\sum \text{전향 경로 이득}}{1 - \sum \text{루프이득}} = \frac{G}{1 + H_1 G + H_2 G}$$

② 전체 전달함수가 1이 되어야 하므로
$$\frac{G}{1 + H_1 G + H_2 G} = 1$$
$$\therefore G = \frac{1}{1 - H_1 - H_2}$$ **답** ①

67 다음의 미분방정식을 신호흐름선도에 옳게 나타낸 것은? (단, $c(t) = X_1(t)$, $X_2(t) = \dfrac{d}{dt}X_1(t)$로 표시한다.)

$$2\dfrac{dc(t)}{dt} + 5c(t) = r(t)$$

①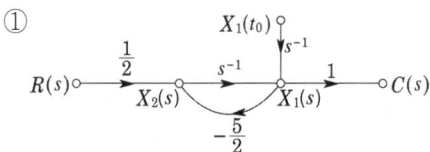

②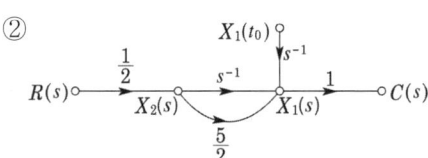

③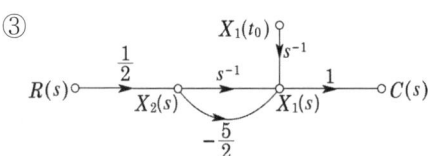

④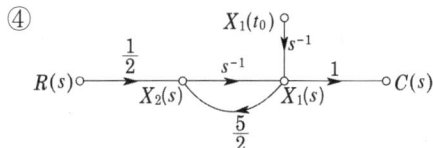

풀이
$\dfrac{d}{dt}c(t) = \dfrac{d}{dt}x_1(t) = x_2(t)$ ... ①

이므로 주어진 원 미분방정식을 다음과 같이 변경할 수 있다.

$\dfrac{d}{dt}c(t) = -\dfrac{5}{2}c(t) + \dfrac{1}{2}r(t)$

$x_2(t) = -\dfrac{5}{2}x_1(t) + \dfrac{1}{2}r(t)$ ... ②

식 ①을 적분하면

$x_1(t) = \displaystyle\int_{t_0}^{t} x_2(\tau)d\tau + x_1(t_0)$ ... ③

식 ②, ③을 라플라스 변환하면

$X_2(s) = -\dfrac{5}{2}X_1(s) + \dfrac{1}{2}R(s)$ ... ④

$X_1(s) = \dfrac{X_2(s)}{s} + \dfrac{x_1(t_0)}{s}$ ... ⑤

식 ④, ⑤를 신호흐름선도로 변환하면 그림 (a), (b)와 같다. 또한 두 선도를 합성하면 (c)가 된다.

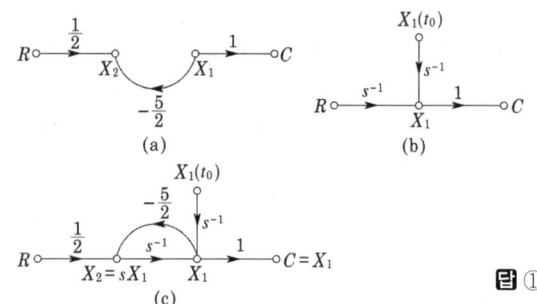

답 ①

68 특성방정식의 모든 근이 s복소평면의 좌반면에 있으면 이 계는 어떠한가?

① 안정
② 준안정
③ 불안정
④ 조건부안정

풀이
- 특성방정식의 근이 s 평면의 **좌반면**에 존재 : 진동은 점점 작아짐(**안정**)
- 특성방정식의 근이 s 평면의 우반면에 존재 : 진동이 점점 커짐(불안정)

답 ①

69 그림의 회로는 어느 게이트(gate)에 해당되는가?

① OR
② AND
③ NOT
④ NOR

풀이

회로	유접점	무접점
OR 회로	(A, B, R-a 접점 회로, R, L)	(다이오드 회로)

회로	논리회로	진리표
OR 회로	$X = A+B$	A B X / 0 0 0 / 0 1 1 / 1 0 1 / 1 1 1

답 ①

70 다음과 같은 회로망에서 영상파라미터(영상전달정수) θ는?

① 10
② 2
③ 1
④ 0

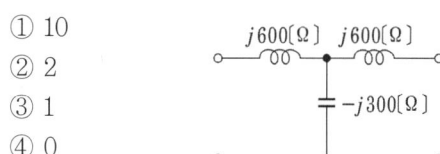

풀이
$\begin{bmatrix} A & B \\ C & D \end{bmatrix} = \begin{bmatrix} 1 & j600 \\ 0 & 1 \end{bmatrix} \begin{bmatrix} 1 & 0 \\ \frac{1}{-j300} & 1 \end{bmatrix} \begin{bmatrix} 1 & j600 \\ 0 & 1 \end{bmatrix}$

$= \begin{bmatrix} -1 & 0 \\ j\frac{1}{300} & -1 \end{bmatrix}$

$\therefore \theta = \cosh^{-1}\sqrt{AD} = \cosh^{-1} 1 = 0$ 답 ④

71 △결선된 대칭 3상 부하가 있다. 역률이 0.8(지상)이고 소비전력이 1800[W]이다. 선로의 저항 0.5[Ω]에서 발생하는 선로손실이 50[W]이면 부하단자전압[V]은?

① 627
② 525
③ 326
④ 225

풀이 선로손실 $P_l = 3I^2 R$[W] 에서

$I = \sqrt{\frac{P_l}{3R}} = \sqrt{\frac{50}{3 \times 0.5}} = \frac{10}{\sqrt{3}}$[A]

전력 $P = \sqrt{3} VI\cos\theta$ 이므로

$\therefore V = \frac{P}{\sqrt{3} I \cos\theta} = \frac{1800}{\sqrt{3} \times \frac{10}{\sqrt{3}} \times 0.8}$

$= 225$[V] 답 ④

72 전달함수가 $G(s) = \frac{Y(s)}{X(s)} = \frac{1}{s^2(s+1)}$ 로 주어진 시스템의 단위 임펄스 응답은?

① $y(t) = 1 - t + e^{-t}$
② $y(t) = 1 + t + e^{-t}$
③ $y(t) = t - 1 + e^{-t}$
④ $y(t) = t - 1 - e^{-t}$

풀이 ① 단위 임펄스 응답은 단위 임펄스 함수 $\delta(t)$를 입력으로 했을 때의 출력응답이므로
$X(s) = \mathcal{L}[\delta(t)] = 1$

$G(s) = \frac{Y(s)}{X(s)} = Y(s)$

② $G(s) = \frac{1}{s^2(s+1)} = \frac{K_1}{s^2} + \frac{K_2}{s} + \frac{K_3}{s+1}$

$K_1 = s^2 \cdot G(s)\big|_{s=0} = \frac{1}{s+1}\big|_{s=0} = 1$

$K_2 = \frac{d}{ds}\{s^2 \cdot G(s)\}\big|_{s=0}$

$= \frac{d}{ds}\left(\frac{1}{s+1}\right)\big|_{s=0} = -\frac{1}{(s+1)^2}\big|_{s=0}$

$= -1$

$K_3 = (s+1) \cdot G(s)\big|_{s=-1} = \frac{1}{s^2}\big|_{s=-1} = 1$

$G(s) = \frac{1}{s^2} + \frac{-1}{s} + \frac{1}{s+1}$

$\therefore y(t) = \mathcal{L}^{-1}[G(s)] = \mathcal{L}^{-1}\left[\frac{1}{s^2} - \frac{1}{s} + \frac{1}{s+1}\right]$

$= t - 1 + e^{-t}$ 답 ③

73 $E = 40 + j30$[V]의 전압을 가하면 $I = 30 + j10$[A]의 전류가 흐르는 회로의 역률은?

① 0.949
② 0.831
③ 0.764
④ 0.651

풀이
$\begin{cases} E = 40 + j30 = \sqrt{40^2 + 30^2} \angle \tan^{-1}\frac{30}{40} \\ \quad = 50 \angle 36.86° \\ I = 30 + j10 = \sqrt{30^2 + 10^2} \angle \tan^{-1}\frac{10}{30} \\ \quad = 31.6 \angle 18.43° \end{cases}$

$Z = \frac{E}{I} = \frac{50 \angle 36.86°}{31.6 \angle 18.43°}$

$= 1.58 \angle (36.86° - 18.43°) = 1.58 \angle 18.43°$

$\therefore \cos\theta = \cos 18.43° = 0.949$ 답 ①

74 분포정수회로에서 직렬 임피던스를 Z, 병렬 어드미턴스를 Y라 할 때 선로의 특성 임피던스 Z_0는?

① ZY
② $\sqrt{ZY}$
③ $\sqrt{\frac{Y}{Z}}$
④ $\sqrt{\frac{Z}{Y}}$

풀이 특성 임피던스

$Z_0 = \sqrt{\frac{Z}{Y}} = \sqrt{\frac{r + j\omega L}{g + j\omega C}} \fallingdotseq \sqrt{\frac{L}{C}}$[Ω] 답 ④

75 그림과 같은 회로에서 스위치 S를 닫았을 때, 과도분을 포함하지 않기 위한 $R[\Omega]$은?

① 100
② 200
③ 300
④ 400

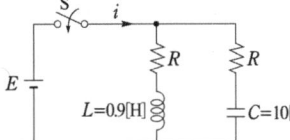

풀이 과도현상이 발생되지 않기 위한 조건은 정저항 조건을 만족하면 되므로 $R^2 = \dfrac{L}{C}$이다.

$\therefore R = \sqrt{\dfrac{L}{C}} = \sqrt{\dfrac{0.9}{10 \times 10^{-6}}} = 300[\Omega]$ 　답 ③

76 다음과 같은 회로의 공진 시 어드미턴스는?

① $\dfrac{RL}{C}$
② $\dfrac{RC}{L}$
③ $\dfrac{L}{RC}$
④ $\dfrac{R}{LC}$

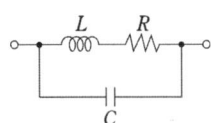

풀이 공진 시 합성 어드미턴스의 허수부는 0 이므로

① $Y = Y_1 + Y_2 = \dfrac{1}{R + j\omega L} + j\omega C$

$= \dfrac{R}{R^2 + \omega^2 L^2} + j\left(\omega C - \dfrac{\omega L}{R^2 + \omega^2 L^2}\right)$

$= \dfrac{R}{R^2 + \omega^2 L^2}$

② 합성 어드미턴스의 허수부

$\omega C - \dfrac{\omega L}{R^2 + \omega^2 L^2} = 0$

$\omega C = \dfrac{\omega L}{R^2 + \omega^2 L^2} \rightarrow R^2 + \omega^2 L^2 = \dfrac{L}{C}$

$\therefore Y_r = \dfrac{R}{R^2 + \omega^2 L^2} = \dfrac{R}{\dfrac{L}{C}} = \dfrac{RC}{L}$ 　답 ②

77 $F(s) = \dfrac{s+1}{s^2 + 2s}$ 로 주어졌을 때 $F(s)$의 역변환은?

① $\dfrac{1}{2}(1 + e^t)$
② $\dfrac{1}{2}(1 + e^{-2t})$
③ $\dfrac{1}{2}(1 - e^{-t})$
④ $\dfrac{1}{2}(1 - e^{-2t})$

풀이 $F(s) = \dfrac{s+1}{s^2 + 2s} = \dfrac{s+1}{s(s+2)} = \dfrac{k_1}{s} + \dfrac{k_2}{s+2}$

$k_1 = \lim\limits_{s \to 0} sF(s) = \left[\dfrac{s+1}{s+2}\right]_{s=0} = \dfrac{1}{2}$

$k_2 = \lim\limits_{s \to -2} (s+2)F(s) = \left[\dfrac{s+1}{s}\right]_{s=-2} = \dfrac{1}{2}$

$F(s) = \dfrac{1}{2}\left(\dfrac{1}{s} + \dfrac{1}{s+2}\right)$

$\therefore f(t) = \mathcal{L}^{-1}[F(s)] = \dfrac{1}{2}(1 + e^{-2t})$ 　답 ②

78 그림과 같은 회로에서 전류 $I[A]$는?

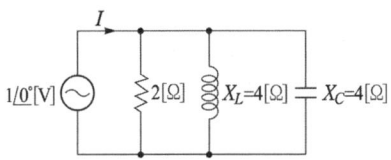

① 0.2
② 0.5
③ 0.7
④ 0.9

풀이 키르히호프의 전류법칙에 따라 각 소자에 흐르는 전류의 합은 전 전류이고, 또한 병렬회로이므로 각 소자에는 동일한 전압이 인가된다.

$\therefore I = I_R + I_L + I_C = \dfrac{V}{R} + \dfrac{V}{X_L} + \dfrac{V}{X_C}$

$= \dfrac{1}{2} + \dfrac{1}{j4} + \dfrac{1}{-j4}$

$= 0.5 - j0.25 + j0.25 = 0.5[A]$ 　답 ②

79 $e(t) = 100\sqrt{2}\sin\omega t + 150\sqrt{2}\sin3\omega t + 260\sqrt{2}\sin5\omega t[V]$

인 전압을 $R-L$ 직렬회로에 가할 때 제5고조파 전류의 실효값은 약 몇 [A]인가? (단, $R = 12[\Omega]$, $\omega L = 1[\Omega]$이다.)

① 10
② 15
③ 20
④ 25

풀이 유도성 리액턴스 $X_L = \omega L = 2\pi f L \propto f$이므로 제5고조파에 대해 저항은 변화가 없으나 유도성 리액턴스는 5배로 증가한다.

따라서 제5고조파전류

$I_5 = \dfrac{V_5}{Z_5} = \dfrac{V_5}{\sqrt{R^2 + (5\omega L)^2}}$

$= \dfrac{260}{\sqrt{12^2 + (5 \times 1)^2}} \fallingdotseq 20[A]$ 　답 ③

80 그림과 같은 파형의 전압 순시값은?

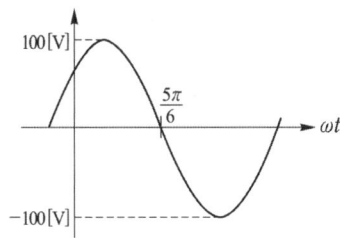

① $100\sin\left(\omega t + \dfrac{\pi}{6}\right)$

② $100\sqrt{2}\sin\left(\omega t + \dfrac{\pi}{6}\right)$

③ $100\sin\left(\omega t - \dfrac{\pi}{6}\right)$

④ $100\sqrt{2}\sin\left(\omega t - \dfrac{\pi}{6}\right)$

풀이

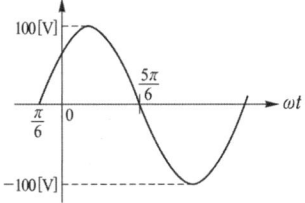

정현파의 순시값 기본식
$v = V_m \sin(\omega t + \theta)$에서
- 최댓값 $V_m = 100[V]$
- 위상 $\theta = \dfrac{\pi}{6}$ 이므로

$\therefore v = 100\sin\left(\omega t + \dfrac{\pi}{6}\right)[V]$ **답 ①**

5과목 - 전기설비기술기준

81 가공전선로의 지지물에 시설하는 지선에 관한 사항으로 옳은 것은?

① 소선은 지름 2.0[mm] 이상인 금속선을 사용한다.
② 도로를 횡단하여 시설하는 지선의 높이는 지표상 6.0[m] 이상이다.
③ 지선의 안전율은 1.2 이상이고 허용인장하중의 최저는 4.31[kN]으로 한다.
④ 지선에 연선을 사용할 경우에는 소선은 3가닥 이상의 연선을 사용한다.

풀이 331.11 지선의 시설
가. 가공전선로의 지지물로 사용하는 철탑은 지선을 사용하여 그 강도를 분담시켜서는 안 된다.
나. 지선의 안전율은 2.5 이상일 것. 이 경우에 허용 인장하중의 최저는 4.31[kN]으로 한다.
다. 지선에 연선을 사용할 경우에는 다음에 의할 것.
 ① 소선 3가닥 이상의 연선일 것.
 ② 소선의 지름이 2.6[mm] 이상의 금속선을 사용한 것일 것
라. 도로를 횡단하여 시설하는 지선의 높이는 지표상 5[m] 이상으로 하여야 한다. **답 ④**

82 옥내배선의 사용 전압이 400[V] 이하일 때 전광표시 장치, 기타 이와 유사한 장치 또는 제어 회로 등의 배선에 다심케이블을 시설하는 경우 배선의 단면적은 몇 [mm²] 이상인가? (단, 배선에 과전류가 생긴 경우 자동 차단 장치를 시설한 경우이다.)

① 0.75
② 1.5
③ 1
④ 2.5

풀이 231.3 저압 옥내배선의 사용전선
가. 저압 옥내배선의 전선 : 단면적 2.5[mm²] 이상의 연동선
나. 옥내배선의 사용 전압이 400[V] 이하인 경우는 다음에 의하여 시설할 수 있다.
 ① 전광표시 장치 또는 제어 회로
  • 단면적 1.5[mm²] 이상의 연동선
  • 단면적 0.75[mm²] 이상인 다심케이블 또는 다심 캡타이어 케이블을 사용하고 또한 과전류가 생겼을 때에 자동적으로 전로에서 차단하는 장치를 시설
 ② 진열장 또는 이와 유사한 것의 내부 배선 : 단면적 0.75[mm²] 이상인 코드 또는 캡타이어케이블 **답 ①**

83 전동기의 과부하 보호장치의 시설에서 전원측 전로에 시설한 배선용 차단기의 정격전류가 몇 [A] 이하의 것이면 이 전로에 접속하는 단상전동기에는 과부하 보호장치를 생략할 수 있는가?

① 15
② 20
③ 30
④ 50

[풀이] 212.6.3 저압전로 중의 전동기 보호용 과전류보호장치의 시설

옥내에 시설하는 전동기에는 전동기가 손상될 우려가 있는 과전류가 생겼을 때에 자동적으로 이를 저지하거나 이를 경보하는 장치를 하여야 한다. 다만, 다음의 어느 하나에 해당하는 경우에는 그러하지 아니하다.
가. 전동기를 운전 중 상시 취급자가 감시할 수 있는 위치에 시설하는 경우
나. 전동기의 구조나 부하의 성질로 보아 전동기가 손상될 수 있는 과전류가 생길 우려가 없는 경우
다. 단상전동기로써 그 전원측 전로에 시설하는 **과전류차단기의 정격전류가 16[A] (배선용 차단기는 20[A]) 이하인 경우**
라. 정격 출력이 0.2[kW] 이하의 전동기   답 ②

84 154[kV] 가공 송전선로를 제1종 특고압 보안공사로 할 때 사용되는 경동연선의 굵기는 몇 [mm²] 이상이어야 하는가?

① 100   ② 150   ③ 200   ④ 250

[풀이] 333.22 특고압 보안공사
제1종 특고압 보안공사는 다음에 따라야 한다.

사용전압	전선
100[kV] 미만	인장강도 21.67[kN] 이상의 연선 또는 단면적 55[mm²] 이상의 경동연선
100[kV] 이상 300[kV] 미만	인장강도 58.84[kN] 이상의 연선 또는 단면적 150[mm²] 이상의 경동연선
300[kV] 이상	인장강도 77.47[kN] 이상의 연선 또는 단면적 200[mm²] 이상의 경동연선

답 ②

85 일반적으로 저압 옥내간선에서 분기하여 전기사용기계기구에 이르는 저압 옥내전로는 저압 옥내간선과의 분기점에서 전선의 길이가 몇 [m] 이하인 곳에 개폐기 및 과전류차단기를 시설하여야 하는가?(단, 단락의 위험과 화재 및 인체에 대한 위험성이 최소화 되도록 시설된 경우)

① 0.5   ② 1.0   ③ 2.0   ④ 3.0

[풀이] 212.4.2 과부하 보호장치의 설치 위치
가. 과부하 보호장치는 전로 중 도체의 단면적, 특성, 설치방법, 구성의 변경으로 도체의 허용전류 값이 줄어드는 곳(이하 분기점이라 함)에 설치해야 한다.
나. 과부하 보호장치는 분기점(O)에 설치해야 하나, 분기점(O)점과 분기회로의 과부하 보호장치(P_2) 설치점 사이의 배선 부분에 다른 분기회로나 콘센트 회로가 접속되어 있지 않고, 다음 중 하나를 충족하는 경우에는 변경이 있는 배선에 설치할 수 있다.
① 분기회로에 대한 단락보호가 이루어지고 있는 경우 : 분기 회로의 보호장치 P_2는 분기회로의 분기점(O)으로부터 부하측으로 거리에 구애 받지 않고 이동하여 설치할 수 있다.

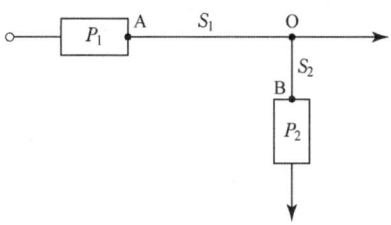

② 단락의 위험과 화재 및 인체에 대한 위험성이 최소화 되도록 시설된 경우 : 분기회로의 보호장치 (P_2)는 분기회로의 분기점(O)으로부터 3[m]까지 이동하여 설치할 수 있다.

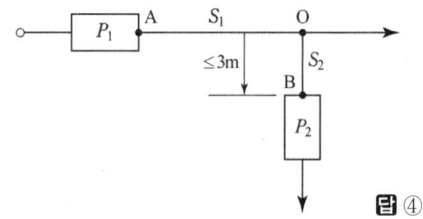

답 ④

86 사용전압이 35[kV] 이하인 특고압가공전선과 가공약전류전선 등을 동일 지지물에 시설하는 경우, 특고압 가공전선로는 어떤 종류의 보안공사로 하여야 하는가?

① 고압보안공사
② 제1종 특고압 보안공사
③ 제2종 특고압 보안공사
④ 제3종 특고압 보안공사

[풀이] 333.19 특고압 가공전선과 가공약전류전선 등의 공용설치
사용전압이 35[kV] 이하인 특고압 가공전선과 가공약전류전선 등 을 동일 지지물에 시설하는 경우에는 다음에 따라야 한다.
가. **특고압 가공전선로는 제2종 특고압 보안공사**에 의할 것.
나. 특고압 가공전선은 가공약전류전선 등의 위로하고 별개의 완금류에 시설할 것.
다. 특고압 가공전선은 케이블인 경우 이외에는 인장강도 21.67[kN] 이상의 연선 또는 단면적이 50[mm²] 이상인 경동연선일 것.

라. 특고압 가공전선과 가공약전류전선 등 사이의 이격 거리는 2[m] 이상으로 할 것. 다만, 특고압 가공전선이 케이블인 경우에는 0.5[m]까지로 감할 수 있다.
답 ③

87번 문제는 개정된 관계 법규에 따라 삭제 되었습니다.

88 금속관공사에서 절연부싱을 사용하는 가장 주된 목적은?

① 관의 끝이 터지는 것을 방지
② 관내 해충 및 이물질 출입 방지
③ 관의 단구에서 조영재의 접촉 방지
④ 관의 단구에서 전선 피복의 손상 방지

풀이 232.12 금속관공사
관의 끝 부분에는 **전선의 피복을 손상하지 아니하도록** 적당한 구조의 **부싱을 사용**할 것. 다만, 금속관공사로부터 애자공사로 옮기는 경우에는 그 부분의 관의 끝부분에는 절연부싱 또는 이와 유사한 것을 사용하여야 한다.
답 ④

89 최대사용전압이 3.3[kV]인 차단기 전로의 절연내력 시험전압은 몇 [V]인가?

① 3036 ② 4125
③ 4950 ④ 6600

풀이 136 기구 등의 전로의 절연내력
개폐기·차단기·전력용 커패시터·유도전압조정기·계기용변성기 기타의 기구의 전로 및 발전소·변전소·개폐소 또는 이에 준하는 곳에 시설하는 기계기구의 접속선 및 모선은 표에서 정하는 시험전압을 충전부분과 대지 사이(다심케이블은 심선 상호 간 및 심선과 대지 사이)에 연속하여 10분간 가하여 절연내력을 시험하였을 때에 이에 견디어야 한다.

전로의 종류	접지방식	시험전압 (최대사용전압의 배수)	최저시험전압
1. 7[kV] 이하인 전로		1.5배	500[V]
2. 7[kV] 초과 25[kV] 이하	다중접지	0.92배	
3. 7[kV] 초과 60[kV] 이하 (2란의 것 제외)		1.25배	10.5[kV]
4. 60[kV] 초과	비접지	1.25배	
5. 60[kV] 초과 (6란, 7란의 것 제외)	접지식	1.1배	75[kV]
6. 60[kV] 초과(7란의 것 제외)	직접접지	0.72배	
7. 170[kV] 초과(발전소 또는 변전소 혹은 이에 준하는 장소에 시설하는 것.)	직접접지	0.64배	

※ 전로에 케이블을 사용하는 경우에는 직류로 시험할 수 있으며, 시험전압은 교류의 경우의 2배가 된다.
∴ 시험전압 = 3300×1.5 = 4950[V]
답 ③

90 가반형(이동형)의 용접전극을 사용하는 아크용접장치를 시설할 때 용접변압기의 1차측 전로의 대지전압은 몇 [V] 이하이어야 하는가?

① 200 ② 250
③ 300 ④ 600

풀이 241.10 아크 용접기
가반형의 용접 전극을 사용하는 아크 용접장치는 다음에 따라 시설하여야 한다.
가. 용접변압기는 절연변압기일 것.
나. 용접변압기의 1차측 전로의 대지전압은 300[V] 이하일 것.
다. 용접변압기의 1차측 전로에는 용접 변압기에 가까운 곳에 쉽게 개폐할 수 있는 개폐기를 시설할 것.
라. 용접기 외함 및 피용접재 또는 이와 전기적으로 접속되는 받침대·정반 등의 금속체는 규정에 준하여 접지공사를 하여야 한다.
답 ③

91 지중전선로를 직접 매설식에 의하여 차량 기타 중량물의 압력을 받을 우려가 있는 장소에 시설할 경우에는 그 매설 깊이를 최소 몇 [m] 이상으로 하여야 하는가?

① 1   ② 1.2
③ 1.5 ④ 1.8

풀이 334.1 지중전선로의 시설
가. 지중 전선로는 전선에 케이블을 사용하고 또한 관로식·암거식 또는 직접 매설식에 의하여 시설하여야 한다.
나. 지중 전선로를 직접 매설식에 의하여 시설하는 경우에는 매설 깊이는
① 차량 기타 중량물의 압력을 받을 우려가 있는 장소 : 1.0[m] 이상
② 기타 장소 : 0.6[m] 이상
답 ①

92 사용전압이 22.9[kV]인 특고압 가공전선과 그 지지물·완금류·지주 또는 지선 사이의 이격거리는 몇 [cm] 이상이어야 하는가?

① 15 ② 20
③ 25 ④ 30

풀이 333.5 특고압 가공전선과 지지물 등의 이격거리
특고압 가공전선과 그 지지물·완금류·지주 또는 지선 사이의 이격거리는 표에서 정한 값 이상이어야 한다. 다만, 기술상 부득이한 경우에 위험의 우려가 없도록 시설한 때에는 표에서 정한 값의 0.8배까지 감할 수 있다.

사용전압	이격거리[cm]
15[kV] 미만	15
15[kV] 이상 25[kV] 미만	20
25[kV] 이상 35[kV] 미만	25
60[kV] 이상 70[kV] 미만	40
130[kV] 이상 160[kV] 미만	90

답 ②

93 건조한 장소로서 전개된 장소에 고압옥내배선을 시설할 수 있는 공사방법은?

① 덕트 공사 ② 금속관공사
③ 애자공사 ④ 합성수지관공사

풀이 342.1 고압 옥내배선 등의 시설
가. 고압 옥내배선은 다음에 따라 시설하여야 한다.
 ① **애자공사**(건조한 장소로서 전개된 장소에 한한다)
 ② 케이블공사
 ③ 케이블트레이공사
나. 전선은 공칭단면적 6[mm²] 이상의 연동선 **답** ③

94 고압가공전선에 케이블을 사용하는 경우 케이블을 조가용선에 행거로 시설하고자 할 때 행거의 간격은 몇 [cm] 이하로 하여야 하는가?

① 30 ② 50
③ 80 ④ 100

풀이 332.2 가공케이블의 시설
저압 가공전선 또는 고압 가공전선에 케이블을 사용하는 경우에는 다음에 따라 시설하여야 한다.
가. 케이블은 조가용선에 행거로 시설할 것. 이 경우에는 사용전압이 고압인 때에는 **행거의 간격은 0.5[m] 이하**로 하는 것이 좋다.

나. 조가용선은 인장강도 5.93[kN] 이상의 것 또는 단면적 22[mm²] 이상인 아연도강연선일 것.
다. 조가용선 및 케이블의 피복에 사용하는 금속체에는 접지공사를 할 것.
라. 조가용선을 케이블에 접촉시켜 금속 테이프를 감는 경우에는 20[cm] 이하의 간격으로 나선상으로 한다.

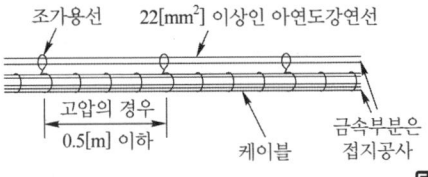

답 ②

95 고압가공전선로의 지지물에 시설하는 통신선의 높이는 도로를 횡단하는 경우 교통에 지장을 줄 우려가 없다면 지표상 몇 [m]까지로 감할 수 있는가?

① 4 ② 4.5
③ 5 ④ 6

풀이 362.2 전력보안통신선의 시설 높이와 이격거리
가공전선로의 지지물에 시설하는 통신선 또는 이에 직접 접속하는 가공 통신선의 높이는 다음에 따라야 한다.

시설 장소		가공전선로의 지지물에 시설	
		고·저압[m]	특고압[m]
도로횡단	일반적인 경우	6[m] 이상	6[m] 이상
	교통에 지장을 안 주는 경우	5[m] 이상	
철도 횡단(레일면상)		6.5[m] 이상	6.5[m] 이상
횡단보도교 위	노면상	3.5[m] 이상	5[m] 이상
	절연전선 사용	3[m] 이상	
	광섬유 케이블 사용		4[m] 이상
기타의 장소	일반적인 경우 (절연전선 사용)	4[m] 이상	5[m] 이상
	광섬유 케이블 사용	3.5[m] 이상	

답 ③

> 출제기준 변경 및 개정된 관계 법규에 따라 삭제된 문제가 있어 20문항이 안됩니다.

2017년 3회 전기기사필기

동일출판사 홈페이지에서 무료 동영상강의를 보실 수 있습니다.

1과목 - 전기자기

01 점전하에 의한 전위 함수가 $V = \dfrac{1}{x^2+y^2}$[V]일 때 $\operatorname{grad} V$는?

① $-\dfrac{ix+jy}{(x^2+y^2)^2}$ ② $-\dfrac{i2x+j2y}{(x^2+y^2)^2}$

③ $-\dfrac{i2x}{(x^2+y^2)^2}$ ④ $-\dfrac{j2y}{(x^2+y^2)^2}$

풀이

$\operatorname{grad} V = \nabla V = \left(i\dfrac{\partial}{\partial x}+j\dfrac{\partial}{\partial y}+k\dfrac{\partial}{\partial z}\right)\left(\dfrac{1}{x^2+y^2}\right)$

$= i\dfrac{\partial}{\partial x}\left(\dfrac{1}{x^2+y^2}\right)+j\dfrac{\partial}{\partial y}\left(\dfrac{1}{x^2+y^2}\right)+k\dfrac{\partial}{\partial z}\left(\dfrac{1}{x^2+y^2}\right)$

$= i\dfrac{-2x}{(x^2+y^2)^2}+j\dfrac{-2y}{(x^2+y^2)^2} = -\dfrac{i2x+j2y}{(x^2+y^2)^2}$

답 ②

02 면적 $S[\text{m}^2]$, 간격 $d[\text{m}]$인 평행판 콘덴서에 전하 $Q[\text{C}]$를 충전하였을 때 정전 에너지 $Q[\text{J}]$는?

① $W = \dfrac{dQ^2}{\epsilon S}$ ② $W = \dfrac{dQ^2}{2\epsilon S}$

③ $W = \dfrac{dQ^2}{4\epsilon S}$ ④ $W = \dfrac{dQ^2}{8\epsilon S}$

풀이 평행판 콘덴서의 정전용량 $C = \dfrac{\epsilon_0 S}{d}$

따라서 정전 에너지 $W = \dfrac{Q^2}{2C} = \dfrac{dQ^2}{2\epsilon_0 S}$ **답** ②

03 Poisson 및 Laplace 방정식을 유도하는 데 관련이 없는 식은?

① $\operatorname{rot} \boldsymbol{E} = -\dfrac{\partial \boldsymbol{B}}{\partial t}$ ② $\boldsymbol{E} = -\operatorname{grad} V$

③ $\operatorname{div} \boldsymbol{E} = \rho_v$ ④ $\boldsymbol{D} = \epsilon \boldsymbol{E}$

풀이 공간전하밀도(체적전하밀도)와 전계의 세기와의 관계식

$\operatorname{div} \boldsymbol{D} = \rho$ $(\boldsymbol{D} = \epsilon \boldsymbol{E})$

$\operatorname{div} \boldsymbol{E} = \dfrac{\rho}{\epsilon}$

전위와 전계의 세기의 관계식

$\boldsymbol{E} = -\operatorname{grad} V$ $(\boldsymbol{E} = -\nabla V)$

두 식으로부터 다음의 포아송 방정식과 라플라스 방정식 유도된다.

$\operatorname{div grad} V = -\dfrac{\rho}{\epsilon_0}$ $(\nabla \cdot \nabla V = \nabla^2 V)$

$\therefore \nabla^2 V = -\dfrac{\rho}{\epsilon_0}$

: 포아송 방정식(Poisson's equation)

$\therefore \nabla^2 V = 0 \ (\rho = 0)$

: 라플라스 방정식(Laplace's equation)

별해 Poisson 및 Laplace 방정식은 정전계에서의 공간전하 밀도와 전위의 관계식을 나타낸다. 따라서 시변계에서 자속변화에 의한 기전력의 발생을 나타내는 전계와 자속밀도의 관계식인 $\operatorname{rot} \boldsymbol{E} = -\dfrac{\partial \boldsymbol{B}}{\partial t}$ 과는 관계가 없다.

답 ①

04 반지름 1[cm]인 원형코일에 전류 10[A]가 흐를 때, 코일의 중심에서 코일면에 수직으로 $\sqrt{3}$[cm] 떨어진 점의 자계의 세기는 몇 [AT/m]인가?

① $\dfrac{1}{16} \times 10^3$ ② $\dfrac{3}{16} \times 10^3$

③ $\dfrac{5}{16} \times 10^3$ ④ $\dfrac{7}{16} \times 10^3$

풀이 원형 코일에 의한 중심 축상 x거리의 자계의 세기는 등가 판자석으로 구한다.

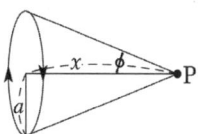

P점의 자위

$U = \dfrac{I}{4\pi}\omega = \dfrac{I}{4\pi} \cdot 2\pi(1-\cos\phi)$

$= \dfrac{I}{2}\left(1 - \dfrac{x}{\sqrt{a^2+x^2}}\right)$[AT]

자계의 세기 $H = -\text{grad}\, U$에 의해

$$H = -\frac{dU}{dx} = \frac{a^2 I}{2(a^2+x^2)^{3/2}}$$ 이므로

$$\therefore H = \frac{a^2 I}{2(a^2+x^2)^{3/2}}$$

$$= \frac{(1 \times 10^{-2})^2 \times 10}{2\{(1 \times 10^{-2})^2 + (\sqrt{3} \times 10^{-2})^2\}^{3/2}}$$

$$= \frac{1}{16} \times 10^3 \,[\text{AT/m}]$$

답 ①

05 평등자계 내에 전자가 수직으로 입사하였을 때 전자의 운동을 바르게 나타낸 것은?

① 구심력은 전자속도에 반비례한다.
② 원심력은 자계의 세기에 반비례한다.
③ 원운동을 하고 반지름은 자계의 세기에 비례한다.
④ 원운동을 하고 반지름은 전자의 회전속도에 비례한다.

풀이 ① 전자력에 의한 구심력 $F = evB$
: $F \propto v$ 이므로 전자속도(v)에 비례

② 전자력에 의한 원심력 $F' = \dfrac{mv^2}{r}$
: 자계의 세기(H)와 관계가 없음

③ 평형 조건($F = F'$)에 의한 궤도 반지름
$r = \dfrac{mv}{eB}$: $r \propto \dfrac{v}{B}\left(=\dfrac{v}{\mu H}\right)$ 이므로 자계의 세기(H)에 반비례하고, 속도(v)에 비례

평등자계 내의 전자가 수직으로 입사하였을 때 전자의 운동은 전류의 방향과 반대 방향을 고려하여 플레밍의 왼손법칙을 적용하면 원의 중심으로 향하는 힘을 받는다. 즉, 운동 방향과 직각으로 힘을 받아 **등속 원운동을** 한다.

답 ④

06 액체 유전체를 포함한 콘덴서 용량이 C[F]인 것에 V[V]의 전압을 가했을 경우에 흐르는 누설전류[A]는?(단, 유전체의 유전율은 ϵ[F/m], 고유저항은 ρ[Ω·m]이다.)

① $\dfrac{\rho\epsilon}{CV}$ ② $\dfrac{C}{\rho\epsilon V}$

③ $\dfrac{CV}{\rho\epsilon}$ ④ $\dfrac{\rho\epsilon V}{C}$

풀이 $RC = \rho\epsilon$에서 $R = \dfrac{\rho\epsilon}{C}$ 이므로

누설전류 $I = \dfrac{V}{R} = \dfrac{V}{\frac{\rho\epsilon}{C}} = \dfrac{CV}{\rho\epsilon}$ [A]

답 ③

07 다이아몬드와 같은 단결정 물체에 전장을 가할 때 유도되는 분극은?

① 전자분극
② 이온분극과 배향분극
③ 전자분극과 이온분극
④ 전자분극, 이온분극, 배향분극

풀이 전자 분극은 단결정 매질에서 전자운과 핵의 상대적인 변위에 의해 발생한다.

답 ①

08 다음 설명 중 옳은 것은?

① 무한 직선 도선에 흐르는 전류에 의한 도선 내부에서 자계의 크기는 도선의 반경에 비례한다.
② 무한 직선 도선에 흐르는 전류에 의한 도선의 외부에서 자계의 크기는 도선의 중심과의 거리에 무관하다.
③ 무한장 솔레노이드 내부자계의 크기는 코일에 흐르는 전류의 크기에 비례한다.
④ 무한장 솔레노이드 내부자계의 크기는 단위길이 당 권수의 제곱에 비례한다.

풀이 (1) 무한 직선 도선의 전류
① 도선 내부 자계의 세기
$$H_i = \dfrac{r}{2\pi a^2} I \,[\text{AT/m}]$$
(도선 반지름 a^2에 반비례)
② 도선 외부 자계의 세기
$$H_e = \dfrac{I}{2\pi r} \,[\text{AT/m}]$$
(도선 중심의 거리 r에 반비례)
(2) 무한장 솔레노이드
내부 자계 : $H_i = nI \,[\text{AT/m}]$
(전류 I 및 단위길이 당 권수 n에 비례)

답 ③

09 인덕턴스의 단위[H]와 같지 않은 것은?

① J/A·s   ② Ω·s
③ Wb/A   ④ J/A²

② $v = L\dfrac{di}{dt}$ 관계식에서 $L = \dfrac{dt}{di}v$,

$H = \left[\dfrac{\sec \cdot V}{A}\right] = \left[\sec \cdot \dfrac{V}{A}\right] = [\sec \cdot \Omega]$

③ $L = \dfrac{N\phi}{I}$ [Wb/A]

④ $W = \dfrac{1}{2}LI^2$ 에서 $L = \dfrac{2W}{I^2}$ [J/A²]

답 ①

10 그림과 같은 유전속 분포가 이루어질 때 ϵ_1과 ϵ_2의 크기 관계는?

① $\epsilon_1 > \epsilon_2$
② $\epsilon_1 < \epsilon_2$
③ $\epsilon_1 = \epsilon_2$
④ $\epsilon_1 > 0,\ \epsilon_2 > 0$

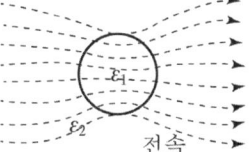

풀이 전속선은 유전율이 큰 쪽으로 모이므로
$\epsilon_1 > \epsilon_2$이다.

답 ①

11 전계 및 자계의 세기가 각각 E, H일 때, 포인팅벡터 P의 표시로 옳은 것은?

① $P = \dfrac{1}{2}E \times H$
② $P = E\operatorname{rot}H$
③ $P = E \times H$
④ $P = H\operatorname{rot}E$

풀이 진행 방향에 수직되는 단위 면적을 단위 시간에 통과하는 에너지를 포인팅 벡터 또는 방사 벡터라 하며 $P = E \times H = EH\sin\theta$ [W/m²]로 표현된다.

답 ③

12 규소강판과 같은 자심재료의 히스테리시스 곡선의 특징은?

① 보자력이 큰 것이 좋다.
② 보자력과 잔류자기가 모두 큰 것이 좋다.
③ 히스테리시스 곡선의 면적이 큰 것이 좋다.
④ 히스테리시스 곡선의 면적이 작은 것이 좋다.

풀이 • 영구자석 재료 : 히스테리시스 곡선의 면적 및 보자력이 크고, 잔류자기도 클 것
• 전자석(일시 자석) 재료 : 히스테리시스 곡선의 면적 및 보자력이 작고, 잔류자기는 클 것

답 ④

13 투자율 μ [H/m], 자계의 세기 H [AT/m], 자속밀도 B [Wb/m²]인 곳의 자계 에너지 밀도[J/m³]는?

① $\dfrac{B^2}{2\mu}$
② $\dfrac{H^2}{2\mu}$
③ $\dfrac{1}{2}\mu H$
④ BH

풀이 자성체 단위체적 당 저장되는 에너지,
즉 에너지 밀도 w는
$w = \dfrac{1}{2}BH = \dfrac{B^2}{2\mu} = \dfrac{1}{2}\mu H^2$ [J/m³]이다.

답 ①

14 커패시터를 제조하는 데 A, B, C, D와 같은 4가지의 유전재료가 있다. 커패시터 내의 전계를 일정하게 하였을 때, 단위체적 당 가장 큰 에너지 밀도를 나타내는 재료부터 순서대로 나열한 것은? (단, 유전재료 A, B, C, D의 비유전율은 각각 $\epsilon_{rA} = 8$, $\epsilon_{rB} = 10$, $\epsilon_{rC} = 2$, $\epsilon_{rD} = 4$이다.)

① C > D > A > B
② B > A > D > C
③ D > A > C > B
④ A > B > D > C

풀이 유전체 내에 저장되는 에너지밀도
$w = \dfrac{1}{2}\epsilon E^2$ [J/m³] 에서 $w \propto \epsilon_r$
즉, 에너지밀도는 비유전율에 비례한다.
따라서 $\epsilon_{rB} > \epsilon_{rA} > \epsilon_{rD} > \epsilon_{rC}$ 이므로
∴ B > A > D > C

답 ②

15 정전계 해석에 관한 설명으로 틀린 것은?

① 포아송 방정식은 가우스 정리의 미분형으로 구할 수 있다.
② 도체표면에서의 전계의 세기는 표면에 대해 법선 방향을 갖는다.
③ 라플라스 방정식은 전극이나 도체의 형태에 관계없이 체적전하밀도가 0인 모든 점에서 $\nabla^2 V = 0$을 만족한다.
④ 라플라스 방정식은 비선형 방정식이다.

풀이 ① 포아송 방정식 : $\nabla^2 V = -\dfrac{\rho}{\epsilon_0}$

② 라플라스 방정식 : $\nabla^2 V = 0$

포아송 방정식과 라플라스 방정식에 포함된 라플라시언(∇^2)은 선형이고 스칼라 연산자를 나타내므로 라플라스 방정식 및 포아송 방정식은 선형 방정식이 된다.   답 ④

16 자화의 세기 단위로 옳은 것은?

① AT/Wb ② AT/m^2
③ $Wb \cdot m$ ④ Wb/m^2

풀이 자화의 세기
$$J = \dfrac{m}{S} = \dfrac{ml}{Sl} = \dfrac{M}{V} \ [Wb/m^2]$$
여기서, S : 자성체의 단면적 [m^2]
m : 자화된 자기량 [Wb]
l : 자성체의 길이 [m]
V : 자성체의 체적 [m^3]
M : 자기모멘트($M = ml$ [Wb $\cdot$ m])   답 ④

17 중심은 원점에 있고 반지름 a[m]인 원형 선도체가 $z = 0$인 평면에 있다. 도체에 선전하밀도 ρ_L[C/m]가 분포되어 있을 때 $z = b$[m]인 점에서 전계 E[V/m]는?(단, a_r, a_z는 원통좌표계에서 r 및 z 방향의 단위 벡터이다.)

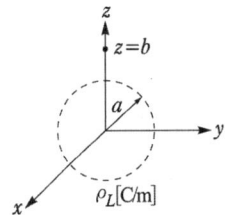

① $\dfrac{ab\rho_L}{2\pi\epsilon_o(a^2+b^2)} a_r$ ② $\dfrac{ab\rho_L}{4\pi\epsilon_o(a^2+b^2)} a_z$

③ $\dfrac{ab\rho_L}{2\epsilon_o(a^2+b^2)^{\frac{3}{2}}} a_z$ ④ $\dfrac{ab\rho_L}{4\epsilon_o(a^2+b^2)^{\frac{3}{2}}} a_z$

풀이

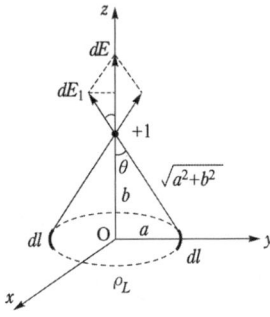

① 미소 길이 dl에 대한 전계의 세기 dE_1과 dE
$$dE_1 = \dfrac{\rho_L dl}{4\pi\epsilon_0 \left(\sqrt{a^2+b^2}\right)^2}$$
$$dE = 2dE_1 \cos\theta$$
$$= 2 \cdot \dfrac{\rho_L dl}{4\pi\epsilon_0 \left(\sqrt{a^2+b^2}\right)^2} \cdot \dfrac{b}{\sqrt{a^2+b^2}}$$
$$= \dfrac{b\rho_L dl}{2\pi\epsilon_0 (a^2+b^2)^{\frac{3}{2}}}$$

② 원형 선도체에 의한 전계의 세기 E
$$E = \int_0^{\pi a} \dfrac{b\rho_L dl}{2\pi\epsilon_0 (a^2+b^2)^{\frac{3}{2}}}$$
$$= \dfrac{b\rho_L}{2\pi\epsilon_0} \int_0^{\pi a} \dfrac{dl}{(a^2+b^2)^{\frac{3}{2}}}$$
$$= \dfrac{b\rho_L}{2\pi\epsilon_0} \dfrac{\pi a}{(a^2+b^2)^{\frac{3}{2}}} = \dfrac{ab\rho_L}{2\epsilon_0 (a^2+b^2)^{\frac{3}{2}}}$$
$$\therefore E = \dfrac{ab\rho_L}{2\epsilon_0 (a^2+b^2)^{\frac{3}{2}}} a_z \qquad 답 ③$$

18 $V = x^2$[V]로 주어지는 전위 분포일 때 $x = 20$[cm]인 점의 전계는?

① $+x$방향으로 40[V/m]
② $-x$방향으로 40[V/m]
③ $+x$방향으로 0.4[V/m]
④ $-x$방향으로 0.4[V/m]

풀이
$$E = -\nabla V = -\left(\dfrac{\partial V}{\partial x} a_x + \dfrac{\partial V}{\partial y} a_y + \dfrac{\partial V}{\partial z} a_z\right)$$
$$= -\left(\dfrac{\partial x^2}{\partial x} a_x + \dfrac{\partial x^2}{\partial y} a_y + \dfrac{\partial x^2}{\partial z} a_z\right)$$
$$= -2x a_x = -2 \times 0.2 a_x = -0.4 a_x \ [V/m]$$
$\therefore$ 전계는 $-x$ 방향으로 0.4[V/m]이다.   답 ④

19 공간 도체 내의 한 점에 있어서 자속이 시간적으로 변화하는 경우에 성립하는 식은?

① $\nabla \times E = \frac{\partial H}{\partial t}$

② $\nabla \times E = -\frac{\partial H}{\partial t}$

③ $\nabla \times E = \frac{\partial B}{\partial t}$

④ $\nabla \times E = -\frac{\partial B}{\partial t}$

풀이
- $\nabla \times E = \text{rot } E = \text{curl } E = -\frac{\partial B}{\partial t}$ (회전)
- $\nabla \cdot E = \text{div } E$ (발산)

답 ④

20 변위 전류와 가장 관계가 깊은 것은?

① 반도체 ② 유전체
③ 자성체 ④ 도체

풀이 변위 전류는 진공 또는 유전체 내 전속밀도의 시간적 변화에 의해서 발생한다.

즉, $i_D = \frac{I_D}{S} = \frac{\partial D}{\partial t} = \frac{\partial (\epsilon E)}{\partial t}$

여기서, i_D : 변위전류밀도[A/m²]
I_D : 변위전류[A], ϵ : 유전율[F/m]
E : 전계의 세기[V/m]
D : 전속밀도[C/m²]

답 ②

2과목 - 전력공학

21 부하역률이 현저히 낮은 경우 발생하는 현상이 아닌 것은?

① 전기요금의 증가
② 유효전력의 증가
③ 전력손실의 증가
④ 선로의 전압강하 증가

풀이 유효전력 $P = \sqrt{3} VI\cos\theta$[W]이므로 역률($\cos\theta$)이 낮으면 유효전력($P$)은 감소한다.

답 ②

22 초호각(Arcing horn)의 역할은?

① 풍압을 조절한다.
② 송전 효율을 높인다.
③ 애자의 파손을 방지한다.
④ 고주파수의 섬락전압을 높인다.

풀이 초호환, 초호각의 역할
- 애자련의 전압분포 개선
- 선로의 섬락으로부터 애자련의 보호

답 ③

23 전력용 콘덴서에 의하여 얻을 수 있는 전류는?

① 지상전류 ② 진상전류
③ 동상전류 ④ 영상전류

풀이
- 전력용 콘덴서 : 진상전류
- 리액터 : 지상전류

답 ②

24 배전용 변전소의 주변압기로 주로 사용되는 것은?

① 강압 변압기 ② 체승 변압기
③ 단권 변압기 ④ 3권선 변압기

풀이
- 체승 변압기 : 승압용 (송전)
- 체강 변압기 : 강압용 (배전)

답 ①

25 △-△ 결선된 3상 변압기를 사용한 비접지방식의 선로가 있다. 이 때 1선 지락고장이 발생하면 다른 건전한 2선의 대지전압은 지락 전의 몇 배까지 상승하는가?

① $\frac{\sqrt{3}}{2}$ ② $\sqrt{3}$ ③ $\sqrt{2}$ ④ 1

풀이 △결선은 비접지 계통이므로 1선 지락 시 전위 상승은 상전압에서 선간 전압으로 되어 $\sqrt{3}$ 배 상승한다.

답 ②

26 22[kV], 60[Hz] 1회선의 3상 송전선에서 무부하 충전전류는 약 몇 [A]인가? (단, 송전선의 길이는 20[km]이고, 1선 1[km]당 정전용량은 0.5[μF]이다.

① 12 ② 24 ③ 36 ④ 48

풀이 충전전류

$$I_c = 2\pi f Cl \frac{V}{\sqrt{3}}$$
$$= 2\pi \times 60 \times 0.5 \times 10^{-6} \times 20 \times \frac{22000}{\sqrt{3}}$$
$$\fallingdotseq 48[A]$$

답 ④

27 개폐서지의 이상전압을 감쇄할 목적으로 설치하는 것은?

① 단로기　　② 차단기
③ 리액터　　④ 개폐저항기

풀이 차단기의 개폐시에 재점호로 인하여 **개폐 서지 이상전압**이 발생된다. 이것을 낮추고 절연내력을 높일 수 있게 하기 위해 차단기 접촉자 간에 병렬 임피던스로서 **개폐 저항기를 삽입**한다.　**답** ④

28 모선보호용 계전기로 사용하면 가장 유리한 것은?

① 거리 방향계전기　② 역상 계전기
③ 재폐로 계전기　　④ 과전류 계전기

풀이
- 거리계전기는 선로 보호용 계전기로 전압 및 전류를 입력량으로 하여 전류의 전압에 대한 비의 함수가 예정치 이하일 때 동작한다. 이 비는 계전기에서 본 임피던스라고 하며 임피던스는 송전선 거리의 전기적 척도이므로 거리계전기라고 한다.
- 모선 보호 방식의 종류 : 전류 비율차동 방식, 전압 차동 방식, Linear Coupler 방식, 위상 비교 방식, **방향 거리 계전 방식**　**답** ①

29 현수애자에 대한 설명으로 틀린 것은?

① 애자를 연결하는 방법에 따라 클래비스형과 볼소켓형이 있다.
② 큰 하중에 대하여는 2연 또는 3연으로 하여 사용할 수 있다.
③ 애자의 연결 개수를 가감함으로서 임의의 송전전압에 사용할 수 있다.
④ 2~4층의 갓 모양의 자기편을 시멘트로 접착하고 그 자기를 주철제 베이스로 지지한다.

풀이 ④항은 핀 애자에 대한 설명이다.　**답** ④

30 그림과 같은 3상 송전계통에서 송전단전압은 3300[V]이다. 점 P에서 3상 단락사고가 발생했다면 발전기에 흐르는 단락전류는 약 몇 [A]인가?

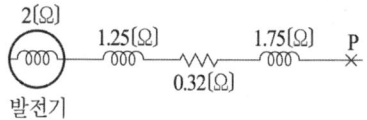

① 320　　② 330
③ 380　　④ 410

풀이 임피던스
$$Z = 0.32 + j(2 + 1.25 + 1.75) = 0.32 + j5$$
따라서 단락전류
$$I_S = \frac{E}{Z} = \frac{E}{\sqrt{R^2 + X^2}} = \frac{\frac{3300}{\sqrt{3}}}{\sqrt{0.32^2 + 5^2}}$$
$$= 380.27[A]$$　**답** ③

31 조속기의 폐쇄시간이 짧을수록 옳은 것은?

① 수격작용은 작아진다.
② 발전기의 전압 상승률은 커진다.
③ 수차의 속도변동률은 작아진다.
④ 수압관 내의 수압 상승률은 작아진다.

풀이
- 수차의 속도를 일정하게 유지하면서 출력을 가감하기 위하여 수차의 입력, 즉 유량을 조절하는 장치를 조속기라 한다.
- 속도변동률 $\delta = \frac{N_m - N_0}{N_0} \times 100[\%]$
  (N_m : 수차의 최대회전속도, N_0 : 정격회전속도)
이므로 조속기의 폐쇄시간이 짧을수록 수차의 최대속도 N_m이 감소하여 속도변동률은 작아진다.　**답** ③

32 송전선로의 고장전류 계산에 영상 임피던스가 필요한 경우는?

① 1선 지락　　② 3상 단락
③ 3선 단선　　④ 선간 단락

풀이
- **1선 지락사고 : 영상분, 정상분, 역상분이 존재**
- 선간 단락 : 정상분, 역상분이 존재
- 3상 단락 : 정상분만 존재　**답** ①

33
그림과 같은 수전단전압 3.3[kV], 역률 0.85(뒤짐)인 부하 300[kW]에 공급하는 선로가 있다. 이때 송전단전압은 약 몇 [V]인가?

① 3430
② 3530
③ 3730
④ 3830

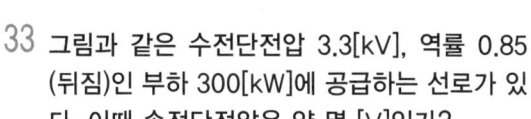

풀이
$$V_s = V_r + I(R\cos\theta + X\sin\theta)$$
$$= V_r + \frac{P}{E_r \cos\theta} \times (R\cos\theta + X\sin\theta)$$
$$= 3300 + \frac{300 \times 10^3}{3300 \times 0.85} \times (4 \times 0.85 + 3 \times \sqrt{1-0.85^2})$$
$$= 3830 \,[V]$$

답 ④

34
증기의 엔탈피란?

① 증기 1[kg]의 잠열
② 증기 1[kg]의 현열
③ 증기 1[kg]의 보유 열량
④ 증기 1[kg]의 증발열을 그 온도로 나눈 것

풀이 엔탈피(enthalpy)는 각 온도에 있어 물 또는 증기의 보유 열량의 뜻이다.

답 ③

35
원자로의 감속재에 대한 설명으로 틀린 것은?

① 감속 능력이 클 것
② 원자 질량이 클 것
③ 사용 재료로 경수를 사용
④ 고속 중성자를 열 중성자로 바꾸는 작용

풀이
① 감속재는 고 에너지의 고속중성자를 열중성자로 감속시켜 적당한 에너지를 갖도록 제어하는 재료로 중성자 흡수단면적이 작을수록 좋다.
② 구비조건
  • 중성자 흡수가 적을 것
  • 감속능(slowing down power)과 감속비(moderation ratio)의 값이 클 것
  • 탄성산란의 효과가 클 것(가벼운 원자핵일수록 효과가 크므로 **원자량이 적은 원소가 유리**)
  • 중성자 에너지를 빨리 감속시킬 수 있을 것
  • 중성자와의 충돌 확률이 높을 것
③ 사용재료 : 경수, 중수, 흑연, 베릴륨

답 ②

36
장거리 송전선로는 일반적으로 어떤 회로로 취급하여 회로를 해석하는가?

① 분포정수회로
② 분산부하회로
③ 집중정수회로
④ 특성 임피던스회로

풀이

구분	선로 정수	회로
단거리	R, L만 고려	집중 정수회로로 취급
중거리	R, L, C만 고려	T회로, π회로로 취급 (집중 정수회로)
장거리	R, L, C, g 고려	분포정수(특성 임피던스, 전파정수) 회로로 취급

답 ①

37
4단자 정수 $A = D = 0.8$, $B = j1.0$인 3상 송전선로에 송전단전압 160[kV]를 인가할 때 무부하 시 수전단전압은 몇 [kV]인가?

① 154
② 164
③ 180
④ 200

풀이 송전단전압 $E_S = AE_R + BI_R$에서
무부하($I_R = 0$)이므로 $E_S = AE_R$ 이다.
따라서 수전단전압
$$E_R = \frac{E_S}{A} = \frac{160}{0.8} \,[kV] = 200 \,[kV]$$

답 ④

38
유도장해를 방지하기 위한 전력선 측의 대책으로 틀린 것은?

① 차폐선을 설치한다.
② 고속도 차단기를 사용한다.
③ 중성점 전압을 가능한 높게 한다.
④ 중성점접지에 고저항을 넣어서 지락전류를 줄인다.

풀이 전력선 측 대책
① 전력선과 통신선과의 상호 거리를 크게 하여 상호 인덕턴스를 줄인다.
② 연가를 충분히 한다(선로 정수를 평형시켜 **중성점 잔류 전압을 적게 한다**).
③ 케이블을 사용한다.
④ 고주파의 발생을 방지한다.
⑤ 통신선과의 교차를 직각으로 한다.

⑥ 소호 리액터의 사용(지락전류를 적게 하여 전자 유도를 적게 한다).
⑦ 고장 회선의 고속도 차단
⑧ 차폐선의 시설(가공선도 차폐선과 같은 효과가 있으며, 본선과 동일 도체를 사용하면 차폐 효과가 크다)
답 ③

39 송전선로에 매설지선을 설치하는 주된 목적은?

① 철탑 기초의 강도를 보강하기 위하여
② 직격뢰로부터 송전선을 차폐보호하기 위하여
③ 현수애자 1연의 전압 분담을 균일화하기 위하여
④ 철탑으로부터 송전선로의 역섬락을 방지하기 위하여

풀이 뇌서지가 철탑을 가격시 철탑의 탑각 접지저항이 충분히 낮지 않으면 철탑의 전위가 상승하여 철탑에서 선로로 섬락을 일으키는 경우가 있는데 이를 **역섬락**이라 한다. 매설지선을 설치하여 탑각 접지저항을 낮추면 역섬락을 방지할 수 있다.
답 ④

40 송전전력, 부하역률, 송전거리, 전력손실, 선간전압이 동일할 때 3상 3선식에 의한 소요전선량은 단상 2선식의 몇 [%]인가?

① 50   ② 67
③ 75   ④ 87

풀이 단상 2선식의 배전선 소요전선 총량을 100[%]라 할 때 3상 3선식의 소요전선량의 총량과의 비를 구하면
$VI_1 \cos\theta = \sqrt{3} VI_3 \cos\theta \rightarrow I_1 = \sqrt{3} I_3$
전력손실 식에 $I_1 = \sqrt{3} I_3$를 대입하면
$2I_1^2 R_1 = 3I_3^2 R_3 \rightarrow 2(\sqrt{3} I_3)^2 R_1 = 3I_3^2 R_3$
$\rightarrow 2R_1 = R_3$
$R = \rho \frac{l}{S}$ 이므로 $\frac{R_1}{R_3} = \frac{S_3}{S_1} = \frac{1}{2}$
따라서 소요전선량의 비는
$\frac{3상 3선식}{단상 2선식} = \frac{3S_3}{2S_1} = \frac{3}{2} \times \frac{R_1}{R_3} = \frac{3}{2} \times \frac{1}{2} = \frac{3}{4}$
$= 0.75$
∴ 75[%]
답 ③

3과목 - 전기기기

41 3상 유도기에서 출력의 변환 식으로 옳은 것은?

① $P_0 = P_2 + P_{2c} = \frac{N}{N_s} P_2 = (2-s) P_2$
② $(1-s)P_2 = \frac{N}{N_s} P_2 = P_0 - P_{2c}$
$= P_0 - sP_2$
③ $P_0 = P_2 - P_{2c} = P_2 - sP_2$
$= \frac{N}{N_s} P_2 = (1-s)P_2$
④ $P_0 = P_2 + P_{2c} = P_2 + sP_2$
$= \frac{N}{N_s} P_2 = (1+s)P_2$

풀이 ① 출력(P_0) = 2차 입력(P_2) − 2차 동손(P_{c2})에서
$P_{c2} = sP_2$ 이므로
$P_0 = P_2 - P_{c2} = P_2 - sP_2 = (1-s)P_2$
② 2차 효율 $\eta_2 = \frac{P_0}{P_2} = (1-s) = \frac{N}{N_s}$ 이므로
∴ $P_0 = P_2 - P_{c2} = P_2 - sP_2$
$= \frac{N}{N_s} P_2 = (1-s)P_2$
답 ③

42 변압기의 보호방식 중 비율차동계전기를 사용하는 경우는?

① 고조파 발생을 억제하기 위하여
② 과여자전류를 억제하기 위하여
③ 과전압 발생을 억제하기 위하여
④ 변압기 상간 단락보호를 위하여

풀이 비율차동 계전기는 변압기 내부고장(상간 단락 등)에 대한 보호장치로 변압기 1차 전류와 2차 전류의 차 전류가 일정 비율 이상으로 되면 동작하는 계전기이다.
답 ④

43 다이오드 2개를 이용하여 전파정류를 하고, 순저항 부하에 전력을 공급하는 회로가 있다. 저항에 걸리는 직류분 전압이 90[V]라면 다이오드에 걸리는 최대 역전압[V]의 크기는?

① 90   ② 242.8
③ 254.5   ④ 282.8

풀이 상전압 $E_s = \dfrac{\pi E_d}{2\sqrt{2}} = \dfrac{\pi \times 90}{2\sqrt{2}} = \dfrac{90}{0.9} = 100 \,[\text{V}]$

따라서 역전압 첨두값
PIV $= 2\sqrt{2}\,E_s = 2\sqrt{2} \times 100 ≒ 282.8 \,[\text{V}]$ **답** ④

44 동기전동기에 대한 설명으로 옳은 것은?

① 기동 토크가 크다.
② 역률조정을 할 수 있다.
③ 가변속 전동기로서 다양하게 응용된다.
④ 공극이 매우 작아 설치 및 보수가 어렵다.

풀이 동기전동기의 특징
[장점]
① 속도가 일정불변이다.
② 항상 역률 1로 운전할 수 있다.
③ 여자전류를 가감하여 **역률을 조정할 수 있다**.
④ 유도전동기에 비하여 효율이 좋다.
[단점]
① 보통 구조의 것은 기동 토크가 적고 속도 조정을 할 수 없다.
② 난조를 일으킬 염려가 있다.
③ 여자용의 직류 전원을 필요로 하여 설비비가 많이 든다. **답** ②

45 농형 유도전동기에 주로 사용되는 속도제어법은?

① 극수 제어법   ② 종속 제어법
③ 2차 여자 제어법 ④ 2차 저항 제어법

풀이 ① 농형 유도전동기의 속도제어법
 • 주파수를 바꾸는 방법
 • **극수를 바꾸는 방법**
 • 전원전압을 바꾸는 방법
② 권선형 유도전동기의 속도제어법
 • 2차 여자 제어법
 • 2차 저항 제어법
 • 종속 제어법 **답** ①

46 3상 권선형 유도전동기에서 2차측 저항을 2배로 하면 그 최대토크는 어떻게 되는가?

① 불변이다. ② 2배 증가한다.
③ $\dfrac{1}{2}$로 감소한다. ④ $\sqrt{2}$배 증가한다.

풀이
• 최대 토크는 2차 저항에 무관($T_m \propto \dfrac{V^2}{2x_2}$)
• 최대 토크를 발생하는 슬립만 2차 저항에 비례
 ($s_m ≒ \pm \dfrac{r_2}{x_2}$) **답** ①

47 직류전동기의 전기자전류가 10[A]일 때 5[kg·m]의 토크가 발생하였다. 이 전동기의 계자 자속이 80[%]로 감소되고, 전기자 전류가 12[A]로 되면 토크는 약 몇 [kg·m]인가?

① 5.2 ② 4.8
③ 4.3 ④ 3.9

풀이
변경 전 $\tau = \dfrac{PZ}{2\pi a}\phi I_a = k\phi I_a$
변경 후 $\tau' = \dfrac{PZ}{2\pi a}\phi' I_a' = k\phi' I_a' = k\phi \times 0.8 I_a'$
토크는 전기자 전류에 비례($\tau \propto I_a$)하므로
$\therefore \tau' = \dfrac{0.8 I_a'}{I_a} \times \tau = \dfrac{0.8 \times 12}{10} \times 5$
$= 4.8 \,[\text{kg·m}]$ **답** ②

48 일반적인 변압기의 무부하손 중 효율에 가장 큰 영향을 미치는 것은?

① 와전류손   ② 유전체손
③ 히스테리시스손 ④ 여자전류 저항손

풀이
무부하손 ┬ 철손 ┬ 히스테리시스손
     │   └ 와류손
     ├ 여자전류에 의한 권선의 저항손
     └ 절연물 중의 유전체손

• 무부하손은 히스테리시스손과 와류손의 합인 철손이라고 해도 무방하다.
• 변압기의 히스테리시스손은 와류손보다 3~4배 정도 크다. **답** ③

49 전기자 총 도체수 152, 4극, 파권인 직류발전기가 전기자 전류를 100[A]로 할 때 매 극당 감자기자력[AT/극]은 얼마인가? (단, 브러시의 이동각은 10°이다.)

① 33.6 ② 52.8
③ 105.6 ④ 211.2

[풀이] $Z=152$, $p=4$, $a=2$(파권), $I_a=100[A]$, $\alpha=10°$이므로 감자기자력 AT_d은

$$AT_d = \frac{I_a Z}{2ap} \cdot \frac{2\alpha}{180} = \frac{100 \times 152}{2 \times 2 \times 4} \cdot \frac{2 \times 10}{180}$$
$$= 105.6 \, [AT/극]$$
답 ③

50 정격전압, 정격주파수가 6600/220[V], 60[Hz], 와류손이 720[W]인 단상변압기가 있다. 이 변압기를 3300[V], 50[Hz]의 전원에 사용하는 경우 와류손은 약 몇 [W]인가?

① 120 ② 150
③ 180 ④ 200

[풀이] 와류손은 주파수(f)와는 무관하고 전압(V)의 제곱에 비례하므로

$$\therefore P_e' = P_e \times \left(\frac{V'}{V}\right)^2 = 720 \times \left(\frac{3300}{6600}\right)^2$$
$$= 180 \, [W]$$
답 ③

51 보극이 없는 직류발전기에서 부하의 증가에 따라 브러시의 위치를 어떻게 하여야 하는가?

① 그대로 둔다.
② 계자극의 중간에 놓는다.
③ 발전기의 회전방향으로 이동시킨다.
④ 발전기의 회전방향과 반대로 이동시킨다.

[풀이] 보극을 가지고 있지 않는 직류기에서는 정류를 잘 되게 하기 위하여 브러시를 전기적 중성축으로 이동시켜야 하는데 발전기의 경우에는 그의 회전방향으로 브러시를 이동시키고, 전동기에서는 그의 회전과는 반대 방향으로 이동시킨다.
답 ③

52 반발기동형 단상유도전동기의 회전방향을 변경하려면?

① 전원의 2선을 바꾼다.
② 주권선의 2선을 바꾼다.
③ 브러시의 접속선을 바꾼다.
④ 브러시의 위치를 조정한다.

[풀이] 반발 기동 유도전동기는 기동시에는 반발 전동기로서 동작시키고 일정 속도에 달하면 정류자 세그먼트(segment)를 단락하여 유도전동기로서 동작하는 전동

기이며, 브러시 이동만으로 기동, 정지, 속도제어가 가능하다.
답 ④

53 동기발전기의 단락비가 1.2이면 이 발전기의 %동기임피던스(p.u)는?

① 0.12 ② 0.25
③ 0.52 ④ 0.83

[풀이] 단락비 $K_s = \dfrac{1}{\%Z_s}$ 이므로

%동기임피던스 $\%Z_s = \dfrac{1}{K_s} = \dfrac{1}{1.2} = 0.83$
답 ④

54 직류전동기의 속도제어 방법이 아닌 것은?

① 계자제어법
② 전압제어법
③ 주파수 제어법
④ 직렬저항 제어법

[풀이] 직류전동기의 속도제어법 비교

구 분	제어 특성	특 징
계자제어법	• 정출력 제어	• 속도제어범위가 좁다.
전압제어법	• 정토크 제어 – 워드 레오나드 방식 – 일그너 방식	• 제어범위가 넓다. • 손실이 매우 적다. • 정역운전이 가능 • 설비비가 많이든다.
직렬저항법		• 효율이 나쁘다.

답 ③

55 다음 ( ) 안에 옳은 내용을 순서대로 나열한 것은?

> SCR에서는 게이트 전류가 흐르면 순방향의 저지상태에서 ( ) 상태로 된다.
> 게이트 전류를 가하여 도통 완료까지의 시간을 ( ) 시간이라 하고 이 시간이 길면 ( )시의 ( )이 많고 소자가 파괴된다.

① 온(On), 턴온(Turn on), 스위칭, 전력손실
② 온(On), 턴온(Turn on), 전력손실, 스위칭
③ 스위칭, 온(On), 턴온(Turn on), 전력손실
④ 턴온(Turn on), 스위칭, 온(On), 전력손실

[풀이] 사이리스터를 확실히 턴온시키기 위해 필요한 최소한의 순전류를 래칭전류라 하고, 게이트가 개방되어 도통되고 있는 상태를 유지하기 위한 최소의 순전류를 유지전류라고 한다. 답 ①

56 동기발전기의 안정도를 증진시키기 위한 대책이 아닌 것은?

① 속응여자방식을 사용한다.
② 정상 임피던스를 작게 한다.
③ 역상·영상 임피던스를 작게 한다.
④ 회전자의 플라이 휠 효과를 크게 한다.

[풀이] 동기발전기의 안정도 증진법
① 동기 임피던스를 작게 한다.
② 속응여자방식을 채택한다.
③ 회전자에 플라이 휠을 설치하여 관성 모멘트를 크게 한다.
④ 정상 임피던스는 작고, 영상, 역상 임피던스를 크게 한다.
⑤ 단락비를 크게 한다.
⑥ 동기 탈조 계전기를 사용한다. 답 ③

57 비돌극형 동기발전기 한 상의 단자전압을 V, 유기기전력을 E, 동기 리액턴스를 X_s, 부하각이 δ이고 전기자저항을 무시할 때 한 상의 최대출력[W]은?

① $\dfrac{EV}{X_s}$ ② $\dfrac{3EV}{X_s}$

③ $\dfrac{E^2V}{X_s}\sin\delta$ ④ $\dfrac{EV^2}{X_s}\sin\delta$

[풀이] 비돌극기의 출력은 다음과 같다.
$P = \dfrac{EV}{Z_s}\sin(\alpha+\delta) - \dfrac{V^2}{Z_s}\sin\alpha$
전기자저항 r_a는 매우 작으므로 이것을 무시하면
$Z_s \fallingdotseq x_s$, $\alpha \fallingdotseq 0$이라 하면
$P \fallingdotseq \dfrac{EV}{x_s}\sin\delta$ [W]이다.
여기서 $\sin\delta = 1$일 때 최대 출력이 되므로
따라서 비돌극형 동기발전기 한 상의 최대 출력 $P_{\max}$은
$P_{\max} = \dfrac{EV}{X_s}\sin\delta = \dfrac{EV}{X_s}\times 1 = \dfrac{EV}{X_s}$ [W] 답 ①

58 60[Hz]의 3상 유도전동기를 동일전압으로 50[Hz]에 사용할 때 ⓐ 무부하전류, ⓑ 온도 상승, ⓒ 속도는 어떻게 변하겠는가?

① ⓐ $\dfrac{60}{50}$으로 증가, ⓑ $\dfrac{60}{50}$으로 증가, ⓒ $\dfrac{50}{60}$으로 감소

② ⓐ $\dfrac{60}{50}$으로 증가, ⓑ $\dfrac{50}{60}$으로 감소, ⓒ $\dfrac{50}{60}$으로 감소

③ ⓐ $\dfrac{50}{60}$으로 감소, ⓑ $\dfrac{60}{50}$으로 증가, ⓒ $\dfrac{50}{60}$으로 감소

④ ⓐ $\dfrac{50}{60}$으로 감소, ⓑ $\dfrac{60}{50}$으로 증가, ⓒ $\dfrac{60}{50}$으로 증가

[풀이] ⓐ 여자전류는 $I_0 \propto \dfrac{V}{f}$이므로 $\dfrac{60}{50}$으로 증가한다.
ⓑ 히스테리시스손 $P_h \propto \dfrac{1}{f}$이므로 온도 상승은 $\dfrac{60}{50}$으로 증가한다.
ⓒ 속도는 $N \propto f$이므로 $\dfrac{50}{60}$으로 감소한다. 답 ①

59 3000/200[V] 변압기의 1차 임피던스가 225[Ω]이면 2차 환산 임피던스는 약 몇 [Ω]인가?

① 1.0 ② 1.5
③ 2.1 ④ 2.8

[풀이] 권수비 $a = \dfrac{E_1}{E_2} = \dfrac{3000}{200} = 15$
따라서 2차 환산 임피던스
$Z_2 = \dfrac{1}{a^2}Z_1 = \dfrac{1}{15^2}\times 225 = 1$[Ω] 답 ①

60 60[Hz], 1328/230[V]의 단상변압기가 있다.

무부하전류 $I = 3\sin\omega t + 1.1\sin(3\omega t + a_3)$[A]

이다. 지금 위와 똑같은 변압기 3대로 Y-△결선하여 1차에 2300[V]의 평형전압을 걸고 2차를 무부하로 하면 △회로를 순환하는 전류(실효치)는 약 몇 [A]인가?

① 0.77 ② 1.10
③ 4.48 ④ 6.35

풀이 Y-△결선이므로 제3고조파 전류는 선로에 흐를 수 없고, 2차 △회로 내부에 순환 전류로 흐르게 된다. 그 크기는 권수비를 곱하여 2차로 환산한 값이며, 실효값으로 표시하면 $\frac{1.1}{\sqrt{2}} \times \frac{1328}{230} = 4.49[A]$이다. **답** ③

풀이 대역폭은 크기가 $0.707M_0$ 또는 $(20\log M_0 - 3)[dB]$에서의 주파수로 정의하며, 대역폭이 넓으면 넓을수록 응답 속도가 빠르고, 대역폭이 좁으면 좁을수록 응답 속도가 늦어진다.
(여기서, M_0 : 영 주파수에서의 이득) **답** ②

4과목 - 회로이론 및 제어공학

61 다음 블록선도의 전달함수는?

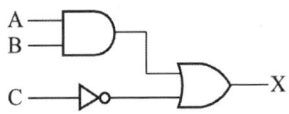

① $\frac{Y(s)}{X(s)} = \frac{ABC}{1 + BCD + ABE}$

② $\frac{Y(s)}{X(s)} = \frac{ABC}{1 + BCD + ABD}$

③ $\frac{Y(s)}{X(s)} = \frac{ABC}{1 + BCE + ABD}$

④ $\frac{Y(s)}{X(s)} = \frac{ABC}{1 + BCE + ABE}$

풀이 전향경로 이득 : ABC
루프 이득 : $-BCE, -ABD$

$\therefore G(s) = \frac{\sum 전향 경로 이득}{1 - \sum 루프이득}$

$= \frac{ABC}{1 - (-BCE - ABD)}$

$= \frac{ABC}{1 + BCE + ABD}$ **답** ③

62 주파수 특성의 정수 중 대역폭이 좁으면 좁을수록 이때의 응답속도는 어떻게 되는가?

① 빨라진다.
② 늦어진다.
③ 빨라졌다 늦어진다.
④ 늦어졌다 빨라진다.

63 다음 논리회로가 나타내는 식은?

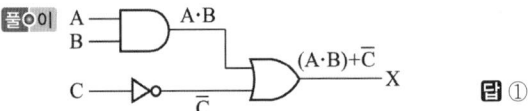

① $X = (A \cdot B) + \overline{C}$
② $X = \overline{(A \cdot B)} + C$
③ $X = \overline{(A + B)} \cdot C$
④ $X = (A + B) \cdot \overline{C}$

풀이

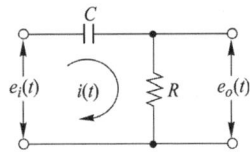

답 ①

64 그림과 같은 요소는 제어계의 어떤 요소인가?

① 적분요소
② 미분요소
③ 1차 지연요소
④ 1차 지연 미분요소

풀이
- 비례 요소 : K
- 미분요소 : Ks
- 적분 요소 : $\frac{K}{s}$
- 1차 지연요소 : $\frac{K}{Ts + 1}$

전달함수 $G(s) = \frac{RCs}{1 + RCs} = \frac{Ts}{1 + Ts}$ 이므로
1차 지연 요소를 포함한 미분요소이다. **답** ④

65 상태방정식으로 표시되는 제어계의 천이행렬 $\Phi(t)$는?

$$\dot{X} = \begin{bmatrix} 0 & 1 \\ 0 & 0 \end{bmatrix} X + \begin{bmatrix} 0 \\ 1 \end{bmatrix} U$$

① $\begin{bmatrix} 0 & t \\ 1 & 1 \end{bmatrix}$ ② $\begin{bmatrix} 1 & 1 \\ 0 & t \end{bmatrix}$

③ $\begin{bmatrix} 1 & t \\ 0 & 1 \end{bmatrix}$ ④ $\begin{bmatrix} 0 & t \\ 1 & 0 \end{bmatrix}$

풀이
$[sI - A] = \begin{bmatrix} s & 0 \\ 0 & s \end{bmatrix} - \begin{bmatrix} 0 & 1 \\ 0 & 0 \end{bmatrix} = \begin{bmatrix} s & -1 \\ 0 & s \end{bmatrix}$

$[sI - A]^{-1} = \dfrac{1}{\begin{vmatrix} s & -1 \\ 0 & s \end{vmatrix}} \begin{bmatrix} s & 1 \\ 0 & s \end{bmatrix} = \begin{bmatrix} \dfrac{1}{s} & \dfrac{1}{s^2} \\ 0 & \dfrac{1}{s} \end{bmatrix}$

$\therefore \Phi(t) = \mathcal{L}^{-1}\{[sI - A]^{-1}\}$
$= \mathcal{L}^{-1} \begin{bmatrix} \dfrac{1}{s} & \dfrac{1}{s^2} \\ 0 & \dfrac{1}{s} \end{bmatrix} = \begin{bmatrix} 1 & t \\ 0 & 1 \end{bmatrix}$ **답** ③

66 $G(j\omega) = \dfrac{1}{j\omega T + 1}$의 크기와 위상각은?

① $G(j\omega) = \sqrt{\omega^2 T^2 + 1} \angle \tan^{-1} \omega T$
② $G(j\omega) = \sqrt{\omega^2 T^2 + 1} \angle -\tan^{-1} \omega T$
③ $G(j\omega) = \dfrac{1}{\sqrt{\omega^2 T^2 + 1}} \angle \tan^{-1} \omega T$
④ $G(j\omega) = \dfrac{1}{\sqrt{\omega^2 T^2 + 1}} \angle -\tan^{-1} \omega T$

풀이
• 크기 $|G(j\omega)| = \left|\dfrac{1}{1+j\omega T}\right| = \dfrac{1}{\sqrt{1+(\omega T)^2}}$
• 위상각 $\theta = -\tan^{-1} \dfrac{\omega T}{1} = -\tan^{-1} \omega T$ **답** ④

67 제어기에서 적분제어의 영향으로 가장 적합한 것은?

① 대역폭이 증가한다.
② 응답 속응성을 개선시킨다.
③ 작동오차의 변화율에 반응하여 동작한다.
④ 정상상태의 오차를 줄이는 효과를 갖는다.

풀이 잔류편차가 발생하는 제어는 비례 제어(P)와 비례 미분 제어(PD)이며, 이러한 잔류편차는 적분 제어(I)를 사용함으로써 제거할 수 있다. **답** ④

68 Routh 안정판별표에서 수열의 제1열이 다음과 같을 때 이 계통의 특성방정식에 양의 실수부를 갖는 근이 몇 개인가?

① 전혀 없다.
② 1개 있다.
③ 2개 있다.
④ 3개 있다.

$\begin{array}{c} 1 \\ 2 \\ -1 \\ 3 \\ 1 \end{array}$

풀이 제1열의 '2'에서 '-1', '-1'에서 '3'으로 부호 변화가 두 번 있으므로 양의 실수를 갖는 근은 2개이다. **답** ③

69 제어장치가 제어대상에 가하는 제어신호로 제어장치의 출력인 동시에 제어대상의 입력인 신호는?

① 목표값 ② 조작량
③ 제어량 ④ 동작신호

풀이 ① **조작신호(량)** : 제어요소에서 **제어대상에 인가되는 신호(량)**이다.
② 동작신호 : 기준입력과 주궤환신호와의 편차인 신호로서 제어 동작을 일으키는 원인이 되는 신호이다.
③ 주궤환 신호 : 동작신호를 얻기 위하여 기준입력과 비교되는 신호로서 제어량의 함수 관계가 된다.
④ 기준입력신호 : 제어계를 동작시키는 기준으로서 목표값에 비례하는 신호입력이다.

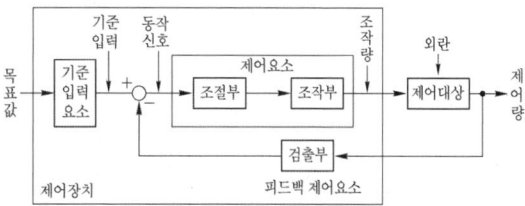

〈폐루프 제어계의 구성도〉 **답** ②

70 회로에서의 전류방향을 옳게 나타낸 것은?

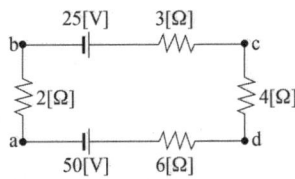

① 알 수 없다. ② 시계방향이다.
③ 흐르지 않는다. ④ 반시계방향이다.

풀이 직류의 전원이 직렬로 연결되어 있는 경우에는 큰 전원에서 작은 전원 쪽으로 전류가 흐르므로 반시계 방향으로 전류가 흐른다. **답** ④

71 입력신호 $x(t)$와 출력신호 $y(t)$의 관계가 다음과 같을 때 전달함수는?

$$\frac{d^2}{dt^2}y(t) + 5\frac{d}{dt}y(t) + 6y(t) = x(t)$$

① $\dfrac{1}{(s+2)(s+3)}$ ② $\dfrac{s+1}{(s+2)(s+3)}$

③ $\dfrac{s+4}{(s+2)(s+3)}$ ④ $\dfrac{s}{(s+2)(s+3)}$

풀이 모든 초기치를 0으로 하고 라플라스 변환하면
$(s^2 + 5s + 6)Y(s) = X(s)$
$\therefore \dfrac{Y(s)}{X(s)} = \dfrac{1}{s^2 + 5s + 6} = \dfrac{1}{(s+2)(s+3)}$ **답** ①

72 특성방정식 $s^5 + 2s^4 + 2s^3 + 3s^2 + 4s + 1$을 Routh-Hurwitz 판별법으로 분석한 결과로 옳은 것은?

① s-평면의 우반면에 근이 존재하지 않기 때문에 안정한 시스템이다.
② s-평면의 우반면에 근이 1개 존재하기 때문에 불안정한 시스템이다.
③ s-평면의 우반면에 근이 2개 존재하기 때문에 불안정한 시스템이다.
④ s-평면의 우반면에 근이 3개 존재하기 때문에 불안정한 시스템이다.

풀이

s^5	1	2	4
s^4	2	3	1
s^3	$\frac{2\times2-1\times3}{2}=0.5$	$\frac{2\times4-1\times1}{2}=3.5$	0
s^2	$\frac{0.5\times3-2\times3.5}{0.5}=-11$	1	
s^1	$\frac{-11\times3.5-0.5\times1}{-11} \fallingdotseq 3.55$	0	
s^0	1		

루드 표에서 제1열의 부호가 2번 변하므로 우반면의 불안정한 근이 2개가 존재한다. **답** ③

73 회로에서 10[mH]의 인덕턴스에 흐르는 전류는 일반적으로 $i(t) = A + Be^{-at}$로 표시된다. a의 값은?

① 100
② 200
③ 400
④ 500

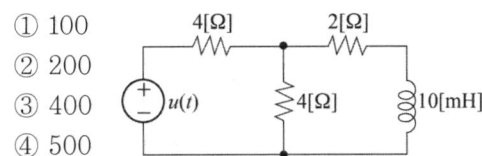

풀이 ① 개방전압과 등가저항

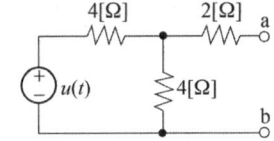

- 개방전압 $V_{ab} = 0.5u(t)$
- 테브난 등가저항 $R_{th} = 2 + \dfrac{4\times4}{4+4} = 4[\Omega]$

③ 테브난 등가회로

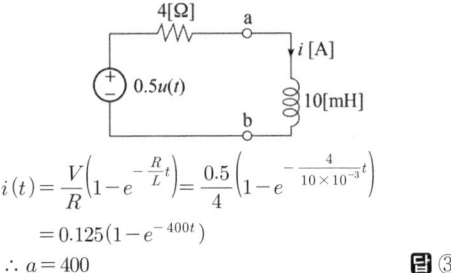

$i(t) = \dfrac{V}{R}\left(1 - e^{-\frac{R}{L}t}\right) = \dfrac{0.5}{4}\left(1 - e^{-\frac{4}{10\times10^{-3}}t}\right)$
$= 0.125(1 - e^{-400t})$
$\therefore a = 400$ **답** ③

74 RL 직렬회로에 $e = 100\sin(120\pi t)$[V]의 전압을 인가하여 $i = 2\sin(120\pi t - 45°)$[A]의 전류가 흐르도록 하려면 저항은 몇 [Ω]인가?

① 25.0 ② 35.4 ③ 50.0 ④ 70.7

풀이
$$Z = \frac{V_m}{I_m} = \frac{100\angle 0°}{2\angle -45°} = 50\angle 45°$$
$$= 50(\cos 45° + j\sin 45°) = 35.4 + j35.4[\Omega]$$
임피던스 $Z = R + jX$ 이므로
$$\therefore R = 35.4[\Omega], \ X = 35.4[\Omega] \quad \text{답} ②$$

75 3상 △부하에서 각 선전류를 I_a, I_b, I_c라 하면 전류의 영상분[A]은? (단, 회로는 평형 상태이다.)

① ∞ ② 1
③ $\frac{1}{3}$ ④ 0

풀이 중성점 비접지식 전류에서 $I_a + I_b + I_c = 0$ 이므로 영상분 전류
$$I_0 = \frac{1}{3}(I_a + I_b + I_c) = \frac{1}{3} \times 0 = 0[A] \quad \text{답} ④$$

76 정현파 교류전원 $e = E_m \sin(\omega t + \theta)[V]$가 인가된 RLC 직렬회로에 있어서 $\omega L > \frac{1}{\omega C}$ 일 경우, 이 회로에 흐르는 전류 $I[A]$의 위상은 인가 전압 $e[V]$의 위상보다 어떻게 되는가?

① $\tan^{-1}\dfrac{\omega L - \dfrac{1}{\omega C}}{R}$ 앞선다.

② $\tan^{-1}\dfrac{\omega L - \dfrac{1}{\omega C}}{R}$ 뒤진다.

③ $\tan^{-1} R\left(\dfrac{1}{\omega L} - \omega C\right)$ 앞선다.

④ $\tan^{-1} R\left(\dfrac{1}{\omega L} - \omega C\right)$ 뒤진다.

풀이 임피던스 $Z = R + j\left(\omega L - \dfrac{1}{\omega C}\right)$

• $\omega L > \dfrac{1}{\omega C}$: 유도성 회로, 지상전류(I_L)
• $\omega L < \dfrac{1}{\omega C}$: 용량성 회로, 진상전류(I_C)

따라서
$$\theta = \tan^{-1}\frac{허수부}{실수부} = \tan^{-1}\frac{\omega L - \dfrac{1}{\omega C}}{R} \ 뒤진다. \quad \text{답} ②$$

77 분포정수 선로에서 위상정수를 β[rad/m]라 할 때 파장은?

① $2\pi\beta$ ② $\dfrac{2\pi}{\beta}$
③ $4\pi\beta$ ④ $\dfrac{4\pi}{\beta}$

풀이 위상 정수 β와 파장 λ 사이의 관계는
$\lambda\beta = 2\pi$ 이므로 $\therefore \lambda = \dfrac{2\pi}{\beta}$ 답 ②

78 그림과 같은 $R-C$ 병렬회로에서 전원전압이 $e(t) = 3e^{-5t}$인 경우 이 회로의 임피던스는?

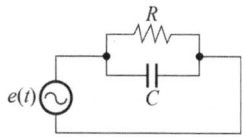

① $\dfrac{j\omega RC}{1 + j\omega RC}$ ② $\dfrac{R}{1 - 5RC}$
③ $\dfrac{R}{1 + RCs}$ ④ $\dfrac{1 + j\omega RC}{R}$

풀이
• 임피던스 $Z = \dfrac{R \cdot \dfrac{1}{j\omega C}}{R + \dfrac{1}{j\omega C}} = \dfrac{R}{1 + j\omega CR}$

• $e(t) = re^{j\omega t} = 3e^{-5t}$ 에서 $j\omega = -5$

$\therefore Z = \dfrac{R}{1 + j\omega CR} = \dfrac{R}{1 - 5CR} [\Omega]$ 답 ②

79 성형(Y)결선의 부하가 있다. 선간전압 300[V]의 3상 교류를 가했을 때 선전류가 40[A]이고, 역률이 0.8이라면 리액턴스는 약 몇 [Ω]인가?

① 1.66 ② 2.60
③ 3.56 ④ 4.33

풀이 ① 임피던스 $Z = \dfrac{V_p}{I} = \dfrac{300/\sqrt{3}}{40} = 4.33[\Omega]$

② 역률 $\cos\theta = \dfrac{R}{Z} = \dfrac{R}{4.33} = 0.80$ 이므로
$R = 0.8 \times 4.33 = 3.46[\Omega]$

③ $Z=\sqrt{R^2+X^2}$ [Ω]이므로
따라서 리액턴스
$X=\sqrt{Z^2-R^2}=\sqrt{4.33^2-3.46^2}$
$=2.60$ [Ω] 	**답** ②

80 그림의 회로에서 합성 인덕턴스는?

① $\dfrac{L_1L_2-M^2}{L_1+L_2-2M}$

② $\dfrac{L_1L_2+M^2}{L_1+L_2-2M}$

③ $\dfrac{L_1L_2-M^2}{L_1+L_2+2M}$

④ $\dfrac{L_1L_2+M^2}{L_1+L_2+2M}$

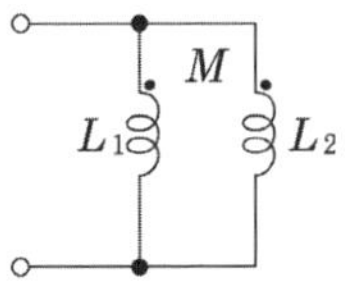

풀이 병렬접속형의 등가회로를 그려 보면 그림과 같다.

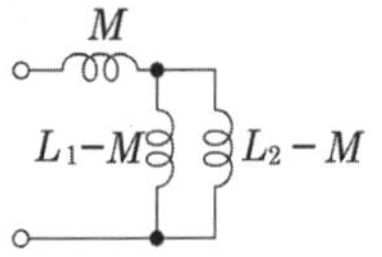

따라서 합성 인덕턴스 L_0는
$L_0=M+\dfrac{(L_1-M)(L_2-M)}{(L_1-M)+(L_2-M)}$
$=\dfrac{L_1L_2-M^2}{L_1+L_2-2M}$ 	**답** ①

5과목 - 전기설비기술기준

81 가공전선로에 사용하는 지지물의 강도 계산 시 구성재의 수직 투영면적 1[m³]에 대한 풍압을 기초로 적용하는 갑종풍압하중 값의 기준으로 틀린 것은?

① 목주 : 588[Pa]
② 원형 철주 : 588[Pa]
③ 철근콘크리트주 : 1117[Pa]
④ 강관으로 구성된 철탑(단주는 제외) : 1255[Pa]

풀이 331.6 풍압하중의 종별과 적용

풍압을 받는 구분				풍압[Pa]
목주				588
지지물	철주	원형의 것		588
		삼각형 또는 마름모형의 것		1,412
		강관에 의하여 구성되는 4각형의 것		1,117
		기타의 것으로 복재가 전후면에 겹치는 경우		1,627
		기타의 것으로 겹치지 않은 경우		1,784
	철근 콘크리트주	원형의 것		588
		기타의 것		882
	철탑	단주 (완철류는 제외함)	원형의 것	588
			기타의 것	1,117
		강관으로 구성되는 것(단주는 제외함)		1,255
		기타의 것		2,157

답 ③

82 최대 사용전압 7[kV] 이하 전로의 절연내력을 시험할 때 시험전압을 연속하여 몇 분간 가하였을 때 이에 견디어야 하는가?

① 5분   ② 10분
③ 15분 ④ 30분

풀이 132 전로의 절연저항 및 절연내력
고압 및 특고압의 전로는 시험전압을 전로와 대지 사이에 연속하여 10분간 가하여 절연내력을 시험하였을 때에 이에 견디어야 한다. 	**답** ②

83 고압 인입선 시설에 대한 설명으로 틀린 것은?

① 15[m] 떨어진 다른 수용가에 고압 연접인입선을 시설하였다.
② 전선은 5[mm] 경동선과 동등한 세기의 고압 절연전선을 사용하였다.
③ 고압 가공인입선 아래에 위험표시를 하고 지표상 3.5[m]의 높이에 설치하였다.
④ 횡단 보도교 위에 시설하는 경우 케이블을 사용하여 노면상에서 3.5[m]의 높이에 시설하였다.

풀이 331.12.1 고압 가공인입선의 시설
가. 고압 가공인입선의 전선
① 인장강도 8.01[kN] 이상의 고압 절연전선, 특고압 절연전선

② 지름 5[mm] 이상의 경동선의 고압 절연전선, 특고압 절연전선
나. 고압 가공인입선의 높이는 지표상 5[m]로 하여야 한다. 그러나 그 고압 가공인입선이 케이블 이외의 것인 때에는 그 전선의 아래쪽에 위험 표시를 하면 고압 가공인입선의 높이는 지표상 3.5[m]까지로 감할 수 있다.
다. 횡단보도교의 위에 시설하는 경우에는 그 노면상 3.5[m] 이상
라. 고압 연접인입선은 시설하여서는 아니 된다.

답 ①

84
공통접지공사 적용시 선도체의 단면적이 16[mm²]인 경우 보호도체(PE)에 적합한 단면적은? (단, 보호도체의 재질이 선도체와 같은 경우)

① 4 ② 6 ③ 10 ④ 16

풀이 142.3.2 보호도체
보호도체의 최소 단면적은 다음에 의한다.

선도체의 단면적 S (mm², 구리)	보호도체의 최소 단면적(mm², 구리)	
	보호도체의 재질	
	선도체와 같은 경우	선도체와 다른 경우
$S \leq 16$	S	$(k_1/k_2) \times S$
$16 < S \leq 35$	$16^{(a)}$	$(k_1/k_2) \times 16$
$S > 35$	$S^{(a)}/2$	$(k_1/k_2) \times (S/2)$

여기서,
- k_1 : 선도체에 대한 k값
- k_2 : 보호도체에 대한 k값
- a : PEN 도체의 최소단면적은 중성선과 동일하게 적용한다

답 ④

85
일반 변전소 또는 이에 준하는 곳의 주요 변압기에 반드시 시설하여야 하는 계측장치가 아닌 것은?

① 주파수 ② 전압
③ 전류   ④ 전력

풀이 351.6 계측장치
변전소 또는 이에 준하는 곳에는 다음의 사항을 계측하는 장치를 시설하여야 한다. 다만, 전기철도용 변전소는 주요 변압기의 전압을 계측하는 장치를 시설하지 아니할 수 있다.
가. 주요 변압기의 전압 및 전류 또는 전력
나. 특고압용 변압기의 온도

답 ①

86
345[kV] 가공전선이 154[kV] 가공전선과 교차하는 경우 이들 양 전선 상호 간의 이격거리는 몇 [m] 이상이어야 하는가?

① 4.48 ② 4.96
③ 5.48 ④ 5.82

풀이 333.27 특고압 가공전선 상호 간의 접근 또는 교차

사용전압의 구분	이격거리
35[kV] 이하	• 특고압 가공전선에 케이블을 사용하고 다른 특고압 가공전선에 특고압 절연전선 또는 케이블을 사용하는 경우 : 0.5[m] • 각각의 특고압 가공전선에 특고압 절연전선을 사용하는 경우 : 1[m]
60[kV] 이하	2[m]
60[kV] 초과	• 이격거리 = 2 + 단수 × 0.12[m] • 단수 = $\frac{전압[kV]-60}{10}$ 단수계산에서 소수점 이하는 절상

• 단수 = $\frac{345-60}{10}$ = 28.5 → 29단
• 이격거리 = $2 + 29 \times 0.12 = 5.48[m]$

답 ③

87
애자공사에 의한 저압 옥내배선을 시설할 때 전선의 지지점 간의 거리는 전선을 조영재의 윗면 또는 옆면에 따라 붙일 경우 몇 [m] 이하인가?

① 1.5 ② 2
③ 2.5 ④ 3

풀이 232.56 애자공사
가. 전선의 종류 : 절연 전선. 단, 옥외용 비닐 절연 전선(OW) 및 인입용 비닐 절연 전선(DV)은 제외한다.
나. 이격 거리

전압	전선과 조영재와의 이격 거리	전선 상호 간격	전선 지지점 간의 거리	
			조영재의 윗면 또는 옆면에 따라 시설	조영재에 따라 시설하지 않는 경우
400[V] 이하	2.5[cm] 이상	6[cm] 이상	2[m] 이하	—
400[V] 초과	건조한 장소 2.5[cm] 이상			6[m] 이하
	기타의 장소 4.5[cm] 이상			

답 ②

88 고압가공전선으로 경동선을 사용하는 경우 안전율은 얼마 이상이 되는 이도(弛度)로 시설하여야 하는가?

① 2.0
② 2.2
③ 2.5
④ 4.0

풀이 332.4 고압 가공전선의 안전율, 222.6 저압 가공전선의 안전율
가공전선이 케이블 이외인 경우 안전율이 다음 이상이 되는 이도로 시설하여야 한다.
가. **경동선 또는 내열 동합금선 : 2.2 이상**
나. 그 밖의 전선 : 2.5
답 ②

89 백열전등 또는 방전등에 전기를 공급하는 옥내 전로의 대지전압은 몇 [V] 이하인가?

① 120
② 150
③ 200
④ 300

풀이 231.6 옥내전로의 대지 전압의 제한
백열전등 또는 방전등에 전기를 공급하는 옥내의 전로의 대지전압은 300[V] 이하이어야 한다.
답 ④

90 특수장소에 시설하는 전선로의 기준으로 틀린 것은?

① 교량의 윗면에 시설하는 저압전선로는 교량 노면상 5[m] 이상으로 할 것
② 교량에 시설하는 고압전선로에서 전선과 조영재 사이의 이격거리는 20[cm] 이상일 것
③ 저압전선로와 고압전선로를 같은 벼랑에 시설하는 경우 고압전선과 저압전선 사이의 이격거리는 50[cm] 이상일 것
④ 벼랑과 같은 수직부분에 시설하는 전선로는 부득이한 경우에 시설하며, 이 때 전선의 지지점간의 거리는 15[m] 이하이어야 한다.

풀이 335.6 교량에 시설하는 전선로
가. 교량의 윗면에 시설하는 것은 전선의 높이를 교량의 노면상 5[m] 이상으로 하여 시설할 것.
나. **전선과 조영재 사이의 이격거리는** 전선이 케이블인 경우 이외에는 **0.3[m] 이상일 것.**

335.8 급경사지에 시설하는 전선로의 시설
가. 전선의 지지점 간의 거리는 15[m] 이하일 것.
나. 저압 전선로와 고압 전선로를 같은 벼랑에 시설하는 경우에는 고압 전선로를 저압 전선로의 위로하고 또한 고압전선과 저압 전선 사이의 이격거리는 0.5[m] 이상일 것.
답 ②

91 고압 옥내배선의 시설 공사로 할 수 없는 것은?

① 케이블공사
② 금속제가요전선관공사
③ 케이블트레이공사
④ 애자공사(건조한 장소로서 전개된 장소)

풀이 342.1 고압 옥내배선 등의 시설
가. 고압 옥내배선은 다음에 따라 시설하여야 한다.
 ① 애자공사(건조한 장소로서 전개된 장소에 한한다)
 ② 케이블공사
 ③ 케이블트레이공사
나. 전선은 공칭단면적 6[mm²] 이상의 연동선
답 ②

92 사용전압 154[kV]의 특고압가공전선로를 시가지에 시설하는 경우 지표상 몇 [m] 이상에 시설하여야 하는가?

① 7
② 8
③ 9.44
④ 11.44

풀이 333.1 시가지 등에서 특고압 가공전선로의 시설

사용전압의 구분	지표상의 높이
35[kV] 이하	10[m] (전선이 특고압 절연전선인 경우에는 8[m])
35[kV] 초과	10[m]에 35[kV]를 초과하는 10[kV] 또는 그 단수마다 12[cm]를 더한 값

• 단수 = $\frac{154-35}{10}$ = 11.9 → 12단
• 지표상의 높이 = $10 + 12 \times 0.12 = 11.44$[m]
답 ④

93 가공전선로 지지물 기초의 안전율은 일반적으로 얼마 이상인가?

① 1.5
② 2
③ 2.2
④ 2.5

풀이 331.7 가공전선로 지지물의 기초의 안전율
가공전선로의 지지물에 하중이 가하여지는 경우에 그 하중을 받는 지지물의 **기초의 안전율은 2**(이상 시 상정하중에 대한 철탑의 기초에 대하여는 1.33) **이상**이어야 한다.
답 ②

94 "지중관로"에 대한 정의로 가장 옳은 것은?

① 지중전선로 · 지중 약전류 전선로와 지중매설지선 등을 말한다.
② 지중전선로 · 지중 약전류 전선로와 복합 케이블선로 · 기타 이와 유사한 것 및 이들에 부속되는 지중함을 말한다.
③ 지중전선로 · 지중 약전류 전선로 · 지중에 시설하는 수관 및 가스관과 지중매설지선을 말한다.
④ 지중전선로 · 지중 약전류 전선로 · 지중 광섬유 케이블 선로 · 지중에 시설하는 수관 및 가스관과 기타 이와 유사한 것 및 이들에 부속하는 지중함 등을 말한다.

풀이 112 용어 정의
"지중 관로"란 지중 전선로 · 지중 약전류 전선로 · 지중 광섬유 케이블 선로 · 지중에 시설하는 수관 및 가스관과 이와 유사한 것 및 이들에 부속하는 지중함 등을 말한다.
답 ④

95 가공전선로의 지지물에 시설하는 지선의 시설 기준으로 옳은 것은?

① 지선의 안전율은 1.2 이상일 것
② 소선은 최소 5가닥 이상의 연선일 것
③ 도로를 횡단하여 시설하는 지선의 높이는 일반적으로 지표상 5[m] 이상으로 할 것
④ 지중부분 및 지표상 60[cm]까지의 부분은 아연도금을 한 철봉 등 부식하기 어려운 재료를 사용할 것

풀이 331.11 지선의 시설
가. 지선의 안전율은 2.5 이상일 것. 이 경우에 허용 인장하중의 최저는 4.31[kN]으로 한다.
나. 지선에 연선을 사용할 경우에는 다음에 의할 것.
　① 소선 3가닥 이상의 연선일 것.
　② 소선의 지름이 2.6[mm] 이상의 금속선을 사용한 것일 것.
다. 지중부분 및 지표상 0.3[m]까지의 부분에는 내식성이 있는 것 또는 아연도금을 한 철봉을 사용하고 쉽게 부식되지 않는 근가에 견고하게 붙일 것.
라. 도로를 횡단하여 시설하는 지선의 높이는 **지표상 5[m] 이상**으로 하여야 한다.
답 ③

96 저압 옥내배선에 적용하는 사용전선의 내용 중 틀린 것은?

① 단면적 2.5[mm^2] 이상의 연동선이어야 한다.
② 무기물 절연 케이블로 옥내배선을 하려면 케이블 단면적은 2[mm^2] 이상이어야 한다.
③ 진열장 등 사용전압이 400[V] 이하인 경우 0.75[mm^2] 이상인 코드 또는 캡타이어케이블을 사용할 수 있다.
④ 전광표시장치 또는 제어회로에 사용전압이 400[V] 이하인 경우 사용하는 배선은 단면적 1.5[mm^2] 이상의 연동선을 사용하고 합성수지관 공사로 할 수 있다.

풀이 231.3.1 저압 옥내배선의 사용전선
가. 저압 옥내배선의 전선 : 단면적 2.5[mm^2] 이상의 연동선
나. 옥내배선의 사용전압이 400 [V] 이하인 경우는 다음에 의하여 시설할 수 있다.
　① 전광표시 장치 또는 제어 회로
　　• 단면적 1.5[mm^2] 이상의 연동선
　　• 단면적 0.75[mm^2] 이상인 다심케이블 또는 다심 캡타이어 케이블을 사용하고 또한 과전류가 생겼을 때에 자동적으로 전로에서 차단하는 장치를 시설
　② 진열장 또는 이와 유사한 것의 내부 배선 : 단면적 0.75[mm^2] 이상인 코드 또는 캡타이어케이블
답 ②

97 지중전선로의 시설에서 관로식에 의하여 시설하는 경우 매설깊이는 몇 [m] 이상으로 하여야 하는가?

① 0.6　　② 1.0
③ 1.2　　④ 1.5

풀이 334.1 지중전선로의 시설
가. 지중 전선로는 전선에 케이블을 사용하고 또한 관로식·암거식 또는 직접 매설식에 의하여 시설하여야 한다.
나. 지중 전선로를 관로식 또는 암거식에 의하여 시설하는 경우에는 다음에 따라야 한다.
① **관로식**에 의하여 시설하는 경우에는 **매설 깊이를 1.0[m] 이상**, 중량물의 압력을 받을 우려가 없는 곳은 0.6[m] 이상
② 암거식에 의하여 시설하는 경우에는 견고하고 차량 기타 중량물의 압력에 견디는 것을 사용할 것.
다. 지중 전선로를 직접 매설식에 의하여 시설하는 경우에는 매설 깊이를 차량 기타 중량물의 압력을 받을 우려가 있는 장소에는 1.0[m] 이상, 기타 장소에는 0.6[m] 이상 **답** ②

98 케이블 트레이공사 적용 시 적합한 사항은?

① 난연성 케이블을 사용한다.
② 케이블 트레이의 안전율은 2.0 이상으로 한다.
③ 케이블 트레이 안에서 전선접속은 허용하지 않는다.
④ 사용전압이 400[V] 미만인 경우 접지공사를 하지 않는다.

풀이 232.41 케이블트레이공사
가. 전선은 연피케이블, 알루미늄피 케이블 등 **난연성 케이블** 또는 기타 케이블(적당한 간격으로 연소방지 조치를 하여야 한다) 또는 금속관 혹은 합성수지관 등에 넣은 절연전선을 사용하여야 한다.
나. 케이블트레이 안에서 전선을 접속하는 경우에는 전선 접속부분에 사람이 접근할 수 있고 또한 그 부분이 측면 레일 위로 나오지 않도록 하고 그 부분을 절연처리 하여야 한다.
다. 케이블 트레이의 **안전율은 1.5 이상**으로 하여야 한다.
라. 금속재의 것은 적절한 방식처리를 한 것이거나 내식성 재료의 것이어야 한다.
마. 비금속제 케이블 트레이는 난연성 재료의 것이어야 한다.
바. 금속제 케이블 트레이 계통은 기계적 및 전기적으로 완전하게 접속하여야 하며 금속제 트레이는 **접지공사를 하여야 한다.** **답** ①

99 가공 접지선을 사용하여 접지공사를 하는 경우 변압기의 시설 장소로부터 몇 [m]까지 떼어 놓을 수 있는가?

① 50
② 100
③ 150
④ 200

풀이 322.1 고압 또는 특고압과 저압의 혼촉에 의한 위험방지 시설
접지공사는 변압기의 시설장소마다 시행하여야 한다. 다만, 토지의 상황에 의하여 변압기의 시설장소에서 규정에 의한 접지 저항 값을 얻기 어려운 경우, 인장강도 5.26[kN] 이상 또는 **지름 4[mm] 이상**의 가공 접지도체를 변압기의 시설장소로부터 200[m]까지 떼어놓을 수 있다. **답** ④

> 출제기준 변경 및 개정된 관계 법규에 따라 삭제된 문제가 있어 20문항이 안됩니다.

2018년 1회 전기기사필기

동일출판사 홈페이지에서 무료 동영상강의를 보실 수 있습니다.

1과목 - 전기자기

01 평면도체표면에서 r[m]의 거리에 점전하 Q[C]이 있을 때 이 전하를 무한원까지 운반하는데 필요한 일은 몇 [J]인가?

① $\dfrac{Q^2}{4\pi\epsilon_0 r}$ ② $\dfrac{Q^2}{8\pi\epsilon_0 r}$

③ $\dfrac{Q^2}{16\pi\epsilon_0 r}$ ④ $\dfrac{Q^2}{32\pi\epsilon_0 r}$

풀이

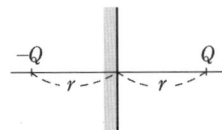

작용력 F은
$$F = \dfrac{-Q^2}{4\pi\epsilon_0(2r)^2} = \dfrac{-Q^2}{16\pi\epsilon_0 r^2}[\text{N}](흡인력)$$

요하는 일 W은
$$W = \int_r^\infty F dr$$
$$= \dfrac{Q^2}{16\pi\epsilon_0}\int_r^\infty \dfrac{1}{r^2}dr = \dfrac{Q^2}{16\pi\epsilon_0}\left[-\dfrac{1}{r}\right]_r^\infty$$
$$= \dfrac{Q^2}{16\pi\epsilon_0 r}[\text{J}]$$

답 ③

02 역자성체에서 비투자율(μ_s)은 어느 값을 갖는가?

① $\mu_s = 1$ ② $\mu_s < 1$
③ $\mu_s > 1$ ④ $\mu_s = 0$

풀이 비투자율 $\mu_s = \dfrac{\mu}{\mu_0} = 1 + \dfrac{\chi_m}{\mu_0}$에서,
$\mu_s > 1(\chi_m > 0)$이면 상자성체,
$\mu_s < 1(\chi_m < 0)$이면 **역자성체**가 된다.

답 ②

03 비유전율 $\epsilon_{r1}, \epsilon_{r2}$인 두 유전체가 나란히 무한평면으로 접하고 있고, 이 경계면에 평행으로 유전체의 비유전율 ϵ_{r1} 내에 경계면으로부터 d[m]인 위치에 선전하밀도 ρ[C/m]인 선상전하가 있을 때, 이 선전하와 유전체 ϵ_{r2} 간의 단위 길이당의 작용력은 몇 [N/m]인가?

① $9 \times 10^9 \times \dfrac{\rho^2}{\epsilon_{r2}d} \times \dfrac{\epsilon_{r1} + \epsilon_{r2}}{\epsilon_{r1} - \epsilon_{r2}}$

② $2.25 \times 10^9 \times \dfrac{\rho^2}{\epsilon_{r2}d} \times \dfrac{\epsilon_{r1} - \epsilon_{r2}}{\epsilon_{r1} + \epsilon_{r2}}$

③ $9 \times 10^9 \times \dfrac{\rho^2}{\epsilon_{r1}d} \times \dfrac{\epsilon_{r1} - \epsilon_{r2}}{\epsilon_{r1} + \epsilon_{r2}}$

④ $2.25 \times 10^9 \times \dfrac{\rho^2}{\epsilon_{r1}d} \times \dfrac{\epsilon_{r1} - \epsilon_{r2}}{\epsilon_{r1} + \epsilon_{r2}}$

풀이

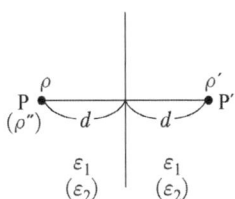

① 전 공간이 ϵ_1의 유전체로 채워져 있고 점 P'에 선전하 ρ'을 놓은 경우와 전 공간이 ϵ_2의 유전체로 채워져 있고 점 P에 선전하 ρ''을 놓은 경우, 유전체 경계조건을 만족하도록 전속밀도와 전계의 세기를 각각 구하여 등가로 놓으면 영상 선전하밀도 ρ', ρ''은
$$\rho' = \dfrac{\epsilon_1 - \epsilon_2}{\epsilon_1 + \epsilon_2}\rho, \quad \rho'' = \dfrac{2\epsilon_2}{\epsilon_1 + \epsilon_2}\rho$$
가 된다.

② 선전하 ρ와 유전체 ϵ_2 간의 작용력은 전 공간이 유전체 ϵ_1으로 채워져 있고 ρ, ρ'이 거리 $2d$만큼 떨어진 경우의 영상력 F를 의미한다.

따라서 단위 길이당 작용력은 $F = \rho' E$으로부터
$$F = \rho' E = \dfrac{\rho}{2\pi\epsilon_1(2d)} \cdot \rho'$$
$$= \dfrac{\rho^2}{4\pi\epsilon_1 d} \cdot \dfrac{\epsilon_1 - \epsilon_2}{\epsilon_1 + \epsilon_2}$$
$$= 9 \times 10^9 \cdot \dfrac{\rho^2}{\epsilon_{r1}d} \cdot \dfrac{\epsilon_{r1} - \epsilon_{r2}}{\epsilon_{r1} + \epsilon_{r2}}[\text{N/m}]$$
가 구해진다.

답 ③

04 점전하에 의한 전계는 쿨롱의 법칙을 사용하면 되지만 분포되어 있는 전하에 의한 전계를 구할 때는 무엇을 이용하는가?

① 렌츠의 법칙 ② 가우스의 정리
③ 라플라스 방정식 ④ 스토크스의 정리

풀이 전하가 임의의 분포(즉, 선, 면, 체적 분포)를 하고 있을 때, 폐곡면 내의 전 전하에 대해 폐곡면을 통과하는 전기력선의 수 또는 전속과의 관계를 수학적으로 표현한 식을 가우스 법칙(정리)이라 한다. **답** ②

05 패러데이관(Faraday tube)의 성질에 대한 설명으로 틀린 것은?

① 패러데이관 중에 있는 전속수는 그 관속에 진전하가 없으면 일정하며 연속적이다.
② 패러데이관의 양단에는 양 또는 음의 단위 진전하가 존재하고 있다.
③ 패러데이관 한 개의 단위 전위차 당 보유에너지는 1/2[J]이다.
④ 패러데이관의 밀도는 전속밀도와 같지 않다.

풀이
- 패러데이관 내의 전속수는 일정하다.
- 패러데이관 양단에 정, 부의 단위 전하가 있다.
- 진전하가 없는 점에서 패러데이관은 연속이다.
- 패러데이관의 밀도는 전속밀도와 같다. **답** ④

06 공기 중에 있는 지름 6[cm]인 단일 도체구의 정전용량은 약 몇 [pF]인가?

① 0.34 ② 0.67
③ 3.34 ④ 6.71

풀이 도체구의 정전용량 $C = 4\pi\epsilon_0\epsilon_s a$ [F] (단, a는 반지름이다.)에서 공기의 비유전율은 1이므로

$$\therefore C = 4\pi\epsilon_0\epsilon_s a = \frac{1}{9\times 10^9} \times 1 \times \frac{6\times 10^{-2}}{2}$$
$$= 3.33\times 10^{-12}[F] = 3.33[pF]$$ **답** ③

07 유전률이 ϵ_1, ϵ_2[F/m]인 유전체 경계면에 단위 면적 당 작용하는 힘은 몇 [N/m²]인가? (단, 전계가 경계면에 수직인 경우이며, 두 유전체의 전속밀도 $D_1 = D_2 = D$이다.)

① $2\left(\dfrac{1}{\epsilon_1} - \dfrac{1}{\epsilon_2}\right)D^2$ ② $2\left(\dfrac{1}{\epsilon_1} + \dfrac{1}{\epsilon_2}\right)D^2$
③ $\dfrac{1}{2}\left(\dfrac{1}{\epsilon_1} + \dfrac{1}{\epsilon_2}\right)D^2$ ④ $\dfrac{1}{2}\left(\dfrac{1}{\epsilon_2} - \dfrac{1}{\epsilon_1}\right)D^2$

풀이 ① 전계가 경계면에 수직인 경우
$$f_n = \frac{1}{2}(E_2 - E_1)\cdot D$$
$$= \frac{1}{2}\left(\frac{1}{\epsilon_2} - \frac{1}{\epsilon_1}\right)D^2 [N/m^2]$$
② 전계가 경계면에 평행인 경우
$$f_n = \frac{1}{2}(E_1\cdot D_1 - E_2\cdot D_2)$$
$$= \frac{1}{2}(\epsilon_1 - \epsilon_2)E^2 [N/m^2]$$
①, ② 모두 유전율이 큰 쪽에서 유전율이 작은 쪽으로 끌려 들어가는 맥스웰 응력이 작용한다. **답** ④

08 진공 중에 균일하게 대전된 반지름 a[m]인 선 전하밀도 λ_l[C/m]의 원환이 있을 때, 그 중심으로부터 중심축 상 x[m]의 거리에 있는 점의 전계의 세기는 몇 [V/m]인가?

① $\dfrac{a\lambda_l x}{2\epsilon_0(a^2 + x^2)^{\frac{3}{2}}}$ ② $\dfrac{a\lambda_l x}{\epsilon_0(a^2 + x^2)^{\frac{3}{2}}}$
③ $\dfrac{\lambda_l x}{2\epsilon_0(a^2 + x^2)}$ ④ $\dfrac{\lambda_l x}{\epsilon_0(a^2 + x^2)}$

풀이

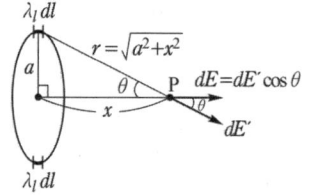

미소길이 dl의 미소전하 $dq = \lambda_l dl$이고
이 dq를 점전하로 취급하면 P점의 전계 dE'는
$$dE' = \frac{dq}{4\pi\epsilon_0 r^2} = \frac{\lambda_l dl}{4\pi\epsilon_0(a^2+x^2)}$$

이 전계의 수직분력은 원환 지름의 반대쪽 전하 $\lambda_l dl$에 의한 전계의 수직분력에 의해 상쇄되므로 x축상의 수평분력 dE는

$$dE = dE'\cos\theta = dE'\frac{x}{r} = \frac{\lambda_l x dl}{4\pi\epsilon_0(a^2+x^2)^{\frac{3}{2}}}$$

따라서 원환 전체에 대한 P점의 전계 E는

$$E = \oint dE = \frac{\lambda_l x}{4\pi\epsilon_0(a^2+x^2)^{\frac{3}{2}}}\int_0^{2\pi a} dl$$

$$= \frac{\lambda_l x \cdot 2\pi a}{4\pi\epsilon_0(a^2+x^2)^{\frac{3}{2}}} = \frac{a\lambda_l x}{2\epsilon_0(a^2+x^2)^{\frac{3}{2}}}\,[V/m]$$

답 ①

09 내압 1000[V] 정전용량 1[μF], 내압 750[V] 정전용량 2[μF], 내압 500[V] 정전용량 5[μF]인 콘덴서 3개를 직렬로 접속하고 인가전압을 서서히 높이면 최초로 파괴되는 콘덴서는?

① 1[μF] ② 2[μF]
③ 5[μF] ④ 동시에 파괴된다.

풀이 직렬회로에서 각 콘덴서의 전하용량이 작을수록 빨리 파괴된다.
$Q_1 = C_1 V_1 = 1\times 10^{-6}\times 1000 = 1\times 10^{-3}\,[C]$
$Q_2 = C_2 V_2 = 2\times 10^{-6}\times 750 = 1.5\times 10^{-3}\,[C]$
$Q_3 = C_3 V_3 = 5\times 10^{-6}\times 500 = 2.5\times 10^{-3}\,[C]$
따라서 전하용량이 $Q_3 > Q_2 > Q_1$이므로 전하용량이 가장 작은 1000[V], 1[μF]의 콘덴서가 가장 빨리 파괴된다.

답 ①

10 내부장치 또는 공간을 물질로 포위시켜 외부자계의 영향을 차폐시키는 방식을 자기차폐라 한다. 다음 중 자기차폐에 가장 좋은 것은?

① 비투자율이 1보다 작은 역자성체
② 강자성체 중에서 비투자율이 큰 물질
③ 강자성체 중에서 비투자율이 작은 물질
④ 비투자율에 관계없이 물질의 두께에만 관계되므로 되도록이면 두꺼운 물질

풀이 자속은 투자율이 높은 쪽으로 모이려는 성질이 있다. 따라서 **투자율이 큰 자성체로 차폐**할 공간을 둘러싸면 외부의 자속은 이 투자율이 큰 자성체를 통과하지 못하므로 내부공간은 외부 자계에 의한 영향을 작게 받게 된다.

답 ②

11 40[V/m]인 전계 내의 50[V] 되는 점에서 1[C]의 전하가 전계 방향으로 80[cm] 이동하였을 때, 그 점의 전위는 몇 [V]인가?

① 18 ② 22
③ 35 ④ 65

풀이 $V_{BA} = V_B - V_A$
$= -\int_A^B \mathbf{E}\cdot d\mathbf{l} = -\int_0^{0.8} \mathbf{E}\cdot d\mathbf{l}$
$= -[40l]_0^{0.8} = -32[V]$
$V_A = 50[V]$, $V_{BA} = -32[V]$ 이므로
$\therefore V_B = V_A + V_{BA} = 50 - 32 = 18[V]$

답 ①

12 그림과 같이 반지름 a[m]의 한번 감긴 원형 코일이 균일한 자속밀도 B[Wb/m^2]인 자계에 놓여 있다. 지금 코일 면을 자계와 나란하게 전류 I[A]를 흘리면 원형 코일이 자계로부터 받는 회전 모멘트는 몇 [N·m/rad]인가?

① πaBI
② $2\pi aBI$
③ $\pi a^2 BI$
④ $2\pi a^2 BI$

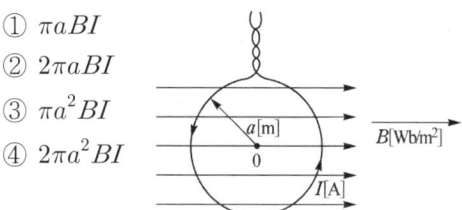

풀이 코일 면을 자계와 나란하게 전류를 흘렸으므로 $\theta = 0°$이다.
$\therefore T = NBIS\cos\theta = 1\times BI\times \pi a^2 \times \cos 0°$
$= \pi a^2 BI\,[N\cdot m/rad]$

답 ③

13 다음 조건들 중 초전도체에 부합되는 것은? (단, μ_r은 비투자율, χ_m은 비자화율, B는 자속밀도이며 작동온도는 임계온도 이하라 한다.)

① $\chi_m = -1$, $\mu_r = 0$, $B = 0$
② $\chi_m = 0$, $\mu_r = 0$, $B = 0$
③ $\chi_m = 1$, $\mu_r = 0$, $B = 0$
④ $\chi_m = -1$, $\mu_r = 1$, $B = 0$

풀이 초전도란 그 재료에 정하여진 임계온도(천이온도) 및 임계자계 이하에서 저항률이 0(완전도체)으로 되는 현상으로 다음과 같은 특징을 가진다.
① 초전도체는 완전 반자성체이므로 비투자율 $\mu_r = 0$ 이다.
② 초전도체내부의 자속은 0이므로 자속밀도 B도 0이다.
$$B = \mu H = \mu_0 \mu_r H = 0$$
③ 비자화율 $\chi_m = \dfrac{\chi}{\mu_0} = \mu_r - 1 = -1$ **답** ①

14 $x = 0$인 무한평면을 경계면으로 하여 $x < 0$인 영역에는 비유전율 $\epsilon_{r1} = 2$, $x > 0$인 영역에는 $\epsilon_{r2} = 4$인 유전체가 있다. ϵ_{r1}인 유전체 내에서 전계 $E_1 = 20a_x - 10a_y + 5a_z$[V/m]일 때 $x > 0$인 영역에 있는 ϵ_{r2}인 유전체 내에서 전속밀도 D_2[C/m²]는?
(단, 경계면상에는 자유전하가 없다고 한다.)

① $D_2 = \epsilon_0(20a_x - 40a_y + 5a_z)$
② $D_2 = \epsilon_0(40a_x - 40a_y + 20a_z)$
③ $D_2 = \epsilon_0(80a_x - 20a_y + 10a_z)$
④ $D_2 = \epsilon_0(40a_x - 20a_y + 20a_z)$

풀이 유전체의 경계조건에 의해 다음을 만족하며 그림으로부터 다음과 같이 표현된다.

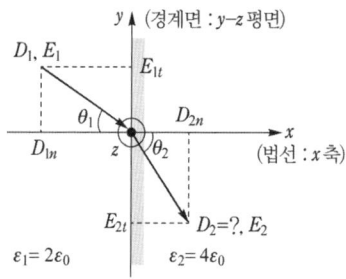

① 경계면에서 전속밀도의 법선성분은 서로 같다 ($D_{1n} = D_{2n}$). 법선성분은 x축이므로 $D_{1x} = D_{2x}$에 의해 $\epsilon_1 E_{1x} = \epsilon_2 E_{2x}$이다.
② 경계면에서 전계의 접선성분은 서로 같다 ($E_{1t} = E_{2t}$). 접선성분은 y축이므로 $E_{1y} = E_{2y}$, $E_{1z} = E_{2z}$이다.($y-z$평면은 경계면과 일치하므로 접선성분은 y, z축이 된다.)
③ 유전체 ϵ_2영역의 전계 E_2의 각 축성분 E_{2x}, E_{2y}, E_{2z}는
$$E_{2x} = \dfrac{\epsilon_1}{\epsilon_2} E_{1x} = \dfrac{2\epsilon_0}{4\epsilon_0} \times 20 = 10$$

$E_{2y} = E_{1y} = -10$
$E_{2z} = E_{1z} = 5$이므로
$E_2 = 10a_x - 10a_y + 5a_z$
따라서 전속밀도와 전계의 세기의 관계식
$D = \epsilon E$에 의해
$D_2 = \epsilon_2 E_2 = \epsilon_0 \epsilon_{r2} E_2 = 4\epsilon_0(10a_x - 10a_y + 5a_z)$
$= \epsilon_0(40a_x - 40a_y + 20a_z)$[C/m²] **답** ②

15 평면파 전파가 $E = 30\cos(10^9 t + 20z)j$[V/m]로 주어졌다면 이 전자파의 위상 속도는 몇 [m/s]인가?

① 5×10^7　　② $\dfrac{1}{3} \times 10^8$
③ 10^9　　④ $\dfrac{2}{3}$

풀이 위상속도
$$v = f\lambda = f \times \dfrac{2\pi}{\beta} = \dfrac{\omega}{\beta} = \dfrac{10^9}{20} = 5 \times 10^7 \text{[m/s]}$$
여기서, f : 주파수, ω : 각속도,
　　　　β : 위상정수(위상차) 이다. **답** ①

16 자속밀도 10[Wb/m²] 자계 중에 10[cm] 도체를 자계와 30°의 각도로 30[m/s]로 움직일 때, 도체에 유기되는 기전력은 몇 [V]인가?

① 15　　② $15\sqrt{3}$
③ 1500　　④ $1500\sqrt{3}$

풀이 유기기전력
$e = Blv\sin\theta = 10 \times (10 \times 10^{-2}) \times 30 \times \sin 30°$
$= 15$[V] **답** ①

17 그림과 같이 단면적 $S = 10$[cm²], 자로의 길이 $l = 20\pi$[cm], 비투자율 $\mu_s = 1000$인 철심에 $N_1 = N_2 = 100$인 두 코일을 감았다. 두 코일 사이의 상호 인덕턴스는 몇 [mH]인가?

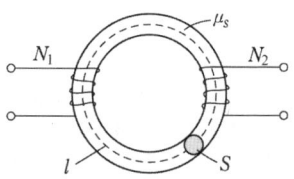

① 0.1　　② 1　　③ 2　　④ 20

풀이 상호 인덕턴스

$$M = \frac{\mu_0 \mu_s S N_1 N_2}{l}$$

$$= \frac{4\pi \times 10^{-7} \times 1000 \times 10 \times 10^{-4} \times 100 \times 100}{20\pi \times 10^{-2}}$$

$$= 0.02[H] = 20[mH]$$ **답** ④

18 1[μA]의 전류가 흐르고 있을 때, 1초 동안 통과하는 전자 수는 약 몇 개인가? (단, 전자 1개의 전하는 1.602×10^{-19}[C]이다.)

① 6.24×10^{10} ② 6.24×10^{11}
③ 6.24×10^{12} ④ 6.24×10^{13}

풀이 전자의 수

$$n = \frac{Q}{e} = \frac{I \cdot t}{e} = \frac{1 \times 10^{-6} \times 1}{1.602 \times 10^{-19}}$$

$$= 6.24 \times 10^{12}[개]$$ **답** ③

19 균일하게 원형 단면을 흐르는 전류 I[A]에 의한, 반지름 a[m], 길이 l[m], 비투자율 μ_s인 원통도체의 내부 인덕턴스는 몇 [H]인가?

① $10^{-7} \mu_s l$ ② $3 \times 10^{-7} \mu_s l$
③ $\frac{1}{4a} \times 10^{-7} \mu_s l$ ④ $\frac{1}{2} \times 10^{-7} \mu_s l$

풀이 $W = \frac{1}{2} L I^2$ 에서

$$L = \frac{2W}{I^2}[H], \quad W = \frac{\mu}{16\pi} I^2 l[J] 이므로$$

$$\therefore L = \frac{2W}{I^2} = \frac{2}{I^2}\left(\frac{\mu_0 \mu_s}{16\pi} I^2 l\right) = \frac{\mu_0 \mu_s}{8\pi} l$$

$$= \frac{4\pi \times 10^{-7} \times \mu_s}{8\pi} \times l = \frac{1}{2} \times 10^{-7} \mu_s l[H]$$ **답** ④

20 한 변의 길이가 10[cm]인 정사각형 회로에 직류전류 10[A]가 흐를 때, 정사각형의 중심에서의 자계세기는 몇 [A/m]인가?

① $\frac{100\sqrt{2}}{\pi}$ ② $\frac{200\sqrt{2}}{\pi}$
③ $\frac{300\sqrt{2}}{\pi}$ ④ $\frac{400\sqrt{2}}{\pi}$

풀이 정사각형 중심점에서의 자계의 세기

$$H_0 = \frac{2\sqrt{2} I}{\pi l} = \frac{2\sqrt{2} \times 10}{\pi \times 10 \times 10^{-2}} = \frac{200\sqrt{2}}{\pi}[A/m]$$

(여기서, l : 정사각형 한 변의 길이)   **답** ②

2과목 - 전력공학

21 송전선에서 재폐로방식을 사용하는 목적은?
① 역률 개선   ② 안정도 증진
③ 유도장해의 경감   ④ 코로나 발생 방지

풀이 재폐로방식의 장점
① 1회선 구간에서는 신뢰도를 향상시켜 2회선에 맞먹는 능력을 보유 할 수 있다.
② 정전 시 공급지장시간을 단축시켜 안정된 전력공급을 기할 수 있다.
③ 송전용량을 2회선 용량 한도까지 증대시켜서 사용 가능하다.
④ 고장 상을 고속도 차단 후 고속도 재투입함으로써 계통의 과도 안정도가 향상된다.   **답** ②

22 설비용량이 360[kW], 수용률 0.8, 부등률 1.2일 때 최대 수용전력은 몇 [kW]인가?

① 120   ② 240
③ 360   ④ 480

풀이 최대 수용전력 = 설비용량 × 수용률
$= 360 \times 0.8 = 288$[kW]

부등률 = $\frac{개별\ 최대\ 수용전력의\ 합}{합성\ 최대\ 수용전력}$ 에서

합성 최대 수용 전력 = $\frac{개별\ 최대\ 수용전력의\ 합}{부등률}$

$= \frac{288}{1.2} = 240$[kW]   **답** ②

23 배전계통에서 사용하는 고압용 차단기의 종류가 아닌 것은?
① 기중차단기(ACB)   ② 공기차단기(ABB)
③ 진공차단기(VCB)   ④ 유입차단기(OCB)

풀이 기중차단기(ACB ; Air Circuit Breakers)는 대기 중에서 아크를 길게 하여 소호실에서 냉각 차단하는 차단기로 저압 계통의 회로에 사용한다.   **답** ①

24 SF₆ 가스차단기에 대한 설명으로 틀린 것은?

① SF₆ 가스 자체는 불활성 기체이다.
② SF₆ 가스는 공기에 비하여 소호능력이 약 100배 정도이다.
③ 절연거리를 적게 할 수 있어 차단기 전체를 소형, 경량화 할 수 있다.
④ SF₆ 가스를 이용한 것으로서 독성이 있으므로 취급에 유의하여야 한다.

풀이 SF₆ 가스 차단기의 특징
① 밀폐구조이므로 소음이 없다.
② 절연내력이 공기의 2~3배, 소호 능력은 공기의 100~200배
③ 근거리 고장 등 가혹한 재기전압에 대해서도 성능이 우수
④ SF₆ 가스는 무색, 무취, 무독성 기체이다. **답** ④

25 송전선로의 일반회로 정수가 $A=0.7$, $B=j190$, $D=0.9$일 때 C의 값은?

① $-j1.95 \times 10^{-3}$ ② $j1.95 \times 10^{-3}$
③ $-j1.95 \times 10^{-4}$ ④ $j1.95 \times 10^{-4}$

풀이 $AD-BC=1$ 이므로
$C = \dfrac{AD-1}{B} = \dfrac{0.7 \times 0.9 - 1}{j190} \fallingdotseq j1.95 \times 10^{-3}$ **답** ②

26 부하역률이 0.8인 선로의 저항 손실은 0.9인 선로의 저항 손실에 비해서 약 몇 배 정도 되는가?

① 0.97 ② 1.1 ③ 1.27 ④ 1.5

풀이 전력손실 $P_l \propto \dfrac{1}{\cos^2\theta}$ 이므로

$\dfrac{P_{l\,0.8}}{P_{l\,0.9}} = \dfrac{\frac{1}{0.8^2}}{\frac{1}{0.9^2}} = \dfrac{81}{64} = 1.27$ **답** ③

27 단상변압기 3대에 의한 △결선에서 1대를 제거하고 동일전력을 V결선으로 보낸다면 동손은 약 몇 배가 되는가?

① 0.67 ② 2.0 ③ 2.7 ④ 3.0

풀이 ① △결선 시 출력 $P_\triangle = 3VI_\triangle$,
V결선 시 출력 $P_V = \sqrt{3}\,VI_V$ 이다.
V결선에서 $I_V = \dfrac{P_V}{\sqrt{3}\,V}$ 이므로
동일전력을 보낸다면
$I_V = \dfrac{P_\triangle}{\sqrt{3}\,V} = \dfrac{3VI_\triangle}{\sqrt{3}\,V} = \sqrt{3}\,I_\triangle$
② △결선 시 전력손실
$P_{\triangle l} = 3I_\triangle^2 R$(단상변압기 3대),
V결선 시 전력손실
$P_{Vl} = 2I_V^2 R$(단상변압기 2대)
$P_{Vl} = 2I_V^2 R = 2 \times (\sqrt{3}\,I_\triangle)^2 \times R$
$= 2 \times 3I_\triangle^2 R = 2P_{\triangle l}$
따라서 V결선 시 동손은 △결선 시 동손의 2배가 된다. **답** ②

28 피뢰기의 충격방전 개시전압은 무엇으로 표시하는가?

① 직류전압의 크기 ② 충격파의 평균치
③ 충격파의 최대치 ④ 충격파의 실효치

풀이 충격전압이 가해져 방전 전류가 흐르기 시작할 때 도달할 수 있는 최고 전압값을 충격 방전 개시 전압이라고 하며 충격파의 최대치로 나타낸다. **답** ③

29 단상 2선식 배전선로의 선로임피던스가 $2+j5[\Omega]$이고 무유도성 부하전류 10[A]일 때 송전단 역률은? (단, 수전단전압의 크기는 100[V]이고, 위상각은 0°이다.)

① $\dfrac{5}{12}$ ② $\dfrac{5}{13}$ ③ $\dfrac{11}{12}$ ④ $\dfrac{12}{13}$

풀이

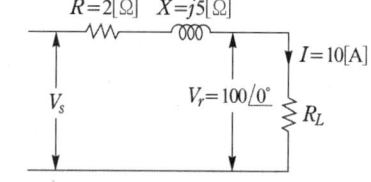

무유도 부하이므로 $R_L = \dfrac{V_r}{I} = \dfrac{100}{10} = 10[\Omega]$

$\therefore \cos\theta = \dfrac{R+R_L}{\sqrt{(R+R_L)^2 + X^2}}$
$= \dfrac{(2+10)}{\sqrt{(2+10)^2 + 5^2}} = \dfrac{12}{13}$ **답** ④

30 그림과 같이 전력선과 통신선 사이에 차폐선을 설치하였다. 이 경우에 통신선의 차폐계수(K)를 구하는 관계식은? (단, 차폐선을 통신선에 근접하여 설치한다.)

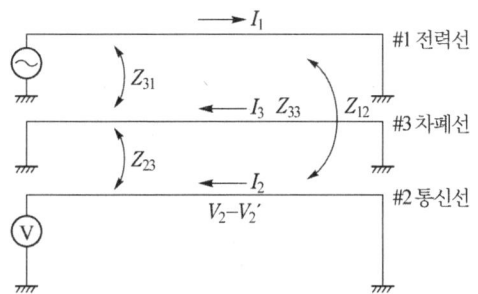

① $K = 1 + \dfrac{Z_{31}}{Z_{12}}$ ② $K = 1 - \dfrac{Z_{31}}{Z_{33}}$

③ $K = 1 - \dfrac{Z_{23}}{Z_{33}}$ ④ $K = 1 + \dfrac{Z_{23}}{Z_{33}}$

풀이 ① 통신선에 유도되는 전압

$$V_2 = -Z_{12}I_0 + Z_{23}I_s = -Z_{12}I_0 + Z_{23}\dfrac{Z_{31}I_0}{Z_{33}}$$

$$= -Z_{12}I_1\left(1 - \dfrac{Z_{31}Z_{23}}{Z_3\,Z_{12}}\right)$$

이 식에 있어서 $-Z_{12}I_0$는 차폐선이 없을 경우의 유도전압이기 때문에 $\left(1 - \dfrac{Z_{31}Z_{23}}{Z_{33}Z_{12}}\right)$는 차폐선을 설치함으로써 유도전압이 이만큼 줄게 된다는 저감 비율을 나타내는 **차폐계수**라고 볼 수 있다.

② 차폐계수 $K = \left|1 - \dfrac{Z_{31}Z_{23}}{Z_{33}Z_{12}}\right|$ 에서

- **차폐선을 전력선에 접근해서 설치할 경우**에는
  $Z_{12} ≒ Z_{23}$로 되므로 $K_1 = \left|1 - \dfrac{Z_{31}}{Z_{33}}\right|$
- **차폐선을 통신선에 접근해서 설치할 경우**에는
  $Z_{31} ≒ Z_{12}$로 되므로 $K_2 = \left|1 - \dfrac{Z_{23}}{Z_{33}}\right|$

답 ③

31 모선 보호에 사용되는 계전방식이 아닌 것은?

① 위상 비교방식
② 선택접지 계전방식
③ 방향거리 계전방식
④ 전류차동 보호방식

풀이 모선 보호계전 방식의 종류
① 전류 차동 보호 방식
② 전압 차동 보호 방식
③ 위상 비교 방식
④ 환상 모선 보호 방식
⑤ 방향 거리 계전 방식

답 ②

32 %임피던스와 관련된 설명으로 틀린 것은?

① 정격전류가 증가하면 %임피던스는 감소한다.
② 직렬리액터가 감소하면 %임피던스도 감소한다.
③ 전기기계의 %임피던스가 크면 차단기의 용량은 작아진다.
④ 송전계통에서는 임피던스의 크기를 옴값 대신에 %값으로 나타내는 경우가 많다.

풀이 %임피던스

$$\%Z = \dfrac{I_n[\text{A}] \times Z[\Omega]}{E[\text{V}]} \times 100[\%] \text{이므로}$$

정격전류(I_n)가 증가하면 %임피던스(%Z)도 증가한다.

답 ①

33 A, B 및 C상 전류를 각각 I_a, I_b 및 I_c라 할 때

$$I_x = \dfrac{1}{3}(I_a + a^2I_b + aI_c),\ a = -\dfrac{1}{2} + j\dfrac{\sqrt{3}}{2}$$

으로 표시되는 I_x는 어떤 전류인가?

① 정상전류
② 역상전류
③ 영상전류
④ 역상전류와 영상전류의 합

풀이 대칭좌표법의 대칭 전류를 보면

- 정상전류 $I_1 = \dfrac{1}{3}(I_a + aI_b + a^2I_c)$
- 역상전류 $I_2 = \dfrac{1}{3}(I_a + a^2I_b + aI_c)$
- 영상전류 $I_0 = \dfrac{1}{3}(I_a + I_b + I_c)$

답 ②

34 그림과 같이 "수류가 고체에 둘러 쌓여 있고 A 로부터 유입되는 수량과 B로부터 유출되는 수량이 같다"고 하는 이론은?

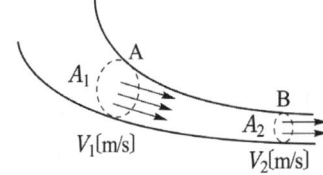

① 수두이론　　② 연속의 원리
③ 베르누이의 정리　④ 토리첼리의 정리

풀이 연속의 정리 $A_1 v_1 = A_2 v_2 = Q$(일정)
　단, A_1, A_2 : a, b점의 단면적[m²],
　v_1, v_2 : a, b점의 유속[m/s]　**답** ②

35 4단자 정수가 A, B, C, D인 선로에 임피던스가 $\dfrac{1}{Z_T}$인 변압기가 수전단에 접속된 경우 계통의 4단자 정수 중 D_o는?

① $D_o = \dfrac{C + DZ_T}{Z_T}$　② $D_o = \dfrac{C + AZ_T}{Z_T}$

③ $D_o = \dfrac{D + CZ_T}{Z_T}$　④ $D_o = \dfrac{B + AZ_T}{Z_T}$

풀이
$\begin{bmatrix} A_0 & B_0 \\ C_0 & D_0 \end{bmatrix} = \begin{bmatrix} A & B \\ C & D \end{bmatrix}\begin{bmatrix} 1 & \dfrac{1}{Z_T} \\ 0 & 1 \end{bmatrix} = \begin{bmatrix} A & \dfrac{A}{Z_T}+B \\ C & \dfrac{C}{Z_T}+D \end{bmatrix}$

$\therefore D_0 = D + \dfrac{C}{Z_T} = \dfrac{C + DZ_T}{Z_T}$　**답** ①

36 대용량 고전압의 안정권선(△권선)이 있다. 이 권선의 설치 목적과 관계가 먼 것은?

① 고장전류 저감　② 제3고조파 제거
③ 조상설비 설치　④ 소내용 전원 공급

풀이 안정권선(△권선)의 설치 목적
　① 조상설비 설치
　② 제3고조파의 제거
　③ 소내용 전원 공급　**답** ①

37 한류 리액터를 사용하는 가장 큰 목적은?
① 충전전류의 제한　② 접지전류의 제한
③ 누설전류의 제한　④ 단락전류의 제한

풀이 리액터의 종류
・ **한류 리액터** : 단락 사고 시의 **단락전류를 제한**
・ 직렬 리액터 : 제5고조파 제거
・ 분로 리액터 : 페란티 현상 방지
・ 소호 리액터 : 지락 아크 소멸　**답** ④

38 변압기 등 전력설비 내부고장 시 변류기에 유입하는 전류와 유출하는 전류의 차로 동작하는 보호계전기는?
① 차동계전기　　② 지락계전기
③ 과전류계전기　④ 역상전류계전기

풀이 ① 차동 계전기 : 보호 구간에 유입하는 전류와 유출하는 전류의 벡터차를 검출해서 동작하는 계전기
② 지락 계전기 : 영상변류기(ZCT)에 의해 검출된 영상 전류에 의해 동작하며 지락고장 보호용으로 사용
③ 과전류 계전기 : 일정값 이상의 전류가 흘렀을 때 동작하며, 일명 과부하 계전기라 불려짐
④ 역상 전류 계전기 : 불평형 전류나 역상분을 검출하는 계전기　**답** ①

39 3상 결선 변압기의 단상운전에 의한 소손방지 목적으로 설치하는 계전기는?
① 차동계전기　　② 역상계전기
③ 단락계전기　　④ 과전류계전기

풀이 3상 변압기가 단상으로 운전되면 역상분이 존재하므로 역상 계전기로 결상을 검출한다.　**답** ②

40 송전선로의 정전용량은 등가 선간거리 D가 증가하면 어떻게 되는가?
① 증가한다.
② 감소한다.
③ 변하지 않는다.
④ D^2에 반비례하여 감소한다.

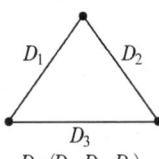

$D = (D_1, D_2, D_3)$

[풀이] 정전용량 $C = \dfrac{0.02413}{\log \dfrac{D}{r}} \propto \dfrac{1}{\log \dfrac{D}{r}}$ 이므로

정전용량(C)은 등가 선간거리(D)가 증가하면 감소한다. **답** ②

3과목 - 전기기기

41 단상 직권 정류자 전동기의 전기자 권선과 계자권선에 대한 설명으로 틀린 것은?

① 계자권선의 권수를 적게 한다.
② 전기자 권선의 권수를 크게 한다.
③ 변압기 기전력을 적게 하여 역률 저하를 방지한다.
④ 브러시로 단락되는 코일 중의 단락전류를 많게 한다.

[풀이] 단상 직권 정류자 전동기의 정류작용
브러시로 단락되는 코일에는 인덕턴스에 의한 유도 기전력 외에 교번 자속의 기전력이 유도되고, **단락전류가 크므로 정류 작용은 직류기의 경우보다 어렵다.** 이것을 개선하기 위하여 브러시 접촉저항이 어느 정도 큰 것을 사용하여 저항 정류를 하고, 또 대형은 보극을 설치하거나 전기자 코일과 정류자편 사이에 도선을 고저항으로 하여 단락전류를 제한하기도 한다. **답** ④

42 단상 직권전동기의 종류가 아닌 것은?

① 직권형
② 아트킨손형
③ 보상직권형
④ 유도보상직권형

[풀이] 단상 정류자 전동기

직권특성	• 단상 직권전동기 : 직권형, 보상직권형, 유도보상직권형 • 단상 반발 전동기 : 아트킨손형 전동기, 톰슨 전동기, 데리 전동기
분권특성	현재 실용화 되지 않고 있음

단상 직권 정류자 전동기(단상 직권전동기)는 교·직 양용으로 사용할 수 있으며 만능 전동기라고도 불린다. **답** ②

43 동기조상기의 여자전류를 줄이면?

① 콘덴서로 작용
② 리액터로 작용
③ 진상전류로 됨
④ 저항손의 보상

[풀이] 동기조상기는 무효전력을 지상 또는 진상으로 제어하는 기기이다.
① 과여자로 운전 : 콘덴서로 작용해서 송전선로의 역률을 양호하게 하고, 전압강하를 보상
② 부족 여자로 운전 : 리액터로 작용하여 발전기의 자기 여자 작용으로 일어나는 단자전압의 이상 상승을 방지 **답** ②

44 권선형 유도전동기에서 비례추이에 대한 설명으로 틀린 것은? (단, s_m은 최대 토크 시 슬립이다.)

① r_2를 크게 하면 s_m은 커진다.
② r_2를 삽입하면 최대토크가 변한다.
③ r_2를 크게 하면 기동 토크도 커진다.
④ r_2를 크게 하면 기동전류는 감소한다.

[풀이] 비례추이 : 2차 저항의 크기를 변화시키면 최대 토크의 크기는 변하지 않으나, 최대 토크를 발생하는 슬립점이 2차 회로의 저항에 비례하여 이동한다. **답** ②

45 전기자저항 $r_a = 0.2[\Omega]$, 동기 리액턴스 $x_s = 20[\Omega]$인 Y결선의 3상 동기발전기가 있다. 3상 중 1상의 단자전압 $V = 4400[V]$, 유도기전력 $E = 6600[V]$이다. 부하각 $\delta = 30°$라고 하면 발전기의 출력은 약 몇 [kW]인가?

① 2178
② 3251
③ 4253
④ 5532

[풀이] $P = 3\dfrac{EV}{Z_s}\sin\delta = 3 \times \dfrac{6600 \times 4400}{\sqrt{0.2^2 + 20^2}} \times \sin 30° \times 10^{-3}$
≒ 2178 [kW] **답** ①

46 반도체 정류기에 적용된 소자 중 첨두 역방향 내전압이 가장 큰 것은?

① 셀렌 정류기
② 실리콘 정류기
③ 게르마늄 정류기
④ 아산화동 정류기

풀이 실리콘 정류기의 역방향 내전압은 500~1000[V] 정도이다. **답** ②

47 동기전동기에서 전기자 반작용을 설명한 것 중 옳은 것은?

① 공급전압보다 앞선 전류는 감자작용을 한다.
② 공급전압보다 뒤진 전류는 감자작용을 한다.
③ 공급전압보다 앞선 전류는 교차자화작용을 한다.
④ 공급전압보다 뒤진 전류는 교차자화작용을 한다.

풀이 동기전동기의 경우 전기자 반작용

역률	부하	전류와 전압과의 위상	작용
역률 1	저항	V와 I_a가 동상인 경우	교차 자화작용 (횡축반작용)
뒤진 역률 0	유도성 부하	V보다 I_a가 $\pi/2$ 앞서는 경우	감자 작용 (직축반작용)
앞선 역률 0	용량성 부하	V보다 I_a가 $\pi/2$ 뒤지는 경우	증자작용 (자화작용)

답 ①

48 변압기 결선방식 중 3상에서 6상으로 변환할 수 없는 것은?

① 2중 성형
② 환상 결선
③ 대각 결선
④ 2중 6각 결선

풀이
- 3상에서 2상을 얻는 방법 : 스코트(Scott) 결선, 메이어 결선, 우드 브리지 결선
- 3상에서 6상을 얻는 방법 : **환상 결선, 2중 3각 결선, 2중 성형 결선, 대각 결선, 포크 결선** **답** ④

49 실리콘 제어정류기(SCR)의 설명 중 틀린 것은?

① P-N-P-N 구조로 되어 있다.
② 인버터 회로에 이용될 수 있다.
③ 고속도의 스위치 작용을 할 수 있다.
④ 게이트에 (+)와 (−)의 특성을 갖는 펄스를 인가하여 제어한다.

풀이 SCR는 게이트에 (+)의 트리거 펄스가 인가되면 통전 상태로 되어 정류 작용이 개시되고, 일단 통전이 시작되면 게이트 전류를 차단해도 주전류(애노드 전류)는 차단되지 않는다. 이때에 이를 차단하려면 애노드 전압을 (0) 또는 (−)로 해야 한다. **답** ④

50 직류발전기가 90[%] 부하에서 최대효율이 된다면 이 발전기의 전부하에 있어서 고정손과 부하손의 비는?

① 1.1
② 1.0
③ 0.9
④ 0.81

풀이
① 직류분권전동기가 최대 효율이 되는 것은 고정손과 부하손이 서로 같은 경우이다.
② 지금 전부하전류를 I[A]라고 하면, 문제의 조건에서 $P_k = (0.9I)^2 R_a$이므로
(단, P_k : 고정손, R_a : 전기자 회로의 저항)
따라서 전부하인 경우의 고정손과 부하손의 비율은 다음과 같다.

$$\frac{P_k}{I^2 R_a} = \frac{(0.9I)^2 R_a}{I^2 R_a} = 0.9^2 = 0.81$$

답 ④

51 150[kVA]의 변압기의 철손이 1[kW], 전부하동손이 2.5[kW]이다. 역률 80[%]에 있어서의 최대효율은 약 몇 [%]인가?

① 95
② 96
③ 97.4
④ 98.5

풀이 변압기 효율은 $m^2 P_c = P_i$일 때 최대이므로

$$m^2 \times 2.5 = 1 \rightarrow m = \sqrt{\frac{1}{2.5}} = 0.632$$

즉, 63.2[%] 부하에서 최대 효율이 된다.

$$\therefore \eta_{\max} = \frac{mVI\cos\theta}{mVI\cos\theta + P_i + m^2 P_c} \times 100$$

$$= \frac{0.632 \times 150 \times 0.8}{0.632 \times 150 \times 0.8 + 1 + 1} \times 100$$

$$= 97.43[\%]$$

답 ③

52 정격부하에서 역률 0.8(뒤짐)로 운전될 때, 전압 변동률이 12[%]인 변압기가 있다. 이 변압기에 역률 100[%]의 정격부하를 걸고 운전할 때의 전압 변동률은 약 몇 [%]인가? (단, %저항강하는 %리액턴스 강하의 1/12이라고 한다.)

① 0.909   ② 1.5
③ 6.85   ④ 16.18

풀이 전압변동률
$\epsilon = p\cos\theta + q\sin\theta = 0.8p + 0.6q = 12[\%]$
(여기서, p : %저항강하, q : %리액턴스강하)
$q = 12p$
(%저항강하 p는 %리액턴스강하 q의 1/12)이므로
$0.8p + 0.6 \times 12p = 8p = 12$
$p = \dfrac{12}{8} = 1.5\,[\%]$
그런데 $\cos\theta = 1$일 때 $\sin\theta = 0$이므로 역률 100[%]의 전압변동률 ϵ_{100}은
$\therefore \epsilon_{100} = p\cos\theta + q\sin\theta = p \times 1 + q \times 0$
$= 1.5\,[\%]$ **답** ②

53 권선형 유도전동기 저항제어법의 단점 중 틀린 것은?

① 운전 효율이 낮다.
② 부하에 대한 속도변동이 작다.
③ 제어용 저항기는 가격이 비싸다.
④ 부하가 적을 때는 광범위한 속도 조정이 곤란하다.

풀이 권선형 유도전동기의 저항 제어법의 장단점
[장점]
① 기동용 저항기를 겸한다.
② 구조가 간단하여 제어 조작이 용이하고 내구성이 풍부하다.
[단점]
① 속도 변화의[%]와 같은[%]의 효율을 희생하기 때문에 운전 효율이 나쁘다.
즉, 2차 회로의 효율 $\eta_2 = P/P_2 = (1-s)$이다.
② 부하에 대한 속도변동이 크다.
③ 부하가 적을 때는 광범위한 속도 조정이 곤란하다.
④ 제어용 저항은 전부하에서 장시간 운전해도 위험한 온도가 되지 않을만큼의 충분한 크기가 필요하므로 가격이 비싸다.   **답** ②

54 부하 급변 시 부하각과 부하 속도가 진동하는 난조 현상을 일으키는 원인이 아닌 것은?

① 전기자 회로의 저항이 너무 큰 경우
② 원동기의 토크에 고조파가 포함된 경우
③ 원동기의 조속기 감도가 너무 예민한 경우
④ 자속의 분포가 기울어져 자속의 크기가 감소한 경우

풀이 난조 방지법으로는 제동 권선을 사용하는 것이 적당하다.

원 인	대 책
원동기의 조속기 감도가 지나치게 예민한 경우	조속기를 적당히 조정
원동기의 토크에 고조파 토크가 포함된 경우	디젤 기관 등에 생기는 문제로 회전부의 플라이휠 효과를 적당히 선정
전기자 회로의 저항이 상당히 큰 경우	회로의 저항을 작게 하거나 리액턴스를 삽입
부하가 맥동할 때	회전부의 플라이휠 효과를 적당히 선정

답 ④

55 단상변압기 3대를 이용하여 3상 △-Y 결선을 했을 때 1차와 2차 전압의 각변위(위상차)는?

① 0°   ② 60°
③ 150° ④ 180°

풀이 ① 각변위라 함은 1차 유기전압을 기준으로 하고 이에 대한 2차 유기전압의 뒤진 각을 말한다.
② △-Y결선을 했을 때 1, 2차 선간전압 사이에는 −30° 또는 150°의 각변위가 있다.   **답** ③

56 권선형 유도전동기의 전부하 운전 시 슬립이 4[%]이고 2차 정격전압이 150[V]이면 2차 유도기전력은 몇 [V]인가?

① 9   ② 8
③ 7   ④ 6

풀이 슬립 s로 회전시 2차 유기기전력을 E_2', 정지 시의 2차 유기기전력을 E_2라 하면
$E_2' = sE_2 = 0.04 \times 150 = 6[V]$ **답** ④

57 3상 유도전동기의 슬립이 s일 때 2차 효율[%]은?

① $(1-s) \times 100$ ② $(2-s) \times 100$
③ $(3-s) \times 100$ ④ $(4-s) \times 100$

풀이 2차 효율
$$\eta_2 = \frac{P_0}{P_2} \times 100 = \frac{(1-s)P_2}{P_2} \times 100$$
$$= (1-s) \times 100 = \frac{N}{N_s} \times 100$$
(여기서 P_0 : 기계적 출력, P_2 : 2차 입력)   답 ①

58 직류전동기의 회전수를 $\frac{1}{2}$로 하자면 계자자속을 어떻게 해야 하는가?

① $\frac{1}{4}$로 감소시킨다.
② $\frac{1}{2}$로 감소시킨다.
③ 2배로 증가시킨다.
④ 4배로 증가시킨다.

풀이 직류전동기의 회전수
$n = K\frac{V - I_a R_a}{\Phi} \propto \frac{1}{\Phi}$ 이므로 n을 $\frac{1}{2}$로 하자면 자속 Φ는 2배가 되어야 한다.   답 ③

59 사이리스터 2개를 사용한 단상전파정류회로에서 직류전압 100[V]를 얻으려면 PIV가 약 몇 [V]인 다이오드를 사용하면 되는가?

① 111 ② 141
③ 222 ④ 314

풀이

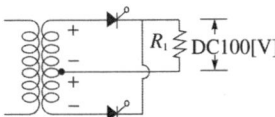

단상전파정류회로에서 직류전압 E_d는
$E_d = 0.9E[V]$
실효값 $E = \frac{E_d}{0.9} = \frac{100}{0.9} ≒ 111[V]$
∴ PIV $= 2\sqrt{2}E = 2\sqrt{2} \times 111$
$= 314[V]$ 답 ④

60 교류발전기의 고조파 발생을 방지하는 방법으로 틀린 것은?

① 전기자 반작용을 크게 한다.
② 전기자 권선을 단절권으로 감는다.
③ 전기자 슬롯을 스큐 슬롯으로 한다.
④ 전기자 권선의 결선을 성형으로 한다.

풀이 고조파 발생을 방지하기 위해서는 전기자 반작용을 작게 하여야 한다.   답 ①

4과목 - 회로이론 및 제어공학

61 개루프 전달함수 $G(s)$가 다음과 같이 주어지는 단위 부궤환계가 있다. 단위 계단입력이 주어졌을 때, 정상상태 편차가 0.05가 되기 위해서는 K의 값은 얼마인가?

$$G(s) = \frac{6K(s+1)}{(s+2)(s+3)}$$

① 19 ② 20
③ 0.95 ④ 0.05

풀이 미분 동작 제어(D 동작)

정상상태 편차 $e_{ss} = \lim_{s \to 0} \frac{s}{1 + G(s)} R(s)$ 에서
$R(s) = \frac{1}{s}$ (단위 계단입력)이므로
$$e_{ss} = \lim_{s \to 0} \frac{s}{1 + G(s)} \cdot \frac{1}{s} = \frac{1}{1 + \lim_{s \to 0} G(s)}$$
$$= \frac{1}{1 + \lim_{s \to 0} \frac{6K(s+1)}{(s+2)(s+3)}} = \frac{1}{1 + \frac{6K}{6}}$$
$= 0.05$
∴ $K = 19$ 답 ①

62 제어량의 종류에 따른 분류가 아닌 것은?

① 자동조정 ② 서보기구
③ 적응제어 ④ 프로세스제어

풀이 제어량의 종류에 의한 분류

항목	프로세스 제어	서보 제어	자동조정 제어
특징	플랜트나 생산 공정 중의 상태량을 제어량으로 하는 제어	기계적 변위를 제어량으로 해서 목표값의 임의의 변화에 추종하도록 구성된 제어계	전기적, 기계적 양을 주로 제어하는 것으로서, 응답 속도가 대단히 빨라야 한다.
제어량의 종류	• 온도 • 유량 • 압력 • 액위 • 농도 • 밀도 등	• 물체의 위치 • 방위 • 자세 등	• 전압 • 전류 • 주파수 • 회전속도 • 힘 등

답 ③

63 개루프 전달함수
$G(s)H(s) = \dfrac{K(s-5)}{s(s-1)^2(s+2)^2}$ 일 때 주어지는 계에서 점근선의 교차점은?

① $-\dfrac{3}{2}$ ② $-\dfrac{7}{4}$ ③ $\dfrac{5}{3}$ ④ $-\dfrac{1}{5}$

풀이 교차점

$\sigma = \dfrac{\Sigma G(s)H(s)\text{의 극점} - \Sigma G(s)H(s)\text{의 영점}}{p-z}$

(여기서, p : 극점의 개수, z : 영점의 개수)
극점 $p = 5$개$(0, 1, 1, -2, -2)$,
영점 $z = 1$개(5)이므로

$\therefore \sigma = \dfrac{(0+1+1-2-2)-5}{5-1} = -\dfrac{7}{4}$

답 ②

64 단위계단함수의 라플라스변환과 z 변환함수는?

① $\dfrac{1}{s}, \dfrac{z}{z-1}$ ② $s, \dfrac{z}{z-1}$

③ $\dfrac{1}{s}, \dfrac{z-1}{z}$ ④ $s, \dfrac{z-1}{z}$

풀이

$f(t)$	$F(s)$	$F(z)$
$\delta(t)$	1	1
$u(t)$	$\dfrac{1}{s}$	$\dfrac{z}{z-1}$
t	$\dfrac{1}{s^2}$	$\dfrac{Tz}{(z-1)^2}$
e^{-at}	$\dfrac{1}{s+a}$	$\dfrac{z}{z-e^{-aT}}$

답 ①

65 다음 방정식으로 표시되는 제어계가 있다. 이 계를 상태방정식 $\dot{x}(t) = Ax(t) + Bu(t)$로 나타내면 계수 행렬 A는?

$$\dfrac{d^3c(t)}{dt^3} + 5\dfrac{d^2c(t)}{dt^2} + \dfrac{dc(t)}{dt} + 2c(t) = r(t)$$

① $\begin{bmatrix} 0 & 1 & 0 \\ 0 & 0 & 1 \\ -2 & -1 & -5 \end{bmatrix}$ ② $\begin{bmatrix} 0 & 1 & 0 \\ 1 & 0 & 0 \\ 5 & 1 & 2 \end{bmatrix}$

③ $\begin{bmatrix} 0 & 0 & 1 \\ 1 & 0 & 0 \\ 0 & 5 & 2 \end{bmatrix}$ ④ $\begin{bmatrix} 0 & 1 & 0 \\ 0 & 0 & 1 \\ -2 & -1 & 0 \end{bmatrix}$

풀이 $x_1(t) = c(t)$, $x_2(t) = \dot{c}(t) = \dot{x}_1(t)$,
$x_3(t) = \dot{x}_2(t) = \ddot{x}_1(t)$라 놓으면
$\dot{x}_3(t) = -2x_1(t) - x_2(t) - 5x_3(t) + r(t)$

$\therefore \begin{bmatrix} \dot{x}_1(t) \\ \dot{x}_2(t) \\ \dot{x}_3(t) \end{bmatrix} = \begin{bmatrix} 0 & 1 & 0 \\ 0 & 0 & 1 \\ -2 & -1 & -5 \end{bmatrix} \begin{bmatrix} x_1(t) \\ x_2(t) \\ x_3(t) \end{bmatrix} + \begin{bmatrix} 0 \\ 0 \\ 1 \end{bmatrix} r(t)$

답 ①

66 안정한 제어계에 임펄스 응답을 가했을 때 제어계의 정상상태 출력은?

① 0 ② $+\infty$ 또는 $-\infty$
③ $+$의 일정한 값 ④ $-$의 일정한 값

풀이 ① 임펄스 함수
$f(t) = \delta(t) = \begin{cases} 0, & t \neq 0 \\ \infty, & t = 0 \end{cases}$

② 임펄스 응답은 0에 수렴하므로 정상상태의 출력은 0이다.

답 ①

67 그림과 같은 블록선도에서 $C(s)/R(s)$의 값은?

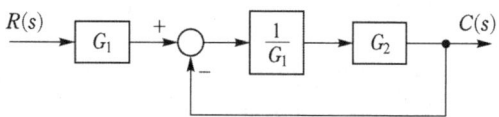

① $\dfrac{G_1}{G_1 - G_2}$ ② $\dfrac{G_2}{G_1 - G_2}$

③ $\dfrac{G_2}{G_1 + G_2}$ ④ $\dfrac{G_1 G_2}{G_1 + G_2}$

풀이 $(RG_1 - C)\dfrac{1}{G_1}G_2 = C$, $RG_2 - C\dfrac{G_2}{G_1} = C$,

$RG_2 = C\left(1 + \dfrac{G_2}{G_1}\right)$

$\therefore G(s) = \dfrac{C}{R} = \dfrac{G_1 G_2}{G_1 + G_2}$

별해 전향경로 이득 : G_2, 루프 이득 : $-\dfrac{G_2}{G_1}$

$G(s) = \dfrac{\sum \text{전향 경로 이득}}{1 - \sum \text{루프이득}} = \dfrac{G_2}{1 + \dfrac{G_2}{G_1}}$

$= \dfrac{G_1 G_2}{G_1 + G_2}$ **답** ④

---

68 신호흐름선도에서 전달함수 $\dfrac{C}{R}$를 구하면?

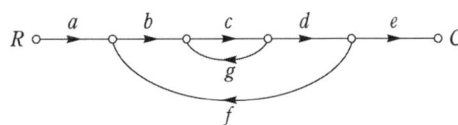

① $\dfrac{abcdg}{1 - abcde}$ ② $\dfrac{abcde}{1 - cg - bcdf}$

③ $\dfrac{abcde}{1 - cg - cgf}$ ④ $\dfrac{abcde}{c + cg + cgf}$

풀이 $G_1 = abcde$, $\Delta_1 = 1$, $L_{11} = cg$, $L_{21} = bcdf$

$\Delta = 1 - (L_{11} + L_{21}) = 1 - cg - bcdf$

$\therefore G = \dfrac{C}{R} = \dfrac{G_1 \Delta_1}{\Delta} = \dfrac{abcde}{1 - cg - bcdf}$

별해 전향경로 이득 : $abcde$, 루프 이득 : cg, $bcdf$

$G(s) = \dfrac{\sum \text{전향 경로 이득}}{1 - \sum \text{루프이득}}$

$= \dfrac{abcde}{1 - cg - bcdf}$ **답** ②

---

69 특성방정식이 $s^3 + 2s^2 + Ks + 5 = 0$가 안정하기 위한 K의 값은?

① $K > 0$ ② $K < 0$

③ $K > \dfrac{5}{2}$ ④ $K < \dfrac{5}{2}$

풀이 특성방정식은 $s^3 + 2s^2 + Ks + 5 = 0$이므로 루드의 표는

s^3	1	K
s^2	2	5
s^1	$\dfrac{2K-5}{2}$	0
s^0	5	

제1열의 부호 변화가 없어야 안정하므로

$2K - 5 > 0$ $\therefore K > \dfrac{5}{2}$ **답** ③

---

70 다음과 같은 진리표를 갖는 회로의 종류는?

입 력		출력
A	B	
0	0	0
0	1	1
1	0	1
1	1	0

① AND ② NOR
③ NAND ④ EX-OR

풀이 • 배타적 논리합 회로(exclusive-OR gate)
입력 A, B가 서로 같지 않을 때만
출력이 "1"이 되는 회로이며,
논리식은 $X = \overline{A} \cdot B + A \cdot \overline{B} = A \oplus B$
로 표시된다. **답** ④

---

71 대칭좌표법에서 대칭분을 각 상전압으로 표시한 것 중 틀린 것은?

① $E_0 = \dfrac{1}{3}(E_a + E_b + E_c)$

② $E_1 = \dfrac{1}{3}(E_a + aE_b + a^2 E_c)$

③ $E_2 = \dfrac{1}{3}(E_a + a^2 E_b + aE_c)$

④ $E_3 = \dfrac{1}{3}(E_a^2 + E_b^2 + E_c^2)$

풀이 $E_0 = \dfrac{1}{3}(E_a + E_b + E_c)$: 영상전압

$E_1 = \dfrac{1}{3}(E_a + aE_b + a^2 E_c)$: 정상전압

$E_2 = \dfrac{1}{3}(E_a + a^2 E_b + aE_c)$: 역상전압 **답** ④

72 $R-L$ 직렬회로에서 스위치 S가 1번 위치에 오랫동안 있다가 $t=0^+$에서 위치 2번으로 옮겨진 후, $\frac{L}{R}$[s] 후에 L에 흐르는 전류[A]는?

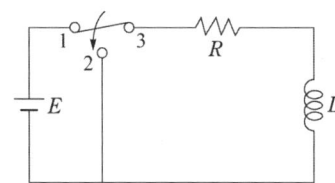

① $\frac{E}{R}$ ② $0.5\frac{E}{R}$
③ $0.368\frac{E}{R}$ ④ $0.632\frac{E}{R}$

풀이 전원 제거 시 $i(t) = \frac{E}{R}e^{-\frac{R}{L}t}$ 에서

$t = \frac{L}{R}$[s] 이므로

$\therefore i(t) = \frac{E}{R}e^{-\frac{R}{L}\times\frac{L}{R}} = 0.368\frac{E}{R}$[A]   답 ③

73 분포정수회로에서 선로정수가 R, L, C, G이고 무왜형 조건이 $RC=GL$과 같은 관계가 성립될 때 선로의 특성 임피던스 Z_0는? (단, 선로의 단위 길이당 저항을 R, 인덕턴스를 L, 정전 용량을 C, 누설 컨덕턴스를 G라 한다.)

① $Z_0 = \frac{1}{\sqrt{CL}}$ ② $Z_0 = \sqrt{\frac{L}{C}}$
③ $Z_0 = \sqrt{CL}$ ④ $Z_0 = \sqrt{RG}$

풀이 $RC=GL$에서 $R=\frac{GL}{C}$이므로

$Z_0 = \sqrt{\frac{Z}{Y}} = \sqrt{\frac{R+j\omega L}{G+j\omega C}} = \sqrt{\frac{\frac{GL}{C}+j\omega L}{G+j\omega C}}$

$= \sqrt{\frac{\frac{L}{C}(G+j\omega C)}{G+j\omega C}} = \sqrt{\frac{L}{C}}$

즉, 무왜형 선로 및 무손실 선로의 특성 임피던스는
$Z_0 = \sqrt{\frac{L}{C}}$이다.   답 ②

74 그림과 같은 4단자 회로망에서 하이브리드 파라미터 H_{11}은?

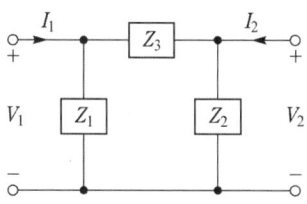

① $\frac{Z_1}{Z_1+Z_3}$ ② $\frac{Z_1}{Z_1+Z_2}$
③ $\frac{Z_1Z_3}{Z_1+Z_3}$ ④ $\frac{Z_1Z_2}{Z_1+Z_2}$

풀이 $H_{11} = \frac{V_1}{I_1}\bigg|_{V_2=0} = \frac{\frac{Z_1Z_3}{Z_1+Z_3}\cdot I_1}{I_1} = \frac{Z_1Z_3}{Z_1+Z_3}$

: 단락 입력 임피던스   답 ③

75 내부저항 $0.1[\Omega]$인 건전지 10개를 직렬로 접속하고 이것을 한 조로 하여 5조 병렬로 접속하면 합성 내부저항은 몇 [Ω]인가?

① 5 ② 1
③ 0.5 ④ 0.2

풀이 ① 내부저항 $0.1[\Omega]$인 건전지 10개를 직렬로 접속 시 저항 $r = 0.1 \times 10 = 1$ [Ω]
② 5조 병렬로 접속 시 저항
$R = \frac{r}{n} = \frac{1}{5} = 0.2$ [Ω]   답 ④

76 함수 $f(t)$의 라플라스 변환은 어떤 식으로 정의되는가?

① $\int_0^\infty f(t)e^{st}dt$ ② $\int_0^\infty f(t)e^{-st}dt$
③ $\int_0^\infty f(-t)e^{st}dt$ ④ $\int_{-\infty}^\infty f(-t)e^{-st}dt$

풀이 시간 $t \geq 0$의 조건에서 시간함수 $f(t)$에 관한 다음과 같은 적분을 함수 $f(t)$의 라플라스 변환이라 한다.

$\mathcal{L}[f(t)] = F(s) = \int_0^\infty f(t)e^{-st}dt$

(여기서, $s = \sigma + j\omega$를 뜻하는 복소량이다.)   답 ②

77 대칭좌표법에서 불평형률을 나타내는 것은?

① $\dfrac{영상분}{정상분} \times 100$ ② $\dfrac{정상분}{역상분} \times 100$

③ $\dfrac{정상분}{영상분} \times 100$ ④ $\dfrac{역상분}{정상분} \times 100$

[풀이] 불평형률 $= \dfrac{역상분}{정상분} \times 100[\%]$ **답** ④

78 그림의 왜형파를 푸리에 급수로 전개할 때 옳은 것은?

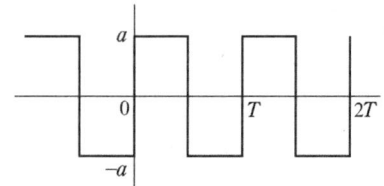

① 우수파만 포함한다.
② 기수파만 포함한다.
③ 우수파·기수파 모두 포함한다.
④ 푸리에 급수로 전개 할 수 없다.

[풀이] 반파 및 정현 대칭이므로 **홀수항의 정현 성분만 존재한**다. **답** ②

79 최댓값이 E_m인 반파 정류 정현파의 실효값은 몇 [V]인가?

① $\dfrac{2E_m}{\pi}$ ② $\sqrt{2}\,E_m$

③ $\dfrac{E_m}{\sqrt{2}}$ ④ $\dfrac{E_m}{2}$

[풀이]

파 형	정현파	정현반파	삼각파	구형반파	구형파
실효값	$\dfrac{E_m}{\sqrt{2}}$	$\dfrac{E_m}{2}$	$\dfrac{E_m}{\sqrt{3}}$	$\dfrac{E_m}{\sqrt{2}}$	E_m
평균값	$\dfrac{2E_m}{\pi}$	$\dfrac{E_m}{\pi}$	$\dfrac{E_m}{2}$	$\dfrac{E_m}{2}$	E_m

답 ④

80 그림과 같이 $R[\Omega]$의 저항을 Y결선으로 하여 단자의 a, b 및 c에 비대칭 3상 전압을 가할 때, a단자의 중성점 N에 대한 전압은 약 몇 [V]인가?
(단, $V_{ab} = 210[V]$, $V_{bc} = -90 - j180[V]$, $V_{ca} = -120 + j180[V]$)

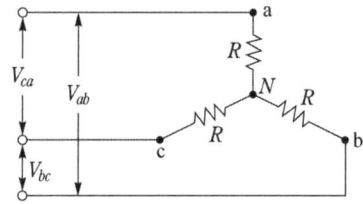

① 100 ② 116
③ 121 ④ 125

[풀이]

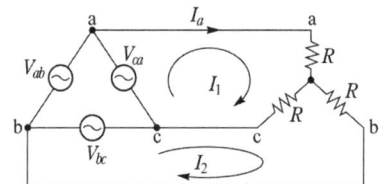

폐로 방정식(메쉬 방정식)
$2RI_1 - RI_2 = V_{ca}$, $-RI_1 + 2RI_2 = V_{bc}$

$I_1 = \dfrac{\begin{vmatrix} V_{ca} & -R \\ V_{bc} & 2R \end{vmatrix}}{\begin{vmatrix} 2R & -R \\ -R & 2R \end{vmatrix}} = \dfrac{2RV_{ca} + RV_{bc}}{4R^2 - R^2} = \dfrac{2V_{ca} + V_{bc}}{3R}$

저항 R에 흐르는 전류 $I_a = I_1$ 이므로
전압강하를 나타내는 a단자의
중성점 N에 대한 전압 $V_{aN} = RI_a = RI_1$ 이다.

$V_{aN} = RI_1 = R \times \dfrac{2V_{ca} + V_{bc}}{3R} = \dfrac{2V_{ca} + V_{bc}}{3}$

$= \dfrac{2(-120 + j180) + (-90 - j180)}{3}$

$= -110 + j60[V]$

따라서 중성점 전압의 크기
$|V_{aN}| = \sqrt{(-110)^2 + 60^2} \fallingdotseq 125[V]$ **답** ④

5과목 - 전기설비기술기준

81 태양전지 모듈의 시설에 대한 설명으로 옳은 것은?

① 충전부분은 노출하여 시설할 것
② 출력배선은 극성별로 확인 가능토록 표시할 것
③ 전선은 공칭단면적 1.5[mm²] 이상의 연동선을 사용할 것
④ 전선을 옥내에 시설할 경우에는 애자공사에 준하여 시설할 것

풀이 520 태양광발전설비
  가. 태양전지 모듈, 전선, 개폐기 및 기타 기구는 충전부분이 노출되지 않도록 시설하여야 한다.
  나. 모듈의 출력배선은 극성별로 확인할 수 있도록 표시할 것
  다. 전선은 공칭단면적 2.5[mm²] 이상의 연동선 또는 이와 동등 이상의 세기 및 굵기의 것일 것.
  라. 모듈을 병렬로 접속하는 전로에는 그 주된 전로에 단락전류가 발생할 경우에 전로를 보호하는 과전류차단기 또는 기타 기구를 시설할 것
  마. 배선설비 공사는 옥내에 시설할 경우에는 **합성수지관공사, 금속관공사, 금속제가요전선관공사, 케이블공사의 규정**에 준하여 시설할 것. **답** ②

82 저압 옥상전선로를 전개된 장소에 시설하는 내용으로 틀린 것은?

① 전선은 절연전선일 것
② 전선은 단면적 2.5[mm²] 이상의 경동선의 것
③ 전선과 그 저압 옥상전선로를 시설하는 조영재와의 이격거리는 2[m] 이상일 것
④ 전선은 조영재에 내수성이 있는 애자를 사용하여 지지하고 그 지지점 간의 거리는 15[m] 이하일 것

풀이 221.3 옥상전선로
저압 옥상전선로는 전개된 장소에 다음에 따르고 또한 위험의 우려가 없도록 시설하여야 한다.
  가. 전선은 인장강도 2.30[kN] 이상의 것 또는 **지름 2.6 [mm] 이상의 경동선**을 사용할 것.
  나. 전선은 **절연전선(OW전선을 포함한다.)** 또는 이와 동등 이상의 절연효력이 있는 것을 사용할 것.
  다. 전선은 조영재에 견고하게 붙인 지지주 또는 지지대에 절연성·난연성 및 내수성이 있는 애자를 사용하여 지지하고 또한 그 **지지점 간의 거리는 15[m] 이하**일 것.
  라. 전선과 그 저압 옥상 전선로를 시설하는 **조영재와의 이격거리는 2[m]**(전선이 고압절연전선, 특고압 절연전선 또는 케이블인 경우에는 1[m]) 이상일 것.
  마. 저압 옥상전선로의 전선은 상시 부는 바람 등에 의하여 식물에 접촉하지 아니하도록 시설하여야 한다. **답** ②

83 무대, 무대마루 밑, 오케스트라 박스, 영사실 기타 사람이나 무대 도구가 접촉할 우려가 있는 곳에 시설하는 저압 옥내배선·전구선 또는 이동전선은 사용전압이 몇 [V] 이하이어야 하는가?

① 60   ② 110
③ 220 ④ 400

풀이 242.6 전시회, 쇼 및 공연장의 전기설비
무대·무대마루 밑·오케스트라 박스·영사실 기타 사람이나 무대 도구가 접촉할 우려가 있는 곳에 시설하는 저압 옥내배선, 전구선 또는 이동전선은 **사용전압이 400[V] 이하**이어야 한다. **답** ④

84 과전류차단기로 시설하는 퓨즈 중 고압전로에 사용하는 포장퓨즈는 정격전류의 몇 배의 전류에 견디어야 하는가?

① 1.1   ② 1.25
③ 1.3   ④ 1.6

풀이 341.10 고압 및 특고압 전로 중의 과전류차단기의 시설
  가. 과전류차단기로 시설하는 퓨즈 중 고압전로에 사용하는 **포장 퓨즈는 정격전류의 1.3배의 전류에 견디고 또한 2배의 전류로 120분 안에 용단되는 것**이어야 한다.
  나. 과전류차단기로 시설하는 퓨즈 중 고압전로에 사용하는 비포장 퓨즈는 정격전류의 1.25배의 전류에 견디고 또한 2배의 전류로 2분 안에 용단되는 것이어야 한다. **답** ③

85 터널 안 전선로의 시설방법으로 옳은 것은?

① 저압전선은 지름 2.6[mm]의 경동선의 절연전선을 사용하였다.
② 고압전선은 절연전선을 사용하여 합성수지관공사로 하였다.
③ 저압전선을 애자공사에 의하여 시설하고 이를 레일면상 또는 노면상 2.2[m]의 높이로 시설하였다.
④ 고압전선을 금속관공사에 의하여 시설하고 이를 레일면상 또는 노면상 2.4[m]의 높이로 시설하였다.

풀이 335.1 터널 안 전선로의 시설
철도 · 궤도 또는 자동차도 전용터널 안의 전선로

전압	전선의 굵기	시공방법	애자공사 시 높이
저압	인장강도 2.30[kN] 이상 또는 2.6[mm] 이상의 경동선의 절연전선	• 합성수지관공사 • 금속관공사 • 금속제가요전선관 공사 • 케이블공사 • 애자공사	노면상, 레일면상 2.5[m] 이상
고압	인장강도 5.26[kN] 이상 또는 4[mm] 이상의 경동선	• 케이블공사 • 애자공사	노면상, 레일면상 3[m] 이상
특고압		• 케이블공사	

답 ①

86 저압 옥측전선로에서 목조의 조영물에 시설할 수 있는 공사방법은?

① 금속관공사
② 버스덕트공사
③ 합성수지관공사
④ 연피 또는 알루미늄 케이블공사

풀이 221.2 옥측전선로
저압 옥측전선로는 다음의 공사방법에 의할 것.
가. 애자공사(전개된 장소에 한한다.)
나. 합성수지관공사
다. **금속관공사(목조 이외의 조영물**에 시설하는 경우에 한한다.)
라. **버스덕트공사[목조 이외의 조영물**(점검할 수 없는 은폐된 장소는 제외한다)에 시설하는 경우에 한한다.]
마. 케이블공사(**연피 케이블 · 알루미늄피 케이블** 또는 무기물 절연 케이블을 사용하는 경우에는 **목조 이외의 조영물**에 시설하는 경우에 한한다.) **답** ③

87 특고압을 직접 저압으로 변성하는 변압기를 시설하여서는 아니 되는 변압기는?

① 광산에서 물을 양수하기 위한 양수기용 변압기
② 전기로 등 전류가 큰 전기를 소비하기 위한 변압기
③ 교류식 전기철도용 신호회로에 전기를 공급하기 위한 변압기
④ 발전소 · 변전소 · 개폐소 또는 이에 준하는 곳의 소내용 변압기

풀이 341.3 특고압을 직접 저압으로 변성하는 변압기의 시설
특고압을 직접 저압으로 변성하는 변압기는 다음의 것 이외에는 시설하여서는 아니 된다.
가. **전기로 등 전류가 큰 전기를 소비**하기 위한 변압기
나. **발전소 · 변전소 · 개폐소 또는 이에 준하는 곳의 소내용 변압기**
다. 25[kV] 이하인 특고압 가공전선로(중성선 다중접지식의 것으로서 전로에 지락이 생겼을 때에 2초 이내에 자동적으로 이를 전로로부터 차단하는 장치가 되어 있는 것에 한한다.)에 접속 하는 변압기
라. 사용전압이 35[kV] 이하인 변압기로서 그 특고압측 권선과 저압측 권선이 혼촉한 경우에 자동적으로 변압기를 전로로부터 차단하기 위한 장치를 설치한 것.
마. 사용전압이 100[kV] 이하인 변압기로서 그 특고압측 권선과 저압측 권선사이에 접지저항 값이 10[Ω] 이하인 금속제의 혼촉방지판이 있는 것.
바. 교류식 **전기철도용 신호회로에 전기를 공급하기 위한 변압기** **답** ①

88 케이블 트레이공사에 사용하는 케이블트레이의 시설기준으로 틀린 것은?

① 케이블 트레이 안전율은 1.3 이상이어야 한다.
② 비금속제 케이블 트레이는 난연성 재료의 것이어야 한다.
③ 전선의 피복 등을 손상시킬 돌기 등이 없이 매끈해야 한다.
④ 금속제 트레이에 접지공사를 하여야 한다.

풀이 232.41 케이블트레이공사
가. 전선은 연피케이블, 알루미늄피 케이블 등 난연성 케이블 또는 기타 케이블(적당한 간격으로 연소방지 조치를 하여야 한다) 또는 금속관 혹은 합성수지관 등에 넣은 절연전선을 사용하여야 한다.

나. 케이블 트레이의 **안전율은 1.5 이상**으로 하여야 한다.
다. 금속재의 것은 적절한 방식처리를 한 것이거나 내식성 재료의 것이어야 한다.
라. **비금속제 케이블 트레이는 난연성 재료**의 것이어야 한다.
마. 금속제 케이블 트레이 계통은 기계적 및 전기적으로 완전하게 접속하여야 하며 **금속제 트레이는 접지공사**를 하여야 한다. 답 ①

89 전로에 대한 설명 중 옳은 것은?

① 통상의 사용 상태에서 전기를 절연한 곳
② 통상의 사용 상태에서 전기를 접지한 곳
③ 통상의 사용 상태에서 전기가 통하고 있는 곳
④ 통상의 사용 상태에서 전기가 통하고 있지 않은 곳

풀이 전로 : 통상의 사용 상태에서 전기가 통하고 있는 곳
답 ③

90 최대 사용전압 23[kV]의 권선으로 중성점접지식전로(중성선을 가지는 것으로 그 중성선에 다중접지를 하는 전로)에 접속되는 변압기는 몇 [V]의 절연내력시험전압에 견디어야 하는가?

① 21160
② 25300
③ 38750
④ 34500

풀이 135 변압기 전로의 절연내력

권선의 종류 (최대사용전압)	접지방식	시험전압 (최대사용 전압의 배수)	최저 시험전압
1. 7[kV] 이하		1.5배	500[V]
	다중접지	0.92배	500[V]
2. 7[kV] 초과 25[kV] 이하	다중접지	0.92배	
3. 7[kV] 초과 60[kV] 이하 (2란의 것 제외)		1.25배	10.5[kV]
4. 60[kV] 초과	비접지	1.25배	
5. 60[kV] 초과(6란의 것 제외)	접지식	1.1배	75[kV]
6. 60[kV] 초과	직접접지	0.72배	
7. 170[kV] 초과	직접접지	0.64배	

• 절연내력시험전압 : 23000 × 0.92 = 21160[V]
답 ①

91 고압가공전선으로 경동선 또는 내열 동합금선을 사용할 때 그 안전율은 최소 얼마 이상이 되는 이도로 시설하여야 하는가?

① 2.0
② 2.2
③ 2.5
④ 3.3

풀이 332.4 고압 가공전선의 안전율, 222.6 저압 가공전선의 안전율
가공전선이 케이블 이외인 경우 안전율이 다음 이상이 되는 이도로 시설하여야 한다.
가. 경동선 또는 내열 동합금선 : 2.2 이상
나. 그 밖의 전선 : 2.5
답 ②

92 고압 보안공사에서 지지물이 A종 철주인 경우 경간은 몇 [m] 이하인가?

① 100
② 150
③ 250
④ 400

풀이 332.10 고압 보안공사
고압 보안공사는 다음에 따라야 한다.
가. 전선은 케이블인 경우 이외에는 인장강도 8.01[kN] 이상의 것 또는 지름 5[mm] 이상의 경동선일 것.
나. 목주의 풍압하중에 대한 안전율은 1.5 이상일 것.
다. 경간은 표에서 정한 값 이하일 것.

지지물의 종류	경 간
목주 · A종 철주 또는 A종 철근 콘크리트주	100[m] 이하
B종 철주 또는 B종 철근 콘크리트주	150[m] 이하
철 탑	400[m] 이하

답 ①

93 가공전선로 지지물의 승탑 및 승주방지를 위한 발판 볼트는 지표상 몇 [m] 미만에 시설하여서는 아니 되는가?

① 1.2
② 1.5
③ 1.8
④ 2.0

풀이 331.4 가공전선로 지지물의 철탑오름 및 전주오름 방지
가공전선로의 지지물에 취급자가 오르고 내리는데 사용하는 발판 볼트 등을 지표상 1.8[m] 미만에 시설하여서는 아니 된다.
답 ③

94 저압 옥내간선에서 분기하여 전기사용 기계기구에 이르는 저압 옥내전로는 분기점에서 전선의 길이가 몇 [m] 이하인 곳에 개폐기 및 과전류차단기를 시설하여야 하는가? 단, 단락의 위험과 화재 및 인체에 대한 위험성이 최소화 되도록 시설된 경우

① 2　　② 3
③ 4　　④ 5

풀이 212.4.2 과부하 보호장치의 설치 위치
가. 과부하 보호장치는 전로 중 도체의 단면적, 특성, 설치방법, 구성의 변경으로 도체의 허용전류 값이 줄어드는 곳(이하 분기점이라 함)에 설치해야 한다.
나. 과부하 보호장치는 분기점(O)에 설치해야 하나, 분기점(O)점과 분기회로의 과부하 보호장치(P_2) 설치점 사이의 배선 부분에 다른 분기회로나 콘센트 회로가 접속되어 있지 않고, 다음 중 하나를 충족하는 경우에는 변경이 있는 배선에 설치할 수 있다.
① 분기회로에 대한 단락보호가 이루어지고 있는 경우 : 분기회로의 보호장치 P_2는 분기회로의 분기점(O)으로부터 부하 측으로 거리에 구애 받지 않고 이동하여 설치할 수 있다.

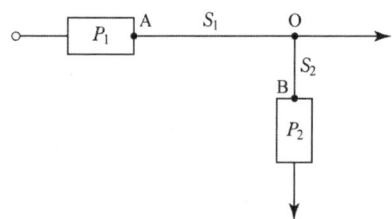

② 단락의 위험과 화재 및 인체에 대한 위험성이 최소화 되도록 시설된 경우 : 분기회로의 보호장치(P_2)는 분기회로의 분기점(O)으로부터 3[m]까지 이동하여 설치할 수 있다.

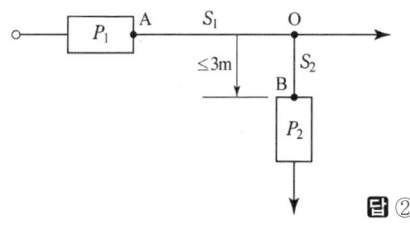

답 ②

95 사용전압이 60[kV] 이하인 경우 전화선로의 길이 12[km] 마다 유도전류는 몇 [μA]를 넘지 않도록 하여야 하는가?

① 1　　② 2
③ 3　　④ 4

풀이 333.2 유도장해의 방지
가. 사용전압이 60[kV] 이하인 경우에는 전화선로의 길이 12[km] 마다 유도전류가 2[μA]를 넘지 아니하도록 할 것.
나. 사용전압이 60[kV]를 초과하는 경우에는 전화선로의 길이 40[km]마다 유도전류가 3[μA]를 넘지 아니하도록 할 것.

답 ②

96 발전소·변전소·개폐소 또는 이에 준하는 곳에서 개폐기 또는 차단기에 사용하는 압축공기장치의 공기압축기는 최고 사용압력의 1.5배의 수압을 연속하여 몇 분간 가하여 시험을 하였을 때에 이에 견디고 또한 새지 아니하여야 하는가?

① 5　　② 10
③ 15　　④ 20

풀이 341.15 압축공기계통
발전소·변전소·개폐소 또는 이에 준하는 곳에서 개폐기 또는 차단기에 사용하는 압축공기장치는 최고 사용압력의 1.5배의 수압(최고 사용압력의 1.25배의 기압)을 연속하여 10분간 가하여 시험을 하였을 때에 이에 견디고 또한 새지 아니할 것.

답 ②

97 금속덕트공사에 의한 저압 옥내배선공사시설에 대한 설명으로 틀린 것은?

① 덕트에 접지공사를 한다.
② 금속 덕트는 두께 1.0[mm] 이상인 철판으로 제작하고 덕트 상호간에 완전하게 접속한다.
③ 덕트를 조영재에 붙이는 경우 덕트 지지점간의 거리를 3[m] 이하로 견고하게 붙인다.
④ 금속 덕트에 넣은 전선의 단면적의 합계가 덕트의 내부 단면적의 20[%] 이하가 되도록 한다.

풀이 232.31 금속덕트공사
가. 전선은 절연전선(옥외용 비닐절연전선을 제외한다)일 것.
나. 금속덕트에 넣은 전선의 단면적(절연피복의 단면적을 포함한다)의 합계는 덕트의 내부 단면적의 20[%](전광표시 장치, 기타 이와 유사한 장치 또는 제어회로 등의 배선만을 넣는 경우에는 50[%]) 이하

다. 덕트 상호 간은 견고하고 또한 전기적으로 완전하게 접속할 것.
라. 덕트를 조영재에 붙이는 경우에는 **덕트의 지지점 간의 거리를 3[m]**(수직으로 붙이는 경우에는 6[m]) 이하로 할 것.
마. 덕트의 끝부분은 막을 것.
바. 폭이 50[mm]를 초과하고 또한 두께가 1.2[mm] 이상인 철판 또는 금속제의 것.
사. 덕트는 접지공사를 할 것. 답 ②

- FD : 동축 케이블
- F : 정격 전류 10[A] 이하의 포장 퓨즈
- DR : 전류 용량 2[A] 이상의 배류 선륜
- L_1 : 교류 300[V] 이하에서 동작하는 피뢰기
- L_2 : 동작 전압이 교류 1,300[V]를 넘고 1,600[V] 이하로 조정된 방전갭
- L_3 : 동작 전압이 교류 2[kV]를 넘고 3[kV] 이하로 조성된 구상 방전갭
- S : **접지용 개폐기**
- CF : 결합 필터
- CC : 결합 콘덴서(결합 안테나를 포함한다)
- E : 접지 답 ③

98 그림은 전력선 반송통신용 결합장치의 보안장치를 나타낸 것이다. S의 명칭으로 옳은 것은?

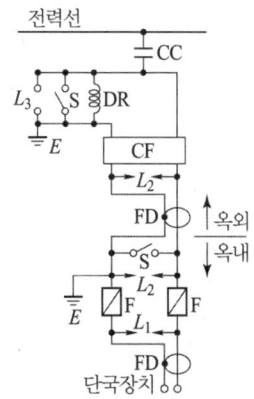

① 동축 케이블   ② 결합 콘덴서
③ 접지용 개폐기 ④ 구상용 방전갭

풀이 362.11 전력선 반송통신용 결합장치의 보안장치
전력선 반송통신용 결합 커패시터에 접속하는 회로에는 그림의 보안장치 또는 이에 준하는 보안장치를 시설하여야 한다.

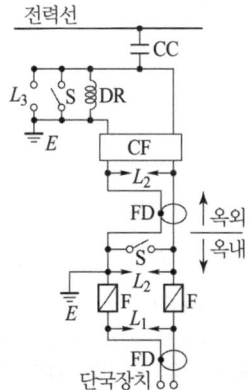

전력선 반송통신용 결합장치의 보안장치

출제기준 변경 및 개정된 관계 법규에 따라 삭제된 문제가 있어 20문항이 안됩니다.

2018년 2회 전기기사필기

동일출판사 홈페이지에서 무료 동영상강의를 보실 수 있습니다.

1과목 - 전기자기

01 매질 1의 $\mu_{s1} = 500$, 매질 2의 $\mu_{s2} = 1000$이다. 매질 2에서 경계면에 대하여 45°의 각도로 자계가 입사한 경우 매질 1에서 경계면과 자계의 각도에 가장 가까운 것은?

① 20° ② 30°
③ 60° ④ 80°

풀이

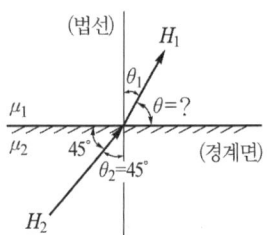

굴절의 법칙 $\dfrac{\tan\theta_1}{\tan\theta_2} = \dfrac{\mu_1}{\mu_2} = \dfrac{\mu_{s1}}{\mu_{s2}}$ 에서

$\dfrac{\tan\theta_1}{\tan 45°} = \dfrac{500}{1000}$ 이므로

$\tan\theta_1 = \dfrac{1}{2}\tan 45° = \dfrac{1}{2}$

→ $\theta_1 = \tan^{-1}\dfrac{1}{2} = 26.57°$

그림과 같이 입사각 θ_1과 굴절각 θ_2는 경계면의 법선에 대한 각도를 나타내므로 매질 1에서 경계면과 이루는 각도 θ는

$\theta = 90° - \theta_1 = 90° - 26.57° = 63.43°$ **답 ③**

02 대지의 고유저항이 $\rho[\Omega \cdot m]$일 때 반지름 a[m]인 그림과 같은 반구 접지극의 접지저항[Ω]은?

① $\dfrac{\rho}{4\pi a}$

② $\dfrac{\rho}{2\pi a}$

③ $\dfrac{2\pi\rho}{a}$

④ $2\pi\rho a$

풀이 반지름 a[m]인 구의 정전용량은 $4\pi\epsilon a$[F]이므로 반구의 정전용량(C)은 $2\pi\epsilon a$[F] 이다.
$RC = \rho\epsilon$ 에서 접지저항

$R = \dfrac{\rho\epsilon}{C} = \dfrac{\rho\epsilon}{2\pi\epsilon a} = \dfrac{\rho}{2\pi a}[\Omega]$ **답 ②**

03 히스테리시스 곡선에서 히스테리시스 손실에 해당하는 것은?

① 보자력의 크기
② 잔류자기의 크기
③ 보자력과 잔류자기의 곱
④ 히스테리시스 곡선의 면적

풀이 단위체적 당 히스테리시스손은 주파수와 히스테리시스 곡선의 면적에 비례하며, 스타인메쯔의 실험식에 따라 히스테리시스손 $P_h = \eta f B_m^{1.6}$[J/m³]이다. **답 ④**

04 다음 (가), (나)에 대한 법칙으로 알맞은 것은?

> 전자유도에 의하여 회로에 발생되는 기전력은 쇄교 자속수의 시간에 대한 감소비율에 비례한다는 (가)에 따르고 특히, 유도된 기전력의 방향은 (나)에 따른다.

① (가) 패러데이의 법칙
　(나) 렌츠의 법칙
② (가) 렌츠의 법칙
　(나) 패러데이의 법칙
③ (가) 플레밍의 왼손법칙
　(나) 패러데이의 법칙
④ (가) 패러데이의 법칙
　(나) 플레밍의 왼손법칙

풀이
- 패러데이 법칙 : "유도기전력의 크기는 폐회로에 쇄교하는 자속의 시간적 변화율에 비례한다."라는 법칙으로, 기전력의 크기를 결정한다.
- 렌츠의 법칙 : "전자유도에 의해 발생하는 기전력은 자속 변화를 방해하는 방향으로 전류가 발생한다."라는 법칙으로, 기전력의 방향을 결정한다. **답 ①**

05 N회 감긴 환상코일의 단면적이 $S[\text{m}^2]$이고 평균 길이가 $l[\text{m}]$이다. 이 코일의 권수를 2배로 늘이고 인덕턴스를 일정하게 하려고 할 때, 다음 중 옳은 것은?

① 길이를 2배로 한다.
② 단면적을 $\frac{1}{4}$로 한다.
③ 비투자율을 $\frac{1}{2}$배로 한다.
④ 전류의 세기를 4배로 한다.

풀이 환상 코일의 자기 인덕턴스 $L = \frac{\mu S N^2}{l} \propto N^2$
이므로 권수(N)를 2배로 하면
인덕턴스(L)는 $2^2 = 4$배로 된다.
따라서 단면적 S를 $\frac{1}{4}$배 또는 평균 길이 l을 4배로 하면 L은 일정하게 된다. **답** ②

06 무한장 솔레노이드에 전류가 흐를 때 발생되는 자장에 관한 설명으로 옳은 것은?

① 내부 자장은 평등자장이다.
② 외부 자장은 평등자장이다.
③ 내부 자장의 세기는 0이다.
④ 외부와 내부의 자장의 세기는 같다.

풀이
• 무한장 솔레노이드 내부 자계의 세기는 평등하며, 그 크기는 $H_i = n_0 I[\text{AT/m}]$이다.
 (단 n_0는 단위 길이당 코일 권수[회/m])
• 무한장 솔레노이드 외부 자계 $H_o = 0[\text{AT/m}]$이다. **답** ①

07 자기회로에서 키르히호프의 법칙으로 알맞은 것은? (단, R : 자기저항, ϕ : 자속, N : 코일 권수, I : 전류이다.)

① $\sum_{i=1}^{n} \phi_i = \infty$
② $\sum_{i=1}^{n} N_i \phi_i = 0$
③ $\sum_{i=1}^{n} R_i \phi_i = \sum_{i=1}^{n} N_i I_i$
④ $\sum_{i=1}^{n} R_i \phi_i = \sum_{i=1}^{n} N_i L_i$

풀이 자기회로의 키르히호프의 법칙
① 자기회로의 결합점에 있어서 결합점에 유입하는 자속의 대수합은 0이다.
② 임의의 폐자로에 있어서 각 부의 자기저항과 자속과의 곱의 합은 폐자로에 있는 기자력(코일 권수와 전류와의 곱)의 대수합과 같다. **답** ③

08 전하밀도 $\rho_s[\text{C/m}^2]$인 무한 판상 전하분포에 의한 임의점의 전장에 대하여 틀린 것은?

① 전장의 세기는 매질에 따라 변한다.
② 전장의 세기는 거리 r에 반비례한다.
③ 전장은 판에 수직방향으로만 존재한다.
④ 전장의 세기는 전하밀도 ρ_s에 비례한다.

풀이 무한 판상 전하분포에 의한 **임의점의 전계는** $E = \frac{\rho_s}{\epsilon}$
로 전하밀도에 비례하고, 유전율(매질)에 반비례하며, **거리에 관계없는 평등자계이다.** 또 이 전계의 방향은 판에 수직방향이다. **답** ②

09 한 변의 길이가 $l[\text{m}]$인 정사각형 도체 회로에 전류 $I[\text{A}]$를 흘릴 때 회로의 중심점에서 자계의 세기는 몇 $[\text{AT/m}]$인가?

① $\frac{2I}{\pi l}$
② $\frac{I}{\sqrt{2}\pi l}$
③ $\frac{\sqrt{2}I}{\pi l}$
④ $\frac{2\sqrt{2}I}{\pi l}$

풀이

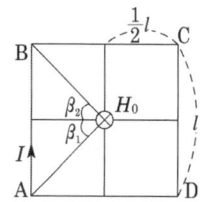

한 변 AB에 대한 중심점의 자계는
$H_{AB} = \frac{I}{4\pi a}(\sin\beta_1 + \sin\beta_2)$이므로 $a = \frac{l}{2}$,
$\sin\beta_1 = \sin\beta_2 = \sin 45° = \frac{1}{\sqrt{2}}$을 대입하면
$H_{AB} = \frac{I}{4\pi\left(\frac{l}{2}\right)} \times 2 \times \frac{1}{\sqrt{2}} = \frac{I}{\sqrt{2}\pi l}[\text{AT/m}]$
$\therefore H_0 = H_{AB} + H_{BC} + H_{CD} + H_{DA}$
$= 4H_{AB} = 4 \times \frac{I}{\sqrt{2}\pi l} = \frac{2\sqrt{2}I}{\pi l}[\text{AT/m}]$ **답** ④

10 반지름 a[m]의 원형 단면을 가진 도선에 전도전류 $i_c = I_c \sin 2\pi ft$ [A]가 흐를 때 변위전류밀도의 최댓값 J_d는 몇 [A/m²]가 되는가? (단, 도전율은 σ[S/m]이고, 비유전율은 ϵ_r이다.)

① $\dfrac{f\epsilon_r I_c}{4\pi \times 10^9 \sigma a^2}$

② $\dfrac{\epsilon_r I_c}{4\pi f \times 10^9 \sigma a^2}$

③ $\dfrac{f\epsilon_r I_c}{9\pi \times 10^9 \sigma a^2}$

④ $\dfrac{f\epsilon_r I_c}{18\pi \times 10^9 \sigma a^2}$

풀이 • 전도전류밀도

$i_c = \sigma E = \dfrac{I_c}{\sqrt{2}\,A} = \dfrac{I_c}{\sqrt{2}\,(\pi a^2)}$ 에서

$E = \dfrac{I_c}{\sqrt{2}\,A\sigma} = \dfrac{I_c}{\sqrt{2}\,(\pi a^2)\sigma}$

• 변위전류밀도

$i_d = \dfrac{\partial D}{\partial t} = \dfrac{\partial (\epsilon E)}{\partial t} = j\omega\epsilon E = j2\pi f\epsilon_0\epsilon_r E$

따라서 변위전류밀도 최댓값 J_d은

$J_d = \sqrt{2}\,i_c = \sqrt{2} \times 2\pi f\epsilon_0\epsilon_r E$

$= \sqrt{2} \times 2\pi f\epsilon_0\epsilon_r \times \dfrac{I_c}{\sqrt{2}\,(\pi a^2)\sigma}$

$= 2\epsilon_0 \dfrac{f\epsilon_r I_c}{a^2 \sigma} = 2 \times \dfrac{1}{4\pi \times 9 \times 10^9} \times \dfrac{f\epsilon_r I_c}{\sigma a^2}$

$= \dfrac{f\epsilon_r I_c}{18\pi \times 10^9 \sigma a^2}$ [A/m²]   **답** ④

11 대전 도체 표면전하밀도는 도체 표면의 모양에 따라 어떻게 분포하는가?

① 표면전하밀도는 뾰족할수록 커진다.
② 표면전하밀도는 평면일 때 가장 크다.
③ 표면전하밀도는 곡률이 크면 작아진다.
④ 표면전하밀도는 표면의 모양과 무관하다.

풀이 도체 표면의 전하는 뾰족한 부분에 모이는 성질이 있는데, 뾰족한 부분일수록 반경이 작으므로 전하밀도는 곡률이 커질수록 커진다.

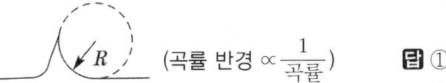

(곡률 반경 $\propto \dfrac{1}{\text{곡률}}$)   **답** ①

12 일정 전압의 직류전원에 저항을 접속하여 전류를 흘릴 때, 저항값을 20[%] 감소시키면 흐르는 전류는 처음 저항에 흐르는 전류의 몇 배가 되는가?

① 1.0배   ② 1.1배
③ 1.25배 ④ 1.5배

풀이 전압원의 전압이 일정한 경우,

전류 $I = \dfrac{V}{R} \propto \dfrac{1}{R}$ 이므로 감소시킨 저항을 R',

그 때 흐르는 전류를 I'라고 하면,

$I' = \dfrac{R}{R'}I = \dfrac{R}{(1-0.2)R}I = 1.25I$ **답** ③

13 유전율이 ϵ인 유전체 내에 있는 점전하 Q에서 발산되는 전기력선의 수는 총 몇 개인가?

① Q ② $\dfrac{Q}{\epsilon_0 \epsilon_s}$ ③ $\dfrac{Q}{\epsilon_s}$ ④ $\dfrac{Q}{\epsilon_0}$

풀이 Q[C]의 전하로부터 발산되는 전기력선 수는

가우스 정리에 의하여 $\int_s E\,dS = \dfrac{Q}{\epsilon_0}$ [개] 이며,

유전체의 경우는 $\dfrac{Q}{\epsilon_0 \epsilon_s}$ [개]이다.   **답** ②

14 내부도체의 반지름이 a[m]이고, 외부도체의 내 반지름이 b[m], 외반지름이 c[m]인 동축 케이블의 단위 길이당 자기 인덕턴스는 몇 [H/m]인가?

① $\dfrac{\mu_0}{2\pi}\ln\dfrac{b}{a}$ ② $\dfrac{\mu_0}{\pi}\ln\dfrac{b}{a}$

③ $\dfrac{2\pi}{\mu_0}\ln\dfrac{b}{a}$ ④ $\dfrac{\pi}{\mu_0}\ln\dfrac{b}{a}$

풀이 $d\phi = B \cdot dr = \mu_0 H \cdot dr = \dfrac{\mu_0 I}{2\pi r}dr$

$(\because H = \dfrac{I}{2\pi r})$

자속 $\phi = \int_a^b d\phi = \dfrac{\mu_0 I}{2\pi}\int_a^b \dfrac{1}{r}\cdot dr$

$= \dfrac{\mu_0 I}{2\pi}\ln\dfrac{b}{a}$

$\therefore L = \dfrac{\phi}{I} = \dfrac{\mu_0}{2\pi}\ln\dfrac{b}{a}$ [H/m]   **답** ①

15 공기 중에서 1[m] 간격을 가진 두 개의 평행 도체 전류의 단위 길이에 작용하는 힘은 몇 [N]인가? (단, 전류는 1[A]라고 한다.)

① 2×10^{-7} ② 4×10^{-7}
③ $2\pi \times 10^{-7}$ ④ $4\pi \times 10^{-7}$

풀이 평행 도체 사이에 작용하는 힘
$$F = \frac{2I_1 I_2}{r} \times 10^{-7} = \frac{2 \times 1 \times 1}{1} \times 10^{-7}$$
$$= 2 \times 10^{-7} [\text{N/m}]$$
따라서 단위 길이(1[m])에 작용하는 힘은 2×10^{-7}[N]이다. **답** ①

16 공기 중에서 코로나방전이 3.5[kV/mm] 전계에서 발생한다고 하면, 이때 도체의 표면에 작용하는 힘은 약 몇 [N/m²]인가?

① 27 ② 54 ③ 81 ④ 108

풀이 도체 표면에 작용하는 힘
$$f = \frac{1}{2}\epsilon_0 E^2 = \frac{1}{2} \times 8.854 \times 10^{-12} \times \left(3.5 \times \frac{10^3}{10^{-3}}\right)^2$$
$$\fallingdotseq 54 [\text{N/m}^2]$$
(여기서, 1[kV/mm] = $\frac{10^3}{10^{-3}}$[V/m]) **답** ②

17 무한장 직선 전류에 의한 자계의 세기[AT/m]는?

① 거리 r에 비례한다.
② 거리 r^2에 비례한다.
③ 거리 r에 반비례한다.
④ 거리 r^2에 반비례한다.

풀이 무한장 직선전류에 의한 자계 $H = \frac{NI}{2\pi r}$[AT/m]이므로 거리 r에 반비례한다. **답** ③

18 전계 $E = \sqrt{2} E_e \sin\omega\left(t - \frac{x}{c}\right)$[V/m]의 평면전자파가 있다. 진공 중에서 자계의 실효값은 몇 [A/m]인가?

① $0.707 \times 10^{-3} E_e$ ② $1.44 \times 10^{-3} E_e$
③ $2.65 \times 10^{-3} E_e$ ④ $5.37 \times 10^{-3} E_e$

풀이 자유공간 또는 진공 중에서 전계와 자계는 다음의 관계가 있다.
$$\frac{E}{H} = \sqrt{\frac{\mu}{\epsilon}}$$
따라서 $H = \sqrt{\frac{\epsilon_0}{\mu_0}} \cdot E_e = \frac{1}{120\pi} E_e = \frac{1}{377} E_e$
$$= 2.65 \times 10^{-3} E_e [\text{A/m}]$$ **답** ③

19 Biot-Savart의 법칙에 의하면, 전류소에 의해서 임의의 한 점(P)에 생기는 자계의 세기를 구할 수 있다. 다음 중 설명으로 틀린 것은?

① 자계의 세기는 전류의 크기에 비례한다.
② MKS 단위계를 사용할 경우 비례상수는 $\frac{1}{4\pi}$이다.
③ 자계의 세기는 전류소와 점 P와의 거리에 반비례한다.
④ 자계의 방향은 전류소 및 이 전류소와 점 P를 연결하는 직선을 포함하는 면에 법선방향이다.

풀이 비오-사바르의 법칙은 미소전류에 의해 거리 r만큼 떨어진 점에서의 자계의 세기 H를 구하는 데 이용된다.
$$dH = \frac{Idl \sin\theta}{4\pi r^2} [\text{AT/m}]$$
따라서 자계의 세기는 거리의 제곱에 반비례한다. **답** ③

20 $x > 0$인 영역에 $\epsilon_1 = 3$인 유전체, $x < 0$인 영역에 $\epsilon_2 = 5$인 유전체가 있다. 유전율 ϵ_2인 영역에서 전계가 $E_2 = 20a_x + 30a_y - 40a_z$[V/m]일 때, 유전율 ϵ_1인 영역에서의 전계 E_1[V/m]은?

① $\frac{100}{3}a_x + 30a_y - 40a_z$
② $20a_x + 90a_y - 40a_z$
③ $100a_x + 10a_y - 40a_z$
④ $60a_x + 30a_y - 40a_z$

풀이 경계면에 대해 a_x성분은 법선성분이고, a_y, a_z 성분은 접선성분에 해당된다.
• 경계조건에 의하여 법선성분

$D_{1x} = D_{2x}$ 이므로 $\epsilon_1 E_{1x} = \epsilon_2 E_{2x}$

$$\therefore E_{1x} = \frac{\epsilon_2}{\epsilon_1} E_{2x} = \frac{5}{3} 20 a_x = \frac{100}{3} a_x$$

- 경계조건에 의하여 접선성분
  $E_{1y} = E_{2y}$, $E_{1z} = E_{2z}$ 이므로
  $$\therefore E_{1y} = 30 a_y, \ E_{1z} = -40 a_z$$

따라서 유전율 ϵ_1 인 영역에서의 전계

$$E_1 = \frac{100}{3} a_x + 30 a_y - 40 a_z [\text{V/m}]$$

답 ①

2과목 - 전력공학

21 1[kWh]를 열량으로 환산하면 약 몇 [kcal]인가?

① 80 ② 256
③ 539 ④ 860

풀이 열량의 단위
$\begin{cases} 1[\text{kcal}] = \dfrac{1}{860}[\text{kWh}] \\ 1[\text{kcal}] = 3.968 [\text{B.T.U}] \\ 1[\text{B.T.U}] = 0.252 [\text{kcal}] \end{cases}$

따라서 1[kWh] = 860[kcal]이다.

답 ④

22 22.9[kV], Y결선된 자가용 수전설비의 계기용 변압기의 2차측 정격전압은 몇 [V]인가?

① 110 ② 220
③ $110\sqrt{3}$ ④ $220\sqrt{3}$

풀이
- 계기용 변압기(PT) : 고전압을 저전압으로 변성하여 계기나 계전기에 공급하기 위한 목적으로 사용되며 **2차측 정격전압은 110[V]**이다.
- 계기용 변류기(CT) : 대전류를 소전류로 변성하여 계기나 계전기에 공급하기 위한 목적으로 사용되며 2차측 정격전류는 5[A]이다.

답 ①

23 순저항 부하의 부하전력 P[kW], 전압 E[V], 선로의 길이 l[m], 고유저항 ρ[Ω·mm²/m] 인 단상 2선식 선로에서 선로 손실을 q[W]라 하면, 전선의 단면적[mm²]은 어떻게 표현되는가?

① $\dfrac{\rho l P^2}{qE^2} \times 10^6$ ② $\dfrac{2\rho l P^2}{qE^2} \times 10^6$

③ $\dfrac{\rho l P^2}{2qE^2} \times 10^6$ ④ $\dfrac{2\rho l P^2}{q^2 E} \times 10^6$

풀이 단상에서의 전류

$$I = \frac{P[\text{kW}]}{E} = \frac{P \times 10^3 [\text{W}]}{E} [\text{A}]$$

저항 $R = \rho \dfrac{l}{A} [\Omega]$ 이므로

단상 2선식의 선로손실

$$q = 2I^2 R = 2 \times \left(\frac{P \times 10^3}{E}\right)^2 \times \rho \frac{l}{A}$$

$$= \frac{2\rho l P^2}{AE^2} \times 10^6 [\text{W}]$$

따라서 전선의 단면적

$$A = \frac{2\rho l P^2}{qE^2} \times 10^6 [\text{mm}^2]$$

답 ②

24 동작전류의 크기가 커질수록 동작시간이 짧게 되는 특성을 가진 계전기는?

① 순한시 계전기
② 정한시 계전기
③ 반한시 계전기
④ 반한시 정한시 계전기

풀이 보호계전기 특징
- ③ 순한시 특성 : 최소 동작전류 이상의 전류가 흐르면 즉시 동작하는 특성
- ① 정한시 특성 : 동작전류의 크기에 관계없이 일정한 시간에 동작하는 특성
- ② 반한시 특성 : 동작전류가 커질수록 동작시간이 짧게 되는 특성
- ④ 반한시 정한시 특성 : 동작전류가 적은 동안에는 동작전류가 커질수록 동작시간이 짧게 되고, 어떤 전류 이상이면 동작전류의 크기에 관계없이 일정한 시간에 동작하는 특성

답 ③

25 소호 리액터를 송전계통에 사용하면 리액터의 인덕턴스와 선로의 정전용량이 어떤 상태로 되어 지락전류를 소멸시키는가?

① 병렬공진 ② 직렬공진
③ 고임피던스 ④ 저임피던스

풀이 소호 리액터 접지방식은 선로의 대지정전용량과 중성점에 접속된 소호 리액터(변압기 리액턴스를 무시한 경우)의 병렬공진에 의하여 지락전류를 소멸시켜 안정도를 최대로 하기 위한 접지를 말한다. **답** ①

26 동기조상기에 대한 설명으로 틀린 것은?
① 시충전이 불가능하다.
② 전압조정이 연속적이다.
③ 중부하 시에는 과여자로 운전하여 앞선 전류를 취한다.
④ 경부하 시에는 부족여자로 운전하여 뒤진 전류를 취한다.

풀이 조성설비

	진상	지상	시충전	조정
콘덴서	○	×	×	단계적
리액터	×	○	×	단계적
동기조상기	○	○	○	연속적

답 ①

27 화력발전소에서 가장 큰 손실은?
① 소내용 동력
② 송풍기 손실
③ 복수기에서의 손실
④ 연도 배출가스 손실

풀이 발전소마다 각 손실의 비가 다르나 복수식 발전소에서는 복수기 냉각수에 의한 열량이 가장 크고 석탄 열량의 50~60[%]에 달한다. 다음에 큰 것은 굴뚝 배출 가스 손실로 10[%] 정도이다. **답** ③

28 정전용량 0.01[μF/km], 길이 173.2[km], 선간전압 60[kV], 주파수 60[Hz]인 3상 송전선로의 충전전류는 약 몇 [A]인가?
① 6.3   ② 12.5
③ 22.6   ④ 37.2

풀이 충전전류
$$I_c = \omega C_w lE = 2\pi f \times C_w l \times \frac{V}{\sqrt{3}}$$
$$= 2\pi \times 60 \times 0.01 \times 10^{-6} \times 173.2 \times \frac{60,000}{\sqrt{3}}$$
$$= 22.6[A]$$
답 ③

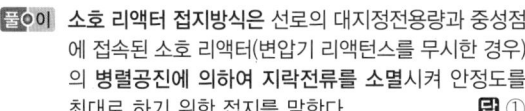

29 발전용량 9800[kW]의 수력발전소 최대사용 수량이 10[m³/s]일 때, 유효낙차는 몇 [m]인가?
① 100   ② 125
③ 150   ④ 175

풀이 발전용량 $P = 9.8QH$ [kW]
(단, Q: 사용 수량 [m³/s], H: 유효 낙차 [m])
따라서 유효낙차
$$H = \frac{P}{9.8Q} = \frac{9800}{9.8 \times 10} = 100[m]$$
답 ①

30 차단기의 정격차단시간은?
① 고장발생부터 소호까지의 시간
② 트립코일 여자부터 소호까지의 시간
③ 가동 접촉자의 개극부터 소호까지의 시간
④ 가동 접촉자의 동작시간부터 소호까지의 시간

풀이 차단기의 차단 시간 : 트립 코일 여자부터 차단기의 가동 전극이 고정 전극으로부터 이동을 개시하여 개극할 때까지의 개극 시간과 접점이 충분히 떨어져 아크가 완전히 소호할 때까지의 아크 시간의 합으로 3~8[Hz]이다. **답** ②

31 부하전류의 차단능력이 없는 것은?
① DS   ② NFB
③ OCB   ④ VCB

풀이 단로기(DS)는 소호 및 아크 소멸능력이 없으므로 고장전류 뿐만 아니라 부하전류도 차단할 수 없다. **답** ①

32 전선의 굵기가 균일하고 부하가 송전단에서 말단까지 균일하게 분포되어 있을 때 배전선 말단에서 전압강하는? (단, 배전선 전체저항 R, 송전단의 부하전류는 I이다.)
① $\frac{1}{2}RI$ ② $\frac{1}{\sqrt{2}}RI$
③ $\frac{1}{\sqrt{3}}RI$ ④ $\frac{1}{3}RI$

풀이

부하종류	전압강하	전력손실
말단 집중 부하	IR	I^2R
균등 분포 부하	$\dfrac{1}{2}IR$	$\dfrac{1}{3}I^2R$

답 ①

33 역률 개선용 콘덴서를 부하와 병렬로 연결하고자 한다. △결선방식과 Y결선방식을 비교하면 콘덴서의 정전용량[μF]의 크기는 어떠한가?

① △결선방식과 Y결선방식은 동일하다.
② Y결선방식이 △결선방식의 $\dfrac{1}{2}$이다.
③ △결선방식이 Y결선방식의 $\dfrac{1}{3}$이다.
④ Y결선방식이 △결선방식의 $\dfrac{1}{\sqrt{3}}$이다.

풀이 $Q = 3EI = 3E2\pi f CE = 3 \times 2\pi f CE^2$ 에서

$$C_\triangle = \dfrac{Q}{3 \times 2\pi f V^2}$$

(∵ △결선에서 상전압 = 선간전압)

$$C_Y = \dfrac{Q}{3 \times 2\pi f \left(\dfrac{V}{\sqrt{3}}\right)^2} = \dfrac{Q}{2\pi f V^2}$$

(∵ Y결선에서 상전압 = $\dfrac{선간전압}{\sqrt{3}}$)

$$\dfrac{C_\triangle}{C_Y} = \dfrac{\dfrac{Q}{3 \times 2\pi f V^2}}{\dfrac{Q}{2\pi f V^2}} = \dfrac{1}{3}$$

∴ $C_\triangle = \dfrac{1}{3}C_Y$

답 ③

34 송전선로에서 고조파 제거 방법이 아닌 것은?

① 변압기를 △결선한다.
② 능동형 필터를 설치한다.
③ 유도전압조정장치를 설치한다.
④ 무효전력 보상장치를 설치한다.

풀이 유도전압조정장치는 배전선로의 모선 전압조정장치로 고조파 제거와는 무관하다. **답** ③

35 송전선로에 댐퍼(Damper)를 설치하는 주된 이유는?

① 전선의 진동 방지
② 전선의 이탈 방지
③ 코로나 현상의 방지
④ 현수애자의 경사 방지

풀이 댐퍼는 전선의 진동에너지를 흡수함으로서 **진동 발생 방지** 및 진동으로 인한 전선의 단선을 방지하기 위한 설비로, 지지점 가까운 곳에 설치한다. **답** ①

36 400[kVA] 단상변압기 3대를 △-△결선으로 사용하다가 1대의 고장으로 V-V결선을 하여 사용하면 약 몇 [kVA] 부하까지 걸 수 있겠는가?

① 400
② 566
③ 693
④ 800

풀이 V결선 시 3상출력 = $\sqrt{3} \times P_1$ (단상변압기 1대의 출력)

∴ $P_V = \sqrt{3} \times 400 ≒ 693$[kVA] **답** ③

37 직격뢰에 대한 방호설비로 가장 적당한 것은?

① 복도체
② 가공지선
③ 서지 흡수기
④ 정전방전기

풀이 가공 지선의 설치 목적
① 직격 뇌에 대한 차폐 효과
② 유도 뇌에 대한 정전 차폐 효과
③ 통신선에 대한 전자 유도 장해 경감 효과 **답** ②

38 선로정수를 평행되게 하고, 근접 통신선에 대한 유도장해를 줄일 수 있는 방법은?

① 연가를 시행한다.
② 전선으로 복도체를 사용한다.
③ 전선로의 이도를 충분하게 한다.
④ 소호 리액터 접지를 하여 중성점 전위를 줄여준다.

풀이
- 연가는 선로정수를 평형시키고 통신선의 유도장해를 방지하기 위하여 선로를 3배수 등분하여 실시한다.
- **연가의 목적**: 직렬공진 방지, 유도장해 감소, 선로정수 평형

답 ①

39 직류 송전방식에 대한 설명으로 틀린 것은?
① 선로의 절연이 교류방식보다 용이하다.
② 리액턴스 또는 위상각에 대해서 고려 할 필요가 없다.
③ 케이블 송전일 경우 유전손이 없기 때문에 교류방식보다 유리하다.
④ 비동기 연계가 불가능하므로 주파수가 다른 계통 간의 연계가 불가능하다.

풀이 직류 송전 방식의 장·단점
[장점]
① 선로의 리액턴스가 없으므로 안정도가 높다.
② 유전체손 및 충전 용량이 없고 절연내력이 강하다.
③ **비동기 연계가 가능**하다.
④ 단락전류가 적고 임의 크기의 교류 계통을 연계시킬 수 있다.
⑤ 코로나손 및 전력손실이 적다.
⑥ 표피효과나 근접 효과가 없으므로 실효 저항의 증대가 없다.

[단점]
① 직교 변환 장치가 필요하다.
② 전압의 승압 및 강압이 불리하다.
③ 고조파나 고주파 억제 대책이 필요하다.
④ 직류 차단기가 개발되어 있지 않다.

답 ④

40 저압배전계통을 구성하는 방식 중, 캐스케이딩(cascading)을 일으킬 우려가 있는 방식은?
① 방사상방식
② 저압뱅킹방식
③ 저압네트워크방식
④ 스포트네트워크방식

풀이 캐스케이딩 현상이란 저압 뱅킹 배전방식으로 운전 중 건전한 변압기 일부가 고장이 발생하면 부하가 다른 건전한 변압기에 걸려서 고장이 확대되는 현상을 말한다.

답 ②

3과목 - 전기기기

41 동기발전기의 전기자권선을 분포권으로 하면 어떻게 되는가?
① 난조를 방지한다.
② 기전력의 파형이 좋아진다.
③ 권선의 리액턴스가 커진다.
④ 집중권에 비하여 합성 유기기전력이 증가한다.

풀이 분포권의 특징
① 분포권은 집중권에 비하여 합성 유기기전력이 감소한다.
② **기전력의 고조파가 감소하여 파형이 좋아진다.**
③ 권선의 누설 리액턴스가 감소한다.
④ 전기자 권선에 의한 열을 고르게 분포시켜 과열을 방지한다.

답 ②

42 부하전류가 2배로 증가하면 변압기의 2차측 동손은 어떻게 되는가?
① $\frac{1}{4}$로 감소한다.
② $\frac{1}{2}$로 감소한다.
③ 2배로 증가한다.
④ 4배로 증가한다.

풀이 $P_c = I^2 R \propto I^2$이므로 부하전류가 2배로 증가하면 동손은 4배로 증가한다.

답 ④

43 동기전동기에서 출력이 100[%]일 때 역률이 1이 되도록 계자전류를 조정한 다음에 공급전압 V 및 계자전류 I_f를 일정하게 하고, 전부하 이하에서 운전하면 동기전동기의 역률은?
① 뒤진 역률이 되고, 부하가 감소할수록 역률은 낮아진다.
② 뒤진 역률이 되고, 부하가 감소할수록 역률은 좋아진다.
③ 앞선 역률이 되고, 부하가 감소할수록 역률은 낮아진다.
④ 앞선 역률이 되고, 부하가 감소할수록 역률은 좋아진다.

풀이 동기전동기의 부하특성곡선에 의하여
① 전부하 이하에서는 과여자로 되므로 앞선 역률로 되고, 부하가 감소할수록 역률은 낮아진다.
② 전부하 이상에서는 부족여자로 되므로 뒤진 역률로 되고, 과부하가 될수록 역률은 낮아진다.

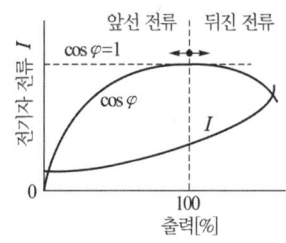

답 ③

44 유도기전력의 크기가 서로 같은 A, B 2대의 동기발전기를 병렬운전할 때, A발전기의 유기기전력 위상이 B보다 앞설 때 발생하는 현상이 아닌 것은?

① 동기화력이 발생한다.
② 고조파 무효 순환전류가 발생된다.
③ 유효전류인 동기화전류가 발생된다.
④ 전기자 동손을 증가시키며 과열의 원인이 된다.

풀이 ① 기전력의 위상이 다른 경우에는 위상차를 처음 상태로 돌리려고 작용하는 유효 전류인 동기화 전류가 흐른다.
② 무효 순환전류가 발생하는 경우는 기전력의 크기가 서로 다를 때 이다. 답 ②

45 직류기의 철손에 관한 설명으로 틀린 것은?

① 성층철심을 사용하면 와전류손이 감소한다.
② 철손에는 풍손과 와전류손 및 저항손이 있다.
③ 철에 규소를 넣게 되면 히스테리시스손이 감소한다.
④ 전기자 철심에는 철손을 작게 하기위해 규소강판을 사용한다.

풀이 총 손실 ─ 무부하손 ─ 철 손 ─ 히스테리시스손
                                └ 와류손
                    └ 기계손 ─ 풍손
                                └ 베어링 마찰손
         └ 부하손 ─ 전기자 저항손
                    ├ 브러시손
                    └ 표류 부하손

즉, 철손에는 히스테리시스손과 와류손이 있다.
답 ②

46 직류분권발전기의 극수 4, 전기자 총 도체수 600으로 매분 600 회전할 때 유기기전력이 220[V]라 한다. 전기자 권선이 파권일 때 매극당 자속은 약 몇 [Wb]인가?

① 0.0154 ② 0.0183
③ 0.0192 ④ 0.0199

풀이 유기기전력 $E = \dfrac{pZ}{a}\phi\dfrac{N}{60}$ 에서
$p=4, Z=600, N=600, E=220,$
$a=2(\text{파권})$이므로
$\therefore \phi = \dfrac{60aE}{pZN} = \dfrac{60\times 2\times 220}{4\times 600\times 600}$
$= 0.0183[Wb]$ 답 ②

47 어떤 정류회로의 부하전압이 50[V]이고 맥동률 3[%]이면 직류 출력전압에 포함된 교류분은 몇 [V]인가?

① 1.2 ② 1.5
③ 1.8 ④ 2.1

풀이 맥동률 $= \dfrac{\Delta E}{E_d}\times 100[\%]$
$\therefore \Delta E = 0.03\times 50 = 1.5[V]$ 답 ②

48 3상 수은 정류기의 직류 평균 부하전류가 50[A]가 되는 1상 양극 전류 실효값은 약 몇 [A]인가?

① 9.6 ② 17
③ 29 ④ 87

풀이 1상의 양극 전류는 50[A]가 $\dfrac{2\pi}{3}$ 사이에만 흐르고 나머지 $\dfrac{4\pi}{3}$ 는 흐르지 않으므로
$I_{rms} = \sqrt{\dfrac{(50^2\times\dfrac{2\pi}{3})}{2\pi}} = \dfrac{50}{\sqrt{3}} ≒ 29[A]$ 답 ③

49 그림은 동기발전기의 구동 개념도이다. 그림에서 2를 발전기라 할 때 3의 명칭으로 적합한 것은?

① 전동기
② 여자기
③ 원동기
④ 제동기

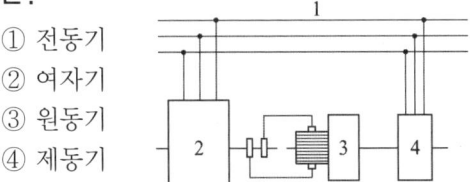

풀이 여자기 구동방식

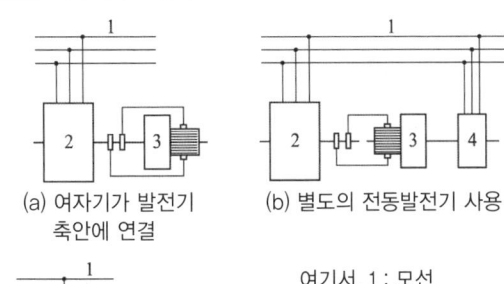

(a) 여자기가 발전기 축안에 연결
(b) 별도의 전동발전기 사용

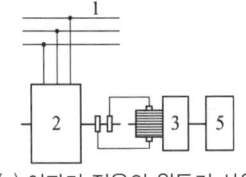

(c) 여자기 전용의 원동기 사용

여기서, 1 : 모선
2 : 발전기
3 : 여자기
4 : 전동기
5 : 원동기

답 ②

50 유도전동기의 2차 회로에 2차 주파수와 같은 주파수로 적당한 크기와 적당한 위상의 전압을 외부에서 가해주는 속도제어법은?

① 1차 전압제어
② 2차 저항 제어
③ 2차 여자 제어
④ 극수 변환 제어

풀이 2차 여자 제어법 : 유도전동기의 2차 회로(회전자 권선)에 2차 기전력과 같은 주파수의 전압을 가해 그 크기를 조절함으로써 속도를 제어하는 방법

답 ③

51 변압기의 1차측을 Y결선, 2차측을 △결선으로 한 경우 1차와 2차간의 전압의 위상차는?

① 0°
② 30°
③ 45°
④ 60°

풀이
- Y결선에서 선간 전압은 상전압에 비해 크기가 $\sqrt{3}$ 배이고 위상은 30° 앞선다.
- △결선에서 선간 전압은 상전압과 크기와 위상이 같다.

따라서 Y-△결선 시 1차 선간 전압은 2차 선간 전압보다 30° 위상이 앞선다.

답 ②

52 이상적인 변압기의 무부하에서 위상관계로 옳은 것은?

① 자속과 여자전류는 동위상이다.
② 자속은 인가전압보다 90° 앞선다.
③ 인가전압은 1차 유기기전력보다 90° 앞선다.
④ 1차 유기기전력과 2차 유기기전력의 위상은 반대이다.

풀이 이상적인 변압기
① **자속**은 인가전압보다 90° 뒤지고, **여자전류**와는 동위상이다.
② 인가전압과 공급전압의 크기는 같고, 방향은 반대이다.
③ 1차 유기기전력과 2차 유기기전력은 동위상이다.

답 ①

53 정격출력 50[kW], 4극 220[V], 60[Hz]인 3상 유도전동기가 전부하 슬립 0.04, 효율 90[%]로 운전되고 있을 때 다음 중 틀린 것은?

① 2차 효율 = 96[%]
② 1차 입력 = 55.56[kW]
③ 회전자 입력 = 47.9[kW]
④ 회전자 동손 = 2.08[kW]

풀이
① 2차 효율 = $1-s = 1-0.04 = 0.96 = 96[\%]$
② 1차 입력 = $\dfrac{P_o}{\eta} = \dfrac{50}{0.9} = 55.56[kW]$
③ 회전자입력 = $\dfrac{P_o}{1-s} = \dfrac{50}{1-0.04} = 52.08[kW]$
④ 회전자동손 = $sP_2 = 0.04 \times 52.08 = 2.08[kW]$

답 ③

54 저항부하를 갖는 정류회로에서 직류분 전압이 200[V]일 때 다이오드에 가해지는 첨두역전압(PIV)의 크기는 약 몇 [V]인가?

① 346
② 628
③ 692
④ 1038

풀이

	다이오드	PIV
반파정류	$E_d = \dfrac{\sqrt{2}\,E_i}{\pi} = 0.45 E_i$	PIV $= E_d \times \pi$
전파정류	$E_d = \dfrac{2\sqrt{2}\,E_i}{\pi} = 0.9 E_i$	

(여기서, E_d는 직류전압, E_i는 교류전압을 나타낸다.)
따라서 첨두역전압(PIV) $= E_d \times \pi = 200 \times \pi$
$\fallingdotseq 628\,[V]$ **답 ②**

55 3상 변압기를 1차 Y, 2차 △로 결선하고 1차에 선간전압 3300[V]를 가했을 때의 무부하 2차 선간전압은 몇 [V]인가? (단, 전압비는 30 : 1 이다.)

① 63.5 ② 110 ③ 173 ④ 190.5

풀이
① 1차는 Y결선 이므로
상전압 $E_1 = \dfrac{V_1}{\sqrt{3}} = \dfrac{3300}{\sqrt{3}}\,[V]$
2차는 △결선 이므로
상전압(E_2)과 선간전압(V_2)이 같다.
② 권수비 $a = \dfrac{E_1}{E_2} = 30$ 이므로
$V_2 = E_2 = \dfrac{1}{a} E_1 = \dfrac{1}{30} \times \dfrac{3300}{\sqrt{3}}$
$= 63.51\,[V]$ **답 ①**

56 직류발전기의 유기기전력과 반비례하는 것은?

① 자속 ② 회전수
③ 전체 도체수 ④ 병렬회로수

풀이 유기기전력 $E = p\phi n \times \dfrac{Z}{a}\,[V]$
여기서, n : 회전수 [rps], a : 내부 병렬회로 수
Z : 총 도체 수, p : 극수 [극]
ϕ : 매 극당 자속 [Wb]
이므로 유기기전력(E)과 병렬회로수(a)는 반비례한다. **답 ④**

57 일반적인 3상 유도전동기에 대한 설명 중 틀린 것은?

① 불평형 전압으로 운전하는 경우 전류는 증가하나 토크는 감소한다.
② 원선도 작성을 위해서는 무부하 시험, 구속 시험, 1차 권선저항 측정을 하여야 한다.

③ 농형은 권선형에 비해 구조가 견고하며 권선형에 비해 대형전동기로 널리 사용된다.
④ 권선형 회전자의 3선 중 1선이 단선되면 동기속도의 50[%]에서 더 이상 가속되지 못하는 현상을 게르게스 현상이라 한다.

풀이 농형 유도전동기의 특성
① 농형 유도전동기는 권선형에 비해 구조가 간단하며 튼튼하다.
② 중·소형 유도전동기에 널리 사용되며, 대형이 되면 기동 토크가 작아 기동이 곤란하게 된다. **답 ③**

58 변압기 보호장치의 주된 목적이 아닌 것은?

① 전압 불평형 개선
② 절연내력 저하 방지
③ 변압기 자체 사고의 최소화
④ 다른 부분으로의 사고 확산 방지

풀이 변압기 보호장치는 전압 불평형 개선과는 관계가 없다. **답 ①**

59 직류기에서 기계각의 극수가 P인 경우 전기각과의 관계는 어떻게 되는가?

① 전기각 $\times 2P$ ② 전기각 $\times 3P$
③ 전기각 $\times \dfrac{2}{P}$ ④ 전기각 $\times \dfrac{3}{P}$

풀이 기하학적 각도 $\alpha\,[rad] =$ 전기각 $\alpha_e\,[rad] \times \dfrac{2}{P}$ **답 ③**

60 3상 권선형 유도전동기의 전부하 슬립 5[%], 2차 1상의 저항 0.5[Ω]이다. 이 전동기의 기동 토크를 전부하 토크와 같도록 하려면 외부에서 2차에 삽입할 저항[Ω]은?

① 8.5 ② 9 ③ 9.5 ④ 10

풀이 기동 시 $s' = 1$에서 전부하 토크를 발생시키는 데 필요한 외부 저항 R은
$\dfrac{r_2}{s} = \dfrac{r_2 + R}{s'} \rightarrow \dfrac{0.5}{0.05} = \dfrac{0.5 + R}{1}$
$\therefore R = \dfrac{0.5}{0.05} - 0.5 = 9.5\,[\Omega]$ **답 ③**

4과목 - 회로이론 및 제어공학

61 $G(s) = \dfrac{1}{0.005s(0.1s+1)^2}$ 에서 $\omega = 10$[rad/s]일 때의 이득 및 위상각은?

① 20[dB], $-90°$
② 20[dB], $-180°$
③ 40[dB], $-90°$
④ 40[dB], $-180°$

풀이
$G(j\omega) = \dfrac{1}{\dfrac{5}{1000}j\omega\left(\dfrac{1}{10}j\omega+1\right)^2}$

$g = 20\log|G(j\omega)|$

$= 20\log\left|\dfrac{1}{\dfrac{5}{1000}j\omega\left(\dfrac{1}{10}j\omega+1\right)^2}\right|$

$= 20\log\dfrac{1}{\dfrac{5}{100}(\sqrt{1+1})^2} = 20\log\dfrac{1}{\dfrac{1}{10}}$

$= 20\log 10 = 20$[dB]

$G(j\omega) = \dfrac{1}{0.005(j\omega)\{0.1(j\omega)+1\}^2}$

$= \dfrac{1}{j\,0.05\,(j+1)^2}$

$= \dfrac{1}{j\,0.05(-1+j2+1)} = \dfrac{1}{-0.1}$

$= -10$

$\therefore \theta = \angle G(j\omega) = -180°$ **답** ②

62 그림과 같은 논리회로는?

① OR 회로
② AND 회로
③ NOT 회로
④ NOR 회로

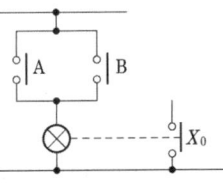

풀이 OR 회로 : 입력 A, B 중 하나의 입력만 있어도 출력 X가 생기는 회로
- 논리합 회로
- 병렬 논리 회로   **답** ①

63 그림은 제어계와 그 제어계의 근궤적을 작도한 것이다. 이것으로부터 결정된 이득여유 값은?

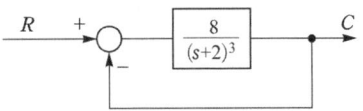

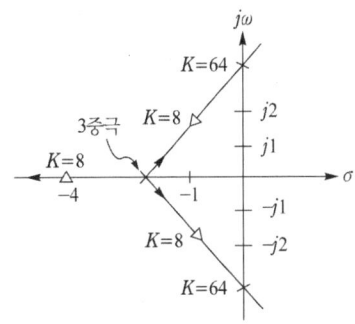

① 2 ② 4 ③ 8 ④ 64

풀이 이득 여유(GM) = $\dfrac{\text{허수축과의 교차점에서 } K\text{의 값}}{K\text{의 설계값}}$

문제에서 $G(s)$의 이득 정수 K의 설계값은 8이고, 근궤적으로부터 허수축과 교차점에서의 K값은 64이므로

이득 여유 = $\dfrac{64}{8} = 8$ 이다.   **답** ③

64 그림과 같은 스프링 시스템을 전기적 시스템으로 변환했을 때 이에 대응하는 회로는?

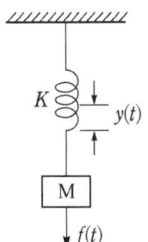

① 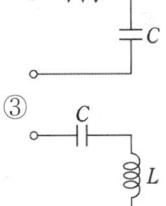   ②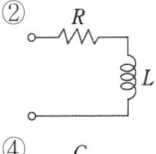

③   ④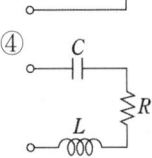

풀이 평형상태에서 힘 $f(t)$로 $y(t)$만큼 변위시킬 때 질량은 $M\dfrac{d^2}{dt^2}y(t)$, 스프링 저항력은 $Ky(t)$이므로

$M\dfrac{d^2}{dt^2}y(t) + Ky(t) = f(t)$

$(Ms^2 + K)Y(s) = F(s)$

$$\therefore G(s) = \frac{Y(s)}{F(s)} = \frac{1}{Ms^2 + K}$$

이 경우를 전기회로로 표시하면 그림과 같다.

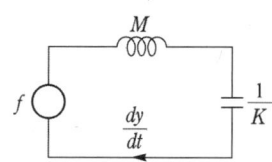

답 ③

65 $\dfrac{d^2}{dt^2}c(t) + 5\dfrac{d}{dt}c(t) + 4c(t) = r(t)$와 같은 함수를 상태함수로 변환하였다. 벡터 A, B의 값으로 적당한 것은?

$$\frac{d}{dt}X(t) = AX(t) + Br(t)$$

① $A = \begin{bmatrix} 0 & 1 \\ -5 & -4 \end{bmatrix},\ B = \begin{bmatrix} 0 \\ 1 \end{bmatrix}$

② $A = \begin{bmatrix} 0 & 1 \\ 5 & 4 \end{bmatrix},\ B = \begin{bmatrix} 0 \\ 1 \end{bmatrix}$

③ $A = \begin{bmatrix} 0 & 1 \\ -4 & -5 \end{bmatrix},\ B = \begin{bmatrix} 0 \\ 1 \end{bmatrix}$

④ $A = \begin{bmatrix} 0 & 1 \\ 4 & 5 \end{bmatrix},\ B = \begin{bmatrix} 0 \\ 1 \end{bmatrix}$

풀이 $\dot{x}_2(t) = -5x_2(t) - 4x_1(t)$

$\therefore \begin{bmatrix} \dot{x}_1(t) \\ \dot{x}_2(t) \end{bmatrix} = \begin{bmatrix} 0 & 1 \\ -4 & -5 \end{bmatrix} \begin{bmatrix} x_1(t) \\ x_2(t) \end{bmatrix} + \begin{bmatrix} 0 \\ 1 \end{bmatrix} r(t)$

답 ③

66 전달함수 $G(s) = \dfrac{1}{s+a}$일 때, 이 계의 임펄스응답 $c(t)$를 나타내는 것은?
(단 a는 상수이다.)

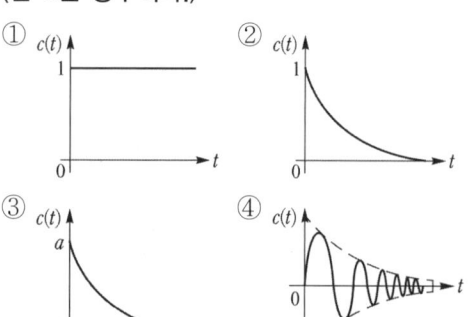

풀이 임펄스 응답은 단위 임펄스 함수를 입력으로 했을 때의 응답이다.
- 임펄스 입력 $R(s) = \mathcal{L}[r(t)] = \mathcal{L}[\delta(t)] = 1$
- 임펄스 응답

$$c(t) = \mathcal{L}^{-1}[G(s)R(s)] = \mathcal{L}^{-1}[G(s) \cdot 1]$$
$$= \mathcal{L}^{-1}[G(s)]$$
$$= \mathcal{L}^{-1}\left[\frac{1}{s+a}\right] = e^{-at} \text{(지수 감쇠 함수)}$$

답 ②

67 궤환(Feed back) 제어계의 특징이 아닌 것은?

① 정확성이 증가한다.
② 대역폭이 증가한다.
③ 구조가 간단하고 설치비가 저렴하다.
④ 계(系)의 특성 변화에 대한 입력 대 출력비의 감도가 감소한다.

풀이 궤환(피드백 : Feed back) 제어계의 특징
① 정확성의 증가
② 계의 특성 변화에 대한 입력 대 출력비의 감도 감소
③ 비선형과 왜형에 대한 효과의 감소
④ 감대폭의 증가
⑤ 발진을 일으키고 불안정한 상태로 되어 가는 경향성
⑥ 구조가 복잡하고 설치비가 고가

답 ③

68 이산 시스템(Discrete data system)에서의 안정도 해석에 대한 설명 중 옳은 것은?

① 특성방정식의 모든 근이 z평면의 음의 반평면에 있으면 안정하다.
② 특성방정식의 모든 근이 z평면의 양의 반평면에 있으면 안정하다.
③ 특성방정식의 모든 근이 z평면의 단위원 내부에 있으면 안정하다.
④ 특성방정식의 모든 근이 z평면의 단위원 외부에 있으면 안정하다.

풀이

안정도	근의 위치	
	s 평면	z 평면
안 정	좌반면	원점을 중심으로 한 단위원 내부
불안정	우반면	원점을 중심으로 한 단위원 외부
임계안정	허수축	원점을 중심으로 한 단위원

답 ③

69 노내 온도를 제어하는 프로세스 제어계에서 검출부에 해당하는 것은?

① 노 ② 밸브
③ 증폭기 ④ 열전대

풀이
- 열전대는 온도를 열기전력으로 변환시키는 요소이다.
- 열전대의 지시값을 보면서 노의 온도를 조절하므로 열전대는 검출부에 해당한다. 답 ④

70 단위 부궤환 제어시스템의 루프전달함수 $G(s)H(s)$가 다음과 같이 주어져 있다. 이득여유가 20[dB]이면 이때의 K의 값은?

$$G(s)H(s) = \frac{K}{(s+1)(s+3)}$$

① $\frac{3}{10}$ ② $\frac{3}{20}$ ③ $\frac{1}{20}$ ④ $\frac{1}{40}$

풀이 이득여유 $GM = 20\log\frac{1}{|G(s)H(s)|} = 20$[dB]

→ $\log\frac{1}{|G(s)H(s)|} = 1$

→ $|G(s)H(s)| = \frac{1}{10}$ …… ①

주어진 방정식에 $s = j\omega$를 대입하고 정리하면

$G(j\omega)H(j\omega) = \frac{K}{(j\omega+1)(j\omega+3)}$

$= \frac{K}{(3-\omega^2) + j4\omega}$ …… ②

식 ②의 분모에서 허수부를 0으로 놓으면
$4\omega = 0 \rightarrow \omega = 0$[rad/s]이다.
이 값을 식 ②에 대입하면

$|G(j\omega)H(j\omega)|_{\omega=0} = \left|\frac{K}{3-\omega^2}\right|_{\omega=0} = \frac{K}{3}$ …… ③

식 ①과 ③에서 $|G(s)H(s)| = \frac{K}{3} = \frac{1}{10}$

∴ $K = \frac{3}{10}$ 답 ①

71 $R = 100[\Omega]$, $X_C = 100[\Omega]$이고 L만을 가변 할 수 있는 RLC 직렬회로가 있다. 이 때 $f = 500$[Hz], $E = 100$[V]를 인가하여 L을 변화시킬 때 L의 단자전압 E_L의 최댓값은 몇 [V]인가? (단, 공진회로이다.)

① 50 ② 100 ③ 150 ④ 200

풀이 직렬공진은 리액턴스 성분이 0이 되는 조건으로 $X_C = X_L$이므로 $X_L = 100[\Omega]$이다.

공진 시 전류 $I = \frac{E}{R} = \frac{100}{100} = 1$[A]

따라서 $E_L = I \cdot X_L = 1 \times 100 = 100$[V] 답 ②

72 어떤 회로에 전압을 115[V] 인가하였더니 유효전력이 230[W], 무효전력이 345[Var]를 지시한다면 회로에 흐르는 전류는 약 몇 [A]인가?

① 2.5 ② 5.6
③ 3.6 ④ 4.5

풀이 피상전력 $P_a = \sqrt{P^2 + P_r^2} = \sqrt{230^2 + 345^2}$
$= 414.6$ [VA]

∴ $I = \frac{P_a}{V} = \frac{414.6}{115} ≒ 3.6$[A] 답 ③

73 시정수의 의미를 설명한 것 중 틀린 것은?

① 시정수가 작으면 과도현상이 짧다.
② 시정수가 크면 정상상태에 늦게 도달한다.
③ 시정수는 τ로 표기하며 단위는 초(sec)이다.
④ 시정수는 과도기간 중 변화해야 할 양의 0.632[%]가 변화하는 데 소요된 시간이다.

풀이 R-L 직렬회로
- 시정수는 정상전류의 63.2[%]에 도달할 때까지의 시간을 의미한다.
- 시정수 $\tau = \frac{L}{R}$[sec]
- 시정수가 크면 과도현상이 오래 지속되고 시정수가 적으면 과도현상이 짧아진다. 답 ④

74 무손실 선로에 있어서 감쇠정수 α, 위상정수를 β라 하면 α와 β의 값은? (단, R, G, L, C는 선로 단위길이 당의 저항, 컨덕턴스, 인덕턴스, 커패시턴스이다.)

① $\alpha = \sqrt{RG}$, $\beta = 0$
② $\alpha = 0$, $\beta = \frac{1}{\sqrt{LC}}$
③ $\alpha = 0$, $\beta = \omega\sqrt{LC}$
④ $\alpha = \sqrt{RG}$, $\beta = \omega\sqrt{LC}$

풀이 무손실 선로는 $R=G=0$인 선로를 말한다.
전파정수 $\gamma = \alpha + j\beta = \sqrt{ZY}$
$= \sqrt{(R+j\omega L)(G+j\omega C)}$
$= j\omega\sqrt{LC}$
$\therefore \alpha = 0, \quad \beta = \omega\sqrt{LC}$
(여기서, α : 감쇠 정수, β : 위상 정수) **답** ③

75 어떤 소자에 걸리는 전압이
$100\sqrt{2}\cos(314t - \dfrac{\pi}{6})$[V]이고,
흐르는 전류가 $3\sqrt{2}\cos(314t + \dfrac{\pi}{6})$[A]
일 때 소비되는 전력[W]은?
① 100 ② 150
③ 250 ④ 300

풀이 위상차 $\theta = \dfrac{\pi}{6} - (-\dfrac{\pi}{6}) = \dfrac{180°}{6} - (-\dfrac{180°}{6})$
$= 60°$
$\therefore P = VI\cos\theta = 100 \times 3 \times \cos 60° = 150$[W]
(단, V, I에는 실효값을 적용한다.) **답** ②

76 그림(a)와 그림(b)가 역회로 관계에 있으려면 L의 값은 몇 [mH]인가?

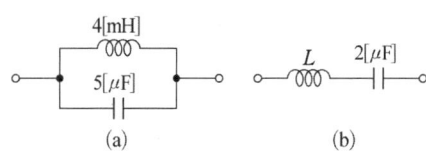

① 1 ② 2 ③ 5 ④ 10

풀이

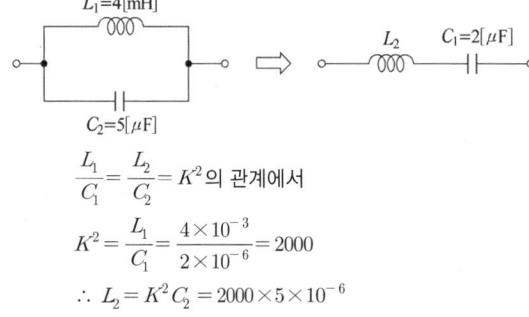

$\dfrac{L_1}{C_1} = \dfrac{L_2}{C_2} = K^2$의 관계에서
$K^2 = \dfrac{L_1}{C_1} = \dfrac{4 \times 10^{-3}}{2 \times 10^{-6}} = 2000$
$\therefore L_2 = K^2 C_2 = 2000 \times 5 \times 10^{-6}$
$= 0.01[H] = 10[mH]$ **답** ④

77 2개의 전력계로 평형 3상 부하의 전력을 측정하였더니 한쪽의 지시가 다른 쪽 전력계 지시의 3배였다면 부하의 역률은 약 얼마인가?
① 0.46 ② 0.55 ③ 0.65 ④ 0.76

풀이 2전력계법
• 피상전력 $P_a = 2\sqrt{W_1^2 + W_2^2 - W_1 W_2}$[VA]
• 유효전력 $P = W_1 + W_2$[W]
• 무효전력 $Q = \sqrt{3}(W_1 - W_2)$[Var]
• 역률 $\cos\phi = \dfrac{W_1 + W_2}{2\sqrt{W_1^2 + W_2^2 - W_1 \times W_2}}$
에서 $W_1 = 3W_2$이므로
$\therefore \cos\phi = \dfrac{3W_2 + W_2}{2\sqrt{(3W_2)^2 + W_2^2 - (3W_2) \times W_2}}$
$\fallingdotseq 0.76$ **답** ④

78 $F(s) = \dfrac{1}{s(s+a)}$의 라플라스 역변환은?
① e^{-at} ② $1 - e^{-at}$
③ $a(1-e^{-at})$ ④ $\dfrac{1}{a}(1-e^{-at})$

풀이 $F(s) = \dfrac{1}{s(s+a)} = \dfrac{K_1}{s} + \dfrac{K_2}{s+a}$
$K_1 = \lim_{s \to 0} sF(s) = \left[\dfrac{1}{s+a}\right]_{s=0} = \dfrac{1}{a}$
$K_2 = \lim_{s \to -a}(s+a)F(s) = \left[\dfrac{1}{s}\right]_{s=-a} = -\dfrac{1}{a}$
$F(s) = \dfrac{1}{sa} - \dfrac{1}{a(s+a)} = \dfrac{1}{a}\left(\dfrac{1}{s} - \dfrac{1}{s+a}\right)$
$\therefore f(t) = \mathcal{L}^{-1}\left[\dfrac{1}{a}\left(\dfrac{1}{s} - \dfrac{1}{s+a}\right)\right] = \dfrac{1}{a}(1 - e^{-at})$
답 ④

79 선간전압이 200[V]인 대칭 3상 전원에 평형 3상 부하가 접속되어 있다. 부하 1상의 저항은 10[Ω], 유도리액턴스 15[Ω], 용량리액턴스 5[Ω]가 직렬로 접속된 것이다. 부하가 △결선일 경우, 선로전류[A]와 3상 전력[W]은 약 얼마인가?
① $I_l = 10\sqrt{6}, \quad P_3 = 6000$
② $I_l = 10\sqrt{6}, \quad P_3 = 8000$
③ $I_l = 10\sqrt{3}, \quad P_3 = 6000$
④ $I_l = 10\sqrt{3}, \quad P_3 = 8000$

풀이

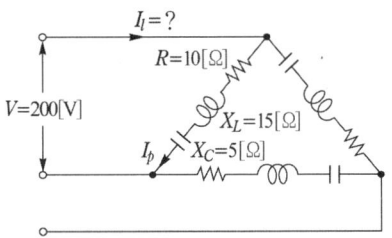

- 임피던스
  $Z = R + j(X_L - X_C) = 10 + j(15-5)$
  $= 10 + j10 [\Omega]$

- 상전류 $I_p = \dfrac{V_p}{Z} = \dfrac{200}{\sqrt{10^2+10^2}} = \dfrac{20}{\sqrt{2}}$ [A]

- △결선인 경우 선전류는 상전류의 $\sqrt{3}$ 배이므로
  선전류 $I_l = \sqrt{3} I_p = \sqrt{3} \times \dfrac{20}{\sqrt{2}} = 10\sqrt{6}$ [A]

- 3상 전력
  $P = 3 I_p^2 R = 3 \times \left(\dfrac{20}{\sqrt{2}}\right)^2 \times 10 = 6000$ [W]　　답 ①

80 공간적으로 서로 $\dfrac{2\pi}{n}$ [rad]의 각도를 두고 배치한 n개의 코일에 대칭 n상 교류를 흘리면 그 중심에 생기는 회전자계의 모양은?

① 원형 회전자계
② 타원형 회전자계
③ 원통형 회전자계
④ 원추형 회전자계

풀이 대칭 전류는 원형 회전자계를, 비대칭 전류는 타원형 회전자계를 형성한다.　　답 ①

5과목 - 전기설비기술기준

81 애자공사에 의한 저압 옥내배선 시설 중 틀린 것은?

① 전선은 인입용 비닐 절연전선일 것
② 전선 상호 간의 간격은 6[cm] 이상일 것
③ 전선의 지지점 간의 거리는 전선을 조영재의 윗면에 따라 붙일 경우에는 2[m] 이하일 것
④ 전선과 조영재 사이의 이격거리는 사용전압이 400[V] 이하인 경우에는 2.5[cm] 이상일 것

풀이 232.56 애자공사
가. 전선의 종류 : 절연 전선. 단, 옥외용 비닐 절연 전선(OW) 및 인입용 비닐 절연 전선(DV)은 제외한다.
나. 이격 거리

전압		전선과 조영재와의 이격 거리	전선 상호 간격	전선 지지점 간의 거리	
				조영재의 윗면 또는 옆면에 따라 시설	조영재에 따라 시설하지 않는 경우
저압	400[V] 이하	2.5[cm] 이상	6[cm] 이상	2[m] 이하	–
	400[V] 초과	건조한 장소 2.5[cm] 이상			6[m] 이하
		기타의 장소 4.5[cm] 이상			

답 ①

82 저압 및 고압가공전선의 높이는 도로를 횡단하는 경우와 철도를 횡단하는 경우에 각각 몇 [m] 이상이어야 하는가?

① 도로 : 지표상 5, 철도 : 레일면상 6
② 도로 : 지표상 5, 철도 : 레일면상 6.5
③ 도로 : 지표상 6, 철도 : 레일면상 6
④ 도로 : 지표상 6, 철도 : 레일면상 6.5

풀이 332.5 고압 가공전선의 높이,
222.7 저압 가공전선의 높이
저·고압 가공전선의 높이는 다음에 따라야 한다.

설치장소		가공전선의 높이
도로횡단(번잡하지 않은 도로 제외)		지표상 6[m] 이상
철도 또는 궤도횡단		레일면상 6.5[m] 이상
횡단 보도교 위	저압	노면상 3.5[m] 이상. 단, 절연전선의 경우 3[m] 이상
	고압	노면상 3.5[m] 이상
일반장소		지표상 5[m] 이상. 단, 저압의 경우 절연전선 또는 케이블을 사용하여 교통에 지장이 없도록 하여 옥외조명용에 공급하는 경우 4[m]까지 감할 수 있다.
다리의 하부 기타 이와 유사한 장소		저압의 전기철도용 급전선은 지표상 3.5[m]까지로 감할 수 있다.

답 ④

83 접지공사의 접지극을 시설할 때 동결 깊이를 감안하여 지하 몇 [cm] 이상의 깊이로 매설하여야 하는가?

① 60 ② 75 ③ 90 ④ 100

풀이 142.2 접지극의 시설 및 접지저항
접지극의 매설은 다음에 의한다.
가. 접지극은 지표면으로부터 **지하 0.75[m] 이상**으로 하되 동결 깊이를 감안하여 매설 깊이를 정해야 한다.
나. 접지도체를 철주 기타의 금속체를 따라서 시설하는 경우에는 접지극을 철주의 밑면으로부터 0.3[m] 이상의 깊이에 매설하는 경우 이외에는 접지극을 지중에서 그 금속체로부터 1[m] 이상 떼어 매설하여야 한다.

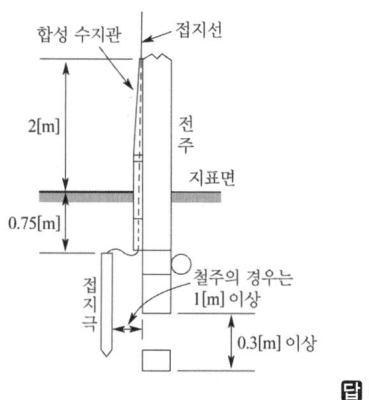

답 ②

84 발전용 수력 설비에서 필댐의 축제재료로 필댐의 본체에 사용하는 토질재료로 적합하지 않은 것은?

① 묽은 진흙으로 되지 않을 것
② 댐의 안정에 필요한 강도 및 수밀성이 있을 것
③ 유기물을 포함하고 있으며 광물성분은 불용성일 것
④ 댐의 안정에 지장을 줄 수 있는 팽창성 또는 수축성이 없을 것

풀이 필댐 축제재료(기술기준 제145조)
필댐의 본체에 사용하는 토질재료는 다음에 적합한 것이어야 한다.
① 댐의 안정에 필요한 강도 및 수밀성이 있을 것.
② 댐의 안정에 지장을 줄 수 있는 팽창성 또는 수축성이 없을 것.
③ 묽은 진흙으로 되지 않을 것.
④ 유기물을 포함하지 않으며 광물성분은 불용성일 것.

답 ③

85 전기울타리용 전원 장치에 전기를 공급하는 전로의 사용전압은 몇 [V] 이하이어야 하는가?

① 150 ② 200 ③ 250 ④ 300

풀이 241.1 전기울타리
가. 전기울타리용 전원장치에 전원을 공급하는 전로의 **사용전압은 250[V] 이하**이어야 한다.
나. 전기울타리는 사람이 쉽게 출입하지 아니하는 곳에 시설할 것.
다. 전선은 인장강도 1.38[kN] 이상의 것 또는 지름 2[mm] 이상의 경동선일 것.
라. 전선과 이를 지지하는 기둥 사이의 이격거리는 25[mm] 이상일 것.
마. 전선과 다른 시설물(가공 전선을 제외한다) 또는 수목과의 이격거리는 0.3[m] 이상일 것.

답 ③

86 사용전압이 22.9[kV]인 특고압 가공전선로(중성선 다중접지식의 것으로서 전로에 지락이 생겼을 때에 2초 이내에 자동적으로 이를 전로로부터 차단하는 장치가 되어 있는 것에 한한다.)가 상호 간 접근 또는 교차하는 경우 사용전선이 양쪽 모두 케이블인 경우 이격거리는 몇 [m] 이상인가?

① 0.25 ② 0.5
③ 0.75 ④ 1.0

풀이 333.32 25[kV] 이하인 특고압 가공전선로의 시설
사용전압이 15[kV]를 초과하고 25[kV] 이하인 특고압 가공전선로(중성선 다중접지식의 것으로서 전로에 지락이 생겼을 때에 2초 이내에 자동적으로 이를 전로로부터 차단하는 장치가 되어 있는 것에 한한다.)가 상호 간 접근 또는 교차하는 경우 이격거리

사용 전선의 종류	이격거리
어느 한쪽 또는 양쪽이 나전선인 경우	1.5 [m]
양쪽이 특고압 절연전선인 경우	1 [m]
한쪽이 케이블이고 다른 한쪽이 케이블이거나 특고압 절연전선인 경우	0.5 [m]

답 ②

87 전력계통의 일부가 전력계통의 전원과 전기적으로 분리된 상태에서 분산형전원에 의해서만 가압되는 상태를 무엇이라 하는가?

① 계통연계 ② 접속설비
③ 단독운전 ④ 단순 병렬운전

풀이 112 용어 정의
가. "계통연계"란 둘 이상의 전력계통 사이를 전력이 상호 융통될 수 있도록 선로를 통하여 연결하는 것으로 전력계통 상호간을 송전선, 변압기 또는 직류-교류변환설비 등에 연결하는 것. 계통연락이라고도 한다.
나. "**단독운전**"이란 전력계통의 일부가 전력계통의 전원과 전기적으로 분리된 상태에서 분산형전원에 의해서만 가압되는 상태를 말한다.
다. "**단순 병렬운전**"이란 자가용 발전설비 또는 저압 소용량 일반용 발전설비를 배전계통에 연계하여 운전하되, 생산한 전력의 전부를 자체적으로 소비하기 위한 것으로서 생산한 전력이 연계계통으로 송전되지 않는 병렬 형태를 말한다. **답** ③

88 고압가공인입선이 케이블 이외의 것으로서 그 전선의 아래쪽에 위험표시를 하였다면 전선의 지표상 높이는 몇 [m]까지로 감할 수 있는가?

① 2.5   ② 3.5
③ 4.5   ④ 5.5

풀이 331.12.1 고압 가공인입선의 시설
가. 고압 가공인입선의 전선
 ① 인장강도 8.01[kN] 이상의 고압 절연전선, 특고압 절연전선
 ② 지름 5[mm] 이상의 경동선의 고압 절연전선, 특고압 절연전선
나. 고압 가공인입선의 높이는 **지표상 5[m]**로 하여야 한다. 그러나 그 고압 가공인입선이 케이블 이외의 것인 때에는 그 전선의 **아래쪽에 위험 표시**를 하면 고압 가공인입선의 높이는 **지표상 3.5[m]**까지로 감할 수 있다.
다. 횡단보도교의 위에 시설하는 경우에는 그 노면상 3.5[m] 이상
라. 고압 연접인입선은 시설하여서는 아니 된다. **답** ②

89 특고압의 기계기구·모선 등을 옥외에 시설하는 변전소의 구내에 취급자 이외의 자가 들어가지 못하도록 시설하는 울타리·담 등의 높이는 몇 [m] 이상으로 하여야 하는가?

① 2   ② 2.2
③ 2.5   ④ 3

풀이 351.1 발전소 등의 울타리·담 등의 시설
가. 울타리·담 등의 높이는 2[m] 이상으로 하고 지표면과 울타리·담 등의 하단 사이의 간격은 0.15[m] 이하로 할 것.

나. 울타리·담 등의 높이와 울타리·담 등으로부터 충전부분까지 거리의 합계는 표에서 정한 값 이상으로 할 것.

사용전압의 구분	울타리·담 등의 높이와 울타리·담 등으로부터 충전 부분까지의 거리의 합계
35[kV] 이하	5[m]
35[kV] 초과 160[kV] 이하	6[m]
160[kV] 초과	• 거리의 합계 = 6 + 단수 × 0.12[m] • 단수 = $\frac{사용전압[kV]-160}{10}$ 단수 계산에서 소수점 이하는 절상

답 ①

90 가반형의 용접 전극을 사용하는 아크 용접장치의 용접변압기의 1차측 전로의 대지전압은 몇 [V] 이하이어야 하는가?

① 60   ② 150
③ 300   ④ 400

풀이 241.10 아크 용접기
가반형의 용접 전극을 사용하는 아크 용접장치는 다음에 따라 시설하여야 한다.
가. 용접변압기는 절연변압기일 것.
나. 용접변압기의 1차측 전로의 **대지전압은 300[V]** 이하일 것.
다. 용접변압기의 1차측 전로에는 용접 변압기에 가까운 곳에 쉽게 개폐할 수 있는 개폐기를 시설할 것.
답 ③

91 지중전선로를 직접 매설식에 의하여 시설하는 경우에 차량 기타 중량물의 압력을 받을 우려가 없는 장소의 매설 깊이는 몇 [cm] 이상이어야 하는가?

① 60   ② 100
③ 120   ④ 150

풀이 334.1 지중전선로의 시설
가. 지중 전선로는 전선에 케이블을 사용하고 또한 관로식·암거식 또는 직접 매설식에 의하여 시설하여야 한다.
나. 지중 전선로를 직접 매설식에 의하여 시설하는 경우에는 매설 깊이는
 ① 차량 기타 중량물의 압력을 받을 우려가 있는 장소 : 1.0[m] 이상
 ② 기타 장소 : 0.6[m] 이상 **답** ①

92 특고압을 옥내에 시설하는 경우 그 사용전압의 최대한도는 몇 [kV] 이하인가? (단, 케이블 트레이공사는 제외)

① 25 ② 80
③ 100 ④ 160

풀이 342.4 특고압 옥내 전기설비의 시설
특고압 옥내배선의 사용전압은 100[kV] 이하일 것. 다만, 케이블트레이공사에 의하여 시설하는 경우에는 35[kV] 이하일 것. 답 ③

93 샤워시설이 있는 욕실 등 인체가 물에 젖어있는 상태에서 전기를 사용하는 장소에 콘센트를 시설할 경우 인체감전보호용 누전차단기의 정격감도전류는 몇 [mA] 이하인가?

① 5 ② 10
③ 15 ④ 30

풀이 234.5 콘센트의 시설
욕조나 샤워시설이 있는 욕실 또는 화장실 등 인체가 물에 젖어있는 상태에서 전기를 사용하는 장소에 콘센트를 시설하는 경우에는 다음에 따라 시설하여야한다.
가. **인체감전보호용 누전차단기(정격감도전류 15[mA] 이하, 동작시간 0.03[초] 이하의 전류동작형의 것에 한한다)** 또는 절연 변압기(정격용량 3[kVA] 이하인 것에 한한다)로 보호된 전로에 접속하거나, 인체감전보호용 누전차단기가 부착된 콘센트를 시설하여야 한다.
나. 콘센트는 접지극이 있는 방적형 콘센트를 사용하여 규정에 준하여 접지하여야 한다. 답 ③

94 ( ) 안에 들어갈 내용으로 옳은 것은?

> 유희용 전차에 전기를 공급하는 전로의 사용 전압은 직류의 경우는 (Ⓐ) [V] 이하, 교류의 경우는 (Ⓑ) [V] 이하이어야 한다.

① Ⓐ 60, Ⓑ 40 ② Ⓐ 40, Ⓑ 60
③ Ⓐ 30, Ⓑ 60 ④ Ⓐ 60, Ⓑ 30

풀이 241.8 유희용 전차
가. 유희용 전차에 전기를 공급하기 위하여 사용하는 **변압기의 1차 전압은 400[V] 이하이어야 한다.**
나. 유희용 전차에 전기를 공급하는 전원장치의 2차측 단자의 최대사용전압은 **직류의 경우 60[V] 이하, 교류의 경우 40[V] 이하**일 것.
다. 접촉전선은 제3레일 방식에 의하여 시설할 것.

라. 유희용 전차의 전차 내에서 승압하여 사용하는 경우 변압기는 절연변압기를 사용하고 2차 전압은 150[V] 이하로 할 것. 답 ①

95 철탑의 강도 계산을 할 때 이상 시 상정하중이 가하여지는 경우 철탑의 기초에 대한 안전율은 얼마 이상이어야 하는가?

① 1.33 ② 1.83
③ 2.25 ④ 2.75

풀이 331.7 가공전선로 지지물의 기초의 안전율
가공전선로의 지지물에 하중이 가하여지는 경우에 그 하중을 받는 지지물의 기초의 안전율은 2(이상 시 상정하중에 대한 철탑의 기초에 대하여는 1.33) 이상이어야 한다. 답 ①

96 발전기를 자동적으로 전로로부터 차단하는 장치를 반드시 시설하지 않아도 되는 경우는?

① 발전기에 과전류나 과전압이 생긴 경우
② 용량 5000[kVA] 이상인 발전기의 내부에 고장이 생긴 경우
③ 용량 500[kVA] 이상의 발전기를 구동하는 수차의 압유 장치의 유압이 현저히 저하한 경우
④ 용량 2000[kVA] 이상인 수차 발전기의 스러스트 베어링의 온도가 현저히 상승하는 경우

풀이 351.3 발전기 등의 보호장치
발전기에는 다음의 경우에 자동적으로 이를 전로로부터 차단하는 장치를 시설하여야 한다.
가. 발전기에 과전류나 과전압이 생긴 경우
나. 용량이 500[kVA] 이상의 발전기를 구동하는 수차의 압유 장치의 유압이 현저히 저하한 경우
다. 용량이 100[kVA] 이상의 발전기를 구동하는 풍차의 압유장치의 유압이 현저히 저하한 경우
라. 용량이 2,000[kVA] 이상인 수차 발전기의 스러스트 베어링의 온도가 현저히 상승한 경우
마. **용량이 10,000[kVA] 이상인 발전기의 내부에 고장이 생긴 경우**
바. 정격출력이 10,000[kW]를 초과하는 증기터빈은 그 스러스트 베어링이 현저하게 마모되거나 그의 온도가 현저히 상승한 경우 답 ②

> 출제기준 변경 및 개정된 관계 법규에 따라 삭제된 문제가 있어 20문항이 안됩니다.

2018년 3회 전기기사필기

1과목 - 전기자기

01 전계 E의 x, y, z 성분을 E_x, E_y, E_z라 할 때 $\text{div}\,E$는?

① $\dfrac{\partial E_x}{\partial x} + \dfrac{\partial E_y}{\partial y} + \dfrac{\partial E_z}{\partial z}$

② $i\dfrac{\partial E_x}{\partial x} + j\dfrac{\partial E_y}{\partial y} + k\dfrac{\partial E_z}{\partial z}$

③ $\dfrac{\partial^2 E_x}{\partial x^2} + \dfrac{\partial^2 E_y}{\partial y^2} + \dfrac{\partial^2 E_z}{\partial z^2}$

④ $i\dfrac{\partial^2 E_x}{\partial x^2} + j\dfrac{\partial^2 E_y}{\partial y^2} + z\dfrac{\partial^2 E_z}{\partial z^2}$

풀이 벡터의 발산
$$\text{div}\,E = \nabla \cdot \boldsymbol{E}$$
$$= \left(\frac{\partial}{\partial x}\boldsymbol{i} + \frac{\partial}{\partial y}\boldsymbol{j} + \frac{\partial}{\partial z}\boldsymbol{k}\right) \cdot (E_x\boldsymbol{i} + E_y\boldsymbol{j} + E_z\boldsymbol{k})$$
$$= \frac{\partial E_x}{\partial x} + \frac{\partial E_y}{\partial y} + \frac{\partial E_z}{\partial z}$$
답 ①

02 동심 구형 콘덴서의 내외 반지름을 각각 5배로 증가시키면 정전용량은 몇 배로 증가하는가?

① 5 ② 10 ③ 15 ④ 20

풀이 동심 구형 콘덴서의 정전용량
$$C = \frac{4\pi\epsilon_0 ab}{b-a}\,[\text{F}]$$
에서 내외구의 반지름을 5배로 늘린 경우의 정전용량을 C'라 하면
$$\therefore\ C' = \frac{4\pi\epsilon_0(5a)(5b)}{(5b-5a)} = \frac{4\pi\epsilon_0 ab}{b-a} \times 5$$
$$= 5C$$
답 ①

03 자성체 경계면에 전류가 없을 때의 경계조건으로 틀린 것은?

① 자계 H의 접선성분 $H_{1T} = H_{2T}$

② 자속밀도 B의 법선성분 $B_{1N} = B_{2N}$

③ 경계면에서의 자력선의 굴절
$\dfrac{\tan\theta_1}{\tan\theta_2} = \dfrac{\mu_1}{\mu_2}$

④ 전속밀도 D의 법선성분
$D_{1N} = D_{2N} = \dfrac{\mu_2}{\mu_1}$

풀이 ① 자계세기(H)의 접선성분의 연속성:
$H_1\sin\theta_1 = H_2\sin\theta_2 \Rightarrow H_{1t} = H_{2t}$

② 자속밀도(B)의 법선성분의 연속성:
$B_1\cos\theta_1 = B_2\cos\theta_2 \Rightarrow B_{1n} = B_{2n}$

③ 굴절각: $\dfrac{\tan\theta_1}{\tan\theta_2} = \dfrac{\mu_1}{\mu_2}$

④ 전속밀도(D)의 법선성분의 연속성:
$D_1\cos\theta_1 = D_2\cos\theta_2 \Rightarrow \boldsymbol{D_{1n} = D_{2n}}$
답 ④

04 도체나 반도체에 전류를 흘리고 이것과 직각방향으로 자계를 가하면 이 두 방향과 직각방향으로 기전력이 생기는 현상을 무엇이라 하는가?

① 홀 효과 ② 핀치 효과
③ 볼타 효과 ④ 압전 효과

풀이

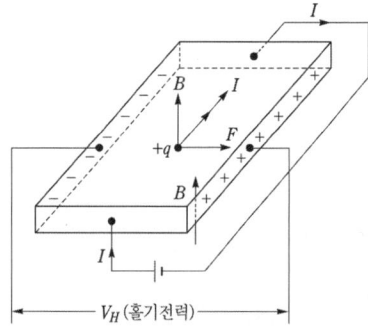

홀 효과(Hall effect): 도체나 반도체의 물질에 전류를 흘리고 이것과 직각 방향으로 자계를 가하면 I와 B가 이루는 면에 **직각방향으로 기전력이 발생되는 현상**
답 ①

05 판자석의 세기가 0.01[Wb/m], 반지름이 5[cm]인 원형 자석판이 있다. 자석의 중심에서 축상 10[cm]인 점에서의 자위의 세기는 몇 [AT]인가?

① 100　　　② 175
③ 370　　　④ 420

풀이 자위의 세기

$$U = \frac{\phi_m \omega}{4\pi\mu_0} = \frac{\phi_m 2\pi(1-\cos\theta)}{4\pi\mu_0}$$

$$= \frac{\phi_m(1-\cos\theta)}{2\mu_0} = \frac{\phi_m\left(1-\frac{x}{\sqrt{x^2+a^2}}\right)}{2\mu_0}$$

$$= \frac{0.01 \times \left(1-\frac{10}{\sqrt{5^2+10^2}}\right)}{2 \times 4\pi \times 10^{-7}} = 420\,[\text{AT}]$$

답 ④

06 평면도체표면에서 d[m] 거리에 점전하 Q[C]이 있을 때 이 전하를 무한원점까지 운반하는 데 필요한 일[J]은?

① $\dfrac{Q^2}{4\pi\epsilon_0 d}$　　② $\dfrac{Q^2}{8\pi\epsilon_0 d}$
③ $\dfrac{Q^2}{16\pi\epsilon_0 d}$　　④ $\dfrac{Q^2}{32\pi\epsilon_0 d}$

풀이 작용력 $F = \dfrac{-Q^2}{4\pi\epsilon_0(2d)^2} = \dfrac{-Q^2}{16\pi\epsilon_0 d^2}$[N](흡인력)

따라서 필요한 일

$$W = \int_d^\infty F\,dd$$

$$= \frac{Q^2}{16\pi\epsilon_0}\int_d^\infty \frac{1}{d^2}dd = \frac{Q^2}{16\pi\epsilon_0}\left[-\frac{1}{d}\right]_d^\infty$$

$$= \frac{Q^2}{16\pi\epsilon_0 d}\,[\text{J}]$$

답 ③

07 유전율 ϵ, 전계의 세기 E인 유전체의 단위 체적에 축적되는 에너지는?

① $\dfrac{E}{2\epsilon}$　　② $\dfrac{\epsilon E}{2}$
③ $\dfrac{\epsilon E^2}{2}$　　④ $\dfrac{\epsilon^2 E^2}{2}$

풀이 단위 체적에 축적되는 에너지

$$w = \frac{1}{2}\boldsymbol{E}\cdot\boldsymbol{D} = \frac{\epsilon E^2}{2} = \frac{D^2}{2\epsilon}\,[\text{J/m}^3]$$

답 ③

08 길이 l[m], 지름 d[m]인 원통이 길이 방향으로 균일하게 자화되어 자화의 세기가 J[Wb/m²]인 경우 원통 양단에서의 전자극의 세기 m[Wb]은?

① $\pi d^2 J$　　② $\pi d J$
③ $\dfrac{4J}{\pi d^2}$　　④ $\dfrac{\pi d^2 J}{4}$

풀이 자화의 세기 $J = \dfrac{m}{s}$[Wb/m²]이므로

전자극의 세기 $m = J\cdot s = \dfrac{\pi d^2 J}{4}$[Wb]이다.

답 ④

09 자기 인덕턴스 L_1, L_2와 상호 인덕턴스 M 사이의 결합계수는? (단, 단위는 [H]이다.)

① $\dfrac{M}{L_1 L_2}$　　② $\dfrac{L_1 L_2}{M}$
③ $\dfrac{M}{\sqrt{L_1 L_2}}$　　④ $\dfrac{\sqrt{L_1 L_2}}{M}$

풀이 상호 인덕턴스 $M = k\sqrt{L_1 L_2}$에서

결합 계수 $k = \dfrac{M}{\sqrt{L_1 L_2}}$이다.

답 ③

10 진공 중에서 선전하밀도 $\rho_l = 6\times 10^{-8}$[C/m]인 무한히 긴 직선상 선전하가 x축과 나란하고 $z = 2$[m] 점을 지나고 있다. 이 선전하에 의하여 반지름 5[m]인 원점에 중심을 둔 구면 S_0를 통과하는 전기력선수는 약 몇 [V/m]인가?

① 3.1×10^4　　② 4.8×10^4
③ 5.5×10^4　　④ 6.2×10^4

풀이

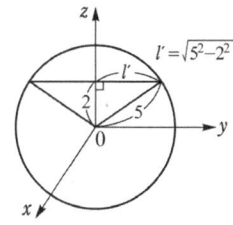

그림에서 구 내부에 포함된 직선 길이 l은
$l = 2l' = 2 \times \sqrt{5^2 - 2^2} = 2\sqrt{21}$ [m]
구 내부에 포함된 직선 선전하에 의한 총 전하량 Q는
$Q = \rho_L l = 6 \times 10^{-8} \times 2\sqrt{21}$
$= 5.5 \times 10^{-7}$ [C]
따라서 진공 중에 구 표면 S_0를 통과하는 전기력선수 N은
$N = \dfrac{Q}{\epsilon_0} = \dfrac{5.5 \times 10^{-7}}{8.85 \times 10^{-12}}$
$= 6.2 \times 10^4$ [lines, V/m] 답 ④

11 대지면에 높이 h[m]로 평행하게 가설된 매우 긴 선전하가 지면으로부터 받는 힘은?

① h에 비례 ② h에 반비례
③ h^2에 비례 ④ h^2에 반비례

풀이 힘 $f = -\rho_L E = -\rho_L \cdot \dfrac{\rho_L}{2\pi\epsilon_0(2h)} = -\dfrac{\rho_L^2}{4\pi\epsilon_0 h}$
$= -9 \times 10^9 \cdot \dfrac{\rho_L^2}{h}$ [N/m]
(단, ρ_L : 선전하밀도[C/m])
따라서 h에 반비례한다. 답 ②

12 정전에너지, 전속밀도 및 유전상수 ϵ_r의 관계에 대한 설명 중 틀린 것은?

① 굴절각이 큰 유전체는 ϵ_r이 크다.
② 동일 전속밀도에서는 ϵ_r이 클수록 정전에너지는 작아진다.
③ 동일 정전에너지에서는 ϵ_r이 클수록 전속밀도가 커진다.
④ 전속은 매질에 축적되는 에너지가 최대가 되도록 분포된다.

풀이 정전계는 에너지가 최소인 상태로 분포된다(Thomson의 정리). 즉, 전속은 매질 내에 축적되는 에너지가 최소가 되도록 분포한다. 답 ④

13 $\sigma = 1$[℧/m], $\epsilon_s = 6$, $\mu = \mu_0$인 유전체에 교류전압을 가할 때 변위전류와 전도전류의 크기가 같아지는 주파수는 약 몇 [Hz]인가?

① 3.0×10^9 ② 4.2×10^9
③ 4.7×10^9 ④ 5.1×10^9

풀이 • 전도전류
$i_C = \dfrac{e}{R} = \dfrac{V_m \sin\omega t}{R} = \dfrac{\sigma S V_m \sin\omega t}{l}$ [A]

• 변위전류
$i_D = S\dfrac{\partial D}{\partial t} = S\dfrac{\partial}{\partial t}\left(\dfrac{\epsilon V_m \sin\omega t}{l}\right)$
$= \dfrac{\omega \epsilon S V_m}{l} \cos\omega t$ [A]

$|i_D| = |i_C|$일 때의 주파수를 f_c라 하면
$f_c = \dfrac{\sigma}{2\pi\epsilon} = \dfrac{1}{2\pi\epsilon_s \epsilon_0} = \dfrac{1}{2\pi \times 6 \times 8.85 \times 10^{-12}}$
$\fallingdotseq 3.0 \times 10^9$ [Hz] 답 ①

14 그 양이 증가함에 따라 무한장 솔레노이드의 자기 인덕턴스 값이 증가하지 않는 것은 무엇인가?

① 철심의 반경 ② 철심의 길이
③ 코일의 권수 ④ 철심의 투자율

풀이 단면적 S[m²], 단위길이 당 권수가 n_0[회/m]일 때, 무한장 솔레노이드의 자기 인덕턴스 L은
$L = \dfrac{n_0 \phi}{I} = \dfrac{n_0 \mu H S}{\dfrac{H}{n_0}} = \mu S n_0^2$ [H/m]
따라서 철심의 길이는 자기 인덕턴스와 관계가 없다. 답 ②

15 단면적 S[m²], 단위길이 당 권수가 n_0[회/m]인 무한히 긴 솔레노이드의 자기 인덕턴스[H/m]는?

① $\mu S n_0$ ② $\mu S n_0^2$
③ $\mu S^2 n_0$ ④ $\mu S^2 n_0^2$

풀이 자기 인덕턴스
$L = \dfrac{n_0 \phi}{I} = \dfrac{n_0 \mu H S}{\dfrac{H}{n_0}} = \mu S n_0^2$ [H/m] 답 ②

16 비투자율 1000인 철심이 든 환상솔레노이드의 권수가 600회, 평균지름 20[cm], 철심의 단면적 10[cm²]이다. 이 솔레노이드에 2[A]의 전류가 흐를 때 철심 내의 자속은 약 몇 [Wb]인가?

① 1.2×10^{-3}
② 1.2×10^{-4}
③ 2.4×10^{-3}
④ 2.4×10^{-4}

풀이
$$\phi = BS = \mu HS = \mu_0 \mu_s \frac{NI}{2\pi r} S$$
$$= 4\pi \times 10^{-7} \times 1000 \times \frac{600 \times 2}{2\pi \times \frac{20}{2} \times 10^{-2}}$$
$$\times 10 \times 10^{-4}$$
$$= 2.4 \times 10^{-3} [Wb]$$

답 ③

17 3개의 점전하 $Q_1 = 3[C]$, $Q_2 = 1[C]$, $Q_3 = -3[C]$을 점 $P_1(1, 0, 0)$, $P_2(2, 0, 0)$, $P_3(3, 0, 0)$에 어떻게 놓으면 원점에서의 전계의 크기가 최대가 되는가?

① P_1에 Q_1, P_2에 Q_2, P_3에 Q_3
② P_1에 Q_2, P_2에 Q_3, P_3에 Q_1
③ P_1에 Q_3, P_2에 Q_1, P_3에 Q_2
④ P_1에 Q_3, P_2에 Q_2, P_3에 Q_1

풀이 ① 점 P_1, P_2, P_3에 임의의 전하 Q_A, Q_B, Q_C가 있다고 할 때

원점에서의 전계의 세기
$$E = \frac{1}{4\pi\epsilon_0}\left(\frac{Q_A}{r_1^2} + \frac{Q_B}{r_2^2} + \frac{Q_C}{r_3^2}\right)$$
$$= \frac{1}{4\pi\epsilon_0}\left(\frac{Q_A}{1^2} + \frac{Q_B}{2^2} + \frac{Q_C}{3^2}\right)$$
$$= \frac{1}{4\pi\epsilon_0 \cdot 36}(36Q_A + 9Q_B + 4Q_C)$$

이 식에서 전계 E가 최대가 되려면 $Q_A > Q_B > Q_C$를 만족해야 한다.
② 문제의 조건에서 $Q_1 = 3[C]$, $Q_2 = 1[C]$, $Q_3 = -3[C]$이므로 P_1에 Q_1, P_2에 Q_2, P_3에 Q_3를 놓아야 한다.

답 ①

18 맥스웰의 전자방정식에 대한 의미를 설명한 것으로 틀린 것은?

① 자계의 회전은 전류밀도와 같다.
② 자계는 발산하며, 자극은 단독으로 존재한다.
③ 전계의 회전은 자속밀도의 시간적 감소율과 같다.
④ 단위 체적당 발산 전속 수는 단위 체적당 공간전하밀도와 같다.

풀이 맥스웰 방정식의 미분형
① $\text{div } \boldsymbol{D} = \rho$
가우스의 법칙 – 단위체적 당 발산 전속수는 단위체적 당의 공간전하밀도와 같다.
② $\text{div } \boldsymbol{B} = 0$: 자계의 발산은 없다. 고립된 자하는 없다.(N극과 S극이 공존)
③ $\text{rot } \boldsymbol{H} = \boldsymbol{J} + \frac{\partial \boldsymbol{D}}{\partial t}$
암페어의 주회적분 법칙 – 자계의 회전은 전류밀도와 같다.
④ $\text{rot } \boldsymbol{E} = -\frac{\partial \boldsymbol{B}}{\partial t}$
패러데이 법칙 – 전계의 회전은 자속밀도의 시간적 감소율과 같다.

답 ②

19 전기력선의 설명 중 틀린 것은?

① 전기력선은 부전하에서 시작하여 정전하에서 끝난다.
② 단위 전하에서는 $\frac{1}{\epsilon_0}$개의 전기력선이 출입한다.
③ 전기력선은 전위가 높은 점에서 낮은 점으로 향한다.
④ 전기력선의 방향은 그 점의 전계의 방향과 일치하며 밀도는 그 점에서의 전계의 크기와 같다.

풀이 전기력선은 정전하(+전하)에서 출발하여 부전하(-전하)에서 멈추거나 무한원까지 퍼지며, 전위가 높은 곳에서 낮은 곳으로 향한다.

답 ①

20 유전율이 $\epsilon = 4\epsilon_0$이고 투자율이 μ_0인 비도전성 유전체에서 전자파의 전계의 세기가 $E(z, t) = a_y 377\cos(10^9 t - \beta z)[\text{V/m}]$일 때의 자계의 세기 H는 몇 [A/m]인가?

① $-a_z 2\cos(10^9 t - \beta z)$
② $-a_x 2\cos(10^9 t - \beta z)$
③ $-a_z 7.1 \times 10^4 \cos(10^9 t - \beta z)$
④ $-a_x 7.1 \times 10^4 \cos(10^9 t - \beta z)$

풀이 ① 자계의 방향

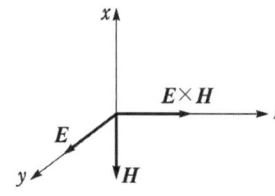

전파 E는 a_y 방향(y축 방향),
전자파 $E \times H$는 a_z 방향(z축 방향)이므로
자파 H는 $-a_x$ 방향(x축 방향)이어야 한다.

② 특성 임피던스
$$Z_0 = \frac{E}{H} = \sqrt{\frac{\mu}{\epsilon}} = \sqrt{\frac{\mu_0}{4\epsilon_0}} = \frac{1}{2}\sqrt{\frac{\mu_0}{\epsilon_0}} = \frac{1}{2} \times 377$$
$$H = \frac{E}{Z_0} = \frac{377\cos(10^9 t - \beta z)}{\frac{1}{2} \times 377}$$
$$= 2\cos(10^9 t - \beta z)[\text{A/m}]$$

따라서 자계의 세기
$H(z, t) = -a_x 2\cos(10^9 t - \beta z)[\text{A/m}]$ **답** ②

2과목 - 전력공학

21 변류기 수리 시 2차측을 단락시키는 이유는?
① 1차측 과전류 방지
② 2차측 과전류 방지
③ 1차측 과전압 방지
④ 2차측 과전압 방지

풀이 CT의 2차 회로를 개방하면 1차 전류가 모두 여자전류가 되어 **2차 권선에 매우 높은 전압이 유기되어** 절연이 파괴되어 소손될 염려가 있으므로 CT의 2차측을 개방하면 안된다. **답** ④

22 1년 365일 중 185일은 이 양 이하로 내려가지 않는 유량은?
① 평수량   ② 풍수량
③ 고수량   ④ 저수량

풀이 ① 갈수량(갈수위) : 하천의 수위 중에서 1년을 통하여 355일간 이보다 내려가지 않는 수위
② 저수량(저수위) : 하천의 수위 중에서 1년을 통하여 275일간 이보다 내려가지 않는 수위
③ 평수량(평수위) : 하천의 수위 중에서 **1년을 통하여 185일간 이보다 내려가지 않는 수위**
④ 풍수량(풍수위) : 하천의 수위 중에서 1년을 통하여 95일간 이보다 내려가지 않는 수위
⑤ 고수량(고수위) : 매 년 한두 번 발생하는 출수의 유량 및 수위 **답** ①

23 배전선의 전압조정장치가 아닌 것은?
① 승압기
② 리클로저
③ 유도전압조정기
④ 주상변압기 탭 절환장치

풀이 ① 배전선 전압조정 장치
  • 주변압기 1차측의 무부하 시(탭 변환 장치), 부하 시(탭 절환 장치)
  • 정지형 전압조정기(SVR)
  • 유도전압조정기(IVR)
② 리클로저는 회로의 차단과 투입을 자동적으로 반복하는 기구를 갖춘 **차단기의 일종**이다. **답** ②

24 발전기 또는 주변압기의 내부고장 보호용으로 가장 널리 쓰이는 것은?
① 거리계전기
② 과전류계전기
③ 비율차동계전기
④ 방향단락계전기

풀이 비율차동 계전기는 변압기 내부고장에 대한 보호장치로 변압기 1차 전류와 2차 전류의 차 전류가 일정 비율 이상으로 되면 동작하는 계전기이다. **답** ③

25 그림과 같은 선로의 등가선간거리는 몇 [m]인가?

① 5
② $5\sqrt{2}$
③ $5\sqrt[3]{2}$
④ $10\sqrt[3]{2}$

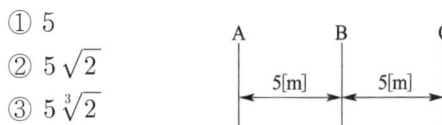

풀이 등가 선간거리
$$D_e = \sqrt[3]{D_{AB} \cdot D_{BC} \cdot D_{CA}} = \sqrt[3]{5 \times 5 \times 10}$$
$$= 5\sqrt[3]{2}\,[\text{m}]$$
답 ③

26 서지파(진행파)가 서지 임피던스 Z_1의 선로 측에서 서지 임피던스 Z_2의 선로 측으로 입사할 때 투과계수(투과파 전압÷입사파 전압) b를 나타내는 식은?

① $b = \dfrac{Z_2 - Z_1}{Z_1 + Z_2}$ ② $b = \dfrac{2Z_2}{Z_1 + Z_2}$

③ $b = \dfrac{Z_1 - Z_2}{Z_1 + Z_2}$ ④ $b = \dfrac{2Z_1}{Z_1 + Z_2}$

풀이 전압 진행파의 반사 계수와 투과 계수
① 반사 계수 = $\dfrac{\text{반사파}(e_1')}{\text{입사파}(e_1)} = \dfrac{Z_2 - Z_1}{Z_2 + Z_1}$
② 투과 계수 = $\dfrac{\text{투과파}(e_2)}{\text{입사파}(e_1)} = \dfrac{2Z_2}{Z_2 + Z_1}$
답 ②

27 3상 송전선로에서 선간단락이 발생하였을 때 다음 중 옳은 것은?

① 역상전류만 흐른다.
② 정상전류와 역상전류가 흐른다.
③ 역상전류와 영상전류가 흐른다.
④ 정상전류와 영상전류가 흐른다.

풀이

고장의 종류	대 칭 분
1선 지락	정상분, 역상분, 영상분
선간 단락	정상분, 역상분
3상 단락	정상분

답 ②

28 송전계통의 안정도 향상 대책이 아닌 것은?

① 전압변동을 적게 한다.
② 고속도 재폐로방식을 채용한다.
③ 고장 시간, 고장전류를 적게 한다.
④ 계통의 직렬 리액턴스를 증가시킨다.

풀이 안정도 향상 대책
① 계통의 직렬 리액턴스 감소
② 전압변동률을 적게 한다.(속응여자방식 채용, 계통의 연계, 중간 조상 방식)
③ 계통에 주는 충격을 적게 한다.(적당한 중성점접지 방식, 고속차단방식, 재폐로방식)
④ 고장 중의 발전기 돌입 출력의 불평형을 적게 한다.
답 ④

29 배전선로에서 사고범위의 확대를 방지하기 위한 대책으로 적당하지 않은 것은?

① 선택접지계전방식 채택
② 자동고장 검출장치 설치
③ 진상콘덴서를 설치하여 전압보상
④ 특고압의 경우 자동구분개폐기 설치

풀이 배전선로에서 진상(콘덴서) 성분은 이상전압 발생 가능성을 증가시켜 사고범위가 확대될 수 있으므로 사고범위의 확대를 방지하기 위한 대책으로는 적당하지 않다.
답 ③

30 화력발전소에서 재열기의 사용목적은?

① 증기를 가열한다.   ② 공기를 가열한다.
③ 급수를 가열한다.   ④ 석탄을 건조한다.

풀이 고압 터빈 내에서 팽창한 증기를 일부 추출하여, 보일러에서 재가열함으로써 건조도를 높여 적당한 과열도를 갖도록 하는 과열기를 설치하는데, 이것을 재열기 (reheater)라 한다.
답 ①

31 송전전력, 송전거리, 전선의 비중 및 전력손실률이 일정하다고 하면 전선의 단면적 $A\,[\text{mm}^2]$와 송전전압 $V\,[\text{kV}]$와의 관계로 옳은 것은?

① $A \propto V$ ② $A \propto V^2$

③ $A \propto \dfrac{1}{\sqrt{V}}$ ④ $A \propto \dfrac{1}{V^2}$

풀이 전력손실 $P_l = 3I^2 R = \dfrac{P^2 \rho l}{V^2 \cos^2 \theta A}$

전력손실률 $h = \dfrac{P_l}{P} = \dfrac{P \rho l}{V^2 \cos^2 \theta A}$ 이므로

송전전력(P), 송전거리(l), 전선의 비중(ρ), 전력손실률(h)이 일정하다고 하면

전선의 단면적 $A = \dfrac{P \rho l}{h V^2 \cos^2 \theta} \propto \dfrac{1}{V^2}$ 　답 ④

32 선로에 따라 균일하게 부하가 분포된 선로의 전력손실은 이들 부하가 선로의 말단에 집중적으로 접속되어 있을 때보다 어떻게 되는가?

① $\dfrac{1}{2}$ 로 된다.　② $\dfrac{1}{3}$ 로 된다.

③ 2배로 된다.　④ 3배로 된다.

풀이

부하종류	전압강하	전력손실
말단 집중 부하	IR	$I^2 R$
균등 분포 부하	$\dfrac{1}{2} IR$	$\dfrac{1}{3} I^2 R$

답 ②

33 반지름 r[m]이고 소도체 간격 s인 4복도체 송전선로에서 전선 A, B, C가 수평으로 배열되어 있다. 등가선간거리가 D[m]로 배치되고 완전 연가된 경우 송전선로의 인덕턴스는 몇 [mH/km]인가?

① $0.4605 \log_{10} \dfrac{D}{\sqrt{rs^2}} + 0.0125$

② $0.4605 \log_{10} \dfrac{D}{\sqrt[2]{rs}} + 0.025$

③ $0.4605 \log_{10} \dfrac{D}{\sqrt[3]{rs^2}} + 0.0167$

④ $0.4605 \log_{10} \dfrac{D}{\sqrt[4]{rs^3}} + 0.0125$

풀이 n복도체의 인덕턴스

$L_n = 0.4605 \log_{10} \dfrac{D}{\sqrt[n]{rs^{n-1}}} + \dfrac{0.05}{n}$ [mH/km]

$\therefore L_4 = 0.4605 \log_{10} \dfrac{D}{\sqrt[4]{rs^{4-1}}} + \dfrac{0.05}{4}$

$= 0.4605 \log_{10} \dfrac{D}{\sqrt[4]{rs^3}} + 0.0125$ [mH/km]　답 ④

34 최소 동작전류 이상의 전류가 흐르면 한도를 넘은 양(量)과는 상관없이 즉시 동작하는 계전기는?

① 순한시 계전기
② 반한시 계전기
③ 정한시 계전기
④ 반한시 정한시 계전기

풀이 보호계전기 특징
① 순한시 특성 : 최소 동작전류 이상의 전류가 흐르면 즉시 동작하는 특성
② 반한시 특성 : 동작전류가 커질수록 동작시간이 짧게 되는 특성
③ 정한시 특성 : 동작전류의 크기에 관계없이 일정한 시간에 동작하는 특성
④ 반한시 정한시 특성 : 동작전류가 적은 동안에는 동작전류가 커질수록 동작시간이 짧게 되고 어떤 전류 이상이면 동작전류의 크기에 관계없이 일정한 시간에 동작하는 특성　답 ①

35 최근에 우리나라에서 많이 채용되고 있는 가스 절연 개폐 설비(GIS)의 특징으로 틀린 것은?

① 대기 절연을 이용한 것에 비해 현저하게 소형화할 수 있으나 비교적 고가이다.
② 소음이 적고 충전부가 완전한 밀폐형으로 되어 있기 때문에 안정성이 높다.
③ 가스 압력에 대한 엄중 감시가 필요하며 내부 점검 및 부품 교환이 번거롭다.
④ 한랭지, 산악 지방에서도 액화 방지 및 산화 방지 대책이 필요 없다.

풀이 GIS의 특징
(1) 장점
① 충전부가 대기에 노출되지 않아 기기의 안정성, 신뢰성이 우수하다.
② 감전 사고 위험이 적다.
③ 밀폐형이므로 배기 소음이 없다.
④ 소형화 가능하다.
⑤ 보수, 점검이 용이하다.
(2) 단점
① 사고의 대응이 부적절한 경우 대형사고 유발 우려가 있다.
② 고장발생시 조기복구, 임시복구가 거의 불가능하다.
③ SF_6 가스의 세심한 주의가 필요하며 내부 점검 및 부품 교환이 번거롭다.
④ 한랭지, 산악 지방에서 가스의 액화 방지 및 산화 방지 대책이 필요하다.　답 ④

36 송전선로에 복도체를 사용하는 주된 목적은?

① 인덕턴스를 증가시키기 위하여
② 정전용량을 감소시키기 위하여
③ 코로나 발생을 감소시키기 위하여
④ 전선 표면의 전위경도를 증가시키기 위하여

풀이
- 3상 송전선의 한 가닥의 전선을 2가닥 이상으로 한 것을 다도체라 하고, 2가닥으로 한 것을 보통 복도체라 한다.
- 복도체를 사용하면 인덕턴스는 감소하고 정전용량은 증가하며, 안정도를 증가시키고, 코로나 발생을 억제한다. **답** ③

37 송배전선로의 전선 굵기를 결정하는 주요 요소가 아닌 것은?

① 전압강하   ② 허용전류
③ 기계적 강도 ④ 부하의 종류

풀이 전선의 굵기를 결정하는 요인
① 허용전류 ② 기계적 강도 ③ 전압강하이며, 허용전류가 가장 중요한 요소가 된다. **답** ④

38 기준 선간전압 23[kV], 기준 3상 용량 5000[kVA], 1선의 유도 리액턴스가 15[Ω]일 때 % 리액턴스는?

① 28.36[%]   ② 14.18[%]
③ 7.09[%]   ④ 3.55[%]

풀이 $\%X = \dfrac{PX}{10V^2} = \dfrac{5000 \times 15}{10 \times 23^2} \fallingdotseq 14.18[\%]$

여기서, P : 기준용량[kVA], V : 전압[kV]
X : 1선의 리액턴스[Ω]) **답** ②

39 망상(Network)배전방식에 대한 설명으로 옳은 것은?

① 전압변동이 대체로 크다.
② 부하 증가에 대한 융통성이 적다.
③ 방사상 방식보다 무정전 공급의 신뢰도가 더 높다.
④ 인축에 대한 감전사고가 적어서 농촌에 적합하다.

풀이 망상 배전방식의 장·단점
[장점] ① 무정전 공급의 신뢰도가 높다.
② 기기의 이용률이 향상된다.
③ 전압변동이 적다.
④ 부하 증가에 대한 적응성이 양호하다.
⑤ 전력손실 감소
⑥ 변전소 수를 줄일 수 있다.
[단점] ① 건설비가 비싸다.
② 인축의 접촉 사고가 증가한다. **답** ③

40 3상용 차단기의 정격전압은 170[kV]이고 정격 차단전류가 50[kA]일 때 차단기의 정격차단용량은 약 몇 [MVA]인가?

① 5000   ② 10000
③ 15000   ④ 20000

풀이 정격차단용량
$P_s = \sqrt{3}\,VI_s = \sqrt{3} \times 170 \times 50$
$= 14722.43 \fallingdotseq 15000[\text{MVA}]$
여기서, V : 정격전압[kV],
I_s : 정격차단전류[kA] **답** ③

3과목 - 전기기기

41 3상 직권 정류자전동기에 중간 변압기를 사용하는 이유로 적당하지 않은 것은?

① 중간 변압기를 이용하여 속도 상승을 억제할 수 있다.
② 회전자 전압을 정류작용에 맞는 값으로 선정할 수 있다.
③ 중간 변압기를 사용하여 누설 리액턴스를 감소할 수 있다.
④ 중간 변압기의 권수비를 바꾸어 전동기 특성을 조정할 수 있다.

풀이 3상 직권 정류자 전동기의 **중간 변압기**는 고정자 권선과 회전자 권선 사이에 직렬로 접속되며 이 중간 변압기를 사용하는 주요한 이유는 다음과 같다.
① 전원전압의 크기에 관계없이 정류에 알맞은 **회전자 전압을 선택**할 수 있다.
② 중간 변압기의 권수비를 바꾸어 전동기의 특성을 조정할 수 있다.

③ 직권 특성이기 때문에 경부하에서는 속도가 매우 상승하나 중간 변압기를 사용, 그 철심을 포화하도록 하면 그 속도 상승을 제한할 수 있다. 답 ③

42 변압기의 권수를 N이라고 할 때 누설리액턴스는?

① N에 비례한다. ② N^2에 비례한다.
③ N에 반비례한다. ④ N^2에 반비례한다.

풀이 변압기의 누설리액턴스 $L = \dfrac{\mu A N^2}{l} \propto N^2$

여기서, L : 인덕턴스 [H],
A : 철심의 단면적 [m²]
N : 코일의 권수 [회],
l : 자로의 길이 [m] 답 ②

43 직류기의 온도상승 시험 방법 중 반환부하법의 종류가 아닌 것은?

① 카프법 ② 홉킨슨법
③ 스코트법 ④ 블론델법

풀이 ① 반환 부하법
- **블론델법** : 발전기와 전동기의 무부하손을 보조 전동기에 의하여 보급하고, 동손을 승압기에 의하여 공급하는 방법
- **홉킨슨법** : 전손실이 기계적으로 공급되는 방법
- **카프법** : 전손실을 전기적으로 공급하는 방법

② 스코트법은 3상에서 2상의 전원을 얻는 결선방법이다. 답 ③

44 단상 직권 정류자전동기에서 보상권선과 저항도선의 작용을 설명한 것으로 틀린 것은?

① 역률을 좋게 한다.
② 변압기 기전력을 크게 한다.
③ 전기자 반작용을 감소시킨다.
④ 저항도선은 변압기 기전력에 의한 단락전류를 적게 한다.

풀이 저항 도선은 변압기 기전력에 의한 단락전류를 작게 하여 정류를 좋게 하며 또한 보상 권선은 전기자 반작용을 상쇄하여 역률을 좋게 하고 **변압기 기전력을 작게** 해서 정류 작용을 개선한다. 답 ②

45 일반적인 변압기의 손실 중에서 온도 상승에 관계가 가장 적은 요소는?

① 철손 ② 동손
③ 와류손 ④ 유전체손

풀이 유전체손은 절연물 중에서 발생하는 손실로 그 값이 매우 적어 일반적으로 무시한다. 답 ④

46 직류발전기의 병렬운전에서 부하 분담의 방법은?

① 계자전류와 무관하다.
② 계자전류를 증가하면 부하분담은 감소한다.
③ 계자전류를 증가하면 부하분담은 증가한다.
④ 계자전류를 감소하면 부하분담은 증가한다.

풀이 직류발전기의 병렬운전에서 부하의 분담
- 직류발전기의 계자 조정기를 조정하면 계자전류를 변화시킬 수 있다.
- **계자전류를 증가시키면 부하분담이 증가하고, 계자전류를 감소시키면 부하분담이 감소한다.** 답 ③

47 1차 전압 6600[V], 2차 전압 220[V], 주파수 60[Hz], 1차 권수 1000회의 변압기가 있다. 최대 자속은 약 몇 [Wb]인가?

① 0.020 ② 0.025
③ 0.030 ④ 0.032

풀이 최대 자속

$$\phi_m = \dfrac{E_1}{4.44 f N_1} = \dfrac{6600}{4.44 \times 60 \times 1000} = 0.025[\text{Wb}]$$ 답 ②

48 역률 100[%]일 때의 전압변동률 ϵ은 어떻게 표시되는가?

① %저항강하 ② %리액턴스강하
③ %서셉턴스강하 ④ %임피던스강하

풀이 전압변동률 $\epsilon = p\cos\theta + q\sin\theta$ 에서
(여기서, p : %저항강하, q : %리액턴스 강하)
역률 100[%]일 경우,
$\cos\theta = 1$, $\sin\theta = 0$이므로
$\therefore \epsilon = p\cos\theta + q\sin\theta = p \times 1 + q \times 0 = p$
즉, 전압변동율 = %저항강하이다. 답 ①

49 3상 농형 유도전동기의 기동방법으로 틀린 것은?

① Y-△ 기동 ② 전전압 기동
③ 리액터 기동 ④ 2차 저항에 의한 기동

풀이 농형 유도전동기의 기동법
① 전 전압 기동기 (5[kW] 이하의 소형)
② Y-△ (5~15[kW] 정도)
③ 리액터 기동 (기동전류를 제한하고자 할 때)
④ 기동 보상기 (15[kW] 이상)
2차 저항에 의한 기동은 권선형 유도전동기의 기동법이다. **답** ④

50 직류 복권발전기의 병렬운전에 있어 균압선을 붙이는 목적은 무엇인가?

① 손실을 경감한다.
② 운전을 안정하게 한다.
③ 고조파의 발생을 방지한다.
④ 직권계자간의 전류증가를 방지한다.

풀이 직권 및 복권 발전기는 직권 계자 코일에 흐르는 전류에 의해 병렬운전이 불안정하게 되므로 안정된 병렬운전을 위한 균압선을 설치해야 한다. **답** ②

51 2방향성 3단자 사이리스터는 어느 것인가?

① SCR ② SSS
③ SCS ④ TRIAC

풀이 ① SCR : 1방향성 3단자
② SSS : 2방향성 2단자
③ SCS : 1방향성 4단자
④ TRIAC : 2방향성 3단자 **답** ④

52 15[kVA], 3000/200[V] 변압기의 1차측 환산 등가 임피던스가 $5.4+j6[\Omega]$일 때, %저항강하 p와 %리액턴스강하 q는 각각 약 몇 [%]인가?

① $p=0.9$, $q=1$
② $p=0.7$, $q=1.2$
③ $p=1.2$, $q=1$
④ $p=1.3$, $q=0.9$

풀이 ① %저항강하(p)

$$I_{1n} = \frac{P}{V} = \frac{15 \times 10^3}{3000} = 5[A]$$

$$p = \frac{I_{1n}r}{V_{1n}} \times 100 = \frac{5 \times 5.4}{3000} \times 100 = 0.9[\%]$$

② %리액턴스강하(q)

$$q = \frac{I_{1n}x}{V_{1n}} \times 100 = \frac{5 \times 6}{3000} \times 100 = 1[\%]$$ **답** ①

53 유도전동기의 2차 여자제어법에 대한 설명으로 틀린 것은?

① 역률을 개선할 수 있다.
② 권선형 전동기에 한하여 이용된다.
③ 동기속도의 이하로 광범위하게 제어할 수 있다.
④ 2차 저항손이 매우 커지며 효율이 저하된다.

풀이
• 2차 여자제어법이란 유도전동기의 회전자 권선에 2차 기전력(sE_2)과 동일 주파수의 전압(E_c)을 슬립링을 통해 공급하여 그 크기를 조절함으로써 속도를 제어하는 방법으로 권선형 전동기에 한하여 이용된다.
• 2차 여자제어법에 의하면 전동기의 속도는 동기속도의 상하로 상당히 넓은 제어가 행하여지고 역률의 개선도 할 수 있게 된다. **답** ④

54 직류발전기를 3상 유도전동기에서 구동하고 있다. 이 발전기에 55[kW]의 부하를 걸 때 전동기의 전류는 약 몇 [A]인가? (단, 발전기의 효율은 88[%], 전동기의 단자전압은 400[V], 전동기의 효율은 88[%], 전동기의 역률은 82[%]로 한다.)

① 125 ② 225
③ 325 ④ 425

풀이 전동기의 출력(P_o)은 발전기의 입력(P_i)과 같으므로

$$P_o = P_i = \frac{P_G}{\eta_G} = \frac{55}{0.88} = 62.5[kW]$$

(여기서 P_G : 발전기의 출력, η_G : 발전기의 효율)

$$\therefore I_M = \frac{P_o}{\sqrt{3}\,V\cos\theta_M \eta_M}$$

$$= \frac{62.5 \times 10^3}{\sqrt{3} \times 400 \times 0.82 \times 0.88} \fallingdotseq 125[A]$$ **답** ①

55 동기기의 기전력의 파형 개선책이 아닌 것은?
① 단절권 ② 집중권
③ 공극조정 ④ 자극모양

풀이 고조파 기전력을 소거하는 방법은 다음과 같다.
① 매극 매상의 슬롯수 q를 크게 한다.
② 부정수(不整數) 슬롯권을 채용한다.
③ 단절권 및 분포권으로 한다.
④ 반폐 슬롯을 사용한다.
⑤ 전기자 철심을 스큐 슬롯으로 한다.
⑥ 공극의 길이를 크게 한다.
⑦ Y결선을 한다. **답** ②

56 유도자형 동기발전기의 설명으로 옳은 것은?
① 전기자만 고정되어 있다.
② 계자극만 고정되어 있다.
③ 회전자가 없는 특수 발전기이다.
④ 계자극과 전기자가 고정되어 있다.

풀이 유도자형 발전기는 계자극과 전기자를 함께 고정시키고 그 중앙에 유도자라고 하는 권선이 없는 회전자를 갖춘 것으로 주로 수백~수만[Hz] 정도의 고주파 발전기로 쓰인다. **답** ④

57 200[V], 10[kW]의 직류분권전동기가 있다. 전기자저항은 0.2[Ω], 계자저항은 40[Ω]이고 정격전압에서 전류가 15[A]인 경우 5[kg·m]의 토크를 발생한다. 부하가 증가하여 전류가 25[A]로 되는 경우 발생 토크[kg·m]는?
① 2.5 ② 5
③ 7.5 ④ 10

풀이 ① 계자전류 $I_f = \dfrac{V}{r_f} = \dfrac{200}{40} = 5[A]$
② 정격전류 $I = 15[A]$인 경우,
  전기자 전류 $I_a = I - I_f = 15 - 5 = 10[A]$
③ 정격전류 $I' = 25[A]$인 경우,
  전기자 전류 $I_a' = I' - I_f = 25 - 5 = 20[A]$
④ 직류분권전동기의 토크(τ)와 전기자 전류(I_a)는 비례하므로 $\dfrac{\tau}{5} = \dfrac{20}{10}$
$\therefore \tau = \dfrac{20}{10} \times 5 = 10[kg \cdot m]$ **답** ④

58 50[Ω]의 계자저항을 갖는 직류분권발전기가 있다. 이 발전기의 출력이 5.4[kW]일 때 단자전압은 100[V], 유기기전력은 115[V]이다. 이 발전기의 출력이 2[kW]일 때 단자전압이 125[V]라면 유기기전력은 약 몇 [V]인가?
① 130 ② 145
③ 152 ④ 159

풀이

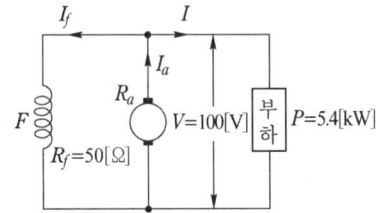

① 발전기의 출력 $P = 5.4[kW]$,
  단자전압 $V = 100[V]$,
  유기기전력 $E = 115[V]$인 경우
- 부하전류 $I = \dfrac{P}{V} = \dfrac{5.4 \times 10^3}{100} = 54[A]$
- 계자전류 $I_f = \dfrac{V}{R_f} = \dfrac{100}{50} = 2[A]$
- 유기기전력
  $E = V + I_a R_a = V + (I + I_f) \cdot R_a$
  $= 100 + (54 + 2) \times R_a = 115[V]$
  전기자저항 $R_a = \dfrac{115 - 100}{56} \fallingdotseq 0.27[A]$

② 발전기의 출력 $P = 2[kW]$,
  단자전압 $V = 125[V]$인 경우
- 부하전류 $I = \dfrac{P}{V} = \dfrac{2 \times 10^3}{125} = 16[A]$
- 계자전류 $I_f = \dfrac{V}{R_f} = \dfrac{125}{50} = 2.5[A]$
$\therefore$ 유기기전력
  $E = V + I_a R_a = V + (I + I_f) R_a$
  $= 125 + (16 + 2.5) \times 0.27$
  $= 130[V]$ **답** ①

59 돌극형 동기발전기에서 직축 동기 리액턴스를 X_d, 횡축 동기 리액턴스를 X_q라 할 때의 관계는?
① $X_d < X_q$ ② $X_d > X_q$
③ $X_d = X_q$ ④ $X_d \ll X_q$

풀이
- 돌극형(철극기)에서는 직축이 횡축에 비하여 공극(air gap)이 작으므로 직축(동기) 리액턴스 x_d가 횡축(동기) 리액턴스 x_q보다 크다. ($x_d > x_q$)

- 비철극기에서는 공극이 일정하므로 $x_d = x_q = x_s$ 로 된다. 답 ②

60 10극 50[Hz] 3상 유도전동기가 있다. 회전자도 3상이고 회전자가 정지할 때 2차 1상간의 전압이 150[V]이다. 이것을 회전자계와 같은 방향으로 400[rpm]으로 회전시킬 때 2차 전압은 몇 [V]인가?

① 50
② 75
③ 100
④ 150

풀이
- 회전자계 속도
$$N_s = \frac{120f}{P} = \frac{120 \times 50}{10} = 600[rpm]$$
- 슬립 $s = \frac{N_s - N}{N_s} = \frac{600 - 400}{600} = 0.333$

따라서 회전 시 2차 전압
$E_{2s} = sE_2 = 0.333 \times 150 ≒ 50 [V]$ 답 ①

4과목 - 회로이론 및 제어공학

61 다음의 회로를 블록선도로 그린 것 중 옳은 것은?

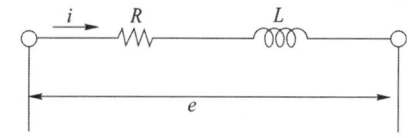

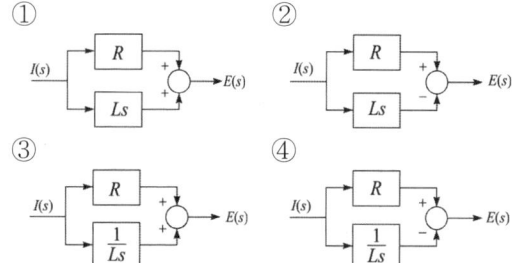

풀이 그림의 회로를 시간함수로 표현하면
$Ri(t) + L\frac{di(t)}{dt} = e(t)$ 이므로
라플라스 변환을 하면

$\mathcal{L}[Ri(t) + L\frac{di(t)}{dt} = e(t)] = RI(s) + LsI(s) = E(s)$
$\rightarrow (R + Ls)I(s) = E(s)$
$\therefore G(s) = \frac{E(s)}{I(s)} = R + Ls$

그러므로 $I(s)$를 입력으로 하고 $E(s)$를 출력으로 하는 R과 Ls의 병렬회로가 된다. 답 ①

62 특성방정식 $s^2 + 2\zeta\omega_n s + \omega_n^2 = 0$에서 감쇠진동을 하는 제동비 ζ의 값은?

① $\zeta > 1$
② $\zeta = 1$
③ $\zeta = 0$
④ $0 < \zeta < 1$

풀이
- $0 < \zeta < 1$인 경우 : 부족 제동(감쇠 진동)
- $\zeta > 1$인 경우 : 과제동(비진동)
- $\zeta = 1$인 경우 : 임계 제동(임계 상태)
- $\zeta = 0$인 경우 : 무제동(무한 진동 또는 완전 진동)

답 ④

63 다음 그림의 전달함수 $\frac{Y(z)}{R(z)}$는 다음 중 어느 것인가?

[이상적 표본기]

① $G(z)z$
② $G(z)z^{-1}$
③ $G(z)Tz^{-1}$
④ $G(z)Tz$

풀이 $\frac{Y(z)}{R(z)} = G(z)z^{-1}$ 답 ②

64 일정 입력에 대해 잔류 편차가 있는 제어계는?

① 비례 제어계
② 적분 제어계
③ 비례 적분 제어계
④ 비례 적분 미분 제어계

풀이 잔류편차가 발생하는 제어는 비례 제어(P)와 비례 미분 제어(PD)이며, 이러한 잔류편차는 적분제어(I)를 사용함으로써 제거할 수 있다. 답 ①

65 일반적인 제어시스템에서 안정의 조건은?

① 입력이 있는 경우 초기값에 관계없이 출력이 0으로 간다.
② 입력이 없는 경우 초기값에 관계없이 출력이 무한대로 간다.
③ 시스템이 유한한 입력에 대해서 무한한 출력을 얻는 경우
④ 시스템이 유한한 입력에 대해서 유한한 출력을 얻는 경우

풀이 ① 제어시스템의 안정도는 입력 또는 외란에 대한 시스템의 응답에 의하여 정해지며, 유한한 입력에 대하여 유한한 출력이 생기는 시스템을 안정하다고 한다.
② 시스템이 안정하다는 것은 특성방정식 $1+G(s)H(s)=0$의 근이 모두 s평면 좌반부에 존재한다는 것을 뜻한다. **답** ④

66 개루프 전달함수 $G(s)H(s)$가 다음과 같이 주어지는 부궤환계에서 근궤적 점근선의 실수축과의 교차점은?

$$G(s)H(s) = \frac{K}{s(s+4)(s+5)}$$

① 0 ② -1
③ -2 ④ -3

풀이 극점 $p=3$개$(0, -4, -5)$, 영점 $z=0$개(0)이므로
교차점
$\sigma = \dfrac{\Sigma G(s)H(s)\text{의 극}-\Sigma G(s)H(s)\text{의 영점}}{p-z}$
$= \dfrac{(0-4-5)-0}{3-0} = -3$
(여기서, p : 극점의 개수, z : 영점의 개수) **답** ④

67 $s^3+11s^2+2s+40=0$에는 양의 실수부를 갖는 근은 몇 개 있는가?

① 1 ② 2
③ 3 ④ 없다.

풀이 루드 공식을 이용하면

s^3	1	2
s^2	11	40
s^1	$\dfrac{22-40}{11}=-1.64$	0
s^0	40	

제1열의 '11'에서 '-1.64', '-1.64'에서 '40'으로 부호 변화가 두 번 있으므로 양의 실수를 갖는 근은 2개이다. **답** ②

68 논리식 $L = \overline{x} \cdot \overline{y} + \overline{x} \cdot y + x \cdot y$를 간략화한 것은?

① $x+y$ ② $\overline{x}+y$
③ $x+\overline{y}$ ④ $\overline{x}+\overline{y}$

풀이 $L = \overline{x}\cdot\overline{y}+\overline{x}\cdot y+x\cdot y = \overline{x}\cdot(\overline{y}+y)+x\cdot y$
$= \overline{x}\cdot 1 + x\cdot y$
분배법칙에 의해
$\overline{x}+x\cdot y = (\overline{x}+x)\cdot(\overline{x}+y) = \overline{x}+y$ **답** ②

69 그림과 같은 블록선도에서 전달함수 $\dfrac{C(s)}{R(s)}$를 구하면?

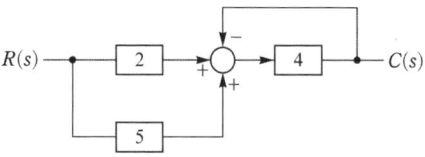

① $\dfrac{1}{8}$ ② $\dfrac{5}{28}$ ③ $\dfrac{28}{5}$ ④ 8

풀이 블록선도

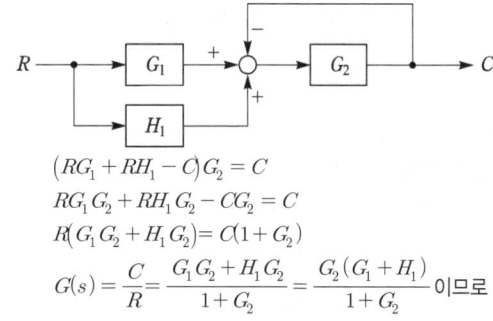

$(RG_1 + RH_1 - C)G_2 = C$
$RG_1G_2 + RH_1G_2 - CG_2 = C$
$R(G_1G_2 + H_1G_2) = C(1+G_2)$
$G(s) = \dfrac{C}{R} = \dfrac{G_1G_2+H_1G_2}{1+G_2} = \dfrac{G_2(G_1+H_1)}{1+G_2}$ 이므로
$G_1=2$, $G_2=4$, $H_1=5$를 대입하면
$\therefore G(s) = \dfrac{4(2+5)}{1+4} = \dfrac{28}{5}$

별해 전향경로 이득 : $(G_1 + H_1)G_2$
루프 이득 : $-G_2$

$$G(s) = \frac{\sum 전향 경로 이득}{1-\sum 루프이득} = \frac{(G_1+H_1)G_2}{1+G_2}$$

$$= \frac{(2+5)\cdot 4}{1+4} = \frac{28}{5}$$

답 ③

70 $G(j\omega) = \dfrac{K}{j\omega(j\omega+1)}$에 있어서 진폭 A 및 위상각 θ는?

$$\lim_{\omega \to \infty} G(j\omega) = A \angle \theta$$

① $A=0$, $\theta=-90°$
② $A=0$, $\theta=-180°$
③ $A=\infty$, $\theta=-90°$
④ $A=\infty$, $\theta=-180°$

풀이
• 진폭
$$A = \lim_{\omega\to\infty}|G(j\omega)| = \lim_{\omega\to\infty}\left|\frac{K}{j\omega(j\omega+1)}\right|$$
$$= \lim_{\omega\to\infty}\left|\frac{K}{(j\omega)^2}\right| = 0$$

• 위상각
$$\theta = \lim_{\omega\to\infty} \angle G(j\omega) = \lim_{\omega\to\infty} \angle \frac{K}{j\omega(j\omega+1)}$$
$$= \lim_{\omega\to\infty} \angle \frac{K}{(j\omega)^2} = -180°$$

$$\therefore \lim_{\omega\to\infty} G(j\omega) = 0 \angle -180°$$

답 ②

71 $R=100[\Omega]$, $C=30[\mu F]$의 직렬회로에 $f=60[\text{Hz}]$, $V=100[\text{V}]$의 교류전압을 인가할 때 전류는 약 몇 [A]인가?

① 0.42 ② 0.64
③ 0.75 ④ 0.87

풀이 용량성 리액턴스
$$X_C = \frac{1}{\omega C} = \frac{1}{2\pi f C} = \frac{1}{2\pi \times 60 \times 30 \times 10^{-6}}$$
$$\fallingdotseq 88.42[\Omega]$$

$$\therefore I = \frac{V}{Z} = \frac{V}{\sqrt{R^2 + X_C^2}} = \frac{100}{\sqrt{100^2 + 88.42^2}}$$
$$\fallingdotseq 0.75[\text{A}]$$

답 ③

72 무손실 선로의 정상상태에 대한 설명으로 틀린 것은?

① 전파정수 γ은 $j\omega\sqrt{LC}$이다.
② 특성 임피던스 $Z_0 = \sqrt{\dfrac{C}{L}}$이다.
③ 진행파의 전파속도 $v = \dfrac{1}{\sqrt{LC}}$이다.
④ 감쇠정수 $\alpha=0$, 위상정수 $\beta=\omega\sqrt{LC}$이다.

풀이 무손실 선로이므로 $R=0$, $G=0$
따라서 특성 임피던스
$$Z_0 = \sqrt{\frac{Z}{Y}} = \sqrt{\frac{R+j\omega L}{G+j\omega C}} = \sqrt{\frac{L}{C}}$$

답 ②

73 그림과 같은 파형의 Laplace 변환은?

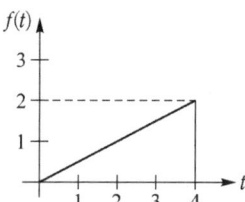

① $\dfrac{1}{2s^2}(1-e^{-4s}-se^{-4s})$
② $\dfrac{1}{2s^2}(1-e^{-4s}-4e^{-4s})$
③ $\dfrac{1}{2s^2}(1-se^{-4s}-4e^{-4s})$
④ $\dfrac{1}{2s^2}(1-e^{-4s}-4se^{-4s})$

풀이 문제의 그림을 시간함수로 표현하면
$$f(t) = \frac{1}{2}tu(t) - \frac{1}{2}(t-4)u(t-4) - 2u(t-4)$$

이므로 이것을 라플라스 변환하면
$$F(s) = \mathcal{L}[f(t)]$$
$$= \frac{1}{2}\cdot\frac{1}{s^2} - \frac{1}{2}\cdot\frac{1}{s^2}e^{-4s} - \frac{2}{s}e^{-4s}$$
$$= \frac{1}{2s^2}(1-e^{-4s}-4se^{-4s})$$

답 ④

74 2전력계법으로 평형 3상 전력을 측정하였더니 한쪽의 지시가 700[W], 다른 쪽의 지시가 1400[W]이었다. 피상전력은 약 몇 [VA]인가?

① 2425 ② 2771
③ 2873 ④ 2974

풀이 2전력계법
- 유효전력 $P = W_1 + W_2$ [W]
- 무효전력 $Q = \sqrt{3}(P_1 - P_2)$ [Var]
- 피상전력 $P_a = 2\sqrt{W_1^2 + W_2^2 - W_1 W_2}$ [VA]

따라서 $P_a = 2\sqrt{700^2 + 1400^2 - 700 \times 1400}$
$\fallingdotseq 2425$ [VA]   답 ①

75 최댓값이 I_m인 정현파 교류의 반파정류 파형의 실효값은?

① $\dfrac{I_m}{2}$ ② $\dfrac{I_m}{\sqrt{2}}$ ③ $\dfrac{2I_m}{\pi}$ ④ $\dfrac{\pi I_m}{2}$

풀이

파형	정현파	정현반파	삼각파	구형반파	구형파
실효값	$\dfrac{I_m}{\sqrt{2}}$	$\dfrac{I_m}{2}$	$\dfrac{I_m}{\sqrt{3}}$	$\dfrac{I_m}{\sqrt{2}}$	I_m
평균값	$\dfrac{2I_m}{\pi}$	$\dfrac{I_m}{\pi}$	$\dfrac{I_m}{2}$	$\dfrac{I_m}{2}$	I_m

답 ①

76 그림과 같은 파형의 파고율은?

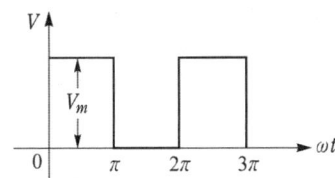

① 1 ② $\dfrac{1}{\sqrt{2}}$ ③ $\sqrt{2}$ ④ $\sqrt{3}$

풀이 구형 반파에서
- 실효값 $V = \dfrac{V_m}{\sqrt{2}}$ · 평균값 $V_{av} = \dfrac{V_m}{2}$
- 파고율 $= \dfrac{최대값}{실효값} = \dfrac{V_m}{\dfrac{V_m}{\sqrt{2}}} = \sqrt{2} = 1.414$ 답 ③

77 그림과 같이 10[Ω]의 저항에 권수비가 10:1의 결합회로를 연결했을 때 4단자정수 A, B, C, D는?

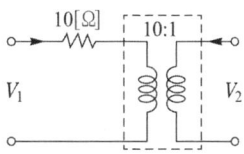

① $A=1,\ B=10,\ C=0,\ D=10$
② $A=10,\ B=1,\ C=0,\ D=10$
③ $A=10,\ B=0,\ C=1,\ D=\dfrac{1}{10}$
④ $A=10,\ B=1,\ C=0,\ D=\dfrac{1}{10}$

풀이 $\begin{bmatrix} A & B \\ C & D \end{bmatrix} = \begin{bmatrix} 1 & 10 \\ 0 & 1 \end{bmatrix} \begin{bmatrix} 10 & 0 \\ 0 & \dfrac{1}{10} \end{bmatrix} = \begin{bmatrix} 10 & 1 \\ 0 & \dfrac{1}{10} \end{bmatrix}$ 답 ④

78 그림과 같은 RC 회로에서 스위치를 넣은 순간 전류는? (단, 초기조건은 0이다.)

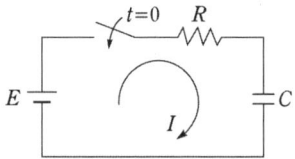

① 불변전류이다.
② 진동전류이다.
③ 증가함수로 나타난다.
④ 감쇠함수로 나타난다.

풀이 $R-C$ 직렬회로(직류전압을 인가하는 경우)
① 전류 $i(t) = \dfrac{E}{R} e^{-\frac{1}{RC}t}$ [A]
② 시정수 $\tau = RC$ [sec]
③ 충전전류의 시간적 변화

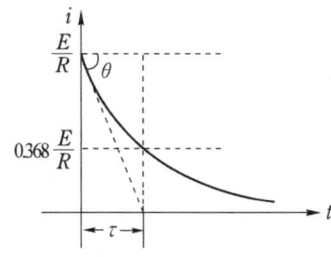

따라서 스위치를 닫는 순간 과도전류의 값은 지수함수적으로 감소하며, 시정수 값이 클수록 천천히 사라진다. 답 ④

79 회로에서 저항 R에 흐르는 전류 I[A]는?

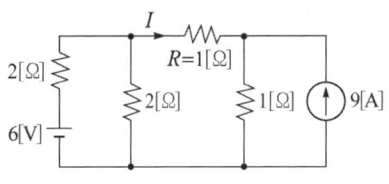

① -1 ② -2
③ 2 ④ 4

풀이 ① 전류원 개방 시 I'는

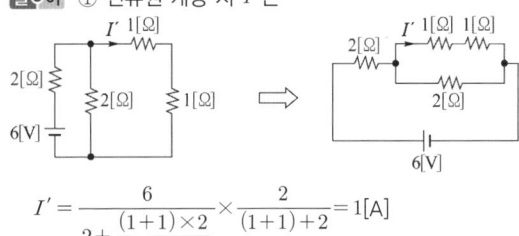

$I' = \dfrac{6}{2+\dfrac{(1+1)\times 2}{(1+1)+2}} \times \dfrac{2}{(1+1)+2} = 1\text{[A]}$

② 전압원 단락시 I''는

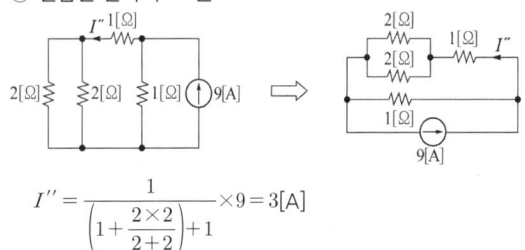

$I'' = \dfrac{1}{\left(1+\dfrac{2\times 2}{2+2}\right)+1} \times 9 = 3\text{[A]}$

③ I'과 I''의 방향이 반대이므로 R에 흐르는 전류 I는
∴ $I = I_1 - I_2 = 1 - 3 = -2\text{[A]}$ 답 ②

80 전류의 대칭분을 I_0, I_1, I_2, 유기기전력을 E_a, E_b, E_c, 단자전압의 대칭분을 V_0, V_1, V_2라 할 때 3상 교류발전기의 기본식 중 정상분 V_1값은? (단, Z_0, Z_1, Z_2는 영상, 정상, 역상 임피던스이다.)

① $-Z_0 I_0$ ② $-Z_2 I_2$
③ $E_a - Z_1 I_1$ ④ $E_b - Z_2 I_2$

풀이 발전기의 기본식
영상분 $V_0 = -Z_0 I_0$
정상분 $V_1 = E_a - Z_1 I_1$
역상분 $V_2 = -Z_2 \cdot I_2$ 답 ③

5과목 - 전기설비기술기준

81 최대사용전압이 220[V]인 전동기의 절연내력 시험을 하고자 할 때 시험전압은 몇 [V]인가?

① 300 ② 330
③ 450 ④ 500

풀이 133 회전기 및 정류기의 절연내력

종류		시험전압	시험 방법
회전기	발전기·전동기·조상기·기타회전기 7[kV] 이하	1.5배 (최저 500[V])	권선과 대지 사이에 연속하여 10분간
	발전기·전동기·조상기·기타회전기 7[kV] 초과	1.25배 (최저 10,500[V])	
	회전 변류기	직류측의 최대 사용전압의 1배의 교류전압(최저 500[V])	

시험전압 = $220 \times 1.5 = 330\text{[V]}$이나, 500[V] 미만으로 되는 경우에는 500[V]이다. 답 ④

82 66[kV] 가공전선과 6[kV] 가공전선을 동일 지지물에 병행 설치하는 경우에 특고압가공전선은 케이블인 경우를 제외하고는 단면적이 몇 [mm²] 이상인 경동연선을 사용하여야 하는가?

① 22 ② 38
③ 50 ④ 100

풀이 333.17 특고압 가공전선과 저고압 가공전선 등의 병행 설치
사용전압이 35[kV]을 초과하고 100[kV] 미만인 특고압 가공전선과 저압 또는 고압 가공전선을 동일 지지물에 시설하는 경우에는 다음에 따라 시설하여야 한다.
가. 특고압 가공전선로는 제2종 특고압 보안공사에 의할 것.
나. **특고압 가공전선**은 케이블인 경우를 제외하고는 인장강도 21.67[kN] 이상의 연선 또는 **단면적이 50 [mm²]** 이상인 경동연선일 것.

다. 특고압 가공전선로의 지지물은 철주·철근 콘크리트주 또는 철탑일 것 답 ③

83
발전소의 개폐기 또는 차단기에 사용하는 압축공기장치의 주 공기탱크에 시설하는 압력계의 최고 눈금의 범위로 옳은 것은?

① 사용압력의 1배 이상 2배 이하
② 사용압력의 1.15배 이상 2배 이하
③ 사용압력의 1.5배 이상 3배 이하
④ 사용압력의 2배 이상 3배 이하

풀이 341.15 압축공기계통
발전소·변전소·개폐소 또는 이에 준하는 곳에서 개폐기 또는 차단기에 사용하는 압축공기장치는 다음에 따라 시설하여야 한다.
가. 공기압축기는 최고 사용압력의 1.5배의 수압(수압을 연속하여 10분간 가하여 시험을 하기 어려울 때에는 최고 사용압력의 1.25배의 기압)을 연속하여 10분간 가하여 시험을 하였을 때에 이에 견디고 또한 새지 아니할 것.
나. 주 공기탱크 또는 이에 근접한 곳에는 **사용압력의 1.5배 이상 3배 이하의 최고 눈금이 있는 압력계를 시설할 것**.
다. 사용 압력에서 공기의 보급이 없는 상태로 개폐기 또는 차단기의 투입 및 차단을 연속하여 1회 이상 할 수 있는 용량을 가지는 것일 것. 답 ③

84
고압가공전선로의 지지물로서 사용하는 목주의 풍압하중에 대한 안전율은 얼마 이상이어야 하는가?

① 1.2 ② 1.3
③ 2.2 ④ 2.5

풀이 333.10 특고압 가공전선로의 목주 시설
332.7 고압 가공전선로의 지지물의 강도
222.8 저압 가공전선로의 지지물의 강도
지지물이 목주인 경우 안전율 및 말구의 지름

전압의 종별	안전율	말구의 지름
저 압	1.2	–
고 압	1.3	0.12 [m] 이상
특고압	1.5	0.12 [m] 이상

답 ②

85
다음 그림에서 L_1은 어떤 크기로 동작하는 기기의 명칭인가?

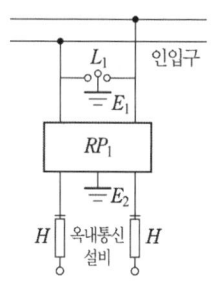

① 교류 1000[V] 이하에서 동작하는 단로기
② 교류 1000[V] 이하에서 동작하는 피뢰기
③ 교류 1500[V] 이하에서 동작하는 단로기
④ 교류 1500[V] 이하에서 동작하는 피뢰기

풀이 362.5 특고압 가공전선로 첨가설치 통신선의 시가지 인입 제한

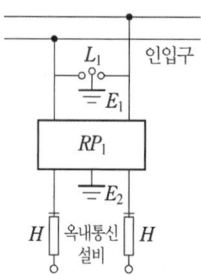

- H : 250[mA] 이하에서 동작하는 열 코일
- RP_1 : 교류 300[V] 이하에서 동작하고, 최소 감도 전류가 3[A] 이하로서 최소 감도전류 때의 응동시간이 1사이클 이하이고 또한 전류 용량이 50[A], 20초 이상인 자복성(自復性)이 있는 릴레이 보안기
- L_1 : 교류 1[kV] 이하에서 동작하는 피뢰기
- E_1 및 E_2 : 접지 답 ②

86
지중전선로에 있어서 폭발성 가스가 침입할 우려가 있는 장소에 시설하는 지중함은 크기가 몇 [m³] 이상일 때 가스를 방산시키기 위한 장치를 시설하여야 하는가?

① 0.25 ② 0.5
③ 0.75 ④ 1.0

풀이 334.2 지중함의 시설
폭발성 또는 연소성의 가스가 침입할 우려가 있는 것에 시설하는 지중함으로서 그 크기가 1 [m³] 이상인 것에

는 통풍장치 기타 가스를 방산시키기 위한 적당한 장치를 시설할 것. 답 ④

87 최대사용전압 22.9[kV]인 3상 4선식 다중접지방식의 지중전선로의 절연내력시험을 직류로 할 경우 시험전압은 몇 [V]인가?

① 16448 ② 21068
③ 32796 ④ 42136

풀이 132 전로의 절연저항 및 절연내력

전로의 종류	접지방식	시험전압 (최대사용 전압의 배수)	최저 시험전압
1. 7[kV] 이하인 전로		1.5배	
2. 7[kV] 초과 25[kV] 이하	다중접지	0.92배	
3. 7[kV] 초과 60[kV] 이하 (2란의 것 제외)		1.25배	10.5[kV]
4. 60[kV] 초과	비접지	1.25배	
5. 60[kV] 초과 (6란, 7란의 것 제외)	접지식	1.1배	75[kV]
6. 60[kV] 초과(7란의 것 제외)	직접접지	0.72배	
7. 170[kV] 초과(발전소 또는 변전소 혹은 이에 준하는 장 소에 시설하는 것.)	직접접지	0.64배	

※ 전로에 케이블을 사용하는 경우에는 직류로 시험할 수 있으며, 시험전압은 교류의 경우의 2배가 된다.

∴ 시험전압 = 22900 × 0.92 × 2 = 42136[V] 답 ④

88 특고압용 타냉식 변압기의 냉각장치에 고장이 생긴 경우를 대비하여 어떤 보호장치를 하여야 하는가?

① 경보장치
② 속도조정장치
③ 온도시험장치
④ 냉매흐름장치

풀이 351.4 특고압용 변압기의 보호장치
특고압용의 변압기에는 그 내부에 고장이 생겼을 경우에 보호하는 장치를 표와 같이 시설하여야 한다.

뱅크 용량의 구분	동작조건	장치의 종류
5,000[kVA] 이상 10,000[kVA] 미만	변압기 내부고장	자동차단장치 또는 경보장치
10,000[kVA] 이상	변압기 내부고장	자동차단장치
타냉식 변압기(변압기의 권선 및 철심을 직접 냉각시키기 위하여 봉입한 냉매를 강제 순환시키는 냉각 방식을 말함.)	냉각장치에 고장이 생긴 경우 또는 변압기의 온도가 현저히 상승한 경우	경보장치

답 ①

89 금속덕트공사에 적당하지 않은 것은?

① 전선은 절연전선을 사용한다.
② 덕트의 끝부분은 항시 개방시킨다.
③ 덕트 안에는 전선의 접속점이 없도록 한다.
④ 덕트의 안쪽 면 및 바깥 면에는 산화방지를 위하여 아연도금을 한다.

풀이 232.31 금속덕트공사
가. **전선은 절연전선**(옥외용 비닐절연전선을 제외한다)일 것.
나. 금속덕트에 넣은 전선의 단면적(절연피복의 단면적을 포함한다)의 합계는 **덕트의 내부 단면적의 20[%]**(전광표시 장치 기타 이와 유사한 장치 또는 제어회로 등의 배선만을 넣는 경우에는 50[%]) 이하일 것.
다. 금속덕트 안에는 전선에 접속점이 없도록 할 것. 다만, 전선을 분기하는 경우에는 그 접속점을 쉽게 점검할 수 있는 때에는 그러하지 아니하다.
라. 덕트를 조영재에 붙이는 경우에는 덕트의 지지점 간의 거리를 3[m](수직으로 붙이는 경우에는 6[m]) 이하로 할 것.
마. 덕트의 끝부분은 막을 것.
바. 폭이 50[mm]를 초과하고 또한 두께가 1.2[mm] 이상인 철판 또는 금속제의 것.
사. 안쪽 면 및 바깥 면에는 산화 방지를 위하여 아연도금 또는 이와 동등 이상의 효과를 가지는 도장을 한 것일 것.
아. 덕트는 접지공사를 할 것. 답 ②

90 특고압 옥외 배전용 변압기가 1대일 경우 특고압 측에 일반적으로 시설하여야 하는 것은?

① 방전기
② 계기용 변류기
③ 계기용 변압기
④ 개폐기 및 과전류차단기

> **풀이** 341.2 특고압 배전용 변압기의 시설
> 특고압 전선로에 접속하는 배전용 변압기를 시설하는 경우에는 특고압 전선에 특고압 절연전선 또는 케이블을 사용하고 또한 다음에 따라야 한다.
> 가. 변압기의 1차 전압은 35[kV] 이하, 2차 전압은 저압 또는 고압일 것.
> 나. **변압기의 특고압측에 개폐기 및 과전류차단기를 시설할 것.**
> 다. 변압기의 2차 전압이 고압인 경우에는 고압측에 개폐기를 시설하고 또한 쉽게 개폐할 수 있도록 할 것.
> **답** ④

91 가공전선로에 사용하는 지지물의 강도계산에 적용하는 갑종 풍압하중을 계산할 때 구성재의 수직 투영면적 1[m²]에 대한 풍압의 기준으로 틀린 것은?

① 목주 : 588[Pa]
② 원형 철주 : 588[Pa]
③ 원형 철근콘크리트주 : 882[Pa]
④ 강관으로 구성(단주는 제외)된 철탑 : 1255[Pa]

> **풀이** 331.6 풍압하중의 종별과 적용
>
> | 풍압을 받는 구분 | | | 풍압[Pa] |
> |---|---|---|---|
> | 지지물 | 목주 | | 588 |
> | | 철주 | 원형의 것 | 588 |
> | | | 삼각형 또는 마름모형의 것 | 1,412 |
> | | | 강관에 의하여 구성되는 4각형의 것 | 1,117 |
> | | | 기타의 것으로 복재가 전후면에 겹치는 경우 | 1,627 |
> | | | 기타의 것으로 겹치지 않은 경우 | 1,784 |
> | | 철근 콘크리트주 | **원형의 것** | **588** |
> | | | 기타의 것 | 882 |
> | | 철탑 | 단주 (완철류는 제외함) 원형의 것 | 588 |
> | | | 단주 (완철류는 제외함) 기타의 것 | 1,117 |
> | | | 강관으로 구성되는 것(단주는 제외함) | 1,255 |
> | | | 기타의 것 | 2,157 |
>
> **답** ③

92 3상 4선식 22.9[kV], 중성선 다중접지방식의 특고압가공전선 아래에 통신선을 첨가 하고자 한다. 특고압가공전선과 통신선과의 이격거리는 몇 [cm] 이상인가?

① 60
② 75
③ 100
④ 120

> **풀이** 362.2 전력보안통신선의 시설 높이와 이격거리
> 가공전선과 첨가 통신선과의 이격거리
> 가. 통신선은 가공전선의 아래에 시설할 것.
> 나. 이격거리
>
> | 가공전선 | | 통신선 | | |
> |---|---|---|---|---|
> | | | 일반 | 절연전선 | 광섬유 케이블 |
> | 중성선 | 25[kV] 이하, 다중접지중성선 | 0.6[m] 이상 | | |
> | 저압 가공전선 | 일반 | 0.6[m] 이상 | | |
> | | 절연전선 또는 케이블 | | 0.3[m] 이상 | |
> | | 인입선 | | | 0.15[m] 이상 |
> | 고압 가공전선 | 일반 | 0.6[m] 이상 | | |
> | | 케이블 | | 0.3[m] 이상 | |
> | 특고압 가공전선 | 일반 | 1.2[m] 이상 | | |
> | | 케이블 | | 0.3[m] 이상 | |
> | | 25[kV] 이하, 다중 접지방식 | 0.75[m] 이상 | | |
>
> **답** ②

93 특고압 가공전선이 도로 등과 교차하는 경우에 특고압 가공전선이 도로 등의 위에 시설되는 때에 설치하는 보호망에 대한 설명으로 옳은 것은?

① 보호망은 접지공사를 하지 않는다.
② 보호망을 구성하는 금속선의 인장강도는 6[kN] 이상으로 한다.
③ 보호망을 구성하는 금속선은 지름 1.0[mm] 이상의 경동선을 사용한다.
④ 보호망을 구성하는 금속선 상호의 간격은 가로, 세로 각 1.5[m] 이하로 한다.

> **풀이** 333.24 특고압 가공전선과 도로 등의 접근 또는 교차
> 특고압 가공전선과 도로 등 사이에 다음에 의하여 보호망을 시설하는 경우에는 제2종 특고압 보안공사에 의하지 아니할 수 있다.
> 가. 보호망은 규정에 준하여 **접지공사를 한 금속제의 망상장치로 하고 견고하게 지지할 것.**
> 나. 보호망을 구성하는 금속선은 그 외주 및 특고압 가공전선의 직하에 시설하는 **금속선에는 인장강도 8.01[kN] 이상의 것 또는 지름 5[mm] 이상의 경동선**을 사용하고 그 밖의 부분에 시설하는 금속선에는 인장강도 5.26[kN] 이상의 것 또는 지름 4[mm] 이상의 경동선을 사용할 것.
> 다. 보호망을 구성하는 **금속선 상호의 간격은 가로, 세로 각 1.5[m] 이하일 것.**
> **답** ④

94 옥내에 시설하는 고압용 이동전선으로 옳은 것은?

① 6[mm] 연동선
② 비닐외장케이블
③ 옥외용 비닐절연전선
④ 고압용의 캡타이어케이블

풀이 342.2 옥내 고압용 이동전선의 시설
옥내에 시설하는 고압의 이동전선은 다음에 따라 시설하여야 한다.
가. 전선은 고압용의 캡타이어케이블일 것.
나. 이동전선에 전기를 공급하는 전로에는 전용 개폐기 및 과전류 차단기를 각극(과전류 차단기는 다선식 전로의 중성극을 제외한다)에 시설하고, 또한 전로에 지락이 생겼을 때에 자동적으로 전로를 차단하는 장치를 시설할 것. **답** ④

95 교통이 번잡한 도로를 횡단하여 저압가공전선을 시설하는 경우 지표상 높이는 몇 [m] 이상으로 하여야 하는가?

① 4.0 ② 5.0 ③ 6.0 ④ 6.5

풀이 332.5 고압 가공전선의 높이,
222.7 저압 가공전선의 높이
저·고압 가공전선의 높이는 다음에 따라야 한다.

설치장소		가공전선의 높이
도로횡단(번잡하지 않은 도로 제외)		지표상 6[m] 이상
철도 또는 궤도횡단		레일면상 6.5[m] 이상
횡단보도교 위	저압	노면상 3.5[m] 이상. 단, 절연전선의 경우 3[m] 이상
	고압	노면상 3.5[m] 이상
일반장소		지표상 5[m] 이상. 단, 저압의 경우 절연전선 또는 케이블을 사용하여 교통에 지장이 없도록 하여 옥외조명용에 공급하는 경우 4[m]까지 감할 수 있다.
다리의 하부 기타 이와 유사한 장소		저압의 전기철도용 급전선은 지표상 3.5[m]까지로 감할 수 있다.

답 ③

96 1[kV] 이하인 방전등용 안정기를 저압의 옥내배선과 직접 접속하여 시설할 경우 옥내전로의 대지전압은 최대 몇 [V]인가?

① 100 ② 150 ③ 300 ④ 450

풀이 234.11 1[kV] 이하 방전등
관등회로의 사용전압이 1[kV] 이하인 방전등을 시설할 경우 방전등에 전기를 공급하는 **전로의 대지전압은 300[V] 이하**로 하여야 하며 다음에 따른다. 다만, 대지전압이 150[V] 이하의 것은 적용하지 않는다.
가. 방전등은 사람이 접촉될 우려가 없도록 시설할 것.
나. 방전등용 안정기는 옥내배선과 직접 접속하여 시설할 것. **답** ③

97 사용전압이 22.9[kV]인 특고압 가공전선이 도로를 횡단하는 경우, 지표상 높이는 최소 몇 [m] 이상인가?

① 4.5 ② 5 ③ 5.5 ④ 6

풀이 333.7 특고압 가공전선의 높이

전압의 범위	일반장소	도로횡단	철도 또는 궤도횡단	횡단보도교
35[kV] 이하	5[m]	6[m]	6.5[m]	4[m](특고압 절연전선 또는 케이블 사용)
35[kV] 초과 160[kV] 이하	6[m]	6[m]	6.5[m]	5[m](케이블 사용)
	산지 등에서 사람이 쉽게 들어갈 수 없는 장소 : 5[m] 이상			
160[kV] 초과	일반장소		가공전선의 높이 = 6 + 단수 × 0.12[m]	
	철도 또는 궤도횡단		가공전선의 높이 = 6.5 + 단수 × 0.12[m]	
	산지		가공전선의 높이 = 5 + 단수 × 0.12[m]	

※ 단수 = $\frac{(전압[kV]-160)}{10}$ … 단수 계산에서 소수점 이하는 절상 **답** ④

98 관광숙박업 또는 숙박업을 하는 객실의 입구등에 조명용 전등을 설치할 때는 몇 분 이내에 소등되는 타임스위치를 시설하여야 하는가?

① 1 ② 3 ③ 5 ④ 10

풀이 234.6 점멸기의 시설
다음의 경우에는 센서등(타임스위치 포함)을 시설하여야 한다.
가. 관광숙박업 또는 숙박업(여인숙업을 제외한다)에 이용되는 객실의 입구등은 1분 이내에 소등되는 것.
나. 일반주택 및 아파트 각 호실의 현관등은 3분 이내에 소등되는 것. **답** ①

> 출제기준 변경 및 개정된 관계 법규에 따라 삭제된 문제가 있어 20문항이 안됩니다.

2019년 1회 전기기사필기

동일출판사 홈페이지에서 무료 동영상강의를 보실 수 있습니다.

1과목 - 전기자기

01 평행판 콘덴서에 어떤 유전체를 넣었을 때 전속밀도가 2.4×10^{-7}[C/m²]이고 단위 체적 중의 에너지가 5.3×10^{-3}[J/m³]이었다. 이 유전체의 유전율은 약 몇 [F/m]인가?

① 2.17×10^{-11}
② 5.43×10^{-11}
③ 5.17×10^{-12}
④ 5.43×10^{-12}

풀이 $W_e = \dfrac{D^2}{2\epsilon}$[J/m³] 에서

$\epsilon = \dfrac{D^2}{2 \cdot W_e} = \dfrac{(2.4 \times 10^{-7})^2}{2 \times 5.3 \times 10^{-3}}$
$= 5.43 \times 10^{-12}$[F/m]   **답** ④

02 서로 다른 두 유전체 사이의 경계면에 전하분포가 없다면 경계면 양쪽에서의 전계 및 전속밀도는?

① 전계 및 전속밀도의 접선성분은 서로 같다.
② 전계 및 전속밀도의 법선성분은 서로 같다.
③ 전계의 법선성분이 서로 같고, 전속밀도의 접선성분이 서로 같다.
④ 전계의 접선성분이 서로 같고, 전속밀도의 법선성분이 서로 같다.

풀이 유전율이 다른 경계면에 전계(전속)가 입사되면,
• 전계는 접선성분(평행성분)이 같다.
  $E_{1t} = E_{2t}$ ($E_1 \sin\theta_1 = E_2 \sin\theta_2$)
• 전속밀도는 법선성분(수직성분)이 같다.
  $D_{1n} = D_{2n}$ ($D_1 \cos\theta_1 = D_2 \cos\theta_2$)

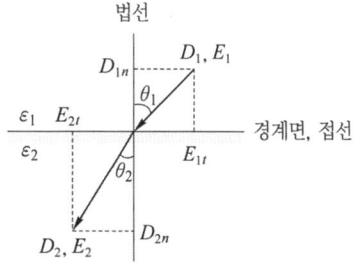

답 ④

03 와류손에 대한 설명으로 틀린 것은?
(단, f : 주파수, B_m : 최대자속밀도, t : 두께, ρ : 저항률이다.)

① t^2에 비례한다. ② f^2에 비례한다.
③ ρ^2에 비례한다. ④ B_m^2에 비례한다.

풀이 도체에 코일을 감고 교류전류를 흘리면 도체 단면을 통과하는 자속이 변하게 되어 전자유도에 의한 맴돌이 형태의 유도전류가 흐르게 되는데, 이 맴돌이 전류를 와전류라 하고 이 와전류에 의한 전력손실을 와전류 손실이라고 한다.

와류손 $P_e = \delta_e (tfk_f B_m)^2$[W/kg]
여기서, δ_e : 재료에 의한 정수
f : 주파수[Hz]
B_m : 자속밀도의 최댓값[Wb/m²]
t : 철판의 두께[m]
k_f : 파형률   **답** ③

04 $x > 0$인 영역에 비유전율 $\epsilon_{r1} = 3$인 유전체, $x < 0$인 영역에 비유전율 $\epsilon_{r2} = 5$인 유전체가 있다. $x < 0$인 영역에서 전계 $E_2 = 20a_x + 30a_y - 40a_z$[V/m]일 때 $x > 0$인 영역에서의 전속밀도는 몇 [C/m²]인가?

① $10(10a_x + 9a_y - 12a_z)\epsilon_0$
② $20(5a_x - 10a_y + 6a_z)\epsilon_0$
③ $50(2a_x + 3a_y - 4a_z)\epsilon_0$
④ $50(2a_x - 3a_y + 4a_z)\epsilon_0$

풀이 경계면에 대해 a_x 성분은 법선성분이고, a_y, a_z 성분은 접선성분에 해당된다.
- 경계조건에 의하여 법선성분은 $D_{1x} = D_{2x}$ 이므로
$$\epsilon_0 \epsilon_{r1} E_{1x} = \epsilon_0 \epsilon_{r2} E_{2x}$$
$$E_{1x} = \frac{\epsilon_{r2}}{\epsilon_{r1}} E_{2x} = \frac{5}{3} 20 a_x = \frac{100}{3} a_x$$
- 경계조건에 의하여 접선성분은 $E_{1y} = E_{2y}$, $E_{1z} = E_{2z}$ 이므로
$$E_{1y} = 30 a_y, \quad E_{1z} = -40 a_z$$
- 비유전율 ϵ_{r1} 인 영역에서의 전계
$$E_1 = \frac{100}{3} a_x + 30 a_y - 40 a_z [V/m]$$
따라서 비유전율 ϵ_{r1} 인 영역에서의 전속밀도
$$D_1 = \epsilon_0 \epsilon_{r1} E_1$$
$$= \epsilon_0 \times 3 \times \left[\frac{100}{3} a_x + 30 a_y - 40 a_z \right]$$
$$= (100 a_x + 90 a_y - 120 a_z) \epsilon_0$$
$$= 10(10 a_x + 9 a_y - 12 a_z) \epsilon_0 [C/m^2]$$ **답** ①

05 $q[C]$의 전하가 진공 중에서 $v[m/s]$의 속도로 운동하고 있을 때, 이 운동방향과 θ의 각으로 $r[m]$ 떨어진 점의 자계의 세기[AT/m]는?

① $\dfrac{q \sin\theta}{4\pi r^2 v}$ ② $\dfrac{v \sin\theta}{4\pi r^2 q}$

③ $\dfrac{qv \sin\theta}{4\pi r^2}$ ④ $\dfrac{v \sin\theta}{4\pi r^2 q^2}$

풀이 전하 dq가 미소거리 dl을 dt 동안 속도 v로 이동할 때,
속도 $v = \dfrac{dl}{dt}$, 전류 $I = \dfrac{dq}{dt} = \dfrac{vdq}{dl}$
자계의 세기(비오-사바르 법칙)
$$dH = \frac{Idl \sin\theta}{4\pi r^2} = \frac{vdq \sin\theta}{4\pi r^2} \left(I = \frac{vdq}{dl} \text{ 대입} \right)$$
$$\therefore H = \frac{v \sin\theta}{4\pi r^2} \int_0^q dq = \frac{qv \sin\theta}{4\pi r^2} [AT/m]$$ **답** ③

06 환상철심에 권수 3000회 A코일과 권수 200회 B코일이 감겨져 있다. A코일의 자기 인덕턴스가 360[mH]일 때 A, B 두 코일의 상호 인덕턴스는 몇 [mH]인가? (단, 결합계수는 1이다.)

① 16   ② 24
③ 36   ④ 72

풀이 자기저항 $R_m = \dfrac{N_A^2}{L_A} = \dfrac{N_A N_B}{M}$ 이므로
(단, 결합계수가 1인 경우)
상호 인덕턴스
$$M = N_A N_B \times \frac{L_A}{N_A^2} = \frac{N_B}{N_A} L_A = \frac{200}{3000} \times 360$$
$$= 24 [mH]$$ **답** ②

07 원형 선전류 $I[A]$의 중심축상 점 P의 자위[A]를 나타내는 식은? (단, θ는 점 P에서 원형전류를 바라보는 평면각이다.)

① $\dfrac{I}{2}(1 - \cos\theta)$

② $\dfrac{I}{4}(1 - \cos\theta)$

③ $\dfrac{I}{2}(1 - \sin\theta)$

④ $\dfrac{I}{4}(1 - \sin\theta)$

풀이 그림과 같이 점 P에서 코일 AB를 바라보는 입체각 ω는
$\omega = 2\pi(1 - \cos\theta)$ 이므로 자위는
$$U_m = \frac{I}{4\pi} \omega$$
$$= \frac{I}{4\pi} \cdot 2\pi(1 - \cos\theta)$$
$$= \frac{I}{2}(1 - \cos\theta) [A]$$ **답** ①

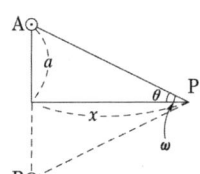

08 진공 중에서 무한장 직선도체에 선전하밀도 $\rho_L = 2\pi \times 10^{-3} [C/m]$가 균일하게 분포된 경우 직선도체에서 2[m]와 4[m] 떨어진 두 점 사이의 전위차는 몇 [V]인가?

① $\dfrac{10^{-3}}{\pi \epsilon_o} \ln 2$ ② $\dfrac{10^{-3}}{\epsilon_o} \ln 2$

③ $\dfrac{1}{\pi \epsilon_o} \ln 2$ ④ $\dfrac{1}{\epsilon_o} \ln 2$

풀이 무한직선전하에 의한 전계는
$$E = \frac{\rho_L}{2\pi \epsilon_0 r} [V/m] \text{이므로}$$

전위차

$$V = -\int_{r_2}^{r_1} \boldsymbol{E} \cdot d\boldsymbol{r} = -\frac{\rho_L}{2\pi\epsilon_0}\int_{r_2}^{r_1}\frac{1}{r}\cdot dr$$
$$= \frac{-\rho_L}{2\pi\epsilon_0}[\ln r]_{r_2}^{r_1} = \frac{\rho_L}{2\pi\epsilon_0}\ln\frac{r_2}{r_1}$$
$$= \frac{2\pi\times 10^{-3}}{2\pi\epsilon_0}\ln\frac{4}{2} = \frac{10^{-3}}{\epsilon_0}\ln 2\,[V]$$

답 ②

09 맥스웰방정식 중 틀린 것은?

① $\oint_s \boldsymbol{B} \cdot d\boldsymbol{S} = \rho_s$

② $\oint_s \boldsymbol{D} \cdot d\boldsymbol{S} = \int_v \rho\, dv$

③ $\oint_c \boldsymbol{E} \cdot d\boldsymbol{l} = -\int_s \frac{\partial \boldsymbol{B}}{\partial t}\cdot d\boldsymbol{S}$

④ $\oint_c \boldsymbol{H} \cdot d\boldsymbol{l} = I + \int_s \frac{\partial \boldsymbol{D}}{\partial t}\cdot d\boldsymbol{S}$

풀이 전자계에서 성립하는 기본 방정식

맥스웰 전자방정식		의 미
미 분 형	적 분 형	
$\text{rot}\,\boldsymbol{E} = \nabla\times\boldsymbol{E}$ $= -\frac{\partial \boldsymbol{B}}{\partial t}$	$\oint_c \boldsymbol{E}\cdot d\boldsymbol{l} = -\int_S \frac{\partial \boldsymbol{B}}{\partial t}\cdot d\boldsymbol{S}$	패러데이 법칙
$\text{rot}\,\boldsymbol{H} = i_c + \frac{\partial \boldsymbol{D}}{\partial t}$	$\oint_c \boldsymbol{H}\cdot d\boldsymbol{l} = I + \int_S \frac{\partial \boldsymbol{D}}{\partial t}\cdot d\boldsymbol{S}$	암페어 주회적분 법칙
$\text{div}\,\boldsymbol{D} = \rho$	$\oint_S \boldsymbol{D}\cdot d\boldsymbol{S} = \int_v \rho\, dv = Q$	가우스 법칙
$\text{div}\,\boldsymbol{B} = 0$	$\oint_S \boldsymbol{B}\cdot d\boldsymbol{S} = 0$	가우스 법칙

답 ①

10 균일한 자장 내에 놓여 있는 직선도선에 전류 및 길이를 각각 2배로 하면 이 도선에 작용하는 힘은 몇 배가 되는가?

① 1 ② 2
③ 4 ④ 8

풀이 힘 $F = BIl\sin\theta\,[N]$이므로
$F' = 2I\cdot B\cdot 2l\cdot\sin\theta = 4\cdot BIl\sin\theta = 4F$
즉 4배가 된다.

답 ③

11 자기회로의 자기저항에 대한 설명으로 옳은 것은?

① 투자율에 반비례한다.
② 자기회로의 단면적에 비례한다.
③ 자기회로의 길이에 반비례한다.
④ 단면적에 반비례하고, 길이의 제곱에 비례한다.

풀이 자기저항 $R_m = \frac{l}{\mu_0\mu_s S}\,[AT/Wb]$이므로
자기저항은 투자율(μ)과 단면적(S)에 반비례하고, 길이(l)에 비례한다.

답 ①

12 접지된 구도체와 점전하 간에 작용하는 힘은?

① 항상 흡인력이다.
② 항상 반발력이다.
③ 조건적 흡인력이다.
④ 조건적 반발력이다.

풀이 접지된 구도체에는 항상 점전하와 반대 극성인 전하가 유도되므로 항상 흡인력이 작용한다.

답 ①

13 그림과 같이 전류가 흐르는 반원형 도선이 평면 $Z = 0$ 상에 놓여 있다. 이 도선이 자속밀도 $B = 0.6a_x - 0.5a_y + a_z\,[Wb/m^2]$인 균일자계 내에 놓여 있을 때 도선의 직선 부분에 작용하는 힘[N]은?

① $4a_x + 2.4a_z$
② $4a_x - 2.4a_z$
③ $5a_x - 3.5a_z$
④ $-5a_x + 3.5a_z$

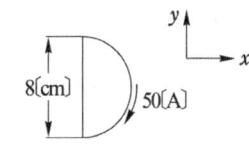

풀이 ① 단위길이 당 작용하는 힘 F'
$F' = I\times B = 50a_y\times(0.6a_x - 0.5a_y + a_z)$
$= 30a_y\times a_x - 25a_y\times a_y + 50a_y\times a_z$
$= 50a_x - 30a_z$
($\therefore a_y\times a_x = -a_z,\ a_y\times a_y = 0,\ a_y\times a_z = a_x$)
② 도선의 길이 l 에 작용하는 힘 F
$F = F'l = (50a_x - 30a_z)\times 0.08$
$= 4a_x - 2.4a_z$

답 ②

14 평행한 두 도선간의 전자력은?
(단, 두 도선간의 거리는 r[m]라 한다.)

① r에 비례　　② r^2에 비례
③ r에 반비례　④ r^2에 반비례

풀이 평행도선 단위길이 당 작용하는 힘은 간격(거리)을 r[m]라 할 때
$$F = \frac{\mu_0 I_1 I_2}{2\pi r} = \frac{2I_1 I_2}{r} \times 10^{-7} \text{[N/m]}$$
로 두 전류의 곱에 비례하고, 간격(거리)에 반비례하며 두 전류의 방향이 같은 방향이면 흡인력, 다른 방향(왕복전류)이면 반발력이 작용한다.　답 ③

15 다음의 관계식 중 성립할 수 없는 것은? (단, μ는 투자율, χ는 자화율, μ_o는 진공의 투자율, J는 자화의 세기이다.)

① $J = \chi B$　　② $B = \mu H$
③ $\mu = \mu_o + \chi$　④ $\mu_s = 1 + \frac{\chi}{\mu_o}$

풀이 • 자화율
$\chi = \mu - \mu_0$ [H/m]
• 자화의 세기
$J = \chi H = (\mu - \mu_0)H = \mu H - \mu_0 H$
$\quad = B - \mu_0 H$ [Wb/m²]
• 자속밀도
$B = \mu_0 H + J = \mu_0 H + \chi H = (\mu_0 + \chi)H$
$\quad = \mu H$ [Wb/m²]
• 비투자율
$\mu_s = \frac{\mu}{\mu_0} = \frac{\mu_0 + \chi}{\mu_0} = 1 + \frac{\chi}{\mu_0}$ [H/m]　답 ①

16 평행판 콘덴서의 극판 사이에 유전율 ϵ, 저항률 ρ인 유전체를 삽입하였을 때, 두 전극간의 저항 R과 정전용량 C의 관계는?

① $R = \rho \epsilon C$　　② $RC = \frac{\epsilon}{\rho}$
③ $RC = \rho \epsilon$　　④ $RC\rho\epsilon = 1$

풀이 $RC = \rho \frac{l}{S} \cdot \epsilon \frac{S}{l} = \rho \epsilon = \frac{\epsilon}{\sigma}$
∴ $RC = \rho \epsilon$
여기서, R : 저항, C : 정전용량, ϵ : 유전률,
σ : 도전률, ρ : 저항률 또는 고유저항　답 ③

17 비투자율 $\mu_s = 1$, 비유전율 $\epsilon_s = 90$인 매질 내의 고유 임피던스는 약 몇 [Ω]인가?

① 32.5　② 39.7
③ 42.3　④ 45.6

풀이 $\eta = \frac{E}{H} = \sqrt{\frac{\mu}{\epsilon}} = \sqrt{\frac{\mu_0}{\epsilon_0}} \cdot \sqrt{\frac{\mu_s}{\epsilon_s}}$
$= 377 \times \sqrt{\frac{1}{90}} ≒ 39.7$ [Ω]　답 ②

18 단면적 4[cm²]의 철심에 6×10^{-4}[Wb]의 자속을 통하게 하려면 2800[AT/m]의 자계가 필요하다. 이 철심의 비투자율은 약 얼마인가?

① 346　② 375
③ 407　④ 426

풀이 $B = \mu_0 \mu_s H$ 이므로
∴ $\mu_s = \frac{B}{\mu_0 H} = \frac{\Phi/S}{\mu_0 H} = \frac{\Phi}{\mu_0 HS}$
$= \frac{6 \times 10^{-4}}{4\pi \times 10^{-7} \times 2800 \times 4 \times 10^{-4}}$
$≒ 426$　답 ④

19 사이클로트론에서 양자가 매초 3×10^{15}개의 비율로 가속되어 나오고 있다. 양자가 15[MeV]의 에너지를 가지고 있다고 할 때, 이 사이클로트론은 가속용 고주파 전계를 만들기 위해서 150[kW]의 전력을 필요로 한다면 에너지 효율 [%]은?

① 2.8　② 3.8
③ 4.8　④ 5.8

풀이 • 1[eV] $= 1.602 \times 10^{-19}$ [J]
• 150[kW] $= 150 \times 10^3$ [W] $= 150 \times 10^3$ [J/s]
따라서 효율 η는
$\eta = \frac{\text{출력}}{\text{입력}} \times 100$
$= \frac{3 \times 10^{15} \times 15 \times 10^6 \times 1.602 \times 10^{-19}}{150 \times 10^3} \times 100$
$≒ 4.8$ [%]　답 ③

20 대전된 도체의 특징으로 틀린 것은?

① 가우스정리에 의해 내부에는 전하가 존재한다.
② 전계는 도체표면에 수직인 방향으로 진행된다.
③ 도체에 인가된 전하는 도체표면에만 분포한다.
④ 도체표면에서의 전하밀도는 곡률이 클수록 높다.

풀이 도체의 성질과 전하분포
① 도체표면과 내부의 전위는 동일하고(등전위), 표면은 등전위면이다.
② 도체내부의 전계의 세기는 0이다.
③ **전하는 도체내부에는 존재하지 않고, 도체표면에만 분포한다.**
④ 도체 면에서의 전계의 세기는 도체표면에 항상 수직이다.
⑤ 도체표면에서의 전하밀도는 곡률이 클수록 높다. 즉, 곡률반경이 작을수록 높다.
⑥ 중공부에 전하가 없고 대전 도체라면, 전하는 도체 외부의 표면에만 분포한다.
⑦ 중공부에 전하를 두면 도체내부표면에 동량 이부호, 도체 외부 표면에 동량 동부호의 전하가 분포한다.

답 ①

2과목 - 전력공학

21 동일전력을 동일 선간전압, 동일역률로 동일거리에 보낼 때 사용하는 전선의 총 중량이 같으면 3상 3선식인 때와 단상 2선식일 때 전력손실비는?

① 1 ② $\frac{3}{4}$
③ $\frac{2}{3}$ ④ $\frac{1}{\sqrt{3}}$

풀이 ① 전력(P)과 선간전압(V), 역률($\cos\theta$)이 동일하므로
$$P = VI_1\cos\theta = \sqrt{3}\,VI_3\cos\theta, \ \frac{I_1}{I_3} = \sqrt{3}$$

② 거리(l)와 전선의 총 중량(W)이 같으므로
$$W = 2\sigma A_1 l = 3\sigma A_3 l$$

$$\frac{A_1}{A_3} = \frac{3}{2} = \frac{R_3}{R_1} \left(\because R = \rho\frac{l}{A} \propto \frac{1}{A}\right)$$

∴ 전력손실비 = $\frac{3상\ 3선식}{단상\ 2선식} = \frac{3I_3^2 R_3}{2I_1^2 R_1}$

$= \frac{3}{2} \times \left(\frac{1}{\sqrt{3}}\right)^2 \times \frac{3}{2} = \frac{3}{4}$

답 ②

22 송배전선로에서 도체의 굵기는 같게 하고 도체 간의 간격을 크게 하면 도체의 인덕턴스는?

① 커진다.
② 작아진다.
③ 변함이 없다.
④ 도체의 굵기 및 도체 간의 간격과는 무관하다.

풀이 ① 인덕턴스 $L = 0.05 + 0.4605\log\frac{D}{r} \propto \log\frac{D}{r}$

② 정전용량 $C = \frac{0.02413}{\log\frac{D}{r}} \propto \frac{1}{\log\frac{D}{r}}$

따라서 등가선간거리(D)가 증가하면, 인덕턴스(L)는 증가하고 정전용량(C)은 감소한다.

답 ①

23 배전반에 접속되어 운전 중인 계기용 변압기(PT) 및 변류기(CT)의 2차측 회로를 점검할 때 조치사항으로 옳은 것은?

① CT만 단락시킨다.
② PT만 단락시킨다.
③ CT와 PT 모두를 단락시킨다.
④ CT와 PT 모두를 개방시킨다.

풀이 PT(병렬연결)는 개방상태와 관계없지만 CT(직렬연결) 2차측을 개방하면 부하전류로 인하여 소손될 우려가 있으므로 CT를 점검할 경우에는 반드시 2차측을 단락하여야 한다.

답 ①

24 배전선로의 역률 개선에 따른 효과로 적합하지 않은 것은?

① 선로의 전력손실 경감
② 선로의 전압강하의 감소
③ 전원측 설비의 이용률 향상
④ 선로 절연의 비용 절감

[풀이] 배전선로의 역률 개선 효과
① 전력손실 경감
② 전압강하 경감
③ 설비용량의 여유분 증가
④ 전력요금의 절약
답 ④

25 다중접지 계통에 사용되는 재폐로 기능을 갖는 일종의 차단기로서 과부하 또는 고장전류가 흐르면 순시동작하고, 일정시간 후에는 자동적으로 재폐로 하는 보호기기는?

① 라인퓨즈
② 리클로저
③ 섹셔널라이저
④ 고장구간 자동개폐기

[풀이]
① 라인퓨즈 : 고장전류를 차단할 수 있으며 재투입이 불가능하다.
② 리클로저 : 배전선로에서 지락고장이나 단락고장 사고가 발생하였을 때 고장을 검출하여 선로를 차단한 후 일정시간이 경과하면 자동적으로 재투입 동작을 반복함으로써 순간 고장을 제거한다.
③ 섹셔널라이저 : 선로가 정전상태일 때 자동으로 개방되어 고장구간을 분리시키는 선로 개폐기로 고장전류를 차단할 수 없다.
④ 고장구간 자동개폐기(ASS) : 리클로저 및 차단기와 협조하여 고장구간을 자동분리한다.
답 ②

26 총 낙차 300[m], 사용수량 20[m³/s]인 수력발전소의 발전기출력은 약 몇 [kW]인가?
(단, 수차 및 발전기효율은 각각 90[%], 98[%]라 하고, 손실낙차는 총 낙차의 6[%]라고 한다.)

① 48750
② 51860
③ 54170
④ 54970

[풀이] 유효 낙차(H)는 총 낙차에서 손실 낙차를 뺀 값이므로
$H = 300 - 300 \times 0.06 = 282$[m]
따라서 발전기 출력 P_G는
∴ $P_G = 9.8 QH \eta_t \eta_g$
$= 9.8 \times 20 \times 282 \times 0.9 \times 0.98$
$\fallingdotseq 48750$[kW]
답 ①

27 수전단을 단락한 경우 송전단에서 본 임피던스가 330[Ω]이고, 수전단을 개방한 경우 송전단에서 본 어드미턴스가 1.875×10^{-3}[℧]일 때 송전단의 특성 임피던스는 약 몇 [Ω]인가?

① 120
② 220
③ 320
④ 420

[풀이]
• 수전단을 단락한 경우 송전단에서 본 임피던스
$Z = 330$[Ω]
• 수전단을 개방한 경우 송전단에서 본 어드미턴스
$Y = 1.875 \times 10^{-3}$[℧]
따라서 특성 임피던스
$Z_0 = \sqrt{\dfrac{Z}{Y}} = \sqrt{\dfrac{330}{1.875 \times 10^{-3}}} \fallingdotseq 420$[Ω]
답 ④

28 송전선 중간에 전원이 없을 경우에 송전단의 전압 $E_s = AE_r + BI_r$이 된다. 수전단의 전압 E_r의 식으로 옳은 것은? (단, I_s, I_r는 송전단 및 수전단의 전류이다.)

① $E_r = AE_s + CI_s$
② $E_r = BE_s + AI_s$
③ $E_r = DE_s - BI_s$
④ $E_r = CE_s - DI_s$

[풀이]

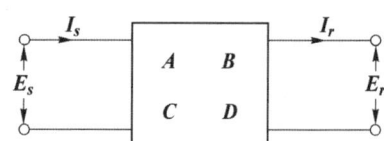

4단자 정수
$\begin{cases} E_s = AE_r + BI_r & \cdots\cdots ① \\ I_s = CE_r + DI_r & \cdots\cdots ② \end{cases}$
①×D - ②×B
$\begin{cases} DE_s = ADE_r + BDI_r \\ BI_s = BCE_r + BDI_r \end{cases}$
$DE_s - BI_s = (AD - BC)E_r = E_r$
(∵ $AD - BC = 1$)
따라서 $E_r = DE_s - BI_s$
답 ③

29 비접지 계통의 지락사고 시 계전기에 영상전류를 공급하기 위하여 설치하는 기기는?

① PT　　② CT
③ ZCT　④ GPT

풀이
① 계기용 변압기(PT) : 고압을 저압으로 변성하여 계기나 계전기에 공급하기 위한 목적으로 사용한다.
② 변류기(CT) : 대전류를 소전류로 변성하여 계기나 계전기에 공급하기 위한 목적으로 사용한다.
③ **영상변류기**(ZCT) : 지락사고시 지락전류(**영상전류**)를 검출하는 것으로 지락 계전기와 조합하여 차단기를 차단시킨다.
④ 접지형 계기용 변압기(GPT) : 비접지 계통에서 지락사고 시의 영상전압을 검출한다.　**답** ③

30 비접지식 3상 송배전계통에서 1선 지락고장 시 고장전류를 계산하는데 사용되는 정전용량은?

① 작용정전용량　② 대지정전용량
③ 합성정전용량　④ 선간정전용량

풀이 정전용량의 적용
• 지락전류 계산 시 : 대지정전용량

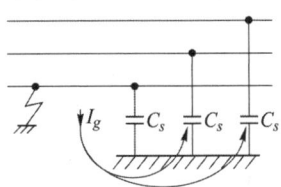

• 충전전류 계산 시 : 작용정전용량

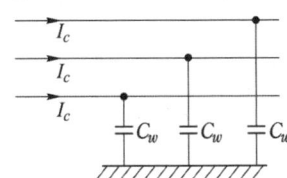

답 ②

31 이상전압의 파고값을 저감시켜 전력사용설비를 보호하기 위하여 설치하는 것은?

① 초호환　② 피뢰기
③ 계전기　④ 접지봉

풀이 피뢰기
이상전압이 내습해서 피뢰기의 단자전압이 어느 일정값 이상으로 올라가면 즉시 방전해서 **전압 상승을 억제**(이상전압방전)하며, 이상전압이 소멸되어 단자전압이 일정값 이하가 되면 즉시 방전을 정지(속류차단)해서 원래의 송전 상태로 되돌아가는 것을 목적으로 한다.
　답 ②

32 임피던스 Z_1, Z_2 및 Z_3을 그림과 같이 접속한 선로의 A쪽에서 전압파 E가 진행해 왔을 때 접속점 B에서 무반사로 되기 위한 조건은?

① $Z_1 = Z_2 + Z_3$
② $\dfrac{1}{Z_3} = \dfrac{1}{Z_1} + \dfrac{1}{Z_2}$
③ $\dfrac{1}{Z_1} = \dfrac{1}{Z_2} + \dfrac{1}{Z_3}$
④ $\dfrac{1}{Z_2} = \dfrac{1}{Z_1} + \dfrac{1}{Z_3}$

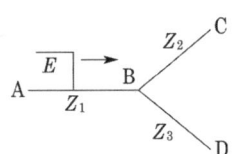

풀이 반사 계수 = $\dfrac{Z_B - Z_A}{Z_B + Z_A}$ 에서
무반사는 반사계수가 0일 때이므로
무반사 조건은 $Z_A = Z_B$ 이다.
그림에서 $Z_A = Z_1$, $Z_B = \dfrac{1}{\dfrac{1}{Z_2} + \dfrac{1}{Z_3}}$ 이므로
$Z_1 = \dfrac{1}{\dfrac{1}{Z_2} + \dfrac{1}{Z_3}}$ 따라서 $\dfrac{1}{Z_1} = \dfrac{1}{Z_2} + \dfrac{1}{Z_3}$　**답** ③

33 변전소의 가스차단기에 대한 설명으로 틀린 것은?

① 근거리 차단에 유리하지 못하다.
② 불연성이므로 화재의 위험성이 적다.
③ 특고압 계통의 차단기로 많이 사용된다.
④ 이상전압의 발생이 적고, 절연회복이 우수하다.

풀이 〈SF_6 가스 차단기의 특징〉
① 밀폐구조이므로 소음이 없다.
② 절연내력이 공기의 2~3배, 소호 능력은 공기의 100~200배
③ **근거리 고장 등 가혹한 재기전압에 대해서도 성능이 우수**
④ SF_6는 무독, 무취, 무해, 가스이므로 유독가스를 발생하지 않는다.　**답** ①

34 저압뱅킹방식에서 저전압의 고장에 의하여 건전한 변압기의 일부 또는 전부가 차단되는 현상은?

① 아킹(Arcing)
② 플리커(Flicker)
③ 밸런스(Balance)
④ 캐스케이딩(Cascading)

풀이 캐스케이딩 현상이란 Banking 배전방식으로 운전 중 건전한 변압기 일부가 고장이 발생하면 부하가 다른 건전한 변압기에 걸려서 **고장이 확대되는 현상**을 말한다.
답 ④

35 켈빈(Kelvin)의 법칙이 적용되는 경우는?

① 전압강하를 감소시키고자 하는 경우
② 부하배분의 균형을 얻고자 하는 경우
③ 전력손실량을 축소시키고자 하는 경우
④ 경제적인 전선의 굵기를 선정하고자 하는 경우

풀이 켈빈(Kelvin)의 법칙 : 전선의 단위 길이 내에서 연간에 손실되는 전력량에 대한 전기요금과 단위 길이의 전선 값에 대한 금리(金利), 감가상각비 등의 연간 경비의 합계가 같게 되는 전선 단면적이 **가장 경제적인 전선의 단면적**이다.

$$C = \sqrt{\frac{WMP}{\rho N}}$$

여기서, C : 전류밀도, ρ : 전선의 저항률,
W : 전선의 중량, N : 전선량의 가격
답 ④

36 보호계전기의 반한시·정한시 특성은?

① 동작전류가 커질수록 동작시간이 짧게 되는 특성
② 최소 동작전류 이상의 전류가 흐르면 즉시 동작하는 특성
③ 동작전류의 크기에 관계없이 일정한 시간에 동작하는 특성
④ 동작전류가 커질수록 동작시간이 짧아지며, 어떤 전류 이상이 되면 동작전류의 크기에 관계없이 일정한 시간에서 동작하는 특성

풀이 보호계전기 특징
① 순한시 특성 : 최소 동작전류 이상의 전류가 흐르면 즉시 동작하는 특성
② 반한시 특성 : 동작전류가 커질수록 동작시간이 짧게 되는 특성
③ 정한시 특성 : 동작전류의 크기에 관계없이 일정한 시간에 동작하는 특성
④ 반한시 정한시 특성 : 동작전류가 적은 동안에는 동작전류가 커질수록 동작시간이 짧게 되고 어떤 전류 이상이면 동작전류의 크기에 관계없이 일정한 시간에 동작하는 특성

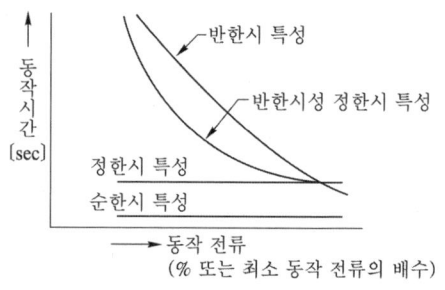

계전기의 한시 특성
답 ④

37 단도체 방식과 비교할 때 복도체 방식의 특징이 아닌 것은?

① 안정도가 증가된다.
② 인덕턴스가 감소된다.
③ 송전용량이 증가된다.
④ 코로나 임계전압이 감소된다.

풀이 복도체 방식의 장점
① 전선의 인덕턴스가 감소하고 정전용량이 증가되어 선로의 송전 용량이 증가하고 계통의 안정도를 증진시킨다.
② 전선 표면의 전위 경도가 저감되므로 **코로나 임계전압을 높일 수 있고** 코로나손, 코로나 잡음 등의 장해가 저감된다.
답 ④

38 1선 지락 시에 지락전류가 가장 작은 송전계통은?

① 비접지식   ② 직접 접지식
③ 저항접지식   ④ 소호 리액터접지식

풀이 지락전류의 크기 비교
직접 접지 > 고저항 접지 > 비접지
> **소호 리액터 접지**
답 ④

39 수차의 캐비테이션 방지책으로 틀린 것은?

① 흡출수두를 증대시킨다.
② 과부하 운전을 가능한 한 피한다.
③ 수차의 비속도를 너무 크게 잡지 않는다.
④ 침식에 강한 금속재료로 러너를 제작한다.

풀이 수차를 돌리고 나온 물이 흡출관을 통과할 때 흡출관의 중심부에 진공 상태를 형성하는 현상을 캐비테이션(cavitation)이라 한다. 그 방지책으로는 다음과 같은 것이 있다.
① 흡출수두를 너무 높게 잡지말 것
② 수차의 특유 속도를 너무 크게 잡지말 것
③ 침식에 강한 금속 재료를 사용할 것
④ 러너의 변을 원활하게 하고 급격한 압력 강하가 없는 형으로 한다.
⑤ 과도한 부분 부하, 과부하 운전을 가능한 피할 것
⑥ 캐비테이션 발생 부분에 공기를 넣어서 진공이 발생하지 않도록 할 것   **답** ①

40 선간전압이 154[kV]이고, 1상당의 임피던스가 $j8[\Omega]$인 기기가 있을 때, 기준용량을 100[MVA]로 하면 %임피던스는 약 몇 [%]인가?

① 2.75   ② 3.15
③ 3.37   ④ 4.25

풀이 $\%Z = \dfrac{PZ}{10V^2} = \dfrac{100 \times 10^3 \times 8}{10 \times 154^2} = 3.37[\%]$
여기서, V : 정격전압[kV]
P : 기준용량[kVA]   **답** ③

3과목 - 전기기기

41 3상 비돌극형 동기발전기가 있다. 정격출력 5000[kVA], 정격전압 6000[V], 정격역률 0.8이다. 여자를 정격상태로 유지할 때 이 발전기의 최대 출력은 약 몇 [kVA]인가? (단, 1상의 동기 리액턴스는 0.8[P.U]이며 저항은 무시한다.)

① 7500   ② 10000
③ 11500 ④ 12500

풀이

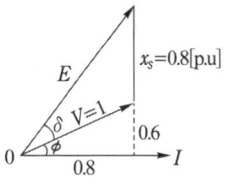

- 비돌극 발전기의 출력 $P = \dfrac{EV}{x_s}\sin\delta$에서
  $\sin\delta = 1$일 때 최대출력이 되므로
  비돌극 발전기의 최대출력
  $P_{\max} = \dfrac{EV}{x_s}\sin\delta = \dfrac{EV}{x_s} \times 1 = \dfrac{EV}{x_s}$

- 단위법으로 그린 1상의 벡터도는 다음과 같으므로
  $E = \sqrt{0.8^2 + (0.6 + 0.8)^2} = 1.61[P.U]$
  $P_{\max} = \dfrac{EV}{x_s} = \dfrac{1.61 \times 1}{0.8} \fallingdotseq 2[P.U]$

$\therefore P_{\max} = 2 \times 5000 = 10000[kVA]$ **답** ②

42 다음 ( )에 알맞은 것은?

> 직류발전기에서 계자권선이 전기자에 병렬로 연결된 직류기는 (ⓐ) 발전기라 하며, 전기자권선과 계자권선이 직렬로 접속된 직류기는 (ⓑ) 발전기라 한다.

① ⓐ 분권, ⓑ 직권
② ⓐ 직권, ⓑ 분권
③ ⓐ 복권, ⓑ 분권
④ ⓐ 자여자, ⓑ 타여자

풀이
- 분권발전기 : 계자권선이 전기자(전기자 권선)에 병렬로 연결된 직류발전기

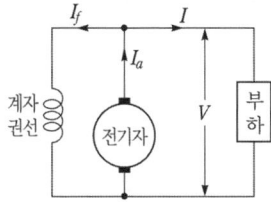

- 직권 발전기 : 전기자 권선과 계자권선이 직렬로 접속된 직류발전기

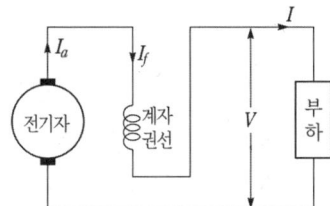

답 ①

43 직류기의 손실 중에서 기계손으로 옳은 것은?

① 풍손
② 와류손
③ 표류 부하손
④ 브러시의 전기손

풀이

총손실	무부하손	철손 : 히스테리시스손, 와류손
		기계손 : 풍손, 베어링 마찰손, 브러시 마찰손
	부하손	전기자저항손 $P_c = I_a^2 R$[W]
		브러시 전기손
		표류 부하손 : 권선 이외 부분의 누설 자속에 의해 발생

답 ①

44 1차 전압 6600[V], 2차 전압 220[V], 주파수 60[Hz], 1차 권수 1200회인 경우 변압기의 최대 자속[Wb]은?

① 0.36
② 0.63
③ 0.012
④ 0.021

풀이 1차 유기기전력 $E_1 = 4.44 f \phi_m N_1$[V]이므로 따라서 최대 자속

$$\phi_m = \frac{E_1}{4.44 f N_1} = \frac{6600}{4.44 \times 60 \times 1200}$$
$$\fallingdotseq 0.021[\text{Wb}]$$

답 ④

45 직류발전기의 정류 초기에 전류변화가 크며 이 때 발생되는 불꽃정류로 옳은 것은?

① 과정류
② 직선정류
③ 부족정류
④ 정현파정류

풀이

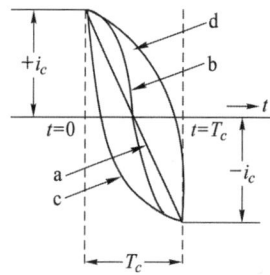

정류곡선
① a(직선정류) : 전류가 직선적으로 균등하게 변환(불꽃 발생 안함)
② b(정현파정류) : 정류개시 및 종료 시 불꽃 발생 안함
③ c(과정류) : 정류 초기에 브러시 앞쪽에서 불꽃 발생
④ d(부족정류) : 정류 종료 시 브러시 뒤쪽에서 불꽃 발생

답 ①

46 3상 유도전동기의 속도제어법으로 틀린 것은?

① 1차 저항법
② 극수 제어법
③ 전압제어법
④ 주파수 제어법

풀이
① 농형 유도전동기의 속도제어법
  • 주파수 제어법 • 극수 제어법
  • 전압제어법
② 권선형 유도전동기의 속도제어법
  • 2차 여자 제어법 • 2차 저항 제어법
  • 종속 제어법

답 ①

47 60[Hz]의 변압기에 50[Hz]의 동일전압을 가했을 때의 자속밀도는 60[Hz] 때와 비교하였을 경우 어떻게 되는가?

① $\frac{5}{6}$로 감소
② $\frac{6}{5}$으로 증가
③ $\left(\frac{5}{6}\right)^{1.6}$로 감소
④ $\left(\frac{6}{5}\right)^2$으로 증가

풀이 $E = 4.44 f N \phi_m$, $\phi_m = B_m A$에서 전압이 일정한 경우 B_m는 f에 반비례하므로 $50 B_{50} = 60 B_{60}$

$$\therefore B_{50} = \frac{6}{5} B_{60}$$

답 ②

48 3상 유도전동기의 기동법 중 전전압 기동에 대한 설명으로 틀린 것은?

① 기동 시에 역률이 좋지 않다.
② 소용량으로 기동 시간이 길다.
③ 소용량 농형전동기의 기동법이다.
④ 전동기 단자에 직접 정격전압을 가한다.

풀이 전전압 기동법
• 전동기에 별도의 기동장치를 두지 않고 정격전압을 가하여 기동하는 방식으로 **기동시간이 짧고** 용량이 적은 유도전동기에 적합하다.
• 기동전류는 정격전류의 4~6배 정도 흐르게 된다.

답 ②

49 2대의 변압기로 V결선하여 3상 변압하는 경우 변압기 이용률은 약 몇 [%]인가?

① 57.8
② 66.6
③ 86.6
④ 100

풀이 V결선에는 변압기 2대를 사용하였으므로 그 정격출력의 합은 $2VI$가 된다.

이용률 $= \dfrac{\sqrt{3}\,VI}{2VI} = \dfrac{\sqrt{3}}{2} = 0.866(86.6[\%])$ **답** ③

50 동기발전기의 전기자 권선법 중 집중권인 경우 매극 매상의 홈(slot) 수는?

① 1개
② 2개
③ 3개
④ 4개

풀이 ① 집중권 : 매극 매상의 슬롯수가 1개
② 분포권 : 매극 매상의 슬롯수가 2개 이상   **답** ①

51 유도전동기의 속도제어를 인버터방식으로 사용하는 경우 1차 주파수에 비례하여 1차 전압을 공급하는 이유는?

① 역률을 제어하기 위해
② 슬립을 증가시키기 위해
③ 자속을 일정하게 하기 위해
④ 발생토크를 증가시키기 위해

풀이 주파수 변환법
① 인버터 시스템을 사용하여 주파수를 변환시켜 속도를 제어하는 방법
② 자속을 일정하게 유지하기 위하여 $\dfrac{V_1}{f}$ 를 일정하게 하여야 한다.   **답** ③

52 3상 유도전압조정기의 원리를 응용한 것은?

① 3상 변압기
② 3상 유도전동기
③ 3상 동기발전기
④ 3상 교류자전동기

풀이 3상 유도전압조정기는 권선형 3상 유도전동기의 1차 권선(회전자)과 2차 권선(고정자)을 3상 성형 단권 변압기와 같이 접속하고, 회전자를 구속한 상태로 두고 사용하는 것과 같다.   **답** ②

53 정류회로에서 상의 수를 크게 했을 경우 옳은 것은?

① 맥동 주파수와 맥동률이 증가한다.
② 맥동률과 맥동 주파수가 감소한다.
③ 맥동 주파수는 증가하고 맥동률은 감소한다.
④ 맥동률과 주파수는 감소하나 출력이 증가한다.

풀이

정류 종류	단상 반파	단상 전파	3상 반파	3상 전파
맥동률[%]	121	48	17.7	4.04
정류 효율	40.5	81.1	96.7	99.8
맥동 주파수	f	$2f$	$3f$	$6f$

정류회로에서 상의 수를 크게 했을 경우 **맥동 주파수는 높으나 맥동률은 감소**한다.   **답** ③

54 동기전동기의 위상특성곡선(V곡선)에 대한 설명으로 옳은 것은?

① 출력을 일정하게 유지할 때 부하전류와 전기자전류의 관계를 나타낸 곡선
② 역률을 일정하게 유지할 때 계자전류와 전기자전류의 관계를 나타낸 곡선
③ 계자전류를 일정하게 유지할 때 전기자전류와 출력사이의 관계를 나타낸 곡선
④ 공급전압 V와 부하가 일정할 때 계자전류의 변화에 대한 전기자전류의 변화를 나타낸 곡선

풀이 위상 특성 곡선이란 **단자전압과 부하를 일정하게 유지**하고, 여자전류를 변화시킬 경우 **계자전류와 전기자 전류와의 관계**를 표시한 것으로 그 형상이 V자와 같으므로 V곡선이라고도 한다.
• 계자전류가 역률 1일 때보다 크면, 앞선 전기자 전류가 흐른다.
• 계자전류가 역률 1일 때보다 작으면, 뒤진 전기자 전류가 흐른다.

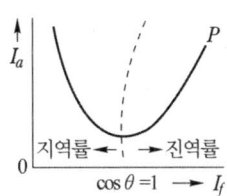

답 ④

55 유도전동기의 기동 시 공급하는 전압을 단권변압기에 의해서 일시 강하시켜서 기동전류를 제한하는 기동방법은?

① Y-△기동
② 저항기동
③ 직접기동
④ 기동 보상기에 의한 기동

풀이 기동 보상기법
① 3상 단권변압기를 이용하여 전동기에 인가되는 기동전압을 감소시킴으로써 기동전류를 감소시키는 기동방식
② 15[kW] 이상의 농형 유도전동기 기동에 적용
③ 3개의 탭(50, 60, 80[%])을 용도에 따라 선택한다.

답 ④

56 그림과 같은 회로에서 V(전원전압의 실효치)= 100[V], 점호각 $\alpha = 30°$인 때의 부하 시의 직류전압 $E_{d\alpha}$[V]는 약 얼마인가? (단, 전류가 연속하는 경우이다.)

① 90
② 86
③ 77.9
④ 100

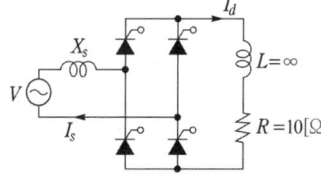

풀이 유도 부하인 경우 인덕턴스 $L = \infty$에서 전류파형은 완전히 평활하게 된다.
따라서 직류전압의 평균치 $E_{d\alpha}$는
$$E_{d\alpha} = \frac{2\sqrt{2}\,V}{\pi}\cos\alpha = \frac{2\sqrt{2}\times 100}{\pi}\times\cos 30°$$
$$= 77.9[V]$$

답 ③

57 직류분권전동기가 전기자 전류 100[A]일 때 50[kg·m]의 토크를 발생하고 있다. 부하가 증가하여 전기자 전류가 120[A]로 되었다면 발생 토크[kg·m]는 얼마인가?

① 60
② 67
③ 88
④ 160

풀이 분권전동기의 토크
$T = \dfrac{pZ\phi I_a}{2\pi a} \propto I_a$이므로 $\dfrac{50}{T'} = \dfrac{100}{120}$

$$\therefore T' = \frac{120}{100}\times 50 = 60[kg\cdot m]$$

답 ①

58 비례추이와 관계있는 전동기로 옳은 것은?

① 동기전동기
② 농형 유도전동기
③ 단상정류자전동기
④ 권선형 유도전동기

풀이 비례추이란 2차 회로 저항의 크기를 조정함으로써 그 크기를 제어할 수 있는 요소를 말하며, 비례추이는 2차 저항의 크기를 변화시킬 수 있는 **권선형 유도전동기**에서 사용된다.

답 ④

59 동기발전기의 단락비가 적을 때의 설명으로 옳은 것은?

① 동기 임피던스가 크고 전기자 반작용이 작다.
② 동기 임피던스가 크고 전기자 반작용이 크다.
③ 동기 임피던스가 작고 전기자 반작용이 작다.
④ 동기 임피던스가 작고 전기자 반작용이 크다.

풀이 단락비 K_s가 작은 기계(동기계)
- 동기 임피던스가 크다. ($K_s \propto \dfrac{1}{Z_s}$)
- 전압변동률이 크다.
- **전기자 반작용이 크다.**
- 출력이 작다.
- 과부하 내량이 작고 안정도가 낮다.

답 ②

60 3/4 부하에서 효율이 최대인 주상변압기의 전부하 시 철손과 동손의 비는?

① 8 : 4
② 4 : 8
③ 9 : 16
④ 16 : 9

풀이 변압기 최대 효율은 "철손 = 동손"일 때 발생한다.
즉, $P_i = m^2 P_c = \left(\dfrac{3}{4}\right)^2 P_c$ 이므로

$$\therefore \frac{P_i}{P_c} = \frac{\left(\dfrac{3}{4}\right)^2}{1} = \left(\frac{3}{4}\right)^2 = \frac{9}{16}$$

답 ③

4과목 - 회로이론 및 제어공학

61 특성방정식 중에서 안정된 시스템인 것은?

① $2s^3 + 3s^2 + 4s + 5 = 0$
② $s^4 + 3s^3 - s^2 + s + 10 = 0$
③ $s^5 + s^3 + 2s^2 + 4s + 3 = 0$
④ $s^4 - 2s^3 - 3s^2 + 4s + 5 = 0$

풀이 ① 특성방정식의 근이 모두 s평면의 좌반부에 있어야 제어계가 안정하다고 할 수 있다.
② 특성방정식의 근이 부(-)의 실수부(모두 s평면의 좌반부)를 갖는 조건
- 특성방정식의 모든 계수의 부호가 같아야 한다.
- 계수 중 어느 하나라도 0이 되어서는 안 된다.
- 루드 수열의 제1열의 원소 부호가 같아야 한다.
- 제1열의 부호 변화는 s평면의 우반면에 존재하는 근의 수를 의미한다. **답** ①

62 다음의 신호흐름선도를 메이슨의 공식을 이용하여 전달함수를 구하고자 한다. 이 신호흐름선도에서 루프(Loop)는 몇 개인가?

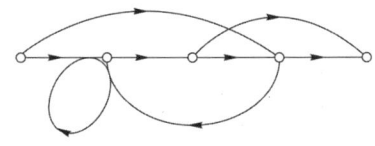

① 0   ② 1   ③ 2   ④ 3

풀이 루프(loop)는 한 마디에서 시작하여 다시 그 마디로 돌아오는 경로를 말하며, 모든 마디는 두 번 이상 지날 수 없다. 따라서 ①, ② 두 개이다.

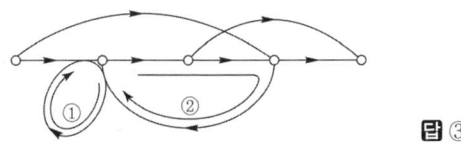

답 ③

63 타이머에서 입력신호가 주어지면 바로 동작하고, 입력신호가 차단된 후에는 일정시간이 지난 후에 출력이 소멸되는 동작형태는?

① 한시동작 순시복귀
② 순시동작 순시복귀
③ 한시동작 한시복귀
④ 순시동작 한시복귀

풀이 타이머 회로
① 한시동작 순시복귀
 입력이 주어지면 일정시간 후 동작하고, 입력이 차단되면 즉시 출력이 소멸
② 순시동작 순시복귀
 입력이 주어지면 즉시 동작하고, 입력이 차단되면 즉시 출력이 소멸
③ 한시동작 한시복귀
 입력이 주어지면 일정시간 후 동작하고, 입력이 차단되면 일정시간 후 출력이 소멸
④ 순시동작 한시복귀
 입력이 주어지면 즉시 동작하고, 입력이 차단되면 일정시간 후 출력이 소멸 **답** ④

64 $R(z) = \dfrac{(1-e^{-aT})z}{(z-1)(z-e^{-aT})}$ 의 역변환은?

① te^{aT} ② te^{-aT}
③ $1-e^{-aT}$ ④ $1+e^{-aT}$

풀이
$R(z) = \dfrac{(1-e^{-aT})z}{(z-1)(z-e^{-aT})} = \dfrac{z - ze^{-aT} + z^2 - z^2}{(z-1)(z-e^{-aT})}$
$= \dfrac{z(z-e^{-aT}) - z(z-1)}{(z-1)(z-e^{-aT})}$
$= \dfrac{z}{z-1} - \dfrac{z}{z-e^{-aT}}$

따라서 $f(t)$는 $1-e^{-aT}$가 된다. **답** ③

65 단위궤환 제어시스템의 전향경로 전달함수가 $G(s) = \dfrac{K}{s(s^2+5s+4)}$ 일 때, 이 시스템이 안정하기 위한 K의 범위는?

① $K < -20$ ② $-20 < K < 0$
③ $0 < K < 20$ ④ $20 < K$

풀이 특성방정식은
$1 + G(s)H(s) = 1 + \dfrac{K}{s(s^2+5s+4)} = 0$
$s(s^2+5s+4) + K = s^3 + 5s^2 + 4s + K = 0$ 이므로
루드의 표는

s^3	1	4
s^2	5	K
s^1	$\frac{20-K}{5}$	0
s^0	K	

계가 안정하기 위해서는 제1열의 부호 변화가 없어야 하므로
$20-K>0, \ K>0$
$\therefore \ 0<K<20$ 답 ③

66 시간영역에서 자동제어계를 해석할 때 기본 시험입력에 보통 사용되지 않는 입력은?

① 정속도 입력 ② 정현파 입력
③ 단위계단 입력 ④ 정가속도 입력

풀이 기준 시험 입력 종류
① 계단 입력 ② 정속도(램프) 입력
③ 정가속도(포물선) 입력 답 ②

67 $G(s)H(s) = \dfrac{K(s-1)}{s(s+1)(s-4)}$ 에서 점근선의 교차점을 구하면?

① -1 ② 0 ③ 1 ④ 2

풀이 $\sigma = \dfrac{\Sigma G(s)H(s)\text{의 극} - \Sigma G(s)H(s)\text{의 영점}}{p-z}$
(여기서, p : 극점의 개수, z : 영점의 개수)
극점 $p=3$개$(0, -1, 4)$, 영점 $z=1$개(1)이므로
$\therefore \ \sigma = \dfrac{(-1+4)-1}{3-1} = 1$ 답 ③

68 n차 선형 시불변 시스템의 상태방정식을 $\dfrac{d}{dt}X(t) = AX(t) + Br(t)$ 로 표시할 때 상태천이행렬 $\Phi(t)(n \times n$행렬)에 관하여 틀린 것은?

① $\Phi(t) = e^{At}$
② $\dfrac{d\Phi(t)}{dt} = A \cdot \Phi(t)$
③ $\Phi(t) = \mathcal{L}^{-1}[(sI-A)^{-1}]$
④ $\Phi(t)$는 시스템의 정상상태응답을 나타낸다.

풀이 $\Phi(t)$는 선형 시스템의 과도응답(천이행렬)을 나타낸다. 답 ④

69 다음의 신호흐름선도에서 C/R는?

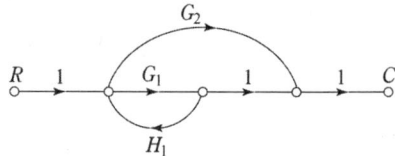

① $\dfrac{G_1 + G_2}{1 - G_1H_1}$ ② $\dfrac{G_1 G_2}{1 - G_1H_1}$
③ $\dfrac{G_1 + G_2}{1 + G_1H_1}$ ④ $\dfrac{G_1 G_2}{1 + G_1H_1}$

풀이 전향경로 이득 : G_1+G_2, 루프 이득 : G_1H_1
$\dfrac{C(s)}{R(s)} = \dfrac{\Sigma \text{전향경로이득}}{1-\Sigma \text{루프이득}} = \dfrac{G_1+G_2}{1-G_1H_1}$ 답 ①

70 PD 조절기와 전달함수 $G(s) = 1.2 + 0.02s$의 영점은?

① -60 ② -50 ③ 50 ④ 60

풀이 전달함수의 영점 : $1.2 + 0.02s = 0$
$\therefore \ s = -60$ 답 ①

71 $e = 100\sqrt{2}\sin\omega t + 75\sqrt{2}\sin 3\omega t + 20\sqrt{2}\sin 5\omega t$ [V]인 전압을 RL직렬회로에 가할 때 제3고조파 전류의 실효값은 몇 [A]인가? (단, $R=4[\Omega], \ \omega L=1[\Omega]$이다.)

① 15 ② $15\sqrt{2}$
③ 20 ④ $20\sqrt{2}$

풀이 • 유도성 리액턴스는 주파수에 비례하므로 제3고조파에 대한 리액턴스(X_{L3})는 기본파 리액턴스(X_L)의 3배이다.
$X_{L3} = 3X_L = 3\omega L \ (\because X_L = \omega L = 2\pi f L)$
• 따라서 제3고조파 전류의 실효값 I_3은
$I_3 = \dfrac{E_3}{Z_3} = \dfrac{E_3}{\sqrt{R^2 + (3\omega L)^2}} = \dfrac{75}{\sqrt{4^2+(3\times 1)^2}}$
$= 15 [A]$ 답 ①

72 전원과 부하가 △결선된 3상 평형회로가 있다. 전원전압이 200[V], 부하 1상의 임피던스가 $6+j8$[Ω]일 때 선전류 [A]는?

① 20   ② $20\sqrt{3}$
③ $\dfrac{20}{\sqrt{3}}$ ④ $\dfrac{\sqrt{3}}{20}$

풀이 전원과 부하가 다 같이 △결선이므로

상전류 $I_p = \dfrac{V}{Z} = \dfrac{200}{\sqrt{6^2+8^2}} = 20$[A]

따라서 선전류 $I_l = \sqrt{3}\,I_p = 20\sqrt{3}$[A]   **답** ②

73 분포정수 선로에서 무왜형 조건이 성립하면 어떻게 되는가?

① 감쇠량이 최소로 된다.
② 전파속도가 최대로 된다.
③ 감쇠량은 주파수에 비례한다.
④ 위상정수가 주파수에 관계없이 일정하다.

풀이 감쇠량 $\alpha = \sqrt{RG}$로 무왜형 조건인 $RC=LG$일 때 최소가 된다.   **답** ①

74 회로에서 $V=10$[V], $R=10$[Ω], $L=1$[H], $C=10[\mu F]$ 그리고 $V_c(0)=0$일 때 스위치 K를 닫은 직후 전류의 변화율 $\dfrac{di}{dt}(0^+)$의 값[A/sec]은?

① 0   ② 1   ③ 5   ④ 10

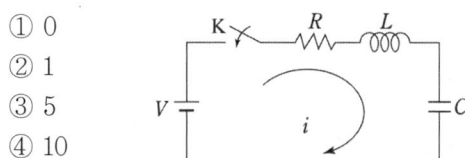

풀이 진동 여부 판별식으로부터

$\left(\dfrac{R}{2L}\right)^2 - \dfrac{1}{LC} = \left(\dfrac{10}{2\times 1}\right)^2 - \dfrac{1}{1\times 10\times 10^{-6}} < 0$

즉, 위와 같은 회로는 진동인 경우이므로

$i = \dfrac{V}{\beta L}e^{-\alpha t}\sin\beta t$

$\therefore \dfrac{di}{dt}\bigg|_{t=0} = \dfrac{V}{\beta L}[-\alpha e^{-\alpha t}\sin\beta t + \beta e^{-\alpha t}\cos\beta t]_{t=0}$

$= \dfrac{V}{\beta L}\cdot\beta = \dfrac{V}{L} = \dfrac{10}{1}$

$= 10$[A/sec]   **답** ④

75 $F(s) = \dfrac{2s+15}{s^3+s^2+3s}$ 일 때 $f(t)$의 최종값은?

① 2   ② 3
③ 5   ④ 15

풀이 최종값 정리에 의하여

$\lim_{t\to\infty} f(t) = \lim_{s\to 0} sF(s)$

$= \lim_{s\to 0} s\cdot\dfrac{2s+15}{s(s^2+s+3)} = \dfrac{15}{3} = 5$ **답** ③

76 정현파 교류 $V = V_m\sin\omega t$의 전압을 반파정류 하였을 때의 실효값은 몇 [V]인가?

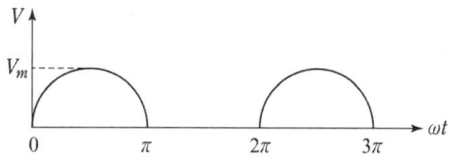

① $\dfrac{V_m}{\sqrt{2}}$ ② $\dfrac{V_m}{2}$
③ $\dfrac{V_m}{2\sqrt{2}}$ ④ $\sqrt{2}\,V_m$

풀이

파 형	정현파	정현반파	삼각파	구형반파	구형파
실효값	$\dfrac{V_m}{\sqrt{2}}$	$\dfrac{V_m}{2}$	$\dfrac{V_m}{\sqrt{3}}$	$\dfrac{V_m}{\sqrt{2}}$	V_m
평균값	$\dfrac{2V_m}{\pi}$	$\dfrac{V_m}{\pi}$	$\dfrac{V_m}{2}$	$\dfrac{V_m}{2}$	V_m

답 ②

77 대칭 5상 교류 성형결선에서 선간전압과 상전압 간의 위상차는 몇 도인가?

① 27°   ② 36°
③ 54°   ④ 72°

풀이 대칭 n상인 경우 기전력의 위상차

$\theta = \dfrac{\pi}{2}\left(1-\dfrac{2}{n}\right) = \dfrac{180}{2}\left(1-\dfrac{2}{5}\right) = 90\times\dfrac{3}{5} = 54°$ **답** ③

78 회로망 출력단자 a-b에서 바라본 등가 임피던스는? (단, $V_1 = 6[V]$, $V_2 = 3[V]$, $I_1 = 10[A]$, $R_1 = 15[\Omega]$, $R_2 = 10[\Omega]$, $L = 2[H]$, $j\omega = s$ 이다.)

① $s + 15$
② $2s + 6$
③ $\dfrac{3}{s+2}$
④ $\dfrac{1}{s+3}$

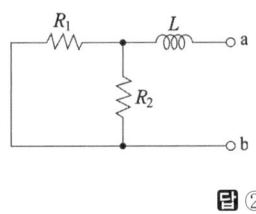

풀이 전류원은 개방하고 전압원은 단락하면
$$Z = \dfrac{R_1 R_2}{R_1 + R_2} + j\omega L$$
$$= \dfrac{10 \times 15}{10 + 15} + 2s$$
$$= 2s + 6 [\Omega]$$

답 ②

79 대칭 3상 전압이 a상 V_a, b상 $V_b = a^2 V_a$, c상 $V_c = a V_a$일 때 a상을 기준으로 한 대칭분 전압 중 정상분 $V_1[V]$은 어떻게 표시되는가?

① $\dfrac{1}{3} V_a$
② V_a
③ $a V_a$
④ $a^2 V_a$

풀이 $V_1 = \dfrac{1}{3}(V_a + a V_b + a^2 V_c)$
$= \dfrac{1}{3}(V_a + a^3 V_a + a^3 V_a)$
$= \dfrac{V_a}{3}(1 + a^3 + a^3) = V_a$

답 ②

80 다음과 같은 비정현파 기전력 및 전류에 의한 평균전력을 구하면 몇 [W]인가?

$e = 100\sin\omega t - 50\sin(3\omega t + 30°)$
$\quad + 20\sin(5\omega t + 45°)[V]$
$i = 20\sin\omega t + 10\sin(3\omega t - 30°)$
$\quad + 5\sin(5\omega t - 45°)[A]$

① 825　② 875　③ 925　④ 1175

풀이 $P = V_1 I_1 \cos\theta_1 + V_3 I_3 \cos\theta_3 + V_5 I_5 \cos\theta_5$
$= \dfrac{100}{\sqrt{2}} \cdot \dfrac{20}{\sqrt{2}} \cos 0° - \dfrac{50}{\sqrt{2}} \cdot \dfrac{10}{\sqrt{2}} \cos 60°$
$\quad + \dfrac{20}{\sqrt{2}} \cdot \dfrac{5}{\sqrt{2}} \cos 90°$
$= \dfrac{2000}{2} \cdot 1 - \dfrac{500}{2} \cdot \dfrac{1}{2} + \dfrac{100}{2} \cdot 0$
$= 875[W]$

답 ②

5과목 - 전기설비기술기준

81 지중전선로의 매설방법이 아닌 것은?

① 관로식　② 인입식
③ 암거식　④ 직접 매설식

풀이 334.1 지중전선로의 시설
　가. 지중 전선로는 전선에 케이블을 사용하고 또한 관로식·암거식 또는 직접 매설식에 의하여 시설하여야 한다.
　나. 지중 전선로를 직접 매설식에 의하여 시설하는 경우에는 매설 깊이는
　　① 차량 기타 중량물의 압력을 받을 우려가 있는 장소 : 1.0[m] 이상
　　② 기타 장소 : 0.6[m] 이상

답 ②

82 특고압용 변압기로서 그 내부에 고장이 생긴 경우에 반드시 자동차단되어야 하는 변압기의 뱅크용량은 몇 [kVA] 이상인가?

① 5000　② 10000
③ 50000　④ 100000

풀이 351.4 특고압용 변압기의 보호장치
특고압용의 변압기에는 그 내부에 고장이 생겼을 경우에 보호하는 장치를 표와 같이 시설하여야 한다.

뱅크 용량의 구분	동작조건	장치의 종류
5,000[kVA] 이상 10,000[kVA] 미만	변압기 내부고장	자동차단장치 또는 경보장치
10,000[kVA] 이상	변압기 내부고장	자동차단장치
타냉식 변압기(변압기의 권선 및 철심을 직접 냉각시키기 위하여 봉입한 냉매를 강제 순환시키는 냉각 방식을 말한다.)	냉각장치에 고장이 생긴 경우 또는 변압기의 온도가 현저히 상승한 경우	경보장치

답 ②

83 풀용 수중조명등에 사용되는 절연변압기의 2차측 전로의 사용전압이 몇 [V]를 초과하는 경우에는 그 전로에 지락이 생겼을 때에 자동적으로 전로를 차단하는 장치를 하여야 하는가?

① 30
② 60
③ 150
④ 300

풀이 234.14 수중조명등
가. 수영장 기타 이와 유사한 장소에 사용하는 수중조명등에 전기를 공급하기 위해서는 절연변압기를 사용하여야 한다.
나. 절연변압기의 2차측 전로의 **사용전압이 30[V]를 초과하는 경우**, 그 전로에 **지락이 생겼을 때에 자동적으로 전로를 차단하는 정격감도전류 30[mA] 이하의 누전차단기**를 시설하여야 한다. 답 ①

84 전력보안가공통신선(광섬유 케이블은 제외)을 조가할 경우 조가용 선은?

① 금속으로 된 단선
② 강심 알루미늄 연선
③ 금속선으로 된 연선
④ 알루미늄으로 된 단선

풀이 362.3 조가선 시설기준
조가선은 단면적 38[mm²] 이상의 아연도강연선을 사용할 것. 답 ③

85 저고압 가공전선과 가공약전류 전선 등을 동일 지지물에 시설하는 기준으로 틀린 것은?

① 가공전선을 가공약전류전선 등의 위로하고 별개의 완금류에 시설할 것
② 전선로의 지지물로서 사용하는 목주의 풍압하중에 대한 안전율은 1.5 이상일 것
③ 가공전선과 가공약전류전선 등 사이의 이격거리는 저압과 고압 모두 75[cm] 이상일 것
④ 가공전선이 가공약전류전선에 대하여 유도작용에 의한 통신상의 장해를 줄 우려가 있는 경우에는 가공전선을 적당한 거리에서 연가할 것

풀이 332.21 고압 가공전선과 가공약전류전선 등의 공용설치
222.21 저압 가공전선과 가공약전류전선 등의 공용설치

저압 가공전선 또는 고압 가공전선과 가공약전류전선 등을 동일 지지물에 시설하는 경우에는 다음에 따라 시설하여야 한다.
가. 전선로의 지지물로서 사용하는 목주의 풍압하중에 대한 안전율은 1.5 이상일 것.
나. 가공전선을 가공약전류전선 등의 위로하고 별개의 완금류에 시설할 것.
다. 가공전선과 가공약전류전선 등 사이의 이격거리
  • 저압(다중 접지된 중성선을 제외한다)은 0.75[m] 이상
  • 고압은 1.5[m] 이상일 것.
라. 가공전선이 가공약전류전선에 대하여 유도작용에 의한 통신상의 장해를 줄 우려가 있는 경우에는 다음의 규정에 준하여 시설할 것.
  ① 가공전선과 가공약전류전선간의 이격거리를 증가시킬 것.
  ② 교류식 가공전선로의 경우에는 가공전선을 적당한 거리에서 연가할 것.
  ③ 가공전선과 가공약전류전선 사이에 인장강도 5.26[kN] 이상의 것 또는 지름 4[mm] 이상인 경동선의 금속선 2가닥 이상을 시설하고 규정에 준하여 접지공사를 할 것. 답 ③

86 석유류를 저장하는 장소의 전등배선에 사용하지 않는 공사방법은?

① 케이블 공사
② 금속관공사
③ 애자공사
④ 합성수지관공사

풀이 242.4 위험물 등이 존재하는 장소
셀룰로이드·성냥·석유류 기타 타기 쉬운 위험한 물질을 제조하거나 저장하는 곳에 시설하는 저압 옥내 전기설비는 다음에 따르고 또한 위험의 우려가 없도록 시설하여야 한다.
가. 이동전선은 접속점이 없는 0.6/1[kV] EP 고무 절연 클로로프렌 캡타이어 케이블 또는 0.6/1[kV] 비닐 절연 비닐캡타이어 케이블을 사용할 것.
나. 저압 옥내배선 등은 **합성수지관공사**(두께 2[mm] 미만의 합성수지 전선관 및 난연성이 없는 콤바인덕트관을 사용하는 것을 제외한다)·**금속관공사 또는 케이블공사**에 의할 것. 답 ③

87 사용전압이 154[kV]인 가공 송전선의 시설에서 전선과 식물과의 이격거리는 일반적인 경우에 몇 [m] 이상으로 하여야 하는가?

① 2.8
② 3.2
③ 3.6
④ 4.2

풀이 333.30 특고압 가공전선과 식물의 이격거리

사용전압의 구분	이격거리
60[kV] 이하	2[m]
60[kV] 초과	• 이격거리 = 2 + 단수 × 0.12[m] • 단수 = $\frac{전압[kV]-60}{10}$ 단수 계산에서 소수점 이하는 절상

- 단수 = $\frac{154-60}{10}$ = 9.4 → 10단
- 이격거리 = 2+10×0.12 = 3.2[m]   **답** ②

88 과전류차단기로 저압전로에 사용하는 50[A] 퓨즈를 붙인 경우 이 퓨즈는 정격전류의 몇 배의 전류에 견딜 수 있어야 하는가?

① 1.1 ② 1.25
③ 1.6 ④ 2

풀이 212.3.4 보호장치의 특성
1. 과전류 보호장치는 KS C 또는 KS C IEC 관련 표준(배선차단기, 누전차단기, 퓨즈등의 표준)의 동작특성에 적합하여야 한다.
2. 과전류차단기로 저압전로에 사용하는 범용의 퓨즈는 표에 적합한 것이어야 한다.

표. 퓨즈(gG)의 용단특성

정격전류의 구분	시간	정격전류의 배수	
		불용단전류	용단전류
4[A] 이하	60분	1.5배	2.1배
4[A] 초과 16[A] 미만	60분	1.5배	1.9배
16[A] 이상 63[A] 이하	60분	**1.25배**	**1.6배**
63[A] 초과 160[A] 이하	120분	1.25배	1.6배
160[A] 초과 400[A] 이하	180분	1.25배	1.6배
400[A] 초과	240분	1.25배	1.6배

답 ②

89 농사용 저압가공전선로의 시설 기준으로 틀린 것은?

① 사용전압이 저압일 것
② 전선로의 경간은 40[m] 이하일 것
③ 저압가공전선의 인장강도는 1.38[kN] 이상일 것
④ 저압가공전선의 지표상 높이는 3.5[m] 이상일 것

풀이 222.22 농사용 저압 가공전선로의 시설
가. 사용전압은 저압일 것
나. 저압 가공전선은 인장강도 1.38[kN] 이상의 것 또는 지름 2[mm] 이상의 경동선일 것
다. 저압 가공전선의 지표상의 높이는 3.5[m] 이상일 것. 다만, 저압 가공전선을 사람이 쉽게 출입하지 못하는 곳에 시설하는 경우에는 3[m]까지로 감할 수 있다.
라. 목주의 굵기는 말구 지름이 0.09[m] 이상일 것
마. 전선로의 지지점 간 거리는 30[m] 이하일 것   **답** ②

90 고압 옥측전선로에 사용할 수 있는 전선은?

① 케이블 ② 나경동선
③ 절연전선 ④ 다심형 전선

풀이 331.13 옥측전선로
고압 옥측전선로는 전개된 장소에는 다음에 따라 시설하여야 한다.
가. 전선은 케이블일 것.
나. 케이블은 견고한 관 또는 트라프에 넣거나 사람이 접촉할 우려가 없도록 시설할 것.
다. 케이블을 조영재의 옆면 또는 아랫면에 따라 붙일 경우에는 케이블의 지지점 간의 거리를 2[m] (수직으로 붙일 경우에는 6[m]) 이하로 하고 또한 피복을 손상하지 아니하도록 붙일 것.   **답** ①

91 발전기를 전로로부터 자동적으로 차단하는 장치를 시설하여야 하는 경우에 해당 되지 않는 것은?

① 발전기에 과전류가 생긴 경우
② 용량이 5000[kVA] 이상인 발전기의 내부에 고장이 생긴 경우
③ 용량이 500[kVA] 이상의 발전기를 구동하는 수차의 압유장치의 유압이 현저히 저하한 경우
④ 용량이 100[kVA] 이상의 발전기를 구동하는 풍차의 압유장치의 유압, 압축공기장치의 공기압이 현저히 저하한 경우

풀이 351.3 발전기 등의 보호장치
발전기에는 다음의 경우에 자동적으로 이를 전로로부터 차단하는 장치를 시설하여야 한다.
가. 발전기에 과전류나 과전압이 생긴 경우
나. 용량이 500[kVA] 이상의 발전기를 구동하는 수차의 압유 장치의 유압이 현저히 저하한 경우

다. 용량이 100[kVA] 이상의 발전기를 구동하는 풍차의 압유장치의 유압이 현저히 저하한 경우
라. 용량이 2,000[kVA] 이상인 수차 발전기의 스러스트 베어링의 온도가 현저히 상승한 경우
마. **용량이 10,000[kVA] 이상인 발전기의 내부에 고장이 생긴 경우**
바. 정격출력이 10,000[kW]를 초과하는 증기터빈은 그 스러스트 베어링이 현저하게 마모되거나 그의 온도가 현저히 상승한 경우 답 ②

92 최대사용전압이 22900[V]인 3상 4선식 중성선 다중접지식 전로와 대지 사이의 절연내력시험전압은 몇 [V]인가?

① 32510
② 28752
③ 25229
④ 21068

풀이 132 전로의 절연저항 및 절연내력

전로의 종류	접지방식	시험전압 (최대사용 전압의 배수)	최저 시험전압
1. 7[kV] 이하인 전로		1.5배	
2. 7[kV] 초과 25[kV] 이하	다중접지	0.92배	
3. 7[kV] 초과 60[kV] 이하 (2란의 것 제외)		1.25배	10.5[kV]
4. 60[kV] 초과	비접지	1.25배	
5. 60[kV] 초과 (6란, 7란의 것 제외)	접지식	1.1배	75[kV]
6. 60[kV] 초과(7란의 것 제외)	직접접지	0.72배	
7. 170[kV] 초과(발전소 또는 변전소 혹은 이에 준하는 장소에 시설하는 것.)	직접접지	0.64배	

※ 전로에 케이블을 사용하는 경우에는 직류로 시험할 수 있으며, 시험전압은 교류의 경우의 2배가 된다.

∴ 시험전압 = 22900 × 0.92 = 21068[V] 답 ④

93 라이팅덕트공사에 의한 저압 옥내배선 공사 시설 기준으로 틀린 것은?

① 덕트의 끝부분은 막을 것
② 덕트는 조영재에 견고하게 붙일 것
③ 덕트는 조영재를 관통하여 시설할 것
④ 덕트의 지지점 간의 거리는 2[m] 이하로 할 것

풀이 232.71 라이팅덕트공사
가. 덕트는 조영재에 견고하게 붙일 것.
나. 덕트의 지지점 간의 거리는 2[m] 이하로 할 것.
다. 덕트의 끝부분은 막을 것.
라. 덕트의 개구부는 아래로 향하여 시설할 것.
마. **덕트는 조영재를 관통하여 시설하지 아니할 것.**
바. 덕트를 사람이 용이하게 접촉할 우려가 있는 장소에 시설하는 경우에는 전로에 지락이 생겼을 때에 자동적으로 전로를 차단하는 장치를 시설할 것. 답 ③

94 금속덕트공사에 의한 저압 옥내배선에서, 금속덕트에 넣은 전선의 단면적의 합계는 일반적으로 덕트 내부 단면적의 몇 [%] 이하이어야 하는가? (단, 전광표시 장치 기타 이와 유사한 장치 또는 제어회로 등의 배선만을 넣는 경우에는 50[%])

① 20
② 30
③ 40
④ 50

풀이 232.31 금속덕트공사
금속덕트에 넣은 전선의 단면적(절연피복의 단면적을 포함한다)의 합계는 **덕트의 내부 단면적의 20[%]**(전광표시 장치 기타 이와 유사한 장치 또는 제어회로 등의 배선만을 넣는 경우에는 50[%]) 이하일 것. 답 ①

95 지중전선로에 사용하는 지중함의 시설기준으로 틀린 것은?

① 조명 및 세척이 가능한 적당한 장치를 시설할 것
② 견고하고 차량 기타 중량물의 압력에 견디는 구조일 것
③ 그 안의 고인 물을 제거할 수 있는 구조로 되어 있을 것
④ 뚜껑은 시설자 이외의 자가 쉽게 열 수 없도록 시설할 것

풀이 334.2 지중함의 시설
지중전선로에 사용하는 지중함은 다음에 따라 시설하여야 한다.
가. 지중함은 **견고하고** 차량 기타 중량물의 압력에 견디는 **구조일 것**.
나. 지중함은 그 안의 고인 물을 제거할 수 있는 **구조로 되어 있을 것**.

다. 폭발성 또는 연소성의 가스가 침입할 우려가 있는 것에 시설하는 지중함으로서 그 크기가 1[m³] 이상인 것에는 통풍장치 기타 가스를 방산시키기 위한 적당한 장치를 시설할 것.
라. 지중함의 뚜껑은 시설자 이외의 자가 쉽게 열 수 없도록 시설할 것. 답 ①

96 고압 옥내배선이 수관과 접근하여 시설되는 경우에는 몇 [cm] 이상 이격시켜야 하는가?

① 15　　② 30
③ 45　　④ 60

풀이 342.1 고압 옥내배선 등의 시설
고압 옥내배선이 다른 고압 옥내배선·저압 옥내전선·관등회로의 배선·약전류 전선 등 또는 수관·가스관이나 이와 유사한 것과 접근하거나 교차하는 경우 이격거리
가. 다른 고압 옥내배선·저압 옥내전선·관등회로의 배선·약전류 전선 : 15[cm]
나. **수관·가스관이나 이와 유사한 것과 접근하거나 교차하는 경우 : 15[cm]**
다. 애자공사에 의하여 시설하는 저압 옥내전선이 나전선인 경우 30[cm]
라. 가스계량기 및 가스관의 이음부와 전력량계 및 개폐기 : 60[cm] 답 ①

97 철탑의 강도계산에 사용하는 이상 시 상정하중을 계산하는데 사용되는 것은?

① 미진에 의한 요동과 철구조물의 인장하중
② 뇌가 철탑에 가하여졌을 경우의 충격하중
③ 이상전압이 전선로에 내습하였을 때 생기는 충격하중
④ 풍압이 전선로에 직각방향으로 가하여지는 경우의 하중

풀이 333.14 이상 시 상정하중
철탑의 강도계산에 사용하는 **이상 시 상정하중**은 풍압이 전선로에 **직각방향으로 가하여지는** 경우의 하중과 전선로의 방향으로 가하여지는 경우의 하중을 계산하여 부재에 큰 응력이 생기는 쪽의 하중을 채택한다. 답 ④

98 고압 가공전선로에 시설하는 피뢰기의 접지저항 값은 몇 [Ω]까지 허용되는가? 단, 피뢰기 접지공사의 접지선은 전용의 것으로 한다.

① 20　　② 30
③ 50　　④ 75

풀이 341.14 피뢰기의 접지
가. 고압 및 특고압의 전로에 시설하는 피뢰기 접지저항 값은 10[Ω] 이하로 하여야 한다.
나. 고압가공전선로에 시설하는 피뢰기의 접지공사의 접지선이 전용의 것인 경우에는 접지 저항치가 30 [Ω]까지 허용된다. 답 ②

출제기준 변경 및 개정된 관계 법규에 따라 삭제된 문제가 있어 20문항이 안됩니다.

2019년 2회 전기기사필기

1과목 - 전기자기

01 진공 중에서 한 변이 a[m]인 정사각형 단일 코일이 있다. 코일에 I[A]의 전류를 흘릴 때 정사각형 중심에서 자계의 세기는 몇 [AT/m]인가?

① $\dfrac{2\sqrt{2}I}{\pi a}$ ② $\dfrac{I}{\sqrt{2}a}$
③ $\dfrac{I}{2a}$ ④ $\dfrac{4I}{a}$

풀이
- 원형 전류 중심의 자계
 $H_0 = \dfrac{I}{2a}$ [AT/m] (여기서, a는 반지름)
- 정사각형 중심에서 자계의 세기
 $H = \dfrac{2\sqrt{2}I}{\pi a}$ [AT/m]
 (여기서, a은 한 변의 길이)   답 ①

02 단면적 S, 길이 l, 투자율 μ인 자성체의 자기회로에 권선을 N회 감아서 I의 전류를 흐르게 할 때 자속은?

① $\dfrac{\mu SI}{Nl}$ ② $\dfrac{\mu NI}{Sl}$
③ $\dfrac{NIl}{\mu S}$ ④ $\dfrac{\mu SNI}{l}$

풀이 기자력 $F = NI$[AT],
자기저항 $R_m = \dfrac{l}{\mu S}$[AT/Wb]이므로
자속 $\phi = \dfrac{F}{R_m} = \dfrac{NI}{R_m} = \dfrac{\mu SNI}{l}$[Wb]   답 ④

03 자속밀도가 0.3[Wb/m²]인 평등자계 내에 5[A]의 전류가 흐르는 길이 2[m]인 직선도체가 있다. 이 도체를 자계 방향에 대하여 60°의 각도로 놓았을 때 이 도체가 받는 힘은 약 몇 [N]인가?

① 1.3   ② 2.6
③ 4.7   ④ 5.2

풀이 도체가 받는 힘
$F = BIl\sin\theta = 0.3 \times 5 \times 2 \times \sin 60° = 2.6$[N]   답 ②

04 어떤 대전체가 진공 중에서 전속이 Q[C]이었다. 이 대전체를 비유전율 10인 유전체 속으로 가져갈 경우에 전속[C]은?

① Q ② $10Q$
③ $\dfrac{Q}{10}$ ④ $10\epsilon_o Q$

풀이 전하에서 나오는 선속을 전속이라 한다.
① 전기력선수 $\left(N = \dfrac{Q}{\epsilon_o}\right)$는 매질에 따라 그 값이 달라지나 전속($\Phi = Q$)은 매질에 관계없이 일정하다.
② 전속 Φ는 매질에 관계없이 전하 Q[C]일 때 Q개의 전속선이 나온다.   답 ①

05 30[V/m]의 전계내의 80[V]되는 점에서 1[C]의 전하를 전계 방향으로 80[cm] 이동한 경우, 그 점의 전위[V]는?

① 9   ② 24
③ 30   ④ 56

풀이
$V_{BA} = V_B - V_A = -\int_A^B \boldsymbol{E} \cdot d\boldsymbol{l} = -\int_0^{0.8} \boldsymbol{E} \cdot d\boldsymbol{l}$
$= -[30l]_0^{0.8} = -24$[V]
$V_A = 80$[V], $V_{BA} = -24$[V]이므로
$\therefore V_B = V_A + V_{BA} = 80 - 24 = 56$[V]   답 ④

06 다음 중 스토크스(stokes)의 정리는?

① $\oint \boldsymbol{H} \cdot d\boldsymbol{s} = \displaystyle\iint_s (\nabla \cdot \boldsymbol{H}) \cdot d\boldsymbol{s}$
② $\displaystyle\int \boldsymbol{B} \cdot d\boldsymbol{s} = \int_s (\nabla \times \boldsymbol{H}) \cdot d\boldsymbol{s}$
③ $\displaystyle\oint_c \boldsymbol{H} \cdot d\boldsymbol{s} = \int (\nabla \cdot \boldsymbol{H}) \cdot d\boldsymbol{l}$
④ $\displaystyle\oint_c \boldsymbol{H} \cdot d\boldsymbol{l} = \int_s (\nabla \times \boldsymbol{H}) \cdot d\boldsymbol{s}$

풀이 스토크스의 정리는 선적분과 면적 적분의 관계식으로 "어떤 벡터의 폐곡선에 따른 선적분은 그 벡터의 회전을 폐곡선이 만드는 면적에 대하여 면적 적분한 것과 같다."로 표현된다.
이를 수식으로 표시하면
$\oint_c H \cdot dl = \int_s (\nabla \times H) \cdot ds$ 이다. 답 ④

07 그림과 같이 평행한 무한장 직선도선에 I[A], $4I$[A]인 전류가 흐른다. 두 선 사이의 점 P에서 자계의 세기가 0 이라고 하면 $\frac{a}{b}$는?

① 2
② 4
③ $\frac{1}{2}$
④ $\frac{1}{4}$

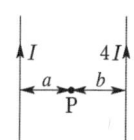

풀이 I와 $4I$ 도선에 의한 자계의 방향은 서로 반대이므로 크기가 같으면 $H=0$이 된다.
- I 도선에 의한 자계 $H_I = \frac{I}{2\pi a}$[AT/m]
- $4I$ 도선에 의한 자계 $H_{4I} = \frac{4I}{2\pi b}$[AT/m]

$H_I = H_{4I}$ 이므로 $\frac{I}{2\pi a} = \frac{4I}{2\pi b}$ ∴ $\frac{a}{b} = \frac{1}{4}$ 답 ④

08 정상전류계에서 옴의 법칙에 대한 미분형은? (단, i는 전류밀도, k는 도전율, ρ는 고유저항, E는 전계의 세기이다.)

① $i = kE$
② $i = \frac{E}{k}$
③ $i = \rho E$
④ $i = -kE$

풀이 ① $dI = -\frac{dV}{R} = i \cdot dS$ 에서 $i = -\frac{dV}{R \cdot dS}$
(여기서, (−)부호는 전위가 감소하는 쪽으로 전류가 흐름을 의미)
② $R = \rho\frac{l}{S}$ 에서 $R \cdot S = \rho \cdot l$ 이므로
$i = -\frac{dV}{R \cdot dS} = -\frac{dV}{\rho \cdot dl}$
③ 전위의 기울기 $\frac{dV}{dl} = -E$ 이므로
∴ $i = -\frac{1}{\rho}\frac{dV}{dl} = \frac{1}{\rho}E = kE$ 답 ①

09 진공내의 점(3, 0, 0)[m]에 4×10^{-9}[C]의 전하가 있다. 이 때 점(6, 4, 0)[m]의 전계의 크기는 약 몇 [V/m]이며, 전계의 방향을 표시하는 단위벡터는 어떻게 표시되는가?

① 전계의 크기 : $\frac{36}{25}$
  단위 벡터 : $\frac{1}{5}(3a_x + 4a_y)$
② 전계의 크기 : $\frac{36}{125}$
  단위 벡터 : $3a_x + 4a_y$
③ 전계의 크기 : $\frac{36}{25}$
  단위 벡터 : $a_x + a_y$
④ 전계의 크기 : $\frac{36}{125}$
  단위 벡터 : $\frac{1}{5}(a_x + a_y)$

풀이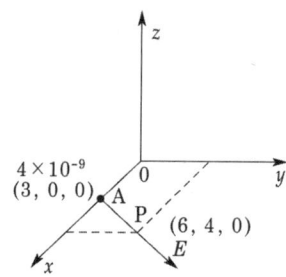

- 그림과 같이 전하 4×10^{-9}[C]이 존재하는 점 A와 점 P 사이의 거리는
$\sqrt{(6-3)^2 + (4-0)^2} = 5$[m]이므로
P점의 전계의 세기 E는
$E = 9 \times 10^9 \times \frac{Q}{r^2} = 9 \times 10^9 \times \frac{4 \times 10^{-9}}{5^2}$
$= \frac{36}{25}$[V/m]

- 전계의 방향을 표시하는 단위 벡터는
$\frac{E}{E} = \frac{r}{r} = \frac{3a_x + 4a_y}{5} = \frac{1}{5}(3a_x + 4a_y)$ 답 ①

10 전속밀도 $D = X^2 i + Y^2 j + Z^2 k$[C/m²]를 발생시키는 점(1, 2, 3)에서의 체적 전하밀도는 몇 [C/m³]인가?

① 12
② 13
③ 14
④ 15

[풀이] 점 (1, 2, 3)의 전하밀도는 가우스 법칙에 의해
$$\rho = \text{div}\boldsymbol{D} = \frac{\partial D_X}{\partial X} + \frac{\partial D_Y}{\partial Y} + \frac{\partial D_Z}{\partial Z} = 2X + 2Y + 2Z$$
$$= 2 \times 1 + 2 \times 2 + 2 \times 3 = 12 [C/m^3]$$
답 ①

11 다음 식 중에서 틀린 것은?

① $\boldsymbol{E} = -\text{grad } V$

② $\int_s \boldsymbol{E} \cdot n ds = \frac{Q}{\epsilon_o}$

③ $\text{grad } V = i\frac{\partial^2 V}{\partial x^2} + j\frac{\partial^2 V}{\partial y^2} + k\frac{\partial^2 V}{\partial z^2}$

④ $V = \int_p^\infty \boldsymbol{E} \cdot dl$

[풀이] 기울기
$$\text{grad } V = \nabla V = \left(\frac{\partial}{\partial x}i + \frac{\partial}{\partial y}j + \frac{\partial}{\partial z}k\right)V$$
$$= \frac{\partial V}{\partial x}i + \frac{\partial V}{\partial y}j + \frac{\partial V}{\partial z}k$$
답 ③

12 도전율 σ인 도체에서 전장 E에 의해 전류밀도 J가 흘렀을 때 이 도체에서 소비되는 전력을 표시한 식은?

① $\int_v \boldsymbol{E} \cdot \boldsymbol{J} dv$ ② $\int_v \boldsymbol{E} \times \boldsymbol{J} dv$

③ $\frac{1}{\sigma}\int_v \boldsymbol{E} \cdot \boldsymbol{J} dv$ ④ $\frac{1}{\sigma}\int_v \boldsymbol{E} \times \boldsymbol{J} dv$

[풀이] 도전율 σ인 도체 공간 내의 단면적 dS, 미소길이 dl인 미소체적 dv에서 전류와 전위차
$dV = \boldsymbol{E} dl,\ dI = \boldsymbol{J} dS$
미소체적의 전력
$dP = dV \cdot dI = \boldsymbol{E} dl \cdot \boldsymbol{J} dS = \boldsymbol{E} \cdot \boldsymbol{J}(dl \cdot dS)$
$= \boldsymbol{E} \cdot \boldsymbol{J} dv$
따라서 전 공간의 전력 $P = \int_v \boldsymbol{E} \cdot \boldsymbol{J} dv$
답 ①

13 자극의 세기가 $8 \times 10^{-6}[Wb]$, 길이가 3[cm]인 막대자석을 120[AT/m]의 평등자계 내에 자력선과 30°의 각도로 놓으면 이 막대자석이 받는 회전력은 몇 [N·m]인가?

① 1.44×10^{-4} ② 1.44×10^{-5}

③ 3.02×10^{-4} ④ 3.02×10^{-5}

[풀이] 회전력 $T = MH\sin\theta = mlH\sin\theta$
$= 8 \times 10^{-6} \times 3 \times 10^{-2} \times 120 \times \sin30°$
$= 1.44 \times 10^{-5}[N \cdot m]$
답 ②

14 자기회로와 전기회로의 대응으로 틀린 것은?

① 자속 ↔ 전류
② 기자력 ↔ 기전력
③ 투자율 ↔ 유전율
④ 자계의 세기 ↔ 전계의 세기

[풀이] 자기회로와 전기회로의 대응

자기회로	전기회로
자속 ϕ[Wb]	전류 I[A]
자계 H[A/m]	전계 E[V/m]
기자력 F[AT]	기전력 U[V]
자속밀도 B[Wb/m²]	전류밀도 i[A/m²]
투자율 μ[H/m]	도전율 k[℧/m]
자기 저항 R_m[AT/Wb]	전기저항 R[Ω]

답 ③

15 진공 중에서 빛의 속도와 일치하는 전자파의 전파속도를 얻기 위한 조건으로 옳은 것은?

① $\epsilon_r = 0,\ \mu_r = 0$

② $\epsilon_r = 1,\ \mu_r = 1$

③ $\epsilon_r = 0,\ \mu_r = 1$

④ $\epsilon_r = 1,\ \mu_r = 0$

[풀이]
- 전파속도
$$v_0 = \frac{1}{\sqrt{\epsilon\mu}} = \frac{1}{\sqrt{\epsilon_0\mu_0}} \cdot \frac{1}{\sqrt{\epsilon_r\mu_r}} = \frac{3 \times 10^8}{\sqrt{\epsilon_r\mu_r}} [m/s]$$
$$(\because \frac{1}{\sqrt{\epsilon_0\mu_0}} = \frac{1}{\sqrt{8.855 \times 10^{-12} \times 4\pi \times 10^{-7}}}$$
$$= 3 \times 10^8 [m/s])$$
- $\epsilon_r = \mu_r = 1$일 때,
$$v_0 = \frac{3 \times 10^8}{\sqrt{\epsilon_r\mu_r}} = 3 \times 10^8 = c \text{ (빛의 속도)가 된다.}$$
답 ②

16 자기 인덕턴스의 성질을 옳게 표현한 것은?

① 항상 0이다.
② 항상 정(正)이다.
③ 항상 부(負)이다.
④ 유도되는 기전력에 따라 정(正)도 되고 부(負)도 된다.

풀이 ① 자기 인덕턴스
- 자신의 회로에 단위 전류가 흐를 때의 자속 쇄교수
- 항상 정(+)의 값
② 상호 인덕턴스
- 근접한 두 회로 상호 간의 인덕턴스
- 두 코일에 흐르는 전류가 만드는 자속이 같은 방향이면 정(+)의 값
- 두 코일에 흐르는 전류가 만드는 자속이 반대 방향이면 부(−)의 값   **답** ②

17 4[A] 전류가 흐르는 코일과 쇄교하는 자속수가 4[Wb]이다. 이 전류 회로에 축적되어 있는 자기 에너지[J]는?

① 4   ② 2   ③ 8   ④ 16

풀이 쇄교 자속수 $N\phi$가 4[Wb]이므로
$N\phi = LI \rightarrow L = \dfrac{N\phi}{I} = \dfrac{4}{4} = 1[H]$
$\therefore W = \dfrac{1}{2}LI^2 = \dfrac{1}{2} \times 1 \times 4^2 = 8[J]$ **답** ③

18 유전율이 ϵ, 도전율이 σ, 반경이 r_1, r_2 ($r_1 < r_2$), 길이가 l인 동축 케이블에서 저항 R은 얼마인가?

① $\dfrac{2\pi r l}{\ln \dfrac{r_2}{r_1}}$ ② $\dfrac{2\pi \epsilon l}{\dfrac{1}{r_1} - \dfrac{1}{r_2}}$

③ $\dfrac{1}{2\pi \sigma l} \ln \dfrac{r_2}{r_1}$ ④ $\dfrac{1}{2\pi r l} \ln \dfrac{r_2}{r_1}$

풀이 $RC = \rho\epsilon = \dfrac{\epsilon}{\sigma}$ 이므로
$\therefore R = \dfrac{\epsilon}{C\sigma} = \dfrac{\epsilon}{\dfrac{2\pi\epsilon l}{\ln\dfrac{r_2}{r_1}} \times \sigma} = \dfrac{1}{2\pi\sigma l}\ln\dfrac{r_2}{r_1}[\Omega]$ **답** ③

19 어떤 환상 솔레노이드의 단면적이 S이고, 자로의 길이가 l, 투자율이 μ라고 한다. 이 철심에 균등하게 코일을 N회 감고 전류를 흘렸을 때 자기 인덕턴스에 대한 설명으로 옳은 것은?

① 투자율 μ에 반비례한다.
② 권선수 N^2에 비례한다.
③ 자로의 길이 l에 비례한다.
④ 단면적 S에 반비례한다.

풀이 철심을 통하는 자속은
$\phi = BS = \mu HS = \mu\dfrac{NI}{l}S = \dfrac{\mu SNI}{l}[Wb]$이므로
$N\phi = LI$ 에서
$L = \dfrac{N\phi}{I} = \dfrac{N \cdot \dfrac{\mu SNI}{l}}{I} = \dfrac{\mu SN^2}{l}[H]$
따라서 자기 인덕턴스는 투자율 μ, 단면적 S, 권선수 N^2에 비례하고 자로의 길이 l에 반비례한다.   **답** ②

20 상이한 매질의 경계면에서 전자파가 만족해야 할 조건이 아닌 것은? (단, 경계면은 두 개의 무손실 매질 사이이다.)

① 경계면의 양측에서 전계의 접선성분은 서로 같다.
② 경계면의 양측에서 자계의 접선성분은 서로 같다.
③ 경계면의 양측에서 자속밀도의 접선성분은 서로 같다.
④ 경계면의 양측에서 전속밀도의 법선성분은 서로 같다.

풀이
- 전계는 접선성분(평행성분)이 같다.
  ($E_1\sin\theta_1 = E_2\sin\theta_2$)
- 자계는 접선성분(평행성분)이 같다.
  ($H_1\sin\theta_1 = H_2\sin\theta_2$)
- 자속밀도의 법선성분(수직성분)이 같다.
  ($B_1\cos\theta_1 = B_2\cos\theta_2$)
- 전속밀도의 법선성분(수직성분)이 같다.
  ($D_1\cos\theta_1 = D_2\cos\theta_2$)   **답** ③

2과목 - 전력공학

21 단도체 방식과 비교하여 복도체 방식의 송전선로를 설명한 것으로 틀린 것은?

① 선로의 송전용량이 증가된다.
② 계통의 안정도를 증진시킨다.
③ 전선의 인덕턴스가 감소하고, 정전용량이 증가된다.
④ 전선 표면의 전위경도가 저감되어 코로나 임계전압을 낮출 수 있다.

풀이 단도체 방식에 비해서 복도체 방식의 특징은
① 전선의 인덕턴스가 감소하고 정전용량이 증가되어 선로의 송전 용량이 증가하고 계통의 안정도를 증진시킨다.
② 전선 표면의 전위 경도가 저감되므로 **코로나 임계전압을 높일 수 있고** 코로나손, 코로나 잡음 등의 장해가 저감된다.
③ 복도체에서 단락시는 모든 소도체에는 동일 방향으로 전류가 흐르므로 흡인력이 생긴다.　　**답** ④

22 직류 송전방식에 관한 설명으로 틀린 것은?

① 교류 송전방식보다 안정도가 낮다.
② 직류계통과 연계 운전 시 교류계통의 차단용량은 작아진다.
③ 교류 송전방식에 비해 절연계급을 낮출 수 있다.
④ 비동기 연계가 가능하다.

풀이 직류 송전 방식의 장·단점
[장점]
① 선로의 리액턴스가 없으므로 **안정도가 높다.**
② 유전체손 및 충전 용량이 없고 절연내력이 강하다.
③ 비동기 연계가 가능하다.
④ 단락전류가 적고 임의 크기의 교류 계통을 연계시킬 수 있다.
⑤ 코로나손 및 전력손실이 적어 송전 효율이 높다.
⑥ 표피효과나 근접 효과가 없으므로 실효 저항의 증대가 없다.
[단점]
① 직교 변환 장치가 필요하다.
② 전압의 승압 및 강압이 불리하다.
③ 고조파나 고주파 억제 대책이 필요하다.
④ 직류 차단기가 개발되어 있지 않다.　　**답** ①

23 유효낙차 100[m], 최대사용수량 20[m³/s], 수차효율 70[%]인 수력발전소의 연간 발전전력량은 약 몇 [kWh]인가? (단, 발전기의 효율은 85[%]라고 한다.)

① 2.5×10^7　　② 5×10^7
③ 10×10^7　　④ 20×10^7

풀이 연간 발생 전력량 $= 9.8 QH\eta U \times 365 \times 24$
$= 9.8 \times 20 \times 100 \times 0.7 \times 0.85 \times 365 \times 24$
$\fallingdotseq 10 \times 10^7 [kWh]$
여기서, Q : 사용 수량[m³/s], H : 유효 낙차[m]
η_t : 수차 효율, η_g : 발전기 효율
$\eta = \eta_t \eta_g$: 종합 효율, t : 시간[h]　　**답** ③

24 부하역률이 $\cos\theta$인 경우 배전선로의 전력손실은 같은 크기의 부하전력으로 역률이 1인 경우의 전력손실에 비하여 어떻게 되는가?

① $\dfrac{1}{\cos\theta}$　　② $\dfrac{1}{\cos^2\theta}$
③ $\cos\theta$　　④ $\cos^2\theta$

풀이 전력손실 $P_l \propto \dfrac{1}{\cos^2\theta}$ 이므로
역률 1인 경우의 전력손실 $P_{l1.0}$을 비교해 보면
$\dfrac{P_l}{P_{l1.0}} = \dfrac{\frac{1}{\cos^2\theta}}{1} = \dfrac{1}{\cos^2\theta}$　　**답** ②

25 선택 지락 계전기의 용도를 옳게 설명한 것은?

① 단일 회선에서 지락고장 회선의 선택 차단
② 단일 회선에서 지락전류의 방향 선택 차단
③ 병행 2회선에서 지락고장 회선의 선택 차단
④ 병행 2회선에서 지락고장의 지속시간 선택 차단

풀이 선택 지락 계전기(Selective Ground Relay : SGR)
병행 2회선 송전선로에서 한쪽의 1회선에 **지락사고가 일어났을 경우** 이것을 검출하여 **고장 회선만을 선택** 차단할 수 있게끔 선택 단락 계전기의 동작전류를 특별히 작게 한 것으로 비접지 계통의 지락사고 검출에 사용된다.　　**답** ③

26 터빈(turbine)의 임계속도란?

① 비상조속기를 동작시키는 회전수
② 회전자의 고유 진동수와 일치하는 위험 회전수
③ 부하를 급히 차단하였을 때의 순간 최대 회전수
④ 부하 차단 후 자동적으로 정정된 회전수

풀이 임계 속도는 회전자가 안정할 수 있는 최고 속도 즉, 회전자의 고유 진동수와 일치하는 위험 회전수를 의미한다. **답** ②

27 아킹혼(Arcing Horn)의 설치 목적은?

① 이상전압 소멸
② 전선의 진동방지
③ 코로나 손실방지
④ 섬락사고에 대한 애자보호

풀이 아킹혼(=소호각)은 섬락 시 애자를 보호하고 애자련의 전압 분담을 균일하게 한다. **답** ④

28 일반 회로정수가 A, B, C, D이고 송전단전압이 E_S인 경우 무부하 시 수전단전압은?

① $\dfrac{E_S}{A}$ ② $\dfrac{E_S}{B}$
③ $\dfrac{A}{C}E_S$ ④ $\dfrac{C}{A}E_S$

풀이 송전단전압 $E_S = AE_R + BI_R$에서
무부하($I_R = 0$)이므로 $E_S = AE_R$이다.
따라서 무부하 시 수전단전압 $E_R = \dfrac{E_S}{A}$ **답** ①

29 10000[kVA] 기준으로 등가 임피던스가 0.4[%]인 발전소에 설치될 차단기의 차단용량은 몇 [MVA]인가?

① 1000 ② 1500
③ 2000 ④ 2500

풀이 차단기의 차단용량
$P_s = \dfrac{100}{\%Z}P_n = \dfrac{100}{0.4} \times 10,000 \times 10^{-3}$
$= 2,500$[MVA] **답** ④

30 변전소, 발전소 등에 설치하는 피뢰기에 대한 설명 중 틀린 것은?

① 방전전류는 뇌충격전류의 파고값으로 표시한다.
② 피뢰기의 직렬 갭은 속류를 차단 및 소호하는 역할을 한다.
③ 정격전압은 상용주파수 정현파 전압의 최고 한도를 규정한 순시값이다.
④ 속류란 방전현상이 실질적으로 끝난 후에도 전력계통에서 피뢰기에 공급되어 흐르는 전류를 말한다.

풀이 피뢰기 정격전압이란 선로 단자와 접지 단자간에 인가할 수 있는 **상용주파 최대 허용 전압의 실효값**으로서 그 크기 결정은 $V = \alpha\beta V_m$[V]로 표시된다.
여기서, α : 접지계수,
β : 유도계수
V_m : 선간의 최고 허용 전압 **답** ③

31 변전소에서 접지를 하는 목적으로 적절하지 않은 것은?

① 기기의 보호
② 근무자의 안전
③ 차단 시 아크의 소호
④ 송전시스템의 중성점 접지

풀이 접지의 목적
① 지락 및 단락전류 등 고장전류로부터 기기 보호
② 배전변소 운전원의 감전사고 및 설비의 화재사고를 방지
③ 보호계전기의 확실한 동작 확보 및 전위상승 억제 **답** ③

32 한 대의 주상변압기에 역률(뒤짐) $\cos\theta_1$, 유효전력 P_1[kW]의 부하와 역률(뒤짐) $\cos\theta_2$, 유효전력 P_2[kW]의 부하가 병렬로 접속되어 있을 때 주상변압기 2차측에서 본 부하의 종합역률은 어떻게 되는가?

① $\dfrac{P_1+P_2}{\dfrac{P_1}{\cos\theta_1}+\dfrac{P_2}{\cos\theta_2}}$

② $\dfrac{P_1+P_2}{\dfrac{P_1}{\sin\theta_1}+\dfrac{P_2}{\sin\theta_2}}$

③ $\dfrac{P_1+P_2}{\sqrt{(P_1+P_2)^2+(P_1\tan\theta_1+P_2\tan\theta_2)^2}}$

④ $\dfrac{P_1+P_2}{\sqrt{(P_1+P_2)^2+(P_1\sin\theta_1+P_2\sin\theta_2)^2}}$

[풀이]

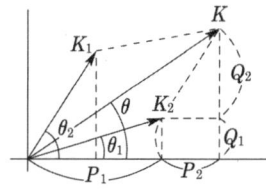

① 합성 유효 전력 $P = P_1 + P_2$
② 합성 무효전력 $Q = Q_1 + Q_2$
- $Q_1 = \dfrac{P_1}{\cos\theta_1}\sin\theta_1 = P_1\tan\theta_1$
- $Q_2 = \dfrac{P_2}{\cos\theta_2}\sin\theta_2 = P_2\tan\theta_2$

③ 합성 피상 전력
$K = \sqrt{(P_1+P_2)^2+(P_1\tan\theta_1+P_2\tan\theta_2)^2}$

④ 종합 역률
$\cos\theta = \dfrac{P_1+P_2}{\sqrt{(P_1+P_2)^2+(P_1\tan\theta_1+P_2\tan\theta_2)^2}}$

답 ③

33 중거리 송전선로의 T형 회로에서 송전단 전류 I_s는? (단, Z, Y는 선로의 직렬 임피던스와 병렬 어드미턴스이고, E_r은 수전단전압, I_r은 수전단 전류이다.)

① $E_r(1+\dfrac{ZY}{2})+ZI_r$

② $I_r(1+\dfrac{ZY}{2})+E_rY$

③ $E_r(1+\dfrac{ZY}{2})+ZI_r(1+\dfrac{ZY}{4})$

④ $I_r(1+\dfrac{ZY}{2})+E_rY(1+\dfrac{ZY}{4})$

[풀이] T회로에서 4단자 정수

$\begin{bmatrix} A & B \\ C & D \end{bmatrix} = \begin{bmatrix} 1 & \dfrac{Z}{2} \\ 0 & 1 \end{bmatrix}\begin{bmatrix} 1 & 0 \\ Y & 1 \end{bmatrix}\begin{bmatrix} 1 & \dfrac{Z}{2} \\ 0 & 1 \end{bmatrix}$

$= \begin{bmatrix} 1+\dfrac{YZ}{2} & Z(1+\dfrac{YZ}{4}) \\ Y & 1+\dfrac{YZ}{2} \end{bmatrix}$

$\therefore I_s = CE_r + DI_r = YE_r + (1+\dfrac{ZY}{2})I_r$

답 ②

34 33[kV] 이하의 단거리 송배전선로에 적용되는 비접지방식에서 지락전류는 다음 중 어느 것을 말하는가?

① 누설전류 ② 충전전류
③ 뒤진 전류 ④ 단락전류

[풀이] 비접지방식에서 1선 지락고장이 발생하면 고장전류는 고장점으로부터 건전상의 대지 정전용량에 의한 충전전류에 의해서 결정된다.

답 ②

35 옥내배선의 전선 굵기를 결정할 때 고려해야 할 사항으로 틀린 것은?

① 허용전류 ② 전압강하
③ 배선방식 ④ 기계적강도

[풀이] 전선의 굵기를 결정하는 요인은
① 허용전류 ② 기계적 강도 ③ 전압강하이며, 허용전류가 가장 중요한 요소이다.

답 ③

36 고압 배전선로 구성방식 중, 고장 시 자동적으로 고장개소의 분리 및 건전선로에 폐로하여 전력을 공급하는 개폐기를 가지며, 수요 분포에 따라 임의의 분기선으로부터 전력을 공급하는 방식은?

① 환상식 ② 망상식
③ 뱅킹식 ④ 가지식(수지식)

풀이 고압 배전선은 일반적으로 수지식, 환상식, 망상식으로 구성된다.
① 수지식(방사상식)
- 수요가 증가할 때마다 간선이나 분기선을 연장 또는 증강해서 이에 쉽게 응할 수 있다.

② 환상식(loop system)
- 선로의 도중에 고장발생시 고장 개소의 분리 조작이 용이하여 그 부분을 빨리 분리시킬 수 있고 **전류의 통로에 융통성이 있으므로 전력손실과 전압강하가 적다.**
- 고장 시에만 자동적으로 폐로해서 전력을 공급하는 결합 개폐기가 있다.

③ 망상식(네트워크 방식)
- 어느 회선에 사고가 일어나더라도 다른 회선에서 무정전으로 공급할 수 있다.
- 네트워크 프로텍터(저압용 차단기, 방향성 계전기, 퓨즈)를 필요로 한다. **탭** ①

37 그림과 같은 2기 계통에 있어서 발전기에서 전동기로 전달되는 전력 P는?
(단, $X = X_G + X_L + X_M$이고, E_G, E_M은 각각 발전기 및 전동기의 유기기전력, δ는 E_G와 E_M간의 상차각이다.)

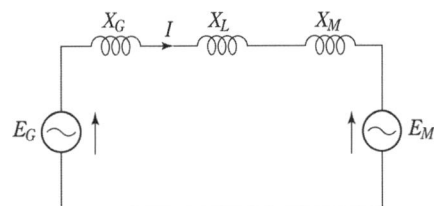

① $P = \dfrac{E_G}{XE_M}\sin\delta$

② $P = \dfrac{E_G E_M}{X}\sin\delta$

③ $P = \dfrac{E_G E_M}{X}\cos\delta$

④ $P = XE_G E_M \cos\delta$

풀이
- 발전기의 유기기전력 $E_G = E_M + jXI$이므로
  전류 $I = \dfrac{E_G - E_M}{jX}$
- E_M을 기준벡터로 하면
  $E_G = E_G \angle\delta$, $E_M = E_M \angle 0°$

- 송전전력
$$W = P + jQ = E_G I^* = E_G \angle\delta \times \left(\dfrac{E_G - E_M}{jX}\right)^*$$
$$= E_G \angle\delta \times \left(\dfrac{E_G \angle -\delta - E_M}{-jX}\right)$$
$$= \dfrac{E_G E_M \sin\delta}{X} + j\dfrac{E_G^2 - E_G E_M \cos\delta}{X}$$
따라서 유효전력 $P = \dfrac{E_G E_M}{X}\sin\delta$ **탭** ②

38 공통 중성선 다중접지방식의 배전선로에서 Recloser(R), Sectionalizer(S), Line fuse(F)의 보호협조가 가장 적합한 배열은?
(단, 보호협조는 변전소를 기준으로 한다.)
① S - F - R
② S - R - F
③ F - S - R
④ R - S - F

풀이
- 리클로우저 : 회로의 차단과 투입을 자동적으로 반복하는 기구를 갖춘 차단기의 일종
- 섹셔널라이저 : 고장전류를 차단 할 수 있는 능력은 없으며, 선로의 무전압 상태에서 선로를 개방하여 고장구간을 분리시킨다.

이 둘은 서로 조합하여 쓰며 리클로우저는 변전소 쪽에, 섹셔널라이저는 부하 쪽에 설치한다.
일반적으로 보호협조 배열은 **전원 – 리클로우저(R) – 섹셔널라이저(S) – 라인퓨즈(F) – 부하**이다. **탭** ④

39 전력계통 연계시의 특징으로 틀린 것은?
① 단락전류가 감소한다.
② 경제 급전이 용이하다.
③ 공급신뢰도가 향상된다.
④ 사고 시 다른 계통으로의 영향이 파급될 수 있다.

풀이 전력계통의 연계
전력계통을 연계시킨다는 것은 전력계통을 병렬로 운전한다는 것을 의미한다.
① 전력의 융통으로 설비용량이 절감된다.
② 건설비 및 운전 경비를 절감하므로 경제 급전이 용이하다.
③ 계통 전체로서의 신뢰도가 증가한다.
④ 전력계통을 연계하면 병렬회로 수가 많아지게 되어 선로임피던스가 감소하며, 단락전류가 증대되고, 통신선의 전자유도 장해도 커진다. **탭** ①

40 송전선의 특성 임피던스와 전파정수는 어떤 시험으로 구할 수 있는가?

① 뇌파시험
② 정격부하시험
③ 절연강도 측정시험
④ 무부하 시험과 단락시험

풀이
- 특성 임피던스 $Z_0 = \sqrt{\dfrac{Z}{Y}}$
- 전파 정수 $\gamma = \sqrt{YZ}$
- 무부하 시험에서 어드미턴스(Y)를 구하고, 단락 시험에서는 임피던스(Z)를 구할 수 있다. **답** ④

3과목 - 전기기기

41 단상변압기의 병렬운전 시 요구사항으로 틀린 것은?

① 극성이 같을 것
② 정격출력이 같을 것
③ 정격전압과 권수비가 같을 것
④ 저항과 리액턴스의 비가 같을 것

풀이 단상변압기의 병렬운전 조건
① 각 변압기의 극성이 같을 것
② 권수비 및 2차 정격전압이 같을 것
③ 각 변압기의 퍼센트 임피던스 강하가 같으며 저항과 리액턴스비가 같을 것 **답** ②

42 변압기의 누설리액턴스를 나타낸 것은? (단, N은 권수이다.)

① N에 비례
② N^2에 반비례
③ N^2에 비례
④ N에 반비례

풀이 인덕턴스 $L = \dfrac{\mu A N^2}{l} \propto N^2$ 이므로 누설 리액턴스(ωL)도 N^2배가 된다. **답** ③

43 유도전동기로 동기전동기를 기동하는 경우, 유도전동기의 극수는 동기전동기의 극수보다 2극 적은 것을 사용하는 이유로 옳은 것은? (단, s는 슬립이며 N_s는 동기속도이다.)

① 같은 극수의 유도전동기는 동기속도보다 sN_s만큼 늦으므로
② 같은 극수의 유도전동기는 동기속도보다 sN_s만큼 빠르므로
③ 같은 극수의 유도전동기는 동기속도보다 $(1-s)N_s$만큼 늦으므로
④ 같은 극수의 유도전동기는 동기속도보다 $(1-s)N_s$만큼 빠르므로

풀이 유도전동기의 회전속도는 $N = (1-s)N_s$이고, 동기전동기의 회전속도는
$N_s = \dfrac{120f}{p} = sN_s + (1-s)N_s$이다.
따라서 유도전동기가 동기전동기의 회전속도에 비해 sN_s만큼 늦으므로 동기전동기보다 2극 적은 것을 사용하여 기동 시 동기속도에 이르게 하여야 한다. **답** ①

44 동기발전기에 회전계자형을 사용하는 경우에 대한 이유로 틀린 것은?

① 기전력의 파형을 개선한다.
② 전기자가 고정자이므로 고압 대전류용에 좋고, 절연하기 쉽다.
③ 계자가 회전자지만 저압 소용량의 직류이므로 구조가 간단하다.
④ 전기자보다 계자극을 회전자로 하는 것이 기계적으로 튼튼하다.

풀이 ① 동기기를 회전 계자형으로 하는 이유
- 전기자 권선은 전압이 높고 결선이 복잡하며, 대용량으로 되면 전류도 커지고, 3상 권선의 경우에는 4개의 도선을 인출하여야 한다.
- 계자 회로는 직류의 저압 회로이므로 소요 동력도 작으며, 인출 도선이 2개만 있어도 되기 때문이다.
- 계자극은 기계적으로 튼튼하게 만드는 데 용이하기 때문이다.
- 고장 시의 과도 안정도를 높이기 위하여 회전자의 관성을 크게 하기 쉽기 때문이기도 하다.
② 기전력의 파형을 개선하기 위해서는 전기자 권선을 단절권 및 분포권으로 한다. **답** ①

45 정격전압 220[V], 무부하 단자전압 230[V], 정격출력이 40[kW]인 직류분권발전기의 계자저항이 22[Ω], 전기자 반작용에 의한 전압강하가 5[V]라면 전기자 회로의 저항[Ω]은 약 얼마인가?

① 0.026　　② 0.028
③ 0.035　　④ 0.042

풀이

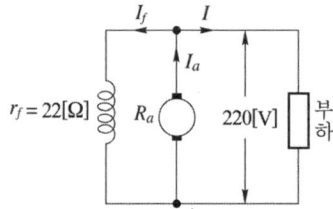

분권발전기

- 부하전류 $I = \dfrac{P}{V} = \dfrac{40 \times 10^3}{220} = 181.82[A]$
- 계자전류 $I_f = \dfrac{V}{r_f} = \dfrac{220}{22} = 10[A]$
- 전기자 전류 $I_a = I + I_f = 181.82 + 10 = 191.82[A]$
- 유기기전력 $E = V + I_a R_a + e_a[V]$

$\therefore R_a = \dfrac{E - V - e_a}{I_a} = \dfrac{230 - 220 - 5}{191.82} = 0.026[\Omega]$

답 ①

46 3상 동기발전기의 매극 매상의 슬롯수를 3이라 할 때 분포권 계수는?

① $6\sin\dfrac{\pi}{18}$　　② $3\sin\dfrac{\pi}{36}$

③ $\dfrac{1}{6\sin\dfrac{\pi}{18}}$　　④ $\dfrac{1}{12\sin\dfrac{\pi}{18}}$

풀이

분포권 계수 $K_d = \dfrac{\sin\dfrac{n\pi}{2m}}{q\sin\dfrac{n\pi}{2mq}}$ 에서

고조파 차수 $n = 1$, 상수 $m = 3$,
매극 매상의 슬롯수 $q = 3$이므로

$\therefore K_d = \dfrac{\sin\dfrac{\pi}{6}}{3\sin\dfrac{\pi}{2 \times 3 \times 3}} = \dfrac{\dfrac{1}{2}}{3\sin\dfrac{\pi}{18}} = \dfrac{1}{6\sin\dfrac{\pi}{18}}$

답 ③

47 가정용 재봉틀, 소형공구, 영사기, 치과의료용, 엔진 등에 사용하고 있으며, 교류, 직류 양쪽 모두에 사용되는 만능전동기는?

① 전기동력계
② 3상 유도전동기
③ 차동 복권전동기
④ 단상 직권정류자전동기

풀이 단상 직권 정류자 전동기
　직류 직권전동기에 가해 주는 직류전압을 그림과 같이 바꿀 경우에도 자속과 전기자 전류의 방향이 동시에 모두 반대가 되므로 회전방향은 변하지 않는다.

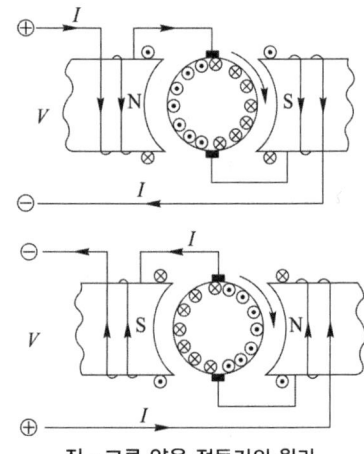

직·교류 양용 전동기의 원리

따라서 이 직류 직권전동기에 교류전압을 가해 주어도 전동기는 항상 같은 방향의 토크를 발생하고, 회전을 같은 방향으로 계속한다. 직·교류 양용 전동기는 이와 같은 원리를 이용한 전동기로서 단상 직권 정류자 전동기 또는 **만능 전동기**라고도 불린다.

답 ④

48 동기발전기의 병렬운전 중 위상차가 생기면 어떤 현상이 발생하는가?

① 무효 횡류가 흐른다.
② 무효전력이 생긴다.
③ 유효 횡류가 흐른다.
④ 출력이 요동하고 권선이 가열된다.

풀이 병렬운전 조건이 다른 경우

병렬운전 조건	다른 경우 흐르는 전류
기전력의 크기가 같을 것	무효 순환전류
기전력의 위상이 같을 것	동기화 전류(유효횡류)
기전력의 주파수가 같을 것	동기화 전류
기전력의 파형이 같을 것	고주파 무효 순환전류

답 ③

49 전력용 변압기에서 1차에 정현파 전압을 인가하였을 때, 2차에 정현파 전압이 유기되기 위해서는 1차에 흘러들어가는 여자전류는 기본파 전류 외에 주로 몇 고조파 전류가 포함되는가?

① 제2고조파
② 제3고조파
③ 제4고조파
④ 제5고조파

풀이 변압기 철심에는 자기포화현상과 히스테리시스 현상으로 인하여, 자속을 만드는 여자전류는 정현파로 될 수 없으며 고조파를 포함하는 왜형파가 된다. 따라서 1차에 흘러들어가는 여자전류는 기본파 전류 외에 제3고조파 전류가 포함되어 있다.

답 ②

50 변압기에서 사용되는 변압기유의 구비조건으로 틀린 것은?

① 점도가 높을 것
② 응고점이 낮을 것
③ 인화점이 높을 것
④ 절연내력이 클 것

풀이 변압기의 기름으로서 갖추어야 할 조건
① 절연 저항 및 절연내력이 클 것
② 절연 재료 및 금속에 화학 작용을 일으키지 않을 것
③ 인화점이 높고, 응고점이 낮을 것
④ 점도가 낮고, 비열이 커서 냉각효과가 클 것
⑤ 고온에서도 석출물이 생기거나 산화하지 않을 것
⑥ 열전도율이 클 것
⑦ 열 팽창계수가 작고 증발로 인한 감소량이 적을 것

답 ①

51 스텝각이 2°, 스테핑주파수(pulse rate)가 1800[pps]인 스테핑모터의 축속도[rps]는?

① 8
② 10
③ 12
④ 14

풀이 ① 1펄스 당 스텝각이 2°이고,
1초당 입력펄스가 1800[pps]이므로
1초당 스텝각은 2° × 1800 = 3600°이다.
② 전동기 1회전 당 회전각도는 360°이므로 스테핑전동기의 회전속도는
$\frac{3600°}{360°} = 10$[rps]이다.

답 ②

52 직류기에 관련된 사항으로 잘못 짝 지어진 것은?

① 보극 – 리액턴스 전압 감소
② 보상권선 – 전기자 반작용 감소
③ 전기자 반작용 – 직류전동기속도 감소
④ 정류기간 – 전기자 코일이 단락되는 기간

풀이 ① 전기자 반작용은 전기자 전류에 의하여 발생한 자속이 계자에 의해 발생되는 주자속에 영향을 주어 주자속이 감소되는 현상이다.
② $E = k\phi n$에서 $n = \frac{E}{k\phi} \propto \frac{1}{\phi}$이므로
전기자 반작용에 의해 자속이 감소되면, 직류발전기의 유기기전력이 감소하고 직류전동기의 속도는 증가한다.

답 ③

53 단상 유도전동기의 토크에 대한 2차 저항을 어느 정도 이상으로 증가시킬 때 나타나는 현상으로 옳은 것은?

① 역회전 가능
② 최대토크 일정
③ 기동 토크 증가
④ 토크는 항상(+)

답 전항정답

54 그림은 전원전압 및 주파수가 일정할 때의 다상 유도전동기의 특성을 표시하는 곡선이다. 1차 전류를 나타내는 곡선은 몇 번 곡선인가?

① (1)
② (2)
③ (3)
④ (4)

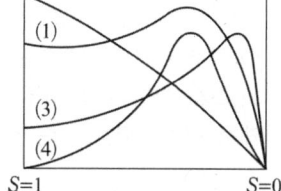

풀이 (1) 토크, (2) 1차 전류, (3) 역률, (4) 출력

답 ②

55 직류발전기의 외부 특성곡선에서 나타내는 관계로 옳은 것은?

① 계자전류와 단자전압
② 계자전류와 부하전류
③ 부하전류와 단자전압
④ 부하전류와 유기기전력

풀이 직류발전기의 특성곡선

구 분	횡축	종축	조 건
무부하 포화 곡선	I_f	$V(=E)$	n=일정, $I=0$
외부 특성 곡선	I (부하전류)	V (단자전압)	n=일정, R_f=일정
내부 특성 곡선	I	E	n=일정, R_f=일정
부하 특성 곡선	I_f	V	n=일정, I=일정
계자 조정 곡선	I	I_f	n=일정, V=일정

답 ③

56 동기전동기가 무부하 운전 중에 부하가 걸리면 동기전동기의 속도는?

① 정지한다.
② 동기속도와 같다.
③ 동기속도보다 빨라진다.
④ 동기속도 이하로 떨어진다.

풀이 동기전동기의 특성
• 항상 동기속도로 운전된다.
• 항상 역률 1로 운전할 수 있다.
• 필요시 앞선 전류를 통할 수 있다.
• 유도전동기에 비하여 효율이 좋다. 답 ②

57 100[V], 10[A], 1500[rpm]인 직류분권발전기의 정격 시의 계자전류는 2[A]이다. 이 때 계자회로에는 10[Ω]의 외부저항이 삽입되어 있다. 계자권선의 저항[Ω]은?

① 20　　② 40
③ 80　　④ 100

풀이 $V = I_f(R_f + R)$

$\therefore R_f = \dfrac{V}{I_f} - R = \dfrac{100}{2} - 10 = 40[\Omega]$

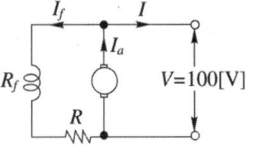

답 ②

58 50[Hz]로 설계된 3상 유도전동기를 60[Hz]에 사용하는 경우 단자전압을 110[%]로 높일 때 일어나는 현상으로 틀린 것은?

① 철손불변
② 여자전류감소
③ 온도상승증가
④ 출력이 일정하면 유효전류 감소

풀이 주파수는 $\dfrac{60[Hz]}{50[Hz]} = 1.2$배 상승하고 단자전압은 1.1배 상승한다고 하면

① 철손은 $fB^2 \propto f\left(\dfrac{V}{f}\right)^2 = \dfrac{V^2}{f} = \dfrac{1.1^2}{1.2} ≒ 1$이므로 불변하고, 유효 전류는 $I_w \propto \dfrac{1}{V} = \dfrac{1}{1.1} ≒ 0.9$로 감소한다.

② 여자전류는 $I_0 \propto \dfrac{V}{f}$ 이므로 $\dfrac{1.1}{1.2} ≒ 0.9$배로 감소한다.

③ 역률은 $\dfrac{I_0}{I_w}$의 함수이므로 불변한다.

④ 여자전류 감소, 철손 불변, 유효 전류 감소에서 손실은 일정하거나 다소 감소하고, 속도가 증가하므로 냉각팬의 효과도 증가하여 온도 상승은 감소한다.

답 ③

59 상전압 200[V]의 3상 반파정류회로의 각 상에 SCR을 사용하여 정류제어 할 때 위상각을 $\dfrac{\pi}{6}$로 하면 순 저항부하에서 얻을 수 있는 직류전압[V]은?

① 90　　② 180
③ 203　　④ 234

풀이 3상 반파정류회로의 평균 전압 $E_{d\pi}$은

$$E_{d\pi} = \frac{3\sqrt{6}}{2\pi}V\cos\theta = 1.17V\cos\theta$$
$$= 1.17 \times 200 \times \cos\frac{\pi}{6} \approx 203[V]$$

답 ③

60 직류기발전기에서 양호한 정류(整流)를 얻는 조건으로 틀린 것은?

① 정류주기를 크게 할 것
② 리액턴스 전압을 크게 할 것
③ 브러시의 접촉저항을 크게 할 것
④ 전기자 코일의 인덕턴스를 작게 할 것

풀이 양호한 정류를 얻는 조건

① 리액턴스 전압을 작게 한다. $\left(e_L = L\frac{2I_c}{T_c}\right)$
② 단절권 채용으로 자기 인덕턴스를 작게 한다.
③ 고속을 피하여 정류 주기를 길게 한다.
④ 저항 정류로서 접촉저항이 큰 탄소 브러시를 사용한다.
⑤ 전압 정류로서 보극을 설치한다.

답 ②

4과목 - 회로이론 및 제어공학

61 블록선도 변환이 틀린 것은?

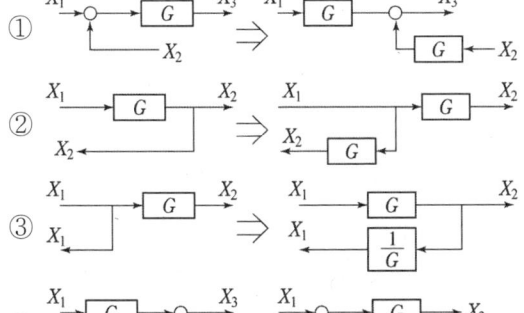

풀이

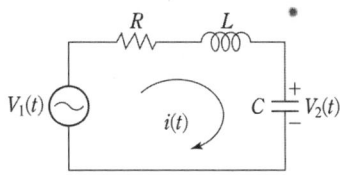

$X_3 = GX_1 + X_2$ $X_3 = (X_1 + GX_2)G$

답 ④

62 폐루프 전달함수 $\frac{G(s)}{1+G(s)H(s)}$의 극의 위치를 개루프 전달함수 $G(s)H(s)$의 이득상수 K의 함수로 나타내는 기법은?

① 근궤적법
② 보드 선도법
③ 이득 선도법
④ Nyquist 판정법

풀이 근궤적법

폐루프 전달함수의 근을 개루프 전달함수의 극점과 영점의 배치로부터 도식적으로 해석하는 방법을 근궤적법이라고 하며, 제어계의 안정성과 속응성에 관한 예측 정보를 얻을 수 있다.

개루프 전달함수
$$G(s)H(s) = \frac{K(s+z_1)(s+z_2)\cdots(s+z_m)}{(s+p_1)(s+p_2)\cdots(s+p_m)}$$
(단, K : 이득 상수, z : 극점, p : 영점)

답 ①

63 다음 회로망에서 입력전압을 $V_1(t)$, 출력전압을 $V_2(t)$라 할 때, $\frac{V_2(s)}{V_1(s)}$에 대한 고유주파수 ω_n과 제동비 ζ의 값은? (단, $R=100[\Omega]$, $L=2[H]$, $C=200[\mu F]$이고, 모든 초기전하는 0이다.)

① $\omega_n = 50$, $\zeta = 0.5$
② $\omega_n = 50$, $\zeta = 0.7$
③ $\omega_n = 250$, $\zeta = 0.5$
④ $\omega_n = 250$, $\zeta = 0.7$

풀이 RLC 직렬회로의 전달함수
$$G(s) = \frac{1}{LCs^2 + RCs + 1}$$

여기에 $R=100[\Omega]$, $L=2[H]$, $C=200[\mu F]$를 대입하면
$$G(s) = \frac{1}{2 \times 200 \times 10^{-6} \times s^2 + 100 \times 200 \times 10^{-6} \times s + 1}$$
$$= \frac{1}{0.0004s^2 + 0.02s + 1} = \frac{2500}{s^2 + 50s + 2500}$$

2차계의 전달함수 $G(s) = \dfrac{\omega_n^2}{s^2 + 2\zeta\omega_n s + \omega_n^2}$ 와 비교하면
- 고유주파수 $\omega_n^2 = 2500$, $\therefore \omega_n = 50$
- 제동비 $2\zeta\omega_n = 2\zeta \times 50 = 50$, $\therefore \zeta = 0.5$ 답 ①

64 다음 신호흐름선도의 일반식은?

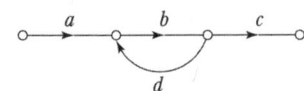

① $G = \dfrac{1-bd}{abc}$ ② $G = \dfrac{1+bd}{abc}$

③ $G = \dfrac{abc}{1+bd}$ ④ $G = \dfrac{abc}{1-bd}$

풀이 $G_1 = abc$, $\Delta_1 = 1$, $L_{11} = bd$, $\Delta = 1 - L_{11} = 1 - bd$

$\therefore G = \dfrac{C}{R} = \dfrac{G_1 \Delta_1}{\Delta} = \dfrac{abc}{1-bd}$

별해 전향경로 이득 : abc, 루프 이득 : bd

$G(s) = \dfrac{\sum 전향\ 경로\ 이득}{1 - \sum 루프이득} = \dfrac{abc}{1-bd}$ 답 ④

65 다음 중 이진 값 신호가 아닌 것은?

① 디지털 신호
② 아날로그 신호
③ 스위치의 On-Off 신호
④ 반도체 소자의 동작, 부동작 상태

풀이 이진 값 신호는 0과 1에 대응하는 불연속 신호이며, 아날로그 신호는 연속된 신호이다.
- 아날로그 신호 : 소리, 전류 등과 같이 연속적으로 변하는 신호
- 디지털 신호 : 스위치의 On-Off 등과 같이 불연속적으로 변하는 신호 답 ②

66 보드 선도에서 이득여유에 대한 정보를 얻을 수 있는 것은?

① 위상곡선 0°에서의 이득과 0[dB]과의 차이
② 위상곡선 180°에서의 이득과 0[dB]과의 차이
③ 위상곡선 −90°에서의 이득과 0[dB]과의 차이
④ 위상곡선 −180°에서의 이득과 0[dB]과의 차이

풀이 이득 여유란 위상선도가 −180°선을 끊는 점에 대응되는 이득의 크기이다.

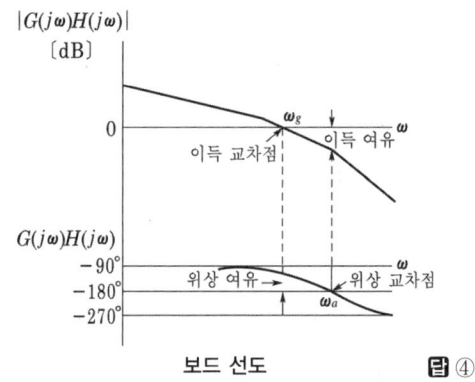

보드 선도 답 ④

67 단위 궤환제어계의 개루프 전달함수가 $G(s) = \dfrac{K}{s(s+2)}$ 일 때, K가 $-\infty$로부터 $+\infty$까지 변하는 경우 특성방정식의 근에 대한 설명으로 틀린 것은?

① $-\infty < K < 0$에 대하여 근은 모두 실근이다.
② $0 < K < 1$에 대하여 2개의 근은 모두 음의 실근이다.
③ $K = 0$에 대하여 $s_1 = 0$, $s_2 = -2$의 근은 $G(s)$의 극점과 일치한다.
④ $1 < K < \infty$에 대하여 2개의 근은 음의 실수부 중근이다.

풀이 폐루프 특성방정식
$s(s+2) + K = 0 \rightarrow s^2 + 2s + K = 0$
특성근 $s_1, s_2 = -1 \pm \sqrt{1-K}$
① $-\infty < K < 0$: 근호 안은 양수$(1-K>0)$이므로 양과 음의 두 실근
② $0 < K < 1$: $-1 < s_1 < 0$, $-2 < s_2 < -1$이므로 음의 두 실근
③ $K = 0$: $s_1 = 0$, $s_2 = -2$이므로 극점과 일치하는 두 실근
④ $1 < K < \infty$: 근호 안은 음수$(1-K<0)$이므로 음의 실수부를 갖는 공액 복소근 답 ④

68 2차계 과도응답에 대한 특성방정식의 근은 $s_1, s_2 = -\zeta\omega_n \pm j\omega_n\sqrt{1-\zeta^2}$ 이다. 감쇠비 ζ가 $0 < \zeta < 1$ 사이에 존재할 때 나타나는 현상은?

① 과제동 ② 무제동
③ 부족제동 ④ 임계제동

풀이
- $0 < \zeta < 1$인 경우 : **부족제동** (감쇠진동)
- $\zeta > 1$인 경우 : 과제동 (비진동)
- $\zeta = 1$인 경우 : 임계제동 (임계상태)
- $\zeta = 0$인 경우 : 무제동 (무한진동 또는 완전진동)

답 ③

69 그림의 시퀀스 회로에서 전자접촉기 X에 의한 A접점(Normal open contact)의 사용목적은?

① 자기유지회로
② 지연회로
③ 우선 선택회로
④ 인터록(interlock)회로

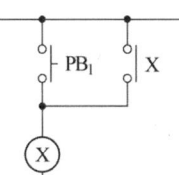

풀이 **자기유지회로** : 릴레이 자신의 접점에 의하여 동작 회로를 구성하고 스스로 동작을 유지하는 회로

답 ①

70 그림과 같은 RC 저역통과 필터회로에 단위 임펄스를 입력으로 가했을 때 응답 $h(t)$는?

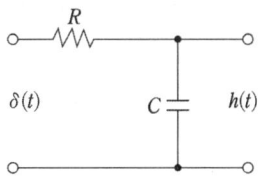

① $h(t) = RCe^{-\frac{t}{RC}}$

② $h(t) = \frac{1}{RC}e^{-\frac{t}{RC}}$

③ $h(t) = \frac{R}{1+j\omega RC}$

④ $h(t) = \frac{1}{RC}e^{-\frac{C}{R}t}$

풀이
$$G(s) = \frac{H(s)}{\Delta(s)} = \frac{\frac{1}{sC}}{R+\frac{1}{Cs}} = \frac{1}{RCs+1}$$

$\Delta(s) = \mathcal{L}[\delta(t)] = 1$

$H(s) = \frac{1}{RCs+1}\Delta(s) = \frac{1}{RCs+1}\cdot 1$

$= \frac{1}{RCs+1} = \frac{1}{RC}\cdot\frac{1}{s+\frac{1}{RC}}$

$\therefore h(t) = \mathcal{L}^{-1}[H(s)] = \frac{1}{RC}e^{-\frac{1}{RC}t}$

답 ②

71 다음의 블록선도에서 특성방정식의 근은?

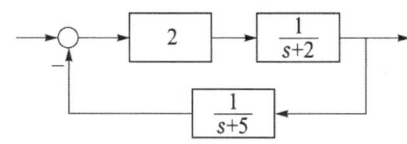

① $-2, -5$ ② $2, 5$
③ $-3, -4$ ④ $3, 4$

풀이 특성방정식
$1 + G(s)H(s) = 1 + 2\cdot\frac{1}{s+2}\cdot\frac{1}{s+5} = 0$
$(s+2)(s+5) + 2 = s^2 + 7s + 12 = (s+3)(s+4) = 0$
$\therefore s = -3, -4$

답 ③

72 평형 3상 3선식 회로에서 부하는 Y결선이고, 선간전압이 $173.2\angle 0°$[V]일 때 선전류는 $20\angle -120°$[A]이었다면, Y결선된 부하 한상의 임피던스는 약 몇 [Ω]인가?

① $5\angle 60°$ ② $5\angle 90°$
③ $5\sqrt{3}\angle 60°$ ④ $5\sqrt{3}\angle 90°$

풀이 Y결선에서 선전류(I_l) = 상전류(I_p),
선간 전압(V_l) = $\sqrt{3}\times$상전압(V_p)$\angle 30°$ 이므로

상전압 $V_p = \frac{V_l}{\sqrt{3}}\angle -30° = \frac{100\sqrt{3}}{\sqrt{3}}\angle -30°$
$= 100\angle -30°$[V]

$\therefore Z = \frac{V_p}{I_p} = \frac{100\angle -30°}{20\angle -120°} = 5\angle 90°$[Ω]

답 ②

73 2전력계법으로 평형 3상 전력을 측정하였더니 한 쪽의 지시가 500[W], 다른 한 쪽의 지시가 1500[W]이었다. 피상전력은 약 몇 [VA]인가?

① 2000 ② 2310
③ 2646 ④ 2771

풀이 2전력계법에서의 피상전력
$$P_a = 2\sqrt{W_1^2 + W_2^2 - W_1 W_2}$$
$$= 2\sqrt{500^2 + 1500^2 - 500 \times 1500}$$
$$\fallingdotseq 2646[VA]$$

답 ③

74 회로에서 4단자 정수 A, B, C, D의 값은?

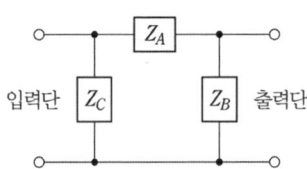

① $A = 1 + \dfrac{Z_A}{Z_B}$, $B = Z_A$, $C = \dfrac{1}{Z_A}$, $D = 1 + \dfrac{Z_B}{Z_A}$

② $A = 1 + \dfrac{Z_A}{Z_B}$, $B = Z_A$, $C = \dfrac{1}{Z_B}$, $D = 1 + \dfrac{Z_A}{Z_B}$

③ $A = 1 + \dfrac{Z_A}{Z_B}$, $B = Z_A$, $C = \dfrac{Z_A + Z_B + Z_C}{Z_B Z_C}$, $D = \dfrac{1}{Z_B Z_C}$

④ $A = 1 + \dfrac{Z_A}{Z_B}$, $B = Z_A$, $C = \dfrac{Z_A + Z_B + Z_C}{Z_B Z_C}$, $D = 1 + \dfrac{Z_A}{Z_C}$

풀이
$$\begin{bmatrix} A & B \\ C & D \end{bmatrix} = \begin{bmatrix} 1 & 0 \\ \dfrac{1}{Z_C} & 1 \end{bmatrix} \begin{bmatrix} 1 & Z_A \\ 0 & 1 \end{bmatrix} \begin{bmatrix} 1 & 0 \\ \dfrac{1}{Z_B} & 1 \end{bmatrix}$$

$$= \begin{bmatrix} 1 & Z_A \\ \dfrac{1}{Z_C} & \dfrac{Z_A}{Z_C}+1 \end{bmatrix} \begin{bmatrix} 1 & 0 \\ \dfrac{1}{Z_B} & 1 \end{bmatrix}$$

$$= \begin{bmatrix} 1 + \dfrac{Z_A}{Z_B} & Z_A \\ \dfrac{Z_A + Z_B + Z_C}{Z_B Z_C} & 1 + \dfrac{Z_A}{Z_C} \end{bmatrix}$$

답 ④

75 길이에 따라 비례하는 저항 값을 가진 어떤 전열선에 E_0[V]의 전압을 인가하면 P_0[W]의 전력이 소비된다. 이 전열선을 잘라 원래 길이의 $\dfrac{2}{3}$로 만들고 E[V]의 전압을 가한다면 소비전력 P[W]는?

① $P = \dfrac{P_0}{2}\left(\dfrac{E}{E_0}\right)^2$ ② $P = \dfrac{3P_0}{2}\left(\dfrac{E}{E_0}\right)^2$

③ $P = \dfrac{2P_0}{3}\left(\dfrac{E}{E_0}\right)^2$ ④ $P = \dfrac{\sqrt{3}P_0}{2}\left(\dfrac{E}{E_0}\right)^2$

풀이 ① E_0[V]의 전압을 인가할 때

전력 $P_0 = \dfrac{E_0^2}{R}$[W]에서 $R = \dfrac{E_0^2}{P_0}$

② E[V]의 전압을 인가할 때(전열선의 길이는 $\dfrac{2}{3}$)

저항 $R' = \dfrac{2}{3}R$[Ω]

($\because R = \rho\dfrac{l}{A}$ 이므로 저항 R은 길이 l과 비례)

전력 $P = \dfrac{E^2}{R'} = \dfrac{E^2}{\dfrac{2}{3}R}$[W]에서 $R = \dfrac{3}{2}\dfrac{E^2}{P}$

①, ②에 의해 $\dfrac{E_0^2}{P_0} = \dfrac{3}{2}\dfrac{E^2}{P}$

$\therefore P = \dfrac{3P_0}{2}\left(\dfrac{E}{E_0}\right)^2$

답 ②

76 그림과 같은 순 저항회로에서 대칭 3상 전압을 가할 때 각 선에 흐르는 전류가 같으려면 R의 값은 몇 [Ω]인가?

① 8
② 12
③ 16
④ 20

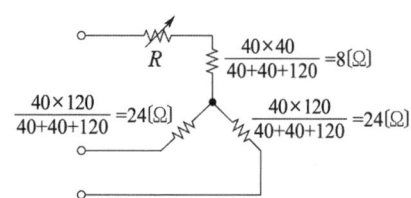

풀이 △저항을 Y저항으로 변환하면

$\dfrac{40 \times 40}{40+40+120} = 8[Ω]$

$\dfrac{40 \times 120}{40+40+120} = 24[Ω]$

$\dfrac{40 \times 120}{40+40+120} = 24[Ω]$

위에서 각 선전류가 같기 위해서는 각 선저항이 같아야 하므로 $R+8=24$ 이라야 한다.
∴ $R=24-8=16[\Omega]$ 답 ③

77 1[km]당 인덕턴스 25[mH], 정전용량 0.005[μF]의 선로가 있다. 무손실 선로라고 가정한 경우 진행파의 위상(전파) 속도는 약 몇 [km/s]인가?

① 8.95×10^4 ② 9.95×10^4
③ 89.5×10^4 ④ 99.5×10^4

풀이 위상(전파) 속도
$$v = \frac{1}{\sqrt{LC}} = \frac{1}{\sqrt{25 \times 10^{-3} \times 0.005 \times 10^{-6}}}$$
$\fallingdotseq 8.95 \times 10^4 [\text{km/s}]$ 답 ①

78 전류 $I = 30\sin\omega t + 40\sin(3\omega t + 45°)$[A]의 실효값[A]은?

① 25 ② $25\sqrt{2}$
③ 50 ④ $50\sqrt{2}$

풀이 왜형파의 실효값은 각 고조파 실효값 제곱의 합의 제곱근이므로
$I = \sqrt{I_1^2 + I_3^2} = \sqrt{\left(\frac{30}{\sqrt{2}}\right)^2 + \left(\frac{40}{\sqrt{2}}\right)^2}$
$= \sqrt{\frac{30^2 + 40^2}{2}} = 25\sqrt{2}$ [A] 답 ②

79 어떤 콘덴서를 300[V]로 충전하는데 9[J]의 에너지가 필요하였다. 이 콘덴서의 정전용량은 몇 [μF]인가?

① 100 ② 200
③ 300 ④ 400

풀이 $W = \frac{1}{2}CV^2$[J]이므로
∴ $C = \frac{2W}{V^2} = \frac{2 \times 9}{300^2} = 200[\mu F]$ 답 ②

80 $f(t) = e^{j\omega t}$의 라플라스 변환은?

① $\dfrac{1}{s-j\omega}$ ② $\dfrac{1}{s+j\omega}$
③ $\dfrac{1}{s^2+\omega^2}$ ④ $\dfrac{\omega}{s^2+\omega^2}$

풀이 $\mathcal{L}[e^{j\omega t}] = \mathcal{L}[1 \cdot e^{j\omega t}] = \left.\frac{1}{s}\right|_{s=s-j\omega} = \frac{1}{s-j\omega}$ 답 ①

5과목 - 전기설비기술기준

81 고압용 기계기구를 시설하여서는 안 되는 경우는?

① 시가지 외로서 지표상 3[m]인 경우
② 발전소, 변전소, 개폐소 또는 이에 준하는 곳에 시설하는 경우
③ 옥내에 설치한 기계기구를 취급자 이외의 사람이 출입할 수 없도록 설치한 곳에 시설하는 경우
④ 공장 등의 구내에서 기계기구의 주위에 사람이 쉽게 접촉할 우려가 없도록 적당한 울타리를 설치하는 경우

풀이 341.8 고압용 기계기구의 시설
고압용 기계기구는 다음의 어느 하나에 해당하는 경우와 발전소·변전소·개폐소 또는 이에 준하는 곳에 시설하는 경우 이외에는 시설하여서는 아니 된다.
가. 기계기구의 주위에 규정에 준하여 울타리·담 등을 시설하는 경우
나. 기계기구를 지표상 4.5[m](시가지 외에는 4[m]) 이상의 높이에 시설하고 또한 사람이 쉽게 접촉할 우려가 없도록 시설하는 경우
다. 옥내에 설치한 기계기구를 취급자 이외의 사람이 출입할 수 없도록 설치한 곳에 시설하는 경우
라. 기계기구를 콘크리트제의 함 또는 규정에 따른 접지공사를 한 금속제 함에 넣고 또한 충전부분이 노출하지 아니하도록 시설하는 경우 답 ①

82 어떤 공장에서 케이블을 사용하는 사용전압이 22[kV]인 가공전선을 건물 옆쪽에서 1차 접근상태로 시설하는 경우, 케이블과 건물의 조영재 이격거리는 몇 [cm] 이상이어야 하는가?

① 50   ② 80
③ 100   ④ 120

풀이 333.23 특고압 가공전선과 건조물의 접근
특고압 가공전선이 건조물과 제1차 접근상태로 시설되는 경우에는 다음에 따라야 한다.
가. 특고압 가공전선로는 제3종 특고압 보안공사에 의할 것.
나. 사용전압이 35[kV] 이하인 특고압 가공전선과 건조물의 조영재 이격거리는 표에서 정한 값 이상일 것.

건조물과 조영재의 구분	전선종류	접근형태	이격거리
상부 조영재	특고압 절연전선	위쪽	2.5[m]
		옆쪽 또는 아래쪽	1.5[m] (전선에 사람이 쉽게 접촉할 우려가 없도록 시설한 경우는 1[m])
	케이블	위쪽	1.2[m]
		옆쪽 또는 아래쪽	0.5[m]
	기타전선		3[m]
기타 조영재	특고압 절연전선		1.5[m] (전선에 사람이 쉽게 접촉할 우려가 없도록 시설한 경우는 1[m])
	케이블		0.5[m]
	기타전선		3[m]

답 ①

83 옥내에 시설하는 전동기가 소손되는 것을 방지하기 위한 과부하 보호 장치를 하지 않아도 되는 것은?

① 정격 출력이 7.5[kW] 이상인 경우
② 정격 출력이 0.2[kW] 이하인 경우
③ 정격 출력이 2.5[kW]이며, 과전류 차단기가 없는 경우
④ 전동기 출력이 4[kW]이며, 취급자가 감시할 수 없는 경우

풀이 212.6.3 저압전로 중의 전동기 보호용 과전류보호장치의 시설
옥내에 시설하는 전동기에는 전동기가 손상될 우려가 있는 과전류가 생겼을 때에 자동적으로 이를 저지하거나 이를 경보하는 장치를 하여야 한다. 다만, 다음의 어느 하나에 해당하는 경우에는 그러하지 아니하다.
가. 전동기를 운전 중 상시 취급자가 감시할 수 있는 위치에 시설하는 경우
나. 전동기의 구조나 부하의 성질로 보아 전동기가 손상될 수 있는 과전류가 생길 우려가 없는 경우
다. 단상전동기로써 그 전원측 전로에 시설하는 과전류 차단기의 정격전류가 16[A](배선용 차단기는 20[A]) 이하인 경우
라. 정격 출력이 0.2[kW] 이하의 전동기

답 ②

84 사용전압 66[kV]의 가공전선로를 시가지에 시설할 경우 전선의 지표상 최소 높이는 몇 [m]인가?

① 6.48   ② 8.36
③ 10.48   ④ 12.36

풀이 333.1 시가지 등에서 특고압 가공전선로의 시설

사용전압의 구분	지표상의 높이
35[kV] 이하	10[m] (전선이 특고압 절연전선인 경우에는 8[m])
35[kV] 초과	10[m]에 35[kV]를 초과하는 10[kV] 또는 그 단수마다 12[cm]를 더한 값

• 단수 = $\dfrac{66-35}{10} = 3.1 \rightarrow$ 4단
• 지표상의 높이 $= 10 + 4 \times 0.12 = 10.48[m]$

답 ③

85 차량 기타 중량물의 압력을 받을 우려가 있는 장소에 지중전선로를 직접 매설식으로 시설하는 경우 매설깊이는 몇 [m] 이상이어야 하는가?

① 0.8   ② 1.0
③ 1.2   ④ 1.5

풀이 334.1 지중전선로의 시설
가. 지중 전선로는 전선에 케이블을 사용하고 또한 관로식 · 암거식 또는 직접 매설식에 의하여 시설하여야 한다.
나. 지중 전선로를 직접 매설식에 의하여 시설하는 경우에는 매설 깊이는
① 차량 기타 중량물의 압력을 받을 우려가 있는 장소 : 1.0[m] 이상
② 기타 장소 : 0.6[m] 이상

답 ②

86 저압 옥상전선로의 시설에 대한 설명으로 틀린 것은?

① 전선은 절연전선을 사용한다.
② 전선은 지름 2.6[mm] 이상의 경동선을 사용한다.
③ 전선은 상시 부는 바람 등에 의하여 식물에 접촉하지 않도록 시설한다.
④ 전선과 옥상 전선로를 시설하는 조영재와의 이격거리를 0.5[m]로 한다.

풀이 221.3 옥상전선로
저압 옥상전선로는 전개된 장소에 다음에 따르고 또한 위험의 우려가 없도록 시설하여야 한다.
가. 전선은 인장강도 2.30[kN] 이상의 것 또는 지름 2.6[mm] 이상의 경동선을 사용할 것.
나. 전선은 절연전선(OW전선을 포함한다.) 또는 이와 동등 이상의 절연효력이 있는 것을 사용할 것.
다. 전선은 조영재에 견고하게 붙인 지지주 또는 지지대에 절연성·난연성 및 내수성이 있는 애자를 사용하여 지지하고 또한 그 지지점 간의 거리는 15[m] 이하일 것.
라. 전선과 그 저압 옥상 전선로를 시설하는 **조영재와의 이격거리는 2[m]**(전선이 고압절연전선, 특고압 절연전선 또는 케이블인 경우에는 1[m]) 이상일 것.
마. 저압 옥상전선로의 전선은 상시 부는 바람 등에 의하여 식물에 접촉하지 아니하도록 시설하여야 한다. **답** ④

87 가공전선로의 지지물에 취급자가 오르고 내리는데 사용하는 발판 볼트 등은 지표상 몇 [m] 미만에 시설하여서는 아니 되는가?

① 1.2   ② 1.8
③ 2.2   ④ 2.5

풀이 331.4 가공전선로 지지물의 철탑오름 및 전주오름 방지
가공전선로의 지지물에 취급자가 오르고 내리는데 사용하는 발판 볼트 등을 지표상 1.8[m] 미만에 시설하여서는 아니 된다. **답** ②

88 고압가공전선로에 사용하는 가공지선으로 나경동선을 사용할 때의 최소 굵기[mm]는?

① 3.2   ② 3.5
③ 4.0   ④ 5.0

풀이 332.6 고압 가공전선로의 가공지선
고압 가공전선로에 사용하는 가공지선은 인장강도 5.26[kN] 이상의 것 또는 **지름 4[mm] 이상의 나경동선**을 사용한다. **답** ③

89 특고압용 변압기의 보호장치인 냉각장치에 고장이 생긴 경우 변압기의 온도가 현저하게 상승한 경우에 이를 경보하는 장치를 반드시 하지 않아도 되는 경우는?

① 유입 풍냉식   ② 유입 자냉식
③ 송유 풍냉식   ④ 송유 수냉식

풀이 351.4 특고압용 변압기의 보호장치
특고압용의 변압기에는 그 내부에 고장이 생겼을 경우에 보호하는 장치를 표와 같이 시설하여야 한다.

뱅크 용량의 구분	동작조건	장치의 종류
5,000[kVA] 이상 10,000[kVA] 미만	변압기 내부고장	자동차단장치 또는 경보장치
10,000[kVA] 이상	변압기 내부고장	자동차단장치
타냉식 변압기(변압기의 권선 및 철심을 직접 냉각시키기 위하여 봉입한 냉매를 강제 순환시키는 냉각 방식을 말한다.)	냉각장치에 고장이 생긴 경우 또는 변압기의 온도가 현저히 상승한 경우	경보장치

※ 유입 자냉식 변압기는 타냉식 변압기가 아니므로 반드시 경보장치를 설치할 필요 없다. **답** ②

90 무선용 안테나 등을 지지하는 철탑의 기초 안전율은 얼마 이상이어야 하는가?

① 1.0   ② 1.5
③ 2.0   ④ 2.5

풀이 364.1 무선용 안테나 등을 지지하는 철탑 등의 시설
전력보안통신설비인 무선통신용 안테나 또는 반사판을 지지하는 목주·철주·철근 콘크리트주 또는 철탑은 다음에 따라 시설하여야 한다. 다만, 무선용 안테나 등이 전선로의 주위상태를 감시할 목적으로 시설되는 것일 경우에는 그러하지 아니하다.
가. 목주는 풍압하중에 대한 안전율은 1.5 이상이어야 한다.
나. 철주·철근 콘크리트주 또는 철탑의 기초 안전율은 **1.5 이상**이어야 한다. **답** ②

91 빙설의 정도에 따라 풍압하중을 적용하도록 규정하고 있는 내용 중 옳은 것은? (단, 빙설이 많은 지방 중 해안지방 기타 저온계절에 최대풍압이 생기는 지방은 제외한다.)

① 빙설이 많은 지방에서는 고온계절에는 갑종 풍압하중, 저온계절에는 을종 풍압하중을 적용한다.
② 빙설이 많은 지방에서는 고온계절에는 을종 풍압하중, 저온계절에는 갑종 풍압하중을 적용한다.
③ 빙설이 적은 지방에서는 고온계절에는 갑종 풍압하중, 저온계절에는 을종 풍압하중을 적용한다.
④ 빙설이 적은 지방에서는 고온계절에는 을종 풍압하중, 저온계절에는 갑종 풍압하중을 적용한다.

풀이 331.6 풍압하중의 종별과 적용

지역		고온계절	저온계절
빙설이 많은 지방 이외의 지방		갑종	병종
빙설이 많은 지방	일반지역	갑종	을종
	해안지방, 기타 저온 계절에 최대 풍압이 생기는 지역	갑종	갑종과 을종 중 큰 값 선정
	인가가 많이 연접되어 있는 장소	병종	병종

답 ①

92 가공전선로의 지지물에 시설하는 지선의 시설 기준으로 옳은 것은?

① 지선의 안전율은 2.2 이상이어야 한다.
② 연선을 사용할 경우에는 소선(素線) 3가닥 이상이어야 한다.
③ 도로를 횡단하여 시설하는 지선의 높이는 지표상 4[m] 이상으로 하여야 한다.
④ 지중부분 및 지표상 20[cm]까지의 부분에는 내식성이 있는 것 또는 아연도금을 한다.

풀이 331.11 지선의 시설
가. 지선의 **안전율은 2.5 이상**일 것. 이 경우에 허용 인장하중의 최저는 4.31[kN]으로 한다.
나. 지선에 연선을 사용할 경우에는 다음에 의할 것.
① **소선 3가닥 이상**의 연선일 것.
② 소선의 지름이 2.6[mm] 이상의 금속선을 사용한 것일 것.

다. **지중부분 및 지표상 0.3[m]까지의 부분**에는 내식성이 있는 것 또는 **아연도금을 한 철봉**을 사용하고 쉽게 부식되지 않는 근가에 견고하게 붙일 것.
라. 도로를 횡단하여 시설하는 지선의 높이는 **지표상 5[m]** 이상으로 하여야 한다.

답 ②

93 조상설비의 조상기(調相機) 내부에 고장이 생긴 경우에 자동적으로 전로로부터 차단하는 장치를 시설해야 하는 뱅크용량[kVA]으로 옳은 것은?

① 1000 ② 1500
③ 10000 ④ 15000

풀이 351.5 조상설비의 보호장치
조상 설비에는 그 내부에 고장이 생긴 경우에 보호하는 장치를 표와 같이 시설하여야 한다.

설비 종별	뱅크 용량의 구분	자동적으로 전로로부터 차단하는 장치
전력용 커패시터 및 분로리액터	500[kVA] 초과 15,000[kVA] 미만	• 내부에 고장이 생긴 경우 • 과전류가 생긴 경우
	15,000[kVA] 이상	• 내부에 고장이 생긴 경우 • 과전류가 생긴 경우 • 과전압이 생긴 경우
조상기	15,000[kVA] 이상	• 내부에 고장이 생긴 경우

답 ④

94 특고압가공전선로의 지지물로 사용하는 B종 철주에서 각도형은 전선로 중 몇 도를 넘는 수평 각도를 이루는 곳에 사용되는가?

① 1 ② 2 ③ 3 ④ 5

풀이 333.11 특고압 가공전선로의 철주·철근 콘크리트주 또는 철탑의 종류
특고압 가공전선로의 지지물로 사용하는 B종 철근·B종 콘크리트주 또는 철탑의 종류는 다음과 같다.
가. 직선형 : 전선로의 직선 부분(3° 이하의 수평 각도 이루는 곳 포함)에 사용되는 것
나. **각도형 : 전선로 중 수평 각도 3°를 넘는 곳**에 사용되는 것
다. 인류형 : 전 가섭선을 인류하는 곳에 사용하는 것
라. 내장형 : 전선로 지지물 양측의 경간차가 큰 곳에 사용하는 것
마. 보강형 : 전선로 직선 부분을 보강하기 위하여 사용하는 것

답 ③

> 출제기준 변경 및 개정된 관계 법규에 따라 삭제된 문제가 있어 20문항이 안됩니다.

완벽대비 2019년 3회 전기기사필기

동일출판사 홈페이지에서 무료 동영상강의를 보실 수 있습니다.

1과목 - 전기자기

01 도전도 $k = 6 \times 10^{17}$[℧/m], 투자율 $\mu = \dfrac{6}{\pi} \times 10^{-7}$[H/m]인 평면도체표면에 10[kHz]의 전류가 흐를 때, 침투깊이 δ[m]는?

① $\dfrac{1}{6} \times 10^{-7}$　② $\dfrac{1}{8.5} \times 10^{-7}$

③ $\dfrac{36}{\pi} \times 10^{-6}$　④ $\dfrac{36}{\pi} \times 10^{-10}$

풀이
$\delta = \sqrt{\dfrac{2}{\omega\sigma\mu}} = \sqrt{\dfrac{1}{\pi f \sigma \mu}}$

여기서, σ : 도전율[℧/m], μ : 투자율[H/m],
　　　　δ : 표피두께(skin depth) 또는 침투깊이[m]

$\therefore \delta = \sqrt{\dfrac{1}{\pi f \sigma \mu}} = \sqrt{\dfrac{1}{\pi \times 10 \times 10^3 \times 6 \times 10^{17} \times \dfrac{6}{\pi} \times 10^{-7}}}$

$= \dfrac{1}{6} \times 10^{-7}$[m]　　**답 ①**

02 강자성체의 세 가지 특성에 포함되지 않는 것은?

① 자기포화 특성　② 와전류 특성
③ 고투자율 특성　④ 히스테리시스 특성

풀이 강자성체 특징
① 자구가 존재한다.
② 히스테리시스 현상이 있다.
③ 투자율이 높다.
④ 자기포화 특성이 있다.　**답 ②**

03 송전선의 전류가 0.01초 사이에 10[kA] 변화될 때 이 송전선에 나란한 통신선에 유도되는 유도전압은 몇 [V]인가? (단, 송전선과 통신선 간의 상호유도계수는 0.3[mH]이다.)

① 30　② 300
③ 3000　④ 30000

풀이 유도전압
$e = M\dfrac{di(t)}{dt} = 0.3 \times 10^{-3} \times \dfrac{10 \times 10^3}{0.01}$
$= 300$[V]　**답 ②**

04 단면적 15[cm²]의 자석 근처에 같은 단면적을 가진 철편을 놓을 때 그 곳을 통하는 자속이 3×10^{-4}[Wb]이면 철편에 작용하는 흡인력은 약 몇 [N]인가?

① 12.2　② 23.9
③ 36.6　④ 48.8

풀이
흡인력 $F = \dfrac{B^2 S}{2\mu_0} = \dfrac{\left(\dfrac{\phi}{S}\right)^2 S}{2\mu_0} = \dfrac{\phi^2}{2\mu_0 S}$

$= \dfrac{(3 \times 10^{-4})^2}{2 \times 4\pi \times 10^{-7} \times 15 \times 10^{-4}}$

$\fallingdotseq 23.9$[N]　**답 ②**

05 단면적이 s[m²], 단위 길이에 대한 권수가 n[회/m]인 무한히 긴 솔레노이드의 단위길이 당 자기 인덕턴스[H/m]는?

① $\mu \cdot s \cdot n$　② $\mu \cdot s \cdot n^2$
③ $\mu \cdot s^2 \cdot n$　④ $\mu \cdot s^2 \cdot n^2$

풀이
- 자속 $\phi = Bs = \mu Hs$[Wb]
- 무한장 솔레노이드 : 내부 자계의 세기 $H = nI$[AT/m], 외부 자계의 세기 $H_e = 0$[AT/m]

$\therefore$ 자기 인덕턴스
$L = \dfrac{n\phi}{I} = \dfrac{n\mu Hs}{I} = \dfrac{n\mu \cdot nI \cdot s}{I}$
$= \mu s n^2$[H/m]　**답 ②**

06 다음 금속 중 저항률이 가장 작은 것은?

① 은　② 철
③ 백금　④ 알루미늄

풀이 금속의 저항률   (단위 : $\rho \times 10^{-8}$[$\Omega \cdot m$])

금속	은	금	알루미늄	철	백금
고유저항(저항률)	1.62	2.44	2.83	10	10.5

답 ①

07 원통 좌표계에서 일반적으로 벡터가 $A = 5r\sin\phi a_z$로 표현될 때 점 $(2, \frac{\pi}{2}, 0)$에서 curl$A$를 구하면?

① $5a_r$ ② $5\pi a_\phi$
③ $-5a_\phi$ ④ $-5\pi a_\phi$

풀이
$$\nabla \times A = \frac{1}{r}\begin{vmatrix} a_r & ra_\phi & a_z \\ \frac{\partial}{\partial r} & \frac{\partial}{\partial \phi} & \frac{\partial}{\partial z} \\ A_r & rA_\phi & A_z \end{vmatrix} = \frac{1}{r}\begin{vmatrix} a_r & ra_\phi & a_z \\ \frac{\partial}{\partial r} & \frac{\partial}{\partial \phi} & \frac{\partial}{\partial z} \\ 0 & 0 & 5r\sin\phi \end{vmatrix}$$

$$= \frac{1}{r}\left\{\left(\frac{\partial}{\partial \phi}5r\sin\phi - 0\right)a_r + \left(0 - \frac{\partial}{\partial r}5r\sin\phi\right)ra_\phi + (0-0)a_z\right\}$$

$$= \frac{1}{r}(5r\cos\phi\, a_r - 5r\sin\phi\, a_\phi) \leftarrow \left(2, \frac{\pi}{2}, 0\right) \text{대입}$$

$$= 5\cos\frac{\pi}{2}a_r - 5\sin\frac{\pi}{2}a_\phi = -5a_\phi$$

답 ③

08 전기저항에 대한 설명으로 틀린 것은?
① 저항의 단위는 옴[Ω]을 사용한다.
② 저항률(ρ)의 역수를 도전율이라고 한다.
③ 금속선의 저항 R은 길이 l에 반비례한다.
④ 전류가 흐르고 있는 금속선에 있어서 임의 두 점간의 전위차는 전류에 비례한다.

풀이 $R = \rho\frac{l}{S}$

(여기서, R : 저항[Ω], σ : 도전율,

$\rho = \frac{1}{\sigma}$: 저항률 또는 고유저항[$\Omega \cdot m$])

따라서 저항 R은 길이 l에 비례한다. **답** ③

09 무한장 직선형 도선에 I[A]의 전류가 흐를 경우 도선으로부터 R[m] 떨어진 점의 자속밀도 B[Wb/m²]는?

① $B = \frac{\mu I}{2\pi R}$ ② $B = \frac{I}{2\pi \mu R}$
③ $B = \frac{\mu I}{4\pi R}$ ④ $B = \frac{I}{4\pi \mu R}$

풀이 무한장 직선 전류로부터 R[m] 떨어진 점의 자계는 $H = \frac{I}{2\pi R}$[A/m]이고, $B = \mu H$이므로

$\therefore B = \mu H = \frac{\mu I}{2\pi R}$[Wb/m²] **답** ①

10 전하 q[C]가 진공 중의 자계 H[AT/m]에 수직 방향으로 v[m/s]의 속도로 움직일 때 받는 힘은 몇 [N]인가? (단, 진공 중의 투자율은 μ_o이다.)

① qvH ② $\mu_o qH$
③ πqvH ④ $\mu_o qvH$

풀이 자계 내에 놓여진 운동 전하가 받는 힘
$F = qvB\sin\theta = qv\mu_o H\sin\theta$[N]이고,
수직방향이므로 $\theta = 90°(\sin 90° = 1)$이다.
따라서 $F = \mu_o qvH$[N] **답** ④

11 자계의 벡터포텐셜을 A라 할 때 자계의 시간적 변화에 의하여 생기는 전계의 세기 E는?

① $E = \text{rot}A$ ② $\text{rot}E = A$
③ $E = -\frac{\partial A}{\partial t}$ ④ $\text{rot}E = -\frac{\partial A}{\partial t}$

풀이 $B = \nabla \times A$로 정의되고 $\nabla \times E = -\frac{\partial B}{\partial t}$에서

$\nabla \times E = -\frac{\partial B}{\partial t} = -\frac{\partial}{\partial t}(\nabla \times A) = \nabla \times \left(-\frac{\partial A}{\partial t}\right)$

$\therefore E = -\frac{\partial A}{\partial t}$ **답** ③

12 환상철심의 평균 자계의 세기가 3000[AT/m]이고, 비투자율이 600인 철심 중의 자화의 세기는 약 몇 [Wb/m²]인가?

① 0.75 ② 2.26
③ 4.52 ④ 9.04

풀이 자화율 $\chi_m = \mu - \mu_0 = \mu_0(\mu_s - 1)$[H/m]이므로
자화의 세기 $J = \chi_m H = \mu_0(\mu_s - 1)H$
$= 4\pi \times 10^{-7} \times (600-1) \times 3000$
$= 2.26$[Wb/m²]   **답** ②

13 평행판 콘덴서의 극간 전압이 일정한 상태에서 극간에 공기가 있을 때의 흡인력을 F_1, 극판 사이에 극판 간격의 $\frac{2}{3}$ 두께의 유리판($\epsilon_r = 10$)을 삽입할 때의 흡인력을 F_2라 하면 $\frac{F_2}{F_1}$는?

① 0.6 ② 0.8
③ 1.5 ④ 2.5

풀이 • 공기 콘덴서인 경우의
정전용량 $C_1 = \frac{\epsilon_0 S}{d}$

• 극판 간격 $\frac{2}{3}$ 두께의
유리판을 삽입한 경우의
정전용량

$C_2 = \frac{\frac{\epsilon_0 S}{d/3} \cdot \frac{10\epsilon_0 S}{2d/3}}{\frac{\epsilon_0 S}{d/3} + \frac{10\epsilon_0 S}{2d/3}} = \frac{5}{2} \cdot \frac{\epsilon_0 S}{d} = \frac{5}{2}C_1$

• 힘(F)은 에너지(W)에 비례하며,
$W_1 = \frac{1}{2}C_1V^2$, $W_2 = \frac{1}{2}C_2V^2$ 이고,
전압이 일정할 때이므로

$\therefore \frac{F_2}{F_1} = \frac{W_2}{W_1} = \frac{\frac{1}{2}C_2V^2}{\frac{1}{2}C_1V^2} = \frac{C_2}{C_1} = \frac{5}{2} = 2.5$배   **답** ④

14 전자파의 특성에 대한 설명으로 틀린 것은?

① 전자파의 속도는 주파수와 무관하다.
② 전파 E_x를 고유 임피던스로 나누면 자파 H_y가 된다.
③ 전파 E_x와 자파 H_y의 진동방향은 진행방향에 수평인 종파이다.
④ 매질이 도전성을 갖지 않으면 전파 E_x와 자파 H_y는 동위상이 된다.

풀이 ① 전자파 속도 $v = \frac{1}{\sqrt{\epsilon\mu}}$ 이므로 전자파 속도는 매질의 유전율과 투자율에 관계하고, 주파수와는 무관하다.
② 특성 임피던스 $\eta = \frac{E_s}{H_g}$ $\therefore H_g = \frac{E_s}{\eta}$
③ E_s와 H_g의 진동방향은 진행방향에 수직인 횡파이다.
④ E_s와 H_g는 동위상이다.   **답** ③

15 진공 중에서 점 $P(1, 2, 3)$ 및 점 $Q(2, 0, 5)$에 각각 300[μC], −100[μC]인 점전하가 놓여 있을 때 점전하 −100[μC]에 작용하는 힘은 몇 [N]인가?

① $10i - 20j + 20k$
② $10i + 20j - 20k$
③ $-10i + 20j + 20k$
④ $-10i + 20j - 20k$

풀이 $r = (2-1)i + (0-2)j + (5-3)k = 1i - 2j + 2k$
$r = \sqrt{1^2 + (-2)^2 + 2^2} = 3$[m]
$r_0 = \frac{1}{3}(1i - 2j + 2k)$
$\therefore F = 9 \times 10^9 \times \frac{Q_1Q_2}{r^2}r_0$
$= 9 \times 10^9 \times \frac{300 \times 10^{-6} \times (-100 \times 10^{-6})}{3^2}$
$\times \frac{1}{3}(1i - 2j + 2k)$
$= -30 \times \frac{1}{3}(1i - 2j + 2k)$
$= -10i + 20j - 20k$[N]   **답** ④

16 반지름 a[m]의 구 도체에 전하 Q[C]가 주어질 때 구 도체표면에 작용하는 정전응력은 몇 [N/m²]인가?

① $\frac{9Q^2}{16\pi^2\epsilon_o a^6}$ ② $\frac{9Q^2}{32\pi^2\epsilon_o a^6}$
③ $\frac{Q^2}{16\pi^2\epsilon_o a^4}$ ④ $\frac{Q^2}{32\pi^2\epsilon_o a^4}$

풀이 구도체표면의 전계의 세기 $E = \frac{Q}{4\pi\epsilon_o a^2}$ 이다.
따라서 구도체표면에 작용하는 정전응력은

$$f = \frac{1}{2}\epsilon_0 E^2 = \frac{1}{2}\epsilon_0 \left(\frac{Q}{4\pi\epsilon_0 a^2}\right)^2 = \frac{Q^2}{32\pi^2 \epsilon_0 a^4} \text{ [N/m}^2\text{]}$$

답 ④

17 정전용량이 각각 C_1, C_2, 그 사이의 상호유도계수가 M인 절연된 두 도체가 있다. 두 도체를 가는 선으로 연결할 경우, 정전용량은 어떻게 표현되는가?

① $C_1 + C_2 - M$ ② $C_1 + C_2 + M$
③ $C_1 + C_2 + 2M$ ④ $2C_1 + 2C_2 + M$

풀이 $\begin{cases} Q_1 = q_{11}V_1 + q_{12}V_2 \\ Q_2 = q_{21}V_1 + q_{22}V_2 \end{cases}$ 에서

$q_{11} = C_1$, $q_{22} = C_2$, $q_{12} = q_{21} = M$

두 도체를 가는 선으로 연결하면 등전위가 되어
$V_1 = V_2 = V$이므로

$\begin{cases} Q_1 = (q_{11}+q_{12})V = (C_1+M)V \\ Q_2 = (q_{21}+q_{22})V = (M+C_2)V \end{cases}$

$\therefore C = \frac{Q_1+Q_2}{V} = \frac{(C_1+M)V + (M+C_2)V}{V}$
$= C_1 + C_2 + 2M$

답 ③

18 정전용량이 1[μF]이고 판의 간격이 d인 공기 콘덴서가 있다. 두께 $\frac{1}{2}d$, 비유전율 $\epsilon_r = 2$ 유전체를 그 콘덴서의 한 전극면에 접촉하여 넣었을 때 전체의 정전용량[μF]은?

① 2   ② $\frac{1}{2}$
③ $\frac{4}{3}$ ④ $\frac{5}{3}$

풀이 콘덴서의 직렬 등가회로로 바꿀 수 있고 합성 정전용량 C는

$$C = \frac{1}{\frac{1}{C_1}+\frac{1}{C_2}} = \frac{C_1 C_2}{C_1+C_2}$$

여기서, C_1, C_2는

$$C_1 = \frac{\epsilon_0 A}{\frac{d}{2}} = \frac{2\epsilon_0 A}{d}$$

$$C_2 = \frac{\epsilon_0 \epsilon_s A}{\frac{d}{2}} = \frac{2\epsilon_0 \epsilon_s A}{d}$$

$$\therefore C = \frac{\frac{2\epsilon_0 A}{d} \cdot \frac{2\epsilon_0 \epsilon_s A}{d}}{\frac{2\epsilon_0 A}{d} + \frac{2\epsilon_0 \epsilon_s A}{d}} = \frac{\frac{\epsilon_0 A}{d}4\epsilon_s}{2+2\epsilon_s}$$

$$= \frac{\epsilon_0 A \cdot 2\epsilon_s}{d(1+\epsilon_s)} = \frac{\epsilon_0 A}{d} \cdot \frac{2\epsilon_s}{1+\epsilon_s}$$

유전체를 삽입하기 전 정전용량 $C_0 = \frac{\epsilon_0 A}{d}$ 이므로

$$C = C_0 \cdot \frac{2\epsilon_s}{1+\epsilon_s} = 1 \cdot \frac{2\times 2}{1+2} = \frac{4}{3}[\mu F]$$

답 ③

19 길이 l[m]인 동축 원통 도체의 내외원통에 각각 $+\lambda$, $-\lambda$[C/m]의 전하가 분포되어 있다. 내외원통 사이에 유전율 ϵ인 유전체가 채워져 있을 때, 전계의 세기[V/m]는? (단, V는 내외원통 간의 전위차, D는 전속밀도이고, a, b는 내외원통의 반지름이며, 원통 중심에서의 거리 r은 $a < r < b$인 경우이다.)

① $\dfrac{V}{r \cdot \ln\frac{b}{a}}$ ② $\dfrac{V}{\epsilon \cdot \ln\frac{b}{a}}$

③ $\dfrac{D}{r \cdot \ln\frac{b}{a}}$ ④ $\dfrac{D}{\epsilon \cdot \ln\frac{b}{a}}$

풀이 원통 사이의 전위차

$$V = -\int_b^a E dl = -\int_b^a \frac{\lambda}{2\pi\epsilon_0 r} dl$$

$$= \frac{\lambda}{2\pi\epsilon_0}[\ln r]_a^b = \frac{\lambda}{2\pi\epsilon_0} \ln \frac{b}{a}$$

$$\lambda = \frac{2\pi\epsilon_0 V}{\ln\frac{b}{a}}$$

따라서 원통 내의 전계의 세기

$$E = \frac{\lambda}{2\pi\epsilon_0 r} = \frac{1}{2\pi\epsilon_0 r} \times \frac{2\pi\epsilon_0 V}{\ln\frac{b}{a}} = \frac{V}{r\ln\frac{b}{a}}[V/m]$$

답 ①

20 변위전류와 가장 관계가 깊은 것은?

① 도체   ② 반도체
③ 유전체   ④ 자성체

풀이 변위 전류는 진공 또는 유전체 내 전속밀도의 시간적 변화에 의해서 발생한다.

$$i_D = \frac{I_D}{S} = \frac{\partial D}{\partial t} = \frac{\partial(\epsilon E)}{\partial t}$$

여기서, i_D : 변위전류밀도[A/m²]
I_D : 변위전류[A]
ϵ : 유전율[F/m]
E : 전계의 세기[V/m]
D : 전속밀도[C/m²]

답 ③

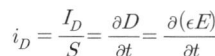

2과목 - 전력공학

21 가공지선에 대한 설명 중 틀린 것은?

① 유도뢰 서지에 대하여도 그 가설구간 전체에 사고방지의 효과가 있다.
② 직격뢰에 대하여 특히 유효하며 탑 상부에 시설하므로 뇌는 주로 가공지선에 내습한다.
③ 송전선의 1선 지락 시 지락전류의 일부가 가공지선에 흘러 차폐작용을 하므로 전자유도장해를 적게 할 수 있다.
④ 가공지선 때문에 송전선로의 대지정전용량이 감소하므로 대지 사이에 방전할 때 유도전압이 특히 커서 차폐효과가 좋다.

풀이 가공 지선(over head ground wire)은 송전선 위에 나란히 가설된 도선으로 각 철탑에 접지되어 있으며, 이와 같이 하여 뇌운에 의한 전선로에서의 정전 유도 작용을 차폐할 수 있어 유도뢰에 의한 피해를 줄일 수 있다.
① **직격뢰에 대한 차폐 효과**
② **유도뢰에 대한 정전 차폐 효과**
③ 통신선에 대한 **전자 유도 장해 경감 효과**

답 ④

22 역률 80[%], 500[kVA]의 부하설비에 100[kVA]의 진상용 콘덴서를 설치하여 역률을 개선하면 수전점에서의 부하는 약 몇 [kVA]가 되는가?

① 400 ② 425
③ 450 ④ 475

풀이 ① 유효전력 $P = P_a\cos\theta = 500 \times 0.8 = 400[kW]$

② 무효전력
• 콘덴서 설치 전
$P_r = P_a\sin\theta = 500 \times \sqrt{1-\cos^2\theta}$
$= 500 \times \sqrt{1-0.8^2} = 300[kVar]$
• 콘덴서 설치 후
$P_r' = 300 - 100 = 200[kVar]$
따라서 수전점에서의 부하
$= \sqrt{P^2 + P_r'^2} = \sqrt{400^2 + 200^2}$
$≒ 450[kVA]$

답 ③

23 부하전류의 차단에 사용되지 않는 것은?

① DS   ② ACB
③ OCB   ④ VCB

풀이

기능\능력	회로 분리		사고 차단	
	무부하	부하	과부하	단락
퓨즈				○
차단기	○	○	○	○
개폐기	○	○	○	
단로기	○			

단로기(DS)는 소호 및 아크 소멸능력이 없으므로 고장 전류 뿐만 아니라 **부하전류도 차단할 수 없다.**

답 ①

24 플리커 경감을 위한 전력 공급측의 방안이 아닌 것은?

① 공급전압을 낮춘다.
② 전용 변압기로 공급한다.
③ 단독 공급계통을 구성한다.
④ 단락용량이 큰 계통에서 공급한다.

풀이 플리커 경감 대책
1) 전력 공급측에서 실시
  ① 전용 계통으로 공급
  ② 단락 용량이 큰 계통에서 공급
  ③ 전용 변압기로 공급
  ④ **공급전압을 승압**
2) 수용가 측에서의 대책
  ① 전원 계통에 리액터 분을 보상
  ② 전압강하를 보상
  ③ 부하의 무효전력 변동분을 흡수
  ④ 플리커 부하전류의 변동분을 억제

답 ①

25 3상 무부하 발전기의 1선 지락고장 시에 흐르는 지락전류는? (단, E는 접지된 상의 무부하 기전력이고 Z_0, Z_1, Z_2는 발전기의 영상, 정상, 역상 임피던스이다.)

① $\dfrac{E}{Z_0+Z_1+Z_2}$ ② $\dfrac{\sqrt{3}\,E}{Z_0+Z_1+Z_2}$

③ $\dfrac{3E}{Z_0+Z_1+Z_2}$ ④ $\dfrac{E^2}{Z_0+Z_1+Z_2}$

풀이 1선 지락고장 시 전류의 대칭분 I_0은

$I_0 = I_1 = I_2 = \dfrac{E}{Z_0+Z_1+Z_2}$ 이므로 지락전류 I_g는

$I_g = I_0 + I_1 + I_2 = 3I_0 = \dfrac{3E}{Z_0+Z_1+Z_2}$ 답 ③

26 수력발전소의 분류 중 낙차를 얻는 방법에 의한 분류 방법이 아닌 것은?

① 댐식 발전소   ② 수로식 발전소
③ 양수식 발전소 ④ 유역 변경식 발전소

풀이 ① 낙차를 얻는 방법에 의한 분류
  수로식 발전소, 댐식 발전소,
  댐 수로식 발전소, 유역 변경식 발전소
② 유량의 사용 방법에 의한 분류
  자연 유입식 발전소, 조정지식 발전소,
  저수지식 발전소, **양수식 발전소** 답 ③

27 변성기의 정격부담을 표시하는 단위는?

① W   ② S
③ dyne ④ VA

풀이 정격부담이란 변성기 2차측 단자간에 접속되는 부하의 한도를 말하며 [VA]로 표시한다. 답 ④

28 원자로에서 중성자가 원자로 외부로 유출되어 인체에 위험을 주는 것을 방지하고 방열의 효과를 주기 위한 것은?

① 제어재 ② 차폐재
③ 반사체 ④ 구조재

풀이 ① 제어재 : 원자로의 출력조정 및 이상 시 노 운전 정지를 위하여 사용하는 것으로 중성자를 잘 흡수하는 물질을 사용한다.
② **차폐재** : 원자로 내부의 **방사선이** 외부에 누출되는 **것을 방지**하기 위한 벽의 역할을 하는 것으로 열차폐와 생체차폐가 있다.
③ 반사체 : 핵분열로 발생한 고속 중성자 또는 열중성자가 원자로의 외부에 누출되는 것을 방지하기 위한 것이다.
④ 구조재 : 연료봉, 감속재, 제어봉, 냉각재 등이 포함된 노심을 지지하기 위하여 사용되는 노 내 물질이다. 답 ②

29 연가에 의한 효과가 아닌 것은?

① 직렬공진의 방지
② 대지정전용량의 감소
③ 통신선의 유도장해 감소
④ 선로정수의 평형

풀이 • 연가는 선로정수를 평형시키고 통신선의 유도장해를 방지하기 위하여 선로를 3배수 등분하여 실시한다.
• **연가의 목적** : 선로정수 평형, 직렬공진 방지, 유도장해 감소 답 ②

30 수력발전설비에서 흡출관을 사용하는 목적으로 옳은 것은?

① 압력을 줄이기 위하여
② 유효낙차를 늘리기 위하여
③ 속도변동률을 적게 하기 위하여
④ 물의 유선을 일정하게 하기 위하여

풀이 흡출관은 반동 수차의 출구에서부터 방수로 수면까지 연결하는 관으로 러너와 방수면 사이의 낙차를 유효하게 이용(**낙차를 늘리기 위해**)하기 위해 **사용**한다. 답 ②

31 각 전력계통을 연계선으로 상호 연결하였을 때 장점으로 틀린 것은?

① 건설비 및 운전경비를 절감하므로 경제급전이 용이하다.
② 주파수의 변화가 작아진다.
③ 각 전력계통의 신뢰도가 증가된다.
④ 선로 임피던스가 증가되어 단락전류가 감소된다.

풀이 전력계통의 연계방식의 장·단점
[장점]
① 전력의 융통으로 설비용량이 절감된다.
② 건설비 및 운전 경비를 절감하므로 경제 급전이 용이하다.
③ 계통 전체로서의 신뢰도가 증가한다.
④ 부하 변동의 영향이 작아져서 안정된 주파수 유지가 가능하다.
[단점]
① 연계설비를 신설해야 한다.
② 사고시 타계통에의 파급 확대될 우려가 있다.
③ 단락전류가 증대하고 통신선의 전자유도 장해도 커진다. 답 ④

32 전압요소가 필요한 계전기가 아닌 것은?
① 주파수 계전기
② 동기탈조 계전기
③ 지락 과전류 계전기
④ 방향성 지락 과전류 계전기

풀이 · 지락 과전류 계전기 : 영상전류만으로 지락사고를 검출하는 방식(ZCT + GR)
· 방향성 지락 과전류 계전기 : 영상전압과 영상전류로 동작(ZCT + GPT + DGR) 답 ③

33 인터록(interlock)의 기능에 대한 설명으로 옳은 것은?
① 조작자의 의중에 따라 개폐되어야 한다.
② 차단기가 열려 있어야 단로기를 닫을 수 있다.
③ 차단기가 닫혀 있어야 단로기를 닫을 수 있다.
④ 차단기와 단로기를 별도로 닫고, 열 수 있어야 한다.

풀이 단로기는 부하전류를 개폐할 수 없으므로 **차단기가 열려 있어야 단로기를 열고 닫을 수 있다.** 즉, 인터록 장치를 두어 부하 통전시 단로기를 열 수 없도록 하여야 한다. 답 ②

34 같은 선로와 같은 부하에서 교류 단상 3선식은 단상 2선식에 비하여 전압강하와 배전효율이 어떻게 되는가?

① 전압강하는 적고, 배전효율은 높다.
② 전압강하는 크고, 배전효율은 낮다.
③ 전압강하는 적고, 배전효율은 낮다.
④ 전압강하는 크고, 배전효율은 높다.

풀이
항 목	단상 2선식	단상 3선식
전압강하	$2I(R\cos\theta + X\sin\theta)$	$I(R\cos\theta + X\sin\theta)$

즉, 단상 3선식은 단상 2선식에 비하여 전압이 2배로 되고 전류가 $\frac{1}{2}$배로 되므로 **전압강하는 작고 배전 효율은 높다.** 답 ①

35 전력 원선도에서는 알 수 없는 것은?
① 송수전할 수 있는 최대전력
② 선로 손실
③ 수전단 역률
④ 코로나손

풀이 ① 원선도에서 구할 수 있는 것
· 최대출력 (정태 극한전력)
· 필요한 전력을 보내기 위한 송수전단전압간의 위상각 θ
· 요구하는 부하의 전력을 수전단에서 받기 위해 필요한 수전단 쪽의 조상설비용량
· 송수전단 R, L, C, G에 의한 선로손실 (4단자 정수)과 송전효율
· 수전단 역률
② 원선도에서 구할 수 없는 것
· 코로나 손실
· 과도안정 극한전력 답 ④

36 가공선 계통은 지중선 계통보다 인덕턴스 및 정전용량이 어떠한가?
① 인덕턴스, 정전용량이 모두 작다.
② 인덕턴스, 정전용량이 모두 크다.
③ 인덕턴스는 크고, 정전용량은 작다.
④ 인덕턴스는 작고, 정전용량은 크다.

풀이 · 인덕턴스 $L = 0.05 + 0.4605 \log_{10} \frac{D}{r}$ [mH/km]

· 정전용량 $C = \dfrac{0.02413}{\log_{10} \dfrac{D}{r}}$ [μF/km]

즉, 인덕턴스는 $\log_{10} \dfrac{D}{r}$ 에 비례하고,

정전용량은 $\log_{10}\frac{D}{r}$에 반비례한다.
- 가공선 계통은 지중선 계통에 비해 선간거리(D)가 매우 크므로 인덕턴스는 크고 정전용량은 작다.

답 ③

37 송전선의 특성 임피던스는 저항과 누설컨덕턴스를 무시하면 어떻게 표현되는가? (단, L은 선로의 인덕턴스, C는 선로의 정전용량이다.)

① $\sqrt{\dfrac{L}{C}}$ ② $\sqrt{\dfrac{C}{L}}$
③ $\dfrac{L}{C}$ ④ $\dfrac{C}{L}$

풀이) 임피던스 $Z=R+j\omega L$, 어드미턴스 $Y=G+j\omega C$
에서 저항(R)과 누설컨덕턴스(G)를 무시하면
특성 임피던스 $Z_0 = \sqrt{\dfrac{Z}{Y}} = \sqrt{\dfrac{0+j\omega L}{0+j\omega C}} = \sqrt{\dfrac{L}{C}}$

답 ①

38 어느 수용가의 부하설비는 전등설비가 500[W], 전열설비가 600[W], 전동기 설비가 400[W], 기타설비가 100[W]이다. 이 수용가의 최대수용전력이 1200[W]이면 수용률은 몇 [%]인가?

① 55 ② 65
③ 75 ④ 85

풀이) 수용률 = $\dfrac{\text{최대 수용 전력}}{\text{설비 용량(접속 부하)}} \times 100$
= $\dfrac{1200}{500+600+400+100} \times 100$
= 75[%]

답 ③

39 다음 중 송전선로의 코로나 임계전압이 높아지는 경우가 아닌 것은?

① 날씨가 맑다.
② 기압이 높다.
③ 상대공기밀도가 낮다.
④ 전선의 반지름과 선간거리가 크다.

풀이) $E_0 = 24.3 m_0 m_1 \delta d \log_{10}\dfrac{2D}{d}$
여기서, m_0 : 전선의 표면계수
m_1 : 기후계수,
δ : 상대 공기밀도 $\left(\delta = \dfrac{0.386b}{273+t}\right)$
d : 전선의 지름, D : 선간거리
기압(b)이 낮아지거나 온도(t)가 높아지거나 **상대공기밀도(δ)가 작아지면 임계전압은 낮아지고, 전선의 지름(d)이 증가하면 임계전압은 높아진다.**

답 ③

40 케이블의 전력손실과 관계가 없는 것은?

① 철손 ② 유전체손
③ 시스손 ④ 도체의 저항손

풀이)
- 케이블의 손실 : 저항손, 유전체손, 연피(시스)손
- 철손은 발전기, 전동기, 변압기 등에서 발생하는 무부하 손실이다.

답 ①

3과목 - 전기기기

41 단상 유도전동기의 특징을 설명한 것으로 옳은 것은?

① 기동 토크가 없으므로 기동장치가 필요하다.
② 기계손이 있어도 무부하 속도는 동기속도보다 크다.
③ 권선형은 비례추이가 불가능하며, 최대 토크는 불변이다.
④ 슬립은 $0 > s > -1$이고 2보다 작고 0이 되기 전에 토크가 0이 된다.

풀이) 단상 유도전동기의 특징
① 기동 토크가 없으므로 기동 장치가 필요하다.
② 슬립이 2보다 작고 0이 되기 전에 토크가 0이 된다.
③ 기계손이 없어도 무부하 속도는 동기속도보다 작다.
④ 비례추이가 불가능하며, 2차 저항을 증가하면 최대 토크는 감소하고 어느 값 이상에서는 역토크가 생긴다.

답 ①

42 동기발전기의 돌발 단락 시 발생되는 현상으로 틀린 것은?

① 큰 과도전류가 흘러 권선 소손
② 단락전류는 전기자저항으로 제한
③ 코일 상호 간 큰 전자력에 의한 코일 파손
④ 큰 단락전류 후 점차 감소하여 지속 단락전류 유지

풀이 평형 3상 전압을 유기하고 있는 발전기의 단자를 갑자기 단락하면 **단락 초기에** 전기자 반작용이 순간적으로 나타나지 않기 때문에 **막대한 과도전류가 흐르고, 수초 후에는** 전기자 반작용 리액턴스에 의해 단락전류는 점차 감소되어 **영구 단락전류값에 이르게 된다.**

- 돌발 단락전류 $i_s = \dfrac{E}{x_l}$[A]

- 영구(지속) 단락전류 $I_s = \dfrac{E}{x_a + x_l} = \dfrac{E}{x_s}$[A]

(여기서, x_l : 누설 리액턴스,
x_a : 전기자 반작용 리액턴스,
x_s : 동기 리액턴스)

즉, 전기자 반작용 리액턴스는 단락전류가 흐른 뒤에 작용하므로 돌발 단락전류를 제한하는 것은 누설 리액턴스이다. **답** ②

43 SCR의 특징으로 틀린 것은?

① 과전압에 약하다.
② 열용량이 적어 고온에 약하다.
③ 전류가 흐르고 있을 때의 양극 전압강하가 크다.
④ 게이트에 신호를 인가할 때부터 도통할 때까지의 시간이 짧다.

풀이 SCR의 특징
① 아크가 생기지 않으므로 열의 발생이 적다.
② 과전압에 약하다.
③ 열용량이 적어 고온에 약하다.
④ 게이트 신호를 인가할 때부터 도통할 때까지의 시간이 짧다.
⑤ **전류가 흐르고 있을 때 양극의 전압강하가 작다.**
⑥ 정류기능을 갖는 단일방향성 3단자 소자이다.
⑦ 역률각 이하에서는 제어가 되지 않는다. **답** ③

44 몰드변압기의 특징으로 틀린 것은?

① 자기 소화성이 우수하다.
② 소형 경량화가 가능하다.
③ 건식변압기에 비해 소음이 적다.
④ 유입변압기에 비해 절연 레벨이 낮다.

답 전항정답

45 터빈 발전기의 냉각을 수소냉각방식으로 하는 이유로 틀린 것은?

① 풍손이 공기 냉각 시의 약 1/10로 줄어든다.
② 열전도율이 좋고 가스냉각기의 크기가 작아진다.
③ 절연물의 산화작용이 없으므로 절연열화가 작아서 수명이 길다.
④ 반폐형으로 하기 때문에 이물질의 침입이 없고 소음이 감소한다.

풀이 ① 수소 냉각 발전기의 장점
- 비중이 공기의 약 7[%]로 가볍고 풍손은 공기의 약 1/10로 감소
- 열전도율은 공기의 약 6.7배, 비열은 약 14배로 열전도성이 좋고, 공기냉각 발전기에 비하여 약 25[%]의 출력이 증가
- 가스 냉각기가 적어도 된다.
- 코로나 발생전압이 높고 절연물의 수명이 길어진다.
- **전폐형으로 하기 때문에 이물질의 침입이 없고 소음이 적다.**
② 수소 냉각 발전기의 단점
- 공기와 적당히 혼합하면 폭발할 우려가 있다.
- 폭발 예방을 위한 부속설비가 필요하며 설비비가 증가 **답** ④

46 유도전동기의 회전속도를 N[rpm], 동기속도를 N_s[rpm]이라하고 순방향 회전자계의 슬립을 s라고하면, 역방향 회전자계에 대한 회전자 슬립은?

① $s - 1$ ② $1 - s$
③ $s - 2$ ④ $2 - s$

풀이 단상 유도전동기가 슬립 s로 회전하면 회전 주파수는 정상분 전동기에서는 $(1-s)f$이고 역상분 전동기에서는 $f + (1-s)f = (2-s)f$가 된다. **답** ④

47 직류발전기에 직결한 3상 유도전동기가 있다. 발전기의 부하 100[kW], 효율 90[%]이며 전동기 단자전압 3300[V], 효율 90[%], 역률 90[%]이다. 전동기에 흘러들어가는 전류는 약 몇 [A]인가?

① 2.4 ② 4.8 ③ 19 ④ 24

풀이

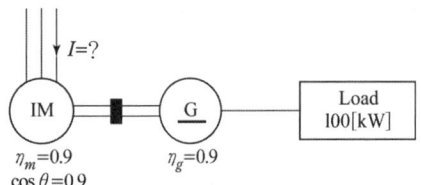

- 직류발전기 입력 $P_g = \dfrac{P_L}{\eta_g} = \dfrac{100}{0.9} = 111.11[\text{kW}]$
- 3상 유도전동기의 출력(P_o)은 직류발전기의 입력(P_g)과 같으므로 3상 유도전동기의 입력

$$P_i = \dfrac{P_o}{\eta_m} = \dfrac{111.11}{0.9} = 123.46[\text{kW}]$$

따라서 전동기에 흘러들어가는 전류 I는

$$I = \dfrac{P_i}{\sqrt{3}\,V\cos\theta} = \dfrac{123.46 \times 10^3}{\sqrt{3} \times 3300 \times 0.9} = 24[\text{A}] \quad \boxed{④}$$

48 유도발전기의 동작특성에 관한 설명 중 틀린 것은?

① 병렬로 접속된 동기발전기에서 여자를 취해야 한다.
② 효율과 역률이 낮으며 소출력의 자동수력발전기와 같은 용도에 사용된다.
③ 유도발전기의 주파수를 증가하려면 회전속도를 동기속도 이상으로 회전시켜야 한다.
④ 선로에 단락이 생긴 경우에는 여자가 상실되므로 단락전류는 동기발전기에 비해 적고 지속시간도 짧다.

풀이 유도발전기의 특성
유도발전기는 단독으로 발전할 수 없으므로 반드시 동기발전기가 있는 전원에 접속해서 운전하여야 한다. 이 발전기의 **주파수는 전원의 주파수로 정하고 회전속도에는 관계없으나** 출력은 거의 상대 속도$(n-n_s)$와 비례하기 때문에 출력을 증가하려면 속도를 증가시켜야 한다.

(1) 장점
① 동기발전기에 비해 가격이 싸다.
② 기동과 취급이 간단하며 고장이 적다.
③ 동기발전기와 같이 동기화 할 필요가 없으며 난조 등의 이상 현상도 생기지 않는다.
④ 선로에 단락이 생긴 경우에는 여자가 상실되므로 단락전류는 동기기에 비해 적으며 지속 시간도 짧다.

(2) 단점
① 병렬로 운전되는 동기기에서 여자전류를 취해야 한다.
② 공극의 치수가 작기 때문에 운전시 주의해야 한다.
③ 효율과 역률이 낮다. $\boxed{③}$

49 단상변압기를 병렬운전하는 경우 각 변압기의 부하분담이 변압기의 용량에 비례하려면 각각의 변압기의 %임피던스는 어느 것에 해당되는가?

① 어떠한 값이라도 좋다.
② 변압기용량에 비례하여야 한다.
③ 변압기용량에 반비례하여야 한다.
④ 변압기용량에 관계없이 같아야 한다.

풀이 변압기 병렬운전시 부하 분담은 누설임피던스에 역비례하며, 변압기의 용량에 비례한다.

$$\dfrac{I_a}{I_b} = \dfrac{P_A}{P_B} \cdot \dfrac{\%Z_b}{\%Z_a}$$

여기서, I_a, I_b : 각 변압기의 분담 전류
P_A, P_B : A, B 변압기의 용량
$\%Z_a$, $\%Z_b$: A, B 변압기의 %임피던스

$\boxed{③}$

50 그림은 여러 직류전동기의 속도 특성곡선을 나타낸 것이다. 1부터 4까지 차례로 옳은 것은?

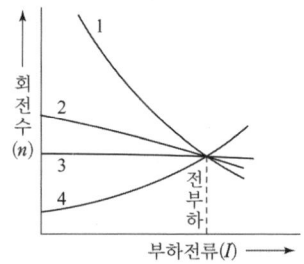

① 차동복권, 분권, 가동복권, 직권
② 직권, 가동복권, 분권, 차동복권
③ 가동복권, 차동복권, 직권, 분권
④ 분권, 직권, 가동복권, 차동복권

풀이 직류전동기의 속도 특성곡선

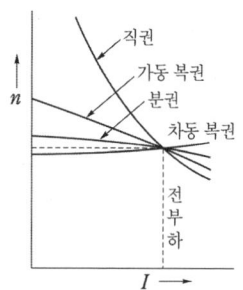

답 ②

51 전력변환기기로 틀린 것은?
① 컨버터 ② 정류기
③ 인버터 ④ 유도전동기

풀이 전력변환기기에는 사이클로 컨버터, 쵸퍼, 인버터, 컨버터, 변압기 등이 있으며, 유도전동기는 전기에너지를 운동에너지로 변환하는 기기이다.
답 ④

52 농형 유도전동기에 주로 사용되는 속도제어법은?
① 극수 변환법
② 종속 접속법
③ 2차 저항제어법
④ 2차 여자제어법

풀이 ① 농형 유도전동기의 속도제어법
 • 주파수를 바꾸는 방법
 • 극수를 바꾸는 방법
 • 전원전압을 바꾸는 방법이 있다.
② 권선형 유도전동기의 속도제어법
 • 2차여자 제어법
 • 2차저항 제어법
 • 종속 제어법
답 ①

53 정격전압 100[V], 정격전류 50[A]인 분권발전기의 유기기전력은 몇 [V]인가? (단, 전기자저항 0.2[Ω], 계자전류 및 전기자 반작용은 무시한다.)
① 110 ② 120
③ 125 ④ 127.5

풀이 계자전류(I_f)를 무시하면 전기자전류 I_a는
$I_a = I + I_f = 50 + 0 = 50[A]$
∴ $E = V + I_a R_a = 100 + 50 \times 0.2 = 110[V]$

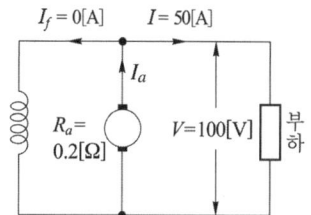

답 ①

54 그림과 같은 변압기 회로에서 부하 R_2에 공급되는 전력이 최대로 되는 변압기의 권수비 a는?

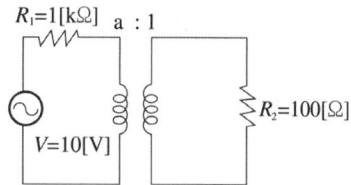

① $\sqrt{5}$ ② $\sqrt{10}$
③ 5 ④ 10

풀이 전원측 저항과 부하 측 저항이 같을 때 부하전력이 최대가 되므로 $R_1 = a^2 R_2$일 때 부하에 공급되는 전력이 최대로 된다.
∴ $a = \sqrt{\dfrac{R_1}{R_2}} = \sqrt{\dfrac{1000}{100}} = \sqrt{10}$
답 ②

55 변압기의 백분율 저항강하가 3[%], 백분율 리액턴스 강하가 4[%]일 때 뒤진 역률 80[%]인 경우의 전압변동률[%]은?
① 2.5 ② 3.4
③ 4.8 ④ -3.6

풀이 전압변동률
$\epsilon = p\cos\theta + q\sin\theta = 3 \times 0.8 + 4 \times 0.6$
$= 4.8[\%]$
답 ③

56 정류자형 주파수변환기의 회전자에 주파수 f_1의 교류를 가할 때 시계방향으로 회전자계가 발생하였다. 정류자 위의 브러시 사이에 나타나는 주파수 f_c를 설명한 것 중 틀린 것은? (단, n : 회전자의 속도, n_s : 회전자계의 속도, s : 슬립이다.)

① 회전자를 정지시키면 $f_c = f_1$인 주파수가 된다.
② 회전자를 반시계방향으로 $n = n_s$의 속도로 회전시키면, $f_c = 0[\text{Hz}]$가 된다.
③ 회전자를 반시계방향으로 $n < n_s$의 속도로 회전시키면, $f_c = sf_1[\text{Hz}]$가 된다.
④ 회전자를 시계방향으로 $n < n_s$의 속도로 회전시키면, $f_c < f_1[\text{Hz}]$가 된다.

풀이 정류자형 주파수 변환기
① 회전자가 정지하고 있는 경우 정류자 상의 브러시 사이에 나타나는 전압 E_c의 주파수 f_c는 슬립링에 가해진 전원용 주파수 f_1과 같다.
② 회전자의 외부에서 힘을 가하여 Φ와 반대 방향으로 속도 $n = n_s$로 회전시 E_c의 주파수 f_c는 0이 되어 직류전압이 된다.
③ 회전자의 속도 $n < n_s$의 경우 E_c의 주파수 $f_c = sf_1$[Hz]가 된다.
④ 회전자를 Φ와 같은 방향의 속도 n으로 회전시 E_c의 주파수 $f_c = f_1 + f$[Hz]이다.
즉, 전원의 주파수 f_1을 임의의 주파수 $f_1 + f$로 변환할 수 있다. **답** ④

57 동기발전기의 3상 단락곡선에서 단락전류가 계자전류에 비례하여 거의 직선이 되는 이유로 가장 옳은 것은?

① 무부하 상태이므로
② 전기자 반작용으로
③ 자기포화가 있으므로
④ 누설 리액턴스가 크므로

풀이 단락전류(I_s)는 전기자저항을 무시하면 동기리액턴스에 의해 그 크기가 결정된다.
$$I_s = \frac{E}{Z_s} = \frac{E}{\sqrt{r_a^2 + x_s^2}} ≒ \frac{E}{jx_s}$$

따라서 단락전류는 동기리액턴스에 의해 지상의 전류가 흐르게 되어, 전기자 반작용이 감자 작용이 되므로 3상 단락곡선은 직선이 된다. **답** ②

58 1차 전압 V_1, 2차 전압 V_2인 단권변압기를 Y결선했을 때, 등가용량과 부하용량의 비는? (단, $V_1 > V_2$이다.)

① $\dfrac{V_1 - V_2}{\sqrt{3}\,V_1}$ ② $\dfrac{V_1 - V_2}{V_1}$
③ $\dfrac{V_1^2 - V_2^2}{\sqrt{3}\,V_1 V_2}$ ④ $\dfrac{\sqrt{3}\,(V_1 - V_2)}{2V_1}$

풀이 단권 변압기의 3상 결선

결선방식	단상	Y 결선
자기 용량 / 부하 용량	$\dfrac{V_H - V_L}{V_H}$	$\dfrac{V_H - V_L}{V_H}$

결선방식	△ 결선	V 결선
자기 용량 / 부하 용량	$\dfrac{V_H^2 - V_L^2}{\sqrt{3}\,V_H V_L}$	$\dfrac{1}{0.866}\left(\dfrac{V_H - V_L}{V_H}\right)$

답 ②

59 변압기의 보호에 사용되지 않는 것은?

① 온도계전기 ② 과전류계전기
③ 임피던스계전기 ④ 비율차동계전기

풀이
• 변압기 보호에 사용되는 계전기는 과전류 계전기, 차동 계전기, 부흐홀쯔 계전기, 압력 계전기, 지락 방향 계전기 등이 사용된다.
• 거리(임피던스) 계전기는 선로 보호용 계전기로 전압 및 전류를 입력량으로 하여 전류의 전압에 대한 비의 함수가 예정치 이하일 때 동작한다. 이 비는 계전기에서 본 임피던스라고 하며 임피던스는 송전선 거리의 전기적 척도이므로 거리계전기라고 한다. **답** ③

60 E를 전압, r을 1차로 환산한 저항, x를 1차로 환산한 리액턴스라고 할 때 유도전동기의 원선도에서 원의 지름을 나타내는 것은?

① $E \cdot r$ ② $E \cdot x$
③ $\dfrac{E}{x}$ ④ $\dfrac{E}{r}$

4과목 - 회로이론 및 제어공학

풀이 유도전동기는 일정값의 리액턴스와 부하에 의하여 변하는 저항($\frac{r_2'}{s}$)의 직렬회로라고 생각되므로 부하에 의하여 변화하는 전류 벡터의 궤적, 즉 원선도의 지름은 전압에 비례하고 리액턴스에 반비례한다. 답 ③

61 그림의 벡터 궤적을 갖는 계의 주파수 전달함수는?

① $\dfrac{1}{j\omega+1}$

② $\dfrac{1}{j2\omega+1}$

③ $\dfrac{j\omega+1}{j2\omega+1}$

④ $\dfrac{j2\omega+1}{j\omega+1}$

풀이 $G(j\omega) = \dfrac{1+j\omega T_2}{1+j\omega T_1}$ 에서

$\omega = 0$일 때 $|G(j\omega)| = 1$,

$\omega = \infty$일 때 $|G(j\omega)| = \dfrac{T_2}{T_1} = 2$

$T_2 > T_1$ 이고 위상각은 (+)값이므로

$\therefore G(j\omega) = \dfrac{j2\omega+1}{j\omega+1}$ 답 ④

62 근궤적에 관한 설명으로 틀린 것은?

① 근궤적은 실수축에 대하여 상하 대칭으로 나타난다.
② 근궤적의 출발점은 극점이고 근궤적의 도착점은 영점이다.
③ 근궤적의 가지 수는 극점의 수와 영점의 수 중에서 큰 수와 같다.
④ 근궤적이 s 평면의 우반면에 위치하는 K의 범위는 시스템이 안정하기 위한 조건이다.

풀이 근궤적이 K의 변화에 따라 허수축을 지나 s 평면의 우반 평면으로 들어가는 순간은 계의 안정성이 파괴되는 임계점에 해당한다. 답 ④

63 제어시스템에서 출력이 얼마나 목표값을 잘 추종하는지를 알아볼 때, 시험용으로 많이 사용되는 신호로 다음 식의 조건을 만족하는 것은?

$$u(t-a) = \begin{cases} 0, & t < a \\ 1, & t \geq a \end{cases}$$

① 사인함수 ② 임펄스함수
③ 램프함수 ④ 단위계단함수

풀이

단위 계단함수	단위 계단함수 (시간 이동하는 경우)
$u(t) = \begin{cases} 0, & t < 0 \\ 1, & t \geq 0 \end{cases}$	$u(t-a) = \begin{cases} 0, & t < a \\ 1, & t \geq a \end{cases}$

답 ④

64 특성방정식 $s^2 + Ks + 2K - 1 = 0$ 인 계가 안정하기 위한 K의 범위는?

① $K > 0$
② $K > \dfrac{1}{2}$
③ $K < \dfrac{1}{2}$
④ $0 < K < \dfrac{1}{2}$

풀이 루드의 표는

$$\begin{array}{c|cc} s^2 & 1 & 2K-1 \\ s^1 & K & \\ s^0 & 2K-1 & \end{array}$$

제1열의 부호 변화가 없으려면
$K > 0$, $2K - 1 > 0$이어야 하므로

$\therefore K > \dfrac{1}{2}$ 답 ②

65 상태공간 표현식 $\dot{x} = Ax + Bu$로 표현되는 $y = Cx$ 선형 시스템에서 $A = \begin{bmatrix} 0 & 1 & 0 \\ 0 & 0 & 1 \\ -2 & -9 & -8 \end{bmatrix}$, $B = \begin{bmatrix} 0 \\ 0 \\ 5 \end{bmatrix}$, $C = \begin{bmatrix} 1 & 0 & 0 \end{bmatrix}$, $D = 0$, $x = \begin{bmatrix} x_1 \\ x_2 \\ x_3 \end{bmatrix}$

이면 시스템 전달함수 $\dfrac{Y(s)}{U(s)}$는?

① $\dfrac{1}{s^3 + 8s^2 + 9s + 2}$

② $\dfrac{1}{s^3 + 2s^2 + 9s + 8}$

③ $\dfrac{5}{s^3 + 8s^2 + 9s + 2}$

④ $\dfrac{5}{s^3 + 2s^2 + 9s + 8}$

풀이 (1) 행렬
$$sI - A = \begin{bmatrix} s & 0 & 0 \\ 0 & s & 0 \\ 0 & 0 & s \end{bmatrix} - \begin{bmatrix} 0 & 1 & 0 \\ 0 & 0 & 1 \\ -2 & -9 & -8 \end{bmatrix}$$
$$= \begin{bmatrix} s & -1 & 0 \\ 0 & s & -1 \\ 2 & 9 & s+8 \end{bmatrix}$$

(2) 수반행렬
$$\text{adj}(sI - A) = \begin{bmatrix} s^2+8s+9 & s+8 & 1 \\ -2 & s(s+8) & s \\ 2s & -(9s+2) & s^2 \end{bmatrix}$$

(3) 행렬식
$\det(sI - A) = s^3 + 8s^2 + 9s + 2$

(4) 전달함수
$$G(s) = \dfrac{Y(s)}{U(s)} = C \dfrac{\text{adj}(sI-A)}{\det(sI-A)} B$$
$$= \dfrac{5}{s^3 + 8s^2 + 9s + 2}$$
답 ③

66 Routh-Hurwitz 표에서 제1열의 부호가 변하는 횟수로부터 알 수 있는 것은?

① s-평면의 좌반면에 존재하는 근의 수
② s-평면의 우반면에 존재하는 근의 수
③ s-평면의 허수축에 존재하는 근의 수
④ s-평면의 원점에 존재하는 근의 수

풀이 루드-훌비쯔의 판별법에서 안정하기 위한 조건
- 특성방정식의 모든 계수의 부호가 같아야 한다.
- 계수 중 어느 하나라도 0이 되어서는 안 된다.
- 루드 수열의 제1열 원소 부호가 같아야 한다.
- 제1열의 부호 변화는 s평면의 우반면에 존재하는 근의 수를 의미한다.

답 ②

67 그림의 블록선도에 대한 전달함수 $\dfrac{C}{R}$는?

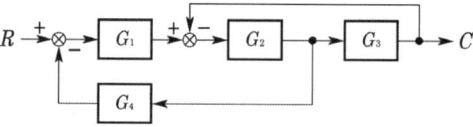

① $\dfrac{G_1 G_2 G_3}{1 + G_1 G_2 + G_1 G_2 G_4}$

② $\dfrac{G_1 G_2 G_4}{1 + G_1 G_2 + G_1 G_2 G_3}$

③ $\dfrac{G_1 G_2 G_3}{1 + G_2 G_3 + G_1 G_2 G_4}$

④ $\dfrac{G_1 G_2 G_4}{1 + G_2 G_3 + G_1 G_2 G_3}$

풀이 G_3 앞의 인출점을 요소 뒤로 이동하면 그림과 같은 블록 선도로 나타낼 수 있다.

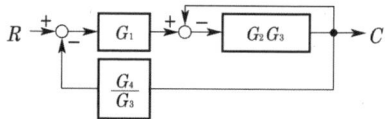

$\left\{ \left(R - C \dfrac{G_4}{G_3} \right) G_1 - C \right\} G_2 G_3 = C$

$RG_1 G_2 G_3 - CG_1 G_2 G_4 - C(G_2 G_3) = C$

$RG_1 G_2 G_3 = C(1 + G_2 G_3 + G_1 G_2 G_4)$

$\therefore G(s) = \dfrac{C}{R} = \dfrac{G_1 G_2 G_3}{1 + G_2 G_3 + G_1 G_2 G_4}$

별해 전향경로 이득 : $G_1 G_2 G_3$
루프 이득 : $-G_2 G_3,\ -G_1 G_2 G_4$

$G(s) = \dfrac{\sum \text{전향 경로 이득}}{1 - \sum \text{루프이득}} = \dfrac{G_1 G_2 G_3}{1 + G_2 G_3 + G_1 G_2 G_4}$

답 ③

68 신호흐름선도의 전달함수 $T(s) = \dfrac{C(s)}{R(s)}$로 옳은 것은?

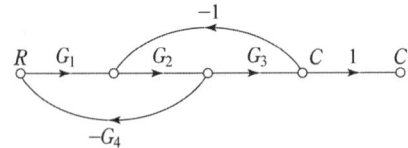

① $\dfrac{G_1 G_2 G_3}{1 - G_2 G_3 + G_1 G_2 G_4}$

② $\dfrac{G_1 G_2 G_3}{1 + G_1 G_2 G_4 + G_2 G_3}$

③ $\dfrac{G_1 G_2 G_3}{1 + G_1 G_3 - G_1 G_2 G_4}$

④ $\dfrac{G_1 G_2 G_3}{1 - G_1 G_3 - G_1 G_2 G_4}$

풀이 $G_1' = G_1 G_2 G_3$, $\Delta_1 = 1$
$L_{11} = -G_1 G_2 G_4$, $L_{21} = -G_2 G_3$
$\Delta = 1 - (L_{11} + L_{21}) = 1 + G_1 G_2 G_4 + G_2 G_3$
$\therefore \dfrac{C}{R} = \dfrac{G_1' \Delta_1}{\Delta} = \dfrac{G_1 G_2 G_3}{1 + G_1 G_2 G_4 + G_2 G_3}$

별해 전향경로 이득 : $G_1 G_2 G_3$
루프 이득 : $-G_1 G_2 G_4$, $-G_2 G_3$
$G(s) = \dfrac{\sum 전향 경로 이득}{1 - \sum 루프이득} = \dfrac{G_1 G_2 G_3}{1 + G_1 G_2 G_4 + G_2 G_3}$

답 ②

69 함수 e^{-at}의 z변환으로 옳은 것은?

① $\dfrac{z}{z - e^{-aT}}$ ② $\dfrac{z}{z - a}$

③ $\dfrac{1}{z - e^{-aT}}$ ④ $\dfrac{1}{z - a}$

풀이

$f(t)$	$F(s)$	$F(z)$
$\delta(t)$	1	1
$u(t)$	$\dfrac{1}{s}$	$\dfrac{z}{z-1}$
t	$\dfrac{1}{s^2}$	$\dfrac{Tz}{(z-1)^2}$
e^{-at}	$\dfrac{1}{s+a}$	$\dfrac{z}{z - e^{-aT}}$

답 ①

70 4단자 회로망에서 4단자 정수가 A, B, C, D일 때, 영상 임피던스 $\dfrac{Z_{01}}{Z_{02}}$은?

① $\dfrac{D}{A}$ ② $\dfrac{B}{C}$

③ $\dfrac{C}{B}$ ④ $\dfrac{A}{D}$

풀이 $Z_{01} = \sqrt{\dfrac{AB}{CD}}$, $Z_{02} = \sqrt{\dfrac{BD}{AC}}$ 이므로

$\therefore \dfrac{Z_{01}}{Z_{02}} = \dfrac{\sqrt{\dfrac{AB}{CD}}}{\sqrt{\dfrac{BD}{AC}}} = \dfrac{A}{D}$

답 ④

71 불 대수식 중 틀린 것은?

① $A \cdot \overline{A} = 1$ ② $A + 1 = 1$

③ $A + A = A$ ④ $A \cdot A = A$

풀이 ① $A \cdot \overline{A} = 0$ ② $A + \overline{A} = 1$ ③ $A + 1 = 1$
④ $A \cdot 1 = A$ ⑤ $A \cdot 0 = 0$ ⑥ $A + 0 = A$
⑦ $A \cdot A = A$ ⑧ $A + A = A$

답 ①

72 RL 직렬회로에서 $R = 20[\Omega]$, $L = 40$[mH]일 때, 이 회로의 시정수[sec]는?

① 2×10^3 ② 2×10^{-3}

③ $\dfrac{1}{2} \times 10^3$ ④ $\dfrac{1}{2} \times 10^{-3}$

풀이 RL 직렬회로의 시정수
$\tau = \dfrac{L}{R} = \dfrac{40 \times 10^{-3}}{20} = 2 \times 10^{-3}[\sec]$

답 ②

73 비정현파 전류가
$i(t) = 56\sin\omega t + 20\sin 2\omega t + 30\sin(3\omega t + 30°)$
$\qquad + 40\sin(4\omega t + 60°)$
로 표현될 때, 왜형률은 약 얼마인가?

① 1.0 ② 0.96

③ 0.55 ④ 0.11

풀이 왜형률 = 전 고조파 실효값 / 기본파 실효값

$$= \frac{\sqrt{I_2^2 + I_3^2 + I_4^2}}{I_1}$$

$$= \frac{\sqrt{(20/\sqrt{2})^2 + (30/\sqrt{2})^2 + (40/\sqrt{2})^2}}{56/\sqrt{2}}$$

$$= 0.96$$

답 ②

74 3상 불평형 전압 V_a, V_b, V_c가 주어진다면 정상분 전압은? (단, $a = e^{j2\pi/3} = 1 \angle 120°$이다.)

① $V_a + a^2 V_b + a V_c$
② $V_a + a V_b + a^2 V_c$
③ $\frac{1}{3}(V_a + a^2 V_b + a V_c)$
④ $\frac{1}{3}(V_a + a V_b + a^2 V_c)$

풀이
- 영상전압 $V_0 = \frac{1}{3}(V_a + V_b + V_c)$
- 정상전압 $V_1 = \frac{1}{3}(V_a + a V_b + a^2 V_c)$
- 역상전압 $V_2 = \frac{1}{3}(V_a + a^2 V_b + a V_c)$

답 ④

75 송전선로가 무손실 선로일 때, $L = 96$[mH]이고, $C = 0.6$[μF]이면 특성 임피던스[Ω]는?

① 100 ② 200
③ 400 ④ 600

풀이 무손실 선로에서의 특성 임피던스 Z_0는

$$Z_0 = \sqrt{\frac{L}{C}} = \sqrt{\frac{96 \times 10^{-3}}{0.6 \times 10^{-6}}} = 400[\Omega]$$

답 ③

76 대칭 6상 성형(star)결선에서 선간전압 크기와 상전압 크기의 관계로 옳은 것은? (단, V_l : 선간전압 크기, V_p : 상전압 크기)

① $V_l = V_p$ ② $V_l = \sqrt{3} V_p$
③ $V_l = \frac{1}{\sqrt{3}} V_p$ ④ $V_l = \frac{2}{\sqrt{3}} V_p$

풀이 대칭 6상 성형 회로의 선간전압
$$V_l = 2 V_p \sin\frac{\pi}{n} = 2 V_p \sin\frac{\pi}{6}$$
$$\therefore V_l = V_p$$

답 ①

77 커패시터와 인덕터에서 물리적으로 급격히 변화할 수 없는 것은?

① 커패시터와 인덕터에서 모두 전압
② 커패시터와 인덕터에서 모두 전류
③ 커패시터에서 전류, 인덕터에서 전압
④ 커패시터에서 전압, 인덕터에서 전류

풀이
① 커패시터에 흐르는 전류 $i_C = C\frac{dv}{dt}$[A]에서 $t = 0$ (급격히 변화)이면 i_C는 ∞ 이다.
② 인덕터 양단의 전압 $v_L = L\frac{di}{dt}$[V]에서 $t = 0$ (급격히 변화)이면 v_L은 ∞ 이다.
즉 커패시터에서는 전압이, 인덕터에서는 전류가 급격히 변화할 수 없다.

답 ④

78 2전력계법을 이용한 평형 3상회로의 전력이 각각 500[W] 및 300[W]로 측정되었을 때, 부하의 역률은 약 몇 [%]인가?

① 70.7 ② 87.7
③ 89.2 ④ 91.8

풀이 역률 $\cos\theta = \frac{W_1 + W_2}{2\sqrt{W_1^2 + W_2^2 - W_1 W_2}} \times 100$

$$= \frac{500 + 300}{2\sqrt{500^2 + 300^2 - 500 \times 300}} \times 100$$
$$= 91.8[\%]$$

답 ④

79 인덕턴스가 0.1[H]인 코일에 실효값 100[V], 60[Hz], 위상 30도인 전압을 가했을 때 흐르는 전류의 실효값 크기는 약 몇 [A]인가?

① 43.7 ② 37.7
③ 5.46 ④ 2.65

풀이 전류의 실효값
$$I = \frac{E}{X_L} = \frac{E}{\omega L} = \frac{E}{2\pi f L} = \frac{100}{2\pi \times 60 \times 0.1}$$
$$= 2.65[A]$$

답 ④

80 $f(t) = \delta(t-T)$의 라플라스변환 $F(s)$는?

① e^{Ts}　　② e^{-Ts}
③ $\frac{1}{s}e^{Ts}$　　④ $\frac{1}{s}e^{-Ts}$

풀이 시간 추이 정리에 의해서
$\mathcal{L}[\delta(t-T)] = e^{-Ts}\mathcal{L}[\delta(t)] = e^{-Ts}$
답 ②

5과목 - 전기설비기술기준

81 고압가공전선로의 지지물로 철탑을 사용한 경우 최대경간은 몇 [m] 이하이어야 하는가?

① 300　　② 400
③ 500　　④ 600

풀이 333.21 고압 가공전선로의 경간 제한
고압 가공전선로의 경간은 표에서 정한 값 이하이어야 한다.

지지물의 종류	경 간
목주·A종 철주 또는 A종 철근 콘크리트주	150[m]
B종 철주 또는 B종 철근 콘크리트주	250[m]
철 탑	600[m] (단주인 경우에는 400[m])

답 ④

82 폭발성 또는 연소성의 가스가 침입할 우려가 있는 것에 시설하는 지중함으로서 그 크기가 몇 [m³] 이상의 것은 통풍장치 기타 가스를 방산시키기 위한 적당한 장치를 시설하여야 하는가?

① 0.9　　② 1.0
③ 1.5　　④ 2.0

풀이 334.2 지중함의 시설
폭발성 또는 연소성의 가스가 침입할 우려가 있는 것에 시설하는 지중함으로서 그 크기가 1[m³] 이상인 것에는 통풍장치 기타 가스를 방산시키기 위한 적당한 장치를 시설할 것
답 ②

83 다음의 ⓐ, ⓑ에 들어갈 내용으로 옳은 것은?

> 과전류차단기로 시설하는 퓨즈 중 고압전로에 사용하는 비포장퓨즈는 정격전류의 (ⓐ)배의 전류에 견디고 또한 2배의 전류로 (ⓑ)분 안에 용단되는 것이어야 한다.

① ⓐ 1.1, ⓑ 1　　② ⓐ 1.2, ⓑ 1
③ ⓐ 1.25, ⓑ 2　　④ ⓐ 1.3, ⓑ 2

풀이 341.10 고압 및 특고압 전로 중의 과전류차단기의 시설
가. 과전류차단기로 시설하는 퓨즈 중 고압전로에 사용하는 포장 퓨즈는 정격전류의 1.3배의 전류에 견디고 또한 2배의 전류로 120분 안에 용단되는 것이어야 한다.
나. 과전류차단기로 시설하는 퓨즈 중 고압전로에 사용하는 비포장 퓨즈는 정격전류의 1.25배의 전류에 견디고 또한 2배의 전류로 2분 안에 용단되는 것이어야 한다.
답 ③

84 지중전선로를 직접 매설식에 의하여 시설하는 경우에는 매설 깊이를 차량 기타 중량물의 압력을 받을 우려가 있는 장소에서는 몇 [cm] 이상으로 하면 되는가?

① 40　　② 60
③ 80　　④ 100

풀이 334.1 지중전선로의 시설
가. 지중 전선로는 전선에 케이블을 사용하고 또한 관로식·암거식 또는 직접 매설식에 의하여 시설하여야 한다.
나. 지중 전선로를 직접 매설식에 의하여 시설하는 경우에는 매설 깊이는
① 차량 기타 중량물의 압력을 받을 우려가 있는 장소 : 1.0[m] 이상
② 기타 장소 : 0.6[m] 이상
답 ④

85 사용전압 35000[V]인 기계기구를 옥외에 시설하는 개폐소의 구내에 취급자 이외의 자가 들어가지 않도록 울타리를 설치할 때 울타리와 특고압의 충전부분이 접근하는 경우에는 울타리의 높이와 울타리로부터 충전부분까지의 거리의 합은 최소 몇 [m] 이상이어야 하는가?

① 4　　② 5
③ 6　　④ 7

풀이 351.1 발전소 등의 울타리·담 등의 시설
가. 울타리·담 등의 높이는 2[m] 이상으로 하고 지표면과 울타리·담 등의 하단 사이의 간격은 0.15[m] 이하로 할 것.
나. 울타리·담 등의 높이와 울타리·담 등으로부터 충전부분까지 거리의 합계는 표에서 정한 값 이상으로 할 것.

사용전압의 구분	울타리·담 등의 높이와 울타리·담 등으로부터 충전 부분까지의 거리의 합계
35[kV] 이하	5[m]
35[kV] 초과 160[kV] 이하	6[m]
160[kV] 초과	• 거리의 합계 = 6 + 단수 × 0.12[m] • 단수 = $\dfrac{\text{사용전압[kV]}-160}{10}$ 단수 계산에서 소수점 이하는 절상

답 ②

86 저압가공전선이 건조물의 상부 조영재 옆쪽으로 접근하는 경우 저압가공전선과 건조물의 조영재 사이의 이격거리는 몇 [m] 이상이어야 하는가? (단, 전선에 사람이 쉽게 접촉할 우려가 없도록 시설한 경우와 전선이 고압 절연전선, 특고압 절연전선 또는 케이블인 경우는 제외한다.)

① 0.6 ② 0.8
③ 1.2 ④ 2.0

풀이 332.11 고압 가공전선과 건조물의 접근
222.11 저압 가공전선과 건조물의 접근
저압 가공전선 또는 고압 가공전선이 건조물과 접근 상태로 시설되는 경우에는 다음에 따라야 한다.
가. 고압 가공전선로는 고압 보안공사에 의할 것.
나. 저·고압 가공전선과 건조물의 조영재 사이의 이격거리는 표에서 정한 값 이상일 것.

사용전압 부분 공작물의 종류			저압[m]	고압[m]
건조물	상부 조영재 위쪽	일반적인 경우	2	2
		전선이 고압절연전선	1	2
		전선이 케이블인 경우	1	1
	기타 조영재 또는 상부조영재의 옆쪽 또는 아래쪽	일반적인 경우	1.2	1.2
		전선이 고압절연전선	0.4	1.2
		전선이 케이블인 경우	0.4	0.4
		사람이 쉽게 접근할 수 없도록 시설한 경우	0.8	0.8

답 ③

87 변압기의 고압측 전로와의 혼촉에 의하여 저압측 전로의 대지전압이 150[V]를 넘는 경우에 2초 이내에 고압전로를 자동 차단하는 장치가 되어 있는 6600/220[V] 배전선로에 있어서 1선 지락 전류가 2[A]이면 접지저항 값의 최대는 몇 [Ω]인가?

① 50   ② 75
③ 150   ④ 300

풀이 142.5 변압기 중성점 접지
변압기의 중성점접지 저항 값은 다음에 의한다.
가. 변압기의 고압·특고압측 전로 1선 지락전류로 150을 나눈 값과 같은 저항 값 이하

$$R = \dfrac{150}{\text{변압기의 고압측 또는 특고압측의 1선 지락전류}} [\Omega]$$

나. 사용전압이 35[kV] 이하의 특고압전로가 저압측 전로와 혼촉하고 저압전로의 대지전압이 150[V]를 초과하는 경우는 저항 값은 다음에 의한다.
① 1초 초과 2초 이내에 고압·특고압 전로를 자동으로 차단하는 장치를 설치할 때는 300을 나눈 값 이하

$$R = \dfrac{300}{\text{변압기의 고압측 또는 특고압측의 1선 지락전류}} [\Omega]$$

② 1초 이내에 고압·특고압 전로를 자동으로 차단하는 장치를 설치할 때는 600을 나눈 값 이하

$$R = \dfrac{600}{\text{변압기의 고압측 또는 특고압측의 1선 지락전류}} [\Omega]$$

∴ $R = \dfrac{300}{\text{1선 지락 전류}} = \dfrac{300}{2} = 150[\Omega]$ **답** ③

88 폭연성 분진 또는 화약류의 분말이 존재하는 곳의 저압 옥내배선은 어느 공사에 의하는가?

① 금속관공사
② 애자공사
③ 합성수지관공사
④ 캡타이어케이블공사

풀이 242.2.1 폭연성 분진 위험장소
폭연성 분진(마그네슘·알루미늄·티탄·지르코늄) 또는 화약류의 분말이 전기설비가 발화원이 되어 폭발할 우려가 있는 곳에 시설하는 저압 옥내배선, 저압 관등회로 배선, 소세력 회로의 전선은 **금속관공사 또는 케이블공사(캡타이어 케이블을 사용하는 것을 제외한다)**에 의할 것.

답 ①

89 저압 옥내전로의 인입구에 가까운 곳으로서 쉽게 개폐할 수 있는 곳에 개폐기를 시설하여야 한다. 그러나 사용전압이 400[V] 이하인 옥내전로로서 다른 옥내전로에 접속하는 길이가 몇 [m] 이하인 경우는 개폐기를 생략할 수 있는가? (단, 정격전류가 16[A] 이하인 과전류 차단기 또는 정격전류가 16[A]를 초과하고 20[A] 이하인 배선용 차단기로 보호되고 있는 것에 한한다.)

① 15　　② 20
③ 25　　④ 30

풀이 212.6.2 저압 옥내전로 인입구에서의 개폐기의 시설
가. 저압 옥내전로에는 인입구에 가까운 곳으로서 쉽게 개폐할 수 있는 곳에 개폐기를 각 극에 시설하여야 한다.
나. 사용전압이 400[V] 이하인 옥내 전로로서 다른 옥내전로(정격전류가 16[A] 이하인 과전류 차단기 또는 정격전류가 16[A]를 초과하고 20[A] 이하인 배선용 차단기로 보호되고 있는 것에 한한다)에 접속하는 길이 15[m] 이하의 전로에서 전기의 공급을 받는 것은 **개폐기를 생략**할 수 있다.　**답** ①

90 지중전선로는 기설 지중 약전류 전선로에 대하여 다음의 어느 것에 의하여 통신상의 장해를 주지 아니하도록 기설 약전류 전선로로부터 충분히 이격시키는가?

① 충전전류 또는 표피작용
② 충전전류 또는 유도작용
③ 누설전류 또는 표피작용
④ 누설전류 또는 유도작용

풀이 334.5 지중약전류전선의 유도장해 방지
지중전선로는 기설 지중약전류전선로에 대하여 **누설전류 또는 유도작용**에 의하여 통신상의 장해를 주지 않도록 기설 약전류전선로로부터 충분히 이격시키거나 기타 적당한 방법으로 시설하여야 한다.　**답** ④

91 일반주택 및 아파트 각 호실의 현관등은 몇 분 이내에 소등되는 타임스위치를 시설하여야 하는가?

① 1분　　② 3분
③ 5분　　④ 10분

풀이 234.6 점멸기의 시설
다음의 경우에는 센서등(타임스위치 포함)을 시설하여야 한다.
가. 관광숙박업 또는 숙박업(여인숙업을 제외한다)에 이용되는 객실의 입구등은 1분 이내에 소등되는 것.
나. 일반주택 및 아파트 각 호실의 현관등은 3분 이내에 소등되는 것.　**답** ②

92 발전소에서 장치를 시설하여 계측하지 않아도 되는 것은?

① 발전기의 회전자 온도
② 특고압용 변압기의 온도
③ 발전기의 전압 및 전류 또는 전력
④ 주요 변압기의 전압 및 전류 또는 전력

풀이 351.6 계측장치
발전소에서는 다음의 사항을 계측하는 장치를 시설하여야 한다.
가. 발전기의 전압 및 전류 또는 전력
나. 발전기의 베어링 및 고정자의 온도
다. 주요 변압기의 전압 및 전류 또는 전력
라. 특고압용 변압기의 온도　**답** ①

93 백열전등 또는 방전등에 전기를 공급하는 옥내전로의 대지전압은 몇 [V] 이하이어야 하는가?

① 440　　② 380
③ 300　　④ 100

풀이 231.6 옥내전로의 대지 전압의 제한
백열전등 또는 방전등에 전기를 공급하는 옥내의 전로의 대지전압은 300[V] 이하여야 한다.　**답** ③

94 66[kV] 가공전선과 6[kV] 가공전선을 동일 지지물에 병행 설치하는 경우, 특고압가공전선으로 사용하는 경동연선의 굵기는 몇 [mm²] 이상이어야 하는가?

① 22　　② 38
③ 50　　④ 100

풀이 333.17 특고압 가공전선과 저고압 가공전선 등의 병행설치
사용전압이 35[kV]을 초과하고 100[kV] 미만인 특고압 가공전선과 저압 또는 고압 가공전선을 동일 지지물

에 시설하는 경우에는 다음에 따라 시설하여야 한다.
가. 특고압 가공전선로는 제2종 특고압 보안공사에 의할 것.
나. 특고압 가공전선은 케이블인 경우를 제외하고는 인장강도 21.67[kN] 이상의 연선 또는 **단면적이 50[mm^2] 이상인 경동연선**일 것.
다. 특고압 가공전선로의 지지물은 철주·철근 콘크리트주 또는 철탑일 것   **답** ③

95 저압 또는 고압의 가공전선로와 기설 가공 약전류 전선로가 병행할 때 유도작용에 의한 통신상의 장해가 생기지 않도록 전선과 기설 약전류 전선 간의 이격거리는 몇 [m] 이상이어야 하는가? (단, 전기철도용 급전선로는 제외한다.)

① 2　　　② 3
③ 4　　　④ 6

풀이 332.1 가공약전류전선로의 유도장해 방지
저압 가공전선로 또는 고압 가공전선로와 기설 가공약전류전선로가 병행하는 경우에는 유도작용에 의하여 통신상의 장해가 생기지 않도록 전선과 **기설 약전류전선간의 이격거리는 2[m] 이상**이어야 한다.   **답** ①

96 가공전선로의 지지물에 하중이 가하여지는 경우에 그 하중을 받는 지지물의 기초 안전율은 특별한 경우를 제외하고 최소 얼마 이상인가?

① 1.5　　　② 2
③ 2.5　　　④ 3

풀이 331.7 가공전선로 지지물의 기초의 안전율
가공전선로의 지지물에 하중이 가하여지는 경우에 그 하중을 받는 지지물의 **기초의 안전율은 2**(이상 시 상정하중에 대한 철탑의 기초에 대하여는 1.33) **이상**이어야 한다.   **답** ②

출제기준 변경 및 개정된 관계 법규에 따라 삭제된 문제가 있어 20문항이 안됩니다.

완벽대비 2020년 1,2회 전기기사필기

동일출판사 홈페이지에서 무료 동영상강의를 보실 수 있습니다.

1과목 - 전기자기

01 면적이 매우 넓은 두 개의 도체 판을 d[m] 간격으로 수평하게 평행 배치하고, 이 평행 도체 판 사이에 놓인 전자가 정지하고 있기 위해서 그 도체 판 사이에 가하여야 할 전위차[V]는? (단, g는 중력 가속도이고, m은 전자의 질량이고, e는 전자의 전하량이다.)

① $mged$
② $\dfrac{ed}{mg}$
③ $\dfrac{mgd}{e}$
④ $\dfrac{mge}{d}$

풀이

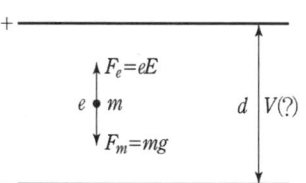

전기장에서 전자(e)에 작용하는 힘 $F_e = eE$
중력장에서 질량(m)에 작용하는 힘 $F_g = mg$
전자의 정지 조건의 운동방정식은 $F_e = F_g$이므로

$eE = mg$ ∴ $E = \dfrac{mg}{e}$ [V/m]

도체 판에서 전위차와 전계의 관계식은
$V = Ed$에 의해

∴ $V = Ed = \dfrac{mgd}{e}$ [V]

답 ③

02 전위함수 $V = x^2 + y^2$[V]일 때 점(3, 4)[m]에서의 등전위선의 반지름은 몇 [m]이며, 전기력선 방정식은 어떻게 되는가?

① 등전위선의 반지름 : 3, 전기력선 방정식 : $y = \dfrac{3}{4}x$
② 등전위선의 반지름 : 4, 전기력선 방정식 : $y = \dfrac{4}{3}x$
③ 등전위선의 반지름 : 5, 전기력선 방정식 : $x = \dfrac{4}{3}y$
④ 등전위선의 반지름 : 5, 전기력선 방정식 : $x = \dfrac{3}{4}y$

풀이 (1) 등전위선의 반지름
$V = x^2 + y^2$은 중심이 원점인 원의 방정식
(형식 : $x^2 + y^2 = r^2$)이다.
즉, 여기에 점(3, 4)를 대입하면 등전위선의 반지름
$r = \sqrt{x^2 + y^2} = \sqrt{3^2 + 4^2} = 5$[m]

(2) 전기력선 방정식
전기력선 방정식은 $\dfrac{dx}{E_x} = \dfrac{dy}{E_y}$ 이므로
전위함수 V로부터 전계의 세기 E를 구한다.
$$\boldsymbol{E} = -\nabla V$$
$$= -\left(\dfrac{\partial}{\partial x}\boldsymbol{i} + \dfrac{\partial}{\partial y}\boldsymbol{j} + \dfrac{\partial}{\partial z}\boldsymbol{k}\right)(x^2 + y^2)$$
$$= -2x\boldsymbol{i} - 2y\boldsymbol{j} \; (\boldsymbol{E} = E_x\boldsymbol{i} + E_y\boldsymbol{j})$$

전기력선 방정식에 적용하면
$\dfrac{dx}{-2x} = \dfrac{dy}{-2y} \rightarrow$
$\dfrac{dx}{x} = \dfrac{dy}{y}$ (양변 적분하고 적분상수 C를 붙인다.)
$\int \dfrac{dx}{x} = \int \dfrac{dy}{y} + C$
$\int \dfrac{dx}{x} = \ln x$ (적분 공식), $\ln x - \ln y = \ln \dfrac{x}{y}$ (로그 공식)이므로
$\ln x = \ln y + C \rightarrow \ln x - \ln y = C \rightarrow \ln \dfrac{x}{y} = C$
$\ln \dfrac{x}{y} = C$에서 $\dfrac{x}{y} = e^C$이고,
점(3, 4)를 대입하면 $e^C = \dfrac{x}{y} = \dfrac{3}{4}$
∴ $x = \dfrac{3}{4}y$

답 ④

03 자기회로에서 자기저항의 크기에 대한 설명으로 옳은 것은?

① 자기회로의 길이에 비례
② 자기회로의 단면적에 비례
③ 자성체의 비투자율에 비례
④ 자성체의 비투자율의 제곱에 비례

풀이 자기저항 $R_m = \dfrac{l}{\mu S}$ [AT/Wb]이므로 자기회로의 길이 (l)에 비례한다. **답** ①

04 10[mm]의 지름을 가진 동선에 50[A]의 전류가 흐르고 있을 때 단위시간 동안 동선의 단면을 통과하는 전자의 수는 약 몇 개인가?

① 7.85×10^{16} ② 20.45×10^{15}
③ 31.21×10^{19} ④ 50×10^{19}

풀이 전하량 $Q = It = 50 \times 1 = 50$ [C]
즉 동선 단면을 단위 시간에 통과하는 전하는 50[C]이므로

전자의 개수 $N = \dfrac{Q}{e} = \dfrac{50}{1.602 \times 10^{-19}}$
$= 31.21 \times 10^{19}$ [개] **답** ③

05 자기 인덕턴스와 상호 인덕턴스와의 관계에서 결합계수 k의 범위는?

① $0 \leq k \leq \dfrac{1}{2}$ ② $0 \leq k \leq 1$
③ $1 \leq k \leq 2$ ④ $1 \leq k \leq 10$

풀이 결합계수 ($0 \leq k \leq 1$)
① $k = 0$: 자기적 결합이 전혀 되지 않음 ($M = 0$)
② $0 < k < 1$: 일반적인 자기 결합 상태 ($M = k\sqrt{L_1 L_2}$)
③ $k = 1$: 완전한 자기 결합 ($M = \sqrt{L_1 L_2}$) **답** ②

06 면적이 S[m²]이고 극간의 거리가 d[m]인 평행판 콘덴서에 비유전율이 ϵ_r인 유전체를 채울 때 정전용량[F]은? (단, ϵ_0는 진공의 유전율이다.)

① $\dfrac{2\epsilon_0 \epsilon_r S}{d}$ ② $\dfrac{\epsilon_0 \epsilon_r S}{\pi d}$
③ $\dfrac{\epsilon_0 \epsilon_r S}{d}$ ④ $\dfrac{2\pi \epsilon_0 \epsilon_r S}{d}$

풀이 정전용량 C는
$C = \dfrac{Q}{V} = \dfrac{Q}{Ed} = \dfrac{\sigma S}{\dfrac{\sigma d}{\epsilon_0 \epsilon_r}}$
$= \sigma S \times \dfrac{\epsilon_0 \epsilon_r}{\sigma d} = \dfrac{\epsilon_0 \epsilon_r S}{d}$ [F]

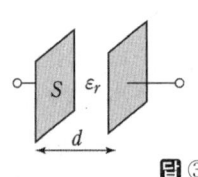

답 ③

07 반자성체의 비투자율(μ_r) 값의 범위는?

① $\mu_r = 1$ ② $\mu_r < 1$ ③ $\mu_r > 1$ ④ $\mu_r = 0$

풀이
• 상자성체 : 자화율 $\chi > 0$, 비투자율 $\mu_r > 1$
• 반자성체 : 자화율 $\chi < 0$, 비투자율 $\mu_r < 1$ **답** ②

08 반지름 a[m]인 무한장 원통형 도체에 전류가 균일하게 흐를 때 도체 내부에서 자계의 세기 [AT/m]는?

① 원통 중심축으로부터 거리에 비례한다.
② 원통 중심축으로부터 거리에 반비례한다.
③ 원통 중심축으로부터 거리의 제곱에 비례한다.
④ 원통 중심축으로부터 거리의 제곱에 반비례한다.

풀이

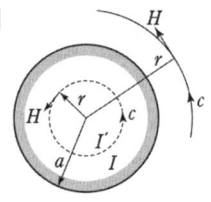 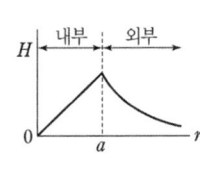

① 원통형 도체의 내부 자계 ($r < a$)
• 균일전류 분포의 경우
$H = \dfrac{Ir}{2\pi a^2}$ [AT/m] $\propto r$ (비례)
• 전류가 도체 표면에서만 흐르는 경우
$H = 0$ [AT/m]
② 원통형 도체의 외부 자계 ($r > a$)
$H = \dfrac{I}{2\pi r}$ [AT/m] $\propto \dfrac{1}{r}$ (반비례)
(여기서 a : 도체의 반지름, r : 원통축으로부터의 거리) **답** ①

09 정전계 해석에 관한 설명으로 틀린 것은?

① 포아송 방정식은 가우스 정리의 미분형으로 구할 수 있다.
② 도체 표면에서의 전계의 세기는 표면에 대해 법선 방향을 갖는다.
③ 라플라스 방정식은 전극이나 도체의 형태에 관계없이 체적전하밀도가 0인 모든 점에서 $\nabla^2 V = 0$을 만족한다.
④ 라플라스 방정식은 비선형 방정식이다.

풀이
① 포아송 방정식 : $\nabla^2 V = -\dfrac{\rho}{\epsilon_0}$

② 라플라스 방정식 : $\nabla^2 V = 0$

포아송 방정식과 라플라스 방정식에 포함된 라플라시언(∇^2)은 선형이고 스칼라 연산자를 나타내므로 라플라스 방정식 및 포아송 방정식도 선형 방정식이 된다.   **답** ④

10 비유전율 ϵ_r이 4인 유전체의 분극률은 진공의 유전율 ϵ_0의 몇 배인가?

① 1 ② 3
③ 9 ④ 12

풀이 분극률 $\chi = \epsilon_0(\epsilon_r - 1) = \epsilon_0(4-1) = 3\epsilon_0$이므로 3배가 된다.   **답** ②

11 공기 중에 있는 무한히 긴 직선 도체에 10[A]의 전류가 흐르고 있을 때 도선으로부터 2[m] 떨어진 점에서의 자속밀도는 몇 [Wb/m²]인가?

① 10^{-5} ② 0.5×10^{-6}
③ 10^{-6} ④ 2×10^{-6}

풀이 무한장 직선 전류로부터 d[m] 떨어진 점의 자계 $H = \dfrac{I}{2\pi d}$[A/m]이고, 자속밀도 $B = \mu H$이므로

$\therefore B = \mu H = \dfrac{\mu_s \mu_0 I}{2\pi d} = \dfrac{1 \times 4\pi \times 10^{-7} \times 10}{2\pi \times 2}$
$= 10^{-6}$[Wb/m²]   **답** ③

12 그림에서 $N = 1000$회, $l = 100$[cm], $S = 10$[cm²]인 환상 철심의 자기 회로에 전류 $I = 10$[A]를 흘렸을 때 축적되는 자계 에너지는 몇 [J]인가? (단, 비투자율 $\mu_r = 100$ 이다.)

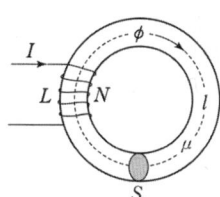

① $2\pi \times 10^{-3}$ ② $2\pi \times 10^{-2}$
③ $2\pi \times 10^{-1}$ ④ 2π

풀이 인덕턴스 $L = \dfrac{N\phi}{I} = \dfrac{N^2}{R_m} = \dfrac{\mu_0 \mu_r S N^2}{l}$
$= \dfrac{4\pi \times 10^{-7} \times 100 \times 10 \times 10^{-4} \times 1000^2}{100 \times 10^{-2}}$
$= 4\pi \times 10^{-2}$[H]

$\therefore W = \dfrac{1}{2}LI^2 = \dfrac{1}{2} \times 4\pi \times 10^{-2} \times 10^2 = 2\pi$[J]   **답** ④

13 20[℃]에서 저항의 온도계수가 0.002인 니크롬선의 저항이 100[Ω]이다. 온도가 60[℃]로 상승되면 저항은 몇 [Ω]이 되겠는가?

① 108 ② 112
③ 115 ④ 120

풀이 온도 t_1 및 t_2일 때 저항을 각각 R_1, R_2라 하고, t_1에서의 온도계수 α_1이라 하면
$R_2 = R_1[1 + \alpha_1(t_2 - t_1)]$이므로
$\therefore R_2 = 100 \times [1 + 0.002 \times (60 - 20)] = 108$[Ω]   **답** ①

14 전계 및 자계의 세기가 각각 E[V/m], H[AT/m]일 때, 포인팅 벡터 P[W/m²]의 표현으로 옳은 것은?

① $P = \dfrac{1}{2}E \times H$ ② $P = E\,\text{rot}\,H$
③ $P = E \times H$ ④ $P = H\,\text{rot}\,E$

풀이 진행 방향에 수직되는 단위 면적을 단위 시간에 통과하는 에너지를 포인팅 벡터 또는 방사 벡터라 하며 $P = E \times H = EH\sin\theta$[W/m²]로 표현된다.   **답** ③

15 자기유도계수 L의 계산 방법이 아닌 것은? (단, N : 권수, ϕ : 자속[Wb], I : 전류[A], A : 벡터 퍼텐셜[Wb/m], i : 전류밀도[A/m²], B : 자속밀도[Wb/m²], H : 자계의 세기[AT/m]이다.)

① $L = \dfrac{N\phi}{I}$ ② $L = \dfrac{\int_v A \cdot i\, dv}{I^2}$

③ $L = \dfrac{\int_v B \cdot H\, dv}{I^2}$ ④ $L = \dfrac{\int_v A \cdot i\, dv}{I}$

풀이 자계 에너지에 의한 자기유도계수 L

$w = \frac{1}{2}LI^2$ 에서 $L = \frac{2w}{I^2}$ …… ①

$w = \frac{1}{2}\int_v B \cdot H dv = \frac{1}{2}\int_v A \cdot i dv$ …… ②

②를 ①에 대입하면 $L = \frac{\int_v B \cdot H dv}{I^2} = \frac{\int_v A \cdot i dv}{I^2}$

또, $LI = N\Phi$ 에서 $L = \frac{N\Phi}{I}$ 이다. **답** ④

16 평등자계 내에 전자가 수직으로 입사하였을 때 전자의 운동에 대한 설명으로 옳은 것은?

① 원심력은 전자속도에 반비례한다.
② 구심력은 자계의 세기에 반비례한다.
③ 원운동을 하고, 반지름은 자계의 세기에 비례한다.
④ 원운동을 하고, 반지름은 전자의 회전속도에 비례한다.

풀이 ① 전자력에 의한 구심력 $F = evB$:
$F \propto v$ 이므로 전자속도(v)에 비례

② 전자력에 의한 원심력 $F' = \frac{mv^2}{r}$:
자계의 세기(H)와 관계가 없음

③ 평형 조건($F = F'$)에 의한 **궤도 반지름** $r = \frac{mv}{eB}$:
$r \propto \frac{v}{B}\left(= \frac{v}{\mu H}\right)$ 이므로 자계의 세기(H)에 반비례하고, **속도(v)에 비례**

평등자계 내의 전자가 수직으로 입사하였을 때 전자의 운동은 전류의 방향과 반대 방향을 고려하여 플레밍의 왼손법칙을 적용하면 원의 중심으로 향하는 힘을 받는다. 즉, 운동 방향과 직각으로 힘을 받아 **등속 원운동을** 한다. **답** ④

17 진공 중 3[m] 간격으로 두 개의 평행한 무한평판 도체에 각각 +4[C/m²], −4[C/m²]의 전하를 주었을 때, 두 도체 간의 전위차는 약 몇 [V] 인가?

① 1.5×10^{11}　② 1.5×10^{12}
③ 1.36×10^{11}　④ 1.36×10^{12}

풀이 두 개의 평행한 무한평판 도체에서 평판 내측의 전계
$E = \frac{\sigma}{\epsilon_0} = \frac{4}{8.85 \times 10^{-12}} = 4.52 \times 10^{11}$[V/m]이다.

따라서 두 도체 간의 전위차
$V = Ed = 4.52 \times 10^{11} \times 3 = 1.36 \times 10^{12}$[V] **답** ④

18 자속밀도 B[Wb/m²]의 평등 자계 내에서 길이 l[m]인 도체 ab가 속도 v[m/s]로 그림과 같이 도선을 따라서 자계와 수직으로 이동할 때, 도체 ab에 의해 유기된 기전력의 크기 e[V]와 폐회로 abcd 내 저항 R에 흐르는 전류의 방향은? (단, 폐회로 abcd 내 도선 및 도체의 저항은 무시한다.)

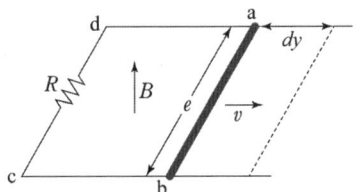

① $e = Blv$, 전류 방향 : c → d
② $e = Blv$, 전류 방향 : d → c
③ $e = Blv^2$, 전류 방향 : c → d
④ $e = Blv^2$, 전류 방향 : d → c

풀이 플레밍의 오른손 법칙
① 유기기전력 $e = Blv\sin\theta$[V]

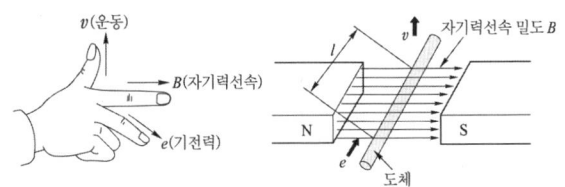

② 전류는 플레밍의 오른손 법칙에 의해
a → b → c → d 방향으로 흐른다. **답** ①

19 유전율이 ϵ_1, ϵ_2[F/m]인 유전체 경계면에 단위 면적당 작용하는 힘의 크기는 몇 [N/m²]인가? (단, 전계가 경계면에 수직인 경우이며, 두 유전체에서의 전속밀도는 $D_1 = D_2 = D$[C/m²] 이다.)

① $2\left(\frac{1}{\epsilon_1} - \frac{1}{\epsilon_2}\right)D^2$　② $2\left(\frac{1}{\epsilon_1} + \frac{1}{\epsilon_2}\right)D^2$

③ $\frac{1}{2}\left(\frac{1}{\epsilon_1} + \frac{1}{\epsilon_2}\right)D^2$　④ $\frac{1}{2}\left(\frac{1}{\epsilon_2} - \frac{1}{\epsilon_1}\right)D^2$

풀이 ① 전계가 경계면에 수직인 경우
$$f_n = \frac{1}{2}(E_2-E_1)\cdot D = \frac{1}{2}\left(\frac{1}{\epsilon_2}-\frac{1}{\epsilon_1}\right)D^2 [N/m^2]$$
② 전계가 경계면에 평행인 경우
$$f_n = \frac{1}{2}(E_1\cdot D_1 - E_2\cdot D_2) = \frac{1}{2}(\epsilon_1-\epsilon_2)E^2 [N/m^2]$$
①, ② 모두 유전율이 큰 쪽에서 유전율이 작은 쪽으로 끌려 들어가는 맥스웰 응력이 작용한다. 답 ④

2과목 - 전력공학

20 그림과 같이 내부 도체구 A에 $+Q[C]$, 외부 도체구 B에 $-Q[C]$를 부여한 동심 도체구 사이의 정전용량 $C[F]$는?

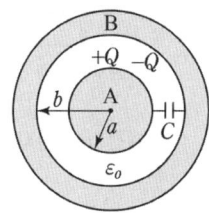

① $4\pi\epsilon_o(b-a)$
② $\dfrac{4\pi\epsilon_o ab}{b-a}$
③ $\dfrac{ab}{4\pi\epsilon_o(b-a)}$
④ $4\pi\epsilon_o\left(\dfrac{1}{a}-\dfrac{1}{b}\right)$

풀이

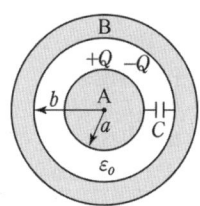

내부 도체구에 $+Q[C]$, 외부 도체구에 $-Q[C]$을 준 경우 내외 도체구 사이의 전위차
$$V_{ab} = \frac{Q}{4\pi\epsilon_0}\left(\frac{1}{a}-\frac{1}{b}\right)[V]$$
따라서 동심 도체구의 정전용량
$$C = \frac{Q}{V_{ab}} = \frac{4\pi\epsilon_0}{\frac{1}{a}-\frac{1}{b}} = \frac{4\pi\epsilon_0 ab}{b-a}[F]$$ 답 ②

21 중성점 직접접지방식의 발전기가 있다. 1선 지락 사고 시 지락전류는? (단, Z_1, Z_2, Z_0는 각각 정상, 역상, 영상 임피던스이며, E_a는 지락된 상의 무부하 기전력이다.)

① $\dfrac{E_a}{Z_0+Z_1+Z_2}$
② $\dfrac{Z_1 E_a}{Z_0+Z_1+Z_2}$
③ $\dfrac{3E_a}{Z_0+Z_1+Z_2}$
④ $\dfrac{Z_0 E_a}{Z_0+Z_1+Z_2}$

풀이 I_0, I_1, I_2를 각각 영상, 정상, 역상 전류라고 하면, 1선 지락 고장 시에는 $I_0 = I_1 = I_2$이다.
V_a상이 지락된 경우, 발전기의 기본식에 의해
$$I_0 = \frac{E_a}{Z_0+Z_1+Z_2}$$ 가 되므로,
1선 지락 사고시 지락전류는
$$I_a = I_0 + I_1 + I_2 = 3I_0 = \frac{3E_a}{Z_0+Z_1+Z_2}$$ 답 ③

22 화력발전소에서 절탄기의 용도는?
① 보일러에 공급되는 급수를 예열한다.
② 포화증기를 과열한다.
③ 연소용 공기를 예열한다.
④ 석탄을 건조한다.

풀이 • 절탄기 : 보일러 급수를 연도 폐기 가스로 가열
• 재열기 : 포화 온도의 증기를 과열 온도의 증기로 가열
• 공기 예열기 : 연소용 공기를 예열 답 ①

23 3상 배전선로의 말단에 역률 60[%](늦음), 60[kW]의 평형 3상 부하가 있다. 부하점에 부하와 병렬로 전력용 콘덴서를 접속하여 선로손실을 최소로 하고자 할 때 콘덴서 용량[kVA]은? (단, 부하단의 전압은 일정하다.)
① 40
② 60
③ 80
④ 100

풀이 선로 손실을 최소로 하기 위해서는 역률을 1.0으로 개선해야 하므로, 문제에서는 전 무효전력만큼의 콘덴서 용량이 필요하다.
따라서 콘덴서 용량

$$Q_c = P\tan\theta = P\frac{\sin\theta}{\cos\theta} = 60 \times \frac{0.8}{0.6} = 80[kVA]$$ 답 ③

24 다음 중 송전계통의 절연협조에 있어서 절연레벨이 가장 낮은 기기는?

① 피뢰기 ② 단로기
③ 변압기 ④ 차단기

풀이
- 절연 협조는 피뢰기의 제한 전압이 기준이 된다. 따라서 피뢰기의 절연 레벨이 제일 낮다.
- 절연 레벨 : 피뢰기 < 변압기 < 차단기, CT, PT, … < 선로 애자

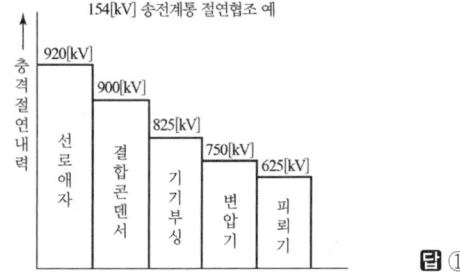

답 ①

25 송배전 선로에서 선택지락계전기(SGR)의 용도는?

① 다회선에서 접지 고장 회선의 선택
② 단일 회선에서 접지 전류의 대소 선택
③ 단일 회선에서 접지 전류의 방향 선택
④ 단일 회선에서 접지 사고의 지속 시간 선택

풀이 선택 접지(지락) 계전기는 비접지 계통의 지락사고 검출에 사용되는 것으로, 병행 2회선 또는 다회선 송전선로에서 한쪽의 1회선에 지락 또는 접지 고장이 발생하였을 때 이것을 검출하여 고장 회선만을 선택하여 차단할 수 있는 계전기이다. 답 ①

26 고장 즉시 동작하는 특성을 갖는 계전기는?

① 순시 계전기
② 정한시 계전기
③ 반한시 계전기
④ 반한시성 정한시 계전기

풀이 보호계전기 특징
① 순시 특성 : 최소 동작전류 이상의 전류가 흐르면 즉시 동작하는 특성
② 정한시 특성 : 동작전류의 크기에 관계없이 일정한 시간에 동작하는 특성
③ 반한시 특성 : 동작전류가 커질수록 동작시간이 짧게 되는 특성
④ 반한시 정한시 특성 : 동작전류가 적은 동안에는 동작전류가 커질수록 동작시간이 짧게 되고 어떤 전류 이상이면 동작전류의 크기에 관계없이 일정한 시간에 동작하는 특성

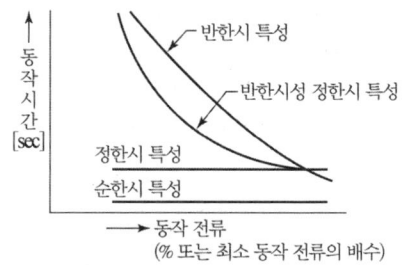

〈계전기의 한시 특성〉 답 ①

27 정격전압 7.2[kV], 정격차단용량 100[MVA]인 3상 차단기의 정격 차단전류는 약 몇 [kA]인가?

① 4 ② 6
③ 7 ④ 8

풀이 3상 차단기의 정격용량
$$P_s = \sqrt{3}\,V_n I_s[MVA]$$
따라서 정격 차단전류
$$I_s = \frac{P_s}{\sqrt{3}\,V_n} = \frac{100}{\sqrt{3}\times 7.2} ≒ 8[kA]$$ 답 ④

28 30000[kW]의 전력을 51[km] 떨어진 지점에 송전하는데 필요한 전압은 약 몇 [kV]인가? (단, Still의 식에 의하여 산정한다.)

① 22 ② 33
③ 66 ④ 100

풀이 Still 식(송전전압의 결정식)
$$V_s = 5.5\sqrt{0.6\,l + 0.01P}$$
$$= 5.5\sqrt{0.6\times 51 + 0.01\times 30000} ≒ 100[kV]$$
여기서, l : 송전 거리[km], P : 송전 용량[kW] 답 ④

29 댐의 부속설비가 아닌 것은?

① 수로 ② 수조
③ 취수구 ④ 흡출관

풀이 흡출관은 반동 수차의 출구에서부터 방수로 수면까지 연결하는 관으로 낙차를 유효하게 이용(낙차를 늘리기 위해)하기 위해 사용한다. **답** ④

30 3상 3선식에서 전선 한 가닥에 흐르는 전류는 단상 2선식의 경우의 몇 배가 되는가?
(단, 송전전력, 부하역률, 송전거리, 전력손실 및 선간전압이 같다.)

① $\dfrac{1}{\sqrt{3}}$ ② $\dfrac{2}{3}$
③ $\dfrac{3}{4}$ ④ $\dfrac{4}{9}$

풀이
- 단상 2선식의 송전전력 $P_1 = V_1 I_1 \cos\theta_1$
- 3상 3선식의 송전전력 $P_3 = \sqrt{3} V_3 I_3 \cos\theta_3$

라고 하면, 주어진 조건(송전전력, 부하역률, 선간전압이 같다)에 의해
$$VI_1 \cos\theta = \sqrt{3} VI_3 \cos\theta$$
$$\therefore I_3 = \dfrac{1}{\sqrt{3}} I_1$$
답 ①

31 사고, 정전 등의 중대한 영향을 받는 지역에서 정전과 동시에 자동적으로 예비전원용 배전선로로 전환하는 장치는?

① 차단기
② 리클로저(Recloser)
③ 섹셔널라이저(Sectionalizer)
④ 자동부하 전환개폐기(Auto Load Transfer Switch)

풀이
① 차단기 : 부하전류 및 사고전류를 신속·안전하게 차단하여 고장구간을 건전구간으로부터 분리시키며 또한 설비의 점검 및 수리 등의 작업 시에 작업 장소를 정전시키기 위한 설비이다.
② 리클로저 : 배전선로에서 지락고장이나 단락고장 사고가 발생하였을 때 고장을 검출하여 선로를 차단한 후 일정시간이 경과하면 자동적으로 재투입 동작을 반복함으로써 순간 고장을 제거한다.
③ 섹셔널라이저 : 선로가 정전상태일 때 자동으로 개방되어 고장구간을 분리시키는 선로 개폐기로 고장

전류는 차단할 수 없다.
④ **자동부하 전환개폐기** : 정전 시에 큰 피해가 예상되는 수용가에 이중 전원을 확보하여 **주전원 정전 시**나 정격전압 이하로 전압이 감소하는 경우 **예비전원으로 자동으로 전환**되어 무정전 전원 공급을 수행하는 개폐기를 말한다. **답** ④

32 전선의 표피 효과에 대한 설명으로 알맞은 것은?

① 전선이 굵을수록, 주파수가 높을수록 커진다.
② 전선이 굵을수록, 주파수가 낮을수록 커진다.
③ 전선이 가늘수록, 주파수가 높을수록 커진다.
④ 전선이 가늘수록, 주파수가 낮을수록 커진다.

풀이 $\delta = \sqrt{\dfrac{2}{\omega\sigma\mu}} = \sqrt{\dfrac{1}{\pi f \sigma \mu}}$

따라서, f(주파수), σ(도전율), μ(투자율)가 클수록 표피 두께(δ)가 감소하므로 표피효과는 증대되어 도체의 실효저항이 증가한다. **답** ①

33 일반회로 정수가 같은 평행 2회선에서 A, B, C, D는 각각 1회선의 경우의 몇 배로 되는가?

① A : 2배, B : 2배, C : $\dfrac{1}{2}$ 배, D : 1배
② A : 1배, B : 2배, C : $\dfrac{1}{2}$ 배, D : 1배
③ A : 1배, B : $\dfrac{1}{2}$ 배, C : 2배, D : 1배
④ A : 1배, B : $\dfrac{1}{2}$ 배, C : 2배, D : 2배

풀이

합성 4단자 정수
$A = A$
$B = \dfrac{B}{2}$
$C = 2C$
$D = D$

A, D는 불변, 직렬 요소의 임피던스 값인 B는 병렬접속이므로 1/2배로 감소, 병렬요소의 어드미턴스 값인 C는 병렬접속이므로 2배로 증가한다. **답** ③

34 변전소에서 비접지 선로의 접지보호용으로 사용되는 계전기에 영상전류를 공급하는 것은?

① CT
② GPT
③ ZCT
④ PT

풀이
① 변류기(CT) : 대전류를 소전류로 변성하여 계기나 계전기에 공급하기 위한 목적으로 사용한다.
② 접지형 계기용 변압기(GPT) : 비접지 계통에서 지락 사고 시의 영상전압을 검출한다.
③ **영상변류기(ZCT)** : 지락사고시 지락전류(**영상전류**)를 검출하는 것으로 지락 계전기와 조합하여 차단기를 차단시킨다.
④ 계기용 변압기(PT) : 고압을 저압으로 변성하여 계기나 계전기에 공급하기 위한 목적으로 사용한다.
답 ③

35 단로기에 대한 설명으로 틀린 것은?

① 소호장치가 있어 아크를 소멸시킨다.
② 무부하 및 여자전류의 개폐에 사용된다.
③ 사용회로수에 의해 분류하면 단투형과 쌍투형이 있다.
④ 회로의 분리 또는 계통의 접속 변경 시 사용한다.

풀이
• 차단기(CB : Circuit Breaker)는 아크 소호장치가 있어 부하전류나 고장전류의 차단이 가능하다.
• **단로기**(DS : Disconnecting Switch)는 switch로서 **아크 소호장치가 없어** 부하전류나 고장전류의 차단이 곤란하다.
답 ①

36 4단자 정수 $A = 0.9918 + j0.0042$, $B = 34.17 + j50.38$, $C = (-0.006 + j3247) \times 10^{-4}$인 송전선로의 송전단에 66[kV]를 인가하고 수전단을 개방하였을 때 수전단 선간전압은 약 몇 [kV]인가?

① $\dfrac{66.55}{\sqrt{3}}$
② 62.5
③ $\dfrac{62.5}{\sqrt{3}}$
④ 66.55

풀이 송전단 전압 $E_S = AE_R + BI_R$에서 수전단을 개방하면 $I_R = 0$이므로

수전단 전압
$$E_R = \frac{E_S}{A} = \frac{66/\sqrt{3}}{0.9918 + j0.0042} = \frac{66.55}{\sqrt{3}}[\text{kV}]$$

따라서 수전단 선간전압
$$V_R = E_R \times \sqrt{3} = \frac{66.55}{\sqrt{3}} \times \sqrt{3} = 66.55[\text{kV}]$$
답 ④

37 증기터빈 출력을 P[kW], 증기량을 W[t/h], 초압 및 배기의 증기 엔탈피를 각각 i_0, i_1 [kcal/kg] 이라 하면 터빈의 효율 η_T[%]는?

① $\dfrac{860P \times 10^3}{W(i_0 - i_1)} \times 100$

② $\dfrac{860P \times 10^3}{W(i_1 - i_0)} \times 100$

③ $\dfrac{860P}{W(i_0 - i_1) \times 10^3} \times 100$

④ $\dfrac{860P}{W(i_1 - i_0) \times 10^3} \times 100$

풀이
• 입력 열량 $= W \times 10^3 \times (i_0 - i_1)$[kcal]
• 출력 열량 $= P \times 860$[kcal]
 ($\because$ 1[kWh] = 860[kcal])
• 터빈효율 $\eta_T = \dfrac{\text{출력열량}}{\text{입력열량}} \times 100$
$= \dfrac{860P}{W(i_0 - i_1) \times 10^3} \times 100[\%]$
답 ③

38 송전선로에서 가공지선을 설치하는 목적이 아닌 것은?

① 뇌(雷)의 직격을 받을 경우 송전선 보호
② 유도뢰에 의한 송전선의 고전위 방지
③ 통신선에 대한 전자유도장해 경감
④ 철탑의 접지저항 경감

풀이 가공 지선의 설치 목적
① 직격뢰에 대한 차폐 효과
② 유도뢰에 대한 정전 차폐 효과
③ 통신선에 대한 전자 유도 장해 경감 효과

철탑의 접지저항을 경감하기 위해서는 매설지선을 설치해야 한다.
답 ④

39 수전단의 전력원 방정식이 $P_r^2 + (Q_r + 400)^2 = 250000$으로 표현되는 전력계통에서 조상설비 없이 전압을 일정하게 유지하면서 공급할 수 있는 부하전력은? (단, 부하는 무유도성이다)

① 200　　② 250
③ 300　　④ 350

풀이 ① $P_r^2 + (Q_r + 400)^2 = 250000$에서 조상설비가 없으므로 $Q_r = 0$이다.
② 전압을 일정하게 유지하기 위해서는 피상전력의 크기가 일정해야 한다.
$P_r^2 + 400^2 = 500^2$
∴ $P_r = 300$　　**답** ③

40 전력설비의 수용률을 나타낸 것은?

① 수용률 $= \dfrac{\text{평균전력[kW]}}{\text{부하설비용량[kW]}} \times 100[\%]$

② 수용률 $= \dfrac{\text{부하설비용량[kW]}}{\text{평균전력[kW]}} \times 100[\%]$

③ 수용률 $= \dfrac{\text{최대수용전력[kW]}}{\text{부하설비용량[kW]}} \times 100[\%]$

④ 수용률 $= \dfrac{\text{부하설비용량[kW]}}{\text{최대수용전력[kW]}} \times 100[\%]$

풀이 ① 수용률 $= \dfrac{\text{최대 수용 전력}}{\text{설비용량}} \times 100[\%]$

② 부하율 $= \dfrac{\text{평균전력}}{\dfrac{\text{최대 전력의 합계}}{\text{부등률}}} \times 100$
$= \dfrac{\text{평균전력}}{\text{합성 최대전력}} \times 100$
$= \dfrac{\text{평균전력} \times \text{부등률}}{\text{설비용량의 합계} \times \text{수용률}} \times 100[\%]$

③ 부등률 $= \dfrac{\text{최대 전력의 합계}}{\text{합성 최대 전력}}$　　**답** ③

3과목 - 전기기기

41 단상 유도전동기의 기동 시 브러시를 필요로 하는 것은?

① 분상 기동형
② 반발 기동형
③ 콘덴서 분상 기동형
④ 셰이딩 코일 기동형

풀이 반발 기동 유도전동기는 기동 시에는 반발 전동기로서 동작시키고 일정 속도에 달하면 정류자 세그먼트(segment)를 단락하여 유도전동기로서 동작하는 전동기이며, 브러시 이동만으로 기동, 정지, 속도제어가 가능하다.　　**답** ②

42 전원전압이 100[V]인 단상 전파정류제어에서 점호각이 30°일 때 직류 평균전압은 약 몇 [V]인가?

① 54　　② 64
③ 84　　④ 94

풀이

	단상 반파정류	단상 전파정류
SCR	$E_d = \dfrac{\sqrt{2}E}{2\pi}(1+\cos\alpha)$	$E_d = \dfrac{\sqrt{2}E}{\pi}(1+\cos\alpha)$

단상 전파정류의 직류 평균전압
$E_d = \dfrac{\sqrt{2}E}{\pi}(1+\cos\alpha) = \dfrac{\sqrt{2}\times 100}{\pi}(1+\cos 30°)$
$= \dfrac{100\sqrt{2}}{\pi}\left(1+\dfrac{\sqrt{3}}{2}\right) = 84[V]$

별해 단상 전파정류파
$v_{dc} = \dfrac{1}{\pi}\int_{\frac{\pi}{6}}^{\pi} v\,d(\omega t) = \dfrac{1}{\pi}\int_{\frac{\pi}{6}}^{\pi} 100\sqrt{2}\sin\omega t\,d(\omega t)$
$= \dfrac{100\sqrt{2}}{\pi}[-\cos\omega t]_{\frac{\pi}{6}}^{\pi} = \dfrac{100\sqrt{2}}{\pi}\left(-\cos\pi + \cos\dfrac{\pi}{6}\right)$
$= \dfrac{100\sqrt{2}}{\pi}\left(1+\dfrac{\sqrt{3}}{2}\right) = 84\,[V]$

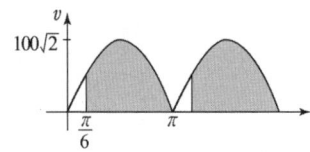

답 ③

43 3선 중 2선의 전원 단자를 서로 바꾸어서 결선하면 회전방향이 바뀌는 기기가 아닌 것은?

① 회전변류기
② 유도전동기
③ 동기전동기
④ 정류자형 주파수 변환기

풀이 정류자형 주파수 변환기는 유도전동기의 2차 여자를 행하기 위한 교류여자기로서 사용되며, 슬립링을 통하여 3상 교류전압을 인가하면 회전자계가 생기고 이것이 상회전 방향의 동기속도로 회전한다.
이 회전자계의 방향은 회전자의 회전여부나 그 속도 및 방향에 전혀 관계가 없다. **답** ④

44 단상 유도전동기의 분상 기동형에 대한 설명으로 틀린 것은?

① 보조권선은 높은 저항과 낮은 리액턴스를 갖는다.
② 주권선은 비교적 낮은 저항과 높은 리액턴스를 갖는다.
③ 높은 토크를 발생시키려면 보조권선에 병렬로 저항을 삽입한다.
④ 전동기가 기동하여 속도가 어느 정도 상승하면 보조권선을 전원에서 분리해야 한다.

풀이 분상 기동형 단상 유도 전동기
① 주권선은 상당히 작은 저항과 큰 리액턴스를 갖는다.
② 기동권선은 큰 저항과 작은 리액턴스를 갖으며, 원심력 스위치가 있다.
③ 더 높은 기동토크를 발생시키려면 기동권선 내에 직렬저항을 접속하거나 주권선 내에 직렬 유도성 리액턴스를 접속한다.
④ 전동기가 기동하여 속도가 어느 정도 상승하면 원심력 스위치에 의해 기동권선은 분리된다.

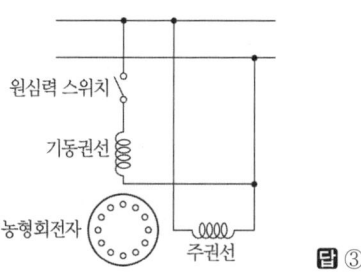

답 ③

45 변압기의 %Z가 커지면 단락전류는 어떻게 변화하는가?

① 커진다. ② 변동없다.
③ 작아진다. ④ 무한대로 커진다.

풀이 단락전류 $I_s = \dfrac{100}{\%Z} I_n [A]$이므로, %$Z$가 커지면 단락전류는 작아지게 된다. **답** ③

46 정격전압 6600[V]인 3상 동기발전기가 정격출력(역률 = 1)으로 운전할 때 전압변동률이 12[%]이었다. 여자전류와 회전수를 조정하지 않은 상태로 무부하 운전하는 경우 단자전압 [V]은?

① 6433 ② 6943
③ 7392 ④ 7842

풀이 전압변동률
$$\epsilon = \dfrac{V_0 - V_n}{V_n} \times 100 = \left(\dfrac{V_0}{V_n} - 1\right) \times 100 [\%]$$
따라서, 무부하 단자전압
$$V_0 = \left(1 + \dfrac{\epsilon}{100}\right) V_n = (1 + 0.12) \times 6600$$
$$= 7392 [V]$$
답 ③

47 계자 권선이 전기자에 병렬로만 연결된 직류기는?

① 분권기 ② 직권기
③ 복권기 ④ 타여자기

풀이 ① 분권기(발전기) : 계자권선이 전기자 권선에 **병렬로 연결**
② 직권기 : 계자권선이 전기자 권선에 직렬로 연결
③ 복권기 : 직권계자권선은 직렬로 연결, 분권계자권선은 병렬로 연결
④ 타여자기 : 계자권선이 별도의 외부 여자전원에 연결

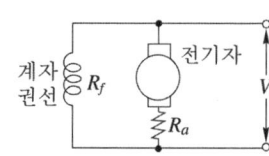

답 ①

48 3상 20000[kVA]인 동기발전기가 있다. 이 발전기는 60[Hz]일 때는 200[rpm], 50[Hz]일 때는 약 167[rpm]으로 회전한다. 이 동기발전기의 극수는?

① 18극
② 36극
③ 54극
④ 72극

풀이 동기속도 $N_s = \frac{120f}{P}$[rpm]이므로

극수 $P = \frac{120f}{N_s} = \frac{120 \times 60}{200} = 36$극   **답** ②

49 1차 전압 6600[V], 권수비 30인 단상변압기로 전등부하에 30[A]를 공급할 때의 입력[kW]은? (단, 변압기의 손실은 무시한다.)

① 4.4
② 5.5
③ 6.6
④ 7.7

풀이 1차전류 $I_1 = \frac{I_2}{a} = \frac{30}{30} = 1$[A]

별도의 조건이 없을 시,
전등 부하의 역률 $\cos\theta = 1$이므로
입력 $P_1 = V_1 I_1 \cos\theta = 6600 \times 1 \times 1 \times 10^{-3}$
$= 6.6$[kW]   **답** ③

50 스텝 모터에 대한 설명으로 틀린 것은?

① 가속과 감속이 용이하다.
② 정·역 및 변속이 용이하다.
③ 위치제어 시 각도 오차가 작다.
④ 브러시 등 부품수가 많아 유지보수 필요성이 크다.

풀이 스텝모터의 장·단점
[장점]
① 다른 서보모터와 달리 위치 및 속도를 검출하기 위한 장치가 필요 없다.
② 다른 디지털 기기와의 인터페이스가 쉽다.
③ 가속, 감속이 용이하며 정·역전 및 변속이 쉽다.
④ 속도제어 범위가 광범위하며, 초저속에서 큰 토크를 얻을 수 있다.
⑤ 위치제어를 할 때 각도 오차가 적고 누적되지 않는다.
⑥ 정지하고 있을 때 그 위치를 유지해 주는 토크가 크다.
⑦ 브러시, 슬립 링 등이 없고 부품수가 적기 때문에 유지 보수의 필요성이 적다.
[단점]
① 분해 조립, 또는 정지위치가 한정된다.
② 효율이 서보모터에 비해 나쁘다.
③ 마찰 부하의 경우 위치 오차가 크다.
④ 오버슈트 및 진동의 문제가 있다.
⑤ 대용량의 대형기는 만들기 어렵다.   **답** ④

51 출력이 20[kW]인 직류발전기의 효율이 80[%]이면 전 손실은 약 몇 [kW]인가?

① 0.8
② 1.25
③ 5
④ 45

풀이 효율 $\eta = \frac{P}{P + P_l} \times 100$ 이므로

(여기서, P : 출력, P_l : 손실)

전 손실 $P_l = \frac{P}{\frac{\eta}{100}} - P = \frac{20}{0.8} - 20 = 5$[kW]   **답** ③

52 동기전동기의 공급 전압과 부하를 일정하게 유지하면서 역률을 1로 운전하고 있는 상태에서 여자 전류를 증가시키면 전기자 전류는?

① 앞선 무효전류가 증가
② 앞선 무효전류가 감소
③ 뒤진 무효전류가 증가
④ 뒤진 무효전류가 감소

풀이 **위상 특성곡선**이란 단자전압과 부하를 일정하게 유지하고, 여자전류를 변화시킬 경우 여자전류와 전기자 전류와의 관계를 표시한 것으로 그 형상이 V자와 같으므로 V곡선이라고도 한다.

• 계자전류가 역률 1일 때보다 크면, 앞선 전기자 전류가 흐른다.
• 계자전류가 역률 1일 때보다 작으면, 뒤진 전기자 전류가 흐른다.

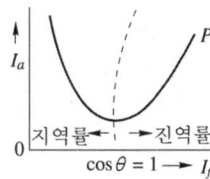

답 ①

53 전압변동률이 작은 동기발전기의 특성으로 옳은 것은?

① 단락비가 크다.
② 속도변동률이 크다.
③ 동기 리액턴스가 크다.
④ 전기자 반작용이 크다.

풀이 단락비가 큰 기계(철기계)의 특징
① 동기 임피던스가 적다.
  ($K_s = \dfrac{1}{Z_s}$ 에서 동기 임피던스가 적어진다).
② 반작용 리액턴스 x_a가 적다.
  ($Z_s = r_a + j(x_a + x_l)$에서 Z_s가 적다는 것은 반작용 리액턴스 x_a가 적다는 것을 의미한다.)
③ 계자 기자력이 크다.(전기자 기자력에 비해 상대적으로 계자 기자력이 크므로 전기자 반작용에 의한 영향이 적게 되고, **전압변동률이 양호**해진다.)
④ 기계의 중량이 크다.(계자 기자력이 크다는 것은 계자 권회수가 많고 계자철심 즉, 회전자의 직경이 크게 되므로 기계의 중량이 큰 철기계를 의미한다.)
⑤ 과부하 내량이 증대되고, 안정도가 높은 반면 기계의 가격이 상승한다. **답** ①

54 직류발전기에 $P[\text{N}\cdot\text{m/s}]$의 기계적 동력을 주면 전력은 몇 [W]로 변환되는가? (단, 손실은 없으며, i_a는 전기자 도체의 전류, e는 전기자 도체의 유도기전력, Z는 총 도체수이다.)

① $P = i_a e Z$ ② $P = \dfrac{i_a e}{Z}$
③ $P = \dfrac{i_a Z}{e}$ ④ $P = \dfrac{eZ}{i_a}$

풀이
- 단자전압 $E = e \times \dfrac{Z}{a}$
- 전류 $I = a \times i_a$
- 전력 $P = EI = e \times \dfrac{Z}{a} \times a \times i_a = i_a e Z$ **답** ①

55 도통(on) 상태에 있는 SCR을 차단(off) 상태로 만들기 위해서는 어떻게 하여야 하는가?

① 게이트 펄스전압을 가한다.
② 게이트 전류를 증가시킨다.
③ 게이트 전압이 부(-)가 되도록 한다.
④ 전원전압의 극성이 반대가 되도록 한다.

풀이 SCR는 게이트에 (+)의 트리거 펄스가 인가되면 통전 상태로 되어 정류 작용이 개시되고, 일단 통전이 시작되면 게이트 전류를 차단해도 주전류(애노드 전류)는 차단되지 않는다. 이 때에 이를 **차단하려면 애노드 전압을 (0) 또는 (-)로 해야 한다.** **답** ④

56 직류전동기의 워드레오나드 속도제어 방식으로 옳은 것은?

① 전압제어 ② 저항제어
③ 계자제어 ④ 직병렬제어

풀이 직류전동기의 속도제어법 비교

구 분	제어 특성	특 징
계자제어법	• 정출력 제어	• 속도제어범위가 좁다.
전압제어법	• 정토크 제어 - 워드 레오나드 방식 - 일그너 방식	• 제어범위가 넓다. • 손실이 매우 적다. • 정역운전이 가능 • 설비비가 많이든다.
직렬저항법		• 효율이 나쁘다.

답 ①

57 단권변압기의 설명으로 틀린 것은?

① 분로권선과 직렬권선으로 구분된다.
② 1차 권선과 2차 권선의 일부가 공통으로 사용된다.
③ 3상에는 사용할 수 없고 단상으로만 사용한다.
④ 분로권선에서 누설자속이 없기 때문에 전압변동률이 작다.

풀이 단권변압기를 Y결선, △결선, V결선, 변연장 △결선 등으로 하면 3상에서도 사용할 수 있다. **답** ③

58 유도전동기를 정격상태로 사용 중, 전압이 10[%] 상승할 때 특성변화로 틀린 것은? (단, 부하는 일정 토크라고 가정한다.)

① 슬립이 작아진다.
② 역률이 떨어진다.
③ 속도가 감소한다.
④ 히스테리시스손과 와류손이 증가한다.

① $\dfrac{s'}{s}=\left(\dfrac{V_1}{V'}\right)^2$

슬립은 전압의 제곱에 반비례하므로 전압이 상승하면 슬립은 작아진다.

② $\cos\theta=\dfrac{P}{\sqrt{3}\,VI}$

역률은 전압에 반비례하므로 전압이 상승하면 역률은 떨어진다.

③ $\dfrac{N}{N'}=\left(\dfrac{V_1}{V'}\right)^2$

속도는 전압의 제곱에 비례하므로 전압이 상승하면 속도도 상승한다.

④ 와류손은 주파수와는 무관하고 전압의 제곱에 비례하므로 와류손이 증가한다.   답 ③

59 단자전압 110[V], 전기자 전류 15[A], 전기자 회로의 저항 2[Ω], 정격속도 1800[rpm]으로 전부하에서 운전하고 있는 직류 분권전동기의 토크는 약 몇 [N·m]인가?

① 6.0 ② 6.4
③ 10.08 ④ 11.14

풀이 역기전력
$E_c=V-R_aI_a=110-2\times15=80[V]$
따라서 토크
$\tau=0.975\dfrac{P}{N}\times9.8=0.975\dfrac{E_cI_a}{N}\times9.8$
$=0.975\times\dfrac{80\times15}{1800}\times9.8\fallingdotseq 6.4[N\cdot m]$ 답 ②

60 용량 1[kVA], 3000/200[V]의 단상변압기를 단권변압기로 결선해서 3000/3200[V]의 승압기로 사용할 때 그 부하용량[kVA]은?

① $\dfrac{1}{16}$ ② 1
③ 15 ④ 16

풀이 부하 용량 $=\dfrac{V_h}{V_h-V_l}\times$ 자기 용량
$=\dfrac{3200}{3200-3000}\times1=16[kVA]$ 답 ④

4과목 - 회로이론 및 제어공학

61 특성방정식이 $s^3+2s^2+Ks+10=0$로 주어지는 제어시스템이 안정하기 위한 K의 범위는?

① $K>0$ ② $K>5$
③ $K<0$ ④ $0<K<5$

풀이 특성방정식은 $F(s)=s^3+2s^2+Ks+10=0$이므로
루드의 표는

s^3	1	K
s^2	2	10
s^1	$\dfrac{2K-10}{2}$	0
s^0	10	

제1열의 부호 변화가 없어야 안정하므로
$2K-10>0$
$\therefore K>5$ 답 ②

62 제어시스템의 개루프 전달함수가
$G(s)H(s)=\dfrac{K(s+30)}{s^4+s^3+2s^2+s+7}$로
주어질 때, 다음 중 $K>0$인 경우 근궤적의 점근선이 실수축과 이루는 각[°]은?

① 20° ② 60°
③ 90° ④ 120°

풀이 ① 실수축 상의 점근선의 수 $N=p-z=4-1=3$
② 점근선의 각도 $\alpha_K=\dfrac{(2K+1)\pi}{p-z}$ ($K=0,1,2$)이므로
• $K=0$에서
$\alpha_0=\dfrac{(2K+1)\pi}{p-z}=\dfrac{(2\times0+1)\times180°}{4-1}=\dfrac{180°}{3}$
$=60°$
• $K=1$에서
$\alpha_1=\dfrac{(2K+1)\pi}{p-z}=\dfrac{(2\times1+1)\times180°}{4-1}=\dfrac{540°}{3}$
$=180°$
• $K=2$에서
$\alpha_2=\dfrac{(2K+1)\pi}{p-z}=\dfrac{(2\times2+1)\times180°}{4-1}=\dfrac{900°}{3}$
$=300°=-60°$ 답 ②

63 z변환된 함수 $F(z) = \dfrac{3z}{(z-e^{-3T})}$에 대응되는 라플라스 변환 함수는?

① $\dfrac{1}{(s+3)}$ ② $\dfrac{3}{(s-3)}$

③ $\dfrac{1}{(s-3)}$ ④ $\dfrac{3}{(s+3)}$

풀이

$f(t)$	$F(s)$	$F(z)$
$\delta(t)$	1	1
$u(t)$	$\dfrac{1}{s}$	$\dfrac{z}{z-1}$
t	$\dfrac{1}{s^2}$	$\dfrac{Tz}{(z-1)^2}$
e^{-at}	$\dfrac{1}{s+a}$	$\dfrac{z}{z-e^{-at}}$

$\therefore F(s) = \dfrac{3}{s+3}$ **답** ④

64 그림과 같은 제어시스템의 전달함수 $\dfrac{C(s)}{R(s)}$는?

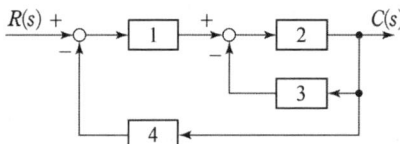

① $\dfrac{1}{15}$ ② $\dfrac{2}{15}$ ③ $\dfrac{3}{15}$ ④ $\dfrac{4}{15}$

풀이
- 전향경로 이득 : 1×2
- 루프 이득 : $-(2 \times 3), -(1 \times 2 \times 4)$

따라서 전달함수

$G(s) = \dfrac{\sum \text{전향 경로 이득}}{1 - \sum \text{루프이득}} = \dfrac{2}{1-(-6-8)} = \dfrac{2}{15}$ **답** ②

65 전달함수가 $G_C(s) = \dfrac{2s+5}{7s}$인 제어기가 있다. 이 제어기는 어떤 제어기인가?

① 비례 미분 제어기
② 적분 제어기
③ 비례 적분 제어기
④ 비례 적분 미분 제어기

풀이

$G_C(s) = \dfrac{2s+5}{7s} = \dfrac{2}{7} + \dfrac{5}{7s}$

$= \dfrac{2}{7} + \dfrac{1}{\dfrac{7}{5}s} = \dfrac{2}{7}\left(1 + \dfrac{1}{\dfrac{2}{5}s}\right)$

이므로 비례적분 제어계이다. **답** ③

66 단위 피드백제어계에서 개루프 전달함수 $G(s)$가 다음과 같이 주어졌을 때 단위 계단 입력에 대한 정상상태 편차는?

$G(s) = \dfrac{5}{s(s+1)(s+2)}$

① 0 ② 1
③ 2 ④ 3

풀이 정상상태 편차 $e_{ss} = \lim\limits_{s \to 0} \dfrac{s}{1+G(s)} R(s)$에서

$R(s) = \dfrac{1}{s}$ (단위 계단입력)이므로

$e_{ss} = \lim\limits_{s \to 0} \dfrac{s}{1+G(s)} \cdot \dfrac{1}{s} = \dfrac{1}{1+\lim\limits_{s \to 0} G(s)}$

$= \dfrac{1}{1+\lim\limits_{s \to 0} \dfrac{5}{s(s+1)(s+2)}} = 0$ **답** ①

67 그림과 같은 논리회로의 출력 Y는?

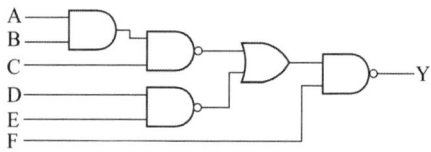

① $ABCDE + \overline{F}$
② $\overline{A}\,\overline{B}\,\overline{C}\,\overline{D}\,\overline{E} + F$
③ $\overline{A} + \overline{B} + \overline{C} + \overline{D} + \overline{E} + F$
④ $A + B + C + D + E + \overline{F}$

풀이 드 모르간의 정리
- $\overline{A+B} = \overline{A} \cdot \overline{B}$ · $\overline{A \cdot B} = \overline{A} + \overline{B}$

$\therefore Y = \overline{(\overline{ABC} + \overline{DE})}F = \overline{(\overline{ABC} + \overline{DE})} + \overline{F}$

$= ABCDE + \overline{F}$ **답** ①

68 그림의 신호흐름선도에서 전달함수 $\dfrac{C(s)}{R(s)}$는?

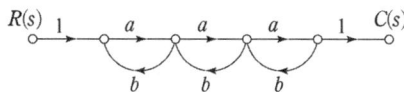

① $\dfrac{a^3}{(1-ab)^3}$ ② $\dfrac{a^3}{(1-3ab+a^2b^2)}$

③ $\dfrac{a^3}{1-3ab}$ ④ $\dfrac{a^3}{1-3ab+2a^2b^2}$

풀이
- 전향경로 이득 : $a \times a \times a = a^3$
- 루프 이득 : ab, ab, ab
- 비접촉 루프 이득 : $ab \times ab = a^2b^2$

$$\therefore G(s) = \dfrac{C(s)}{R(s)}$$
$$= \dfrac{\sum \text{전향 경로 이득}}{1 - \sum \text{루프 이득} + \sum \text{비접촉 루프 이득}}$$
$$= \dfrac{a^3}{1-(ab+ab+ab)+a^2b^2} = \dfrac{a^3}{1-3ab+a^2b^2}$$

답 ②

69 다음과 같은 미분방정식으로 표현되는 제어시스템의 시스템 행렬 A는?

$$\dfrac{d^2c(t)}{dt^2} + 5\dfrac{dc(t)}{dt} + 3c(t) = r(t)$$

① $\begin{bmatrix} -5 & -3 \\ 0 & 1 \end{bmatrix}$ ② $\begin{bmatrix} -3 & -5 \\ 0 & 1 \end{bmatrix}$

③ $\begin{bmatrix} 0 & 1 \\ -3 & -5 \end{bmatrix}$ ④ $\begin{bmatrix} 0 & 1 \\ -5 & -3 \end{bmatrix}$

풀이
※ 상태 방정식 : $\dot{x} = \dfrac{dx}{dt} = Ax + Br$

(A : 시스템 행렬, B : 제어 행렬)

시스템 미분방정식에서 상태방정식(벡터 행렬 표현식)을 다음의 순서로 구한다.

① 2차 미분 방정식이므로 2개의 상태 변수 $x_1(t)$, $x_2(t)$를 선정한다.

$x_1(t) = c(t)$, $x_2(t) = \dfrac{dc(t)}{dt}$

② 단계 ①의 상태 변수를 양변 미분하고 $\dot{x}_i = \dfrac{dx_i}{dt}$를 적용한다.

$\dfrac{dx_1(t)}{dt} = \dfrac{dc(t)}{dt} = \dot{x}_1$, $\dfrac{dx_2(t)}{dt} = \dfrac{d^2c(t)}{dt^2} = \dot{x}_2$

③ 주어진 미분 방정식에서 최고차 항에 대해 나머지 항을 우변으로 이항하여 정리한 후 상태 변수 $x_1(t)$, $x_2(t)$를 대입한다.

$$\dfrac{d^2c(t)}{dt^2} = -5\dfrac{dc(t)}{dt} - 3c(t) + r(t)$$

$\therefore \dot{x}_2 = -3x_1(t) - 5x_2(t) + r(t)$

④ 상태 방정식(연립 1차 미분 방정식 : 2개의 상태 방정식)
$\begin{cases} \dot{x}_1(t) = x_2(t) \\ \dot{x}_2(t) = -3x_1(t) - 5x_2(t) + r(t) \end{cases}$

⑤ 단계 ④의 상태 방정식을 벡터 행렬로 표현한다.

$\dot{x}(t) = \begin{bmatrix} \dot{x}_1(t) \\ \dot{x}_2(t) \end{bmatrix} = \begin{bmatrix} 0 & 1 \\ -3 & -5 \end{bmatrix} \begin{bmatrix} x_1(t) \\ x_2(t) \end{bmatrix} + \begin{bmatrix} 0 \\ 1 \end{bmatrix} r(t)$

⑥ 상태 방정식 $\dot{x} = \dfrac{dx}{dt} = Ax + Br$에서 시스템 행렬은 A가 되므로 벡터 행렬로 표현한 단계 ⑤에서 다음과 같이 구해진다.

$A = \begin{bmatrix} 0 & 1 \\ -3 & -5 \end{bmatrix}$

답 ③

70 안정한 제어시스템의 보드 선도에서 이득 여유는?

① $-20 \sim 20[dB]$ 사이에 있는 크기[dB] 값이다.
② $0 \sim 20[dB]$ 사이에 있는 크기 선도의 길이이다.
③ 위상이 0°가 되는 주파수에서 이득의 크기 [dB]이다.
④ 위상이 -180°가 되는 주파수에서 이득의 크기[dB]이다.

풀이 안정한 시스템의 보드 선도에서 이득 곡선이 0[dB]인 점을 지날 때의 주파수에서 양의 위상 여유가 생기고, 위상 곡선이 -180°를 지날 때 양의 이득여유가 생긴다.

답 ④

71 3상 전류가 $I_a = 10+j3[A]$, $I_b = -5-j2[A]$, $I_c = -3+j4[A]$일 때 정상분 전류의 크기는 약 몇 [A]인가?

① 5 ② 6.4
③ 10.5 ④ 13.34

풀이 정상전류

$$I_1 = \frac{1}{3}(I_a + aI_b + a^2 I_c)$$
$$= \frac{1}{3}\left\{10+j3+\left(-\frac{1}{2}+j\frac{\sqrt{3}}{2}\right)(-5-j2)\right.$$
$$\left.+\left(-\frac{1}{2}-j\frac{\sqrt{3}}{2}\right)(-3+j4)\right\}$$
$$= 6.40 + j0.09 \fallingdotseq 6.4[A]$$

답 ②

72 그림의 회로에서 영상 임피던스 Z_{01}이 $6[\Omega]$일 때, 저항 R의 값은 몇 $[\Omega]$인가?

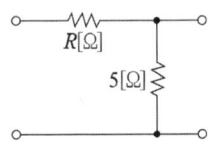

① 2　　② 4
③ 6　　④ 9

풀이

$$\begin{bmatrix} A & B \\ C & D \end{bmatrix} = \begin{bmatrix} 1 & R \\ 0 & 1 \end{bmatrix}\begin{bmatrix} 1 & 0 \\ \frac{1}{5} & 1 \end{bmatrix} = \begin{bmatrix} 1+\frac{R}{5} & R \\ \frac{1}{5} & 1 \end{bmatrix}$$

$$Z_{01} = \sqrt{\frac{AB}{CD}} = \sqrt{\frac{\left(1+\frac{R}{5}\right)\cdot R}{\frac{1}{5}\times 1}} = \sqrt{5R+R^2} = 6$$

$$R^2 + 5R = 36 \;\rightarrow\; R^2 + 5R - 36 = 0$$

$$\therefore R = \frac{-5\pm\sqrt{5^2+4\times 36}}{2} = 4[\Omega]$$

답 ②

73 Y결선의 평형 3상 회로에서 선간전압 V_{ab}와 상전압 V_{an}의 관계로 옳은 것은?
(단, $V_{bn} = V_{an}e^{-j(2\pi/3)}$, $V_{cn} = V_{bn}e^{-j(2\pi/3)}$)

① $V_{ab} = \frac{1}{\sqrt{3}}e^{j(\pi/6)}V_{an}$
② $V_{ab} = \sqrt{3}\,e^{j(\pi/6)}V_{an}$
③ $V_{ab} = \frac{1}{\sqrt{3}}e^{-j(\pi/6)}V_{an}$
④ $V_{ab} = \sqrt{3}\,e^{-j(\pi/6)}V_{an}$

풀이

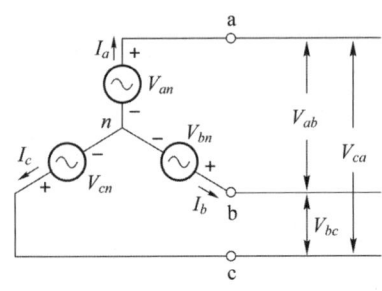

(a) 3상 Y전원 회로

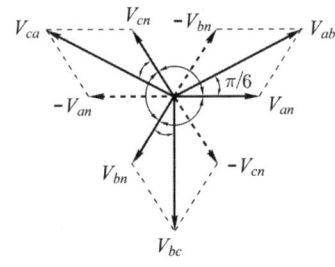

(b) 페이저도

즉 Y결선에서 선간전압
$$V_{ab} = \sqrt{3}\,V_{an}\angle\frac{\pi}{6} = \sqrt{3}\,e^{j(\pi/6)}V_{an}$$
(상전압)의 관계가 있다.

답 ②

74 선로의 단위 길이 당 인덕턴스, 저항, 정전용량, 누설 컨덕턴스를 각각 L, R, C, G라 하면 전파정수는?

① $\sqrt{\frac{(R+j\omega L)}{(G+j\omega C)}}$
② $\sqrt{(R+j\omega L)(G+j\omega C)}$
③ $\sqrt{\frac{(R+j\omega C)}{(G+j\omega L)}}$
④ $\sqrt{\frac{(G+j\omega C)}{(R+j\omega L)}}$

풀이 $Z = R+j\omega L$, $Y = G+j\omega C$에서
전파정수 $\gamma = \sqrt{ZY} = \sqrt{(R+j\omega L)(G+j\omega C)}$

답 ②

75 회로에서 0.5[Ω] 양단 전압 V은 약 몇 [V]인가?

① 0.6
② 0.93
③ 1.47
④ 1.5

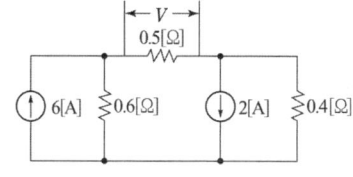

풀이 ① 6[A]의 전류원 I'(2[A]의 전류원은 개방함)

$$I' = \frac{R_1}{R_1+R_2}I = \frac{0.6}{0.6+(0.5+0.4)}\times 6 = 2.4[A]$$

② 2[A] 전류원 I''(6[A]의 전류원은 개방함)

$$I'' = \frac{R_2}{R_1+R_2}I = \frac{0.4}{1.1+0.4}\times 2 = 0.53[A]$$

③ I', I''의 전류방향이 같으므로 0.5[Ω] 양단 전압은
$V = (I'+I'')\times 0.5 = (2.4+0.53)\times 0.5 ≒ 1.47[V]$

답 ③

76 $f(t) = t^2 e^{-\alpha t}$를 라플라스 변환하면?

① $\dfrac{2}{(s+\alpha)^2}$
② $\dfrac{3}{(s+\alpha)^2}$
③ $\dfrac{2}{(s+\alpha)^3}$
④ $\dfrac{3}{(s+\alpha)^3}$

풀이 복소 추이 정리에 의해서

$$\mathcal{L}[t^2 e^{-\alpha t}] = \mathcal{L}[t^2]_{s=s+\alpha} = \left[\frac{2}{s^3}\right]_{s=s+a} = \frac{2}{(s+a)^3}$$

답 ③

77 RLC 직렬회로의 파라미터가 $R^2 = \dfrac{4L}{C}$의 관계를 가진다면, 이 회로에 직류 전압을 인가하는 경우 과도 응답특성은?

① 무제동
② 과제동
③ 부족제동
④ 임계제동

풀이

조건	특성
$R^2 > \dfrac{4L}{C}$	과제동(비진동적)
$R^2 = \dfrac{4L}{C}$	**임계제동(진동)**
$R^2 < \dfrac{4L}{C}$	부족제동(진동적)

답 ④

78 그림과 같이 결선된 회로의 단자(a, b, c)에 선간전압이 V[V]인 평형 3상 전압을 인가할 때 상전류 I[A]의 크기는?

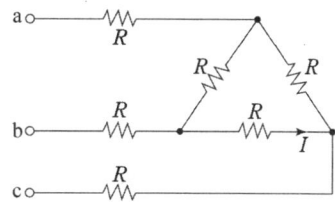

① $\dfrac{V}{4R}$
② $\dfrac{3V}{4R}$
③ $\dfrac{\sqrt{3}\,V}{4R}$
④ $\dfrac{V}{4\sqrt{3}\,R}$

풀이 ① 동일한 세 개의 저항인 경우 △로 결선된 저항을 Y로 등가 변환하면 $R_Y = \dfrac{R_\triangle}{3} = \dfrac{R}{3}$이다.

② 등가 변환 시 Y결선 1상의 저항 $R_Y' = R + \dfrac{R}{3} = \dfrac{4R}{3}$이다.

③ Y결선을 다시 △로 등가 변환하면
$R_\triangle' = 3R_Y' = 3\times \dfrac{4R}{3} = 4R$이다.

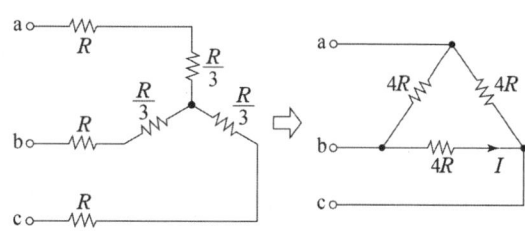

따라서 상전류 $I = \dfrac{V}{4R}$[A]

답 ①

79 $v(t) = 3 + 5\sqrt{2}\sin\omega t + 10\sqrt{2}\sin\left(3\omega t - \dfrac{\pi}{3}\right)$[V]의 실효값 크기는 약 몇 [V]인가?

① 9.6
② 10.6
③ 11.6
④ 12.6

풀이 비정현파의 실효값은 각 파의 실효값 제곱의 합의 제곱근이므로,

∴ 실효값 $V = \sqrt{V_0^2 + V_1^2 + V_2^2} = \sqrt{3^2 + 5^2 + 10^2}$
$≒ 11.6$[V]

답 ③

80 $8+j6[\Omega]$인 임피던스에 $13+j20[V]$의 전압을 인가할 때 복소전력은 약 몇 [VA]인가?

① $12.7+j34.1$ ② $12.7+j55.5$
③ $45.5+j34.1$ ④ $45.5+j55.5$

풀이
$$I = \frac{V}{Z} = \frac{13+j20}{8+j6} = \frac{(13+j20)(8-j6)}{(8+j6)(8-j6)}$$
$$= 2.24+j0.82[A]$$
$$\therefore P_a = VI^* = (13+j20)(2.24-j0.82)$$
$$= 45.5+j34.1[VA]$$

답 ③

5과목 - 전기설비기술기준

81 지중 전선로를 직접 매설식에 의하여 시설할 때, 중량물의 압력을 받을 우려가 있는 장소에 저압 또는 고압의 지중전선을 견고한 트라프 기타 방호물에 넣지 않고도 부설할 수 있는 케이블은?

① PVC 외장 케이블
② 콤바인 덕트 케이블
③ 염화비닐 절연 케이블
④ 폴리에틸렌 외장 케이블

풀이 334.1 지중전선로의 시설
지중 전선로를 직접 매설식에 의하여 시설하는 경우에 지중 전선을 견고한 트라프 기타 방호물에 넣어 시설하여야 한다. 단, 다음의 어느 하나에 해당하는 경우에는 지중전선을 견고한 트라프 기타 방호물에 넣지 아니하여도 된다.
① 저압 또는 고압의 지중전선을 차량 기타 중량물의 압력을 받을 우려가 없는 경우에 그 위를 견고한 판 또는 몰드로 덮어 시설하는 경우
② 저압 또는 고압의 지중전선에 **콤바인덕트 케이블 또는 개장한 케이블을 사용**하여 시설하는 경우

답 ②

82 수소냉각식 발전기 등의 시설기준으로 틀린 것은?

① 발전기안 또는 조상기안의 수소의 온도를 계측하는 장치를 시설할 것
② 발전기축의 밀봉부로부터 수소가 누설될 때 누설된 수소를 외부로 방출하지 않을 것
③ 발전기안 또는 조상기안의 수소의 순도가 85[%] 이하로 저하한 경우에 이를 경보하는 장치를 시설할 것
④ 발전기 또는 조상기는 수소가 대기압에서 폭발하는 경우에 생기는 압력에 견디는 강도를 가지는 것일 것

풀이 351.10 수소냉각식 발전기 등의 시설
수소냉각식의 발전기·조상기 또는 이에 부속하는 수소 냉각 장치는 다음 각 호에 따라 시설하여야 한다.
가. 발전기 또는 조상기는 **기밀구조** 것이고 또한 수소가 대기압에서 폭발하는 경우에 생기는 **압력에 견디는 강도를 가지는 것**.
나. 발전기축의 밀봉부에는 질소 가스를 봉입할 수 있는 장치 또는 발전기 축의 밀봉부로부터 누설된 수소 가스를 안전하게 외부에 방출할 수 있는 장치를 시설할 것.
다. 발전기 내부 또는 조상기 내부의 수소의 순도가 85[%] 이하로 저하한 경우에 이를 경보하는 장치를 시설할 것.
라. 발전기 내부 또는 조상기 내부의 수소의 압력을 계측하는 장치 및 그 압력이 현저히 변동한 경우에 이를 경보하는 장치를 시설할 것.
마. 발전기 내부 또는 조상기 내부의 수소의 온도를 계측하는 장치를 시설할 것.
바. 발전기 내부 또는 조상기 내부로 수소를 안전하게 도입할 수 있는 장치 및 발전기안 또는 조상기안의 **수소를 안전하게 외부로 방출할 수 있는 장치**를 시설할 것.
사. 발전기 또는 조상기에 붙인 유리제의 점검 창 등은 쉽게 파손되지 아니하는 구조로 되어 있을 것.

답 ②

83 어느 유원지의 어린이 놀이기구인 유희용 전차에 전기를 공급하는 전로의 사용전압은 교류인 경우 몇 [V] 이하이어야 하는가?

① 20 ② 40
③ 60 ④ 100

풀이 241.8 유희용 전차
가. 유희용 전차에 전기를 공급하기 위하여 사용하는 **변압기의 1차 전압은 400[V] 이하**이어야 한다.
나. 유희용 전차에 전기를 공급하는 전원장치의 **2차측 단자의 최대사용전압은 직류의 경우 60[V] 이하, 교류의 경우 40[V] 이하**일 것.
다. 접촉전선은 제3레일 방식에 의하여 시설할 것.
라. 유희용 전차의 전차 내에서 승압하여 사용하는 경우 변압기는 절연변압기를 사용하고 2차 전압은 150[V] 이하로 할 것.

답 ②

84 연료전지 및 태양전지 모듈의 절연내력시험을 하는 경우 충전부분과 대지 사이에 인가하는 시험전압은 얼마인가? (단, 연속하여 10분간 가하여 견디는 것이어야 한다.)

① 최대사용전압의 1.25배의 직류전압 또는 1배의 교류전압(500[V] 미만으로 되는 경우에는 500[V])
② 최대사용전압의 1.25배의 직류전압 또는 1.25배의 교류전압(500[V] 미만으로 되는 경우에는 500[V])
③ 최대사용전압의 1.5배의 직류전압 또는 1배의 교류전압(500[V] 미만으로 되는 경우에는 500[V])
④ 최대사용전압의 1.5배의 직류전압 또는 1.25배의 교류전압(500[V] 미만으로 되는 경우에는 500[V])

풀이 134 연료전지 및 태양전지 모듈의 절연내력
연료전지 및 태양전지 모듈은 **최대사용전압의 1.5배의 직류전압** 또는 1배의 교류전압(500[V] 미만으로 되는 경우에는 500[V])을 충전부분과 대지사이에 **연속하여 10분간** 가하여 절연내력을 시험하였을 때 이에 견디는 것이어야 한다.   답 ③

85 전개된 장소에서 저압 옥상전선로의 시설기준으로 적합하지 않은 것은?

① 전선은 절연전선을 사용하였다.
② 전선 지지점 간의 거리를 20[m]로 하였다.
③ 전선은 지름 2.6[mm]의 경동선을 사용하였다.
④ 저압 절연전선과 그 저압 옥상 전선로를 시설하는 조영재와의 이격거리를 2[m]로 하였다.

풀이 221.3 옥상전선로
저압 옥상전선로는 전개된 장소에 다음에 따르고 또한 위험의 우려가 없도록 시설하여야 한다.
가. 전선은 인장강도 2.30[kN] 이상의 것 또는 지름 2.6[mm] 이상의 경동선을 사용할 것.
나. 전선은 절연전선(OW전선을 포함한다.) 또는 이와 동등 이상의 절연효력이 있는 것을 사용할 것.
다. 전선은 조영재에 견고하게 붙인 지지주 또는 지지대에 절연성·난연성 및 내수성이 있는 애자를 사용하여 지지하고 또한 그 **지지점 간의 거리는 15[m] 이**하일 것.
라. 전선과 그 저압 옥상 전선로를 시설하는 조영재와의 이격거리는 2[m](전선이 고압절연전선, 특고압 절연전선 또는 케이블인 경우에는 1[m]) 이상일 것.
마. 저압 옥상전선로의 전선은 상시 부는 바람 등에 의하여 식물에 접촉하지 아니하도록 시설하여야 한다.   답 ②

86 저압 수상전선로에 사용되는 전선은?

① 옥외 비닐케이블
② 600[V] 비닐절연전선
③ 600[V] 고무절연전선
④ 클로로프렌 캡타이어 케이블

풀이 335.3 수상전선로의 시설
수상전선로를 시설하는 경우에는 그 사용전압은 저압 또는 고압인 것에 한한다.
가. 전선
 ① 저압 : 클로로프렌 캡타이어 케이블
 ② 고압 : 캡타이어 케이블
나. 수상전선로의 전선과 가공전선로 접속점의 높이
 ① 접속점이 육상에 있는 경우 : 지표상 5[m] 이상. 다만, 저압인 경우에 도로상 이외의 곳에 있을 때에는 지표상 4[m]
 ② 접속점이 수면상에 있는 경우 : 저압 4[m] 이상, 고압 5[m] 이상
다. 수상전선로의 사용전압이 고압인 경우에는 전로에 지락이 생겼을 때에 자동적으로 전로를 차단하기 위한 장치를 시설하여야 한다.   답 ④

87 케이블트레이공사에 사용하는 케이블 트레이에 적합하지 않은 것은?

① 비금속제 케이블 트레이는 난연성 재료가 아니어도 된다.
② 금속재의 것은 적절한 방식처리를 한 것이거나 내식성 재료의 것이어야 한다.
③ 금속제 케이블 트레이 계통은 기계적 및 전기적으로 완전하게 접속하여야 한다.
④ 케이블 트레이가 방화구획의 벽 등을 관통하는 경우에 관통부는 불연성의 물질로 충전하여야 한다.

풀이 232.41 케이블트레이공사
케이블트레이공사는 케이블을 지지하기 위하여 사용하는 금속재 또는 불연성 재료로 제작된 유닛 또는 유

닛의 집합체 및 그에 부속하는 부속재 등으로 구성된 견고한 구조물을 말하며 사다리형, 펀칭형, 메시형, 바닥밀폐형 기타 이와 유사한 구조물을 포함하여 적용한다.
가. 케이블 트레이의 안전율은 1.5 이상으로 하여야 한다.
나. 금속재의 것은 적절한 방식처리를 한 것이거나 내식성 재료의 것이어야 한다.
다. **비금속제 케이블 트레이는 난연성 재료**의 것이어야 한다.
라. 금속제 케이블 트레이 계통은 기계적 및 전기적으로 완전하게 접속하여야 하며 금속제 트레이는 접지공사를 하여야 한다. 답 ①

88 고압 가공전선을 시설할 때 사용되는 경동선의 굵기는 지름 몇 [mm] 이상인가?

① 2.6 ② 3.2
③ 4.0 ④ 5.0

풀이 332.3 고압 가공전선의 굵기 및 종류
고압 가공전선은 인장강도 8.01[kN] 이상의 고압 절연전선, 특고압 절연전선 또는 **지름 5[mm] 이상의 경동선**의 고압 절연전선, 특고압 절연전선을 사용하여야 한다. 답 ④

89 가공전선로의 지지물의 강도계산에 적용하는 풍압하중은 빙설이 많은 지방이외의 지방에서 저온계절에는 어떤 풍압하중을 적용하는가? (단, 인가가 연접되어 있지 않다고 한다.)

① 갑종풍압하중
② 을종풍압하중
③ 병종풍압하중
④ 을종과 병종풍압하중을 혼용

풀이 331.6 풍압하중의 종별과 적용

지 역		고온계절	저온계절
빙설이 많은 지방 이외의 지방		갑종	병종
빙설이 많은 지방	일반지역	갑종	을종
	해안지방, 기타 저온 계절에 최대 풍압이 생기는 지역	갑종	갑종과 을종 중 큰 값 선정
인가가 많이 연접되어 있는 장소		병종	병종

답 ③

90 백열전등 또는 방전등에 전기를 공급하는 옥내 전로의 대지전압은 몇 [V] 이하이어야 하는가? (단, 백열전등 또는 방전등 및 이에 부속하는 전선은 사람이 접촉할 우려가 없도록 시설한 경우이다.)

① 60 ② 110
③ 220 ④ 300

풀이 231.6 옥내전로의 대지 전압의 제한
백열전등 또는 방전등에 전기를 공급하는 옥내 전로의 대지전압은 300[V] 이하여야 한다. 답 ④

91 가공전선로의 지지물에 시설하는 지선으로 연선을 사용할 경우 소선은 최소 몇 가닥 이상이어야 하는가?

① 3 ② 5
③ 7 ④ 9

풀이 331.11 지선의 시설
가. 가공전선로의 지지물로 사용하는 철탑은 지선을 사용하여 그 강도를 분담시켜서는 안 된다.
나. 지선의 안전율은 2.5 이상일 것. 이 경우에 허용 인장하중의 최저는 4.31[kN]으로 한다.
다. 지선에 연선을 사용할 경우에는 다음에 의할 것.
   ① 소선 3가닥 이상의 연선일 것.
   ② 소선의 지름이 2.6[mm] 이상의 금속선을 사용한 것일 것.
라. 지중부분 및 지표상 0.3[m]까지의 부분에는 내식성이 있는 것 또는 아연도금을 한 철봉을 사용하고 쉽게 부식되지 않는 근가에 견고하게 붙일 것.
마. 도로를 횡단하여 시설하는 지선의 높이는 지표상 5[m] 이상으로 하여야 한다. 답 ①

92 특고압 가공전선로의 지지물에 첨가하는 통신선 보안장치에 사용되는 피뢰기의 동작전압은 교류 몇 [V] 이하인가?

① 300 ② 600
③ 1000 ④ 1500

풀이 362.5 특고압 가공전선로 첨가설치 통신선의 시가지 인입 제한
특고압 가공전선로의 지지물에 시설하는 통신선 또는 이것에 직접 접속하는 통신선인 경우에는 다음의 보안장치일 것.

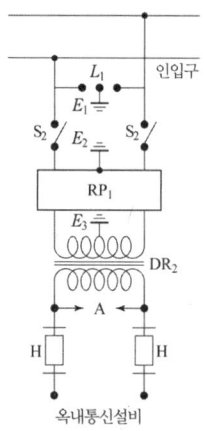

특고압용 제1종 보안장치

- S_2 : 인입용 고압개폐기
- RP_1 : 교류 300[V] 이하에서 동작하고, 최소 감도 전류가 3[A] 이하로서 최소 감도전류 때의 응동시간이 1사이클 이하이고 또한 전류 용량이 50[A], 20초 이상인 자복성(自復性)이 있는 릴레이 보안기
- DR_2 : 특고압용 배류 중계 코일(선로측 코일과 옥내측 코일 사이 및 선로측 코일과 대지 사이의 절연내력은 교류 6[kV]의 시험전압으로 시험하였을 때 연속하여 1분간 이에 견디는 것일 것.)
- L_1 : 교류 1[kV] 이하에서 동작하는 피뢰기
- E_1, E_2, E_3 : 접지
- A : 교류 300[V] 이하에서 동작하는 방전갭
- H : 250[mA] 이하에서 동작하는 열코일

정답 ③

93 태양전지 발전소에 시설하는 태양전지 모듈, 전선 및 개폐기 기타 기구의 시설기준에 대한 내용으로 틀린 것은?

① 충전부분은 노출되지 아니하도록 시설할 것
② 옥내에 시설하는 경우에는 전선을 케이블공사로 시설할 수 있다.
③ 태양전지 모듈의 프레임은 지지물과 전기적으로 완전하게 접속하여야 한다.
④ 태양전지 모듈을 병렬로 접속하는 전로에는 과전류차단기를 시설하지 않아도 된다.

풀이 522 태양광설비의 시설
가. 전선은 공칭단면적 2.5[mm²] 이상의 연동선 또는 이와 동등 이상의 세기 및 굵기의 것일 것.
나. 배선설비 공사는 옥내에 시설할 경우에는 합성수지관공사, 금속관공사, 금속제 가요전선관공사, 케이블공사 의 규정에 준하여 시설할 것.
다. **모듈을 병렬로 접속**하는 전로에는 그 주된 전로에 단락전류가 발생할 경우에 **전로를 보호하는 과전류차단기 또는 기타 기구를 시설할 것**

라. 태양전지 모듈에 접속하는 부하측의 태양전지 어레이에서 전력변환장치에 이르는 전로에는 그 접속점에 근접하여 개폐기 기타 이와 유사한 기구(부하전류를 개폐할 수 있는 것에 한한다)를 시설할 것

정답 ④

94 저압 가공전선로 또는 고압 가공전선로와 기설 가공 약전류 전선로가 병행하는 경우에는 유도작용에 의한 통신상의 장해가 생기지 아니하도록 전선과 기설 약전류 전선간의 이격거리는 몇 [m] 이상이어야 하는가? (단, 전기철도용 급전선로는 제외한다.)

① 2   ② 4   ③ 6   ④ 8

풀이 332.1 가공약전류전선로의 유도장해 방지
저압 가공전선로 또는 고압 가공전선로와 기설 가공약전류전선로가 병행하는 경우에는 유도작용에 의하여 통신상의 장해가 생기지 않도록 전선과 기설 **약전류전선간의 이격거리는 2[m] 이상**이어야 한다.

정답 ①

95 중성점 직접 접지식 전로에 접속되는 최대사용전압 161[kV]인 3상 변압기 권선(성형결선)의 절연내력시험을 할 때 접지시켜서는 안 되는 것은?

① 철심 및 외함
② 시험되는 변압기의 부싱
③ 시험되는 권선의 중성점 단자
④ 시험되지 않는 각 권선(다른 권선이 2개 이상 있는 경우에는 각 권선)의 임의의 1단자

풀이 135 변압기 전로의 절연내력

권선의 종류	시험 전압	시험 방법
최대 사용전압이 60[kV]를 초과하는 권선(성형결선의 것에 한한다)으로서 중성점 직접접지식전로에 접속하는 것.	최대 사용전압의 0.72배의 전압	시험되는 권선의 중성점단자, 다른 권선(다른 권선이 2개 이상 있는 경우에는 각 권선)의 임의의 1단자, **철심 및 외함**을 접지하고 시험되는 권선의 중성점 단자 이외의 임의의 1단자와 대지 사이에 시험전압을 연속하여 10분간 가한다.

정답 ②

출제기준 변경 및 개정된 관계 법규에 따라 삭제된 문제가 있어 20문항이 안됩니다.

2020년 3회 전기기사필기

동일출판사 홈페이지에서 무료 동영상강의를 보실 수 있습니다.

1과목 - 전기자기

01 분극의 세기 P, 전계 E, 전속밀도 D의 관계를 나타낸 것으로 옳은 것은? (단, ϵ_0는 진공의 유전율이고, ϵ_s은 유전체의 비유전율이고, ϵ은 유전체의 유전율이다.)

① $P = \epsilon_0(\epsilon+1)E$ ② $E = \dfrac{D+P}{\epsilon_0}$

③ $P = D - \epsilon_0 E$ ④ $\epsilon_0 = D - E$

풀이 전계 $E = \dfrac{\sigma - \sigma_p}{\epsilon_0} = \dfrac{D-P}{\epsilon_0}$ [V/m]이므로

전속밀도 $D = \epsilon_0 E + P$ [C/m²]이다.

따라서 분극의 세기
$P = D - \epsilon_0 E = \epsilon_0 \epsilon_s E - \epsilon_0 E = \epsilon_0(\epsilon_s - 1)E$ [C/m²]

답 ③

02 그림과 같은 직사각형의 평면 코일이 $B = \dfrac{0.05}{\sqrt{2}}(a_x + a_y)$ [Wb/m²]인 자계에 위치하고 있다. 이 코일에 흐르는 전류가 5[A]일 때 z축에 있는 코일에서의 토크는 약 몇 [N·m]인가?

① $2.66 \times 10^{-4} a_x$

② $5.66 \times 10^{-4} a_x$

③ $2.66 \times 10^{-4} a_z$

④ $5.66 \times 10^{-4} a_z$

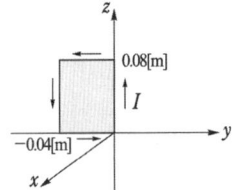

풀이 $I = 5a_z$, $B = \dfrac{0.05}{\sqrt{2}}(a_x + a_y)$

$I \times B = 5a_z \times \dfrac{0.05}{\sqrt{2}}(a_x + a_y)$

$= 5 \times \dfrac{0.05}{\sqrt{2}}(a_z \times a_x + a_z \times a_y)$

$= 0.177(a_y - a_x)$

z축상의 전류 도체가 받는 힘
$F = (I \times B)l = 0.177(-a_x + a_y) \times 0.08$
$= 0.01416(-a_x + a_y)$ [N]

토크 $T = r \times F$이며, $r = 0.04a_y$ 이므로
$T = r \times F = 0.04a_y \times 0.01416(-a_x + a_y)$
$= 5.66 \times 10^{-4}(-a_y \times a_x + a_y \times a_y)$
$= 5.66 \times 10^{-4}[-(-a_z)]$
$= 5.66 \times 10^{-4} a_z$ [N·m]

답 ④

03 내부 장치 또는 공간을 물질로 포위시켜 외부 자계의 영향을 차폐시키는 방식을 자기차폐라 한다. 다음 중 자기차폐에 가장 적합한 것은?

① 비투자율이 1보다 작은 역자성체
② 강자성체 중에서 비투자율이 큰 물질
③ 강자성체 중에서 비투자율이 작은 물질
④ 비투자율에 관계없이 물질의 두께에만 관계되므로 되도록이면 두꺼운 물질

풀이 자속은 투자율이 높은 쪽으로 모이려는 성질이 있다. 따라서 **투자율이 큰 자성체로 차폐**할 공간을 둘러싸면 외부의 자속은 이 투자율이 큰 자성체를 통과하지 못하므로 내부공간은 외부 자계에 의한 영향을 작게 받게 된다.

답 ②

04 주파수가 100[MHz]일 때 구리의 표피두께(skin depth)는 약 몇 [mm]인가? (단, 구리의 도전율은 5.9×10^7 [℧/m]이고, 비투자율은 0.99이다.)

① 3.3×10^{-2} ② 6.6×10^{-2}

③ 3.3×10^{-3} ④ 6.6×10^{-3}

풀이 $\delta = \sqrt{\dfrac{2}{\omega \mu \sigma}} = \sqrt{\dfrac{1}{\pi f \mu \sigma}}$

$= \dfrac{1}{\sqrt{\pi \times 100 \times 10^6 \times 4\pi \times 10^{-7} \times 0.99 \times 5.9 \times 10^7}}$

$= 6.6 \times 10^{-3}$ [mm]

여기서, δ : 표피 두께 또는 침투 깊이
$\mu_0 = 4\pi \times 10^{-7}$ [H/m] : 투자율
σ : 도전율, f : 주파수

답 ④

05 압전기 현상에서 전기 분극이 기계적 응력에 수직한 방향으로 발생하는 현상은?

① 종효과   ② 횡효과
③ 역효과   ④ 직접효과

풀이 결정에 가한 기계적 응력과 전기 분극이 동일 방향으로 발생하는 경우를 종효과, 수직 방향으로 발생하는 경우를 횡효과라 한다.

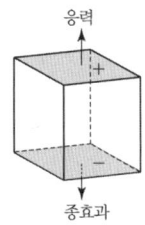
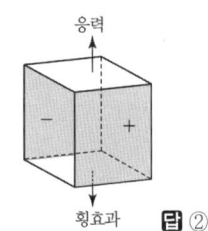

답 ②

06 구리의 고유저항은 20[℃]에서 1.69×10^{-8} [Ω·m]이고 온도계수는 0.00393이다. 단면적이 2[mm²]이고 100[m]인 구리선의 저항값은 40[℃]에서 약 몇 Ω인가?

① 0.91×10^{-3} ② 1.89×10^{-3}
③ 0.91   ④ 1.89

풀이 20[℃]에서의 구리의 저항
$$R_0 = \rho \frac{l}{A} = 1.69 \times 10^{-8} \times \frac{100}{2 \times 10^{-6}} = 0.845[\Omega]$$
따라서 40[℃]에서의 구리선의 저항값
$$R_t = R_0[1 + \alpha(t-20)]$$
$$= 0.845 \times [1 + 0.00393 \times (40-20)]$$
$$= 0.91[\Omega]$$

답 ③

07 전위경도 V와 전계 E의 관계식은?

① $E = \text{grad } V$ ② $E = \text{div } V$
③ $E = -\text{grad } V$ ④ $E = -\text{div } V$

풀이 전위와 전계의 세기의 관계식
$$E = -\text{grad } V = -\nabla V[\text{V/m}]$$

답 ③

08 정전계에서 도체에 정(+)의 전하를 주었을 때의 설명으로 틀린 것은?

① 도체 표면의 곡률 반지름이 작은 곳에 전하가 많이 분포한다.
② 도체 외측의 표면에만 전하가 분포한다.
③ 도체 표면에서 수직으로 전기력선이 출입한다.
④ 도체 내에 있는 공동면에도 전하가 골고루 분포한다.

풀이

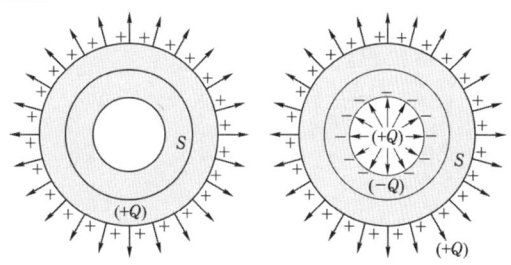

〈중공부에 전하가 없는 경우(전하 Q[C]의 대전도체)〉   〈중공부에 전하가 Q[C]인 경우〉

따라서 중공부에 전하 없이 도체 외부에 전하를 주는 경우, 도체 내에 있는 공동면에 전하가 분포하지 않는다.

답 ④

09 평행 도선에 같은 크기의 왕복 전류가 흐를 때 두 도선 사이에 작용하는 힘에 대한 설명으로 옳은 것은?

① 흡인력이다.
② 전류의 제곱에 비례한다.
③ 주위 매질의 투자율에 반비례한다.
④ 두 도선 사이 간격의 제곱에 반비례한다.

풀이 평행도선 단위길이 당 작용하는 힘은
간격(거리)을 r[m]라 할 때
$$F = \frac{\mu_0 I_1 I_2}{2\pi r} = \frac{2 I_1 I_2}{r} \times 10^{-7}[\text{N/m}]$$
로 두 전류의 곱에 비례하고, 간격(거리)에 반비례하며 두 전류의 방향이 같은 방향이면 흡인력, 다른 방향(왕복전류)이면 반발력이 작용한다.

답 ②

10 비유전율 3, 비투자율 3인 매질에서 전자기파의 진행속도 v[m/s]와 진공에서의 속도 v_0 [m/s]의 관계는?

① $v = \frac{1}{9}v_0$ ② $v = \frac{1}{3}v_0$
③ $v = 3v_0$ ④ $v = 9v_0$

풀이 전자파의 전파속도

$$v = \frac{1}{\sqrt{\epsilon\mu}} = \frac{1}{\sqrt{\epsilon_0\mu_0}}\frac{1}{\sqrt{\epsilon_r\mu_r}}$$

$$= \frac{1}{\sqrt{\epsilon_0\mu_0}} \times \frac{1}{\sqrt{\epsilon_r\mu_r}} = \frac{1}{\sqrt{\epsilon_r\mu_r}}v_0$$

(여기서, 진공중의 전파속도

$$v_0 = \frac{1}{\sqrt{\epsilon_0\mu_0}} = \frac{1}{\sqrt{\frac{1}{4\pi\times 9\times 10^9}\times 4\pi\times 10^{-7}}}$$

$$= 3\times 10^8 [\text{m/sec}])$$

$$\therefore v = \frac{1}{\sqrt{\epsilon_r\mu_r}}v_0 = \frac{1}{\sqrt{3\times 3}}v_0 = \frac{1}{3}v_0 [\text{m/s}] \quad \boxed{\text{답}} \text{ ②}$$

---

11 대지의 고유저항이 $\rho[\Omega\cdot m]$일 때 반지름이 $a[m]$인 그림과 같은 반구 접지극의 접지저항 $[\Omega]$은?

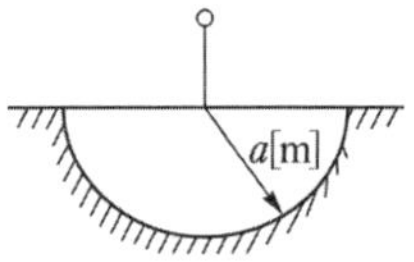

① $\dfrac{\rho}{4\pi a}$

② $\dfrac{\rho}{2\pi a}$

③ $\dfrac{2\pi\rho}{a}$

④ $2\pi\rho a$

풀이 반지름 $a[m]$인 구의 정전용량은 $4\pi\epsilon a[F]$이므로 반구의 정전용량(C)은 $2\pi\epsilon a[F]$ 이다.
$RC = \rho\epsilon$이므로

$$\therefore \text{접지저항 } R = \frac{\rho\epsilon}{C} = \frac{\rho\epsilon}{2\pi\epsilon a} = \frac{\rho}{2\pi a}[\Omega] \quad \boxed{\text{답}} \text{ ②}$$

---

12 공기 중에서 2[V/m]의 전계의 세기에 의한 변위전류밀도의 크기를 2[A/m²]으로 흐르게 하려면 전계의 주파수는 약 몇 [MHz]가 되어야 하는가?

① 9000   ② 18000
③ 36000   ④ 72000

풀이 변위전류밀도 $i_d = \omega\epsilon E[\text{A/m}^2]$에서
$\omega = 2\pi f = \dfrac{i_d}{\epsilon E}$이므로

$$\therefore f = \frac{i_d}{2\pi\epsilon_o\epsilon_s E} = \frac{2}{2\pi\times\frac{1}{4\pi\times 9\times 10^9}\times 1\times 2}\times 10^{-6}$$

$$= 18000[\text{MHz}] \quad \boxed{\text{답}} \text{ ②}$$

---

13 2장의 무한 평판 도체를 4[cm]의 간격으로 놓은 후 평판 도체 간에 일정한 전계를 인가하였더니 평판 도체 표면에 2[μC/m²]의 전하밀도가 생겼다. 이 때 평행 도체 표면에 작용하는 정전응력은 약 몇 [N/m²]인가?

① 0.057   ② 0.226
③ 0.57   ④ 2.26

풀이 정전응력 $f = \dfrac{1}{2}DE = \dfrac{1}{2}\epsilon E^2 = \dfrac{D^2}{2\epsilon}$

$$= \frac{(2\times 10^{-6})^2}{2\times 8.85\times 10^{-12}} = 0.226[\text{N/m}^2] \quad \boxed{\text{답}} \text{ ②}$$

---

14 임의의 방향으로 배열되었던 강자성체의 자구가 외부 자기장의 힘이 일정치 이상이 되는 순간에 급격히 회전하여 자기장의 방향으로 배열되고 자속밀도가 증가하는 현상을 무엇이라 하는가?

① 자기 여효(magnetic aftereffect)
② 바크하우젠 효과(Barkhausen effect)
③ 자기왜 현상(magneto-striction effect)
④ 핀치 효과(Pinch effect)

풀이 ① 자기 여효 : 강자성체에 자기장의 변화를 주었을 때 자화의 변화에 시간적 지연이 생기는 현상
② 바크하우젠 효과 : 자성체 내에서 임의의 방향으로 배열되었던 자구가 외부 자장의 힘이 일정값 이상이 되면 순간적으로 회전하여 자장의 방향으로 배열되고 자속밀도가 증가하는 현상
③ 자기왜 현상 : 강자성체가 자화될 때 자화와 함께 기계적 변형이 생기는 현상
④ 핀치 효과 : 액체 도체에 전류가 흐를 때 액체 도체의 중심을 향해 수축력이 작용하는 현상 $\boxed{\text{답}}$ ②

---

15 자성체 내의 자계의 세기가 $H[\text{AT/m}]$이고 자속밀도가 $B[\text{Wb/m}^2]$일 때, 자계 에너지 밀도 $[\text{J/m}^3]$는?

① HB ② $\dfrac{1}{2\mu}H^2$

③ $\dfrac{\mu}{2}B^2$ ④ $\dfrac{1}{2\mu}B^2$

풀이 자성체 단위체적 당 저장되는 에너지, 즉 에너지 밀도 ω는

$$\omega = \frac{1}{2}BH = \frac{B^2}{2\mu} = \frac{1}{2}\mu H^2 [\text{J/m}^3] \text{이다.}$$

답 ④

16 반지름이 5[mm], 길이가 15[mm], 비투자율이 50인 자성체 막대에 코일을 감고 전류를 흘려서 자성체 내의 자속밀도를 50[Wb/m²]으로 하였을 때 자성체 내에서의 자계의 세기는 몇 [A/m]인가?

① $\frac{10^7}{\pi}$ ② $\frac{10^7}{2\pi}$ ③ $\frac{10^7}{4\pi}$ ④ $\frac{10^7}{8\pi}$

풀이 $B = \mu H = \mu_0 \mu_s H$에서 자계의 세기는

$$\therefore H = \frac{B}{\mu_0 \mu_s} = \frac{50}{4\pi \times 10^{-7} \times 50} = \frac{10^7}{4\pi} [\text{A/m}]$$

답 ③

17 반지름이 30[cm]인 원판 전극의 평행판 콘덴서가 있다. 전극의 간격이 0.1[cm]이며 전극 사이 유전체의 비유전율이 4.0이라 한다. 이 콘덴서의 정전용량은 약 몇 [μF]인가?

① 0.01 ② 0.02
③ 0.03 ④ 0.04

풀이 정전용량 $C = \frac{\epsilon S}{d} = \frac{\epsilon_0 \epsilon_s \pi r^2}{d}$

$$= \frac{8.85 \times 10^{-12} \times 4 \times \pi \times (30 \times 10^{-2})^2}{0.1 \times 10^{-2}}$$

$$= 0.01 \times 10^{-6} [\text{F}] = 0.01 [\mu\text{F}]$$

답 ①

18 한 변의 길이가 l[m]인 정사각형 도체 회로에 전류 I[A]를 흘릴 때 회로의 중심점에서의 자계의 세기는 몇 [AT/m]인가?

① $\frac{2I}{\pi l}$ ② $\frac{I}{\sqrt{2}\pi l}$
③ $\frac{\sqrt{2}I}{\pi l}$ ④ $\frac{2\sqrt{2}I}{\pi l}$

풀이

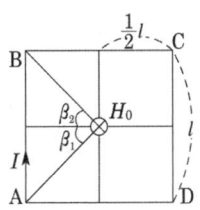

한 변 AB에 대한 중심점의 자계는

$H_{AB} = \frac{I}{4\pi a}(\sin\beta_1 + \sin\beta_2)$이므로 $a = \frac{l}{2}$,

$\sin\beta_1 = \sin\beta_2 = \sin 45° = \frac{1}{\sqrt{2}}$을 대입하면

$$H_{AB} = \frac{I}{4\pi\left(\frac{l}{2}\right)} \times 2 \times \frac{1}{\sqrt{2}} = \frac{I}{\sqrt{2}\pi l} [\text{AT/m}]$$

$\therefore H_0 = H_{AB} + H_{BC} + H_{CD} + H_{DA}$

$$= 4H_{AB} = 4 \times \frac{I}{\sqrt{2}\pi l} = \frac{2\sqrt{2}I}{\pi l} [\text{AT/m}]$$

답 ④

19 정전용량이 각각 $C_1 = 1[\mu\text{F}]$, $C_2 = 2[\mu\text{F}]$인 도체에 전하 $Q_1 = -5[\mu\text{C}]$, $Q_2 = 2[\mu\text{C}]$을 각각 주고 각 도체를 가는 철사로 연결하였을 때 C_1에서 C_2로 이동하는 전하 $Q[\mu\text{C}]$는?

① -4 ② -3.5
③ -3 ④ -1.5

풀이 • 두 도체를 가는 철사로 연결하면 전체 전하량은 변함이 없고, 두 도체의 전위는 동일하게 된다.

$Q_1 + Q_2 = C_1 V_1 + C_2 V_2 = C_1 V + C_2 V$
$= (C_1 + C_2)V$

전위 $V = \frac{Q_1 + Q_2}{C_1 + C_2} = \frac{-5 + 2}{1 + 2} = -1[\text{V}]$

• 철사로 연결 후 C_1의 전하량
$Q_1' = C_1 V = 1 \times (-1) = -1[\mu\text{C}]$

따라서 철사로 연결 후 C_1에서 C_2로 이동하는 전하량

$Q = Q_1 - Q_1' = -5 - (-1) = -4[\mu\text{C}]$

답 ①

20 정전용량이 0.03[μF]인 평행판 공기 콘덴서의 두 극판 사이에 절반 두께의 비유전율 10인 유리판을 극판과 평행하게 넣었다면 이 콘덴서의 정전용량은 약 몇 [μF]이 되는가?

① 1.83 ② 18.3
③ 0.055 ④ 0.55

풀이 공기 부분의 정전용량을 C_1이라 하면

$C_1 = \frac{\epsilon_0 S}{d/2}[\text{F}] = \frac{2S\epsilon_0}{d}[\text{F}]$이고,

유리판 부분의 정전용량을 C_2라 하면

$C_2 = \frac{\epsilon S}{d/2} = \frac{2S\epsilon}{d}[\text{F}]$이다.

그러므로 극판간 공극의 두께 1/2 상당의 유리판을 넣는 경우 정전용량 C는

$$C = \cfrac{1}{\cfrac{1}{C_1}+\cfrac{1}{C_2}} = \cfrac{1}{\cfrac{d}{2S}\left(\cfrac{1}{\epsilon_0}+\cfrac{1}{\epsilon}\right)} = \cfrac{1}{\cfrac{d}{2\epsilon_0 S}\left(1+\cfrac{\epsilon_0}{\epsilon}\right)}$$

$$= \cfrac{2C_0}{1+\cfrac{\epsilon_0}{\epsilon}} = \cfrac{2C_0}{1+\cfrac{1}{\epsilon_s}} [F]$$

$$\therefore C = \cfrac{2C_0}{1+\cfrac{1}{\epsilon_s}} = \cfrac{2\times 0.03}{1+\cfrac{1}{10}} = 0.055[\mu F] \quad \boxed{답}\ ③$$

2과목 - 전력공학

21 3상 전원에 접속된 △결선의 커패시터를 Y결선으로 바꾸면 진상 용량 Q_Y[kVA]는? (단, $Q_\triangle$는 △결선된 커패시터의 진상 용량이고, Q_Y는 Y결선된 커패시터의 진상 용량이다.)

① $Q_Y = \sqrt{3}\,Q_\triangle$ ② $Q_Y = \dfrac{1}{3}Q_\triangle$

③ $Q_Y = 3Q_\triangle$ ④ $Q_Y = \dfrac{1}{\sqrt{3}}Q_\triangle$

풀이

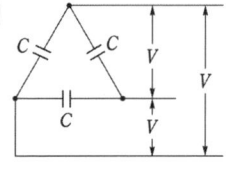

△결선   Y결선

$Q_\triangle = 3\times 2\pi f C V^2$

$Q_Y = 3\times 2\pi f C \left(\dfrac{V}{\sqrt{3}}\right)^2 = 2\pi f C V^2$

$\therefore Q_Y = \dfrac{1}{3}Q_\triangle$ 답 ②

22 교류 배전선로에서 전압강하 계산식은 $V_d = k(R\cos\theta + X\sin\theta)I$로 표현된다. 3상 3선식 배전선로인 경우에 k는?

① $\sqrt{3}$ ② $\sqrt{2}$
③ 3 ④ 2

풀이 전압강하
- 단상 2선식 $e = 2I(R\cos\theta + X\sin\theta)$
- 3상 3선식 $e = \sqrt{3}\,I(R\cos\theta + X\sin\theta)$ 답 ①

23 송전선에서 뇌격에 대한 차폐 등을 위해 가선하는 가공지선에 대한 설명으로 옳은 것은?

① 차폐각은 보통 15~30° 정도로 하고 있다.
② 차폐각이 클수록 벼락에 대한 차폐효과가 크다.
③ 가공지선을 2선으로 하면 차폐각이 적어진다.
④ 가공지선으로는 연동선을 주로 사용한다.

풀이 가공 지선
① 직격 뇌로부터 송전선의 차폐를 위해 시설하며, ACSR을 사용한다.
② 차폐각 45° 이내의 보호율은 97[%] 정도이다.
③ 차폐각이 작을수록 보호율이 높고 건설비가 비싸다.
(가공지선을 2회선으로 하면 차폐각이 적어진다.)
답 ③

24 배전선의 전력손실 경감 대책이 아닌 것은?

① 다중접지 방식을 채용한다.
② 역률을 개선한다.
③ 배전 전압을 높인다.
④ 부하의 불평형을 방지한다.

풀이
- 배전선로의 전력손실

$$P_l = 3I^2 r = \dfrac{\rho W^2 L}{AV^2\cos^2\theta} \propto \dfrac{1}{V^2\cos^2\theta}$$

배전선의 전력손실을 경감하기 위해서는 역률을 개선하거나 배전 전압을 높여야 한다.
- 부하의 불평형을 방지하면, 중성선 전류에 의한 전력손실을 경감할 수 있다. 답 ①

25 그림과 같은 이상 변압기에서 2차 측에 5[Ω]의 저항부하를 연결하였을 때 1차 측에 흐르는 전류(I)는 약 몇 [A]인가?

① 0.6
② 1.8
③ 20
④ 660

풀이

$I_2 = \dfrac{V}{R} = \dfrac{100}{5} = 20[A]$

권수비 $a = \dfrac{n_1}{n_2} = \dfrac{E_1}{E_2} = \dfrac{3300}{100} = 33$

$\therefore I_1 = \dfrac{I_2}{a} = \dfrac{20}{33} = 0.6$ 답 ①

26 전압과 유효전력이 일정할 경우 부하 역률이 70[%]인 선로에서의 저항 손실($P_{70\%}$)은 역률이 90[%]인 선로에서의 저항 손실($P_{90\%}$)과 비교하면 약 얼마인가?

① $P_{70\%} = 0.6 P_{90\%}$ ② $P_{70\%} = 1.7 P_{90\%}$
③ $P_{70\%} = 0.3 P_{90\%}$ ④ $P_{70\%} = 2.7 P_{90\%}$

풀이 전력손실 $P_l \propto \dfrac{1}{\cos^2\theta}$ 이므로

$\dfrac{P_{70\%}}{P_{90\%}} = \dfrac{\dfrac{1}{0.7^2}}{\dfrac{1}{0.9^2}} = \dfrac{81}{49} \fallingdotseq 1.7$

$\therefore P_{70\%} = 1.7 P_{90\%}$ 답 ②

27 3상 3선식 송전선에서 L을 작용 인덕턴스라 하고, L_e 및 L_m은 대지를 귀로로 하는 1선의 자기 인덕턴스 및 상호 인덕턴스라고 할 때 이들 사이의 관계식은?

① $L = L_m - L_e$ ② $L = L_e - L_m$
③ $L = L_m + L_e$ ④ $L = \dfrac{L_m}{L_e}$

풀이 작용 인덕턴스 = 대지 귀로의 자기 인덕턴스 − 대지 귀로의 상호 인덕턴스 답 ②

28 표피효과에 대한 설명으로 옳은 것은?

① 표피효과는 주파수에 비례한다.
② 표피효과는 전선의 단면적에 반비례한다.
③ 표피효과는 전선의 비투자율에 반비례한다.
④ 표피효과는 전선의 도전율에 반비례한다.

풀이 전류의 주파수가 증가할수록 도체 내부의 전류밀도가 지수 함수적으로 감소되는 현상을 표피효과라 한다.

$\delta = \sqrt{\dfrac{2}{\omega\sigma\mu}} = \sqrt{\dfrac{1}{\pi f \sigma \mu}}$ [m]

여기서, $\sigma = \dfrac{1}{2 \times 10^{-8}}$ [℧/m] : 도전율
$\mu = 4\pi \times 10^{-7}$ [H/m] : 투자율
δ : 표피두께(skin depth) 또는 침투깊이

f(주파수), σ(도전율), μ(투자율) 가 클수록 δ(표피두께 또는 침투깊이)가 작게 되어 표피효과가 심해진다. 주파수가 커지면 전류는 표면으로 흐르게 되므로 전기가 흐르는 단면적이 좁아지게 되어 전기저항이 증가하고, 내부 인덕턴스와 상호 인덕턴스도 감소하게 된다. 답 ①

29 배전선로의 전압을 3[kV]에서 6[kV]로 승압하면 전압강하율(δ)은 어떻게 되는가? (단, δ_{3kV}는 전압이 3[kV]일 때 전압강하율이고, δ_{6kV}는 전압이 6[kV]일 때 전압강하율이고, 부하는 일정하다고 한다.)

① $\delta_{6kV} = \dfrac{1}{2}\delta_{3kV}$ ② $\delta_{6kV} = \dfrac{1}{4}\delta_{3kV}$
③ $\delta_{6kV} = 2\delta_{3kV}$ ④ $\delta_{6kV} = 4\delta_{3kV}$

풀이 전압강하 $e = \dfrac{P}{V}(R + X\tan\theta)$ 이므로,

전압강하율 $\epsilon = \dfrac{e}{V} = \dfrac{P}{V^2}(R + X\tan\theta)$ 이다.

n배 승압하였을 때 전압강하율
$\epsilon' = \dfrac{P}{(nV)^2}(R + X\tan\theta)$ 이므로

$\dfrac{\epsilon'}{\epsilon} = \dfrac{\dfrac{P}{n^2 V^2}(R+X\tan\theta)}{\dfrac{P}{V^2}(R+X\tan\theta)} = \dfrac{1}{n^2}$

따라서 전압을 3[kV]에서 6[kV]로 2배 승압하면

$\dfrac{\delta_{6kV}}{\delta_{3kV}} = \dfrac{1}{2^2} \rightarrow \delta_{6kV} = \dfrac{1}{4}\delta_{3kV}$ 답 ②

30 계통의 안정도 증진대책이 아닌 것은?

① 발전기나 변압기의 리액턴스를 작게 한다.
② 선로의 회선수를 감소시킨다.
③ 중간 조상 방식을 채용한다.
④ 고속도 재폐로 방식을 채용한다.

풀이 안정도 향상 대책
① 직렬 리액턴스(X)를 작게 한다.
  - 발전기나 변압기의 리액턴스를 작게 한다.
  - 선로의 병행 회선수를 늘리거나 복도체 또는 다도체 방식을 사용한다.
  - 직렬 콘덴서를 삽입하여 선로의 리액턴스를 보상한다.
② 전압변동을 작게 한다.
  - 속응여자방식의 채용
  - 계통 연계를 한다.
③ 중간 조상 방식을 채용한다.
④ 고장전류를 줄이고 고장구간을 신속하게 차단한다.
  - 적당한 중성점접지방식을 채용하여 지락전류를 줄인다.
  - 고속도 계전기, 고속도 차단기를 채용한다.
  - 고속도 재폐로방식을 채용한다.
⑤ 고장 시 발전기 입·출력의 불평형을 작게 한다.
  - 조속기의 동작을 빠르게 한다.
  - 고장발생과 동시에 발전기회로의 저항을 직렬 또는 병렬로 삽입하여 발전기 입·출력의 불평형을 작게 한다. **답** ②

31 1상의 대지 정전용량이 0.5[μF], 주파수가 60[Hz]인 3상 송전선이 있다. 이 선로에 소호리액터를 설치한다면, 소호리액터의 공진리액턴스는 약 몇 [Ω]이면 되는가?
① 970
② 1370
③ 1770
④ 3570

풀이 공진리액턴스
$$\omega L = \frac{1}{3\omega C_s} = \frac{1}{3 \times 2\pi \times 60 \times 0.5 \times 10^{-6}}$$
$$\fallingdotseq 1770[\Omega]$$ **답** ③

32 배전선로의 고장 또는 보수 점검 시 정전구간을 축소하기 위하여 사용되는 것은?
① 단로기
② 컷아웃스위치
③ 계자저항기
④ 구분개폐기

풀이 정전구간을 축소하기 위하여 사용되는 것은 **구분 개폐기**(section switch)이며 종류로는 유입 개폐기(OS), 기중 개폐기(AS), 진공 개폐기(VS) 등이 있다. **답** ④

33 수전단 전력 원선도의 전력 방정식이 $P_r^2 + (Q_r + 400)^2 = 250000$으로 표현되는 전력계통에서 가능한 최대로 공급할 수 있는 부하전력(P_r)과 이때 전압을 일정하게 유지하는데 필요한 무효전력(Q_r)은 각각 얼마인가?
① $P_r = 500$, $Q_r = -400$
② $P_r = 400$, $Q_r = 500$
③ $P_r = 300$, $Q_r = 100$
④ $P_r = 200$, $Q_r = -300$

풀이 ① 최대로 부하전력을 공급하려면 무효전력이 0 이어야 한다.
$P_r^2 + 0 = 500^2$, ∴ $P_r = 500$
② 전압을 일정하게 유지하기 위해서는 피상전력의 크기가 일정해야 한다.
$P_r^2 + (Q_r + 400)^2 = 250000$에서 부하전력 $P_r = 500$이므로 피상전력의 크기가 일정하기 위해서는 $Q_r + 400 = 0$ 이어야 한다.
∴ $Q_r = -400$ **답** ①

34 수전용 변전설비의 1차측 차단기의 차단용량은 주로 어느 것에 의하여 정해지는가?
① 수전 계약용량
② 부하설비의 단락용량
③ 공급측 전원의 단락용량
④ 수전전력의 역률과 부하율

풀이 차단기의 차단용량은 계통의 단락용량 이상의 것을 선정하여야 한다. **답** ③

35 정격전압 6600[V], Y결선, 3상 발전기의 중성점을 1선 지락 시 지락전류를 100[A]로 제한하는 저항기로 접지하려고 한다. 저항기의 저항값은 약 몇 [Ω]인가?
① 44
② 41
③ 38
④ 35

풀이 지락전류 $I_g = \frac{E}{Z}[A]$ 이므로
$$\therefore R = \frac{E}{I_g} = \frac{\frac{V}{\sqrt{3}}}{I_g} = \frac{\frac{6600}{\sqrt{3}}}{100} \fallingdotseq 38[\Omega]$$ **답** ③

36. 프란시스 수차의 특유속도[m·kW]의 한계를 나타내는 식은? (단, H[m]는 유효낙차이다.)

① $\dfrac{13000}{H+50}+10$ ② $\dfrac{13000}{H+50}+30$
③ $\dfrac{20000}{H+20}+10$ ④ $\dfrac{20000}{H+20}+30$

풀이 수차의 종류와 특유속도(N_s)의 한계

종 류		N_s의 한계값	
펠톤수차		$12 \leq N_s \leq 23$	
프란시스 수차	저속도형 중속도형 고속도형	$N_s \leq \dfrac{20000}{H+20}+30$	65~150 150~250 250~350
사류수차		$N_s \leq \dfrac{20000}{H+20}+40$	150~250
카플란 수차 프로펠러 수차		$N_s \leq \dfrac{20000}{H+20}+50$	350~800

답 ④

37. 송전 철탑에서 역섬락을 방지하기 위한 대책은?

① 가공지선의 설치
② 탑각 접지저항의 감소
③ 전력선의 연가
④ 아크혼의 설치

풀이 ① 가공지선 : 직격뢰의 차폐, 유도뢰의 정전차폐 및 통신선에 대한 전자유도 장해 경감
② 매설지선 : 탑각 접지저항을 감소시켜 역섬락을 방지
③ 연가 : 선로정수의 평형
④ 아크혼 : 선로의 섬락으로부터 애자련의 보호 및 애자련의 전압분포 개선

답 ②

38. 조속기의 폐쇄시간이 짧을수록 나타나는 현상으로 옳은 것은?

① 수격작용은 작아진다.
② 발전기의 전압 상승률은 커진다.
③ 수차의 속도 변동률은 작아진다.
④ 수압관 내의 수압 상승률은 작아진다.

풀이 • 수차의 속도를 일정하게 유지하면서 출력을 가감하기 위하여 수차의 입력, 즉 유량을 조절하는 장치를 조속기라 한다.
• 속도변동률 $\delta = \dfrac{N_m - N_0}{N_0} \times 100[\%]$ (N_m : 수차의 최대회전속도, N_0 : 정격회전속도)
이므로 조속기의 폐쇄시간이 짧을수록 수차의 최대속도 N_m 이 감소하여 속도변동률은 작아진다.

답 ③

39. 주변압기 등에서 발생하는 제5고조파를 줄이는 방법으로 옳은 것은?

① 전력용 콘덴서에 직렬리액터를 연결한다.
② 변압기 2차측에 분로리액터를 연결한다.
③ 모선에 방전코일을 연결한다.
④ 모선에 공심 리액터를 연결한다.

풀이 직렬리액터
① 전력용 콘덴서와 **직렬로 리액터를 접속하여 제5고조파를 제거시킨다.**
② 직렬 리액터의 용량은 콘덴서 용량의 4[%] 이상이 되면 되는데 주파수 변동 등의 여유를 봐서 실제로는 약 5~6[%]인 것이 사용된다.

답 ①

40. 복도체에서 2본의 전선이 서로 충돌하는 것을 방지하기 위하여 2본의 전선 사이에 적당한 간격을 두어 설치하는 것은?

① 아모로드 ② 댐퍼
③ 아킹혼 ④ 스페이서

풀이 스페이서 : 다도체의 경우 전선상호의 접근 및 충돌을 방지하기 위해 사용된다.

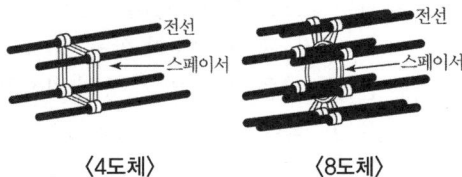

〈4도체〉 〈8도체〉

답 ④

3과목 - 전기기기

41 정격전압 120[V], 60[Hz]인 변압기의 무부하 입력 80[W], 무부하 전류 1.4[A]이다. 이 변압기의 여자 리액턴스는 약 몇 [Ω]인가?

① 97.6 ② 103.7
③ 124.7 ④ 180

풀이 • 여자전류
$$I_0 = \sqrt{I_i^2 + I_\phi^2} \ [A]$$
• 철손전류
$$I_i = \frac{P_i}{V_1} = \frac{80}{120} = 0.67[A]$$
• 자화전류
$$I_\phi = \sqrt{I_0^2 - I_i^2} = \sqrt{1.4^2 - 0.67^2} = 1.23[A]$$
∴ 여자 리액턴스
$$x_0 = \frac{V_1}{I_\phi} = \frac{120}{1.23} = 97.6[\Omega]$$

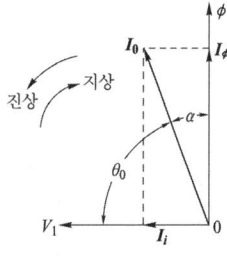 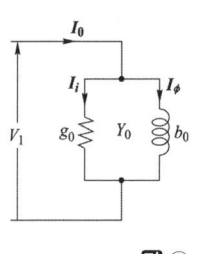

답 ①

42 서보모터의 특징에 대한 설명으로 틀린 것은?

① 발생토크는 입력신호에 비례하고, 그 비가 클 것
② 직류 서보모터에 비하여 교류 서보모터의 시동 토크가 매우 클 것
③ 시동 토크는 크나 회전부의 관성모멘트가 작고, 전기적 시정수가 짧을 것
④ 빈번한 시동, 정지, 역전 등의 가혹한 상태에 견디도록 견고하고, 큰 돌입전류에 견딜 것

풀이 서보 모터의 특징
① 기동 토크가 크다.
② 회전자 관성 모멘트가 작다.
③ 제어권선 전압이 0에서는 기동해서는 안되고, 곧 정지해야 한다.
④ 직류 서보 모터의 기동 토크가 교류 서보 모터보다 크다.
⑤ 속응성이 좋다. 시정수가 짧다. 기계적 응답이 좋다.
⑥ 회전자 팬에 의한 냉각효과를 기대할 수 없다.

답 ②

43 3상 변압기 2차측의 E_W상만을 반대로 하고 Y-Y 결선을 한 경우, 2차 상전압이 $E_U = 70$ [V], $E_V = 70$[V], $E_W = 70$[V]라면 2차 선간전압은 약 몇 [V]인가?

① $V_{U-V} = 121.2[V]$, $V_{V-W} = 70[V]$, $V_{W-U} = 70[V]$
② $V_{U-V} = 121.2[V]$, $V_{V-W} = 210[V]$, $V_{W-U} = 70[V]$
③ $V_{U-V} = 121.2[V]$, $V_{V-W} = 121.2[V]$, $V_{W-U} = 70[V]$
④ $V_{U-V} = 121.2[V]$, $V_{V-W} = 121.2[V]$, $V_{W-U} = 121.2[V]$

풀이 E_W상만을 반대로 할 경우
$$V_{U-V} = E_U - E_V = 70\angle 0° - 70\angle -120°$$
$$= 70 - 70\left(-\frac{1}{2} - j\frac{\sqrt{3}}{2}\right) = 121.2[V]$$
$$V_{V-W} = E_V + E_W = -E_U = 70[V]$$
$$V_{W-U} = -E_W - E_U = E_V = 70[V]$$

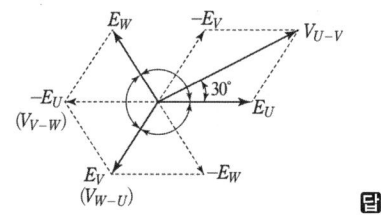

답 ①

44 극수 8, 중권 직류기의 전기자 총 도체 수 960, 매극 자속 0.04[Wb], 회전수 400[rpm]이라면 유기기전력은 몇 [V]인가?

① 256 ② 327
③ 425 ④ 625

풀이 중권이므로 $a = p = 8$

$$\therefore E = \frac{p}{a} Z\phi \frac{N}{60} = \frac{8}{8} \times 960 \times 0.04 \times \frac{400}{60}$$
$$= 256[V] \quad \textbf{답} \ ①$$

풀이 %저항강하 $p = \frac{I_{1n}r}{V_{1n}} \times 100 = \frac{I_{1n}^2 r}{V_{1n}I_{1n}} \times 100$

$$= \frac{P_c}{P_a} \times 100 = \frac{150}{3000} \times 100 = 5[\%] \quad \textbf{답} \ ③$$

45 3상 유도전동기에서 2차측 저항을 2배로 하면 그 최대토크는 어떻게 변하는가?

① 2배로 커진다. ② 3배로 커진다.
③ 변하지 않는다. ④ $\sqrt{2}$배로 커진다.

풀이
- 최대 토크는 2차 저항에 무관 ($T_m \propto \frac{V^2}{2x_2}$)
- 최대 토크를 발생하는 슬립만 2차 저항에 비례
  ($s_m = \pm \frac{r_2}{x_2}$) **답** ③

46 동기전동기에 일정한 부하를 걸고 계자전류를 0[A]에서부터 계속 증가시킬 때 관련 설명으로 옳은 것은? (단, I_a는 전기자전류이다.)

① I_a는 증가하다가 감소한다.
② I_a가 최소일 때 역률이 1이다.
③ I_a가 감소상태일 때 앞선 역률이다.
④ I_a가 증가상태일 때 뒤진 역률이다.

풀이

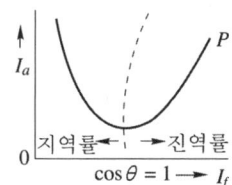

위상 특성곡선이란 단자전압과 부하를 일정하게 유지하고, 여자전류를 변화시킬 경우 여자전류와 전기자 전류와의 관계를 표시한 것으로 그 형상이 V자와 같으므로 V곡선이라고도 한다.
- 전기자 전류가 최소일 때 역률이 1이다.
- 계자전류가 역률 1일 때보다 크면, 앞선 전기자 전류가 흐른다.
- 계자전류가 역률 1일 때보다 작으면, 뒤진 전기자 전류가 흐른다. **답** ②

47 3[kVA], 3000/200[V]의 변압기의 단락시험에서 임피던스전압 120[V], 동손 150[W]라 하면 %저항 강하는 몇 [%]인가?

① 1 ② 3 ③ 5 ④ 7

48 정격출력 50[kW], 4극 220[V], 60[Hz]인 3상 유도전동기가 전부하 슬립 0.04, 효율 90[%]로 운전되고 있을 때 다음 중 틀린 것은?

① 2차 효율 = 92[%]
② 1차 입력 = 55.56[kW]
③ 회전자 동손 = 2.08[kW]
④ 회전자 입력 = 52.08[kW]

풀이
① 2차 효율 $= 1 - s = 1 - 0.04 = 0.96 = 96[\%]$
② 1차 입력 $= \frac{P_o}{\eta} = \frac{50}{0.9} = 55.56[kW]$
③ 회전자 동손 $= sP_2 = 0.04 \times 52.08 = 2.08[kW]$
④ 회전자 입력 $= \frac{P_o}{1-s} = \frac{50}{1-0.04} = 52.08[kW]$ **답** ①

49 단상 유도전동기를 2전동기설로 설명하는 경우 정방향 회전자계의 슬립이 0.2이면, 역방향 회전자계의 슬립은 얼마인가?

① 0.2 ② 0.8 ③ 1.8 ④ 2.0

풀이 정방향 회전자계의 슬립을 s라고 하면 역방향 회전자계의 슬립 s_b는

$$s_b = \frac{N_s - (-N)}{N_s} = \frac{N_s + N_s - N_s + N}{N_s}$$
$$= 2 - \frac{N_s - N}{N_s} = 2 - s$$
$$\therefore s_b = 2 - s = 2 - 0.2 = 1.8 \quad \textbf{답} \ ③$$

50 직류 가동복권발전기를 전동기로 사용하면 어느 전동기가 되는가?

① 직류 직권전동기
② 직류 분권전동기
③ 직류 가동복권전동기
④ 직류 차동복권전동기

풀이 직류 가동복권발전기를 전동기로 사용하면, 직권 계자 코일에 흐르는 전류의 방향이 반대로 되어 분권 권선과 기자력의 방향이 반대가 되므로 **직류 차동 복권 전동기**가 된다. **답** ④

51 동기발전기를 병렬운전 하는데 필요하지 않은 조건은?

① 기전력의 용량이 같을 것
② 기전력의 파형이 같을 것
③ 가전력의 크기가 같을 것
④ 기전력의 주파수가 같을 것

풀이 동기발전기의 병렬운전 조건은 다음과 같다.
① **기전력의 크기가 같을 것**
② **기전력의 위상이 같을 것**
③ **기전력의 주파수가 같을 것**
④ **기전력의 파형이 같을 것**
⑤ **상회전 방향이 같을 것** 답 ①

52 IGBT(Insulated Gate Bipolar Transistor)에 대한 설명으로 틀린 것은?

① MOSFET와 같이 전압제어 소자이다.
② GTO 사이리스터와 같이 역방향 전압저지 특성을 갖는다.
③ 게이트와 에미터 사이의 입력 임피던스가 매우 낮아 BJT보다 구동하기 쉽다.
④ BJT처럼 on-drop이 전류에 관계없이 낮고 거의 일정하며, MOSFET보다 훨씬 큰 전류를 흘릴 수 있다.

풀이 IGBT(Insulated Gate Bipolar Transistor)
IGBT는 MOSFET와 트랜지스터의 장점을 취한 것으로서
① 소스에 대한 게이트의 전압으로 도통과 차단을 제어한다.
② 게이트 구동전력이 매우 낮다.
③ 스위칭 속도는 FET와 트랜지스터의 중간정도로 빠른편에 속한다.
④ 용량은 일반 트랜지스터와 동등한 수준이다.
⑤ MOSFET과 같이 **입력 임피던스가 매우 높아 BJT보다 구동하기 쉽다.** 답 ③

53 유도전동기에서 공급 전압의 크기가 일정하고 전원 주파수만 낮아질 때 일어나는 현상으로 옳은 것은?

① 철손이 감소한다.
② 온도상승이 커진다.
③ 여자전류가 감소한다.
④ 회전속도가 증가한다.

풀이 ① 히스테리시스손 $P_h \propto \dfrac{1}{f}$ 이므로 철손은 증가한다.
② 주파수가 감소하면 철손이 증가하여 전동기 온도는 상승하나 **전동기속도**($N_s = \dfrac{120f}{p}$)는 감소한다. 그 결과 전동기에 부착되어 있는 냉각 fan의 효과가 감소하게 되어 전동기의 온도는 더욱 상승하게 된다.
③ 여자전류는 $I_0 \propto \dfrac{V}{f}$ 이므로 증가한다.
④ 속도는 $N \propto f$ 이므로 감소한다. 답 ②

54 용접용으로 사용되는 직류발전기의 특성 중에서 가장 중요한 것은?

① 과부하에 견딜 것
② 전압변동률이 적을 것
③ 경부하일 때 효율이 좋을 것
④ 전류에 대한 전압특성이 수하특성일 것

풀이 전기 기계 중 아크 부하의 전원으로 쓰이는 기계는 반드시 정전류 특성이 있어야 하므로, 전류가 증가하면 전압이 저하하는 수하 특성을 가져야 한다. 답 ④

55 동작모드가 그림과 같이 나타나는 혼합브리지는?

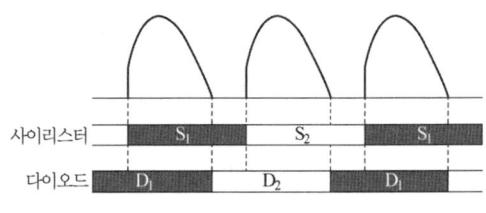

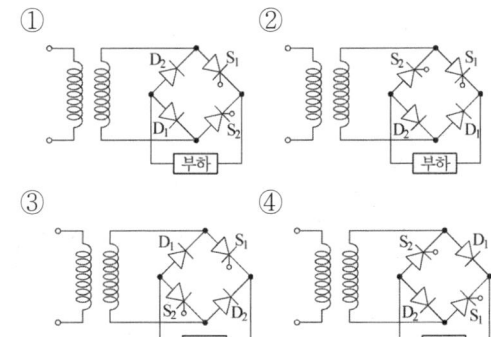

풀이 (1) 전파정류회로의 동작모드
입력 정현파 $v = V_m \sin \omega t \begin{cases} 0 \leq \omega t < \pi \\ \pi \leq \omega t < 2\pi \end{cases}$

① $0 \leq \omega t < \pi$　　② $\pi \leq \omega t < 2\pi$

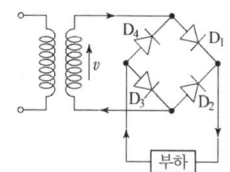
(동작모드 : D_1, D_3)

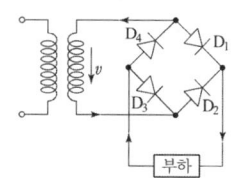
(동작모드 : D_2, D_4)

(2) 문제의 그림에서 사이리스터(S)와 다이오드(D)의 동작모드는 다음과 같다.

$$\begin{cases} 0 \leq \omega t < \pi \;:\; S_1,\; D_1 \\ \pi \leq \omega t < 2\pi \;:\; S_2,\; D_2 \end{cases}$$

주어진 각 항의 동작모드

① $\begin{cases} 0 \leq \omega t < \pi \;:\; S_1,\; D_1 \\ \pi \leq \omega t < 2\pi \;:\; S_2,\; D_2 \end{cases}$

② $\begin{cases} 0 \leq \omega t < \pi \;:\; S_1,\; D_2 \\ \pi \leq \omega t < 2\pi \;:\; S_2,\; D_1 \end{cases}$

③ $\begin{cases} 0 \leq \omega t < \pi \;:\; S_1,\; S_2 \\ \pi \leq \omega t < 2\pi \;:\; D_1,\; D_2 \end{cases}$

④ $\begin{cases} 0 \leq \omega t < \pi \;:\; D_1,\; D_2 \\ \pi \leq \omega t < 2\pi \;:\; S_1,\; S_2 \end{cases}$

따라서 정답은 ①이다.　　　　답 ①

56 동기발전기에 설치된 제동권선의 효과로 틀린 것은?

① 난조방지
② 과부하 내량의 증대
③ 송전선의 불평형 단락 시 이상전압 방지
④ 불평형 부하 시의 전류, 전압파형의 개선

풀이 제동권선의 역할
① 난조방지
② 기동 토크 발생
③ 불평형부하 시의 전류, 전압파형 개선
④ 송전선의 불평형 단락 시 이상전압 방지　　답 ②

57 3300/220[V] 변압기 A, B의 정격용량이 각각 400[kVA], 300[kVA]이고, %임피던스 강하가 각각 2.4[%]와 3.6[%]일 때 그 2대의 변압기에 걸 수 있는 합성 부하용량은 몇 [kVA]인가?

① 550　　② 600
③ 650　　④ 700

풀이 $m = \dfrac{P_A}{P_B} = \dfrac{(kVA)_A}{(kVA)_B} = \dfrac{400}{300} = \dfrac{4}{3}$

$\dfrac{P_a}{P_b} = \dfrac{(kVA)_A}{(kVA)_B} = m \times \dfrac{(\%I_B Z_B)}{(\%I_A Z_A)} = \dfrac{4}{3} \times \dfrac{3.6}{2.4} = 2$

$P_b = \dfrac{P_a}{2} = \dfrac{400}{2} = 200[kVA]$

따라서, 합성 용량 $= 400 + 200 = 600[kVA]$　　답 ②

58 동기기의 전기자 저항을 r, 전기자 반작용 리액턴스를 X_a, 누설 리액턴스를 X_ℓ라고 하면 동기 임피던스를 표시하는 식은?

① $\sqrt{r^2 + \left(\dfrac{X_a}{X_\ell}\right)^2}$　　② $\sqrt{r^2 + X_\ell^2}$

③ $\sqrt{r^2 + X_a^2}$　　④ $\sqrt{r^2 + (X_a + X_\ell)^2}$

풀이 동기 임피던스는 전기자저항과 전기자 반작용 리액턴스, 누설 리액턴스의 합으로 표현된다.
이때 전기자 반작용 리액턴스와 누설 리액턴스의 합을 동기 리액턴스라 한다.

$Z_s = r_a + jx_s[\Omega]$, $x_s = x_a + x_l[\Omega]$

$Z_s = r_a + jx_s = r_a + j(x_a + x_l)$
$= \sqrt{r_a^2 + (x_a + x_l)^2}[\Omega]$

여기서, x_a : 전기자 반작용 리액턴스,
x_l : 누설 리액턴스　　답 ④

59 단상 유도전동기에 대한 설명으로 틀린 것은?

① 반발 기동형 : 직류전동기와 같이 정류자와 브러시를 이용하여 기동한다.
② 분상 기동형 : 별도의 보조권선을 사용하여 회전자계를 발생시켜 기동한다.
③ 커패시터 기동형 : 기동전류에 비해 기동토크가 크지만, 커패시터를 설치해야 한다.
④ 반발 유도형 : 기동 시 농형권선과 반발전동기의 회전자 권선을 함께 이용하나 운전 중에는 농형권선만을 이용한다.

풀이 반발 유도형 전동기는 농형 권선과 반발전동기의 권선을 가지며, 기동 시 뿐만 아니라 운전 중에도 권선을 함께 이용한다.　　답 ④

60 직류전동기의 속도제어법이 아닌 것은?

① 계자 제어법 ② 전력 제어법
③ 전압 제어법 ④ 저항 제어법

풀이 직류전동기의 속도제어법 비교

구 분	제어 특성	특 징
계자제어법	• 정출력 제어	• 속도제어범위가 좁다.
전압제어법	• 정토크 제어 – 워드 레오나드 방식 – 일그너 방식	• 제어범위가 넓다. • 손실이 매우 적다. • 정역운전이 가능 • 설비비가 많이든다.
직렬저항법		• 효율이 나쁘다.

답 ②

4과목 - 회로이론 및 제어공학

61 그림과 같은 피드백제어 시스템에서 입력이 단위계단함수일 때 정상상태 오차상수인 위치상수(K_p)는?

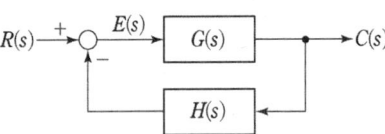

① $K_p = \lim_{s \to 0} G(s)H(s)$

② $K_p = \lim_{s \to 0} \dfrac{G(s)}{H(s)}$

③ $K_p = \lim_{s \to \infty} G(s)H(s)$

④ $K_p = \lim_{s \to \infty} \dfrac{G(s)}{H(s)}$

풀이
$E(s) = R(s) - C(s)H(s)$
$C(s) = E(s)G(s)$ 이므로
$E(s) = R(s) - E(s)G(s)H(s)$
$E(s)\{1+G(s)H(s)\} = R(s)$
$E(s) = \dfrac{R(s)}{1+G(s)H(s)}$

정상위치편차
$e_{ssp} = \lim_{s \to \infty} e(t) = \lim_{s \to 0} s \cdot E(s) = \lim_{s \to 0} \dfrac{sR(s)}{1+G(s)H(s)}$

입력이 단위계단함수이므로

$e_{ssp} = \lim_{s \to 0} \dfrac{sR(s)}{1+G(s)H(s)} = \lim_{s \to 0} \dfrac{s \times \dfrac{R}{s}}{1+G(s)H(s)}$
$= \dfrac{R}{1+\lim_{s \to 0} G(s)H(s)} = \dfrac{R}{1+K_p}$

따라서 위치편차상수 $K_p = \lim_{s \to 0} G(s)H(s)$

답 ①

62 적분 시간 4[sec], 비례 감도가 4인 비례적분 동작을 하는 제어 요소에 동작신호 $z(t) = 2t$를 주었을 때 이 제어 요소의 조작량은? (단, 조작량의 초기 값은 0이다.)

① $t^2 + 8t$ ② $t^2 + 2t$
③ $t^2 - 8t$ ④ $t^2 - 2t$

풀이 PI 동작(비례 적분제어)이므로
$y(t) = K_p\left[z(t) + \dfrac{1}{T_I}\int z(t)dt\right]$

라플라스 변환하면
$Z(s) = \mathcal{L}[z(t)] = \mathcal{L}[2t] = \dfrac{2}{s^2}$

$Y(s) = \mathcal{L}[y(t)] = K_p(1 + \dfrac{1}{T_I s})Z(s)$

$= 4(1 + \dfrac{1}{4s}) \times \dfrac{2}{s^2} = \dfrac{2}{s^3} + \dfrac{8}{s^2}$

$\therefore y(t) = \mathcal{L}^{-1}[Y(s)] = \mathcal{L}^{-1}\left[\dfrac{2}{s^3} + \dfrac{8}{s^2}\right]$
$= t^2 + 8t$

답 ①

63 시간함수 $f(t) = \sin\omega t$의 z 변환은?
(단, T는 샘플링 주기이다)

① $\dfrac{z\sin\omega T}{z^2 + 2z\cos\omega T + 1}$

② $\dfrac{z\sin\omega T}{z^2 - 2z\cos\omega T + 1}$

③ $\dfrac{z\cos\omega T}{z^2 - 2z\sin\omega T + 1}$

④ $\dfrac{z\cos\omega T}{z^2 + 2z\sin\omega T + 1}$

풀이

$f(t)$	$F(s)$	$F(z)$
$\sin\omega t$	$\dfrac{\omega}{s^2+\omega^2}$	$\dfrac{z\sin\omega T}{z^2 - 2z\cos\omega T + 1}$
$\cos\omega t$	$\dfrac{s}{s^2+\omega^2}$	$\dfrac{z(z-\cos\omega T)}{z^2 - 2z\cos\omega T + 1}$

답 ②

64 다음과 같은 신호흐름선도에서 $\dfrac{C(s)}{R(s)}$의 값은?

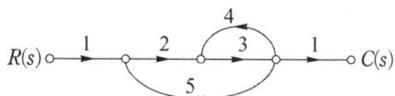

① $-\dfrac{1}{41}$ ② $-\dfrac{3}{41}$

③ $-\dfrac{6}{41}$ ④ $-\dfrac{8}{41}$

풀이 $G_1 = 1 \cdot 2 \cdot 3 \cdot 1 = 6$, $\Delta_1 = 1$,
$L_{11} = 3 \cdot 4 = 12$, $L_{21} = 2 \cdot 3 \cdot 5 = 30$
$\Delta = 1 - (L_{11} + L_{21}) = 1 - (12 + 30) = -41$
$\therefore \dfrac{C}{R} = \dfrac{G_1 \Delta_1}{\Delta} = -\dfrac{6}{41}$

별해 전향경로 이득 : $2 \times 3 = 6$
루프 이득 : $3 \times 4 = 12$, $2 \times 3 \times 5 = 30$
$\therefore G(s) = \dfrac{\sum \text{전향 경로 이득}}{1 - \sum \text{루프이득}}$
$= \dfrac{6}{1 - (12 + 30)} = -\dfrac{6}{41}$ **답** ③

65 Routh-Hurwitz 방법으로 특성방정식이 $s^4 + 2s^3 + s^2 + 4s + 2 = 0$인 시스템의 안정도를 판별하면?

① 안정
② 불안정
③ 임계안정
④ 조건부 안정

풀이 특성방정식
$F(s) = a_0 s^4 + a_1 s^3 + a_2 s^2 + a_3 s^1 + a_4 = 0$에서
$a_0 = 1$, $a_1 = 2$, $a_2 = 1$, $a_3 = 4$, $a_4 = 2$이므로
$D_1 = a_1 = 2$, $D_2 = \begin{vmatrix} a_1 & a_3 \\ a_0 & a_2 \end{vmatrix} = \begin{vmatrix} 2 & 4 \\ 1 & 1 \end{vmatrix} = -2$
$D_3 = \begin{vmatrix} a_1 & a_3 & a_5 \\ a_0 & a_2 & a_4 \\ 0 & a_1 & a_3 \end{vmatrix} = \begin{vmatrix} 2 & 4 & 0 \\ 1 & 1 & 2 \\ 0 & 2 & 4 \end{vmatrix} = -16$
$\therefore D_1, D_2, D_3 < 0$이므로 불안정하다. **답** ②

66 제어시스템의 상태방정식이
$\dfrac{dx(t)}{dt} = A\,x(t) + B\,u(t)$,
$A = \begin{bmatrix} 0 & 1 \\ -3 & 4 \end{bmatrix}$, $B = \begin{bmatrix} 1 \\ 1 \end{bmatrix}$일 때,
특성방정식을 구하면?

① $s^2 - 4s - 3 = 0$ ② $s^2 - 4s + 3 = 0$
③ $s^2 + 4s + 3 = 0$ ④ $s^2 + 4s - 3 = 0$

풀이 $|sI - A| = \begin{bmatrix} s & 0 \\ 0 & s \end{bmatrix} - \begin{bmatrix} 0 & 1 \\ -3 & 4 \end{bmatrix} = \begin{bmatrix} s & -1 \\ 3 & s-4 \end{bmatrix}$
$= s(s-4) + 3 = s^2 - 4s + 3$
$\therefore s^2 - 4s + 3 = 0$ **답** ②

67 다음 회로에서 입력 전압 $v_1(t)$에 대한 출력전압 $v_2(t)$의 전달함수 $G(s)$는?

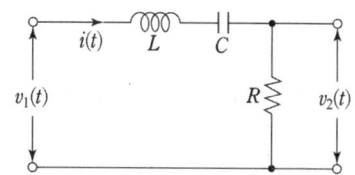

① $\dfrac{RCs}{LCs^2 + RCs + 1}$

② $\dfrac{RCs}{LCs^2 - RCs - 1}$

③ $\dfrac{Cs}{LCs^2 + RCs + 1}$

④ $\dfrac{Cs}{LCs^2 - RCs - 1}$

풀이 $\begin{cases} v_i(t) = L\dfrac{d}{dt}i(t) + \dfrac{1}{C}\int i(t)dt + Ri(t) \\ v_o(t) = Ri(t) \end{cases}$

초기값을 0으로 하고 라플라스 변환하면
$\begin{cases} V_i(s) = LsI(s) + \dfrac{1}{Cs}I(s) + RI(s) \\ \quad = \left(Ls + \dfrac{1}{Cs} + R\right)I(s) \\ V_o(s) = RI(s) \end{cases}$

$\therefore G(s) = \dfrac{V_o(s)}{V_i(s)} = \dfrac{R}{Ls + \dfrac{1}{Cs} + R}$
$= \dfrac{RCS}{LCs^2 + RCs + 1}$ **답** ①

68 어떤 제어시스템의 개루프 이득이
$G(s)H(s) = \dfrac{K(s+2)}{s(s+1)(s+3)(s+4)}$ 일 때
이 시스템이 가지는 근궤적의 가지(branch) 수는?

① 1　② 3　③ 4　④ 5

풀이
- 영점의 개수 $z = 1$개(-2)
- 극점의 개수 $p = 4$개$(0, -1, -3, -4)$

근궤적의 가지수는 유한 영점의 개수(z)와 유한 극점의 개수(p) 중에서 큰 수와 같으며, 또한 특성방정식의 차수와 같다.
따라서, 근궤적의 가지 수는 4이다.　**답** ③

69 특성방정식의 모든 근이 s평면(복소평면)의 $j\omega$축(허수축)에 있을 때 제어시스템의 안정도는?

① 알 수 없다.　② 안정하다.
③ 불안정하다.　④ 임계안정이다.

풀이

안정도	근의 위치	
	s 평면	z 평면
안　정	좌반면	원점을 중심으로 한 단위원 내부
불안정	우반면	원점을 중심으로 한 단위원 외부
임계안정	허수축	원점을 중심으로 한 단위원

답 ④

70 논리식 $((AB + A\overline{B}) + AB) + \overline{A}B$를 간단히 하면?

① $A + B$　② $\overline{A} + B$
③ $A + \overline{B}$　④ $A + A \cdot B$

풀이 $((AB + A\overline{B}) + AB) + \overline{A}B$
$= (AB + A\overline{B}) + (AB + \overline{A}B)$
$= A(B + \overline{B}) + B(A + \overline{A}) = A + B$　**답** ①

71 선간 전압이 V_{ab}[V]인 3상 평형 전원에 대칭 부하 R[Ω]이 그림과 같이 접속되어 있을 때, a, b 두 상간에 접속된 전력계의 지시 값이 W[W]라면 c상 전류의 크기 [A]는?

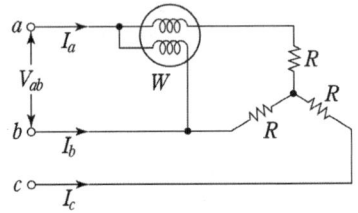

① $\dfrac{W}{3V_{ab}}$　② $\dfrac{2W}{3V_{ab}}$

③ $\dfrac{2W}{\sqrt{3}V_{ab}}$　④ $\dfrac{\sqrt{3}W}{V_{ab}}$

풀이 3상 평형이므로 $V_{ab} = V_{bc} = V_{ca}$, $I_a = I_b = I_c$이다.
1전력계법에서 전력 $P = 2W = \sqrt{3}VI$이므로,
전력계 지시치 $W = \dfrac{\sqrt{3}}{2}VI$[W]
따라서 c상의 전류 $I_c = \dfrac{2W}{\sqrt{3}V_{ab}}$[A]　**답** ③

72 불평형 3상 전류가 $I_a = 15 + j2$[A], $I_b = -20 - j14$[A], $I_c = -3 + j10$[A]일 때, 역상분 전류 I_2[A]는?

① $1.91 + j6.24$　② $15.74 - j3.57$
③ $-2.67 - j0.67$　④ $-8 - j2$

풀이 $I_2 = \dfrac{1}{3}(I_a + a^2 I_b + a I_c)$
$= \dfrac{1}{3}\left\{(15 + j2) + \left(-\dfrac{1}{2} - j\dfrac{\sqrt{3}}{2}\right)(-20 - j14)\right.$
$\left.+ \left(-\dfrac{1}{2} + j\dfrac{\sqrt{3}}{2}\right)(-3 + j10)\right\}$
$= 1.91 + j6.24$[A]　**답** ①

73 회로에서 20[Ω]의 저항이 소비하는 전력은 몇 [W]인가?

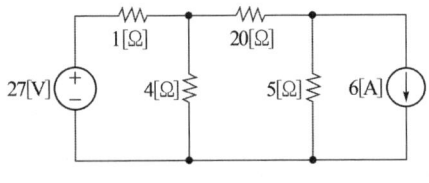

① 14　② 27　③ 40　④ 80

풀이 위 그림을 테브낭의 정리를 사용하여 등가하면 20[Ω]의 저항에 흐르는 전류는

$$I = \frac{E}{R} = \frac{\frac{4}{1+4} \times 27 + 30}{\frac{1 \times 4}{1+4} + 20 + 5} = 2[A]$$

$$\therefore P = I^2 R = 2^2 \times 20 = 80[W]$$

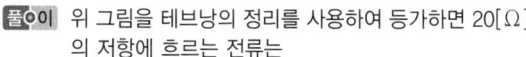

별해 폐로 해석법(메쉬 해석법)
전류원을 전압원으로 변환하면 다음의 등가회로가 된다.

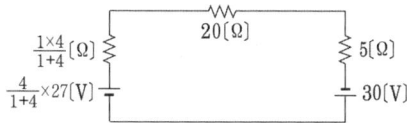

$$\begin{cases} 27 = I_1 + 4(I_1 - I_2) = 5I_1 - 4I_2 \ (\times 4) \\ 30 = 4(I_2 - I_1) + 25I_2 = -4I_1 + 29I_2 \ (\times 5) \end{cases}$$

$$\rightarrow \begin{cases} 108 = 20I_1 - 16I_2 \\ 150 = -20I_1 + 145I_2 \end{cases}$$

위 식을 연립하면

$$129I_2 = 258 \rightarrow I_2 = \frac{258}{129} = 2[A]$$

$$\therefore P = I_2^2 R = 2^2 \times 20 = 80[W] \qquad \boxed{\text{답}} \ ④$$

74 선간 전압이 100[V]이고, 역률이 0.6인 평형 3상 부하에서 무효전력이 $Q = 10$[kVar]일 때, 선전류의 크기는 약 몇 [A]인가?

① 57.7 ② 72.2
③ 96.2 ④ 125

풀이 무효율 $\sin\theta = \sqrt{1 - \cos^2\theta} = \sqrt{1 - 0.6^2} = 0.8$
무효전력 $Q = \sqrt{3} VI\sin\theta$ 이므로
따라서 선전류

$$I = \frac{Q}{\sqrt{3} V\sin\theta} = \frac{10 \times 10^3}{\sqrt{3} \times 100 \times 0.8} = 72.2[A] \qquad \boxed{\text{답}} \ ②$$

75 RC 직렬회로에 직류전압 V[V]가 인가되었을 때, 전류 $i(t)$에 대한 전압 방정식(KVL)이 $V = Ri(t) + \frac{1}{C}\int i(t)dt$[V]이다. 전류 $i(t)$의 라플라스 변환의 $I(s)$는? (단, C에는 초기 전하가 없다.)

① $I(s) = \frac{V}{R} \frac{1}{s - \frac{1}{RC}}$

② $I(s) = \frac{C}{R} \frac{1}{s + \frac{1}{RC}}$

③ $I(s) = \frac{V}{R} \frac{1}{s + \frac{1}{RC}}$

④ $I(s) = \frac{R}{C} \frac{1}{s - \frac{1}{RC}}$

풀이 양변을 라플라스변환 하면

$$\frac{V}{s} = RI(s) + \frac{1}{Cs}I(s) = \left(R + \frac{1}{Cs}\right)I(s)$$

$$\therefore I(s) = \frac{V}{s\left(R + \frac{1}{Cs}\right)} = \frac{V}{Rs + \frac{1}{C}}$$

$$= \frac{V}{Rs + \frac{1}{C}} \cdot \frac{\frac{1}{R}}{\frac{1}{R}} = \frac{V}{R} \frac{1}{s + \frac{1}{RC}} \qquad \boxed{\text{답}} \ ③$$

76 그림과 같은 T형 4단자 회로망에서 4단자 정수 A와 C는?

(단, $Z_1 = \frac{1}{Y_1}$, $Z_2 = \frac{1}{Y_2}$, $Z_3 = \frac{1}{Y_3}$)

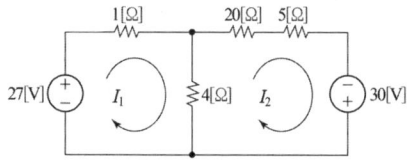

① $A = 1 + \frac{Y_3}{Y_1}$, $C = Y_2$

② $A = 1 + \frac{Y_3}{Y_1}$, $C = \frac{1}{Y_3}$

③ $A = 1 + \frac{Y_3}{Y_1}$, $C = Y_3$

④ $A = 1 + \frac{Y_1}{Y_3}$, $C = \left(1 + \frac{Y_1}{Y_3}\right)\frac{1}{Y_3} + \frac{1}{Y_2}$

풀이 $\begin{bmatrix} A & B \\ C & D \end{bmatrix} = \begin{bmatrix} 1 & Z_1 \\ 0 & 1 \end{bmatrix} \begin{bmatrix} 1 & 0 \\ \frac{1}{Z_3} & 1 \end{bmatrix} \begin{bmatrix} 1 & Z_2 \\ 0 & 1 \end{bmatrix}$

$$= \begin{bmatrix} 1+\dfrac{Z_1}{Z_3} & \dfrac{Z_1Z_2+Z_2Z_3+Z_3Z_1}{Z_3} \\ \dfrac{1}{Z_3} & 1+\dfrac{Z_2}{Z_3} \end{bmatrix}$$

따라서 $A=1+\dfrac{Z_1}{Z_3}=1+\dfrac{Y_3}{Y_1}$, $C=\dfrac{1}{Z_3}=Y_3$ 　답 ③

77 어떤 회로의 유효전력이 300[W], 무효전력이 400[Var]이다. 이 회로의 복소전력의 크기 [VA]는?

① 350　② 500
③ 600　④ 700

풀이 $P_a = P+jP_r = 300+j400 = \sqrt{300^2+400^2}$
$= 500[VA]$　답 ②

78 $R=4[\Omega]$, $\omega L=3[\Omega]$의 직렬회로에 $e = 100\sqrt{2}\sin\omega t + 50\sqrt{2}\sin 3\omega t$를 인가할 때 이 회로의 소비전력은 약 몇 [W]인가?

① 1000　② 1414
③ 1560　④ 1703

풀이
- 기본파 전류
$I_1 = \dfrac{V_1}{Z_1} = \dfrac{V_1}{\sqrt{R^2+(\omega L)^2}} = \dfrac{100}{\sqrt{4^2+3^2}} = 20[A]$
- 리액턴스는 주파수와 비례관계에 있으므로 제3고조파에서의 리액턴스는 기본파 리액턴스의 3배가 된다. 제3고조파 전류
$I_3 = \dfrac{V_3}{Z_3} = \dfrac{V_3}{\sqrt{R^2+(3\omega L)^2}} = \dfrac{50}{\sqrt{4^2+(3\times 3)^2}}$
$= 5.08[A]$
$\therefore P = I_1^2 R + I_3^2 R = 20^2 \times 4 + 5.08^2 \times 4$
$\fallingdotseq 1703[W]$　답 ④

79 단위 길이당 인덕턴스가 $L[H/m]$이고, 단위 길이당 정전용량이 $C[F/m]$인 무손실 선로에서의 진행파 속도[m/s]는?

① $\sqrt{LC}$　② $\dfrac{1}{\sqrt{LC}}$
③ $\sqrt{\dfrac{C}{L}}$　④ $\sqrt{\dfrac{L}{C}}$

풀이 분포정수회로가 무손실 선로일 때 $R=0$, $G=0$이므로
$\gamma = \alpha + j\beta = \sqrt{ZY} = \sqrt{(R+j\omega L)(G+j\omega C)}$
$= j\omega\sqrt{LC}$
$\lambda = \dfrac{2\pi}{\beta} = \dfrac{2\pi}{\omega\sqrt{LC}} = \dfrac{1}{f\sqrt{LC}}$
$\therefore v = f\lambda = \dfrac{2\pi f}{\beta} = \dfrac{\omega}{\beta} = \dfrac{1}{\sqrt{LC}}$　답 ②

80 $t=0$에서 스위치(S)를 닫았을 때 $t=0^+$에서의 $i(t)$는 몇 [A]인가? (단, 커패시터에 초기 전하는 없다.)

① 0.1　② 0.2
③ 0.4　④ 1.0

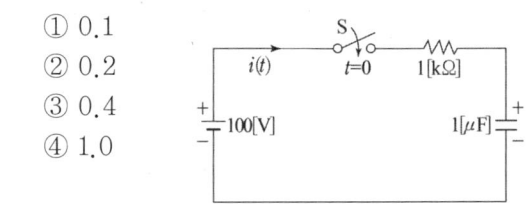

풀이 $R-C$ 직렬 회로
① 스위치를 닫았을 때 회로의 평형방정식은
$Ri(t) + \dfrac{1}{C}\int i(t)dt = E$
C의 전하를 $q(t)$, C의 양단 전압을 v_0라 하면
$q(t) = \int i(t)dt = Cv_0 \;\rightarrow\; i(t) = \dfrac{dq(t)}{dt}$
따라서, $R\dfrac{dq(t)}{dt} + \dfrac{1}{C}q(t) = E$

② 초기 전하를 0이라 하면 $q(t) = CE\left(1-e^{-\frac{1}{RC}t}\right)$
$i(t) = \dfrac{dq(t)}{dt} = \dfrac{d}{dt}CE\left(1-e^{-\frac{1}{RC}t}\right) = \dfrac{E}{R}e^{-\frac{1}{RC}t}$
$\therefore i(0^+) = \dfrac{E}{R}e^{-\frac{1}{RC}\times 0} = \dfrac{E}{R} = \dfrac{100}{1\times 10^3} = 0.1[A]$
　답 ①

5과목 - 전기설비기술기준

81 345[kV] 송전선을 사람이 쉽게 들어가지 않는 산지에 시설할 때 전선의 지표상 높이는 몇 [m] 이상으로 하여야 하는가?

① 7.28　② 7.56
③ 8.28　④ 8.56

풀이 333.7 특고압 가공전선의 높이

전압의 범위	일반 장소	도로 횡단	철도 또는 궤도횡단	횡단보도교
35[kV] 이하	5[m]	6[m]	6.5[m]	4[m](특고압 절연전선 또는 케이블 사용)
35[kV] 초과 160[kV] 이하	6[m]	6[m]	6.5[m]	5[m](케이블 사용)
	산지 등에서 사람이 쉽게 들어갈 수 없는 장소 : 5[m] 이상			
160[kV] 초과	일반장소	가공전선의 높이 = 6 + 단수 × 0.12[m]		
	철도 또는 궤도횡단	가공전선의 높이 = 6.5 + 단수 × 0.12[m]		
	산지	가공전선의 높이 = 5 + 단수 × 0.12[m]		

※ 단수 = $\frac{전압[kV]-160}{10}$ ··· 단수 계산에서 소수점 이하는 절상

- 160[kV]를 초과하는 특고압 가공 전선의 지표상 높이는 산지 등에서는 5[m]에, 160[kV]를 넘는 10[kV] 또는 그 단수마다 12[cm]를 가한 값
- 단수 = $\frac{345-160}{10} = 18.5 → 19$단

∴ 전선의 지표상 높이 = $5 + 19 \times 0.12 = 7.28$[m] **답** ①

82 변전소에서 오접속을 방지하기 위하여 특고압 전로의 보기 쉬운 곳에 반드시 표시해야 하는 것은?

① 상별표시 ② 위험표시
③ 최대전류 ④ 정격전압

풀이 351.2 특고압전로의 상 및 접속 상태의 표시
가. 발전소·변전소 또는 이에 준하는 곳의 **특고압전로에는 그의 보기 쉬운 곳에 상별 표시**를 하여야 한다.
나. 발전소·변전소 또는 이에 준하는 곳의 특고압전로에 대하여는 그 접속 상태를 모의모선의 사용 기타의 방법에 의하여 표시하여야 한다. 다만, 이러한 전로에 접속하는 특고압전로의 회선수가 2 이하이고 또한 특고압의 모선이 단일모선인 경우에는 그러하지 아니하다. **답** ①

83 전력보안 가공통신선의 시설 높이에 대한 기준으로 옳은 것은?

① 철도의 궤도를 횡단하는 경우에는 레일면 상 5[m] 이상
② 횡단보도교 위에 시설하는 경우에는 그 노면상 3[m] 이상

③ 도로(차도와 도로의 구별이 있는 도로는 차도) 위에 시설하는 경우에는 지표상 2[m] 이상
④ 교통에 지장을 줄 우려가 없도록 도로(차도와 도로의 구별이 있는 도로는 차도) 위에 시설하는 경우에는 지표상 2[m]까지로 감할 수 있다.

풀이 362.2 전력보안통신선의 시설 높이와 이격거리
전력 보안 가공통신선(이하 "가공통신선"이라 한다)의 높이는 다음을 따른다.

구 분		지상고	비고
도로 (차도)	일반적인 경우	5.0[m] 이상	
	교통에 지장을 안 주는 경우	4.5[m] 이상	
철도 또는 궤도 횡단 시		6.5[m] 이상	레일면상
횡단보도교 위		3.0[m] 이상	그 노면상
기타		3.5[m] 이상	

답 ②

84 가반형의 용접전극을 사용하는 아크 용접장치의 용접변압기의 1차측 전로의 대지전압은 몇 [V] 이하이어야 하는가?

① 60   ② 150
③ 300   ④ 400

풀이 241.10 아크 용접기
가반형의 용접 전극을 사용하는 아크 용접장치는 다음에 따라 시설하여야 한다.
가. 용접변압기는 절연변압기일 것.
나. 용접변압기의 **1차측 전로의 대지전압은 300[V] 이하**일 것.
다. 용접변압기의 1차측 전로에는 용접 변압기에 가까운 곳에 쉽게 개폐할 수 있는 개폐기를 시설할 것.
라. 용접기 외함 및 피용접재 또는 이와 전기적으로 접속되는 받침대·정반 등의 금속체는 규정에 준하여 접지공사를 하여야 한다. **답** ③

85 전기온상용 발열선은 그 온도가 몇 [℃]를 넘지 않도록 시설하여야 하는가?

① 50   ② 60
③ 80   ④ 100

풀이 241.5 전기온상 등
가. 전기온상에 전기를 공급하는 전로의 대지전압은 300[V] 이하일 것.
나. 발열선은 그 온도가 80[℃]를 넘지 않도록 시설 할 것.
다. 발열선과 조영재 사이의 이격거리는 0.025[m] 이상으로 할 것.
라. 발열선의 지지점 간의 거리는 1[m] 이하일 것. 다만, 발열선 상호 간의 간격이 0.06[m] 이상인 경우에는 2[m] 이하로 할 수 있다. **답** ③

86 사용전압이 154[kV]인 가공전선로를 제1종 특고압 보안공사로 시설할 때 사용되는 경동연선의 단면적은 몇 [mm²] 이상이어야 하는가?

① 55
② 100
③ 150
④ 200

풀이 333.22 특고압 보안공사
제1종 특고압 보안공사는 다음에 따라야 한다.

사용전압	전 선
100[kV] 미만	인장강도 21.67[kN] 이상의 연선 또는 단면적 55[mm²] 이상의 경동연선
100[kV] 이상 300[kV] 미만	인장강도 58.84[kN] 이상의 연선 또는 단면적 150[mm²] 이상의 경동연선
300[kV] 이상	인장강도 77.47[kN] 이상의 연선 또는 단면적 200[mm²] 이상의 경동연선

답 ③

87 고압용 기계기구를 시가지에 시설할 때 지표상 몇 [m] 이상의 높이에 시설하고, 또한 사람이 쉽게 접촉할 우려가 없도록 하여야 하는가?

① 4.0
② 4.5
③ 5.0
④ 5.5

풀이 341.8 고압용 기계기구의 시설
고압용 기계기구는 다음의 어느 하나에 해당하는 경우와 발전소·변전소·개폐소 또는 이에 준하는 곳에 시설하는 경우 이외에는 시설하여서는 아니 된다.
가. 기계기구의 주위에 규정에 준하여 울타리·담 등을 시설하는 경우
나. **기계기구를 지표상 4.5[m](시가지 외에는 4[m]) 이상의 높이에 시설하고 또한 사람이 쉽게 접촉할 우려가 없도록 시설하는 경우**
다. 옥내에 설치한 기계기구를 취급자 이외의 사람이 출입할 수 없도록 설치한 곳에 시설하는 경우
라. 기계기구를 콘크리트제의 함 또는 규정에 따른 접지공사를 한 금속제 함에 넣고 또한 충전부분이 노출하지 아니하도록 시설하는 경우 **답** ②

88 발전기, 전동기, 조상기, 기타 회전기(회전변류기 제외)의 절연내력 시험전압은 어느 곳에 가하는가?

① 권선과 대지 사이
② 외함과 권선 사이
③ 외함과 대지 사이
④ 회전자와 고정자 사이

풀이 133 회전기 및 정류기의 절연내력

종 류		시험전압	시험 방법
회전기	발전기·전동기·조상기·기타회전기	7[kV] 이하	1.5배 (최저 500[V])	권선과 대지 사이에 연속하여 10분간
		7[kV] 초과	1.25배 (최저 10,500[V])	
	회전 변류기		직류측의 최대 사용전압의 1배의 교류전압(최저 500[V])	

답 ①

89 특고압 지중전선이 지중 약전류전선 등과 접근하거나 교차하는 경우에 상호 간의 이격거리가 몇 [cm] 이하인 때에는 두 전선이 직접 접촉하지 아니하도록 특고압 지중 전선과 지중 약전류 전선 등 사이에 견고한 내화성의 격벽을 설치하여야 하는가?

① 15
② 20
③ 30
④ 60

풀이 334.6 지중전선과 지중약전류전선 등 또는 관과의 접근 또는 교차
지중전선이 다음 조건의 이격거리 이하로 설치되는 경우에는 상호간에 내화성의 격벽을 설치하여야 한다.

조 건	전 압	이격거리
지중 약전류 전선과 접근 또는 교차하는 경우	저압 또는 고압	0.3[m]
	특고압	0.6[m]
가연성, 유독성의 유체를 내포하는 관과 접근 또는 교차	특고압	1[m]
	25[kV] 이하, 다중접지방식	0.5[m]
기타의 관과 접근 또는 교차	특고압	0.3[m]

답 ④

90 고압 옥내배선의 공사방법으로 틀린 것은?

① 케이블공사
② 합성수지관공사
③ 케이블 트레이공사
④ 애자공사(건조한 장소로서 전개된 장소에 한한다.)

풀이 342.1 고압 옥내배선 등의 시설
가. 고압 옥내배선은 다음에 따라 시설하여야 한다.
① 애자공사(건조한 장소로서 전개된 장소에 한한다.)
② 케이블공사
③ 케이블트레이공사
나. 전선은 공칭단면적 6[mm²] 이상의 연동선 **답** ②

91 조상설비에 내부고장, 과전류 또는 과전압이 생긴 경우 자동적으로 차단되는 장치를 해야 하는 전력용 커패시터의 최소 뱅크용량은 몇 [kVA] 인가?

① 10000 ② 12000
③ 13000 ④ 15000

풀이 351.5 조상설비의 보호장치
조상설비에는 그 내부에 고장이 생긴 경우에 보호하는 장치를 표와 같이 시설하여야 한다.

설비 종별	뱅크 용량의 구분	자동적으로 전로로부터 차단하는 장치
전력용 커패시터 및 분로리액터	500[kVA] 초과 15,000[kVA] 미만	• 내부에 고장이 생긴 경우 • 과전류가 생긴 경우
	15,000[kVA] 이상	• 내부에 고장이 생긴 경우 • 과전류가 생긴 경우 • 과전압이 생긴 경우
조상기	15,000[kVA] 이상	• 내부에 고장이 생긴 경우

답 ④

92 사용전압이 440[V]인 이동기중기용 접촉전선을 애자공사에 의하여 옥내의 전개된 장소에 시설하는 경우 사용하는 전선으로 옳은 것은?

① 인장강도가 3.44[kN] 이상인 것 또는 지름 2.6[mm]의 경동선으로 단면적이 8[mm²] 이상인 것
② 인장강도가 3.44[kN] 이상인 것 또는 지름 3.2[mm]의 경동선으로 단면적이 18[mm²] 이상인 것
③ 인장강도가 11.2[kN] 이상인 것 또는 지름 6[mm]의 경동선으로 단면적이 28[mm²] 이상인 것
④ 인장강도가 11.2[kN] 이상인 것 또는 지름 8[mm]의 경동선으로 단면적이 18[mm²] 이상인 것

풀이 232.81 옥내에 시설하는 저압 접촉전선 배선
전선은 인장강도 11.2[kN] 이상의 것 또는 **지름 6[mm]의 경동선으로 단면적이 28[mm²] 이상인 것**일 것. 다만, 사용전압이 400[V] 이하인 경우에는 인장강도 3.44[kN] 이상의 것 또는 지름 3.2[mm] 이상의 경동선으로 단면적이 8[mm²] 이상인 것을 사용할 수 있다.

답 ③

93 옥내에 시설하는 사용전압이 400[V] 초과 1000[V] 이하인 전개된 장소로서 건조한 장소가 아닌 기타의 장소의 관등회로 배선공사로서 적합한 것은?

① 애자공사 ② 금속몰드공사
③ 금속덕트공사 ④ 합성수지몰드공사

풀이 234.11 1[kV] 이하 방전등
관등회로의 사용전압이 400[V] 초과이고, 1[kV] 이하인 배선은 그 시설 장소에 따라 표 중 어느 한 방법에 의하여야 한다.

시설장소의 구분		공사의 종류
전개된 장소	건조한 장소	애자공사·합성수지몰드 공사 또는 금속몰드공사
	기타의 장소	애자공사
점검할 수 있는 은폐된 장소	건조한 장소	금속몰드 공사

답 ①

94 저압 가공전선으로 사용할 수 없는 것은?

① 케이블 ② 절연전선
③ 다심형 전선 ④ 나동복 강선

풀이 222.5 저압 가공전선의 굵기 및 종류
가. 저압 가공전선은 나전선(중성선 또는 다중접지된 접지측 전선으로 사용하는 전선에 한한다), **절연전선, 다심형 전선 또는 케이블을 사용**하여야 한다.

나. 전선의 굵기

전 압	조 건	전선의 굵기 및 인장강도
400[V] 이하	절연전선	인장강도 2.3[kN] 이상의 것 또는 지름 2.6[mm] 이상의 경동선
	케이블 이외	인장강도 3.43[kN] 이상의 것 또는 지름 3.2[mm] 이상의 경동선
400[V] 초과인 저압 (케이블 이외)	시가지에 시설	인장강도 8.01[kN] 이상의 것 또는 지름 5[mm] 이상의 경동선
	시가지 외에 시설	인장강도 5.26[kN] 이상의 것 또는 지름 4[mm] 이상의 경동선

다. 사용전압이 400[V] 초과인 저압 가공전선에는 인입용 비닐절연전선을 사용하여서는 안 된다. 답 ④

95 가공전선로의 지지물에 시설하는 지선의 시설 기준으로 틀린 것은?

① 지선의 안전율을 2.5 이상으로 할 것
② 소선은 최소 5가닥 이상의 강심 알루미늄 연선을 사용할 것
③ 도로를 횡단하여 시설하는 지선의 높이는 지표상 5[m] 이상으로 할 것
④ 지중부분 및 지표상 30[cm]까지의 부분에는 내식성이 있는 것을 사용할 것

풀이 331.11 지선의 시설
가공전선로의 지지물에 시설하는 지선은 다음에 따라야 한다.
가. 지선의 안전율은 2.5 이상일 것. 이 경우에 허용 인장하중의 최저는 4.31[kN]으로 한다.
나. 지선에 연선을 사용할 경우에는 다음에 의할 것.
① 소선 3가닥 이상의 연선일 것.
② 소선의 지름이 2.6[mm] 이상의 금속선을 사용한 것일 것.
다. 지중부분 및 지표상 0.3[m]까지의 부분에는 내식성이 있는 것 또는 아연도금을 한 철봉을 사용하고 쉽게 부식되지 않는 근가에 견고하게 붙일 것.
라. 도로를 횡단하여 시설하는 지선의 높이는 지표상 5[m] 이상으로 하여야 한다. 답 ②

96 특고압 가공전선로 중 지지물로서 직선형의 철탑을 연속하여 10기 이상 사용하는 부분에는 몇 기 이하마다 내장 애자장치가 되어 있는 철탑 또는 이와 동등이상의 강도를 가지는 철탑 1기를 시설하여야 하는가?

① 3
② 5
③ 7
④ 10

풀이 333.16 특고압 가공전선로의 내장형 등의 지지물 시설
특고압 가공전선로 중 지지물로서 직선형의 철탑을 연속하여 10기 이상 사용하는 부분에는 10기 이하마다 장력에 견디는 애자장치가 되어 있는 철탑 또는 이와 동등 이상의 강도를 가지는 철탑 1기를 시설하여야 한다. 답 ④

97 접지도체를 사람이 접촉할 우려가 있는 곳에 시설하는 경우, 「전기용품 및 생활용품 안전관리법」을 적용받는 합성수지관(두께 2[mm] 미만의 합성수지제 전선관 및 난연성이 없는 콤바인덕트관을 제외한다)으로 덮어야 하는 범위로 옳은 것은?

① 접지도체의 지하 30[cm]로부터 지표상 1[m]까지의 부분
② 접지도체의 지하 50[cm]로부터 지표상 1.2[m]까지의 부분
③ 접지도체의 지하 60[cm]로부터 지표상 1.8[m]까지의 부분
④ 접지도체의 지하 75[cm]로부터 지표상 2[m]까지의 부분

풀이 142.3.1 접지도체
접지도체는 지하 0.75[m]부터 지표 상 2[m]까지 부분은 합성수지관(두께 2[mm] 미만의 합성수지제 전선관 및 가연성 콤바인덕트관은 제외한다) 또는 이와 동등 이상의 절연효과와 강도를 가지는 몰드로 덮어야 한다. 답 ④

98 사용전압이 400[V] 이하인 저압 가공전선은 케이블인 경우를 제외하고는 지름이 몇 [mm] 이상이어야 하는가?

① 3.2
② 3.6
③ 4.0
④ 5.0

풀이 222.5 저압 가공전선의 굵기 및 종류
가. 저압 가공전선은 나전선(중성선 또는 다중접지된 접지측 전선으로 사용하는 전선에 한한다), 절연전선, 다심형 전선 또는 케이블을 사용하여야 한다.

나. 전선의 굵기

전 압	조 건	전선의 굵기 및 인장강도
400[V] 이하	절연전선	인장강도 2.3[kN] 이상의 것 또는 지름 2.6[mm] 이상의 경동선
	케이블 이외	인장강도 3.43[kN] 이상의 것 또는 **지름 3.2[mm] 이상의 경동선**
400[V] 초과인 저압 (케이블 이외)	시가지에 시설	인장강도 8.01[kN] 이상의 것 또는 지름 5[mm] 이상의 경동선
	시가지 외에 시설	인장강도 5.26[kN] 이상의 것 또는 지름 4[mm] 이상의 경동선

답 ①

출제기준 변경 및 개정된 관계 법규에 따라
삭제된 문제가 있어 20문항이 안됩니다.

2020년 4회 전기기사필기

동일출판사 홈페이지에서 무료 동영상강의를 보실 수 있습니다.

1과목 - 전기자기

01 환상 솔레노이드 철심 내부에서 자계의 세기 [AT/m]는? (단, N은 코일 권선수, r은 환상 철심의 평균 반지름, I는 코일에 흐르는 전류이다.)

① NI
② $\dfrac{NI}{2\pi r}$
③ $\dfrac{NI}{2r}$
④ $\dfrac{NI}{4\pi r}$

풀이
- 원형 전류 중심의 자계 $H = \dfrac{I}{2r}$ [AT/m]
- 원형 코일 중심의 자계의 세기 $H = \dfrac{NI}{2r}$
- 무한장 솔레노이드 내부의 자계의 세기
  $H = n_0 I = \dfrac{NI}{l}$
  (여기서 n_0는 단위 길이당 코일 권수[회/m])
- 환상 솔레노이드 내부 자계의 세기
  $H = \dfrac{NI}{2\pi r}$

답 ②

02 전류 I가 흐르는 무한 직선 도체가 있다. 이 도체로부터 수직으로 0.1[m] 떨어진 점에서 자계의 세기가 180[AT/m]이다. 도체로부터 수직으로 0.3[m] 떨어진 점에서 자계의 세기[AT/m]는?

① 20
② 60
③ 180
④ 540

풀이 무한장 직선도체에 I[A]가 흐를 때 이 도체에 의한 자계는 $H = \dfrac{I}{2\pi r}$로 거리에 반비례 한다.

$H : H' = \dfrac{1}{0.1} : \dfrac{1}{0.3}$

$\therefore H' = \dfrac{0.1}{0.3} \times H = \dfrac{1}{3} H = \dfrac{1}{3} \times 180 = 60$ [AT/m]

답 ②

03 임의의 형상의 도선에 전류 I[A]가 흐를 때, 거리 r[m]만큼 떨어진 점에서의 자계의 세기 H[AT/m]를 구하는 비오-사바르의 법칙에서 자계의 세기 H[AT/m]와 거리 r[m]의 관계로 옳은 것은?

① r에 반비례
② r에 비례
③ r^2에 반비례
④ r^2에 비례

풀이 비오-사바르의 법칙은 미소전류에 의해 거리 r만큼 떨어진 점에서의 자계의 세기 $\boldsymbol{H}$를 구하는 데 이용된다.

$dH = \dfrac{Idl \sin\theta}{4\pi r^2}$ [AT/m]

따라서 자계의 세기는 거리의 제곱에 반비례한다.

답 ③

04 길이가 l[m], 단면적의 반지름이 a[m]인 원통이 길이 방향으로 균일하게 자화되어 자화의 세기가 J[Wb/m²]인 경우, 원통 양단에서의 자극의 세기 m[Wb]은?

① alJ
② $2\pi alJ$
③ $\pi a^2 J$
④ $\dfrac{J}{\pi a^2}$

풀이 자화의 세기 $J = \dfrac{m}{s}$ [Wb/m²]이므로
전자극의 세기 $m = J \cdot s = \pi a^2 J$ [Wb]이다.

답 ③

05 진공 중에서 전자파의 전파속도[m/s]는?

① $C_0 = \dfrac{1}{\sqrt{\epsilon_0 \mu_0}}$
② $C_0 = \sqrt{\epsilon_0 \mu_0}$
③ $C_0 = \dfrac{1}{\sqrt{\epsilon_0}}$
④ $C_0 = \dfrac{1}{\sqrt{\mu_0}}$

풀이
- 매질 중의 전파속도
  $v = \dfrac{1}{\sqrt{\epsilon \mu}} = \dfrac{1}{\sqrt{\epsilon_0 \mu_0}} \cdot \dfrac{1}{\sqrt{\epsilon_r \mu_r}} = \dfrac{3 \times 10^8}{\sqrt{\epsilon_r \mu_r}}$ [m/s]
  (여기서, μ_0 : 진공의 투자율, μ_r : 비투자율, ϵ_0 : 진공의 유전율, ϵ_r : 비유전율)

• 진공 중의 전파속도

$$v_0 = \frac{1}{\sqrt{\epsilon\mu}} = \frac{1}{\sqrt{\epsilon_0\mu_0}} \cdot \frac{1}{\sqrt{\epsilon_r\mu_r}} = \frac{1}{\sqrt{\epsilon_0\mu_0}}$$

(∵ 진공 중에서 $\epsilon_r = \mu_r = 1$)

• $\dfrac{1}{\sqrt{\epsilon_0\mu_0}} = \dfrac{1}{\sqrt{8.855\times10^{-12}\times 4\pi\times10^{-7}}}$
$= 3\times10^8 [\text{m/s}] = c(\text{광속})$　답 ①

06 영구자석 재료로 사용하기에 적합한 특성은?

① 잔류자기와 보자력이 모두 큰 것이 적합하다.
② 잔류자기는 크고 보자력은 작은 것이 적합하다.
③ 잔류자기는 작고 보자력은 큰 것이 적합하다.
④ 잔류자기와 보자력이 모두 작은 것이 적합하다.

풀이
• 영구자석 재료 : 히스테리시스 곡선의 면적 및 보자력이 크고, 잔류자기도 클 것
• 전자석(일시 자석) 재료 : 히스테리시스 곡선의 면적 및 보자력이 작고, 잔류자기는 클 것　답 ①

07 변위전류와 관계가 가장 깊은 것은?

① 도체　② 반도체
③ 자성체　④ 유전체

풀이 변위 전류는 진공 또는 유전체 내 전속밀도의 시간적 변화에 의해서 발생한다.

즉, $i_D = \dfrac{I_D}{S} = \dfrac{\partial D}{\partial t} = \dfrac{\partial(\epsilon E)}{\partial t}$

여기서, i_D : 변위전류밀도[A/m²], I_D : 변위전류[A]
ϵ : 유전율[F/m], E : 전계의 세기[V/m]
D : 전속밀도[C/m²]　답 ④

08 자속밀도가 10[Wb/m²]인 자계 내에 길이 4[cm]의 도체를 자계와 직각으로 놓고 이 도체를 0.4초 동안 1[m]씩 균일하게 이동하였을 때 발생하는 기전력은 몇 [V]인가?

① 1　② 2
③ 3　④ 4

풀이 속도 $v = \dfrac{ds}{dt} = \dfrac{1}{0.4} = 2.5[\text{m/sec}]$

∴ $e = Blv\sin\theta$
$= 10\times 4\times 10^{-2}\times 2.5\times \sin 90°$
$= 1[\text{V}]$　답 ①

09 내부 원통의 반지름이 a, 외부 원통의 반지름이 b인 동축 원통 콘덴서의 내외 원통 사이에 공기를 넣었을 때 정전용량이 C_1이었다. 내외 반지름을 모두 3배로 증가시키고 공기 대신 비유전율이 3인 유전체를 넣었을 경우의 정전용량 C_2는?

① $C_2 = \dfrac{C_1}{9}$　② $C_2 = \dfrac{C_1}{3}$
③ $C_2 = 3C_1$　④ $C_2 = 9C_1$

풀이 단위 길이당 정전용량 $C = \dfrac{2\pi\epsilon_0\epsilon_r}{\ln\dfrac{b}{a}}$ [F/m]에서

공기의 $\epsilon_r = 1$이므로 $C_1 = \dfrac{2\pi\epsilon_0}{\ln\dfrac{b}{a}}$ 이다.

∴ $C_2 = \dfrac{2\pi\epsilon_0\times 3}{\ln\dfrac{3b}{3a}} = \dfrac{3\times 2\pi\epsilon_0}{\ln\dfrac{b}{a}} = 3C_1$　답 ③

10 다음 정전계에 관한 식 중에서 틀린 것은? (단, D는 전속밀도, V는 전위, ρ는 공간(체적) 전하밀도, ϵ은 유전율이다.)

① 가우스의 정리 : $\text{div }D = \rho$
② 포아송의 방정식 : $\nabla^2 V = \dfrac{\rho}{\epsilon}$
③ 라플라스의 방정식 : $\nabla^2 V = 0$
④ 발산의 정리 : $\oint_s D\cdot ds = \int_v \text{div }D\, dv$

풀이 포아송 방정식 :
전하밀도가 공간적으로 분포하고 있을 때 그 내부의 임의의 점에서 전위를 결정하는 식이다.
$\nabla^2 V = -\dfrac{\rho}{\epsilon}$　답 ②

11 질량(m)이 10^{-10}[kg]이고, 전하량(Q)이 10^{-8}[C]인 전하가 전기장에 의해 가속되어 운동하고 있다. 가속도가 $a = 10^2 i + 10^2 j$[m/s²]일 때 전기장의 세기 E[V/m]는?

① $E = 10^4 i + 10^5 j$
② $E = i + 10 j$
③ $E = i + j$
④ $E = 10^{-6} i + 10^{-4} j$

풀이 $F = QE = m\alpha$[N]
$\therefore E = \dfrac{m}{Q}\alpha = \dfrac{10^{-10}}{10^{-8}} \times (10^2 i + 10^2 j)$
$= i + j$ [V/m]   **답** ③

12 유전율이 ϵ_1, ϵ_2인 유전체 경계면에 수직으로 전계가 작용할 때 단위 면적당 수직으로 작용하는 힘[N/m²]은? (단, E는 전계[V/m]이고, D는 전속밀도[C/m²]이고, $\epsilon_1 > \epsilon_2$이다.)

① $2\left(\dfrac{1}{\epsilon_2} - \dfrac{1}{\epsilon_1}\right) E^2$
② $2\left(\dfrac{1}{\epsilon_2} - \dfrac{1}{\epsilon_1}\right) D^2$
③ $\dfrac{1}{2}\left(\dfrac{1}{\epsilon_2} - \dfrac{1}{\epsilon_1}\right) E^2$
④ $\dfrac{1}{2}\left(\dfrac{1}{\epsilon_2} - \dfrac{1}{\epsilon_1}\right) D^2$

풀이 단위면적 당 작용하는 힘은
$f_n = w_2 - w_1 = \dfrac{1}{2} E_2 D_2 - \dfrac{1}{2} E_1 D_1$[N/m²]인데
경계면에서 수직으로 입사되므로 $D_1 = D_2$로
$\therefore f_n = \dfrac{1}{2}(E_2 - E_1) D$
$= \dfrac{1}{2}\left(\dfrac{1}{\epsilon_2} - \dfrac{1}{\epsilon_1}\right) D^2$[N/m²]   **답** ④

13 진공 중에서 2[m] 떨어진 두 개의 무한 평행 도선에 단위 길이당 10^{-7}[N]의 반발력이 작용할 때 각 도선에 흐르는 전류의 크기와 방향은? (단, 각 도선에 흐르는 전류의 크기는 같다.)

① 각 도선에 2[A]가 반대 방향으로 흐른다.
② 각 도선에 2[A]가 같은 방향으로 흐른다.
③ 각 도선에 1[A]가 반대 방향으로 흐른다.
④ 각 도선에 1[A]가 같은 방향으로 흐른다.

풀이 평행도선 단위길이 당 작용하는 힘은 간격(거리)을 r[m]라 할 때
$F = \dfrac{\mu_0 I_1 I_2}{2\pi r} = \dfrac{2 I_1 I_2}{r} \times 10^{-7} = \dfrac{2 I^2}{r} \times 10^{-7}$[N/m]
따라서 각 도선에 흐르는 전류
$I = \sqrt{\dfrac{Fr}{2} \times 10^7} = \sqrt{\dfrac{10^{-7} \times 2}{2} \times 10^7} = 1$[A]
또한 두 전류의 방향이 같은 방향이면 흡인력, 다른 방향(왕복전류)이면 반발력이 작용한다.   **답** ③

14 자기 인덕턴스(self inductance) L[H]을 나타낸 식은? (단, N은 권선수, I는 전류[A], ϕ는 자속[Wb], B는 자속밀도[Wb/m²], H는 자계의 세기[Wb/m], A는 벡터 퍼텐셜[Wb/m], J는 전류밀도[A/m²]이다.)

① $L = \dfrac{N\phi}{I^2}$
② $L = \dfrac{1}{2 I^2} \int B \cdot H \, dv$
③ $L = \dfrac{1}{I^2} \int A \cdot J \, dv$
④ $L = \dfrac{1}{I} \int B \cdot H \, dv$

풀이 ① $N\phi = LI$ $\therefore L = \dfrac{N\phi}{I}$

② 자계 에너지 밀도 $w = \dfrac{1}{2} B \cdot H$[J/m³]이므로
자계 에너지는 $W = \dfrac{1}{2} \int_v B \cdot H \, dv$[J]
$W = \dfrac{1}{2} L I^2$[J], $\dfrac{1}{2} L I^2 = \dfrac{1}{2} \int_v B \cdot H \, dv$
$\therefore L = \dfrac{1}{I^2} \int_v B \cdot H \, dv$

③ 인덕턴스 L은 $B = \nabla \times A$ 와 $\nabla \times H = J$를 적용하면

$$L = \frac{1}{I^2}\int_v \boldsymbol{B}\cdot\boldsymbol{H}\,dv = \frac{1}{I^2}\int_v(\nabla\times\boldsymbol{A})\cdot\boldsymbol{H}\,dv$$
$$= \frac{1}{I^2}\int_v \boldsymbol{A}\cdot(\nabla\times\boldsymbol{H})\,dv = \frac{1}{I^2}\int_v \boldsymbol{A}\cdot\boldsymbol{J}\,dv$$

④ ②의 풀이 결과와 같이 인덕턴스는

$$L = \frac{1}{I^2}\int_v \boldsymbol{B}\cdot\boldsymbol{H}\,dv$$

그러므로 인덕턴스를 나타낸 식은 ③이 된다.

답 ③

15 반지름이 a[m], b[m]인 두 개의 구 형상 도체 전극이 도전율 k인 매질 속에 거리 r[m]만큼 떨어져 있다. 양 전극 간의 저항[Ω]은? (단, $r \gg a$, $r \gg b$ 이다.)

① $4\pi k\left(\dfrac{1}{a}+\dfrac{1}{b}\right)$ ② $4\pi k\left(\dfrac{1}{a}-\dfrac{1}{b}\right)$
③ $\dfrac{1}{4\pi k}\left(\dfrac{1}{a}+\dfrac{1}{b}\right)$ ④ $\dfrac{1}{4\pi k}\left(\dfrac{1}{a}-\dfrac{1}{b}\right)$

풀이 ① 구도체 a, b 사이의 정전용량

$$C = \frac{Q}{V_a - V_b} = \frac{4\pi\epsilon}{\dfrac{1}{a}+\dfrac{1}{b}}\,[\text{F}]$$

② $RC = \rho\dfrac{l}{S}\times\dfrac{\epsilon S}{d} = \rho\epsilon$ $(\because l = d$ 이다.)

$$\therefore R = \frac{\rho\epsilon}{C} = \frac{\rho\epsilon}{\dfrac{4\pi\epsilon}{\left(\dfrac{1}{a}+\dfrac{1}{b}\right)}}$$
$$= \frac{\rho}{4\pi}\left(\frac{1}{a}+\frac{1}{b}\right) = \frac{1}{4\pi k}\left(\frac{1}{a}+\frac{1}{b}\right)[\Omega]$$

(여기서, $\rho = \dfrac{1}{k}[\Omega\cdot\text{m}]$, ρ=고유저항, k=도전율)

답 ③

16 정전계 내 도체 표면에서 전계의 세기가 $E = \dfrac{a_x - 2a_y + 2a_z}{\epsilon_0}$[V/m]일 때 도체 표면상의 전하밀도 ρ_s[C/m²]를 구하면? (단, 자유공간이다.)

① 1   ② 2   ③ 3   ④ 5

풀이 전기력선 수 $N = E\cdot A = \dfrac{Q}{\epsilon_0}$ 에서 $\epsilon_0\cdot E = \dfrac{Q}{A}$

$$\therefore \rho_s = \frac{Q}{A} = \epsilon_0 \times \left|\frac{a_x - 2a_y + 2a_z}{\epsilon_0}\right|$$
$$= |a_x - 2a_y + 2a_z|$$
$$= \sqrt{1^2 + (-2)^2 + 2^2} = 3[\text{C/m}^2]$$

답 ③

17 저항의 크기가 1[Ω]인 전선이 있다. 전선의 체적을 동일하게 유지하면서 길이를 2배로 늘였을 때 전선의 저항[Ω]은?

① 0.5   ② 1
③ 2   ④ 4

풀이 저항 $R = \rho\dfrac{l}{S} = \rho\dfrac{l\times l}{S\times l} = \rho\dfrac{l^2}{V}[\Omega]$

여기서, $\rho = \dfrac{1}{\sigma}$: 저항률 또는 고유저항[Ω·m]
l : 도체의 길이[m], S : 도체의 단면적[m²]
V : 도체의 체적[m³]

체적(V)을 동일하게 유지하면서 길이(l)를 2배로 늘이면,
$\therefore R \propto l^2 = 2^2 = 4$배, 즉 4[Ω]이다.

답 ④

18 반지름이 3[cm]인 원형 단면을 가지고 있는 환상 연철심에 코일을 감고 여기에 전류를 흘려서 철심 중의 자계 세기가 400[AT/m]가 되도록 여자할 때, 철심 중의 자속밀도는 약 몇 [Wb/m²]인가? (단, 철심의 비투자율은 400이라고 한다.)

① 0.2   ② 0.8
③ 1.6   ④ 2.0

풀이 자속 밀도 $B = \mu H = \mu_0\mu_s H$
$= 4\pi\times 10^{-7}\times 400\times 400$
$= 0.2[\text{Wb/m}^2]$

답 ①

19 자기회로와 전기회로에 대한 설명으로 틀린 것은?

① 자기저항의 역수를 컨덕턴스라 한다.
② 자기회로의 투자율은 전기회로의 도전율에 대응된다.
③ 전기회로의 전류는 자기회로의 자속에 대응된다.
④ 자기저항의 단위는 [AT/Wb]이다.

풀이 전기회로와 자기회로의 대응

전기회로		자기회로	
기전력	E[V]	기자력	F_m[AT]
전류	I[A]	자속	ϕ[Wb]
전계	E[V/m]	자계	H[AT/m]
전기저항	R[Ω]	자기저항	R_m[AT/Wb]
컨덕턴스	G[℧]	퍼미언스	$\dfrac{1}{R_m}$[Wb/AT]
도전율	σ[S/m]	투자율	μ[H/m]
옴의법칙	$E=IR$[V] $\therefore I=\dfrac{E}{R}$[A]	옴의법칙	$F_m=\phi R_m$[AT] $\therefore \phi=\dfrac{NI}{R_m}$[Wb]

자기저항의 역수를 퍼미언스(permeance)라 하며, 전기회로의 컨덕턴스에 대응한다. **답** ①

20 서로 같은 2개의 구 도체에 동일양의 전하로 대전시킨 후 20[cm] 떨어뜨린 결과 구 도체에 서로 $8.6×10^{-4}$[N]의 반발력이 작용하였다. 구 도체에 주어진 전하는 약 몇 [C]인가?

① $5.2×10^{-8}$ ② $6.2×10^{-8}$
③ $7.2×10^{-8}$ ④ $8.2×10^{-8}$

풀이 쿨롱의 법칙에서 $F=\dfrac{Q^2}{4\pi\epsilon_0 r^2}$ 이므로

전하 $Q=\sqrt{4\pi\epsilon_0 r^2 F}$
$=\sqrt{4\pi×8.85×10^{-12}×0.2^2×8.6×10^{-4}}$
$=6.2×10^{-8}$[C] **답** ②

2과목 - 전력공학

21 전력원선도에서 구할 수 없는 것은?

① 송·수전할 수 있는 최대 전력
② 필요한 전력을 보내기 위한 송·수전단 전압 간의 상차각
③ 선로 손실과 송전 효율
④ 과도극한전력

풀이 ① 원선도에서 구할 수 있는 것
- 최대 출력(정태 극한전력)
- 필요한 전력을 보내기 위한 송수전단전압간의 위상각 θ
- 요구하는 부하의 전력을 수전단에서 받기 위해 필요한 수전단 쪽의 조상설비용량
- 송수전단 R, L, G, G에 의한 선로손실(4단자 정수)과 송전효율
- 수전단 역률

② 원선도에서 구할 수 없는 것
- 코로나 손실
- 과도안정 극한전력 **답** ④

22 다음 중 그 값이 항상 1 이상인 것은?

① 부등률 ② 부하율
③ 수용률 ④ 전압강하율

풀이 부등률 = $\dfrac{\text{각 부하의 최대 수용전력의 합}}{\text{각 부하를 종합했을 때 최대 수용전력}}$

으로 1보다 크며, 부하의 동시 사용 정도를 나타내는 척도가 된다. **답** ①

23 송전전력, 송전거리, 전선로의 전력손실이 일정하고, 같은 재료의 전선을 사용한 경우 단상 2선식에 대한 3상 4선식의 1선당 전력비는 약 얼마인가? (단, 중성선은 외선과 같은 굵기이다.)

① 0.7 ② 0.87
③ 0.94 ④ 1.15

풀이

종별	전력	1선당 전력
단상 2선식	$P_1 = VI\cos\theta$	$\dfrac{VI\cos\theta}{2}$
3상 4선식	$P_3 = \sqrt{3}\,VI\cos\theta$	$\dfrac{\sqrt{3}\,VI\cos\theta}{4}$

따라서 전력의 비 $\dfrac{P_3}{P_1}=\dfrac{\dfrac{\sqrt{3}}{4}VI\cos\theta}{\dfrac{1}{2}VI\cos\theta}≒0.87$ **답** ②

24 3상용 차단기의 정격 차단용량은?

① $\sqrt{3}$ × 정격전압 × 정격차단전류
② $\sqrt{3}$ × 정격전압 × 정격전류
③ 3 × 정격전압 × 정격차단전류
④ 3 × 정격전압 × 정격전류

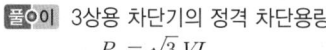

풀이 3상용 차단기의 정격 차단용량
$P_s = \sqrt{3}\,VI_s$
(여기서, V : 정격전압, I_s : 정격차단전류)   답 ①

25 개폐서지의 이상전압을 감쇄할 목적으로 설치하는 것은?
① 단로기   ② 차단기
③ 리액터   ④ 개폐저항기

풀이 차단기의 개폐시에 재점호로 인하여 **개폐 서지 이상전압이 발생**된다. 이것을 낮추고 절연내력을 높일 수 있게 하기 위해 차단기 접촉자 간에 병렬 임피던스로서 **개폐 저항기를 삽입**한다.   답 ④

26 부하의 역률을 개선할 경우 배전선로에 대한 설명으로 틀린 것은? (단, 다른 조건은 동일하다.)
① 설비용량의 여유 증가
② 전압강하의 감소
③ 선로전류의 증가
④ 전력손실의 감소

풀이 배전선로의 역률 개선 효과
① 전력손실 경감
② 전압강하 경감
③ 설비용량의 여유분 증가
④ 전력요금의 절약   답 ③

27 수력발전소의 형식을 취수방법, 운용방법에 따라 분류할 수 있다. 다음 중 취수방법에 따른 분류가 아닌 것은?
① 댐식   ② 수로식
③ 조정지식   ④ 유역 변경식

풀이 ① 낙차를 얻는 방법(취수방법)에 의한 분류
수로식 발전소, 댐식 발전소, 댐 수로식 발전소, 유역 변경식 발전소
② 유량의 사용 방법(운용방법)에 의한 분류
자연 유입식 발전소, **조정지식 발전소**, 저수지식 발전소, 양수식 발전소   답 ③

28 반지름 0.6[cm]인 경동선을 사용하는 3상 1회선 송전선에서 선간거리를 2[m]로 정삼각형 배치할 경우, 각 선의 인덕턴스[mH/km]는 약 얼마인가?
① 0.81   ② 1.21
③ 1.51   ④ 1.81

풀이 인덕턴스 $L = 0.05 + 0.4605\log\dfrac{D}{r}$ [mH/km] 에서
정삼각 배치이므로
전선의 등가 선간거리 $D = \sqrt[3]{2\times 2\times 2} = 2$[m],
반지름 $r = 0.6$[cm] $= 60\times 10^{-2}$[m] 이다.
$\therefore L = 0.05 + 0.4605\log\dfrac{2}{0.6\times 10^{-2}}$
$= 1.21$ [mH/km]   답 ②

29 한류리액터를 사용하는 가장 큰 목적은?
① 충전전류의 제한   ② 접지전류의 제한
③ 누설전류의 제한   ④ 단락전류의 제한

풀이 • **한류 리액터** : 단락 사고시의 단락전류를 제한
• 직렬 리액터 : 제5고조파 제거
• 분로 리액터 : 페란티 현상 방지
• 소호 리액터 : 지락 아크 소멸   답 ④

30 66/22[kV], 2000[kVA] 단상변압기 3대를 1뱅크로 운전하는 변전소로부터 전력을 공급받는 어떤 수전점에서의 3상 단락전류는 약 몇 [A]인가? (단, 변압기의 %리액턴스는 7이고 선로의 임피던스는 0이다.)
① 750   ② 1570
③ 1900   ④ 2250

풀이 단락전류 $I_s = \dfrac{100}{\%Z}I_n = \dfrac{100}{\%Z}\cdot\dfrac{P_n}{\sqrt{3}\,V_n}$
$= \dfrac{100}{7}\times\dfrac{2000\times 3}{\sqrt{3}\times 22} \fallingdotseq 2250$[A]   답 ④

31 파동임피던스 $Z_1 = 500$[Ω]인 선로에 파동임피던스 $Z_2 = 1500$[Ω]인 변압기가 접속되어 있다. 선로로부터 600[kV]의 전압파가 들어왔을 때, 접속점에서의 투과파 전압[kV]은?
① 300   ② 600   ③ 900   ④ 1200

풀이 투과파 전압 $e_2 = \dfrac{2Z_2}{Z_1+Z_2} \times e_1 = \dfrac{2\times 1500}{500+1500}\times 600$
$= 900[kV]$ 답 ③

32 원자력발전소에서 비등수형 원자로에 대한 설명으로 틀린 것은?

① 연료로 농축 우라늄을 사용한다.
② 냉각재로 경수를 사용한다.
③ 물을 원자로 내에서 직접 비등시킨다.
④ 가압수형 원자로에 비해 노심의 출력밀도가 높다.

풀이 비등수형(BWR) 원자로의 특징
① 연료로 농축 우라늄을 사용하며, 감속재와 냉각재로 경수를 사용한다.
② 원자로의 내부증기를 직접터빈에서 이용하기 때문에 증기 발생기가 필요 없다.
③ 원자로 내에서 비등한 방사능을 띤 증기가 직접 터빈으로 들어가므로 방사성 방호설비를 강화해야 한다.
④ 가압수형(PWR)에 비해 노심의 출력밀도가 낮아 같은 출력의 경우 노심 및 압력 용기가 커진다.   답 ④

33 송배전선로의 고장전류 계산에서 영상 임피던스가 필요한 경우는?

① 3상 단락 계산 ② 선간 단락 계산
③ 1선 지락 계산 ④ 3선 단선 계산

풀이
• 1선 지락사고 : 영상분, 정상분, 역상분이 존재
• 선간 단락 : 정상분, 역상분이 존재
• 3상 단락 : 정상분만 존재   답 ③

34 증기 사이클에 대한 설명 중 틀린 것은?

① 랭킨사이클의 열효율은 초기 온도 및 초기 압력이 높을수록 효율이 크다.
② 재열사이클은 저압터빈에서 증기가 포화상태에 가까워졌을 때 증기를 다시 가열하여 고압터빈으로 보낸다.
③ 재생사이클은 증기 원동기 내에서 증기의 팽창 도중에서 증기를 추출하여 급수를 예열한다.
④ 재열재생사이클은 재생사이클과 재열사이클을 조합하여 병용하는 방식이다.

풀이 재열사이클
고압터빈(H/T)에서 증기가 포화상태에 가까워졌을 때 증기를 다시 가열하여 저압터빈(L/T)으로 보낸다.

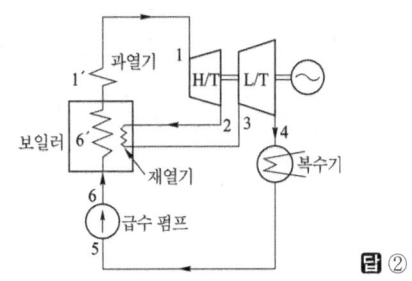

답 ②

35 다음 중 송전선로의 역섬락을 방지하기 위한 대책으로 가장 알맞은 방법은?

① 가공지선 설치 ② 피뢰기 설치
③ 매설지선 설치 ④ 소호각 설치

풀이 ① 가공지선 : 직격뢰의 차폐, 유도뢰의 정전차폐 및 통신선에 대한 전자유도 장해 경감
② 피뢰기 : 이상전압 침입 시 이를 방전시켜 기계기구를 보호
③ 매설지선 : 탑각 접지저항을 감소시켜 역섬락을 방지
④ 소호각 : 선로의 섬락으로부터 애자련의 보호 및 애자련의 전압분포 개선   답 ③

36 전력계통을 연계시켜서 얻는 이득이 아닌 것은?

① 배후 전력이 커져서 단락용량이 작아진다.
② 부하 증가 시 종합첨두부하가 저감된다.
③ 공급 예비력이 절감된다.
④ 공급 신뢰도가 향상된다.

풀이 전력계통의 연계방식의 장·단점
[장점]
① 전력의 융통으로 설비용량이 절감된다.
② 건설비 및 운전 경비를 절감하므로 경제 급전이 용이하다.
③ 계통 전체로서의 신뢰도가 증가한다.
④ 부하 변동의 영향이 작아져서 안정된 주파수 유지가 가능하다.
[단점]
① 연계설비를 신설해야 한다.
② 사고시 타계통에의 파급 확대될 우려가 있다.
③ 병렬회로 수가 많아지므로 **단락전류가 증대하고** 통신선의 전자유도 장해도 커진다.   답 ①

37 전원이 양단에 있는 환상선로의 단락보호에 사용되는 계전기는?

① 방향거리 계전기 ② 부족전압 계전기
③ 선택접지 계전기 ④ 부족전류 계전기

풀이
- 전원이 2군데 이상 환상 선로의 단락보호
  → **방향 거리계전기(DZ)**
- 전원이 2군데 이상 방사상 선로의 단락보호
  → 방향 단락 계전기(DS)와 과전류 계전기(OC)를 조합

답 ①

38 배전선로에 3상 3선식 비접지 방식을 채용할 경우 나타나는 현상은?

① 1선 지락 고장 시 고장 전류가 크다.
② 1선 지락 고장 시 인접 통신선의 유도장해가 크다.
③ 고저압 혼촉고장 시 저압선의 전위상승이 크다.
④ 1선 지락 고장 시 건전상의 대지 전위상승이 크다.

풀이 비접지 계통(△결선)에서 1선 지락 시 건전상의 대지 전위상승은 상전압에서 선간전압으로 되므로 √3 배 상승하게 된다.
①, ②, ③은 중성점 직접접지에 대한 내용이다. **답** ④

39 선간전압이 V[kV]이고 3상 정격용량이 P[kVA]인 전력계통에서 리액턴스가 X(ohm)라고 할 때, 이 리액턴스를 %리액턴스로 나타내면?

① $\dfrac{XP}{10V}$ ② $\dfrac{XP}{10V^2}$

③ $\dfrac{XP}{V^2}$ ④ $\dfrac{10V^2}{XP}$

풀이
$$\%X = \dfrac{I_n[A] \times X[\Omega]}{E[V]} \times 100[\%]$$

분모, 분자에 $\sqrt{3}V$를 곱하면

$$\%X = \dfrac{\sqrt{3}V[V] \times I_n[A] \times X[\Omega]}{\sqrt{3}V[V] \times E[V]} \times 100[\%]$$

$$= \dfrac{P[VA] \times X[\Omega]}{V^2[V]} \times 100[\%]$$

$$= \dfrac{P[kVA] \times 10^3 \times X[\Omega]}{V^2 \times 10^6[kV]} \times 100[\%]$$

$$= \dfrac{P[kVA] \times X[\Omega]}{10V^2[kV]} [\%]$$

답 ②

40 전력용콘덴서를 변전소에 설치할 때 직렬리액터를 설치하고자 한다. 직렬리액터의 용량을 결정하는 계산식은? (단, f_0는 전원의 기본주파수, C는 역률 개선용 콘덴서의 용량, L은 직렬리액터의 용량이다.)

① $L = \dfrac{1}{(2\pi f_0)^2 C}$ ② $L = \dfrac{1}{(5\pi f_0)^2 C}$

③ $L = \dfrac{1}{(6\pi f_0)^2 C}$ ④ $L = \dfrac{1}{(10\pi f_0)^2 C}$

풀이 직렬 리액터는 제5고조파 제거를 목적으로 사용된다.

$$2\pi(5f_0)L = \dfrac{1}{2\pi(5f_0)C} \rightarrow 10\pi f_0 L = \dfrac{1}{10\pi f_0 C}$$

$$\therefore L = \dfrac{1}{(10\pi f_0)^2 C}$$

답 ④

3과목 - 전기기기

41 동기발전기 단절권의 특징이 아닌 것은?

① 코일 간격이 극 간격보다 작다.
② 전절권에 비해 합성 유기 기전력이 증가한다.
③ 전절권에 비해 코일 단이 짧게 되므로 재료가 절약된다.
④ 고조파를 제거해서 전절권에 비해 기전력의 파형이 좋아진다.

풀이 단절권의 특징
① 고조파를 제거하여 기전력의 파형을 좋게 한다.
② 코일 단부가 짧게 되어 기계전체 길이가 축소된다.
③ 구리의 양이 적게 든다.
④ 전절권에 비해 합성 유기기전력이 감소한다.

답 ②

42 3상 변압기의 병렬운전 조건으로 틀린 것은?

① 각 군의 임피던스가 용량에 비례할 것
② 각 변압기의 백분율 임피던스 강하가 같을 것
③ 각 변압기의 권수비가 같고 1차와 2차의 정격전압이 같을 것
④ 각 변압기의 상회전 방향 및 1차와 2차 선간전압의 위상 변위가 같을 것

풀이 ① 각 변압기의 임피던스가 정격용량에 반비례할 것
즉, 부하는 각 변압기의 내부 임피던스(%임피던스 강하)에 반비례하여 분담된다.
② 3상 변압기 병렬운전 조건
- 각 변압기의 극성이 같을 것
- 권수비 및 2차 정격전압이 같을 것
- 각 변압기의 퍼센트 임피던스 강하가 같으며 저항과 리액턴스비가 같을 것
- 상회전방향이 같을 것
- 위상 변위가 같을 것 **답** ①

43 210/105[V]의 변압기를 그림과 같이 결선하고 고압측에 200[V]의 전압을 가하면 전압계의 지시는 몇 [V]인가? (단, 변압기는 가극성이다.)

① 100
② 200
③ 300
④ 400

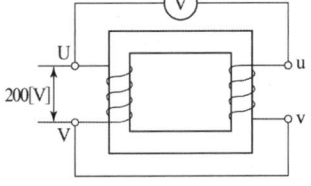

풀이 고압 측 전압을 V_1, 저압 측 전압을 V_2라고 하면,
$$V_2 = \frac{1}{a}V_1 = \frac{105}{210} \times 200 = 100[V]$$
따라서 가극성인 경우
$V = V_1 + V_2 = 200 + 100 = 300[V]$ **답** ③

44 직류기의 권선을 단중 파권으로 감으면 어떻게 되는가?

① 저압 대전류용 권선이다.
② 균압환을 연결해야 한다.
③ 내부 병렬 회로수가 극수만큼 생긴다.
④ 전기자 병렬 회로수가 극수에 관계없이 언제나 2이다.

풀이

항목 \ 권선	중권	파권
내부 병렬회로 수 a	$a=p$	$a=2$
브러시 수 b	$b=p$	$b=2$
용도	저전압, 대전류	고전압, 소전류
균압환	4극 이상	-

답 ④

45 2상 교류 서보모터를 구동하는 데 필요한 2상 전압을 얻는 방법으로 널리 쓰이는 방법은?

① 2상 전원을 직접 이용하는 방법
② 환상 결선 변압기를 이용하는 방법
③ 여자권선에 리액터를 삽입하는 방법
④ 증폭기 내에서 위상을 조정하는 방법

풀이 2상 서보 전동기는 시간에 따라 변하는 신호를 운동으로 변환하는 곳에 사용되며, 증폭기 내에서 위상을 조정하여 구동에 필요한 2상 전압을 얻는다.

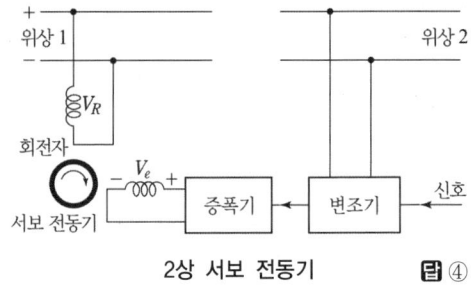

2상 서보 전동기 **답** ④

46 4극, 중권, 총 도체 수 500, 극당 자속이 0.01[Wb]인 직류발전기가 100[V]의 기전력을 발생시키는데 필요한 회전수는 몇 [rpm]인가?

① 800
② 1000
③ 1200
④ 1600

풀이 유기기전력 $E = \frac{pZ}{a}\phi\frac{N}{60}[V]$ 이므로,
(여기서, p: 극수, ϕ: 매극당 자속[Wb], N: 회전수[rpm], Z: 총 도체수, a: 내부 병렬회로수)

$100 = \frac{4 \times 500}{4} \times 0.01 \times \frac{N}{60}[V]$ ($\because$ 중권: $a=p$)

$\therefore N = \frac{60 \times 100}{500 \times 0.01} = 1200[rpm]$ **답** ③

47 3상 분권 정류자전동기에 속하는 것은?

① 톰슨 전동기 ② 데리 전동기
③ 시라게 전동기 ④ 애트킨슨 전동기

풀이 ① 단상 반발 전동기 : 톰슨 전동기, 데리 전동기, 애트킨슨 전동기
② 3상 분권 정류자 전동기 : 시라게 전동기 **답** ③

48 동기기의 안정도를 증진시키는 방법이 아닌 것은?

① 단락비를 크게 할 것
② 속응여자방식을 채용할 것
③ 정상 리액턴스를 크게 할 것
④ 영상 및 역상 임피던스를 크게 할 것

풀이 동기발전기의 안정도 증진법
① 동기 임피던스를 작게 한다.
② 속응여자방식을 채택한다.
③ 회전자에 플라이 휠을 설치하여 관성 모멘트를 크게 한다.
④ 정상 임피던스는 작고, 영상, 역상 임피던스를 크게 한다.
⑤ 단락비를 크게 한다.
⑥ 동기 탈조 계전기를 사용한다. **답** ③

49 3상 유도전동기의 기계적 출력 P[kW], 회전수 N[rpm]인 전동기의 토크[N·m]는?

① $0.46\dfrac{P}{N}$ ② $0.855\dfrac{P}{N}$
③ $975\dfrac{P}{N}$ ④ $9549.3\dfrac{P}{N}$

풀이 토크 $\tau = \dfrac{P}{\omega} = \dfrac{P \times 10^3}{2\pi \times \dfrac{N}{60}} = 9549.3\dfrac{P}{N}$[N·m] **답** ④

50 취급이 간단하고 기동시간이 짧아서 섬과 같이 전력계통에서 고립된 지역, 선박 등에 사용되는 소용량 전원용 발전기는?

① 터빈 발전기 ② 엔진 발전기
③ 수차 발전기 ④ 초전도 발전기

풀이 엔진 발전기
① 디젤 기관 또는 가스 기관과 같은 왕복 기관으로 운전되는 발전기로, 저속이며 비교적 소용량의 것이 많다.
② 취급이 간단하고 기동 시간이 짧으므로 예비 전원 및 벽지 또는 낙도의 전력용 전원 등으로 사용된다. **답** ②

51 단면적 10[cm²]인 철심에 200회의 권선을 감고, 이 권선에 60[Hz], 60[V]인 교류전압을 인가하였을 때 철심의 최대자속밀도는 약 몇 [Wb/m²]인가?

① 1.126×10^{-3} ② 1.126
③ 2.252×10^{-3} ④ 2.252

풀이 유기기전력 $E = 4.44 f \Phi_m N$[V]에서
$\Phi_m = \dfrac{E}{4.44fN}$[Wb]이므로
따라서 최대자속밀도
$B_m = \dfrac{\Phi_m}{A} = \dfrac{E}{4.44fNA} = \dfrac{60}{4.44 \times 60 \times 200 \times 10 \times 10^{-4}}$
$= 1.126$[Wb/m²] **답** ②

52 평형 6상 반파정류회로에서 297[V]의 직류전압을 얻기 위한 입력측 각 상전압은 약 몇 [V]인가? (단, 부하는 순수 저항부하이다.)

① 110 ② 220
③ 380 ④ 440

풀이 상수 m인 다상 정류인 경우
$\dfrac{E_d}{E} = \dfrac{\sqrt{2}\sin\dfrac{\pi}{m}}{\dfrac{\pi}{m}}$
$\therefore E = \dfrac{\dfrac{\pi}{m}}{\sqrt{2}\sin\dfrac{\pi}{m}} E_d = \dfrac{\dfrac{\pi}{6}}{\sqrt{2}\sin\dfrac{\pi}{6}} \times 297 = 220$[V] **답** ②

53 전력의 일부를 전원측에 반환할 수 있는 유도 전동기의 속도제어법은?

① 극수변환법 ② 크레머 방식
③ 2차 저항 가감법 ④ 세르비우스 방식

[풀이] 2차 여자 제어

권선형 유도전동기의 2차 회로에 2차 주파수 f_2와 같은 주파수로 적당한 크기와 위상의 전압을 외부에서 가하는 것을 2차 여자라고 하며 이 방법에는 크레머 방식과 세르비우스 방식이 있다.

① **크레머 방식** : 유도 전동기와 직류 전동기를 기계적으로 직결하고, 또 전기적으로는 유도 전동기의 2차 출력을 실리콘 정류기로 정류하여 직류 전동기의 입력으로 가하도록 접속한 것이다.

② **세르비우스 방식** : 2차 저항 손실에 해당하는 전력을 전원에 반환하는 방식으로 전동발전기 대신 사이리스터를 사용한 것을 정지 세르비우스 방식이라고 한다.   **답** ④

---

54 직류발전기를 병렬운전 할 때 균압모선이 필요한 직류기는?

① 직권발전기, 분권발전기
② 복권발전기, 직권발전기
③ 복권발전기, 분권발전기
④ 분권발전기, 단극발전기

[풀이] 균압선의 목적은 병렬운전을 안정하게 하기 위하여 설치하는 것으로 일반적으로 **직권 및 복권 발전기에서는** 직권 계자 코일에 흐르는 전류에 의하여 병렬운전이 불안정하게 되므로, **균압선을 설치하여** 직권 계자 코일에 흐르는 전류를 분류하게 한다.   **답** ②

---

55 전부하로 운전하고 있는 50[Hz], 4극의 권선형 유도전동기가 있다. 전부하에서 속도를 1440[rpm]에서 1000[rpm]으로 변환시키자면 2차에 약 몇 [Ω]의 저항을 넣어야 하는가? (단, 2차 저항은 0.02[Ω]이다.)

① 0.147   ② 0.18
③ 0.02   ④ 0.024

[풀이]
- 회전자계의 속도
$$N_s = \frac{120f}{p} = \frac{120 \times 50}{4} = 1500[\text{rpm}]$$
- 변환 전 속도를 N_1, 슬립을 s_1라고 하면
$$s_1 = \frac{N_s - N_1}{N_s} = \frac{1500 - 1440}{1500} = 0.04$$
- 변환 후 속도를 N_2, 슬립을 s_2라고 하면
$$s_2 = \frac{N_s - N_2}{N_s} = \frac{1500 - 1000}{1500} = 0.333$$
- 비례추이에 의해 삽입할 2차 외부저항 R은
$$\frac{r_2}{s_1} = \frac{r_2 + R}{s_2} \rightarrow \frac{0.02}{0.04} = \frac{0.02 + R}{0.333}$$
$$\therefore R = \frac{0.02}{0.04} \times 0.333 - 0.02 ≒ 0.147[\Omega] \quad \textbf{답} ①$$

---

56 권선형 유도전동기 2대를 직렬종속으로 운전하는 경우 그 동기속도는 어떤 전동기의 속도와 같은가?

① 두 전동기 중 적은 극수를 갖는 전동기
② 두 전동기 중 많은 극수를 갖는 전동기
③ 두 전동기의 극수의 합과 같은 극수를 갖는 전동기
④ 두 전동기의 극수의 합의 평균과 같은 극수를 갖는 전동기

[풀이] 종속 접속법

① **직렬 종속법** : $N = \dfrac{120f}{p_1 + p_2}[\text{rpm}]$

② 차동 종속법 : $N = \dfrac{120f}{p_1 - p_2}[\text{rpm}]$

③ 병렬 종속법 : $N = \dfrac{2 \times 120f}{p_1 + p_2}[\text{rpm}]$ **답** ③

---

57 GTO 사이리스터의 특징으로 틀린 것은?

① 각 단자의 명칭은 SCR 사이리스터와 같다.
② 온(On) 상태에서는 양방향 전류특성을 보인다.
③ 온(On) 드롭(Drop)은 약 2~4[V]가 되어 SCR 사이리스터보다 약간 크다.
④ 오프(Off) 상태에서는 SCR 사이리스터처럼 양방향 전압저지능력을 갖고 있다.

[풀이] GTO(gate turn off thyristor)
① GTO는 게이트에 흐르는 전류를 점호할 때와 반대로 흐르게 함으로써 소자를 소호시킬 수 있다.
② 온(On) 상태에서는 SCR과 같이 **단방향 전류특성**을 보인다.
③ 오프(Off) 상태에서는 SCR과 같이 양방향 전압저지 능력을 갖고 있다.

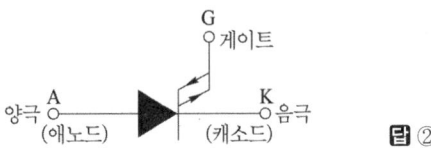

답 ②

58 포화되지 않은 직류발전기의 회전수가 4배로 증가되었을 때 기전력을 전과 같은 값으로 하려면 자속을 속도 변화 전에 비해 얼마로 하여야 하는가?

① $\dfrac{1}{2}$ ② $\dfrac{1}{3}$
③ $\dfrac{1}{4}$ ④ $\dfrac{1}{8}$

풀이 직류발전기의 유기기전력 $E = k\Phi N$에서 회전수 N이 4배로 되면, 자속(여자)Φ는 $\dfrac{1}{4}$배로 되어야 E가 일정하게 된다. 답 ③

59 동기발전기의 단자부근에서 단락 시 단락전류는?

① 서서히 증가하여 큰 전류가 흐른다.
② 처음부터 일정한 큰 전류가 흐른다.
③ 무시할 정도의 작은 전류가 흐른다.
④ 단락된 순간은 크나, 점차 감소한다.

풀이 평형 3상 전압을 유기하고 있는 발전기의 단자를 갑자기 단락하면 **단락 초기에 전기자 반작용이 순간적으로 나타나지 않기 때문에 막대한 과도전류가 흐르고, 수초 후에는 전기자 반작용 리액턴스에 의해 단락전류는 점차 감소되어 영구 단락전류값에 이르게 된다.** 답 ④

60 단권변압기에서 1차 전압 100[V], 2차 전압 110[V]인 단권변압기의 자기용량과 부하용량의 비는?

① $\dfrac{1}{10}$ ② $\dfrac{1}{11}$
③ 10 ④ 11

풀이 $\dfrac{\text{자기 용량}}{\text{부하 용량}} = \dfrac{V_H - V_L}{V_H} = \dfrac{110-100}{110} = \dfrac{1}{11}$ 답 ②

4과목 - 회로이론 및 제어공학

61 그림과 같은 블록선도의 제어시스템에서 속도편차 상수 K_v는 얼마인가?

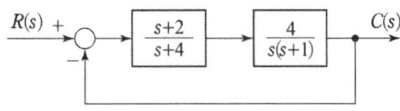

① 0 ② 0.5 ③ 2 ④ ∞

풀이 $G(s) = \dfrac{s+2}{s+4} \cdot \dfrac{4}{s(s+1)} = \dfrac{4(s+2)}{s(s+1)(s+4)}$

속도 편차 상수($H=1$)

$K_v = \lim_{s \to 0} sG(s) = \lim_{s \to 0} s \cdot \dfrac{4(s+2)}{s(s+1)(s+4)} = 2$ 답 ③

62 근궤적의 성질 중 틀린 것은?

① 근궤적은 실수축을 기준으로 대칭이다.
② 점근선은 허수축 상에서 교차한다.
③ 근궤적의 가지 수는 특성방정식의 차수와 같다.
④ 근궤적은 개루프 전달함수의 극점으로부터 출발한다.

풀이 근궤적의 작도법
① 근궤적은 $K=0$일 때 극에서 출발하고 $K=\infty$일 때 영점에 도착한다.
② 근궤적의 개수는 유한 영점의 개수(z)와 유한 극점의 개수(p) 중에서 큰 수와 같으며, 또한 특성방정식의 차수와 같다.
③ 특성방정식의 근이 실근 또는 공액 복소근을 가지므로 근궤적은 실수축에 대하여 대칭이다.
④ 점근선은 실수축 상에서만 교차하고 그 수 $n = p - z$이다.
⑤ 실수축에서 이득 K가 최대가 되게 하는 점이 이탈점이 될 수 있다. 답 ②

63 Routh-Hurwitz 안정도 판별법을 이용하여 특성방정식이 $s^3 + 3s^2 + 3s + 1 + K = 0$으로 주어진 제어시스템이 안정하기 위한 K의 범위를 구하면?

① $-1 \leq K < 8$ ② $-1 < K \leq 8$
③ $-1 < K < 8$ ④ $K < -1$ 또는 $K > 8$

풀이 특성방정식은 $F(s) = s^3 + 3s^2 + 3s + 1 + K = 0$이므로 루드의 표는

s^3	1	3
s^2	3	$1+K$
s^1	$\dfrac{9-(1+K)}{3}$	0
s^0	$1+K$	

제1열의 부호 변화가 없어야 안정하므로
$9-(1+K) > 0 \rightarrow 8 > K$
$1+K > 0 \rightarrow K > -1$
$\therefore -1 < K < 8$ 답 ③

64 $e(t)$의 z변환을 $E(z)$라고 했을 때 $e(t)$의 초기값 $e(0)$는?

① $\lim\limits_{z \to 1} E(z)$
② $\lim\limits_{z \to \infty} E(z)$
③ $\lim\limits_{z \to 1}(1-z^{-1})E(z)$
④ $\lim\limits_{z \to \infty}(1-z^{-1})E(z)$

풀이

항 목	초기값 정리	최종값 정리
z 변환	$e(0) = \lim\limits_{z \to \infty} E(z)$	$e(\infty) = \lim\limits_{z \to 1}\left(1-\dfrac{1}{z}\right)E(z)$
라플라스 변환	$e(0) = \lim\limits_{s \to \infty} sE(s)$	$e(\infty) = \lim\limits_{s \to 0} sE(s)$

답 ②

65 그림의 신호 흐름 선도에서 $\dfrac{C(s)}{R(s)}$는?

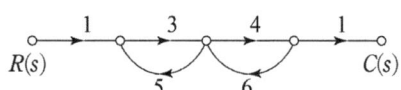

① $-\dfrac{2}{5}$
② $-\dfrac{6}{19}$
③ $-\dfrac{12}{29}$
④ $-\dfrac{12}{37}$

풀이 $G_1 = 1 \cdot 3 \cdot 4 \cdot 1 = 12$, $\Delta_1 = 1$
$L_{11} = 3 \cdot 5 = 15$, $L_{21} = 4 \cdot 6 = 24$
$\Delta = 1 - (L_{11} + L_{21}) = 1 - (15+24) = -38$
$\therefore G = \dfrac{C}{R} = \dfrac{G_1 \Delta_1}{\Delta} = \dfrac{12}{-38} = -\dfrac{6}{19}$

별해 전향경로 이득 : $3 \times 4 = 12$
루프 이득 : $3 \times 5 = 15$, $4 \times 6 = 24$
$\therefore G(s) = \dfrac{\sum \text{전향 경로 이득}}{1 - \sum \text{루프이득}}$
$= \dfrac{12}{1-(15+24)} = -\dfrac{6}{19}$ 답 ②

66 전달함수가 $G(s) = \dfrac{10}{s^2 + 3s + 2}$으로 표현되는 제어시스템에서 직류 이득은 얼마인가?

① 1
② 2
③ 3
④ 5

풀이 직류에서는 $j\omega = 0$, 즉 $s = 0$이므로
$\therefore G(0) = \dfrac{10}{s^2+3s+2} = \dfrac{10}{0^2+0+2} = 5$ 답 ④

67 전달함수가 $\dfrac{C(s)}{R(s)} = \dfrac{25}{s^2+6s+25}$인 2차 제어시스템의 감쇠 진동 주파수($\omega_d$)는 몇 [rad/sec]인가?

① 3
② 4
③ 5
④ 6

풀이 $\dfrac{C(s)}{R(s)} = \dfrac{\omega_n^2}{s^2+2\delta\omega_n s + \omega_n^2} = \dfrac{25}{s^2+6s+25}$에서
$\omega_n^2 = 25 \rightarrow \omega_n = \sqrt{25} = 5$
$2\delta\omega_n = 6 \rightarrow \delta = \dfrac{6}{2\omega_n} = \dfrac{6}{2 \times 5} = \dfrac{3}{5}$
따라서 감쇠 진동 주파수(실제 주파수)
$\therefore \omega_d = \omega_n\sqrt{1-\delta^2} = 5\sqrt{1-\left(\dfrac{3}{5}\right)^2} = 4$ 답 ②

68 폐루프 시스템에서 응답의 잔류 편차 또는 정상상태오차를 제거하기 위한 제어 기법은?

① 비례 제어
② 적분 제어
③ 미분 제어
④ on-off 제어

풀이

종류		특징
P	비례동작	• 정상오차를 수반 • 잔류편차 발생
I	적분동작	• 잔류편차 제거
D	미분동작	• 오차가 커지는 것을 미리 방지
PI	비례적분동작	• 잔류편차 제거 • 제어결과가 진동적으로 될 수 있다.
PD	비례미분동작	• 응답 속응성의 개선
PID	비례적분·미분동작	• 잔류편차 제거 • 응답의 오버슈트 감소 • 응답 속응성의 개선

답 ②

69 다음 논리식을 간단히 한 것은?

$$Y = \overline{A}BC\overline{D} + \overline{A}BCD + \overline{A}\,\overline{B}\,C\overline{D} + \overline{A}\,\overline{B}\,CD$$

① $Y = \overline{A}C$
② $Y = A\overline{C}$
③ $Y = AB$
④ $Y = BC$

풀이
$Y = \overline{A}BC\overline{D} + \overline{A}BCD + \overline{A}\,\overline{B}\,C\overline{D} + \overline{A}\,\overline{B}\,CD$
$= \overline{A}C(B\overline{D} + BD + \overline{B}\,\overline{D} + \overline{B}D)$
$= \overline{A}C(B+\overline{B})(D+\overline{D})$
$= \overline{A}C$ (∵ $\overline{B}+B=1$, $\overline{D}+D=1$)

답 ①

70 시스템행렬 A가 다음과 같을 때 상태천이행렬을 구하면?

$$A = \begin{bmatrix} 0 & 1 \\ -2 & -3 \end{bmatrix}$$

① $\begin{bmatrix} 2e^t - e^{2t} & -e^t + e^{2t} \\ 2e^t - 2e^{2t} & -e^t - 2e^{2t} \end{bmatrix}$

② $\begin{bmatrix} 2e^{-t} - e^{-2t} & e^{-t} - e^{-2t} \\ -2e^{-t} + 2e^{-2t} & -e^{-t} - 2e^{-2t} \end{bmatrix}$

③ $\begin{bmatrix} 2e^{-t} - e^{-2t} & -e^{-t} + e^{-2t} \\ 2e^{-t} - 2e^{-2t} & -e^{-t} - 2e^{-2t} \end{bmatrix}$

④ $\begin{bmatrix} 2e^{-t} - e^{-2t} & e^{-t} - e^{-2t} \\ -2e^{-t} + 2e^{-2t} & -e^{-t} + 2e^{-2t} \end{bmatrix}$

풀이
$[sI-A] = \begin{bmatrix} s & 0 \\ 0 & s \end{bmatrix} - \begin{bmatrix} 0 & 1 \\ -2 & -3 \end{bmatrix} = \begin{bmatrix} s & -1 \\ 2 & s+3 \end{bmatrix}$

$\Phi(s) = [sI-A]^{-1} = \dfrac{1}{\begin{vmatrix} s & -1 \\ 2 & s+3 \end{vmatrix}} \begin{bmatrix} s+3 & 1 \\ -2 & s \end{bmatrix}$

$= \dfrac{1}{s^2+3s+2} \begin{bmatrix} s+3 & 1 \\ -2 & s \end{bmatrix}$

$= \begin{bmatrix} \dfrac{s+3}{(s+1)(s+2)} & \dfrac{1}{(s+1)(s+2)} \\ \dfrac{-2}{(s+1)(s+2)} & \dfrac{s}{(s+1)(s+2)} \end{bmatrix}$

∴ $\Phi(t) = \mathcal{L}^{-1}\{[sI-A]^{-1}\}$
$= \begin{bmatrix} 2e^{-t} - e^{-2t} & e^{-t} - e^{-2t} \\ -2e^{-t} + 2e^{-2t} & -e^{-t} + 2e^{-2t} \end{bmatrix}$

답 ④

71 대칭 3상 전압이 공급되는 3상 유도 전동기에서 각 계기의 지시는 다음과 같다. 유도전동기의 역률은 약 얼마인가?

전력계(W_1) : 2.84[kW]
전력계(W_2) : 6.00[kW]
전압계(V) : 200[V]
전류계(A) : 30[A]

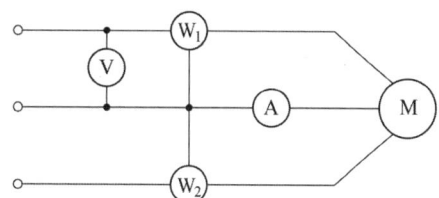

① 0.70
② 0.75
③ 0.80
④ 0.85

풀이 2전력계법
• 유효전력 $P = W_1 + W_2$
• 피상전력 $P_a = 2\sqrt{W_1^2 + W_2^2 - W_1W_2}$

따라서 역률 $\cos\theta = \dfrac{W_1 + W_2}{2\sqrt{W_1^2 + W_2^2 - W_1W_2}}$

$= \dfrac{2.84 + 6.00}{2\sqrt{2.84^2 + 6.00^2 - 2.84 \times 6.00}}$

$= 0.85$

별해 유효전력 $P = W_1 + W_2 = 2.84 + 6.00 = 8.84$[kW]
피상전력 $P_a = \sqrt{3}\,VI = \sqrt{3} \times 200 \times 30 \times 10^{-3}$
$= 10.39$[kVA]

따라서 역률 $\cos\theta = \dfrac{P}{P_a} = \dfrac{8.84}{10.39} = 0.85$

답 ④

72 불평형 3상 전류 $I_a = 25 + j4$[A], $I_b = -18 - j16$[A], $I_c = 7 + j15$[A]일 때 영상전류 I_0[A]는?

① $2.67 + j$ ② $2.67 + j2$
③ $4.67 + j$ ④ $4.67 + j2$

풀이 영상전류 $I_0 = \dfrac{1}{3}(I_a + I_b + I_c)$
$= \dfrac{1}{3}[(25+j4)+(-18-j16)+(7+j15)]$
$= 4.67 + j$[A]   **답** ③

73 △결선으로 운전 중인 3상 변압기에서 하나의 변압기 고장에 의해 V결선으로 운전하는 경우, V결선으로 공급할 수 있는 전력은 고장 전 △결선으로 공급할 수 있는 전력에 비해 약 몇 [%]인가?

① 86.6 ② 75.0
③ 66.7 ④ 57.7

풀이 1대의 단상변압기용량을 P_1이라 하면 그 출력비는
$\dfrac{\text{V결선의 출력}}{\triangle\text{결선의 출력}} = \dfrac{\sqrt{3}P_1}{3P_1} = \dfrac{\sqrt{3}}{3}$
$= 0.577 = 57.7[\%]$ **답** ④

74 분포정수회로에서 직렬 임피던스를 Z, 병렬 어드미턴스를 Y라 할 때, 선로의 특성임피던스 Z_0는?

① ZY ② $\sqrt{ZY}$
③ $\sqrt{\dfrac{Y}{Z}}$ ④ $\sqrt{\dfrac{Z}{Y}}$

풀이 특성 임피던스 $Z_0 = \sqrt{\dfrac{Z(\text{단락})[\Omega]}{Y(\text{개방})[\mho]}} = \sqrt{\dfrac{R+j\omega L}{G+j\omega C}}$ **답** ④

75 4단자 정수 A, B, C, D 중에서 전압이득의 차원을 가진 정수는?

① A ② B
③ C ④ D

풀이 A, B, C, D로 표시되는 4단자 기초 방정식은
$\begin{bmatrix} V_1 \\ I_1 \end{bmatrix} = \begin{bmatrix} A & B \\ C & D \end{bmatrix} \begin{bmatrix} V_2 \\ I_2 \end{bmatrix}$ 이며,
각 파라미터의 물리적 의미는

- 출력을 개방했을 때 전압 이득 $A = \dfrac{V_1}{V_2}\bigg|_{I_2=0}$
- 출력을 단락했을 때 전달 임피던스 $B = \dfrac{V_1}{I_2}\bigg|_{V_2=0}$
- 출력을 개방했을 때 전달 어드미턴스 $C = \dfrac{I_1}{V_2}\bigg|_{I_2=0}$
- 출력을 단락했을 때 전류 이득 $D = \dfrac{I_1}{I_2}\bigg|_{V_2=0}$

답 ①

76 그림과 같은 회로의 구동점 임피던스[Ω]는?

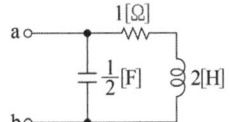

① $\dfrac{2(2s+1)}{2s^2+s+2}$ ② $\dfrac{2s^2+s-2}{-2(2s+1)}$
③ $\dfrac{-2(2s+1)}{2s^2+s-2}$ ④ $\dfrac{2s^2+s+2}{2(2s+1)}$

풀이 2단자망 한 쌍의 단자에서 본 임피던스를 구동점 임피던스라고 하며, 보통 $j\omega$ 또는 s로 치환하여 나타낸다.

$\therefore Z(s) = \dfrac{(R+Ls) \cdot \dfrac{1}{Cs}}{(R+Ls) + \dfrac{1}{Cs}} = \dfrac{(1+2s) \times \dfrac{2}{s}}{(1+2s) + \dfrac{2}{s}}$
$= \dfrac{2(2s+1)}{2s^2+s+2}$ **답** ①

77 회로의 단자 a와 b 사이에 나타나는 전압 V_{ab}는 몇 [V]인가?

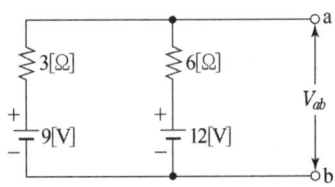

① 3 ② 9 ③ 10 ④ 12

풀이 밀만의 정리

$$E_{ab} = \frac{E_1 Y_1 + E_2 Y_2}{Y_1 + Y_2} = \frac{\frac{9}{3} + \frac{12}{6}}{\frac{1}{3} + \frac{1}{6}} = 10[V]$$

답 ③

78 RL 직렬회로에 순시치 전압
$v(t) = 20 + 100\sin\omega t + 40\sin(3\omega t + 60°) + 40\sin 5\omega t$ [V]
를 가할 때 제5고조파 전류의 실효값 크기는 약 몇 [A]인가? (단, $R=4[\Omega]$, $\omega L=1[\Omega]$이다.)

① 4.4
② 5.66
③ 6.25
④ 8.0

풀이 제5고조파에 대해 저항은 변화가 없으나, 유도성 리액턴스 $X_L = \omega L = 2\pi f L \propto f$이므로, 제5고조파에 대해 유도성 리액턴스는 5배로 증가한다. 따라서, 제5고조파 전류

$$I_5 = \frac{V_5}{Z_5} = \frac{V_5}{\sqrt{R^2 + (5\omega L)^2}} = \frac{\frac{40}{\sqrt{2}}}{\sqrt{4^2 + (5\times 1)^2}}$$
$$\approx 4.4[A]$$

답 ①

79 그림의 교류 브리지 회로가 평형이 되는 조건은?

① $L = \dfrac{R_1 R_2}{C}$
② $L = \dfrac{C}{R_1 R_2}$
③ $L = R_1 R_2 C$
④ $L = \dfrac{R_2}{R_1} C$

풀이 브리지의 평형조건 : 서로 대각선으로 마주보고 있는 저항의 곱이 서로 같으면 평형이 된다.

$$R_1 R_2 = \omega L \cdot \frac{1}{\omega C}$$
$$\therefore L = R_1 R_2 C$$

답 ③

80 $f(t) = t^n$의 라플라스 변환 식은?

① $\dfrac{n}{s^n}$
② $\dfrac{n+1}{s^{n+1}}$
③ $\dfrac{n!}{s^{n+1}}$
④ $\dfrac{n+1}{s^{n!}}$

풀이 t^n을 라플라스 변환하면 $\dfrac{n!}{s^{n+1}}$가 된다.
(여기서, $n! = n \times (n-1) \times (n-2) \times \cdots$)

답 ③

5과목 - 전기설비기술기준

81 과전류차단기로 시설하는 퓨즈 중 고압전로에 사용하는 비포장 퓨즈는 정격전류 2배 전류 시 몇 분 안에 용단되어야 하는가?

① 1분
② 2분
③ 5분
④ 10분

풀이 341.10 고압 및 특고압 전로 중의 과전류차단기의 시설
가. 과전류차단기로 시설하는 퓨즈 중 고압전로에 사용하는 포장 퓨즈는 정격전류의 1.3배의 전류에 견디고 또한 2배의 전류로 120분 안에 용단되는 것이어야 한다.
나. 과전류차단기로 시설하는 퓨즈 중 고압전로에 사용하는 비포장 퓨즈는 정격전류의 1.25배의 전류에 견디고 또한 2배의 전류로 2분 안에 용단되는 것이어야 한다.

답 ②

82 옥내에 시설하는 저압전선에 나전선을 사용할 수 있는 경우는?

① 버스덕트 공사에 의하여 시설하는 경우
② 금속덕트 공사에 의하여 시설하는 경우
③ 합성수지관 공사에 의하여 시설하는 경우
④ 후강전선관 공사에 의하여 시설하는 경우

풀이 231.4 나전선의 사용제한
옥내에 시설하는 저압전선에는 나전선을 사용하여서는 아니 된다. 다만, 다음 중 어느 하나에 해당하는 경우에는 그러하지 아니하다.
가. 애자공사에 의하여 전개된 곳에 다음의 전선을 시설하는 경우
  ① 전기로용 전선
  ② 전선의 피복 절연물이 부식하는 장소에 시설하는 전선
나. 버스덕트공사에 의하여 시설하는 경우
다. 라이팅덕트공사에 의하여 시설하는 경우
라. 접촉전선을 시설하는 경우

답 ①

83. 고압 가공전선로에 사용하는 가공지선은 지름 몇 [mm] 이상의 나경동선을 사용하여야 하는가?

① 2.6
② 3.0
③ 4.0
④ 5.0

풀이 332.6 고압 가공전선로의 가공지선
고압 가공전선로에 사용하는 **가공지선**은 인장강도 5.26[kN] 이상의 것 또는 **지름 4[mm] 이상의 나경동선**을 사용한다. **답** ③

84. 그림은 전력선 반송통신용 결합장치의 보안장치이다. 여기에서 CC는 어떤 커패시터인가?

① 결합 커패시터
② 전력용 커패시터
③ 정류용 커패시터
④ 축전용 커패시터

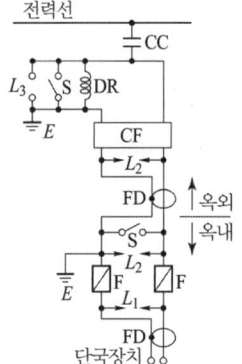

풀이 362.11 전력선 반송 통신용 결합장치의 보안장치
전력선 반송통신용 결합 커패시터에 접속하는 회로에는 그림의 보안장치 또는 이에 준하는 보안장치를 시설하여야 한다.

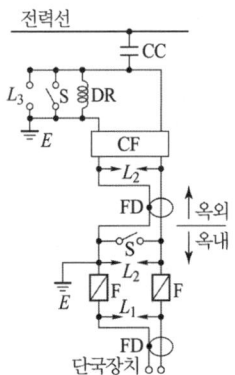

전력선 반송 통신용 결합 장치의 보안장치
- FD : 동축 케이블
- F : 정격 전류 10[A] 이하의 포장 퓨즈
- DR : 전류 용량 2[A] 이상의 배류 선륜
- L_1 : 교류 300[V] 이하에서 동작하는 피뢰기
- L_2 : 동작 전압이 교류 1,300[V]를 넘고 1,600[V] 이하로 조정된 방전갭
- L_3 : 동작 전압이 교류 2[kV]를 넘고 3[kV] 이하로 구상 방전갭
- S : 접지용 개폐기
- CF : 결합 필터
- CC : 결합 콘덴서(결합 안테나를 포함한다)
- E : 접지

답 ①

85. 사용전압이 35000[V] 이하인 특고압 가공전선과 가공약전류 전선을 동일 지지물에 시설하는 경우, 특고압 가공전선로의 보안공사로 적합한 것은?

① 고압 보안공사
② 제1종 특고압 보안공사
③ 제2종 특고압 보안공사
④ 제3종 특고압 보안공사

풀이 333.19 특고압 가공전선과 가공약전류전선 등의 공용 설치
사용전압이 35[kV] 이하인 **특고압 가공전선과 가공약전류전선 등을 동일 지지물에 시설**하는 경우에는 다음에 따라야 한다.
가. 특고압 가공전선로는 **제2종 특고압 보안공사**에 의할 것.
나. 특고압 가공전선은 가공약전류전선 등의 위로하고 별개의 완금류에 시설할 것. **답** ③

86. 수소냉각식 발전기 및 이에 부속하는 수소냉각 장치의 시설에 대한 설명으로 틀린 것은?

① 발전기안의 수소의 밀도를 계측하는 장치를 시설할 것
② 발전기안의 수소의 순도가 85[%] 이하로 저하한 경우에 이를 경보하는 장치를 시설할 것
③ 발전기안의 수소의 압력을 계측하는 장치 및 그 압력이 현저히 변동한 경우에 이를 경보하는 장치를 시설할 것
④ 발전기는 기밀구조의 것이고 또한 수소가 대기압에서 폭발하는 경우에 생기는 압력에 견디는 강도를 가지는 것일 것

풀이 351.10 수소냉각식 발전기 등의 시설
수소냉각식의 발전기·조상기 또는 이에 부속하는 수

소 냉각 장치는 다음 각 호에 따라 시설하여야 한다.
가. 발전기 또는 조상기는 기밀구조의 것이고 또한 수소가 대기압에서 폭발하는 경우에 생기는 **압력에 견디는 강도**를 가지는 것일 것.
나. 발전기축의 밀봉부에는 질소 가스를 봉입할 수 있는 장치 또는 발전기 축의 밀봉부로부터 누설된 수소 가스를 안전하게 외부에 방출할 수 있는 장치를 시설할 것.
다. 발전기 내부 또는 조상기 내부의 수소의 순도가 85[%] 이하로 저하한 경우에 이를 경보하는 장치를 시설할 것.
라. 발전기 내부 또는 조상기 내부의 수소의 압력을 계측하는 장치 및 그 압력이 현저히 변동한 경우에 이를 경보하는 장치를 시설할 것.
마. 발전기 내부 또는 조상기 내부의 수소의 온도를 계측하는 장치를 시설할 것.
바. 발전기 내부 또는 조상기 내부로 수소를 안전하게 도입할 수 있는 장치 및 발전기안 또는 조상기안의 수소를 안전하게 외부에 방출할 수 있는 장치를 시설할 것.
사. 발전기 또는 조상기에 붙인 유리제의 점검 창 등은 쉽게 파손되지 아니하는 구조로 되어 있을 것.

답 ①

87 목장에서 가축의 탈출을 방지하기 위하여 전기울타리를 시설하는 경우 전선은 인장강도가 몇 [kN] 이상의 것이어야 하는가?

① 1.38 ② 2.78
③ 4.43 ④ 5.93

풀이 241.1 전기울타리
가. 전기울타리용 전원장치에 전원을 공급하는 전로의 사용전압은 250[V] 이하이어야 한다.
나. 전기울타리는 사람이 쉽게 출입하지 아니하는 곳에 시설할 것.
다. **전선은 인장강도 1.38[kN] 이상의 것 또는 지름 2[mm] 이상의 경동선일 것.**
라. 전선과 이를 지지하는 기둥 사이의 이격거리는 25[mm] 이상일 것.
마. 전선과 다른 시설물(가공 전선을 제외한다) 또는 수목과의 이격거리는 0.3[m] 이상일 것.

답 ①

88 다음 ( )에 들어갈 내용으로 옳은 것은?

> 가공전선로는 무선설비의 기능에 계속적이고 또한 중대한 장해를 주는 ( )가 생길 우려가 있는 경우에는 이를 방지하도록 시설하여야 한다.

① 전파 ② 혼촉
③ 단락 ④ 정전기

풀이 331.1 전파장해의 방지
가공전선로는 무선설비의 기능에 계속적이고 또한 중대한 장해를 주는 전파를 발생할 우려가 있는 경우에는 이를 방지하도록 시설하여야 한다.

답 ①

89 제2종 특고압 보안공사 시 지지물로 사용하는 철탑의 경간을 400[m] 초과로 하려면 몇 [mm²] 이상의 경동연선을 사용하여야 하는가?

① 38 ② 55
③ 82 ④ 95

풀이 333.22 특고압 보안공사

지지물의 종류	제2종 특고압 보안공사	인장강도 38.05[kN] 이상 또는 95[mm²] 이상인 경동연선
목주·A종 철주 또는 A종 철근 콘크리트주	100[m]	100[m]
B종 철주 또는 B종 철근 콘크리트주	200[m]	250[m]
철탑	400[m] (단주인 경우에는 300[m])	600[m] 이하

답 ④

90 최대사용전압이 7[kV]를 초과하는 회전기의 절연내력 시험은 최대사용전압의 몇 배의 전압(10500[V] 미만으로 되는 경우에는 10500[V])에서 10분간 견디어야 하는가?

① 0.92 ② 1
③ 1.1 ④ 1.25

풀이 133 회전기 및 정류기의 절연내력

종류		시험전압	시험 방법
회전기	발전기·전동기·조상기·기타회전기 7[kV] 이하	1.5배 (최저 500[V])	권선과 대지 사이에 연속하여 10분간
	발전기·전동기·조상기·기타회전기 7[kV] 초과	1.25배 (최저 10,500[V])	
	회전 변류기	직류측의 최대 사용전압의 1배의 교류전압(최저 500[V])	

답 ④

91 버스 덕트 공사에 의한 저압 옥내배선 시설공사에 대한 설명으로 틀린 것은?

① 덕트(환기형의 것을 제외)의 끝부분은 막지 말 것
② 덕트에 접지공사를 할 것
③ 덕트(환기형이 것을 제외)의 내부에 먼지가 침입하지 아니하도록 할 것
④ 덕트 상호 간 및 전선 상호 간은 견고하고 또한 전기적으로 완전하게 접속할 것

풀이 232.61 버스덕트공사
가. 덕트 상호 간 및 전선 상호 간은 견고하고 또한 전기적으로 완전하게 접속할 것.
나. 덕트를 조영재에 붙이는 경우에는 덕트의 지지점 간의 거리를 3[m](수직으로 붙이는 경우에는 6[m]) 이하로 하고 또한 견고하게 붙일 것.
다. **덕트(환기형의 것을 제외한다)의 끝부분은 막을 것.**
라. 덕트(환기형의 것을 제외한다)의 내부에 먼지가 침입하지 아니하도록 할 것.
마. 덕트는 접지공사를 할 것   **답** ①

92 교량의 윗면에 시설하는 고압 전선로는 전선의 높이를 교량의 노면상 몇 [m] 이상으로 하여야 하는가?

① 3   ② 4   ③ 5   ④ 6

풀이 335.6 교량에 시설하는 전선로
교량의 윗면에 시설하는 고압 전선로는 전선의 높이를 **교량의 노면상 5[m] 이상**으로 하여 시설할 것.   **답** ③

93 저압의 전선로 중 절연부분의 전선과 대지간의 절연저항은 사용전압에 대한 누설전류가 최대 공급전류의 얼마를 넘지 않도록 유지하여야 하는가?

① $\frac{1}{1000}$ ② $\frac{1}{2000}$
③ $\frac{1}{3000}$ ④ $\frac{1}{4000}$

풀이 저압의 전선로 중 대지간의 절연 저항은 사용 전압에 대한 **누설 전류가 최대 공급 전류의 1/2000을 넘지 않도록** 유지하여야 한다(기술기준 제27조).   **답** ②

94 지중전선로에 사용하는 지중함의 시설기준으로 틀린 것은?

① 지중함은 견고하고 차량 기타 중량물의 압력에 견디는 구조일 것
② 지중함은 그 안의 고인 물을 제거할 수 있는 구조로 되어 있을 것
③ 지중함의 뚜껑은 시설자 이외의 자가 쉽게 열 수 없도록 시설할 것
④ 폭발성의 가스가 침입할 우려가 있는 것에 시설하는 지중함으로서 그 크기가 0.5[m³] 이상인 것에는 통풍장치 기타 가스를 방산시키기 위한 적당한 장치를 시설할 것

풀이 334.2 지중함의 시설
지중전선로에 사용하는 지중함은 다음에 따라 시설하여야 한다.
가. 지중함은 견고하고 차량 기타 중량물의 압력에 견디는 구조일 것.
나. 지중함은 그 안의 고인 물을 제거할 수 있는 구조로 되어 있을 것.
다. 폭발성 또는 연소성의 가스가 침입할 우려가 있는 것에 시설하는 지중함으로서 그 크기가 1[m³] 이상인 것에는 **통풍장치 기타 가스를 방산시키기 위한 적당한 장치를 시설할 것.**
라. 지중함의 뚜껑은 시설자 이외의 자가 쉽게 열 수 없도록 시설할 것.   **답** ④

95 발전소에서 계측하는 장치를 시설하여야 하는 사항에 해당하지 않는 것은?

① 특고압용 변압기의 온도
② 발전기의 회전수 및 주파수
③ 발전기의 전압 및 전류 또는 전력
④ 발전기의 베어링(수중 메탈을 제외한다) 및 고정자의 온도

풀이 351.6 계측장치
발전소에서는 다음의 사항을 계측하는 장치를 시설하여야 한다.
가. **발전기의 전압 및 전류 또는 전력**
나. **발전기의 베어링 및 고정자의 온도**
다. 주요 변압기의 전압 및 전류 또는 전력
라. **특고압용 변압기의 온도**   **답** ②

96 사람이 상시 통행하는 터널 안의 배선(전기기계기구 안의 배선, 관등회로의 배선, 소세력 회로의 전선은 제외)의 시설기준에 적합하지 않은 것은? (단, 사용전압이 저압의 것에 한한다.)

① 합성수지관 공사로 시설하였다.
② 공칭단면적 2.5[mm²]의 연동선을 사용하였다.
③ 애자공사 시 전선의 높이는 노면상 2[m]로 시설하였다.
④ 전로에는 터널의 입구 가까운 곳에 전용 개폐기를 시설하였다.

풀이 242.7.1 사람이 상시 통행하는 터널 안의 배선의 시설
사람이 상시 통행하는 터널 안의 배선(전기기계기구 안의 배선, 관등회로의 배선 및 소세력 회로의 전선을 제외한다.) 은 그 사용전압이 저압의 것에 한하고 또한 다음에 따라 시설하여야 한다.
가. **합성수지관공사**, 금속관공사, 금속제가요전선관공사, 케이블공사 및 애자공사에 의할 것
나. 전선은 **공칭단면적 2.5[mm²]의 연동선**과 동등 이상의 세기 및 굵기의 절연전선(옥외용 비닐절연전선 및 인입용 비닐절연전선을 제외한다)을 사용하여 애자공사에 의하여 시설하고 또한 이를 **노면상 2.5[m] 이상의 높이**로 할 것.
다. 전로에는 터널의 입구에 가까운 곳에 전용 개폐기를 시설할 것. 답 ③

97 가공전선로의 지지물에 하중이 가하여지는 경우에 그 하중을 받는 지지물의 기초 안전율은 얼마 이상이어야 하는가? (단, 이상 시 상정하중은 무관)

① 1.5 ② 2.0
③ 2.5 ④ 3.0

풀이 331.7 가공전선로 지지물의 기초의 안전율
가공전선로의 지지물에 하중이 가하여지는 경우에 그 하중을 받는 지지물의 **기초의 안전율**은 2(이상 시 상정하중에 대한 철탑의 기초에 대하여는 1.33) **이상**이어야 한다. 답 ②

98 금속제 외함을 가진 저압의 기계기구로서 사람이 쉽게 접촉될 우려가 있는 곳에 시설하는 경우 전기를 공급받는 전로에 지락이 생겼을 때 자동적으로 전로를 차단하는 장치를 설치하여야 하는 기계기구의 사용전압이 몇 [V]를 초과하는 경우인가?

① 30 ② 50
③ 100 ④ 150

풀이 211.2.3 누전차단기의 시설
금속제 외함을 가지는 사용전압이 50[V]를 초과하는 저압의 기계 기구로서 사람이 쉽게 접촉할 우려가 있는 곳에 시설하는 것에 전기를 공급하는 전로에는 전원의 자동차단에 의한 저압전로의 보호대책으로 **누전차단기를 시설하여야 한다**. 답 ②

99 케이블 트레이공사에 사용하는 케이블 트레이에 대한 기준으로 틀린 것은?

① 안전율은 1.5 이상으로 하여야 한다.
② 비금속제 케이블 트레이는 수밀성 재료의 것이어야 한다.
③ 금속제 케이블 트레이 계통은 기계적 및 전기적으로 완전하게 접속하여야 한다.
④ 금속제 케이블 트레이는 접지공사를 하여야 한다.

풀이 232.41 케이블트레이공사
케이블트레이공사는 케이블을 지지하기 위하여 사용하는 금속재 또는 불연성 재료로 제작된 유닛 또는 유닛의 집합체 및 그에 부속하는 부속재 등으로 구성된 견고한 구조물을 말하며 사다리형, 펀칭형, 메시형, 바닥밀폐형 기타 이와 유사한 구조물을 포함하여 적용한다.
가. 케이블 트레이의 안전율은 1.5 이상으로 하여야 한다.
나. 금속재의 것은 적절한 방식처리를 한 것이거나 내식성 재료의 것이어야 한다.
다. **비금속제 케이블 트레이는 난연성 재료의 것이어야** 한다.
라. 금속제 케이블 트레이 계통은 기계적 및 전기적으로 완전하게 접속하여야 하며 금속제 트레이는 접지공사를 하여야 한다. 답 ②

출제기준 변경 및 개정된 관계 법규에 따라 삭제된 문제가 있어 20문항이 안됩니다.

2021년 1회 전기기사필기

동일출판사 홈페이지에서 무료 동영상강의를 보실 수 있습니다.

1과목 - 전기자기

01 비투자율 $\mu_r = 800$, 원형 단면적이 $S = 10$ [cm²], 평균 자로 길이 $l = 16\pi \times 10^{-2}$[m]의 환상철심에 600회의 코일을 감고 이 코일에 1[A]의 전류를 흘리면 환상 철심 내부의 자속은 몇 [Wb]인가?

① 1.2×10^{-3} ② 1.2×10^{-5}
③ 2.4×10^{-3} ④ 2.4×10^{-5}

풀이 환상 솔레노이드의 내부 자속

$$\phi = BS = \mu H \cdot S = \mu \cdot \frac{NI}{2\pi r} \cdot S = \frac{\mu_0 \mu_r NIS}{l}$$

$$= \frac{4\pi \times 10^{-7} \times 800 \times 600 \times 1 \times 10 \times 10^{-4}}{16\pi \times 10^{-2}}$$

$$= 1.2 \times 10^{-3} [\text{Wb}]$$

답 ①

02 정상전류계에서 $\nabla \cdot i = 0$에 대한 설명으로 틀린 것은?

① 도체 내에 흐르는 전류는 연속이다.
② 도체 내에 흐르는 전류는 일정하다.
③ 단위 시간당 전하의 변화가 없다.
④ 도체 내에 전류가 흐르지 않는다.

풀이 전류의 연속 방정식 $\text{div} i = -\frac{d\rho}{dt}$ 에서 도체 내 정상전류가 흐르면 전하밀도(ρ)가 시간(t)에 대해 일정하므로 $\text{div} i = \nabla \cdot i = 0$ 이며, 이것은 전류가 발생이나 소멸이 없이 연속이라는 것을 의미한다.

답 ④

03 동일한 금속 도선의 두 점 사이에 온도차를 주고 전류를 흘렸을 때 열의 발생 또는 흡수가 일어나는 현상은?

① 펠티에(Peltier) 효과
② 볼타(Volta) 효과
③ 제벡(Seebeck) 효과
④ 톰슨(Thomson) 효과

풀이
- 펠티에 효과 : 두 종류 금속 접속면에 전류를 흘리면 접속점에서 열의 흡수, 발생이 일어나는 효과
- 제벡 효과 : 두 종류 금속 접속면에 온도차가 있으면 기전력이 발생하는 효과
- 톰슨 효과 : 동일한 금속 도선의 두 점 간에 온도차를 주고, 고온 쪽에서 저온 쪽으로 전류를 흘리면 도선 속에서 열이 발생되거나 흡수가 일어나는 현상

답 ④

04 비유전율이 2이고, 비투자율이 2인 매질 내에서의 전자파의 전파속도 v[m/s]와 진공 중의 빛의 속도 v_0[m/s] 사이의 관계는?

① $v = \frac{1}{2}v_0$ ② $v = \frac{1}{4}v_0$
③ $v = \frac{1}{6}v_0$ ④ $v = \frac{1}{8}v_0$

풀이
- 전파속도

$$v = \frac{1}{\sqrt{\epsilon\mu}} = \frac{1}{\sqrt{\epsilon_0\mu_0}} \cdot \frac{1}{\sqrt{\epsilon_r\mu_r}} = \frac{3 \times 10^8}{\sqrt{\epsilon_r\mu_r}} [\text{m/s}]$$

$$(\because \frac{1}{\sqrt{\epsilon_0\mu_0}} = \frac{1}{\sqrt{8.855 \times 10^{-12} \times 4\pi \times 10^{-7}}}$$

$$= 3 \times 10^8 = v_0(\text{빛의 속도})[\text{m/s}])$$

- $\epsilon_r = \mu_r = 2$일 때,

$$v = \frac{3 \times 10^8}{\sqrt{\epsilon_r\mu_r}} = \frac{3 \times 10^8}{\sqrt{2 \times 2}} = \frac{1}{2}v_0 \text{ 가 된다.}$$

답 ①

05 진공 내의 점 (2, 2, 2)에 10^{-9}[C]의 전하가 놓여 있다. 점 (2, 5, 6)에서의 전계 E는 약 몇 [V/m]인가? (단, a_y, a_z는 단위벡터이다.)

① $0.278a_y + 2.888a_z$
② $0.216a_y + 0.288a_z$
③ $0.288a_y + 2.216a_z$
④ $0.291a_y + 0.288a_z$

풀이
- 그림과 같이 전하 10^{-9}[C]이 존재하는 점 A와 점 P 사이의 거리는
$\sqrt{(2-2)^2 + (5-2)^2 + (6-2)^2} = 5$[m]
이므로, P점의 전계의 세기 E는

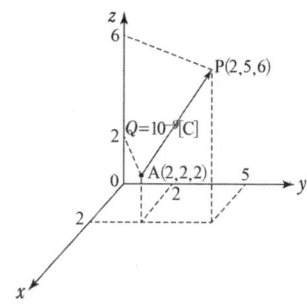

$E = 9 \times 10^9 \times \dfrac{Q}{r^2} = 9 \times 10^9 \times \dfrac{10^{-9}}{5^2} = 0.36 [\text{V/m}]$

- 전계의 방향을 표시하는 단위 벡터는

$r_0 = \dfrac{r}{r} = \dfrac{3a_y + 4a_z}{5} = \dfrac{1}{5}(3a_y + 4a_z)$

- 따라서 전계 E는

$E = 0.36 \times \dfrac{1}{5}(3a_y + 4a_z)$
$= 0.216 a_y + 0.288 a_z [\text{V/m}]$ 　　답 ②

06 한 변의 길이가 $l[\text{m}]$인 정사각형 도체에 전류 $I[\text{A}]$가 흐르고 있을 때 중심점 P에서의 자계의 세기는 몇 [A/m]인가?

① $16\pi l I$
② $4\pi l I$
③ $\dfrac{\sqrt{3}\,\pi}{2l} I$
④ $\dfrac{2\sqrt{2}}{\pi l} I$

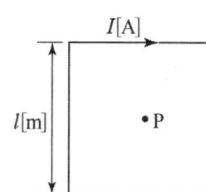

풀이

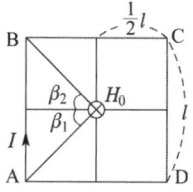

한 변 AB에 대한 중심점의 자계는
$H_{AB} = \dfrac{I}{4\pi a}(\sin\beta_1 + \sin\beta_2)$ 이므로 $a = \dfrac{l}{2}$.

$\sin\beta_1 = \sin\beta_2 = \sin 45° = \dfrac{1}{\sqrt{2}}$ 을 대입하면

$H_{AB} = \dfrac{I}{4\pi\left(\dfrac{l}{2}\right)} \times 2 \times \dfrac{1}{\sqrt{2}} = \dfrac{I}{\sqrt{2}\,\pi l}$ [AT/m]

$\therefore H_0 = H_{AB} + H_{BC} + H_{CD} + H_{DA}$
$= 4H_{AB} = 4 \times \dfrac{I}{\sqrt{2}\,\pi l} = \dfrac{2\sqrt{2}\,I}{\pi l}$ [AT/m]　답 ④

07 간격이 3[cm]이고 면적이 30[cm²]인 평판의 공기 콘덴서에 220[V]의 전압을 가하면 두 판 사이에 작용하는 힘은 약 몇 [N]인가?

① 6.3×10^{-6}
② 7.14×10^{-7}
③ 8×10^{-5}
④ 5.75×10^{-4}

풀이　도체 표면의 정전 응력(단위 면적당의 작용력)

$F = \dfrac{1}{2} DE = \dfrac{1}{2}\epsilon_0 E^2 = \dfrac{1}{2}\epsilon_0 \left(\dfrac{V}{d}\right)^2 [\text{N/m}^2]$

간격 $d = 3 \times 10^{-2}[\text{m}]$, 면적 $S = 30 \times 10^{-4}[\text{m}^2]$, 전압 $V = 220[\text{V}]$를 대입하면

$\therefore F = \dfrac{1}{2} \times 8.855 \times 10^{-12} \times \left(\dfrac{220}{3 \times 10^{-2}}\right)^2 \times 30 \times 10^{-4}$
$= 7.14 \times 10^{-7} [\text{N}]$　답 ②

08 전계 $E[\text{V/m}]$, 전속밀도 $D[\text{C/m}^2]$, 유전율 $\epsilon = \epsilon_0 \epsilon_r [\text{F/m}]$, 분극의 세기 $P[\text{C/m}^2]$ 사이의 관계를 나타낸 것으로 옳은 것은?

① $P = D + \epsilon_0 E$
② $P = D - \epsilon_0 E$
③ $P = \dfrac{D + E}{\epsilon_0}$
④ $P = \dfrac{D - E}{\epsilon_0}$

풀이　전계 $E = \dfrac{\sigma - \sigma_p}{\epsilon_0} = \dfrac{D - P}{\epsilon_0} [\text{V/m}]$에서

전속밀도 $D = \epsilon_0 E + P [\text{C/m}^2]$
따라서, 분극의 세기 P는
$P = D - \epsilon_0 E = \epsilon_0 \epsilon_r E - \epsilon_0 E$
$= \epsilon_0 (\epsilon_r - 1) E [\text{C/m}^2]$　답 ②

09 커패시터를 제조하는데 4가지(A, B, C, D)의 유전재료가 있다. 커패시터 내의 전계를 일정하게 하였을 때, 단위체적당 가장 큰 에너지 밀도를 나타내는 재료부터 순서대로 나열한 것은? (단, 유전재료 A, B, C, D의 비유전율은 각각 $\epsilon_{rA} = 8$, $\epsilon_{rB} = 10$, $\epsilon_{rC} = 2$, $\epsilon_{rD} = 4$이다.)

① C > D > A > B
② B > A > D > C
③ D > A > C > B
④ A > B > D > C

풀이 유전체 내에 저장되는 에너지밀도 $w = \frac{1}{2}\epsilon E^2 [\text{J/m}^3]$
에서 $w \propto \epsilon_r$ 즉, 에너지밀도는 비유전율에 비례한다.
따라서, $\epsilon_{rB} > \epsilon_{rA} > \epsilon_{rD} > \epsilon_{rC}$ 이므로
∴ B > A > D > C

답 ②

10 내구의 반지름이 2[cm], 외구의 반지름이 3[cm]인 동심 구 도체 간에 고유저항이 1.884×10^2 [Ω·m]인 저항 물질로 채워져 있을 때, 내외구 간의 합성 저항은 약 몇 [Ω]인가?

① 2.5 ② 5.0
③ 250 ④ 500

풀이 • 동심 구 도체 사이의 정전용량
$$C = \frac{Q}{V} = \frac{4\pi\epsilon}{\frac{1}{a} - \frac{1}{b}} = 4\pi\epsilon \cdot \frac{ab}{b-a}$$
(여기서, a : 내구의 반지름[m], b : 외구의 반지름[m])
$$\therefore C = 4\pi\epsilon \times \frac{2 \times 3 \times 10^{-4}}{(3-2) \times 10^{-2}} = 6.677 \times 10^{-12} [\text{F}]$$
• $RC = \rho\epsilon$ 에서
$$\therefore R = \frac{\rho\epsilon}{C} = \frac{1.884 \times 10^2 \times 8.855 \times 10^{-12}}{6.677 \times 10^{-12}} = 250 [\Omega]$$

답 ③

11 영구자석의 재료로 적합한 것은?

① 잔류 자속밀도(B_r)는 크고, 보자력(H_c)은 작아야 한다.
② 잔류 자속밀도(B_r)는 작고, 보자력(H_c)은 커야 한다.
③ 잔류 자속밀도(B_r)와 보자력(H_c) 모두 작아야 한다.
④ 잔류 자속밀도(B_r)와 보자력(H_c) 모두 커야 한다.

풀이 히스테리시스 곡선

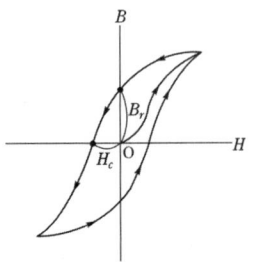

• 자심 재료 : 히스테리시스 곡선의 면적 및 보자력(H_c)은 작고 잔류자기(B_r)는 커야 한다.
• 영구자석 재료 : 히스테리시스 곡선의 면적 및 보자력(H_c)과 잔류자기(B_r)도 모두 커야 한다.

답 ④

12 평등 전계 중에 유전체 구에 의한 전속분포가 그림과 같이 되었을 때 ϵ_1과 ϵ_2의 크기 관계는?

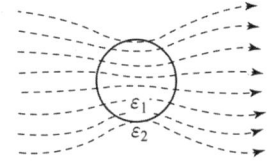

① $\epsilon_1 > \epsilon_2$ ② $\epsilon_1 < \epsilon_2$
③ $\epsilon_1 = \epsilon_2$ ④ $\epsilon_1 \leq \epsilon_2$

풀이 전속선은 유전율이 큰 쪽으로 모이므로 $\epsilon_1 > \epsilon_2$ 이다.

답 ①

13 전하 e[C], 질량 m[kg]인 전자가 전계 E[V/m] 내에 놓여 있을 때 최초에 정지하고 있었다면 t초 후에 전자의 속도[m/s]는?

① $\frac{meE}{t}$ ② $\frac{me}{E}t$
③ $\frac{mE}{e}t$ ④ $\frac{Ee}{m}t$

풀이 ① 전자의 질량 m[kg]이 가속도 a[m/s^2]로 운동할 때 작용하는 역학적인 힘은 뉴튼의 제2법칙에 의해
$F_m = ma$[N]
또 가속도 a와 속도 v의 관계 $a = \frac{v}{t}$에 의해
역학적인 힘 $F_m = ma = m\frac{v}{t}$[N]

② 전계 E[V/m]내에서 전하 e[C]에 작용하는 전기적인 힘, 즉 정전력 $F_e = eE$[N]

③ 역학적인 힘과 정전력은 같으므로
$F_m = F_e$, $m\frac{v}{t} = eE$
$\therefore v = \frac{Ee}{m}t$[m/s]

답 ④

14 환상 솔레노이드의 단면적이 S, 평균 반지름이 r, 권선수가 N이고 누설자속이 없는 경우 자기 인덕턴스의 크기는?

① 권선수 및 단면적에 비례한다.
② 권선수의 제곱 및 단면적에 비례한다.
③ 권선수의 제곱 및 평균 반지름에 비례한다.
④ 권선수의 제곱에 비례하고 단면적에 반비례한다.

풀이
- 자속 $\phi = \dfrac{NI}{R_m} = \dfrac{NI}{\dfrac{l}{\mu S}} = \dfrac{\mu SNI}{l}$ [Wb]
- $LI = N\phi$ 에서
$$L = \dfrac{N}{I}\cdot\phi = \dfrac{N}{I}\cdot\dfrac{\mu SNI}{l} = \dfrac{\mu SN^2}{l}\text{ [H]}$$
따라서 자기 인덕턴스는 투자율(μ), 단면적(S) 및 권선수(N)의 제곱에 비례하고, 자로 길이(l)에 반비례한다. **답 ②**

15 다음 중 비투자율(μ_r)이 가장 큰 것은?
① 금 ② 은 ③ 구리 ④ 니켈

풀이

자성체	비투자율 μ_s
금	0.999964
은	0.999998
구 리	0.999991
알루미늄	1.00002
코발트	250
니 켈	600
철(순도 98.8[%])	5,000
규소강(규소 4[%])	7,000
철(순도 99.95[%])	20,000
퍼멀로이	100,000

답 ④

16 그림과 같은 환상 솔레노이드 내의 철심 중심에서의 자계의 세기 H [AT/m]는? (단, 환상 철심의 평균 반지름은 r [m], 코일의 권수는 N회, 코일에 흐르는 전류는 I [A]이다.)

① $\dfrac{NI}{\pi r}$
② $\dfrac{NI}{2\pi r}$
③ $\dfrac{NI}{4\pi r}$
④ $\dfrac{NI}{2r}$

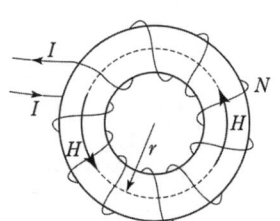

풀이 환상 솔레노이드
- 코일 내부 $\oint_c H\cdot dl = H\cdot 2\pi r = NI$
$$\therefore H = \dfrac{NI}{2\pi r}\text{ [AT/m]}$$
- 코일 외부 $H = 0$ **답 ②**

17 강자성체가 아닌 것은?
① 코발트 ② 니켈
③ 철 ④ 구리

풀이
- 강자성체 : 철(Fe), 니켈(Ni), 코발트(Co)
- 상자성체 : 알루미늄(Al), 망간(Mn), 백금(Pt), 텅스텐(W), 주석(Sn), 산소(O_2), 질소(N_2) 등
- 역자성체 : 비스무트(Bi), 탄소(C), **구리(Cu)**, 규소(Si), 은(Ag), 납(Pb) 등 **답 ④**

18 반지름이 a [m]인 원형 도선 2개의 루프가 z축 상에 그림과 같이 놓인 경우 I [A]의 전류가 흐를 때 원형 전류 중심 축 상의 자계 H [A/m]는? (단, a_z, a_ϕ는 단위벡터이다.)

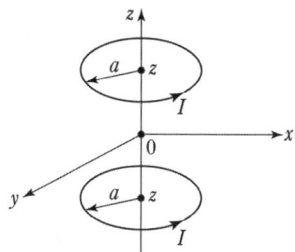

① $H = \dfrac{a^2 I}{(a^2+z^2)^{3/2}}\boldsymbol{a}_\phi$

② $H = \dfrac{a^2 I}{(a^2+z^2)^{3/2}}\boldsymbol{a}_z$

③ $H = \dfrac{a^2 I}{2(a^2+z^2)^{3/2}}\boldsymbol{a}_\phi$

④ $H = \dfrac{a^2 I}{2(a^2+z^2)^{3/2}}\boldsymbol{a}_z$

풀이 원형전류에 의한 중심축상의 자위 u는
$$u = \dfrac{I}{4\pi}\omega = \dfrac{I}{2}\left(1 - \dfrac{z}{\sqrt{a^2+z^2}}\right)\text{ [AT]}$$이고
자계의 세기 H_{1z}는
$$\boldsymbol{H}_{1z} = -\dfrac{\partial u}{\partial z}\boldsymbol{a}_z = \dfrac{a^2 I}{2(a^2+z^2)^{3/2}}\boldsymbol{a}_z\text{ 가 된다.}$$

그런데 원형전류가 두 개이고 원점에서의 자계 방향도 같으므로 H_{1z}의 2배가 된다.

$$\therefore H_z = 2H_{1z} = \frac{a^2 I}{(a^2+z^2)^{3/2}} a_z$$

답 ②

19 방송국 안테나 출력이 W[W]이고 이로부터 진공 중에 r[m] 떨어진 점에서 자계의 세기의 실효치는 약 몇 [A/m]인가?

① $\frac{1}{r}\sqrt{\frac{W}{377\pi}}$ ② $\frac{1}{2r}\sqrt{\frac{W}{377\pi}}$

③ $\frac{1}{2r}\sqrt{\frac{W}{188\pi}}$ ④ $\frac{1}{r}\sqrt{\frac{2W}{377\pi}}$

풀이 전력밀도 $P = EH = 377H^2 = \frac{W}{4\pi r^2}$[W/m²]

($\because E = \sqrt{\frac{\mu_0}{\epsilon_0}} H = 377H$)

전력 $W = PS = 377H^2 \cdot 4\pi r^2$[W]이므로

$$\therefore H = \sqrt{\frac{W}{377 \cdot 4\pi r^2}} = \frac{1}{2r}\sqrt{\frac{W}{377\pi}}$$

답 ②

20 직교하는 무한 평판도체와 점전하에 의한 영상전하는 몇 개 존재하는가?

① 2   ② 3   ③ 4   ④ 5

풀이 영상전하 개수 $n = \frac{360°}{\theta} - 1$[개] 이다.

직교이면 $\theta = 90°$ 이므로

$$\therefore n = \frac{360°}{90°} - 1 = 3[\text{개}] \text{ 이다.}$$

답 ②

2과목 - 전력공학

21 그림과 같은 유황곡선을 가진 수력지점에서 최대사용수량 OC로 1년간 계속 발전하는데 필요한 저수지의 용량은?

① 면적 0CPBA
② 면적 0CDBA
③ 면적 DEB
④ 면적 PCD

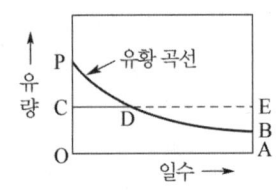

풀이 최대 사용 수량 OC로 1년간 계속 발전할 때, 부족 수량은 면적 DEB에 상당한 수량이므로, 이 면적에 상당한 수량만큼 저수해 두면 된다.

답 ③

22 통신선과 평행인 주파수 60[Hz]의 3상 1회선 송전선이 있다. 1선 지락 때문에 영상전류가 100[A] 흐르고 있다면 통신선에 유도되는 전자유도전압[V]은 약 얼마인가? (단, 영상전류는 전 전선에 걸쳐서 같으며, 송전선과 통신선과의 상호 인덕턴스는 0.06[mH/km], 그 평행 길이는 40[km]이다.)

① 156.6   ② 162.8
③ 230.2   ④ 271.4

풀이 $E_m = -j\omega Ml3I_0$
$= -j2\pi \times 60 \times 0.06 \times 10^{-3} \times 40 \times 3 \times 100$
$= 271.43$[V]

※ 유도전압은 그 크기를 뜻하므로 (−) 의미가 없다.

답 ④

23 고장전류의 크기가 커질수록 동작시간이 짧게 되는 특성을 가진 계전기는?

① 순한시 계전기
② 정한시 계전기
③ 반한시 계전기
④ 반한시 정한시 계전기

풀이 보호계전기 특징

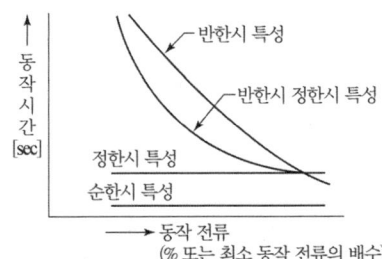

① 순한시 특성 : 최소 동작전류 이상의 전류가 흐르면 즉시 동작하는 특성
② 정한시 특성 : 동작전류의 크기에 관계없이 일정한 시간에 동작하는 특성
③ 반한시 특성 : 동작전류가 커질수록 동작시간이 짧게 되는 특성
④ 반한시 정한시 특성 : 동작전류가 적은 동안에는 동작전류가 커질수록 동작시간이 짧게 되고, 어떤 전류 이상이면 동작전류의 크기에 관계 없이 일정한 시간에 동작하는 특성

답 ③

24 3상 3선식 송전선에서 한 선의 저항이 10[Ω], 리액턴스가 20[Ω]이며, 수전단의 선간전압이 60[kV], 부하역률이 0.8인 경우에 전압강하율이 10[%]라 하면 이 송전선로로는 약 몇 [kW]까지 수전할 수 있는가?

① 10000　② 12000
③ 14400　④ 18000

풀이 전압강하율 $\epsilon = \dfrac{P}{V^2}(R + X\tan\theta) \times 100 = 10[\%]$

$0.1 = \dfrac{P}{60000^2}\left(10 + 20 \times \dfrac{0.6}{0.8}\right)$

$\therefore P = \dfrac{0.1 \times 60000^2}{\left(10 + 20 \times \dfrac{0.6}{0.8}\right)} \times 10^{-3} = 14400[kW]$　답 ③

25 기준 선간전압 23[kV], 기준 3상 용량 5000[kVA], 1선의 유도 리액턴스가 15[Ω]일 때 % 리액턴스는?

① 28.36[%]　② 14.18[%]
③ 7.09[%]　④ 3.55[%]

풀이 $\%X = \dfrac{PX}{10V^2} = \dfrac{5000 \times 15}{10 \times 23^2} ≒ 14.18[\%]$

여기서, P : 기준용량[kVA], V : 전압[kV]
　　　　X : 1선의 리액턴스[Ω]　답 ②

26 전력원선도의 가로축과 세로축을 나타내는 것은?

① 전압과 전류
② 전압과 전력
③ 전류와 전력
④ 유효전력과 무효전력

풀이 가로축 : 유효전력, 세로축 : 무효전력　답 ④

27 화력발전소에서 증기 및 급수가 흐르는 순서는?

① 절탄기 → 보일러 → 과열기 → 터빈 → 복수기
② 보일러 → 절탄기 → 과열기 → 터빈 → 복수기
③ 보일러 → 과열기 → 절탄기 → 터빈 → 복수기
④ 절탄기 → 과열기 → 보일러 → 터빈 → 복수기

풀이 실제 기력발전소에 쓰이는 기본 사이클(Rankine cycle)은 다음과 같다.

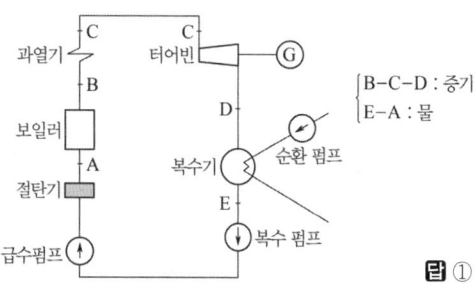

B-C-D : 증기
E-A : 물

답 ①

28 송전선로에서 1선 지락 시에 건전상의 전압 상승이 가장 적은 접지방식은?

① 비접지방식　② 직접접지방식
③ 저항접지방식　④ 소호리액터접지방식

풀이

접지방식	지락 사고시 건전상의 전압 상승
비접지	• 크다. • 장거리 송전선의 경우, 이상전압 발생
직접 접지	• 작다. • 평상시와 거의 차이가 없다.
고저항 접지	• 약간 크다. • 비접지의 경우보다 약간 작은 편이다.
소호 리액터 접지	• 크다. • 적어도 $\sqrt{3}$배까지 올라간다.

답 ②

29 연료의 발열량이 430[kcal/kg]일 때, 화력발전소의 열효율[%]은? (단, 발전기 출력은 P_G[kW], 시간당 연료의 소비량은 B[kg/h]이다.)

① $\dfrac{P_G}{B} \times 100$　② $\sqrt{2} \times \dfrac{P_G}{B} \times 100$
③ $\sqrt{3} \times \dfrac{P_G}{B} \times 100$　④ $2 \times \dfrac{P_G}{B} \times 100$

풀이 발전기 출력 P_G[kW], 연료소비량 B[kg/h], 연료의 발열량 C[kcal/kg] 이라면

- 입력 : $B \times 1 \times C$[kcal]
- 출력 : $P_G \times 1 \times 860$[kcal] (1[kWh] = 860[kcal])

∴ 열효율 $\eta = \dfrac{출력}{입력} \times 100 = \dfrac{860 P_G}{BC} \times 100$

$= \dfrac{860 \times P_G}{B \times 430} \times 100 = 2 \times \dfrac{P_G}{B} \times 100$[%]

답 ④

30. 접지봉으로 탑각의 접지저항 값을 희망하는 접지저항 값까지 줄일 수 없을 때 사용하는 것은?

① 가공지선 ② 매설지선
③ 크로스본드선 ④ 차폐선

풀이
① 가공지선 : 뇌차폐
② 매설지선 : 접지저항을 낮추어 역섬락 방지
③ 크로스본드 : cable의 시스전압을 저감시키고 시스손을 감소시기 위한 접지방식
④ 차폐선 : 유도 장해 감소

답 ②

31. 정전용량이 C_1이고, V_1의 전압에서 Q_r의 무효전력을 발생하는 콘덴서가 있다. 정전용량을 변화시켜 2배로 승압된 전압($2V_1$)에서도 동일한 무효전력 Q_r을 발생시키고자 할 때, 필요한 콘덴서의 정전용량 C_2는?

① $C_2 = 4C_1$ ② $C_2 = 2C_1$
③ $C_2 = \dfrac{1}{2}C_1$ ④ $C_2 = \dfrac{1}{4}C_1$

풀이
- $Q_r = \dfrac{V^2}{X_c} = \omega C V^2 \propto V^2$

무효전력은 전압의 제곱에 비례하므로, 2배로 승압된 전압에서도 동일한 무효전력을 발생시키려면 1/4배의 정전용량이 필요하다.

- $Q_r = \omega C_2 V_2^2 = \omega \left(\dfrac{1}{4}C_1\right) \times (2V_1)^2 = \omega C_1 V_1^2$

∴ $C_2 = \dfrac{1}{4}C_1$

답 ④

32. 전력 퓨즈(Power Fuse)는 고압, 특고압기기의 주로 어떤 전류의 차단을 목적으로 설치하는가?

① 충전전류 ② 부하전류
③ 단락전류 ④ 영상전류

풀이 전력용 퓨즈는 단락보호용으로 사용된다.

답 ③

33. 송전선로에서의 고장 또는 발전기 탈락과 같은 큰 외란에 대하여 계통에 연결된 각 동기기가 동기를 유지하면서 계속 안정적으로 운전할 수 있는지를 판별하는 안정도는?

① 동태안정도(dynamic stability)
② 정태안정도(steady-state stability)
③ 전압안정도(voltage stability)
④ 과도안정도(transient stability)

풀이 안정도의 종류
① 정태 안정도(static stability) : 송전 계통이 불변 부하 또는 극히 서서히 증가하는 부하에 대하여 계속적으로 송전할 수 있는 능력을 정태 안정도로 하고, 안정도를 유지할 수 있는 극한의 송전 전력을 정태 안정 극한 전력이라고 한다.
② 과도 안정도(transient stability) : 계통에 갑자기 고장 사고와 같은 급격한 외란이 발생하였을 때에도 탈조하지 않고 새로운 평형 상태를 회복하여 송전을 계속할 수 있는 능력을 과도 안정도라 하고 이 경우의 극한 전력을 과도 안정 극한 전력이라고 한다.
③ 동태 안정도(dynamic stability) : 고속 자동 전압 조정기로 동기기의 여자 전류를 제어 할 경우의 정태 안정도를 특히 동태 안정도라 한다.

답 ④

34. 송전선로의 고장전류 계산에 영상 임피던스가 필요한 경우는?

① 1선 지락 ② 3상 단락
③ 3선 단선 ④ 선간 단락

풀이
- 1선 지락 : 영상분, 정상분, 역상분이 존재
- 선간 단락 : 정상분, 역상분이 존재
- 3상 단락 : 정상분만 존재

답 ①

35. 배전선로의 주상변압기에서 고압측-저압측에 주로 사용되는 보호장치의 조합으로 적합한 것은?

① 고압측 : 컷아웃 스위치, 저압측 : 캐치홀더
② 고압측 : 캐치홀더, 저압측 : 컷아웃 스위치
③ 고압측 : 리클로저, 저압측 : 라인퓨즈
④ 고압측 : 라인퓨즈, 저압측 : 리클로저

풀이 주상변압기의 고압측 보호는 컷 아웃 스위치(cut out switch), 저압측 보호는 캐치 홀더(catch holder)이다.

답 ①

36 용량 20[kVA]인 단상 주상 변압기에 걸리는 하루 동안의 부하가 처음 14시간 동안은 20[kW], 다음 10시간 동안은 10[kW]일 때, 이 변압기에 의한 하루 동안의 손실량[Wh]은? (단, 부하의 역률은 1로 가정하고, 변압기의 전 부하동손은 300[W], 철손은 100[W]이다.)

① 6850 ② 7200
③ 7350 ④ 7800

풀이
- 철손은 부하와 관계없이 발생하므로
$P_i = 100 \times 24[h] = 2400[Wh]$
- 동손은 부하의 제곱에 비례하므로
$P_c = 300 \times 14[h] + 300 \times \left(\frac{1}{2}\right)^2 \times 10[h] = 4950[Wh]$

따라서 하루 동안의 손실량
$P_l = P_i + P_c = 2400 + 4950 = 7350[Wh]$ **답** ③

37 케이블 단선사고에 의한 고장점까지의 거리를 정전용량측정법으로 구하는 경우, 건전상의 정전용량이 C, 고장점까지의 정전용량이 C_x, 케이블의 길이가 l 일 때 고장점까지의 거리를 나타내는 식으로 알맞은 것은?

① $\frac{C}{C_x}l$ ② $\frac{2C_x}{C}l$ ③ $\frac{C_x}{C}l$ ④ $\frac{C_x}{2C}l$

풀이 정전용량측정법

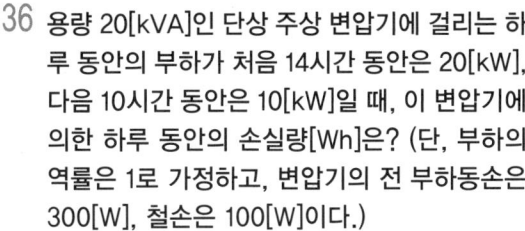

고장점 까지의 거리 $x = \frac{C_x}{C}l$ **답** ③

38 수용가의 수용률을 나타낸 식은?

① $\frac{합성최대수용전력[kW]}{평균전력[kW]} \times 100[\%]$

② $\frac{평균전력[kW]}{합성최대수용전력[kW]} \times 100[\%]$

③ $\frac{부하설비합계[kW]}{최대수용전력[kW]} \times 100[\%]$

④ $\frac{최대수용전력[kW]}{부하설비합계[kW]} \times 100[\%]$

풀이 수용률 = $\frac{최대 수용전력}{총 수요 설비용량} \times 100[\%]$ 이며, 배전변압기의 용량계산의 척도가 된다. **답** ④

39 %임피던스에 대한 설명으로 틀린 것은?

① 단위를 갖지 않는다.
② 절대량이 아닌 기준량에 대한 비를 나타낸 것이다.
③ 기기 용량의 크기와 관계없이 일정한 범위의 값을 갖는다.
④ 변압기나 동기기의 내부 임피던스에만 사용할 수 있다.

풀이 %임피던스의 특성
① 값이 단위를 가지지 않는 무명수로 표시되므로 단위를 환산할 필요가 없다.
② 절대량이 아닌 기준량에 대한 비를 나타내는 방법이다.
③ 기기 용량의 대소에 관계없이 그 값이 일정한 범위 내에 들어간다.
④ 변압기나 동기기 등의 내부 임피던스와 전선로의 임피던스를 %법으로 나타낸 값이다. **답** ④

40 역률 0.8, 출력 320[kW]인 부하에 전력을 공급하는 변전소에 역률 개선을 위해 전력용콘덴서 140[kVA]를 설치했을 때 합성역률은?

① 0.93 ② 0.95 ③ 0.97 ④ 0.99

풀이

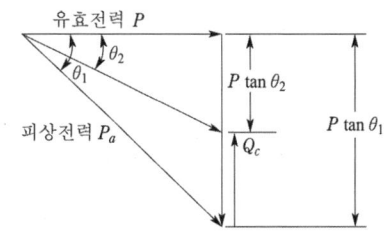

- 무효전력 $Q = P_a \sin\theta_1 = \frac{P}{\cos\theta_1} \cdot \sin\theta_1$
$= \frac{320}{0.8} \times \sqrt{1-0.8^2} = 240[kVar]$

- 전력용 콘덴서 $Q_c = 140[kVA]$

- 개선 후의 역률 $\cos\theta_2 = \frac{P}{\sqrt{P^2+Q^2}}$
(여기서, P : 유효전력, Q : 무효전력)

$\therefore \cos\theta_2 = \frac{320}{\sqrt{320^2+(240-140)^2}} = 0.95$ **답** ②

3과목 - 전기기기

41 전류계를 교체하기 위해 우선 변류기 2차측을 단락시켜야 하는 이유는?

① 측정오차 방지
② 2차측 절연 보호
③ 2차측 과전류 보호
④ 1차측 과전류 방지

풀이 변류기(CT)의 2차 회로를 개방하면 1차 전류가 모두 여자전류가 되어 2차 권선에 매우 높은 전압이 유기되므로 절연이 파괴될 우려가 있고, 또 철심 중의 자속이 급격히 증가하여 철손이 증가하므로 열이 발생하여 소손될 염려가 있으므로 CT의 2차측을 개방하면 안된다. **답** ②

42 BJT에 대한 설명으로 틀린 것은?

① Bipolar Junction Thyristor의 약자이다.
② 베이스 전류로 컬렉터 전류를 제어하는 전류제어 스위치이다.
③ MOSFET, IGBT 등의 전압제어 스위치보다 훨씬 큰 구동전력이 필요하다.
④ 회로기호 B, E, C는 각각 베이스(Base), 에미터(Emitter), 컬렉터(Collector)이다.

풀이 양극성 접합 트랜지스터(BJT ; Bipolar Junction Transistor)는 간단히 트랜지스터라고 부른다. **답** ①

43 사이클로 컨버터(Cyclo Converter)에 대한 설명으로 틀린 것은?

① DC-DC buck 컨버터와 동일한 구조이다.
② 출력주파수가 낮은 영역에서 많은 장점이 있다.
③ 시멘트공장의 분쇄기 등과 같이 대용량 저속 교류전동기 구동에 주로 사용된다.
④ 교류를 교류로 직접변환하면서 전압과 주파수를 동시에 가변하는 전력변환기이다.

풀이 사이클로 컨버터란 정지 사이리스터 회로에 의해 **전원주파수(AC)와 다른 주파수의 전력(AC)으로 변환시키는 집적 회로 장치이다.** **답** ①

44 단상 변압기 2대를 병렬 운전할 경우, 각 변압기의 부하전류를 I_a, I_b, 1차측으로 환산한 임피던스를 Z_a, Z_b, 백분율 임피던스 강하를 z_a, z_b, 정격용량을 P_{an}, P_{bn} 이라 한다. 이때 부하분담에 대한 관계로 옳은 것은?

① $\dfrac{I_a}{I_b} = \dfrac{Z_a}{Z_b}$
② $\dfrac{I_a}{I_b} = \dfrac{P_{bn}}{P_{an}}$
③ $\dfrac{I_a}{I_b} = \dfrac{z_b}{z_a} \times \dfrac{P_{an}}{P_{bn}}$
④ $\dfrac{I_a}{I_b} = \dfrac{Z_a}{Z_b} \times \dfrac{P_{an}}{P_{bn}}$

풀이 변압기 병렬운전시 부하 분담은 누설임피던스에 역비례하며, 변압기의 용량에 비례한다.

$$\dfrac{I_a}{I_b} = \dfrac{P_A}{P_B} \cdot \dfrac{\%Z_b}{\%Z_a}$$

여기서, I_a, I_b : 각 변압기의 분담 전류
P_A, P_B : A, B 변압기의 용량
$\%Z_a$, $\%Z_b$: A, B 변압기의 %임피던스 **답** ③

45 극수 4이며 전기자 권선은 파권, 전기자 도체수가 250인 직류발전기가 있다. 이 발전기가 1200[rpm]으로 회전할 때 600[V]의 기전력을 유기하려면 1극당 자속은 몇 [Wb]인가?

① 0.04 ② 0.05 ③ 0.06 ④ 0.07

풀이 직류발전기의 유기기전력 $E = \dfrac{p}{a} z \phi \dfrac{N}{60}$ [V] 이고,

파권에서 $a = 2$ 이므로 1극당 자속(ϕ)은

$$\phi = \dfrac{Ea}{pz\dfrac{N}{60}} = \dfrac{600 \times 2}{4 \times 250 \times \dfrac{1200}{60}} = 0.06[Wb]$$ **답** ③

46 직류발전기의 전기자 반작용에 대한 설명으로 틀린 것은?

① 전기자 반작용으로 인하여 전기적 중성축을 이동시킨다.
② 정류자 편간 전압이 불균일하게 되어 섬락의 원인이 된다.
③ 전기자 반작용이 생기면 주자속이 왜곡되고 증가하게 된다.
④ 전기자 반작용이란, 전기자 전류에 의하여 생긴 자속이 계자에 의해 발생되는 주자속에 영향을 주는 현상을 말한다.

풀이
① 전기자 반작용 : 전기자 전류에 의하여 발생한 자속이 계자에 의해 발생 되는 주자속에 영향을 주는 현상
② 전기자 반작용의 영향
  • 전기적 중성축 이동
    - 발전기 : 회전방향으로 이동
    - 전동기 : 회전방향과 반대방향으로 이동
  • 주자속 감소
  • 정류자 편간의 불꽃 섬락 발생   답 ③

47 발전기 회전자에 유도자를 주로 사용하는 발전기는?
① 수차발전기   ② 엔진발전기
③ 터빈발전기   ④ 고주파발전기

풀이 유도자형 발전기는 계자극과 전기자를 함께 고정시키고 그 중앙에 유도자라고 하는 권선이 없는 회전자를 갖춘 것으로 주로 수백~수만[Hz] 정도의 고주파 발전기로 쓰인다.   답 ④

48 기전력(1상)이 E_o이고 동기임피던스(1상)가 Z_s인 2대의 3상 동기발전기를 무부하로 병렬 운전시킬 때 각 발전기의 기전력 사이에 δ_s의 위상차가 있으면 한쪽 발전기에서 다른 쪽 발전기로 공급되는 1상당의 전력[W]은?

① $\dfrac{E_o}{Z_s}\sin\delta_s$ ② $\dfrac{E_o}{Z_s}\cos\delta_s$

③ $\dfrac{E_o^2}{2Z_s}\sin\delta_s$ ④ $\dfrac{E_o^2}{2Z_s}\cos\delta_s$

풀이 수수 전력 $P = E_0 I_s \cos\dfrac{\delta_s}{2} = E_0 \dfrac{E_s}{2Z_s}\cos\dfrac{\delta_s}{2}$
$= \dfrac{E_0^2}{2Z_s}\sin\delta_s \fallingdotseq \dfrac{E_0^2}{2x_s}\sin\delta_s$
단, I_s : 순환 전류,
$E_s = E_A - E_B$, $E_0 = E_A = E_B$ 답 ③

49 60[Hz], 6극의 3상 권선형 유도전동기가 있다. 이 전동기의 정격 부하시 회전수는 1140[rpm]이다. 이 전동기를 같은 공급전압에서 전부하 토크로 기동하기 위한 외부저항은 몇 [Ω]인가? (단, 회전자 권선은 Y결선이며 슬립링 간의 저항은 0.1[Ω]이다.)
① 0.5   ② 0.85   ③ 0.95   ④ 1

풀이
• 회전자계 속도 $N_s = \dfrac{120f}{p} = \dfrac{120 \times 60}{6} = 1200$[rpm]
  슬립 $s = \dfrac{N_s - N}{N_s} = \dfrac{1200 - 1140}{1200} = 0.05$
• 슬립링 사이의 저항이 0.1[Ω]이므로, 회전자 1상의 저항 $r_2 = \dfrac{0.1}{2} = 0.05$[Ω]
  (∵ 슬립링은 각 상 권선의 선단에 위치함)
• 기동 시 $s' = 1$이므로 전부하 토크로 기동하기 위한 외부저항 R은
  $\dfrac{r_2}{s} = \dfrac{r_2 + R}{s'} \rightarrow \dfrac{0.05}{0.05} = \dfrac{0.05 + R}{1}$
  $\therefore R = \dfrac{0.05}{0.05} - 0.05 = 0.95$[Ω]   답 ③

50 3상 권선형 유도전동기 기동 시 2차측에 외부 가변저항을 넣는 이유는?
① 회전수 감소
② 기동전류 증가
③ 기동토크 감소
④ 기동전류 감소와 기동토크 증가

풀이 권선형 유도전동기의 기동법 : 2차 저항법
• 기동 시 2차 회로에 저항을 크게 하면 비례추이에 의해서 큰 기동 토크를 얻을 수 있고 기동전류도 억제할 수 있다.
• 속도 상승에 따라 외부저항을 점차로 감소시키면 저항손의 증대를 막고, 운전 시 양호한 특성을 갖게 할 수 있다.
• 기동 시 2차 권선 자체의 저항을 크게 하면 운전상태에서의 특성이 나쁘게 되므로, 슬립링을 통하여 외부에 기동저항기를 접속한다.   답 ④

51 1차 전압은 3300[V]이고 1차측 무부하 전류는 0.15[A], 철손은 330[W]인 단상 변압기의 자화전류는 약 몇 [A]인가?
① 0.112   ② 0.145
③ 0.181   ④ 0.231

풀이 철손전류
$I_w = \dfrac{P_i}{V_1} = \dfrac{330}{3300} = \dfrac{1}{10} = 0.1$[A]
따라서, 자화전류
$I_u = \sqrt{I_0^2 - I_w^2} = \sqrt{0.15^2 - 0.1^2} \fallingdotseq 0.112$[A]   답 ①

52 유도전동기의 안정 운전의 조건은? (단, T_m : 전동기 토크, T_L : 부하 토크, n : 회전수)

① $\dfrac{dT_m}{dn} < \dfrac{dT_L}{dn}$ ② $\dfrac{dT_m}{dn} = \dfrac{dT_L^2}{dn}$

③ $\dfrac{dT_m}{dn} > \dfrac{dT_L}{dn}$ ④ $\dfrac{dT_m}{dn} \neq \dfrac{dT_L^2}{dn}$

풀이 전동기에 부하를 걸고 안정하게 운전하기 위해서 그림과 같이 n이 증가할 때에는 부하 토크 T_L이 전동기 발생 토크 T_M보다 커지고, n이 감소할 때에는 이와 반대로 되지 않으면 안된다. 즉, 교점 P가 안정 운전점이 된다. 두 곡선이 만나는 교점 P에서

$\dfrac{dT_M}{dn} < \dfrac{dT_L}{dn}$ (안정 운전)

$\dfrac{dT_M}{dn} > \dfrac{dT_L}{dn}$ (불안정 운전)

의 관계가 성립한다.

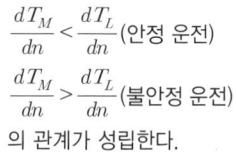

답 ①

53 전압이 일정한 모선에 접속되어 역률 1로 운전하고 있는 동기전동기를 동기조상기로 사용하는 경우 여자전류를 증가시키면 이 전동기는 어떻게 되는가?

① 역률은 앞서고, 전기자 전류는 증가한다.
② 역률은 앞서고, 전기자 전류는 감소한다.
③ 역률은 뒤지고, 전기자 전류는 증가한다.
④ 역률은 뒤지고, 전기자 전류는 감소한다.

풀이 위상특성곡선(V곡선)

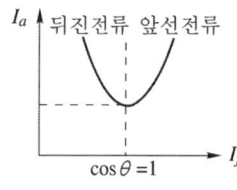

① 전압, 주파수, 출력이 일정할 때 계자(여자) 전류 I_f (횡축)와 전기자 전류 I_a(종축)의 관계를 나타내는 곡선(V 곡선)을 위상 특성 곡선이라 한다.
② 역률이 1인 경우 전기자 전류가 최소로 된다.
③ 부족여자(여자전류를 감소)로 운전하면 뒤진 전류가 흘러 일종의 리액터로 작용한다.
④ 과여자(여자전류를 증가)로 운전하면 앞선 전류가 흘러 일종의 콘덴서로 작용한다.

답 ①

54 직류기에서 계자자속을 만들기 위하여 전자석의 권선에 전류를 흘리는 것을 무엇이라 하는가?

① 보극   ② 여자
③ 보상권선   ④ 자화작용

풀이 여자(勵磁) : 자속을 발생시키기 위해 계자권선(전자석의 권선)에 전류를 흘리는 것

답 ②

55 동기리액턴스 $X_s = 10[\Omega]$, 전기자 권선저항 $r_a = 0.1[\Omega]$, 3상 중 1상의 유도기전력 $E = 6400[V]$, 단자전압 $V = 4000[V]$, 부하각 $\delta = 30°$이다. 비철극기인 3상 동기발전기의 출력은 약 몇 [kW]인가?

① 1280   ② 3840   ③ 5560   ④ 6650

풀이 3상 비철극기(비돌극기)의 출력

$P = 3\dfrac{EV}{x_s}\sin\delta = 3 \times \dfrac{6400 \times 4000}{10} \times \sin 30° \times 10^{-3}$
$= 3840[kW]$

답 ②

56 히스테리시스 전동기에 대한 설명으로 틀린 것은?

① 유도전동기와 거의 같은 고정자이다.
② 회전자 극은 고정자 극에 비하여 항상 각도 δ_h만큼 앞선다.
③ 회전자가 부드러운 외면을 가지므로 소음이 적으며, 순조롭게 회전시킬 수 있다.
④ 구속 시부터 동기속도만을 제외한 모든 속도 범위에서 일정한 히스테리시스 토크를 발생한다.

풀이 히스테리시스 전동기
① 고정자는 유도전동기의 고정자와 동일하며, 회전자는 매끄러운 원통형으로 구성된다.
② 히스테리시스로 인해 **회전자 극은 고정자 극에 비하여 항상 각도 δ_h만큼 뒤진다.**

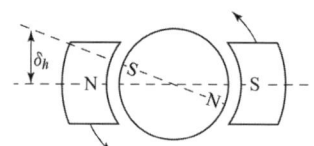

③ 히스테리시스 토크는 주파수 및 속도와 무관하게 일정하며, 구속 시부터 동기속도만을 제외한 모든 속도범위에서 일정한 히스테리시스 토크를 발생한다.
답 ②

57 단자전압 220[V], 부하전류 50[A]인 분권발전기의 유도기전력은 몇 [V]인가? (단, 여기서 전기자 저항은 0.2[Ω]이며, 계자전류 및 전기자 반작용은 무시한다.)

① 200   ② 210   ③ 220   ④ 230

풀이 분권 발전기

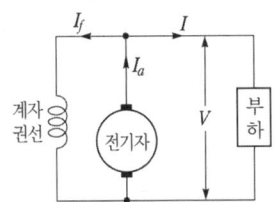

계자전류 $I_f = 0$, 부하전류 $I = 50$[A]
전기자 저항 $R_a = 0.2$[Ω]인 경우,
전기자 전류 $I_a = I + I_f = 50 + 0 = 50$[A]
∴ $E = V + I_a R_a = 220 + 50 \times 0.2 = 230$[V]
답 ④

58 단상 유도전압조정기에서 단락권선의 역할은?

① 철손 경감   ② 절연 보호
③ 전압강하 경감   ④ 전압조정 용이

풀이 2차 권선의 누설 리액턴스에 의해 매우 큰 전압강하가 발생하므로 이를 방지하기 위해 1차 권선과 직각 방향으로 단락권선을 감는다.
답 ③

59 3상 유도전동기에서 회전자가 슬립 s로 회전하고 있을 때 2차 유기전압 E_{2s} 및 2차 주파수 f_{2s}와 s와의 관계는? (단, E_2는 회전자가 정지하고 있을 때 2차 유기기전력이며 f_1은 1차 주파수이다.)

① $E_{2s} = sE_2,\ f_{2s} = sf_1$

② $E_{2s} = sE_2,\ f_{2s} = \dfrac{f_1}{s}$

③ $E_{2s} = \dfrac{E_2}{s},\ f_{2s} = \dfrac{f_1}{s}$

④ $E_{2s} = (1-s)E_2,\ f_{2s} = (1-s)f_1$

풀이 슬립 $s = \dfrac{N_s - N}{N_s}$ 에서
N_s(회전자계속도) $- N$(회전자속도) $= sN_s$(상대속도)
즉, 회전자가 슬립 s로 회전하고 있는 경우에 회전자와 회전자계의 상대 속도는 회전자가 정지($N=0$)하고 있을 때의 s배이기 때문에, 이 경우에 대한 2차 유도 기전력 E_{2s} 및 주파수 f_{2s}도 정지할 때의 s배가 된다.
($E_{2s} = sE_2,\ f_{2s} = sf_1$)
답 ①

60 3300/220[V]의 단상 변압기 3대를 △-Y결선하고 2차측 선간에 15[kW]의 단상 전열기를 접속하여 사용하고 있다. 결선을 △-△로 변경하는 경우 이 전열기의 소비전력은 몇 [kW]로 되는가?

① 5   ② 12   ③ 15   ④ 21

풀이 • 전력은 전압의 제곱에 비례($P \propto V^2$)한다.
• △-Y결선을 △-△결선으로 하면 상전압(2차측 전압)은 $\dfrac{1}{\sqrt{3}}$ 배가 되므로 전력은 $\left(\dfrac{1}{\sqrt{3}}\right)^2$ 이 된다.

∴ $P = 15 \times \left(\dfrac{1}{\sqrt{3}}\right)^2 = 5$[kW]
답 ①

4과목 - 회로이론 및 제어공학

61 적분 시간 3[sec], 비례 감도가 3인 비례적분동작을 하는 제어 요소가 있다. 이 제어 요소에 동작신호 $x(t) = 2t$를 주었을 때 조작량은 얼마인가? (단, 초기 조작량 $y(t)$는 0으로 한다.)

① $t^2 + 2t$ ② $t^2 + 4t$
③ $t^2 + 6t$ ④ $t^2 + 8t$

풀이 PI 동작(비례 적분제어)이므로
$$y(t) = K_p\left[x(t) + \dfrac{1}{T_I}\int x(t)dt\right]$$
라플라스 변환하면
$$X(s) = \mathcal{L}[x(t)] = \mathcal{L}[2t] = \dfrac{2}{s^2}$$
$$Y(s) = \mathcal{L}[y(t)] = K_p\left(1 + \dfrac{1}{T_i s}\right)X(s)$$
$$= 3\left(1 + \dfrac{1}{3s}\right) \times \dfrac{2}{s^2} = \dfrac{2}{s^3} + \dfrac{6}{s^2}$$

$$\therefore y(t) = \mathcal{L}^{-1}[Y(s)] = \mathcal{L}^{-1}\left[\frac{2}{s^3} + \frac{6}{s^2}\right] = t^2 + 6t$$

답 ③

62 블록선도와 같은 단위 피드백 제어시스템의 상태방정식은? (단, 상태변수는 $x_1(t) = c(t)$, $x_2(t) = \dfrac{d}{dt}c(t)$로 한다.)

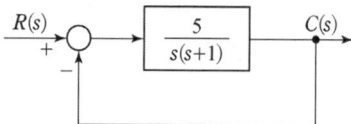

① $\dot{x}_1(t) = x_2(t)$,
$\dot{x}_2(t) = -5x_1(t) - x_2(t) + 5r(t)$

② $\dot{x}_1(t) = x_2(t)$,
$\dot{x}_2(t) = -5x_1(t) - x_2(t) - 5r(t)$

③ $\dot{x}_1(t) = -x_2(t)$,
$\dot{x}_2(t) = 5x_1(t) + x_2(t) - 5r(t)$

④ $\dot{x}_1(t) = -x_2(t)$,
$\dot{x}_2(t) = -5x_1(t) - x_2(t) + 5r(t)$

풀이 ① 제어시스템의 전달함수

$$G(s) = \frac{C(s)}{R(s)} = \frac{\frac{5}{s(s+1)}}{1 + \frac{5}{s(s+1)}} = \frac{5}{s^2 + s + 5}$$

$s^2 C(s) + sC(s) + 5C(s) = 5R(s)$

② 초기조건 0으로 놓고 역라플라스 변환에 의한 미분방정식을 구한다.

$$\frac{d^2 c(t)}{dt^2} + \frac{dc(t)}{dt} + 5c(t) = 5r(t)$$

③ 2차 미분방정식이므로 2개의 상태변수 $x_1(t)$, $x_2(t)$를 선정한다.

$$x_1(t) = c(t), \quad x_2(t) = \frac{dc(t)}{dt}$$

④ 단계 ③의 상태변수를 양변 미분하고 $\dot{x}_i(t) = \dfrac{dx_i}{dt}$를 적용한다.

$$\frac{dx_1(t)}{dt} = \frac{dc(t)}{dt} = \dot{x}_1, \quad \frac{dx_2(t)}{dt} = \frac{d^2c(t)}{dt^2} = \dot{x}_2$$

⑤ 미분방정식에서 최고차항에 대해 나머지항을 우변으로 이항하여 정리한 후 상태 변수 $x_1(t)$, $x_2(t)$를 대입한다.

$$\frac{d^2 c(t)}{dt^2} = -\frac{dc(t)}{dt} - 5c(t) + 5r(t)$$
$$\therefore \dot{x}_2 = -5x_1(t) - x_2(t) + 5r(t)$$

⑥ 상태방정식

$$\begin{cases} \dot{x}_1 = x_2(t) \\ \dot{x}_2 = -5x_1(t) - x_2(t) + 5r(t) \end{cases}$$

답 ①

63 블록선도의 제어시스템은 단위 램프 입력에 대한 정상상태 오차(정상편차)가 0.01이다. 이 제어시스템의 제어요소인 $G_{C1}(s)$의 k는?

$$G_{C1}(s) = k, \quad G_{C2}(s) = \frac{1 + 0.1s}{1 + 0.2s}$$
$$G_P(s) = \frac{200}{s(s+1)(s+2)}$$

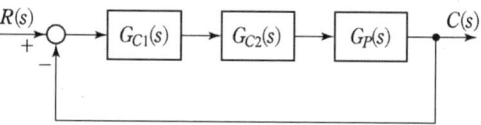

① 0.1　② 1　③ 10　④ 100

풀이 ・ $G(s)H(s) = G_{C1}(s) \cdot G_{C2}(s) \cdot G_P(s)$
$= k \times \dfrac{1+0.1s}{1+0.2s} \times \dfrac{200}{s(s+1)(s+2)}$
$= \dfrac{200k(1+0.1s)}{s(s+1)(s+2)(1+0.2s)}$

・ 속도 편차 상수
$K_v = \lim\limits_{s \to 0} s \cdot G(s)H(s)$
$= \lim\limits_{s \to 0} s \cdot \dfrac{200k(1+0.1s)}{s(s+1)(s+2)(1+0.2s)} = 100k$

・ 속도 편차는 $e_{ssv} = \dfrac{1}{K_v} = \dfrac{1}{100k} = 0.01$ 이므로
$\therefore k = 1$

답 ②

64 개루프 전달함수 $G(s)H(s)$로부터 근궤적을 작성할 때 실수축에서의 점근선의 교차점은?

$$G(s)H(s) = \frac{K(s-2)(s-3)}{s(s+1)(s+2)(s+4)}$$

① 2　② 5　③ -4　④ -6

풀이 교차점
$$\sigma = \frac{\Sigma G(s)H(s) \text{의 극} - \Sigma G(s)H(s) \text{의 영점}}{p - z}$$

(여기서, p : 극점의 개수, z : 영점의 개수)
$p = 4$개$(0, -1, -2, -4)$, $z = 2$개$(2, 3)$이므로
$\therefore \sigma = \dfrac{(-1-2-4)-(2+3)}{4-2} = -6$ **답 ④**

65 2차 제어시스템의 감쇠율(damping ratio, ζ)이 $\zeta < 0$인 경우 제어시스템의 과도응답 특성은?

① 발산 ② 무제동
③ 임계제동 ④ 과제동

풀이

감쇠율	특성	근의 종류	과도 응답 상태	계의 안정성
$\zeta < 0$	발산	공액 복소근	증가 진동	불안정
$\zeta = 0$	무제동	순허근	완전 진동	임계 안정
$0 < \zeta < 1$	부족제동	공액 복소근	감쇠 진동	안정
$\zeta = 1$	임계제동	이중 실근	임계 진동	안정
$\zeta > 1$	과제동	다른 두 실근	비진동	안정

답 ①

66 특성 방정식이
$2s^4 + 10s^3 + 11s^2 + 5s + K = 0$으로 주어진 제어시스템이 안정하기 위한 조건은?

① $0 < K < 2$ ② $0 < K < 5$
③ $0 < K < 6$ ④ $0 < K < 10$

풀이 특성방정식은 $F(s) = 2s^4 + 10s^3 + 11s^2 + 5s + K = 0$
이므로 루드의 표는

s^4	2	11	K
s^3	10	5	
s^2	$\dfrac{(10 \times 11)-(2 \times 5)}{10} = 10$	K	
s^1	$\dfrac{(10 \times 5)-10K}{10}$		
s^0	K		

제1열의 부호 변화가 없어야 안정하므로
$5 - K > 0$, $5 > K$, $K > 0$
$\therefore 0 < K < 5$ **답 ②**

67 블록선도의 전달함수 $\left(\dfrac{C(s)}{R(s)}\right)$는?

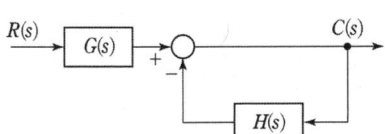

① $\dfrac{G(s)}{1+H(s)}$ ② $\dfrac{G(s)}{1+G(s)H(s)}$
③ $\dfrac{1}{1+H(s)}$ ④ $\dfrac{1}{1+G(s)H(s)}$

풀이 $C(s) = R(s)G(s) - C(s)H(s)$
$C(s)\{1+H(s)\} = R(s)G(s)$
$\therefore \dfrac{C(s)}{R(s)} = \dfrac{G(s)}{1+H(s)}$ **답 ①**

68 신호흐름선도에서 전달함수 $\left(\dfrac{C(s)}{R(s)}\right)$는?

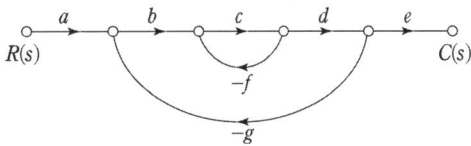

① $\dfrac{abcde}{1-cg-bcdg}$ ② $\dfrac{abcde}{1-cf+bcdg}$
③ $\dfrac{abcde}{1+cf-bcdg}$ ④ $\dfrac{abcde}{1+cf+bcdg}$

풀이 $G_1 = abcde$, $\Delta_1 = 1$, $L_{11} = -cf$, $L_{21} = -bcdg$
$\Delta = 1 - (L_{11} + L_{21}) = 1 + cf + bcdg$
$\therefore G = \dfrac{C}{R} = \dfrac{G_1 \Delta_1}{\Delta} = \dfrac{abcde}{1+cf+bcdg}$

별해
- 전향경로 이득 : $abcde$
- 루프 이득 : $-cf$, $-bcdg$

$G(s) = \dfrac{\sum \text{전향 경로 이득}}{1 - \sum \text{루프이득}} = \dfrac{abcde}{1+cf+bcdg}$ **답 ④**

69 $e(t)$의 z변환을 $E(z)$라고 했을 때 $e(t)$의 최종값 $e(\infty)$은?

① $\lim\limits_{z \to 1} E(z)$ ② $\lim\limits_{z \to \infty} E(z)$
③ $\lim\limits_{z \to 1}(1-z^{-1})E(z)$ ④ $\lim\limits_{z \to \infty}(1-z^{-1})E(z)$

풀이

항 목	초기값 정리	최종값 정리
z 변환	$e(0) = \lim\limits_{z \to \infty} E(z)$	$e(\infty) = \lim\limits_{z \to 1}\left(1 - \dfrac{1}{z}\right)E(z)$
라플라스 변환	$e(0) = \lim\limits_{s \to \infty} sE(s)$	$e(\infty) = \lim\limits_{s \to 0} sE(s)$

답 ③

70 $\overline{A} + \overline{B} \cdot \overline{C}$ 와 등가인 논리식은?

① $\overline{A \cdot (B+C)}$ ② $\overline{A} + B \cdot C$
③ $\overline{A \cdot B + C}$ ④ $\overline{A \cdot B} + C$

풀이 드모르간의 정리
- $\overline{A+B} = \overline{A} \cdot \overline{B}$
- $\overline{A \cdot B} = \overline{A} + \overline{B}$

∴ $\overline{A} + \overline{B} \cdot \overline{C} = \overline{A} + \overline{(B+C)} = \overline{A \cdot (B+C)}$ **답** ①

71 $F(s) = \dfrac{2s^2 + s - 3}{s(s^2 + 4s + 3)}$ 의 라플라스 역변환은?

① $1 - e^{-t} + 2e^{-3t}$
② $1 - e^{-t} - 2e^{-3t}$
③ $-1 - e^{-t} - 2e^{-3t}$
④ $-1 + e^{-t} + 2e^{-3t}$

풀이 $F(s) = \dfrac{2s^2+s-3}{s(s^2+4s+3)} = \dfrac{2s^2+s-3}{s(s+1)(s+3)}$
$= \dfrac{k_1}{s} + \dfrac{k_2}{s+1} + \dfrac{k_3}{s+3}$

$k_1 = \lim_{s \to 0} sF(s) = \left[\dfrac{2s^2+s-3}{(s+1)(s+3)}\right]_{s=0} = -1$

$k_2 = \lim_{s \to -1}(s+1)F(s) = \left[\dfrac{2s^2+s-3}{s(s+3)}\right]_{s=-1} = 1$

$k_3 = \lim_{s \to -3}(s+3)F(s) = \left[\dfrac{2s^2+s-3}{s(s+1)}\right]_{s=-3} = 2$

$F(s) = \dfrac{-1}{s} + \dfrac{1}{s+1} + \dfrac{2}{s+3}$

∴ $f(t) = \mathcal{L}^{-1}[F(s)] = -1 + e^{-t} + 2e^{-3t}$ **답** ④

72 전압 및 전류가 다음과 같을 때 유효전력[W] 및 역률[%]은 각각 약 얼마인가?

$v(t) = 100\sin\omega t - 50\sin(3\omega t + 30°)$
$\qquad + 20\sin(5\omega t + 45°)[V]$
$i(t) = 20\sin(\omega t + 30°) + 10\sin(3\omega t - 30°)$
$\qquad + 5\cos 5\omega t [A]$

① 825[W], 48.6[%]
② 776.4[W], 59.7[%]
③ 1120[W], 77.4[%]
④ 1850[W], 89.6[%]

풀이
- 비정현파 전압과 전류가 주어지는 경우 전력은 같은 고조파 성분으로 구한다.
- 유효전력
$P = V_1 I_1 \cos\theta_1 + V_3 I_3 \cos\theta_3 + V_5 I_5 \cos\theta_5$
$= \dfrac{100}{\sqrt{2}} \cdot \dfrac{20}{\sqrt{2}} \cos 30° - \dfrac{50}{\sqrt{2}} \cdot \dfrac{10}{\sqrt{2}} \cos 60°$
$\quad + \dfrac{20}{\sqrt{2}} \cdot \dfrac{5}{\sqrt{2}} \cos 45°$
$= \dfrac{2000}{2} \cdot \dfrac{\sqrt{3}}{2} - \dfrac{500}{2} \cdot \dfrac{1}{2} + \dfrac{100}{2} \cdot \dfrac{\sqrt{2}}{2}$
$= 776.4[W]$

- 피상전력
$P_a = \sqrt{V_1^2 + V_3^2 + V_5^2} \times \sqrt{I_1^2 + I_3^2 + I_5^2}$
$= \sqrt{\dfrac{100^2}{2} + \dfrac{50^2}{2} + \dfrac{20^2}{2}} \times \sqrt{\dfrac{20^2}{2} + \dfrac{10^2}{2} + \dfrac{5^2}{2}}$
$= 1301.2[VA]$

∴ 역률 $\cos\theta = \dfrac{P}{P_a} \times 100 = \dfrac{776.4}{1301.2} \times 100 = 59.7[\%]$ **답** ②

73 회로에서 $t = 0$초일 때 닫혀 있는 스위치 S를 열었다. 이때 $\dfrac{dv(0^+)}{dt}$의 값은?
(단, C의 초기 전압은 0[V]이다.)

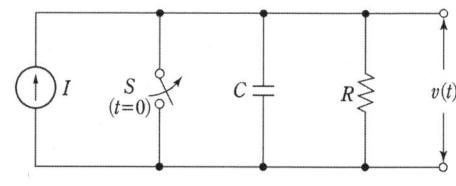

① $\dfrac{1}{RI}$ ② $\dfrac{C}{I}$ ③ RI ④ $\dfrac{I}{C}$

풀이 커패시터에서 전류 $i(t)$와 전압 $v(t)$의 관계식에서 초기조건 $t = 0^+$를 적용하면

$i(t) = C\dfrac{dv(t)}{dt}, \quad i(0^+) = C\dfrac{dv(0^+)}{dt}$

스위치가 닫혀있는 상태에서는 커패시터에 전류가 흐르지 않지만 스위치를 여는 순간 커패시터는 단락 상태가 되어 R에는 전류가 흐르지 않고 커패시터 C에만 전류가 모두 흐른다. 즉, $i(0^+) = I$가 된다.

그러므로 $i(0^+) = C\dfrac{dv(0^+)}{dt}$에서 $I = C\dfrac{dv(0^+)}{dt}$

∴ $\dfrac{dv(0^+)}{dt} = \dfrac{I}{C}$ **답** ④

74 △결선된 대칭 3상 부하가 0.5[Ω]인 저항만의 선로를 통해 평형 3상 전압원에 연결되어 있다. 이 부하의 소비전력이 1800[W]이고 역률이 0.8(지상)일 때, 선로에서 발생하는 손실이 50[W]이면 부하의 단자전압[V]의 크기는?

① 627 ② 525 ③ 326 ④ 225

풀이
- 선로손실 $P_l = 3I^2 R$[W]에서
$$I = \sqrt{\frac{P_l}{3R}} = \sqrt{\frac{50}{3 \times 0.5}} = \frac{10}{\sqrt{3}}[A]$$
- 전력 $P = \sqrt{3} VI\cos\theta$ 이므로
$$\therefore V = \frac{P}{\sqrt{3} I\cos\theta} = \frac{1800}{\sqrt{3} \times \frac{10}{\sqrt{3}} \times 0.8}$$
$$= 225[V]$$

답 ④

75 그림과 같이 △회로를 Y회로로 등가 변환하였을 때 임피던스 $Z_a[\Omega]$는?

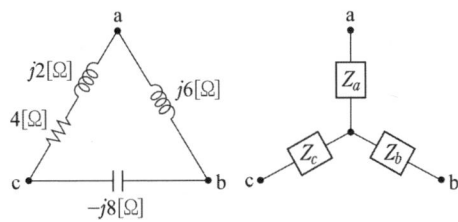

① 12 ② $-3+j6$
③ $4-j8$ ④ $6+j8$

풀이

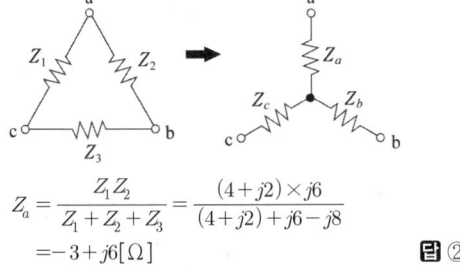

$$Z_a = \frac{Z_1 Z_2}{Z_1 + Z_2 + Z_3} = \frac{(4+j2) \times j6}{(4+j2)+j6-j8}$$
$$= -3+j6[\Omega]$$

답 ②

76 그림과 같은 H형의 4단자 회로망에서 4단자 정수(전송 파라미터) A는? (단, V_1은 입력전압이고, V_2는 출력전압이고, A는 출력 개방 시 회로망의 전압이득 $\left(\frac{V_1}{V_2}\right)$이다.)

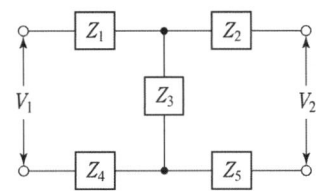

① $\dfrac{Z_1 + Z_2 + Z_3}{Z_3}$ ② $\dfrac{Z_1 + Z_3 + Z_4}{Z_3}$

③ $\dfrac{Z_2 + Z_3 + Z_5}{Z_3}$ ④ $\dfrac{Z_3 + Z_4 + Z_5}{Z_3}$

풀이 Z_1과 Z_4, Z_2와 Z_5는 직렬이므로,

$$\begin{bmatrix} A & B \\ C & D \end{bmatrix} = \begin{bmatrix} 1 & Z_1+Z_4 \\ 0 & 1 \end{bmatrix} \begin{bmatrix} 1 & 0 \\ \frac{1}{Z_3} & 1 \end{bmatrix} \begin{bmatrix} 1 & Z_2+Z_5 \\ 0 & 1 \end{bmatrix}$$

$$= \begin{bmatrix} \dfrac{Z_1+Z_3+Z_4}{Z_3} & Z_1+Z_4+\dfrac{(Z_2+Z_5)(Z_1+Z_3+Z_4)}{Z_3} \\ \dfrac{1}{Z_3} & \dfrac{Z_2+Z_3+Z_5}{Z_3} \end{bmatrix}$$

답 ②

77 특성 임피던스가 400[Ω]인 회로 말단에 1200[Ω]의 부하가 연결되어 있다. 전원 측에 20[kV]의 전압을 인가할 때 반사파의 크기[kV]는? (단, 선로에서의 전압 감쇠는 없는 것으로 간주한다.)

① 3.3 ② 5 ③ 10 ④ 33

풀이
- $Z_0 = 400[\Omega]$, $Z_R = 1200[\Omega]$인 경우 반사계수
$$\rho = \frac{Z_R - Z_0}{Z_R + Z_0} = \frac{1200-400}{1200+400} = 0.5$$
- 반사 전압이 전원측 전압의 0.5배이므로
$$\therefore 20 \times 0.5 = 10 [kV]$$

답 ③

78 회로에서 전압 V_{ab}[V]는?

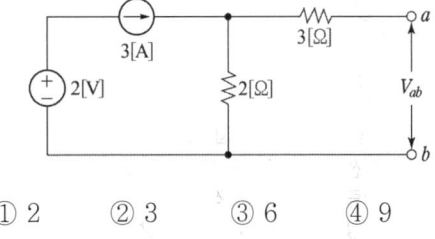

① 2 ② 3 ③ 6 ④ 9

풀이 전압원은 단락하고 전류원은 개방하여 중첩의 원리를 적용하면,
- 전압원이 존재(전류원 개방) $V_{ab} = 0[V]$
- 전류원 존재(전압원 단락) $V_{ab} = IR = 3 \times 2 = 6[V]$

답 ③

79 △결선된 평형 3상 부하로 흐르는 선전류가 I_a, I_b, I_c 일 때, 이 부하로 흐르는 영상분 전류 $I_0[A]$는?

① $3I_a$ ② I_a ③ $\frac{1}{3}I_a$ ④ 0

풀이 △결선(중성점 비접지식) 전류에서
$I_a + I_b + I_c = 0$ 이므로
따라서, 영상분 전류
$I_0 = \frac{1}{3}(I_a + I_b + I_c) = \frac{1}{3} \times 0 = 0[A]$

답 ④

80 저항 $R = 15[\Omega]$과 인덕턴스 $L = 3[mH]$를 병렬로 접속한 회로의 서셉턴스의 크기는 약 몇 $[\mho]$인가? (단, $\omega = 2\pi \times 10^5$)

① 3.2×10^{-2} ② 8.6×10^{-3}
③ 5.3×10^{-4} ④ 4.9×10^{-5}

풀이 $Y = \frac{1}{R} + \frac{1}{j\omega L} = \frac{1}{15} + \frac{1}{j2\pi \times 10^5 \times 3 \times 10^{-3}}$
$= 0.07 - j5.31 \times 10^{-4} = G - jB[\mho]$
따라서 서셉턴스 $B = 5.3 \times 10^{-4}[\mho]$이다.

답 ③

5과목 - 전기설비기술기준

81 전기철도차량에 전력을 공급하는 전차선의 가선방식에 포함되지 않는 것은?

① 가공방식 ② 강체방식
③ 제3레일방식 ④ 지중조가선방식

풀이 431.1 전차선 가선방식
전차선의 가선방식은 열차의 속도 및 노반의 형태, 부하전류 특성에 따라 적합한 방식을 채택하여야 하며, **가공방식, 강체방식, 제3레일방식을 표준으로 한다.**

답 ④

82 수소냉각식 발전기 및 이에 부속하는 수소냉각 장치에 대한 시설기준으로 틀린 것은?

① 발전기 내부의 수소의 온도를 계측하는 장치를 시설할 것
② 발전기 내부의 수소의 순도가 70[%] 이하로 저하한 경우에 경보를 하는 장치를 시설할 것
③ 발전기는 기밀구조의 것이고 또한 수소가 대기압에서 폭발하는 경우에 생기는 압력에 견디는 강도를 가지는 것일 것
④ 발전기 내부의 수소의 압력을 계측하는 장치 및 그 압력이 현저히 변동한 경우에 이를 경보하는 장치를 시설할 것

풀이 351.10 수소냉각식 발전기 등의 시설
수소냉각식의 발전기·조상기 또는 이에 부속하는 수소 냉각 장치는 다음 각 호에 따라 시설하여야 한다.
가. 발전기 또는 조상기는 기밀구조의 것이고 또한 수소가 대기압에서 폭발하는 경우에 생기는 **압력에 견디는 강도**를 가지는 것일 것.
나. 발전기축의 밀봉부에는 질소 가스를 봉입할 수 있는 장치 또는 발전기 축의 밀봉부로부터 누설된 수소 가스를 안전하게 외부에 방출할 수 있는 장치를 시설할 것.
다. 발전기 내부 또는 조상기 내부의 수소의 순도가 **85[%]** 이하로 저하한 경우에 이를 경보하는 장치를 시설할 것.
라. 발전기 내부 또는 조상기 내부의 **수소의 압력**을 계측하는 장치 및 그 압력이 현저히 변동한 경우에 이를 경보하는 장치를 시설할 것.
마. 발전기 내부 또는 조상기 내부의 수소의 온도를 계측하는 장치를 시설할 것.
바. 발전기 내부 또는 조상기 내부로 수소를 안전하게 도입할 수 있는 장치 및 발전기안 또는 조상기안의 수소를 안전하게 외부로 방출할 수 있는 장치를 시설할 것.
사. 발전기 또는 조상기에 붙인 유리제의 점검 창 등은 쉽게 파손되지 아니하는 구조로 되어 있을 것.

답 ②

83 저압전로의 보호도체 및 중성선의 접속방식에 따른 접지계통의 분류가 아닌 것은?

① IT 계통 ② TN 계통
③ TT 계통 ④ TC 계통

풀이 203.1 계통접지 구성
1. 저압전로의 보호도체 및 중성선의 접속 방식에 따라

접지계통은 다음과 같이 분류한다.
　가. TN 계통　　나. TT 계통　　다. IT 계통
2. 계통접지에서 사용되는 문자의 정의는 다음과 같다.
　가. 제1문자 - 전원계통과 대지의 관계
　　　T : 한 점을 대지에 직접 접속
　　　I : 모든 충전부를 대지와 절연시키거나 높은 임피던스를 통하여 한 점을 대지에 직접 접속
　나. 제2문자 - 전기설비의 노출도전부와 대지의 관계
　　　T : 노출도전부를 대지로 직접 접속. 전원계통의 접지와는 무관
　　　N : 노출도전부를 전원계통의 접지점(교류 계통에서는 통상적으로 중성점, 중성점이 없을 경우는 선도체)에 직접 접속
　다. 그 다음 문자(문자가 있을 경우) - 중성선과 보호도체의 배치
　　　S : 중성선 또는 접지된 선도체 외에 별도의 도체에 의해 제공되는 보호 기능
　　　C : 중성선과 보호 기능을 한 개의 도체로 겸용 (PEN 도체) 답 ④

84
교통신호등 회로의 사용전압이 몇 [V]를 넘는 경우는 전로에 지락이 생겼을 경우 자동적으로 전로를 차단하는 누전차단기를 시설하는가?

① 60　　② 150
③ 300　④ 450

풀이 234.15 교통신호등
교통신호등 제어장치의 2차측 배선의 최대사용전압은 300[V] 이하이어야 한다.
234.15.4 누전차단기
교통신호등 회로의 사용전압이 150[V]를 넘는 경우는 전로에 지락이 생겼을 경우 자동적으로 전로를 차단하는 누전차단기를 시설할 것. 답 ②

85
터널 안의 전선로의 저압전선이 그 터널 안의 다른 저압전선(관등회로의 배선은 제외한다.) · 약전류전선 등 또는 수관 · 가스관이나 이와 유사한 것과 접근하거나 교차하는 경우, 저압전선을 애자공사에 의하여 시설하는 때에는 이격거리가 몇 [cm] 이상이어야 하는가? (단, 전선이 나전선이 아닌 경우이다.)

① 10　　② 15
③ 20　　④ 25

풀이 335.2 터널 안 전선로의 전선과 약전류전선 등 또는 관 사이의 이격거리
터널 안의 전선로의 저압전선이 그 터널 안의 다른 저압전선(관등회로의 배선은 제외한다.) · 약전류전선 등 또는 수관 · 가스관이나 이와 유사한 것과 접근하거나 교차하는 경우, 저압전선을 애자공사에 의하여 시설하는 때에는 이격거리가 0.1[m](나전선인 경우에는 0.3[m]) 이상이어야 한다. 답 ①

86번 문제는 개정된 관계 법규에 따라 삭제 되었습니다.

87
사용전압이 154[kV]인 모선에 접속되는 전력용 커패시터에 울타리를 시설하는 경우 울타리의 높이와 울타리로부터 충전부분까지 거리의 합계는 몇 [m] 이상 되어야 하는가?

① 2　　② 3
③ 5　　④ 6

풀이 351.1 발전소 등의 울타리 · 담 등의 시설
가. 울타리 · 담 등의 높이는 2[m] 이상으로 하고 지표면과 울타리 · 담 등의 하단 사이의 간격은 0.15[m] 이하로 할 것.
나. 울타리 · 담 등의 높이와 울타리 · 담 등으로부터 충전부분까지 거리의 합계는 표에서 정한 값 이상으로 할 것.

사용전압의 구분	울타리 · 담 등의 높이와 울타리 · 담 등으로부터 충전 부분까지의 거리의 합계
35[kV] 이하	5[m]
35[kV] 초과 160[kV] 이하	6[m]
160[kV] 초과	• 거리의 합계 = 6 + 단수 × 0.12[m] • 단수 = $\frac{\text{사용전압[kV]} - 160}{10}$ 단수 계산에서 소수점 이하는 절상

답 ④

88
태양광설비에 시설하여야 하는 계측기의 계측 대상에 해당하는 것은?

① 전압과 전류　② 전력과 역률
③ 전류와 역률　④ 역률과 주파수

풀이 522.3.6 태양광설비의 계측장치
태양광설비에는 전압, 전류 및 전력을 계측하는 장치를 시설하여야 한다. 답 ①

89 금속제 가요전선관 공사에 의한 저압 옥내배선의 시설기준으로 틀린 것은?

① 가요전선관 안에는 전선에 접속점이 없도록 한다.
② 옥외용 비닐절연전선을 제외한 절연전선을 사용한다.
③ 점검할 수 없는 은폐된 장소에는 1종 가요전선관을 사용할 수 있다.
④ 2종 금속제 가요전선관을 사용하는 경우에 습기 많은 장소에 시설하는 때에는 비닐피복 2종 가요전선관으로 한다.

풀이 232.13 금속제 가요전선관공사
 가. 전선은 절연전선(옥외용 비닐 절연전선을 제외한다)일 것.
 나. 전선은 연선일 것. 다만, 단면적 10[mm²](알루미늄선은 단면적 16[mm²]) 이하인 것은 그러하지 아니하다.
 다. 가요전선관 안에는 전선에 접속점이 없도록 할 것.
 라. 가요전선관은 2종 금속제 가요전선관일 것. **답** ③

90 전선의 단면적이 38[mm²]인 경동연선을 사용하고 지지물로는 B종 철주 또는 B종 철근 콘크리트주를 사용하는 특고압 가공전선로를 제3종 특고압 보안공사에 의하여 시설하는 경우 경간은 몇 [m] 이하이어야 하는가?

① 100   ② 150
③ 200   ④ 250

풀이 333.22 특고압 보안공사
제3종 특고압 보안공사는 다음에 따라야 한다.
 가. 특고압 가공전선은 연선일 것.
 나. 경간은 표에서 정한 값 이하일 것.

지지물의 종류	제3종 특고압 보안공사	전선의 굵기에 따른 경간	
목주·A종 철주 또는 A종 철근 콘크리트주	100[m]	인장강도 14.51[kN] 이상 또는 38[mm²] 이상인 경동연선	150[m]
B종 철주 또는 B종 철근 콘크리트주	200[m]	인장강도 21.67[kN] 이상 또는 55[mm²] 이상인 경동연선	250[m]
철탑	400[m] (단주인 경우에는 300[m])		600[m] 이하 (단주인 경우에는 400[m])

답 ③

91 저압 전로에서 정전이 어려운 경우 등 절연저항 측정이 곤란한 경우 저항성분의 누설전류가 몇 [mA] 이하이면 그 전로의 절연성능은 적합한 것으로 보는가?

① 1   ② 2
③ 3   ④ 4

풀이 132 전로의 절연저항 및 절연내력
 가. 사용전압이 저압인 전로에서 정전이 어려운 경우 등 절연저항 측정이 곤란한 경우에는 **누설전류를 1[mA] 이하**로 유지하여야 한다.
 나. 고압 및 특고압의 전로는 규정된 시험전압을 전로와 대지 사이(다심케이블은 심선 상호 간 및 심선과 대지 사이)에 연속하여 10분간 가하여 절연내력을 시험하였을 때에 이에 견디어야 한다. **답** ①

92 사용전압이 22.9[kV]인 가공전선로를 시가지에 시설하는 경우 전선의 지표상 높이는 몇 [m] 이상인가? (단, 전선은 특고압 절연전선을 사용한다.)

① 6   ② 7
③ 8   ④ 10

풀이 333.1 시가지 등에서 특고압 가공전선로의 시설

사용전압의 구분	지표상의 높이
35[kV] 이하	10[m] (전선이 특고압 절연전선인 경우에는 8[m])
35[kV] 초과	10[m]에 35[kV]를 초과하는 10[kV] 또는 그 단수마다 12[cm]를 더한 값

답 ③

93 "리플프리(Ripple-free)직류"란 교류를 직류로 변환할 때 리플성분의 실효값이 몇 [%] 이하로 포함된 직류를 말하는가?

① 3   ② 5
③ 10   ④ 15

풀이 112 용어정의
 "리플프리(Ripple-free) 직류"란 교류를 직류로 변환할 때 리플성분의 실효값이 10[%] 이하로 포함된 직류를 말한다. **답** ③

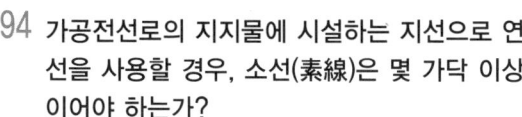

94 가공전선로의 지지물에 시설하는 지선으로 연선을 사용할 경우, 소선(素線)은 몇 가닥 이상이어야 하는가?

① 2 ② 3
③ 5 ④ 9

풀이 331.11 지선의 시설
가. 가공전선로의 지지물로 사용하는 철탑은 지선을 사용하여 그 강도를 분담시켜서는 안 된다.
나. 지선의 안전율은 2.5 이상일 것. 이 경우에 허용 인장하중의 최저는 4.31[kN]으로 한다.
다. 지선에 연선을 사용할 경우에는 다음에 의할 것.
  ① 소선 3가닥 이상의 연선일 것.
  ② 소선의 지름이 2.6[mm] 이상의 금속선을 사용한 것일 것. **답** ②

95 사용전압이 22.9[kV]인 가공전선로의 다중접지한 중성선과 첨가 통신선의 이격거리는 몇 [cm] 이상이어야 하는가? (단, 특고압 가공전선로는 중성선 다중접지식의 것으로 전로에 지락이 생긴 경우 2초 이내에 자동적으로 이를 전로로부터 차단하는 장치가 되어 있는 것으로 한다.)

① 60 ② 75
③ 100 ④ 120

풀이 362.2 전력보안통신선의 시설 높이와 이격거리
가. 통신선은 가공전선의 아래에 시설할 것.
나. 이격거리

가공전선		통신선		
		일반	절연전선	광섬유 케이블
중성선	25[kV] 이하, 다중접지중성선	0.6[m] 이상		
저압 가공전선	일반	0.6[m] 이상		
	절연전선 또는 케이블		0.3[m] 이상	
	인입선			0.15[m] 이상
고압 가공전선	일반	0.6[m] 이상		
	케이블		0.3[m] 이상	
특고압 가공전선	일반	1.2[m] 이상		
	케이블		0.3[m] 이상	
	25[kV] 이하, 다중 접지방식	0.75[m] 이상		

답 ①

96 다음 ( )에 들어갈 내용으로 옳은 것은?

> 지중전선로는 기설 지중약전류전선로에 대하여 (ⓐ) 또는 (ⓑ)에 의하여 통신상의 장해를 주지 않도록 기설 약전류전선로로부터 충분히 이격시키거나 기타 적당한 방법으로 시설하여야 한다.

① ⓐ 누설전류, ⓑ 유도작용
② ⓐ 단락전류, ⓑ 유도작용
③ ⓐ 단락전류, ⓑ 정전작용
④ ⓐ 누설전류, ⓑ 정전작용

풀이 334.5 지중약전류전선의 유도장해 방지
지중전선로는 기설 지중약전류전선로에 대하여 **누설전류 또는 유도작용**에 의하여 통신상의 장해를 주지 않도록 기설 약전류전선로로부터 충분히 이격시키거나 기타 적당한 방법으로 시설하여야 한다. **답** ①

97 사용전압 22.9[kV]인 가공전선이 삭도와 제1차 접근상태로 시설되는 경우, 가공전선과 삭도 또는 삭도용 지주 사이의 이격거리는 몇 [m] 이상으로 하여야 하는가? (단, 전선으로는 특고압 절연전선을 사용한다.)

① 0.5 ② 1
③ 2 ④ 2.12

풀이 333.25 특고압 가공전선과 삭도의 접근 또는 교차
특고압 가공전선이 삭도와 제1차 접근상태로 시설되는 경우에는 다음에 따라야 한다.
가. 특고압 가공전선로는 제3종 특고압 보안공사에 의할 것.
나. 특고압 가공전선과 삭도 또는 삭도용 지주 사이의 이격거리는 표에서 정한 값 이상일 것.

사용전압	전선의 종류	이격거리
35[kV] 이하	표 준	2[m]
	특고압 절연전선 사용	1[m]
	케이블	0.5[m]
35[kV] 초과 60[kV] 이하		2[m]
60[kV] 초과	• 이격거리 = 2 + 단수×0.12[m] • 단수 = $\frac{전압[kV] - 60}{10}$ 단수 계산에서 소수점 이하는 절상	

답 ②

98 저압 옥내배선에 사용하는 연동선의 최소 굵기는 몇 [mm²]인가?

① 1.5　　② 2.5
③ 4.0　　④ 6.0

풀이 231.3 저압 옥내배선의 사용전선
　가. **저압 옥내배선의 전선 : 단면적 2.5[mm²] 이상의 연동선**
　나. 옥내배선의 사용 전압이 400[V] 이하인 경우는 다음에 의하여 시설할 수 있다.
　　① 전광표시 장치 또는 제어 회로
　　　• 단면적 1.5[mm²] 이상의 연동선
　　　• 단면적 0.75[mm²] 이상인 다심케이블 또는 다심 캡타이어 케이블을 사용하고 또한 과전류가 생겼을 때에 자동적으로 전로에서 차단하는 장치를 시설
　　② 진열장 또는 이와 유사한 것의 내부 배선 : 단면적 0.75[mm²] 이상인 코드 또는 캡타이어케이블
　　　　　　　　　　　　　　　　　답 ②

99 전격살충기의 전격격자는 지표 또는 바닥에서 몇 [m] 이상의 높은 곳에 시설하여야 하는가?

① 1.5　　② 2
③ 2.8　　④ 3.5

풀이 241.7 전격살충기
전격살충기는 다음에 의하여 시설하여야 한다.
　가. **전격살충기의 전격격자는 지표 또는 바닥에서 3.5[m] 이상의 높은 곳에 시설할 것.** 다만, 2차측 개방전압이 7[kV] 이하의 절연변압기를 사용하고 보호격자에 사람이 접촉될 경우 절연변압기의 1차측 전로를 자동적으로 차단하는 보호장치를 시설한 것은 지표 또는 바닥에서 1.8[m]까지 감할 수 있다.
　나. 전격살충기의 전격격자와 다른 시설물(가공전선은 제외한다) 또는 식물과의 이격거리는 0.3[m] 이상일 것.
　　　　　　　　　　　　　　　　　답 ④

100 전기철도의 설비를 보호하기 위해 시설하는 피뢰기의 시설기준으로 틀린 것은?

① 피뢰기는 변전소 인입측 및 급전선 인출측에 설치하여야 한다.
② 피뢰기는 가능한 한 보호하는 기기와 가깝게 시설하되 누설전류 측정이 용이하도록 지지대와 절연하여 설치한다.
③ 피뢰기는 개방형을 사용하고 유효보호거리를 증가시키기 위하여 방전개시전압 및 제한전압이 낮은 것을 사용한다.
④ 피뢰기는 가공전선과 직접 접속하는 지중케이블에서 낙뢰에 의해 절연파괴의 우려가 있는 케이블 단말에 설치하여야 한다.

풀이 451.3 피뢰기 설치장소
1. 다음의 장소에 피뢰기를 설치하여야 한다.
　가. 변전소 인입측 및 급전선 인출측
　나. 가공전선과 직접 접속하는 지중케이블에서 낙뢰에 의해 절연파괴의 우려가 있는 케이블 단말
2. 피뢰기는 가능한 한 보호하는 기기와 가깝게 시설하되 누설전류 측정이 용이하도록 지지대와 절연하여 설치한다.

451.4 피뢰기의 선정
피뢰기는 다음의 조건을 고려하여 선정한다.
1. **피뢰기는 밀봉형을 사용**하고 유효 보호거리를 증가시키기 위하여 방전개시전압 및 제한전압이 낮은 것을 사용한다.
2. 유도뢰서지에 대하여 2선 또는 3선의 피뢰기 동시동작이 우려되는 변전소 근처의 단락 전류가 큰 장소에는 속류차단능력이 크고 또한 차단성능이 회로조건의 영향을 받을 우려가 적은 것을 사용한다.　**답** ③

2021년 2회 전기기사필기

동일출판사 홈페이지에서 무료 동영상강의를 보실 수 있습니다.

1과목 - 전기자기

01 두 종류의 유전율(ϵ_1, ϵ_2)을 가진 유전체가 서로 접하고 있는 경계면에 진전하가 존재하지 않을 때 성립하는 경계조건으로 옳은 것은? (단, E_1, E_2는 각 유전체에서의 전계이고, D_1, D_2는 각 유전체에서의 전속밀도이고, θ_1, θ_2는 각각 경계면의 법선벡터와 E_1, E_2가 이루는 각이다.)

① $E_1 \cos\theta_1 = E_2 \cos\theta_2$,
$D_1 \sin\theta_1 = D_2 \sin\theta_2$, $\dfrac{\tan\theta_1}{\tan\theta_2} = \dfrac{\epsilon_2}{\epsilon_1}$

② $E_1 \cos\theta_1 = E_2 \cos\theta_2$,
$D_1 \sin\theta_1 = D_2 \sin\theta_2$, $\dfrac{\tan\theta_1}{\tan\theta_2} = \dfrac{\epsilon_1}{\epsilon_2}$

③ $E_1 \sin\theta_1 = E_2 \sin\theta_2$,
$D_1 \cos\theta_1 = D_2 \cos\theta_2$, $\dfrac{\tan\theta_1}{\tan\theta_2} = \dfrac{\epsilon_2}{\epsilon_1}$

④ $E_1 \sin\theta_1 = E_2 \sin\theta_2$,
$D_1 \cos\theta_1 = D_2 \cos\theta_2$, $\dfrac{\tan\theta_1}{\tan\theta_2} = \dfrac{\epsilon_1}{\epsilon_2}$

풀이 경계 조건

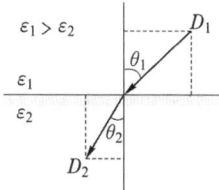
〈전속의 굴절〉

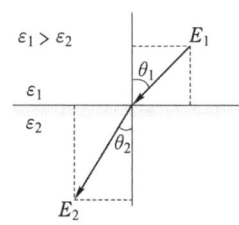
〈전기력선의 굴절〉

- 전속밀도의 법선성분(수직성분)이 같다.
  ($D_1 \cos\theta_1 = D_2 \cos\theta_2$)
- 전계는 접선성분(평행성분)이 같다.
  ($E_1 \sin\theta_1 = E_2 \sin\theta_2$)
- 두 경계면에서의 전위는 서로 같다.
  ($V_1 = V_2$)
- $\epsilon_1 > \epsilon_2$이면, $\theta_1 > \theta_2$이다.
- $\dfrac{\tan\theta_1}{\tan\theta_2} = \dfrac{\epsilon_1}{\epsilon_2}$
- 전속선은 유전율이 큰 유전체 쪽으로 모이려는 성질이 있다.

답 ④

02 진공 중의 평등자계 H_0 중에 반지름이 a[m]이고, 투자율이 μ인 구 자성체가 있다. 이 구 자성체의 감자율은? (단, 구 자성체 내부의 자계는 $H = \dfrac{3\mu_0}{2\mu_0 + \mu} H_0$ 이다.)

① 1
② $\dfrac{1}{2}$
③ $\dfrac{1}{3}$
④ $\dfrac{1}{4}$

풀이 자성체에서 외부자계 H_0, 내부자계 H일 때 감자력 H'은 아래의 두 식으로 표현된다.

$$H' = H_0 - H, \quad H' = \dfrac{N}{\mu_0} J$$

(여기서, N : 감자율, J : 자화의 세기)

(1) 구 자성체 내부의 자계

$H = \dfrac{3\mu_0}{2\mu_0 + \mu} H_0 = \dfrac{3}{2 + \mu_s} H_0$를
감자력 H'에 대입하면

$H' = H_0 - H = H_0 - \dfrac{3}{2+\mu_s} H_0 = \dfrac{\mu_s - 1}{\mu_s + 2} H_0$ ⋯ ①

(2) 자화의 세기

$J = \chi H = \mu_0(\mu_s - 1)H = \dfrac{3\mu_0(\mu_s - 1)}{\mu_s + 2} H_0$를
감자력 H'에 대입하면

$H' = \dfrac{N}{\mu_0} J = \dfrac{N}{\mu_0} \cdot \dfrac{3\mu_0(\mu_s - 1)}{\mu_s + 2} H_0$
$= \dfrac{3N(\mu_s - 1)}{\mu_s + 2} H_0$ ⋯ ②

(3) 식 ①과 ②를 등식으로 놓으면 감자율 N은

$\dfrac{\mu_s - 1}{\mu_s + 2} H_0 = \dfrac{3N(\mu_s - 1)}{\mu_s + 2} H_0$

따라서, 감자율 $N = \dfrac{1}{3}$

답 ③

03 공기 중에서 반지름 0.03[m]의 구도체에 줄 수 있는 최대 전하는 약 몇 [C]인가? (단, 이 구도체의 주위 공기에 대한 절연내력은 5×10^6 [V/m]이다.)

① 5×10^{-7} ② 2×10^{-6}
③ 5×10^{-5} ④ 2×10^{-4}

풀이 구도체의 정전용량 $C = 4\pi\epsilon_0 a$[F],
구도체의 전위 $V = Ea$[V]이므로,
$Q = CV = 4\pi\epsilon_0 a \cdot Ea = 4\pi\epsilon_0 a^2 E$
$= \left(\dfrac{1}{9 \times 10^9} \times 0.03^2\right) \times 5 \times 10^6$
$= 5 \times 10^{-7}$[C] **답** ①

04 유전율 ϵ, 전계의 세기 E인 유전체의 단위 체적당 축적되는 정전에너지는?

① $\dfrac{E}{2\epsilon}$ ② $\dfrac{\epsilon E}{2}$ ③ $\dfrac{\epsilon E^2}{2}$ ④ $\dfrac{\epsilon^2 E^2}{2}$

풀이 정전에너지
$W = \dfrac{1}{2}CV^2 = \dfrac{1}{2} \cdot \dfrac{\epsilon S}{d} \cdot (dE)^2 = \dfrac{1}{2}\epsilon E^2 \cdot Sd$[J]
단위 체적당 축적되는 정전에너지 ω는
$\omega = \dfrac{W}{Sd} = \dfrac{1}{2}\epsilon E^2$[J] **답** ③

05 단면적이 균일한 환상철심에 권수 N_A인 A코일과 권수 N_B인 B코일이 있을 때, B코일의 자기 인덕턴스가 L_A[H]라면 두 코일의 상호 인덕턴스[H]는? (단, 누설자속은 0이다.)

① $\dfrac{L_A N_A}{N_B}$ ② $\dfrac{L_A N_B}{N_A}$
③ $\dfrac{N_A}{L_A N_B}$ ④ $\dfrac{N_B}{L_A N_A}$

풀이 $R = \dfrac{N_A^2}{L_B} = \dfrac{N_A N_B}{M}$ 에서
자기 인덕턴스
$L_A = \dfrac{N_B^2}{R}$[H]
상호 인덕턴스
$M = \dfrac{N_A N_B}{R}$[H]

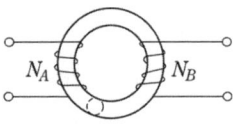

위의 두 식에서 R을 소거하면
$\therefore M = \dfrac{L_A N_A}{N_B}$[H] **답** ①

06 비투자율이 350인 환상철심 내부의 평균 자계의 세기가 342[AT/m]일 때 자화의 세기는 약 몇 [Wb/m²]인가?

① 0.12 ② 0.15
③ 0.18 ④ 0.21

풀이 자화율 $\chi_m = \mu - \mu_0 = \mu_0(\mu_s - 1)$ [H/m]
따라서 자화의 세기
$J = \chi_m H = \mu_0(\mu_s - 1)H$
$= 4\pi \times 10^{-7} \times (350-1) \times 342$
$= 0.15$[Wb/m²] **답** ②

07 진공 중에 놓인 Q[C]의 전하에서 발산되는 전기력선의 수는?

① Q ② ϵ_0 ③ $\dfrac{Q}{\epsilon_0}$ ④ $\dfrac{\epsilon_0}{Q}$

풀이 • 진공 중에 놓인 Q[C]의 전하로부터 발산되는 전기력선 수는 가우스 정리에 의하여 $\int_s \boldsymbol{E}\, d\boldsymbol{S} = \dfrac{Q}{\epsilon_0}$[개]
• 유전체의 경우는 $\dfrac{Q}{\epsilon_0 \epsilon_s}$[개]이다. **답** ③

08 비투자율이 50인 환상 철심을 이용하여 100[cm] 길이의 자기회로를 구성할 때 자기저항을 2.0×10^7[AT/Wb] 이하로 하기 위해서는 철심의 단면적을 약 몇 [m²] 이상으로 하여야 하는가?

① 3.6×10^{-4} ② 6.4×10^{-4}
③ 8.0×10^{-4} ④ 9.2×10^{-4}

풀이 자기저항 $R_m = \dfrac{l}{\mu_0 \mu_s S}$[AT/Wb]이므로
단면적 $S = \dfrac{l}{\mu_0 \mu_s R_m} = \dfrac{100 \times 10^{-2}}{4\pi \times 10^{-7} \times 50 \times 2 \times 10^7}$
$\fallingdotseq 8.0 \times 10^{-4}$[m²] **답** ③

09 전기력선의 성질에 대한 설명으로 옳은 것은?

① 전기력선은 등전위면과 평행하다.
② 전기력선은 도체 표면과 직교한다.
③ 전기력선은 도체 내부에 존재할 수 있다.
④ 전기력선은 전위가 낮은 점에서 높은 점으로 향한다.

풀이 전기력선의 성질은 다음과 같다.
① 전기력선은 정전하에서 시작하여 부전하에서 그친다.
② 전하가 없는 곳에서는 전기력선의 발생, 소멸이 없고 연속적이다.
③ 전위가 높은 점에서 낮은 점으로 향한다.
④ 그 자신만으로 폐곡선이 되는 일은 없다.
⑤ 전계가 0이 아닌 곳에서는 2개의 전기력선은 교차하지 않는다.
⑥ 도체 내부에는 전기력선이 없다.
⑦ 수직 단면의 전기력선 밀도는 전계의 세기이고(1[개/m²] = 1[N/C]), 전기력선의 접선 방향은 전계의 방향이다.
⑧ 도체면(등전위면)에서 전기력선은 수직으로 출입한다.
⑨ 단위 전하 ±1[C]에서는 $1/\epsilon_0$개의 전기력선이 출입한다. **답** ②

10 자속밀도가 10[Wb/m²]인 자계 중에 10[cm] 도체를 자계와 60°의 각도로 30[m/s]로 움직일 때, 이 도체에 유기되는 기전력은 몇 [V]인가?

① 15 ② $15\sqrt{3}$
③ 1500 ④ $1500\sqrt{3}$

풀이
- 1[cm] = 1×10^{-2}[m]
- 유기기전력 $e = Blv\sin\theta$
$= 10 \times (10 \times 10^{-2}) \times 30 \times \sin 60°$
$= 15\sqrt{3}$[V] **답** ②

11 평등자계와 직각방향으로 일정한 속도로 발사된 전자의 원운동에 관한 설명으로 옳은 것은?

① 플레밍의 오른손법칙에 의한 로렌츠의 힘과 원심력의 평형 원운동이다.
② 원의 반지름은 전자의 발사속도와 전계의 세기의 곱에 반비례한다.
③ 전자의 원운동 주기는 전자의 발사속도와 무관하다.
④ 전자의 원운동 주파수는 전자의 질량에 비례한다.

풀이 ① 플레밍의 왼손 법칙에 의하여 전자가 받는 힘은 운동 방향에 수직하므로 전자는 원운동을 한다.
② 궤도의 반지름 $r = \dfrac{mv}{q\mu_0 H} = \dfrac{mv}{qB}$[m]
③ 주기 $T = \dfrac{2\pi}{\omega} = \dfrac{2\pi m}{qB}$[s]
따라서, 전자의 원운동 주기(T)는 전자의 발사속도(v)와 관계되지 않는다. **답** ③

12 공기 중에 있는 반지름 a[m]의 독립 금속구의 정전용량은 몇 [F]인가?

① $2\pi\epsilon_0 a$ ② $4\pi\epsilon_0 a$
③ $\dfrac{1}{2\pi\epsilon_0 a}$ ④ $\dfrac{1}{4\pi\epsilon_0 a}$

풀이
- 공기 중에 있는 반지름 a[m]인 구도체의 전위
$V = \dfrac{Q}{4\pi\epsilon_0 a}$[V]
$\therefore C = \dfrac{Q}{V} = \dfrac{Q}{\dfrac{Q}{4\pi\epsilon_0 a}} = 4\pi\epsilon_0 a$[F]
- 구의 정전용량은 $4\pi\epsilon a$[F], 반구의 정전용량은 $2\pi\epsilon a$[F] 이다. **답** ②

13 와전류가 이용되고 있는 것은?

① 수중 음파 탐지기
② 레이더
③ 자기 브레이크(magmetic brake)
④ 사이클로트론(cyclotron)

풀이 자기 브레이크(magmetic brake)는 전자석 또는 자석의 자기장에 의해 고속으로 움직이는 금속에 **와전류를 발생**하고, 자석에 주행방향에 대한 역방향의 힘이 작용하여 운동 대상을 정지시키는 것 **답** ③

14 전계 $E = \dfrac{2}{x}\hat{x} + \dfrac{2}{y}\hat{y}$[V/m]에서 점(3, 5)[m]를 통과하는 전기력선의 방정식은? (단, $\hat{x}$, $\hat{y}$는 단위벡터이다.)

① $x^2 + y^2 = 12$ ② $y^2 - x^2 = 12$
③ $x^2 + y^2 = 16$ ④ $y^2 - x^2 = 16$

풀이 전기력선 방정식은 $\dfrac{dx}{E_x} = \dfrac{dy}{E_y}$

주어진 식은 $E_x = \dfrac{2}{x}$, $E_y = \dfrac{2}{y}$ 이므로

$\dfrac{dx}{\frac{2}{x}} = \dfrac{dy}{\frac{2}{y}} \to xdx = ydy$

양변을 적분하면 $\dfrac{1}{2}x^2 = \dfrac{1}{2}y^2 + k$

$x = 3$, $y = 5$이므로

$k = \dfrac{1}{2}x^2 - \dfrac{1}{2}y^2 = \dfrac{1}{2}\times 3^2 - \dfrac{1}{2}\times 5^2 = -8$

$\therefore y^2 - x^2 = 16$ **답** ④

15 전계 E[V/m]가 두 유전체의 경계면에 평행으로 작용하는 경우 경계면에 단위 면적당 작용하는 힘의 크기는 몇 [N/m²]인가? (단, ϵ_1, ϵ_2는 각 유전체의 유전율이다.)

① $f = E^2(\epsilon_1 - \epsilon_2)$

② $f = \dfrac{1}{E^2}(\epsilon_1 - \epsilon_2)$

③ $f = \dfrac{1}{2}E^2(\epsilon_1 - \epsilon_2)$

④ $f = \dfrac{1}{2E^2}(\epsilon_1 - \epsilon_2)$

풀이 ① 전계가 경계면에 수직인 경우($\epsilon_1 > \epsilon_2$)

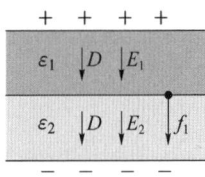

$f_1 = \dfrac{1}{2}(E_2 - E_1)\cdot D = \dfrac{1}{2}\left(\dfrac{1}{\epsilon_2} - \dfrac{1}{\epsilon_1}\right)D^2$ [N/m²]

② 전계가 경계면에 평행인 경우($\epsilon_1 > \epsilon_2$)

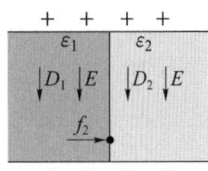

$f_2 = \dfrac{1}{2}(E_1\cdot D_1 - E_2\cdot D_2) = \dfrac{1}{2}(\epsilon_1 - \epsilon_2)E^2$ [N/m²]

①, ② 모두 유전율이 큰 쪽에서 유전율이 작은 쪽으로 끌려 들어가는 맥스웰 응력이 작용한다. **답** ③

16 전계 $E = \sqrt{2}\,E_e \sin\omega\left(t - \dfrac{x}{c}\right)$[V/m]의 평면 전자파가 있다. 진공 중에서 자계의 실효값은 몇 [A/m]인가?

① $\dfrac{1}{4\pi}E_e$ ② $\dfrac{1}{36\pi}E_e$

③ $\dfrac{1}{120\pi}E_e$ ④ $\dfrac{1}{360\pi}E_e$

풀이 고유임피던스

$Z_0 = \dfrac{E}{H} = \sqrt{\dfrac{\mu_0}{\epsilon_0}} = \sqrt{\dfrac{4\pi\times 10^{-7}}{8.855\times 10^{-12}}} = 120\pi$ [Ω]

따라서, 자계의 실효값

$H = \dfrac{E}{Z_0} = \dfrac{1}{120\pi}E_e = 2.65\times 10^{-3}E_e$ **답** ③

17 진공 중에 서로 떨어져 있는 두 도체 A, B가 있다. 도체 A에만 1[C]의 전하를 줄 때, 도체 A, B의 전위가 각각 3[V], 2[V]이었다. 지금 도체 A, B에 각각 1[C]과 2[C]의 전하를 주면 도체 A의 전위는 몇 [V]인가?

① 6   ② 7
③ 8   ④ 96

풀이 $Q_A = 1$[C], $Q_B = 0$[C]일 때

$V_A = P_{AA}Q_A + P_{AB}Q_B = P_{AA}\times 1 + P_{AB}\times 0$
$= P_{AA} = 3$[V/C]

$V_B = P_{BA}Q_A + P_{BB}Q_B = P_{BA}\times 1 + P_{BB}\times 0$
$= P_{BA} = 2$[V/C]

따라서 $Q_A = 1$[C], $Q_B = 2$[C]일 때
도체 A의 전위 V_A는

$V_A = P_{AA}Q_A + P_{AB}Q_B = 3\times 1 + 2\times 2 = 7$[V] **답** ②

18 한 변의 길이가 4[m]인 정사각형의 루프에 1[A]의 전류가 흐를 때, 중심점에서의 자속밀도 B는 약 몇 [Wb/m²]인가?

① 2.83×10^{-7} ② 5.65×10^{-7}
③ 11.31×10^{-7} ④ 14.14×10^{-7}

풀이 정사각형 중심의 자계의 세기

$H = \dfrac{2\sqrt{2}}{\pi}\cdot\dfrac{I}{l} = \dfrac{2\sqrt{2}}{\pi}\cdot\dfrac{1}{4} = \dfrac{\sqrt{2}}{2\pi}$ [AT/m]

자속밀도
$$B = \mu_0 H = 4\pi \times 10^{-7} \times \frac{\sqrt{2}}{2\pi} = 2.83 \times 10^{-7} [\text{Wb/m}^2]$$

답 ①

19 원점에 1[μC]의 점전하가 있을 때 점 $P(2, -2, 4)$[m]에서의 전계의 세기에 대한 단위벡터는 약 얼마인가?

① $0.41a_x - 0.41a_y + 0.82a_z$
② $-0.33a_x + 0.33a_y - 0.66a_z$
③ $-0.41a_x + 0.41a_y - 0.82a_z$
④ $0.33a_x - 0.33a_y + 0.66a_z$

풀이

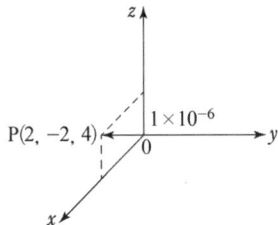

그림과 같이 전하 1[μC]이 존재하는 점과 점 P간의 거리는
$r = \sqrt{2^2 + (-2)^2 + 4^2} = \sqrt{24}$ 이므로
전계 세기의 크기는
$$E = 9 \times 10^9 \times \frac{Q}{r^2} = 9 \times 10^9 \times \frac{1 \times 10^{-6}}{(\sqrt{24})^2}$$
$$= \frac{9}{24} \times 10^3 [\text{V/m}]$$
전계 방향의 단위 벡터
$$r_0 = \frac{E}{E} = \frac{r}{r} = \frac{(2a_x - 2a_y + 4a_z)}{\sqrt{24}}$$
$$= 0.41a_x - 0.41a_y + 0.82a_z$$

답 ①

20 공기 중에서 전자기파의 파장이 3[m]라면 그 주파수는 몇 [MHz]인가?

① 100   ② 300
③ 1000 ④ 3000

풀이 전자기파 파장 $\lambda = \frac{v}{f}$[m]

따라서 $f = \frac{v}{\lambda} = \frac{3 \times 10^8}{3} \times 10^{-6} = 100$[MHz]

답 ①

2과목 - 전력공학

21 비등수형 원자로의 특징에 대한 설명으로 틀린 것은?

① 증기 발생기가 필요하다.
② 저농축 우라늄을 연료로 사용한다.
③ 노심에서 비등을 일으킨 증기가 직접 터빈에 공급되는 방식이다.
④ 가압수형 원자로에 비해 출력밀도가 낮다.

풀이 비등수형(BWR) 원자로의 특징
① 연료로 농축 우라늄을 사용하며, 감속재와 냉각재로 경수를 사용한다.
② 원자로의 내부증기를 직접터빈에서 이용하기 때문에 증기 발생기가 필요 없다.
③ 원자로 내에서 비등한 방사능을 띤 증기가 직접 터빈으로 들어가므로 방사성 방호설비를 강화해야 한다.
④ 가압수형(PWR)에 비해 노심의 출력밀도가 낮아 같은 출력의 경우 노심 및 압력 용기가 커진다.

답 ①

22 전력계통에서 내부 이상전압의 크기가 가장 큰 경우는?

① 유도성 소전류 차단 시
② 수차발전기의 부하 차단 시
③ 무부하 선로 충전전류 차단 시
④ 송전선로의 부하 차단기 투입 시

풀이 ① 내부 이상 전압의 종류
  • 개폐 이상전압
  • 사고 시의 과도 이상전압
  • 계통 조작과 고장 시의 지속 이상전압
② 송전선로의 개폐조작에 따른 과도현상 때문에 발생하는 이상전압은 일반적으로 투입 시보다 개방 시, 부하가 있는 회로를 개방하는 것보다 무부하의 회로를 개방하는 쪽이 더 높은 이상전압을 발생한다.
③ **내부 이상전압이 가장 큰 경우는 무부하 송전선로의 충전전류를 차단할 경우**이며, 그 크기는 상규 대지 전압의 3.5배 이하로서 4배를 넘는 경우는 거의 없다.

답 ③

23 망상(network)배전방식의 장점이 아닌 것은?

① 전압변동이 적다.
② 인축의 접지사고가 적어진다.
③ 부하의 증가에 대한 융통성이 크다.
④ 무정전 공급이 가능하다.

풀이 망상 배전방식의 장·단점
[장점] ① 무정전 공급의 신뢰도가 높다.
② 기기의 이용률이 향상된다.
③ 전압변동이 적다.
④ 부하 증가에 대한 적응성이 양호하다.
⑤ 전력손실 감소
⑥ 변전소 수를 줄일 수 있다.
[단점] ① 건설비가 비싸다.
② 인축의 접촉 사고가 증가한다. **답** ②

24 송전단 전압을 V_s, 수전단 전압을 V_r, 선로의 리액턴스를 X라 할 때 정상 시의 최대 송전전력의 개략적인 값은?

① $\dfrac{V_s - V_r}{X}$ ② $\dfrac{V_s^2 - V_r^2}{X}$
③ $\dfrac{V_s(V_s - V_r)}{X}$ ④ $\dfrac{V_s V_r}{X}$

풀이 송전 전력 $P = \dfrac{V_s V_r}{X}\sin\delta$ 이므로
$\sin\delta = 1$ 일 때, 최대 송전전력이 된다.
$\therefore P = \dfrac{V_s V_r}{X}$ **답** ④

25 500[kVA]의 단상 변압기 상용 3대(결선 △-△), 예비 1대를 갖는 변전소가 있다. 부하의 증가로 인하여 예비 변압기까지 동원해서 사용한다면 응할 수 있는 최대부하[kVA]는 약 얼마인가?

① 2000   ② 1730
③ 1500   ④ 830

풀이 단상변압기 상용 3대와 예비 1대가 있다면 V결선으로 두 뱅크 운전할 수 있으므로
$\therefore P = 2P_V = 2 \times \sqrt{3}\,VI$
$= 2 \times \sqrt{3} \times 500 = 1730[\text{kVA}]$ **답** ②

26 배전용 변전소의 주변압기로 주로 사용되는 것은?

① 강압 변압기   ② 체승 변압기
③ 단권 변압기   ④ 3권선 변압기

풀이 · 체승 변압기 : 승압용 (송전)
· 체강 변압기 : 강압용 (배전) **답** ①

27 3상용 차단기의 정격 차단 용량은?

① $\sqrt{3} \times$ 정격전압 $\times$ 정격차단전류
② $3\sqrt{3} \times$ 정격전압 $\times$ 정격전류
③ $3 \times$ 정격전압 $\times$ 정격차단전류
④ $\sqrt{3} \times$ 정격전압 $\times$ 정격전류

풀이 3상용 차단기의 정격 차단용량 $P_s = \sqrt{3}\,VI_s$
(여기서, V : 정격전압, I_s : 정격차단전류) **답** ①

28 3상 3선식 송전선로에서 각 선의 대지정전용량이 0.5096[μF]이고, 선간정전용량이 0.1295[μF]일 때, 1선의 작용정전용량은 약 몇 [μF]인가?

① 0.6   ② 0.9
③ 1.2   ④ 1.8

풀이 $C_n = C_s + 3C_m = 0.5096 + 3 \times 0.1295 ≒ 0.9[\mu F]$
여기서, C_n : 작용정전용량, C_s : 대지정전용량
C_m : 선간정전용량 **답** ②

29 그림과 같은 송전계통에서 S점에 3상 단락사고가 발생했을 때 단락전류[A]는 약 얼마인가? (단, 선로의 길이와 리액턴스는 각각 50[km], 0.6[Ω/km]이다.)

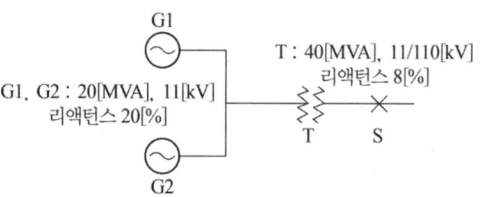

① 224   ② 324   ③ 454   ④ 554

풀이 기준용량 $P_n = 40[\text{MVA}]$로 할 경우

① 발전기의 $\%X_G = \dfrac{40[\text{MVA}]}{20[\text{MVA}]} \times 20[\%] = 40[\%]$

병렬로 연결되어 있으므로,

합성 $\%X_G = \dfrac{40 \times 40}{40 + 40} = 20[\%]$

② 송전선의 단락점까지

$\%X_L = \dfrac{XP}{10V^2} = \dfrac{0.6 \times 50 \times 40 \times 10^3}{10 \times 110^2} = 9.92[\%]$

③ 발전기에서 단락점까지의

총 $\%X_T = 20 + 8 + 9.92 = 37.92[\%]$

④ 정격전류 $I_n = \dfrac{P}{\sqrt{3}\,V} = \dfrac{40 \times 10^3}{\sqrt{3} \times 110}[\text{A}]$

따라서 단락 전류

$I_s = \dfrac{100}{\%Z}I_n = \dfrac{100}{37.92} \times \dfrac{40 \times 10^3}{\sqrt{3} \times 110} \fallingdotseq 554\,[\text{A}]$ **답** ④

---

30 전력계통의 전압을 조정하는 가장 보편적인 방법은?

① 발전기의 유효전력 조정
② 부하의 유효전력 조정
③ 계통의 주파수 조정
④ 계통의 무효전력 조정

풀이 계통의 무효전력을 동기조상기나 전력용 콘덴서를 이용하여 조정함으로써 전력계통의 전압을 조정할 수 있다. **답** ④

---

31 역률 0.8(지상)의 2800[kW] 부하에 전력용 콘덴서를 병렬로 접속하여 합성역률을 0.9로 개선하고자 할 경우, 필요한 전력용 콘덴서의 용량[kVA]은 약 얼마인가?

① 372 ② 558
③ 744 ④ 1116

풀이 $Q_c = W(\tan\theta_1 - \tan\theta_2)$

$= P\left(\dfrac{\sqrt{1-\cos^2\theta_1}}{\cos\theta_1} - \dfrac{\sqrt{1-\cos^2\theta_2}}{\cos\theta_2}\right)[\text{kVA}]$에서

유효전력 $P = 2800[\text{kW}]$이므로

콘덴서 용량 $Q_c = 2800 \times \left(\dfrac{\sqrt{1-0.8^2}}{0.8} - \dfrac{\sqrt{1-0.9^2}}{0.9}\right)$

$\fallingdotseq 744[\text{kVA}]$ **답** ③

---

32 컴퓨터에 의한 전력조류 계산에서 슬랙(slack) 모선의 초기치로 지정하는 값은?
(단, 슬랙 모선을 기준모선으로 한다.)

① 유효전력과 무효전력
② 전압 크기와 유효전력
③ 전압 크기와 위상각
④ 전압 크기와 무효전력

풀이 슬랙 모선에서의 기지량과 미지량

기지량(입력 데이터)	미지량(출력 데이터)
모선 전압의 크기 모선 전압의 위상각	유효 전력 무효전력 계통의 전 송전손실

답 ③

---

33 직격뢰에 대한 방호설비로 가장 적당한 것은?

① 복도체 ② 가공지선
③ 서지흡수기 ④ 정전방전기

풀이 가공 지선의 설치 목적
① 직격 뇌에 대한 차폐 효과
② 유도 뇌에 대한 정전 차폐 효과
③ 통신선에 대한 전자 유도 장해 경감 효과 **답** ②

---

34 저압배전선로에 대한 설명으로 틀린 것은?

① 저압 뱅킹 방식은 전압변동을 경감할 수 있다.
② 밸런서(balancer)는 단상 2선식에 필요하다.
③ 부하율(F)과 손실계수(H) 사이에는
 $1 \geq F \geq H \geq F^2 \geq 0$의 관계가 있다.
④ 수용률이란 최대수용전력을 설비용량으로 나눈 값을 퍼센트로 나타낸 것이다.

풀이 단상 3선식에서 부하가 불평형이 생기면 양 외선 간의 전압이 불평형이 되므로 이를 방지하기 위해 저압 밸런서를 설치한다. **답** ②

---

35 증기터빈내에서 팽창 도중에 있는 증기를 일부 추기하여 그것이 갖는 열을 급수가열에 이용하는 열사이클은?

① 랭킨사이클 ② 카르노사이클
③ 재생사이클 ④ 재열사이클

풀이
- 재열사이클
  고압터빈(H/T)에서 증기가 포화상태에 가까워졌을 때 증기를 다시 가열하여 저압터빈(L/T)으로 보낸다.

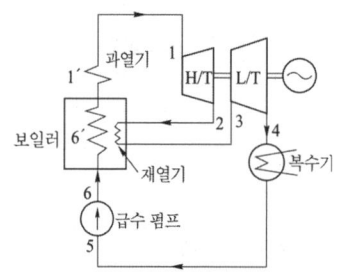

- 재열 사이클은 터빈의 내부 손실을 경감시켜서 효율을 높이는 것을 주목적으로 한다.
- 고압 터빈 내에서 **팽창한 증기를 일부 추출하여**, 보일러에서 **재가열**함으로써 건조도를 높여 적당한 과열도를 갖도록 하는 과열기를 설치하는데, 보통 이것을 재열기(reheater)라 한다. 답 ③

36
단상 2선식 배전선로의 말단에 지상역률 $\cos\theta$인 부하 P[kW]가 접속되어 있고 선로말단의 전압은 V[V]이다. 선로 한 가닥의 저항을 R[Ω]이라 할 때 송전단의 공급전력[kW]은?

① $P + \dfrac{P^2R}{V\cos\theta} \times 10^3$

② $P + \dfrac{2P^2R}{V\cos\theta} \times 10^3$

③ $P + \dfrac{P^2R}{V^2\cos^2\theta} \times 10^3$

④ $P + \dfrac{2P^2R}{V^2\cos^2\theta} \times 10^3$

풀이
① 송전단의 공급전력(P_s)은 부하전력(P)에 선로손실(P_l)을 합한 것이다.
② 단상 2선식이므로,
- 선로손실 $P_l = 2I^2R$ [W]
- 전류 $I = \dfrac{P \times 10^3}{V\cos\theta}$ [A]

∴ $P_s = P + 2I^2R$
$= P + \dfrac{2P^2R}{V^2\cos^2\theta} \times 10^3$ [kW] 답 ④

37
선로, 기기 등의 절연 수준 저감 및 전력용 변압기의 단절연을 모두 행할 수 있는 중성점 접지방식은?

① 직접접지방식
② 소호리액터접지방식
③ 고저항접지방식
④ 비접지방식

풀이 직접 접지방식의 장·단점
[장점] ① 1선 지락 시에 건전상의 대지전압이 거의 상승하지 않는다.
② 피뢰기의 효과를 증진시킬 수 있다.
③ **단절연이 가능하다.**
④ 계전기의 동작이 확실해진다.
[단점] ① 송전 계통의 과도 안정도가 나빠진다.
② 통신선에 유도 장해가 크다.
③ 지락 시 대전류가 흘러 기기에 손상을 준다.
④ 대용량 차단기가 필요하다. 답 ①

38
부하전류 차단이 불가능한 전력개폐 장치는?

① 진공차단기   ② 유입차단기
③ 단로기   ④ 가스차단기

풀이

능력 기능	회로 분리		사고 차단	
	무부하	부하	과부하	단락
퓨즈	○	–	–	○
차단기	○	○	○	○
개폐기	○	○	○	–
단로기	○	–	–	–

단로기(DS)는 switch로서 아크 소호장치가 없어 **부하전류의 차단이 곤란하다.** 답 ③

39
최대수용전력이 3[kW]인 수용가가 3세대, 5[kW]인 수용가가 6세대라고 할 때, 이 수용가군에 전력을 공급할 수 있는 주상변압기의 최소 용량[kVA]은? (단, 역률은 1, 수용가 간의 부등률은 1.3이다.)

① 25   ② 30
③ 35   ④ 40

풀이 변압기용량 $= \dfrac{\text{설비용량} \times \text{수용률}}{\text{부등률} \times \text{역률}}$

$= \dfrac{3 \times 3 + 5 \times 6}{1.3 \times 1} = 30$ [kVA] 답 ②

40 가공송전선로에서 총 단면적이 같은 경우 단도체와 비교하여 복도체의 장점이 아닌 것은?

① 안정도를 증대시킬 수 있다.
② 공사비가 저렴하고 시공이 간편하다.
③ 전선표면의 전위경도를 감소시켜 코로나 임계전압이 높아진다.
④ 선로의 인덕턴스가 감소되고 정전용량이 증가해서 송전용량이 증대된다.

풀이 (1) 3상 송전선의 한 가닥의 전선을 2가닥 이상으로 한 것을 다도체라 하고, 2가닥으로 한 것을 보통 복도체라 한다.
(2) 복도체 방식의 장·단점
　① 장점
　　• 선로의 인덕턴스 감소
　　• 선로의 정전용량 증가
　　• 코로나 임계전압 상승
　　• 선로의 송전용량 증가
　　• 안정도 증대
　② 단점
　　• 페란티 효과에 의한 수전단 전압 상승
　　• 단락사고시 각 소도체에 같은 방향의 대전류가 흘러 소도체 상호간에 흡인력 발생
　　• 단도체에 비해 공사비가 고가이고 시공이 어렵다.　　　　　　　　　　**답** ②

3과목 - 전기기기

41 부하전류가 크지 않을 때 직류 직권전동기 발생 토크는? (단, 자기회로가 불포화인 경우이다.)

① 전류에 비례한다.
② 전류에 반비례한다.
③ 전류의 제곱에 비례한다.
④ 전류의 제곱에 반비례한다.

풀이 직류직권 전동기의 토크

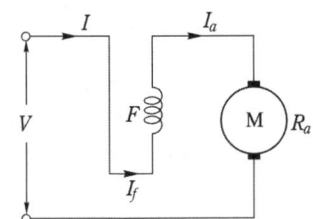

① 토크 $T = \dfrac{pz\phi I_a}{2\pi a} = K\phi I_a [\text{N}\cdot\text{m}]$ (단, $K = \dfrac{pz}{2\pi a}$)
② 직권 전동기의 토크 특성
　• 부하전류가 적어 철심의 자기포화가 되지 않는 경우 $I_a = I_f \propto \phi$ 이므로 $T = KI_a^2 [\text{N}\cdot\text{m}]$
　• 부하전류가 증가하여 철심이 자기포화 된 경우 철심이 자기포화 되면 자속 ϕ는 일정하므로 $T = KI_a [\text{N}\cdot\text{m}]$　　　　**답** ③

42 동기전동기에 대한 설명으로 틀린 것은?

① 동기전동기는 주로 회전계자형이다.
② 동기전동기는 무효전력을 공급할 수 있다.
③ 동기전동기는 제동권선을 이용한 기동법이 일반적으로 많이 사용된다.
④ 3상 동기전동기의 회전방향을 바꾸려면 계자권선 전류의 방향을 반대로 한다.

풀이 (1) 3상 동기전동기의 회전방향을 바꾸려면 **3선 중 2선의 전원 단자를 서로 바꾸어서 결선**하여야 한다.
(2) 동기전동기의 특징
　[장점]
　① 속도가 일정불변이다.
　② 항상 역률 1로 운전할 수 있다.
　③ 여자전류를 가감하여 역률을 조정할 수 있다.
　④ 유도전동기에 비하여 효율이 좋다.
　[단점]
　① 보통 구조의 것은 기동 토크가 적고 속도 조정을 할 수 없다.
　② 난조를 일으킬 염려가 있다.
　③ 여자용의 직류 전원을 필요로 하여 설비비가 많이 든다.　　　　　　　　　**답** ④

43 동기발전기에서 동기속도와 극수와의 관계를 옳게 표시한 것은?
(단, N : 동기속도, P : 극수이다.)

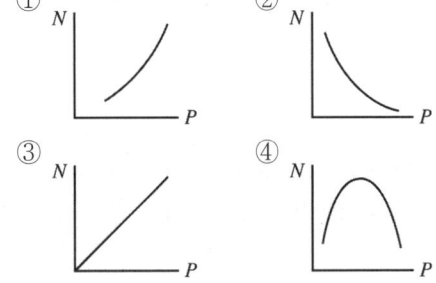

풀이 동기속도 $N = \dfrac{120f}{p} \propto \dfrac{1}{p}$
즉, 동기속도(N)와 극수(p)는 서로 반비례하는 관계이다. **답** ②

44 어떤 직류전동기가 역기전력 200[V], 매분 1200회전으로 토크 158.76[N·m]를 발생하고 있을 때의 전기자 전류는 약 몇 [A]인가? (단, 기계손 및 철손은 무시한다.)

① 90
② 95
③ 100
④ 105

풀이 토크 $\tau = 0.975 \dfrac{P}{N} = 0.975 \dfrac{E_c I_a}{N}$ [kg·m]

$158.76 = 0.975 \times \dfrac{200 \times I_a}{1200} \times 9.8$ 에서

전기자전류 $I_a = \dfrac{158.76 \times 1200}{0.975 \times 200 \times 9.8} ≒ 100$[A] **답** ③

45 일반적인 DC 서보모터의 제어에 속하지 않는 것은?

① 역률제어
② 토크제어
③ 속도제어
④ 위치제어

풀이 서보 모터는 빈번하게 변화하는 위치나 속도의 명령에 대해서 충실하게 추종할 수 있도록 설계된 모터로 **역률 제어기능은 여기에 속하지 않는다.** **답** ①

46 극수가 4극이고 전기자권선이 단중 중권인 직류발전기의 전기자전류가 40[A]이면 전기자권선의 각 병렬회로에 흐르는 전류[A]는?

① 4
② 6
③ 8
④ 10

풀이 직류발전기 각 병렬회로에 흐르는 전류는 I/a이고, 단중 중권인 경우 병렬회로수(a)는 극수와 같다.
따라서, 병렬회로에 흐르는 전류 $= \dfrac{40}{4} = 10$[A] **답** ④

47 부스트(Boost)컨버터의 입력전압이 45[V]로 일정하고, 스위칭 주기가 20[kHz], 듀티비(Duty ratio)가 0.6, 부하저항이 10[Ω]일 때 출력전압은 몇 [V]인가? (단, 인덕터에는 일정한 전류가 흐르고 커패시터 출력전압의 리플성분은 무시한다.)

① 27
② 67.5
③ 75
④ 112.5

풀이 부스트 컨버터의 전달비 G_V는 $G_V = \dfrac{V_o}{V_i} = \dfrac{1}{1-D}$

여기서, V_o : 출력전압, V_i : 입력전압, D : 듀티비

$\therefore V_o = \dfrac{V_i}{1-D} = \dfrac{45}{1-0.6} = 112.5$[V] **답** ④

48 8극, 900[rpm] 동기발전기와 병렬 운전하는 6극 동기발전기의 회전수는 몇 [rpm]인가?

① 900
② 1000
③ 1200
④ 1400

풀이 동기발전기 회전수 $N_s = \dfrac{120f}{p}$[rpm]이고, 병렬운전이므로 주파수가 같아야 한다.
즉, $N_s \propto \dfrac{1}{p}$ 이므로
$\therefore N_s = \dfrac{8}{6} \times 900 = 1200$[rpm] **답** ③

49 단상 정류자전동기의 일종인 단상 반발전동기에 해당되는 것은?

① 시라게전동기
② 반발유도전동기
③ 아트킨손형 전동기
④ 단상 직권 정류자전동기

풀이 ① 단상 정류자 전동기

직권특성	• 단상 직권전동기 : 직권형, 보상직권형, 유도보상직권형 • 단상 반발 전동기 : 아트킨손형 전동기, 톰슨 전동기, 데리 전동기
분권특성	현재 실용화 되지 않고 있음

② 3상 분권 정류자 전동기 : 시라게 전동기 **답** ③

50 변압기 단락시험에서 변압기의 임피던스 전압이란?

① 1차 전류가 여자전류에 도달했을 때의 2차측 단자전압
② 1차 전류가 정격전류에 도달했을 때의 2차측 단자전압
③ 1차 전류가 정격전류에 도달했을 때의 변압기 내의 전압강하
④ 1차 전류가 2차 단락전류에 도달했을 때의 변압기 내의 전압강하

풀이 변압기 2차측을 단락하고 1차측에 정격 주파수의 전압을 가하여 1차 전류를 측정한다. 전압을 서서히 증가시켜 1차 전류가 정격전류와 같게 될 때 1차에 가한 전압을 임피던스 전압이라 하며, 변압기 내의 전압강하를 의미한다. 또한 이때의 입력을 임피던스와트(전부하 동손)라고 한다. **답** ③

51 10[kW], 3상 380[V] 유도전동기의 전부하 전류는 약 몇 [A]인가?
(단, 전동기의 효율은 85[%], 역률은 85[%]이다.)

① 15 ② 21
③ 26 ④ 36

풀이 유도전동기의 전부하 전류
$$I = \frac{P}{\sqrt{3}\, V \cos\theta\, \eta} = \frac{10 \times 10^3}{\sqrt{3} \times 380 \times 0.85 \times 0.85} \fallingdotseq 21[A]$$
답 ②

52 와전류 손실을 패러데이 법칙으로 설명한 과정 중 틀린 것은?

① 와전류가 철심 내에 흘러 발열 발생
② 유도기전력 발생으로 철심에 와전류가 흐름
③ 와전류 에너지 손실량은 전류밀도에 반비례
④ 시변 자속으로 강자성체 철심에 유도기전력 발생

풀이 도체에 코일을 감고 교류전류 i를 흐르게 하면 도체 단면을 통과하는 자속이 변하게 되어 전자유도에 의한 맴돌이 형태의 유도전류가 흐르게 되는데 이 맴돌이 전류를 와전류라고 하며, 와전류에 의한 전력손실을 와전류 손실이라고 한다.

와류손 $P_e = \delta_e (t f k_f B_m)^2$ [W/kg]
여기서, δ_e : 재료에 의한 정수, f : 주파수[Hz],
B_m : 자속밀도의 최댓값 [Wb/m²]
t : 철판의 두께[m], k_f : 파형률

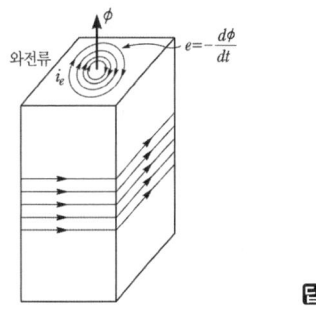

답 ③

53 변압기의 주요시험 항목 중 전압변동률 계산에 필요한 수치를 얻기 위한 필수적인 시험은?

① 단락시험   ② 내전압시험
③ 변압비시험 ④ 온도상승시험

풀이 ① 전압변동률 $\epsilon = p\cos\theta + q\sin\theta$
(여기서, p : %저항강하, q : %리액턴스강하)
② 변압기의 단락시험으로 백분율 저항강하, 백분율 리액턴스 강하 등을 구할 수 있다. **답** ①

54 2전동기설에 의하여 단상 유도전동기의 가상적 2개의 회전자 중 정방향에 회전하는 회전자 슬립이 s이면 역방향에 회전하는 가상적 회전자의 슬립은 어떻게 표시되는가?

① $1+s$ ② $1-s$
③ $2-s$ ④ $3-s$

풀이 단상 유도전동기
• 정방향 회전자의 슬립 : $s = \dfrac{N_s - N}{N_s}$
• 역방향 회전자의 슬립 :
$$s_b = \frac{N_s - (-N)}{N_s} = \frac{N_s + N_s - (N_s - N)}{N_s}$$
$$= 2 - \frac{N_s - N}{N_s} = 2 - s$$
답 ③

55 3상 농형 유도전동기의 전전압 기동토크는 전부하토크의 1.8배이다. 이 전동기에 기동보상기를 사용하여 기동전압을 전전압의 2/3로 낮추어 기동하면, 기동토크는 전부하토크 T 와 어떤 관계인가?

① $3.0T$ ② $0.8T$
③ $0.6T$ ④ $0.3T$

풀이
- 3상 농형 유도전동기의 토크는 전압의 제곱에 비례($T \propto V^2$)한다.
- 전부하토크를 T 라고 하면, 전전압 기동토크 $T_s = 1.8T$ 이다.
- 기동전압을 전전압의 2/3로 낮추었을 때의 기동토크를 T' 라고 하면
$$\frac{T_s}{T_s'} = \frac{V^2}{\left(\frac{2}{3}V\right)^2}$$
$\therefore T_s' = \frac{4}{9}T_s = \frac{4}{9} \times 1.8T = 0.8T$

답 ②

56 변압기에서 생기는 철손 중 와류손(Eddy Current Loss)은 철심의 규소강판 두께와 어떤 관계에 있는가?

① 두께에 비례
② 두께의 2승에 비례
③ 두께의 3승에 비례
④ 두께의 $\frac{1}{2}$ 승에 비례

풀이 와류손 $P_e = K_e (t \cdot f \cdot K_f \cdot B_m)^2$
여기서, t : 철심의 두께[mm], f : 주파수[Hz]
K_f : 파형률 $\left(\frac{실효치}{평균치} = 1.11\right)$
B_m : 최대 자속밀도[Wb/m²]

답 ②

57 50[Hz], 12극의 3상 유도전동기가 10[HP]의 정격출력을 내고 있을 때, 회전수는 약 몇 [rpm]인가? (단, 회전자 동손은 350[W]이고, 회전자 입력은 회전자 동손과 정격 출력의 합이다.)

① 468   ② 478
③ 488   ④ 500

풀이
- 2차 입력 $P_2 = P + P_{c2} = 10 \times 746 + 350 = 7810$[W]
  (∵ 1[HP] = 746[W])
- 회전자 동손 $P_{c2} = sP_2$ 이므로
  슬립 $s = \frac{P_{c2}}{P_2} = \frac{350}{7810} = 0.955$
- 회전속도
$$N = (1-s)N_s = (1-s)\frac{120f}{p}$$
$$= (1 - 0.955) \times \frac{120 \times 50}{12} = 478\text{[rpm]}$$

답 ②

58 변압기의 권수를 N 이라고 할 때 누설리액턴스는?

① N에 비례한다.   ② N^2에 비례한다.
③ N에 반비례한다.   ④ N^2에 반비례한다.

풀이 변압기의 누설리액턴스 $L = \frac{\mu A N^2}{l} \propto N^2$

여기서, L : 인덕턴스 [H], A : 철심의 단면적 [m²]
N : 코일의 권수 [회], l : 자로의 길이 [m]

답 ②

59 동기발전기의 병렬운전 조건에서 같지 않아도 되는 것은?

① 기전력의 용량   ② 기전력의 위상
③ 기전력의 크기   ④ 기전력의 주파수

풀이 병렬운전 조건이 다른 경우

병렬운전 조건	다른 경우 흐르는 전류
기전력의 크기가 같을 것	무효 순환전류
기전력의 위상이 같을 것	동기화 전류(유효횡류)
기전력의 주파수가 같을 것	동기화 전류
기전력의 파형이 같을 것	고주파 무효 순환전류

답 ①

60 다이오드를 사용하는 정류회로에서 과대한 부하전류로 인하여 다이오드가 소손될 우려가 있을 때 가장 적절한 조치는 어느 것인가?

① 다이오드를 병렬로 추가한다.
② 다이오드를 직렬로 추가한다.
③ 다이오드 양단에 적당한 값의 저항을 추가한다.
④ 다이오드 양단에 적당한 값의 커패시터를 추가한다.

풀이
- 다이오드 직렬 연결 : 과전압 방지
- 다이오드 병렬 연결 : 과전류 방지

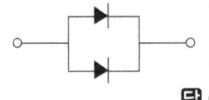

답 ①

4과목 - 회로이론 및 제어공학

61 전달함수가 $G_C(s) = \dfrac{s^2 + 3s + 5}{2s}$ 인 제어기가 있다. 이 제어기는 어떤 제어기인가?

① 비례 미분 제어기
② 적분 제어기
③ 비례 적분 제어기
④ 비례 미분 적분 제어기

풀이
- $G(s) = K_p \left(1 + T_d s + \dfrac{1}{T_i s}\right)$
(여기서, K_p 비례감도, T_d : 미분시간, T_i : 적분시간)
- $G_C(s) = \dfrac{s^2 + 3s + 5}{2s} = \dfrac{s}{2} + \dfrac{3}{2} + \dfrac{5}{2s}$
$= \dfrac{3}{2} + \dfrac{1}{2}s + \dfrac{1}{\frac{2}{5}s} = \dfrac{3}{2}\left(1 + \dfrac{1}{3}s + \dfrac{1}{\frac{3}{5}s}\right)$

이므로 비례 미분 적분 제어계이다. 답 ④

62 다음 논리회로의 출력 Y는?

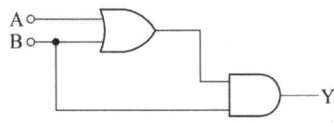

① A ② B ③ A+B ④ A·B

풀이
$Y = (A+B) \cdot B = A \cdot B + B \cdot B$
$= A \cdot B + B = B(A+1) = B$

답 ②

63 그림과 같은 제어시스템이 안정하기 위한 k의 범위는?

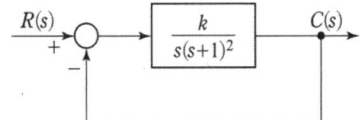

① $k > 0$ ② $k > 1$
③ $0 < k < 1$ ④ $0 < k < 2$

풀이
특성방정식 $1 + G(s)H(s) = 1 + \dfrac{k}{s(s+1)^2} = 0$
$s(s+1)^2 + k = s^3 + 2s^2 + s + k = 0$

루드의 표

s^3	1	1
s^2	2	k
s^1	$\dfrac{2-k}{2}$	0
s^0	k	

제1열의 부호변화가 없어야 안정하므로
$2 - k > 0,\ k > 0$
$\therefore 0 < k < 2$

답 ④

64 다음과 같은 상태방정식으로 표현되는 제어시스템의 특성방정식의 근 $(s_1,\ s_2)$은?

$$\begin{bmatrix} \dot{x_1} \\ \dot{x_2} \end{bmatrix} = \begin{bmatrix} 0 & 1 \\ -2 & -3 \end{bmatrix} \begin{bmatrix} x_1 \\ x_2 \end{bmatrix} + \begin{bmatrix} 1 \\ 0 \end{bmatrix} u$$

① 1, −3 ② −1, −2
③ −2, −3 ④ −1, −3

풀이
$|sI - A| = \begin{bmatrix} s & 0 \\ 0 & s \end{bmatrix} - \begin{bmatrix} 0 & 1 \\ -2 & -3 \end{bmatrix} = \begin{bmatrix} s & -1 \\ 2 & s+3 \end{bmatrix}$
$= s(s+3) + 2 = s^2 + 3s + 2$

즉 특성방정식은 $s^2 + 3s + 2 = 0$이므로
$s^2 + 3s + 2 = (s+2)(s+1) = 0$
$\therefore s = -1, -2$

답 ②

65 그림의 블록선도와 같이 표현되는 제어시스템에서 $A = 1$, $B = 1$일 때, 블록선도의 출력 C는 약 얼마인가?

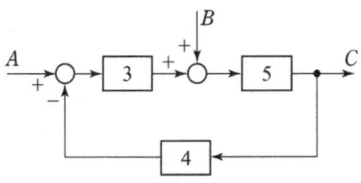

① 0.22 ② 0.33
③ 1.22 ④ 3.1

풀이 전달함수 $G(s) = \dfrac{경로}{1-폐로}$ 이므로

- 입력 A인 경우
  경로 : $3 \times 5 = 15$, 폐로 : $3 \times 4 \times 5 = 60$
  $$\dfrac{C}{A} = \dfrac{15}{1+60} = \dfrac{15}{61}$$

- 입력 B인 경우
  경로 : 5, 폐로 : $3 \times 4 \times 5 = 60$
  $$\dfrac{C}{B} = \dfrac{5}{1+60} = \dfrac{5}{61}$$

$\therefore G(s) = \dfrac{C}{A} + \dfrac{C}{B} = \dfrac{15}{61} + \dfrac{5}{61} = 0.33$ **답** ②

66 전달함수가 $\dfrac{C(s)}{R(s)} = \dfrac{1}{3s^2+4s+1}$ 인 제어시스템의 과도 응답 특성은?

① 무제동 ② 부족제동
③ 임계제동 ④ 과제동

풀이
(1) $\dfrac{C(s)}{R(s)} = \dfrac{\omega_n^2}{s^2+2\delta\omega_n s+\omega_n^2} = \dfrac{1}{3s^2+4s+1}$

$$= \dfrac{\frac{1}{3}}{s^2+\frac{4}{3}s+\frac{1}{3}}$$

$\omega_n^2 = \dfrac{1}{3} \rightarrow \omega_n = \dfrac{1}{\sqrt{3}}$

$2\delta\omega_n = \dfrac{4}{3} \rightarrow \delta = \dfrac{4}{3} \times \dfrac{\sqrt{3}}{2} = 1.15$

(2) 2차계의 과도응답
  ① $\delta < 1$인 경우 : 부족 제동(감쇠 진동)
  ② $\delta = 1$인 경우 : 임계 제동(임계 상태)
  ③ $\delta > 1$인 경우 : 과제동(비진동)
  ④ $\delta = 0$인 경우 : 무제동(무한 진동 또는 완전 진동)
  즉, $\delta > 1$이므로 과제동이다. **답** ④

67 제어요소가 제어대상에 주는 양은?

① 동작신호 ② 조작량
③ 제어량   ④ 궤환량

풀이

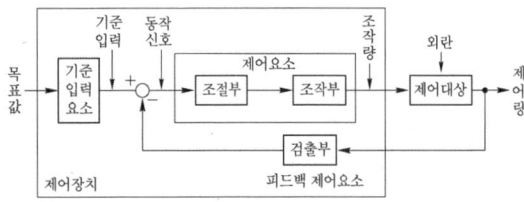

〈폐루프 제어계의 구성도〉

① 조작신호(량) : 제어요소에서 제어대상에 인가되는 신호(량)이다.
② 동작신호 : 기준입력과 주궤환신호와의 편차인 신호로서 제어 동작을 일으키는 원인이 되는 신호이다.
③ 주궤환 신호 : 동작신호를 얻기 위하여 기준입력과 비교되는 신호로서 제어량의 함수 관계가 된다.
④ 기준입력신호 : 제어계를 동작시키는 기준으로서 목표값에 비례하는 신호입력이다. **답** ②

68 함수 $f(t) = e^{-at}$의 z변환 함수 $F(z)$는?

① $\dfrac{2z}{z-e^{aT}}$ ② $\dfrac{1}{z+e^{aT}}$
③ $\dfrac{z}{z+e^{-aT}}$ ④ $\dfrac{z}{z-e^{-aT}}$

풀이

$f(t)$	$F(s)$	$F(z)$
$\delta(t)$	1	1
$u(t)$	$\dfrac{1}{s}$	$\dfrac{z}{z-1}$
t	$\dfrac{1}{s^2}$	$\dfrac{Tz}{(z-1)^2}$
e^{-at}	$\dfrac{1}{s+a}$	$\dfrac{z}{z-e^{-aT}}$

답 ④

69 제어시스템의 주파수 전달함수가 $G(j\omega) = j5\omega$이고, 주파수가 $\omega = 0.02$[rad/sec]일 때 이 제어시스템의 이득[dB]은?

① 20 ② 10 ③ -10 ④ -20

풀이 $g = 20\log|G(j\omega)| = 20\log|j5\omega|_{\omega=0.02}$
$= 20\log|j5 \times 0.02| = 20\log|j0.1|$
$= 20\log 10^{-1} = -20$[dB]   **답** ④

70 그림과 같은 제어시스템의 폐루프 전달함수 $T(s) = \dfrac{C(s)}{R(s)}$에 대한 감도 S_K^T는?

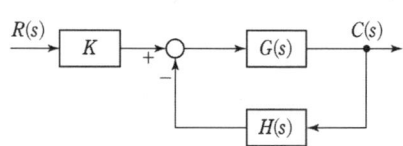

① 0.5 ② 1
③ $\dfrac{G}{1+GH}$ ④ $\dfrac{-GH}{1+GH}$

풀이 전달함수 $T = \dfrac{C(s)}{R(s)} = \dfrac{KG}{1+GH}$

K에 대한 감도

$\therefore S_K^T = \dfrac{K}{T} \cdot \dfrac{dT}{dK} = \dfrac{K}{\dfrac{KG}{1+GH}} \cdot \dfrac{d}{dK}\left(\dfrac{KG}{1+GH}\right)$

$= \dfrac{1+GH}{G} \cdot \dfrac{G(1+GH)}{(1+GH)^2} = 1$ ... 답 ②

71 그림(a)와 같은 회로에 대한 구동점 임피던스의 극점과 영점이 각각 그림(b)에 나타낸 것과 같고 $Z(0) = 1$일 때, 이 회로에서 $R[\Omega]$, L[H], C[F]의 값은?

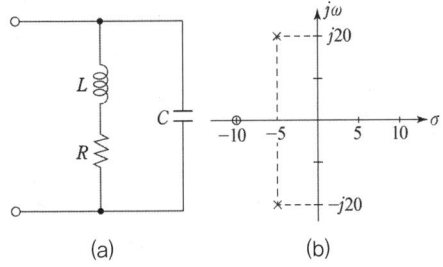

(a) (b)

① $R = 1.0[\Omega]$, $L = 0.1$[H], $C = 0.0235$[F]
② $R = 1.0[\Omega]$, $L = 0.2$[H], $C = 1.0$[F]
③ $R = 2.0[\Omega]$, $L = 0.1$[H], $C = 0.0235$[F]
④ $R = 2.0[\Omega]$, $L = 0.2$[H], $C = 1.0$[F]

풀이 ① 구동점 임피던스

$Z(s) = \dfrac{(Ls+R) \cdot \dfrac{1}{Cs}}{Ls+R+\dfrac{1}{Cs}} = \dfrac{Ls+R}{LCs^2+RCs+1}$

$= \dfrac{\dfrac{1}{C}\left(s+\dfrac{R}{L}\right)}{s^2+\dfrac{R}{L}s+\dfrac{1}{LC}}$

② 문제의 조건에서 $Z(0) = 1$이므로,
$Z(0) = R = 1[\Omega]$ ($\because s = j\omega = 0$)

③ 영점 $s = -10$은 $Z(s)$의 분자가 0인 경우의 근을 의미
(분자)$= \dfrac{1}{C}\left(s+\dfrac{R}{L}\right) = 0$, $s = -\dfrac{R}{L} = -10$

$\therefore L = 0.1$[H]

④ 극점 $s = -5 \pm j20$은 $Z(s)$의 분모가 0인 경우의 근을 의미

(분모)$= \{s-(-5+j20)\}\{s-(-5-j20)\}$
$= (s+5-j20)(s+5+j20)$
$= (s+5)^2 + 20^2 = s^2+10s+425$

⑤ $s^2 + \dfrac{R}{L}s + \dfrac{1}{LC} = s^2+10s+425 \rightarrow \dfrac{1}{LC} = 425$

$\therefore C = \dfrac{1}{425L} = \dfrac{1}{425 \times 0.1} = 0.0235$[F] ... 답 ①

72 회로에서 저항 $1[\Omega]$에 흐르는 전류 I[A]는?

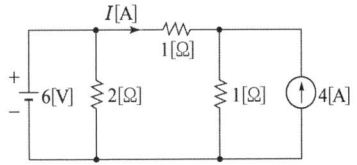

① 3 ② 2
③ 1 ④ -1

풀이 ① 전류원 개방 시 I'는

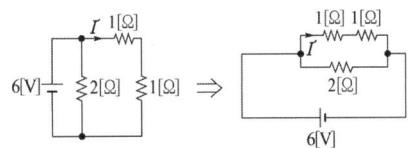

$I' = \dfrac{6}{\dfrac{(1+1) \times 2}{(1+1)+2}} \times \dfrac{2}{(1+1)+2} = 3$[A]

② 전압원 단락 시 I''는

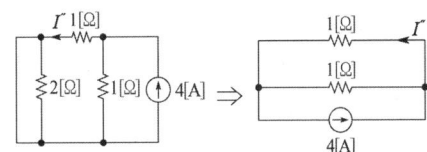

$I'' = \dfrac{1}{2} \times 4 = 2$[A]

③ I'과 I''의 방향이 반대이므로 R에 흐르는 전류 I는
$\therefore I = I' - I'' = 3 - 2 = 1$[A] ... 답 ③

73 파형이 톱니파인 경우 파형률은 약 얼마인가?

① 1.155 ② 1.732
③ 1.414 ④ 0.577

풀이

구형파	삼각파 (톱니파)	정현파	정류파 (전파)	정류파 (반파)
파형률	1.0	1.155	1.109	1.57
파고율		$\sqrt{3} = 1.732$	$\sqrt{2} = 1.414$	2.0

답 ①

74 무한장 무손실 전송선로의 임의의 위치에서 전압이 100[V]이었다. 이 선로의 인덕턴스가 7.5[μH/m]이고, 커패시턴스가 0.012[μF/m]일 때 이 위치에서 전류[A]는?

① 2 ② 4
③ 6 ④ 8

풀이 무손실 선로의 특성 임피던스는

$Z_0 = \sqrt{\dfrac{L}{C}} = \sqrt{\dfrac{7.5}{0.012}} = 25[\Omega]$

$\therefore I = \dfrac{V}{Z_0} = \dfrac{100}{25} = 4[A]$ **답** ②

75 전압

$v(t) = 14.14\sin\omega t + 7.07\sin\left(3\omega t + \dfrac{\pi}{6}\right)[V]$

의 실효값은 약 몇 [V]인가?

① 3.87 ② 11.2
③ 15.8 ④ 21.2

풀이 비정현파의 실효값

$V = \sqrt{V_0^2 + V_1^2 + V_2^2 + \cdots + V_n^2}$
$= \sqrt{\left(\dfrac{14.14}{\sqrt{2}}\right)^2 + \left(\dfrac{7.07}{\sqrt{2}}\right)^2} \fallingdotseq 11.2[V]$ **답** ②

76 그림과 같은 평형 3상 회로에서 전원 전압이 $V_{ab} = 200[V]$이고 부하 한 상의 임피던스가 $Z = 4 + j3[\Omega]$인 경우 전원과 부하 사이 선전류 I_a는 약 몇 [A]인가?

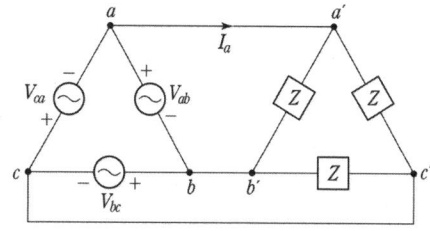

① $40\sqrt{3} \angle 36.87°$
② $40\sqrt{3} \angle -36.87°$
③ $40\sqrt{3} \angle 66.87°$
④ $40\sqrt{3} \angle -66.87°$

풀이
- 전원과 부하가 다 같이 △결선이므로
  상전류 $I_p = \dfrac{V}{Z} = \dfrac{200}{\sqrt{4^2 + 3^2}} = 40[A]$
  위상차 $\theta = \tan^{-1}\dfrac{X_L}{R} = \tan^{-1}\dfrac{3}{4} = 36.87°$
  임피던스 $Z = 4 + j3[\Omega]$에서 허수(j)의 부호가 '+'이므로 전류는 전압보다 위상이 느리다(유도성 회로).
- △결선시 선전류는 각 상전류에 비해 크기는 $\sqrt{3}$배 크며, 위상은 30° 느리다.
  따라서 선전류
  $I_a = \sqrt{3}I_p = 40\sqrt{3} \angle -30° - 36.87°$
  $= 40\sqrt{3} \angle -66.87°[A]$ **답** ④

77 정상상태에서 $t = 0$초인 순간에 스위치 S를 열었다. 이 때 흐르는 전류 $i(t)$는?

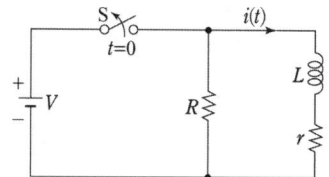

① $\dfrac{V}{R}e^{-\frac{R+r}{L}t}$ ② $\dfrac{V}{r}e^{-\frac{R+r}{L}t}$

③ $\dfrac{V}{R}e^{-\frac{L}{R+r}t}$ ④ $\dfrac{V}{r}e^{-\frac{L}{R+r}t}$

풀이 전원 제거 시 $(t = 0)$
- 정상상태($t = \infty$)일 때의 전류인 정상해는 0[A]
- 과도해 $i(t) = Ie^{-\frac{R}{L}t}[A]$
  $\therefore i(t) = \dfrac{V}{r}e^{-\frac{R+r}{L}t}$ **답** ②

78 선간전압이 150[V], 선전류가 $10\sqrt{3}$[A], 역률이 80[%]인 평형 3상 유도성 부하로 공급되는 무효전력[var]은?

① 3600 ② 3000
③ 2700 ④ 1800

풀이 무효전력 $P_r = \sqrt{3}VI\sin\theta = \sqrt{3}VI \times \sqrt{1-\cos^2\theta}$
$= \sqrt{3} \times 150 \times 10\sqrt{3} \times \sqrt{1-0.8^2}$
$= 2700[var]$ **답** ③

79 그림과 같은 함수의 라플라스 변환은?

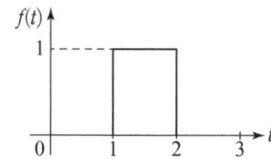

① $\dfrac{1}{s}(e^s - e^{2s})$ ② $\dfrac{1}{s}(e^{-s} - e^{-2s})$

③ $\dfrac{1}{s}(e^{-2s} - e^{-s})$ ④ $\dfrac{1}{s}(e^{-s} + e^{-2s})$

풀이 $f(t) = 1 \cdot \{u(t-1) - u(t-2)\}$
$\therefore F(s) = \mathcal{L}[f(t)] = \mathcal{L}[u(t-1)] - \mathcal{L}[u(t-2)]$
$= \dfrac{e^{-s}}{s} - \dfrac{e^{-2s}}{s} = \dfrac{1}{s}(e^{-s} - e^{-2s})$ **답** ②

80 상의 순서가 $a-b-c$인 불평형 3상 전류가 $I_a = 15 + j2$[A], $I_b = -20 - j14$[A], $I_c = -3 + j10$[A]일 때 영상분 전류 I_0는 약 몇 [A]인가?

① $2.67 + j0.38$ ② $2.02 + j6.98$
③ $15.5 - j3.56$ ④ $-2.67 - j0.67$

풀이 영상전류
$I_0 = \dfrac{1}{3}(I_a + I_b + I_c)$
$= \dfrac{1}{3}[(15+j2) + (-20-j14) + (-3+j10)]$
$= \dfrac{1}{3}(-8-j2) = -2.67 - j0.67$[A]   **답** ④

5과목 - 전기설비기술기준

81 지중 전선로를 직접 매설식에 의하여 차량 기타 중량물의 압력을 받을 우려가 있는 장소에 시설하는 경우 매설 깊이는 몇 [m] 이상으로 하여야 하는가?

① 0.6   ② 1
③ 1.5   ④ 2

풀이 334.1 지중전선로의 시설

가. 지중 전선로는 전선에 케이블을 사용하고 또한 관로식·암거식 또는 직접 매설식에 의하여 시설하여야 한다.
나. 지중 전선로를 관로식 또는 암거식에 의하여 시설하는 경우에는 다음에 따라야 한다.
 ① 관로식에 의하여 시설하는 경우에는 매설 깊이를 1.0[m] 이상, 중량물의 압력을 받을 우려가 없는 곳은 0.6[m] 이상
 ② 암거식에 의하여 시설하는 경우에는 견고하고 차량 기타 중량물의 압력에 견디는 것을 사용할 것.
다. 지중 전선로를 직접 매설식에 의하여 시설하는 경우에는 매설 깊이를 차량 기타 중량물의 압력을 받을 우려가 있는 장소에는 1.0[m] 이상, 기타 장소에는 0.6[m] 이상   **답** ②

82 지중 전선로에 사용하는 지중함의 시설기준으로 틀린 것은?

① 조명 및 세척이 가능한 장치를 하도록 할 것
② 견고하고 차량 기타 중량물의 압력에 견디는 구조일 것
③ 그 안의 고인 물을 제거할 수 있는 구조로 되어 있을 것
④ 뚜껑은 시설자 이외의 자가 쉽게 열 수 없도록 시설할 것

풀이 334.2 지중함의 시설
지중전선로에 사용하는 지중함은 다음에 따라 시설하여야 한다.
가. 지중함은 견고하고 차량 기타 중량물의 압력에 견디는 구조일 것.
나. 지중함은 그 안의 고인 물을 제거할 수 있는 구조로 되어 있을 것.
다. 폭발성 또는 연소성의 가스가 침입할 우려가 있는 것에 시설하는 지중함으로서 그 크기가 1[m³] 이상인 것에는 통풍장치 기타 가스를 방산시키기 위한 적당한 장치를 시설할 것.
라. 지중함의 뚜껑은 시설자 이외의 자가 쉽게 열 수 없도록 시설할 것.   **답** ①

83 돌침, 수평도체, 메시도체의 요소 중에 한 가지 또는 이를 조합한 형식으로 시설하는 것은?

① 접지극시스템   ② 수뢰부시스템
③ 내부피뢰시스템   ④ 인하도선시스템

풀이 152.1 수뢰부시스템
수뢰부시스템의 선정은 돌침, 수평도체, 메시도체의 요소 중에 한 가지 또는 이를 조합한 형식으로 시설하여야 한다. **답** ②

84 일반 주택의 저압 옥내배선을 점검하였더니 다음과 같이 시설되어 있었을 경우 시설기준에 적합하지 않은 것은?
① 합성수지관의 지지점 간의 거리를 2[m]로 하였다.
② 합성수지관 안에서 전선의 접속점이 없도록 하였다.
③ 금속관공사에 옥외용 비닐절연전선을 제외한 절연전선을 사용하였다.
④ 인입구에 가까운 곳으로서 쉽게 개폐할 수 있는 곳에 개폐기를 각 극에 시설하였다.

풀이 232.11 합성수지관공사
관의 지지점 간의 거리는 1.5[m] 이하로 하고, 또한 그 지지점은 관의 끝·관과 박스의 접속점 및 관 상호 간의 접속점 등에 가까운 곳에 시설할 것. **답** ①

85 하나 또는 복합하여 시설하여야 하는 접지극의 방법으로 틀린 것은?
① 지중 금속구조물
② 토양에 매설된 기초 접지극
③ 케이블의 금속외장 및 그 밖에 금속피복
④ 대지에 매설된 강화콘크리트의 용접된 금속보강재

풀이 142.2 접지극의 시설 및 접지저항
접지극은 다음의 방법 중 하나 또는 복합하여 시설하여야 한다.
가. 콘크리트에 매입 된 기초 접지극
나. 토양에 매설된 기초 접지극
다. 토양에 수직 또는 수평으로 직접 매설된 금속전극 (봉, 전선, 테이프, 배관, 판 등)
라. 케이블의 금속외장 및 그 밖에 금속피복
마. 지중 금속구조물(배관 등)
바. 대지에 매설된 철근콘크리트의 용접된 금속 보강재. 다만, **강화콘크리트는 제외한다.** **답** ④

86 전기부식방지를 위해서 매설금속체측의 누설전류에 의한 전식의 피해가 예상되는 곳에 고려하여야 하는 방법으로 틀린 것은?
① 절연코팅
② 배류장치 설치
③ 변전소 간 간격 축소
④ 저준위 금속체를 접속

풀이 461.4 전기부식방지
가. 전기철도 측의 전기부식방지를 위해서는 다음 방법을 고려하여야 한다.
① 변전소 간 간격 축소
② 레일본드의 양호한 시공
③ 장대레일채택
④ 절연도상 및 레일과 침목사이에 절연층의 설치
나. **매설금속체측의 누설전류에 의한 전식의 피해가 예상되는 곳은 다음 방법을 고려하여야 한다.**
① 배류장치 설치
② 절연코팅
③ 매설금속체 접속부 절연
④ **저준위 금속체를 접속**
⑤ 궤도와의 이격거리 증대
⑥ 금속판 등의 도체로 차폐 **답** ③

87 사용전압이 154[kV]인 전선로를 제1종 특고압 보안공사로 시설할 때 경동연선의 굵기는 몇 [mm²] 이상이어야 하는가?
① 55
② 100
③ 150
④ 200

풀이 333.22 특고압 보안공사
제1종 특고압 보안공사는 다음에 따라야 한다.

사용전압	전 선
100[kV] 미만	인장강도 21.67[kN] 이상의 연선 또는 단면적 55[mm²] 이상의 경동연선
100[kV] 이상 300[kV] 미만	인장강도 58.84[kN] 이상의 연선 또는 **단면적 150[mm²] 이상의 경동연선**
300[kV] 이상	인장강도 77.47[kN] 이상의 연선 또는 단면적 200[mm²] 이상의 경동연선

답 ③

88 다음 ( )에 들어갈 내용으로 옳은 것은?

> 동일 지지물에 저압 가공전선(다중접지된 중성선은 제외한다.)과 고압 가공전선을 시설하는 경우 고압 가공전선을 저압 가공전선의 (㉠)로 하고, 별개의 완금류에 시설 해야하며, 고압 가공전선과 저압 가공전선 사이의 이격거리는 (㉡)[m] 이상으로 한다.

① ㉠ 아래 ㉡ 0.5
② ㉠ 아래 ㉡ 1
③ ㉠ 위 ㉡ 0.5
④ ㉠ 위 ㉡ 1

풀이 332.8 고압 가공전선 등의 병행설치
저압 가공전선(다중접지된 중성선은 제외한다. 이하 같다)과 고압 가공전선을 동일 지지물에 시설하는 경우에는 다음에 따라야 한다.
가. **저압 가공전선을 고압 가공전선의 아래로 하고 별개의 완금류에 시설할 것**.
나. 저압 가공전선과 고압 가공전선 사이의 **이격거리는 0.5[m] 이상일 것**.
다. 다음의 어느 하나에 해당하는 경우에는 "가" 및 "나"에 의하지 아니할 수 있다.
① 고압 가공전선에 케이블을 사용하고, 또한 그 케이블과 저압 가공전선 사이의 이격거리를 0.3[m] 이상으로 하여 시설하는 경우
② 저압 가공인입선을 분기하기 위하여 저압 가공전선을 고압용의 완금류에 견고하게 시설하는 경우
답 ③

89 플로어덕트공사에 의한 저압 옥내배선에서 연선을 사용하지 않아도 되는 전선(동선)의 단면적은 최대 몇 [mm²]인가?

① 2
② 4
③ 6
④ 10

풀이 232.32 플로어덕트공사
가. 전선은 절연전선(옥외용 비닐 절연전선을 제외한다)일 것.
나. **전선은 연선일 것. 다만, 단면적 10[mm²]**(알루미늄선은 단면적 16[mm²]) 이하인 것은 그러하지 아니하다.
다. 플로어덕트 안에는 전선에 접속점이 없도록 할 것. 다만, 전선을 분기하는 경우에 접속점을 쉽게 점검할 수 있을 때에는 그러하지 아니하다.
라. 덕트 상호 간 및 덕트와 박스 및 인출구와는 견고하고 또한 전기적으로 완전하게 접속할 것.
마. 박스 및 인출구는 마루 위로 돌출하지 아니하도록 시설하고 또한 물이 스며들지 아니하도록 밀봉할 것.
바. 덕트의 끝부분은 막을 것.
사. 덕트는 접지공사를 할 것.
답 ④

90 전기설비기술기준에서 정하는 안전원칙에 대한 내용으로 틀린 것은?

① 전기설비는 감전, 화재 그 밖에 사람에게 위해를 주거나 물건에 손상을 줄 우려가 없도록 시설하여야 한다.
② 전기설비는 다른 전기설비, 그 밖의 물건의 기능에 전기적 또는 자기적인 장해를 주지 않도록 시설하여야 한다.
③ 전기설비는 경쟁과 새로운 기술 및 사업의 도입을 촉진함으로써 전기사업의 건전한 발전을 도모하도록 시설하여야 한다.
④ 전기설비는 사용목적에 적절하고 안전하게 작동하여야 하며, 그 손상으로 인하여 전기공급에 지장을 주지 않도록 시설하여야 한다.

풀이 안전원칙(기술기준 제2조)
① 전기설비는 감전, 화재 그 밖에 사람에게 위해(危害)를 주거나 물건에 손상을 줄 우려가 없도록 시설하여야 한다.
② 전기설비는 사용목적에 적절하고 안전하게 작동하여야 하며, 그 손상으로 인하여 전기 공급에 지장을 주지 않도록 시설하여야 한다.
③ 전기설비는 다른 전기설비, 그 밖의 물건의 기능에 전기적 또는 자기적인 장해를 주지 아니하도록 시설하여야 한다.
답 ③

91 전압의 종별에서 교류 600[V]는 무엇으로 분류하는가?

① 저압
② 고압
③ 특고압
④ 초고압

풀이 111 통칙
전압의 구분은 다음과 같다.

분류	전압의 범위
저압	• 직류 : 1.5[kV] 이하 • 교류 : 1[kV] 이하
고압	• 직류 : 1.5[kV]를 초과하고, 7[kV] 이하 • 교류 : 1[kV]를 초과하고, 7[kV] 이하
특고압	7[kV]를 초과

답 ①

92 풍력터빈에 설비의 손상을 방지하기 위하여 시설하는 운전상태를 계측하는 계측장치로 틀린 것은?

① 조도계　　② 압력계
③ 온도계　　④ 풍속계

풀이 532.3.7 계측장치의 시설
풍력터빈에는 설비의 손상을 방지하기 위하여 운전 상태를 계측하는 다음의 계측장치를 시설하여야 한다.
1. 회전속도계
2. 나셀(nacelle) 내의 진동을 감시하기 위한 진동계
3. 풍속계　4. 압력계　5. 온도계　　답 ①

93 옥내 배선공사 중 반드시 절연전선을 사용하지 않아도 되는 공사방법은? (단, 옥외용 비닐절연전선은 제외한다.)

① 금속관공사　　② 버스덕트공사
③ 합성수지관공사　　④ 플로어덕트공사

풀이 231.4 나전선의 사용 제한
옥내에 시설하는 저압전선에는 나전선을 사용하여서는 아니 된다. 다만, 다음 중 어느 하나에 해당하는 경우에는 그러하지 아니하다.
가. 애자공사에 의하여 전개된 곳에 다음의 전선을 시설하는 경우
　① 전기로용 전선
　② 전선의 피복 절연물이 부식하는 장소에 시설하는 전선
나. **버스덕트공사**에 의하여 시설하는 경우
다. 라이팅덕트공사에 의하여 시설하는 경우
라. 접촉 전선을 시설하는 경우　　답 ②

94 시가지에 시설하는 사용전압 170[kV] 이하인 특고압 가공전선로의 지지물이 철탑이고 전선이 수평으로 2 이상 있는 경우에 전선 상호 간의 간격이 4[m] 미만인 때에는 특고압 가공전선로의 경간은 몇 [m] 이하이어야 하는가?

① 100　② 150　③ 200　④ 250

풀이 333.1 시가지 등에서 특고압 가공전선로의 시설

지지물의 종류	경 간
A종 철주 또는 A종 철근 콘크리트주	75[m]
B종 철주 또는 B종 철근 콘크리트주	150[m]
철 탑	400[m] (단주인 경우에는 300[m]) 다만, 전선이 수평으로 2 이상 있는 경우에 전선 상호간의 간격이 4[m] 미만인 때에는 250[m]

답 ④

95 사용전압이 170[kV] 이하의 변압기를 시설하는 변전소로서 기술원이 상주하여 감시하지는 않으나 수시로 순회하는 경우 기술원이 상주하는 장소에 경보장치를 시설하지 않아도 되는 경우는?

① 옥내 및 옥외변전소에 화재가 발생한 경우
② 제어회로의 전압이 현저히 저하한 경우
③ 운전조작에 필요한 차단기가 자동적으로 차단한 후 재폐로한 경우
④ 수소냉각식 조상기는 그 조상기 안의 수소의 순도가 90[%] 이하로 저하한 경우

풀이 351.9 상주 감시를 하지 아니하는 변전소의 시설
다음의 경우에는 **변전제어소 또는 기술원이 상주하는 장소에 경보장치를 시설할 것.**
가. 운전조작에 필요한 차단기가 자동적으로 차단한 경우(차단기가 재폐로한 경우를 제외한다)
나. 주요 변압기의 전원측 전로가 무전압으로 된 경우
다. **제어 회로의 전압이 현저히 저하한 경우**
라. **옥내 및 옥외변전소에 화재가 발생한 경우**
마. 출력 3,000[kVA]를 초과하는 특고압용변압기는 그 온도가 현저히 상승한 경우
바. 특고압용 타냉식변압기는 그 냉각장치가 고장난 경우
사. 조상기는 내부에 고장이 생긴 경우
아. 수소냉각식조상기는 그 조상기 안의 수소의 순도가 90% 이하로 저하한 경우, 수소의 압력이 현저히 변동한 경우 또는 수소의 온도가 현저히 상승한 경우
자. 가스절연기기의 절연가스의 압력이 현저히 저하한 경우　　답 ③

96 특고압용 타냉식 변압기의 냉각장치에 고장이 생긴 경우를 대비하여 어떤 보호장치를 하여야 하는가?

① 경보장치　　② 속도조정장치
③ 온도시험장치　　④ 냉매흐름장치

풀이 351.4 특고압용 변압기의 보호장치
특고압용의 변압기에는 그 내부에 고장이 생겼을 경우에 보호하는 장치를 표와 같이 시설하여야 한다.

뱅크 용량의 구분	동작조건	장치의 종류
5,000[kVA] 이상 10,000[kVA] 미만	변압기 내부고장	자동차단장치 또는 경보장치
10,000[kVA] 이상	변압기 내부고장	자동차단장치
타냉식 변압기(변압기의 권선 및 철심을 직접 냉각시키기 위하여 봉입한 냉매를 강제 순환시키는 냉각 방식을 말한다.)	냉각장치에 고장이 생긴 경우 또는 변압기의 온도가 현저히 상승한 경우	경보장치

답 ①

97 특고압 가공전선로의 지지물로 사용하는 B종 철주, B종 철근콘크리트주 또는 철탑의 종류에서 전선로의 지지물 양쪽의 경간의 차가 큰 곳에 사용하는 것은?

① 각도형 ② 인류형
③ 내장형 ④ 보강형

풀이 333.11 특고압 가공전선로의 철주·철근 콘크리트주 또는 철탑의 종류
특고압 가공전선로의 지지물로 사용하는 B종 철근·B종 콘크리트주 또는 철탑의 종류는 다음과 같다.
가. 직선형 : 전선로의 직선 부분(3° 이하의 수평 각도 이루는 곳 포함)에 사용되는 것
나. 각도형 : 전선로 중 수평 각도 3°를 넘는 곳에 사용되는 것
다. 인류형 : 전 가섭선을 인류하는 곳에 사용하는 것
라. **내장형 : 전선로 지지물 양측의 경간 차가 큰 곳에 사용하는 것**
마. 보강형 : 전선로 직선 부분을 보강하기 위하여 사용하는 것

답 ③

98 아파트 세대 욕실에 "비데용 콘센트"를 시설하고자 한다. 다음의 시설방법 중 적합하지 않은 것은?

① 콘센트는 접지극이 없는 것을 사용한다.
② 습기가 많은 장소에 시설하는 콘센트는 방습장치를 하여야 한다.
③ 콘센트를 시설하는 경우에는 절연변압기(정격용량 3[kVA] 이하인 것에 한한다.)로 보호된 전로에 접속하여야 한다.
④ 콘센트를 시설하는 경우에는 인체감전보호용 누전차단기(정격감도전류 15[mA] 이하, 동작시간 0.03초 이하의 전류동작형의 것에 한한다.)로 보호된 전로에 접속하여야 한다.

풀이 234.5 콘센트의 시설
욕조나 샤워시설이 있는 **욕실 또는 화장실** 등 인체가 물에 젖어있는 상태에서 전기를 사용하는 장소에 콘센트를 시설하는 경우에는 다음에 따라 시설하여야한다.
가. 인체감전보호용 누전차단기(정격감도전류 15[mA] 이하, 동작시간 0.03[초] 이하의 전류동작형의 것에 한한다) 또는 절연 변압기(정격용량 3[kVA] 이하인 것에 한한다)로 보호된 전로에 접속하거나, 인체감전보호용 누전차단기가 부착된 콘센트를 시설하여야 한다.
나. 콘센트는 접지극이 있는 방적형 콘센트를 사용하여 규정에 준하여 접지하여야 한다.

답 ①

99 고압 가공전선로의 가공지선에 나경동선을 사용하려면 지름 몇 [mm] 이상의 것을 사용하여야하는가?

① 2.0 ② 3.0
③ 4.0 ④ 5.0

풀이 332.6 고압 가공전선로의 가공지선
고압 가공전선로에 사용하는 **가공지선**은 인장강도 5.26[kN] 이상의 것 또는 **지름 4[mm] 이상의 나경동선**을 사용한다.

답 ③

100 변전소의 주요 변압기에 계측장치를 시설하여 측정하여야 하는 것이 아닌 것은?

① 역률 ② 전압
③ 전력 ④ 전류

풀이 351.6 계측장치
변전소 또는 이에 준하는 곳에는 다음의 사항을 계측하는 장치를 시설하여야 한다. 다만, 전기철도용 변전소는 주요 변압기의 전압을 계측하는 장치를 시설하지 아니할 수 있다.
가. **주요 변압기의 전압 및 전류 또는 전력**
나. 특고압용 변압기의 온도

답 ①

2021년 3회 전기기사필기

동일출판사 홈페이지에서 무료 동영상강의를 보실 수 있습니다.

1과목 - 전기자기

01 자기 인덕턴스가 각각 L_1, L_2인 두 코일의 상호 인덕턴스가 M일 때 결합 계수는?

① $\dfrac{M}{L_1 L_2}$ ② $\dfrac{L_1 L_2}{M}$

③ $\dfrac{M}{\sqrt{L_1 L_2}}$ ④ $\dfrac{\sqrt{L_1 L_2}}{M}$

풀이 결합계수는 두 코일 간의 유도결합 정도를 나타내는 양으로 k로 표시한다.

결합 계수 $k = \dfrac{M}{\sqrt{L_1 L_2}}$

로 정의되며 일반적인 경우 $0 \leq k \leq 1$의 범위로 된다.
- $k = 0$: 자기 결합이 전혀 없는 경우
- $0 \leq k \leq 1$: 일반적인 자기 결합
- $k = 1$: 완전한 자기 결합

답 ③

02 정상 전류계에서 J는 전류밀도, σ는 도전율, ρ는 고유저항, E는 전계의 세기일 때, 옴의 법칙의 미분형은?

① $J = \sigma E$ ② $J = \dfrac{E}{\sigma}$

③ $J = \rho E$ ④ $J = \rho \sigma E$

풀이 전류 $\dfrac{dV}{R} = \dfrac{dV}{\rho\, dl/dS}$ ($\because R = \rho \dfrac{dl}{dS}$)

$= \dfrac{1}{\rho} \dfrac{dV}{dl} \cdot dS = \sigma E \cdot S$

($\because$ 전위의 기울기 $\dfrac{dV}{dl} = E$)

($\because$ 저항률 ρ와 도전율 σ은 역수 관계이다.)

전류밀도 $J = \dfrac{I}{S}$이므로

$\therefore J = \dfrac{\sigma E \cdot S}{S} = \sigma E$

답 ①

03 길이가 10[cm]이고 단면의 반지름이 1[cm]인 원통형 자성체가 길이 방향으로 균일하게 자화되어 있을 때 자화의 세기가 0.5[Wb/m²]이라면 이 자성체의 자기모멘트[Wb·m]는?

① 1.57×10^{-5} ② 1.57×10^{-4}
③ 1.57×10^{-3} ④ 1.57×10^{-2}

풀이 자기모멘트

$M = ml = \pi a^2 J \cdot l = \pi \times 0.01^2 \times 0.5 \times 0.1$
$= 1.57 \times 10^{-5}$ [Wb·m]

답 ①

04 그림과 같이 공기 중 2개의 동심 구도체에서 내구(A)에만 전하 Q를 주고 외구(B)를 접지하였을 때 내구(A)의 전위는?

① $\dfrac{Q}{4\pi\epsilon_0}\left(\dfrac{1}{a} - \dfrac{1}{b} + \dfrac{1}{c}\right)$

② $\dfrac{Q}{4\pi\epsilon_0}\left(\dfrac{1}{a} - \dfrac{1}{b}\right)$

③ $\dfrac{Q}{4\pi\epsilon_0} \cdot \dfrac{1}{c}$

④ 0

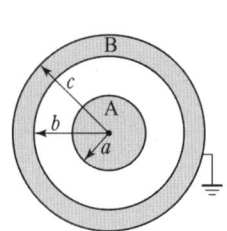

풀이 전위의 계산은 먼저 전하분포와 전기력선 분포를 파악한다.
① 내구(A)에만 전하 Q를 주고 외구(B)를 접지하면 전하 분포는 내구(A)의 표면에 전하 Q, 외구(B)의 안 표면에 $-Q$가 된다.
② 따라서 전기력선은 내외구체 사이에만 존재(전계 E 존재)하고, 외구(B)의 도체 내부와 바깥에는 전기력선이 분포하지 않는다. 즉, 전계($E = 0$)
③ 내구 A의 전위 V_a, 내외구의 전위차 V_{ab}, 외구 도체 내부의 전위차 V_{bc}, 외구 B의 바깥 표면 전위 V_c라 할 때, 내구 A의 전위 V_a는 다음과 같이 표현할 수 있다.

$V_a = V_{ab} + V_{bc} + V_c$

여기서 도체 내부의 전계와 외구 바깥의 전계는 $E = 0$이므로

$V_{bc} = -\int_c^b E \cdot dl = 0$

$V_c = -\int_\infty^c E \cdot dl = 0$이 된다.

즉, 내구 A의 전위 V_a는 ($V_{bc} = V_c = 0$)에서

$$V_a = V_{ab} + V_{bc} + V_c = V_{ab} = -\int_b^a \boldsymbol{E} \cdot d\boldsymbol{l}$$
$$= -\int_b^a \frac{Q}{4\pi\epsilon_0 r^2} dr = \frac{Q}{4\pi\epsilon_0}\left(\frac{1}{a} - \frac{1}{b}\right)$$

별해 (전위의 공식을 이용하면 편리함)
내구(A)에만 전하 Q를 주고 외구(B)를 접지하면 전하 분포는 구(A)의 표면에 전하 Q, 외구(B)의 안표면에 $-Q$가 분포하므로 전기력선은 이 사이에만 분포한다. 즉 내구 A의 전위 V_a는 내외구의 전위차 V_{ab}와 같으므로 다음과 같다.

$$V_a = V_{ab} = V_a - V_b = \frac{Q}{4\pi\epsilon_0}\left(\frac{1}{a} - \frac{1}{b}\right)$$
답 ②

05 평행판 커패시터에 어떤 유전체를 넣었을 때 전속밀도가 4.8×10^{-7}[C/m²]이고 단위 체적당 정전에너지가 5.3×10^{-3}[J/m³]이었다. 이 유전체의 유전율은 약 몇 [F/m]인가?

① 1.15×10^{-11}
② 2.17×10^{-11}
③ 3.19×10^{-11}
④ 4.21×10^{-11}

풀이 단위 체적당 정전에너지 $W_e = \frac{D^2}{2\epsilon}$[J/m³] 이므로,

$$\text{유전율 } \epsilon = \frac{D^2}{2 \cdot W_e} = \frac{(4.8 \times 10^{-7})^2}{2 \times 5.3 \times 10^{-3}}$$
$$= 2.17 \times 10^{-11}\text{[F/m]}$$
답 ②

06 히스테리시스 곡선에서 히스테리시스 손실에 해당하는 것은?

① 보자력의 크기
② 잔류자기의 크기
③ 보자력과 잔류자기의 곱
④ 히스테리시스 곡선의 면적

풀이 단위체적 당 히스테리시스손은 주파수와 히스테리시스 곡선의 면적에 비례하며, 스타인메쯔의 실험식에 따라 히스테리시스손 $P_h = \eta f B_m^{1.6}$[J/m³] 이다. **답** ④

07 그림과 같이 극판의 면적이 S[m²]인 평행판 커패시터에 유전율이 각각 $\epsilon_1 = 4$, $\epsilon_2 = 2$인 유전체를 채우고 a, b 양단에 V[V]의 전압을 인가했을 때 ϵ_1, ϵ_2인 유전체 내부의 전계의 세기 E_1과 E_2의 관계식은? (단, σ[C/m²]는 면전하밀도이다.)

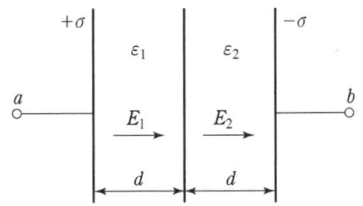

① $E_1 = 2E_2$
② $E_1 = 4E_2$
③ $2E_1 = E_2$
④ $E_1 = E_2$

풀이

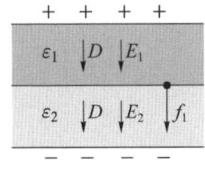

경계조건 $D_1\cos\theta_1 = D_2\cos\theta_2$에서
경계면에 수직($\theta_1 = \theta_2 = 0°$)이므로
$D_1 = D_2 \rightarrow \epsilon_1 E_1 = \epsilon_2 E_2$
$E_1 = \frac{\epsilon_2}{\epsilon_1}E_2 = \frac{2}{4} \times E_2 = \frac{1}{2}E_2 \quad \therefore 2E_1 = E_2$ **답** ③

08 간격이 d[m]이고 면적이 S[m²]인 평행판 커패시터의 전극 사이에 유전율이 ϵ인 유전체를 넣고 전극 간에 V[V]의 전압을 가했을 때, 이 커패시터의 전극판을 떼어내는데 필요한 힘의 크기[N]는?

① $\frac{1}{2\epsilon}\frac{V^2}{d^2 S}$
② $\frac{1}{2\epsilon}\frac{dV^2}{S}$
③ $\frac{1}{2}\epsilon\frac{V}{d}S$
④ $\frac{1}{2}\epsilon\frac{V^2}{d^2}S$

풀이 $F = f \cdot S = \frac{1}{2}\epsilon E^2 S = \frac{1}{2}\epsilon\left(\frac{V}{d}\right)^2 S = \frac{1}{2}\epsilon\frac{V^2}{d^2}S$[N]
답 ④

09 다음 중 기자력(magnetomotive force)에 대한 설명으로 틀린 것은?

① SI 단위는 암페어(A) 이다.
② 전기회로의 기전력에 대응한다.
③ 자기회로의 자기저항과 자속의 곱과 동일하다.
④ 코일에 전류를 흘렸을 때 전류밀도와 코일의 권수의 곱의 크기와 같다.

풀이 기자력(F)은 전류(I)와 코일의 권수(N)의 곱의 크기와 같다. ($F = NI$[AT]) **답** ④

10 유전율 ϵ, 투자율 μ인 매질 내에서 전자파의 전파속도는?

① $\sqrt{\dfrac{\mu}{\epsilon}}$ ② $\sqrt{\mu\epsilon}$

③ $\sqrt{\dfrac{\epsilon}{\mu}}$ ④ $\dfrac{1}{\sqrt{\mu\epsilon}}$

풀이 전자파의 속도는 $v^2 = \dfrac{1}{\epsilon\mu}$에서

$$v = \dfrac{1}{\sqrt{\epsilon\mu}} = \dfrac{1}{\sqrt{\epsilon_0\mu_0}} \cdot \dfrac{1}{\sqrt{\epsilon_s\mu_s}}$$
$$= c \cdot \dfrac{1}{\sqrt{\epsilon_s\mu_s}} = \dfrac{3\times10^8}{\sqrt{\epsilon_s\mu_s}} [\text{m/s}]$$

(여기서 $c = \dfrac{1}{\sqrt{\epsilon_0\mu_0}} = 3\times10^8$[m/s] : 빛의 속도)

답 ④

11 평균 반지름(r)이 20[cm], 단면적(S)이 6[cm²]인 환상 철심에서 권선수(N)가 500회인 코일에 흐르는 전류(I)가 4[A]일 때 철심 내부에서의 자계의 세기(H)는 약 몇 [AT/m]인가?

① 1590
② 1700
③ 1870
④ 2120

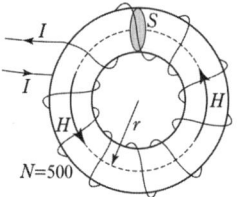

풀이 철심 내부에서의 자계의 세기

$$H = \dfrac{NI}{2\pi r} = \dfrac{500 \times 4}{2\pi \times 0.2} ≒ 1592 [\text{AT/m}]$$

답 ①

12 패러데이관(Faraday tube)의 성질에 대한 설명으로 틀린 것은?

① 패러데이관 중에 있는 전속수는 그 관속에 진전하가 없으면 일정하며 연속적이다.
② 패러데이관의 양단에는 양 또는 음의 단위 진전하가 존재하고 있다.
③ 패러데이관 한 개의 단위 전위차 당 보유에너지는 $\dfrac{1}{2}$[J]이다.
④ 패러데이관의 밀도는 전속밀도와 같지 않다.

풀이
- 패러데이관 내의 전속수는 일정하다.
- 패러데이관 양단에 정, 부의 단위 전하가 있다.
- 진전하가 없는 점에서 패러데이관은 연속이다.
- 패러데이관의 밀도는 전속밀도와 같다.

답 ④

13 공기 중 무한 평면도체의 표면으로부터 2[m] 떨어진 곳에 4[C]의 점전하가 있다. 이 점전하가 받는 힘은 몇 [N]인가?

① $\dfrac{1}{\pi\epsilon_0}$ ② $\dfrac{1}{4\pi\epsilon_0}$

③ $\dfrac{1}{8\pi\epsilon_0}$ ④ $\dfrac{1}{16\pi\epsilon_0}$

풀이 점전하 Q[C]과 무한 평면도체 간의 작용력 F는

$$F = \dfrac{Q \cdot (-Q)}{4\pi\epsilon_0(2d)^2}$$
$$= \dfrac{-Q^2}{16\pi\epsilon_0 d^2} [\text{N}] \text{ (흡인력)}$$
$$\therefore F = \dfrac{Q^2}{4\pi\epsilon_0(2a)^2} [\text{N}]$$
$$= \dfrac{1}{4\pi\epsilon_0} \times \dfrac{4^2}{(2\times 2)^2} = \dfrac{1}{4\pi\epsilon_0}$$

답 ②

14 반지름이 r[m]인 반원형 전류 I[A]에 의한 반원의 중심(O)에서 자계의 세기[AT/m]는?

① $\dfrac{2I}{r}$
② $\dfrac{I}{r}$
③ $\dfrac{I}{2r}$
④ $\dfrac{I}{4r}$

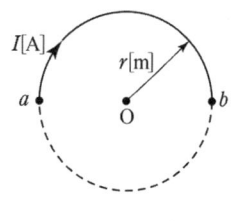

풀이 원형 전류 중심의 자계의 세기 $H_0 = \dfrac{I}{2r}$[AT/m]이므로, 반원형 전류에 의한 중심에서의 자계의 세기 H는

$$H = \dfrac{1}{2} \times \dfrac{I}{2r} = \dfrac{I}{4r} [\text{AT/m}]$$

답 ④

15 진공 중에서 점(0, 1)[m]의 위치에 -2×10^{-9} [C]의 점전하가 있을 때, 점(2, 0)[m]에 있는 1[C]의 점전하에 작용하는 힘은 몇 [N]인가? (단, $\hat{x}, \hat{y}$는 단위벡터이다.)

① $-\dfrac{18}{3\sqrt{5}}\hat{x} + \dfrac{36}{3\sqrt{5}}\hat{y}$

② $-\dfrac{36}{5\sqrt{5}}\hat{x} + \dfrac{18}{5\sqrt{5}}\hat{y}$

③ $-\dfrac{36}{3\sqrt{5}}\hat{x} + \dfrac{18}{3\sqrt{5}}\hat{y}$

④ $\dfrac{36}{5\sqrt{5}}\hat{x} + \dfrac{18}{5\sqrt{5}}\hat{y}$

풀이
$r = (2-0)\hat{x} + (0-1)\hat{y} = 2\hat{x} - \hat{y}$
$r = \sqrt{2^2 + (-1)^2} = \sqrt{5}$ [m]
단위벡터 $r_0 = \dfrac{r}{r} = \dfrac{2\hat{x}-\hat{y}}{\sqrt{5}}$
$\therefore F = \dfrac{1}{4\pi\epsilon_0} \cdot \dfrac{Q_1 Q_2}{r^2} \cdot r_0$
$= 9 \times 10^9 \times \dfrac{-2\times 10^{-9} \times 1}{(\sqrt{5})^2} \times \dfrac{2\hat{x}-\hat{y}}{\sqrt{5}}$
$= -\dfrac{36}{5\sqrt{5}}\hat{x} + \dfrac{18}{5\sqrt{5}}\hat{y}$ [N]   답 ②

16 그림과 같이 단면적 S[m²]가 균일한 환상철심에 권수 N_1인 A 코일과 권수 N_2인 B 코일이 있을 때, A 코일의 자기 인덕턴스가 L_1[H]이라면 두 코일의 상호 인덕턴스 M[H]는? (단, 누설자속은 0이다.)

① $\dfrac{L_1 N_2}{N_1}$

② $\dfrac{N_2}{L_1 N_1}$

③ $\dfrac{L_1 N_1}{N_2}$

④ $\dfrac{N_1}{L_1 N_2}$

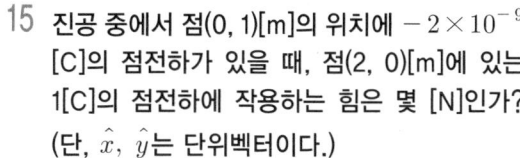

풀이 $R = \dfrac{N_1^2}{L_1} = \dfrac{N_1 N_2}{M}$ 에서

자기 인덕턴스 $L_1 = \dfrac{N_1^2}{R}$ [H]

상호 인덕턴스 $M = \dfrac{N_1 N_2}{R}$ [H]

위의 두 식에서 R을 소거하면

$\therefore M = \dfrac{L_1 N_2}{N_1}$ [H]   답 ①

17 내압이 2.0[kV]이고 정전용량이 각각 0.01[μF], 0.02[μF], 0.04[μF]인 3개의 커패시터를 직렬로 연결했을 때 전체 내압은 몇 [V]인가?

① 1750
② 2000
③ 3500
④ 4000

풀이 콘덴서 직렬 연결 시 $Q = Q_1 = Q_2 = Q_3$이므로
$C_1 V_1 = C_2 V_2 = C_3 V_3$
$\therefore V_1 = \dfrac{Q}{C_1}, V_2 = \dfrac{Q}{C_2}, V_3 = \dfrac{Q}{C_3}$

따라서 용량이 제일 적은 0.01[μF] 콘덴서에 제일 높은 전압이 분배되어 최초로 파괴되므로 용량이 제일 적은 콘덴서에 걸리는 전압을 기준하여 전체 내압을 구하면 된다.

$V_1 : V_2 : V_3 = \dfrac{1}{0.01} : \dfrac{1}{0.02} : \dfrac{1}{0.04} = 4 : 2 : 1$

$\therefore V_1 = \dfrac{4}{7}V, V = \dfrac{7}{4} \times 2000 = 3500$[V]   답 ③

18 간격 d[m], 면적 S[m²]의 평행판 전극 사이에 유전율이 ϵ인 유전체가 있다. 전극 간에 $v(t) = V_m \sin\omega t$의 전압을 가했을 때, 유전체 속의 변위전류밀도[A/m²]는?

① $\dfrac{\epsilon\omega V_m}{d}\cos\omega t$

② $\dfrac{\epsilon\omega V_m}{d}\sin\omega t$

③ $\dfrac{\epsilon V_m}{\omega d}\cos\omega t$

④ $\dfrac{\epsilon V_m}{\omega d}\sin\omega t$

풀이 변위전류밀도
$i_d = \dfrac{\partial D}{\partial t} = \dfrac{\partial(\epsilon E)}{\partial t} = \dfrac{\partial}{\partial t}\epsilon\left(\dfrac{v}{d}\right) = \dfrac{\epsilon}{d}V_m\dfrac{\partial}{\partial t}\sin\omega t$
$= \dfrac{\epsilon\omega V_m}{d}\cos\omega t$ [A/m²]   답 ①

19 속도 v의 전자가 평등자계 내에 수직으로 들어갈 때, 이 전자에 대한 설명으로 옳은 것은?

① 구면위에서 회전하고 구의 반지름은 자계의 세기에 비례한다.
② 원운동을 하고 원의 반지름은 자계의 세기에 비례한다.
③ 원운동을 하고 원의 반지름은 자계의 세기에 반비례한다.
④ 원운동을 하고 원의 반지름은 전자의 처음 속도의 제곱에 비례한다.

풀이 평형 조건($F = F'$)에 의한

궤도 반지름 $r = \dfrac{mv}{eB}$: $r \propto \dfrac{v}{B}\left(=\dfrac{v}{\mu H}\right)$ 이므로 자계의 세기(H)에 반비례하고, 속도(v)에 비례

평등자계 내의 전자가 수직으로 입사하였을 때 전자의 운동은 전류의 방향과 반대 방향을 고려하여 플레밍의 왼손법칙을 적용하면 원의 중심으로 향하는 힘을 받는다. 즉, 운동 방향과 직각으로 힘을 받아 **등속 원운동을** 한다. **답** ③

20 쌍극자 모멘트가 M[C·m]인 전기쌍극자에 의한 임의의 점 P에서의 전계의 크기는 전기쌍극자의 중심에서 축방향과 점 P를 잇는 선분 사이의 각이 얼마일 때 최대가 되는가?

① 0   ② $\dfrac{\pi}{2}$ ③ $\dfrac{\pi}{3}$ ④ $\dfrac{\pi}{4}$

풀이 $E = \dfrac{M}{4\pi\epsilon_0 r^3}(\sqrt{1+3\cos^2\theta})$에서 점 P의 전계는 $\theta = 0°$일 때 최대이고 $\theta = 90°$일 때 최소가 된다. **답** ①

2과목 - 전력공학

21 동작 시간에 따른 보호 계전기의 분류와 이에 대한 설명으로 틀린 것은?

① 순한시 계전기는 설정된 최소동작전류 이상의 전류가 흐르면 즉시 동작한다
② 반한시 계전기는 동작시간이 전류값의 크기에 따라 변하는 것으로 전류값이 클수록 느리게 동작하고 반대로 전류값이 작아질수록 빠르게 동작하는 계전기이다.
③ 정한시 계전기는 설정된 값 이상의 전류가 흘렀을 때 동작 전류의 크기와는 관계없이 항상 일정한 시간 후에 동작하는 계전기이다.
④ 반한시·정한시 계전기는 어느 전류값까지는 반한시성이지만 그 이상이 되면 정한시로 동작하는 계전기이다.

풀이 보호계전기 특징

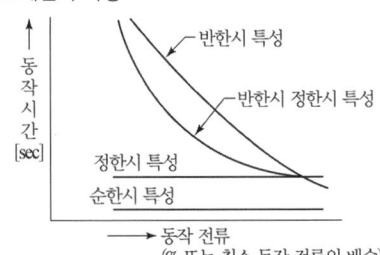

① 순한시 특성 : 최소 동작전류 이상의 전류가 흐르면 즉시 동작하는 특성
② 정한시 특성 : 동작전류의 크기에 관계없이 일정한 시간에 동작하는 특성
③ 반한시 특성 : 동작전류가 커질수록 동작시간이 짧게 되는 특성
④ 반한시 정한시 특성 : 동작전류가 적은 동안에는 동작전류가 커질수록 동작시간이 짧게 되고, 어떤 전류 이상이면 동작전류의 크기에 관계 없이 일정한 시간에 동작하는 특성 **답** ②

22 옥내배선을 단상 2선식에서 단상 3선식으로 변경하였을 때, 전선 1선당 공급전력은 약 몇 배 증가하는가? (단, 선간전압(단상 3선식의 경우는 중성선과 타선간의 전압), 선로전류(중성선의 전류 제외) 및 역률은 같다.)

① 0.71   ② 1.33   ③ 1.41   ④ 1.73

풀이

종 별	1선당 공급전력	1선당 공급전력비교
$1\phi 2W$	$1/2P = 0.5P$	기준값
$1\phi 3W$	$2/3P = 0.667P$	$\dfrac{0.667P}{0.5P} = 1.33$
$3\phi 3W$	$\sqrt{3}/3P = 0.577P$	$\dfrac{0.577P}{0.5P} = 1.15$
$3\phi 4W$	$3/4P = 0.75P$	$\dfrac{0.75P}{0.5P} = 1.5$

답 ②

23 환상선로의 단락보호에 주로 사용하는 계전방식은?

① 비율차동계전방식 ② 방향거리계전방식
③ 과전류계전방식   ④ 선택접지계전방식

풀이
- 전원이 2군데 이상 환상선로의 단락보호
  → 방향거리계전기(DZ)
- 전원이 2군데 이상 방사선로의 단락보호
  → 방향단락계전기(DS)와 과전류계전기(OC)를 조합

답 ②

24 3상용 차단기의 정격차단용량은 그 차단기의 정격전압과 정격차단전류와의 곱을 몇 배한 것인가?

① $\dfrac{1}{\sqrt{2}}$ ② $\dfrac{1}{\sqrt{3}}$
③ $\sqrt{2}$ ④ $\sqrt{3}$

풀이 3상용 차단기의 정격 차단용량 $P_s = \sqrt{3}\,VI_s$
(여기서, V : 정격전압, I_s : 정격차단전류) 답 ④

25 유효낙차 100[m], 최대 유량 20[m³/s]의 수차가 있다. 낙차가 81[m]로 감소하면 유량[m³/s]은? (단, 수차에서 발생되는 손실 등은 무시하며 수차 효율은 일정하다.)

① 15 ② 18
③ 24 ④ 30

풀이 낙차 변화에 대한 유량의 변화는 다음과 같다.

$\dfrac{Q_2}{Q_1} = \left(\dfrac{H_2}{H_1}\right)^{\frac{1}{2}} = \sqrt{\dfrac{H_2}{H_1}}$

$\therefore Q_2 = Q_1\sqrt{\dfrac{H_2}{H_1}} = 20 \times \sqrt{\dfrac{81}{100}}$

$= 20 \times 0.9 = 18\,[\text{m}^3/\text{sec}]$ 답 ②

26 단락용량 3000[MVA]인 모선의 전압이 154[kV]라면 등가 모선 임피던스[Ω]는 약 얼마인가?

① 5.81 ② 6.21
③ 7.91 ④ 8.71

풀이 단락용량 $P_s = \dfrac{V^2}{Z}$[MVA]

따라서 등가 모선 임피던스
$Z = \dfrac{V^2}{P_s} = \dfrac{(154 \times 10^3)^2}{3000 \times 10^6} = 7.91\,[\Omega]$ 답 ③

27 중성점 접지방식 중 직접접지 송전방식에 대한 설명으로 틀린 것은?

① 1선 지락사고 시 지락전류는 타접지방식에 비하여 최대로 된다.
② 1선 지락사고 시 지락계전기의 동작이 확실하고 선택차단이 가능하다.
③ 통신선에서의 유도장해는 비접지방식에 비하여 크다.
④ 기기의 절연레벨을 상승시킬 수 있다.

풀이 직접 접지방식의 장·단점
[장점] ① 1선 지락 시에 건전상의 대지전압이 거의 상승하지 않는다.
② 피뢰기의 효과를 증진시킬 수 있다.
③ 선로 및 기기의 절연레벨을 낮출 수 있다.
(저감절연, 단절연 가능)
④ 계전기의 동작이 확실해진다.
[단점] ① 송전 계통의 과도 안정도가 나빠진다.
② 통신선에 유도장해가 크다.
③ 지락 시 대전류가 흘러 기기에 손상을 준다.
④ 대용량 차단기가 필요하다. 답 ④

28 송전선에 직렬콘덴서를 설치하였을 때의 특징으로 틀린 것은?

① 선로 중에서 일어나는 전압강하를 감소시킨다.
② 송전전력의 증가를 꾀할 수 있다.
③ 부하역률이 좋을수록 설치효과가 크다.
④ 단락사고가 발생하는 경우 사고전류에 의하여 과전압이 발생한다.

풀이 직렬 콘덴서의 장·단점
[장점]
① 유도 리액턴스를 보상하고 전압강하를 감소시킨다.
② 수전단의 전압변동률을 경감시킨다.
③ 최대 송전전력이 증대하고 정태안정도가 증대한다.
④ **부하역률이 나쁠수록 효과가 크다.**
⑤ 용량이 작으므로 설비비가 저렴하다.

[단점]
① 단락고장 시 콘덴서 양단에 고전압이 걸린다.
② 무부하 변압기에 직렬 콘덴서를 투입하는 경우 선로 전류가 증대한다.
③ 고압배전에 설치하는 경우 자기 여자현상이 일어날 경우가 있다.
④ 과보상이 되면 동기기에 난조가 생기거나 탈조하는 수가 있다. 답 ③

29 수압철관의 안지름이 4[m]인 곳에서의 유속이 4[m/s]이다. 안지름이 3.5[m]인 곳에서의 유속[m/s]은 약 얼마인가?

① 4.2
② 5.2
③ 6.2
④ 7.2

풀이 연속의 정리 $A_1 v_1 = A_2 v_2 = Q$ (일정)

$$\therefore v_2 = \frac{v_1 A_1}{A_2} = \frac{v_1 \frac{1}{4}\pi d_1^2}{\frac{1}{4}\pi d_2^2}$$

$$= \frac{v_1 d_1^2}{d_2^2} = \frac{4 \times 4^2}{3.5^2}$$

$$\fallingdotseq 5.22 \text{[m/s]}$$ 답 ②

30 경간이 200[m]인 가공 전선로가 있다. 사용 전선의 길이는 경간보다 약 몇 [m] 더 길어야 하는가? (단, 전선의 1[m]당 하중은 2[kg], 인장하중은 4000[kg]이고, 풍압하중은 무시하며, 전선의 안전율은 2이다.)

① 0.33
② 0.61
③ 1.41
④ 1.73

풀이 이도 $D = \frac{WS^2}{8T} = \frac{2 \times 200^2}{8 \times \frac{4000}{2}} = 5\text{[m]}$

전선의 길이 $L = S + \frac{8D^2}{3S}$[m]에서

경간 S보다 $\frac{8D^2}{3S}$[m]만큼 더 길게 된다.

그러므로 $\frac{8D^2}{3S} = \frac{8 \times 5^2}{3 \times 200} = \frac{1}{3} = 0.33\text{[m]}$ 답 ①

31 송전선로에서 현수 애자련의 연면 섬락과 가장 관계가 먼 것은?

① 댐퍼
② 철탑 접지 저항
③ 현수 애자련의 개수
④ 현수 애자련의 소손

풀이 ① 고체 유전체의 표면을 따라 발생하는 코로나를 연면 코로나라고 한다. 이는 주로 애자의 소손 및 오염 등에 의해 발생하므로 가선금구를 개량하고 철탑 접지 저항을 낮추어 방지하도록 해야 한다.
② 댐퍼는 전선의 진동에너지를 흡수함으로서 **진동발생 방지** 및 **진동으로 인한 전선의 단선을 방지**하기 위한 설비이다. 답 ①

32 전력계통의 중성점 다중 접지방식의 특징으로 옳은 것은?

① 통신선의 유도장해가 적다.
② 합성 접지 저항이 매우 높다.
③ 건전 상의 전위 상승이 매우 높다.
④ 지락보호 계전기의 동작이 확실하다.

풀이 공통 중성선 다중 접지방식의 특징
① 통신선의 유도장해가 크다.
② 합성 접지 저항이 낮다.
③ 건전 상 전위 상승이 낮다.(특히 고저압 혼촉 시 저압선의 전위 상승이 낮으므로 3상 4선식 배전선로에 많이 사용된다.)
④ 계전기의 동작이 확실해진다. 답 ④

33 전력계통의 전압조정설비에 대한 특징으로 틀린 것은?

① 병렬콘덴서는 진상능력만을 가지며 병렬리액터는 진상능력이 없다.
② 동기조상기는 조정의 단계가 불연속적이나 직렬콘덴서 및 병렬리액터는 연속적이다.
③ 동기조상기는 무효전력의 공급과 흡수가 모두 가능하며 진상 및 지상용량을 갖는다.
④ 병렬리액터는 경부하시에 계통 전압이 상승하는 것을 억제하기 위하여 초고압 송전선 등에 설치된다.

풀이

	진상	지상	시충전	조정
콘덴서	○	×	×	단계적
리액터	×	○	×	단계적
동기조상기	○	○	○	연속적

답 ②

34 송전선로에 단도체 대신 복도체를 사용하는 경우에 나타나는 현상으로 틀린 것은?

① 전선의 작용인덕턴스를 감소시킨다.
② 선로의 작용정전용량을 증가시킨다.
③ 전선 표면의 전위경도를 저감시킨다.
④ 전선의 코로나 임계전압을 저감시킨다.

풀이
• 3상 송전선의 한 가닥의 전선을 2가닥 이상으로 한 것을 다도체라 하고, 2가닥으로 한 것을 보통 복도체라 한다.
• **복도체를 사용하면** 인덕턴스는 감소하고 정전용량은 증가하며, 안정도를 증가시키고, **코로나 발생을 억제**한다.

답 ④

35 변압기 보호용 비율차동계전기를 사용하여 △-Y 결선의 변압기를 보호하려고 한다. 이때 변압기 1, 2차측에 설치하는 변류기의 결선 방식은? (단, 위상 보정기능이 없는 경우이다.)

① △-△
② △-Y
③ Y-△
④ Y-Y

풀이 변압기 보호용 계전기는 비율차동계전기가 사용되며 변압기 1차와 2차간의 변위를 보정하기 위하여 **변류기의 결선은 변압기의 결선과 반대로 한다.**
즉, 변압기 결선이 △-Y이면 변류기 결선은 Y-△로 한다.

답 ③

36 어느 화력발전소에서 40000[kWh]를 발전하는데 발열량 860[kcal/kg]의 석탄이 60톤 사용된다. 이 발전소의 열효율[%]은 약 얼마인가?

① 56.7
② 66.7
③ 76.7
④ 86.7

풀이 화력발전소 열효율은 $\eta = \dfrac{860W}{mH} \times 100[\%]$

여기서, W[kWh] : 발전 전력량, m[kg] : 연료소비량
H[kcal/kg] : 연료발열량

따라서 $\eta = \dfrac{860W}{mH} = \dfrac{860 \times 40000}{60 \times 1000 \times 860} \times 100$
$= 66.7[\%]$

답 ②

37 가공송전선의 코로나 임계전압에 영향을 미치는 여러 가지 인자에 대한 설명 중 틀린 것은?

① 전선표면이 매끈할수록 임계전압이 낮아진다.
② 날씨가 흐릴수록 임계전압은 낮아진다.
③ 기압이 낮을수록, 온도가 높을수록 임계전압은 낮아진다.
④ 전선의 반지름이 클수록 임계전압은 높아진다.

풀이 ① 코로나 발생의 한계를 결정하는 임계전압의 식은 다음과 같다.

$$E_0 = 24.3 m_0 m_1 \delta d \log_{10} \dfrac{2D}{d}$$

여기서, m_0 : 전선의 표면계수, m_1 : 기후계수
δ : 상대 공기밀도, d : 전선의 지름
D : 선간거리

② 전선의 표면계수는 전선의 표면 상태가 매끈한 단선은 1, 거친 단선은 0.98~0.93을 적용하므로, **전선 표면이 매끈하면 임계전압은 높아진다.**

답 ①

38 송전 선로의 보호 계전 방식이 아닌 것은?

① 전류 위상 비교 방식
② 전류 차동 보호 계전 방식
③ 방향 비교 방식
④ 전압 균형 방식

풀이 모선 보호계전 방식의 종류
① **전류 차동 보호 방식** ② 전압 차동 보호 방식
③ **위상 비교 방식** ④ 환상 모선 보호 방식
⑤ **방향 거리 계전 방식**

답 ④

39 선로고장 발생 시 고장전류를 차단할 수 없어 리클로저와 같이 차단 기능이 있는 후비보호 장치와 함께 설치되어야 하는 장치는?

① 배선용차단기
② 유입개폐기
③ 컷아웃스위치
④ 섹셔널라이저

[풀이] 섹셔널라이저는 배전선로에 고장이 발생할 경우 리클로저의 동작으로 선로가 무전압 상태가 되면 이를 감지하여 무전압 상태의 횟수를 기억하였다가 정해진 횟수에 도달하면 선로의 무전압 상태에서 선로를 개방하여 고장구간을 분리시킨다. 섹셔널라이저는 고장전류를 차단할 수 있는 능력이 없으므로 리클로저와 직렬로 조합하여 사용한다. 답 ④

40 송전선의 특성 임피던스의 특징으로 옳은 것은?
① 선로의 길이가 길어질수록 값이 커진다.
② 선로의 길이가 길어질수록 값이 작아진다.
③ 선로의 길이에 따라 값이 변하지 않는다.
④ 부하용량에 따라 값이 변한다.

[풀이] 특성 임피던스 $Z_0 = \sqrt{\dfrac{Z}{Y}} = \sqrt{\dfrac{R+j\omega L}{G+j\omega C}}$ 이므로, 선로의 길이와는 관계가 없다. 답 ③

3과목 - 전기기기

41 직류발전기의 특성곡선에서 각 축에 해당하는 항목으로 틀린 것은?
① 외부특성곡선 : 부하전류와 단자전압
② 부하특성곡선 : 계자전류와 단자전압
③ 내부특성곡선 : 무부하전류와 단자전압
④ 무부하특성곡선 : 계자전류와 유도기전력

[풀이]

구 분	횡축	종축	조 건
무부하 포화곡선	I_f	$V(=E)$	n=일정, $I=0$
외부 특성곡선	I	V	n=일정, R_f=일정
내부 특성곡선	I	E	n=일정, R_f=일정
부하 특성곡선	I_f	V	n=일정, I=일정
계자조정 곡선	I	I_f	n=일정, V=일정

(단, V : 단자전압, E : 유기기전력, I : 부하전류, I_f : 계자전류) 답 ③

42 3상 변압기를 병렬 운전하는 조건으로 틀린 것은?
① 각 변압기의 극성이 같을 것
② 각 변압기의 %임피던스 강하가 같을 것
③ 각 변압기의 1차와 2차 정격전압과 변압비가 같을 것
④ 각 변압기의 1차와 2차 선간전압의 위상 변위가 다를 것

[풀이] 변압기 병렬운전 조건
① 각 변압기의 극성이 같을 것
② 권수비 및 2차 정격전압이 같을 것
③ 각 변압기의 퍼센트 임피던스 강하가 같으며 저항과 리액턴스비가 같을 것
④ 상회전 방향이 같을 것
⑤ 위상 변위가 같아야 한다. 답 ④

43 직류 직권전동기에서 분류 저항기를 직권권선에 병렬로 접속해 여자전류를 가감시켜 속도를 제어하는 방법은?
① 저항 제어 ② 전압 제어
③ 계자 제어 ④ 직·병렬 제어

[풀이] 직권 전동기의 속도제어
① 계자 제어법
그림 (a)와 같이 계자 권선에 병렬로 접속한 저항 R_f를 조정해서 계자 전류를 변화시키는 방법과 그림 (b)와 같이 계자 권선의 중간에 내놓은 탭 접속을 바꾸어 계자를 조정하는 방법이 있다.

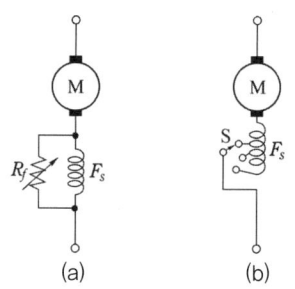

(a) (b)

② 직렬 저항 제어법
전기자 회로에 저항을 넣어서 속도를 저하시키는 방법으로 효율이 나쁜 것이 결점이지만 직·병렬 제어법과 병용하여 많이 사용되는 방법이다.

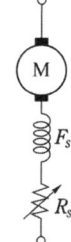

③ 직·병렬 제어법
전압 제어법의 일종으로 정격이 같은 전동기를 직·병렬 접속하여 전동기에 인가되는 전압을 조정하여 속도를 제어하는 방법으로 이것만으로는 속도의 변화가 원활하지 못하므로 저항 제어법을 병용한다.

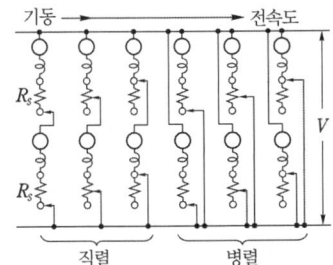

답 ③

44 60[Hz], 600[rpm]의 동기전동기에 직결된 기동용 유도전동기의 극수는?

① 6   ② 8   ③ 10   ④ 12

풀이) 극수 $p = \frac{120f}{N_s} = \frac{120 \times 60}{600} = \frac{7200}{600} = 12$극

동기전동기를 직결된 유도전동기로 기동하는 경우, 유도전동기는 동기속도보다 sN_s만큼 느리므로, 실제의 극수보다 2극 적은 것을 사용하여야 한다. 따라서 10극 이다.

답 ③

45 다이오드를 사용한 정류회로에서 다이오드를 여러 개 직렬로 연결하면 어떻게 되는가?

① 전력공급의 증대
② 출력전압의 맥동률을 감소
③ 다이오드를 과전류로부터 보호
④ 다이오드를 과전압으로부터 보호

풀이)
- 다이오드 직렬 연결 : 과전압 방지
- 다이오드 병렬 연결 : 과전류 방지

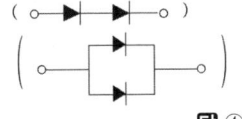

답 ④

46 4극 60[Hz]인 3상 유도전동기가 있다. 1725 [rpm]으로 회전하고 있을 때, 2차 기전력의 주파수[Hz]는?

① 2.5   ② 5   ③ 7.5   ④ 10

풀이)
- 회전자계속도 $N_s = \frac{120f}{p} = \frac{120 \times 60}{4} = 1800$[rpm]
- 슬립 $s = \frac{N_s - N}{N_s} = \frac{1800 - 1725}{1800} = 0.042$

∴ $f_2 = sf_1 = 0.042 \times 60 = 2.5$[Hz]

답 ①

47 직류 분권전동기의 전압이 일정할 때 부하토크가 2배로 증가하면 부하전류는 약 몇 배가 되는가?

① 1   ② 2   ③ 3   ④ 4

풀이) 토크 $\tau = \frac{p\phi z I_a}{2\pi a} = K\phi I_a \propto I_a$(부하전류)

(∵ 단자 전압이 일정하므로 ϕ는 일정)
부하토크와 부하전류는 비례관계이므로,
부하전류도 2배가 된다.

답 ②

48 유도전동기의 슬립을 측정하려고 한다. 다음 중 슬립의 측정법이 아닌 것은?

① 수화기법
② 직류밀리볼트계법
③ 스트로보스코프법
④ 프로니브레이크법

풀이)
- 슬립의 측정
  ① 회전계법   ② 직류 밀리볼트계법
  ③ 수화기법   ④ 스트로보스코프
- 프로니브레이크법은 소형 전동기의 토크 측정법이다.

답 ④

49 정격출력 10000[kVA], 정격전압 6600[V], 정격역률 0.8인 3상 비돌극 동기발전기가 있다. 여자를 정격상태로 유지할 때 이 발전기의 최대 출력은 약 몇 [kW]인가? (단, 1상의 동기 리액턴스를 0.9[pu]라 하고 저항은 무시한다.)

① 17089   ② 18889
③ 21259   ④ 23619

풀이)
- 비돌극 발전기의 출력 $P = \frac{EV}{x_s}\sin\delta$에서 $\sin\delta = 1$일 때 최대 출력이 되므로

비돌극 발전기의 최대 출력

$$P_{\max} = \frac{EV}{x_s}\sin\delta = \frac{EV}{x_s}\times 1 = \frac{EV}{x_s}$$

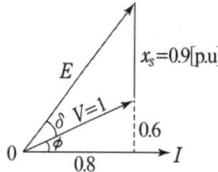

- 단위법으로 그린 1상의 벡터도는 다음과 같으므로
$$E = \sqrt{0.8^2 + (0.6+0.9)^2} = 1.7[\text{p.u}]$$
$$P_{\max} = \frac{EV}{x_s} = \frac{1.7\times 1}{0.9} = 1.8889[\text{p.u}]$$
$$\therefore P_{\max} = 1.8889\times 10000 = 18889[\text{kVA}]$$ 🔑 ②

50 단상 반파정류회로에서 직류전압의 평균값 210[V]를 얻는데 필요한 변압기 2차 전압의 실효값은 약 몇 [V]인가? (단, 부하는 순 저항이고, 정류기의 전압강하 평균값은 15[V]로 한다.)

① 400 ② 433
③ 500 ④ 566

풀이 단상 반파정류의 직류전압
$$E_d = \frac{2\sqrt{2}}{2\pi}E - e = 0.45E - e[\text{V}]$$
따라서 실효값
$$E = \frac{E_d + e}{0.45} = \frac{210+15}{0.45} = 500[\text{V}]$$ 🔑 ③

51 변압기유에 요구되는 특성으로 틀린 것은?

① 점도가 클 것
② 응고점이 낮을 것
③ 인화점이 높을 것
④ 절연 내력이 클 것

풀이 변압기의 기름으로서 갖추어야 할 조건은
① 절연내력이 클 것
② 절연 재료 및 금속에 화학 작용을 일으키지 않을 것
③ 인화점이 높고, 응고점이 낮을 것
④ **점도가 낮고, 비열이 커서 냉각효과가 클 것**
⑤ 고온에서도 석출물이 생기거나 산화하지 않을 것
🔑 ①

52 100[kVA], 2300/115[V], 철손 1[kW], 전부하 동손 1.25[kW]의 변압기가 있다. 이 변압기는 매일 무부하로 10시간, $\frac{1}{2}$ 정격부하 역률 1에서 8시간, 전부하 역률 0.8(지상)에서 6시간 운전하고 있다면 전일효율은 약 몇 [%]인가?

① 93.3 ② 94.3
③ 95.3 ④ 96.3

풀이 $P_a = 100[\text{kVA}]$, 철손 $P_i = 1[\text{kW}]$, 전부하 동손 $P_c = 1.25[\text{kW}]$이므로,
- 전일 출력 :
$$\Sigma(h\times mP_a\cos\theta)$$
$$= \left(8\times\frac{1}{2}\times 100\times 1\right) + (6\times 100\times 0.8)$$
$$= 880[\text{kWh}]$$
- 전일 철손
$$24P_i = 24\times 1 = 24[\text{kWh}]$$
- 전일 동손 :
$$\Sigma(h\times m^2P_c) = \left[8\times\left(\frac{1}{2}\right)^2\times 1.25\right] + (6\times 1.25)$$
$$= 10[\text{kWh}]$$
따라서 전일효율
$$\eta = \frac{\Sigma(h\times mP_a\cos\theta)}{\Sigma(h\times mP_a\cos\theta) + 24P_i + \Sigma(h\times m^2P_c)}\times 100$$
$$= \frac{880}{880+24+10}\times 100 = 96.28[\%]$$ 🔑 ④

53 3상 유도전동기에서 고조파 회전자계가 기본파 회전방향과 역방향인 고조파는?

① 제3고조파 ② 제5고조파
③ 제7고조파 ④ 제13고조파

풀이 고조파 차수 h (3상인 경우)
- 기본파와 같은 방향으로 회전 :
  $h = 2nm+1$(제7, 13차, …)
- 기본파와 반대 방향으로 회전 :
  $h = 2nm-1$(**제5, 11, 17차**, …)
- 회전자계를 발생하지 않음 :
  $h = 3n$(제3, 9차, …)

단, m은 상수, n은 정의 정수 🔑 ②

54 직류 분권전동기의 기동 시에 정격전압을 공급하면 전기자 전류가 많이 흐르다가 회전속도가 점점 증가함에 따라 전기자 전류가 감소하는 원인은?

① 전기자반작용의 증가
② 전기자권선의 저항증가
③ 브러시의 접촉저항증가
④ 전동기의 역기전력상승

풀이
- 역기전력 $E_c = V - I_a R_a [V]$
- 역기전력 E_c는 회전속도에 비례($E_c = k_1 \Phi n$)하므로, 전동기의 속도가 증가하면 역기전력도 증가하게 되어 전기자 전류 I_a는 감소하게 된다.
(∵ 단자전압 V와 전기자저항 R_a는 일정) **답** ④

55 변압기의 전압변동률에 대한 설명으로 틀린 것은?

① 일반적으로 부하변동에 대하여 2차 단자전압의 변동이 작을수록 좋다.
② 전부하 시와 무부하 시의 2차 단자전압이 서로 다른 정도를 표시하는 것이다.
③ 인가전압이 일정한 상태에서 무부하 2차 단자전압에 반비례한다.
④ 전압변동률은 전등의 광도, 수명, 전동기의 출력 등에 영향을 미친다.

풀이
전압변동률 $\epsilon = \dfrac{V_{2o} - V_{2n}}{V_{2n}} \times 100$
여기서, V_{2o} : 무부하 시 2차 단자전압
V_{2n} : 정격부하 시 2차 단자전압 **답** ③

56 1상의 유도기전력이 6000[V]인 동기발전기에서 1분간 회전수를 900[rpm]에서 1800[rpm]으로 하면 유도기전력은 약 몇 [V]인가?

① 6000 ② 12000
③ 24000 ④ 36000

풀이 유도기전력 $e = Blv = Bl \cdot \pi Dn$ (∵ $v = \pi Dn$)
(여기서, B : 자속밀도, l : 도체의 길이,
v : 회전자 주변속도, D : 전기자의 직경,
n : 회전수)

즉, 유도기전력과 속도는 비례($e \propto n$)하므로,
$\dfrac{6000}{e} = \dfrac{900}{1800}$
∴ $e = 6000 \times \dfrac{1800}{900} = 12000[V]$ **답** ②

57 변압기 내부고장 검출을 위해 사용하는 계전기가 아닌 것은?

① 과전압계전기
② 비율차동계전기
③ 부흐홀츠계전기
④ 충격압력계전기

풀이 변압기 내부고장 검출용 계전기 : 차동계전기, 비율차동계전기, 압력계전기, 브흐홀츠계전기, 가스검출계전기 **답** ①

58 권선형 유도전동기의 2차 여자법 중 2차 단자에서 나오는 전력을 동력으로 바꿔서 직류전동기에 가하는 방식은?

① 회생방식 ② 크레머방식
③ 플러깅방식 ④ 세르비우스방식

풀이 크레머(Kramer) 방식 : 유도전동기와 직류전동기를 기계적으로 직결하고 전기적으로는 유도전동기의 2차 출력을 실리콘 정류기로 정류하여 직류전동기의 입력으로서 가하도록 접속한 방식 **답** ②

59 동기조상기의 구조상 특징으로 틀린 것은?

① 고정자는 수차발전기와 같다.
② 안전 운전용 제동권선이 설치된다.
③ 계자 코일이나 자극이 대단히 크다.
④ 전동기 축은 동력을 전달하는 관계로 비교적 굵다.

풀이 동기조상기는 동기전동기를 무부하로 회전시켜 직류 계자전류 I_f의 크기를 조정하여 무효전력을 지상 또는 진상으로 제어하는 기기이다.
- 과여자 : 콘덴서(C)로 작용하므로, 위상이 앞선 전류가 흐른다.
- 부족여자 : 인덕턴스(L)로 작용하므로, 위상이 뒤진 전류가 흐른다. **답** ④

60 75[W] 이하의 소출력 단상 직권정류자 전동기의 용도로 적합하지 않은 것은?

① 믹서 ② 소형공구
③ 공작기계 ④ 치과의료용

풀이
- 단상 직권 정류자전동기는 교류, 직류 양용에 사용되므로 교직 양용전동기라고도 하며, 소출력 단상 직권 정류자전동기는 가정용 미싱, 소형공구, 영사기, 믹서, 의료 기구용 등에 사용된다.
- 3상 직권 정류자전동기는 송풍기, 펌프, 공작기계 등 기동 토크가 크고 속도제어 범위가 크게 요구되는 곳에 사용된다. **답** ③

4과목 - 회로이론 및 제어공학

61 그림의 제어시스템이 안정하기 위한 K의 범위는?

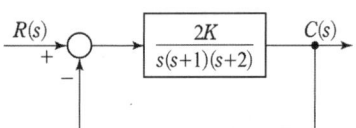

① $0 < K < 3$ ② $0 < K < 4$
③ $0 < K < 5$ ④ $0 < K < 6$

풀이 특성방정식은
$$1 + G(s)H(s) = 1 + \frac{2K}{s(s+1)(s+2)} = 0$$
$$s(s+1)(s+2) + 2K = s^3 + 3s^2 + 2s + 2K = 0$$
이므로, 루드의 표는

s^3	1	2
s^2	3	$2K$
s^1	$\frac{6-2K}{3}$	0
s^0	$2K$	

계가 안정하기 위해서는 제1열의 부호변화가 없어야 하므로
$6 - 2K > 0,\ 2K > 0$
$\therefore\ 0 < K < 3$ **답** ①

62 블록선도의 전달함수가 $\dfrac{C(s)}{R(s)} = 10$과 같이 되기 위한 조건은?

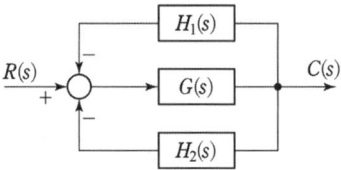

① $G(s) = \dfrac{1}{1 - H_1(s) - H_2(s)}$

② $G(s) = \dfrac{10}{1 - H_1(s) - H_2(s)}$

③ $G(s) = \dfrac{1}{1 - 10H_1(s) - 10H_2(s)}$

④ $G(s) = \dfrac{10}{1 - 10H_1(s) - 10H_2(s)}$

풀이 ① 전달함수로 나타내면
$(R - CH_1 - CH_2)G = C$
$RG = C(1 + H_1 G + H_2 G)$
$\therefore\ \dfrac{C}{R} = \dfrac{G}{1 + H_1 G + H_2 G}$

② 블록선도의 전달함수가 10이 되어야 하므로
$\dfrac{G}{1 + H_1 G + H_2 G} = 10$
$G = 10(1 + H_1 G + H_2 G) = 10 + 10 H_1 G + 10 H_2 G$
$G - 10 H_1 G - 10 H_2 G = G(1 - 10 H_1 - 10 H_2) = 10$
$\therefore\ G(s) = \dfrac{10}{1 - 10H_1(s) - 10H_2(s)}$ **답** ④

63 주파수 전달함수가 $G(j\omega) = \dfrac{1}{j100\omega}$인 제어시스템에서 $\omega = 1.0$[rad/s]일 때의 이득[dB]과 위상각[°]은 각각 얼마인가?

① 20[dB], 90°
② 40[dB], 90°
③ -20[dB], -90°
④ -40[dB], -90°

풀이 $g = 20\log|G(j\omega)| = 20\log\left|\dfrac{1}{j100\omega}\right|$
$= 20\log\left|\dfrac{1}{j100}\right| = 20\log\dfrac{1}{100} = -40$[dB]

$\theta = \angle G(j\omega) = \angle \dfrac{1}{j100\omega} = \angle \dfrac{1}{j100} = -90°$ **답** ④

64 개루프 전달함수가 다음과 같은 제어시스템의 근궤적이 $j\omega$(허수)축과 교차할 때 K는 얼마인가?

$$G(s)H(s) = \frac{K}{s(s+3)(s+4)}$$

① 30   ② 48   ③ 84   ④ 180

풀이 특성 방정식은
$$s(s+3)(s+4)+K = s^3+7s^2+12s+K=0$$
윗 식의 루드 배열은

s^3	1	12
s^2	7	K
s^1	$\frac{84-K}{7}$	0
s^0	K	0

K의 임계값은 s^1의 제1열 요소를 0으로 놓아 얻을 수 있다.
$$\frac{84-K}{7}=0$$
$$\therefore K=84$$

답 ③

65 그림과 같은 신호흐름선도에서 $\frac{C(s)}{R(s)}$는?

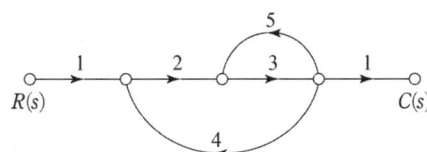

① $-\frac{6}{38}$ ② $\frac{6}{38}$
③ $-\frac{6}{41}$ ④ $\frac{6}{41}$

풀이 $G_1 = 2\times 3 = 6$, $\Delta_1 = 1$,
$L_{11} = 3\times 5 = 15$, $L_{21} = 2\times 3\times 4 = 24$
$\Delta = 1-(L_{11}+L_{21}) = 1-15-24 = -38$
$$\therefore G = \frac{C}{R} = \frac{G_1\Delta_1}{\Delta} = -\frac{6}{38}$$

별해 전향경로 이득 : $2\times 3 = 6$
루프 이득 : $3\times 5 = 15$, $2\times 3\times 4 = 24$
$$\therefore G(s) = \frac{\sum \text{전향경로 이득}}{1-\sum \text{루프 이득}}$$
$$= \frac{6}{1-(15+24)} = -\frac{6}{38}$$

답 ①

66 단위계단 함수 $u(t)$를 z변환하면?

① $\frac{1}{z-1}$ ② $\frac{z}{z-1}$
③ $\frac{1}{Tz-1}$ ④ $\frac{Tz}{Tz-1}$

풀이

$f(t)$	$F(s)$	$F(z)$
$\delta(t)$	1	1
$u(t)$	$\frac{1}{s}$	$\frac{z}{z-1}$
t	$\frac{1}{s^2}$	$\frac{Tz}{(z-1)^2}$
e^{-at}	$\frac{1}{s+a}$	$\frac{z}{z-e^{-at}}$

답 ②

67 제어요소의 표준 형식인 적분요소에 대한 전달함수는? (단, K는 상수이다.)

① Ks ② $\frac{K}{s}$
③ K ④ $\frac{K}{1+Ts}$

풀이 · 비례 요소 : K · 미분요소 : Ks
· 적분 요소 : $\frac{K}{s}$ · 1차 지연요소 : $\frac{K}{Ts+1}$

답 ②

68 그림의 논리회로와 등가인 논리식은?

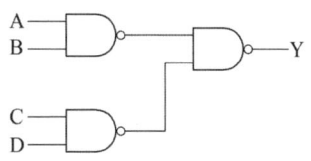

① $Y = A\cdot B\cdot C\cdot D$
② $Y = A\cdot B + C\cdot D$
③ $Y = \overline{A\cdot B} + \overline{C\cdot D}$
④ $Y = (\overline{A}+\overline{B})\cdot(\overline{C}+\overline{D})$

풀이 · NAND 회로

논리회로	논리식
A○─⊐D○─X B○─	$X = \overline{A\cdot B} = \overline{A}+\overline{B}$

- 드모르간의 법칙 : $\overline{A \cdot B} = \overline{A} + \overline{B}$
  $\overline{A + B} = \overline{A} \cdot \overline{B}$
$$\therefore Y = \overline{\overline{A \cdot B \cdot C \cdot D}} = \overline{\overline{A \cdot B} + \overline{C \cdot D}}$$
$$= A \cdot B + C \cdot D$$
답 ②

69 다음과 같은 상태방정식으로 표현되는 제어시스템에 대한 특성방정식의 근 (s_1, s_2)은?

$$\begin{bmatrix} \dot{x_1} \\ \dot{x_2} \end{bmatrix} = \begin{bmatrix} 0 & -3 \\ 2 & -5 \end{bmatrix} \begin{bmatrix} x_1 \\ x_2 \end{bmatrix} + \begin{bmatrix} 1 \\ 0 \end{bmatrix} u$$

① 1, -3 ② -1, -2
③ -2, -3 ④ -1, -3

풀이 $|sI - A|$의 행렬식은

$$|sI - A| = \begin{bmatrix} s & 0 \\ 0 & s \end{bmatrix} - \begin{bmatrix} 0 & -3 \\ 2 & -5 \end{bmatrix}$$
$$= \begin{bmatrix} s & 3 \\ -2 & s+5 \end{bmatrix} = s(s+5) + 6$$

∴ $s^2 + 5s + 6$의 근은 $s = -2, -3$이 된다. 답 ③

70 블록선도의 제어시스템은 단위 램프입력에 대한 정상상태 오차(정상편차)가 0.01이다. 이 제어시스템의 제어요소인 $G_{C1}(s)$의 k는?

$$G_{C1}(s) = k, \quad G_{C2}(s) = \frac{1 + 0.1s}{1 + 0.2s}$$

$$G_P(s) = \frac{20}{s(s+1)(s+2)}$$

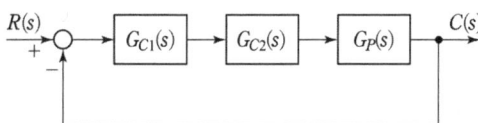

① 0.1 ② 1
③ 10 ④ 100

풀이 속도 편차 상수
$$k_v = \lim_{s \to 0} s G(s) H(s)$$
$$= \lim_{s \to 0} s \cdot \frac{20k(1+0.1s)}{s(s+1)(s+2)(1+0.2s)} = 10k$$

속도 편차 $e_{ssv} = \frac{1}{k_v} = \frac{1}{10k} = 0.01$ 이므로

∴ $k = 10$ 답 ③

71 평형 3상 부하에 선간전압의 크기가 200[V]인 평형 3상 전압을 인가했을 때 흐르는 선전류의 크기가 8.6[A]이고 무효전력이 1298[Var]이었다. 이때 이 부하의 역률은 약 얼마인가?

① 0.6 ② 0.7
③ 0.8 ④ 0.9

풀이 • 피상전력
$$P_a = \sqrt{3} VI = \sqrt{3} \times 200 \times 8.6 = 2979.13 \text{[VA]}$$

• $P_a = \sqrt{P^2 + P_r^2}$ 이므로,
유효전력 $P = \sqrt{P_a^2 - P_r^2} = \sqrt{2979.13^2 - 1298^2}$
$= 2681.49 \text{[W]}$

∴ $\cos\theta = \frac{P}{P_a} = \frac{2681.49}{2979.13} = 0.9$ 답 ④

72 단위 길이당 인덕턴스 및 커패시턴스가 각각 L 및 C일 때 전송선로의 특성 임피던스는? (단, 전송선로는 무손실 선로이다.)

① $\sqrt{\dfrac{L}{C}}$ ② $\sqrt{\dfrac{C}{L}}$
③ $\dfrac{L}{C}$ ④ $\dfrac{C}{L}$

풀이 선로의 특성 임피던스 $Z_0 = \sqrt{\dfrac{Z}{Y}} = \sqrt{\dfrac{R + j\omega L}{G + j\omega C}} [\Omega]$
무손실 회로에서는 $R = 0$, $G = 0$이므로
∴ $Z_0 = \sqrt{\dfrac{R + j\omega L}{G + j\omega C}} = \sqrt{\dfrac{0 + j\omega L}{0 + j\omega C}} = \sqrt{\dfrac{L}{C}} [\Omega]$ 답 ①

73 각 상의 전류가
$i_a(t) = 90\sin\omega t \text{[A]},$
$i_b(t) = 90\sin(\omega t - 90°) \text{[A]},$
$i_c(t) = 90\sin(\omega t + 90°) \text{[A]}$일 때
영상분 전류[A]의 순시치는?

① $30\cos\omega t$ ② $30\sin\omega t$
③ $90\sin\omega t$ ④ $90\cos\omega t$

풀이 정현파를 phasor로 표시하면
$I_a = \dfrac{90}{\sqrt{2}} \angle 0° = \dfrac{90}{\sqrt{2}}$, $I_b = \dfrac{90}{\sqrt{2}} \angle -90° = -j\dfrac{90}{\sqrt{2}}$,
$I_c = \dfrac{90}{\sqrt{2}} \angle 90° = j\dfrac{90}{\sqrt{2}}$
영상전류 I_0는

$$I_o = \frac{1}{3}(I_a + I_b + I_c) = \frac{1}{3}\left(\frac{90}{\sqrt{2}} - j\frac{90}{\sqrt{2}} + j\frac{90}{\sqrt{2}}\right)$$
$$= \frac{30}{\sqrt{2}}[A]$$
$$\therefore i_o = 30\sin\omega t[A] \text{ 가 된다.} \qquad \text{답 ②}$$

74 내부 임피던스가 $0.3 + j2[\Omega]$인 발전기에 임피던스가 $1.1 + j3[\Omega]$인 선로를 연결하여 어떤 부하에 전력을 공급하고 있다. 이 부하의 임피던스가 몇 $[\Omega]$일 때 발전기로부터 부하로 전달되는 전력이 최대가 되는가?

① $1.4 - j5$ ② $1.4 + j5$
③ 1.4 ④ $j5$

풀이 발전기 내부 임피던스와 선로 임피던스의 합을 전원 임피던스로 생각하면 전원 임피던스 Z_s 는
$Z_s = Z_g + Z_l = 0.3 + j2 + 1.1 + j3 = 1.4 + j5[\Omega]$
최대 전력 전달 조건에서 부하임피던스 $Z_L = \overline{Z_s}$
$\therefore Z_L = 1.4 - j5[\Omega]$ 답 ①

75 그림과 같은 파형의 라플라스 변환은?

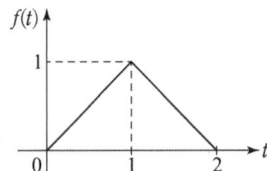

① $\frac{1}{s^2}(1 - 2e^s)$

② $\frac{1}{s^2}(1 - 2e^{-s})$

③ $\frac{1}{s^2}(1 - 2e^s + e^{2s})$

④ $\frac{1}{s^2}(1 - 2e^{-s} + e^{-2s})$

풀이 $f(t) = t[u(t) - u(t-1)]$
$\quad -(t-2)[u(t-1) - u(t-2)]$
$= [tu(t) - (t-1)u(t-1) - u(t-1)]$
$\quad -[(t-1)u(t-1) - u(t-1) - (t-2)u(t-2)]$
$\therefore F(s) = \frac{1}{s^2} - \frac{e^{-s}}{s^2} - \frac{e^{-s}}{s} - \frac{e^{-s}}{s^2} + \frac{e^{-s}}{s} + \frac{e^{-2s}}{s^2}$
$= \frac{1}{s^2}(1 - 2e^{-s} + e^{-2s})$ 답 ④

76 어떤 회로에서 $t = 0$초에 스위치를 닫은 후 $i = 2t + 3t^2[A]$의 전류가 흘렀다. 30초까지 스위치를 통과한 총 전기량[Ah]은?

① 4.25 ② 6.75
③ 7.75 ④ 8.25

풀이 $Q = \int_0^t i dt = \int_0^{30}(2t + 3t^2)dt = [t^2 + t^3]_0^{30}$
$= 27900[A \cdot sec] = \frac{27900}{3600}[Ah] = 7.75[Ah]$ 답 ③

77 전압 $v(t)$를 RL 직렬회로에 인가했을 때 제3고조파 전류의 실효값[A]의 크기는?
(단, $R = 8[\Omega]$, $\omega L = 2[\Omega]$,
$v(t) = 100\sqrt{2}\sin\omega t + 200\sqrt{2}\sin3\omega t$
$\quad\quad + 50\sqrt{2}\sin5\omega t[V]$ 이다.)

① 10 ② 14
③ 20 ④ 28

풀이 유도성 리액턴스 $X_L = \omega L = 2\pi f L \propto f$ 이므로, 제3고조파에 대해서 저항은 변화가 없으나, 유도성 리액턴스는 3배로 증가한다.
$\therefore I_3 = \frac{V_3}{Z_3} = \frac{V_3}{\sqrt{R^2 + (3\omega L)^2}} = \frac{200}{\sqrt{8^2 + (3 \times 2)^2}}$
$= 20[A]$ 답 ③

78 회로에서 $t = 0$ 초에 전압 $v_1(t) = e^{-4t}[V]$를 인가하였을 때 $v_2(t)$는 몇 [V]인가?
(단, $R = 2[\Omega]$, $L = 1[H]$이다.)

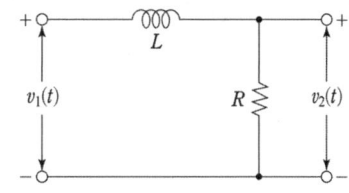

① $e^{-2t} - e^{-4t}$
② $2e^{-2t} - 2e^{-4t}$
③ $-2e^{-2t} + 2e^{-4t}$
④ $-2e^{-2t} - 2e^{-4t}$

풀이

① $V_1(s) = \mathcal{L}[v_1(t)] = \mathcal{L}[e^{-4t}] = \dfrac{1}{s+4}$

② $\dfrac{V_2(s)}{V_1(s)} = \dfrac{R}{R+Ls} = \dfrac{2}{s+2}$

∴ $V_2(s) = \dfrac{2}{s+2} V_1(s) = \dfrac{2}{(s+2)(s+4)}$

③ $V_2(s) = \dfrac{2}{(s+2)(s+4)} = \dfrac{K_1}{s+2} + \dfrac{K_2}{s+4}$

$K_1 = \lim_{s \to -2}(s+2) \cdot V_2(s) = \left[\dfrac{2}{s+4}\right]_{s=-2} = 1$

$K_2 = \lim_{s \to -4}(s+4) \cdot V_2(s) = \left[\dfrac{1}{s+2}\right]_{s=-4} = -1$

$V_2(s) = \dfrac{1}{s+2} - \dfrac{1}{s+4}$

∴ $v_2(t) = \mathcal{L}^{-1}\left[\dfrac{2}{(s+2)(s+4)}\right]$

$= \mathcal{L}^{-1}\left[\dfrac{1}{s+2} - \dfrac{1}{s+4}\right] = e^{-2t} - e^{-4t}$ [V]

답 ①

79 어떤 선형 회로망의 4단자 정수가 $A=8$, $B=j2$, $D=1.625+j$일 때, 이 회로망의 4단자 정수 C는?

① $24-j14$ ② $8-j11.5$
③ $4-j6$ ④ $3-j4$

풀이 $AD - BC = 1$이므로

∴ $C = \dfrac{AD-1}{B} = \dfrac{8(1.625+j)-1}{j2} = 4-j6$

답 ③

80 동일한 저항 $R[\Omega]$ 6개를 그림과 같이 결선하고 대칭 3상 전압 $V[V]$를 가하였을 때 전류 $I[A]$의 크기는?

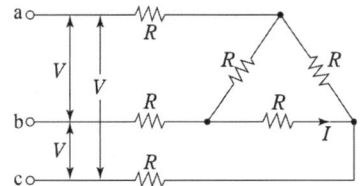

① $\dfrac{V}{R}$ ② $\dfrac{V}{2R}$ ③ $\dfrac{V}{4R}$ ④ $\dfrac{V}{5R}$

풀이 세 개의 동일한 저항인 경우

• △를 Y로 환산하면 등가저항은 $R_Y = \dfrac{R_\triangle}{3}$이므로,

한 상의 저항 $R_{1\phi} = R + \dfrac{R}{3} = \dfrac{4R}{3}$

• Y를 △로 환산하면 등가저항은

$R_\triangle = 3R_Y = 3R_{1\phi} = 3 \times \dfrac{4R}{3} = 4R$

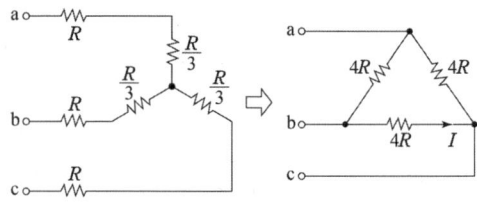

따라서 상전류 $I = \dfrac{V}{4R}$ [A]

답 ③

5과목 - 전기설비기술기준

81 저압 옥상전선로의 시설기준으로 틀린 것은?

① 전개된 장소에 위험의 우려가 없도록 시설할 것
② 전선은 지름 2.6[mm] 이상의 경동선을 사용할 것
③ 전선은 절연전선(옥외용 비닐절연전선은 제외)을 사용할 것
④ 전선은 상시 부는 바람 등에 의하여 식물에 접촉하지 아니하도록 시설하여야 한다.

풀이 221.3 옥상전선로

저압 옥상전선로는 전개된 장소에 다음에 따르고 또한 위험의 우려가 없도록 시설하여야 한다.

가. 전선은 인장강도 2.30[kN] 이상의 것 또는 지름 2.6[mm] 이상의 경동선을 사용할 것.
나. 전선은 절연전선(OW전선을 포함한다.) 또는 이와 동등 이상의 절연효력이 있는 것을 사용할 것.
다. 전선은 조영재에 견고하게 붙인 지지주 또는 지지대에 절연성·난연성 및 내수성이 있는 애자를 사용하여 지지하고 또한 그 지지점 간의 거리는 15[m] 이하일 것.
라. 전선과 그 저압 옥상 전선로를 시설하는 조영재와의 이격거리는 2[m](전선이 고압절연전선, 특고압절연전선 또는 케이블인 경우에는 1[m]) 이상일 것.

답 ③

82 이동형의 용접 전극을 사용하는 아크용접장치의 시설기준으로 틀린 것은?

① 용접변압기는 절연변압기일 것
② 용접변압기의 1차측 전로의 대지전압은 300[V] 이하일 것
③ 용접변압기의 2차측 전로에는 용접변압기에 가까운 곳에 쉽게 개폐할 수 있는 개폐기를 시설할 것
④ 용접변압기의 2차측 전로 중 용접변압기로부터 용접전극에 이르는 부분의 전로는 용접 시 흐르는 전류를 안전하게 통할 수 있는 것일 것

풀이 241.10 아크 용접기
가반형의 용접 전극을 사용하는 아크 용접장치는 다음에 따라 시설하여야 한다.
가. 용접변압기는 절연변압기일 것.
나. 용접변압기의 1차측 전로의 대지전압은 300[V] 이하일 것.
다. **용접변압기의 1차측 전로에는 용접 변압기에 가까운 곳에 쉽게 개폐할 수 있는 개폐기를 시설할 것.**
라. 용접기 외함 및 피용접재 또는 이와 전기적으로 접속되는 받침대·정반 등의 금속체는 규정에 준하여 접지공사를 하여야 한다. **답** ③

83 사용전압이 15[kV] 초과 25[kV] 이하인 특고압 가공전선로가 상호 간 접근 또는 교차하는 경우 사용전선이 양쪽 모두 나전선이라면 이격거리는 몇 [m] 이상이어야 하는가? (단, 중성선 다중접지 방식의 것으로서 전로에 지락이 생겼을 때에 2초 이내에 자동적으로 이를 전로로부터 차단하는 장치가 되어 있다.)

① 1.0   ② 1.2
③ 1.5   ④ 1.75

풀이 333.32 25[kV] 이하인 특고압 가공전선로의 시설
사용전압이 15[kV]를 초과하고 25[kV] 이하인 특고압 가공전선로(중성선 다중접지식의 것으로서 전로에 지락이 생겼을 때에 2초 이내에 자동적으로 이를 전로로부터 차단하는 장치가 되어 있는 것에 한한다.)가 상호 간 접근 또는 교차하는 경우 이격거리

사용전선의 종류	이격거리
어느 한쪽 또는 양쪽이 나전선인 경우	1.5[m]
양쪽이 특고압 절연전선인 경우	1.0[m]
한쪽이 케이블이고 다른 한쪽이 케이블이거나 특고압 절연전선인 경우	0.5[m]

답 ③

84 최대사용전압이 1차 22000[V], 2차 6600[V]의 권선으로서 중성점 비접지식 전로에 접속하는 변압기의 특고압측 절연내력 시험전압은?

① 24000[V]   ② 27500[V]
③ 33000[V]   ④ 44000[V]

풀이 135 변압기 전로의 절연내력

권선의 종류 (최대사용전압)	접지방식	시험전압 (최대사용전압의 배수)	최저 시험전압
1. 7[kV] 이하		1.5배	500[V]
	다중접지	0.92배	500[V]
2. 7[kV] 초과 25[kV] 이하	다중접지	0.92배	
3. 7[kV] 초과 60[kV] 이하 (2란의 것 제외)		1.25배	10.5[kV]
4. 60[kV] 초과	비접지	1.25배	
5. 60[kV] 초과(6란의 것 제외)	접지식	1.1배	75[kV]
6. 60[kV] 초과	직접접지	0.72배	
7. 170[kV] 초과	직접접지	0.64배	

시험전압은 최대 사용전압에 배수를 곱하고 그 값을 권선과 대지 사이 10분간 시험한다.
시험전압 = 22,000 × 1.25 = 27,500[V]   **답** ②

85 가공전선로의 지지물로 볼 수 없는 것은?

① 철주   ② 지선
③ 철탑   ④ 철근 콘크리트주

풀이
• 지지물은 폭풍우, 지진, 뇌, 눈 등의 자연재해로부터 가공전선로를 안전하게 지지하여야 한다. 따라서 지지물은 전선을 지지하는데 충분한 강도를 가져야 하며 오랜 기간에도 견딜 수 있는 것이어야 한다.
• 지지물의 종류로서는 **철탑, 철근콘크리트주, 철주**, 목주 등이 있으며, 이외에도 강판조립주 라든가 MC철탑(콘크리트가 충진되어 있는 강관철탑) 및 알루미늄탑 등도 있다.   **답** ②

86 점멸기의 시설에서 센서등(타임스위치 포함)을 시설하여야 하는 곳은?

① 공장 ② 상점
③ 사무실 ④ 아파트 현관

풀이 234.6 점멸기의 시설
다음의 경우에는 센서등(타임스위치 포함)을 시설하여야 한다.
가. 관광숙박업 또는 숙박업(여인숙업을 제외한다)에 이용되는 객실의 입구등은 1분 이내에 소등되는 것.
나. 일반주택 및 아파트 각 호실의 현관등은 3분 이내에 소등되는 것.   **답** ④

87 순시조건($t \leq 0.5$초)에서 교류 전기철도 급전 시스템에서의 레일 전위의 최대 허용접촉전압(실효값)으로 옳은 것은?

① 60[V] ② 65[V]
③ 440[V] ④ 670[V]

풀이 461.2 레일 전위의 위험에 대한 보호
교류 전기철도 급전시스템에서의 레일 전위의 최대 허용 접촉전압은 표의 값 이하여야 한다. 단, 작업장 및 이와 유사한 장소에서는 최대 허용 접촉전압을 25[V](실효값)를 초과하지 않아야 한다.

교류 전기철도 급전시스템의 최대 허용 접촉전압

시간 조건	최대 허용 접촉전압(실효값)
순시조건($t \leq 0.5$초)	670[V]
일시적 조건(0.5초<$t \leq$300초)	65[V]
영구적 조건($t >$300초)	60[V]

답 ④

88 전기저장장치에 자동으로 전로를 차단하는 보호장치를 시설하여야 하는 경우로 틀린 것은?

① 과저항이 발생한 경우
② 과전압이 발생한 경우
③ 제어장치에 이상이 발생한 경우
④ 이차전지 모듈의 내부 온도가 상승할 경우

풀이 511.2.7 제어 및 보호장치의 시설
전기저장장치는 정격 운전 범위를 초과하는 다음의 경우가 발생했을 때 자동으로 전로를 차단하는 보호장치를 시설하여야 한다.
가. 과전압, 저전압, 과전류가 발생한 경우
나. 제어장치에 이상이 발생한 경우
다. 이차전지 모듈의 내부 온도가 상승할 경우
답 ①

89 뱅크용량이 몇 [kVA] 이상인 조상기에는 그 내부에 고장이 생긴 경우에 자동적으로 이를 전로로부터 차단하는 보호장치를 하여야 하는가?

① 10000 ② 15000
③ 20000 ④ 25000

풀이 351.5 조상설비의 보호장치
조상설비에는 그 내부에 고장이 생긴 경우에 보호하는 장치를 표와 같이 시설하여야 한다.

설비 종별	뱅크 용량의 구분	자동적으로 전로로부터 차단하는 장치
전력용 커패시터 및 분로리액터	500[kVA] 초과 15,000[kVA] 미만	• 내부에 고장이 생긴 경우 • 과전류가 생긴 경우
	15,000[kVA] 이상	• 내부에 고장이 생긴 경우 • 과전류가 생긴 경우 • 과전압이 생긴 경우
조상기	15,000[kVA] 이상	• 내부에 고장이 생긴 경우

답 ②

90 전주외등의 시설 시 사용하는 공사방법으로 틀린 것은?

① 애자공사 ② 케이블공사
③ 금속관공사 ④ 합성수지관공사

풀이 234.10.3 배선
배선은 단면적 2.5[mm²] 이상의 절연전선 또는 이와 동등 이상의 절연효력이 있는 것을 사용하고 다음 배선방법 중에서 시설하여야 한다.
1. 케이블공사
2. 합성수지관공사
3. 금속관공사   **답** ①

91 농사용 저압 가공전선로의 지지점 간 거리는 몇 [m] 이하이어야 하는가?

① 30 ② 50
③ 60 ④ 100

[풀이] 222.22 농사용 저압 가공전선로의 시설
가. 사용전압은 저압일 것.
나. 저압 가공전선은 인장강도 1.38[kN] 이상의 것 또는 지름 2[mm] 이상의 경동선일 것.
다. 저압 가공전선의 지표상 높이는 3.5[m] 이상일 것. 다만, 저압 가공전선을 사람이 쉽게 출입하지 못하는 곳에 시설하는 경우에는 3[m]까지로 감할 수 있다.
라. 목주의 굵기는 말구 지름이 0.09[m] 이상일 것.
마. **전선로의 지지점 간 거리는 30[m] 이하일 것.**
답 ①

92. 특고압 가공전선로에서 발생하는 극저주파 전계는 지표상 1[m]에서 몇 [kV/m] 이하이어야 하는가?

① 2.0　② 2.5
③ 3.0　④ 3.5

[풀이] 유도장해 방지(기술기준 제17조)
특고압 가공전선로에서 발생하는 극저주파 전자계는 **지표상 1[m]에서 전계가 3.5[kV/m] 이하**, 자계가 83.3[μT] 이하가 되도록 시설하는 등 상시 정전유도 및 전자유도 작용에 의하여 사람에게 위험을 줄 우려가 없도록 시설하여야 한다.
답 ④

93. 단면적 55[mm²]인 경동연선을 사용하는 특고압 가공전선로의 지지물로 장력에 견디는 형태의 B종 철근 콘크리트주를 사용하는 경우, 허용 최대 경간은 몇 [m]인가?

① 150　② 250
③ 300　④ 500

[풀이] 333.21 특고압 가공전선로의 경간 제한
특고압 가공전선로의 경간은 표에서 정한 값 이하이어야 한다.

지지물의 종류	표준 경간 22[mm²] 이상의 경동연선	인장강도 21.67[kN] 이상 또는 단면적 50[mm²] 이상의 경동연선
목주·A종 철주 또는 A종 철근 콘크리트주	150[m] 이하	300[m] 이하
B종 철주 또는 B종 철근 콘크리트주	250[m] 이하	**500[m] 이하**
철탑	600[m] 이하 (단주인 경우 400[m])	600[m] 이하

답 ④

94. 저압 옥측전선로에서 목조의 조영물에 시설할 수 있는 공사 방법은?

① 금속관 공사
② 버스덕트공사
③ 합성수지관공사
④ 케이블공사(무기물절연(MI) 케이블을 사용하는 경우)

[풀이] 221.2 옥측전선로
저압 옥측전선로는 다음의 공사방법에 의할 것.
가. 애자공사(전개된 장소에 한한다.)
나. **합성수지관공사**
다. 금속관공사(목조 이외의 조영물에 시설하는 경우에 한한다.)
라. 버스덕트공사[목조 이외의 조영물(점검할 수 없는 은폐된 장소는 제외한다)에 시설하는 경우에 한한다.]
마. 케이블공사(연피 케이블·알루미늄피 케이블 또는 무기물 절연 케이블을 사용하는 경우에는 목조 이외의 조영물에 시설하는 경우에 한한다.)
답 ③

95. 시가지에 시설하는 154[kV] 가공전선로를 도로와 제1차 접근상태로 시설하는 경우, 전선과 도로와의 이격거리는 몇 [m] 이상이어야 하는가?

① 4.4　② 4.8　③ 5.2　④ 5.6

[풀이] 333.24 특고압 가공전선과 도로 등의 접근 또는 교차
특고압 가공전선이 **도로·횡단보도교·철도 또는 궤도**(이하 "도로 등"이라 한다)**와 제1차 접근 상태로** 시설되는 경우에는 다음에 따라야 한다.
가. 특고압 가공전선로는 제3종 특고압 보안공사에 의할 것.
나. 특고압 가공전선과 도로 등 사이의 이격거리는 표에서 정한 값 이상일 것. 다만, 특고압 절연전선을 사용하는 사용전압이 35[kV] 이하의 특고압 가공전선과 도로 등 사이의 수평 이격거리가 1.2[m] 이상인 경우에는 그러하지 아니하다.

사용전압의 구분	이격거리
35[kV] 이하	3[m]
35[kV] 초과	• 이격거리 = 3 + 단수 × 0.15[m] • 단수 = $\frac{전압[kV]-35}{10}$ 단수 계산에서 소수점 이하는 절상

• 단수 = $\frac{154-35}{10}$ = 11.9 → 12단
• 이격거리 = 3 + 12 × 0.15 = 4.8[m]
답 ②

96 귀선로에 대한 설명으로 틀린 것은?

① 나전선을 적용하여 가공식으로 가설을 원칙으로 한다.
② 사고 및 지락 시에도 충분한 허용전류용량을 갖도록 하여야 한다.
③ 비절연보호도체, 매설접지도체, 레일 등으로 구성하여 단권변압기 중성점과 공통접지에 접속한다.
④ 비절연보호도체의 위치는 통신유도장해 및 레일전위의 상승의 경감을 고려하여 결정하여야 한다.

풀이 431.5 귀선로
1. 귀선로는 비절연보호도체, 매설접지도체, 레일 등으로 구성하여 단권변압기 중성점과 공통접지에 접속한다.
2. 비절연보호도체의 위치는 통신유도장해 및 레일전위의 상승의 경감을 고려하여 결정하여야 한다.
3. 귀선로는 사고 및 지락 시에도 충분한 허용전류용량을 갖도록 하여야 한다. **답 ①**

97 큰 고장전류가 구리 소재의 접지도체를 통하여 흐르지 않을 경우 접지도체의 최소 단면적은 몇 [mm²] 이상이어야 하는가? (단, 접지도체에 피뢰시스템이 접속되지 않는 경우이다.)

① 0.75　② 2.5　③ 6　④ 16

풀이 142.3.1 접지도체
가. 접지도체의 최소 단면적은 다음과 같다.
　(1) 구리는 6[mm²] 이상
　(2) 철제는 50[mm²] 이상
나. 접지도체에 피뢰시스템이 접속되는 경우, 접지도체의 단면적
　(1) 구리는 16[mm²] 이상
　(2) 철제는 50[mm²] 이상 **답 ③**

98 변전소에 울타리·담 등을 시설할 때, 사용전압이 345[kV]이면 울타리·담 등의 높이와 울타리·담 등으로부터 충전부분까지의 거리의 합계는 몇 [m] 이상으로 하여야 하는가?

① 8.16　② 8.28
③ 8.40　④ 9.72

풀이 351.1 발전소 등의 울타리·담 등의 시설

사용전압의 구분	울타리·담 등의 높이와 울타리·담 등으로부터 충전 부분까지의 거리의 합계
35[kV] 이하	5[m]
35[kV] 초과 160[kV] 이하	6[m]
160[kV] 초과	• 거리의 합계 = 6 + 단수 × 0.12[m] • 단수 = $\frac{\text{사용전압}[kV]-160}{10}$ 단수 계산에서 소수점 이하는 절상

• 단수 = $\frac{345-160}{10}$ = 18.5 → 19단
• 충전 부분까지의 거리 = 6 + 19 × 0.12 = 8.28[m] **답 ②**

99 전력보안 가공통신선을 횡단보도교 위에 시설하는 경우 그 노면상 높이는 몇 [m] 이상인가? (단, 가공전선로의 지지물에 시설하는 통신선 또는 이에 직접 접속하는 가공통신선은 제외한다.)

① 3　② 4　③ 5　④ 6

풀이 362.2 전력보안통신선의 시설 높이와 이격거리
전력 보안 가공통신선(이하 "가공통신선"이라 한다)의 높이는 다음을 따른다.

구 분		지상고	비고
도로 (차도)	일반적인 경우	5.0[m] 이상	
	교통에 지장을 안 주는 경우	4.5[m] 이상	
철도 또는 궤도 횡단 시		6.5[m] 이상	레일면상
횡단보도교 위		3.0[m] 이상	그 노면상
기타		3.5[m] 이상	

답 ①

100 케이블트레이 공사에 사용할 수 없는 케이블은?

① 연피 케이블　② 난연성 케이블
③ 캡타이어 케이블　④ 알루미늄피 케이블

풀이 232.41.1 시설 조건
가. 연피케이블, 알루미늄피 케이블 등 난연성 케이블
나. 기타 케이블(적당한 간격으로 연소(延燒)방지 조치를 하여야 한다.
다. 금속관 혹은 합성수지관 등에 넣은 절연전선 **답 ③**

2022년 1회 전기기사필기

동일출판사 홈페이지에서 무료 동영상강의를 보실 수 있습니다.

1과목 - 전기자기

01 면적이 0.02[m²], 간격이 0.03[m]이고, 공기로 채워진 평행평판의 커패시터에 1.0×10^{-6}[C]의 전하를 충전시킬 때, 두 판 사이에 작용하는 힘의 크기는 약 몇 [N]인가?

① 1.13　　② 1.41
③ 1.89　　④ 2.83

풀이 면적 $S = 0.02$[m²], 간격 $d = 0.03$[m]일 때,
- 정전용량
$$C = \frac{\epsilon_0 S}{d} = \frac{8.855 \times 10^{-12} \times 0.02}{0.03} = 5.9 \times 10^{-12}[F]$$
- 전압
$$V = \frac{Q}{C} = \frac{1.0 \times 10^{-6}}{5.9 \times 10^{-12}} = 169.49 \times 10^3[V]$$
- 전계의 세기
$$E = \frac{V}{d} = \frac{169.49 \times 10^3}{0.03} = 5.65 \times 10^6[V/m]$$
- 정전응력(단위 면적당의 작용력)
$$f = \frac{1}{2}\epsilon_0 E^2 = \frac{1}{2} \times 8.855 \times 10^{-12} \times (5.65 \times 10^6)^2$$
$$= 141.34[N/m^2]$$
따라서 전 면적에 작용하는 힘
$F = f \cdot S = 141.34 \times 0.02 = 2.83$[N]　　**답** ④

02 자극의 세기가 7.4×10^{-5}[Wb], 길이가 10[cm]인 막대자석이 100[AT/m]의 평등자계 내에 자계의 방향과 30°로 놓여 있을 때 이 자석에 작용하는 회전력[N·m]은?

① 2.5×10^{-3}　　② 3.7×10^{-4}
③ 5.3×10^{-5}　　④ 6.2×10^{-6}

풀이 회전력 $T = MH\sin\theta = mlH\sin\theta$
$= 7.4 \times 10^{-5} \times 10 \times 10^{-2} \times 100 \times \sin 30°$
$= 3.7 \times 10^{-4}$[N·m]　　**답** ②

03 유전율이 $\epsilon = 2\epsilon_0$이고 투자율이 μ_0인 비도전성 유전체에서 전자파의 전계의 세기가 $E(z, t) = 120\pi\cos(10^9 t - \beta z)\hat{y}$[V/m]일 때, 자계의 세기 H[A/m]는?
(단, $\hat{x}$, $\hat{y}$는 단위벡터이다.)

① $-\sqrt{2}\cos(10^9 t - \beta z)\hat{x}$
② $\sqrt{2}\cos(10^9 t - \beta z)\hat{x}$
③ $-2\cos(10^9 t - \beta z)\hat{x}$
④ $2\cos(10^9 t - \beta z)\hat{x}$

풀이 ※ 전자파의 성질은 전계 E와 자계 H는 서로 직교하고, 동위상이며, 진행 방향은 $E \times H$의 방향이다. 주어진 전계의 순시값으로부터 전자파의 성질을 만족하는 자계의 방향과 크기를 구한다.

① 전자파의 진행 방향은 위상, 즉 $10^9 t - \beta z$에서 $+z$ 방향이고, $E \times H$도 $+z$방향으로 진행한다. 따라서 자계 H는 전계 E가 $\hat{y}$ 축이므로 $-\hat{x}$ 축이어야 하고, 자계 H의 위상은 전계 E와 동위상이므로 $10^9 t - \beta z$를 만족해야 한다.

② 전계와 자계의 관계에 의한 자계의 크기 H_x
$$\eta = \frac{E_y}{H_x} = \sqrt{\frac{\mu}{\epsilon}} \text{ 의 관계에서}$$
$$H_x = \sqrt{\frac{\epsilon}{\mu}} E_y = \sqrt{\frac{2\epsilon_0}{\mu_0}} \times 120\pi = \sqrt{2}\,[A/m]$$
$$\left(\because \eta_0 = \sqrt{\frac{\mu_0}{\epsilon_0}} = 120\pi \text{에서 } \sqrt{\frac{\epsilon_0}{\mu_0}} = \frac{1}{120\pi}\right)$$

③ 위의 결과로부터 자계의 순시값은 다음과 같이 나타낼 수 있다.
$$H = -H_x\cos(\omega t - \beta z)\hat{x}$$
$$= -\sqrt{2}\cos(10^9 t - \beta z)\hat{x}$$　　**답** ①

04 자기회로에서 전기회로의 도전율 σ[℧/m]에 대응되는 것은?

① 자속　　② 기자력
③ 투자율　　④ 자기저항

풀이 전기회로와 자기회로의 대응

전기회로		자기회로	
기전력	U[V]	기자력	F_m[AT]
전류	I[A]	자속	ϕ[Wb]

전기회로		자기회로	
전계	E[V/m]	자계	H[AT/m]
전기저항	R[Ω]	자기저항	R_m[AT/Wb]
컨덕턴스	G[℧]	퍼미언스	$\frac{1}{R_m}$[Wb/AT]
도전율	σ[S/m]	투자율	μ[H/m]
전류밀도	i[A/m²]	자속밀도	B[Wb/m²]

답 ③

05 단면적이 균일한 환상철심에 권수 1000회인 A 코일과 권수 N_B회인 B 코일이 감겨져 있다. A 코일의 자기 인덕턴스가 100[mH]이고, 두 코일 사이의 상호 인덕턴스가 20[mH]이고, 결합계수가 1일 때, B 코일의 권수(N_B)는 몇 회인가?

① 100 ② 200
③ 300 ④ 400

풀이 결합계수가 1인 경우(누설자속이 없는 경우)

상호인덕턴스 $M = \frac{N_B L_A}{N_A} = \frac{N_A L_B}{N_B}$ 이므로

$N_A = 1000$회, $L_A = 100 \times 10^{-3}$[H],
$M = 20 \times 10^{-3}$[H]를 대입하면

$\therefore N_B = \frac{M}{L_A} N_A = \frac{20 \times 10^{-3}}{100 \times 10^{-3}} \times 1000 = 200$회 답 ②

06 공기 중에서 1[V/m]의 전계의 세기에 의한 변위전류밀도의 크기를 2[A/m²]으로 흐르게 하려면 전계의 주파수는 몇 [MHz]가 되어야 하는가?

① 9000 ② 18000
③ 36000 ④ 72000

풀이 • 변위전류밀도 $i_d = \omega \epsilon E$[A/m²]에서

$\omega = 2\pi f = \frac{i_d}{\epsilon E} \rightarrow f = \frac{i_d}{2\pi \epsilon E} = \frac{i_d}{2\pi \epsilon_o \epsilon_s E}$[Hz]

• $\epsilon_o = \frac{10^7}{4\pi C_o^2} = \frac{10^7}{4\pi \times (3 \times 10^8)^2} = \frac{1}{4\pi \times 9 \times 10^9}$

$\therefore f = \frac{i_d}{2\pi \epsilon_o \epsilon_s E} = \frac{2}{2\pi \times \frac{1}{4\pi \times 9 \times 10^9} \times 1 \times 1} \times 10^{-6}$

$= 36000$[MHz] 답 ③

07 내부 원통 도체의 반지름이 a[m], 외부 원통도체의 반지름이 b[m]인 동축 원통 도체에서 내외 도체 간 물질의 도전율이 σ[℧/m]일 때 내외 도체 간의 단위 길이당 컨덕턴스[℧/m]는?

① $\frac{2\pi\sigma}{\ln\frac{b}{a}}$ ② $\frac{2\pi\sigma}{\ln\frac{a}{b}}$ ③ $\frac{4\pi\sigma}{\ln\frac{b}{a}}$ ④ $\frac{4\pi\sigma}{\ln\frac{a}{b}}$

풀이 • 동축 원통 도체의 정전용량 $C = \frac{2\pi \epsilon l}{\ln\frac{b}{a}}$[F]

• $RC = \rho\epsilon = \frac{\epsilon}{\sigma}$에서

$R = \frac{\epsilon}{\sigma C} = \frac{\epsilon}{\frac{2\pi \epsilon l}{\ln\frac{b}{a}} \cdot \sigma} = \frac{\ln\frac{b}{a}}{2\pi\sigma l}$[Ω]

$\therefore$ 단위 길이 당 컨덕턴스
$G = \frac{1}{R} = \frac{2\pi\sigma}{\ln\frac{b}{a}}$[℧/m] 답 ①

08 z축 상에 놓인 길이가 긴 직선 도체에 10[A]의 전류가 $+z$ 방향으로 흐르고 있다. 이 도체 주위의 자속밀도가 $3\hat{x} - 4\hat{y}$[Wb/m²]일 때 도체가 받는 단위 길이당 힘[N/m]은? (단, $\hat{x}$, $\hat{y}$는 단위벡터이다.)

① $-40\hat{x} + 30\hat{y}$ ② $-30\hat{x} + 40\hat{y}$
③ $30\hat{x} + 40\hat{y}$ ④ $40\hat{x} + 30\hat{y}$

풀이 전류 $I = 10\hat{z}$, 자속밀도 $B = 3\hat{x} - 4\hat{y}$이므로 전류 도체가 받는 단위 길이당 힘 F는

$F = I \times B = \begin{vmatrix} \hat{x} & \hat{y} & \hat{z} \\ 0 & 0 & 10 \\ 3 & -4 & 0 \end{vmatrix} = 40\hat{x} + 30\hat{y}$[N/m] 답 ④

09 진공 중 한 변의 길이가 0.1[m]인 정삼각형의 3 정점 A, B, C에 각각 2.0×10^{-6}[C]의 점전하가 있을 때, 점 A의 전하에 작용하는 힘은 몇 [N]인가?

① $1.8\sqrt{2}$ ② $1.8\sqrt{3}$
③ $3.6\sqrt{2}$ ④ $3.6\sqrt{3}$

풀이 점 B에 있는 전하에 의한 작용력 F_1은

$F_1 = \dfrac{1}{4\pi\epsilon_0}\dfrac{Q_1 Q_2}{r^2} = 9\times 10^9 \times \dfrac{(2\times 10^{-6})^2}{0.1^2} = 3.6[N]$

점 C에 있는 전하에 의한 작용력 F_2는 F_1과 크기는 같고 방향은 그림과 같다.

$\therefore F = F_1\cos\theta\times 2 = F_2\cos\theta\times 2$
$= 3.6\times\cos 30°\times 2 = 3.6\sqrt{3}[N]$

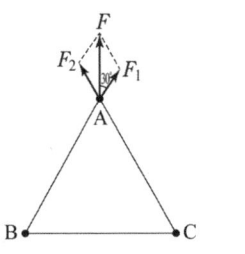

답 ④

10 투자율이 μ[H/m], 자계의 세기가 H[AT/m], 자속밀도가 B[Wb/m²]인 곳에서의 자계 에너지 밀도[J/m³]는?

① $\dfrac{B^2}{2\mu}$ ② $\dfrac{H^2}{2\mu}$

③ $\dfrac{1}{2}\mu H$ ④ BH

풀이 자성체 단위 체적 당 저장되는 에너지, 즉 에너지 밀도 $w = \dfrac{1}{2}BH = \dfrac{B^2}{2\mu} = \dfrac{1}{2}\mu H^2$[J/m³]이다. 답 ①

11 진공 내 전위함수가 $V = x^2 + y^2$[V]로 주어졌을 때, $0 \le x \le 1, 0 \le y \le 1, 0 \le z \le 1$인 공간에 저장되는 정전에너지[J]는?

① $\dfrac{4}{3}\epsilon_0$ ② $\dfrac{2}{3}\epsilon_0$ ③ $4\epsilon_0$ ④ $2\epsilon_0$

풀이 • 전계의 세기

$E = -\nabla V = -\left(\dfrac{\partial V}{\partial x}i + \dfrac{\partial V}{\partial y}j + \dfrac{\partial V}{\partial z}k\right)$
$= -2xi - 2yj$ [V/m]

• 전계의 세기의 크기
$E = |E| = \sqrt{(2x)^2 + (2y)^2} = 2\sqrt{x^2+y^2}$

따라서 공간에 저장되는 정전에너지 W는

$W = \dfrac{1}{2}\int_v \epsilon_0 E^2 dv = \dfrac{1}{2}\int_v \epsilon_0(2\sqrt{x^2+y^2})^2 dv$
$= \dfrac{4\epsilon_0}{2}\int_0^1\int_0^1\int_0^1 (x^2+y^2)dxdydz = \dfrac{4}{3}\epsilon_0$[J]

참고 3중적분

$\int_0^1\int_0^1\int_0^1 (x^2+y^2)dxdydz$
$= \int_0^1\int_0^1\left[\dfrac{x^3}{3}+y^2 x\right]_0^1 dydz = \int_0^1\int_0^1\left(\dfrac{1}{3}+y^2\right)dydz$
$= \int_0^1\left[\dfrac{y}{3}+\dfrac{y^3}{3}\right]_0^1 dz = \int_0^1 \dfrac{2}{3}dz = \left[\dfrac{2z}{3}\right]_0^1 = \dfrac{2}{3}$ 답 ①

12 전계가 유리에서 공기로 입사할 때 입사각 θ_1과 굴절각 θ_2의 관계와 유리에서의 전계 E_1과 공기에서의 전계 E_2의 관계는?

① $\theta_1 > \theta_2$, $E_1 > E_2$
② $\theta_1 < \theta_2$, $E_1 > E_2$
③ $\theta_1 > \theta_2$, $E_1 < E_2$
④ $\theta_1 < \theta_2$, $E_1 < E_2$

풀이 ① 유리의 유전율(ϵ_1)은 3.5~10이고, 공기의 유전율 (ϵ_2)은 약 1이므로 유리의 유전율(ϵ_1)이 더 크다.
② $\epsilon_1 > \epsilon_2$인 경우,
– 입사각과 굴절각 : $\theta_1 > \theta_2$
– 전계 : $E_1 < E_2$ (불연속)
– 전속밀도 : $D_1 > D_2$ (불연속)   답 ③

13 인덕턴스[H]의 단위를 나타낸 것으로 틀린 것은?

① $\Omega \cdot s$ ② Wb/A
③ J/A²   ④ N/(A·m)

풀이 $e = -N\dfrac{d\phi}{dt} = -L\dfrac{di}{dt}$ 관계식에서 단위는

$[V] = \left[\dfrac{Wb}{s}\right] = \left[H\cdot\dfrac{A}{s}\right]$

$\therefore [H] = \left[\dfrac{Wb}{A}\right] = \left[\dfrac{V}{A}\cdot s\right] = [\Omega\cdot s]$
$= \left[\dfrac{VA\cdot s}{A^2}\right] = \left[\dfrac{J}{A^2}\right]$ 답 ④

14 진공 중 4[m] 간격으로 평행한 두 개의 무한평판 도체에 각각 +4[C/m²], −4[C/m²]의 전하를 주었을 때, 두 도체 간의 전위차는 약 몇 [V]인가?

① 1.36×10^{11} ② 1.36×10^{12}
③ 1.8×10^{11} ④ 1.8×10^{12}

풀이 두 장의 무한 평판 도체

여기서, $E_1 = \dfrac{\sigma}{2\epsilon_0}$: $+\sigma$에 의한 전계

$E_2 = \dfrac{\sigma}{2\epsilon_0}$: $-\sigma$에 의한 전계

① 각각의 평판에 면전하 밀도가 $\pm\sigma[C/m^2]$인 경우 전계 분포는 평판 외측에서 서로 반대 방향이므로 상쇄되어 0이 되고, 평판 내측에서는 같은 방향이 된다. 따라서 전계 E는
- 평판 외측 : $E=0$
- 평판 내측 : $E=\dfrac{\sigma}{\epsilon_0}$

② 따라서 두 평판 도체의 전위차 V는

$$V = -\int_d^0 \dfrac{\sigma}{\epsilon_0} dl = \dfrac{\sigma}{\epsilon_0}d = \dfrac{4}{8.85\times 10^{-12}}\times 4$$

$$= 1.81\times 10^{12}[V]$$

답 ④

15 진공 중 반지름이 $a[m]$인 무한길이의 원통도체 2개가 간격 $d[m]$로 평행하게 배치되어 있다. 두 도체 사이의 정전용량(C)을 나타낸 것으로 옳은 것은?

① $\pi\epsilon_0 \ln\dfrac{d-a}{a}$ ② $\dfrac{\pi\epsilon_0}{\ln\dfrac{d-a}{a}}$

③ $\pi\epsilon_0 \ln\dfrac{a}{d-a}$ ④ $\dfrac{\pi\epsilon_0}{\ln\dfrac{a}{d-a}}$

풀이 평행도선

① 두 도체 사이의 전위차 $V = \dfrac{\lambda}{\pi\epsilon_0}\ln\dfrac{d-a}{a}[V]$

(여기서, λ : 선전하 밀도 [C/m])

② 두 도체 사이의 정전용량

$$C = \dfrac{\lambda}{V} = \dfrac{\pi\epsilon_0}{\ln\dfrac{d-a}{a}}[F/m]$$

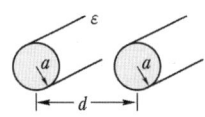

답 ②

16 진공 중에 4[m]의 간격으로 놓여진 평행 도선에 같은 크기의 왕복 전류가 흐를 때 단위 길이당 $2.0\times 10^{-7}[N]$의 힘이 작용하였다. 이때 평형 도선에 흐르는 전류는 몇 [A]인가?

① 1 ② 2 ③ 4 ④ 8

풀이 간격(거리)을 $r[m]$라 하고 같은 크기의 왕복 전류가 흐른다고 할 때, 평행 도선 단위 길이당 작용하는 힘 F는

$$F = \dfrac{\mu_0 I_1 I_2}{2\pi r} = \dfrac{2I_1 I_2}{r}\times 10^{-7} = \dfrac{2I^2}{r}\times 10^{-7}[N/m]$$

$$\therefore I = \sqrt{\dfrac{F\cdot r}{2\times 10^{-7}}} = \sqrt{\dfrac{2.0\times 10^{-7}\times 4}{2\times 10^{-7}}} = 2[A]$$ 답 ②

17 평행 극판 사이 간격이 $d[m]$이고 정전용량이 $0.3[\mu F]$인 공기 커패시터가 있다. 그림과 같이 두 극판 사이에 비유전율이 5인 유전체를 절반 두께만큼 넣었을 때 이 커패시터의 정전용량은 몇 $[\mu F]$이 되는가?

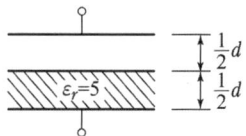

① 0.01 ② 0.05 ③ 0.1 ④ 0.5

풀이 ① 공기 부분의 정전용량을 C_1이라 하면

$$C_1 = \dfrac{\epsilon_0 S}{d/2}[F] = \dfrac{2S\epsilon_0}{d}[F]$$

② 유전체 부분의 정전용량을 C_2라 하면

$$C_2 = \dfrac{\epsilon S}{d/2} = \dfrac{2S\epsilon}{d}[F]$$

③ 두 극판 사이에 절반(1/2) 두께만큼의 유전체를 넣으면, 이는 두 개의 콘덴서가 직렬로 접속된 것과 같으므로 정전용량 C_0는

$$C_0 = \dfrac{1}{\dfrac{1}{C_1}+\dfrac{1}{C_2}}$$

$$= \dfrac{1}{\dfrac{d}{2S}\left(\dfrac{1}{\epsilon_0}+\dfrac{1}{\epsilon}\right)} = \dfrac{1}{\dfrac{d}{2\epsilon_0 S}\left(1+\dfrac{\epsilon_0}{\epsilon}\right)}$$

$$= \dfrac{2\epsilon_0 S}{d}\cdot\dfrac{1}{1+\dfrac{\epsilon_0}{\epsilon}} = \dfrac{2C}{1+\dfrac{\epsilon_0}{\epsilon_0\epsilon_r}} = \dfrac{2C}{1+\dfrac{1}{\epsilon_r}}[F]$$

$$\therefore C_0 = \dfrac{2C}{1+\dfrac{1}{\epsilon_r}} = \dfrac{2\times 0.03\times 10^{-6}}{1+\dfrac{1}{5}} = 0.5\times 10^{-6}[F]$$

$$= 0.5[\mu F]$$ 답 ④

18. 반지름이 $a[m]$인 접지된 구도체와 구도체의 중심에서 거리 $d[m]$ 떨어진 곳에 점전하가 존재할 때, 점전하에 의한 접지된 구도체에서의 영상전하에 대한 설명으로 틀린 것은?

① 영상전하는 구도체 내부에 존재한다.
② 영상전하는 점전하와 구도체 중심을 이은 직선상에 존재한다.
③ 영상전하의 전하량과 점전하의 전하량은 크기는 같고 부호는 반대이다.
④ 영상전하의 위치는 구도체의 중심과 점전하 사이 거리($d[m]$)와 구도체의 반지름($a[m]$)에 의해 결정된다.

풀이 접지 구도체와 점전하

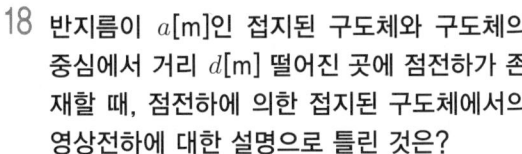

그림과 같이 반지름 a인 접지 도체구의 중심으로부터 $d(>a)$인 점에 점전하 Q가 있는 경우
- 영상 전하량 $Q' = -\dfrac{a}{d}Q[C]$
- 영상 전하의 위치 $\overline{OP'} = \dfrac{a^2}{d}[m]$

즉, 영상전하의 전하량과 점전하의 전하량은 크기는 $\dfrac{a}{d}$ 배이고 부호는 반대이다. **답** ③

19. 평등 전계 중에 유전체 구에 의한 전속분포가 그림과 같이 되었을 때 ϵ_1과 ϵ_2의 크기 관계는?

① $\epsilon_1 > \epsilon_2$
② $\epsilon_1 < \epsilon_2$
③ $\epsilon_1 = \epsilon_2$
④ 무관하다.

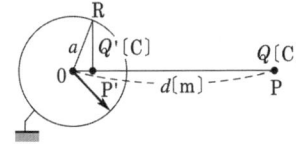

풀이 전속과 전기력선이 유전체 구를 통과하는 경우 유전율이 큰 구의 경계면에서는 모아지고, 유전율이 작은 구의 경계면에서는 벌어지는 현상이 나타난다. 즉 그림과 같은 경우 전속 분포가 유전체구의 경계면에서 모아지므로 유전체구의 유전율이 외부보다 큰 것($\epsilon_1 > \epsilon_2$)을 의미한다.

별해 그림에서 전속은 유전체구(ϵ_1, D_1)의 내부가 외부(ϵ_2, D_2)보다 조밀한 것을 보여준다. 따라서 전속밀도는 $D_1 > D_2$의 관계이고, $D = \epsilon E$의 비례 관계($D \propto \epsilon$)로부터 유전율은 $\epsilon_1 > \epsilon_2$의 관계가 된다. **답** ①

20. 어떤 도체에 교류 전류가 흐를 때 도체에서 나타나는 표피효과에 대한 설명으로 틀린 것은?

① 도체 중심부보다 도체 표면부에 더 많은 전류가 흐르는 것을 표피효과라 한다.
② 전류의 주파수가 높을수록 표피효과는 작아진다.
③ 도체의 도전율이 클수록 표피효과는 커진다.
④ 도체의 투자율이 클수록 표피효과는 커진다.

풀이 전류의 주파수가 증가할수록 도체 내부의 전류밀도가 지수 함수적으로 감소되는 현상을 표피효과라 한다.

$$\delta = \sqrt{\dfrac{2}{\omega\sigma\mu}} = \sqrt{\dfrac{1}{\pi f \sigma \mu}}[m]$$

여기서, $\sigma[\mho/m]$: 도전율,
$\mu = 4\pi \times 10^{-7}[H/m]$: 투자율
δ : 표피두께(skin depth) 또는 침투깊이

f(주파수), σ(도전율), μ(투자율) 가 **클수록** δ(표피두께 또는 침투깊이)가 작게 되어 **표피효과가 심해진다**. 주파수가 커지면 전류는 표면으로 흐르게 되므로 전기가 흐르는 단면적이 좁아지게 되어 전기저항이 증가하고, 내부 인덕턴스와 상호 인덕턴스도 감소하게 된다. **답** ②

2과목 - 전력공학

21. 소호리액터를 송전계통에 사용하면 리액터의 인덕턴스와 선로의 정전용량이 어떤 상태로 되어 지락전류를 소멸시키는가?

① 병렬공진 ② 직렬공진
③ 고임피던스 ④ 저임피던스

풀이
- 소호 리액터 접지 방식은 선로의 대지 정전 용량과 **병렬 공진하는 리액터를 이용**하여 중성점을 접지하는 방식으로 1선 지락고장시 고장점에는 극히 작은 손실 전류만이 흐르고 지락 아크가 자연 소멸되므로 정전 없이 송전을 계속할 수 있는 접지 방식이다.
- 소호리액터의 크기(변압기의 임피던스 x_t를 고려하지 않는 경우)

$$\omega L = \dfrac{1}{3\omega C_s}[\Omega]$$

답 ①

22 어느 발전소에서 40000[kWh]를 발전하는데 발열량 5000[kcal/kg]의 석탄을 20톤 사용하였다. 이 화력발전소의 열효율[%]은 약 얼마인가?

① 27.5   ② 30.4
③ 34.4   ④ 38.5

풀이 열효율 $\eta = \dfrac{860W}{mH} = \dfrac{860 \times 40000}{20 \times 1000 \times 5000} \times 100 = 34.4[\%]$

여기서, W[kWh] : 발전 전력량, m[kg] : 연료소비량, H[kcal/kg] : 연료발열량   **답** ③

23 송전전력, 선간전압, 부하역률, 전력손실 및 송전거리를 동일하게 하였을 경우 단상 2선식에 대한 3상 3선식의 총 전선량(중량)비는 얼마인가? (단, 전선은 동일한 전선이다.)

① 0.75   ② 0.94
③ 1.15   ④ 1.33

풀이 단상 2선식의 배전선 소요전선 총량을 100[%]라 할 때 3상 3선식의 소요전선량의 총량과의 비를 구하면
- 송전전력이 동일하므로
$VI_1\cos\theta = \sqrt{3}\,VI_3\cos\theta \;\to\; I_1 = \sqrt{3}\,I_3$
- 전력손실이 동일하므로
$2I_1^2 R_1 = 3I_3^2 R_3$ ($I_1 = \sqrt{3}\,I_3$를 대입)
$2(\sqrt{3}\,I_3)^2 R_1 = 3I_3^2 R_3 \;\to\; 2R_1 = R_3$
- $R = \rho\dfrac{l}{S} \propto \dfrac{1}{S}$이므로 $\dfrac{R_1}{R_3} = \dfrac{S_3}{S_1} = \dfrac{1}{2}$

따라서 소요전선량의 비는
$\dfrac{3상\;3선식}{단상\;2선식} = \dfrac{3S_3}{2S_1} = \dfrac{3}{2} \times \dfrac{1}{2} = \dfrac{3}{4} = 0.75$

별해

공급 방식	단상 2선식	단상 3선식	3상 3선식	3상 4선식
소요전선량 전력손실비	24	9	18	8

표에 의해 $\dfrac{3상\;3선식}{단상\;2선식} = \dfrac{18}{24} = 0.75$ **답** ①

24 3상 송전선로가 선간단락(2선 단락)이 되었을 때 나타나는 현상으로 옳은 것은?

① 역상전류만 흐른다.
② 정상전류와 역상전류가 흐른다.
③ 역상전류와 영상전류가 흐른다.
④ 정상전류와 영상전류가 흐른다.

풀이
- 1선 지락 : 영상분, 정상분, 역상분이 존재
- 선간 단락 : 정상분, 역상분이 존재
- 3상 단락 : 정상분만 존재   **답** ②

25 중거리 송전선로의 4단자 정수가 $A=1.0$, $B=j190$, $D=1.0$일 때 C의 값은 얼마인가?

① 0   ② $-j120$
③ j ④ $j190$

풀이 $AD - BC = 1$이므로
$\therefore C = \dfrac{AD-1}{B} = \dfrac{1.0 \times 1.0 - 1}{j190} = 0$ **답** ①

26 배전전압을 $\sqrt{2}$ 배로 하였을 때 같은 손실률로 보낼 수 있는 전력은 몇 배가 되는가?

① $\sqrt{2}$ ② $\sqrt{3}$
③ 2   ④ 3

풀이
- 전력손실 $P_l = 3I^2 R = \dfrac{P^2 \rho l}{V^2 \cos^2\theta A}$,

전력손실률 $h = \dfrac{P_l}{P} = \dfrac{P\rho l}{V^2 \cos^2\theta A}$ 이므로,

송전전력 $P = \dfrac{hV^2 \cos^2\theta}{R}$ 이다.

- 송전전력은 전압의 제곱에 비례하므로
$\dfrac{P'}{P} = \dfrac{(\sqrt{2}\,V)^2}{V^2} = \dfrac{2V^2}{V^2} = 2$
$\therefore P' = 2P$ **답** ③

27 현수애자에 대한 설명이 아닌 것은?

① 애자를 연결하는 방법에 따라 클레비스(Clevis)형과 볼 소켓형이 있다.
② 애자를 표시하는 기호는 P이며 구조는 2~5층의 갓 모양의 자기편을 시멘트로 접착하고 그 자기를 주철재 base로 지지한다.
③ 애자의 연결개수를 가감함으로써 임의의 송전전압에 사용할 수 있다.
④ 큰 하중에 대하여는 2련 또는 3련으로 하여 사용할 수 있다.

풀이 ②항은 핀 애자에 대한 설명이다.   **답** ②

28 교류발전기의 전압조정 장치로 속응여자방식을 채택하는 이유로 틀린 것은?

① 전력계통에 고장이 발생할 때 발전기의 동기화력을 증가시킨다.
② 송전계통의 안정도를 높인다.
③ 여자기의 전압 상승률을 크게 한다.
④ 전압조정용 탭의 수동변환을 원활히 하기 위함이다.

풀이 속응 여자 방식의 특징
① 고장 발생 시 **여자기의 응답이 빠르므로, 전압 상승률이 크다.**
② 발전기 내부 유기기전력을 증가시켜 전기적 출력을 증가시킨다.
③ **동기화력이 증가**하여 신속하게 평형상태를 회복한다.
④ 전압변동을 작게 하여 **송전계통의 안정도를 높인다.**

답 ④

29 차단기의 정격차단시간에 대한 설명으로 옳은 것은?

① 고장 발생부터 소호까지의 시간
② 트립코일 여자로부터 소호까지의 시간
③ 가동 접촉자의 개극부터 소호까지의 시간
④ 가동 접촉자의 동작 시간부터 소호까지의 시간

풀이 차단기의 차단 시간 : 트립 코일 여자부터 차단기의 가동 전극이 고정 전극으로부터 이동을 개시하여 개극할 때까지의 개극 시간과 접점이 충분히 떨어져 아크가 완전히 소호할 때까지의 아크 시간의 합으로 3~8[Hz]이다.

답 ②

30 다음 중 재점호가 가장 일어나기 쉬운 차단전류는?

① 동상전류 ② 지상전류
③ 진상전류 ④ 단락전류

풀이 충전전류를 차단할 때 전류파의 0의 위치에서 소거된 아크가 재기전압에 의하여 극 간에 다시 발생하는 것을 재점호라고 하며 이러한 **재점호 전류는 콘덴서 C에 의한 진상전류에 의해 발생**한다.

답 ③

31 3상 1회선 송전선을 정삼각형으로 배치한 3상 선로의 자기인덕턴스를 구하는 식은?
(단, D는 전선의 등가 선간 거리[m], r은 전선의 반지름[m]이다.)

① $L = 0.5 + 0.4605 \log_{10} \dfrac{D}{r}$

② $L = 0.5 + 0.4605 \log_{10} \dfrac{D}{r^2}$

③ $L = 0.05 + 0.4605 \log_{10} \dfrac{D}{r}$

④ $L = 0.05 + 0.4605 \log_{10} \dfrac{D}{r^2}$

풀이 단도체에서의 인덕턴스와 정전용량

• 인덕턴스 $L = 0.05 + 0.4605 \log \dfrac{D}{r}$ [mH/km]

• 정전용량 $C = \dfrac{0.02413}{\log \dfrac{D}{r}}$ [μF/km]

답 ③

32 다음 중 동작속도가 가장 느린 계전 방식은?

① 전류 차동 보호 계전 방식
② 거리 보호 계전 방식
③ 전류 위상 비교 보호 계전 방식
④ 방향 비교 보호 계전 방식

풀이 보호계전기의 성능비교

보호방식	동작 속도	다상재폐로의 가능성	검출 감도	자동감시 가능성
전류차동보호계전 (파일럿 와이어 전송)	빠르다	가능	높다	가능
전류차동 보호계전방식 (PCM 전송)	빠르다	가능	높다	가능
전류위상비교 보호계전방식	빠르다	가능	높다	가능
방향 비교 보호계전방식	빠르다	어렵다	낮다	어렵다
거리 측정 보호계전방식	느리다	어렵다	낮다	어렵다
전류 균형 보호계전방식	느리다	어렵다	낮다	어렵다
과전류 보호계전방식	느리다	어렵다	낮다	어렵다

답 ②

33 부하회로에서 공진 현상으로 발생하는 고조파 장해가 있을 경우 공진 현상을 회피하기 위하여 설치하는 것은?

① 진상용 콘덴서 ② 직렬 리액터
③ 방전코일   ④ 진공 차단기

풀이 고조파 전류의 경감
- 공진현상을 막기 위해 **직렬 리액터**를 삽입한다.
- 리액터에 의해 제5고조파가 제거된다. **답** ②

34 불평형 부하에서 역률[%]은?

① $\dfrac{유효전력}{각\ 상의\ 피상전력의\ 산술합} \times 100$

② $\dfrac{무효전력}{각\ 상의\ 피상전력의\ 산술합} \times 100$

③ $\dfrac{무효전력}{각\ 상의\ 피상전력의\ 벡터합} \times 100$

④ $\dfrac{유효전력}{각\ 상의\ 피상전력의\ 벡터합} \times 100$

풀이 ① 유효전력 $P = P_1 + P_2$[W]
② 불평형부하에서는 각 부하의 위상이 서로 다르므로 벡터의 합으로 피상전력을 구하여야 한다.
합성 피상전력
$$P_a = \sqrt{(P_1+P_2)^2 + (Q_1+Q_2)^2}\ [kVA]$$
$$\therefore \cos\theta = \dfrac{P}{P_a} = \dfrac{유효전력}{각\ 상의\ 피상전력의\ 벡터합}$$

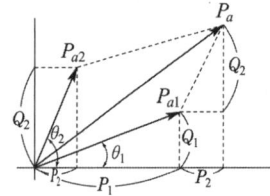

답 ④

35 경간이 200[m]인 가공 전선로가 있다. 사용전선의 길이는 경간보다 몇 [m] 더 길게 하면 되는가? (단, 사용전선의 1[m] 당 무게는 2[kg], 인장하중은 4000[kg], 전선의 안전율은 2로 하고 풍압하중은 무시한다.)

① $\dfrac{1}{2}$ ② $\sqrt{2}$
③ $\dfrac{1}{3}$ ④ $\sqrt{3}$

풀이
- 이도 $D = \dfrac{WS^2}{8T} = \dfrac{2 \times 200^2}{8 \times \dfrac{4000}{2}} = 5[m]$
- 전선의 길이 $L = S + \dfrac{8D^2}{3S}[m]$이므로
  경간 S보다 $\dfrac{8D^2}{3S}[m]$만큼 더 길게 하면 된다.
  따라서 $L - S = \dfrac{8D^2}{3S} = \dfrac{8 \times 5^2}{3 \times 200} = \dfrac{1}{3}[m]$ **답** ③

36 송전단 전압이 100[V], 수전단 전압이 90[V]인 단거리 배전선로의 전압강하율[%]은 약 얼마인가?

① 5   ② 11
③ 15   ④ 20

풀이 전압강하율 $\epsilon = \dfrac{V_s - V_r}{V_r} \times 100 = \dfrac{100-90}{90} \times 100$
$= 11.11[\%]$ **답** ②

37 초호각(Arcing horn)의 역할은?

① 풍압을 조절한다.
② 송전 효율을 높인다.
③ 선로의 섬락 시 애자의 파손을 방지한다.
④ 고주파수의 섬락전압을 높인다.

풀이 ① 명칭
- 초호환 = 소호환 = arcing ring
- **초호각 = 소호각 = arcing horn**
② 초호환, 초호각의 역할
- 애자련의 전압분포 개선
- 선로의 섬락으로부터 애자련의 보호 **답** ③

38 다음 중 환상(루프) 방식과 비교할 때 방사상 배전선로 구성 방식에 해당되는 사항은?

① 전력 수요 증가 시 간선이나 분기선을 연장하여 쉽게 공급이 가능하다.
② 전압 변동 및 전력손실이 작다.
③ 사고 발생 시 다른 간선으로의 전환이 쉽다.
④ 환상방식보다 신뢰도가 높은 방식이다.

풀이 고압배전선은 일반적으로 수지식, 환상식, 망상식으로 구성된다.
① 수지식(방사상식)
  • 수요가 증가할 때마다 간선이나 분기선을 연장 또는 증강해서 이에 쉽게 응할 수 있다.
② 환상식(loop system)
  • 선로의 도중에 고장발생시 고장 개소의 분리 조작이 용이하여 그 부분을 빨리 분리시킬 수 있고 전류의 통로에 융통성이 있으므로 전력손실과 전압강하가 적다.
  • 고장 시에만 자동적으로 폐로해서 전력을 공급하는 결합 개폐기가 있다.
③ 망상식(네트워크 방식)
  • 어느 회선에 사고가 일어나더라도 다른 회선에서 무정전으로 공급할 수 있다.
  • 네트워크 프로텍터(저압용 차단기, 방향성 계전기, 퓨즈)를 필요로 한다. **답** ①

39 유효낙차 90[m], 출력 104500[kW], 비속도(특유속도) 210[m·kW]인 수차의 회전속도는 약 몇 [rpm]인가?

① 150 ② 180
③ 210 ④ 240

풀이 수차의 특유속도 $N_s = N\dfrac{\sqrt{P}}{H^{5/4}}$[rpm]

여기서, N : 정격 회전수, H : 유효 낙차,
P : 낙차 H[m]에서의 최대 출력

따라서 $N = \dfrac{N_s H^{\frac{5}{4}}}{\sqrt{P}} = \dfrac{210 \times 90^{\frac{5}{4}}}{\sqrt{104500}} = 180$[rpm] **답** ②

40 발전기 또는 주변압기의 내부고장 보호용으로 가장 널리 쓰이는 것은?

① 거리 계전기
② 과전류 계전기
③ 비율차동 계전기
④ 방향단락 계전기

풀이 비율차동계전기는 변압기 내부고장에 대한 보호장치로 변압기 1차 전류와 2차 전류의 차 전류가 일정 비율 이상으로 되면 동작하는 계전기이다. **답** ③

3과목 - 전기기기

41 SCR을 이용한 단상 전파 위상제어 정류회로에서 전원전압은 실효값이 220[V], 60[Hz]인 정현파이며, 부하는 순 저항으로 10[Ω]이다. SCR의 점호각 a를 60°라 할 때 출력전류의 평균값[A]은?

① 7.54 ② 9.73
③ 11.43 ④ 14.86

풀이

	단상 반파정류	단상 전파정류
SCR	$E_d = \dfrac{\sqrt{2}E}{2\pi}(1+\cos\alpha)$	$E_d = \dfrac{\sqrt{2}E}{\pi}(1+\cos\alpha)$

단, 저항 부하인 경우이다.
단상 전파정류의 직류 평균전압
$E_d = \dfrac{\sqrt{2}E}{\pi}(1+\cos\alpha) = \dfrac{\sqrt{2}\times 220}{\pi}(1+\cos 60°)$
$= 148.55$[V]
따라서 출력전류의 평균값
$I_d = \dfrac{E_d}{R} = \dfrac{148.55}{10} = 14.86$[V] **답** ④

42 직류발전기가 90[%] 부하에서 최대효율이 된다면 이 발전기의 전부하에 있어서 고정손과 부하손의 비는?

① 0.81 ② 0.9
③ 1.0 ④ 1.1

풀이 최대효율은 P_i(고정손)$= m^2 P_c$(부하손)일 때이므로
$\therefore \dfrac{P_i}{P_c} = m^2 = 0.9^2 = 0.81$

여기서, P_i : 철손(고정손), P_c : 동손(가변손, 부하손)
m : 부하율 **답** ①

43 정류기의 직류측 평균전압이 2000[V]이고 리플률이 3[%]일 경우, 리플전압의 실효값[V]은?

① 20 ② 30
③ 50 ④ 60

풀이 리플(맥동)률 $= \dfrac{\Delta E}{E_d} \times 100$

$= \dfrac{\Delta E}{2000} \times 100 = 3[\%]$

$\therefore \Delta E = \dfrac{3}{100} \times 2000 = 60[V]$ 　답 ④

44 단상 직권 정류자전동기에서 보상권선과 저항도선의 작용에 대한 설명으로 틀린 것은?

① 보상권선은 역률을 좋게 한다.
② 보상권선은 변압기의 기전력을 크게 한다.
③ 보상권선은 전기자 반작용을 제거해 준다.
④ 저항도선은 변압기 기전력에 의한 단락전류를 작게 한다.

풀이 저항도선은 변압기 기전력에 의한 단락전류를 작게 하여 정류를 좋게 하며 또한 **보상권선**은 전기자반작용을 상쇄하여 역률을 좋게 하고 **변압기 기전력을 작게 해서** 정류작용을 개선한다. 　답 ②

45 비돌극형 동기발전기 한 상의 단자전압을 V, 유도기전력을 E, 동기리액턴스를 X_s, 부하각이 δ이고, 전기자저항을 무시할 때 한 상의 최대출력[W]은?

① $\dfrac{EV}{X_s}$　　② $\dfrac{3EV}{X_s}$

③ $\dfrac{E^2V}{X_s}$　　④ $\dfrac{EV^2}{X_s}$

풀이 비돌극기의 출력

$P = \dfrac{EV}{Z_s}\sin(\alpha+\delta) - \dfrac{V^2}{Z_s}\sin\alpha$

전기자저항 r_a는 매우 작으므로 이것을 무시하고, $Z_s \fallingdotseq x_s$, $\alpha \fallingdotseq 0$이라 하면

$P \fallingdotseq \dfrac{EV}{x_s}\sin\delta[W]$

이다. 여기서 $\sin\delta = 1$일 때 최대 출력이 되므로, 비돌극형 동기발전기 한 상의 최대 출력 $P_{\max}$ 은

$P_{\max} = \dfrac{EV}{X_s}\sin\delta = \dfrac{EV}{X_s} \times 1 = \dfrac{EV}{X_s}[W]$ 　답 ①

46 3상 동기발전기에서 그림과 같이 1상의 권선을 서로 똑같은 2조로 나누어 그 1조의 권선전압을 $E[V]$, 각 권선의 전류를 $I[A]$라 하고 지그재그 Y형(Zigzag Star)으로 결선하는 경우 선간전압[V], 선전류[A] 및 피상전력[VA]은?

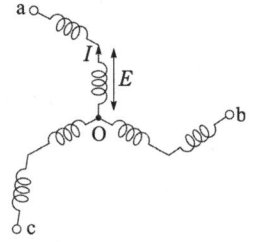

① $3E$, I, $\sqrt{3} \times 3E \times I = 5.2EI$
② $\sqrt{3}E$, $2I$, $\sqrt{3} \times \sqrt{3}E \times 2I = 6EI$
③ E, $2\sqrt{3}I$, $\sqrt{3} \times E \times 2\sqrt{3}I = 6EI$
④ $\sqrt{3}E$, $\sqrt{3}I$,
　$\sqrt{3} \times \sqrt{3}E \times \sqrt{3}I = 5.2EI$

풀이 3상 접속법과 선간전압, 선전류, 피상 전력의 관계

	선간전압	선전류	피상 전력
성형	$2\sqrt{3}E$	I	$\sqrt{3}\times 2\sqrt{3}E\times I = 6EI$
Δ형	$2E$	$\sqrt{3}I$	$\sqrt{3}\times 2E\times \sqrt{3}I = 6EI$
지그재그 성형	$3E$	I	$\sqrt{3}\times 3E\times I = 5.19EI$
2중 성형	$\sqrt{3}E$	$2I$	$\sqrt{3}\times \sqrt{3}E\times 2I = 6EI$
2중 Δ형	E	$2\sqrt{3}I$	$\sqrt{3}\times E\times 2\sqrt{3}I = 6EI$
지그재그 Δ형	$\sqrt{3}E$	$\sqrt{3}I$	$\sqrt{3}\times \sqrt{3}E\times \sqrt{3}I$ $= 5.19EI$

답 ①

47 다음 중 비례추이를 하는 전동기는?

① 동기 전동기
② 정류자 전동기
③ 단상 유도전동기
④ 권선형 유도전동기

풀이 비례추이란 2차 회로 저항의 크기를 조정함으로써 그 크기를 제어할 수 있는 요소를 말하며, **비례추이는 2차 저항의 크기를 변화시킬 수 있는 권선형 유도전동기에서 사용**된다. 　답 ④

48 단자전압 200[V], 계자저항 50[Ω], 부하전류 50[A], 전기자저항 0.15[Ω], 전기자 반작용에 의한 전압강하 3[V]인 직류 분권발전기가 정격속도로 회전하고 있다. 이때 발전기의 유도기전력은 약 몇 [V]인가?

① 211.1　② 215.1
③ 225.1　④ 230.1

풀이 분권 발전기

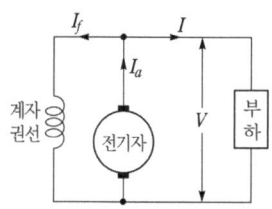

분권발전기에서 단자전압 $V = I_f R_f$ 이므로
- 계자전류 $I_f = \dfrac{V}{R_f} = \dfrac{200}{50} = 4[A]$
- 전기자 전류 $I_a = I + I_f = 50 + 4 = 54[A]$
전기자 저항 $R_a = 0.15[\Omega]$ 이므로
유기기전력 $E = V + I_a R_a + e = 200 + 54 \times 0.15 + 3$
$= 211.1[V]$　답 ①

49 동기기의 권선법 중 기전력의 파형을 좋게 하는 권선법은?

① 전절권, 2층권　② 단절권, 집중권
③ 단절권, 분포권　④ 전절권, 집중권

풀이 [단절권의 장점]
① 고조파를 제거하여 기전력의 파형을 좋게 한다.
② 코일 끝부분의 길이가 단축되어 기계 전체의 길이가 축소된다.
③ 구리의 양이 적게 든다.
[분포권의 장점]
① 기전력의 고조파가 감소하여 파형이 좋아진다.
② 권선의 누설 리액턴스가 감소한다.
③ 전기자 권선에 의한 열을 고르게 분포시켜 과열을 방지한다.　답 ③

50 변압기에 임피던스전압을 인가할 때의 입력은?

① 철손　② 와류손
③ 정격용량　④ 임피던스와트

풀이 단락 시험에서 정격 전류를 흘릴 때의 전압이 임피던스 전압이며 이때의 입력이 임피던스 와트로서 부하손을 나타낸다.　답 ④

51 불꽃 없는 정류를 하기 위해 평균 리액턴스 전압(A)과 브러시 접촉면 전압강하(B) 사이에 필요한 조건은?

① A > B　② A < B
③ A = B　④ A, B에 관계없다.

풀이 양호한(불꽃 없는) 정류를 얻는 방법
불꽃 없는 정류를 위한 조건 : 평균 리액턴스 전압(A) < 브러시 접촉면 전압강하(B)
① 전압 정류 : 보극 설치
② 저항 정류 : 접촉저항이 큰 탄소 브러시를 사용
③ 리액턴스(L)를 적게 하여 리액턴스 전압을 낮게 한다. : 단절권 채택
④ 정류주기(T_c)를 길게 한다. : 회전속도를 낮춘다.
답 ②

52 유도전동기 1극의 자속 Φ, 2차 유효전류 $I_2\cos\theta_2$, 토크 τ의 관계로 옳은 것은?

① $\tau \propto \Phi \times I_2\cos\theta_2$
② $\tau \propto \Phi \times (I_2\cos\theta_2)^2$
③ $\tau \propto \dfrac{1}{\Phi \times I_2\cos\theta_2}$
④ $\tau \propto \dfrac{1}{\Phi \times (I_2\cos\theta_2)^2}$

풀이 토크 $\tau = k\Phi I_2\cos\theta_2[N\cdot m]$ 이므로 토크는 1극의 자속 Φ와 2차 유효전류 $I_2\cos\theta_2$의 곱에 비례한다.　답 ①

53 회전자가 슬립 s로 회전하고 있을 때 고정자와 회전자의 실효 권수비를 α라 하면 고정자 기전력 E_1과 회전자 기전력 E_{2s}의 비는?

① $s\alpha$　② $(1-s)\alpha$
③ $\dfrac{\alpha}{s}$　④ $\dfrac{\alpha}{1-s}$

풀이
- 전동기 정지 시 권수비 : $\dfrac{E_1}{E_2} = \alpha \rightarrow E_2 = \dfrac{E_1}{\alpha}$

- 슬립 s로 운전 시 권수비 : $E_2' = sE_2 = \dfrac{sE_1}{\alpha}$

$\therefore \dfrac{E_1}{E_2'} = \dfrac{E_1}{sE_1/\alpha} = \dfrac{\alpha}{s}$ 답 ③

54 직류 직권전동기의 발생 토크는 전기자 전류를 변화시킬 때 어떻게 변하는가? (단, 자기포화는 무시한다.)

① 전류에 비례한다.
② 전류에 반비례한다.
③ 전류의 제곱에 비례한다.
④ 전류의 제곱에 반비례한다.

풀이 직류직권 전동기의 토크

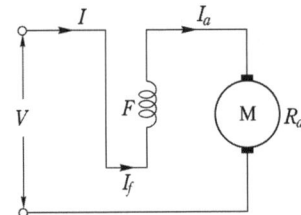

① 토크 $T = \dfrac{pZ\phi I_a}{2\pi a} = K\phi I_a [\text{N}\cdot\text{m}]$ (단, $K = \dfrac{pZ}{2\pi a}$)
② 직권 전동기의 토크 특성
- 부하전류가 적어 철심의 자기포화가 되지 않는 경우 $I_a = I_f \propto \phi$ 이므로 $T = KI_a^2 [\text{N}\cdot\text{m}]$
- 부하전류가 증가하여 철심이 자기포화 된 경우 철심이 자기포화 되면 자속 ϕ는 일정하므로 $T = KI_a [\text{N}\cdot\text{m}]$ 답 ③

55 동기발전기의 병렬운전 중 유도기전력의 위상차로 인하여 발생하는 현상으로 옳은 것은?

① 무효전력이 생긴다.
② 동기화전류가 흐른다.
③ 고조파 무효순환전류가 흐른다.
④ 출력이 요동하고 권선이 가열된다.

풀이 병렬운전 조건이 다른 경우

병렬운전 조건	다른 경우 흐르는 전류
기전력의 크기가 같을 것	무효 순환전류
기전력의 위상이 같을 것	동기화 전류(유효횡류)
기전력의 주파수가 같을 것	동기화 전류
기전력의 파형이 같을 것	고주파 무효 순환전류

답 ②

56 3상 유도기의 기계적 출력(P_o)에 대한 변환식으로 옳은 것은? (단, 2차 입력은 P_2, 2차 동손은 P_{c2}, 동기속도는 N_s, 회전자속도는 N, 슬립은 s이다.)

① $P_o = P_2 + P_{2c} = \dfrac{N}{N_s}P_2 = (2-s)P_2$

② $(1-s)P_2 = \dfrac{N}{N_s}P_2 = P_o - P_{2c}$
$= P_o - sP_2$

③ $P_o = P_2 - P_{2c} = P_2 - sP_2 = \dfrac{N}{N_s}P_2$
$= (1-s)P_2$

④ $P_o = P_2 + P_{2c} = P_2 + sP_2 = \dfrac{N}{N_s}P_2$
$= (1+s)P_2$

풀이
- $P_{2c} = sP_2$
- $P_o = P_2 - P_{2c} = P_2 - sP_2 = (1-s)P_2$
$= \left[1 - \left(\dfrac{N_s - N}{N_s}\right)\right]P_2 = \dfrac{N}{N_s}P_2$ 답 ③

57 변압기의 등가회로 구성에 필요한 시험이 아닌 것은?

① 단락시험 ② 부하시험
③ 무부하시험 ④ 권선저항 측정

풀이 변압기 등가회로 작성에 필요한 시험에는 권선저항 측정, 무부하시험, 단락시험 등이 있다. 답 ②

58 단권변압기 두 대를 V결선하여 전압을 2000[V]에서 2200[V]로 승압한 후 200[kVA]의 3상 부하에 전력을 공급하려고 한다. 이때 단권변압기 1대의 용량은 약 몇 [kVA]인가?

① 4.2 ② 10.5
③ 18.2 ④ 21

풀이 V결선
$\dfrac{\text{자기용량}}{\text{부하용량}} = \dfrac{2}{\sqrt{3}}\left(1 - \dfrac{V_1}{V_2}\right)$

$$\therefore 자기용량 = \frac{2}{\sqrt{3}}\left(1 - \frac{V_1}{V_2}\right) \times 부하용량$$
$$= \frac{2}{\sqrt{3}}\left(1 - \frac{2000}{2200}\right) \times 200 \fallingdotseq 21[kVA]$$

따라서,

단권변압기 1대의 자기용량 $= \frac{21}{2} = 10.5[kVA]$

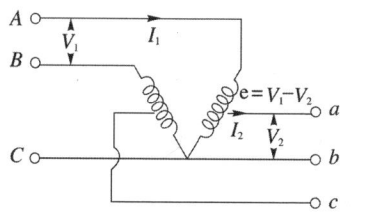

답 ②

59 권수비 $a = \frac{6600}{220}$, 주파수 60[Hz], 변압기의 철심 단면적 0.02[m²], 최대자속밀도 1.2[Wb/m²]일 때 변압기의 1차측 유도기전력은 약 몇 [V]인가?

① 1407
② 3521
③ 42198
④ 49814

풀이 변압기의 1차측 유도기전력 E_1은
$E_1 = 4.44 f \Phi_m N_1 = 4.44 \times 60 \times 1.2 \times 0.02 \times 6600$
$\fallingdotseq 42198[V]$

답 ③

60 회전형전동기와 선형전동기(Linear Motor)를 비교한 설명으로 틀린 것은?

① 선형의 경우 회전형에 비해 공극의 크기가 작다.
② 선형의 경우 직접적으로 직선운동을 얻을 수 있다.
③ 선형의 경우 회전형에 비해 부하관성의 영향이 크다.
④ 선형의 경우 전원의 상 순서를 바꾸어 이동방향을 변경한다.

풀이 리니어 모터(Linear Motor)
회전기의 회전자 접속 방향에 발생하는 전자력을 직선적인 기계 에너지로 변환시키는 장치
[장점]
① 모터 자체의 구조가 간단하여 신뢰성이 높고 보수가 용이하다.

② 기어, 벨트 등 동력 변환 기구가 필요 없고 직접 직선 운동이 얻어진다.
③ 마찰을 거치지 않고 추진력이 얻어진다.
④ 원심력에 의한 가속제한이 없고 고속을 쉽게 얻을 수 있다.
[단점]
① 회전형에 비하여 역률, 효율이 낮다.
② 저속도를 얻기 어렵다.
③ 부하관성의 영향이 크다.

답 ①

4과목 - 회로이론 및 제어공학

61 $F(z) = \frac{(1-e^{-aT})z}{(z-1)(z-e^{-aT})}$ 의 역 z변환은?

① $1 - e^{-at}$
② $1 + e^{-at}$
③ $t \cdot e^{-at}$
④ $t \cdot e^{at}$

풀이 • 문제의 식을 정리하면
$$F(z) = \frac{(1-e^{-aT})z}{(z-1)(z-e^{-aT})} = \frac{z - ze^{-aT} + z^2 - z^2}{(z-1)(z-e^{-aT})}$$
$$= \frac{z(z-e^{-aT}) - z(z-1)}{(z-1)(z-e^{-aT})} = \frac{z}{z-1} - \frac{z}{z-e^{-aT}}$$

• 정리된 식을 아래의 표에 적용하면

$f(t)$	$F(s)$	$F(z)$
$\delta(t)$	1	1
$u(t)$	$\frac{1}{s}$	$\frac{z}{z-1}$
t	$\frac{1}{s^2}$	$\frac{Tz}{(z-1)^2}$
e^{-at}	$\frac{1}{s+a}$	$\frac{z}{z-e^{-aT}}$

$f(t)$는 $1 - e^{-aT}$가 된다.

답 ①

62 다음의 특성 방정식 중 안정한 제어시스템은?

① $s^3 + 3s^2 + 4s + 5 = 0$
② $s^4 + 3s^3 - s^2 + s + 10 = 0$
③ $s^5 + s^3 + 2s^2 + 4s + 3 = 0$
④ $s^4 - 2s^3 - 3s^2 + 4s + 5 = 0$

풀이 계의 안정조건 : 모든 차수의 항이 존재하고, 각 계수의 부호가 같아야 한다.
(식 중에서 부호의 변화가 있으면 불안정하다.)

답 ①

63 그림의 신호흐름선도에서 전달함수 $\dfrac{C(s)}{R(s)}$ 는?

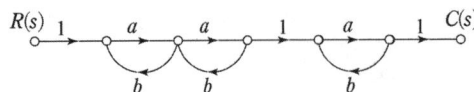

① $\dfrac{a^3}{(1-ab)^3}$ ② $\dfrac{a^3}{1-3ab+a^2b^2}$

③ $\dfrac{a^3}{1-3ab}$ ④ $\dfrac{a^3}{1-3ab+2a^2b^2}$

풀이
- 전향경로 이득 : $a \times a \times a = a^3$
- 루프 이득 : ab, ab, ab
- 비접촉 루프 이득 : $ab \times ab = a^2b^2$, $ab \times ab = a^2b^2$

$$\therefore G(s) = \dfrac{C(s)}{R(s)}$$
$$= \dfrac{\sum \text{전향 경로 이득}}{1-\sum \text{루프 이득}+\sum \text{비접촉 루프 이득}}$$
$$= \dfrac{a^3}{1-(ab+ab+ab)+(a^2b^2+a^2b^2)}$$
$$= \dfrac{a^3}{1-3ab+2a^2b^2}$$

답 ④

64 그림과 같은 보드선도의 이득선도를 갖는 제어시스템의 전달함수는?

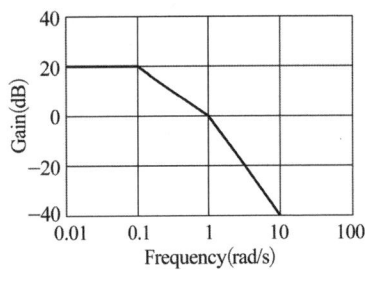

① $G(s) = \dfrac{10}{(s+1)(s+10)}$

② $G(s) = \dfrac{10}{(s+1)(10s+1)}$

③ $G(s) = \dfrac{20}{(s+1)(s+10)}$

④ $G(s) = \dfrac{20}{(s+1)(10s+1)}$

풀이 ① 문제의 보드선도에서 절점은 두 개이고 절점주파수는 $\omega=1$, $\omega=0.1$이므로 전달함수 $G(j\omega)$는 $j\omega+1$, $j\omega+0.1$의 인수를 갖는다.

$$\therefore G(j\omega) = \dfrac{K}{(j\omega+1)(j\omega+0.1)} = \dfrac{10K}{(j\omega+1)(j10\omega+1)}$$

② 이득
$$g = 20\log|G(j\omega)| = 20\log\left|\dfrac{10K}{(j\omega+1)(j10\omega+1)}\right|$$
$$= 20\log\dfrac{10K}{\sqrt{\omega^2+1}\sqrt{(10\omega)^2+1}}$$
$$\therefore g = 20\log 10K - 20\log\sqrt{\omega^2+1}$$
$$\qquad -20\log\sqrt{(10\omega)^2+1}$$

$\omega<0.1$에서 $g=20$[dB](일정)하므로 근사 관계를 적용하여 $g=20$[dB]을 만족하는 K를 구한다.
$$g = 20\,[\log 10K - \log\sqrt{\omega^2+1} - \log\sqrt{(10\omega)^2+1}]$$
$$\fallingdotseq 20\,[\log 10K - \log 1 - \log 1] = 20\log 10K = 20$$
$$\therefore K = 1$$

③ 전달함수 : $G(j\omega) = \dfrac{10}{(j\omega+1)(j10\omega+1)}$
$$\therefore G(s) = \dfrac{10}{(s+1)(10s+1)}$$

별해 ② 이득
$$g = 20\log|G(j\omega)| = 20\log\left|\dfrac{10K}{(j\omega+1)(j10\omega+1)}\right|$$
$$= 20\log\dfrac{10K}{\sqrt{\omega^2+1}\sqrt{(10\omega)^2+1}}$$

$\omega<0.1$에서 $g=20$[dB](일정)이고, $\omega=0.01$[rad/s]일 때, $g=20$[dB]을 만족하는 K를 구한다.
$$\dfrac{10K}{\sqrt{\omega^2+1}\sqrt{(10\omega)^2+1}} = 10$$
$$K = \sqrt{\omega^2+1}\sqrt{(10\omega)^2+1}$$
$$\therefore K = \sqrt{0.01^2+1}\sqrt{(10\times 0.01)^2+1} \fallingdotseq 1$$

답 ②

65 그림과 같은 블록선도의 제어시스템에 단위계단 함수가 입력되었을 때 정상상태 오차가 0.01이 되는 a의 값은?

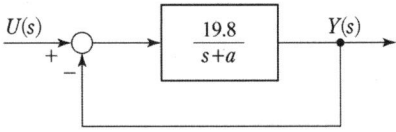

① 0.2 ② 0.6
③ 0.8 ④ 1.0

풀이 정상상태 편차 $e_{ss} = \lim\limits_{s\to 0} \dfrac{s}{1+G(s)} R(s)$에서

$R(s) = \dfrac{1}{s}$ (단위 계단입력)이므로

$$e_{ss} = \lim_{s \to 0} \frac{s}{1+G(s)} \cdot \frac{1}{s} = \frac{1}{1+\lim_{s \to 0} G(s)}$$
$$= \frac{1}{1+\lim_{s \to 0} \frac{19.8}{s+a}} = \frac{1}{1+\frac{19.8}{a}} = 0.01$$
$$\therefore a = 0.2$$

답 ①

66 그림과 같은 블록선도의 전달함수 $\frac{C(s)}{R(s)}$는?

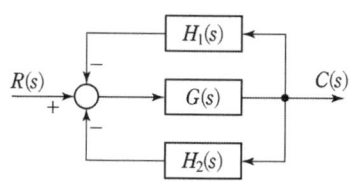

① $\dfrac{G(s)H_1(s)H_2(s)}{1+G(s)H_1(s)H_2(s)}$

② $\dfrac{G(s)}{1+G(s)H_1(s)H_2(s)}$

③ $\dfrac{G(s)}{1-G(s)(H_1(s)+H_2(s))}$

④ $\dfrac{G(s)}{1+G(s)(H_1(s)+H_2(s))}$

풀이
- 전향경로 이득 : $G(s)$
- 루프이득 : $-G(s)H_1(s),\ -G(s)H_2(s)$

$$\therefore G(s) = \frac{\sum \text{전향 경로 이득}}{1-\sum \text{루프이득}}$$
$$= \frac{G(s)}{1-\{-G(s)H_1(s)-G(s)H_2(s)\}}$$
$$= \frac{G(s)}{1+G(s)H_1(s)+G(s)H_2(s)}$$
$$= \frac{G(s)}{1+G(s)(H_1(s)+H_2(s))}$$

답 ④

67 그림과 같은 논리회로와 등가인 것은?

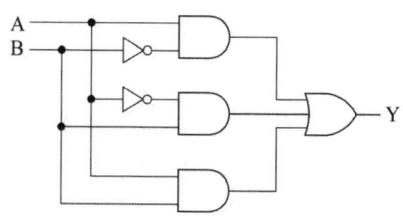

① A—B—Y (AND)
② A—B—Y (OR)
③ A—B—Y (NAND)
④ A—B—Y (NOR)

풀이

논리곱	논리합	부정
$A, B \to X$ (AND)	$A, B \to X$ (OR)	$A \to X$ (NOT)
$X = A \cdot B$	$X = A+B$	$X = \overline{A}$

그림의 논리회로를 논리식으로 나타내면
$$Y = A\overline{B} + \overline{A}B + AB = A\overline{B} + \overline{A}B + AB + AB$$
$$(\because AB = AB + AB)$$
$$= A(\overline{B}+B) + B(\overline{A}+A)$$
에서 $A+\overline{A}=1,\ B+\overline{B}=1$이므로
$$\therefore Y = A+B \text{ (논리합 : A—B—Y)}$$

답 ②

68 블록선도에서 ⓐ에 해당하는 신호는?

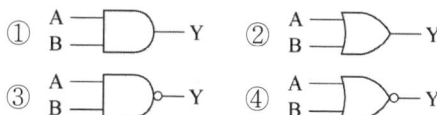

① 조작량
② 제어량
③ 기준입력
④ 동작신호

풀이 폐루프 제어계의 구성도

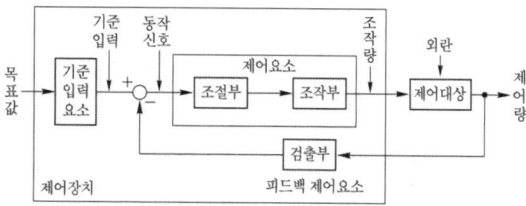

① **조작신호(량)** : 제어요소에서 제어대상에 인가되는 신호(량)이다.
② **동작신호** : 기준입력과 주궤환신호와의 편차인 신호로서 제어 동작을 일으키는 원인이 되는 신호이다.
③ **주궤환 신호** : 동작신호를 얻기 위하여 기준입력과 비교되는 신호로서 제어량의 함수 관계가 된다.
④ **기준입력신호** : 제어계를 동작시키는 기준으로서 목표값에 비례하는 신호입력이다.
⑤ **제어량** : 제어계의 출력, 즉 제어된 제어대상의 양이다.

답 ②

69 다음의 개루프 전달함수에 대한 근궤적의 점근선이 실수축과 만나는 교차점은?

$$G(s)H(s) = \frac{K(s+3)}{s^2(s+1)(s+3)(s+4)}$$

① $\dfrac{5}{3}$ ② $-\dfrac{5}{3}$ ③ $\dfrac{5}{4}$ ④ $-\dfrac{5}{4}$

풀이 교차점

$$\sigma = \frac{\Sigma G(s)H(s)\text{의 극점} - \Sigma G(s)H(s)\text{의 영점}}{p-z}$$

(여기서, p : 극점의 개수, z : 영점의 개수)
$p=5$개$(0, 0, -1, -3, -4)$, $z=1$개(-3)이므로

$$\therefore \sigma = \frac{(0-0-1-3-4)-(-3)}{5-1} = -\frac{5}{4}$$ **답** ④

70 다음의 미분방정식과 같이 표현되는 제어시스템이 있다.
이 제어시스템을 상태방정식 $\dot{x} = Ax + Bu$로 나타내었을 때 시스템행렬 A는?

$$\frac{d^3C(t)}{dt^3} + 5\frac{d^2C(t)}{dt^2} + \frac{dC(t)}{dt} + 2C(t) = u(t)$$

① $\begin{bmatrix} 0 & 1 & 0 \\ 0 & 0 & 1 \\ -2 & -1 & -5 \end{bmatrix}$ ② $\begin{bmatrix} 1 & 0 & 0 \\ 0 & 1 & 0 \\ -2 & -1 & -5 \end{bmatrix}$

③ $\begin{bmatrix} 0 & 1 & 0 \\ 0 & 0 & 1 \\ 2 & 1 & 5 \end{bmatrix}$ ④ $\begin{bmatrix} 1 & 0 & 0 \\ 0 & 1 & 0 \\ 2 & 1 & 5 \end{bmatrix}$

풀이 ※ 상태방정식 :
$\dot{x} = Ax + Bu$ (A : 시스템행렬, B : 제어행렬)
시스템 미분방정식에서 상태방정식(벡터 행렬 표현식)을 다음의 순서로 구한다.
(1) 3차 미분방정식이므로 3개의 상태변수 $x_1(t)$, $x_2(t)$, $x_3(t)$를 선정한다.

$$x_1(t) = C(t), \ x_2(t) = \frac{dC(t)}{dt}, \ x_3(t) = \frac{d^2C(t)}{dt^2}$$

(2) 단계 (1)의 상태변수를 양변 미분하고 $\dot{x_i} = \dfrac{dx_i}{dt}$를 적용한다.

$$\frac{dx_1(t)}{dt} = \frac{dC(t)}{dt} = \dot{x_1}, \ \frac{dx_2(t)}{dt} = \frac{d^2C(t)}{dt^2} = \dot{x_2},$$
$$\frac{dx_3(t)}{dt} = \frac{d^3C(t)}{dt^3} = \dot{x_3}$$

(3) 주어진 미분방정식에서 최고차 항에 대해 나머지 항을 우변으로 이항하고 상태변수 $x_1(t)$, $x_2(t)$,

$x_3(t)$를 대입한다.

$$\frac{d^3C(t)}{dt^3} = -5\frac{d^2C(t)}{dt^2} - \frac{dC(t)}{dt} - 2C(t) + u(t)$$
$$\therefore \dot{x_3}(t) = -2x_1(t) - x_2(t) - 5x_3(t) + u(t)$$

(4) 상태방정식(상태방정식은 상태변수 x_i의 함수로 표현)

$$\begin{cases} \dot{x_1}(t) = x_2(t) \\ \dot{x_2}(t) = x_3(t) \\ \dot{x_3}(t) = -2x_1(t) - x_2(t) - 5x_3(t) + u(t) \\ C(t) = x_1(t) \end{cases}$$

(5) 단계 (4)의 상태방정식 $\dot{x_i}(t)$의 함수를 벡터 행렬식으로 표현한다.

$$\dot{x}(t) = \begin{bmatrix} \dot{x_1}(t) \\ \dot{x_2}(t) \\ \dot{x_3}(t) \end{bmatrix}$$
$$= \begin{bmatrix} 0 & 1 & 0 \\ 0 & 0 & 1 \\ -2 & -1 & -5 \end{bmatrix} \begin{bmatrix} x_1(t) \\ x_2(t) \\ x_3(t) \end{bmatrix} + \begin{bmatrix} 0 \\ 0 \\ 1 \end{bmatrix} u(t)$$

(6) 상태방정식 $\dot{x} = Ax + Bu$에서 시스템 행렬은 A가 되므로 벡터 행렬로 표현한 단계 (5)에서 다음과 같이 구해진다.

$$\therefore A = \begin{bmatrix} 0 & 1 & 0 \\ 0 & 0 & 1 \\ -2 & -1 & -5 \end{bmatrix}$$

별해 (1) 상태변수를 선정(3차 미분방정식은 3개 선정) : $x_1(t), \ x_2(t), \ x_3(t)$
(2) 연립미분방정식을 상태변수에 의한 상태방정식 표현
① $\dot{x_1}(t) = x_2(t)$ ② $\dot{x_2}(t) = x_3(t)$
③ $\dot{x_3}(t) = -2x_1(t) - x_2(t) - 5x_3(t) + u(t)$
(3) 상태방정식을 행렬로 표현

$$\dot{x}(t) = \begin{bmatrix} \dot{x_1}(t) \\ \dot{x_2}(t) \\ \dot{x_3}(t) \end{bmatrix}$$
$$= \begin{bmatrix} 0 & 1 & 0 \\ 0 & 0 & 1 \\ -2 & -1 & -5 \end{bmatrix} \begin{bmatrix} x_1(t) \\ x_2(t) \\ x_3(t) \end{bmatrix} + \begin{bmatrix} 0 \\ 0 \\ 1 \end{bmatrix} u(t)$$ **답** ①

71 $f_e(t)$가 우함수이고 $f_o(t)$가 기함수일 때 주기함수 $f(t) = f_e(t) + f_o(t)$에 대한 다음 식 중 틀린 것은?

① $f_e(t) = f_e(-t)$

② $f_o(t) = -f_o(-t)$

③ $f_o(t) = \dfrac{1}{2}[f(t) - f(-t)]$

④ $f_e(t) = \dfrac{1}{2}[f(t) - f(-t)]$

[풀이] $f_e(t) = f_e(-t)$, $f_o(t) = -f_o(-t)$는 옳고
$f(t) = f_e(t) + f_o(t)$이므로

① $\frac{1}{2}[f(t) + f(-t)]$
$= \frac{1}{2}[f_e(t) + f_o(t) + f_e(-t) + f_o(-t)]$
$= \frac{1}{2}[f_e(t) + f_o(t) + f_e(t) - f_o(t)] = f_e(t)$

② $\frac{1}{2}[f(t) - f(-t)]$
$= \frac{1}{2}[f_e(t) + f_o(t) - f_e(-t) - f_o(-t)]$
$= \frac{1}{2}[f_e(t) + f_o(t) - f_e(t) + f_o(t)] = f_o(t)$

가 된다.   🅐 ④

72 그림의 회로에서 120[V]와 30[V]의 전압원(능동소자)에서의 전력은 각각 몇 [W]인가? (단, 전압원(능동소자)에서 공급 또는 발생하는 전력은 양수(+)이고, 수비 또는 흡수하는 전력은 음수(-)이다.)

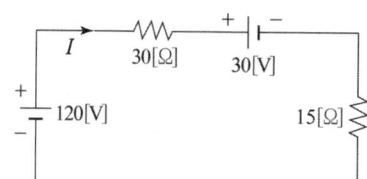

① 240[W], 60[W]   ② 240[W], -60[W]
③ -240[W], 60[W]   ④ -240[W], -60[W]

[풀이]
• 회로에 흐르는 전류 $I = \frac{E}{R} = \frac{120 - 30}{30 + 15} = 2[A]$
• 120[V]전원에서 공급되는 전력
  $P_1 = E_1 I = 120 \times 2 = 240[W]$
• 30[V] 전원에서 흡수되는 전력(전류 방향이 반대)
  $P_2 = E_2 I = 30 \times (-2) = -60[W]$ 🅐 ②

73 3상 평형회로에 Y결선의 부하가 연결되어 있고, 부하에서의 선간전압이 $V_{ab} = 100\sqrt{3} \angle 0°$[V]일 때 선전류가 $I_a = 20 \angle -60°$[A]이었다. 이 부하의 한 상의 임피던스[Ω]는?
(단, 3상 전압의 상순은 $a-b-c$이다.)

① $5 \angle 30°$ ② $5\sqrt{3} \angle 30°$
③ $5 \angle 60°$ ④ $5\sqrt{3} \angle 60°$

[풀이] Y결선에서 선전류(I_l) = 상전류(I_p),
선간전압(V_l) = $\sqrt{3} \times$상전압(V_p)$\angle 30°$ 이므로
상전압 $V_p = \frac{V_l}{\sqrt{3}} \angle -30° = \frac{100\sqrt{3}}{\sqrt{3}} \angle -30°$
$= 100 \angle -30°[V]$
$\therefore Z = \frac{V_p}{I_p} = \frac{100 \angle -30°}{20 \angle -60°} = 5 \angle 30°[\Omega]$ 🅐 ①

74 각 상의 전압이 다음과 같을 때 영상분 전압[V]의 순시치는? (단, 3상 전압의 상순은 $a-b-c$이다.)

$v_a(t) = 40 \sin \omega t [V]$
$v_b(t) = 40 \sin \left(\omega t - \frac{\pi}{2} \right) [V]$
$v_c(t) = 40 \sin \left(\omega t + \frac{\pi}{2} \right) [V]$

① $40 \sin \omega t$ ② $\frac{40}{3} \sin \omega t$
③ $\frac{40}{3} \sin \left(\omega t - \frac{\pi}{2} \right)$ ④ $\frac{40}{3} \sin \left(\omega t + \frac{\pi}{2} \right)$

[풀이] 순시전압의 최대값을 복소수로 표시하면
$V_a = 40[V]$, $V_b = 40 \angle -90° = -j40[V]$,
$V_c = 40 \angle 90° = j40[V]$
영상전압
$V_0 = \frac{1}{3}(V_a + V_b + V_c) = \frac{1}{3}(40 - j40 + j40)$
$= \frac{40}{3}[V]$
따라서 영상분 전압의 순시값
$v_0 = \frac{40}{3} \sin \omega t [V]$ 🅐 ②

75 그림과 같이 3상 평형의 순저항 부하에 단상 전력계를 연결하였을 때 전력계가 W[W]를 지시하였다. 이 3상 부하에서 소모하는 전체 전력[W]은?

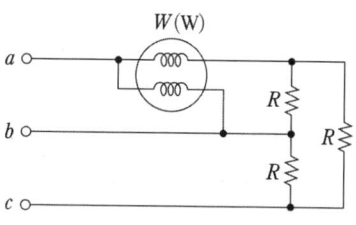

① $2W$ ② $3W$ ③ $\sqrt{2}W$ ④ $\sqrt{3}W$

풀이 그림에서 단상전력 $W = V_l I_l \cos(30° - \theta)$이고, 순 저항 부하($\theta = 0°$)이므로
$$W = V_l I_l \cos 30° = \frac{\sqrt{3}}{2} V_l I_l \text{ [W]}$$
따라서 3상 전력 $P = \sqrt{3} V_l I_l = 2W$ [W]　답 ①

76 정전용량이 C[F]인 커패시터에 단위 임펄스의 전류원이 연결되어 있다. 이 커패시터의 전압 $v_C(t)$는? (단, $u(t)$는 단위 계단함수이다.)

① $v_C(t) = C$
② $v_C(t) = Cu(t)$
③ $v_C(t) = \dfrac{1}{C}$
④ $v_C(t) = \dfrac{1}{C} u(t)$

풀이 단위 임펄스 함수 $\delta(t)$의 전류원을 접속하면 콘덴서의 전압은
$$V_C(s) = \mathcal{L}\left[\frac{1}{C}\delta(t)\right] = \frac{1}{sC}$$
역라플라스 변환을 하면,
$$v_C(t) = \mathcal{L}^{-1}[v_C(s)] = \mathcal{L}^{-1}\left[\frac{1}{sC}\right] = \frac{1}{C}u(t)$$
(여기서, 라플라스 변환은 $t \geq 0$에서 정의되므로 시간 영역 $t \geq 0$을 의미하는 $u(t)$를 반드시 붙여야 한다.)　답 ④

77 그림의 회로에서 $t = 0$[s]에 스위치(S)를 닫은 후 $t = 1$[s]일 때 이 회로에 흐르는 전류는 약 몇 [A]인가?

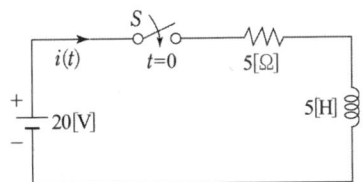

① 2.52　② 3.16　③ 4.21　④ 6.32

풀이 $R - L$ 직렬회로에서의 과도전류
$$i_s = \frac{E}{R}\left(1 - e^{-\frac{R}{L}t}\right) = \frac{20}{5}\left(1 - e^{-\frac{5}{5} \times 1}\right)$$
$$= 2.53 \text{ [A]}$$　답 ①

78 순시치 전류 $i(t) = I_m \sin(\omega t + \theta_I)$[A]의 파고율은 약 얼마인가?

① 0.577　② 0.707
③ 1.414　④ 1.732

풀이 정현파 전류의 실효값 $I = \dfrac{I_m}{\sqrt{2}}$[A]
$$\therefore \text{파고율} = \frac{\text{최대값}}{\text{실효값}} = \frac{I_m}{\dfrac{I_m}{\sqrt{2}}} = \sqrt{2} = 1.414 \text{ [A]}$$　답 ③

79 그림의 회로가 정저항 회로로 되기 위한 L[mH]은? (단, $R = 10[\Omega]$, $C = 1000[\mu F]$이다.)

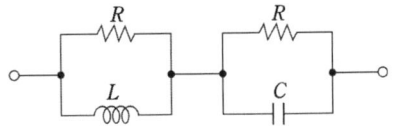

① 1　② 10　③ 100　④ 1000

풀이
• 2단자 구동점 임피던스가 주파수에 관계없이 항상 일정한 순저항으로 될 때의 회로를 정저항 회로라고 한다.
• 정저항 조건은 $R^2 = \dfrac{L}{C}$이므로
$$\therefore L = R^2 C = 10^2 \times 1000 \times 10^{-6} = 0.1 \text{ [H]}$$
$$= 100 \text{ [mH]}$$　답 ③

80 분포정수 회로에 있어서 선로의 단위 길이당 저항이 100[Ω/m], 인덕턴스가 200[mH/m], 누설컨덕턴스가 0.5[℧/m]일 때 일그러짐이 없는 조건(무왜형 조건)을 만족하기 위한 단위 길이당 커패시턴스는 몇 [μF/m]인가?

① 0.001　② 0.1　③ 10　④ 1000

풀이 무왜형 조건은 $RC = LG$이므로
$$\therefore C = \frac{LG}{R} = \frac{200 \times 10^{-3} \times 0.5}{100} \times 10^6$$
$$= 1000 \text{ [μF/m]}$$　답 ④

5과목 - 전기설비기술기준

81 저압 가공전선이 안테나와 접근상태로 시설될 때 상호 간의 이격거리는 몇 [cm] 이상이어야 하는가? (단, 전선이 고압 절연전선, 특고압 절연전선 또는 케이블이 아닌 경우이다.)

① 60　② 80　③ 100　④ 120

풀이 332.14 고압 가공전선과 안테나의 접근 또는 교차
저압 가공전선 또는 고압 가공전선이 안테나와 접근상태로 시설되는 경우에는 다음에 따라야 한다.
가. 고압 가공전선로는 고압 보안공사에 의할 것.
나. 가공전선과 안테나 사이의 이격거리

사용전압 부분 공작물의 종류		저압	고압
안테나	일반적인 경우	0.6[m]	0.8[m]
	고압·특고압 절연전선	0.3[m]	0.8[m]
	케이블	0.3[m]	0.4[m]

답 ①

82 고압 가공전선으로 사용한 경동선은 안전율이 얼마 이상인 이도로 시설하여야 하는가?

① 2.0   ② 2.2
③ 2.5   ④ 3.0

풀이 332.4 고압 가공전선의 안전율
222.6 저압 가공전선의 안전율
가공전선이 케이블 이외인 경우 안전율이 다음 이상이 되는 이도로 시설하여야 한다.
가. 경동선 또는 내열 동합금선 : 2.2 이상
나. 그 밖의 전선 : 2.5

답 ②

83 사용전압이 22.9[kV]인 특고압 가공전선과 그 지지물·완금류·지주 또는 지선 사이의 이격거리는 몇 [cm] 이상이어야 하는가?

① 15   ② 20
③ 25   ④ 30

풀이 333.5 특고압 가공전선과 지지물 등의 이격거리
특고압 가공전선과 그 지지물·완금류·지주 또는 지선 사이의 이격거리는 표에서 정한 값 이상이어야 한다. 다만, 기술상 부득이한 경우에 위험의 우려가 없도록 시설한 때에는 표에서 정한 값의 0.8배까지 감할 수 있다.

사용전압	이격거리[cm]
15[kV] 미만	15
15[kV] 이상 25[kV] 미만	20
25[kV] 이상 35[kV] 미만	25
60[kV] 이상 70[kV] 미만	40
130[kV] 이상 160[kV] 미만	90

답 ②

84 급전선에 대한 설명으로 틀린 것은?

① 급전선은 비절연보호도체, 매설접지도체, 레일 등으로 구성하여 단권변압기 중성점과 공통접지에 접속한다.
② 가공식은 전차선의 높이 이상으로 전차선로 지지물에 병행 설치하며, 나전선의 접속은 직선접속을 원칙으로 한다.
③ 선상승강장, 인도교, 과선교 또는 교량 하부 등에 설치할 때에는 최소 절연이격거리 이상을 확보하여야 한다.
④ 신설 터널 내 급전선을 가공으로 설계할 경우 지지물의 취부는 C찬넬 또는 매입전을 이용하여 고정하여야 한다.

풀이 431.4 급전선로
• 급전선은 나전선을 적용하여 가공식으로 가설을 원칙으로 한다.
• ①번은 귀선로에 대한 설명이다.

답 ①

85 진열장 내의 배선으로 사용전압 400[V] 이하에 사용하는 코드 또는 캡타이어 케이블의 최소 단면적은 몇 [mm²]인가?

① 1.25   ② 1.0
③ 0.75   ④ 0.5

풀이 231.3 저압 옥내배선의 사용전선
가. 저압 옥내배선의 전선 : 단면적 2.5[mm²] 이상의 연동선
나. 옥내배선의 사용 전압이 400[V] 이하인 경우는 다음에 의하여 시설할 수 있다.
① 전광표시 장치 또는 제어 회로
  • 단면적 1.5[mm²] 이상의 연동선
  • 단면적 0.75[mm²] 이상인 다심케이블 또는 다심 캡타이어 케이블을 사용하고 또한 과전류가 생겼을 때에 자동적으로 전로에서 차단하는 장치를 시설
② 진열장 또는 이와 유사한 것의 내부 배선 : 단면적 0.75[mm²] 이상인 코드 또는 캡타이어케이블

답 ③

86 최대사용전압이 23000[V]인 중성점 비접지식 전로의 절연내력 시험전압은 몇 [V]인가?

① 16560   ② 21160
③ 25300   ④ 28750

풀이 132 전로의 절연저항 및 절연내력

전로의 종류	접지방식	시험전압 (최대사용 전압의 배수)	최저 시험전압
1. 7[kV] 이하인 전로		1.5배	
2. 7[kV] 초과 25[kV] 이하	다중접지	0.92배	
3. 7[kV] 초과 60[kV] 이하 (2란의 것 제외)		1.25배	10.5[kV]
4. 60[kV] 초과	비접지	1.25배	
5. 60[kV] 초과 (6란, 7란의 것 제외)	접지식	1.1배	75[kV]
6. 60[kV] 초과(7란의 것 제외)	직접접지	0.72배	
7. 170[kV] 초과(발전소 또는 변전소 혹은 이에 준하는 장 소에 시설하는 것.)	직접접지	0.64배	

※ 전로에 케이블을 사용하는 경우에는 직류로 시험할 수 있으며, 시험전압은 교류의 경우의 2배가 된다.

∴ 시험전압 = 23000 × 1.25 = 28750[V]   **답** ④

87 지중 전선로를 직접 매설식에 의하여 시설할 때, 차량 기타 중량물의 압력을 받을 우려가 있는 장소인 경우 매설깊이는 몇 [m] 이상으로 시설하여야 하는가?

① 0.6 ② 1.0
③ 1.2 ④ 1.5

풀이 334.1 지중전선로의 시설
가. 지중 전선로는 전선에 케이블을 사용하고 또한 관로식 · 암거식 또는 직접 매설식에 의하여 시설하여야 한다.
나. 지중 전선로를 직접 매설식에 의하여 시설하는 경우에는 매설 깊이는
① 차량 기타 중량물의 압력을 받을 우려가 있는 장소 : 1.0[m] 이상
② 기타 장소 : 0.6[m] 이상   **답** ②

88 플로어덕트 공사에 의한 저압 옥내배선 공사 시 시설기준으로 틀린 것은?

① 덕트의 끝부분은 막을 것
② 옥외용 비닐절연전선을 사용할 것
③ 덕트 안에는 전선에 접속점이 없도록 할 것
④ 덕트 및 박스 기타의 부속품은 물이 고이는 부분이 없도록 시설하여야 한다.

풀이 232.32 플로어덕트공사
가. 전선은 절연전선(옥외용 비닐 절연전선을 제외한다)일 것.
나. 전선은 연선일 것. 다만, 단면적 10[mm²](알루미늄선은 단면적 16[mm²]) 이하인 것은 그러하지 아니하다.
다. 플로어덕트 안에는 전선에 접속점이 없도록 할 것. 다만, 전선을 분기하는 경우에 접속점을 쉽게 점검할 수 있을 때에는 그러하지 아니하다.
라. 덕트 상호 간 및 덕트와 박스 및 인출구와는 견고하고 또한 전기적으로 완전하게 접속할 것.
마. 박스 및 인출구는 마루 위로 돌출하지 아니하도록 시설하고 또한 물이 스며들지 아니하도록 밀봉할 것.
바. 덕트의 끝부분은 막을 것.
사. 덕트는 접지공사를 할 것.   **답** ②

89 중앙급전 전원과 구분되는 것으로서 전력소비지역 부근에 분산하여 배치 가능한 신·재생에너지 발전설비 등의 전원으로 정의되는 용어는?

① 임시전력원   ② 분전반전원
③ 분산형전원   ④ 계통연계전원

풀이 112 용어 정의
분산형 전원이란 중앙급전 전원과 구분되는 것으로서 전력소비지역 부근에 분산하여 배치 가능한 전원을 말한다. 상용전원의 정전시에만 사용하는 비상용 예비전원은 제외하며, 신·재생에너지 발전설비, 전기저장장치 등을 포함한다.   **답** ③

90 애자공사에 의한 저압 옥측전선로는 사람이 쉽게 접촉될 우려가 없도록 시설하고, 전선의 지지점 간의 거리는 몇 [m] 이하이어야 하는가?

① 1   ② 1.5
③ 2   ④ 3

풀이 221.2 옥측전선로
애자공사에 의한 저압 옥측전선로는 다음에 의하고 또한 사람이 쉽게 접촉될 우려가 없도록 시설할 것
가. 전선의 단면적은 4[mm²] 이상의 연동 절연전선(옥외용 비닐절연전선 및 인입용 절연전선은 제외한다.)일 것.
나. 전선 상호 간의 간격 및 전선과 조영재 사이의 이격거리

전압	전선 상호 간의 간격		전선과 조영재 사이의 이격거리	
	사용전압 400[V] 이하인 경우	사용전압 400[V] 초과인 경우	사용전압 400[V] 이하인 경우	사용전압 400[V] 초과인 경우
비나 이슬에 젖지 않는 장소	0.06[m] 이상	0.06[m] 이상	0.025[m] 이상	0.025[m] 이상
비나 이슬에 젖는 장소	0.06[m] 이상	0.12[m] 이상	0.025[m] 이상	0.045[m] 이상

다. 전선의 지지점 간의 거리는 2[m] 이하일 것.
라. 애자는 절연성·난연성 및 내수성이 있는 것일 것.
답 ③

91
저압 가공전선로의 지지물이 목주인 경우 풍압하중의 몇 배의 하중에 견디는 강도를 가지는 것이어야 하는가?

① 1.2 ② 1.5
③ 2   ④ 3

풀이 222.8 저압 가공전선로의 지지물의 강도
지지물이 목주인 경우 안전율 및 말구의 지름

전압의 종별	안전율	말구의 지름
저압	1.2	–
고압	1.3	0.12[m] 이상
특고압	1.5	0.12[m] 이상

답 ①

92
교류 전차선 등 충전부와 식물 사이의 이격거리는 몇 [m] 이상이어야 하는가? (단, 현장여건을 고려한 방호벽 등의 안전조치를 하지 않은 경우이다.)

① 1 ② 3 ③ 5 ④ 10

풀이 431.11 전차선 등과 식물사이의 이격거리
교류 전차선 등 충전부와 식물사이의 이격거리는 5[m] 이상이어야 한다. 다만, 5[m] 이상 확보하기 곤란한 경우에는 현장여건을 고려하여 방호벽 등 안전조치를 하여야 한다.
답 ③

93
조상기에 내부 고장이 생긴 경우, 조상기의 뱅크용량이 몇 [kVA] 이상일 때 전로로부터 자동 차단하는 장치를 시설하여야 하는가?

① 5000   ② 10000
③ 15000   ④ 20000

풀이 351.5 조상설비의 보호장치
조상설비에는 그 내부에 고장이 생긴 경우에 보호하는 장치를 표와 같이 시설하여야 한다.

설비 종별	뱅크 용량의 구분	자동적으로 전로로부터 차단하는 장치
전력용 커패시터 및 분로리액터	500[kVA] 초과 15,000[kVA] 미만	• 내부에 고장이 생긴 경우 • 과전류가 생긴 경우
	15,000[kVA] 이상	• 내부에 고장이 생긴 경우 • 과전류가 생긴 경우 • 과전압이 생긴 경우
조상기	15,000[kVA] 이상	• 내부에 고장이 생긴 경우

답 ③

94
고장보호에 대한 설명으로 틀린 것은?

① 고장보호는 일반적으로 직접접촉을 방지하는 것이다.
② 고장보호는 인축의 몸을 통해 고장전류가 흐르는 것을 방지하여야 한다.
③ 고장보호는 인축의 몸에 흐르는 고장전류를 위험하지 않는 값 이하로 제한하여야 한다.
④ 고장보호는 인축의 몸에 흐르는 고장전류의 지속시간을 위험하지 않은 시간까지로 제한하여야 한다.

풀이 113.2 감전에 대한 보호
가. 기본보호
기본보호는 일반적으로 직접접촉을 방지하는 것으로 전기설비의 충전부에 인축이 접촉하여 일어날 수 있는 위험으로부터 보호되어야 한다.
① 인축의 몸을 통해 전류가 흐르는 것을 방지
② 인축의 몸에 흐르는 전류를 위험하지 않는 값 이하로 제한

나. **고장보호**
일반적으로 기본절연의 고장에 의한 **간접접촉을 방지하는 것**으로 노출도전부에 인축이 접촉하여 일어날 수 있는 위험으로부터 보호되어야 한다.
① 인축의 몸을 통해 고장전류가 흐르는 것을 방지
② 인축의 몸에 흐르는 고장전류를 위험하지 않는 값 이하로 제한
③ 인축의 몸에 흐르는 고장전류의 지속시간을 위험하지 않은 시간까지로 제한
답 ①

95. 네온방전등의 관등회로의 전선을 애자공사에 의해 자기 또는 유리제 등의 애자로 견고하게 지지하여 조영재의 아랫면 또는 옆면에 부착한 경우 전선 상호 간의 이격거리는 몇 [mm] 이상이어야 하는가?

① 30　　② 60
③ 80　　④ 100

풀이 234.12 네온방전등
네온방전등에 공급하는 전로의 대지전압은 300[V] 이하로 하여야 하며, 관등회로의 배선은 애자공사로 다음에 따라서 시설하여야 한다. 다만, 네온방전등에 공급하는 전로의 대지전압이 150[V] 이하인 경우는 적용하지 않는다.
가. 전선은 네온관용전선을 사용할 것.
나. 전선은 자기 또는 유리제 등의 애자로 견고하게 지지하여 조영재의 아랫면 또는 옆면에 부착하고 **전선 상호간의 이격거리는 60[mm] 이상일 것.**
다. 전선지지점간의 거리는 1[m] 이하로 할 것.
라. 애자는 절연성·난연성 및 내수성이 있는 것일 것.
답 ②

96. 수소냉각식 발전기에서 사용하는 수소 냉각 장치에 대한 시설기준으로 틀린 것은?

① 수소를 통하는 관으로 동관을 사용할 수 있다.
② 수소를 통하는 관은 이음매가 있는 강판이어야 한다.
③ 발전기 내부의 수소의 온도를 계측하는 장치를 시설하여야 한다.
④ 발전기 내부의 수소의 순도가 85[%] 이하로 저하한 경우에 이를 경보하는 장치를 시설하여야 한다.

풀이 351.10 수소냉각식 발전기 등의 시설
수소냉각식의 발전기·조상기 또는 이에 부속하는 수소 냉각 장치는 다음 각 호에 따라 시설하여야 한다.
가. 발전기 또는 조상기는 기밀구조의 것이고 또한 수소가 대기압에서 폭발하는 경우에 생기는 압력에 견디는 강도를 가지는 것일 것.
나. 발전기 내부 또는 조상기 내부의 수소의 순도가 85[%] 이하로 저하한 경우에 이를 경보하는 장치를 시설할 것.
다. 발전기 내부 또는 조상기 내부의 수소의 압력을 계측하는 장치 및 그 압력이 현저히 변동한 경우에 이를 경보하는 장치를 시설할 것.
라. 발전기 내부 또는 조상기 내부의 수소의 온도를 계측하는 장치를 시설할 것.
마. **수소를 통하는 관은 동관 또는 이음매 없는 강판이어야 하며** 또한 수소가 대기압에서 폭발하는 경우에 생기는 압력에 견디는 강도의 것일 것.
답 ②

97. 전력보안통신설비인 무선통신용 안테나 등을 지지하는 철주의 기초 안전율은 얼마 이상이어야 하는가? (단, 무선용 안테나 등이 전선로의 주위상태를 감시할 목적으로 시설되는 것이 아닌 경우이다.)

① 1.3　　② 1.5
③ 1.8　　④ 2.0

풀이 364.1 무선용 안테나 등을 지지하는 철탑 등의 시설
전력보안통신설비인 무선통신용 안테나 또는 반사판을 지지하는 목주·철주·철근 콘크리트주 또는 철탑은 다음에 따라 시설하여야 한다. 다만, 무선용 안테나 등이 전선로의 주위상태를 감시할 목적으로 시설되는 것일 경우에는 그러하지 아니하다.
가. 목주는 풍압하중에 대한 안전율은 1.5 이상이어야 한다.
나. **철주·철근 콘크리트주 또는 철탑의 기초 안전율은 1.5 이상이어야 한다.**
답 ②

98. 특고압 가공전선로의 지지물 양측의 경간의 차가 큰 곳에 사용하는 철탑의 종류는?

① 내장형　　② 보강형
③ 직선형　　④ 인류형

풀이 333.11 특고압 가공전선로의 철주·철근 콘크리트주 또는 철탑의 종류
특고압 가공전선로의 지지물로 사용하는 B종 철근·B종 콘크리트주 또는 철탑의 종류는 다음과 같다.
가. 직선형 : 전선로의 직선 부분(3° 이하의 수평 각도 이루는 곳 포함)에 사용되는 것
나. 각도형 : 전선로 중 수평 각도 3°를 넘는 곳에 사용되는 것
다. 인류형 : 전 가섭선을 인류하는 곳에 사용하는 것
라. **내장형 : 전선로 지지물 양측의 경간차가 큰 곳에 사용하는 것**
마. 보강형 : 전선로 직선 부분을 보강하기 위하여 사용하는 것
답 ①

99 사무실 건물의 조명설비에 사용되는 백열전등 또는 방전등에 전기를 공급하는 옥내전로의 대지전압은 몇 [V] 이하인가?

① 250 ② 300
③ 350 ④ 400

풀이 231.6 옥내전로의 대지 전압의 제한
백열전등 또는 방전등에 전기를 공급하는 옥내의 전로의 대지전압은 300[V] 이하이어야 한다. 답 ②

100 전기저장장치를 전용건물에 시설하는 경우에 대한 설명이다. 다음 ( )에 들어갈 내용으로 옳은 것은?

> 전기저장장치 시설장소는 주변 시설(도로, 건물, 가연물질 등)로부터 (㉠)[m] 이상 이격하고 다른 건물의 출입구나 피난계단 등 이와 유사한 장소로부터는 (㉡)[m] 이상 이격하여야 한다.

① ㉠ 3, ㉡ 1   ② ㉠ 2, ㉡ 1.5
③ ㉠ 1, ㉡ 2   ④ ㉠ 1.5, ㉡ 3

풀이 512.1.5 전용건물에 시설하는 경우
전기저장장치를 일반인이 출입하는 건물과 분리된 별도의 장소에 시설하는 경우에는 다음에 따라 시설하여야 한다.
가. 전기저장장치 시설장소의 바닥, 천장(지붕), 벽면 재료는 불연재료이어야 한다. 단, 단열재는 준불연 재료 또는 는 이와 동등 이상의 것을 사용할 수 있다.
나. 전기저장장치 시설장소는 지표면을 기준으로 높이 22[m] 이내로 하고 해당 장소의 출구가 있는 바닥면을 기준으로 깊이 9[m] 이내로 하여야 한다.
다. 이차전지는 전력변환장치(PCS) 등의 다른 전기설비와 분리된 격실에 설치하고 다음에 따라야 한다.
① 이차전지실의 벽면 재료 및 단열재는 '가'의 것과 같아야 한다.
② 이차전지는 벽면으로부터 1[m] 이상 이격하여 설치하여야 한다. 단, 옥외의 전용 컨테이너에서 적정 거리를 이격한 경우에는 규정에 의하지 아니할 수 있다.
③ 이차전지와 물리적으로 인접 시설해야 하는 제어장치 및 보조설비(공조설비 및 조명설비 등)는 이차전지실 내에 설치할 수 있다.
④ 이차전지실 내부에는 가연성 물질을 두지 않아야 한다.

라. 인화성 또는 유독성 가스가 축적되지 않는 근거를 제조사에서 제공하는 경우에는 이차전지실에 한하여 환기시설을 생략할 수 있다.
마. 전기저장장치 시설장소는 주변 시설(도로, 건물, 가연물질 등)로부터 1.5[m] 이상 이격하고 다른 건물의 출입구나 피난계단 등 이와 유사한 장소로부터는 3[m] 이상 이격하여야 한다. 답 ④

완벽대비 2022년 2회 전기기사필기

동일출판사 홈페이지에서 무료 동영상강의를 보실 수 있습니다.

1과목 - 전기자기

01 $\epsilon_r = 81$, $\mu_r = 1$인 매질의 고유 임피던스는 약 몇 $[\Omega]$인가? (단, ϵ_r은 비유전율이고, μ_r은 비투자율이다.)

① 13.9   ② 21.9
③ 33.9   ④ 41.9

풀이 고유 임피던스

$$Z_0 = \frac{E}{H} = \sqrt{\frac{\mu}{\epsilon}} = \sqrt{\frac{\mu_0}{\epsilon_0}} \cdot \sqrt{\frac{\mu_r}{\epsilon_r}}$$

$$= \sqrt{\frac{4\pi \times 10^{-7}}{8.855 \times 10^{-12}}} \cdot \sqrt{\frac{\mu_r}{\epsilon_r}} = 377\sqrt{\frac{\mu_r}{\epsilon_r}} [\Omega]$$

$$\therefore Z_0 = 377\sqrt{\frac{\mu_r}{\epsilon_r}} = 377\sqrt{\frac{1}{81}} = 41.9[\Omega]$$

답 ④

02 강자성체의 $B-H$ 곡선을 자세히 관찰하면 매끈한 곡선이 아니라 자속밀도가 어느 순간 급격히 계단적으로 증가 또는 감소하는 것을 알 수 있다. 이러한 현상을 무엇이라 하는가?

① 퀴리점(Curie point)
② 자왜현상(Magneto-striction)
③ 바크하우젠 효과(Barkhausen effect)
④ 자기 여자효과(Magnetic aftereffect)

풀이 ① 퀴리점(임계 온도) : 자화된 철의 온도를 높이면 자화가 서서히 감소하다가 $690 \sim 870[\degree C]$(순철에서는 $790[\degree C]$)에서 급속히 강자성이 상자성으로 변하면서 강자성을 잃어버리는데 이 변하는 온도를 임계온도 또는 퀴리점이라고 한다.
② 자기왜 현상 : 강자성체가 자화될 때 자화와 함께 기계적 변형이 생기는 현상
③ **바크하우젠 효과** : 자성체 내에서 임의의 방향으로 배열되었던 자구가 외부 자장의 힘이 일정값 이상이 되면 순간적으로 회전하여 자장의 방향으로 배열되고 자속밀도가 증가하는 현상
④ 자기 여자효과 : 강자성체에 자기장의 변화를 주었을 때 자기구역의 구조가 안정하게 정착될 때까지 시간이 지연되는 현상

답 ③

03 진공 중에 무한 평면도체와 $d[m]$만큼 떨어진 곳에 선전하밀도 $\lambda[C/m]$의 무한 직선도체가 평행하게 놓여 있는 경우 직선 도체의 단위 길이당 받는 힘은 몇 $[N/m]$인가?

① $\dfrac{\lambda^2}{\pi\epsilon_0 d}$ ② $\dfrac{\lambda^2}{2\pi\epsilon_0 d}$

③ $\dfrac{\lambda^2}{4\pi\epsilon_0 d}$ ④ $\dfrac{\lambda^2}{16\pi\epsilon_0 d}$

풀이 높이 $d[m]$와 같은 깊이의 선전하밀도 $-\lambda[C/m]$인 평행한 영상 도선을 고려하여야 하므로

전계의 세기 $E = \dfrac{\lambda}{2\pi\epsilon_0(2d)} = \dfrac{\lambda}{4\pi\epsilon_0 d}[V/m]$

따라서 직선 도체의 단위 길이 당 받는 힘의 크기는

$|F| = |-\lambda \cdot E| = \left| -\lambda \cdot \dfrac{\lambda}{2\pi\epsilon_0(2d)} \right| = \dfrac{\lambda^2}{4\pi\epsilon_0 d}[N/m]$

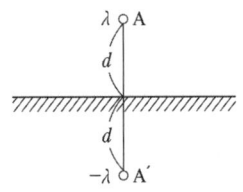

답 ③

04 평행 극판 사이에 유전율이 각각 ϵ_1, ϵ_2인 유전체를 그림과 같이 채우고, 극판 사이에 일정한 전압을 걸었을 때 두 유전체 사이에 작용하는 힘은? (단, $\epsilon_1 > \epsilon_2$)

① ⓐ의 방향
② ⓑ의 방향
③ ⓒ의 방향
④ ⓓ의 방향

풀이

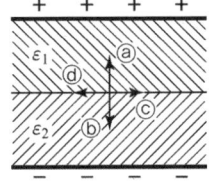

그림과 같이 유전율이 다른 두 종류의 유전체가 채워지고 그 경계면에 전계가 수직으로 입사하는 경우, 유전

체의 경계면을 전극 C라고 가정하면 전극 A, C를 가진 콘덴서와 전극 B, C를 가진 두 개의 콘덴서가 직렬로 연결된 것으로 생각할 수 있다.

① 전계가 경계면에 수직으로 입사하는 경우
  - 전속밀도 $D_1 = D_2 = D$ (일정)
  - 전계 $E_1 = \dfrac{D}{\epsilon_1}$, $E_2 = \dfrac{D}{\epsilon_2}$

② 전극 C를 기준으로 하여 전극 A 방향(위쪽)으로의 단위 면적당 힘
$$f_1 = \dfrac{1}{2}DE_1 = \dfrac{1}{2}\dfrac{D^2}{\epsilon_1}\,[\text{N/m}^2]$$

③ 전극 C를 기준으로 하여 전극 B 방향(아래쪽)으로의 단위 면적당 힘
$$f_2 = \dfrac{1}{2}DE_2 = \dfrac{1}{2}\dfrac{D^2}{\epsilon_2}\,[\text{N/m}^2]$$

④ 문제의 조건 $\epsilon_1 > \epsilon_2$에서 $f_2 > f_1$이므로($\because f \propto \dfrac{1}{\epsilon}$)
$$f = f_2 - f_1 = \dfrac{1}{2}(E_2 - E_1)D$$
$$= \dfrac{1}{2}\left(\dfrac{1}{\epsilon_2} - \dfrac{1}{\epsilon_1}\right)D^2\,[\text{N/m}^2]$$

따라서 전극 B 방향(유전율이 작은 방향)으로 힘이 작용하게 된다. 답 ②

05 정전용량이 20[μF]인 공기의 평행판 커패시터에 0.1[C]의 전하량을 충전하였다. 두 평행판 사이에 비유전율이 10인 유전체를 채웠을 때 유전체 표면에 나타나는 분극 전하량[C]은?

① 0.009　　② 0.01
③ 0.09　　　④ 0.1

풀이 ① 분극의 세기 P는 분극전하밀도 $\sigma'(P=\sigma')$, 전속밀도 D는 극판의 진전하 $\sigma(D=\sigma)$로 정의한다. 또 유전체 삽입 전과 후의 진전하는 일정하므로 전속밀도와 전하량도 동일하다.
즉, 유전체 삽입 후
- 분극전하량 $Q' = PS = \sigma'S$
- 전하량 $Q = Q_0 = \sigma S = DS = 0.1[\text{C}]$

② 분극의 세기 $P = \epsilon_0(\epsilon_s - 1)E$
전속밀도 $D = \epsilon E = \epsilon_0 \epsilon_s E$이므로
$$P = \epsilon_0(\epsilon_s - 1)E = \epsilon_0(\epsilon_s - 1)\dfrac{D}{\epsilon_0 \epsilon_s} = \left(1 - \dfrac{1}{\epsilon_s}\right)D$$
양변에 극판의 면적 S를 곱하면 $PS = \left(1 - \dfrac{1}{\epsilon_s}\right)DS$
따라서 분극전하량
$$Q' = \left(1 - \dfrac{1}{\epsilon_s}\right)Q = \left(1 - \dfrac{1}{10}\right) \times 0.1 = 0.09[\text{C}]$$
답 ③

06 유전율이 ϵ_1과 ϵ_2인 두 유전체가 경계를 이루어 평행하게 접하고 있는 경우 유전율이 ϵ_1인 영역에 전하 Q가 존재할 때 이 전하와 ϵ_2인 유전체 사이에 작용하는 힘에 대한 설명으로 옳은 것은?

① $\epsilon_1 > \epsilon_2$인 경우 반발력이 작용한다.
② $\epsilon_1 > \epsilon_2$인 경우 흡인력이 작용한다.
③ ϵ_1과 ϵ_2에 상관없이 반발력이 작용한다.
④ ϵ_1과 ϵ_2에 상관없이 흡인력이 작용한다.

풀이 영상전하 $Q' = \dfrac{\epsilon_1 - \epsilon_2}{\epsilon_1 + \epsilon_2}Q$의 관계가 성립하므로, 전하 Q와 대칭점(거리 $2a$)인 영상전하 Q' 사이에 작용하는 힘은
$$F = \dfrac{1}{4\pi\epsilon_1} \cdot \dfrac{QQ'}{(2a)^2} = \dfrac{Q^2}{16\pi\epsilon_1 a^2} \cdot \dfrac{\epsilon_1 - \epsilon_2}{\epsilon_1 + \epsilon_2}\,[\text{N}]$$
따라서, $\epsilon_1 > \epsilon_2$인 경우 $F > 0$이므로 **반발력**이 작용하고, $\epsilon_1 < \epsilon_2$인 경우 $F < 0$이므로 흡인력이 작용한다.
답 ①

07 단면적이 균일한 환상철심에 권수 100회인 A코일과 권수 400회인 B코일이 있을 때 A코일의 자기 인덕턴스가 4[H]라면 두 코일의 상호 인덕턴스는 몇 [H]인가? (단, 누설자속은 0이다.)

① 4　　② 8
③ 12　④ 16

풀이
- 누설자속이 0이므로, 결합계수는 1이다.
- 자기저항 $R_m = \dfrac{N_A^2}{L_A} = \dfrac{N_A N_B}{M}$

따라서 상호 인덕턴스
$$M = N_A N_B \times \dfrac{L_A}{N_A^2} = \dfrac{N_B}{N_A}L_A = \dfrac{400}{100} \times 4 = 16[\text{H}]$$
답 ④

08 평균 자로의 길이가 10[cm], 평균 단면적이 2[cm²]인 환상 솔레노이드의 자기 인덕턴스를 5.4[mH] 정도로 하고자 한다. 이때 필요한 코일의 권선수는 약 몇 회인가? (단, 철심의 비투자율은 15000이다.)

① 6　　② 12
③ 24　④ 29

풀이 $LI = N\phi$ 에서

$$L = \frac{N}{I} \cdot \phi = \frac{N}{I} \cdot \frac{\mu SNI}{l} = \frac{\mu SN^2}{l} [H]$$

$$\therefore N = \sqrt{\frac{Ll}{\mu S}} = \sqrt{\frac{Ll}{\mu_0 \mu_s S}}$$

$$= \sqrt{\frac{5.4 \times 10^{-3} \times 10 \times 10^{-2}}{4\pi \times 10^{-7} \times 15000 \times 2 \times 10^{-4}}} \fallingdotseq 12회$$

답 ②

09 투자율이 μ[H/m], 단면적이 S[m²], 길이가 l[m]인 자성체에 권선을 N회 감아서 I[A]의 전류를 흘렸을 때 이 자성체의 단면적 S[m²]를 통과하는 자속[Wb]은?

① $\mu\dfrac{I}{Nl}S$ ② $\mu\dfrac{NI}{Sl}$

③ $\dfrac{NI}{\mu S}l$ ④ $\mu\dfrac{NI}{l}S$

풀이 자속 $\phi = \dfrac{F}{R_m} = \dfrac{NI}{R_m} = \dfrac{NI}{\frac{l}{\mu S}} = \dfrac{\mu SNI}{l}$ [Wb]

답 ④

10 그림은 커패시터의 유전체 내에 흐르는 변위전류를 보여준다. 커패시터의 전극 면적을 S[m²], 전극에 축적된 전하를 q[C], 전극의 표면전하 밀도를 σ[C/m²], 전극 사이의 전속밀도를 D[C/m²]라 하면 변위전류밀도 i_d[A/m²]는?

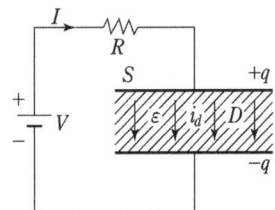

① $\dfrac{\partial D}{\partial t}$ ② $\dfrac{\partial q}{\partial t}$ ③ $S\dfrac{\partial D}{\partial t}$ ④ $\dfrac{1}{S}\dfrac{\partial D}{\partial t}$

풀이 변위전류는 진공 또는 유전체 내 전속밀도의 시간적 변화에 의해서 발생한다.

즉, $i_d = \dfrac{I_d}{S} = \dfrac{\partial D}{\partial t} = \dfrac{\partial(\epsilon E)}{\partial t}$

여기서, i_d : **변위전류밀도**[A/m²], I_d : 변위전류[A],
ϵ : 유전율[F/m], E : 전계의 세기[V/m],
D : 전속밀도[C/m²]

답 ①

11 진공 중에서 점(1, 3)[m]의 위치에 -2×10^{-9}[C]의 점전하가 있을 때 점(2, 1)[m]에 있는 1[C]의 점전하에 작용하는 힘은 몇 [N]인가? (단, $\hat{x}, \hat{y}$는 단위벡터이다.)

① $-\dfrac{18}{5\sqrt{5}}\hat{x} + \dfrac{36}{5\sqrt{5}}\hat{y}$

② $-\dfrac{36}{5\sqrt{5}}\hat{x} + \dfrac{18}{5\sqrt{5}}\hat{y}$

③ $-\dfrac{36}{5\sqrt{5}}\hat{x} - \dfrac{18}{5\sqrt{5}}\hat{y}$

④ $\dfrac{18}{5\sqrt{5}}\hat{x} + \dfrac{36}{5\sqrt{5}}\hat{y}$

풀이 $\boldsymbol{r} = (2-1)\hat{x} + (1-3)\hat{y} = \hat{x} - 2\hat{y}$

$r = \sqrt{1^2 + (-2)^2} = \sqrt{5}$ [m]

단위벡터 $\boldsymbol{r}_0 = \dfrac{\boldsymbol{r}}{r} = \dfrac{\hat{x}-2\hat{y}}{\sqrt{5}}$

$\therefore \boldsymbol{F} = \dfrac{1}{4\pi\epsilon_0} \cdot \dfrac{Q_1 Q_2}{r^2} \cdot \boldsymbol{r}_0$

$= 9 \times 10^9 \times \dfrac{-2 \times 10^{-9} \times 1}{(\sqrt{5})^2} \times \dfrac{\hat{x}-2\hat{y}}{\sqrt{5}}$

$= -\dfrac{18}{5\sqrt{5}}\hat{x} + \dfrac{36}{5\sqrt{5}}\hat{y}$ [N]

답 ①

12 정전용량이 C_0[μF]인 평행판의 공기 커패시터가 있다. 두 극판 사이에 극판과 평행하게 절반을 비유전율이 ϵ_r인 유전체로 채우면 커패시터의 정전용량[μF]은?

① $\dfrac{C_0}{2\left(1 + \dfrac{1}{\epsilon_r}\right)}$ ② $\dfrac{C_0}{1 + \dfrac{1}{\epsilon_r}}$

③ $\dfrac{2C_0}{1 + \dfrac{1}{\epsilon_r}}$ ④ $\dfrac{4C_0}{1 + \dfrac{1}{\epsilon_r}}$

풀이 공기 부분의 정전용량을 C_1이라 하면

$C_1 = \dfrac{\epsilon_0 S}{d/2}$ [F] $= \dfrac{2S\epsilon_0}{d}$ [F]

유리판 부분의 정전용량을 C_2라 하면

$C_2 = \dfrac{\epsilon S}{d/2} = \dfrac{2S\epsilon}{d}$ [F]이다.

그러므로, 극판 간 공극의 두께 1/2 상당의 유리판을 넣는 경우

정전 용량 C는 두 개의 콘덴서가 직렬 접속된 것과 같

으므로

$$\therefore C = \frac{1}{\frac{1}{C_1}+\frac{1}{C_2}} = \frac{1}{\frac{d}{2S}\left(\frac{1}{\epsilon_0}+\frac{1}{\epsilon}\right)}$$

$$= \frac{1}{\frac{d}{2\epsilon_0 S}\left(1+\frac{\epsilon_0}{\epsilon}\right)} = \frac{2C_0}{1+\frac{\epsilon_0}{\epsilon}} = \frac{2C_0}{1+\frac{1}{\epsilon_r}}[F]$$

답 ③

13 그림과 같이 점 O를 중심으로 반지름이 a[m]인 구도체 1과 안쪽 반지름이 b[m]이고 바깥쪽 반지름이 c[m]인 구도체 2가 있다. 이 도체계에서 전위계수 P_{11}[1/F]에 해당되는 것은?

① $\frac{1}{4\pi\epsilon}\frac{1}{a}$

② $\frac{1}{4\pi\epsilon}\left(\frac{1}{a}-\frac{1}{b}\right)$

③ $\frac{1}{4\pi\epsilon}\left(\frac{1}{b}-\frac{1}{c}\right)$

④ $\frac{1}{4\pi\epsilon}\left(\frac{1}{a}-\frac{1}{b}+\frac{1}{c}\right)$

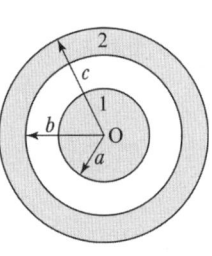

풀이
$\begin{cases} V_1 = P_{11}Q_1 + P_{12}Q_2 \\ V_2 = P_{21}Q_1 + P_{22}Q_2 \end{cases}$ 에서

$Q_1=1$, $Q_2=0$일 때 $V_1=P_{11}$, $V_2=P_{21}$
$Q_1=0$, $Q_2=1$일 때 $V_2=P_{22}$, $V_1=P_{12}$이므로,
내구에 $Q_1=1$을 줄 때
외구에는 -1, $+1$의 전하가 내외에 유기된다.

$\therefore \begin{cases} V_1 = P_{11} = \frac{1}{4\pi\epsilon}\left(\frac{1}{a}-\frac{1}{b}+\frac{1}{c}\right)[1/F] \\ V_2 = P_{21} = \frac{1}{4\pi\epsilon c}[1/F] \end{cases}$

답 ④

14 그림과 같이 평행한 무한장 직선의 두 도선에 I[A], $4I$[A]인 전류가 각각 흐른다. 두 도선 사이 점 P에서의 자계의 세기가 0이라면 $\frac{a}{b}$는?

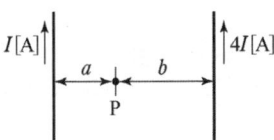

① 2   ② 4   ③ $\frac{1}{2}$ ④ $\frac{1}{4}$

풀이 I와 $4I$ 도선에 의한 자계의 방향은 서로 반대이므로 크기가 같으면 $H=0$이 된다.

• I 도선에 의한 자계 $H_I = \frac{I}{2\pi a}$[AT/m]

• $4I$ 도선에 의한 자계 $H_{4I} = \frac{4I}{2\pi b}$[AT/m]

$H_I = H_{4I}$ 이므로, $\frac{I}{2\pi a} = \frac{4I}{2\pi b}$ $\therefore \frac{a}{b}=\frac{1}{4}$

답 ④

15 자계의 세기를 나타내는 단위가 아닌 것은?

① A/m   ② N/Wb

③ (H·A)/m²   ④ Wb/(H·m)

풀이 자계의 세기는 1[Wb]당의 작용력이므로

$\left[\frac{N}{Wb}\right] = \left[\frac{N\cdot m}{Wb\cdot m}\right] = \left[\frac{J/Wb}{m}\right]$

$= \left[\frac{A}{m}\right] = \left[\frac{Wb}{H\cdot m}\right]$

답 ③

16 내압 및 정전용량이 각각 1000[V]−2[μF], 700[V]−3[μF], 600[V]−4[μF], 300[V]−8[μF]인 4개의 커패시터가 있다. 이 커패시터들을 직렬로 연결하여 양단에 전압을 인가한 후 전압을 상승시키면 가장 먼저 절연이 파괴되는 커패시터는? (단, 커패시터의 재질이나 형태는 동일하다.)

① 1000[V]−2[μF]   ② 700[V]−3[μF]
③ 600[V]−4[μF]   ④ 300[V]−8[μF]

풀이 콘덴서를 직렬로 연결할 경우 전하용량이 적은 콘덴서부터 절연이 파괴된다.

$Q_1 = C_1 \times V_1 = 2\times 10^{-6} \times 1000 = 2\times 10^{-3}$[C]
$Q_2 = C_2 \times V_2 = 3\times 10^{-6} \times 700 = 2.1\times 10^{-3}$[C]
$Q_3 = C_3 \times V_3 = 4\times 10^{-6} \times 600 = 2.4\times 10^{-3}$[C]
$Q_4 = C_4 \times V_4 = 8\times 10^{-6} \times 300 = 2.4\times 10^{-3}$[C]

따라서, 전하용량이 가장 적은 1000[V], 2[μF]가 제일 먼저 절연이 파괴된다.

답 ①

17 내구의 반지름이 $a=5$[cm], 외구의 반지름이 $b=10$[cm]이고, 공기로 채워진 동심구형 커패시터의 정전용량은 약 몇 [pF]인가?

① 11.1   ② 22.2   ③ 33.3   ④ 44.4

풀이 공기로 체워진 동심 구 도체 사이의 정전용량

$C = \frac{Q}{V} = \frac{4\pi\epsilon_0}{\frac{1}{a}-\frac{1}{b}} = 4\pi\epsilon_0 \cdot \frac{ab}{b-a}$

(여기서, a : 내구의 반지름[m], b : 외구의 반지름[m])

$$\therefore C = \frac{1}{9 \times 10^9} \times \frac{5 \times 10^{-2} \times 10 \times 10^{-2}}{(10-5) \times 10^{-2}}$$
$$= 11.1 \times 10^{-12}[F] = 11.1[pF]$$

답 ①

18 반지름이 2[m]이고 권수가 120회인 원형코일 중심에서의 자계의 세기를 30[AT/m]로 하려면 원형코일에 몇 [A]의 전류를 흘려야 하는가?

① 1 ② 2
③ 3 ④ 4

풀이 원형 코일 중심의 자계의 세기 $H = \frac{NI}{2a}$[AT/m]이므로

$$\therefore I = \frac{2aH}{N} = \frac{2 \times 2 \times 30}{120} = 1[A]$$

답 ①

19 구좌표계에서 $\nabla^2 r$의 값은 얼마인가?
(단, $r = \sqrt{x^2 + y^2 + z^2}$)

① $\frac{1}{r}$ ② $\frac{2}{r}$
③ r ④ $2r$

풀이 (1) $r = \sqrt{x^2+y^2+z^2} = (x^2+y^2+z^2)^{\frac{1}{2}}$

$$\nabla^2 r = \frac{\partial^2 r}{\partial x^2} + \frac{\partial^2 r}{\partial y^2} + \frac{\partial^2 r}{\partial z^2}$$

① 우변의 제1항을 2계 미분하면

$$\frac{\partial^2 r}{\partial x^2} = \frac{\partial}{\partial x}(x^2+y^2+z^2)^{\frac{1}{2}}$$

• $\frac{\partial}{\partial x}(x^2+y^2+z^2)^{\frac{1}{2}} = \frac{1}{2}(x^2+y^2+z^2)^{-\frac{1}{2}} \cdot 2x$
$= x(x^2+y^2+z^2)^{-\frac{1}{2}}$

• $\frac{\partial}{\partial x}x(x^2+y^2+z^2)^{-\frac{1}{2}}$
$= (x^2+y^2+z^2)^{-\frac{1}{2}} - x^2(x^2+y^2+z^2)^{-\frac{3}{2}}$

$\therefore \frac{\partial^2 r}{\partial x^2} = (x^2+y^2+z^2)^{-\frac{1}{2}} - x^2(x^2+y^2+z^2)^{-\frac{3}{2}}$

② 같은 방법으로 제2항과 제3항도 계산하면

• $\frac{\partial^2 r}{\partial y^2} = (x^2+y^2+z^2)^{-\frac{1}{2}} - y^2(x^2+y^2+z^2)^{-\frac{3}{2}}$

• $\frac{\partial^2 r}{\partial z^2} = (x^2+y^2+z^2)^{-\frac{1}{2}} - z^2(x^2+y^2+z^2)^{-\frac{3}{2}}$

(2) 따라서 $\nabla^2 r$의 값은
$$\nabla^2 r = \frac{\partial^2 r}{\partial x^2} + \frac{\partial^2 r}{\partial y^2} + \frac{\partial^2 r}{\partial z^2}$$

$\frac{\partial^2 r}{\partial x^2} = (x^2+y^2+z^2)^{-\frac{1}{2}} - x^2(x^2+y^2+z^2)^{-\frac{3}{2}}$

$\frac{\partial^2 r}{\partial y^2} = (x^2+y^2+z^2)^{-\frac{1}{2}} - y^2(x^2+y^2+z^2)^{-\frac{3}{2}}$

+ $\frac{\partial^2 r}{\partial z^2} = (x^2+y^2+z^2)^{-\frac{1}{2}} - z^2(x^2+y^2+z^2)^{-\frac{3}{2}}$

$3(x^2+y^2+z^2)^{-\frac{1}{2}} - (x^2+y^2+z^2)(x^2+y^2+z^2)^{-\frac{3}{2}}$

$= 3(x^2+y^2+z^2)^{-\frac{1}{2}} - (x^2+y^2+z^2)^{-\frac{1}{2}}$

$= 2(x^2+y^2+z^2)^{-\frac{1}{2}} = \frac{2}{\sqrt{x^2+y^2+z^2}} = \frac{2}{r}$

참고 미분 공식

(1) $\frac{\partial}{\partial x}\{f(x)\}^n = n\{f(x)\}^{n-1} \cdot f'(x)$

(2) $\frac{\partial}{\partial x}\{f(x) \cdot g(x)\} = f'(x) \cdot g(x) + f(x) \cdot g'(x)$

답 ②

20 자성체의 종류에 대한 설명으로 옳은 것은?
(단, χ_m는 자화율이고, μ_r은 비투자율이다.)

① $\chi_m > 0$이면, 역자성체이다.
② $\chi_m < 0$이면, 상자성체이다.
③ $\mu_r > 1$이면, 비자성체이다.
④ $\mu_r < 1$이면, 역자성체이다.

풀이 ① 자극을 접근시킬 때 다른 극이 유도되는 것을 상자성체, 같은 극이 유도되는 것을 반자성체라 한다.
② 비투자율 $\mu_s = \frac{\mu}{\mu_0} = 1 + \frac{\chi_m}{\mu_0}$에서
• $\mu_r > 1 (\chi_m > 0)$: 상자성체,
• $\mu_r < 1 (\chi_m < 0)$: 반(역)자성체

답 ④

2과목 - 전력공학

21 피뢰기의 충격방전 개시전압은 무엇으로 표시하는가?

① 직류전압의 크기   ② 충격파의 평균치
③ 충격파의 최대치   ④ 충격파의 실효치

[풀이] 충격전압이 가해져 방전 전류가 흐르기 시작할 때 도달할 수 있는 최고 전압값을 충격방전 개시전압이라고 하며 충격파의 최대치로 나타낸다. 답 ③

22 전력용 콘덴서에 비해 동기조상기의 이점으로 옳은 것은?

① 소음이 적다.
② 진상전류 이외에 지상전류를 취할 수 있다.
③ 전력손실이 적다.
④ 유지보수가 쉽다.

[풀이] 조상설비의 비교

항목	동기조상기	전력용 콘덴서	분로 리액터
전력손실	많음 (1.5~2.5[%])	적음 (0.3[%] 이하)	적음 (0.6[%] 이하)
가격	비싸다(전력용 콘덴서, 분로 리액터의 1.5~2.5배)	저렴	저렴
무효전력	진상, 지상 양용	진상 전용	지상 전용
조정	연속적	계단적	계단적
사고시 전압유지	큼	작음	작음
시송전	가능	불가능	불가능
보수	손질필요	용이	용이

답 ②

23 밸런서의 설치가 가장 필요한 배전방식은?

① 단상 2선식 ② 단상 3선식
③ 3상 3선식 ④ 3상 4선식

[풀이] 단상 3선식에서 부하가 불평형이 생기면 양 외선 간의 전압이 불평형이 되므로 이를 방지하기 위해 저압 밸런서를 설치한다. 답 ②

24 단락보호방식에 관한 설명으로 틀린 것은?

① 방사상 선로의 단락 보호방식에서 전원이 양단에 있을 경우 방향 단락 계전기와 과전류 계전기를 조합시켜서 사용한다.
② 전원이 1단에만 있는 방사상 송전선로에서의 고장 전류는 모두 발전소로부터 방사상으로 흘러나간다.
③ 환상 선로의 단락 보호방식에서 전원이 두 군데 이상 있는 경우에는 방향 거리 계전기를 사용한다.
④ 환상 선로의 단락 보호방식에서 전원이 1단에만 있을 경우 선택 단락 계전기를 사용한다.

[풀이] ① 방사상 선로의 단락 보호 방식
 • 전원이 1단에만 있을 경우 : 과전류 계전기(OC)
 • 전원이 양단에 있을 경우 : 방향 단락 계전기(DS)와 과전류 계전기(OC)
② 환상 선로의 단락 보호 방식
 • 전원이 1단에만 있을 경우 : 방향 단락 계전기(DS)
 • 전원이 양단에 있을 경우 : 방향 단락 계전기(DS)와 방향 거리 계전기(DZ) 답 ④

25 부하전류가 흐르는 전로는 개폐할 수 없으나 기기의 점검이나 수리를 위하여 회로를 분리하거나, 계통의 접속을 바꾸는데 사용하는 것은?

① 차단기 ② 단로기
③ 전력용 퓨즈 ④ 부하 개폐기

[풀이] 단로기(DS : Disconnecting Switch)는 변전소의 전력 기기를 시험하기 위하여 회로를 분리하거나, 계통의 접속을 바꾸거나 하는 경우에 사용되며, 여기에는 소호장치가 없어 고장전류나 부하전류의 개폐에는 사용할 수 없다. 답 ②

26 정전용량 0.01[μF/km], 길이 173.2[km], 선간 전압 60[kV], 주파수 60[Hz]인 3상 송전선로의 충전전류는 약 몇 [A]인가?

① 6.3 ② 12.5
③ 22.6 ④ 37.2

[풀이] 충전전류 $I_c = \omega C_w l E = 2\pi f \cdot C_w l \cdot \dfrac{V}{\sqrt{3}}$

$= 2\pi \times 60 \times 0.01 \times 10^{-6} \times 173.2 \times \dfrac{60{,}000}{\sqrt{3}}$

$= 22.6[A]$ 답 ③

27 전력계통의 안정도에서 안정도의 종류에 해당하지 않는 것은?

① 정태 안정도 ② 상태 안정도
③ 과도 안정도 ④ 동태 안정도

풀이 안정도의 종류
① **정태 안정도**(static stability) : 송전 계통이 불변 부하 또는 극히 서서히 증가하는 부하에 대하여 계속적으로 송전할 수 있는 능력을 정태 안정도로 하고, 안정도를 유지할 수 있는 극한의 송전 전력을 정태 안정 극한 전력이라고 한다.
② **과도 안정도**(transient stability) : 계통에 갑자기 고장 사고와 같은 급격한 외란이 발생하였을 때에도 탈조하지 않고 새로운 평형 상태를 회복하여 송전을 계속할 수 있는 능력을 과도 안정도라 하고 이 경우의 극한 전력을 과도 안정 극한 전력이라고 한다.
③ **동태 안정도**(dynamic stability) : 고속 자동 전압 조정기로 동기기의 여자 전류를 제어 할 경우의 정태 안정도를 특히 동태 안정도라 한다.
답 ②

28 보호계전기의 반한시·정한시 특성은?
① 동작전류가 커질수록 동작시간이 짧게 되는 특성
② 최소 동작전류 이상의 전류가 흐르면 즉시 동작하는 특성
③ 동작전류의 크기에 관계없이 일정한 시간에 동작하는 특성
④ 동작전류가 커질수록 동작시간이 짧아지며, 어떤 전류 이상이 되면 동작전류의 크기에 관계없이 일정한 시간에 동작하는 특성

풀이 보호계전기 특징

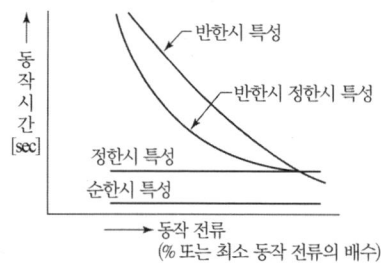

① 순한시 특성 : 최소 동작전류 이상의 전류가 흐르면 즉시 동작하는 특성
② 정한시 특성 : 동작전류의 크기에 관계없이 일정한 시간에 동작하는 특성
③ 반한시 특성 : 동작전류가 커질수록 동작시간이 짧게 되는 특성
④ 반한시 정한시 특성 : 동작전류가 적은 동안에는 동작전류가 커질수록 동작시간이 짧게 되고 어떤 전류 이상이면 동작전류의 크기에 관계없이 일정한 시간에 동작하는 특성
답 ④

29 배전선로의 역률개선에 따른 효과로 적합하지 않은 것은?
① 선로의 전력손실 경감
② 선로의 전압강하의 감소
③ 전원측 설비의 이용률 향상
④ 선로 절연의 비용 절감

풀이 배전선로의 역률 개선 효과
① 전력손실 경감   ② 전압강하 경감
③ 설비용량의 여유분 증가 ④ 전력요금의 절약
선로 절연의 비용은 선로 전압의 크기 등에 좌우된다.
답 ④

30 저압뱅킹 배전방식에서 캐스케이딩현상을 방지하기 위하여 인접 변압기를 연락하는 저압선의 중간에 설치하는 것으로 알맞은 것은?
① 구분퓨즈   ② 리클로저
③ 섹셔널라이저   ④ 구분개폐기

풀이 • **캐스케이딩 현상** : Banking 배전방식으로 운전 중 건전한 변압기 일부가 고장이 발생하면 부하가 다른 건전한 변압기에 걸다.
• **대책** : 인접 변압기와 연결되어 있는 저압선의 중간에 **구분 퓨즈**를 설치하면 사고가 확대되는 것을 방지할 수 있다.
답 ①

31 승압기에 의하여 전압 V_e에서 V_h로 승압할 때, 2차 정격전압 e, 자기용량 W인 단상 승압기가 공급할 수 있는 부하용량은?
① $\dfrac{V_h}{e} \times W$ ② $\dfrac{V_e}{e} \times W$
③ $\dfrac{V_e}{V_h - V_e} \times W$ ④ $\dfrac{V_h - V_e}{V_e} \times W$

풀이 단상 승압기

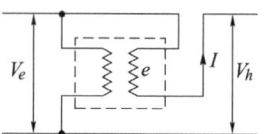

• 자기용량 $W = eI$ [VA]
• 부하용량 $= \dfrac{V_h}{V_h - V_e} W = \dfrac{V_h}{e} W$ [VA]
답 ①

32
배기가스의 여열을 이용해서 보일러에 공급되는 급수를 예열함으로써 연료 소비량을 줄이거나 증발량을 증가시키기 위해서 설치하는 여열회수 장치는?

① 과열기 ② 공기 예열기
③ 절탄기 ④ 재열기

풀이

기기명	용 도	가열되는 물질
과열기	보일러 드럼에서 발생된 포화증기를 과열증기로 만드는 설비	포화증기
재열기	고압터빈 내에서 팽창된 증기를 다시 가열하여 건조도를 높여 과열시키는 기기	증기
절탄기	연소 후의 배기가스 여열을 이용하여 보일러 급수를 가열	보일러 급수
공기 예열기	배기가스의 여열을 이용하여 보일러의 연소용 공기를 가열	연소용 공기
급수 가열기	터빈에서 증기를 추기하여 보일러 급수를 가열	보일러 급수

답 ③

33
직렬콘덴서를 선로에 삽입할 때의 이점이 아닌 것은?

① 선로의 인덕턴스를 보상한다.
② 수전단의 전압강하를 줄인다.
③ 정태안정도를 증가한다.
④ 송전단의 역률을 개선한다.

풀이
- 직렬 콘덴서는 선로의 유도 리액턴스(부하의 리액턴스에 비해서 작은 값)를 상쇄시키는 것이므로 선로의 정태 안정도를 증가시키고 선로의 전압강하를 줄일 수는 있지만 계통의 역률을 개선시킬 정도의 큰 용량은 되지 못한다.
- 수전단의 역률을 개선하기 위해서는 병렬 콘덴서를 설치하여야 한다.

답 ④

34
전선의 굵기가 균일하고 부하가 균등하게 분산되어 있는 배전선로의 전력손실은 전체 부하가 선로 말단에 집중되어 있는 경우에 비하여 어느 정도가 되는가?

① $\frac{1}{2}$ ② $\frac{1}{3}$ ③ $\frac{2}{3}$ ④ $\frac{3}{4}$

풀이 집중 부하와 분산 부하

구 분	전력손실	전압강하
말단에 집중 부하	I^2rL	IrL
평등 분포 부하	$\frac{1}{3}I^2rL$	$\frac{1}{2}IrL$

여기서, I : 전선의 전류
r : 전선 단위길이 당 저항
L : 전선의 길이

답 ②

35
송전단 전압 161[kV], 수전단 전압 154[kV], 상차각 35°, 리액턴스 60[Ω]일 때 선로 손실을 무시하면 전송전력[MW]은 약 얼마인가?

① 356 ② 307
③ 237 ④ 161

풀이 전송전력 $P = \dfrac{V_s V_r}{X}\sin\delta = \dfrac{161 \times 154}{60}\sin 35°$
$= 237[MW]$

답 ③

36
직접접지방식에 대한 설명으로 틀린 것은?

① 1선 지락 사고시 건전상의 대지 전압이 거의 상승하지 않는다.
② 계통의 절연수준이 낮아지므로 경제적이다.
③ 변압기의 단절연이 가능하다.
④ 보호계전기가 신속히 동작하므로 과도안정도가 좋다.

풀이 직접 접지방식의 장·단점
[장점]
① 1선 지락 시에 건전상의 대지전압이 거의 상승하지 않는다.
② 피뢰기의 효과를 증진시킬 수 있다.
③ 단절연이 가능하다.
④ 계전기의 동작이 확실해진다.
[단점]
① 송전 계통의 과도 안정도가 나빠진다.
② 통신선에 유도 장해가 크다.
③ 지락 시 대전류가 흘러 기기에 손상을 준다.
④ 대용량 차단기가 필요하다.

답 ④

37 그림과 같이 지지점 A, B, C에는 고저차가 없으며, 경간 AB와 BC 사이에 전선이 가설되어 그 이도가 각각 12[cm]이다. 지지점 B에서 전선이 떨어져 전선의 이도가 D로 되었다면 D의 길이[cm]는? (단, 지지점 B는 A와 C의 중점이며 지지점 B에서 전선이 떨어지기 전, 후의 길이는 같다.)

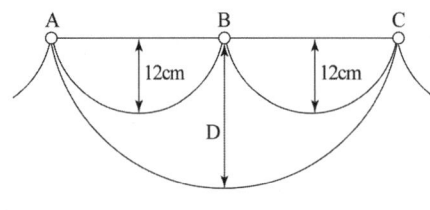

① 17 ② 24 ③ 30 ④ 36

풀이
- AB구간 및 BC구간 전선의 실제 길이
  $L_1 = S_1 + \dfrac{8D_1^2}{3S_1}$ (여기서, S_1 : 경간, D_1 : 이도)
- AC구간 전선의 실제 길이
  $L = S + \dfrac{8D^2}{3S}$ (여기서, S : 경간, D : 이도)
- 전선의 실제 길이는 떨어지기 전과 후가 같으므로
  $2L_1 = L$
  $2\left(S_1 + \dfrac{8D_1^2}{3S_1}\right) = S + \dfrac{8D^2}{3S}$

그리고, AC구간의 경간은 AB구간 및 BC구간의 2배이므로 $S = 2S_1$를 대입하면

$2\left(S_1 + \dfrac{8D_1^2}{3S_1}\right) = 2S_1 + \dfrac{8D^2}{3 \times 2S_1}$

$\dfrac{8D^2}{3 \times 2S_1} = 2\left(S_1 + \dfrac{8D_1^2}{3S_1}\right) - 2S_1 = \dfrac{2 \times 8D_1^2}{3S_1}$

$\therefore D = \sqrt{4D_1^2} = 2D_1 = 2 \times 12 = 24[cm]$ **답** ②

38 수차의 캐비테이션 방지책으로 틀린 것은?
① 흡출수두를 증대시킨다.
② 과부하 운전을 가능한 한 피한다.
③ 수차의 비속도를 너무 크게 잡지 않는다.
④ 침식에 강한 금속재료로 러너를 제작한다.

풀이 수차를 돌리고 나온 물이 흡출관을 통과할 때 흡출관의 중심부에 진공 상태를 형성하는 현상을 **캐비테이션**(cavitation)이라 한다. 그 **방지책으로는** 다음과 같은 것이 있다.
① 흡출수두를 너무 높게 잡지 말 것
② 수차의 특유 속도를 너무 크게 잡지 말 것
③ 침식에 강한 금속 재료를 사용할 것
④ 러너의 변을 원활하게 하고 급격한 압력 강하가 없는 형으로 한다.
⑤ 과도한 부분 부하, 과부하 운전을 가능한 피할 것
⑥ 캐비테이션 발생 부분에 공기를 넣어서 진공이 발생하지 않도록 할 것 **답** ①

39 1회선 송전선과 변압기의 조합에서 변압기의 여자 어드미턴스를 무시하였을 경우 송수전단의 관계를 나타내는 4단자 정수 C_0는?
(단, $A_0 = A + CZ_{ts}$,
  $B_0 = B + AZ_{tr} + DZ_{ts} + CZ_{tr}Z_{ts}$,
  $D_0 = D + CZ_{tr}$

여기서 Z_{ts}는 송전단변압기의 임피던스이며, Z_{tr}은 수전단변압기의 임피던스이다.)

① C
② $C + DZ_{ts}$
③ $C + AZ_{ts}$
④ $CD + CA$

풀이

$\begin{bmatrix} A_0 & B_0 \\ C_0 & D_0 \end{bmatrix} = \begin{bmatrix} 1 & Z_{ts} \\ 0 & 1 \end{bmatrix} \begin{bmatrix} A & B \\ C & D \end{bmatrix} \begin{bmatrix} 1 & Z_{tr} \\ 0 & 1 \end{bmatrix}$

$= \begin{bmatrix} A + CZ_{ts} & B + DZ_{ts} \\ C & D \end{bmatrix} \begin{bmatrix} 1 & Z_{tr} \\ 0 & 1 \end{bmatrix}$

$= \begin{bmatrix} A + CZ_{ts} & B + AZ_{tr} + DZ_{ts} + CZ_{tr}Z_{ts} \\ C & D + CZ_{tr} \end{bmatrix}$

답 ①

40 송전선로에 매설지선을 설치하는 목적은?
① 철탑 기초의 강도를 보강하기 위하여
② 직격뇌로부터 송전선을 차폐보호하기 위하여
③ 현수애자 1연의 전압 분담을 균일화하기 위하여
④ 철탑으로부터 송전선로의 역섬락을 방지하기 위하여

풀이 뇌서지가 철탑을 가격시 철탑의 탑각 접지저항이 충분히 낮지 않으면 철탑의 전위가 상승하여 철탑에서 선로 섬락을 일으키는 경우가 있는데 이를 역섬락 이라 한다. 매설지선을 설치하여 탑각 접지저항을 낮추면 **역섬락을 방지**할 수 있다. **답** ④

3과목 - 전기기기

41 단상 변압기의 무부하 상태에서
$V_1 = 200\sin(\omega t + 30°)$[V]의
전압이 인가되었을 때
$I_o = 3\sin(\omega t + 60°) + 0.7\sin(3\omega t + 180°)$[A]
의 전류가 흘렀다.
이때 무부하손은 약 몇 [W]인가?
① 150   ② 259.8
③ 415.2 ④ 512

풀이 주파수가 다른 전압과 전류 사이의 전력은 0이 되므로 기본파에 의한 전력만을 계산하면, 무부하손 P_0는
$P_0 = 200\sin(\omega t + 30°) \times 3\sin(\omega t + 60°)$
$= \dfrac{200}{\sqrt{2}} \times \dfrac{3}{\sqrt{2}} \times \cos(60° - 30°)$
$= 259.8$[W]   답 ②

42 직류기의 다중 중권 권선법에서 전기자 병렬회로수 a와 극수 P 사이의 관계로 옳은 것은? (단, m은 다중도이다.)
① $a = 2$ ② $a = 2m$
③ $a = P$ ④ $a = mP$

풀이

항목 \ 권선	중권	파권
내부 병렬회로 수 a	$P(mP)$	$2(2m)$
브러시 수 b	P	2
용 도	저전압, 대전류	고전압, 소전류
균압환	4극 이상	–

여기서, P : 극수, m : 다중도   답 ④

43 단상 직권 정류자 전동기의 전기자 권선과 계자 권선에 대한 설명으로 틀린 것은?
① 계자권선의 권수를 적게 한다.
② 전기자 권선의 권수를 크게 한다.
③ 변압기 기전력을 적게 하여 역률 저하를 방지한다.
④ 브러시로 단락되는 코일 중의 단락전류를 크게 한다.

풀이 단상 직권 정류자 전동기의 정류작용
브러시로 단락되는 코일에는 인덕턴스에 의한 유도 기전력 외에 교번 자속의 기전력이 유도되고, **단락전류가 크므로 정류 작용은 직류기의 경우보다 어렵다.** 이것을 개선하기 위하여 브러시 접촉저항이 어느 정도 큰 것을 사용하여 저항 정류를 하고, 또 대형은 보극을 설치하거나 전기자 코일과 정류자편 사이에 도선을 고저항으로 하여 단락전류를 제한하기도 한다.   답 ④

44 전부하시의 단자전압이 무부하시의 단자전압보다 높은 직류발전기는?
① 분권발전기   ② 평복권발전기
③ 과복권발전기 ④ 차동복권발전기

풀이 복권발전기의 외부특성곡선

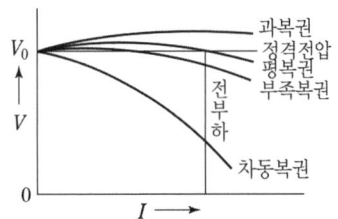

- 가동 복권 발전기에서 직권 계자 권선의 기자력을 더 많게 하여 부하 전류 증대에 따른 전압 강하보다 부하 시의 전압을 더 크게 하여 전압 변동률을 (-)로 설계한 발전기를 과복권 발전기라 한다.
- 전압변동률 = $\dfrac{\text{무부하 전압} - \text{정격전압}}{\text{정격전압}} \times 100$[%]

답 ③

45 슬립 s_t에서 최대 토크를 발생하는 3상 유도전동기에 2차측 한 상의 저항을 r_2라 하면 최대 토크로 기동하기 위한 2차측 한 상에 외부로부터 가해 주어야 할 저항[Ω]은?
① $\dfrac{1 - s_t}{s_t} r_2$ ② $\dfrac{1 + s_t}{s_t} r_2$
③ $\dfrac{r_2}{1 - s_t}$ ④ $\dfrac{r_2}{s_t}$

풀이
- 기동 시의 슬립과 2차 저항을 s_s, r_{2s}, 저항을 접속하지 않았을 때의 것을 s_t, r_2라 하면 $\dfrac{r_2}{s_t} = \dfrac{r_{2s}}{s_s}$
- 기동 시 $s_s = 1$에서 전부하 토크를 발생시키는 데 필요한 외부저항 R은 $\dfrac{r_2}{s_t} = \dfrac{r_2 + R}{1}$

$$\therefore R = \frac{r_2}{s_t} - r_2 = \frac{1-s_t}{s_t}r_2$$ 답 ①

46 단상 변압기를 병렬 운전할 경우 부하전류의 분담은?

① 용량에 비례하고 누설 임피던스에 비례
② 용량에 비례하고 누설 임피던스에 반비례
③ 용량에 반비례하고 누설 리액턴스에 비례
④ 용량에 반비례하고 누설 리액턴스의 제곱에 비례

풀이 변압기 병렬운전 시의 부하분담 $\frac{I_a}{I_b} = \frac{P_A}{P_B} \cdot \frac{\%Z_b}{\%Z_a}$

여기서, I_a, I_b : 각 변압기의 분담 전류,
P_A, P_B : A, B 변압기의 용량
$\%Z_a$, $\%Z_b$: A, B 변압기의 %임피던스

따라서 변압기 병렬운전 시 부하 분담은 누설 임피던스에 반비례하며, 변압기의 용량에 비례한다. 답 ②

47 스텝 모터(step motor)의 장점으로 틀린 것은?

① 회전각과 속도는 펄스 수에 비례한다.
② 위치제어를 할 때 각도 오차가 적고 누적된다.
③ 가속, 감속이 용이하며 정·역전 및 변속이 쉽다.
④ 피드백 없이 오픈 루프로 손쉽게 속도 및 위치제어를 할 수 있다.

풀이 스텝모터의 장·단점
[장점]
① 다른 서보모터와 달리 위치 및 속도를 검출하기 위한 장치가 필요 없다.
② 다른 디지털 기기와의 인터페이스가 쉽다.
③ 가속, 감속이 용이하며 정·역전 및 변속이 쉽다.
④ 속도제어 범위가 광범위하며, 초저속에서 큰 토크를 얻을 수 있다.
⑤ 위치제어를 할 때 각도 오차가 적고 누적되지 않는다.
⑥ 정지하고 있을 때 그 위치를 유지해 주는 토크가 크다.
⑦ 브러시, 슬립 링 등이 없고 부품수가 적기 때문에 유지 보수의 필요성이 적다.

[단점]
① 분해 조립, 또는 정지위치가 한정된다.
② 효율이 서보모터에 비해 나쁘다.
③ 마찰 부하의 경우 위치 오차가 크다.
④ 오버슈트 및 진동의 문제가 있다.
⑤ 대용량의 대형기는 만들기 어렵다. 답 ②

48 380[V], 60[Hz], 4극, 10[kW]인 3상 유도전동기의 전부하 슬립이 4[%]이다. 전원전압을 10[%] 낮추는 경우 전부하 슬립은 약 몇 [%]인가?

① 3.3   ② 3.6
③ 4.4   ④ 4.9

풀이 공급전압이 10[%] 저하된 경우의 전부하 슬립과 전압을 s', V'라 하면
$$s' = s \times \left(\frac{V_1}{V_1'}\right)^2 = s \times \left(\frac{V_1}{V_1 \times 0.9}\right)^2$$
$$= 0.04 \times \left(\frac{380}{380 \times 0.9}\right)^2 = 0.049 = 4.9[\%]$$ 답 ④

49 직류 분권전동기에서 정출력 가변속도의 용도에 적합한 속도제어법은?

① 계자제어   ② 저항제어
③ 전압제어   ④ 극수제어

풀이 직류전동기의 속도제어법 비교

구 분	제어 특성	특 징
계자 제어법	• 정출력제어	• 속도제어범위가 좁다.
전압 제어법	• 정토크 제어 - 워드 레오나드 방식 - 일그너 방식	• 제어범위가 넓다. • 손실이 매우 적다. • 정역운전이 가능 • 설비비가 많이 든다.
직렬 저항법		• 효율이 나쁘다.

답 ①

50 직류 분권전동기의 전기자전류가 10[A]일 때 5[N·m]의 토크가 발생하였다. 이 전동기의 계자의 자속이 80[%]로 감소되고, 전기자전류가 12[A]로 되면 토크는 약 몇 [N·m]인가?

① 3.9   ② 4.3   ③ 4.8   ④ 5.2

풀이 변경 전 토크
$$T = \frac{Pz\phi I_a}{2\pi a} = k\phi I_a = k\phi \times 10 = 5[N \cdot m]에서$$

$$k\phi = \frac{5}{I_a} = \frac{5}{10} = 0.5$$

따라서 변경 후의 토크
$$T' = k\phi' I_a' = k\phi \times 0.8 \times I_a'$$
$$= 0.5 \times 0.8 \times 12 = 4.8 [\text{N} \cdot \text{m}]$$

답 ③

51 3상 권선형 유도전동기의 기동 시 2차측 저항을 2배로 하면 최대토크 값은 어떻게 되는가?

① 3배로 된다. ② 2배로 된다.
③ 1/2로 된다. ④ 변하지 않는다.

풀이
- 최대 토크는 2차 저항에 무관 ($T_m \propto \frac{V^2}{2x_2}$)
- 최대 토크를 발생하는 슬립만 2차 저항에 비례 ($s_m \fallingdotseq \pm \frac{r_2}{x_2}$)

즉 최대토크는 2차 저항과 무관하며, 최대토크를 발생하는 슬립이 2차 저항과 비례하는 관계가 있다.

답 ④

52 권수비가 a인 단상변압기 3대가 있다. 이것을 1차에 △, 2차에 Y로 결선하여 3상 교류평형 회로에 접속할 때 2차측의 단자전압을 V[V], 전류를 I[A]라고 하면 1차의 단자전압 및 선전류는 얼마인가? (단, 변압기의 저항, 누설리액턴스, 여자전류는 무시한다.)

① $\frac{aV}{\sqrt{3}}$[V], $\frac{\sqrt{3}\,I}{a}$[A]

② $\sqrt{3}\,aV$[V], $\frac{I}{\sqrt{3}\,a}$[A]

③ $\frac{\sqrt{3}\,V}{a}$[V], $\frac{aI}{\sqrt{3}}$[A]

④ $\frac{V}{\sqrt{3}\,a}$[V], $\sqrt{3}\,aI$[A]

풀이
① 권수비 $a = \frac{I_2}{I_1} = \frac{V_1}{V_2}$ 에서

	전압	전류
1차측 → 2차측	$V_2 = \frac{1}{a}V_1$	$I_2 = aI_1$
2차측 → 1차측	$V_1 = aV_2$	$I_1 = \frac{1}{a}I_2$

② △결선과 Y결선의 비교

결선법	전압	전류
△결선	$V_p = V_l$	$I_p = \frac{I_l}{\sqrt{3}}$
Y결선	$V_p = \frac{V_l}{\sqrt{3}}$	$I_p = I_l$

여기서, V_p : 상전압, I_p : 상전류,
V_l : 선간전압, I_l : 선전류

따라서,

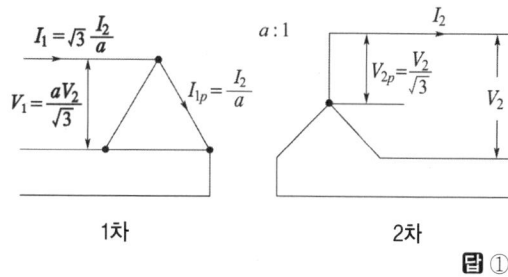

1차   2차

답 ①

53 3상 전원전압 220[V]를 3상 반파정류회로의 각 상에 SCR을 사용하여 정류제어 할 때 위상각을 60°로 하면 순 저항부하에서 얻을 수 있는 출력전압 평균값은 약 몇 [V]인가?

① 128.65 ② 148.55
③ 257.3   ④ 297.1

답 전항정답

54 유도자형 동기발전기의 설명으로 옳은 것은?

① 전기자만 고정되어 있다.
② 계자극만 고정되어 있다.
③ 회전자가 없는 특수 발전기이다.
④ 계자극과 전기자가 고정되어 있다.

풀이 유도자형 발전기는 계자극과 전기자를 함께 고정시키고 그 중앙에 유도자라고 하는 권선이 없는 회전자를 갖춘 것으로 주로 수백~수만[Hz] 정도의 고주파 발전기로 쓰인다.

답 ④

55 3상 동기발전기의 여자전류 10[A]에 대한 단자전압이 $1000\sqrt{3}$[V], 3상 단락전류가 50[A]인 경우 동기임피던스는 몇 [Ω]인가?

① 5   ② 11
③ 20 ④ 34

풀이 동기임피던스
$$Z_s = \frac{E_n}{I_s} = \frac{V_n}{\sqrt{3}\,I_s} = \frac{1000\sqrt{3}}{\sqrt{3}\times 50} = 20[\Omega]$$
여기서, E_n : 정격 상전압[V]
I_s : 3상 단락 전류[A]
V_n : 정격 단자 전압[V]   **답** ③

56 동기발전기에서 무부하 정격전압일 때의 여자전류를 I_{f0}, 정격부하 정격전압일 때의 여자전류를 I_{f1}, 3상 단락 정격전류에 대한 여자전류를 I_{fs}라 하면 정격속도에서의 단락비 K는?

① $K = \dfrac{I_{fs}}{I_{f0}}$ ② $K = \dfrac{I_{f0}}{I_{fs}}$

③ $K = \dfrac{I_{fs}}{I_{f1}}$ ④ $K = \dfrac{I_{f1}}{I_{fs}}$

풀이
단락비 $K_s = \dfrac{\text{무부하에서 정격전압을 유기하는 데 필요한 계자전류}}{\text{정격전류와 같은 3상 단락전류를 흘리는 데 필요한 계자전류}}$

$= \dfrac{I_{f0}}{I_{fs}} = \dfrac{I_s}{I_n}$ **답** ②

57 변압기의 습기를 제거하여 절연을 향상시키는 건조법이 아닌 것은?

① 열풍법 ② 단락법
③ 진공법 ④ 건식법

풀이 변압기의 건조법
① **열풍법** : 송풍기와 전열기에 의하여 열풍을 공급하여 건조하는 방법
② **단락법** : 변압기의 1차 권선 또는 2차 권선을 단락한 후 다른 권선에 임피던스 전압의 약 20[%]에 해당하는 전압을 인가하고 이때 흐르는 단락전류에 의한 동손에 의하여 가열 건조하는 방법
③ **진공법** : 변압기를 탱크에 넣어서 밀폐하고 이 속으로 보일러에서 발생한 증기를 보내서 가열하는 한편 진공펌프로 탱크 내의 공기를 빼고, 절연물 속의 습기를 증발 건조시키는 방법
건식법은 변압기 냉각방식의 한 종류로 공랭식과 풍냉식이 있다.   **답** ④

58 극수 20, 주파수 60[Hz]인 3상 동기발전기의 전기자권선이 2층 중권, 전기자 전 슬롯 수 180, 각 슬롯 내의 도체 수 10, 코일피치 7슬롯인 2중 성형결선으로 되어 있다. 선간전압 3300[V]를 유도하는데 필요한 기본파 유효자속은 약 몇 [Wb]인가? (단, 코일피치와 자극피치의 비 $\beta = \dfrac{7}{9}$이다.)

① 0.004 ② 0.062
③ 0.053 ④ 0.07

풀이 유기기전력 $E = 4.44\,K_w\,f\,W\phi[V]$
여기서, K_w : 권선계수 ($K_w = K_d \times K_p$)
K_d : 분포계수, K_p : 단절계수, f : 주파수
W : 한 상당 권수, ϕ : 자속

① 분포권 계수 (K_d)
- 매극 매상 당 슬롯 수
$q = \dfrac{\text{총슬롯수}}{\text{상수}\times\text{극수}} = \dfrac{180}{3\times 20} = 3$
- 분포권 계수
$K_d = \dfrac{\sin\dfrac{\pi}{2m}}{q\sin\dfrac{\pi}{2mq}} = \dfrac{\sin\dfrac{\pi}{2\times 3}}{3\sin\dfrac{\pi}{2\times 3\times 3}} = 0.96$

② 단절권 계수 (K_p)
$K_p = \sin\dfrac{\beta\pi}{2} = \sin\left(\dfrac{7}{9}\times\dfrac{\pi}{2}\right) = 0.94$

③ 한 상당 권수 (W)
$W = \dfrac{180\times 10}{3\times 2}\times\dfrac{1}{2} = 150$

∴ 자속 $\phi = \dfrac{E}{4.44\,K_w\,f\,W} = \dfrac{E}{4.44\,K_d\,K_p\,f\,W}$
$= \dfrac{3300/\sqrt{3}}{4.44\times 0.96\times 0.94\times 60\times 150}$
$= 0.053[Wb]$ **답** ③

59 2방향성 3단자 사이리스터는 어느 것인가?

① SCR ② SSS
③ SCS ④ TRIAC

풀이 각종 반도체 소자의 비교
① 방향성
- 양방향성(쌍방향성) 소자 : DIAC, TRIAC, SSS
- 역저지(단방향성) 소자 : SCR, LASCR, GTO, SCS
② 극(단자) 수
- 2극(단자) 소자 : DIAC, SSS, Diode
- 3극(단자) 소자 : SCR, LASCR, GTO, TRIAC
- 4극(단자) 소자 : SCS   **답** ④

60 일반적인 3상 유도전동기에 대한 설명으로 틀린 것은?

① 불평형 전압으로 운전하는 경우 전류는 증가하나 토크는 감소한다.
② 원선도 작성을 위해서는 무부하시험, 구속시험, 1차 권선저항 측정을 하여야 한다.
③ 농형은 권선형에 비해 구조가 견고하며 권선형에 비해 대형전동기로 널리 사용된다.
④ 권선형 회전자의 3선 중 1선이 단선되면 동기속도의 50[%]에서 더 이상 가속되지 못하는 현상을 게르게스현상이라 한다.

풀이 농형 유도전동기의 특성
① 농형 유도전동기는 권선형에 비해 구조가 간단하며 튼튼하다.
② 중, 소형 유도전동기에 널리 사용되며, 대형이 되면 기동 토크가 작아 기동이 곤란하게 된다. **답** ③

4과목 - 회로이론 및 제어공학

61 다음 블록선도의 전달함수 $\left(\dfrac{C(s)}{R(s)}\right)$는?

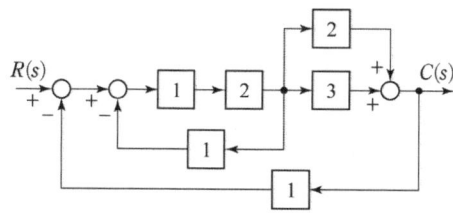

① $\dfrac{10}{9}$ ② $\dfrac{10}{13}$ ③ $\dfrac{12}{9}$ ④ $\dfrac{12}{13}$

풀이 메이슨의 정리에 의해
- 전향경로 이득 : $1 \times 2 \times (2+3) = 10$
- 루프 이득 : $-1 \times 2 \times 1 = -2$
  $-1 \times 2 \times 3 \times 1 = -6$
  $-1 \times 2 \times 2 \times 1 = -4$

$\therefore G(s) = \dfrac{\sum \text{전향 경로 이득}}{1 - \sum \text{루프이득}}$
$= \dfrac{10}{1-(-2-6-4)} = \dfrac{10}{13}$ **답** ②

62 전달함수가 $G(s) = \dfrac{1}{0.1s(0.01s+1)}$ 과 같은 시스템에서 $\omega = 0.1$[rad/s]일 때의 이득[dB]과 위상각[°]은 약 얼마인가?

① 40[dB], $-90°$ ② -40[dB], $90°$
③ 40[dB], $90°$ ④ -40[dB], $-180°$

풀이 ① 주파수 전달함수
$$G(j\omega) = \dfrac{1}{j0.1\omega(j0.01\omega+1)}$$

② 이득
$$g = 20\log|G(j\omega)| = 20\log\left|\dfrac{1}{j0.1\omega(j0.01\omega+1)}\right|$$
$$= 20\log\dfrac{1}{0.1\omega\sqrt{(0.01\omega)^2+1^2}}$$
$$= 20\log\dfrac{1}{0.01\sqrt{0.001^2+1^2}}$$
$$= 20\log 10^2 = 40\,[\text{dB}]$$

③ 위상각
주파수 전달함수 $G(j\omega) = \dfrac{1}{j0.01(j0.001+1)}$ 에서
위상각 $\angle G(j\omega) = \angle 1 - \angle j0.01 - \angle(j0.001+1)$
$= 0° - 90° - \tan^{-1}0.001$
$= -90.057° \fallingdotseq -90°$
$\therefore \angle G(j\omega) = -90°$ **답** ①

63 다음의 논리식과 등가인 것은?

$$Y = (A+B)(\overline{A}+B)$$

① $Y = A$ ② $Y = B$
③ $Y = \overline{A}$ ④ $Y = \overline{B}$

풀이 $Y = (A+B)(\overline{A}+B)$
$= A\overline{A} + AB + \overline{A}B + BB$
$= AB + \overline{A}B + B \; (\because A\overline{A}=0, \; BB=B)$
$= B(A+\overline{A}+1) \; (\because A+\overline{A}+1=1) = B$ **답** ②

64 다음의 개루프 전달함수에 대한 근궤적이 실수축에서 이탈하게 되는 분리점은 약 얼마인가?

$$G(s)H(s) = \dfrac{K}{s(s+3)(s+8)}, \; K \geq 0$$

① -0.93 ② -5.74
③ -6.0 ④ -1.33

풀이
- 특성방정식에서 극점($K=0$)은 $s=0, -3, -8$이고, 영점($K=\infty$)은 존재하지 않는다. 따라서 근궤적의 존재 구간은 $-3<s<0$와 $-\infty<s<-8$이고, 두 개의 극점 사이 구간인 $-3<s<0$의 범위에서 실수축 상에 한 개의 분리점이 존재한다.
- 제어계의 특성방정식 $1+G(s)H(s)=0$에 의해
$$s(s+3)(s+8)+K=0$$
$$\therefore K=-s(s+3)(s+8)$$
- 분리점의 조건 $\left(\dfrac{dK}{ds}=0\right)$을 적용하면
$$\dfrac{dK}{ds}=\dfrac{d}{ds}\{-s(s+3)(s+8)\}$$
$$=-(3s^2+22s+24)=0$$
$$\therefore s_1=-1.33, \ s_2=-6$$
따라서 분리점의 존재 구간은 $-3<s<0$이므로 두 근 중에서 근궤적의 분리점은 $s_1=-1.33$이 된다.
답 ④

65 $F(z)=\dfrac{(1-e^{-aT})z}{(z-1)(z-e^{-aT})}$ 의 역 z변환은?

① $t \cdot e^{-at}$ ② $a^t \cdot e^{-at}$
③ $1+e^{-at}$ ④ $1-e^{-at}$

풀이
- 문제의 식을 정리하면
$$F(z)=\dfrac{(1-e^{-aT})z}{(z-1)(z-e^{-aT})}=\dfrac{z-ze^{-aT}+z^2-z^2}{(z-1)(z-e^{-aT})}$$
$$=\dfrac{z(z-e^{-aT})-z(z-1)}{(z-1)(z-e^{-aT})}=\dfrac{z}{z-1}-\dfrac{z}{z-e^{-aT}}$$
- 정리된 식을 아래의 표에 적용하면

$f(t)$	$F(s)$	$F(z)$
$\delta(t)$	1	1
$u(t)$	$\dfrac{1}{s}$	$\dfrac{z}{z-1}$
t	$\dfrac{1}{s^2}$	$\dfrac{Tz}{(z-1)^2}$
e^{-at}	$\dfrac{1}{s+a}$	$\dfrac{z}{z-e^{-aT}}$

$f(t)$는 $1-e^{-aT}$가 된다.
답 ④

66 기본 제어요소인 비례요소의 전달함수는? (단, K는 상수이다.)

① $G(s)=K$ ② $G(s)=Ks$
③ $G(s)=\dfrac{K}{s}$ ④ $G(s)=\dfrac{K}{s+K}$

풀이
- 비례요소 : K - 미분요소 : Ks
- 적분요소 : $\dfrac{K}{s}$ - 1차 지연요소 : $\dfrac{K}{Ts+1}$
답 ①

67 다음의 상태방정식으로 표현되는 시스템의 상태천이행렬은?

$$\begin{bmatrix}\dfrac{d}{dt}x_1\\\dfrac{d}{dt}x_2\end{bmatrix}=\begin{bmatrix}0 & 1\\-3 & -4\end{bmatrix}\begin{bmatrix}x_1\\x_2\end{bmatrix}$$

① $\begin{bmatrix}1.5e^{-t}-0.5e^{-3t} & -1.5e^{-t}+1.5e^{-3t}\\0.5e^{-t}-0.5e^{-3t} & -0.5e^{-t}+1.5e^{-3t}\end{bmatrix}$

② $\begin{bmatrix}1.5e^{-t}-0.5e^{-3t} & 0.5e^{-t}-0.5e^{-3t}\\-1.5e^{-t}+1.5e^{-3t} & -0.5e^{-t}+1.5e^{-3t}\end{bmatrix}$

③ $\begin{bmatrix}1.5e^{-t}-0.5e^{-4t} & 0.5e^{-t}-0.5e^{-4t}\\-1.5e^{-t}+1.5e^{-4t} & -0.5e^{-t}+1.5e^{-4t}\end{bmatrix}$

④ $\begin{bmatrix}1.5e^{-t}-0.5e^{-4t} & -1.5e^{-t}+1.5e^{-4t}\\0.5e^{-t}-0.5e^{-4t} & -0.5e^{-t}+1.5e^{-4t}\end{bmatrix}$

풀이
$[sI-A]=\begin{bmatrix}s & 0\\0 & s\end{bmatrix}-\begin{bmatrix}0 & 1\\-3 & -4\end{bmatrix}=\begin{bmatrix}s & -1\\3 & s+4\end{bmatrix}$

$\Phi(s)=[sI-A]^{-1}=\dfrac{1}{\begin{vmatrix}s & -1\\3 & s+4\end{vmatrix}}\begin{bmatrix}s+4 & 1\\-3 & s\end{bmatrix}$

$=\dfrac{1}{s^2+4s+3}\begin{bmatrix}s+4 & 1\\-3 & s\end{bmatrix}$

$=\begin{bmatrix}\dfrac{s+4}{(s+1)(s+3)} & \dfrac{1}{(s+1)(s+3)}\\\dfrac{-3}{(s+1)(s+3)} & \dfrac{s}{(s+1)(s+3)}\end{bmatrix}$

$\therefore \Phi(t)=\mathcal{L}^{-1}\{[sI-A]^{-1}\}$
$=\begin{bmatrix}1.5e^{-t}-0.5e^{-3t} & 0.5e^{-t}-0.5e^{-3t}\\-1.5e^{-t}+1.5e^{-3t} & -0.5e^{-t}+1.5e^{-3t}\end{bmatrix}$
답 ②

68 제어시스템의 전달함수가 $T(s)=\dfrac{1}{4s^2+s+1}$과 같이 표현될 때 이 시스템의 고유주파수(ω_n[rad/s])와 감쇠율(ζ)은?

① $\omega_n=0.25, \ \zeta=1.0$
② $\omega_n=0.5, \ \zeta=0.25$
③ $\omega_n=0.5, \ \zeta=0.5$
④ $\omega_n=1.0, \ \zeta=0.5$

풀이

$$T(s) = \frac{1}{4s^2+s+1} = \frac{\frac{1}{4}}{s^2+\frac{1}{4}s+\frac{1}{4}}$$

2차계의 전달함수 $= \frac{\omega_n^2}{s^2+2\zeta\omega_n s+\omega_n^2}$ 와 비교하면

• 고유주파수 : $\omega_n^2 = \frac{1}{4} \rightarrow \omega_n = \frac{1}{2} = 0.5$

• 감쇠율 : $2\zeta\omega_n = 2\zeta \times \frac{1}{2} = \frac{1}{4} \rightarrow \zeta = \frac{1}{4} = 0.25$

답 ②

69 그림의 신호흐름선도를 미분방정식으로 표현한 것으로 옳은 것은? (단, 모든 초기 값은 0이다.)

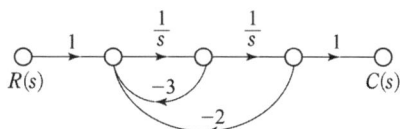

① $\frac{d^2c(t)}{dt^2} + 3\frac{dc(t)}{dt} + 2c(t) = r(t)$

② $\frac{d^2c(t)}{dt^2} + 2\frac{dc(t)}{dt} + 3c(t) = r(t)$

③ $\frac{d^2c(t)}{dt^2} - 3\frac{dc(t)}{dt} - 2c(t) = r(t)$

④ $\frac{d^2c(t)}{dt^2} - 2\frac{dc(t)}{dt} - 3c(t) = r(t)$

풀이

전향경로 이득 : $\frac{1}{s} \cdot \frac{1}{s} = \frac{1}{s^2}$

루프 이득 : $-\frac{3}{s}$, $-2 \cdot \frac{1}{s} \cdot \frac{1}{s} = -\frac{2}{s^2}$

$$G(s) = \frac{C(s)}{R(s)} = \frac{\sum 전향 경로 이득}{1-\sum 루프이득} = \frac{\frac{1}{s^2}}{1-\frac{3}{s}-\frac{2}{s^2}}$$

$$= \frac{1}{s^2+3s+2}$$

$\rightarrow (s^2+3s+2)C(s) = R(s)$

위 식을 역라플라스 변환하면

∴ $\frac{d^2c(t)}{dt^2} + 3\frac{dc(t)}{dt} + 2c(t) = r(t)$

답 ①

70 제어시스템의 특성방정식이 $s^4+s^3-3s^2-s+2=0$와 같을 때, 이 특성방정식에서 s 평면의 오른쪽에 위치하는 근은 몇 개인가?

① 0 ② 1 ③ 2 ④ 3

풀이 루드 공식을 이용하면

s^4	1	-3	2
s^3	1	-1	0
s^2	$\frac{-3+1}{1}=-2$	2	
s^1	$\frac{2-2}{-2}=0$	0	
s^0	0		

제1열의 '1'에서 '-2', '-2'에서 '0'으로 부호변화가 두 번 있으므로 s 평면의 오른쪽에 위치하는 근은 2개이다.

답 ③

71 회로에서 $6[\Omega]$에 흐르는 전류[A]는?

① 2.5
② 5
③ 7.5
④ 10

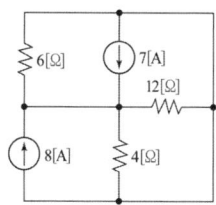

풀이 중첩의 원리

여러 개의 전원(전압원 또는 전류원)이 함께 존재하는 경우 한 개의 전원을 취하고, 나머지 전압원은 단락, 나머지 전류원은 개방한다.

① 7[A] 전류원을 취한 경우

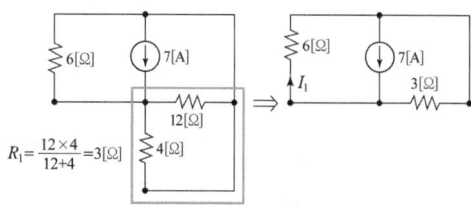

전류 분배 법칙에 의해 $I_1 = \frac{3}{6+3} \times 7 = 2.33[A]$

② 8[A] 전류원을 취한 경우

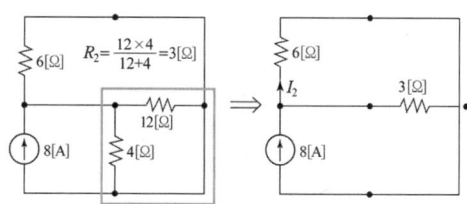

전류 분배 법칙에 의해 $I_1 = \dfrac{3}{6+3} \times 8 = 2.67[A]$

③ 6[Ω]에는 같은 방향의 전류가 흐르므로,
∴ $I = I_1 + I_2 = 2.33 + 2.67 = 5[A]$ 답 ②

72
RL직렬회로에서 시정수가 0.03[s], 저항이 14.7[Ω]일 때 이 회로의 인덕턴스[mH]는?

① 441 ② 362
③ 17.6 ④ 2.53

풀이 RL 직렬회로의 시정수 $\tau = \dfrac{L}{R}$[s]이므로

따라서 인덕턴스
$L = \tau R = 0.03 \times 14.7 = 0.441[H] = 441[mH]$ 답 ①

73
상의 순서가 $a-b-c$인 불평형 3상 교류회로에서 각 상의 전류가
$I_a = 7.28 \angle 15.95°[A]$,
$I_b = 12.81 \angle -128.66°[A]$,
$I_c = 7.21 \angle 123.69°[A]$일 때 역상분 전류는 약 몇 [A]인가?

① $8.95 \angle -1.14°$ ② $8.95 \angle 1.14°$
③ $2.51 \angle -96.55°$ ④ $2.51 \angle 96.55°$

풀이 $I_2 = \dfrac{1}{3}(I_a + a^2 I_b + a I_c)$
$= \dfrac{1}{3}\{7.28\angle 15.95° + (1\angle -120°)(12.81\angle -128.66°)$
$\qquad\qquad + (1\angle 120°)(7.21\angle 123.69°)\}$
$= 2.51 \angle 96.55°[A]$ 답 ④

74
그림과 같은 T형 4단자 회로의 임피던스 파라미터 Z_{22}는?

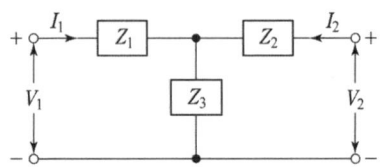

① Z_3 ② $Z_1 + Z_2$
③ $Z_1 + Z_3$ ④ $Z_2 + Z_3$

풀이 임피던스 파라미터
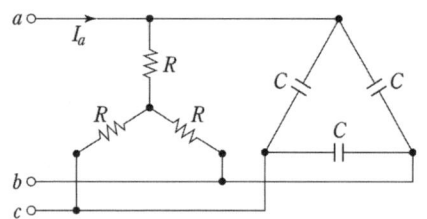
답 ④

75
그림과 같은 부하에 선간전압이 $V_{ab} = 100 \angle 30°[V]$인 평형 3상 전압을 가했을 때 선전류 I_a[A]는?

① $\dfrac{100}{\sqrt{3}}\left(\dfrac{1}{R} + j3\omega C\right)$ ② $100\left(\dfrac{1}{R} + j\sqrt{3}\omega C\right)$
③ $\dfrac{100}{\sqrt{3}}\left(\dfrac{1}{R} + j\omega C\right)$ ④ $100\left(\dfrac{1}{R} + j\omega C\right)$

풀이
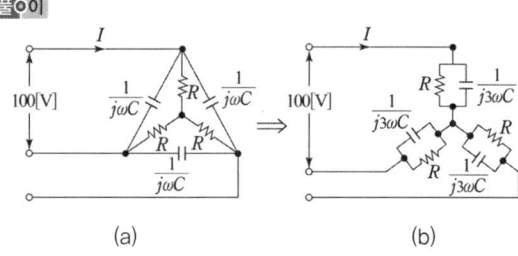

어드미턴스 $Y_p = \dfrac{1}{R} + \dfrac{1}{\dfrac{1}{j3\omega C}} = \dfrac{1}{R} + j3\omega C[℧]$

∴ $I = V_p Y_p = \dfrac{100}{\sqrt{3}}\left(\dfrac{1}{R} + j3\omega C\right)[A]$ 답 ①

76
분포정수로 표현된 선로의 단위 길이당 저항이 0.5[Ω/km], 인덕턴스가 1[μH/km], 커패시턴스가 6[μF/km]일 때 일그러짐이 없는 조건(무왜형 조건)을 만족하기 위한 단위 길이당 컨덕턴스[℧/km]는?

① 1 ② 2 ③ 3 ④ 4

풀이 무왜형 조건은 $RC = LG$이므로
따라서 컨덕턴스
$$G = \frac{RC}{L} = \frac{0.5 \times 6 \times 10^{-6}}{1 \times 10^{-6}} = 3[\mho/km]$$ **답** ③

77 그림 (a)의 Y결선 회로를 그림 (b)의 △결선 회로로 등가 변환했을 때 R_{ab}, R_{bc}, R_{ca}는 각각 몇 [Ω]인가?
(단, $R_a = 2[\Omega]$, $R_b = 3[\Omega]$, $R_c = 4[\Omega]$)

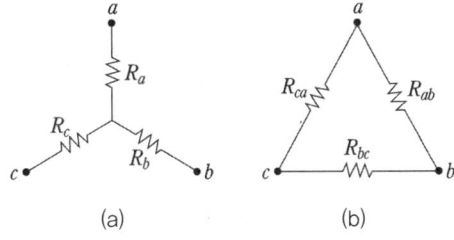

(a) (b)

① $R_{ab} = \frac{6}{9}$, $R_{bc} = \frac{12}{9}$, $R_{ca} = \frac{8}{9}$

② $R_{ab} = \frac{1}{3}$, $R_{bc} = 1$, $R_{ca} = \frac{1}{2}$

③ $R_{ab} = \frac{13}{2}$, $R_{bc} = 13$, $R_{ca} = \frac{26}{3}$

④ $R_{ab} = \frac{11}{3}$, $R_{bc} = 11$, $R_{ca} = \frac{11}{2}$

풀이
- $R_{ab} = \frac{R_a R_b + R_b R_c + R_c R_a}{R_c}$
$= \frac{2 \times 3 + 3 \times 4 + 4 \times 2}{4} = \frac{13}{2}[\Omega]$

- $R_{bc} = \frac{R_a R_b + R_b R_c + R_c R_a}{R_a}$
$= \frac{2 \times 3 + 3 \times 4 + 4 \times 2}{2} = 13[\Omega]$

- $R_{ca} = \frac{R_a R_b + R_b R_c + R_c R_a}{R_b}$
$= \frac{2 \times 3 + 3 \times 4 + 4 \times 2}{3} = \frac{26}{3}[\Omega]$ **답** ③

78 다음과 같은 비정현파 교류 전압 $v(t)$와 전류 $i(t)$에 의한 평균전력은 약 몇 [W]인가?

$v(t) = 200\sin 100\pi t + 80\sin\left(300\pi t - \frac{\pi}{2}\right)[V]$

$i(t) = \frac{1}{5}\sin\left(100\pi t - \frac{\pi}{3}\right) + \frac{1}{10}\sin\left(300\pi t - \frac{\pi}{4}\right)[A]$

① 6.414 ② 8.586
③ 12.828 ④ 24.212

풀이 비정현파 전압과 전류가 주어지는 경우 전력은 같은 고조파 성분으로 구한다.(주파수가 다르면 전력은 존재하지 않는다).

$\therefore P = V_1 I_1 \cos\theta_1 + V_3 I_3 \cos\theta_3$
$= \frac{200}{\sqrt{2}} \cdot \frac{1}{5\sqrt{2}} \cdot \cos 60° + \frac{80}{\sqrt{2}} \cdot \frac{1}{10\sqrt{2}} \cdot \cos 45°$
$= 12.828[W]$ **답** ③

79 회로에서 $I_1 = 2e^{-j\frac{\pi}{6}}[A]$, $I_2 = 5e^{j\frac{\pi}{6}}[A]$, $I_3 = 5.0[A]$, $Z_3 = 1.0[\Omega]$일 때 부하(Z_1, Z_2, Z_3) 전체에 대한 복소 전력은 약 몇 [VA]인가? (단, 전류공액을 취하도록 한다.)

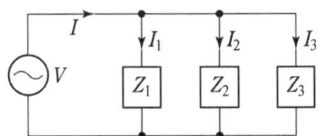

① $55.3 - j7.5$ ② $55.3 + j7.5$
③ $45 - j26$ ④ $45 + j26$

풀이
$I = I_1 + I_2 + I_3 = 2e^{-j\frac{\pi}{6}} + 5e^{j\frac{\pi}{6}} + 5$
$= 2\left(\cos\frac{\pi}{6} - j\sin\frac{\pi}{6}\right) + 5\left(\cos\frac{\pi}{6} + j\sin\frac{\pi}{6}\right) + 5$
$= 11.06 + j1.5[A]$
$V = I_3 Z_3 = 5 \times 1 = 5[V]$
$\therefore P_a = V\bar{I} = 5(11.06 - j1.5)$
$= 55.3 - j7.5[VA]$ **답** ①

80 $f(t) = \mathcal{L}^{-1}\left[\frac{s^2 + 3s + 2}{s^2 + 2s + 5}\right]$는?

① $\delta(t) + e^{-t}(\cos 2t - \sin 2t)$
② $\delta(t) + e^{-t}(\cos 2t + 2\sin 2t)$
③ $\delta(t) + e^{-t}(\cos 2t - 2\sin 2t)$
④ $\delta(t) + e^{-t}(\cos 2t + \sin 2t)$

풀이 $f(t) = \mathcal{L}^{-1}\left[\frac{s^2 + 3s + 2}{s^2 + 2s + 5}\right] = \mathcal{L}^{-1}\left[1 + \frac{s-3}{s^2 + 2s + 5}\right]$
$= \mathcal{L}^{-1}\left[1 + \frac{s-3}{(s+1)^2 + 2^2}\right]$

$$= \mathcal{L}^{-1}\left[1 + \frac{s+1}{(s+1)^2 + 2^2} - 2\frac{2}{(s+1)^2 + 2^2}\right]$$
$$= \delta(t) + e^{-t}\cos 2t - 2e^{-t}\sin 2t$$
$$= \delta(t) + e^{-t}(\cos 2t - 2\sin 2t) \quad \text{답 ③}$$

5과목 - 전기설비기술기준

81 풍력터빈의 피뢰설비 시설기준에 대한 설명으로 틀린 것은?

① 풍력터빈에 설치한 피뢰설비(리셉터, 인하도선 등)의 기능저하로 인해 다른 기능에 영향을 미치지 않을 것
② 풍력터빈 내부의 계측 센서용 케이블은 금속관 또는 차폐케이블 등을 사용하여 뇌유도과전압으로부터 보호할 것
③ 풍력터빈에 설치하는 인하도선은 쉽게 부식되지 않는 금속선으로서 뇌격전류를 안전하게 흘릴 수 있는 충분한 굵기여야 하며, 가능한 직선으로 시설할 것
④ 수뢰부를 풍력터빈 중앙부분에 배치하되 뇌격전류에 의한 발열에 용손(溶損)되지 않도록 재질, 크기, 두께 및 형상 등을 고려할 것

풀이 532.3.5 피뢰설비
풍력터빈의 피뢰설비는 다음에 따라 시설하여야 한다.
가. **수뢰부를 풍력터빈 선단부분 및 가장자리 부분에 배치**하되 뇌격전류에 의한 발열에 용손(溶損)되지 않도록 재질, 크기, 두께 및 형상 등을 고려할 것
나. 풍력터빈에 설치하는 인하도선은 쉽게 부식되지 않는 금속선으로서 뇌격전류를 안전하게 흘릴 수 있는 충분한 굵기여야 하며, 가능한 직선으로 시설할 것
다. 풍력터빈 내부의 계측 센서용 케이블은 금속관 또는 차폐케이블 등을 사용하여 뇌유도과전압으로부터 보호할 것
라. 풍력터빈에 설치한 피뢰설비(리셉터, 인하도선 등)의 기능저하로 인해 다른 기능에 영향을 미치지 않을 것
답 ④

82 샤워시설이 있는 욕실 등 인체가 물에 젖어있는 상태에서 전기를 사용하는 장소에 콘센트를 시설할 경우 인체감전보호용 누전차단기의 정격감도전류는 몇 [mA] 이하인가?

① 5 ② 10
③ 15 ④ 30

풀이 234.5 콘센트의 시설
욕조나 샤워시설이 있는 욕실 또는 화장실 등 인체가 물에 젖어있는 상태에서 전기를 사용하는 장소에 콘센트를 시설하는 경우에는 다음에 따라 시설하여야한다.
가. 인체감전보호용 누전차단기(정격감도전류 15[mA] 이하, 동작시간 0.03[초] 이하의 전류동작형의 것에 한한다) 또는 절연변압기(정격용량 3[kVA] 이하인 것에 한한다)로 보호된 전로에 접속하거나, 인체감전보호용 누전차단기가 부착된 콘센트를 시설하여야 한다.
나. 콘센트는 접지극이 있는 방적형 콘센트를 사용하여 규정에 준하여 접지하여야 한다.
답 ③

83 강관으로 구성된 철탑의 갑종 풍압하중은 수직투영면적 1[m²]에 대한 풍압을 기초로 하여 계산한 값이 몇 [Pa]인가? (단, 단주는 제외한다.)

① 1255 ② 1412
③ 1627 ④ 2157

풀이 331.6 풍압하중의 종별과 적용

풍압을 받는 구분		풍압
철탑	단주 (완철류는 제외함) 원형의 것	588[Pa]
	단주 (완철류는 제외함) 기타의 것	1,117[Pa]
	강관으로 구성되는 것 (단주는 제외함)	1,255[Pa]
	기타의 것	2,157[Pa]

답 ①

84 통신상의 유도 장해방지 시설에 대한 설명이다. 다음 ( )에 들어갈 내용으로 옳은 것은?

> 교류식 전기철도용 전차선로는 기설 가공약전류 전선로에 대하여 ( )에 의한 통신상의 장해가 생기지 않도록 시설하여야 한다.

① 정전작용 ② 유도작용
③ 가열작용 ④ 산화작용

풀이 461.7 통신상의 유도 장해방지 시설
교류식 전기철도용 전차선로는 기설 가공약전류 전선로에 대하여 **유도작용**에 의한 통신상의 장해가 생기지 않도록 시설하여야 한다. **답** ②

85 한국전기설비규정에 따른 용어의 정의에서 감전에 대한 보호 등 안전을 위해 제공되는 도체를 말하는 것은?

① 접지도체   ② 보호도체
③ 수평도체   ④ 접지극도체

풀이 112 용어정의
보호도체(PE, Protective Conductor)란 감전에 대한 보호 등 안전을 위해 제공되는 도체를 말한다. **답** ②

86 주택에 시설하는 전기저장장치는 이차전지에서 전력변환장치에 이르는 옥내 직류 전로를 사람이 접촉할 우려가 없도록 케이블배선에 의하여 시설하고 전선에 적당한 방호장치를 시설한 경우 주택의 옥내전로의 대지전압은 직류 몇 [V]까지 적용할 수 있는가? (단, 전로에 지락이 생겼을 때 자동적으로 전로를 차단하는 장치를 시설한 경우이다.)

① 150   ② 300   ③ 400   ④ 600

풀이 511.1.3 옥내전로의 대지전압 제한
주택에 시설하는 전기저장장치는 이차전지에서 전력변환장치에 이르는 옥내 직류 전로를 다음에 따라 시설하는 경우에 주택의 옥내전로의 **대지전압은 직류 600[V]까지 적용**할 수 있다.
가. 전로에 지락이 생겼을 때 자동적으로 전로를 차단하는 장치를 시설할 것
나. 사람이 접촉할 우려가 없는 은폐된 장소에 합성수지관배선, 금속관배선 및 케이블배선에 의하여 시설하거나, 사람이 접촉할 우려가 있는 장소에 케이블배선에 의하여 시설하는 경우에는 전선에 적당한 방호장치를 시설할 것 **답** ④

87 전압의 구분에 대한 설명으로 옳은 것은?

① 직류에서의 저압은 1000[V] 이하의 전압을 말한다.
② 교류에서의 저압은 1500[V] 이하의 전압을 말한다.
③ 직류에서의 고압은 3500[V]를 초과하고 7000[V] 이하인 전압을 말한다.
④ 특고압은 7000[V]를 초과하는 전압을 말한다.

풀이 111 통칙
전압의 구분은 다음과 같다.

분류	전압의 범위
저압	• 직류 : 1.5[kV] 이하 • 교류 : 1[kV] 이하
고압	• 직류 : 1.5[kV]를 초과하고, 7[kV] 이하 • 교류 : 1[kV]를 초과하고, 7[kV] 이하
특고압	7[kV]를 초과

답 ④

88 고압 가공전선로의 가공지선으로 나경동선을 사용할 때의 최소 굵기는 지름 몇 [mm] 이상인가?

① 3.2   ② 3.5
③ 4.0   ④ 5.0

풀이 332.6 고압 가공전선로의 가공지선
고압 가공전선로에 사용하는 가공지선은 인장강도 5.26[kN] 이상의 것 또는 **지름 4[mm] 이상의 나경동선**을 사용한다. **답** ③

89 특고압용 변압기의 내부에 고장이 생겼을 경우 자동차단장치 또는 경보장치를 하여야 하는 최소 뱅크용량은 몇 [kVA]인가?

① 1000   ② 3000
③ 5000   ④ 10000

풀이 351.4 특고압용 변압기의 보호장치
특고압용의 변압기에는 그 내부에 고장이 생겼을 경우에 보호하는 장치를 표와 같이 시설하여야 한다.

뱅크 용량의 구분	동작조건	장치의 종류
5,000[kVA] 이상 10,000[kVA] 미만	변압기 내부고장	자동차단장치 또는 경보장치
10,000[kVA] 이상	변압기 내부고장	자동차단장치
타냉식 변압기(변압기의 권선 및 철심을 직접 냉각시키기 위하여 봉입한 냉매를 강제 순환시키는 냉각방식을 말한다.)	냉각장치에 고장이 생긴 경우 또는 변압기의 온도가 현저히 상승한 경우	경보장치

답 ③

90. 사용전압이 22.9[kV]인 가공전선이 철도를 횡단하는 경우, 전선의 레일면상의 높이는 몇 [m] 이상인가?

① 5 ② 5.5 ③ 6 ④ 6.5

풀이 333.7 특고압 가공전선의 높이

전압의 범위	일반 장소	도로 횡단	철도 또는 궤도횡단	횡단보도교
35[kV] 이하	5[m]	6[m]	6.5[m]	4[m](특고압 절연전선 또는 케이블 사용)
35[kV] 초과 160[kV] 이하	6[m]	6[m]	6.5[m]	5[m](케이블 사용)
	산지 등에서 사람이 쉽게 들어갈 수 없는 장소 : 5[m] 이상			
160[kV] 초과	일반장소	가공전선의 높이 = 6 + 단수 × 0.12[m]		
	철도 또는 궤도횡단	가공전선의 높이 = 6.5 + 단수 × 0.12[m]		
	산지	가공전선의 높이 = 5 + 단수 × 0.12[m]		

※ 단수 = $\frac{(전압[kV]-160)}{10}$ … 단수 계산에서 소수점 이하는 절상

답 ④

91. 합성수지관 및 부속품의 시설에 대한 설명으로 틀린 것은?

① 관의 지지점 간의 거리는 1.5[m] 이하로 할 것
② 합성수지제 가요전선관 상호 간은 직접 접속할 것
③ 접착제를 사용하여 관 상호 간을 삽입하는 깊이는 관의 바깥지름의 0.8배 이상으로 할 것
④ 접착제를 사용하지 않고 관 상호 간을 삽입하는 깊이는 관의 바깥지름의 1.2배 이상으로 할 것

풀이 232.11.3 합성수지관 및 부속품의 시설
가. 관 상호 간 및 박스와는 관을 삽입하는 깊이를 관의 바깥지름의 1.2배(접착제를 사용하는 경우에는 0.8배) 이상으로 하고 또한 꽂음 접속에 의하여 견고하게 접속할 것.
나. 관의 지지점 간의 거리는 1.5[m] 이하로 하고, 또한 그 지지점은 관의 끝·관과 박스의 접속점 및 관 상호 간의 접속점 등에 가까운 곳에 시설할 것.
다. 합성수지관을 금속제의 박스에 접속하여 사용하는 경우 또는 분진방폭형 가요성 부속을 사용 하는 경우에는 박스 또는 분진 방폭형 가요성 부속에 접지공사를 할 것. 다만, 사용전압이 400[V] 이하로서 다음 중 하나에 해당하는 경우에는 그러하지 아니하다.
① 건조한 장소에 시설하는 경우
② 옥내배선의 사용전압이 직류 300[V] 또는 교류 대지 전압이 150[V] 이하로서 사람이 쉽게 접촉할 우려가 없도록 시설하는 경우
라. 콤바인 덕트관은 직접 콘크리트에 매입(埋入)하여 시설하거나 옥내 전개된 장소에 시설하는 경우 이외에는 불연성 마감재 내부, 전용의 불연성 관 또는 덕트에 넣어 시설할 것.
마. 합성수지제 휨(가요) 전선관 상호 간은 직접 접속하지 말 것.

답 ②

92. 가공전선로의 지지물에 시설하는 통신선 또는 이에 직접 접속하는 가공 통신선이 철도 또는 궤도를 횡단하는 경우 그 높이는 레일면상 몇 [m] 이상으로 하여야 하는가?

① 3 ② 3.5 ③ 5 ④ 6.5

풀이 362.2 전력보안통신선의 시설 높이와 이격거리
가공전선로의 지지물에 시설하는 통신선 또는 이에 직접 접속하는 가공 통신선의 높이는 다음에 따라야 한다.

시설 장소		가공전선로의 지지물에 시설	
		고·저압[m]	특고압[m]
도로횡단	일반적인 경우	6[m] 이상	6[m] 이상
	교통에 지장을 안 주는 경우	5[m] 이상	
철도 횡단(레일면상)		6.5[m] 이상	6.5[m] 이상
횡단 보도교 위	노면상	3.5[m] 이상	5[m] 이상
	절연전선 사용	3[m] 이상	
	광섬유 케이블 사용		4[m] 이상
기타의 장소	일반적인 경우 (절연전선 사용)	4[m] 이상	5[m] 이상
	광섬유 케이블 사용	3.5[m] 이상	

답 ④

93. 전력보안통신설비의 조가선은 단면적 몇 [mm²] 이상의 아연도강연선을 사용하여야 하는가?

① 16 ② 38 ③ 50 ④ 55

풀이 362.3 조가선 시설기준
조가선은 단면적 38[mm²] 이상의 아연도강연선을 사용할 것.

답 ②

94 가요전선관 및 부속품의 시설에 대한 내용이다. 다음 ( )에 들어갈 내용으로 옳은 것은?

> 1종 금속제 가요전선관에는 단면적 ( ) [mm²] 이상의 나연동선을 전체 길이에 걸쳐 삽입 또는 첨가하여 그 나연동선과 1종 금속제가요전선관을 양쪽 끝에서 전기적으로 완전하게 접속할 것. 다만, 관의 길이가 4[m] 이하인 것을 시설하는 경우에는 그러하지 아니하다.

① 0.75 ② 1.5
③ 2.5   ④ 4

풀이 232.13.3 가요전선관 및 부속품의 시설
가. 관 상호 간 및 관과 박스 기타의 부속품과는 견고하고 또한 전기적으로 완전하게 접속할 것.
나. 가요전선관의 끝부분은 피복을 손상하지 아니하는 구조로 되어 있을 것.
다. 2종 금속제 가요전선관을 사용하는 경우에 습기 많은 장소 또는 물기가 있는 장소에 시설하는 때에는 비닐 피복 2종 가요전선관일 것.
라. **1종 금속제 가요전선관에는 단면적 2.5[mm²] 이상의 나연동선**을 전체 길이에 걸쳐 삽입 또는 첨가하여 그 나연동선과 1종 금속제가요전선관을 양쪽 끝에서 전기적으로 완전하게 접속할 것. 다만, 관의 길이가 4[m] 이하인 것을 시설하는 경우에는 그러하지 아니하다.
마. 가요전선관공사는 접지공사를 할 것.   **답** ③

95 사용전압이 154[kV]인 전선로를 제1종 특고압 보안공사로 시설할 경우, 여기에 사용되는 경동연선의 단면적은 몇 [mm²] 이상이어야 하는가?

① 100 ② 125 ③ 150 ④ 200

풀이 333.22 특고압 보안공사
제1종 특고압 보안공사 시 전선의 단면적

사용전압	전 선
100[kV] 미만	인장강도 21.67[kN] 이상의 연선 또는 단면적 55[mm²] 이상의 경동연선
100[kV] 이상 300[kV] 미만	인장강도 58.84[kN] 이상의 연선 또는 단면적 150[mm²] 이상의 경동연선
300[kV] 이상	인장강도 77.47[kN] 이상의 연선 또는 단면적 200[mm²] 이상의 경동연선

답 ③

96 사용전압이 400[V] 이하인 저압 옥측전선로를 애자공사에 의해 시설하는 경우 전선 상호 간의 간격은 몇 [m] 이상이어야 하는가? (단, 비나 이슬에 젖지 않는 장소에 사람이 쉽게 접촉될 우려가 없도록 시설한 경우이다.)

① 0.025 ② 0.045
③ 0.06   ④ 0.12

풀이 221.2 옥측전선로
애자공사에 의한 저압 옥측전선로는 다음에 의하고 또한 사람이 쉽게 접촉될 우려가 없도록 시설할 것
가. 전선의 단면적은 4[mm²] 이상의 연동 절연전선(옥외용 비닐절연전선 및 인입용 절연전선은 제외한다.)일 것.
나. 전선 상호 간의 간격 및 전선과 조영재 사이의 이격 거리

전 압	전선 상호 간의 간격		전선과 조영재 사이의 이격거리	
	사용전압 400[V] 이하인 경우	사용전압 400[V] 초과인 경우	사용전압 400[V] 이하인 경우	사용전압 400[V] 초과인 경우
비나 이슬에 젖지 않는 장소	0.06[m] 이상	0.06[m] 이상	0.025[m] 이상	0.025[m] 이상
비나 이슬에 젖는 장소	0.06[m] 이상	0.12[m] 이상	0.025[m] 이상	0.045[m] 이상

다. 전선의 지지점 간의 거리는 2[m] 이하일 것.
라. 애자는 절연성·난연성 및 내수성이 있는 것일 것.   **답** ③

97 지중전선로는 기설 지중약전류전선로에 대하여 통신상의 장해를 주지 않도록 기설 약전류전선로로부터 충분히 이격시키거나 기타 적당한 방법으로 시설하여야 한다. 이때 통신상의 장해가 발생하는 원인으로 옳은 것은?

① 충전전류 또는 표피작용
② 충전전류 또는 유도작용
③ 누설전류 또는 표피작용
④ 누설전류 또는 유도작용

풀이 334.5 지중약전류전선의 유도장해 방지
지중전선로는 기설 지중약전류전선로에 대하여 **누설전류 또는 유도작용**에 의하여 통신상의 장해를 주지 않도록 기설 약전류전선로로부터 충분히 이격시키거나 기타 적당한 방법으로 시설하여야 한다.   **답** ④

98 최대사용전압이 10.5[kV]를 초과 하는 교류의 회전기 절연내력을 시험하고자 한다. 이때 시험전압은 최대사용전압의 몇 배의 전압으로 하여야 하는가? (단, 회전변류기는 제외한다.)

① 1   ② 1.1
③ 1.25   ④ 1.5

풀이 133 회전기 및 정류기의 절연내력

종류		시험전압	시험 방법
회전기	발전기·전동기·조상기·기타회전기	7[kV] 이하	1.5배 (최저 500[V])	권선과 대지 사이에 연속하여 10분간
		7[kV] 초과	1.25배 (최저 10.5[kV])	
	회전 변류기		직류측의 최대 사용전압의 1배의 교류전압(최저 500[V])	

답 ③

99 폭연성 분진 또는 화약류의 분말에 전기설비가 발화원이 되어 폭발할 우려가 있는 곳에 시설하는 저압 옥내배선의 공사방법으로 옳은 것은? (단, 사용전압이 400[V] 초과인 방전등을 제외한 경우이다.)

① 금속관공사
② 애자사용공사
③ 합성수지관공사
④ 캡타이어 케이블공사

풀이 242.2.1 폭연성 분진 위험장소

폭연성 분진 또는 화약류의 분말이 전기설비가 발화원이 되어 폭발할 우려가 있는 곳에 시설하는 저압 옥내배선, 저압 관등회로 배선, 소세력 회로의 전선은 금속관공사 또는 케이블공사(캡타이어 케이블을 사용하는 것을 제외한다)에 의할 것. 답 ①

100 과전류차단기로 저압전로에 사용하는 범용의 퓨즈(「전기용품 및 생활용품 안전관리법」에서 규정하는 것을 제외한다)의 정격전류가 16[A]인 경우 용단전류는 정격전류의 몇 배인가? (단, 퓨즈(gG)인 경우이다.)

① 1.25   ② 1.5
③ 1.6   ④ 1.9

풀이 212.3.4 보호장치의 특성

1. 과전류 보호장치는 KS C 또는 KS C IEC 관련 표준(배선차단기, 누전차단기, 퓨즈 등의 표준)의 동작특성에 적합하여야 한다.
2. 과전류차단기로 저압전로에 사용하는 범용의 퓨즈는 표에 적합한 것이어야 한다.

표. 퓨즈(gG)의 용단특성

정격전류의 구분	시간	정격전류의 배수	
		불용단전류	용단전류
4[A] 이하	60분	1.5배	2.1배
4[A] 초과 16[A] 미만	60분	1.5배	1.9배
16[A] 이상 63[A] 이하	60분	1.25배	**1.6배**
63[A] 초과 160[A] 이하	120분	1.25배	1.6배
160[A] 초과 400[A] 이하	180분	1.25배	1.6배
400[A] 초과	240분	1.25배	1.6배

답 ③

2022년 3회 전기기사필기 (CBT 복원문제)

동일출판사 홈페이지에서 무료 동영상강의를 보실 수 있습니다.

1과목 - 전기자기

01 와류손은 최대 자속 밀도의 몇 승에 비례하는가?

① 1   ② 1.6
③ 2   ④ 2.6

풀이 도체에 코일을 감고 교류전류를 흘리면 도체 단면을 통과하는 자속이 변하게 되어 전자유도에 의한 '맴돌이 형태의 유도전류(와전류)'가 흐른다. 와전류가 흐르면 줄열이 발생하여 전력손실을 일으키는데, 이 와전류에 의해 발생하는 전력손실을 와류손이라고 한다.

와류손 $P_e = \delta_e (t f k_f B_m)^2$ [W/kg]

여기서, δ_e : 재료에 의한 정수, f : 주파수[Hz]
B_m : 자속 밀도의 최대값[Wb/m²]
t : 철판의 두께[m], k_f : 파형률

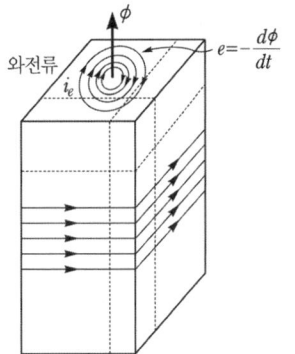

답 ③

02 유전체(유전율= 9) 내의 전계의 세기가 100 [V/m]일 때 유전체 내에 저장되는 에너지 밀도 [J/m³]는?

① 5.55×10^4 ② 4.5×10^4
③ 9×10^9 ④ 4.05×10^5

풀이 유전체 내에 저장되는 에너지 밀도

$w = \dfrac{ED}{2} = \dfrac{1}{2}\epsilon E^2 = \dfrac{1}{2}\dfrac{D^2}{\epsilon}$ [J/m³]

$\therefore w = \dfrac{1}{2}\epsilon E^2 = \dfrac{1}{2} \times 9 \times (100)^2$
$= 4.5 \times 10^4$ [J/m³]

답 ②

03 반지름 10[cm] 공기 중에 전압 10[V]를 가했을 때 전위 경도는? 단, 전계는 평등 전계라고 한다.

① 1 [V/m]   ② 10[V/m]
③ 100[V/m]   ④ 1000[V/m]

풀이 전위경도 $E = \dfrac{V}{r} = \dfrac{10}{10 \times 10^{-2}} = 100$[V/m]

답 ③

04 전계 $E = \dfrac{2}{x}\hat{x} + \dfrac{2}{y}\hat{y}$[V/m]에서 점(3, 5)[m]를 통과하는 전기력선의 방정식은? (단, $\hat{x}, \hat{y}$는 단위벡터이다.)

① $x^2 + y^2 = 12$ ② $y^2 - x^2 = 12$
③ $x^2 + y^2 = 16$ ④ $y^2 - x^2 = 16$

풀이 전기력선 방정식 : $\dfrac{dx}{E_x} = \dfrac{dy}{E_y}$

주어진 식에서 $E_x = \dfrac{2}{x}$, $E_y = \dfrac{2}{y}$ 이므로

$\dfrac{dx}{\frac{2}{x}} = \dfrac{dy}{\frac{2}{y}} \rightarrow xdx = ydy$

양변을 적분하면 $\dfrac{1}{2}x^2 = \dfrac{1}{2}y^2 + k$

$x = 3, y = 5$이므로

$k = \dfrac{1}{2}x^2 - \dfrac{1}{2}y^2 = \dfrac{1}{2} \times 3^2 - \dfrac{1}{2} \times 5^2 = -8$

$\therefore y^2 - x^2 = 16$

답 ④

05 폐곡면을 통하는 전속과 폐곡면 내부의 전하와의 상관관계를 나타내는 법칙은?

① 가우스 법칙   ② 쿨롱 법칙
③ 포아송 법칙   ④ 라플라스 법칙

풀이 어떤 폐곡면을 통과하는 전속은 그 폐곡면 내에 존재하는 전 전하량과 같다.

가우스 법칙 (적분형) $Q = \oint_s D_s \cdot ds$

답 ①

06 공기 중에서 2[cm]의 간격을 가진 두 평행 도선에 1000[A]의 전류가 흐를 때 도선 1[m]마다 작용하는 힘[N/m]은?

① 5 ② 10
③ 15 ④ 20

풀이 $F = \dfrac{\mu_0 I_1 I_2}{2\pi r} = \dfrac{2I^2}{r} \times 10^{-7}$
$= \dfrac{2 \times 1000^2}{2 \times 10^{-2}} \times 10^{-7} = 10[\text{N/m}]$
(여기서, $\mu_0 = 4\pi \times 10^{-7}[\text{H/m}]$)   **답** ②

07 자기회로에서 철심의 투자율을 μ라 하고 철심회로의 길이를 l이라 한다. 지금 그 일부에 미소공극 l_0을 만들었을 때 자기회로의 자기저항은 공극이 없을 때의 약 몇 배인가? (단, $l \gg l_0$이다.)

① $1 + \dfrac{\mu l}{\mu_0 l_0}$ ② $1 + \dfrac{\mu l_0}{\mu_0 l}$
③ $1 + \dfrac{\mu_0 l}{\mu l_0}$ ④ $1 + \dfrac{\mu_0 l_0}{\mu l}$

풀이 투자율 μ인 자기 저항 $R_\mu = \dfrac{l}{\mu A}$
여기서 A는 철심의 단면적, 미소 공극은 l_0이므로 철심의 길이는 $l - l_0 \fallingdotseq l$이라 하면
이때의 자기저항 $R_m = R_1 + R_2 = \dfrac{l_0}{\mu_0 A} + \dfrac{l}{\mu A}$이므로
$\therefore \dfrac{R_m}{R_\mu} = 1 + \dfrac{\mu l_0}{\mu_0 l} = 1 + \dfrac{l_0}{l}\mu_s$ **답** ②

08 다음의 관계식 중 성립할 수 없는 것은?
(단, μ는 투자율, χ는 자화율, μ_o는 진공의 투자율, J는 자화의 세기이다.)

① $J = \chi B$ ② $B = \mu H$
③ $\mu = \mu_o + \chi$ ④ $\mu_s = 1 + \dfrac{\chi}{\mu_o}$

풀이
• 자화율 $\chi = \mu - \mu_0[\text{H/m}]$
• 자화의 세기
$J = \chi H = (\mu - \mu_0)H$
$= \mu H - \mu_0 H = B - \mu_0 H[\text{Wb/m}^2]$
• 자속밀도
$B = \mu_0 H + J = \mu_0 H + \chi H$
$= (\mu_0 + \chi)H = \mu H[\text{Wb/m}^2]$
• 비투자율
$\mu_s = \dfrac{\mu}{\mu_0} = \dfrac{\mu_0 + \chi}{\mu_0} = 1 + \dfrac{\chi}{\mu_0}[\text{H/m}]$ **답** ①

09 평행판 공기콘덴서의 양 극판에 $+\rho[\text{C/m}^2]$, $-\rho[\text{C/m}^2]$의 전하가 충전되어 있을 때 이 두 전극 사이에 유전율 $\epsilon[\text{F/m}]$인 유전체를 삽입한 경우의 전계의 세기는 몇 [V/m]인가? 단, 유전체의 분극전하밀도를 $+\rho_P[\text{C/m}^2]$, $-\rho_P[\text{C/m}^2]$라 한다.

① $\dfrac{\rho + \rho_P}{\epsilon_0}$ ② $\dfrac{\rho - \rho_P}{\epsilon_0}$
③ $\dfrac{\rho}{\epsilon_0} - \dfrac{\rho_P}{\epsilon}$ ④ $\dfrac{\rho_P}{\epsilon_0}$

풀이 콘덴서 도체극판의 진전하밀도 ρ는 전속밀도 D, 유전체의 분극 전하밀도 ρ_p는 분극의 세기(분극도) P로 정의한다. ($D = \rho$, $P = \rho_P$)
따라서, D, P 및 E의 관계식 $D = \epsilon_0 E + P$에서 **전계의 세기 E는**
$E = \dfrac{D - P}{\epsilon_0} = \dfrac{\rho - \rho_P}{\epsilon_0}$ **답** ②

10 라디오 방송의 평면파 주파수를 800[kHz]라 할 때 이 평면파가 콘크리트 벽($\epsilon_s = 6$, $\mu_s = 1$)속을 지날 때의 전파속도는 몇 [m/s]인가?

① 1.22×10^8 ② 2.44×10^8
③ 2.62×10^8 ④ 2.86×10^8

풀이 전파속도
$v = \dfrac{3 \times 10^8}{\sqrt{\epsilon_s \mu_s}} = \dfrac{3 \times 10^8}{\sqrt{6 \times 1}} = 1.22 \times 10^8[\text{m/s}]$ **답** ①

11 그림과 같은 직사각형의 평면 코일이 $B = \dfrac{0.05}{\sqrt{2}}(a_x + a_y)[\text{Wb/m}^2]$인 자계에 위치하고 있다. 이 코일에 흐르는 전류가 5[A]일 때 z축에 있는 코일에서의 토크는 약 몇 [N·m]인가?

① $2.66 \times 10^{-4} a_x$
② $5.66 \times 10^{-4} a_x$
③ $2.66 \times 10^{-4} a_z$
④ $5.66 \times 10^{-4} a_z$

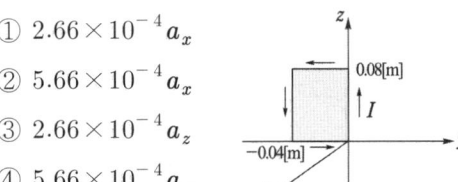

풀이
- 전류 $I = 5a_z$, 자속밀도 $B = \dfrac{0.05}{\sqrt{2}}(a_x + a_y)$

$$I \times B = 5a_z \times \dfrac{0.05}{\sqrt{2}}(a_x + a_y)$$
$$= 5 \times \dfrac{0.05}{\sqrt{2}}(a_z \times a_x + a_z \times a_y)$$
$$= 0.177(a_y - a_x)$$

- z축상의 전류 도체가 받는 힘
$$F = (I \times B)l = 0.177(-a_x + a_y) \times 0.08$$
$$= 0.01416(-a_x + a_y)[\text{N}]$$

- 토크 $T = r \times F$이며, $r = 0.04 a_y$ 이므로
$$\therefore T = r \times F = 0.04 a_y \times 0.01416(-a_x + a_y)$$
$$= 5.66 \times 10^{-4}(-a_y \times a_x + a_y \times a_y)$$
$$= 5.66 \times 10^{-4}[-(-a_z)]$$
$$= 5.66 \times 10^{-4} a_z [\text{N·m}]$$

답 ④

12 0.2[C]의 점전하가 전계 $E = 5a_y + a_z[\text{V/m}]$ 및 자속 밀도 $B = 2a_y + 5a_z[\text{Wb/m}^2]$ 내로 속도 $v = 2a_x + 3a_y[\text{m/s}]$로 이동할 때 점전하에 작용하는 힘 $F[\text{N}]$은? (단, a_x, a_y, a_z는 단위 벡터이다.)

① $2a_x - a_y + 3a_z$
② $3a_x - a_y + a_z$
③ $a_x + a_y - 2a_z$
④ $5a_x + a_y - 3a_z$

풀이 $F = q(E + v \times B)$
$$= 0.2(5a_y + a_z) + 0.2(2a_x + 3a_y) \times (2a_y + 5a_z)$$
$$= 0.2(5a_y + a_z) + 0.2 \begin{vmatrix} a_x & a_y & a_z \\ 2 & 3 & 0 \\ 0 & 2 & 5 \end{vmatrix}$$
$$= 0.2(5a_y + a_z) + 0.2(15a_x + 4a_z - 10a_y)$$
$$= 0.2(15a_x - 5a_y + 5a_z) = 3a_x - a_y + a_z$$

답 ②

13 커패시터를 제조하는데 4가지(A, B, C, D)의 유전재료가 있다. 커패시터 내의 전계를 일정하게 하였을 때, 단위체적당 가장 큰 에너지 밀도를 나타내는 재료부터 순서대로 나열한 것은? (단, 유전재료 A, B, C, D의 비유전율은 각각 $\epsilon_{rA} = 8$, $\epsilon_{rB} = 10$, $\epsilon_{rC} = 2$, $\epsilon_{rD} = 4$이다.)

① C > D > A > B
② B > A > D > C
③ D > A > C > B
④ A > B > D > C

풀이 유전체 내에 저장되는 에너지밀도 w는
$$w = \dfrac{1}{2}\epsilon E^2 [\text{J/m}^3] \rightarrow w \propto \epsilon_r$$
즉, 에너지밀도는 비유전율에 비례한다.
$\epsilon_{rB} > \epsilon_{rA} > \epsilon_{rD} > \epsilon_{rC}$ 이므로
∴ B > A > D > C

답 ②

14 정전계에서 도체의 성질을 설명한 것 중 옳지 않은 것은?

① 전하는 도체의 표면에서만 존재한다.
② 대전된 도체는 등전위면이다.
③ 도체 내부의 전계는 0이다.
④ 도체 표면상에서 전계의 방향은 모든 점에서 표면의 접선 방향이다.

풀이 도체의 성질과 전하분포
- 도체 표면과 내부의 전위는 동일하고(등전위), 표면은 등전위면이다.
- 도체 내부의 전계의 세기는 0이다.
- 전하는 도체 내부에는 존재하지 않고, 도체 표면에만 분포한다.
- 도체 면에서의 전계의 세기는 도체 표면에 항상 수직이다.
- 도체 표면에서의 전하밀도는 곡률이 클수록 높다. 즉, 곡률반경이 작을수록 높다.
- 중공부에 전하가 없고 대전 도체라면, 전하는 도체 외부의 표면에만 분포한다.
- 중공부에 전하를 두면 도체 내부표면에 동량 이부호, 도체 외부표면에 동량 동부호의 전하가 분포한다.

답 ④

15 자기인덕턴스가 20[mH]인 코일에 0.2[s] 동안 전류가 100[A]로 변할 때 코일에 유기되는 기전력[V]은 얼마인가?

① 10 ② 20 ③ 30 ④ 40

풀이 유기 기전력

$$e = L\frac{di}{dt} = 20 \times 10^{-3} \times \frac{100}{0.2} = 10[V]$$

답 ①

16 정현파 자속의 주파수를 3배로 높이면 유기기전력은?

① 2배로 감소
② 2배로 증가
③ 3배로 감소
④ 3배로 증가

풀이 유기기전력

$$e = -\omega N\phi_m \sin(\omega t - \pi) = -2\pi f N\phi_m \sin(\omega t - \pi)$$

에서 $e \propto f$ (주파수)
따라서, 주파수를 3배로 높이면 유기기전력은 3배로 증가한다.

답 ④

17 영구자석의 재료로 적합한 것은?

① 잔류 자속밀도(B_r)는 크고, 보자력(H_c)은 작아야 한다.
② 잔류 자속밀도(B_r)는 작고, 보자력(H_c)은 커야 한다.
③ 잔류 자속밀도(B_r)와 보자력(H_c) 모두 작아야 한다.
④ 잔류 자속밀도(B_r)와 보자력(H_c) 모두 커야 한다.

풀이

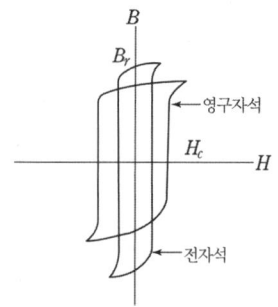

- 잔류자기(residual magnetism) : B_r
  외부에서 가한 자계 세기를 0으로 해도 자성체에 남는 자속밀도 크기
- 보자력(coercive force) : H_c
  자화된 자성체 내부의 B를 0으로 하기 위하여 외부에서 자화와 반대방향으로 가하는 자계의 세기
- 영구 자석 : 히스테리시스 곡선의 면적이 크고, 잔류자기(B_r)와 보자력(H_c)이 모두 클 것.
- 전자석 : 히스테리시스 곡선의 면적이 작고, 잔류 자기(B_r)는 크고 보자력(H_c)은 작을 것.

답 ④

18 1[kV]로 충전된 어떤 콘덴서의 정전에너지가 1[J]일 때, 이 콘덴서의 크기는 몇 [μF]인가?

① 2[μF]
② 4[μF]
③ 6[μF]
④ 8[μF]

풀이 $W = \frac{1}{2}QV = \frac{1}{2}CV^2[J]$ 이므로

$$\therefore C = \frac{2W}{V^2} = \frac{2 \times 1}{(1 \times 10^3)^2} = 2 \times 10^{-6}[F]$$
$$= 2[\mu F]$$

답 ①

19 무한히 넓은 도체 평면판에 면밀도 $\sigma[C/m^2]$의 전하가 분포되어 있는 경우 전력선은 면(面)에 수직으로 나와 평행하게 발산한다. 이 평면의 전계의 세기는 몇 [V/m]인가?

① $\dfrac{\sigma}{\epsilon_0}$
② $\dfrac{\sigma}{2\epsilon_0}$
③ $\dfrac{\sigma}{2\pi\epsilon_0}$
④ $\dfrac{\sigma}{4\pi\epsilon_0}$

풀이 무한 평면 전하에서는 전계가 수직으로 발산한다. 원통면을 가우스 표면으로 취하면

$$\oint_s \boldsymbol{E} \cdot ds = \frac{Q}{\epsilon_0} \text{에서 } \boldsymbol{E} \times 2s = \frac{\sigma s}{\epsilon_0}$$

$$\therefore \boldsymbol{E} = \frac{\sigma}{2\epsilon_0}$$

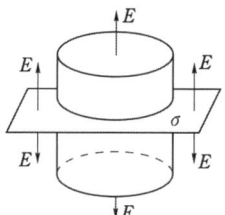

답 ②

20 500[AT/m]의 자계 중에 어떤 자극을 놓았을 때 5×10^3[N]의 힘이 작용했을 때의 자극의 세기는 몇 [Wb]인가?

① 10
② 20
③ 30
④ 40

풀이 $F = mH$ 이므로

$$\therefore m = \frac{F}{H} = \frac{5 \times 10^3}{500} = \frac{5000}{500} = 10[Wb]$$

답 ①

2과목 - 전력공학

21 피뢰기의 정격전압이란?

① 상용주파수의 방전개시전압
② 속류를 차단할 수 있는 최고의 교류전압
③ 방전을 개시할 때 단자전압의 순시값
④ 충격방전전류를 통하고 있을 때 단자전압

풀이 피뢰기 정격전압 : 속류를 차단하는 교류 최고전압. 즉, 피뢰기의 양 단자 사이에 인가할 수 있는 상용주파수의 최대전압의 실효값을 말한다. **답** ②

22 3상 송전선로의 선간전압을 100[kV], 3상 기준용량을 10,000[kVA]로 할 때, 선로 리액턴스(1선당) 100[Ω]을 %임피던스로 환산하면 얼마인가?

① 1   ② 10   ③ 0.33   ④ 3.33

풀이 $\%Z = \dfrac{PZ}{10V^2} = \dfrac{100 \times 10,000}{10 \times 100^2} = 10[\%]$

여기서 V: 정격전압[kV], P: 기준용량[kVA]   **답** ②

23 3상 1회선 전선로의 작용 정전용량을 C, 선간 정전용량을 C_1, 대지 정전용량을 C_2라 할 때 C, C_1, C_2의 관계는?

① $C = C_1 + 3C_2$ ② $C = 3C_1 + C_2$
③ $C = C_1 + C_2$ ④ $C = 3(C_1 + C_2)$

풀이 등가회로를 그려 보면

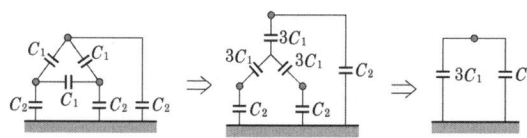

• 1선당의 작용 정전용량 $C = 3C_1 + C_2$ **답** ②

24 송전선로의 수전단을 개방할 경우, 송전단 전류 I_S는 어떤 식으로 표시되는가? 단, 송전단 전압을 V_S, 선로의 임피던스를 Z, 선로의 어드미턴스를 Y라 한다.

① $I_S = \sqrt{\dfrac{Y}{Z}} \tanh \sqrt{ZY}\, V_S$

② $I_S = \sqrt{\dfrac{Z}{Y}} \tanh \sqrt{ZY}\, V_S$

③ $I_S = \sqrt{\dfrac{Y}{Z}} \coth \sqrt{ZY}\, V_S$

④ $I_S = \sqrt{\dfrac{Z}{Y}} \coth \sqrt{ZY}\, V_S$

풀이 $V_S = V_R \cosh rl + Z_0 I_R \sinh rl$,
$I_S = \dfrac{1}{Z_0} V_R \sinh rl + I_R \cosh rl$ 에서

수전단을 개방할 경우 $I_R = 0$이므로

$V_S = V_R \cosh rl$, $V_R = \dfrac{V_S}{\cosh rl}$

$I_S = \dfrac{1}{Z_0} V_R \sinh rl = \dfrac{1}{Z_0} \dfrac{V_S}{\cosh rl} \sinh rl = \dfrac{V_S}{Z_0} \tanh rl$

여기에 $Z_0 = \sqrt{\dfrac{Z}{Y}}$, $r = \sqrt{ZY}$ 를 대입하면

∴ $I_S = \sqrt{\dfrac{Y}{Z}} \tanh \sqrt{ZY}\, V_S$ **답** ①

25 제 5고조파 전류의 억제를 위해 전력용 콘덴서에 직렬로 삽입하는 유도 리액턴스의 값으로 적당한 것은?

① 전력용 콘덴서 용량의 약 6[%] 정도
② 전력용 콘덴서 용량의 약 12[%] 정도
③ 전력용 콘덴서 용량의 약 18[%] 정도
④ 전력용 콘덴서 용량의 약 24[%] 정도

풀이 제 5고조파를 억제하기 위한 직렬 리액터의 용량은 콘덴서 용량의 4[%] 이상이 되면 되는데 주파수 변동 등의 여유를 봐서 실제로는 약 5~6[%]인 것이 사용된다.   **답** ①

26 SF₆ 가스차단기에 대한 설명으로 틀린 것은?

① SF₆ 가스는 절연내력이 공기보다 크다.
② 개폐 시의 소음이 작다.
③ 근거리 고장 등 가혹한 재기전압에 대해서 우수하다.
④ 아크에 의해 SF₆ 가스는 분해되어 유독가스를 발생시킨다.

풀이 SF₆ 가스 차단기의 특징
① 밀폐구조이므로 소음이 없다.
② 절연내력이 공기의 2~3배, 소호 능력은 공기의 100~200배
③ 근거리 고장 등 가혹한 재기전압에 대해서도 성능이 우수
④ SF₆ 가스는 무색, 무취, 무독성 기체이다. **답** ④

27 그림과 같은 4단자 정수를 가진 2개의 회로가 직렬로 연결되어 있을 때 합성 4단자 정수는?

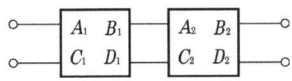

① $A = A_1A_2 + B_1C_2$, $B = A_1B_2 + B_1D_2$, $C = A_2C_1 + C_2D_1$, $D = B_2C_1 + D_1D_2$
② $A = A_1A_2 + B_1C_1$, $B = A_1B_2 + B_1D_2$, $C = A_2C_1 + D_1C_2$, $D = B_1C_2 + D_1D_2$
③ $A = A_1A_2 + B_2C_1$, $B = A_1B_2 + B_1D_2$, $C = A_1C_2 + D_1C_2$, $D = B_2C_1 + D_1D_2$
④ $A = A_1A_2 + B_1C_2$, $B = A_2B_1 + B_1D_1$, $C = A_1C_2 + D_1D_2$, $D = B_1C_1 + D_1D_2$

풀이
$$\begin{bmatrix} A_0 & B_0 \\ C_0 & D_0 \end{bmatrix} = \begin{bmatrix} A_1 & B_1 \\ C_1 & D_1 \end{bmatrix} \begin{bmatrix} A_2 & B_2 \\ C_2 & D_2 \end{bmatrix}$$
$$= \begin{bmatrix} A_1A_2 + B_1C_2 & A_1B_2 + B_1D_2 \\ A_2C_1 + C_2D_1 & B_2C_1 + D_1D_2 \end{bmatrix}$$
답 ①

28 연가를 해도 효과가 없는 것은?
① 직렬공진의 방지
② 통신선의 유도장해 감소
③ 대지정전용량의 감소
④ 선로정수의 평형

풀이 연가의 효과
① 선로정수평형
② 임피던스평형
③ 소호리액터 접지 시 직렬공진방지
④ 유도장해감소 **답** ③

29 첨두 부하용으로 사용에 적합한 발전 방식은?
① 조력 발전소 ② 양수식 발전소
③ 조정지식 발전소 ④ 자연 유입식 발전소

풀이 심야 또는 경부하 시의 잉여전력을 사용하여 낮은 곳에 있는 물을 높은 곳으로 퍼올려서 첨두 부하 시에 이 양수된 물을 사용해서 발전하는 것을 양수발전이라고한다. **답** ②

30 설비 A가 150[kW], 수용률 0.5, 설비 B가 250[kW], 수용률 0.8일 때 합성최대전력이 235[kW]이면 부등률은 약 얼마인가?
① 1.10 ② 1.13
③ 1.17 ④ 1.22

풀이 부등률 = 개개의 최대 전력의 합 / 합성 최대 수용 전력
= Σ(설비용량×수용률) / 합성 최대 수용 전력
= (150×0.5 + 250×0.8) / 235 = 1.17 **답** ③

31 통신선과 평행인 60[Hz]의 3상 1회선 송전선에서 1선 지락으로 110[A]의 영상 전류가 흐르고 있을 때 통신선에 유기되는 전자 유도전압은 약 몇 [V]인가? (단, 영상전류는 송전선 전체에 걸쳐 같은 크기이고, 통신선과 송전선의 상호 인덕턴스는 0.05[mH/km], 양 선로의 평행 길이는 55[km]이다.)
① 252[V] ② 293[V]
③ 342[V] ④ 365[V]

풀이 $E_m = j\omega Ml \cdot 3I_0$
$= -j2\pi \times 60 \times 0.05 \times 10^{-3} \times 55 \times 3 \times 110$
$= 342.12[V]$
※ 유도전압은 그 크기를 뜻하므로 (-)의미가 없다. **답** ③

32 단상 2선식의 교류 배전선이 있다. 전선 한 줄의 저항은 0.15[Ω], 리액턴스는 0.25[Ω]이다. 부하는 무유도성으로 100[V], 3[kW]일 때 급전점의 전압은 약 몇 [V]인가?
① 100 ② 110
③ 120 ④ 130

풀이
$$V_s = V_r + 2I(R\cos\theta + X\sin\theta)$$
$$= 100 + 2 \times \frac{3000}{100} \times 0.15 \times 1 = 109[V]$$
(여기서, 부하는 무유도성이므로 $\cos\theta = 1$, $\sin\theta = 0$)
답 ②

33 원자력 발전소에서 원자로의 냉각재가 갖추어야 할 조건으로 잘못된 것은?

① 중성자의 흡수 단면적이 클 것
② 유도 방사능이 적을 것
③ 비열이 클 것
④ 열전도율이 클 것

풀이 원자로 냉각재의 조건
① 중성자 흡수가 적을 것
② 방사능을 띠기 어려울 것
③ 비열, 열전도율이 클 것
④ 열용량이 클 것
답 ①

34 복도체에 있어서 소도체의 반지름을 r[m], 소도체 사이의 간격을 s[m]라고 할 때 2개의 소도체를 사용한 복도체의 등가 반지름은?

① $\sqrt{r \cdot s}$ ② $\sqrt{r^2 \cdot s}$
③ $\sqrt{r \cdot s^2}$ ④ $r \cdot s$

풀이 등가 반지름 $r_e = \sqrt[n]{rs^{n-1}}$
여기서, n : 소도체 수, r : 소도체 반지름
  s : 소도체간 거리
따라서, $n = 2$이면 $r_e = \sqrt{r \cdot s}$ 가 된다.
답 ①

35 다음 중 가공 지선의 설치 목적으로 볼 수 없는 것은?

① 유도뢰에 대한 정전차폐
② 전압강하의 방지
③ 직격뢰에 대한 차폐
④ 통신선에 대한 전자유도 장해 경감

풀이 가공 지선(over head ground wire)은 송전선 위에 나란히 가설된 도선으로 각 철탑에 접지되어 있으며, 그 설치 목적은
① 직격뇌에 대한 차폐 효과
② 유도뢰에 대한 정전 차폐 효과
③ 통신선에 대한 전자 유도 장해 경감 효과
답 ②

36 3상 3선식 송전선로가 있다. 전선 한 가닥의 저항은 10[Ω], 리액턴스는 20[Ω]이고 수전단의 선간전압은 60[kV], 부하역률은 0.8(늦음)이다. 전압강하율을 5[%]로 하면 이 송전선로로 약 몇 [kW]까지 수전할 수 있는가?

① 6200[kW]   ② 7200[kW]
③ 8200[kW]   ④ 9200[kW]

풀이 $\epsilon = \frac{P}{V^2}(R + X\tan\theta)$에서 전압강하율이 5[%]이므로
$$0.05 = \frac{P}{60000^2} \times \left(10 + 20 \times \frac{0.6}{0.8}\right)$$
$$\therefore P = \frac{0.05 \times 60000^2}{\left(10 + 20 \times \frac{0.6}{0.8}\right)} \times 10^{-3} = 7200[kW]$$
답 ②

37 수전단을 단락한 경우 송전단에서 본 임피던스가 300[Ω]이고, 수전단을 개방한 경우 송전단에서 본 어드미턴스가 1.875×10^{-3}[℧]일 때 송전선의 특성임피던스는 약 몇 [Ω]인가?

① 200   ② 300
③ 400   ④ 500

풀이 임피던스 $Z = 300[\Omega]$
어드미턴스 $Y = 1.875 \times 10^{-3}[℧]$
따라서 특성임피던스
$$Z_0 = \sqrt{\frac{Z}{Y}} = \sqrt{\frac{300}{1.875 \times 10^{-3}}} = 400[\Omega]$$
답 ③

38 송전계통에서 절연협조의 기본이 되는 사항은?

① 애자의 섬락전압
② 권선의 절연내력
③ 피뢰기의 제한전압
④ 변압기 부싱의 섬락전압

풀이 계통 내의 각 기기, 기구 및 애자 등의 상호 간에 적정한 절연 강도를 지니게 함으로써 계통 설계를 합리적, 경제적으로 할 수 있게 한 것을 절연협조라고 하며 피뢰기의 제한전압이 기본이 된다.
답 ③

39 그림과 같은 배전선이 있다. 부하에 급전 및 정전할 때 조작방법으로 옳은 것은?

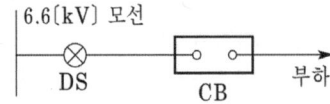

① 급전 및 정전할 때는 항상 DS, CB 순으로 한다.
② 급전 및 정전할 때는 항상 CB, DS 순으로 한다.
③ 급전시는 DS, CB 순이고 정전시는 CB, DS 순이다.
④ 급전시는 CB, DS 순이고 정전시는 DS, CB 순이다.

풀이 단로기는 부하 차단 능력이 없으므로 **정전시 CB – DS, 급전시 DS – CB**가 되어야 한다. 즉, 차단기가 열려 있어야 단로기를 열고 닫을 수 있다. **답** ③

40 변전소에서 비접지 선로의 접지보호용으로 사용되는 계전기에 영상전류를 공급하는 것은?
① CT   ② GPT
③ ZCT   ④ PT

풀이 GPT는 영상전압을 공급하며 **영상전류는 영상변류기 ZCT(Zerophase Current Transformer)가 공급한다.** **답** ③

3과목 - 전기기기

41 직류발전기의 극수가 8, 전기자 도체수가 400을 단중 파권으로 하였을 때 매극의 자속수가 0.01[Wb]이면 600[rpm]때의 기전력은 얼마인가?
① 130   ② 160
③ 180   ④ 200

풀이 파권 이므로 $a = 2$이다.
$$\therefore E = \frac{pZ}{a}\Phi\frac{N}{60} = \frac{8 \times 400}{2} \times 0.01 \times \frac{600}{60} = 160[V]$$

여기서, p : 극수, Z : 총도체수, a : 병렬회로수, Φ : 매극 당 자속수[Wb], N : 회전수[rpm] **답** ②

42 동기전동기의 특징에 대한 설명으로 틀린 것은?
① 난조를 일으킬 염려가 없다.
② 회전속도가 일정하다.
③ 제동권선이 필요하다.
④ 직류전원이 필요하다.

풀이 동기전동기의 특징
① 장점
- 속도가 일정불변이다.
- 항상 역률 1로 운전할 수 있다.
- 필요시 앞선 전류를 통할 수 있다.
- 유도전동기에 비하여 효율이 좋다.

② 단점
- 보통 구조의 것은 기동 토크가 적고 속도 조정을 할 수 없다.
- **난조를 일으킬 염려가 있다.**
- 여자용의 직류 전원을 필요로 하여 설비비가 많이 든다. **답** ①

43 60[Hz], 4극, 3상 권선형 유도전동기의 회전자가 슬립 0.1로 회전할 때 회전자 주파수는 몇 [Hz]인가?
① 6   ② 54
③ 60   ④ 600

풀이 유도전동기의 회전자 주파수
$$f_2 = sf_1 = 0.1 \times 60 = 6[Hz]$$ **답** ①

44 정격이 같은 2대의 단상변압기 1000[kVA]의 임피던스 전압은 각각 8[%]와 7[%]이다. 이것을 병렬로 하면 몇 [kVA]의 부하를 걸 수가 있는가?
① 1865   ② 1870
③ 1875   ④ 1880

풀이 $\frac{P_a}{Z_b} = \frac{P_b}{Z_a} = \frac{P_a + P_b}{Z_a + Z_b}$ 이므로 $\frac{P_a}{7} = \frac{P_b}{8} = \frac{P}{15}$
임피던스가 작은 변압기 즉 P_a가 큰 부하를 분담하나

자기용량까지만 분담할 수 있다.

$\therefore P = P_b \times \dfrac{15}{8} = 1000 \times \dfrac{15}{8} = 1875 [kVA]$ 　　답 ③

45 단상 유도전압조정기의 양 권선이 일치할 때 직렬 권선의 전압이 150[V], 전원전압이 220[V]일 경우 1차와 2차 권선의 축 사이의 각도가 30°이면, 양 권선이 일치할 때 2차측 유기전압이 150[V], 전원전압이 220[V]일 경우 부하 측 전압은 약 몇 [V]인가?

① 370　　② 350
③ 220　　④ 150

풀이 단상 유도전압조정기

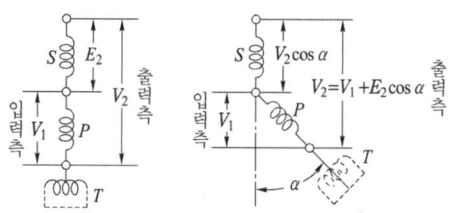

P : 분로권선, S : 직렬권선, T : 단락 권선

$\therefore V_2 = V_1 + E_2 \cos\alpha = 220 + 150 \times \cos 30°$
$\quad\quad = 350 [V]$ 　　답 ②

46 변압기 결선방식 중 3상에서 6상으로 변환할 수 없는 것은?

① 환상 결선　　② 2중 3각 결선
③ 포크 결선　　④ 우드 브리지 결선

풀이 ① 3상-2상간의 상수 변환
　• 스코트 결선(T결선)　• 메이어 결선
　• 우드 브리지 결선
② 3상-6상간의 상수 변환
　• 환상 결선　• 2중 3각 결선　• 2중 성형 결선
　• 대각 결선　• 포크 결선 　　답 ④

47 3상 유도전동기가 경부하에서 운전 중 1선의 퓨즈가 잘못되어 용단 되었을 때는?

① 속도가 증가하여 다른 선의 퓨즈도 용단된다.
② 속도가 늦어져서 다른 선의 퓨즈도 용단된다.
③ 전류가 감소하여 운전이 얼마 동안 계속된다.
④ 전류가 증가하여 운전이 얼마 동안 계속된다.

풀이 ① 전부하로 운전하고 있는 3상 유도전동기의 경우 1선의 퓨즈가 용단되면 단상 전동기가 되며
　• 최대 토크는 50[%] 전후로 된다.
　• 최대 토크를 발생하는 슬립 s는 0쪽으로 가까워진다.
　• 최대 토크 부근에서는 1차 전류가 증가한다. 만일 정지하는 경우에는 과대 전류가 흘러서 나머지 퓨즈가 용단되거나 차단기가 동작한다.
② 경부하에서 회전을 계속한다면
　• 슬립이 2배 정도로 되고 회전수는 떨어진다.
　• 1차 전류가 2배 가까이 되어서 **열손실이 증가하고**, 계속 운전하면 과열로 소손된다. 　　답 ④

48 동기전동기가 무부하 운전 중에 부하가 걸리면 동기전동기의 속도는?

① 정지한다.
② 동기속도와 같다.
③ 동기속도보다 빨라진다.
④ 동기속도 이하로 떨어진다.

풀이 동기전동기의 특성
• 항상 동기속도로 운전된다.
• 항상 역률 1로 운전할 수 있다.
• 필요 시 앞선 전류를 통할 수 있다.
• 유도전동기에 비하여 효율이 좋다. 　　답 ②

49 정격이 10[HP], 200[V]인 직류분권전동기가 있다. 전부하전류는 46[A], 전기자저항은 0.25[Ω], 계자저항은 100[Ω]이며, 브러시 접촉에 의한 전압강하는 2[V], 철손과 마찰손을 합쳐 380[W]이다. 표유부하손을 정격출력의 1[%]라 한다면 이 전동기의 효율[%]은?
(단, 1[HP] = 746[W]이다.)

① 84.5　　② 82.5
③ 80.2　　④ 78.5

풀이 분권전동기

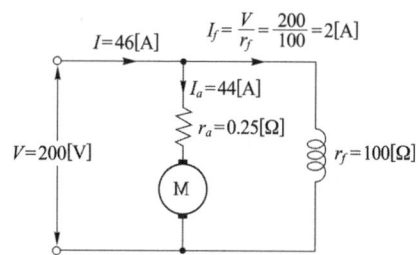

① 입력 $= VI = 200 \times 46 = 9200$[VA]
② 손실 = 철손 + 마찰손 + 동손 + 표유부하손
$= 380 + 972 + 74.6 = 1426.6$[W]
• 철손 + 마찰손 $= 380$[W]
• 동손 = 전기자 손실 + 계자 손실 + 브러시 접촉면의 손실
$= 484 + 400 + 88 = 972$[W]
— 전기자 손실 $= I_a^2 r_a = 44^2 \times 0.25 = 484$[W]
— 계자 손실 $= I_f^2 r_f = 2^2 \times 100 = 400$[W]
— 브러시 접촉면의 손실 $= eI_a = 2 \times 44 = 88$[W]
• 표유부하손 $= 10 \times 746 \times 0.01 = 74.6$[W]
따라서 효율
$\eta = \dfrac{\text{입력} - \text{손실}}{\text{입력}} \times 100 = \dfrac{9200 - 1426.6}{9200} \times 100$
$\fallingdotseq 84.5$[%]   답 ①

50 3상 유도전동기의 원선도 작성에 필요한 시험이 아닌 것은?
① 저항측정   ② 슬립측정
③ 무부하시험   ④ 구속시험

풀이 • 원선도 작성에 필요한 시험
① 저항측정 ② 무부하 시험(no load test)
③ 구속시험 (lock test)
• 원선도에서 구할 수 있는 항목
① 전부하 전류 ② 역률 ③ 효율 ④ 슬립
⑤ 최대출력/정격출력 ⑥ 토크
슬립은 원선도 상에서 구할 수 있다.   답 ②

51 극수가 24일 때, 전기각 180°에 해당되는 기계각은?
① 7.5°   ② 15°   ③ 22.5°   ④ 30°

풀이 기하학적 각도 α[rad] = 전기각 α_e[rad] $\times \dfrac{2}{p}$
$= 180° \times \dfrac{2}{24} = 15°$ 답 ②

52 동기기의 3상 단락곡선이 직선이 되는 이유로 가장 알맞은 것은?
① 누설리액턴스가 크므로
② 자기포화가 있으므로
③ 무부하 상태이므로
④ 전기자 반작용으로

풀이 단락전류는 전기자 저항을 무시하면 동기리액턴스에 의해 그 크기가 결정된다. 즉, 동기리액턴스에 의해 흐르는 전류는 90° 늦은 전류가 크게 흐르게 되며, 이 전류에 의한 전기자 반작용이 감자 작용이므로 3상 단락곡선은 직선이 된다.   답 ④

53 같은 정격 전압에서 변압기의 주파수만 높으면 가장 많이 증가하는 것은?
① 여자전류   ② 온도상승
③ 철손   ④ %임피던스

풀이 정격 전압에서 주파수만 증가하면 철손, 여자 전류, 온도 상승은 주파수에 반비례하므로 감소하지만 %임피던스, 즉 %리액턴스는 주파수에 비례하므로 증가한다.   답 ④

54 1[MVA], 3300[V], 동기 임피던스 6[Ω] 2대의 3상 교류 발전기를 병렬운전 중 한 발전기의 계자를 강화해서 두 유도기전력(상전압) 사이에 210[V]의 전압차가 생기게 했을 때 두 발전기 사이에 흐르는 무효횡류는?
① 17.5[A]   ② 20[A]
③ 15.5[A]   ④ 14[A]

풀이 무효횡류
$I_c = \dfrac{E_1 - E_2}{2Z_s} = \dfrac{E_c}{2Z_s} = \dfrac{210}{2 \times 6} = \dfrac{210}{12} = 17.5$[A]   답 ①

55 동기발전기의 회전자 둘레를 2배로 하면 회전자 주변속도는 몇 배가 되는가?
① 1   ② 2   ③ 4   ④ 8

풀이 회전자 주변속도 $v = \pi D n_s$[m/s]에서 $v \propto \pi D$이므로 회전자 둘레(πD)를 2배로 하면 주변속도도 2배로 된다.   답 ②

56 농형 유도전동기에 주로 사용되는 속도 제어법은?
① 극수 제어법   ② 2차여자 제어법
③ 2차저항 제어법   ④ 종속 제어법

풀이 ① 농형 유도 전동기의 속도 제어법
• 주파수를 바꾸는 방법 • 극수를 바꾸는 방법
• 전원전압을 바꾸는 방법이 있다.
② 권선형 유도 전동기의 속도 제어법

- 2차여자 제어법 • 2차저항 제어법
- 종속 제어법

답 ①

57 유도전동기의 2차 여자 시에 2차주파수와 같은 주파수의 전압 E_c를 2차에 가한 경우 옳은 것은? (단, sE_2는 유도기의 2차 유도기전력이다.)

① E_c를 sE_2와 반대위상으로 가하면 속도는 증가한다.
② E_c를 sE_2보다 90° 위상을 빠르게 가하면 역률은 개선된다.
③ E_c를 sE_2와 같은 위상으로 $E_c < sE_2$의 크기로 가하면 속도는 증가한다.
④ E_c를 sE_2와 같은 위상으로 $E_c = sE_2$의 크기로 가하면 동기속도 이상으로 회전한다.

풀이 유도전동기의 2차 회로에 2차 전압 sE_2보다 90° 빠른 위상차를 갖는 슬립주파수의 기전력 E_c를 외부에서 공급하면 앞선 전류가 흐르게 되어 역률을 개선할 수 있다. 이와 같이 역률개선을 목적으로 슬립주파수의 2차 여자 전압을 공급하는 발전기를 진상기라고 한다.

답 ②

58 직류기의 전기자 반작용 결과가 아닌 것은?

① 주자속이 감소한다.
② 전기적 중성축이 이동한다.
③ 주자속에 영향을 미치지 않는다.
④ 정류자편 사이의 전압이 불균일하게 된다.

풀이 전기자 반작용 : 전기자 권선에 흐르는 전류에 의한 자속이 계자에서 만든 **주자속에 영향을 미치는 현상**을 전기자 반작용이라고 하며, 그 영향은 다음과 같다.
① 전기적 중성축 이동
  • 발전기 : 회전 방향으로 이동
  • 전동기 : 회전 방향과 반대 방향으로 이동
② 주자속 감소
③ 정류자 편간의 불꽃섬락이 발생하여 정류 불량 발생

답 ③

59 3000/200[V] 변압기의 1차 임피던스가 225 [Ω]이면 2차 환산 임피던스는 약 몇 [Ω]인가?

① 1.0 ② 1.5 ③ 2.1 ④ 2.8

풀이 권수비 $a = \dfrac{E_1}{E_2} = \dfrac{3000}{200} = 15$

따라서, 2차 환산 임피던스
$Z_2 = \dfrac{1}{a^2} Z_1 = \dfrac{1}{15^2} \times 225 = 1[\Omega]$

답 ①

60 동기발전기에 회전계자형을 사용하는 경우에 대한 이유로 틀린 것은?

① 기전력의 파형을 개선한다.
② 전기자가 고정자이므로 고압 대전류용에 좋고, 절연하기 쉽다.
③ 계자가 회전자지만 저압 소용량의 직류이므로 구조가 간단하다.
④ 전기자보다 계자극을 회전자로 하는 것이 기계적으로 튼튼하다.

풀이 회전계자형 동기발전기는 전기자를 고정자로 하고 계자극을 회전자로 한 것으로 회전계자형을 사용하는 이유로는
- 전기자 권선은 전압이 높고 결선이 복잡하며, 대용량으로 되면 전류도 커지고, 3상 권선의 경우에는 4개의 도선을 인출하여야 한다.
- 계자 회로는 직류의 저압 회로이므로 소요 동력도 작으며, 인출 도선이 2개만 있어도 되기 때문이다.
- 계자극은 기계적으로 튼튼하게 만드는 데 용이하기 때문이다.
- 고장시의 과도 안정도를 높이기 위하여 회전자의 관성을 크게 하기 쉽기 때문이기도 하다.

그러나 **기전력의 파형을 개선**하기 위해서는 **전기자 권선을 단절권 및 분포권**으로 하여야 한다.

답 ①

4과목 - 회로이론 및 제어공학

61 그림과 같은 제어시스템이 안정하기 위한 k의 범위는?

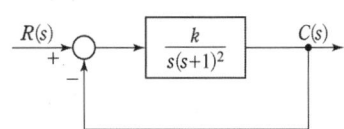

① $k > 0$ ② $k > 1$
③ $0 < k < 1$ ④ $0 < k < 2$

풀이 특성방정식

$1 + G(s)H(s) = 1 + \dfrac{k}{s(s+1)^2} = 0$

$s(s+1)^2 + k = s^3 + 2s^2 + s + k = 0$

루드의 표

s^3	1	1
s^2	2	k
s^1	$\dfrac{2-k}{2}$	0
s^0	k	

제1열의 부호변화가 없어야 안정하므로

$\dfrac{2-k}{2} > 0, \ k > 0$

$\therefore \ 0 < k < 2$ 답 ④

62 블록선도의 전달함수가 $\dfrac{C(s)}{R(s)} = 10$ 과 같이 되기 위한 조건은?

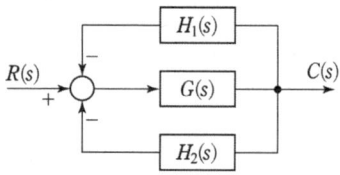

① $G(s) = \dfrac{1}{1 - H_1(s) - H_2(s)}$

② $G(s) = \dfrac{10}{1 - H_1(s) - H_2(s)}$

③ $G(s) = \dfrac{1}{1 - 10H_1(s) - 10H_2(s)}$

④ $G(s) = \dfrac{10}{1 - 10H_1(s) - 10H_2(s)}$

풀이 ① 전달함수로 나타내면

$(R - CH_1 - CH_2)G = C$

$RG = C(1 + H_1G + H_2G)$

$\therefore \ \dfrac{C}{R} = \dfrac{G}{1 + H_1G + H_2G}$

② 블록선도의 전달함수가 10이 되어야 하므로

$\dfrac{G}{1 + H_1G + H_2G} = 10$

$G = 10(1 + H_1G + H_2G) = 10 + 10H_1G + 10H_2G$

$G - 10H_1G - 10H_2G = G(1 - 10H_1 - 10H_2) = 10$

$\therefore \ G(s) = \dfrac{10}{1 - 10H_1(s) - 10H_2(s)}$ 답 ④

63 회로에서 $t = 0$ 초에 전압 $v_1(t) = e^{-4t}$[V]를 인가하였을 때 $v_2(t)$는 몇 [V]인가? (단, $R = 2[\Omega]$, $L = 1[H]$이다.)

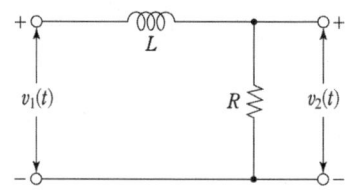

① $e^{-2t} - e^{-4t}$
② $2e^{-2t} - 2e^{-4t}$
③ $-2e^{-2t} + 2e^{-4t}$
④ $-2e^{-2t} - 2e^{-4t}$

풀이 ① $V_1(s) = \mathcal{L}[v_1(t)] = \mathcal{L}[e^{-4t}] = \dfrac{1}{s+4}$

② $\dfrac{V_2(s)}{V_1(s)} = \dfrac{R}{R+Ls} = \dfrac{2}{s+2}$

$V_2(s) = \dfrac{2}{s+2}V_1(s) = \dfrac{2}{(s+2)(s+4)}$

③ $V_2(s) = \dfrac{2}{(s+2)(s+4)} = \dfrac{K_1}{s+2} + \dfrac{K_2}{s+4}$

$K_1 = \lim_{s \to -2}(s+2) \cdot V_2(s) = \left[\dfrac{2}{s+4}\right]_{s=-2} = 1$

$K_2 = \lim_{s \to -4}(s+4) \cdot V_2(s) = \left[\dfrac{1}{s+2}\right]_{s=-4} = -1$

$V_2(s) = \dfrac{1}{s+2} - \dfrac{1}{s+4}$

$\therefore \ v_2(t) = \mathcal{L}^{-1}\left[\dfrac{2}{(s+2)(s+4)}\right]$

$= \mathcal{L}^{-1}\left[\dfrac{1}{s+2} - \dfrac{1}{s+4}\right]$

$= e^{-2t} - e^{-4t}$[V] 답 ①

64 3차인 이산치시스템의 특성방정식의 근이 $-0.3, -0.2, +0.5$로 주어져 있다. 이 시스템의 안정도는?

① 이 시스템은 안정한 시스템이다.
② 이 시스템은 불안정한 시스템이다.
③ 이 시스템은 임계 안정한 시스템이다.
④ 위 정보로서는 이 시스템의 안정도를 알 수 없다.

풀이 근의 위치($-0.3, -0.2, +0.5$)가 원점을 중심으로 한 단위원 내부에 있으므로 안정한 시스템이다. 답 ①

65 그림과 같은 높이가 1인 펄스의 라플라스 변환은?

① $\dfrac{1}{s}(e^{-as}+e^{-bs})$

② $\dfrac{1}{s}(e^{-as}-e^{-bs})$

③ $\dfrac{1}{a-b}\left(\dfrac{e^{-as}+e^{-bs}}{s}\right)$

④ $\dfrac{1}{a-b}\left(\dfrac{e^{as}-e^{-bs}}{s}\right)$

풀이 $f(t) = 1 \cdot \{u(t-a) - u(t-b)\}$
$\therefore F(s) = \mathcal{L}[f(t)] = \mathcal{L}[u(t-a)] - \mathcal{L}[u(t-b)]$
$= \dfrac{e^{-as}}{s} - \dfrac{e^{-bs}}{s} = \dfrac{1}{s}(e^{-as}-e^{-bs})$ 답 ②

66 다음 회로망에서 입력전압을 $V_1(t)$, 출력전압을 $V_2(t)$라 할 때, $\dfrac{V_2(s)}{V_1(s)}$에 대한 고유주파수 ω_n과 제동비 ζ의 값은? (단, $R=100[\Omega]$, $L=2[H]$, $C=200[\mu F]$이고, 모든 초기전하는 0이다.)

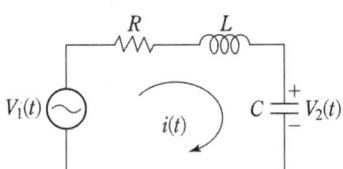

① $\omega_n = 50$, $\zeta = 0.5$
② $\omega_n = 50$, $\zeta = 0.7$
③ $\omega_n = 250$, $\zeta = 0.5$
④ $\omega_n = 250$, $\zeta = 0.7$

풀이 ① RLC 직렬회로의 전달함수
$G(s) = \dfrac{1}{LCs^2 + RCs + 1}$
여기에 $R=100[\Omega]$, $L=2[H]$, $C=200[\mu F]$를 대입하면
$G(s) = \dfrac{1}{2 \times 200 \times 10^{-6} \times s^2 + 100 \times 200 \times 10^{-6} \times s + 1}$
$= \dfrac{1}{0.0004s^2 + 0.02s + 1} = \dfrac{2500}{s^2 + 50s + 2500}$

② 2차계의 전달함수 $G(s) = \dfrac{\omega_n^2}{s^2 + 2\zeta\omega_n s + \omega_n^2}$와 비교하면

- 고유주파수 : $\omega_n^2 = 2500$ 이므로, $\omega_n = 50$
- 제동비 : $2\zeta\omega_n = 2\zeta \times 50 = 50$ 이므로, $\zeta = 0.5$

답 ①

67 $G(s)H(s) = \dfrac{K(s-1)}{s(s+1)(s-4)}$에서 점근선의 교차점을 구하면?

① -1 ② 0 ③ 1 ④ 2

풀이 $\sigma = \dfrac{\Sigma G(s)H(s)\text{의 극} - \Sigma G(s)H(s)\text{의 영점}}{p-z}$
(여기서, p : 극점의 개수, z : 영점의 개수)
극점 $p = 3$개$(0, -1, 4)$, 영점 $z = 1$개(1)이므로
$\therefore \sigma = \dfrac{(-1+4)-1}{3-1} = 1$ 답 ③

68 어떤 제어계의 전달함수의 극점이 그림과 같다. 이 계의 고유주파수 ω_n과 감쇠율 δ는?

① $\omega_n = \sqrt{2}$, $\delta = \sqrt{2}$
② $\omega_n = 2$, $\delta = \sqrt{2}$
③ $\omega_n = \sqrt{2}$, $\delta = \dfrac{1}{\sqrt{2}}$
④ $\omega_n = \dfrac{1}{\sqrt{2}}$, $\delta = \sqrt{2}$

풀이 특성근은 $s_1 = -1+j$, $s_2 = -1-j$이므로
특성방정식은 $(s+1-j)(s+1+j) = 0$이다.
$s^2 + 2\delta\omega_n s + \omega_n^2 = (s+1-j)(s+1+j)$
$= (s+1)^2 + 1 = s^2 + 2s + 2 = 0$
이므로 $2\delta\omega_n = 2$, $\omega_n^2 = 2$
$\therefore \omega_n = \sqrt{2}$, $\delta = \dfrac{1}{\sqrt{2}}$ 답 ③

69 다음 논리식 $[(AB+A\overline{B})+AB]+\overline{A}B$를 간단히 하면?

① $A+B$
② $\overline{A}+B$
③ $A+\overline{B}$
④ $A+A \cdot B$

풀이 $[(AB+A\overline{B})+AB]+\overline{A}B = (AB+A\overline{B})+(AB+\overline{A}B)$
$= A(B+\overline{B})+B(A+\overline{A})$
$= A+B$ 답 ①

70 테브냉 정리를 사용하여 그림 (a)의 회로를 그림 (b)와 같이 등가회로로 만들고자 할 때 V[V]와 R[Ω]의 값은?

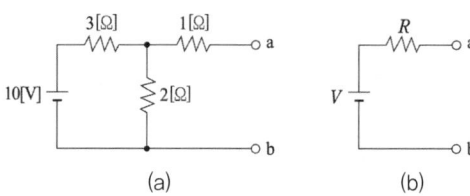

① $V = 5$[V], $R = 0.6$[Ω]
② $V = 2$[V], $R = 2$[Ω]
③ $V = 6$[V], $R = 2.2$[Ω]
④ $V = 4$[V], $R = 2.2$[Ω]

풀이 $R_1 = 3$[Ω], $R_2 = 2$[Ω], $R_3 = 1$[Ω]라고 하면
- 개방된 a, b 단자에 걸리는 등가전압
$$V = \frac{R_2}{R_1 + R_2}E = \frac{2}{3+2} \times 10 = 4[V]$$
- 전압원을 단락하고 a, b 단자에서 본 등가저항
$$R = 1 + \frac{3 \times 2}{3+2} = 2.2[\Omega]$$
답 ④

71 $8 + j6$[Ω]인 임피던스에 $13 + j20$[V]의 전압을 인가할 때 복소전력은 약 몇 [VA]인가? (단, 전류공액을 한다.)

① $12.7 + j34.1$ ② $12.7 + j55.5$
③ $45.5 + j34.1$ ④ $45.5 + j55.5$

풀이 전류 $I = \dfrac{V}{Z} = \dfrac{13+j20}{8+j6} = \dfrac{(13+j20)(8-j6)}{(8+j6)(8-j6)}$
$\qquad = 2.24 + j0.82[A]$
$\therefore P_a = VI^* = (13+j20)(2.24 - j0.82)$
$\qquad = 45.5 + j34.1[VA]$
답 ③

72 그림과 같은 신호흐름선도에서 전달함수 $\dfrac{C}{R}$는?

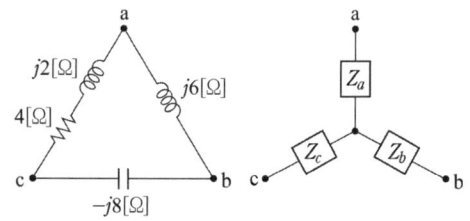

① $\dfrac{G_1G_4(G_2 + G_3)}{1 + G_1G_4H_1 + G_1G_4(G_2 + G_3)H_2}$

② $\dfrac{G_1G_4(G_2 + G_3)}{1 - G_1G_4H_1 + G_1G_4(G_3 + G_2)H_2}$

③ $\dfrac{G_1G_2 + G_3G_4}{1 + G_1G_3G_4H_2 + G_1G_2H_1}$

④ $\dfrac{G_1G_2 - G_3G_4}{1 - G_1G_2H_1 + G_1G_3G_4H_2}$

풀이 $G_1' = G_1G_2G_4$, $\Delta_1 = 1$, $G_2' = G_1G_2G_3$, $\Delta_2 = 1$
$L_{11} = G_1G_4H_1$, $L_{21} = -G_1G_2G_4H_2$,
$L_{31} = -G_1G_3G_4H_2$, $\Delta = 1 - (L_{11} + L_{21} + L_{31})$

$\therefore \dfrac{C}{R} = \dfrac{G_1'\Delta_1 + G_2'\Delta_2}{\Delta}$
$\qquad = \dfrac{G_1G_2G_4 + G_1G_3G_4}{1 - G_1G_4H_1 + G_1G_2G_4H_2 + G_1G_3G_4H_2}$
$\qquad = \dfrac{G_1G_4(G_2 + G_3)}{1 - G_1G_4H_1 + G_1G_4(G_2 + G_3)H_2}$

별해 전향경로 이득 : $G_1G_2G_3$, $G_1G_2G_4$
루프 이득 : $G_1G_4H_1$, $-G_1G_2G_4H_2$, $-G_1G_3G_4H_2$

$G(s) = \dfrac{\sum 전향 경로 이득}{1 - \sum 루프이득}$
$\qquad = \dfrac{G_1G_2G_4 + G_1G_3G_4}{1 - G_1G_4H_1 + G_1G_2G_4H_2 + G_1G_3G_4H_2}$
$\qquad = \dfrac{G_1G_4(G_2 + G_3)}{1 - G_1G_4H_1 + G_1G_4(G_2 + G_3)H_2}$
답 ②

73 그림과 같이 △회로를 Y회로로 등가 변환하였을 때 임피던스 Z_a[Ω]는?

① 12 ② $-3 + j6$
③ $4 - j8$ ④ $6 + j8$

풀이 $\therefore Z_a = \dfrac{Z_1Z_2}{Z_1 + Z_2 + Z_3} = \dfrac{(4+j2) \times j6}{(4+j2) + j6 - j8}$
$\qquad = -3 + j6[\Omega]$

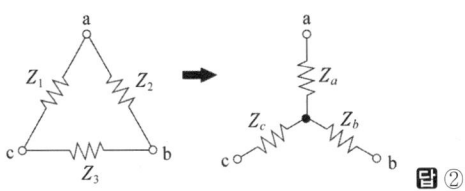

③ $R_1 + R_2 + R_3 + j\omega(L_1 + L_2 + L_3 + 2M)$
④ $R_1 + R_2 + R_3 + j\omega(L_1 + L_2 + L_3 - 2M)$

풀이 유도결합회로의 상호인덕스 M은 두 코일의 자기 인덕턴스 L_1, L_2에 대한 등가 인덕턴스를 계산함으로서 산출할 수 있다.

1) $M > 0$일 때의 등가 인덕턴스 L^+(L_1, L_2에 흘러 들어가는 전류의 방향이 모두 dot 방향)

$L^+ = L_1 + L_2 + 2M$

2) $M < 0$일 때의 등가 인덕턴스 L^- (전류의 방향이 L_1에는 dot 방향, L_2에는 dot 반대방향)

$L^- = L_1 + L_2 - 2M$

따라서, $L_0 = L_1 + L_2 \pm 2M$에서 L_1과 L_2에 흐르는 전류가 다른 방향으로 유입하므로 M의 부호는 −이다.

답 ④

74
선간전압이 200[V], 선전류가 $10\sqrt{3}$[A], 부하역률이 80[%]인 평형 3상회로의 무효전력 [Var]은?

① 3600 ② 3000
③ 2400 ④ 1800

풀이 무효율 $\sin\theta = \sqrt{1-\cos^2\theta} = \sqrt{1-0.8^2} = 0.6$
따라서 무효전력
$P_r = \sqrt{3}\,VI\sin\theta = \sqrt{3}\times 200\times 10\sqrt{3}\times 0.6$
$= 3600[Var]$

답 ①

75
선로의 임피던스 $Z = R + j\omega L[\Omega]$, 병렬 어드미턴스 $Y = G + j\omega C[\mho]$일 때 선로의 저항 R과 컨덕턴스 G가 동시에 0이 되었을 때, 전파정수는?

① $j\omega\sqrt{LC}$ ② $j\omega\sqrt{\dfrac{C}{L}}$
③ $j\omega\sqrt{L^2C}$ ④ $j\omega\sqrt{\dfrac{L}{C^2}}$

풀이 $R = G = 0$이므로,
전파정수 $\gamma = \sqrt{ZY} = \sqrt{(R+j\omega L)(G+j\omega C)}$
$= \sqrt{j\omega L \cdot j\omega C} = j\omega\sqrt{LC}$

답 ①

76
직렬로 유도결합 된 회로이다. 단자 a-b에서 본 등가임피던스 Z_{ab}를 나타낸 식은?

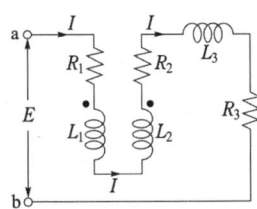

① $R_1 + R_2 + R_3 + j\omega(L_1 + L_2 - 2M)$
② $R_1 + R_2 + j\omega(L_1 + L_2 + 2M)$

77
$G(j\omega) = \dfrac{K}{(1+2j\omega)(1+j\omega)}$의 이득여유가 20[dB]일 때 K의 값은?

① 0 ② 1 ③ 10 ④ $\dfrac{1}{10}$

풀이 이득여유 $20\log\left|\dfrac{1}{GH}\right| = 20[dB]$이므로, $\left|\dfrac{1}{GH}\right| = 10$
$|GH| = \left|\dfrac{K}{1-2\omega^2+j3\omega}\right|_{\omega=0} = K$
$\therefore K = |GH| = \dfrac{1}{10}$

답 ④

78
대칭 n상에서 선전류와 상전류 사이의 위상차 [rad]는?

① $\dfrac{n}{2}\left(1-\dfrac{\pi}{2}\right)$ ② $\dfrac{\pi}{2}\left(1-\dfrac{n}{2}\right)$
③ $2\left(1-\dfrac{\pi}{n}\right)$ ④ $\dfrac{\pi}{2}\left(1-\dfrac{2}{n}\right)$

풀이
• 대칭 n상 성형결선 : 선간전압이 상전압보다 $\dfrac{\pi}{2}\left(1-\dfrac{2}{n}\right)$[rad]만큼 앞선다.
• 대칭 n상 환상결선 : 선전류가 상전류보다 $\dfrac{\pi}{2}\left(1-\dfrac{2}{n}\right)$[rad]만큼 늦다.

답 ④

79 RL 직렬회로에서 시정수가 0.03[sec], 저항이 14.7[Ω]일 때 코일의 인덕턴스[mH]는?

① 441 ② 362 ③ 17.6 ④ 2.53

풀이 $R-L$ 직렬회로에서 시정수 $\tau = \dfrac{L}{R}$[s]

∴ $L = \tau \times R = 0.03 \times 14.7 = 0.441$[H]
= 441[mH]   **답** ①

80 그림과 같은 회로에 주파수 60[Hz], 교류 전압 200[V]의 전원이 인가되었다. R의 전력손실을 $L=0$인 때의 $\dfrac{1}{2}$로 하면 L의 크기는 약 몇 [H]인가? 단, $R = 600$[Ω]이다.

① 0.59
② 1.59
③ 3.62
④ 4.62

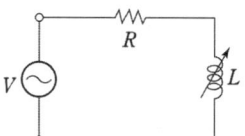

풀이
- $L=0$일 때의 전력손실 $P_1 = \dfrac{V^2}{R}$
- $R-L$ 직렬회로에서 전력손실
$P_2 = \left(\dfrac{V}{\sqrt{R^2+\omega^2L^2}}\right)^2 R$

문제에서 $\dfrac{1}{2}P_1 = P_2$이므로

$\dfrac{1}{2} \cdot \dfrac{V^2}{R} = \left(\dfrac{V}{\sqrt{R^2+\omega^2L^2}}\right)^2 R$

$\dfrac{1}{2R} = \dfrac{R}{R^2+\omega^2L^2}$, $2R^2 = R^2+\omega^2L^2$, $R = \omega L$

따라서,
$L = \dfrac{R}{\omega} = \dfrac{R}{2\pi f} = \dfrac{600}{2 \times 3.14 \times 60} = 1.59$[H]   **답** ②

5과목 - 전기설비기술기준

81 전기저장장치를 시설하는 곳에서 계측장치를 시설하지 않아도 되는 것은?

① 주요변압기의 전압, 전류 및 전력
② 이차전지 출력 단자의 전압, 전류, 전력
③ 이차전지 출력 단자의 충방전 상태
④ 주요변압기의 온도

풀이 511.2.10 계측장치
전기저장장치를 시설하는 곳에는 다음의 사항을 계측하는 장치를 시설하여야 한다.
가. 이차전지 출력 단자의 전압, 전류, 전력 및 충방전 상태
나. 주요 변압기의 전압 및 전류 또는 전력   **답** ④

82 특고압 지중전선이 지중 약전류전선 등과 접근하거나 교차하는 경우에 상호 간의 이격거리가 몇 [cm] 이하인 때에는 두 전선이 직접 접촉하지 아니하도록 특고압 지중 전선과 지중 약전류 전선 등 사이에 견고한 내화성의 격벽을 설치하여야 하는가?

① 15 ② 20
③ 30 ④ 60

풀이 334.6 지중전선과 지중약전류전선 등 또는 관과의 접근 또는 교차
지중전선이 다음 조건의 이격거리 이하로 설치되는 경우에는 상호간에 내화성의 격벽을 설치하여야 한다.

조 건	전 압	이격거리
지중 약전류 전선과 접근 또는 교차하는 경우	저압 또는 고압	0.3[m]
	특고압	0.6[m]
가연성, 유독성의 유체를 내포하는 관과 접근 또는 교차	특고압	1[m]
	25[kV] 이하, 다중접지방식	0.5[m]

답 ④

83 특고압을 직접 저압으로 변성하는 변압기를 시설하여서는 아니 되는 변압기는?

① 광산에서 물을 양수하기 위한 양수기용 변압기
② 전기로 등 전류가 큰 전기를 소비하기 위한 변압기
③ 교류식 전기철도용 신호회로에 전기를 공급하기 위한 변압기
④ 발전소·변전소·개폐소 또는 이에 준하는 곳의 소내용 변압기

풀이 341.3 특고압을 직접 저압으로 변성하는 변압기의 시설
특고압을 직접 저압으로 변성하는 변압기는 다음의 것 이외에는 시설하여서는 아니 된다.

가. 전기로 등 전류가 큰 전기를 소비하기 위한 변압기
나. 발전소·변전소·개폐소 또는 이에 준하는 곳의 소내용 변압기
다. 25[kV] 이하인 특고압 가공전선로(중성선 다중접지식의 것으로서 전로에 지락이 생겼을 때에 2초 이내에 자동적으로 이를 전로로부터 차단하는 장치가 되어 있는 것에 한한다.)에 접속 하는 변압기
라. 사용전압이 35[kV] 이하인 변압기로서 그 특고압측 권선과 저압측 권선이 혼촉한 경우에 자동적으로 변압기를 전로로부터 차단하기 위한 장치를 설치한 것.
마. 사용전압이 100[kV] 이하인 변압기로서 그 특고압측 권선과 저압측 권선 사이에 접지저항 값이 10[Ω] 이하인 금속제의 혼촉방지판이 있는 것.
바. 교류식 전기철도용 신호회로에 전기를 공급하기 위한 변압기

답 ①

풀이 135 변압기 전로의 절연내력

권선의 종류 (최대사용전압)	접지방식	시험전압 (최대사용전압의 배수)	최저 시험전압
1. 7[kV] 이하		1.5배	500[V]
	다중접지	0.92배	500[V]
2. 7[kV] 초과 25[kV] 이하	다중접지	0.92배	
3. 7[kV] 초과 60[kV] 이하 (2란의 것 제외)		1.25배	10.5[kV]
4. 60[kV] 초과	비접지	1.25배	
5. 60[kV] 초과(6란의 것 제외)	접지식	1.1배	75[kV]
6. 60[kV] 초과	직접접지	0.72배	
7. 170[kV] 초과	직접접지	0.64배	

- 1차측 시험전압 : 3300 × 1.5 = 4950[V]
- 2차측 시험전압 : 220 × 1.5 = 330[V] → 500[V]
  (∵ 최저시험전압은 500[V])

답 ①

84
큰 고장전류가 구리 소재의 접지도체를 통하여 흐르지 않을 경우 접지도체의 최소 단면적은 몇 [mm²] 이상이어야 하는가? (단, 접지도체에 피뢰시스템이 접속되지 않는 경우이다.)

① 0.75
② 2.5
③ 6
④ 16

풀이 142.3.1 접지도체
가. 접지도체의 최소 단면적은 다음과 같다.
  (1) 구리는 6[mm²] 이상
  (2) 철제는 50[mm²] 이상
나. 접지도체에 피뢰시스템이 접속되는 경우, 접지도체의 단면적
  (1) 구리는 16[mm²] 이상
  (2) 철제는 50[mm²] 이상

답 ③

85
변압기 1차측 3300[V], 2차측 220[V]의 변압기 전로의 절연내력시험전압은 각각 몇 [V]에서 10분간 견디어야 하는가?

① 1차측 4950[V], 2차측 500[V]
② 1차측 4500[V], 2차측 400[V]
③ 1차측 4125[V], 2차측 500[V]
④ 1차측 3300[V], 2차측 400[V]

86
저압 옥내배선 합성수지관공사 시 연선이 아닌 경우 사용할 수 있는 전선의 최대 단면적은 몇 [mm²]인가? (단, 알루미늄선은 제외한다.)

① 4
② 6
③ 10
④ 16

풀이 232.11 합성수지관공사
가. 전선은 절연전선(옥외용 비닐 절연전선을 제외한다)일 것.
나. 전선은 연선일 것. 다만, 다음의 것은 적용하지 않는다.
  ① 짧고 가는 합성수지관에 넣은 것.
  ② 단면적 10[mm²](알루미늄선은 단면적 16[mm²]) 이하의 것.

답 ③

87
일반주택 및 아파트 각 호실의 현관등은 몇 분 이내에 소등 되도록 타임스위치를 시설하여야 하는가?

① 3
② 4
③ 5
④ 6

풀이 234.6 점멸기의 시설
다음의 경우에는 센서등(타임스위치 포함)을 시설하여야 한다.
가. 관광숙박업 또는 숙박업(여인숙업을 제외한다)에 이용되는 객실의 입구등은 1분 이내에 소등되는 것.
나. 일반주택 및 아파트 각 호실의 현관등은 3분 이내에 소등되는 것.

답 ①

88 옥내의 저압전선으로 나전선 사용이 허용되지 않는 경우는?

① 금속관공사에 의하여 시설하는 경우
② 버스 덕트 공사에 의하여 시설하는 경우
③ 라이팅 덕트 공사에 의하여 시설하는 경우
④ 애자공사에 의하여 전개된 곳에 전기로용 전선을 시설하는 경우

풀이 231.4 나전선의 사용 제한
옥내에 시설하는 저압전선에는 나전선을 사용하여서는 아니 된다. 다만, 다음 중 어느 하나에 해당하는 경우에는 그러하지 아니하다.
가. 애자공사에 의하여 전개된 곳에 다음의 전선을 시설하는 경우
 ① 전기로용 전선
 ② 전선의 피복 절연물이 부식하는 장소에 시설하는 전선
나. 버스덕트공사에 의하여 시설하는 경우
다. 라이팅덕트공사에 의하여 시설하는 경우
라. 접촉 전선을 시설하는 경우 **답** ①

89 발열선을 도로, 주차장 또는 조영물의 조영재에 고정시켜 시설하는 경우 발열선에 전기를 공급하는 전로의 대지전압은 몇 [V] 이하이어야 하는가?

① 100   ② 150
③ 200   ④ 300

풀이 241.12 도로 등의 전열장치
가. 발열선에 전기를 공급하는 전로의 대지전압은 300[V] 이하일 것.
나. 발열선은 그 온도가 80[℃]를 넘지 아니하도록 시설할 것. 다만, 도로 또는 옥외주차장에 금속피복을 한 발열선을 시설할 경우에는 발열선의 온도를 120[℃]이하로 할 수 있다.
다. 발열선은 다른 전기설비·약전류전선 등 또는 수관·가스관이나 이와 유사한 것에 전기적·자기적 또는 열적인 장해를 주지 아니하도록 시설할 것. **답** ④

90 석유류를 저장하는 장소의 전등배선에 사용하지 않는 공사방법은?

① 케이블공사   ② 금속관공사
③ 애자공사   ④ 합성수지관공사

풀이 242.4 위험물 등이 존재하는 장소
셀룰로이드·성냥·석유류 기타 타기 쉬운 위험한 물질을 제조하거나 저장하는 곳에 시설하는 저압 옥내 전기설비는 다음에 따르고 또한 위험의 우려가 없도록 시설하여야 한다.
가. 이동전선은 접속점이 없는 0.6/1[kV] EP 고무 절연 클로로프렌 캡타이어 케이블 또는 0.6/1[kV] 비닐 절연 비닐캡타이어 케이블을 사용할 것.
나. 저압 옥내배선 등은 **합성수지관공사**(두께 2[mm] 미만의 합성수지 전선관 및 난연성이 없는 콤바인덕트관을 사용하는 것을 제외한다)·**금속관공사** 또는 **케이블공사**에 의할 것. **답** ③

91 특고압 가공전선로의 경간은 지지물이 철탑인 경우 몇 [m] 이하이어야 하는가? (단, 단주가 아닌 경우이다.)

① 400   ② 500
③ 600   ④ 700

풀이 333.21 특고압 가공전선로의 경간 제한
특고압 가공전선로의 경간은 표에서 정한 값 이하이어야 한다.

지지물의 종류	경간
목주·A종 철주 또는 A종 철근 콘크리트주	150[m]
B종 철주 또는 B종 철근 콘크리트주	250[m]
철탑	600[m] (단주인 경우에는 400[m])

답 ③

92 금속덕트공사에 의한 저압 옥내배선에서, 금속덕트에 넣은 전선의 단면적의 합계는 덕트 내부 단면적의 얼마이하이어야 하는가?

① 20[%] 이하   ② 30[%] 이하
③ 40[%] 이하   ④ 50[%] 이하

풀이 232.31 금속덕트공사
금속덕트에 넣은 전선의 단면적(절연피복의 단면적을 포함한다)의 합계는 덕트의 내부 단면적의 20[%](전광표시 기타 이와 유사한 장치 또는 제어회로 등의 배선만을 넣는 경우에는 50[%]) 이하일 것. **답** ①

93 사용 전압이 35[kV] 이하인 특고압 가공 전선과 가공약전류 전선을 동일 지지물에 시설하는 경우 특고압 가공전선로의 보안공사로 알맞은 것은?

① 고압 보안공사
② 제1종 특고압 보안공사
③ 제2종 특고압 보안공사
④ 제3종 특고압 보안공사

풀이 333.19 특고압 가공전선과 가공약전류전선 등의 공용설치
사용전압이 35[kV] 이하인 특고압 가공전선과 가공약전류전선 등을 동일 지지물에 시설하는 경우에는 다음에 따라야 한다.
가. 특고압 가공전선로는 **제2종 특고압 보안공사**에 의할 것.
나. 특고압 가공전선은 가공약전류전선 등의 위로하고 별개의 완금류에 시설할 것.
다. 특고압 가공전선은 케이블인 경우 이외에는 인장강도 21.67[kN] 이상의 연선 또는 단면적이 50[mm²] 이상인 경동연선일 것.
라. 특고압 가공전선과 가공약전류전선 등 사이의 이격거리는 2[m] 이상으로 할 것. 다만, 특고압 가공전선이 케이블인 경우에는 0.5[m]까지로 감할 수 있다.   답 ③

94 가공전선로에 사용하는 지지물의 강도 계산에 적용하는 풍압하중의 종별로 알맞은 것은?

① 갑종, 을종, 병종
② A종, B종, C종
③ 1종, 2종, 3종
④ 수평, 수직, 각도

풀이 331.6 풍압하중의 종별과 적용
가공전선로에 사용하는 지지물의 강도 계산에 적용하는 풍압하중은 다음의 3종으로 한다.
가. **갑종 풍압하중**
구성재의 수직 투영면적 1[m²]에 대한 풍압을 기초로 하여 계산한 것.
나. **을종 풍압하중**
전선 기타의 가섭선 주위에 두께 6[mm], 비중 0.9의 빙설이 부착된 상태에서 수직 투영면적 372[Pa](다도체를 구성하는 전선은 333[Pa]), 그 이외의 것은 갑종 풍압하중의 2분의 1을 기초로 하여 계산한 것.
다. **병종 풍압하중**
갑종 풍압하중의 2분의 1을 기초로 하여 계산한 것.   답 ①

95 플로어덕트공사에 의한 저압 옥내배선에서 단선을 사용하여도 되는 전선(동선)의 단면적은 최대 몇 [mm²]인가?

① 2.5[mm²] ② 4[mm²]
③ 6[mm²]   ④ 10[mm²]

풀이 232.32 플로어덕트공사
플로어덕트공사에 의한 저압 옥내 배선은 다음 각호에 의하여 시설한다.
가. 전선은 절연전선(옥외용 비닐 절연전선을 제외한다)일 것.
나. **전선은 연선일 것. 다만, 단면적 10[mm²]**(알루미늄선은 단면적 16[mm²]) **이하인 것은 그러하지 아니하다.**
다. 플로어덕트 안에는 전선에 접속점이 없도록 할 것. 다만, 전선을 분기하는 경우에 접속점을 쉽게 점검할 수 있을 때에는 그러하지 아니하다.   답 ④

96 발전소에서 개폐기 또는 차단기에 사용하는 압축공기 장치는 수압을 연속하여 10분간 가하여 시험하였을 때 최고 사용압력 몇 배의 수압에 견디고 새지 않아야 하는가?

① 1.1배   ② 1.25배
③ 1.5배   ④ 2배

풀이 341.15 압축공기계통
발전소 · 변전소 · 개폐소 또는 이에 준하는 곳에서 개폐기 또는 차단기에 사용하는 압축공기장치는 **최고 사용압력의 1.5배의 수압**(최고 사용압력의 1.25배의 기압)을 연속하여 10분간 가하여 시험을 하였을 때에 이에 견디고 또한 새지 아니할 것.   답 ③

97 옥내에 시설하는 전동기가 과전류로 손상될 우려가 있을 경우 자동적으로 이를 저지하거나 경보하는 장치를 하여야 한다. 정격출력이 몇 [kW] 이하인 전동기에는 이와 같은 과부하 보호장치를 시설하지 않아도 되는가?

① 0.2   ② 0.75
③ 3   ④ 5

풀이 212.6.3 저압전로 중의 전동기 보호용 과전류보호장치의 시설
옥내에 시설하는 전동기에는 전동기가 손상될 우려가 있는 과전류가 생겼을 때에 자동적으로 이를 저지하거나 이를 경보하는 장치를 하여야 한다. 다만, 다음의 어

느 하나에 해당하는 경우에는 그러하지 아니하다.
가. 전동기를 운전 중 상시 취급자가 감시할 수 있는 위치에 시설하는 경우
나. 전동기의 구조나 부하의 성질로 보아 전동기가 손상될 수 있는 과전류가 생길 우려가 없는 경우
다. 단상전동기로써 그 전원측 전로에 시설하는 과전류차단기의 정격전류가 16[A](배선용 차단기는 20[A]) 이하인 경우
라. 정격 출력이 0.2[kW] 이하의 전동기   답 ①

98 전기욕기에 전기를 공급하는 전원 장치는 전기욕기용으로 내장되어 있는 2차측 전로의 사용전압을 몇 [V] 이하로 한정하고 있는가?

① 6
② 10
③ 12
④ 15

풀이 241.2 전기욕기
전기욕기에 전기를 공급하기 위한 전기욕기용 전원장치(내장되는 전원 변압기의 2차측 전로의 사용전압이 10[V] 이하의 것에 한한다)는 안전기준에 적합하여야 한다.   답 ②

99 방전등용 변압기의 2차 단락전류나 관등회로의 동작전류가 몇 [mA] 이하인 방전등을 시설하는 경우 방전등용 안정기의 외함 및 방전등용 전등기구의 금속제 부분에 옥내 방전등 공사의 접지공사를 하지 않아도 되는가? 단, 방전등용 안정기를 외함에 넣고 또한 그 외함과 방전등용 안정기를 넣을 방전등용 전등기구를 전기적으로 접속하지 않도록 시설한다고 한다.

① 25[mA]
② 50[mA]
③ 75[mA]
④ 100[mA]

풀이 234.11.5 접지
1. 방전등용 안정기의 외함 및 전등기구의 금속제부분에는 규정에 준하여 접지공사를 하여야 한다.
2. 상기의 접지공사는 다음에 해당될 경우는 생략할 수 있다.
   가. 관등회로의 사용전압이 대지전압 150[V] 이하의 것을 건조한 장소에서 시공할 경우
   나. 관등회로의 사용전압이 400[V] 이하 또는 변압기의 정격 2차 단락전류 혹은 회로의 동작전류가 50[mA] 이하의 것으로 안정기를 외함에 넣고, 이것을 조명기구와 전기적으로 접속되지 않도록 시설할 경우   답 ②

100 다음 통신설비의 식별표시에 대한 설명 중 옳지 않은 것은?

① 분기주, 인류주는 매 전주에 설비표시명판을 시설하여야 한다.
② 직선주는 전주 10경간마다 설비표시명판을 시설하여야 한다.
③ 전력구내 행거는 50[m] 간격으로 설비표시명판을 시설하여야 한다.
④ 모든 통신기기에는 식별이 용이하도록 인식용 표찰을 부착하여야 한다.

풀이 365.1 통신설비의 식별표시
통신설비의 식별은 다음에 따라 표시하여야 한다.
가. 모든 통신기기에는 식별이 용이하도록 인식용 표찰을 부착하여야 한다.
나. 통신사업자의 설비표시명판은 플라스틱 및 금속판 등 견고하고 가벼운 재질로 하고 글씨는 각인하거나 지워지지 않도록 제작된 것을 사용하여야 한다.
다. 설비표시명판 시설기준
  (1) 배전주에 시설하는 통신설비의 설비표시명판은 다음에 따른다.
    ㈎ **직선주는 전주 5경간마다 시설할 것.**
    ㈏ 분기주, 인류주는 매 전주에 시설할 것.
  (2) 지중설비에 시설하는 통신설비의 설비표시명판은 다음에 따른다.
    ㈎ 관로는 맨홀마다 시설할 것.
    ㈏ 전력구내 행거는 50[m] 간격으로 시설할 것.
   답 ②

2023년 1회 전기기사필기 (CBT 복원문제)

동일출판사 홈페이지에서 무료 동영상강의를 보실 수 있습니다.

1과목 - 전기자기

01 인덕턴스의 단위[H]와 같지 않은 것은?

① J/A·s
② Ω·s
③ Wb/A
④ J/A²

풀이 ② $v = L\dfrac{di}{dt}$ 관계식에서 $L = \dfrac{dt}{di}v$

$H = \left[\dfrac{\sec \cdot V}{A}\right] = \left[\sec \cdot \dfrac{V}{A}\right] = [\sec \cdot \Omega]$

③ $L = \dfrac{N\phi}{I}$ [Wb/A]

④ $W = \dfrac{1}{2}LI^2$ 에서 $L = \dfrac{2W}{I^2}$ [J/A²]   **답** ①

02 반지름 a인 접지 구형 도체와 점전하가 유전율 ϵ인 공간에서 각각 원점과 $(d, 0, 0)$인 점에 있다. 구형 도체를 제외한 공간의 전계를 구할 수 있도록 구형 도체를 영상 전하로 대치할 때의 영상 점전하의 위치는? 단, $d > a$ 이다.

① $\left(-\dfrac{a^2}{d}, 0, 0\right)$
② $\left(+\dfrac{a^2}{d}, 0, 0\right)$
③ $\left(0, +\dfrac{a^2}{d}, 0\right)$
④ $\left(+\dfrac{d^2}{4a}, 0, 0\right)$

풀이 영상 전하의 위치는 구의 중심으로부터 점전하쪽 방향으로 $\dfrac{a^2}{d}$ 만큼 떨어진 곳이다.   **답** ②

03 그림에서 질량 m[kg], 전기량 q[C]인 대전입자가 속도 v[m/sec]로 지면에 수직인 균등자장 B[Wb/m²]에 들어올 때 입자는 원운동을 시작한다. 이 원운동의 각속도 ω는 몇 [rad/sec]인가?

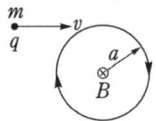

① $\omega = \dfrac{qB}{2\pi m}$
② $\omega = \dfrac{qB}{m}$
③ $\omega = \dfrac{2\pi m}{qB}$
④ $\omega = mqB$

풀이 전자의 질량은 m, 궤도의 반지름을 r이라고 하면 전하에 작용하는 힘 F와 원심력 F_0는 평형이므로

$F = F_0$, $\mu_0 evH = \dfrac{mv^2}{r}$, $r = \dfrac{mv^2}{\mu_0 evH} = \dfrac{mv}{eB}$ [m]

$\therefore \omega = \dfrac{v}{r} = \dfrac{eBv}{mv} = \dfrac{eB}{m}$ [rad/s]   **답** ②

04 속도 v의 전자가 평등자계 내에 수직으로 들어갈 때, 이 전자에 대한 설명으로 옳은 것은?

① 구면위에서 회전하고 구의 반지름은 자계의 세기에 비례한다.
② 원운동을 하고 원의 반지름은 자계의 세기에 비례한다.
③ 원운동을 하고 원의 반지름은 자계의 세기에 반비례한다.
④ 원운동을 하고 원의 반지름은 전자의 처음 속도의 제곱에 비례한다.

풀이 평형 조건($F = F'$)에 의한 **궤도 반지름** $r = \dfrac{mv}{eB}$:

$r \propto \dfrac{v}{B}\left(= \dfrac{v}{\mu H}\right)$ 이므로 자계의 세기(H)에 반비례하고, 속도(v)에 비례 평등자계 내의 전자가 수직으로 입사하였을 때 전자의 운동은 전류의 방향과 반대 방향을 고려하여 플레밍의 왼손법칙을 적용하면 원의 중심으로 향하는 힘을 받는다. 즉, 운동 방향과 직각으로 힘을 받아 **등속 원운동**을 한다.   **답** ③

05 자화율(magnetic susceptibility) χ는 상자성체에서 일반적으로 어떤 값을 갖는가?

① $\chi = 0$
② $\chi = 1$
③ $\chi < 0$
④ $\chi > 0$

풀이 • 상자성체 : 자화율 $\chi > 0$, 비투자율 $\mu_s > 1$
• 반자성체 : 자화율 $\chi < 0$, 비투자율 $\mu_s < 1$ **답** ④

06 $x=0$인 무한평면을 경계면으로 하여 $x<0$인 영역에는 비유전율 $\epsilon_{r1}=2$, $x>0$인 영역에는 $\epsilon_{r2}=4$인 유전체가 있다. ϵ_{r1}인 유전체 내에서 전계 $E_1 = 20a_x - 10a_y + 5a_z$[V/m]일 때 $x>0$인 영역에 있는 ϵ_{r2}인 유전체 내에서 전속밀도 D_2[C/m²]는?
(단, 경계면상에는 자유전하가 없다고 한다.)

① $D_2 = \epsilon_0(20a_x - 40a_y + 5a_z)$
② $D_2 = \epsilon_0(40a_x - 40a_y + 20a_z)$
③ $D_2 = \epsilon_0(80a_x - 20a_y + 10a_z)$
④ $D_2 = \epsilon_0(40a_x - 20a_y + 20a_z)$

풀이

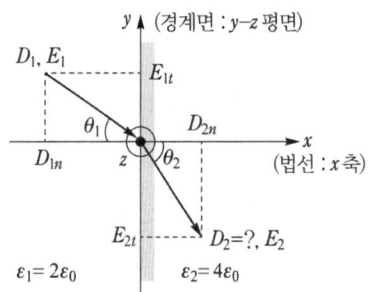

유전체의 경계조건에 의해 다음을 만족하며 그림으로부터 다음과 같이 표현된다.
① 경계면에서 전속밀도의 법선성분은 서로 같다. ($D_{1n} = D_{2n}$)
   법선성분은 x축이므로 $D_{1x} = D_{2x}$에 의해 $\epsilon_1 E_{1x} = \epsilon_2 E_{2x}$이다.
② 경계면에서 전계의 접선성분은 서로 같다. ($E_{1t} = E_{2t}$)
   접선성분은 y축이므로 $E_{1y} = E_{2y}$, $E_{1z} = E_{2z}$이다. ($y-z$평면은 경계면과 일치하므로 접선성분은 y, z축이 된다.)
③ 유전체 ϵ_2영역의 전계 E_2의 각 축성분 E_{2x}, E_{2y}, E_{2z}는
$E_{2x} = \frac{\epsilon_1}{\epsilon_2} E_{1x} = \frac{2\epsilon_0}{4\epsilon_0} \times 20 = 10$
$E_{2y} = E_{1y} = -10$
$E_{2z} = E_{1z} = 5$ 이므로
$E_2 = 10a_x - 10a_y + 5a_z$

따라서 전속밀도와 전계의 세기의 관계식 $D = \epsilon E$에 의해
$D_2 = \epsilon_2 E_2 = \epsilon_0 \epsilon_{r2} E_2 = 4\epsilon_0(10a_x - 10a_y + 5a_z)$
$= \epsilon_0(40a_x - 40a_y + 20a_z)$[C/m²] **답 ②**

07 전위 함수가 $V = 3xy + z + 1$[V]일 때 점 (4, -4, 4)에 있어서 전계의 세기[V/m]는?

① $i\,12 + j\,12 - k$
② $-i\,12 + j\,12 + k$
③ $-i - j - k$
④ $i\,12 - j\,12 - k$

풀이 $E = -\text{grad}\,V$
$= -\left(i\frac{\partial}{\partial x} + j\frac{\partial}{\partial y} + k\frac{\partial}{\partial z}\right)(3xy + z + 1)$
$= -(i\,3y + j\,3x + k)$
$\therefore [E]_{x=4,\,y=-4,\,z=4} = -(i\,3\times-4 + j\,3\times4 + k)$
$= i\,12 - j\,12 - k$ **답 ④**

08 평등 전계 중에 유전체 구에 의한 전속분포가 그림과 같이 되었을 때 ϵ_1과 ϵ_2의 크기 관계는?

① $\epsilon_1 > \epsilon_2$
② $\epsilon_1 < \epsilon_2$
③ $\epsilon_1 = \epsilon_2$
④ $\epsilon_1 \leq \epsilon_2$

풀이 전속선은 유전율이 큰 쪽으로 모이므로 $\epsilon_1 > \epsilon_2$이다. **답 ①**

09 자극의 세기가 8×10^{-6}[Wb], 길이가 3[cm]인 막대자석을 120[AT/m]의 평등 자계 내에 자력선과 30°의 각도로 놓으면 이 막대자석이 받는 회전력은 몇 [N·m]인가?

① 3.02×10^{-5}
② 3.02×10^{-4}
③ 1.44×10^{-5}
④ 1.44×10^{-4}

풀이 $T = MH\sin\theta = mlH\sin\theta$
$= 8 \times 10^{-6} \times 3 \times 10^{-2} \times 120 \times \sin 30°$
$= 1.44 \times 10^{-5}$[N·m] **답 ③**

10 반지름 2[mm]의 두 개의 무한히 긴 원통 도체가 중심 간격 2[m]로 진공 중에 평행하게 놓여 있을 때 1[km]당의 정전용량은 약 몇 [μF]인가?

① 1×10^{-3}[μF]
② 2×10^{-3}[μF]
③ 4×10^{-3}[μF]
④ 6×10^{-3}[μF]

[풀이] 두 도체 간 정전용량 $C_{AB} = \dfrac{\pi\epsilon_0}{\ln\dfrac{d-r}{r}}$ [F/m],

$d \gg r$ 일 때는 $C_{AB} = \dfrac{\pi\epsilon_0}{\ln\dfrac{d}{r}}$ [F/m]이므로

$\therefore C_{AB} = \dfrac{\pi \times 8.85 \times 10^{-12}}{\ln\dfrac{2}{2\times 10^{-3}}} \times \dfrac{1}{10^{-3}} = 4 \times 10^{-3}[\mu F]$

답 ③

11 그림과 같이 내구에 $+Q$[C], 외구에 $-Q$[C]의 전하로 두 개의 동심구 도체가 있다. 구 사이가 진공으로 되어 있을 때 동심구 사이의 정전용량 C[F]는?

① $2\pi\epsilon_0 \dfrac{ab}{b-a}$

② $4\pi\epsilon_0 \dfrac{ab}{b-a}$

③ $2\pi\epsilon_0 \cdot \dfrac{1}{\ln\left(\dfrac{b}{a}\right)}$

④ $4\pi\epsilon_0 \cdot \dfrac{1}{\ln\left(\dfrac{b}{a}\right)}$

[풀이] 동심구에 $\pm Q$[C]를 줄 때

전위차는 $V = \dfrac{Q}{4\pi\epsilon_0}\left(\dfrac{1}{a} - \dfrac{1}{b}\right)$이므로

$\therefore C = \dfrac{Q}{V} = \dfrac{4\pi\epsilon_0}{\dfrac{1}{a} - \dfrac{1}{b}} = 4\pi\epsilon_0 \dfrac{ab}{b-a}$ [F]

답 ②

12 유전체에 대한 경계조건에 대한 설명이 옳지 않은 것은?

① 표면전하 밀도란 구속전하의 표면밀도를 말하는 것이다.
② 완전 유전체 내에서는 자유전하는 존재하지 않는다.
③ 경계면에 외부전하가 있으면, 유전체의 내부와 외부의 전하는 평형 되지 않는다.
④ 특수한 경우를 제외하고 경계면에서 표면전하 밀도는 영(zero)이다.

[풀이] 표면전하 밀도란 분극전하의 표면밀도를 말하는 것이다.

답 ①

13 접지된 구도체와 점전하 간에 작용하는 힘은?

① 항상 흡인력이다.
② 항상 반발력이다.
③ 조건적 흡인력이다.
④ 조건적 반발력이다.

[풀이] 접지된 구도체에는 항상 점전하와 반대 극성인 전하가 유도되므로 항상 흡인력이 작용한다.

답 ①

14 진공 중에 놓인 Q[C]의 전하에서 발산되는 전기력선의 수는?

① Q ② ϵ_0

③ $\dfrac{Q}{\epsilon_0}$ ④ $\dfrac{\epsilon_0}{Q}$

[풀이]
- 진공 중에 놓인 Q[C]의 전하로부터 발산되는 전기력선 수는 가우스 정리에 의하여 $\int_s E\, dS = \dfrac{Q}{\epsilon_0}$[개]
- 유전체의 경우는 $\dfrac{Q}{\epsilon_0 \epsilon_s}$[개]이다.

답 ③

15 진공 중에서 점 $P(1, 2, 3)$ 및 점 $Q(2, 0, 5)$에 각각 300[μC], -100[μC]인 점전하가 놓여 있을 때 점전하 -100[μC]에 작용하는 힘은 몇 [N]인가?

① $10i - 20j + 20k$
② $10i + 20j - 20k$
③ $-10i + 20j + 20k$
④ $-10i + 20j - 20k$

[풀이]
- $r = (2-1)i + (0-2)j + (5-3)k = 1i - 2j + 2k$
- $r = \sqrt{1^2 + (-2)^2 + 2^2} = 3$[m]
- $r_0 = \dfrac{1}{3}(1i - 2j + 2k)$

$\therefore F = 9 \times 10^9 \times \dfrac{Q_1 Q_2}{r^2} r_0$

$= 9 \times 10^9 \times \dfrac{300 \times 10^{-6} \times (-100 \times 10^{-6})}{3^2}$

$\times \dfrac{1}{3}(1i - 2j + 2k)$

$= -30 \times \dfrac{1}{3}(1i - 2j + 2k)$

$= -10i + 20j - 20k$[N]

답 ④

16 내부 원통의 반지름이 a, 외부 원통의 반지름이 b인 동축 원통 콘덴서의 내외 원통 사이에 공기를 넣었을 때 정전용량이 C_1이었다. 내외 반지름을 모두 3배로 증가시키고 공기 대신 비유전율이 3인 유전체를 넣었을 경우의 정전용량 C_2는?

① $C_2 = \dfrac{C_1}{9}$ ② $C_2 = \dfrac{C_1}{3}$
③ $C_2 = 3C_1$ ④ $C_2 = 9C_1$

풀이 단위 길이당 정전용량 $C = \dfrac{2\pi\epsilon_0\epsilon_r}{\ln\dfrac{b}{a}}$[F/m]에서

공기의 $\epsilon_r = 1$이므로 $C_1 = \dfrac{2\pi\epsilon_0}{\ln\dfrac{b}{a}}$ 이다.

$\therefore C_2 = \dfrac{2\pi\epsilon_0 \times 3}{\ln\dfrac{3b}{3a}} = \dfrac{3 \times 2\pi\epsilon_0}{\ln\dfrac{b}{a}} = 3C_1$ **답** ③

17 평면 전자파에서 전계의 세기가
$E = 5\sin\omega\left(t - \dfrac{x}{v}\right)$[μV/m]인 공기 중에서의 자계의 세기는 몇 [μA/m]인가?

① $-\dfrac{5\omega}{v}\cos\omega\left(t - \dfrac{x}{v}\right)$
② $5\omega\cos\omega\left(t - \dfrac{x}{v}\right)$
③ $4.8 \times 10^2 \sin\omega\left(t - \dfrac{x}{v}\right)$
④ $1.3 \times 10^{-2} \sin\omega\left(t - \dfrac{x}{v}\right)$

풀이 $Z_0 = \dfrac{E}{H} = \sqrt{\dfrac{\mu_0}{\epsilon_0}} = \sqrt{\dfrac{4\pi \times 10^{-7}}{8.855 \times 10^{-12}}}$
$= 120\pi = 377[\Omega]$
$\therefore H = \dfrac{E}{Z_0} = \dfrac{1}{377} \times 5\sin\omega\left(t - \dfrac{x}{v}\right)$
$= 1.3 \times 10^{-2}\sin\omega\left(t - \dfrac{x}{v}\right)$[μA/m]   **답** ④

18 다음 중 기자력(magnetomotive force)에 대한 설명으로 틀린 것은?
① SI 단위는 암페어(A)이다.
② 전기회로의 기전력에 대응한다.
③ 자기회로의 자기저항과 자속의 곱과 동일하다.
④ 코일에 전류를 흘렸을 때 전류밀도와 코일의 권수의 곱의 크기와 같다.

풀이 기자력(F)은 전류(I)와 코일의 권수(N)의 곱의 크기와 같다. ($F = NI$[AT])   **답** ④

19 그림과 같은 회로에서 스위치를 최초 A에 연결하여 일정전류 I_o[A]를 흘린 다음, 스위치를 급히 B로 전환할 때 저항 $R[\Omega]$에는 1[s]간에 얼마만한 열량[cal]이 발생하는가?

① $\dfrac{1}{8.4}LI_o^2$
② $\dfrac{1}{4.2}LI_o^2$
③ $\dfrac{1}{2}LI_o^2$
④ LI_o^2

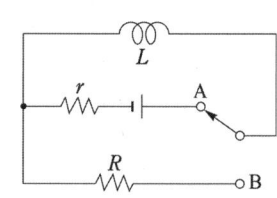

풀이 스위치를 전원에서 제거하면, L에 축적된 에너지가 R에서 열로 소모된다.
$1[J] = \dfrac{1}{4.2}$[cal]이므로,
$\therefore W = \dfrac{1}{2}LI^2[J] = \dfrac{1}{2}LI_0^2 \times \dfrac{1}{4.2}$[cal]
$= \dfrac{1}{8.4}LI_0^2$[cal]   **답** ①

20 두 평행판 축전기에 채워진 폴리에틸렌의 비유전율이 ϵ_r, 평행판간 거리 $d = 1.5$[mm]일 때, 만일 평행판 내의 전계의 세기가 10[kV/m]라면 평행판간 폴리에틸렌 표면에 나타난 분극전하밀도는?

① $\dfrac{\epsilon_r - 1}{18\pi} \times 10^{-5}$[C/m²]
② $\dfrac{\epsilon_r - 1}{36\pi} \times 10^{-6}$[C/m²]
③ $\dfrac{\epsilon_r}{18\pi} \times 10^{-5}$[C/m²]
④ $\dfrac{\epsilon_r - 1}{36\pi} \times 10^{-5}$[C/m²]

풀이 분극전하밀도 σ'는 분극의 세기 P와 같으므로
$$\sigma' = P = \epsilon_o(\epsilon_r - 1)E = \frac{10^7}{4\pi C^2} \times (\epsilon_r - 1) \times 10 \times 10^3$$
$$= \frac{10^7}{4\pi(3\times10^8)^2} \times (\epsilon_r - 1) \times 10^4$$
$$= \frac{10^{11}(\epsilon_r - 1)}{36\pi \times 10^{16}} = \frac{\epsilon_r - 1}{36\pi} \times 10^{-5} [C/m^2]$$
(단, 광속 $C = \frac{1}{\sqrt{\epsilon_o \mu_o}}$ 에서 $\epsilon_o = \frac{10^7}{4\pi C^2}$) **답** ④

2과목 - 전력공학

21 변전소 전압의 조정방법 중 LDC(Line Drop Compensator)의 역할은?

① 승압기로 저하된 전압을 보상
② 분로 리액터로 전압상승을 억제
③ 직렬 콘덴서로 선로 리액턴스를 보상
④ 선로의 전압강하를 고려하여 기준 전압을 조정

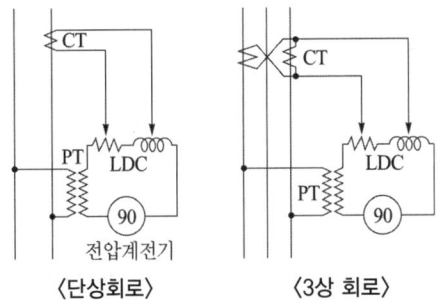

⟨단상회로⟩   ⟨3상 회로⟩

LDC(line drop compensator)는 부하전류에 의한 **배전선의 전압강하를 보상**하는 것인데 LRT(부하시 탭절환 변압기)의 제어회로에 이것을 부가해서 배전전압을 중부하시에는 높게, 경부하시에는 낮게 자동적으로 조정하여 일정한 전압이 되도록 한다. **답** ④

22 직접 접지방식이 초고압 송전선에 채용되는 이유 중 가장 적당한 것은?

① 지락고장 시 병행 통신선에 유기되는 유도 전압이 작기 때문에
② 지락시의 지락전류가 적으므로
③ 계통의 절연을 낮게 할 수 있으므로
④ 송전선의 안정도가 높으므로

풀이 직접 접지방식이 초고압 송전계통에 채용되는 이유는 1선 지락 시 전위 상승이 낮기 때문이다.
(계통의 절연비 절감 = 경제적) **답** ③

23 우리나라 22.9[kV] 배전선로에서 가장 많이 사용하는 배전 방식과 중성점 접지방식은?

① 3상 3선식 비접지
② 3상 4선식 비접지
③ 3상 3선식 다중접지
④ 3상 4선식 다중접지

풀이 ① 3상 4선식은 같은 회선에서 선간전압과 상전압의 양 전압을 이용할 수 있기 때문에 배전에서 많이 채용되고 있다.
② 전압별 중성점 접지방식
 • 22.9[kV] : 중성점 다중접지
 • 154, 345[kV] : 직접 접지
 • 22[kV] : 비접지
 • 66[kV] : 소호 리액터 접지 **답** ④

24 코로나 방지 대책으로 적당하지 않은 것은?

① 전선의 외경을 증가시킨다.
② 선간 거리를 증가시킨다.
③ 복도체 방식을 채용한다.
④ 가선 금구를 개량한다.

풀이 코로나 방지 대책
① 전선의 지름을 크게 한다.
② 복도체를 사용한다.
③ 가선 금구를 개량한다.
④ 가선시에 전선 표면의 금구를 손상하지 않게 한다.

방지 대책과 임계 전압 식에서 보면 모두 해당이 되나 **선간 거리를 증가**시키려면 철탑을 보강하여야 하므로 **경제적 측면에서 부적당**하다. **답** ②

25 한류리액터의 사용 목적은?

① 누설전류의 제한
② 단락전류의 제한
③ 접지전류의 제한
④ 이상전압 발생의 방지

풀이 리액터의 역할
- 한류 리액터 : 단락 전류를 제한
- 직렬 리액터 : 제5고조파 제거
- 분로 리액터 : 페란티 현상 방지
- 소호 리액터 : 지락 아크 소멸   **답** ②

26 400[kVA] 단상변압기 3대를 △-△결선으로 사용하다가 1대의 고장으로 V-V결선을 하여 사용하면 약 몇 [kVA] 부하까지 걸 수 있겠는가?

① 400 ② 566
③ 693 ④ 800

풀이 V결선시 3상출력 = $\sqrt{3} \times P_1$(단상 변압기 1대의 출력)
∴ $P_V = \sqrt{3} \times 400 ≒ 693$[kVA]   **답** ③

27 △결선의 3상 3선식 배전선로가 있다. 1선이 지락하는 경우 건전상의 전위상승은 지락 전의 몇 배인가?

① $\frac{\sqrt{3}}{2}$ ② 1
③ $\sqrt{2}$ ④ $\sqrt{3}$

풀이 △결선(비접지 계통)은 1선 지락시 전위 상승이 상전압(V_p)에서 선간 전압($\sqrt{3}\,V_p$)으로 된다.   **답** ④

28 송전 전력, 선간 전압, 부하 역률, 전력 손실 및 송전 거리를 동일하게 하였을 경우 3상 3선식과 단상 2선식의 총 전선량(중량)비는 얼마인가?

① 0.75 ② 0.87
③ 0.94 ④ 1.15

풀이
- 송전 전력은 동일하므로
  $\sqrt{3}\,VI_3\cos\theta = VI_1\cos\theta$ → $I_1 = \sqrt{3}\,I_3$
- 전력 손실이 동일하므로
  $3I_3^2 \rho \frac{l}{A_3} = 2I_1^2 \rho \frac{l}{A_1}$
  → $3I_3^2 \rho \frac{l}{A_3} = 2(\sqrt{3}\,I_3)^2 \rho \frac{l}{A_1}$

→ $A_3 = \frac{1}{2}A_1$

따라서 전선량(무게)비는

$\dfrac{3상3선식}{단상2선식} = \dfrac{3A_3 l\sigma}{2A_1 l\sigma} = \dfrac{3}{2} \times \dfrac{1}{2} = \dfrac{3}{4}$ **답** ①

29 송전단 전압 6600[V], 길이 2[km]의 3상3선식 배전선에 의해서 지상역률 0.8의 말단부하에 전력이 공급되고 있다. 부하단 전압이 6000[V]를 내려가지 않도록 하기 위해서 부하를 최대 몇 [kW]까지 허용할 수 있는가? (단, 선로 1선당 임피던스는 $Z = 0.8 + j0.4$[Ω/km]이다.)

① 818 ② 945
③ 1332 ④ 1636

풀이
- 길이 2[km] 이므로
  저항 $R = 0.8 \times 2 = 1.6$[Ω],
  리액턴스 $X = 0.4 \times 2 = 0.8$[Ω]
- $V_s - V_r = \sqrt{3}\,I(R\cos\theta + X\sin\theta)$에서

  부하전류 $I = \dfrac{V_s - V_r}{\sqrt{3}(R\cos\theta + X\sin\theta)}$

  $= \dfrac{6600 - 6000}{\sqrt{3}(1.6 \times 0.8 + 0.8 \times 0.6)}$

  $= 196.82$[A]

∴ $P = \sqrt{3}\,V_r I\cos\theta = \sqrt{3} \times 6000 \times 197 \times 0.8 \times 10^{-3}$
  $≒ 1636$[kW]   **답** ④

30 발열량 5000[kcal/kg]의 석탄을 사용하고 있는 화력발전소가 있다. 이 발전소의 종합효율이 30[%]라면, 30억[kWh]를 발생하는 데 필요한 석탄량은 몇 톤인가?

① 300,000 ② 500,000
③ 860,000 ④ 1,720,000

풀이 발전소의 열효율
$\eta = \dfrac{860W}{mH} \times 100$[%]

따라서 연료 소비량
$m = \dfrac{860W}{\eta H} = \dfrac{860 \times 30 \times 10^8}{0.3 \times 5,000} \times 10^{-3}$
$≒ 1,720,000$[t]   **답** ④

31 반지름이 r[m]인 3상 송전선 A, B, C가 그림과 같이 수평으로 D[m] 간격으로 배치되고 3선이 완전 연가된 경우 각 인덕턴스는 몇 [mH/km]인가?

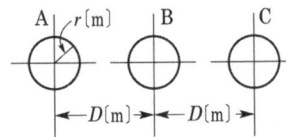

① $L = 0.05 + 0.4605 \log_{10} \dfrac{D}{r}$

② $L = 0.05 + 0.4605 \log_{10} \dfrac{\sqrt{2}\,D}{r}$

③ $L = 0.05 + 0.4605 \log_{10} \dfrac{\sqrt{3}\,D}{r}$

④ $L = 0.05 + 0.4605 \log_{10} \dfrac{\sqrt[3]{2}\,D}{r}$

풀이 등가 선간거리 $D_e = \sqrt[3]{D \cdot D \cdot 2D} = \sqrt[3]{2}\,D$ 이므로,

각 인덕턴스 $L = 0.05 + 0.4605 \log_{10} \dfrac{\sqrt[3]{2}\,D}{r}$ **답** ④

32 10000[kVA] 기준으로 등가 임피던스가 0.4[%]인 발전소에 설치될 차단기의 차단용량은 몇 [MVA]인가?

① 1000 ② 1500
③ 2000 ④ 2500

풀이 차단기의 차단용량
$P_s = \dfrac{100}{\%Z} P_n = \dfrac{100}{0.4} \times 10,000 \times 10^{-3}$
$= 2,500$[MVA] **답** ④

33 3상 3선식 가공전선로가 있다. 전선 한 가닥의 저항은 15[Ω], 리액턴스는 20[Ω]이고 수전단의 선간전압은 30[kV], 부하역률은 0.8(늦음)이다. 전압 강하율을 5[%]로 하면 이 송전선로 몇 [kW]까지 수전할 수 있는가?

① 1000 ② 1500
③ 2000 ④ 2500

풀이 $\epsilon = 0.05 = \dfrac{P}{V^2}(R + X\tan\theta)$

$\rightarrow 0.05 = \dfrac{P}{30,000^2}\left(15 + 20 \times \dfrac{0.6}{0.8}\right)$

$\therefore P = \dfrac{0.05 \times 30,000^2}{\left(15 + 20 \times \dfrac{0.6}{0.8}\right)} \times 10^{-3} = 1500$[kW] **답** ②

34 다음 중 지락전류의 크기가 최소인 중성점접지 방식은?

① 비접지 ② 소호 리액터접지
③ 직접 접지 ④ 고저항접지

풀이 지락전류의 크기 : 직접 접지 > 고저항 접지 > 비접지 > 소호 리액터 접지 순이다. **답** ②

35 다음 중 송전선로의 역섬락을 방지하기 위한 대책으로 가장 알맞은 방법은?

① 가공지선 설치 ② 피뢰기 설치
③ 매설지선 설치 ④ 소호각 설치

풀이 ① 가공지선 : 직격뢰의 차폐, 유도뢰의 정전차폐 및 통신선에 대한 전자유도 장해 경감
② 피뢰기 : 이상전압 침입 시 이를 방전시켜 기계기구를 보호
③ 매설지선 : 탑각 접지저항을 감소시켜 역섬락을 방지
④ 소호각 : 선로의 섬락으로부터 애자련의 보호 및 애자련의 전압분포 개선 **답** ③

36 송전용량이 증가함에 따라 송전선의 단락 및 지락전류도 증가하여 계통에 여러 가지 장해요인이 되고 있다. 이들의 경감대책으로 적합하지 않은 것은?

① 계통의 전압을 높인다.
② 고장 시 모선 분리 방식을 채용한다.
③ 발전기와 변압기의 임피던스를 작게 한다.
④ 송전선 또는 모선 간에 한류리액터를 삽입한다.

풀이 ① 고 임피던스 기기의 채용(발전기, 변압기 등)
② 한류 리액터의 채용(직렬리액터 방식, 분로리액터 방식)

③ 계통 분할방식(상시 분할방식, 사고시 분할방식)
④ 계통전압의 격상
단락전류 $I_s = \dfrac{E}{Z}$[A]이므로 임피던스가 작아지면 단락전류는 더 증가하게 된다. 답 ③

37 최근에 우리나라에서 많이 채용되고 있는 가스 절연 개폐 설비(GIS)의 특징으로 틀린 것은?

① 대기 절연을 이용한 것에 비해 현저하게 소형화할 수 있으나 비교적 고가이다.
② 소음이 적고 충전부가 완전한 밀폐형으로 되어 있기 때문에 안정성이 높다.
③ 가스 압력에 대한 엄중 감시가 필요하며 내부 점검 및 부품 교환이 번거롭다.
④ 한랭지, 산악 지방에서도 액화 방지 및 산화 방지 대책이 필요 없다.

풀이 GIS의 특징
(1) 장점
① 충전부가 대기에 노출되지 않아 기기의 안정성, 신뢰성이 우수하다.
② 감전 사고 위험이 적다.
③ 밀폐형이므로 배기 소음이 없다.
④ 소형화 가능하다.
⑤ 보수, 점검이 용이하다.
(2) 단점
① 사고의 대응이 부적절한 경우 대형사고 유발 우려가 있다.
② 고장 발생시 조기복구, 임시복구가 거의 불가능하다.
③ SF₆ 가스의 세심한 주의가 필요하며 내부 점검 및 부품 교환이 번거롭다.
④ 한랭지, 산악 지방에서 가스의 액화 방지 및 산화 방지 대책이 필요하다. 답 ④

38 수전단 전력 원선도의 전력 방정식이 $P_r^2 + (Q_r + 400)^2 = 250000$으로 표현되는 전력계통에서 가능한 최대로 공급할 수 있는 부하전력(P_r)과 이때 전압을 일정하게 유지하는데 필요한 무효전력(Q_r)은 각각 얼마인가?

① $P_r = 500$, $Q_r = -400$
② $P_r = 400$, $Q_r = 500$
③ $P_r = 300$, $Q_r = 100$
④ $P_r = 200$, $Q_r = -300$

풀이 ① 최대로 부하전력을 공급하려면 무효전력이 0 이어야 한다.
$P_r^2 + 0 = 500^2$, ∴ $P_r = 500$
② 전압을 일정하게 유지하기 위해서는 피상전력의 크기가 일정해야 한다.
$P_r^2 + (Q_r + 400)^2 = 250000$에서 부하전력 $P_r = 500$이므로 피상전력의 크기가 일정하기 위해서는 $Q_r + 400 = 0$ 이어야 한다.
∴ $Q_r = -400$ 답 ①

39 고압 배전선로의 중간에 승압기를 설치하는 주목적은?

① 역률 개선
② 전력 손실의 감소
③ 전압 변동률의 감소
④ 말단의 전압강하의 방지

풀이 고압 배전 선로의 길이가 길어서 전압강하가 너무 클 경우에 주상 변압기의 탭 조정만으로는 전압을 유지할 수 없는 경우가 생긴다. 이와 같은 경우에는 고압 배전 선로의 도중에 승압기를 설치해서 전압강하를 보상할 수 있다. 답 ④

40 유량의 크기를 구분할 때 갈수량이란?

① 하천의 수위 중에서 1년을 통하여 355일간 이보다 내려가지 않는 수위
② 하천의 수위 중에서 1년을 통하여 275일간 이보다 내려가지 않는 수위
③ 하천의 수위 중에서 1년을 통하여 185일간 이보다 내려가지 않는 수위
④ 하천의 수위 중에서 1년을 통하여 95일간 이보다 내려가지 않는 수위

풀이 ① : 갈수량 (갈수위)
② : 저수량 (저수위)
③ : 평수량 (평수위)
④ : 풍수량 (풍수위) 답 ①

3과목 - 전기기기

41 변압기 내부고장 검출을 위해 사용하는 계전기가 아닌 것은?

① 과전압계전기　② 비율차동계전기
③ 부흐홀츠계전기　④ 충격압력계전기

풀이 변압기 내부고장 검출용 계전기 : 차동계전기, 비율차동계전기, 압력계전기, 브흐홀츠계전기, 가스검출계전기
답 ①

42 외분권 차동복권발전기의 단자전압 V는? (단, Φ_s[Wb] : 직권계자권선에 의한 자속, Φ_f[Wb] : 분권계자의 자속, R_a[Ω] : 전기자의 저항, R_s[Ω] : 직권계자저항, I_a[A] : 전기자의 전류, I[A] : 부하전류, n[rps] : 속도, $k = \dfrac{PZ}{a}$ 이며 자기회로의 포화현상과 전기자 반작용은 무시한다.)

① $V = k(\Phi_f + \Phi_s)n - I_a R_a - I R_s$ [V]
② $V = k(\Phi_f - \Phi_s)n - I_a R_a - I R_s$ [V]
③ $V = k(\Phi_f + \Phi_s)n - I_a (R_a + R_s)$ [V]
④ $V = k(\Phi_f - \Phi_s)n - I_a (R_a + R_s)$ [V]

풀이 단자전압
$V = E - I_a(R_a + R_s)$[V] $= k\Phi n - I_a(R_a + R_s)$[V]
$\left(\because E = \dfrac{pZ}{a}\Phi n = k\Phi n\right)$
$= k(\Phi_f - \Phi_s)n - I_a(R_a + R_s)$[V]
(∵ 차동복권이므로 분권계자와 직권계자의 자속이 반대. $\Phi = \Phi_f - \Phi_s$)
답 ④

43 동기전동기에서 전기자 반작용을 설명한 것 중 옳은 것은?

① 공급전압보다 앞선 전류는 감자작용을 한다.
② 공급전압보다 뒤진 전류는 감자작용을 한다.
③ 공급전압보다 앞선 전류는 교차자화작용을 한다.
④ 공급전압보다 뒤진 전류는 교차자화작용을 한다.

풀이 동기전동기의 전기자 반작용
① 전압과 전류가 동상인 전류 : 횡축반작용(교차자화작용)
② 진상(앞선)인 전류 : 직축반작용(감자작용)
③ 지상(뒤진)인 전류 : 직축반작용(증자작용)
답 ①

44 3상 동기발전기의 각 상의 유기기전력에서 제3고조파를 제거할 수 있는 $\beta = \dfrac{코일간격}{극간격}$ 은? (단, 전기자 권선은 단절권으로 한다.)

① 0.11　② 0.33
③ 0.67　④ 1.34

풀이
• 제n고조파에 대한 단절 계수(코일 간격/극 간격)
$K_{pn} = \sin\dfrac{n\beta\pi}{2}$ 이므로 제3고조파에 대한 단절 계수
$K_{p3} = \sin\dfrac{3\beta\pi}{2}$ 이다.
• $\sin\theta$의 값이 0이 되기 위해서는 $\theta = 0, \pi, 2\pi, \cdots$ 가 되어야 한다.
• $\dfrac{3\beta\pi}{2}(=\theta)$ 가 $0, \pi, 2\pi, \cdots$ 이 되기 위한 β는 0, 0.67, 1.33, $\cdots$ 이나, 이 중에서 1보다 작고 가장 가까운 $\beta = 0.67$이 제일 적당하다.
답 ③

45 100[HP], 600[V], 1200[rpm]의 직류분권전동기가 있다. 분권계자저항이 400[Ω], 전기자저항이 0.22[Ω]이고 정격부하에서의 효율이 90[%]일 때 전부하 시의 역기전력은 약 몇 [V]인가?

① 550　② 570
③ 590　④ 610

풀이 전동기의 입력을 P 라고 하면
$P = \dfrac{100 \times 746}{0.9} = 82888$[W]
전부하전류 I는 $I = \dfrac{82888}{600} = 138$[A]
계자전류 I_f는 $I_f = \dfrac{600}{400} = 1.5$[A]
전기자 전류 I_a는
$I_a = I - I_f = 138 - 1.5 = 136.5$[A]
따라서 역기전력 E는
∴ $E = V - I_a R_a = 600 - 136.5 \times 0.22$
$≒ 570$[V]
답 ②

46 반작용 전동기의 용도에 가장 적합한 것은?

① 전기 시계 ② 선풍기
③ 펌프 ④ 엘리베이터

풀이 반작용 전동기는 자극만 있고 여자권선이 없는 회전자를 가진 일종의 동기전동기로서 출력은 작고 역률이 낮지만 직류전원을 필요로 하지 않으므로 **구조가 간단하여 전기시계 및 각종 측정장치용**으로 사용된다.

답 ①

47 단상 유도 전압 조정기의 1차 전압 100[V], 2차 100±30[V], 2차 전류는 50[A]이다. 이 조정 정격은 몇 [kVA]인가?

① 1.5 ② 3.5
③ 15 ④ 50

풀이 단상 유도 전압 조정기의 용량은

$$P = 부하\ 용량 \times \frac{승압\ 전압}{고압측\ 전압}$$
$$= 130 \times 50 \times \frac{30}{130} \times 10^{-3} = 1.5[kVA]$$

답 ①

48 부하 급변시 부하각과 부하 속도가 진동하는 난조 현상을 일으키는 원인이 아닌 것은?

① 원동기의 조속기 감도가 너무 예민한 경우
② 자속의 분포가 기울어져 자속의 크기가 감소한 경우
③ 전기자 회로의 저항이 너무 큰 경우
④ 원동기의 토크에 고조파가 포함된 경우

풀이 난조 방지법으로는 제동 권선을 사용하는 것이 적당하다.

원인	대책
원동기의 조속기 감도가 지나치게 예민한 경우	조속기를 적당히 조정
원동기의 토크에 고조파 토크가 포함된 경우	디젤 기관 등에 생기는 문제로 회전부의 플라이휠 효과를 적당히 선정
전기자 회로의 저항이 상당히 큰 경우	회로의 저항을 작게 하거나 리액턴스를 삽입
부하가 맥동할 때	회전부의 플라이휠 효과를 적당히 선정

답 ②

49 사이리스터를 이용한 교류전압제어 방식은?

① 위상제어 방식
② 레오나드 방식
③ 초퍼 방식
④ TRC(time ratio control) 방식

풀이 사이리스터의 점호각(α)을 조정하여 정류전압(E_d)을 가감하는 것을 위상제어 방식이라고 한다.

답 ①

50 3상 유도전동기의 원선도를 그리는 데 필요하지 않은 시험은?

① 슬립측정시험
② 구속시험
③ 무부하시험
④ 저항측정시험

풀이 원선도 작성에 필요한 시험은 변압기 특성 시험과 같으며, 저항 측정, 무부하시험, 구속시험이 있다. 슬립은 원선도 상에서 구할 수 있다.

답 ①

51 3상 유도전동기의 리액터 기동의 리액터 대신 저항을 넣어 기동하는 방식은?

① 콘돌퍼 방식
② 1차 저항 방식
③ 소프트 스타터 방식
④ Y-△ 방식

풀이 1차 저항 기동방식

리액터 기동방식에 **리액터 대신에 저항기를 사용**한 것으로서 전동기의 전원측에 직렬로 저항을 접속하고 전원전압을 낮게 감압하여 기동한 후 서서히 저항을 감소시켜 가속하고 전속도에 도달하면 이를 단락하는 방법이다.

이 방식은 주로 **소용량 전동기를 기동할 때 기계적 충격을 완화**하기 위해 사용하는 경우가 많다.

그러나 다른 방식에 비하여 기동효율이 떨어지며, 기동전류가 감소하는 비율보다도 기동토크의 감소율이 큰 관계로 무부하 또는 경부하 기동에 사용된다.

답 ②

52 동기발전기를 회전계자형으로 사용하는 이유 중 틀린 것은?

① 기전력의 파형을 개선한다.
② 계자극은 기계적으로 튼튼하게 만들기 쉽다.
③ 전기자권선은 전압이 높고 결선이 복잡하다.
④ 계자회로는 직류의 저압회로이며, 소요전력이 적다.

풀이 ① 동기기를 회전 계자형으로 하는 이유
- 전기자 권선은 전압이 높고 결선이 복잡하며, 대용량으로 되면 전류도 커지고, 3상 권선의 경우에는 4개의 도선을 인출하여야 한다.
- 계자 회로는 직류의 저압 회로이므로 소요 동력도 작으며, 인출 도선이 2개만 있어도 되기 때문이다.
- 계자극은 기계적으로 튼튼하게 만드는 데 용이하기 때문이다.
- 고장 시의 과도 안정도를 높이기 위하여 회전자의 관성을 크게 하기 쉽기 때문이기도 하다.

② 기전력의 파형을 개선하기 위해서는 전기자 권선을 단절권 및 분포권으로 한다. **답** ①

53 어떤 직류 발전기의 유기 기전력이 206[V]이다. 이것에 1.25[Ω]의 부하 저항을 연결하였을 때의 단자 전압은 195[V]이었다. 전기자 저항은 몇[Ω]인가?

① 0.0321 ② 0.0424
③ 0.0705 ④ 0.0894

풀이 $I = \dfrac{V}{R} = \dfrac{195}{1.25} = 156[A]$, $E = V + I r_a [V]$이므로

$\therefore r_a = \dfrac{E-V}{I} = \dfrac{206-195}{156} = 0.0705[\Omega]$ **답** ③

54 직류 분권 전동기가 있다. 단자 전압이 215[V], 전기자 전류가 50[A], 전기자의 전저항이 0.1[Ω], 회전 속도 1500[rpm]일 때 발생 토크[kg·m]를 구하여라.

① 6.82[kg·m] ② 6.68[kg·m]
③ 68.2[kg·m] ④ 66.8[kg·m]

풀이 역기전력
$E_c = V - I_a r_a = 215 - 50 \times 0.1 = 210[V]$

따라서 토크
$\tau = 0.975 \dfrac{P}{N} = 0.975 \dfrac{E_c I_a}{N} = 0.975 \times \dfrac{210 \times 50}{1500}$
$= 6.82[kg \cdot m]$ **답** ①

55 유도전동기에서 권선형 회전자에 비해 농형 회전자의 특성이 아닌 것은?

① 구조가 간단하고 효율이 좋다.
② 견고하고 보수가 용이하다.
③ 대용량에서 기동이 용이하다.
④ 중, 소형 전동기에 사용된다.

풀이 농형 유도전동기의 특성
① 농형 유도전동기는 권선형에 비해 구조가 간단하며 튼튼하다.
② 중, 소형 유도전동기에 널리 사용되며, 대형이 되면 기동 토크가 작아 기동이 곤란하게 된다. **답** ③

56 전원 주파수와 다른 주파수의 전력으로 변환시키는 장치는?

① 쵸퍼
② 사이클로 컨버터
③ 인버터
④ 컨버터

풀이 사이클로 컨버터란 정지 사이리스터 회로에 의해 전원 주파수와 다른 주파수의 전력으로 변환시키는 집적 회로 장치이다. **답** ②

57 3상 유도전동기에서 2차측 저항을 2배로 하면 그 최대 토크는 어떻게 되는가?

① 2배로 된다.
② $\dfrac{1}{2}$로 줄어든다.
③ $\sqrt{2}$배가 된다.
④ 변하지 않는다.

풀이
- 최대 토크는 2차 저항에 무관 $\left(T_m \propto \dfrac{V^2}{2x_2}\right)$
- 최대 토크를 발생하는 슬립만 2차 저항에 비례

$\left(s_m \fallingdotseq \pm \dfrac{r_2}{x_2}\right)$ **답** ④

58 변압기 단락시험에서 변압기의 임피던스 전압이란?

① 1차 전류가 여자전류에 도달했을 때의 2차 측 단자전압
② 1차 전류가 정격전류에 도달했을 때의 2차 측 단자전압
③ 1차 전류가 정격전류에 도달했을 때의 변압기 내의 전압강하
④ 1차 전류가 2차 단락전류에 도달했을 때의 변압기 내의 전압강하

풀이 변압기 2차측을 단락하고 1차측에 정격 주파수의 전압을 가하여 1차 전류를 측정한다. 전압을 서서히 증가시켜 **1차 전류가 정격전류와 같게 될 때 1차에 가한 전압을 임피던스 전압**이라 하며, **변압기 내의 전압강하를 의미한다.** 또한 이때의 입력을 임피던스와트(전부하 동손)라고 한다. **답** ③

59 스테핑 모터의 특징을 설명한 것으로 옳지 않은 것은?

① 위치제어를 할 때 각도 오차가 적고 누적되지 않는다.
② 속도제어 범위가 좁으며 초저속에서 토크가 크다.
③ 정지하고 있을 때 그 위치를 유지해주는 토크가 크다.
④ 가속, 감속이 용이하며 정·역전 및 변속이 쉽다.

풀이 스텝모터의 장·단점
[장점]
① 다른 서보모터와 달리 위치 및 속도를 검출하기 위한 장치가 필요 없다.
② 다른 디지털 기기와의 인터페이스가 쉽다.
③ 가속, 감속이 용이하며 정·역전 및 변속이 쉽다.
④ **속도제어 범위가 광범위하며**, 초저속에서 큰 토크를 얻을 수 있다.
⑤ 위치제어를 할 때 각도 오차가 적고 누적되지 않는다.
⑥ 정지하고 있을 때 그 위치를 유지해주는 토크가 크다.
⑦ 브러시, 슬립 링 등이 없고 부품수가 적기 때문에 유지 보수의 필요성이 적다.

[단점]
① 분해 조립, 또는 정지위치가 한정된다.
② 효율이 서보모터에 비해 나쁘다.
③ 마찰 부하의 경우 위치 오차가 크다.
④ 오버슈트 및 진동의 문제가 있다.
⑤ 대용량의 대형기는 만들기 어렵다. **답** ②

60 3상 권선형 유도전동기의 2차 회로의 한 상이 단선된 경우에 약간의 과부하 상태에서도 슬립이 50[%]인 곳에서 운전이 되는 것을 무엇이라 하는가?

① 차동기 운전
② 자기여자
③ 게르게스 현상
④ 난조

풀이 **게르게스 현상**이란 3상 권선형 유도전동기의 2차 회로 중 1선이 단선된 경우에 약간의 과부하 상태에서도 슬립 $s = 0.5$ 부근에서 가속되지 않는 현상을 말한다. **답** ③

4과목 - 회로이론 및 제어공학

61 신호흐름선도에서 전달함수 $\left(\dfrac{C(s)}{R(s)}\right)$는?

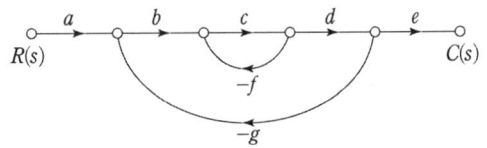

① $\dfrac{abcde}{1-cg-bcdg}$
② $\dfrac{abcde}{1-cf+bcdg}$
③ $\dfrac{abcde}{1+cf-bcdg}$
④ $\dfrac{abcde}{1+cf+bcdg}$

풀이 $G_1 = abcde$, $\Delta_1 = 1$, $L_{11} = -cf$, $L_{21} = -bcdg$
$\Delta = 1-(L_{11}+L_{21}) = 1+cf+bcdg$
$\therefore G = \dfrac{C}{R} = \dfrac{G_1 \Delta_1}{\Delta} = \dfrac{abcde}{1+cf+bcdg}$

별해
- 전향경로 이득 : $abcde$
- 루프 이득 : $-cf$, $-bcdg$

$G(s) = \dfrac{\sum 전향 경로 이득}{1-\sum 루프이득} = \dfrac{abcde}{1+cf+bcdg}$ **답** ④

62 다음 논리회로의 출력 X는?

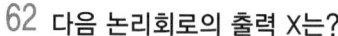

① A
② B
③ A+B
④ A · B

풀이 $X = (A+B) \cdot B = A \cdot B + B \cdot B$
$= A \cdot B + B = B(A+1) = B$

답 ②

63 $G(j\omega) = \dfrac{K}{j\omega(j\omega+1)}$ 의 나이퀴스트 선도를 도시한 것은? (단, $K > 0$이다.)

①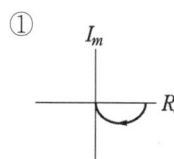
②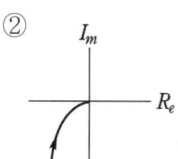
③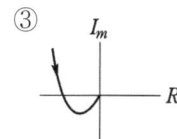
④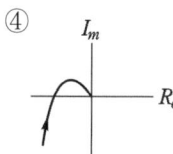

풀이
• 크기 $\lim_{\omega \to 0} |G(j\omega)| = \lim_{\omega \to 0} \left| \dfrac{K}{j\omega(j\omega+1)} \right|$
$= \lim_{\omega \to 0} \left| \dfrac{K}{j\omega} \right| = \infty$

• 위상각 $\lim_{\omega \to 0} \angle G(j\omega) = \lim_{\omega \to 0} \angle \dfrac{K}{j\omega(j\omega+1)}$
$= \lim_{\omega \to 0} \angle \dfrac{K}{j\omega} = -90°$

• 크기 $\lim_{\omega \to \infty} |G(j\omega)| = \lim_{\omega \to \infty} \left| \dfrac{K}{j\omega(j\omega+1)} \right|$
$= \lim_{\omega \to \infty} \left| \dfrac{K}{(j\omega)^2} \right| = 0$

• 위상각 $\lim_{\omega \to \infty} \angle G(j\omega) = \lim_{\omega \to \infty} \angle \dfrac{K}{j\omega(j\omega+1)}$
$= \lim_{\omega \to \infty} \angle \dfrac{K}{(j\omega)^2} = -180°$

답 ②

64 그림과 같은 신호흐름선도에서 전달함수 $\dfrac{Y(s)}{X(s)}$ 는 무엇인가?

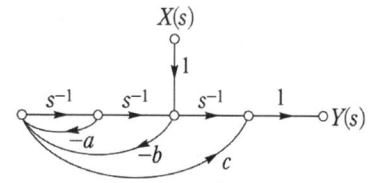

① $\dfrac{s+a}{s^2+as-b^2}$
② $\dfrac{-bcs^2+s}{s^2+as+b}$
③ $\dfrac{-bcs^2+s+a}{s^2+as}$
④ $\dfrac{-bcs^2+s+a}{s^2+as+b}$

풀이 ① 개로(전향 경로) : $-bc$, s^{-1}

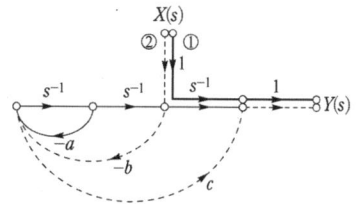

② 폐로 : $-as^{-1}$, $-bs^{-2}$

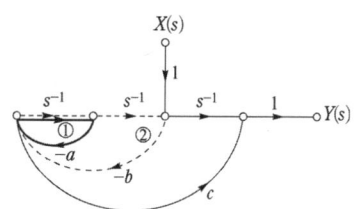

개로 중 비접촉 개로(s^{-1})와 폐로 중 독립 폐로($-as^{-1}$)가 존재하므로

$\therefore G(s) = \dfrac{Y(s)}{X(s)}$
$= \dfrac{\sum 개로 - (비접촉 개로 \times 독립 폐로)}{1 - \sum 폐로}$
$= \dfrac{-bc + s^{-1} - (s^{-1} \times -as^{-1})}{1 - (-as^{-1} - bs^{-2})}$
$= \dfrac{-bcs^2 + s + a}{s^2 + as + b}$

답 ④

65 그림과 같은 보드 선도를 갖는 계의 전달함수는?

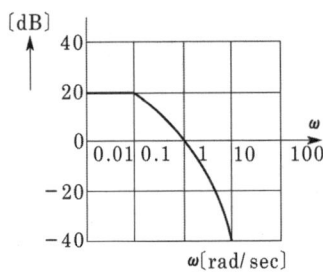

① $G(s) = \dfrac{10}{(s+1)(s+10)}$

② $G(s) = \dfrac{20}{(s+1)(5s+1)}$

③ $G(s) = \dfrac{5}{(s+1)(10s+1)}$

④ $G(s) = \dfrac{10}{(s+1)(10s+1)}$

풀이 $G(s) = \dfrac{10}{(s+1)(10s+1)}$의 보드 선도 이득 곡선은

$g[\mathrm{dB}] = 20\log\left|\dfrac{10}{(j\omega+1)(j10\omega+1)}\right|$

$\quad = 20\log\dfrac{10}{\sqrt{\omega^2+1}\sqrt{(10\omega)^2+1}}$

$\quad = 20\log 10 - 20\log\sqrt{\omega^2+1} - 20\log\sqrt{(10\omega)^2+1}$

① $\omega < 0.1$일 때 $g = 20 - 20\log 1 - 20\log 1 = 20[\mathrm{dB}]$

② $0.1 < \omega < 1$일 때 $g = 20 - 20\log 1 - 20\log 10\omega$
$\quad = 20 - 20\log 10 - 20\log\omega$
$\quad = -20\log\omega$이므로 $-20[\mathrm{dB/dec}]$

③ $\omega > 1$일 때 $g = 20 - 20\log\omega - 20\log 10\omega$
$\quad = 20 - 20\log 10 - 20\log\omega - 20\log\omega$
$\quad = -40\log\omega$이므로 $-40[\mathrm{dB/dec}]$

답 ④

66 $F(s) = \dfrac{2s+3}{s^2+3s+2}$의 시간 함수 $f(t)$는?

① $f(t) = e^{-t} - e^{-2t}$

② $f(t) = e^{-t} + e^{-2t}$

③ $f(t) = e^{-t} + 2e^{-2t}$

④ $f(t) = e^{-t} - 2e^{-2t}$

풀이 $F(s) = \dfrac{2s+3}{s^2+3s+2} = \dfrac{2s+3}{(s+1)(s+2)} = \dfrac{K_1}{s+1} + \dfrac{K_2}{s+2}$

$K_1 = \lim_{s \to -1}(s+1)F(s) = \left[\dfrac{2s+3}{s+2}\right]_{s=-1} = 1$,

$K_2 = \lim_{s \to -2}(s+2)F(s) = \left[\dfrac{2s+3}{s+1}\right]_{s=-2} = 1$

$F(s) = \dfrac{1}{s+1} + \dfrac{1}{s+2}$

$\therefore f(t) = \mathcal{L}^{-1}[F(s)] = \mathcal{L}^{-1}\left[\dfrac{1}{s+1} + \dfrac{1}{s+2}\right]$
$\quad = e^{-t} + e^{-2t}$

답 ②

67 $G(s)H(s) = \dfrac{K}{s(s+4)(s+5)}$에서 근궤적이 $j\omega$축과 교차하는 점은?

① $\omega = 4.48$

② $\omega = -4.48$

③ $\omega = 4.48, -4.48$

④ $\omega = 2.28$

풀이 특성 방정식은
$s(s+4)(s+5) + K = s^3 + 9s^2 + 20s + K = 0$
윗식의 루드 배열은

s^3	1	20
s^2	9	K (보조 방정식의 계수)
s^1	$\dfrac{180-K}{9}$	0
s^0	K	0

K의 임계값은 s^1의 제1열 요소를 0으로 놓아 얻을 수 있다.

$\dfrac{180-K}{9} = 0 \qquad \therefore K = 180$

허수축($j\omega$)을 끊은 점에서의 주파수 ω는
보조 방정식 $9s^2 + K = 0$에 $K = 180$을 대입하면
$9s^2 + 180 = 0$
$\therefore s = \pm j\sqrt{20} = \pm 4.48j$이므로
$\therefore \omega = \pm 4.48[\mathrm{rad/s}]$

답 ③

68 샘플러의 주기를 T라 할 때 s 평면상의 모든 점은 식 $z = e^{sT}$에 의하여 z 평면상에 사상된다. s 평면의 좌반평면상의 모든 점은 z 평면상 단위원의 어느 부분으로 mapping되는가?

① 내점   ② 외점
③ 원주상의 점   ④ z 평면 전체

풀이 ① s 평면의 허수축은 z 평면의 원점을 중심으로 한 단위원에 사상

② s 평면의 우반면은 z 평면의 원점을 중심으로 한 단위원 외부에 사상
③ s 평면의 좌반면은 z 평면의 원점을 중심으로 한 단위원 내부에 사상

답 ①

69 $T(s) = \dfrac{1}{s(s+10)}$ 인 선형 제어계에서 $\omega = 0.1$일 때 주파수 전달 함수의 이득[dB]은?

① -20 ② 0
③ 20 ④ 40

풀이 $g = 20\log|G(j\omega)|$
$= 20\log\left|\dfrac{1}{j\omega(j\omega+10)}\right| = 20\log\dfrac{1}{\omega\sqrt{\omega^2+10^2}}$
$= 20\log\dfrac{1}{0.1\sqrt{0.1^2+10^2}} \fallingdotseq 20\log 1 = 0[\text{dB}]$

답 ②

70 개루프 전달 함수 $G(s) = \dfrac{(s+2)}{(s+1)(s+3)}$ 인 부궤환 제어계의 특성 방정식은?

① $s^2 + 5s + 5 = 0$ ② $s^2 + 5s + 6 = 0$
③ $s^2 + 6s + 5 = 0$ ④ $s^2 + 4s + 3 = 0$

풀이 부궤환 제어계의 전달 함수는 $\dfrac{G(s)}{1+G(s)H(s)}$ 이고
특성 방정식은 $1+G(s)H(s) = 0$ 이다.
$1 + \dfrac{s+2}{(s+1)(s+3)} = 0$
$\therefore s^2 + 5s + 5 = 0$

답 ①

71 다음과 같은 비정현파 교류 전압 $v(t)$와 전류 $i(t)$에 의한 평균전력은 약 몇 [W]인가?

$v(t) = 200\sin 100\pi t + 80\sin\left(300\pi t - \dfrac{\pi}{2}\right)[\text{V}]$

$i(t) = \dfrac{1}{5}\sin\left(100\pi t - \dfrac{\pi}{3}\right)$
$\qquad\qquad + \dfrac{1}{10}\sin\left(300\pi t - \dfrac{\pi}{4}\right)[\text{A}]$

① 6.414 ② 8.586
③ 12.828 ④ 24.212

풀이 비정현파 전압과 전류가 주어지는 경우 전력은 같은 고조파 성분으로 구한다.
(주파수가 다르면 전력은 존재하지 않는다.)

$\therefore P = V_1 I_1 \cos\theta_1 + V_3 I_3 \cos\theta_3$
$= \dfrac{200}{\sqrt{2}} \cdot \dfrac{1}{5\sqrt{2}} \cdot \cos 60°$
$\quad + \dfrac{80}{\sqrt{2}} \cdot \dfrac{1}{10\sqrt{2}} \cdot \cos 45°$
$= 12.828[\text{W}]$

답 ③

72 전류의 대칭분을 I_0, I_1, I_2, 유기기전력을 E_a, E_b, E_c, 단자전압의 대칭분을 V_0, V_1, V_2라 할 때 3상 교류발전기의 기본식 중 정상분 V_1 값은? (단, Z_0, Z_1, Z_2는 영상, 정상, 역상 임피던스이다.)

① $-Z_0 I_0$ ② $-Z_2 I_2$
③ $E_a - Z_1 I_1$ ④ $E_b - Z_2 I_2$

풀이 발전기의 기본식
영상분 $V_0 = -Z_0 I_0$
정상분 $V_1 = E_a - Z_1 I_1$
역상분 $V_2 = -Z_2 \cdot I_2$

답 ③

73 그림의 교류 브리지 회로가 평형이 되는 조건은?

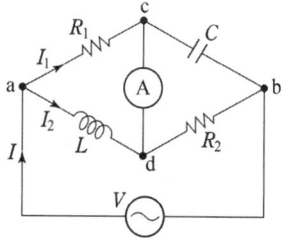

① $L = \dfrac{R_1 R_2}{C}$ ② $L = \dfrac{C}{R_1 R_2}$
③ $L = R_1 R_2 C$ ④ $L = \dfrac{R_2}{R_1} C$

풀이 브리지의 평형조건 : 서로 대각선으로 마주보고 있는 저항의 곱이 서로 같으면 평형이 된다.
$R_1 R_2 = \omega L \cdot \dfrac{1}{\omega C}$
$\therefore L = R_1 R_2 C$

답 ③

74 그림과 같이 접속된 회로에 평형 3상 전압 E [V]를 가할 때의 전류 I_1[A]은?

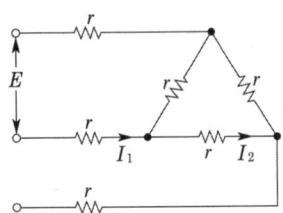

① $\dfrac{\sqrt{3}}{4E}$ ② $\dfrac{4E}{\sqrt{3}}$

③ $\dfrac{4r}{\sqrt{3}E}$ ④ $\dfrac{\sqrt{3}E}{4r}$

풀이

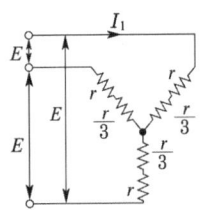

△를 Y로 환산하면 1상의 등가 저항 R은

$R = \dfrac{r^2}{r+r+r} = \dfrac{r^2}{3r} = \dfrac{r}{3}$

따라서 선전류 $I_1 = \dfrac{\frac{E}{\sqrt{3}}}{r+\frac{r}{3}} = \dfrac{\sqrt{3}E}{4r}$ **답** ④

75 그림과 같은 H형의 4단자 회로망에서 4단자 정수(전송 파라미터) A는? (단, V_1은 입력전압이고, V_2는 출력전압이고, A는 출력 개방 시 회로망의 전압이득 $\left(\dfrac{V_1}{V_2}\right)$이다.)

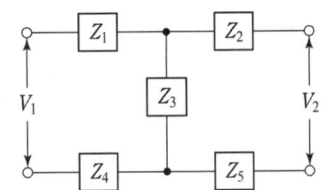

① $\dfrac{Z_1+Z_2+Z_3}{Z_3}$ ② $\dfrac{Z_1+Z_3+Z_4}{Z_3}$

③ $\dfrac{Z_2+Z_3+Z_5}{Z_3}$ ④ $\dfrac{Z_3+Z_4+Z_5}{Z_3}$

풀이 Z_1과 Z_4, Z_2와 Z_5는 직렬이므로,

$\begin{bmatrix} A & B \\ C & D \end{bmatrix} = \begin{bmatrix} 1 & Z_1+Z_4 \\ 0 & 1 \end{bmatrix} \begin{bmatrix} 1 & 0 \\ \frac{1}{Z_3} & 1 \end{bmatrix} \begin{bmatrix} 1 & Z_2+Z_5 \\ 0 & 1 \end{bmatrix}$

$= \begin{bmatrix} \dfrac{Z_1+Z_3+Z_4}{Z_3} & Z_1+Z_4+\dfrac{(Z_2+Z_5)(Z_1+Z_3+Z_4)}{Z_3} \\ \dfrac{1}{Z_3} & \dfrac{Z_2+Z_3+Z_5}{Z_3} \end{bmatrix}$

답 ②

76 분포 정수 회로가 무왜 선로로 되는 조건은? 단, 선로의 단위 길이당 저항을 R, 인덕턴스를 L, 정전 용량을 C, 누설 컨덕턴스를 G라 한다.

① $RC = LG$ ② $RL = CG$

③ $R = \sqrt{\dfrac{L}{C}}$ ④ $R = \sqrt{LC}$

풀이 선로의 분포 정수 R, L, G, C가 0이 아닌 경우 전송 파형의 변함이 없는 무왜 조건은

$\dfrac{R}{L} = \dfrac{G}{C}$, $RC = LG$인 경우이다.   **답** ①

77 그림과 같은 회로에서 스위치 S를 $t = 0$에서 닫을 때 $t = 0$에서의 전류 $i(0)$[A]는? (단, $V_C(0)$는 C의 초기전압이며 20[V]이다.)

① 0   ② 4   ③ 5   ④ 10

풀이 $t = 0$이므로

$i(0) = \dfrac{E}{R} = \dfrac{V - V_C(0)}{R} = \dfrac{100-20}{20} = 4$[A]   **답** ②

78 그림과 같은 회로에서 $E = 80 \angle 0°$[V]이다. I의 크기[A]는?

① 1.1   ② 2.3   ③ 10.3   ④ 11.3

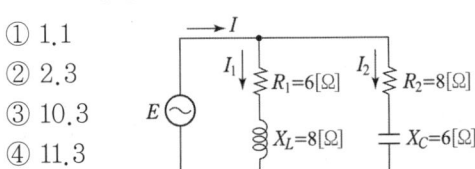

풀이 $I = I_1 + I_2 = \dfrac{80}{6+j8} + \dfrac{80}{8-j6}$
$= \dfrac{80(6-j8)}{(6+j8)(6-j8)} + \dfrac{80(8+j6)}{(8-j6)(8+j6)}$
$= 0.8(6-j8) + 0.8(8+j6)$
$= 0.8(14-j2) = 11.3\angle -8.1 [A]$ 답 ④

79 다음 회로의 4단자 정수는?

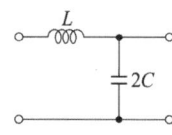

① $A = 1 + 2\omega^2 LC,\ B = j2\omega C,\ C = j\omega L,\ D = 0$
② $A = 1 - 2\omega^2 LC,\ B = j\omega L,\ C = j2\omega C,\ D = 1$
③ $A = 2\omega^2 LC,\ B = j\omega L,\ C = j2\omega C,\ D = 1$
④ $A = 2\omega^2 LC,\ B = j2\omega C,\ C = j\omega L,\ D = 0$

풀이 $\begin{bmatrix} A & B \\ C & D \end{bmatrix} = \begin{bmatrix} 1 & Z_1 \\ 0 & 1 \end{bmatrix} \begin{bmatrix} 1 & 0 \\ \dfrac{1}{Z_2} & 1 \end{bmatrix} = \begin{bmatrix} 1 & j\omega L \\ 0 & 1 \end{bmatrix} \begin{bmatrix} 1 & 0 \\ j2\omega C & 1 \end{bmatrix}$
$= \begin{bmatrix} 1 - 2\omega^2 LC & j\omega L \\ j2\omega C & 1 \end{bmatrix}$ 답 ②

80 개루프 전달함수가 다음과 같은 제어시스템의 근궤적이 $j\omega$(허수)축과 교차할 때 K는 얼마인가?

$$G(s)H(s) = \dfrac{K}{s(s+3)(s+4)}$$

① 30   ② 48
③ 84   ④ 180

풀이 특성 방정식은
$s(s+3)(s+4) + K = s^3 + 7s^2 + 12s + K = 0$
윗 식의 루드 배열은

s^3	1	12
s^2	7	K
s^1	$\dfrac{84-K}{7}$	0
s^0	K	0

K의 임계값은 s^1의 제1열 요소를 0으로 놓아 얻을 수 있다.
$\dfrac{84-K}{7} = 0$
$\therefore K = 84$ 답 ③

5과목 - 전기설비기술기준

81 다음 중 케이블트렌치에 적합한 구조가 아닌 것은?

① 케이블트렌치의 바닥 및 측면에는 방수처리하고 물이 고이지 않도록 할 것
② 케이블트렌치는 외부에서 고형물이 들어가지 않도록 IP2X 이상으로 시설할 것
③ 케이블트렌치의 뚜껑, 받침대 등 금속재는 방식처리를 하지 않도록 할 것
④ 케이블트렌치 굴곡부 안쪽의 반경은 통과하는 전선의 허용곡률반경 이상이어야 하고 배선의 절연피복을 손상시킬 수 있는 돌기가 없는 구조일 것

풀이 232.24 케이블트렌치는 다음에 적합한 구조이어야 한다.
가. 케이블트렌치의 바닥 또는 측면에는 전선의 하중에 충분히 견디고 전선에 손상을 주지 않는 받침대를 설치할 것
나. 케이블트렌치의 뚜껑, 받침대 등 **금속재는 내식성의 재료이거나 방식처리를 할 것**
다. 케이블트렌치 굴곡부 안쪽의 반경은 통과하는 전선의 허용곡률반경 이상이어야 하고 배선의 절연피복을 손상시킬 수 있는 돌기가 없는 구조일 것
라. 케이블트렌치의 뚜껑은 바닥 마감면과 평평하게 설치하고 장비의 하중 또는 통행하중 등 충격에 의하여 변형되거나 파손되지 않도록 할 것
마. 케이블트렌치의 바닥 및 측면에는 방수처리하고 물이 고이지 않도록 할 것
바. 케이블트렌치는 외부에서 고형물이 들어가지 않도록 IP2X 이상으로 시설할 것   답 ③

82 전주외등에 사용하는 조명기구로서 적합하지 않은 것은?

① 기구의 부착밴드 및 부착용 부속금구류는 쉽게 뗄 수 없는 것일 것.
② 기구는 「전기용품 및 생활용품 안전관리법」에 적합한 것.
③ 기구는 전구를 쉽게 갈아 끼울 수 있는 구조일 것.
④ 기구의 인출선은 도체단면적이 0.75[mm²] 이상일 것.

풀이 234.10 전주외등
234.10.2 조명기구 및 부착금구
조명기구(이하 "기구"라 한다) 및 부착금구는 다음에 적합하여야 한다.
1. 기구는 「전기용품 및 생활용품 안전관리법」또는 「산업표준화법」에 적합한 것.
2. 기구는 광원의 손상을 방지하기 위하여 원칙적으로 갓 또는 글로브가 붙은 것.
3. 기구는 전구를 쉽게 갈아 끼울 수 있는 구조일 것.
4. 기구의 인출선은 도체단면적이 0.75[mm²] 이상일 것.
5. 기구의 부착밴드 및 부착용 부속금구류는 아연도금하여 방식 처리한 강판제 또는 스테인레스제이고, 또한 **쉽게 부착할 수도 있고 뗄 수도 있는 것일 것**.
6. 가로등, 보안등에 LED 등기구를 사용하는 경우에는 KS C 7658(LED 가로등 및 보안등기구의 안전 및 성능요구사항)에 적합한 것을 시설할 것. **답** ①

83 유도장해 방지에 대한 설명으로 옳지 않은 것은?

① 교류 특고압 가공전선로에서 발생하는 극저주파 전자계는 지표상 1[m]에서 전계가 3.5[kV/m] 이하, 자계가 83.3[μT] 이하가 되도록 시설하여야 한다.
② 직류 특고압 가공전선로에서 발생하는 직류전계는 지표면에서 25[kV/m] 이하가 되도록 하여야 한다.
③ 직류 특고압 가공전선로에서 발생하는 직류자계는 지표상 1[m]에서 1,000,000[μT] 이하가 되도록 시설하여야 한다.
④ 전력보안 통신설비는 가공전선로로부터의 정전유도작용 또는 전자유도작용에 의하여 사람에게 위험을 줄 우려가 없도록 시설하여야 한다.

풀이 기술기준 제3조
직류자계(DC Magnetic Fields)란 0[Hz]인 직류전로에서 형성되는 정자계(Static Magnetic Fields)를 말한다.
기술기준 제17조(유도장해 방지)
① 교류 특고압 가공전선로에서 발생하는 극저주파 전자계는 지표상 1[m]에서 전계가 3.5[kV/m] 이하, 자계가 83.3[μT] 이하가 되도록 시설하고, 직류 특고압 가공전선로에서 발생하는 직류전계는 지표면에서 25[kV/m] 이하, **직류자계는 지표상 1[m]에서 400,000[μT] 이하가 되도록 시설**하는 등 상시 정전유도(靜電誘導) 및 전자유도(電磁誘導) 작용에 의하여 사람에게 위험을 줄 우려가 없도록 시설하여야 한다. 다만, 논밭, 산림 그 밖에 사람의 왕래가 적은 곳에서 사람에 위험을 줄 우려가 없도록 시설하는 경우에는 그러하지 아니하다.
② 특고압의 가공전선로는 전자유도작용이 약전류전선로(전력보안 통신설비는 제외한다)를 통하여 사람에 위험을 줄 우려가 없도록 시설하여야 한다.
③ 전력보안 통신설비는 가공전선로로부터의 정전유도작용 또는 전자유도작용에 의하여 사람에 위험을 줄 우려가 없도록 시설하여야 한다. **답** ③

84 특고압 가공 전선로의 전선으로 케이블을 사용하는 경우의 시설로서 틀린 것은?

① 케이블은 조가용선에 행거로서 시설한다.
② 케이블은 조가용선에 접촉시키고 비닐 테이프 등을 30[cm] 이상의 간격으로 감아 붙인다.
③ 조가용선은 단면적 22[mm²]의 아연도 강연선 이상의 세기 및 굵기의 연선을 사용한다.
④ 조가용선 및 케이블의 피복에 사용한 금속체에는 접지 공사를 한다.

풀이 333.3 특고압 가공케이블의 시설
특고압 가공전선로는 그 전선에 케이블을 사용하는 경우에는 다음에 따라 시설하여야 한다.
가. 케이블은 다음의 어느 하나에 의하여 시설할 것.
  ① 조가용선에 행거에 의하여 시설할 것. 이 경우에 행거의 간격은 0.5[m] 이하로 하여 시설하여야 한다.
  ② 조가용선에 접촉시키고 그 위에 쉽게 부식되지 아니하는 **금속 테이프 등을 0.2[m] 이하의 간격**을 유지시켜 나선형으로 감아 붙일 것.
나. 조가용선은 인장강도 13.93[kN] 이상의 연선 또는 단면적 22[mm²] 이상의 아연도강연선일 것.
다. 조가용선 및 케이블의 피복에 사용하는 금속체에는 규정에 준하여 접지공사를 할 것. **답** ②

85. 주택용 배선차단기의 순시트립범위에 해당하지 않은 것은? 단, 여기서 I_n은 차단기 정격전류이다.

① $3I_n$ 초과 ~ $5I_n$ 이하
② $5I_n$ 초과 ~ $10I_n$ 이하
③ $10I_n$ 초과 ~ $20I_n$ 이하
④ $20I_n$ 초과 ~ $30I_n$ 이하

풀이 212.3.4 보호장치의 특성
순시트립에 따른 구분(주택용 배선차단기)

형	순시트립범위
B	$3I_n$ 초과 ~ $5I_n$ 이하
C	$5I_n$ 초과 ~ $10I_n$ 이하
D	$10I_n$ 초과 ~ $20I_n$ 이하

비고 1. B, C, D : 순시트립전류에 따른 차단기 분류
2. I_n : 차단기 정격전류

답 ④

86. 다음 중 전로의 중성점 접지의 목적으로 거리가 먼 것은?

① 대지전압의 저하
② 이상전압의 억제
③ 손실전력의 감소
④ 보호장치의 확실한 동작의 확보

풀이 322.5 전로의 중성점의 접지
① 보호 장치의 확실한 동작의 확보
② 이상 전압의 억제
③ 대지전압의 저하를 위하여
전로의 중성점에 접지공사를 한다. **답** ③

87. 최대 사용전압이 6600[V]인 3상 발전기의 권선과 대지 사이의 절연내력 시험전압은 최대 사용전압의 몇 배인가?

① 1.75 ② 1.0
③ 1.25 ④ 1.5

풀이 133 회전기 및 정류기의 절연내력

종류		시험전압	시험방법
회전기	발전기·전동기·조상기·기타회전기	7[kV] 이하	1.5배 (최저 500[V])	권선과 대지 사이에 연속하여 10분간
		7[kV] 초과	1.25배 (최저 10,500[V])	
	회전 변류기		직류측의 최대 사용 전압의 1배의 교류 전압(최저 500[V])	

답 ④

88. 배전 선로의 전압이 22900[V]이며 중성선에 다중 접지하는 전선로의 절연 내력 시험 전압은 최대 사용 전압의 몇 배인가?

① 0.72 ② 0.92
③ 1.1   ④ 1.25

풀이 132 전로의 절연저항 및 절연내력

전로의 종류	접지방식	시험전압 (최대사용 전압의 배수)	최저 시험전압
1. 7[kV] 이하인 전로		1.5배	
2. 7[kV] 초과 25[kV] 이하	다중접지	0.92배	
3. 7[kV] 초과 60[kV] 이하 (2란의 것 제외)		1.25배	10.5[kV]
4. 60[kV] 초과	비접지	1.25배	
5. 60[kV] 초과 (6란, 7란의 것 제외)	접지식	1.1배	75[kV]
6. 60[kV] 초과(7란의 것 제외)	직접접지	0.72배	
7. 170[kV] 초과(발전소 또는 변전소 혹은 이에 준하는 장소에 시설하는 것.)	직접접지	0.64배	

답 ②

89. 단상교류 25,000[V]인 경우 전차선로의 충전부와 차량 간의 동적 절연이격 거리는 몇 [mm] 이상인가?

① 25   ② 100
③ 150 ④ 170

풀이 431.3 전차선로의 충전부와 차량 간의 최소 절연이격

시스템 종류	공칭전압(V)	동적(mm)	정적(mm)
직류	750	25	25
	1,500	100	150
단상교류	25,000	170	270

답 ④

90 터널 안의 전선로의 저압전선이 그 터널 안의 다른 저압전선(관등회로의 배선은 제외한다.)·약전류전선 등 또는 수관·가스관이나 이와 유사한 것과 접근하거나 교차하는 경우, 저압전선을 애자공사에 의하여 시설하는 때에는 이격거리가 몇 [cm] 이상이어야 하는가? (단, 전선이 나전선이 아닌 경우이다.)

① 10   ② 15
③ 20   ④ 25

풀이 335.2 터널 안 전선로의 전선과 약전류전선 등 또는 관 사이의 이격거리
터널 안의 전선로의 저압전선이 그 터널 안의 다른 저압전선(관등회로의 배선은 제외한다.)·약전류전선 등 또는 수관·가스관이나 이와 유사한 것과 접근하거나 교차하는 경우, **저압전선을 애자공사에 의하여 시설하는 때에는 이격거리가 0.1[m]**(나전선인 경우에는 0.3[m]) 이상이어야 한다.   **답** ①

91 전기철도차량에 전력을 공급하는 전차선의 가선방식에 포함되지 않는 것은?

① 가공방식   ② 강체방식
③ 제3레일방식   ④ 지중조가선방식

풀이 431.1 전차선 가선방식
전차선의 가선방식은 열차의 속도 및 노반의 형태, 부하전류 특성에 따라 적합한 방식을 채택하여야 하며, **가공방식, 강체방식, 제3레일방식을 표준으로 한다.**   **답** ④

92 전기철도의 설비를 위한 보호협조 사항으로 옳지 않은 것은?

① 전차선로용 애자를 섬락사고로부터 보호하고 접지전위 상승을 억제하기 위하여 적정한 보호설비를 구비하여야 한다.
② 보호계전방식은 신뢰성, 선택성, 협조성, 적절한 동작, 양호한 감도, 취급 및 보수점검이 용이하도록 구성하여야 한다.
③ 가공 선로측에서 발생한 지락 및 사고전류의 파급을 방지하기 위하여 피뢰기를 설치하여야 한다.
④ 급전선로는 안정도 향상, 자동복구, 정전시간 감소를 위하여 COS를 구비하여야 한다.

풀이 451 설비보호의 일반사항
451.1 보호협조
1. 사고 또는 고장의 파급을 방지하기 위하여 계통 내에서 발생한 사고전류를 검출하고 차단장치에 의해서 신속하고 순차적으로 차단할 수 있는 보호시스템을 구성하며 설비계통 전반의 보호협조가 되도록 하여야 한다.
2. 보호계전방식은 신뢰성, 선택성, 협조성, 적절한 동작, 양호한 감도, 취급 및 보수점검이 용이하도록 구성하여야 한다.
3. **급전선로는 안정도 향상, 자동복구, 정전시간 감소를 위하여 보호계전방식에 자동재폐로 기능을 구비하여야 한다.**
4. 전차선로용 애자를 섬락사고로부터 보호하고 접지전위 상승을 억제하기 위하여 적정한 보호설비를 구비하여야 한다.
5. 가공 선로측에서 발생한 지락 및 사고전류의 파급을 방지하기 위하여 피뢰기를 설치하여야 한다.   **답** ④

93 풀용 수중 조명등에 전기를 공급하기 위하여 사용되는 절연 변압기 1차측 및 2차측 전로의 사용 전압은 각각 최대 몇 [V]인가?

① 300, 100   ② 400, 150
③ 200, 150   ④ 600, 300

풀이 234.14 수중조명등
수영장 기타 이와 유사한 장소에 사용하는 수중조명등(이하 "수중조명등"이라 한다)
에 전기를 공급하기 위해서는 절연변압기를 사용하고, 그 사용전압은 다음에 의하여야 한다.
1. 절연변압기의 1차측 전로의 사용전압은 400[V] 이하일 것.
2. 절연변압기의 2차측 전로의 사용전압은 150[V] 이하일 것.   **답** ②

94 2차측 개방 전압이 1만 볼트인 절연 변압기를 사용한 전격 살충기는 전격 격자가 지표 상 또는 마루 위 몇 [m] 이상의 높이에 설치하여야 하는가?

① 1.5   ② 1.8
③ 2.8   ④ 3.5

풀이 241.7 전격살충기
전격살충기는 다음에 의하여 시설하여야 한다.
가. 전격살충기의 전격격자는 지표 또는 바닥에서 3.5[m] 이상의 높은 곳에 시설할 것. 다만, 2차측 개방전압이 7[kV] 이하의 절연변압기를 사용하고 보호

격자에 사람이 접촉될 경우 절연변압기의 1차측 전로를 자동적으로 차단하는 보호장치를 시설한 것은 지표 또는 바닥에서 1.8[m]까지 감할 수 있다.
나. 전격살충기의 전격격자와 다른 시설물(가공전선은 제외한다) 또는 식물과의 이격거리는 0.3[m] 이상일 것.
답 ④

95 가공전선로의 지지물에 사용하는 지선의 시설과 관련된 내용으로 틀린 것은?

① 지선에 연선을 사용하는 경우 소선(素線) 3가닥 이상의 연선 일 것
② 지선의 안전율은 2.5 이상, 허용 인장하중의 최저는 3.31[kN]으로 할 것
③ 지선에 연선을 사용하는 경우 소선의 지름이 2.6[mm] 이상의 금속선을 사용한 것일 것
④ 가공전선로의 지지물로 사용하는 철탑은 지선을 사용하여 그 강도를 분담시키지 않을 것

풀이 331.11 지선의 시설
가. 가공전선로의 지지물로 사용하는 철탑은 지선을 사용하여 그 강도를 분담시켜서는 안 된다.
나. 지선의 안전율은 2.5 이상일 것. 이 경우에 허용 인장하중의 최저는 4.31[kN]으로 한다.
다. 지선에 연선을 사용할 경우에는 다음에 의할 것.
① 소선 3가닥 이상의 연선일 것.
② 소선의 지름이 2.6[mm] 이상의 금속선을 사용한 것일 것.
답 ②

96 사용전압이 170[kV] 이하의 변압기를 시설하는 변전소로서 기술원이 상주하여 감시하지는 않으나 수시로 순회하는 경우 기술원이 상주하는 장소에 경보장치를 시설하지 않아도 되는 경우는?

① 옥내 및 옥외변전소에 화재가 발생한 경우
② 제어회로의 전압이 현저히 저하한 경우
③ 운전조작에 필요한 차단기가 자동적으로 차단한 후 재폐로한 경우
④ 수소냉각식 조상기는 그 조상기 안의 수소의 순도가 90[%] 이하로 저하한 경우

풀이 351.9 상주 감시를 하지 아니하는 변전소의 시설
다음의 경우에는 변전제어소 또는 기술원이 상주하는 장소에 경보장치를 시설할 것.

가. 운전조작에 필요한 차단기가 자동적으로 차단한 경우(차단기가 재폐로한 경우를 제외한다)
나. 주요 변압기의 전원측 전로가 무전압으로 된 경우
다. 제어 회로의 전압이 현저히 저하한 경우
라. 옥내 및 옥외변전소에 화재가 발생한 경우
마. 출력 3,000[kVA]를 초과하는 특고압용 변압기는 그 온도가 현저히 상승한 경우
바. 특고압용 타냉식변압기는 그 냉각장치가 고장난 경우
사. 조상기는 내부에 고장이 생긴 경우
아. 수소냉각식조상기는 그 조상기 안의 수소의 순도가 90% 이하로 저하한 경우, 수소의 압력이 현저히 변동한 경우 또는 수소의 온도가 현저히 상승한 경우
자. 가스절연기기의 절연가스의 압력이 현저히 저하한 경우
답 ③

97 전기철도차량의 회생제동 사용을 중단해야 하는 경우가 아닌 것은?

① 전차선로 지락이 발생한 경우
② 회생전력을 다른 전기장치에서 흡수할 수 있는 경우
③ 전차선로에서 전력을 받을 수 없는 경우
④ 선로전압이 장기 과전압 보다 높은 경우

풀이 441.5 회생제동
1. 전기철도차량은 다음과 같은 경우에 회생제동의 사용을 중단해야 한다.
   가. 전차선로 지락이 발생한 경우
   나. 전차선로에서 전력을 받을 수 없는 경우
   다. 선로전압이 장기 과전압 보다 높은 경우
2. 회생전력을 다른 전기장치에서 흡수할 수 없는 경우에는 전기철도차량은 다른 제동시스템으로 전환되어야 한다.
3. 전기철도 전력공급시스템은 회생제동이 상용제동으로 사용이 가능하고 다른 전기철도차량과 전력을 지속적으로 주고받을 수 있도록 설계되어야 한다.
답 ②

98 급전용변압기는 교류 전기철도의 경우 어떤 변압기의 적용을 원칙으로 하고, 급전계통에 적합하게 선정하여야 하는가?

① 3상 정류기용 변압기
② 단상 정류기용 변압기
③ 3상 스코트결선 변압기
④ 단상 스코트결선 변압기

풀이 421.4 변전소의 설비
1. 변전소 등의 계통을 구성하는 각종 기기는 운용 및 유지보수성, 시공성, 내구성, 효율성, 친환경성, 안전성 및 경제성 등을 종합적으로 고려하여 선정하여야 한다.
2. 급전용 변압기는 직류 전기철도의 경우 3상 정류기용 변압기, 교류 전기철도의 경우 **3상 스코트결선 변압기**의 적용을 원칙으로 하고, 급전계통에 적합하게 선정하여야 한다. 답 ③

99 저·고압가공전선이 철도를 횡단하는 경우 레일면상에서 몇 [m] 이상으로 유지 되어야 하는가?

① 5.5
② 6
③ 6.5
④ 7.0

풀이 332.5 고압 가공전선의 높이
222.7 저압 가공전선의 높이
저·고압 가공전선의 높이는 다음에 따라야 한다.

설치장소		가공전선의 높이
도로횡단(번잡하지 않은 도로 제외)		지표상 6[m] 이상
철도 또는 궤도횡단		레일면상 6.5[m] 이상
횡단 보도교 위	저압	노면상 3.5[m] 이상. 단, 절연전선의 경우 3[m] 이상
	고압	노면상 3.5[m] 이상
일반장소		지표상 5[m] 이상. 단, 저압의 경우 절연전선 또는 케이블을 사용하여 교통에 지장이 없도록 하여 옥외조명용에 공급하는 경우 4[m]까지 감할 수 있다.
다리의 하부 기타 이와 유사한 장소		저압의 전기철도용 급전선은 지표상 3.5[m]까지로 감할 수 있다.

답 ③

100 배전선로에서의 전력보안통신설비를 하여야 하는 곳의 기준으로 틀린 것은?

① 154[kV] 계통 구간(가공, 지중, 해저)
② 22.9[kV] 계통에 연결되는 분산전원형 발전소
③ 폐회로 배전 등 신 배전방식 도입 개소
④ 배전자동화, 원격검침, 부하감시 등 지능형전력망 구현을 위해 필요한 구간

풀이 362.1 전력보안통신설비의 시설 요구사항
배전선로에서 전력보안통신설비의 시설 장소는 다음에 따른다.
가. **22.9[kV]계통 배전선로 구간(가공, 지중, 해저)**
나. 22.9[kV]계통에 연결되는 분산전원형 발전소
다. 폐회로 배전 등 신 배전방식 도입 개소
라. 배전자동화, 원격검침, 부하감시 등 지능형전력망 구현을 위해 필요한 구간 답 ①

2023년 2회 전기기사필기 (CBT 복원문제)

동일출판사 홈페이지에서 무료 동영상강의를 보실 수 있습니다.

1과목 - 전기자기

01 0.2[Wb/m²]의 평등 자계 속에 자계와 직각 방향으로 놓인 길이 30[cm]의 도선을 자계와 30°각의 방향으로 30[m/s]의 속도로 이동시킬 때 도체 양단에 유기되는 기전력은 몇 [V]인가?

① $0.9\sqrt{3}$　　② 0.9
③ 1.8　　　　　④ 90

풀이 유기 기전력
$e = Blv\sin\theta = 0.2 \times 0.3 \times 30 \times \sin 30°$
$= 0.9[V]$　　답 ②

02 2[cm]의 간격을 가진 두 평행 도선에 1000[A]의 전류가 흐를 때 도선 1[m]마다 작용하는 힘 [N/m]은?

① 5　　② 10
③ 15　　④ 20

풀이 $F = \dfrac{\mu_0 I_1 I_2}{2\pi r} = \dfrac{2I^2}{r} \times 10^{-7} = \dfrac{2 \times 1000^2}{2 \times 10^{-2}} \times 10^{-7}$
$= 10[N/m]$　　답 ②

03 면전하 밀도가 $\sigma[C/m^2]$인 대전 도체가 진공 중에 놓여 있을 때 도체 표면에 작용하는 정전 응력[N/m²]의 크기 및 방향은?

① $\dfrac{\sigma^2}{\epsilon_0}$, 도체 외부　② $\dfrac{\sigma^2}{\epsilon_0}$, 도체 내부
③ $\dfrac{\sigma^2}{2\epsilon_0}$, 도체 외부　④ $\dfrac{\sigma^2}{2\epsilon_0}$, 도체 내부

풀이 정전 응력(f)은 도체 표면에 작용하는 단위 면적당 힘을 의미하고, 도체 표면에서의 전속밀도 $D = \sigma\ [C/m^2]$의 관계로부터 정전 응력은

$f = \dfrac{1}{2}DE = \dfrac{1}{2}\epsilon_0 E^2 = \dfrac{1}{2}\dfrac{D^2}{\epsilon_0} = \dfrac{1}{2}\dfrac{\sigma^2}{\epsilon_0}[N/m^2]$

정전응력의 방향은 정전응력에서 σ^2이므로 전하의 부호에 관계없이 항상 외부로 향한다.　　답 ③

04 진공 중 한 변의 길이가 0.1[m]인 정삼각형의 3 정점 A, B, C에 각각 2.0×10^{-6}[C]의 점전하가 있을 때, 점 A의 전하에 작용하는 힘은 몇 [N]인가?

① $1.8\sqrt{2}$　　② $1.8\sqrt{3}$
③ $3.6\sqrt{2}$　　④ $3.6\sqrt{3}$

풀이

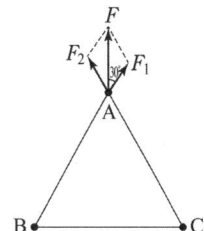

점 B에 있는 전하에 의한 작용력 F_1은
$F_1 = \dfrac{1}{4\pi\epsilon_0}\dfrac{Q_1 Q_2}{r^2} = 9 \times 10^9 \times \dfrac{(2 \times 10^{-6})^2}{0.1^2}$
$= 3.6[N]$

점 C에 있는 전하에 의한 작용력 F_2는 F_1과 크기는 같고 방향은 그림과 같다.

$\therefore F = F_1\cos\theta \times 2 = F_2\cos\theta \times 2$
$= 3.6 \times \cos 30° \times 2 = 3.6\sqrt{3}[N]$　　답 ④

05 무한장 솔레노이드의 내부 자계와 외부 자계에 대한 설명 중 옳은 것은?

① 내부 자계는 평등하고, 외부 자계는 0이다.
② 내부 자계는 0이고, 외부 자계는 평등하다.
③ 내부와 외부 자계의 세기는 같다.
④ 내부와 외부 자계의 세기는 0이다.

풀이
- 무한장 솔레노이드 내부 자계의 세기는 평등하며, 크기는 $H_i = n_0 I$ [AT/m]이다.
  (단 n_0는 단위 길이 당 코일 권수[회/m])
- 무한장 솔레노이드 외부 자계 $H_o = 0$ [AT/m]이다.

답 ①

---

06 비유전율 $\epsilon_s = 2.2$, 고유저항 $\rho = 10^{11}$ [Ω·m]인 유전체를 넣은 콘덴서의 용량이 20[μF]이었다. 여기에 500[kV]의 전압을 가하였을 때의 누설전류는 약 몇 [A]인가?

① 4.2
② 5.1
③ 54.5
④ 61.0

풀이
$RC = \rho\epsilon$, $R = \dfrac{\rho\epsilon}{C}$ [Ω]

$\therefore I = \dfrac{V}{R} = \dfrac{CV}{\rho\epsilon} = \dfrac{CV}{\rho\epsilon_0\epsilon_s}$

$= \dfrac{20 \times 10^{-6} \times 500 \times 10^3}{10^{11} \times 8.855 \times 10^{-12} \times 2.2}$

$= 5.13$ [A]

답 ②

---

07 두 매질의 경계면 사이 조건 중 옳은 것은?
(단, 경계면에 전하분포는 없다.)

① 유전체와 유전체 경계면의 전계 및 전속밀도의 접선성분은 서로 같다.
② 유전체와 유전체 경계면의 전계 및 전속밀도의 법선성분은 서로 같다.
③ 유전체와 도체 경계면의 전계의 접선성분은 0이다.
④ 유전체와 도체 경계면의 전계의 법선성분은 0이다.

풀이 (1) 두 매질의 경계면에서의 경계조건
- 전속밀도는 법선성분(수직성분)이 같다.
  ($D_{1n} = D_{2n}$, $D_1\cos\theta_1 = D_2\cos\theta_2$)
- 전계의 세기는 접선성분(수평성분)이 같다.
  ($E_{1t} = E_{2t}$, $E_1\sin\theta_1 = E_2\sin\theta_2$)
- 두 경계면에서의 전위는 서로 같다. ($V_1 = V_2$)
- 굴절의 법칙 : $\epsilon_1 > \epsilon_2$이면, $\theta_1 > \theta_2$이다.
  ($\dfrac{\tan\theta_1}{\tan\theta_2} = \dfrac{\epsilon_1}{\epsilon_2}$)

(2) 도체(매질 1) 와 유전체(매질 2)의 경계조건
- 도체내부의 전계는 0이므로 도체내부의 접선성분은 0이다. ($E_{1t} = 0$)

- 전계의 세기는 접선성분이 같고($E_{1t} = E_{2t}$), 경계면에서 전위가 같은 등전위면이므로 유전체의 접선성분도 0이다. ($E_{2t} = 0$)
- 따라서 도체와 유전체 경계면의 전계의 세기는 0이 된다. ($E_{1t} = E_{2t} = 0$, $\therefore E_t = 0$)

답 ③

---

08 평행판 콘덴서의 극판 사이에 유전율이 각각 ϵ_1, ϵ_2인 두 유전체를 반씩 채우고 극판 사이에 일정한 전압을 걸어줄 때 매질 (1), (2) 내의 전계의 세기 E_1, E_2 사이에 성립하는 관계로 옳은 것은?

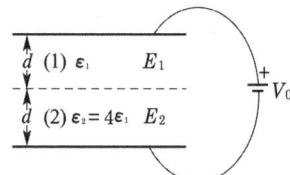

① $E_2 = 4E_1$
② $E_2 = 2E_1$
③ $E_2 = \dfrac{E_1}{4}$
④ $E_2 = E_1$

풀이 전계의 세기 $E \propto \dfrac{1}{\epsilon}$이고 $\epsilon_2 = 4\epsilon_1$이므로

$\dfrac{E_1}{E_2} = \dfrac{\epsilon_2}{\epsilon_1} = \dfrac{4\epsilon_1}{\epsilon_1} = 4$이다.

따라서 $E_2 = \dfrac{1}{4}E_1$

답 ③

---

09 내압 및 정전용량이 각각 1000[V]-2[μF], 700[V]-3[μF], 600[V]-4[μF], 300[V]-8[μF]인 4개의 커패시터가 있다. 이 커패시터들을 직렬로 연결하여 양단에 전압을 인가한 후 전압을 상승시키면 가장 먼저 절연이 파괴되는 커패시터는? (단, 커패시터의 재질이나 형태는 동일하다.)

① 1000[V]-2[μF]
② 700[V]-3[μF]
③ 600[V]-4[μF]
④ 300[V]-8[μF]

풀이 콘덴서를 직렬로 연결할 경우 전하용량이 적은 콘덴서부터 절연이 파괴된다.

$Q_1 = C_1 \times V_1 = 2 \times 10^{-6} \times 1000 = 2 \times 10^{-3} [C]$
$Q_2 = C_2 \times V_2 = 3 \times 10^{-6} \times 700 = 2.1 \times 10^{-3} [C]$
$Q_3 = C_3 \times V_3 = 4 \times 10^{-6} \times 600 = 2.4 \times 10^{-3} [C]$
$Q_4 = C_4 \times V_4 = 8 \times 10^{-6} \times 300 = 2.4 \times 10^{-3} [C]$
따라서, 전하용량이 가장 적은 1000[V], 2[μF]가 제일 먼저 절연이 파괴된다. 　　　　　**답** ①

10 전속밀도 D, 전계의 세기 E, 분극의 세기 P 사이의 관계식은?

① $P = D + \epsilon_0 E$
② $P = D - \epsilon_0 E$
③ $P = D(1 - \epsilon_0)E$
④ $P = \epsilon_0(D - E)$

풀이 전계 $E = \dfrac{\sigma - \sigma_p}{\epsilon_0} = \dfrac{D - P}{\epsilon_0}$[V/m]에서
전속밀도 $D = \epsilon_0 E + P$[C/m²]
그러므로 분극의 세기
$\boldsymbol{P = D - \epsilon_0 E} = \epsilon_0 \epsilon_s E - \epsilon_0 E$
$= \epsilon_0(\epsilon_s - 1)E$[C/m²] 　　　　　**답** ②

11 특성 임피던스가 각각 η_1, η_2인 두 매질의 경계면에 전자파가 수직으로 입사할 때 전계가 무반사로 되기 위한 가장 알맞은 조건은?

① $\eta_2 = 0$　　　　② $\eta_1 = 0$
③ $\eta_1 = \eta_2$　　　④ $\eta_1 \cdot \eta_2 = 1$

풀이 전자파의 반사계수 $R = \dfrac{\eta_2 - \eta_1}{\eta_1 + \eta_2}$ 이므로
무반사가 되기 위한 조건은 $R = \dfrac{\eta_2 - \eta_1}{\eta_1 + \eta_2} = 0$ 이다.
$\therefore \eta_1 = \eta_2$ 　　　　　**답** ③

12 구리의 고유저항은 20[℃]에서 1.69×10^{-8}[Ω·m]이고 온도계수는 0.00393이다. 단면적이 2[mm²]이고 100[m]인 구리선의 저항값은 40[℃]에서 약 몇 [Ω]인가?

① 0.91×10^{-3}　　② 1.89×10^{-3}
③ 0.91　　　　　　　④ 1.89

풀이 20[℃]에서의 구리의 저항
$R_0 = \rho \dfrac{l}{A} = 1.69 \times 10^{-8} \times \dfrac{100}{2 \times 10^{-6}} = 0.845$[Ω]
따라서 40[℃]에서의 구리선의 저항값
$R_t = R_0[1 + \alpha(t - 20)]$
$= 0.845 \times [1 + 0.00393 \times (40 - 20)]$
$= 0.91$[Ω] 　　　　　**답** ③

13 공기 중에서 2[V/m]의 전계의 세기에 의한 변위전류밀도의 크기를 2[A/m²]으로 흐르게 하려면 전계의 주파수는 약 몇 [MHz]가 되어야 하는가?

① 9000　　　　② 18000
③ 36000　　　④ 72000

풀이 변위전류밀도 $i_d = \omega \epsilon E$[A/m²]에서
$\omega = 2\pi f = \dfrac{i_d}{\epsilon E}$ 이므로
$\therefore f = \dfrac{i_d}{2\pi \epsilon_0 \epsilon_s E} = \dfrac{2}{2\pi \times \dfrac{1}{4\pi \times 9 \times 10^9} \times 1 \times 2} \times 10^{-6}$
$= 18000$[MHz] 　　　　　**답** ②

14 영구자석에 관한 설명으로 옳지 않은 것은?

① 한번 자화된 다음에는 자기를 영구적으로 보존하는 자석이다.
② 보자력이 클수록 자계가 강한 영구자석이 된다.
③ 잔류 자속밀도가 클수록 자계가 강한 영구자석이 된다.
④ 자석재료로 폐회로를 만들면 강한 영구자석이 된다.

풀이 자석 재료에 외부에서 큰 자계를 가해야 자화되어 영구자석이 된다. 　　　　　**답** ④

15 와류손을 줄이는 방법으로 옳은 것은?

① 투자율을 크게 한다.
② 철심의 저항률을 작게 한다.
③ 철판의 두께를 두껍게 한다.
④ 성층 철심을 사용한다.

풀이 자성체의 손실 감소법
- **와류손** : 성층 철심 사용(자속에 의한 와전류를 흐르지 못하도록 성층(적층)한 철심 사용)
- **히스테리시스손** : 규소 강판 사용(히스테리시스 면적을 감소시키기 위해 순철에 규소를 첨가한 재질로 변경)

답 ④

16 자기회로의 자기저항에 대한 설명으로 옳은 것은?

① 투자율에 반비례한다.
② 자기회로의 단면적에 비례한다.
③ 자기회로의 길이에 반비례한다.
④ 단면적에 반비례하고, 길이의 제곱에 비례한다.

풀이 자기저항 $R_m = \dfrac{l}{\mu_0 \mu_s S}$[AT/Wb]이므로 자기저항은 **투자율**(μ)과 단면적(S)에 반비례하고, 길이(l)에 비례한다.

답 ①

17 자기 회로에서 투자율[H/m]에 대응하는 것은 전기 회로에서 무엇인가?

① 자속   ② 기자력
③ 도전율 ④ 자기 저항

풀이 자기 회로와 전기 회로의 대응

자기 회로	전기 회로
자속 ϕ[Wb]	전류 I[A]
자계 H[A/m]	전계 E[V/m]
기자력 F[AT]	기전력 U[V]
자속 밀도 B[Wb/m²]	전류 밀도 i[A/m²]
투자율 μ[H/m]	**도전율** k[℧/m]
자기 저항 R_m[AT/Wb]	전기 저항 R[Ω]

답 ③

18 단면적이 균일한 환상철심에 권수 N_A인 A코일과 권수 N_B인 B코일이 있을 때, B코일의 자기 인덕턴스가 L_A[H]라면 두 코일의 상호 인덕턴스[H]는? (단, 누설자속은 0이다.)

① $\dfrac{L_A N_A}{N_B}$ ② $\dfrac{L_A N_B}{N_A}$

③ $\dfrac{N_A}{L_A N_B}$ ④ $\dfrac{N_B}{L_A N_A}$

풀이

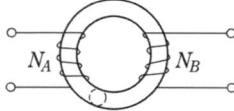

$R = \dfrac{N_A^2}{L_B} = \dfrac{N_A N_B}{M}$ 에서

- 자기 인덕턴스 $L_A = \dfrac{N_B^2}{R}$[H]
- 상호 인덕턴스 $M = \dfrac{N_A N_B}{R}$[H]

위의 두 식에서 R을 소거하면

$\therefore M = \dfrac{L_A N_A}{N_B}$[H]

답 ①

19 한 변의 길이가 10[cm]인 철선으로 정사각형을 만들고 직류 5[A]를 흘렸을 때 그 중심점의 자계의 세기[AT/m]는?

① 40   ② 45
③ 160   ④ 180

풀이

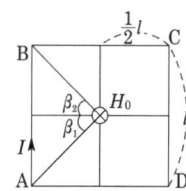

한 변 AB에 대한 중심점의 자계는

$H_{AB} = \dfrac{I}{4\pi a}(\sin\beta_1 + \sin\beta_2)$ 이므로 $a = \dfrac{l}{2}$,

$\sin\beta_1 = \sin\beta_2 = \sin 45° = \dfrac{1}{\sqrt{2}}$ 을 대입하면

$H_{AB} = \dfrac{I}{4\pi \left(\dfrac{l}{2}\right)} \times 2 \times \dfrac{1}{\sqrt{2}} = \dfrac{I}{\sqrt{2}\pi l}$[AT/m]

$\therefore H_0 = H_{AB} + H_{BC} + H_{CD} + H_{DA}$

$= 4H_{AB} = 4 \times \dfrac{I}{\sqrt{2}\pi l}$

$= \dfrac{2\sqrt{2}I}{\pi l} = \dfrac{2\sqrt{2} \times 5}{\pi \times 10 \times 10^{-2}} = \dfrac{\sqrt{2} \times 10^2}{\pi}$

$\fallingdotseq 45$[AT/m]

답 ②

20 다음 설명 중 잘못된 것은?

① 초전도체는 임계온도 이하에서 완전 반자성을 나타낸다.
② 자화의 세기는 단위면적 당의 자기 모멘트이다.
③ 상자성체에 자극 N극을 접근시키면 S극이 유도된다.
④ 니켈(Ni), 코발트(Co) 등은 강자성체에 속한다.

풀이 자성체의 양 단면의 단위면적에 발생한 자기량을 그 자성체에 대한 자화의 세기라고 하며, 자성체의 자화 정도를 정량적으로 표시할 수 있다.(자화의 세기는 단위면적 당의 자극의 세기 또는 단위체적 당의 자기모멘트로 표시할 수 있다.) **답** ②

2과목 - 전력공학

21 전선의 표피 효과에 대한 설명으로 알맞은 것은?

① 도전율이 클수록, 주파수가 높을수록 표피효과가 커진다.
② 도전율이 클수록, 주파수가 낮을수록 표피효과가 커진다.
③ 도전율이 작을수록, 주파수가 높을수록 표피효과가 커진다.
④ 도전율이 작을수록, 주파수가 낮을수록 표피효과가 커진다.

풀이 $\delta = \sqrt{\dfrac{2}{\omega\sigma\mu}} = \sqrt{\dfrac{1}{\pi f \sigma \mu}}$

따라서, f(주파수), σ(도전율), μ(투자율) 가 클수록 표피 두께(δ)가 감소하므로 **표피효과는 증대되어 도체의 실효저항이 증가한다.** **답** ①

22 송전선에 낙뢰가 가해져서 애자에 섬락이 생기면 아크가 생겨 애자가 손상되는 경우가 있다. 이것을 방지하기 위하여 사용되는 것은?

① 댐퍼(damper)
② 아머로드(armour rod)
③ 가공지선
④ 아킹혼(arcing horn)

풀이 ① 댐퍼 : 전선의 진동 방지
② 아머로드 : 전선의 진동 방지
③ 가공지선 : 뇌의 차폐
④ 아킹혼 : 섬락으로부터 애자련의 보호, 애자련의 전압 분포 개선 **답** ④

23 T형 회로의 일반회로 정수에서 C는 무엇을 의미하는가?

① 컨덕턴스   ② 리액턴스
③ 임피던스   ④ 어드미턴스

풀이 $E_s = AE_R + BI_R$
$I_s = CE_R + DI_r$
여기서, A : 전압비, B : 임피던스
C : 어드미턴스, D : 전류비 **답** ④

24 전력용 콘덴서와 비교할 때 동기조상기의 특징에 해당되는 것은?

① 전력손실이 적다.
② 진상전류 이외에 지상전류도 취할 수 있다.
③ 단락고장이 발생하여도 고장전류를 공급하지 않는다.
④ 필요에 따라 용량을 계단적으로 변경할 수 있다.

풀이 조상설비의 비교

항 목	동기 조상기	전력용 콘덴서	분로 리액터
전력손실	많음 (1.5~2.5[%])	적음 (0.3[%] 이하)	적음 (0.6[%] 이하)
가격	비싸다(전력용 콘덴서, 분로 리액터의 1.5~2.5배)	저렴	저렴
무효전력	진상, 지상 양용	진상전용	지상전용
조정	연속적	계단적	계단적
사고 시 전압유지	큼	작음	작음
시송 전	가능	불가능	불가능
보수	손질필요	용이	용이

답 ②

25 케이블 단선사고에 의한 고장점까지의 거리를 정전용량측정법으로 구하는 경우, 건전상의 정전용량이 C, 고장점까지의 정전용량이 C_x, 케이블의 길이가 l 일 때 고장점까지의 거리를 나타내는 식으로 알맞은 것은?

① $\dfrac{C}{C_x}l$ ② $\dfrac{2C_x}{C}l$

③ $\dfrac{C_x}{C}l$ ④ $\dfrac{C_x}{2C}l$

풀이 정전용량측정법

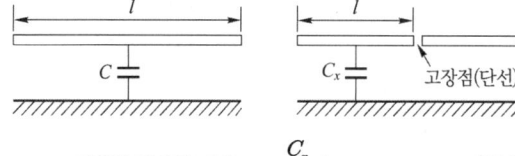

고장점 까지의 거리 $x = \dfrac{C_x}{C}l$

답 ③

26 $R[\Omega]$의 저항 3개를 Y로 접속하고 이것을 선간전압 200[V]의 평형 3상 교류 전원에 연결할 때 선전류가 20[A] 흘렀다. 이 3개의 저항을 △로 접속하고 동일 전원에 연결하였을 때의 선전류는 몇 [A]인가?

① 30 ② 40 ③ 50 ④ 60

풀이 Y접속 시 선전류 $I_Y = \dfrac{E}{R} = \dfrac{\frac{200}{\sqrt{3}}}{R} = 20[A]$에서

$R = 5.77[\Omega]$이므로

△접속 시의 선전류 $I_\Delta = \dfrac{200}{5.77} \times \sqrt{3} = 60.03[A]$

답 ④

27 그림과 같이 V결선 배전용 변압기의 저압측 단에서 양외측 선간 단락 시의 단락 전류는 몇 [A]인가? 단, 각 변압기의 내부 임피던스는 0.08[Ω]이고 선간 전압은 200[V]이다.

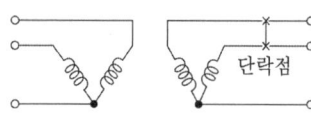

① 1250 ② 1600
③ 2500 ④ 3200

풀이 V결선 방식은 단상 변압기 2대를 결선하고 각 변압기의 내부 임피던스가 0.08[Ω]이므로 단락 전류는 옴의 법칙으로 해석하면,

$I_s = \dfrac{V}{Z} = \dfrac{200}{2 \times 0.08} = 1250[A]$

답 ①

28 전력선과 통신선 사이에 차폐선을 설치하여, 각 선 사이의 상호 임피던스를 각각 Z_{12}, Z_{1S}, Z_{2S}라 하고 차폐선 자기 임피던스를 Z_S라 할 때, 차폐선을 설치함으로서 유도전압이 줄게 됨을 나타내는 차폐선의 차폐계수는? (단, Z_{12}는 전력선과 통신선과의 상호임피던스, Z_{1S}는 전력선과 차폐선과의 상호임피던스, Z_{2S}는 통신선과 차폐선과의 상호임피던스이다.)

① $\left|1 - \dfrac{Z_S Z_{12}}{Z_{1S} Z_{2S}}\right|$ ② $\left|1 - \dfrac{Z_{1S} Z_{2S}}{Z_S Z_{12}}\right|$

③ $\left|1 - \dfrac{Z_{1S} Z_{12}}{Z_S Z_{2S}}\right|$ ④ $\left|1 - \dfrac{Z_S Z_{2S}}{Z_{12} Z_{1S}}\right|$

풀이

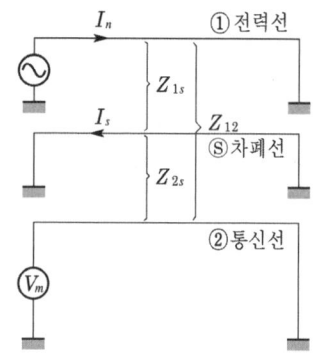

$V_2 = -Z_{12}I_0 + Z_{2s}I_s = -Z_{12}I_0 + Z_{2s}\dfrac{Z_{1s}I_0}{Z_s}$

$= -Z_{12}I_0\left(1 - \dfrac{Z_{1s}Z_{2s}}{Z_s Z_{12}}\right)$

이 식에 있어서 $-Z_{12}I_0$는 차폐선이 없을 경우의 유도 전압이기 때문에 $\left(1 - \dfrac{Z_{1s}Z_{2s}}{Z_s Z_{12}}\right)$는 차폐선을 설치함으로써 유도 전압이 이만큼 줄게 된다는 저감 비율을 나타내는 것으로서 차폐선의 **차폐 계수**라고 볼 수 있다.

답 ②

29 피뢰기의 구조는 어떻게 구성되는가?

① 특성요소와 소호리액터
② 특성요소와 콘덴서
③ 소호리액터와 콘덴서
④ 특성요소와 직렬갭

[풀이] 피뢰기의 구조
① 직렬 갭 : 속류 차단, 소호의 역할
② 특성 요소 : 도전도 형성
③ 쉴드링 : 전기적, 자기적 충격으로부터 보호 답 ④

30 송전계통에서 절연 협조의 기본이 되는 것은?

① 애자의 섬락전압
② 권선의 절연내력
③ 피뢰기의 제한전압
④ 변압기 붓싱의 섬락전압

[풀이] 계통 내의 각 기기, 기구 및 애자 등의 상호간에 적정한 절연 강도를 지니게 함으로써 계통 설계를 합리적, 경제적으로 할 수 있게 한 것을 **절연 협조**라고 하며 **피뢰기의 제한 전압**이 기본이 된다. 답 ③

31 모선 보호에 사용되는 계전방식이 아닌 것은?

① 위상 비교방식
② 선택접지 계전방식
③ 방향거리 계전방식
④ 전류차동 보호방식

[풀이] 모선 보호 계전 방식의 종류
① **전류 차동 보호 방식** ② 전압 차동 보호 방식
③ **위상 비교 방식** ④ 환상 모선 보호 방식
⑤ **방향 거리 계전 방식** 답 ②

32 발전기 보호용 비율 차동 계전기의 특성이 아닌 것은?

① 외부 단락시 오동작을 방지하고 내부 고장 시만 예민하게 동작한다.
② 계전기의 최소 동작 전류를 일정치로 고정시켜 비율에 의해 동작한다.
③ 발전기 전류와 계전기의 차전류의 비율에 의해 동작한다.
④ 외부 단락으로 전기자 전류 급증시 계전기의 최소 동작 전류도 증대된다.

[풀이] 비율 차동 계전기는 발전기 전류와 계전기의 차전류에 의해 동작하는 것이 아니고 **피보호기기(발전기, 변압기, …)의 1차 전류와 2차 전류의 차가 일정 비율 이상으로 되었을 때 동작하는 계전기**로 변압기 및 발전기의 내부 고장 보호에 사용된다. 답 ③

33 공기차단기(ABB)의 공기 압력은 일반적으로 몇 [kg/cm²] 정도 되는가?

① 5~10   ② 15~30
③ 30~45   ④ 45~55

[풀이] 공기 차단기는 15~30[kg/cm²]의 압축 공기를 차단 시에 발생하는 아크에 분사하여 소호하는 전력개폐장치이다. 답 ②

34 인터록(interlock)에 대한 설명이 맞는 것은?

① 차단기가 닫혀 있어야 단로기를 닫을 수 있다.
② 차단기가 열려 있어야 단로기를 닫을 수 있다.
③ 차단기와 단로기를 별도로 닫고, 열 수 있어야 한다.
④ 조작자의 의중에 따라 개폐되어야 한다.

[풀이] 단로기는 부하전류를 개폐할 수 없다. 따라서 **단로기는 차단기가 열려 있어야 열고 닫을 수 있다**. 즉, 인터록 장치를 두어 부하 통전 시 단로기를 열 수 없도록 하여야 한다. 답 ②

35 어느 전등 부하의 배전 방식을 단상 2선식에서 단상 3선식으로 바꾸었을 때, 선로에 흐르는 전류는 전자의 몇 배가 되는가? 단, 중성선에는 전류가 흐르지 않는다고 한다.

① $\frac{1}{4}$ ② $\frac{1}{3}$
③ $\frac{1}{2}$ ④ 불변

[풀이] 단상 2선식에서 단상 3선식으로 바꾸었을 때 전력(부하)은 일정하므로 전압과 전류는 반비례한다. 즉, 단상 2선식을 단상 3선식으로 변경하면 2배 승압한 것과 같으므로 전류는 $\frac{1}{2}$ 배가 된다. 답 ③

36 교류송전방식과 비교하여 직류송전방식의 설명이 아닌 것은?

① 전압변동률이 양호하고 무효전력에 기인하는 전력손실이 생기지 않는다.
② 안정도의 한계가 없으므로 송전용량을 높일 수 있다.
③ 전력변환기에서 고조파가 발생한다.
④ 고전압, 대전류의 차단이 용이하다.

풀이 직류 송전 방식의 장·단점
[장점]
① 선로의 리액턴스가 없으므로 안정도가 높다.
② 유전체손 및 충전 용량이 없고 절연 내력이 강하다.
③ 비동기 연계가 가능하다.
④ 단락 전류가 적고 임의 크기의 교류 계통을 연계시킬 수 있다.
⑤ 코로나손 및 전력 손실이 적다.
⑥ 표피효과나 근접효과가 없으므로 실효저항의 증대가 없다.
[단점]
① 직교 변환 장치가 필요하다.
② 전압의 승압 및 강압이 불리하다.
③ 고조파나 고주파 억제 대책이 필요하다.
④ 직류차단기가 개발되어 있지 않다.   답 ④

37 그림과 같은 배전선이 있다. 급전점 O의 전압을 110[V]라 하면 C점의 전압은? (단, 선로 OA, AB, BC 간의 저항은 각각 0.2[Ω]이며, 부하역률은 100[%]이다.)

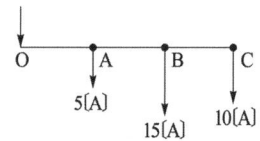

① 92[V]   ② 97[V]
③ 99[V]   ④ 104[V]

풀이
- $V_A = V_O - R_{OA} \cdot (I_A + I_B + I_C)$
  $= 110 - 0.2 \times (5 + 15 + 10) = 104[V]$
- $V_B = V_A - R_{AB} \cdot (I_B + I_C)$
  $= 104 - 0.2 \times (15 + 10) = 99[V]$
- $V_C = V_B - R_{BC} \cdot I_C = 99 - 0.2 \times 10$
  $= 97[V]$ 답 ②

38 랭킨 사이클이 취하는 급수 및 증기의 올바른 순환 과정은?

① 등압가열 → 단열팽창 → 등압냉각 → 단열압축
② 단열팽창 → 등압가열 → 단열압축 → 등압냉각
③ 등압가열 → 단열압축 → 단열팽창 → 등압냉각
④ 등온가열 → 단열팽창 → 등온압축 → 단열압축

풀이 보일러(등압가열) → 터빈(단열팽창)
→ 복수기(등압냉각) → 급수 펌프(단열압축)   답 ①

39 송전선에 복도체를 사용할 때의 장점으로 해당 없는 것은?

① 코로나손(corona loss) 경감
② 인덕턴스가 감소하고 커패시턴스가 증가
③ 안정도가 상승하고 충전 용량이 증가
④ 정전 반발력에 의한 전선 진동이 감소

풀이 복도체는 모든 소도체에 같은 방향으로 전류가 흐르므로 흡인력이 생긴다.   답 ④

40 선로고장 발생 시 고장전류를 차단할 수 없어 리클로저와 같이 차단 기능이 있는 후비보호장치와 함께 설치되어야 하는 장치는?

① 배선용차단기
② 유입개폐기
③ 컷아웃스위치
④ 섹셔널라이저

풀이 섹셔널라이저는 배전선로에 고장이 발생할 경우 리클로저의 동작으로 선로가 무전압 상태가 되면 이를 감지하여 무전압 상태의 횟수를 기억하였다가 정해진 횟수에 도달하면 선로의 무전압 상태에서 선로를 개방하여 고장구간을 분리시킨다. 섹셔널라이저는 고장전류를 차단할 수 있는 능력이 없으므로 리클로저와 직렬로 조합하여 사용한다.   답 ④

3과목 - 전기기기

41 직류기의 전기자에 일반적으로 사용되는 전기자 권선법은?

① 2층권   ② 개로권
③ 환상권   ④ 단층권

풀이 직류기의 전기자 권선법으로 이층권, 고상권, 폐로권을 채택한다.   답 ①

42 대형 직류 전동기의 토크를 측정하는데 가장 적당한 방법은?

① 전기 동력계   ② 와전류 제동기
③ 프로니 브레이크법   ④ 앰플리다인

풀이
- 전기 동력계 : 대형 전동기 및 수차 등의 출력이나 토크 측정
- 와전류 제동기 : 소형의 전동기 토크 측정
- 프로니 브레이크 법 : 소형의 전동기 토크 측정
- 앰플리다인 : 증폭기   답 ①

43 단상 직권전동기의 종류가 아닌 것은?

① 직권형   ② 아트킨손형
③ 보상직권형   ④ 유도보상직권형

풀이 ① 단상 정류자 전동기

직권특성	• 단상 직권전동기 : 직권형, 보상직권형, 유도보상직권형 • 단상 반발 전동기 : 아트킨손형 전동기, 톰슨 전동기, 데리 전동기
분권특성	현재 실용화 되지 않고 있음

② 3상 분권 정류자 전동기 : 시라게 전동기   답 ②

44 특수전동기에 대한 설명 중 틀린 것은?

① 릴럭턴스 동기전동기는 릴럭턴스 토크에 의해 동기속도로 회전한다.
② 히스테리시스전동기의 고정자는 유도전동기 고정자와 동일하다.
③ 스테퍼전동기 또는 스텝모터는 피드백 없이 정밀 위치 제어가 가능하다.
④ 선형 유도전동기의 동기속도는 극수에 비례한다.

풀이 선형 유도전동기(Linear Induction Motor)의 속도 $v = 2f\tau$[rpm] (여기서, τ[m] : 극 피치)
따라서, 선형 유도전동기의 속도는 극수와 무관하다.   답 ④

45 3상 동기발전기의 전기자권선을 2중 성형결선으로 했을 때 발전기의 용량[VA]은?

① $\sqrt{3}\,EI$ ② $2\sqrt{3}\,EI$
③ $3EI$ ④ $6EI$

풀이 3상 접속법과 선간전압, 선전류, 피상전력의 관계

	선간전압	선전류	피상 전력
성형	$2\sqrt{3}E$	I	$\sqrt{3}\times 2\sqrt{3}E\times I = 6EI$
Δ형	$2E$	$\sqrt{3}I$	$\sqrt{3}\times 2E\times \sqrt{3}I = 6EI$
지그재그 성형	$3E$	I	$\sqrt{3}\times 3E\times I = 5.19EI$
2중 성형	$\sqrt{3}E$	$2I$	$\sqrt{3}\times\sqrt{3}E\times 2I = \mathbf{6EI}$
2중 Δ형	E	$2\sqrt{3}I$	$\sqrt{3}\times E\times 2\sqrt{3}I = 6EI$
지그재그 Δ형	$\sqrt{3}E$	$\sqrt{3}I$	$\sqrt{3}\times\sqrt{3}E\times\sqrt{3}I = 5.19EI$

답 ④

46 전압비 3300/105[V], 1차 누설 임피던스 $Z_1 = 12 + j13[\Omega]$, 2차 누설 임피던스 $Z_2 = 0.015 + j0.013[\Omega]$의 변압기가 있다. 1차로 환산한 등가 임피던스[Ω]는?

① $12,015 + j13,013$
② $26.82 + j25.84$
③ $0.027 + j0.026$
④ $11,854.154 + j12,841.997$

풀이 권수비 $a = \frac{3300}{105} = 31.43$

- $r' = r_1 + r_2' = r_1 + a^2 r_2 = 12 + 0.015\times 31.43^2 = 26.82[\Omega]$
- $x' = x_1 + x_2' = x_1 + a^2 x_2 = 13 + 0.013\times 31.43^2 = 25.84[\Omega]$

$\therefore Z = r' + x' = 26.82 + j25.84$
$= \sqrt{(26.82)^2 + (25.84)^2} = 37.24[\Omega]$ 답 ②

47 변압기 단락시험에서 변압기의 임피던스 전압이란?

① 1차 전류가 여자전류에 도달했을 때의 2차측 단자전압
② 1차 전류가 정격전류에 도달했을 때의 2차측 단자전압
③ 1차 전류가 정격전류에 도달했을 때의 변압기 내의 전압강하
④ 1차 전류가 2차 단락전류에 도달했을 때의 변압기 내의 전압강하

풀이 변압기 2차측을 단락하고 1차측에 정격 주파수의 전압을 가하여 1차 전류를 측정한다. 전압을 서서히 증가시켜 **1차 전류가 정격전류와 같게 될 때 1차에 가한 전압을 임피던스 전압**이라 하며, **변압기 내의 전압강하**를 의미한다. 또한 이때의 입력을 임피던스와트(전부하 동손)라고 한다. 답 ③

48 권선형 유도전동기와 직류분권전동기와의 유사한 점 두 가지는?

① 정류자가 있다. 저항으로 속도 조정이 된다.
② 속도변동률이 작다. 토크가 전류에 비례한다.
③ 속도가 가변, 기동 토크가 기동전류에 비례한다.
④ 속도변동률이 작다. 저항으로 속도 조정이 된다.

풀이
- 권선형 유도전동기 속도제어 : 2차 저항제어법
- 직류분권전동기 속도제어 : 직렬저항제어법 답 ④

49 변압기의 1차측을 Y결선, 2차측을 △결선으로 한 경우 1차와 2차 간의 전압의 위상차는?

① 0° ② 30°
③ 45° ④ 60°

풀이
- Y결선에서 선간전압은 상전압에 비해 크기가 $\sqrt{3}$배 이고 위상은 30° 앞선다.
- △결선에서 선간전압은 상전압과 크기와 위상이 같다.

따라서, Y-△결선 시 1차 선간전압은 2차 선간전압보다 30° 위상이 앞선다. 답 ②

50 50[Hz]로 설계된 3상 유도전동기를 60[Hz]에 사용하는 경우 단자전압을 110[%]로 높일 때 일어나는 현상으로 틀린 것은?

① 철손불변
② 여자전류감소
③ 온도상승증가
④ 출력이 일정하면 유효전류 감소

풀이 주파수는 $\frac{60[Hz]}{50[Hz]} = 1.2$배 상승하고 단자전압은 1.1배 상승한다고 하면

① 철손은 $fB^2 \propto f\left(\frac{V}{f}\right)^2 = \frac{V^2}{f} = \frac{1.1^2}{1.2} ≒ 1$이므로 불변하고, 유효전류는 $I_w \propto \frac{1}{V} = \frac{1}{1.1} ≒ 0.9$로 감소한다.

② 여자 전류는 $I_0 \propto \frac{V}{f}$이므로 $\frac{1.1}{1.2} ≒ 0.9$배로 감소한다.

③ 역률은 $\frac{I_0}{I_w}$의 함수이므로 불변한다.

④ 여자 전류 감소, 철손 불변, 유효전류 감소에서 손실은 일정하거나 다소 감소하고, 속도가 증가하므로 냉각팬의 효과도 증가하여 온도 상승은 감소한다. 답 ③

51 유도전동기의 토크 속도 곡선이 비례추이 한다는 것은 그 곡선이 무엇에 비례해서 이동하는 것을 말하는가?

① 슬립 ② 회전 수
③ 공급전압 ④ 2차 합성저항

풀이 권선형 유도전동기에서 2차 저항이 증가하면 **토크 곡선 등이 슬립이 증가하는 방향으로 2차 저항에 비례하며 이동한다.** 즉 같은 토크에서 2차 저항과 슬립은 비례하는데, 이를 비례 추이라 한다. 답 ④

52 3상 농형 유도전동기의 기동방법으로 틀린 것은?

① Y-△ 기동 ② 2차 저항에 의한 기동
③ 전전압 기동 ④ 리액터 기동

풀이 농형 유도전동기의 기동법
① 전 전압 기동기(5[kW] 이하의 소형)
② Y-△(5~15[kW] 정도)

③ 리액터 기동 (기동 전류를 제한하고자 할 때)
④ 기동 보상기(15[kW] 이상)

2차 저항에 의한 기동은 권선형 유도전동기의 기동법이다. 　답 ②

53 일반적인 전동기에 비하여 리니어 전동기(linear motor)의 장점이 아닌 것은?

① 구조가 간단하여 신뢰성이 높다.
② 마찰을 거치지 않고 추진력이 얻어진다.
③ 원심력에 의한 가속제한이 없고 고속을 쉽게 얻을 수 있다.
④ 기어, 벨트 등 동력 변환기구가 필요 없고 직접 원운동이 얻어진다.

풀이 리니어 모터란 회전기의 회전자 접속 방향에 발생하는 **전자력을 직선적인 기계 에너지로 변환시키는 장치**로서 다음과 같은 장·단점을 가지고 있다.
① 장점
  • 모터 자체의 구조가 간단하여 신뢰성이 높고 보수가 용이하다.
  • 기어, 벨트 등 동력 변환 기구가 필요 없고 **직접 직선 운동**이 얻어진다.
  • 마찰을 거치지 않고 추진력이 얻어진다.
  • 원심력에 의한 가속제한이 없고 고속을 쉽게 얻을 수 있다.
② 단점
  • 회전형에 비하여 역률, 효율이 낮다.
  • 저속도를 얻기 어렵다.
  • 부하관성의 영향이 크다. 　답 ④

54 동기 조상기의 계자를 과여자로 해서 운전 할 경우 틀린 것은?

① 콘덴서로 작용한다.
② 위상이 뒤진 전류가 흐른다.
③ 송전선의 역률을 좋게 한다.
④ 송전선의 전압강하를 감소시킨다.

풀이 동기 조상기는 동기 전동기를 무부하로 회전시켜 직류 계자전류 I_f의 크기를 조정하여 무효전력을 지상 또는 진상으로 제어하는 기기이다.
  • **과여자** : 콘덴서(C)로 작용하므로, **위상이 앞선 전류**가 흐른다.
  • 부족여자 : 인덕턴스(L)로 작용하므로, 위상이 뒤진 전류가 흐른다. 　답 ②

55 자기 누설 변압기의 특징은?

① 전압 변동률이 크다.
② 단락 전류가 크다.
③ 역률이 좋다.
④ 무부하손이 적다.

풀이 누설 변압기는 누설 리액턴스가 크므로 **전압 변동률이 대단히 크며**, 역률도 낮다. 아크용, 방전등, 용접기 등의 기동시에 높은 전압이 필요하고, 사용시에 낮은 전압과 일정하고 큰 전류가 필요한 부하에 사용한다. 　답 ①

56 동기 리액턴스 $x_s = 10[\Omega]$, 전기자 권선 저항 $r_a = 0.1[\Omega]$, 유도 기전력 $E = 6400[V]$, 단자 전압 $V = 4000[V]$, 부하각 $\delta = 30°$이다. 3상 동기 발전기의 출력[kW]은? 단, 1상 값이다.

① 1280　　② 3840
③ 5560　　④ 6650

풀이 동기 발전기 1상의 출력
$$P = \frac{EV}{x_s}\sin\delta = \frac{6400 \times 4000}{10} \times \sin30 \times 10^{-3}$$
$$= 1280[kW]$$ 　답 ①

57 그림과 같은 단상 브리지 정류회로(혼합 브리지)에서 직류 평균전압[V]은? (단, E는 교류측 실효치전압, α는 점호제어각이다.)

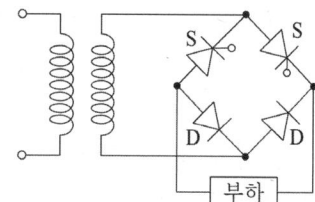

① $\dfrac{2\sqrt{2}E}{\pi}\left(\dfrac{1+\cos\alpha}{2}\right)$

② $\dfrac{\sqrt{2}E}{\pi}\left(\dfrac{1+\cos\alpha}{2}\right)$

③ $\dfrac{2\sqrt{2}E}{\pi}\left(\dfrac{1-\cos\alpha}{2}\right)$

④ $\dfrac{\sqrt{2}E}{\pi}\left(\dfrac{1-\cos\alpha}{2}\right)$

풀이 혼합브리지에서 직류 평균전압 $E_{d\alpha}$은

$$E_{d\alpha} = \frac{1}{2\pi}\int_0^{2\pi} e_d\, d\theta$$
$$= \frac{1}{\pi}\int_\alpha^{\pi+\alpha} \sqrt{2}E\sin\omega t\, d(\omega t)$$
$$= \frac{2\sqrt{2}E}{\pi}\left(\frac{1+\cos\alpha}{2}\right)$$

답 ①

58 반도체 정류기에 적용된 소자 중 첨두 역방향 내전압이 가장 큰 것은?

① 셀렌 정류기
② 실리콘 정류기
③ 게르마늄 정류기
④ 아산화동 정류기

풀이 실리콘 정류기의 역방향 내전압은 500~1000[V] 정도이다.

답 ②

59 직류 분권 전동기를 무부하로 운전 중 계자 회로에 단선이 생겼다. 다음 중 옳은 것은?

① 즉시 정지한다.
② 과속도로 되어 위험하다.
③ 역전한다.
④ 무부하이므로 서서히 정지한다.

풀이 직류 분권 발전기 속도 $n=k\dfrac{V-I_a R_a}{\phi}$ 이므로 계자 회로가 단선되면 ϕ가 0이 되므로 과속도로 되어 위험하다.

답 ②

60 단상반파 정류 회로의 직류전압이 220[V]일 때 정류기의 역방향 첨두전압은 약 몇 [V]인가?

① 691
② 628
③ 536
④ 314

풀이 PIV (첨두역전압)
단상 반파 정류 회로 : $\text{PIV}=\sqrt{2}E=\pi E_d$
∴ $\text{PIV}=\pi\times 220=691.15[V]$

답 ①

4과목 - 회로이론 및 제어공학

61 단위길이당의 저항이 같은 도선을 사용하여 그림과 같은 무한히 긴 사다리꼴 회로를 만든다. 각 지로의 저항을 r 이라 할 때, a, b 간의 합성 저항은?

① r
② $\sqrt{3}r$
③ $(\sqrt{3}+1)r$
④ $(\sqrt{3}-1)r$

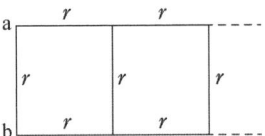

풀이

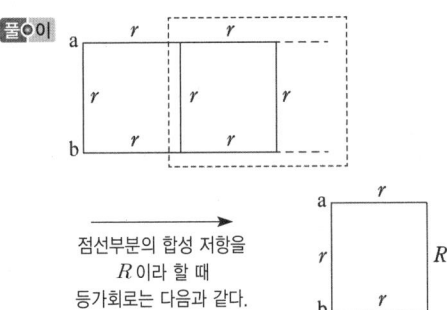

점선부분의 합성 저항을 R 이라 할 때 등가회로는 다음과 같다.

그림의 등가회로에서
$R_{ab}=\dfrac{r(2r+R)}{r+(2r+R)}=\dfrac{2r^2+rR}{3r+R}$ 이며,
$R_{ab}=R$ 이므로
$R^2+2rR-2r^2=0 \rightarrow R=(-1\pm\sqrt{3})r$
저항값은 음(−)의 값이 될 수 없으므로
∴ $R=(\sqrt{3}-1)r$

답 ④

62 최댓값이 10[V]인 정현파 전압이 있다. $t=0$ 에서의 순시값이 5[V]이고 이 순간에 전압이 증가하고 있다. 주파수가 60[Hz]일 때, $t=2$ [ms]에서의 전압의 순시값[V]은?

① $10\sin 30°$
② $10\sin 43.2°$
③ $10\sin 73.2°$
④ $10\sin 103.2°$

풀이

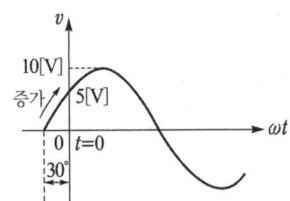

$t=0$에서의 순시값 $v=5$[V]이므로

$$v = V_m \sin(\omega t + \theta) = 10\sin(\omega \times 0 + \theta)$$
$$= 10\sin\theta = 5\text{[V]}$$
$$\sin\theta = \frac{5}{10} = \frac{1}{2} \rightarrow \theta = \sin^{-1}\frac{1}{2} = 30°$$

따라서 $t=2$[ms]$=2\times 10^{-3}$[s]에서의 순시값 v는

$$v = V_m \sin(\omega t + \theta) = 10\sin(\omega t + 30°)$$
$$= 10\sin(2\pi \times 60 \times 2 \times 10^{-3} + 30°)$$
$$= 10\sin 73.2°$$

답 ③

63 권수 200, 150회의 코일 A, B가 있다. A코일의 자속이 0.2[Wb]인데 이중 80[%]가 B코일과 쇄교한다. A코일의 전류가 4[A]라면 두 코일의 상호 인덕턴스[H]는?

① 8 ② 6
③ 7 ④ 5

풀이 $L_A = \dfrac{N_A \phi_A}{I_A} = \dfrac{200 \times 0.2}{4} = 10$[H]

$M = \dfrac{N_B}{N_A} L_A = \dfrac{150}{200} \times 10 \times 0.8 = 6$[H]   답 ②

64 회로에서 $t=0$초일 때 닫혀 있는 스위치 S를 열었다. 이때 $\dfrac{dv(0^+)}{dt}$의 값은?
(단, C의 초기 전압은 0[V]이다.)

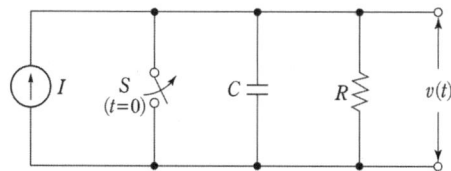

① $\dfrac{1}{RI}$ ② $\dfrac{C}{I}$
③ RI ④ $\dfrac{I}{C}$

풀이 커패시터에서 전류 $i(t)$와 전압 $v(t)$의 관계식에서 초기조건 $t=0^+$를 적용하면

$i(t) = C\dfrac{dv(t)}{dt}$, $i(0^+) = C\dfrac{dv(0^+)}{dt}$

스위치가 닫혀있는 상태에서는 커패시터에 전류가 흐르지 않지만 스위치를 여는 순간 커패시터는 단락 상태가 되어 R에는 전류가 흐르지 않고 커패시터 C에만 전류가 모두 흐른다. 즉, $i(0^+) = I$가 된다.

그러므로 $i(0^+) = C\dfrac{dv(0^+)}{dt}$에서 $I = C\dfrac{dv(0^+)}{dt}$

$\therefore \dfrac{dv(0^+)}{dt} = \dfrac{I}{C}$ 답 ④

65 전원의 내부임피던스가 순저항 R과 리액턴스 X로 구성되고 외부에 부하저항 Z_L을 연결하여 최대전력을 전달하려면 Z_L의 값은?

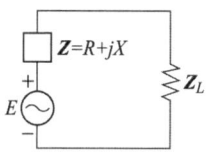

① R ② $R+X$
③ $\sqrt{R^2 - X^2}$ ④ $\sqrt{R^2 + X^2}$

풀이 최대 전력 전송 조건 :
임피던스 정합(내부 임피던스 = 외부 임피던스)
그러므로, $R_L = \sqrt{R^2 + X^2}$ 이 된다.   답 ④

66 그림과 같은 3상 Y결선 불평형 회로가 있다. 전원은 3상 평형전압 E_1, E_2, E_3이고, 부하는 Y_1, Y_2, Y_3일 때 전원의 중성점과 부하의 중성점 간의 전위차를 나타내는 식은?

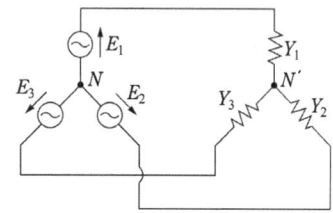

① $\dfrac{E_1 Y_1 + E_2 Y_2 + E_3 Y_3}{Y_1 + Y_2 + Y_3}$

② $\dfrac{E_1 Y_1 + E_2 Y_2 + E_3 Y_3}{Y_1 Y_2 Y_3}$

③ $\dfrac{E_1 Y_1 - E_2 Y_2 - E_3 Y_3}{Y_1 + Y_2 + Y_3}$

④ $\dfrac{E_1 Y_1 - E_2 Y_2 - E_3 Y_3}{Y_1 Y_2 Y_3}$

풀이 내부 임피던스를 갖는 여러 개의 전원이 병렬로 접속되어 있을 때 양 병렬접속 단자 간에 나타나는 합성전압은 각각의 전원을 단락하였을 때 흐르는 단락전류의 총합을 각 전원의 내부 어드미턴스의 총합으로 나눈 값과 동일하다(밀만의 정리). 답 ①

67 다음과 같은 파형을 푸리에 급수로 전개하면?

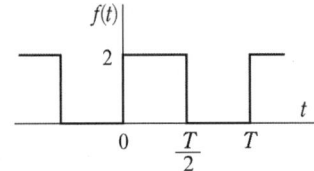

① $1 + \sum_{n=1}^{\infty} \dfrac{4}{\pi \cdot (2n-1)} \cdot \sin\{(2n-1)\omega t\}$

② $1 + \sum_{n=1}^{\infty} \dfrac{4}{\pi \cdot (2n+1)} \cdot \sin\{(2n+1)\omega t\}$

③ $1 + \sum_{n=1}^{\infty} \dfrac{8}{\pi \cdot (2n-1)} \cdot \sin\{(2n-1)\omega t\}$

④ $1 + \sum_{n=1}^{\infty} \dfrac{8}{\pi \cdot (2n+1)} \cdot \sin\{(2n+1)\omega t\}$

풀이

	반파, 구형파	구형파
파형	반파 구형파 파형	구형파 파형
푸리에 변환 $f(t)$	$f(t) = \dfrac{A}{2} + \dfrac{2A}{\pi} \sum_{n=1}^{\infty} \cdot \dfrac{\sin\{(2n-1)\omega t\}}{2n-1}$	$f(t) = \dfrac{4A}{\pi} \sum_{n=1}^{\infty} \cdot \dfrac{\sin\{(2n-1)\omega t\}}{2n-1}$
비고	비대칭성 주기함수	대칭성 주기함수 (우함수, 반파대칭)

반파 구형파의 푸리에 변환($A = 2$ 대입)

$f(x) = \dfrac{A}{2} + \dfrac{2A}{\pi} \sum_{n=1}^{\infty} \cdot \dfrac{\sin\{(2n-1)\omega t\}}{2n-1}$

$= \dfrac{2}{2} + \dfrac{2 \times 2}{\pi} \sum_{n=1}^{\infty} \cdot \dfrac{\sin\{(2n-1)\omega t\}}{2n-1}$

$= 1 + \dfrac{4}{\pi} \sum_{n=1}^{\infty} \cdot \dfrac{\sin\{(2n-1)\omega t\}}{2n-1}$ 답 ①

68 어떤 회로망의 4단자 정수 중에서 $A=8$, $B=j2$, $D=3+j2$이면 이 회로망의 C는?

① $24+j14$ ② $8-j11.5$
③ $4+j6$ ④ $3-j4$

풀이 $AD - BC = 1$이므로

$\therefore C = \dfrac{AD-1}{B} = \dfrac{8(3+j2)-1}{j2} = 8 - j11.5$ 답 ②

69 구동점 임피던스(driving point impedance) 함수에 있어서 극점(pole)은?

① 단락회로 상태를 의미한다.
② 개방회로 상태를 의미한다.
③ 아무런 상태도 아니다.
④ 전류가 많이 흐르는 상태를 의미한다.

풀이
- 영점 : $Z(s) = 0$가 되는 s의 값으로 회로의 단락 상태를 의미한다.
- 극점 : $Z(s) = \infty$가 되는 s의 값으로 회로의 개방 상태를 의미한다. 답 ②

70 $e^{j\omega t}$의 라플라스 변환은?

① $\dfrac{1}{s-j\omega}$ ② $\dfrac{1}{s+j\omega}$
③ $\dfrac{1}{s^2+\omega^2}$ ④ $\dfrac{\omega}{s^2+\omega^2}$

풀이 복소 추이 정리에 의해서

$\mathcal{L}[1 \cdot e^{j\omega t}] = \dfrac{1}{s}\bigg|_{s=s-j\omega} = \dfrac{1}{s-j\omega}$ 답 ①

71 적분 시간 4[sec], 비례 감도가 4인 비례적분 동작을 하는 제어 요소에 동작신호 $z(t) = 2t$를 주었을 때 이 제어 요소의 조작량은? (단, 조작량의 초기 값은 0이다.)

① $t^2 + 8t$ ② $t^2 + 2t$
③ $t^2 - 8t$ ④ $t^2 - 2t$

풀이 PI 동작(비례 적분제어)이므로

$y(t) = K_p\left[z(t) + \dfrac{1}{T_I}\int z(t)dt\right]$

라플라스 변환하면

$$Z(s) = \mathcal{L}[z(t)] = \mathcal{L}[2t] = \frac{2}{s^2}$$

$$Y(s) = \mathcal{L}[y(t)] = K_p(1 + \frac{1}{T_i s})Z(s)$$

$$= 4(1 + \frac{1}{4s}) \times \frac{2}{s^2} = \frac{2}{s^3} + 8t$$

$$\therefore y(t) = \mathcal{L}^{-1}[Y(s)] = \mathcal{L}^{-1}\left[\frac{2}{s^3} + 8t\right]$$

$$= t^2 + 8t$$

답 ①

72 그림의 블록선도에서 출력 $C(s)$는?

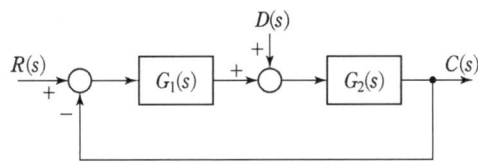

① $\left(\dfrac{G_2(s)}{1 - G_1(s)G_2(s)}\right)(G_1(s)R(s) + D(s))$

② $\left(\dfrac{G_2(s)}{1 + G_1(s)G_2(s)}\right)(G_1(s)R(s) + D(s))$

③ $\left(\dfrac{G_1(s)}{1 - G_1(s)G_2(s)}\right)(G_1(s)R(s) + D(s))$

④ $\left(\dfrac{G_1(s)}{1 + G_1(s)G_2(s)}\right)(G_1(s)R(s) + D(s))$

풀이 $\{(R(s) - C(s))G_1(s) + D(s)\}G_2(s) = C(s)$

$R(s)G_1(s)G_2(s) - C(s)G_1(s)G_2(s) + D(s)G_2(s) = C(s)$

$R(s)G_1(s)G_2(s) + D(s)G_2(s) = C(s)(1 + G_1(s)G_2(s))$

$\therefore C(s) = \dfrac{G_1(s)G_2(s)}{1 + G_1(s)G_2(s)}R(s) + \dfrac{G_2(s)}{1 + G_1(s)G_2(s)}D(s)$

$= \dfrac{G_2(s)}{1 + G_1(s)G_2(s)}(G_1(s)R(s) + D(s))$

답 ②

73 다음 단위 궤환 제어계의 미분방정식은?

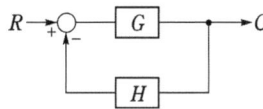

① $\dfrac{d^2c(t)}{dt^2} + \dfrac{dc(t)}{dt} + c(t) = 2u(t)$

② $\dfrac{d^2c(t)}{dt^2} + \dfrac{dc(t)}{dt} + 2c(t) = u(t)$

③ $\dfrac{d^2c(t)}{dt^2} + \dfrac{dc(t)}{dt} + 2c(t) = 5u(t)$

④ $\dfrac{d^2c(t)}{dt^2} + \dfrac{dc(t)}{dt} + 2c(t) = 2u(t)$

풀이 $G(s) = \dfrac{C(s)}{U(s)} = \dfrac{\dfrac{2}{s(s+1)}}{1 + \dfrac{2}{s(s+1)}}$

$= \dfrac{2}{s(s+1) + 2} = \dfrac{2}{s^2 + s + 2}$

$(s^2 + s + 2)C(s) = 2U(s)$

$s^2 C(s) + s C(s) + 2C(s) = 2U(s)$

$\therefore \dfrac{d^2c(t)}{dt^2} + \dfrac{dc(t)}{dt} + 2c(t) = 2u(t)$

답 ④

74 그림의 블록 선도에서 폐루프 전달 함수 $T = \dfrac{C}{R}$에서 H에 대한 감도 S_H^T는?

① $\dfrac{-GH}{1 + GH}$ ② $\dfrac{-H}{(1 + GH)^2}$

③ $\dfrac{H}{1 + GH}$ ④ $\dfrac{-H}{1 + GH}$

풀이 $T = \dfrac{C}{R} = \dfrac{G}{1 + GH}$

$\therefore S_H^T = \dfrac{H}{T} \cdot \dfrac{dT}{dH}$

$= \dfrac{H}{\dfrac{G}{1 + GH}} \cdot \dfrac{d}{dH}\left(\dfrac{G}{1 + GH}\right)$

$= \dfrac{-GH}{1 + GH}$

답 ①

75 $G(s)H(s) = \dfrac{2}{(s+1)(s+2)}$의 이득 여유는?

① 3[dB] ② 7[dB]
③ 0[dB] ④ 1[dB]

풀이 $G(s)H(s) = \dfrac{2}{(s+1)(s+2)} = \dfrac{2}{s^2+3s+2}$

위식에서 허수부를 0으로 놓으면
$s=0$, $\omega = 0[\text{rad/sec}]$가 되므로

이득 여유 $GM = 20\log\left|\dfrac{1}{G(s)H(s)}\right|_{\omega \to 0}$
$= 20\log 1 = 0[\text{dB}]$ **답** ③

76 $G(s)H(s) = \dfrac{K(s-1)}{s(s+1)(s-4)}$에서 점근선의 교차점을 구하면?

① 4　　② 3
③ 2　　④ 1

풀이 $\sigma = \dfrac{\sum 극점 - \sum 영점}{p-z} = \dfrac{(-1+4)-1}{3-1} = 1$ **답** ④

77 상태 방정식 $\dot{x} = Ax(t) + Bu(t)$에서 $A = \begin{bmatrix} 0 & 1 \\ -2 & -3 \end{bmatrix}$일 때 특성 방정식의 근은?

① $-2, -3$　　② $-1, -2$
③ $-1, -3$　　④ $1, -3$

풀이 $|sI-A|$의 행렬식은
$|sI-A| = \begin{vmatrix} s & -1 \\ 2 & s+3 \end{vmatrix} = s(s+3)+2 = s^2+3s+2$
$s^2+3s+2 = (s+1)(s+2) = 0$
$\therefore s = -1, -2$ **답** ②

78 $E(z) = \dfrac{9z}{(z-1)(2z+1)}$일 때, $e^*(t)$의 최종값은?

① 0　　② 1
③ 2　　④ 3

풀이 최종값 정리:
$f(\infty) = \lim_{t \to \infty} f^*(t) = \lim_{z \to 1}(1-z^{-1})F(z)$
$e(\infty) = \lim_{z \to 1}\left(1-\dfrac{1}{z}\right)E(z)$
$= \lim_{z \to 1}\left(\dfrac{z-1}{z}\right)\dfrac{9z}{(z-1)(2z+1)}$
$= \lim_{z \to 1}\dfrac{9}{2z+1} = 3$ **답** ④

79 논리식 $L = \overline{x}\cdot\overline{y} + \overline{x}\cdot y + x\cdot y$를 간략화 한 것은?

① $x+y$　　② $\overline{x}+y$
③ $x+\overline{y}$　　④ $\overline{x}+\overline{y}$

풀이 $L = \overline{x}\cdot\overline{y} + \overline{x}\cdot y + x\cdot y = \overline{x}\cdot(\overline{y}+y) + x\cdot y$
$= \overline{x}\cdot 1 + x\cdot y$
분배법칙에 의해
$\overline{x} + x\cdot y = (\overline{x}+x)\cdot(\overline{x}+y) = \overline{x}+y$ **답** ②

80 전달함수의 크기가 주파수 0에서 최댓값을 갖는 저역통과 필터가 있다. 최댓값의 70.7[%] 또는 −3[dB]로 되는 크기까지의 주파수로 정의 되는 것은?

① 공진주파수　　② 첨두공진점
③ 대역폭　　④ 분리도

풀이
① 공진주파수 : 공진 정점이 일어나는 주파수이며, 일반적으로 ω_p의 값이 높으면 주기는 작다.
② 첨두공진점(M_p) : 최댓값으로 정의하며 계의 안정도의 척도가 된다. M_p가 크면 과도 응답 시 오버슈트가 커진다. 제어계에서 최적의 M_p의 값은 대략 1.1~1.5이다.
③ 대역폭 : 대역폭은 크기가 $0.707M_0$ 또는 $(20\log M_0 - 3)[\text{dB}]$에서의 주파수로 정의한다. 대역폭이 넓으면 넓을수록 응답 속도가 빠르다. (여기서, M_0 : 영 주파수에서의 이득)
④ 분리도 : 분리도는 신호와 잡음(외란)을 분리하는 제어계의 특성을 가리킨다. 일반적으로 예리한 분리 특성은 큰 M_p를 동반하므로 불안정하기가 쉽다. **답** ③

5과목 - 전기설비기술기준

81 한국전기설비규정 용어에서 "제2차 접근상태"란 가공전선이 다른 시설물과 접근하는 경우에 그 가공전선이 다른 시설물의 위쪽 또는 옆쪽에서 수평거리로 몇 [m] 미만인 곳에 시설되는 상태를 말하는가?

① 2　　② 3
③ 4　　④ 5

풀이 112 용어 정의
"제2차 접근상태"란 가공 전선이 다른 시설물과 접근하는 경우에 그 가공 전선이 다른 시설물의 위쪽 또는 옆쪽에서 **수평 거리로 3[m] 미만**인 곳에 시설되는 상태를 말한다.

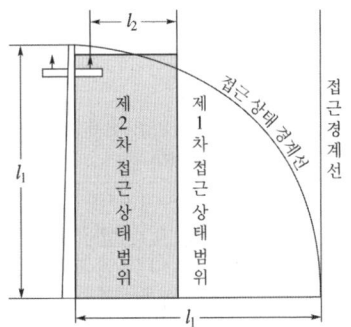

답 ②

82 사용전압이 60[kV] 이하인 특고압 가공전선로는 상시정전유도작용(常時靜電誘導作用)에 의한 통신상의 장해가 없도록 시설하기 위하여 전화선로의 길이 12[km]마다 유도전류는 몇 [μA]를 넘지 않도록 하여야 하는가?

① 1　　② 2
③ 3　　④ 5

풀이 333.2 유도장해의 방지
가. 사용전압이 **60[kV] 이하**인 경우에는 전화선로의 길이 **12[km]** 마다 유도전류가 **2[μA]를 넘지 아니**하도록 할 것.
나. 사용전압이 **60[kV]를 초과**하는 경우에는 전화선로의 길이 **40[km]** 마다 유도전류가 **3[μA]을 넘지 아니하도록** 할 것.
다. 특고압 가공전선로는 기설 통신선로에 대하여 상시 정전 유도 작용에 의하여 통신상의 장해를 주지 아니하도록 시설하여야 한다.

답 ②

83 전선의 단면적이 95[mm²]인 경동연선을 사용하고 지지물로는 A종 철주 또는 A종 철근 콘크리트주를 사용하는 특고압 가공전선로를 제2종 특고압 보안공사에 의하여 시설하는 경우 경간은 몇 [m] 이하이어야 하는가?

① 100　　② 150
③ 200　　④ 250

풀이 333.22 특고압 보안공사
제2종 특고압 보안공사는 다음에 따라야 한다.
가. 특고압 가공전선은 연선일 것.
나. 지지물로 사용하는 목주의 풍압하중에 대한 안전율은 2 이상일 것.
다. 경간은 표에서 정한 값 이하일 것.

지지물의 종류	제2종 특고압 보안공사	인장강도 38.05[kN] 이상 또는 95[mm²] 이상인 경동연선
목주·A종 철주 또는 A종 철근 콘크리트주	100[m]	100[m]
B종 철주 또는 B종 철근 콘크리트주	200[m]	250[m]
철탑	400[m] (단주인 경우에는 300[m])	600[m] 이하

답 ①

84 154[kV] 특고압 가공전선로를 시가지에 경동연선으로 시설할 경우 단면적은 몇 [mm²] 이상인가?

① 100　　② 150
③ 200　　④ 250

풀이 333.1 시가지 등에서 특고압 가공전선로의 시설
사용전압이 170[kV] 이하인 전선로에서의 전선의 굵기

사용전압의 구분	전선의 단면적
100[kV] 미만	인장강도 21.67[kN] 이상의 연선 또는 단면적 55[mm²] 이상의 경동연선
100[kV] 이상	인장강도 58.84[kN] 이상의 연선 또는 단면적 150[mm²] 이상의 경동연선

답 ②

85 일반적으로 저압 옥내간선에서 분기하여 전기사용기계기구에 이르는 저압 옥내전로는 저압 옥내간선과의 분기점에서 전선의 길이가 몇 [m] 이하인 곳에 과부하 보호장치를 시설하여야 하는가?(단, 단락의 위험과 화재 및 인체에 대한 위험성이 최소화 되도록 시설된 경우)

① 0.5　　② 1.0
③ 2.0　　④ 3.0

풀이 212.4.2 과부하 보호장치의 설치 위치
가. 과부하 보호장치는 전로 중 도체의 단면적, 특성, 설치방법, 구성의 변경으로 도체의 허용전류 값이 줄어드는 곳(이하 분기점이라 함)에 설치해야 한다.

나. 과부하 보호장치는 분기점(O)에 설치해야 하나, 분기점(O)점과 분기회로의 과부하 보호장치(P_2) 설치점 사이의 배선 부분에 다른 분기회로나 콘센트 회로가 접속되어 있지 않고, 다음 중 하나를 충족하는 경우에는 변경이 있는 배선에 설치할 수 있다.
① 분기회로에 대한 단락보호가 이루어지고 있는 경우 : 분기 회로의 보호장치 P_2는 분기회로의 분기점(O)으로부터 부하측으로 거리에 구애 받지 않고 이동하여 설치할 수 있다.

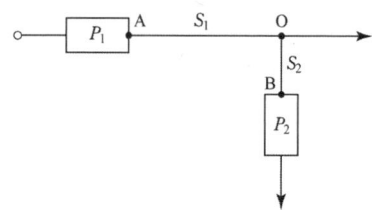

② 단락의 위험과 화재 및 인체에 대한 위험성이 최소화 되도록 시설된 경우 : 분기회로의 보호장치(P_2)는 분기회로의 분기점(O)으로부터 3[m]까지 이동하여 설치할 수 있다.

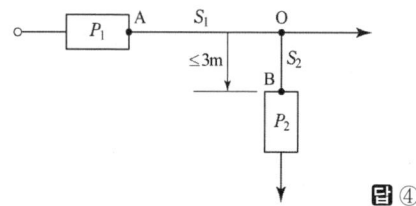

답 ④

86 화약류 저장소의 전기설비의 시설기준으로 틀린 것은?
① 전로의 대지전압은 150[V] 이하일 것
② 전기기계기구는 전폐형의 것일 것
③ 전용 개폐기 및 과전류차단기는 화약류저장소 밖에 설치할 것
④ 전로에 지락이 생겼을 때에 자동적으로 전로를 차단하거나 경보하는 장치를 시설하여야 한다.

풀이 242.5 화약류 저장소 등의 위험장소
화약류 저장소 안에는 전기설비를 시설해서는 안 된다. 다만, 백열전등이나 형광등 또는 이들에 전기를 공급하기 위한 전기설비(개폐기 및 과전류 차단기를 제외한다)는 다음에 따라 시설하는 경우에는 그러하지 아니하다.
가. **전로에 대지전압은 300[V] 이하일 것.**
나. 전기기계기구는 전폐형의 것일 것.
다. 전로에 지락이 생겼을 때에 자동적으로 전로를 차단하거나 경보하는 장치를 시설하여야 한다.

답 ①

87 뱅크용량이 몇 [kVA] 이상인 조상기에는 그 내부에 고장이 생긴 경우에 자동적으로 이를 전로로부터 차단하는 보호장치를 하여야 하는가?
① 10000
② 15000
③ 20000
④ 25000

풀이 351.5 조상설비의 보호장치
조상설비에는 그 내부에 고장이 생긴 경우에 보호하는 장치를 표와 같이 시설하여야 한다.

설비 종별	뱅크 용량의 구분	자동적으로 전로로부터 차단하는 장치
전력용 커패시터 및 분로리액터	500[kVA] 초과 15,000[kVA] 미만	• 내부에 고장이 생긴 경우 • 과전류가 생긴 경우
	15,000[kVA] 이상	• 내부에 고장이 생긴 경우 • 과전류가 생긴 경우 • 과전압이 생긴 경우
조상기	15,000[kVA] 이상	• 내부에 고장이 생긴 경우

답 ②

88 특고압의 기계기구·모선 등을 옥외에 시설하는 변전소의 구내에 취급자 이외의 자가 들어가지 못하도록 시설하는 울타리·담 등의 높이는 몇 [m] 이상으로 하여야 하는가?
① 2
② 2.2
③ 2.5
④ 3

풀이 351.1 발전소 등의 울타리·담 등의 시설
가. 울타리·담 등의 높이는 2[m] 이상으로 하고 지표면과 울타리·담 등의 하단 사이의 간격은 0.15[m] 이하로 할 것.
나. 울타리·담 등의 높이와 울타리·담 등으로부터 충전부분까지 거리의 합계는 표에서 정한 값 이상으로 할 것.

사용전압의 구분	울타리·담 등의 높이와 울타리·담 등으로부터 충전 부분까지의 거리의 합계
35[kV] 이하	5[m]
35[kV] 초과 160[kV] 이하	6[m]
160[kV] 초과	• 거리의 합계 = 6 + 단수 × 0.12[m] • 단수 = $\dfrac{\text{사용전압[kV]}-160}{10}$ 단수 계산에서 소수점 이하는 절상

답 ①

89 변전소의 주요 변압기에 계측장치를 시설하여 측정하여야 하는 것이 아닌 것은?
① 역률
② 전압
③ 전력
④ 전류

풀이 351.6 계측장치
변전소 또는 이에 준하는 곳에는 다음의 사항을 계측하는 장치를 시설하여야 한다. 다만, 전기철도용 변전소는 주요 변압기의 전압을 계측하는 장치를 시설하지 아니할 수 있다.
가. 주요 변압기의 전압 및 전류 또는 전력
나. 특고압용 변압기의 온도 **답** ①

90 직류방식의 전차선로에서 공칭전압과 각 전압별 최고, 최저 전압 및 장기 과전압이 옳은 것은?
① 공칭전압 750[V]에서 지속성 최저전압 350[V]
② 공칭전압 750[V]에서 지속성 최고전압 950[V]
③ 공칭전압 1500[V]에서 비지속성 최고전압 1950[V]
④ 공칭전압 1500[V]에서 장기 과전압 2550[V]

풀이 411.2 전차선로의 전압
직류방식: 사용전압과 각 전압별 최고, 최저전압은 다음의 표에 따라 선정하여야 한다. 다만, 비지속성 최고전압은 지속시간이 5분 이하로 예상되는 전압의 최고값으로 하되, 기존 운행 중인 전기철도차량과의 인터페이스를 고려한다.

직류방식의 급전전압

구분	지속성 최저전압 [V]	공칭 전압 [V]	지속성 최고전압 [V]	비지속성 최고전압 [V]	장기 과전압 [V]
DC (평균값)	500 900	750 1,500	900 1,800	950(1) 1,950	1,269 2,538

(1) 회생제동의 경우 1,000[V]의 비지속성 최고전압은 허용 가능하다. **답** ③

91 사용전압이 저압인 전로의 전선 상호간 및 전로와 대지 사이의 절연저항은 DC 시험전압 250[V]에서 몇 [MΩ] 이상이어야 하는가? 단, 전로의 사용전압은 SELV 및 PELV인 경우이다.
① 0.5
② 1.0
③ 1.5
④ 2.0

풀이 저압전로의 절연성능(기술기준 제52조)
전기사용 장소의 사용전압이 저압인 전로의 전선 상호간 및 전로와 대지 사이의 절연저항은 개폐기 또는 과전류차단기로 구분할 수 있는 전로마다 다음 표에서 정한 값 이상이어야 한다. 다만, 전선 상호간의 절연저항은 기계기구를 쉽게 분리가 곤란한 분기회로의 경우 기기 접속 전에 측정할 수 있다. 또한, 측정 시 영향을 주거나 손상을 받을 수 있는 SPD 또는 기타 기기 등은 측정 전에 분리시켜야 하고, 부득이하게 분리가 어려운 경우에는 시험전압을 250[V] DC로 낮추어 측정할 수 있지만 절연저항 값은 1[MΩ] 이상이어야 한다.

전로의 사용전압[V]	DC 시험전압[V]	절연저항[MΩ]
SELV 및 PELV	250	0.5
FELV, 500[V] 이하	500	1.0
500[V] 초과	1,000	1.0

[주] 특별저압(extra low voltage : 2차 전압이 AC 50[V], DC 120[V] 이하)으로 SELV(비접지회로 구성) 및 PELV(접지회로 구성)은 1차와 2차가 전기적으로 절연된 회로, FELV는 1차와 2차가 전기적으로 절연되지 않은 회로 **답** ①

92 가공 전선로와 지중 전선로가 접속되는 곳에 시설하여야 하는 것은?
① 조상기
② 분로 리액터
③ 피뢰기
④ 정류기

풀이 341.13 피뢰기의 시설
고압 및 특고압의 전로 중 다음에 열거하는 곳 또는 이에 근접한 곳에는 **피뢰기를 시설**하여야 한다.
① 발전소・변전소 또는 이에 준하는 장소의 가공전선 인입구 및 인출구
② 특고압 가공전선로에 접속하는 배전용 변압기의 고압측 및 특고압측
③ 고압 및 특고압 가공전선로로부터 공급을 받는 수용장소의 인입구
④ 가공전선로와 지중전선로가 접속되는 곳 **답** ③

93 철도 또는 궤도를 횡단하는 저고압가공전선의 높이는 레일면상 몇 [m] 이상인가?

① 5.5　　② 6.5
③ 7.5　　④ 8.5

풀이 332.5 고압 가공전선의 높이
222.7 저압 가공전선의 높이
저·고압 가공전선의 높이는 다음에 따라야 한다.

설치장소		가공전선의 높이
도로횡단(번잡하지 않은 도로 제외)		지표상 6[m] 이상
철도 또는 궤도횡단		레일면상 6.5[m] 이상
횡단 보도교 위	저압	노면상 3.5[m] 이상. 단, 절연전선의 경우 3[m] 이상
	고압	노면상 3.5[m] 이상
일반장소		지표상 5[m] 이상. 단, 저압의 경우 절연전선 또는 케이블을 사용하여 교통에 지장이 없도록 하여 옥외조명용에 공급하는 경우 4[m]까지 감할 수 있다.
다리의 하부 기타 이와 유사한 장소		저압의 전기철도용 급전선은 지표상 3.5[m]까지로 감할 수 있다.

답 ②

94 수소냉각식 발전기안 또는 조상기안의 수소의 순도가 몇 [%] 이하로 저하한 경우 이를 경보하는 장치를 시설하도록 하고 있는가?

① 90[%]　　② 85[%]
③ 80[%]　　④ 75[%]

풀이 351.10 수소냉각식 발전기 등의 시설
발전기 내부 또는 조상기 내부의 수소의 순도가 85[%] 이하로 저하한 경우에 이를 경보하는 장치를 시설할 것.

답 ②

95 단면적 55[mm²]인 경동연선을 사용하는 특고압 가공전선로의 지지물로 장력에 견디는 형태의 B종 철근 콘크리트주를 사용하는 경우, 허용 최대 경간은 몇 [m] 인가?

① 150　　② 250
③ 300　　④ 500

풀이 333.21 특고압 가공전선로의 경간 제한
특고압 가공전선로의 경간은 표에서 정한 값 이하이어야 한다.

지지물의 종류	표준 경간 22[mm²] 이상의 경동연선	인장강도 21.67[kN] 이상 또는 단면적 50[mm²] 이상의 경동연선
목주·A종 철주 또는 A종 철근 콘크리트주	150[m] 이하	300[m] 이하
B종 철주 또는 B종 철근 콘크리트주	250[m] 이하	500[m] 이하
철 탑	600[m] 이하 (단주인 경우 400[m])	600[m] 이하

답 ④

96 고압 또는 특고압 가공전선과 금속제의 울타리가 교차하는 경우 교차점과 좌, 우로 몇 [m] 이내의 개소에 규정에 의한 접지공사를 하여야 하는가? (단, 전선에 케이블을 사용하는 경우는 제외한다.)

① 25　　② 35
③ 45　　④ 55

풀이 351.1 발전소 등의 울타리·담 등의 시설
고압 또는 특고압 가공전선(전선에 케이블을 사용하는 경우는 제외함)과 금속제의 울타리·담 등이 교차하는 경우에 금속제의 울타리·담 등에는 교차점과 좌, 우로 45[m] 이내의 개소에 규정에 의한 접지공사를 하여야 한다.
또한 울타리·담 등에 문 등이 있는 경우에는 접지공사를 하거나 울타리·담 등과 전기적으로 접속하여야 한다. 다만, 토지의 상황에 의하여 규정에 의한 접지저항값을 얻기 어려울 경우에는 100[Ω] 이하로 하고 또한 고압 가공전선로는 고압보안공사, 특고압 가공전선로는 제2종 특고압 보안공사에 의하여 시설할 수 있다.

답 ③

97 고압 옥내배선에서 가스계량기 및 가스관의 이음부와 전력량계 및 개폐기의 최소 이격거리는 몇 [cm] 이상인가?

① 60　　② 50
③ 40　　④ 30

풀이 342.1 고압 옥내배선 등의 시설
고압 옥내배선이 다른 고압 옥내배선·저압 옥내전선·관등회로의 배선·약전류 전선 등 또는 수관·가스관이나 이와 유사한 것과 접근하거나 교차하는 경우 이격거리

가. 다른 고압 옥내배선·저압 옥내전선·관등회로의 배선·약전류 전선 : 15[cm]
나. 수관·가스관이나 이와 유사한 것과 접근하거나 교차하는 경우 : 15[cm]
다. 애자사용공사에 의하여 시설하는 저압 옥내전선이 나전선인 경우 : 30[cm]
라. 가스계량기 및 가스관의 이음부와 전력량계 및 개폐기 : 60[cm] 답 ①

98 금속제 가요전선관공사에 의한 저압 옥내배선으로 틀린 것은?

① 2종 금속제 가요전선관을 사용하였다.
② 전선으로 옥외용 비닐 절연전선을 사용하였다.
③ 규격에 적당한 지름 4[mm²]의 단선을 사용하였다.
④ 접지공사를 하였다.

풀이 232.13 금속제 가요전선관공사
가. 전선은 절연전선(옥외용 비닐 절연전선을 제외한다)일 것.
나. 전선은 연선일 것. 다만, 단면적 10[mm²](알루미늄선은 단면적 16[mm²]) 이하인 것은 그러하지 아니하다.
다. 가요전선관 안에는 전선에 접속점이 없도록 할 것.
라. 가요전선관은 2종 금속제 가요전선관일 것.
마. 규정에 준하여 접지공사를 할 것. 답 ②

99 발전소 또는 변전소로부터 다른 발전소 또는 변전소를 거치지 아니하고 전차선로에 이르는 전선을 무엇이라 하는가?

① 급전선
② 전기철도용 급전선
③ 급전선로
④ 전기철도용 급전선로

풀이 112 용어 정의
"**전기철도용 급전선**"이란 전기철도용 변전소로부터 다른 전기철도용 변전소 또는 전차선에 이르는 전선을 말한다. 답 ②

100 진열장 안 배선은 외부에서 보기 쉬운 곳에 한하여 코드 또는 캡타이어 케이블을 조영재에 접촉하여 시설할 수 있다. 전선의 단면적은 몇 [mm²] 이상인 것으로 시설하여야 하는가?

① 0.75　　② 1.0
③ 1.25　　④ 1.5

풀이 231.3 저압 옥내배선의 사용전선
가. 저압 옥내배선의 전선 : 단면적 2.5[mm²] 이상의 연동선
나. 옥내배선의 사용 전압이 400[V] 이하인 경우는 다음에 의하여 시설할 수 있다.
① 전광표시 장치 또는 제어 회로
  • 단면적 1.5[mm²] 이상의 연동선
  • 단면적 0.75[mm²] 이상인 다심케이블 또는 다심 캡타이어 케이블을 사용하고 또한 과전류가 생겼을 때에 자동적으로 전로에서 차단하는 장치를 시설
② 진열장 또는 이와 유사한 것의 내부 배선 : 단면적 0.75[mm²] 이상인 코드 또는 캡타이어케이블 답 ①

2023년 3회 전기기사필기 (CBT 복원문제)

동일출판사 홈페이지에서 무료 동영상강의를 보실 수 있습니다.

1과목 - 전기자기

01 높은 주파수의 전자파가 전파될 때 일기가 좋은 날보다 비오는 날 전자파의 감쇠가 심한 원인은?

① 도전율 관계임   ② 유전율 관계임
③ 투자율 관계임   ④ 분극률 관계임

풀이 진공이 아닌 이상 일반 공기는 무시할 수 있을 정도의 도전율을 갖고 있으나 비오는 날(즉, 습도 상승)은 도전성이 증가하며 감쇠가 더 심하게 나타난다. 답 ①

02 철심부의 평균 길이가 l_2, 공극의 길이가 l_1 단면적이 S인 자기회로이다. 자속밀도를 B[Wb/m²]로 하기 위한 기자력[AT]은?

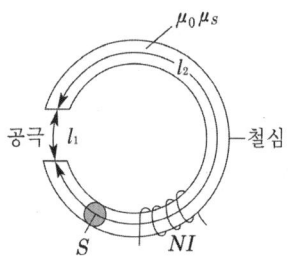

① $\dfrac{\mu_0}{B}(l_1 + \dfrac{\mu_s}{l_2})$ ② $\dfrac{B}{\mu_0}(l_2 + \dfrac{l_1}{\mu_s})$

③ $\dfrac{\mu_0}{B}(l_2 + \dfrac{\mu_s}{l_1})$ ④ $\dfrac{B}{\mu_0}(l_1 + \dfrac{l_2}{\mu_s})$

풀이 철심부의 자기 저항을 R_1, 공극의 자기 저항을 R_2라 하면 R_1, R_2는 직렬이므로
합성 자기 저항
$$R = R_1 + R_2 = \dfrac{l_1}{\mu_0 S} + \dfrac{l_2}{\mu S}\text{[AT/Wb]}$$
따라서 기자력
$$F = NI = R\phi = RBS$$
$$= \left(\dfrac{l_1}{\mu_0 S} + \dfrac{l_2}{\mu S}\right)BS = \dfrac{B}{\mu_0}\left(l_1 + \dfrac{l_2}{\mu_s}\right)\text{[AT]}$$
답 ④

03 비투자율 1000의 철심이 든 환상 솔레노이드의 권수는 600회, 평균 지름은 20[cm], 철심의 단면적은 10[cm²]이다. 이 솔레노이드에 2[A]의 전류를 흘릴 때 철심 내의 자속은 몇 [Wb]가 되는가?

① 2.4×10^{-5} ② 2.4×10^{-3}
③ 1.2×10^{-5} ④ 1.2×10^{-3}

풀이 자속 $\phi = BS = \mu HS = \mu_0 \mu_s \dfrac{NI}{\pi D}S$
$$= \dfrac{4\pi \times 10^{-7} \times 1000 \times 600 \times 2 \times 10 \times 10^{-4}}{20\pi \times 10^{-2}}$$
$$= 2.4 \times 10^{-3}\text{[Wb]}$$
답 ②

04 접지된 무한 평면도체 전방의 한 점 P에 있는 점전하 $+Q$[C]의 평면도체에 대한 영상전하는?

① 점 P의 대칭점에 있으며, 전하는 $-Q$[C]이다.
② 점 P의 대칭점에 있으며, 전하는 $-2Q$[C]이다.
③ 평면 도체상에 있으며, 전하는 $-Q$[C]이다.
④ 평면 도체상에 있으며, 전하는 $-2Q$[C]이다.

풀이 무한평면으로부터 a[m] 떨어진 P점에 점전하 Q[C]이 있는 경우 영상전하는 무한평면 뒤쪽으로 점 P의 대칭점에 존재하며, 그 크기는 점전하와 같고 부호는 반대로 $Q' = -Q$[C]이다. 답 ①

05 맥스웰(Maxwell)의 전자 방정식 중 성립하지 않는 식은?

① $\operatorname{div} \boldsymbol{D} = \rho$
② $\operatorname{div} \boldsymbol{B} = 0$
③ $\operatorname{rot} \boldsymbol{E} = \dfrac{\partial \boldsymbol{B}}{\partial t}$
④ $\operatorname{rot} \boldsymbol{H} = J + \dfrac{\partial \boldsymbol{D}}{\partial t}$

풀이 맥스웰 방정식의 미분형

① $\text{div} \boldsymbol{D} = \rho$ (가우스의 법칙) : 단위 체적당 발산 전속 수는 단위 체적당의 공간전하 밀도와 같다.
② $\text{div} \boldsymbol{B} = 0$: 자계의 발산은 없다. 고립된 자하는 없다(N극과 S극이 공존).
③ $\text{rot} \boldsymbol{H} = \boldsymbol{J} + \dfrac{\partial \boldsymbol{D}}{\partial t}$ (암페어의 주회적분 법칙) : 자계의 회전은 전류 밀도와 같다.
④ $\text{rot} \boldsymbol{E} = -\dfrac{\partial \boldsymbol{B}}{\partial t}$ (패러데이 법칙) : 전계의 회전은 자속 밀도의 시간적 감소율과 같다.   답 ③

06 전자장에 관한 다음의 기본식 중 옳지 않은 것은?

① 가우스 정리의 미분형 : $\text{div} \boldsymbol{D} = \rho$
② 옴의 법칙의 미분형 : $\boldsymbol{i} = \sigma \boldsymbol{E}$
③ 패러데이의 법칙의 미분형 :
$\text{rot} \boldsymbol{E} = -\dfrac{\partial \boldsymbol{B}}{\partial t}$
④ 암페어 주회적분 법칙의 미분형 :
$\text{rot} \boldsymbol{H} = \dfrac{\partial \boldsymbol{D}}{\partial t} + \rho$

풀이 암페어 주회적분은 $\oint H \cdot dl = I$,
미분형은 $\nabla \times H = J$이다.   답 ④

07 진공 중 반지름이 a[m]인 무한길이의 원통도체 2개가 간격 d[m]로 평행하게 배치되어 있다. 두 도체 사이의 정전용량(C)을 나타낸 것으로 옳은 것은?

① $\pi \epsilon_0 \ln \dfrac{d-a}{a}$
② $\dfrac{\pi \epsilon_0}{\ln \dfrac{d-a}{a}}$
③ $\pi \epsilon_0 \ln \dfrac{a}{d-a}$
④ $\dfrac{\pi \epsilon_0}{\ln \dfrac{a}{d-a}}$

풀이 평행도선

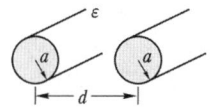

① 두 도체 사이의 전위차 $V = \dfrac{\lambda}{\pi \epsilon_0} \ln \dfrac{d-a}{a}$ [V]
(여기서, λ : 선전하 밀도[C/m])
② 두 도체 사이의 정전용량
$C = \dfrac{\lambda}{V} = \dfrac{\pi \epsilon_0}{\ln \dfrac{d-a}{a}}$ [F/m]   답 ②

08 그림에서 면적 bb에는 평등 자계가 그 면과 직각으로 작용하고 있는데, 그 자계의 세기는 H [AT/m]이다. 그리고 면적 bb 이외의 자계의 세기는 0이다. 지금 한 변이 a인 정방형 코일이 그림과 같이 속도 v[m/s]로 x 방향으로 움직일 때 코일에 유기되는 기전력[V]은?

단, $a < b$라고 하고 시간은 $\dfrac{b}{v} < t < \dfrac{a+b}{v}$ 범위이다.

① $\mu_0 H a^2 v$
② $\mu_0 H b v$
③ 0
④ $\mu_0 H a v$

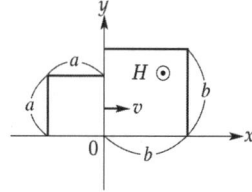

풀이 • 그림의 정방형 코일의 이동에 따른 각 위치 x에 대한 시간 t로 이동상태를 나타낸다.
특히 시간 t는 코일도체 우변이 각 위치에 도달한 시간이다. $\left(v = \dfrac{x}{t}, \therefore t = \dfrac{x}{v} \right)$

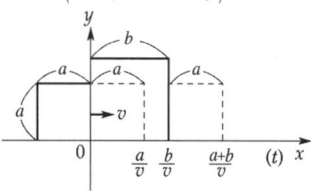

• 정방형 코일의 이동시간 t에 대한 유기기전력은 각각 다음과 같다.

$0 \leq t < \dfrac{a}{v}$: $e = Bav = \mu_0 Hav$[V] (시계방향)

$\dfrac{a}{v} \leq t < \dfrac{b}{v}$: $e = 0$ (쇄교자속 일정, 시간적 변화없음)

$\dfrac{b}{v} \leq t < \dfrac{a+b}{v}$: $e = Bav = \mu_0 Hav$[V] (반시계방향)

$t \geq \dfrac{a+b}{v}$: $e = 0$ (외부자계 $H = 0$)

$\therefore \dfrac{b}{v} < t < \dfrac{a+b}{v}$ 범위의 유기기전력 $e = \mu_0 Hav$가 된다.   답 ④

09 무한장 직선 도선에 흐르는 직류전류 I에 의해, 무한장 직선 도선의 전류 상하에 존재하는 자침이, 그림과 같이 자침중심축을 중심으로 회전하여 정지하였다. (ㄱ) (ㄴ) (ㄷ) (ㄹ)의 극을 순서적으로 잘 배열한 것은?

① S, N, S, N
② S, N, N, S
③ N, S, N, S
④ N, S, S, N

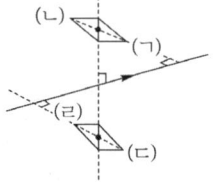

풀이 전류 도체에 의한 자계의 방향은 암페어 오른나사법칙으로 결정된다. 자계 내에 있는 자침의 N극을 자계방향과 일치하도록 맞춘다. **답** ④

10 그림에서 축전기를 ±Q로 대전한 후 스위치 k를 닫고 도선에 전류 i를 흘리는 순간의 축전기 두 판 사이의 변위전류는?

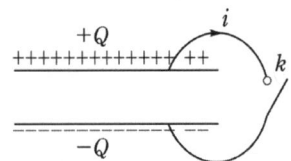

① +Q판에서 −Q판 쪽으로 흐른다.
② −Q판에서 +Q판 쪽으로 흐른다.
③ 왼쪽에서 오른쪽으로 흐른다.
④ 오른쪽에서 왼쪽으로 흐른다.

풀이 진공 및 유전체가 삽입된 콘덴서의 충방전 전류는 전도전류와 변위전류를 동시에 고려해야 한다. 또 전하보존의 법칙과 전류의 연속성이 성립되어야 하므로 도체와 유전체로 구성된 폐회로에서 순환전류가 흘러야 한다. 즉, 방전 시 도체의 전도전류는 −Q 전극으로 흘러들어가 유전체 속에서 이와 동등한 변위전류로 되고 +Q 전극으로 흘러나와 다시 전도전류가 되어 흐르고 순환전류가 된다.
따라서 축전기 두 극판 사이에서 변위전류는 −Q 전극에서 +Q 전극으로 흐른다.

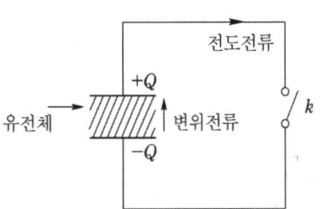

답 ②

11 10[μF]의 콘덴서를 100[V]로 충전한 것을 단락시켜 0.1[m·sec]에 방전시켰다고 하면 평균 전력[W]은?

① 450 ② 500
③ 550 ④ 600

풀이 진공 및 유전체가 삽입된 콘덴서의 충방
$$P = \frac{W}{t} = \frac{\frac{1}{2}CV^2}{t} = \frac{\frac{1}{2} \times 10 \times 10^{-6} \times 100^2}{0.1 \times 10^{-3}}$$
$= 500[W]$ **답** ②

12 환상철심에 권수 3000회의 A코일과 권수 200회인 B코일이 감겨져 있다. A코일은 자기 인덕턴스가 360[mH]일 때, A, B 두 코일의 상호 인덕턴스 [mH]는? (단, 결합계수는 1이다.)

① 16[mH] ② 24[mH]
③ 36[mH] ④ 72[mH]

풀이 자기 저항을 R_m이라 할 때

자기 인덕턴스는 $L_1 = \frac{N_1^2}{R_m}$, $L_2 = \frac{N_2^2}{R_m}$

상호 인덕턴스는 $M = \frac{N_1 \cdot N_2}{R_m}$ 이므로,

$L_1 = \frac{N_1^2}{R_m}$ 에서 $R_m = \frac{N_1^2}{L_1}$ 을 구하여 상호 인덕턴스에 대입하면

$\therefore M = \frac{N_1 \cdot N_2}{R_m} = \frac{N_2}{N_1} L_1 = \frac{200}{3000} \times 360$
$= 24[mH]$ **답** ②

13 평행판 콘덴서의 극판 사이에 유전율 ϵ, 저항률 ρ인 유전체를 삽입하였을 때, 두 전극 간의 저항 R과 정전용량 C의 관계는?

① $R = \rho \epsilon C$ ② $RC = \frac{\epsilon}{\rho}$
③ $RC = \rho \epsilon$ ④ $RC \rho \epsilon = 1$

풀이 $RC = \rho \frac{l}{S} \cdot \epsilon \frac{S}{l} = \rho \epsilon = \frac{\epsilon}{\sigma}$
$\therefore RC = \rho \epsilon$
여기서, R : 저항, C : 정전용량, ϵ : 유전률,
σ : 도전률, ρ : 저항률 또는 고유저항 **답** ③

14 비투자율 $\mu_s = 800$, 원형 단면적이 $S = 10$ [cm²], 평균 자로 길이 $l = 8\pi \times 10^{-2}$[m]의 환상 철심에 600회의 코일을 감고 이것에 1[A]의 전류를 흘리면 내부의 자속은 몇 [Wb]인가?

① 1.2×10^{-3} ② 1.2×10^{-5}
③ 2.4×10^{-3} ④ 2.4×10^{-5}

풀이 환상 솔레노이드의 내부 자속

$$\phi = BS = \mu H \cdot S = \mu \cdot \frac{NI}{2\pi r} \cdot S = \frac{\mu_o \mu_s NIS}{\ell}[Wb]$$

$$= \frac{4\pi \times 10^{-7} \times 800 \times 600 \times 1 \times 10 \times 10^{-4}}{8\pi \times 10^{-2}}$$

$$= 2.4 \times 10^{-3}[Wb] \qquad \text{답 ③}$$

15 판 간격이 d인 평행판 공기 콘덴서 중에 두께 t이고, 비유전율이 ϵ_s인 유전체를 삽입하였을 경우에 공기의 절연파괴를 발생하지 않고 가할 수 있는 판 간의 전위차는? (단, 유전체가 없을 때 가할 수 있는 전압을 V라 하고, 공기의 절연내력은 E_o라 한다.)

① $V\left(1 - \dfrac{t}{\epsilon_s d}\right)$ ② $\dfrac{Vt}{d}\left(1 - \dfrac{1}{\epsilon_s}\right)$
③ $V\left(1 + \dfrac{t}{\epsilon_s d}\right)$ ④ $V\left(1 - \dfrac{t}{d}\left(1 - \dfrac{1}{\epsilon_s}\right)\right)$

풀이

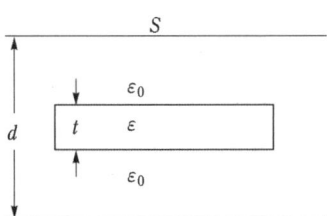

유전체 삽입 전 정전용량 $C = \dfrac{\epsilon_0}{d}S$
유전체 삽입 후 정전용량 C'
• 유전체가 없는 부분 $C_1 = \dfrac{\epsilon_0}{d-t}S$
• 유전체 삽입 부분 $C_2 = \dfrac{\epsilon}{t}S$

C'는 C_1과 C_2의 직렬 등가이므로

$$C' = \frac{1}{\frac{1}{C_1} + \frac{1}{C_2}} = \frac{1}{\frac{1}{\frac{\epsilon_0}{d-t}S} + \frac{1}{\frac{\epsilon}{t}S}} = \frac{\epsilon_0 \epsilon S}{\epsilon(d-t) + \epsilon_0 t}$$

전하량 $Q = CV$는 유전체 삽입 전·후가 일정하므로
$CV = C'V'$

$$V' = \frac{C}{C'}V = \frac{\epsilon(d-t) + \epsilon_0 t}{\epsilon d}V = \left(1 - \frac{t}{d} + \frac{t}{\epsilon_s d}\right)V$$

$$\left(\because \frac{C}{C'} = \frac{\epsilon(d-t) + \epsilon_0 t}{\epsilon_0 S} \times \frac{\epsilon_0 S}{d} = \frac{\epsilon(d-t) + \epsilon_0 t}{\epsilon d}\right)$$

$$\therefore V' = V\left[1 - \frac{t}{d}\left(1 - \frac{1}{\epsilon_s}\right)\right] \qquad \text{답 ④}$$

16 한 변의 길이가 4[m]인 정사각형의 루프에 1[A]의 전류가 흐를 때, 중심점에서의 자속밀도 B는 약 몇 [Wb/m²]인가?

① 2.83×10^{-7} ② 5.65×10^{-7}
③ 11.31×10^{-7} ④ 14.14×10^{-7}

풀이 정사각형 중심의 자계의 세기

$$H = \frac{2\sqrt{2}}{\pi} \cdot \frac{I}{l} = \frac{2\sqrt{2}}{\pi} \cdot \frac{1}{4} = \frac{\sqrt{2}}{2\pi}[AT/m]$$

자속밀도 $B = \mu_0 H = 4\pi \times 10^{-7} \times \dfrac{\sqrt{2}}{2\pi}$

$$= 2.83 \times 10^{-7}[Wb/m^2] \qquad \text{답 ①}$$

17 전자유도에 의하여 회로에 발생하는 유도기전력의 크기는 자속 쇄교수의 시간 변화율에 비례한다는 법칙은?

① 패러데이 법칙
② 렌츠의 법칙
③ 암페어의 주회적분 법칙
④ 가우스 법칙

풀이 (1) 패러데이 법칙
• 유도기전력의 크기를 결정하는 법칙
• 유도 기전력의 크기는 폐회로에 쇄교하는 자속의 시간적 변화율에 비례한다.
• 유도 기전력 $e = -\dfrac{d\Phi}{dt} = -N\dfrac{d\phi}{dt}[V]$
 (단, –부호는 유도기전력의 방향 의미)
(2) 렌츠의 법칙 : 전자유도에서 유도기전력의 방향을 결정하는 법칙(–부호)
(3) 암페어 주회적분 법칙 : 전류와 자기장의 양적 관계를 나타낸 법칙
$$\oint_c \boldsymbol{H} \cdot dl = I$$
(폐곡선에 대한 자계의 선적분은 폐곡선 내의 전류와 같다.)

(4) 가우스 법칙 : 전속밀도와 전하량의 관계를 나타낸 법칙

$$\oint_S D \cdot dS = Q$$

(폐곡면을 관통하는 전속은 폐곡면 내의 전하량과 같다.) 답 ①

18 매질 1의 $\mu_{s1} = 500$, 매질 2의 $\mu_{s2} = 1000$이다. 매질 2에서 경계면에 대하여 45°의 각도로 자계가 입사한 경우 매질 1에서 경계면과 자계의 각도에 가장 가까운 것은?

① 20° ② 30°
③ 60° ④ 80°

풀이 굴절의 법칙 $\dfrac{\tan\theta_1}{\tan\theta_2} = \dfrac{\mu_1}{\mu_2} = \dfrac{\mu_{s1}}{\mu_{s2}}$ 에서

$\dfrac{\tan\theta_1}{\tan 45°} = \dfrac{500}{1000}$ 이므로

$\tan\theta_1 = \dfrac{1}{2}\tan 45° = \dfrac{1}{2}$

$\rightarrow \theta_1 = \tan^{-1}\dfrac{1}{2} = 26.57°$

그림과 같이 입사각 θ_1과 굴절각 θ_2는 경계면의 법선에 대한 각도를 나타내므로 매질 1에서 경계면과 이루는 각도 θ는
$\theta = 90° - \theta_1 = 90° - 26.57° = 63.43°$

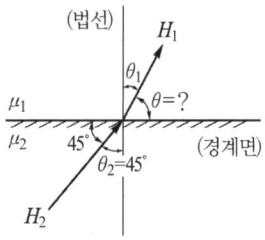

답 ③

19 전하 e[C], 질량 m[kg]인 전자가 전계 E[V/m] 내에 놓여 있을 때 최초에 정지하고 있었다면 t초 후에 전자의 속도[m/s]는?

① $\dfrac{meE}{t}$ ② $\dfrac{me}{E}t$
③ $\dfrac{mE}{e}t$ ④ $\dfrac{Ee}{m}t$

풀이 ① 전자의 질량 m[kg]이 가속도 a[m/s²]로 운동할 때 작용하는 역학적인 힘은 뉴튼의 제2법칙에 의해
$F_m = ma$ [N]

또 가속도 a와 속도 v의 관계 $a = \dfrac{v}{t}$에 의해 역학적인 힘 $F_m = ma = m\dfrac{v}{t}$ [N]

② 전계 E[V/m] 내에서 전하 e[C]에 작용하는 전기적인 힘, 즉 정전력 $F_e = eE$ [N]

③ 역학적인 힘과 정전력은 같으므로
$F_m = F_e$, $m\dfrac{v}{t} = eE$

$\therefore v = \dfrac{Ee}{m} t$ [m/s]   답 ④

20 공극을 가진 환형 자기 회로에서 공극 부분의 길이와 투자율은 철심 부분의 것에 각각 0.01배와 0.001배이다. 공극의 자기 저항은 철심 부분의 자기 저항의 몇 배인가? 단, 자기 회로의 단면적은 같다고 본다.

① 9배   ② 10배
③ 11배   ④ 18.18배

풀이 철심 부분의 자기 저항을 $R_c = \dfrac{l_c}{\mu S}$라 하면
공극 부분의 자기 저항 R_g는
$R_g = \dfrac{0.01 l_c}{0.001 \mu S} = 10\dfrac{l_c}{\mu S} = 10 R_c$ 답 ②

2과목 - 전력공학

21 다음 중 코로나 방지대책으로 적당하지 않은 것은?

① 복도체를 사용한다.
② 가선 금구를 개량한다.
③ 선간거리를 감소시킨다.
④ 가선 시 전선 표면의 금구를 손상하지 않게 한다.

풀이 코로나 방지 대책
코로나 임계전압 $\left(E_0 = 24.3 m_0 m_1 \delta\, d \log_{10}\dfrac{D}{r}\right)$을 상승시킨다.
① 전선의 지름을 크게 한다.
② 복도체를 사용한다.

③ 가선 금구를 개량한다.
④ 가선 시에 전선 표면의 금구를 손상하지 않게 한다.
답 ③

22 송배전 선로에서 내부 이상전압에 속하지 않는 것은?
① 개폐 이상전압
② 유도뢰에 의한 이상전압
③ 사고시의 과도 이상전압
④ 계통 조작과 고장시의 지속 이상전압

풀이 ① 내부 이상 전압의 종류
  • 개폐 이상전압
  • 사고시의 과도 이상전압
  • 계통 조작과 고장시의 지속 이상전압
② 외부 이상 전압
  • 직격뢰에 의한 이상전압
  • 유도뢰에 의한 이상전압
  • 타선과의 혼촉 시 발생하는 이상전압
답 ②

23 30[kVA], 3300/200[V], 60[Hz]의 3상 변압기 2차측에 3상 단락이 생겼을 경우 단락전류는 약 몇 [A]인가? (단, %임피던스 전압은 3[%]이다.)
① 2250
② 2620
③ 2730
④ 2886

풀이 단락전류
$$I_s = \frac{100}{\%Z}I_n = \frac{100}{3} \times \frac{30 \times 10^3}{\sqrt{3} \times 200} = 2886[A]$$
답 ④

24 선간전압이 154[kV]이고, 1상당의 임피던스가 $j8[\Omega]$인 기기가 있을 때, 기준용량을 100[MVA]로 하면 %임피던스는 약 몇 [%]인가?
① 2.75
② 3.15
③ 3.37
④ 4.25

풀이 $\%Z = \frac{PZ}{10V^2} = \frac{100 \times 10^3 \times 8}{10 \times 154^2} = 3.37[\%]$
여기서 V : 정격전압[kV]
 P : 기준용량[kVA]
답 ③

25 송전단 전압 161[kV], 수전단 전압 154[kV], 상차각 35°, 리액턴스가 60[Ω]일 때 선로손실을 무시한다면 전송 전력은 약 몇 [MW]인가?
① 356
② 307
③ 237
④ 161

풀이 송전전력 $P = \frac{V_s V_r}{X}\sin\delta = \frac{161 \times 154}{60} \times \sin 35°$
$= 237[MW]$
답 ③

26 중성점 접지방식 중 1선 지락고장일 때 선로의 전위상승이 $\sqrt{3}$ 배 이상이고, 유도장해가 최소인 것은?
① 비접지방식
② 직접접지방식
③ 저항접지방식
④ 소호리액터접지방식

풀이

방 식	다중고장발생확률	보호계전기동작	지락전류	고장중운전	전위상승	과도안정도	유도장해	특징
소호 리액터 접지 (66[kV])	보통	불확실	최소	가능	$\sqrt{3}$ 이상	최대	최소	병렬공진 고장전류 최소

답 ④

27 3상 3선식 송전선에서 L을 작용 인덕턴스라 하고, L_e 및 L_m은 대지를 귀로로 하는 1선의 자기 인덕턴스 및 상호 인덕턴스라고 할 때 이들 사이의 관계식은?
① $L = L_m - L_e$
② $L = L_e - L_m$
③ $L = L_m + L_e$
④ $L = \frac{L_m}{L_e}$

풀이 작용 인덕턴스(L)
 = 대지 귀로의 자기 인덕턴스(L_e)
  − 대지 귀로의 상호 인덕턴스(L_m)
답 ②

28 송전선로에서 역섬락을 방지하는 가장 유효한 방법은?

① 피뢰기를 설치한다.
② 탑각 접지저항을 작게 한다.
③ 소호각을 설치한다.
④ 가공지선을 설치한다.

풀이 뇌서지가 철탑에 가격 시 철탑의 탑각 접지저항이 충분히 낮지 않으면 철탑의 전위가 상승하여 철탑에서 선로로 섬락을 일으키는 경우가 있는데 이를 **역섬락**이라 하며 방지 대책으로는 매설 지선을 설치하여 **탑각 접지저항을 낮추어야 한다**. 답 ②

29 수력발전소의 저수지 용량 등을 결정하는데 사용되는 것으로 가장 적합한 것은?

① 유량도
② 유황곡선
③ 수위 유량곡선
④ 적산 유량곡선

풀이 적산 유량 곡선은 매일의 수량을 차례로 적산해서 가로축에 일수를, 세로축에 적산 수량을 그린 곡선으로서 수력 발전소의 댐을 설계하거나 저수지 용량 결정에 사용된다. 답 ④

30 출력 20,000[kW]의 화력발전소가 부하율 80[%]로 운전할 때 1일의 석탄소비량은 약 몇 ton인가? (단, 보일러 효율 80[%], 터빈의 열 사이클 효율 35[%], 터빈 효율 85[%], 발전기 효율 76[%], 석탄의 발열량 5500[kcal/kg]이다.)

① 275
② 293
③ 312
④ 333

풀이 1[kWh] = 860[kcal]이므로
시간 × 860 × 최대 전력 × 부하율
= 발열량 × 석탄 소비량[kg] × η[효율]
$24 \times 860 \times 20000 \times 0.8$
$= 5500 \times x \times 10^3 \times 0.85 \times 0.8 \times 0.35 \times 0.76$
따라서 소비량
$x = \dfrac{860 \times 20000 \times 0.8 \times 24}{5500 \times 10^3 \times 0.85 \times 0.8 \times 0.35 \times 0.76}$
$= 332[t]$ 답 ④

31 고압 및 특고압 가공전선로로부터 공급을 받는 수용 장소의 인입구에 반드시 시설하여야 하는 것은?

① 댐퍼
② 아킹혼
③ 조상기
④ 피뢰기

풀이 341.13 피뢰기의 시설
고압 및 특고압의 전로 중 다음에 열거하는 곳 또는 이에 근 접한 곳에는 **피뢰기를 시설**하여야 한다.
가. 발전소·변전소 또는 이에 준하는 장소의 가공전선 인입구 및 인출구
나. 특고압 가공전선로에 접속하는 배전용 변압기의 고압측 및 특고압측
다. **고압 및 특고압 가공전선로로부터 공급을 받는 수용장소의 인입구**
라. 가공전선로와 지중전선로가 접속되는 곳 답 ④

32 파동 임피던스 $Z_1 = 600[\Omega]$인 선로종단에 파동 임피던스 $Z_2 = 1300[\Omega]$의 변압기가 접속되어 있다. 지금 선로에서 파고 $e_1 = 900$[kV]의 전압이 입사되었다면 접속점에서의 전압 반사파는 약 몇 [kV]인가?

① 530
② 430
③ 330
④ 230

풀이 반사 전압
$e_2 = \dfrac{Z_2 - Z_1}{Z_2 + Z_1} e_1 = \dfrac{1300 - 600}{1300 + 600} \times 900 = 330[kV]$ 답 ③

33 3000[kW], 역률 75[%](늦음)의 부하에 전력을 공급하고 있는 변전소에 콘덴서를 설치하여 역률을 93[%]로 향상시키고자 한다. 필요한 전력용 콘덴서의 용량은 약 몇 [kVA]인가?

① 1460
② 1540
③ 1620
④ 1730

풀이 콘덴서 용량
$Q_c = P(\tan\theta_1 - \tan\theta_2)$
$= P\left(\dfrac{\sqrt{1-\cos^2\theta_1}}{\cos\theta_1} - \dfrac{\sqrt{1-\cos^2\theta_2}}{\cos\theta_2}\right)$[kVA]에서
유효 전력 $P = 3000$[kW]이므로

$$\therefore Q_c = 3000 \times \left(\frac{\sqrt{1-0.75^2}}{0.75} - \frac{\sqrt{1-0.93^2}}{0.93} \right)$$
$$= 1460[kVA]$$
답 ①

34 단로기에 대한 설명으로 적합하지 않은 것은?

① 소호장치가 있어 아크를 소멸시킨다.
② 무부하 및 여자전류의 개폐에 사용된다.
③ 배전용 단로기는 보통 디스컨넥팅바로 개폐한다.
④ 회로의 분리 또는 계통의 접속 변경시 사용한다.

풀이 단로기(DS)는 변전소의 전력기기를 시험하기 위하여 회로를 분리하거나, 계통의 접속을 바꾸거나 하는 경우에 사용되며, 여기에는 **소호장치가** 없어 고장전류나 부하전류의 개폐에는 사용할 수 없다. 답 ①

35 변전소에서 비접지 선로의 접지보호용으로 사용되는 계전기에 영상전류를 공급하는 것은?

① CT ② GPT
③ ZCT ④ PT

풀이 ① 변류기(CT) : 대전류를 소전류로 변성하여 계기나 계전기에 공급하기 위한 목적으로 사용한다.
② 접지형 계기용 변압기(GPT) : 비접지 계통에서 지락사고 시의 영상전압을 검출한다.
③ 영상변류기(ZCT) : 지락사고시 지락전류(**영상전류**)를 검출하는 것으로 지락 계전기와 조합하여 차단기를 차단시킨다.
④ 계기용 변압기(PT) : 고압을 저압으로 변성하여 계기나 계전기에 공급하기 위한 목적으로 사용한다.
답 ③

36 선로고장 발생 시 고장전류를 차단할 수 없어 리클로저와 같이 차단 기능이 있는 후비보호 장치와 함께 설치되어야 하는 장치는?

① 배선용차단기 ② 유입개폐기
③ 컷아웃스위치 ④ 섹셔널라이저

풀이 섹셔널라이저는 배전선로에 고장이 발생할 경우 리클로저의 동작으로 선로가 무전압 상태가 되면 이를 감지하여 무전압 상태의 횟수를 기억하였다가 정해진 횟수에 도달하면 선로의 무전압 상태에서 선로를 개방하여 고장구간을 분리시킨다. **섹셔널라이저는 고장전류를** 차단할 수 있는 능력이 없으므로 리클로저와 직렬로 조합하여 사용한다. 답 ④

37 저압 네트워크 배전방식에 대한 설명으로 틀린 것은?

① 전압강하가 적다.
② 부하 밀도가 적은 곳에 유용하다.
③ 무정전 공급의 신뢰도가 높다.
④ 부하의 증가에 대한 적응성이 크다.

풀이 네트워크 배전방식의 장점
① 무정전 공급에 대한 신뢰도 높다.
② 기기 이용률 향상된다.
③ **전압변동이 적다.**
④ **적응성 양호하다.**
⑤ 전력손실이 감소한다.
⑥ 변전소 수를 줄일 수 있다.
답 ②

38 최근에 우리나라에서 많이 채용되고 있는 가스 절연 개폐 설비(GIS)의 특징으로 틀린 것은?

① 대기 절연을 이용한 것에 비해 현저하게 소형화할 수 있으나 비교적 고가이다.
② 소음이 적고 충전부가 완전한 밀폐형으로 되어 있기 때문에 안정성이 높다.
③ 가스 압력에 대한 엄중 감시가 필요하며 내부 점검 및 부품 교환이 번거롭다.
④ 한랭지, 산악 지방에서도 액화 방지 및 산화 방지 대책이 필요 없다.

풀이 GIS의 특징
(1) 장점
① 충전부가 대기에 노출되지 않아 기기의 안정성, 신뢰성이 우수하다.
② 감전 사고 위험이 적다.
③ 밀폐형이므로 배기 소음이 없다.
④ 소형화 가능하다.
⑤ 보수, 점검이 용이하다.
(2) 단점
① 사고의 대응이 부적절한 경우 대형사고 유발 우려가 있다.
② 고장 발생시 조기복구, 임시복구가 거의 불가능하다.
③ SF_6 가스의 세심한 주의가 필요하며 내부 점검 및 부품 교환이 번거롭다.
④ **한랭지, 산악 지방에서 가스의 액화 방지 및 산화 방지 대책이 필요**하다.
답 ④

39 사고, 정전 등의 중대한 영향을 받는 지역에서 정전과 동시에 자동적으로 예비전원용 배전선로로 전환하는 장치는?

① 차단기
② 리클로저(Recloser)
③ 섹셔널라이저(Sectionalizer)
④ 자동부하 전환개폐기(Auto Load Transfer Switch)

풀이 ① 차단기 : 부하전류 및 사고전류를 신속·안전하게 차단하여 고장구간을 건전구간으로부터 분리시키며 또한 설비의 점검 및 수리 등의 작업 시에 작업 장소를 정전시키기 위한 설비이다.
② 리클로저 : 배전선로에서 지락고장이나 단락고장 사고가 발생하였을 때 고장을 검출하여 선로를 차단한 후 일정시간이 경과하면 자동적으로 재투입 동작을 반복함으로써 순간 고장을 제거한다.
③ 섹셔널라이저 : 선로가 정전상태일 때 자동으로 개방되어 고장구간을 분리시키는 선로 개폐기로 고장전류는 차단할 수 없다.
④ **자동부하 전환개폐기** : 정전 시에 큰 피해가 예상되는 수용가에 이중 전원을 확보하여 **주전원 정전 시**나 정격전압 이하로 전압이 감소하는 경우 **예비전원**으로 **자동으로** 전환되어 무정전 전원 공급을 수행하는 개폐기를 말한다. **답** ④

40 유도장해를 경감시키기 위한 전력선측의 대책으로 틀린 것은?

① 고저항 접지방식을 채용한다.
② 송전선과 통신선 사이에 차폐선을 설치한다.
③ 고속도 차단방식을 채택한다.
④ 중성점 전압을 상승시킨다.

풀이 전력선 측 대책
① 전력선과 통신선과의 상호 거리를 크게 하여 상호 인덕턴스를 줄인다.
② 연가를 충분히 한다(선로 정수를 평형시켜 **중성점 잔류 전압을 적게 한다**).
③ 케이블을 사용한다.
④ 고주파의 발생을 방지한다.
⑤ 통신선과의 교차를 직각으로 한다.
⑥ 소호 리액터의 사용(지락전류를 적게 하여 전자유도를 적게 한다).
⑦ 고장 회선의 고속도 차단
⑧ 차폐선의 시설(가공선도 차폐선과 같은 효과가 있으며, 본선과 동일 도체를 사용하면 차폐효과가 크다). **답** ④

3과목 - 전기기기

41 스텝 모터에 대한 설명 중 틀린 것은?

① 가속과 감속이 용이하다.
② 정·역전 및 변속이 용이하다.
③ 위치제어 시 각도 오차가 작다.
④ 브러시 등 부품수가 많아 유지보수 필요성이 크다.

풀이 스텝모터의 장·단점
[장점]
① 다른 서보모터와 달리 위치 및 속도를 검출하기 위한 장치가 필요 없다.
② 다른 디지털 기기와의 인터페이스가 쉽다.
③ 가속, 감속이 용이하며 정·역전 및 변속이 쉽다.
④ 속도제어 범위가 광범위하며, 초저속에서 큰 토크를 얻을 수 있다.
⑤ 위치제어를 할 때 각도오차가 적고 누적되지 않는다.
⑥ 정지하고 있을 때 그 위치를 유지해 주는 토크가 크다.
⑦ 브러시, 슬립 링 등이 없고 부품수가 적기 때문에 유지 보수의 필요성이 적다.
[단점]
① 분해 조립, 또는 정지 위치가 한정된다.
② 효율이 서보 모터에 비해 나쁘다.
③ 마찰 부하의 경우 위치 오차가 크다.
④ 오버슈트 및 진동의 문제가 있다.
⑤ 대용량의 대형기는 만들기 어렵다. **답** ④

42 Y결선한 변압기의 2차측에 사이리스터 6개로 결선 3상 전파정류회로를 구성했을 때 직류 평균 전압은? (단, E는 교류 측 상전압, α는 점호제어각이다.)

① $\dfrac{6\sqrt{2}}{2\pi} E\cos\alpha \,[\text{V}]$

② $\dfrac{3\sqrt{6}}{2\pi} E\cos\alpha \,[\text{V}]$

③ $\dfrac{3\sqrt{6}}{\pi} E\cos\alpha \,[\text{V}]$

④ $\dfrac{3\sqrt{3}}{2\pi} E\cos\alpha \,[\text{V}]$

풀이 3상 전파제어 정류회로
$$E_{d\alpha} = \frac{2}{2\pi/3} \int_{-\pi/3+\alpha}^{\pi/3+\alpha} \sqrt{2} E\cos\theta d\theta$$
$$= \frac{3\sqrt{6}}{\pi} E\cos\alpha [V]$$
답 ③

43 다음 ( ) 안에 옳은 내용을 순서대로 나열한 것은?

> SCR에서는 게이트 전류가 흐르면 순방향의 저지상태에서 ( )상태로 된다. 게이트 전류를 가하여 도통 완료까지의 시간을 ( )시간이라하고 이 시간이 길면 ( )시의 ( )이 많고 소자가 파괴된다.

① 온(On), 턴온(Turn on), 스위칭, 전력손실
② 온(On), 턴온(Turn on), 전력손실, 스위칭
③ 스위칭, 온(On), 턴온(Turn on), 전력손실
④ 턴온(Turn on), 스위칭, 온(On), 전력손실

풀이 SCR에서는 게이트 전류가 흐르면 순방향의 저지상태에서 **온(On)**상태로 된다. 게이트 전류를 가하여 도통 완료까지의 시간을 **턴온(Turn on)**시간이라 하고 이 시간이 길면 **스위칭** 시의 **전력손실**이 많고 소자가 파괴된다.
답 ①

44 단자전압 200[V], 계자저항 50[Ω], 부하전류 50[A], 전기자저항 0.15[Ω], 전기자 반작용에 의한 전압강하 3[V]인 직류 분권발전기가 정격속도로 회전하고 있다. 이때 발전기의 유도기전력은 약 몇 [V]인가?

① 211.1   ② 215.1
③ 225.1   ④ 230.1

풀이 분권발전기

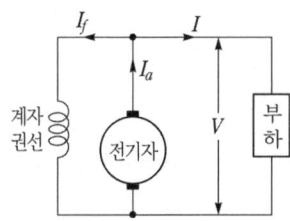

분권발전기에서 단자전압 $V = I_f R_f$ 이므로

- 계자전류 $I_f = \frac{V}{R_f} = \frac{200}{50} = 4[A]$
- 전기자 전류 $I_a = I + I_f = 50 + 4 = 54[A]$

전기자 저항 $R_a = 0.15[\Omega]$이므로
유기기전력 $E = V + I_a R_a + e = 200 + 54 \times 0.15 + 3$
$= 211.1[V]$
답 ①

45 전력 변환 기기가 아닌 것은?

① 변압기   ② 정류기
③ 유도전동기   ④ 인버터

풀이
- 변압기 : 고전압을 저전압으로 또는 저전압을 고전압으로 변성
- 정류기 : 교류를 직류로 변환
- 유도 전동기 : 전기적 에너지를 운동에너지로 변환
- 인버터 : 직류를 교류로 변환

답 ③

46 변압기 1차측 사용 탭이 22900[V]인 경우 2차측 전압이 360[V]였다면 2차측 전압을 약 380[V]로 하기 위해서는 1차측의 탭을 몇 [V]로 선택해야 하는가?

① 20900   ② 21900
③ 22900   ④ 23900

풀이
권수비 $a = \frac{N_1}{N_2} = \frac{E_1}{E_2}$ 에서

$$E_2 = \frac{N_2}{N_1} \times E_1 \propto \frac{1}{N_1} \text{ 이므로}$$

변압기 1차측 전압이 일정한 경우 2차측 전압을 승압하려면, 1차측 탭전압을 낮추어 권수를 줄여야 한다.
따라서, 2차측 전압을 380[V]으로 승압하려면,
$$V_T' = \frac{360}{380} \times 22900 = 21694.73[V]$$
답 ②

47 동기발전기의 단락비가 1.2이면 이 발전기의 %동기임피던스(p.u)는?

① 0.12   ② 0.25
③ 0.52   ④ 0.83

풀이 단락비 $K_s = \frac{1}{\%Z_s}$ 이므로

%동기임피던스 $\%Z_s = \frac{1}{K_s} = \frac{1}{1.2} = 0.83$
답 ④

48 정격속도 1732[rpm]의 직류직권전동기의 부하 토크가 $\frac{3}{4}$으로 되었을 때의 속도는 약 몇 [rpm]인가? (단, 자기 포화는 무시한다.)

① 1155 ② 1550
③ 1750 ④ 2000

풀이 직류직권전동기는 $\tau \propto I_a^2 \propto \frac{1}{N^2}$ 이므로

$$\frac{\tau'}{\tau} = \frac{N'^2}{N^2} \rightarrow \frac{\frac{3}{4}\tau}{\tau} = \frac{N'^2}{1732^2}$$

$$\therefore N' = \sqrt{\frac{4}{3} \times (1732)^2} \fallingdotseq 2000[\text{rpm}] \quad \text{답 ④}$$

49 그림은 단상 직권 정류자 전동기의 개념도이다. C를 무엇이라고 하는가?

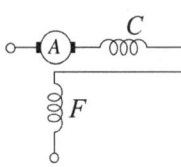

① 제어권선   ② 보상권선
③ 보극권선   ④ 단층권선

풀이 A : 전기자, C : 보상권선, F : 계자권선 답 ②

50 이상적인 변압기의 무부하에서 위상관계로 옳은 것은?

① 자속과 여자전류는 동위상이다.
② 자속은 인가전압 보다 90° 앞선다.
③ 인가전압은 1차 유기기전력 보다 90° 앞선다.
④ 1차 유기기전력과 2차 유기기전력의 위상은 반대이다.

풀이 이상적인 변압기
① **자속은 인가전압보다 90° 뒤지고, 여자전류와는 동위상**이다.
② 인가전압과 공급전압의 크기는 같고, 방향은 반대이다.
③ 1차 유기기전력과 2차 유기기전력은 동위상이다.
답 ①

51 3000[V], 60[Hz], 8극, 100[kW]의 3상 유도 전동기가 있다. 전부하에서 2차 동손이 3.0[kW], 기계손이 2.0[kW]라고 한다. 전부하 회전수 [rpm]를 구하면?

① 674 ② 774 ③ 874 ④ 974

풀이 2차 입력
$$P_2 = P + P_m + P_{c2} = 100 + 2.0 + 3.0 = 105[\text{kW}]$$
슬립 $s = \frac{P_{c2}}{P_2} = \frac{3.0}{105} = \frac{1}{35}$

$$\therefore N = (1-s)N_s = \left(1 - \frac{1}{35}\right) \times \frac{120 \times 60}{8}$$
$$= 874[\text{rpm}] \quad \text{답 ③}$$

52 어떤 단상변압기의 2차 무부하 전압이 240[V]이고, 정격 부하 시의 2차 단자전압이 230[V]이다. 전압 변동률은 약 몇 [%]인가?

① 4.35 ② 5.15
③ 6.65 ④ 7.35

풀이 2차 무부하 전압을 V_{20}, 정격 부하 시의 2차 단자전압을 V_{2n}라 하면 전압 변동률 ϵ은

$$\therefore \epsilon = \frac{V_{20} - V_{2n}}{V_{2n}} \times 100$$
$$= \frac{240 - 230}{230} \times 100 = \frac{10}{230} \times 100$$
$$= 4.35[\%] \quad \text{답 ①}$$

53 유도전동기의 2차 효율은? (단, s는 슬립이다.)

① $1/s$ ② s ③ $1-s$ ④ s^2

풀이 2차 효율
$$\eta_2 = \frac{P}{P_2} = \frac{(1-s)P_2}{P_2} = 1-s = \frac{N}{N_s} \quad \text{답 ③}$$

54 동기 리액턴스 $x_s = 10[\Omega]$, 전기자 저항 $r_a = 0.1[\Omega]$인 Y결선 3상 동기발전기가 있다. 1상의 단자전압은 $V = 4000[\text{V}]$이고 유기 기전력 $E = 6400[\text{V}]$이다. 부하각 $\delta = 30°$라고 하면 발전기의 3상 출력[kW]은 약 얼마인가?

① 1250 ② 2830
③ 3840 ④ 4650

풀이 3상 출력

$$P = 3\frac{EV}{x_s}\sin\delta$$
$$= 3 \times \frac{6400 \times 4000}{10} \times \sin 30 \times 10^{-3}$$
$$= 3840[\text{kW}]$$

답 ③

55 직류발전기의 단자전압을 조정하려면 어느 것을 조정하여야 하는가?

① 기동저항　② 계자저항
③ 방전저항　④ 전기자저항

풀이 직류 발전기의 단자전압은 일반적으로 회전수는 일정하게 유지하고 계자저항을 가감함으로 조정한다.

답 ②

56 4극 60[Hz]의 3상 유도 전동기에서 1[kW]의 동기와트에 대한 토크는 몇 [N·m]인가?

① 0.53　② 0.54
③ 5.31　④ 5.41

풀이 동기속도 $N_s = \frac{120f}{p} = \frac{120 \times 60}{4} = 1800[\text{rpm}]$

$\therefore T = 0.975\frac{P}{N} \times 9.8 = 0.975 \times \frac{1 \times 10^3}{1800} \times 9.8$
$= 5.31[\text{N·m}]$

답 ③

57 1차 전압 6600[V], 2차 전압 220[V], 주파수 60[Hz], 1차 권수 1000회의 변압기가 있다. 최대 자속은 약 몇 [Wb]인가?

① 0.020　② 0.025
③ 0.030　④ 0.032

풀이 최대 자속
$\phi_m = \frac{E_1}{4.44fN_1} = \frac{6600}{4.44 \times 60 \times 1000}$
$= 0.025[\text{Wb}]$

답 ②

58 슬롯수 32, 코일 변수 64, 극수 4극인 1구 단중 중권기를 같은 극수의 2구 2중 파권기로 변경하면 단자 전압은 약 몇 배가 되는가?

① 0.5　② 1
③ 1.5　④ 2

풀이
- $E = \frac{p}{a}z\phi n[\text{V}]$에서 권선법 외의 나머지 조건이 일정하므로 $E \propto \frac{1}{a}$이다.
- 단중 중권기의 병렬회로수 $a' = p = 4$
  2중 파권기의 병렬회로수 $a'' = 2m = 2 \times 2 = 4$

따라서 단중 중권기를 2중 파권기로 변경하여도 모든 조건이 동일하므로 단자 전압은 서로 같다(1배).

답 ②

59 정류회로에서 평활회로를 사용하는 이유는?

① 출력전압의 맥류분을 감소시키기 위해
② 출력전압의 크기를 증가시키기 위해
③ 정류전압의 직류분을 감소시키기 위해
④ 정류전압을 2배로 하기위해

풀이 평활회로 : 정류기의 출력 전압 중에 포함되는 맥류분을 감소시키기 위하여 사용되는 저역 필터로서 콘덴서와 저주파 초크 코일 또는 저항으로 구성된다.

답 ①

60 단상 반파의 정류 효율은?

① $\frac{4}{\pi^2} \times 100[\%]$　② $\frac{\pi^2}{4} \times 100[\%]$
③ $\frac{8}{\pi^2} \times 100[\%]$　④ $\frac{\pi^2}{8} \times 100[\%]$

풀이 $\eta = \frac{(I_m/\pi)^2 R}{(I_m/2)^2 R} \times 100 = \frac{4}{\pi^2} \times 100 = 40.6[\%]$

답 ①

4과목 - 회로이론 및 제어공학

61 상의 순서가 $a-b-c$인 불평형 3상 전류가 $I_a = 15 + j2$[A], $I_b = -20 - j14$[A], $I_c = -3 + j10$[A]일 때

영상분 전류 I_0는 약 몇 [A]인가?

① $2.67 + j0.38$　② $2.02 + j6.98$
③ $15.5 - j3.56$　④ $-2.67 - j0.67$

풀이 영상전류

$$I_0 = \frac{1}{3}(I_a + I_b + I_c)$$
$$= \frac{1}{3}[(15+j2)+(-20-j14)+(-3+j10)]$$
$$= \frac{1}{3}(-8-j2) = -2.67 - j0.67 [A]$$

답 ④

62 그림과 같이 $R[\Omega]$의 저항을 Y결선으로 하여 단자의 a, b 및 c에 비대칭 3상 전압을 가할 때, a단자의 중성점 N에 대한 전압은 약 몇 [V]인가?
(단, $V_{ab} = 210[V]$, $V_{bc} = -90 - j180[V]$, $V_{ca} = -120 + j180[V]$)

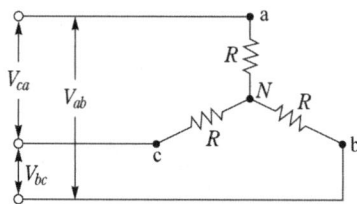

① 100 ② 116
③ 121 ④ 125

풀이 폐로 방정식(메쉬 방정식)
$2RI_1 - RI_2 = V_{ca}$, $-RI_1 + 2RI_2 = V_{bc}$

$$I_1 = \frac{\begin{vmatrix} V_{ca} & -R \\ V_{bc} & 2R \end{vmatrix}}{\begin{vmatrix} 2R & -R \\ -R & 2R \end{vmatrix}} = \frac{2RV_{ca} + RV_{bc}}{4R^2 - R^2} = \frac{2V_{ca} + V_{bc}}{3R}$$

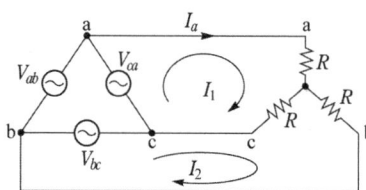

저항 R에 흐르는 전류 $I_a = I_1$이므로
전압강하를 나타내는 a단자의
중성점 N에 대한 전압 $V_{aN} = RI_a = RI_1$이다.

$$V_{aN} = RI_1 = R \times \frac{2V_{ca} + V_{bc}}{3R} = \frac{2V_{ca} + V_{bc}}{3}$$
$$= \frac{2(-120 + j180) + (-90 - j180)}{3}$$
$$= -110 + j60 [V]$$

따라서 중성점 전압의 크기
$|V_{aN}| = \sqrt{(-110)^2 + 60^2} \fallingdotseq 125 [V]$

답 ④

63 다음과 같은 시스템에 단위계단입력 신호가 가해졌을 때 지연시간에 가장 가까운 값[sec]은?

$$\frac{C(s)}{R(s)} = \frac{1}{s+1}$$

① 0.5 ② 0.7 ③ 0.9 ④ 1.2

풀이 ① 단위계단입력 신호가 가해졌으므로

$$C(s) = \frac{1}{s+1}R(s) = \frac{1}{s+1} \cdot \frac{1}{s}$$
$$c(t) = \mathcal{L}^{-1}\left[\frac{1}{s(s+1)}\right] = \mathcal{L}^{-1}\left[\frac{1}{s} - \frac{1}{s+1}\right]$$
$$= 1 - e^{-t}$$

② 출력의 최종값 $\lim_{t \to \infty} c(t) = 1 - e^{-t} = 1$,
지연시간 T_d는 최종값의 50[%]에 도달하는 데 소요되는 시간이므로
$1 - e^{-t} = 0.5 \to 0.5 = e^{-T_d}$
$\to \frac{1}{e^{T_d}} = 0.5 \to e^{T_d} = 2$
$\therefore T_d = \log_e 2 = 0.693 \fallingdotseq 0.7[sec]$

답 ②

64 두 코일 A, B의 저항과 리액턴스가 각각 A코일은 3[Ω], 4[Ω]이고, B코일은 5[Ω], 2[Ω]일 때 두 코일을 직렬로 접속하여 100[V]의 전압을 인가하였다면, 회로에 흐르는 전류는 몇 [A]인가?

① $10\angle -37°$ ② $10\angle 37°$
③ $10\angle -53°$ ④ $10\angle 53°$

풀이 A코일의 임피던스 $Z_A = 3 + j4[\Omega]$
B코일의 임피던스 $Z_B = 5 + j2[\Omega]$
A, B코일의 합성 임피던스
$Z_{AB} = 8 + j6 = \sqrt{8^2 + 6^2} \angle \tan^{-1}\frac{6}{8}$
$= 10\angle 37°[\Omega]$
따라서 회로에 흐르는 전류
$I = \frac{V}{Z_{AB}} = \frac{100}{10\angle 37°} = 10\angle -37°[A]$

답 ①

65 보상기 $G_c(s) = \frac{1 + \alpha Ts}{1 + Ts}$가 진상 보상기가 되기 위한 조건은?

① $\alpha = 0$ ② $\alpha = 1$
③ $\alpha < 1$ ④ $\alpha > 1$

풀이
$$G_c(s) = \frac{\alpha(s+\frac{1}{\alpha T})}{s+\frac{1}{T}} : 진상 보상기 조건$$
$\frac{1}{\alpha T} < \frac{1}{T}$ 이어야 하므로 $\alpha > 1$ 이어야 한다. **답** ④

66 상태 방정식 $\dot{x} = Ax(t) + Bu(t)$ 에서
$A = \begin{bmatrix} 0 & 1 \\ -2 & -3 \end{bmatrix}$ 일 때 특성 방정식의 근은?

① $-2, -3$ ② $-1, -2$
③ $-1, -3$ ④ $1, -3$

풀이 $|sI - A|$의 행렬식은
$|sI - A| = \begin{vmatrix} s & -1 \\ 2 & s+3 \end{vmatrix} = s(s+3) + 2 = s^2 + 3s + 2$
$s^2 + 3s + 2 = (s+1)(s+2) = 0$
∴ $s = -1, -2$ **답** ②

67 그림의 블록선도에 대한 전달함수 $\frac{C}{R}$는?

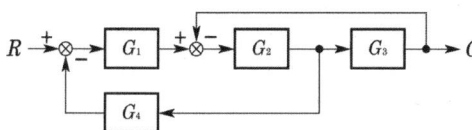

① $\dfrac{G_1 G_2 G_3}{1 + G_1 G_2 + G_1 G_2 G_4}$

② $\dfrac{G_1 G_2 G_4}{1 + G_1 G_2 + G_1 G_2 G_3}$

③ $\dfrac{G_1 G_2 G_3}{1 + G_2 G_3 + G_1 G_2 G_4}$

④ $\dfrac{G_1 G_2 G_4}{1 + G_2 G_3 + G_1 G_2 G_3}$

풀이 G_3 앞의 인출점을 요소 뒤로 이동하면 그림과 같은 블록 선도로 나타낼 수 있다.

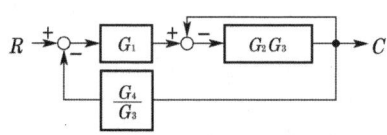

$\left\{\left(R - C\dfrac{G_4}{G_3}\right)G_1 - C\right\}G_2 G_3 = C$

$RG_1 G_2 G_3 - CG_1 G_2 G_4 - C(G_2 G_3) = C$
$RG_1 G_2 G_3 = C(1 + G_2 G_3 + G_1 G_2 G_4)$
∴ $G(s) = \dfrac{C}{R} = \dfrac{G_1 G_2 G_3}{1 + G_2 G_3 + G_1 G_2 G_4}$

별해 전향경로 이득 : $G_1 G_2 G_3$
루프 이득 : $-G_2 G_3, -G_1 G_2 G_4$
$G(s) = \dfrac{\sum 전향 경로 이득}{1 - \sum 루프이득}$
$= \dfrac{G_1 G_2 G_3}{1 + G_2 G_3 + G_1 G_2 G_4}$ **답** ③

68 다음 회로는 무엇을 나타낸 것인가?

① 자기유지회로
② 단안정회로
③ 인터록회로
④ 순차제어회로

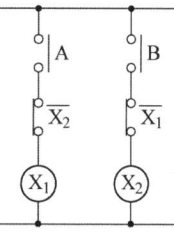

풀이 인터록 회로 : 둘 이상의 출력이 동시에 생기지 않도록 하는 회로 **답** ③

69 어느 시퀀스 제어시스템의 내부 상태가 9가지로 바뀐다면 이를 설계할 때 필요한 플립플롭의 최소 개수는?

① 3 ② 4 ③ 5 ④ 9

풀이 플립플롭은 $2^n - 1$가지를 식별할 수 있으므로, 9가지의 경우라면 최소 4개의 플립플롭 ($2^4 - 1 = 15$)이 있어야 한다. **답** ②

70 한 상의 임피던스가 $6 + j8[\Omega]$인 △부하에 대칭 선간전압 200[V]를 인가할 때 3상 전력[W]은?

① 2400 ② 4160
③ 7200 ④ 10800

풀이 △결선 시 선간전압(V_l)과 상전압(V_p)은 같으므로
상전류 $I_p = \dfrac{V_p}{Z_p} = \dfrac{200}{\sqrt{6^2 + 8^2}} = 20[A]$
∴ $P = 3I_p^2 R = 3 \times 20^2 \times 6 = 7200[W]$ **답** ③

71 선간 전압 V[V]의 3상 평형 전원에 대칭 3상 저항 부하 R[Ω]이 그림과 같이 접속되었을 때 a, b 두 상간에 접속된 전력계의 지시값이 W[W]라 하면 c상의 전류[A]는?

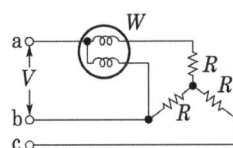

① $\dfrac{\sqrt{3}\,W}{V}$ ② $\dfrac{3W}{V}$

③ $\dfrac{W}{\sqrt{3}\,V}$ ④ $\dfrac{2W}{\sqrt{3}\,V}$

풀이 전원 및 부하가 모두 대칭이므로
$V_{ab}=V_{bc}=V_{ca}=V$, $I_a=I_b=I_c=I$라 하면
소비 전력 $P=2W=\sqrt{3}\,VI$
$\therefore I=\dfrac{2W}{\sqrt{3}\,V}$ **답** ④

72 라플라스 변환과 z변환이 같은 함수는?

① $\delta(t)$ ② $u(t)$
③ t ④ e^{-at}

풀이

$f(t)$	$F(s)$	$F(z)$
$\delta(t)$	1	1
$u(t)$	$\dfrac{1}{s}$	$\dfrac{z}{z-1}$
t	$\dfrac{1}{s^2}$	$\dfrac{Tz}{(z-1)^2}$
e^{-at}	$\dfrac{1}{s+a}$	$\dfrac{z}{z-e^{-aT}}$

답 ①

73 그림과 같은 $R-C$ 병렬회로에서 전원전압이 $e_s(t)=3e^{-5t}$인 경우 이 회로의 임피던스는?

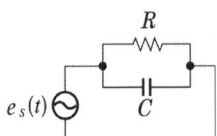

① $\dfrac{j\omega RC}{1+j\omega RC}$ ② $\dfrac{R}{1-5RC}$

③ $\dfrac{R}{1+RCs}$ ④ $\dfrac{1+j\omega RC}{R}$

풀이
$Z=\dfrac{\dfrac{R}{j\omega C}}{R+\dfrac{1}{j\omega C}}=\dfrac{R}{1+j\omega CR}$ 이고

$e_s(t)=3e^{-5t}$에서 $j\omega=-5$이므로

$Z=\dfrac{R}{1+j\omega CR}=\dfrac{R}{1-5CR}$ **답** ②

74 위상 정수가 $\dfrac{\pi}{8}$[rad/m]인 선로의 1[MHz]에 대한 전파 속도[m/s]는?

① 1.6×10^7 ② 9×10^7
③ 10×10^7 ④ 11×10^7

풀이
$Z=\dfrac{\dfrac{R}{j\omega C}}{R+\dfrac{1}{j\omega C}}=\dfrac{R}{1+j\omega CR}$

전파 속도를 v[m/s]라 하면 $\beta\lambda=2\pi$이므로
$\therefore v=f\lambda=\dfrac{2\pi f}{\beta}=\dfrac{2\pi\times 10^6}{\dfrac{\pi}{8}}$
$=16\times 10^6=1.6\times 10^7$[m/s] **답** ①

75 회로에서 전압 V_{ab}[V]는?

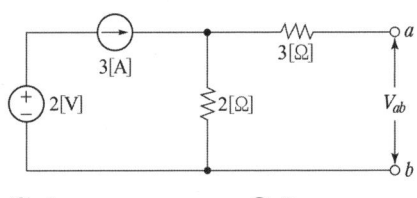

① 2 ② 3
③ 6 ④ 9

풀이 전압원은 단락하고 전류원은 개방하여 중첩의 원리를 적용하면,
- 전압원이 존재(전류원 개방)
 $V_{ab}=0$[V]
- 전류원 존재(전압원 단락)
 $V_{ab}=IR=3\times 2=6$[V] **답** ③

76 단위 부궤환 제어시스템의 루프전달함수 $G(s)H(s)$가 다음과 같이 주어져 있다. 이득여유가 20[dB]이면 이때의 K의 값은?

$$G(s)H(s) = \frac{K}{(s+1)(s+3)}$$

① $\frac{3}{10}$ ② $\frac{3}{20}$
③ $\frac{1}{20}$ ④ $\frac{1}{40}$

풀이 이득여유 $GM = 20\log\frac{1}{|G(s)H(s)|} = 20$[dB]

→ $\log\frac{1}{|G(s)H(s)|} = 1$

→ $|G(s)H(s)| = \frac{1}{10}$ …… ①

주어진 방정식에 $s = j\omega$를 대입하고 정리하면

$G(j\omega)H(j\omega) = \frac{K}{(j\omega+1)(j\omega+3)}$

$= \frac{K}{(3-\omega^2)+j4\omega}$ …… ②

식 ②의 분모에서 허수부을 0으로 놓으면
$4\omega = 0$ → $\omega = 0$[rad/s]이다.
이 값을 식 ②에 대입하면

$|G(j\omega)H(j\omega)|_{\omega=0} = \left|\frac{K}{3-\omega^2}\right|_{\omega=0} = \frac{K}{3}$ …… ③

식 ①과 ③에서 $|G(s)H(s)| = \frac{K}{3} = \frac{1}{10}$

∴ $K = \frac{3}{10}$ **답** ①

77 그림의 블록선도와 같이 표현되는 제어시스템에서 $A = 1$, $B = 1$일 때, 블록선도의 출력 C는 약 얼마인가?

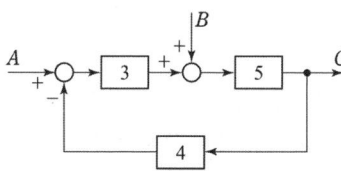

① 0.22   ② 0.33
③ 1.22   ④ 3.1

풀이 전달함수 $G(s) = \frac{경로}{1-폐로}$ 이므로

• 입력 A인 경우
 – 경로 : $3\times5 = 15$, 폐로 : $3\times4\times5 = 60$

$\frac{C}{A} = \frac{15}{1+60} = \frac{15}{61}$

• 입력 B인 경우
 – 경로 : 5, 폐로 : $3\times4\times5 = 60$

$\frac{C}{B} = \frac{5}{1+60} = \frac{5}{61}$

∴ $G(s) = \frac{C}{A} + \frac{C}{B} = \frac{15}{61} + \frac{5}{61} ≒ 0.33$ **답** ②

78 4단자 정수 A, B, C, D로 출력 측을 개방시켰을 때 입력측에서 본 구동점 임피던스 $Z_{11}\left(=\frac{V_1}{I_1}\bigg|_{I_2=0}\right)$을 표시한 것 중 옳은 것은?

① $\frac{A}{C}$ ② $\frac{B}{D}$
③ $\frac{A}{B}$ ④ $\frac{B}{C}$

풀이 $A = \frac{Z_{11}}{Z_{21}}$, $B = \frac{|Z|}{Z_{21}}$, $C = \frac{1}{Z_{21}}$, $D = \frac{Z_{22}}{Z_{21}}$ 이므로

∴ $\begin{bmatrix} Z_{11} & Z_{12} \\ Z_{21} & Z_{22} \end{bmatrix} = \frac{1}{C}\begin{bmatrix} A & AD-BC \\ 1 & D \end{bmatrix}$ **답** ①

79 RL 직렬회로에서 $R = 20[\Omega]$, $L = 40$[mH]일 때, 이 회로의 시정수[sec]는?

① 2×10^3 ② 2×10^{-3}
③ $\frac{1}{2}\times10^3$ ④ $\frac{1}{2}\times10^{-3}$

풀이 RL 직렬 회로의 시정수

$\tau = \frac{L}{R} = \frac{40\times10^{-3}}{20} = 2\times10^{-3}$[sec] **답** ②

80 $\mathcal{L}^{-1}\left[\frac{1}{s^2+a^2}\right]$은 어느 것인가?

① $\sin at$ ② $\frac{1}{a}\sin at$
③ $\cos at$ ④ $\frac{1}{a}\cos at$

풀이 RL 직렬 회로의 시정수

$\mathcal{L}^{-1}\left[\frac{a}{s^2+a^2}\right] = \sin at$ 이므로

$\mathcal{L}^{-1}\left[\frac{1}{s^2+a^2}\right] = \frac{1}{a}\sin at$ **답** ②

5과목 - 전기설비기술기준

81 직선형의 철탑을 사용한 특고압 가공전선로가 연속하여 10기 이상 사용하는 부분에는 몇 기 이하마다 내장 애자장치가 되어 있는 철탑 1기를 시설하여야 하는가?

① 5기 ② 10기
③ 15기 ④ 20기

풀이 333.16 특고압 가공전선로의 내장형 등의 지지물 시설
특고압 가공전선로 중 지지물로서 직선형의 철탑을 연속하여 10기 이상 사용하는 부분에는 10기 이하마다 장력에 견디는 애자장치가 되어 있는 철탑 또는 이와 동등 이상의 강도를 가지는 철탑 1기를 시설하여야 한다.
답 ②

82 특고압가공전선로의 지지물로 사용하는 B종 철주, B종 철근콘크리트주 또는 철탑의 종류에서 전선로 지지물의 양쪽 경간의 차가 큰 곳에 사용하는 것은?

① 각도형 ② 인류형
③ 내장형 ④ 보강형

풀이 333.11 특고압 가공전선로의 철주·철근 콘크리트주 또는 철탑의 종류
특고압 가공전선로의 지지물로 사용하는 B종 철근·B종 콘크리트주 또는 철탑의 종류는 다음과 같다.
가. 직선형 : 전선로의 직선 부분(3° 이하의 수평 각도 이루는 곳 포함)에 사용되는 것
나. 각도형 : 전선로 중 수평 각도 3°를 넘는 곳에 사용되는 것
다. 인류형 : 전 가섭선을 인류하는 곳에 사용하는 것
라. 내장형 : 전선로 지지물 양측의 경간차가 큰 곳에 사용하는 것
마. 보강형 : 전선로 직선 부분을 보강하기 위하여 사용하는 것
답 ③

83 저압 옥상전선로에 시설하는 전선은 지름 몇 [mm]의 경동선 또는 이와 동등 이상의 세기 및 굵기의 것이어야 하는가?

① 1.6 ② 2.0
③ 2.6 ④ 3.2

풀이 221.3 옥상전선로
전선은 인장강도 2.30[kN] 이상의 것 또는 지름 2.6[mm] 이상의 경동선을 사용할 것.
답 ③

84 중성선 다중접지식의 것으로 전로에 지기가 생겼을 때 2초 이내에 자동적으로 이를 전로로부터 차단하는 장치가 되어 있는 22.9[kV] 가공전선로를 상부 조영재의 위쪽에서 접근상태로 시설하는 경우, 가공전선과 건조물과의 최소 이격거리는 몇 [m]인가? 단, 전선으로는 나전선을 사용한다고 한다.

① 1.2 ② 2
③ 2.5 ④ 3

풀이 333.32 25[kV] 이하인 특고압 가공전선로의 시설
사용전압이 15[kV]를 초과하고 25[kV] 이하인 특고압 가공전선로(중성선 다중접지식의 것으로서 전로에 지락이 생겼을 때에 2초 이내에 자동적으로 이를 전로로부터 차단하는 장치가 되어 있는 것에 한한다)가 건조물과 접근하는 경우에 특고압 가공전선과 건조물의 조영재 사이의 이격거리는 표에서 정한 값 이상일 것.

건조물의 조영재	접근 형태	전선의 종류	이격거리
상부 조영재	위쪽	나전선	3.0[m]
		특고압 절연전선	2.5[m]
		케이블	1.2[m]
	옆쪽 또는 아래쪽	나전선	1.5[m]
		특고압 절연전선	1.0[m]
		케이블	0.5[m]
기타의 조영재		나전선	1.5[m]
		특고압 절연전선	1.0[m]
		케이블	0.5[m]

답 ④

85 변압기 1차측 3300[V], 2차측 220[V]의 변압기 전로의 절연내력시험전압은 각각 몇 [V]에서 10분간 견디어야 하는가?

① 1차측 4950[V], 2차측 500[V]
② 1차측 4500[V], 2차측 400[V]
③ 1차측 4125[V], 2차측 500[V]
④ 1차측 3300[V], 2차측 400[V]

풀이 135 변압기 전로의 절연내력

권선의 종류 (최대사용전압)	접지방식	시험전압 (최대사용 전압의 배수)	최저 시험전압
1. 7[kV] 이하		1.5배	500[V]
	다중접지	0.92배	500[V]
2. 7[kV] 초과 25[kV] 이하	다중접지	0.92배	
3. 7[kV] 초과 60[kV] 이하 (2란의 것 제외)		1.25배	10.5[kV]
4. 60[kV] 초과	비접지	1.25배	
5. 60[kV] 초과(6란의 것 제외)	접지식	1.1배	75[kV]
6. 60[kV] 초과	직접접지	0.72배	
7. 170[kV] 초과	직접접지	0.64배	

- 1차측 시험전압 : 3300 × 1.5 = 4950[V]
- 2차측 시험전압 : 220 × 1.5 = 330[V] → 500[V]
  (∵ 최저시험전압은 500[V])   답 ①

86 전기욕기에 전기를 공급하는 전원 장치는 전기욕기용으로 내장되어 있는 2차측 전로의 사용전압을 몇 [V] 이하로 한정하고 있는가?

① 6 ② 10
③ 12 ④ 15

풀이 241.2 전기욕기
전기욕기에 전기를 공급하기 위한 전기욕기용 전원장치(내장되는 전원 변압기의 2차측 전로의 사용전압이 10[V] 이하의 것에 한한다)는 안전기준에 적합하여야 한다.   답 ②

87 전광표시 장치에 사용하는 저압 옥내배선을 금속관공사로 시설할 경우 연동선의 단면적은 몇 [mm²] 이상 사용하여야 하는가?

① 0.75 ② 1.25
③ 1.5 ④ 2.5

풀이 231.3.1 저압 옥내배선의 사용전선
가. 저압 옥내배선의 전선 : 단면적 2.5[mm²] 이상의 연동선
나. 옥내배선의 사용 전압이 400[V] 이하인 경우는 다음에 의하여 시설할 수 있다.
  ① 전광표시 장치 또는 제어 회로
    • 단면적 1.5[mm²] 이상의 연동선
    • 단면적 0.75[mm²] 이상인 다심케이블 또는 다심 캡타이어 케이블을 사용하고 또한 과전류가 생겼을 때에 자동적으로 전로에서 차단하는 장치를 시설

② 진열장 또는 이와 유사한 것의 내부 배선 : 단면적 0.75[mm²] 이상인 코드 또는 캡타이어케이블   답 ③

88 진열장 내의 배선으로 사용전압 400[V] 이하에 사용하는 코드 또는 캡타이어 케이블의 최소 단면적은 몇 [mm²]인가?

① 1.25 ② 1.0
③ 0.75 ④ 0.5

풀이 234.8 진열장 또는 이와 유사한 것의 내부 배선
가. 사용전압 : 400[V] 이하
나. 전선의 굵기 : 단면적 0.75[mm²] 이상
다. 전선의 종류 : 코드 또는 캡타이어 케이블   답 ③

89 가공 전선로의 지지물에 지선을 시설하려고 한다. 이 지선의 최저 기준으로 옳은 것은?

① 소선 굵기 : 2.0[mm], 안전율 : 3.0, 허용 인장 하중 : 2.15[kN]
② 소선 굵기 : 2.6[mm], 안전율 : 2.5, 허용 인장 하중 : 4.31[kN]
③ 소선 굵기 : 1.6[mm], 안전율 : 2.0, 허용 인장 하중 : 4.31[kN]
④ 소선 굵기 : 2.6[mm], 안전율 : 1.5, 허용 인장 하중 : 3.23[kN]

풀이 331.11 지선의 시설
가. 가공전선로의 지지물로 사용하는 철탑은 지선을 사용하여 그 강도를 분담시켜서는 안 된다.
나. 지선의 안전율은 2.5 이상일 것. 이 경우에 허용 인장하중의 최저는 4.31[kN]으로 한다.
다. 지선에 연선을 사용할 경우에는 다음에 의할 것.
  ① 소선 3가닥 이상의 연선일 것.
  ② 소선의 지름이 2.6[mm] 이상의 금속선을 사용한 것일 것.   답 ②

90 전력보안통신설비의 조가선은 단면적 몇 [mm²] 이상의 아연도강연선을 사용하여야 하는가?

① 16 ② 38
③ 50 ④ 55

풀이 362.3 조가선 시설기준
조가선은 단면적 38[mm²] 이상의 아연도강연선을 사용할 것.   답 ②

91 발열선을 도로, 주차장 또는 조영물의 조영재에 고정시켜 시설하는 경우, 발열선에 전기를 공급하는 전로의 대지전압은 몇 [V] 이하이어야 하는가?

① 220[V] ② 300[V]
③ 380[V] ④ 600[V]

풀이 241.12 도로 등의 전열장치
발열선을 도로, 주차장 또는 조영물의 조영재에 고정시켜 시설하는 경우에는 다음에 따라야 한다.
가. 발열선에 전기를 공급하는 전로의 대지전압은 300 [V] 이하일 것.
나. 발열선은 그 온도가 80[℃]를 넘지 아니하도록 시설할 것. 다만, 도로 또는 옥외주차장에 금속피복을 한 발열선을 시설할 경우에는 발열선의 온도를 120[℃] 이하로 할 수 있다. **답** ②

92 급전용변압기는 교류 전기철도의 경우 어떤 변압기의 적용을 원칙으로 하고, 급전계통에 적합하게 선정하여야 하는가?

① 3상 정류기용 변압기
② 단상 정류기용 변압기
③ 3상 스코트결선 변압기
④ 단상 스코트결선 변압기

풀이 421.4 변전소의 설비
1. 변전소 등의 계통을 구성하는 각종 기기는 운용 및 유지보수성, 시공성, 내구성, 효율성, 친환경성, 안전성 및 경제성 등을 종합적으로 고려하여 선정하여야 한다.
2. 급전용 변압기는 직류 전기철도의 경우 3상 정류기용 변압기, 교류 전기철도의 경우 3상 스코트결선 변압기의 적용을 원칙으로 하고, 급전계통에 적합하게 선정하여야 한다. **답** ③

93 철탑의 강도계산에 사용하는 이상 시 상정하중이 가하여지는 경우의 그 이상 시 상정 하중에 대한 철탑의 기초에 대한 안전율은 얼마 이상이어야 하는가?

① 1.2 ② 1.33
③ 1.5 ④ 2

풀이 331.7 가공전선로 지지물의 기초의 안전율
가공전선로의 지지물에 하중이 가하여지는 경우에 그 하중을 받는 지지물의 기초의 안전율은 2(이상 시 상정하중에 대한 철탑의 기초에 대하여는 1.33) 이상이어야 한다. **답** ②

94 전기울타리의 접지전극과 다른 접지 계통의 접지전극의 거리는 몇 [m] 이상이어야 하는가?

① 1 ② 2
③ 3 ④ 4

풀이 241.1.7 접지
1. 전기울타리 전원장치의 외함 및 변압기의 철심은 규정에 준하여 접지공사를 하여야 한다.
2. 전기울타리의 접지전극과 다른 접지 계통의 접지전극의 거리는 2[m] 이상이어야 한다. 다만, 충분한 접지망을 가진 경우에는 그러하지 아니 한다.
3. 가공전선로의 아래를 통과하는 전기울타리의 금속부분은 교차지점의 양쪽으로부터 5[m] 이상의 간격을 두고 접지하여야 한다. **답** ②

95 주택용 배선용 차단기의 정격전류를 I_n이라고 할 때, 순시트립에 따른 구분에서 순시트립범위가 $10I_n$ 초과 ~ $20I_n$ 이하인 것은 차단기 분류에서 어떤 형인가?

① A형 ② B형
③ C형 ④ D형

풀이 212.3.4 보호장치의 특성
순시트립에 따른 구분(주택용 배선용 차단기)

형	순시트립범위
B	$3I_n$ 초과 ~ $5I_n$ 이하
C	$5I_n$ 초과 ~ $10I_n$ 이하
D	$10I_n$ 초과 ~ $20I_n$ 이하

비고 1. B, C, D : 순시트립전류에 따른 차단기 분류
2. I_n : 차단기 정격전류 **답** ④

96 전기저장장치를 전용건물 이외의 장소에 시설하는 경우로서 일반인이 출입하는 건물의 부속공간에 시설하는 경우 이차전지랙과 랙 사이는 몇 [m] 이상 이격하여야 하는가?(단, 옥상에는 설치하지 않는 경우이다.)

① 0.8 ② 1
③ 1.5 ④ 3

[풀이] 512.1.6 전용건물 이외의 장소에 시설하는 경우
전기저장장치를 일반인이 출입하는 건물의 부속공간에 시설(옥상에는 설치할 수 없다)하는 경우에는 다음에 따라 시설하여야 한다.
가. 전기저장장치 시설장소는 내화구조이어야 한다.
나. 이차전지모듈의 직렬 연결체의 용량은 50[kWh] 이하로 하고 건물 내 시설 가능한 이차전지의 총 용량은 600[kWh] 이하이어야 한다.
다. **이차전지랙과 랙 사이는 1[m] 이상 이격**하고, 랙과 벽면 사이는 전면부의 경우 1[m] 이상, 측면과 후면부의 경우 0.8[m] 이상 이격하여야 한다.
라. 이차전지실은 건물 내 다른 시설(수전설비, 가연물질 등)로부터 1.5[m] 이상 이격하고 각 실의 출입구나 피난계단 등 이와 유사한 장소로부터 3[m] 이상 이격하여야 한다.
마. 배선설비가 이차전지실 벽면을 관통하는 경우 관통부는 해당 구획부재의 내화성능을 저하시키지 않도록 충전(充塡)하여야 한다. **답** ②

97 회로의 전원 측에 설치된 1개의 보호장치에 의한 단락보호가 효과적이지 못하다면, 병렬도체가 3가닥 이상인 경우 단락보호장치는 어디에 설치하여야 하는가?

① 각 병렬도체의 전원 측
② 각 병렬도체의 부하 측
③ 각 병렬도체의 전원 측과 부하측
④ 회로의 부하측

[풀이] 212.5.4 병렬도체의 단락보호
1. 여러 개의 병렬도체를 사용하는 회로의 전원 측에 1개의 단락보호장치가 설치되어있는 조건에서, 어느 하나의 도체에서 발생한 단락고장이라도 효과적인 동작이 보증되는 경우, 해당 보호장치 1개를 이용하여 그 병렬도체 전체의 단락보호장치로 사용할 수 있다.
2. 1개의 보호장치에 의한 단락보호가 효과적이지 못하면, 다음 중 1가지 이상의 조치를 취해야 한다.
   가. 배선은 기계적인 손상 보호와 같은 방법으로 병렬도체에서의 단락위험을 최소화할 수 있는 방법으로 설치하고, 화재 또는 인체에 대한 위험을 최소화 할 수 있는 방법으로 설치하여야 한다.
   나. 병렬도체가 2가닥인 경우 단락보호장치를 각 병렬도체의 전원측에 설치해야 한다.
   다. **병렬도체가 3가닥 이상인 경우 단락보호장치는 각 병렬도체의 전원 측과 부하 측에 설치**해야 한다. **답** ③

98 저압 옥측전선로에서 목조의 조영물에 시설할 수 있는 공사방법은?

① 금속관공사
② 버스덕트공사
③ 합성수지관공사
④ 연피 또는 알루미늄 케이블공사

[풀이] 221.2 옥측전선로
저압 옥측전선로는 다음의 공사방법에 의할 것.
가. 애자공사(전개된 장소에 한한다.)
나. 합성수지관공사
다. **금속관공사**(목조 이외의 조영물에 시설하는 경우에 한한다)
라. **버스덕트공사**[목조 이외의 조영물(점검할 수 없는 은폐된 장소는 제외한다)에 시설하는 경우에 한한다]
마. 케이블공사(연피 케이블·알루미늄피 케이블 또는 무기물 절연 케이블을 사용하는 경우에는 **목조 이외의 조영물에 시설하는 경우에 한한다.**) **답** ③

99 특고압 가공전선로의 지지물 양측의 경간의 차가 큰 곳에 사용하는 철탑의 종류는?

① 내장형   ② 보강형
③ 직선형   ④ 인류형

[풀이] 333.11 특고압 가공전선로의 철주·철근 콘크리트주 또는 철탑의 종류
특고압 가공전선로의 지지물로 사용하는 B종 철근·B종 콘크리트주 또는 철탑의 종류는 다음과 같다.
가. 직선형 : 전선로의 직선 부분(3° 이하의 수평 각도 이루는 곳 포함)에 사용되는 것
나. 각도형 : 전선로 중 수평 각도 3°를 넘는 곳에 사용되는 것
다. 인류형 : 전 가섭선을 인류하는 곳에 사용하는 것
라. **내장형** : **전선로 지지물 양측의 경간차가 큰 곳에 사용**하는 것
마. 보강형 : 전선로 직선 부분을 보강하기 위하여 사용하는 것 **답** ①

100 고압 가공전선로의 전선으로 사용한 경동선은 안전율이 얼마 이상인 이도로 시설하여야 하는가?

① 2.0   ② 2.2
③ 2.5   ④ 3.0

풀이 332.4 고압 가공전선의 안전율
222.6 저압 가공전선의 안전율
가공전선이 케이블 이외인 경우 안전율이 다음 이상이 되는 이도로 시설하여야 한다.
가. **경동선** 또는 내열 동합금선 : **2.2 이상**
나. 그 밖의 전선 : 2.5

답 ②

완벽대비 2024년 1회 전기기사필기 (CBT 복원문제)

동일출판사 홈페이지에서 무료 동영상강의를 보실 수 있습니다.

1과목 - 전기자기

01 그림과 같이 평행한 무한장 직선의 두 도선에 I[A], $4I$[A]인 전류가 각각 흐른다. 두 도선 사이 점 P에서의 자계의 세기가 0이라면 $\dfrac{a}{b}$는?

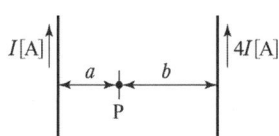

① 2   ② 4   ③ $\dfrac{1}{2}$ ④ $\dfrac{1}{4}$

풀이 I와 $4I$ 도선에 의한 자계의 방향은 서로 반대이므로 크기가 같으면 $H=0$이 된다.
- I 도선에 의한 자계 $H_I = \dfrac{I}{2\pi a}$ [AT/m]
- $4I$ 도선에 의한 자계 $H_{4I} = \dfrac{4I}{2\pi b}$ [AT/m]

$H_I = H_{4I}$ 이므로, $\dfrac{I}{2\pi a} = \dfrac{4I}{2\pi b}$ ∴ $\dfrac{a}{b} = \dfrac{1}{4}$ 답 ④

02 유전율 $\epsilon_0 \epsilon_s$의 유전체 내에 있는 전하 Q에서 나오는 전기력선 수는?

① Q개   ② $\dfrac{Q}{\epsilon_0 \epsilon_s}$개   ③ $\dfrac{Q}{\epsilon_0}$개   ④ $\dfrac{Q}{\epsilon_s}$개

풀이 전기력선 수와 전기력선 밀도는 매질과 전하에 모두 관계되므로 전계에 관한 가우스 정리에서

$\int_s E \cdot dS = \dfrac{Q}{\epsilon} = \dfrac{Q}{\epsilon_0 \epsilon_s}$ 이므로

전기력선 수는 $\dfrac{Q}{\epsilon_0 \epsilon_s}$개다. 답 ②

03 환상 솔레노이드(solenoid) 내의 자계의 세기 [AT/m]는? 단, N은 코일의 감긴 수, a는 환상 솔레노이드의 평균 반지름이다.

① $\dfrac{2\pi a}{NI}$ ② $\dfrac{NI}{2\pi a}$ ③ $\dfrac{NI}{\pi a}$ ④ $\dfrac{NI}{4\pi a}$

풀이 위 그림과 같이 반지름 a[m]인 적분로 C에 대해서 암페어의 주회 적분의 법칙을 적용하면
H=일정, $\theta = 0$이므로
$\oint_c H \cdot dl = H \cdot 2\pi a = NI$

∴ $H = \dfrac{NI}{2\pi a} = n_0 I$ [AT/m]

단, n_0는 단위 길이당 권수이다. 답 ②

04 반지름 $a > b$(단위 : m)인 동심구 도체의 정전 용량은 몇 [F]인가?

① $\dfrac{2\pi \epsilon_0 ab}{a-b}$ ② $\dfrac{4\pi \epsilon_0 ab}{a-b}$

③ $\dfrac{8\pi \epsilon_0 ab}{a-b}$ ④ $\dfrac{16\pi \epsilon_0 ab}{a-b}$

풀이 동심구 도체의 정전 용량
- $C = \dfrac{4\pi \epsilon_0}{\dfrac{1}{a} - \dfrac{1}{b}}$ $(a<b)$
- $C = \dfrac{4\pi \epsilon_0}{\dfrac{1}{b} - \dfrac{1}{a}}$ $(a>b) = \dfrac{4\pi \epsilon_0 ab}{a-b}$ 답 ②

05 접지된 구도체와 점전하 간에 작용하는 힘은?

① 항상 흡인력이다.
② 항상 반발력이다.
③ 조건적 흡인력이다.
④ 조건적 반발력이다.

풀이 접지된 구도체에는 항상 점전하(Q)와 반대 극성인 전하($Q' = -\dfrac{a}{d}Q$[C])가 유도되므로 항상 흡인력이 작용한다. 답 ①

06 인덕턴스의 단위[H]와 같지 않은 것은?

① J/A·s   ② Ω·s
③ Wb/A   ④ J/A²

풀이 ② $v = L\dfrac{di}{dt}$ 관계식에서

$$L = \dfrac{dt}{di}v$$

$$H = \left[\dfrac{\sec \cdot V}{A}\right] = \left[\sec \cdot \dfrac{V}{A}\right] = [\sec \cdot \Omega]$$

③ $L = \dfrac{N\phi}{I}$ [Wb/A]

④ $W = \dfrac{1}{2}LI^2$ 에서 $L = \dfrac{2W}{I^2}$ [J/A²]   **답** ①

---

07 간격 d[m]인 2개의 평행판 전극 사이에 유전율 ϵ의 유전체가 있다.
전극 사이에 전압 $v = V_m \cos\omega t$[V]를 가했을 때 변위 전류 밀도[A/m²]는?

① $\dfrac{\epsilon}{d}V_m \cos\omega t$ ② $-\dfrac{\epsilon}{d}\omega V_m \sin\omega t$

③ $\dfrac{\epsilon}{d}\omega V_m \cos\omega t$ ④ $\dfrac{\epsilon}{d}V_m \sin\omega t$

풀이 변위 전류 밀도

$$i_d = \dfrac{\partial D}{\partial t} = \dfrac{\partial(\epsilon E)}{\partial t} = \dfrac{\partial}{\partial t}\epsilon\left(\dfrac{v}{d}\right) = \dfrac{\epsilon}{d}V_m\dfrac{\partial}{\partial t}\cos\omega t$$

$$= -\dfrac{\epsilon}{d}\omega V_m \sin\omega t \text{ [A/m²]}$$ **답** ②

---

08 공기 중에서 전계의 진행파 진폭이 10[mV/m]일 때 자계의 진행파 진폭은 몇 [mAT/m]인가?

① 26.5×10^{-1} ② 26.5×10^{-3}

③ 26.5×10^{-5} ④ 26.5×10^{-6}

풀이 $E = \eta_0 H$에서

$$H = \dfrac{E}{\eta_0} = \dfrac{1}{377} \times E = \dfrac{1}{377} \times 10 \times 10^{-3}$$

$$= 26.5 \times 10^{-6} \text{[AT/m]} = 26.5 \times 10^{-3} \text{[mAT/m]}$$

참고 • 진공(공기) : $E = \eta_0 H$,

$$\eta_0 = \sqrt{\dfrac{\mu_0}{\epsilon_0}} = \sqrt{\dfrac{4\pi \times 10^{-7}}{8.85 \times 10^{-12}}}$$

$$= 377[\Omega]$$

• 매질 : $E = \eta H$, $\eta = \sqrt{\dfrac{\mu}{\epsilon}} = \sqrt{\dfrac{\mu_0 \mu_s}{\epsilon_0 \epsilon_s}}$ **답** ②

---

09 다음 중 기자력(magnetomotive force)에 대한 설명으로 틀린 것은?

① SI 단위는 암페어(A)이다.
② 전기회로의 기전력에 대응한다.
③ 자기회로의 자기저항과 자속의 곱과 동일하다.
④ 코일에 전류를 흘렸을 때 전류밀도와 코일의 권수의 곱의 크기와 같다.

풀이 기자력(F)은 전류(I)와 코일의 권수(N)의 곱의 크기와 같다. ($F = NI$[AT])   **답** ④

---

10 평균 반지름(r)이 20[cm], 단면적(S)이 6[cm²]인 환상 철심에서 권선수(N)가 500회인 코일에 흐르는 전류(I)가 4[A]일 때 철심 내부에서의 자계의 세기(H)는 약 몇 [AT/m]인가?

① 1590
② 1700
③ 1870
④ 2120

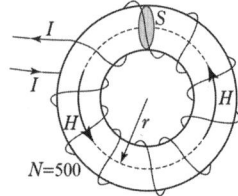

풀이 철심 내부에서의 자계의 세기

$$H = \dfrac{NI}{2\pi r} = \dfrac{500 \times 4}{2\pi \times 0.2} \fallingdotseq 1592 \text{[AT/m]}$$ **답** ①

---

11 그림과 같은 회로에서 스위치를 최초 A에 연결하여 일정전류 I_0[A]를 흘린 다음, 스위치를 급히 B로 전환할 때 저항 R[Ω]에는 1[s] 간에 얼마만한 열량[cal]이 발생하는가?

① $\dfrac{1}{8.4}LI_0^2$

② $\dfrac{1}{4.2}LI_0^2$

③ $\dfrac{1}{2}LI_0^2$

④ LI_0^2

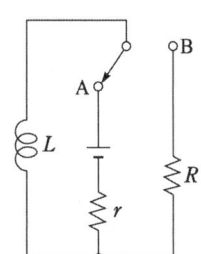

풀이 스위치를 전원에서 제거하면, L에 축적된 에너지가 R에서 열로 소모된다.

$$\therefore W = \frac{1}{2}LI^2 [\text{J}] = \frac{1}{2}LI_0^2 \times \frac{1}{4.2}[\text{cal}] = \frac{1}{8.4}LI_0^2 [\text{cal}]$$

$(\because 1[\text{J}] = \frac{1}{4.2}[\text{cal}])$ 　　답 ①

12 유전체에 대한 경계조건에 대한 설명이 옳지 않은 것은?

① 표면전하 밀도란 구속전하의 표면밀도를 말하는 것이다.
② 완전 유전체 내에서는 자유전하는 존재하지 않는다.
③ 경계면에 외부전하가 있으면, 유전체의 내부와 외부의 전하는 평형 되지 않는다.
④ 특수한 경우를 제외하고 경계면에서 표면전하 밀도는 영(zero)이다.

풀이 표면전하 밀도란 분극전하의 표면밀도를 말하는 것이다. 　　답 ①

13 유전율이 ϵ_1과 ϵ_2인 두 유전체가 경계를 이루어 평행하게 접하고 있는 경우 유전율이 ϵ_1인 영역에 전하 Q가 존재할 때 이 전하와 ϵ_2인 유전체 사이에 작용하는 힘에 대한 설명으로 옳은 것은?

① $\epsilon_1 > \epsilon_2$인 경우 반발력이 작용한다.
② $\epsilon_1 > \epsilon_2$인 경우 흡인력이 작용한다.
③ ϵ_1과 ϵ_2에 상관없이 반발력이 작용한다.
④ ϵ_1과 ϵ_2에 상관없이 흡인력이 작용한다.

풀이 영상전하 $Q' = \frac{\epsilon_1 - \epsilon_2}{\epsilon_1 + \epsilon_2} Q$의 관계가 성립하므로,

전하 Q와 대칭점(거리 $2a$)인 영상전하 Q' 사이에 작용하는 힘은

$$F = \frac{1}{4\pi\epsilon_1} \cdot \frac{QQ'}{(2a)^2} = \frac{Q^2}{16\pi\epsilon_1 a^2} \cdot \frac{\epsilon_1 - \epsilon_2}{\epsilon_1 + \epsilon_2} [\text{N}]$$

따라서, $\epsilon_1 > \epsilon_2$인 경우 $F > 0$이므로 반발력이 작용하고, $\epsilon_1 < \epsilon_2$인 경우 $F < 0$이므로 흡인력이 작용한다. 　　답 ①

14 z축 상에 놓인 길이가 긴 직선 도체에 10[A]의 전류가 $+z$ 방향으로 흐르고 있다. 이 도체 주위의 자속밀도가 $3\hat{x} - 4\hat{y}$[Wb/m²]일 때 도체가 받는 단위 길이당 힘[N/m]은? (단, $\hat{x}$, $\hat{y}$는 단위벡터이다.)

① $-40\hat{x} + 30\hat{y}$　　② $-30\hat{x} + 40\hat{y}$
③ $30\hat{x} + 40\hat{y}$　　④ $40\hat{x} + 30\hat{y}$

풀이 전류 $I = 10\hat{z}$, 자속밀도 $B = 3\hat{x} - 4\hat{y}$이므로 전류 도체가 받는 단위 길이당 힘 F는

$$F = I \times B = \begin{vmatrix} \hat{x} & \hat{y} & \hat{z} \\ 0 & 0 & 10 \\ 3 & -4 & 0 \end{vmatrix} = 40\hat{x} + 30\hat{y} [\text{N/m}]$$ 　　답 ④

15 진공 중에서 점(1, 3)[m]의 위치에 -2×10^{-9}[C]의 점전하가 있을 때 점(2, 1)[m]에 있는 1[C]의 점전하에 작용하는 힘은 몇 [N]인가? (단, $\hat{x}$, $\hat{y}$는 단위벡터이다.)

① $-\frac{18}{5\sqrt{5}}\hat{x} + \frac{36}{5\sqrt{5}}\hat{y}$

② $-\frac{36}{5\sqrt{5}}\hat{x} + \frac{18}{5\sqrt{5}}\hat{y}$

③ $-\frac{36}{5\sqrt{5}}\hat{x} - \frac{18}{5\sqrt{5}}\hat{y}$

④ $\frac{18}{5\sqrt{5}}\hat{x} + \frac{36}{5\sqrt{5}}\hat{y}$

풀이 $r = (2-1)\hat{x} + (1-3)\hat{y} = \hat{x} - 2\hat{y}$
$\rightarrow r = \sqrt{1^2 + (-2)^2} = \sqrt{5}$ [m]

단위벡터 $r_0 = \frac{r}{r} = \frac{\hat{x} - 2\hat{y}}{\sqrt{5}}$

$$\therefore F = \frac{1}{4\pi\epsilon_0} \cdot \frac{Q_1 Q_2}{r^2} \cdot r_0$$
$$= 9 \times 10^9 \times \frac{-2 \times 10^{-9} \times 1}{(\sqrt{5})^2} \times \frac{\hat{x} - 2\hat{y}}{\sqrt{5}}$$
$$= -\frac{18}{5\sqrt{5}}\hat{x} + \frac{36}{5\sqrt{5}}\hat{y} [\text{N}]$$ 　　답 ①

16 길이 1[m]의 철심($\mu_r = 1000$) 자기 회로에 1[mm]의 공극이 생겼다면 전체의 자기 저항은 약 몇 배로 증가되는가? 단, 각부의 단면적은 일정하다.

① 1.5　　② 2　　③ 2.5　　④ 3

풀이 공극이 없는 경우의 자기저항 R과 공극이 있는 경우의 자기저항 R_m의 비는

$$\frac{R_m}{R} = 1 + \frac{\mu l_g}{\mu_0 l} = 1 + \frac{l_g}{l}\mu_r = 1 + \frac{1}{1000} \times 1000 = 2$$

답 ②

17 그림과 같은 직사각형의 평면 코일이 $B = \frac{0.05}{\sqrt{2}}(a_x + a_y)$[Wb/m²]인 자계에 위치하고 있다. 이 코일에 흐르는 전류가 5[A]일 때 z축에 있는 코일에서의 토크는 약 몇 [N·m]인가?

① $2.66 \times 10^{-4} a_x$
② $5.66 \times 10^{-4} a_x$
③ $2.66 \times 10^{-4} a_z$
④ $5.66 \times 10^{-4} a_z$

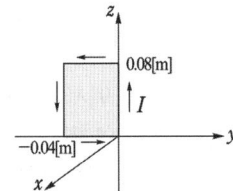

풀이
- 전류 $I = 5a_z$, 자속밀도 $B = \frac{0.05}{\sqrt{2}}(a_x + a_y)$

$$I \times B = 5a_z \times \frac{0.05}{\sqrt{2}}(a_x + a_y)$$
$$= 5 \times \frac{0.05}{\sqrt{2}}(a_z \times a_x + a_z \times a_y)$$
$$= 0.177(a_y - a_x)$$

- z축상의 전류 도체가 받는 힘
$$F = (I \times B)l = 0.177(-a_x + a_y) \times 0.08$$
$$= 0.01416(-a_x + a_y)[N]$$

- 토크 $T = r \times F$이며, $r = 0.04a_y$이므로
$$\therefore T = r \times F = 0.04a_y \times 0.01416(-a_x + a_y)$$
$$= 5.66 \times 10^{-4}(-a_y \times a_x + a_y \times a_y)$$
$$= 5.66 \times 10^{-4}[-(-a_z)]$$
$$= 5.66 \times 10^{-4} a_z [N \cdot m]$$

답 ④

18 내부 원통의 반지름이 a, 외부 원통의 반지름이 b인 동축 원통 콘덴서의 내외 원통 사이에 공기를 넣었을 때 정전용량이 C_1이었다. 내외 반지름을 모두 3배로 증가시키고 공기 대신 비유전율이 3인 유전체를 넣었을 경우의 정전용량 C_2는?

① $C_2 = \frac{C_1}{9}$
② $C_2 = \frac{C_1}{3}$
③ $C_2 = 3C_1$
④ $C_2 = 9C_1$

풀이 단위 길이당 정전용량 $C = \frac{2\pi\epsilon_0\epsilon_r}{\ln\frac{b}{a}}$[F/m]에서

공기의 $\epsilon_r = 1$이므로 $C_1 = \frac{2\pi\epsilon_0}{\ln\frac{b}{a}}$이다.

$$\therefore C_2 = \frac{2\pi\epsilon_0 \times 3}{\ln\frac{3b}{3a}} = \frac{3 \times 2\pi\epsilon_0}{\ln\frac{b}{a}} = 3C_1$$

답 ③

19 진공 중 반지름이 a[m]인 무한길이의 원통도체 2개가 간격 d[m]로 평행하게 배치되어 있다. 두 도체 사이의 정전용량(C)을 나타낸 것으로 옳은 것은?

① $\pi\epsilon_0 \ln\frac{d-a}{a}$
② $\frac{\pi\epsilon_0}{\ln\frac{d-a}{a}}$
③ $\pi\epsilon_0 \ln\frac{a}{d-a}$
④ $\frac{\pi\epsilon_0}{\ln\frac{a}{d-a}}$

풀이 평행도선
① 두 도체 사이의 전위차
$$V = \frac{\lambda}{\pi\epsilon_0}\ln\frac{d-a}{a}[V]$$
(여기서, λ: 선전하 밀도[C/m])

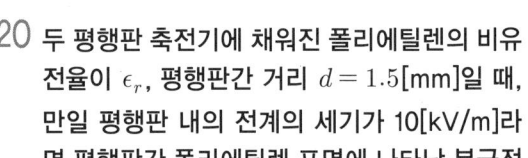

② 두 도체 사이의 정전용량
$$C = \frac{\lambda}{V} = \frac{\pi\epsilon_0}{\ln\frac{d-a}{a}}[F/m]$$

답 ②

20 두 평행판 축전기에 채워진 폴리에틸렌의 비유전율이 ϵ_r, 평행판간 거리 $d = 1.5$[mm]일 때, 만일 평행판 내의 전계의 세기가 10[kV/m]라면 평행판간 폴리에틸렌 표면에 나타난 분극전하밀도는?

① $\frac{\epsilon_r - 1}{18\pi} \times 10^{-5}$[C/m²]
② $\frac{\epsilon_r - 1}{36\pi} \times 10^{-6}$[C/m²]
③ $\frac{\epsilon_r}{18\pi} \times 10^{-5}$[C/m²]
④ $\frac{\epsilon_r - 1}{36\pi} \times 10^{-5}$[C/m²]

풀이 분극전하밀도 σ'는 분극의 세기 P와 같으므로
$$\sigma' = P = \epsilon_o(\epsilon_r - 1)E$$
$$= \frac{10^7}{4\pi C^2} \times (\epsilon_r - 1) \times 10 \times 10^3$$
$$= \frac{10^7}{4\pi (3 \times 10^8)^2} \times (\epsilon_r - 1) \times 10^4$$
$$= \frac{10^{11}(\epsilon_r - 1)}{36\pi \times 10^{16}} = \frac{\epsilon_r - 1}{36\pi} \times 10^{-5} [C/m^2]$$
(단, 광속 $C = \frac{1}{\sqrt{\epsilon_o \mu_o}}$ 에서 $\epsilon_o = \frac{10^7}{4\pi C^2}$) **답** ④

2과목 - 전력공학

21 지상 무효전력의 공급이 중단되었을 때의 대책으로 옳은 것은?

① 역률개선용 콘덴서를 개방
② 동기조상기를 진상으로 운전
③ 분로리액터를 연결
④ 발전기의 진상운전

풀이

구분	지상 무효전력 공급 부족 시 (발생 < 소비)	지상 무효전력 공급 과잉 시 (발생 > 소비)
문제점	• 계통전압 저하 • 송전손실 증가 • 계통 안정도 저하 • 기기효율 저하 • 발전소 출력 저하	• 계통전압 상승 • 계통연계기기 수명저하 • 기기 열화 촉진 • 고조파 발생
대책	• 발전기의 지상 저역률 운전 • **동기조상기 진상운전** • 전력용콘덴서 계통 투입 • 무효전력 소비량 축소 • 역률개선용 콘덴서 투입 (수용가)	• 발전기의 진상운전 • 동기조상기 지상운전 • 분로리액터 계통 투입 • 선로 충전용량 감소 • 지중케이블 운전 정지 • 역률개선용 콘덴서 개방 (수용가)

답 ②

22 송전단 전압 161[kV], 수전단 전압 155[kV], 상차각 40°, 리액턴스가 49.8[Ω]일 때 선로손실을 무시한다면 전송 전력은 약 몇 [MW]인가?

① 289 ② 322
③ 373 ④ 869

풀이 송전전력 $P = \frac{V_s V_r}{X} \sin\delta = \frac{161 \times 155}{49.8} \times \sin 40°$
$= 322 [MW]$ **답** ②

23 선로의 단위길이당 분포 인덕턴스, 저항, 정전용량 및 누설 컨덕턴스를 각각 L, r, C 및 g라 할 때 전파정수는?

① $\sqrt{\frac{(r + j\omega L)}{(g + j\omega C)}}$
② $\sqrt{(r + j\omega L)(g + j\omega C)}$
③ $\sqrt{\frac{(r + j\omega L)}{(g + j\omega C)}}$
④ $\sqrt{\frac{(g + j\omega C)}{(r + j\omega L)}}$

풀이 전파정수 $r = \sqrt{ZY} = \sqrt{(r + j\omega L)(g + j\omega C)}$ **답** ②

24 수전단 전압이 3,300[V]이고, 전압 강하율이 4[%]인 송전선의 송전단 전압은 몇 [V]인가?

① 3,395 ② 3,432
③ 3,495 ④ 5,678

풀이 전압강하율 $\epsilon = \frac{V_s - V_r}{V_r} \times 100 [\%]$ 에서
$\therefore V_s = (1 + \frac{\epsilon}{100}) \times V_r = (1 + \frac{4}{100}) \times 3,300$
$= 3,432 [V]$ **답** ②

25 송전선로에서 이상전압이 가장 크게 발생하기 쉬운 경우는?

① 무부하 송전선로를 폐로하는 경우
② 무부하 송전선로를 개로하는 경우
③ 부하 송전선로를 폐로하는 경우
④ 부하 송전선로를 개로하는 경우

풀이 개폐 이상전압은 회로의 폐로 때보다 개방 시가 크며 또한 부하 차단 시보다 무부하 차단 때가 더 크다. 따라서, 이상전압이 가장 큰 경우는 무부하 송전선로의 충전 전류를 차단(개로)할 때이다. 그리고, 개폐 이상 전압은 상규 대지 전압의 3.5배 이하로서 4배를 넘는 경우는 거의 없다. **답** ②

26 다중접지 3상 4선식 배전선로에서 고압측(1차측) 중성선과 저압측(2차측) 중성선을 전기적으로 연결하는 목적은?

① 저압측의 단락사고를 검출하기 위하여
② 저압측의 지락사고를 검출하기 위하여
③ 주상변압기의 중성선측 부싱을 생략하기 위하여
④ 고저압 혼촉시 수용가에 침입하는 상승전압을 억제하기 위하여

풀이 고압측과 저압측의 중성선이 전기적으로 연결되지 않으면 고·저압 혼촉시 고압측의 큰 전압이 저압측을 통해서 수용가에 침입할 우려가 있다. **답** ④

27 케이블 단선사고에 의한 고장점까지의 거리를 정전용량측정법으로 구하는 경우, 건전상의 정전용량이 C, 고장점까지의 정전용량이 C_x, 케이블의 길이가 l일 때 고장점까지의 거리를 나타내는 식으로 알맞은 것은?

① $\dfrac{C}{C_x}l$ ② $\dfrac{2C_x}{C}l$ ③ $\dfrac{C_x}{C}l$ ④ $\dfrac{C_x}{2C}l$

풀이 정전용량측정법

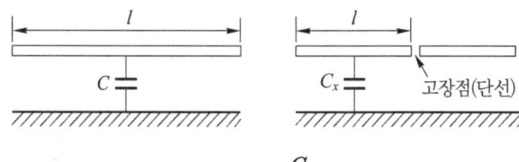

고장점 까지의 거리 $x = \dfrac{C_x}{C}l$ **답** ③

28 3상 1회선 송전선을 정삼각형으로 배치한 3상 선로의 자기인덕턴스를 구하는 식은?
(단, D는 전선의 등가 선간 거리[m], r은 전선의 반지름[m]이다.)

① $L = 0.5 + 0.4605\log_{10}\dfrac{D}{r}$
② $L = 0.5 + 0.4605\log_{10}\dfrac{D}{r^2}$
③ $L = 0.05 + 0.4605\log_{10}\dfrac{D}{r}$
④ $L = 0.05 + 0.4605\log_{10}\dfrac{D}{r^2}$

풀이 단도체에서의 인덕턴스와 정전용량
- 인덕턴스 $L = 0.05 + 0.4605\log\dfrac{D}{r}$ [mH/km]
- 정전용량 $C = \dfrac{0.02413}{\log\dfrac{D}{r}}$ [μF/km] **답** ③

29 특유속도가 가장 낮은 수차는?
① 펠톤수차 ② 사류수차
③ 프로펠러수차 ④ 프란시스수차

풀이 수차의 종류와 특유속도 및 그 사용 한계

수차의 종류		특유속도의 한계값
펠톤수차		12~23
프란시스 수차	저속도형	65~150
	중속도형	150~250
	고속도형	250~350
사류수차		150~250
카플란 수차, 프로펠러 수차		350~800

답 ①

30 22.9[kV]로 수전하는 자가용 전기설비가 있다. 수전점에 설치한 차단기의 차단용량이 520[MVA]일 때 차단기의 정격차단전류는 약 몇 [kA]인가?

① 3.5 ② 5.
③ 8.5 ④ 12.5

풀이 차단기의 차단용량 $P_s = \sqrt{3}\,VI_s$ 에서

차단전류 $I_s = \dfrac{P_s}{\sqrt{3}\,V} = \dfrac{520 \times 10^3}{\sqrt{3} \times 22.9 \times \dfrac{1.2}{1.1}} \times 10^{-3}$

$= 12.02$ [kA] **답** ④

31 특유 속도가 높다는 것은?
① 수차의 실제의 회전수가 높다는 것이다.
② 유수에 대한 수차 러너의 상대 속도가 빠르다는 것이다.
③ 유수의 유속이 빠르다는 것이다.
④ 속도 변동률이 높다는 것이다.

풀이 특유속도는 수차의 성능 비교 등을 위해 사용하며, 특유속도가 높다는 것은 수차의 실용 속도가 높다는 뜻이 아니라 **상대 속도가 빠르다**는 것을 의미한다. **답** ②

32 선로고장 발생 시 고장전류를 차단할 수 없어 리클로저와 같이 차단 기능이 있는 후비보호 장치와 직렬로 설치되어야 하는 장치는?

① 배선용차단기 ② 유입개폐기
③ 컷아웃스위치 ④ 섹셔널라이저

풀이 섹셔널라이저는 배전선로에 고장이 발생할 경우 리클로저의 동작으로 선로가 무전압 상태가 되면 이를 감지하여 무전압 상태의 횟수를 기억하였다가 정해진 횟수에 도달하면 선로의 무전압 상태에서 선로를 개방하여 고장 구간을 분리시킨다. 섹셔널라이저는 고장 전류를 차단할 수 있는 능력이 없으므로 리클로저와 직렬로 조합하여 사용한다. 답 ④

33 조압 수조(서지 탱크)의 설치 목적은?

① 조속기의 보호 ② 수차의 보호
③ 여수의 처리 ④ 수압관의 보호

풀이 조압 수조는 저수지로부터의 수로가 압력 터널인 경우에 시설하는 것으로서 사용 유량의 급변으로 인한 **수격작용(Water hammering)**이 압력 터널에 미치지 않도록 하는 일종의 안전장치이다. 답 ④

34 1[m]의 하중 0.37[kg]의 전선을 지지점이 수평인 경간 80[m]에 가설하여 딥을 0.8[m]로 하려면, 장력은 몇 [kg]인가?

① 350 ② 360
③ 370 ④ 380

풀이 이도 $D = \dfrac{WS^2}{8T}$ 이므로,

장력 $T = \dfrac{WS^2}{8D} = \dfrac{0.37 \times 80^2}{8 \times 0.8} = \dfrac{0.37 \times 6,400}{6.4} = 370[kg]$ 답 ③

35 전력계통의 전압조정과 무관한 것은?

① 전력용 콘덴서
② 자동전압조정기
③ 발전기의 속도 조정장치
④ 부하 시 탭 조정장치

풀이 ① 모선전압조정
  • 유도전압조정기
  • 부하 시 탭 절환변압기

② 선로전압조정
  • 선로전압 강하보상기 • 승압기
  • 직렬콘덴서 • 주변압기의 탭조정
  답 ③

36 어느 변전소의 공급 구역 내에 총 설비 부하 용량은 전등 600[kW], 동력 800[kW]이다. 각 수용가의 수용률을 전등 60[%], 동력 80[%], 각 수용가 간의 부등률을 전등 1.2, 동력 1.6, 변전소에 있어서의 전등과 동력 부하 간의 부등률을 1.4라고 하면 이 변전소에서 공급하는 최대 전력은 몇 [kW]인가? 단, 부하나 선로의 전력 손실은 10[%]로 한다.

① 600 ② 550
③ 500 ④ 450

풀이
• 전등 부하의 최대 전력
 $= \dfrac{수용률}{부등률} \times 설비용량 = \dfrac{0.6}{1.2} \times 600 = 300[kW]$

• 동력 부하 최대 전력
 $= \dfrac{수용률}{부등률} \times 설비용량 = \dfrac{0.8}{1.6} \times 800 = 400[kW]$

• 합성 최대 전력
 $= \dfrac{전등\ 최대\ 전력 + 동력\ 최대\ 전력}{부등률} = \dfrac{300+400}{1.4}$
 $= 500[kW]$

전력 손실을 10[%]로 하므로,
변전소 공급 최대 전력은 $500 \times 1.1 = 550[kW]$ 답 ②

37 각 전력계통을 연계선으로 상호연결하면 여러 가지 장점이 있다. 틀린 것은?

① 경제급전이 용이하다.
② 주파수의 변화가 작아진다.
③ 각 전력계통의 신뢰도가 증가한다.
④ 배후전력(back power)이 크기 때문에 고장이 적으며 그 영향의 범위가 작아진다.

풀이 전력계통의 연계방식의 장·단점
[장점]
① 전력의 융통으로 설비용량이 절감된다.
② 건설비 및 운전 경비를 절감하므로 경제 급전이 용이하다.
③ 계통 전체로서의 신뢰도가 증가한다.
④ 부하 변동의 영향이 작아져서 안정된 주파수 유지가 가능하다.
[단점]
① 연계설비를 신설해야 한다.

② 사고 시 타계통에의 파급 확대될 우려가 있다.
③ 단락전류가 증대하고 통신선의 전자유도 장해도 커진다. 답 ④

38 수전단 전압이 송전단 전압보다 높아지는 현상을 무슨 효과라 하는가?
① 페란티 효과 ② 표피 효과
③ 근접 효과 ④ 도플러 효과

풀이 ① 페란티 효과 : 송전선로에 충전전류가 흐르면 수전단 전압이 송전단 전압보다 높아지는 현상
② 표피 효과 : 교류전류의 경우에는 도체 중심보다 도체 표면에 전류가 많이 흐르는 현상
③ 근접 효과 : 같은 방향의 전류는 바깥쪽으로 다른 방향의 전류는 안쪽으로 모이는 현상
④ 도플러 효과 : 어떤 파동의 파동원과 관찰자의 상대속도에 따라 진동수와 파장이 바뀌는 현상 답 ①

39 전선의 표피 효과에 대한 설명으로 알맞은 것은?
① 전선이 굵을수록, 주파수가 높을수록 커진다.
② 전선이 굵을수록, 주파수가 낮을수록 커진다.
③ 전선이 가늘수록, 주파수가 높을수록 커진다.
④ 전선이 가늘수록, 주파수가 낮을수록 커진다.

풀이 표피 두께 $\delta = \sqrt{\dfrac{2}{\omega\sigma\mu}} = \sqrt{\dfrac{1}{\pi f \sigma \mu}}$
따라서, f(주파수), σ(도전율), μ(투자율) 가 클수록 표피 두께(δ)가 감소하므로 표피효과는 증대되어 도체의 실효저항이 증가한다. 답 ①

40 송전선의 특성임피던스는 저항과 누설컨덕턴스를 무시하면 어떻게 표현되는가?
(단, L은 선로의 인덕턴스, C는 선로의 정전용량이다.)
① $\sqrt{\dfrac{L}{C}}$ ② $\sqrt{\dfrac{C}{L}}$ ③ $\dfrac{L}{C}$ ④ $\dfrac{C}{L}$

풀이 임피던스 $Z = R + j\omega L$
어드미턴스 $Y = G + j\omega C$에서
저항(R)과 누설 컨덕턴스(G)를 무시하면
특성 임피던스 $Z_0 = \sqrt{\dfrac{Z}{Y}} = \sqrt{\dfrac{0+j\omega L}{0+j\omega C}} = \sqrt{\dfrac{L}{C}}$
답 ①

3과목 - 전기기기

41 직류기에 보극을 설치하는 목적이 아닌 것은?
① 정류자의 불꽃 방지
② 브러시의 이동 방지
③ 정류 기전력의 발생
④ 난조의 방지

풀이 주자극 사이의 중성점에 소자극을 설치한 것을 보극 또는 정류극이라 하며, 전기자 전류에 따라 필요한 정류 전압을 얻어 리액턴스 전압이 상쇄되므로 정류가 잘되고 중성점의 이동을 막을 수 있다. 답 ④

42 변압기의 임피던스 전압이란?
① 정격전류시 2차측 단자전압이다.
② 변압기의 1차를 단락, 1차에 1차 정격전류와 같은 전류를 흐르게 하는 데 필요한 1차 전압이다.
③ 정격전류가 흐를 때의 변압기 내의 전압강하이다.
④ 변압기의 2차를 단락, 2차에 2차 정격전류와 같은 전류를 흐르게 하는 데 필요한 2차 전압이다.

풀이 변압기의 임피던스 전압이란, 변압기의 임피던스와 정격전류와의 곱을 말한다.($E_s = Z_{21} I_{1n}$)
즉, 정격전류에 의한 변압기 내부 전압강하를 의미한다. 답 ③

43 동기전동기의 제동 권선의 효과는?
① 정지 시간의 단축
② 토크의 증가
③ 기동 토크의 발생
④ 과부하 내량의 증가

풀이 제동 권선의 역할
① 난조 방지
② 기동 토크 발생
③ 불평형부하 시의 전류, 전압 파형 개선
④ 송전선의 불평형 단락 시의 이상전압 방지 답 ③

44 정격전압 220[V], 무부하 단자전압 230[V], 정격출력이 40[kW]인 직류 분권발전기의 계자저항이 22[Ω], 전기자 반작용에 의한 전압강하 5[V]라면 전기자 회로의 저항[Ω]은 약 얼마인가?

① 0.026　　② 0.028
③ 0.035　　④ 0.042

풀이 분권발전기

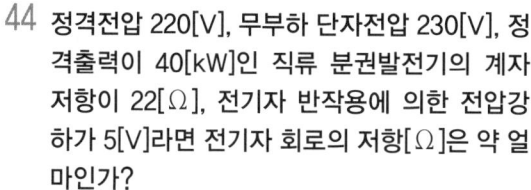

- 부하전류 $I = \dfrac{P}{V} = \dfrac{40 \times 10^3}{220} = 181.82[A]$
- 계자전류 $I_f = \dfrac{V}{r_f} = \dfrac{220}{22} = 10[A]$
- 전기자 전류 $I_a = I + I_f = 181.82 + 10 = 191.82[A]$
- 유기기전력 $E = V + I_a R_a + e_a[V]$

∴ $R_a = \dfrac{E - V - e_a}{I_a} = \dfrac{230 - 220 - 5}{191.82} = 0.026[\Omega]$

답 ①

45 동기 조상기를 부족 여자로 사용하면?

① 리액터로 작용
② 저항손의 보상
③ 일반 부하의 뒤진 전류의 보상
④ 콘덴서로 작용

풀이 동기 조상기
- **과여자로 운전** : 선로에 앞선 전류가 흘러 일종의 콘덴서로 작용해서 보통 부하의 뒤진 전류를 보상하여 송전선로의 역률을 양호하게 하고, 전압강하를 보상한다.
- **부족 여자로 운전** : 뒤진 전류가 흘러서 일종의 **리액터로 작용**하여 무부하의 장거리 송전선로에 흐르는 충전 전류에 의하여 발전기의 자기 여자 작용으로 일어나는 단자전압의 이상 상승을 방지할 수 있다.

답 ①

46 3상 전원을 이용하여 2상 전압을 얻고자 할 때 사용할 결선 방법은?

① Scott 결선　　② Fork 결선
③ 환상 결선　　④ 2중 3각 결선

풀이
- 3상에서 2상을 얻는 방법 : 스코트(Scott) 결선, 메이어 결선.
- 3상에서 6상을 얻는 방법 : Fork 결선, 환상 결선, 2중 3각 결선

답 ①

47 변압기 내부고장 검출을 위해 사용하는 계전기가 아닌 것은?

① 과전압계전기
② 비율차동계전기
③ 부흐홀츠계전기
④ 충격압력계전기

풀이 변압기 내부고장 검출용 계전기 : 차동계전기, 비율차동계전기, 압력계전기, 브흐홀츠계전기, 가스검출계전기

답 ①

48 서보모터의 특징에 대한 설명으로 틀린 것은?

① 발생토크는 입력신호에 비례하고, 그 비가 클 것
② 직류 서보모터에 비하여 교류 서보모터의 시동 토크가 매우 클 것
③ 시동 토크는 크나 회전부의 관성모멘트가 작고, 전기적 시정수가 짧을 것
④ 빈번한 시동, 정지, 역전 등의 가혹한 상태에 견디도록 견고하고, 큰 돌입전류에 견딜 것

풀이 서보 모터의 특징
① 기동 토크가 크다.
② 회전자 관성 모멘트가 작다.
③ 제어권선 전압이 0에서는 기동해서는 안되고, 곧 정지해야 한다.
④ **직류 서보 모터의 기동 토크가 교류 서보 모터보다 크다.**
⑤ 속응성이 좋다. 시정수가 짧다. 기계적 응답이 좋다.
⑥ 회전자 팬에 의한 냉각효과를 기대할 수 없다.

답 ②

49 10[kW], 3상 200[V] 유도 전동기(효율 및 역률 각각 85[%])의 전부하 전류[A]는?

① 20　　② 40
③ 60　　④ 80

풀이 $P = \sqrt{3} VI\cos\theta \cdot \eta$ 식에서

$$\therefore I = \frac{P}{\sqrt{3} V\cos\theta \cdot \eta} = \frac{10 \times 10^3}{\sqrt{3} \times 200 \times 0.85 \times 0.85}$$
$$= 40[A]$$

답 ②

50 크로우링 현상은 다음의 어느 것에서 일어나는가?

① 농형 유도 전동기　② 직류 직권 전동기
③ 회전 변류기　　　④ 3상 변압기

풀이 크로우링 현상이란 유도 전동기에 있어서 정지 상태로부터 동기 속도의 수 분의 1인 저속도까지 가속하고, 그 이상은 가속하지 않는(안정하기는 하지만) 이상한 운전 상태를 말한다.

답 ①

51 단락비 1.2인 발전기의 퍼센트 동기임피던스[%]는 약 얼마인가?

① 100　　② 83
③ 60　　 ④ 45

풀이 단락비 $K_s = \frac{1}{\%Z} \times 100$에서

$$\%Z = \frac{1}{K_s} \times 100 = \frac{1}{1.2} \times 100 = 83[\%]$$

답 ②

52 3상 유도 전동기의 2차 저항을 2배로 하면 2배로 되는 것은?

① 토크　　② 전류
③ 역률　　④ 슬립

풀이 $\frac{r_2}{s_m} = \frac{r_2 + R_s}{s_t}$

① 2차 저항 r_2를 변화해도 최대 토크는 변화하지 않는다.
② 2차 저항 r_2를 크게 하면 최대 토크 시 슬립 s_m도 커진다(비례한다).
③ r_2를 크게 하면 기동 전류는 감소하고 기동 토크는 증가한다.

답 ④

53 단자전압 220[V], 부하전류 50[A]인 분권발전기의 유도기전력은 몇 [V]인가? (단, 여기서 전기자 저항은 0.2[Ω]이며, 계자전류 및 전기자 반작용은 무시한다.)

① 200　　② 210　　③ 220　　④ 230

풀이 분권 발전기

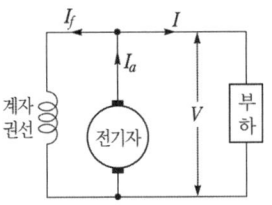

계자전류 $I_f = 0$, 부하전류 $I = 50[A]$
전기자 저항 $R_a = 0.2[\Omega]$인 경우,
전기자 전류 $I_a = I + I_f = 50 + 0 = 50[A]$
$\therefore E = V + I_a R_a = 220 + 50 \times 0.2 = 230[V]$

답 ④

54 동기발전기를 병렬운전 하는데 필요하지 않은 조건은?

① 기전력의 용량이 같을 것
② 기전력의 파형이 같을 것
③ 가전력의 크기가 같을 것
④ 기전력의 주파수가 같을 것

풀이 병렬운전 조건이 다른 경우

병렬운전 조건	다른 경우 흐르는 전류
기전력의 크기가 같을 것	무효 순환전류
기전력의 위상이 같을 것	동기화 전류(유효횡류)
기전력의 주파수가 같을 것	동기화 전류
기전력의 파형이 같을 것	고주파 무효 순환전류

답 ①

55 동기발전기에서 전기자전류와 유기기전력이 동상인 경우에 전기자반작용은?

① 증자작용　　② 감자작용
③ 편자작용　　④ 교차자화작용

풀이

전류와 전압과의 위상	작용
I_a가 E와 동상인 경우	교차 자화 작용(횡축 반작용)
I_a가 E보다 $\pi/2$ 뒤지는 경우	감자 작용(직축 반작용)
I_a가 E보다 $\pi/2$ 앞서는 경우	증자 작용(자화 작용)

답 ④

56 슬립 6[%]인 유도전동기의 2차측 효율[%]은?

① 94 ② 84
③ 90 ④ 88

풀이
$$\eta_2 = \frac{P}{P_2} \times 100 = \frac{(1-s)P_2}{P_2} \times 100$$
$$= (1-s) \times 100 = \frac{N}{N_s} \times 100$$
$$= (1-0.06) \times 100 = 94[\%]$$

답 ①

57 직류 직권발전기의 전기자 전류를 I_a, 계자 전류를 I_f, 부하 전류를 I라 할 때 옳은 것은?

① $I_a = I_f = I$ ② $I_a + I_f = I$
③ $I_a + I = I_f$ ④ $I + I_f = I_a$

풀이

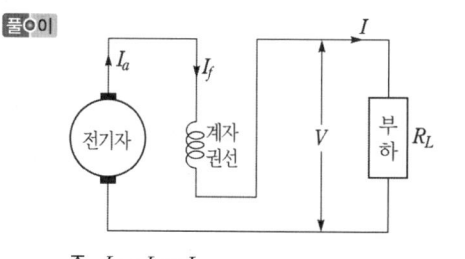

즉, $I_a = I_f = I$

답 ①

58 단상 전파 정류 회로에서 교류측 공급 전압 $628 \sin 314t$ [V], 직류측 부하 저항 20[Ω]일 때 직류측 전압의 평균값은?

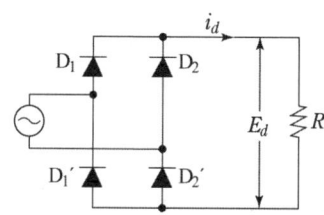

① 약 200 ② 약 400
③ 약 600 ④ 약 800

풀이
$$E = \frac{E_m}{\sqrt{2}} = \frac{628}{\sqrt{2}} = 444[V]$$
$$\therefore E_d = \frac{2\sqrt{2}}{\pi} E = 0.9E = 0.9 \times 444 ≒ 400[V]$$

답 ②

59 용접용으로 사용되는 직류발전기의 특성 중에서 가장 중요한 것은?

① 과부하에 견딜 것
② 전압변동률이 적을 것
③ 경부하일 때 효율이 좋을 것
④ 전류에 대한 전압특성이 수하특성일 것

풀이 전기 기계 중 아크 부하의 전원으로 쓰이는 기계는 반드시 정전류 특성이 있어야 하므로, 전류가 증가하면 전압이 저하하는 수하 특성을 가져야 한다.

답 ④

60 어떤 변압기의 백분율 저항 강하가 2[%], 백분율 리액턴스 강하가 3[%]일 때 역률(지역률) 80[%]인 경우의 전압 변동률[%]은?

① -0.2 ② 3.4
③ 0.2   ④ -3.4

풀이 뒤진 역률(지역률)이므로, 전압변동률
$$\epsilon = p\cos\theta + q\sin\theta$$
$$= 2 \times 0.8 + 3 \times 0.6 = 3.4[\%]$$

답 ②

4과목 - 회로이론 및 제어공학

61 각 상의 임피던스 $Z = 6 + j8[\Omega]$인 평형 △부하에 선간 전압이 220[V]인 대칭 3상 전압을 가할 때 선전류는 약 몇 [A]인가?

① 11[A]   ② 13.5[A]
③ 22[A]   ④ 38.1[A]

풀이
- 상전류 $I_p = \frac{V_p}{Z} = \frac{220}{\sqrt{8^2 + 6^2}} = 22[A]$
- 선전류 $I_l = \sqrt{3} I_p = \sqrt{3} \times 22 = 38.1[A]$

답 ④

62 비정현파의 전압
$$v = 100\sqrt{2}\sin\omega t + 50\sqrt{2}\sin 2\omega t + 30\sqrt{2}\sin 3\omega t [V]$$

일 때 실효 전압[V]은?

① 180   ② 13.4
③ 115.8 ④ 38.6

풀이 왜형파의 실효값은 각 고조파 실효값 제곱의 합의 제곱근이므로
$$V = \sqrt{V_1^2 + V_2^2 + V_3^2} = \sqrt{100^2 + 50^2 + 30^2}$$
$$= 115.8[V]$$
답 ③

63 회로에서 $V = 10[V]$, $R = 10[\Omega]$, $L = 1[H]$, $C = 10[\mu F]$ 그리고 $V_c(0) = 0$일 때 스위치 K를 닫은 직후 전류의 변화율 $\dfrac{di}{dt}(0^+)$의 값 [A/sec]은?

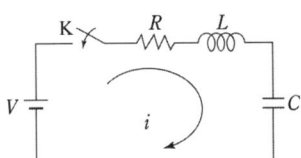

① 0 ② 1 ③ 5 ④ 10

풀이 진동 여부 판별식으로부터
$$\left(\dfrac{R}{2L}\right)^2 - \dfrac{1}{LC} = \left(\dfrac{10}{2 \times 1}\right)^2 - \dfrac{1}{1 \times 10 \times 10^{-6}} < 0$$
즉, 위와 같은 회로는 진동인 경우이므로
$$i = \dfrac{V}{\beta L} e^{-\alpha t} \sin \beta t$$
$$\therefore \left.\dfrac{di}{dt}\right|_{t=0} = \dfrac{V}{\beta L}[-\alpha e^{-\alpha t}\sin\beta t + \beta e^{-\alpha t}\cos\beta t]_{t=0}$$
$$= \dfrac{V}{\beta L} \cdot \beta = \dfrac{V}{L} = \dfrac{10}{1} = 10[\text{A/sec}]$$
답 ④

64 다음과 같은 4단자 회로에서 임피던스 파라미터 Z_{11}의 값은?

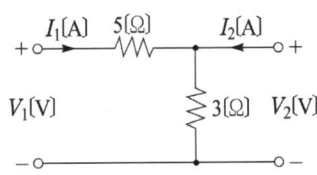

① 8[Ω] ② 5[Ω]
③ 3[Ω] ④ 2[Ω]

풀이 $Z_{11} = \left.\dfrac{V_1}{I_1}\right|_{I_2 = 0} = \dfrac{I_1 \times (Z_1 + Z_2)}{I_1}$
$= Z_1 + Z_2 = 3 + 5 = 8$
답 ①

65 $v = V_m \sin(\omega t + 30°)$와
$i = I_m \cos(\omega t - 100°)$와의
위상차는 몇 도인가?

① 40° ② 70°
③ 130° ④ 210°

풀이 $i = I_m \cos(\omega t - 100°) = I_m \sin\left(\omega t - 100° + \dfrac{\pi}{2}\right)$
$= I_m \sin(\omega t - 10°)$
∴ 위상차 $\theta = \theta_1 - \theta_2 = 30° - (-10°) = 40°$
답 ①

66 전류의 대칭분을 I_0, I_1, I_2, 유기기전력을 E_a, E_b, E_c, 단자전압의 대칭분을 V_0, V_1, V_2라 할 때 3상 교류발전기의 기본식 중 정상분 V_1 값은? (단, Z_0, Z_1, Z_2는 영상, 정상, 역상 임피던스이다.)

① $-Z_0 I_0$ ② $-Z_2 I_2$
③ $E_a - Z_1 I_1$ ④ $E_b - Z_2 I_2$

풀이 발전기의 기본식
영상분 $V_0 = -Z_0 I_0$, 정상분 $V_1 = E_a - Z_1 I_1$
역상분 $V_2 = -Z_2 \cdot I_2$
답 ③

67 그림의 신호흐름선도를 미분방정식으로 표현한 것으로 옳은 것은? (단, 모든 초기 값은 0이다.)

① $\dfrac{d^2 c(t)}{dt^2} + 3\dfrac{dc(t)}{dt} + 2c(t) = r(t)$

② $\dfrac{d^2 c(t)}{dt^2} + 2\dfrac{dc(t)}{dt} + 3c(t) = r(t)$

③ $\dfrac{d^2 c(t)}{dt^2} - 3\dfrac{dc(t)}{dt} - 2c(t) = r(t)$

④ $\dfrac{d^2 c(t)}{dt^2} - 2\dfrac{dc(t)}{dt} - 3c(t) = r(t)$

풀이 전향경로 이득 : $\dfrac{1}{s} \cdot \dfrac{1}{s} = \dfrac{1}{s^2}$

루프 이득 : $-\dfrac{3}{s}$, $-2 \cdot \dfrac{1}{s} \cdot \dfrac{1}{s} = -\dfrac{2}{s^2}$

$$G(s) = \dfrac{C(s)}{R(s)} = \dfrac{\sum 전향 경로 이득}{1 - \sum 루프이득} = \dfrac{\dfrac{1}{s^2}}{1 - \dfrac{3}{s} - \dfrac{2}{s^2}}$$

$$= \dfrac{1}{s^2 + 3s + 2} \to (s^2 + 3s + 2)C(s) = R(s)$$

위 식을 역라플라스 변환하면

$$\therefore \dfrac{d^2 c(t)}{dt^2} + 3\dfrac{dc(t)}{dt} + 2c(t) = r(t)$$

답 ①

68 $F(s) = \dfrac{3s+10}{s^3+2s^2+5s}$ 일 때 $f(t)$의 최종값은?

① 0 ② 1 ③ 2 ④ 8

풀이 최종값 정리에 의하여
$$\lim_{t\to\infty} f(t) = \lim_{s\to 0} sF(s) = \lim_{s\to 0} s \cdot \dfrac{3s+10}{s(s^2+2s+5)}$$
$$= \dfrac{10}{5} = 2$$

답 ③

69 적분 시간 4[sec], 비례 감도가 4인 비례적분 동작을 하는 제어 요소에 동작신호 $z(t) = 2t$를 주었을 때 이 제어 요소의 조작량은? (단, 조작량의 초기 값은 0이다.)

① $t^2 + 8t$ ② $t^2 + 2t$
③ $t^2 - 8t$ ④ $t^2 - 2t$

풀이 PI 동작(비례 적분제어)이므로
$$y(t) = K_p \left[z(t) + \dfrac{1}{T_I} \int z(t) dt \right]$$

라플라스 변환하면
$$Z(s) = \mathcal{L}[z(t)] = \mathcal{L}[2t] = \dfrac{2}{s^2}$$
$$Y(s) = \mathcal{L}[y(t)] = K_p \left(1 + \dfrac{1}{T_i s}\right) Z(s)$$
$$= 4\left(1 + \dfrac{1}{4s}\right) \times \dfrac{2}{s^2} = \dfrac{2}{s^3} + 8t$$
$$\therefore y(t) = \mathcal{L}^{-1}[Y(s)] = \mathcal{L}^{-1}\left[\dfrac{2}{s^3} + 8t\right]$$
$$= t^2 + 8t$$

답 ①

70 정 K형 필터(여파기)에 있어서 임피던스 Z_1, Z_2는 공칭 임피던스 K와는 어떤 관계가 있는가?

① $Z_1 Z_2 = K$ ② $\dfrac{Z_1}{Z_2} = K$
③ $\sqrt{\dfrac{Z_1}{Z_2}} = K^2$ ④ $Z_1 Z_2 = K^2$

풀이 정K형 여파기가 되려면 임피던스 Z_1과 Z_2가 역회로의 관계가 되어야 한다.
즉, $Z_1 Z_2 = K^2$의 관계가 되어야 한다.

답 ④

71 이산 시스템(Discrete data system)에서의 안정도 해석에 대한 설명 중 옳은 것은?

① 특성방정식의 모든 근이 z평면의 음의 반평면에 있으면 안정하다.
② 특성방정식의 모든 근이 z평면의 양의 반평면에 있으면 안정하다.
③ 특성방정식의 모든 근이 z평면의 단위원 내부에 있으면 안정하다.
④ 특성방정식의 모든 근이 z평면의 단위원 외부에 있으면 안정하다.

풀이

안정도	근의 위치	
	s 평면	z 평면
안 정	좌반면	원점을 중심으로 한 단위원 내부
불 안 정	우반면	원점을 중심으로 한 단위원 외부
임계안정	허수축	원점을 중심으로 한 단위원

답 ③

72 그림과 같은 평형 3상 회로에서 전원 전압이 $V_{ab} = 200$[V]이고 부하 한 상의 임피던스가 $Z = 4 + j3$[Ω]인 경우 전원과 부하 사이 선전류 I_a는 약 몇 [A]인가?

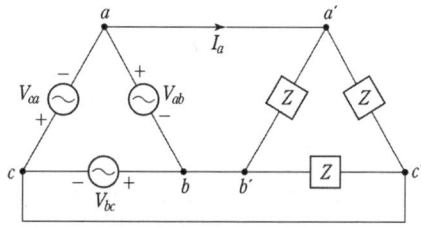

① $40\sqrt{3} \angle 36.87°$ ② $40\sqrt{3} \angle -36.87°$
③ $40\sqrt{3} \angle 66.87°$ ④ $40\sqrt{3} \angle -66.87°$

풀이 • 전원과 부하가 다 같이 △결선이므로
상전류 $I_p = \dfrac{V}{Z} = \dfrac{200}{\sqrt{4^2+3^2}} = 40[A]$
위상차 $\theta = \tan^{-1}\dfrac{X_L}{R} = \tan^{-1}\dfrac{3}{4} = 36.87°$
임피던스 $Z = 4+j3[\Omega]$에서 허수(j)의 부호가 '+'이 므로 전류는 전압보다 위상이 느리다(유도성 회로).
• △결선시 선전류는 각 상전류에 비해 크기는 $\sqrt{3}$ 배 크며, 위상은 30° 느리다.
따라서 선전류
$I_a = \sqrt{3}I_p = 40\sqrt{3}\angle -30°-36.87°$
$= 40\sqrt{3}\angle -66.87°[A]$ **답 ④**

73 전류 $\sqrt{2}I\sin(\omega t+\theta)[A]$와 기전력 $\sqrt{2}V\cos(\omega t-\phi)[V]$ 사이의 위상차는?

① $\dfrac{\pi}{2}-(\phi-\theta)$ ② $\dfrac{\pi}{2}-(\phi+\theta)$
③ $\dfrac{\pi}{2}+(\phi+\theta)$ ④ $\dfrac{\pi}{2}+(\phi-\theta)$

풀이 전류 = $\sqrt{2}I\sin(\omega t+\theta)[A]$
기전력 = $\sqrt{2}V\cos(\omega t-\phi)$
$= \sqrt{2}V\sin(\omega t-\phi+\dfrac{\pi}{2})[V]$
$[\because \cos\theta = \sin(\theta+\dfrac{\pi}{2})]$
위상차 = $(-\phi+\dfrac{\pi}{2})-\theta = \dfrac{\pi}{2}-(\phi+\theta)$ **답 ②**

74 전달함수가 $\dfrac{C(s)}{R(s)} = \dfrac{25}{s^2+6s+25}$인 2차 제어시스템의 감쇠 진동 주파수($\omega_d$)는 몇 [rad/sec]인가?

① 3   ② 4
③ 5   ④ 6

풀이 $\dfrac{C(s)}{R(s)} = \dfrac{\omega_n^2}{s^2+2\delta\omega_n s+\omega_n^2} = \dfrac{25}{s^2+6s+25}$ 에서
$\omega_n^2 = 25 \to \omega_n = \sqrt{25} = 5$
$2\delta\omega_n = 6 \to \delta = \dfrac{6}{2\omega_n} = \dfrac{6}{2\times 5} = \dfrac{3}{5}$
따라서 감쇠 진동 주파수(실제 주파수)
$\omega_d = \omega_n\sqrt{1-\delta^2} = 5\sqrt{1-\left(\dfrac{3}{5}\right)^2} = 4$ **답 ②**

75 그림의 블록 선도에서 폐루프 전달 함수 $T = \dfrac{C}{R}$에서 H에 대한 감도 S_H^T는?

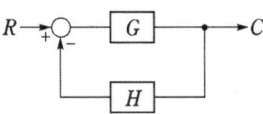

① $\dfrac{-GH}{1+GH}$ ② $\dfrac{-H}{(1+GH)^2}$
③ $\dfrac{H}{1+GH}$ ④ $\dfrac{-H}{1+GH}$

풀이 $T = \dfrac{C}{R} = \dfrac{G}{1+GH}$
$\therefore S_H^T = \dfrac{H}{T}\cdot\dfrac{dT}{dH} = \dfrac{H}{\dfrac{G}{1+GH}}\cdot\dfrac{d}{dH}\left(\dfrac{G}{1+GH}\right)$
$= \dfrac{-GH}{1+GH}$ **답 ①**

76 블록선도 변환이 틀린 것은?

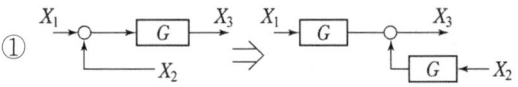

풀이

$X_3 = GX_1 + X_2$ $X_3 = (X_1+GX_2)G$ **답 ④**

77 $G(s)H(s) = \dfrac{K(s+1)}{s^2(s+2)(s+3)}$에서 점근선의 교차점을 구하면?

① $-\dfrac{5}{6}$ ② $-\dfrac{1}{5}$ ③ $-\dfrac{4}{3}$ ④ $-\dfrac{1}{3}$

풀이　교차점 $\sigma = \dfrac{\Sigma G(s)H(s)\text{의 극} - \Sigma G(s)H(s)\text{의 영점}}{p-z}$

(여기서, p : 극점의 개수, z : 영점의 개수)
$p=4$개$(0, 0, -2, -3)$, $z=1$개(-1)이므로
$\therefore \sigma = \dfrac{(-2-3)-(-1)}{4-1} = -\dfrac{4}{3}$　답 ③

78 다음 회로는 무엇을 나타낸 것인가?

① AND
② OR
③ EX-OR
④ NAND

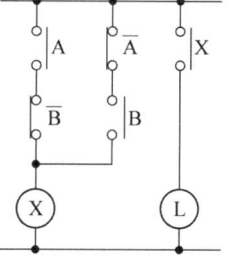

풀이　$X = A\overline{B} + \overline{A}B = A \oplus B$이므로 Exclusive OR 회로이다.　답 ③

79 단위 부궤환 제어시스템의 루프전달함수 $G(s)H(s)$가 다음과 같이 주어져 있다. 이득여유가 20[dB]이면 이때의 K의 값은?

$$G(s)H(s) = \dfrac{K}{(s+1)(s+3)}$$

① $\dfrac{3}{10}$　② $\dfrac{3}{20}$　③ $\dfrac{1}{20}$　④ $\dfrac{1}{40}$

풀이　이득여유 $GM = 20\log\dfrac{1}{|G(s)H(s)|} = 20$[dB]

$\rightarrow \log\dfrac{1}{|G(s)H(s)|} = 1$

$\rightarrow |G(s)H(s)| = \dfrac{1}{10}$ …… ①

주어진 방정식에 $s=j\omega$를 대입하고 정리하면
$G(j\omega)H(j\omega) = \dfrac{K}{(j\omega+1)(j\omega+3)}$
$= \dfrac{K}{(3-\omega^2) + j4\omega}$ …… ②

식 ②의 분모에서 허수부를 0으로 놓으면 $4\omega = 0 \rightarrow \omega = 0$[rad/s]이다.
이 값을 식 ②에 대입하면
$|G(j\omega)H(j\omega)|_{\omega=0} = \left|\dfrac{K}{3-\omega^2}\right|_{\omega=0} = \dfrac{K}{3}$ …… ③

식 ①과 ③에서
$|G(s)H(s)| = \dfrac{K}{3} = \dfrac{1}{10} \rightarrow K = \dfrac{3}{10}$　답 ①

80 그림에서 저항 20[Ω]에 흐르는 전류는 몇 [A]인가?

① 1
② 2
③ 3
④ 4

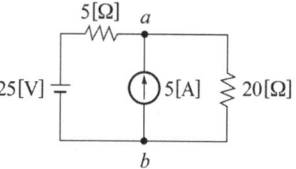

풀이　중첩의 원리에 의하여
25[V]에 의한 전류 :
$I_1 = \dfrac{V}{R} = \dfrac{25}{5+20} = 1$[A]

5[A]에 의한 전류 :
$I_2 = \dfrac{R_1}{R_1+R_2}I = \dfrac{5}{5+20} \times 5 = 1$[A]

$\therefore I = I_1 + I_2 = 1+1 = 2$[A]　답 ②

5과목 - 전기설비기술기준

81 옥외설비의 절연유 유출방지설비에 대한 사항으로 중 옳지 않은 것은?

① 절연유 유출 방지설비의 선정은 기기에 들어 있는 절연유의 양, 빗물 및 화재보호시스템의 용수량, 근접 수로 및 토양조건을 고려하여야 한다.
② 벽, 집유조 및 집수탱크에 관련된 배관은 액체가 침투하지 않는 것이어야 한다.
③ 집유조 및 집수탱크는 바닥을 통하여 수로로 절연유 및 냉각액을 흘러 보낼 수 있어야 한다.
④ 절연유 및 냉각액에 대한 집유조 및 집수탱크의 용량은 물의 유입으로 지나치게 감소되지 않아야 하며, 자연배수 및 강제배수가 가능하여야 한다.

풀이　311.7 절연유 누설에 대한 보호
옥외설비의 절연유 유출방지설비
　가. 절연유 유출 방지설비의 선정은 기기에 들어 있는 절연유의 양, 빗물 및 화재보호시스템의 용수량, 근접 수로 및 토양조건을 고려하여야 한다.

나. 집유조 및 집수탱크가 시설되는 경우 집수탱크는 최대 용량 변압기의 유량에 대한 집유능력이 있어야 한다.
다. 벽, 집유조 및 집수탱크에 관련된 배관은 액체가 침투하지 않는 것이어야 한다.
라. 절연유 및 냉각액에 대한 집유조 및 집수탱크의 용량은 물의 유입으로 지나치게 감소되지 않아야 하며, 자연배수 및 강제배수가 가능하여야 한다.
마. 다음의 추가적인 방법으로 수로 및 지하수를 보호하여야 한다.
 (1) 집유조 및 집수탱크는 바닥으로부터 절연유 및 냉각액의 유출을 방지하여야 한다.
 (2) 배출된 액체는 흐르는 물 분리장치를 통하여야 하며 이 목적을 위하여 액체의 비중을 고려하여야 한다. 답 ③

82 사용전압이 400[V] 이하인 경우의 저압 보안공사에 전선으로 경동선을 사용할 경우 지름은 몇 [mm] 이상인가?

① 2.6
② 3.5
③ 4.0
④ 5.0

풀이 222.10 저압 보안공사
저압 보안공사시 전선은 케이블인 경우 이외에는 인장강도 8.01[kN] 이상의 것 또는 지름 5[mm](사용전압이 400[V] 이하인 경우에는 인장강도 5.26[kN] 이상의 것 또는 **지름 4[mm] 이상의 경동선**) 이상의 경동선이어야 한다. 답 ③

83 옥내 배선공사 중 반드시 절연전선을 사용하지 않아도 되는 공사방법은? (단, 옥외용 비닐절연전선은 제외한다.)

① 금속관공사
② 버스덕트공사
③ 합성수지관공사
④ 플로어덕트공사

풀이 231.4 나전선의 사용 제한
옥내에 시설하는 저압전선에는 나전선을 사용하여서는 아니 된다. 다만, 다음 중 어느 하나에 해당하는 경우에는 그러하지 아니하다.
가. 애자공사에 의하여 전개된 곳에 다음의 전선을 시설하는 경우
 ① 전기로용 전선
 ② 전선의 피복 절연물이 부식하는 장소에 시설하는 전선

③ 버스덕트공사에 의하여 시설하는 경우
다. 라이팅덕트공사에 의하여 시설하는 경우
라. 접촉 전선을 시설하는 경우 답 ②

84 고압 지중전선이 지중 약전류전선 등과 접근하거나 교차하는 경우에 이격거리가 몇 [cm] 이하인 때에는 양 전선 사이에 견고한 내화성의 격벽을 설치하는 경우 이외에는 지중전선을 견고한 불연성 또는 난연성의 관에 넣어 그 관이 지중 약전류전선 등과 직접 접촉되지 않도록 하여야 하는가?

① 15
② 20
③ 30
④ 40

풀이 334.6 지중전선과 지중약전류전선 등 또는 관과의 접근 또는 교차
지중전선이 다음 조건의 이격거리 이하로 설치되는 경우에는 상호간에 내화성의 격벽을 설치하여야 한다.

조 건	전 압	이격거리
지중 약전류 전선과 접근 또는 교차하는 경우	저압 또는 고압	0.3[m]
	특고압	0.6[m]
가연성, 유독성의 유체를 내포하는 관과 접근 또는 교차	특고압	1[m]
	25[kV] 이하, 다중접지방식	0.5[m]
기타의 관과 접근 또는 교차	특고압	0.3[m]

답 ③

85 지중전선로의 매설방법이 아닌 것은?

① 관로식
② 인입식
③ 암거식
④ 직접 매설식

풀이 334.1 지중전선로의 시설
가. 지중 전선로는 전선에 케이블을 사용하고 또한 **관로식·암거식 또는 직접 매설식**에 의하여 시설하여야 한다.
나. 지중 전선로를 직접 매설식에 의하여 시설하는 경우에는 매설 깊이는
 ① 차량 기타 중량물의 압력을 받을 우려가 있는 장소 : 1.0[m] 이상
 ② 기타 장소 : 0.6[m] 이상 답 ②

86 급전선에 대한 설명으로 틀린 것은?

① 비절연보호도체, 매설접지도체, 레일 등으로 구성하여 단권변압기 중성점과 공통접지에 접속한다.
② 급전선은 나전선을 적용하여 가공식으로 가설을 원칙으로 한다.
③ 선상승강장, 인도교, 과선교 또는 교량 하부 등에 설치할 때에는 최소 절연이격거리 이상을 확보하여야 한다.
④ 신설 터널 내 급전선을 가공으로 설계할 경우 지지물의 취부는 C찬넬 또는 매입전을 이용하여 고정하여야 한다.

풀이 431.4 급전선로
1. 급전선은 나전선을 적용하여 가공식으로 가설을 원칙으로 한다. 다만, 전기적 이격거리가 충분하지 않거나 지락, 섬락 등의 우려가 있을 경우에는 급전선을 케이블로 하여 안전하게 시공하여야 한다.
2. 가공식은 전차선의 높이 이상으로 전차선로 지지물에 병가하며, 나전선의 접속은 직선접속을 원칙으로 한다.
3. 신설 터널 내 급전선을 가공으로 설계할 경우 지지물의 취부는 C찬넬 또는 매입전을 이용하여 고정하여야 한다.
4. 선상승강장, 인도교, 과선교 또는 교량 하부 등에 설치할 때에는 최소 절연이격거리 이상을 확보하여야 한다.
• ①번은 귀선로에 대한 설명이다. **답** ①

87 귀선로에 대한 설명으로 틀린 것은?

① 단권변압기 중성점과 단독접지에 접속한다.
② 사고 및 지락 시에도 충분한 허용전류용량을 갖도록 하여야 한다.
③ 비절연보호도체, 매설접지도체, 레일 등으로 구성한다.
④ 비절연보호도체의 위치는 통신유도장해 및 레일전위의 상승의 경감을 고려하여 결정하여야 한다.

풀이 431.5 귀선로
1. 귀선로는 비절연보호도체, 매설접지도체, 레일 등으로 구성하여 **단권변압기 중성점과 공통접지에 접속**한다.
2. 비절연보호도체의 위치는 통신유도장해 및 레일전위의 상승의 경감을 고려하여 결정하여야 한다.
3. 귀선로는 사고 및 지락 시에도 충분한 허용전류용량을 갖도록 하여야 한다. **답** ①

88 66[kV] 가공전선과 6[kV] 가공전선을 동일 지지물에 병행설치하여 시설하는 경우 이격거리는 몇 [m] 이상이어야 하는가? 단, 특고압 전선은 케이블 사용 이외의 조건이다.

① 1 ② 2
③ 3 ④ 4

풀이 333.17 특고압 가공전선과 저고압 가공전선 등의 병행설치

전 압	표 준	특고압에 케이블 사용 및 저·고압에 절연전선 또는 케이블 사용
35[kV] 이하	1.2[m] 이상	0.5[m] 이상
35[kV] 초과 100[kV] 미만	2[m] 이상	1[m] 이상

답 ②

89 철도 또는 궤도를 횡단하는 저고압가공전선의 높이는 레일면상 몇 [m] 이상인가?

① 5.5 ② 6.5
③ 7.5 ④ 8.5

풀이 332.5 고압 가공전선의 높이
222.7 저압 가공전선의 높이

설치장소		가공전선의 높이
도로횡단(번잡하지 않은 도로 제외)		지표상 6[m] 이상
철도 또는 궤도횡단		레일면상 6.5[m] 이상
횡단보도교 위	저압	노면상 3.5[m] 이상. 단, 절연전선의 경우 3[m] 이상
	고압	노면상 3.5[m] 이상
일반장소		지표상 5[m] 이상. 단, 저압의 경우 절연전선 또는 케이블을 사용하여 교통에 지장이 없도록 하여 옥외조명용에 공급하는 경우 4[m]까지 감할 수 있다.
다리의 하부 기타 이와 유사한 장소		저압의 전기철도용 급전선은 지표상 3.5[m]까지로 감할 수 있다.

답 ②

90
사용전압 22.9[kV]인 가공전선과 지지물과의 이격거리는 일반적으로 몇 [cm] 이상이어야 하는가?

① 5　　② 10
③ 15　　④ 20

풀이 333.5 특고압 가공전선과 지지물 등의 이격거리
특고압 가공전선과 그 지지물·완금류·지주 또는 지선 사이의 이격거리는 표에서 정한 값 이상이어야 한다. 다만, 기술상 부득이한 경우에 위험의 우려가 없도록 시설한 때에는 표에서 정한 값의 0.8배까지 감할 수 있다.

사용전압	이격거리[cm]
15[kV] 미만	15
15[kV] 이상 25[kV] 미만	20
25[kV] 이상 35[kV] 미만	25
60[kV] 이상 70[kV] 미만	40
130[kV] 이상 160[kV] 미만	90

답 ④

91
공칭전압 직류 750[V]인 경우 전차선과 건조물 간의 동적 절연이격 거리는 몇 [mm] 이상인가?

① 25　　② 100
③ 150　　④ 170

풀이 431.2 전차선로의 충전부와 건조물 간의 절연이격
전차선과 건조물 간의 최소 절연이격거리

시스템 종류	공칭전압 (V)	동적(mm)		정적(mm)	
		비오염	오염	비오염	오염
직류	750	25	25	25	25
	1,500	100	110	150	160
단상교류	25,000	170	220	270	320

답 ①

92
최대사용전압 22.9[kV]인 3상 4선식 다중접지방식의 지중전선로의 절연내력시험을 직류로 할 경우 시험전압은 몇 [V]인가?

① 16448　　② 21068
③ 32796　　④ 42136

풀이 132 전로의 절연저항 및 절연내력

전로의 종류	접지방식	시험전압 (최대사용 전압의 배수)	최저 시험전압
1. 7[kV] 이하인 전로		1.5배	
2. 7[kV] 초과 25[kV] 이하	다중접지	0.92배	
3. 7[kV] 초과 60[kV] 이하 (2란의 것 제외)		1.25배	10.5[kV]
4. 60[kV] 초과	비접지	1.25배	
5. 60[kV] 초과 (6란, 7란의 것 제외)	접지식	1.1배	75[kV]
6. 60[kV] 초과(7란의 것 제외)	직접접지	0.72배	
7. 170[kV] 초과(발전소 또는 변전소 혹은 이에 준하는 장소에 시설하는 것.)	직접접지	0.64배	

※ 전로에 케이블을 사용하는 경우에는 직류로 시험할 수 있으며, 시험전압은 교류의 경우의 2배가 된다.
∴ 시험전압 = 22900 × 0.92 × 2 = 42136[V]
답 ④

93
저압 가공전선이 도로 등과 접근상태로 시설되는 경우 저압 가공전선과 저압 전차선로의 지지물과의 이격거리는 몇 [m] 이상이어야 하는가? (단, 저압 가공전선과 도로와의 수평 이격거리가 1[m] 미만이라고 한다.)

① 0.3　　② 0.4
③ 0.6　　④ 0.8

풀이 332.12 고압 가공전선과 도로 등의 접근 또는 교차
222.12 저압 가공전선과 도로 등의 접근 또는 교차
저압 가공전선 또는 고압 가공전선이 도로·횡단보도교·철도·궤도·삭도 또는 저압 전차선(이하 "도로 등"이라 한다)과 접근상태로 시설되는 경우에는 다음에 따라야 한다.
1. 고압 가공전선로는 고압 보안공사에 의할 것.
2. 저·고압 가공전선과 도로 등의 이격거리는 표에서 정한 값 이상일 것. 다만, 가공전선과 도로·횡단보도교·철도 또는 궤도와의 수평 이격거리가 저압에서 1[m] 이상, 고압에서 1.2[m] 이상인 경우에는 그러하지 아니하다.

도로 등의 구분		저압	고압
도로·횡단보도교·철도 또는 궤도		3[m]	3[m]
삭도나 그 지주 또는 저압 전차선	고압절연 전선	0.3[m]	0.8[m]
	케이블	0.3[m]	0.4[m]
	기 타	0.6[m]	0.8[m]
저압 전차선로의 지지물	케이블	0.3[m]	0.3[m]
	기 타	0.3[m]	0.6[m]

답 ①

94 고압 또는 특고압의 기계기구·모선 등을 옥외에 시설하는 발전소·변전소·개폐소 또는 이에 준하는 곳에 시설하는 울타리·담 등의 하단과 지표면 사이의 간격은 몇 [m] 이하로 하여야 하는가?

① 0.12　　② 0.15
③ 0.3　　　④ 0.5

풀이 351.1 발전소 등의 울타리·담 등의 시설
울타리·담 등의 높이는 2[m] 이상으로 하고 **지표면과 울타리·담 등의 하단 사이의 간격은 0.15[m] 이하로** 할 것.　　답 ②

95 교통신호등 제어장치의 2차측 배선의 최대 사용전압은 몇 [V] 이하이어야 하는가?

① 110　　② 220
③ 300　　④ 380

풀이 234.15 교통신호등
가. 교통신호등 제어장치의 2차측 배선의 최대 사용전압은 300[V] 이하이어야 한다.
나. 전선은 케이블인 경우 이외에는 공칭단면적 2.5[mm^2] 연동선과 동등 이상의 세기 및 굵기의 450/750[V] 일반용 단심 비닐절연전선 또는 450/750[V] 내열성 에틸렌아세테이트 고무절연전선일 것.
다. 교통신호등의 전구에 접속하는 인하선은 다음에 의하여 시설하여야 한다.
　① 전선의 지표상의 높이는 2.5[m] 이상일 것.
　② 전선을 애자공사에 의하여 시설하는 경우에는 전선을 적당한 간격마다 묶을 것.
라. 교통신호등 회로의 사용전압이 150[V]를 넘는 경우는 전로에 지락이 생겼을 경우 자동적으로 전로를 차단하는 누전차단기를 시설할 것.
마. 교통신호등의 제어장치의 금속제외함 및 신호등을 지지하는철주에는 규정에 준하여 접지공사를 하여야 한다.　　답 ③

96 특고압용의 개폐기, 차단기, 피뢰기 기타 이와 유사한 기구로서 동작 시에 아크가 생기는 것은 목재의 벽 또는 천정 기타의 가연성 물체로부터 몇 [m] 이상 떼어놓아야 하는가? (단, 사용전압이 35[kV] 초과인 경우이다.)

① 1　　　② 1.2
③ 1.5　　④ 2

2024년 1회 전기기사필기(CBT)

풀이 341.7 아크를 발생하는 기구의 시설
고압용 또는 특고압용의 개폐기·차단기·피뢰기 기타 이와 유사한 기구로서 동작 시에 아크가 생기는 것은 목재의 벽 또는 천장 기타의 가연성 물체로부터 표에서 정한 값 이상 이격하여 시설하여야 한다.

기구 등의 구분	이격거리
고압용의 것	1[m] 이상
특고압용의 것	2[m] 이상(사용전압이 35[kV] 이하의 특고압용의 기구 등으로서 동작할 때에 생기는 아크의 방향과 길이를 화재가 발생할 우려가 없도록 제한하는 경우에는 1[m] 이상)

답 ④

97 주택 등 저압 수용 장소에서 고정 전기설비에 TN-C-S 접지방식으로 접지공사 시 중성선 겸용 보호도체(PEN)를 알루미늄으로 사용 할 경우 단면적은 몇 [mm^2] 이상이어야 하는가?

① 2.5　　② 6
③ 10　　　④ 16

풀이 142.4.2 주택 등 저압수용장소 접지
저압수용장소에서 계통접지가 TN-C-S 방식인 **경우 중성선 겸용 보호도체(PEN)**는 고정 전기설비에만 사용할 수 있고, 그 도체의 단면적이 구리는 10[mm^2] 이상, **알루미늄은 16[mm^2] 이상**이어야 하며, 그 계통의 최고전압에 대하여 절연되어야 한다.　　답 ④

98 교류계통에서 누전차단기에 의한 추가적 보호를 하여야 하는 콘센트의 정격전류는 몇 [A] 이하여야 하는가? (단, 일반적으로 사용되며 일반인이 사용하는 콘센트이다.)

① 16　　② 20
③ 32　　④ 63

풀이 211.2.3 추가적인 보호
다음에 따른 교류계통에서는 누전차단기에 의한 추가적 보호를 하여야 한다.
가. 일반적으로 사용되며 일반인이 사용하는 **정격전류 20 [A] 이하 콘센트**
나. 옥외에서 사용되는 정격전류 32 [A] 이하 이동용 전기기기　　답 ②

99 60[kV] 이하인 특고압 가공전선과 고압 가공전선이 1차 접근상태로 시설되는 경우 최소 이격거리는 몇 [m]인가? (단, 케이블을 사용하지 않는다고 한다.)

① 1 ② 1.2
③ 1.5 ④ 2

풀이 333.26 특고압 가공전선과 저고압 가공전선 등의 접근 또는 교차
특고압 가공전선이 가공약전류전선 등 저압 또는 **고압의 가공전선이나** 저압 또는 고압의 전차선(이하에서 "저고압 가공전선 등"이라 한다)과 **제1차 접근상태로 시설되는 경우**
가. 특고압 가공전선로는 제3종 특고압 보안공사에 의할 것.
나. 특고압 가공전선과 저고압 가공 전선 등 또는 이들의 지지물이나 지주 사이의 이격거리는 표에서 정한 값 이상일 것.

사용전압의 구분	이격거리
60[kV] 이하	2[m]
60[kV] 초과	• 이격거리 = 2 + 단수 × 0.12[m] • 단수 = $\frac{전압[kV] - 60}{10}$ 단수 계산에서 소수점 이하는 절상

답 ④

100 제2종 특고압 보안공사의 기준으로 틀린 것은?
① 특고압 가공전선은 연선일 것
② 지지물이 목주일 경우 그 경간은 100[m] 이하일 것
③ 지지물이 A종 철주일 경우 그 경간은 150[m] 이하일 것
④ 지지물로 사용하는 목주의 풍압하중에 대한 안전율은 2 이상일 것

풀이 333.22 특고압 보안공사
제2종 특고압 보안공사는 다음에 따라야 한다.
가. 특고압 가공전선은 연선일 것.
나. 지지물로 사용하는 목주의 풍압하중에 대한 안전율은 2 이상일 것
다. 경간은 표에서 정한 값 이하일 것

지지물의 종류	경간
목주·A종 철주 또는 A종 철근 콘크리트주	100[m]
B종 철주 또는 B종 철근 콘크리트주	200[m]
철탑	400[m](단주인 경우에는 300[m])

답 ③

2024년 2회 전기기사필기 (CBT 복원문제)

동일출판사 홈페이지에서 무료 동영상강의를 보실 수 있습니다.

1과목 - 전기자기

01 0.2[Wb/m²]의 평등 자계 속에 자계와 직각 방향으로 놓인 길이 0.9[m]의 도선을 자계와 30°각의 방향으로 50[m/s]의 속도로 이동시킬 때 도체 양단에 유기되는 기전력은 몇 [V]인가?

① $4.5\sqrt{3}$ ② 4.5
③ 9   ④ 45

풀이 유기 기전력 $e = Blv\sin\theta = 0.2 \times 0.9 \times 50 \times \sin30°$
$= 4.5[V]$ **답** ②

02 히스테리시스 곡선의 기울기는 다음의 어떤 값에 해당하는가?

① 투자율   ② 유전율
③ 자화율   ④ 감자율

풀이 히스테리시스 곡선 – 횡축 : 자계(H), 종축 : 자속밀도(B)
- 곡선과 종축이 만나는 점 : 잔류자기(잔류 자속밀도 B_r)
- 곡선과 횡축이 만나는 점 : 보자력(H_c)
- 기울기 : 투자율(μ)   **답** ①

03 그림과 같이 같은 방향으로 전류가 흐르는 A, B 두 개의 원형 코일이 있다. A의 반지름이 1[m], 권수가 1회, B는 반지름 2[m], 권수가 2회이다. A와 B의 코일 중심을 겹쳐 놓으면 중심에서의 자계는 A코일만 있을 때의 2배가 된다고 할 때 $\dfrac{I_B}{I_A}$의 비는? (A에 흐르는 전류는 I_A, B에 흐르는 전류는 I_B라고 한다.)

① 1
② 2
③ 3
④ 4

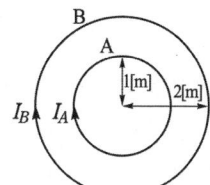

풀이 코일 중심의 자계는 $\dfrac{NI}{2a}$[AT/m]이므로

- A코일에 의한 자계 = $\dfrac{I_A}{2\times 1}$[AT/m]
- B코일에 의한 자계 = $\dfrac{2I_B}{2\times 2}$[AT/m]

A, B 코일 중심을 겹쳐 두면 중심에서의 자계는 A코일만 있을 때의 2배가 되므로

$2 \times \dfrac{I_A}{2\times 1} = \dfrac{I_A}{2\times 1} + \dfrac{2I_B}{2\times 2}$ 에서

$I_A = \dfrac{1}{2}I_A + \dfrac{1}{2}I_B \rightarrow \dfrac{1}{2}I_A = \dfrac{1}{2}I_B$

∴ $\dfrac{I_B}{I_A} = 1$ **답** ①

04 정전계에 관한 설명으로서 틀리는 것은?

① 정전계에서의 선적분은 적분경로에 따라 다르다.
② 정전계는 정전 에너지가 최소인 분포이다.
③ 도체 내에서의 전계의 세기는 0이다.
④ 전기력선과 등전위면은 서로 직교한다.

풀이 정전계에서의 선적분은 적분경로에 관계없이 항상 0이다.   **답** ①

05 거리 r에 반비례하는 전계의 세기를 주는 대전체는?

① 점전하   ② 구전하
③ 전기 쌍극자   ④ 선전하

풀이 ① 점전하에 의한 전계
$E = \dfrac{Q}{4\pi\epsilon_0 r^2}$[V/m] $\propto \dfrac{1}{r^2}$

② 구전하에 의한 전계
$E = \dfrac{Q}{4\pi\epsilon_0 r^2}$[V/m] $\propto \dfrac{1}{r^2}$

③ 전기쌍극자에 의한 전계
$E = \dfrac{M\sqrt{1+3\cos^2\theta}}{4\pi\epsilon_0 r^3}$[V/m] $\propto \dfrac{1}{r^3}$

④ 선전하에 의한 전계
$E = \dfrac{\lambda}{2\pi\epsilon_0 r}$[V/m] $\propto \dfrac{1}{r}$ **답** ④

06 도체의 전계 에너지는 도체 전위에 대하여 어떤 상태로 증가하는가?
① 직선 ② 쌍곡선
③ 포물선 ④ 원형곡선

풀이 전계 에너지 $W = \frac{1}{2}CV^2$ [J] 이므로
$W \propto V^2$ (포물선)   **답** ③

07 그림과 같은 정전용량이 C_o[F]가 되는 평행판 공기 콘덴서가 있다. 이 콘덴서의 판면적의 $\frac{1}{3}$ 가 되는 공간에 비유전율 ϵ_s인 유전체를 채우면 공기 콘덴서의 정전용량은 몇 [F]인가?

① $\frac{2\epsilon_s}{3}C_o$
② $\frac{3}{1+2\epsilon_s}C_o$
③ $\frac{1+\epsilon_s}{3}C_o$
④ $\frac{2+\epsilon_s}{3}C_o$

풀이
- 유전체를 채우지 않은 부분의 정전용량
$$C_1 = \frac{\epsilon_0\left(\frac{2}{3}S\right)}{d} = \frac{2}{3}C_0$$
- 유전체를 채운 부분의 정전용량
$$C_2 = \frac{\epsilon_0\epsilon_s\left(\frac{1}{3}S\right)}{d} = \frac{1}{3}\epsilon_s C_0$$
C_1, C_2는 병렬 접속이므로
$$\therefore C_t = C_1 + C_2 = \frac{2}{3}C_0 + \frac{1}{3}\epsilon_s C_0 = \frac{2+\epsilon_s}{3}C_0 [F]$$
답 ④

08 어떤 막대 철심이 있다. 단면적이 0.4[m²]이고, 길이가 0.8[m], 비투자율이 20이다. 이 철심의 자기 저항은 몇 [AT/Wb]인가?
① 3.86×10^4 ② 7.96×10^4
③ 3.86×10^5 ④ 7.96×10^5

풀이 자기저항 $R_m = \frac{l}{\mu_0\mu_s S} = \frac{0.8}{4\pi \times 10^{-7} \times 20 \times 0.4}$
$= 7.96 \times 10^4$ [AT/Wb]   **답** ②

09 N회 감긴 환상 코일의 단면적이 S[m²]이고 평균 길이가 l[m]이다. 이 코일의 권수를 반으로 줄이고 인덕턴스를 일정하게 하려면?
① 길이를 $\frac{1}{4}$ 배로 한다.
② 단면적을 2배로 한다.
③ 전류의 세기를 2배로 한다.
④ 전류의 세기를 4배로 한다.

풀이 환상 코일의 자기 인덕턴스 $L = \frac{\mu SN^2}{l}$[H]이므로 권수를 $\frac{1}{2}$로 하면 L은 $\left(\frac{1}{2}\right)^2 = \frac{1}{4}$배로 되므로 S를 4배 또는 l을 $\frac{1}{4}$ 배로 하면 L은 일정하게 된다.   **답** ①

10 10[mH]의 두 개의 자기 인덕턴스가 있다. 결합 계수를 0.1로부터 0.9까지 변화시킬 수 있다면 이것을 접속시켜 얻을 수 있는 합성 인덕턴스의 최대값과 최소값의 비는?
① 9 : 1 ② 13 : 1
③ 16 : 1 ④ 19 : 1

풀이 결합 계수 $k=0.9$ 일 때 합성 인덕턴스의 최대값(L_{+MAX})과 최소값(L_{-MIN})은
- $M = k\sqrt{L_1 L_2} = 0.9\sqrt{10 \times 10} = 9$ [mH]
- $L_{+MAX} = L_1 + L_2 + 2M = 10 + 10 + 2 \times 9$
$= 38$ [mH]
- $L_{-MIN} = L_1 + L_2 - 2M = 10 + 10 - 2 \times 9$
$= 2$ [mH]
$\therefore L_{+MAX} : L_{-MIN} = 38 : 2 = 19 : 1$ **답** ④

11 전자장에 대한 설명으로 틀린 것은?
① 대전된 입자에서 전기력선이 발산 또는 흡수한다.
② 전류(전하이동)는 순환형의 자기장을 이루고 있다.
③ 자석은 독립적으로 존재하지 않는다.
④ 운동하는 전자는 자기장으로부터 힘을 받지 않는다.

풀이 로렌츠의 힘 : 전계와 자계가 동시에 존재할 때 입자에 작용하는 힘으로

- 전계에서의 힘 $F = qE$ [N]
- 자계에서의 힘 $F = q(v \times B)$ [N]

따라서, 전자장 내에서 운동전하는
$$F = qE + q(v \times B) = q(E + v \times B) \text{ [N]}$$
의 힘을 받는다. 답 ④

12 내구의 반지름이 $a = 5$[cm], 외구의 반지름이 $b = 10$[cm]이고, 공기로 채워진 동심구형 커패시터의 정전용량은 약 몇 [pF]인가?

① 11.1　② 22.2
③ 33.3　④ 44.4

풀이 공기로 채워진 동심 구 도체 사이의 정전용량
$$C = \frac{Q}{V} = \frac{4\pi\epsilon_0}{\dfrac{1}{a} - \dfrac{1}{b}} = 4\pi\epsilon_0 \cdot \frac{ab}{b-a}$$

(여기서, a : 내구의 반지름[m], b : 외구의 반지름[m])

$$\therefore C = \frac{1}{9 \times 10^9} \times \frac{5 \times 10^{-2} \times 10 \times 10^{-2}}{(10-5) \times 10^{-2}}$$
$$= 11.1 \times 10^{-12} \text{[F]} = 11.1 \text{[pF]}$$
답 ①

13 반지름 a[m]인 원형코일에 전류 I[A]가 흘렀을 때 코일 중심에서의 자계의 세기[AT/m]는?

① $\dfrac{I}{4\pi a}$　② $\dfrac{I}{2\pi a}$　③ $\dfrac{I}{4a}$　④ $\dfrac{I}{2a}$

풀이 원형 코일 중심의 자계의 세기
$H = \dfrac{NI}{2a}$[AT/m]에서 $N = 1$이므로
$$\therefore H = \frac{I}{2a} \text{[AT/m]}$$
답 ④

14 반지름 1[cm]인 원형 코일에 전류 10[A]가 흐를 때, 코일의 중심에서 코일면에 수직으로 $\sqrt{3}$ [cm] 떨어진 점의 자계의 세기는 몇 [AT/m]인가?

① $\dfrac{1}{16} \times 10^3$　② $\dfrac{3}{16} \times 10^3$
③ $\dfrac{5}{16} \times 10^3$　④ $\dfrac{7}{16} \times 10^3$

풀이 원형 코일에 의한 중심 축상 x거리의 자계의 세기는 등가 판자석으로 구한다.

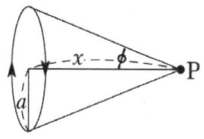

P점의 자위 $U = \dfrac{I}{4\pi}\omega = \dfrac{I}{4\pi} \cdot 2\pi(1-\cos\phi)$
$= \dfrac{I}{2}\left(1 - \dfrac{x}{\sqrt{a^2+x^2}}\right)$[AT]

자계의 세기 $H = -\text{grad } U$에 의해
$H = -\dfrac{dU}{dx} = \dfrac{a^2 I}{2(a^2+x^2)^{3/2}}$ 이므로

$\therefore H = \dfrac{a^2 I}{2(a^2+x^2)^{3/2}}$
$= \dfrac{(1 \times 10^{-2})^2 \times 10}{2\{(1 \times 10^{-2})^2 + (\sqrt{3} \times 10^{-2})^2\}^{3/2}}$
$= \dfrac{1}{16} \times 10^3$[AT/m]

답 ①

15 합성 수지($\epsilon_s = 4$)중에서 전자파의 속도는 몇 [m/s]인가? 단, $\mu_s = 1$이다.

① 1.5×10^7　② 1.5×10^8
③ 3×10^7　④ 3×10^8

풀이 전자파의 속도 $v = \dfrac{c}{\sqrt{\epsilon_s \mu_s}} = \dfrac{3 \times 10^8}{\sqrt{\epsilon_s \mu_s}} = \dfrac{3 \times 10^8}{\sqrt{4 \times 1}}$
$= 1.5 \times 10^8$[m/s]
답 ②

16 막대자석 위쪽에 동축도체 원판을 놓고 회로의 한 끝은 원판의 주변에 접촉시켜 회전하도록 해놓은 그림과 같은 패러데이 원판 실험을 할 때 검류계에 전류가 흐르지 않는 경우는?

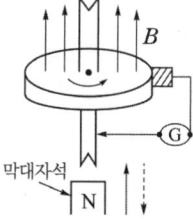

① 자석만을 일정한 방향으로 회전시킬 때
② 원판만을 일정한 방향으로 회전시킬 때
③ 자석을 축 방향으로 전진시킨 후 후퇴시킬 때
④ 원판과 자석을 동시에 같은 방향, 같은 속도로 회전시킬 때

풀이 기전력 $\left(e=-\dfrac{d\phi}{dt}\right)$ 은 자속이 시간적으로 변화가 일어날 때 발생하기 때문에 자속이 자석 또는 원판의 회전에 의해 증감 또는 끊기게 되면 변화가 발생하여 기전력이 발생하고 전류가 흐르게 된다. 그러므로 원판과 자석을 동시에 같은 방향, 같은 속도로 회전시키면 자속의 변화가 발생하지 않으므로 전류가 흐르지 않는다. **답 ④**

17 정현파 자속의 주파수를 3배로 높이면 유기기전력은?

① 2배로 감소 ② 2배로 증가
③ 3배로 감소 ④ 3배로 증가

풀이 유기기전력
$e = -\omega N\phi_m \sin(\omega t-\pi) = -2\pi f N\phi_m \sin(\omega t-\pi)$
에서 $e \propto f$ (주파수)
따라서, 주파수를 3배로 높이면 유기기전력은 3배로 증가한다. **답 ④**

18 매질이 공기인 경우에 방전이 10[kV/mm]의 전계에서 발생한다고 할 때 도체 표면에 작용하는 힘은 몇 [N/m²]인가?

① 4.43×10^2 ② 5.5×10^{-3}
③ 4.83×10^{-3} ④ 7.5×10^3

풀이 단위 면적당 작용력
$f = \dfrac{1}{2}\epsilon_0 E^2 = \dfrac{1}{2}\times 8.854\times 10^{-12}\times(10\times 10^6)^2$
$= 4.43\times 10^2 [\text{N/m}^2]$ **답 ①**

19 $E = i + 2j + 3k$[V/cm]로 표시되는 전계가 있다. 0.01[μC]의 전하를 원점으로부터 $3i$[m]로 움직이는 데 필요한 일은 몇 [J]인가?

① 3×10^{-8} ② 3×10^{-7}
③ 3×10^{-6} ④ 3×10^{-5}

풀이 $W = \boldsymbol{F} \cdot \boldsymbol{r} = Q\boldsymbol{E}\cdot\boldsymbol{r}$
$= 0.01\times 10^{-6}\times(i+2j+3k)\cdot(3i)\times 10^2$
$= 0.01\times 10^{-6}\times 3\times 10^2 = 0.03\times 10^{-4}$
$(\because i\cdot i = 1,\ j\cdot i = 0,\ k\cdot i = 0)$
$= 3\times 10^{-6}$[J] **답 ③**

20 자계가 비보존적인 경우를 나타내는 것은? (단, j는 공간상에 0이 아닌 전류밀도를 의미한다.)

① $\nabla \cdot B = 0$ ② $\nabla \cdot B = j$
③ $\nabla \times H = 0$ ④ $\nabla \times H = j$

풀이 자계가 비보존적인 경우는 회전하는 계를 의미하므로
$\nabla \times \boldsymbol{H} = \text{rot}\,\boldsymbol{H} = \text{curl}\,\boldsymbol{H} = j$ **답 ④**

2과목 - 전력공학

21 전력선 a의 충전 전압을 E, 통신선 b의 대지 정전 용량을 C_b, a-b 사이의 상호 정전 용량을 C_{ab}라고 하면 통신선 b의 정전 유도 전압 E_s는?

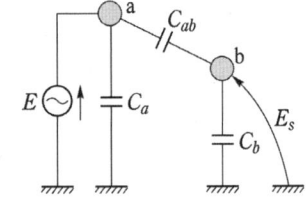

① $\dfrac{C_{ab}+C_b}{C_b}E$ ② $\dfrac{C_{ab}+C_a}{C_{ab}}E$
③ $\dfrac{C_b}{C_{ab}+C_b}E$ ④ $\dfrac{C_{ab}}{C_{ab}+C_b}E$

풀이
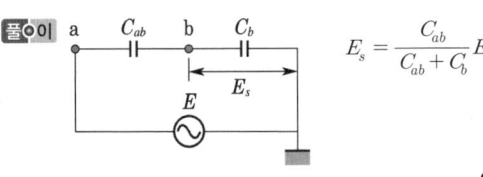
$E_s = \dfrac{C_{ab}}{C_{ab}+C_b}E$

답 ④

22 전력 계통의 주파수 변동은 주로 무엇의 변화에 기인하는가?

① 유효 전력 ② 무효 전력
③ 계통 전압 ④ 계통 임피던스

풀이
- 유효 전력 변동 = 주파수 변동
- 무효 전력 변동 = 전압 변동 **답 ①**

23 송전선로에 매설지선을 설치하는 목적은?

① 철탑 기초의 강도를 보강하기 위하여
② 직격뢰로부터 송전선을 차폐보호하기 위하여
③ 현수애자 1연의 전압 분담을 균일화하기 위하여
④ 철탑으로부터 송전선로로의 역섬락을 방지하기 위하여

풀이 뇌서지가 철탑을 가격시 철탑의 탑각 접지저항이 충분히 낮지 않으면 철탑의 전위가 상승하여 철탑에서 선로 섬락을 일으키는 경우가 있는데 이를 역섬락 이라한다. **매설지선을 설치하여 탑각 접지저항을 낮추면 역섬락을 방지할 수 있다.** **답** ④

24 기력발전소에서 열손실이 가장 큰 장치는?

① 보일러 손실 ② 터빈 기계손실
③ 복수기 손실 ④ 보기 동력손실

풀이 열손실의 개략값[%]

보일러 손실	터빈 기계손실	복수기 손실	보기 동력손실
12	1	47	2

답 ③

25 유량의 크기를 구분할 때 갈수량이란?

① 하천의 수위 중에서 1년을 통하여 355일간 이보다 내려가지 않는 수위
② 하천의 수위 중에서 1년을 통하여 275일간 이보다 내려가지 않는 수위
③ 하천의 수위 중에서 1년을 통하여 185일간 이보다 내려가지 않는 수위
④ 하천의 수위 중에서 1년을 통하여 95일간 이보다 내려가지 않는 수위

풀이 ① : 갈수량 (갈수위)
② : 저수량 (저수위)
③ : 평수량 (평수위)
④ : 풍수량 (풍수위) **답** ①

26 송전단, 수전단 전압을 각각 E_s, E_r이라 하고 4단자정수를 A, B, C, D라 할 때 전력원선도의 반지름은?

① $\dfrac{E_s E_r}{A}$ ② $\dfrac{E_s E_r}{B}$
③ $\dfrac{E_s E_r}{C}$ ④ $\dfrac{E_s E_r}{D}$

풀이 원선도의 반지름 $\rho = \dfrac{E_s E_r}{B}$ **답** ②

27 3상 3선식 송전선로가 있다. 전선 한 가닥의 저항은 10[Ω], 리액턴스는 20[Ω]이고 수전단의 선간전압은 60[kV], 부하역률은 0.8(늦음)이다. 전압강하율을 5[%]로 하면 이 송전선로로 약 몇 [kW]까지 수전할 수 있는가?

① 6200[kW]   ② 7200[kW]
③ 8200[kW]   ④ 9200[kW]

풀이 $\epsilon = \dfrac{P}{V^2}(R + X\tan\theta)$에서 전압강하율이 5[%]이므로

$0.05 = \dfrac{P}{60000^2} \times \left(10 + 20 \times \dfrac{0.6}{0.8}\right)$

$\therefore P = \dfrac{0.05 \times 60000^2}{\left(10 + 20 \times \dfrac{0.6}{0.8}\right)} \times 10^{-3} = 7200[kW]$ **답** ②

28 동기조상기에 관한 설명으로 틀린 것은?

① 동기전동기의 V특성을 이용하는 설비이다.
② 동기전동기를 부족여자로 하여 컨덕터로 사용한다.
③ 동기전동기를 과여자로 하여 콘덴서로 사용한다.
④ 송전계통의 전압을 일정하게 유지하기 위한 설비이다.

풀이
• 조상설비 : 송전선을 일정한 전압으로 운전하기 위해 필요한 무효전력을 공급하는 장치를 조상설비라 하며 그 종류로는 동기 조상기, 전력용 콘덴서, 분로 리액터가 있다.
• 동기조상기 : 동기 전동기의 V특성을 이용하는 설비로서 무부하 운전중인 **동기전동기를 과여자 운전하면 콘덴서로 작용하며, 부족여자 운전하면 리액터로 작용한다.** **답** ②

29 1차 변전소용 변압기결선 Y-Y-△의 제3차 권선의 용도가 아닌 것은?

① 소내용 전압 공급 ② 승압용
③ 조상 설비의 설치 ④ 제3고조파 제거

풀이 1차 변전소는 전압의 승압이 필요하므로 승압에 유리한 Y-Y 결선이 사용된다. 그러나 Y-Y 결선의 경우 제3고조파가 문제 되므로 이를 해결하기 위하여 △결선의 3차 권선이 설치된 Y-Y-△결선의 변압기가 사용되며 3차 권선(△결선, 안정 권선)의 용도는
- 제3고조파의 제거
- 조상설비의 설치
- 소내용 전압 공급 **답** ②

30 부하 역률이 0.6인 선로의 저항 손실은 부하 역률이 0.9인 선로의 저항 손실에 비하여 약 몇 배인가?

① 0.44 ② 0.67
③ 1.5   ④ 2.25

풀이 전력손실 $P_l \propto \dfrac{1}{\cos^2\theta}$ 이므로,

$$\dfrac{P_{l0.6}}{P_{l0.9}} = \dfrac{\dfrac{1}{0.6^2}}{\dfrac{1}{0.9^2}} = \dfrac{81}{36} = 2.25$$

$\therefore P_{l0.6} = 2.25 P_{l0.9}$ **답** ④

31 직격뢰에 대한 방호설비로 가장 적당한 것은?

① 복도체   ② 가공지선
③ 서지흡수기 ④ 정전방전기

풀이 가공 지선의 설치 목적
① 직격 뇌에 대한 차폐 효과
② 유도 뇌에 대한 정전 차폐 효과
③ 통신선에 대한 전자 유도 장해 경감 효과 **답** ②

32 현수애자 4개를 1련으로 한 66[kV] 송전선로가 있다. 현수애자 1개의 절연저항이 2000[MΩ]이라면, 표준경간을 200[m]로 할 때 1[km]당의 누설 컨덕턴스[℧]는?

① 0.63×10^{-9} ② 0.93×10^{-9}
③ 1.23×10^{-9} ④ 1.53×10^{-9}

풀이
- 현수 애자 1련의 저항
  $r = 2000[M\Omega] \times 4 = 8 \times 10^9 [\Omega]$
  (애자련에 연결되어 있는 애자의 절연저항은 직렬접속과 같다.)
- 표준 경간이 200[m]이고 1[km]당 현수 애자는 5련이 설치되므로
  $R = \dfrac{r}{n} = \dfrac{8}{5} \times 10^9 [\Omega]$
  (선로에 접속되어 있는 애자련의 절연저항은 병렬접속과 같다.)
- 누설 컨덕턴스
  $G = \dfrac{1}{R} = \dfrac{5}{8} \times 10^{-9} [\mho] = 0.63 \times 10^{-9} [\mho]$ **답** ①

33 송전 선로 보호를 위한 것이 아닌 것은?

① 과전류 계전 방식
② 방향 계전 방식
③ 전류 위상 비교 방식
④ 차동 보호 방식

풀이 현재 사용되고 있는 송전선 보호 계전방식
① 전류 차동 원리를 이용한 방식(파일럿와이어 또는 PCM 전송)
② 전류 위상 비교방식 ③ 방향 비교방식
④ 거리 측정방식   ⑤ 전류 균형 방식
⑥ 과전류 방식
차동 보호 방식은 기기의 보호용이다. **답** ④

34 GIS(Gas Insulated Switch Gear)의 특징이 아닌 것은?

① 내부점검, 부품교환이 번거롭다.
② 신뢰성이 향상되고, 안전성이 높다.
③ 장비는 저렴하지만 시설공사 방법은 복잡하다.
④ 대기 절연을 이용한 것에 비하면 현저하게 소형화할 수 있다.

풀이 가스절연개폐기의 장점
① 소형화 할 수 있다. (옥외 철구형 변전소의 1/10~1/15)
② 충전부가 완전히 밀폐되어 안정성이 높다.
③ 소음이 적고 환경 조화를 기할 수 있다.
④ 대기 중의 오염물의 영향을 받지 않으므로 신뢰도가 높다.
⑤ 조작 중 소음이 적고 라디오 방해전파를 줄여 공해문제를 해결해 준다.

35 송전단 전압을 V_s, 수전단 전압을 V_r, 선로의 리액턴스를 X라 할 때 정상 시의 최대 송전전력의 개략적인 값은?

① $\dfrac{V_s - V_r}{X}$ ② $\dfrac{V_s^2 - V_r^2}{X}$

③ $\dfrac{V_s(V_s - V_r)}{X}$ ④ $\dfrac{V_s V_r}{X}$

풀이 송전전력 $P = \dfrac{V_s V_r}{X}\sin\delta$ 이므로,
$\sin\delta = 1$ 일 때 최대 송전전력이 된다.
∴ 최대 송전전력 $P = \dfrac{V_s V_r}{X}$ 답 ④

36 3상 3선식 송전선에서 L을 작용 인덕턴스라 하고, L_e 및 L_m은 대지를 귀로로 하는 1선의 자기 인덕턴스 및 상호 인덕턴스라고 할 때 이들 사이의 관계식은?

① $L = L_m - L_e$ ② $L = L_e - L_m$

③ $L = L_m + L_e$ ④ $L = \dfrac{L_m}{L_e}$

풀이 작용 인덕턴스(L)
= 대지 귀로의 자기 인덕턴스(L_e)
− 대지 귀로의 상호 인덕턴스(L_m)   답 ②

37 △결선된 대칭 3상 부하가 있다. 역률이 0.8(지상)이고, 전 소비전력이 1800[W]이다. 한 상의 선로저항이 0.5[Ω]이고, 발생하는 전선로 손실이 50[W]이면 부하단자전압은?

① 440[V]   ② 402[V]
③ 324[V]   ④ 225[V]

풀이 전선로 손실 $P_l = 3I^2 R$[W] 이므로

$I = \sqrt{\dfrac{P_l}{3R}} = \sqrt{\dfrac{50}{3 \times 0.5}} = \dfrac{10}{\sqrt{3}}$ [A]

소비전력 $P = \sqrt{3}\, VI\cos\theta$ [W] 이므로

∴ $V = \dfrac{P}{\sqrt{3}\, I\cos\theta} = \dfrac{1800}{\sqrt{3} \times \dfrac{10}{\sqrt{3}} \times 0.8}$

$= 225$[V]   답 ④

38 한류리액터의 사용 목적은?

① 누설전류의 제한
② 단락전류의 제한
③ 접지전류의 제한
④ 이상전압 발생의 방지

풀이 리액터의 역할
- 한류 리액터 : 단락 전류를 제한
- 직렬 리액터 : 제5고조파 제거
- 분로 리액터 : 페란티 현상 방지
- 소호 리액터 : 지락 아크 소멸   답 ②

39 보일러에서 흡수 열량이 가장 큰 것은?

① 수냉벽   ② 보일러 수관
③ 과열기   ④ 절탄기

풀이 수냉벽은 노벽을 보호하고자 하는 것이 원래 목적이었으나 그 작용은 여러 가지 유리한 효과를 가지고 있다. 수냉벽은 보일러 드럼 또는 수관과 연락하는 수관을 가진 노벽으로 노 내의 복사열을 흡수한다. 각 부의 가열 면적과 흡수 열량의 비는 다음 표와 같다.

	가열 면적[%]	흡수 열량[%]
수냉벽	10~15	40~50
보일러 수관	5~10	10~15
과열기	10~15	15~20
절탄기	15	10~15
공기 예열기	50	5~10

답 ①

40 3상4선식 배전선로에서 배전전압을 2배로 승압하여 같은 손실률로 동일한 부하에 전력을 공급한다고 할 때, 전력손실은 승압전보다 어떻게 되는가?

① $\dfrac{1}{4}$로 줄어든다.   ② $\dfrac{1}{2}$로 줄어든다.
③ 2배로 된다.   ④ 불변이다.

풀이 전력손실 $P_l = \dfrac{P^2 R}{V^2 \cos^2\theta} \propto \dfrac{1}{V^2}$ 이므로

$\therefore P_l = \left(\dfrac{1}{2}\right)^2 = \dfrac{1}{4}$ 배

답 ①

3과목 - 전기기기

41 전동기의 전원측에 직렬로 저항을 접속하고 전원전압을 낮게 감압하여 기동한 후 저항을 점점 줄여서 속도를 증가하고 정상속도에 도달하면 이를 단락하는 기동방식은?

① 콘돌퍼 방식 ② 1차 저항 방식
③ 소프트 스타터 방식 ④ Y-△ 방식

풀이 1차 저항 기동방식
리액터 기동방식에 리액터 대신에 저항기를 사용한 것으로서 전동기의 전원측에 직렬로 저항을 접속하고 전원전압을 낮게 감압하여 기동한 후 서서히 저항을 감소시켜 가속하고 전속도에 도달하면 이를 단락하는 방법이다.
이 방식은 주로 **소용량 전동기를 기동할 때 기계적 충격을 완화**하기 위해 사용하는 경우가 많다.
그러나 다른 방식에 비하여 기동효율이 떨어지며, 기동전류가 감소하는 비율보다도 기동토크의 감소율이 큰 관계로 무부하 또는 경부하 기동에 사용된다.

답 ②

42 게이트 조작에 의해 부하전류 이상으로 유지전류를 높일 수 있어 게이트의 턴온, 턴 오프가 가능한 사이리스터는?

① SCR ② GTO
③ LASCR ④ TRIAC

풀이 GTO(gate turn off thyristor)

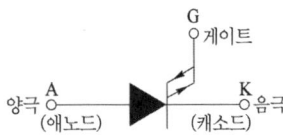

GTO는 게이트에 흐르는 전류를 점호할 때와 반대로 흐르게 함으로써 소자를 소호 시킬 수 있다.

답 ②

43 3상 동기 발전기의 각 상의 유기 기전력 중에서 제5고조파를 제거하려면 코일 간격/극 간격을 어떻게 하면 되는가?

① 0.8 ② 0.5
③ 0.7 ④ 0.6

풀이 제n고조파에 대한 단절 계수(코일 간격/극 간격)는 $K_{pn} = \sin n\beta\pi/2$가 된다.
따라서 제5고조파에 대해서는 $K_{p5} = \sin\dfrac{5\beta\pi}{2}$
$K_{p5} = 0$이 되므로 $\beta = 0, 0.4, 0.8, 1.2, \cdots$가 구해지나 이 중에서 1보다 작고 1에 가장 가까운 $\beta = 0.8$이 제일 적당하다.

답 ①

44 100[HP], 600[V], 1200[rpm]의 직류 분권 전동기가 있다. 분권 계자 저항 400[Ω], 전기자 저항 0.22[Ω]이고 정격 부하에서의 효율이 90[%]이면 전부하시의 역기전력은 약 몇 [V]인가? 단, 1[HP]은 746[W]이다.

① 560 ② 570
③ 580 ④ 590

풀이 전동기의 입력을 P라고 하면
$P = \dfrac{100 \times 746}{0.9} = 82888[W]$
전부하 전류 $I = \dfrac{82888}{600} = 138[A]$
계자 전류 $I_f = \dfrac{600}{400} = 1.5[A]$
전기자 전류
$I_a = I - I_f = 138 - 1.5 = 136.5[A]$
따라서, 역기전력
$E = V - I_a R_a = 600 - 136.5 \times 0.22 ≒ 570[V]$

답 ②

45 직류기에서 전기자 반작용의 영향을 설명한 것으로 틀린 것은?

① 주자극의 자속이 감소한다.
② 정류자편 사이의 전압이 불균일하게 된다.
③ 국부적으로 전압이 높아져 섬락을 일으킨다.
④ 전기적 중성점이 전동기인 경우 회전방향으로 이동한다.

풀이 전기자 반작용의 영향
① 전기적 중성축 이동
- 발전기 : 회전 방향으로 이동
- 전동기 : 회전 방향과 반대 방향으로 이동

② 주자속 감소
③ 정류자 편간의 불꽃 섬락 발생
④ 출력의 저하   **답** ④

---

46 단상 변압기가 있다. 전부하에서 2차 전압은 115[V]이고, 전압 변동률은 2[%]이다. 1차 단자 전압을 구하여라. 단, 1차, 2차 권선비는 20 : 1 이다.

① 2356[V]   ② 2346[V]
③ 2336[V]   ④ 2326[V]

풀이 전압변동률 $\epsilon = \dfrac{V_0 - V_n}{V_n} \times 100[\%]$ 이므로

$$V_{10} = V_{1n}\left(1 + \dfrac{\epsilon}{100}\right) = aV_{2n}\left(1 + \dfrac{\epsilon}{100}\right)$$

$$= 20 \times 115 \times \left(1 + \dfrac{2}{100}\right) = 2346[V]$$ **답** ②

---

47 직류 직권 전동기에서 벨트(belt)를 걸고 운전하면 안 되는 이유는?

① 손실이 많아진다.
② 직결하지 않으면 속도제어가 곤란하다.
③ 벨트가 벗겨지면 위험속도에 도달한다.
④ 벨트가 마모하여 보수가 곤란하다.

풀이 직류 직권전동기의 속도는 전류 및 자속과 반비례한다.
$\left(n = k\dfrac{E}{I}\right)$

벨트가 벗겨지는 순간 무부하($I = 0$)로 되어 속도가 무한대가 되므로 원심력 때문에 기계를 파괴할 염려가 있어 벨트 운전을 하지 않는다.   **답** ③

---

48 전동기 축의 벨트 축 지름이 28[cm], 1140[rpm]에서 20[kW]를 전달하고 있다. 벨트에 작용하는 힘 [kg]은?

① 약 122 [kg]   ② 약 168 [kg]
③ 약 212 [kg]   ④ 약 234 [kg]

풀이 전동기의 발생 토크 T는

$$T = 0.975 \times \dfrac{P}{N}\ [\text{kg} \cdot \text{m}]$$

$$= 0.975 \times \dfrac{20000}{1140} = 17.11[\text{kg} \cdot \text{m}]$$

벨트에 작용하는 힘은

$$\therefore F = \dfrac{T}{r} = \dfrac{17.11}{0.14} = 122.21[\text{kg}]$$ **답** ①

---

49 동기발전기의 단락비를 계산하는 데 필요한 시험은?

① 부하 시험과 돌발 단락시험
② 단상 단락 시험과 3상 단락시험
③ 무부하 포화 시험과 3상 단락시험
④ 정상, 역상, 영상 리액턴스의 측정시험

풀이
- 무부하 시험 : 철손, 기계손
- 단락시험 : 동기 임피던스, 동기 리액턴스
- 단락비 : 무부하(포화)시험, 단락시험   **답** ③

---

50 외분권 차동복권발전기의 단자전압 V는? (단, Φ_s[Wb] : 직권계자권선에 의한 자속, Φ_f[Wb] : 분권계자의 자속, R_a[Ω] : 전기자의 저항, R_s[Ω] : 직권계자저항, I_a[A] : 전기자의 전류, I[A] : 부하전류, n[rps] : 속도, $k = \dfrac{PZ}{a}$ 이며 자기회로의 포화현상과 전기자 반작용은 무시한다.)

① $V = k(\Phi_f + \Phi_s)n - I_aR_a - IR_s$ [V]
② $V = k(\Phi_f - \Phi_s)n - I_aR_a - IR_s$ [V]
③ $V = k(\Phi_f + \Phi_s)n - I_a(R_a + R_s)$ [V]
④ $V = k(\Phi_f - \Phi_s)n - I_a(R_a + R_s)$ [V]

풀이 단자전압
$$V = E - I_a(R_a + R_s)[V] = k\Phi n - I_a(R_a + R_s)[V]$$
$$\left(\because E = \dfrac{pZ}{a}\Phi n = k\Phi n\right)$$
$$= k(\Phi_f - \Phi_s)n - I_a(R_a + R_s)[V]$$
($\because$ 차동복권이므로 분권계자와 직권계자의 자속이 반대, $\Phi = \Phi_f - \Phi_s$)   **답** ④

51 단상 유도 전압 조정기의 1차 전압 110[V], 2차 전압 160[V]일 때 2차 전류는 50[A]이다. 이 유도 전압 조정기의 정격 용량[kVA]은?

① 2.5   ② 5.5
③ 8   ④ 7.6

풀이 정격 용량 $P = E_2 I_2 \times 10^{-3}$ [kVA]
$= 160 \times 50 \times 10^{-3} = 8$ [kVA] 답 ③

52 변압기의 전일 효율을 최대로 하기 위한 조건은?

① 전부하 시간이 짧을수록 무부하손을 적게 한다.
② 전부하 시간이 짧을수록 철손을 크게 한다.
③ 부하 시간에 관계없이 전부하 동손과 철손을 같게 한다.
④ 전부하 시간이 길수록 철손을 적게 한다.

풀이 전일 효율이 최대가 되려면 철손과 동손이 같아야 한다 ($24P_i = \sum h P_c$).
즉, **전부하 시간이 길수록 철손 P_i를 크게 하고 짧을수록 철손 P_i를 작게 한다.** 답 ①

53 사이리스터를 이용한 교류전압제어 방식은?

① 위상제어 방식
② 레오나드 방식
③ 초퍼 방식
④ TRC(time ratio control) 방식

풀이 사이리스터의 점호각(α)을 조정하여 정류전압(E_d)을 가감하는 것을 위상제어 방식이라고 한다. 답 ①

54 2방향성 3단자 사이리스터는 어느 것인가?

① SCR   ② SSS
③ SCS   ④ TRIAC

풀이 ① SCR : 1방향성 3단자
② SSS : 2방향성 2단자
③ SCS : 1방향성 4단자
④ TRIAC : 2방향성 3단자 답 ④

55 3000/200[V] 변압기의 1차 임피던스가 225[Ω]이면 2차 환산 임피던스는 약 몇 [Ω]인가?

① 1.0   ② 1.5
③ 2.1   ④ 2.8

풀이 권수비 $a = \dfrac{E_1}{E_2} = \dfrac{3000}{200} = 15$
따라서, 2차 환산 임피던스
$Z_2 = \dfrac{1}{a^2} Z_1 = \dfrac{1}{15^2} \times 225 = 1$ [Ω] 답 ①

56 서보 전동기로 사용되는 전동기와 제어방식의 종류가 아닌 것은?

① 직류기의 전압제어
② 릴럭턴스기의 전압제어
③ 유도기의 전압제어
④ 동기 기기의 주파수 제어

풀이

전동기 종류	제어 방식 종류	서보 전동기 종류
직류기	전압제어	DC 서보모터
릴럭턴스기	주파수 제어	스텝모터
유도기	전압제어	브레이크 모터, 2상 서보모터
	주파수 제어	IM 서보모터
동기기	주파수 제어	트렌지스터 모터, SM 서보모터

답 ②

57 보극이 없는 직류발전기에서 부하의 증가에 따라 브러시의 위치를 어떻게 하여야 하는가?

① 그대로 둔다.
② 계자극의 중간에 놓는다.
③ 발전기의 회전 방향으로 이동시킨다.
④ 발전기의 회전 방향과 반대로 이동시킨다.

풀이 보극을 가지고 있지 않는 직류기에서는 정류를 잘 되게 하기 위하여 브러시를 전기적 중성축으로 이동시켜야 하는데 발전기의 경우에는 그의 회전 방향으로 브러시를 이동시키고, 전동기에서는 그의 회전과는 반대 방향으로 이동시킨다. 답 ③

58
4극 60[Hz]의 유도전동기가 슬립 5[%]로 전부하운전하고 있을 때 2차 권선의 손실이 94.25[W]라고 하면 토크[N·m]는?

① 1.02　　② 2.04
③ 10.00　　④ 20.00

풀이 회전자계 속도 $N_s = \dfrac{120f}{p} = \dfrac{120 \times 60}{4} = 1800$[rpm],

2차 입력 $P_2 = \dfrac{P_{c2}}{s} = \dfrac{94.25}{0.05} = 1885$[W]

따라서 토크 $T = 0.975 \dfrac{P_2}{N_s} \times 9.8 = 0.975 \times \dfrac{1885}{1800} \times 9.8$
$= 10$[N·m]　　**답** ③

59
3상 유도전동기의 슬립이 s일 때 2차 효율[%]은?

① $(1-s) \times 100$　　② $(2-s) \times 100$
③ $(3-s) \times 100$　　④ $(4-s) \times 100$

풀이 2차 효율
$\eta_2 = \dfrac{P_0}{P_2} \times 100 = \dfrac{(1-s)P_2}{P_2} \times 100$
$= (1-s) \times 100 = \dfrac{N}{N_s} \times 100$

(여기서 P_0 : 기계적 출력, P_2 : 2차 입력)　**답** ①

60
전부하전류 1[A], 역률 85[%], 속도 7500[rpm]이고 전압과 주파수가 100[V], 60[Hz]인 2극 단상 직권정류자전동기가 있다. 전기자와 직권 계자권선의 실효저항의 합이 40[Ω]이라 할 때 전부하시 속도기전력[V]은? (단, 계자자속은 정현적으로 변하며 브러시는 중성축에 위치하고 철손은 무시한다.)

① 34　　② 45
③ 53　　④ 64

풀이 출력(P) = 입력 − 손실
$= VI\cos\theta - I^2(R_s + R_f)$
$= 100 \times 1 \times 0.85 - 1^2 \times 40$
$= 85 - 40 = 45$[W]

따라서
속도 기전력 $E_s = \dfrac{P}{I} = \dfrac{45}{1} = 45$[V]　**답** ②

4과목 - 회로이론 및 제어공학

61
두 대의 전력계를 사용하여 평형부하의 3상 회로의 역률을 측정하려고 한다. 전력계의 지시가 각각 P_1, P_2라 할 때 이 회로의 역률은?

① $\dfrac{\sqrt{P_1 + P_2}}{P_1 + P_2}$

② $\dfrac{P_1 + P_2}{P_1^2 + P_2^2 - 2P_1P_2}$

③ $\dfrac{P_1 + P_2}{2\sqrt{P_1^2 + P_2^2 - P_1P_2}}$

④ $\dfrac{2P_1P_2}{\sqrt{P_1^2 + P_2^2 - P_1P_2}}$

풀이 2전력계법
- 유효전력 $P = P_1 + P_2$[W]
- 무효전력 $Q = \sqrt{3}(P_1 - P_2)$[Var]
- 피상전력 $P_a = 2\sqrt{P_1^2 + P_2^2 - P_1P_2}$[VA]
- 역률 $\cos\theta = \dfrac{P_1 + P_2}{2\sqrt{P_1^2 + P_2^2 - P_1P_2}}$　**답** ③

62
불평형 3상 전류가 $I_a = 15 + j2$[A], $I_b = -20 - j14$[A], $I_c = -3 + j10$[A] 일 때 영상분 전류 I_0는 약 몇 [A]인가?

① $2.67 + j0.38$　　② $2.02 + j6.98$
③ $15.5 - j3.56$　　④ $-2.67 - j0.67$

풀이 영상전류
$I_0 = \dfrac{1}{3}(I_a + I_b + I_c)$
$= \dfrac{1}{3}[(15+j2) + (-20-j14) + (-3+j10)]$
$= \dfrac{1}{3}(-8 - j2) = -2.67 - j0.67$[A]　**답** ④

63 어떤 교류 회로에 $v = 100\sin\omega t + 20\sin\left(3\omega t + \dfrac{\pi}{3}\right)$[V]인 전압을 가했을 때 이것에 의해 회로에 흐르는 전류가 $i = 40\sin\left(\omega t - \dfrac{\pi}{6}\right) + 5\sin\left(3\omega t + \dfrac{\pi}{12}\right)$[A] 라 한다. 이 회로에서 소비되는 전력은 약 몇 [kW]인가?

① 1.27 ② 1.77
③ 1.97 ④ 2.27

풀이 $P = V_1 I_1 \cos\theta_1 + V_3 I_3 \cos\theta_3$
$= \dfrac{100}{\sqrt{2}} \cdot \dfrac{40}{\sqrt{2}} \cdot \cos 30° + \dfrac{20}{\sqrt{2}} \cdot \dfrac{5}{\sqrt{2}} \cdot \cos(60° - 15°)$
$= \dfrac{100 \times 40}{2}\cos 30° + \dfrac{20 \times 5}{2}\cos 45° = 1767.4$[W]
$= 1.77$[kW] **답** ②

64 송전 선로에서 전압이 3×10^8[m/s]인 광속으로 전파할 때 200[MHz]인 주파수에 대한 위상정수는 몇 [rad/m]인가?

① $\dfrac{4}{3}\pi$ ② $\dfrac{2}{3}\pi$ ③ $\dfrac{\pi}{3}$ ④ π

풀이 파장 λ는 $\lambda = \dfrac{C_0}{f} = \dfrac{3 \times 10^8}{200 \times 10^6} = 1.5$[m]
그런데 1파장 λ[m]의 거리를 갖는 위상은 2π[rad] 회전이므로 선로 길이 1[m]당의 상차, 즉 위상 정수 β는
$\beta = \dfrac{2\pi}{\lambda} = \dfrac{2\pi \times 2}{3} = \dfrac{4\pi}{3}$[rad/m] **답** ①

65 그림과 같은 회로에서 $t = 0$에서 스위치를 갑자기 닫은 후 전류 $i(t)$가 0에서 정상 전류의 63.2[%]에 달하는 시간[s]을 구하면?

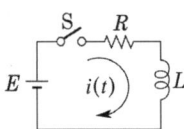

① LR ② $\dfrac{1}{LR}$
③ $\dfrac{L}{R}$ ④ $\dfrac{R}{L}$

풀이 $R-L$ 직렬 회로에서 정상값에 63.2[%]에 도달하는 시간은 시정수를 의미한다.
따라서 시정수 $\tau = \dfrac{L}{R}$[s] **답** ③

66 $R-L$ 직렬회로에서 시정수의 값이 클수록 과도현상의 소멸되는 시간은 어떻게 되는가?

① 짧아진다.
② 길어진다.
③ 과도기가 없어진다.
④ 관계없다.

풀이
- 시정수는 정상전류의 63.2[%]에 도달할 때까지의 시간을 의미
- 시정수 $\tau = \dfrac{L}{R}$[sec]
- 시정수가 크면 과도현상이 오래 지속되고 시정수가 적으면 과도현상이 짧아진다. **답** ②

67 $F(s) = \dfrac{(s+5)(s+12)}{s(s+4)(s+6)}$의 역라플라스 변환은?

① $2.5 + e^{4t} + 0.5e^{6t}$
② $2.5 - e^{4t} - 0.5e^{6t}$
③ $2.5 + e^{-4t} + 0.5e^{-6t}$
④ $2.5 - e^{-4t} - 0.5e^{-6t}$

풀이 $F(s) = \dfrac{(s+5)(s+12)}{s(s+4)(s+6)} = \dfrac{k_1}{s} + \dfrac{k_2}{s+4} + \dfrac{k_3}{s+6}$
$k_1 = \lim_{s \to 0} sF(s) = \left[\dfrac{(s+5)(s+12)}{(s+4)(s+6)}\right]_{s=0} = 2.5$
$k_2 = \lim_{s \to -4}(s+4)F(s) = \left[\dfrac{(s+5)(s+12)}{s(s+6)}\right]_{s=-4}$
$= -1$
$k_3 = \lim_{s \to -6}(s+6)F(s) = \left[\dfrac{(s+5)(s+12)}{s(s+4)}\right]_{s=-6}$
$= -0.5$
$F(s) = \dfrac{2.5}{s} + \dfrac{-1}{s+4} + \dfrac{-0.5}{s+6}$
$\therefore f(t) = \mathcal{L}^{-1}[F(s)] = 2.5 - e^{-4t} - 0.5e^{-6t}$ **답** ④

68 그림과 같은 블록선도에서 전달함수 $\dfrac{C(s)}{R(s)}$ 를 구하면?

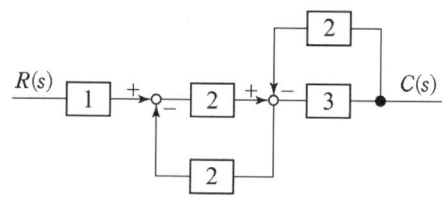

① $-\dfrac{6}{9}$ ② $-\dfrac{6}{11}$

③ $\dfrac{6}{9}$ ④ $\dfrac{6}{11}$

풀이 메이슨의 정리에 의해
- 전향경로 이득 : $1 \times 2 \times 3 = 6$
- 루프 이득 : $-2 \times 2 = -4$, $-3 \times 2 = -6$

$\therefore G(s) = \dfrac{\sum 전향\ 경로\ 이득}{1-\sum 루프이득} = \dfrac{6}{1-(-4-6)} = \dfrac{6}{11}$

답 ④

69 다음과 같은 상태방정식으로 표현되는 제어시스템에 대한 특성방정식의 근은?

$$\begin{bmatrix} \dot{x_1} \\ \dot{x_2} \end{bmatrix} = \begin{bmatrix} 2 & 2 \\ 0.5 & 2 \end{bmatrix} \begin{bmatrix} x_1 \\ x_2 \end{bmatrix} + \begin{bmatrix} 1 \\ 0 \end{bmatrix} u$$

① $-2, -3$ ② $-1, -2$
③ $-1, -3$ ④ $1, 3$

풀이 $|sI - A| = \begin{bmatrix} s & 0 \\ 0 & s \end{bmatrix} - \begin{bmatrix} 2 & 2 \\ 0.5 & 2 \end{bmatrix}$

$= \begin{bmatrix} s-2 & -2 \\ -0.5 & s-2 \end{bmatrix} = (s-2)^2 - 1$

특성방정식은 $(s-2)^2 - 1 = s^2 - 4s + 3 = 0$이므로

$\therefore s = 1, 3$

답 ④

70 $GH(j\omega) = \dfrac{10}{(j\omega + 1)(j\omega + T)}$에서 이득 여유를 20[dB]보다 크게 하기 위한 T의 범위는?

① $T > 1$ ② $T > 10$
③ $T < 0$ ④ $T > 100$

풀이 $GH(j\omega_C) = \dfrac{10}{(j\omega_C + 1)(j\omega_C + T)}$

$= \dfrac{10}{T - \omega_C^2 + j\omega_C(1+T)}$

위 식의 허수부를 0으로 놓으면 $\omega_C = 0$가 되므로

$GH(j\omega_C)|_{\omega_C=0} = \dfrac{10}{T}$

따라서 이득 여유 GM은

$GM = 20\log \left| \dfrac{1}{GH(j\omega_C)} \right|_{\omega_C=0} = 20\log \dfrac{T}{10} > 20$

$\dfrac{T}{10} > 10$이어야 하므로

$\therefore T > 100$

답 ④

71 100[kVA] 단상 변압기 3대로 △결선하여 3상 전원을 공급하던 중 1대의 고장으로 V결선 하였다면 출력은 약 몇 [kVA]인가?

① 100   ② 173
③ 245   ④ 300

풀이 변압기 1개의 출력을 P_1이라 하면 V결선 시 출력
$P_V = \sqrt{3}\,P_1 = \sqrt{3} \times 100 = 173.2[\text{kVA}]$

답 ②

72 논리식 $L = \overline{x} \cdot \overline{y} + \overline{x} \cdot y + x \cdot y$를 간략화 한 것은?

① $x + y$ ② $\overline{x} + y$
③ $x + \overline{y}$ ④ $\overline{x} + \overline{y}$

풀이 $L = \overline{x} \cdot \overline{y} + \overline{x} \cdot y + x \cdot y = \overline{x} \cdot (\overline{y} + y) + x \cdot y$
$= \overline{x} \cdot 1 + x \cdot y$

분배법칙에 의해
$\overline{x} + x \cdot y = (\overline{x} + x) \cdot (\overline{x} + y) = \overline{x} + y$

답 ②

73 보드선도상의 안정조건을 옳게 나타낸 것은? (단, g_m은 이득여유, ϕ_m은 위상여유)

① $g_m > 0,\ \phi_m > 0$
② $g_m < 0,\ \phi_m < 0$
③ $g_m < 0,\ \phi_m > 0$
④ $g_m > 0,\ \phi_m < 0$

풀이 위상 여유(ϕ_m)와 이득 여유(g_m) 양쪽 모두가 0보다 크면 안정하고, 0보다 작으면 불안정하다.

답 ①

74 그림과 같은 제어시스템의 폐루프 전달함수 $T(s) = \dfrac{C(s)}{R(s)}$에 대한 감도 S_K^T는?

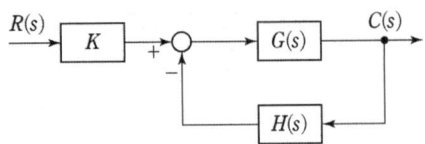

① 0.5
② 1
③ $\dfrac{G}{1+GH}$
④ $\dfrac{-GH}{1+GH}$

풀이 전달함수 $T = \dfrac{C(s)}{R(s)} = \dfrac{KG}{1+GH}$

K에 대한 감도

$\therefore S_K^T = \dfrac{K}{T} \cdot \dfrac{dT}{dK} = \dfrac{K}{\dfrac{KG}{1+GH}} \cdot \dfrac{d}{dK}\left(\dfrac{KG}{1+GH}\right)$

$= \dfrac{1+GH}{G} \cdot \dfrac{G(1+GH)}{(1+GH)^2} = 1$ **답** ②

75 어떤 회로에 전압을 가하니 90° 위상이 뒤진 전류가 흘렀다. 이 회로는?

① 저항 성분
② 용량성
③ 무유도성
④ 유도성

풀이 • 저항, 무유도성 부하 : 전압과 전류의 위상이 같다.
• 유도성 부하 : 전압보다 위상이 90° 뒤진 전류가 흐른다.
• 용량성 부하 : 전압보다 위상이 90° 앞선 전류가 흐른다. **답** ④

76 $E(z) = \dfrac{9z}{(z-1)(2z+1)}$일 때, $e^*(t)$의 최종값은?

① 0
② 1
③ 2
④ 3

풀이 최종값 정리 :

$f(\infty) = \lim_{t \to \infty} f^*(t) = \lim_{z \to 1}(1-z^{-1})F(z)$

$e(\infty) = \lim_{z \to 1}\left(1-\dfrac{1}{z}\right)E(z)$

$= \lim_{z \to 1}\left(\dfrac{z-1}{z}\right)\dfrac{9z}{(z-1)(2z+1)}$

$= \lim_{z \to 1}\dfrac{9}{2z+1} = 3$ **답** ④

77 4단자 파라미터 A, B, C, D 중에서 C는 어떤 차원의 정수인가?

① 전압비
② 전류비
③ 임피던스
④ 어드미턴스

풀이 A, B, C, D로 표시되는 4단자 기초 방정식은
$\begin{bmatrix} V_1 \\ I_1 \end{bmatrix} = \begin{bmatrix} A & B \\ C & D \end{bmatrix}\begin{bmatrix} V_2 \\ I_2 \end{bmatrix}$이며 각 파라미터의 물리적 의미는

• 출력을 개방했을 때 전압 이득 $A = \dfrac{V_1}{V_2}\bigg|_{I_2=0}$

• 출력을 단락했을 때 전달 임피던스 $B = \dfrac{V_1}{I_2}\bigg|_{V_2=0}$

• 출력을 개방했을 때 전달 어드미턴스 $C = \dfrac{I_1}{V_2}\bigg|_{I_2=0}$

• 출력을 단락했을 때 전류 이득 $D = \dfrac{I_1}{I_2}\bigg|_{V_2=0}$ **답** ④

78 위상 정수가 $\dfrac{\pi}{8}$[rad/m]인 선로의 1[MHz]에 대한 전파 속도[m/s]는?

① 1.6×10^7
② 9×10^7
③ 10×10^7
④ 11×10^7

풀이 $Z = \dfrac{\dfrac{R}{j\omega C}}{R + \dfrac{1}{j\omega C}} = \dfrac{R}{1+j\omega CR}$

전파 속도를 v[m/s]라 하면 $\beta\lambda = 2\pi$ 이므로

$\therefore v = f\lambda = \dfrac{2\pi f}{\beta} = \dfrac{2\pi \times 10^6}{\dfrac{\pi}{8}}$

$= 16 \times 10^6 = 1.6 \times 10^7$[m/s] **답** ①

79 $G(s) = \dfrac{1}{1+Ts}$인 제어계에서 절점 주파수의 이득은?

① -5[dB]
② 4[dB]
③ -3[dB]
④ 2[dB]

풀이 $\omega T = 1$에서 $\omega = \dfrac{1}{T}$(절점 주파수)이므로

$g = 20\log|G(j\omega)| = 20\log\left|\dfrac{1}{1+j}\right| = 20\log\left|\dfrac{1}{\sqrt{2}}\right|$

$\fallingdotseq -3$[dB] **답** ③

80 권수가 2000회이고, 저항이 12[Ω]인 솔레노이드에 전류 10[A]를 흘릴 때, 자속이 6×10^{-2}[Wb]가 발생하였다. 이 회로의 시정수[sec]는?

① 1
② 0.1
③ 0.01
④ 0.001

풀이 $LI = N\phi$ 이므로

$$L = \frac{N\phi}{I} = \frac{2000 \times 6 \times 10^{-2}}{10} = 12[H]$$

따라서 $R-L$회로의 시정수 τ은

$$\tau = \frac{L}{R} = \frac{12}{12} = 1[sec]$$

답 ①

5과목 - 전기설비기술기준

81 급전용변압기는 교류 전기철도의 경우 어떤 변압기의 적용을 원칙으로 하고, 급전계통에 적합하게 선정하여야 하는가?

① 3상 정류기용 변압기
② 단상 정류기용 변압기
③ 3상 스코트결선 변압기
④ 단상 스코트결선 변압기

풀이 421.4 변전소의 설비
1. 변전소 등의 계통을 구성하는 각종 기기는 운용 및 유지보수성, 시공성, 내구성, 효율성, 친환경성, 안전성 및 경제성 등을 종합적으로 고려하여 선정하여야 한다.
2. 급전용 변압기는 직류 전기철도의 경우 3상 정류기용 변압기, 교류 전기철도의 경우 3상 스코트결선 변압기의 적용을 원칙으로 하고, 급전계통에 적합하게 선정하여야 한다.

답 ③

82 한국전기설비규정에 준한 전선의 식별에서 N상은 어떤 색을 쓰고 있는가?

① 파란색
② 검은색
③ 노란색
④ 갈색

풀이 121.2 전선의 식별

상(문자)	L1	L2	L3	N	보호도체
색상	갈색	검은색	회색	파란색	녹색-노란색

답 ①

83 풍력터빈의 피뢰설비 시설기준에 대한 설명으로 틀린 것은?

① 풍력터빈에 설치한 피뢰설비(리셉터, 인하도선 등)의 기능저하로 인해 다른 기능에 영향을 미치지 않을 것
② 풍력터빈 내부의 계측 센서용 케이블은 금속관 또는 차폐케이블 등을 사용하여 뇌유도과전압으로부터 보호할 것
③ 풍력터빈에 설치하는 인하도선은 쉽게 부식되지 않는 금속선으로서 뇌격전류를 안전하게 흘릴 수 있는 충분한 굵기여야 하며, 가능한 직선으로 시설할 것
④ 수뢰부를 풍력터빈 중앙부분에 배치하되 뇌격전류에 의한 발열에 용손(溶損)되지 않도록 재질, 크기, 두께 및 형상 등을 고려할 것

풀이 532.3.5 피뢰설비
풍력터빈의 피뢰설비는 다음에 따라 시설하여야 한다.
가. **수뢰부를 풍력터빈 선단부분 및 가장자리 부분에 배치**하되 뇌격전류에 의한 발열에 용손(溶損)되지 않도록 재질, 크기, 두께 및 형상 등을 고려할 것
나. 풍력터빈에 설치하는 인하도선은 쉽게 부식되지 않는 금속선으로서 뇌격전류를 안전하게 흘릴 수 있는 충분한 굵기여야 하며, 가능한 직선으로 시설할 것
다. 풍력터빈 내부의 계측 센서용 케이블은 금속관 또는 차폐케이블 등을 사용하여 뇌유도과전압으로부터 보호할 것
라. 풍력터빈에 설치한 피뢰설비(리셉터, 인하도선 등)의 기능저하로 인해 다른 기능에 영향을 미치지 않을 것

답 ④

84 중성점 접지식 전선로에 접속한 66[kV] 변압기의 절연내력 시험전압[kV]은?

① 72.6   ② 75.0   ③ 82.5   ④ 99.0

풀이 135 변압기 전로의 절연내력

권선의 종류 (최대사용전압)	접지방식	시험전압 (최대사용 전압의 배수)	최저 시험전압
1. 7[kV] 이하		1.5배	500[V]
	다중접지	0.92배	500[V]
2. 7[kV] 초과 25[kV] 이하	다중접지	0.92배	
3. 7[kV] 초과 60[kV] 이하 (2란의 것 제외)		1.25배	10.5[kV]

권선의 종류 (최대사용전압)	접지방식	시험전압 (최대사용 전압의 배수)	최저 시험전압
4. 60[kV] 초과	비접지	1.25배	
5. 60[kV] 초과 (6란의 것 제외)	접지식	1.1배	75 [kV]
6. 60[kV] 초과	직접접지	0.72배	
7. 170[kV] 초과	직접접지	0.64배	

최대 사용전압이 60[kV] 이상 중성점 접지식인 경우 최대 사용전압의 1.1배를 곱한다.
시험전압 = 66 × 1.1 = 72.6[kV]
그러나 최저 시험전압이 75[kV]이므로 75[kV]의 시험전압을 가하여야 한다. 답 ②

85 ACSR 전선을 사용전압 직류 1500[V]의 가공급전선으로 사용할 경우 안전율은 얼마 이상이 되는 이도로 시설하여야 하는가?

① 2.0　② 2.1　③ 2.2　④ 2.5

풀이 332.4 고압 가공전선의 안전율
222.6 저압 가공전선의 안전율
가공전선이 케이블 이외인 경우 안전율이 다음 이상이 되는 이도로 시설하여야 한다.
가. 경동선 또는 내열 동합금선 : 2.2 이상
나. 그 밖의 전선 : 2.5 답 ④

86 금속덕트공사에 의한 저압 옥내배선공사시설에 대한 설명으로 틀린 것은?

① 금속덕트 안에는 전선에 접속점이 없도록 할 것.
② 금속덕트 안에는 전선의 피복을 손상할 우려가 있는 것을 넣지 아니할 것.
③ 금속덕트에 넣은 전선의 단면적(절연피복의 단면적을 포함한다)의 합계는 덕트의 내부 단면적의 15[%](전광표시장치 기타 이와 유사한 장치 또는 제어회로 등의 배선만을 넣는 경우에는 50[%]) 이하일 것.
④ 금속덕트에 의하여 저압 옥내배선이 건축물의 방화 구획을 관통하거나 인접 조영물로 연장되는 경우에는 그 방화벽 또는 조영물 벽면의 덕트 내부는 불연성의 물질로 차폐하여야 함.

풀이 232.31 금속덕트공사
금속덕트에 넣은 전선의 단면적(절연피복의 단면적을 포함한다)의 합계는 덕트의 내부 단면적의 20[%](전광표시 장치 기타 이와 유사한 장치 또는 제어회로 등의 배선만을 넣는 경우에는 50[%]) 이하일 것. 답 ③

87 저압의 이동용 전기기계의 금속제 외함을 접지할 경우 다심 코드 및 다심 캡타이어케이블의 일심 이외의 가요성이 있는 연동연선으로 접지공사 시 접지선의 단면적은 몇 [mm²] 이상이어야 하는가?

① 0.75　② 1.5
③ 6　④ 10

풀이 142.3.1 접지도체
이동하여 사용하는 전기기계기구의 금속제 외함 등의 접지시스템의 경우는 다음의 것을 사용하여야 한다.

접지도체	접지선의 종류	접지선의 단면적
특고압· 고압 전기설비 중성점 접지	• 클로로프렌캡타이어케이블 　(3종 및 4종) • 클로로설포네이트폴리에틸렌캡 　타이어 케이블의 일심(3종 및 4종) • 다심캡타이어케이블의 차폐 기타 　의 금속제	10[mm²]
저압 전기설비	다심 코드 또는 다심 캡타이어케이블의 일심	0.75[mm²]
	다심코드 및 다심 캡타이어케이블의 일심 이외의 가요성이 있는 연동연선	1.5[mm²]

답 ②

88 사용전압 22.9[kV]의 가공전선이 철도를 횡단하는 경우, 전선의 레일면상의 높이는 몇 [m] 이상인가?

① 5　② 5.5　③ 6　④ 6.5

풀이 333.7 특고압 가공전선의 높이

전압의 범위	일반 장소	도로 횡단	철도 또는 궤도횡단	횡단보도교
35[kV] 이하	5[m]	6[m]	6.5[m]	4[m](특고압 절연전선 또는 케이블 사용)
35[kV] 초과 160[kV] 이하	6[m]	6[m]	6.5[m]	5[m](케이블 사용)
	산지 등에서 사람이 쉽게 들어갈 수 없는 장소 : 5[m] 이상			

전압의 범위	일반 장소	도로 횡단	철도 또는 궤도횡단	횡단보도교
160[kV] 초과	일반장소			가공전선의 높이 = 6 + 단수 × 0.12[m]
	철도 또는 궤도횡단			가공전선의 높이 = 6.5 + 단수 × 0.12[m]
	산지			가공전선의 높이 = 5 + 단수 × 0.12[m]

※ 단수 = $\frac{전압[kV]-160}{10}$ … 단수 계산에서 소수점 이하는 절상

답 ④

89 3300[V] 고압 가공전선을 교통이 번잡한 도로를 횡단하여 시설하는 경우 지표상 높이를 몇 [m] 이상으로 하여야 하는가?

① 5.0 ② 5.5
③ 6.0 ④ 6.5

풀이 332.5 고압 가공전선의 높이
222.7 저압 가공전선의 높이
저·고압 가공전선의 높이는 다음에 따라야 한다.

설치장소		가공전선의 높이
도로횡단(번잡하지 않은 도로 제외)		지표상 6[m] 이상
철도 또는 궤도횡단		레일면상 6.5[m] 이상
횡단 보도교 위	저압	노면상 3.5[m] 이상. 단, 절연전선의 경우 3[m] 이상
	고압	노면상 3.5[m] 이상
일반장소		지표상 5[m] 이상. 단, 저압의 경우 절연전선 또는 케이블을 사용하여 교통에 지장이 없도록 하여 옥외조명용에 공급하는 경우 4[m]까지 감할 수 있다.
다리의 하부 기타 이와 유사한 장소		저압의 전기철도용 급전선은 지표상 3.5[m]까지로 감할 수 있다.

답 ③

90 가공전선로의 지지물에 하중이 가하여지는 경우에 그 하중을 받는 지지물의 기초 안전율은 얼마 이상이어야 하는가? (단, 이상 시 상정하중은 무관)

① 1.5 ② 2.0
③ 2.5 ④ 3.0

풀이 331.7 가공전선로 지지물의 기초의 안전율
가공전선로의 지지물에 하중이 가하여지는 경우에 그 하중을 받는 지지물의 **기초의 안전율은 2**(이상 시 상정 하중이 가하여지는 철탑의 기초에 대하여는 1.33) 이상이어야 한다.

답 ②

91 직류 전기철도 시스템이 매설 배관 또는 케이블과 인접할 경우 누설전류를 피하기 위해 최대한 이격시켜야 하는데, 주행레일과 최소 몇 [m] 이상의 거리를 유지하여야 하는가?

① 0.5 ② 1
③ 1.5 ④ 2

풀이 461.5 누설전류 간섭에 대한 방지
직류 전기철도 시스템이 매설 배관 또는 케이블과 인접할 경우 누설전류를 피하기 위해 최대한 이격시켜야 하며, **주행레일과 최소 1[m] 이상의 거리를 유지하여야 한다.**

답 ②

92 상주 감시를 요하지 아니하는 변전소에서 그 온도가 현저히 상승한 경우 기술원 주재소에 경보하는 장치를 시설하여야 할 특고압용 변압기의 출력은 얼마인가?

① 1,000[kVA] 넘는 것
② 2,000[kVA] 넘는 것
③ 3,000[kVA] 넘는 것
④ 5,000[kVA] 넘는 것

풀이 351.9 상주 감시를 하지 아니하는 변전소의 시설
다음의 경우에는 **변전제어소 또는 기술원이 상주하는 장소에 경보장치를 시설할 것.**
가. 운전조작에 필요한 차단기가 자동적으로 차단한 경우
나. 주요 변압기의 전원측 전로가 무전압으로 된 경우
다. 제어 회로의 전압이 현저히 저하한 경우
라. **출력 3,000 [kVA]를 초과하는 특고압용변압기는 그 온도가 현저히 상승한 경우**
마. 특고압용 타냉식변압기는 그 냉각장치가 고장난 경우
바. 조상기는 내부에 고장이 생긴 경우
사. 수소냉각식조상기는 그 조상기 안의 수소의 순도가 90[%] 이하로 저하한 경우, 수소의 압력이 현저히 변동한 경우 또는 수소의 온도가 현저히 상승한 경우

답 ③

93 고압가공전선로의 지지물로 철탑을 사용한 경우 최대경간은 몇 [m] 이하이어야 하는가?

① 300 ② 400
③ 500 ④ 600

풀이 332.9 고압 가공전선로 경간의 제한
고압 가공전선로의 경간은 표에서 정한 값 이하이어야 한다.

지지물의 종류	경 간
목주·A종 철주 또는 A종 철근 콘크리트주	150[m]
B종 철주 또는 B종 철근 콘크리트주	250[m]
철 탑	600[m] (단주인 경우에는 400[m])

답 ④

94 66[kV] 가공 전선로에 6[kV] 가공전선을 동일 지지물에 시설하는 경우 특고압 가공전선은 케이블인 경우를 제외하고 인장 강도가 몇 [kN] 이상의 연선이어야 하는가?

① 5.26[kN] ② 8.31[kN]
③ 14.5[kN] ④ 21.67[kN]

풀이 333.17 특고압 가공전선과 저고압 가공전선 등의 병행설치
사용전압이 35[kV]을 초과하고 100[kV] 미만인 특고압 가공전선과 저압 또는 고압 가공전선을 동일 지지물에 시설하는 경우에는 다음에 따라 시설하여야 한다.
가. 특고압 가공전선로는 제2종 특고압 보안공사에 의할 것.
나. 특고압 가공전선은 케이블인 경우를 제외하고는 인장강도 21.67[kN] 이상의 연선 또는 단면적이 50[mm²] 이상인 경동연선일 것.
다. 특고압 가공전선로의 지지물은 철주·철근 콘크리트주 또는 철탑일 것.

답 ④

95 22.9[kV] 특고압 가공전선이 상부 조영재 위쪽에서 접근하는 경우 전선과 상부 조영재간의 이격거리[m]는 얼마 이상이어야 하는가? (단, 케이블인 경우이다.)

① 0.8 ② 1.0
③ 1.2 ④ 2.0

풀이 333.23 특고압 가공전선과 건조물의 접근
특고압 가공전선이 건조물과 제1차 접근상태로 시설되는 경우에는 다음에 따라야 한다.

가. 특고압 가공전선로는 제3종 특고압 보안공사에 의할 것.
나. 사용전압이 35[kV] 이하인 특고압 가공전선과 건조물의 조영재 이격거리는 표에서 정한 값 이상일 것.

건조물과 조영재의 구분	전선종류	접근형태	이격거리
상부 조영재	특고압 절연전선	위쪽	2.5[m]
		옆쪽 또는 아래쪽	1.5[m] (전선에 사람이 쉽게 접촉할 우려가 없도록 시설한 경우는 1[m])
	케이블	위쪽	1.2[m]
		옆쪽 또는 아래쪽	0.5[m]
	기타전선		3[m]

답 ③

96 저압 옥내전로의 인입구에 가까운 곳으로서 쉽게 개폐할 수 있는 곳에 개폐기를 시설하여야 한다. 그러나 사용전압이 400[V] 이하인 옥내전로로서 다른 옥내전로에 접속하는 길이가 몇 [m] 이하인 경우는 개폐기를 생략할 수 있는가? (단, 정격전류가 16[A] 이하인 과전류 차단기 또는 정격전류가 16[A]를 초과하고 20[A] 이하인 배선용 차단기로 보호되고 있는 것에 한한다.)

① 15 ② 20
③ 25 ④ 30

풀이 212.6.2 저압 옥내전로 인입구에서의 개폐기의 시설
가. 저압 옥내전로에는 인입구에 가까운 곳으로서 쉽게 개폐할 수 있는 곳에 개폐기를 각 극에 시설하여야 한다.
나. 사용전압이 400[V] 이하인 옥내 전로로서 다른 옥내전로(정격전류가 16[A] 이하인 과전류 차단기 또는 정격전류가 16[A]를 초과하고 20[A] 이하인 배선용 차단기로 보호되고 있는 것에 한한다)에 접속하는 길이 15[m] 이하의 전로에서 전기의 공급을 받는 것은 개폐기를 생략할 수 있다.

답 ①

97 관광숙박업 또는 숙박업을 하는 객실의 입구등에 조명용 전등을 설치할 때는 몇 분 이내에 소등되는 타임스위치를 시설하여야 하는가?

① 1 ② 2
③ 3 ④ 10

풀이 234.6 점멸기의 시설
다음의 경우에는 센서등(타임스위치 포함)을 시설하여야 한다.
가. **관광숙박업** 또는 **숙박업**(여인숙업을 제외한다)에 이용되는 객실의 **입구등**은 **1분** 이내에 소등되는 것.
나. 일반주택 및 아파트 각 호실의 현관등은 3분 이내에 소등되는 것. **답 ①**

98 단상교류 25,000[V]인 경우 전차선로의 충전부와 차량 간의 동적 절연이격 거리는 몇 [mm] 이상인가?

① 25　　　　② 100
③ 150　　　 ④ 170

풀이 431.3 전차선로의 충전부와 차량 간의 최소 절연이격

시스템 종류	공칭전압(V)	동적(mm)	정적(mm)
직류	750	25	25
	1,500	100	150
단상교류	25,000	170	270

답 ④

99 전기울타리의 시설에 관한 규정 중 틀린 것은?

① 전선과 수목 사이의 이격거리는 50[cm] 이상이어야 한다.
② 전기울타리는 사람이 쉽게 출입하지 아니하는 곳에 시설하여야 한다.
③ 전선은 인장강도 1.38[kN] 이상의 것 또는 지름 2[mm] 이상의 경동선이어야 한다.
④ 전기울타리용 전원 장치에 전기를 공급하는 전로의 사용전압은 250[V] 이하이어야 한다.

풀이 241.1 전기울타리
가. 전기울타리용 전원장치에 전원을 공급하는 전로의 사용전압은 250[V] 이하이어야 한다.
나. 전기울타리는 사람이 쉽게 출입하지 아니하는 곳에 시설할 것.
다. 전선은 인장강도 1.38[kN] 이상의 것 또는 지름 2[mm] 이상의 경동선일 것.
라. 전선과 이를 지지하는 기둥 사이의 이격거리는 25[mm] 이상일 것.
마. **전선과** 다른 시설물(가공 전선을 제외한다) 또는 **수목과의 이격거리는 0.3[m] 이상**일 것. **답 ①**

100 특고압 지중전선이 가연성이나 유독성의 유체를 내포하는 관과 접근하기 때문에 상호간에 견고한 내화성의 격벽을 시설하였다. 상호 간의 이격거리가 몇 [m] 이하인 경우인가?

① 0.4　　　② 0.6
③ 0.8　　　④ 1

풀이 334.6 지중전선과 지중약전류전선 등 또는 관과의 접근 또는 교차
지중전선이 다음 조건의 이격거리 이하로 설치되는 경우에는 상호간에 내화성의 격벽을 설치하여야 한다.

조건	전압	이격거리
지중 약전류 전선과 접근 또는 교차하는 경우	저압 또는 고압	0.3[m]
	특고압	0.6[m]
가연성, 유독성의 유체를 내포하는 관과 접근 또는 교차	특고압	1[m]
	25[kV] 이하, 다중접지방식	0.5[m]
기타의 관과 접근 또는 교차	특고압	0.3[m]

답 ④

완벽대비

2024년 3회 전기기사필기 (CBT 복원문제)

동일출판사 홈페이지에서 무료 동영상강의를 보실 수 있습니다.

1과목 - 전기자기

01 반지름 a인 접지 구형 도체와 점전하가 유전율 ϵ인 공간에서 각각 원점과 $(d, 0, 0)$인 점에 있다. 구형 도체를 제외한 공간의 전계를 구할 수 있도록 구형 도체를 영상 전하로 대치할 때의 영상 점전하의 위치는? 단, $d > a$이다.

① $\left(-\dfrac{a^2}{d},\ 0,\ 0\right)$ ② $\left(+\dfrac{a^2}{d},\ 0,\ 0\right)$

③ $\left(0,\ +\dfrac{a^2}{d},\ 0\right)$ ④ $\left(+\dfrac{d^2}{4a},\ 0,\ 0\right)$

풀이 접지 구도체와 점전하

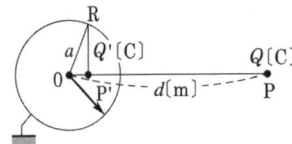

그림과 같이 반지름 a인 접지 도체구의 중심으로부터 $d\,(>a)$인 점에 점전하 Q가 있는 경우

- 영상 전하량 $Q' = -\dfrac{a}{d}Q$ [C]
- 영상 전하의 위치 $\overline{OP'} = \dfrac{a^2}{d}$ [m]

영상 전하의 위치는 구의 중심으로부터 점전하쪽 방향으로 $\dfrac{a^2}{d}$ 만큼 떨어진 곳이다. **답** ②

02 전류 4π[A]가 흐르고 있는 무한직선도체에 의해 자계가 4[A/m]인 점은 직선도체로부터 거리가 몇 [m]인가?

① 0.5[m] ② 1[m]
③ 3[m] ④ 4[m]

풀이 무한장 직선 전류에 의한 자계의 세기

$H = \dfrac{I}{2\pi r}$ [AT/m]에서

$r = \dfrac{I}{2\pi H} = \dfrac{4\pi}{2\pi \times 4} = 0.5$ [m] **답** ①

03 그림과 같이 비투자율이 μ_{s1}, μ_{s2}인 각각 다른 자성체를 접하여 놓고 θ_1을 입사각이라 하고, θ_2를 굴절각이라 한다. 경계면에 자하가 없는 경우 미소 폐곡면을 취하여 이곳에 출입하는 자속수를 구하면?

① $\int_l \boldsymbol{B} \cdot n\,dl = 0$

② $\int_S \boldsymbol{B} \cdot n\,dS = 0$

③ $\int_S \boldsymbol{B} \cdot d\boldsymbol{S} = 0$

④ $\int_S \boldsymbol{B} \cdot n\sin\theta\,dS = 0$

풀이 경계면에 자하가 없으므로 경계면에서의 자속은 연속한다.
- 미시적 표현 : $\text{div}\,\boldsymbol{B} = \nabla \cdot \boldsymbol{B} = 0$
- 거시적 표현 : $\int_S \boldsymbol{B} \cdot n\,dS = 0$ **답** ②

04 무손실 매질에서 고유임피던스 $\eta = 60\pi$, 비투자율 $\mu_s = 1$,

자계 $H = -0.1\cos(\omega t - z)\hat{x} + 0.5\sin(\omega t - z)\hat{y}$ [AT/m]

일 때 전파속도 [m/s]는?

① 0.5×10^8 ② 1.5×10^8
③ 3×10^8 ④ 6×10^8

풀이 전파속도 $v = \dfrac{1}{\sqrt{\epsilon\mu}}$, 고유임피던스 $\eta = \sqrt{\dfrac{\mu}{\epsilon}}$

고유임피던스 $\eta = \sqrt{\dfrac{\mu}{\epsilon}}$ 에서

유전율 $\epsilon = \dfrac{\mu}{\eta^2} = \dfrac{\mu_0 \mu_s}{\eta^2} = \dfrac{(4\pi \times 10^{-7}) \times 1}{(60\pi)^2}$

$= 3.54 \times 10^{-11}$ [F/m]

따라서 전파속도

$v = \dfrac{1}{\sqrt{\epsilon\mu}} = \dfrac{1}{\sqrt{3.54 \times 10^{-11} \times 4\pi \times 10^{-7} \times 1}}$

$= 1.5 \times 10^8$ [m/s]

별해

고유임피던스 $\eta = \sqrt{\dfrac{\mu}{\epsilon}} = \sqrt{\dfrac{\mu_0}{\epsilon_0}}\sqrt{\dfrac{\mu_s}{\epsilon_s}} = 120\pi\sqrt{\dfrac{\mu_s}{\epsilon_s}}$

비유전율 $\epsilon_s = \dfrac{(120\pi)^2 \mu_s}{\eta^2} = \dfrac{(120\pi)^2 \times 1}{(60\pi)^2} = 4$

$\therefore v = \dfrac{1}{\sqrt{\epsilon\mu}} = \dfrac{1}{\sqrt{\epsilon_0 \mu_0}\sqrt{\epsilon_s \mu_s}} = \dfrac{3 \times 10^8}{\sqrt{\epsilon_s \mu_s}} = \dfrac{3 \times 10^8}{\sqrt{4 \times 1}}$

$= \dfrac{3}{2} \times 10^8 = 1.5 \times 10^8\,[\mathrm{m/s}]$ 답 ②

05 점전하 $+Q$의 무한 평면도체에 대한 영상전하는?

① $+Q$ ② $-Q$
③ $+2Q$ ④ $-2Q$

풀이 전기 영상법: 무한평면으로부터 $d[\mathrm{m}]$ 떨어진 P점에 점전하 $+Q$가 있는 경우 영상전하는 무한평면 뒤쪽으로 점 P의 대칭점에 존재하며, 그 크기는 점전하와 같고 부호는 반대($-Q$)이다.

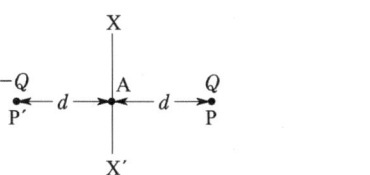

답 ②

06 무한 평면 도체로부터 $d[\mathrm{m}]$인 곳에 점전하 $Q[\mathrm{C}]$가 있을 때 도체 표면상에 최대로 유도되는 전하밀도는 몇 $[\mathrm{C/m^2}]$인가?

① $-\dfrac{Q}{2\pi d^2}$
② $-\dfrac{Q}{2\pi\epsilon_0 d^2}$
③ $-\dfrac{Q}{4\pi d^2}$
④ $-\dfrac{Q}{4\pi\epsilon_0 d^2}$

풀이

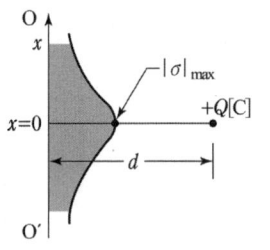

무한 평면도체상의 기준 원점으로부터 거리 $d[\mathrm{m}]$인 곳에 있는 점전하 $Q[\mathrm{C}]$에 의해 유도되는 전하밀도 σ는
$\sigma = -D = -\epsilon_0 E = -\dfrac{Q \cdot d}{2\pi(a^2 + x^2)^{3/2}}\,[\mathrm{C/m^2}]$이다.
$x = 0$일 때 최대, $x = \infty$일 때 최소가 되므로

- 최대전하밀도
$\sigma_{\max} = [\sigma]_{x=0} = -\dfrac{Q}{2\pi d^2}\,[\mathrm{C/m^2}]$
- 최소전하밀도
$\sigma_{\min} = [\sigma]_{x=\infty} = 0\,[\mathrm{C/m^2}]$ 답 ①

07 진공 중에서 $e[\mathrm{C}]$의 전하가 $B[\mathrm{Wb/m^2}]$의 자계 안에서 자계와 수직 방향으로 $v[\mathrm{m/s}]$의 속도로 움직일 때 받는 힘$[\mathrm{N}]$은?

① $\dfrac{evB}{\mu_0}$ ② $\mu_0 evB$
③ evB ④ $\dfrac{eB}{v}$

풀이 자계 내에 놓인 운동 전하가 받는 힘
$F = evB\sin\theta = ev\mu_0 H\sin\theta\,[\mathrm{N}]$
수직 방향이므로 $\theta = 90°(\sin 90° = 1)$이다.
$\therefore F = evB\,[\mathrm{N}]$ 답 ③

08 자화율(magnetic susceptibility) χ는 상자성체에서 일반적으로 어떤 값을 갖는가?

① $\chi = 0$ ② $\chi = 1$
③ $\chi < 0$ ④ $\chi > 0$

풀이
- 상자성체: 자화율 $\chi > 0$, 비투자율 $\mu_s > 1$
- 반자성체: 자화율 $\chi < 0$, 비투자율 $\mu_s < 1$ 답 ④

09 평등 전계 중에 유전체 구에 의한 전속분포가 그림과 같이 되었을 때 ϵ_1과 ϵ_2의 크기 관계는?

① $\epsilon_1 > \epsilon_2$
② $\epsilon_1 < \epsilon_2$
③ $\epsilon_1 = \epsilon_2$
④ $\epsilon_1 \leq \epsilon_2$

풀이 전속선은 유전율이 큰 쪽으로 모이므로 $\epsilon_1 > \epsilon_2$이다. 답 ①

10 반지름 2[mm]의 두 개의 무한히 긴 원통 도체가 중심 간격 2[m]로 진공 중에 평행하게 놓여 있을 때 1[km]당의 정전용량은 약 몇 [μF]인가?

① 1×10^{-3}[μF]   ② 2×10^{-3}[μF]
③ 4×10^{-3}[μF]   ④ 6×10^{-3}[μF]

풀이 두 도체 간 정전용량 $C_{AB} = \dfrac{\pi \epsilon_0}{\ln \dfrac{d-r}{r}}$ [F/m]에서,

$d \gg r$일 때는 $C_{AB} = \dfrac{\pi \epsilon_0}{\ln \dfrac{d}{r}}$ [F/m]이므로

$\therefore C_{AB} = \dfrac{\pi \times 8.85 \times 10^{-12}}{\ln \dfrac{2}{2 \times 10^{-3}}} \times \dfrac{1}{10^{-3}}$
$= 4 \times 10^{-3}$[μF]   **답** ③

11 그림과 같이 $q_1 = 6 \times 10^{-8}$[C], $q_2 = -12 \times 10^{-8}$[C]의 두 전하가 서로 100[cm] 떨어져 있을 때 전계 세기가 0이 되는 점은?

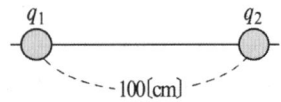

① q_1과 q_2의 연장선상 q_1으로부터 왼쪽으로 약 24.1[m] 지점이다.
② q_1과 q_2의 연장선상 q_1으로부터 오른쪽으로 약 14.1[m] 지점이다.
③ q_1과 q_2의 연장선상 q_1으로부터 왼쪽으로 약 2.41[m] 지점이다.
④ q_1과 q_2의 연장선상 q_1으로부터 오른쪽으로 약 1.41[m] 지점이다.

풀이 두 전하의 부호가 다르므로 전계의 세기가 0이 되는 점은 전하의 절대값이 작은 쪽의 외부에 존재한다.
그림과 같이 절대값이 작은 쪽(q_1)의 왼쪽에 x[m]인 P점의 전계의 세기를 0이라 하면

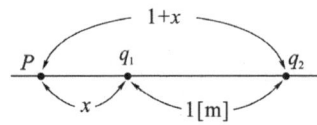

$E = \dfrac{1}{4\pi\epsilon_0} \left\{ \dfrac{q_1}{x^2} - \dfrac{q_2}{(1+x)^2} \right\} = 0$

$\therefore \dfrac{6 \times 10^{-8}}{x^2} = \dfrac{12 \times 10^{-8}}{(1+x)^2}$

$2x^2 = (1+x)^2 \rightarrow \sqrt{2} x = 1+x$

$\therefore x = \dfrac{1}{\sqrt{2}-1} = 2.41$[m]   **답** ③

12 그림과 같이 내구에 $+Q$[C], 외구에 $-Q$[C]의 전하로 두 개의 동심구 도체가 있다. 구 사이가 진공으로 되어 있을 때 동심구 사이의 정전용량 C[F]는?

① $2\pi\epsilon_0 \dfrac{ab}{b-a}$

② $4\pi\epsilon_0 \dfrac{ab}{b-a}$

③ $2\pi\epsilon_0 \cdot \dfrac{1}{\ln\left(\dfrac{b}{a}\right)}$

④ $4\pi\epsilon_0 \cdot \dfrac{1}{\ln\left(\dfrac{b}{a}\right)}$

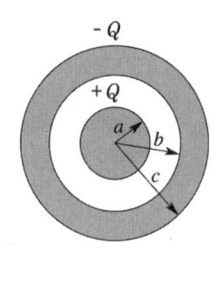

풀이 동심구에 $\pm Q$[C]를 줄 때
전위차는 $V = \dfrac{Q}{4\pi\epsilon_0}\left(\dfrac{1}{a} - \dfrac{1}{b}\right)$이므로

$\therefore C = \dfrac{Q}{V} = \dfrac{4\pi\epsilon_0}{\dfrac{1}{a} - \dfrac{1}{b}} = 4\pi\epsilon_0 \dfrac{ab}{b-a}$ [F]   **답** ②

13 진공 중 반지름이 a[m]인 무한길이의 원통도체 2개가 간격 d[m]로 평행하게 배치되어 있다. 두 도체 사이의 정전용량(C)을 나타낸 것으로 옳은 것은?

① $\pi\epsilon_0 \ln\dfrac{d-a}{a}$ ② $\dfrac{\pi\epsilon_0}{\ln\dfrac{d-a}{a}}$

③ $\pi\epsilon_0 \ln\dfrac{a}{d-a}$ ④ $\dfrac{\pi\epsilon_0}{\ln\dfrac{a}{d-a}}$

풀이 평행도선

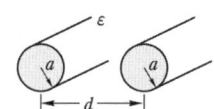

① 두 도체 사이의 전위차

$$V = \frac{\lambda}{\pi\epsilon_0} \ln\frac{d-a}{a} \text{[V]}$$

(여기서, λ : 선전하 밀도[C/m])

② 두 도체 사이의 정전용량

$$C = \frac{\lambda}{V} = \frac{\pi\epsilon_0}{\ln\frac{d-a}{a}} \text{[F/m]}$$

답 ②

14 전계의 세기 E, 자계의 세기가 H일 때 포인팅 벡터(P)는?

① $P = E \times H$ ② $P = \frac{1}{2}E \times H$

③ $P = H\,\text{curl}\,E$ ④ $P = E\,\text{curl}\,H$

풀이 평면 전자파는 E와 H가 수직이므로 이것을 벡터로 표시하면 $P = E \times H\text{[W/m}^2\text{]}$가 되고 이 벡터를 포인팅(Poynting) 벡터, 또는 방사(radiation) 벡터라 한다.

답 ①

15 $x > 0$인 영역에 비유전율 $\epsilon_{r1} = 3$인 유전체, $x < 0$인 영역에 비유전율 $\epsilon_{r2} = 5$인 유전체가 있다. $x < 0$인 영역에서 전계 $E_2 = 20a_x + 30a_y - 40a_z\text{[V/m]}$일 때 $x > 0$인 영역에서의 전속밀도는 몇 [C/m^2]인가?

① $10(10a_x + 9a_y - 12a_z)\epsilon_0$
② $20(5a_x - 10a_y + 6a_z)\epsilon_0$
③ $50(2a_x + 3a_y - 4a_z)\epsilon_0$
④ $50(2a_x - 3a_y + 4a_z)\epsilon_0$

풀이 경계면에 대해 a_x성분은 법선 성분이고, a_y, a_z 성분은 접선 성분에 해당된다.

- 경계조건에 의하여 법선 성분은 $D_{1x} = D_{2x}$이므로
$$\epsilon_0\epsilon_{r1}E_{1x} = \epsilon_0\epsilon_{r2}E_{2x}$$
$$E_{1x} = \frac{\epsilon_{r2}}{\epsilon_{r1}}E_{2x} = \frac{5}{3}20a_x = \frac{100}{3}a_x$$

- 경계조건에 의하여 접선 성분은
$E_{1y} = E_{2y}$, $E_{1z} = E_{2z}$이므로
$E_{1y} = 30a_y$, $E_{1z} = -40a_z$

- 비유전율 ϵ_{r1}인 영역에서의 전계
$$E_1 = \frac{100}{3}a_x + 30a_y - 40a_z\text{[V/m]}$$

따라서 비유전율 ϵ_{r1}인 영역에서의 전속밀도

$$D_1 = \epsilon_0\epsilon_{r1}E_1 = \epsilon_0 \times 3 \times \left[\frac{100}{3}a_x + 30a_y - 40a_z\right]$$
$$= (100a_x + 90a_y - 120a_z)\epsilon_0$$
$$= 10(10a_x + 9a_y - 12a_z)\epsilon_0\text{[C/m}^2\text{]}$$

답 ①

16 와전류와 관련된 설명으로 틀린 것은?

① 단위체적당 와류손의 단위는 [W/m^3]이다.
② 와전류는 교번자속의 주파수와 최대자속 밀도에 비례한다.
③ 와전류손은 히스테리시스손과 함께 철손 이다.
④ 와전류손을 감소시키기 위하여 성층철심을 사용한다.

풀이 철손(무부하손)에는 히스테리시스손(P_h)과 와류손(P_e) 등이 있다.

- 히스테리시스손 : $P_h = \delta_h f B_m^2$ [W/kg]
- 와류손 : $P_e = \delta_e(tfk_fB_m)^2$ [W/kg]

여기서, δ_h : 히스테리시스 정수
δ_e : 재료에 의한 정수
f : 주파수[Hz]
B_m : 자속 밀도의 최댓값 [Wb/m^2]
t : 철판의 두께[m]
k_f : 파형률

그러므로 와전류손(와류손)은 교번자속의 주파수와 최대자속밀도의 제곱에 비례하며, 성층철심을 사용하면 와류손을 감소시킬 수 있다.

답 ②

17 비유전율 $\epsilon_s = 5$인 유전체 중에서 전속밀도가 4×10^{-4}[C/m^2]일 때 분극의 세기는 몇 [C/m^2] 인가?

① 1.6×10^{-4} ② 2.4×10^{-4}
③ 3.2×10^{-4} ④ 4.8×10^{-4}

풀이 분극의 세기
$$P = D - \epsilon_0 E$$
$$= D - \epsilon_0\left(\frac{D}{\epsilon_0\epsilon_s}\right) = D - \frac{D}{\epsilon_s} = \left(1 - \frac{1}{\epsilon_s}\right)D$$

여기서, $E = \frac{D}{\epsilon} = \frac{D}{\epsilon_0\epsilon_s}$

$$\therefore P = \left(1 - \frac{1}{5}\right) \times 4 \times 10^{-4}$$
$$= 3.2 \times 10^{-4}\text{[C/m}^2\text{]}$$

답 ③

18 감자력이 0인 것은?
  ① 구 자성체
  ② 환상 철심
  ③ 타원 자성체
  ④ 굵고 짧은 막대 자성체

풀이 감자력 $H' = \dfrac{N}{\mu_0}J$ 에서 자극이 존재하지 않는 환상 철심은 감자율(N)이 없으므로 감자력이 0이다. **답** ②

19 전속 밀도 $D = 3xi + 2yj + zk$ [C/m²]를 발생하는 전하 분포에서 1[mm³] 내의 전하는 얼마인가?
  ① 3[nC]   ② 3[μC]
  ③ 6[nC]   ④ 6[C]

풀이 전하 밀도
$$\rho = \text{div}\,\boldsymbol{D} = \frac{\partial D_x}{\partial x} + \frac{\partial D_y}{\partial y} + \frac{\partial D_z}{\partial z}$$
$= 3+2+1 = 6[\text{C/m}^3]$
이므로 1[mm³] 내의 전하량 $\rho \triangle v$[nC]은
∴ $\rho \triangle v = 6 \times 10^{-9}$[C] = 6[nC] **답** ③

20 표면 전하 밀도 $\rho_s > 0$인 도체 표면상의 한 점의 전속 밀도가 $D = 4a_x - 5a_y + 2a_z$[C/m²]일 때 ρ_s는 몇 [C/m²]인가?
  ① $2\sqrt{3}$ ② $2\sqrt{5}$
  ③ $3\sqrt{3}$ ④ $3\sqrt{5}$

풀이 $D = \rho_s$ 이므로 표면 전하 밀도
$\rho_s = \sqrt{4^2 + (-5)^2 + 2^2} = \sqrt{45} = 3\sqrt{5}$ [C/m²] **답** ④

2과목 - 전력공학

21 반지름이 r[m]인 3상 송전선 A, B, C가 그림과 같이 수평으로 D[m] 간격으로 배치되고 3선이 완전 연가된 경우 각 인덕턴스는 몇 [mH/km]인가?

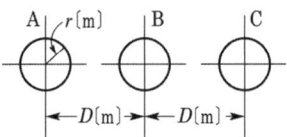

  ① $L = 0.05 + 0.4605\log_{10}\dfrac{D}{r}$
  ② $L = 0.05 + 0.4605\log_{10}\dfrac{\sqrt{2}D}{r}$
  ③ $L = 0.05 + 0.4605\log_{10}\dfrac{\sqrt{3}D}{r}$
  ④ $L = 0.05 + 0.4605\log_{10}\dfrac{\sqrt[3]{2}D}{r}$

풀이 등가 선간거리
$D_e = \sqrt[3]{D \cdot D \cdot 2D} = \sqrt[3]{2}\,D$ 이므로,
각 인덕턴스
$L = 0.05 + 0.4605\log_{10}\dfrac{\sqrt[3]{2}D}{r}$ [mH/km] **답** ④

22 가공선의 서지 임피던스를 Z_a, 지중선의 서지 임피던스를 Z_c라 할 때 일반적으로 어떤 관계가 성립하는가?
  ① $Z_a = Z_c$ ② $Z_a > Z_c$
  ③ $Z_a < Z_c$ ④ $Z_a \leq Z_c$

풀이 cable은 가공선에 비해 정전 용량 C가 매우 크다. (약 20~30배)
따라서, 서지 임피던스 $Z_0 = \sqrt{\dfrac{L}{C}}$ 에서
가공선이 케이블에 비해 서지 임피던스가 크다.
지중선로에서는 케이블을 사용하여야 하므로
$Z_a > Z_c$가 성립된다. **답** ②

23 초고압 송전선에 직접 접지방식이 채용되는 이유가 아닌 것은?

① 지락 시 중성점의 전위가 상승하지 않는다.
② 지락 시 계전기의 동작이 확실하다.
③ 단절연이 가능하다.
④ 기기의 절연레벨을 높일 수 있다.

풀이 직접 접지방식의 장·단점
[장점]
① 1선 지락 시에 건전상의 대지전압이 거의 상승하지 않는다.
② 피뢰기의 효과를 증진시킬 수 있다.
③ 선로 및 기기의 절연레벨을 낮출 수 있다. (저감절연, 단절연 가능)
④ 계전기의 동작이 확실해진다.
[단점]
① 송전 계통의 과도 안정도가 나빠진다.
② 통신선에 유도장해가 크다.
③ 지락 시 대전류가 흘러 기기에 손상을 준다.
④ 대용량 차단기가 필요하다. **답** ④

24 초고압 송전선로에서 코로나 방지대책으로 적당하지 않은 것은?

① 매설지선 사용 ② ACSR선 사용
③ 중공연선 사용 ④ 복도체 사용

풀이 코로나 방지 대책
코로나 임계전압 $\left(E_0 = 24.3 m_0 m_1 \delta d \log_{10} \dfrac{D}{r}\right)$을 상승시킨다.
① 전선의 지름을 크게 한다.
② 복도체를 사용한다.
③ 가선 금구를 개량한다.
④ 가선 시에 전선 표면의 금구를 손상하지 않게 한다.
매설지선은 탑각 접지저항을 감소시켜 역섬락을 방지하기 위하여 사용된다. **답** ①

25 송전전력, 부하역률, 송전거리, 전력손실, 선간전압을 동일하게 하였을 때 3상3선식에 의한 소요전선량은 단상 2선식인 경우의 몇 [%]인가?

① 50[%] ② 67[%]
③ 75[%] ④ 87[%]

풀이

방식	$1\phi 2W$ 소요전선량을 100[%]로		절약량
$1\phi 3W$	중성선 굵기 동일	3/8 = 37.5[%] 소요	62.5[%]
	중성선 굵기 1/2	2.5/8	
$3\phi 3W$	–	3/4 = 75[%] 소요	25[%]
$3\phi 4W$	중성선 굵기 동일	4/12	66[%] (최대)
	중성선 굵기 1/2	3.5/12 = 29.2[%] 소요	

답 ③

26 3상 154[kV] 송전선의 일반회로정수가 $A = 0.900$, $B = 150$, $C = j0.901 \times 10^{-3}$, $D = 0.930$일 때 무부하 시 송전단에 154[kV]를 가했을 때 수전단전압은 몇 [kV]인가?

① 143 ② 154
③ 166 ④ 171

풀이
• 송전단 상전압 $E_S = AE_R + BI_R$ 이므로,
  송전단 선간 전압 $V_S = AV_R + \sqrt{3}BI_R$
• 무부하($I_R = 0$)이므로, $V_S = AV_R$
∴ $V_R = \dfrac{V_S}{A} = \dfrac{154}{0.9}[kV] = 171[kV]$ **답** ④

27 부하의 역률을 개선하기 위한 콘덴서의 적정 설치 위치는?

① 수전단 모선 중앙에 집중설치
② 수전단 모선 중앙과 저압측 모선 중앙에 분산설치
③ 저압측 각각의 부하에 병렬로 개별설치
④ 저압측 모선 중앙에 집중설치

풀이 콘덴서 설치에 따른 효과는 배전선을 포함한 전원측의 경로를 통해 나타난다. 따라서 **각각의 부하에 병렬로 개별적으로 설치**하는 것이 가장 효과가 크고 콘덴서 제어가 간편하나 부하 각각에 설치해야 하는 경제적인 부담이 크다. **답** ③

28 역률 80[%]인 10000[kVA]의 부하를 갖는 변전소에 2000[kVA]의 콘덴서를 설치해서 역률을 개선하면 변압기에 걸리는 부하는 약 몇 [kVA]인가?

① 8000 ② 8540
③ 8940 ④ 9440

[풀이]

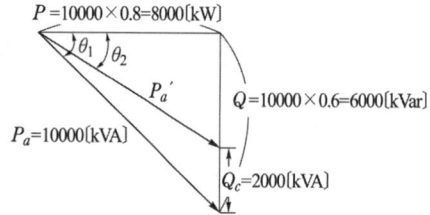

- 유효전력
$P = P_a \cos\theta_1 = 10000 \times 0.8 = 8000[kW]$
- 무효전력
$Q = P_a \sin\theta_1 = 10000 \times \sqrt{1-0.8^2} = 6000[kVar]$
- 전력용 콘덴서 $Q_c = 2000[kVA]$
따라서 변압기에 걸리는 부하 P_a'은
$P_a' = \sqrt{P^2 + (Q_1 - Q_c)^2} = \sqrt{8000^2 + (6000-2000)^2}$
$= 8944.27[kVA]$ 답 ③

29 파동 임피던스 $Z_1 = 300[\Omega]$인 선로 종단에 파동 임피던스 $Z_2 = 1500[\Omega]$의 변압기가 접속되어 있다. 지금 선로에서 파고 $e_1 = 600[kV]$의 전압이 진입하였다면 접속점에서의 전압의 반사파는 약 몇 [kV]인가?

① 300　　② 400
③ 500　　④ 600

[풀이] 반사 전압
$e_2 = \dfrac{Z_2 - Z_1}{Z_2 + Z_1} e_1 = \dfrac{1500-300}{1500+300} \times 600 = 400[kV]$ 답 ②

30 열효율 35[%]의 화력 발전소에서 발열량 6,000[kcal/kg]의 석탄을 이용한다면 1[kWh]를 발전하는 데 필요한 석탄량은 몇 [kg]인가?

① 2.42　　② 1.23
③ 0.82　　④ 0.41

[풀이] 발전소의 열효율
$\eta = \dfrac{860W}{mH} \times 100[\%]$
연료 소비량
$m = \dfrac{860W}{\eta H} = \dfrac{860 \times 1}{0.35 \times 6,000} \fallingdotseq 0.41[kg]$ 답 ④

31 비접지 계통의 3상 3선식 배전선로가 있다. 1선이 지락하는 경우 건전상의 전위상승은 지락 전의 몇 배인가?

① $\dfrac{\sqrt{3}}{2}$　　② 1　　③ $\sqrt{2}$　　④ $\sqrt{3}$

[풀이] △결선(비접지 계통)은 1선 지락시 전위 상승이 상전압(V_p)에서 선간 전압($\sqrt{3}\,V_p$)으로 된다. 답 ④

32 10000[kVA] 기준으로 등가 임피던스가 0.4[%]인 발전소에 설치될 차단기의 차단용량은 몇 [MVA]인가?

① 1000　　② 1500
③ 2000　　④ 2500

[풀이] 차단기의 차단용량
$P_s = \dfrac{100}{\%Z} P_n = \dfrac{100}{0.4} \times 10,000 \times 10^{-3} = 2,500[MVA]$ 답 ④

33 송전 선로의 안정도 향상 대책과 관계가 없는 것은?

① 속응 여자 방식 채용
② 재폐로 방식의 채용
③ 리액턴스 감소
④ 역률의 신속한 조정

[풀이] 안정도 향상 대책
① 계통의 직렬 리액턴스 감소
② 전압 변동률을 적게 한다(속응 여자 방식 채용, 계통의 연계, 중간 조상 방식).
③ 계통에 주는 충격을 적게 한다(적당한 중성점 접지 방식, 고속 차단 방식, 재폐로 방식).
④ 고장 중의 발전기 돌입 출력의 불평형을 적게 한다. 답 ④

34 선로 전압강하 보상기(LDC)에 대한 설명으로 옳은 것은?

① 승압기로 저하된 전압을 보상하는 것
② 분로리액터로 전압 상승을 억제하는 것
③ 선로의 전압 강하를 고려하여 모선 전압을 조정하는 것
④ 직렬콘덴서로 선로의 리액턴스를 보상하는 것

풀이

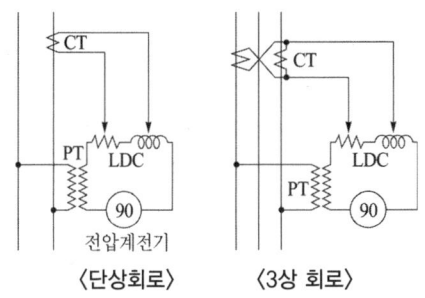

LDC(line drop compensator)는 부하전류에 의한 배전선의 전압강하를 보상하는 것인데 LRT(부하시 탭절환 변압기)의 제어회로에 이것을 부가해서 배전전압을 중부하시에는 높게, 경부하시에는 낮게 자동적으로 조정하여 일정한 전압이 되도록 한다. 답 ③

35 케이블의 전력 손실과 관계가 없는 것은?

① 철손 ② 유전체손
③ 시스손 ④ 도체의 저항손

풀이
- 케이블의 손실 : 저항손, 유전체손, 연피(시스)손
- 철손은 발전기, 전동기, 변압기 등에서 발생하는 무부하 손실이다. 답 ①

36 보호계전기와 그 사용 목적이 잘못 된 것은?

① 비율차동계전기 : 발전기 내부 단락 검출용
② 전압평형계전기 : 발전기 출력측 PT 퓨즈 단선에 의한 오작동 방지
③ 역상과전류계전기 : 발전기 부하불평형 회전자 과열소손
④ 과전압계전기 : 과부하 단락사고

풀이 과전압 계전기는 전압이 정정값을 초과 할 때 동작하는 계전기로, 과부하 보호 및 단락 보호에 사용되지 않는다. 답 ④

37 석탄 연소 화력 발전소에서 사용되는 집진 장치의 효율이 가장 큰 것은?

① 전기식 집진기
② 수세식 집진기
③ 원심력식 집진 장치
④ 직렬 결합식

풀이 집진 장치 효율이 가장 큰 것은 전기식으로 코트렐식 집진 장치가 현재 가장 많이 사용되고 있다. 답 ①

38 부하역률이 $\cos\theta$인 경우의 배전선로의 전력 손실은 같은 크기의 부하전력으로 역률이 1인 경우의 전력손실에 비하여 몇 배인가?

① $\dfrac{1}{\cos^2\theta}$ ② $\dfrac{1}{\cos\theta}$
③ $\cos\theta$ ④ $\cos^2\theta$

풀이 $P_l \propto \dfrac{1}{\cos^2\theta}$ 에서 역률 1일 때 비교

$$\dfrac{P_{l\cos\theta}}{P_{l1.0}} = \dfrac{\dfrac{1}{\cos^2\theta}}{1} = \dfrac{1}{\cos^2\theta}$$

답 ①

39 전력 계통 주파수가 기준값보다 증가하는 경우 어떻게 하는 것이 타당한가?

① 발전 출력[kW]을 증가시켜야 한다.
② 발전 출력[kW]을 감소시켜야 한다.
③ 무효 전력[kVar]을 증가시켜야 한다.
④ 무효 전력[kVar]을 감소시켜야 한다.

풀이
- **발전기 출력(유효 전력) 증가 → 계통 주파수 상승**
- **발전기 출력(유효 전력) 감소 → 계통 주파수 하강**
- 진상 무효 전력 증가 → 수전단 전압 상승
- 지상 무효 전력 증가 → 수전단 전압 하강 답 ②

40 송전용량계수법에 의하여 송전선로의 송전용량을 결정할 때 수전 전력의 관계를 옳게 표현한 것은?

① 수전전력의 크기는 송전거리와 송전전압에 비례한다.
② 수전전력의 크기는 송전거리에 비례하고 수전단 선간전압의 제곱에 비례한다.
③ 수전전력의 크기는 송전거리에 반비례하고 수전단 선간전압에 비례한다.
④ 수전전력의 크기는 송전거리에 반비례하고 수전단 선간전압의 제곱에 비례한다.

풀이 송전용량 $P = k\dfrac{V_r^2}{l}$[kW]

여기서, V_r : 수전단 선간 전압[kV], l : 송전 거리[km]
  k : 송전 용량계수 답 ④

풀이 ① △결선 :
  $V_l(V_1) = V_p \angle 0°$, $I_l = \sqrt{3}\,I_p \angle -30°$
② Y결선 :
  $V_l(V_2) = \sqrt{3}\,V_p \angle 30°$, $I_l = I_p$
따라서 V_1이 V_2보다 30° 뒤진다. 답 ②

3과목 - 전기기기

41 직류발전기의 유기기전력과 반비례하는 것은?

① 자속   ② 회전수
③ 전체 도체수   ④ 병렬 회로수

풀이 유기기전력 $E = p\phi n \times \dfrac{Z}{a}$[V]

여기서, n : 회전수[rps], a : 내부 병렬회로 수
  Z : 총 도체 수, p : 극수[극]
  ϕ : 매 극당 자속[Wb]

이므로, 유기기전력(E)과 병렬회로수(a)는 반비례한다. 답 ④

42 비돌극형 회전자를 가진 동기발전기는 부하각 δ가 몇 도일 때 최대 출력을 낼 수 있는가?

① 0°   ② 45°   ③ 90°   ④ 120°

풀이 • 돌극형은 부하각 $\delta = 60°$ 부근에서 최대 출력이 되고, 정격 운전 시는 20° 부근이다.
• 비돌극기(원통형 회전자)는 $\delta = 90°$에서 최대가 된다. 답 ③

43 단상변압기 3대로 △ - Y 결선을 할 때, 2차 선간전압(V_2)과 1차 선간전압(V_1)의 위상차는?

① 1차 선간전압이 2차 선간전압보다 30° 앞선다.
② 1차 선간전압이 2차 선간전압 보다 30° 뒤진다.
③ 2차 선간전압이 1차 선간전압 보다 60° 앞선다.
④ 2차 선간전압이 1차 선간전압 보다 60° 뒤진다.

44 전력용 변압기에서 1차에 정현파 전압을 인가하였을 때, 2차에 정현파 전압이 유기되기 위해서는 1차에 흘러들어가는 여자전류는 기본파 전류 외에 주로 몇 고조파 전류가 포함되는가?

① 제2고조파   ② 제3고조파
③ 제4고조파   ④ 제5고조파

풀이 변압기 철심에는 자기포화현상과 히스테리시스 현상으로 인하여, 자속을 만드는 여자전류는 정현파로 될 수 없으며 고조파를 포함하는 왜형파가 된다.
따라서 1차에 흘러들어가는 여자전류는 기본파 전류 외에 제3고조파 전류가 포함되어 있다. 답 ②

45 직류발전기의 전기자 권선법 중 단중 파권과 단중 중권을 비교했을 때 단중 파권에 해당하는 것은?

① 고전압 대전류   ② 저전압 소전류
③ 고전압 소전류   ④ 저전압 대전류

풀이 중권과 파권의 비교

구분	중권(병렬권)	파권(직렬권)
전기자 병렬회로 수 a	$p\ (a=mp)$	$2\ (a=2m)$
브러시 수 b	p	2
용 도	저전압, 대전류	고전압, 소전류
균압접속	4극 이상이면 균압접속을 하여야 한다.	균압접속은 필요 없다.

여기서, m : 다중도 답 ③

46 3상 유도전동기의 속도 제어법이 아닌 것은?

① 2차 저항법   ② 2차 여자법
③ 1차 저항법   ④ 주파수 제어법

풀이 • 농형 유도 전동기의 속도 제어법은
① 주파수를 바꾸는 방법

② 극수를 바꾸는 방법
③ 전원 전압을 바꾸는 방법
• 권선형 유도 전동기
① 2차 저항을 제어하는 방법
② 2차 여자법 등이 있다.   답 ③

47 반도체 소자 중 3단자 사이리스터가 아닌 것은?

① SCS   ② SCR
③ GTO   ④ TRIAC

풀이 각 종 반도체 소자의 비교
① 방향성
 • 양방향성(쌍방향성) 소자 : DIAC, TRIAC, SSS
 • 역저지(단방향성) 소자 : SCR, LASCR, GTO, SCS
② 극(단자) 수
 • 2극(단자) 소자 : DIAC, SSS, Diode
 • 3극(단자) 소자 : SCR, LASCR, GTO, TRIAC
 • 4극(단자) 소자 : SCS   답 ①

48 6극인 유도전동기의 토크가 τ이다. 극수를 12극으로 변환하였다면 변환한 후의 토크는? 단, 유도전동기의 2차 입력 및 주파수는 일정하다고 한다.

① τ ② 2τ ③ $\dfrac{\tau}{2}$ ④ $\dfrac{\tau}{4}$

풀이
• 토크 $\tau = 0.975 \dfrac{P_2}{N_s} = 0.975 \dfrac{P_2}{\dfrac{120}{p}f}$ [kg·m] 이므로,
 $\tau \propto p$ (극수)이다.
• 극수가 6극에서 12극으로 2배 증가하였으므로, 토크도 2배가 증가하게 된다.   답 ②

49 동기전동기의 지상 전류는 어떤 작용을 하는가?

① 증자 작용   ② 감자 작용
③ 교차 자화 작용   ④ 아무 작용도 없음

풀이

분류	동기발전기	동기전동기
전압과 동상	교차 자화작용	교차 자화작용
진상전류	증자작용	감자 작용
지상전류	감자 작용	증자작용

답 ①

50 다음 ( )안에 알맞은 내용은?

직류전동기의 회전속도가 위험한 상태가 되지 않으려면 직권 전동기는 (㉠) 상태로, 분권전동기는 (㉡) 상태가 되지 않도록 하여야 한다.

① ㉠ 무부하, ㉡ 무여자
② ㉠ 무여자, ㉡ 무부하
③ ㉠ 무여자, ㉡ 경부하
④ ㉠ 무부하, ㉡ 경부하

풀이

종류	위험상태
직권 전동기	무부하 ($\because n \propto \dfrac{1}{I}$)
분권 전동기	무여자 ($\because n \propto \dfrac{1}{I_f}$)

직권 전동기는 무부하, 분권 전동기는 무여자가 되면 속도(n)가 고속이 되어 위험상태가 된다.   답 ①

51 4극, 60[Hz]인 3상 유도기가 1750[rpm]으로 회전하고 있을 때 전원의 b상과 c상을 바꾸면 이때의 슬립은 약 얼마인가?

① 2.03   ② 1.97
③ 1.05   ④ 0.83

풀이 회전자계 속도 $N_s = \dfrac{120f}{p} = \dfrac{120 \times 60}{4} = 1800$ [rpm]
회전 중인 유도전동기 전원의 b상과 c상을 바꾸면 전동기의 회전자가 역전하게 되며 그 때의 슬립 s는
$\therefore s = \dfrac{N_s - (-N)}{N_s} = \dfrac{1800 - (-1750)}{1800} = 1.97$ 답 ②

52 그림은 복권발전기의 외부특성곡선이다. 이 중 과복권을 나타내는 곡선은?

① A
② B
③ C
④ D

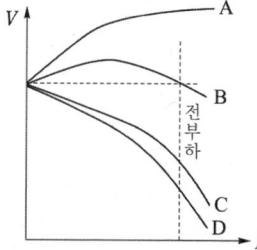

풀이 직류 복권 발전기의 외부특성 곡선

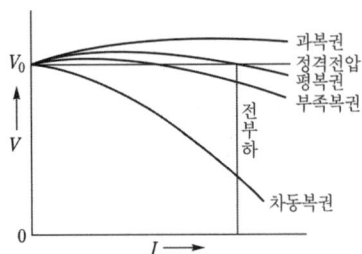

여기서, V_0 : 무부하 전압, V : 단자 전압
I : 부하전류   **답** ①

53 단상 정류자전동기의 일종인 단상 반발전동기에 해당되는 것은?

① 시라게전동기
② 반발유도전동기
③ 아트킨손형 전동기
④ 단상 직권 정류자전동기

풀이 ① 단상 정류자 전동기

직권특성	• 단상 직권전동기 : 직권형, 보상직권형, 유도보상직권형 • 단상 반발 전동기 : 아트킨손형 전동기, 톰슨 전동기, 데리 전동기
분권특성	현재 실용화 되지 않고 있음

② 3상 분권 정류자 전동기 : 시라게 전동기   **답** ③

54 유도발전기에 관한 설명 중 틀린 것은?

① 회전자속을 만들기 위해 회전자에 DC 여자전류를 공급한다.
② 유도발전기의 주파수는 전원의 주파수로 정하고 회전속도에는 관계가 없다.
③ 출력은 회전자속도와 회전자속의 상대속도에는 비례하기 때문에 출력을 증가하려면 속도를 증가시킨다.
④ 동기발전기와 같이 동기화 할 필요가 없고 난조 등 이상현상이 생기지 않는다.

풀이 유도전동기를 전원에 접속한 후 전동기로서의 회전방향과 같은 방향으로 동기속도 이상의 속도로 회전시키면 유도전동기는 발전기가 되며 이것을 유도발전기 또는 비동기발전기라고 한다. 따라서 유도발전기는 여자기로서 동기발전기가 필요하며 유도발전기의 주파수

는 전원의 주파수로 정하여지고 회전속도에는 관계가 없다.
[장점]
① 동기 발전기와 달리 가격이 싸다.
② 기동과 취급이 간단하며 고장이 적다.
③ 동기발전기와 같이 동기화할 필요가 없으며 난조 등의 이상 현상도 생기지 않는다.
④ 선로에 단락이 생긴 경우에도 여자가 상실되므로 단락전류는 동기기에 비해 적으며 지속 시간도 짧다.
[단점]
① 병렬로 지속되는 동기기에서 여자전류를 취해야 한다.
② 공극의 치수가 작기 때문에 운전 시 주의해야 한다.
③ 효율과 역률이 낮다.   **답** ①

55 동기 발전기의 자기 여자 현상의 방지법이 되지 않는 것은?

① 수전단에 리액턴스를 병렬로 접속한다.
② 수전단에 변압기를 병렬로 접속한다.
③ 발전기 여러 대를 모선에 병렬로 접속한다.
④ 발전기의 단락비를 적게 한다.

풀이 자기 여자 방지법
• 발전기 2대 또는 3대를 병렬로 모선에 접속한다.
• 수전단에 동기 조상기를 접속하고 이것을 부족 여자로 하여 송전선에서 지상 전류를 취하게 하면 충전 전류를 그 만큼 감소시키는 것이 된다.
• 송전선로의 수전단에 변압기를 접속한다.
• 수전단에 리액턴스를 병렬로 접속한다.
• 발전기의 단락비를 크게 한다.   **답** ④

56 3150/210[V]의 단상변압기 고압 측에 100[V]의 전압을 가하면 가극성 및 감극성일 때에 전압계 지시는 각각 몇 [V]인가?

① 가극성 : 106.7, 감극성 : 93.3
② 가극성 : 93.3, 감극성 : 106.7
③ 가극성 : 126.7, 감극성 : 96.3
④ 가극성 : 96.3, 감극성 : 126.7

풀이

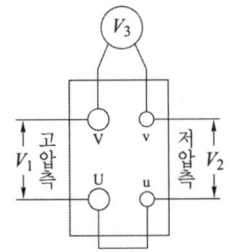

고압 측 전압을 V_1, 저압 측 전압을 V_2라고 하면,

$$V_2 = \frac{1}{a}V_1 = \frac{210}{3150} \times 100 = 6.67[V]$$

- 가극성
  $V = V_1 + V_2 = 100 + 6.67 = 106.67[V]$
- 감극성
  $V' = V_1 - V_2 = 100 - 6.67 = 93.33[V]$ 　답 ①

57 포화하고 있지 않은 직류발전기의 회전수가 4배로 증가되었을 때 기전력을 전과 같은 값으로 하려면 여자를 속도변화 전에 비해 얼마로 하여야 하는가?

① $\frac{1}{2}$　② $\frac{1}{3}$　③ $\frac{1}{4}$　④ $\frac{1}{8}$

풀이 기전력 $E = k\phi N$에서 회전수 N이 4배로 되면, 자속(여자) ϕ가 $\frac{1}{4}$배가 되어야 E가 일정하다. 　답 ③

58 60[Hz], 1328/230[V]의 단상변압기가 있다. 무부하전류 $I = 3\sin\omega t + 1.1\sin(3\omega t + a_3)[A]$이다. 지금 위와 똑같은 변압기 3대로 Y-△결선하여 1차에 2300[V]의 평형전압을 걸고 2차를 무부하로 하면 △회로를 순환하는 전류(실효치)는 약 몇 [A]인가?

① 0.77　② 1.10
③ 4.49　④ 6.35

풀이 Y-△결선이므로 제3고조파 전류는 선로에 흐를 수 없고, 2차 △회로 내부에 순환 전류로 흐르게 된다. 그 크기는 권수비를 곱하여 2차로 환산한 값이며, 실효값으로 표시하면 $\frac{1.1}{\sqrt{2}} \times \frac{1328}{230} = 4.49[A]$이다. 　답 ③

59 3상 변압기의 병렬운전 조건으로 틀린 것은?

① 각 군의 임피던스가 용량에 비례할 것
② 각 변압기의 백분율 임피던스 강하가 같을 것
③ 각 변압기의 권수비가 같고 1차와 2차의 정격전압이 같을 것
④ 각 변압기의 상회전 방향 및 1차와 2차 선간전압의 위상 변위가 같을 것

풀이 ① 각 변압기의 임피던스가 정격용량에 반비례할 것 즉, 부하는 각 변압기의 내부 임피던스(%임피던스 강하)에 반비례하여 분담된다.
② 3상 변압기 병렬운전 조건
  - 각 변압기의 극성이 같을 것
  - 권수비 및 2차 정격전압이 같을 것
  - 각 변압기의 퍼센트 임피던스 강하가 같으며 저항과 리액턴스비가 같을 것
  - 상회전방향이 같을 것
  - 위상 변위가 같을 것 　답 ①

60 일반적인 변압기의 무부하손 중 효율에 가장 큰 영향을 미치는 것은?

① 와전류손　② 유전체손
③ 히스테리시스손　④ 여자전류 저항손

풀이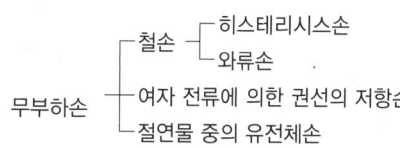

- 무부하손 중 저항손과 유전체손은 매우 적으므로 보통 히스테리시스손과 와류손의 합을 철손이라고 한다.
- 변압기의 히스테리시스손은 와류손보다 3~4배 정도 크다. 　답 ③

4과목 - 회로이론 및 제어공학

61 그림과 같이 $R[\Omega]$의 저항을 Y결선으로 하여 단자의 a, b 및 c에 비대칭 3상 전압을 가할 때, a단자의 중성점 N에 대한 전압은 약 몇 [V]인가?
(단, $V_{ab} = 210[V]$, $V_{bc} = -90 - j180[V]$, $V_{ca} = -120 + j180[V]$)

① 100
② 116
③ 121
④ 125

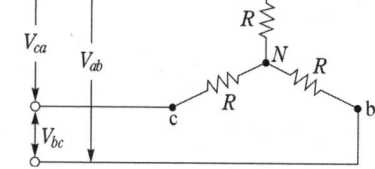

풀이

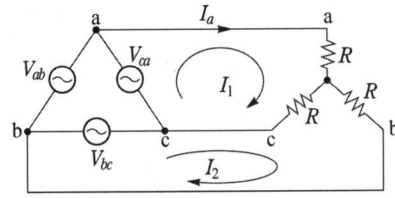

폐로 방정식(메쉬 방정식)
$2RI_1 - RI_2 = V_{ca}, -RI_1 + 2RI_2 = V_{bc}$

$I_1 = \dfrac{\begin{vmatrix} V_{ca} & -R \\ V_{bc} & 2R \end{vmatrix}}{\begin{vmatrix} 2R & -R \\ -R & 2R \end{vmatrix}} = \dfrac{2RV_{ca} + RV_{bc}}{4R^2 - R^2}$

$= \dfrac{2V_{ca} + V_{bc}}{3R}$

저항 R에 흐르는 전류 $I_a = I_1$이고, 전압강하를 나타내는 a단자의 중성점 N에 대한 전압 V_{aN}은
$V_{aN} = RI_1 = RI_a$이다.

$V_{aN} = \dfrac{2V_{ca} + V_{bc}}{3}$

$= \dfrac{2(-120 + j180) + (-90 - j180)}{3}$

$= -110 + j60 = 125\angle 151.4°[V]$

따라서 중성점 전압의 크기
$V_{aN} = \sqrt{(-110)^2 + 60^2} = 125[V]$ **답** ④

---

62 3상 회로에 있어서 대칭분 전압이
$V_0 = -8 + j3[V]$, $V_1 = 6 - j8[V]$,
$V_2 = 8 + j12[V]$일 때 a상의 전압 $V_a[V]$는?

① $6 + j7$
② $8 + j12$
③ $6 + j14$
④ $16 + j4$

풀이 a상의 전압
$V_a = V_0 + V_1 + V_2$
$= -8 + j3 + 6 - j8 + 8 + j12 = 6 + j7[V]$ **답** ①

---

63 다음 회로는 무엇을 나타낸 것인가?

① 자기유지회로
② 단안정회로
③ 인터록회로
④ 순차제어회로

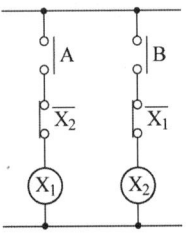

풀이 인터록 회로 : 둘 이상의 출력이 동시에 생기지 않도록 하는 회로 **답** ③

---

64 $t = 0$에서 스위치(S)를 닫았을 때 $t = 0^+$에서의 $i(t)$는 몇 [A]인가? (단, 커패시터에 초기 전하는 없다.)

① 0.1
② 0.2
③ 0.4
④ 1.0

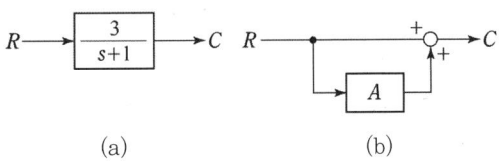

풀이 $R - C$ 직렬 회로에서 초기 전하를 0이라 하면
$i(t) = \dfrac{dq(t)}{dt} = \dfrac{d}{dt}CE\left(1 - e^{-\frac{1}{RC}t}\right) = \dfrac{E}{R}e^{-\frac{1}{RC}t}[A]$

따라서 스위치를 닫을 때$(t = 0^+)$의 전류는
$i(0^+) = \dfrac{E}{R}e^{-\frac{1}{RC} \times 0} = \dfrac{E}{R} = \dfrac{100}{1 \times 10^3} = 0.1[A]$ **답** ①

---

65 $R - L - C$ 직렬공진회로에서 $R = 100[\Omega]$, $L = 314[mH]$, $C = 125.6[pF]$일 때, 첨예도 Q는?

① 2×10^3
② 3×10^3
③ 4×10^2
④ 5×10^2

풀이 직렬공진회로에서 첨예도
$Q = \dfrac{1}{R}\sqrt{\dfrac{L}{C}} = \dfrac{1}{100}\sqrt{\dfrac{314 \times 10^{-3}}{125.6 \times 10^{-12}}} = 500$ **답** ④

---

66 그림의 두 블록선도가 등가인 경우 A요소의 전달 함수는?

(a) $R \to \boxed{\dfrac{3}{s+1}} \to C$
(b) $R \to \bigoplus \to C$, $\boxed{A}$

① $\dfrac{-s}{s+1}$
② $\dfrac{-s+1}{s+1}$
③ $\dfrac{-s+2}{s+1}$
④ $\dfrac{-s+4}{s+1}$

풀이 두 블록선도의 전달함수가 같아야 하므로,
$\dfrac{3}{s+1} = A + 1$

$\therefore A = \dfrac{3}{s+1} - 1 = \dfrac{-s+2}{s+1}$ **답** ③

67 상태방정식 $\dot{X} = AX + BU$에서
$A = \begin{bmatrix} 0 & 1 \\ -2 & -3 \end{bmatrix}$, $B = \begin{bmatrix} 0 \\ 1 \end{bmatrix}$일 때 고유값은?

① $-1, -2$
② $1, 2$
③ $-2, -3$
④ $2, 3$

풀이 $|sI-A|$의 행렬식은
$|sI-A| = \begin{vmatrix} s & -1 \\ 2 & s+3 \end{vmatrix} = s(s+3)+2 = s^2+3s+2$
$s^2+3s+2 = (s+1)(s+2) = 0$
$\therefore s = -1, -2$

답 ①

68 일정 입력에 대해 잔류 편차가 있는 제어계는?

① 비례 제어계
② 적분 제어계
③ 비례 적분 제어계
④ 비례 적분 미분 제어계

풀이 잔류편차가 발생하는 제어는 비례제어(P)와 비례미분 제어(PD)이며, 이러한 잔류편차는 적분제어(I)를 사용함으로써 제거할 수 있다.

답 ①

69 어떤 자동 제어 계통의 극이 s 평면에 그림과 같이 주어지는 경우 이 시스템의 시간 영역에서 동작 상태는?

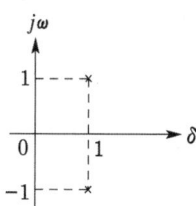

① 진동하지 않는다.
② 감폭 진동한다.
③ 점점 더 크게 진동한다.
④ 지속 진동한다.

풀이 $F(s) = \dfrac{1}{(s-1+j)(s-1-j)} = \dfrac{1}{(s-1)^2+1}$
$\therefore f(t) = \mathcal{L}^{-1}[F(s)] = e^t \sin t$ 이므로, 점점 더 크게 진동한다.

답 ③

70 그림의 블록선도에 대한 전달함수 $\dfrac{C}{R}$는?

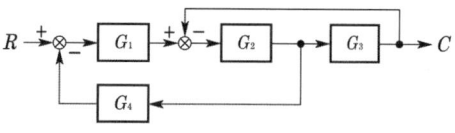

① $\dfrac{G_1 G_2 G_3}{1+G_1 G_2 + G_1 G_2 G_4}$

② $\dfrac{G_1 G_2 G_4}{1+G_1 G_2 + G_1 G_2 G_3}$

③ $\dfrac{G_1 G_2 G_3}{1+G_2 G_3 + G_1 G_2 G_4}$

④ $\dfrac{G_1 G_2 G_4}{1+G_2 G_3 + G_1 G_2 G_3}$

풀이 G_3 앞의 인출점을 요소 뒤로 이동하면 그림과 같은 블록 선도로 나타낼 수 있다.

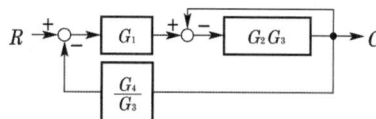

$\left\{ \left(R - C\dfrac{G_4}{G_3}\right)G_1 - C \right\} G_2 G_3 = C$
$R G_1 G_2 G_3 - C G_1 G_2 G_4 - C(G_2 G_3) = C$
$R G_1 G_2 G_3 = C(1 + G_2 G_3 + G_1 G_2 G_4)$
$\therefore G(s) = \dfrac{C}{R} = \dfrac{G_1 G_2 G_3}{1 + G_2 G_3 + G_1 G_2 G_4}$

별해 전향경로 이득 : $G_1 G_2 G_3$
루프 이득 : $-G_2 G_3, -G_1 G_2 G_4$
$G(s) = \dfrac{\sum 전향 경로 이득}{1 - \sum 루프이득} = \dfrac{G_1 G_2 G_3}{1 + G_2 G_3 + G_1 G_2 G_4}$

답 ③

71 다음 왜형파 전류의 왜형률은 약 얼마인가?

$i = 30\sin\omega t + 10\cos 3\omega t + 5\sin 5\omega t \text{[A]}$

① 0.46
② 0.26
③ 0.53
④ 0.37

풀이 왜형률 $= \dfrac{\text{전 고조파 실효값}}{\text{기본파 실효값}}$
$= \dfrac{\sqrt{I_3^2 + I_5^2}}{I_1} = \dfrac{\sqrt{(10/\sqrt{2})^2 + (5/\sqrt{2})^2}}{30/\sqrt{2}}$
$= 0.373$

답 ④

72 다음 함수의 라플라스 역변환은?

$$I(s) = \frac{2s+3}{(s+1)(s+2)}$$

① $e^{-t} - e^{-2t}$
② $e^{t} - e^{-2t}$
③ $e^{-t} + e^{-2t}$
④ $e^{t} + e^{-2t}$

풀이
$$I(s) = \frac{2s+3}{(s+1)(s+2)} = \frac{K_1}{s+1} + \frac{K_2}{s+2}$$

$$K_1 = \lim_{s \to -1}(s+1)F(s) = \left[\frac{2s+3}{s+2}\right]_{s=-1} = 1$$

$$K_2 = \lim_{s \to -2}(s+2)F(s) = \left[\frac{2s+3}{s+1}\right]_{s=-2} = 1$$

$$I(s) = \frac{1}{s+1} + \frac{1}{s+2}$$

$$\therefore i(t) = \mathcal{L}^{-1}[I(s)] = \mathcal{L}^{-1}\left[\frac{1}{s+1} + \frac{1}{s+2}\right]$$

$$= e^{-t} + e^{-2t}$$

답 ③

73 회로의 단자 a와 b 사이에 나타나는 전압 V_{ab}는 몇 [V]인가?

① 3
② 9
③ 10
④ 12

풀이 밀만의 정리

$$E_{ab} = \frac{E_1 Y_1 + E_2 Y_2}{Y_1 + Y_2} = \frac{\frac{9}{3} + \frac{12}{6}}{\frac{1}{3} + \frac{1}{6}} = 10[V]$$

답 ③

74 a, b단자의 전압이 100[V], a, b에서 본 능동 회로망 N의 임피던스가 15[Ω]일 때, 단자 a, b에 10[Ω]의 저항을 접속하면 a, b 사이에 흐르는 전류는 몇 [A]인가?

① 2
② 4
③ 6
④ 8

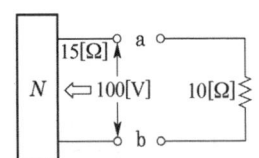

풀이 테브냉의 정리에 의해 전류

$$I = \frac{100}{15+10} = 4\,[A]$$

답 ②

75 전달함수가 $\dfrac{C(s)}{R(s)} = \dfrac{25}{s^2+6s+25}$ 인 2차 제어시스템의 감쇠 진동 주파수(ω_d)는 몇 [rad/sec]인가?

① 3
② 4
③ 5
④ 6

풀이
$$\frac{C(s)}{R(s)} = \frac{\omega_n^2}{s^2 + 2\delta\omega_n s + \omega_n^2} = \frac{25}{s^2+6s+25}$$ 에서

$$\omega_n^2 = 25 \to \omega_n = \sqrt{25} = 5$$

$$2\delta\omega_n = 6 \to \delta = \frac{6}{2\omega_n} = \frac{6}{2 \times 5} = \frac{3}{5}$$

따라서 감쇠 진동 주파수(실제 주파수)

$$\omega_d = \omega_n\sqrt{1-\delta^2} = 5\sqrt{1-\left(\frac{3}{5}\right)^2} = 4$$

답 ②

76 분포정수 선로에서 위상정수를 β[rad/m]라 할 때 파장은?

① $2\pi\beta$
② $\dfrac{2\pi}{\beta}$
③ $4\pi\beta$
④ $\dfrac{4\pi}{\beta}$

풀이 위상 정수 β와 파장 λ 사이의 관계는 $\lambda\beta = 2\pi$ 이므로 따라서 파장 $\lambda = \dfrac{2\pi}{\beta}$

답 ②

77 회로에서 10[mH]의 인덕턴스에 흐르는 전류는 일반적으로 $i(t) = A + Be^{-at}$로 표시된다. a의 값은?

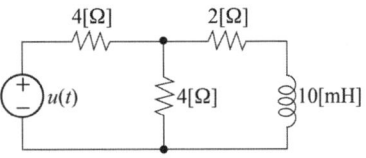

① 100
② 200
③ 400
④ 500

풀이 ① 개방전압과 등가저항
- 개방전압 $V_{ab} = 0.5u(t)$
- 테브난 등가저항

$$R_{th} = 2 + \frac{4 \times 4}{4+4} = 4[\Omega]$$

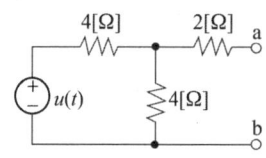

③ 테브난 등가회로

$$i(t) = \frac{V}{R}\left(1-e^{-\frac{R}{L}t}\right) = \frac{0.5}{4}\left(1-e^{-\frac{4}{10\times 10^{-3}}t}\right)$$
$$= 0.125(1-e^{-400t})$$
$$\therefore a = 400$$

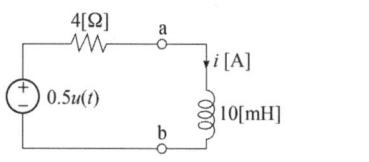

답 ③

78
2전력계법을 이용한 평형 3상회로의 전력이 각각 500[W] 및 300[W]로 측정되었을 때, 부하의 역률은 약 몇 [%]인가?

① 70.7　② 87.7
③ 89.2　④ 91.8

풀이 역률 $\cos\theta = \dfrac{W_1 + W_2}{2\sqrt{W_1^2 + W_2^2 - W_1 W_2}} \times 100$

$= \dfrac{500 + 300}{2\sqrt{500^2 + 300^2 - 500 \times 300}} \times 100$

$= 91.8[\%]$

답 ④

79
$G(s)H(s) = \dfrac{K}{s(s+1)(s+4)}$ 의 $K \geq 0$
에서의 분지점(break away point)은?

① -2.867　② 2.867
③ -0.467　④ 0.467

풀이
$1 + G(s)H(s) = 1 + \dfrac{K}{s(s+1)(s+4)} = 0$

$K = -s(s+1)(s+4)$

$K(\sigma) = -\sigma(\sigma+1)(\sigma+4) = -\sigma^3 - 5\sigma^2 - 4\sigma$

$\dfrac{dK(\sigma)}{d\sigma} = -3\sigma^2 - 10\sigma - 4 = 0$

$\therefore \sigma_1 = -0.467,\ \sigma_2 = -2.867$

$K \geq 0$에 대한 실수축상의 구간은 $0\sim-1,\ -4\sim-\infty$ 이므로

$\sigma_2 = -2.867$은 근궤적점이 될 수 없으므로, 분지점은 $\sigma_1 = -0.467$ 이다.

답 ③

80
대칭좌표법에서 불평형률을 나타내는 것은?

① $\dfrac{\text{영상분}}{\text{정상분}} \times 100$　② $\dfrac{\text{정상분}}{\text{역상분}} \times 100$

③ $\dfrac{\text{정상분}}{\text{영상분}} \times 100$　④ $\dfrac{\text{역상분}}{\text{정상분}} \times 100$

풀이 불평형률 $= \dfrac{\text{역상분}}{\text{정상분}} \times 100[\%]$

답 ④

5과목 - 전기설비기술기준

81
정격전류가 63[A] 초과인 경우 배선용 차단기(주택용)는 정격전류의 몇 배의 전류에 견뎌야 하는가?

① 1.05　② 1.13　③ 1.3　④ 1.45

풀이 212.3.4 보호장치의 특성

과전류트립 동작시간 및 특성(주택용 배선용 차단기)

정격전류의 구분	시 간	정격전류의 배수 (모든 극에 통전)	
		부동작 전류	동작 전류
63[A] 이하	60분	1.13배	1.45배
63[A] 초과	120분	1.13배	1.45배

답 ②

82
저압 옥내배선에 사용하는 연동선의 최소 굵기는 몇 [mm²]인가?

① 1.5　② 2.5　③ 4.0　④ 6.0

풀이 231.3 저압 옥내배선의 사용전선

가. 저압 옥내배선의 전선 : 단면적 2.5[mm²] 이상의 연동선

나. 옥내배선의 사용 전압이 400[V] 이하인 경우는 다음에 의하여 시설할 수 있다.

① 전광표시 장치 또는 제어 회로
  - 단면적 1.5[mm²] 이상의 연동선
  - 단면적 0.75[mm²] 이상인 다심케이블 또는 다심 캡타이어 케이블을 사용하고 또한 과전류가 생겼을 때에 자동적으로 전로에서 차단하는 장치를 시설

② 진열장 또는 이와 유사한 것의 내부 배선 : 단면적 0.75[mm²] 이상인 코드 또는 캡타이어케이블

답 ②

83 고압가공전선로의 지지물에 시설하는 통신선의 높이는 도로를 횡단하는 경우 교통에 지장을 줄 우려가 없다면 지표상 몇 [m]까지로 감할 수 있는가?

① 4 ② 4.5 ③ 5 ④ 6

풀이 362.2 전력보안통신선의 시설 높이와 이격거리
가공전선로의 지지물에 시설하는 통신선 또는 이에 직접 접속하는 가공 통신선의 높이는 다음에 따라야 한다.

시설 장소		가공전선로의 지지물에 시설	
		고·저압[m]	특고압[m]
도로횡단	일반적인 경우	6[m] 이상	6[m] 이상
	교통에 지장을 안 주는 경우	5[m] 이상	
철도 횡단(레일면상)		6.5[m] 이상	6.5[m] 이상
횡단보도교 위	노면상	3.5[m] 이상	5[m] 이상
	절연전선 사용	3[m] 이상	
	광섬유 케이블 사용		4[m] 이상
기타의 장소	일반적인 경우 (절연전선 사용)	4[m] 이상	5[m] 이상
	광섬유 케이블 사용	3.5[m] 이상	

답 ③

84 고압가공전선이 철도를 횡단하는 경우 레일면상에서 몇 [m] 이상으로 유지 되어야 하는가?

① 5.5 ② 6 ③ 6.5 ④ 7.0

풀이 332.5 고압 가공전선의 높이
222.7 저압 가공전선의 높이
저·고압 가공전선의 높이는 다음에 따라야 한다.

설치장소	가공전선의 높이
도로횡단(번잡하지 않은 도로 제외)	지표상 6[m] 이상
철도 또는 궤도횡단	레일면상 6.5[m] 이상
횡단보도교 위 저압	노면상 3.5[m] 이상. 단, 절연전선의 경우 3[m] 이상
횡단보도교 위 고압	노면상 3.5[m] 이상
일반장소	지표상 5[m] 이상. 단, 저압의 경우 절연전선 또는 케이블을 사용하여 교통에 지장이 없도록 하여 옥외조명용에 공급하는 경우 4[m]까지 감할 수 있다.
다리의 하부 기타 이와 유사한 장소	저압의 전기철도용 급전선은 지표상 3.5[m]까지 감할 수 있다.

답 ③

85 전기용 알루미늄에 미량의 지르코늄(Zr)을 첨가하여 내열성능을 향상시킨 내열 강심알루미늄 합금연선의 약호는?

① HDCC ② ACSR
③ CNCV ④ TACSR

풀이 내열 강심알루미늄연선(TACSR)
알루미늄에 극소량의 지르코늄(Zr)을 첨가한 합금연선으로 내열성이 우수하다. ACSR 전선과 비교해 보면
- ACSR의 연속 허용온도가 90[℃]인데 비하여 TACSR은 150[℃]이다.
- ACSR에 비하여 전류용량이 1.5 ~ 1.6배 크다.

답 ④

86 고압 및 특고압 가공전선로로부터 공급을 받는 수용 장소의 인입구에 반드시 시설하여야 하는 것은?

① 댐퍼 ② 아킹혼
③ 조상기 ④ 피뢰기

풀이 341.13 피뢰기의 시설
고압 및 특고압의 전로 중 다음에 열거하는 곳 또는 이에 근접한 곳에는 **피뢰기를 시설하여야** 한다.
가. 발전소·변전소 또는 이에 준하는 장소의 가공전선 인입구 및 인출구
나. 특고압 가공전선로에 접속하는 배전용 변압기의 고압측 및 특고압측
다. **고압 및 특고압 가공전선로로부터 공급을 받는 수용장소의 인입구**
라. 가공전선로와 지중전선로가 접속되는 곳

답 ④

87 도로 또는 옥외 주차장에 표피전류 가열장치를 시설하는 경우 발열선에 전기를 공급하는 전로의 대지전압은 교류 몇 [V] 이하여야 하는가? (단, 주파수가 60[Hz]의 것에 한한다.)

① 150 ② 300
③ 400 ④ 600

풀이 241.12.4 표피전류 가열장치의 시설
도로 또는 옥외 주차장에 표피전류 가열장치를 시설하는 경우에
가. **발열선에 전기를 공급하는 전로의 대지전압은 교류(주파수가 60[Hz]의 것에 한한다) 300[V] 이하일 것.**
나. 발열선과 소구경관은 전기적으로 접속하지 아니할 것.

다. 소구경관은 다음에 의하여 시설할 것.
　(1) 소구경관은 배관용 탄소강관에 적합한 것일 것.
　(2) 소구경관은 그 온도가 120 [℃]를 넘지 아니하도록 시설할 것.
　(3) 소구경관에 부속하는 박스는 강판으로 견고하게 제작한 것일 것.
　(4) 소구경관 상호 간 및 소구경관과 박스의 접속은 용접에 의할 것.
라. 발열선은 그 온도가 120 [℃]를 넘지 아니하도록 시설할 것.　답 ②

88
주택의 전기저장장치의 축전지에 접속하는 부하 측 옥내전로에 지락이 생겼을 때 자동적으로 전로를 차단하는 장치를 시설한 경우에 주택의 옥내전로의 대지전압은 직류 몇 [V]까지 적용할 수 있는가?

① 150　　　　② 300
③ 400　　　　④ 600

풀이　511.1.3 옥내전로의 대지전압 제한
주택의 전기저장장치의 축전지에 접속하는 부하 측 옥내배선을 다음에 따라 시설하는 경우에 **주택의 옥내전로의 대지전압은 직류 600[V]까지 적용할 수 있다.**
가. 전로에 지락이 생겼을 때 자동적으로 전로를 차단하는 장치를 시설할 것
나. 사람이 접촉할 우려가 없는 은폐된 장소에 합성수지관배선, 금속관배선 및 케이블배선에 의하여 시설하거나, 사람이 접촉할 우려가 없도록 케이블배선에 의하여 시설하고 전선에 적당한 방호장치를 시설할 것　답 ④

89
변압기에 의하여 특고압전로에 결합되는 고압전로에는 혼촉 등에 의한 위험 방지 시설로 어떤 것을 그 변압기의 단자에 가까운 1극에 설치하여야 하는가?

① 댐퍼　　　　② 절연 애자
③ 퓨즈　　　　④ 방전 장치

풀이　322.3 특고압과 고압의 혼촉 등에 의한 위험방지 시설
변압기에 의하여 특고압전로에 결합되는 고압전로에는 **사용전압의 3배 이하인 전압이 가하여진 경우에 방전하는 장치**를 그 변압기의 단자에 가까운 1극에 설치하여야 한다.　답 ④

90
사용전압이 154[kV]인 가공 송전선의 시설에서 전선과 식물과의 이격거리는 일반적인 경우에 몇 [m] 이상으로 하여야 하는가?

① 2.8　　　　② 3.2
③ 3.6　　　　④ 4.2

풀이　333.30 특고압 가공전선과 식물의 이격거리

사용전압의 구분	이격거리
60[kV] 이하	2 [m]
60[kV] 초과	• 이격거리 = 2 + 단수 × 0.12[m] • 단수 = $\dfrac{(전압[kV]-60)}{10}$ 단수 계산에서 소수점 이하는 절상

• 단수 = $\dfrac{154-60}{10} = 9.4 \rightarrow 10$단
• 이격거리 = $2 + 10 \times 0.12 = 3.2[m]$　답 ②

91
고압 옥내배선이 수관·가스관이나 이와 유사한 것과 접근하거나 교차하는 경우의 이격거리는 최소 몇 [cm] 이상이어야 하는가?

① 10　② 15　③ 20　④ 25

풀이　342.1 고압 옥내배선 등의 시설
고압 옥내배선이 다른 고압 옥내배선·저압 옥내전선·관등회로의 배선·약전류 전선 등 또는 수관·가스관이나 이와 유사한 것과 접근하거나 교차하는 경우 이격거리
가. 다른 고압 옥내배선·저압 옥내전선·관등회로의 배선·약전류 전선 : 15[cm]
나. **수관·가스관이나 이와 유사한 것과 접근하거나 교차하는 경우 : 15[cm]**
다. 애자공사에 의하여 시설하는 저압 옥내전선이 나전선인 경우 : 30[cm]
라. 가스계량기 및 가스관의 이음부와 전력량계 및 개폐기 : 60[cm]　답 ②

92
금속제 가요전선관공사에 대한 설명으로 틀린 것은?

① 옥외용 비닐절연전선을 사용하여 시설할 것
② 가요전선관 안에는 전선에 접속점이 없도록 할 것
③ 안쪽 면은 전선의 피복을 손상하지 아니하도록 매끈한 것일 것
④ 관의 끝부분은 피복을 손상하지 아니하는 구조로 되어 있을 것

[풀이] 232.13 금속제 가요전선관공사
1. 전선은 절연전선(옥외용 비닐절연전선을 제외한다)일 것.
2. 전선은 연선일 것. 다만, 단면적 10[mm²](알루미늄선은 단면적 16[mm²]) 이하인 것은 그러하지 아니하다.
3. 가요전선관 안에는 전선에 접속점이 없도록 할 것.
4. 안쪽 면은 전선의 피복을 손상하지 아니하도록 매끈한 것일 것.
5. 관 상호 간 및 관과 박스 기타의 부속품과는 견고하고 또한 전기적으로 완전하게 접속할 것.
6. 가요전선관의 끝부분은 피복을 손상하지 아니하는 구조로 되어 있을 것.
7. 습기 많은 장소 또는 물기가 있는 장소에 시설하는 때에는 비닐 피복 가요전선관일 것. 답 ①

93 저압가공전선이 건조물의 상부 조영재 옆쪽으로 접근하는 경우 저압가공전선과 건조물의 조영재 사이의 이격거리는 몇 [m] 이상이어야 하는가? (단, 전선에 사람이 쉽게 접촉할 우려가 없도록 시설한 경우와 전선이 고압 절연전선, 특고압 절연전선 또는 케이블인 경우는 제외한다.)

① 0.6
② 0.8
③ 1.2
④ 2.0

[풀이] 332.11 고압 가공전선과 건조물의 접근
222.11 저압 가공전선과 건조물의 접근
저압 가공전선 또는 고압 가공전선이 건조물과 접근 상태로 시설되는 경우에는 다음에 따라야 한다.
가. 고압 가공전선로는 고압 보안공사에 의할 것.
나. 저·고압 가공전선과 건조물의 조영재 사이의 이격거리는 표에서 정한 값 이상일 것.

	사용전압 부분 공작물의 종류		저압[m]	고압[m]
건조물	상부 조영재 위쪽	일반적인 경우	2	2
		전선이 고압절연전선	1	2
		전선이 케이블인 경우	1	1
	기타 조영재 또는 상부조영재의 옆쪽 또는 아래쪽	일반적인 경우	1.2	1.2
		전선이 고압절연전선	0.4	1.2
		전선이 케이블인 경우	0.4	0.4
		사람이 쉽게 접근할 수 없도록 시설한 경우	0.8	0.8

답 ③

94 사용전압 22.9[kV]인 가공전선로의 중성선 다중접지식에 사용되는 접지선의 굵기는 단면적 몇 [mm²]의 연동선 또는 이와 동등 이상의 굵기로서 고장전류를 안전하게 통할 수 있는 것이어야 하는가? 단, 전로에 지기가 생긴 경우 2초 안에 전로로부터 자동 차단하는 장치를 하였다.

① 2.5
② 4.0
③ 6.0
④ 16

[풀이] 333.32 25[kV] 이하인 특고압 가공전선로의 시설
사용전압이 15[kV]를 초과하고 25[kV] 이하인 특고압 가공전선로(중성선 다중접지식의 것으로서 전로에 지락이 생겼을 때에 2초 이내에 자동적으로 이를 전로로부터 차단하는 장치가 되어 있는 것에 한한다.)의 중성선의 **접지도체는 공칭단면적 6[mm²] 이상의 연동선** 또는 이와 동등 이상의 세기 및 굵기의 쉽게 부식하지 않는 금속선으로서 고장 시에 흐르는 전류가 안전하게 통할 수 있는 것일 것. 답 ③

95 사용전압이 154[kV]인 전선로를 제1종 특고압 보안공사로 시설할 경우, 여기에 사용되는 경동연선의 단면적은 몇 [mm²] 이상이어야 하는가?

① 100
② 125
③ 150
④ 200

[풀이] 333.22 특고압 보안공사

제1종 특고압 보안공사 시 전선의 단면적

사용전압	전선
100[kV] 미만	인장강도 21.67[kN] 이상의 연선 또는 단면적 55[mm²] 이상의 경동연선
100[kV] 이상 300[kV] 미만	인장강도 58.84[kN] 이상의 연선 또는 단면적 150[mm²] 이상의 경동연선
300[kV] 이상	인장강도 77.47[kN] 이상의 연선 또는 단면적 200[mm²] 이상의 경동연선

답 ③

96 특고압 가공전선로의 지지물 양측의 경간의 차가 큰 곳에 사용하는 철탑의 종류는?

① 내장형
② 보강형
③ 직선형
④ 인류형

[풀이] 333.11 특고압 가공전선로의 철주·철근 콘크리트주 또는 철탑의 종류

특고압 가공전선로의 지지물로 사용하는 B종 철근·B종 콘크리트주 또는 철탑의 종류는 다음과 같다.
가. **직선형** : 전선로의 직선 부분(3° 이하의 수평 각도 이루는 곳 포함)에 사용되는 것
나. **각도형** : 전선로 중 수평 각도 3°를 넘는 곳에 사용되는 것
다. **인류형** : 전 가섭선을 인류하는 곳에 사용하는 것
라. **내장형** : 전선로 지지물 양측의 경간차가 큰 곳에 사용하는 것
마. **보강형** : 전선로 직선 부분을 보강하기 위하여 사용하는 것
답 ①

97 다음 설명의 (   )안에 알맞은 내용은?

> 고압가공전선이 다른 고압가공전선과 접근상태로 시설되거나 교차하여 시설되는 경우에 고압가공전선 상호 간의 이격거리는 (   ) 이상, 하나의 고압가공전선과 다른 고압가공전선로의 지지물 사이의 이격거리는 (   ) 이상일 것

① 80[cm], 50[cm]　② 80[cm], 60[cm]
③ 60[cm], 30[cm]　④ 40[cm], 30[cm]

풀이 332.17 고압 가공전선 상호 간의 접근 또는 교차
고압 가공전선과 다른 고압 가공 전선과의 이격거리

구분	고압가공전선	
	일반	케이블
고압가공전선	0.8[m]	0.4[m]
고압가공전선로의 지지물	0.6[m]	0.3[m]

답 ②

98 전선을 접속하는 경우 전선의 세기(인장하중)는 몇 [%] 이상 감소되지 않아야 하는가?

① 10　　　② 15
③ 20　　　④ 25

풀이 123 전선의 접속
전선을 접속하는 경우에는 전선의 전기저항을 증가시키지 아니하도록 접속 하여야 하며, 또한 다음에 따라야 한다.
가. **전선의 세기를 20[%] 이상 감소시키지 아니할 것.**
나. 접속부분은 접속관 기타의 기구를 사용할 것.
다. 접속부분의 절연전선에 절연전선의 절연물과 동등 이상의 절연효력이 있는 것으로 충분히 피복할 것.
답 ③

99 전로를 대지로부터 절연을 하여야 하는 것은 다음 중 어느 것인가?

① 전기로　　　② 전기욕기
③ 전기다리미　④ 전해조

풀이 131 전로의 절연 원칙
다음과 같이 **절연할 수 없는 부분**
① 시험용 변압기, 전력선 반송용 결합 리액터, 전기울타리용 전원장치, 엑스선발생장치, 전기부식방지용 양극, 단선식 전기 철도의 귀선 등 전로의 일부를 대지로부터 절연하지 아니하고 전기를 사용하는 것이 부득이한 것
② **전기욕기·전기로·전기보일러·전해조** 등 대지로부터 절연하는 것이 기술상 곤란한 것.
답 ③

100 특수장소에 시설하는 전선로의 기준으로 틀린 것은?

① 교량의 윗면에 시설하는 저압전선로는 교량 노면상 5[m] 이상으로 할 것
② 교량에 시설하는 고압전선로에서 전선과 조영재 사이의 이격거리는 20[cm] 이상일 것
③ 저압전선로와 고압전선로를 같은 벼랑에 시설하는 경우 고압전선과 저압전선 사이의 이격거리는 50[cm] 이상일 것
④ 벼랑과 같은 수직부분에 시설하는 전선로는 부득이한 경우에 시설하며, 이 때 전선의 지지점 간의 거리는 15[m] 이하이어야 한다.

풀이 335.6 교량에 시설하는 전선로
가. 교량의 윗면에 시설하는 것은 전선의 높이를 교량의 노면상 5[m] 이상으로 하여 시설할 것.
나. **전선과 조영재 사이의 이격거리는 전선이 케이블인 경우 이외에는 0.3[m] 이상일 것.**

335.8 급경사지에 시설하는 전선로의 시설
가. 전선의 지지점 간의 거리는 15[m] 이하일 것.
나. 저압 전선로와 고압 전선로를 같은 벼랑에 시설하는 경우에는 고압 전선로를 저압 전선로의 위로하고 또한 고압전선과 저압 전선 사이의 이격거리는 0.5[m] 이상일 것.
답 ②

완벽대비 2025년 1회 전기기사필기 (CBT 복원문제)

동일출판사 홈페이지에서 무료 동영상강의를 보실 수 있습니다.

1과목 - 전기자기

01 반지름 a[m]인 원형코일에 전류 I[A]가 흘렀을 때 코일 중심에서의 자계의 세기[AT/m]는?

① $\dfrac{I}{4\pi a}$ ② $\dfrac{I}{2\pi a}$

③ $\dfrac{I}{4a}$ ④ $\dfrac{I}{2a}$

풀이 원형 코일 중심의 자계의 세기
$H = \dfrac{NI}{2a}$ [AT/m]에서 $N=1$이므로,
$\therefore H = \dfrac{I}{2a}$ [AT/m] 답 ④

02 한 변의 길이가 l[m]인 정사각형 도체에 전류 I[A]가 흐르고 있을 때 중심점 P에서의 자계의 세기는 몇 [A/m]인가?

① $16\pi l I$
② $4\pi l I$
③ $\dfrac{\sqrt{3}\pi}{2l}I$
④ $\dfrac{2\sqrt{2}}{\pi l}I$

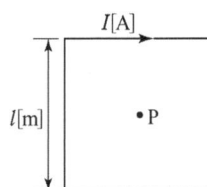

풀이

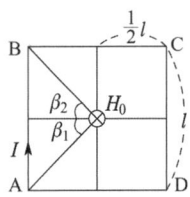

한 변 AB에 대한 중심점의 자계는
$H_{AB} = \dfrac{I}{4\pi a}(\sin\beta_1 + \sin\beta_2)$이므로 $a = \dfrac{l}{2}$,
$\sin\beta_1 = \sin\beta_2 = \sin 45° = \dfrac{1}{\sqrt{2}}$을 대입하면
$H_{AB} = \dfrac{I}{4\pi\left(\dfrac{l}{2}\right)} \times 2 \times \dfrac{1}{\sqrt{2}} = \dfrac{I}{\sqrt{2}\pi l}$ [AT/m]

$\therefore H_0 = H_{AB} + H_{BC} + H_{CD} + H_{DA}$
$= 4H_{AB} = 4 \times \dfrac{I}{\sqrt{2}\pi l} = \dfrac{2\sqrt{2}I}{\pi l}$ [AT/m] 답 ④

03 내도체의 반지름이 a[m]이고, 외도체의 내반지름이 b[m], 외반지름이 c[m]인 동축 케이블의 단위 길이당 자기 인덕턴스는 몇 [H/m]인가?

① $\dfrac{\mu_0}{2\pi}\ln\dfrac{b}{a}$ ② $\dfrac{\mu_0}{\pi}\ln\dfrac{b}{a}$

③ $\dfrac{2\pi}{\mu_0}\ln\dfrac{b}{a}$ ④ $\dfrac{\pi}{\mu_0}\ln\dfrac{b}{a}$

풀이 $H = \dfrac{I}{2\pi r}$, $d\phi = B \cdot dr = \dfrac{\mu_0 I}{2\pi r}dr$
$\phi = \int_a^b d\phi = \dfrac{\mu_0 I}{2\pi}\int_a^b \dfrac{1}{r} \cdot dr = \dfrac{\mu_0 I}{2\pi}\ln\dfrac{b}{a}$
$\therefore L = \dfrac{\phi}{I} = \dfrac{\mu_0}{2\pi}\ln\dfrac{b}{a}$ [H/m] 답 ①

04 반자성체의 비투자율(μ_r) 값의 범위는?

① $\mu_r = 1$ ② $\mu_r < 1$
③ $\mu_r > 1$ ④ $\mu_r = 0$

풀이
- 상자성체 : 자화율 $\chi > 0$, 비투자율 $\mu_r > 1$
- 반자성체(역자성체) : 자화율 $\chi < 0$, 비투자율 $\mu_r < 1$
- 강자성체 : 자화율 $\chi \gg 0$, 비투자율 $\mu_r \gg 1$ 답 ②

05 높은 주파수의 전자파가 전파될 때 일기가 좋은 날보다 비오는 날 전자파의 감쇠가 심한 원인은?

① 도전율 관계임
② 유전율 관계임
③ 투자율 관계임
④ 분극률 관계임

풀이 진공이 아닌 이상 일반 공기는 무시할 수 있을 정도의 도전율을 갖고 있으나 비오는 날(즉, 습도 상승)은 도전성이 증가하며 감쇠가 더 심하게 나타난다. 답 ①

06 막대자석 위쪽에 동축도체 원판을 놓고 회로의 한 끝은 원판의 주변에 접촉시켜 회전하도록 해놓은 그림과 같은 패러데이 원판 실험을 할 때 검류계에 전류가 흐르지 않는 경우는?

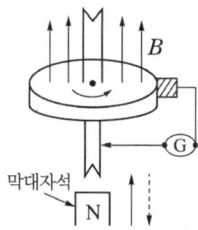

① 자석만을 일정한 방향으로 회전시킬 때
② 원판만을 일정한 방향으로 회전시킬 때
③ 자석을 축 방향으로 전진시킨 후 후퇴시킬 때
④ 원판과 자석을 동시에 같은 방향, 같은 속도로 회전시킬 때

풀이 기전력 $\left(e = -\dfrac{d\phi}{dt}\right)$은 자속이 시간적으로 변화가 일어날 때 발생하기 때문에 자속이 자석 또는 원판의 회전에 의해 증감 또는 끊기게 되면 변화가 발생하여 기전력이 발생하고 전류가 흐르게 된다. 그러므로 **원판과 자석을 동시에 같은 방향, 같은 속도로 회전시키면 자속의 변화가 발생하지 않으므로 전류가 흐르지 않는다.** 답 ④

07 투자율이 μ[H/m], 단면적이 S[m²], 길이가 l[m]인 자성체에 권선을 N회 감아서 I[A]의 전류를 흘렸을 때 이 자성체의 단면적 S[m²]를 통과하는 자속[Wb]은?

① $\mu\dfrac{I}{Nl}S$
② $\mu\dfrac{NI}{Sl}$
③ $\dfrac{NI}{\mu S}l$
④ $\mu\dfrac{NI}{l}S$

풀이 자속 $\phi = \dfrac{F}{R_m} = \dfrac{NI}{R_m} = \dfrac{NI}{\dfrac{l}{\mu S}} = \dfrac{\mu SNI}{l}$ [Wb] 답 ④

08 어떤 공간의 비유전율은 2이고, 전위 $V(x, y) = \dfrac{1}{x} + 2xy^2$이라고 할 때 점 $\left(\dfrac{1}{2}, 2\right)$에서의 전하밀도 ρ는 약 몇 [pC/m³]인가?

① -20
② -40
③ -160
④ -320

풀이 Poisson의 방정식 $\nabla^2 V = -\dfrac{\rho}{\epsilon}$

$\nabla^2 V = \dfrac{\partial^2 V}{\partial x^2} + \dfrac{\partial^2 V}{\partial y^2}$

$= \dfrac{\partial^2}{\partial x^2}\left(\dfrac{1}{x} + 2xy^2\right) + \dfrac{\partial^2}{\partial y^2}\left(\dfrac{1}{x} + 2xy^2\right)$

$= \dfrac{2}{x^3} + 4x = 16 + 2 = 18$

$\therefore \rho = -\epsilon(\nabla^2 V) = -\epsilon(18) = -18\epsilon = -18\epsilon_0\epsilon_s$
$= -18 \times 8.854 \times 10^{-12} \times 2 \fallingdotseq -320 \times 10^{-12}$
[C/m³] $= -320$[pC/m³] 답 ④

09 점전하 $+Q$의 무한 평면도체에 대한 영상전하는?

① $+Q$
② $-Q$
③ $+2Q$
④ $-2Q$

풀이 전기 영상법 : 무한평면으로부터 d[m] 떨어진 P점에 점전하 $+Q$가 있는 경우 영상전하는 무한평면 뒤쪽으로 점 P의 대칭점에 존재하며, 그 크기는 점전하와 같고 부호는 반대($-Q$)이다.

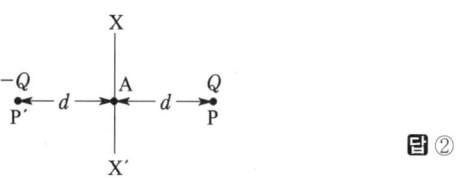

답 ②

10 평등 전계 내에 수직으로 비유전율 $\epsilon_r = 3$인 유전체판을 놓았을 경우 판 내의 전속밀도 $D = 4 \times 10^{-6}$[C/m²]이었다. 이 유전체의 비분극률은?

① 2
② 3
③ 1×10^{-6}
④ 2×10^{-6}

풀이
$$\epsilon_r = 1 + \frac{\chi_e}{\epsilon_0} = 1 + \chi_{er}$$
여기서, ϵ_r : 비유전율
χ_e : 분극률
χ_{er} : 비분극률
∴ $\chi_{er} = \epsilon_r - 1 = 3 - 1 = 2$ 　답 ①

11 전속 밀도 $D = 3xi + 2yj + zk$ [C/m²]를 발생하는 전하 분포에서 1[mm³] 내의 전하는 얼마인가?

① 3[nC] ② 3[μC]
③ 6[nC] ④ 6[C]

풀이 전하 밀도
$$\rho = \text{div}\,D = \frac{\partial D_x}{\partial x} + \frac{\partial D_y}{\partial y} + \frac{\partial D_z}{\partial z}$$
$$= 3 + 2 + 1 = 6 [C/m^3]$$
이므로 1[mm³] 내의 전하량 $\rho \triangle v$[nC]은
∴ $\rho \triangle v = 6 \times 10^{-9}$[C] $= 6$[nC] 　답 ③

12 유전체에서 전자 분극은 어떠한 이유에서 일어나는가?

① 단결정 매질에서 전자운과 핵의 상대적인 변위에 의한다.
② 화합물에서 +이온과 -이온간의 상대적인 변위에 의한다.
③ 단결정에서 +이온과 -이온간의 상대적인 변위에 의한다.
④ 영구 전기 쌍극자의 전계 방향의 배열에 의한다.

풀이
① **전자 분극** : 원자를 구성하는 **전자운의 중심이 원자핵에 대하여 상대적 변위**에 의해 나타나는 분극
② 이온 분극 : 이온결정 내에서 양으로 대전된 원자와 음으로 대전된 원자의 상대적 변위에 의하여 일어나는 분극
④ 쌍극자 배향분극 : 유극성 분자의 영구 쌍극자에 전계가 작용하면 영구 쌍극자는 전계와 같은 방향으로 회전력을 받아 분극을 일으킨다. 　답 ①

13 간격 d[m]인 두 개의 평행판 전극 사이에 유전율 ϵ의 유전체가 있을 때 전극 사이에 전압 $v = V_m \sin\omega t$ 를 가하면 변위전류밀도[A/m²]는?

① $\frac{\epsilon}{d} V_m \cos\omega t$　② $\frac{\epsilon}{d}\omega V_m \cos\omega t$
③ $\frac{\epsilon}{d}\omega V_m \sin\omega t$　④ $-\frac{\epsilon}{d} V_m \cos\omega t$

풀이 변위전류밀도
$$i_d = \frac{\partial D}{\partial t} = \frac{\partial(\epsilon E)}{\partial t} = \frac{\partial}{\partial t}\epsilon\left(\frac{v}{d}\right)$$
$$= \frac{\epsilon}{d} V_m \frac{\partial}{\partial t}\sin\omega t = \frac{\epsilon}{d}\omega V_m \cos\omega t \,[A/m^2]$$ 　답 ②

14 전자유도법칙과 관계가 가장 먼 것은?

① 노이만의 법칙
② 렌쯔의 법칙
③ 패러데이의 법칙
④ 앙페르의 오른나사 법칙

풀이 $e = -N\frac{d\phi}{dt}$ 에서
- 렌쯔의 법칙 : 전자유도에 의해 발생하는 기전력은 자속변화를 방해하는 방향으로 전류가 발생한다. 즉, 기전력의 방향을 정의한 법칙
- 패러데이 법칙 또는 노이만의 법칙 : 유도기전력의 크기는 폐회로에 쇄교하는 자속의 시간적 변화율에 비례한다. 즉, 기전력의 크기를 정의한 법칙 　답 ④

15 진공 중에 선간거리 1[m]의 평행왕복 도선이 있다. 두 선간에 작용하는 힘이 4×10^{-7}[N/m]이었다면 전선에 흐르는 전류는?

① 1[A]　② $\sqrt{2}$ [A]
③ $\sqrt{3}$ [A]　④ 2[A]

풀이 평행왕복도선에 작용하는 전자력
$F = \frac{\mu_0 I^2}{2\pi d}$ [N/m]의 식에서
$$I = \sqrt{\frac{2\pi d F}{\mu_0}} = \sqrt{\frac{2\pi \times 1 \times 4 \times 10^{-7}}{4\pi \times 10^{-7}}}$$
$= \sqrt{2}$ [A] 　답 ②

16 평행판 콘덴서에 어떤 유전체를 넣었을 때 전속밀도가 $4.8 \times 10^{-7}[\text{C/m}^2]$이고 단위체적당 에너지가 $5.3 \times 10^{-3}[\text{J/m}^3]$이었다. 이 유전체의 유전율은 몇 [F/m]인가?

① $1.15 \times 10^{-11}[\text{F/m}]$
② $2.17 \times 10^{-11}[\text{F/m}]$
③ $3.19 \times 10^{-11}[\text{F/m}]$
④ $4.21 \times 10^{-11}[\text{F/m}]$

풀이 $W_e = \dfrac{D^2}{2\epsilon}[\text{J/m}^3]$에서

$\epsilon = \dfrac{D^2}{2 \cdot W_e} = \dfrac{(4.8 \times 10^{-7})^2}{2 \times 5.3 \times 10^{-3}}$

$= 2.17 \times 10^{-11}[\text{F/m}]$ **답** ②

17 쌍극자 모멘트가 $M[\text{C} \cdot \text{m}]$인 전기쌍극자에 의한 임의의 점 P에서의 전계의 크기는 전기쌍극자의 중심에서 축방향과 점 P를 잇는 선분 사이의 각이 얼마일 때 최대가 되는가?

① 0
② $\dfrac{\pi}{2}$
③ $\dfrac{\pi}{3}$
④ $\dfrac{\pi}{4}$

풀이 $E = \dfrac{M}{4\pi\epsilon_0 r^3}(\sqrt{1+3\cos^2\theta})$에서

점 P의 전계는 $\theta = 0°$일 때 최대이고 $\theta = 90°$일 때 최소가 된다. **답** ①

18 선전하밀도가 $\lambda[\text{C/m}]$로 균일한 무한 직선도선의 전하로부터 거리가 $r[\text{m}]$인 점의 전계의 세기(E)는 몇 [V/m]인가?

① $E = \dfrac{1}{4\pi\epsilon_o}\dfrac{\lambda}{r^2}$
② $E = \dfrac{1}{2\pi\epsilon_o}\dfrac{\lambda}{r^2}$
③ $E = \dfrac{1}{2\pi\epsilon_o}\dfrac{\lambda}{r}$
④ $E = \dfrac{1}{4\pi\epsilon_o}\dfrac{\lambda}{r}$

풀이 무한 선전하에 의한 전계 $E = \dfrac{\lambda}{2\pi\epsilon_0 r}[\text{V/m}]$로 거리에 반비례한다. **답** ③

19 자기회로와 전기회로의 대응으로 틀린 것은?

① 자속 ↔ 전류
② 기자력 ↔ 기전력
③ 투자율 ↔ 유전율
④ 자계의 세기 ↔ 전계의 세기

풀이 자기회로와 전기회로의 대응

자기회로	전기회로
자속 $\phi[\text{Wb}]$	전류 $I[\text{A}]$
자계 $H[\text{A/m}]$	전계 $E[\text{V/m}]$
기자력 $F[\text{AT}]$	기전력 $U[\text{V}]$
자속밀도 $B[\text{Wb/m}^2]$	전류밀도 $i[\text{A/m}^2]$
투자율 $\mu[\text{H/m}]$	도전율 $k[\text{℧/m}]$
자기 저항 $R_m[\text{AT/Wb}]$	전기저항 $R[\Omega]$

답 ③

20 면전하 밀도가 $\sigma[\text{C/m}^2]$인 대전 도체가 진공 중에 놓여 있을 때 도체 표면에 작용하는 정전응력$[\text{N/m}^2]$의 크기 및 방향은?

① $\dfrac{\sigma^2}{\epsilon_0}$, 도체 외부
② $\dfrac{\sigma^2}{\epsilon_0}$, 도체 내부
③ $\dfrac{\sigma^2}{2\epsilon_0}$, 도체 외부
④ $\dfrac{\sigma^2}{2\epsilon_0}$, 도체 내부

풀이 정전 응력(f)은 도체 표면에 작용하는 단위 면적당 힘을 의미하고, 도체 표면에서의 전속밀도 $D = \sigma\,[\text{C/m}^2]$의 관계로부터 정전 응력은

$f = \dfrac{1}{2}DE = \dfrac{1}{2}\epsilon_0 E^2 = \dfrac{1}{2}\dfrac{D^2}{\epsilon_0} = \dfrac{1}{2}\dfrac{\sigma^2}{\epsilon_0}[\text{N/m}^2]$

정전응력의 방향은 정전응력에서 σ^2이므로 전하의 부호에 관계없이 항상 외부로 향한다. **답** ③

2과목 - 전력공학

21 단로기에 대한 설명으로 적합하지 않은 것은?

① 소호장치가 있어 아크를 소멸시킨다.
② 무부하 및 여자전류의 개폐에 사용된다.
③ 배전용 단로기는 보통 디스컨넥팅바로 개폐한다.
④ 회로의 분리 또는 계통의 접속 변경시 사용한다.

풀이 단로기(DS)는 변전소의 전력기기를 시험하기 위하여 회로를 분리하거나, 계통의 접속을 바꾸거나 하는 경우에 사용되며, 여기에는 **소호장치가 없어** 고장전류나 부하전류의 개폐에는 사용할 수 없다. 　**답** ①

22 출력 20,000[kW]의 화력발전소가 부하율 80[%]로 운전할 때 1일의 석탄소비량은 약 몇 ton 인가? (단, 보일러 효율 80[%], 터빈의 열 사이클 효율 35[%], 터빈 효율 85[%], 발전기 효율 76[%], 석탄의 발열량은 5500[kcal/kg]이다.)

① 275　　② 293
③ 312　　④ 332

풀이 1[kWh] = 860[kcal]이므로
시간 × 860 × 최대 전력 × 부하율
　= 발열량 × 석탄 소비량[kg] × η[효율]
$24 \times 860 \times 20000 \times 0.8$
　$= 5500 \times x \times 10^3 \times 0.85 \times 0.8 \times 0.35 \times 0.76$
따라서 소비량
$x = \dfrac{860 \times 20000 \times 0.8 \times 24}{5500 \times 10^3 \times 0.85 \times 0.8 \times 0.35 \times 0.76} = 332[t]$ 　**답** ④

23 선간전압이 154[kV]이고, 1상당의 임피던스가 $j8[\Omega]$인 기기가 있을 때, 기준용량을 100[MVA]로 하면 %임피던스는 약 몇 [%]인가?

① 2.75　　② 3.15
③ 3.37　　④ 4.25

풀이 $\%Z = \dfrac{PZ}{10V^2} = \dfrac{100 \times 10^3 \times 8}{10 \times 154^2} = 3.37[\%]$
여기서 V : 정격전압[kV], P : 기준용량[kVA] 　**답** ③

24 중성점 접지방식 중 1선 지락고장일 때 선로의 전위상승이 $\sqrt{3}$ 배 이상이고, 유도장해가 최소 인 것은?

① 비접지방식　　② 직접접지방식
③ 저항접지방식　　④ 소호리액터접지방식

풀이

방식	다중 고장 발생 확률	보호 계전기 동작	지락 전류	고장중 운전	전위 상승	과도 안정도	유도 장해	특징
소호 리액터 접지 (66[kV])	보통	불확실	최소	가능	$\sqrt{3}$ 이상	최대	최소	병렬공진 고장전류 최소

답 ④

25 한류리액터를 사용하는 가장 큰 목적은?

① 충전전류의 제한　　② 접지전류의 제한
③ 누설전류의 제한　　④ 단락전류의 제한

풀이
- 한류 리액터 : 단락 사고시의 단락전류를 제한
- 직렬 리액터 : 제5고조파 제거
- 분로 리액터 : 페란티 현상 방지
- 소호 리액터 : 지락 아크 소멸 　**답** ④

26 수력발전소의 저수지 용량 등을 결정하는데 사용되는 것으로 가장 적합한 것은?

① 유량도　　② 유황곡선
③ 수위 유량곡선　　④ 적산 유량곡선

풀이 적산 유량 곡선은 매일의 수량을 차례로 적산해서 가로축에 일수를, 세로축에 적산 수량을 그린 곡선으로서 수력 발전소의 댐을 설계하거나 저수지 용량 결정에 사용된다. 　**답** ④

27 3상 회로에서 정격전압을 E, 정격전류를 I_n, %임피던스를 $\%Z$라 할 때 3상 단락 전류는?

① $\dfrac{E}{\%Z}$　　② $\dfrac{EI_n}{\%Z}$
③ $\dfrac{100 I_n}{\%Z}$　　④ $\dfrac{100 EI_n}{\%Z}$

풀이 $\%Z = \dfrac{I_n Z}{E} \times 100$ 에서 $Z = \dfrac{\%ZE}{100 I_n}$ 이므로

단락 전류 $I_n = \dfrac{E}{Z} = \dfrac{E}{\dfrac{\%ZE}{100 I_n}} = \dfrac{100}{\%Z} I_n$ **답** ③

---

28 사고, 정전 등의 중대한 영향을 받는 지역에서 정전과 동시에 자동적으로 예비전원용 배전선로로 전환하는 장치는?

① 차단기
② 리클로저(Recloser)
③ 섹셔널라이저(Sectionalizer)
④ 자동부하 전환개폐기(Auto Load Transfer Switch)

풀이 ① **차단기** : 부하전류 및 사고전류를 신속·안전하게 차단하여 고장구간을 건전구간으로부터 분리시키며 또한 설비의 점검 및 수리 등의 작업 시에 작업장소를 정전시키기 위한 설비이다.
② **리클로저** : 배전선로에서 지락고장이나 단락고장 사고가 발생하였을 때 고장을 검출하여 선로를 차단한 후 일정시간이 경과하면 자동적으로 재투입 동작을 반복함으로써 순간 고장을 제거한다.
③ **섹셔널라이저** : 선로가 정전상태일 때 자동으로 개방되어 고장구간을 분리시키는 선로 개폐기로 고장전류는 차단할 수 없다.
④ **자동부하 전환개폐기** : 정전 시에 큰 피해가 예상되는 수용가에 이중 전원을 확보하여 **주전원 정전 시**나 정격전압 이하로 전압이 감소하는 경우 **예비전원으로 자동으로 전환**되어 무정전 전원 공급을 수행하는 개폐기를 말한다.   **답** ④

---

29 변전소에서 비접지 선로의 접지보호용으로 사용되는 계전기에 영상전류를 공급하는 것은?

① CT   ② GPT
③ ZCT   ④ PT

풀이 GPT는 영상전압을 공급하며 **영상전류는 영상변류기 ZCT(Zerophase Current Transformer)가** 공급한다.   **답** ③

---

30 저압 네트워크 배전방식에 대한 설명으로 틀린 것은?

① 전압강하가 적다.
② 부하 밀도가 적은 곳에 유용하다.
③ 무정전 공급의 신뢰도가 높다.
④ 부하의 증가에 대한 적응성이 크다.

풀이 네트워크 배전방식의 장점
① 무정전 공급에 대한 신뢰도 높다.
② 기기 이용률 향상된다.
③ 전압변동이 적다.
④ 적응성 양호하다.
⑤ 전력손실이 감소한다.
⑥ 변전소 수를 줄일 수 있다.   **답** ②

---

31 3상 3선식 송전선에서 L을 작용 인덕턴스라 하고, L_e 및 L_m은 대지를 귀로로 하는 1선의 자기 인덕턴스 및 상호 인덕턴스라고 할 때 이들 사이의 관계식은?

① $L = L_m - L_e$ ② $L = L_e - L_m$
③ $L = L_m + L_e$ ④ $L = \dfrac{L_m}{L_e}$

풀이 작용 인덕턴스(L)
= 대지 귀로의 자기 인덕턴스(L_e)
   − 대지 귀로의 상호 인덕턴스(L_m)   **답** ②

---

32 파동임피던스 $Z_1 = 500[\Omega]$인 선로에 파동임피던스 $Z_2 = 1500[\Omega]$인 변압기가 접속되어 있다. 선로로부터 600[kV]의 전압파가 들어왔을 때, 접속점에서의 투과파 전압[kV]은?

① 300   ② 600
③ 900   ④ 1200

풀이 투과파 전압 $e_2 = \dfrac{2Z_2}{Z_1 + Z_2} \times e_1 = \dfrac{2 \times 1500}{500 + 1500} \times 600$
          $= 900[\text{kV}]$ **답** ③

33 33[kV] 이하의 단거리 송배전선로에 적용되는 비접지방식에서 지락전류는 다음 중 어느 것을 말하는가?

① 누설전류 ② 충전전류
③ 뒤진 전류 ④ 단락전류

풀이 비접지방식에서 1선 지락고장이 발생하면 고장전류는 고장점으로부터 건전상의 대지 정전용량에 의한 **충전 전류(진상전류)**에 의해서 결정된다. **답** ②

34 최근에 우리나라에서 많이 채용되고 있는 가스절연 개폐 설비(GIS)의 특징으로 틀린 것은?

① 대기절연을 이용한 것에 비해 현저하게 소형화할 수 있으나 비교적 고가이다.
② 소음이 적고 충전부가 완전한 밀폐형으로 되어 있기 때문에 안정성이 높다.
③ 가스 압력에 대한 엄중 감시가 필요하며 내부점검 및 부품교환이 번거롭다.
④ 한랭지, 산악지방에서도 액화 방지 및 산화 방지 대책이 필요 없다.

풀이 GIS의 특징
[장점]
① 충전부가 대기에 노출되지 않아 기기의 안정성, 신뢰성이 우수하다.
② 감전사고 위험이 적다.
③ 밀폐형이므로 배기 소음이 없다.
④ 소형화 가능하다.
⑤ 보수, 점검이 용이하다.
[단점]
① 사고의 대응이 부적절한 경우 대형사고 유발 우려가 있다.
② 고장발생 시 조기복구, 임시복구가 거의 불가능 하다.
③ SF_6 가스의 세심한 주의가 필요하며 내부점검 및 부품교환이 번거롭다.
④ 한랭지, 산악지방에서 가스의 액화방지 및 산화방지 대책이 필요하다. **답** ④

35 송배전 선로에서 내부 이상전압에 속하지 않는 것은?

① 개폐 이상전압
② 유도뢰에 의한 이상전압
③ 사고시의 과도 이상전압
④ 계통 조작과 고장시의 지속 이상전압

풀이 ① 내부 이상 전압의 종류
 • 개폐 이상전압
 • 사고시의 과도 이상전압
 • 계통 조작과 고장시의 지속 이상전압
② 외부 이상 전압
 • 직격뢰에 의한 이상전압
 • 유도뢰에 의한 이상전압
 • 타선과의 혼촉 시 발생하는 이상전압 **답** ②

36 다음 중 코로나 방지대책으로 적당하지 않은 것은?

① 복도체를 사용한다.
② 가선 금구를 개량한다.
③ 선간거리를 감소시킨다.
④ 가선 시 전선 표면의 금구를 손상하지 않게 한다.

풀이 코로나 방지 대책
코로나 임계전압 $\left(E_0 = 24.3 m_0 m_1 \delta d \log_{10} \frac{D}{r}\right)$을 상승시킨다.
① 전선의 지름을 크게 한다.
② **복도체를 사용**한다.
③ **가선 금구를 개량**한다.
④ 가선 시에 전선 표면의 금구를 손상하지 않게 한다. **답** ③

37 한 대의 주상변압기에 역률(뒤짐) $\cos\theta_1$, 유효전력 P_1[kW]의 부하와 역률(뒤짐) $\cos\theta_2$, 유효전력 P_2[kW]의 부하가 병렬로 접속되어 있을 때 주상변압기 2차측에서 본 부하의 종합역률은 어떻게 되는가?

① $\dfrac{P_1 + P_2}{\sqrt{(P_1 + P_2)^2 + (P_1 \tan\theta_1 + P_2 \tan\theta_2)^2}}$

② $\dfrac{P_1 + P_2}{\sqrt{(P_1 + P_2)^2 + (P_1 \sin\theta_1 + P_2 \sin\theta_2)^2}}$

③ $\dfrac{P_1 + P_2}{\dfrac{P_1}{\cos\theta_1} + \dfrac{P_2}{\cos\theta_2}}$

④ $\dfrac{P_1 + P_2}{\dfrac{P_1}{\sin\theta_1} + \dfrac{P_2}{\sin\theta_2}}$

풀이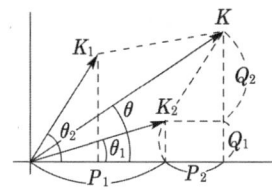

① 합성 유효 전력 $P = P_1 + P_2$
② 합성 무효전력 $Q = Q_1 + Q_2$
- $Q_1 = \dfrac{P_1}{\cos\theta_1}\sin\theta_1 = P_1\tan\theta_1$
- $Q_2 = \dfrac{P_2}{\cos\theta_2}\sin\theta_2 = P_2\tan\theta_2$

③ 합성 피상 전력
$$K = \sqrt{(P_1+P_2)^2 + (P_1\tan\theta_1 + P_2\tan\theta_2)^2}$$

④ 종합 역률
$$\cos\theta = \dfrac{P_1+P_2}{\sqrt{(P_1+P_2)^2 + (P_1\tan\theta_1 + P_2\tan\theta_2)^2}}$$
답 ①

38 전선의 손실계수 H와 부하율 F와의 관계는?

① $0 \leq F^2 \leq H \leq F \leq 1$
② $0 \leq H^2 \leq F \leq H \leq 1$
③ $0 \leq H \leq F^2 \leq F \leq 1$
④ $0 \leq F \leq H^2 \leq H \leq 1$

풀이 전선의 손실계수(H)와 부하율(F)은 다음과 같은 관계가 있다.
$0 \leq F^2 \leq H \leq F \leq 1$
답 ①

39 전력계통에서 전력용 콘덴서와 직렬로 연결하는 리액터로 제거되는 고조파는?

① 제2고조파 ② 제3고조파
③ 제4고조파 ④ 제5고조파

풀이 제5고조파를 제거하기 위해 콘덴서 용량의 4[%](실제는 6[%])에 해당하는 **리액터**를 콘덴서와 **직렬**로 접속한다.
답 ④

40 반한시 계전기의 동작 특성에 대한 설명으로 가장 알맞은 것은?

① 설정된 값 이상의 전류가 흘렀을 때 동작전류의 크기와는 관계없이 항상 일정한 시간 후에 작동한다.
② 설정된 최소 동작 전류 이상의 전류가 흐르면 즉시 작동하는 것으로 한도를 넘은 양과는 관계없이 작동한다.
③ 동작시간이 어느 전류값 까지는 그 크기에 따라 반비례 특성을 가지며 그 이상이 되면 일정한 시간 후에 작동한다.
④ 동작시간이 전류값의 크기에 따라 변하는 것으로 전류값이 클수록 빠르게 동작하고 반대로 전류값이 작아질수록 느리게 작동한다.

풀이 보호 계전기의 특징
① 순한시 특성 : 최소 동작 전류 이상의 전류가 흐르면 즉시 동작하는 특성
② 정한시 특성 : 동작전류의 크기에 관계없이 일정한 시간에 동작하는 특성
③ **반한시 특성 : 동작전류가 커질수록 동작 시간이 짧게 되는 특성**
④ 반한시 정한시 특성 : 동작전류가 적은 동안에는 동작전류가 커질수록 동작 시간이 짧게 되고 어떤 전류 이상이면 동작전류의 크기에 관계없이 일정한 시간에 동작하는 특성
답 ④

3과목 - 전기기기

41 극수가 24일 때, 전기각 180°에 해당되는 기계각은?

① 7.5°   ② 15°
③ 22.5° ④ 30°

풀이 기하학적 각도
$$\alpha[\text{rad}] = 전기각\ \alpha_e[\text{rad}] \times \dfrac{2}{p}$$
$$= 180° \times \dfrac{2}{24} = 15°$$
답 ②

42 3상 권선형 유도전동기의 전부하 슬립 5[%], 2차 1상의 저항 0.5[Ω]이다. 이 전동기의 기동 토크를 전부하 토크와 같도록 하려면 외부에서 2차에 삽입할 저항[Ω]은?

① 8.5 ② 9
③ 9.5 ④ 10

풀이 기동시 $s'=1$에서 전부하 토크를 발생시키는 데 필요한 외부저항 R은

$$\frac{r_2}{s} = \frac{r_2+R}{s'} \rightarrow \frac{0.5}{0.05} = \frac{0.5+R}{1}$$

$$\therefore R = \frac{0.5}{0.05} - 0.5 = 9.5[\Omega]$$

답 ③

43 단상 직권전동기의 종류가 아닌 것은?

① 직권형 ② 아트킨손형
③ 보상직권형 ④ 유도보상직권형

풀이 단상 정류자 전동기

직권특성	• 단상 직권전동기 : 직권형, 보상직권형, 유도보상직권형 • 단상 반발 전동기 : 아트킨손형 전동기, 톰슨 전동기, 데리 전동기
분권특성	현재 실용화 되지 않고 있음

단상 직권 정류자 전동기(단상 직권전동기)는 교·직 양용으로 사용할 수 있으며 만능 전동기라고도 불린다.

답 ②

44 4극, 중권, 총 도체 수 500, 극당 자속이 0.01 [Wb]인 직류발전기가 100[V]의 기전력을 발생시키는데 필요한 회전수는 몇 [rpm]인가?

① 800 ② 1000
③ 1200 ④ 1600

풀이 유기기전력 $E = \frac{pZ}{a}\phi\frac{N}{60}$[V] 이므로,

(여기서, p : 극수, ϕ : 매극당 자속[Wb], N : 회전수[rpm], Z : 총 도체수, a : 내부 병렬회로수)

$$100 = \frac{4 \times 500}{4} \times 0.01 \times \frac{N}{60}[V] \; (\because 중권 : a=p)$$

$$\therefore N = \frac{60 \times 100}{500 \times 0.01} = 1200[rpm]$$

답 ③

45 2방향성 3단자 사이리스터는 어느 것인가?

① SCR ② SSS
③ SCS ④ TRIAC

풀이 ① SCR : 1방향성 3단자
② SSS : 2방향성 2단자
③ SCS : 1방향성 4단자
④ TRIAC : 2방향성 3단자

답 ④

46 전압이 일정한 모선에 접속되어 역률 1로 운전하고 있는 동기전동기를 동기조상기로 사용하는 경우 부족여자로 운전하면 이 전동기는 어떻게 되는가?

① 역률은 앞서고, 전기자 전류는 증가한다.
② 역률은 앞서고, 전기자 전류는 감소한다.
③ 역률은 뒤지고, 전기자 전류는 증가한다.
④ 역률은 뒤지고, 전기자 전류는 감소한다.

풀이 위상특성곡선(V곡선)

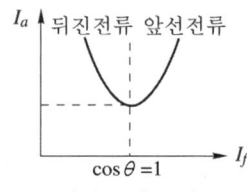
위상 특선 곡선

① 전압, 주파수, 출력이 일정할 때 계자(여자) 전류 I_f(횡축)와 전기자 전류 I_a(종축)의 관계를 나타내는 곡선(V 곡선)을 위상 특성 곡선이라 한다.
② 역률이 1인 경우 전기자 전류가 최소로 된다.
③ 부족여자(여자전류 감소)로 운전하면 뒤진 전류가 흘러 리액터로 작용하고, 전기자 전류는 증가한다.
④ 과여자(여자전류 증가)로 운전하면 앞선 전류가 흘러 콘덴서로 작용하고, 전기자 전류는 증가한다.

답 ③

47 교류발전기의 고조파 발생을 방지하는 방법으로 틀린 것은?

① 전기자 반작용을 크게 한다.
② 전기자 권선을 단절권으로 감는다.
③ 전기자 슬롯을 스큐 슬롯으로 한다.
④ 전기자 권선의 결선을 성형으로 한다.

풀이 고조파 기전력을 소거하는 방법
① 매극 매상의 슬롯수 q를 크게 한다.
② 부정수(不整數) 슬롯권을 채용한다.
③ 단절권 및 분포권으로 한다.
④ 반폐 슬롯을 사용한다.
⑤ 전기자 철심을 스큐 슬롯으로 한다.
⑥ 공극의 길이를 크게 한다.
⑦ Y(성형)결선을 한다.   **답** ①

48 변압기에서 사용되는 변압기유의 구비조건으로 틀린 것은?

① 점도가 높을 것   ② 응고점이 낮을 것
③ 인화점이 높을 것   ④ 절연내력이 클 것

풀이 변압기의 기름으로서 갖추어야 할 조건
① 절연저항 및 절연내력이 클 것
② 절연재료 및 금속에 화학 작용을 일으키지 않을 것
③ 인화점이 높고, 응고점이 낮을 것
④ 점도가 낮고, 비열이 커서 냉각효과가 클 것
⑤ 고온에서도 석출물이 생기거나 산화하지 않을 것
⑥ 열전도율이 클 것
⑦ 열 팽창계수가 작고 증발로 인한 감소량이 적을 것
답 ①

49 다음 중 3상 권선형 유도전동기의 기동법은?

① 분상기동법   ② 반발기동법
③ 커패시터기동법   ④ 2차 저항기동법

풀이 • 권선형 유도전동기의 기동법 : 2차측의 슬립링을 통하여 기동 저항을 삽입하고 비례추이의 특성을 이용하여 속도-토크 특성을 변화시켜 가면서 기동하는 방식을 택한다.
• 2차 저항 기동법 : 비례추이 특성을 이용   **답** ④

50 직류발전기의 전기자 반작용의 영향이 아닌 것은?

① 주자속이 증가한다.
② 전기적 중성축이 이동한다.
③ 정류작용에 악영향을 준다.
④ 정류자편 사이의 전압이 불균일하게 된다.

풀이 ① 전기자 반작용 : 전기자 전류에 의하여 발생한 자속이 계자에 의해 발생 되는 주자속에 영향을 주는 현상

② 전기자 반작용의 영향
• 전기적 중성축 이동
 – 발전기 : 회전방향으로 이동
 – 전동기 : 회전방향과 반대 방향으로 이동
• 주자속 감소
• 정류자 편간의 불꽃 섬락 발생   **답** ①

51 3상 동기발전기에 무부하 전압보다 90° 늦은 전기자 전류가 흐를 때 전기자 반작용은?

① 교차자화작용을 한다.
② 자기여자 작용을 한다.
③ 감자 작용을 한다.
④ 증자작용을 한다.

풀이

분류	동기발전기	동기전동기
전압과 동상	교차 자화작용	교차 자화작용
진상전류	증자작용	감자 작용
지상전류	감자 작용	증자작용

답 ③

52 정격부하에서 역률 0.8(뒤짐)로 운전될 때, 전압변동률이 12[%]인 변압기가 있다. 이 변압기에 역률 100[%]의 정격부하를 걸고 운전할 때의 전압변동률은 약 몇 [%]인가? (단, %저항강하는 %리액턴스강하의 1/12이라고 한다.)

① 0.909   ② 1.5
③ 6.85   ④ 16.18

풀이 전압변동률 $\epsilon = p\cos\theta + q\sin\theta = 0.8p + 0.6q = 12[\%]$
(여기서, p : %저항강하, q : %리액턴스강하)
$q = 12p$(%저항강하 p는 %리액턴스강하 q의 1/12)이므로
$0.8p + 0.6 \times 12p = 8p = 12$
$p = \dfrac{12}{8} = 1.5[\%]$
그런데 $\cos\theta = 1$일 때 $\sin\theta = 0$이므로,
역률 100[%]의 전압변동률 ϵ_{100}은
∴ $\epsilon_{100} = p\cos\theta + q\sin\theta = p \times 1 + q \times 0 = 1.5[\%]$
답 ②

53 역률이 가장 좋은 전동기는?

① 농형유도전동기   ② 반발기동전동기
③ 동기전동기   ④ 교류정류자전동기

[풀이] 동기전동기는 계자전류를 가감하여 전기자 전류의 크기와 위상을 조정할 수 있다.
(역률을 1로 개선할 수 있다.) 답 ③

54 변압기의 등가회로 구성에 필요한 시험이 아닌 것은?

① 단락시험 ② 부하시험
③ 무부하시험 ④ 권선저항 측정

[풀이] 변압기 등가회로 작성에 필요한 시험에는 **권선저항 측정, 무부하시험, 단락시험** 등이 있다. 답 ②

55 우리나라 발전소에 설치되어 3상 교류를 발생하는 발전기는?

① 동기발전기 ② 분권발전기
③ 직권발전기 ④ 복권발전기

[풀이] 대부분의 발전소(화력, 원자력, 수력 등)에 사용되는 3상 교류발전기는 동기 발전기이다. 답 ①

56 210/105[V]의 변압기를 그림과 같이 결선하고 고압측에 200[V]의 전압을 가하면 전압계의 지시는 몇 [V]인가? (단, 변압기는 가극성이다.)

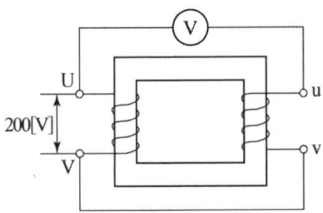

① 100 ② 200
③ 300 ④ 400

[풀이] 고압 측 전압을 V_1, 저압 측 전압을 V_2 라고 하면,
$$V_2 = \frac{1}{a}V_1 = \frac{105}{210} \times 200 = 100[V]$$
따라서 가극성인 경우
$$V = V_1 + V_2 = 200 + 100 = 300[V]$$ 답 ③

57 단자전압 110[V], 전기자 전류 15[A], 전기자 회로의 저항 2[Ω], 정격속도 1800[rpm]으로 전부하에서 운전하고 있는 직류 분권전동기의 토크는 약 몇 [N·m]인가?

① 6.0 ② 6.4
③ 10.08 ④ 11.14

[풀이] 역기전력 $E_c = V - R_a I_a = 110 - 2 \times 15 = 80[V]$
따라서 토크 $\tau = 0.975 \frac{P}{N} \times 9.8 = 0.975 \frac{E_c I_a}{N} \times 9.8$
$$= 0.975 \times \frac{80 \times 15}{1800} \times 9.8$$
$$≒ 6.4[N \cdot m]$$ 답 ②

58 전기자 권선을 슬롯에 배치하는 방법 중 다음 그림과 같은 방법은?

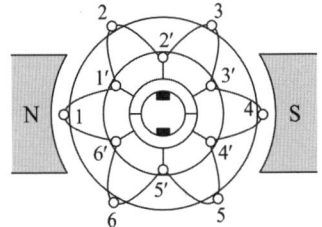

① 고상권 ② 파권
③ 환상권 ④ 중권

[풀이] 환상권은 환상철심에 연속된 고리모양으로 권선을 감는 방식으로 구조가 단순하여 제작이 용이하나, 효율이 낮아 현재에는 거의 사용하지 않는다. 답 ③

59 무정전 전원장치(UPS)에 사용되고 있는 컨버터의 주된 사용 목적은?

① 교류 전압의 변화를 안정화시키기 위함이다.
② 교류 전압의 주파수를 변화시키기 위함이다.
③ 교류 전압을 직류 전압으로 변화시키기 위함이다.
④ 교류 전압을 다른 교류 전압으로 변화시키기 위함이다.

풀이 무정전 전원 장치(UPS :Uninterruptible Power Supply)
① UPS는 축전지, 정류 장치(Converter)와 역변환 장치(Inverter)로 구성되어 있으며 선로의 정전이나 입력 전원에 이상 상태가 발생하였을 경우에도 정상적으로 전력을 부하측에 공급하는 설비를 UPS라 한다.
② 기능
- 정류장치(Converter) : 교류를 직류로 변환
- 축전지 : 정류 장치에 의해 변환된 직류 전력을 저장
- 역변환 장치(Inverter) : 직류를 사용 주파수의 교류 전압으로 변환   **답** ③

60 원통형 회전자를 가진 동기발전기는 부하각 δ 가 몇 도일 때 최대 출력을 낼 수 있는가?

① $0°$ ② $30°$ ③ $60°$ ④ $90°$

풀이
- 돌극형은 부하각 $\delta = 60°$ 부근에서 최대 출력이 되고, 정격 운전 시는 20° 부근이다.
- 비돌극기(원통형 회전자)는 $\delta = 90°$ 에서 최대가 된다.   **답** ④

4과목 - 회로이론 및 제어공학

61 단위길이당의 저항이 같은 도선을 사용하여 그림과 같은 무한히 긴 사다리꼴 회로를 만든다. 각 지로의 저항을 r 이라 할 때, a, b간의 합성 저항은?

① r
② $\sqrt{3}\, r$
③ $(\sqrt{3}+1)r$
④ $(\sqrt{3}-1)r$

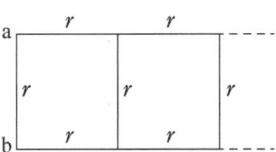

풀이

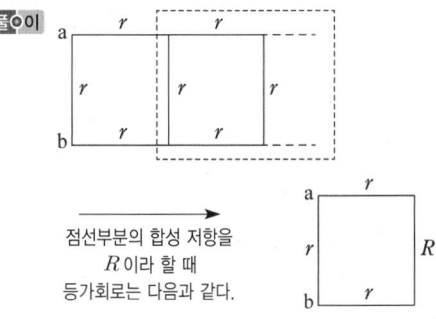

점선부분의 합성 저항을 R 이라 할 때 등가회로는 다음과 같다.

그림의 등가회로에서
$R_{ab} = \dfrac{r(2r+R)}{r+(2r+R)} = \dfrac{2r^2+rR}{3r+R}$ 이며,
$R_{ab} = R$ 이므로
$R^2 + 2rR - 2r^2 = 0 \rightarrow R = (-1 \pm \sqrt{3})r$
저항값은 음(−)의 값이 될 수 없으므로
∴ $R = (\sqrt{3}-1)r$ **답** ④

62 최댓값이 10[V]인 정현파 전압이 있다. $t=0$ 에서의 순시값이 5[V]이고 이 순간에 전압이 증가하고 있다. 주파수가 60[Hz]일 때, $t=2$ [ms]에서의 전압의 순시값[V]은?

① $10\sin 30°$ ② $10\sin 43.2°$
③ $10\sin 73.2°$ ④ $10\sin 103.2°$

풀이

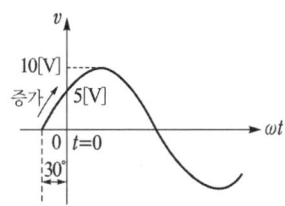

$t=0$ 에서의 순시값 $v=5$[V] 이므로
$v = V_m \sin(\omega t + \theta) = 10\sin(\omega \times 0 + \theta)$
$= 10\sin\theta = 5$[V]
$\sin\theta = \dfrac{5}{10} = \dfrac{1}{2} \rightarrow \theta = \sin^{-1}\dfrac{1}{2} = 30°$
따라서 $t=2$[ms]$= 2 \times 10^{-3}$[s]에서의
순시값 v는
$v = V_m \sin(\omega t + \theta) = 10\sin(\omega t + 30°)$
$= 10\sin(2\pi \times 60 \times 2 \times 10^{-3} + 30°)$
$= 10\sin 73.2°$ **답** ③

63 권수 200, 150회의 코일 A, B가 있다. A코일의 자속이 0.2[Wb]인데 이중 80[%]가 B코일과 쇄교한다. A코일의 전류가 4[A]라면 두 코일의 상호 인덕턴스[H]는?

① 8 ② 6
③ 7 ④ 5

풀이
$L_A = \dfrac{N_A \phi_A}{I_A} = \dfrac{200 \times 0.2}{4} = 10$[H]
$M = \dfrac{N_B}{N_A} L_A = \dfrac{150}{200} \times 10 \times 0.8 = 6$[H]   **답** ②

64 회로에서 $t=0$초일 때 닫혀 있는 스위치 S를 열었다. 이때 $\dfrac{dv(0^+)}{dt}$의 값은?
(단, C의 초기 전압은 0[V]이다.)

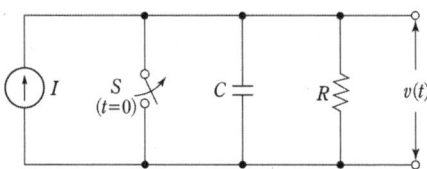

① $\dfrac{1}{RI}$ ② $\dfrac{C}{I}$
③ RI ④ $\dfrac{I}{C}$

풀이 커패시터에서 전류 $i(t)$와 전압 $v(t)$의 관계식에서 초기조건 $t=0^+$를 적용하면
$$i(t)=C\dfrac{dv(t)}{dt},\quad i(0^+)=C\dfrac{dv(0^+)}{dt}$$
스위치가 닫혀있는 상태에서는 커패시터에 전류가 흐르지 않지만 스위치를 여는 순간 커패시터는 단락 상태가 되어 R에는 전류가 흐르지 않고 커패시터 C에만 전류가 모두 흐른다. 즉, $i(0^+)=I$가 된다.
그러므로 $i(0^+)=C\dfrac{dv(0^+)}{dt}$에서
$I=C\dfrac{dv(0^+)}{dt}\quad\therefore\ \dfrac{dv(0^+)}{dt}=\dfrac{I}{C}$ **답** ④

65 전원의 내부임피던스가 순저항 R과 리액턴스 X로 구성되고 외부에 부하저항 Z_L을 연결하여 최대전력을 전달하려면 Z_L의 값은?

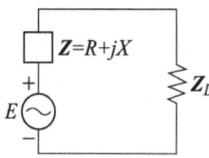

① R ② $R+X$
③ $\sqrt{R^2-X^2}$ ④ $\sqrt{R^2+X^2}$

풀이 ※ 최대 전력 전송 조건
임피던스 정합(내부 임피던스 = 외부 임피던스)
그러므로, $R_L=\sqrt{R^2+X^2}$ 이 된다.   **답** ④

66 그림과 같은 3상 Y결선 불평형 회로가 있다. 전원은 3상 평형전압 E_1, E_2, E_3이고, 부하는 Y_1, Y_2, Y_3일 때 전원의 중성점과 부하의 중성점 간의 전위차를 나타내는 식은?

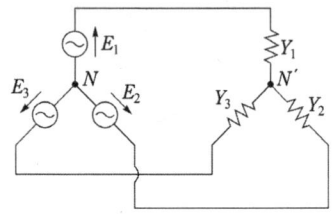

① $\dfrac{E_1Y_1+E_2Y_2+E_3Y_3}{Y_1+Y_2+Y_3}$

② $\dfrac{E_1Y_1+E_2Y_2+E_3Y_3}{Y_1Y_2Y_3}$

③ $\dfrac{E_1Y_1-E_2Y_2-E_3Y_3}{Y_1+Y_2+Y_3}$

④ $\dfrac{E_1Y_1-E_2Y_2-E_3Y_3}{Y_1Y_2Y_3}$

풀이 내부 임피던스를 갖는 여러 개의 전원이 병렬로 접속되어 있을 때 양 병렬접속 단자 간에 나타나는 합성전압은 각각의 전원을 단락하였을 때 흐르는 단락전류의 총합을 각 전원의 내부 어드미턴스의 총합으로 나눈 값과 동일하다(밀만의 정리).   **답** ①

67 저항 R[Ω] 3개를 Y로 접속한 회로에 200[V]의 3상 교류전압을 인가시 선전류가 10[A]라면 이 3개의 저항을 △로 접속하고 동일 전원을 인가 시 선전류는 몇 [A]인가?

① 10 ② $10\sqrt{3}$
③ 30 ④ $30\sqrt{3}$

풀이 Y결선 상전류 $I_Y=\dfrac{200}{\sqrt{3}R}$

Y결선 선전류 $I_{Yl}=\dfrac{200}{\sqrt{3}R}$

△결선 상전류 $I_\Delta=\dfrac{200}{R}$

△결선 선전류 $I_{\Delta l}=\sqrt{3}I_\Delta=\dfrac{200\sqrt{3}}{R}$

$$\frac{I_{\Delta l}}{I_{Yl}} = \frac{\frac{200\sqrt{3}}{R}}{\frac{200}{\sqrt{3}R}} = 3$$

$$\therefore I_{\Delta l} = 3I_{Yl} = 3 \times 10 = 30[A]$$

답 ③

68 다음과 같은 파형을 푸리에 급수로 전개하면?

(단, $\omega_0 = \frac{2\pi}{T}$)

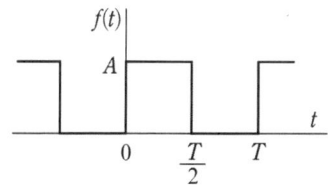

① $f(t) = \frac{A}{2} + \frac{2A}{\pi} \sum_{n=1}^{\infty} \cdot \frac{\sin\{(2n-1)\omega_0 t\}}{2n-1}$

② $f(t) = \frac{A}{2} + \frac{A}{\pi} \sum_{n=1}^{\infty} \cdot \frac{\sin\{(2n-1)\omega_0 t\}}{2n-1}$

③ $f(t) = \frac{A}{2} + \frac{2A}{\pi} \sum_{n=1}^{\infty} \cdot \frac{\sin\{(n-1)\omega_0 t\}}{n-1}$

④ $f(t) = \frac{A}{2} + \frac{A}{\pi} \sum_{n=1}^{\infty} \cdot \frac{\sin\{(n-1)\omega_0 t\}}{n-1}$

풀이

파형구분	반파, 구형파	구형파
파형	(f(t), A, 0, T/2, T, t)	(f, A, 0, π, 2π, 3π, 4π, 5π, ωt(x), -A)
푸리에 변환 $f(t)$	$f(t) = \frac{A}{2} + \frac{2A}{\pi} \sum_{n=1}^{\infty} \cdot \frac{\sin\{(2n-1)\omega t\}}{2n-1}$	$f(t) = \frac{4A}{\pi} \sum_{n=1}^{\infty} \cdot \frac{\sin\{(2n-1)\omega t\}}{2n-1}$
비고	비대칭성 주기함수	대칭성 주기함수 (우함수, 반파대칭)

답 ①

69 그림의 교류 브리지 회로가 평형이 되는 조건은?

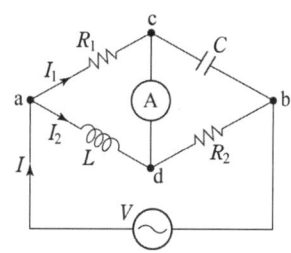

① $L = \frac{R_1 R_2}{C}$ ② $L = \frac{C}{R_1 R_2}$

③ $L = R_1 R_2 C$ ④ $L = \frac{R_2}{R_1} C$

풀이 브리지의 평형조건 : 서로 대각선으로 마주보고 있는 저항의 곱이 서로 같으면 평형이 된다.

$$R_1 R_2 = \omega L \cdot \frac{1}{\omega C}$$

$$\therefore L = R_1 R_2 C$$

답 ③

70 5[mH]인 두 개의 자기 인덕턴스가 있다. 결합계수를 0.2로부터 0.8까지 변화시킬 수 있다면 이것을 접속하여 얻을 수 있는 합성 인덕턴스의 최댓값과 최솟값은 각각 몇 [mH]인가?

① 18, 2   ② 18, 8
③ 20, 2   ④ 20, 8

풀이 합성 인덕턴스 $L_0 = L_1 + L_2 \pm 2M$ 이고 $M = k\sqrt{L_1 L_2}$ 이다.
합성 인덕턴스의 최댓값과 최솟값은 결합계수 $k = 0.8$일 때이므로

- 최대 : $L_0 = L_1 + L_2 + 2k\sqrt{L_1 L_2}$
  $= 5 + 5 + 2 \times 0.8 \times 5 = 18[mH]$
- 최소 : $L_0 = L_1 + L_2 - 2k\sqrt{L_1 L_2}$
  $= 5 + 5 - 2 \times 0.8 \times 5 = 2[mH]$

답 ①

71 구동점 임피던스(driving point impedance) 함수에 있어서 극점(pole)은?

① 단락회로 상태를 의미한다.
② 개방회로 상태를 의미한다.
③ 아무런 상태도 아니다.
④ 전류가 많이 흐르는 상태를 의미한다.

풀이
- 영점 : $Z(s)=0$이 되는 s의 값으로 회로의 단락 상태를 의미한다.
- 극점 : $Z(s)=\infty$가 되는 s의 값으로 회로의 개방 상태를 의미한다. **답** ②

72 $e^{j\omega t}$의 라플라스 변환은?

① $\dfrac{1}{s-j\omega}$ ② $\dfrac{1}{s+j\omega}$

③ $\dfrac{1}{s^2+\omega^2}$ ④ $\dfrac{\omega}{s^2+\omega^2}$

풀이 복소 추이 정리에 의해서
$$\mathcal{L}[1 \cdot e^{j\omega t}] = \dfrac{1}{s}\bigg|_{s=s-j\omega} = \dfrac{1}{s-j\omega}$$ **답** ①

73 다음의 상태방정식으로 표현되는 시스템의 상태천이행렬은?

$$\begin{bmatrix} \dfrac{d}{dt}x_1 \\ \dfrac{d}{dt}x_2 \end{bmatrix} = \begin{bmatrix} 0 & 1 \\ -3 & -4 \end{bmatrix} \begin{bmatrix} x_1 \\ x_2 \end{bmatrix}$$

① $\begin{bmatrix} 1.5e^{-t}-0.5e^{-3t} & -1.5e^{-t}+1.5e^{-3t} \\ 0.5e^{-t}-0.5e^{-3t} & -0.5e^{-t}+1.5e^{-3t} \end{bmatrix}$

② $\begin{bmatrix} 1.5e^{-t}-0.5e^{-3t} & 0.5e^{-t}-0.5e^{-3t} \\ -1.5e^{-t}+1.5e^{-3t} & -0.5e^{-t}+1.5e^{-3t} \end{bmatrix}$

③ $\begin{bmatrix} 1.5e^{-t}-0.5e^{-4t} & 0.5e^{-t}-0.5e^{-4t} \\ -1.5e^{-t}+1.5e^{-4t} & -0.5e^{-t}+1.5e^{-4t} \end{bmatrix}$

④ $\begin{bmatrix} 1.5e^{-t}-0.5e^{-4t} & -1.5e^{-t}+1.5e^{-4t} \\ 0.5e^{-t}-0.5e^{-4t} & -0.5e^{-t}+1.5e^{-4t} \end{bmatrix}$

풀이 $[sI-A] = \begin{bmatrix} s & 0 \\ 0 & s \end{bmatrix} - \begin{bmatrix} 0 & 1 \\ -3 & -4 \end{bmatrix} = \begin{bmatrix} s & -1 \\ 3 & s+4 \end{bmatrix}$

$\Phi(s) = [sI-A]^{-1} = \dfrac{1}{\begin{vmatrix} s & -1 \\ 3 & s+4 \end{vmatrix}} \begin{bmatrix} s+4 & 1 \\ -3 & s \end{bmatrix}$

$= \dfrac{1}{s^2+4s+3}\begin{bmatrix} s+4 & 1 \\ -3 & s \end{bmatrix}$

$= \begin{bmatrix} \dfrac{s+4}{(s+1)(s+3)} & \dfrac{1}{(s+1)(s+3)} \\ \dfrac{-3}{(s+1)(s+3)} & \dfrac{s}{(s+1)(s+3)} \end{bmatrix}$

$\therefore \Phi(t) = \mathcal{L}^{-1}\{[sI-A]^{-1}\}$

$= \begin{bmatrix} 1.5e^{-t}-0.5e^{-3t} & 0.5e^{-t}-0.5e^{-3t} \\ -1.5e^{-t}+1.5e^{-3t} & -0.5e^{-t}+1.5e^{-3t} \end{bmatrix}$ **답** ②

74 $G(s)H(s) = \dfrac{K}{s(s+4)(s+5)}$에서 근궤적이 $j\omega$(허수)축과 교차하는 점은?

① $\omega = 4.48$ ② $\omega = -4.48$
③ $\omega = 4.48, -4.48$ ④ $\omega = 2.28$

풀이 특성 방정식은
$s(s+4)(s+5)+K = s^3+9s^2+20s+K=0$
윗식의 루드 배열은

s^3	1	20
s^2	9	K(보조 방정식의 계수)
s^1	$\dfrac{180-K}{9}$	0
s^0	K	0

K의 임계값은 s^1의 제1열 요소를 0으로 놓아 얻을 수 있다.
$\dfrac{180-K}{9}=0 \qquad \therefore K=180$
허수축($j\omega$)을 끊은 점에서의 주파수 ω는
보조 방정식 $9s^2+K=0$에 $K=180$을 대입하면
$9s^2+180=0$
$\therefore s = \pm j\sqrt{20} = \pm 4.48j$ 이므로
$\therefore \omega = \pm 4.48$[rad/s] **답** ③

75 $F(z) = \dfrac{(1-e^{-aT})z}{(z-1)(z-e^{-aT})}$의 역 z변환은?

① $t \cdot e^{-at}$ ② $a^t \cdot e^{-at}$
③ $1+e^{-at}$ ④ $1-e^{-at}$

풀이
- 문제의 식을 정리하면
$F(z) = \dfrac{(1-e^{-aT})z}{(z-1)(z-e^{-aT})} = \dfrac{z-ze^{-aT}+z^2-z^2}{(z-1)(z-e^{-aT})}$
$= \dfrac{z(z-e^{-aT})-z(z-1)}{(z-1)(z-e^{-aT})} = \dfrac{z}{z-1}-\dfrac{z}{z-e^{-aT}}$

- 정리된 식을 아래의 표에 적용하면

$f(t)$	$F(s)$	$F(z)$
$\delta(t)$	1	1
$u(t)$	$\dfrac{1}{s}$	$\dfrac{z}{z-1}$
t	$\dfrac{1}{s^2}$	$\dfrac{Tz}{(z-1)^2}$
e^{-at}	$\dfrac{1}{s+a}$	$\dfrac{z}{z-e^{-aT}}$

$f(t)$는 $1-e^{-aT}$가 된다. **답** ④

76 어떤 자동 제어 계통의 극이 s 평면에 그림과 같이 주어지는 경우 이 시스템의 시간 영역에서 동작 상태는?

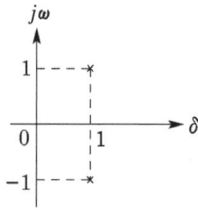

① 진동하지 않는다.   ② 감폭 진동한다.
③ 점점 더 크게 진동한다.   ④ 지속 진동한다.

풀이 s 평면에서의 근의 위치와 응답

s 평면상의 근의 위치	계단 응답
	$\varepsilon^{-at}\sin\omega t$ ($a=0$)
	$\varepsilon^{+xt}\sin\omega t$
	$\varepsilon^{-xt}\sin\omega t$

$\therefore f(t) = \mathcal{L}^{-1}[F(s)] = e^t \sin t$ 이므로, 점점 더 크게 진동한다.   **답** ③

77 제어계의 과도응답에서 감쇠비란?

① 제2 오버슈트를 최대 오버슈트로 나눈 값이다.
② 최대 오버슈트를 제2 오버슈트로 나눈 값이다.
③ 제2 오버슈트와 최대 오버슈트를 곱한 값이다.
④ 제2 오버슈트와 최대 오버슈트를 더한 값이다.

풀이 과도 응답의 소멸되는 속도를 나타낸 양을 감쇠비라고 한다.

$$감쇠비 = \frac{제2 오버슈트}{최대 오버슈트}$$

답 ①

78 다음 논리식을 간단히 하면?

$$X = \overline{A} \cdot \overline{B} + \overline{A} \cdot B + A \cdot B$$

① $\overline{A} + B$ ② $A + \overline{B}$
③ $\overline{A} + \overline{B}$ ④ $A + B$

풀이 $X = \overline{A} \cdot \overline{B} + \overline{A} \cdot B + A \cdot B$
$= \overline{A} \cdot \overline{B} + \overline{A} \cdot B + \overline{A} \cdot B + A \cdot B$
$= \overline{A} \cdot (\overline{B}+B) + (\overline{A}+A) \cdot B = \overline{A}+B$ **답** ①

79 안정한 제어계는 특성 방정식 $1+G(s)H(s)=0$의 근이 평면의 어느 곳에 있어야 하는가?

① s평면의 우반 평면   ② s의 허수축상
③ s평면의 좌반 평면   ④ s의 실수축상

풀이 특성방정식의 근의 위치에 따른 안정도 판별법

계의 안정도	근의 위치	
	s 평면의	z 평면상
안 정	좌반면	단위원 내부
불 안 정	우반면	단위원 외부
임계안정	허수축	단위 원주상

답 ③

80 그림의 블록선도에서 K에 대한 폐루프 전달함수 $T = \dfrac{C(s)}{R(s)}$의 감도 S_K^T는?

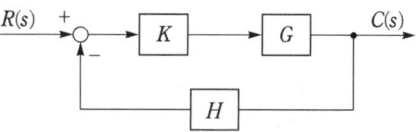

① $\dfrac{KG}{1+GH}$ ② $\dfrac{GH}{1+GH}$
③ $\dfrac{1}{1+KGH}$ ④ $\dfrac{1}{(1+KGH)^2}$

풀이 전달함수 $T = \dfrac{C(s)}{R(s)} = \dfrac{KG}{1+H \cdot KG}$

K에 대한 감도

$\therefore S_K^T = \dfrac{K}{T} \cdot \dfrac{dT}{dK} = \dfrac{K}{\dfrac{KG}{1+KGH}} \cdot \dfrac{d}{dK}\left(\dfrac{KG}{1+KGH}\right)$

$= \dfrac{1+KGH}{G} \cdot \dfrac{G(1+KGH) - KG(GH)}{(1+KGH)^2}$

$= \dfrac{1}{1+KGH}$ **답** ③

5과목 - 전기설비기술기준

81 발전소, 변전소, 개폐소의 시설부지조성을 위해 산지를 전용할 경우에 전용하고자 하는 산지의 평균 경사도는 몇 도 이하이어야 하는가?

① 10   ② 15
③ 20   ④ 25

풀이 기술기준 제21조의 2(발전소 등의 부지 시설조건)
부지조성을 위해 산지를 전용할 경우에는 전용하고자 하는 산지의 평균 경사도가 25도 이하여야 하며, 산지 전용면적 중 산지전용으로 발생되는 절·성토 경사면의 면적이 100분의 50을 초과해서는 아니 된다.   **답** ④

82 차량 기타 중량물의 압력을 받을 우려가 있는 장소에 지중전선로를 직접 매설식으로 시설하는 경우 매설깊이는 몇 [m] 이상이어야 하는가?

① 0.8   ② 1.0
③ 1.2   ④ 1.5

풀이 334.1 지중전선로의 시설
가. 지중 전선로는 전선에 케이블을 사용하고 또한 관로식·암거식 또는 직접 매설식에 의하여 시설하여야 한다.
나. 지중 전선로를 직접 매설식에 의하여 시설하는 경우에는 매설 깊이는
   ① 차량 기타 중량물의 압력을 받을 우려가 있는 장소 : 1.0[m] 이상
   ② 기타 장소 : 0.6[m] 이상   **답** ②

83 154[kV]인 특고압가공전선로를 인가가 밀집한 지역에 시설할 경우 전선로에 사용되는 전선의 단면적이 몇 [mm^2] 이상의 경동연선이어야 하는가?

① 38   ② 55
③ 100   ④ 150

풀이 333.1 시가지 등에서 특고압 가공전선로의 시설

사용전압의 구분	전선의 단면적
100[kV] 미만	인장강도 21.67[kN] 이상의 연선 또는 단면적 55[mm^2] 이상의 경동연선
100[kV] 이상	인장강도 58.84[kN] 이상의 연선 또는 단면적 150[mm^2] 이상의 경동연선

답 ④

84 고압 보안공사에서 지지물이 A종 철주인 경우 경간은 몇 [m] 이하인가?

① 100   ② 150
③ 250   ④ 400

풀이 332.10 고압 보안공사
고압 보안공사는 다음에 따라야 한다.
가. 전선은 케이블인 경우 이외에는 인장강도 8.01[kN] 이상의 것 또는 지름 5[mm] 이상의 경동선일 것.
나. 목주의 풍압하중에 대한 안전율은 1.5 이상일 것.
다. 경간은 표에서 정한 값 이하일 것.

지지물의 종류	경간
목주·A종 철주 또는 A종 철근 콘크리트주	100[m] 이하
B종 철주 또는 B종 철근 콘크리트주	150[m] 이하
철탑	400[m] 이하

답 ①

85 건축물 외부의 전기사용장소에서 그 전기사용장소에서의 전기사용을 목적으로 조영물에 고정시켜 시설하는 전선을 무엇이라고 하는가?

① 옥내배선   ② 옥외배선
③ 옥측배선   ④ 가공인입선

풀이 112 용어정의
① 옥내배선 : 건축물 내부의 전기사용장소에 고정시켜 시설하는 전선을 말한다.

② 옥외배선 : 건축물 외부의 전기사용장소에서 그 전기사용장소에서의 전기사용을 목적으로 고정시켜 시설하는 전선을 말한다.
③ 옥측배선 : 건축물 외부의 전기사용장소에서 그 전기사용장소에서의 전기사용을 목적으로 조영물에 고정시켜 시설하는 전선을 말한다.
④ 가공인입선 : 가공전선로의 지지물로부터 다른 지지물을 거치지 아니하고 수용장소의 붙임점에 이르는 가공전선을 말한다.

답 ③

86 다음은 무엇에 관한 설명인가?

> 발전기·원동기·연료전지·태양전지·해양에너지발전설비·전기저장장치 그 밖의 기계기구[비상용 예비전원을 얻을 목적으로 시설하는 것 및 휴대용 발전기를 제외한다]를 시설하여 전기를 생산[원자력, 화력, 신재생에너지 등을 이용하여 전기를 발생시키는 것과 양수발전, 전기저장장치와 같이 전기를 다른 에너지로 변환하여 저장 후 전기를 공급하는 것]하는 곳을 말한다.

① 변전소 ② 발전소
③ 개폐소 ④ 급전소

풀이 기술기준 제3조(정의)
① 발전소 : 발전기·원동기·연료전지·태양전지·해양에너지발전설비·전기저장장치 그 밖의 기계기구[비상용 예비전원을 얻을 목적으로 시설하는 것 및 휴대용 발전기를 제외한다]를 시설하여 전기를 생산[원자력, 화력, 신재생에너지 등을 이용하여 전기를 발생시키는 것과 양수발전, 전기저장장치와 같이 전기를 다른 에너지로 변환하여 저장 후 전기를 공급하는 것]하는 곳을 말한다.
② 변전소 : 변전소의 밖으로부터 전송받은 전기를 변전소 안에 시설한 변압기·전동발전기·회전변류기·정류기 그 밖의 기계기구에 의하여 변성하는 곳으로서 변성한 전기를 다시 변전소 밖으로 전송하는 곳을 말한다.
③ 개폐소 : 개폐소 안에 시설한 개폐기 및 기타 장치에 의하여 전로를 개폐하는 곳으로서 발전소·변전소 및 수용장소 이외의 곳을 말한다.
④ 급전소 : 전력계통의 운용에 관한 지시 및 급전조작을 하는 곳을 말한다.

답 ②

87 전기철도차량의 집전장치와 접촉하여 전력을 공급하기 위한 전선을 무엇이라 하는가?

① 급전선 ② 급전선로
③ 전차선 ④ 전차선로

풀이 402 전기철도의 용어 정의
① 전기철도용 급전선 : 전기철도용 변전소로부터 다른 전기철도용 변전소 또는 전차선에 이르는 전선을 말한다.
② 전기철도용 급전선로 : 전기철도용 급전선 및 이를 지지하거나 수용하는 시설물을 말한다.
③ **전차선** : 전기철도차량의 집전장치와 접촉하여 전력을 공급하기 위한 전선을 말한다.
④ 전차선로: 전기철도차량에 전력을 공급하기 위하여 선로를 따라 설치한 시설물로서 전차선, 급전선, 귀선과 그 지지물 및 설비를 총괄한 것을 말한다.

답 ③

88 35[kV] 기계 기구, 모선 등을 옥외에 시설하는 변전소의 구내에 취급자 이외의 사람이 들어가지 않도록 울타리를 시설하는 경우에 울타리의 높이와 울타리로부터 충전 부분까지의 거리의 합계는 몇 [m]인가?

① 5 ② 6
③ 7 ④ 8

풀이 351.1 발전소 등의 울타리·담 등의 시설
가. 울타리·담 등의 높이는 2[m] 이상으로 하고 지표면과 울타리·담 등의 하단 사이의 간격은 0.15[m] 이하로 할 것.
나. 울타리·담 등의 높이와 울타리·담 등으로부터 충전부분까지 거리의 합계는 표에서 정한 값 이상으로 할 것.

사용전압의 구분	울타리·담 등의 높이와 울타리·담 등으로부터 충전 부분까지의 거리의 합계
35[kV] 이하	5[m]
35[kV] 초과 160[kV] 이하	6[m]
160[kV] 초과	• 거리의 합계 = 6 + 단수 × 0.12[m] • 단수 = $\dfrac{\text{사용전압[kV]}-160}{10}$ 단수 계산에서 소수점 이하는 절상

답 ①

89 전기욕기에 전기를 공급하는 전원 장치는 전기욕기용으로 내장되어 있는 2차측 전로의 사용전압을 몇 [V] 이하로 한정하고 있는가?

① 6 ② 10
③ 12 ④ 15

풀이 241.2 전기욕기
전기욕기에 전기를 공급하기 위한 전기욕기용 전원장치(내장되는 전원 변압기의 2차측 전로의 사용전압이 10[V] 이하의 것에 한한다)는 안전기준에 적합하여야 한다. **답** ②

90 라이팅덕트공사에 의한 저압 옥내배선에서 덕트의 지지점 간의 거리는 몇 [m] 이하인가?

① 2 ② 3
③ 4 ④ 5

풀이 232.71 라이팅덕트공사
가. 덕트의 지지점 간의 거리는 2[m] 이하로 할 것.
나. 덕트의 끝부분은 막을 것.
다. 덕트의 개구부는 아래로 향하여 시설할 것.
라. 덕트를 사람이 용이하게 접촉할 우려가 있는 장소에 시설하는 경우에는 전로에 지락이 생겼을 때에 자동적으로 전로를 차단하는 장치를 시설할 것.
답 ①

91 주택용 배선차단기의 정격전류를 I_n이라고 할 때, B형의 순시트립범위는 어떻게 되는가?

① $3I_n$ 초과 ~ $5I_n$ 이하
② $5I_n$ 초과 ~ $10I_n$ 이하
③ $10I_n$ 초과 ~ $20I_n$ 이하
④ $20I_n$ 초과 ~ $30I_n$ 이하

풀이 212.3.4 보호장치의 특성
순시트립에 따른 구분(주택용 배선차단기)

형	순시트립범위
B	$3I_n$ 초과 ~ $5I_n$ 이하
C	$5I_n$ 초과 ~ $10I_n$ 이하
D	$10I_n$ 초과 ~ $20I_n$ 이하

비고 1. B, C, D : 순시트립전류에 따른 차단기 분류
2. I_n : 차단기 정격전류 **답** ①

92 우리나라 전기철도의 전력수급조건 및 전차선로의 전압에 대하여 옳지 않은 것은?

① 주파수(실효값)는 60[Hz]이다.
② 직류방식에서 최고 비영구 전압은 지속시간이 3분 이하로 예상되는 전압의 최고값으로 한다.
③ 공칭전압(수전전압)은 22.9[kV], 154[kV], 345[kV]가 있다.
④ 교류방식에서 최저 비영구 전압은 지속시간이 2분 이하로 예상되는 전압의 최저값으로 한다.

풀이 411.1 전력수급조건
공칭전압(수전전압) (kV) : 교류 3상 22.9, 154, 345

411.2 전차선로의 전압
1. **직류방식** : 최고 비영구 전압은 지속시간이 5분 이하로 예상되는 전압의 최고값으로 하되, 기존 운행 중인 전기철도차량과의 인터페이스를 고려한다.
2. **교류방식** : 주파수(실효값)는 60[Hz], 최저 비영구 전압은 지속시간이 2분 이하로 예상되는 전압의 최저값으로 하되, 기존 운행 중인 전기철도차량과의 인터페이스를 고려한다. **답** ②

93 저압 옥내전로의 인입구에 가까운 곳으로서 쉽게 개폐할 수 있는 곳에 개폐기를 시설하여야 한다. 그러나 사용전압이 400[V] 이하인 옥내전로로서 다른 옥내전로에 접속하는 길이가 몇 [m] 이하인 경우는 개폐기를 생략할 수 있는가? (단, 정격전류가 16[A] 이하인 과전류 차단기 또는 정격전류가 16[A]를 초과하고 20[A] 이하인 배선용 차단기로 보호되고 있는 것에 한한다.)

① 15 ② 20
③ 25 ④ 30

풀이 212.6.2 저압 옥내전로 인입구에서의 개폐기의 시설
가. 저압 옥내전로에는 인입구에 가까운 곳으로서 쉽게 개폐할 수 있는 곳에 개폐기를 각 극에 시설하여야 한다.
나. 사용전압이 400[V] 이하인 옥내 전로로서 다른 옥내전로(정격전류가 16[A] 이하인 과전류 차단기 또는 정격전류가 16[A]를 초과하고 20[A] 이하인 배선용 차단기로 보호되고 있는 것에 한한다)에 접속하는 길이 15[m] 이하의 전로에서 전기의 공급을 받는 것은 개폐기를 생략 할 수 있다. **답** ①

94 풍력터빈의 피뢰설비 시설기준에 대한 설명으로 틀린 것은?

① 풍력터빈에 설치한 피뢰설비(리셉터, 인하도선 등)의 기능저하로 인해 다른 기능에 영향을 미치지 않을 것
② 풍력터빈 내부의 계측 센서용 케이블은 금속관 또는 차폐케이블 등을 사용하여 뇌유도과전압으로부터 보호할 것
③ 풍력터빈에 설치하는 인하도선은 쉽게 부식되지 않는 금속선으로서 뇌격전류를 안전하게 흘릴 수 있는 충분한 굵기여야 하며, 가능한 직선으로 시설할 것
④ 수뢰부를 풍력터빈 중앙부분에 배치하되 뇌격전류에 의한 발열에 용손(溶損)되지 않도록 재질, 크기, 두께 및 형상 등을 고려할 것

풀이 532.3.5 피뢰설비
풍력터빈의 피뢰설비는 다음에 따라 시설하여야 한다.
가. **수뢰부를 풍력터빈 선단부분 및 가장자리 부분에 배치**하되 뇌격전류에 의한 발열에 용손(溶損)되지 않도록 재질, 크기, 두께 및 형상 등을 고려할 것
나. 풍력터빈에 설치하는 인하도선은 쉽게 부식되지 않는 금속선으로서 뇌격전류를 안전하게 흘릴 수 있는 충분한 굵기여야 하며, 가능한 직선으로 시설할 것
다. 풍력터빈 내부의 계측 센서용 케이블은 금속관 또는 차폐케이블 등을 사용하여 뇌유도과전압으로부터 보호할 것
라. 풍력터빈에 설치한 피뢰설비(리셉터, 인하도선 등)의 기능저하로 인해 다른 기능에 영향을 미치지 않을 것

답 ④

95 사용전압이 22.9[kV]인 특고압 가공전선이 도로를 횡단하는 경우, 지표상 높이는 최소 몇 [m] 이상인가?

① 4.5 ② 5 ③ 5.5 ④ 6

풀이 333.7 특고압 가공전선의 높이

전압의 범위	일반 장소	도로 횡단	철도 또는 궤도횡단	횡단보도교
35[kV] 이하	5[m]	6[m]	6.5[m]	4[m](특고압 절연전선 또는 케이블 사용)
35[kV] 초과 160[kV] 이하	6[m]	6[m]	6.5[m]	5[m](케이블 사용)
	산지 등에서 사람이 쉽게 들어갈 수 없는 장소 : 5[m] 이상			

전압의 범위	일반 장소	도로 횡단	철도 또는 궤도횡단	횡단보도교
160[kV] 초과	일반장소			가공전선의 높이 = 6 + 단수 × 0.12[m]
	철도 또는 궤도횡단			가공전선의 높이 = 6.5 + 단수 × 0.12[m]
	산지			가공전선의 높이 = 5 + 단수 × 0.12[m]

※ 단수 = $\frac{\text{전압[kV]}-160}{10}$ … 단수 계산에서 소수점 이하는 절상

답 ④

96 화약류 저장소에 백열전등이나 형광등 또는 이들에 전기를 공급하기 위한 전기설비(개폐기 및 과전류 차단기를 제외한다)를 시설할 때 전로의 대지전압은 몇 [V] 이하여야 하는가?

① 150 ② 300 ③ 500 ④ 750

풀이 242.5 화약류 저장소 등의 위험장소
화약류 저장소 안에는 전기설비를 시설해서는 안 된다. 다만, 백열전등이나 형광등 또는 이들에 전기를 공급하기 위한 전기설비(개폐기 및 과전류 차단기를 제외한다)는 다음에 따라 시설하는 경우에는 그러하지 아니하다.
가. **전로에 대지전압은 300[V] 이하일 것.**
나. 전기기계기구는 전폐형의 것일 것.
다. 전로에 지락이 생겼을 때에 자동적으로 전로를 차단하거나 경보하는 장치를 시설하여야 한다.

답 ②

97 가공전선로의 지지물에 사용하는 지선의 시설과 관련된 내용으로 옳지 않은 것은?

① 지선의 안전율은 2.5 이상일 것
② 지중부분 및 지표상 0.3[m] 까지의 부분에는 내식성이 있는 철봉을 사용하고 쉽게 부식되지 않는 근가에 견고하게 붙일 것
③ 소선의 지름 2.6[mm] 이상인 금속선 5가닥 이상의 연선일 것
④ 지선근가는 지선의 인장하중을 견디도록 시설할 것

풀이 331.11 지선의 시설
가공전선로의 지지물에 시설하는 지지선은 다음에 따라야 한다.
가. 지선의 안전율은 2.5 이상일 것. 이 경우에 허용 인장하중의 최저는 4.31[kN]으로 한다.
나. 지선에 연선을 사용할 경우에는 다음에 의할 것.

① 소선 3가닥 이상의 연선일 것.
② 소선의 지름이 2.6[mm] 이상의 금속선을 사용한 것일 것.
다. 지중부분 및 지표상 0.3[m] 까지의 부분에는 내식성이 있는 것 또는 아연도금을 한 철봉을 사용하고 쉽게 부식되지 않는 전주 버팀대에 견고하게 붙일 것. 다만, 목주에 시설하는 지지선에 대해서는 적용하지 않는다.
라. 지지선의 전주 버팀대는 지지선의 인장하중을 견디도록 시설할 것.

답 ③

98 아파트 세대 욕실에 "비데용 콘센트"를 시설하고자 한다. 다음의 시설방법 중 적합하지 않은 것은?

① 콘센트는 접지극이 없는 것을 사용한다.
② 습기가 많은 장소에 시설하는 콘센트는 방습장치를 하여야 한다.
③ 콘센트를 시설하는 경우에는 절연변압기(정격용량 3[kVA] 이하인 것에 한한다.)로 보호된 전로에 접속하여야 한다.
④ 콘센트를 시설하는 경우에는 인체감전보호용 누전차단기(정격감도전류 15[mA] 이하, 동작시간 0.03초 이하의 전류동작형의 것에 한한다.)로 보호된 전로에 접속하여야 한다.

풀이 234.5 콘센트의 시설
욕조나 샤워시설이 있는 **욕실 또는 화장실** 등 인체가 물에 젖어있는 상태에서 전기를 사용하는 장소에 콘센트를 시설하는 경우에는 다음에 따라 시설하여야한다.
가. 인체감전보호용 누전차단기(정격감도전류 15[mA] 이하, 동작시간 0.03[초] 이하의 전류동작형의 것에 한한다) 또는 절연 변압기(정격용량 3[kVA] 이하인 것에 한한다)로 보호된 전로에 접속하거나, 인체감전보호용 누전차단기가 부착된 콘센트를 시설하여야 한다.
나. 콘센트는 **접지극이 있는 방적형 콘센트를 사용**하여 규정에 준하여 접지하여야 한다.

답 ①

99 태양전지 발전소에 시설하는 태양전지 모듈, 전선 및 개폐기 기타 기구의 시설기준에 대한 내용으로 틀린 것은?

① 충전부분은 노출되지 아니하도록 시설할 것
② 옥내에 시설하는 경우에는 전선을 케이블 공사로 시설할 수 있다.
③ 태양전지 모듈의 프레임은 지지물과 전기적으로 완전하게 접속하여야 한다.
④ 태양전지 모듈을 병렬로 접속하는 전로에는 과전류차단기를 시설하지 않아도 된다.

풀이 522 태양광설비의 시설
가. 전선은 공칭단면적 2.5[mm^2] 이상의 연동선 또는 이와 동등 이상의 세기 및 굵기의 것일 것.
나. 배선설비 공사는 옥내에 시설할 경우에는 합성수지관공사, 금속관공사, 금속제 가요전선관공사, 케이블공사의 규정에 준하여 시설할 것.
다. **모듈을 병렬로 접속**하는 전로에는 그 주된 전로에 단락전류가 발생할 경우에 **전로를 보호하는 과전류차단기 또는 기타 기구를 시설할 것**
라. 태양전지 모듈에 접속하는 부하측의 태양전지 어레이에서 전력변환장치에 이르는 전로에는 그 접속점에 근접하여 개폐기 기타 이와 유사한 기구(부하전류를 개폐할 수 있는 것에 한한다)를 시설할 것

답 ④

100 다음 통신설비의 식별표시에 대한 설명 중 옳지 않은 것은?

① 분기주, 인류주는 매 전주에 설비표시명판을 시설하여야 한다.
② 직선주는 전주 10경간마다 설비표시명판을 시설하여야 한다.
③ 전력구내 행거는 50[m] 간격으로 설비표시명판을 시설하여야 한다.
④ 모든 통신기기에는 식별이 용이하도록 인식용 표찰을 부착하여야 한다.

풀이 365.1 통신설비의 식별표시
통신설비의 식별은 다음에 따라 표시하여야 한다.
가. 모든 통신기기에는 식별이 용이하도록 인식용 표찰을 부착하여야 한다.
나. 통신사업자의 설비표시명판은 플라스틱 및 금속판 등 견고하고 가벼운 재질로 하고 글씨는 각인하거나 지워지지 않도록 제작된 것을 사용하여야 한다.
다. 설비표시명판 시설기준
  (1) 배전주에 시설하는 통신설비의 설비표시명판은 다음에 따른다.
    ㈎ **직선주는 전주 5경간마다 시설할 것.**
    ㈏ 분기주, 인류주는 매 전주에 시설할 것.
  (2) 지중설비에 시설하는 통신설비의 설비표시명판은 다음에 따른다.
    ㈎ 관로는 맨홀마다 시설할 것.
    ㈏ 전력구내 행거는 50[m] 간격으로 시설할 것.

답 ②

2025년 2회 전기기사필기 (CBT 복원문제)

동일출판사 홈페이지에서 무료 동영상강의를 보실 수 있습니다.

1과목 - 전기자기

01 각종 전기기기에 접지하는 이유로 가장 옳은 것은?

① 편의상 대지는 전위가 영상 전위이기 때문이다.
② 대지는 습기가 있기 때문에 전류가 잘 흐르기 때문이다.
③ 영상전하로 생각하여 땅속은 음(-) 전하이기 때문이다.
④ 지구의 정전용량이 커서 전위가 거의 일정하기 때문이다.

풀이 지구는 정전용량이 크므로 많은 전하가 축적되어도 지구의 전위는 일정하다. 따라서 대지를 실용상 영(0)전위로 한다. **답** ④

02 영구자석에 관한 설명으로 옳지 않은 것은?

① 한번 자화된 다음에는 자기를 영구적으로 보존하는 자석이다.
② 보자력이 클수록 자계가 강한 영구자석이 된다.
③ 잔류 자속밀도가 클수록 자계가 강한 영구자석이 된다.
④ 자석재료로 폐회로를 만들면 강한 영구자석이 된다.

풀이
- 강자성체에 자계를 가하면 자화되어 **자계를 가하지 않아도 자화가 남아 영구자석이 된다.**
- 영구자석의 재료는 히스테리시스 곡선의 면적 및 보자력이 크고, 잔류 자속 밀도도 큰 것이 좋다.
- 자석 재료에 외부에서 큰 자계를 가해야 자화되어 영구자석이 된다. **답** ④

03 반지름 a[m]이고, $N=10$회의 원형 코일에 I[A]의 전류가 흐를 때 그 코일의 중심점에서의 자계의 세기 [AT/m]는?

① $\dfrac{I}{2\pi a}$ ② $\dfrac{I}{4\pi a}$ ③ $\dfrac{5I}{2a}$ ④ $\dfrac{5I}{a}$

풀이 원형 코일 중심의 자계의 세기는 $H_0 = \dfrac{NI}{2a}$ 이고, 코일수 $N=10$회이므로,

$\therefore H_0 = \dfrac{10I}{2a} = \dfrac{5I}{a}$ [AT/m] **답** ④

04 막대 자석의 회전력을 나타내는 식으로 옳은 것은? 단, 막대 자석의 자기 모멘트 M[wb·m]와 균등 자계 H[A/m]와의 이루는 각 θ는 $0° < \theta < 90°$라 한다.

① $\boldsymbol{M} \times \boldsymbol{H}$ [N·m/rad]
② $\boldsymbol{H} \times \boldsymbol{M}$ [N·m/rad]
③ $\mu_o \boldsymbol{H} \times \boldsymbol{M}$ [N·m/rad]
④ $\boldsymbol{M} \times \mu_o \boldsymbol{H}$ [N·m/rad]

풀이 자계 중의 자석에 작용하는 토크는
$T_\theta = MH\sin\theta$ [N·m]
$\therefore \boldsymbol{T} = \boldsymbol{M} \times \boldsymbol{H}$ [N·m] **답** ①

05 최대 전계 $E_m = 6$[V/m]인 평면 전자파가 수중을 전파할 때 자계의 최대치는 약 몇 [AT/m]인가? (단, 물의 비유전율 $\epsilon_s = 80$, 비투자율 $\mu_s = 1$이다.)

① 0.071[AT/m] ② 0.142[AT/m]
③ 0.284[AT/m] ④ 0.426[AT/m]

풀이
$\dfrac{E}{H} = \sqrt{\dfrac{\mu}{\epsilon}} = \sqrt{\dfrac{\mu_0}{\epsilon_0}} \cdot \sqrt{\dfrac{\mu_s}{\epsilon_s}} = 377\sqrt{\dfrac{\mu_s}{\epsilon_s}} = 377\sqrt{\dfrac{1}{80}}$

$\dfrac{E_m}{H_m} = \dfrac{377}{\sqrt{80}}$

$\therefore H_m = \dfrac{\sqrt{80}\,E_m}{377} = \dfrac{\sqrt{80}\times 6}{377} = 0.142$[AT/m] **답** ②

06 그림과 같이 무한 평면도체로부터 d[m] 떨어진 점에 $+Q$[C]의 점전하가 있을 때 $\frac{d}{2}$[m]인 P점에 있어서의 전계의 세기는 몇 [V/m]인가?

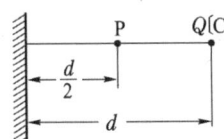

① $\dfrac{Q}{3\pi\epsilon_0 d}$ ② $\dfrac{8Q}{9\pi\epsilon_0 d^2}$

③ $\dfrac{10Q}{9\pi\epsilon_0 d^2}$ ④ $\dfrac{Q}{\pi\epsilon_0 d^2}$

풀이
- 점전하에 의한 전계 $E_+ = \dfrac{Q}{4\pi\epsilon_0\left(\frac{d}{2}\right)^2} = \dfrac{Q}{\pi\epsilon_0 d^2}$
- 영상전하에 의한 전계 $E_- = \dfrac{Q}{4\pi\epsilon_0\left(\frac{3}{2}d\right)^2} = \dfrac{Q}{9\pi\epsilon_0 d^2}$

$E = E_+ + E_- = \dfrac{Q}{\pi\epsilon_0 d^2} + \dfrac{Q}{9\pi\epsilon_0 d^2} = \dfrac{10Q}{9\pi\epsilon_0 d^2}$

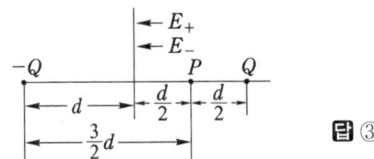

답 ③

07 전류 $+I$와 전하 $+Q$가 무한히 긴 직선상의 도체에 각각 주어졌고 이들 도체는 진공 속에서 각각 투자율과 유전율이 무한대인 물질로 된 무한대 평면과 평행하게 놓여 있다. 이 경우 영상법에 의한 영상 전류와 영상 전하는? 단, 전류는 직류이다.

① 영상전류 : $-I$, 영상전하 : $-Q$
② 영상전류 : $-I$, 영상전하 : $+Q$
③ 영상전류 : $+I$, 영상전하 : $-Q$
④ 영상전류 : $+I$, 영상전하 : $+Q$

풀이 무한 평면에 의한 영상분은 크기가 같고 부호는 반대이다.

답 ①

08 공간 내에 자계 $H = K\sin x \boldsymbol{a}_y$[A/m]가 주어진다. 이 자계를 형성하는 전류밀도 i[A/m²]는?

① $K\sin x \boldsymbol{a}_z$ ② $K\cos x \boldsymbol{a}_x$
③ $K\sin x \boldsymbol{a}_z$ ④ $K\cos x \boldsymbol{a}_z$

풀이 전류밀도

$i = \nabla \times H = \left(\dfrac{\partial}{\partial x}\boldsymbol{a}_x + \dfrac{\partial}{\partial y}\boldsymbol{a}_y + \dfrac{\partial}{\partial z}\boldsymbol{a}_z\right) \times K\sin x \boldsymbol{a}_y$

$= \dfrac{\partial}{\partial x} K\sin x \boldsymbol{a}_z - \dfrac{\partial}{\partial z} K\sin x \boldsymbol{a}_x = K\cos x \boldsymbol{a}_z$ [A/m²]

답 ④

09 전위함수가 $V = \dfrac{10}{x^2 + y^2}$[V]일 때 점(2, 1)에 있어서 전계의 세기[V/m]는?

① $-\dfrac{4}{5}(2i+j)$ ② $-\dfrac{5}{4}(2i+j)$
③ $\dfrac{4}{5}(2i+j)$ ④ $\dfrac{5}{4}(2i+j)$

풀이
$E = -\operatorname{grad} V = -\left(i\dfrac{\partial}{\partial x} + j\dfrac{\partial}{\partial y}\right)\left(\dfrac{10}{x^2+y^2}\right)$

$= i\dfrac{20x}{(x^2+y^2)^2} + j\dfrac{20y}{(x^2+y^2)^2}$

$\therefore |E|_{x=2, y=1} = i\dfrac{20\times 2}{(2^2+1^2)^2} + j\dfrac{20\times 1}{(2^2+1^2)^2}$

$= \dfrac{4}{5}(2i+j)$

답 ③

10 동일한 금속 도선의 두 점 간에 온도차를 주고 고온쪽에서 저온쪽으로 전류를 흘리면, 줄열 이외에 도선 속에서 열이 발생하거나 흡수가 일어나는 현상을 지칭하는 것은?

① 제벡 효과 ② 톰슨 효과
③ 펠티에 효과 ④ 볼타 효과

풀이
- **제벡 효과** : 두 종류 금속 접속면에 온도차가 있으면 기전력이 발생하는 효과
- **톰슨 효과** : 동일한 금속 도선의 두 점 간에 온도차를 주고, 고온 쪽에서 저온 쪽으로 전류를 흘리면 도선 속에서 **열이 발생되거나 흡수가 일어나는 현상**
- **펠티에 효과** : 두 종류 금속 접속면에 전류를 흘리면 접속점에서 열의 흡수, 발생이 일어나는 효과

답 ②

11 정전용량이 각각 C_1, C_2, 그 사이의 상호유도계수가 M인 절연된 두 도체가 있다. 두 도체를 가는 선으로 연결할 경우, 정전용량은 어떻게 표현되는가?

① $C_1 + C_2 - M$
② $C_1 + C_2 + M$
③ $C_1 + C_2 + 2M$
④ $2C_1 + 2C_2 + M$

풀이 $\begin{cases} Q_1 = q_{11}V_1 + q_{12}V_2 \\ Q_2 = q_{21}V_1 + q_{22}V_2 \end{cases}$ 에서

$q_{11} = C_1$, $q_{22} = C_2$, $q_{12} = q_{21} = M$

두 도체를 가는 선으로 연결하면 등전위가 되어 $V_1 = V_2 = V$이므로

$\begin{cases} Q_1 = (q_{11} + q_{12})V = (C_1 + M)V \\ Q_2 = (q_{21} + q_{22})V = (M + C_2)V \end{cases}$

$\therefore C = \dfrac{Q_1 + Q_2}{V} = \dfrac{(C_1 + M)V + (M + C_2)V}{V}$
$= C_1 + C_2 + 2M$ **답** ③

12 $E = i + 2j + 3k$ [V/cm]로 표시되는 전계가 있다. $0.01[\mu C]$의 전하를 원점으로부터 $3i$ [m]로 움직이는 데 필요한 일은 몇 [J]인가?

① 3×10^{-8}
② 3×10^{-7}
③ 3×10^{-6}
④ 3×10^{-5}

풀이 $W = F \cdot r = QE \cdot r$
$= 0.01 \times 10^{-6} \times (i + 2j + 3k) \cdot (3i) \times 10^2$
$= 0.01 \times 10^{-6} \times 3 \times 10^2 = 0.03 \times 10^{-4}$
($\because i \cdot i = 1$, $j \cdot i = 0$, $k \cdot i = 0$)
$= 3 \times 10^{-6}$ [J] **답** ③

13 그림과 같은 회로에서 스위치를 최초 A에 연결하여 일정전류 I_0[A]를 흘린 다음, 스위치를 급히 B로 전환할 때 저항 $R[\Omega]$에는 1[s] 간에 얼마만한 열량[cal]이 발생하는가?

① $\dfrac{1}{8.4}LI_0^2$
② $\dfrac{1}{4.2}LI_0^2$
③ $\dfrac{1}{2}LI_0^2$
④ LI_0^2

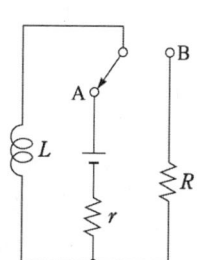

풀이 스위치를 전원에서 제거하면, L에 축적된 에너지가 R에서 열로 소모된다.

$\therefore W = \dfrac{1}{2}LI^2$ [J] $= \dfrac{1}{2}LI_0^2 \times \dfrac{1}{4.2}$ [cal]
$= \dfrac{1}{8.4}LI_0^2$ [cal] ($\because$ 1[J] $= \dfrac{1}{4.2}$ [cal]) **답** ①

14 도체 내에서 변위전류의 영향을 무시할 수 있는 조건은? (단, K : 도전도(導電度) 또는 도전율[℧/m], ϵ : 유전율[F/m], f : 교번 전자계의 주파수[Hz]이다.)

① $\dfrac{K}{2\pi\epsilon} \gg f$
② $\dfrac{K}{2\pi\epsilon} \ll f$
③ $\dfrac{\epsilon}{2\pi K} \gg f$
④ $\dfrac{\epsilon}{2\pi K} \ll f$

풀이 도체 내의 전도전류밀도와 변위전류밀도는
- 전도전류밀도 $i_c = KE$
- 변위전류밀도 $i_d = \dfrac{dD}{dt}$

변위전류는 도함수와 복소수의 변환 관계 $\dfrac{d}{dt} \to j\omega$ 와 $D = \epsilon E$로부터

$i_d = \dfrac{dD}{dt} = j\omega D = j\omega\epsilon E$

$i_d = |i_d| = \omega D = \omega\epsilon E = 2\pi f \epsilon E$

전도전류가 변위전류 보다 매우 크면 변위전류의 영향을 무시할 수 있으므로

$i_c \gg i_d$, $KE \gg 2\pi f \epsilon E$, $K \gg 2\pi f \epsilon$

$\therefore \dfrac{K}{2\pi\epsilon} \gg f$

즉, 양도체의 조건 $K \gg \omega\epsilon$이 성립한다. **답** ①

15 어떤 영역 내에서 체적전하밀도가 매초 2×10^8 [C/m³]의 비율로 감소할 때, 반지름 10^{-5}[m]의 구면을 통해 흘러 나가는 전류는 몇 [μA]인가?

① 0.938
② 0.838
③ 0.738
④ 0.638

풀이 전류의 정의 : 어떤 공간에서 폐곡면에 유입(증가) 또는 유출(감소)하는 전하량의 시간적 변화율

수학적 표현 : $I = \dfrac{dQ}{dt}$ $\begin{cases} \text{유입(증가)} : + \text{부호} \\ \text{유출(감소)} : - \text{부호} \end{cases}$

$$\begin{cases} ① -\dfrac{d\rho}{dt} = -2\times 10^8 \ : \ \text{문제의 수학적 표현} \\ ② \ V = \dfrac{4}{3}\pi r^3 = \dfrac{4}{3}\pi \times 10^{-15} \ : \ \text{구의 체적} \end{cases}$$

$$\therefore I = -\dfrac{dQ}{dt} = -\dfrac{d}{dt}\int_V \rho dv = -\dfrac{d\rho}{dt} \cdot V$$

$$= (-2\times 10^8) \times \left(\dfrac{4}{3}\pi \times 10^{-15}\right) = -0.838[\mu A]$$

(단, 부호 "-"는 전류의 유출 또는 감소를 의미하므로 전류는 0.838 $[\mu A]$이다.) **답** ②

16 $z=0$인 평면상에 중심이 원점에 있고 반경이 $a[m]$인 원형도체에 그림과 같이 전류 $I[A]$가 흐를 때 $z=b$인 점에서 자계의 세기는? (단, a_z는 단위 벡터이다.)

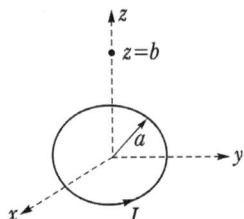

① $\dfrac{a^2 I}{2(a^2+b^2)^3} a_z [\text{AT/m}]$

② $\dfrac{aI}{2(a^2+b^2)^{\frac{3}{2}}} a_z [\text{AT/m}]$

③ $\dfrac{a^2 I}{2(a^2+b^2)^{\frac{3}{2}}} a_z [\text{AT/m}]$

④ $\dfrac{a^2 I}{2(a^2+b^2)^2} a_z [\text{AT/m}]$

풀이 원형전류에 의한 중심축상의 자위 U는 $U = \dfrac{I}{4\pi}\omega$ 이다.

z축상의 b인 점으로부터 코일을 바라본 입체각 ω는 $\omega = 2\pi(1-\cos\theta)$이므로

$$U = \dfrac{I}{4\pi}\omega = \dfrac{I}{4\pi}\times 2\pi(1-\cos\theta) = \dfrac{I}{2}\left(1-\dfrac{b}{\sqrt{a^2+b^2}}\right)$$

따라서, z축 방향의 자계의 세기 H_z는

$$H_z = -\dfrac{\partial U}{\partial z}a_z = \dfrac{a^2 I}{2(a^2+b^2)^{3/2}}a_z \ \text{가 된다.} \quad \textbf{답} \ ③$$

17 30[V/m]의 전계내의 80[V]되는 점에서 1[C]의 전하를 전계 방향으로 80[cm] 이동한 경우, 그 점의 전위[V]는?

① 9   ② 24
③ 30   ④ 56

풀이
$$V_{BA} = V_B - V_A = -\int_A^B \boldsymbol{E}\cdot d\boldsymbol{l} = -\int_0^{0.8} \boldsymbol{E}\cdot d\boldsymbol{l}$$
$$= -[30l]_0^{0.8} = -24[V]$$
$V_A = 80[V], \ V_{BA} = -24[V]$이므로
$$\therefore V_B = V_A + V_{BA} = 80 - 24 = 56[V] \quad \textbf{답} \ ④$$

18 유전율이 각각 다른 두 유전체가 서로 경계를 이루며 접해 있다. 다음 중 옳지 않은 것은? (단, 이 경계면에는 진전하 분포가 없다고 한다.)

① 경계면에서 전계의 접선 성분은 연속이다.
② 경계면에서 전속 밀도의 법선 성분은 연속이다.
③ 경계면에서 전계와 전속 밀도는 굴절한다.
④ 경계면에서 전계와 전속 밀도는 불변이다.

풀이
- 전속 밀도는 법선성분(수직 성분)이 같다.
  ($D_1\cos\theta_1 = D_2\cos\theta_2$)
- 전계는 접선성분(평행성분)이 같다.
  ($E_1\sin\theta_1 = E_2\sin\theta_2$)
- 두 경계면에서의 전위는 서로 같다. ($V_1 = V_2$)
- $\epsilon_1 > \epsilon_2$ 이면 $\theta_1 > \theta_2$ 이다.
  (전계와 전속밀도는 굴절한다.) **답** ④

19 대지면에 높이 $h[m]$로 평행하게 가설된 매우 긴 선전하가 지면으로부터 받는 힘은?

① h에 비례   ② h에 반비례
③ h^2에 비례 ④ h^2에 반비례

풀이 힘 $f = -\rho_L E = -\rho_L \cdot \dfrac{\rho_L}{2\pi\epsilon_0(2h)} = -\dfrac{\rho_L^2}{4\pi\epsilon_0 h}$

$$= -9\times 10^9 \cdot \dfrac{\rho_L^2}{h}[\text{N/m}]$$

(단, ρ_L : 선전하밀도[C/m])
따라서, h에 반비례한다. **답** ②

20 투자율을 μ라 하고 공기 중의 투자율 μ_0와 비투자율 μ_s의 관계에서 $\mu_s = \dfrac{\mu}{\mu_0} = 1 + \dfrac{\chi}{\mu_0}$로 표현된다. 이에 대한 설명으로 알맞은 것은? (단, χ는 자화율이다.)

① $\chi > 0$인 경우 역자성체
② $\chi < 0$인 경우 상자성체
③ $\mu_s > 1$인 경우 비자성체
④ $\mu_s < 1$인 경우 역자성체

풀이 ① 상자성체 : 자화가 자계와 같은 방향이므로 자화율 $\chi > 0$
② 반(역)자성체 : 자화가 자계와 반대 방향이므로 자화율 $\chi < 0$
③ 비투자율 $\mu_s = \dfrac{\mu}{\mu_0} = 1 + \dfrac{\chi}{\mu_0}$ 에서
• 상자성체에서는 자화율 $\chi > 0$ 이므로 비투자율 $\mu_s > 1$
• 반(역)자성체에서는 자화율 $\chi < 0$ 이므로 비투자율 $\mu_s < 1$ **답** ④

2과목 - 전력공학

21 발전기 보호용 비율 차동 계전기의 특성이 아닌 것은?

① 외부 단락시 오동작을 방지하고 내부 고장 시만 예민하게 동작한다.
② 계전기의 최소 동작 전류를 일정치로 고정시켜 비율에 의해 동작한다.
③ 발전기 전류와 계전기의 차전류의 비율에 의해 동작한다.
④ 외부 단락으로 전기자 전류 급증시 계전기의 최소 동작 전류도 증대된다.

풀이 비율 차동 계전기는 발전기 전류와 계전기의 차전류에 의해 동작하는 것이 아니고 **피보호기기(발전기, 변압기, ...)의 1차 전류와 2차 전류의 차가 일정 비율 이상으로 되었을 때 동작하는 계전기**로 변압기 및 발전기의 내부 고장 보호에 사용된다.   **답** ③

22 인터록(interlock)에 대한 설명이 맞는 것은?

① 차단기가 닫혀 있어야 단로기를 닫을 수 있다.
② 차단기가 열려 있어야 단로기를 닫을 수 있다.
③ 차단기와 단로기를 별도로 닫고, 열 수 있어야 한다.
④ 조작자의 의중에 따라 개폐되어야 한다.

풀이 단로기는 부하전류를 개폐할 수 없다. 따라서 단로기는 차단기가 열려 있어야 열고 닫을 수 있다.
즉, 인터록 장치를 두어 부하 통전 시 단로기를 열 수 없도록 하여야 한다.   **답** ②

23 3상 3선식에서 전선 한 가닥에 흐르는 전류는 단상 2선식의 경우의 몇 배가 되는가? (단, 송전전력, 부하역률, 송전거리, 전력손실 및 선간전압이 같다.)

① $\dfrac{1}{\sqrt{3}}$
② $\dfrac{2}{3}$
③ $\dfrac{3}{4}$
④ $\dfrac{4}{9}$

풀이
• 단상 2선식의 송전전력 $P_1 = V_1 I_1 \cos\theta_1$
• 3상 3선식의 송전전력 $P_3 = \sqrt{3} V_3 I_3 \cos\theta_3$
라고 하면, 주어진 조건(송전전력, 부하역률, 선간전압이 같다)에 의해
$VI_1 \cos\theta = \sqrt{3} VI_3 \cos\theta$
$\therefore I_3 = \dfrac{1}{\sqrt{3}} I_1$ **답** ①

24 전선의 표피 효과에 대한 설명으로 알맞은 것은?

① 전선이 굵을수록, 주파수가 높을수록 커진다.
② 전선이 굵을수록, 주파수가 낮을수록 커진다.
③ 전선이 가늘수록, 주파수가 높을수록 커진다.
④ 전선이 가늘수록, 주파수가 낮을수록 커진다.

풀이
$\delta = \sqrt{\dfrac{2}{\omega\sigma\mu}} = \sqrt{\dfrac{1}{\pi f\sigma\mu}}$
따라서, f(주파수), σ(도전율), μ(투자율) 가 클수록 표피 두께(δ)가 감소하므로 표피효과는 증대되어 도체의 실효저항이 증가한다. 답 ①

25 중거리 송전선로의 4단자 정수가 $A = 1.0$, $B = j190$, $D = 1.0$ 일 때 C의 값은 얼마인가?

① 0
② $-j120$
③ j
④ $j190$

풀이 $AD - BC = 1$ 이므로
$\therefore C = \dfrac{AD-1}{B} = \dfrac{1.0 \times 1.0 - 1}{j190} = 0$ 답 ①

26 그림과 같이 V결선 배전용 변압기의 저압측 단에서 양외측 선간 단락 시의 단락 전류는 몇 [A]인가? 단, 각 변압기의 내부 임피던스는 0.08[Ω]이고 선간 전압은 200[V]이다.

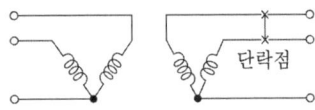

① 1250
② 1600
③ 2500
④ 3200

풀이 V결선 방식은 단상 변압기 2대를 결선하고 각 변압기의 내부 임피던스가 0.08[Ω]이므로 단락 전류는 옴의 법칙으로 해석하면,
$I_s = \dfrac{V}{Z} = \dfrac{200}{2 \times 0.08} = 1250 [A]$ 답 ①

27 공기차단기(ABB)의 공기 압력은 일반적으로 몇 [kg/cm²] 정도 되는가?

① 5~10
② 15~30
③ 30~45
④ 45~55

풀이 공기 차단기는 15~30[kg/cm²]의 압축 공기를 차단 시에 발생하는 아크에 분사하여 소호하는 전력개폐장치이다. 답 ②

28 그림과 같은 배전선이 있다. 급전점 O의 전압을 110[V]라 하면 C점의 전압은? (단, 선로 OA, AB, BC 간의 저항은 각각 0.2[Ω]이며, 부하역률은 100[%]이다.)

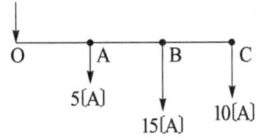

① 92[V]
② 97[V]
③ 99[V]
④ 104[V]

풀이
• $V_A = V_O - R_{OA} \cdot (I_A + I_B + I_C)$
  $= 110 - 0.2 \times (5 + 15 + 10) = 104[V]$
• $V_B = V_A - R_{AB} \cdot (I_B + I_C)$
  $= 104 - 0.2 \times (15 + 10) = 99[V]$
• $V_C = V_B - R_{BC} \cdot I_C = 99 - 0.2 \times 10$
  $= 97[V]$ 답 ②

29 피상전력 P[kVA], 역률 $\cos\theta$인 부하를 역률 100[%]로 개선하기 위한 전력용 콘덴서의 용량은 몇 [kVA]인가?

① $P\sqrt{1-\cos^2\theta}$
② $P\tan\theta$
③ $P\cos\theta$
④ $P\dfrac{\sqrt{1+\cos^2\theta}}{\cos\theta}$

풀이 역률을 100[%]로 하기 위한 콘덴서의 용량은 무효전력의 크기와 같으므로
$Q_c = P\sin\theta = P\sqrt{1-\cos^2\theta}$ 답 ①

30 송전선에 낙뢰가 가해져서 애자에 섬락이 생기면 아크가 생겨 애자가 손상되는 경우가 있다. 이것을 방지하기 위하여 사용되는 것은?

① 댐퍼(damper)
② 아머로드(armour rod)
③ 가공지선
④ 아킹혼(arcing horn)

풀이 ① 댐퍼 : 전선의 진동 방지
② 아머로드 : 전선의 진동 방지
③ 가공지선 : 뇌의 차폐
④ 아킹혼 : 섬락으로부터 애자련의 보호, 애자련의 전압 분포 개선 답 ④

31 그림과 같이 3상 평형의 순저항 부하에 단상 전력계를 연결하였을 때 전력계가 W[W]를 지시하였다. 이 3상 부하에서 소모하는 전체 전력 [W]은?

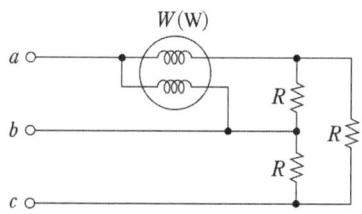

① $2W$
② $3W$
③ $\sqrt{2}\,W$
④ $\sqrt{3}\,W$

풀이 그림에서 단상전력 $W = V_l I_l \cos(30° - \theta)$이고, 순 저항 부하($\theta = 0°$)이므로
$$W = V_l I_l \cos 30° = \frac{\sqrt{3}}{2} V_l I_l \text{ [W]}$$
따라서 3상 전력 $P = \sqrt{3}\, V_l I_l = 2W$[W]   **답** ①

32 유효 낙차 50[m], 이론 출력 4,900[kW]인 수력 발전소가 있다. 이 발전소의 최대 사용 수량은 몇 [m³/sec]이겠는가?

① 10 ② 25
③ 50 ④ 75

풀이 출력 $P = 9.8QH$[kW]
$$\therefore Q = \frac{P}{9.8H} = \frac{4,900}{9.8 \times 50} = 10 \text{ [m}^3\text{/s]}$$ **답** ①

33 랭킨 사이클이 취하는 급수 및 증기의 올바른 순환 과정은?

① 등압가열 → 단열팽창 → 등압냉각 → 단열압축
② 단열팽창 → 등압가열 → 단열압축 → 등압냉각
③ 등압가열 → 단열압축 → 단열팽창 → 등압냉각
④ 등온가열 → 단열팽창 → 등온압축 → 단열압축

풀이 보일러(등압가열) → 터빈(단열팽창)
→ 복수기(등압냉각) → 급수 펌프(단열압축)   **답** ①

34 송전계통에서 절연협조의 기본이 되는 사항은?

① 애자의 섬락전압
② 권선의 절연내력
③ 피뢰기의 제한전압
④ 변압기 부싱의 섬락전압

풀이 계통 내의 각 기기, 기구 및 애자 등의 상호 간에 적정한 절연 강도를 지니게 함으로써 계통 설계를 합리적, 경제적으로 할 수 있게 한 것을 **절연협조**라고 하며 **피뢰기의 제한전압이 기본**이 된다.   **답** ③

35 발전기 또는 주변압기의 내부고장 보호용으로 가장 널리 쓰이는 것은?

① 거리계전기   ② 과전류계전기
③ 비율차동계전기 ④ 방향단락계전기

풀이 비율차동계전기는 변압기 내부고장에 대한 보호장치로 변압기 1차 전류와 2차 전류의 차 전류가 일정 비율 이상으로 되면 동작하는 계전기이다.   **답** ③

36 전력선과 통신선 사이에 차폐선을 설치하여, 각 선 사이의 상호 임피던스를 각각 Z_{12}, Z_{1s}, Z_{2s}라 하고 차폐선 자기 임피던스를 Z_s라 할 때, 차폐선을 설치함으로서 유도전압이 줄게 됨을 나타내는 차폐선의 차폐계수는? (단, Z_{12}는 전력선과 통신선과의 상호임피던스, Z_{1s}는 전력선과 차폐선과의 상호임피던스, Z_{2s}는 통신선과 차폐선과의 상호임피던스이다.)

① $\left|1 - \dfrac{Z_s Z_{12}}{Z_{1s} Z_{2s}}\right|$ ② $\left|1 - \dfrac{Z_{1s} Z_{2s}}{Z_s Z_{12}}\right|$

③ $\left|1 - \dfrac{Z_{1s} Z_{12}}{Z_s Z_{2s}}\right|$ ④ $\left|1 - \dfrac{Z_s Z_{2s}}{Z_{12} Z_{1s}}\right|$

풀이 $V_2 = -Z_{12} I_0 + Z_{2s} I_s = -Z_{12} I_0 + Z_{2s} \dfrac{Z_{1s} I_0}{Z_s}$
$= -Z_{12} I_0 \left(1 - \dfrac{Z_{1s} Z_{2s}}{Z_s Z_{12}}\right)$

이 식에 있어서 $-Z_{12} I_0$는 차폐선이 없을 경우의 유도 전압이기 때문에 $\left(1 - \dfrac{Z_{1s} Z_{2s}}{Z_s Z_{12}}\right)$는 차폐선을 설치함으로써 유도 전압이 이만큼 줄게 된다는 저감 비율을 나타내는 것으로서 차폐선의 **차폐 계수**라고 볼 수 있다.   **답** ②

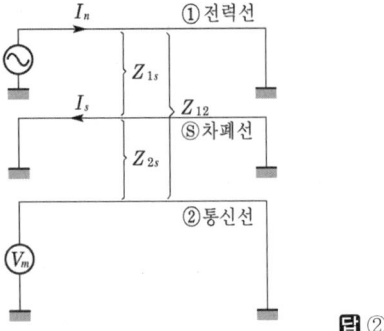

답 ②

차단기 종류	약어	소호 원리
자기 차단기	MBB	대기 중에서 전자력을 이용하여 아크를 소호실내로 유도해서 냉각차단
공기차단기	ABB	압축된 공기를 아크에 불어 넣어서 차단
진공 차단기	VCB	고진공 중에서 전자의 고속도 확산에 의해 차단
가스 차단기	GCB	고성능 절연 특성을 가진 특수 가스(SF_6)를 흡수해서 차단

답 ②

37 전선 지지점에 고저차가 없는 경간 300[m]인 송전선로가 있다. 이도를 8[m]로 유지할 경우 지지점 간의 전선 길이는 약 몇 [m]인가?

① 300.1[m] ② 300.3[m]
③ 300.6[m] ④ 300.9[m]

풀이 $L = S + \dfrac{8D^2}{3S} = 300 + \dfrac{8 \times 8^2}{3 \times 300} = 300.57[m]$

여기서, L : 전선의 실제 길이[m], S : 경간[m], D : 이도[m]

답 ③

38 선로정수 R과 관계 없는 것은?

① 길이 ② 고유저항
③ 단면적 ④ 투자율

풀이 저항 $R = \rho \dfrac{l}{A}[\Omega]$

여기서, ρ : 고유 저항[Ω/m·mm^2], l : 선로 길이[m], A : 단면적[mm^2]

답 ④

39 대기 중에서 아크를 길게 하여 소호실에서 냉각 차단하는 것은?

① 유입차단기 ② 기중차단기
③ 자기차단기 ④ 가스차단기

풀이 소호 원리에 따른 차단기의 종류

차단기 종류	약어	소호 원리
유입 차단기	OCB	소호실에서 아크에 의한 절연유 분해 가스의 흡부력을 이용해서 차단
기중 차단기	ACB	대기 중에서 아크를 길게 하여 소호실에서 냉각 차단

40 옥내배선을 단상 2선식에서 3상 4선식으로 변경하였을 때, 전선 1선당 공급전력은 약 몇 배 증가하는가? (단, 선간전압(3상 4선식의 경우는 중성선과 타선간의 전압), 선로전류(중성선의 전류 제외) 및 역률은 같고, 중성선의 굵기는 전압선의 굵기와 동일하다.)

① 0.71 ② 1.33
③ 1.5 ④ 1.73

풀이

종 별	1선당 공급전력	1선당 공급전력비교
$1\phi 2W$	$1/2P = 0.5P$	기준값
$1\phi 3W$	$2/3P = 0.667P$	$\dfrac{0.667P}{0.5P} = 1.33$
$3\phi 3W$	$\sqrt{3}/3P = 0.577P$	$\dfrac{0.577P}{0.5P} = 1.15$
$3\phi 4W$	$3/4P = 0.75P$	$\dfrac{0.75P}{0.5P} = 1.5$

답 ③

3과목 - 전기기기

41 직류발전기에서 양호한 정류를 얻기 위한 방법이 아닌 것은?

① 보상 권선을 설치한다.
② 보극을 설치한다.
③ 브러시의 접촉저항을 크게 한다.
④ 리액턴스 전압을 크게 한다.

풀이 양호한 정류를 얻는 조건
① 리액턴스 전압을 작게 한다. $\left(e_L = L\dfrac{2I_c}{T_c}\right)$
② 단절권 채용으로 자기 인덕턴스를 작게 한다.
③ 고속을 피하여 정류 주기를 길게 한다.
④ 저항 정류로서 탄소 브러시를 사용한다.
⑤ 전압 정류로서 보극을 설치한다.
답 ④

42 3상 유도전동기의 기계적 출력 P[kW], 회전수 N[rpm]인 전동기의 토크[kg·m]는?

① $716\dfrac{P}{N}$ ② $956\dfrac{P}{N}$

③ $975\dfrac{P}{N}$ ④ $0.01625\dfrac{P}{N}$

풀이 토크 $\tau = \dfrac{1}{9.8} \cdot \dfrac{P}{\omega} = \dfrac{1}{9.8} \cdot \dfrac{P\times 10^3}{2\pi \times \dfrac{N}{60}}$

$= 975\dfrac{P}{N}$[kg·m] **답** ③

43 IGBT(Insulated Gate Bipolar Transistor)에 대한 설명으로 틀린 것은?

① MOSFET와 같이 전압제어 소자이다.
② GTO 사이리스터와 같이 역방향 전압저지 특성을 갖는다.
③ 게이트와 에미터 사이의 입력 임피던스가 매우 낮아 BJT보다 구동하기 쉽다.
④ BJT처럼 on-drop이 전류에 관계없이 낮고 거의 일정하며, MOSFET보다 훨씬 큰 전류를 흘릴 수 있다.

풀이 IGBT(Insulated Gate Bipolar Transistor)
IGBT는 MOSFET와 트랜지스터의 장점을 취한 것으로서
① 소스에 대한 게이트의 전압으로 도통과 차단을 제어한다.
② 게이트 구동전력이 매우 낮다.
③ 스위칭 속도는 FET와 트랜지스터의 중간정도로 빠른편에 속한다.
④ 용량은 일반 트랜지스터와 동등한 수준이다.
⑤ MOSFET과 같이 **입력 임피던스가 매우 높아** BJT보다 구동하기 쉽다. **답** ③

44 일정 전압 및 일정 파형에서 주파수가 상승하면 변압기 철손은 어떻게 변하는가?

① 증가한다.
② 감소한다.
③ 불변이다.
④ 증가와 감소를 반복한다.

풀이 정격전압이 일정할 때
• 와류손 : 주파수와 무관
$$P_e = \sigma_e (tfB_m)^2 = K\left(f\cdot\dfrac{V}{f}\right)^2 = KV^2$$
• 히스테리시스손 : 주파수와 반비례
$$P_h = \sigma_h fB_m^2 = Kf\left(\dfrac{V}{f}\right)^2 = K\dfrac{V^2}{f}$$
따라서, 일정 전압 및 일정 파형에서 **주파수가 상승**하면 와전류손은 일정, 히스테리시스손은 감소하므로 결국 **철손은 감소**한다. **답** ②

45 유도전동기의 동작원리로 옳은 것은?

① 전자유도와 플레밍의 왼손 법칙
② 전자유도와 플레밍의 오른손 법칙
③ 정전유도와 플레밍의 왼손 법칙
④ 정전유도와 플레밍의 오른손 법칙

풀이 유도전동기의 원리 : 전자 유도 작용에 의한 2차 전류와 회전자속 사이에 플레밍의 왼손법칙이 작용하여 전자력이 발생한다. **답** ①

46 동기발전기의 병렬운전 조건에서 같지 않아도 되는 것은?

① 기전력의 용량   ② 기전력의 위상
③ 기전력의 크기   ④ 기전력의 주파수

풀이 병렬운전 조건이 다른 경우

병렬운전 조건	다른 경우 흐르는 전류
기전력의 크기가 같을 것	무효 순환전류
기전력의 위상이 같을 것	동기화 전류(유효횡류)
기전력의 주파수가 같을 것	동기화 전류
기전력의 파형이 같을 것	고주파 무효 순환전류

답 ①

47 제어 정류기 중 특정 고조파를 제거할 수 있는 방법은?

① 대칭각 제어기법
② 소호각 제어기법
③ 대칭 소호각 제어기법
④ 펄스폭 변조 제어기법

풀이 펄스폭 변조(PWM)에서 선택적 고조파 제거(SHE-PWM)는 특정 차수 고조파가 0이 되도록 스위칭 각도를 선택하여 고조파를 제거하는 방법이다. **답** ④

48 동기전동기의 용도가 아닌 것은?

① 크레인   ② 분쇄기
③ 압축기   ④ 송풍기

풀이 대용량인 것은 시멘트 공장의 분쇄기나 각종 압연기와 송풍기, 제지용 쇄목기, 소형기의 것은 전기 시계 등에 사용된다. 크레인의 운전용 전동기로는 3상 권선형 유도 전동기가 사용된다. **답** ①

49 전원 주파수와 다른 주파수의 전력으로 변환시키는 장치는?

① 쵸퍼   ② 사이클로 컨버터
③ 인버터   ④ 컨버터

풀이 사이클로 컨버터란 정지 사이리스터 회로에 의해 전원 주파수와 다른 주파수의 전력으로 변환시키는 집적 회로 장치이다. **답** ②

50 410/82의 단상변압기 U-u를 연결하고, U-V에 400[V]의 전압을 가했다면 감극성일 때, V-v의 전압은 몇 [V]인가? (단, U-V는 고압측, u-v는 저압측이다.)

① 80   ② 320
③ 400   ④ 620

풀이 고압측 전압을 V_1, 저압측 전압을 V_2라고 하면
$$V_2 = \frac{1}{a}V_1 = \frac{82}{410} \times 400 = 80[V]$$
감극성이므로
$$V = V_1 - V_2 = 400 - 80 = 320[V]$$

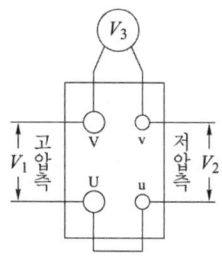

답 ②

51 3상 동기발전기의 전기자권선을 2중 성형결선으로 했을 때 발전기의 용량[VA]은?

① $\sqrt{3}EI$ ② $2\sqrt{3}EI$
③ $3EI$ ④ $6EI$

풀이 3상 접속법과 선간전압, 선전류, 피상전력의 관계

	선간전압	선전류	피상 전력
성형	$2\sqrt{3}E$	I	$\sqrt{3} \times 2\sqrt{3}E \times I = 6EI$
△형	$2E$	$\sqrt{3}I$	$\sqrt{3} \times 2E \times \sqrt{3}I = 6EI$
지그재그 성형	$3E$	I	$\sqrt{3} \times 3E \times I = 5.19EI$
2중 성형	$\sqrt{3}E$	$2I$	$\sqrt{3} \times \sqrt{3}E \times 2I = 6EI$
2중 △형	E	$2\sqrt{3}I$	$\sqrt{3} \times E \times 2\sqrt{3}I = 6EI$
지그재그 △형	$\sqrt{3}E$	$\sqrt{3}I$	$\sqrt{3} \times \sqrt{3}E \times \sqrt{3}I = 5.19EI$

답 ④

52 동기 전동기의 여자전류를 증가하면 어떤 현상이 생기나?

① 전기자 전류의 위상이 앞선다.
② 난조가 생긴다.
③ 토크가 증가한다.
④ 앞선 무효 전류가 흐르고 유도 기전력은 높아진다.

풀이 위상특성곡선(V곡선)

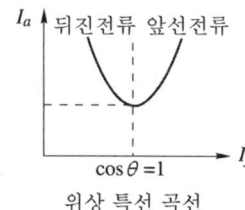

위상 특선 곡선

① 전압, 주파수, 출력이 일정할 때 계자(여자) 전류 I_f (횡축)와 전기자 전류 I_a(종축)의 관계를 나타내는 곡선(V 곡선)을 위상 특성 곡선이라 한다.
② 역률이 1인 경우 전기자 전류가 최소로 된다.
③ 부족여자(여자전류를 감소)로 운전하면 뒤진 전류가 흘러 일종의 리액터로 작용한다.
④ 과여자(여자전류를 증가)로 운전하면 앞선 전류가 흘러 일종의 콘덴서로 작용한다. 답 ①

53
그림과 같이 발전기가 회전할 때 전기자 반작용에 대한 보상 대책으로 보극과 보상권선의 관계에 대해 옳은 것은?(단, A는 위쪽 보극, B는 아래쪽 보극, X는 N극의 보상권선, Y는 S극의 보상권선이다.)

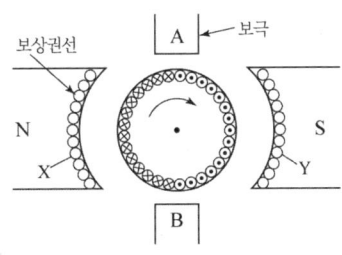

	A	B	X	Y
①	N	S	⊗	⊙
②	N	S	⊙	⊗
③	S	N	⊗	⊙
④	S	N	⊙	⊗

풀이
- 보상권선 : 계자극에 홈을 파고 권선을 감아 전기자와 직렬로 연결하여 반대방향의 전류를 흘려주어 전기자 반작용을 상쇄
- 보극 : 중성축 부분의 전기자 반작용을 상쇄하기 위하여 전기자에서 발생하는 자속과 반대방향의 자속을 발생시켜 전기자 반작용을 상쇄 답 ④

54
스텝각이 2°, 스테핑 주파수(pulse rate)가 1800 [pps]인 스테핑 모터의 축속도[rps]는?
① 8 ② 10 ③ 12 ④ 14

풀이
① 1펄스 당 스텝각이 2°이고,
1초당 입력펄스가 1800[pps]이므로,
1초당 스텝각은 2° × 1800 = 3600°이다.
② 전동기 1회전 당 회전각도는 360°이므로
스태핑전동기의 회전속도는 $\frac{3600°}{360°}=10$[rps]이다. 답 ②

55
다음은 단권 변압기를 설명한 것이다. 틀린 것은?
① 소형에 적합하다.
② 누설 자속이 적다.
③ 손실이 적고 효율이 좋다.
④ 재료가 절약되어 경제적이다.

풀이 단권 변압기는 소형뿐만 아니라 대형에도 널리 사용된다. 답 ①

56
변압기의 1차측을 Y결선, 2차측을 △결선으로 한 경우 1차와 2차 간의 전압의 위상차는?
① 0° ② 30° ③ 45° ④ 60°

풀이
- Y결선에서 선간전압은 상전압에 비해 크기가 $\sqrt{3}$ 배이고 위상은 30° 앞선다.
- △결선에서 선간전압은 상전압과 크기와 위상이 같다.

따라서, Y-△결선 시 1차 선간전압은 2차 선간전압보다 30° 위상이 앞선다. 답 ②

57
동기전동기에서 출력이 100[%]일 때 역률이 1이 되도록 계자전류를 조정한 다음에 공급전압 V 및 계자전류 I_f를 일정하게 하고, 전부하 이하에서 운전하면 동기전동기의 역률은?
① 뒤진 역률이 되고, 부하가 감소할수록 역률은 낮아진다.
② 뒤진 역률이 되고, 부하가 감소할수록 역률은 좋아진다.
③ 앞선 역률이 되고, 부하가 감소할수록 역률은 낮아진다.
④ 앞선 역률이 되고, 부하가 감소할수록 역률은 좋아진다.

풀이

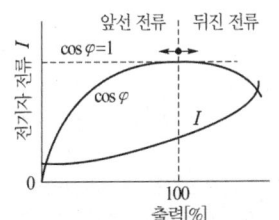

동기전동기의 부하특성곡선에 의하여
① 전부하 이하에서는 과여자로 되므로 앞선 역률로 되고, 부하가 감소할수록 역률은 낮아진다.

② 전부하 이상에서는 부족여자로 되므로 뒤진 역률로 되고, 과부하가 될수록 역률은 낮아진다. 답 ③

58 동기발전기를 회전계자형으로 사용하는 이유 중 틀린 것은?

① 기전력의 파형을 개선한다.
② 계자극은 기계적으로 튼튼하게 만들기 쉽다.
③ 전기자권선은 전압이 높고 결선이 복잡하다.
④ 계자회로는 직류의 저압회로이며, 소요전력이 적다.

풀이 ① 동기기를 회전 계자형으로 하는 이유
- 전기자 권선은 전압이 높고 결선이 복잡하며, 대용량으로 되면 전류도 커지고, 3상 권선의 경우에는 4개의 도선을 인출하여야 한다.
- 계자 회로는 직류의 저압 회로이므로 소요 동력도 작으며, 인출 도선이 2개만 있어도 되기 때문이다.
- 계자극은 기계적으로 튼튼하게 만드는 데 용이하기 때문이다.
- 고장 시의 과도 안정도를 높이기 위하여 회전자의 관성을 크게 하기 쉽기 때문이기도 하다.
② 기전력의 파형을 개선하기 위해서는 전기자 권선을 단절권 및 분포권으로 한다. 답 ①

59 정격 5[kW], 100[V], 50[A], 1500[rpm]의 타여자 직류발전기가 있다. 계자전압 50[V], 계자전류 5[A], 전기자저항 0.2[Ω]이고 브러시에서 전압강하는 2[V]이다. 무부하 시와 정격부하 시의 전압차는 몇 [V]인가?

① 12　　② 10
③ 8　　　④ 6

풀이
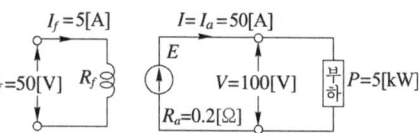

무부하 시의 단자전압은 유기기전력과 같으므로
$E = V + I_a R_a + e_b = 100 + 50 \times 0.2 + 2 = 112[V]$
무부하 시 전압(E)과 정격부하 시 전압(V)의 차는
$e = E - V = 112 - 100 = 12[V]$ 답 ①

60 직류 직권전동기를 교류용으로 사용하기 위한 대책이 아닌 것은?

① 계자는 성층 철심, 원통형 고정자 적용
② 계자권선수 감소, 전기자 권선수 증대
③ 보상 권선 설치, 브러시 접촉저항 증대
④ 정류자편 감소, 전기자 크기 감소

풀이 직류 직권전동기는 교류 전원을 사용할 수 있으나 자극은 철 덩어리로 되어 있기 때문에 철손이 크고, 계자권선 및 전기자 권선의 인덕턴스 때문에 역률이 나쁘며, 브러시에 의해 단락된 전기자 코일 내에 큰 기전력이 유기되어 **정류가 불량하다는** 단점이 있다. 이러한 **문제점을 해결**하기 위해서
① 전기자뿐만 아니라 계자에도 성층철심을 사용하고 원통형 회전자로 하여야 한다.
② 역률이 대단히 낮아지므로 계자권선의 권수를 적게 하고 반면에 전기자 권선수를 크게 한다.
따라서, **동일한 정격의 직류기에 비해 전기자가 커지고 정류자편의 수도 많아진다.**
③ 전기자 권선수가 많아지게 됨에 따라 전기자 반작용이 커지므로 이에 대한 대책으로 보상권선을 설치하여야 한다.
④ 정류작용이 직류기에 비해 어려우므로 이것을 개선하기 위하여 접촉저항이 큰 브러시를 사용하여 저항정류를 하여야 한다. 답 ④

4과목 - 회로이론 및 제어공학

61 다음과 같은 비정현파 기전력 및 전류에 의한 평균전력을 구하면 몇 [W]인가?

$e = 100\sin\omega t - 50\sin(3\omega t + 30°)$
$\quad + 20\sin(5\omega t + 45°)[V]$
$i = 20\sin\omega t + 10\sin(3\omega t - 30°)$
$\quad + 5\sin(5\omega t - 45°)[A]$

① 825　　② 875
③ 925　　④ 1175

풀이 $P = V_1 I_1 \cos\theta_1 + V_3 I_3 \cos\theta_3 + V_5 I_5 \cos\theta_5$
$= \dfrac{100}{\sqrt{2}} \cdot \dfrac{20}{\sqrt{2}} \cos 0° - \dfrac{50}{\sqrt{2}} \cdot \dfrac{10}{\sqrt{2}} \cos 60°$
$\quad + \dfrac{20}{\sqrt{2}} \cdot \dfrac{5}{\sqrt{2}} \cos 90°$
$= \dfrac{2000}{2} \cdot 1 - \dfrac{500}{2} \cdot \dfrac{1}{2} + \dfrac{100}{2} \cdot 0 = 875[W]$ 답 ②

62 △결선된 대칭 3상 부하가 있다. 역률이 0.8(지상)이고, 전 소비전력이 1800[W]이다. 한 상의 선로저항이 0.5[Ω]이고, 발생하는 전선로 손실이 50[W]이면 부하단자전압은?

① 440[V] ② 402[V]
③ 324[V] ④ 225[V]

풀이 전선로 손실 $P_l = 3I^2R$[W] 이므로
$$I = \sqrt{\frac{P_l}{3R}} = \sqrt{\frac{50}{3 \times 0.5}} = \frac{10}{\sqrt{3}}[A]$$
소비전력 $P = \sqrt{3} VI\cos\theta$[W] 이므로
$$\therefore V = \frac{P}{\sqrt{3} I\cos\theta} = \frac{1800}{\sqrt{3} \times \frac{10}{\sqrt{3}} \times 0.8}$$
$$= 225[V] \quad \text{답} ④$$

63 3상 유도전동기의 출력이 3.7[kW], 선간 전압 200[V], 효율 90[%], 역률 85[%]일 때, 이 전동기에 유입되는 선전류는?

① 4[A] ② 6[A]
③ 8[A] ④ 14[A]

풀이
$$P_i = \frac{P_o}{\eta} = \sqrt{3} VI\cos\theta$$
$$\therefore I = \frac{P_o}{\sqrt{3} VI\cos\theta \cdot \eta} = \frac{3.7 \times 10^3}{\sqrt{3} \times 200 \times 0.85 \times 0.9}$$
$$\fallingdotseq 14[A] \quad \text{답} ④$$

64 그림과 같은 회로의 전달함수 $\frac{E_o(s)}{E_i(s)}$ 는?

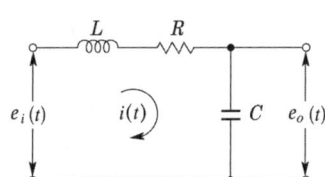

① $\dfrac{s}{LCs^2 + RCs + 1}$ ② $\dfrac{1}{LCs^2 + RCs + 1}$
③ $\dfrac{Ls}{LCs^2 + RCs + 1}$ ④ $\dfrac{Cs}{LCs^2 + RCs + 1}$

풀이
$$\begin{cases} e_i(t) = L\dfrac{d}{dt}i(t) + Ri(t) + \dfrac{1}{C}\int i(t)dt \\ e_o(t) = \dfrac{1}{C}\int i(t)dt \end{cases}$$
초기값을 0으로 하고 라플라스 변환하면
$$\begin{cases} E_i(s) = LsI(s) + RI(s) + \dfrac{1}{Cs}I(s) \\ \quad = \left(Ls + R + \dfrac{1}{Cs}\right)I(s) \\ E_o(s) = \dfrac{1}{Cs}I(s) \end{cases}$$
$$\therefore G(s) = \frac{E_o(s)}{E_i(s)} = \frac{\dfrac{1}{Cs}}{Ls + R + \dfrac{1}{Cs}}$$
$$= \frac{1}{LCs^2 + RCs + 1} \quad \text{답} ②$$

65 RL 직렬회로에서 $R = 20[\Omega]$, $L = 40$[mH]일 때, 이 회로의 시정수[sec]는?

① 2×10^3 ② 2×10^{-3}
③ $\dfrac{1}{2} \times 10^3$ ④ $\dfrac{1}{2} \times 10^{-3}$

풀이 RL 직렬 회로의 시정수
$$\tau = \frac{L}{R} = \frac{40 \times 10^{-3}}{20} = 2 \times 10^{-3}[\text{sec}] \quad \text{답} ②$$

66 저항 R과 리액턴스 X의 직렬 회로에서 $\dfrac{X}{R} = \dfrac{1}{\sqrt{2}}$ 일 경우 회로의 역률은?

① $\dfrac{1}{2}$ ② $\dfrac{1}{\sqrt{3}}$
③ $\dfrac{\sqrt{2}}{\sqrt{3}}$ ④ $\dfrac{\sqrt{3}}{2}$

풀이
$$\cos\theta = \frac{R}{\sqrt{R^2 + X^2}} = \frac{1}{\sqrt{1 + \left(\dfrac{X}{R}\right)^2}} = \frac{1}{\sqrt{1 + \left(\dfrac{1}{\sqrt{2}}\right)^2}}$$
$$= \frac{\sqrt{2}}{\sqrt{3}} \quad \text{답} ③$$

67 상의 순서가 $a-b-c$인 불평형 3상 교류회로에서 각 상의 전류가 $I_a = 7.28 \angle 15.95°[\text{A}]$, $I_b = 12.81 \angle -128.66°[\text{A}]$, $I_c = 7.21 \angle 123.69°[\text{A}]$일 때 역상분 전류는 약 몇 [A]인가?

① $8.95 \angle -1.14°$ ② $8.95 \angle 1.14°$
③ $2.51 \angle -96.55°$ ④ $2.51 \angle 96.55°$

풀이
$$I_2 = \frac{1}{3}(I_a + a^2 I_b + a I_c)$$
$$= \frac{1}{3}\{7.28\angle 15.95° + (1\angle -120°)(12.81\angle -128.66°)$$
$$+ (1\angle 120°)(7.21\angle 123.69°)\}$$
$$= 2.51\angle 96.55°[\text{A}]$$ 답 ④

68 $t=0$에서 스위치(S)를 닫았을 때 $t=0^+$에서의 $i(t)$는 몇 [A]인가? (단, 커패시터에 초기 전하는 없다.)

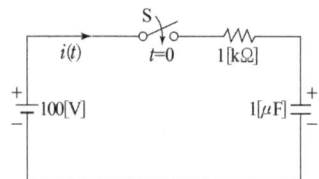

① 0.1 ② 0.2
③ 0.4 ④ 1.0

풀이 $R-C$ 직렬 회로
① 스위치를 닫았을 때 회로의 평형방정식은
$$Ri(t) + \frac{1}{C}\int i(t)dt = E$$
C의 전하를 $q(t)$, C의 양단 전압을 v_0라 하면
$$q(t) = \int i(t)dt = Cv_0 \rightarrow i(t) = \frac{dq(t)}{dt}$$
따라서, $R\frac{dq(t)}{dt} + \frac{1}{C}q(t) = E$

② 초기 전하를 0이라 하면 $q(t) = CE\left(1-e^{-\frac{1}{RC}t}\right)$
$$i(t) = \frac{dq(t)}{dt} = \frac{d}{dt}CE\left(1-e^{-\frac{1}{RC}t}\right)$$
$$= \frac{E}{R}e^{-\frac{1}{RC}t}$$
$$\therefore i(0^+) = \frac{E}{R}e^{-\frac{1}{RC}\times 0} = \frac{E}{R} = \frac{100}{1\times 10^3} = 0.1[\text{A}]$$ 답 ①

69 선로의 임피던스 $Z=R+j\omega L[\Omega]$, 병렬 어드미턴스가 $Y=G+j\omega C[\mho]$일 때 선로의 저항 R과 컨덕턴스 G가 동시에 0이 되었을 때, 전파정수는?

① $j\omega \sqrt{LC}$ ② $j\omega \sqrt{\dfrac{C}{L}}$
③ $j\omega \sqrt{L^2 C}$ ④ $j\omega \sqrt{\dfrac{L}{C^2}}$

풀이 $R=G=0$이므로,
전파정수 $\gamma = \sqrt{ZY} = \sqrt{(R+j\omega L)(G+j\omega C)}$
$= \sqrt{j\omega L \cdot j\omega C} = j\omega \sqrt{LC}$ 답 ①

70 그림의 신호 흐름선도에서 y_2/y_1의 값은?

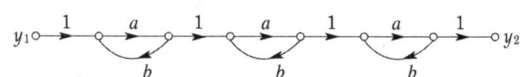

① $\dfrac{a^3}{(1-ab)^3}$ ② $\dfrac{a^3}{1-3ab+a^2 b^2}$
③ $\dfrac{a^3}{1-3ab}$ ④ $\dfrac{a^3}{1-3ab+2a^2 b^2}$

풀이 신호 흐름 선도는 3개 부분으로 나누어 계산할 수 있다.

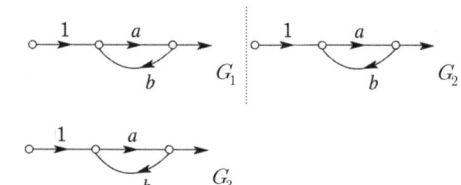

각 부분의 전달 함수는 $\dfrac{a}{1-ab}$ 이고,
각 부분의 종속(직렬) 접속 관계이므로
전체 전달함수 $G(s) = G_1 \times G_2 \times G_3 = G_1^3 = \left(\dfrac{a}{1-ab}\right)^3$

별해
$$G(s) = \frac{\sum 전향\ 경로\ 이득}{1-\sum 루프이득_1 + \sum 루프이득_2 - \sum 루프이득_3}$$
$$= \frac{a^3}{1-3(ab)+3(ab)^2-(ab)^3} = \frac{a^3}{(1-ab)^3}$$ 답 ①

71 제어시스템의 특성방정식이 $s^4 + s^3 - 3s^2 - s + 2 = 0$과 같을 때, 이 특성방정식에서 s평면의 오른쪽에 위치하는 근은 몇 개인가?

① 0 ② 1
③ 2 ④ 3

풀이 루드 공식을 이용하면

$$\begin{array}{c|cc} s^4 & 1 & -3 & 2 \\ s^3 & 1 & -1 & 0 \\ s^2 & \frac{-3+1}{1}=-2 & 2 & \\ s^1 & \frac{2-2}{-2}=0 & 0 & \\ s^0 & 0 & & \end{array}$$

제1열의 '1'에서 '-2', '-2'에서 '0'으로 부호변화가 두 번 있으므로 s평면의 오른쪽에 위치하는 근은 2개이다.

답 ③

72 $F(s) = s^3 + 4s^2 + 2s + K = 0$에서 시스템이 안정하기 위한 K의 범위는?

① $0 < K < 8$ ② $-8 < K < 0$
③ $1 < K < 8$ ④ $-1 < K < 8$

풀이 특성방정식은 $F(s) = s^3 + 4s^2 + 2s + K = 0$이므로 루드의 표는

$$\begin{array}{c|cc} s^3 & 1 & 2 \\ s^2 & 4 & K \\ s^1 & \frac{8-K}{4} & 0 \\ s^0 & K & \end{array}$$

제1열의 부호 변화가 없어야 안정하므로
$8-K>0,\ 8>K,\ K>0$
$\therefore\ 0 < K < 8$

답 ①

73 특성 방정식 $(s+1)(s+2) + K(s+3) = 0$의 완전 근궤적의 이탈점(breakaway point)은 각각 얼마인가?

① $s = -1.5,\ s = -3.5$인 점
② $s = -1.6,\ s = -2.6$인 점
③ $s = -3 + \sqrt{2},\ s = -3 - 2\sqrt{2}$인 점
④ $s = -3 + \sqrt{2},\ s = -3 - \sqrt{2}$인 점

풀이
$K = -\dfrac{(s+1)(s+2)}{s+3} = -\dfrac{s^2+3s+2}{s+3} = 0$

$K(\sigma) = -\dfrac{\sigma^2+3\sigma+2}{\sigma+3} = 0$

$\dfrac{dK(\sigma)}{d\sigma} = -\dfrac{(2\sigma+3)(\sigma+3)-(\sigma^2+3\sigma+2)}{(\sigma+3)^2} = 0$

$\sigma^2 + 6\sigma + 7 = 0$의 근은 $\sigma = -3 \pm \sqrt{2}$

답 ④

74 다음 중 $G(s)H(s) = \dfrac{K}{Ts+1}$일 때 이 계통은 어떤 형인가?

① 0형 ② 1형
③ 2형 ④ 3형

풀이 1차 지연 요소
0형 : $\dfrac{1}{1+K_p}$ (위치 편차), 1형 : $\dfrac{1}{K_v}$ (속도 편차)

2형 : $\dfrac{1}{K_a}$ (가속도 편차)

답 ①

75 그림의 회로와 동일한 논리 소자는?

① X,Y NOR D
② X,Y NAND D
③ X,Y AND D
④ X,Y OR D

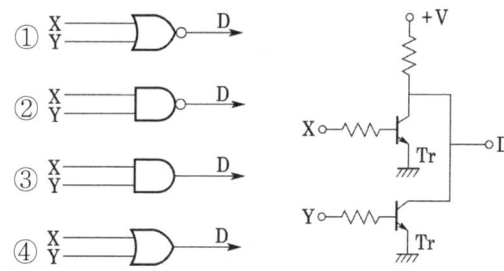

풀이

회로	유접점 회로	무접점 회로
NOR 회로	A B R-b ⓡ ⓛ	D_1 D_2 +V X Tr

회로	논리 회로	진리표
NOR 회로	A B X, $X=\overline{A+B}$	A B X / 0 0 1 / 0 1 0 / 1 0 0 / 1 1 0

X 또는 Y에 신호가 입력되면 Tr이 동작하여 출력 D가 소멸된다. 따라서 NOR회로에 해당된다.

답 ①

76 그림의 블록 선도에서 C/R를 구하면?

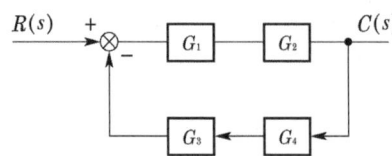

① $\dfrac{G_1 + G_2}{1 + G_1 G_2 + G_3 G_4}$

② $\dfrac{G_1 G_2}{1 + G_1 G_2 G_3 G_4}$

③ $\dfrac{G_3 G_4}{1 + G_1 G_2 G_3 G_4}$

④ $\dfrac{G_1 G_2}{1 + G_1 G_2 + G_3 G_4}$

풀이 $C = (R - CG_3 G_4)G_1 G_2$, $C(1 + G_1 G_2 G_3 G_4) = RG_1 G_2$

$\therefore \dfrac{C}{R} = \dfrac{G_1 G_2}{1 + G_1 G_2 G_3 G_4}$

별해 전향경로 이득 : $G_1 G_2$

루프이득 : $-G_1 G_2 G_3 G_4$

$G(s) = \dfrac{\sum 전향 경로 이득}{1 - \sum 루프이득} = \dfrac{G_1 G_2}{1 + G_1 G_2 G_3 G_4}$ **답** ②

77 물체의 위치, 각도, 자세, 방향 등을 제어량으로 하고 목표값의 임의의 변화에 추종하는 것과 같이 구성된 제어장치를 무엇이라고 하는가?

① 프로세서 제어
② 서보기구
③ 자동조정
④ 추종제어

풀이 제어량의 종류에 의한 분류

항목	프로세스 제어	서보 제어	자동조정 제어
특징	플랜트나 생산 공정 중의 상태량을 제어량으로 하는 제어	기계적 변위를 제어량으로 해서 목표값의 임의의 변화에 추종하도록 구성된 제어계	전기적, 기계적 양을 주로 제어하는 것으로서, 응답 속도가 대단히 빨라야 한다.
제어량의 종류	• 온도 • 유량 • 압력 • 액위 • 농도 • 밀도 등	• 물체의 위치 • 방위 • 자세 등	• 전압 • 전류 • 주파수 • 회전속도 • 힘 등

답 ②

78 $\begin{bmatrix} X_1 \\ X_2 \end{bmatrix} = \begin{bmatrix} 0 & 1 \\ -2 & -3 \end{bmatrix} \begin{bmatrix} X_1 \\ X_2 \end{bmatrix}$로 표현되는 시스템의 상태 천이행렬(state-transition matrix) $\Phi(t)$를 구하시오.

① $\begin{bmatrix} -2e^{-t} + 2e^{-2t} & e^{-t} + 2e^{-2t} \\ 2e^{-t} - e^{-2t} & e^{-t} - e^{-2t} \end{bmatrix}$

② $\begin{bmatrix} 2e^{t} + e^{2t} & -e^{-t} + e^{-2t} \\ 2e^{t} - 2e^{2t} & e^{-t} - 2e^{-2t} \end{bmatrix}$

③ $\begin{bmatrix} -2e^{-t} + e^{-2t} & -e^{-t} - e^{-2t} \\ -2e^{-t} - 2e^{-2t} & -e^{-t} - 2e^{-2t} \end{bmatrix}$

④ $\begin{bmatrix} 2e^{-t} - e^{-2t} & e^{-t} - e^{-2t} \\ -2e^{-t} + 2e^{-2t} & -e^{-t} + 2e^{-2t} \end{bmatrix}$

풀이 $[sI - A] = \begin{bmatrix} s & 0 \\ 0 & s \end{bmatrix} - \begin{bmatrix} 0 & 1 \\ -2 & -3 \end{bmatrix} = \begin{bmatrix} s & -1 \\ 2 & s+3 \end{bmatrix}$

$\Phi(s) = [sI - A]^{-1} = \dfrac{1}{\begin{vmatrix} s & -1 \\ 2 & s+3 \end{vmatrix}} \begin{bmatrix} s+3 & 1 \\ -2 & s \end{bmatrix}$

$= \dfrac{1}{s^2 + 3s + 2} \begin{bmatrix} s+3 & 1 \\ -2 & s \end{bmatrix}$

$= \begin{bmatrix} \dfrac{s+3}{(s+1)(s+2)} & \dfrac{1}{(s+1)(s+2)} \\ \dfrac{-2}{(s+1)(s+2)} & \dfrac{s}{(s+1)(s+2)} \end{bmatrix}$

$\therefore \Phi(t) = \mathcal{L}^{-1}\{[sI - A]^{-1}\}$

$= \begin{bmatrix} 2e^{-t} - e^{-2t} & e^{-t} - e^{-2t} \\ -2e^{-t} + 2e^{-2t} & -e^{-t} + 2e^{-2t} \end{bmatrix}$ **답** ④

79 단위 피드백제어계에서 개루프 전달함수 $G(s)$가 다음과 같이 주어졌을 때 단위 계단 입력에 대한 정상상태 편차는?

$$G(s) = \dfrac{5}{s(s+1)(s+2)}$$

① 0 ② 1
③ 2 ④ 3

풀이 정상상태 편차 $e_{ss} = \lim\limits_{s \to 0} \dfrac{s}{1 + G(s)} R(s)$에서

$R(s) = \dfrac{1}{s}$ (단위 계단입력)이므로

$e_{ss} = \lim\limits_{s \to 0} \dfrac{s}{1 + G(s)} \cdot \dfrac{1}{s} = \dfrac{1}{1 + \lim\limits_{s \to 0} G(s)}$

$= \dfrac{1}{1 + \lim\limits_{s \to 0} \dfrac{5}{s(s+1)(s+2)}} = 0$ **답** ①

80 계단 응답이 입력 신호와 같은 파형이고 시간만이 뒤졌을 때 이 계의 요소는?

① 미분요소
② 부동작 시간요소
③ 1차 지연 요소
④ 2차 지연 요소

풀이 $t=0$에서 입력의 변화가 생겨도 $t=L$까지 출력 측에 어떠한 영향도 나타나지 않은 요소

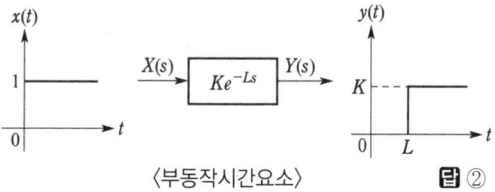

〈부동작시간요소〉 **답** ②

5과목 - 전기설비기술기준

81 66[kV] 가공전선과 6[kV] 가공전선을 동일 지지물에 병행 설치하는 경우, 특고압가공전선으로 사용하는 경동연선의 굵기는 몇 [mm²] 이상이어야 하는가?

① 22
② 38
③ 50
④ 100

풀이 333.17 특고압 가공전선과 저고압 가공전선 등의 병행설치
사용전압이 35[kV]을 초과하고 100[kV] 미만인 특고압 가공전선과 저압 또는 고압 가공전선을 동일 지지물에 시설하는 경우에는 다음에 따라 시설하여야 한다.
가. 특고압 가공전로는 제2종 특고압 보안공사에 의할 것.
나. 특고압 가공전선은 케이블인 경우를 제외하고는 인장강도 21.67[kN] 이상의 연선 또는 **단면적이 50 [mm²] 이상인 경동연선**일 것.
다. 특고압 가공전선로의 지지물은 철주·철근 콘크리트주 또는 철탑일 것 **답** ③

82 전기저장장치를 전용건물 이외의 장소에 시설하는 경우로서 일반인이 출입하는 건물의 부속 공간에 시설하는 경우 이차전지랙과 랙 사이는 몇 [m] 이상 이격하여야 하는가? (단, 옥상에는 설치하지 않는 경우이다.)

① 0.8
② 1
③ 1.5
④ 3

풀이 512.1.6 전용건물 이외의 장소에 시설하는 경우
전기저장장치를 일반인이 출입하는 건물의 부속공간에 시설(옥상에는 설치할 수 없다)하는 경우에는 다음에 따라 시설하여야 한다.
가. 전기저장장치 시설장소는 내화구조이어야 한다.
나. 이차전지모듈의 직렬 연결체의 용량은 50[kWh] 이하로 하고 건물 내 시설 가능한 이차전지의 총 용량은 600[kWh] 이하이어야 한다.
다. **이차전지랙과 랙 사이는 1[m] 이상 이격**하고, 랙과 벽면 사이는 전면부의 경우 1[m] 이상, 측면과 후면부의 경우 0.8[m] 이상 이격하여야 한다.
라. 이차전지실은 건물 내 다른 시설(수전설비, 가연물질 등)로부터 1.5[m] 이상 이격하고 각 실의 출입구나 피난계단 등 이와 유사한 장소로부터 3[m] 이상 이격하여야 한다.
마. 배선설비가 이차전지실 벽면을 관통하는 경우 관통부는 해당 구획부재의 내화성능을 저하시키지 않도록 충전(充塡)하여야 한다. **답** ②

83 전력보안통신설비인 무선통신용 안테나 등을 지지하는 철주의 기초 안전율은 얼마 이상이어야 하는가? (단, 무선용 안테나 등이 전선로의 주위상태를 감시할 목적으로 시설되는 것이 아닌 경우이다.)

① 1.3
② 1.5
③ 1.8
④ 2.0

풀이 364.1 무선용 안테나 등을 지지하는 철탑 등의 시설
전력보안통신설비인 무선통신용 안테나 또는 반사판을 지지하는 목주·철주·철근 콘크리트주 또는 철탑은 다음에 따라 시설하여야 한다. 다만, 무선용 안테나 등이 전선로의 주위상태를 감시할 목적으로 시설되는 것일 경우에는 그러하지 아니하다.
가. 목주는 풍압하중에 대한 안전율은 1.5 이상이어야 한다.
나. **철주·철근 콘크리트주 또는 철탑의 기초 안전율은 1.5 이상**이어야 한다. **답** ②

84 주택 등 저압 수용 장소에서 고정 전기설비에 TN-C-S 접지방식으로 접지공사 시 중성선 겸용 보호도체(PEN)를 알루미늄으로 사용 할 경우 단면적은 몇 [mm²] 이상이어야 하는가?

① 2.5
② 6
③ 10
④ 16

풀이 142.4.2 주택 등 저압수용장소 접지
저압수용장소에서 계통접지가 TN-C-S 방식인 경우 중성선 겸용 보호도체(PEN)는 고정 전기설비에만 사용할 수 있고, 그 도체의 단면적이 구리는 10[mm²] 이상, 알루미늄은 16[mm²] 이상이어야 하며, 그 계통의 최고전압에 대하여 절연되어야 한다. **답** ④

85 고압 또는 특고압의 기계기구·모선 등을 옥외에 시설하는 발전소·변전소·개폐소 또는 이에 준하는 곳에 시설하는 울타리·담 등의 하단과 지표면 사이의 간격은 몇 [m] 이하로 하여야 하는가?

① 0.12
② 0.15
③ 0.3
④ 0.5

풀이 351.1 발전소 등의 울타리·담 등의 시설
울타리·담 등의 높이는 2[m] 이상으로 하고 지표면과 울타리·담 등의 하단 사이의 간격은 0.15[m] 이하로 할 것. **답** ②

86 가반형의 용접전극을 사용하는 아크 용접장치의 용접변압기의 1차측 전로의 대지전압은 몇 [V] 이하이어야 하는가?

① 60
② 150
③ 300
④ 400

풀이 241.10 아크 용접기
가반형의 용접 전극을 사용하는 아크 용접장치는 다음에 따라 시설하여야 한다.
가. 용접변압기는 절연변압기일 것.
나. 용접변압기의 1차측 전로의 대지전압은 300[V] 이하일 것.
다. 용접변압기의 1차측 전로에는 용접 변압기에 가까운 곳에 쉽게 개폐할 수 있는 개폐기를 시설할 것.
라. 용접기 외함 및 피용접재 또는 이와 전기적으로 접속되는 받침대·정반 등의 금속체는 규정에 준하여 접지공사를 하여야 한다. **답** ③

87 공칭전압 직류 750[V]인 경우 전차선과 건조물 간의 동적 절연이격 거리는 몇 [mm] 이상인가?

① 25
② 100
③ 150
④ 170

풀이 431.2 전차선로의 충전부와 건조물 간의 절연이격
전차선과 건조물 간의 최소 절연이격거리

시스템 종류	공칭전압 (V)	동적(mm)		정적(mm)	
		비오염	오염	비오염	오염
직류	750	25	25	25	25
	1,500	100	110	150	160
단상교류	25,000	170	220	270	320

답 ①

88 최대 사용전압이 22.9[kV]인 중성선 다중 접지식 가공전선로의 전로와 대지 사이의 절연내력 시험전압은 몇 [V]인가?

① 16488
② 21068
③ 22900
④ 28625

풀이 135 변압기 전로의 절연내력

권선의 종류 (최대사용전압)	접지방식	시험전압 (최대사용전압의 배수)	최저 시험전압
1. 7[kV] 이하		1.5배	500[V]
	다중접지	0.92배	500[V]
2. 7[kV] 초과 25[kV] 이하	다중접지	0.92배	
3. 7[kV] 초과 60[kV] 이하 (2란의 것 제외)		1.25배	10.5[kV]
4. 60[kV] 초과	비접지	1.25배	
5. 60[kV] 초과(6란의 것 제외)	접지식	1.1배	75[kV]
6. 60[kV] 초과	직접접지	0.72배	
7. 170[kV] 초과	직접접지	0.64배	

∴ 시험시험전압 = 22900 × 0.92 = 21068[kV] **답** ②

89 전기철도차량의 회생제동 사용을 중단해야 하는 경우가 아닌 것은?

① 전차선로 지락이 발생한 경우
② 회생전력을 다른 전기장치에서 흡수할 수 있는 경우
③ 전차선로에서 전력을 받을 수 없는 경우
④ 선로전압이 장기 과전압보다 높은 경우

풀이 441.5 회생제동
1. 전기철도차량은 다음과 같은 경우에 회생제동의 사용을 중단해야 한다.
   가. 전차선로 지락이 발생한 경우
   나. 전차선로에서 전력을 받을 수 없는 경우
   다. 선로전압이 장기 과전압 보다 높은 경우
2. 회생전력을 다른 전기장치에서 흡수할 수 없는 경우에는 전기철도차량은 다른 제동시스템으로 전환되어야 한다.
3. 전기철도 전력공급시스템은 회생제동이 상용제동으로 사용이 가능하고 다른 전기철도차량과 전력을 지속적으로 주고받을 수 있도록 설계되어야 한다.

답 ②

90 전차선로에서 사용하는 직류방식의 급전전압 표준으로 잘못된 것은?

① 공칭전압 : 750[V], 1500[V]
② 최저 영구전압 : 600[V], 900[V]
③ 최고 영구전압 : 900[V], 1800[V]
④ 최고 비영구전압 : 950[V], 1950[V]

풀이 411.2 전차선로의 전압

직류방식의 급전전압

구분	지속성 최저전압 [V]	공칭 전압 [V]	지속성 최고전압 [V]	비지속성 최고전압 [V]	장기 과전압 [V]
DC (평균값)	500	750	900	950(1)	1,269
	900	1,500	1,800	1,950	2,538

(1) 회생제동의 경우 1,000[V]의 최고 비영구 전압은 허용 가능하다.

답 ②

91 다음 중 고압 옥내배선의 시설에 있어서 적당하지 않은 것은?

① 애자사용공사에 사용하는 애자는 난연성일 것
② 고압 옥내배선과 저압 옥내배선을 다르게 하기 위하여 색깔 있는 것을 사용할 것
③ 전선이 관통할 때 절연관에 넣을 것
④ 전선과 조영재와의 이격 거리는 4.5[cm]로 할 것

풀이 342.1 고압 옥내배선 등의 시설(애자사용공사에 의한 고압 옥내배선)
① 전선 상호 간의 간격은 0.08[m] 이상, **전선과 조영재 사이의 이격거리는 0.05[m] 이상일 것**
② 애자사용공사에 사용하는 애자는 절연성·난연성 및 내수성의 것일 것
③ 고압 옥내배선은 저압 옥내배선과 쉽게 식별되도록 시설할 것
④ 전선이 조영재를 관통하는 경우에는 그 관통하는 부분의 전선을 전선마다 각각 별개의 난연성 및 내수성이 있는 견고한 절연관에 넣을 것

답 ④

92 지중 전선로를 직접 매설식에 의하여 시설할 때, 중량물의 압력을 받을 우려가 있는 장소에 저압 또는 고압의 지중전선을 견고한 트라프 기타 방호물에 넣지 않고도 부설할 수 있는 케이블은?

① PVC 외장 케이블
② 콤바인 덕트 케이블
③ 염화비닐 절연 케이블
④ 폴리에틸렌 외장 케이블

풀이 334.1 지중전선로의 시설
지중 전선로를 직접 매설식에 의하여 시설하는 경우에 지중 전선을 견고한 트라프 기타 방호물에 넣어 시설하여야 한다. 단, 다음의 어느 하나에 해당하는 경우에는 지중전선을 견고한 트라프 기타 방호물에 넣지 아니하여도 된다.
① 저압 또는 고압의 지중전선을 차량 기타 중량물의 압력을 받을 우려가 없는 경우에 그 위를 견고한 판 또는 몰드로 덮어 시설하는 경우
② 저압 또는 고압의 지중전선에 **콤바인덕트 케이블 또는 개장한 케이블을 사용**하여 시설하는 경우

답 ②

93 고압용의 개폐기, 차단기, 피뢰기 기타 이와 유사한 기구로서 동작 시에 아크가 생기는 것은 목재의 벽 또는 천정 기타의 가연성 물체로부터 몇 [m] 이상 떼어놓아야 하는가?

① 1   ② 1.2
③ 1.5   ④ 2

풀이 341.7 아크를 발생하는 기구의 시설
고압용 또는 특고압용의 개폐기·차단기·피뢰기 기타 이와 유사한 기구로서 동작 시에 아크가 생기는 것은 목재의 벽 또는 천장 기타의 가연성 물체로부터 표에서 정한 값 이상 이격하여 시설하여야 한다.

기구 등의 구분	이격거리
고압용의 것	1[m] 이상
특고압용의 것	2[m] 이상(사용전압이 35[kV] 이하의 특고압용의 기구 등으로서 동작할 때에 생기는 아크의 방향과 길이를 화재가 발생할 우려가 없도록 제한하는 경우에는 1[m] 이상)

답 ①

94 주택용 배선차단기의 순시트립범위에 해당하지 않은 것은? 단, 여기서 I_n은 차단기 정격전류이다.

① $3I_n$ 초과 ~ $5I_n$ 이하
② $5I_n$ 초과 ~ $10I_n$ 이하
③ $10I_n$ 초과 ~ $20I_n$ 이하
④ $20I_n$ 초과 ~ $30I_n$ 이하

풀이 212.3.4 보호장치의 특성
순시트립에 따른 구분(주택용 배선차단기)

형	순시트립범위
B	$3I_n$ 초과 ~ $5I_n$ 이하
C	$5I_n$ 초과 ~ $10I_n$ 이하
D	$10I_n$ 초과 ~ $20I_n$ 이하

비고 1. B, C, D : 순시트립전류에 따른 차단기 분류
2. I_n : 차단기 정격전류

답 ④

95 전선의 접속법 중 두 개 이상의 전선을 병렬로 사용하는 경우에 대한 설명으로 틀린 것은?

① 병렬로 사용하는 각 전선의 굵기는 알루미늄 50[mm²] 이상 또는 동선 70[mm²] 이상이어야 한다.
② 같은 극의 각 전선의 터미널러그에 완전히 접속해야 한다.
③ 병렬로 사용하는 전선에는 각각에 퓨즈를 설치하면 안된다.
④ 병렬로 사용하는 각 전선은 같은 도체, 같은 재료, 같은 길이 및 같은 굵기의 것을 사용해야 한다.

풀이 123 전선의 접속
전선을 접속하는 경우에는 전선의 전기저항을 증가시키지 아니하도록 접속 하여야 하며, 또한 다음에 따라야 한다.
가. 절연전선 상호·절연전선과 코드, 캡타이어 케이블과 접속하는 경우에는
  ① 전선의 세기를 20[%] 이상 감소시키지 아니할 것.
  ② 접속부분은 접속관 기타의 기구를 사용할 것.
  ③ 접속부분의 절연전선에 절연전선의 절연물과 동등 이상의 절연효력이 있는 것으로 충분히 피복할 것.
나. 코드 상호, 캡타이어 케이블 상호 또는 이들 상호를 접속하는 경우에는 코드 접속기·접속함 기타의 기구를 사용할 것.
  다만 공칭단면적이 10[mm²] 이상인 캡타이어 케이블 상호를 규정에 준하여 접속하는 경우에는 기구를 사용하지 않을 수 있다.
다. 두 개 이상의 전선을 병렬로 사용하는 경우에는
  ① 병렬로 사용하는 각 전선의 굵기는 **동선 50[mm²] 이상 또는 알루미늄 70[mm²] 이상**으로 하고, 전선은 같은 도체, 같은 재료, 같은 길이 및 같은 굵기의 것을 사용할 것
  ② 같은 극의 각 전선의 터미널러그에 완전히 접속할 것
  ③ 병렬로 사용하는 전선에는 각각에 퓨즈를 설치하지 말 것

답 ①

96 케이블의 일부가 아닌 경우 또는 선로도체와 함께 수납되지 않은 본딩도체는 구리도체인 경우 몇 [mm²] 이상이어야 하는가? (단, 기계적 보호가 없는 경우이다.)

① 0.75
② 2.5
③ 4
④ 16

풀이 143.3.2 보조 보호등전위본딩 도체
1. 두 개의 노출도전부를 접속하는 보호본딩도체의 도전성은 노출도전부에 접속된 더 작은 보호도체의 도전성보다 커야 한다.
2. 노출도전부를 계통외도전부에 접속하는 보호본딩도체의 도전성은 같은 단면적을 갖는 보호도체의 1/2 이상이어야 한다.
3. 케이블의 일부가 아닌 경우 또는 선로도체와 함께 수납되지 않은 본딩도체는 다음 값 이상 이어야 한다.
  가. 기계적 보호가 된 것은 구리도체 2.5[mm²], 알루미늄 도체 16[mm²]
  나. **기계적 보호가 없는 것은 구리도체 4[mm²], 알루미늄 도체 16[mm²]**

답 ③

97 조가선의 시설기준으로 틀린 것은?

① 조가선은 2조까지만 시설할 것
② 조가선은 설비 안전을 위하여 전주와 전주 사이에서 접속할 것
③ 끝부분의 배전주와 끝부분에서 첫 번째 지지물 전에 있는 배전주에 시설하는 조가선은 장력에 견디는 형태로 시설할 것
④ 조가선은 부식되지 않는 별도의 금속 부속품을 사용하고 조가선 끝부분은 날카롭지 않게 할 것

풀이 362.3 조가선 시설기준
조가선은 다음과 같이 시설한다.
① 조가선은 설비 안전을 위하여 **전주와 전주 사이에서 접속하지 말 것**.
② 조가선은 부식되지 않는 별도의 금속 부속품을 사용하고 조가선 끝부분은 날카롭지 않게 할 것.
③ 끝부분의 배전주와 끝부분에서 첫 번째 지지물 전에 있는 배전주에 시설하는 조가선은 장력에 견디는 형태로 시설할 것.
④ 조가선은 2조까지만 시설할 것.
⑤ 과도한 장력에 의한 전주손상을 방지하기 위하여 전주 간 거리 50[m] 기준 0.4[m] 정도의 처짐정도를 반드시 유지하고, 지표상 시설 높이 기준을 준수하여 시공할 것. **답** ②

98 전광표시 장치에 사용하는 저압 옥내배선을 금속관공사로 시설할 경우 단면적은 몇 [mm²] 이상의 연동선을 사용하여야 하는가? (단, 사용전압이 400[V] 이하인 경우이다.)

① 0.75   ② 1.25
③ 1.5   ④ 2.5

풀이 231.3.1 저압 옥내배선의 사용전선
가. 저압 옥내배선의 전선 : 단면적 2.5[mm²] 이상의 연동선
나. 옥내배선의 사용 전압이 400[V] 이하인 경우는 다음에 의하여 시설할 수 있다.
① **전광표시 장치 또는 제어 회로**
  • **단면적 1.5[mm²] 이상의 연동선**
  • 단면적 0.75[mm²] 이상인 다심케이블 또는 다심 캡타이어 케이블을 사용하고 또한 과전류가 생겼을 때에 자동적으로 전로에서 차단하는 장치를 시설
② 진열장 또는 이와 유사한 것의 내부 배선 : 단면적 0.75[mm²] 이상인 코드 또는 캡타이어케이블 **답** ③

99 진열장 내의 배선으로 사용전압 400[V] 이하에 사용하는 코드 또는 캡타이어 케이블의 최소 단면적은 몇 [mm²]인가?

① 1.25   ② 1.0
③ 0.75   ④ 0.5

풀이 234.8 진열장 또는 이와 유사한 것의 내부 배선
가. 사용전압 : 400[V] 이하
나. **전선의 굵기 : 단면적 0.75[mm²] 이상**
다. 전선의 종류 : 코드 또는 캡타이어 케이블 **답** ③

100 사용 중 예상치 못한 회로의 개방이 위험 또는 큰 손상을 초래할 수 있는 부하에 전원을 공급하는 회로에서 과부하 보호장치를 생략할 수 없는 회로는?

① 회전기의 여자회로
② 전자석 크레인의 전원회로
③ 전류변성기의 2차회로
④ 안전설비(주거침입경보, 가스누출경보 등)의 부하회로

풀이 212.4.3 과부하보호장치의 생략
사용 중 예상치 못한 회로의 개방이 위험 또는 큰 손상을 초래할 수 있는 다음과 같은 부하에 전원을 공급하는 회로에 대해서는 과부하 보호장치를 생략할 수 있다.
① 회전기의 여자회로
② 전자석 크레인의 전원회로
③ 전류변성기의 2차회로
④ 소방설비의 전원회로
⑤ 안전설비(주거침입경보, 가스누출경보 등)의 전원회로 **답** ④

2025년 3회 전기기사필기 (CBT 복원문제)

동일출판사 홈페이지에서 무료 동영상강의를 보실 수 있습니다.

1과목 - 전기자기

01 비유전율 $\epsilon_s = 5$인 유전체 중에서 전속밀도가 4×10^{-4}[C/m²]일 때 분극의 세기는 몇 [C/m²]인가?

① 1.6×10^{-4}
② 2.4×10^{-4}
③ 3.2×10^{-4}
④ 4.8×10^{-4}

풀이 분극의 세기
$$P = D - \epsilon_0 E$$
$$= D - \epsilon_0 \left(\frac{D}{\epsilon_0 \epsilon_s}\right) = D - \frac{D}{\epsilon_s} = \left(1 - \frac{1}{\epsilon_s}\right)D$$

여기서, $E = \dfrac{D}{\epsilon} = \dfrac{D}{\epsilon_0 \epsilon_s}$

∴ $P = \left(1 - \dfrac{1}{5}\right) \times 4 \times 10^{-4} = 3.2 \times 10^{-4}$[C/m²] 답 ③

02 정현파 자속의 주파수를 3배로 높이고 최댓값을 2배로 하면 유기기전력은 몇 배가 되는가?

① 2배
② 3배
③ 5배
④ 6배

풀이 유기기전력
$e = -\omega N\phi_m \sin(\omega t - \pi) = -2\pi f N\phi_m \sin(\omega t - \pi)$
에서 $e \propto f$(주파수) $\propto \Phi_m$(자속)
따라서, 주파수를 3배로 높이고 자속의 최댓값을 2배로 하면 유기기전력은 6배가 된다. 답 ④

03 투자율이 μ[H/m], 자계의 세기가 H[AT/m], 자속밀도가 B[Wb/m²]인 곳에서의 자계 에너지 밀도[J/m³]는?

① $\dfrac{B^2}{2\mu}$
② $\dfrac{H^2}{2\mu}$
③ $\dfrac{1}{2}\mu H$
④ BH

풀이 자성체 단위 체적 당 저장되는 에너지, 즉 에너지 밀도
$w = \dfrac{1}{2}BH = \dfrac{B^2}{2\mu} = \dfrac{1}{2}\mu H^2$[J/m³]이다. 답 ①

04 단면적이 s[m²], 단위길이에 대한 권수가 n[회/m]인 무한히 긴 솔레노이드의 단위길이 당 자기 인덕턴스[H/m]는?

① $\mu \cdot s \cdot n$
② $\mu \cdot s \cdot n^2$
③ $\mu \cdot s^2 \cdot n$
④ $\mu \cdot s^2 \cdot n^2$

풀이
- 자속 $\phi = Bs = \mu Hs$[Wb]
- 무한장 솔레노이드 :
  내부 자계의 세기 $H = nI$[AT/m],
  외부 자계의 세기 $H_e = 0$[AT/m]

∴ 자기 인덕턴스
$$L = \frac{n\phi}{I} = \frac{n\mu Hs}{I} = \frac{n\mu \cdot nI \cdot s}{I} = \mu s n^2 \text{[H/m]}$$
답 ②

05 그림은 커패시터의 유전체 내에 흐르는 변위전류를 보여준다. 커패시터의 전극 면적을 S[m²], 전극에 축적된 전하를 q[C], 전극의 표면 전하 밀도를 σ[C/m²], 전극 사이의 전속밀도를 D[C/m²]라 하면 변위전류밀도 i_d[A/m²]는?

① $\dfrac{\partial D}{\partial t}$
② $\dfrac{\partial q}{\partial t}$
③ $S\dfrac{\partial D}{\partial t}$
④ $\dfrac{1}{S}\dfrac{\partial D}{\partial t}$

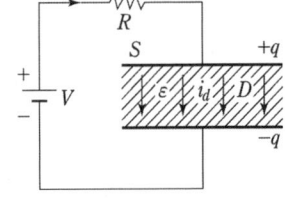

풀이 변위전류는 진공 또는 유전체 내 전속밀도의 시간적 변화에 의해서 발생한다.
즉, $i_d = \dfrac{I_d}{S} = \dfrac{\partial D}{\partial t} = \dfrac{\partial (\epsilon E)}{\partial t}$

여기서, i_d : **변위전류밀도**[A/m²], I_d : 변위전류[A],
ϵ : 유전율[F/m], E : 전계의 세기[V/m],
D : 전속밀도[C/m²] 답 ①

06 지구는 태양으로부터 $P[kW/m^2]$의 방사열을 받고 있다. 지구 표면에서의 전계의 세기는 몇 $[V/m]$인가?

① $377P$ ② $\dfrac{P}{377}$
③ $\sqrt{\dfrac{P}{377}}$ ④ $\sqrt{377P}$

풀이 $H = \sqrt{\dfrac{\epsilon_0}{\mu_0}} E [A/m]$ 이므로

$P = EH = E^2 \sqrt{\dfrac{\epsilon_0}{\mu_0}}$

$E^2 = \sqrt{\dfrac{\mu_0}{\epsilon_0}} \cdot P = \sqrt{\dfrac{4\pi \times 10^{-7}}{8.855 \times 10^{-12}}} \cdot P = 377 \cdot P$

$\therefore E = \sqrt{377P}$ **답** ④

07 지름 2[mm], 길이 100[m]인 동선의 내부 인덕턴스는 몇 $[\mu H]$인가?

① 1.25 ② 2.5
③ 5.0 ④ 25

풀이 내부 인덕턴스 $L_i = \dfrac{\mu}{8\pi} l [H]$,

동선의 경우는 $\mu \fallingdotseq \mu_0$이므로

$\therefore L_i = \dfrac{4\pi \times 10^{-7}}{8\pi} \times 100 = 50 \times 10^{-7} [H] = 5[\mu H]$

답 ③

08 인접 영구 자기 쌍극자가 크기는 같으나 방향이 서로 반대 방향으로 배열된 자성체를 어떤 자성체라 하는가?

① 반자성체 ② 상자성체
③ 강자성체 ④ 반강자성체

풀이
- 반자성체 : 영구자기 쌍극자는 없는 재질
- 상자성체 : 인접 영구자기 쌍극자의 방향이 규칙성이 없는 재질
- 강자성체 : 인접 영구자기 쌍극자의 방향이 동일방향으로 배열하는 재질
- 반강자성체 : 인접 영구자기 쌍극자의 배열이 서로 반대인 재질

답 ④

09 평면도체표면에서 $d[m]$ 거리에 점전하 $Q[C]$이 있을 때 이 전하를 무한원점까지 운반하는 데 필요한 일$[J]$은?

① $\dfrac{Q^2}{4\pi\epsilon_0 d}$ ② $\dfrac{Q^2}{8\pi\epsilon_0 d}$
③ $\dfrac{Q^2}{16\pi\epsilon_0 d}$ ④ $\dfrac{Q^2}{32\pi\epsilon_0 d}$

풀이 작용력

$F = \dfrac{-Q^2}{4\pi\epsilon_0 (2d)^2} = \dfrac{-Q^2}{16\pi\epsilon_0 d^2} [N]$(흡인력)

따라서 필요한 일

$W = \int_d^\infty F dd = \dfrac{Q^2}{16\pi\epsilon_0} \int_d^\infty \dfrac{1}{d^2} dd = \dfrac{Q^2}{16\pi\epsilon_0} \left[-\dfrac{1}{d} \right]_d^\infty$

$= \dfrac{Q^2}{16\pi\epsilon_0 d} [J]$ **답** ③

10 공기 중 두 점전하 사이에 작용하는 힘이 5[N]이었다. 두 전하 사이에 유전체를 넣었더니 힘이 2[N]으로 되었다면 유전체의 비유전율은 얼마인가?

① 15 ② 7.5
③ 5 ④ 2.5

풀이 공기 중 두 점전하 사이에 작용하는 힘 F_1은

$F_1 = \dfrac{Q_1 Q_2}{4\pi\epsilon_0 r^2} [N]$

유전체를 두 전하 사이에 넣었을 때 힘 F_2는

$F_2 = \dfrac{Q_1 Q_2}{4\pi\epsilon_0 \epsilon_s r^2} [N]$, $\dfrac{F_1}{F_2} = \dfrac{\dfrac{Q_1 Q_2}{4\pi\epsilon_0 r^2}}{\dfrac{Q_1 Q_2}{4\pi\epsilon_0 \epsilon_s r^2}} = \epsilon_s$

즉, 유전체를 넣으면 힘은 진공일 때의 $1/\epsilon_s$ 배가 된다.

$\therefore \epsilon_s = \dfrac{F_1}{F_2} = \dfrac{5}{2} = 2.5$ **답** ④

11 내압 1000[V] 정전용량 1$[\mu F]$, 내압 750[V] 정전용량 2$[\mu F]$, 내압 500[V] 정전용량 5$[\mu F]$인 콘덴서 3개를 직렬로 접속하고 인가전압을 서서히 높이면 최초로 파괴되는 콘덴서는?

① 1$[\mu F]$ ② 2$[\mu F]$
③ 5$[\mu F]$ ④ 동시에 파괴된다.

풀이 직렬회로에서 각 콘덴서의 전하용량이 작을수록 빨리 파괴된다.
$Q_1 = C_1 V_1 = 1 \times 10^{-6} \times 1000 = 1 \times 10^{-3}$[C]
$Q_2 = C_2 V_2 = 2 \times 10^{-6} \times 750 = 1.5 \times 10^{-3}$[C]
$Q_3 = C_3 V_3 = 5 \times 10^{-6} \times 500 = 2.5 \times 10^{-3}$[C]
따라서, 전하용량이 $Q_3 > Q_2 > Q_1$이므로 전하용량이 가장 작은 1000[V], 1[μF]의 콘덴서가 가장 빨리 파괴된다. **답 ①**

12 유전율이 각각 ϵ_1, ϵ_2인 두 유전체가 접한 경계면에서 전하가 존재하지 않는다고 할 때 유전율이 ϵ_1인 유전체에서 유전율이 ϵ_2인 유전체로 전계 E_1이 입사각 $\theta_1 = 0°$로 입사할 경우 성립되는 식은?

① $E_1 = E_2$
② $E_1 = \epsilon_1 \epsilon_2 E_2$
③ $\dfrac{E_1}{E_2} = \dfrac{\epsilon_2}{\epsilon_1}$
④ $\dfrac{E_1}{E_2} = \dfrac{\epsilon_1}{\epsilon_2}$

풀이 유전체의 경계조건에서 전속밀도는 법선성분이 같으므로
$D_{1n} = D_{2n}$
수직입사는 입사각, 굴절각 $\theta_1 = \theta_2 = 0°$이므로
$D_1 \cos\theta_1 = D_2 \cos\theta_2$, $D_1 = D_2 (\because \cos 0° = 1)$
$D = \epsilon E$의 관계로부터
$\epsilon_1 E_1 = \epsilon_2 E_2$ $\therefore \dfrac{E_1}{E_2} = \dfrac{\epsilon_2}{\epsilon_1}$ **답 ③**

13 그림과 같은 동축 원통의 왕복 전류 회로가 있다. 도체 단면에 고르게 퍼진 일정 크기의 전류가 내부 도체로 흘러 들어가고 외부 도체로 흘러 나올 때, 전류에 의하여 생기는 자계에 대하여 다음 중 옳지 않은 것은?

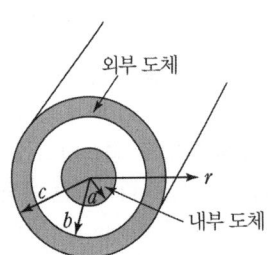

① 내부 도체 내($r < a$)에 생기는 자계의 크기는 중심으로부터의 거리에 비례한다.
② 두 도체 사이(내부 공간)($a < r < b$)에 생기는 자계의 크기는 중심으로부터의 거리에 반비례한다.
③ 외부 도체 내($b < r < c$)에 생기는 자계의 크기는 중심으로부터의 거리에 관계없이 일정하다.
④ 외부 공간($r > c$)의 자계는 영(0)이다.

풀이 ① 내부 도체에 있어서 $r < a$인 점의 자계를 H_1이라 하면 반지름 r 내를 흐르는 전류, 즉 쇄교하는 전류 $I_r = \dfrac{\pi r^2}{\pi a^2} I = \dfrac{r^2}{a^2} I$이므로,
주회 적분의 법칙에서 $2\pi r H_1 = I_r$
$\therefore H_1 = \dfrac{I_r}{2\pi r} = \dfrac{1}{2\pi r} \dfrac{r^2}{a^2} I = \dfrac{rI}{2\pi a^2}$ [A/m]
② $a < r < b$일 때의 자계 H_2는 $2\pi r H_2 = I$
$\therefore H_2 = \dfrac{I}{2\pi r}$ [A/m]
③ $b < r < c$인 점의 자계 H_3는
$H_3 2\pi r = I - \dfrac{\pi r^2 - \pi b^2}{\pi c^2 - \pi b^2} I = \left(1 - \dfrac{r^2 - b^2}{c^2 - b^2}\right) I$
$H_3 = \dfrac{I}{2\pi r}\left(1 - \dfrac{r^2 - b^2}{c^2 - b^2}\right)$ [A/m](거리에 반비례)
④ 외부 도체 외의 공간 $c < r$인 점의 자계 H_4는
$2\pi r H_4 = I - I = 0$ $\therefore H_4 = 0$ **답 ③**

14 비유전율이 2이고, 비투자율이 2인 매질 내에서의 전자파의 전파속도 v[m/s]와 진공 중의 빛의 속도 v_0[m/s] 사이의 관계는?

① $v = \dfrac{1}{2} v_0$
② $v = \dfrac{1}{4} v_0$
③ $v = \dfrac{1}{6} v_0$
④ $v = \dfrac{1}{8} v_0$

풀이 • 전파속도
$v = \dfrac{1}{\sqrt{\epsilon \mu}} = \dfrac{1}{\sqrt{\epsilon_0 \mu_0}} \cdot \dfrac{1}{\sqrt{\epsilon_r \mu_r}} = \dfrac{3 \times 10^8}{\sqrt{\epsilon_r \mu_r}}$ [m/s]
$\left(\because \dfrac{1}{\sqrt{\epsilon_0 \mu_0}} = \dfrac{1}{\sqrt{8.855 \times 10^{-12} \times 4\pi \times 10^{-7}}}\right.$
$= 3 \times 10^8 = v_0(빛의 속도)$[m/s]$\left.\right)$
• $\epsilon_r = \mu_r = 2$일 때,
$v = \dfrac{3 \times 10^8}{\sqrt{\epsilon_r \mu_r}} = \dfrac{3 \times 10^8}{\sqrt{2 \times 2}} = \dfrac{1}{2} v_0$ 가 된다. **답 ①**

15 하나의 철심 위에 인덕턴스가 10[H]인 두 코일을 같은 방향으로 감아서 직렬 연결한 후에 5[A]의 전류를 흘리면 여기에 축적되는 에너지는 몇 [J]인가? 단, 두 코일의 결합 계수는 0.8이다.

① 50 ② 350
③ 450 ④ 2,250

풀이
$$W = \frac{1}{2}LI^2 = \frac{1}{2}(L_1 + L_2 + 2k\sqrt{L_1 L_2})I^2$$
$$= \frac{1}{2}(10 + 10 + 2 \times 0.8\sqrt{10 \times 10}) \times 5^2$$
$$= 450[J]$$
답 ③

16 두 평행판 축전기에 채워진 폴리에틸렌의 비유전율이 ϵ_r, 평행판간 거리 $d = 1.5$[mm]일 때, 만일 평행판 내의 전계의 세기가 10[kV/m]라면 평행판간 폴리에틸렌 표면에 나타난 분극전하밀도는?

① $\dfrac{\epsilon_r - 1}{18\pi} \times 10^{-5}$ [C/m²]

② $\dfrac{\epsilon_r - 1}{36\pi} \times 10^{-6}$ [C/m²]

③ $\dfrac{\epsilon_r}{18\pi} \times 10^{-5}$ [C/m²]

④ $\dfrac{\epsilon_r - 1}{36\pi} \times 10^{-5}$ [C/m²]

풀이 분극전하밀도 σ'는 분극의 세기 P와 같으므로
$$\sigma' = P = \epsilon_o(\epsilon_r - 1)E = \frac{10^7}{4\pi C^2} \times (\epsilon_r - 1) \times 10 \times 10^3$$
$$= \frac{10^7}{4\pi(3 \times 10^8)^2} \times (\epsilon_r - 1) \times 10^4$$
$$= \frac{10^{11}(\epsilon_r - 1)}{36\pi \times 10^{16}} = \frac{\epsilon_r - 1}{36\pi} \times 10^{-5} [C/m^2]$$

(단, 광속 $C = \dfrac{1}{\sqrt{\epsilon_o \mu_o}}$에서 $\epsilon_o = \dfrac{10^7}{4\pi C^2}$) 답 ④

17 자계의 벡터포텐셜을 A라 할 때 자계의 시간적 변화에 의하여 생기는 전계의 세기 E는?

① $E = \text{rot } A$ ② $\text{rot } E = A$
③ $E = -\dfrac{\partial A}{\partial t}$ ④ $\text{rot } E = -\dfrac{\partial A}{\partial t}$

풀이 $B = \nabla \times A$로 정의되고 $\nabla \times E = -\dfrac{\partial B}{\partial t}$에서
$$\nabla \times E = -\frac{\partial B}{\partial t} = -\frac{\partial}{\partial t}(\nabla \times A) = \nabla \times \left(-\frac{\partial A}{\partial t}\right)$$
$$\therefore E = -\frac{\partial A}{\partial t}$$
답 ③

18 다음 설명 중 잘못된 것은?

① 초전도체는 임계온도 이하에서 완전 반자성을 나타낸다.
② 자화의 세기는 단위면적 당의 자기 모멘트이다.
③ 상자성체에 자극 N극을 접근시키면 S극이 유도된다.
④ 니켈(Ni), 코발트(Co) 등은 강자성체에 속한다.

풀이 자성체의 양 단면의 단위면적에 발생한 자기량을 그 자성체에 대한 자화의 세기라고 하며, 자성체의 자화 정도를 정량적으로 표시할 수 있다.(자화의 세기는 단위면적 당의 자극의 세기 또는 단위체적 당의 자기모멘트로 표시할 수 있다.) 답 ②

19 사이클로트론에서 양자가 매초 3×10^{15}개의 비율로 가속되어 나오고 있다. 양자가 15[MeV]의 에너지를 가지고 있다고 할 때, 이 사이클로트론은 가속용 고주파 전계를 만들기 위해서 150[kW]의 전력을 필요로 한다면 에너지 효율[%]은?

① 2.8 ② 3.8
③ 4.8 ④ 5.8

풀이
- 1[eV] = 1.602×10^{-19}[J]
- 150[kW] = 150×10^3[W] = 150×10^3[J/s]

효율 $\eta = \dfrac{출력}{입력} \times 100$
$$= \frac{3 \times 10^{15} \times 15 \times 10^6 \times 1.602 \times 10^{-19}}{150 \times 10^3} \times 100$$
$$\approx 4.8[\%]$$
답 ③

20 자속밀도 B[Wb/m²]의 평등 자계 내에서 길이 l[m]인 도체 ab가 속도 v[m/s]로 그림과 같이 도선을 따라서 자계와 수직으로 이동할 때, 도체 ab에 의해 유기된 기전력의 크기 e[V]와 폐회로 abcd 내 저항 R에 흐르는 전류의 방향은? (단, 폐회로 abcd 내 도선 및 도체의 저항은 무시한다.)

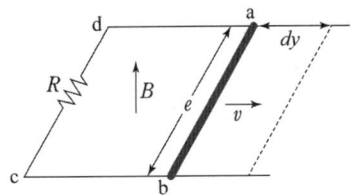

① $e = Blv$, 전류 방향 : c → d
② $e = Blv$, 전류 방향 : d → c
③ $e = Blv^2$, 전류 방향 : c → d
④ $e = Blv^2$, 전류 방향 : d → c

풀이 플레밍의 오른손 법칙
① 유기기전력 $e = Blv\sin\theta$[V]

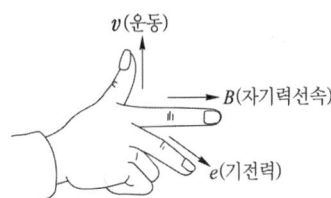

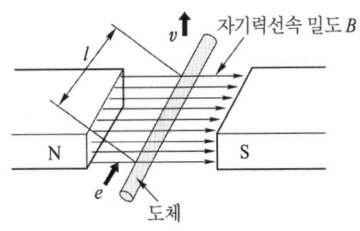

② 전류는 플레밍의 오른손 법칙에 의해 a → b → c → d 방향으로 흐른다. **답** ①

2과목 - 전력공학

21 그림과 같이 지지점 A, B, C에는 고저차가 없으며, 경간 AB와 BC 사이에 전선이 가설되어 그 이도가 각각 12[cm]이다. 지지점 B에서 전선이 떨어져 전선의 이도가 D로 되었다면 D의 길이[cm]는? (단, 지지점 B는 A와 C의 중점이며 지지점 B에서 전선이 떨어지기 전, 후의 길이는 같다.)

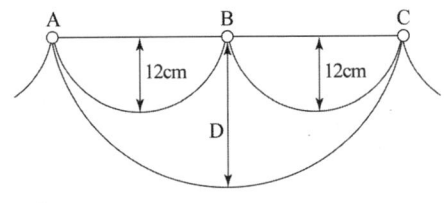

① 17　② 24　③ 30　④ 36

풀이
• AB구간 및 BC구간 전선의 실제 길이
$L_1 = S_1 + \dfrac{8D_1^2}{3S_1}$ (여기서, S_1 : 경간, D_1 : 이도)

• AC구간 전선의 실제 길이
$L = S + \dfrac{8D^2}{3S}$ (여기서, S : 경간, D : 이도)

• 전선의 실제 길이는 떨어지기 전과 후가 같으므로
$2L_1 = L$
$2\left(S_1 + \dfrac{8D_1^2}{3S_1}\right) = S + \dfrac{8D^2}{3S}$

그리고, AC구간의 경간은 AB구간 및 BC구간의 2배이므로, $S = 2S_1$를 대입하면
$2\left(S_1 + \dfrac{8D_1^2}{3S_1}\right) = 2S_1 + \dfrac{8D^2}{3 \times 2S_1}$

$\dfrac{8D^2}{3 \times 2S_1} = 2\left(S_1 + \dfrac{8D_1^2}{3S_1}\right) - 2S_1 = \dfrac{2 \times 8D_1^2}{3S_1}$

$\therefore D = \sqrt{4D_1^2} = 2D_1 = 2 \times 12 = 24$[cm]　**답** ②

22 선간전압, 부하역률, 선로손실, 전선중량 및 배전거리가 같다고 할 경우 단상 2선식과 3상 3선식의 공급전력의 비(단상/3상)는?

① $\dfrac{3}{2}$　　② $\dfrac{1}{\sqrt{3}}$

③ $\sqrt{3}$　　④ $\dfrac{\sqrt{3}}{2}$

풀이 전선의 중량이 같다면
$$V_0 = 2A_1 L = 3A_3 L$$
$$\frac{A_3}{A_1} = \frac{2}{3} = \frac{R_1}{R_3}$$
또한 전력손실이 같으면 $P_c = 2I_1^2 R_1 = 3I_3^2 R_3$ 에서
$$\left(\frac{I_1}{I_3}\right)^2 = \frac{3R_3}{2R_1} = \frac{3}{2} \times \frac{3}{2}$$
$$\frac{I_1}{I_3} = \frac{3}{2}$$
∴ 공급전력의 비 $\frac{W_1}{W_3} = \frac{VI_1}{\sqrt{3}\,VI_3} = \frac{1}{\sqrt{3}} \times \frac{3}{2} = \frac{\sqrt{3}}{2}$

답 ④

---

23 직접접지방식에 대한 설명으로 틀린 것은?

① 1선 지락 사고시 건전상의 대지 전압이 거의 상승하지 않는다.
② 계통의 절연수준이 낮아지므로 경제적이다.
③ 변압기의 단절연이 가능하다.
④ 보호계전기가 신속히 동작하므로 과도안정도가 좋다.

풀이 직접 접지방식의 장·단점
[장점]
① 1선 지락 시에 건전상의 대지전압이 거의 상승하지 않는다.
② 피뢰기의 효과를 증진시킬 수 있다.
③ 단절연이 가능하다.
④ 계전기의 동작이 확실해진다.
[단점]
① 송전 계통의 과도 안정도가 나빠진다.
② 통신선에 유도 장해가 크다.
③ 지락 시 대전류가 흘러 기기에 손상을 준다.
④ 대용량 차단기가 필요하다.

답 ④

---

24 다음 중 그 값이 항상 1 이상인 것은?

① 부등률   ② 부하율
③ 수용률   ④ 전압강하율

풀이 부등률 = $\dfrac{\text{각 부하의 최대 수용전력의 합}}{\text{각 부하를 종합했을 때 최대 수용전력}}$
으로 **1보다 크며**, 부하의 동시 사용 정도를 나타내는 척도가 된다.

답 ①

---

25 전원이 양단에 있는 환상선로의 단락보호에 사용되는 계전기는?

① 방향거리 계전기
② 부족전압 계전기
③ 선택접지 계전기
④ 부족전류 계전기

풀이 • 전원이 2군데 이상 환상 선로의 단락보호
→ **방향 거리계전기(DZ)**
• 전원이 2군데 이상 방사상 선로의 단락보호
→ 방향 단락 계전기(DS)와 과전류 계전기(OC)를 조합

답 ①

---

26 최소 동작전류 이상의 전류가 흐르면 한도를 넘은 양(量)과는 상관없이 즉시 동작하는 계전기는?

① 순한시 계전기
② 반한시 계전기
③ 정한시 계전기
④ 반한시 정한시 계전기

풀이 보호계전기 특징
① 순한시 특성 : 최소 동작전류 이상의 전류가 흐르면 즉시 동작하는 특성
② 반한시 특성 : 동작전류가 커질수록 동작시간이 짧게 되는 특성
③ 정한시 특성 : 동작전류의 크기에 관계없이 일정한 시간에 동작하는 특성
④ 반한시 정한시 특성 : 동작전류가 적은 동안에는 동작전류가 커질수록 동작시간이 짧게 되고 어떤 전류 이상이면 동작전류의 크기에 관계없이 일정한 시간에 동작하는 특성

답 ①

---

27 현재 널리 쓰이고 있는 GCB(Gas Circuit Breaker)용 가스는?

① SF_6 가스   ② 아르곤 가스
③ 네온 가스   ④ N_2 가스

풀이 SF_6는 안정도가 높고 무색, 무취, 무독, 불활성 기체이며 절연내력은 공기의 약 3배이고 10기압 정도로 압축하면 공기의 10배 정도 절연내력을 가지므로 **실용화된 가스로서는 가장 널리 쓰인다.**

답 ①

28 이상전압에 대한 방호장치가 아닌 것은?

① 피뢰기 ② 가공지선
③ 방전코일 ④ 서지 흡수기

풀이 ① 피뢰기 : 이상전압에 대한 기계, 기구 보호
② 가공지선 : 직격뢰 차폐
③ 방전 코일 : 콘덴서에 축적된 잔류 전하를 방전하여 감전사고 방지
④ 서지 흡수기 : 변압기, 발전기 등을 서지로부터 보호

답 ③

29 부하전류 차단이 불가능한 전력개폐 장치는?

① 진공차단기 ② 유입차단기
③ 단로기 ④ 가스차단기

풀이

능력 기능	회로 분리		사고 차단	
	무부하	부하	과부하	단락
퓨즈	○	-	-	○
차단기	○	○	○	○
개폐기	○	○	○	-
단로기	○	-	-	-

단로기(DS)는 switch로서 아크 소호장치가 없어 부하 전류의 차단이 곤란하다.

답 ③

30 피뢰기가 구비하여야 할 조건으로 거리가 먼 것은?

① 충격방전 개시전압이 낮을 것
② 상용주파 방전 개시전압이 낮을 것
③ 제한전압이 낮을 것
④ 속류의 차단능력이 클 것

풀이 피뢰기 구비조건
① 충격방전 개시전압이 낮을 것
② **상용주파 방전 개시전압은 높을 것**
③ 방전내량이 크면서 제한전압이 낮을 것
④ 속류 차단능력이 충분할 것

답 ②

31 배기가스의 여열을 이용해서 보일러에 공급되는 급수를 예열함으로써 연료 소비량을 줄이거나 증발량을 증가시키기 위해서 설치하는 여열 회수 장치는?

① 과열기 ② 공기 예열기
③ 절탄기 ④ 재열기

풀이

기기명	용 도	가열되는 물질
과열기	보일러 드럼에서 발생된 포화증기를 과열증기로 만드는 설비	포화증기
재열기	고압터빈 내에서 팽창된 증기를 다시 가열하여 건조도를 높여 과열시키는 기기	증기
절탄기	연소 후의 배기가스 여열을 이용하여 보일러 급수를 가열	보일러 급수
공기 예열기	배기가스의 여열을 이용하여 보일러의 연소용 공기를 가열	연소용 공기
급수 가열기	터빈에서 증기를 추기하여 보일러 급수를 가열	보일러 급수

답 ③

32 초호각(Arcing horn)의 역할은?

① 풍압을 조절한다.
② 송전 효율을 높인다.
③ 선로의 섬락 시 애자의 파손을 방지한다.
④ 고주파수의 섬락전압을 높인다.

풀이 ① 명칭
• 초호환 = 소호환 = arcing ring
• 초호각 = 소호각 = arcing horn
② 초호환, 초호각의 역할
• 애자련의 전압분포 개선
• 선로의 섬락으로부터 애자련의 보호

답 ③

33 다음 사항 중 가공송전선로의 코로나손실과 관계가 없는 사항은?

① 전원주파수
② 전선의 연가
③ 상대공기밀도
④ 선간거리

풀이 Peek의 식

$$P = \frac{241}{\delta}(f+25)\sqrt{\frac{d}{2D}}(E-E_0)^2 \times 10^{-5} \text{[kW/km/선]}$$

여기서 δ : 상대 공기 밀도
D : 선간 거리
d : 전선의 지름
f : 주파수
E : 전선에 걸리는 대지 전압
E_0 : 코로나 임계 전압

답 ②

34 파동 임피던스 $Z_1 = 600[\Omega]$인 선로종단에 파동 임피던스 $Z_2 = 1300[\Omega]$의 변압기가 접속되어 있다. 지금 선로에서 파고 $e_1 = 900[kV]$의 전압이 입사되었다면 접속점에서의 전압 반사파는 약 몇[kV]인가?

① 530　② 430　③ 330　④ 230

풀이 반사 전압 $e_2 = \dfrac{Z_2 - Z_1}{Z_2 + Z_1} e_1 = \dfrac{1300-600}{1300+600} \times 900 = 330[kV]$　**답** ③

35 송전선로에서 역섬락을 방지하는 가장 유효한 방법은?

① 피뢰기를 설치한다.
② 탑각 접지저항을 작게 한다.
③ 소호각을 설치한다.
④ 가공지선을 설치한다.

풀이 뇌서지가 철탑에 가격 시 철탑의 탑각 접지저항이 충분히 낮지 않으면 철탑의 전위가 상승하여 철탑에서 선로 섬락을 일으키는 경우가 있는데 이를 **역섬락**이라 하며 방지 대책으로는 매설 지선을 설치하여 **탑각 접지저항을 낮추어야 한다**. **답** ②

36 가스절연개폐장치(GIS)의 내장기기가 아닌 것은?

① 차단기　② 단로기
③ 주변압기　④ 계기용변압기

풀이 가스절연개폐장치(GIS : Gas Insulated Switchgear)는 **차단기, 단로기, 모선, 피뢰기, 변성기** 등을 금속체함에 수납하고 충전부를 SF_6 가스로 절연시킨 종합 개폐장치이다. **답** ③

37 3상 배전선로의 말단에 역률 60[%](늦음), 60[kW]의 평형 3상 부하가 있다. 부하점에 부하와 병렬로 전력용 콘덴서를 접속하여 선로손실을 최소로 하고자 할 때 콘덴서 용량[kVA]은? (단, 부하단의 전압은 일정하다.)

① 40　② 60　③ 80　④ 100

풀이 선로 손실을 최소로 하기 위해서는 역률을 1.0으로 개선해야 하므로, 문제에서는 전 무효전력만큼의 콘덴서 용량이 필요하다.
따라서 콘덴서 용량
$Q_c = P\tan\theta = P\dfrac{\sin\theta}{\cos\theta} = 60 \times \dfrac{0.8}{0.6} = 80[kVA]$　**답** ③

38 부하의 역률을 개선할 경우 배전선로에 대한 설명으로 틀린 것은? (단, 다른 조건은 동일하다.)

① 설비용량의 여유 증가
② 전압강하의 감소
③ 선로전류의 증가
④ 전력손실의 감소

풀이 배전선로의 역률 개선 효과
① 전력손실 경감
② 전압강하 경감
③ 설비용량의 여유분 증가
④ 전력요금의 절약　**답** ③

39 전력용 콘덴서에 비해 동기조상기의 이점으로 옳은 것은?

① 소음이 적다.
② 진상전류 이외에 지상전류를 취할 수 있다.
③ 전력손실이 적다.
④ 유지보수가 쉽다.

풀이 조상설비의 비교

항 목	동기조상기	전력용 콘덴서	분로 리액터
전력손실	많음 (1.5~2.5[%])	적음 (0.3[%] 이하)	적음 (0.6[%] 이하)
가격	비싸다(전력용 콘덴서, 분로 리액터의 1.5~2.5배)	저렴	저렴
무효전력	진상, 지상 양용	진상 전용	지상 전용
조정	연속적	계단적	계단적
사고시 전압유지	큼	작음	작음
시송전	가능	불가능	불가능
보수	손질필요	용이	용이

답 ②

40 특유속도가 가장 낮은 수차는?

① 펠톤수차   ② 사류수차
③ 프로펠러수차   ④ 프란시스수차

풀이 수차의 종류와 특유속도 및 그 사용 한계

수차의 종류		특유속도의 한계값
펠톤수차		12~23
프란시스 수차	저속도형	65~150
	중속도형	150~250
	고속도형	250~350
사류수차		150~250
카플란 수차, 프로펠러 수차		350~800

답 ①

3과목 - 전기기기

41 주파수 60[Hz], 슬립 0.2인 경우 회전자 속도가 720[rpm]일 때 유도전동기의 극수는?

① 4   ② 6
③ 8   ④ 12

풀이 $N = (1-s)N_s$ 에서

$N_s = \dfrac{N}{1-s} = \dfrac{720}{1-0.2} = 900 \, [\text{rpm}]$

$\therefore p = \dfrac{120f}{N_s} = \dfrac{120 \times 60}{900} = 8 \, [\text{극}]$

답 ③

42 단상반파 정류회로의 직류전압이 100[V]일 때 정류기의 역방향 첨두전압은 약 몇 [V]인가?

① 691   ② 628
③ 536   ④ 314

풀이 단상 반파 정류회로의 첨두역전압 PIV는
$\therefore \text{PIV} = \sqrt{2}E = \pi E_d = \pi \times 100 ≒ 314 \, [\text{V}]$

답 ④

43 동기전동기의 전기자 전류가 최소일 때 역률은?

① 0   ② 0.707
③ 0.866   ④ 1

풀이 역률 1에서 전기자 전류가 최소가 된다.

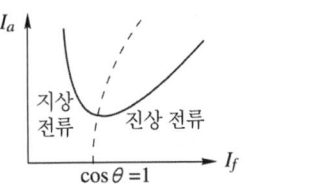

답 ④

44 직류전동기의 워드레오나드 속도제어 방식으로 옳은 것은?

① 전압제어   ② 저항제어
③ 계자제어   ④ 직병렬제어

풀이 직류전동기의 속도제어법 비교

구 분	제어 특성	특 징
계자제어법	• 정출력 제어	• 속도제어범위가 좁다.
전압제어법	• 정토크 제어 – 워드 레오나드 방식 – 일그너 방식	• 제어범위가 넓다. • 손실이 매우 적다. • 정역운전이 가능 • 설비비가 많이든다.
직렬저항법		• 효율이 나쁘다.

답 ①

45 유기 기전력 210[V], 단자 전압 200[V]인 5[kW] 분권 발전기의 계자 저항이 500[Ω]이면 그 전기자 저항[Ω]은?

① 0.2   ② 0.4
③ 0.6   ④ 0.8

풀이

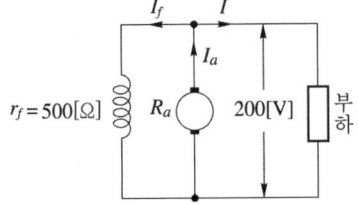

$I_f = \dfrac{V}{r_f} = \dfrac{200}{500} = 0.4 \, [\text{A}], \; I = \dfrac{P}{V} = \dfrac{5 \times 10^3}{200} = 25 \, [\text{A}]$

전기자 전류 I_a는 $I_a = I + I_f$이므로
$I_a = 25 + 0.4 = 25.4 \, [\text{A}]$

또한 $V = E - I_a R_a$ 식에서
$\therefore R_a = \dfrac{E-V}{I_a} = \dfrac{210-200}{25.4} = \dfrac{10}{25.4} ≒ 0.4 \, [\Omega]$

답 ②

46 3상 동기전동기에 있어서 제동권선의 역할은?

① 효율 향상 ② 역률 개선
③ 난조 방지 ④ 출력 증가

풀이 제동권선은 회전 자극 표면에 설치한 유도전동기의 농형 권선과 같은 권선으로서 회전자가 동기 속도로 회전하고 있는 동안에는 전압을 유도하지 않으므로 아무런 작용이 없다. 그러나 조금이라도 동기 속도를 벗어나면 전기자 자속을 끊어 전압이 유도되어 단락 전류가 흐르므로 동기 속도로 되돌아가게 된다. 즉, 진동 에너지를 열로 소비하여 진동을 방지한다.
이 제동권선은 난조 방지에 쓰인다. **답** ③

47 다음은 직류 직권 전동기를 교류 단상 정류자 전동기로 사용하기 위하여 교류를 가했을 때 발생하는 문제점을 열거한 것이다. 옳지 않은 것은?

① 효율이 나빠진다.
② 역률이 떨어진다.
③ 정류가 불량하다.
④ 계자 권선이 필요 없다.

풀이 직류 직권 전동기는 교류 전원을 사용할 수 있으나 자극은 철 덩어리로 되어 있기 때문에 철손이 크고, 계자 권선 및 전기자 권선의 인덕턴스 때문에 **역률과 효율이 나쁘다**. 또한 브러시에 의해 단락된 전기자 코일 내에 큰 기전력이 유기되어 **정류가 불량하다**는 단점이 있다. **답** ④

48 중부하에서도 기동되도록 하고 회전계자형의 동기 전동기에 고정자인 전기자 부분이 회전자의 주위를 회전할 수 있도록 2중 베어링의 구조를 가지고 있는 전동기는?

① 유도자형 전동기
② 유도 동기 전동기
③ 초동기 전동기
④ 반작용 전동기

풀이
- 동기 전동기를 보완하여 **중부하에서도 기동이 되도록 한** 것이 **초동기 전동기**이다.
- 초동기 전동기는 기동 토크가 크고 기동 전류가 적은 것이 특징이며, **2중 베어링 장치와 브레이크 밴드** 등의 특수 구조가 있어 고속 운전에는 부적당하다. **답** ③

49 히스테리시스손과 관계가 없는 것은?

① 최대 자속밀도
② 철심의 재료
③ 회전수
④ 철심용 규소 강판의 두께

풀이 ① 히스테리시스손 $P_h = K_h f B_m^2$
여기서, B_m : 최대 자속 밀도[Wb/m²]
K_h : 히스테리시스 계수, f : 주파수[Hz]
② 와류손 $P_e = K_e (t \cdot f \cdot K_f \cdot B_m)^2$
여기서, K_e : 재료에 따라 정해지는 상수
t : 철심의 두께[m]
K_f : 파형률$\left(\dfrac{실효치}{평균치} = 1.11\right)$

따라서 철심용 규소강판의 두께(t)는 와류손과 관계가 있다. **답** ④

50 전체 도체수는 100, 단중 중권이며 자극수는 4, 자속수는 극당 0.628[Wb]인 직류분권전동기가 있다. 이 전동기의 부하 시 전기자에 5[A]가 흐르고 있었다면 이때의 토크[N·m]는?

① 12.5 ② 25
③ 50   ④ 100

풀이 $p = 4$, $Z = 100$, $\Phi = 0.628$[Wb], $I_a = 5$[A]
단중 중권이므로 $a = p = 4$이다.
$\therefore T = \dfrac{p\phi Z I_a}{2\pi a} = \dfrac{4 \times 0.628 \times 100 \times 5}{2\pi \times 4}$
$= 49.97$[N·m] **답** ③

51 철심의 단면적이 100[cm²]이고 철심의 최대 자속밀도가 1.4[wb/m²]인 변압기가 있다. 주파수는 60[Hz], 1차가 6300[V], 2차가 210[V]라고 할 때 각 권선의 권수는 얼마인가? (단, 철심의 점적률은 90[%]이며, 이상변압기라고 한다.)

① 1차 : 1777, 2차 : 61
② 1차 : 1877, 2차 : 63
③ 1차 : 1977, 2차 : 65
④ 1차 : 2077, 2차 : 67

풀이
- $V_1 = 4.44 f N_1 \phi_m \to$
  $N_1 = \dfrac{V_1}{4.44 f \phi_m} = \dfrac{6300}{4.44 \times 60 \times 1.4 \times 0.01 \times 0.9} \fallingdotseq 1877$
- $V_2 = 4.44 f N_2 \phi_m \to$
  $N_2 = \dfrac{V_2}{4.44 f \phi_m} = \dfrac{210}{4.44 \times 60 \times 1.4 \times 0.01 \times 0.9} \fallingdotseq 63$

(여기서, $\phi_m = B_m \times A \times 점적률$) **답** ②

---

52 전기자저항 0.1[Ω], 직권계자 권선저항 0.2[Ω]의 직권 직류전동기에 200[V]를 가하였더니 부하전류가 20[A]이었다. 이때 전동기의 속도는 약 몇 [rpm]인가? (단, 기계정수는 2.61이다.)

① 1,288 ② 1,388
③ 1,488 ④ 1,520

풀이 직류 직권 전동기의 속도

$N = K \dfrac{V - I_a(R_a + R_s)}{I_a}$ [rps] $\times 60$[rpm]이므로

$V = 200$[V], $I_a = 20$[A], $R_a = 0.1$[Ω],
$R_s = 0.2$[Ω], $K = 2.61$를 대입하면,

$\therefore N = 2.61 \times \dfrac{200 - 20 \times (0.1 + 0.2)}{20} \times 60$

$\fallingdotseq 1,520$[rpm] **답** ④

---

53 단권 변압기의 3상 결선에서 Y결선인 경우, 1차측 선간 전압 V_1, 2차측 선간 전압 V_2일 때 단권 변압기 용량/부하 용량은? 단, $V_1 > V_2$인 경우이다.

① $\dfrac{V_1 - V_2}{V_1}$ ② $\dfrac{V_1^2 - V_2^2}{\sqrt{3}\, V_1 V_2}$

③ $\dfrac{\sqrt{3}(V_1^2 - V_2^2)}{V_1 V_2}$ ④ $\dfrac{V_1 - V_2}{\sqrt{3}\, V_1}$

풀이 단권 변압기의 3상 결선에서 고압측 전압 V_h, 저압측 전압 V_l이라고 하면

결선 방식	Y결선	△결선	V결선
$\dfrac{자기\ 용량}{부하\ 용량}$	$1 - \dfrac{V_l}{V_h}$	$\dfrac{V_h^2 - V_l^2}{\sqrt{3}\, V_h V_l}$	$\dfrac{2}{\sqrt{3}}\left(1 - \dfrac{V_l}{V_h}\right)$

답 ①

---

54 자속 밀도를 0.6[Wb/m²], 도체의 길이를 0.3[m], 속도를 10[m/s]라 할 때, 도체 양단에 유기되는 기전력은?

① 0.9[V] ② 1.8[V]
③ 9[V]   ④ 18[V]

풀이 유기기전력 $e = Blv = 0.6 \times 0.3 \times 10 = 1.8$[V] **답** ②

---

55 반도체 정류기에 적용된 소자 중 첨두 역방향 내전압이 가장 큰 것은?

① 셀렌 정류기 ② 실리콘 정류기
③ 게르마늄 정류기 ④ 아산화동 정류기

풀이 실리콘 정류기의 역방향 내전압은 500~1000[V] 정도로 가장 크다. **답** ②

---

56 유도 전동기에서 게르게스(Görges) 현상이 생기는 슬립은 대략 얼마인가?

① 0.25 ② 0.5
③ 0.7   ④ 0.8

풀이 게르게스 현상이란 3상 유도 전동기의 2차 회로 중 1선이 단선된 경우에 약간의 과부하 상태에서도 슬립 $s = 0.5$ 부근에서 가속되지 않는 현상을 말한다. **답** ②

---

57 50[Hz]로 설계된 3상 유도전동기를 60[Hz]에 사용하는 경우 단자전압을 110[%]로 높일 때 일어나는 현상으로 틀린 것은?

① 철손불변
② 여자전류 감소
③ 온도상승 증가
④ 출력이 일정하면 유효전류 감소

풀이 주파수는 $\dfrac{60[\text{Hz}]}{50[\text{Hz}]} = 1.2$배 상승하고 단자전압은 1.1배 상승한다고 하면

① 철손은 $fB^2 \propto f\left(\dfrac{V}{f}\right)^2 = \dfrac{V^2}{f} = \dfrac{1.1^2}{1.2} \fallingdotseq 1$이므로 불변하고, 유효전류는 $I_w \propto \dfrac{1}{V} = \dfrac{1}{1.1} \fallingdotseq 0.9$로 감소한다.

② 여자 전류는 $I_0 \propto \dfrac{V}{f}$ 이므로 $\dfrac{1.1}{1.2} \fallingdotseq 0.9$배로 감소한다.

③ 역률은 $\dfrac{I_0}{I_w}$ 의 함수이므로 불변한다.

④ 여자 전류 감소, 철손 불변, 유효전류 감소에서 손실은 일정하거나 다소 감소하고, 속도가 증가하므로 냉각팬의 효과도 증가하여 온도 상승은 감소한다.

답 ③

58 3상 권선형 유도전동기에서 2차측 저항을 2배로 하면 그 최대 토크는 어떻게 되는가?

① 불변이다. ② 2배 증가한다.
③ $\dfrac{1}{2}$로 감소한다. ④ $\sqrt{2}$ 배 증가한다.

풀이
- 최대 토크는 2차 저항에 무관 ($T_m \propto \dfrac{V^2}{2x_2}$)
- 최대 토크를 발생하는 슬립만 2차 저항에 비례 ($s_m \fallingdotseq \pm \dfrac{r_2}{x_2}$)

답 ①

59 동기조상기의 여자전류를 줄이면?

① 콘덴서로 작용 ② 리액터로 작용
③ 진상전류로 됨 ④ 저항손의 보상

풀이 동기 조상기는 무효전력을 지상 또는 진상으로 제어하는 기기이다.
① 과여자로 운전 : 콘덴서 작용해서 송전 선로의 역률을 양호하게 하고, 전압 강하를 보상
② 부족 여자로 운전 : 리액터로 작용하여 발전기의 자기 여자 작용으로 일어나는 단자전압의 이상 상승을 방지

답 ②

60 유도전동기에서 권선형 회전자에 비해 농형 회전자의 특성이 아닌 것은?

① 구조가 간단하고 효율이 좋다.
② 견고하고 보수가 용이하다.
③ 대용량에서 기동이 용이하다.
④ 중, 소형 전동기에 사용된다.

풀이 농형 유도전동기의 특성
① 농형 유도전동기는 권선형에 비해 구조가 간단하며 튼튼하다.
② 중, 소형 유도전동기에 널리 사용되며, 대형이 되면 기동 토크가 작아 기동이 곤란하게 된다.

답 ③

4과목 - 회로이론 및 제어공학

61 $R = 1[\Omega]$의 저항을 그림과 같이 무한히 연결할 때, a, b 간의 합성 저항은?

① 0 ② 1
③ ∞ ④ $1+\sqrt{3}$

풀이

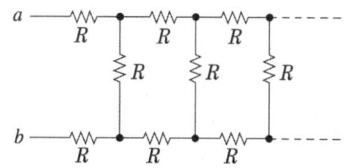

점선부분의 합성 저항을 R_{cd}라 할 때 등가회로는 다음과 같다.

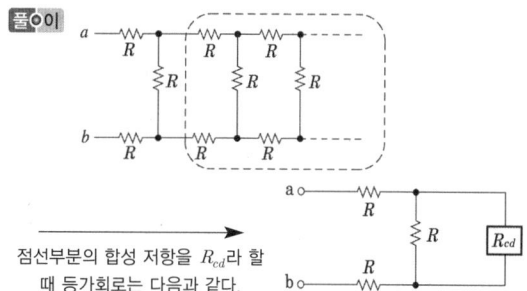

그림의 등가 회로에서 $R_{ab} = 2R + \dfrac{R \cdot R_{cd}}{R + R_{cd}}$ 이며,

$R_{ab} \fallingdotseq R_{cd}$ 이므로

$R \cdot R_{ab} + R_{ab}{}^2 = 2R^2 + 2R \cdot R_{ab} + R \cdot R_{ab}$

여기서 $R = 1[\Omega]$를 대입하면 $R_{ab} = 1 + \sqrt{3} [\Omega]$이다.

답 ④

62 회로에서 $I_1 = 2e^{-j\frac{\pi}{6}}$ [A], $I_2 = 5e^{j\frac{\pi}{6}}$ [A], $I_3 = 5.0$ [A], $Z_3 = 1.0[\Omega]$일 때 부하 (Z_1, Z_2, Z_3) 전체에 대한 복소 전력은 약 몇 [VA]인가? (단, 전류공액을 취하도록 한다.)

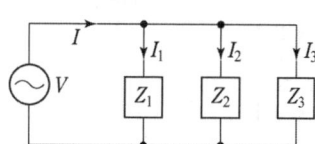

① $55.3 - j7.5$ ② $55.3 + j7.5$
③ $45 - j26$ ④ $45 + j26$

풀이
$$I = I_1 + I_2 + I_3 = 2e^{-j\frac{\pi}{6}} + 5e^{j\frac{\pi}{6}} + 5$$
$$= 2\left(\cos\frac{\pi}{6} - j\sin\frac{\pi}{6}\right) + 5\left(\cos\frac{\pi}{6} + j\sin\frac{\pi}{6}\right) + 5$$
$$= 11.06 + j1.5 [A]$$
$$V = I_3 Z_3 = 5 \times 1 = 5 [V]$$
$$\therefore P_a = \overline{V}I = 5(11.06 - j1.5) = 55.3 - j7.5 [VA]$$

답 ①

63 그림과 같은 $R-C$ 병렬회로에서 전원전압이 $e_s(t) = 3e^{-5t}$ 인 경우 이 회로의 임피던스는?

①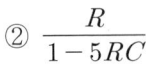
②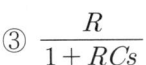
③ $\dfrac{R}{1+RCs}$
④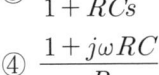

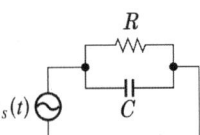

풀이
$$Z = \dfrac{R \cdot \frac{1}{j\omega C}}{R + \frac{1}{j\omega C}} = \dfrac{R}{1+j\omega CR} \text{이고}$$
$e_s(t) = 3e^{-5t}$ 에서 $j\omega = -5$이므로
$$\therefore Z = \dfrac{R}{1+j\omega CR} = \dfrac{R}{1-5RC}$$

답 ②

64 선간 전압 $V[V]$의 3상 평형 전원에 대칭 3상 저항 부하 $R[\Omega]$이 그림과 같이 접속되었을 때 a, b 두 상간에 접속된 전력계의 지시값이 W [W]라 하면 c상의 전류[A]는?

① $\dfrac{\sqrt{3}\,W}{V}$
② $\dfrac{3W}{V}$
③ $\dfrac{W}{\sqrt{3}\,V}$
④ $\dfrac{2W}{\sqrt{3}\,V}$

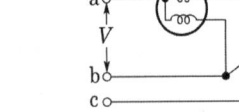

풀이 전원 및 부하가 모두 대칭이므로
$V_{ab} = V_{bc} = V_{ca} = V$, $I_a = I_b = I_c = I$라 하면
소비 전력 $P = 2W = \sqrt{3}\,VI$ $\therefore I = \dfrac{2W}{\sqrt{3}\,V}$

답 ④

65 4단자 정수 A, B, C, D로 출력측을 개방시켰을 때 입력측에서 본 구동점 임피던스 $Z_{11}\left(=\dfrac{V_1}{I_1}\bigg|_{I_2=0}\right)$을 표시한 것 중 옳은 것은?

① $\dfrac{A}{C}$
② $\dfrac{B}{D}$
③ $\dfrac{A}{B}$
④ $\dfrac{B}{C}$

풀이 $A = \dfrac{Z_{11}}{Z_{21}}$, $B = \dfrac{|Z|}{Z_{21}}$, $C = \dfrac{1}{Z_{21}}$, $D = \dfrac{Z_{22}}{Z_{21}}$ 이므로
$$\therefore \begin{bmatrix} Z_{11} & Z_{12} \\ Z_{21} & Z_{22} \end{bmatrix} = \dfrac{1}{C}\begin{bmatrix} A & AD-BC \\ 1 & D \end{bmatrix}$$

답 ①

66 각상의 임피던스 $Z = 6 + j8 [\Omega]$인 평형 △부하에 선간 전압이 220[V]인 대칭 3상 전압을 가할 때 선전류는 약 몇 [A]인가?

① 11[A]
② 13.5[A]
③ 22[A]
④ 38.1[A]

풀이 상전류 $I_p = \dfrac{V_p}{Z} = \dfrac{220}{\sqrt{8^2+6^2}} = 22[A]$
△결선에서 선전류는 상전류의 $\sqrt{3}$배($I_l = \sqrt{3}\,I_p$)이므로
$\therefore$ 선전류 $I_l = \sqrt{3}\,I_p = \sqrt{3} \times 22 = 38.1[A]$

답 ④

67 테브낭 정리를 사용하여 그림 (a)의 회로를 그림 (b)와 같이 등가회로로 만들고자 할 때 V[V]와 $R[\Omega]$의 값은?

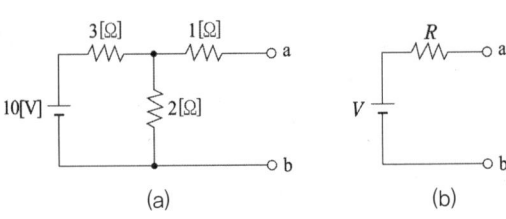

(a)　　　　　(b)

① $V = 5[V]$, $R = 0.6[\Omega]$
② $V = 2[V]$, $R = 2[\Omega]$
③ $V = 6[V]$, $R = 2.2[\Omega]$
④ $V = 4[V]$, $R = 2.2[\Omega]$

풀이
- 개방된 a, b단자에 걸리는 등가전압
$$V = \frac{R_2}{R_1+R_2}E = \frac{2}{3+2} \times 10 = 4[V]$$
- 전압원을 단락하고 a, b단자에서 본 등가저항
$$R = 1 + \frac{3 \times 2}{3+2} = 2.2[\Omega]$$
답 ④

68 두 코일 A, B의 저항과 리액턴스가 각각 A코일은 3[Ω], 4[Ω]이고, B코일은 5[Ω], 2[Ω]일 때 두 코일을 직렬로 접속하여 100[V]의 전압을 인가하였다면, 회로에 흐르는 전류는 몇 [A]인가?

① $10\angle-37°$ ② $10\angle37°$
③ $10\angle-53°$ ④ $10\angle53°$

풀이 A코일의 임피던스 $Z_A = 3+j4[\Omega]$
B코일의 임피던스 $Z_B = 5+j2[\Omega]$
A, B코일의 합성 임피던스
$$Z_{AB} = 8+j6 = \sqrt{8^2+6^2}\angle\tan^{-1}\frac{6}{8} = 10\angle37°[\Omega]$$
따라서 회로에 흐르는 전류
$$I = \frac{V}{Z_{AB}} = \frac{100}{10\angle37°} = 10\angle-37°[A]$$
답 ①

69 그림과 같은 신호흐름선도에서 $\frac{C}{R}$의 값은?

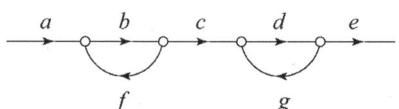

① $\dfrac{abcde}{1+bf+dg}$ ② $\dfrac{abcde}{1+bf-dg}$
③ $\dfrac{abcde}{1-bf+dg}$ ④ $\dfrac{abcde}{1-bf-dg}$

풀이
- 전향경로 이득 : $abcde$
- 루프 이득 : bf, dg
$$\therefore G(s) = \frac{C(s)}{R(s)} = \frac{\sum\text{전향 경로 이득}}{1-\sum\text{루프 이득}}$$
$$= \frac{abcde}{1-bf-dg}$$
답 ④

70 그림과 같은 회로에 교류전압 100[V]를 가하였을 때 a, b 사이의 전위차는 몇 [V]인가?

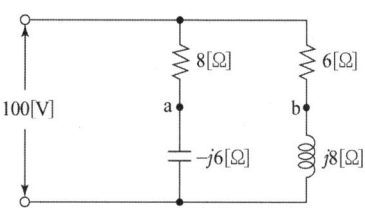

① 25 ② 50
③ 75 ④ 100

풀이 전압분배법칙에 의해 각 저항에 걸리는 전압강하
- 저항 8[Ω]의 전압강하
$$V_a = \frac{8}{8-j6} \times 100 = \frac{800(8+j6)}{(8-j6)(8+j6)}$$
$$= 64+j48[V]$$
- 저항 6[Ω]의 전압강하
$$V_b = \frac{6}{6+j8} \times 100 = \frac{600(6-j8)}{(6+j8)(6-j8)}$$
$$= 36-j48[V]$$
따라서 a, b 사이의 전위차 V_{ab}
$$V_{ab} = V_a - V_b = (64+j48)-(36-j48)$$
$$= 28+j96 = 100\angle73.74 [V]$$
$$\therefore V_{ab} = \sqrt{28^2+96^2} = 100[V]$$

별해
- a점의 전류
$$I_1 = \frac{100}{8-j6} = \frac{100(8+j6)}{(8-j6)(8+j6)}$$
$$= \frac{100(8+j6)}{100} = \frac{800+j600}{100} = 8+j6[A]$$
- b점의 전류
$$I_2 = \frac{100}{6+j8} = \frac{100(6-j8)}{(6+j8)(6-j8)}$$
$$= \frac{100(6-j8)}{100} = \frac{600-j800}{100} = 6-j8[A]$$
따라서, a, b 사이의 전위차
$$|V_{ab}| = |8(8+j6)-6(6-j8)|$$
$$= |28+j96| = 100[V]$$
답 ④

71 그림과 같은 보드 선도를 갖는 계의 전달함수는?

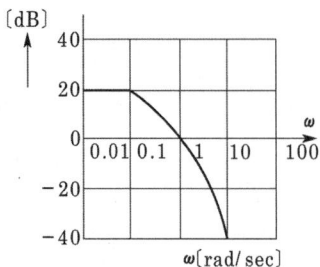

① $G(s) = \dfrac{10}{(s+1)(s+10)}$

② $G(s) = \dfrac{20}{(s+1)(5s+1)}$

③ $G(s) = \dfrac{5}{(s+1)(10s+1)}$

④ $G(s) = \dfrac{10}{(s+1)(10s+1)}$

풀이 $G(s) = \dfrac{10}{(s+1)(10s+1)}$ 의 보드 선도 이득 곡선은

$g[\text{dB}] = 20\log\left|\dfrac{10}{(j\omega+1)(j10\omega+1)}\right|$

$= 20\log\dfrac{10}{\sqrt{\omega^2+1}\sqrt{(10\omega)^2+1}}$

$= 20\log10 - 20\log\sqrt{\omega^2+1} - 20\log\sqrt{(10\omega)^2+1}$

① $\omega < 0.1$일 때
 $g = 20 - 20\log1 - 20\log1 = 20[\text{dB}]$

② $0.1 < \omega < 1$일 때
 $g = 20 - 20\log1 - 20\log10\omega$
 $= 20 - 20\log10 - 20\log\omega$
 $= -20\log\omega$이므로 $-20[\text{dB/dec}]$

③ $\omega > 1$일 때
 $g = 20 - 20\log\omega - 20\log10\omega$
 $= 20 - 20\log\omega - 20\log10 - 20\log\omega$
 $= -40\log\omega$이므로 $-40[\text{dB/dec}]$ **답** ④

72 RL 직렬회로에 순시치 전압

$v(t) = 20 + 100\sin\omega t + 40\sin(3\omega t + 60°)$
$\quad + 40\sin5\omega t[\text{V}]$

를 가할 때 제5고조파 전류의 실효값 크기는 약 몇 [A]인가? (단, $R=4[\Omega]$, $\omega L=1[\Omega]$이다.)

① 4.4 ② 5.66
③ 6.25 ④ 8.0

풀이 제5고조파에 대해 저항은 변화가 없으나, 유도성 리액턴스 $X_L = \omega L = 2\pi f L \propto f$이므로, 제5고조파에 대해 유도성 리액턴스는 5배로 증가한다. 따라서, 제5고조파 전류

$I_5 = \dfrac{V_5}{Z_5} = \dfrac{V_5}{\sqrt{R^2+(5\omega L)^2}} = \dfrac{\frac{40}{\sqrt{2}}}{\sqrt{4^2+(5\times1)^2}}$

$\fallingdotseq 4.4[\text{A}]$ **답** ①

73 $G(j\omega) = \dfrac{K}{j\omega(j\omega+1)}$ 의 나이퀴스트 선도를 도시한 것은? (단, $K > 0$이다.)

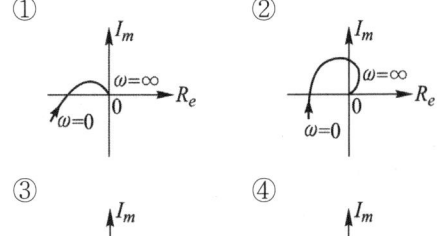

풀이
- 크기 $\lim\limits_{\omega\to0}|G(j\omega)| = \lim\limits_{\omega\to0}\left|\dfrac{K}{j\omega(j\omega+1)}\right| = \lim\limits_{\omega\to0}\left|\dfrac{K}{j\omega}\right| = \infty$
- 위상각 $\lim\limits_{\omega\to0}\angle G(j\omega) = \lim\limits_{\omega\to0}\angle\dfrac{K}{j\omega(j\omega+1)} = \lim\limits_{\omega\to0}\angle\dfrac{K}{j\omega} = -90°$
- 크기 $\lim\limits_{\omega\to\infty}|G(j\omega)| = \lim\limits_{\omega\to\infty}\left|\dfrac{K}{j\omega(j\omega+1)}\right| = \lim\limits_{\omega\to\infty}\left|\dfrac{K}{(j\omega)^2}\right| = 0$
- 위상각 $\lim\limits_{\omega\to\infty}\angle G(j\omega) = \lim\limits_{\omega\to\infty}\angle\dfrac{K}{j\omega(j\omega+1)} = \lim\limits_{\omega\to\infty}\angle\dfrac{K}{(j\omega)^2}$
 $= -180°$ **답** ④

74 다음 논리회로의 출력 Y는?

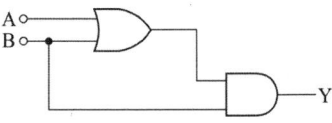

① A ② B
③ A+B ④ A·B

풀이 $Y = (A+B)\cdot B = A\cdot B + B\cdot B$
$= A\cdot B + B = B(A+1) = B$ **답** ②

75 다음의 신호선도에서 $\dfrac{Y(s)}{D(s)}$를 구하면?

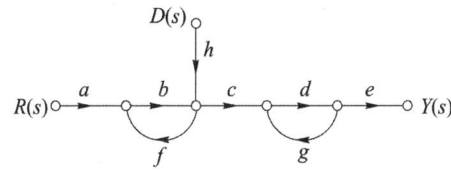

① $\dfrac{cdeh}{1-bf-dg+bfdg}$

② $\dfrac{abcde+hcde}{1-bf-dg+bfdg}$

③ $\dfrac{cdeh}{1-dg}$

④ $\dfrac{abcde+hcde}{1-dg}$

풀이 $G_1 = cdeh$, $L_{11} = bf$, $L_{21} = dg$, $L_{12} = bfdg$

$\therefore G = \dfrac{G_1}{\Delta} = \dfrac{G_1}{1-(L_{11}+L_{21})+L_{12}}$

$= \dfrac{cdef}{1-bf-dg+bfdg}$ **답** ①

76 2차 지연 요소의 보드 선도에서 이득 곡선의 두 점근선이 만나는 점의 주파수는?

① 영 주파수   ② 공진 주파수
③ 고유 주파수   ④ 차단 주파수

풀이 2차 지연요소 $G(s) = \dfrac{\omega_n^2}{s^2 + 2\delta\omega_n s + \omega_n^2}$의

보드 이득선도에서 이득 곡선의 두 점근선의 교점은

$-40\log\left(\dfrac{\omega}{\omega_n}\right) = 0[\text{dB}]$로부터 $\omega = \omega_n$으로 된다.

따라서 2차 지연요소의 절점 주파수는 $\omega = \omega_n$ (고유 주파수)이다.   **답** ③

77 대공포의 포신 제어에 사용되는 방법으로 목푯값의 크기나 위치가 시간에 따라 변화하므로 이것을 제어량이 자동으로 따라가도록 하는 것은?

① 정치제어   ② 프로그램제어
③ 추종제어   ④ 비율제어

풀이 제어목적에 의한 분류
① 정치제어 : 제어량을 어떤 일정한 목푯값으로 유지하는 것을 목적으로 하는 제어법
② 프로그램 제어 : 미리 정해진 프로그램에 따라 제어량을 변화시키는 것을 목적으로 하는 제어법
③ 추종제어 : 미지의 임의 시간적 변화를 하는 목푯값에 제어량을 추종시키는 것을 목적으로 하는 제어법
④ 비율제어 : 목푯값이 다른 것과 일정 비율 관계를 가지고 변화하는 경우의 추종제어법   **답** ③

78 그림의 게이트(gate)명칭은 어떻게 되는가?

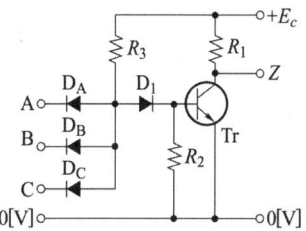

① AND gate   ② OR gate
③ NAND gate   ④ NOR gate

풀이 A, B, C에 신호가 동시에 입력되면 Tr이 동작하여 출력 Z가 소멸되므로, NAND회로에 해당된다.   **답** ③

79 다음 중 특성방정식에 대한 설명으로 옳은 것은?

① 개회로 전달함수의 분모가 0이다.
② 폐회로 전달함수의 분모가 1이다.
③ 개회로 전달함수의 분자가 0이다.
④ 폐회로 전달함수의 분모가 0이다.

풀이 $\dfrac{C(s)}{R(s)} = \dfrac{G(s)}{1+G(s)H(s)}$

폐회로의 전달함수에서 분모를 0으로 놓은 식을 선형 자동 제어계의 특성 방정식이라고 한다.
특성방정식 : $1+G(s)H(s) = 0$
①은 극점을 구하는 조건이다.
③은 영점을 구하는 조건이다.   **답** ④

80 어떤 시스템의 전달함수 $G(s)$가 $\dfrac{2s-3}{4s^2+2s-1}$로 표시될 때 이 시스템에 입력 $x(t)$를 가했을 때 출력 $y(t)$를 구하는 미분 방정식은? (단, 모든 초기조건은 0이다.)

① $4\dfrac{d^2y(t)}{dt^2}+2\dfrac{dy(t)}{dt}-y(t)=2\dfrac{dx(t)}{d(t)}+3x(t)$

② $-4\dfrac{d^2y(t)}{dt^2}-2\dfrac{dy(t)}{dt}+y(t)=-2\dfrac{dx(t)}{d(t)}+3x(t)$

③ $4\dfrac{d^2y(t)}{dt^2}+2\dfrac{dy(t)}{dt}-y(t)=2\dfrac{dx(t)}{d(t)}-3x(t)$

④ $-4\dfrac{d^2y(t)}{dt^2}+2\dfrac{dy(t)}{dt}-y(t)=2\dfrac{dx(t)}{d(t)}-3x(t)$

풀이 $\dfrac{Y(s)}{X(s)}=\dfrac{2s-3}{4s^2+2s-1}$

$Y(s)(4s^2+2s-1)=(2s-3)X(s)$

역라플라스 변환하면

$\therefore\ 4\dfrac{d^2y(t)}{dt^2}+2\dfrac{dy(t)}{dt}-y(t)=2\dfrac{dx(t)}{dt}-3x(t)$ **답** ③

5과목 - 전기설비기술기준

81 단상교류 25,000[V]인 경우 전차선로의 충전부와 차량 간의 정적 절연이격 거리는 몇 [mm] 이상인가?

① 100　② 150　③ 170　④ 270

풀이 431.3 전차선로의 충전부와 차량 간의 최소 절연이격

시스템 종별	공칭전압(V)	동적(mm)	정적(mm)
직류	750	25	25
	1,500	100	150
단상교류	25,000	170	270

답 ④

82 조상설비에 내부고장, 과전류 또는 과전압이 생긴 경우 자동적으로 차단되는 장치를 해야 하는 전력용 커패시터의 최소 뱅크용량은 몇 [kVA]인가?

① 10000　② 12000　③ 13000　④ 15000

풀이 351.5 조상설비의 보호장치
조상설비에는 그 내부에 고장이 생긴 경우에 보호하는 장치를 표와 같이 시설하여야 한다.

설비 종별	뱅크 용량의 구분	자동적으로 전로로부터 차단하는 장치
전력용 커패시터 및 분로리액터	500[kVA] 초과 15,000[kVA] 미만	• 내부에 고장이 생긴 경우 • 과전류가 생긴 경우
	15,000[kVA] 이상	• 내부에 고장이 생긴 경우 • 과전류가 생긴 경우 • 과전압이 생긴 경우
조상기	15,000[kVA] 이상	• 내부에 고장이 생긴 경우

답 ④

83 주택의 전기저장장치의 축전지에 접속하는 부하 측 옥내전로에 지락이 생겼을 때 자동적으로 전로를 차단하는 장치를 시설한 경우에 주택의 옥내전로의 대지전압은 직류 몇 [V]까지 적용할 수 있는가?

① 150　② 300　③ 400　④ 600

풀이 511.1.3 옥내전로의 대지전압 제한
주택의 전기저장장치의 축전지에 접속하는 부하 측 옥내배선을 다음에 따라 시설하는 경우에 **주택의 옥내전로의 대지전압은 직류 600[V]까지 적용할 수 있다.**
가. 전로에 지락이 생겼을 때 자동적으로 전로를 차단하는 장치를 시설할 것
나. 사람이 접촉할 우려가 없는 은폐된 장소에 합성수지관배선, 금속관배선 및 케이블배선에 의하여 시설하거나, 사람이 접촉할 우려가 없도록 케이블배선에 의하여 시설하고 전선에 적당한 방호장치를 시설할 것

답 ④

84 사용전압이 400[V] 이하인 경우의 저압 보안공사에 전선으로 경동선을 사용할 경우 지름은 몇 [mm] 이상인가?

① 2.6　② 3.5　③ 4.0　④ 5.0

풀이 222.10 저압 보안공사
저압 보안공사시 전선은 케이블인 경우 이외에는 인장강도 8.01[kN] 이상의 것 또는 지름 5[mm](사용전압이 400[V] 이하인 경우에는 인장강도 5.26[kN] 이상의 것 또는 **지름 4[mm] 이상의 경동선**) 이상의 경동선이어야 한다. **답** ③

85 고압 가공전선과 건조물의 상부 조영재와의 옆쪽 이격거리는 몇 [m] 이상인가? (단, 전선에 사람이 쉽게 접촉할 우려가 있고 케이블이 아닌 경우이다.)

① 1.0 　　② 1.2
③ 1.5 　　④ 2.0

풀이 332.11 고압 가공전선과 건조물의 접근
222.11 고압 가공전선과 건조물의 접근
저압 가공전선 또는 고압 가공전선이 건조물과 접근 상태로 시설되는 경우에는 다음에 따라야 한다.
가. 고압 가공전선로는 고압 보안공사에 의할 것.
나. 저·고압 가공전선과 건조물의 조영재 사이의 이격거리는 표에서 정한 값 이상일 것.

사용전압 부분		공작물의 종류	저압[m]	고압[m]
건조물	상부 조영재 위쪽	일반적인 경우	2	2
		전선이 고압절연전선	1	2
		전선이 케이블인 경우	1	1
	기타 조영재 또는 상부조영재의 옆쪽 또는 아래쪽	일반적인 경우	1.2	1.2
		전선이 고압절연전선	0.4	1.2
		전선이 케이블인 경우	0.4	0.4
		사람이 쉽게 접근할 수 없도록 시설한 경우	0.8	0.8

답 ②

86 소세력 회로의 전선을 조영재에 붙여 시설하는 경우 전선은 케이블(통신용 케이블을 포함한다)인 경우 이외에는 공칭단면적 몇 [mm²] 이상의 연동선 또는 이와 동등 이상의 세기 및 굵기의 것이어야 하는가?

① 0.5 　　② 1
③ 1.5 　　④ 2.5

풀이 241.14.3 소세력 회로의 배선
소세력 회로의 전선을 조영재에 붙여 시설하는 경우
가. 전선은 케이블(통신용 케이블을 포함한다)인 경우 이외에는 **공칭단면적 1[mm²] 이상**의 연동선 또는 이와 동등 이상의 세기 및 굵기의 것일 것.
나. 전선은 코드·캡타이어 케이블 또는 케이블일 것. **답** ②

87 저압 옥측전선로에서 목조의 조영물에 시설할 수 있는 공사방법은?

① 금속관공사
② 버스덕트공사
③ 합성수지관공사
④ 연피 또는 알루미늄 케이블공사

풀이 221.2 옥측전선로
저압 옥측전선로는 다음의 공사방법에 의할 것.
가. 애자공사(전개된 장소에 한한다.)
나. 합성수지관공사
다. **금속관공사(목조 이외의 조영물에 시설하는 경우에 한한다.)**
라. **버스덕트공사[목조 이외의 조영물(점검할 수 없는 은폐된 장소는 제외한다.)에 시설하는 경우에 한한다.]**
마. 케이블공사(**연피 케이블·알루미늄피 케이블** 또는 무기물 절연 케이블을 사용하는 경우에는 **목조 이외의 조영물에 시설하는 경우에 한한다.**) **답** ③

88 수소냉각식 발전기안 또는 조상기안의 수소의 순도가 몇 [%] 이하로 저하한 경우 이를 경보하는 장치를 시설하도록 하고 있는가?

① 90[%] 　　② 85[%]
③ 80[%] 　　④ 75[%]

풀이 351.10 수소냉각식 발전기 등의 시설
발전기 내부 또는 조상기 내부의 수소의 순도가 **85[%]** 이하로 저하한 경우에 이를 경보하는 장치를 시설할 것. **답** ②

89 금속제 외함을 가진 저압의 기계기구로서 사람이 쉽게 접촉될 우려가 있는 곳에 시설하는 경우 전기를 공급받는 전로에 지락이 생겼을 때 자동적으로 전로를 차단하는 장치를 설치하여야 하는 기계기구의 사용전압이 몇 [V]를 초과하는 경우인가?

① 30 　　② 50
③ 100 　　④ 150

[풀이] 211.2.3 누전차단기의 시설
금속제 외함을 가지는 사용전압이 50[V]를 초과하는 저압의 기계 기구로서 사람이 쉽게 접촉할 우려가 있는 곳에 시설하는 것에 전기를 공급하는 전로에는 전원의 자동차단에 의한 저압전로의 보호대책으로 누전차단기를 시설하여야 한다. 답 ②

90 사용전압이 440[V]인 이동기중기용 접촉전선을 애자공사에 의하여 옥내의 전개된 장소에 시설하는 경우 사용하는 전선으로 옳은 것은?

① 인장강도가 3.44[kN] 이상인 것 또는 지름 2.6[mm]의 경동선으로 단면적이 8[mm²] 이상인 것
② 인장강도가 3.44[kN] 이상인 것 또는 지름 3.2[mm]의 경동선으로 단면적이 18[mm²] 이상인 것
③ 인장강도가 11.2[kN] 이상인 것 또는 지름 6[mm]의 경동선으로 단면적이 28[mm²] 이상인 것
④ 인장강도가 11.2[kN] 이상인 것 또는 지름 8[mm]의 경동선으로 단면적이 18[mm²] 이상인 것

[풀이] 232.81 옥내에 시설하는 저압 접촉전선 배선
전선은 인장강도 11.2[kN] 이상의 것 또는 지름 6[mm]의 경동선으로 단면적이 28[mm²] 이상인 것일 것. 다만, 사용전압이 400[V] 이하인 경우에는 인장강도 3.44[kN] 이상의 것 또는 지름 3.2[mm] 이상의 경동선으로 단면적이 8[mm²] 이상인 것을 사용할 수 있다. 답 ③

91 22.9[kV] 특고압 가공전선이 상부 조영재 위쪽에서 접근하는 경우 전선과 상부 조영재간의 이격거리[m]는 얼마 이상이어야 하는가? (단, 케이블인 경우이다.)

① 0.8   ② 1.0
③ 1.2   ④ 2.0

[풀이] 333.23 특고압 가공전선과 건조물의 접근
특고압 가공전선이 건조물과 제1차 접근상태로 시설되는 경우에는 다음에 따라야 한다.
가. 특고압 가공전선로는 제3종 특고압 보안공사에 의할 것.

나. 사용전압이 35[kV] 이하인 특고압 가공전선과 건조물의 조영재 이격거리는 표에서 정한 값 이상일 것.

건조물과 조영재의 구분	전선종류	접근형태	이격거리
상부 조영재	특고압 절연전선	위쪽	2.5[m]
		옆쪽 또는 아래쪽	1.5[m] (전선에 사람이 쉽게 접촉할 우려가 없도록 시설한 경우는 1[m])
	케이블	위쪽	1.2[m]
		옆쪽 또는 아래쪽	0.5[m]
	기타전선		3[m]

답 ③

92 철도·궤도 또는 자동차도 전용 터널 안의 전선로를 시설할 때 고압전선은 지름 몇 [mm] 이상의 경동선을 사용하여야 하는가?

① 2.6[mm]   ② 3.2[mm]
③ 4[mm]   ④ 4.5[mm]

[풀이] 335.1 터널 안 전선로의 시설
철도·궤도 또는 자동차도 전용터널 안의 전선로

전압	전선의 굵기	시공방법	애자공사 시 높이
저압	인장강도 2.30[kN] 이상 또는 2.6[mm] 이상의 경동선의 절연전선	• 합성수지관공사 • 금속관공사 • 금속제가요전선관 공사 • 케이블공사 • 애자공사	노면상, 레일면상 2.5[m] 이상
고압	인장강도 5.26[kN] 이상 또는 4[mm] 이상의 경동선	• 케이블공사 • 애자공사	노면상, 레일면상 3[m] 이상
특고압		• 케이블공사	

답 ③

93 두 개 이상의 전선을 병렬로 사용하는 각 전선의 굵기는 동선을 사용하는 경우 몇 [mm²] 이상이어야 하는가? (단, 같은 도체, 같은 재료, 같은 길이 및 같은 굵기의 전선이다.)

① 35   ② 50
③ 70   ④ 95

풀이 123 전선의 접속

두 개 이상의 전선을 병렬로 사용하는 경우에는 다음에 의하여 시설할 것.
가. 병렬로 사용하는 각 전선의 굵기는 **동선 50[mm^2]** 이상 또는 알루미늄 70[mm^2] 이상으로 하고, 전선은 같은 도체, 같은 재료, 같은 길이 및 같은 굵기의 것을 사용할 것.
나. 같은 극의 각 전선은 동일한 터미널러그에 완전히 접속할 것.
다. 같은 극인 각 전선의 터미널러그는 동일한 도체에 2개 이상의 리벳 또는 2개 이상의 나사로 접속할 것.
라. 병렬로 사용하는 전선에는 각각에 퓨즈를 설치하지 말 것.
마. 교류회로에서 병렬로 사용하는 전선은 금속관 안에 전자적 불평형이 생기지 않도록 시설할 것. **답** ②

94 발전소·변전소·개폐소의 개폐기 또는 차단기에 사용하는 압축공기장치에서 사용압력이 10[kgf/cm^2]인 경우, 주 공기탱크에 설치하는 압력계의 최고 눈금은 몇 [kgf/cm^2] 이하인 것이어야 하는가?

① 1.5[kgf/cm^2] ② 3[kgf/cm^2]
③ 10[kgf/cm^2] ④ 30[kgf/cm^2]

풀이 341.15 압축공기계통

발전소·변전소·개폐소 또는 이에 준하는 곳에서 개폐기 또는 차단기에 사용하는 압축공기장치에서 주 공기탱크 또는 이에 근접한 곳에는 사용압력의 1.5배 이상 3배 이하의 최고 눈금이 있는 압력계를 시설할 것.
압력계 = 사용압력×1.5~3 = 10[kgf/cm^2]×1.5~3
      = 15[kgf/cm^2] 이상~30[kgf/cm^2] 이하 **답** ④

95 옥내에 시설하는 저압용 배전반 및 분전반 등을 시설할 때 다음 중 옳지 않은 것은?

① 배전반 및 분전반의 기구 및 전선은 쉽게 점검할 수 있도록 하여야 한다.
② 노출된 충전부가 있는 배전반 및 분전반은 취급자 이외의 사람이 쉽게 출입할 수 없도록 설치하여야 한다.
③ 한 개의 분전반에는 한 가지 전원만 공급하여야 한다.
④ 주택용 분전반은 신발장, 옷장 등의 은폐된 장소에 시설하여야 한다.

풀이 232.84 옥내에 시설하는 저압용 배분전반 등의 시설

옥내에 시설하는 저압용 배·분전반의 기구 및 전선은 쉽게 점검할 수 있도록 하고 다음에 따라 시설할 것.
가. 노출된 충전부가 있는 배전반 및 분전반은 취급자 이외의 사람이 쉽게 출입할 수 없도록 설치하여야 한다.
나. 한 개의 분전반에는 한 가지 전원(1회선의 간선)만 공급하여야 한다. 다만, 안전 확보가 되도록 격벽을 설치하고 사용전압을 쉽게 식별할 수 있도록 그 회로의 과전류차단기 가까운 곳에 그 사용전압을 표시하는 경우에는 그러하지 아니하다.
다. **주택용 분전반은 노출된 장소(신발장, 옷장 등의 은폐된 장소에는 시설할 수 없다)**에 시설하며 앞면판은 탈락되지 않는 구조일 것
라. 옥내에 설치하는 배전반 및 분전반은 불연성 또는 난연성이 있도록 시설할 것. **답** ④

96 옥내에 시설하는 저압전선에 나전선을 사용할 수 있는 경우는?

① 버스덕트 공사에 의하여 시설하는 경우
② 금속덕트 공사에 의하여 시설하는 경우
③ 합성수지관 공사에 의하여 시설하는 경우
④ 후강전선관 공사에 의하여 시설하는 경우

풀이 231.4 나전선의 사용제한

옥내에 시설하는 저압전선에는 **나전선을 사용하여서는 아니 된다.** 다만, 다음 중 어느 하나에 해당하는 경우에는 그러하지 아니하다.
가. 애자공사에 의하여 전개된 곳에 다음의 전선을 시설하는 경우
  ① 전기로용 전선
  ② 전선의 피복 절연물이 부식하는 장소에 시설하는 전선
나. **버스덕트공사에 의하여 시설하는 경우**
다. 라이팅덕트공사에 의하여 시설하는 경우
라. 접촉전선을 시설하는 경우 **답** ①

97 가공인입선 및 수용장소의 조영물의 옆면 등에 시설하는 전선으로서 그 수용장소의 인입구에 이르는 부분의 전선을 무엇이라고 하는가?

① 인입선 ② 옥외배선
③ 옥측배선 ④ 배전간선

풀이 정의(기술기준 제3조)

"인입선"이란 가공인입선[가공전선로의 지지물로부터 다른 지지물을 거치지 아니하고 수용장소의 붙임점에

이르는 가공전선(가공전선로의 전선을 말한다. 이하 같다)을 말한다] 및 수용장소의 조영물(토지에 정착한 시설물 중 지붕 및 기둥 또는 벽이 있는 시설물을 말한다. 이하 같다.)의 옆면 등에 시설하는 전선으로서 그 수용장소의 인입구에 이르는 부분의 전선을 말한다.

답 ①

98 교량의 윗면에 시설하는 고압 전선로는 전선의 높이를 교량의 노면상 몇 [m] 이상으로 하여야 하는가?

① 3 ② 4 ③ 5 ④ 6

풀이 335.6 교량에 시설하는 전선로
교량의 윗면에 시설하는 고압 전선로는 전선의 높이를 **교량의 노면상 5[m] 이상**으로 하여 시설할 것. 답 ③

99 지중전선로의 매설방법이 아닌 것은?

① 관로식 ② 인입식
③ 암거식 ④ 직접 매설식

풀이 334.1 지중전선로의 시설
가. 지중 전선로는 전선에 케이블을 사용하고 또한 **관로식 · 암거식 또는 직접 매설식**에 의하여 시설하여야 한다.
나. 지중 전선로를 직접 매설식에 의하여 시설하는 경우에는 매설 깊이는
① 차량 기타 중량물의 압력을 받을 우려가 있는 장소 : 1.0[m] 이상
② 기타 장소 : 0.6[m] 이상

답 ②

100 전기철도의 설비를 보호하기 위해 시설하는 피뢰기의 시설기준으로 틀린 것은?

① 피뢰기는 변전소 인입측 및 급전선 인출측에 설치하여야 한다.
② 피뢰기는 가능한 한 보호하는 기기와 가깝게 시설하되 누설전류 측정이 용이하도록 지지대와 절연하여 설치한다.
③ 피뢰기는 개방형을 사용하고 유효보호거리를 증가시키기 위하여 방전개시전압 및 제한전압이 낮은 것을 사용한다.
④ 피뢰기는 가공전선과 직접 접속하는 지중케이블에서 낙뢰에 의해 절연파괴의 우려가 있는 케이블 단말에 설치하여야 한다.

풀이 451.3 피뢰기 설치장소
1. 다음의 장소에 피뢰기를 설치하여야 한다.
   가. 변전소 인입측 및 급전선 인출측
   나. 가공전선과 직접 접속하는 지중케이블에서 낙뢰에 의해 절연파괴의 우려가 있는 케이블 단말
2. 피뢰기는 가능한 한 보호하는 기기와 가깝게 시설하되 누설전류 측정이 용이하도록 지지대와 절연하여 설치한다.

451.4 피뢰기의 선정
피뢰기는 다음의 조건을 고려하여 선정한다.
1. **피뢰기는 밀봉형을 사용**하고 유효 보호거리를 증가시키기 위하여 방전개시전압 및 제한전압이 낮은 것을 사용한다.
2. 유도뢰서지에 대하여 2선 또는 3선의 피뢰기 동시동작이 우려되는 변전소 근처의 단락 전류가 큰 장소에는 속류차단능력이 크고 또한 차단성능이 회로조건의 영향을 받을 우려가 적은 것을 사용한다. 답 ③

과년도 문제 중심의
완벽대비 전기기사필기

발　　행 / 2025년 11월 10일	저자와의 협의에 따라 인지생략

저　　자 / 검정연구회
펴 낸 이 / 정 창 희
펴 낸 곳 / 동일출판사
주　　소 / 서울시 강서구 곰달래로31길7 (2층)
전　　화 / 02) 2608-8250
팩　　스 / 02) 2608-8265
등록번호 / 제109-90-92166호

ISBN 978-89-381-1725-0 13560
값 / 33,000원

이 책은 저작권법에 의해 저작권이 보호됩니다. 동일출판사 발행인의 승인자료 없이 무단 전재하거나 복제하는 행위는 저작권법 제136조에 의해 5년 이하의 징역 또는 5,000만원 이하의 벌금에 처하거나 이를 병과(併科)할 수 있습니다.